NCS(국가직무능력표준) 기반 개정된 출제기준 반영

지적기사·산업기사 필기

Cadastral Surveying

송용희·조정관·고광준 지음

" 이 책을 선택한 당신, 당신은 이미 위너입니다. "

독자 여러분께 알려드립니다

지적기사 또는 지적산업기사 필기시험을 본 후 그 문제 가운데 **10여 문제를 재구성**해서 성안당 출판사로 보내주시면, 채택된 문제에 대해서 성안당 도서 중 **"지적전산학개론" 1부**를 증정해 드립니다. 독자 여러분이 보내주시는 기출문제는 더 나은 책을 만드는 데 큰 도움이 됩니다. 감사합니다.

 **e-mail** coh@cyber.co.kr (최옥현)

★ 메일을 보내주실 때 성명, 연락처, 주소를 기재해 주시기 바랍니다.
★ 보내주신 기출문제는 집필자가 검토한 후에 도서를 증정해 드립니다.

■ 도서 A/S 안내

성안당에서 발행하는 모든 도서는 저자와 출판사, 그리고 독자가 함께 만들어 나갑니다.

좋은 책을 펴내기 위해 많은 노력을 기울이고 있습니다. 혹시라도 내용상의 오류나 오탈자 등이 발견되면 "좋은 책은 나라의 보배"로서 우리 모두가 함께 만들어 간다는 마음으로 연락주시기 바랍니다. 수정 보완하여 더 나은 책이 되도록 최선을 다하겠습니다.

성안당은 늘 독자 여러분들의 소중한 의견을 기다리고 있습니다. 좋은 의견을 보내주시는 분께는 성안당 쇼핑몰의 포인트(3,000포인트)를 적립해 드립니다.

잘못 만들어진 책이나 부록 등이 파손된 경우에는 교환해 드립니다.

저자문의 e-mail : syhebs@hanmail.net(송용희)
본서 기획자 e-mail : coh@cyber.co.kr(최옥현)
홈페이지 : http://www.cyber.co.kr   전화 : 031) 950-6300

3회독 플래너

SMART 스스로 마스터하는 트렌디한 수험서

지적기사·산업기사 [필기]

Part	Chapter	1회독	2회독	3회독
제1편 지적측량	제1장 총론	1일	1일	1일
	제2장 지적삼각점측량	2일		
	제3장 지적삼각보조점측량	3일		
	제4장 지적도근점측량	4일	2일	
	제5장 지적세부측량	5일		
	제6장 면적측정 및 제도	6일		
제2편 응용측량	제1장 수준측량	7일	3일	2일
	제2장 지형측량	8일		
	제3장 노선측량	9일		
	제4장 사진측량	10일	4일	3일
	제5장 터널 및 지하시설물측량	11일		
	제6장 위성측위시스템	12일		
제3편 토지정보체계론	제1장 지적전산 총론	13일	5일	4일
	제2장 지적정보	14일		
	제3장 자료구조	15일	6일	5일
	제4장 데이터베이스	16일		
	제5장 토지정보시스템	17일	7일	
	제6장 국가공간정보 기본법	18일		
제4장 지적학	제1장 총론	19일	8일	6일
	제2장 토지의 등록 및 지적공부	20일		
	제3장 지적의 발달사	21일	9일	7일
	제4장 토지조사사업	22일		
제5장 지적관계법규	제1장 총론 및 토지의 등록	23일	10일	8일
	제2장 지적공부	24일		
	제3장 토지의 이동 및 정리	25일	11일	
	제4장 지적측량	26일		
	제5장 지적재조사특별법	27일	12일	9일
	제6장 부동산등기법	28일		
	제7장 국토의 계획 및 이용에 관한 법률		13일	
부록 Ⅰ 과년도 기출복원문제	2023~2025년 기출복원문제	29일	14일	10일
부록 Ⅱ CBT 대비 실전 모의고사	지적기사 모의고사	30일	15일	
	지적산업기사 모의고사			

30일 완성! / 15일 완성! / 10일 완성!

" 성안당이 수험생 여러분을 응원합니다! "

SMART 스스로 마스터하는 트렌디한 수험서

지적기사·산업기사 [필기]

스스로 체크하는 3회독 플래너

Part	Chapter	1회독	2회독	3회독
제1편 지적측량	제1장 총론			
	제2장 지적삼각점측량			
	제3장 지적삼각보조점측량			
	제4장 지적도근점측량			
	제5장 지적세부측량			
	제6장 면적측정 및 제도			
제2편 응용측량	제1장 수준측량			
	제2장 지형측량			
	제3장 노선측량			
	제4장 사진측량			
	제5장 터널 및 지하시설물측량			
	제6장 위성측위시스템			
제3편 토지정보체계론	제1장 지적전산 총론			
	제2장 지적정보			
	제3장 자료구조			
	제4장 데이터베이스			
	제5장 토지정보시스템			
	제6장 국가공간정보 기본법			
제4편 지적학	제1장 총론			
	제2장 토지의 등록 및 지적공부			
	제3장 지적의 발달사			
	제4장 토지조사사업			
제5편 지적관계법규	제1장 총론 및 토지의 등록			
	제2장 지적공부			
	제3장 토지의 이동 및 정리			
	제4장 지적측량			
	제5장 지적재조사특별법			
	제6장 부동산등기법			
	제7장 국토의 계획 및 이용에 관한 법률			
부록 I 과년도 기출복원문제	2023~2025년 기출복원문제			
부록 II CBT 대비 실전 모의고사	지적기사 모의고사			
	지적산업기사 모의고사			

" 성안당이 수험생 여러분을 응원합니다! "

일 완성 일 완성 일 완성

머리말

지적이란 국가의 통치권이 미치는 모든 영토, 즉 토지에 관련된 정보를 조사·측량하여 지적공부에 등록·관리하고 등록된 정보의 제공에 관한 사항을 규정함으로써 효율적인 토지관리와 소유권의 보호에 이바지함을 목적으로 한다.

최근 지적재조사사업에 따른 지적분야에 관심이 고조되고 있는 상황에서 지적직 공무원 및 지적공사 등을 지망하는 수험생이 날로 증가하고 있다. 그런데 공무원, 공사시험을 응시하기 위해서는 지적(산업)기사의 취득이 필수적이다. 따라서 지적(산업)기사 시험에 대비한 보다 정확하고 체계적으로 학습할 수 있는 수험서가 필요하다. 이에 이 책은 다년간의 강의경험과 실무경험을 토대로 수험생이 보다 쉽게 접근할 수 있도록 다음과 같이 내용을 구성하였다.

- 각 단원별 기초이론과 문제를 알기 쉽도록 정리하였다.
- 실전 적응능력을 향상시키기 위해 기출복원문제와 CBT 대비 실전 모의고사를 수록하여 시험유형에 완벽을 기할 수 있도록 노력하였다.

이 책은 제1편 지적측량, 제2편 응용측량, 제3편 토지정보체계론, 제4편 지적학, 제5편 지적관계법규로 구성되어 있고, 각 편별로 기본이론과 연습문제가 수록되었으며, 부록으로 과년도 기출문제를 수록하였다.

어떤 시험이든지 이론에 대한 확실한 이해 없이 암기 위주의 학습을 한다면 응용능력이 부족하게 된다. 아무쪼록 이 책을 통하여 수험생 여러분이 지적(산업)기사를 체계적으로 학습함으로써 합격의 영광을 누리기를 바란다.

이 책은 지적(산업)기사 수험서로서 역할을 다할 수 있도록 최선을 다하고자 하였으나 아직 미비한 점이 많을 것이다. 앞으로 더 알찬 기본서가 되도록 수험생 여러분의 많은 충고와 격려를 바란다.

끝으로 교재를 집필하는 데 참고한 저서의 저자들에게 심심한 감사를 드리며, 많은 업무에도 불구하고 출판에 도움을 주신 성안당출판사 편집진 여러분에게 깊은 감사를 드린다. 그리고 사랑하는 쌍둥이 현서·민서, 누구보다 열심히 곁에서 묵묵히 후원해 준 아내에게 감사한다.

송용희
E-mail : syhebs@hanmail.net
카페명 : 송용희의 지적정보방(다음카페)
지적에듀(cadaedu.com)

NCS 안내

1 국가직무능력표준(NCS)이란?

국가직무능력표준(NCS, National Competency Standards)은 산업현장에서 직무를 수행하기 위해 요구되는 지식·기술·태도 등의 내용을 국가가 산업부문별, 수준별로 체계화한 것이다.

(1) 국가직무능력표준(NCS) 개념도

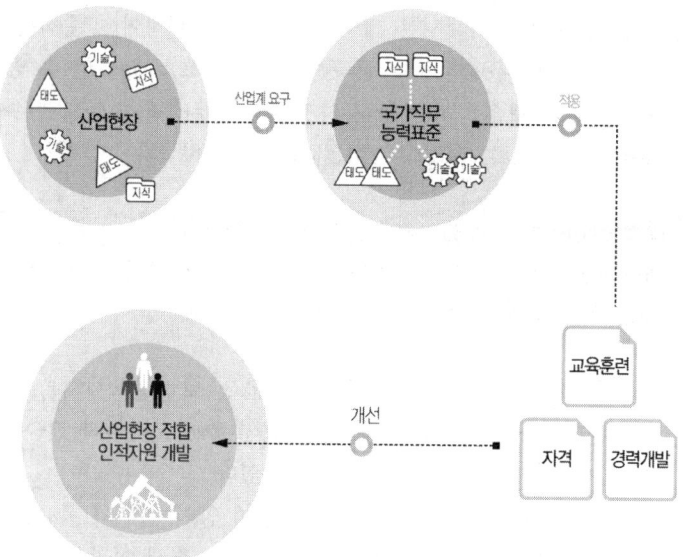

직무능력 : 일을 할 수 있는 On-spec인 능력
① 직업인으로서 기본적으로 갖추어야 할 공통 능력 → 직업기초능력
② 해당 직무를 수행하는 데 필요한 역량(지식, 기술, 태도) → 직무수행능력

보다 효율적이고 현실적인 대안 마련
① 실무 중심의 교육·훈련 과정 개편
② 국가자격의 종목 신설 및 재설계
③ 산업현장 직무에 맞게 자격시험 전면 개편
④ NCS 채용을 통한 기업의 능력 중심 인사관리 및 근로자의 평생경력 개발 관리 지원

(2) 국가직무능력표준(NCS) 학습모듈

국가직무능력표준(NCS)이 현장의 '직무요구서'라고 한다면, NCS 학습모듈은 NCS 능력단위를 교육훈련에서 학습할 수 있도록 구성한 '교수·학습자료'이다.
NCS 학습모듈은 구체적 직무를 학습할 수 있도록 이론 및 실습과 관련된 내용을 상세하게 제시하고 있다.

2 국가직무능력표준(NCS)이 왜 필요한가?

능력 있는 인재를 개발해 핵심 인프라를 구축하고, 나아가 국가경쟁력을 향상시키기 위해 국가직무능력표준이 필요하다.

(1) 국가직무능력표준(NCS) 적용 전/후

지금은
- 직업 교육·훈련 및 자격제도가 산업현장과 불일치
- 인적자원의 비효율적 관리 운용

→ 국가직무능력표준 →

이렇게 바뀝니다.
- 각각 따로 운영되었던 교육·훈련, 국가직무능력표준 중심 시스템으로 전환 (일-교육·훈련-자격 연계)
- 산업현장 직무 중심의 인적자원 개발
- 능력중심사회 구현을 위한 핵심 인프라 구축
- 고용과 평생직업능력개발 연계를 통한 국가경쟁력 향상

(2) 국가직무능력표준(NCS) 활용범위

기업체 Corporation
- 현장 수요 기반의 인력채용 및 인사관리 기준
- 근로자 경력개발
- 직무기술서

교육훈련기관 Education and training
- 직업교육 훈련과정 개발
- 교수계획 및 매체, 교재 개발
- 훈련기준 개발

자격시험기관 Qualification
- 자격종목의 신설·통합·폐지
- 출제기준 개발 및 개정
- 시험문항 및 평가 방법

3 과정평가형 자격취득

(1) 개념
과정평가형 자격은 국가직무능력표준(NCS)으로 설계된 교육·훈련과정을 체계적으로 이수하고 내·외부평가를 거쳐 취득하는 국가기술자격이다.

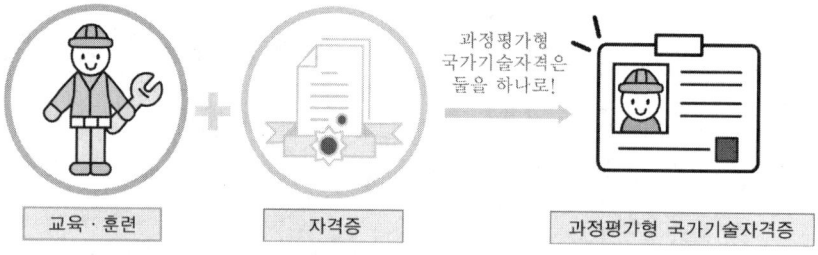

(2) 기존 자격제도와 차이점

구분	검정형	과정형
응시자격	학력, 경력요건 등 응시요건을 충족한 자	해당 과정을 이수한 누구나
평가방법	지필평가, 실무평가	내부평가, 외부평가
합격기준	• 필기 : 평균 60점 이상 • 실기 : 60점 이상	내부평가와 외부평가의 결과를 1:1로 반영하여 평균 80점 이상
자격증 기재내용	자격종목, 인적사항	자격종목, 인적사항, 교육·훈련기관명, 교육·훈련기간 및 이수시간, NCS 능력단위명

(3) 취득방법
① 산업계의 의견수렴절차를 거쳐 한국산업인력공단은 다음연도의 과정평가형 국가기술자격 시행종목을 선정한다.
② 한국산업인력공단은 종목별 편성기준(시설·장비, 교육·훈련기관, NCS 능력단위 등)을 공고하고, 엄격한 심사를 거쳐 과정평가형 국가기술자격을 운영할 교육·훈련기관을 선정한다.
③ 교육·훈련생은 각 교육·훈련기관에서 600시간 이상의 교육·훈련을 받고 능력단위별 내부평가에 참여한다.
④ 이수기준(출석률 75%, 모든 내부평가 응시)을 충족한 교육·훈련생은 외부평가에 참여한다.

⑤ 교육·훈련생은 80점 이상(내부평가 50+외부평가 50)의 점수를 받으면 해당 자격을 취득하게 된다.

(4) 교육·훈련생의 평가방법

① 내부평가(지정 교육·훈련기관)
  ㉠ 과정평가형 자격 지정 교육·훈련기관에서 능력단위별 75% 이상 출석 시 내부평가 시행
  ㉡ 내부평가

시기	NCS 능력단위별 교육·훈련 종료 후 실시(교육·훈련시간에 포함됨)
출제·평가	지필평가, 실무평가
성적관리	능력단위별 100점 만점으로 환산
이수자 결정	능력단위별 출석률 75% 이상, 모든 내부평가에 참여
출석관리	교육·훈련기관 자체 규정 적용(다만, 훈련기관의 경우 근로자직업능력개발법 적용)

  ㉢ 모니터링

시행시기	내부평가 시
확인사항	과정 지정 시 인정받은 필수기준 및 세부 평가기준 충족 여부, 내부평가의 적정성, 출석관리 및 시설장비의 보유 및 활용사항 등
시행횟수	분기별 1회 이상(교육·훈련기관의 부적절한 운영상황에 대한 문제제기 등 필요 시 수시확인)
시행방법	종목별 외부전문가의 서류 또는 현장조사
위반사항 적발	주무부처 장관에게 통보, 국가기술자격법에 따라 위반내용 및 횟수에 따라 시정명령, 지정취소 등 행정처분(국가기술자격법 제24조의5)

② 외부평가(한국산업인력공단)
  내부평가 이수자에 대한 외부평가 실시

시행시기	해당 교육·훈련과정 종료 후 외부평가 실시
출제·평가	과정 지정 시 인정받은 필수기준 및 세부평가기준 충족 여부, 내부평가의 적정성, 출석관리 및 시설장비의 보유 및 활용사항 등 ※ 외부평가 응시 시 발생되는 응시수수료 한시적으로 면제

★ NCS에 대한 자세한 사항은 **국가직무능력표준** 홈페이지(www.ncs.go.kr)에서 확인해주시기 바랍니다.★

★ 과정평가형 자격에 대한 자세한 사항은 **CQ-Net** 홈페이지(c.q-net.or.kr)에서 확인해주시기 바랍니다.★

출제기준

직무 분야	건설	중직무 분야	토목	자격 종목	지적기사 · 산업기사	적용 기간	2025.1.1.~ 2028.12.31.
직무내용	— 기사 : 지적도면의 정리와 면적측정 및 도면 작성과 지적측량 및 종합적 계획수립 등을 수행하는 직무이다. — 산업기사 : 지적도면의 정리와 면적측정 및 도면 작성과 지적측량을 수행하는 직무이다.						
필기검정방법	객관식		문제수	100		시험시간	2시간 30분

필기과목명	문제수	주요항목	세부항목	세세항목
지적측량	20	1. 총론	(1) 지적측량 개요	① 지적측량의 목적과 대상 ② 각, 거리측량 ③ 좌표계 및 측량원점
			(2) 오차론	① 오차의 종류 ② 오차 발생원인 ③ 오차보정
		2. 기초측량	(1) 지적삼각점측량 (기사만 해당)	① 관측 및 계산 ② 측량성과 작성 및 관리
			(2) 지적삼각보조점측량	① 관측 및 계산 ② 측량성과 작성 및 관리
			(3) 지적도근점측량	① 관측 및 계산 ② 오차와 배분 ③ 측량성과 작성 및 관리
		3. 세부측량(변경)	(1) 도해측량	① 지적공부정리를 위한 측량 ② 지적공부를 정리하지 않는 측량
			(2) 지적확정측량(축척변경, 지적재조사측량 등) (기사만 해당)	① 관측 및 계산 ② 경계점좌표등록부 비치지역의 측량방법 ③ 측량성과 작성 및 관리
		4. 면적측정 및 제도	(1) 면적측정	① 면적측정대상 ② 면적측정방법과 기준 ③ 면적오차의 허용범위 ④ 면적의 배분 및 결정
			(2) 제도	① 제도의 기초이론 ② 제도기기 ③ 지적공부의 제도방법

필기과목명	문제수	주요항목	세부항목	세세항목
응용측량	20	1. 지상측량	(1) 수준측량	① 직접수준측량 ② 간접수준측량
			(2) 지형측량	① 지형표시 ② 지형측량방법 ③ 면적 및 체적계산
			(3) 노선측량	① 노선측량방법 ② 원곡선 및 완화곡선
			(4) 터널측량 (기사만 해당)	① 터널 외 측량 ② 터널 내 측량 ③ 터널 내·외 연결측량
		2. GNSS(위성측위) 및 사진측량	(1) GNSS(위성측위) 측량	① GNSS(위성측위) 일반 ② GNSS(위성측위) 응용
			(2) 사진측량	① 사진측량 일반 ② 사진측량 응용
		3. 지하공간정보측량	(1) 지하공간정보측량	① 관측 및 계산 ② 도면 작성 및 대장정리
토지정보 체계론	20	1. 토지정보체계 일반	(1) 총론	① 정의 및 구성요소 ② 관련 정보체계
		2. 데이터의 처리	(1) 데이터의 종류 및 구조	① 속성정보 ② 도형정보
			(2) 데이터 취득	① 기존 자료를 이용하는 방법 ② 측량에 의한 방법
			(3) 데이터의 처리	① 데이터의 입력 ② 데이터의 수정 ③ 데이터의 편집
			(4) 데이터 분석 및 가공	① 데이터의 분석 ② 데이터의 가공
		3. 데이터의 관리	(1) 데이터베이스	① 자료관리 ② 데이터의 표준화
		4. 토지정보체계의 운용 및 활용	(1) 운용	① 지적공부전산화 ② 지적공부관리시스템 ③ 지적측량시스템
			(2) 활용	① 토지 관련 행정분야 ② 정책통계분야

필기과목명	문제수	주요항목	세부항목	세세항목
지적학	20	1. 지적 일반	(1) 지적의 개념	① 지적의 기본이념 ② 지적의 기본요소 ③ 지적의 기능
		2. 지적제도	(1) 지적제도의 발달	① 우리나라의 지적제도 ② 외국의 지적제도
			(2) 지적제도의 변천사	① 토지조사사업 이전 ② 토지조사사업 이후
			(3) 토지의 등록	① 토지등록제도 ② 지적공부정리 ③ 지적 관련 조직
			(4) 지적재조사	① 지적재조사 일반 ② 지적재조사기법
지적관계 법규	20	1. 지적 관련 법규	(1) 공간정보의 구축 및 관리 등에 관한 법률	① 총칙 ② 지적 ③ 보칙 및 벌칙 ④ 지적측량시행규칙 ⑤ 지적업무처리규정
			(2) 지적재조사에 관한 특별법령	① 지적재조사에 관한 특별법 ② 지적재조사에 관한 특별법 시행령 ③ 지적재조사에 관한 특별법 시행규칙
			(3) 도로명주소법령	① 도로명주소법 ② 도로명주소법 시행령 ③ 도로명주소법 시행규칙
			(4) 관계법규 (기사만 해당)	① 부동산등기법 ② 국토의 계획 및 이용에 관한 법률

차 례

PART 01 지적측량

Chapter 01 총론 ·· 3
1. 지적측량 / 3
2. 측량의 원점 / 4
3. 거리관측 / 7
4. 각관측 / 11
▶ 예상문제 / 15

Chapter 02 지적삼각점측량 ··· 29
1. 지적삼각점측량 / 29
2. 지적삼각점측량의 원리 / 30
3. 지적삼각망 / 31
4. 삼각측량의 순서 / 33
5. 지적삼각망조정 / 36
6. 지적삼각점의 관리 / 40
▶ 예상문제 / 41

Chapter 03 지적삼각보조점측량 ·· 51
1. 지적삼각보조점측량 / 51
2. 지적삼각보조점측량의 순서 / 52
3. 지적삼각보조점의 관리 / 54
▶ 예상문제 / 56

Chapter 04 지적도근점측량 ·· 66
1. 지적도근점측량 / 66
2. 지적도근점측량의 순서 / 67
3. 지적도근점측량방법 / 68
4. 지적도근점의 관리 / 74
▶ 예상문제 / 76

Chapter 05 지적세부측량 ··· 88
1. 지적세부측량 / 88
2. 평판측량 / 89
3. 경위의측량방법에 의한 세부측량 / 94
4. 기타 세부측량 / 95
5. 수치지적측량 / 97
▶ 예상문제 / 100

Chapter 06 면적측정 및 제도 ··· 116

1. 면적측정의 개요 / 116
2. 도면제도 / 120
▶ 예상문제 / 126

PART 02 응용측량

Chapter 01 수준측량 ··· 141

1. 개요 / 141
2. 수준측량의 분류 / 142
3. 레벨의 구조 / 142
4. 직접수준측량 / 144
▶ 예상문제 / 149

Chapter 02 지형측량 ··· 160

1. 개요 / 160
2. 등고선 / 162
3. 면적 및 체적 / 166
▶ 예상문제 / 169

Chapter 03 노선측량 ··· 180

1. 개요 / 180
2. 단곡선의 각부 명칭 및 공식 / 181
3. 단곡선 설치방법 / 183
4. 완화곡선 / 185
5. 종단곡선(수직곡선) / 188
▶ 예상문제 / 190

Chapter 04 사진측량 ··· 201

1. 개요 / 201
2. 사진측량의 순서 / 203
3. 사진 및 모델의 매수 / 205
4. 사진의 특성 / 206
5. 입체사진측정 / 207
6. 표정 / 209
7. 사진판독 및 사진지도 / 210
8. 사진측량의 응용 / 211
▶ 예상문제 / 213

Chapter 05 터널 및 지하시설물측량 ··· 227

1. 터널측량 / 227
2. 지하시설물측량 / 230
▶ 예상문제 / 232

Chapter 06 위성측위시스템 ··· 239

1. 개요 / 239
2. GNSS의 원리 / 240
3. GNSS의 측량방법 / 243
4. GNSS의 오차 / 244
5. GNSS의 활용 / 246
▶ 예상문제 / 247

PART 03 토지정보체계론

Chapter 01 지적전산 총론 ··· 257

1. 개요 / 257
2. 지적전산의 변천 / 260
3. 기타 / 268
▶ 예상문제 / 271

Chapter 02 지적정보 ··· 282

1. 개요 / 282
2. 지적정보 취득방법 / 284
3. 지적정보의 입력 / 286
4. 입력 시 발생하는 오차 / 289
▶ 예상문제 / 291

Chapter 03 자료구조 ··· 314

1. 벡터자료구조 / 314
2. 래스터자료구조 / 317
3. 공간분석 / 322
▶ 예상문제 / 328

Chapter 04 데이터베이스 ·· 344

1. 개요 / 344
2. 데이터베이스 / 346
3. 데이터베이스시스템 / 349
4. SQL 데이터 언어 / 353
5. 데이터베이스 모형 / 355
▶ 예상문제 / 357

Chapter 05 토지정보시스템 ·· 366

1. 토지정보시스템 / 366
2. 자료처리체계 / 369
3. 국가지리정보시스템(NGIS) / 371
4. 수치지도 / 372
5. 표준화 / 374
6. 기타 / 378
▶ 예상문제 / 382

Chapter 06 국가공간정보 기본법 ·· 394

1. 개요 / 394
2. 국가공간정보정책의 추진체계 / 395
3. 국가공간정보기반의 조성 / 401
4. 국가공간정보체계의 구축 및 활용 / 405
5. 벌칙 / 410
▶ 예상문제 / 411

PART 04 지적학

Chapter 01 총론 ·· 417

1. 개요 / 417
2. 지적제도 / 425
3. 지적제도와 등기제도 / 428
4. 외국의 지적제도 / 431
▶ 예상문제 / 433

Chapter 02　토지의 등록 및 지적공부 ·········· 450

1. 토지등록 / 450
2. 토지등록의 유형 / 452
3. 지적공부 / 455
4. 필지와 획지 / 458
5. 지번 / 459
6. 지목 / 463
7. 경계 / 466
8. 면적 / 470
▶ 예상문제 / 473

Chapter 03　지적의 발달사 ·········· 496

1. 삼국시대의 지적제도 / 496
2. 고려시대의 지적제도 / 498
3. 조선시대의 지적제도 / 501
4. 양전제도와 양안 / 507
5. 대한제국의 지적제도 / 510
▶ 예상문제 / 513

Chapter 04　토지조사사업 ·········· 523

▶ 예상문제 / 533

PART 05　지적관계법규

Chapter 01　총론 및 토지의 등록 ·········· 547

1. 개요 / 547
2. 토지의 등록 / 549
▶ 예상문제 / 570

Chapter 02　지적공부 ·········· 586

1. 개요 / 586
2. 지적공부 / 587
3. 지적공부의 관리 / 594
4. 지적공부의 복구 / 602
5. 기타 공부 / 604
▶ 예상문제 / 607

Chapter 03 토지의 이동 및 정리 ·· 617

    1. 개요 / 617   2. 토지의 이동 / 618
    3. 토지이동신청의 특례 / 636   4. 지적공부의 정리 / 638
    ▶ 예상문제 / 642

Chapter 04 지적측량 ·· 661

    1. 개요 / 661   2. 지적측량 / 661
    3. 지적측량수행자 / 667   4. 측량기기의 성능검사 / 672
    5. 지적위원회 / 676   6. 벌칙 / 680
    ▶ 예상문제 / 683

Chapter 05 지적재조사특별법 ··· 699

    1. 개요 / 699   2. 지적재조사사업의 절차 / 699
    3. 지적재조사측량 / 707   4. 경계의 확정 / 709
    5. 조정금 산정 / 712   6. 사업완료 및 등기촉탁 / 714
    7. 벌칙 / 717   8. 지적재조사위원회 / 719
    9. 경계결정위원회 및 지적재조사기획단 등 / 721
    ▶ 예상문제 / 724

Chapter 06 부동산등기법 ··· 727

    ▶ 예상문제 / 750

Chapter 07 국토의 계획 및 이용에 관한 법률 ······································ 754

    1. 개요 / 754   2. 광역도시계획 / 755
    3. 도시·군기본계획 / 759   4. 도시·군관리계획 / 761
    5. 용도지역, 용도지구 및 용도구역 / 766
    6. 도시·군계획시설 / 776   7. 지구단위계획 / 778
    8. 개발행위의 허가 / 780
    9. 개발행위에 따른 기반시설의 설치 / 785
    10. 도시·군계획시설사업의 시행 / 786
    11. 비용 / 790   12. 토지거래규제 / 790
    ▶ 예상문제 / 796

과년도 기출복원문제

- 2023년 제1회 지적기사 필기 복원 ·· 23-1
- 2023년 제1회 지적산업기사 필기 복원 ····································· 23-18
- 2023년 제2회 지적기사 필기 복원 ·· 23-33
- 2023년 제2회 지적산업기사 필기 복원 ····································· 23-49
- 2023년 제3회 지적기사 필기 복원 ·· 23-64
- 2023년 제3회 지적산업기사 필기 복원 ····································· 23-82

- 2024년 제1회 지적기사 필기 복원 ·· 24-1
- 2024년 제1회 지적산업기사 필기 복원 ····································· 24-18
- 2024년 제2회 지적기사 필기 복원 ·· 24-34
- 2024년 제2회 지적산업기사 필기 복원 ····································· 24-51
- 2024년 제3회 지적기사 필기 복원 ·· 24-67
- 2024년 제3회 지적산업기사 필기 복원 ····································· 24-83

- 2025년 제1회 지적기사 필기 복원 ·· 25-1
- 2025년 제1회 지적산업기사 필기 복원 ····································· 25-19
- 2025년 제2회 지적기사 필기 복원 ·· 25-36
- 2025년 제2회 지적산업기사 필기 복원 ····································· 25-53
- 2025년 제3회 지적기사 필기 복원 ·· 25-71
- 2025년 제3회 지적산업기사 필기 복원 ····································· 25-89

CBT 대비 실전 모의고사

- 제1회 지적기사 모의고사 ··· 부-3
- 제1회 지적기사 모의고사 정답 및 해설 ···································· 부-14
- 제1회 지적산업기사 모의고사 ··· 부-20
- 제1회 지적산업기사 모의고사 정답 및 해설 ····························· 부-32

ENGINEER & INDUSTRIAL ENGINEER OF CADASTRAL SURVEYING

제 1 편

지적측량

제 1 장 총론
제 2 장 지적삼각점측량
제 3 장 지적삼각보조점측량
제 4 장 지적도근점측량
제 5 장 지적세부측량
제 6 장 면적측정 및 제도

ENGINEER & INDUSTRIAL ENGINEER of CADASTRAL SURVEYING

01 총론

1 지적측량

1 의의

토지를 지적공부에 등록하거나 지적공부에 등록된 경계점을 지표상에 복원하기 위하여 필지의 경계 또는 좌표와 면적을 정하는 측량을 말하며 지적확정측량 및 지적재조사측량을 포함한다.

2 특징

1) **기속측량**

   지적측량은 법률로 정해진 측량방법 및 절차에 의해 측량하여야 한다는 점에서 기속측량의 성격을 가진다(↔ 자유재량측량).

2) **사법측량**

   토지에 대한 물권이 미치는 범위, 위치, 양을 결정한다는 점에서 사법측량의 성격을 가진다(↔ 공사측량).

3) **평면측량**

   지구의 곡률을 고려하지 않고 측량하는 지역을 평면으로 간주하여 실시하는 측량으로 소지측량이라고도 하며 토지의 표시사항 중 경계와 면적을 평면적으로 재는 측량이다(↔ 측지측량).

4) **영구성**

   지적측량성과는 영구히 보존된다는 점에서 영구성의 성격을 가진다.

5) **대중성**

   지적측량의 성과는 지적공개주의 이념에 의하여 누구나 일정한 절차에 의하여 열람하거나 등본교부도 가능하다는 점에서 대중성의 성격을 가진다.

> **Key Point**
>
> **대지측량 및 소지측량의 범위**
>
> $$\frac{\Delta l}{l} = \frac{L-l}{l} = \frac{l^2}{12R^2} = \frac{1}{M}$$
>
> 여기서, L : 지평선
> l : 수평선
> R : 지구의 곡률반경
> $\frac{1}{M}$: 정밀도
>
> - 수평선과 정밀도의 관계 : $l = \sqrt{\frac{12R^2}{M}}$
> - 허용오차 : $\Delta l = L - l = \frac{l^3}{12R^2}$
>
>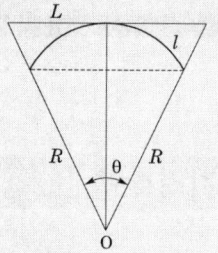
> ▲ 대지측량과 평면측량의 관계

3 지적측량의 분류

지적측량은 기초측량 및 세부측량으로 구분된다.

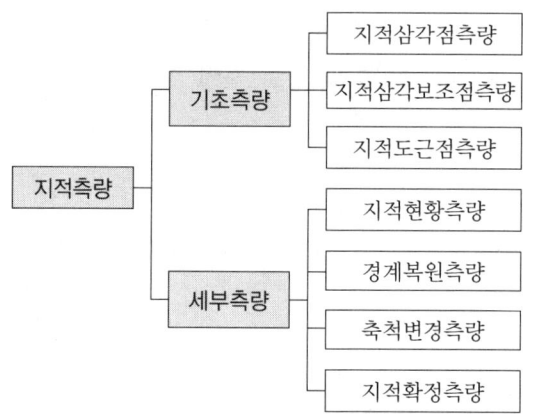

2 측량의 원점

1 평면직각좌표원점

① 지도상 제점 간의 위치관계를 용이하게 결정
② 모든 삼각점좌표(x, y)의 기준
③ 우리나라 도원점의 위치(가상점)

명칭	원점의 경위도	적용 구역
서부좌표계	• 경도 : 동경 125°00′00″.0000 • 위도 : 북위 38°00′00″.0000	동경 124~126°구역 내
중부좌표계	• 경도 : 동경 127°00′00″.0000 • 위도 : 북위 38°00′00″.0000	동경 126~128°구역 내
동부좌표계	• 경도 : 동경 129°00′00″.0000 • 위도 : 북위 38°00′00″.0000	동경 128~130°구역 내
동해좌표계	• 경도 : 동경 131°00′00″.0000 • 위도 : 북위 38°00′00″.0000	동경 130~132°구역 내

2 수준원점

① 평균해수면을 알기 위한 검조장 설치(1911년)
② 검조장 설치위치 : 청진, 원산, 목포, 진남포, 인천(5개소)
③ 1963년 1등수준점 신설
④ 위치 : 인천광역시 남구 용현동 253번지(인하공업전문대학 교정)
⑤ 표고 : 26.6871m

3 경·위도원점

1) 경·위도원점

① 1981~1985년까지 정밀천문측량 실시
② 1985년 12월 17일 발표
③ 국토지리정보원 구내 위치
  ㉠ 경도 : 127°03′14.8913″E
  ㉡ 위도 : 37°16′33.3659″N
  ㉢ 원방위각 : 165°03′44.538″(원점으로부터 진북을 기준으로 오른쪽 방향으로 측정한 우주측지관측센터에 있는 위성기준점 안테나참조점 중앙)

2) 경도 및 위도

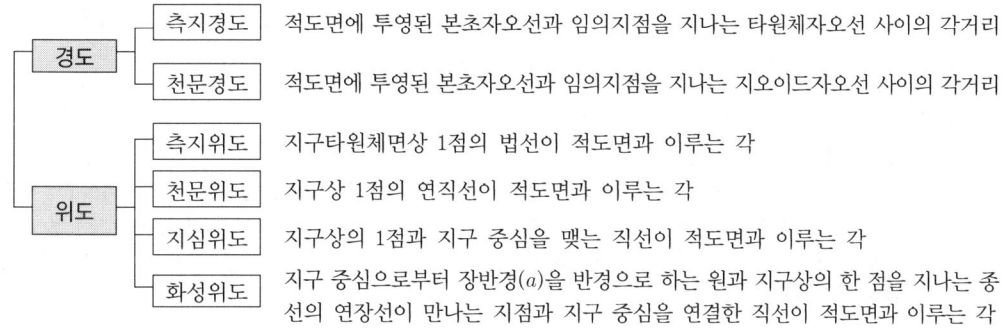

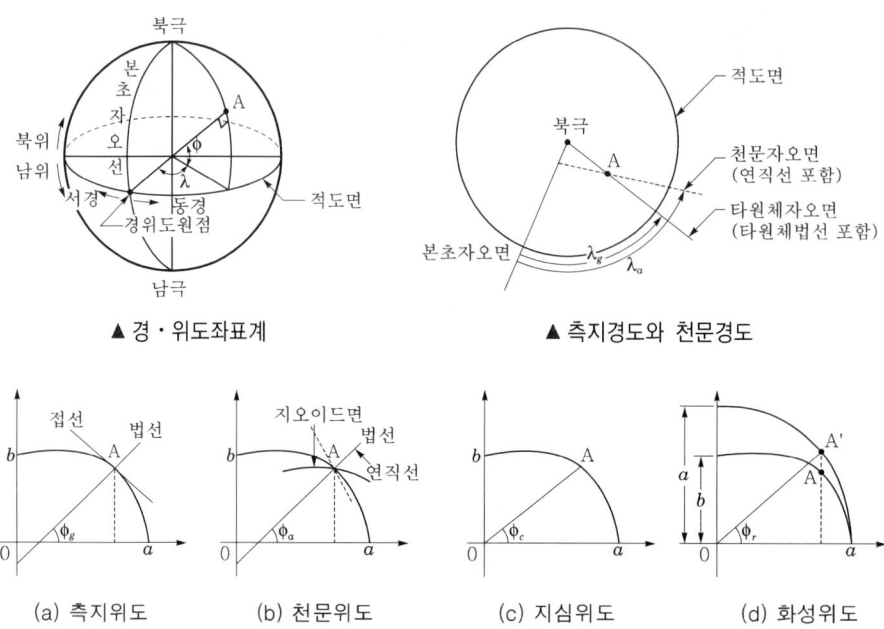

▲ 경·위도좌표계 　　　　　　　　▲ 측지경도와 천문경도

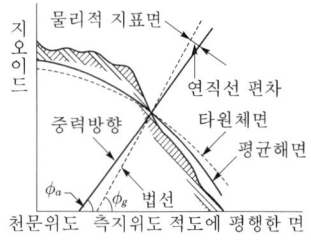

(a) 측지위도　(b) 천문위도　(c) 지심위도　(d) 화성위도

▲ 위도

3) 지오이드와 타원체

지오이드	타원체
• 평균해수면을 육지까지 연장하여 전 표면이 정지한 해수면으로 덮였다고 가정한 곡면 • 물리학적 정의 • 지형이 불규칙(내부밀도의 불균일) • 높이의 기준	• 회전타원체, 지구타원체, 준거타원체, 국제타원체 • 기하학적 정의 • 표면이 매끈하며 굴곡이 없음 • 지구의 표면적, 부피, 삼각측량, 지도제작 등 기준

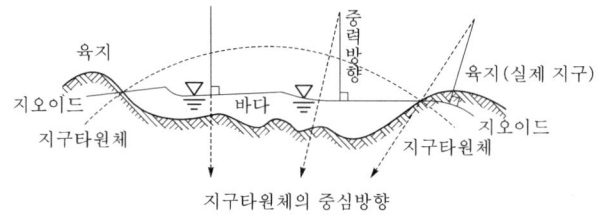

▲ 지오이드와 타원체　　　　▲ 지구타원체와 지오이드 및 실제 지형 간의 관계

> **Key Point**
>
> **연직선 편차**
> 지오이드에 법선을 연직선, 타원체에 법선을 수직선이라 하며, 임의점의 수직선을 기준으로 한 연직선의 차이를 연직선 편차(deflection of plumb line), 반대로 연직선을 기준으로 한 수직선의 차이를 수직선 편차(deflection of vertical line)라고 하는데, 편차 간의 차이는 극히 작으므로 구별하지 않고 일반적으로 연직선 편차로 사용한다.

3 거리관측

1 개요

일반측량에서 거리라 함은 평면상의 선형을 경로로 하여 측정된 평면거리를 말한다. 지상의 두 점 사이에는 고저차가 존재하므로 관측된 거리는 경사거리이며, 이를 수평거리로 환산하여야 한다. 또한 일반측량에서는 모든 관측거리를 기준면상의 거리로 환산하여 사용하며 지적도에 표현하기 위해서는 축척계수를 사용한다.

2 거리측량의 방법

거리측량의 방법은 크게 직접거리측량과 간접거리측량으로 구분된다.
① 직접거리측량 : Chain, Tape, Invar tape
② 간접거리측량 : EDM(전자기파거리측정기), Total station, 시거측량, VLBI(초장기선전파간섭계)

3 전자기파거리측정기(EDM)

1) 의의

전자기파거리측정기(EDM)는 가시광선, 적외선, 레이저광선, 극초단파 등의 전자기파를 이용하여 거리를 관측하는 방법으로 장거리관측을 높은 정밀도로 간편, 신속하게 할 수 있다.

2) 종류

① **전파거리측정기** : 측점에 세운 주국에서 극초단파를 발사하고, 목표점의 종국에서는 이를 수신하여 변조고주파로 사용하여 각각의 위상차로 거리를 관측하는 장비
② **광파거리측정기** : 측점에 세운 기계로부터 파를 발사하여 이것이 목표점의 반사경에 반사해 돌아오는 반사파의 위상차를 관측하여 두 점 간의 거리를 관측하는 장비

3) 광파거리측정기와 전파거리측정기의 비교

구분	광파거리측정기	전파거리측정기
정확도	높다($\pm(5mm+5ppm\times D)$).	낮다($\pm(15mm+5ppm\times D)$).
최소조작인원	1명(목표점에 반사경 설치)	2명(주국, 종국 각 1명)
기상조건	안개, 비, 눈 등 기후의 영향을 받는다.	기후의 영향을 받지 않는다.
방해물	두 지점 간의 시준만 되면 가능하다.	장애물의 영향을 받는다(송전소, 자동차, 고압선 부근은 안 좋다).
관측가능거리	짧다(1m~1km).	길다(100m~60km).

구분	광파거리측정기	전파거리측정기
한 변 조작시간	10~20분	20~30분
대표기종	Geodimeter	Tellurometer

여기서, D : 측정거리

4 Total Station

1) 의의

Total Station은 관측된 데이터를 직접 저장하고 처리할 수 있으며 3차원 지형정보획득으로부터 데이터베이스의 구축 및 지적도 제작까지 일괄적으로 처리할 수 있는 최신 측량기계이다.

2) 특징

① Total Station에 의한 관측에서는 수평각, 고저각 및 거리관측이 동시에 실시된다.

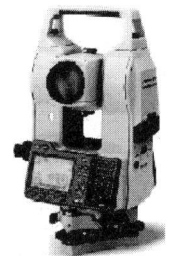

▲ 토털스테이션

② 관측자료는 자동적으로 자료기록장치에 기록되지만, 기계고 등은 수작업으로 입력해야 하므로 입력실수가 없도록 유의해야 한다.

③ 자료기록장치에 기록된 자료는 컴퓨터, 자동제도기 등의 자동처리시스템을 이용하여 계산 및 도면 작성 등의 후속처리를 실시할 수 있다.

④ 기기가 무거우며 기기조작이 기존의 트랜싯보다 복잡한 단점이 있다.

5 오차

1) 오차의 종류

거리측량에서 발생되는 오차의 종류에는 정오차, 우연오차, 착오(과실)가 있다.

구분	정오차	우연오차(부정오차)	착오(과실)
내용	• 오차발생원인이 분명 • 오차의 방향이 일정하여 제거할 수 있음 • 측정횟수에 비례하여 보정 　$E = \delta n$	• 오차발생원인이 불분명 • 최소제곱법에 의하여 소거 • ±가 서로 상쇄되어 없어짐 • 측정횟수의 제곱근에 비례하여 보정 　$E = \pm \delta \sqrt{n}$	• 관측자의 기술 미흡, 심리상태의 혼란, 부주의 등으로 발생

2) 거리측량에서 발생하는 오차

거리측량에서 발생되는 오차의 종류에 따른 발생원인은 다음과 같다.

구분	정오차	우연오차
발생 원인	• Tape의 길이가 표준길이보다 짧거나 길 때(표준척보정) • 측정을 정확한 일직선상에서 하지 않을 때(경사보정) • Tape가 바람 혹은 초목에 걸쳐서 직선이 안 되었을 때(경사보정) • 경사지측정에 Tape가 정확하게 수평으로 안 된 때(경사보정) • Tape가 처져서 생긴 오차(처짐보정) • Tape에 가하는 힘이 검정 시의 장력보다 항상 크거나 작을 때(장력보정) • 측정 시 온도와 검정 시 온도가 동일하지 않을 때(온도보정)	• 정확한 잣눈을 읽지 못하거나 위치를 정확하게 표시 못했을 때 • 온도나 습도가 측정 중에 때때로 변했을 때 • 측정 중 일정한 장력을 확보하기 곤란할 때 • 한 눈금의 끝수를 정확하게 읽기 곤란할 때

(1) Tape의 길이가 표준길이보다 짧거나 길 때(표준척보정)

$$L_0 = L\left(1 \pm \frac{\Delta l}{l}\right)$$

여기서, L_0 : 최확값, L : 측정길이, l : 줄자의 길이

Δl : 줄자의 늘어난(줄어든) 길이(늘어난 경우 +, 줄어든 경우 −)

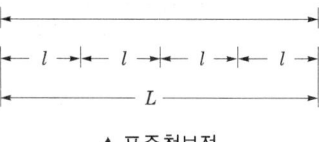
▲ 표준척보정

(2) 측정을 정확한 일직선상에서 하지 않을 때(경사보정)

$$C_g = -\frac{H^2}{2L}$$

여기서, C_g : 경사보정량, L : 경사거리, H : 두 지점의 고저차

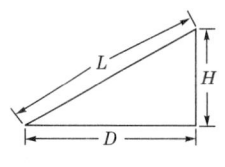
▲ 경사보정

(3) Tape가 처져서 생기는 오차(처짐보정)

$$C_s = -\frac{L}{24}\left(\frac{wl}{P}\right)^2$$

여기서, C_s : 처짐보정량, L : 측정길이(m)

P : 장력(kg), w : 줄자의 자중(kg)

l : 지지말뚝간격(m)

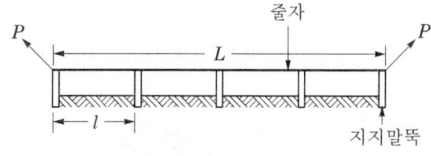
▲ 처짐보정

(4) Tape에 가하는 힘이 검정 시의 장력보다 항상 크거나 작을 때(장력보정)

$$C_p = \left(\frac{P - P_0}{AE}\right)L$$

여기서, C_p : 장력보정량, A : 줄자의 단면적(cm^2), E : 탄성계수(kg/cm^2)

P : 측정 시 장력(kg), P_0 : 표준장력(kg), L : 측정길이(m)

(5) 측정 시 온도와 검정 시 온도가 동일하지 않을 때(온도보정)

$$C_t = \alpha L(t - t_0), \quad L_0 = L \pm C_t$$

여기서, C_t : 온도보정량, α : 열팽창계수, L : 측정길이(m), t : 측정 시의 온도(℃)
t_0 : 표준온도(15℃)

(6) 평균해수면에 대한 보정(표고보정)

$$C_h = -\frac{L}{R}H, \quad L_0 = L - \frac{L}{R}H$$

여기서, C_h : 표고보정량, R : 지구의 반경(m)
L : 측정길이(m), H : 표고(m)

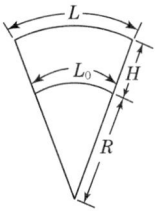

▲ 표고보정

6 장애물이 있는 경우 거리측량방법

두 측점에 접근할 수 없는 경우	두 측점에 접근이 곤란한 경우
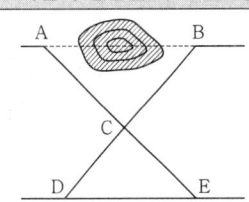 △ABC ∝ △CDE에서 AB : DE = BC : CD ∴ AB = $\dfrac{BC}{CD} \times DE$ 또는 AB : DE = AC : CE ∴ AB = $\dfrac{AC}{CE} \times DE$	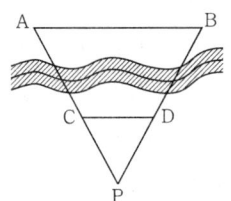 AB : CD = AP : CP ∴ AB = $\dfrac{AP}{CP} \times CD$ 또는 AB : CD = BP : DP ∴ AB = $\dfrac{BP}{DP} \times CD$
한 측점에 접근이 가능한 경우 Ⅰ	한 측점에 접근이 가능한 경우 Ⅱ
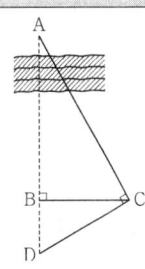 △ABC ∝ △BCD에서 AB : BC = BC : BD ∴ AB = $\dfrac{BC^2}{BD}$	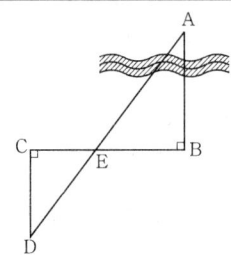 △ABE ∝ △CDE에서 AB : CD = BE : CE ∴ AB = $\dfrac{BE}{CE} \times CD$

7 축척, 거리, 면적의 관계

① 축척과 거리의 관계 : $\dfrac{1}{m} = \dfrac{도상거리}{실제 거리}$

② 축척과 면적의 관계 : $\left(\dfrac{1}{m}\right)^2 = \dfrac{도상면적}{실제 면적}$

4 각관측

1 의의

지적삼각점측량, 지적삼각보조점측량, 지적도근점측량에서 삼각점, 삼각보조점, 도근점의 위치를 구하기 위해서는 각과 거리를 알아야 한다. 이때 각이란 어떤 점에서 시준한 두 점 사이의 낀각을 측정하는 것을 말하며 일반적으로 평면각, 곡면각, 공간각으로 구분한다.

2 종류

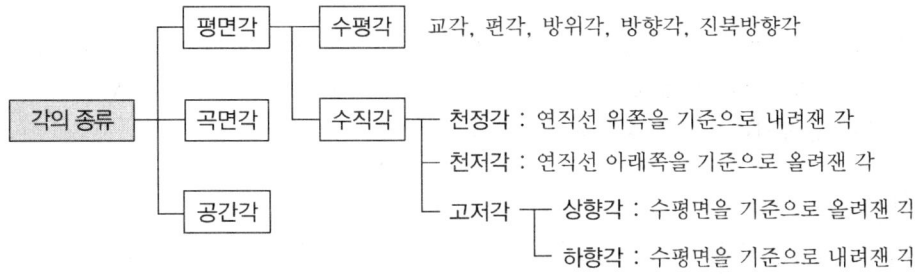

3 수평각측정법

1) 교각법

① 서로 이웃하는 측선이 이루는 각이다.
② 각 측선이 그전 측선과 이루는 각이다.
③ 내각, 외각, 우측각, 좌측각, 우회각, 좌회각이 있다.
④ 각각 독립적으로 관측하므로 오차발생 시 다른 각에 영향을 주지 않는다.
⑤ 각의 순서와 관계없이 관측이 가능하다.
⑥ 배각법에 의해서 정밀도를 높일 수 있다.
⑦ 계산이 복잡한 단점이 있다.
⑧ 우측각(-), 좌측각(+)이다.

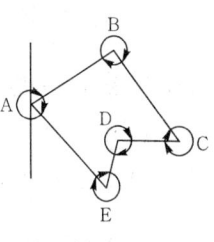

▲ 교각법

2) 방위각법

① 진북을 기준으로 우회시켜 측선과 이루는 각이다.
② 한번 오차가 생기면 끝까지 영향을 끼친다.
③ 측선을 따라 진행하면서 관측하므로 각 관측값의 계산과 제도가 편리하고 신속히 관측할 수 있다.

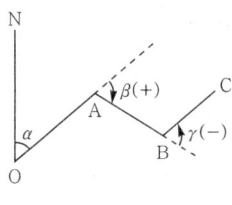

▲ 방위각법

3) 편각법

① 각 측선이 전 측선의 연장선과 이루는 각이다.
② 도로, 철도와 같은 노선측량에 많이 이용된다.
③ 편각의 총합은 360°이다.
④ 우편각(+), 좌편각(−)이다.

▲ 편각법

4 각관측방법

1) 수평각관측법

(1) 단측법(단각법)

측각기계를 사용하여 2점 사이의 각을 1회 관측으로 나중 읽은 값에서 처음 읽은 값의 차를 내는 경우와 1대회의 평균각을 구하는 관측방법이 있다. 이 방법은 간단하여 노력과 작업시간이 단축되는 반면, 정밀도는 떨어진다.

(2) 배각법

두 측점이 이루는 각을 2회 이상 반복 관측하여 누적된 값을 평균하는 방법으로 반복횟수에 비례하여 측각오차를 작게 할 수 있으며 다음과 같은 특징이 있다.
① 방향관측법에 비해 읽기오차의 영향을 적게 받는다.
② 반복관측에 의해 분도반 전체를 사용하므로 눈금오차가 소거된다.
③ 누적관측치를 평균하게 되므로 직접 독취할 수 없는 미량의 값을 구할 수 있다.
④ 한 측점에서 여러 개의 방향을 관측할 때는 방향관측법보다 시간이 많이 소요된다.

(3) 방향각관측법

어떤 측점에서 여러 개의 각을 관측하는 경우 기준이 되는 방향으로부터 각을 측정하여 각각의 각을 구하는 방법이다.

(4) 각관측법(조합각관측법)

정밀을 요하는 수평각관측방법으로 여러 개의 방향선의 각을 차례로 방향각법으로 관측하여 얻어진 여러 개의 각을 최소제곱법에 의하여 최확값을 산정한다.

① 각의 총수 $=\frac{1}{2}n(n-1)$　　② 조건식 총수 $=\frac{1}{2}(n-1)(n-2)$

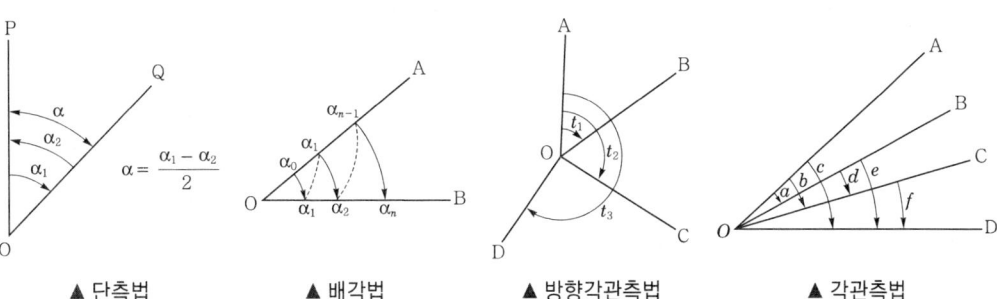

▲ 단측법　　▲ 배각법　　▲ 방향각관측법　　▲ 각관측법

2) 연직각관측법

① 천정각 : 천정을 기준으로 하여 내려잰 각을 말한다.
② 천저각 : 천저를 기준으로 하여 올려잰 각을 말한다.
③ 고저각 : 시준선과 수평선이 만드는 각을 말하며, 시준선이 수평선보다 위에 있으면 앙각(+), 아래쪽에 있으면 부각(-)이라고 한다.

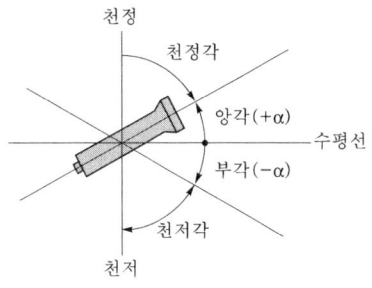

▲ 연직각관측법

5 각관측의 오차 및 소거법

오차의 종류		원인	소거방법
불완전 조정	시준축오차	시준축이 수평축과 직교하지 않을 때	망원경을 정·반위로 관측하여 평균한다.
	수평축오차	수평축이 연직축과 직교하지 않을 때	
	연직축오차	연직축이 평반수준기축과 직교하지 않을 때	소거 불가능하다.
기계 결함	내심오차 (분도반 외심오차)	분도반의 중심과 유표의 회전중심이 일치하지 않을 때	A, B 양 유표로 독취한 값을 평균한다.
	외심오차 (시준선 편심오차)	시준선이 분도반의 중심을 통과하지 않을 때	망원경을 정·반위로 관측하여 평균한다.
	분도원의 눈금오차	분도반의 눈금간격이 고르지 못할 때	$\frac{180°}{n}$씩 초독의 위치를 옮겨가면서 대회관측을 실시한다.

Key Point

대회관측
망원경 정·반위에서 각각 1회씩 관측하는 것을 말한다.
• 2대회 : 0°, 90°　　• 3대회 : 0°, 60°, 120°　　• 4대회 : 0°, 45°, 90°, 135°

6 시준오차와 구심오차

① 시준오차 : $\dfrac{\Delta l}{l} = \dfrac{\theta''}{\rho''}$ ② 구심오차 : $\dfrac{\Delta l}{l} = \dfrac{\theta''}{2\rho''}$

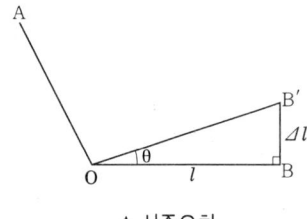

▲ 시준오차

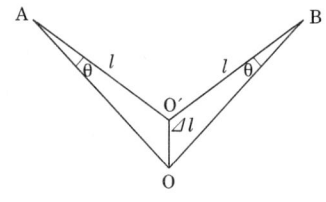

▲ 구심오차

01 예상문제

01 지적측량의 구분으로 옳은 것은?

① 삼각측량, 도해측량
② 수치측량, 기초측량
③ 기초측량, 세부측량
④ 수치측량, 세부측량

해설 지적측량은 지적기준점을 설치하기 위한 기초측량과 경계, 좌표, 면적을 정하는 세부측량으로 구분된다.

02 지적기준점측량의 절차를 순서대로 바르게 나열한 것은?

① 계획의 수립 → 준비 및 현지답사 → 선점 및 조표 → 관측 및 계산과 성과표의 작성
② 준비 및 현지답사 → 계획의 수립 → 선점 및 조표 → 관측 및 계산과 성과표의 작성
③ 준비 및 현지답사 → 계획의 수립 → 관측 및 계산과 성과표의 작성 → 선점 및 조표
④ 계획의 수립 → 준비 및 현지답사 → 관측 및 계산과 성과표의 작성 → 선점 및 조표

해설 지적기준점측량의 순서 : 계획의 수립 → 준비 및 현지답사 → 선점 및 조표 → 관측 및 계산과 성과표의 작성

03 지적기준점측량의 순서가 옳게 나열된 것은?

㉠ 계획의 수립
㉡ 준비 및 현지답사
㉢ 선점(選點) 및 조표(調標)
㉣ 관측 및 계산과 성과표의 작성

① ㉡→㉠→㉣→㉢ ② ㉠→㉡→㉣→㉢
③ ㉡→㉠→㉢→㉣ ④ ㉠→㉡→㉢→㉣

해설 지적기준점측량순서 : 계획의 수립 → 준비 및 현지답사 → 선점 및 조표 → 관측 및 계산과 성과표의 작성

04 다음 중 지적측량을 해야 하는 경우로 옳지 않은 것은?

① 지적측량성과를 검사하는 경우
② 지적기준점을 정하는 경우
③ 분할된 도로의 필지를 합병하는 경우
④ 경계점을 지상에 복원하는 경우

해설 합병의 경우 합병으로 인하여 불필요한 경계와 좌표를 말소하면 되므로 지적측량을 요하지 않는다.

05 산100임을 산지전용하여 대지로 조성하는 경우 지적공부에 등록하기 위한 측량으로 옳은 것은?

① 등록말소 ② 등록전환
③ 신규등록 ④ 축척변경

해설 **등록전환대상**
㉠ 산지관리법에 따른 산지전용허가·신고, 산지일시사용허가·신고, 건축법에 따른 건축허가·신고 또는 그 밖의 관계법령에 따른 개발행위허가 등을 받은 경우
㉡ 대부분의 토지가 등록전환되어 나머지 토지를 임야도에 계속 존치하는 것이 불합리한 경우
㉢ 임야도에 등록된 토지가 사실상 형질변경되었으나 지목변경을 할 수 없는 경우
㉣ 도시·군관리계획선에 따라 토지를 분할하는 경우

06 다음 중 지적공부의 정리가 수반되지 않는 것은?

① 토지분할 ② 축척변경
③ 신규등록 ④ 경계복원

해설 경계복원측량은 지적공부를 정리하지 않으며, 그렇기 때문에 측량성과에 대한 검사도 받지 않는다.

07 지적측량에 대한 설명으로 옳지 않은 것은?

① 지적측량은 기속측량이다.
② 지적측량은 지형측량을 목적으로 한다.
③ 지적측량은 측량의 정확성과 명확성을 중시한다.
④ 지적측량의 성과는 영구적으로 보존·활용한다.

해설 **지적측량의 성격** : 기속측량, 사법측량, 평면측량, 2차원측량, 영구성, 대중성

정답 01 ③ 02 ① 03 ④ 04 ③ 05 ② 06 ④ 07 ②

08 지적측량의 법률적 효력으로 옳지 않은 것은?

① 강제력 ② 공정력
③ 구인력 ④ 확정력

해설 지적측량의 법률적 효력
㉠ 구속력 : 지적측량의 내용은 지적소관청이나 토지소유자 및 이해관계인을 기속한다.
㉡ 공정력 : 지적측량의 효력은 정당한 절차 없이 그 내용의 존재를 부정할 수 없다. 지적측량의 하자가 있다 하더라도 정당한 절차에 의하여 취소될 때까지는 적법한 것으로 추정된다.
㉢ 확정력 : 일단 유효하게 성립한 토지의 등록에 대해서는 일정기간이 경과한 뒤에는 그 상대방이나 이해관계인이 그 효력을 다툴 수 없다. 지적소관청도 특별한 사유가 있는 경우를 제외하고는 그 성과의 변경을 할 수 없는 효력을 말한다.
㉣ 강제력 : 법원의 힘을 빌리지 않고 행정청이 자력으로 집행하는 효력을 말한다.

09 지적측량에서 기초측량에 속하지 않는 것은?

① 지적삼각보조점측량
② 지적삼각점측량
③ 지적도근점측량
④ 세부측량

해설 기초측량 : 지적삼각점측량, 지적삼각보조점측량, 지적도근점측량

10 지적측량에서 기준점을 설치하기 위한 측량으로 기초측량에 해당되지 않는 것은?

① 일필지측량 ② 지적삼각측량
③ 지적삼각보조측량 ④ 지적도근측량

해설 기초측량 : 지적삼각점측량, 지적삼각보조점측량, 지적도근점측량

11 다음 중 경계복원측량을 가장 잘 설명한 것은?

① 지적도상 경계의 수정을 위한 측량이다.
② 경계점을 지표상에 복원하기 위한 측량이다.
③ 지상의 토지구획선을 지적도에 등록하기 위한 측량이다.
④ 지적도 도곽선에 걸쳐 있는 필지를 도곽선 안에 제도하기 위한 측량이다.

해설 경계복원측량 : 경계점을 지표상에 복원하기 위해서 실시하는 측량

12 지적측량 중 기초측량에서 사용하는 방법이 아닌 것은?

① 경위의측량방법 ② 평판측량방법
③ 위성측량방법 ④ 광파기측량방법

해설 기초측량방법 : 위성측량, 경위의측량, 전파광파측량 등 국토교통부장관이 승인한 방법

13 기초측량 및 세부측량을 위하여 실시하는 지적측량의 방법이 아닌 것은?

① 사진측량 ② 수준측량
③ 위성측량 ④ 경위의측량

해설 지적측량시행규칙 제5조(지적측량의 구분 등)
① 지적측량은 공간정보의 구축 및 관리 등에 관한 법률 시행령 제8조 제1항 제3호에 따른 지적기준점을 정하기 위한 기초측량과 1필지의 경계와 면적을 정하는 세부측량으로 구분한다.
② 지적측량은 평판측량, 전자평판측량, 경위의측량, 전파기 또는 광파기측량, 사진측량 및 위성측량 등의 방법에 따른다.

14 다음 중 지적측량의 방법에 해당하지 않는 것은?

① 관성측량 ② 위성측량
③ 경위의측량 ④ 전파기측량

해설 지적측량방법 : 위성측량, 사진측량, 경위의측량, 전파광파거리측량, 평판측량, 전자평판측량

15 다음 중 지적측량에 관한 설명으로 옳지 않은 것은?

① 경계점을 지상에 복원하는 경우 지적측량을 해야 한다.
② 조본원점과 고초원점의 평면직각종횡선수치의 단위는 간(間)으로 한다.
③ 지적측량의 방법 및 절차 등에 필요한 사항은 국토교통부령으로 정한다.
④ 특별소삼각측량지역에 분포된 소삼각측량지역은 별도의 원점을 사용할 수 있다.

정답 08 ③ 09 ④ 10 ① 11 ② 12 ② 13 ② 14 ① 15 ②

해설 **구소삼각원점**

경기지역	경북지역	간(間)	미터(m)
망산원점	율곡원점	망산원점	조본원점
계양원점	현창원점	계양원점	고초원점
조본원점	구암원점	가리원점	율곡원점
가리원점	금산원점	등경원점	현창원점
등경원점	소라원점	구암원점	소라원점
고초원점			금산원점

16 지적세부측량의 방법 및 실시대상으로 옳지 않은 것은?

① 지적기준점설치
② 경계복원측량
③ 평판측량방법
④ 경위의측량방법

해설 지적기준점을 설치하기 위한 측량은 기초측량에 해당한다.

17 도시개발사업 등의 공사를 완료하고 새로이 지적공부를 등록하기 위하여 실시하는 측량은?

① 등록전환측량
② 신규등록측량
③ 지적확정측량
④ 축척변경측량

해설 지적확정측량은 도시개발사업 등의 공사를 완료하고 새로이 지적공부를 등록하기 위하여 실시하는 측량이다.

18 다음 중 지적측량을 실시하지 않아도 되는 경우는?

① 지적기준점을 정하는 경우
② 지적측량성과를 검사하는 경우
③ 경계점을 지상에 복원하는 경우
④ 토지를 합병하고 면적을 결정하는 경우

해설 합병이란 2필지 이상의 토지를 1필지로 하는 것으로, 합병으로 인하여 불필요한 경계와 좌표를 말소하면 되므로 별도의 지적측량을 실시하지 않는다.

19 지적복구측량에 대한 설명으로 옳은 것은?

① 수해지역의 측량
② 축척변경지역의 측량
③ 지적공부 멸실지역의 측량
④ 임야대장 등록지를 토지대장에 옮기는 측량

해설 지적공부가 전부 또는 일부가 멸실, 훼손되었을 때 하는 것을 지적공부복구라 하며, 이를 복구하기 위해 복구측량을 실시한다.

20 지적측량이 수반되는 토지이동사항으로 모두 올바르게 짝지어진 것은?

① 분할, 합병, 등록전환
② 등록전환, 신규등록, 분할
③ 분할, 합병, 신규등록, 등록전환
④ 지목변경, 등록전환, 분할, 합병

해설 **토지이동사유**
㉠ 측량을 요하는 경우 : 신규등록, 등록전환, 분할, 축척변경, 도시개발사업, 등록사항정정
㉡ 측량을 수반하지 않는 경우 : 합병, 지목변경, 행정구역명칭변경

21 다음 중 고대 지적 및 측량사와 가장 거리가 먼 것은?

① 테베(Thebes)의 고분벽화
② 고대 수메르(Sumer)지방의 점토판
③ 고대 인도의 타지마할유적
④ 고대 이집트의 나일강변

해설 테베(Thebes)의 고분벽화는 메나무덤의 벽화로 측량하는 모습이 그려져 있으며, 고대 수메르(Sumer)지방의 점토판에 지적도 등이 나타나 있다. 또한 고대 이집트의 나일강변의 홍수로 인해 제방을 쌓는 과정에서 측량의 필요성이 제기되었다.

22 토지조사사업 당시의 측량조건으로 옳지 않은 것은?

① 일본의 동경원점을 이용하여 대삼각망을 구성하였다.
② 통일된 원점체계를 전 국토에 적용하였다.
③ 가우스 상사이중투영법을 적용하였다.
④ 베셀(Bessel)타원체를 도입하였다.

해설 토지조사사업 당시 전국적으로 통일된 원점을 사용하지 않은 상태에서 측량이 이루어졌다.

23 1910년대 토지조사사업 당시 채택한 준거타원체의 편평률은?

① 1/293.47
② 1/297.00
③ 1/298.26
④ 1/299.15

해설 1910년대 토지조사사업 당시 채택한 준거타원체는 베셀타원체이며, 편평률은 1/299.15이다.

정답 16 ① 17 ③ 18 ④ 19 ③ 20 ② 21 ③ 22 ② 23 ④

24 지구를 평면으로 가정할 때 정도 $1/10^6$에서 거리오차는? (단, 지구의 곡률반경은 6,370km이다.)

① 1.21cm ② 2.21cm
③ 3.21cm ④ 4.21cm

해설
$$\frac{1}{m} = \frac{\Delta l}{l} = \frac{l^2}{12R^2}$$
$$\therefore \Delta l = \frac{l^3}{12R^2} = \frac{22^3}{12 \times 6,370^2} = 2.21\text{cm}$$

25 다음 중 지오이드(Geoid)에 대한 설명으로 옳은 것은?

① 지정된 점에서 중력방향에 직각을 이룬다.
② 수준원점은 지오이드면에 일치한다.
③ 지구타원체의 면과 지오이드면은 일치한다.
④ 기하학적인 타원체를 이루고 있다.

해설 지오이드는 평균해수면으로 전 지구를 덮었다고 생각할 때 가상적인 곡면으로 지정된 점에서 중력방향에 직각을 이룬다.

26 다음 중 공간정보의 구축 및 관리 등에 관한 법령에 따른 측량기준에서 회전타원체의 편평률로 옳은 것은? (단, 분모는 소수점 둘째 자리까지 표현한다.)

① 299.26분의 1 ② 294.98분의 1
③ 299.15분의 1 ④ 298.26분의 1

해설 세계측지계는 지구를 편평한 회전타원체로 상정하여 실시하는 위치측정의 기준으로서 다음의 각 요건을 갖춘 것을 말한다.
㉠ 회전타원체의 긴 반지름 및 편평률은 다음과 같을 것
 • 긴 반지름 : 6,378,137m
 • 편평률 : 298.257222101분의 1
㉡ 회전타원체의 중심이 지구의 질량 중심과 일치할 것
㉢ 회전타원체의 단축이 지구의 자전축과 일치할 것

27 다음 중 직각좌표의 기준이 되는 직각좌표계 원점에 해당하지 않는 것은?

① 동부좌표계(동경 129°00′, 북위 38°00′)
② 중부좌표계(동경 127°00′, 북위 38°00′)
③ 서부좌표계(동경 125°00′, 북위 38°00′)
④ 남부좌표계(동경 123°00′, 북위 38°00′)

해설 직각좌표계 원점

명칭	원점의 경위도	적용 구역
서부 좌표계	• 경도 : 동경 125°00′00″ • 위도 : 북위 38°00′00″	동경 124~126° 구역 내
중부 좌표계	• 경도 : 동경 127°00′00″ • 위도 : 북위 38°00′00″	동경 126~128° 구역 내
동부 좌표계	• 경도 : 동경 129°00′00″ • 위도 : 북위 38°00′00″	동경 128~130° 구역 내
동해 좌표계	• 경도 : 동경 131°00′00″ • 위도 : 북위 38°00′00″	동경 130~132° 구역 내

28 평면직각종횡선의 종축의 북방향을 기준으로 시계방향으로 측정한 각으로 지적측량에서 주로 사용하는 방위각은?

① 진북방위각 ② 도북방위각
③ 자북방위각 ④ 천북방위각

해설 평면직각종횡선의 종축의 북방향을 기준으로 시계방향으로 측정한 각으로 지적측량에서 주로 사용하는 방위각은 도북방위각이다.

29 지적측량에 사용하는 좌표의 원점 중 서부좌표계의 원점의 경위도는?

① 경도 : 동경 123°00′, 위도 : 북위 38°00′
② 경도 : 동경 125°00′, 위도 : 북위 38°00′
③ 경도 : 동경 127°00′, 위도 : 북위 38°00′
④ 경도 : 동경 129°00′, 위도 : 북위 38°00′

해설 직각좌표원점

원점명	경도	위도
서부원점	동경 125도	북위 38도
중부원점	동경 127도	북위 38도
동부원점	동경 129도	북위 38도
동해원점	동경 131도	북위 38도

30 지적측량에 사용하는 직각좌표계의 투영원점에 가산하는 종·횡선값으로 옳은 것은? (단, 세계측지계에 따르지 아니하는 지적측량의 경우이다.)

① 종선 : 200,000m, 횡선 : 500,000m
② 종선 : 500,000m, 횡선 : 200,000m
③ 종선 : 1,000,000m, 횡선 : 500,000m
④ 종선 : 2,000,000m, 횡선 : 5,000,000m

정답 24 ② 25 ① 26 ④ 27 ④ 28 ② 29 ② 30 ②

해설 세계측지계를 사용하지 않는 지적측량에서는 가우스 상사 이중투영법을 사용하며 투영원점의 종선에 500,000m를, 횡선에 200,000m를 가산한다.

31 지적도의 도곽선수치는 원점으로부터 각각 얼마를 가산하여 사용할 수 있는가? (단, 제주도지역은 제외한다.)

① 종선 : 50만m, 횡선 : 20만m
② 종선 : 55만m, 횡선 : 20만m
③ 종선 : 20만m, 횡선 : 50만m
④ 종선 : 20만m, 횡선 : 55만m

해설 **직각좌표투영법 및 가산수치**
각 좌표계에서의 직각좌표는 다음의 조건에 따라 TM(횡단 머케이터)방법에 의하여 표시한다.
㉠ X축은 좌표계 원점의 자오선에 일치해야 하고 진북방향 정(+)으로 표시하며, Y축은 X축에 직교하는 축으로서 진동방향을 정(+)으로 한다.
㉡ 직각좌표계의 투영원점수치는 각각 X(N) 600,000m, Y(E) 200,000m로 하며, 좌표계 X축상에서의 축척계수는 10,000으로 한다.
㉢ 세계측지계에 의하지 아니하는 지적측량의 경우에는 가우스 상사이중투영법에 표시하되, 직각좌표계 투영원점의 수치를 각각 X(N) 500,000m(제주도지역 550,000m), Y(E) 200,000m로 하여 사용할 수 있다.

32 UTM좌표계에 대한 설명으로 옳은 것은?

① 종선좌표의 원점은 위도 38°선이다.
② 중앙지오선에서 멀수록 축척계수는 작아진다.
③ UTM투영은 적도선을 따라 6°간격으로 이루어진다.
④ 우리나라는 UTM좌표를 53, 54종대에 속해 있다.

해설 ① 종선좌표의 원점은 위도 0°선이다.
② 중앙지오선에서 멀수록 축척계수는 커진다.
④ 우리나라는 UTM좌표를 51, 52종대에 속해있다.

33 측량기준점을 구분할 때 지적기준점에 해당하지 않는 기준점은?

① 위성기준점 ② 지적삼각점
③ 지적도근점 ④ 지적삼각보조점

해설 **지적기준점** : 지적삼각점, 지적삼각보조점, 지적도근점

34 지적측량 중 지적기준점을 정하기 위한 기초측량을 3가지로 분류할 때 그 분류로 옳지 않은 것은?

① 지적삼각점측량   ② 지적삼각보조점측량
③ 지적도근점측량   ④ 지적사진측량

해설 **기초측량** : 지적삼각점측량, 지적삼각보조점측량, 지적도근점측량

35 지적기준점성과의 관리에 관한 내용으로 옳은 것은?

① 지적삼각점성과는 시·도지사가 관리한다.
② 지적삼각보조점성과는 시·도지사가 관리한다.
③ 지적삼각점성과는 국토교통부장관이 관리한다.
④ 지적삼각보조점성과는 국토교통부장관이 관리한다.

해설 **지적기준점성과의 관리**
㉠ 지적삼각점성과는 특별시장·광역시장·도지사 또는 특별자치도지사(이하 시·도지사라 한다)가 관리하고, 지적삼각보조점성과 및 지적도근점성과는 지적소관청이 관리할 것
㉡ 지적소관청이 지적삼각점을 설치하거나 변경하였을 때에는 그 측량성과를 시·도지사에게 통보할 것
㉢ 지적소관청은 지형·지물 등의 변동으로 인하여 지적삼각점성과가 다르게 된 때에는 지체 없이 그 측량성과를 수정하고 그 내용을 시·도지사에게 통보할 것

36 다음 중 지적기준점성과의 관리 등에 관한 내용으로 옳은 것은?

① 지적삼각점성과는 지적소관청이 관리하여야 한다.
② 지적도근점성과는 시·도지사가 관리하여야 한다.
③ 지적삼각보조점성과는 지적소관청이 관리하여야 한다.
④ 지적삼각점을 설치하거나 변경하였을 때에는 그 측량성과를 국토교통부장관에게 통보하여야 한다.

해설 ① 지적삼각점성과는 시·도지사가 관리하여야 한다.
② 지적도근점성과는 지적소관청이 관리하여야 한다.
④ 지적소관청이 지적삼각점을 설치하거나 변경하였을 때에는 그 측량성과를 시·도지사에게 통보하여야 한다.

정답 31 ① 32 ③ 33 ① 34 ④ 35 ① 36 ③

37 지적기준점표지의 설치·관리 및 지적기준점성과의 관리 등에 관한 설명으로 옳은 것은?

① 지적삼각보조점성과는 지적소관청이 관리해야 한다.
② 지적기준점표지의 설치권자는 국토지리정보원장이다.
③ 지적소관청은 지적삼각점성과가 다르게 된 때에는 그 내용을 국토교통부장관에게 통보하여야 한다.
④ 지적도근점표지의 관리는 토지소유자가 해야 한다.

해설 지적기준점관리

지적기준점	설치관리	성과관리	등본 (1점당)	열람 (1점당)
지적삼각점	시·도지사, 지적소관청	시·도지사	500원	300원
지적삼각보조점		지적소관청	500원	300원
지적도근점		지적소관청	400원	200원

㉠ 지적소관청이 지적삼각점을 설치하거나 변경하였을 때에는 그 측량성과를 시·도지사에게 통보한다.
㉡ 지적소관청은 지형·지물 등의 변동으로 인하여 지적삼각점성과가 다르게 된 때에는 지체 없이 그 측량성과를 수정하고 그 내용을 시·도지사에게 통보한다.
㉢ 시·도지사 또는 지적소관청은 타인의 토지, 건축물 또는 구조물 등에 지적기준점을 설치한 때에는 소유자 또는 점유자에게 선량한 관리자로서 보호의무가 있음을 통지하여야 한다.
㉣ 지적소관청은 도로, 상하수도, 전화 및 전기시설 등의 공사로 지적기준점이 망실 또는 훼손될 것으로 예상되는 때에는 공사시행자와 공사착수 전에 지적기준점의 이전·재설치 또는 보수 등에 관하여 미리 협의한 후 공사를 시행하도록 하여야 한다.
㉤ 시·도지사 또는 지적소관청은 지적기준점의 관리를 위하여 지적기준점망도, 지적기준점성과표 등을 첨부하여 관계기관에 연 1회 이상 송부하여 지적기준점관리협조를 요청하여야 한다.
㉥ 지적측량수행자는 지적기준점표지의 망실을 확인하였거나 훼손될 것으로 예상되는 때에는 지적소관청에 지체 없이 이를 통보하여야 한다.

38 지적기준점표지의 설치기준에 대한 설명으로 옳은 것은?

① 지적도근점표지의 점간거리는 평균 300m 이상 600m 이하로 한다.
② 지적삼각점표지의 점간거리는 평균 5km 이상 10km 이하로 한다.
③ 다각망도선법에 의한 지적삼각보조점표지의 점간거리는 평균 2km 이상 5km 이하로 한다.
④ 다각망도선법에 의한 지적도근점표지의 점간거리는 평균 500m 이하로 한다.

해설 지적기준점

지적기준점	점간거리	표기
지적삼각점	지적삼각점표지의 점간거리는 평균 2km 이상 5km 이하로 할 것	⊕
지적삼각보조점	지적삼각보조점표지의 점간거리는 평균 1km 이상 3km 이하로 할 것 단만, 다각망도선법에 따르는 경우에는 평균 0.5km 이상 1km 이하로 한다.	●
지적도근점	지적도근점표지의 점간거리는 평균 50m 이상 500m 이하로 할 것	○

39 지적기준점표지설치의 점간거리기준으로 옳은 것은?

① 지적삼각점 : 평균 2km 이상 5km 이하
② 지적도근점 : 평균 40m 이상 300m 이하
③ 지적삼각보조점 : 평균 1km 이상 2km 이하
④ 지적삼각보조점 : 다각망도선법에 따르는 경우 평균 2km 이하

해설 지적측량시행규칙 제2조(지적기준점표지의 설치·관리 등)
① 공간정보의 구축 및 관리 등에 관한 법률 제8조 제1항에 따른 지적기준점표지의 설치는 다음 각 호의 기준에 따른다.
1. 지적삼각점표지의 점간거리는 평균 2km 이상 5km 이하로 할 것
2. 지적삼각보조점표지의 점간거리는 평균 1km 이상 3km 이하로 할 것. 다만, 다각망도선법에 따르는 경우에는 평균 0.5km 이상 1km 이하로 한다.
3. 지적도근점표지의 점간거리는 평균 50m 이상 500m 이하로 할 것

정답 37 ① 38 ④ 39 ①

40 다음 중 측량기준에 대한 설명으로 옳지 않은 것은?

① 수로조사에서 간출지(干出地)의 높이와 수심은 기본수준면을 기준으로 측량한다.
② 지적측량에서 거리와 면적은 지평면상의 값으로 한다.
③ 보통 측량의 원점은 대한민국 경위도원점 및 수준원점으로 한다.
④ 보통 위치는 세계측지계에 따라 측정한 지리학적 경위도와 평균해수면으로부터의 높이를 말한다.

해설 지적측량에서 면적은 수평면상의 값으로 한다.

41 지적측량수행자가 지적소관청에 지적측량수행계획서를 제출해야 하는 시기는 언제까지를 기준으로 하는가?

① 지적측량신청을 받은 날
② 지적측량신청을 받은 다음날
③ 지적측량을 실시하기 전날
④ 지적측량을 실시한 다음날

해설 지적측량수행자는 지적측량의뢰를 받은 때에는 측량기간, 측량일자 및 측량수수료 등을 기재한 지적측량수행계획서를 그 다음날까지 지적소관청에 제출해야 한다. 제출한 지적측량수행계획서를 변경한 경우에도 같다.

42 지적측량의 측량기간기준으로 옳은 것은? (단, 지적기준점을 설치하여 측량하는 경우는 고려하지 않는다.)

① 4일   ② 5일
③ 6일   ④ 7일

해설 ㉠ 지적측량기간 : 5일
㉡ 검사기간 : 4일

43 지적측량의뢰인과 지적측량수행자가 서로 합의하여 따로 기간을 정하는 경우 측량기간은 전체 기간의 얼마로 하는가?

① 1/2   ② 2/3
③ 3/4   ④ 4/5

해설 지적측량의뢰인과 지적측량수행자가 서로 합의하여 따로 기간을 정하는 경우 측량기간은 전체 기간의 3/4, 검사기간은 1/4로 한다.

44 지적측량성과의 검사방법에 대한 설명으로 틀린 것은?

① 면적측정검사는 필지별로 한다.
② 지적삼각점측량은 신설된 점을 검사한다.
③ 지적도근점측량은 주요 도선별로 지적도근점을 검사한다.
④ 측량성과를 검사하는 때에는 측량자가 실시한 측량방법과 같은 방법으로 한다.

해설 지적업무처리규정 제27조(지적측량성과의 검사방법 등)
⑤ 지적측량시행규칙 제28조에 따른 측량성과의 검사방법은 다음 각 호와 같다.
1. 측량성과를 검사하는 때에는 측량자가 실시한 측량방법과 다른 방법으로 한다. 다만, 부득이한 경우에는 그러하지 아니한다.
2. 지적삼각점측량 및 지적삼각보조점측량은 신설된 점을, 지적도근점측량은 주요 도선별로 지적도근점을 검사한다. 이 경우 후방교회법으로 검사할 수 있다. 다만, 구하고자 하는 지적기준점이 기지점과 같은 원주상에 있는 경우에는 그러하지 아니한다.
3. 세부측량결과를 검사할 때에는 새로 결정된 경계를 검사한다. 이 경우 측량성과검사 시에 확인된 지역으로서 측량결과도만으로 그 측량성과가 정확하다고 인정되는 경우에는 현지측량검사를 하지 아니할 수 있다.
4. 면적측정검사는 필지별로 한다.
5. 측량성과파일의 검사는 부동산종합공부시스템으로 한다.
6. 지적측량수행자와 동일한 전자측량시스템을 이용하여 세부측량 시 측량성과의 정확성을 검사할 수 있다.

45 지적측량성과와 검사성과의 연결오차한계에 대한 설명으로 옳지 않은 것은?

① 지적삼각점은 0.20m 이내
② 지적삼각보조점은 0.25m 이내
③ 경계점좌표등록부 시행지역에서의 지적도근점은 0.20m 이내
④ 경계점좌표등록부 시행지역에서의 경계점은 0.10m 이내

정답 40 ② 41 ② 42 ② 43 ③ 44 ④ 45 ③

해설 지적측량시행규칙 제27조(지적측량성과의 결정)
① 지적측량성과와 검사성과의 연결교차가 다음 각 호의 허용범위 이내일 때에는 그 지적측량성과에 관하여 다른 입증을 할 수 있는 경우를 제외하고는 그 측량성과로 결정하여야 한다.
1. 지적삼각점 : ±20cm
2. 지적삼각보조점 : ±25cm
3. 지적도근점
   가. 경계점좌표등록부 시행지역 : ±15cm
   나. 그 밖의 지역 : ±25cm
4. 경계점
   가. 경계점좌표등록부 시행지역 : ±10cm
   나. 그 밖의 지역 : ±100분의 $3M$[cm](M은 축척분모). 이 경우 전자평판측량방법으로 측량하는 경우에는 ±100분의 $2M$[cm]로 한다.

46 참값을 구하기 어려우므로 여러 번 관측하여 얻은 관측값으로부터 최확값을 얻기 위한 조정방법이 아닌 것은?
① 간이법
② 미정계수법
③ 최소조정법
④ 라플라스변수법

해설 **최확값을 얻기 위한 조정방법** : 간이법, 미정계수법, 최소조정법

47 정오차에 대한 설명으로 틀린 것은?
① 원인과 상태를 알면 일정한 법칙에 따라 보정할 수 있다.
② 수학적 또는 물리적인 법칙에 따라 일정하게 발생한다.
③ 조건과 상태가 변화하면 그 변화량에 따라 오차의 양도 변화하는 계통오차이다.
④ 일반적으로 최소제곱법을 이용하여 조정한다.

해설 정오차는 오차의 발생원인을 알 수 있으므로 보정이 가능한 반면, 우연오차는 오차의 원인이 불분명하며 이를 제거할 수 없으므로 최소제곱법을 이용하여 조정한다.

48 오차의 부호와 크기가 불규칙하게 발생하여 관측자가 아무리 주의해도 소거할 수 없으며 오차원인의 방향이 일정하지 않은 것은?
① 착오
② 정오차
③ 우연오차
④ 누적오차

해설 우연오차는 오차의 부호와 크기가 불규칙하게 발생하여 관측자가 아무리 주의해도 소거할 수 없고 오차원인의 방향이 일정하지 않으며 최소제곱법의 의해 처리한다.

49 다음 오차의 종류 중 최소제곱법에 의하여 보정할 수 있는 오차는?
① 착오
② 누적오차
③ 부정오차(우연오차)
④ 정오차(계통적 오차)

해설 부정오차(우연오차)는 오차의 발생원인이 불분명하고 주의해도 제거가 불가능하며 최소제곱법에 의하여 보정한다.

50 우연오차에 대한 설명으로 옳지 않은 것은?
① 오차의 발생원인이 명확하지 않다.
② 부정오차(random error)라고도 한다.
③ 확률에 근거하여 통계적으로 오차를 처리한다.
④ 같은 크기의 (+)오차는 (−)오차보다 자주 발생한다.

해설 같은 크기의 (+)오차와 (−)오차가 발생할 확률은 같다.

51 오차의 성질에 관한 설명으로 틀린 것은?
① 정오차는 측정횟수에 비례하여 증가한다.
② 부정오차는 일정한 크기와 방향으로 나타난다.
③ 우연오차는 상차라고도 하며 측정횟수의 제곱근에 비례한다.
④ 1회 측정 후 우연오차를 b라 하면 n회 측정의 상쇄오차는 $b\sqrt{n}$이다.

해설 부정오차(우연오차)는 오차의 방향이 일정하지 않다.

52 오차의 성질에 대한 설명 중 옳지 않은 것은?
① 값이 큰 오차일수록 발생확률도 높다.
② 우연오차는 확률법칙에 따라 전파된다.
③ 숙련된 지적측량기술자도 착오는 일으킨다.
④ 정오차는 측정횟수를 거듭할수록 누적된다.

해설 오차는 큰 오차가 발생할 확률보다 작은 오차가 발생할 확률이 더 크다. 따라서 아주 큰 오차는 발생하지 않는다.

53 착오를 방지하기 위한 방법으로 틀린 것은?
① 시준점과 기록부를 검증확인한다.
② 장비의 작동방법을 확인하고 검증한다.
③ 삼각형의 내각은 180도이므로 내각을 확인한다.
④ 수평분도원이 중심과 일치하는가를 확인한다.

정답 46 ④ 47 ④ 48 ③ 49 ③ 50 ④ 51 ② 52 ① 53 ④

해설) 착오는 관측자의 부주의 및 미숙에 의해 발생하는 오차이다. 분도원의 중심과 일치하는가를 확인하는 것은 기계오차를 방지할 수 있으나 착오를 방지할 수 없다.

54 다음 중 착오(과대오차)에 해당하는 것은? 〔기 16-3〕

① 토털스테이션의 수평축이 수직축과 직각을 이루지 않아 발생한 오차
② 토털스테이션의 망원경축과 수준기포관축이 평행하지 않아 발생한 오차
③ 토털스테이션으로 측정한 거리 169.56m를 196.56m으로 잘못 읽어 발생한 오차
④ 토털스테이션의 조정불량 및 측량사의 습관에 의하여 발생한 오차

해설) 과대오차(착오)는 관측자의 부주의 및 미숙에 의해서 발생하는 오차로 야장의 오기, 눈금의 오독 등이 있다.

55 다음 중 오차의 성격이 다른 하나는? 〔기 18-3〕

① 기포의 둔감에서 생기는 오차
② 야장의 기입착오로 생기는 오차
③ 수준척(staff)눈금의 오독으로 인해 생기는 오차
④ 각 관측에서 시준점의 목표를 잘못 시준하여 생기는 오차

해설) ①은 우연오차이고, ②, ③, ④는 과실이다.

56 경중률이 서로 다른 데오도라이트 A, B를 사용하여 동일한 측점의 협각을 관측한 결과가 다음과 같을 때 최확값은? 〔기 17-3〕

구분	경중률	관측값
A	3	60°39′10″
B	2	60°39′30″

① 68°39′15″ ② 68°39′18″
③ 68°39′20″ ④ 68°39′22″

해설) $\alpha_0 = 68°39' + \dfrac{3 \times 10'' + 2 \times 30''}{3+2} = 68°39'18''$

57 오차타원에 의한 삼각점의 오차분석에 대한 내용으로 틀린 것은? 〔기 16-1〕

① 오차타원에 크기가 작을수록 정확도가 높다.
② 오차타원이 원에 가까울수록 오차의 균질성이 약하다.
③ 오차타원의 요소는 타원의 장·단축과 회전각이다.
④ 오차타원의 분산, 공분산행렬의 계수로부터 구할 수 있다.

해설) 오차타원이 원에 가까울수록 오차의 균질성이 좋다.

58 3배각법에 의한 수평각관측의 결과가 다음과 같을 때 수평각의 평균값은? 〔기 18-2〕

- 첫 번째 관측값 : 42°16′32″
- 두 번째 관측값 : 84°32′54″
- 세 번째 관측값 : 126°49′18″

① 42°16′22″ ② 42°16′25″
③ 42°16′26″ ④ 42°16′27″

해설) 평균값 = $\dfrac{126°49'18''}{3} = 42°16'26''$

59 동일 조건으로 거리를 측량한 결과가 다음과 같을 때 최확치로 옳은 것은? 〔기 19-1〕

25.475±0.030, 25.470±0.020, 25.484±0.040

① 25.471 ② 25.473
③ 25.475 ④ 25.483

해설) ㉠ 경중률

$P_1 : P_2 : P_3 = \dfrac{1}{3^2} : \dfrac{1}{2^2} : \dfrac{1}{4^2} = 1.8 : 4 : 1$

㉡ 최확값

$L_0 = 25 + \dfrac{1.8 \times 0.475 + 4 \times 0.470 + 1 \times 0.484}{1.8+4+1}$
$= 25.473\text{m}$

60 EDM(Electromagnetic Distance Measurements)에서 영점보정에 대한 의미로 옳은 것은? 〔산 18-1〕

① 지구곡률보정
② 대기굴절보정
③ 관측값에 대한 온도보정
④ 기계 중심과 측점 간의 불일치조정

정답 54 ③ 55 ① 56 ② 57 ② 58 ③ 59 ② 60 ④

해설 EDM에서 영점보정은 기계 중심과 측점 간의 불일치조정이다.

61 두 점 A, D 사이의 거리를 AB, BC, CD의 3구간으로 나누어 측정한 결과 다음과 같은 값을 얻었다면 AD 사이 전체 길이와 표준편차는? 〔기 19-1〕

> AB=79.263m, ±0.015m
> BC=74.537m, ±0.012m
> CD=71.082m, ±0.010m

① 224.882m, ±0.020m
② 224.882m, ±0.022m
③ 224.882m, ±0.026m
④ 224.822m, ±0.030m

해설 ㉠ 전체 길이(L)=79.263+74.537+71.082
=224.882m
㉡ 표준편차=±$\sqrt{0.015^2+0.012^2+0.010^2}$
=±0.022m

62 두 점 간의 거리가 100m이고 경사도가 60°일 때의 수평거리는? 〔산 16-1〕

① 30m ② 40m
③ 50m ④ 60m

해설 수평거리=100×cos60°=50m

63 다음 중 온도에 따른 줄자의 신축을 팽창계수에 따라 보정한 오차의 조정과 관련이 있는 것은? 〔기 19-1〕

① 착오 ② 과대오차
③ 계통오차 ④ 우연오차

해설 온도에 따른 줄자의 신축을 팽창계수에 따라 보정한 오차의 조정은 온도보정으로 정오차(계통오차)이다.

64 거리측량을 할 때 발생하는 오차 중 우연오차의 원인이 아닌 것은? 〔기 17-2〕

① 테이프의 길이가 표준길이와 다를 때
② 온도가 측정 중 시시각각으로 변할 때
③ 눈금의 끝수를 정확히 읽을 수 없을 때
④ 측정 중 장력을 일정하게 유지하지 못하였을 때

해설 테이프의 길이가 표준길이와 다른 경우에는 보정이 가능하므로 정오차에 해당한다.

65 두 점 간의 거리를 2회 측정하여 다음과 같은 측정값을 얻었다면 그 정밀도는? (1회: 63.18m, 2회: 63.20m) 〔산 18-3〕

① 약 $\frac{1}{5,200}$ ② 약 $\frac{1}{4,200}$
③ 약 $\frac{1}{3,200}$ ④ 약 $\frac{1}{2,200}$

해설 $\frac{1}{m} = \frac{63.18-63.20}{\frac{63.18+63.20}{2}} = \frac{1}{3,200}$

66 각의 측량에 있어 A는 1회 관측으로 60°20′38″, B는 4회 관측으로 60°20′21″, C는 9회 관측으로 60°20′30″의 측정결과를 얻었을 때 최확값으로 옳은 것은? 〔기 18-1〕

① 60°20′24″ ② 60°20′26″
③ 60°20′28″ ④ 60°20′30″

해설 $\alpha_0 = 60°20′ + \frac{1\times38″+4\times21″+9\times30″}{1+4+9}$
= 60°20′28″

67 점간거리를 3회 측정하여 23cm, 24cm, 25cm의 측정치를 얻었다면 평균제곱근오차는? 〔기 19-2〕

① ±$\frac{1}{\sqrt{2}}$ ② ±$\frac{1}{\sqrt{3}}$
③ ±$\frac{1}{2}$ ④ ±$\frac{1}{3}$

해설

관측값	최확값	잔차	잔차의 제곱
23		1	1
24	24	0	0
25		−1	1
계			2

∴ 평균제곱근오차(M)=±$\sqrt{\frac{\Sigma V^2}{n(n-1)}}$
=±$\sqrt{\frac{2}{3\times(3-1)}}$
=±$\frac{1}{\sqrt{3}}$

정답 61 ② 62 ③ 63 ③ 64 ① 65 ③ 66 ③ 67 ②

68 광파측거기의 특성에 관한 설명으로 옳지 않은 것은?

① 관측장비는 측거기와 반사경으로 구성되어 있다.
② 송전선 등에 의한 주변 전파의 간섭을 받지 않는다.
③ 전파측거기보다 중량이 가볍고 조작이 간편하다.
④ 시통이 안 되는 두 지점 간의 거리측정이 가능하다.

해설 광파거리측정기는 두 지점 간의 거리측정 시 시통을 필요로 한다.

69 무한히 확산되는 평면전자기파가 1/299,792,458초 동안 진공 중을 진행하는 길이로 표시되는 단위는?

① 1미터(m)   ② 1칸델라(cd)
③ 1피피엠(ppm)   ④ 1스테라디안(sr)

해설 1미터(m) : 무한히 확산되는 평면전자기파가 1/299,792,458초 동안 진공 중을 진행하는 길이로 표시되는 단위

70 다음 중 거리측정에 따른 오차의 보정량이 항상 (−)가 아닌 것은?

① 장력으로 인한 오차
② 줄자의 처짐으로 인한 오차
③ 측선이 수평이 아님으로 인한 오차
④ 측선이 일직선이 아님으로 인한 오차

해설 장력으로 인한 오차는 측정 시 장력이 표준장력보다 크면 (+)보정, 작으면 (−)보정을 하므로 항상 (−)보정을 하는 것은 아니다.

71 직접거리측정에 따른 오차 중 그 성질이 부(−)인 것은?

① 줄자의 처짐으로 인한 오차
② 측정 시 장력의 과다로 인한 오차
③ 측선이 수평이 안 됨으로 나타난 오차
④ 측선이 일직선이 안 됨으로 나타난 오차

해설 측정 시 장력의 과다로 인한 오차로 인한 거리측정 시 실제 거리보다 적게 나오므로 그 성질이 부(−)가 된다. 따라서 정(+)보정을 해야 한다.

72 어떤 두 점 간의 거리를 같은 측정방법으로 n회 측정하였다. 그 참값을 L, 최확값을 L_0이라 할 때 참오차 (E)를 구하는 방법으로 옳은 것은?

① $E = L \div L_0$ ② $E = L \times L_0$
③ $E = L - L_0$ ④ $E = L + L_0$

해설 참오차(E) = 참값(L) − 최확값(L_0)

73 30m의 천줄자를 사용하여 A, B 두 점 간의 거리를 측정하였더니 1.6km였다. 이 천줄자를 표준길이와 비교 검정한 결과 30m에 대하여 20mm 짧았다면 올바른 거리는?

① 1,596m   ② 1,597m
③ 1,599m   ④ 1,601m

해설 $L_0 = L\left(1 \pm \dfrac{\Delta l}{l}\right) = 1{,}600 \times \left(1 - \dfrac{0.02}{30}\right) = 1{,}599\text{m}$

74 표준장 100m에 대하여 테이프(Tape)의 길이가 100m인 강제권척을 검사한 결과 +0.052m이었을 때 이 테이프의 보정계수는?

① 1.00052   ② 1.99948
③ 0.00052   ④ 0.99948

해설 테이프의 보정계수 $= 1 + \dfrac{0.052}{100} = 1.00052$

75 표준자보다 2cm 짧게 제작된 50m 줄자로 측정된 340m 거리의 정확한 값은?

① 339.728m   ② 339.864m
③ 340.136m   ④ 340.272m

해설 $L_0 = L\left(1 \pm \dfrac{\Delta l}{l}\right) = 340 \times \left(1 - \dfrac{0.02}{50}\right) = 339.864\text{m}$

76 5cm 늘어난 상태의 30m 줄자로 두 점의 거리를 측정한 값이 75.45m일 때 실제 거리는?

① 75.53m   ② 75.58m
③ 76.53m   ④ 76.58m

해설 $L_0 = L\left(1 \pm \dfrac{\Delta l}{l}\right)$
$= 75.45 \times \left(1 + \dfrac{0.05}{30}\right) = 75.58\text{m}$

정답 68 ④ 69 ① 70 ① 71 ② 72 ③ 73 ③ 74 ① 75 ② 76 ②

77 표준길이보다 6cm가 짧은 100m 줄자로 측정한 거리가 650m이었다면 실제 거리는?

① 649.0m ② 649.6m
③ 650.4m ④ 651.0m

해설 $L_0 = L\left(1 \pm \dfrac{\Delta l}{l}\right) = 650 \times \left(1 - \dfrac{0.06}{100}\right) = 649.6m$

78 100m의 천줄자를 사용하여 A, B 두 점 간의 거리를 측정하였더니 3.5km이었다. 이 천줄자가 표준길이와 비교하여 30cm가 짧았다면 실제 거리는?

① 3510.5m ② 3489.5m
③ 3499.0m ④ 3501.0m

해설 $L_0 = L\left(1 \pm \dfrac{\Delta l}{l}\right) = 3,500 \times \left(1 - \dfrac{0.3}{100}\right) = 3489.5m$

79 50m 줄자로 측정한 A, B점 간 거리가 250m이었다. 이 줄자가 표준줄자보다 5mm가 줄어있다면 정확한 거리는?

① 250.250m ② 250.025m
③ 249.975m ④ 249.750m

해설 $L_0 = L\left(1 \pm \dfrac{\Delta l}{l}\right) = 250 \times \left(1 - \dfrac{0.005}{50}\right) = 249.975m$

80 고저차 1.9m인 기선을 관측하여 관측거리 248.484m의 값을 얻었다면 경사보정량은?

① -7mm ② -14mm
③ +7mm ④ +14mm

해설 $C_h = -\dfrac{H^2}{2L} = -\dfrac{1.9^2}{2 \times 248.484} = -7mm$

81 관측 시의 장력 P=20kg일 때 관측길이 L=49.0055m인 기선의 인장에 대한 보정량은? (단, 단면적 A=0.03342cm², 표준장력 P_o=5kg, 탄성계수 E=200kg/m²)

① +0.011m ② -0.011m
③ +0.022m ④ -0.022m

해설 장력보정 $(C_p) = \left(\dfrac{P - P_o}{AE}\right)L$

$= \dfrac{20-5}{0.03342 \times 200} \times 49.0055$

$= +0.011m$

82 90g(그레이드)는 몇 도(°)인가?

① 81° ② 91°
③ 100° ④ 123°

해설 1g(그레이드)는 0.9°이므로 90g는 81°가 된다.

83 트랜싯조작에서 시준선이란?

① 접안렌즈의 중심선
② 눈으로 내다보는 선
③ 십자선의 교점과 대물렌즈의 광심을 연결하는 선
④ 접안렌즈의 중심과 대물렌즈의 광심을 연결하는 선

84 다음 중 데오드라이트의 3축조건으로 옳지 않은 것은?

① 시준축⊥수평축 ② 수평축⊥수직축
③ 수직축⊥기포관 ④ 시준축//연직축

해설 데오드라이트의 조정조건

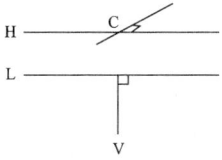

㉠ 수평축과 시준선이 직교(H⊥C)
㉡ 수평축과 연직축이 직교(H⊥V)
㉢ 연직축과 수준기축이 직교(L⊥V)

85 수평각의 관측 시 윤곽도를 달리하여 망원경을 정·반으로 관측하는 이유로 가장 적합한 것은?

① 각 관측의 편의를 위함이다.
② 과대오차를 제거하기 위함이다.
③ 기계눈금오차를 제거하기 위함이다.
④ 관측값의 계산을 용이하게 하기 위함이다.

해설 수평각의 관측 시 윤곽도를 달리하여 관측하는 이유는 분도원의 눈금오차를 제거하기 위함이다.

86 방향관측법으로 수평각을 3대회 관측할 때 각 방향각은 몇 회를 측정하게 되는가?

① 2회 ② 3회
③ 4회 ④ 6회

해설 방향관측법으로 수평각을 3대회 관측할 때 각 방향각은 정위 3회, 반위 3회를 관측하므로 총 6회를 관측하게 된다.

87 지적측량에서 망원경을 정·반위로 수평각을 관측하였을 때 산술평균하여도 소거되지 않는 오차는?

① 편심오차 ② 시준축오차
③ 수평축오차 ④ 연직축오차

해설 연직축오차는 기포관측과 연직축이 직교하지 않아 발생하는 것으로 어떠한 방법으로도 소거할 수 없다.

88 수평각관측에서 망원경의 정위와 반위로 관측을 하는 목적은?

① 눈금오차를 방지하기 위하여
② 연직축오차를 방지하기 위하여
③ 시준축오차를 제거하기 위하여
④ 굴절보정오차를 제거하기 위하여

해설 수평각관측에서 망원경의 정위와 반위로 관측을 하는 목적은 시준축오차, 수평축오차, 시준선의 편심오차를 소거하기 위함이다.

89 각측정기계의 기계오차소거방법에서 망원경을 정·반으로 관측하여 소거할 수 없는 오차는?

① 수평축오차 ② 시준축오차
③ 연직축오차 ④ 시준축편심오차

해설 연직축오차는 어떠한 방법으로도 소거할 수 없다.

90 각관측 시 발생하는 기계오차와 소거법에 대한 설명으로 옳지 않은 것은?

① 외심오차는 시준선에 편심이 나타나 발생하는 오차로 정위와 반위의 평균으로 소거된다.
② 연직축오차는 수평축과 연직축이 직교하지 않아 생기는 오차로 정·반위의 평균으로 소거된다.
③ 수평축오차는 수평축이 수직축과 직교하지 않기 때문에 생기는 오차로 정위와 반위의 평균값으로 소거된다.
④ 시준축오차는 시준선과 수평축이 직교하지 않아 생기는 오차로 망원경의 정위와 반위로 측정하여 평균값을 취하면 소거된다.

해설 연직축오차는 어떠한 방법으로도 소거할 수 없다.

91 각도측정에서 50m의 거리에 1′의 각도오차가 있을 때 실제의 위치오차는?

① 0.02cm ② 0.50cm
③ 1.00cm ④ 1.45cm

해설
$$\frac{\Delta l}{l} = \frac{\theta''}{\rho''}$$
$$\frac{\Delta l}{50} = \frac{60''}{206,265''}$$
$$\therefore \Delta l = 0.0145\text{m} = 1.45\text{cm}$$

92 지적도근점측량을 실시하던 중 $\overline{AB}$의 거리가 130m인 A점에서 내각을 관측한 결과 B점에서 40″의 시준오차가 생겼다면 B점에서의 편심거리는?

① 2.2cm ② 2.5cm
③ 2.9cm ④ 3.5cm

해설
$$\frac{\Delta l}{l} = \frac{\theta''}{\rho''}$$
$$\frac{\Delta l}{130} = \frac{40''}{206,265''}$$
$$\therefore \Delta l = 0.025\text{m} = 2.5\text{cm}$$

93 경위의로 수평각을 측정하는데 50m 떨어진 곳에 지름 2cm인 폴(pole)의 외곽을 시준했을 때 수평각에 생기는 오차량은?

① 약 41초 ② 약 83초
③ 약 98초 ④ 약 102초

해설 지름 2cm인 폴의 외곽을 시준했기 문에 변위량은 1cm이다.
$$\frac{\Delta l}{l} = \frac{\theta''}{\rho''}$$
$$\frac{0.01}{50} = \frac{\theta''}{206,265''}$$
$$\therefore \theta'' = 약 41초$$

정답 86 ④ 87 ④ 88 ③ 89 ③ 90 ② 91 ④ 92 ② 93 ①

94 지적도근점측량에서 변장의 거리가 200m인 측점에서 2cm 편위한 측각오차는?

① 21″
② 31″
③ 36″
④ 42″

해설
$$\frac{\Delta l}{l} = \frac{\theta''}{\rho''}$$
$$\frac{0.02}{200} = \frac{\theta''}{206,265''}$$
$$\therefore \theta'' = 21''$$

02 지적삼각점측량

1 지적삼각점측량

1 개요

지적삼각점의 평면위치를 결정하는 기초측량으로, 지적측량에서 1차적인 기준점으로 사용되는 지적삼각점을 신설하거나 재설치하는데 이용되며 정밀도가 매우 높다.

종류	기준점	지적기준점	관측방법	계산
지적삼각점측량	위성기준점 통합기준점 삼각점 지적삼각점	지적삼각점(⊕)	전파기 또는 광파기거리측량 경위의측량 위성측량 국토교통부장관이 승인한 측량방법	평균계산법 망평균계산법

2 목적

① 측량지역의 지형관계상 지적삼각점의 설치 또는 재설치를 필요로 하는 경우
② 지적도근점의 설치 또는 재설치를 위하여 지적삼각점의 설치를 필요로 하는 경우
③ 세부측량의 시행상 지적삼각점의 설치를 필요로 하는 경우

3 방법 및 계산

지적삼각점측량은 위성기준점, 통합기준점, 삼각점 및 지적삼각점을 기초로 하여 경위의 측량방법, 전파기 또는 광파기측량방법, 위성측량방법 및 국토교통부장관이 승인한 측량방법에 따르되, 그 계산은 평균계산법이나 망평균계산법에 따른다.

4 좌표의 원점

1) 평면직각좌표원점

좌표의 원점은 가상의 원점으로서 이를 기준으로 지적측량을 실시하는데, 지구의 표면을 평면으로 정하는 투영식은 가우스 상사이중투영법에 의한다.

명칭	원점의 경위도	적용 구역
서부좌표계	• 경도 : 동경 125°00′00″.0000 • 위도 : 북위 38°00′00″.0000	동경 124~126°구역 내
중부좌표계	• 경도 : 동경 127°00′00″.0000 • 위도 : 북위 38°00′00″.0000	동경 126~128°구역 내
동부좌표계	• 경도 : 동경 129°00′00″.0000 • 위도 : 북위 38°00′00″.0000	동경 128~130°구역 내
동해좌표계	• 경도 : 동경 131°00′00″.0000 • 위도 : 북위 38°00′00″.0000	동경 130~132°구역 내

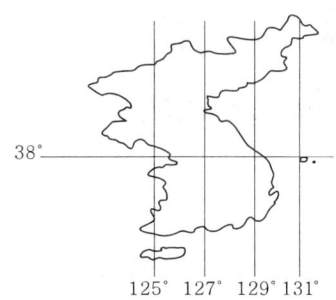

2) 구소삼각측량원점(11개 지역)

구소삼각측량원점에는 망산원점, 계양원점, 조본원점, 가리원점, 등경원점, 고초원점, 율곡원점, 현창원점, 구암원점, 금산원점, 소라원점 등이 있다.

원점명	위치		단위	평면직각종횡선수치	
	동경	북위		종선(X)	횡선(Y)
망산원점	126°22′24.586″	37°43′07.060″	간(間)	0	0
계양원점	126°42′49.685″	37°33′01.124″	간(間)	0	0
가리원점	126°51′59.430″	37°25′30.532″	간(間)	0	0
등경원점	126°51′32.845″	37°11′52.885″	간(間)	0	0
구암원점	128°35′46.186″	35°51′30.878″	간(間)	0	0
금산원점	128°17′26.070″	35°43′46.532″	간(間)	0	0
조본원점	127°14′07.397″	37°26′35.262″	미터(m)	0	0
고초원점	127°14′41.585″	37°09′03.530″	미터(m)	0	0
율곡원점	128°57′30.916″	35°57′21.322″	미터(m)	0	0
현창원점	128°46′03.947″	35°51′46.967″	미터(m)	0	0
소라원점	128°43′36.841″	35°39′58.199″	미터(m)	0	0

2 지적삼각점측량의 원리

1 수평위치결정

지적삼각점측량에서 수평위치를 결정하기 위한 기본이론으로는 정현비례법칙, 코사인 제2법칙 등이 있다.

1) 정현비례법칙

지적삼각점측량에서는 삼각형의 한 변과 세 내각을 측정하고 정현비례식(sin법칙)으로 나머지 두 변을 계산하여 삼각형 각 정점의 위치를 결정한다.

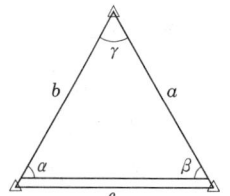

① 정현비례식 : $\dfrac{a}{\sin\alpha} = \dfrac{b}{\sin\beta} = \dfrac{c}{\sin\gamma}$

② 변장계산식 : $a = \dfrac{c\sin\alpha}{\sin\gamma}$, $b = \dfrac{c\sin\beta}{\sin\gamma}$

2) 코사인 제2법칙

삼변측량에서는 삼각형의 세 변을 측정하고 코사인 제2법칙을 이용하여 내각을 계산한다.

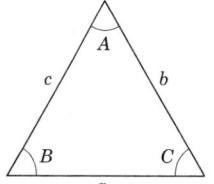

① $\cos A = \dfrac{b^2 + c^2 - a^2}{2bc}$

② $\cos B = \dfrac{c^2 + a^2 - b^2}{2ca}$

③ $\cos C = \dfrac{a^2 + b^2 - c^2}{2ab}$

2 수직위치결정

지적삼각점의 표고를 결정하는 데 있어서 중요한 점의 표고는 직접수준측량에 의하며, 중요도가 적은 점은 삼각수준측량(간접수준측량)방법에 의하여 결정한다.

3 지적삼각망

1 삼각점의 명칭 및 등급

삼각망의 등급	평균변장(km)			
	한국	미국	독일	영국
1등 삼각(본)점	30	30~150	45	40~60
1등 삼각(보)점			25	
2등 삼각점	10	10~60	8	10~12
3등 삼각점	5	1~15	4	3~4
4등 삼각점	2.5		2	

2 지적삼각망

1) 유의사항

① 지적삼각점측량을 하는 때에는 미리 지적삼각점표지를 설치하여야 한다.
② 지적삼각점의 명칭은 측량지역이 소재하고 있는 시·도의 명칭 중 두 글자를 선택하고 시·도단위로 일련번호를 붙여서 정한다.

▶ 지적삼각점의 명칭

기관명	명칭	기관명	명칭	기관명	명칭
서울특별시	서울	대전광역시	대전	전라북도	전북
세종특별자치시	세종	울산광역시	울산	전라남도	전남
부산광역시	부산	경기도	경기	경상북도	경북
대구광역시	대구	강원도	강원	경상남도	경남
인천광역시	인천	충청북도	충북	제주도	제주
광주광역시	광주	충청남도	충남	–	–

③ 지적삼각점은 유심다각망, 삽입망, 사각망, 삼각쇄, 삼각망 또는 세 변 이상의 망으로 구성해야 한다.
④ 삼각형의 각 내각은 30° 이상 120° 이하로 한다. 다만, 망평균계산법에 의하는 경우에는 그러하지 아니하다.
⑤ 지적삼각점성과결정을 위한 관측 및 계산의 과정은 이를 지적삼각점측량부에 기재하여야 한다.

2) 지적삼각망

지적삼각망은 유심다각망, 삽입망, 사각망, 삼각쇄 또는 세 변 이상의 망으로 구성하여야 한다.

(1) 삼각쇄(단열삼각망)

① 폭이 좁고 긴 지역에 적합하다.
② 노선 및 하천측량에 주로 이용한다.
③ 측량이 신속하고 경비가 절감되지만 정밀도가 낮다.

(2) 유심다각망(유심삼각망)

① 한 점을 중심으로 여러 개의 삼각형을 결합시킨 삼각망이다.
② 넓은 지역에 주로 이용한다.
③ 농지측량 및 평탄한 지역에 사용된다.
④ 정밀도는 비교적 높은 편이다.

(3) 사각망(사변형삼각망)

① 사각형의 각 정점을 연결하여 구성한 삼각망이다.
② 조건식의 수가 가장 많아 정밀도가 가장 높다.

(4) 삽입망

삼각쇄와 유심다각망의 장점을 결합하여 구성한 삼각망으로 지적삼각측량에서 가장 흔하게 사용된다.

(5) 삼각망

두 개 이상의 기선을 이용하는 삼각망으로 그 형태에 구애됨이 없이 최소제곱법의 원리에 따라 관측값을 정밀하게 조정한다.

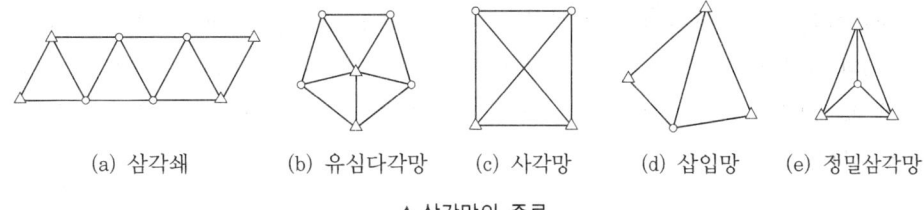

(a) 삼각쇄   (b) 유심다각망   (c) 사각망   (d) 삽입망   (e) 정밀삼각망

▲ 삼각망의 종류

4 삼각측량의 순서

1 순서

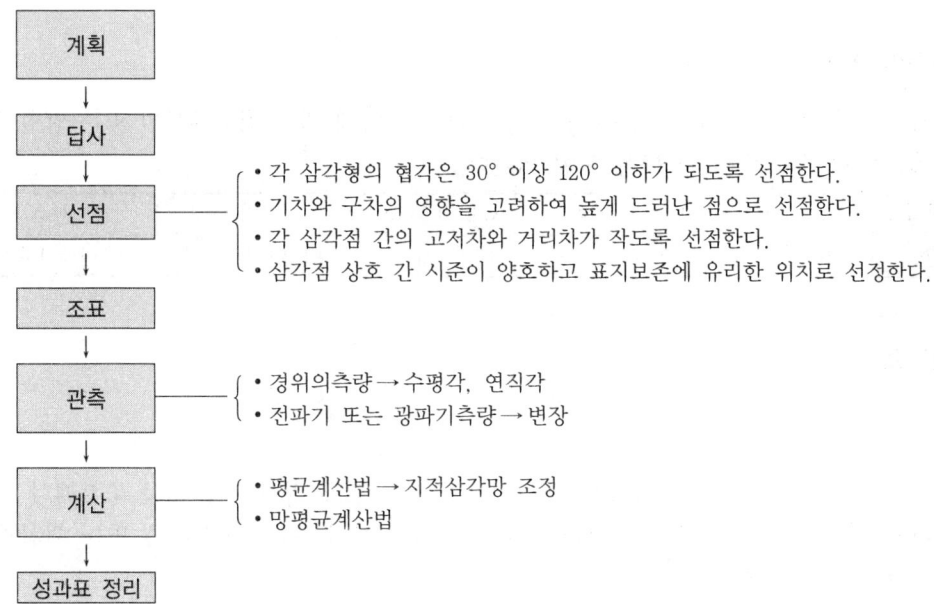

- 각 삼각형의 협각은 30° 이상 120° 이하가 되도록 선점한다.
- 기차와 구차의 영향을 고려하여 높게 드러난 점으로 선점한다.
- 각 삼각점 간의 고저차와 거리차가 작도록 선점한다.
- 삼각점 상호 간 시준이 양호하고 표지보존에 유리한 위치로 선정한다.

- 경위의측량 → 수평각, 연직각
- 전파기 또는 광파기측량 → 변장

- 평균계산법 → 지적삼각망 조정
- 망평균계산법

2 관측

1) 경위의측량방법(수평각관측)

① 관측은 10초독 이상의 경위의를 사용한다.
② 수평각관측은 3대회(윤곽도는 0°, 60°, 120°로 한다)의 방향관측법에 의한다.
③ 수평각의 측각공차

종별	1방향각	1측회의 폐색	삼각형 내각관측치의 합과 180°와의 차	기지각과의 차
공차	30초 이내	±30초 이내	±30초 이내	±40초 이내

2) 경위의측량방법(연직각관측)

① 각 측점에서 정·반으로 각 2회 관측한다.
② 관측치의 최대치와 최소치의 교차가 30초 이내인 때에는 그 평균치를 연직각으로 한다.
③ 2개의 기지점에서 소구점의 표고를 계산한 결과 그 교차가 $0.05m + 0.05(S_1 + S_2)[m]$ 이하인 때에는 그 평균치를 표고로 한다. 이 경우 S_1과 S_2는 기지점에서 소구점까지의 평면거리로서 km단위로 표시한 수를 말한다.

3) 전파기 또는 광파기측량방법(변장관측)

① 전파 또는 광파측거기는 표준편차가 ±(5mm+5ppm) 이상인 정밀측거기를 사용한다.
② 점간거리는 5회 측정하여 그 측정치의 최대치와 최소치의 교차가 평균치의 1/100,000 이하인 때에는 그 평균치를 측정거리로 하고 원점에 투영된 평면거리에 의하여 계산한다.
③ 삼각형의 내각은 세 변의 평면거리에 의하여 계산하며, 기지각의 차는 ±40초 이내이어야 한다.

3 삼각점의 계산

지적삼각점의 계산은 진수를 사용하여 각규약과 변규약에 의한 평균계산법 또는 망평균계산법에 의하며, 계산단위는 다음 표에 의한다.

종별	각	변의 길이	진수	좌표 또는 표고	경위도	자오선수차
단위	초	cm	6자리 이상	cm	초 아래 3자리	초 아래 1자리

4 편심관측

1) 의의

지적삼각점의 표석, 측표 및 기계 중심이 연직선의 한 점에 일치될 수 없는 조건에서 부득이 측량하여야 할 때에는 편심을 시켜서 관측하여야 하며, 이를 편심관측 또는 귀심관측이라 한다.

2) 유형

(1) 수평각측점귀심

중심삼각점 이외에 되도록 가까운 곳에 편심된 측점을 설치하고 기계를 설치하여 각도를 관측하고 삼각점의 중심점에서 관측한 것과 같은 값을 계산하는데, 이를 수평각측점귀심이라 한다.

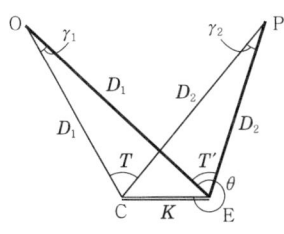

▲ 수평각측점귀심

$T + \gamma_1 = T' + \gamma_2$ 에서
$T = T' + \gamma_2 - \gamma_1$
$D_1 = D_1'$, $D_2 = D_2'$
여기서, α = 관측방향각 + $(360° - \theta)$
K : 편심거리
D : 중심삼각점과 시준점 간의 거리

① γ_1 계산 : $\triangle OEC$에서 $\dfrac{K}{\sin \gamma_1} = \dfrac{D_1}{\sin(360° - \theta)}$ 이므로 $\sin \gamma_1 = \dfrac{K \sin(360° - \theta)}{D_1}$ 이다.

여기서 $\sin \gamma_1$의 값을 각도로 고치면 $\gamma_1 = \sin^{-1} \dfrac{K \sin(360° - \theta)}{D_1}$ 가 되며, γ_1은 아주 작은 각이기 때문에 $\sin = \gamma_1 \sin 1''$로 할 수 있으므로 $\gamma_1'' = \dfrac{K \sin(360° - \theta)}{D_1 \sin 1''}$ 또는 $\gamma_1'' = \dfrac{K \sin(360° - \theta)}{D_1} \rho''$가 된다.

② γ_2 계산 : $\triangle PEC$에서 $\dfrac{K}{\sin \gamma_2} = \dfrac{D_2}{\sin(360° - \theta + T')}$ 이므로 $\sin \gamma_2 = \dfrac{K \sin(360° - \theta + T')}{D_2}$ 이다. 여기서 $\sin \gamma_2$의 값을 각도로 고치면 $\gamma_2 = \sin^{-1} \dfrac{K \sin(360° - \theta + T')}{D_2}$ 가 되며, γ_2은 아주 작은 각이기 때문에 $\sin = \gamma_2 \sin 1''$로 할 수 있으므로 $\gamma_2'' = \dfrac{K \sin(360° - \theta + T')}{D_2 \sin 1''}$ 또는 $\gamma_2'' = \dfrac{K \sin(360° - \theta + T')}{D_2} \rho''$ 가 된다.

③ T계산 : $T = T' + \gamma_2 - \gamma_1$

(2) 수평각점표귀심(시준점의 편심)

수평각의 관측 시 점표(시준점)가 중심에서 편심이 있는 경우 시준점에서 가까운 거리에 잘 보이는 지물이나 시준점을 편심하여 점표의 중심을 시준한 것과 같은 값을 계산하여 수평각을 얻는 방법을 수평각점표귀심이라 한다.

$\dfrac{K}{\sin\gamma} = \dfrac{D}{\sin 90°}$ 에서 $\sin 90° = 1$이므로 $\sin\gamma = \dfrac{K}{D}$이다. 여기서 $\sin\gamma$의 값을 각도로 고치면 $\gamma = \sin^{-1}\dfrac{K}{D}$가 되며, γ_1은 아주 작은 각이기 때문에 $\sin = \gamma_1 \sin 1''$로 할 수 있으므로 $\gamma'' = \dfrac{K}{D\sin 1''}$ 또는 $\gamma'' = \dfrac{K}{D}\rho''$가 된다.

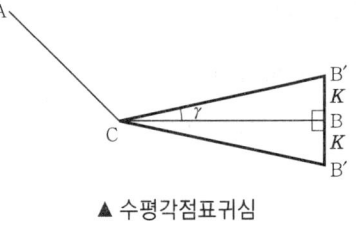

▲ 수평각점표귀심

5 지적삼각망조정

1 조정조건(일반적인 경우)

1) 측점조건(점조건)

① 한 측점에서 측정한 여러 각의 합은 그들 각을 한 각으로 하여 측정한 값과 같다.
② 점방정식 : 한 측점 둘레에 있는 모든 각을 합한 값은 360°이다.
　　측점조건식의 수 = $w - l + 1$
　여기서, w : 한 점 주위의 각의 수, l : 한 측점에서 나간 변의 수

2) 각조건

각 다각형의 내각의 합은 $180(n-2)$이다.
　　각조건식의 수 = $S - P + 1$
　여기서, S : 변의 총수, P : 삼각점의 수

3) 변조건

삼각망 중의 임의의 한 변의 길이는 계산해가는 순서와 관계없이 같은 값이어야 한다.
　　변조건식의 수 = $B + S - 2P + 2$
　여기서, B : 기선의 수, S : 변의 총수, P : 삼각점의 수

4) 조건식의 총수

　　조건식의 총수 = 점조건 + 각조건 + 변조건 = $B + a - 2P + 3$
　여기서, B : 기선의 수, a : 관측각의 총수, P : 삼각점의 수

2 정밀삼각망

① 각조건 : 각조건식=기지점수+삼각형수-1
② 변조건 : 변조건식=기선수+소구점수-3

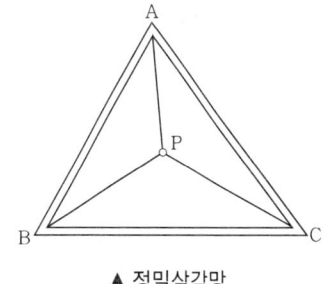

▲ 정밀삼각망

3 삼각망조정의 예

1) 사각망의 조정

(1) 각조건식

$\alpha_1 + \beta_1 + \alpha_2 + \beta_2 + \alpha_3 + \beta_3 + \alpha_4 + \beta_4 = 360°$
$\alpha_1 + \beta_4 = \alpha_3 + \beta_2$
$\alpha_2 + \beta_1 = \alpha_4 + \beta_3$

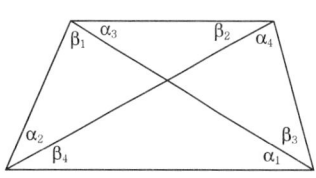

▲ 사각망

(2) 변조건식

$$\frac{\sin\alpha_1 \sin\alpha_2 \sin\alpha_3 \sin\alpha_4}{\sin\beta_1 \sin\beta_2 \sin\beta_3 \sin\beta_4} = 1$$

① $E_1 = \dfrac{\pi \sin\alpha}{\pi \sin\beta} - 1$

② $\sin\alpha' = \sin\alpha \pm 48.4814 \cos\alpha$, $\sin\beta' = \sin\beta \pm 48.4814 \cos\beta$ 일 때

$E_2 = \dfrac{\pi \sin\alpha'}{\pi \sin\beta'} - 1$

③ 경정수(x_1'', x_2'')의 계산 및 검산

$x_1'' = \dfrac{10'' E_1}{|E_1 - E_2|}$, $x_2'' = \dfrac{10'' E_2}{|E_1 - E_2|}$

$\therefore |x_1'' - x_2''| = 10''$

2) 유심삼각망의 조정

(1) 각조건식(Ⅰ)

$\left.\begin{array}{l}\alpha_1 + \beta_1 + \gamma_1 \neq 180° \\ \alpha_2 + \beta_2 + \gamma_2 \neq 180° \\ \alpha_3 + \beta_3 + \gamma_3 \neq 180° \\ \alpha_4 + \beta_4 + \gamma_4 \neq 180° \\ \alpha_5 + \beta_5 + \gamma_5 \neq 180° \\ \quad\quad\varepsilon\end{array}\right\} \quad Ⅰ = \dfrac{-\varepsilon - Ⅱ}{3}$

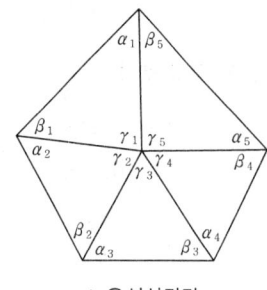

▲ 유심삼각망

(2) 점조건식(Ⅱ)

$$\gamma_1 + \gamma_2 + \gamma_3 + \gamma_4 + \gamma_5 \underset{e}{\neq} 360°$$

$$Ⅱ = \frac{\Sigma\varepsilon - 3e}{2n}$$

(3) 변조건식

$$\frac{\sin\alpha_1 \sin\alpha_2 \sin\alpha_3 \sin\alpha_4 \sin\alpha_5}{\sin\beta_1 \sin\beta_2 \sin\beta_3 \sin\beta_4 \sin\beta_5} = 1$$

① $E_1 = \dfrac{\pi\sin\alpha}{\pi\sin\beta} - 1$ ② $E_2 = \dfrac{\pi\sin\alpha'}{\pi\sin\beta'} - 1$

③ 경정수(x_1'', x_2'')의 계산 및 검산

$$x_1'' = \frac{10''E_1}{|E_1 - E_2|}, \quad x_2'' = \frac{10''E_2}{|E_1 - E_2|}$$

$$\therefore |x_1'' - x_2''| = 10''$$

3) 삽입망의 조정

(1) 각방정식

① 삼각규약(Ⅰ)

$$\left.\begin{array}{l} \alpha_1 + \beta_1 + \gamma_1 \neq 180° \\ \alpha_2 + \beta_2 + \gamma_2 \neq 180° \\ \alpha_3 + \beta_3 + \gamma_3 \neq 180° \end{array}\right\rbrace \underset{\varepsilon}{\quad} \quad Ⅰ = \frac{-\varepsilon - Ⅱ}{3}$$

② 망규약(Ⅱ)

$$\Sigma\gamma \underset{e}{\neq} 기지내각(\angle ABC)$$

$$Ⅱ = \frac{\Sigma\varepsilon - 3e}{2n}$$

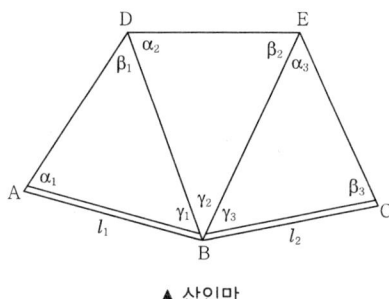

▲ 삽입망

(2) 변방정식

$$\frac{\sin\alpha_1 \sin\alpha_2 \sin\alpha_3 \sin\alpha_4 l_1}{\sin\beta_1 \sin\beta_2 \sin\beta_3 \sin\beta_4 l_2} = 1$$

① $E_1 = \dfrac{\pi l_1 \sin\alpha l_1}{\pi l_2 \sin\beta l_2} - 1$

② $E_2 = \dfrac{\pi l_1 \sin\alpha' l_1}{\pi l_2 \sin\beta' l_2} - 1$

③ 경정수(x_1'', x_2'')의 계산 및 검산

$$x_1'' = \frac{10'' E_1}{|E_1 - E_2|}, \quad x_2'' = \frac{10'' E_2}{|E_1 - E_2|}$$

$$\therefore |x_1'' - x_2''| = 10''$$

4) 삼각쇄의 조건

(1) 각방정식

① 각조건

$$\alpha_1 + \beta_1 + \gamma_1 = 180°$$
$$\vdots$$
$$\alpha_6 + \beta_6 + \gamma_6 = 180°$$

② 망규약(방위각오차) : 계산방위각 – 기지방위각 = q

▲ 삼각쇄

γ각이 좌측에 있는 경우	γ각이 우측에 있는 경우
$\alpha = -\dfrac{q}{2n}$	$\alpha = \dfrac{q}{2n}$
$\beta = -\dfrac{q}{2n}$	$\beta = \dfrac{q}{2n}$
$\gamma = \dfrac{q}{n}$	$\gamma = -\dfrac{q}{n}$

(2) 변방정식

$$\frac{\sin\alpha_1 \sin\alpha_2 \sin\alpha_3 \sin\alpha_4 \sin\alpha_5 \sin\alpha_6 \, l_1}{\sin\beta_1 \sin\beta_2 \sin\beta_3 \sin\beta_4 \sin\beta_5 \sin\beta_6 \, l_2} = 1$$

① $E_1 = \dfrac{\pi l_1 \sin\alpha \, l_1}{\pi l_2 \sin\beta \, l_2} - 1$

② $E_2 = \dfrac{\pi l_1 \sin\alpha' \, l_1}{\pi l_2 \sin\beta' \, l_2} - 1$

③ 경정수(x_1'', x_2'')의 계산 및 검산

$$x_1'' = \frac{10'' E_1}{|E_1 - E_2|}, \quad x_2'' = \frac{10'' E_2}{|E_1 - E_2|}$$

$$\therefore |x_1'' - x_2''| = 10''$$

4 조정방법

지적삼각망은 근사조정법 또는 정밀조정법을 사용하여 조정한다.

근사조정법	정밀조정법
• 기하학적 조건들을 순서에 따라 독립적으로 조정 • 계산이 간단 • 기지점에도 오차가 포함되어 있음 • 도해지적에서의 지적삼각점측량에 이용	• 최소제곱법에 의한 방법 • 모든 기하학적 조건을 동시에 만족하도록 조정 • 계산이 복잡하고 시간이 많이 소요 • 수치지적에서의 지적삼각점측량에 이용

6 지적삼각점의 관리

1 지적삼각점의 관리

지적기준점	성과·관리	열람 및 등본교부
지적삼각점	시·도지사	시·도지사 또는 지적소관청

2 성과고시 및 성과표의 기록·관리

성과고시(관보에 게재)	성과표의 기록·관리
• 기준점의 명칭 및 번호 • 직각좌표계의 원점명(지적기준점에 한한다) • 좌표 및 표고 • 경도와 위도 • 설치일, 소재지 및 표지의 재질 • 측량성과보관장소	• 지적삼각점의 명칭과 기준원점명 • 좌표 및 표고 • 경도와 위도(필요한 경우에 한정한다) • 자오선수차 • 시준점의 명칭과 방위각과 거리 • 소재지와 측량연월일 • 그 밖의 참고사항

02 예상문제

01 토지조사사업 당시의 삼각측량에서 기선은 전국에 몇 개소를 설치하였는가?

① 7개소 ② 10개소
③ 13개소 ④ 16개소

해설 토지조사사업 당시 삼각측량에서 기선은 전국에 총 13개를 설치하였다.

02 삼각측량에 의해 계산된 측지방위각과 천문측량에 의해 측정된 값을 비교하여 그 차이를 조정함으로써 보다 정확한 위치를 결정하기 위해 이용하는 관계식은?

① 리먼(Lehman)정리
② 가우스(Gauss)정리
③ 라플라스(Laplace)정리
④ 르장드르(Legendre)정리

해설 삼각측량에 의해 계산된 측지방위각과 천문측량에 의해 측정된 값을 비교하여 그 차이를 조정함으로써 보다 정확한 위치를 결정하기 위해 이용하는 관계식은 라플라스(Laplace)정리이다.

03 다음 구소삼각지역의 직각좌표계 원점 중 평면직각종횡선수치의 단위를 간(間)으로 한 원점은?

① 조본원점 ② 고초원점
③ 율곡원점 ④ 망산원점

해설 구소삼각점원점

경기지역	경북지역	m	간
고초원점	구암원점	조본원점	구암원점
등경원점	금산원점	고초원점	금산원점
가리원점	율곡원점	율곡원점	등경원점
계양원점	현창원점	현창원점	가리원점
망산원점	소라원점	소라원점	계양원점
조본원점			망산원점

04 지적측량에 사용되는 구소삼각지역의 직각좌표계 원점이 아닌 것은?

① 가리원점 ② 동경원점
③ 망산원점 ④ 조본원점

해설 구소삼각원점
㉠ 경기지역 : 고초원점, 등경원점, 가리원점, 계양원점, 망산원점, 조본원점
㉡ 경북지역 : 구암원점, 금산원점, 율곡원점, 현창원점, 소라원점

05 구소삼각점인 계양원점의 좌표가 옳은 것은?

① $X=200,000m$, $Y=500,000m$
② $X=500,000m$, $Y=200,000m$
③ $X=20,000m$, $Y=50,000m$
④ $X=0m$, $Y=0m$

해설 구소삼각원점의 경우 $X=0m$, $Y=0m$이다.

06 고초원점의 평면직각종횡선수치는?

① $X=0m$, $Y=0m$
② $X=10,000m$, $Y=30,000m$
③ $X=500,000m$, $Y=200,000m$
④ $X=550,000m$, $Y=200,000m$

해설 구소삼각원점의 수치는 $X=0m$, $Y=0m$이다.

07 다음 그림에서 AP거리를 구하는 식으로 옳은 것은?

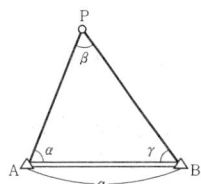

① $AP = \dfrac{a\sin\gamma}{\sin\beta}$　② $AP = \dfrac{a\sin\alpha}{\sin\gamma}$

③ $AP = \dfrac{a\sin\beta}{\sin\gamma}$　④ $AP = \dfrac{\sin\beta\sin\gamma}{a}$

해설 $AP = \dfrac{a\sin\gamma}{\sin\beta}$

정답 01 ③　02 ③　03 ④　04 ②　05 ④　06 ①　07 ①

08 △ABC 토지에 대하여 지적삼각측량을 실시하여 AB =3km, ∠ABC=30°, ∠BAC=60°를 측정하였다. AC의 거리는?

① 1,500m   ② 1,732m
③ 2,598m   ④ 6,000m

해설 $\dfrac{3,000}{\sin 90°} = \dfrac{\overline{AC}}{\sin 30°}$

∴ $\overline{AC} = 1,500\text{m}$

09 다음 그림에서 BP의 거리를 구하는 공식으로 옳은 것은?

① $BP = \dfrac{a\sin\alpha}{\sin\gamma}$
② $BP = \dfrac{a\sin\alpha}{\sin\beta}$
③ $BP = \dfrac{a\sin\beta}{\sin\gamma}$
④ $BP = \dfrac{a\sin\gamma}{\sin\alpha}$

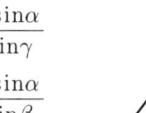

해설 $\dfrac{a}{\sin\gamma} = \dfrac{BP}{\sin\alpha}$

∴ $BP = \dfrac{a\sin\alpha}{\sin\gamma}$

10 평면삼각형 ABC의 측각치 ∠A, ∠B, ∠C의 폐합오차는? (단, 폐합오차는 W로 표시한다.)

① $W = 180° - (∠B + ∠C)$
② $W = ∠A + ∠B + ∠C - 180°$
③ $W = ∠A + ∠B + ∠C - 360°$
④ $W = 360° - (∠A + ∠B + ∠C)$

해설 삼각형의 폐합오차 $W = ∠A + ∠B + ∠C - 180°$

11 지적삼각점 두 점 간의 거리를 계산할 때 계산순서로 바르게 연결한 것은?

① 기준면거리 → 경사거리 → 평면거리
② 기준면거리 → 평면거리 → 수평거리
③ 경사거리 → 기준면거리 → 평면거리
④ 평면거리 → 기준면거리 → 수평거리

해설 지적삼각점 두 점 간의 거리계산순서 : 경사거리 → 수평거리 → 기준면상의 거리 → 평면거리

12 전파기에 따른 지적삼각점의 계산 시 점간거리는 어떤 거리에 의하여 계산해야 하는가?

① 점 간 실제 수평거리
② 점 간 실제 경사거리
③ 원점에 투영된 평면거리
④ 기준면상 거리

해설 지적삼각점측량 시 점간거리는 5회 측정하여 그 측정치의 최대치와 최소치의 교차가 평균치의 10만분의 1 이하일 때에는 그 평균치를 측정거리로 하고 원점에 투영된 평면거리에 따라 계산한다.

13 우리나라 토지조사사업 당시 기선측량을 실시한 지역수는?

① 7개소   ② 10개소
③ 13개소 ④ 19개소

해설 기선측량은 1910년 6월 대전기선을 시작으로 하고 1913년 고건원기선을 끝으로 13개 기선측량을 실시하였다.

기선	길이	기선	길이
대전기선	2500.39410m	간성기선	3126.11155m
노량진기선	3075.97442m	함흥기선	4000.91794m
안동기선	2000.41516m	길주기선	4226.45669m
하동기선	2000.84321m	강계기선	2524.33613m
의주기선	2701.23491m	혜산진기선	2175.31361m
평양기선	4625.47770m	고건원기선	3400.81838m
영산포기선	3400.89002m	–	–

14 지적삼각점측량에서 원점에서부터 두 점 A, B까지의 횡선거리가 각각 16km와 20km일 때 축척계수(K)는? (단, $R = 6372.2$km이다.)

① 1.00000072   ② 1.00000177
③ 1.00000274   ④ 1.00000399

해설 $K = 1 + \dfrac{(Y_1 + Y_2)^2}{8R^2}$

$= 1 + \dfrac{(16+20)^2}{8 \times 6372.2^2} = 1.00000399$

15 전파기 또는 광파기측량방법에 따른 지적삼각점의 점간거리는 몇 회 측정하여야 하는가?

① 2회   ② 3회
③ 4회   ④ 5회

정답 08 ① 09 ① 10 ② 11 ③ 12 ③ 13 ③ 14 ④ 15 ④

해설 전파기 또는 광파기측량방법에 따른 지적삼각점의 관측과 계산의 기준
  ㉠ 전파 또는 광파측거기는 표준편차가 ±(5mm+5ppm) 이상인 정밀측거기를 사용할 것
  ㉡ 점간거리는 5회 측정하여 그 측정치의 최대치와 최소치의 교차가 평균치의 10만분의 1 이하일 때에는 그 평균치를 측정거리로 하고 원점에 투영된 평면거리에 따라 계산할 것
  ㉢ 삼각형의 내각은 세 변의 평면거리에 따라 계산할 것

16 광파기측량방법으로 지적삼각점을 관측할 경우 기계의 표준편차는 얼마 이상이어야 하는가? 기 17-3

① ±(5mm+5ppm) 이상
② ±(3mm+5ppm) 이상
③ ±(5mm+10ppm) 이상
④ ±(3mm+10ppm) 이상

해설 전파기 또는 광파기측량방법에 따른 지적삼각점의 관측과 계산의 기준
  ㉠ 전파 또는 광파측거기는 표준편차가 ±(5mm+5ppm) 이상인 정밀측거기를 사용할 것
  ㉡ 점간거리는 5회 측정하여 그 측정치의 최대치와 최소치의 교차가 평균치의 10만분의 1 이하일 때에는 그 평균치를 측정거리로 하고 원점에 투영된 평면거리에 따라 계산할 것
  ㉢ 삼각형의 내각은 세 변의 평면거리에 따라 계산할 것

17 다음은 광파기측량방법에 따른 지적삼각점관측기준에 대한 설명이다. ( ) 안에 들어갈 내용으로 옳은 것은? 산 18-2

| 광파측거기는 표준편차가 ( ) 이상인 정밀측거기를 사용할 것 |

① ±(15mm+5ppm) ② ±(5mm+15ppm)
③ ±(5mm+10ppm) ④ ±(5mm+5ppm)

해설 지적측량시행규칙상 전파 또는 광파측거기는 표준편차가 ±(5mm+5ppm) 이상인 정밀측거기를 사용하여야 한다.

18 지적측량 시 광파거리측량기를 이용하여 3km 거리를 5회 관측하였을 때 허용되는 평균교차는? 산 19-3

① 3cm ② 5cm
③ 6cm ④ 10cm

해설 $\dfrac{1}{100,000} = \dfrac{\Delta l}{3,000}$

∴ $\Delta l = 0.03\text{m} = 3\text{cm}$

[참고] 지적측량시행규칙 제9조(지적삼각점측량의 관측 및 계산)
② 전파기 또는 광파기측량방법에 따른 지적삼각점의 관측과 계산은 다음 각 호의 기준에 따른다.
  1. 전파 또는 광파측거기는 표준편차가 ±(5mm+5ppm) 이상인 정밀측거기를 사용할 것
  2. 점간거리는 5회 측정하여 그 측정치의 최대치와 최소치의 교차가 평균치의 10만분의 1 이하일 때에는 그 평균치를 측정거리로 하고 원점에 투영된 평면거리에 따라 계산할 것
  3. 삼각형의 내각은 세 변의 평면거리에 따라 계산하며, 기지각과의 차(差)에 관하여는 제1항 제3호를 준용할 것

19 경위의측량방법에 따른 지적삼각점의 수평각관측 시 윤곽도로 옳은 것은? 기 18-3

① 0도, 60도, 120도 ② 0도, 45도, 90도
③ 0도, 90도, 180도 ④ 0도, 30도, 60도

해설 경위의측량방법에 따른 지적삼각점의 관측과 계산기준
  ㉠ 관측은 10초독 이상의 경위의를 사용할 것
  ㉡ 수평각관측은 3대회(윤곽도는 0도, 60도, 120도로 한다)의 방향관측법에 따를 것
  ㉢ 수평각의 측각공차는 다음 표에 따를 것

종별	공차
1방향각	30초 이내
1측회의 폐색	±30초 이내
삼각형 내각관측의 합과 180도와의 차	±30초 이내
기지각과의 차	±40초 이내

20 경위의측량방법에 따른 지적삼각점의 관측과 계산기준으로 틀린 것은? 기 17-2

① 관측은 10초독 이상의 경위의를 사용한다.
② 수평각관측은 3대회의 방향관측법에 따른다.
③ 수평각의 측각공차에서 1방향각의 공차는 40초 이내로 한다.
④ 수평각의 측각공차에서 1측회의 폐색공차는 ±30초 이내로 한다.

해설 경위의측량방법에 따른 지적삼각점의 관측과 계산기준
  ㉠ 관측은 10초독 이상의 경위의를 사용할 것

정답 16 ① 17 ④ 18 ① 19 ① 20 ③

ⓒ 수평각관측은 3대회(윤곽도는 0도, 60도, 120도로 한다)의 방향관측법에 따를 것
ⓒ 수평각의 측각공차는 다음 표에 따를 것

종별	공차
1방향각	30초 이내
1측회의 폐색	±30초 이내
삼각형 내각관측의 합과 180도와의 차	±30초 이내
기지각과의 차	±40초 이내

21 지적삼각점측량방법의 기준으로 옳지 않은 것은?

기 19-3

① 미리 지적삼각점표지를 설치하여야 한다.
② 지적삼각점표지의 점간거리는 평균 2km 이상 5km 이하로 한다.
③ 삼각형의 각 내각은 30° 이상 120° 이하로 한다. 단, 망평균계산법과 삼변측량에 따르는 경우에는 그러하지 아니한다.
④ 지적삼각점의 명칭은 측량지역이 소재하고 있는 시·군의 명칭 중 한 글자를 선택하고 시·군단위로 일련번호를 붙여서 정한다.

해설 지적측량시행규칙 제8조(지적삼각점측량)
① 지적삼각점측량을 할 때에는 미리 지적삼각점표지를 설치하여야 한다.
② 지적삼각점의 명칭은 측량지역이 소재하고 있는 특별시·광역시·도 또는 특별자치도(이하 "시·도"라 한다)의 명칭 중 두 글자를 선택하고 시·도단위로 일련번호를 붙여서 정한다.
③ 지적삼각점은 유심다각망·삽입망·사각망·삼각쇄 또는 삼변 이상의 망으로 구성하여야 한다.
④ 삼각형의 각 내각은 30도 이상 120도 이하로 한다. 다만, 망평균계산법과 삼변측량에 따르는 경우에는 그러하지 아니하다.
⑤ 지적삼각점성과 결정을 위한 관측 및 계산의 과정은 지적삼각점측량부에 적어야 한다.

22 다각망도선법에 의한 지적삼각보조점측량 및 지적도근점측량을 시행하는 경우 기지점 간 직선상의 외부에 두는 지적삼각보조점 및 지적도근점의 선점은 기지점 직선과의 사잇각을 얼마 이내로 하도록 규정하고 있는가?

산 19-2

① 10° 이내   ② 20° 이내
③ 30° 이내   ④ 40° 이내

해설 지적업무처리규정 제10조(지적기준점의 확인 및 선점 등)
① 지적삼각점측량 및 지적삼각보조점측량을 할 때에는 미리 사용하고자 하는 삼각점·지적삼각점 및 지적삼각보조점의 변동 유무를 확인하여야 한다. 이 경우 확인결과 기지각과의 오차가 ±40초 이내인 경우에는 그 삼각점·지적삼각점 및 지적삼각보조점에 변동이 없는 것으로 본다.
② 지적기준점을 선점할 때에는 다음 각 호에 따른다.
  1. 후속측량에 편리하고 영구적으로 보존할 수 있는 위치이어야 한다.
  2. 지적도근점을 선점할 때에는 되도록이면 지적도근점 간의 거리를 동일하게 하되 측량대상지역의 후속측량에 지장이 없도록 하여야 한다.
  3. 지적측량시행규칙 제11조 제3항 및 제12조 제6항에 따라 다각망도선법으로 지적삼각보조점측량 및 지적도근점측량을 할 경우에 기지점 간 직선상의 외부에 두는 지적삼각보조점 및 지적도근점과 기지점 직선과의 사잇각은 30도 이내로 한다.
③ 암석·석재구조물·콘크리트구조물·맨홀 및 건축물 등 견고한 고정물에 지적기준점을 설치할 필요가 있는 경우에는 그 고정물에 각인하거나 그 구조물에 고정하여 설치할 수 있다.

23 지적삼각점측량을 할 때 사용하고자 하는 삼각점의 변동 유무를 확인하는 기준은?

기 18-2

① 기지각과의 오차가 ±30초 이내
② 기지각과의 오차가 ±40초 이내
③ 기지각과의 오차가 ±50초 이내
④ 기지각과의 오차가 ±60초 이내

해설 지적삼각점측량 및 지적삼각보조점측량을 할 때에는 미리 사용하고자 하는 삼각점, 지적삼각점 및 지적삼각보조점의 변동 유무를 확인하여야 한다. 이 경우 확인결과 기지각과의 오차가 ±40초 이내인 경우에는 그 삼각점, 지적삼각점 및 지적삼각보조점에 변동이 없는 것으로 본다.

24 지적삼각점의 계산에서 자오선수차의 계산단위는?

기 19-2

① 초 아래 1자리   ② 초 아래 3자리
③ 초 아래 5자리   ④ 초 아래 6자리

해설 지적측량시행규칙 제9조(지적삼각점측량의 관측 및 계산)
④ 지적삼각점의 계산은 진수를 사용하여 각규약과 변규약에 따른 평균계산법 또는 망평균계산법에 따르며, 계산단위는 다음 표에 따른다.

종별	각	변의 길이	진수	좌표 또는 표고	경위도	자오선수차
단위	초	cm	6자리 이상	cm	초 아래 3자리	초 아래 1자리

정답 21 ④ 22 ③ 23 ② 24 ①

25 지적삼각점측량에서 진북방향각의 계산단위로 옳은 것은?

① 초 아래 1자리 ② 초 아래 2자리
③ 초 아래 3자리 ④ 초 아래 4자리

해설 지적삼각점의 계산은 진수를 사용하여 각규약과 변규약에 따른 평균계산법 또는 망평균계산법에 따르며, 계산단위는 다음 표에 따른다.

종별	각	변의 길이	진수	좌표 또는 표고	경위도	자오선 수차
단위	초	cm	6자리 이상	cm	초 아래 3자리	초 아래 1자리

26 지적삼각점을 관측하는 경우 연직각의 관측 및 계산 기준에 대한 설명으로 옳지 않은 것은?

① 연직각의 단위는 '초'로 한다.
② 각 측점에서 정반으로 각 2회 관측하여야 한다.
③ 관측치의 최대치와 최소치의 교차가 40초 이내이어야 한다.
④ 2개의 기지점에서 소구점의 표고를 계산한 결과 그 교차가 $0.05+0.05(S_1+S_2)$[m] 이하일 때에는 그 평균치를 표고로 한다.

해설 지적삼각점을 관측하는 경우 연직각의 관측 및 계산기준
㉠ 각 측점에서 정반(正反)으로 각 2회 관측할 것
㉡ 관측치의 최대치와 최소치의 교차가 30초 이내일 때는 그 평균치를 연직각으로 할 것
㉢ 2점의 기지점에서 소구점의 표고를 계산한 결과 그 교차가 $0.05+0.05(S_1+S_2)$[m] 이하일 때에는 그 평균치를 표고로 할 것 이 경우 S_1과 S_2는 기지점에서 소구점까지의 평면거리로서 km단위로 표시한 수를 말한다.

27 경위의측량방법에 따른 지적삼각점의 관측에서 수평각의 측각공차 중 기지각과의 차에 대한 기준은?

① ±30초 이내 ② ±40초 이내
③ ±50초 이내 ④ ±60초 이내

해설 지적삼각점측량 시 수평각의 측각공차

종별	공차
1방향각	30초 이내
1측회의 폐색	±30초 이내
삼각형 내각관측의 합과 180도와의 차	±30초 이내
기지각과의 차	±40초 이내

28 지적삼각점의 연직각을 관측치의 최대치와 최소치의 교차가 몇 초 이내일 때 평균치를 연직각으로 하는가?

① 10초 이내 ② 30초 이내
③ 50초 이내 ④ 60초 이내

해설 지적삼각점측량 시 연직각은 각 측점에서 정반(正反)으로 각 2회 관측하며, 관측치의 최대치와 최소치의 교차가 30초 이내일 때에는 그 평균치를 연직각으로 한다.

29 경위의측량방법에 따른 지적삼각점의 관측과 계산에 대한 설명으로 옳은 것은?

① 관측은 20초독 이상의 경위의를 사용한다.
② 삼각형의 각 내각은 30° 이상 150° 이하로 한다.
③ 1방향각의 수평각공차는 30초 이내로 한다.
④ 1측회의 폐색공차는 ±40초 이내로 한다.

해설 경위의측량방법에 따른 지적삼각점의 관측과 계산기준
㉠ 관측은 10초독 이상의 경위의를 사용할 것
㉡ 수평각관측은 3대회(윤곽도는 0도, 60도, 120도로 한다)의 방향관측법에 따를 것
㉢ 수평각의 측각공차는 다음 표에 따를 것

종별	공차
1방향각	30초 이내
1측회의 폐색	±30초 이내
삼각형 내각관측의 합과 180도와의 차	±30초 이내
기지각과의 차	±40초 이내

30 지적삼각점측량에서 수평각을 5방향으로 구성하여 1대회 정측을 실시한 결과 출발차가 +20초, 폐색차가 +30초 발생하였다면 제3방향각에 각각 보정할 수는?

① 출발차 : $-4''$, 폐색차 : $-2''$
② 출발차 : $-20''$, 폐색차 : $-2''$
③ 출발차 : $-2''$, 폐색차 : $-20''$
④ 출발차 : $-20''$, 폐색차 : $-18''$

해설 ㉠ 출발차는 전량 방향각에 배부하여야 하므로 $-20''$를 배부한다.
㉡ 폐색차
$5 : 30 = 3 : x$ ∴ $x = -18''$

정답 25 ① 26 ③ 27 ② 28 ② 29 ③ 30 ④

31 전파기 또는 광파기측량방법에 따른 지적삼각점의 관측과 계산기준이 틀린 것은?

① 표준편차가 ±(5mm+5ppm) 이상인 정밀측거기를 사용한다.
② 점간거리는 3회 측정하고 원점에 투영된 수평거리로 계산하여야 한다.
③ 측정치의 최대치와 최소치의 교차가 평균치의 10만분의 1 이하일 때는 그 평균치를 측정거리로 한다.
④ 삼각형의 내각계산은 기지각과 차가 ±40초 이내이어야 한다.

해설 지적삼각점측량 시 점간거리는 5회 측정하여 그 측정치의 최대치와 최소치의 교차가 평균치의 10만분의 1 이하일 때에는 그 평균치를 측정거리로 하고 원점에 투영된 평면거리에 따라 계산한다.

32 지적삼각점의 관측에 있어 광파측거기는 표준편차가 얼마 이상인 정밀측거기를 사용하여야 하는가?

① ±(5mm+5ppm)
② ±(5cm+5ppm)
③ ±(0.05mm+50ppm)
④ ±(0.05cm+50ppm)

해설 전파기 또는 광파기측량방법에 따른 지적삼각점의 관측과 계산의 기준
㉠ 전파 또는 광파측거기는 표준편차가 ±(5mm+5ppm) 이상인 정밀측거기를 사용한다.
㉡ 점간거리는 5회 측정하여 그 측정치의 최대치와 최소치의 교차가 평균치의 10만분의 1 이하일 때에는 그 평균치를 측정거리로 하고 원점에 투영된 평면거리에 따라 계산한다.
㉢ 삼각형의 내각은 세 변의 평면거리에 따라 계산하며, 기지각과의 차(差)는 ±40초 이내이어야 한다.

33 지적삼각점측량의 계산에서 진수는 몇 자리 이상을 사용하는가?

① 6자리 이상 ② 7자리 이상
③ 8자리 이상 ④ 9자리 이상

해설 지적삼각점측량의 계산

종별	각	변의 길이	진수	좌표
공차	초	cm	6자리 이상	cm

34 지적삼각점측량의 관측 및 계산에 대한 설명으로 옳은 것은?

① 1방향각의 측각공차는 ±50초 이내이다.
② 기지각과의 측각공차는 ±40초 이내이다.
③ 연직각을 관측할 때에는 정반 1회 관측한다.
④ 수평각관측은 3배각의 배각관측법에 의한다.

해설 지적삼각점측량의 관측 및 계산(경위의 측량)
㉠ 관측은 10초독 이상의 경위의를 사용할 것
㉡ 수평각관측은 3대회(윤곽도는 0도, 60도, 120도로 한다)의 방향관측법에 따를 것
㉢ 수평각의 측각공차는 다음 표에 따를 것

종별	공차
1방향각	30초 이내
1측회의 폐색	±30초 이내
삼각형 내각관측의 합과 180도와의 차	±30초 이내
기지각과의 차	±40초 이내

35 경위의측량방법에 따른 지적삼각점의 관측과 계산에 대한 설명으로 옳은 것은?

① 1방향각의 수평측각공차는 30초 이내이다.
② 수평각관측은 2대회의 방향관측법에 의한다.
③ 관측은 5초독(秒讀) 이상의 경위의를 사용한다.
④ 수평각관측 시 윤곽도는 0도, 60도, 100도로 한다.

해설 지적삼각점측량의 관측 및 계산(경위의측량)
㉠ 관측은 10초독 이상의 경위의를 사용할 것
㉡ 수평각관측은 3대회(윤곽도는 0도, 60도, 120도로 한다)의 방향관측법에 따를 것
㉢ 수평각의 측각공차는 다음 표에 따를 것

종별	공차
1방향각	30초 이내
1측회의 폐색	±30초 이내
삼각형 내각관측의 합과 180도와의 차	±30초 이내
기지각과의 차	±40초 이내

36 지적삼각점측량의 수평각관측에서 기지각과의 차가 ±30.8″이었다. 가장 알맞은 처리방법은?

① 공차(公差)범위를 벗어나므로 재측량해야 한다.
② 기지점을 확인해야 한다.
③ 다른 기지점에 의하여 측량한다.
④ 공차 내이므로 계산처리한다.

정답 31 ② 32 ① 33 ① 34 ② 35 ① 36 ④

해설 지적삼각점측량의 수평각관측에서 기지각과의 차의 공차는 ±40″ 이내이다. 따라서 ±30.8″는 공차 이내이므로 계산처리한다.

37 지적삼각점측량에서 수평각의 측각공차에 대한 기준으로 옳은 것은? 기 16-3

① 기지각과의 차는 ±40초 이상
② 삼각형 내각관측치의 합과 180도와의 차는 ±40초 이내
③ 1측회의 폐색차는 ±30초 이상
④ 1방향각은 30초 이내

해설 지적삼각점측량에서 수평각의 측각공차

종별	공차
1방향각	30초 이내
1측회의 폐색	±30초 이내
삼각형 내각관측의 합과 180도와의 차	±30초 이내
기지각과의 차	±40초 이내

38 다음 그림의 삽입망조정에서 삼각형 ABC로 이루어지는 산출내각은? (단, $\gamma_1 = 96°04′44″$, $\gamma_2 = 68°39′10″$ 이다.) 기 18-2

① 27°25′34″
② 68°39′10″
③ 96°04′44″
④ 164°43′54″

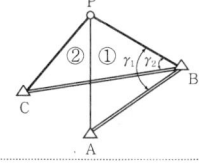

해설 ∠ABC = $\gamma_1 - \gamma_2$ = 96°04′44″ − 68°39′10″
= 27°25′34″

39 근사조정법에 의한 삽입망조정계산에서 기지내각에 맞도록 조정하는 것을 무슨 조정이라고 하는가? 기 16-2

① 망규약에 대한 조정
② 변규약에 대한 조정
③ 측점규약에 대한 조정
④ 삼각규약에 대한 조정

해설 근사조정법에 의한 삽입망조정계산에서 기지내각에 맞도록 조정하는 것은 망규약에 대한 조정이다.

40 삼각형의 내각을 같은 정밀도로 측정하여 변의 길이를 계산할 경우 각도의 오차가 변의 길이에 미치는 영향이 최소인 것은? 기 17-2

① 직각삼각형   ② 정삼각형
③ 둔각삼각형   ④ 예각삼각형

해설 삼각형의 내각을 같은 정밀도로 측정하여 변의 길이를 계산할 경우 각도의 오차가 변의 길이에 미치는 영향이 최소인 것은 정삼각형이다.

41 지적삼각점측량 시 구성하는 망으로 하천, 노선 등과 같이 폭이 좁고 거리가 긴 지역에 사용하는 삼각망으로 옳은 것은? 산 18-1

① 사각망   ② 삼각쇄
③ 삽입망   ④ 유심다각망

해설 단열삼각망(삼각쇄)은 폭이 좁고 긴 지역에 적합하며 노선, 도로, 하천측량에 주로 이용된다.

42 지적삼각측량의 조정계산에서 기지내각에 맞도록 조정하는 것을 무엇이라 하는가? 기 16-1

① 측점조정   ② 삼각조정
③ 각조정   ④ 망조정

해설 지적삼각측량의 조정계산에서 기지내각에 맞도록 조정하는 것을 망조정이라고 한다.

43 지적삼각점측량 후 삼각망을 최소제곱법(엄밀조정법)으로 조정하고자 할 때 이와 관련 없는 것은? 기 17-2

① 표준방정식   ② 순차방정식
③ 상관방정식   ④ 동시조정

해설 삼각망조정 시 각조정 → 점조정 → 변조정 순으로 조정하는 방법을 간이조정법이라 하며 순차방정식이라고도 한다. 각, 점, 변의 조종을 동시에 조장하는 방법을 최소제곱법(동시조정법, 상관방정식, 표준방정식)이라 한다.

44 "한 측점 둘레에 있는 모든 각의 합은 360°가 되어야 한다"는 조건은? 기 16-1

① 변조건   ② 삼각조건
③ 측점조건 ④ 도형조건

정답 37 ④ 38 ① 39 ① 40 ② 41 ② 42 ④ 43 ② 44 ③

해설 망조정
- ㉠ 각조정 : 삼각형의 내각은 180°이어야 한다.
- ㉡ 점조정 : 한 측점 둘레에 있는 모든 각의 합은 360°가 되어야 한다.
- ㉢ 변조정 : 삼각망 중에 임의의 한 변의 길이는 계산해가는 순서와 관계없이 같은 값이어야 한다.

45 사각망조정계산에서 각규약, 변규약, 점규약조건식의 수로 올바르게 짝지어진 것은?

① 각규약 : 2개, 변규약 : 1개, 점규약 : 1개
② 각규약 : 1개, 변규약 : 3개, 점규약 : 0개
③ 각규약 : 3개, 변규약 : 1개, 점규약 : 0개
④ 각규약 : 3개, 변규약 : 1개, 점규약 : 1개

해설

조정조건	내용	조건식
각조건	각 다각형의 내각의 합은 $180(n-2)$이다.	각조건식의 수 $= S - P + 1$
점조건	• 한 측점에서 측정한 여러 각의 합은 그들 각을 한 각으로 하여 측정한 값과 같다. • 점방정식 : 한 측점 둘레에 있는 모든 각을 합한 값은 360°이다.	
변조건	삼각망 중의 임의의 한 변의 길이는 계산해가는 순서와 관계없이 같은 값이어야 한다.	변조건식의 수 $= B + S - 2P + 2$
조건식의 총수	총수 = 점조건 + 각조건 + 변조건	총수 $= B + a - 2P + 3$

여기서, B : 기선의 수, a : 변의 총수
P : 삼각점의 수, S : 변의 총수

㉠ 각규약 = $S - P + 1 = 6 - 4 + 1 = 3$개
㉡ 변규약 = $B + S - 2P + 2 = 1 + 6 - 2 \times 4 + 2 = 1$개
㉢ 점규약 : 사변형삼각망에는 적용이 되지 않기 때문에 점규약은 0개이다.

46 6개의 삼각형으로 구성된 유심다각망에서 중심각오차(e)가 $-10.6''$, 각 삼각형의 내각오차의 합($\Sigma\varepsilon$)이 $+20.8''$일 때에 각 삼각형의 γ각의 보정치(Π)는?

① $+3.6''$ ② $+3.8''$
③ $+4.0''$ ④ $+4.4''$

해설 $\Pi = \dfrac{\Sigma\varepsilon - 3e}{2n}$
$= \dfrac{20.8'' - 3 \times (-10.6'')}{2 \times 6} = +4.4''$

47 사각망조정계산에서 관측각이 다음과 같을 때 α_1의 각규약에 의한 조정량은? (단, $\alpha_1 = 48°31'50.3''$, $\beta_2 = 53°03'57.2''$, $\alpha_3 = 22°44'29.2''$, $\beta_4 = 27°16'36.9''$)

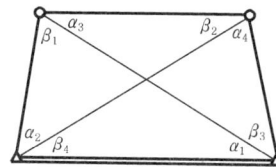

① $+0.2''$ ② $-0.2''$
③ $+0.4''$ ④ $-0.4''$

해설 ㉠ $e = (\alpha_1 + \beta_4) - (\alpha_3 + \beta_2)$
$= (48°31'50.3'' + 27°16'36.9'')$
$- (22°44'29.2'' + 53°03'57.2'') = 0.8''$
㉡ $\alpha_1 = -\dfrac{0.8}{4} = -0.2''$

48 sin45°의 1초차를 소수점 이하 6위를 정수로 하여 표시한 것은?

① 0.34   ② 2.42
③ 3.43   ④ 4.45

해설 sin45°의 1초차 = sin45° − sin45°00′01″
= 0.00000343 = 3.43

49 다음 유심다각망에서 형태규약의 개수는?

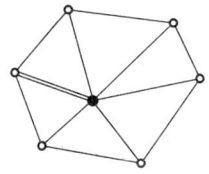

① 5개   ② 6개
③ 7개   ④ 8개

해설 조건식의 총수 = $B + a + 2P + 3 = 1 + 18 - 2 \times 7 + 3$
= 8개

50 다음 중 지적삼각점성과를 관리하는 자는?

① 지적소관청   ② 시·도지사
③ 국토교통부장관   ④ 행정안전부장관

정답 45 ③ 46 ④ 47 ② 48 ③ 49 ④ 50 ②

해설 지적삼각점성과는 시·도지사가 관리한다.

51 지적삼각점측량에서 A점의 종선좌표가 1,000m, 횡선좌표가 2,000m, AB 간의 평면거리가 3210.987m, AB 간의 방위각이 333°33′33.3″ 일 때의 B점의 횡선좌표는?　　　　　　　　　　　　기 16-3

① 496.789m　　② 570.237m
③ 798.466m　　④ 1,322.123m

해설 $Y_B = Y_A + l\sin\theta$
　　　$= 2,000 + 3210.987 \times \sin 333°33′33.3″$
　　　$= 570.237\text{m}$

52 다음 그림과 같은 삼각쇄에서 기지방위각의 오차가 +24″ 일 때 ③삼각형의 γ각에는 얼마를 보정하여야 하는가?　　　　　　　　　　　　기 16-2

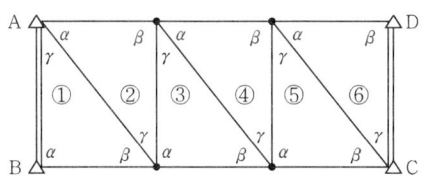

① +4″　　② -4″
③ +12″　　④ -12″

해설 γ각이 좌측에 있으므로
∴ 보정량 $= \dfrac{q}{n} = \dfrac{24}{6} = +4″$

53 다음 그림의 망형으로 소구점을 구할 때 필요한 최소 조건식(규약)은?　　　　　　　　　　　　기 19-3

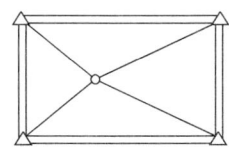

① 4개　　② 7개
③ 9개　　④ 11개

해설 ㉠ 각조건식의 수 = 삼각점수 + 삼각형수 - 1
　　　　　　　　　= 4 + 4 - 1 = 7개
　　㉡ 변조건식의 수 = 기선수 + 소구점수 - 3
　　　　　　　　　= 4 + 1 - 3 = 2개
　　∴ 총조건식수 = 각조건식의 수 + 변조건식의 수
　　　　　　　　 = 7 + 2 = 9개

54 다음의 지적기준점성과표의 기록·관리사항 중 반드시 등재하지 않아도 되는 것은?　　기 16-1

① 경도 및 위도
② 표고
③ 지적삼각점의 명칭과 기준원점명
④ 직각좌표원점명

해설 지적삼각점성과표의 기록·관리사항

고시사항	기록·관리사항
• 기준점의 명칭 및 번호 • 직각좌표계의 원점명(지적기준점에 한정한다) • 좌표 및 표고 • 경도와 위도 • 설치일, 소재지 및 표지의 재질 • 측량성과보관장소	• 지적삼각점의 명칭과 기준원점명 • 좌표 및 표고 • 경도 및 위도(필요한 경우로 한정한다) • 자오선수차 • 시준점의 명칭, 방위각 및 거리 • 소재지와 측량연월일 • 그 밖의 참고사항

55 지적삼각점성과를 관리할 때 지적삼각점성과표에 기록·관리하여야 할 사항이 아닌 것은?　기 19-1

① 설치기관　　② 자오선수차
③ 좌표 및 표고　　④ 지적삼각점의 명칭

해설 지적삼각점성과표의 기록·관리사항

고시사항	기록·관리사항
• 기준점의 명칭 및 번호 • 직각좌표계의 원점명(지적기준점에 한정한다) • 좌표 및 표고 • 경도와 위도 • 설치일, 소재지 및 표지의 재질 • 측량성과보관장소	• 지적삼각점의 명칭과 기준원점명 • 좌표 및 표고 • 경도 및 위도(필요한 경우로 한정한다) • 자오선수차 • 시준점의 명칭, 방위각 및 거리 • 소재지와 측량연월일 • 그 밖의 참고사항

56 시·도지사가 지적삼각점성과를 관리할 때 지적삼각점성과표에 기록·관리하여야 하는 사항에 해당하지 않는 것은?　　　　　　　　　기 19-2

① 지오선수차
② 표지의 재질
③ 좌표 및 표고
④ 지적삼각점의 명칭

정답 51 ② 52 ① 53 ③ 54 ① 55 ① 56 ②

해설 지적측량시행규칙 제4조(지적기준점성과표의 기록·관리 등)
① 제3조에 따라 시·도지사가 지적삼각점성과를 관리할 때에는 다음 각 호의 사항을 지적삼각점성과표에 기록·관리하여야 한다.
1. 지적삼각점의 명칭과 기준원점명
2. 좌표 및 표고
3. 경도 및 위도(필요한 경우로 한정한다)
4. 자오선수차
5. 시준점의 명칭, 방위각 및 거리
6. 소재지와 측량연월일
7. 그 밖의 참고사항

57 지적삼각점성과표에 기록·관리하여야 하는 사항이 아닌 것은?
① 경계점좌표
② 자오선수차
③ 소재지와 측량연월일
④ 지적삼각점의 명칭과 기준원점명

해설 지적측량시행규칙 제4조(지적기준점성과표의 기록·관리 등)
① 제3조에 따라 시·도지사가 지적삼각점성과를 관리할 때에는 다음 각 호의 사항을 지적삼각점성과표에 기록·관리하여야 한다.
1. 지적삼각점의 명칭과 기준원점명
2. 좌표 및 표고
3. 경도 및 위도(필요한 경우로 한정한다)
4. 자오선수차
5. 시준점의 명칭, 방위각 및 거리
6. 소재지와 측량연월일
7. 그 밖의 참고사항

58 지적측량성과를 결정함에 있어 측량성과와 검사성과의 연결교차허용범위의 연결이 옳은 것은? (단, M은 축척분모)
① 지적삼각점 : 15cm
② 지적삼각보조점 : 20cm
③ 지적도근점(경계점좌표등록부 시행지역) : 15cm
④ 경계점(경계점좌표등록부 시행지역) : 100분의 $3M$[cm]

해설 지적측량시행규칙 제27조(지적측량성과의 결정)
① 지적측량성과와 검사성과의 연결교차가 다음 각 호의 허용범위 이내일 때에는 그 지적측량성과에 관하여 다른 입증을 할 수 있는 경우를 제외하고는 그 측량성과로 결정하여야 한다.
1. 지적삼각점 : ±20cm
2. 지적삼각보조점 : ±25cm
3. 지적도근점
 가. 경계점좌표등록부 시행지역 : ±15cm
 나. 그 밖의 지역 : ±25cm
4. 경계점
 가. 경계점좌표등록부 시행지역 : ±10cm
 나. 그 밖의 지역 : ±100분의 $3M$[cm](M은 축척분모). 이 경우 전자평판측량방법으로 측량하는 경우에는 ±100분의 $2M$[cm]로 한다.

59 지적측량성과와 검사성과의 연결교차가 일정허용범위 이내일 때에는 그 지적측량성과에 관하여 다른 입증을 할 수 있는 경우를 제외하고는 그 측량성과로 결정하여야 한다. 다음 중 허용범위에 대한 기준으로 옳은 것은?
① 지적삼각점 : 40cm
② 지적삼각점 : 60cm
③ 지적삼각보조점 : 45cm
④ 지적삼각보조점 : 25cm

해설 지적측량시행규칙 제27조(지적측량성과의 결정)
① 지적측량성과와 검사성과의 연결교차가 다음 각 호의 허용범위 이내일 때에는 그 지적측량성과에 관하여 다른 입증을 할 수 있는 경우를 제외하고는 그 측량성과로 결정하여야 한다.
1. 지적삼각점 : ±20cm
2. 지적삼각보조점 : ±25cm
3. 지적도근점
 가. 경계점좌표등록부 시행지역 : ±15cm
 나. 그 밖의 지역 : ±25cm
4. 경계점
 가. 경계점좌표등록부 시행지역 : ±10cm
 나. 그 밖의 지역 : ±100분의 $3M$[cm](M은 축척분모). 이 경우 전자평판측량방법으로 측량하는 경우에는 ±100분의 $2M$[cm]로 한다.

정답 57 ① 58 ③ 59 ④

03 지적삼각보조점측량

1 지적삼각보조점측량

1 개요

지적삼각보조점의 평면위치를 결정하는 측량으로 지적삼각점측량에 비해서 정밀도는 떨어지며 제2 기초점측량이라고도 한다.

종류	기준점	지적기준점	관측방법	계산
지적삼각보조점 측량	위성기준점 통합기준점 삼각점 지적삼각점 지적삼각보조점	지적삼각보조점(●)	전파기 또는 광파기거리측량 경위의측량 위성측량 국토교통부장관이 승인한 측량	교회법 다각망교회법

2 목적

① 측량지역의 지형관계상 지적삼각보조점의 설치 또는 재설치를 필요로 하는 경우
② 지적도근점의 설치 또는 재설치를 위하여 지적삼각보조점의 설치를 필요로 하는 경우
③ 세부측량의 시행상 지적삼각보조점의 설치를 필요로 하는 경우

3 방법 및 계산

지적삼각보조점측량은 위성기준점, 통합기준점, 삼각점, 지적삼각점 및 지적삼각보조점을 기초로 하여 경위의측량방법, 전파기 또는 광파기측량방법, 위성측량방법 및 국토교통부장관이 승인한 측량방법에 따르되, 그 계산은 교회법 또는 다각망도선법에 따른다.

2 지적삼각보조점측량의 순서

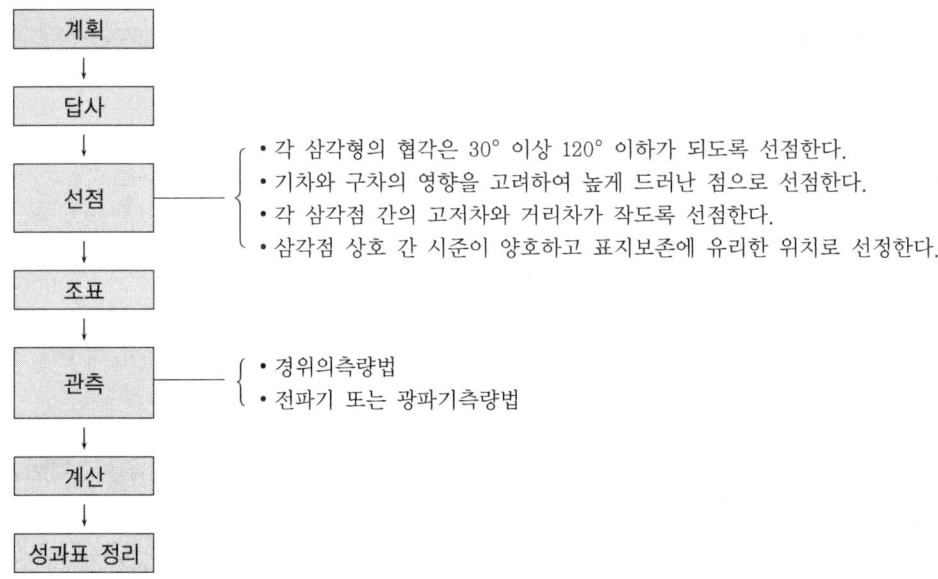

> **Key Point**
>
> **지적삼각보조점측량**
> - 지적삼각보조점측량을 하는 때 필요한 경우에는 미리 지적삼각보조점표지를 설치해야 한다.
> - 지적삼각보조점은 측량지역별로 설치순서에 따라 일련번호를 부여하되, 영구표지를 설치하는 경우에는 시·군·구별로 일련번호를 부여한다. 이 경우 지적삼각보조점의 일련번호 앞에 "보"자를 붙인다.
> - 지적삼각보조점은 교회망 또는 교점다각망으로 구성해야 한다.

1 기준

1) 교회법에 의한 지적삼각보조점측량을 실시할 경우

① 3방향의 교회에 의한다. 다만, 지형상 부득이하여 2방향의 교회에 의하여 결정하고자 하는 때에는 각 내각을 관측하여 각 내각의 관측치의 합계와 180°와의 차가 ±40초 이내인 경우에는 이를 각 내각에 고르게 배분하여 사용할 수 있다.
② 삼각형의 각 내각은 30° 이상 120° 이하로 한다.

2) 다각망도선법에 의한 지적삼각보조점측량을 실시할 경우

① 3점 이상의 기지점을 포함한 결합다각방식에 의한다.
② 1도선(기지점과 교점 간 또는 교점과 교점 간을 말한다)의 점의 수는 기지점과 교점을 포함하여 5개 이하로 한다.

③ 1도선의 거리(기지점과 교점 또는 교점과 교점 간의 점간거리의 총합계를 말한다)는 4km 이하로 한다.

2 관측 및 계산

1) 교회법

(1) 경위의측량방법

① 관측은 20초독 이상의 경위의를 사용한다.
② 수평각관측은 2대회(윤곽도는 0°, 90°로 한다)의 방향관측법에 의한다.
③ 수평각의 측각공차는 다음 표에 의한다. 이 경우 삼각형 내각의 관측치를 합한 값과 180°와의 차는 내각을 전부 관측한 때에 적용한다.

종별	1방향각	1측회의 폐색	삼각형 내각관측치의 합과 180°와의 차	기지각과의 차
공차	40초 이내	±40초 이내	±50초 이내	±50초 이내

④ 계산단위는 다음 표에 의한다.

종별	각	변의 길이	진수	좌표
단위	초	cm	6자리 이상	cm

⑤ 2개의 삼각형으로부터 계산한 위치의 연결교차($\sqrt{종선교차^2 + 횡선교차^2}$ 을 말한다)가 0.30m 이하인 때에는 그 평균치를 지적삼각보조점의 위치로 한다. 이 경우 기지점과 소구점 사이의 방위각 및 거리는 평균치에 의하여 새로이 계산하여 정한다.

(2) 전파기 또는 광파기측량방법

① 전파 또는 광파측거기는 표준편차가 ±(5mm+5ppm) 이상인 정밀측거기를 사용한다.
② 점간거리는 5회 측정하여 그 측정치의 최대치와 최소치의 교차가 평균치의 1/100,000 이하인 때에는 그 평균치를 측정거리로 하고 원점에 투영된 평면거리에 의하여 계산한다.

(3) 연직각관측

① 각 측점에서 정·반으로 각 2회 관측한다.
② 관측치의 최대치와 최소치의 교차가 30초 이내인 때에는 그 평균치를 연직각으로 한다.

2) 다각망도선법

(1) 경위의측량방법

① 관측은 20초독 이상의 경위의를 사용한다.
② 계산은 다음 표에 의한다.

종별	각	변의 길이	진수	좌표
단위	초	cm	6자리 이상	cm

(2) 전파기 또는 광파기측량방법

① 전파 또는 광파측거기는 표준편차가 ±(5mm+5ppm) 이상인 정밀측거기를 사용한다.
② 점간거리는 5회 측정하여 그 측정치의 최대치와 최소치의 교차가 평균치의 1/100,000 이하인 때에는 그 평균치를 측정거리로 하고 원점에 투영된 평면거리에 의하여 계산한다.

(3) 연직각관측

① 각 측점에서 정·반으로 각 2회 관측한다.
② 관측치의 최대치와 최소치의 교차가 30초 이내인 때에는 그 평균치를 연직각으로 한다.

(4) 다각망도선법의 계산

① 폐색오차=관측방위각-기지방위각(공차=$\pm 10\sqrt{n}$ 초)
② 폐색오차의 배분 : 배각법에 의하는 때에는 측선장에 반비례하여 각 측선의 관측각에 배분한다.

$$K = -\frac{e}{R}r$$

여기서, K : 각 측선에 배분할 초단위의 각도, e : 초단위의 오차
R : 폐색변을 포함한 각 측선장의 반수의 총합계
r : 각 측선장의 반수(이 경우 반수는 측선장 1m에 대하여 1,000을 기준으로 한 수)

③ 도선별 연결오차(공차=$0.05S$[m], S : 도선의 거리를 1,000으로 나눈 수)
④ 종선오차 및 횡선오차의 배분 : 배각법에 의하는 때에는 각 측선의 종선차 또는 횡선차 길이에 비례하여 배분한다.

$$T = -\frac{e}{L}l$$

여기서, T : 각 측선의 종선차 또는 횡선차에 배분할 cm단위의 수치
e : 종선오차 또는 횡선오차, L : 종선차 또는 횡선차의 절대치합계
l : 각 측선의 종선차 또는 횡선차

3 지적삼각보조점의 관리

1 지적삼각보조점의 관리

지적기준점	성과·관리	열람 및 등본교부
지적삼각보조점	지적소관청	지적소관청

2 성과고시 및 성과표의 기록·관리

성과고시(공보에 게재)	성과표의 기록·관리
• 기준점의 명칭 및 번호 • 직각좌표계의 원점명(지적기준점에 한한다) • 좌표 및 표고 • 경도와 위도 • 설치일, 소재지 및 표지의 재질 • 측량성과보관장소	• 지적삼각보조점 또는 지적도근점의 번호 • 근경사진 및 위치의 약도(위치의 약도는 원경사진·항공사진으로 대체할 수 있다) • 좌표와 직각좌표계 원점명 • 경도와 위도(필요한 경우로 한정한다) • 표고(필요한 경우로 한정한다) • 소재지와 설치 및 재설치연월일 • 도선등급 및 도선명 • 표지의 재질 • 지적도·임야도의 번호 • 조사연월일, 조사자의 직위·성명 및 조사내용

03 예상문제

01 지적삼각보조점측량 시 기초가 되는 점이 아닌 것은?

① 지적도근점 ② 위성기준점
③ 지적삼각점 ④ 지적삼각보조점

해설 지적삼각보조점측량은 위성기준점, 통합기준점, 삼각점, 지적삼각점 및 지적삼각보조점을 기초로 하여 경위의측량방법, 전파기 또는 광파기측량방법, 위성측량방법 및 국토교통부장관이 승인한 측량방법에 따르되, 그 계산은 교회법 또는 다각망도선법에 따른다.

02 지적삼각보조점의 망구성으로 옳은 것은?

① 유심다각망 또는 삽입망
② 삽입망 또는 사각망
③ 사각망 또는 교회망
④ 교회망 또는 교점다각망

해설 지적삼각보조점측량
㉠ 지적삼각보조점측량을 할 때에 필요한 경우에는 미리 지적삼각보조점표지를 설치하여야 한다.
㉡ 지적삼각보조점은 측량지역별로 설치순서에 따라 일련번호를 부여하되, 영구표지를 설치하는 경우에는 시·군·구별로 일련번호를 부여한다. 이 경우 지적삼각보조점의 일련번호 앞에 "보"자를 붙인다.
㉢ 지적삼각보조점은 교회망 또는 교점다각망으로 구성하여야 한다.

03 지적삼각보조점측량의 방법에 대한 설명으로 옳지 않은 것은?

① 교회법으로 시행한다.
② 망평균계산법으로 시행한다.
③ 전파기측량법으로 시행한다.
④ 광파기측량법으로 시행한다.

해설 망평균계산법은 지적삼각점측량의 계산방법이다.

04 전파기측량방법에 따라 다각망도선법으로 지적삼각보조점측량을 하는 경우 적용되는 기준으로 틀린 것은?

① 3점 이상의 기지점을 포함한 결합다각방식에 따른다.
② 1도선의 거리는 4km 이하로 한다.
③ 1도선의 점의 수는 기지점과 교점을 포함하여 5점 이상으로 한다.
④ 1도선이란 기지점과 교점 간 또는 교점과 교점 간을 말한다.

해설 전파기 또는 광파기측량방법에 따라 다각망도선법으로 지적삼각보조점측량을 할 때에는 다음의 기준에 따른다.
㉠ 3점 이상의 기지점을 포함한 결합다각방식에 따를 것
㉡ 1도선(기지점과 교점 간 또는 교점과 교점 간을 말한다)의 점의 수는 기지점과 교점을 포함하여 5점 이하로 할 것
㉢ 1도선의 거리(기지점과 교점 또는 교점과 교점 간의 점간거리의 총합계를 말한다)는 4km 이하로 할 것

05 지적삼각보조점측량에 관한 설명으로 옳지 않은 것은?

① 영구표지를 설치하는 경우에는 시·군·구별로 일련번호를 부여한다.
② 지적삼각보조점은 측량지역별로 설치순서에 따라 일련번호를 부여한다.
③ 지적삼각보조점은 교회망 또는 교점다각망으로 구성하여야 한다.
④ 전파기 또는 광파기측량방법에 따라 다각망도선법으로 지적삼각보조점측량을 할 때에는 5점 이상의 기지점을 포함한 결합다각방식에 따른다.

해설 지적측량시행규칙 제10조(지적삼각보조점측량)
⑤ 전파기 또는 광파기측량방법에 따라 다각망도선법으로 지적삼각보조점측량을 할 때에는 다음 각 호의 기준에 따른다.
1. 3점 이상의 기지점을 포함한 결합다각방식에 따를 것
2. 1도선(기지점과 교점 간 또는 교점과 교점 간을 말한다)의 점의 수는 기지점과 교점을 포함하여 5점 이하로 할 것
3. 1도선의 거리(기지점과 교점 또는 교점과 교점 간의 점간거리의 총합계를 말한다)는 4km 이하로 할 것

정답 01 ① 02 ④ 03 ② 04 ③ 05 ④

06 지적삼각보조점의 수평각을 관측하는 방법에 대한 기준으로 옳은 것은?   기 16-3

① 도선법에 따른다.
② 2대회의 방향관측법에 따른다.
③ 3대회의 방향관측법에 따른다.
④ 관측지역에 따라 방위각법과 배각법을 혼용한다.

해설 지적삼각보조점측량 시 수평각은 2대회의 방향관측법에 의한다.

07 지적삼각보조점측량의 기준에 대한 내용이 옳은 것은?   산 16-2

① 지적삼각보조점은 삼각망 또는 교점다각망으로 구성한다.
② 교회법으로 지적삼각보조점측량을 할 때에 삼각형의 각 내각은 30도 이상 120도 이하로 한다.
③ 다각망도선법으로 지적삼각보조점측량을 할 때 1도선의 거리는 5km 이하로 한다.
④ 지적삼각보조점은 영구표지를 설치하는 경우에는 시·도별로 일련번호를 부여한다.

해설 ① 지적삼각보조점은 교회망 또는 교점다각망으로 구성한다.
③ 다각망도선법으로 지적삼각보조점측량을 할 때 1도선의 거리는 4km 이하로 한다.
④ 지적삼각보조점은 영구표지를 설치하는 경우에는 시·군·구별로 일련번호를 부여한다.

08 지적삼각보조점측량에 대한 설명으로 틀린 것은?   산 16-2

① 지적삼각보조점측량을 할 때에 필요한 경우에는 미리 지적삼각보조점표지를 설치하여야 한다.
② 지적삼각보조점의 일련번호 앞에는 "보"자를 붙인다.
③ 영구표지를 설치하는 경우에는 시·군·구별로 일련번호를 부여한다.
④ 지적삼각보조점은 교회망, 유심다각망 또는 삽입망으로 구성하여야 한다.

해설 지적삼각보조점은 교회망 또는 교점다각망으로 구성하여야 한다.

09 광파기측량방법에 따른 지적삼각보조점의 점간거리를 5회 측정한 결과의 평균치가 2435.44m일 때 이 측정치의 최대치와 최소치의 교차가 최대 얼마 이하이어야 이 평균치를 측정거리로 할 수 있는가?   산 17-3

① 0.01m
② 0.02m
③ 0.04m
④ 0.06m

해설
$$\frac{1}{m} = \frac{최대치-최소치}{평균값}$$
$$\frac{1}{100,000} = \frac{\Delta l}{2435.44}$$
$$\therefore \Delta l = 0.02$$

10 광파기측량방법으로 지적삼각보조점의 점간거리를 5회 측정한 결과 평균치가 2,420m이었다. 이때 평균치를 측정거리로 하기 위한 측정치의 최대치와 최소치의 교차는 얼마 이하이어야 하는가?   산 17-1

① 0.2m
② 0.02m
③ 0.1m
④ 2.4m

해설
$$\frac{1}{m} = \frac{최대치-최소치}{평균값}$$
$$\frac{1}{100,000} = \frac{최대치-최소치}{2,420}$$
$$\therefore 최대치-최소치 \leq 0.02m$$

11 경위의측량방법에 따른 지적삼각보조점의 수평각관측방법으로 옳은 것은?   산 18-1

① 3배각관측법
② 2대회의 방향관측법
③ 3대회의 방향관측법
④ 방위각에 의한 관측법

해설 경위의측량방법과 교회법에 따른 지적삼각보조점의 관측 및 계산은 다음의 기준에 따른다.
㉠ 관측은 20초독 이상의 경위의를 사용할 것
㉡ 수평각관측은 2대회(윤곽도는 0도, 90도로 한다)의 방향관측법에 따를 것
㉢ 수평각의 측각공차는 다음 표에 따를 것 이 경우 삼각형 내각의 관측치를 합한 값과 180도와의 차는 내각을 전부 관측한 경우에 적용한다.

정답 06 ② 07 ② 08 ④ 09 ② 10 ② 11 ②

종별	공차
1방향각	40초 이내
1측회의 폐색	±40초 이내
삼각형 내각관측의 합과 180도와의 차	±50초 이내
기지각과의 차	±50초 이내

㉹ 계산단위는 다음 표에 따를 것

종별	각	변의 길이	진수	좌표
공차	초	cm	6자리 이상	cm

㉺ 2개의 삼각형으로부터 계산한 위치의 연결교차($\sqrt{종선교차^2 + 횡선교차^2}$를 말한다)가 0.30m 이하일 때에는 그 평균치를 지적삼각보조점의 위치로 할 것. 이 경우 기지점과 소구점 사이의 방위각 및 거리는 평균치에 따라 새로 계산하여 정한다.

12 지적삼각보조점측량을 2방향의 교회에 의하여 결정하려는 경우의 처리방법은? (단, 각 내각의 관측치의 합계와 180도와의 차가 ±40초 이내일 때이다.)

① 각 내각에 고르게 배부한다.
② 각 내각의 크기에 비례하여 배부한다.
③ 각 내각의 크기에 반비례하여 배부한다.
④ 허용오차이므로 관측내각에 배분할 필요가 없다.

해설 지적측량시행규칙 제11조(지적삼각보조점의 관측 및 계산)
① 경위의측량방법과 교회법에 따른 지적삼각보조점의 관측 및 계산은 다음 각 호의 기준에 따른다.
1. 관측은 20초독 이상의 경위의를 사용할 것
2. 수평각관측은 2대회(윤곽도는 0도, 90도로 한다)의 방향관측법에 따를 것
3. 수평각의 측각공차는 다음 표에 따를 것. 이 경우 삼각형 내각의 관측치를 합한 값과 180도와의 차는 내각을 전부 관측한 경우에 적용한다.

종별	공차
1방향각	40초 이내
1측회의 폐색	±40초 이내
삼각형 내각관측의 합과 180도와의 차	±50초 이내
기지각과의 차	±50초 이내

※ 각 내각의 관측치의 합계와 180도와의 차가 ±40초이면 허용범위 이내이므로 각 내각에 고르게 배부한다.

13 교회법에 따른 지적삼각보조점의 관측 및 계산에 대한 기준으로 틀린 것은?

① 1방향각의 측각공차는 40초 이내로 한다.
② 관측은 10초독 이상의 경위의를 사용한다.
③ 수평각관측은 2대회의 방향관측법에 따른다.
④ 1측회의 폐색측각공차는 ±40초 이내로 한다.

해설 지적측량시행규칙 제11조(지적삼각보조점의 관측 및 계산)
① 경위의측량방법과 교회법에 따른 지적삼각보조점의 관측 및 계산은 다음 각 호의 기준에 따른다.
1. 관측은 20초독 이상의 경위의를 사용할 것
2. 수평각관측은 2대회(윤곽도는 0도, 90도로 한다)의 방향관측법에 따를 것
3. 수평각의 측각공차는 다음 표에 따를 것. 이 경우 삼각형 내각의 관측치를 합한 값과 180도와의 차는 내각을 전부 관측한 경우에 적용한다.

종별	공차
1방향각	40초 이내
1측회의 폐색	±40초 이내
삼각형 내각관측의 합과 180도와의 차	±50초 이내
기지각과의 차	±50초 이내

4. 계산단위는 다음 표에 따를 것

종별	각	변의 길이	진수	좌표
공차	초	cm	6자리 이상	cm

5. 2개의 삼각형으로부터 계산한 위치의 연결교차($\sqrt{종선교차^2 + 횡선교차^2}$을 말한다)가 0.30m 이하일 때에는 그 평균치를 지적삼각보조점의 위치로 할 것. 이 경우 기지점과 소구점 사이의 방위각 및 거리는 평균치에 따라 새로 계산하여 정한다.

14 지적측량시행규칙상 지적삼각보조점측량의 기준으로 옳지 않은 것은? (단, 지형상 부득이한 경우는 고려하지 않는다.)

① 지적삼각보조점은 교회망 또는 교점다각망으로 구성하여야 한다.
② 광파기측량방법에 따라 교회법으로 지적삼각보조점측량을 하는 경우 3방향의 교회에 따른다.
③ 경위의측량방법과 교회법에 따른 지적삼각보조점의 수평각관측은 3대회의 방향관측법에 따른다.
④ 전파기측량방법에 따라 다각망도선법으로 지적삼각보조점측량을 하는 경우 3점 이상의 기지점을 포함한 결합다각방식에 따른다.

정답 12 ① 13 ② 14 ③

해설 지적측량시행규칙 제11조(지적삼각보조점의 관측 및 계산)
① 경위의측량방법과 교회법에 따른 지적삼각보조점의 관측 및 계산은 다음 각 호의 기준에 따른다.
  1. 관측은 20초독 이상의 경위의를 사용할 것
  2. 수평각관측은 2대회(윤곽도는 0도, 90도로 한다)의 방향관측법에 따를 것
  3. 수평각의 측각공차는 다음 표에 따를 것. 이 경우 삼각형 내각의 관측치를 합한 값과 180도와의 차는 내각을 전부 관측한 경우에 적용한다.

종별	공차
1방향각	40초 이내
1측회의 폐색	±40초 이내
삼각형 내각관측의 합과 180도와의 차	±50초 이내
기지각과의 차	±50초 이내

15 교회법에 따른 지적삼각보조점의 관측 및 계산기준으로 옳은 것은?
① 3배각법에 따른다.
② 3대회의 방향관측법에 따른다.
③ 1방향각의 측각공차는 50초 이내로 한다.
④ 관측은 20초독 이상의 경위의를 사용한다.

해설 지적측량시행규칙 제11조(지적삼각보조점의 관측 및 계산)
① 경위의측량방법과 교회법에 따른 지적삼각보조점의 관측 및 계산은 다음 각 호의 기준에 따른다.
  1. 관측은 20초독 이상의 경위의를 사용할 것
  2. 수평각관측은 2대회(윤곽도는 0도, 90도로 한다)의 방향관측법에 따를 것
  3. 수평각의 측각공차는 다음 표에 따를 것. 이 경우 삼각형 내각의 관측치를 합한 값과 180도와의 차는 내각을 전부 관측한 경우에 적용한다.

종별	공차
1방향각	40초 이내
1측회의 폐색	±40초 이내
삼각형 내각관측의 합과 180도와의 차	±50초 이내
기지각과의 차	±50초 이내

  4. 계산단위는 다음 표에 따를 것

종별	각	변의 길이	진수	좌표
공차	초	cm	6자리 이상	cm

  5. 2개의 삼각형으로부터 계산한 위치의 연결교차 ($\sqrt{종선교차^2 + 횡선교차^2}$을 말한다)가 0.30m 이하일 때에는 그 평균치를 지적삼각보조점의 위치로 할 것. 이 경우 기지점과 소구점 사이의 방위각 및 거리는 평균치에 따라 새로 계산하여 정한다.

16 다음 중 지적삼각보조점표지의 점간거리는 평균 얼마를 기준으로 하여 설치하여야 하는가? (단, 다각망도선법에 따르는 경우는 고려하지 않는다.)
① 0.5km 이상 1km 이하
② 1km 이상 3km 이하
③ 2km 이상 4km 이하
④ 3km 이상 5km 이하

해설 지적기준점표지의 설치기준
㉠ 지적삼각점표지의 점간거리는 평균 2km 이상 5km 이하로 할 것
㉡ 지적삼각보조점표지의 점간거리는 평균 1km 이상 3km 이하로 할 것. 다만, 다각망도선법에 따르는 경우에는 평균 0.5km 이상 1km 이하로 한다.
㉢ 지적도근점표지의 점간거리는 평균 50m 이상 500m 이하로 할 것

17 경위의측량방법과 교회법에 따른 지적삼각보조점의 관측 및 계산기준으로 옳지 않은 것은?
① 변의 길이를 계산하는 단위는 cm이다.
② 수평각관측은 2대회의 방향관측법에 따른다.
③ 관측은 20초독 이상의 경위의를 사용하여야 한다.
④ 수평각의 측각공차는 기지각과의 차가 ±40초 이내여야 한다.

해설 지적측량시행규칙 제11조(지적삼각보조점의 관측 및 계산)
① 경위의측량방법과 교회법에 따른 지적삼각보조점의 관측 및 계산은 다음 각 호의 기준에 따른다.
  1. 관측은 20초독 이상의 경위의를 사용할 것
  2. 수평각관측은 2대회(윤곽도는 0도, 90도로 한다)의 방향관측법에 따를 것
  3. 수평각의 측각공차는 다음 표에 따를 것. 이 경우 삼각형 내각의 관측치를 합한 값과 180도와의 차는 내각을 전부 관측한 경우에 적용한다.

종별	공차
1방향각	40초 이내
1측회의 폐색	±40초 이내
삼각형 내각관측의 합과 180도와의 차	±50초 이내
기지각과의 차	±50초 이내

  4. 계산단위는 다음 표에 따를 것

종별	각	변의 길이	진수	좌표
공차	초	cm	6자리 이상	cm

정답 15 ④ 16 ② 17 ④

5. 2개의 삼각형으로부터 계산한 위치의 연결교차 ($\sqrt{종선교차^2 + 횡선교차^2}$ 을 말한다)가 0.30m 이하일 때에는 그 평균치를 지적삼각보조점의 위치로 할 것. 이 경우 기지점과 소구점 사이의 방위각 및 거리는 평균치에 따라 새로 계산하여 정한다.

18 경위의측량방법과 교회법에 따른 지적삼각보조점측량의 관측 및 계산기준으로 옳은 것은?

① 1방향각의 공차는 50초 이내이다.
② 수평각관측은 3배각관측법에 따른다.
③ 2개의 삼각형으로부터 계산한 위치의 연결교차가 0.30m 이하일 때에는 그 평균치를 지적삼각보조점의 위치로 한다.
④ 관측은 30초독 이상의 경위의를 사용한다.

해설 경위의측량방법과 교회법에 따른 지적삼각보조점의 관측 및 계산은 다음 각 호의 기준에 따른다.
㉠ 관측은 20초독 이상의 경위의를 사용할 것
㉡ 수평각관측은 2대회(윤곽도는 0도, 90도로 한다)의 방향관측법에 따를 것
㉢ 수평각의 측각공차는 다음 표에 따를 것 이 경우 삼각형 내각의 관측치를 합한 값과 180도와의 차는 내각을 전부 관측한 경우에 적용한다.

종별	공차
1방향각	40초 이내
1측회의 폐색	±40초 이내
삼각형 내각관측의 합과 180도와의 차	±50초 이내
기지각과의 차	±50초 이내

19 지적삼각보조점의 위치결정을 교회법으로 할 경우 두 삼각형으로부터 계산한 종선교차가 60cm, 횡선교차가 50cm일 때 위치에 대한 연결교차는?

① 0.1m ② 0.3m
③ 0.6m ④ 0.8m

해설 연결교차 = $\sqrt{0.6^2 + 0.5^2} = 0.8\text{m}$

20 지적삼각보조측량의 평면거리계산에 대한 설명으로 틀린 것은?

① 기준면상 거리는 경사거리를 이용해 계산한다.
② 두 점 간의 경사거리는 현장에서 2회 측정한다.
③ 원점에 투영된 평면거리에 의하여 계산한다.
④ 기준면상 거리에 축척계수를 곱하여 평면거리를 계산한다.

해설 지적삼각보조점측량 시 점간거리는 5회 측정하여 그 측정치의 최대치와 최소치의 교차가 평균치의 1/100,000 이하인 때에는 그 평균치를 측정거리로 하고 원점에 투영된 평면거리에 의하여 계산한다.

21 경위의측량방법과 전파기측량방법에 따라 교회법으로 지적삼각보조점측량을 하는 기준으로 옳지 않은 것은?

① 수평각관측은 2대회의 방향관측법에 의한다.
② 삼각형의 각 내각은 30° 이상 120° 이하로 한다.
③ 2방향의 교회에 의하여 결정하려는 경우 각 내각의 관측치의 합계와 180°와의 차가 ±50초 이내이어야 한다.
④ 지적삼각보조점표지의 점간거리는 평균 1km 이상 3km 이하로 한다. 단, 다각망도선법에 따르는 경우는 제외한다.

해설 경위의측량방법과 전파기측량방법에 따라 교회법으로 지적삼각보조점측량을 2방향의 교회에 의하여 결정하려는 경우 각 내각의 관측치의 합계와 180°와의 차가 ±40초 이내이어야 한다.

22 경위의측량방법과 교회법에 따른 지적삼각보조점의 관측 및 계산에서 적용하는 수평각의 측각공차기준으로 틀린 것은?

① 1방향각 : 50초 이내
② 1측회의 폐색 : ±40초 이내
③ 삼각형 내각관측치의 합과 180°와의 차 : ±50초 이내
④ 기지각과의 차 : ±50초 이내

해설 경위의측량방법과 교회법에 따른 지적삼각보조점의 관측 및 계산

종별	공차
1방향각	40초 이내
1측회의 폐색	±40초 이내
삼각형 내각관측의 합과 180도와의 차	±50초 이내
기지각과의 차	±50초 이내

정답 18 ③ 19 ④ 20 ② 21 ③ 22 ①

23 경위의측량방법에 따라 교회법으로 지적삼각보조점 측량을 하는 기준으로 옳지 않은 것은?

① 수평각관측은 2대회의 방향관측법에 따른다.
② 지형상 부득이한 경우 두 점의 기지점을 사용할 수 있다.
③ 점간거리는 반드시 평균 1km 이상 3km 이하로 하여야 한다.
④ 연결교차가 0.50m 이하일 때에는 그 평균치를 지적삼각보조점의 위치로 한다.

해설 2개의 삼각형으로부터 계산한 위치의 연결교차가 0.30m 이하일 때에는 그 평균치를 지적삼각보조점의 위치로 한다. 이 경우 기지점과 소구점 사이의 방위각 및 거리는 평균치에 따라 새로 계산하여 정한다.

24 교회법에 관한 설명 중 틀린 것은?

① 후방교회법에서 소구점을 구하기 위해서는 기지점에는 측판을 설치하지 않아도 된다.
② 전방교회법에서는 3점의 기지점에서 소구점에 대한 방향선의 교차로 소구점의 위치를 구할 수 있다.
③ 측방교회법에 의하여 구하는 거리는 수평거리이다.
④ 전방교회법으로 구한 수평위치의 정확도는 후방교회법의 경우보다 항상 높다고 말할 수 있다.

해설 전방교회법으로 구한 수평위치의 정확도는 후방교회법의 경우보다 항상 높다고 말할 수 없다.

25 다음 그림과 같은 교회망에서 $V_a^b=125°$이고, 관측내각이 $\alpha=60°$, $\gamma=75°$, $\gamma'=30°$일 때 점 C에서 점 P에 대한 방위각(V_c)의 크기는 얼마인가?

① 15°
② 20°
③ 25°
④ 30°

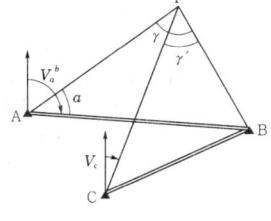

해설 $V_c = 125° - 60° - (75° - 30°) = 20°$

26 A점과 B점의 종선좌표값은 같고 B점의 횡선좌표가 A점보다 큰 값을 가지고 있다. 교회점계산 시 내각을 이용하여 방위각을 계산하는 경우 P점의 위치가 A점에서 3상한에 존재할 때 V_a를 구하는 식은?

① $V_a^b + \alpha$
② $V_a^b - \alpha$
③ $\beta + V_a^b$
④ $\alpha - V_a^b$

해설 $V_a = V_a^b + \alpha$

27 지적삼각보조점측량에서 2개의 삼각형으로부터 종선교차가 0.40m, 횡선교차가 0.30m일 때 연결교차는 얼마인가?

① 0.30m
② 0.40m
③ 0.50m
④ 0.60m

해설 연결교차 $= \sqrt{종선교차^2 + 횡선교차^2}$
$= \sqrt{0.4^2 + 0.3^2} = 0.5m$

28 9개의 도선을 3개의 교점으로 연결한 복합형 다각망의 오차방정식을 편성하기 위한 최소조건식의 수는?

① 3개
② 4개
③ 5개
④ 6개

해설 조건식 수 = 도선수 - 교점수 = 9 - 3 = 6개

29 광파기측량방법에 따라 다각망도선법으로 지적삼각보조점측량을 할 때의 기준으로 옳은 것은?

① 1도선의 거리는 8km 이하로 할 것
② 1도선의 거리는 6km 이하로 할 것
③ 1도선의 점의 수는 기지점과 교점을 포함하여 7점 이하로 할 것
④ 1도선의 점의 수는 기지점과 교점을 포함하여 5점 이하로 할 것

해설 전파기 또는 광파기측량방법에 따라 다각망도선법으로 지적삼각보조점측량을 할 때에는 다음의 기준에 따른다.
㉠ 3개 이상의 기지점을 포함한 결합다각방식에 따른다.
㉡ 1도선(기지점과 교점 간 또는 교점 교점 간을 말한다)의 점의 수는 기지점과 교점을 포함하여 5개 이하로 한다.
㉢ 1도선의 거리(기지점과 교점 또는 교점과 교점 간의 점간거리의 총합계를 말한다)는 4km 이하로 한다.

정답 23 ④ 24 ④ 25 ② 26 ① 27 ③ 28 ④ 29 ④

30 광파기측량방법에 따라 다각망도선법으로 지적삼각보조점측량을 하는 경우 1도선의 거리는 최대 얼마 이하로 하여야 하는가?

① 1km ② 2km
③ 3km ④ 4km

해설 전파기 또는 광파기측량방법에 따라 다각망도선법으로 지적삼각보조점측량을 할 때에는 다음의 기준에 따른다.
㉠ 3개 이상의 기지점을 포함한 결합다각방식에 따른다.
㉡ 1도선(기지점과 교점 간 또는 교점과 교점 간을 말한다)의 점의 수는 기지점과 교점을 포함하여 5개 이하로 한다.
㉢ 1도선의 거리(기지점과 교점 또는 교점과 교점 간의 점간거리의 총합계를 말한다)는 4km 이하로 한다.

31 다각망도선법에 따른 지적삼각보조점측량의 관측 및 계산에 대한 설명으로 옳지 않은 것은?

① 1도선의 거리는 4km 이하로 한다.
② 3점 이상의 교점을 포함한 결합다각방식에 따른다.
③ 1도선은 기지점과 교점 간 또는 교점과 교점 간을 말한다.
④ 1도선의 점의 수는 기지점과 교점을 포함한 5점 이하로 한다.

해설 전파기 또는 광파기측량방법에 따라 다각망도선법으로 지적삼각보조점측량을 할 때에는 다음의 기준에 따른다.
㉠ 3개 이상의 기지점을 포함한 결합다각방식에 따를 것
㉡ 1도선(기지점과 교점 간 또는 교점과 교점 간을 말한다)의 점의 수는 기지점과 교점을 포함하여 5점 이하로 할 것
㉢ 1도선의 거리(기지점과 교점 또는 교점과 교점 간의 점간거리의 총합계를 말한다)는 4km 이하로 할 것

32 다각망도선법에 따른 지적삼각보조점의 관측 및 계산에서 도선별 평균방위각과 관측방위각과의 폐색오차는 얼마 이내로 하여야 하는가? (단, n은 폐색변을 포함한 변의 수를 말한다.)

① $\pm 10\sqrt{n}$ 초 이내 ② $\pm 20\sqrt{n}$ 초 이내
③ $\pm 30\sqrt{n}$ 초 이내 ④ $\pm 40\sqrt{n}$ 초 이내

해설 다각망도선법에 따른 지적삼각보조점의 관측 및 계산에서 도선별 평균방위각과 관측방위각의 폐색오차는 $\pm 10\sqrt{n}$ 초 이내로 할 것

33 다각망도선법에서 도선이 15개이고 교점이 6개일 때 필요한 최소조건식의 수는?

① 7개 ② 8개
③ 9개 ④ 10개

해설 조건식 수 = 도선수 − 교점수 = 15 − 6 = 9개

34 지적삼각보조점측량을 다각망도선법으로 실시할 경우 1도선에 최대로 들어갈 수 있는 점의 수는?

① 2점 ② 3점
③ 4점 ④ 5점

해설 지적삼각보조점측량을 다각망도선법으로 실시할 경우 1도선(기지점과 교점 간 또는 교점과 교점 간을 말한다)의 점의 수는 기지점과 교점을 포함하여 5점 이하로 할 것

35 지적삼각보조점측량을 Y망으로 실시하여 1도선의 거리의 합계가 1654.15m이었을 때 연결오차는 최대 얼마 이하로 하여야 하는가?

① 0.033083m 이하 ② 0.0496245m 이하
③ 0.066166m 이하 ④ 0.0827075m 이하

해설 연결오차 = $0.05S = 0.05 \times 1.65415 = 0.0827075$m 이하

36 전파기측량방법에 따라 다각망도선법으로 지적삼각보조점측량을 할 때의 기준으로 옳은 것은?

① 1도선의 거리는 4km 이하로 한다.
② 3점 이상의 기지점을 포함한 폐합다각방식에 따른다.
③ 1도선의 점의 수는 기지점을 제외하고 5점 이하로 한다.
④ 1도선은 기지점과 기지점, 교점과 교점 간의 거리이다.

해설 전파기 또는 광파기측량방법에 따라 다각망도선법으로 지적삼각보조점측량을 할 때에는 다음의 기준에 따른다.
㉠ 3점 이상의 기지점을 포함한 결합다각방식에 따를 것
㉡ 1도선(기지점과 교점 간 또는 교점과 교점 간을 말한다)의 점의 수는 기지점과 교점을 포함하여 5점 이하로 할 것
㉢ 1도선의 거리(기지점과 교점 또는 교점과 교점 간의 점간거리의 총합계를 말한다)는 4km 이하로 할 것

정답 30 ④ 31 ② 32 ① 33 ③ 34 ④ 35 ④ 36 ①

37 지적삼각보조점측량을 다각망도선법으로 시행할 경우 1도선의 거리의 기준은? 기 17-3

① 1km 이하   ② 2km 이하
③ 3km 이하   ④ 4km 이하

해설 전파기 또는 광파기측량방법에 따라 다각망도선법으로 지적삼각보조점측량을 할 때에는 다음의 기준에 따른다.
㉠ 3점 이상의 기지점을 포함한 결합다각방식에 따를 것
㉡ 1도선(기지점과 교점 간 또는 교점과 교점 간을 말한다)의 점의 수는 기지점과 교점을 포함하여 5점 이하로 할 것
㉢ 1도선의 거리(기지점과 교점 또는 교점과 교점 간의 점간거리의 총합계를 말한다)는 4km 이하로 할 것

38 광파기측량방법과 다각망도선법에 의한 지적삼각보조점의 관측에 있어 도선별 평균방위각과 관측방위각의 폐색오차한계는? (단, n은 폐색변을 포함한 변의 수를 말한다.) 산 17-2

① $\pm\sqrt{n}$초 이내   ② $\pm 1.5\sqrt{n}$초 이내
③ $\pm 10\sqrt{n}$초 이내   ④ $\pm 20\sqrt{n}$초 이내

해설 광파기측량방법과 다각망도선법에 의한 지적삼각보조점의 관측에 있어 도선별 평균방위각과 관측방위각의 폐색오차한계는 $\pm 10\sqrt{n}$초 이내이다.

39 다각망도선법에 따른 지적삼각보조점의 관측 및 계산기준에 대한 설명으로 옳지 않은 것은? (단, n은 폐색변을 포함한 변의 수, S는 도선의 거리를 1천으로 나눈 수를 말한다.) 기 19-2

① 수평각관측은 배각법에 따를 수 있다.
② 관측은 20초독 이상의 경위의를 사용하도록 한다.
③ 도선별 연결오차는 $(0.05+0.05S)$미터 이하로 한다.
④ 종·횡선오차의 배부는 종·횡차길이에 비례하여 배부한다.

해설 지적측량시행규칙 제11조(지적삼각보조점의 관측 및 계산)
① 경위의측량방법과 교회법에 따른 지적삼각보조점의 관측 및 계산은 다음 각 호의 기준에 따른다.
1. 관측은 20초독 이상의 경위의를 사용할 것
2. 수평각관측은 2대회(윤곽도는 0도, 90도로 한다)의 방향관측법에 따를 것

3. 수평각의 측각공차는 다음 표에 따를 것. 이 경우 삼각형 내각의 관측치를 합한 값과 180도와의 차는 내각을 전부 관측한 경우에 적용한다.

종별	공차
1방향각	40초 이내
1측회의 폐색	±40초 이내
삼각형 내각관측의 합과 180도와의 차	±50초 이내
기지각과의 차	±50초 이내

4. 계산단위는 다음 표에 따를 것

종별	각	변의 길이	진수	좌표
공차	초	cm	6자리 이상	cm

5. 2개의 삼각형으로부터 계산한 위치의 연결교차($\sqrt{\text{종선교차}^2+\text{횡선교차}^2}$을 말한다)가 0.30m 이하일 때에는 그 평균치를 지적삼각보조점의 위치로 할 것. 이 경우 기지점과 소구점 사이의 방위각 및 거리는 평균치에 따라 새로 계산하여 정한다.

② 전파기 또는 광파기측량방법과 교회법에 따른 지적삼각보조점의 관측과 계산은 다음 각 호의 기준에 따른다.
1. 점간거리 및 연직각의 측정방법에 관하여는 제9조 제2항 및 제3항을 준용할 것
2. 기지각과의 차에 관하여는 제항 제3호를 준용할 것
3. 계산단위 및 2개의 삼각형으로부터 계산한 위치의 연결교차에 관하여는 제1항 제4호 및 제5호를 준용할 것

③ 경위의측량방법, 전파기 또는 광파기측량방법과 다각망도선법에 따른 지적삼각보조점의 관측 및 계산은 다음 각 호의 기준에 따른다.
1. 관측과 계산방법에 관하여는 제1항 제1호부터 제4호까지의 규정을 준용하고, 점간거리 및 연직각의 측정방법에 관하여는 제9조 제2항 및 제3항을 준용할 것. 다만, 다각망도선법에 따른 지적삼각보조점의 수평각관측은 제13조 제3호에 따른 배각법에 따를 수 있으며, 1회 측정각과 3회 측정각의 평균치에 대한 교차는 30초 이내로 한다.
2. 도선별 평균방위각과 관측방위각의 폐색오차는 $\pm 10\sqrt{n}$초 이내로 할 것. 이 경우 n은 폐색변을 포함한 변의 수를 말한다.
3. 도선별 연결오차는 $0.05S$미터 이하로 할 것. 이 경우 S는 도선의 거리를 1천으로 나눈 수를 말한다.
4. 측각오차의 배분에 관하여는 제14조 제2항을 준용할 것
5. 종선오차 및 횡선오차의 배분에 관하여는 제15조 제2항을 준용할 것

정답 37 ④ 38 ③ 39 ③

40 다각망도선법에 의하여 지적삼각보조측량을 실시할 경우 도선별 각오차는?

① 기지방위각－산출방위각
② 출발방위각－도착방위각
③ 평균방위각－기지방위각
④ 산출방위각－평균방위각

해설 다각망도선법에 의하여 지적삼각보조측량을 실시할 경우 도선별 각오차는 산출방위각－평균방위각으로 구한다.

41 다각망도선법 복합망의 관측방위각에 대한 보정수의 계산순서로 맞는 것은?

① 표준방정식 → 상관방정식 → 역해 → 정해 → 보정수계산
② 상관방정식 → 표준방정식 → 정해 → 역해 → 보정수계산
③ 표준방정식 → 정해 → 역해 → 상관방정식 → 보정수계산
④ 상관방정식 → 정해 → 역해 → 표준방정식 → 보정수계산

해설 다각망도선법 복합망의 관측방위각에 대한 보정수의 계산순서 : 상관방정식 → 표준방정식 → 정해 → 역해 → 보정수계산

42 경위의측량방법과 다각망도선법에 의한 지적삼각보조점의 관측 시 도선별 평균방위각과 관측방위각의 폐색오차는 얼마 이내로 하여야 하는가? (단, 폐색변을 포함한 변의 수는 4이다.)

① ±10초 이내   ② ±20초 이내
③ ±30초 이내   ④ ±40초 이내

해설 폐색오차 $=\pm 10\sqrt{n}=10\sqrt{4}=\pm 20$초 이내

43 지적측량성과와 검사성과의 연결교차가 다음과 같을 때 측량성과로 결정할 수 없는 것은?

① 지적삼각점 : 0.15m
② 지적삼각보조점 : 0.30m
③ 지적도근점(경계점좌표등록부 시행지역) : 0.10m
④ 경계점(경계점좌표등록부 시행지역) : 0.05m

해설 지적측량시행규칙 제27조(지적측량성과의 결정)
① 지적측량성과와 검사성과의 연결교차가 다음 각 호의 허용범위 이내일 때에는 그 지적측량성과에 관하여 다른 입증을 할 수 있는 경우를 제외하고는 그 측량성과로 결정하여야 한다.
  1. 지적삼각점 : ±20cm
  2. 지적삼각보조점 : ±25cm
  3. 지적도근점
     가. 경계점좌표등록부 시행지역 : ±15cm
     나. 그 밖의 지역 : ±25cm
  4. 경계점
     가. 경계점좌표등록부 시행지역 : ±10cm
     나. 그 밖의 지역 : ±100분의 3M[cm](M은 축척분모). 이 경우 전자평판측량방법으로 측량하는 경우에는 ±100분의 2M[cm]로 한다.

44 지적삼각보조점성과표의 기록·관리 등에 관한 내용으로 옳은 것은?

① 표지의 재질을 기록·관리할 것
② 자오선수차(子午線收差)를 기록·관리할 것
③ 지적삼각보조점성과는 시·도지사가 관리할 것
④ 시준점(視準點)의 명칭, 방위각 및 거리를 기록·관리할 것

해설 지적측량시행규칙 제4조(지적기준점성과표의 기록·관리 등)
① 제3조에 따라 시·도지사가 지적삼각점성과를 관리할 때에는 다음 각 호의 사항을 지적삼각점성과표에 기록·관리하여야 한다.
  1. 지적삼각점의 명칭과 기준원점명
  2. 좌표 및 표고
  3. 경도 및 위도(필요한 경우로 한정한다)
  4. 자오선수차
  5. 시준점의 명칭, 방위각 및 거리
  6. 소재지와 측량연월일
  7. 그 밖의 참고사항
② 제3조에 따라 지적소관청이 지적삼각보조점성과 및 지적도근점성과를 관리할 때에는 다음 각 호의 사항을 지적삼각보조점성과표 및 지적도근점성과표에 기록·관리하여야 한다.
  1. 지적삼각보조점 또는 지적도근점의 번호
  1의2. 근경사진 및 위치의 약도(위치의 약도는 원경사진·항공사진으로 대체할 수 있다)
  2. 좌표와 직각좌표계 원점명
  3. 경도와 위도(필요한 경우로 한정한다)
  4. 표고(필요한 경우로 한정한다)
  5. 소재지와 설치 및 재설치연월일

정답 40 ④ 41 ② 42 ② 43 ② 44 ①

6. 도선등급 및 도선명
7. 표지의 재질
8. 지적도·임야도의 번호
9. 삭제
10. 조사연월일, 조사자의 직위·성명 및 조사내용

45 지적소관청이 지적삼각보조점성과를 관리할 때 지적삼각보조점성과표에 기록·관리하여야 하는 내용으로 옳지 않은 것은? 기 16-2

① 번호 및 위치의 약도
② 좌표와 직각좌표계 원점명
③ 도선등급 및 도선명
④ 자오선수차(子午線收差)

해설 자오선수차는 지적삼각점성과표에 기록·관리하며, 지적삼각보조점성과표에는 기록하지 않는다.

46 지적삼각보조점성과표에 기록·관리하여야 하는 사항에 해당하지 않는 것은? 기 18-2

① 도면번호
② 시준점의 명칭
③ 도선등급 및 도선명
④ 소재지와 측량연월일

해설 시준점의 명칭은 지적삼각점성과표에 기록·관리할 사항이 아니다.

정답 45 ④ 46 ②

04 지적도근점측량

1 지적도근점측량

1 의의

지적도근점측량은 기준점을 연결하여 이루어지는 다각형에 대한 변의 길이와 각을 측정하여 측점의 위치를 결정하는 측량으로서 위성기준점, 통합기준점, 삼각점 및 지적기준점을 기초로 하여 경위의측량방법, 전파기 또는 광파기측량방법, 위성측량방법 및 국토교통부장관이 승인한 측량방법에 따르되, 그 계산은 도선법, 교회법, 다각망도선법에 따른다.

종류	기준점	지적도근점	관측방법	계산
지적도근점측량	위성기준점 통합기준점 삼각점 지적기준점	지적도근점(○)	전파기 또는 광파기거리측량 경위의측량 위성측량 국토교통부장관이 승인한 측량	도선법 교회법 다각망도선법

2 목적

① 축척변경을 위한 측량을 하는 경우
② 도시개발사업 등으로 인하여 지적확정측량을 하는 경우
③ 국토의 계획 및 이용에 관한 법률에 의한 도시지역에서 세부측량을 하는 경우
④ 측량지역의 면적이 당해 지적도 1장에 해당하는 면적 이상인 경우
⑤ 세부측량의 시행상 특히 필요한 경우

3 방법

지적도근점측량방법으로는 도선법, 교회법, 다각망도선법이 있다.

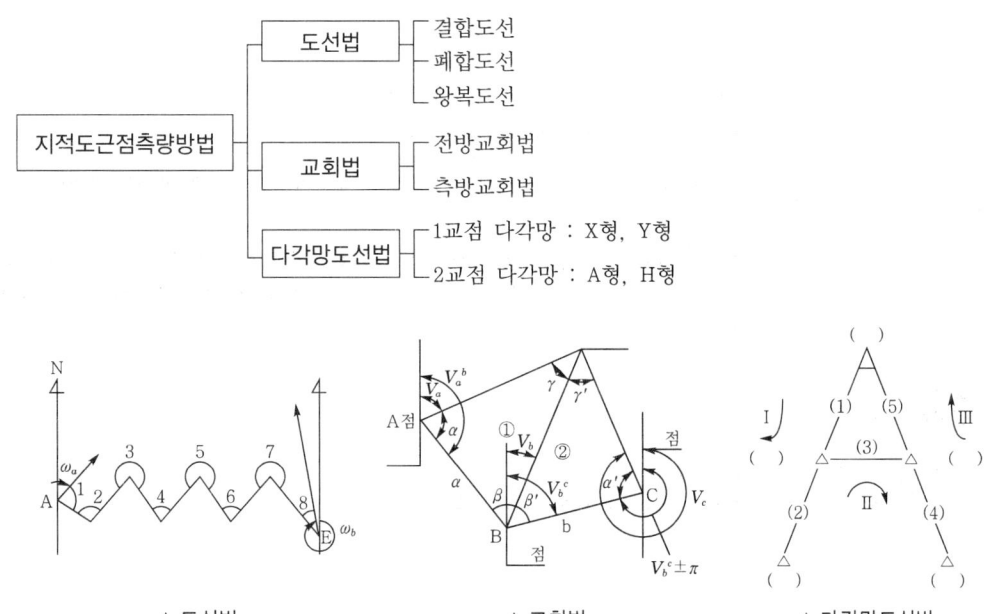

▲ 도선법   ▲ 교회법   ▲ 다각망도선법

2 지적도근점측량의 순서

1 순서

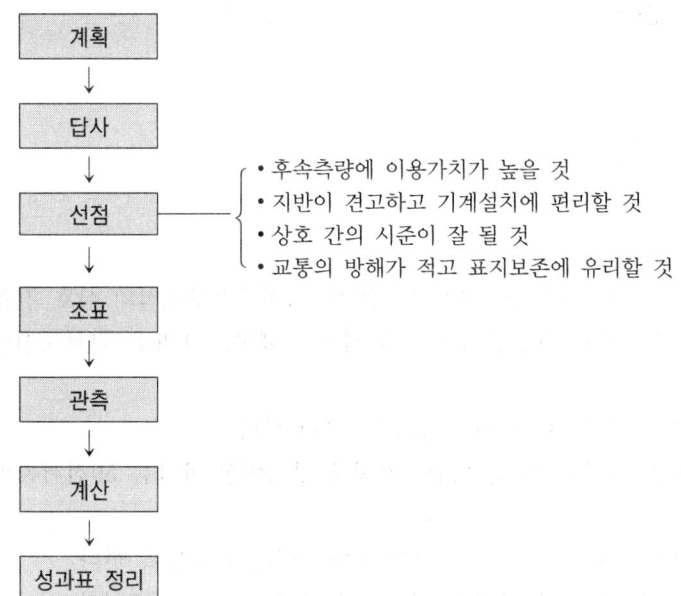

2 관측

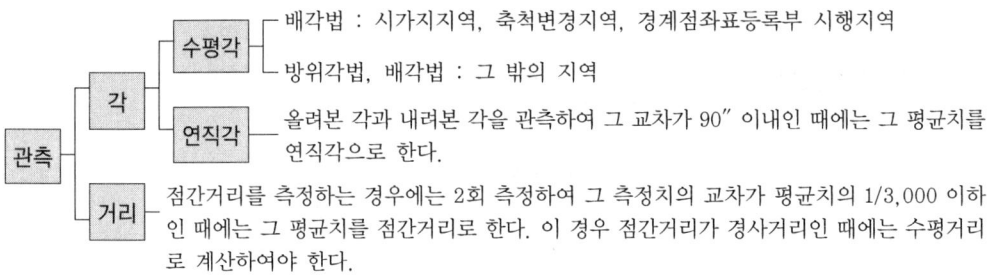

> **Key Point**
> - 각관측 : 20초독 이상의 경위의 사용
> - 거리관측 : 5mm+5ppm×D, 전파기 또는 광파기 사용

3 계산

종별	각	측정횟수	거리	진수	좌표
배각법	초	3회	cm	5자리 이상	cm
방위각법	분	1회	cm	5자리 이상	cm

3 지적도근점측량방법

1 도선법

1) 도선편성

(1) 도선편성요령

도선은 위성기준점, 통합기준점, 삼각점, 지적삼각점 및 지적삼각보조점의 상호 간을 연결하는 결합도선에 따를 것. 다만, 지형상 부득이한 때에는 폐합도선 또는 왕복도선에 따를 수 있다.

① 도선은 되도록 직선에 가깝게 편성하되 측점수를 적게 한다.
② 1도선 내 측점수는 40점 이하로 한다. 다만, 지형상 부득이한 때에는 50점까지로 할 수 있다.
③ 도선 내 측점 간 거리는 50m를 기준으로 하여 500m 이하가 되도록 한다.
④ 도선을 도곽선 또는 행정구역선에 가깝게 편성하여 양쪽 도면에 이용한다.

(2) 도선의 등급

① 1등도선은 위성기준점, 통합기준점, 삼각점, 지적삼각점 및 지적삼각보조점의 상호 간을 연결하는 도선 또는 다각망도선으로 한다.
② 2등도선은 위성기준점, 통합기준점, 삼각점, 지적삼각점 또는 지적삼각보조점과 지적도근점을 연결하거나 지적도근점 상호 간을 연결하는 도선으로 한다.
③ 도선명의 표기는 1등도선은 가, 나, 다 순으로, 2등도선은 ㄱ, ㄴ, ㄷ 순으로 한다.

▶ 도선의 등급

도선명	종류	명칭
1등도선	• 위성기준점, 통합기준점, 삼각점, 지적삼각점 및 지적삼각보조점의 상호 간을 연결하는 도선 • 다각망도선	가, 나, 다
2등도선	• 위성기준점, 통합기준점, 삼각점, 지적삼각점 또는 지적삼각보조점과 지적도근점을 연결 • 지적도근점 상호 간을 연결하는 도선	ㄱ, ㄴ, ㄷ

2) 순서

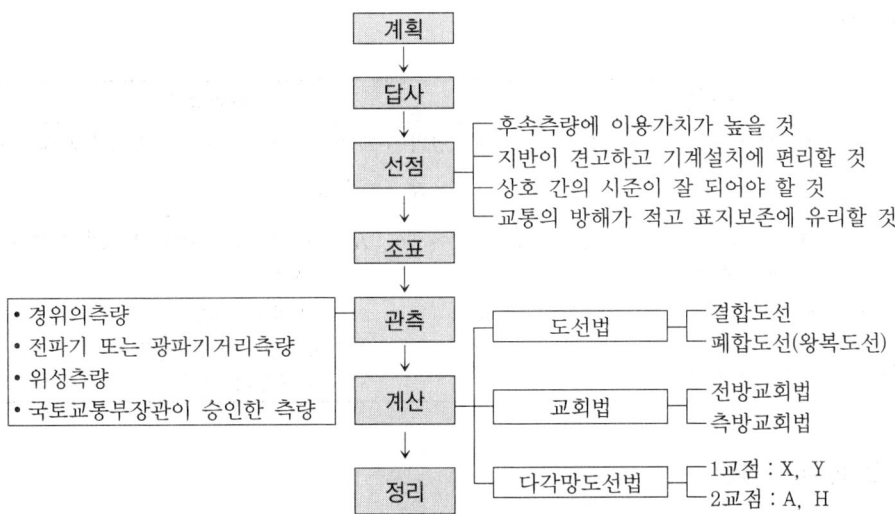

Key Point

지적도근점
• 지적도근점측량을 하는 때에는 미리 지적도근점표지를 설치해야 한다.
• 지적도근점의 번호는 영구표지를 설치하는 경우에는 시·군·구별로, 영구표지를 설치하지 아니하는 경우에는 시행지역별로 설치순서에 따라 일련번호를 부여한다. 이 경우 각 도선의 교점은 지적도근점의 번호 앞에 "교"자를 붙인다.

3) 각관측

각관측은 배각법, 방위각법을 사용한다. 배각법으로 관측하는 경우 1회 측정각과 3회 측정각의 평균값에 대한 교차는 30″ 이내로 한다.

(1) 폐색오차

① 배각법 : $e = T_1 + \sum 관측값 - 180°(n-1) - T_2$

여기서, T_1 : 출발기기의 방위각
T_2 : 폐색기기의 방위각
n : 폐색변을 포함한 변수

② 방위각법 : $e = 관측방위각 - 기지방위각$

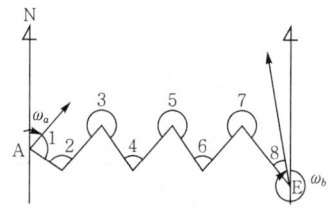

▲ 결합도선

(2) 폐색오차의 허용범위

구분	배각법	방위각법
1등도선	$\pm 20\sqrt{n}$ 초 이내	$\pm \sqrt{n}$ 분 이내
2등도선	$\pm 30\sqrt{n}$ 초 이내	$\pm 1.5\sqrt{n}$ 분 이내

(3) 폐색오차의 조정

배각법	방위각법
측선장에 반비례하여 각 측선의 관측각에 배분한다. $K = -\dfrac{e}{R}r$ 여기서, K : 각 측선에 배분할 초단위의 각도 e : 초단위의 오차 R : 폐색변을 포함한 각 측선장의 반수의 총합계 r : 각 측선장의 반수	변의 수에 비례하여 각 측선의 방위각에 배분한다. $K_n = -\dfrac{e}{S}s$ 여기서, K_n : 각 측선의 순서대로 배분할 분단위의 각도 e : 분단위의 오차 S : 폐색변을 포함한 변의 수 s : 각 측선의 순서

4) 방위각 및 방위의 계산

(1) 방위각계산

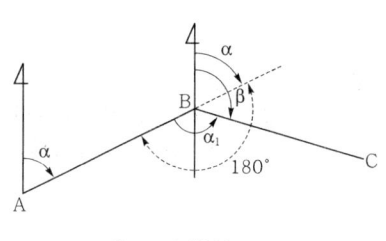
$\beta = \alpha + 180° - \alpha_1$

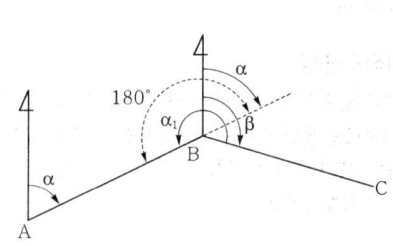
$\beta = \alpha - 180° + \alpha_1$

(2) 방위계산

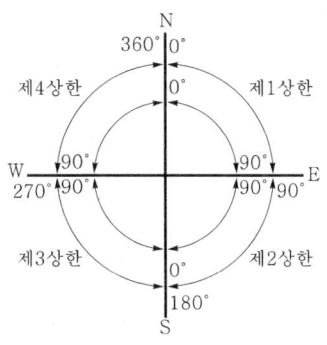

X	Y	상한
+	+	1상한
−	+	2상한
−	−	3상한
+	−	4상한

5) 종·횡선차의 계산

① 종선차(위거) : $\Delta x = l\cos\theta$

② 횡선차(경거) : $\Delta y = l\sin\theta$

③ 방위각(θ) : $\tan\theta = \dfrac{\Delta y}{\Delta x}$

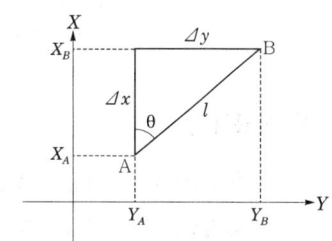

6) 종·횡선오차 및 연결오차의 계산

① 종선오차 : $f_x = (X_A + \Sigma \Delta x) - X_B$

② 횡선오차 : $f_y = (Y_A + \Sigma \Delta y) - Y_B$

③ 연결오차 : 연결오차 = $\sqrt{f_x^{\,2} + f_y^{\,2}}$

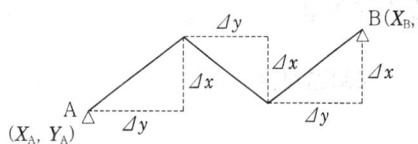

7) 연결오차의 허용범위 및 배분

(1) 허용범위

① 1등도선 : 당해 지역 축척분모의 $\dfrac{1}{100}\sqrt{n}$ [cm] 이하로 한다.

② 2등도선 : 당해 지역 축척분모의 $\dfrac{1.5}{100}\sqrt{n}$ [cm] 이하로 한다.

여기서, n : 각 측선의 수평거리의 총합계를 100으로 나눈 수

(2) 주의사항

① 경계점좌표등록부를 비치하는 지역의 축척분모는 500으로 한다.
② 축척이 1/6,000인 지역의 축척분모는 3,000으로 한다.
③ 하나의 도선에 속해있는 지역의 축척이 2 이상인 때에는 대축척의 축척분모에 의한다.

(3) 오차배분

종선 또는 횡선의 오차가 매우 작아 이를 배분하기 곤란한 때에는 배각법에서는 종선차 및 횡선차가 긴 것부터, 방위각법에서는 측선장이 긴 것부터 순차로 배분하여 종선 및 횡

선의 수치를 결정할 수 있다.

배각법	방위각법
트랜싯법칙 $\dfrac{\Delta l}{l} < \dfrac{\theta''}{\rho''}$	컴퍼스법칙 $\dfrac{\Delta l}{l} = \dfrac{\theta''}{\rho''}$
종선차, 횡선차에 비례배분	측선장에 비례배분
$T = -\dfrac{e}{L} l$	$C = -\dfrac{e}{L} l$
여기서, T : 각 측선의 종선차 또는 횡선차에 배분할 cm단위의 수치 e : 종선오차 또는 횡선오차 L : 종선차 또는 횡선차의 절대치합계 l : 각 측선의 종선차 또는 횡선차	여기서, C : 각 측선의 종선차 또는 횡선차에 배분할 cm단위의 수치 e : 종선오차 또는 횡선오차 L : 각 측선장의 총합계 l : 각 측선의 측선장

8) 좌표계산

① 종좌표(X) : $X_B = X_A + l\cos\theta$

② 횡좌표(Y) : $Y_B = Y_A + l\sin\theta$

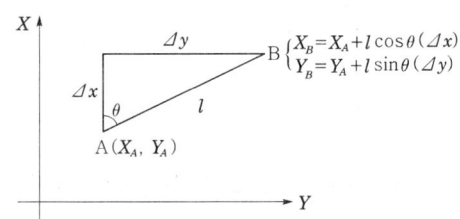

2 교회법

1) 교회점계산

① 방위(θ)계산 : $\tan\theta = \dfrac{\Delta y}{\Delta x}$

② 방위각(V)계산
  ㉠ Ⅰ상한 : θ
  ㉡ Ⅱ상한 : $180° - \theta$
  ㉢ Ⅲ상한 : $180° + \theta$
  ㉣ Ⅳ상한 : $360° - \theta$

③ 거리(a 또는 b)계산 : $l = \sqrt{\Delta x^2 + \Delta y^2}$

④ 삼각형 내각계산 : $\alpha = V_a^b - V_a$, $\alpha' = V_c - (V_b^c \pm 180)$, $\beta = V_b - (V_a^b \pm 180)$, $\beta' = V_b^c - V_b$, $\gamma = V_a - V_b$, $\gamma' = V_b - V_c$

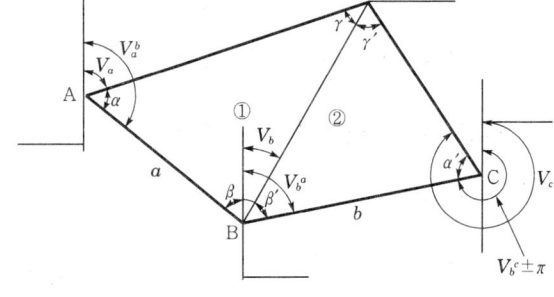

2) 소구점의 종·횡선계산

① 기지점 A를 이용하는 경우 : $X_P = X_A + \overline{AP}\cos V_a$, $Y_P = Y_A + \overline{AP}\sin V_a$

② 기지점 C를 이용하는 경우 : $X_P = X_C + \overline{CP}\cos V_c$, $Y_P = Y_C + \overline{CP}\sin V_c$

③ 평균좌표 : $X_P = \dfrac{(X_A + \overline{AP}\cos V_a) + (X_C + \overline{CP}\cos V_c)}{2}$,

$Y_P = \dfrac{(Y_A + \overline{AP}\sin V_a) + (Y_C + \overline{CP}\sin V_c)}{2}$

3) 연결오차

① 종선오차 : $f_x = (X_A + \overline{AP}\cos V_a) - (X_C + \overline{CP}\cos V_c)$

② 횡선오차 : $f_y = (Y_A + \overline{AP}\sin V_a) - (Y_C + \overline{CP}\sin V_c)$

③ 연결오차 : 연결오차 $= \sqrt{f_x^2 + f_y^2}$

3 다각망도선법

1) 구성

① 3점 이상의 기지점을 포함한 결합다각방식에 의한다.
② 1도선의 점의 수는 20점 이하로 한다. 이 경우 1도선이라 함은 기지점과 교점 간 또는 교점과 교점 간을 말한다.
③ 점간거리는 50m를 기준으로 하여 500m 이하로 할 수 있다.

2) 종류

① 1교점 다각망 : 몇 개의 도선을 1교점에 결합한 X형 및 Y형 다각망

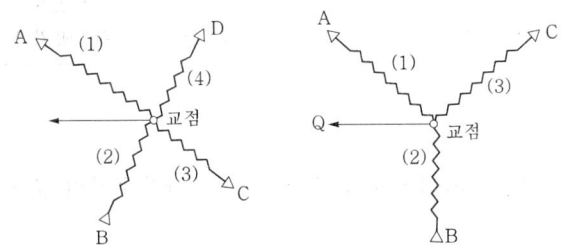

② 2교점 다각망 : 몇 개의 도선을 2교점에 결합한 A형 및 H형 다각망

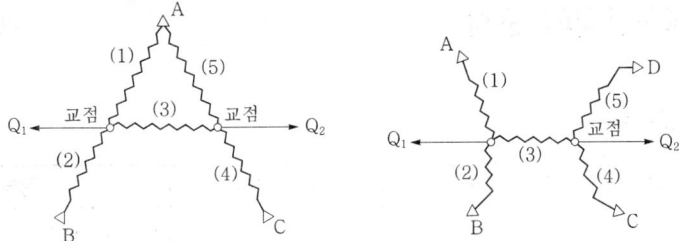

단, A, B, C, … : 기지점, (1), (2), (3), … : 도선번호, $Q_1, Q_2, Q_3, …$: 방향표

3) 오차 및 조정

(1) 교점다각망계산부(X · Y형)

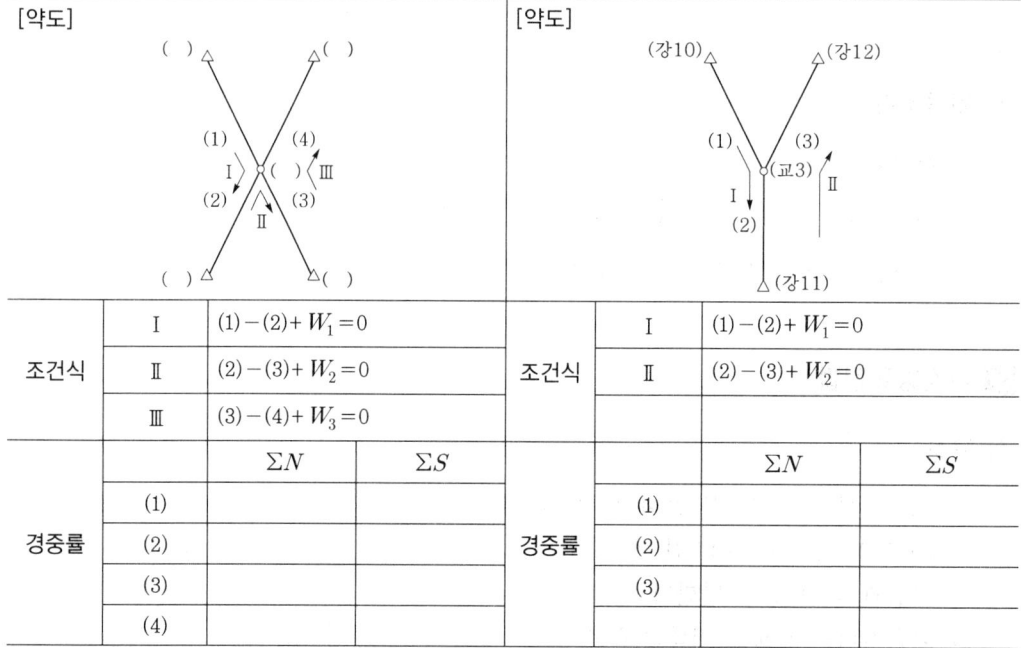

[계산]

- 방위각 = $\dfrac{\left[\dfrac{\Sigma \alpha}{\Sigma N}\right]}{\left[\dfrac{1}{\Sigma N}\right]}$
- 종선좌표 = $\dfrac{\left[\dfrac{\Sigma X}{\Sigma S}\right]}{\left[\dfrac{1}{\Sigma S}\right]}$
- 횡선좌표 = $\dfrac{\left[\dfrac{\Sigma Y}{\Sigma S}\right]}{\left[\dfrac{1}{\Sigma S}\right]}$

여기서, W_n : 오차, N : 측점수, S : 측점 간 거리의 합, α : 관측방위각

(2) 오차조정

평균방위각 및 평균종·횡선좌표에 대한 도선별 폐색오차와 종·횡선오차는 도선법에 준하여 조정한다.

4 지적도근점의 관리

1 지적도근점의 관리

지적기준점	설치관리	성과관리	등본 및 열람
지적도근점	시·도지사 지적소관청	지적소관청	• 지적소관청 • 등본 : 400원, 열람 : 200원

2 성과고시 및 성과표의 기록 · 관리

성과고시	성과표의 기록 · 관리
• 기준점의 명칭 및 번호 • 직각좌표계의 원점명(지적기준점에 한한다) • 좌표 및 표고 • 경도와 위도 • 설치일, 소재지 및 표지의 재질 • 측량성과보관장소	• 지적삼각보조점 또는 지적도근점의 번호 • 근경사진 및 위치의 약도(위치의 약도는 원경사진 · 항공사진으로 대체할 수 있다) • 좌표와 직각좌표계 원점명 • 경도와 위도(필요한 경우로 한정한다) • 표고(필요한 경우로 한정한다) • 소재지와 설치 및 재설치연월일 • 도선등급 및 도선명 • 표지의 재질 • 지적도 · 임야도의 번호 • 조사연월일, 조사자의 직위 · 성명 및 조사내용

※ 조사내용은 지적삼각보조점 및 지적도근점표지의 망실 유무, 사고원인, 경계의 부합 여부 등을 기재한다. 이 경우 경계와 부합되지 아니하는 때에는 그 사유를 기재한다.

04 예상문제

01 다음 중 지적도근점측량을 필요로 하지 않는 경우는?

① 축척변경을 위한 측량을 하는 경우
② 대단위 합병을 위한 측량을 하는 경우
③ 도시개발사업 등으로 인하여 지적확정측량을 하는 경우
④ 측량지역의 면적이 해당 지적도 1장에 해당하는 면적 이상인 경우

해설 지적측량시행규칙 제6조(지적측량의 실시기준)
① 지적삼각점측량·지적삼각보조점측량은 다음 각 호의 어느 하나에 해당하는 경우에 실시한다.
  1. 측량지역의 지형상 지적삼각점이나 지적삼각보조점의 설치 또는 재설치가 필요한 경우
  2. 지적도근점의 설치 또는 재설치를 위하여 지적삼각점이나 지적삼각보조점의 설치가 필요한 경우
  3. 세부측량을 하기 위하여 지적삼각점 또는 지적삼각보조점의 설치가 필요한 경우
② 지적도근점측량은 다음 각 호의 어느 하나에 해당하는 경우에 실시한다.
  1. 법 제83조에 따라 축척변경을 위한 측량을 하는 경우
  2. 법 제86조에 따른 도시개발사업 등으로 인하여 지적확정측량을 하는 경우
  3. 국토의 계획 및 이용에 관한 법률 제7조 제1호의 도시지역에서 세부측량을 하는 경우
  4. 측량지역의 면적이 해당 지적도 1장에 해당하는 면적 이상인 경우
  5. 세부측량을 하기 위하여 특히 필요한 경우

02 다음 중 지적도근점측량을 실시하는 경우에 해당하지 않는 것은?

① 축척변경을 위한 측량을 하는 경우
② 도시개발사업 등으로 인하여 지적확정측량을 하는 경우
③ 지적도근점의 재설치를 위하여 지적삼각점의 설치가 필요한 경우
④ 측량지역의 면적이 해당 지적도 1장에 해당하는 면적 이상인 경우

해설 지적도근점측량은 다음의 어느 하나에 해당하는 경우에 실시한다.
㉠ 축척변경을 위한 측량을 하는 경우
㉡ 도시개발사업 등으로 인하여 지적확정측량을 하는 경우
㉢ 국토의 계획 및 이용에 관한 법률의 도시지역에서 세부측량을 하는 경우
㉣ 측량지역의 면적이 해당 지적도 1장에 해당하는 면적 이상인 경우
㉤ 세부측량을 하기 위하여 특히 필요한 경우

03 지적도근점의 설치와 관리에 대한 설명이 틀린 것은?

① 영구표지를 설치한 지적도근점에는 시행지역별로 일련번호를 부여한다.
② 지적도근점에 부여하는 번호는 아라비아숫자의 일련번호를 사용한다.
③ 지적도근점의 표지는 소관청이 직접 관리하거나 위탁관리한다.
④ 지적도근측량을 하는 때에는 미리 지적도근점표지를 설치하여야 한다.

해설 지적도근점의 번호는 영구표지를 설치하는 경우에는 시·군·구별로, 영구표지를 설치하지 아니하는 경우에는 시행지역별로 설치순서에 따라 일련번호를 부여한다. 이 경우 각 도선의 교점은 지적도근점의 번호 앞에 "교"자를 붙인다.

04 경위의측량방법에 따라 도선법으로 지적도근점측량을 할 때 지형상 부득이한 경우가 아닌 경우 지적기준점 상호 간의 연결기준이 되는 것은?

① 결합도선   ② 왕복도선
③ 폐합도선   ④ 회귀도선

해설 경위의측량방법에 따라 도선법으로 지적도근점측량을 할 때 도선은 위성기준점, 통합기준점, 삼각점, 지적삼각점, 지적삼각보조점 및 지적도근점의 상호 간을 연결하는 결합도선에 따라야 한다. 다만, 지형상 부득이한 경우에는 폐합도선 또는 왕복도선에 따를 수 있다.

정답 01 ② 02 ③ 03 ① 04 ①

05 다음 중 지적도근점측량에서 지적도근점을 구성하는 도선의 형태에 해당하지 않는 것은? 〔기 18-3〕

① 개방도선 ② 결합도선
③ 폐합도선 ④ 다각망도선

해설 경위의측량방법에 따라 도선법으로 지적도근점측량을 할 때 도선은 위성기준점, 통합기준점, 삼각점, 지적삼각점, 지적삼각보조점 및 지적도근점의 상호 간을 연결하는 결합도선에 따라야 한다. 다만, 지형상 부득이한 경우에는 폐합도선 또는 왕복도선에 따를 수 있다.

06 지적도근점의 번호를 부여하는 방법기준이 옳은 것은? 〔기 17-1〕

① 영구표지를 설치하는 경우에는 시·군·구별로 일련번호를 부여한다.
② 영구표지를 설치하는 경우에는 시·도별로 일련번호를 부여한다.
③ 영구표지를 설치하지 아니하는 경우에는 동·리별로 일련번호를 부여한다.
④ 영구표지를 설치하지 아니하는 경우에는 읍·면별로 일련번호를 부여한다.

해설 지적도근점의 번호는 영구표지를 설치하는 경우에는 시·군·구별로, 영구표지를 설치하지 아니하는 경우에는 시행지역별로 설치순서에 따라 일련번호를 부여한다.

07 지적도근점측량의 1등도선으로 할 수 없는 것은? 〔산 19-3〕

① 삼각점의 상호 간 연결
② 지적삼각점의 상호 간 연결
③ 지적삼각보조점의 상호 간 연결
④ 지적도근점의 상호 간 연결

해설 도선의 등급
㉠ 1등도선
• 위성기준점, 통합기준점, 삼각점, 지적삼각점 및 지적삼각보조점의 상호 간을 연결하는 도선
• 다각망도선
• 가, 나, 다 순
㉡ 2등도선
• 위성기준점, 통합기준점, 삼각점, 지적삼각점 또는 지적삼각보조점과 지적도근점을 연결
• 지적도근점 상호 간을 연결하는 도선
• ㄱ, ㄴ, ㄷ 순

08 지적도근점측량의 도선구분으로 옳은 것은? 〔산 17-2〕

① 1등도선은 가·나·다 순으로 표기하고, 2등도선은 ㄱ·ㄴ·ㄷ 순으로 표기한다.
② 1등도선은 가·나·다 순으로 표기하고, 2등도선은 (1)·(2)·(3) 순으로 표기한다.
③ 1등도선은 ㄱ·ㄴ·ㄷ 순으로 표기하고, 2등도선은 가·나·다 순으로 표기한다.
④ 1등도선은 (1)·(2)·(3) 순으로 표기하고, 2등도선은 가·나·다 순으로 표기한다.

해설 지적도근점측량의 도선은 다음의 기준에 따라 1등도선과 2등도선으로 구분한다.
㉠ 1등도선은 위성기준점, 통합기준점, 삼각점, 지적삼각점 및 지적삼각보조점의 상호 간을 연결하는 도선 또는 다각망도선으로 할 것
㉡ 2등도선은 위성기준점, 통합기준점, 삼각점, 지적삼각점 및 지적삼각보조점과 지적도근점을 연결하거나 지적도근점 상호 간을 연결하는 도선으로 할 것
㉢ 1등도선은 가, 나, 다 순으로, 2등도선은 ㄱ, ㄴ, ㄷ 순으로 표기할 것

09 지적도근점측량에서 도선의 표기방법이 옳은 것은? 〔산 18-3〕

① 2등도선은 1, 2, 3 순으로 표기한다.
② 1등도선은 A, B, C 순으로 표기한다.
③ 1등도선은 가, 나, 다 순으로 표기한다.
④ 2등도선은 (1), (2), (3) 순으로 표기한다.

해설 지적도근점측량에서 도선의 표기방법은 1등도선은 가, 나, 다 순으로, 2등도선은 ㄱ, ㄴ, ㄷ 순으로 표기한다.

10 지적도근점측량 중 배각법에 의한 도선의 계산순서를 올바르게 나열한 것은? 〔기 18-3〕

| ㉠ 관측성과의 이기 |
| ㉡ 측각오차의 계산 |
| ㉢ 방위각의 계산 |
| ㉣ 관측각의 합계계산 |
| ㉤ 각 관측선의 종·횡선오차의 계산 |
| ㉥ 각 측점의 좌표계산 |

① ㉠-㉡-㉢-㉣-㉤-㉥
② ㉠-㉡-㉣-㉢-㉥-㉤
③ ㉠-㉣-㉡-㉢-㉤-㉥
④ ㉠-㉢-㉣-㉡-㉥-㉤

정답 05 ① 06 ① 07 ④ 08 ① 09 ③ 10 ③

해설 배각법에 의한 도선의 계산순서 : 관측성과의 이기 → 관측각의 합계계산 → 측각오차의 계산 → 방위각의 계산 → 각 관측선의 종·횡선오차의 계산 → 각 측점의 좌표계산

11 지적도근점측량을 교회법으로 시행하는 경우에 따른 설명으로서 타당하지 않은 것은?

① 방위각법으로 시행할 때는 분위(分位)까지 독정한다.
② 시가지에서는 보통 배각법으로 실시한다.
③ 지적도근점은 기준으로 하지 못한다.
④ 삼각점, 지적삼각점, 지적삼각보조점 등을 기준으로 한다.

해설 지적도근측량은 위성기준점, 통합기준점, 삼각점 및 지적기준점을 기초로 하여 경위의측량방법, 전파기 또는 광파기측량방법, 위성측량방법 및 국토교통부장관이 승인한 측량방법에 따르되, 그 계산은 도선법, 교회법 및 다각망도선법에 따른다.

12 지적도근점의 연직각을 관측하는 경우 올려본 각과 내려본 각을 관측하여 그 교차가 최대 얼마 이내일 때 그 평균치를 연직각으로 하는가?

① 30″ 이내   ② 40″ 이내
③ 60″ 이내   ④ 90″ 이내

해설 지적도근점측량 시 연직각을 관측하는 경우에는 올려본 각과 내려본 각을 관측하여 그 교차가 90초 이내일 때에는 그 평균치를 연직각으로 한다.

13 광파측거기로 두 점 간의 거리를 2회 측정한 결과가 각각 50.55m, 50.58m이었을 때 정확도는?

① 약 1/600   ② 약 1/800
③ 약 1/1,700   ④ 약 1/3,400

해설 $\dfrac{1}{m} = \dfrac{50.55 - 50.58}{\dfrac{50.55 + 50.58}{2}} = \dfrac{1}{1,700}$

14 도선법에 의하여 지적도근측량을 하였다. 지형상 부득이한 경우 1도선 점의 수를 최대 몇 점까지 할 수 있는가?

① 20점   ② 30점
③ 40점   ④ 50점

해설 경위의측량방법에 따라 도선법으로 지적도근점측량을 할 때에는 다음의 기준에 따른다.
㉠ 도선은 위성기준점, 통합기준점, 삼각점, 지적삼각점, 지적삼각보조점 및 지적도근점의 상호 간을 연결하는 결합도선에 따른다. 다만, 지형상 부득이한 경우에는 폐합도선 또는 왕복도선에 따를 수 있다.
㉡ 1도선의 점의 수는 40점 이하로 한다. 다만, 지형상 부득이한 경우에는 50점까지로 할 수 있다.

15 도선법에 의한 지적도근측량을 시행할 때에 배각법과 방위각법을 혼용하여 수평각을 관측할 수 있는 지역은?

① 시가지지역
② 축척변경시행지역
③ 농촌지역
④ 경계점좌표등록부 시행지역

해설 수평각의 관측은 시가지지역, 축척변경지역 및 경계점좌표등록부 시행지역에 대하여는 배각법에 따르고, 그 밖의 지역에 대하여는 배각법과 방위각법을 혼용한다.

16 지적도근점측량의 방법 및 기준에 대한 설명으로 틀린 것은?

① 지적도근점표지의 점간거리는 다각망도선법에 따르는 경우에 평균 0.5km 이상 1km 이하로 한다.
② 전파기측량방법에 따라 다각망도선법으로 하는 경우 3점 이상의 기지점을 포함한 결합다각방식에 따른다.
③ 경위의측량방법에 따라 도선법으로 하는 때에 1도선의 점의 수는 40점 이하로 하며, 지형상 부득이한 경우 50점까지로 할 수 있다.
④ 경위의측량방법에 따라 도선법으로 하는 때에 지형상 부득이한 경우를 제외하고는 결합도선에 의한다.

해설 지적도근점표지의 점간거리는 다각망도선법에 따르는 경우에 평균 50m 이상 500m 이하로 한다.

17 도선법에 따르는 경우 지적도근점표지의 점간거리는 평균 얼마 이하로 하여야 하는가?

① 500m   ② 300m
③ 100m   ④ 50m

정답 11 ③ 12 ④ 13 ③ 14 ④ 15 ③ 16 ① 17 ①

해설 지적도근점표지의 점간거리는 도선법에 따르는 경우에 평균 50m 이상 500m 이하로 한다.

18 도선법과 다각망도선법에 따른 지적도근점의 각도관측 시 폐색오차허용범위의 기준에 대한 설명이다. ㉠~㉣에 들어갈 내용이 옳게 짝지어진 것은? (단, n은 폐색변을 포함한 변의 수를 말한다.) 〔기 16-2〕

- 배각법에 따르는 경우 : 1회 측정각과 3회 측정각의 평균값에 대한 교차는 30초 이내로 하고, 1도선의 기지방위각 또는 평균방위각과 관측방위각의 폐색오차는 1등도선은 (㉠)초 이내, 2등도선은 (㉡)초 이내로 할 것
- 방위각법에 따르는 경우 : 1도선의 폐색오차는 1등도선은 (㉢)분 이내, 2등도선은 (㉣)분 이내로 할 것

① ㉠ $\pm 20\sqrt{n}$ ㉡ $\pm 10\sqrt{n}$
  ㉢ $\pm \sqrt{n}$ ㉣ $\pm 2\sqrt{n}$
② ㉠ $\pm 20\sqrt{n}$ ㉡ $\pm 30\sqrt{n}$
  ㉢ $\pm \sqrt{n}$ ㉣ $\pm 1.5\sqrt{n}$
③ ㉠ $\pm 10\sqrt{n}$ ㉡ $\pm 20\sqrt{n}$
  ㉢ $\pm 2\sqrt{n}$ ㉣ $\pm \sqrt{n}$
④ ㉠ $\pm 30\sqrt{n}$ ㉡ $\pm 20\sqrt{n}$
  ㉢ $\pm 1.5\sqrt{n}$ ㉣ $\pm \sqrt{n}$

해설 도선법과 다각망도선법에 따른 지적도근점의 각도관측을 할 때의 폐색오차의 허용범위는 다음의 기준에 따른다. 이 경우 n은 폐색변을 포함한 변의 수를 말한다.
㉠ 배각법에 따르는 경우 : 1회 측정각과 3회 측정각의 평균값에 대한 교차는 30초 이내로 하고, 1도선의 기지방위각 또는 평균방위각과 관측방위각의 폐색오차는 1등도선은 $\pm 20\sqrt{n}$ 초 이내, 2등도선은 $\pm 30\sqrt{n}$ 초 이내로 한다.
㉡ 방위각법에 따르는 경우 : 1도선의 폐색오차는 1등도선은 $\pm \sqrt{n}$ 분 이내, 2등도선은 $\pm 1.5\sqrt{n}$ 분 이내로 한다.

19 배각법에 의하여 지적도근점측량을 시행할 경우 측각오차계산식으로 옳은 것은? (단, e는 각오차, T_1은 출발기지 방위각, $\Sigma\alpha$는 관측각의 합, n은 폐색변을 포함한 변수, T_2는 도착기지 방위각) 〔기 16-3〕

① $e = T_1 + \Sigma\alpha - 180°(n-1) + T_2$
② $e = T_1 + \Sigma\alpha - 180°(n-1) - T_2$
③ $e = T_1 - \Sigma\alpha - 180°(n-1) + T_2$
④ $e = T_1 - \Sigma\alpha - 180°(n-1) - T_2$

해설 도선법의 폐색오차
㉠ 배각법 : $e = T_1 + \Sigma$관측값$- 180°(n-1) - T_2$
㉡ 방위각법 : $e = $관측방위각$- $기지방위각

20 다음 그림과 같은 지적도근점측량 결합도선에서 관측값의 오차는 얼마인가? (단, 補₁에서 출발방위각 33°20′20″이고, 補₂에서 폐색방위각은 320°40′40″이었다.) 〔산 16-1〕

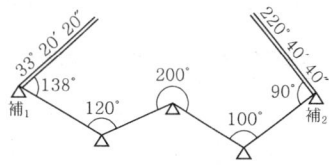

① 0°39′40″ ② 0°49′40″
③ 1°39′40″ ④ 1°49′40″

해설 $e = T_1 + \Sigma\alpha - 180°(n-1) - T_2$
$= 33°20′20″ + 648° - 180 \times (5-3) - 320°40′40″$
$= 0°39′40″$

21 배각법에 의한 지적도근점측량 시 관측각에 대한 오차계산으로 옳은 것은? 〔기 18-2〕

① 출발기지 방위각-관측각의 합+180°×(측점수-1)
② 출발기지 방위각-관측각의 합+도착기지 방위각
③ 출발기지 방위각+관측각의 합-180°×(측점수-1)-도착기지 방위각
④ 출발기지 방위각+관측각의 합-도착기지 방위각

해설 폐색오차＝출발기지 방위각＋관측각의 합－180°×(측점수－1)－도착기지 방위각

22 배각법에 의한 지적도근측량결과 출발방위각이 47°32′52″, 변의 수가 11, 도착방위각이 251°24′20″, 관측값의 합이 2,003°50′40″일 때 측각오차는? 〔산 17-2〕

① 38초 ② -38초
③ 48초 ④ -48초

정답 18 ② 19 ② 20 ① 21 ③ 22 ④

해설 $e = T_1 + \sum\alpha - 180°(n-1) - T_2$
$= 47°32'52'' + 2,003°50'40'' - 180° \times (11-1)$
$\quad - 251°24'20''$
$= -48''$

23 다음 중 도선법에 따른 지적도근점의 각도관측에서 방위각법에 따른 1등도선의 폐색오차는 최대 얼마 이내로 하여야 하는가? (단, n은 폐색변을 포함한 변의 수를 말한다.) 기 16-1

① $\pm\sqrt{n}$ 분 이내   ② $\pm 1.5\sqrt{n}$ 분 이내
③ $\pm 20\sqrt{n}$ 초 이내   ④ $\pm 30\sqrt{n}$ 초 이내

해설 지적도근점측량 시 도선의 폐색오차

구분	배각법	방위각법
1등도선	$\pm 20\sqrt{n}$ 초 이내	$\pm\sqrt{n}$ 분 이내
2등도선	$\pm 30\sqrt{n}$ 초 이내	$\pm 1.5\sqrt{n}$ 분 이내

24 도선법에 따른 지적도근점의 각도관측을 배각법으로 하는 경우 1도선의 폐색오차의 허용범위는? (단, 폐색변을 포함한 변의 수는 20개이며 2등도선이다.) 기 17-3

① ±44초 이내   ② ±67초 이내
③ ±89초 이내   ④ ±134초 이내

해설 2등도선 $= \pm 30\sqrt{n} = \pm 30\sqrt{20} = \pm 134$초 이내

25 배각법에 의한 지적도근점의 각도관측 시 측각오차의 배분방법으로 옳은 것은? 기 19-3

① 반수에 비례하여 각 측선의 관측각에 배분한다.
② 반수에 반비례하여 각 측선의 관측각에 배분한다.
③ 변의 수에 비례하여 각 측선의 관측각에 배분한다.
④ 변의 수에 반비례하여 각 측선의 관측각에 배분한다.

해설 지적측량시행규칙 제14조(지적도근점의 각도관측을 할 때의 폐색오차의 허용범위 및 측각오차의 배분)
① 도선법과 다각망도선법에 따른 지적도근점의 각도관측을 할 때의 폐색오차의 허용범위는 다음 각 호의 기준에 따른다. 이 경우 n은 폐색변을 포함한 변의 수를 말한다.
 1. 배각법에 따르는 경우 : 1회 측정각과 3회 측정각의 평균값에 대한 교차는 30초 이내로 하고, 1도선의 기지

방위각 또는 평균방위각과 관측방위각의 폐색오차는 1등도선은 $\pm 20\sqrt{n}$ 초 이내, 2등도선은 $\pm 30\sqrt{n}$ 초 이내로 할 것
 2. 방위각법에 따르는 경우 : 1도선의 폐색오차는 1등도선은 $\pm\sqrt{n}$ 분 이내, 2등도선은 $\pm 1.5\sqrt{n}$ 분 이내로 할 것
② 각도의 측정결과가 제1항에 따른 허용범위 이내인 경우 그 오차의 배분은 다음 각 호의 기준에 따른다.
 1. 배각법에 따르는 경우 : 다음의 계산식에 따라 측선장에 반비례하여 각 측선의 관측각에 배분할 것

$$K = -\frac{e}{R}r$$

(K는 각 측선에 배분할 초단위의 각도, e는 초단위의 오차, R은 폐색변을 포함한 각 측선장의 반수의 총합계, r은 각 측선장의 반수. 이 경우 반수는 측선장 1미터에 대하여 1천을 기준으로 한 수를 말한다)
 2. 방위각법에 따르는 경우 : 다음의 산식에 따라 변의 수에 비례하여 각 측선의 방위각에 배분할 것

$$K_n = -\frac{e}{S}s$$

(K_n은 각 측선의 순서대로 배분할 분단위의 각도, e는 분단위의 오차, S는 폐색변을 포함한 변의 수, s는 각 측선의 순서를 말한다)

26 도선법에 따른 지적도근점의 각도관측을 할 때에 오차의 배분방법기준으로 옳은 것은? (단, 배각법에 따르는 경우) 산 16-2

① 측선장에 비례하여 각 측선의 관측각에 배분한다.
② 측선장에 반비례하여 각 측선의 관측각에 배분한다.
③ 변의 수에 비례하여 각 측선의 관측각에 배분한다.
④ 변의 수에 반비례하여 각 측선의 관측각에 배분한다.

해설 지적도근점측량시 폐색오차배부방법
㉠ 배각법 : 측선장에 반비례하여 각 측선의 관측각에 배분한다.

$$K = -\frac{e}{R}r$$

여기서, K : 각 측선에 배분할 초단위의 각도
 e : 초단위의 오차
 R : 폐색변을 포함한 각 측선장의 반수의 총합계
 r : 각 측선장의 반수

정답 23 ① 24 ④ 25 ① 26 ②

ⓒ 방위각법 : 변의 수에 비례하여 각 측선의 방위각에 배분한다.

$$K_n = -\frac{e}{S}s$$

여기서, K_n : 각 측선의 순서대로 배분할 분단위의 각도
e : 분단위의 오차
S : 폐색변을 포함한 변의 수
s : 각 측선의 순서

27 변수가 18변인 도선을 방위각법으로 도근측량을 실시한 결과 각오차가 -4분 발생하였다. 제13변에 배부할 오차는?

① 약 +2분 ② 약 +3분
③ 약 -2분 ④ 약 -3분

해설 $18 : 4 = 13 : x$
∴ x = 약 +3분

28 배각법에 의한 지적도근측량에서 측각오차가 -43″이고 측선장의 반수합이 275.2일 때 65.32m인 변에 배분할 각은?

① -2″ ② +2″
③ -10″ ④ +10″

해설 $K = -\frac{e}{R}r = -\frac{\frac{1,000}{65.32}}{275.2} \times (-43) = +2''$

29 배각법에 의한 지적도근점측량을 한 결과 한 측선의 길이가 52.47m이고, 초단위 오차는 18″, 변장반수의 총합계는 183.1일 때 해당 측선에 배분할 초단위의 각도로 옳은 것은?

① 2″ ② 5″
③ -2″ ④ -5″

해설 $K = -\frac{e}{R}r = -\frac{\frac{1,000}{52.47}}{183.1} \times 18 = -2''$

30 지적도근점의 각도관측을 방위각법으로 할 때 2등도선의 폐색오차허용범위는? (단, n은 폐색변을 포함한 변의 수를 말한다.)

① ±1.5$\sqrt{n}$분 이내 ② ±2$\sqrt{n}$분 이내
③ ±2.5$\sqrt{n}$분 이내 ④ ±3$\sqrt{n}$분 이내

해설 도선법과 다각망도선법에 따른 지적도근점의 각도관측을 할 때의 폐색오차의 허용범위는 다음의 기준에 따른다. 이 경우 n은 폐색변을 포함한 변의 수를 말한다.
ⓐ 배각법에 따르는 경우 : 1회 측정각과 3회 측정각의 평균값에 대한 교차는 30초 이내로 하고, 1도선의 기지방위각 또는 평균방위각과 관측방위각의 폐색오차는 1등도선은 ±20$\sqrt{n}$ 이내, 2등도선은 ±30$\sqrt{n}$ 이내로 할 것
ⓑ 방위각법에 따르는 경우 : 1도선의 폐색오차는 1등도선은 ±$\sqrt{n}$분 이내, 2등도선은 ±1.5$\sqrt{n}$분 이내로 할 것

31 다음 그림의 방위각이 다음과 같을 때 ∠ABC는?(단, $V_a^b = 38°15'30''$, $V_c^d = 316°18'20''$)

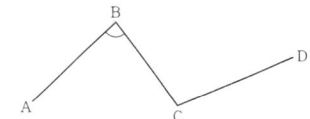

① 78°02′50″ ② 81°57′10″
③ 181°57′10″ ④ 278°02′50″

해설 $38°15'30'' + 180° - \angle ABC = 316°18'20'' - 180°$
∴ ∠ABC = 81°57′10″

32 A, B 두 점의 좌표가 각각 A(200m, 300m), B(400m, 200m)인 두 기지삼각점을 연결하는 방위각 V_a^b는?

① 26°33′54″ ② 153°26′06″
③ 206°33′54″ ④ 333°26′06″

해설 $\theta = \tan^{-1}\frac{200-300}{400-200} = 26°33'54''$ (4상한)
∴ $V_a^b = 360° - 26°33'54'' = 333°26'06''$

33 두 점 간의 거리가 222m이고, 두 점 간의 방위각이 33°33′33″일 때 횡선차는?

① 122.72m ② 145.26m
③ 185.00m ④ 201.56m

해설 ⓐ 종선차
$\Delta x = l\cos\theta = 222 \times \cos33°3'33'' = 185.00$m
ⓑ 횡선차
$\Delta y = l\sin\theta = 222 \times \sin33°33'33'' = 122.72$m

정답 27 ② 28 ② 29 ③ 30 ① 31 ② 32 ④ 33 ①

34 어떤 도선의 거리가 140m, 방위각이 240°일 때 이 도선의 종선의 값은?

① −70m ② 70m
③ −140.0m ④ 140.0m

해설 $\Delta x = l\cos\theta = 140 \times \cos 240° = -70m$

35 두 점의 좌표가 각각 A(495674.32, 192899.25), B(497845.81, 190256.39)일 때 A→B의 방위는?

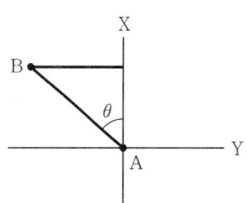

① N 39°24′29″W ② S 39°24′29″E
③ N 50°35′31″W ④ S 50°35′31″E

해설 $\theta = \tan^{-1}\dfrac{190256.39-192899.25}{497845.81-495674.32} = 50°35′31″$(4상한)

그러므로 A→B의 방위는 N 50°35′31″W이다.

36 방위각 271°30′의 방위는?

① N 89°30′E ② N 1°30′W
③ N 88°30′W ④ N 90°W

해설 방위각 271°30′의 경우 4상한에 해당하므로 방위는 N (360°−271°30′) W=N 88°30′W이다.

37 2점 간의 거리가 123.00m이고 2점 간의 횡선차가 105.64m일 때 2점 간의 종선차는?

① 52.25m ② 63.00m
③ 100.54m ④ 101.00m

해설 $L = \sqrt{\Delta x^2 + \Delta y^2}$
∴ $\Delta x = \sqrt{L^2 - \Delta y^2} = \sqrt{123^2 - 105.64^2} = 63.00m$

38 지적도근측량에서 측정한 경사거리가 600m, 연직각이 60°일 때 수평거리는?

① 300m ② 370m
③ $300\sqrt{2}$ m ④ $740\sqrt{3}$ m

해설 $D = l\cos\theta = 600 \times \cos 60° = 300m$

39 측선 AB의 방위가 N 50° E일 때 측선 BC의 방위는? (단, ∠ABC=120°이다.)

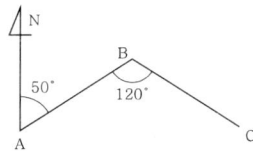

① N 70° E ② S 70° E
③ S 60° W ④ N 60° W

해설 ㉠ 측선 AB의 방위각=50°
㉡ 측선 BC의 방위각=50°+180°−120°=110°
㉢ 측선 BC의 방위=S 70° E

40 다음 그림에서 측선 CD의 방위각(V_{CD})은?

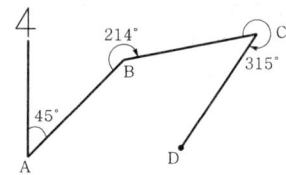

① 146° ② 214°
③ 266° ④ 326°

해설 ㉠ BC의 방위각
$V_{BC} = 45°-180°+214° = 79°$
㉡ CD의 방위각
$V_{CD} = 79°-180°+315° = 214°$

41 수치지역 내의 P점과 Q점의 좌표가 다음과 같을 때 QP의 방위각은?

P(3625.48, 2105.25)
Q(5218.48, 3945.18)

① 49°06′51″ ② 139°06′51″
③ 229°06′51″ ④ 319°06′51″

해설 $\theta = \tan^{-1}\dfrac{Y_P - Y_Q}{X_P - X_Q}$
$= \tan^{-1}\dfrac{2105.25-3945.18}{3625.48-5218.48} = 49°06′51″$(3상한)
∴ $V_{QP} = 180° + 49°06′51″ = 229°06′51″$

42 상한과 종·횡선차의 부호에 대한 설명으로 옳은 것은? (단, Δx : 종선차, Δy : 횡선차) 〖산 16-1〗

① 1상한에서 Δx는 (−), Δy는 (+)이다.
② 2상한에서 Δx는 (+), Δy는 (−)이다.
③ 3상한에서 Δx는 (−), Δy는 (−)이다.
④ 4상한에서 Δx는 (+), Δy는 (+)이다.

해설 직각좌표의 상한에 따른 부호
㉠ 1상한에서 Δx는 (+), Δy는 (+)이다.
㉡ 2상한에서 Δx는 (−), Δy는 (+)이다.
㉢ 3상한에서 Δx는 (−), Δy는 (−)이다.
㉣ 4상한에서 Δx는 (+), Δy는 (−)이다.

43 축척 600분의 1지역에서 지적도근점측량을 실시하여 측정한 수평거리의 총합계가 1,600m이었을 때 연결오차는? (단, 1등도선인 경우이다.) 〖기 19-3〗

① 2.4m 이하   ② 0.24m 이하
③ 2.7m 이하   ④ 0.27m 이하

해설 연결오차 $= \frac{1}{100}\sqrt{n}\,M = \frac{1}{100} \times \sqrt{16} \times 600$
$= 24\text{cm} = 0.24\text{m}$

[참고] **지적측량시행규칙 제15조(지적도근점측량에서의 연결오차의 허용범위와 종선 및 횡선오차의 배분)**
① 지적도근점측량에서 연결오차의 허용범위는 다음 각 호의 기준에 따른다. 이 경우 n은 각 측선의 수평거리의 총합계를 100으로 나눈 수를 말한다.
1. 1등도선은 해당 지역 축척분모의 $\frac{1}{100}\sqrt{n}$ [cm] 이하로 할 것
2. 2등도선은 해당 지역 축척분모의 $\frac{1.5}{100}\sqrt{n}$ [cm] 이하로 할 것
3. 제1호 및 제2호를 적용하는 경우 경계점좌표등록부를 갖추두는 지역의 축척분모는 500으로 하고, 축척이 6천분의 1인 지역의 축척분모는 3천으로 할 것. 이 경우 하나의 도선에 속하여 있는 지역의 축척이 2 이상일 때에는 대축척의 축척분모에 따른다.

44 축척 500분의 1에서 지적도근점측량 시 도선의 총길이가 3318.55m일 때 2등도선인 경우 연결오차의 허용범위는? 〖산 19-3〗

① 0.29m 이하   ② 0.34m 이하
③ 0.43m 이하   ④ 0.92m 이하

해설 지적도근점측량에서의 연결오차의 허용범위와 종선 및 횡선오차의 배분

도선	허용범위	기타
1등도선	$\frac{1}{100}\sqrt{n}\,M$	• 경계점좌표등록부 : 500
2등도선	$\frac{1.5}{100}\sqrt{n}\,M$	• $\frac{1}{6,000} \to 3,000$ • 축척이 2 이상인 경우 : 대축척

∴ 연결오차 $= \frac{1.5}{100}\sqrt{n}\,M = \frac{1.5}{100} \times \sqrt{33.1855} \times 500$
$= 43\text{cm} = 0.43\text{m}$

45 축척 1/600지역에서 지적도근측량계산 시 각 측선의 수평거리의 총합계가 2210.52m일 때 2등도선일 경우 연결오차의 허용한계는? 〖산 16-1〗

① 약 0.62m   ② 약 0.42m
③ 약 0.22m   ④ 약 0.02m

해설 연결오차 $= \frac{1.5}{100}\sqrt{n}\,M = \frac{1.5}{100} \times \sqrt{22.1052} \times 600$
$= 42\text{cm} = 0.42\text{m}$

[참고] 지적도근점측량에서 연결오차의 허용범위는 다음의 기준에 따른다. 이 경우 n은 각 측선의 수평거리의 총합계를 100으로 나눈 수를 말한다.
㉠ 1등도선은 해당 지역 축척분모의 $\frac{1}{100}\sqrt{n}$ [cm] 이하로 한다.
㉡ 2등도선은 해당 지역 축척분모의 $\frac{1.5}{100}\sqrt{n}$ [cm] 이하로 한다.
㉢ 경계점좌표등록부를 갖추두는 지역의 축척분모는 500으로 하고, 축척이 6천분의 1인 지역의 축척분모는 3천으로 한다. 이 경우 하나의 도선에 속해 있는 지역의 축척이 2 이상일 때에는 대축척의 축척분모에 따른다.

46 배각법에 의해 도근측량을 실시하여 종선차의 합이 −140.10m, 종선차의 기지값이 −140.30m, 횡선차의 합이 320.20m, 횡선차의 기지값이 320.25m일 때 연결오차는? 〖산 17-3〗

① 0.21m   ② 0.30m
③ 0.25m   ④ 0.31m

해설 ㉠ 종선오차(f_x) $= -140.10 - (-140.30) = 0.2\text{m}$
㉡ 횡선오차(f_y) $= 320.20 - 320.25 = -0.05\text{m}$

정답 42 ③ 43 ② 44 ③ 45 ② 46 ①

ⓒ 연결오차 $= \sqrt{f_x^2 + f_y^2} = \sqrt{0.2^2 + (-0.05)^2}$
　　　　　　$= 0.21\text{m}$

47 지적도근점측량에서 측정한 각 측선의 수평거리의 총합계가 1,550m일 때 연결오차의 허용범위기준은 얼마인가? (단, 1/600지역과 경계점좌표등록부 시행지역에 걸쳐있으며 2등도선이다.)　　　기 18-1

① 25cm 이하　　② 29cm 이하
③ 30cm 이하　　④ 35cm 이하

해설　연결오차 $= \dfrac{1.5}{100}\sqrt{n}\,M = \dfrac{1.5}{100} \times \sqrt{15.50} \times 500$
　　　　　　　$= 29\text{cm}$

[참고] 1등도선 $= \dfrac{1}{100}\sqrt{n}\,M$

48 지적도근점측량에서 연결오차의 허용범위기준을 결정하는 경우 경계점좌표등록부를 갖추두는 지역의 축척분모는 얼마로 하여야 하는가?　　기 19-2

① 500　　② 600
③ 1,200　　④ 3,000

해설　지적측량시행규칙 제15조(지적도근점측량에서의 연결오차의 허용범위와 종선 및 횡선오차의 배분)
① 지적도근점측량에서 연결오차의 허용범위는 다음 각 호의 기준에 따른다. 이 경우 n은 각 측선의 수평거리의 총합계를 100으로 나눈 수를 말한다.
1. 1등도선은 해당 지역 축척분모의 $\dfrac{1}{100}\sqrt{n}$ [cm] 이하로 할 것
2. 2등도선은 해당 지역 축척분모의 $\dfrac{1.5}{100}\sqrt{n}$ [cm] 이하로 할 것
3. 제1호 및 제2호를 적용하는 경우 경계점좌표등록부를 갖추두는 지역의 축척분모는 500으로 하고, 축척이 6천분의 1인 지역의 축척분모는 3천으로 할 것. 이 경우 하나의 도선에 속하여 있는 지역의 축척이 2 이상일 때에는 대축척의 축척분모에 따른다

49 지적도근점측량을 배각법으로 실시한 결과 도선의 수평거리 총합계가 3427.23m인 경우 종선과 횡선오차에 대한 공차는? (단, 축척은 1,200분의 1이며 1등도선이다.)　　산 18-1

① 0.58m　　② 0.65m
③ 0.70m　　④ 0.79m

해설　공차 $= \dfrac{1}{100}\sqrt{n}\,M = \dfrac{1}{100} \times \sqrt{34.2723} \times 1,200$
　　　　$= 70\text{cm} = 0.70\text{m}$

50 어떤 도선측량에서 변장거리 800m, 측점 8점 Δx의 폐합차 7cm, Δy의 폐합차 6cm의 결과를 얻었다. 이때 정도를 구하는 식으로 올바른 것은?　　기 18-1

① $\dfrac{\sqrt{0.07^2 + 0.06^2}}{(8-1) \times 800}$　　② $\dfrac{\sqrt{0.07^2 + 0.06^2}}{8 \times 800}$
③ $\dfrac{\sqrt{0.07^2 + 0.06^2}}{800}$　　④ $\dfrac{\sqrt{0.07^2 + 0.06^2}}{800}$

해설　정도 $= \dfrac{1}{m} = \dfrac{\text{폐합오차}}{\text{총길이}} = \dfrac{\sqrt{(\Delta x)^2 + (\Delta y)^2}}{\Sigma l}$
　　　　　$= \dfrac{\sqrt{0.07^2 + 0.06^2}}{800}$

51 배각법에 의한 지적도근점측량 시 종·횡선차의 합이 각각 200.25m, −150.44m, 종·횡선차 절대치의 합이 각가 200.25m, 150.44m, 출발점의 좌표값이 각각 1000.00m, 1000.00m, 도착점의 좌표값이 각각 1200.15m, 849.58m일 때 연결오차로 옳은 것은?　　기 19-2

① 0.10m　　② 0.11m
③ 0.12m　　④ 0.13m

해설　㉠ $f_x = (X_A + \Sigma \Delta x) - X_B$
　　　　　$= (1,000 + 200.25) - 1,200.15 = 0.10\text{m}$
㉡ $f_y = (Y_A + \Sigma \Delta y) - Y_B$
　　$= (1,000 - 150.44) - 849.58 = 0.02\text{m}$
㉢ 연결오차 $= \sqrt{f_x^2 + f_y^2} = \sqrt{0.1^2 + 0.02^2} = 0.10\text{m}$

52 방위각법에 의한 지적도근점측량계산에서 종선 및 횡선오차의 배분방법은? (단, 연결오차가 허용범위 이내인 경우)　　산 18-1

① 측선장에 비례배분한다.
② 측선장에 역비례배분한다.
③ 종횡선차에 비례배분한다.
④ 종횡선차에 역비례배분한다.

해설　지적도근점측량을 방위각법에 따르는 경우 종선 및 횡선오차는 측선장에 비례하여 배분한다.

정답 47 ② 48 ① 49 ③ 50 ④ 51 ① 52 ①

53 지적도근점측량에 따라 계산된 연결오차가 허용범위 이내인 경우 그 오차의 배분방법이 옳은 것은? 기 16-3

① 배각법에 따르는 경우 각 측선장에 비례하여 배분한다.
② 배각법에 따르는 경우 각 측선장에 반비례하여 배분한다.
③ 배각법에 따르는 경우 각 측선의 종선차 또는 횡선차길이에 비례하여 배분한다.
④ 방위각법에 따르는 경우 각 측선의 종선차 또는 횡선차길이에 반비례하여 배분한다.

해설 지적도근점측량에 따라 계산된 연결오차가 허용범위 이내인 경우 그 오차의 배분은 다음의 기준에 따른다.
㉠ 배각법
- 트랜싯법칙 : $\dfrac{\Delta l}{l} < \dfrac{\theta''}{\rho''}$
- 종선차, 횡선차에 비례배분
- $T = -\dfrac{e}{L}l$

여기서, T : 각 측선의 종선차 또는 횡선차에 배분할 cm단위의 수치
e : 종선오차 또는 횡선오차
L : 종선차 또는 횡선차의 절대치의 합계
l : 각 측선의 종선차 또는 횡선차

㉡ 방위각법
- 컴퍼스법칙 : $\dfrac{\Delta l}{l} = \dfrac{\theta''}{\rho''}$
- 측선장에 비례배분
- $C = -\dfrac{e}{L}l$

여기서, C : 각 측선의 종선차 또는 횡선차에 배분할 cm단위의 수치
e : 종선오차 또는 횡선오차
L : 각 측선장의 총합계
l : 각 측선의 측선장

54 지적도근점측량의 배각법에서 종횡선오차는 어느 방법으로 배분하여야 하는가? 기 19-1

① 반수에 비례하여 배분한다.
② 컴퍼스법칙에 의해 배분한다.
③ 트랜싯법칙에 의해 배분한다.
④ 측정변의 길이에 반비례하여 배분한다.

해설 지적도근점측량에 따라 계산된 연결오차가 허용범위 이내인 경우 수평각관측을 배각법으로 실시한 경우 그 오차의 배분은 각 측선의 종선차 또는 횡선차의 길이에 비례하여 배분한다(트랜싯법칙).

55 트랜싯법칙에 대한 설명으로 가장 옳은 것은? 기 19-1

① 변의 수에 비례하여 오차를 배분하는 방식이다.
② 측선장에 반비례하여 오차를 배분하는 방식이다.
③ 거리측정의 정밀도가 각관측의 정밀도에 비하여 높다.
④ 각관측의 정밀도가 거리측정의 정밀도에 비하여 높다.

해설 ㉠ 트랜싯법칙 : 각관측의 정밀도가 거리측정의 정밀도보다 높을 경우
㉡ 컴퍼스법칙 : 각관측의 정밀도와 거리측정의 정밀도가 동일할 때

56 좌표가 $X=2907.36$m, $Y=3321.24$m인 지적도근점에서 거리가 23.25m, 방위각이 179°20′33″일 경우 필계점의 좌표는? 삽 19-1

① $X=2879.15$m, $Y=3317.20$m
② $X=2879.15$m, $Y=3321.51$m
③ $X=2884.11$m, $Y=3315.47$m
④ $X=2884.11$m, $Y=3321.51$m

해설 ㉠ $X_B = X_A + l\cos\theta$
$= 2907.36 + 23.25 \times \cos 179°20′33″$
$= 2884.11$m
㉡ $Y_B = Y_A + l\sin\theta$
$= 3321.24 + 23.25 \times \sin 179°20′33″$
$= 3321.51$m

57 평면직각좌표상의 두 점 A(X_A, Y_A)와 B(X_B, Y_B)를 연결하는 $\overline{AB}$를 2등분 하는 점 P의 좌표(X_P, Y_P)를 구하는 식은? 삽 19-1

① $X_P = \sqrt{X_B X_A}$, $Y_P = \sqrt{Y_B Y_A}$
② $X_P = \dfrac{X_B + X_A}{2}$, $Y_P = \dfrac{Y_B + Y_A}{2}$
③ $X_P = \dfrac{X_B - X_A}{2}$, $Y_P = \dfrac{Y_B - Y_A}{2}$
④ $X_P = \sqrt{X_B^2 + X_A^2}$, $Y_P = \sqrt{Y_B^2 + Y_A^2}$

해설 평면직각좌표상의 두 점 A(X_A, Y_A)와 B(X_B, Y_B)를 연결하는 $\overline{AB}$를 2등분 하는 점 P의 좌표(X_P, Y_P)를 구하는 식은 $X_P = \dfrac{X_B + X_A}{2}$, $Y_P = \dfrac{Y_B + Y_A}{2}$이다.

정답 53 ③ 54 ③ 55 ④ 56 ④ 57 ②

58 경위의측량방법과 다각망도선법에 따른 지적도근점의 관측에서 시가지지역, 축척변경지역 및 경계점좌표등록부 시행지역의 수평각관측방법은?

① 방향각법 ② 교회법
③ 방위각법 ④ 배각법

해설 경위의측량방법과 다각망도선법에 따른 지적도근점의 관측에서 시가지지역, 축척변경지역 및 경계점좌표등록부 시행지역의 수평각은 배각법에 따른다.

59 다각망도선법에 따른 지적도근점측량에 대한 설명으로 옳은 것은?

① 각 도선의 교점은 지적도근점의 번호 앞에 '교'자를 붙인다.
② 3점 이상의 기지점을 포함한 결합다각방식에 따른다.
③ 영구표지를 설치하지 않는 경우 지적도근점의 번호는 시·군·구별로 부여한다.
④ 1도선의 점의 수는 40개 이하로 한다.

해설 경위의측량방법이나 전파기 또는 광파기측량방법에 따라 다각망도선법으로 지적도근점측량을 할 때에는 다음의 기준에 따른다.
㉠ 3점 이상의 기지점을 포함한 결합다각방식에 따를 것
㉡ 1도선의 점의 수는 20점 이하로 할 것
㉢ 지적도근점의 번호는 영구표지를 설치하는 경우에는 시·군·구별로, 영구표지를 설치하지 아니하는 경우에는 시행지역별로 설치순서에 따라 일련번호를 부여한다. 이 경우 각 도선의 교점은 지적도근점의 번호 앞에 "교"자를 붙인다.

60 다각망도선법에 따른 지적도근점의 각도관측을 할 때 배각법에 따르는 경우 1등도선의 폐색오차범위는? (단, 폐색변을 포함한 변의 수는 12이다.)

① ±65초 이내 ② ±67초 이내
③ ±69초 이내 ④ ±73초 이내

해설 1등도선 폐색오차 $= \pm 20\sqrt{n} = \pm 20\sqrt{12} ≒ 69.28$초 이내

61 광파기측량방법에 따라 다각망도선법으로 지적도근점측량을 할 때 1도선의 점의 수는 몇 개 이하로 하여야 하는가?

① 10개 ② 20개
③ 30개 ④ 40개

해설 지적측량시행규칙 제12조(지적도근점측량)
⑥ 경위의측량방법이나 전파기 또는 광파기측량방법에 따라 다각망도선법으로 지적도근점측량을 할 때에는 다음 각 호의 기준에 따른다.
1. 3점 이상의 기지점을 포함한 결합다각방식에 따를 것
2. 1도선의 점의 수는 20점 이하로 할 것

62 다각망도선법으로 지적도근점측량을 할 때의 기준으로 옳은 것은?

① 2점 이상의 기지점을 포함한 폐합다각방식에 의한다.
② 2점 이상의 기지점을 포함한 결합다각방식에 의한다.
③ 3점 이상의 기지점을 포함한 폐합다각방식에 의한다.
④ 3점 이상의 기지점을 포함한 결합다각방식에 의한다.

해설 경위의측량방법이나 전파기 또는 광파기측량방법에 따라 다각망도선법으로 지적도근점측량을 할 때에는 다음의 기준에 따른다.
㉠ 3점 이상의 기지점을 포함한 결합다각방식에 따를 것
㉡ 1도선의 점의 수는 20점 이하로 할 것

63 다각망도선법에 따르는 경우 지적도근점표지의 점간거리는 평균 몇 m 이하로 하여야 하는가?

① 500m ② 1,000m
③ 2,000m ④ 3,000m

해설 지적도근점표지의 점간거리는 평균 50m 이상 500m 이하로 할 것

64 광파기측량방법에 따라 다각망도선법으로 지적도근점측량을 하는 경우 필요한 최소기지점수는?

① 2점 ② 3점
③ 5점 ④ 7점

해설 경위의측량방법이나 전파기 또는 광파기측량방법에 따라 다각망도선법으로 지적도근점측량을 할 때에는 다음의 기준에 따른다.
㉠ 3점 이상의 기지점을 포함한 결합다각방식에 따를 것
㉡ 1도선의 점의 수는 20점 이하로 할 것

정답 58 ④ 59 ② 60 ③ 61 ② 62 ④ 63 ① 64 ②

65 다각망도선법에 의한 지적도근점측량을 할 때 1도선의 점의 수는 몇 점 이하로 제한되는가? 기 17-3

① 10점　　　② 20점
③ 30점　　　④ 40점

해설 경위의측량방법이나 전파기 또는 광파기측량방법에 따라 다각망도선법으로 지적도근점측량을 할 때에는 다음의 기준에 따른다.
㉠ 3점 이상의 기지점을 포함한 결합다각방식에 따를 것
㉡ 1도선의 점의 수는 20점 이하로 할 것

66 다각망도선법으로 지적도근점측량을 실시하는 경우 옳지 않은 것은? 실 17-2

① 3점 이상의 기지점을 포함한 폐합다각방식에 의한다.
② 1도선의 점의 수는 20점 이하로 한다.
③ 경위의측량방법이나 전파기 또는 광파기측량방법에 의한다.
④ 1도선이란 기지점과 교점 간 또는 교점과 교점 간을 말한다.

해설 경위의측량방법이나 전파기 또는 광파기측량방법에 따라 다각망도선법으로 지적도근점측량을 할 때에는 3점 이상의 기지점을 포함한 결합다각방식에 따르며, 1도선의 점의 수는 20점 이하로 한다.

67 지적측량성과와 검사성과의 연결교차허용범위기준으로 틀린 것은? (단, M은 축척분모이며, 경계점좌표등록부 시행지역의 경우는 고려하지 않는다.) 실 17-1

① 지적도근점 : 0.20m 이내
② 지적삼각점 : 0.20m 이내
③ 경계점 : 10분의 $3M$[mm] 이내
④ 지적삼각보조점 : 0.25m 이내

해설 지적측량시행규칙 제27조(지적측량성과의 결정)
① 지적측량성과와 검사성과의 연결교차가 다음 각 호의 허용범위 이내일 때에는 그 지적측량성과에 관하여 다른 입증을 할 수 있는 경우를 제외하고는 그 측량성과로 결정하여야 한다.
1. 지적삼각점 : ±20cm
2. 지적삼각보조점 : ±25cm
3. 지적도근점
　가. 경계점좌표등록부 시행지역 : ±15cm
　나. 그 밖의 지역 : ±25cm
4. 경계점
　가. 경계점좌표등록부 시행지역 : ±10cm
　나. 그 밖의 지역 : ±100분의 $3M$[cm](M은 축척분모). 이 경우 전자평판측량방법으로 측량하는 경우에는 ±100분의 $2M$[cm]로 한다.

68 경계점좌표등록부 시행지역에서 지적도근점의 측량성과와 검사성과와의 연결교차기준은? 기 17-2

① 0.15m 이내　　② 0.20m 이내
③ 0.25m 이내　　④ 0.30m 이내

해설 지적측량시행규칙 제27조(지적측량성과의 결정)
① 지적측량성과와 검사성과의 연결교차가 다음 각 호의 허용범위 이내일 때에는 그 지적측량성과에 관하여 다른 입증을 할 수 있는 경우를 제외하고는 그 측량성과로 결정하여야 한다.
1. 지적삼각점 : ±20cm
2. 지적삼각보조점 : ±25cm
3. 지적도근점
　가. 경계점좌표등록부 시행지역 : ±15cm
　나. 그 밖의 지역 : ±25cm
4. 경계점
　가. 경계점좌표등록부 시행지역 : ±10cm
　나. 그 밖의 지역 : ±100분의 $3M$[cm](M은 축척분모). 이 경우 전자평판측량방법으로 측량하는 경우에는 ±100분의 $2M$[cm]로 한다.

69 지적도근점성과표에 기록·관리하여야 할 사항에 해당하지 않는 것은? 실 19-2

① 좌표　　　② 도선등급
③ 자오선수차　　④ 표지의 재질

해설 지적측량시행규칙 제4조(지적기준점성과표의 기록·관리 등)
② 제3조에 따라 지적소관청이 지적삼각보조점성과 및 지적도근점성과를 관리할 때에는 다음 각 호의 사항을 지적삼각보조점성과표 및 지적도근점성과표에 기록·관리하여야 한다.
1. 지적삼각보조점 또는 지적도근점의 번호
1의2. 근경사진 및 위치의 약도(위치의 약도는 원경사진·항공사진으로 대체할 수 있다)
2. 좌표와 직각좌표계 원점명
3. 경도와 위도(필요한 경우로 한정한다)
4. 표고(필요한 경우로 한정한다)
5. 소재지와 설치 및 재설치연월일
6. 도선등급 및 도선명
7. 표지의 재질
8. 지적도·임야도의 번호
9. 삭제
10. 조사연월일, 조사자의 직위·성명 및 조사내용

정답 65 ② 66 ① 67 ① 68 ① 69 ③

05 지적세부측량

1 지적세부측량

1 개요
세부측량은 지적도나 임야도를 작성하거나 등록하기 위해 1필지를 중심으로 경계나 면적을 정하는 측량을 말하며 위성기준점, 통합기준점, 지적기준점 및 경계점을 기초로 하여 경위의측량방법, 평판측량방법, 위성측량방법 및 전자평판측량방법에 의한다.

2 분류
지적세부측량은 토지이동측량, 지적확정측량, 지적복구측량, 경계복원측량, 지적현황측량이 있다.

3 대상
① **신규등록측량** : 새로이 조성된 토지 및 등록이 누락되어 있는 토지를 지적공부에 등록하기 위해 실시하는 측량
② **등록전환측량** : 임야대장 및 임야도에 등록된 토지를 토지대장 및 지적도에 옮겨 등록하기 위해 실시하는 측량
③ **분할측량** : 지적공부에 등록된 1필지의 토지를 2필지 이상으로 분할하기 위해 실시하는 측량
④ **경계정정측량** : 지적공부에 등록되어 있는 경계를 정정하기 위해 실시하는 측량
⑤ **지적확정측량** : 도시계획, 구획정리, 농지개량 등의 사업을 시행하는 지구 내 토지의 필지별 경계·면적을 확정하기 위해 실시하는 측량
⑥ **지적복구측량** : 전란, 화재 등으로 분·소실된 지적공부를 복구할 목적으로 실시하는 측량으로서 멸실 당시의 지적공부에 등록되었던 내용을 기초로 함
⑦ **경계복원측량** : 지적공부에 등록된 토지의 경계를 지상에 복원할 목적으로 실시하는 측량으로서 등록 당시의 측량방법을 기초로 함
⑧ **지적현황측량** : 지상건축물 등의 현황을 도면에 등록된 경계와 대비하여 표시할 목적으로 실시하는 측량으로서 성과의 도시가 필요함
⑨ **축척변경측량** : 지적도에 등록된 경계점의 정밀도를 높이기 위하여 작은 축척을 큰 축척으로 변경하여 등록하기 위해 실시하는 측량

2 평판측량

1 개요

평판측량은 평판(도판)을 삼각대 위에 올려놓고 지상의 기준점을 도상에 구심작업으로 도상기준점을 잡고 표정을 하는 기구인 앨리데이드를 사용하여 방향, 거리, 고저차를 측정함으로써 현장에서 직접 지형도 및 지적도를 작성하는 측량이다.

2 장단점

장점	단점
• 현장에서 직접 작도하므로 잘못된 곳을 찾기 쉽고 불필요한 부분을 뺄 수 있다. • 야장기입이 없어 이에 따르는 오차가 없다. • 기계구조가 간단하여 작업이 편리하다. • 내업량이 적다.	• 부속품이 많아 운반이 불편하고 분실하기 쉽다. • 외업시간이 많고 기후의 영향을 많이 받는다. • 일반적으로 정도가 낮다.

3 앨리데이드

표정을 해서 방향선을 긋기 위한 축척이 표시된 기구로 시준판의 1눈금은 양 시준판간격의 1/100이다.

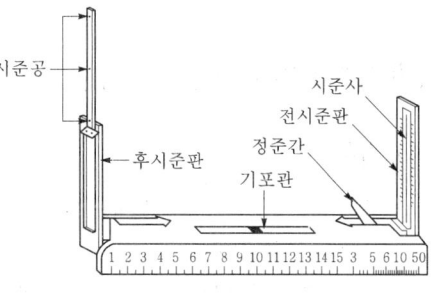

▲ 앨리데이드

> **Key Point**
>
> **기계오차**
> • 외심오차 : 시준공을 통해 실제 표정한 방향선과 약 25~30mm의 간격을 둔 평행으로 앨리데이드 측면에 부착된 축척자에 잇대어 방향선을 그으므로 생기는 오차
>
> $$q = \frac{e}{M}\text{에서 } e = qM$$
>
> 여기서, e : 외심오차, q : 제도허용오차, M : 축척분모수
> • 시준오차($d \neq t$) : 시준공의 크기와 시준사의 굵기 때문에 시준선의 방향오차가 생기는 오차
>
> $$e = \frac{\sqrt{d^2+t^2}}{2l}L$$
>
> 여기서, e : 시준오차(mm), d : 시준공의 지름(mm), t : 시준사의 지름(mm), l : 전·후 시준판의 간격(mm)
> L : 방향선의 길이(mm)

4 평판의 3요소

① 정준(leveling up) : 앨리데이드의 기포관을 이용하여 평판을 수평으로 하는 작업이다.
② 구심(centering) : 지상점과 도상점을 일치시키는 작업이다.
③ 표정(orientation)
  ㉠ 방향선에 따라 평판의 위치를 고정시키는 작업으로 표정의 오차가 평판측량에 가장 큰 영향을 미친다.
  ㉡ 표정방법에는 자침표정과 방향선표정이 있으며 방향선표정이 정밀도가 높다.

▶ 평판의 3요소 및 오차

평판의 3요소	오차
정준 : 수평맞추기	$e = \dfrac{b}{r} \dfrac{n}{100} l$
구심 : 지상점=도상점	$e = \dfrac{qM}{2}$
표정 : 방향맞추기	$e = \dfrac{0.2}{K} l$

5 평판측량에 의한 세부측량

1) 기준

① 거리측정단위는 지적도를 비치하는 지역에서는 5cm, 임야도를 비치하는 지역에서는 50cm로 한다.
② 측량결과도는 그 토지가 등록된 도면과 동일한 축척으로 작성한다.
③ 세부측량의 기준이 되는 지적기준점 또는 기지점이 부족한 때에는 측량상 필요한 위치에 보조점을 설치하여 활용한다.
④ 경계점은 기지점을 기준으로 하여 지상경계선과 도상경계선의 부합 여부를 현형법, 도상원호교회법, 지상원호교회법, 거리비교확인법 등으로 확인하여 정한다.

2) 방법

평판측량방법에 의한 세부측량은 교회법, 도선법, 방사법에 의한다.

(1) 방사법

한 측점에 평판을 세우고 그 점 주위에 있는 목표점의 방향과 거리를 관측하여 트래버스의 형태나 지물의 위치 및 지형을 측량하는 방법으로 작업은 간단하지만 오차를 점검할 수 없다.

(2) 도선법(전진법, 절측법, 절선법)

측량구역 안에 장애물이 있어 많은 점의 시준이 안 될 때 지형이 길고 좁은 지역에 적당한 측량방법이다.

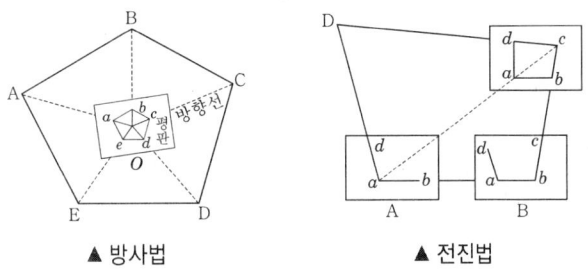

▲ 방사법　　　　　　▲ 전진법

(3) 교회법

넓은 지역에서 세부도근측량이나 소축척의 세부측량에 적합한 방법이다.

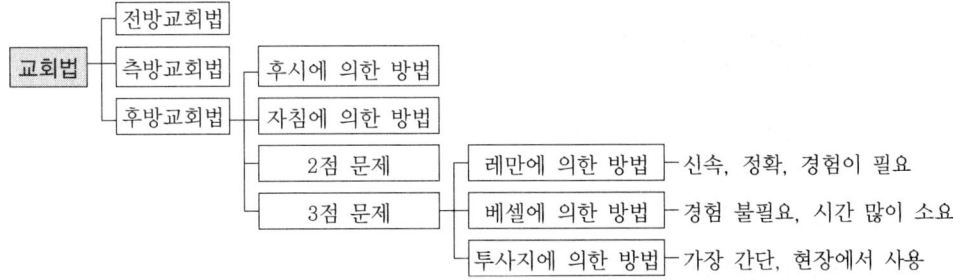

① **전방교회법(기지점)** : 장애물이 있어 직접거리측량이 곤란할 때 2개 이상의 기지점을 이용하여 미지점을 시준하여 교차점으로부터 점의 위치를 구하는 방법으로 시준오차, 표정오차 등을 검사할 수 없으며 측점이 많은 경우에는 혼잡하여 틀리기 쉽다.

② **측방교회법(기지점+미지점)** : 기지의 두 점 중 한 점에 접근하기 곤란한 기지의 두 점을 이용하여 미지점을 구하는 방법이다.

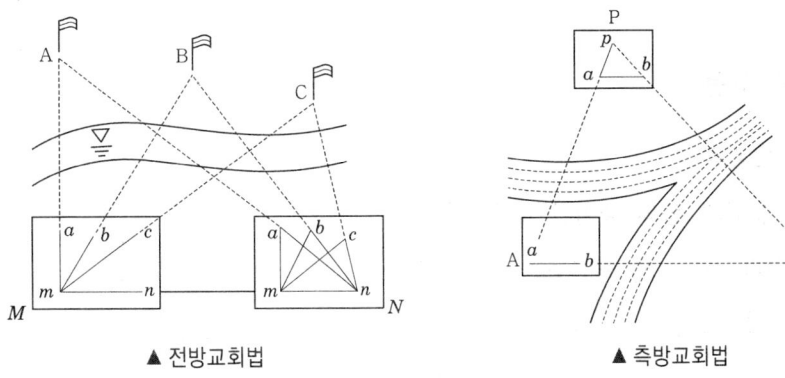

▲ 전방교회법　　　　　　▲ 측방교회법

③ **후방교회법(미지점)** : 도면에 도시되어 있지 않은 미지점에 평판을 세우고 알고 있는 점을 시준하여 현재 평판에 위치를 구하는 방법이다.

3) 방법별 기준

방법	기준
방사법	• 1방향선의 도상길이 : 10cm • 광파조준의 사용 : 30cm
도선법	• 위성기준점, 통합기준점 또는 지적기준점 그 밖에 명확한 기준점 간을 서로 연결한다. • 도선의 측선장은 도상길이 8cm 이하로 한다. 다만, 광파조준의를 사용하는 때에는 30cm 이하로 할 수 있다. • 도선의 변은 20개 이하로 한다. • 도선의 폐색오차가 도상길이 $\frac{\sqrt{N}}{3}$[mm] 이하이다. $$M_n = \frac{e}{N}n$$ 여기서, M_n : 각 점에 순서대로 배분할 mm단위의 도상길이, e : mm단위의 오차 N : 변의 수, n : 변의 순서
교회법	• 전방교회법 또는 측방교회법에 의한다. • 3방향 이상의 교회에 의한다. • 방향각의 교각은 30° 이상 150° 이하로 한다. • 방향선의 도상길이는 측판의 방위표정에 사용한 방향선의 도상길이 이하로서 10cm 이하로 한다. 다만, 광파조준의를 사용하는 경우에는 30cm 이하로 할 수 있다. • 측량결과 시오삼각형이 생긴 경우 내접원의 지름이 1mm 이하인 때에는 그 중심을 점의 위치로 한다.
기타	• 평판측량방법에 의하여 거리를 측정하는 경우 도곽선의 신축량이 0.5mm 이상인 때에는 보정량을 산출하여 도곽선이 늘어난 경우에는 실측거리에 보정량을 더하고, 줄어든 경우에는 실측거리에서 보정량을 뺀다. $$보정량 = \frac{신축량(지상) \times 4}{도곽선길이의 합계(지상)} \times 실측거리$$ • 평판측량방법에 있어서 도상에 영향을 미치지 아니하는 지상거리의 축척별 허용범위는 $\frac{M}{10}$[mm]로 한다. 이 경우 M은 축척분모를 말한다.

6 평판측량의 응용

1) 수평거리측량방법

(1) 시준판의 눈금과 폴의 높이를 측정했을 경우

$D : H = 100 : (n_1 - n_2)$ 이므로

$$D = \frac{100}{n_1 - n_2} H$$

여기서, D : 수평거리, n_1, n_2 : 시준판의 눈금
H : 상하측표의 간격(폴의 길이)

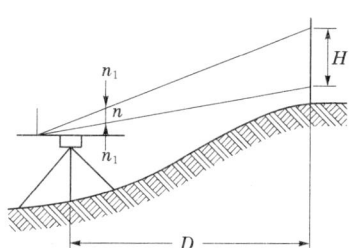

(2) 경사거리 l을 재고 수평거리를 구하는 방법

$D : l = 100 : \sqrt{100^2 + n^2}$ 이므로

$$D = \frac{100l}{\sqrt{100^2 + n^2}} = \frac{l}{\sqrt{1 + \left(\frac{n}{100}\right)^2}}$$

여기서, D : 수평거리, l : 경사거리, n : 시준판의 눈금

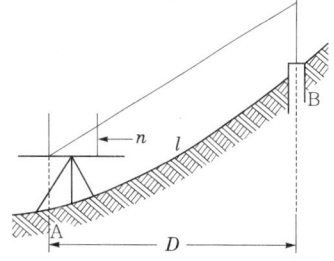

(3) 망원경조준의(망원경앨리데이드)를 사용한 경우

$$D = l\cos\theta \text{ 또는 } l\sin\alpha$$

여기서, D : 수평거리, l : 경사거리, θ : 연직각, α : 천정각 또는 천저각

2) 수준측량방법

$$H_B = H_A + I + H - h$$

$$H = \frac{nD}{100}$$

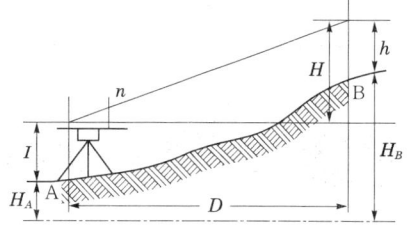

7 측량준비파일 및 측량결과도

측량준비파일	측량결과도
• 측량대상토지의 경계선·지번 및 지목 • 인근 토지의 경계선·지번 및 지목 • 임야도를 비치하는 지역에서 인근 지적도의 축척으로 측량을 하고자 하는 때에는 임야도에 표시된 경계점의 좌표를 구하여 지적도에 전개한 경계선. 다만, 임야도에 표시된 경계점의 좌표를 구할 수 없거나 그 좌표에 따라 확대하여 그리는 것이 부적당한 때에는 축척비율에 따라 확대한 경계선을 말한다. • 행정구역선과 그 명칭 • 지적기준점 및 그 번호와 지적기준점 간의 거리, 지적기준점의 좌표, 그 밖에 측량의 기점이 될 수 있는 기지점 • 측량기준점 및 그 번호와 측량기준점 간의 거리, 측량기준점의 좌표, 그 밖에 측량의 기점이 될 수 있는 기지점 • 도곽선과 그 수치 • 도곽선의 신축이 0.5mm 이상인 때에는 그 신축량 및 보정계수 • 그 밖에 국토교통부장관이 정하는 사항	평판측량방법으로 세부측량을 하는 때에는 측량결과도에 다음의 사항을 기재하여야 한다. 다만, 1년 이내에 작성된 경계복원측량 또는 지적현황측량결과도와 지적도면의 도곽신축차이가 0.5mm 이하인 경우에는 종전의 측량결과도에 함께 작성할 수 있다. • 측량준비도에 기재된 사항 • 측정점의 위치, 측량기하적 및 지상에서 측정한 거리 • 측량대상토지의 토지이동 전의 지번과 지목(2개의 붉은선으로 말소한다) • 측량결과도의 제명 및 번호(연도별로 붙인다)와 지적도면번호 • 신규등록 또는 등록전환하고자 하는 경계선 및 분할경계선 • 측량대상토지의 점유현황선 • 측량 및 검사의 연월일, 측량자 및 검사자의 성명·소속 및 자격등급 • 해당 필지 및 인접 필지의 측량연혁

※ 측량준비파일을 작성하고자 하는 경우에는 지적기준점 및 그 번호와 지적기준점 간 거리 및 좌표는 검은색으로, 도곽선과 그 수치, 신축량, 보정계수는 붉은색으로, 그 외는 연필로 작성한다.

8 측량의 기하적

구분	내용
측정점의 방향선길이	• 측정점을 중심으로 약 1cm로 표시
측판점 및 측정점의 표시	• 측량자는 직경 1.5~3mm의 원으로 표시 • 검사자는 한 변의 길이가 2~4mm의 삼각형으로 표시 • 측판점의 표시는 그 옆에 측판이동순서에 따라 $不_1$, $不_2$로 표시
기지점	• 측량자는 직경 1mm와 2mm의 이중원으로 표시 • 검사자는 한 변의 길이가 2mm와 3mm의 이중삼각형으로 표시
도상거리와 실측거리	• 측량자 = $\dfrac{도상거리}{실측거리}$ • 검사자 = $\dfrac{\Delta 도상거리}{\Delta 실측거리}$
점유현황선	• 연필 점선으로 표시 • 경계복원측량결과도에는 붉은색 점선으로 표시

3 경위의측량방법에 의한 세부측량

1 기준

① 거리측정단위는 1cm로 한다.
② 측량결과도는 그 토지의 지적도와 동일한 축척으로 작성한다. 다만, 지적확정측량시행지역(농지의 구획정리시행지역은 제외한다)과 축척변경시행지역은 1/500로, 농지의 구획정리시행지역은 1/1,000로 하되, 필요한 경우에는 미리 시·도지사의 승인을 받아 1/6,000까지 작성할 수 있다.
③ 토지의 경계가 곡선인 때에는 가급적 현재 상태와 다르게 되지 아니하도록 경계점을 측정하여 연결한다. 이 경우 직선으로 연결하는 곡선의 중앙종거의 길이는 5cm 내지 10cm로 한다.

2 관측 및 계산

1) 관측

① 미리 각 경계점에 표지를 설치한다.
② 도선법 또는 방사법에 의한다.
③ 관측은 20초독 이상의 경위의를 사용한다.
④ 수평각의 관측은 1대회의 방향관측법이나 2배각의 배각법에 의한다. 다만, 방향관측법인 경우에는 1측회의 폐색을 하지 아니할 수 있다.
⑤ 연직각의 관측은 정·반으로 1회 관측하여 그 교차가 5분 이내인 때에는 그 평균치를 연직각으로 하되 분단위로 독정한다.
⑥ 수평각의 측각공차는 다음 표에 의한다.

종별	1방향각	1회 측정각과 2회 측정각의 평균값에 대한 교차
공차	60초 이내	40초 이내

⑦ 경계점의 거리측정은 2회 측정을 하고, 그 교차가 측정한 거리의 1/3,000 이하일 때에는 평균치를 사용한다.

2) 계산

종별	각	변의 길이	진수	좌표
단위	초	cm	5자리 이상	cm

3 측량준비파일 및 측량결과도 작성

측량준비파일	측량결과도
• 측량대상토지의 경계선·지번 및 지목, 경계점좌표등록부 시행지역의 경우 경계점의 좌표 및 부호도 • 인근 토지의 경계선·지번 및 지목, 경계점좌표등록부 시행지역의 경우 경계점의 좌표 및 부호도 • 경계점좌표등록부 시행지역의 경우 경계점 간 계산거리 • 임야도를 비치하는 지역에서 인근 지적도의 축척으로 측량을 하고자 하는 때에는 임야도에 표시된 경계점의 좌표를 구하여 지적도에 전개한 경계선. 다만, 임야도에 표시된 경계점의 좌표를 구할 수 없거나 그 좌표에 따라 확대하여 그리는 것이 부적당한 때에는 축척비율에 따라 확대한 경계선을 말한다. • 행정구역선과 그 명칭 • 지적기준점 및 그 번호와 지적기준점 간의 거리, 지적기준점의 좌표, 그 밖에 측량의 기점이 될 수 있는 기지점 • 측량기준점 및 그 번호와 측량기준점 간의 거리, 측량기준점의 좌표, 그 밖에 측량의 기점이 될 수 있는 기지점 • 도곽선과 그 수치 • 그 밖에 국토교통부장관이 정하는 사항	• 측량준비도에 기재한 사항 • 측정점의 위치(측량계산부의 좌표를 전개하여 기재한다), 지상에서 측정한 거리 및 방위각 • 측량대상토지의 경계점 간 실측거리 • 측량대상토지의 토지이동 전의 지번과 지목(2개의 붉은선으로 말소한다) • 측량결과도의 제명 및 번호(연도별로 붙인다)와 지적도면번호 • 신규등록 또는 등록전환하고자 하는 경계선 및 분할경계선 • 측량대상토지의 점유현황선 • 측량 및 검사의 연월일, 측량자 및 검사자의 성명·소속 및 자격등급 • 해당 필지 및 인접 필지의 측량연혁

※ 측량대상토지의 경계점 간 실측거리와 경계점의 좌표에 따라 계산한 거리의 교차는 $3+\dfrac{L}{10}$[cm] 이내이어야 한다. 이 경우 L은 실측거리로서 미터단위로 표시한 수치를 말한다.

4 기타 세부측량

1 지적확정측량

① 지적확정측량을 하는 경우 필지별 위성기준점, 통합기준점 또는 지적기준점에 따라 측정해야 한다.

② 지적확정측량을 하는 경우 필지별 경계점은 위성기준점, 통합기준점 또는 지적기준점에 따라 측정해야 한다.
③ 도시개발사업 등으로 지적확정측량을 하고자 하는 지역 안에 임야도를 비치하는 지역의 토지가 있는 경우에는 등록전환을 하지 아니할 수 있다.

2 경계점좌표등록부를 비치하는 지역

① 경계점좌표등록부를 비치하는 지역 안에 있는 각 필지의 경계점을 측정하는 때에는 도선법·방사법 또는 교회법에 의하여 좌표를 산출하여야 한다. 다만, 필지의 경계점이 지형지물에 가로막혀 경위의를 사용할 수 없는 때에는 간접적인 방법으로 경계점의 좌표를 산출할 수 있다.
② 각 필지의 경계점 측점번호는 왼쪽 위에서부터 오른쪽으로 경계를 따라 일련번호를 부여한다.
③ 기존의 경계점좌표등록부를 비치하는 지역의 경계점에 접속하여 경위의측량방법 등으로 지적확정측량을 하는 경우 동일한 경계점의 측량성과가 서로 다른 때에는 경계점좌표등록에 등록된 좌표를 그 경계점의 좌표로 본다. 이 경우 동일한 경계점의 측량성과의 차이는 0.10m 이내이어야 한다.

3 임야도를 비치하는 지역

① 임야도를 비치하는 지역의 세부측량은 지적기준점(후방교회법에 의하여 설치한 지적기준점을 포함한다)에 의한다. 다만, 다음에 해당하는 경우에는 지적기준점에 의하여 측량하지 아니하고 지적도의 축척으로 측량한 후 그 성과에 의하여 임야측량결과도를 작성할 수 있다.
　㉠ 측량대상토지가 지적도를 비치하는 지역에 인접하여 있고 지적도의 기지점이 정확하다고 인정되는 경우
　㉡ 임야도에 도곽선이 없는 경우
② 지적도의 축척에 의한 측량성과를 임야도의 축척으로 측량결과도에 표시하고자 하는 때에는 지적도의 축척에 의한 측량결과도에 표시된 경계점의 좌표를 구하여 임야측량결과도에 전개하여야 한다. 다만, 다음에 해당하는 경우에는 축척비율에 따라 줄여서 임야측량결과도를 작성한다.
　㉠ 경계점의 좌표를 구할 수 없는 경우
　㉡ 경계점의 좌표에 의하여 줄여서 그리는 것이 부적당한 때

4 경계복원측량

① 경계점을 지표상에 복원하기 위한 경계복원측량을 하고자 하는 경우 경계를 지적공부에 등록할 당시 측량성과의 착오 또는 경계오인 등의 사유로 경계가 잘못 등록되었다

고 판단되는 때에는 등록사항을 정정한 후 측량을 하여야 한다.
② 경계복원측량에 의하여 지표상에 복원할 토지의 경계점에는 경계점표지를 설치하여야 한다. 다만, 건축물이 걸리거나 부득이하여 경계점표지를 설치할 수 없는 경우에는 그러하지 아니하다.

5 수치지적측량

1 내분점 및 외분점의 좌표계산

1) 내분점

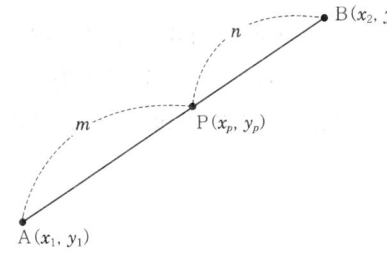

① $x_p = \dfrac{mx_2 + nx_1}{m+n}$

② $y_p = \dfrac{my_2 + ny_1}{m+n}$

2) 외분점

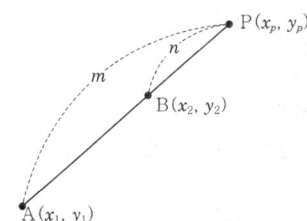

① $x_p = \dfrac{mx_2 - nx_1}{m-n}$

② $y_p = \dfrac{my_2 - ny_1}{m-n}$

(단, $m \neq n$)

2 교차점계산

1) 의의

경계점좌표등록부 비치지역에서 분할측량 또는 확정측량을 실시할 경우, 직선의 교차점의 위치를 결정하고자 할 경우 교차점계산을 활용한다.

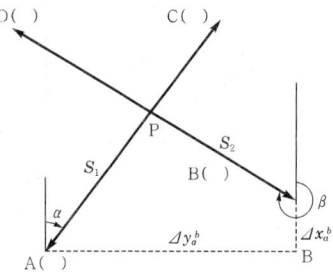

2) S_1, S_2

$$S_1 = \frac{\Delta y_a^b \cos\beta - \Delta x_a^b \sin\beta}{\sin(\alpha - \beta)}$$

$$S_2 = \frac{\Delta y_a^b \cos\alpha - \Delta x_a^b \sin\alpha}{\sin(\alpha - \beta)}$$

3) 교차점(P)좌표

A점을 이용	B점을 이용
$X_P = X_A + S_1\cos\alpha$	$X_P = X_B + S_2\cos\beta$
$Y_P = Y_A + S_1\sin\alpha$	$Y_P = Y_B + S_2\sin\beta$

3 가구점계산

1) 의의

도로 교차부에 있어서 교차로 유통의 원활함을 위해 시야 확보가 필요하다. 따라서 운전자의 시야 확보를 위해 가구정점을 잘라 도로로 편입하여야 한다. 이 경우 중심점 간의 거리 및 중심선의 방위각으로부터 가구정점 간 거리, 전제장, 가구점 간의 거리를 산출하여 가구정점과 가구점의 좌표를 구한다.

2) 각부 명칭

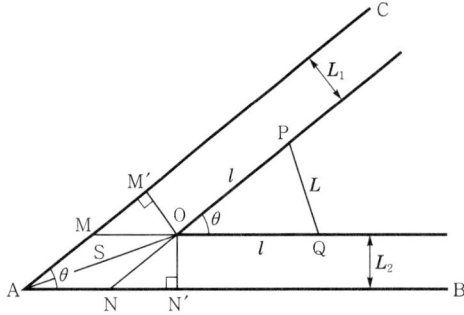

A, B, C : 가로중심점
L_1, L_2 : 가로의 반폭
O : 가구정점
P, Q : 가구점
θ : 교각(협각)
S : 가로중심점과 가구정점 간 거리
l : 전제장
L : 가구점 간 거리

3) 전제장(l)

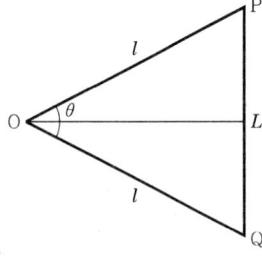

$$\sin\frac{\theta}{2} = \frac{\frac{L}{2}}{l}$$

$$\therefore l = \frac{\frac{L}{2}}{\sin\frac{\theta}{2}} = \frac{L}{2}\csc\frac{\theta}{2}$$

4) 전제면적(A)

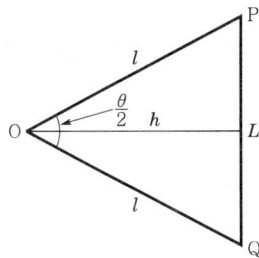

$$A = \frac{1}{2}Lh = \left(\frac{L}{2}\right)^2 \cot\frac{\theta}{2}$$

$$\therefore h = \frac{L}{2}\cot\frac{\theta}{2}$$

4 원과 직선과의 교점계산

1) 의의

곡선과 직선도로가 교차되는 부분에 중심점을 설치하기 위해 P점과 O점의 좌표와 방위각(V_P^A)을 이용하여 원과 직선의 교차점의 좌표를 계산한다.

2) 각부 명칭

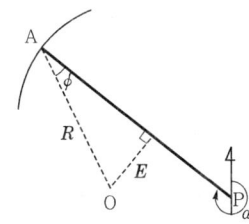

A : 원과 직선의 교차점
R : 원의 반경
E : 수선장
O : 원의 중심

3) 수선장(E), ϕ, V_O^A

① 수선장 : $E = \Delta y_o^p \cos\alpha - \Delta x_o^p \sin\alpha$

② $\phi = \sin^{-1}\dfrac{E}{R}$

③ $V_O^A = V_P^A \pm \phi$

4) 교차점(A)좌표

$$X_A = X_O + R\cos V_o^a, \quad Y_A = Y_O + R\sin V_o^a$$

05 예상문제

01 평판측량의 장점으로 옳지 않은 것은?
① 내업이 적어 작업이 신속하다.
② 고저측량이 용이하게 이루어진다.
③ 측량장비가 간편하고 사용이 편리하다.
④ 측량결과를 현장에서 직접 제도할 수 있다.

해설 평판측량으로 고저측량은 할 수 있으나 작업이 용이하게 이루어지지는 않는다

02 평판측량의 앨리데이드로 비탈진 거리를 관측하는 경우 전후 시준판 안쪽에 새겨진 한 눈금의 간격은 전후 시준판간격의 얼마 정도인가?
① 1/50   ② 1/100
③ 1/150   ④ 1/200

해설 평판측량의 앨리데이드로 비탈진 거리를 관측하는 경우 전후 시준판 안쪽에 새겨진 한 눈금의 간격은 전후 시준판간격의 1/100이다.

03 조준의를 사용하여 독정할 수 있는 경사분획수는 어느 것인가?
① -10 내지 +60   ② -30 내지 +75
③ -75 내지 +75   ④ -80 내지 +80

해설 조준위를 사용하여 독정할 수 있는 경사분획수는 -75에서 +75 사이이다.

04 평판측량방법에 따른 세부측량을 방사법으로 하는 경우 1방향선의 도상길이는 최대 얼마 이하로 하여야 하는가? (단, 광파조준의 또는 광파측거기를 사용하는 경우는 고려하지 않는다.)
① 5cm   ② 10cm
③ 20cm   ④ 30cm

해설 평판측량방법에 따른 세부측량을 방사법으로 하는 경우 방향선의 도상길이는 평판의 방위표정에 사용한 방향선의 도상길이 이하로서 10cm 이하로 할 것. 다만, 광파조준의 또는 광파측거기를 사용하는 경우에는 30cm 이하로 할 수 있다.

05 평판측량으로 지적세부측량을 실시할 경우 한 점에서 많은 점을 관측하기에 적합한 측량방법은?
① 교회법   ② 방사법
③ 도선법   ④ 비례법

해설 평판측량방법 중 방사법은 한 점에서 모든 점의 시준이 가능할 때 사용하는 방법으로, 측량은 간단하나 오차를 점검할 수 없는 단점이 있다.

06 지적측량시행규칙상 세부측량의 기준 및 방법으로 옳지 않은 것은?
① 평판측량방법에 따른 세부측량의 측량결과도는 그 토지가 등록된 도면과 동일한 축척으로 작성하여야 한다.
② 평판측량방법에 따른 세부측량은 교회법, 도선법 및 방사법(放射法)에 따른다.
③ 평판측량방법에 따른 세부측량을 교회법으로 하는 경우 방향각의 교각은 45도 이상 120도 이하로 하여야 한다.
④ 평판측량방법에 따른 세부측량을 도선법으로 하는 경우 도선의 측선장은 도상길이 8cm 이하로 하여야 한다.

해설 평판측량방법에 따른 세부측량을 교회법으로 하는 경우 방향각의 교각은 30도 이상 150도 이하로 하여야 한다.

07 다음 중 평판측량방법에 따른 세부측량을 교회법으로 하는 경우의 기준 및 방법에 대한 설명으로 옳지 않은 것은?
① 전방교회법 또는 측방교회법에 따른다.
② 방향각의 교각은 30° 이상 150° 이하로 한다.
③ 광파조준의를 사용하는 경우 방향선의 도상길이는 최대 30cm 이하로 한다.
④ 측량결과 시오삼각형이 생긴 경우 내접원의 반지름이 1mm 이하일 때에는 그 중심을 점의 위치로 한다.

정답 01 ② 02 ② 03 ③ 04 ② 05 ② 06 ③ 07 ④

해설 **지적측량시행규칙 제18조(세부측량의 기준 및 방법 등)**
③ 평판측량방법에 따른 세부측량을 교회법으로 하는 경우에는 다음 각 호의 기준에 따른다.
1. 전방교회법 또는 측방교회법에 따를 것
2. 3방향 이상의 교회에 따를 것
3. 방향각의 교각은 30도 이상 150도 이하로 할 것
4. 방향선의 도상길이는 측판의 방위표정에 사용한 방향선의 도상길이 이하로서 10cm 이하로 할 것. 다만, 광파조준의 또는 광파측거기를 사용하는 경우에는 30cm 이하로 할 수 있다.
5. 측량결과 시오삼각형이 생긴 경우 내접원의 지름이 1mm 이하일 때에는 그 중심을 점의 위치로 할 것

08 세부측량의 기준 및 방법에 대한 내용으로 옳지 않은 것은?

① 평판측량방법에 있어서 도상에 영향을 미치지 아니하는 지상거리의 축척별 허용범위는 $\dfrac{M}{20}$밀리미터로 한다(M=축척분모).
② 평판측량방법에 따른 세부측량을 교회법으로 하는 경우 3방향 이상의 교회에 따른다.
③ 평판측량방법에 따른 세부측량에서 측량결과도는 그 토지가 등록된 도면과 동일한 축척으로 작성한다.
④ 평판측량방법에 따른 세부측량을 도선법으로 하는 경우 도선의 변은 20개 이하로 한다.

해설 평판측량방법에 있어서 도상에 영향을 미치지 아니하는 지상거리의 축척별 허용범위는 $M/10$[mm]로 한다(여기서, M은 축척분모).

09 평판측량방법에 따른 세부측량을 교회법으로 하는 경우 방향각의 교각기준은?

① 45° 이상 90° 이하
② 0° 이상 180° 이하
③ 30° 이상 120° 이하
④ 30° 이상 150° 이하

해설 **지적측량시행규칙 제18조(세부측량의 기준 및 방법 등)**
③ 평판측량방법에 따른 세부측량을 교회법으로 하는 경우에는 다음 각 호의 기준에 따른다.
1. 전방교회법 또는 측방교회법에 따를 것
2. 3방향 이상의 교회에 따를 것
3. 방향각의 교각은 30도 이상 150도 이하로 할 것
4. 방향선의 도상길이는 측판의 방위표정에 사용한 방향선의 도상길이 이하로서 10cm 이하로 할 것. 다만, 광파조준의 또는 광파측거기를 사용하는 경우에는 30cm 이하로 할 수 있다.
5. 측량결과 시오삼각형이 생긴 경우 내접원의 지름이 1mm 이하일 때에는 그 중심을 점의 위치로 할 것

10 기지점 A를 측점으로 하고 전방교회법의 요령으로 다른 기지에 의하여 평판을 표정하는 측량방법은?

① 방향선법
② 원호교회법
③ 측방교회법
④ 후방교회법

해설 **측방교회법** : 기지점 2점 중 1점에 접근할 수 없는 경우 기지점 2점을 이용하여 미지점의 위치를 결정하는 방법

11 평판측량방법에 따른 세부측량에서 지적도를 갖춰두는 지역의 거리측정단위기준으로 옳은 것은?

① 1cm
② 5cm
③ 10cm
④ 20cm

해설 거리측정단위는 지적도를 갖춰두는 지역에서는 5cm로, 임야도를 갖춰두는 지역에서는 50cm로 한다.

12 지적세부측량에서 광파조준의를 이용한 교회법을 실시할 경우 도상길이는 얼마 이하인가?

① $M/10$[cm](여기서, M : 축척분모수)
② 5cm
③ 10cm
④ 30cm

해설 평판측량을 교회법으로 실시할 경우 방향선의 도상길이는 측판의 방위표정에 사용한 방향선의 도상길이 이하로서 10cm 이하로 할 것. 다만, 광파조준의 또는 광파측거기를 사용하는 경우에는 30cm 이하로 할 수 있다.

13 평판측량방법에 의한 세부측량 시 일반적인 방향선 또는 측선장의 도상길이로 옳지 않은 것은?

① 교회법은 10cm 이하
② 도선법은 10cm 이하
③ 광파조준의에 의한 도선법은 30cm 이하
④ 광파조준의에 의한 교회법은 30cm 이하

정답 08 ① 09 ④ 10 ③ 11 ② 12 ④ 13 ②

해설 ㉠ 도선법 : 1방향선의 도상길이는 8cm 이하로 한다. 다만, 광파조준의 또는 광파측거기를 사용할 때에는 30cm 이하로 할 수 있다.
㉡ 교회법 : 1방향선의 도상길이는 10cm 이하로 한다. 다만, 광파조준의 또는 광파측거기를 사용할 때에는 30cm 이하로 할 수 있다.
㉢ 방사법 : 1방향선의 도상길이는 10cm 이하로 한다. 다만, 광파조준의 또는 광파측거기를 사용할 때에는 30cm 이하로 할 수 있다.

14 평판측량방법에 따른 세부측량을 시행할 때 경계위치는 기지점을 기준으로 하여 지상경계선과 도상경계선의 부합 여부를 확인하여야 하는데, 이를 확인하는 방법이 아닌 것은? 기 19-3, 산 19-3

① 현형법
② 거리비례확인법
③ 도상원호교회법
④ 지상원호교회법

해설 **지적측량시행규칙 제18조(세부측량의 기준 및 방법 등)**
① 평판측량방법에 따른 세부측량은 다음 각 호의 기준에 따른다.
 1. 거리측정단위는 지적도를 갖추두는 지역에서는 5cm로 하고, 임야도를 갖추두는 지역에서는 50cm로 할 것
 2. 측량결과도는 그 토지가 등록된 도면과 동일한 축척으로 작성할 것
 3. 세부측량의 기준이 되는 위성기준점, 통합기준점, 삼각점, 지적삼각점, 지적삼각보조점, 지적도근점 및 기지점이 부족한 경우에는 측량상 필요한 위치에 보조점을 설치하여 활용할 것
 4. 경계점은 기지점을 기준으로 하여 지상경계선과 도상경계선의 부합 여부를 현형법·도상원호교회법·지상원호교회법 또는 거리비교확인법 등으로 확인하여 정할 것

15 평판측량방법에 따른 세부측량을 시행하는 경우 기지점을 기준으로 하여 지상경계선과 도상경계선의 부합 여부를 확인하는 방법에 해당하지 않는 것은? 기 18-1

① 현형법
② 중앙종거법
③ 거리비교확인법
④ 도상원호교회법

해설 평판측량 시 경계점은 기지점을 기준으로 하여 지상경계선과 도상경계선의 부합 여부를 현형법, 도상원호교회법, 지상원호교회법, 거리비교확인법 등으로 확인하여 정한다.

16 등록전환측량을 평판측량방법으로 실시할 때 그 방법으로 옳지 않은 것은? 산 17-3

① 교회법
② 도선법
③ 방사법
④ 현형법

해설 평판측량방법에 따른 세부측량은 교회법, 도선법 및 방사법에 따른다.

17 미지점에서 평판을 세우고 기지점을 시준한 방향선의 교차에 의하여 그 점의 도상위치를 구할 때 사용하는 측량방법은? 기 18-1

① 전방교회법
② 원호교회법
③ 측방교회법
④ 후방교회법

해설 후방교회법은 미지점에서 평판을 세우고 기지점을 시준한 방향선의 교차에 의하여 그 점의 도상위치를 구할 때 사용하는 측량방법이다.

18 평판측량방법에 따른 세부측량을 교회법으로 하는 경우 그 기준으로 틀린 것은? (단, 광파조준의 또는 광파측거기를 사용하는 경우는 고려하지 않는다.) 산 17-1

① 전방교회법 또는 측방교회법에 따른다.
② 3방향 이상의 교회에 따른다.
③ 방향각의 교각은 30도 이상 150도 이하로 한다.
④ 방향선의 도상길이는 평판의 방위표정에 사용한 방향선의 도상길이 이하로서 30m 이하로 한다.

해설 방향선의 도상길이는 평판의 방위표정에 사용한 방향선의 도상길이 이하로서 10m 이하로 한다.

19 평판측량방법에 따른 세부측량을 도선법으로 하는 경우에 대한 설명으로 옳지 않은 것은? 산 19-3

① 도선의 변은 20개 이하로 한다.
② 지적측량기준점 간을 서로 연결한다.
③ 도선의 측선장은 도상길이 12cm 이하로 한다.
④ 도선의 폐색오차가 도상길이 $\frac{\sqrt{N}}{3}$ [mm] 이하인 경우 계산식에 따라 이를 각 점에 배부하여 그 점의 위치로 한다.

정답 14 ② 15 ② 16 ④ 17 ④ 18 ④ 19 ③

해설 지적측량시행규칙 제18조(세부측량의 기준 및 방법 등)
④ 평판측량방법에 따른 세부측량을 도선법으로 하는 경우에는 다음 각 호의 기준에 따른다.
1. 위성기준점, 통합기준점, 삼각점, 지적삼각점, 지적삼각보조점 및 지적도근점, 그 밖에 명확한 기지점 사이를 서로 연결할 것
2. 도선의 측선장은 도상길이가 8cm 이하로 할 것. 다만, 광파조준의 또는 광파측거기를 사용할 때에는 30cm 이하로 할 수 있다.
3. 도선의 변은 20개 이하로 할 것
4. 도선의 폐색오차가 도상길이 $\frac{\sqrt{N}}{3}$[mm] 이하인 경우 그 오차는 다음의 계산식에 따라 이를 각 점에 배분하여 그 점의 위치로 할 것

$$M_n = \frac{e}{N}n$$

(M_n은 각 점에 순서대로 배분할 mm단위의 도상길이, e는 mm단위의 오차, N은 변의 수, n은 변의 순서를 말한다.)

20 교회법으로 측점의 위치를 결정할 때 베셀법은 다음 중 어느 경우에 사용되는가? 🔲 17-1
① 후방교회 시   ② 측방교회 시
③ 전방교회 시   ④ 원호교회 시

해설 평판측량에서 후방교회법에는 베셀법, 레만법, 투사지법 등이 있다.

21 평판측량방법에 따른 세부측량을 도선법으로 하는 경우 도선의 변은 몇 개 이하로 하여야 하는가? 🔲 16-2
① 10개   ② 15개
③ 20개   ④ 30개

해설 평판측량방법에 의한 세부측량 시 도선법의 기준
㉠ 위성기준점, 통합기준점, 삼각점, 지적삼각점, 지적삼각보조점 및 지적도근점, 그 밖에 명확한 기지점 사이를 서로 연결한다.
㉡ 도선의 측선장은 도상길이가 8cm 이하로 한다. 다만, 광파조준의 또는 광파측거기를 사용할 때에는 30cm 이하로 할 수 있다.
㉢ 도선의 변은 20개 이하로 한다.
㉣ 도선의 폐색오차가 도상길이 $\frac{\sqrt{N}}{3}$[mm] 이하인 경우 그 오차는 다음의 계산식에 따라 이를 각 점에 배분하여 그 점의 위치로 한다.

$$M_n = \frac{e}{N}n$$

(M_n은 각 점에 순서대로 배분할 mm단위의 도상길이, e는 mm단위의 오차, N은 변의 수, n은 변의 순서를 말한다.)

22 평판측량방법에 따른 세부측량을 도선법으로 시행한 결과 변의 수(N)가 20, 도상오차(e)가 1.0mm 발생하였다면 16번째 변(n)에 배부하여야 할 도상길이(M_n)는? 🔲 19-3
① 0.5mm   ② 0.6mm
③ 0.7mm   ④ 0.8mm

해설 $20:1=16:x$
∴ $x=0.8$mm

[참고] 지적측량시행규칙 제18조(세부측량의 기준 및 방법 등)
④ 평판측량방법에 따른 세부측량을 도선법으로 하는 경우에는 다음 각 호의 기준에 따른다.
4. 도선의 폐색오차가 도상길이 $\frac{\sqrt{N}}{3}$[mm] 이하인 경우 그 오차는 다음의 계산식에 따라 이를 각 점에 배분하여 그 점의 위치로 할 것

$$M_n = \frac{e}{N}n$$

(M_n은 각 점에 순서대로 배분할 mm단위의 도상길이, e는 mm단위의 오차, N은 변의 수, n은 변의 순서를 말한다.)

23 평판측량방법에 따른 세부측량을 도선법으로 하는 경우 변의 수가 16개인 도선의 도상 허용오차한도는? 🔲 19-2
① 1.0mm   ② 1.1mm
③ 1.2mm   ④ 1.3mm

해설 평판측량에 따른 세부측량을 도선법으로 하는 경우 도선의 폐색오차는 도상길이 $\frac{\sqrt{N}}{3}$[mm] 이하이다.
∴ 폐색오차 = $\frac{\sqrt{16}}{3} = 1.3$mm

24 평판측량방법에 따른 세부측량을 도선법으로 하는 경우 폐색오차가 도상 1mm이고 총변수가 12일 때 제7변에 배부할 도상거리는? 🔲 17-3
① 0.2mm   ② 0.4mm
③ 0.6mm   ④ 0.8mm

정답 20 ① 21 ② 22 ④ 23 ④ 24 ③

해설 $12 : 1 = 7 : x$
∴ $x = 0.6mm$

25 평판측량에 의한 세부측량 시 도상의 위치오차를 0.1mm까지 허용할 때 구심오차의 허용범위는? (단, 축척은 1,200분의 1이다.)

① 1cm 이하   ② 3cm 이하
③ 6cm 이하   ④ 12cm 이하

해설 $e = \dfrac{qM}{2} = \dfrac{0.1 \times 1,200}{2} = 60mm = 6cm$

26 평판측량에서 발생하는 오차 중 도상에 가장 큰 영향을 주는 오차는?

① 소축척지도의 구심오차
② 방향선의 제도오차
③ 표정오차
④ 한 눈금의 수평오차

해설 평판측량에서 발생하는 오차 중 도상에 가장 큰 영향을 주는 오차는 표정오차이다.

27 축척 1,200분의 1인 지역에서 평판을 구심할 경우 제도허용오차를 0.3mm 정도로 할 때 지상의 구심오차(편심거리)는 몇 cm까지 허용할 수 있는가?

① 3cm 이내   ② 9cm 이내
③ 18cm 이내 ④ 24cm 이내

해설 $e = \dfrac{qM}{2} = \dfrac{0.3 \times 1,200}{2} = 180mm = 18cm$

28 평판측량을 위해 평판을 세울 때의 오차 중 결과에 큰 영향을 주는 것은?

① 평판이 수평으로 되지 않을 때
② 평판의 구심이 올바르지 않을 때
③ 평판의 표정이 올바르지 않을 때
④ 앨리데이드의 조정이 불충분할 때

해설 **평판의 3요소와 오차**
㉠ 정준 → 수평맞추기 : $e = \dfrac{b}{r} \dfrac{n}{100} L$
㉡ 구심 → 지상점=도상점 : $e = \dfrac{qM}{2}$
㉢ 표정 → 방향맞추기 : $e = \dfrac{0.2}{K} l$
∴ 평판측량을 위해 평판을 세울 때의 오차 중 결과에 큰 영향을 주는 것은 표정불량에서 발생하는 오차이다.

29 평판측량에서 오차발생의 원인 중 가장 주의를 요하는 것은?

① 구심오차   ② 시준오차
③ 외심오차   ④ 표정오차

해설 평판측량에서 오차에 가장 영향을 많이 주는 것은 표정이다. 따라서 평판측량 시 가장 주의를 요한다.

30 평판측량에서 발생할 수 있는 오차가 아닌 것은?

① 시준오차   ② 연결오차
③ 외심오차   ④ 정준오차

해설 **평판측량 시 발생하는 오차**
㉠ 설치 시 발생하는 오차 : 정준오차, 구심오차, 표정오차
㉡ 방법에 따른 오차 : 방사법오차, 도선법오차, 교회법오차
㉢ 기계오차 : 시준오차, 외심오차

31 다음 평판측량에 의한 오차 중 기계적 오차에 해당하는 것은?

① 평판의 경사에 의한 오차
② 방향선의 변위에 의한 오차
③ 시준선의 경사에 의한 오차
④ 평판의 방향 표정불완전에 의한 오차

해설 평판측량에서의 기계적 오차는 대부분 앨리데이드의 구비요건을 만족하지 못한 경우이다. 따라서 시준선의 경사에 의한 오차는 기계오차에 해당한다.

32 평판측량방법에 따른 세부측량을 도선법으로 하는 경우 도선의 폐색오차를 각 점에 배분하는 방법으로 옳은 것은?

① 변의 길이에 반비례하여 배분한다.
② 변의 순서에 반비례하여 배분한다.
③ 변의 길이에 비례하여 배분한다.
④ 변의 순서에 비례하여 배분한다.

해설 평판측량방법에 따른 세부측량 시 도선법에 의한 폐색오차는 변의 순서에 비례하여 배분한다.

33 축척 1 : 500인 지역에서 평판측량을 교회법으로 실시할 때 방향선의 지상거리는 최대 얼마 이하로 하여야 하는가?

① 25m   ② 50m
③ 75m   ④ 100m

해설 방향선의 도상길이는 평판의 방위표정에 사용한 방향선의 도상길이 이하로서 10cm 이하로 한다. 따라서 $\dfrac{1}{500} = \dfrac{0.1}{지상거리}$ 이므로 지상거리는 50m이다.

34 평판측량방법에 의한 세부측량을 광파조준의를 사용하여 방사법으로 실시할 경우 도상길이는 최대 얼마 이하로 할 수 있는가?

① 10cm   ② 20cm
③ 30cm   ④ 40cm

해설 평판측량방법에 의한 세부측량을 방사법으로 실시할 경우 방향선의 도상길이는 평판의 방위표정에 사용한 방향선의 도상길이 이하로서 10cm 이하로 할 것. 다만, 광파조준의 또는 광파측거기를 사용하는 경우에는 30cm 이하로 할 수 있다.

35 축척 1,200분의 1지역에서 평판측량을 도선법으로 하는 경우 일반적인 도선의 거리제한으로 옳은 것은?

① 68m 이내   ② 86m 이내
③ 96m 이내   ④ 100m 이내

해설 도선의 거리제한 = 1,200 × 0.08 = 96m

[참고] 지적측량시행규칙 제18조(세부측량의 기준 및 방법 등)
④ 평판측량방법에 따른 세부측량을 도선법으로 하는 경우에는 다음 각 호의 기준에 따른다.
 1. 도선의 측선장은 도상길이 8cm 이하로 할 것. 다만, 광파조준의 또는 광파측거기를 사용할 때에는 30cm 이하로 할 수 있다.

36 평판측량방법에 따른 세부측량을 방사법으로 하는 경우 광파조준의를 사용할 때에는 1방향선의 도상길이를 최대 얼마 이하로 할 수 있는가?

① 10cm   ② 15cm
③ 20cm   ④ 30cm

해설 평판측량방법에 따른 세부측량을 방사법으로 하는 경우에는 1방향선의 도상길이는 10cm 이하로 한다. 다만, 광파조준의 또는 광파측거기를 사용할 때에는 30cm 이하로 할 수 있다.

37 평판측량방법으로 세부측량을 하는 경우 축척 1 : 1200인 지역에서 도상에 영향을 미치지 않는 지상거리의 허용범위는?

① 5cm   ② 12cm
③ 15cm   ④ 20cm

해설 도상에 영향을 미치지 않는 지상거리의 허용범위는 $\dfrac{M}{10}$[mm]이다.
∴ $\dfrac{1,200}{10} = 120\text{mm} = 12\text{cm}$

38 평판측량방법에 있어서 도상에 영향을 미치지 아니하는 지상거리의 축척별 허용범위기준은? (단, M은 축척분모를 말한다.)

① $\dfrac{M}{5}$[mm]   ② $\dfrac{M}{10}$[mm]
③ $\dfrac{M}{20}$[mm]   ④ $\dfrac{M}{30}$[mm]

해설 평판측량방법에 있어서 도상에 영향을 미치지 아니하는 지상거리의 축척별 허용범위는 $\dfrac{M}{10}$[mm]로 한다.

39 지적도 축척 600분의 1인 지역의 평판측량방법에 있어서 도상에 영향을 미치지 아니하는 지상거리의 허용범위로 옳은 것은?

① 60mm 이내   ② 100mm 이내
③ 120mm 이내   ④ 240mm 이내

해설 평판측량방법에 있어서 도상에 영향을 미치지 아니하는 지상거리의 축척별 허용범위는 $\dfrac{M}{10}$[mm]로 한다.
∴ $\dfrac{600}{10} = 60\text{mm}$ 이내

40 평판측량방법으로 거리를 측정하여 도곽선이 줄어든 경우 실측거리의 보정방법으로 옳은 것은?

① 실측거리에서 보정량을 뺀다.
② 실측거리에서 보정량을 곱한다.
③ 실측거리에서 보정량을 나눈다.
④ 실측거리에서 보정량을 더한다.

정답 33 ② 34 ③ 35 ③ 36 ④ 37 ② 38 ② 39 ① 40 ①

해설 평판측량방법으로 거리를 측정하는 경우 도곽선의 신축량이 0.5mm 이상일 때에는 다음의 계산식에 따른 보정량을 산출하여 도곽선이 늘어난 경우에는 실측거리에 보정량을 더하고, 줄어든 경우에는 실측거리에서 보정량을 뺀다.

$$보정량 = \frac{신축량(지상) \times 4}{도곽선길이합계(지상)} \times 실측거리$$

41 세부측량을 평판측량방법으로 시행할 때 지적도를 갖춰두는 지역에서의 거리측정단위기준은?

① 2cm ② 5cm
③ 10cm ④ 20cm

해설 세부측량을 평판측량방법으로 시행할 때 지적도 시행지역은 5cm단위로, 임야도 시행지역은 50cm단위로 거리를 측정한다.

42 평판측량방법으로 광파조준의를 사용하여 세부측량을 하는 경우 방향선의 최대도상길이는?

① 10cm ② 13cm
③ 20cm ④ 30cm

해설 평판측량 시 광파조준의 또는 광파측거기를 사용하는 경우에는 방향선의 최대도상거리를 30cm 이하로 할 수 있다.

43 평판측량방법에 의하여 망원경조준의(망원경앨리데이드)로 측정한 값이 경사거리가 100m, 연직각이 10°20′30″일 경우 수평거리는?

① 98.28m ② 98.34m
③ 98.38m ④ 98.44m

해설 $D = l\cos\alpha = 100 \times \cos 10°20′30″ = 98.38m$

44 망원경조준의(망원경엘리데이드)로 측정한 경사거리가 150.23m, 연직각이 +3°50′25″일 때 수평거리는?

① 138.56m ② 140.25m
③ 145.69m ④ 149.89m

해설 $D = l\cos\alpha = 150.23 \times \cos 3°50′25″ = 149.89m$

45 평판측량방법에 따른 세부측량을 시행하는 경우의 기준으로 옳지 않은 것은?

① 지적도를 갖춰두는 지역의 거리측정단위는 10cm로 한다.
② 임야도를 갖춰두는 지역의 거리측량단위는 50cm로 한다.
③ 경계점은 기지점을 기준으로 하여 지상경계선과 도상경계선의 부합 여부를 현형법 등으로 확인한다.
④ 세부측량의 기준이 되는 기지점이 부족한 경우에는 측량상 필요한 위치에 보조점을 설치할 수 있다.

해설 지적도를 갖춰두는 지역의 거리측량단위는 5cm로 한다.

46 평판측량방법에 따른 세부측량의 기준 및 방법에 대한 설명 중 옳지 않은 것은?

① 지적도를 갖춰두는 지역에서의 거리측정단위는 5cm로 한다.
② 임야도를 갖춰두는 지역에서의 거리측정단위는 50cm로 한다.
③ 측량결과도는 축척 500분의 1로 작성한다.
④ 기지점이 부족한 경우에는 측량상 필요한 위치에 보조점을 설치하여 활용한다.

해설 경위의측량에 의해 세부측량을 실시한 지역으로 지적확정측량을 실시하였거나 축척변경을 실시하여 경계점을 좌표로 등록한 지역의 측량결과도는 1/500로 작성하여야 한다.

47 평판측량방법으로 세부측량을 할 때에 지적도, 임야도에 따라 측량준비파일에 포함하여 작성하여야 할 사항에 해당되지 않는 것은?

① 지적기준점 및 그 번호
② 측량방법 및 측량기하적
③ 인근 토지의 경계선, 지번 및 지목
④ 측량대상토지의 경계선, 지번 및 지목

해설 평판측량방법으로 세부측량을 할 때에는 지적도, 임야도에 따라 다음의 사항을 포함한 측량준비파일을 작성하여야 한다.
㉠ 측량대상토지의 경계선, 지번 및 지목
㉡ 인근 토지의 경계선, 지번 및 지목
㉢ 임야도를 갖춰두는 지역에서 인근 지적도의 축척으로 측량을 할 때에는 임야도에 표시된 경계점의 좌표를 구하여 지적도에 전개한 경계선. 다만, 임야도에 표시된 경계점의 좌표를 구할 수 없거나 그 좌표에 따라 확대하

정답 41 ② 42 ④ 43 ③ 44 ④ 45 ① 46 ③ 47 ②

여 그리는 것이 부적당한 경우에는 축척비율에 따라 확대한 경계선을 말한다.
ⓒ 행정구역선과 그 명칭
ⓓ 지적기준점 및 그 번호와 지적기준점 간의 거리, 지적기준점의 좌표, 그 밖에 측량의 기점이 될 수 있는 기지점
ⓔ 도곽선과 그 수치
ⓕ 도곽선의 신축이 0.5mm 이상일 때에는 그 신축량 및 보정계수
ⓖ 그 밖에 국토교통부장관이 정하는 사항

48 평판측량방법으로 세부측량을 한 경우 측량결과도 기재사항으로 옳지 않은 것은? 산 19-1

① 측량결과도의 제명 및 번호
② 측량대상토지의 점유현황선
③ 인근 토지의 경계선·지번 및 지목
④ 측량기하적 및 도상에서 측정한 거리

해설 지적측량시행규칙 제26조(세부측량성과의 작성)
① 평판측량방법으로 세부측량을 한 경우 측량결과도에 다음 각 호의 사항을 적어야 한다. 다만, 1년 이내에 작성된 경계복원측량 또는 지적현황측량결과도와 지적도, 임야도의 도곽신축차이가 0.5mm 이하인 경우에는 종전의 측량결과도에 함께 작성할 수 있다.
1. 제17조 제1항 각 호의 사항
2. 측정점의 위치, 측량기하적 및 지상에서 측정한 거리
3. 측량대상토지의 토지이동 전의 지번과 지목(2개의 붉은 선으로 말소한다)
4. 측량결과도의 제명 및 번호(연도별로 붙인다)와 도면번호
5. 신규등록 또는 등록전환하려는 경계선 및 분할경계선
6. 측량대상토지의 점유현황선
7. 측량 및 검사의 연월일, 측량자 및 검사자의 성명·소속 및 자격등급 또는 기술등급
8. 해당 필지 및 인접 필지의 측량연혁

49 평판측량에서 경사거리 l과 경사분획 n을 측정할 때 수평거리 L을 산출하는 공식은? 산 19-2

① $L = l \dfrac{100}{\sqrt{1 + \left(\dfrac{n}{100}\right)^2}}$

② $L = l \dfrac{1}{\sqrt{1 + \left(\dfrac{n}{100}\right)^2}}$

③ $L = l \dfrac{1}{\sqrt{1 - \left(\dfrac{n}{100}\right)^2}}$

④ $L = l \dfrac{1}{\sqrt{100^2 + n^2}}$

해설 평판측량에서의 수평거리계산

수평거리	공식
	$D : l = 100 : \sqrt{100^2 + n^2}$ $\therefore D = \dfrac{100l}{\sqrt{100^2 + n^2}} = \dfrac{l}{\sqrt{1 + \left(\dfrac{n}{100}\right)^2}}$
망원경조준의(망원경앨리데이드)를 사용한 경우 $D = l\cos\theta$ 또는 $l\sin\alpha$ 여기서, D : 수평거리, l : 경사거리, θ : 연직각, α : 천정각 또는 천저각	$D : H = 100 : (n_1 - n_2)$ $\therefore D = \left(\dfrac{100}{n_1 - n_2}\right)H$

50 앨리데이드를 이용하여 측정한 두 점 간의 경사거리가 80m, 경사분획이 +15.5일 때 두 점 간의 수평거리는? 산 17-1

① 약 78.0m   ② 약 79.1m
③ 약 79.5m   ④ 약 78.5m

해설 $D = \dfrac{100l}{\sqrt{100^2 + n^2}} = \dfrac{100 \times 80}{\sqrt{100^2 + 15.5^2}} = 79.1\text{m}$

51 평판측량방법에 따라 조준의를 사용하여 측정한 경사거리가 95m일 때 수평거리로 옳은 것은? (단, 조준의의 경사분획은 18이다.) 기 18-3

① 92.45m   ② 92.50m
③ 93.45m   ④ 93.50m

해설 $D = \dfrac{100l}{\sqrt{100^2 + n^2}} = \dfrac{100 \times 95}{\sqrt{100^2 + 18^2}} = 93.50\text{m}$

52 A점에서 트랜싯으로 B점을 시준한 결과 표척눈금이 6.20m, 기계고가 3.70m, AB의 경사거리가 45m이었다면 AB 두 지점의 수평거리는? 기 19-1

① 44.67m   ② 44.70m
③ 44.85m   ④ 44.97m

해설 $D = \dfrac{l}{\sqrt{1 + \left(\dfrac{n}{100}\right)^2}} = \dfrac{45}{\sqrt{1 + \left(\dfrac{6.2 - 3.7}{100}\right)^2}} = 44.98\text{m}$

정답 48 ④ 49 ② 50 ② 51 ④ 52 ④

53 표고(H)가 5m인 두 지점 간 수평거리를 구하기 위해 평판측량용 조준의로 두 지점 간 경사도를 측정하여 경사분획 +6을 구했다면 이 두 지점 간 수평거리는?

① 62.5m   ② 63.3m
③ 82.5m   ④ 83.3m

해설 $D = \dfrac{100h}{n} = \dfrac{100 \times 5}{6} = 83.3m$

54 경위의측량방법에 따른 세부측량에서 거리측정단위는?

① 0.1cm   ② 1cm
③ 5cm   ④ 10cm

해설 거리측정단위는 지적도를 갖추두는 지역에서는 5cm로, 임야도를 갖추두는 지역에서는 50cm로 한다.

55 경위의측량방법에 따른 세부측량의 방법기준으로만 나열된 것은?

① 지거법, 도선법   ② 도선법, 방사법
③ 방사법, 교회법   ④ 교회법, 지거법

해설 경위의측량에 의한 세부측량의 관측 및 계산기준
㉠ 미리 각 경계점에 표지를 설치하여야 한다. 다만, 부득이한 경우에는 그러하지 아니하다.
㉡ 도선법 또는 방사법에 따른다.
㉢ 관측은 20초독 이상의 경위의를 사용한다.
㉣ 수평각의 관측은 1대회의 방향관측법이나 2배각의 배각법에 따른다. 다만, 방향관측법인 경우에는 1측회의 폐색을 하지 아니할 수 있다.
㉤ 연직각의 관측은 정반으로 1회 관측하여 그 교차가 5분 이내일 때에는 그 평균치를 연직각으로 하되, 분단위로 독정(讀定)한다.

56 경위의측량방법과 도선법에 따른 지적도근점의 관측 시 시가지지역에서 수평각을 관측하는 방법으로 옳은 것은?

① 배각법   ② 편각법
③ 각관측법 ④ 방위각법

해설 지적도근점측량 시 수평각의 관측은 시가지지역, 축척변경지역 및 경계점좌표등록부 시행지역에 대하여는 배각법에 따르고, 그 밖의 지역에 대하여는 배각법과 방위각법을 혼용한다.

57 경위의측량방법에 따른 세부측량에서 토지의 경계가 곡선인 경우 직선으로 연결하는 곡선의 중앙종거의 길이기준으로 옳은 것은?

① 5cm 이상 10cm 이하
② 10cm 이상 15cm 이하
③ 15cm 이상 20cm 이하
④ 20cm 이상 25cm 이하

해설 토지의 경계가 곡선인 경우에는 가급적 현재 상태와 다르게 되지 아니하도록 경계점을 측정하여 연결한다. 이 경우 직선으로 연결하는 곡선의 중앙종거의 길이는 5cm 이상 10cm 이하로 한다.

58 경위의측량방법으로 세부측량을 할 때 연직각에 대한 관측방법으로 옳은 것은?

① 정반으로 1회 관측하여 그 교차가 1분 이내이면 평균치로 한다.
② 정반으로 2회 관측하여 그 교차가 1분 이내이면 평균치로 한다.
③ 정반으로 1회 관측하여 그 교차가 5분 이내이면 평균치로 한다.
④ 정반으로 2회 관측하여 그 교차가 5분 이내이면 평균치로 한다.

해설 지적측량시행규칙 제18조(세부측량의 기준 및 방법 등)
⑨ 경위의측량방법에 따른 세부측량은 다음 각 호의 기준에 따른다.
1. 거리측정단위는 1cm로 할 것
2. 측량결과도는 그 토지의 지적도와 동일한 축척으로 작성할 것. 다만, 지적확정측량시행지역(농지의 구획정리시행지역은 제외한다)과 축척변경시행지역은 500분의 1로 하고, 농지의 구획정리시행지역은 1천분의 1로 하되, 필요한 경우에는 미리 시·도지사의 승인을 받아 6천분의 1까지 작성할 수 있다.
3. 토지의 경계가 곡선인 경우에는 가급적 현재 상태와 다르게 되지 아니하도록 경계점을 측정하여 연결할 것. 이 경우 직선으로 연결하는 곡선의 중앙종거의 길이는 5cm 이상 10cm 이하로 한다.
⑩ 경위의측량방법에 따른 세부측량의 관측 및 계산은 다음 각 호의 기준에 따른다.
1. 미리 각 경계점에 표지를 설치하여야 한다. 다만, 부득이한 경우에는 그러하지 아니하다.
2. 도선법 또는 방사법에 따를 것
3. 관측은 20초독 이상의 경위의를 사용할 것

정답 53 ④ 54 ② 55 ② 56 ① 57 ① 58 ③

4. 수평각의 관측은 1대회의 방향관측법이나 2배각의 배각법에 따를 것. 다만, 방향관측법인 경우에는 1측회의 폐색을 하지 아니할 수 있다.
5. 연직각의 관측은 정반으로 1회 관측하여 그 교차가 5분 이내일 때에는 그 평균치를 연직각으로 하되 분단위로 독정(讀定)할 것
6. 수평각의 측각공차는 다음 표에 따를 것

종별	1방향각	1회 측정각과 2회 측정각의 평균값에 대한 교차
공차	60초 이내	40초 이내

59 경위의측량방법에 의한 세부측량의 관측 및 계산에 대한 설명으로 옳지 않은 것은? 기 18-2

① 교회법에 따른다.
② 연직각의 관측은 정반으로 1회 관측한다.
③ 관측은 20초독 이상의 경위의를 사용한다.
④ 수평각의 관측은 1대회 방향관측법이나 2배각의 배각법에 따른다.

해설 경위의측량방법에 따른 세부측량의 관측 및 계산기준
㉠ 미리 각 경계점에 표지를 설치할 것. 다만, 부득이한 경우에는 그러하지 아니하다.
㉡ 도선법 또는 방사법에 따를 것
㉢ 관측은 20초독 이상의 경위의를 사용할 것
㉣ 수평각의 관측은 1대회의 방향관측법이나 2배각의 배각법에 따를 것. 다만, 방향관측법인 경우에는 1측회의 폐색을 하지 아니할 수 있다.
㉤ 연직각의 관측은 정반으로 1회 관측하여 그 교차가 5분 이내일 때에는 그 평균치를 연직각으로 하되 분단위로 독정(讀定)할 것

60 경위의측량방법에 따른 세부측량의 관측방법으로 옳지 않은 것은? 산 18-2

① 관측은 교회법에 의한다.
② 연직각은 분단위로 독정한다.
③ 연직각은 정반으로 1회 관측한다.
④ 관측은 20초독 이상의 경위의를 사용한다.

해설 경위의측량방법에 따른 세부측량의 관측 및 계산기준
㉠ 미리 각 경계점에 표지를 설치할 것. 다만, 부득이한 경우에는 그러하지 아니하다.
㉡ 도선법 또는 방사법에 따를 것
㉢ 관측은 20초독 이상의 경위의를 사용할 것
㉣ 수평각의 관측은 1대회의 방향관측법이나 2배각의 배각법에 따를 것. 다만, 방향관측법인 경우에는 1측회의 폐색을 하지 아니할 수 있다.

㉤ 연직각의 관측은 정반으로 1회 관측하여 그 교차가 5분 이내일 때에는 그 평균치를 연직각으로 하되 분단위로 독정(讀定)할 것
㉥ 수평각의 측각공차는 다음 표에 따를 것

종별	1방향각	1회 측정각과 2회 측정각의 평균값에 대한 교차
공차	60초 이내	40초 이내

61 경위의측량방법에 따른 세부측량의 관측 및 계산기준이 옳은 것은? 산 17-1

① 교회법 또는 도선법에 따른다.
② 관측은 30초독 이상의 경위의를 사용한다.
③ 수평각의 관측은 1대회의 방향각관측법에 따른다.
④ 연직각의 관측은 정반으로 2회 관측하여 그 교차가 5분 이내인 때에는 그 평균치로 한다.

해설 경위의측량방법에 따른 세부측량의 관측 및 계산기준
㉠ 미리 각 경계점에 표지를 설치할 것. 다만, 부득이한 경우에는 그러하지 아니하다.
㉡ 도선법 또는 방사법에 따를 것
㉢ 관측은 20초독 이상의 경위의를 사용할 것
㉣ 수평각의 관측은 1대회의 방향관측법이나 2배각의 배각법에 따를 것. 다만, 방향관측법인 경우에는 1측회의 폐색을 하지 아니할 수 있다.
㉤ 연직각의 관측은 정반으로 1회 관측하여 그 교차가 5분 이내일 때에는 그 평균치를 연직각으로 하되 분단위로 독정(讀定)할 것
㉥ 수평각의 측각공차는 다음 표에 따를 것

종별	1방향각	1회 측정각과 2회 측정각의 평균값에 대한 교차
공차	60초 이내	40초 이내

62 경위의측량방법에 의한 세부측량을 실시할 때 연직각의 관측(정·반)값에 대한 허용교차범위에 대한 기준은? 기 16-1

① 90초 이내
② 1분 이내
③ 3분 이내
④ 5분 이내

해설 경위의측량방법에 의한 세부측량을 실시할 때 연직각의 관측은 정반으로 1회 관측하여 그 교차가 5분 이내일 때에는 그 평균치를 연직각으로 하되 분단위로 독정(讀定)한다.

정답 59 ① 60 ① 61 ③ 62 ④

63 경위의측량방법으로 세부측량을 시행할 때 관측방법으로 옳은 것은?

① 교회법, 지거법 ② 도선법, 방사법
③ 방사법, 교회법 ④ 지거법, 도선법

해설 경위의측량방법에 따른 세부측량의 관측 및 계산기준
㉠ 미리 각 경계점에 표지를 설치할 것. 다만, 부득이한 경우에는 그러하지 아니하다.
㉡ 도선법 또는 방사법에 따를 것
㉢ 관측은 20초독 이상의 경위의를 사용할 것
㉣ 수평각의 관측은 1대회의 방향관측법이나 2배각의 배각법에 따를 것. 다만, 방향관측법인 경우에는 1측회의 폐색을 하지 아니할 수 있다.
㉤ 연직각의 관측은 정반으로 1회 관측하여 그 교차가 5분 이내일 때에는 그 평균치를 연직각으로 하되 분단위로 독정(讀定)할 것
㉥ 수평각의 측각공차는 다음 표에 따를 것

종별	1방향각	1회 측정각과 2회 측정각의 평균값에 대한 교차
공차	60초 이내	40초 이내

64 경위의측량방법에 따른 세부측량의 관측 및 계산에서 1방향각에 대한 수평각의 측각공차기준으로 옳은 것은?

① 30초 이내 ② 40초 이내
③ 50초 이내 ④ 60초 이내

해설 경위의측량방법에 따른 세부측량의 관측 및 계산 시 수평각의 측각공차

종별	1방향각	1회 측정각과 2회 측정각의 평균값에 대한 교차
공차	60초 이내	40초 이내

65 경계점좌표등록부를 갖춰두는 지역에서 각 필지의 경계점을 측정할 때 사용하는 측량방법으로 옳지 않은 것은?

① 교회법 ② 배각법
③ 방사법 ④ 도선법

해설 경계점좌표등록부를 갖춰두는 지역에 있는 각 필지의 경계점을 측정할 때에는 도선법, 방사법 또는 교회법에 따라 좌표를 산출하여야 한다.

66 경위의측량방법에 따른 세부측량을 실시하는 경우 축척변경시행지역에 대한 측량결과도의 기본적인 축척은?

① 1/500 ② 1/1,000
③ 1/1,200 ④ 1/6,000

해설 지적확정측량시행지역(농지의 구획정리시행지역은 제외한다)과 축척변경시행지역은 500분의 1로, 농지의 구획정리시행지역은 1,000분의 1로 하되 필요한 경우에는 미리 시·도지사의 승인을 받아 6,000분의 1까지 작성할 수 있다.

67 경위의측량방법에 따른 세부측량의 관측 및 계산에서 수평각의 측각공차 중 1회 측정각과 2회 측정각의 평균값에 대한 교차기준은?

① 30초 이내 ② 40초 이내
③ 50초 이내 ④ 60초 이내

해설 경위의측량방법에 따른 세부측량의 관측 및 계산 시 수평각의 측각공차

종별	1방향각	1회 측정각과 2회 측정각의 평균값에 대한 교차
공차	60초 이내	40초 이내

68 경위의측량방법으로 세부측량을 실시할 때 측량대상토지의 경계점 간 실측거리와 경계점의 좌표에 따라 계산한 거리의 교차는 얼마 이내여야 하는가? (단, L은 실측거리로서 m단위로 표시한 수치이다.)

① $6 + \frac{L}{10}$[cm] 이내 ② $5 + \frac{L}{10}$[cm] 이내
③ $4 + \frac{L}{10}$[cm] 이내 ④ $3 + \frac{L}{10}$[cm] 이내

해설 측량대상토지의 경계점 간 실측거리와 경계점의 좌표에 따라 계산한 거리의 교차는 $3 + \frac{L}{10}$[cm] 이내여야 한다.

69 경위의측량방법에 따른 세부측량을 하여 측량대상토지의 경계점 간 실측거리가 50m이었을 때 경계점의 좌표에 따라 계산한 거리와의 교차는 얼마 이내이어야 하는가?

① 5cm 이내 ② 8cm 이내
③ 10cm 이내 ④ 12cm 이내

정답 63 ② 64 ④ 65 ② 66 ① 67 ② 68 ④ 69 ②

해설 지적측량시행규칙 제26조(세부측량성과의 작성)
③ 제2항 제3호에 따른 측량대상토지의 경계점 간 실측거리와 경계점의 좌표에 따라 계산한 거리의 교차는 $3 + \frac{L}{10}$ [cm] 이내여야 한다. 이 경우 L은 실측거리로서 m단위로 표시한 수치를 말한다.

∴ 교차 $= 3 + \frac{50}{10} = 8cm$

70 경위의측량방법으로 세부측량을 하는 경우 실측거리 65.52m에 대한 실측거리와 경계점좌표에 의한 계산거리의 교차허용한계는? 〔기 17-1〕

① 7.6cm 이내 ② 9.6cm 이내
③ 12.6cm 이내 ④ 15.6cm 이내

해설 허용교차 $= 3 + \frac{L}{10} = 3 + \frac{65.52}{10} = 9.6cm$

71 경계점좌표등록부를 갖춰두는 지역의 측량에 대한 설명으로 옳은 것은? 〔기 19-1〕

① 경계점좌표등록부를 갖춰두는 지역에 있는 각 필지의 경계점을 측정할 때에는 도선법 또는 원호법에 따라 좌표를 산출하여야 한다.
② 경계점좌표등록부를 갖춰두는 지역에 있는 각 필지의 경계점 측점번호는 오른쪽 위에서부터 왼쪽으로 경계를 따라 일련번호를 부여한다.
③ 기존의 경계점좌표등록부를 갖춰두는 지역의 경계점에 접속하여 지적확정측량을 하는 경우 동일한 경계점의 측량성과의 차이는 0.10m 이내여야 한다.
④ 기존의 경계점좌표등록부를 갖춰두는 지역의 경계점에 접속하여 지적확정측량을 하는 경우 동일한 경계점의 측량성과가 서로 다를 때에는 새로이 측량한 성과를 좌표로 결정한다.

해설 지적측량시행규칙 제23조(경계점좌표등록부를 갖춰두는 지역의 측량)
① 경계점좌표등록부를 갖춰두는 지역에 있는 각 필지의 경계점을 측정할 때에는 도선법·방사법 또는 교회법에 따라 좌표를 산출하여야 한다. 다만, 필지의 경계점이 지형·지물에 가로막혀 경위의를 사용할 수 없는 경우에는 간접적인 방법으로 경계점의 좌표를 산출할 수 있다.
② 제1항에 따른 각 필지의 경계점 측점번호는 왼쪽 위에서부터 오른쪽으로 경계를 따라 일련번호를 부여한다.

③ 기존의 경계점좌표등록부를 갖춰두는 지역의 경계점에 접속하여 경위의측량방법 등으로 지적확정측량을 하는 경우 동일한 경계점의 측량성과가 서로 다를 때에는 경계점좌표등록부에 등록된 좌표를 그 경계점의 좌표로 본다. 이 경우 동일한 경계점의 측량성과의 차이는 제27조 제1항 제4호 가목의 허용범위 이내여야 한다.

72 경위의측량방법으로 세부측량을 한 경우 측량결과도에 작성하여야 할 사항이 아닌 것은? 〔기 19-1〕

① 측정점의 위치, 측량기하적
② 측량결과도의 제명 및 번호
③ 측량대상토지의 점유현황선
④ 측량대상토지의 경계점 간 실측거리

해설 경위의측량방법으로 세부측량을 한 경우

측량준비파일	측량결과도
• 측량대상토지의 경계와 경계점의 좌표 및 부호도·지번·지목 • 인근 토지의 경계와 경계점의 좌표 및 부호도·지번·지목 • 행정구역선과 그 명칭 • 지적기준점 및 그 번호와 지적기준점 간의 방위각 및 그 거리 • 경계점 간 계산거리 • 도곽선과 그 수치 • 그 밖에 국토교통부장관이 정하는 사항	• 측량준비파일의 사항 • 측정점의 위치(측량계산부의 좌표를 전개하여 적는다), 지상에서 측정한 거리 및 방위각 • 측량대상토지의 경계점 간 실측거리 • 측량대상토지의 토지이동 전의 지번과 지목(2개의 붉은색으로 말소한다) • 측량결과도의 제명 및 번호(연도별로 붙인다)와 지적도의 도면번호 • 신규등록 또는 등록전환하려는 경계선 및 분할경계선 • 측량대상토지의 점유현황선 • 측량 및 검사의 연월일, 측량자 및 검사자의 성명·소속 및 자격등급 또는 기술등급 • 해당 필지 및 인접 필지의 측량연혁

73 경위의측량방법으로 세부측량을 한 경우 측량결과도의 기재사항으로 옳지 않은 것은? 〔산 18-3〕

① 측정점의 위치
② 측량대상토지의 점유현황선
③ 도상에서의 측정한 거리와 방향각
④ 측량대상토지의 경계점 간 실측거리

해설 경위의측량방법으로 세부측량을 한 경우 측량결과도에는 지상에서 측정한 거리와 방위각을 기재한다.

정답 70 ② 71 ③ 72 ① 73 ③

74 경계점좌표등록부 시행지역에서 경계점의 지적측량성과와 검사성과의 연결교차허용범위기준으로 옳은 것은?

① 0.01m 이내 ② 0.10m 이내
③ 0.15m 이내 ④ 0.20m 이내

해설 지적측량시행규칙 제27조(지적측량성과의 결정)
① 지적측량성과와 검사성과의 연결교차가 다음 각 호의 허용범위 이내일 때에는 그 지적측량성과에 관하여 다른 입증을 할 수 있는 경우를 제외하고는 그 측량성과로 결정하여야 한다.
　1. 지적삼각점 : ±20cm
　2. 지적삼각보조점 : ±25cm
　3. 지적도근점
　　가. 경계점좌표등록부 시행지역 : ±15cm
　　나. 그 밖의 지역 : ±25cm
　4. 경계점
　　가. 경계점좌표등록부 시행지역 : ±10cm
　　나. 그 밖의 지역 : ±100분의 3M[cm](M은 축척분모). 이 경우 전자평판측량방법으로 측량하는 경우에는 ±100분의 2M[cm]로 한다.

75 지상경계를 결정하고자 할 때의 기준으로 옳지 않은 것은?

① 토지가 수면에 접하는 경우 : 최소만조위가 되는 선
② 연접되는 토지 간에 높낮이 차이가 있는 경우 : 그 구조물 등의 하단부
③ 도로·구거 등의 토지에 절토(切土)된 부분이 있는 경우 : 그 경사면의 상단부
④ 공유수면매립지의 토지 중 제방 등을 토지에 편입하여 등록하는 경우 : 바깥쪽 어깨 부분

해설 지상경계기준
㉠ 연접되는 토지 간에 높낮이 차이가 없는 경우에는 그 구조물 등의 중앙
㉡ 연접되는 토지 간에 높낮이 차이가 있는 경우에는 그 구조물 등의 하단부
㉢ 도로·구거 등의 토지에 절토(切土)된 부분이 있는 경우에는 그 경사면의 상단부
㉣ 토지가 해면 또는 수면에 접하는 경우에는 최대만조위 또는 최대만수위가 되는 선
㉤ 공유수면매립지의 토지 중 제방 등을 토지에 편입하여 등록하는 경우에는 바깥쪽 어깨 부분

76 지적확정측량 시 필지별 경계점의 기준이 되는 점이 아닌 것은?

① 수준점 ② 위성기준점
③ 통합기준점 ④ 지적삼각점

해설 지적확정측량을 하는 경우 필지별 경계점은 위성기준점, 통합기준점, 삼각점, 지적삼각점, 지적삼각보조점 및 지적도근점에 따라 측정하여야 한다.

77 지상경계의 구획을 형성하는 구조물 등의 소유자가 다른 경우 지상경계를 결정하는 기준으로 옳은 것은?

① 그 소유권에 따라 지상경계를 결정한다.
② 도상경계에 따라 지상경계를 결정한다.
③ 면적이 넓은 쪽을 따라 지상경계를 결정한다.
④ 그 구조물 등의 중앙을 따라 지상경계를 결정한다.

해설 공간정보의 구축 및 관리 등에 관한 법률 시행령 제55조(지상경계의 결정기준 등)
① 법 제65조 제1항에 따른 지상경계의 결정기준은 다음 각 호의 구분에 따른다.
　1. 연접되는 토지 간에 높낮이 차이가 없는 경우 : 그 구조물 등의 중앙
　2. 연접되는 토지 간에 높낮이 차이가 있는 경우 : 그 구조물 등의 하단부
　3. 도로·구거 등의 토지에 절토(切土)된 부분이 있는 경우 : 그 경사면의 상단부
　4. 토지가 해면 또는 수면에 접하는 경우 : 최대만조위 또는 최대만수위가 되는 선
　5. 공유수면매립지의 토지 중 제방 등을 토지에 편입하여 등록하는 경우 : 바깥쪽 어깨 부분
② 지상경계의 구획을 형성하는 구조물 등의 소유자가 다른 경우에는 제1항 제1호부터 제3호까지의 규정에도 불구하고 그 소유권에 따라 지상경계를 결정한다.

78 지적확정측량을 시행할 때에 필지별 경계점측정에 사용되지 않는 점은?

① 위성기준점 ② 통합기준점
③ 지적삼각점 ④ 지적도근보조점

해설 지적확정측량을 하는 경우 필지별 경계점은 위성기준점, 통합기준점, 삼각점, 지적삼각점, 지적삼각보조점 및 지적도근점에 따라 측정하여야 한다.

79 다음 중 지적확정측량과 직접 관계가 없는 것은?

① 행정구역계결정
② 건물의 위치확인
③ 필지별 경계점측정
④ 지구계 또는 가구계측정

정답 74 ②　75 ①　76 ①　77 ①　78 ④　79 ②

해설 지적확정측량 시 건물의 위치확인은 직접적인 관련이 없다.

80 중부원점지역에서 사용하는 축척 1/600 지적도 1도곽에 포용되는 면적은?

① 20,000m²   ② 30,000m²
③ 40,000m²   ④ 50,000m²

해설 축척별 기준도곽

축척	도상거리		지상거리	
	세로(cm)	가로(cm)	세로(m)	가로(m)
1/500	30	400	150	200
1/1,000			300	400
1/600			200	250
1/1,200	33.3333	41.6667	400	500
1/2,400			800	1,000
1/3,000	40	50	1,200	1,500
1/6,000			2,400	3,000

81 등록전환측량에 대한 설명으로 틀린 것은?

① 토지대장에 등록하는 면적은 등록전환측량의 결과에 따라야 하며 임야대장의 면적을 그대로 정리할 수 없다.
② 1필지의 일부를 등록전환하려면 등록전환으로 인하여 말소하여야 할 필지의 면적은 반드시 임야분할측량결과도에서 측정하여야 한다.
③ 경계점좌표등록부를 비치하는 지역과 연접되어 있는 토지를 등록전환하려면 경계점좌표등록부에 등록하여야 한다.
④ 등록전환할 일단의 토지가 2필지 이상으로 분할하여야 할 토지의 경우에는 먼저 지목별로 분할 후 등록전환하여야 한다.

해설 등록전환할 일단의 토지가 2필지 이상으로 분할하여야 할 토지의 경우에는 먼저 등록전환을 실시한 후 지목별로 분할하여야 한다.

82 축척변경시행공고가 있은 후 원칙적인 경계점표지의 설치자는?

① 소관청   ② 측량자
③ 사업시행자   ④ 토지소유자

해설 축척변경시행지역 안의 토지소유자 또는 점유자는 시행공고가 있는 날(이하 "시행공고일"이라 한다)부터 30일 이내에 시행공고일 현재 점유하고 있는 경계에 국토교통부령으로 정하는 경계점표지를 설치하여야 한다.

83 다음 중 임야도를 갖춰두는 지역의 세부측량에 있어서 지적기준점에 따라 측량하지 아니하고 지적도의 축척으로 측량한 후 그 성과에 따라 임야측량결과도를 작성할 수 있는 경우는?

① 임야도에 도곽선이 없는 경우
② 경계점의 좌표를 구할 수 없는 경우
③ 지적도근점이 설치되어 있지 않은 경우
④ 지적도에 기지점은 없지만 지적도를 갖춰두는 지역에 인접한 경우

해설 위성기준점, 통합기준점, 삼각점, 지적삼각점, 지적삼각보조점 및 지적도근점에 따라 측량하지 아니하고 지적도의 축척으로 측량한 후 그 성과에 따라 임야측량결과도를 작성할 수 있다.
㉠ 측량대상토지가 지적도를 갖춰두는 지역에 인접하여 있고 지적도의 기지점이 정확하다고 인정되는 경우
㉡ 임야도에 도곽선이 없는 경우

84 임야도를 갖춰두는 지역의 세부측량에서 지적도의 축척에 따른 측량성과를 임야도의 축척으로 측량결과도에 표시하는 방법으로 옳은 것은?

① 임야경계선과 도곽선을 접합하여 임의로 임야측량결과도에 전개하여야 한다.
② 임야도의 축척에 따른 임야경계선의 좌표를 구하여 임야측량결과도에 전개하여야 한다.
③ 지적도의 축척에 따른 임야분할선의 좌표를 구하여 임야측량결과도에 전개하여야 한다.
④ 지적도의 축척에 따른 측량결과도에 표시된 경계점의 좌표를 구하여 임야측량결과도에 전개하여야 한다.

해설 지적도의 축척에 따른 측량성과를 임야도의 축척으로 측량결과도에 표시할 때에는 지적도의 축척에 따른 측량결과도에 표시된 경계점의 좌표를 구하여 임야측량결과도에 전개하여야 한다.

정답 80 ④ 81 ④ 82 ④ 83 ① 84 ④

85 평면직각좌표상의 점 A(X_1, Y_1)에서 점 B(X_2, Y_2)를 지나고 방위각이 α인 직선에 내린 수선의 길이 (E)는? 기 16-1

① $E = (Y_2 - Y_1)\sin\alpha - (X_2 - X_1)\cos\alpha$
② $E = (Y_2 - Y_1)\sin\alpha - (X_2 - X_1)\sin\alpha$
③ $E = (Y_2 - Y_1)\cos\alpha - (X_2 - X_1)\cos\alpha$
④ $E = (Y_2 - Y_1)\cos\alpha - (X_2 - X_1)\sin\alpha$

해설 수선장(E) = $(Y_2 - Y_1)\cos\alpha - (X_2 - X_1)\sin\alpha$

86 다음 그림에서 E_1 = 20m, θ = 150°일 때 S_1은? 기 17-1

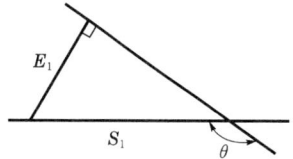

① 10.0m ② 23.1m
③ 34.6m ④ 40.0m

해설 $\dfrac{20}{\sin 30°} = \dfrac{S_1}{\sin 90°}$
∴ S_1 = 40.0m

87 점 P에서 방위각이 β인 직선 $\overline{AB}$까지의 수선장 d를 구하는 식은? 기 18-1

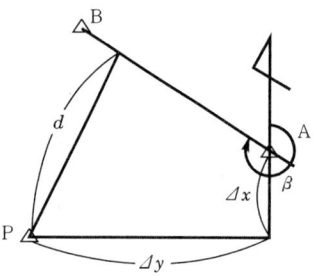

① $d = \Delta y \cos\beta - \Delta x \sin\beta$
② $d = \Delta x \cos\beta - \Delta y \sin\beta$
③ $d = \Delta x \sin\beta - \Delta y \cos\beta$
④ $d = \Delta y \sin\beta - \Delta x \cos\beta$

해설 $d = \Delta y \cos\beta - \Delta x \sin\beta$

88 다음 그림에서 AD//BC일 때 PQ의 길이는? 기 16-2

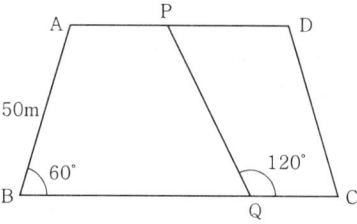

① 60m ② 50m
③ 80m ④ 70m

해설 $50 \times \sin 60° = \overline{PQ} \times \sin 60°$
∴ $\overline{PQ} = \dfrac{50 \times \sin 60°}{\sin 60°} = 50\text{m}$

89 가구중심점 C점에서 가구정점 P점까지의 거리를 구하는 공식으로 옳은 것은? (단, L_1과 L_2는 가로의 반폭, θ는 교각) 기 18-1

① $\sqrt{\left(\dfrac{L_2}{\sin\theta} + \dfrac{L_1}{\tan\theta}\right)^2 + L_1^2}$

② $\sqrt{\left(\dfrac{L_2}{\sin\theta} + \dfrac{L_1}{\cot\theta}\right)^2 + L_1^2}$

③ $\sqrt{\left(\dfrac{L_2}{\cos\theta} + \dfrac{L_1}{\tan\theta}\right)^2 + L_1^2}$

④ $\sqrt{\left(\dfrac{L_2}{\cos\theta} + \dfrac{L_1}{\cot\theta}\right)^2 + L_1^2}$

해설 $\overline{CP} = \sqrt{\left(\dfrac{L_2}{\sin\theta} + \dfrac{L_1}{\tan\theta}\right)^2 + L_1^2}$

90 R = 500m, 중심각(θ)이 60°인 경우 AB의 직선거리는? 실 18-2

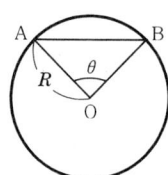

① 400m ② 500m
③ 600m ④ 1,000m

해설 $\overline{AB} = 2R\sin\dfrac{\theta}{2} = 2 \times 500 \times \sin\dfrac{60°}{2} = 500\text{m}$

정답 85 ④ 86 ④ 87 ① 88 ② 89 ① 90 ②

91 점 A(X_1, Y_1)를 지나고 방위각이 α인 직선과 점 B(X_2, Y_2)를 지나고 방위각이 β인 직선이 점 P에서 교차하는 경우 $\overline{AP}$의 거리(S)를 구하는 식으로 옳은 것은?

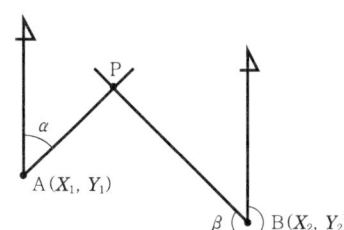

① $S = \dfrac{(Y_2 - Y_1)\sin\beta - (X_2 - X_1)\cos\beta}{\sin(\alpha - \beta)}$

② $S = \dfrac{(Y_2 - Y_1)\sin\beta + (X_2 - X_1)\cos\beta}{\sin(\alpha - \beta)}$

③ $S = \dfrac{(Y_2 - Y_1)\cos\beta - (X_2 - X_1)\sin\beta}{\sin(\alpha - \beta)}$

④ $S = \dfrac{(Y_2 - Y_1)\cos\beta + (X_2 - X_1)\sin\beta}{\sin(\alpha - \beta)}$

해설 $S = \dfrac{(Y_2 - Y_1)\cos\beta - (X_2 - X_1)\sin\beta}{\sin(\alpha - \beta)}$

92 축척 600분의 1 지역에서 어느 지적도근점의 종선좌표가 $X = 447315.54$m일 때 이 점이 위치하는 지적도 도곽선의 종선수치를 올바르게 나열한 것은?

① 445,400m, 445,200m
② 447,400m, 447,200m
③ 448,500m, 448,300m
④ 449,450m, 449,250m

해설 종선좌표의 계산
㉠ $447315.54 - 500,000 = -52684.46$m
㉡ $\dfrac{-52684.46}{200} = -263.42$
㉢ $-263.42 \times 200 = -52,600$m
㉣ 우상단의 종선좌표 $= -52,600 + 500,000 = 447,400$m
㉤ 좌하단의 종선좌표 $= 447,400 - 200 = 447,200$m

정답 91 ③ 92 ②

06 면적측정 및 제도

1 면적측정의 개요

1 의의
지적측량성과에 의하여 지적공부에 등록한 필지의 수평면상 넓이를 말한다.

2 대상
① 면적측정의 대상 : 지적공부의 복구, 신규등록, 등록전환, 분할, 경계정정, 축척변경
② 면적측정의 대상이 아닌 것 : 도면의 재작성, 지목변경, 지번변경, 합병, 경계복원측량, 지적현황측량

3 방법

1) 좌표에 의한 방법

① 경위의측량방법으로 세부측량을 실시한 경우, 즉 경계점좌표등록부가 비치된 지역에서의 면적은 필지의 좌표를 이용하여 면적을 측정하여야 한다.

② 산출면적은 $\dfrac{1}{1,000}$ m^{2}까지 계산하여 $\dfrac{1}{100}$ m^{2}단위로 정한다.

$$A = \dfrac{1}{2}\{y_1(x_n - x_2) + y_2(x_1 - x_3) + y_3(x_2 - x_4)$$
$$+ \cdots + y_n(x_{n-1} - x_{n+1})\}$$
$$= \dfrac{1}{2}\{y_n(x_{n-1} - x_{n+1})\}$$

또는

$$A = \dfrac{1}{2}\{x_1(y_n - y_2) + x_2(y_1 - y_3) + x_3(y_2 - y_4)$$
$$+ \cdots + x_n(y_{n-1} - y_{n+1})\}$$
$$= \dfrac{1}{2}\{x_n(y_{n-1} - y_{n+1})\}$$

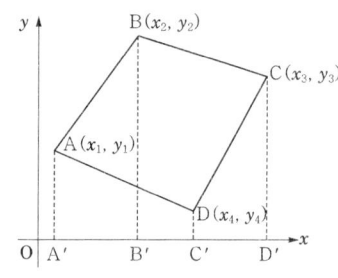

▲ 좌표에 의한 방법

2) 전자면적측정기법

① 전자식 구적기라고도 하며 도상에서 2회 측정하여 그 교차가 다음 산식에 의한 허용면적 이하인 때에는 그 평균치를 측정면적으로 한다.

$$A = 0.023^2 M\sqrt{F}$$

여기서, A : 허용면적, M : 축척분모, F : 2회 측정한 면적의 합계를 2로 나눈 수

② 측정면적은 $\frac{1}{1,000}$ m² 까지 계산하여 $\frac{1}{10}$ m² 단위로 정한다.

3) 도상삼사법

평판측량에 의하여 작성된 지적도, 임야도에서 면적을 산정할 때 이용되는 방법으로 필지를 삼각형으로 분할하여 각 측선의 거리를 측정하고 삼사법을 이용하여 면적을 산정하는 방법이다.

① 삼사법 : 삼각형의 밑변과 높이를 측정하여 면적을 계산하는 방법이다.

$$A = \frac{1}{2}ah$$

② 이변법 : 두 변을 알고 사잇각을 알 때

$$A = \frac{1}{2}ab\sin\gamma = \frac{1}{2}ac\sin\beta = \frac{1}{2}bc\sin\alpha$$

③ 삼변법(헤론의 공식) : 세 변의 길이를 알 때

$$A = \sqrt{s(s-a)(s-b)(s-c)}$$

여기서, $s = \frac{1}{2}(a+b+c)$

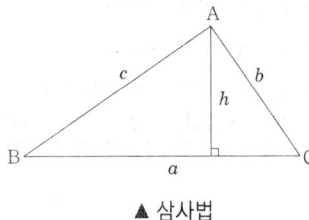
▲ 삼사법

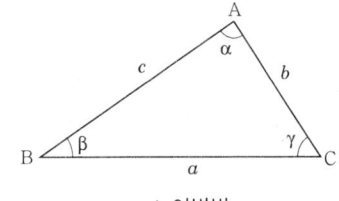
▲ 이변법

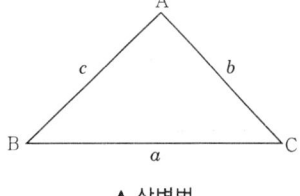
▲ 삼변법

4) 플래니미터법

(1) 극침을 도형 밖에 놓았을 때

① 도면의 축척과 구적기의 축척이 같을 경우 :

$$A = Cn$$

여기서, C : 플래니미터 정수, $n = n_2 - n_1$

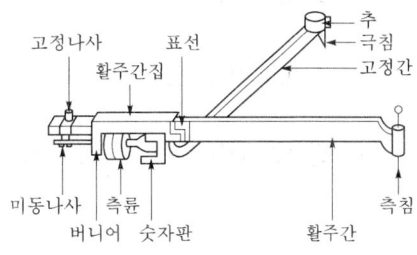
▲ 플래니미터

② 도면의 축척과 구적기의 축척이 다를 경우 : $A = \left(\dfrac{S}{L}\right)^2 Cn$

여기서, S : 도형의 축척분모수, L : 구적기의 축척분모수

③ 도면의 축척 종(세로), 횡(가로)이 다를 경우 : $A = \left(\dfrac{S}{L}\right)^2 Cn = \left(\dfrac{S_1 S_2}{L^2}\right) Cn$

여기서, S_1 : 도면의 가로축척분모수, S_2 : 도면의 세로축척분모수

(2) 극침을 도형 안에 놓았을 때

① 도면의 축척과 구적기의 축척이 같을 경우 : $A = C(n + n_0)$

② 도면의 축척과 구적기의 축척이 다를 경우 : $A = \left(\dfrac{S}{L}\right)^2 C(n + n_0)$

(3) 축척과 단위면적의 관계

$$a_2 = \left(\dfrac{m_2}{m_1}\right)^2 a_1$$

4 면적의 결정

구분	$\dfrac{1}{1,000} \sim \dfrac{1}{6,000}$	$\dfrac{1}{600}$, 경계점좌표등록부
등록자리수	자연수(정수)	m^2 이하 한 자리
최소면적	$1m^2$	$0.1m^2$
소수처리방법	• $0.5m^2$ 미만 → 버림 • $0.5m^2$ 초과 → 올림 • $0.5m^2$일 때 구하고자 하는 수가 홀수 → 올림, 0 또는 짝수 → 버림	• $0.05m^2$ 미만 → 버림 • $0.05m^2$ 초과 → 올림 • $0.05m^2$일 때 구하고자 하는 수가 홀수 → 올림, 0 또는 짝수 → 버림

5 축척과 거리, 면적의 관계

① 축척과 거리의 관계 : $\dfrac{1}{m} = \dfrac{도상거리}{실제 거리}$

② 축척과 면적의 관계 : $\left(\dfrac{1}{m}\right)^2 = \dfrac{도상면적}{실제 면적}$

③ 면적과 평의 관계 : $\dfrac{400}{121} \times 평 = m^2$, $\dfrac{121}{400} \times m^2 = 평$

6 토지이동에 따른 면적결정

1) 분할의 경우

분할을 하는 경우에는 분할 전 면적에 증감이 없도록 분할 후 각 필지의 면적을 산정한다.

(1) 면적측정방법

분할 후 각 필지의 면적은 계산 또는 기구로 직접 측정하거나 차인하여 구한다.

(2) 신·구면적 허용오차

분할 후 각 필지의 면적합계와 분할 전 면적의 오차가 다음의 범위 이내일 때 그 오차를 안분배부하여 분할 후 필지별 면적을 결정한다.

$$A = 0.026^2 M\sqrt{F}$$

여기서, A : 허용면적, F : 분할 전 면적, M : 축척분모(축척이 1/3,000 이하이면 6,000을 사용)

(3) 신·구면적오차의 배부

신구면적오차는 산출면적에 비례하여 배부한다.

① 배부면적 $= \dfrac{\text{각 필지의 산출면적}}{\text{산출면적의 합계}} \times 오차$

② 결정면적 $= \dfrac{\text{원면적}}{\text{측정면적의 합}} \times 각\ 필지의\ 측정면적$

(4) 단수처리

배부면적은 필요한 자리까지 계산하고, 그 합계가 오차와 일치하도록 단수가 큰 것부터 절상하거나 절사한다.

(5) 면적차인조건

면적이 5,000m² 이상인 필지를 분할하는 경우 분할 후의 면적이 분할 전 면적의 80% 이상이 되는 필지의 면적을 측정할 때에는 분할 전 면적의 20% 미만이 되는 필지의 면적을 먼저 측정한 후, 분할 전 면적에서 그 측정면적을 빼는 방법으로 할 수 있다. 다만, 동일한 측량결과도에서 측정할 수 있는 경우와 좌표면적계산법에 따라 면적을 측정하는 경우에는 그러하지 아니하다.

2) 등록전환의 경우

① 임야대장의 면적과 등록전환될 면적의 오차허용범위 : $A = 0.026^2 M\sqrt{F}$

여기서, A : 오차허용면적, M : 임야도 축척분모(1/3,000인 지역은 6,000으로 한다)
F : 등록전환될 면적

② 임야대장의 면적과 등록전환될 면적의 차이가 ①의 산식에 의한 허용범위 이내인 경우에는 등록전환될 면적을 등록전환면적으로 결정하고, 허용범위를 초과하는 경우에는 임야대장의 면적 또는 임야도의 경계를 지적소관청이 직권으로 정정하여야 한다.

7 측정면적의 보정

1) 의의

면적을 측정하는 경우 도곽선의 길이에 0.5mm 이상의 신축이 있는 때에는 이를 보정하여야 한다.

2) 도곽선의 신축량

$$S = \frac{\Delta X_1 + \Delta X_2 + \Delta Y_1 + \Delta Y_2}{4}$$

여기서, S : 신축량, ΔX_1 : 왼쪽 종선의 신축된 차, ΔX_2 : 오른쪽 종선의 신축된 차
ΔY_1 : 위쪽 횡선의 신축된 차, ΔY_2 : 아래쪽 횡선의 신축된 차

$$신축된\ 차 = \frac{1,000(L-L_0)}{M}[\text{mm}]$$

여기서, L : 신축된 도곽선 지상길이, L_0 : 도곽선 지상길이, M : 축척분모

3) 도곽선의 보정계수

$$Z = \frac{XY}{\Delta X \Delta Y}$$

여기서, Z : 보정계수, X : 도곽선 종선길이, Y : 도곽선 횡선길이
ΔX : 신축된 도곽선 종선길이의 합/2, ΔY : 신축된 도곽선 횡선길이의 합/2

2 도면제도

1 일람도의 제도

제도대상	제도방법
글자의 크기 및 간격도면번호	• 글자의 크기 : 9mm • 글자 사이의 간격 : 글자크기의 2분의 1 정도 띄움
축척	• 축척 : 제명 끝에 20mm를 띄움
도면번호	• 글자크기 : 3mm
인접 동·리명칭	• 4mm크기 • 행정구역 : 5mm
지방도로	• 검은색 0.2mm의 2선 • 기타 도로 : 0.1mm선

제도대상	제도방법
철도용지	• 붉은색 0.2mm의 2선
수도용지 중 선로	• 남색 0.1mm 2선
하천, 구거, 유지	• 남색 0.1mm선 내부는 남색으로 옅게 채색 • 적은 양일 경우(하천, 구거) 남색선으로 제도
취락지, 건물	• 0.1mm의 선 그 내부는 검은색으로 옅게 채색

2 지번색인표의 제도

① 제명은 지번색인표 윗부분에 9mm의 크기로 "○○시·도 ○○시·군·구 ○○읍·면 ○○동·리 지번색인표"라 제도한다.
② 지번색인표에는 도면번호별로 그 도면에 등록된 지번을, 토지의 이동으로 결번이 생긴 때에는 결번란에 그 지번을 제도한다.

3 도면제도

1) 도곽선의 제도

① 도면의 위방향은 항상 북쪽이 되어야 한다.
② 지적도의 도곽크기는 가로 40cm, 세로 30cm의 직사각형으로 한다.
③ 도곽의 구획은 좌표의 원점을 기준으로 하여 정하되, 그 도곽의 종횡선수치는 좌표의 원점으로부터 기산하여 종횡선수치를 각각 가산한다.
④ 이미 사용하고 있는 도면의 도곽크기는 종전에 구획되어 있는 도곽과 그 수치로 한다.
⑤ 도면에 등록하는 도곽선은 0.1mm의 폭으로, 도곽선의 수치는 도곽선 왼쪽 아랫부분과 오른쪽 윗부분의 종횡선 교차점 바깥쪽에 2mm 크기의 아라비아숫자로 제도한다.

2) 경계의 제도

① 경계는 0.1mm 폭으로 제도한다.
② 1필지의 경계가 도곽선에 걸쳐 등록되어 있는 경우에는 도곽선 밖의 여백에 경계를 제도하거나 도곽선을 기준으로 다른 도면에 나머지 경계를 제도한다. 이 경우 다른 도면에 경계를 제도하는 때에는 지번 및 지목은 붉은색으로 한다.
③ 경계점좌표등록부 시행지역의 도면(경계점 간 거리등록을 하지 아니한 도면을 제외한다)에 등록하는 경계점 간 거리는 검은색으로 1.5mm 크기의 아라비아숫자로 제도한다. 다만, 경계점 간 거리가 짧거나 경계가 원을 이루는 경우에는 거리를 등록하지 아니할 수 있다.
④ 지적기준점 등이 매설된 토지를 분할하는 경우 그 토지가 작아서 제도하기가 곤란한 경우에는 그 도면의 여백에 그 축척의 10배로 확대하여 제도할 수 있다.

3) 지번 및 지목의 제도

① 지번 및 지목은 경계에 닿지 않도록 필지의 중앙에 제도한다. 다만, 1필지의 토지가 형상이 좁고 길어서 필지의 중앙에 제도하기가 곤란한 때에는 가로쓰기가 되도록 도면을 왼쪽 또는 오른쪽으로 돌려서 제도할 수 있다.

② 지번 및 지목을 제도하는 때에는 지번 다음에 지목을 제도한다. 이 경우 명조체의 2~3mm의 크기로, 지번의 글자간격은 글자크기의 4분의 1 정도, 지번과 지목의 글자 간격은 글자크기의 2분의 1 정도 띄워서 제도한다. 다만, 부동산종합공부시스템이나 레터링으로 작성하는 경우에는 고딕체로 할 수 있다.

③ 1필지의 면적이 작아서 지번과 지목을 필지의 중앙에 제도할 수 없는 때에는 ㄱ, ㄴ, ㄷ, ㄱ^1, ㄴ^1, ㄷ^1, … ㄱ^2, ㄴ^2, ㄷ^2, … 등으로 부호를 붙이고, 도곽선 밖에 그 부호·지번 및 지목을 제도한다. 이 경우 부호가 많아서 그 도면의 도곽선 밖에 제도할 수 없는 경우에는 별도로 부호도를 작성할 수 있다.

4) 지적기준점 등의 제도

삼각점 및 지적기준점은 0.2mm 폭의 선으로 다음과 같이 제도한다. 이 경우 공사가 설치하고 그 지적기준점 성과를 지적소관청이 인정한 지적기준점에 포함한다.

① 지적위성기준점은 직경 2mm, 3mm의 2중원 안에 십자선을 표시하여 제도한다.

② 1등 및 2등삼각점은 직경 1mm, 2mm 및 3mm의 3중원으로 제도한다. 이 경우 1등삼각점은 그 중심원 내부를 검은색으로 엷게 채색한다.

③ 3등 및 4등삼각점은 직경 1mm, 2mm의 2중원으로 제도한다. 이 경우 3등삼각점은 그 중심원 내부를 검은색으로 엷게 채색한다.

④ 지적삼각점 및 지적삼각보조점은 직경 3mm의 원으로 제도한다. 이 경우 지적삼각점은 원 안에 십자선을, 지적삼각보조점은 원 안을 검은색으로 엷게 채색한다.

⑤ 지적도근점은 직경 2mm의 원으로 제도한다.

⑥ 지적기준점의 명칭과 번호는 그 지적기준점의 윗부분에 명조체의 2~3mm의 크기로 제도한다. 다만, 레터링으로 작성하는 경우에는 고딕체로 할 수 있으며, 경계에 닿는 경우에는 적당한 위치에 제도할 수 있다.

5) 행정구역선의 제도

도면에 등록하는 행정구역선은 0.4mm 폭으로 다음과 같이 제도한다. 다만, 동·리의 행정구역선은 0.2mm 폭으로 한다.

① 국계는 실선 4mm와 허선 3mm로 연결하고 실선 중앙에 1mm로 교차하며 허선에 직경 0.3mm의 점 2개를 제도한다.

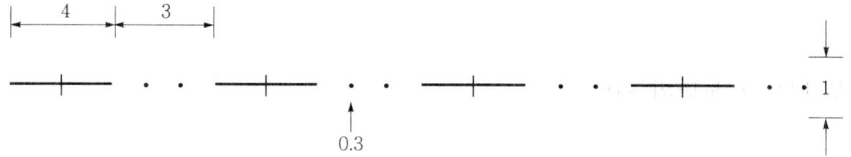

② 시·도계는 실선 4mm와 허선 2mm로 연결하고 실선 중앙에 1mm로 교차하며 허선에 직경 0.3mm의 점 1개를 제도한다.

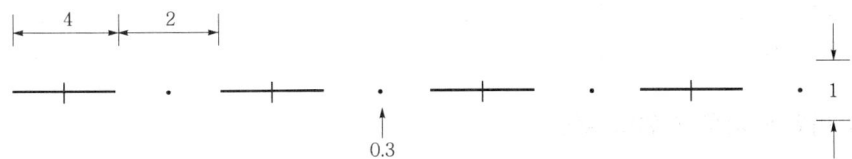

③ 시·군계는 실선과 허선을 각각 3mm로 연결하고 허선에 0.3mm의 점 2개를 제도한다.

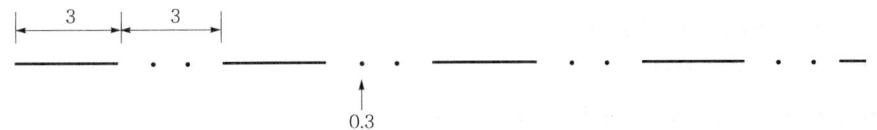

④ 읍·면·구계는 실선 3mm와 허선 2mm로 연결하고 허선에 0.3mm의 점 1개를 제도한다.

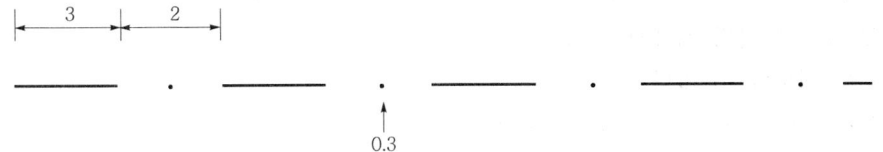

⑤ 동·리계는 실선 3mm와 허선 1mm로 연결하여 제도한다.

⑥ 행정구역선이 2종 이상 겹치는 경우에는 최상급 행정구역선만 제도한다.
⑦ 행정구역선은 경계에서 약간 띄워서 그 외부에 제도한다.
⑧ 행정구역의 명칭은 도면여백의 대소에 따라 4~6mm의 크기로 경계 및 지적기준점 등을 피하여 같은 간격으로 띄워서 제도한다.
⑨ 도로, 철도, 하천, 유지 등의 고유명칭은 3~4mm의 크기로 같은 간격으로 띄워서 제도한다.

6) 도면의 제도

(1) 색인도

① 가로 7mm, 세로 6mm 크기의 직사각형을 중앙에 두고 그의 4변에 접하여 같은 규격으로 4개를 제도한다.
② 1장의 도면을 중앙으로 하여 동일 지번부여지역 안 왼쪽, 아래쪽, 왼쪽 및 오른쪽의 인접 도면번호를 각각 3mm의 크기로 제도한다.

(2) 제명 및 축척

도곽선 윗부분 여백의 중앙에 "○○시·군·구 ○○읍·면 ○○동·리 지적도 또는 임야도 ○○장 중 제○○호 축척 ○○○○분의 1"이라 제도한다. 이 경우 그 제도방법은 다음과 같다.
① 글자의 크기는 5mm로 하고, 글자 사이의 간격은 글자크기의 2분의 1 정도 띄운다.
② 축척은 제명 끝에서 10mm를 띄운다.

7) 토지의 이동에 따른 도면의 제도

① 토지의 이동으로 지번 및 지목을 제도하는 경우에는 이동 전 지번 및 지목을 말소하고 그 윗부분에 새로이 설정된 지번 및 지목을 제도한다. 이 경우 세로쓰기로 제도된 경우에는 글자배열의 방향에 따라 말소하고 그 윗부분에 새로이 설정된 지번 및 지목을 가로쓰기로 제도한다.
② 경계를 말소하는 경우 해당 경계선을 말소한다.
③ 말소된 경계를 다시 등록하는 경우에는 말소표시의 교차선 중심점을 기준으로 직경 2~3mm의 붉은색 원으로 제도한다. 다만, 1필지의 면적이 작거나 경계가 복잡하여 원의 표시가 인접 경계와 접할 경우에는 말소표시사항을 칼로 긁거나 다른 방법으로 지워서 제도할 수 있다.
④ 신규등록, 등록전환 및 등록사항정정으로 도면에 경계·지번 및 지목을 새로이 등록하는 경우에는 이미 비치된 도면에 제도한다. 다만, 이미 비치된 도면에 정리할 수 없는 경우에는 새로이 도면을 작성한다.
⑤ 등록전환하는 경우에는 임야도의 그 지번 및 지목을 말소한다.
⑥ 분할하는 경우에는 분할 전 지번 및 지목을 말소하고, 분할경계를 제도한 후 필지마다 지번 및 지목을 새로이 제도한다. 다만, 분할 전 지번 및 지목이 분할 후 1필지 내의 중앙에 있는 경우에는 이를 말소하지 아니한다.
⑦ 도곽선에 걸쳐 있는 필지가 분할되어 도곽선 밖에 분할경계가 제도된 경우에는 도곽선 밖에 제도된 필지의 경계를 말소하고 그 도곽선 안에 경계·지번 및 지목을 제도한다.
⑧ 합병하는 경우에는 합병되는 필지 사이의 경계·지번 및 지목을 말소한 후 새로이 부여하는 지번과 지목을 제도한다. 이 경우 합병 후에 부여하는 지번과 지목의 위치가 필지의 중앙에 있는 경우에는 그러하지 아니하다.
⑨ 지번 또는 지목을 변경하는 경우에는 지번 또는 지목만 말소하고 그 윗부분에 새로이 설정된 지번 또는 지목을 제도한다. 다만, 윗부분에 제도하기가 곤란한 때에는 오른쪽 또는 아래쪽에 제도할 수 있다.
⑩ 지적공부에 등록된 토지가 바다로 된 경우에는 경계·지번 및 지목을 말소한다.
⑪ 행정구역이 변경된 경우에는 변경 전 행정구역선과 그 명칭 및 지번을 말소하고 변경 후의 행정구역선과 그 명칭 및 지번을 제도한다.
⑫ 도시개발사업·축척변경 등 시행지역으로서 시행 전과 시행 후의 도면축척이 같고 시행 전 도면에 등록된 필지의 일부가 사업지구 안에 편입된 경우에는 이미 비치된 도면에 경계·지번 및 지목을 제도하거나 남아 있는 일부 필지를 포함하여 도면을 작성한

다. 다만, 도면과 확정측량결과도의 도곽선 차이가 0.5mm 이상인 경우에는 확정측량결과도에 의하여 새로이 도면을 작성한다.

⑬ 도시개발사업·축척변경 등의 완료로 새로이 도면을 작성한 지역의 종전 도면은 지구 안의 지번 및 지목을 말소하고, 지구경계선을 따라 지구 안을 붉은색으로 엷게 채색하고 그 중앙에 사업명 및 사업완료연도를 기재한다.

06 예상문제

01 세부측량을 하는 경우 필지마다 면적을 측정하여야 하는 대상이 아닌 것은?

① 분할 ② 합병
③ 신규등록 ④ 등록전환

해설 합병의 경우 각 필지의 면적을 합산하여 면적을 결정하므로 별도로 면적을 측정하지 않는다.

02 지적측량시행규칙에 의한 면적측정의 대상이 아닌 것은?

① 축척변경을 하는 경우
② 지적공부의 복구 및 토지합병을 하는 경우
③ 도시개발사업 등으로 인해 토지의 표시를 새로 결정하는 경우
④ 경계복원측량에 면적측정이 수반되는 경우

해설 토지를 합병하는 경우 면적결정은 합병 전 각 필지의 면적을 합산하여 결정하므로 면적측정을 하지 않는다.

03 지적 관련 법규에 따른 면적측정방법에 해당하는 것은?

① 지상삼사법 ② 도상삼사법
③ 스타디아법 ④ 좌표면적계산법

해설 공간정보의 구축 및 관리 등에 관한 법률상 면적측정은 전자면적측정기법과 좌표법에 의한다.

04 등록전환을 하는 경우 임야대장의 면적과 등록전환될 면적의 오차허용범위에 대한 계산식은? (단, A : 오차허용면적, M : 임야도의 축척분모, F : 등록전환될 면적)

① $A = 0.026M\sqrt{F}$ ② $A = 0.023M\sqrt{F}$
③ $A = 0.023^2 M\sqrt{F}$ ④ $A = 0.026^2 M\sqrt{F}$

해설 등록전환 시 면적의 허용오차는 $A = 0.026^2 M\sqrt{F}$ 이다.

05 전자면적측정기에 따른 면적측정기준으로 옳지 않은 것은?

① 도상에서 2회 측정한다.
② 측정면적은 100분의 1m^2까지 계산한다.
③ 측정면적은 10분의 1m^2단위로 정한다.
④ 교차가 허용면적 이하일 때에는 그 평균치를 측정면적으로 한다.

해설 지적측량시행규칙 제20조(면적측정의 방법 등)
① 좌표면적계산법에 따른 면적측정은 다음 각 호의 기준에 따른다.
 1. 경위의측량방법으로 세부측량을 한 지역의 필지별 면적측정은 경계점좌표에 따를 것
 2. 산출면적은 1천분의 1m^2까지 계산하여 100분의 1m^2단위로 정할 것
② 전자면적측정기에 따른 면적측정은 다음 각 호의 기준에 따른다.
 1. 도상에서 2회 측정하여 그 교차가 다음 계산식에 따른 허용면적 이하일 때에는 그 평균치를 측정면적으로 할 것
 $A = 0.023^2 M\sqrt{F}$
 (A는 허용면적, M은 축척분모, F는 2회 측정한 면적의 합계를 2로 나눈 수)
 2. 측정면적은 1천분의 1m^2까지 계산하여 10분의 1m^2단위로 정할 것

06 전자면적측정기에 따른 면적측정은 도상에서 몇 회 측정하여야 하는가?

① 1회 ② 2회
③ 3회 ④ 5회

해설 지적측량시행규칙 제20조(면적측정의 방법 등)
① 좌표면적계산법에 따른 면적측정은 다음 각 호의 기준에 따른다.
 1. 경위의측량방법으로 세부측량을 한 지역의 필지별 면적측정은 경계점좌표에 따를 것
 2. 산출면적은 1천분의 1m^2까지 계산하여 100분의 1m^2단위로 정할 것
② 전자면적측정기에 따른 면적측정은 다음 각 호의 기준에 따른다.
 1. 도상에서 2회 측정하여 그 교차가 다음 계산식에 따른 허용면적 이하일 때에는 그 평균치를 측정면적으로 할 것
 $A = 0.023^2 M\sqrt{F}$

정답 01 ② 02 ② 03 ④ 04 ④ 05 ② 06 ②

(A는 허용면적, M은 축척분모, F는 2회 측정한 면적의 합계를 2로 나눈 수)
2. 측정면적은 1천분의 $1m^2$까지 계산하여 10분의 $1m^2$단위로 정할 것

07 좌표면적계산법으로 면적측정을 하는 경우 다음 내용의 ⊙과 ⓒ에 들어갈 말로 옳은 것은? 〔기 18-2〕

> 산출면적은 (⊙)까지 계산하여 (ⓒ)단위로 정할 것

① ⊙ $\frac{1}{10}m^2$, ⓒ $1m^2$
② ⊙ $\frac{1}{100}m^2$, ⓒ $1m^2$
③ ⊙ $\frac{1}{1,000}m^2$, ⓒ $\frac{1}{100}m^2$
④ ⊙ $\frac{1}{10,000}m^2$, ⓒ $\frac{1}{10}m^2$

해설 경위의측량방법으로 세부측량을 한 지역의 필지별 면적측정은 경계점좌표에 따르며, 산출면적은 $1/1,000m^2$까지 계산하여 $1/100m^2$단위로 정한다.

08 필지의 면적측정방법에 대한 설명으로 적합하지 않은 것은? 〔산 19-2〕

① 필지별 면적측정은 지상경계 및 도상좌표에 의한다.
② 전자면적측정기로 면적을 측정하는 경우 도상에서 2회 측정한다.
③ 경계점좌표등록부 시행지역은 좌표면적계산법으로 면적을 측정한다.
④ 측정면적은 1천분의 $1m^2$까지 계산하여 10분의 $1m^2$단위로 정한다.

해설 지적측량시행규칙 제20조(면적측정의 방법 등)
① 좌표면적계산법에 따른 면적측정은 다음 각 호의 기준에 따른다.
  1. 경위의측량방법으로 세부측량을 한 지역의 필지별 면적측정은 경계점좌표에 따를 것
  2. 산출면적은 1천분의 $1m^2$까지 계산하여 100분의 $1m^2$단위로 정할 것
② 전자면적측정기에 따른 면적측정은 다음 각 호의 기준에 따른다.
  1. 도상에서 2회 측정하여 그 교차가 다음 계산식에 따른 허용면적 이하일 때에는 그 평균치를 측정면적으로 할 것
  $A = 0.023^2 M\sqrt{F}$
  (A는 허용면적, M은 축척분모, F는 2회 측정한 면적의 합계를 2로 나눈 수)
  2. 측정면적은 1천분의 $1m^2$까지 계산하여 10분의 $1m^2$단위로 정할 것

09 좌표면적계산법에 따른 면적측정 시 산출면적의 결정기준으로 옳은 것은? 〔기 19-2〕

① 10분의 $1m^2$까지 계산하여 $1m^2$단위로 정한다.
② 100분의 $1m^2$까지 계산하여 $1m^2$단위로 정한다.
③ 100분의 $1m^2$까지 계산하여 10분의 $1m^2$단위로 정한다.
④ 1,000분의 $1m^2$까지 계산하여 100분의 $1m^2$단위로 정한다.

해설 지적측량시행규칙 제20조(면적측정의 방법 등)
① 좌표면적계산법에 따른 면적측정은 다음 각 호의 기준에 따른다.
  1. 경위의측량방법으로 세부측량을 한 지역의 필지별 면적측정은 경계점좌표에 따를 것
  2. 산출면적은 1천분의 $1m^2$까지 계산하여 100분의 $1m^2$단위로 정할 것
② 전자면적측정기에 따른 면적측정은 다음 각 호의 기준에 따른다.
  1. 도상에서 2회 측정하여 그 교차가 다음 계산식에 따른 허용면적 이하일 때에는 그 평균치를 측정면적으로 할 것
  $A = 0.023^2 M\sqrt{F}$
  (A는 허용면적, M은 축척분모, F는 2회 측정한 면적의 합계를 2로 나눈 수)
  2. 측정면적은 1천분의 $1m^2$까지 계산하여 10분의 $1m^2$단위로 정할 것

10 면적측정방법에 관한 다음 내용 중 ⊙, ⓒ에 알맞은 것은? 〔기 19-2〕

> 전자면적측정기에 따른 면적측정에 있어서 도상에서 (⊙)회 측정하여 그 교차가 허용면적 이하일 때에는 그 평균치를 측정면적으로 정하는데, 허용면적의 계산식은 (ⓒ)이다.

① ⊙ 2회, ⓒ $A = 0.023 M\sqrt{F}$
② ⊙ 2회, ⓒ $A = 0.023^2 M\sqrt{F}$
③ ⊙ 3회, ⓒ $A = 0.026 M\sqrt{F}$
④ ⊙ 3회, ⓒ $A = 0.026^2 M\sqrt{F}$

정답 07 ③ 08 ① 09 ④ 10 ②

해설 지적측량시행규칙 제20조(면적측정의 방법 등)
② 전자면적측정기에 따른 면적측정은 다음 각 호의 기준에 따른다.
1. 도상에서 2회 측정하여 그 교차가 다음 계산식에 따른 허용면적 이하일 때에는 그 평균치를 측정면적으로 할 것
$$A = 0.023^2 M\sqrt{F}$$
(A는 허용면적, M은 축척분모, F는 2회 측정한 면적의 합계를 2로 나눈 수)
2. 측정면적은 1천분의 $1m^2$까지 계산하여 10분의 $1m^2$ 단위로 정할 것

11 좌표면적계산법에 따른 면적측정에서 산출면적은 얼마의 단위까지 계산하여야 하는가?

① $1m^2$까지 계산
② $\frac{1}{10}m^2$까지 계산
③ $\frac{1}{100}m^2$까지 계산
④ $\frac{1}{1,000}m^2$까지 계산

해설 지적측량시행규칙 제20조(면적측정의 방법 등)
① 좌표면적계산법에 따른 면적측정은 다음 각 호의 기준에 따른다.
1. 경위의측량방법으로 세부측량을 한 지역의 필지별 면적측정은 경계점좌표에 따를 것
2. 산출면적은 1천분의 $1m^2$까지 계산하여 100분의 $1m^2$ 단위로 정할 것
② 전자면적측정기에 따른 면적측정은 다음 각 호의 기준에 따른다.
1. 도상에서 2회 측정하여 그 교차가 다음 계산식에 따른 허용면적 이하일 때에는 그 평균치를 측정면적으로 할 것
$$A = 0.023^2 M\sqrt{F}$$
(A는 허용면적, M은 축척분모, F는 2회 측정한 면적의 합계를 2로 나눈 수)
2. 측정면적은 1천분의 $1m^2$까지 계산하여 10분의 $1m^2$ 단위로 정할 것

12 경위의측량에 의한 세부측량 시 면적측정방법으로 옳은 것은?

① 전자면적측정기법
② 삼사법
③ 좌표면적계산법
④ 이변법

해설 지적측량시행규칙 제20조(면적측정의 방법 등)
① 좌표면적계산법에 따른 면적측정은 다음 각 호의 기준에 따른다.
1. 경위의측량방법으로 세부측량을 한 지역의 필지별 면적측정은 경계점좌표에 따를 것
2. 산출면적은 1천분의 $1m^2$까지 계산하여 100분의 $1m^2$ 단위로 정할 것

13 등록전환 시 임야대장상 말소면적과 토지대장상 등록면적과의 허용오차 산출식은? (단, M은 임야도의 축척분모, F는 등록전환될 면적이다.)

① $A = 0.026^2 M\sqrt{F}$
② $A = 0.026 MF$
③ $A = 0.026^2 MF$
④ $A = 0.026 M\sqrt{F}$

해설 등록전환을 하는 경우

허용범위	이내	초과
$A = 0.026^2 M\sqrt{F}$	등록전환될 면적을 등록전환 면적으로 결정	임야대장의 면적 또는 임야도의 경계를 지적소관청이 직권으로 정정

여기서, A : 오차허용면적
M : 임야도 축척분모(3,000분의 1인 지역의 축척분모는 6,000으로 한다.)
F : 등록전환될 면적

14 축척이 1:1,200인 지역에서 전자면적측정기에 따른 면적을 도상에서 2회 측정한 결과가 $654.8m^2$, $655.2m^2$이었을 때 평균치를 측정면적으로 하기 위하여 교차는 얼마 이하이어야 하는가?

① $16.2m^2$
② $17.2m^2$
③ $18.2m^2$
④ $19.2m^2$

해설 $A = 0.023^2 M\sqrt{F}$
$= 0.023^2 \times 1,200 \times \sqrt{\dfrac{654.8+655.2}{2}} = 16.2m^2$

15 축척 600분의 1 임야도에서 분할토지의 원면적이 $1,700m^2$일 때 오차허용면적은?

① $13.1m^2$
② $14.8m^2$
③ $16.7m^2$
④ $18.4m^2$

해설 $A = 0.026^2 M\sqrt{F}$
$= 0.026^2 \times 600 \times \sqrt{1,700} = 16.7m^2$

16 축척 1,200분의 1 지적도 시행지역에서 전자면적측정기로 도상에서 2회 측정한 값이 $270.5m^2$, $275.5m^2$이었을 때 그 교차는 얼마 이하여야 하는가?

① $10.4m^2$
② $13.4m^2$
③ $17.3m^2$
④ $24.3m^2$

정답 11 ④ 12 ③ 13 ① 14 ① 15 ③ 16 ①

해설 $A = 0.023^2 M\sqrt{F}$
$= 0.023^2 \times 1,200 \times \sqrt{\dfrac{270.5 + 275.5}{2}} = 10.4\text{m}^2$

17 축척이 1/1,200인 지역에서 800m²의 토지를 분할하고자 할 때 신·구면적오차의 허용범위는? 기 16-2

① 114m² ② 57m²
③ 22m²   ④ 20m²

해설 $A = 0.026^2 M\sqrt{F} = 0.026^2 \times 1,200 \times \sqrt{800} = 22\text{m}^2$

18 다음 중 면적의 결정방법으로 옳은 것은? 기 16-1

① 지적도의 축척이 1/600인 지역의 면적단위는 m²로 한다.
② 지적도의 축척이 1/600인 지역의 면적단위는 m² 이하 한 자리로 한다.
③ 지적도의 축척이 1/600인 지역의 1필지의 면적이 1m² 미만인 경우는 1m²로 면적을 결정한다.
④ 지적도의 축척이 1/600인 지역의 1필지의 면적이 0.1m² 미만인 경우는 버린다.

해설 지적도의 축척이 1/600인 지역의 면적단위는 m² 이하 한 자리로 한다.

19 지적도의 축척이 1/600인 지역에 필지의 면적이 50.55m²일 때 지적공부에 등록하는 결정면적은? 산 16-3

① 50m²   ② 50.5m²
③ 50.6m² ④ 51m²

해설 축척이 1/600인 지역에서 면적을 측정한 결과 50.55m²는 50.6m²로 결정하여 등록한다.

20 지적도의 축척이 1/600인 지역의 면적결정방법으로 옳은 것은? 기 17-1

① 산출면적이 123.15m²일 때는 123.2m²로 한다.
② 산출면적이 123.55m²일 때는 126m²로 한다.
③ 산출면적이 135.25m²일 때는 135.3m²로 한다.
④ 산출면적이 146.55m²일 때는 146.5m²로 한다.

해설 ② 산출면적이 123.55m²일 때는 123.6m²로 한다.
③ 산출면적이 135.25m²일 때는 135.2m²로 한다.
④ 산출면적이 146.55m²일 때는 146.6m²로 한다.

[참고] 지적도의 축척이 600분의 1인 지역과 경계점좌표등록부에 등록하는 지역의 토지의 면적은 m² 이하 한 자리 단위로 하되, 0.1m² 미만의 끝수가 있는 경우 0.05m² 미만일 때에는 버리고, 0.05m²를 초과하는 때에는 올리며, 0.05m²인 때에는 구하고자 하는 끝자리의 숫자가 0 또는 짝수이면 버리고, 홀수이면 올린다. 다만, 1필지의 면적이 0.1m² 미만인 때에는 0.1m²로 한다.

21 지적도의 축척이 1:600인 지역에서 0.7m²인 필지의 지적공부등록면적은? 산 17-2

① 0m²   ② 0.5m²
③ 0.7m² ④ 1m²

해설 지적도의 축척이 1:600인 지역에서 면적은 m² 이하 한 자리로 등록한다. 따라서 0.7m²인 필지의 지적공부등록면적은 0.7m²이다.

22 지적측량에서 측량계산의 끝수처리가 잘못된 것은? 산 19-2

① 12.6m²는 13m²
② 22.5m²는 22m²
③ 13.5m²는 14m²
④ 10.5m²는 11m²

해설 **면적결정을 위한 끝수처리방법**

구분	1/600, 경계점좌표등록부	기타
등록자리수	m² 이하 한 자리	m²(자연수)
최소면적	0.1m²	1m²
소수처리 방법	• 0.05m² 미만 : 버림 • 0.05m² 초과 : 올림 • 0.05m² 구하고자 하는 수가 홀수 : 올림, 0 또는 짝수 : 버림	• 0.5m² 미만 : 버림 • 0.5m² 초과 : 올림 • 0.5m² 구하고자 하는 수가 홀수 : 올림, 0 또는 짝수 : 버림

따라서 10.5m²는 11m²이어야 한다.

23 지적측량계산 시 끝수처리의 원칙을 적용할 수 없는 것은? 산 18-1

① 면적의 결정   ② 방위각의 결정
③ 연결교차의 결정 ④ 종횡선수치의 결정

정답 17 ③ 18 ② 19 ③ 20 ① 21 ③ 22 ④ 23 ③

해설 면적, 방위각의 각치(角値), 종횡선의 수치 또는 거리의 계산에 있어서 구하고자 하는 끝자리의 다음 숫자가 5 미만인 때에는 버리고, 5를 초과하는 때에는 올리며, 5인 때에는 구하고자 하는 끝자리의 숫자가 0 또는 짝수이면 버리고, 홀수이면 올린다. 다만, 전자계산조직에 의하여 연산하는 때에는 최종수치에만 이를 적용한다.

24 축적이 3,000분의 1인 지역에서 등록전환을 하는 경우 면적이 2,500m²일 때 등록전환에 따른 오차의 허용범위로 옳은 것은? 기 19-2

① ±101m² ② ±102m²
③ ±202m² ④ ±203m²

해설 $A = 0.026^2 M\sqrt{F}$
$= 0.026^2 \times 6,000 \times \sqrt{2,500} = 202\text{m}^2$

[참고] **등록전환에 따른 면적결정허용범위**
$A = 0.026^2 M\sqrt{F}$
(A : 오차허용면적, M : 임야도 축척분모(3,000분의 1인 지역의 축척분모는 6,000으로 한다), F : 등록전환될 면적)
㉠ 이내 : 등록전환될 면적을 등록전환면적으로 결정
㉡ 초과 : 임야대장의 면적 또는 임야도의 경계를 지적소관청이 직권으로 정정하여야 한다.

25 지적도의 축척이 600분의 1인 지역에서 분할필지의 측정면적이 135.65m²일 경우 면적의 결정은 얼마로 하여야 하는가? 산 18-2

① 135m²   ② 135.6m²
③ 135.7m² ④ 136m²

해설 지적도의 축척이 600분의 1인 지역과 경계점좌표등록부에 등록하는 지역의 토지의 면적은 m² 이하 한 자리 단위로 하되, 0.1m² 미만의 끝수가 있는 경우 0.05m² 미만인 때에는 버리고, 0.05m²를 초과하는 때에는 올리며, 0.05m²인 때에는 구하고자 하는 끝자리의 숫자가 0 또는 짝수이면 버리고, 홀수이면 올린다. 다만, 1필지의 면적이 0.1m² 미만인 때에는 0.1m²로 한다. 따라서 지적도의 축척이 600분의 1인 지역에서 분할필지의 측정면적이 135.65m²일 경우 면적의 결정은 135.6m²로 한다.

26 면적을 측정하는 경우 도곽선의 길이에 최소 얼마 이상의 신축이 있는 때에 이를 보정하여야 하는가? 기 16-3

① 0.2mm   ② 0.3mm
③ 0.5mm   ④ 0.7mm

해설 면적을 측정하는 경우 도곽선의 길이에 0.5mm 이상의 신축이 있을 때에는 이를 보정하여야 한다.

27 필지를 분할하는 경우 분할 후의 면적이 분할 전 면적의 80% 이상이 되는 필지의 면적을 측정할 때에는 분할 전 면적의 20% 미만이 되는 필지의 면적을 먼저 측정한 후 분할 전 면적에서 그 측정된 면적을 빼는 방법으로 할 수 있다. 이러한 방법으로 필지를 분할할 수 있는 기준면적은 얼마 이상인가? 기 16-3

① 4,000m² ② 5,000m²
③ 6,000m² ④ 7,000m²

해설 면적이 5,000m² 이상인 필지를 분할하는 경우 분할 후의 면적이 분할 전 면적의 80% 이상이 되는 필지의 면적을 측정할 때에는 분할 전 면적의 20% 미만이 되는 필지의 면적을 먼저 측정한 후 분할 전 면적에서 그 측정된 면적을 빼는 방법으로 할 수 있다. 다만, 동일한 측량결과도에서 측정할 수 있는 경우와 좌표면적계산법에 따라 면적을 측정하는 경우에는 그러하지 아니하다.

28 면적측정의 방법과 관련한 다음 내용의 ㉠과 ㉡에 들어갈 알맞은 말은? 기 19-1

> 면적이 (㉠) 이상인 필지를 분할하는 경우 분할 후의 면적이 분할 전 면적의 80% 이상이 되는 필지의 면적을 측정할 때에는 분할 전 면적의 20% 미만이 되는 필지의 면적을 먼저 측정한 후 분할 전 면적에서 그 측정된 면적을 빼는 방법으로 할 수 있다. 다만, 동일한 측량결과도에서 측정할 수 있는 경우와 (㉡)에 따라 면적을 측정하는 경우에는 그러하지 아니하다.

① ㉠ 3,000m², ㉡ 전자면적측정법
② ㉠ 3,000m², ㉡ 좌표면적측정법
③ ㉠ 5,000m², ㉡ 전자면적측정법
④ ㉠ 5,000m², ㉡ 좌표면적측정법

해설 면적이 5,000m² 이상인 필지를 분할하는 경우 분할 후의 면적이 분할 전 면적의 80% 이상이 되는 필지의 면적을 측정할 때에는 분할 전 면적의 20% 미만이 되는 필지의 면적을 먼저 측정한 후 분할 전 면적에서 그 측정된 면적을 빼는 방법으로 할 수 있다. 다만, 동일한 측량결과도에서 측정할 수 있는 경우와 좌표면적측정법에 따라 면적을 측정하는 경우에는 그러하지 아니하다.

정답 24 ③ 25 ② 26 ③ 27 ② 28 ④

29 지적도의 축척이 1:600인 지역에서 토지를 분할하는 경우 면적측정보의 원면적이 4,529m², 보정면적 합계가 4,550m²일 때 어느 필지의 보정면적이 2,033m²이었다면 이 필지의 산출면적은? 〈기 17-2〉

① 2019.8m²   ② 2023.6m²
③ 2024.4m²   ④ 2028.2m²

해설 필지의 산출면적 $= \dfrac{2,033}{4,550} \times 4,529 = 2023.6\text{m}^2$

30 축척 500분의 1의 도곽선에 신축량이 1.8mm 줄었을 경우 면적의 보정계수는? 〈기 19-3〉

① 0.9895   ② 1.0106
③ 1.0213   ④ 1.1140

해설 $Z = \dfrac{XY}{\Delta X \Delta Y} = \dfrac{300 \times 400}{(300-1.8) \times (400-1.8)} = 1.0106$

31 축척 1/1,200 지역에서 도곽선의 신축량이 +2.0mm일 때 도곽의 신축에 따른 면적보정계수는? 〈기 16-3〉

① 0.99328   ② 0.99224
③ 0.98929   ④ 0.98844

해설 $Z = \dfrac{XY}{\Delta X \Delta Y} = \dfrac{333.33 \times 416.67}{(333.33+2) \times (416.67+2)}$
$= 0.98929$

32 축척 1/1,200 지역에서 지적도 도곽의 신축량이 -6mm 이었을 때 면적보정계수로 옳은 것은? 〈기 18-1〉

① 0.9653   ② 0.9679
③ 1.0332   ④ 1.0359

해설 $Z = \dfrac{XY}{\Delta X \Delta Y} = \dfrac{333.33 \times 416.67}{(333.33-6) \times (416.67-6)}$
$= 1.0332$

33 축척 1,000분의 1인 지적도에서 도곽선의 신축량이 각각 $\Delta X = -2\text{mm}$, $\Delta Y = -2\text{mm}$일 때 도곽선의 보정계수로 옳은 것은? 〈산 18-3〉

① 0.0145   ② 0.9884
③ 1.0045   ④ 1.0118

해설 $Z = \dfrac{XY}{\Delta X \Delta Y} = \dfrac{300 \times 400}{(300-2) \times (400-2)} = 1.0118$

34 축척이 1/500인 도면 1매의 면적이 1,000m²이라면 도면의 축척을 1/1,000으로 하였을 때 도면 1매의 면적은 얼마인가? 〈산 16-1〉

① 2,000m²   ② 3,000m²
③ 4,000m²   ④ 5,000m²

해설 $a_2 = \left(\dfrac{m_2}{m_1}\right)^2 a_1 = \left(\dfrac{1,000}{500}\right)^2 \times 1,000 = 4,000\text{m}^2$

35 축척 1:600 도면을 기초로 하여 축척 1:3,000 도면을 작성할 때 필요한 1:600 도면의 매수는? 〈기 17-2〉

① 10매   ② 15매
③ 20매   ④ 25매

해설 매수 $= \left(\dfrac{3,000}{600}\right)^2 = 25$매

36 축척 1/600을 축척 1/500으로 잘못 알고 면적을 계산한 결과가 2,500m²이었다. 축척 1/600에서의 실제 토지면적은? 〈기 16-2〉

① 2,500m²   ② 3,000m²
③ 3,600m²   ④ 4,000m²

해설 $a_2 = \left(\dfrac{m_2}{m_1}\right)^2 a_1 = \left(\dfrac{600}{500}\right)^2 \times 2,500 = 3,600\text{m}^2$

37 축척이 1/2,400인 지적도면 1매를 축척이 1/1,200인 지적도면으로 바꾸었을 때의 도면매수는? 〈산 18-2〉

① 2매   ② 4매
③ 6매   ④ 8매

해설 매수 $= \left(\dfrac{2,400}{1,200}\right)^2 = 4$매

38 1/50,000 지형도상에서 36cm²인 토지를 경지정리 하고자 할 때 지상에서의 실제 면적은? 〈기 16-3〉

① 90ha   ② 900ha
③ 1,200ha   ④ 2,000ha

해설 $\left(\dfrac{1}{50,000}\right)^2 = \dfrac{36}{실제\ 면적}$
∴ 실제 면적 $= 9,000,000\text{m}^2$
$= 900\text{ha}$

정답   29 ②   30 ②   31 ③   32 ③   33 ④   34 ③   35 ④   36 ③   37 ②   38 ②

39 두 점 간의 실거리 300m를 도상에 6mm로 표시한 도면의 축척은?

① 1/10,000 ② 1/20,000
③ 1/25,000 ④ 1/50,000

해설 $\dfrac{1}{m} = \dfrac{도상거리}{실제 거리} = \dfrac{0.006}{300} = \dfrac{1}{50,000}$

40 삼각형의 각 변이 길이가 각각 30m, 40m, 50m일 때 이 삼각형의 면적은?

① 600m² ② 756m²
③ 1,000m² ④ 1,200m²

해설 $s = \dfrac{1}{2}(a+b+c) = \dfrac{1}{2} \times (30+40+50) = 60m^2$
$\therefore A = \sqrt{s(s-a)(s-b)(s-c)}$
$= \sqrt{60 \times (60-30) \times (60-40) \times (60-50)}$
$= 600m^2$

41 삼각형의 세 변을 측정한 바 각 변이 10m, 12m, 14m 이었다. 이 토지의 면적은?

① 52.72m² ② 54.81m²
③ 55.26m² ④ 85.79m²

해설 $s = \dfrac{1}{2}(a+b+c) = \dfrac{1}{2} \times (10+12+14) = 18m^2$
$\therefore A = \sqrt{s(s-a)(s-b)(s-c)}$
$= \sqrt{18 \times (18-10) \times (18-12) \times (18-14)}$
$= 85.79m^2$

42 축척 1,000분의 1 지역의 지적도에서 도상거리가 각각 2cm, 3cm, 4cm일 때 실제 면적은?

① 200.1m² ② 290.5m²
③ 350.9m² ④ 400.3m²

해설 ㉠ 도상면적계산
$s = \dfrac{1}{2}(a+b+c) = \dfrac{1}{2} \times (2+3+4) = 4.5cm$
$\therefore A = \sqrt{s(s-a)(s-b)(s-c)}$
$= \sqrt{4.5 \times (4.5-2) \times (4.5-3) \times (4.5-4)}$
$= 2.905cm^2$
㉡ 실제 면적계산
$\left(\dfrac{1}{m}\right)^2 = \dfrac{도상면적}{실제 면적}$

$\left(\dfrac{1}{1,000}\right)^2 = \dfrac{2.905}{실제 면적}$
$\therefore 실제 면적 = 290.5m^2$

43 지상 1km²의 면적을 도상 4cm²로 표시한 도면의 축척은?

① 1/2,500 ② 1/5,000
③ 1/25,000 ④ 1/50,000

해설 $\left(\dfrac{1}{m}\right)^2 = \dfrac{도상면적}{실제 면적} = \dfrac{0.02 \times 0.02}{1,000 \times 1,000} = \dfrac{1}{50,000}$

44 다음의 토지에서 $\overline{AD}//\overline{BC}$, $\overline{AB}//\overline{PQ}$이고, $\overline{AP} = \overline{BQ}$가 되도록 □ABQP의 면적($F$)을 지정하는 경우 $\overline{AP}$의 길이를 구하는 식으로 옳은 것은? (단, $L : \overline{AB}$의 길이)

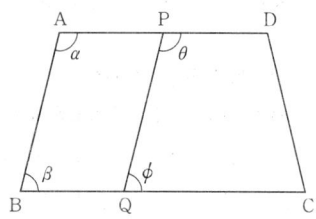

① $\dfrac{F}{L \times \sin\beta}$ ② $\dfrac{F}{L - \sin\beta}$
③ $\dfrac{F}{L + \sin\beta}$ ④ $\dfrac{F}{L \div \sin\beta}$

해설 $F = \overline{AP} L \sin\beta$
$\therefore \overline{AP} = \dfrac{F}{L\sin\beta}$

45 축척 1/600인 지적도 시행지역에서 일람도를 작성할 때 일반적인 축척은?

① 1/600 ② 1/1,200
③ 1/3,000 ④ 1/6,000

해설 일람도를 작성하는 경우 일람도의 축척은 그 도면축척의 10분의 1로 한다. 다만, 도면의 장수가 많아서 1장에 작성할 수 없는 경우에는 축척을 줄여서 작성할 수 있으며, 도면의 장수가 4장 미만인 경우에는 일람도의 작성을 하지 아니할 수 있다. 따라서 1/600인 지적도 시행지역의 일람도의 축척은 1/6,000이다.

정답 39 ④ 40 ① 41 ④ 42 ② 43 ④ 44 ① 45 ④

46 일반지역에서 축척이 6,000분의 1인 임야도의 지상 도곽선규격(종선×횡선)으로 옳은 것은?

① 500m×400m ② 1,200m×1,000m
③ 1,250m×1,500m ④ 2,400m×3,000m

해설 축척별 기준도곽

도면의 축척	도상길이		지상길이	
	횡선	종선	횡선	종선
1/500 1/1,000	40cm	30cm	200m 400m	150m 300m
1/600 1/1,200 1/2,400	41.666cm	33.333cm	250m 500m 1,000m	200m 400m 800m
1/3,000 1/6,000	50cm	40cm	1,500m 3,000m	1,200m 2,400m

47 지적도를 작성할 때 사용되는 측량결과도 용지의 규격은?

① 가로 540±0.5mm, 세로 440±0.5mm
② 가로 540±1.5mm, 세로 440±1.5mm
③ 가로 520±0.5mm, 세로 420±0.5mm
④ 가로 520±1.5mm, 세로 420±1.5mm

해설 측량결과도 용지의 규격은 가로 520±1.5mm, 세로 420±1.5mm이다.

48 다음 중 경계의 제도기준에 대한 설명으로 옳은 것은?

① 경계는 0.1mm 폭의 선으로 제도한다.
② 1필지의 경계가 도곽선에 걸쳐 등록되어 있는 경우에는 도곽선 밖의 여백에 경계를 제도할 수 없다.
③ 경계점좌표등록부 등록지역의 도면에 등록할 경계점 간 거리는 붉은색, 1.5mm 크기의 아라비아숫자로 제도한다.
④ 지적기준점 등이 매설된 토지를 분할하는 경우 그 토지가 작아서 제도하기가 곤란한 때에는 그 도면의 여백에 그 축척의 15배로 확대하여 제도할 수 있다.

해설 1필지의 경계가 도곽선에 걸쳐 등록되어 있는 경우에는 도곽선 밖의 여백에 경계를 제도하거나, 도곽선을 기준으로 다른 도면에 나머지 경계를 제도한다. 이 경우 다른 도면에 경계를 제도하는 때에는 지번 및 지목은 붉은색으로 한다.

49 도면에 등록하는 제도폭이 다음의 순서대로 올바르게 짝지어진 것은?

경계－행정구역선(동・리)－지적기준점

① 0.1mm－0.2mm－0.4mm
② 0.1mm－0.4mm－0.2mm
③ 0.1mm－0.2mm－0.2mm
④ 0.1mm－0.1mm－0.2mm

해설 ㉠ 경계는 0.1mm 폭의 선으로 제도한다.
㉡ 도면에 등록할 행정구역선은 0.4mm 폭으로 제도한다. 다만, 동・리의 행정구역선은 0.2mm 폭으로 한다.
㉢ 삼각점 및 지적기준점(지적측량수행자가 설치하고 그 지적기준점성과를 지적소관청이 인정한 지적기준점을 포함한다)은 0.2mm의 선으로 제도한다.

50 지적공부 작성에 대한 설명 중 도면의 작성방법에 해당되지 않는 것은?

① 직접자사법 ② 간접자사법
③ 정밀복사법 ④ 전자자동제도법

해설 도면 작성방법 : 직접자사법, 간접자사법, 전자자동제도법

51 지적도 및 임야도가 갖추어야 할 재질의 특성이 아닌 것은?

① 내구성 ② 명료성
③ 신축성 ④ 정밀성

해설 지적도와 임야도는 종이이므로 신축이 발생하면 안 된다.

52 지번 및 지목의 제도방법에 대한 설명으로 옳지 않은 것은?

① 지번 및 지목은 2mm 이상 3mm 이하의 크기로 제도한다.
② 지번의 글자간격은 글자크기의 4분의 1 정도 띄워서 제도한다.
③ 지번 및 지목은 경계에 닿지 않도록 필지의 중앙에 제도한다.
④ 지번과 지목의 글자간격은 글자크기의 3분의 1 정도 띄워서 제도한다.

정답 46 ④ 47 ④ 48 ① 49 ③ 50 ③ 51 ③ 52 ④

해설 **지적업무처리규정 제42조(지번 및 지목의 제도)**
① 지번 및 지목은 경계에 닿지 않도록 필지의 중앙에 제도한다. 다만, 1필지의 토지의 형상이 좁고 길어서 필지의 중앙에 제도하기가 곤란한 때에는 가로쓰기가 되도록 도면을 왼쪽 또는 오른쪽으로 돌려서 제도할 수 있다.
② 지번 및 지목을 제도할 때에는 지번 다음에 지목을 제도한다. 이 경우 2mm 이상 3mm 이하 크기의 명조체로 하고, 지번의 글자간격은 글자크기의 4분의 1 정도, 지번과 지목의 글자간격은 글자크기의 2분의 1 정도 띄어서 제도한다. 다만, 부동산종합공부시스템이나 레터링으로 작성할 경우에는 고딕체로 할 수 있다.
③ 1필지의 면적이 작아서 지번과 지목을 필지의 중앙에 제도할 수 없는 때에는 ㄱ, ㄴ, ㄷ, …, ㄱ¹, ㄴ¹, ㄷ¹, …, ㄱ², ㄴ², ㄷ², … 등으로 부호를 붙이고, 도곽선 밖에 그 부호·지번 및 지목을 제도한다. 이 경우 부호가 많아서 그 도면의 도곽선 밖에 제도할 수 없는 때에는 별도로 부호도를 작성할 수 있다.
④ 부동산종합공부시스템에 따라 지번 및 지목을 제도할 경우에는 제2항 중 글자의 크기에 대한 규정과 제3항을 적용하지 아니할 수 있다.

53 지적도를 제도하는 경계의 폭(㉠) 및 행정구역선의 폭(㉡)기준으로 옳은 것은? (단, 동·리의 행정구역선의 경우는 제외한다.) 〔산 19-3〕

① ㉠ 0.1mm, ㉡ 0.4mm
② ㉠ 0.15mm, ㉡ 0.5mm
③ ㉠ 0.2mm, ㉡ 0.5mm
④ ㉠ 0.25mm, ㉡ 0.4mm

해설 **지적업무처리규정**
제41조(경계의 제도) ① 경계는 0.1mm 폭의 선으로 제도한다.
제44조(행정구역선의 제도) ① 도면에 등록할 행정구역선은 0.4mm 폭으로 제도한다. 다만, 동·리의 행정구역선은 0.2mm 폭으로 한다.

54 지적도에 지번 및 지목을 제도할 때 글자크기는? 〔기 16-1〕

① 0.5mm 이상 1.0mm 이하
② 1.0mm 이상 2.0mm 이하
③ 2.0mm 이상 3.0mm 이하
④ 3.0mm 이상 4.0mm 이하

해설 지적도에 지번 및 지목은 2.0mm 이상 3.0mm 이하로 제도한다.

55 다음 중 도면에 등록하는 도곽선의 제도방법기준에 대한 설명으로 옳지 않은 것은? 〔산 18-2〕

① 도곽선은 0.1mm의 폭으로 제도한다.
② 도곽선의 수치는 2mm의 크기로 제도한다.
③ 지적도의 도곽크기는 가로 30cm, 세로 40cm의 직사각형으로 한다.
④ 도곽선의 수치는 도곽선 왼쪽 아랫부분과 오른쪽 윗부분의 종횡선 교차점 바깥쪽에 제도한다.

해설 **도곽선의 제도**
㉠ 도면의 위방향은 항상 북쪽이 되어야 한다.
㉡ 지적도의 도곽크기는 가로 40cm, 세로 30cm의 직사각형으로 한다.
㉢ 도곽의 구획은 좌표의 원점을 기준으로 하여 정하되, 그 도곽의 종횡선수치는 좌표의 원점으로부터 기산하여 종횡선수치를 각각 가산한다.
㉣ 이미 사용하고 있는 도면의 도곽크기는 종전에 구획되어 있는 도곽과 그 수치로 한다.
㉤ 도면에 등록하는 도곽선은 0.1mm의 폭으로, 도곽선의 수치는 도곽선 왼쪽 아랫부분과 오른쪽 윗부분의 종횡선 교차점 바깥쪽에 2mm 크기의 아라비아숫자로 제도한다.

56 삼각점과 지적기준점 등의 제도방법으로 옳지 않은 것은? 〔산 19-2〕

① 지적도근점은 직경 2mm의 원으로 제도한다.
② 삼각점 및 지적기준점은 0.2mm 폭의 선으로 제도한다.
③ 2등삼각점은 직경 1mm 및 2mm의 2중원으로 제도한다.
④ 지적삼각점은 직경 3mm의 원으로 제도하고 원 안에 십자선을 표시한다.

해설 **지적업무처리규정 제43조(지적기준점 등의 제도)**
① 삼각점 및 지적기준점(제4조에 따라 지적측량수행자가 설치하고, 그 지적기준점성과를 지적소관청이 인정한 지적기준점을 포함한다)은 0.2mm 폭의 선으로 다음 각 호와 같이 제도한다.
1. 위성기준점은 직경 2mm 및 3mm의 2중원 안에 십자선을 표시하여 제도한다.
2. 1등 및 2등삼각점은 직경 1mm, 2mm 및 3mm의 3중원으로 제도한다. 이 경우 1등삼각점은 그 중심원 내부를 검은색으로 엷게 채색한다.

정답 53 ① 54 ③ 55 ③ 56 ③

3. 3등 및 4등삼각점은 직경 1mm 및 2mm의 2중원으로 제도한다. 이 경우 3등삼각점은 그 중심원 내부를 검은색으로 엷게 채색한다.
4. 지적삼각점 및 지적삼각보조점은 직경 3mm의 원으로 제도한다. 이 경우 지적삼각점은 원 안에 십자선을 표시하고, 지적삼각보조점은 원 안에 검은색으로 엷게 채색한다.
5. 지적도근점은 직경 2mm의 원으로 제도한다.
6. 지적기준점의 명칭과 번호는 그 지적기준점의 윗부분에 2mm 이상 3mm 이하 크기의 명조체로 제도한다. 다만, 레터링으로 작성할 경우에는 고딕체로 할 수 있으며 경계에 닿는 경우에는 다른 위치에 제도할 수 있다.

57 지적기준점의 제도방법기준으로 옳지 않은 것은?

① 2등삼각점은 직경 1mm, 2mm, 3mm의 3중 원으로 제도한다.
② 위성기준점은 직경 2mm, 3mm의 2중원으로 제도하고 원 안을 검은색으로 엷게 채색한다.
③ 지적삼각보조점은 직경 3mm의 원으로 제도하고 원 안을 검은색으로 엷게 채색한다.
④ 명칭과 번호는 2mm 이상 3mm 이하 크기의 명조체로 제도한다.

해설 위성기준점은 직경 2mm 및 3mm 2중원 안에 십자선을 표시하여 제도한다.

58 지적기준점 등의 제도에 관한 설명으로 옳은 것은?

① 삼각점 및 지적기준점은 0.1mm 폭의 선으로 제도한다.
② 지적도근점은 직경 1mm, 2mm의 2중원으로 제도한다.
③ 지적삼각점은 직경 3mm의 원으로 제도하고 원 안에 십자선을 표시한다.
④ 지적삼각보조점은 직경 2mm의 원으로 제도하고 원 안에 십자선을 표시한다.

해설 **지적기준점의 제도**
㉠ 지적삼각점 및 지적삼각보조점은 직경 3mm의 원으로 제도한다. 이 경우 지적삼각점은 원 안에 십자선을 표시하고, 지적삼각보조점은 원 안에 검은색으로 엷게 채색한다.
㉡ 지적도근점은 직경 2mm의 원으로 제도한다

59 다음 중 색인도 등의 제도에 관한 설명으로 옳지 않은 것은?

① 도면번호는 3mm의 크기로 제도한다.
② 도곽선 왼쪽 윗부분 여백의 중앙에 제도한다.
③ 축척은 도곽선 윗부분 여백의 좌측에 3mm의 글자크기로 제도한다.
④ 가로 7mm, 세로 6mm 크기의 직사각형을 중앙에 두고, 그의 4변에 접하여 같은 규격으로 4개의 직사각형을 제도한다.

해설 축척은 도곽선 윗부분 여백의 우측에 5mm의 글자크기로 제도한다.

60 지적도에 직경 3mm의 원으로 제도하고 그 원 안에 십자선(+)을 표시하는 지적기준점은?

① 1등삼각점   ② 지적삼각점
③ 지적도근점   ④ 지적삼각보조점

해설 지적삼각점 및 지적삼각보조점은 직경 3mm의 원으로 제도한다. 이 경우 지적삼각점은 원 안에 십자선을 표시하고, 지적삼각보조점은 원 안에 검은색으로 엷게 채색한다.

61 다음 중 지번과 지목의 글자간격은 얼마를 기준으로 띄어서 제도하여야 하는가?

① 글자크기의 2분의 1 정도
② 글자크기의 4분의 1 정도
③ 글자크기의 5분의 1 정도
④ 글자크기의 10분의 1 정도

해설 지번 및 지목을 제도할 때에는 지번 다음에 지목을 제도한다. 이 경우 2mm 이상 3mm 이하 크기의 명조체로 하고, 지번의 글자간격은 글자크기의 4분의 1 정도, 지번과 지목의 글자간격은 글자크기의 2분의 1 정도 띄어서 제도한다. 다만, 부동산종합공부시스템이나 레터링으로 작성할 경우에는 고딕체로 할 수 있다.

62 임야도에 등록하는 도곽선의 폭은?

① 0.1mm   ② 0.2mm
③ 0.3mm   ④ 0.5mm

해설 **도곽선의 제도**
㉠ 도면의 위방향은 항상 북쪽이 되어야 한다.
㉡ 지적도의 도곽크기는 가로 40cm, 세로 30cm의 직사각형으로 한다.

정답 57 ② 58 ③ 59 ③ 60 ② 61 ① 62 ①

ⓒ 도곽의 구획은 영 제7조 제3항 각 호에서 정한 좌표의 원점을 기준으로 하여 정하되, 그 도곽의 종횡선수치는 좌표의 원점으로부터 기산하여 종횡선수치를 각각 가산한다.
ⓓ 이미 사용하고 있는 도면의 도곽크기는 제2항에도 불구하고 종전에 구획되어 있는 도곽과 그 수치로 한다.
ⓔ 도면에 등록하는 도곽선은 0.1mm의 폭으로, 도곽선의 수치는 도곽선 왼쪽 아랫부분과 오른쪽 윗부분의 종횡선 교차점 바깥쪽에 2mm 크기의 아라비아숫자로 제도한다.

63 지번을 제도할 때 지번의 글자간격은 글자크기의 어느 정도를 띄어서 제도하는가?

① 글자크기의 1/2 ② 글자크기의 1/3
③ 글자크기의 1/4 ④ 글자크기의 1/5

해설 지번 및 지목을 제도할 때에는 지번 다음에 지목을 제도한다. 이 경우 2mm 이상 3mm 이하 크기의 명조체로 하고, 지번의 글자간격은 글자크기의 4분의 1 정도, 지번과 지목의 글자간격은 글자크기의 2분의 1 정도 띄어서 제도한다. 다만, 부동산종합공부시스템이나 레터링으로 작성할 경우에는 고딕체로 할 수 있다.

64 지적도의 제도에 관한 설명으로 틀린 것은?

① 도곽선은 폭 0.1mm로 제도한다.
② 지번 및 지목은 2mm 이상 3mm 이하의 크기로 제도한다.
③ 지적도근점은 직경 3mm의 원으로 제도한다.
④ 도곽선수치는 2mm 크기의 아라비아숫자로 주기한다.

해설 지적도근점은 직경 2mm의 원으로 제도한다.

65 다음 중 지번과 지목의 제도방법에 대한 설명으로 옳지 않은 것은?

① 지번은 경계에 닿지 않도록 필지의 중앙에 제도한다.
② 1필지의 토지가 형상이 좁고 길게 된 경우 가로쓰기가 되도록 도면을 왼쪽 또는 오른쪽으로 돌려서 제도할 수 있다.
③ 지번의 고딕체, 지목은 명조체로 제도한다.
④ 1필지의 면적이 작은 경우 지번과 지목은 부호를 붙이고 도곽선 밖에 그 부호·지번 및 지목을 제도할 수 있다.

해설 지번 및 지목을 제도할 때에는 지번 다음에 지목을 제도한다. 이 경우 2mm 이상 3mm 이하 크기의 명조체로 하고, 지번의 글자간격은 글자크기의 4분의 1 정도, 지번과 지목의 글자간격은 글자크기의 2분의 1 정도 띄어서 제도한다. 다만, 부동산종합공부시스템이나 레터링으로 작성할 경우에는 고딕체로 할 수 있다.

66 경계의 제도에 관한 설명으로 틀린 것은?

① 경계는 0.1mm 폭의 선으로 제도한다.
② 1필지의 경계가 도곽선에 걸쳐 등록되어 있으면 도곽선 밖의 여백에 경계를 제도할 수 없다.
③ 지적기준점 등이 매설된 토지를 분할할 경우 그 토지가 작아서 제도하기가 곤란한 때에는 그 도면의 여백에 그 축척의 10배로 확대하여 제도할 수 있다.
④ 경계점좌표등록부 등록지역의 도면(경계점 간 거리등록을 하지 아니한 도면을 제외한다)에 등록할 경계점 간 거리는 검은색의 1.0~1.5mm 크기의 아라비아숫자로 제도한다.

해설 1필지의 경계가 도곽선에 걸쳐 등록되어 있으면 도곽선 밖의 여백에 경계를 제도하거나 도곽선을 기준으로 다른 도면에 나머지 경계를 제도한다. 이 경우 다른 도면에 경계를 제도할 때에는 지번 및 지목은 붉은색으로 표시한다.

67 지적소관청은 지적도면의 관리에 필요한 경우에는 지번부여지역마다 일람도와 지번색인표를 작성하여 갖춰둘 수 있다. 이때 일람도를 작성하지 아니할 수 있는 경우는 도면이 몇 장 미만일 때인가?

① 4장 ② 5장
③ 6장 ④ 7장

해설 지적업무처리규정 제38조(일람도의 제도)
① 규칙 제69조 제5항에 따라 일람도를 작성할 경우 일람도의 축척은 그 도면축척의 10분의 1로 한다. 다만, 도면의 장수가 많아서 한 장에 작성할 수 없는 경우에는 축척을 줄여서 작성할 수 있으며, 도면의 장수가 4장 미만인 경우에는 일람도의 작성을 하지 아니할 수 있다.
② 제명 및 축척은 일람도 윗부분에 "○○시·도 ○○시·군·구 ○○읍·면 ○○동·리 일람도 축척 ○○○○분의 1"이라 제도한다.

정답 63 ③ 64 ③ 65 ③ 66 ② 67 ①

68 일람도의 제도방법으로 옳지 않은 것은?

① 도면번호는 3mm의 크기로 한다.
② 철도용지는 검은색 0.2mm의 폭의 선으로 제도한다.
③ 수도용지 중 선로는 남색 0.1mm 폭의 2선으로 제도한다.
④ 건물은 검은색 0.1mm의 폭으로 제도하고 그 내부를 검은색으로 엷게 채색한다.

해설 지적업무처리규정 제38조(일람도의 제도)
① 규칙 제69조 제5항에 따라 일람도를 작성할 경우 일람도의 축척은 그 도면축척의 10분의 1로 한다. 다만, 도면의 장수가 많아서 한 장에 작성할 수 없는 경우에는 축척을 줄여서 작성할 수 있으며, 도면의 장수가 4장 미만인 경우에는 일람도의 작성을 하지 아니할 수 있다.
② 제명 및 축척은 일람도 윗부분에 "○○시·도 ○○시·군·구 ○○읍·면 ○○동·리 일람도 축척 ○○○○분의 1"이라 제도한다. 이 경우 경계점좌표등록부 시행지역은 제명 중 일람도 다음에 "(좌표)"라 기재하며, 그 제도방법은 다음 각 호와 같다.
  1. 글자의 크기는 9mm로 하고 글자 사이의 간격은 글자 크기의 2분의 1 정도 띄운다.
  2. 제명의 일람도와 축척 사이는 20mm를 띄운다.
③ 도면번호는 지번부여지역·축척 및 지적도·임야도·경계점좌표등록부 시행지별로 일련번호를 부여하고, 이 경우 신규등록 및 등록전환으로 새로 도면을 작성할 경우의 도면번호는 그 지역 마지막 도면번호의 다음번호로 부여한다. 다만, 제46조 제12항에 따라 도면을 작성할 경우에는 종전 도면번호에 "-1"과 같이 부호를 부여한다.
④ 일람도의 제도방법은 다음 각 호와 같다.
  1. 도곽선과 그 수치의 제도는 제40조 제5항을 준용한다.
  2. 도면번호는 3mm의 크기로 한다.
  3. 인접 동·리명칭은 4mm, 그 밖의 행정구역명칭은 5mm의 크기로 한다.
  4. 지방도로 이상은 검은색 0.2mm 폭의 2선으로, 그 밖의 도로는 0.1mm의 폭으로 제도한다.
  5. 철도용지는 붉은색 0.2mm 폭의 2선으로 제도한다.
  6. 수도용지 중 선로는 남색 0.1mm 폭의 2선으로 제도한다.
  7. 하천·구거(溝渠)·유지(溜池)는 남색 0.1mm 폭의 2선으로 제도하고 그 내부를 남색으로 엷게 채색한다. 다만, 적은 양의 물이 흐르는 하천 및 구거는 0.1mm의 남색 선으로 제도한다.
  8. 취락지·건물 등은 검은색 0.1mm의 폭으로 제도하고 그 내부를 검은색으로 엷게 채색한다.
  9. 삼각점 및 지적기준점의 제도는 제43조를 준용한다.
  10. 도시개발사업·축척변경 등이 완료된 때에는 지구경계를 붉은색 0.1mm 폭의 선으로 제도한 후 지구 안을 붉은색으로 엷게 채색하고 그 중앙에 사업명 및 사업완료연도를 기재한다.

69 일람도의 각종 선의 제도방법으로 옳은 것은?

① 수도용지 : 남색 0.2mm 폭, 2선
② 철도용지 : 붉은색 0.1mm 폭, 2선
③ 취락지·건물 : 0.1mm의 선, 내부는 검은색 엷게 채색
④ 하천·구거·유지 : 붉은색 0.1mm 폭, 내부는 붉은색 엷게 채색

해설 일람도의 제도
㉠ 도곽선은 0.1mm의 폭으로, 도곽선의 수치는 도곽선 왼쪽 아랫부분과 오른쪽 윗부분의 종횡선 교차점 바깥쪽에 2mm 크기의 아라비아숫자로 제도한다.
㉡ 도면번호는 3mm의 크기로 한다.
㉢ 인접 동·리명칭은 4mm, 그 밖의 행정구역명칭은 5mm의 크기로 한다.
㉣ 지방도로 이상은 검은색 0.2mm 폭의 2선으로, 그 밖의 도로는 0.1mm의 폭으로 제도한다.
㉤ 철도용지는 붉은색 0.2mm 폭의 2선으로 제도한다.
㉥ 수도용지 중 선로는 남색 0.1mm 폭의 2선으로 제도한다.
㉦ 하천·구거·유지는 남색 0.1mm의 폭의 2선으로 제도하고 그 내부를 남색으로 엷게 채색한다. 다만, 적은 양의 물이 흐르는 하천 및 구거는 0.1mm의 남색 선으로 제도한다.
㉧ 취락지·건물 등은 검은색 0.1mm의 폭으로 제도하고 그 내부를 검은색으로 엷게 채색한다.

70 일람도의 제도에 있어 도시개발사업·축척변경 등이 완료된 때에는 지구경계선을 제도한 후 지구 안을 어느 색으로 엷게 채색하는가?

① 남색   ② 청색
③ 검은색   ④ 붉은색

해설 도시개발사업·축척변경 등이 완료된 때에는 지구경계를 붉은색 0.1mm 폭의 선으로 제도한 후 지구 안을 붉은색으로 엷게 채색하고 그 중앙에 사업명 및 사업완료연도를 기재한다.

71 지적도 일람도에서 지방도로 이상을 나타내는 선은?

① 검은색 0.1mm   ② 남색 0.1mm
③ 검은색 0.2mm   ④ 남색 0.2mm

해설 지방도로 이상은 검은색 0.2mm 폭의 2선으로, 그 밖의 도로는 0.1mm 폭으로 제도한다.

정답 68 ② 69 ③ 70 ④ 71 ③

72 다음 일람도에 관한 설명으로 틀린 것은? 집16-3

① 제명의 일람도와 축척 사이는 20mm를 띄운다.
② 축척은 당해 도면축척의 10분의 1로 한다.
③ 도면의 장수가 5장 미만인 때에는 일람도를 작성하지 않아도 된다.
④ 도면번호는 지번부여지역·축척 및 지적도·임야도·경계점좌표등록부 시행지별로 일련번호를 부여한다.

해설 일람도를 작성하는 경우 일람도의 축척은 그 도면축척의 10분의 1로 한다. 다만, 도면의 장수가 많아서 1장에 작성할 수 없는 경우에는 축척을 줄여서 작성할 수 있으며, 도면의 장수가 4장 미만인 경우에는 일람도의 작성을 하지 아니할 수 있다.

73 지적도면의 정리방법으로서 틀린 것은? 집17-1

① 도곽선은 붉은색
② 도곽선수치는 붉은색
③ 축척변경 시 폐쇄된 지번은 다시 사용 불가능
④ 정정사항은 덮어서 고쳐 정리하지 못함

해설 지번변경, 축척변경, 지적확정측량의 경우 말소 또는 폐쇄된 지번을 다시 사용할 수 있다.

74 지적도면의 작성에 대한 설명으로 옳은 것은? 기19-1

① 경계점 간 거리는 2mm 크기의 아라비아숫자로 제도한다.
② 도곽선의 수치는 2mm 크기의 아라비아숫자로 제도한다.
③ 도면에 등록하는 지번은 5mm 크기의 고딕체로 한다.
④ 삼각점 및 지적기준점은 0.5mm 폭의 선으로 제도한다.

해설 ① 경계점 간 거리는 1~1.5mm 크기의 아라비아숫자로 제도한다.
③ 도면에 등록하는 지번은 2~3mm 크기의 명조체로 한다.
④ 삼각점 및 지적기준점은 0.2mm 폭의 선으로 제도한다.

정답 72 ③ 73 ③ 74 ②

ENGINEER & INDUSTRIAL ENGINEER OF CADASTRAL SURVEYING

제 2 편

응용측량

제 1 장 수준측량
제 2 장 지형측량
제 3 장 노선측량
제 4 장 사진측량
제 5 장 터널 및 지하시설물측량
제 6 장 위성측위시스템

ENGINEER & INDUSTRIAL ENGINEER of CADASTRAL SURVEYING

01 수준측량

1 개요

1 정의
수준측량(leveling)이란 지표면 위에 있는 여러 점들 사이의 고저차를 측정하여 지도제작, 설계 및 시공에 필요한 자료를 제공하는 중요한 측량이다.

2 용어설명
① 수평면(level surface) : 어떤 한 면 위에 어느 점에서든지 수선을 내릴 때 그 방향이 지구의 중력방향을 향하는 면
② 수평선(level line) : 지구의 중심을 포함한 평면과 수평면이 교차하는 선을 말하며 모든 점에서 중력방향에 직각이 되는 선
③ 지평면(horizontal plane) : 어떤 한 점에서 수평면에 접하는 평면
④ 지평선(horizontal line) : 어떤 한 점에서 수평면과 접하는 직선
⑤ 지오이드(geoid) : 평균해수면으로 전 지구를 덮었다고 생각할 경우의 가상적인 곡면
⑥ 기준면 : 높이의 기준이 되는 면이며 ±0m로 정한 면

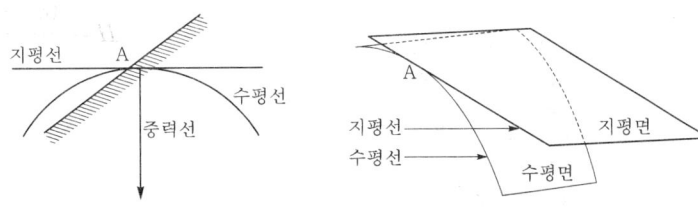

⑦ 수준원점(OBM : Original Bench Mark) : 기준면으로부터 정확한 높이를 측정하여 기준이 되는 점
⑧ 수준점(BM : Bench Mark) : 수준원점을 출발하여 국도 및 주요 도로에 수준표석을 설치한 점이며 부근의 높이를 결정하는 데 기준이 됨
　㉠ 1등 수준점 : 4km마다 설치
　㉡ 2등 수준점 : 2km마다 설치
⑨ 특별기준면 : 한 나라에서 떨어져 있는 섬에서 본국의 기준면을 직접 연결할 수 없으므로 그 섬 특유의 기준면을 사용
⑩ 표고 : 기준면으로부터 어느 점까지의 연직거리(수직거리)

2 수준측량의 분류

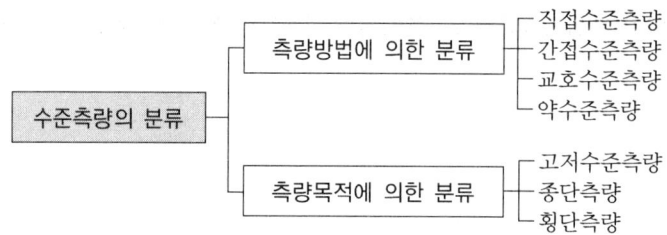

1 교호수준측량

1) 정의

하천, 계곡에 level을 중앙에 세울 수 없을 때 양쪽 점에서 측정하여 평균값을 직접 구하는 방법이다.

2) 목적

① 기계오차소거(시준축오차) : 기포관축과 시준선이 나란하지 않기 때문에 생기는 오차
② 구차(지구의 곡률에 의한 오차)
③ 기차(광선의 굴절에 의한 오차)

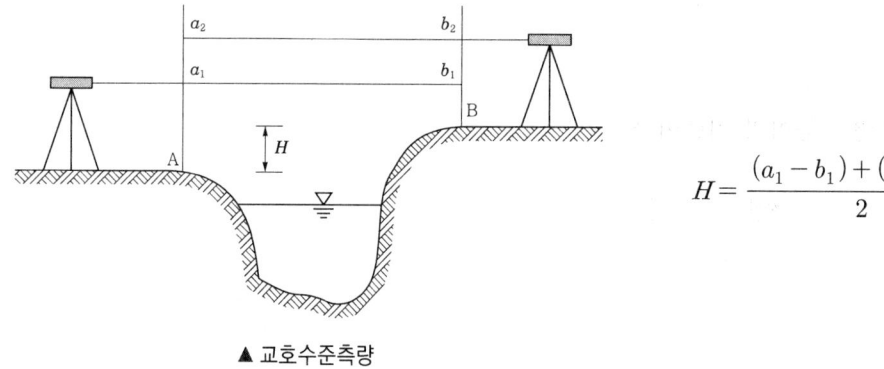

$$H = \frac{(a_1 - b_1) + (a_2 - b_2)}{2}$$

▲ 교호수준측량

3 레벨의 구조

1 기포관

1) 정의

유리관 내에 점성이 작은 알코올 또는 에테르를 넣고 공기를 남기고 밀폐시킨 것을 기포관이라 한다.

2) 감도

기포관의 한 눈금이 움직이는 데 대한 중심각의 크기를 말하며, 중심각이 작을수록 감도가 좋다.

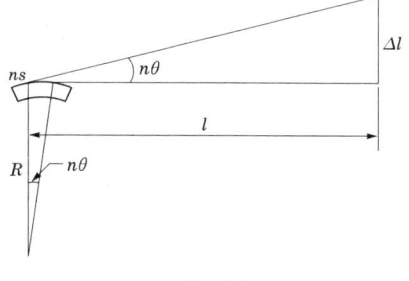

▲ 감도측정

감도(θ)	곡률반경(R)
$\theta'' = \dfrac{\Delta l}{nl} \rho''$ $\Delta l = \dfrac{nl\,\theta''}{\rho''}$	$R = \dfrac{ns\,l}{\Delta l} = \dfrac{s}{\theta''}\rho''$

3) 구비요건

① 유리관의 질은 장시간 변치 말아야 한다.
② 기포관 내면의 곡률반경이 모든 점에서 균일해야 한다.
③ 기포의 이동이 민감해야 한다.
④ 액체는 표면장력과 점착력이 적어야 한다.
⑤ 곡률반경이 커야 한다.

2 정준장치

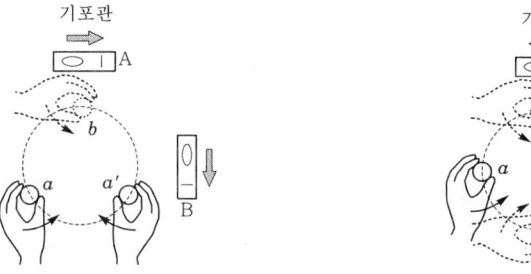

(a) 3개 : 안정성이 좋다(정밀한 기계에 사용). (b) 4개 : 견고성이 좋다(안전도가 나쁘다).

▲ 정준장치

3 레벨의 조정

1) 가장 엄밀해야 할 것(가장 중요시해야 할 것)

① 기포관축∥시준선
② 기포관축∥시준선=시준축오차(전시와 후시의 거리를 같게 취함으로써 소거)

2) 기포관을 조정해야 하는 이유

기포관축을 연직축에 직각으로 할 것

3) 덤피레벨의 항정법(덤피레벨의 3조정)

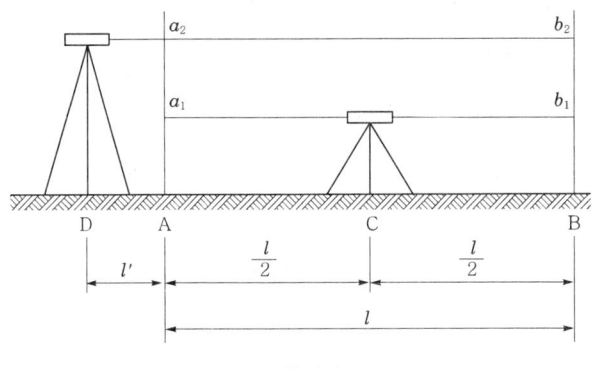

▲ 항정법

① $e = (a_1 - b_1) - (a_2 - b_2)$

② 조정량(d)

$l : e = (l + l') : d$

$\therefore d = \left(\dfrac{l + l'}{l}\right) e$

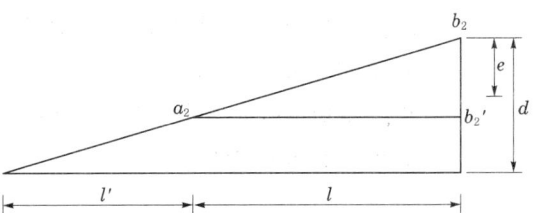

③ $b_2' = b_2 \pm d$

4 직접수준측량

1 용어

① 후시(B.S : Back Sight) : 알고 있는 점(기지점)에 표척을 세워 읽는 값
② 전시(F.S : Fore Sight) : 구하고자 하는 점(미지점)에 표척을 세워 읽는 값
  ㉠ 중간점(I.P : Intermediate Point) : 그 점의 표고만 구하기 위해 전시만 취한 점
  ㉡ 이기점(T.P : Turning Point) : 기계를 옮기기 위한 점으로 전시와 후시를 동시에 취하는 점
③ 기계고(I.H : Height of instrument) : 기준면에서부터 망원경 시준선까지의 높이
④ 지반고(G.H : Height of Groven) : 지점의 표고

2 수준측량의 원리

1) 수준측량의 일반식

① 기계고(I.H)=지반고(G.H)+후시(B.S)
② 지반고(G.H)=기계고(I.H)-전시(F.S)
③ 계획고(F.H)=첫 측점의 계획고±(추가거리×구배)

④ 절토고=지반고-계획고=⊕
⑤ 성토고=지반고-계획고=⊖

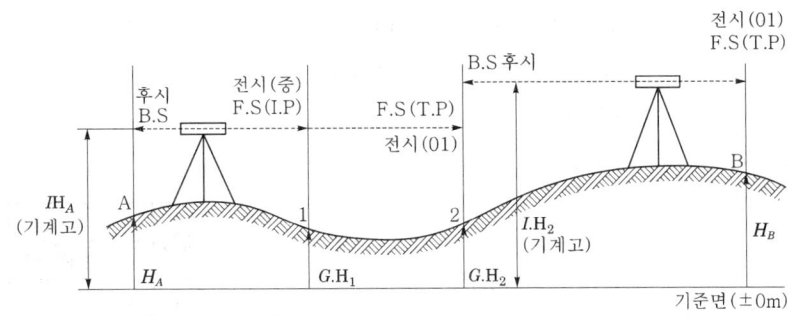

▲ 수준측량

2) 직접수준측량 시 주의사항

① 수준측량은 반드시 왕복측량을 하는 것을 원칙으로 한다.
② 왕복측량을 하되 노선거리는 다르게 한다.
③ 전시와 후시의 거리를 같게 한다.
④ 이기점은 1mm, 그 밖의 점은 5mm 또는 1cm단위까지 읽는다.
⑤ 레벨을 세우는 횟수를 짝수로 한다(표척의 0눈금오차 소거).
⑥ 레벨과 표척 사이의 거리는 60m 이내로 한다.

3 야장기입법

1) 고차식 야장기입법

두 점의 높이를 구하는 것이 목적이고 도중에 있는 측점의 지반고를 구할 필요가 없을 때 사용하는 방법이다.

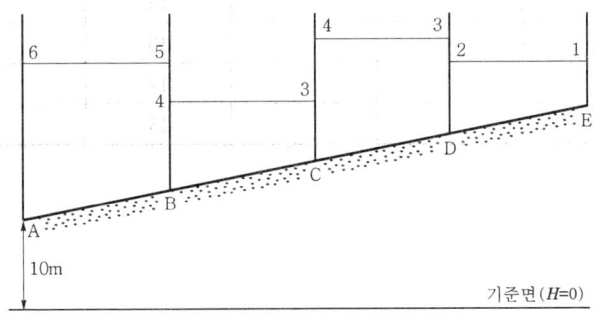

측점	B.S	F.S	G.H	비고
A	6		10	
B	4	5	11	
C	4	3	12	
D	2	3	13	
E		1	14	

[검산]
$\Sigma B.S - \Sigma F.S =$ 지반고차 $= 16-12$
$= 14-10 \rightarrow O.K$

▲ 고차식 야장기입법

2) 기고식 야장기입법

중간점이 많을 경우에 사용하는 방법으로 완전한 검산을 할 수 없는 단점이 있다.
① 후시가 있으면 그 측점에 기계고가 있다.
② 이기점(T.P)이 있으면 그 측점에 후시(B.S)가 있다.
③ 기계고(I.H)=G.H+B.S
④ 지반고(G.H)=I.H−F.S

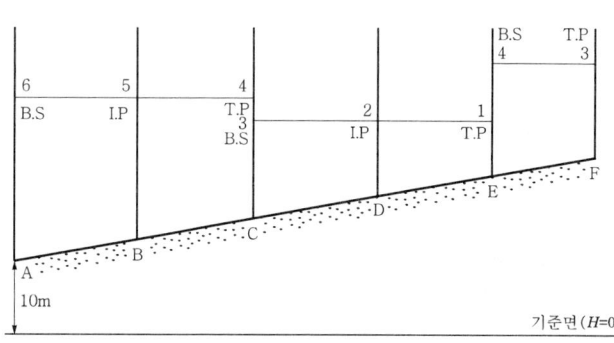

측점	B.S	F.S		I.H	G.H	비고
		T.P	I.P			
A	6			16	10	
B			5		11	
C	3	4		15	12	
D			2		13	
E	4	1		18	14	
F		3			15	

[검산]
ΣB.S−ΣF.S(T.P)=지반고차=13−8
=15−10 → O.K

▲ 기고식 야장기입법

3) 승강식 야장기입법

완전한 검산을 할 수 있어 정밀한 측량에 적합하나 중간점이 많을 때에는 불편한 단점이 있다.

측점	B.S	F.S		승(+)	강(−)	G.H	비고
		T.P	I.P				
A	6					10	
B			5	1		11	
C	3	4		2		12	
D			2	1		13	
E	4	1		2		14	
F		3		1		15	

[검산]
① ΣB.S−ΣF.S(T.P)=지반고차=13−8=5
② Σ승(T.P)−Σ강=지반고차=5−0=5

4 수준측량의 오차

1) 오차의 종류

구분	정오차	우연오차	과실(착오)
종류	• 시준축오차 • 표척의 0눈금오차 • 표척의 눈금 부정에 의한 오차 • 지구의 곡률오차(구차) • 광선의 굴절오차(기차)	• 시차에 의한 오차 • 레벨의 불완전조정 • 기상변화에 의한 오차 • 기포관의 둔감 • 진동, 지진에 의한 오차	• 눈금의 오독 • 야장의 오기

2) 오차 소거법

(1) 전시와 후시의 거리를 같게 취하는 이유

① 레벨조정의 불안정으로 생기는 오차(시준축오차) 소거
② 구차(지구의 곡률에 의한 오차) 소거
③ 기차(광선의 굴절에 의한 오차) 소거

(2) 레벨의 횟수를 짝수로 하는 이유(표척의 0눈금오차 소거)

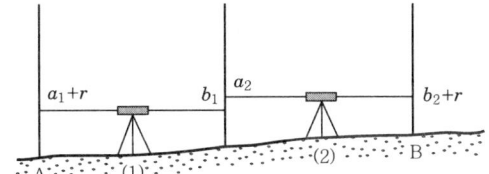

$$\Delta H = \{(a_1 + r) - b_1\} + \{a_2 - (b_2 + r)\}$$
$$= \Sigma a - \Sigma b$$

여기서, r : 영눈금오차

3) 오차의 허용범위

(1) 왕복측정할 때의 허용오차(L[km], 노선거리)

① 1등 : $\pm 2.5\sqrt{L}$ [mm]   ② 2등 : $\pm 5.0\sqrt{L}$ [mm]

(2) 폐합수준측량을 할 때 폐합차

① 1등 : $\pm 2.0\sqrt{L}$ [mm]   ② 2등 : $\pm 5.0\sqrt{L}$ [mm]

(3) 하천측량(4km에 대하여)

① 유조부 : 10mm   ② 무조부 : 15mm   ③ 급류부 : 20mm

4) 두 점 간의 직접수준측량의 오차조정

동일 조건으로 두 점 간의 왕복관측한 경우에는 산술평균방식으로 최확값을 산정하고, 두 점 간의 거리를 2개 이상의 다른 노선을 따라 측량한 경우에는 경중률을 고려한 최확값을 산정한다.

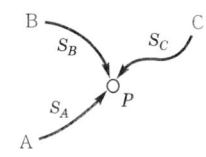

① 경중률 : $P_A : P_B : P_C = \dfrac{1}{S_A} : \dfrac{1}{S_B} : \dfrac{1}{S_C}$

② 최확치 : $H_P = \dfrac{H\sum P}{\sum P} = \dfrac{H_A P_A + H_B P_B + H_C P_C}{P_A + P_B + P_C}$

5) 환폐합 수준측량의 오차조정

동일 기지점의 왕복관측 또는 다른 표고기준점에 폐합한 경우 각 측점의 오차는 노선거리에 비례하여 보정한다.

$$각\ 측점조정량 = \dfrac{조정할\ 측점까지의\ 거리}{총거리(\sum L)} \times 폐합오차$$

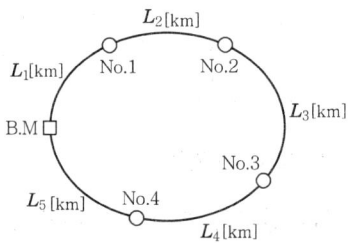

01 예상문제

01 수준면(level surface)에 대한 설명으로 옳은 것은?

① 레벨의 시준면으로 고저각을 잴 때 기준이 되는 평면
② 지구상 어떤 점에서 지구의 중심방향에 수직한 평면
③ 지구상 모든 점에서 중력의 방향에 직각인 곡면
④ 지구상 어떤 점에서 수평면에 접하는 평면

해설 수준면 : 지구상 모든 점에서 중력의 방향에 직각인 곡면

02 수준측량에서 각 점들이 중력방향에 직각으로 이루어진 곡면을 뜻하는 용어는?

① 지평면(horizontal plane)
② 수준면(level surface)
③ 연직면(plumb plane)
④ 특별기준면(special datum plane)

해설 수준면 : 각 점들이 중력방향에 직각으로 이루어진 곡면

03 표고에 대한 설명으로 옳은 것은?

① 두 점 간의 고저차를 말한다.
② 지구중력 중심에서부터의 높이를 말한다.
③ 삼각점으로부터의 고저차를 말한다.
④ 기준면으로부터의 연직거리를 말한다.

해설 표고 : 기준면으로부터 어느 점까지의 연직거리

04 수준측량의 용어에 대한 설명으로 옳지 않은 것은?

① 전시 : 표고를 알고자 하는 곳에 세운 표척의 읽음값
② 중간점 : 그 점의 표고만을 구하고자 표척을 세워 전시만 취하는 점
③ 후시 : 측량해 나가는 방향을 기준으로 기계의 후방을 시준한 값
④ 기계고 : 기준면에서 시준선까지의 높이

해설 후시 : 알고 있는 점에 표척을 세워 읽은 값

05 수준측량에 관한 용어의 설명으로 틀린 것은?

① 수평면(level surface)은 정지된 해수면을 육지까지 연장하여 얻은 곡면으로 연직방향에 수직인 곡면이다.
② 이기점(turning point)은 높이를 알고 있는 지점에 세운 표척을 시준한 점을 말한다.
③ 표고(elevation)는 기준면으로부터 임의의 지점까지의 연직거리를 의미한다.
④ 수준점(bench mark)은 수직위치결정을 보다 편리하게 하기 위하여 정확하게 표고를 관측하여 표시해 둔 점을 말한다.

해설 이기점(turning point) : 기계를 옮기기 위한 점으로 전시와 후시를 동시에 취하는 점

06 수준측량에서 전시(F.S : fore sight)에 대한 설명으로 옳은 것은?

① 미지점에 세운 표척의 눈금을 읽은 값
② 기준면으로부터 시준선까지의 높이를 읽은 값
③ 가장 먼저 세운 표척의 눈금을 읽은 값
④ 지반고를 알고 있는 점에 세운 표척이 눈금을 읽은 값

해설 전시 : 구하고자 하는 점(미지점)에 표척을 세워 읽은 값

07 수준측량과 관련된 용어에 대한 설명으로 틀린 것은?

① 후시는 기지점에 세운 표척의 읽음값이다.
② 전시는 미지점 표척의 읽음값이다.
③ 중간점은 오차가 발생해도 다른 지점에 영향이 없다.
④ 이기점은 전시와 후시값이 항상 같게 된다.

정답 01 ③ 02 ② 03 ④ 04 ③ 05 ② 06 ① 07 ④

해설 이기점은 기계를 옮기기 위한 점으로 후시와 전시를 동시에 취하는 점으로, 후시값과 전시값은 다른 값을 갖게 된다.

08 수준측량의 용어에 대한 설명으로 틀린 것은?
① 전시는 기지점에 세운 표척의 눈금을 읽은 값이다.
② 기계고는 기준면으로부터 망원경의 시준선까지의 높이이다.
③ 기계고는 지반고와 후시의 합으로 구한다.
④ 중간점은 다른 점에 영향을 주지 않는다.

해설 ㉠ 전시(F.S) : 구하고자 하는 점에 표척을 세워 읽은 값
㉡ 후시(B.S) : 기지점에 표척을 세워 읽은 값

09 수준측량에 대한 설명으로 옳지 않은 것은?
① 표고는 2점 사이의 높이차를 의미한다.
② 어느 지점의 높이는 기준면으로부터 연직거리로 표시한다.
③ 기포관의 감도는 기포 1눈금에 대한 중심각의 변화를 의미한다.
④ 기준면으로부터 정확한 높이를 측정하여 수준측량의 기준이 되는 점으로 정해놓은 점을 수준원점이라 한다.

해설 표고 : 기준면을 기준으로 어느 점까지의 연직거리

10 수준측량의 용어에 대한 설명으로 틀린 것은?
① F.S(전시) : 표고를 구하려는 점에 세운 표척의 읽음값
② B.S(후시) : 기지점에 세운 표척의 읽음값
③ T.P(이기점) : 전시와 후시를 같이 취할 수 있는 점
④ I.P(중간점) : 후시만을 취하는 점으로 오차가 발생하여도 측량결과에 전혀 영향을 주지 않는 점

해설 중간점(I.P)은 그 점의 표고만 구하기 위하여 전시만 취하는 점으로 오차가 발생해도 다른 점에 영향을 주지 않는다.

11 측량의 기준에서 지오이드에 대한 설명으로 옳은 것은?

① 수준원점과 같은 높이로 가상된 지구타원체를 말한다.
② 육지의 표면으로 지구의 물리적인 형태를 말한다.
③ 육지와 바다 밑까지 포함한 지형의 표면을 말한다.
④ 정지된 평균해수면이 지구를 둘러쌌다고 가상한 곡면을 말한다.

해설 지오이드 : 정지된 평균해수면이 지구를 둘러쌌다고 가상한 곡면을 말한다.

12 폭이 120m이고 양안의 고저차가 1.5m 정도인 하천을 횡단하여 정밀하게 고저측량을 실시할 때 양안의 고저차를 관측하는 방법으로 가장 적합한 것은?
① 교호고저측량   ② 직접고저측량
③ 간접고저측량   ④ 약고저측량

해설 교호수준측량은 수준측량을 실시할 경우 강, 계곡, 하천 등의 경우 레벨을 중앙에 설치할 수 없을 때 양 끝단에서 두 번 관측하여 그 값을 평균하여 고저차를 구하는 방법으로 시준축오차를 소거할 수 있다.

13 교호수준측량을 통해 소거할 수 있는 오차로 옳은 것은?
① 레벨의 불완전조정으로 인한 오차
② 표척의 이음매 불완전에 의한 오차
③ 관측자의 오독에 의한 오차
④ 표척의 기울기오차

해설 폭이 100m이고 양안(兩岸)의 고저차가 1m인 하천을 횡단하여 수준측량을 실시할 때 양안의 고저차를 측정하는 방법으로 교호수준측량을 사용하며, 이는 시준축오차를 소거하기 위함이다. 따라서 레벨의 불완전조정으로 인한 오차를 소거할 수 있다.

14 폭이 넓은 하천을 횡단하여 정밀하게 수준측량을 실시할 때 가장 좋은 방법은?
① 교호수준측량에 의해 실시
② 삼각측량에 의해 실시
③ 시거측량에 의해 실시
④ 육분의에 의해 실시

정답 08 ① 09 ① 10 ④ 11 ④ 12 ① 13 ① 14 ①

해설 교호수준측량
하천, 계곡에 level를 중앙에 세울 수 없을 때 양쪽 지점에 기계를 세워 측정하여 평균값을 구함으로써 양 지점의 고저차를 구하는 방법이다.
㉠ 기계오차(시준축오차) 소거 : 기포관축과 시준선이 평행하지 않기 때문에 생기는 오차
㉡ 구차(지구의 곡률에 의한 오차) 소거
㉢ 기차(광선의 굴절에 의한 오차) 소거

15 교호수준측량을 실시하여 다음 결과를 얻었다. A점의 표고가 56.674m일 때 B점의 표고는? (단, a_1 =2.556m, b_1 =3.894m, a_2 =0.772m, b_2 =2.106m)

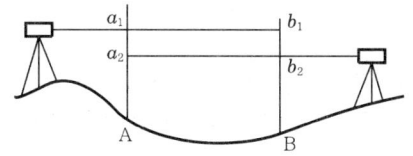

① 54.130m   ② 54.768m
③ 55.338m   ④ 57.641m

해설 $H_B = H_A + \dfrac{(a_1 - b_1) + (a_2 - b_2)}{2}$
$= 56.674 + \dfrac{(2.556 - 3.894) + (0.772 - 2.106)}{2}$
$= 55.338\text{m}$

16 다음 그림과 같이 교호수준측량을 실시하여 구한 B점의 표고는? (단, H_A =20m)

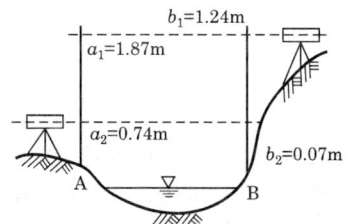

① 19.34m   ② 20.65m
③ 20.67m   ④ 20.75m

해설 $H_B = H_A + \dfrac{(a_1 - b_1) + (a_2 - b_2)}{2}$
$= 20 + \dfrac{(0.74 - 0.07) + (1.87 - 1.24)}{2} = 20.65\text{m}$

17 직접수준측량 시 주의사항에 대한 설명으로 틀린 것은?
① 작업 전에 기기 및 표척을 점검 및 조정한다.
② 전후의 표척거리는 등거리로 하는 것이 좋다.
③ 표척을 세우고 나서는 표척을 움직여서는 안 된다.
④ 기포관의 기포는 똑바로 중앙에 오도록 한 후 관측을 한다.

해설 표척을 세울 경우 표척이 기울어지는 것에 대한 오류를 방지하기 위해 앞뒤로 흔들어서 최소값을 읽는다.

18 수준측량에 관한 용어 설명으로 틀린 것은?
① 표고 : 평균해수면으로부터의 연직거리
② 후시 : 표고를 결정하기 위한 점에 세운 표척 읽음값
③ 중간점 : 전시만을 읽는 점으로서, 이 점의 오차는 다른 점에 영향이 없음
④ 기계고 : 기준면으로부터 망원경의 시준선까지의 높이

해설 후시(B.S) : 알고 있는 점에 표척을 세워 읽은 값

19 수준측량에서 작업자의 유의사항에 대한 설명으로 틀린 것은?
① 표척수는 표척의 눈금이 잘 보이도록 양손을 표척의 측면에 잡고 세운다.
② 표척과 레벨의 거리는 10m를 넘어서는 안 된다.
③ 레벨의 전방에 있는 표척과 후방에 있는 표척의 중간에 거리가 같도록 레벨을 세우는 것이 좋다.
④ 표척을 전후로 기울여 관측할 때에는 최소읽음값을 취해야 한다.

해설 수준측량 시 표척과 레벨과의 거리는 60m 이내가 좋다.

20 수준측량 야장기입법 중 중간점이 많은 경우에 편리한 방법은?
① 고차식   ② 기고식
③ 승강식   ④ 약도식

정답 15 ③ 16 ② 17 ③ 18 ② 19 ② 20 ②

해설 야장기입법
① 고차식 : 전시와 후시만 있을 때 사용하며 2점 간의 고저차를 구할 경우 사용한다.
② 기고식 : 중간점이 많을 때 적당하나 완전한 검산을 할 수 없는 단점이 있다.
③ 승강식 : 중간점이 많을 때 불편하나 완전한 검산을 할 수 있다.

21 수준측량 시 전시와 후시만 있을 때 사용하며 두 점 간의 고저차를 구할 경우 사용하는 야장기입법은?
① 고차식   ② 승강식
③ 교차식   ④ 기고식

해설 야장기입법
① 고차식 : 전시와 후시만 있을 때 사용하며 2점 간의 고저차를 구할 경우 사용한다.
② 기고식 : 중간점이 많을 때 적당하나 완전한 검산을 할 수 없는 단점이 있다.
③ 승강식 : 중간점이 많을 때 불편하나 완전한 검산을 할 수 있다.

22 수준측량에서 전·후시의 측량을 연결하기 위하여 전시, 후시를 함께 취하는 점은?
① 중간점   ② 수준점
③ 이기점   ④ 기계점

해설 이기점(T.P) : 기계를 옮기기 위한 점으로 전시와 후시를 동시에 취하는 점

23 계산과정에서 완전한 검산을 할 수 있어 정밀한 측량에 이용되나 중간점이 많을 때는 계산이 복잡한 야장기입법은?
① 고차식   ② 기고식
③ 횡단식   ④ 승강식

해설 승강식 야장기입법 : 계산과정에서 완전한 검산을 할 수 있어 정밀한 측량에 이용되나, 중간점이 많을 때는 계산이 복잡한 야장기입법

24 수준측량에서 기포관의 눈금이 3눈금 움직였을 때 60m 전방에 세운 표척의 읽음차가 2.5cm일 경우 기포관의 감도는?
① 26″   ② 29″

③ 32″   ④ 35″

해설 $\theta'' = \frac{\Delta l}{nl}\rho'' = \frac{0.025}{3\times 60}\times 206,265 = 29''$

25 레벨(level)의 중심에서 40m 떨어진 지점에 표척을 세우고 기포가 중앙에 있을 때 1.248m, 기포가 2눈금 움직였을 때 1.223m를 각각 읽은 경우 이 레벨의 기포관 곡률반지름은? (단, 기포관 1눈금간격은 2mm이다.)
① 5.0m   ② 5.7m
③ 6.4m   ④ 8.0m

해설 $R = \frac{nsl}{\Delta l} = \frac{2\times 0.002\times 40}{1.248-1.223} = 6.4\text{m}$

26 수준기의 감도가 4″인 레벨로 60m 전방에 세운 표척을 시준한 후 기포가 1눈금 이동하였을 때 발생하는 오차는?
① 0.6mm   ② 1.2mm
③ 1.8mm   ④ 2.4mm

해설 $\Delta l = \frac{nl\theta''}{\rho''} = \frac{1\times 60\times 4}{206,265} = 0.012\text{m} = 1.2\text{mm}$

27 레벨에서 기포관의 한 눈금의 길이가 4mm이고, 기포가 한 눈금 움직일 때의 중심각변화가 10″라 하면 이 기포관의 곡률반지름은?
① 80.2m   ② 81.5m
③ 82.5m   ④ 84.2m

해설 $R = \frac{s}{\theta''}\rho'' = \frac{0.004}{10''}\times 206,265'' = 82.5\text{m}$

28 거리 80m 떨어진 곳에 표척을 세워 기포가 중앙에 있을 때와 기포관의 눈금이 5눈금 이동했을 때 표척 읽음값의 차이가 0.09m이었다면 이 기포관의 곡률반지름은? (단, 기포관 한 눈금의 간격은 2mm이고 $\rho'' = 206265''$이다.)
① 8.9m   ② 9.1m
③ 9.4m   ④ 9.6m

해설 $R = \frac{nsl}{\Delta l} = \frac{5\times 0.002\times 80}{0.09} = 8.9\text{m}$

정답 21 ① 22 ③ 23 ④ 24 ② 25 ③ 26 ② 27 ③ 28 ①

29 직접수준측량에서 기계고를 구하는 식으로 옳은 것은?

① 기계고=지반고−후시
② 기계고=지반고+후시
③ 기계고=지반고−전시−후시
④ 기계고=지반고+전시−후시

해설 수준측량에서의 기계고는 기준면으로부터 망원경 시준선까지의 높이이다. 따라서 기계고=지반고+후시이다.

30 수준측량으로 지반고(G.H)를 구하는 식은? (단, B.S : 후시, F.S : 전시, I.H : 기계고)

① G.H=I.H+F.S
② G.H=I.H+B.S
③ G.H=I.H−F.S
④ G.H=I.H−B.S

해설 G.H(지반고)=I.H(기계고)−F.S(전시)

31 다음 그림과 같이 측점 A의 밑에 기계를 세워 천장에 설치된 측점 A, B를 관측하였을 때 두 점의 높이차(H)는?

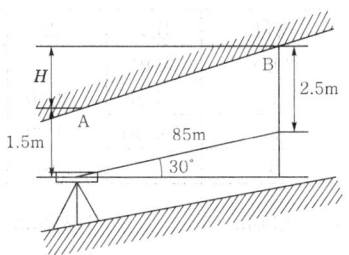

① 42.5m
② 43.5m
③ 45.5m
④ 46.5m

해설 $H=2.5+85\times\sin30°-1.5=43.5m$

32 측점이 터널의 천정에 설치되어 있는 수준측량에서 다음 그림과 같은 관측결과를 얻었다. A점의 지반고가 15.32m일 때 C점의 지반고는?

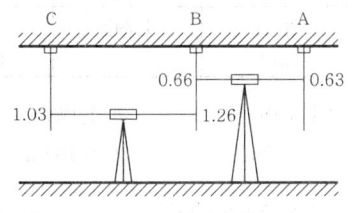

① 14.32m
② 15.12m
③ 16.32m
④ 16.49m

해설 $H_C=15.32-0.63+0.66-1.26+1.03=15.12m$

33 A, B 두 점의 표고가 각각 120m, 140m이고 두 점 간의 경사가 1:2인 경우 표고가 130m 되는 지점을 C라 할 때 A점과 C점과의 경사거리는?

① 22.36m
② 25.85m
③ 28.28m
④ 29.82m

해설 $\overline{AC}=\sqrt{20^2+10^2}=22.36m$

34 다음 그림과 같이 터널 내 수준측량을 하였을 경우 A점의 표고가 156.632m라면 B점의 표고는?

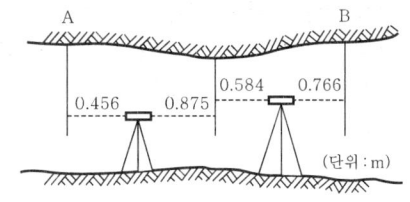

① 156.869m
② 157.233m
③ 157.781m
④ 158.401m

해설 $H_B=156.632-0.456+0.875-0.584+0.766$
$=157.233m$

35 터널에서 수준측량을 실시한 결과가 다음 표와 같을 때 측점 No.3의 지반고는? (단, (−)는 천장에 설치된 측점이다.)

측점	후시(m)	전시(m)	지반고(m)
No.0	0.87		43.27
No.1	1.37	2.64	
No.2	−1.47	−3.29	
No.3	−0.22	−4.25	
No.4		0.69	

① 36.80m
② 41.21m
③ 48.94m
④ 49.35m

해설 No.3=43.27+(0.87+1.37−1.47)
   −(2.64−3.29−4.25)=48.94m

36 A점의 지반고가 15.4m, B점의 지반고가 18.9m일 때 A점으로부터 지반고가 17m인 지점까지의 수평거리는? (단, $\overline{AB}$ 간의 수평거리는 45m이고 등경사지형이다.)

① 17.3m   ② 18.3m
③ 19.3m   ④ 20.6m

해설

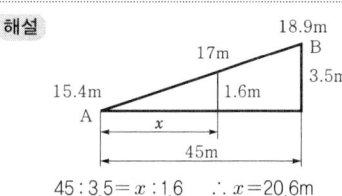

$45 : 3.5 = x : 1.6$ ∴ $x = 20.6$m

37 다음 그림과 같은 수준측량에서 B점의 지반고는? (단, $\alpha = 13°20'30''$, A점의 지반고 = 27.30m, I.H(기계고) = 1.54m, 표척읽음값 = 1.20m, AB의 수평거리 = 50.13m)

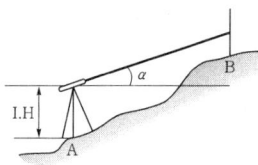

① 38.53m   ② 38.98m
③ 39.40m   ④ 39.53m

해설 $H_B = H_A + I.H + D\tan\alpha - h$
  $= 27.30 + 1.54 + 50.13 \times \tan 13°20'30'' - 1.20$
  $= 39.53$m

38 수준측량야장에서 측점 5의 기계고와 지반고는? (단, 표의 단위는 m이다.)

측점	B.S	F.S T.P	F.S I.P	I.H	G.H
A	1.14				80.00
1	2.41	1.16			
2	1.64	2.68			
3			0.11		
4			1.23		
5	0.30	0.50			
B		0.65			

① 81.35m, 80.85m   ② 81.35m, 80.50m
③ 81.15m, 80.85m   ④ 81.15m, 80.50m

해설

측점	B.S	F.S T.P	F.S I.P	I.H	G.H
A	1.14			80.00+1.14 =81.14	80.00
1	2.41	1.16		79.98+2.41 =82.39	81.14−1.16 =79.98
2	1.64	2.68		79.71+1.64 =81.35	82.39−2.68 =79.71
3			0.11		81.35−0.11 =81.24
4			1.23		81.35−1.23 =80.12
5	0.30	0.50		80.85+0.30 =81.15	81.35−0.50 =80.85
B		0.65			81.15−0.65 =80.50

39 터널 내에서의 수준측량결과가 다음과 같은 B점의 지반고는?

(단위 : m)

측점	B.S	F.S	지반고
No.A	2.40		110.00
1	−1.20	−3.30	
2	−0.40	−0.20	
B		2.10	

① 112.20m   ② 114.70m
③ 115.70m   ④ 116.20m

해설 지반고차 = Σ후시 − Σ전시 = 0.8 − (−1.4) = 2.2m
  ∴ B점의 지반고 = 110 + 2.2 = 112.20m

40 BM에서 출발하여 No.2까지 수준측량한 야장이 다음과 같다. BM과 No.2의 고저차는?

측점	후시(m)	전시(m)
BM	0.365	
No.1	1.242	1.031
No.2		0.397

① 1.350m   ② 1.185m
③ 0.350m   ④ 0.185m

해설 고저차 = ΣB.S − ΣF.S
  = (0.365 + 1.242) − (1.031 + 0.391) = 0.185m

정답 36 ④ 37 ④ 38 ③ 39 ① 40 ④

41 종단측량을 행하여 다음 표와 같은 결과를 얻었을 때 측점 1과 측점 5의 지반고를 연결한 도로계획선의 경사도는? (단, 중심선의 간격은 20m이다.) 기 18-1

측점	지반고(m)	측점	지반고(m)
1	53.38	4	50.56
2	52.28	5	52.38
3	55.76	-	-

① +1.00% ② -1.00%
③ +1.25% ④ -1.25%

해설 경사도$(i) = \frac{H}{D} \times 100\%$

$= \frac{52.38 - 53.38}{80} \times 100\% = -1.25\%$

42 AB, BC의 경사거리를 측정하여 AB=21.562m, BC=28.064m를 얻었다. 레벨을 설치하여 A, B, C의 표척을 읽은 결과가 다음 그림과 같을 때 AC의 수평거리는? (단, AB, BC구간은 각각 등경사로 가정한다.) 기 18-2

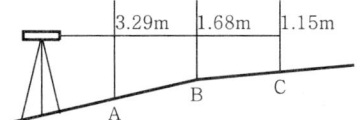

① 49.6m ② 50.1m
③ 59.6m ④ 60.1m

해설 $\overline{AC} = \sqrt{21.562^2 - 1.61^2} + \sqrt{28.064^2 - 0.53^2}$
$= 49.69\text{m}$

43 두 개 이상의 표고기지점에서 미지점의 표고를 측정하는 경우에 경중률과 관측거리의 관계를 설명한 것으로 옳은 것은? 산 19-3

① 관측값의 경중률은 관측거리의 제곱근에 비례한다.
② 관측값의 경중률은 관측거리의 제곱근에 반비례한다.
③ 관측값의 경중률은 관측거리에 비례한다.
④ 관측값의 경중률은 관측거리에 반비례한다.

해설 두 개 이상의 표고기지점에서 미지점의 표고를 측정하는 경우에 직접수준측량확값을 구하는 경우 경중률은 노선거리에 반비례한다.

44 수준점 A, B, C에서 수준측량을 한 결과가 다음 표와 같을 때 P점의 최확값은? 기 17-3

수준점	표고(m)	고저차관측값(m)	노선거리(m)
A	19.332	A→P +1.533	2
B	20.933	B→P -0.074	4
C	18.852	C→P +1.986	3

① 20.839m ② 20.842m
③ 20.855m ④ 20.869m

해설 ㉠ 경중률

$\frac{1}{S_1} : \frac{1}{S_2} : \frac{1}{S_3} = \frac{1}{2} : \frac{1}{4} : \frac{1}{3} = 6 : 3 : 4$

㉡ 표고(H.P)
- H.P(A점 기준) = 19.332 + 1.533 = 20.865m
- H.P(B점 기준) = 20.933 - 0.074 = 20.859m
- H.P(C점 기준) = 18.852 + 1.986 = 20.838m

㉢ 최확값

$H_P = \frac{6 \times 20.865 + 3 \times 20.859 + 4 \times 20.838}{6 + 3 + 4}$

$= 20.855\text{m}$

45 A, B 두 개의 수준점에서 P점을 관측한 결과가 다음 표와 같을 때 P점의 최확값은? 기 18-2

구분	관측값	거리
A→P	80.258m	4km
B→P	80.218m	3km

① 80.235m ② 80.238m
③ 80.240m ④ 80.258m

해설 ㉠ 경중률

$P_1 : P_2 = \frac{1}{4} : \frac{1}{3} = 3 : 4$

㉡ 최확값

$H_P = 80 + \frac{3 \times 0.258 + 4 \times 0.218}{3 + 4} = 80.235\text{m}$

46 두 점 간의 고저차를 A, B 두 사람이 정밀하게 측정하여 다음과 같은 결과를 얻었다. 두 점 간 고저차의 최확값은? 기 18-1

- A : 68.994±0.008m • B : 69.003±0.004m

① 69.001m ② 68.998m
③ 68.996m ④ 68.995m

정답 41 ④ 42 ① 43 ④ 44 ③ 45 ① 46 ①

해설 ㉠ 경중률
$$P_A : P_B = \frac{1}{8^2} : \frac{1}{4^2} = 1 : 4$$
㉡ 최확값
$$H_o = \frac{1 \times 68.994 + 4 \times 69.003}{1+4} = 69.001\text{m}$$

47 다음 그림과 같은 수준망에서 수준점 P의 최확값은? (단, A점에서의 관측지반고 10.15m, B점에서의 관측지반고 10.16m, C점에서의 관측지반고 10.18m) 산 17-3

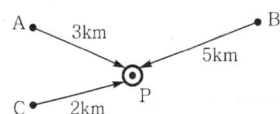

① 10.180m   ② 10.166m
③ 10.152m   ④ 10.170m

해설 ㉠ 경중률
$$\frac{1}{S_1} : \frac{1}{S_2} : \frac{1}{S_3} = \frac{1}{3} : \frac{1}{5} : \frac{1}{2} = 10 : 6 : 15$$
㉡ 최확값
$$H_P = 10 + \frac{10 \times 0.15 + 6 \times 0.16 + 15 \times 0.18}{10+6+15}$$
$$= 10.166\text{m}$$

48 다음 그림과 같이 2개의 수준점 A, B를 기준으로 임의의 점 P의 표고를 측량한 결과 A점 기준 42.375m, B점 기준 42.363m를 관측하였다면 P점의 표고는? 산 19-1

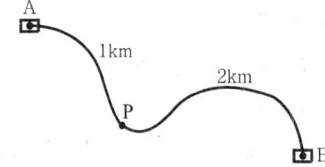

① 42.367m   ② 42.369m
③ 42.371m   ④ 42.373m

해설 ㉠ 경중률
$$P_A : P_B = \frac{1}{1} : \frac{1}{2} = 2 : 1$$
㉡ 최확값
$$H_P = \frac{2 \times 42.375 + 1 \times 42.363}{2+1} = 42.371\text{m}$$

49 굴뚝의 높이를 구하기 위하여 A, B점에서 굴뚝 끝의 경사각을 관측하여 A점에서는 30°, B점에서는 45°를 얻었다. 이때 굴뚝의 표고는? (단, AB의 거리는 22m, A, B 및 굴뚝의 하단은 일직선상에 있고, 기계고(I.H)는 A, B 모두 1m이다.) 기 19-2

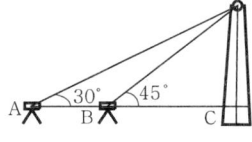

① 30m   ② 31m
③ 33m   ④ 35m

해설 $\tan 30° = \dfrac{H}{22+\text{BC}}$
∴ $H = \tan 30° \times (22+\text{BC})$ ·········· ㉠
$\tan 45° = \dfrac{H}{\text{BC}}$
∴ $H = \text{BC}$ ·········· ㉡
식 ㉠, ㉡을 연립하여 계산하면 $H = 30$m
∴ 굴뚝의 높이 = 30 + 1 = 31m

50 지구곡률에 의한 오차인 구차에 대한 설명으로 옳은 것은? 산 18-2

① 구차는 거리의 제곱에 반비례한다.
② 구차는 곡률반지름의 제곱에 비례한다.
③ 구차는 곡률반지름에 비례한다.
④ 구차는 거리의 제곱에 비례한다.

해설 구차 = $\dfrac{D^2}{2R}$ 이므로 거리의 제곱에 비례하고, 곡률반지름에 반비례한다.

51 수준측량에서 굴절오차와 관측거리의 관계를 설명할 것으로 옳은 것은? 기 17-2

① 거리의 제곱에 비례한다.
② 거리의 제곱에 반비례한다.
③ 거리의 제곱근에 비례한다.
④ 거리의 제곱근에 반비례한다.

해설 굴절오차(기차) = $\dfrac{D^2}{2R}$ 이므로 거리(D)의 제곱에 비례하고, 지구의 반경(R)에 반비례한다.

정답 47 ② 48 ③ 49 ② 50 ④ 51 ①

52 직접수준측량에 따른 오차 중 시준거리의 제곱에 비례하는 성질을 갖는 것은?

① 기포관축과 시준선이 평행하지 않아 발생하는 오차
② 표척의 길이가 표준길이와 달라 발생하는 오차
③ 지구의 곡률 및 대기 중 광선의 굴절로 인한 오차
④ 망원경 시야가 흐려 발생되는 표척의 독취오차

해설 구차 $= \dfrac{D^2}{2R}$, 기차 $= -\dfrac{kD^2}{2R}$

이때 D는 시준거리로, 구차와 기차는 시준거리의 제곱에 비례한다.

53 간접수준측량으로 관측한 수평거리가 5km일 때 지구의 곡률오차는? (단, 지구의 곡률반지름은 6,370km)

① 0.862m ② 1.962m
③ 3.925m ④ 4.862m

해설 곡률오차(구차) $= \dfrac{D^2}{2R} = \dfrac{5^2}{2 \times 6,370} = 1.962 \text{m}$

54 키 1.6m인 사람이 해안선에서 해상을 바라볼 수 있는 거리는? (단, 지구의 곡률반지름은 6,370km이다.)

① 1,600m ② 2,257m
③ 3,200m ④ 4,515m

해설 양차 $= \dfrac{D^2}{2R}$

$1.6 = \dfrac{D^2}{2 \times 6,370,000}$

$\therefore D = 4,515 \text{m}$

55 표고가 0m인 해변에서 눈높이 1.45m인 사람이 볼 수 있는 수평선까지의 거리는? (단, 지구반지름 $R = 6,370 \text{km}$, 굴절계수 $k = 0.14$)

① 4713.91m ② 4634.68m
③ 4298.02m ④ 4127.47m

해설 기차 $= -\dfrac{kD^2}{2R}$

$1.45 = -\dfrac{0.14 \times D^2}{2 \times 6,370}$

$\therefore D = 4634.68 \text{m}$

56 수준측량에서 왕복거리 4km에 대한 허용오차가 20mm이었다면 왕복거리 9km에 대한 허용오차는?

① 45mm ② 40mm
③ 30mm ④ 25mm

해설 $\sqrt{4} : 20 = \sqrt{9} : x$ 또는 $\sqrt{8} : 20 = \sqrt{18} : x$

$\therefore x = 30 \text{mm}$

57 수준측량의 왕복거리 2km에 대하여 허용오차가 ±3mm라면 왕복거리 4km에 대한 허용오차는?

① ±4.24mm ② ±6.00mm
③ ±6.93mm ④ ±9.00mm

해설 직접수준측량 시 오차는 노선거리의 제곱근에 비례하므로
$\sqrt{4} : 6 = \sqrt{8} : x$

$\therefore x = \pm 4.24 \text{mm}$

58 2km를 왕복 직접수준측량하여 ±10mm 오차를 허용한다면 동일한 정확도로 측량하여 4km를 왕복 직접수준측량할 때 허용오차는?

① ±8mm ② ±14mm
③ ±20mm ④ ±24mm

해설 $\sqrt{4} : 10 = \sqrt{8} : x$

$\therefore x = \pm 14 \text{mm}$

59 단일노선의 폐합수준측량에서 생긴 오차가 허용오차 이하일 때 폐합오차를 각 측점에 배부하는 방법으로 옳은 것은?

① 출발점에서 그 측점까지의 거리에 비례하여 배부한다.
② 각 측점 간의 관측거리의 제곱근에 반비례하여 배부한다.
③ 관측한 측점수에 따라 등분배하여 배부한다.
④ 측점 간의 표고에 따라 비례하여 배부한다.

해설 단일노선의 폐합수준측량에서 생긴 오차가 허용오차 이하일 때 폐합오차를 각 측점에 배부는 출발점에서 그 측점까지의 거리에 비례하여 배부한다.

$$배부량 = \frac{그 측선까지의 거리}{측선장의 합} \times 폐합오차$$

60 다음 그림과 같이 A에서부터 관측하여 폐합수준측량을 한 결과가 오른쪽 표와 같을 때 오차를 보정한 D점의 표고는? 기 17-1

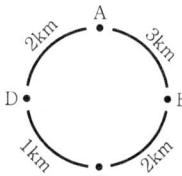

측점	거리(km)	표고(m)
A	0	20.000
B	3	12.412
C	2	11.285
D	1	10.874
A	2	20.055

① 10.819m ② 10.833m
③ 10.915m ④ 10.929m

해설 ㉠ 오차 = 20.000 − 20.055 = 0.055m

㉡ D점의 조정량 = $\frac{그 측선까지의 거리}{총거리} \times 오차$

$= \frac{6}{8} \times 0.055 = 0.041$m

㉢ D점의 표고 = 10.874 − 0.041 = 10.833m

61 수준측량에서 전시와 후시를 같게 하여 제거할 수 있는 오차는? 산 18-1

① 기포관축과 시준선이 평행하지 않을 때
② 관측자의 읽기착오에 의한 오차
③ 지반의 침하에 의한 오차
④ 표척의 눈금오차

해설 수준측량에서 전시와 후시의 거리를 같게 하면 시준축오차를 소거할 수 있다. 즉 망원경의 시준선이 기포관축에 평행이 아닐 때의 오차를 소거할 수 있다.

62 수준측량에서 전시와 후시의 시준거리를 같게 관측할 때 완전히 소거되는 오차는? 기 19-1

① 지구의 곡률오차
② 시차에 의한 오차
③ 수준척이 연직이 아니어서 발생되는 오차
④ 수준척의 눈금이 정확하지 않기 때문에 발생되는 오차

해설 전시와 후시의 거리를 같게 취하는 이유
㉠ 시준축오차
㉡ 지구의 곡률오차
㉢ 굴절오차

63 수준측량에서 표척(수준척)을 세우는 횟수를 짝수로 하는 주된 이유는? 기 19-1

① 표척의 영점오차 소거
② 시준축에 의한 오차의 소거
③ 구차의 소거
④ 기차의 소거

해설 직접수준측량 시 표척을 세우는 횟수를 짝수로 하는 이유는 표척의 0눈금오차를 소거하기 위함이다.

64 수준측량작업에서 전시와 후시의 거리를 같게 하여 소거되는 오차와 거리가 먼 것은? 기 16-1

① 기차의 영향
② 레벨조정 불완전에 의한 기계오차
③ 지표면의 구차의 영향
④ 표척의 영점오차

해설 표척의 0눈금오차는 레벨을 세우는 횟수를 짝수로 하여 제거할 수 있으며 전시와 후시의 거리를 같게 취해서는 소거할 수 없다.

65 출발점에 세운 표척과 도착점에 세운 표척을 같게 하는 이유는? 산 17-3

① 정준의 불량으로 인한 오차를 소거한다.
② 수직축의 기울어짐으로 인한 오차를 제거한다.
③ 기포관의 감도불량으로 인한 오차를 제거한다.
④ 표척의 상태(마모 등)로 인한 오차를 소거한다.

해설 수준측량에서 출발점에 세운 표척과 도착점에 세운 표척을 같게 하는 이유는 표척의 상태(마모 등)로 인한 오차를 소거하기 위함이다.

66 수준측량에서 발생하는 오차 중 정오차인 것은? 기 16-2

① 표척을 잘못 읽어 생기는 오차
② 태양의 직사광선에 의한 오차
③ 지구곡률에 의한 오차
④ 시차에 의한 오차

정답 60 ② 61 ① 62 ① 63 ① 64 ④ 65 ④ 66 ③

해설 ① 착오, ② 우연오차, ④ 우연오차

67 수준측량에서 전시와 후시의 거리를 같게 함으로써 소거할 수 있는 주요 오차는? 기 19-3

① 망원경의 시준선이 기포관축에 평행하지 않아 생기는 오차
② 시준하는 순간 기포가 중앙에 있지 않아 생기는 오차
③ 전시와 후시의 야장기입을 잘못하여 생기는 오차
④ 표척이 표준길이와 달라서 생기는 오차

해설 수준측량에서 전시와 후시의 거리를 같게 하는 주된 이유는 망원경의 시준선이 기포관축에 평행하지 않아 생기는 오차(시준축오차)를 소거하기 위함이다.

68 수준측량에서 전시와 후시의 거리를 같게 하여 소거할 수 있는 오차는? 기 18-3

① 표척의 눈금오차
② 레벨의 침하에 의한 오차
③ 지구의 곡률오차
④ 레벨과 표척의 경사에 의한 오차

해설 전시와 후시의 거리를 같게 취함으로서 소거될 수 있는 오차는 시준축오차, 지구의 곡률오차, 굴절오차이다.

69 표척 2개를 사용하여 수준측량할 때 기계의 배치횟수를 짝수로 하는 주된 이유는? 기 16-3

① 표척의 영점오차를 제거하기 위하여
② 표척수의 안전한 작업을 위하여
③ 작업능률을 높이기 위하여
④ 레벨의 조정이 불완전하기 때문에

해설 표척의 0눈금오차를 소거하기 위해 레벨을 세우는 횟수는 짝수로 한다.

70 다음 그림과 같은 수준망에서 폐합수준측량을 한 결과 오른쪽 표와 같은 관측오차를 얻었다. 이 중 관측정확도가 가장 낮은 것으로 추정되는 구간은? 기 18-2

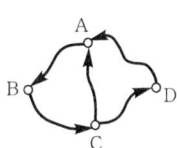

구간	오차 (mm)	총거리 (km)
A-B	4.68	4
B-C	2.27	3
C-D	5.68	3
D-A	7.50	5
C-A	3.24	2

① A-B구간
② A-C구간
③ C-A구간
④ D-A구간

해설 오차
㉠ A-B→B-C→C-A=4.68+2.27+3.24 =10.19mm
㉡ A-B→B-C→C-D→D-A=4.68+2.27+ 5.68+7.50=20.13mm
㉢ A-C→C-D→D-A=3.24+5.68+7.50 =16.42mm
∴ A-C→C-D→D-A와 A-B→B-C→C-D→D-A에서 가장 오차량이 많으며 두 개의 노선에서 중복되는 노선이 D-A구간이므로 D-A구간이 정확도가 가장 낮다고 추정된다.

정답 67 ① 68 ③ 69 ① 70 ④

02 지형측량

1 개요

1 정의

지형측량이란 지표상의 자연 및 인위적인 지물인 하천, 호수, 도로, 철도, 건축물 등과 지모인 산정, 구릉, 계곡, 평야 등의 상호관계의 위치를 평면적, 수치적으로 측정하여 일정한 축척과 도식으로 지형도를 작성하기 위한 측량을 말한다.

2 지형도의 분류

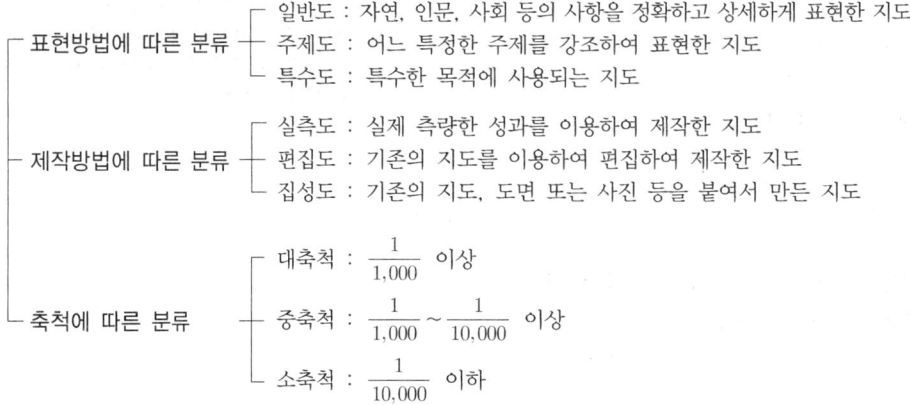

- 표현방법에 따른 분류
  - 일반도 : 자연, 인문, 사회 등의 사항을 정확하고 상세하게 표현한 지도
  - 주제도 : 어느 특정한 주제를 강조하여 표현한 지도
  - 특수도 : 특수한 목적에 사용되는 지도
- 제작방법에 따른 분류
  - 실측도 : 실제 측량한 성과를 이용하여 제작한 지도
  - 편집도 : 기존의 지도를 이용하여 편집하여 제작한 지도
  - 집성도 : 기존의 지도, 도면 또는 사진 등을 붙여서 만든 지도
- 축척에 따른 분류
  - 대축척 : $\frac{1}{1,000}$ 이상
  - 중축척 : $\frac{1}{1,000} \sim \frac{1}{10,000}$ 이상
  - 소축척 : $\frac{1}{10,000}$ 이하

3 지형의 표시법

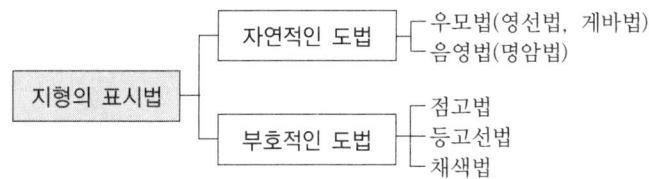

- 지형의 표시법
  - 자연적인 도법
    - 우모법(영선법, 게바법)
    - 음영법(명암법)
  - 부호적인 도법
    - 점고법
    - 등고선법
    - 채색법

1) 자연적인 도법

① 우모법(게바법) : 선의 굵기, 길이 및 방향 등으로 땅의 모양을 표시하는 방법으로 경사가 급하면 선이 굵고, 완만하면 선이 가늘고 길게 새털 모양으로 지형을 표시한다. 고저가 숫자로 표시되지 않아 토목공사에 사용할 수 없다.

② 음영법(명암법) : 태양광선이 서북쪽에서 경사 45°로 비친다고 가정하고 지표의 기복에 대해서 그 명암을 도상에 2~3색 이상으로 지형의 기복을 표시하는 방법이다. 고저차가 크고 경사가 급한 곳에 주로 사용한다.

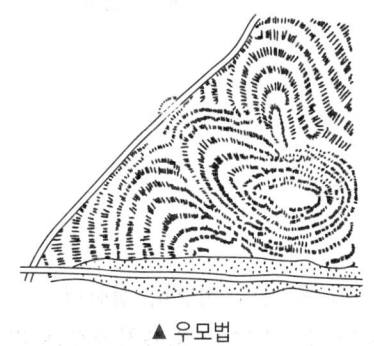
▲ 우모법

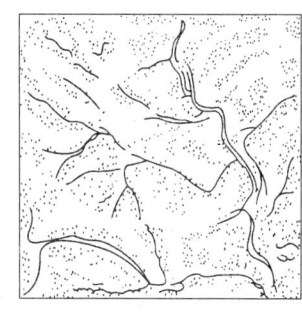
▲ 음영법

2) 부호적인 도법

① 점고법 : 지표면상에 있는 임의점의 표고를 도상에 숫자로 표시해 지표를 나타내는 방법으로 하천, 항만, 해양 등의 심천을 나타내는 경우에 사용한다.

② 등고선법

㉠ 등고선은 지표의 같은 높이의 점을 연결한 곡선, 즉 수평면과 지구표면의 교선이다. 이 등고선에 의하여 지표면의 형태를 표시하며 비교적 지형을 쉽게 표현할 수 있어 가장 널리 쓰이는 방법이다.

㉡ 기준면으로부터 일정한 높이마다 하나씩 등간격으로 구한 것을 평면도상에 나타내는 것이므로 지형도를 보면 고저차를 알 수 있을 뿐만 아니라 인접한 등고선과의 수평거리에 의하여 지표면의 완경사, 급경사도 알 수 있으므로 건설공사용에 많이 사용되고 있다.

③ 채색법(lager tints)

㉠ 지형도에 채색을 하여 지형이 높아질수록 색깔을 진하게, 낮아질수록 연하게 채색의 농도를 변화시켜 지표면의 고저를 나타내는 방법이다.

㉡ 대개는 등고선과 함께 사용하며 같은 등고선의 지대를 같은 색으로 칠하여 표시한다.

㉢ 지리관계의 지도나 소축척의 지형도에 사용된다.

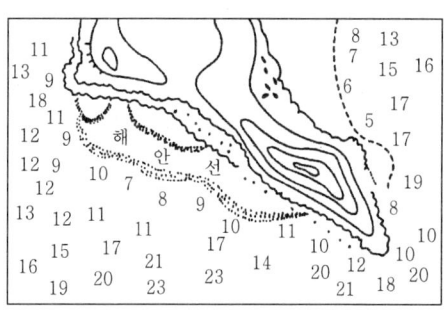
▲ 점고법

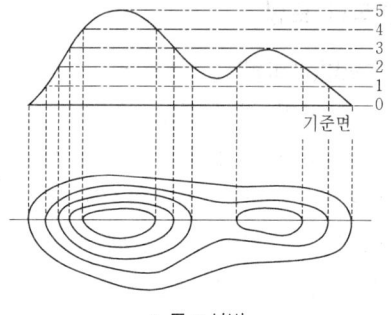
▲ 등고선법

2 등고선

1 등고선 간격결정 시 주의사항

① 간격은 측량의 목적, 지형 및 지도의 축척 등에 따라 적당히 정한다.
② 간격을 좁게 취하면 지형을 정밀하게 표시할 수 있으나, 소축척에서는 지형이 너무 밀집되어 확실한 도면을 나타내기가 어렵다.
③ 간격을 넓게 취하면 지형의 이해가 곤란하므로 대축척보다는 연직거리를 축척의 분모수의 1/2,000 정도로 한다.
④ 지형의 변화가 많거나 완경사지에서는 간격을 좁게, 지형의 변화가 작거나 급경사 시에는 간격을 넓게 한다.
⑤ 구조물의 설계나 토공량 산출에서는 간격을 좁게 하고, 저수지측량, 노선의 예측, 지질도측량의 경우에는 넓은 간격으로 한다.

2 등고선의 종류

① **주곡선** : 등고선을 일정한 간격으로 그렸을 때의 선을 말하며 가는 실선으로 표시한다.
② **간곡선** : 지형의 상세한 부분까지 충분히 표시할 수 없을 경우 주곡선의 1/2간격으로 넣으며 가는 파선으로 표시한다.
③ **조곡선** : 간곡선만으로도 지형을 표시할 수 없을 때 간곡선의 1/2간격으로 넣으며 가는 실선으로 표시한다.
④ **계곡선** : 주곡선 5개마다 넣는 것으로 등고선을 쉽게 읽기 위해서 굵은 실선으로 표시한다.

종류	표시	등고선의 간격(m)			
		1:5,000	1:10,000	1:25,000	1:50,000
주곡선	가는 실선	5	5	10	20
계곡선	굵은 실선	25	25	50	100
간곡선	가는 파선	2.5	2.5	5	10
조곡선	가는 점선	1.25	1.25	2.5	5
도곽	-	1′30″×1′30″	3′×3′	7′30″×7′30″	15′×15′

3 등고선의 성질

① 동일 등고선상에 있는 모든 점은 같은 높이이다.
② 등고선은 도면 안이나 밖에서 폐합하는 폐합곡선이다.
③ 도면 내에서 등고선이 폐합하는 경우 폐합된 등고선 내부에는 산꼭대기(산정) 또는 분지가 있다.
④ 두 쌍의 등고선 볼록부가 마주하고 다른 한 쌍의 등고선이 바깥쪽으로 향할 때 그곳은 고개(안부)이다.
⑤ 높이가 다른 두 등고선은 동굴이나 절벽의 지형이 아닌 곳에서는 교차하지 않는다. 동굴이나 절벽은 반드시 두 점에서 교차한다.
⑥ 동등한 경사의 지표에서 양 등고선의 수평거리는 같다.
⑦ 최대경사의 방향은 등고선과 직각으로 교차한다.
⑧ 등고선은 경사가 급한 곳에서는 간격이 좁고 완만한 경사에서는 넓다.

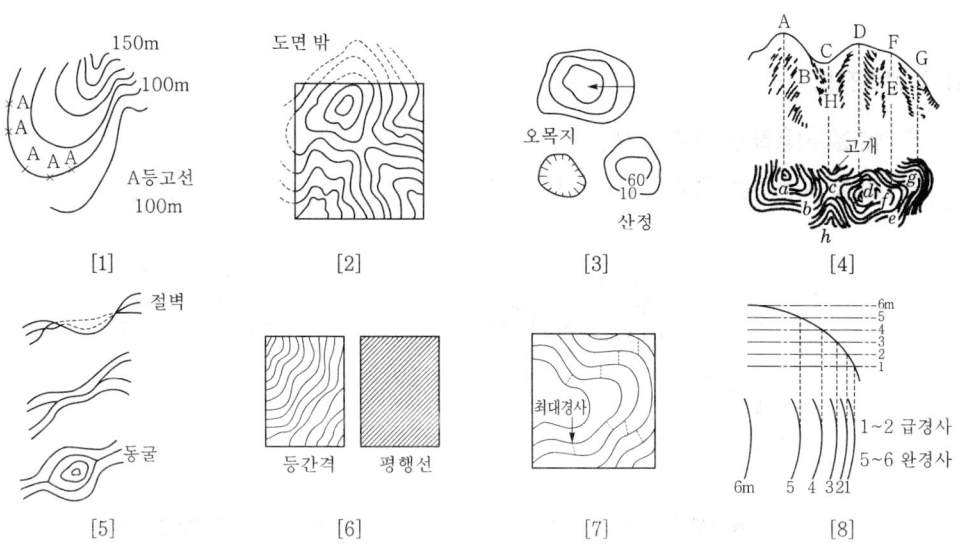

4 지성선

① **능선(凸선)** : 분수선이라고도 하며 정상을 향하여 가장 높은 점을 연결한 선으로 빗물이 갈라지는 분수선(V자형)이다.
② **곡선(凹선)** : 합수선이라고도 하며 지표면이 낮은 점을 연결한 선으로 빗물이 합쳐지는 합수선(A자형)이다.
③ **경사변환선** : 동일 방향의 경사면에서 경사의 크기가 다른 두 면의 접합선이다.
④ **최대경사선(유하선)** : 지표의 임의의 한 점에 있어서 그 경사가 최대로 되는 방향을 표시한 선으로 등고선에 직각으로 교차한다. 이 점을 기준으로 물이 흐르므로 유하선이라 부른다.

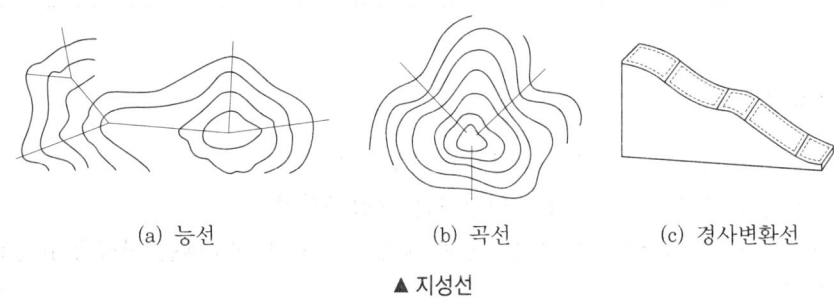

(a) 능선　　　　(b) 곡선　　　　(c) 경사변환선

▲ 지성선

5 등고선 측정법

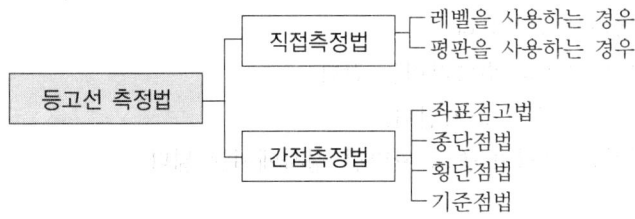

1) 직접측정법

① 레벨을 사용하는 경우 : $H_B = H_A + a_1 - b_1$
② 평판을 사용하는 경우 : $H_B = H_A + I - b$

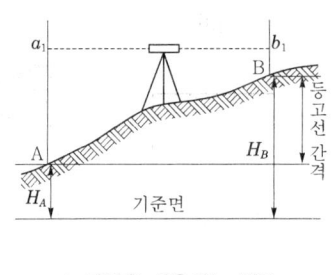

▲ 레벨을 사용하는 경우

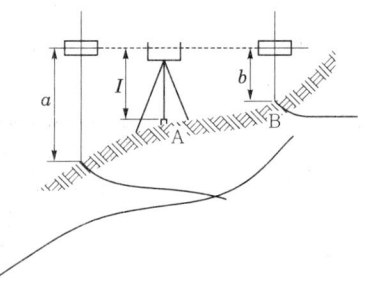

▲ 평판을 사용하는 경우

2) 간접측정법

① **좌표점고법** : 측량하는 지역을 종횡으로 나누어 각 점의 표고를 기입해서 등고선을 삽입하는 방법이다. 토지의 정지작업, 정밀한 등고선이 필요할 때 많이 쓴다.

② **종단점법** : 지성선과 같은 중요한 선의 방향에 여러 개의 측선을 내고 그 방향을 측정한다. 다음에는 이에 따라 여러 점의 표고와 거리를 구하여 등고선을 그리는 방법이다.

③ **횡단점법** : 종단측량을 하고 좌우에 횡단면을 측정하는데 줄자와 핸드레벨로 하는 때가 많다. 측정방법은 중심선에서 좌우방향으로 수선을 그어 그 수선상의 거리와 표고를 측정해서 등고선을 삽입하는 방법이다.

④ **기준점법** : 변화가 있는 지점을 선정하여 거리와 고저차를 구한 후 등고선을 그리는 방법으로 지모변화가 심한 경우에도 정밀한 결과를 얻을 수 있다.

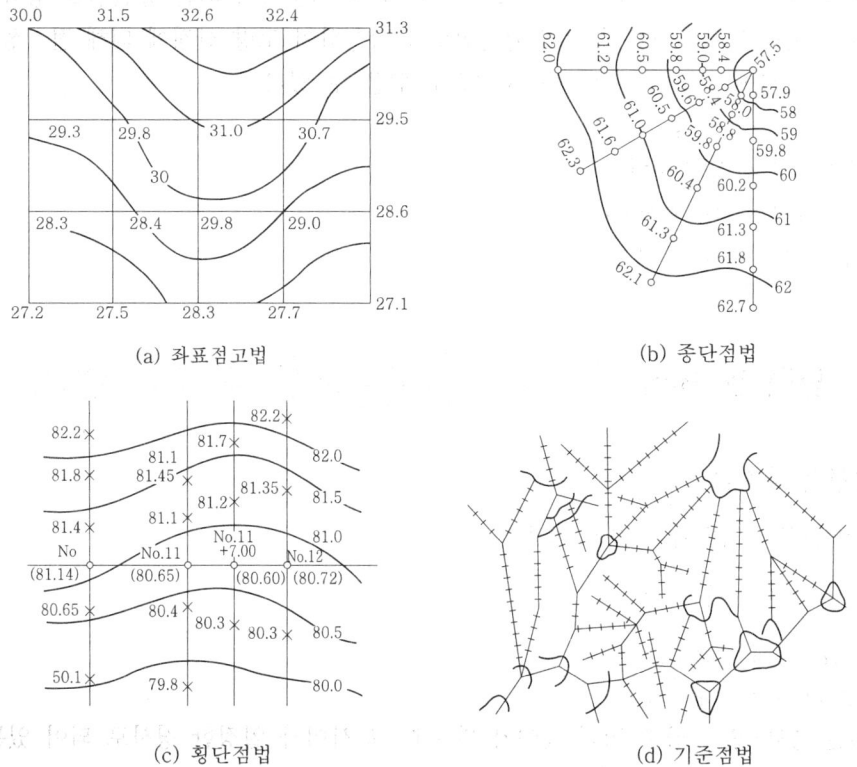

▲ 간접측정법

6 등고선 작성방법

① 목측으로 하는 방법
② 투사척을 사용하는 방법

③ 계산으로 하는 방법

㉠ $D : H = x : h$

$\therefore x = \dfrac{D}{H} h$

㉡ 경사도$(i) = \dfrac{H}{D} \times 100$, $\tan\theta = \dfrac{H}{D}$

여기서, H : $\overline{AB}$ 간 표고, h : 등고선 표고의 높이
D : $\overline{AB}$ 간 수평거리, x : 구하는 등고선까지 거리

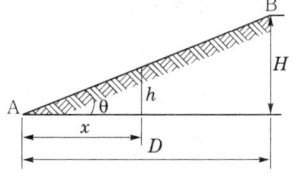

▲ 등고선 간격의 측면도

7 등고선의 이용

① 종단면도 및 횡단면도 작성 : 지형도를 이용하여 기준점이 되는 종단점을 정하여 종단면도를 만들고 종단면도에 의해 횡단면도를 작성하여 토량 산정에 의해 절·성토량을 구하여 공사에 필요한 자료를 근사적으로 얻을 수 있다.
② 노선의 도상 선정
③ 유역면적 산정(저수량 산정)
④ 등경사선관측(구배계산)
⑤ 성토 및 절토범위 결정

3 면적 및 체적

1 횡단면적 측정법

① 수평단면 : 지반이 수평인 경우

$d_1 = d_2 = \dfrac{w}{2} + sh$

$A = c(w + sh)$

여기서, s : 경사

② 같은 경사단면 : 양 측점의 높이가 다르고 그 사이가 일정한 경사로 되어 있는 경우

$d_1 = \left(c + \dfrac{w}{2s}\right)\left(\dfrac{ns}{n+s}\right)$, $d_2 = \left(c + \dfrac{w}{2s}\right)\left(\dfrac{ns}{n-2}\right)$

$A = \dfrac{d_1 d_2}{s} - \dfrac{w^2}{4s} = sh_1 h_2 + \dfrac{w}{2}(h_1 + h_2)$

③ 세 점의 높이가 다른 단면 : 세 점의 높이가 주어진 경우

$d_1 = \left(c + \dfrac{w}{2s}\right)\left(\dfrac{n_1 s}{n_1 + s}\right)$, $d_2 = \left(c + \dfrac{w}{2s}\right)\left(\dfrac{n_2 s}{n_2 - s}\right)$

$A = \dfrac{d_1 + d_2}{2}\left(c + \dfrac{w}{2s}\right) - \dfrac{w^2}{4s} = \dfrac{c(d_1 + d_2)}{2} + \dfrac{w}{4}(h_1 + h_2)$

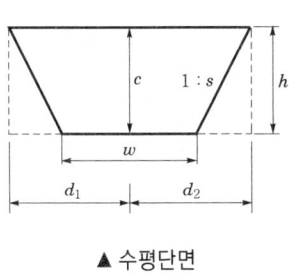
▲ 수평단면

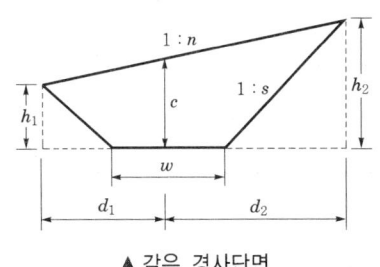
▲ 같은 경사단면

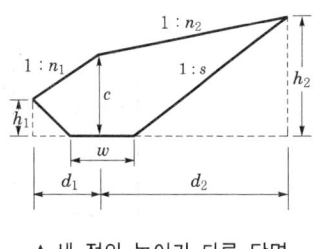
▲ 세 점의 높이가 다른 단면

2 체적측량

1) 단면법

(1) 양단면평균법(End area formula)

$$V = \frac{1}{2}(A_1 + A_2)l$$

(2) 중앙단면법(Middle area formula)

$$V = A_m l$$

(3) 각주공식(Prismoidal formula)

$$V = \frac{l}{6}(A_1 + 4A_m + A_2)$$

여기서, A_1, A_2 : 양 끝 단면적, A_m : 중앙단면적, l : A_1에서 A_2까지의 길이

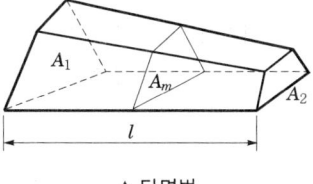
▲ 단면법

2) 점고법

(1) 직사각형으로 분할하는 경우

① 토량 : $V_o = \dfrac{A}{4}(\Sigma h_1 + 2\Sigma h_2 + 3\Sigma h_3 + 4\Sigma h_4)$ (단, $A = ab$)

② 계획고 : $h = \dfrac{V_o}{nA}$ (단, n : 사각형의 분할개수)

(2) 삼각형으로 분할하는 경우

① 토량 : $V_o = \dfrac{A}{3}(\Sigma h_1 + 2\Sigma h_2 + 3\Sigma h_3 + 4\Sigma h_4 + 5\Sigma h_5 + 6\Sigma h_6 + 7\Sigma h_7 + 8\Sigma h_8)$

(단, $A = \dfrac{1}{2}ab$)

② 계획고 : $h = \dfrac{V_o}{nA}$

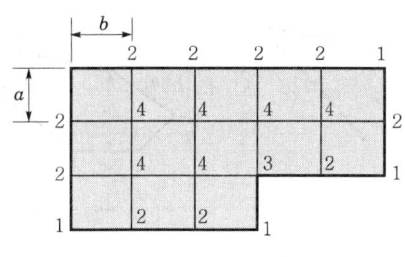
▲ 점고법(직사각형)

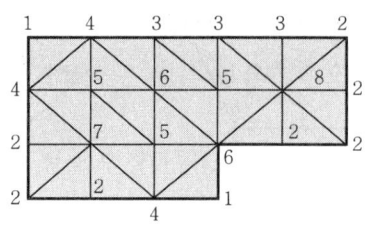
▲ 점고법(삼각형)

3) 등고선법

토량, 댐, 저수지의 저수량 산정

$$V_0 = \frac{h}{3}\{A_0 + A_n + 4(A_1 + A_3 + \cdots) + 2(A_2 + A_4 + \cdots)\}$$

여기서, A_0, A_1, A_2, …… : 각 등고선 높이에 따른 면적
n : 등고선의 간격

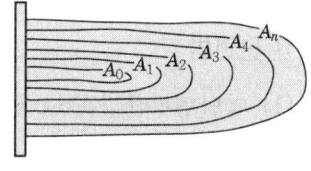
▲ 등고선법

02 예상문제

01 지형측량의 작업공정으로 옳은 것은?

① 측량계획 → 조사 및 선점 → 세부측량 → 기준점측량 → 측량원도 작성 → 지도편집
② 측량계획 → 조사 및 선점 → 기준점측량 → 측량원도 작성 → 세부측량 → 지도편집
③ 측량계획 → 기준점측량 → 조사 및 선점 → 세부측량 → 측량원도 작성 → 지도편집
④ 측량계획 → 조사 및 선점 → 기준점측량 → 세부측량 → 측량원도 작성 → 지도편집

해설 지형측량의 작업공정 : 측량계획 → 조사 및 선점 → 기준점측량 → 세부측량 → 측량원도 작성 → 지도편집

02 지형측량에서 기설 삼각점만으로 세부측량을 실시하기에 부족할 경우 새로운 기준점을 추가적으로 설치하는 점은?

① 경사변환점   ② 방향변환점
③ 도근점   ④ 이기점

해설 도근점 : 지형측량에서 기설 삼각점만으로 세부측량을 실시하기에 부족할 경우 새로운 기준점을 추가적으로 설치하는 점

03 지형도 작성 시 활용하는 지형표시방법과 거리가 먼 것은?

① 방사법   ② 영선법
③ 채색법   ④ 점고법

해설 지형의 표시법
㉠ 자연적인 도법
  • 영선법(게바법, 우모법) : 지형을 선의 굵기와 길이로 표시하는 방법으로 급경사는 굵고 짧게, 완경사는 가늘고 길게 표현한다.
  • 음영법(명암법) : 서북방향 45°에서 태양광선이 비친다고 가정하여 지표면의 기복을 2~3색 이상으로 표시하는 방법이다.
㉡ 부호적인 도법
  • 점고법 : 지표상에 있는 임의점의 표고를 도상에서 숫자로 나타내며 하천, 항만 등의 수심을 나타낼 때 주로 사용한다.
  • 등고선법 : 동일 표고의 점을 연결하는 등고선을 이용하여 지표를 표시하는 방법으로 주로 토목공사에 사용된다.
  • 채색법 : 지형도에 채색을 하여 지형이 높아질수록 색깔을 진하게, 낮아질수록 연하게 채색의 농도를 변화시켜 지표면의 고저를 나타내는 방법이다.

04 다음 그림과 같은 지형표시법을 무엇이라고 하는가?

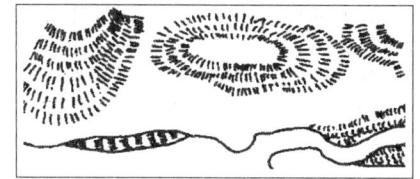

① 영선법   ② 음영법
③ 채색법   ④ 등고선법

해설 영선법(우모법, 게바법)은 선의 굵기와 길이로 지형을 표시하는 방법으로 경사가 급하면 굵고 짧게, 경사가 완만하면 가늘고 길게 표시한다.

05 지형의 표시법 중 자연적인 도법에 해당하지 않는 것은?

① 등고선법   ② 점고법
③ 영선법   ④ 채색법

해설 점고법은 지표면상에 있는 임의점의 표고를 도안에서 숫자로 표시해 지표를 나타내는 방법으로 하천, 항만, 해양 등의 심천을 나타내는 경우에 사용한다.

06 태양광선이 서북쪽에서 비친다고 가정하고 지표의 기복에 대해 명암으로 입체감을 주는 지형표시방법은?

① 음영법   ② 단채법
③ 점고법   ④ 등고선법

해설 음영법 : 태양광선이 서북쪽에서 비친다고 가정하고 지표의 기복에 대해 명암으로 입체감을 주는 지형표시방법

정답 01 ④ 02 ③ 03 ① 04 ① 05 ③ 06 ①

07 지형표시방법의 하나로 단선상의 선으로 지표의 기복을 나타내는 것으로 일명 게바법이라고도 하는 것은? 기 17-2

① 음영법   ② 단채법
③ 등고선법   ④ 영선법

해설 영선법(게바법, 우모법)은 선의 굵기와 길이로 지형을 표시하는 방법으로 경사가 급하면 굵고 짧게, 경사가 완만하면 가늘고 길게 표시한다.

08 지형도 작성 시 점고법(spot height system)이 주로 이용되는 곳을 거리가 먼 것은? 기 18-2

① 호안   ② 항만의 심천
③ 하천의 수심   ④ 지형의 등고

해설 점고법은 지표면상에 있는 임의점의 표고를 도안에서 숫자로 표시해 지표를 나타내는 방법으로 하천, 항만, 해양 등의 심천을 나타내는 경우에 사용한다.

09 지형의 표시방법 중 길고 짧은 선으로 지표의 기복을 나타내는 방법은? 기 18-3

① 영선법   ② 채색법
③ 등고선법   ④ 점고법

해설 지형의 표시법
㉠ 자연적인 도법
 • 영선법(게바법, 우모법) : 지형을 선의 굵기와 길이로 표시하는 방법으로 급경사는 굵고 짧게, 완경사는 가늘고 길게 표현한다.
 • 음영법(명암법) : 서북방향 45°에서 태양광선이 비친다고 가정하여 지표면의 기복을 2~3색 이상으로 표시하는 방법이다.
㉡ 부호적인 도법
 • 점고법 : 지표상에 있는 임의점의 표고를 도상에서 숫자로 나타내며 하천, 항만 등의 수심을 나타낼 때 주로 사용한다.
 • 등고선법 : 동일 표고의 점을 연결하는 등고선을 이용하여 지표를 표시하는 방법으로 주로 토목공사에 사용된다.
 • 채색법 : 지형도에 채색을 하여 지형이 높아질수록 색깔을 진하게, 낮아질수록 연하게 채색의 농도를 변화시켜 지표면의 고저를 나타내는 방법이다.

10 지형을 표현하는 방법 중에서 음영법(shading)에 대한 설명으로 옳은 것은? 산 16-3

① 비교적 정확한 지형의 높이를 알 수 있어 하천, 호수, 항만의 수심을 표현하는 경우에 사용된다.
② 지형이 높아질수록 색을 진하게, 낮아질수록 연하게 채색의 농도를 변화시켜 고저를 표현한다.
③ 짧은 선으로 지표의 기복을 나타내는 것으로 우모법이라고도 한다.
④ 태양광선이 서북쪽에서 경사 45° 각도로 비춘다고 가정했을 때 생기는 명암으로 표현한다.

해설 ① 점고법, ② 채색법, ③ 우모법

11 하천, 호수, 항만 등의 수심을 숫자로 도상에 나타내는 지형표시방법은? 기 19-2

① 등고선법   ② 음영법
③ 모형법   ④ 점고법

해설 점고법은 지표면상에 있는 임의점의 표고를 도상에서 숫자로 표시해 지표를 나타내는 방법으로 하천, 항만, 해양 등의 심천을 나타내는 경우에 사용한다.

12 짧은 선의 간격, 굵기, 길이 및 방향 등으로 지표의 기복을 나타내는 지형표시방법은? 기 19-1

① 영선법   ② 등고선법
③ 점고법   ④ 채색법

해설 우모법(영선법)은 선의 굵기와 길이로 지형을 표시하는 방법으로 경사가 급하면 굵고 짧게, 경사가 완만하면 가늘고 길게 표시한다.

13 어느 지역에 다목적 댐을 건설하여 댐의 저수용량을 산정하려고 할 때에 사용되는 방법으로 가장 적합한 것은? 산 18-3

① 점고법   ② 삼사법
③ 중앙단면법   ④ 등고선법

해설 저수량 산정에 가장 효과적인 방법은 등고선을 이용하는 것이다.

14 다음 중 지성선에 속하지 않는 것은? 기 16-2, 산 18-2

① 능선   ② 계곡선
③ 경사변환선   ④ 지질변환선

정답 07 ④ 08 ④ 09 ① 10 ④ 11 ④ 12 ① 13 ④ 14 ④

해설 **지성선** : 능선(분수선), 곡선(합수선), 경사변환선, 최대경사선

15 지성선에 대한 설명으로 옳은 것은?
① 지표면의 다른 종류의 토양 간에 만나는 선
② 경작지와 산지가 교차되는 선
③ 지모의 골격을 나타내는 선
④ 수평면과 직교하는 선

해설 지성선이란 지모의 골격을 나타내는 것으로 능선, 곡선, 경사변환선, 최대경사선이 있다.

16 등고선에 직각이며 물이 흐르는 방향이 되므로 유하선이라고도 하는 지성선은?
① 분수선   ② 합수선
③ 경사변환선 ④ 최대경사선

해설 최대경사선은 등고선에 직각이며 물이 흐르는 방향이 되므로 유하선이라고도 한다.

17 지형도의 등고선에 대한 설명으로 옳지 않은 것은?
① 등고선의 표고수치는 평균해수면을 기준으로 한다.
② 한 장의 지형도에서 주곡선의 높이간격은 일정하다.
③ 등고선은 수준점높이와 같은 정도의 정밀도가 있어야 한다.
④ 계곡선은 도면의 안팎에서 반드시 폐합한다.

해설 지형측량에서 등고선 측정은 높은 정밀도를 요구하지 않으므로 수준점높이를 결정하는 수준측량보다는 정밀도가 낮아도 상관없다.

18 등고선의 특징에 대한 설명으로 틀린 것은?
① 등고선은 경사가 급한 곳에서는 간격이 좁다.
② 경사변환점은 능선과 계곡선이 만나는 점이다.
③ 능선은 빗물이 이 능선을 경계로 좌우로 흘러 분수선이라고도 한다.
④ 계곡선은 지표가 낮거나 움푹 파인 점을 연결한 선으로 합수선이라고도 한다.

해설 ㉠ 경사변환선이란 동일 방향에 대하여 경사의 크기가 다른 두 점의 연결선으로 지표경사가 바뀌는 경계선을 말한다.
㉡ 경사반환점은 경사변환과 해당선의 교점이다.

19 지형측량에서 지성선(Topographical Line)에 관한 설명으로 틀린 것은?
① 지성선은 지표면이 다수의 평면으로 이루어졌다고 가정할 때 이 평면의 접합부를 말하며 지세선이라고도 한다.
② 능선은 지표면의 가장 높은 곳을 연결한 선으로 분수선이라고도 한다.
③ 합수선은 지표면의 가장 낮은 곳을 연결한 선으로 계곡선이라고도 한다.
④ 동일 방향의 경사면에서 경사의 크기가 다른 두 면의 교선을 최대경사선 또는 유하선이라 한다.

해설 동일 방향의 경사면의 크기가 다른 두 면의 교선을 경사변환선이라 한다.

20 다음 그림과 같은 사면을 지형도에 표시할 때에 대한 설명으로 옳은 것은?

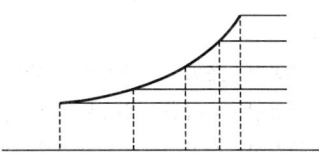

① 지형도상의 등고선 간의 거리가 일정한 사면
② 지형도상에서 상부는 등고선 간의 거리가 넓고, 하부에서는 좁은 사면
③ 지형도상에서 상부는 등고선 간의 거리가 좁고, 하부에서는 넓은 사면
④ 지형도상에서 등고선 간의 거리가 높이에 비례하여 일정하게 증가하는 사면

해설 지형도상에서 상부는 등고선의 간격이 좁기 때문에 거리가 좁고, 하부에서는 등고선 간의 간격이 넓기 때문에 완만한 경사를 가진다.

정답   15 ③   16 ④   17 ③   18 ②   19 ④   20 ③

21. 다음 그림과 같은 등고선도에서 가장 급경사인 곳은? (단, A점은 산 정상이다.)

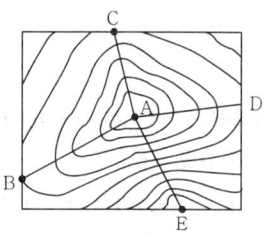

① AB ② AC
③ AD ④ AE

해설 등고선의 간격이 넓으면 완경사를, 좁으면 급경사를 의미한다. 따라서 AE방향이 가장 급경사이다.

22. 지형도의 등고선 간격을 결정하는데 고려되지 않아도 되는 사항은?

① 지형 ② 축척
③ 측량목적 ④ 측정거리

해설 등고선의 간격결정 시 고려사항 : 지형, 축척, 측량목적, 내업과 외업에 소요되는 비용 등

23. 등고선의 간격이 가장 큰 것부터 바르게 연결된 것은?

① 주곡선-조곡선-간곡선-계곡선
② 계곡선-주곡선-조곡선-간곡선
③ 주곡선-간곡선-조곡선-계곡선
④ 계곡선-주곡선-간곡선-조곡선

해설 등고선

종류	1/5,000, 1/10,000	1/25,000	1/50,000
주곡선	5m	10m	20m
간곡선	2.5m	5m	10m
조곡선	1.25m	2.5m	5m
계곡선	25m	50m	100m

24. 등고선에 대한 설명으로 옳지 않은 것은?

① 계곡선 간격이 100m이면 주곡선 간격은 20m이다.
② 계곡선은 주곡선보다 굵은 실선으로 그린다.
③ 주곡선 간격이 10m이면 축척 1:1,000 지형도이다.
④ 간곡선 간격이 2.5m이면 주곡선 간격은 5m이다.

해설 등고선

구분	표시	1/5,000, 1/10,000	1/25,000	1/50,000
주곡선	가는 실선	5m	10m	20m
간곡선	가는 파선	2.5m	5m	10m
조곡선	가는 점선	1.25m	2.5m	5m
계곡선	굵은 실선	25m	50m	100m

25. 등고선에 관한 설명 중 틀린 것은?

① 주곡선은 등고선 간격의 기준이 되는 선이다.
② 간곡선은 주곡선 간격의 1/2마다 표시한다.
③ 조곡선은 간곡선 간격의 1/4마다 표시한다.
④ 계곡선은 주곡선 5개마다 굵게 표시한다.

해설 조곡선은 간곡선 간격의 1/2마다 표시한다.

26. 지형측량에 관한 설명으로 틀린 것은?

① 축척 1:50,000, 1:25,000, 1:5,000 지형도의 주곡선 간격은 각각 20m, 10m, 2m이다.
② 지성선은 지형을 묘사하기 위한 중요한 선으로 능선, 최대경사선, 계곡선 등이 있다.
③ 지형의 표시방법에는 우모법, 음영법, 채색법, 등고선법 등이 있다.
④ 등고선 중 간곡선 간격은 조곡선 간격의 2배이다.

해설 등고선

종류	1/5,000, 1/10,000	1/25,000	1/50,000
주곡선	5m	10m	20m
간곡선	2.5m	5m	10m
조곡선	1.25m	2.5m	5m
계곡선	25m	50m	100m

27. 축척 1:50,000 지형도에서 주곡선의 간격은?

① 5m ② 10m
③ 20m ④ 100m

정답 21 ④ 22 ④ 23 ④ 24 ③ 25 ③ 26 ① 27 ③

해설 **등고선**

종류	1/5,000, 1/10,000	1/25,000	1/50,000
주곡선	5m	10m	20m
간곡선	2.5m	5m	10m
조곡선	1.25m	2.5m	5m
계곡선	25m	50m	100m

28 축척 1 : 25,000 지형도에서 간곡선의 간격은?

① 1.25m ② 2.5m
③ 5m ④ 10m

해설 **등고선**

종류	1/5,000, 1/10,000	1/25,000	1/50,000
주곡선	5m	10m	20m
간곡선	2.5m	5m	10m
조곡선	1.25m	2.5m	5m
계곡선	25m	50m	100m

29 우리나라 1 : 50,000 지형도의 간곡선 간격으로 옳은 것은?

① 5m ② 10m
③ 20m ④ 25m

해설 **등고선**

구분	표시	1/5,000, 1/10,000	1/25,000	1/50,000
주곡선	가는 실선	5m	10m	20m
간곡선	가는 파선	2.5m	5m	10m
조곡선	가는 점선	1.25m	2.5m	5m
계곡선	굵은 실선	25m	50m	100m

30 지형측량의 등고선에 대한 설명으로 틀린 것은?

① 주곡선은 기본이 되는 등고선으로 가는 실선으로 표시한다.
② 간곡선의 간격은 조곡선 간격의 1/2로 한다.
③ 조곡선은 주곡선과 간곡선 사이에 짧은 파선으로 표시한다.
④ 계곡선은 주곡선 5개마다 굵은 실선으로 표시한다.

해설 간곡선은 주곡선만으로 지형을 나타내기 곤란할 경우 주곡선 간격의 1/2로 가는 파선으로 표시한다.

31 우리나라 지형도 1 : 50,000에서 조곡선의 간격은?

① 2.5m ② 5m
③ 10m ④ 20m

해설 **등고선**

종류	1/5,000, 1/10,000	1/25,000	1/50,000
주곡선	5m	10m	20m
간곡선	2.5m	5m	10m
조곡선	1.25m	2.5m	5m
계곡선	25m	50m	100m

32 축척 1 : 50,000의 지형도에서 A의 표고가 235m, B의 표고는 563m일 때 두 점 A, B 사이 주곡선의 수는?

① 13개 ② 15개
③ 17개 ④ 18개

해설 1 : 50,000의 주곡선의 간격은 20m이므로 표고 235m와 563m 사이에 주곡선의 개수는 17개이다.

[별해] 개수 $= \dfrac{560-240}{20} + 1 = 17$개

33 등고선의 성질에 대한 설명으로 틀린 것은?

① 등경사지에서 등고선의 간격은 일정하다.
② 높이가 다른 등고선은 절대로 서로 만나지 않는다.
③ 동일 등고선상에 있는 모든 점은 같은 높이이다.
④ 등고선은 최대경사선, 유선, 분수선과 직각으로 만난다.

해설 **등고선의 성질**
㉠ 동일 등고선상에 있는 모든 점은 같은 높이이다.
㉡ 등고선은 도면 안이나 밖에서 폐합하는 폐곡선이다.
㉢ 도면 내에서 등고선이 폐합하는 경우 폐합된 등고선 내부에는 산꼭대기 또는 분지가 있다.
㉣ 두 쌍의 등고선 볼록부가 마주하고 다른 한 쌍의 등고선이 바깥쪽으로 향할 때 그곳은 고개(안부)이다.

정답 28 ③ 29 ② 30 ② 31 ② 32 ③ 33 ②

ⓜ 높이가 다른 두 등고선은 동굴이나 절벽의 지형이 아닌 곳에서는 교차하지 않는다. 즉 동굴이나 절벽에서는 교차한다.
ⓗ 동등한 경사의 지표에서 양 등고선의 수평거리는 같다.
ⓢ 최대경사방향은 등고선과 직각으로 교차한다.
ⓞ 등고선은 경사가 급한 곳에서는 간격이 좁고, 완만한 경사에서는 넓다.

34 등고선의 성질에 대한 설명으로 틀린 것은?

① 높이가 다른 등고선은 서로 교차하거나 합쳐지지 않는다.
② 동일한 등고선상의 모든 점의 높이는 같다.
③ 등고선은 반드시 폐합하는 폐곡선이다.
④ 등고선과 분수선은 직각으로 교차한다.

해설 등고선은 동굴이나 절벽에서는 교차한다.

35 등고선의 성질에 대한 설명으로 옳은 것은?

① 등고선은 분수선과 평행하다.
② 평면을 이루는 지표의 등고선은 서로 수직한 직선이다.
③ 수원(水原)에 가까운 부분은 하류보다도 경사가 완만하게 보인다.
④ 동일한 경사의 지표에서 두 등고선 간의 수평거리는 서로 같다.

해설 ① 등고선은 분수선과 직각이다.
② 평면을 이루는 지표의 등고선은 서로 평행한 직선이다.
③ 수원에 가까운 부분은 하류보다 경사가 급하게 보인다.

36 등고선의 성질에 대한 설명으로 틀린 것은?

① 등고선의 능선을 횡단할 때 능선과 직교한다.
② 지표의 경사가 완만하면 등고선의 간격은 넓다.
③ 등고선은 어떠한 경우라도 교차하나 겹치지 않는다.
④ 등고선은 도면 안 또는 밖에서 폐합하는 폐곡선이다.

해설 등고선은 동굴이나 절벽에서는 교차한다.

37 등고선의 성질에 대한 설명으로 틀린 것은?

① 등고선은 최대경사선과 직교한다.
② 동일 등고선상에 있는 모든 점은 높이가 같다.
③ 등고선은 절벽이나 동굴의 지형을 제외하고는 교차하지 않는다.
④ 등고선은 폭포와 같이 도면 내외 어느 곳에서도 폐합되지 않는 경우가 있다.

해설 등고선은 도면 안 또는 밖에서 반드시 폐합된다.

38 등고선의 성질에 대한 설명으로 옳지 않은 것은?

① 동일 등고선 위의 모든 점은 기준면으로부터 모두 동일한 높이이다.
② 경사가 같은 지표에서는 등고선의 간격은 동일하며 평행하다.
③ 등고선의 간격이 좁을수록 경사가 완만한 지형을 의미한다.
④ 등고선은 절벽 또는 동굴에서는 교차할 수 있다.

해설 등고선의 성질
㉠ 동일 등고선상에 있는 모든 점은 같은 높이이다.
㉡ 등고선은 도면 안이나 밖에서 폐합하는 폐합곡선이다.
㉢ 도면 내에서 등고선이 폐합하는 경우 폐합된 등고선 내부에는 산꼭대기 또는 분지가 있다.
㉣ 두 쌍의 등고선 볼록부가 마주하고 다른 한 쌍의 등고선이 바깥쪽으로 향할 때 그곳은 고개(안부)이다.
㉤ 높이가 다른 두 등고선은 동굴이나 절벽의 지형이 아닌 곳에서는 교차하지 않는다. 즉 동굴이나 절벽에서는 교차한다.
㉥ 동등한 경사의 지표에서 양 등고선의 수평거리는 같다.
㉦ 최대경사의 방향은 등고선과 직각으로 교차한다.
㉧ 등고선은 경사가 급한 곳에서는 간격이 좁고, 완만한 경사에서는 넓다.

39 지형도의 난외주기사항에 「NJ 52-13-17-3 대천」과 같이 표시되어 있을 때 'NJ 52'가 의미하는 것은?

① TM 도엽번호
② UTM 도엽번호
③ 경위도좌표계 구역번호
④ 가우스 쿠르거 도엽번호

해설 지형도의 난외주기사항에 「NJ 52-13-17-3 대천」과 같이 표시되어 있을 때 'NJ 52'는 UTM 도엽번호이다.

정답 34 ① 35 ④ 36 ③ 37 ④ 38 ③ 39 ②

40 지성선상의 중요점의 위치와 표고를 측정하여 이 점들을 기준으로 등고선을 삽입하는 등고선 측정방법은?

① 좌표점법 ② 종단점법
③ 횡단점법 ④ 직접법

해설 지성선상의 중요한 지점의 위치와 표고를 측정하여 이 점들을 기준으로 하여 등고선을 삽입하는 방법은 종단점법이다.

41 등고선측량방법 중 표고를 알고 있는 기지점에서 중요한 지성선을 따라 측선을 설치하고 측선을 따라 여러 점의 표고와 거리를 측량하여 등고선을 측량하는 방법은?

① 방안법 ② 횡단점법
③ 영선법 ④ 종단점법

해설 **종단점법** : 표고를 알고 있는 기지점에서 중요한 지성선을 따라 측선을 설치하고 측선을 따라 여러 점의 표고와 거리를 측량하여 등고선을 측량하는 방법

42 다음 그림과 같이 지성선방향이나 주요한 방향의 여러 개 관측선에 대하여 A로부터의 거리와 높이를 관측하여 등고선을 삽입하는 방법은?

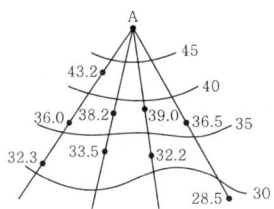

① 직접법
② 횡단점법
③ 종단점법(기준점법)
④ 좌표점법(사각형분할법)

해설 종단점법(기준점법)은 일정한 중심선이나 지성선방향으로 여러 개의 측선을 따라 기준점으로부터 필요한 점까지의 거리와 높이를 관측하여 등고선을 그려가는 방법으로 소축척으로 산지 등의 지형도 작성에 이용된다.

43 등고선의 간접측정방법이 아닌 것은?

① 사각형분할법(좌표점법)
② 기준점법(종단점법)
③ 원곡선법
④ 횡단점법

해설 등고선 간접측정법 : 좌표점법, 종단점법, 횡단점법, 기준점법

44 축척 1 : 500 지형도를 이용하여 축척 1 : 3,000의 지형도를 제작하고자 한다. 같은 크기의 축척 1 : 3,000 지형도를 만들기 위해 필요한 1 : 500 지형도의 매수는?

① 36매 ② 38매
③ 40매 ④ 42매

해설 매수 $=\left(\dfrac{3,000}{500}\right)^2=36$매

45 축척 1 : 50,000 지형도 1매에 해당하는 지역을 동일한 크기의 축척 1 : 5,000 지형도로 확대 제작할 경우에 새로 제작되는 해당 지역의 지형도 총매수는?

① 10매 ② 20매
③ 50매 ④ 100매

해설 매수 $=\left(\dfrac{50,000}{5,000}\right)^2=100$매

46 축척 1 : 500 지형도를 이용하여 1 : 1,000 지형도를 만들고자 할 때 1 : 1,000 지형도 1장을 완성하려면 1 : 500 지형도 몇 매가 필요한가?

① 16매 ② 8매
③ 4매 ④ 2매

해설 매수 $=\left(\dfrac{1,000}{500}\right)^2=4$매

47 지형도에서 100m 등고선상의 A점과 140m 등고선상의 B점 간을 상향기울기 9%의 도로로 만들면 AB 간 도로의 실제 경사거리는?

① 446.24m ② 448.42m
③ 464.44m ④ 468.24m

해설 ㉠ 수평거리
$100:9=x:40$
$\therefore x=444.44$m
㉡ 경사거리
경사거리 $=\sqrt{444.44^2+40^2}=446.24$m

정답 40 ② 41 ④ 42 ③ 43 ③ 44 ① 45 ④ 46 ③ 47 ①

48 등경사지 $\overline{AB}$에서 A의 표고가 32.10m, B의 표고가 52.35m, $\overline{AB}$의 도상길이가 70mm이다. 표고 40m인 지점과 A점과의 도상길이는?

① 20.2mm ② 27.3mm
③ 32.1mm ④ 52.3mm

해설

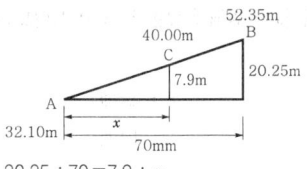

$20.25 : 70 = 7.9 : x$
$\therefore x = 27.3m$

49 축척 1:1,000, 등고선 간격 2m, 경사 5%일 때 등고선 간의 수평거리 L의 도상길이는?

① 1.2cm ② 2.7cm
③ 3.1cm ④ 4.0cm

해설 ㉠ 실제 길이
$100 : 5 = x : 2$
$\therefore x = 40m$

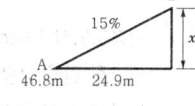

㉡ 도상길이
$\dfrac{1}{1,000} = \dfrac{\text{도상길이}}{40}$
$\therefore \text{도상거리} = 0.04m = 4cm$

50 수평거리가 24.9m 떨어져 있는 등경사지형의 두 측점 사이에 1m 간격의 등고선을 삽입할 때 등고선의 개수는? (단, 낮은 측점의 표고 46.8m, 경사 15%)

① 2 ② 4
③ 6 ④ 8

해설 ㉠ $100 : 15 = 24.9 : x$
$\therefore x = 3.735$

㉡ $H_B = 46.8 + 3.735$
$= 50.535m$

㉢ 표고 46.8m와 50.535m 사이에 1m 간격으로 등고선을 삽입할 경우 47m, 48m, 49m, 50m 총 4개가 들어간다.

51 축척 1:50,000 지형도에서 표고 317.6m로부터 521.4m까지 사이에 주곡선 간격의 등고선개수는?

① 5개 ② 9개
③ 11개 ④ 21개

해설 등고선개수 $= \dfrac{520 - 320}{20} + 1 = 11$개

52 도로설계 시에 등경사노선을 결정하려고 한다. 축척 1:5,000의 지형도에서 등고선의 간격이 5.0m이고 제한경사를 4%로 하기 위한 지형도상에서의 등고선 간 수평거리는?

① 2.5cm ② 5.0cm
③ 100.0cm ④ 125.0cm

해설 ㉠ 실제 거리
$100 : 4 = x : 5$
$\therefore x = 125m$

㉡ 도상거리
$\dfrac{1}{5,000} = \dfrac{\text{도상거리}}{125}$
$\therefore \text{도상거리} = 25mm$

53 지형도에서 92m 등고선상의 A점과 118m 등고선상의 B점 사이에 일정한 기울기 8%의 도로를 만들었을 때 AB 사이 도로의 실제 경사거리는?

① 347m ② 339m
③ 332m ④ 326m

해설

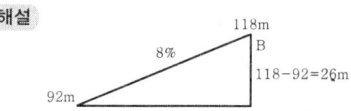

㉠ AB 수평거리
$100 : 8 = x : 26$
$\therefore x = 325m$

㉡ AB 경사거리
$L = \sqrt{325^2 + 26^2} = 326m$

54 다음 그림과 같은 등고선에서 AB의 수평거리가 60m일 때 경사도(incline)로 옳은 것은?

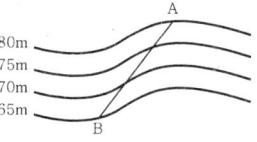

① 10% ② 15%
③ 20% ④ 25%

해설 경사도$(i) = \dfrac{H}{D} \times 100\% = \dfrac{15}{60} \times 100\% = 25\%$

55 축척 1:50,000의 지형도에서 A점과 B점 사이의 거리를 도상에서 관측한 결과 16mm였다. A점의 표고가 230m, B점의 표고가 320m일 때 이 사면의 경사는?

① 1/9
② 1/10
③ 1/11
④ 1/12

해설
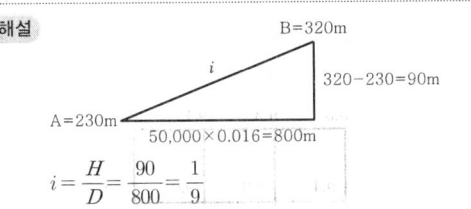

$i = \dfrac{H}{D} = \dfrac{90}{800} = \dfrac{1}{9}$

56 축척 1:25,000 지형도에서 등고선의 간격 10m를 묘사할 수 있는 도상간격이 0.13mm이라 할 경우 등고선으로 표현할 수 있는 최대경사각으로 옳은 것은?

① 약 45°
② 약 60°
③ 약 72°
④ 약 90°

해설
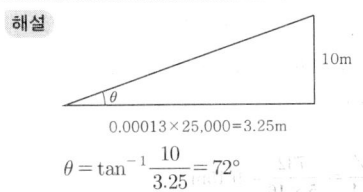

$\theta = \tan^{-1} \dfrac{10}{3.25} = 72°$

57 축척 1:25,000 지형도에서 높이차가 120m인 두 점 사이의 거리가 2cm라면 경사각은?

① 13°29′45″
② 13°53′12″
③ 76°06′48″
④ 76°30′15″

해설 $\theta = \tan^{-1} \dfrac{120}{25,000 \times 0.02} = 13°29′45″$

58 등경사면 위의 A, B점에서 A점의 표고 180m, B점의 표고 60m, AB의 수평거리 200m일 때 A점 및 B점 사이에 위치하는 표고 150m인 등고선까지의 B점으로부터 수평거리는?

① 50m
② 100m
③ 150m
④ 200m

해설 $200 : 120 = x : 90$
∴ $x = 150$m

59 등고선도로서 알 수 없는 것은?

① 산의 체적
② 댐의 유수량
③ 연직선 편차
④ 지형의 경사

해설 연직선 편차 : 타원체의 법선(수직선)과 지오이드법선(연직선)이 이루는 각

60 축척 1:25,000 지형도에서 A, B지점 간의 경사각은? (단, AB 간의 도상거리는 4cm이다.)

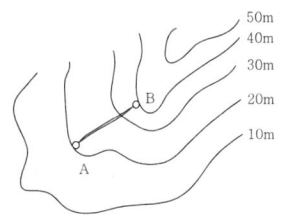

① 0°01′41″
② 1°08′45″
③ 1°43′06″
④ 2°12′26″

해설
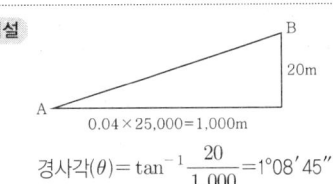

경사각$(\theta) = \tan^{-1} \dfrac{20}{1,000} = 1°08′45″$

61 다음 그림과 같은 수평면과 45°의 경사를 가진 사면의 길이($\overline{AB}$)가 25m이다. 이 사면의 경사를 30°로 할 때 사면의 길이($\overline{AC}$)는?

① 32.36m
② 33.36m
③ 34.36m
④ 35.36m

해설 ㉠ $\overline{AB}$의 높이
$H = 25 \times \sin 45° = 17.68$m
㉡ 경사거리
$\overline{AC} = \dfrac{17.68}{\sin 30°} = 35.36$m

62 축척 1:50,000의 지형도에서 A, B점 간의 도상거리가 3cm이었다. 어느 수직항공사진상에서 같은 A, B점 간의 거리가 15cm이었다면 사진의 축척은?

① 1:5,000
② 1:10,000
③ 1:15,000
④ 1:20,000

정답 55 ① 56 ③ 57 ① 58 ③ 59 ③ 60 ② 61 ④ 62 ②

해설 ㉠ $\dfrac{1}{50,000} = \dfrac{0.03}{실제\ 거리}$

∴ 실제 거리=1,500m

㉡ $\dfrac{1}{m} = \dfrac{0.15}{1,500} = \dfrac{1}{10,000}$

63 축척 1:50,000 지형도에서 등고선 간격을 20m로 할 때 도상에서 표시될 수 있는 최소간격을 0.45mm로 할 경우 등고선으로 표현할 수 있는 최대경사각은? 기 17-2

① 40.1° ② 41.6°
③ 44.6° ④ 46.1°

해설 최대경사각= $\tan^{-1} \dfrac{20}{50,000 \times 0.00045} = 41.6°$

64 등고선 내의 면적이 저면부터 $A_1=380m^2$, $A_2=350m^2$, $A_3=300m^2$, $A_4=100m^2$, $A_5=50m^2$일 때 전체 토량은? (단, 등고선 간격은 5m이고, 상단은 평평한 것으로 가정하며 각주공식에 의한다.) 기 16-2

① 2,950m³ ② 4,717m³
③ 4,767m³ ④ 5,900m³

해설 $V = \dfrac{5}{3} \times [380 + 50 + 4 \times (350 + 100) + 2 \times 300]$
$= 4,717m^3$

65 다음 그림과 같은 지역에 정지작업을 하였을 때 절토량과 성토량이 같게 되는 지반고는? (단, 각 구역의 면적은 16m²로 동일하고, 지반고단위는 m이다.) 기 19-1

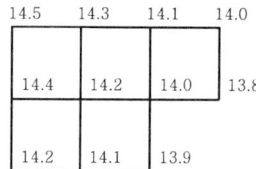

① 13.78m ② 14.09m
③ 14.15m ④ 14.23m

해설 ㉠ 체적
$V = \dfrac{A}{4}(\Sigma h_1 + 2\Sigma h_2 + 3\Sigma h_3 + 4\Sigma h_4)$
$= \dfrac{16}{4} \times [(14.5 + 14 + 13.8 + 13.9 + 14.2)$

$+ 2 \times (14.3 + 14.1 + 14.1 + 14.4)$
$+ 3 \times 14 + 4 \times 14.2]$
$= 1,132m^3$

㉡ 지반고
$h = \dfrac{V}{nA} = \dfrac{1,132}{5 \times 16} = 14.15m$

66 다음 그림과 같은 지역에 정지작업을 하였을 때 절토량과 성토량이 같아지는 지반고는? (단, 각 구역의 크기(4m×4m)는 동일하다.) 기 19-3

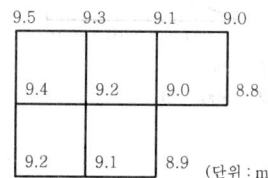

① 8.95m ② 9.05m
③ 9.15m ④ 9.35m

해설 ㉠ 체적
$V = \dfrac{A}{4}(\Sigma h_1 + 2\Sigma h_2 + 3\Sigma h_3 + 4\Sigma h_4)$
$= \dfrac{4 \times 4}{4} \times [(9.5 + 9.0 + 8.8 + 8.9 + 9.2) + 2$
$\times (9.3 + 9.1 + 9.1 + 9.4) + 3 \times 9.0 + 4 \times 9.2]$
$= 732m^3$

㉡ 지반고
$h = \dfrac{V}{nA} = \dfrac{732}{5 \times 16} = 9.15m$

67 지상 1km²의 면적이 어떤 지형도상에서 400cm²일 때 지형도의 축척은? 기 19-3

① 1:1,000 ② 1:5,000
③ 1:25,000 ④ 1:50,000

해설 $\dfrac{1}{m} = \left(\dfrac{도상면적}{실제\ 면적}\right)^2 = \left(\dfrac{0.2 \times 0.2}{1,000 \times 1,000}\right)^2 = \dfrac{1}{5,000}$

68 지형도 작성을 위한 측량에서 해안선의 기준이 되는 높이기준면은? 기 18-2

① 측정 당시 정수면 ② 평균해수면
③ 약최저저조면 ④ 약최고고조면

해설 해안선은 해수면이 약최고고조면(일정기간 조석을 관측하여 분석한 결과 가장 높은 해수면)에 이르렀을 때의 육지와 해수면과의 경계로 표시한다.

69 지형도에서 등고선에 둘러싸인 면적을 구하는 방법으로 가장 적합한 것은? 〔기 16-3〕

① 전자면적측정기에 의한 방법
② 방안지에 의한 방법
③ 좌표에 의한 방법
④ 삼사법

해설 지형도에서 등고선에 둘러싸인 면적을 구하는 방법으로 가장 적합한 것은 전자면적측정기를 이용하여 면적을 측정하는 것이다.

70 지형도의 도식과 기호가 만족하여야 할 조건에 대한 설명으로 옳지 않은 것은? 〔기 18-1〕

① 간단하면서도 그리기 용이해야 한다.
② 지물의 종류가 기호로써 명확히 판별될 수 있어야 한다.
③ 지도가 깨끗이 만들어지며 도식의 의미를 잘 알 수 있어야 한다.
④ 지도의 사용목적과 축척의 크기에 관계없이 동일한 모양과 크기로 빠짐없이 표시해야 한다.

해설 주기에 사용되는 문자의 크기(식자급수)와 문자와의 간격(자격) 및 문자의 배열요령은 지도의 종류에 따라 국토지리정보원장이 정한다.

71 지형도의 이용과 가장 거리가 먼 것은? 〔기 19-1〕

① 도로, 철도, 수로 등의 도상 선정
② 종단면도 및 횡단면도의 작성
③ 간접적인 지적도 작성
④ 집수면적의 측정

해설 지형도 이용
㉠ 단면도의 제작(종·횡단면도)
㉡ 등경사선의 관측(구배)
㉢ 노선의 도면상 선정(두 점 간의 시통가부의 결정)
㉣ 유역면적 산정(저수량측정)
㉤ 절·성토범위 결정(토공량계산)
㉥ 소요경비의 산출자료에 이용

72 지형도를 이용하여 작성할 수 있는 자료에 해당되지 않는 것은? 〔기 19-2〕

① 종·횡단면도 작성
② 표고에 의한 평균유속 결정
③ 절토 및 성토범위의 결정
④ 등고선에 의한 체적계산

해설 지형도 이용
㉠ 단면도의 제작(종·횡단면도)
㉡ 등경사선의 관측(구배)
㉢ 노선의 도면상 선정(두 점 간의 시통가부의 결정)
㉣ 유역면적 산정(저수량측정)
㉤ 절·성토범위 결정(토공량계산)
㉥ 소요경비의 산출자료에 이용

73 지형도의 이용에 관한 설명으로 틀린 것은? 〔산 19-2〕

① 토량의 결정
② 저수량의 결정
③ 하천유역면적의 결정
④ 지적일필지면적의 결정

해설 지형도 이용
㉠ 단면도의 제작(종·횡단면도)
㉡ 등경사선의 관측(구배)
㉢ 노선의 도면상 선정(두 점 간의 시통가부의 결정)
㉣ 유역면적 산정(저수량측정)
㉤ 절·성토범위 결정(토공량계산)
㉥ 소요경비의 산출자료에 이용

74 지형도의 이용과 가장 거리가 먼 것은? 〔기 19-3〕

① 연직단면의 작성
② 저수용량, 토공량의 산정
③ 면적의 도상측정
④ 지적도 작성

해설 지형도 이용
㉠ 단면도의 제작(종·횡단면도)
㉡ 등경사선의 관측(구배)
㉢ 노선의 도면상 선정(두 점 간의 시통가부의 결정)
㉣ 유역면적 산정(저수량측정)
㉤ 절·성토범위 결정(토공량계산)
㉥ 소요경비의 산출자료에 이용

정답 69 ① 70 ④ 71 ③ 72 ② 73 ④ 74 ④

03 노선측량

1 개요

1 정의

노선측량은 도로, 철도, 수로, 관로, 송전선로, 갱도와 같이 길이에 비하여 폭이 좁은 지역의 구조물 설계와 시공을 목적으로 시행하는 측량이다.

2 노선측량의 순서

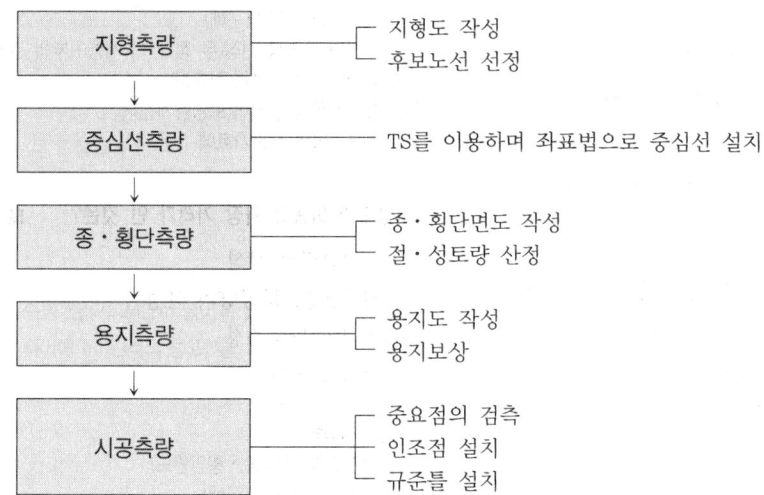

3 노선 선정 시 고려사항

① 가능한 한 직선으로 할 것
② 가능한 한 경사가 완만할 것
③ 토공량이 적게 되며 절토량과 성토량이 같을 것
④ 절토의 운반거리가 짧을 것
⑤ 배수가 완전할 것

4 곡선의 종류

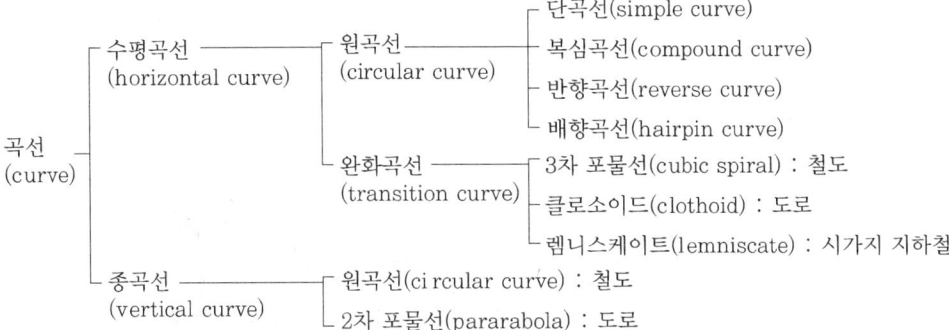

2 단곡선의 각부 명칭 및 공식

1 단곡선의 각부 명칭

① 교점(I.P) : V
② 곡선시점(B.C) : A
③ 곡선종점(E.C) : B
④ 곡선중점(S.P) : P
⑤ 교각(I.A 또는 I) : ∠DVB
⑥ 접선길이(T.L) : $\overline{AV} = \overline{BV}$
⑦ 곡선반지름(R) : $\overline{OA} = \overline{OB}$
⑧ 곡선길이(C.L) : $\overset{\frown}{AB}$
⑨ 중앙종거(M) : $\overline{PQ}$
⑩ 외할길이(S.L) : $\overline{VP}$
⑪ 현길이(L) : $\overline{AB}$
⑫ 편각(δ) : ∠VAG

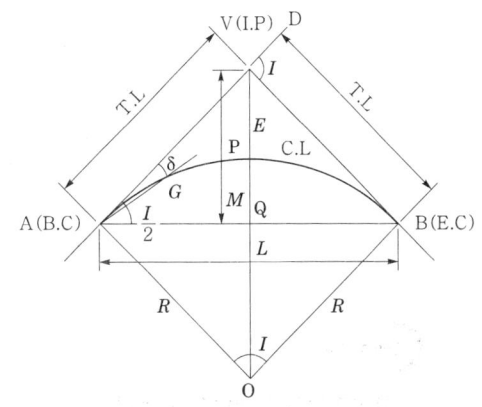

▲ 단곡선의 각부 명칭

2 단곡선의 공식

① 접선길이 : $T.L = R\tan\dfrac{I}{2}$

② 곡선길이 : $2\pi R : C.L = 360 : I$

∴ $C.L = \dfrac{\pi}{180°} RI$

③ 외할($E = S.L$) : $E = l - R = R\sec\dfrac{I}{2} - R = R\left(\sec\dfrac{I}{2} - 1\right)$

④ 중앙종거 : $M = R - x = R - R\cos\dfrac{I}{2} = R\left(1 - \cos\dfrac{I}{2}\right)$

⑤ 장현 : $\sin\dfrac{I}{2} = \dfrac{C}{2R}$

∴ $C = 2R\sin\dfrac{I}{2}$

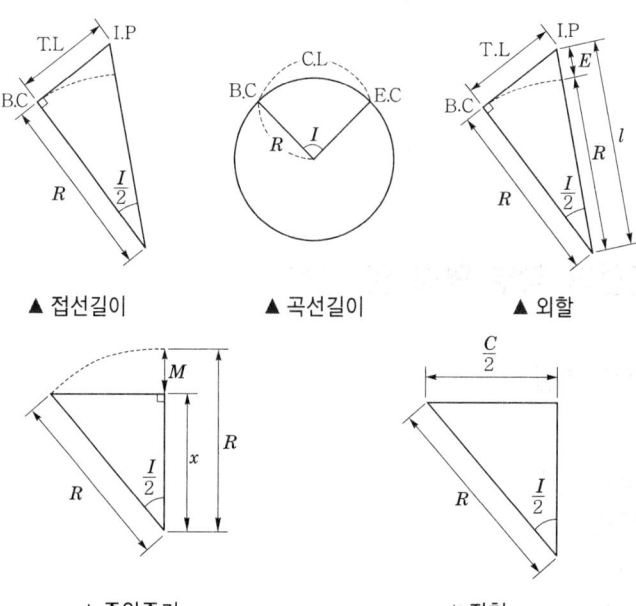

▲ 접선길이　　▲ 곡선길이　　▲ 외할

▲ 중앙종거　　▲ 장현

Key Point

중앙종거와 곡률반경의 관계

$R = \dfrac{C^2}{8M}$

⑥ 편각 : $\delta = \dfrac{l}{2R}\dfrac{180°}{\pi} = \dfrac{l}{R}\dfrac{90°}{\pi}$

⑦ 곡선시점 : B.C = I.P − T.L

⑧ 곡선종점 : E.C = B.C + C.L

⑨ 시단현 : B.C부터 B.C 다음 말뚝까지의 거리

⑩ 종단현 : E.C부터 E.C 바로 앞말뚝까지의 거리

3 단곡선 설치방법

1 방법별 특징

설치방법	특징
편각설치법	• 트랜싯으로 편각측정, 줄자로 거리를 측정하여 곡선을 설치한다. • 정밀도가 비교적 높다. • 곡선반경(R)이 클수록 정밀하다. • 주로 도로, 철도에 이용된다.
중앙종거법(1/4법)	• 곡선반지름 또는 곡선길이가 작을 때 이용되는 곡선설치방법이다. • 말뚝이나 중심간격은 20m마다 설치할 수 없다. • 시가지, 도로의 기설곡선의 검사에 이용된다.
접선편거, 현편거법	• 트랜싯을 사용하지 않고 줄자만을 이용하여 곡선을 설치한다. • 주로 지방도로, 농로에 이용된다.
접선에서 지거를 이용하는 방법	• 편각법으로 곡선을 설치하기 곤란한 경우 이용된다. • 산림지대에서 벌채량을 줄일 목적으로 사용된다.

2 편각설치법

① 시단편각 : $\delta_1 = \dfrac{l_1}{R} \cdot \dfrac{90°}{\pi}$ ② 종단편각 : $\delta_2 = \dfrac{l_2}{R} \cdot \dfrac{90°}{\pi}$ ③ 20m 편각 : $\delta = \dfrac{l}{R} \cdot \dfrac{90°}{\pi}$

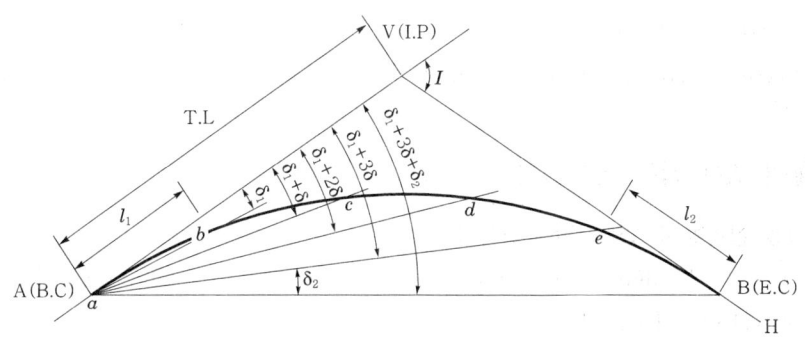

▲ 편각법에 의한 곡선설치

3 중앙종거법

$$M_1 = R\left(1 - \cos\dfrac{I}{2}\right),\ M_2 = R\left(1 - \cos\dfrac{I}{4}\right),\ M_3 = R\left(1 - \cos\dfrac{I}{8}\right)$$
$$\therefore M_1 = 4M_2$$

4 편거법

① 현편거 : $d = \dfrac{l^2}{R}$ ② 접선편거 : $t = \dfrac{d}{2} = \dfrac{l^2}{2R}$

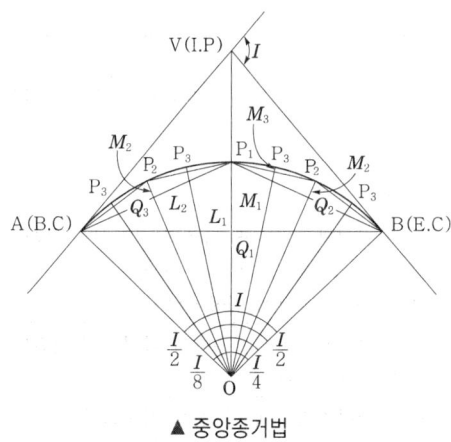

▲ 중앙종거법

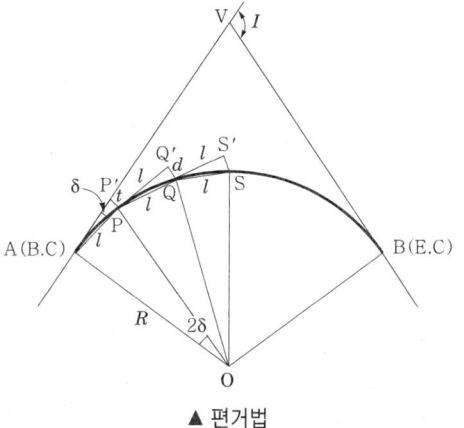

▲ 편거법

5 접선에서 지거를 이용하는 방법

① 편각 : $\delta = \dfrac{l}{R} \cdot \dfrac{90°}{\pi}$

② 현장 : $l = 2R\sin\delta \,(\fallingdotseq \text{호장 } l)$

③ $x = l\sin\delta = 2R\sin^2\delta = R(1-\cos 2\delta)$

④ $y = l\cos\delta = 2R\sin^2\delta\cos\delta = R\sin 2\delta$

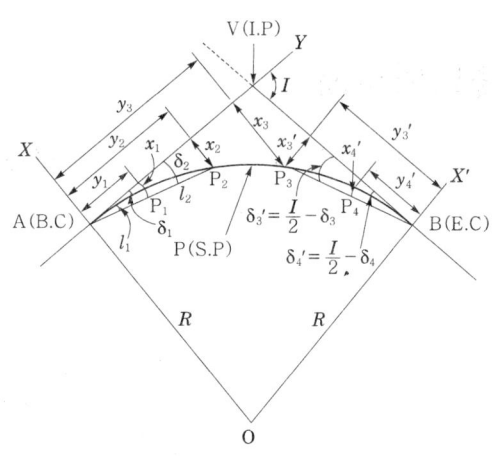

▲ 접선에서의 지거법

6 장애물이 있는 경우 곡선설치

① 교각을 실측할 수 없는 경우($\overline{AC}, \overline{BD}$)

$I = \alpha + \beta = 360° - (\alpha' + \beta')$

$\sin(180° - (\alpha + \beta)) = \sin(\alpha + \beta)$

△CDV에 sin법칙을 적용하면

$\overline{CV} = \dfrac{\sin\beta}{\sin\gamma}l = \dfrac{\sin\beta}{\sin(180° - (\alpha+\beta))}l$

$\overline{DV} = \dfrac{\sin\alpha}{\sin\gamma}l = \dfrac{\sin\alpha}{\sin(180° - (\alpha+\beta))}l$

곡선반경 R을 알면 $\text{T.L} = R\tan\dfrac{I}{2}$ 이므로

$\overline{AC} = \overline{AV} - \overline{CV} = R\tan\dfrac{I}{2} - \dfrac{\sin\beta}{\sin(180° - (\alpha+\beta))}l$

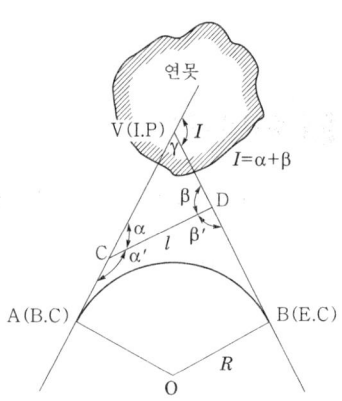

$$\overline{BD} = \overline{BV} - \overline{DV} = R\tan\frac{I}{2} - \frac{\sin\alpha}{\sin(180° - (\alpha+\beta))}l$$

② B.C(시점) 및 E.C(종점)에 장애물이 있는 경우($\overline{CA}$)

$$\overline{CV} = \frac{\sin\beta}{\sin(180° - (\alpha+\beta))}l$$

$$\overline{AV} = T.L = R\tan\frac{I}{2}$$

$$\therefore \overline{CA} = \overline{CV} - T.L$$
$$= \frac{\sin\beta}{\sin(180° - (\alpha+\beta))}l - R\tan\frac{I}{2}$$

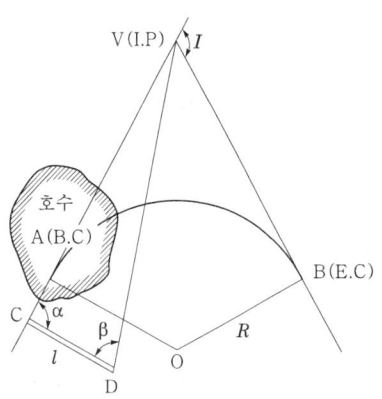

7 복심곡선 및 반향곡선

① **복심곡선** : 반지름이 다른 2개의 원곡선이 1개의 공통접선을 갖고 접선의 같은 쪽에서 연결되는 곡선
② **반향곡선(배향곡선)** : 반지름이 다른 2개의 원곡선이 1개의 공통접선의 양쪽에서 서로 곡선중심을 가지고 연결되는 곡선

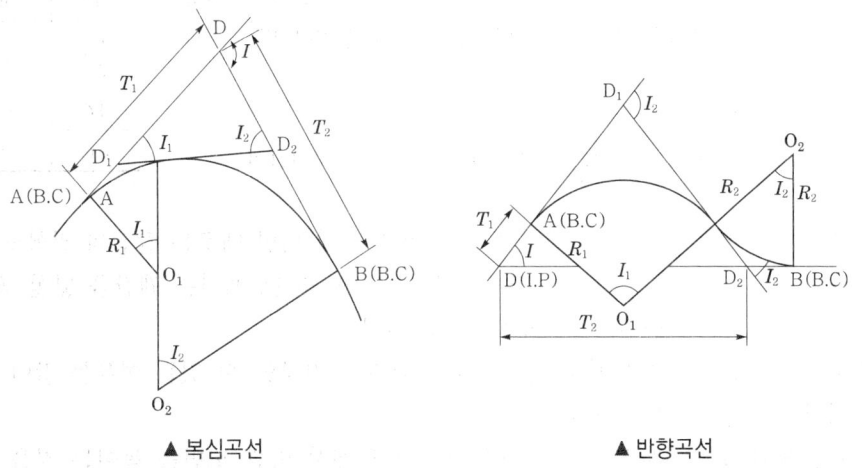

▲ 복심곡선　　　　　　　　▲ 반향곡선

4 완화곡선

1 정의

차량을 안전하게 통과시키기 위하여 직선부와 원곡선 사이에 반지름이 무한대로부터 차차 작아져서 원곡선의 반지름이 R이 되는 곡선을 넣고, 이 곡선 중의 캔트 및 슬랙이 0에서 차차 커져 원곡선에서 정해진 값이 되도록 직선부와 원곡선 사이에 넣는 특수곡선을 말한다.

2 종류

① 3차 포물선 : 철도
② 클로소이드 : 도로
③ 렘니스케이트 : 시가지 지하철
④ sine 체감곡선 : 고속철도

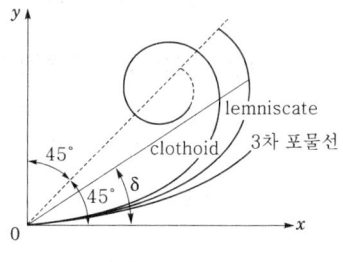

▲ 완화곡선의 종류

3 성질

① 곡선반경은 완화곡선의 시점에서 무한대, 종점에서 원곡선 R로 된다.
② 완화곡선의 접선은 시점에서 직선에, 종점에서 원호에 접한다.
③ 완화곡선에 연한 곡선반경의 감소율은 캔트의 증가율과 같다.
④ 완화곡선 종점의 캔트와 원곡선 시점의 캔트는 같다.
⑤ 완화곡선은 이정의 중앙을 통과한다.

4 관련 용어

① 캔트 : 곡선부를 통과하는 열차가 원심력으로 인한 낙차를 고려하여 바깥 레일을 안쪽보다 높이는 것을 말한다.

$$C = \frac{SV^2}{Rg}$$

여기서, C : 캔트, S : 궤간, V : 차량속도, R : 곡선반경
g : 중력가속도

C	R	V
$\frac{1}{2}C$	2	–
$4C$	–	2
$2C$	2	2

② 슬랙 : 차량과 레일이 꼭 끼어서 서로 힘을 입게 되면 때로는 탈선의 위험도 생긴다. 이러한 위험을 막기 위해서 레일 안쪽을 움직여 곡선부에서는 궤간을 넓힐 필요가 있다. 이 넓인 치수를 말한다. 확폭이라고도 한다.

③ 확도 : 도로의 곡선부에서 안전하게 원심력과 저항할 수 있는 여유를 잡아 직선부보다 약간 넓히는 것을 말한다.

④ 편구배(편경사) : 캔트와 같은 이론으로 도로에서 바깥 노면을 높이는 것을 말한다.

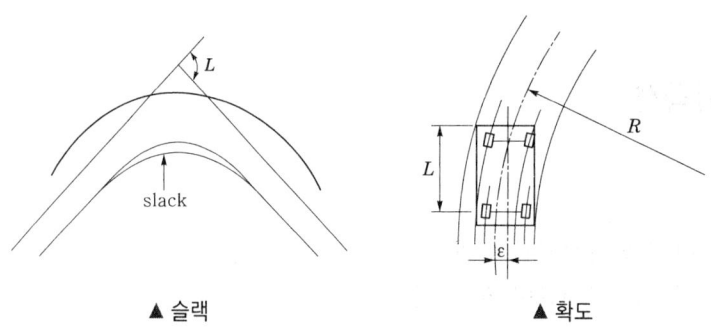

▲ 슬랙   ▲ 확도

5 관련 공식

① 완화곡선의 길이 : $L = \dfrac{N}{1,000} C = \dfrac{N}{1,000} \dfrac{SV^2}{Rg}$

여기서, C : 캔트, N : 완화곡선의 정수(300~800)

② 이정 : $f = \dfrac{L^2}{24R}$

③ 완화곡선의 접선장 : $T.L = \dfrac{L}{2} + (R+f)\tan\dfrac{I}{2}$

6 클로소이드곡선

1) 정의

곡률이 곡선장에 비례하는 곡선을 클로소이드곡선이라 한다.

2) 기본식

① 곡률반경 : $R = \dfrac{A^2}{L} = \dfrac{A}{l} = \dfrac{L}{2\tau} = \dfrac{A}{\sqrt{2\tau}}$

② 곡선장 : $L = \dfrac{A^2}{R} = \dfrac{A}{r} = 2\tau R = A\sqrt{2\tau}$

③ 접선각 : $\tau = \dfrac{L}{2R} = \dfrac{L^2}{2A^2} = \dfrac{A^2}{2R^2}$

④ 매개변수 : $A = \sqrt{RL} = lR = Lr = \dfrac{L}{\sqrt{2\tau}} = \sqrt{2\tau}R$

$A^2 = RL = \dfrac{L^2}{2\tau} = 2\tau R^2$

3) 성질

① 클로소이드는 나선의 일종이다.
② 모든 클로소이드는 닮은꼴이다(상사성이다).
③ 단위가 있는 것도 있고, 없는 것도 있다.
④ 확대율을 가지고 있다.
⑤ τ는 radian으로 구한다.
⑥ τ는 30°가 적당하다.
⑦ 도로에서 특성점은 $\tau = 45$°가 되게 한다.

4) 형식

① 기본형 : 직선, 클로소이드, 원곡선 순으로 나란히 설치되어 있는 것

② S형 : 반향곡선의 사이에 클로소이드를 삽입한 것
③ 난형 : 복심곡선의 사이에 클로소이드를 삽입한 것
④ 凸형 : 같은 방향으로 구부러진 2개 이상의 클로소이드를 직선적으로 삽입한 것
⑤ 복합형 : 같은 방향으로 구부러진 2개 이상의 클로소이드를 이은 것으로 모든 접합부에서 곡률은 같다.

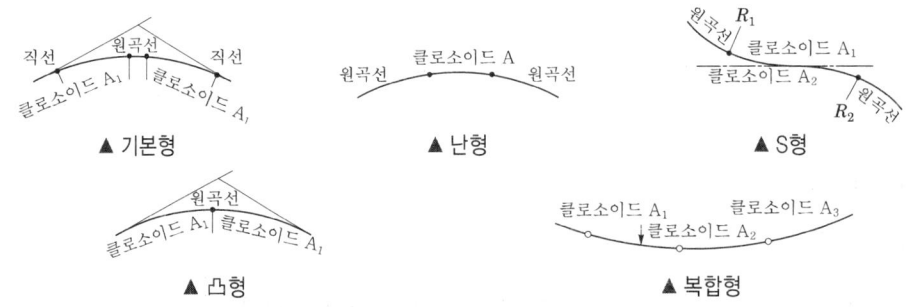

5) 설치법

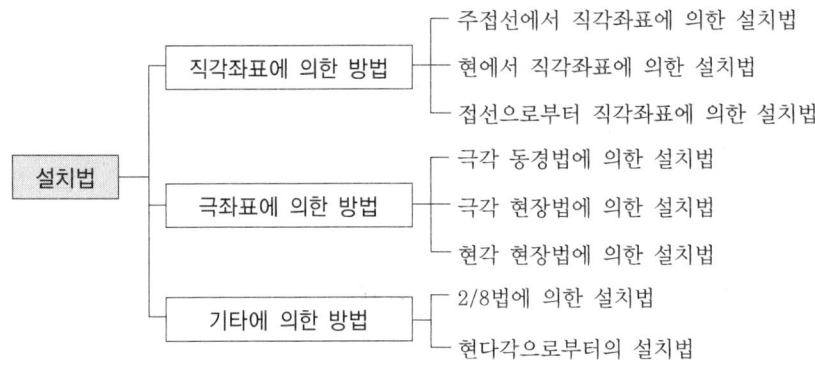

5 종단곡선(수직곡선)

1 정의

노선의 종단구배가 변하는 곳에 충격을 완화하고 충분한 시거를 확보해 줄 목적으로 적당한 곡선을 설치하여 차량이 원활하게 주행할 수 있도록 설치한 곡선을 말한다.

2 종류

① 원곡선 : 철도
② 2차 포물선 : 도로

3 원곡선에 의한 종단곡선 설치방법

① 접선길이 : $l = \dfrac{R}{2}(m-n)$ ② 종거 : $y = \dfrac{x^2}{2R}$

여기서, m, n : 종단경사(‰)(상향경사(+), 하향경사(−)), x : 횡거

4 2차 포물선에 의한 종단곡선 설치방법

① 종곡선길이 : $L = \left(\dfrac{m-n}{3.6}\right)V^2$

② 종거 : $y = \left(\dfrac{m-n}{2L}\right)x^2$

③ 계획고 : $H = H' - y\,(H' = H_0 + mx)$

여기서, V : 속도(km/h), H' : 제1경사선 $\overline{AF}$ 위의 점 P'의 표고, H_0 : 종단곡선시점 A의 표고
H : 점 A에서 x만큼 떨어져 있는 종단곡선 위의 점 P의 계획고

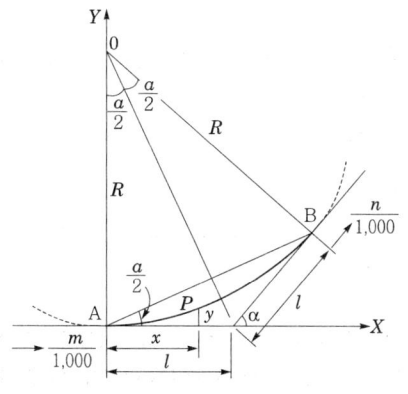

▲ 종단곡선(원곡선)

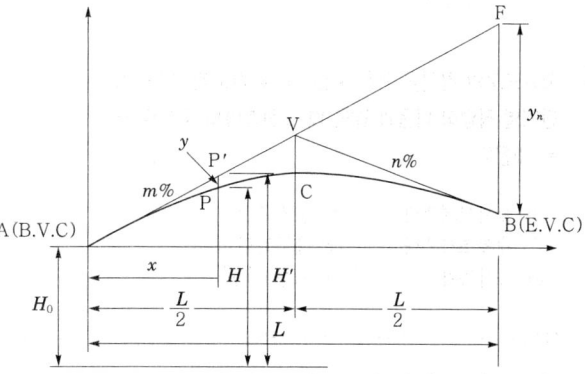

▲ 종단곡선(2차 포물선)

03 예상문제

01 노선측량의 작업순서로 옳은 것은? 기 16-2
① 노선 선정-계획조사측량-실시설계측량-세부측량-용지측량-공사측량
② 계획조사측량-노선 선정-용지측량-실시설계측량-공사측량-세부측량
③ 노선 선정-계획조사측량-용지측량-세부측량-실시설계측량-공사측량
④ 계획조사측량-용지측량-노선 선정-실시설계측량-세부측량-공사측량

해설 **노선측량의 순서** : 노선 선정 – 계획조사측량 – 실시설계측량 – 세부측량 – 용지측량 – 공사측량

02 고속도로의 건설을 위한 노선측량을 하고자 한다. 각 단계별 작업이 다음과 같을 때 노선측량의 순서로 옳은 것은? 산 19-1

㉠ 실시설계측량	㉡ 용지측량
㉢ 계획조사측량	㉣ 세부측량
㉤ 공사측량	㉥ 도상 선정

① ㉥→㉠→㉢→㉣→㉤→㉡
② ㉥→㉢→㉠→㉣→㉡→㉤
③ ㉥→㉤→㉢→㉠→㉣→㉡
④ ㉥→㉤→㉠→㉢→㉡→㉣

해설 **노선측량의 순서** : 도상 선정 → 계획조사측량 → 실시설계측량 → 세부측량 → 용지측량 → 공사측량

03 측량의 구분에서 노선측량과 가장 거리가 먼 것은? 산 19-3
① 철도의 노선설계를 위한 측량
② 지형, 지물 등을 조사하는 측량
③ 상하수도의 도수관 부설을 위한 측량
④ 도로의 계획조사를 위한 측량

해설 노선측량은 길이에 비해 폭이 좁은 지역에서의 측량을 의미한다. 이러한 노선측량에는 철도의 노선설계를 위한 측량, 상하수도의 도수관 부설을 위한 측량, 도로의 계획조사를 위한 측량 등이 있다.
※ 지형, 지물을 조사하는 측량은 지형측량에 해당한다.

04 노선측량의 작업과정으로 몇 개의 후보노선 중 가장 좋은 노선을 결정하고 공사비를 개산(槪算)할 목적으로 실시하는 것은? 산 18-3
① 답사 ② 예측
③ 실측 ④ 공사측량

해설 예측은 노선측량의 작업과정으로 몇 개의 후보노선 중 가장 좋은 노선을 결정하고 공사비를 개산할 목적으로 실시하는 과정이다.

05 노선측량순서에서 중심선을 선정하고 도상 및 현지에 설치하는 단계는? 기 19-2
① 계획조사측량 ② 실시설계측량
③ 세부측량 ④ 노선 선정

해설 **실시설계측량** : 노선측량순서에서 중심선을 선정하고 도상 및 현지에 설치하는 단계

06 도로의 개설을 위하여 편입되는 대상용지와 경계를 정하는 측량으로서 설계가 완료된 이후에 수행할 수 있는 노선측량단계는? 기 18-2
① 용지측량 ② 다각측량
③ 공사측량 ④ 조사측량

해설 **용지측량** : 도로의 개설을 위하여 편입되는 대상용지와 경계를 정하는 측량으로 용지보상을 위한 경계측량

07 노선의 결정에 고려하여야 할 사항으로 옳지 않은 것은? 산 16-1
① 가능한 경사가 완만할 것
② 절토의 운반거리가 짧을 것
③ 배수가 완전할 것
④ 가능한 곡선으로 할 것

해설 노선을 결정할 때 가능한 곡선은 피해야 한다.

정답 01 ① 02 ② 03 ② 04 ② 05 ② 06 ① 07 ④

08 노선측량 중 공사측량에 속하지 않는 것은? 기 17-2

① 용지측량
② 토공의 기준틀측량
③ 주요 말뚝의 인조점 설치측량
④ 중심말뚝의 검측

해설 용지측량은 용지보상을 위해 경계를 측량하는 것으로 공사측량 전에 시행하므로 공사측량범위에 속하지 않는다.

09 노선측량의 종단면도, 횡단면도에 대한 설명으로 옳지 않은 것은? 기 16-1

① 일반적으로 횡단면도의 가로·세로축척은 같게 한다.
② 일반적으로 종단면도에서 세로축척은 가로축척보다 작게 한다.
③ 종단면도에서 계획선을 정할 때 일반적으로 성토, 절토가 동일하도록 하는 것이 좋다.
④ 종단면도에서 계획기울기는 제한기울기 이내로 한다.

해설 종단면도 제작 시 가로(거리)보다 세로(표고)가 대축척이다.

10 노선측량에서 원곡선의 설치에 대한 설명으로 틀린 것은? 산 19-3

① 철도, 도로 등에는 차량의 운전에 편리하도록 단곡선보다는 복심곡선을 많이 설치하는 것이 좋다.
② 교통안전의 관점에서 반향곡선은 가능하면 사용하지 않는 것이 좋고, 불가피한 경우에는 두 곡선 사이에 충분한 길이의 완화곡선을 설치한다.
③ 두 원의 중심이 같은 쪽에 있고 반지름이 각기 다른 두 개의 원곡선을 설치하는 경우에는 완화곡선을 넣어 곡선이 점차 변하도록 해야 한다.
④ 고속주행차량의 통과를 위하여 직선부와 원곡선 사이나 큰 원과 작은 원 사이에는 곡률반지름이 점차 변화하는 곡선부를 설치하는 것이 좋다.

해설 복심곡선은 반지름이 다른 두 개의 원곡선이 접속점에서 하나의 공통접선을 가지며 곡선반경이 같은 방향에 있는 곡선을 말한다. 이러한 복심곡선은 안전운전에 지장을 주므로 가급적 피하는 것이 좋다.

11 직선부 포장도로에서 주행을 위한 편경사는 필요 없지만 1.5~2.0% 정도의 편경사를 주는 경우의 가장 큰 목적은? 기 18-1

① 차량의 회전을 원활히 하기 위하여
② 노면배수가 잘 되도록 하기 위하여
③ 급격한 노선변화에 대비하기 위하여
④ 주행에 따른 노면침하를 사전에 방지하기 위하여

해설 도로에서 도로의 중심을 기준으로 1.5~2.0%의 구배를 주는 이유는 노면배수를 원활하게 하기 위해서이다

12 곡선길이 및 횡거 등에 의해 캔트를 직선적으로 체감하는 완화곡선이 아닌 것은? 산 19-2

① 3차 포물선
② 반파장 정현곡선
③ 클로소이드곡선
④ 렘니스케이트곡선

해설 완화곡선의 종류 : 클로소이드곡선, 렘니스케이트곡선, 3차 포물선 등

13 곡선설치법에서 원곡선의 종류가 아닌 것은? 기 19-1

① 렘니스케이트
② 복심곡선
③ 반향곡선
④ 단곡선

해설 수평곡선의 종류
㉠ 원곡선 : 단곡선, 복심곡선, 반향곡선
㉡ 완화곡선 : 클로소이드곡선, 3차 포물선, 렘니스케이트 등

14 우리나라의 일반철도에 주로 이용되는 완화곡선은? 기 18-2

① 클로소이드곡선
② 3차 포물선
③ 2차 포물선
④ sin곡선

해설 완화곡선은 곡선반경의 급격한 변화로 인한 승차감 저해 등의 문제를 막기 위해 직선부와 곡선 사이에 넣는 특수한 곡선으로, 고속도로에서는 클로소이드곡선, 철도에서는 3차 포물선이 이용된다.

정답 08 ① 09 ② 10 ① 11 ② 12 ② 13 ① 14 ②

15 노선측량에 사용되는 곡선 중 주요 용도가 다른 것은?
① 2차 포물선 ② 3차 포물선
③ 클로소이드곡선 ④ 렘니스케이트곡선

해설 2차 포물선은 종곡선에 사용되며, 3차 포물선, 클로소이드곡선, 렘니스케이트곡선은 수평곡선 중 완화곡선에 해당한다.

16 곡률반지름이 현의 길이에 반비례하는 곡선으로 시가지 철도 및 지하철 등에 주로 사용되는 완화곡선은?
① 렘니스케이트 ② 반파장체감곡선
③ 클로소이드 ④ 3차 포물선

해설 곡률반지름이 현의 길이에 반비례하는 곡선으로 시가지 철도 및 지하철 등에 주로 사용되는 완화곡선은 렘니스케이트이다.

17 반지름이 다른 2개의 원곡선이 그 접속점에서 공통접선을 갖고, 그것들의 중심이 공통접선에 대하여 같은 쪽에 있는 곡선은?
① 반향곡선 ② 머리핀곡선
③ 복심곡선 ④ 종단곡선

해설 ㉠ 복심곡선 : 반지름이 다른 2개의 단곡선이 그 접속면에서 공통접선을 갖고, 그것들의 중심이 공통접선과 같은 방향에 있는 곡선
㉡ 반향곡선 : 반지름이 다른 2개의 단곡선이 그 접속면에서 공통접선을 갖고, 그것들의 중심이 공통접선과 반대방향에 있는 곡선

18 다음 중 완화곡선에 해당하는 것은?
① 클로소이드 ② 2차 포물선
③ 반향곡선 ④ 원곡선

해설 **수평곡선의 종류**
㉠ 원곡선 : 단곡선, 복심곡선, 반향곡선
㉡ 완화곡선 : 클로소이드곡선, 3차 포물선, 렘니스케이트 등

19 도로에 사용되는 곡선 중 수평곡선에 사용되지 않는 것은?
① 단곡선 ② 복심곡선
③ 반향곡선 ④ 2차 포물선

해설 2차 포물선은 도로에 사용하는 종곡선(수직곡선)이다.

20 복심곡선에 대한 설명으로 옳지 않은 것은?
① 반지름이 다른 2개의 단곡선이 그 접속점에서 공통접선을 갖는다.
② 철도 및 도로에서 복심곡선의 사용은 승객에게 불쾌감을 줄 수 있다.
③ 반지름의 중심은 공통접선과 서로 다른 방향에 있다.
④ 산지의 특수한 도로나 산길 등에서 설치하는 경우가 있다.

해설 **복심곡선** : 반지름이 다른 두 개의 원곡선이 접속점에서 하나의 공통접선을 가지며 곡선반경이 같은 방향에 있는 곡선

21 다음 중 완화곡선에 해당하지 않는 것은?
① 3차 포물선 ② 복심곡선
③ 클로소이드곡선 ④ 렘니스케이트

해설 복심곡선은 원곡선이며 완화곡선에 해당하지 않는다.

22 도로에서 경사가 5%일 때 높이차 2m에 대한 수평거리는?
① 20m ② 25m
③ 40m ④ 50m

해설 경사도가 5%는 수평거리 100m에 대한 고저차 5m를 의미한다.
100 : 5 = 수평거리 : 2
∴ 수평거리 = 40m

23 단곡선의 설치에 사용되는 명칭의 표시로 옳지 않은 것은?
① E.C : 곡선시점 ② C.L : 곡선장
③ I : 교각 ④ T.L : 접선장

해설 E.C : 곡선종점

24 철도, 도로 등의 단곡선 설치에서 접선과 현이 이루는 각을 이용하여 곡선을 설치하는 방법은?
① 편각법 ② 중앙종거법
③ 접선편거법 ④ 접선지거법

해설 편각설치법은 철도, 도로 등의 단곡선 설치에서 접선과 현이 이루는 각을 이용하여 곡선을 설치하는 방법으로, 트랜싯으로 편각을 측정하고 줄자로 거리를 측정하여 곡선을 설치하며 다른 방법에 비해 정밀도가 높고 철도, 도로 등에 이용된다.

25 단곡선을 설치하기 위해 교각을 관측하여 46°30′를 얻었다. 곡선반지름이 200m일 때 교점으로부터 곡선시점까지의 거리는?

① 210.76m ② 105.38m
③ 85.93m   ④ 85.51m

해설 $T.L = R\tan\dfrac{I}{2} = 200 \times \tan\dfrac{46°30'}{2} = 85.93m$

26 원곡선 설치에서 교각 $I=70°$, 반지름 $R=100m$일 때 접선길이는?

① 50.0m   ② 70.0m
③ 86.6m   ④ 259.8m

해설 $T.L = R\tan\dfrac{I}{2} = 100 \times \tan\dfrac{70°}{2} = 70m$

27 교각 $I=80°$, 곡선반지름 $R=140m$인 단곡선의 교점(I.P)의 추가거리가 1427.25m일 때 곡선의 시점(B.C)의 추가거리는?

① 633.27m   ② 982.87m
③ 1309.78m ④ 1567.25m

해설 $B.C = I.P - T.L = I.P - R\tan\dfrac{I}{2}$
$= 1427.25 - 140 \times \tan\dfrac{80°}{2} = 1309.78m$

28 노선측량의 단곡선 설치에서 교각 $I=90°$, 곡선반지름 $R=150m$일 때 곡선거리(C.L)는?

① 212.6m   ② 216.3m
③ 223.6m   ④ 235.6m

해설 $C.L = 150 \times 90 \times \dfrac{\pi}{180} = 235.6m$

29 노선측량에서 다음 그림과 같이 교점에 장애물이 있어 ∠ACD=150°, ∠CDB=90°를 측정하였다. 교각(I)은?

① 30°   ② 90°
③ 120° ④ 240°

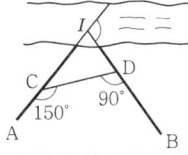

해설 $I = (180° - 150°) + (180° - 90°) = 120°$

30 단곡선측량에서 교각이 50°, 반지름이 250m인 경우에 외할(E)은?

① 10.12m   ② 15.84m
③ 20.84m   ④ 25.84m

해설 $E = R\left(\sec\dfrac{I}{2} - 1\right) = 250 \times \left(\sec\dfrac{50°}{2} - 1\right) = 25.84m$

31 단곡선에서 반지름이 300m이고 교각이 80°일 경우에 접선길이(T.L)와 곡선길이(C.L)는?

① T.L=251.73m, C.L=418.88m
② T.L=251.73m, C.L=209.44m
③ T.L=192.84m, C.L=418.88m
④ T.L=192.84m, C.L=209.44m

해설 ㉠ $T.L = R\tan\dfrac{I}{2} = 300 \times \tan\dfrac{80°}{2} = 251.73m$
㉡ $C.L = \dfrac{\pi}{180}RI = \dfrac{\pi}{180} \times 300 \times 80°$
$= 418.88m$

32 반지름 200m의 원곡선노선에 10m 간격의 중심점을 설치할 때 중심간격 10m에 대한 현과 호의 길이차는?

① 1mm   ② 2mm
③ 3mm   ④ 4mm

해설 현과 호의 길이차 $= \dfrac{l^3}{24R^2} = \dfrac{10^3}{24 \times 200^2} = 0.001m$
$= 1mm$

33 곡선반지름 $R=300m$, 교각 $I=50°$인 단곡선의 접선길이(T.L)와 곡선길이(C.L)는?

① T.L=126.79m, C.L=261.80m
② T.L=139.89m, C.L=261.80m
③ T.L=126.79m, C.L=361.75m
④ T.L=139.89m, C.L=361.75m

정답 25 ③ 26 ② 27 ③ 28 ④ 29 ③ 30 ④ 31 ① 32 ① 33 ④

해설 ㉠ $T.L = R\tan\dfrac{I}{2} = 300 \times \tan\dfrac{50°}{2} = 139.89m$

㉡ $C.L = RI\dfrac{\pi}{180} = 300 \times 50 \times \dfrac{\pi}{180} = 361.75m$

34 노선측량의 단곡선 설치에서 반지름이 200m, 교각이 67°42′일 때 접선길이(T.L)와 곡선길이(C.L)는?

① T.L=134.14m, C.L=234.37m
② T.L=134.14m, C.L=236.32m
③ T.L=136.14m, C.L=234.37m
④ T.L=136.14m, C.L=236.32m

해설 ㉠ $T.L = R\tan\dfrac{I}{2} = 200 \times \tan\dfrac{67°42'}{2} = 134.14m$

㉡ $C.L = \dfrac{\pi}{180}RI = \dfrac{\pi}{180} \times 200 \times 67°42'$
$= 236.27m$

35 원곡선 설치를 위하여 교각(I)이 60°, 반지름이 200m, 중심말뚝거리가 20m일 때 노선기점에서 교점까지의 추가거리가 630.29m라면 시단현의 편각은?

① 0°24′31″
② 0°34′31″
③ 0°44′31″
④ 0°54′31″

해설 ㉠ 접선장(T.L)$= R\tan\dfrac{I}{2} = 200 \times \tan\dfrac{60°}{2}$
$= 115.470m$

㉡ 곡선의 시점(B.C)$= 630.29 - 115.470 = 514.82m$

㉢ 시단현의 길이(l_1)$= 520 - 514.82 = 5.18m$

㉣ 시단현의 편각(δ_1)$= \dfrac{l_1}{R} \cdot \dfrac{90°}{\pi} = \dfrac{5.18}{200} \times \dfrac{90}{\pi}$
$= 0°44'32''$

36 노선측량에서 단곡선의 교각이 75°, 곡선반지름이 100m, 노선 시작점에서 교점까지의 추가거리가 250.73m일 때 시단현의 편각은? (단, 중심말뚝의 거리는 20m이다.)

① 4°00′39″
② 1°43′08″
③ 0°56′12″
④ 4°47′34″

해설 ㉠ 접선장(T.L)$= R\tan\dfrac{I}{2} = 100 \times \tan\dfrac{75°}{2}$
$= 76.73m$

㉡ 곡선의 시점(B.C)$= I.P - T.L = 250.73 - 76.73$
$= 174m$

㉢ 시단현의 길이(l_1)$= 180 - 174 = 6m$

㉣ 시단현의 편각(δ_1)$= \dfrac{l_1}{R} \cdot \dfrac{90°}{\pi} = \dfrac{6}{100} \times \dfrac{90°}{\pi}$
$= 1°43'08''$

37 도로기점으로부터 I.P(교점)까지의 거리가 418.25m, 곡률반지름 300m, 교각 38°08′인 단곡선을 편각법에 의해 설치하려고 할 때 시단현의 거리는?

① 20.000m
② 14.561m
③ 5.439m
④ 14.227m

해설 ㉠ 접선장(T.L)$= R\tan\dfrac{I}{2} = 300 \times \tan\dfrac{38°08'}{2}$
$= 103.69m$

㉡ 곡선의 시점(B.C)$= I.P - T.L = 418.25 - 103.69$
$= 314.56m$

㉢ 시단현의 길이(l_1)$= 320 - 314.56 = 5.44m$

38 다음 그림과 같이 원곡선(AB)을 설치하려고 하는데 그 교점(I.P)에 갈 수 없어 ∠ACD=150°, ∠CDB=90°, $\overline{CD}$=100m를 관측하였다. C점에서 곡선시점(B.C)까지의 거리는? (단, 곡선반지름 R=150m)

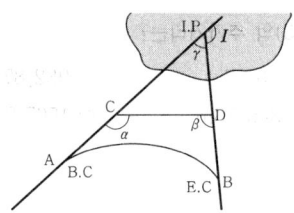

① 115.47m
② 125.25m
③ 144.34m
④ 259.81m

해설 ㉠ 교각(I)$= 30° + 90° = 120°$

㉡ 접선장(T.L)$= R\tan\dfrac{I}{2} = 150 \times \tan\dfrac{120°}{2}$
$= 259.81m$

㉢ C점~I.P거리 : $\dfrac{100}{\sin60°} = \dfrac{\text{C점~I.P}}{\sin90°}$
∴ C점~I.P거리$= 115.47m$

㉣ C점에서 곡선시점까지의 거리$= 259.81 - 115.47$
$= 144.34m$

정답 34 ② 35 ③ 36 ② 37 ③ 38 ③

39 단곡선의 설치에서 두 접선의 교각이 60°이고 외선 길이(E)가 14m인 단곡선의 반지름은? 〖기〗17-3

① 24.2m ② 60.4m
③ 90.5m ④ 104.5m

해설 $E = R\left(\sec\dfrac{I}{2} - 1\right)$

$14 = R \times \left(\sec\dfrac{60°}{2} - 1\right)$

∴ $R = 90.5$m

40 원곡선에서 교각 $I = 40°$, 반지름 $R = 150$m, 곡선시점 B.C = No.32 + 4.0m일 때 도로기점으로부터 곡선종점 E.C까지의 거리는? (단, 중심말뚝간격은 20m) 〖산〗17-2

① 104.7m ② 138.2m
③ 744.7m ④ 748.7m

해설 E.C = B.C + C.L = 644 + 150 × 40 × $\dfrac{\pi}{180}$ = 748.7m

41 교각 55°, 곡선반지름 285m인 단곡선이 설치된 도로의 기점에서 교점(I.P)까지의 추가거리가 423.87m일 때 시단현의 편각은? (단, 말뚝 간의 중심거리는 20m이다.) 〖기〗18-2

① 0°11′24″ ② 0°27′05″
③ 1°45′16″ ④ 1°45′20″

해설 ㉠ 접선장(T.L) = $R\tan\dfrac{I}{2} = 285 \times \tan\dfrac{55°}{2}$
       = 148.36m
㉡ 곡선의 시점(B.C) = I.P − T.L = 423.87 − 148.36
       = 275.51m
㉢ 시단현의 길이(l_1) = 280 − 275.51 = 4.49m
㉣ 시단현의 편각(δ_1) = $\dfrac{l_1}{R} \cdot \dfrac{90°}{\pi} = \dfrac{4.49}{285} \times \dfrac{90°}{\pi}$
       = 0°27′05″

42 어떤 도로에서 원곡선의 반지름이 200m일 때 현의 길이 20m에 대한 편각은? 〖기〗18-3

① 2°51′53″ ② 3°49′11″
③ 5°44′02″ ④ 8°21′12″

해설 $\delta = \dfrac{l}{R} \cdot \dfrac{90°}{\pi} = \dfrac{20}{200} \times \dfrac{90°}{\pi} = 2°51′53″$

43 곡선반지름이 150m, 교각이 90°인 단곡선에서 기점으로부터 교점까지의 추가거리가 1273.45m일 때 기점으로부터 곡선시점(B.C)까지의 추가거리는? 〖기〗18-3

① 1034.25m ② 1123.45m
③ 1245.56m ④ 1369.86m

해설 B.C = I.P − T.L = 1273.45 − 150 × $\tan\dfrac{90°}{2}$
       = 1123.45m

44 단곡선이 다음 그림과 같이 설치되었을 때 곡선반지름 R은? (단, $I = 30°30′$) 〖산〗16-2

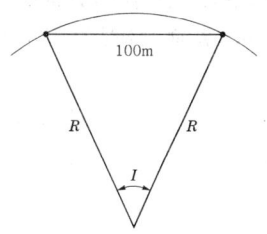

① 197.00m ② 190.09m
③ 187.01m ④ 180.08m

해설 $L = 2R\sin\dfrac{I}{2}$

$100 = 2 \times R \times \sin\dfrac{30°30′}{2}$

∴ $R = 190.09$m

45 다음 그림과 같이 곡선중점(E)을 E′로 이동하여 교각의 변화 없이 새로운 곡선을 설치하고자 한다. 새로운 곡선의 반지름은? 〖기〗19-2

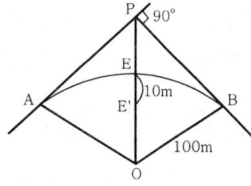

① 68m ② 90m
③ 124m ④ 200m

해설 ㉠ 구곡선의 외할
  $E = R\left(\sec\dfrac{I}{2} - 1\right) = 100 \times \left(\sec\dfrac{90°}{2} - 1\right) = 41.42$m

㉡ 신곡선의 반지름
  $R' = \dfrac{E + 10}{\sec\dfrac{I}{2} - 1} = \dfrac{41.42 + 10}{\sec\dfrac{90°}{2} - 1} = 124.14$m

정답 39 ③ 40 ④ 41 ② 42 ① 43 ② 44 ② 45 ③

46 곡선의 반지름이 250m, 교각 80°20′의 원곡선을 설치하려고 한다. 시단현에 대한 편각이 2°10′이라면 시단현의 길이는?

① 16.29m ② 17.29m
③ 17.45m ④ 18.91m

해설 $\delta = \frac{l}{R} \cdot \frac{90}{\pi}$

$2°10' = \frac{l}{250} \times \frac{90}{\pi}$

$\therefore l = 18.91m$

47 노선의 중심점 간 길이가 20m이고 단곡선의 반지름 $R=100m$일 때 중심점 간 길이(20m)에 대한 편각은?

① 5°40′ ② 5°20′
③ 5°44′ ④ 5°54′

해설 $\delta = \frac{l}{R} \cdot \frac{90°}{\pi} = \frac{20}{100} \times \frac{90°}{\pi} = 5°44'$

48 곡선반지름 115m인 원곡선에서 현의 길이 20m에 대한 편각은?

① 2°51′21″ ② 3°48′29″
③ 4°58′56″ ④ 5°29′38″

해설 $\delta = \frac{l}{R} \cdot \frac{90°}{\pi} = \frac{20}{115} \times \frac{90}{\pi} = 4°58'56''$

49 곡선반지름(R)이 500m, 곡선의 단현길이(l)가 20m일 때 이 단현에 대한 편각은?

① 1°08′45″ ② 1°18′45″
③ 2°08′45″ ④ 2°18′45″

해설 $\delta = \frac{l}{R} \cdot \frac{90°}{\pi} = \frac{20}{500} \times \frac{90}{\pi} = 1°08'45''$

50 원곡선에서 곡선길이가 79.05m이고 곡선반지름이 150m일 때 교각은?

① 30°12′ ② 43°05′
③ 45°25′ ④ 53°35′

해설 $79.05 = 150 \times I \times \frac{\pi}{180}$

$\therefore I = 30°12'$

51 반지름(R)이 215m인 원곡선을 편각법으로 설치하려 할 때 중심말뚝간격 20m에 대한 편각(δ)은?

① 1°42′54″ ② 2°39′54″
③ 5°37′54″ ④ 7°24′54″

해설 $\delta = \frac{l}{R} \cdot \frac{90°}{\pi} = \frac{20}{215} \times \frac{90°}{\pi} = 2°39'54''$

52 단곡선에서 교각 $I=36°20'$, 반지름 $R=500m$, 노선의 기점에서 교점까지의 거리는 6,500m이다. 20m 간격으로 중심말뚝을 설치할 때 종단현의 길이(l_2)는?

① 7m ② 10m
③ 13m ④ 16m

해설 ㉠ B.C=I.P−T.L

$= 6,500 - 500 \times \tan\frac{36°20'}{2} = 6,336m$

㉡ E.C=B.C+C.L=$6,336 + 500 \times 36°20' \times \frac{\pi}{180}$

$= 6,653m$

㉢ $l_2 = 6,653 - 6,640 = 13m$

53 곡선길이가 104.7m이고 곡선반지름이 100m일 때 곡선시점과 곡선종점 간의 곡선길이와 직선거리(장현)의 거리차는?

① 4.7m ② 5.3m
③ 10.9m ④ 18.1m

해설 호와 현길이의 차 $= \frac{l^3}{24R^2} = \frac{104.7^3}{24 \times 100^2} = 4.7m$

54 도로의 직선과 원곡선 사이에 곡률을 서서히 증가시켜 넣는 곡선은?

① 복심곡선 ② 반향곡선
③ 완화곡선 ④ 머리핀곡선

해설 차량을 안전하게 통과시키기 위해서 직선부와 원곡선 사이에 반지름이 무한대로부터 차차 작아져서 원곡선의 반지름(R)이 되는 곡선을 완화곡선이라 한다.

55 곡선의 종류 중 완화곡선이 아닌 것은?

① 복심곡선 ② 3차 포물선
③ 렘니스케이트 ④ 클로소이드

정답 46 ④ 47 ③ 48 ③ 49 ① 50 ① 51 ② 52 ③ 53 ① 54 ③ 55 ①

해설 복심곡선은 반지름이 다른 원곡선이 접속점에서 하나의 공통접선을 가지며 곡선의 중심이 서로 같은 방향에 있는 곡선으로, 원곡선에 해당하며 완화곡선에 해당하지 않는다.

56 완화곡선에 대한 다음 설명에서 (A, B)로 옳은 것은?
산 16-3

완화곡선의 접선은 시점에서는 (A)에, 종점에서는 (B)에 접한다.

① (원호, 직선) ② (원호, 원호)
③ (직선, 원호) ④ (직선, 직선)

해설 완화곡선의 접선은 시점에서는 직선에, 종점에서는 원호에 접한다.

57 완화곡선의 성질에 대한 설명으로 옳지 않은 것은?
기 18-3

① 곡선반지름은 완화곡선의 시점에서 무한대, 종점에서 원곡선의 반지름(R)으로 된다.
② 완화곡선의 접선은 시점에서 원호에, 종점에서는 직선에 접한다.
③ 완화곡선에 연한 곡선반지름의 감소율은 캔트의 증가율과 같다.
④ 종점에 있는 캔트는 원곡선의 캔트와 같게 된다.

해설 완화곡선의 접선은 시점에서 직선에, 종점에서는 원호에 접한다.

58 완화곡선의 성질에 대한 설명으로 옳지 않은 것은?
산 19-1

① 완화곡선의 반지름은 시점에서 무한대이다.
② 완화곡선의 반지름은 종점에서 원곡선의 반지름과 같다.
③ 완화곡선의 접선은 시점과 종점에서 직선에 접한다.
④ 곡선반지름의 감소율은 캔트의 증가율과 같다.

해설 완화곡선의 성질
㉠ 곡선반지름은 완화곡선의 시점에서 무한대이며, 종점에서는 원곡선의 반지름과 같다.
㉡ 완화곡선의 접선은 시점에서 직선에, 종점에서 원호에 접한다.
㉢ 완화곡선에 연한 곡선반지름의 감소율은 캔트의 증가율과 같다.
㉣ 완화곡선 종점의 캔트와 원곡선 시점의 캔트는 같다.

59 완화곡선에 대한 설명으로 옳은 것은?
기 18-2

① 완화곡선의 반지름은 종점에서 무한대가 된다.
② 완화곡선의 접선은 시점에서 원호에 접한다.
③ 완화곡선은 원곡선과 원곡선 사이에 위치하는 곡선을 의미한다.
④ 완화곡선에서 곡선반지름의 감소율은 캔트의 증가율과 같다.

해설 완화곡선의 성질
㉠ 곡선반지름은 완화곡선의 시점에서 무한대이며, 종점에서는 원곡선의 반지름과 같다.
㉡ 완화곡선의 접선은 시점에서 직선에, 종점에서 원호에 접한다.
㉢ 완화곡선에 연한 곡선반지름의 감소율은 캔트의 증가율과 같다.
㉣ 완화곡선 종점의 캔트와 원곡선 시점의 캔트는 같다.

60 노선측량에서 완화곡선의 성질을 설명한 것으로 틀린 것은?
기 17-2

① 완화곡선의 종점의 캔트는 원곡선의 캔트와 같다.
② 완화곡선에 연한 곡률반지름의 감소율은 캔트의 증가율과 같다.
③ 완화곡선의 접선은 시점에서는 원호에, 종점에서는 직선에 접한다.
④ 완화곡선의 반지름은 시점에서는 무한대이며, 종점에서는 원곡선의 반지름과 같다.

해설 완화곡선의 접선은 시점에서는 직선에, 종점에서는 원호에 접한다.

61 완화곡선의 성질에 대한 설명으로 옳은 것은?
산 17-2

① 완화곡선의 시점에서 곡선반지름은 무한대이다.
② 완화곡선의 접선은 시점에서 원호에 접한다.
③ 완화곡선의 종점에서 곡선반지름은 0이 된다.
④ 완화곡선의 곡선반지름과 슬랙의 감소율은 같다.

정답 56 ③ 57 ② 58 ③ 59 ④ 60 ③ 61 ①

해설 완화곡선의 성질
㉠ 완화곡선의 접선은 시점에서 직선에, 종점에서 원호에 접한다.
㉡ 곡선반지름은 완화곡선의 시점에서 무한대이며, 종점에서 원곡선의 반지름과 같다.
㉢ 완화곡선에 연한 곡선반지름의 감소율은 캔트의 증가율과 같다.
㉣ 완화곡선 종점의 캔트와 원곡선 시점의 캔트는 같다.

62 완화곡선에 대한 설명 중 잘못된 것은? 기 16-1
① 완화곡선의 반지름은 시점에서 원의 반지름부터 시작하여 점차 증가하여 무한대가 된다.
② 우리나라에서는 주로 도로에서는 완화곡선에 클로소이드곡선을, 철도에서는 3차 포물선을 사용한다.
③ 완화곡선의 접선은 시점에서 직선에 접하고, 종점에서 원호에 접한다.
④ 완화곡선에 연한 곡선반지름의 감소율은 캔트의 증가율과 같다.

해설 완화곡선의 반지름은 시점에서 원의 반지름부터 시작에서 무한대이며, 종점에서는 원곡선의 반지름과 같다.

63 곡선부 통과 시 열차의 탈선을 방지하기 위하여 레일 안쪽을 움직여 곡선부 궤간을 넓히는데, 이때 넓힌 폭의 크기를 무엇이라 하는가? 산 16-3
① 캔트(cant)
② 확도(slack)
③ 편경사(super elevation)
④ 클로소이드(clothoid)

해설 곡선부 통과 시 열차의 탈선을 방지하기 위하여 레일 안쪽을 움직여 곡선부 궤간을 넓히는데, 이때 넓힌 폭의 크기를 확도(slack)라 한다.

64 곡선설치에서 캔트(cant)의 의미는? 기 19-1
① 확폭 ② 편경사
③ 종곡선 ④ 매개변수

해설 캔트 : 곡선부를 통과하는 차량에 원심력이 발생하여 접선방향으로 탈선하는 것을 방지하기 위해 바깥쪽의 노면을 안쪽보다 높이는 정도

65 캔트의 계산에 있어서 곡선반지름만을 반으로 줄이면 캔트의 크기는 어떻게 되는가? 기 19-3
① 반으로 준다. ② 변화가 없다.
③ 2배가 된다. ④ 4배가 된다.

해설 $C = \dfrac{SV^2}{Rg}$ 에서 R을 $\dfrac{1}{2}$로 줄이면 새로운 캔트(C')는 2배 증가한다.

66 철도의 캔트량을 결정하는데 고려하지 않아도 되는 사항은? 산 19-2
① 확폭 ② 설계속도
③ 레일간격 ④ 곡선반지름

해설 캔트(C) = $\dfrac{SV^2}{Rg}$
여기서, S : 레일간격, V : 설계속도, R : 곡선반지름

67 원심력에 의한 곡선부의 차량 탈선을 방지하기 위하여 곡선부의 횡단 노면 외측부를 높여주는 것은? 기 17-2
① 캔트 ② 확폭
③ 종거 ④ 완화구간

해설 캔트 : 차량이 곡선을 통과할 때 원심력에 의한 곡선부의 차량 탈선을 방지하기 위하여 곡선부의 횡단 노면 외측부를 높여주는 것

68 도로의 중심선을 따라 20m 간격의 종단측량을 하여 다음과 같은 결과를 얻었다. 측점 1과 측점 5의 지반고를 연결하여 도로계획선을 설정한다면 이 계획선의 경사는? 기 16-1

측점	지반고(m)	측점	지반고(m)
No.1	53.63	No.4	70.65
No.2	52.32	No.5	50.83
No.3	60.67	—	—

① +3.5% ② +2.8%
③ -2.8% ④ -3.5%

해설 경사 = $\dfrac{50.83 - 53.63}{80} \times 100 = -3.5\%$

정답 62 ① 63 ② 64 ② 65 ③ 66 ① 67 ① 68 ④

69 캔트(cant)가 C인 원곡선에서 설계속도와 반지름을 각각 2배씩 증가시키면 캔트의 크기는?

① $\dfrac{C}{4}$ ② $\dfrac{C}{2}$
③ $2C$ ④ $4C$

해설 $C = \dfrac{SV^2}{Rg}$ 에서 속도(V)와 곡선반경(R)을 각각 2배로 하면 새로운 캔트는 2배로 된다.

70 곡선반지름 R=2,500m, 캔트(cant) 100mm인 철도선로를 설계할 때 적합한 설계속도는? (단, 레일간격은 1m로 가정한다.)

① 50km/h   ② 60km/h
③ 150km/h   ④ 178km/h

해설 $C = \dfrac{SV^2}{Rg}$

$0.1 = \dfrac{\dfrac{1 \times V^2}{2{,}500 \times 9.8 \times 3{,}600}}{1{,}000}$

∴ V=178km/h

71 클로소이드곡선에서 매개변수 A=400m, 곡선반지름 R=150m일 때 곡선의 길이 L은?

① 560.2m   ② 898.4m
③ 1066.7m   ④ 2066.7m

해설 $A = \sqrt{RL}$

$400 = \sqrt{150 \times L}$

∴ L=1066.7m

72 곡선반지름이 80m, 클로소이드곡선길이가 20m일 때 클로소이드의 파라미터(A)는?

① 40m   ② 80m
③ 120m   ④ 1,600m

해설 $A = \sqrt{RL} = \sqrt{80 \times 20} = 40$m

73 노선측량의 완화곡선 중 차가 일정속도로 달리고 그 앞바퀴의 회전속도를 일정하게 유지할 경우 이 차가 그리는 주행궤적을 의미하는 완화곡선으로 고속도로의 곡선설치에 많이 이용되는 곡선은?

① 3차 포물선   ② sin체감곡선
③ 클로소이드   ④ 렘니스케이트

해설 노선측량에서 곡선설치 시 고속도로에서 사용하는 완화곡선은 클로소이드곡선이며, 철도에 사용하는 것은 3차 포물선이다.

74 클로소이드곡선에 대한 설명으로 틀린 것은?

① 곡률이 곡선의 길이에 반비례한다.
② 형식에는 기본형, 복합형, S형 등이 있다.
③ 설치법에는 주접선에서 직교좌표에 의해 설치하는 방법이 있다.
④ 단위클로소이드란 콜로소이드의 매개변수 A=1, 즉 RL=1의 관계에 있는 경우를 말한다.

해설 클로소이드곡선은 곡률이 곡선장에 비례하는 곡선이다.

75 클로소이드곡선의 매개변수를 2배 증가시키고자 한다. 이때 곡선의 반지름이 일정하다면 완화곡선의 길이는 몇 배가 되는가?

① 2   ② 4
③ 8   ④ 14

해설 $A = \sqrt{RL} \rightarrow A^2 = RL$

∴ 매개변수(A)를 2배 증가시키기 위해서는 완화곡선의 길이(L)는 4배가 된다.

76 도로에 사용하는 클로소이드(clothoid)곡선에 대한 설명으로 틀린 것은?

① 완화곡선의 일종이다.
② 일종의 유선형 곡선으로 종단곡선에 주로 사용된다.
③ 곡선길이에 반비례하여 곡률반지름이 감소한다.
④ 차가 일정한 속도로 달리고 그 앞바퀴의 회전속도를 일정하게 유지할 경우의 운동궤적과 같다.

해설 클로소이드(clothoid)곡선은 곡률이 곡선장에 비례하는 곡선으로 고속도로에서 사용하는 완화곡선이며, 이는 수평곡선에 해당한다.

77 클로소이드의 형식 중 반향곡선 사이에 2개의 클로소이드를 삽입하는 것은?

① 복합형   ② 난형
③ 철형   ④ S형

정답 69 ③ 70 ④ 71 ③ 72 ① 73 ③ 74 ① 75 ② 76 ② 77 ④

해설 반향곡선 사이에 2개의 클로소이드를 삽입하는 것은 S형이며, 복심곡선 사이에 클로소이드를 삽입하는 것은 난형이다.

78 상향기울기 7.5/1,000와 하향기울기 45/1,000인 두 직선에 반지름 2,500m인 원곡선을 종단곡선으로 설치할 때 곡선시점에서 25m 떨어져 있는 지점의 종거 y값은 약 얼마인가?

① 0.1m ② 0.3m
③ 0.4m ④ 0.5m

해설 $y = \dfrac{x^2}{2R} = \dfrac{25^2}{2 \times 2,500} = 0.125\text{m}$

79 다음 그림과 같은 단면에서 도로용지의 폭($x_1 + x_2$)은?

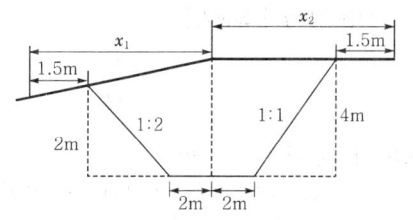

① 12.0m ② 15.0m
③ 17.2m ④ 19.0m

해설 도로용지의 폭 $= 1.5 + 2 \times 2 + 2 + 2 + 1 \times 4 + 1.5 = 15.0\text{m}$

80 다음 그림과 같이 지표면에서 성토하여 도로폭 $b = $ 6m의 도로면을 단면으로 개설하고자 한다. 성토높이 $h = 5.0$m, 성토기울기를 1:1로 한다면 용지폭($2x$)은? (단, a : 여유폭 $= 1$m)

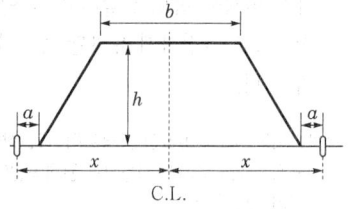

① 10.0m ② 14.0m
③ 18.0m ④ 22.0m

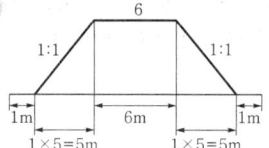

용지폭($2x$) $= 1 + 5 + 6 + 5 + 1 = 18\text{m}$

81 다음 그림과 같이 경사지에 폭 6.0m의 도로를 만들고자 한다. 절토기울기 1:0.7, 절토고 2.0m, 성토기울기 1:1, 성토고 5.0m일 때 필요한 용지폭($x_1 + x_2$)은? (단, 여유폭 a는 1.50m로 한다.)

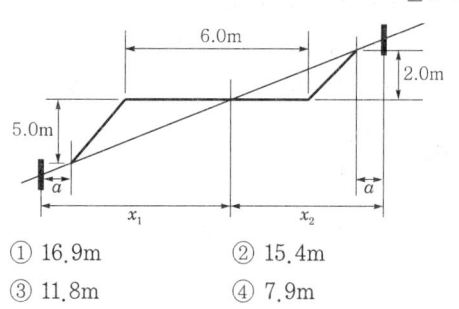

① 16.9m ② 15.4m
③ 11.8m ④ 7.9m

해설 용지폭($x_1 + x_2$) $= 1.5 + (5 \times 1) + 6 + (2 \times 0.7) + 1.5 = 15.4\text{m}$

82 다음 그림과 같은 경사지에 폭 6.0m의 도로를 개설하고자 한다. 절토기울기 1:0.5, 절토높이 2.0m, 성토기울기 1:1, 성토높이 5m로 한다면 필요한 용지폭은? (단, 양쪽의 여유폭은 1m로 한다.)

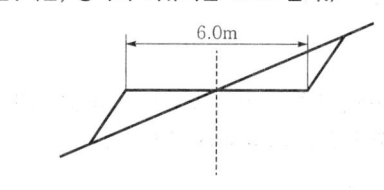

① 17.0m ② 14.0m
③ 12.5m ④ 11.5m

해설
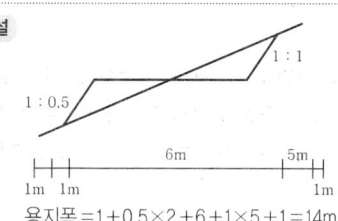
용지폭 $= 1 + 0.5 \times 2 + 6 + 1 \times 5 + 1 = 14\text{m}$

정답 78 ① 79 ② 80 ③ 81 ② 82 ②

04 사진측량

1 개요

1 정의

사진측량(photogrammetry)은 전자기파를 이용하여 대상물에 대하여 정량적(위치, 형상, 크기 등의 결정) 및 정성적(자원과 환경현상의 특성조사 및 분석) 해석을 하는 학문으로 사진측정학이라고도 한다.

2 장단점

1) 장점

① 정량적 · 정성적 측정이 가능하다.
② 정확도가 균일하다.
  ㉠ 평면(X, Y) 정도 : $(10\sim30)\mu \times$촬영축척의 분모수(m)
  ㉡ 높이(H) 정도 : $\left(\dfrac{1}{10,000} \sim \dfrac{2}{10,000}\right) \times$촬영고도($H$)

  여기서, $1\mu = \dfrac{1}{1,000}$mm

③ 동체측정에 의한 현상보존이 가능하다.
④ 접근하기 어려운 대상물의 측정도 가능하다.
⑤ 축척변형도 가능하다.
⑥ 분업화로 작업을 능률적으로 할 수 있다.
⑦ 경제성이 높다.
⑧ 4차원의 측정이 가능하다.
⑨ 비지형측량이 가능하다.

2) 단점

① 좁은 지역에서는 비경제적이다.
② 기자재가 고가이다(시설비용이 많이 든다).
③ 피사체에 대한 식별이 난해하다(지명, 행정경계, 건물명, 음영에 의하여 분별하기 힘든 곳 등의 측정은 현장의 작업으로 보충측량이 요구된다).

> **Key Point**
>
> **촬영용 항공기의 요구조건**
> - 안전성이 좋을 것
> - 시계가 좋을 것
> - 상승속도가 클 것
> - 항속거리가 길 것
> - 조작성이 좋을 것
> - 요구되는 속도를 얻을 수 있을 것
> - 상승한계가 높을 것
> - 이륙거리가 짧은 것

3 사진측량의 분류

1) 사용카메라에 의한 분류

종류	렌즈의 화각	초점거리(mm)	화면크기(cm)	용도
보통각카메라	60°	210	18×18	산림조사용
광각카메라	90°	152~153	23×23	일반도화 판독용
초광각카메라	120°	88~90	23×23	소축척 도화용

2) 촬영방향에 의한 분류

① 수직사진 : 카메라의 경사가 3° 이내의 기울기로 촬영된 사진
② 경사사진
  ㉠ 저각도 경사사진 : 3° 이상으로 지평선이 나타나지 않는다.
  ㉡ 고각도 경사사진 : 3° 이상으로 지평선이 나타난다.
③ 수평사진 : 카메라의 광축은 수평면에 평행하게 하여 촬영한 사진

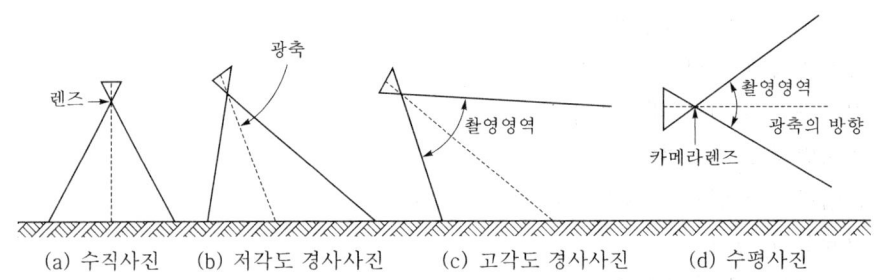

▲ 촬영방향에 의한 분류

3) 촬영축척에 의한 분류

① 대축척 : 촬영고도 800m 이내
② 중축척 : 촬영고도 800~3,000m 이내
③ 소축척 : 촬영고도 3,000m 이상

2 사진측량의 순서

1 순서

촬영계획 → 촬영과 대공 표시 → 기준점측량 → 항공삼각측량 → 도화 → 편집 → 지형도

2 촬영계획

1) 사진축척

기준면에 대한 축척	비고가 있을 경우 축척
$\dfrac{1}{m} = \dfrac{f}{H}$	$\dfrac{1}{m} = \dfrac{f}{H \pm h}$

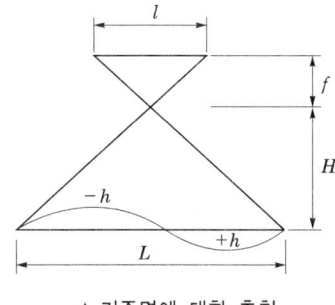

여기서, m : 축척분모수
H : 촬영고도
f : 초점거리

▲ 기준면에 대한 축척

2) 중복도

① 종중복도 : 촬영진행방향에 따라 중복시키는 것으로 보통 60%, 최소한 50% 이상 중복을 주어야 한다.

$$종중복도(p) = \frac{p_1 m_1 + m_1 m_2 + p_2 m_2}{a} \times 100\%$$

여기서, $p_1 m_1 = p_2 m_2 = \dfrac{a}{2} - m_1 m_2$, m_1, m_2 : 주점기선길이(b_0), a : 화면크기(사진크기)

② 횡중복도 : 촬영진행방향에 직각으로 중복시키며 보통 30%, 최소한 5% 이상 중복을 주어 촬영한다.

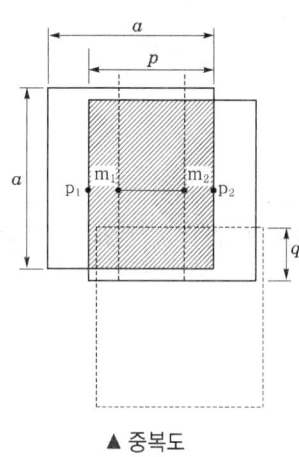

▲ 중복도

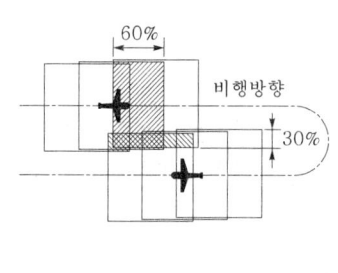

▲ 사진의 중복

③ 특징
㉠ 산악지역에서는 사각발생을 막기 위해서 중복도를 10~20% 높이거나 2단 촬영을 한다.
㉡ 산악지역이라 함은 비고가 촬영고도의 10% 이상인 지역을 말한다.

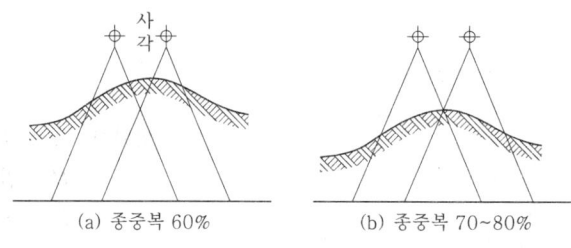

▲ 산악지역

3) 촬영기선장

하나의 촬영코스 중에 하나의 촬영점(셔터를 누른 점)으로부터 다음 촬영점까지의 거리를 촬영기선장이라 한다.

① 종촬영기선장 : $B = ma\left(1 - \dfrac{p}{100}\right)$ ② 횡촬영기선장 : $C = ma\left(1 - \dfrac{q}{100}\right)$

여기서, m : 축척분모수, a : 화면크기, p : 종중복도, q : 횡중복도

4) 촬영고도

촬영고도는 축척과 초점거리에 의해서 결정할 수 있으며 도화기계수에 의해서도 결정할 수 있다.

$$H = C\Delta h$$

여기서, H : 촬영고도, C : 계수(도화기의 성능과 정도를 표시하는 계수), Δh : 최소등고선의 간격

> **Key Point**
>
> **C계수와 도화기의 관계**
>
> | 등급 | 도화기 | C계수 |
> |---|---|---|
> | 1급 | 오토그래프 A-7 | 1,600 |
> | 2급 | 켈시플로터 | 1,200 |
> | 3급 | 멀티플렉스 | 600 |

5) 촬영일시

① 구름이 없는 쾌청일의 오전 10시~오후 2시경(태양각 45°) 30° 가능
② 우리나라의 쾌청일 80일
③ 계절별로는 늦가을~초봄 사이

6) 촬영코스

① 촬영지역을 완전히 덮고 코스 사이의 중복도를 고려하여 결정한다.
② 도로, 하천과 같은 선형물체를 촬영 시에는 직선코스를 계획한다.
③ 넓은 지역 촬영 시에는 동서방향으로 직선코스를 계획한다.
④ 남북으로 긴 경우는 남북방향으로 계획한다.
⑤ 코스의 길이는 보통 30km 이내이다.

3 사진 및 모델의 매수

1 실제 면적의 계산

$$A = (ma)(ma) = m^2 a^2 = (ma)^2$$

여기서, A : 1매 사진의 크기($a \times a$)상에 나타나 있는 실제 면적, m : 축척분모수
a : 사진의 크기

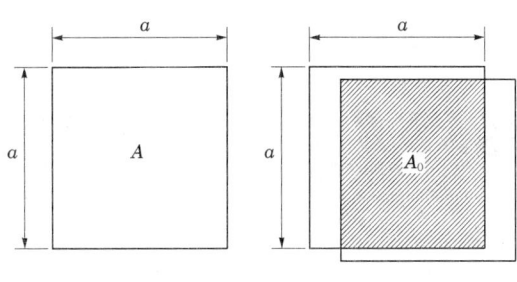

▲ 사진면적

2 유효면적의 계산

① 단코스의 경우 : $A_0 = (ma)^2 \left(1 - \dfrac{p}{100}\right)$

② 복코스의 경우 : $A_0 = (ma)^2 \left(1 - \dfrac{p}{100}\right)\left(1 - \dfrac{q}{100}\right)$

3 사진의 매수

① 촬영지역의 면적에 의한 사진의 매수 : $N = \dfrac{F}{A_0}$

② 안전율을 고려할 때 사진의 매수 : $N = \dfrac{F}{A_0}(1 + 안전율)$

여기서, N : 사진의 매수, F : 촬영대상지역의 면적, A_0 : 촬영유효면적

③ 모델수에 의한 사진의 매수

㉠ 종모델수 $= \dfrac{코스종길이}{종기선길이} = \dfrac{S_1}{B} = \dfrac{S_1}{ma\left(1 - \dfrac{p}{100}\right)}$

㉡ 횡모델수 $= \dfrac{코스횡길이}{횡기선길이} = \dfrac{S_2}{C} = \dfrac{S_2}{ma\left(1 - \dfrac{q}{100}\right)}$

㉢ 총모델수=종모델수×횡모델수

㉣ 사진의 매수=(종모델수+1)×횡모델수

㉤ 삼각점수=총모델수×2

> **Key Point**
>
> **노출시간**
>
> $T_l = \dfrac{m \Delta S}{V}$, $T_s = \dfrac{B}{V}$
>
> 여기서, T_l : 최장노출시간, T_s : 최소노출시간, ΔS : 흔들림의 양, V : 항공기의 초속

4 사진의 특성

1 항공사진의 특수 3점

① 주점 : 사진의 중심점으로 렌즈의 중심으로부터 화면에 내린 수선의 길이, 즉 렌즈의 광축과 화면이 교차하는 점

② 연직점 : 중심투영점 0을 지나는 중력선이 사진면과 마
주치는 점. 카메라렌즈의 중심으로부터 기준면에 수선
을 내렸을 때 만나는 점
③ 등각점 : 사진면에 직교되는 광선과 중력선이 이루는 각
을 2등분 하는 광선이 사진면에 마주치는 점

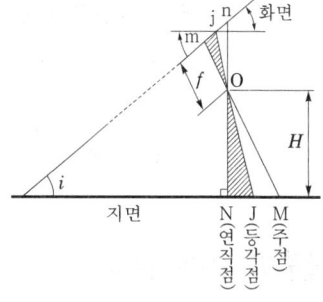

▲ 항공사진의 특수 3점

2 기복변위

대상물에 기복이 있는 경우 연직으로 촬영하여도 축척은
동일하지 않으며 사진면에서 연직점을 중심으로 방사상의 변위가 발생하는데, 이를 기복
변위라 한다.

① 변위량 : $\Delta r = \dfrac{h}{H} r$

② 최대변위량 : $\Delta r_{\max} = \dfrac{h}{H} r_{\max}$ (단, $r_{\max} = \dfrac{\sqrt{2}}{2} a$)

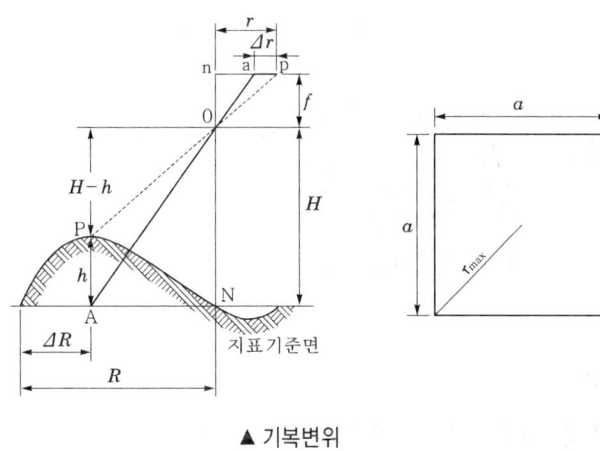

▲ 기복변위

5 입체사진측정

1 정의

중복사진을 명시거리에서 왼쪽의 사진을 왼쪽 눈, 오른쪽의 사진을 오른쪽 눈으로 보면 좌우의
상이 하나로 융합되면서 입체감을 얻게 된다. 이것을 입체시 또는 정입체시라 한다.

2 입체사진의 조건

① 한 쌍의 사진을 촬영한 카메라의 광축은 거의 동일 평면 내에 있어야 한다.

② 두 매의 사진축척은 거의 같아야 한다.
③ 기선고도비가 적당해야 한다.

$$기선고도비 = \frac{B}{H} = \frac{ma\left(1 - \frac{p}{100}\right)}{mf}$$

3 입체시의 종류

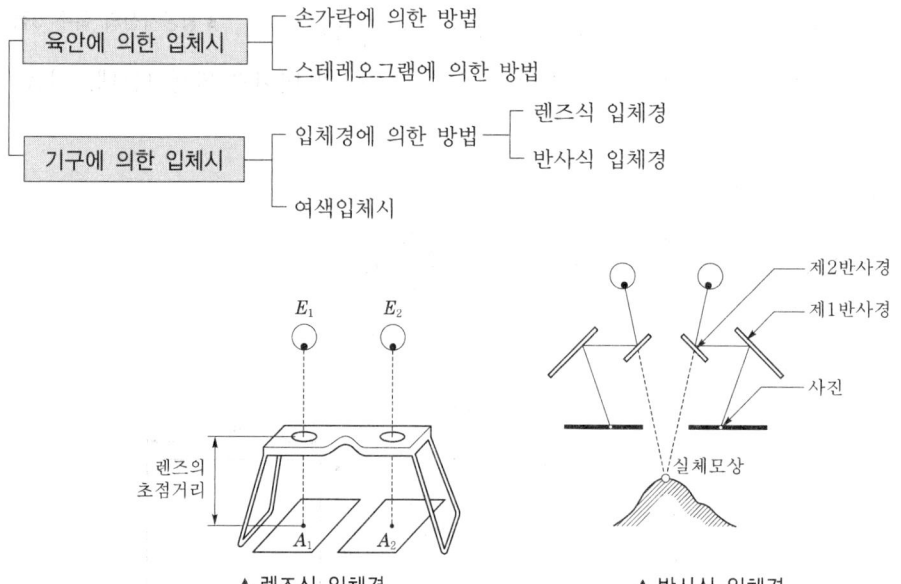

▲ 렌즈식 입체경   ▲ 반사식 입체경

4 입체상의 변화

① 촬영기선이 긴 경우가 짧은 경우보다 더 높게 보인다.
② 렌즈의 초점거리가 긴 쪽의 사진이 짧은 쪽의 사진보다 더 낮게 보인다.
③ 촬영고도가 낮은 쪽이 고도가 높은 쪽보다 더 높게 보인다.
④ 눈의 위치가 약간 높아짐에 따라 입체상은 더 높게 보인다.
⑤ 눈을 옆으로 돌렸을 때 항공기의 방향선상에서 움직이면 눈이 움직이는 쪽으로 기울어져 보인다.

5 시차

두 장의 연속된 사진에서 발생하는 동일 지점의 사진상의 변위를 시차라 한다.

① 시차차에 의한 변위량 : $h = \left(\dfrac{H}{P_r + \Delta P}\right)\Delta P$

② ΔP가 P_r 보다 무시할 정도로 작을 때 : $h = \dfrac{H}{P_r}\Delta P = \dfrac{H}{b_0}\Delta P$

여기서, h : 시차(굴뚝의 높이), H : 비행고도, P_r : 기준면의 시차차
ΔP : 시차차($= P_a - \Delta P$), b_0 : 주점기선장

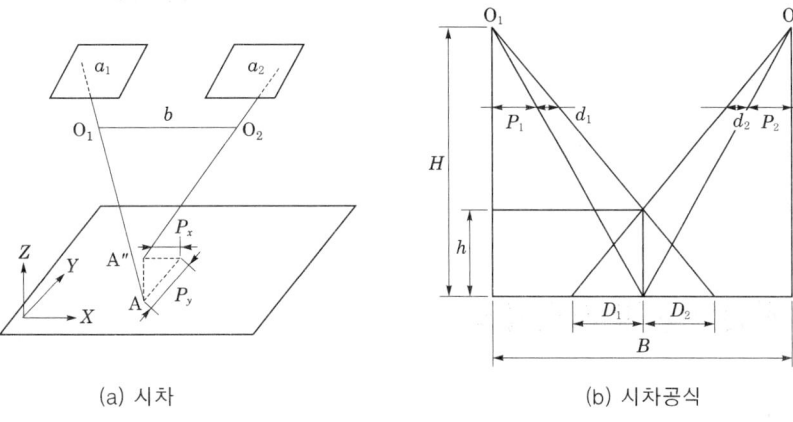

(a) 시차   (b) 시차공식

▲ 시차

6 표정

1 정의

사진상 임의의 점과 대응되는 땅의 점의 상호관계를 정하는 방법으로 지형의 정확한 입체모델을 기하학적으로 재현하는 과정을 말한다.

2 종류

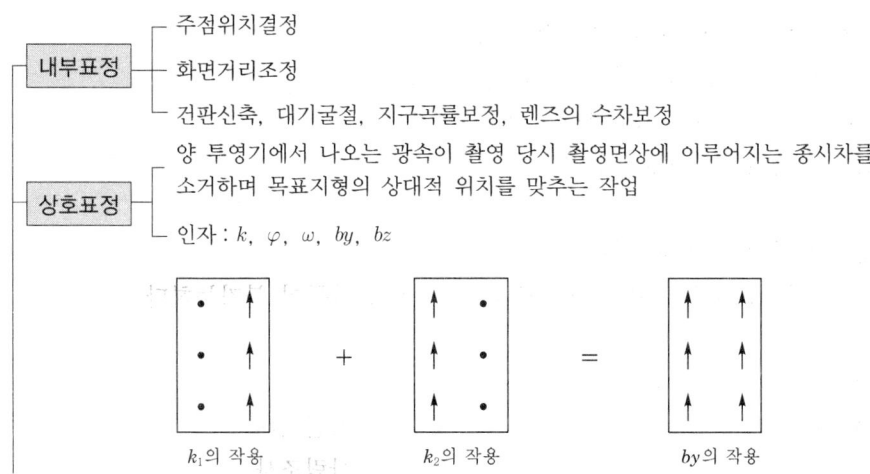

- 내부표정
  - 주점위치결정
  - 화면거리조정
  - 건판신축, 대기굴절, 지구곡률보정, 렌즈의 수차보정
- 상호표정
  - 양 투영기에서 나오는 광속이 촬영 당시 촬영면상에 이루어지는 종시차를 소거하며 목표지형의 상대적 위치를 맞추는 작업
  - 인자 : k, φ, ω, by, bz

k_1의 작용 k_2의 작용 by의 작용

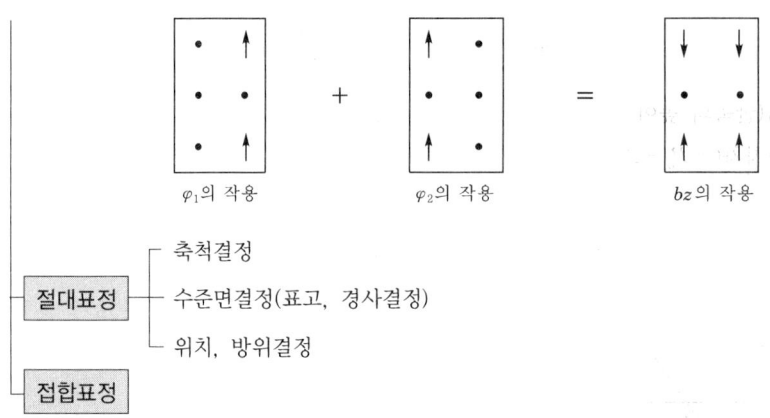

```
              ┌ 축척결정
    ┌ 절대표정 ┼ 수준면결정(표고, 경사결정)
    │         └ 위치, 방위결정
    └ 접합표정
```

7 사진판독 및 사진지도

1 사진판독

1) 정의

사진판독은 사진면으로부터 얻어진 여러 가지 피사체의 정보를 목적에 따라 적절히 해석하는 기술로서, 이것을 기초로 하여 대상체를 종합분석함으로써 피사체 또는 지표면의 형상, 지질, 식생, 토양 등의 연구수단으로 이용하고 있다.

2) 사진판독요소

① 사진판독의 6요소 : 색조, 모양, 질감, 형상, 크기, 음영
② 기타 : 과고감, 상호위치관계

3) 장단점

① 장점
　㉠ 단시간에 넓은 지역을 판독할 수 있다.
　㉡ 대상지역의 정보를 종합적으로 획득할 수 있다.
　㉢ 접근하기 어려운 지역의 정보취득이 가능하다.
　㉣ 정보가 정확히 기록·보존된다.

② 단점
　㉠ 상대적인 판별이 불가능하다.
　㉡ 색조, 모양, 입체감 등이 나타나지 않는 지역의 판독이 불가능하다.

4) 판독의 응용

① 토지이용 및 도시계획조사　　② 지형 및 지질 판독
③ 환경오염 및 재해 판독　　　 ④ 농업 및 산림조사

2 사진지도

1) 종류

① 약조정집성 사진지도 : 카메라의 경사에 의한 변위, 지표면의 비고에 의한 변위를 수정하지 않고 사진 그대로 접합한 지도
② 조정집성 사진지도 : 카메라의 경사에 의한 변위를 수정하고 축척도 조정한 지도
③ 정사투영 사진지도 : 카메라의 경사, 지표면의 비고를 수정하고 등고선도 삽입된 지도
④ 반조정집성 사진지도 : 일부만 수정한 지도

2) 장단점

① 장점
  ㉠ 넓은 지역을 한눈에 알 수 있다.
  ㉡ 조사하는 데 편리하다.
  ㉢ 지표면에 있는 단속적인 징후도 경사로 되어 연속으로 보인다.
  ㉣ 지형, 지질이 다른 것을 사진상에서 추적할 수 있다.

② 단점
  ㉠ 산지와 평지에서는 지형이 일치하지 않는다.
  ㉡ 운반하는 데 불편하다.
  ㉢ 사진의 색조가 다르므로 오판할 경우가 많다.
  ㉣ 산의 사면이 실제보다 깊게 찍혀 있다.

8 사진측량의 응용

1 지상사진측량

1) 개요

건조물이나 시설물의 형태 및 변위관측, 건물의 정면도, 입면도 제작 등에 이용되는 사진측량방법이다.

2) 지상사진측량과 항공사진측량의 비교

구분	지상사진측량	항공사진측량
원리	전방교회법	후방교회법
카메라	보통 카메라	광각카메라
기상조건	×	○
축척변경	용이하지 않다.	용이하다.
정확도	Z(↑)	XY(↑)
경제성	소규모 지역	대규모 지역

2 원격탐측

1) 개요
지상이나 항공기 및 인공위성 등의 탑재기(platform)에 설치된 탐측기(sensor)를 이용하여 지표, 지상, 지하, 대기권 및 우주공간의 대상들에서 반사 혹은 방사되는 전자기파를 탐지하고, 이들 자료로부터 토지, 환경 및 자원에 대한 정보를 얻어 이를 해석하는 기법이다.

2) 특징
① 짧은 시간에 넓은 지역을 동시에 측정할 수 있으며 반복측정이 가능하다.
② 다중파장대에 의한 지구표면정보획득이 용이하며 측정자료가 기록되어 판독이 자동적이고 정량화가 가능하다.
③ 회전주기가 일정하므로 원하는 지점 및 시기에 관측하기가 어렵다.
④ 관측이 좁은 시야각으로 얻어진 영상은 정사투영에 가깝다.
⑤ 탐사된 자료가 즉시 이용될 수 있으므로 재해, 환경문제 해결에 편리하다.

3) 탐측기의 분류

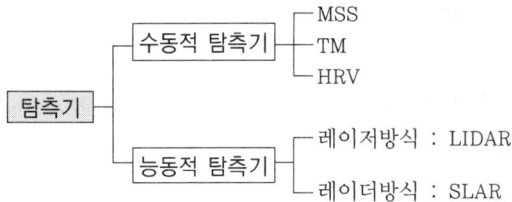

3 수치지형모형(digital terrain model)

지표면상에서 규칙 및 불규칙적으로 관측된 3차원 좌표값을 보간법 등의 자료처리과정을 통하여 불규칙한 지형을 기하학적으로 재현하고 수치적으로 해석하는 기법이다.

04 예상문제

01 사진측량의 특징에 대한 설명으로 옳지 않은 것은?

① 측량의 정확도가 균일하다.
② 축척변경이 용이하며 시간적 변화를 포함하는 4차원 측량도 가능하다.
③ 정량적, 정성적 해석이 가능하며 접근하기 어려운 대상물도 측정 가능하다.
④ 촬영대상물에 대한 판독 및 식별이 항상 용이하여 별도의 측량을 필요로 하지 않는다.

해설 사진측량

장점	단점
• 정량적, 정성적 측정이 가능하다.	• 소규모 지역에서는 비경제적이다.
• 정확도가 균일하다.	• 기자재가 고가이다.
• 대규모 지역에서는 경제적이다.	• 피사체에 대한 식별이 난해하다.
• 4차원(X, Y, Z, T) 측정이 가능하다.	• 기상조건에 영향을 받는다.
• 축척변경이 용이하다.	• 태양고도 등에 영향을 받는다.
• 분업화로 작업이 능률적이다.	

02 항공사진측량의 특성에 대한 설명으로 옳지 않은 것은?

① 측량의 정확도가 균일하다.
② 정량적 및 정성적 해석이 가능하다.
③ 축척이 크고 면적이 작을수록 경제적이다.
④ 동적인 대상물 및 접근하기 어려운 대상물의 측량이 가능하다.

해설 사진측량

장점	단점
• 정량적, 정성적 측정이 가능하다.	• 소규모 지역에서는 비경제적이다.
• 정확도가 균일하다.	• 기자재가 고가이다.
• 대규모 지역에서는 경제적이다.	• 피사체에 대한 식별이 난해하다.
• 4차원(X, Y, Z, T) 측정이 가능하다.	• 기상조건에 영향을 받는다.
• 축척변경이 용이하다.	• 태양고도 등에 영향을 받는다.
• 분업화로 작업이 능률적이다.	

03 사진측량의 특징에 대한 설명으로 틀린 것은?

① 현장측량이 불필요하므로 경제적이고 신속하다.
② 동일 모델 내에서는 정확도가 균일하다.
③ 작업단계가 분업화되어 있으므로 능률적이다.
④ 접근하기 어려운 대상물의 관측이 가능하다.

해설 사진측량

장점	단점
• 정량적, 정성적 측정이 가능하다.	• 소규모 지역에서는 비경제적이다.
• 정확도가 균일하다.	• 기자재가 고가이다.
• 대규모 지역에서는 경제적이다.	• 피사체에 대한 식별이 난해하다.
• 4차원(X, Y, Z, T) 측정이 가능하다.	• 기상조건에 영향을 받는다.
• 축척변경이 용이하다.	• 태양고도 등에 영향을 받는다.
• 분업화로 작업이 능률적이다.	

04 항공사진측량용 사진기 중 피사각이 120° 정도로 소축척 도화용으로 많이 사용하는 것은?

① 보통각사진기 ② 광각사진기
③ 초광각사진기 ④ 협각사진기

해설 항공사진측량용 사진기 중 피사각이 120° 정도로 소축척 도화용으로 많이 사용하는 것은 초광각카메라이다.

05 초광각카메라의 특징으로 옳지 않은 것은?

① 같은 축척으로 촬영할 경우 다른 사진에 비하여 촬영고도가 낮다.
② 동일한 고도에서 촬영된 사진 1장의 포괄면적이 크다.
③ 사각 부분이 많이 발생된다.
④ 표고측정의 정확도가 높다.

해설 초광각카메라는 소축척 지형도 제작에 적합하므로 정확도가 낮다.

정답 01 ④ 02 ③ 03 ① 04 ③ 05 ④

06 항공사진측량을 통하여 촬영된 사진에서 볼 때 태양광선을 받아 주위보다 밝게 찍혀 보이는 부분을 무엇이라 하는가?

① Sun spot ② Lineament
③ Overlay ④ Shadow spot

해설 Sun spot이란 항공사진측량을 통하여 촬영된 사진에서 볼 때 태양광선을 받아 주위보다 밝게 찍혀 보이는 부분을 말한다.

07 화각(피사각)이 90°이고 일반도화 판독용으로 사용하는 카메라로 옳은 것은?

① 초광각카메라 ② 광각카메라
③ 보통각카메라 ④ 협각카메라

해설 광각카메라는 화각(피사각)이 90°이고 일반도화 판독용으로 사용하는 카메라이다.
※ 화각(피사각) : 보통각카메라 60°, 초광각카메라 120°

08 항공사진측량용 카메라에 대한 설명으로 틀린 것은?

① 초광각카메라 피사각은 60°, 보통각카메라의 피사각은 120°이다.
② 일반카메라보다 렌즈의 왜곡이 작으며 왜곡의 보정이 가능하다.
③ 일반카메라와 비교하여 피사각이 크다.
④ 일반카메라보다 해상력과 선명도가 좋다.

해설 사용카메라에 따른 분류

종류	렌즈의 화각	초점거리 (mm)	화면크기 (cm)	용도
협각 카메라	60° 이하			특수한 대축척, 평면도 제작
보통각 카메라	60°	210	18×18	산림조사용, 도심지
광각 카메라	90°	152~153	23×23	일반도화 판독용, 경제적
초광각 카메라	120°	88~90	23×23	소축척 도화용, 완전 평지

09 지질, 토양, 수자원, 삼림조사 등의 판독작업에 주로 이용되는 사진은?

① 흑백사진 ② 적외선사진
③ 반사사진 ④ 위색사진

해설 지질, 토양, 수자원, 삼림조사 등의 판독작업에 주로 이용되는 사진은 적외선사진이다.

10 항공사진측량의 특징에 대한 설명으로 옳지 않은 것은?

① 정성적인 관측이 가능하다.
② 좁은 지역의 측량일수록 경제적이다.
③ 분업화에 의한 능률적 작업이 가능하다.
④ 움직이는 물체의 상태를 분석할 수 있다.

해설 항공사진은 대규모 지역에서는 경제적이지만 좁은 지역에서는 비경제적이다.

11 사진의 특수 3점은 주점, 등각점, 연직점을 말하는데, 이 특수 3점이 일치하는 사진은?

① 수평사진 ② 저각도 경사사진
③ 고각도 경사사진 ④ 엄밀수직사진

해설 엄밀수직사진 : 특수 3점(주점, 연직점, 등각점)이 일치하는 사진

12 사진면에 직교하는 광선과 연직선이 이루는 각을 2등분 하는 광선이 사진면에 만나는 점은?

① 등각점 ② 주점
③ 연직점 ④ 수평점

해설 항공사진의 특수 3점
㉠ 주점 : 사진의 중심점으로 렌즈의 중심으로부터 화면에 내린 수선의 길이, 즉 렌즈의 광축과 화면이 교차하는 점(거의 수직사진)
㉡ 연직점 : 중심투영점 0을 지나는 중력선이 사진면과 마주치는 점. 카메라렌즈의 중심으로부터 기준면에 수선을 내렸을 때 만나는 점(고저차가 큰 지형의 수직 및 경사사진)
㉢ 등각점 : 사진면에 직교되는 광선과 중력선이 이루는 각을 2등분 하는 광선이 사진면에 마주치는 점(평탄한 지역의 경사사진)

13 일반사진기와 비교한 항공사진측량용 사진기의 특징에 대한 설명으로 틀린 것은?

① 초점길이가 짧다.
② 렌즈지름이 크다.
③ 왜곡이 적다.
④ 해상력과 선명도가 높다.

정답 06 ① 07 ② 08 ① 09 ② 10 ② 11 ④ 12 ① 13 ①

해설 항공사진측량용 사진기는 일반사진기보다 초점길이가 길다.

14 항공사진의 특수 3점이 아닌 것은? 산 19-1
① 주점 ② 연직점
③ 등각점 ④ 중심점

해설 **항공사진의 특수 3점**
㉠ 주점 : 사진의 중심점으로 렌즈의 중심으로부터 화면에 내린 수선의 길이, 즉 렌즈의 광축과 화면이 교차하는 점
㉡ 연직점 : 중심투영점 O을 지나는 중력선이 사진면과 마주치는 점. 카메라렌즈의 중심으로부터 기준면에 수선을 내렸을 때 만나는 점(고저차가 큰 지형의 수직 및 경사사진)
㉢ 등각점 : 사진면에 직교되는 광선과 중력선이 이루는 각을 2등분 하는 광선이 사진면에 마주치는 점

15 항공사진의 특수 3점 중 렌즈 중심으로부터 사진면에 내린 수선의 발은? 산 17-1
① 주점 ② 연직점
③ 등각점 ④ 부점

해설 **항공사진의 특수 3점**
㉠ 주점 : 사진의 중심점으로 렌즈의 중심으로부터 화면에 내린 수선의 길이, 즉 렌즈의 광축과 화면이 교차하는 점
㉡ 연직점 : 중심투영점 O을 지나는 중력선이 사진면과 마주치는 점. 카메라렌즈의 중심으로부터 기준면에 수선을 내렸을 때 만나는 점(고저차가 큰 지형의 수직 및 경사사진)
㉢ 등각점 : 사진면에 직교되는 광선과 중력선이 이루는 각을 2등분 하는 광선이 사진면에 마주치는 점

16 항공사진촬영을 위한 표정점 선점 시 유의사항으로 옳지 않은 것은? 기 16-2
① 표정점은 X, Y, Z가 동시에 정확하게 결정될 수 있는 점이어야 한다.
② 경사가 급한 지표면이나 경사변환선상을 택해서는 안 된다.
③ 상공에서 잘 보여야 하며 시간에 따라 변화가 생기지 않아야 한다.
④ 헐레이션(Halation)이 발생하기 쉬운 점을 선택한다.

해설 항공사진촬영을 위한 표정점 설치 시 헐레이션이 발생하기 쉬운 점은 피해야 한다.

17 다음 중 사진을 재촬영해야 할 경우가 아닌 것은? 기 16-1
① 구름이 사진상에 나타날 때
② 인접 사진 간에 축척이 현저한 차이가 있을 때
③ 홍수로 인하여 지형을 구분할 수 없을 때
④ 종중복도가 70% 정도일 때

해설 종중복도는 최소 50% 이상이면 되므로 종중복도가 70%인 경우에는 재촬영대상에 해당하지 않는다.

18 다음 중 항공삼각측량방법이 아닌 것은? 기 16-2
① 다항식 조정법 ② 광속조정법
③ 독립모델조정법 ④ 보간조정법

해설 **항공삼각측량법** : 다항식 조정법, 독립모델조정법, 광속조정법

19 항공사진투영방식(A)과 지도투영방식(B)의 연결이 옳은 것은? 기 18-3
① (A) 정사투영, (B) 중심투영
② (A) 중심투영, (B) 정사투영
③ (A) 평행투영, (B) 중심투영
④ (A) 평행투영, (B) 정사투영

해설 항공사진은 중심투영의 원리이며, 지도는 정사투영의 원리이다.

20 위성영상의 투영상과 가장 가까운 것은? 기 17-1
① 정사투영상 ② 외사투영상
③ 중심투영상 ④ 평사투영상

해설 위성영상은 관측이 좁은 시야각으로 측정되므로 정사투영에 가깝다.

21 사진판독에 있어 삼림지역에서 표층토양의 함수율에 의하여 사진의 색조가 변화하는 현상은? 기 16-1
① 소일마크(Soil mark)
② 왜곡마크(Distortion mark)
③ 셰이드마크(Shade mark)
④ 플로팅마크(Floating mark)

정답 14 ④ 15 ① 16 ④ 17 ④ 18 ④ 19 ② 20 ① 21 ①

해설 **소일마크** : 사진판독에 있어 삼림지역에서 표층토양의 함수율에 의하여 사진의 색조가 변화하는 현상

22 지상에서 이동하고 있는 물체가 사진에 나타나 그 물체를 입체시할 때 그 운동이 기선방향이면 물체가 뜨거나 가라앉아 보이는 현상(효과)은?   기 18-3

① 정사효과(orthoscopic effect)
② 역효과(pseudoscopic effect)
③ 카메론효과(cameron effect)
④ 반사효과(reflection effect)

해설 **카메론현상** : 지상에서 이동하고 있는 물체가 사진에 나타나 그 물체를 입체시할 때 그 운동이 기선방향이면 물체가 뜨거나 가라앉아 보이는 현상

23 카메라의 초점거리 153mm, 촬영경사 7°로 평지를 촬영한 사진이 있다. 이 사진의 등각점은 주점으로부터 최대경사선상의 몇 mm인 곳에 위치하는가?   기 16-1

① 9.36mm   ② 10.63mm
③ 12.36mm   ④ 13.63mm

해설 $mj = f\tan\frac{i}{2} = 153 \times \tan\frac{7°}{2} = 9.36mm$

24 항공사진의 축척에 대한 설명으로서 옳은 것은?   산 16-3

① 초점거리에 비례하고, 촬영고도에 반비례한다.
② 초점거리에 반비례하고, 촬영고도에 비례한다.
③ 초점거리와 촬영고도에 모두 비례한다.
④ 초점거리에는 무관하고, 촬영고도에는 반비례한다.

해설 사진측량 시 $\frac{1}{m} = \frac{f}{H}$ 이므로 축척은 초점거리(f)에 비례하고, 촬영고도(H)에 반비례한다.

25 종중복도 60%로 항공사진을 촬영하여 밀착사진을 인화했을 때 주점과 주점 간의 거리가 9.2cm이었다면 이 항공사진의 크기는?   산 16-2

① 23cm×23cm   ② 18.4cm×18.4cm
③ 18cm×18cm   ④ 15.3cm×15.3cm

해설 $b = a\left(1 - \frac{p}{100}\right)$

$9.2 = a \times \left(1 - \frac{60}{100}\right)$

∴ $a = 23cm$

26 축척 1:10,000으로 평지를 촬영한 연직사진의 사진크기 23cm×23cm, 종중복도 60%일 때 촬영기선장은?   산 18-3

① 1,380m   ② 1,180m
③ 1,020m   ④ 920m

해설 $B = ma\left(1 - \frac{p}{100}\right) = 10,000 \times 0.23 \times \left(1 - \frac{60}{100}\right)$
$= 920m$

27 사진의 크기가 23cm×23cm이고 사진의 주점기선길이가 8cm이었다면 종중복도는?   기 19-2

① 약 43%   ② 약 65%
③ 약 67%   ④ 약 70%

해설 $b = a\left(1 - \frac{p}{100}\right)$

$8 = 23 \times \left(1 - \frac{p}{100}\right)$

∴ $p ≒ 65\%$

28 항공사진측량 시 촬영고도 1,200m에서 초점거리 15cm, 단촬영경로에 따라 촬영한 연속사진 10정의 입체 부분의 지상유효면적(모델면적)은? (단, 사진크기 23cm×23cm, 중복도 60%)   기 17-2

① 10.24km²   ② 12.19km²
③ 13.54km²   ④ 14.26km²

해설 ㉠ $\frac{1}{m} = \frac{f}{H} = \frac{0.15}{1,200} = \frac{1}{8,000}$

㉡ $A_0 = (8,000 \times 0.23)^2 \times \left(1 - \frac{60}{100}\right) = 13.54km^2$

29 촬영고도 2,000m에서 초점거리 150mm인 카메라로 평탄한 지역을 촬영한 밀착사진의 크기가 23cm×23cm, 종중복도는 60%, 횡중복도는 30%인 경우 이 연직사진의 유효모델에 찍히는 면적은?   기 17-1

① 2.0km²   ② 2.6km²
③ 3.0km²   ④ 3.3km²

해설 ㉠ $\frac{1}{m} = \frac{f}{H} = \frac{0.15}{2,000} = \frac{1}{13,333}$

정답   22 ③   23 ①   24 ①   25 ①   26 ④   27 ②   28 ③   29 ②

ⓒ $A_0 = (13,333 \times 0.23)^2 \times \left(1 - \dfrac{60}{100}\right) \times \left(1 - \dfrac{30}{100}\right)$
　　　$= 2.6 \text{km}^2$

30 항공사진의 촬영고도 6,000m, 초점거리 150mm, 사진크기 18cm×18cm에 포함되는 실면적은? 산 19-3

① 48.7km^2　　② 50.6km^2
③ 51.8km^2　　④ 52.4km^2

해설　ⓐ 축척 : $\dfrac{1}{m} = \dfrac{f}{H} = \dfrac{0.15}{6,000} = \dfrac{1}{40,000}$
　　ⓑ 실제 면적
　　　$A_0 = (ma)^2 = (40,000 \times 0.18)^2 = 51.8 \text{km}^2$

31 30km×20km의 토지를 사진크기 18cm×18cm, 초점거리 150mm, 종중복도 60%, 횡중복도 30%, 축척 1:30,000로 촬영할 때 필요한 총모델수는? (단, 안전율은 고려하지 않는다.) 기 19-1

① 65모델　　② 74모델
③ 84모델　　④ 98모델

해설　ⓐ 종모델수 $= \dfrac{S_1}{B} = \dfrac{30,000}{30,000 \times 0.18 \times \left(1 - \dfrac{60}{100}\right)}$
　　　　　　$= 13.8 ≒ 14$모델
　　ⓑ 횡모델수 $= \dfrac{S_2}{C} = \dfrac{20,000}{30,000 \times 0.18 \times \left(1 - \dfrac{30}{100}\right)}$
　　　　　　$= 5.2 ≒ 6$모델
　　ⓒ 총모델수 = 종모델수 × 횡모델수 = 14 × 6
　　　　　　= 84모델

32 종·횡방향의 거리가 25km×10km인 지역을 종중복(p) 60%, 횡중복(q) 30%, 사진축척 1:5,000으로 촬영하였을 때의 입체모델수는? (단, 사진의 크기는 23cm×23cm이다.) 기 19-2

① 356매　　② 534매
③ 625매　　④ 715매

해설　ⓐ 종모델수 $= \dfrac{S_1}{B} = \dfrac{25,000}{5,000 \times 0.23 \times \left(1 - \dfrac{60}{100}\right)}$
　　　　　　$= 54.3 ≒ 55$매
　　ⓑ 횡모델수 $= \dfrac{S_2}{C} = \dfrac{10,000}{5,000 \times 0.23 \times \left(1 - \dfrac{30}{100}\right)}$
　　　　　　$= 12.4 ≒ 13$매

ⓒ 입체모델수 = 종모델수 × 횡모델수 = 55 × 13
　　　　　　= 715매

33 사진의 크기가 23cm×23cm, 종중복도 70%, 횡중복도 30%일 때 촬영종기선의 길이와 촬영횡기선의 길이의 비(종기선길이 : 횡기선길이)는? 기 16-2

① 2:1　　② 3:7
③ 4:7　　④ 7:3

해설　종촬영기선장(B) : 횡촬영기선장(C)
　　$= ma\left(1 - \dfrac{p}{100}\right) : ma\left(1 - \dfrac{q}{100}\right) = 0.3ma : 0.7ma = 3 : 7$

34 촬영고도가 1,500m인 비행기에서 표고 1,000m의 지형을 촬영했을 때 이 지형의 사진축척은 약 얼마인가? (단, 초점거리는 150mm) 산 18-3

① 1:3,300　　② 1:6,600
③ 1:10,000　　④ 1:12,500

해설　$\dfrac{1}{m} = \dfrac{f}{H \pm h} = \dfrac{0.15}{1,500 - 1,000} = \dfrac{1}{3,300}$

35 축척 1:5,000의 항공사진을 촬영고도 1,000m에서 촬영하였다면 사진의 초점거리는? 산 18-1

① 200mm　　② 210mm
③ 250mm　　④ 500mm

해설　$\dfrac{1}{m} = \dfrac{f}{H}$
　　$\dfrac{1}{5,000} = \dfrac{f}{1,000}$
　　$\therefore f = 200\text{mm}$

36 사진의 크기가 23cm×23cm인 카메라로 평탄한 지역을 비행고도 2,000m에서 촬영하여 촬영면적이 21.16km²인 연직사진을 얻었다. 이 카메라의 초점거리는? 기 18-2

① 10cm　　② 27cm
③ 25cm　　④ 20cm

해설　$A = (ma)^2 = \left(\dfrac{H}{f}a\right)^2$
　　$21.16 = \left(\dfrac{2,000}{f} \times 0.23\right)^2$
　　$\therefore f = 10\text{cm}$

정답　30 ③　31 ③　32 ④　33 ②　34 ①　35 ①　36 ①

37 촬영기준면으로부터 비행고도 4,350m에서 촬영한 연직사진의 크기가 23cm×23cm이고 이 사진의 촬영면적이 48km²라면 카메라의 초점거리는?

① 14.4cm ② 17.0cm
③ 21.0cm ④ 47.9cm

해설 $A = (ma)^2 = \left(\dfrac{H}{f}a\right)^2$

$48 = \left(\dfrac{4,350}{f} \times 0.23\right)^2$

$\therefore f = 14.4\text{cm}$

38 사진렌즈의 중심으로부터 지상촬영기준면에 내린 수선이 사진면과 교차하는 점에 대한 설명으로 옳은 것은?

① 사진의 경사각에 관계없이 이 점에서 수직사진의 축척과 같은 축척이 된다.
② 지표면에 기복이 있는 경우 사진상에는 이 점을 중심으로 방사상의 변위가 발생하게 된다.
③ 사진상에 나타난 점과 그와 대응되는 실제 점의 상관성을 해석하기 위한 점이다.
④ 항공사진에서는 마주 보는 지표의 대각선이 서로 만나는 교점이 이 점의 위치가 된다.

해설 ㉠ 사진렌즈의 중심으로부터 지상촬영기준면에 내린 수선이 사진면과 교차하는 점을 연직점이라 한다.
㉡ 지표면에 기복이 있는 경우 사진상에는 연직점을 중심으로 방사상의 변위가 발생하게 되는데, 이를 기복변위라 한다.

39 기복변위에 관한 설명으로 틀린 것은?

① 지표면에 기복이 있을 경우에도 연직으로 촬영하면 축척이 동일하게 나타나는 것이다.
② 지형의 고저변화로 인하여 사진상에 동일 지물의 위치변위가 생기는 것이다.
③ 기준면상의 저면위치와 정점위치가 중심투영을 거치기 때문에 사진상에 나타나는 위치가 달라지는 것이다.
④ 사진면에서 연직점을 중심으로 생기는 방사상의 변위를 말한다.

해설 기복변위는 지표면에 기복이 있을 경우에도 연직으로 촬영하면 축척이 동일하게 나타나지 않는다.

40 항공사진측량의 기복변위계산에 직접적인 영향을 미치는 인자가 아닌 것은?

① 지표면의 고저차 ② 사진의 촬영고도
③ 연직점에서의 거리 ④ 주점기선거리

해설 $\Delta r = \dfrac{h}{H}r$

여기서, H : 촬영고도, h : 고저차
r : 연직점에서의 거리
따라서 주점기선거리하고는 관계없다.

41 항공사진에서 기복변위량을 구하는데 필요한 요소가 아닌 것은?

① 지형의 비고
② 촬영고도
③ 사진의 크기
④ 연직점으로부터의 거리

해설 항공사진측량 시 기복변위$\left(\Delta r = \dfrac{h}{H}r\right)$를 구하기 위한 요소에는 비고($h$), 촬영고도($H$), 연직점으로부터의 거리($r$)가 있다.

42 비고 50m의 구릉지에서 초점거리 210mm의 사진기로 촬영한 사진의 크기가 23cm×23cm이고, 축척이 1:25,000이었다. 이 사진의 비고에 의한 최대변위량은?

① 1.5mm ② 3.2mm
③ 4.8mm ④ 5.2mm

해설 $\Delta r_{\max} = \dfrac{h}{H}r_{\max} = \dfrac{50}{25,000 \times 0.21} \times \dfrac{\sqrt{2}}{2} \times 0.23$
$= 1.5\text{mm}$

43 항공사진에서 나타나는 지상기복물의 왜곡(歪曲)현상에 대한 설명으로 옳지 않은 것은?

① 기복물의 왜곡 정도는 사진 중심으로부터의 거리에 비례한다.
② 왜곡 정도를 통해 기복물의 높이를 구할 수 있다.
③ 기복물의 왜곡은 촬영고도가 높을수록 커진다.
④ 기복물의 왜곡은 사진 중심에서 방사방향으로 일어난다.

정답 37 ① 38 ② 39 ① 40 ④ 41 ③ 42 ① 43 ③

해설 기복변위는 촬영고도에 반비례하므로 기복물의 왜곡은 촬영고도가 높을수록 작아진다.

44 평탄한 지형에서 초점거리 150mm인 카메라로 촬영한 축척 1 : 15,000 사진상에서 굴뚝의 길이가 2.4mm, 주점에서 굴뚝 윗부분까지의 거리가 20cm로 측정되었다. 이 굴뚝의 실제 높이는? 기 19-3

① 20m　　② 27m
③ 30m　　④ 36m

해설 ㉠ 촬영고도

$$\frac{1}{m} = \frac{f}{H}$$

$$\frac{1}{15,000} = \frac{0.15}{H}$$

∴ $H = 2,250$m

㉡ 굴뚝의 실제 높이

$$h = \frac{\Delta r}{r}H = \frac{2.4}{200} \times 2,250 = 27\text{m}$$

45 축척 1 : 10,000의 항공사진에서 건물의 시차를 측정하니 상단이 21.51mm, 하단이 16.21mm이었다. 건물의 높이는? (단, 촬영고도는 1,000m, 촬영기선길이는 850m이다.) 산 18-3

① 61.55m　　② 62.35m
③ 62.55m　　④ 63.35m

해설 ㉠ $b_0 = \frac{B}{m} = \frac{850}{10,000} = 0.085$m

㉡ $h = \frac{H}{b_0}\Delta p = \frac{1,000}{0.085} \times (0.02151 - 0.01621)$
　　$= 62.35$m

46 촬영고도 10,000m에서 축척 1 : 5,000의 편위수정 사진에서 지상연직점으로부터 400m 떨어진 곳의 비고 100m인 산악지역의 사진상 기복변위는? 산 19-2

① 0.008mm　　② 0.8mm
③ 8mm　　　　④ 80mm

해설 ㉠ 기복변위 : $\Delta r = \frac{h}{H}r = \frac{100}{10,000} \times 400 = 4$m

㉡ 사진상 기복변위

$$\frac{1}{5,000} = \frac{\text{사진상 기복변위}}{4}$$

∴ 사진상 기복변위 = 0.0008m = 0.8mm

47 초점거리 210mm의 카메라로 비고가 50m인 구릉지에서 촬영한 사진의 축척이 1 : 25,000이다. 이 사진의 비고에 의한 최대변위량은? (단, 사진크기 = 23cm×23cm, 종중복도 = 60%) 기 18-3

① ±0.15mm　　② ±0.24mm
③ ±1.5mm　　　④ ±2.4mm

해설 $\Delta r_{\max} = \frac{h}{H}r_{\max} = \frac{50}{25,000 \times 0.21} \times \frac{\sqrt{2}}{2} \times 0.23$
　　　　$= \pm 1.5$mm

48 촬영고도 1,500m에서 촬영한 항공사진의 연직점으로부터 10cm 떨어진 위치에 찍힌 굴뚝의 변위가 2mm이었다면 굴뚝의 실제 높이는? 산 16-3

① 20m　　② 25m
③ 30m　　④ 35m

해설 $\Delta r = \frac{h}{H}r$

$0.002 = \frac{h}{1,500} \times 0.1$

∴ $h = 30$m

49 사진의 크기 18cm×18cm, 초점거리 180mm의 카메라로 지면으로부터 비고가 100m인 구릉지에서 촬영한 연직사진의 축척이 1 : 40,000이었다면 이 사진의 비고에 의한 최대변위량은? 기 16-3

① ±18mm　　② ±9mm
③ ±1.8mm　　④ ±0.9mm

해설 $\Delta r_{\max} = \frac{h}{H}r_{\max} = \frac{100}{40,000 \times 0.18} \times \frac{\sqrt{2}}{2} \times 0.18$
　　　　$= 1.8$mm

50 항공사진을 촬영하기 위한 비행고도가 3,000m일 때 평지에 있는 200m 높이의 언덕에 대한 사진상 최대기복변위는? (단, 항공사진 1장의 크기는 23cm×23cm이다.) 기 19-1

① 7.67mm　　② 10.84mm
③ 15.33mm　　④ 21.68mm

해설 $r_{\max} = \frac{\sqrt{2}}{2}a$

∴ $\Delta r_{\max} = \frac{h}{H}r_{\max} = \frac{h}{H} \cdot \frac{\sqrt{2}}{2}a$

정답 44 ②　45 ②　46 ②　47 ③　48 ③　49 ③　50 ②

해설
$$= \frac{200}{3,000} \times \frac{\sqrt{2}}{2} \times 0.23$$
$$= 0.01084\text{m} = 10.84\text{mm}$$

51 항공사진측량으로 촬영된 사진에서 높이가 250m인 건물의 변위가 16mm이고, 건물의 정상 부분에서 연직점까지의 거리가 48mm이었다. 이 사진에서 어느 굴뚝의 변위가 9mm이고, 굴뚝의 정상 부분이 연직점으로부터 72mm 떨어져 있었다면 이 굴뚝의 높이는? 기 18-2

① 90m ② 94m
③ 100m ④ 92m

해설 기복변위$(\Delta r) = \frac{h}{H}r$에서

㉠ $16 = \frac{250}{H} \times 48$
∴ $H = 750\text{m}$

㉡ $9 = \frac{h}{750} \times 72$
∴ $h = 93.75\text{m}$

52 촬영고도 1,500m에서 찍은 인접 사진에서 주점기선의 길이가 15cm이고, 어느 건물의 시차차가 3mm이었다면 건물의 높이는? 기 16-3

① 10m ② 30m
③ 50m ④ 70m

해설 $h = \frac{H}{b_0}\Delta p = \frac{1,500}{150} \times 3 = 30\text{m}$

53 촬영고도가 2,100m이고 인접 중복사진의 주점기선길이는 70mm일 때 시차차 1.6mm인 건물의 높이는? 산 17-2

① 12m ② 24m
③ 48m ④ 72m

해설 $h = \frac{H}{b_0}\Delta p = \frac{2,100}{70} \times 1.6 = 48\text{m}$

54 높이가 150m인 어떤 굴뚝이 축척 1:20,000인 수직사진상에서 연직점으로부터의 거리가 40mm일 때 비고에 의한 변위량은? (단, 초점거리=150mm) 산 17-1

① 1mm ② 2mm
③ 5mm ④ 10mm

해설 $\Delta r = \frac{h}{H}r = \frac{150}{20,000 \times 0.15} \times 0.04$
$= 0.002\text{m} = 2\text{mm}$

55 항공사진의 입체시에서 나타나는 과고감에 대한 설명으로 옳지 않은 것은? 산 17-2

① 인공적인 입체시에서 과장되어 보이는 정도를 말한다.
② 사진 중심으로부터 멀어질수록 방사상으로 발생된다.
③ 평면축척에 비해 수직축척이 크게 되기 때문이다.
④ 기선고도비가 커지면 과고감도 커진다.

해설 사진 중심으로부터 멀어질수록 방사상으로 발생되는 것은 기복변위이다.

56 입체시에 의한 과고감에 대한 설명으로 옳은 것은? 기 19-1

① 사진의 초점거리와 비례한다.
② 사진촬영의 기선고도비에 비례한다.
③ 입체시할 경우 눈의 위치가 높아짐에 따라 작아진다.
④ 렌즈 피사각의 크기와 반비례한다.

해설 입체상의 변화
㉠ 기선고도비가 클수록 높게 보인다.
㉡ 촬영기선장이 클수록 높게 보인다.
㉢ 렌즈의 초점거리가 길면 낮게 보인다.
㉣ 촬영고도가 높으면 낮게 보인다.

57 사진판독 시 과고감에 의하여 지형, 지물을 판독하는 경우에 대한 설명으로 옳지 않은 것은? 산 17-1

① 과고감은 촬영 시 사용한 렌즈의 초점거리와 사진의 중복도에 따라 다르다.
② 낮고 평탄한 지형의 판독에 유용하다.
③ 경사면이나 계곡, 산지 등에서는 오판하기 쉽다.
④ 사진에서의 과고감은 실제보다 기복이 완화되어 나타난다.

해설 과고감 : 실제보다 더 과장되어 보이는 현상

정답 51 ② 52 ② 53 ③ 54 ② 55 ② 56 ② 57 ④

58 사진측량에서 고저차(h)와 시차차(Δp)의 관계로 옳은 것은?

① 고저차는 시차차에 비례한다.
② 고저차는 시차차에 반비례한다.
③ 고저차는 시차차의 제곱에 비례한다.
④ 고저차는 시차차의 제곱에 반비례한다.

해설 $\Delta p = \dfrac{h}{H} b_0$ 이므로 고저차는 시차차에 비례한다.

59 사진크기 23cm×23cm, 초점거리 153mm, 촬영고도 750m, 사진주점기선장 10cm인 2장의 인접 사진에서 관측한 굴뚝의 시차차가 7.5mm일 때 지상에서의 실제 높이는?

① 45.24m ② 56.25m
③ 62.72m ④ 85.36m

해설 $h = \dfrac{H}{b_o} \Delta p = \dfrac{750}{100} \times 7.5 = 56.25\text{m}$

60 카메라의 초점거리(f)와 촬영한 항공사진의 종중복도(p)가 다음과 같을 때 기선고도비가 가장 큰 것은? (단, 사진크기는 18cm×18cm로 동일하다.)

① $f=21\text{cm}$, $p=70\%$
② $f=21\text{cm}$, $p=60\%$
③ $f=11\text{cm}$, $p=75\%$
④ $f=11\text{cm}$, $p=60\%$

해설
① 기선고도비 $= \dfrac{18 \times \left(1 - \frac{70}{100}\right)}{21} = 0.26$
② 기선고도비 $= \dfrac{18 \times \left(1 - \frac{60}{100}\right)}{21} = 0.34$
③ 기선고도비 $= \dfrac{18 \times \left(1 - \frac{75}{100}\right)}{11} = 0.41$
④ 기선고도비 $= \dfrac{18 \times \left(1 - \frac{60}{100}\right)}{11} = 0.65$

61 축척 1:10,000의 항공사진을 180km/h로 촬영할 경우 허용흔들림의 범위를 0.02mm로 한다면 최장노출시간은?

① 1/50초 ② 1/100초
③ 1/150초 ④ 1/250초

해설 $T_l = \dfrac{m \Delta S}{V} = \dfrac{10,000 \times \frac{0.02}{1,000}}{\frac{180 \times 1,000}{3,600}} = \dfrac{1}{250}$

62 비행속도 180km/h인 항공기에서 초점거리 150mm인 카메라로 어느 시가지를 촬영한 항공사진이 있다. 최장허용노출시간이 1/250초, 사진의 크기라 23cm×23cm, 사진에서 허용흔들림량이 0.01mm일 때, 이 사진의 연직점으로부터 6cm 떨어진 위치에 있는 건물의 변위가 0.26cm라면 이 건물의 실제 높이는?

① 60m ② 90m
③ 115m ④ 130m

해설 ㉠ $T_l = \dfrac{m \Delta S}{V}$

$\dfrac{1}{250} = \dfrac{m \times \frac{0.01}{1,000}}{\frac{180 \times 1,000}{3,600}}$

$\therefore \dfrac{1}{축척(m)} = \dfrac{1}{20,000}$

㉡ $\Delta r = \dfrac{h}{H} r$

$0.26 = \dfrac{h}{20,000 \times 0.15} \times 6$

$\therefore h = 130\text{m}$

63 사진축척 1:20,000, 초점거리 15cm, 사진크기 23cm×23cm로 촬영한 연직사진에서 주점으로부터 100mm 떨어진 위치에 철탑의 정상부가 찍혀 있다. 이 철탑이 사진상에서 길이가 5mm이었다면 철탑의 실제 높이는?

① 50m ② 100m
③ 150m ④ 200m

해설 $h = \dfrac{H}{r} \Delta r = \dfrac{3,000}{100} \times 5 = 150\text{m}$

64 촬영고도 4,000m에서 촬영한 항공사진에 나타난 건물의 시차를 주점에서 측정하니 정상 부분이 19.32mm, 밑부분이 18.88mm이었다. 한 층의 높이를 3m로 가정할 때 이 건물의 층수는?

① 15층 ② 28층
③ 30층 ④ 45층

정답 58 ① 59 ② 60 ④ 61 ④ 62 ④ 63 ③ 64 ③

해설 $h = \dfrac{H}{r}\Delta r = \dfrac{4,000}{19.32} \times (19.32 - 18.88) = 91\text{m}$

∴ 건물의 층수 $= \dfrac{91}{3} = 30$층

65 사진측량에서의 사진판독순서로 옳은 것은?
① 촬영계획 및 촬영 → 판독기준 작성 → 판독 → 현지조사 → 정리
② 촬영계획 및 촬영 → 판독기준 작성 → 현지조사 → 정리 → 판독
③ 판독기준 작성 → 촬영계획 및 촬영 → 판독 → 정리 → 현지조사
④ 판독기준 작성 → 촬영계획 및 촬영 → 현지조사 → 판독 → 정리

해설 **사진판독순서** : 촬영계획 및 촬영 → 판독기준 작성 → 판독 → 현지조사 → 정리

66 항공사진판독에 대한 설명으로 틀린 것은?
① 사진판독은 단시간에 넓은 지역을 판독할 수 있다.
② 근적외선영상은 식물과 물을 판독하는데 유용하다.
③ 수목의 종류를 판독하는 주요 요소는 음영이다.
④ 색조, 모양, 입체감 등에 나타나지 않는 지역은 판독에 어려움이 있다.

해설 사진판독에서 수목의 종류를 판독하는 주요 요소는 색조이다.

67 항공사진측량에서 산지는 실제보다 돌출하여 높고 기복이 심하며, 계곡은 실제보다 깊고, 사면은 실제의 경사보다 급하게 느껴지는 것은 무엇에 의한 영향인가?
① 형상 ② 음영
③ 색조 ④ 과고감

해설 과고감은 항공사진측량에서 산지는 실제보다 돌출하여 높고 기복이 심하며, 계곡은 실제보다 깊고, 사면은 실제의 경사보다 급하게 느껴지는 것을 말한다.

68 항공사진을 판독할 때 미리 알아두어야 할 조건이 아닌 것은?

① 카메라의 초점거리
② 촬영고도
③ 촬영연월일 및 촬영시각
④ 도식기호

해설 **항공사진을 판독할 때 미리 알아두어야 할 조건** : 카메라의 초점거리, 촬영고도, 촬영연월일 및 촬영시각 등

69 사진판독의 주요 요소가 아닌 것은?
① 음영(shadow)
② 형상(shape)
③ 질감(texture)
④ 촬영고도(flight height)

해설 **사진판독요소**
㉠ 사진판독 6요소 : 색조, 모양, 질감, 형상, 크기, 음영
㉡ 기타 : 과고감, 상호위치관계

70 사진판독에 대한 설명으로 옳지 않은 것은?
① 사진판독요소에는 색조, 형태, 질감, 크기, 형상, 음영 등이 있다.
② 사진의 판독에는 보통 흑백사진보다 천연색 사진이 유리하다.
③ 사진판독에서 얻을 수 있는 자료는 사진의 질과 사진판독의 기술, 전문적 지식 및 경험 등에 좌우된다.
④ 사진판독의 작업은 촬영계획, 촬영과 사진작성, 정리, 판독, 판독기준의 작성순서로 진행된다.

해설 **사진판독순서** : 촬영계획 → 촬영과 사진작성 → 판독기준의 작성 → 판독 → 정리

71 항공사진을 판독할 때 사면의 경사는 실제보다 어떻게 보이는가?
① 사면의 경사는 방향이 반대로 나타난다.
② 실제보다 경사가 완만하게 보인다.
③ 실제보다 경사가 급하게 보인다.
④ 실제와 차이가 없다.

해설 항공사진을 판독할 때 사면의 경사는 실제보다 경사가 급하게 보인다.

정답 65 ① 66 ③ 67 ④ 68 ④ 69 ④ 70 ④ 71 ③

72 다음 중 항공사진의 판독만으로 구별하기 가장 어려운 것은?

① 능선과 계곡 ② 밀밭과 보리밭
③ 도로와 철도선로 ④ 침엽수와 활엽수

해설 밀밭과 보리밭은 사진측량으로는 구별할 수 없다.

73 초점거리 150mm, 경사각이 30°일 때 주점으로부터 등각점까지의 길이는?

① 20mm ② 40mm
③ 60mm ④ 80mm

해설 $mj = f\tan\dfrac{i}{2} = 150 \times \tan\dfrac{30°}{2} = 40\text{mm}$

74 사진측량에서 표정 중 촬영 당시 광속의 기하상태를 재현하는 작업으로 기준점위치, 렌즈의 왜곡, 사진기의 초점거리와 사진의 주점을 결정하는 작업은?

① 내부표정 ② 상호표정
③ 절대표정 ④ 접합표정

해설 촬영 당시 광속의 기하상태를 재현하는 작업으로 기준점 위치, 렌즈의 왜곡, 사진기의 초점거리와 사진의 주점을 결정하는 작업은 내부표정이다.

75 항공삼각측량의 광속조정법(Bundle Adjustment)에서 사용하는 입력좌표는?

① 사진좌표 ② 모델좌표
③ 스트립좌표 ④ 기계좌표

해설 다항식법은 스트립을, 독립모델법은 모델을, 광속조정법은 사진을 기본단위로 한다.

76 항공삼각측량의 3차원 항공삼각측량방법 중에서 공선조건식을 이용하는 해석법은?

① 블록조정법 ② 에어로폴리곤법
③ 독립모델법 ④ 번들조정법

해설 항공삼각측량의 3차원 항공삼각측량방법 중에서 공선조건식을 이용하는 해석법은 번들조정법이다.

77 항공삼각측량에서 사진좌표를 기본단위로 공선조건식을 이용하는 방법은?

① 에어로폴리곤법(aeropolygon triangulation)
② 스트립조정법(strip aerotriangulation)
③ 독립모형법(independent model method)
④ 광속조정법(bundle adjustment)

해설 항공삼각측량조정방법
㉠ 스트립조정법 : 스트립을 기본단위로 조정
㉡ 독립모형법 : 모델을 기본단위로 조정
㉢ 광속조정법 : 사진을 기본단위로 조정

78 항공삼각측량 시 사진을 기본단위로 사용하여 절대좌표를 구하며 정확도가 가장 양호하고 조정능력이 높은 방법은?

① 광속조정법 ② 독립모델조정법
③ 스트립조정법 ④ 다항식 조정법

해설 광속조정법은 사진을 기본단위로 사용하여 절대좌표를 구하며 정확도가 가장 양호하고 조정능력이 높다.

79 대지표정이 끝났을 때 사진과 실제 지형과의 관계는?

① 대응 ② 상사
③ 역대칭 ④ 합동

해설 대지표정이 끝났을 때 사진과 실제 지형과의 관계는 상사이다.

80 내부표정에 대한 설명으로 옳은 것은?

① 기계좌표계 → 지표좌표계 → 사진좌표계로 변환
② 지표좌표계 → 기계좌표계 → 사진좌표계로 변환
③ 지표좌표계 → 사진좌표계 → 기계좌표계로 변환
④ 기계좌표계 → 사진좌표계 → 지표좌표계로 변환

해설 내부표정은 기계좌표계→지표좌표계→사진좌표계로 변환한다.

정답 72 ② 73 ② 74 ① 75 ① 76 ④ 77 ④ 78 ① 79 ② 80 ①

81 절대표정에 대한 설명으로 틀린 것은?

① 사진의 축척을 결정한다.
② 주점의 위치를 결정한다.
③ 모델당 7개의 표정인자가 필요하다.
④ 최소한 3개의 표정점이 필요하다.

해설 **내부표정의 역할** : 주점위치결정, 화면거리조정, 건판신축, 대기굴절, 지구곡률보정, 렌즈의 수차보정

82 상호표정에 대한 설명으로 틀린 것은?

① 종시차는 상호표정에서 소거되지 않는다.
② 상호표정 후에도 횡시차는 남는다.
③ 상호표정으로 형성된 모델은 지상모델과 상사관계이다.
④ 상호표정에서 5개의 표정인자를 결정한다.

해설 상호표정은 사진측량에서 좌우투영기의 촬영위치를 촬영 당시의 인접 노출점에서 사진기의 상대위치와 동일한 상태로 조정하여 광학적으로 입체모델이 구성되도록 하는 과정으로 종시차를 소거한다.

83 내부표정에 대한 설명으로 옳은 것은?

① 입체모델을 지상기준점을 이용하여 축척 및 경사 등을 조정하여 대상물의 좌표계와 일치시키는 작업이다.
② 독립적으로 이루어진 입체모델을 인접 모델과 경사와 축척 등을 일치시키는 작업이다.
③ 동일 대상을 촬영한 후 한 쌍의 좌우사진 간에 촬영 시와 같게 투영관계를 맞추는 작업을 말한다.
④ 사진좌표의 정확도를 향상시키기 위해 카메라의 렌즈와 센서에 대한 정확한 제원을 산출하는 과정이다.

해설 ㉠ 절대표정 : 입체모델을 지상기준점을 이용하여 축척 및 경사 등을 조정하여 대상물의 좌표계와 일치시키는 작업
㉡ 절대표정 : 독립적으로 이루어진 입체모델을 인접 모델과 경사와 축척 등을 일치시키는 작업
㉢ 상호표정 : 동일 대상을 촬영한 후 한 쌍의 좌우사진 간에 촬영 시와 같게 투영관계를 맞추는 작업
㉣ 내부표정 : 사진좌표의 정확도를 향상시키기 위해 카메라의 렌즈와 센서에 대한 정확한 제원을 산출하는 과정

84 상호표정인자로 구성되어 있는 것은?

① b_y, b_z, κ, φ, ω
② b_y, κ, φ, ω, ω_1
③ κ, φ, ω, λ, Ω, ω_1, ω_2
④ b_y, κ, φ, ω, λ, Ω, ω_1

해설 상호표정인자는 b_y, b_z, κ, φ, ω로 구성된다.

85 상호표정인자 중 촬영방향(x축)을 회전축으로 한 회전운동인자는?

① ϕ ② ω
③ κ ④ b_y

해설 상호표정인자 중 촬영방향(x축)을 회전축으로 한 회전운동인자는 ω이다.

86 절대표정(대지표정)과 관계가 먼 것은?

① 경사조정   ② 축척조정
③ 위치결정   ④ 초점거리결정

해설 초점거리결정은 내부표정단계에서 이루어진다.

87 수치사진측량에서 영상정합(image matching)에 대한 설명으로 틀린 것은?

① 저역통과필터를 이용하여 영상을 여과한다.
② 하나의 영상에서 정합요소로 점이나 특징을 선택한다.
③ 수치표고모델 생성이나 항공삼각측량의 점이사를 위해 적용한다.
④ 대상공간에서 정합된 요소의 3차원 위치를 계산한다.

해설 영상정합은 입체영상 중 한 영상의 한 위치에 해당하는 실제의 대상물이 다른 영상의 어느 위치에 형성되었는가를 발견하는 작업으로서 상응하는 위치를 발견하기 위해서 유사성 관측을 이용한다.

88 수치사진측량에서 영상정합의 분류 중 영상소의 밝기값을 이용하는 정합은?

① 영역기준 정합   ② 관계형 정합
③ 형상기준 정합   ④ 기호정합

해설 수치사진측량에서 영상정합의 분류 중 영상소의 밝기값을 이용하는 정합방법은 영역기준 정합이다.

89 입체영상의 영상정합(image matching)에 대한 설명으로 옳은 것은? 기 17-2
① 경사와 축척을 바로 수정하여 축척을 통일시키고 변위가 없는 수직사진으로 수정하는 작업
② 사진상의 주점이나 표정점 등 제점의 위치를 인접한 사진상에 옮기는 작업
③ 지표의 상태를 파악하기 위하여 사진에 찍혀 있는 것이 무엇인지를 판별하는 작업
④ 한 영상의 한 위치에 해당하는 실제의 객체가 다른 영상의 어느 위치에 형성되었는가를 발견하는 작업

해설 **영상정합** : 한 영상의 한 위치에 해당하는 실제의 객체가 다른 영상의 어느 위치에 형성되었는가를 발견하는 작업

90 수치사진측량작업에서 영상정합 이전의 전처리작업에 해당하지 않는 것은? 기 19-3
① 영상개선　② 영상복원
③ 방사보정　④ 경계선 탐색

해설 수치사진측량작업에서 영상정합 이전의 전처리작업에는 영상개선, 영상복원, 방사보정 등이 있다.

91 다음 중 원격탐사(Remote Sensing)의 정의로 가장 적합한 것은? 기 16-2
① 센서를 이용하여 지표의 대상물에서 반사 또는 방사된 전자스펙트럼을 측정하여 대상물에 대한 정보를 얻는 기법
② 지상에서 대상물체에 전파를 발생시켜 그 반사파를 이용하여 측정하는 기법
③ 우주에 산재하여 있는 물체들의 고유 스펙트럼을 이용하여 각각의 구성성분을 지상의 레이더망으로 수집하여 얻는 기법
④ 우주선에서 찍은 중복된 사진을 이용하여 지상에서 항공사진의 처리와 같은 방법으로 판독하는 기법

해설 원격탐사는 센서를 이용하여 지표의 대상물에서 반사 또는 방사되는 전자기파를 수집하여 대상물에 대한 정보를 얻고, 이를 해석하는 학문이다.

92 원격센서(remote sensor)를 능동적 센서와 수동적 센서로 구분할 때 능동적 센서에 해당되는 것은? 기 17-2
① TM(Thematic Mapper)
② 천연색사진
③ MSS(Multi-Spectral Scanner)
④ SLAR(Side Looking Airborne Radar)

해설 SLAR(Side Looking Airborne Radar)는 극초단파를 이용하여 2차원의 영상을 얻는 방법으로 능동적 탐측기이다.

93 위성을 이용한 원격탐사의 특징에 대한 설명으로 옳지 않은 것은? 산 18-3
① 관측이 좁은 시야각으로 얻어진 영상은 중심투영에 가깝다.
② 회전주기가 일정한 위성의 경우에 원하는 시기에 원하는 지점을 관측하기 어렵다.
③ 탐사된 자료는 재해, 환경문제 해결에 편리하게 이용할 수 있다.
④ 짧은 시간에 넓은 지역을 동시에 측정할 수 있으면 반복측정이 가능하다.

해설 원격탐측이 관측이 좁은 시야각으로 얻어진 영상은 정사투영에 가깝다.

94 원격탐사(Remote Sensing)의 센서에 대한 설명으로 옳지 않은 것은? 기 16-1
① 전자파수집장치로 능동적 센서와 수동적 센서로 구분된다.
② 능동적 센서는 대상물에서 반사 또는 방사되는 전자파를 수집하는 센서를 의미한다.
③ 수동적 센서는 선주사방식과 카메라방식이 있다.
④ 능동적 센서는 Radar방식과 Laser방식이 있다.

해설 대상물에서 반사되는 전자파를 수집하는 센서는 능동적 탐측기이며, 대상물에서 방사되는 전자파를 수집하는 센서는 수동적 탐측기이다.

정답 89 ④　90 ④　91 ①　92 ④　93 ①　94 ②

95 원격탐사자료가 이용되는 분야와 거리가 먼 것은?

① 토지분류조사
② 토지소유자조사
③ 토지이용현황조사
④ 도로교통량의 변화조사

해설 원격탐사자료를 이용해서 토지소유자는 알 수 없다.

96 회전주기가 일정한 인공위성에 의한 원격탐사의 특성이 아닌 것은?

① 얻어진 영상이 정사투영에 가깝다.
② 판독이 자동적이고 정량화가 가능하다.
③ 넓은 지역을 동시에 측정할 수 있다.
④ 어떤 지점이든 원하는 시기에 관측할 수 있다.

해설 원격탐사
㉠ 짧은 시간에 넓은 지역을 동시에 측정할 수 있으며 반복측정이 가능하다.
㉡ 다중파장대에 의한 지구표면의 정보획득이 용이하며 측정자료가 기록되어 판독이 자동적이고 정량화가 가능하다.
㉢ 회전주기가 일정하므로 원하는 지점 및 시기에 관측하기가 어렵다.
㉣ 관측이 좁은 시야각으로 얻어진 영상은 정사투영에 가깝다.
㉤ 탐사된 자료가 즉시 이용될 수 있으므로 재해 및 환경문제의 해결에 편리하다.

97 다음 원격탐사에 사용되는 전자스펙트럼 중에서 가장 파장이 긴 것은?

① 가시광선 ② 열적외선
③ 근적외선 ④ 자외선

해설 원격탐사에 사용되는 전자스펙트럼 중 파장이 가장 긴 것은 열적외선이다(자외선 → 가시광선 → 적외선 순).

98 다음 중 지상(공간)해상도가 가장 좋은 영상을 얻을 수 있는 위성은?

① SPOT ② LANDSAT
③ IKONOS ④ KOMPSAT-1

해설 IKONOS은 1999년 9월 24일에 발사된 미국 Space Imaging사의 상업용 지구관측위성이다. 현재 상용화되어 있는 것 중 세계 최고해상도로, 공간해상도가 1m이고 4m의 다중분광영상도 획득이 가능하며 입체영상을 이용하여 수치표고모형(DEM) 추출이 가능하다.

99 실체사진 위에서 이동한 물체를 실체시하면 그 운동 때문에 그 물체가 겉보기상의 시차가 발생하고, 그 운동이 기선방향이면 물체가 뜨거나 가라앉아 보이는 효과는?

① 카메론효과(cameron effect)
② 가르시아효과(garcia effect)
③ 고립효과(isolated effect)
④ 상위효과(discrepancy effect)

해설 **카메론효과** : 실체사진 위에서 이동한 물체를 실체시하면 그 운동 때문에 그 물체가 겉보기상의 시차가 발생하고, 그 운동이 기선방향이면 물체가 뜨거나 가라앉아 보이는 효과

100 다음 중 수동적 센서에 해당하는 것은?

① 항공사진카메라
② SLAR(Side Looking Airborne Radar)
③ 레이다
④ 레이저스캐너

해설 **탐측기**

수동적 탐측기	능동적 탐측기
• 대상들에서 방사되는 전자기파를 탐지한다. • 기상조건에 영향을 받는다. • 야간에는 관측할 수 없다. • MSS, TM, HRV	• 대상들에서 반사되는 전자기파를 탐지한다. • 기상조건에 영향을 받지 않는다. • 야간에는 관측할 수 있다. • LiDAR(레이저방식), SLAR(레이더방식)

정답 95 ② 96 ④ 97 ② 98 ③ 99 ① 100 ①

05 터널 및 지하시설물측량

1 터널측량

1 정의

터널측량이란 도로, 철도 및 수로 등을 지형 및 경제적 조건에 따라 산악의 지하나 수저를 관통시키고자 터널의 위치 선정 및 시공을 하기 위한 측량을 말하며 갱외측량과 갱내측량으로 구분한다.

2 순서

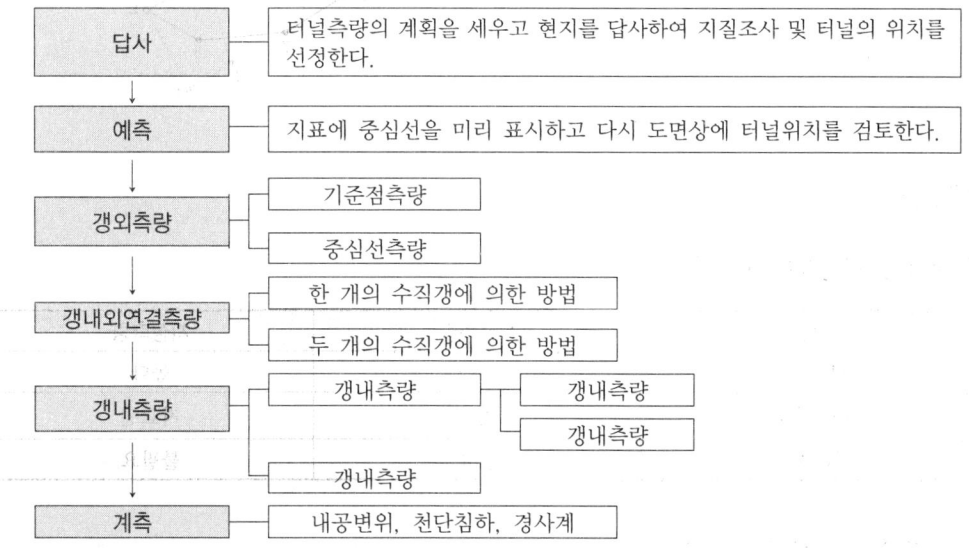

3 갱내외연결측량

1) 목적

① 공사계획이 부적당할 때 그 계획을 변경하기 위하여
② 갱내외의 측점의 위치관계를 명확히 해두기 위해서
③ 갱내에서 재변이 일어났을 때 갱외에서 그 위치를 알기 위해서

2) 방법

(1) 한 개의 수직갱에 의한 방법

깊은 수갱	얕은 수갱
• 피아노선(강선) • 추의 중량 : 50~60kg	• 철선, 동선, 황동선 • 추의 중량 : 5kg

• 수갱 밑에서 물 또는 기름을 넣은 탱크를 설치하고 그 속에 추를 넣어 진동하는 것을 막는다.
• 추가 진동하므로 직각방향으로 수선진동의 위치를 10회 이상 관측해서 평균값을 정지점으로 한다.

(2) 두 개의 수직갱에 의한 방법

① 한 개의 수직갱에 의한 방법

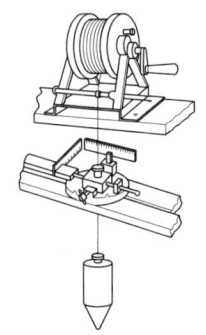

② 두 개의 수직갱에 의한 방법

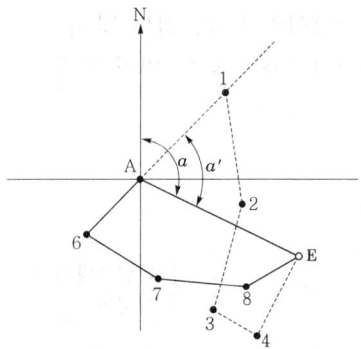

4 갱내측량

1) 지하측량과 지상측량의 차이

구분	지하측량	지상측량
정밀도	낮다	높다
측점 설치	천정	지표면
조명	필요	불필요

2) 터널측량용 트랜싯의 구비요건

① 이심장치를 가지고 있고 상, 하 어느 측점에서도 빠르게 구심시킬 수 있을 것
② 상부, 하부의 고정나사는 촉감으로 구별할 수 있을 것
③ 연직분도원은 전원일 것
④ 수평분도원의 눈금은 0~360°까지 일정한 방향으로 새겨져 있을 것
⑤ 주망원경의 위 또는 옆에 보조망원경을 달 수 있도록 되어 있을 것
⑥ 수평축은 항상 수평을 유지하도록 조정되어 있을 것

3) 정위망원경과 측위망원경

① 정위망원경 : $V' - V = x$, $\sin x = \dfrac{\overline{BC}}{\overline{AB}}$

여기서, $\overline{BC}$: 2시준선 간의 거리, $\overline{AB}$: 망원경의 수평축에서 시준선까지의 거리

② 측위망원경

$\alpha = \sin^{-1}\dfrac{\overline{OC}}{\overline{AO}} = \tan^{-1}\dfrac{\overline{OC}}{\overline{AC}}$, $\beta = \sin^{-1}\dfrac{\overline{OC'}}{\overline{OB}} = \tan^{-1}\dfrac{\overline{OC'}}{\overline{BC}}$

$\therefore D = H' + \beta = H + \alpha \rightarrow H = H' + \beta - \alpha$

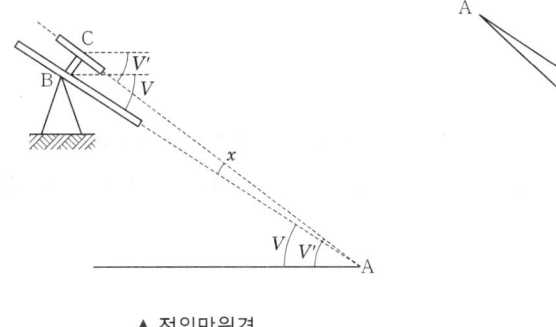

▲ 정위망원경   ▲ 측위망원경

4) 갱내수준측량

① 직접수준측량 : 레벨과 표척을 이용하여 직접 고저차를 측정하는 방법

$H_B = H_A - h_1 + h_2$

② 간접수준측량 : 갱내에서 고저측량을 할 때 갱내의 경사가 급할 경우 경사거리와 연직각을 측정하여 트랜싯으로 삼각고저측량을 함

$\Delta H = l\sin\alpha + h_1 - H_i$

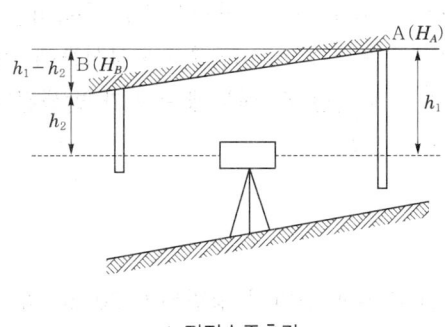 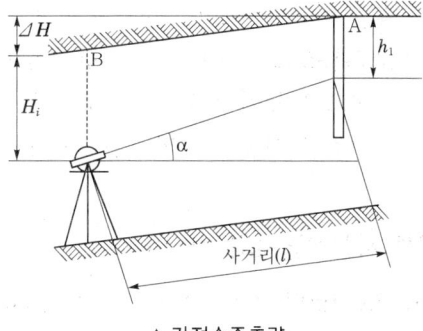

▲ 직접수준측량   ▲ 간접수준측량

5) 계측

① 내공변위측정 : 내공단면의 변위량, 변위속도 및 수렴 여부를 파악하여 터널 내공의 변위량, 변위속도, 변위수렴상황, 단면의 변형상태에 따라 주변 지반 및 터널의 안정성 평가

② 천단침하측정 : 터널 천단의 수직침하량, 침하속도 및 수렴 여부를 파악하여 터널 천단의 절대침하량 및 단면의 변형상태를 파악하고 터널 천단의 안정성 판단

2 지하시설물측량

1 정의

지하시설물측량이란 지하에 설치·매설된 시설물을 효율적이고 체계적으로 유지·관리하기 위하여 지하시설물에 대한 조사, 탐사 및 위치측량과 이에 따르는 도면 제작 및 데이터베이스 구축까지를 말한다.

2 종류

상수도시설, 하수도시설, 가스시설, 통신시설, 전기시설, 송유관시설, 난방열관시설 등이 있다.

3 지하시설물측량기법

① 전자유도측량방법 : 지표로부터 매설된 금속관로 및 케이블관측과 탐침을 이용하여 공관로나 비금속관로를 관측할 수 있는 방법으로 장비가 저렴하고 조작이 용이하며 운반이 간편하여 지하시설물측량기법 중 가장 널리 이용되는 방법

② 지중레이더측량기법 : 전자파의 반사의 성질을 이용하여 지하시설물을 측량하는 방법

③ 음파측량기법 : 전자유도측량방법으로 측량이 불가능한 비금속지하시설물에 이용하는 방법으로 물이 흐르는 관 내부에 음파신호를 보내면 관 내부에 음파가 발생된다. 이때 수신기를 이용하여 발생된 음파를 측량하는 기법

4 지하시설물탐사의 정확도

① 금속관로의 경우 : 매설깊이가 3.0m 이하인 경우에 한하여 평면위치 20cm, 깊이 30cm 이내이어야 하며, 매설깊이가 3.0m를 초과하는 경우에는 별도로 정하여 사용할 수 있다.

② 비금속관로의 경우 : 매설깊이가 3.0m 이하인 경우에 한하여 평면위치 20cm, 깊이 40cm 이내이어야 하며, 매설깊이가 3.0m를 초과하는 경우에는 별도로 정하여 사용할 수 있다.

▶ 지하시설물측량기기(탐사기기)

기기	성능	판독범위
금속관로탐지기	평면위치 20cm, 깊이 30cm	관경 80mm 이상, 깊이 3m 이내의 관로를 기준으로 한 것
비금속관로탐지기	평면위치 20cm, 깊이 40cm	
맨홀탐지기	매몰된 맨홀의 탐지 50cm 이상	

05 예상문제

01 터널의 준공을 위한 변형조사측량에 해당되지 않는 것은? [기 16-2]
① 중심측량 ② 고저측량
③ 각측량   ④ 단면측량

해설 삼각측량의 경우 터널을 설치하기 전에 실시하는 기준점 측량으로 터널준공을 위한 측량에는 해당하지 않는다.

02 지하시설물관측방법에서 원래 누수를 찾기 위한 기술로 수도관로 중 PVC 또는 플라스틱관을 찾는 데 이용되는 관측방법은? [기 16-1]
① 전기관측법 ② 자장관측법
③ 음파관측법 ④ 자기관측법

해설 음파탐측법은 수도관로 중 PVC 또는 플라스틱관을 찾는 데 이용된다.

03 지하시설물관이나 케이블에 교류전류를 흐르게 하여 발생시킨 교류자장을 측정하여 평면위치 및 깊이를 측정하는 측량방법은? [기 19-2]
① 원자탐사법   ② 음파탐사법
③ 전자유도탐사법 ④ 지중레이다탐사법

해설 **전자유도탐사법** : 지하시설물관이나 케이블에 교류전류를 흐르게 하여 발생시킨 교류자장을 측정하여 평면위치 및 깊이를 측정하는 측량방법

04 지하시설물의 탐사방법으로 수도관로 중 PVC 또는 플라스틱관을 찾는 데 주로 이용되는 방법은? [기 18-1]
① 전자탐사법(electromagnetic survey)
② 자기탐사법(magnetic detection method)
③ 음파탐사법(acoustic prospecting method)
④ 전기탐사법(electrical survey)

해설 음파탐사법은 지하시설물의 수도관로 중 PVC 또는 플라스틱관을 탐색하는 데 주로 이용된다.

05 터널측량의 일반적인 작업순서에 맞게 나열된 것은? [기 18-1]

┌─────────────────────┐
│ ㉠ 지표 설치   ㉡ 계획 및 답사 │
│ ㉢ 예측   ㉣ 지하 설치   │
└─────────────────────┘

① ㉡→㉢→㉣→㉠
② ㉢→㉡→㉠→㉣
③ ㉡→㉢→㉠→㉣
④ ㉢→㉡→㉣→㉠

해설 터널측량의 순서 : 계획 및 답사 → 예측 → 지표 설치 → 지하 설치

06 터널측량의 일반적인 순서로 옳은 것은? [기 17-3]

┌─────────────────┐
│ ㉠ 답사   │
│ ㉡ 단면측량   │
│ ㉢ 지하중심선측량 │
│ ㉣ 계획   │
│ ㉤ 터널 내·외 연결측량 │
│ ㉥ 지상중심선측량 │
│ ㉦ 터널 내 수준측량 │
└─────────────────┘

① ㉠→㉣→㉡→㉢→㉥→㉤→㉦
② ㉣→㉠→㉥→㉢→㉤→㉦→㉡
③ ㉠→㉣→㉢→㉥→㉤→㉦→㉡
④ ㉣→㉠→㉢→㉥→㉤→㉦→㉡

해설 터널측량의 순서 : 계획 → 답사 → 지하중심선측량 → 터널 내·외 연결측량 → 터널 내 수준측량 → 단면측량

07 터널 내에서 차량 등에 의하여 파손되지 않도록 콘크리트 등을 이용하여 일반적으로 천장에 설치하는 중심말뚝을 무엇이라 하는가? [산 19-3]
① 도갱   ② 자이로(gyro)
③ 레벨(level) ④ 다보(dowel)

해설 **다보(dowel)** : 터널 내에서 차량 등에 의하여 파손되지 않도록 콘크리트 등을 이용하여 일반적으로 천장에 설치하는 중심말뚝

정답 01 ③ 02 ③ 03 ③ 04 ③ 05 ③ 06 ② 07 ④

08 지형이 고르지 않은 지역에서 연장이 긴 터널의 중심선 설치에 대한 설명으로 옳지 않은 것은? 실 18-3

① 삼각점 등을 이용하여 기준점 위치를 정한다.
② 예비측량을 시행하여 2점의 T.P점을 설치한다.
③ 2점의 T.P점을 연결하여 터널 입구에 필요한 기준점을 측설한다.
④ 기준점은 평판측량에 의하여 기준점망을 구성하여 결정한다.

해설 터널측량 시 기준점측량은 삼각측량과 다각측량을 실시하여 기준점망을 구성하여 결정한다.

09 터널측량에 관한 설명으로 옳지 않은 것은? 실 16-2, 19-3

① 터널 내에서의 곡선 설치는 지상의 측량방법과 동일하게 한다.
② 터널 내의 측량기기에는 조명이 필요하다.
③ 터널 내의 측점은 천장에 설치하는 것이 좋다.
④ 터널측량은 터널 내 측량, 터널 외 측량, 터널 내·외 연결측량으로 구분할 수 있다.

해설 터널 내에서의 곡선 설치는 지상의 다른 측량방법을 사용한다.

10 터널측량에 관한 설명으로 옳지 않은 것은? 기 19-2

① 터널측량은 크게 터널 내 측량, 터널 외 측량, 터널 내·외 연결측량으로 나눈다.
② 터널 내·외 연결측량은 지상측량의 좌표와 지하측량의 좌표를 같게 하는 측량이다.
③ 터널 내·외 연결측량 시 추를 드리울 때는 보통 피아노선이 이용된다.
④ 터널 내·외 연결측량방법 중 가장 일반적인 것은 다각법이다.

해설 터널 내·외 연결측량방법 중 가장 일반적인 것은 트랜싯과 추선에 의한 방법이 가장 간단하고 적당하다.

11 터널측량에 관한 설명 중 틀린 것은? 실 19-2

① 터널측량은 터널 외 측량, 터널 내 측량, 터널 내·외 연결측량으로 구분할 수 있다.
② 터널굴착이 끝난 구간에는 기준점을 주로 바닥의 중심선에 설치한다.
③ 터널 내 측량에서는 기계의 십자선 및 표척 등에 조명이 필요하다.
④ 터널의 길이방향측량은 삼각 또는 트래버스 측량으로 한다.

해설 터널굴착이 끝난 구간에도 추가적인 공정으로 인하여 각종 장비들이 투입된다. 따라서 기준점을 주로 천장에 중심선을 설치한다.

12 터널측량의 구분 중 터널 외 측량의 작업공정으로 틀린 것은? 실 18-3

① 두 터널 입구 부근의 수준점 설치
② 두 터널 입구 부근의 지형측량
③ 지표중심선측량
④ 줄자에 의한 수직터널의 심도측정

해설 심도측정은 터널이나 광산의 수직갱 또는 일반갱도의 깊이를 측정하는 것으로 줄자를 이용해서는 측정할 수 없다.

13 터널공사에서 터널 내 측량에 주로 사용되는 방법으로 연결된 것은? 기 18-2

① 삼각측량 – 평판측량
② 평판측량 – 트래버스측량
③ 트래버스측량 – 수준측량
④ 수준측량 – 삼각측량

해설 터널공사에서 터널 내의 수평위치는 트래버스측량을, 수직위치는 수준측량을 이용하여 결정한다.

14 터널 내 기준점측량에서 기준점을 보통 천장에 설치하는 이유로 틀린 것은? 실 17-2

① 파손될 염려가 적기 때문에
② 발견하기 쉽게 하기 위하여
③ 터널시공의 조명으로 사용하기 위하여
④ 운반이나 기타 작업에 장애가 되지 않게 하기 위하여

해설 터널 내 기준점측량에서 기준점을 보통 천장에 설치하는 이유는 기준점이 파손될 염려가 적고 기준점의 위치를 찾기 쉬우며 각종 장비의 운반이나 작업에 장애가 되지 않기 위해서이다.

정답 08 ④ 09 ① 10 ④ 11 ② 12 ④ 13 ③ 14 ③

15 터널측량의 작업순서 중 선정한 중심선을 현지에 정확히 설치하여 터널의 입구나 수직터널의 위치를 결정하는 단계는?

① 답사 ② 예측
③ 지표 설치 ④ 지하 설치

해설 터널측량에서 선정한 중심선을 현지에 정확히 설치하여 터널의 입구나 수직터널의 위치를 결정하는 단계는 지표 설치이다.

16 터널측량에 대한 설명 중 옳지 않은 것은?

① 터널측량은 크게 터널 내 측량, 터널 외 측량, 터널 내·외 연결측량으로 구분할 수 있다.
② 터널 내 측량에서는 망원경의 십자선 및 표척에 조명이 필요하다.
③ 터널의 길이방향은 주로 트래버스측량으로 행한다.
④ 터널 내의 곡선 설치는 일반적으로 지상에서와 같이 편각법을 주로 사용한다.

해설 터널 내의 곡선 설치는 지거법에 의한 곡선 설치, 접선편거와 현편거에 의한 방법을 이용한다.

17 터널 내 측량에 대한 설명으로 옳은 것은?

① 지상측량보다 작업이 용이하다.
② 터널 내의 기준점은 터널 외의 기준점과 연결될 필요가 없다.
③ 기준점은 보통 천장에 설치한다.
④ 지상측량에 비하여 터널 내에서는 시통이 좋아서 측점 간의 거리를 멀리한다.

해설 터널측량
㉠ 지상측량보다 작업이 난해하다.
㉡ 터널 내의 기준점은 터널 외의 기준점과 연결하기 위하여 갱 내·외 연결측량을 실시하여야 한다.
㉢ 기준점은 보통 천장에 설치한다.
㉣ 지상측량에 비하여 터널 내에서는 시통이 좋지 않아 측점 간의 거리를 짧게 한다.

18 지름이 5m, 깊이가 150m인 수직터널을 설치하려 할 때에 지상과 지하를 연결하는 측량방법으로 가장 적당한 것은?

① 직접법 ② 삼각법
③ 트래버스법 ④ 추선에 의하는 법

해설 지름이 5m, 깊이가 150m인 수직터널을 설치하여 할 때에 지상과 지하를 연결하는 측량방법으로 추선에 의하는 법이 적당하다.

19 한 개의 깊은 수직터널에서 터널 내·외를 연결하는 연결측량방법으로서 가장 적당한 것은?

① 트래버스측량방법
② 트랜싯과 추선에 의한 방법
③ 삼각측량방법
④ 측위망원경에 의한 방법

해설 한 개의 깊은 수직터널에서 터널 내·외를 연결하는 측량방법은 트랜싯과 추선에 의한 방법이 가장 효율적이다.

20 수십MHz~수GHz 주파수대역의 전자기파를 이용하여 전자기파의 반사와 회절현상 등을 측정하고, 이를 해석하여 지하구조의 파악 및 지하시설물을 측량하는 방법은?

① 지표투과레이더(GPR)탐사법
② 초장기선전파간섭계법
③ 전자유도탐사법
④ 자기탐사법

해설 **지표투과레이더(GPR)탐사법** : 수십MHz~수GHz 주파수대역의 전자기파를 이용하여 전자기파의 반사와 회절현상 등을 측정하고, 이를 해석하여 지하구조의 파악 및 지하시설물을 측량하는 방법

21 터널측량에 대한 설명으로 옳지 않은 것은?

① 터널측량은 터널 내 측량, 터널 외 측량, 터널 내·외 연결측량으로 구분할 수 있다.
② 터널 내의 측점은 천장에 설치하는 것이 유리하다.
③ 터널 내 측량에서는 망원경의 십자선 및 표척에 조명이 필요하다.
④ 터널 내에서의 곡선 설치는 중앙종거법을 사용하는 것이 가장 유리하다.

해설 터널 내에서의 곡선 설치는 터널 내는 협소하므로 현편거법이나 트래버스측량에 의해 설치하며, 트래버스측량에 의한 방법에는 내접다각형법과 외접다각형법이 있다.

정답 15 ③ 16 ④ 17 ③ 18 ④ 19 ② 20 ① 21 ④

22 수직터널에 의하여 지상과 지하의 측량을 연결할 때의 수선측량에 대한 설명으로 틀린 것은? 기 16-2

① 깊은 수직터널에 내리는 추는 50~60kg 정도의 추를 사용할 수 있다.
② 추를 드리울 때 깊은 수직터널에서는 보통 피아노선이 이용된다.
③ 수직터널 밑에는 물이나 기름을 담은 물통을 설치하고 내린 추가 그 물통 속에서 동요하지 않게 한다.
④ 수직터널 밑에서 수선의 위치를 결정하는 데는 수선이 완전히 정지하는 것을 기다린 후 1회 관측값으로 결정한다.

해설 추가 진동하므로 직각방향으로 수선진동의 위치를 10회 이상 관측하여 평균값을 정지점으로 한다.

23 다음 중 터널에서 중심선측량의 가장 중요한 목적은? 실 17-3

① 터널단면의 변위측정
② 인조점의 바른 매설
③ 터널 입구형상의 측정
④ 정확한 방향과 거리측정

해설 터널에서 중심선측량의 가장 중요한 목적은 터널시공에 있어서 정확한 방향과 거리를 측정하기 위함이다.

24 지표에서 거리 1,000m 떨어진 A, B 두 개의 수직터널에 의하여 터널 내·외의 연결측량을 하는 경우 수직터널의 깊이가 1,500m라 할 때 두 수직터널 간 거리의 지표와 지하에서의 차이는? (단, 지구반지름 R=6,370km) 기 16-1

① 15cm   ② 24cm
③ 48cm   ④ 52cm

해설 차이= $\dfrac{1,000}{6,370,000} \times 1,500 = 0.24m = 24cm$

25 터널 내 두 점의 좌표가 A점(102.34m, 340.26m), B점(145.45m, 423.86m)이고, 표고는 A점 53.20m, B점 82.35m일 때 터널의 경사각은? 실 17-3

① 17°12′7″   ② 17°13′7″
③ 17°14′7″   ④ 17°15′7″

해설 ⊙ AB거리
$\overline{AB} = \sqrt{(145.45 - 102.34)^2 + (423.86 - 340.26)^2}$
$= 94.03m$
ⓒ 경사각
$\theta = \tan^{-1} \dfrac{82.35 - 53.20}{94.03} = 17°13′7″$

26 경사진 터널 내에서 2점 간의 표고차를 구하기 위하여 측량한 결과 다음과 같은 결과를 얻었다. AB의 고저차크기는? (단, a=1.20m, b=1.65m, α = -11°, S=35m) 실 16-1

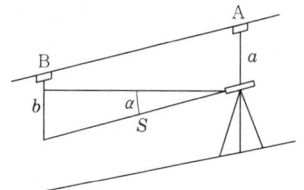

① 5.32m   ② 6.23m
③ 7.32m   ④ 8.23m

해설 고저차=1.2+35×sin11°-1.65=6.23m

27 터널공사를 위한 트래버스측량의 결과가 다음 표와 같을 때 직선 EA의 거리와 EA의 방위각은? 기 18-3

측선	위거(m)		경거(m)	
	+	-	+	-
AB		31.4	41.4	
BC		20.9		13.2
CD		13.3		50.9
DE	19.7			37.2

① 74.39m, 52°35′53.5″
② 74.39m, 232°35′53.5″
③ 75.40m, 52°35′3.5″
④ 75.40m, 232°35′53.5″

해설 ⊙ ∑위거=0이어야 하므로 EA측선의 위거=45.8m
ⓒ ∑경거=0이어야 하므로 EA측선의 경거=59.9m
ⓒ $\overline{EA} = \sqrt{45.8^2 + 59.9^2} = 75.40m$
② EA측선의 방위각= $\tan^{-1} \dfrac{59.9}{45.8}$
$= 52°35′53.5″ (1상한)$

정답 22 ④ 23 ④ 24 ② 25 ② 26 ② 27 ③

28 터널을 만들기 위하여 A, B 두 점의 좌표를 측정한 결과 A점은 $N(X)_A=1000.00m$, $E(Y)_A=250.00m$, B점은 $N(X)_B=1500.00m$, $E(Y)_B=50.00m$이었다면 AB의 방위각은?

① 21°48′05″ ② 158°11′55″
③ 201°48′05″ ④ 338°11′55″

해설 $\theta=\tan^{-1}\dfrac{50-250}{1,500-1,000}=21°48′05″(4상한)$
$\therefore V_{AB}=360°-21°48′05″=338°11′55″$

29 경사터널 내 고저차를 구하기 위해 다음 그림과 같이 고저각 α, 경사거리 L을 측정하여 다음과 같은 결과를 얻었다. A, B 간의 고저차는? (단, I.H=1.15m, H.P=1.56m, $L=31.00m$, $\alpha=+30°$)

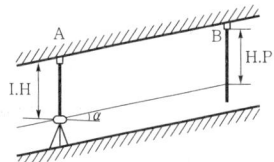

① 15.09m ② 15.91m
③ 18.31m ④ 18.21m

해설 $h=L\sin\alpha+H.P-I.H=31\times\sin30°+1.56-1.15$
$=15.91m$

30 터널구간의 고저차를 관측하기 위하여 다음 그림과 같이 간접수준측량을 하였다. 경사각은 부각 30°이며 AB의 경사거리가 18.64m이고 A점의 표고가 200.30m일 때 B점의 표고는?

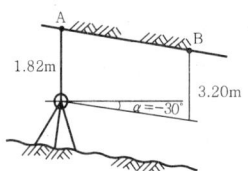

① 182.78m ② 189.60m
③ 190.92m ④ 192.36m

해설 $H_B=H_A-I-l\sin\alpha+f$
$=200.30-1.82-18.64\times\sin30°+3.2$
$=192.36m$

31 다음 그림과 같이 터널 내 수준측량에서 A의 표고가 450.50m이었다면 B점의 표고는?

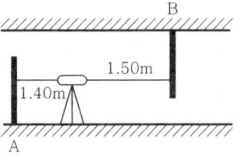

① 450.40m ② 450.60m
③ 453.40m ④ 453.60m

해설 $H_B=450.5+1.4+1.5=453.40m$

32 다음 그림과 같이 직선 $\overline{AB}$ 상의 점 B′에서 $\overline{B'C}=10m$인 수직선을 세워 ∠CAB=60°가 되도록 측설하려고 할 때 $\overline{AB'}$의 거리는?

① 5.05m
② 5.77m
③ 8.66m
④ 17.3m

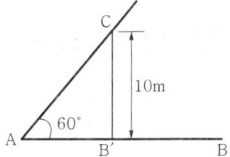

해설 $\tan60°=\dfrac{10}{\overline{AB'}}$
$\therefore \overline{AB'}=5.77m$

33 다음 그림과 같이 터널 내의 천장에 측점이 설치되어 있을 때 두 점의 고저차는? (단, I.H=1.20m, H.P=1.82m, 사거리=45m, 연직각(α)=15°30′)

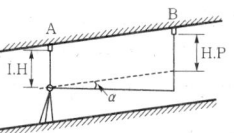

① 11.41m ② 12.65m
③ 13.10m ④ 15.50m

해설 $h=1.82+45\times\sin15°30′-1.20=12.65m$

34 경사거리가 50m인 경사터널에서 수평각을 관측한 시준선에서 직각으로 5mm의 시준오차가 생겼다면 각에 미치는 오차는?

① 21″ ② 30″
③ 35″ ④ 41″

정답 28 ④ 29 ② 30 ④ 31 ③ 32 ② 33 ② 34 ①

해설 $\dfrac{\Delta l}{l} = \dfrac{\theta''}{\rho''}$

$\dfrac{0.005}{50} = \dfrac{\theta''}{206,265''}$

$\therefore \theta'' = 21''$

35 경사거리를 130m인 터널에서 수평각을 관측할 때 시준방향에서 직각으로 5mm의 시준오차가 발생하였다면 수평각오차는?

① 5″ ② 8″
③ 10″ ④ 20″

해설 $\dfrac{\Delta l}{l} = \dfrac{\theta''}{\rho''}$

$\dfrac{0.005}{130} = \dfrac{\theta''}{206,265''}$

$\therefore \theta'' = 8''$

36 터널 안에서 A점의 좌표가 (1749.0m, 1134.0m, 126.9m), B점의 좌표가 (2419.0m, 987.0m, 149.4m)일 때 A, B점을 연결하는 터널을 굴진하는 경우 이 터널의 경사거리는?

① 685.94m ② 686.19m
③ 686.31m ④ 686.57m

해설 ㉠ 수평거리
$D = \sqrt{(2419.0-1749.0)^2 + (987.0-1134.0)^2}$
$= 685.94\text{m}$

㉡ 고저차
$H = 149.4 - 126.9 = 22.5\text{m}$

㉢ 경사거리
$L = \sqrt{685.94^2 + 22.5^2} = 686.31\text{m}$

37 터널 내 두 점의 좌표(X, Y, Z)가 각각 A(1328.0m, 810.0m, 86.3m), B(1734.0m, 589.0m, 112.4m)일 때 A, B를 연결하는 터널의 경사거리는?

① 341.52m ② 341.98m
③ 462.25m ④ 462.99m

해설 ㉠ 수평거리
$D = \sqrt{(1734-1328)^2 + (589-810)^2} = 462.25\text{m}$

㉡ 고저차
$H = 112.4 - 86.3 = 26.1\text{m}$

㉢ 경사거리
$L = \sqrt{462.25^2 + 26.1^2} = 462.99\text{m}$

38 터널 양쪽 입구의 두 점 A, B의 수평위치 및 표고가 각각 A(4370.60, 2365.70, 465.80), B(4625.30, 3074.20, 432.50)일 때 AB 간의 경사거리는? (단, 좌표의 단위 : m)

① 254.73m ② 708.52m
③ 753.63m ④ 823.51m

해설 ㉠ 수평거리
$D = \sqrt{(4625.30-4370.60)^2 + (3074.20-2365.70)^2}$
$= 752.90\text{m}$

㉡ 고저차
$H = 465.80 - 432.50 = 33.3\text{m}$

㉢ 경사거리
$L = \sqrt{752.90^2 + 33.3^2} = 753.63\text{m}$

39 경사터널에서의 관측결과가 다음 그림과 같을 때 AB의 고저차는? (단, $a = 0.50\text{m}$, $b = 1.30\text{m}$, $S = 22.70\text{m}$, $\alpha = 30°$)

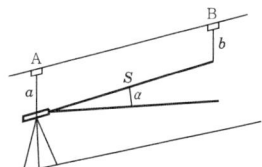

① 13.91m ② 12.31m
③ 12.15m ④ 10.55m

해설 $h = S\sin\alpha + b - a = 22.70 \times \sin30° + 1.3 - 0.5$
$= 12.15\text{m}$

40 터널측량을 하여 터널시점(A)과 종점(B)의 좌표와 높이(H)가 다음과 같을 때 터널의 경사도는?

A(1125.68, 782.46), B(1546.73, 415.37)
$H_A = 49.25$, $H_B = 86.39$ (단위 : m)

① 3°25′14″ ② 3°48′14″
③ 4°08′14″ ④ 5°08′14″

해설 ㉠ $\overline{AB}$ 거리
$= \sqrt{(1546.73-1125.68)^2 + (415.37-782.46)^2}$
$= 558.60\text{m}$

㉡ 표고차(h) = $86.39 - 49.25 = 37.14\text{m}$

㉢ 경사각 = $\tan^{-1}\dfrac{37.14}{558.60} = 3°48′14″$

정답 35 ② 36 ③ 37 ④ 38 ③ 39 ③ 40 ②

41 경사진 터널의 고저차를 구하기 위한 관측값이 다음과 같을 때 A, B 두 점 간의 고저차는? (단, 측점은 천장에 설치)

$a=2.00m,\ b=1.50m,\ \alpha=20°30',\ S=60m$

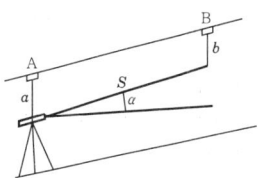

① 20.51m   ② 21.01m
③ 21.51m   ④ 23.01m

해설 고저차(h) = 1.5 + 60 × sin20°30′ − 2.0 = 20.51m

42 터널측량에서 측점 A, B를 천장에 설치하고 A점으로부터 경사거리 46.35m, 경사각 +17°20′, A점의 천장으로부터 기계고 1.45m, B점의 측표높이 1.76m를 관측하였을 때, AB의 고저차는?

① 17.02m   ② 10.60m
③ 13.50m   ④ 14.12m

해설 고저차(h) = 1.45 + 46.35 × sin17°20″ − 1.76 = 14.12m

06 위성측위시스템

1 개요

1 정의

GNSS(Global Navigation Satellite System, 위성측위시스템)는 인공위성을 이용하여 정확하게 위치를 알고 있는 위성에서 발사한 전파를 수신하여 관측점까지의 소요시간을 관측함으로써 정확하게 지상의 대상물의 위치를 결정해주는 위치결정시스템이다.

2 장단점

장점	단점
• 고정밀측량이 가능하다. • 장거리를 신속하게 측량할 수 있다. • 관측점 간의 시통이 필요하지 않다. • 기상조건에 영향을 받지 않으며 야간관측도 가능하다. • x, y, z(3차원)측정과 움직이는 대상물도 측정이 가능하다.	• 위성의 궤도정보가 필요하다. • 전리층 및 대류권에 관한 정보를 필요로 한다. • 우리나라 좌표계에 맞도록 변환하여야 한다.

▶ GNSS 중 GPS의 특징

구분	내용
위치측정원리	전파의 도달시간, 3차원 후방교회법
고도 및 주기	20,183km, 12시간(0.5항성일) 주기
신호	L_1파 : 1,575.422MHz, L_2파 : 1,227.60MHz
궤도경사각	55°
궤도방식	위도 60°의 6개 궤도면을 도는 34개 위성이 운행 중에 있으며 궤도방식은 원궤도이다.
사용좌표계	WGS84

3 구성요소

구분	주임무	구성
우주부문	• 전파신호 발사	• 전파송수신기 • 원자시계 • 컴퓨터 등의 보조장치 탑재

구분	주임무	구성
제어부문	• 궤도와 시각결정을 위한 위성의 추적 및 작동상태 점검 • 전리층 및 대류권의 주기적 모형화 • 위성시간의 동일화 • 위성으로의 자료전송	• 추적국 • 주제어국 • 지상안테나
사용자부문	• 위성으로부터 전파를 수신하여 원하는 지점의 위치 결정 • 두 점 사이의 거리계산 • 임의의 한 지역에서 최소 4개 위성을 관측	• GPS수신기 • 안테나 • 자료처리S/W

4 궤도정보

1) 방송궤도력(broadcast ephemeris)

① 주관제국에서 사용자에게 전달되는 사전에 입력한 예비정보이다.
② 사전에 입력한 예보이므로 실제 운행궤도에 비해 정밀도의 확보가 곤란하다.
③ 수신 후 신속한 측위결정이 가능하다.
④ 정밀도 확보를 위하여 방송력은 기선거리 10km 이내에서만 사용하고, 기선거리가 10km가 넘으면 정밀궤도력을 사용하는 것이 바람직하다.

2) 정밀궤도력

① 지상추적국에서 위성전파를 수신하여 실제 위성의 궤적이 계산된 정밀한 궤도정보이다.
② 후처리방식의 정밀측위 시 적용되며 정밀도가 높다.
③ IGS(International GPS Service Geodynamics)가 전 세계에 산재한 관측데이터를 후처리하여 발표하고 있다.
④ 후처리자료의 제공 시까지 시일이 지체되어 신속한 측위결정이 곤란하다.

2 GNSS의 원리

1 코드해석방식

위성에서 발사한 코드와 수신기에서 미리 복사된 코드를 비교하여 두 코드가 완전히 일치될 때까지 걸리는 시간을 관측하고 전파속도를 곱하여 거리를 구하는 방식으로, 신속하지만 정확도가 떨어져서 항법에 주로 이용된다.

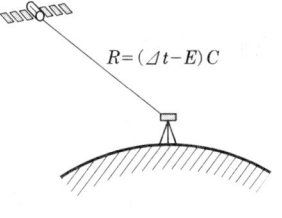

▲ 코드해석방식

2 반송파해석방식

위성에서 보낸 파장과 지상에서 수신된 파장의 위상차를 관측하여 거리를 측정하는 방식으로, 코드방식에 비해 시간이 많이 소요되나 정밀도가 높아서 기준점측량에 주로 이용된다.

$$R = r + \rho$$

여기서, R : x, y, z 또는 위도, 경도, 높이(미지량), r : 위성에서 제공(천체역학에서 사용·계산)
ρ : 빛의 속도×경과시간(측정치)

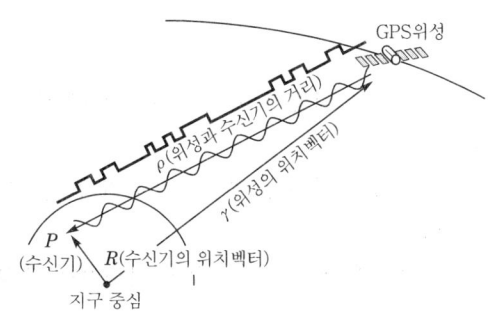

▲ 반송파해석방식

3 GPS신호

1) 반송파신호(L_1, L_2)

L_1, L_2신호는 위성의 위치계산을 위한 케플러요소와 형식화된 자료신호를 포함한다. 파장이 다른 두 개의 주파수를 사용하는 것은 전리층의 굴절에 의한 오차를 줄이기 위함이다.

반송파신호	주파수	코드신호	용도
L_1	1,575.42MHz	C/A코드, 항법메시지	민간용
		P코드	군사용
L_2	1,227.60MHz	항법메시지	민간용
		P코드	군사용

2) 코드신호

구분	C/A코드	P코드
구성	1,023bit	2×10^{14}bit
주파수	1.023MHz	10.23MHz
파장의 길이	300m	30m
주기	1ms	266.4일
제공	표준측위서비스(SPS)	정밀측위서비스(PPS)

4 위상차차분기법

1) 일중차

① 1개의 위성과 2대의 수신기를 이용하여 관측한 반송파의 위상차를 말한다.
② 수신기의 시계오차는 내재되어 있다.
③ 수신기 간 일중차를 이용하여 위성시계오차를 소거할 수 있다.

2) 이중차

① 2개의 위성과 2대의 수신기를 이용하여 각각의 위성에 대한 수신기 사이의 일중차끼리의 차이값을 말한다.
② 2개의 위성에 대하여 2대의 수신기로 관측함으로써 같은 양으로 존재하는 수신기의 시계오차를 소거할 수 있다.
③ 일반적으로 최소 4개의 위성을 관측하여 3회의 이중차를 측정하여 기선해석에 이용한다.

3) 삼중차(적분위상차)

① 1개의 위성에 대하여 어떤 시각의 위상측정치와 다음 시각의 위상측정치와의 차이값을 말하며 적분위상차라고도 한다.
② 반송파의 모호정수(ambiguity)를 소거하기 위하여 일정시간간격으로 이중차의 차이값을 측정하는 것이다.
③ 일정시간 동안의 위상거리변화를 뜻하며 파장의 정수배의 불명확을 해결하는 방법으로 이용된다.

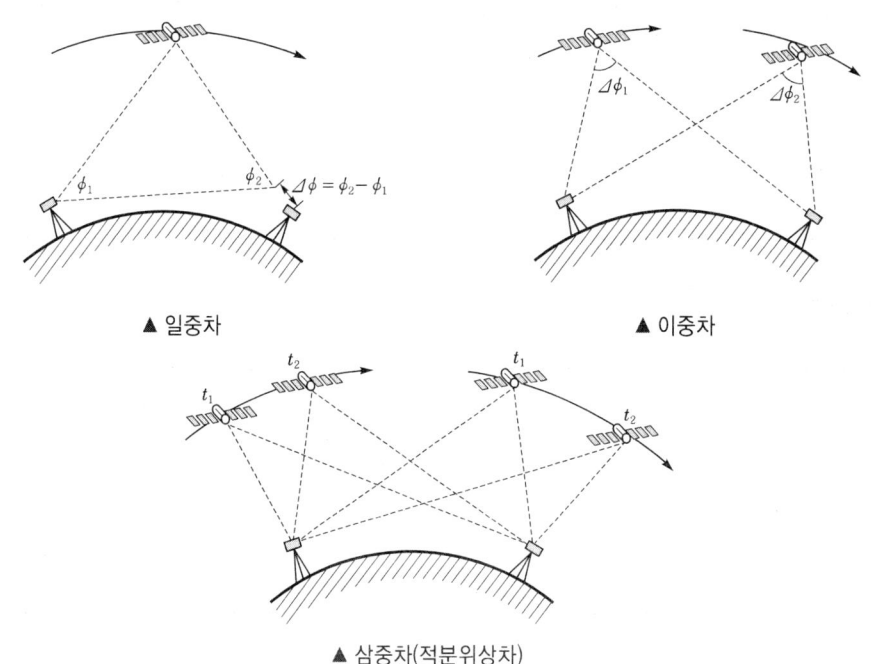

▲ 일중차　　　　▲ 이중차

▲ 삼중차(적분위상차)

3 GNSS의 측량방법

1 절대관측

4대 이상의 위성으로부터 수신한 신호 가운데 C/A코드를 이용하여 실시간으로 위치를 결정하는 방법이다.
① 지구상의 있는 사용자의 위치관측
② 실시간으로 수신기의 위치계산
③ 코드를 해석하므로 계산된 위치의 정확도가 낮음
④ 주로 비행기, 선박 등 항법에 이용

2 상대관측

1) 정지측량

GNSS측량기를 관측지점에 일정시간 동안 고정하여 연속적으로 위성데이터를 취득한 후 기선해석 및 조정계산을 수행하는 측량방법을 말한다.
① VLBI의 보완 또는 대체 가능
② 수신완료 후 컴퓨터로 각 수신기의 위치 및 거리 계산
③ 계산된 위치 및 거리의 정확도가 높음
④ 정확도가 높아 주로 기준점측량에 이용

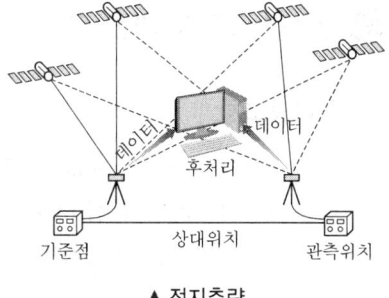

▲ 정지측량

2) 이동측량

(1) 단일기준국 실시간 이동측량(Single-RTK측량(Real Time Kinematic Survey))

기지점(통합기준점 및 지적기준점)에 설치한 GNSS측량기로부터 수신된 보정정보와 이동국이 수신한 GNSS반송파위상신호를 실시간 기선해석을 통해 이동국의 위치를 결정하는 측량을 말한다.

(2) 다중기준국 실시간 이동측량(Network-RTK측량)

3점 이상의 위성기준점을 이용하여 산출한 보정정보와 이동국이 수신한 GNSS반송파위상신호를 실시간 기선해석을 통해 이동국의 위치를 결정하는 측량을 말한다.

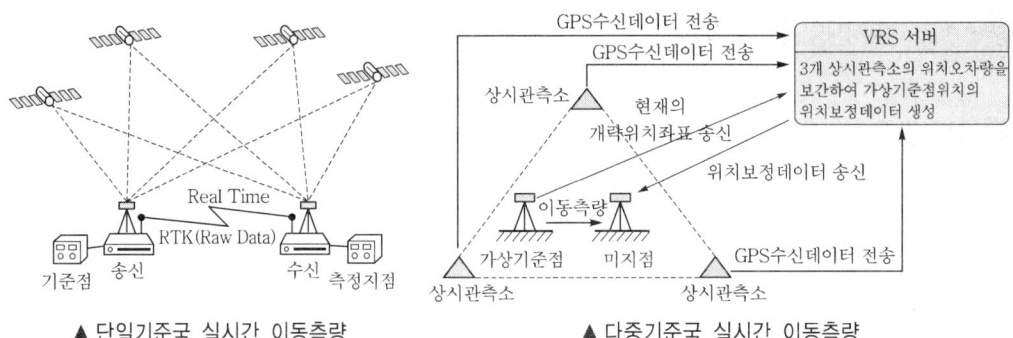

▲ 단일기준국 실시간 이동측량　　▲ 다중기준국 실시간 이동측량

4 GNSS의 오차

1 구조적 요인에 의한 거리오차

1) 전리층오차

전리층오차는 약 350km 고도상에 집중적으로 분포되어 있는 자유전자(free electron)와 GPS위성신호와의 간섭(interference)현상에 의해 발생한다. 이러한 전리층오차는 L_1, L_2의 두 개의 주파수를 관측하면 비례상수가 계산되고 전리층오차를 추정하고 제거할 수 있다.

2) 대류권오차

대류권오차는 고도 50km까지의 대류권에 의한 GPS위성신호의 굴절(refraction)현상으로 인해 발생하며, 코드측정치 및 반송파위상측정치 모두에서 지연형태로 나타난다. 이러한 대류권오차는 표준대기모델에 의해 지연량을 계산하고 보정할 수 있다. 상대관측에서는 차분법을 적용함으로써 오차를 최소화할 수 있다.

3) 위성시계오차

위성시계오차는 GPS위성에 내장되어 있는 시계의 부정확성으로 인해 발생한다. 일중차, 이중차, 삼중차의 방법으로 위성시계오차를 소거할 수 있다.

4) 다중경로오차

다중경로오차는 GPS위성으로부터 직접 수신된 전파 이외에 부가적으로 주위의 지형지물에 의해 반사된(reflected) 전파로 인해 발생하는 오차이다.

2 사이클슬립

1) 의의

사이클슬립은 GNSS반송파위상추적회로(PLL : Phase Lock Loop)에서 반송파위상치의 값을 순간적으로 놓침으로 인해 발생하는 오차이다.

2) 원인

① 사이클슬립은 주로 GPS안테나 주위의 지형지물에 의한 신호단절
② 높은 신호잡음 및 낮은 신호강도(signal strength)
③ 이러한 사이클슬립은 반송파위상데이터를 사용하는 정밀위치측정분야에서는 매우 큰 영향을 미칠 수 있으므로 사이클슬립의 검출은 매우 중요

3 위성배치형태에 따른 오차

1) 정밀도 저하율(DOP)

위성과 수신기들 간의 기하학적 배치에 따른 오차로서 측위정확도의 영향을 표시하는 계수로 정밀도 저하율(DOP)이 사용된다.

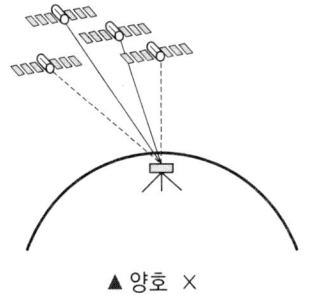

▲ 양호 ✕

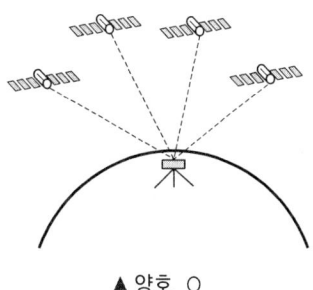

▲ 양호 ○

2) DOP의 종류

① GDOP : 기하학적 정밀도 저하율
② PDOP : 위치정밀도 저하율
③ HDOP : 수평정밀도 저하율
④ VDOP : 수직정밀도 저하율
⑤ RDOP : 상대정밀도 저하율
⑥ TDOP : 시간정밀도 저하율

3) DOP의 특징

① DOP는 위성의 기하학적 배치상태가 정확도에 어떻게 영향을 주는가를 추정할 수 있는 척도이다.
② 정확도를 나타내는 계수로서 수치로 표시된다.
③ 관측 가능한 모든 위성이 거의 같은 위치에 모여 있을수록 측위정확도가 낮아진다.

④ PDOP(Position DOP)는 4개의 관측위성들이 이루는 사면체의 체적에 비례하므로 이 값이 작을수록 정밀하다.
⑤ 지표에서 가장 배치상태가 좋을 때의 DOP수치는 1이다.
⑥ 위성의 위치, 높이, 시간에 대한 함수관계가 있다.

4 선택적 가용성에 따른 오차

대부분 비군용 GPS사용자들에게 정밀도를 의도적으로 저하시키는 조치로 위성시계, 위성 궤도에 오차를 부여함으로써 위성과 수신기 사이에 거리오차가 생기도록 하는 방법이다.

5 GNSS의 활용

GNSS는 군사분야, 레저스포츠분야, 차량분야, 항법분야, 측지측량분야 등에서 활용된다.

06 예상문제

01 GNSS측량에서 위치를 결정하는 기하학적인 원리는?
① 위성에 의한 평균계산법
② 무선항법에 의한 후방교회법
③ 수신기에 의하여 처리하는 자료해석법
④ GNSS에 의한 폐합도선법

해설 GNSS(Global Navigation Satellite System) : 인공위성을 이용하여 정확하게 위치를 알고 있는 위성에서 발사한 전파를 수신하여 관측점까지의 소요시간을 관측함으로써 정확하게 지상의 대상물의 위치를 결정해주는 위치결정시스템(후방교회법)

02 GNSS와 관련이 없는 것은?
① GALILEO   ② GPS
③ GLONASS   ④ EDM

해설 GNSS는 위성을 이용한 위치결정시스템으로 GALILEO(유럽), GPS(미국), GLONASS(러시아) 등이 있다.

03 다음 중 우리나라에서 발사한 위성은?
① KOMPSAT   ② LANDSAT
③ SPOT   ④ IKONOS

해설 KOMPSAT(아리랑 1호)는 우리나라의 항공우주연구원에서 주관하는 다목적 소형 지구관측위성이다. 일반명칭으로 '아리랑위성'이라 하며 1999년 다목적 실용위성 1호, 2006년 2호를 성공적으로 발사하였다.

04 NNSS(Navy Navigation Satellite System)에 대한 설명으로 옳지 않은 것은?
① 미 해군 항행위성시스템으로 개발되었다.
② 처음부터 WGS84를 채택하였다.
③ Doppler효과를 이용한다.
④ 세계좌표계를 이용한다.

해설 NNSS는 초기에 WGS72를 사용하였다.

05 GNSS측량의 관측 시 주의할 사항으로 거리가 먼 것은?
① 측정점 주위에 수신을 방해하는 장애물이 없도록 해야 한다.
② 충분한 시간 동안 수신이 이루어져야 한다.
③ 안테나높이, 수신시간과 마침시간 등을 기록한다.
④ 온도의 영향을 많이 받으므로 5℃ 이하에서는 관측을 중단한다.

해설 GNSS측량은 기상조건에 영향을 받지 않는다.

06 GPS에서 채택하고 있는 타원체는?
① Hayford   ② WGS84
③ Bessel1841   ④ 지오이드

해설 GPS에서 채택하고 있는 타원체는 WGS84이다.

07 GNSS측량을 위하여 어느 곳에서나 같은 시간대에 관측할 수 있어야 하는 위성의 최소개수는?
① 2개   ② 4개
③ 6개   ④ 8개

해설 GNSS측량 시 위성의 최소개수
㉠ 정지측량 : 4개
㉡ 이동측량 : 5개

08 GPS위성의 궤도주기로 옳은 것은?
① 약 6시간   ② 약 10시간
③ 약 12시간   ④ 약 18시간

해설 GPS
㉠ 위치측정원리 : 전파의 도달시간, 3차원 후방교회법
㉡ 고도 및 주기 : 20,183km, 12시간(0.5항성일) 주기
㉢ 신호 : L_1파 1575.422MHz, L_2파 1227.60MHz
㉣ 궤도경사각 : 55°
㉤ 궤도방식 : 원궤도, 위도 60°의 6개 궤도면을 도는 34개 위성이 운행 중에 있음
㉥ 사용좌표계 : WGS84

정답 01 ② 02 ④ 03 ① 04 ② 05 ④ 06 ② 07 ② 08 ③

09 GNSS측량에서 위도, 경도, 고도, 시간에 대한 차분해(differential solution)를 얻기 위해서는 최소 몇 개의 위성이 필요한가?

① 2 ② 4
③ 6 ④ 8

해설 GNSS측량에서 위도, 경도, 고도, 시간에 대한 차분해를 얻기 위해서는 최소 4개의 위성이 필요하다.

10 인공위성의 궤도요소에 포함되지 않는 것은?

① 승교점의 적경   ② 궤도경사각
③ 관측점의 위도   ④ 궤도의 이심률

해설 인공위성의 궤도요소 : 승교점의 적경, 궤도경사각, 근지점의 독립변수, 장반경, 이심률, 궤도주기

11 GNSS의 구성체계에 포함되지 않는 부문은?

① 우주부문   ② 사용자부문
③ 제어부문   ④ 탐사부문

해설 GNSS의 구성체계

구분	주임무	구성
우주부문	• 전파신호 발사	• 전파송수신기 • 원자시계 • 컴퓨터 등의 보조장치 탑재
제어부문	• 궤도와 시각결정을 위한 위성추적 및 작동상태 점검 • 전리층 및 대류권의 주기적 모형화 • 위성시간의 동일화 • 위성으로의 자료전송	• 추적국 • 주제어국 • 지상안테나
사용자부문	• 위성으로부터 전파를 수신하여 원하는 지점의 위치결정 • 두 점 사이의 거리계산 • 임의의 한 지역에서 최소 4개 위성관측 • 시준고도에 따른 위성관측수 : 15°(8개), 10°(10개), 5°(12개)	• GPS수신기 • 안테나 • 자료처리S/W

12 다음 중 GNSS의 제어 부분에 대한 설명으로 옳은 것은?

① 시스템을 구성하는 위성을 의미하며 위성의 개발, 제조, 발사 등에 관한 업무를 담당한다.
② 결정된 위치를 활용한 다양한 소프트웨어의 개발 등의 응용분야를 의미한다.
③ 위성에 대한 궤도모니터링, 위성의 상태 파악 및 각종 정보의 갱신 등의 업무를 담당한다.
④ 위성으로부터 수신된 신호로부터 수신기 위치를 결정하며, 이를 위한 다양한 장치를 포함한다.

해설 GNSS 제어 부분의 역할
㉠ 위성시간의 동일화
㉡ 위성으로 자료전송
㉢ 전리층 및 대류권의 주기적 모형화
㉣ 궤도와 시각결정을 위한 위성추적 및 작동상태 점검

13 GNSS측량에서 제어부문의 주요 임무로 틀린 것은?

① 위성시각의 동기화
② 위성으로의 자료전송
③ 위성의 궤도모니터링
④ 신호정보를 이용한 위치결정 및 시각비교

해설 GNSS 제어부문의 주요 임무
㉠ 궤도와 시각결정을 위한 위성추적 및 작동상태 점검
㉡ 위성시간의 동일화
㉢ 위성으로의 자료전송
㉣ 전리층 및 대류권의 주기적 모형화

14 GNSS시스템의 구성요소에 해당되지 않는 것은?

① 위성에 대한 우주 부분
② 지상관제소의 제어 부분
③ 경영활동을 위한 영업 부분
④ 수신기에 대한 사용자 부분

해설 GNSS시스템의 구성요소 : 우주부문, 제어부문, 사용자부문

15 GNSS의 구성요소 중 위성을 추적하여 위성의 궤도와 정밀시간을 유지하고 관련 정보를 송신하는 역할을 담당하는 부문은?

① 우주부문   ② 제어부문
③ 수신부문   ④ 사용자부문

정답 09 ② 10 ③ 11 ④ 12 ③ 13 ④ 14 ③ 15 ②

해설 **GNSS 제어부문의 주요 임무**
㉠ 궤도와 시각결정을 위한 위성추적 및 작동상태 점검
㉡ 전리층 및 대류권의 주기적 모형화
㉢ 위성시간의 동일화
㉣ 위성으로의 자료전송

16 GPS의 우주 부분에 대한 설명으로 옳지 않은 것은?
산 19-1

① 각 궤도에는 4개의 위성과 예비위성으로 운영된다.
② 위성은 0.5항성일 주기로 지구 주위를 돌고 있다.
③ 위성은 모두 6개의 궤도로 구성되어 있다.
④ 위성은 고도 약 1,000km의 상공에 있다.

해설 **GPS**
㉠ 위치측정원리 : 전파의 도달시간, 3차원 후방교회법
㉡ 고도 및 주기 : 20,183km, 12시간(0.5항성일) 주기
㉢ 신호 : L_1파 1575.422MHz, L_2파 1227.60MHz
㉣ 궤도경사각 : 55°
㉤ 궤도방식 : 원궤도, 위도 60°의 6개 궤도면을 도는 34개 위성이 운행 중에 있음
㉥ 사용좌표계 : WGS84

17 GPS위성의 신호에 대한 설명 중 틀린 것은?
기 16-2

① L_1반송파에는 C/A코드와 P코드가 포함되어 있다.
② L_2반송파에는 C/A코드만 포함되어 있다.
③ L_1반송파가 L_2반송파보다 높은 주파수를 가지고 있다.
④ 위성에서 송신되는 신호는 대기의 상태에 따라 전파의 속도가 달라지는 것을 보정하기 위하여 파장이 다른 2가지의 전파를 동시에 수신한다.

해설 GPS위성신호 중 L_2파에는 P코드가 포함되어 있다.

18 GPS신호 중에서 P-code의 특징이 아닌 것은?
기 18-2

① 주파수가 10.23MHz이다.
② 파장이 30m이다.
③ 허가된 사용자만이 이용할 수 있다.
④ 주기가 1ms(millisecond)로 매우 짧다.

해설 ㉠ P-code의 주파수는 10.23MHz이고, 반복주기는 1주간의 코드가 사용되고 있다.
㉡ C/A코드의 주기는 1ms이다.

19 GPS에서 사용되는 L_1과 L_2신호의 주파수로 옳은 것은?
기 17-1, 19-3

① 150MHz와 400MHz
② 420.9MHz와 585.53MHz
③ 1575.42MHz와 1227.60MHz
④ 1832.12MHz와 3236.94MHz

해설 **GPS신호**

구분	L_1	L_2
주파수	1575.42MHz	1227.60MHz
파장	19.029cm	24.421cm
전달 신호	C/A code, P-code, Navigation Message	P-code, Navigation Message

20 GPS신호에서 P코드의 1/10주파수를 가지는 C/A코드의 파장크기로 옳은 것은?
기 19-1

① 100m   ② 200m
③ 300m   ④ 400m

해설 P코드의 파장길이는 30m이다. 따라서 P코드의 1/10주파수를 가지는 C/A코드의 파장길이는 300m이다.

21 GNSS에서 이중차분법(Double Differencing)에 대한 설명으로 옳은 것은?
기 18-3

① 1개의 위성을 동시에 추적하는 2대의 수신기는 이중차관측이다.
② 여러 에포크에서 2개의 수신기로 추적되는 1개의 위성관측을 통하여 얻을 수 있다.
③ 여러 에포크에서 1개의 수신기로 추적되는 2개의 위성관측을 통하여 얻을 수 있다.
④ 동시에 2개의 위성을 추적하는 2대의 수신기는 이중차관측이다.

해설 **위상차관측법**
㉠ 일중차
• 1개의 위성과 2대의 수신기를 이용하여 관측한 반송파의 위상차를 말한다.
• 수신기 간 일중차를 이용하여 위성시계오차를 소거할 수 있다.

정답 16 ④ 17 ② 18 ④ 19 ③ 20 ③ 21 ④

ⓒ 이중차
- 2개의 위성과 2대의 수신기를 이용하여 각각의 위성에 대한 수신기 사이의 일중차끼리의 차이값을 말한다.
- 2개의 위성에 대하여 2대의 수신기로 관측함으로써 같은 양으로 존재하는 수신기의 시계오차를 소거할 수 있다.
- 일반적으로 최소 4개의 위성을 관측하여 3회의 이중차를 측정하여 기선해석에 이용한다.

ⓒ 삼중차
- 1개의 위성에 대하여 어떤 시각의 위상측정치와 다음 시각의 위상측정치와의 차이값을 말하며 적분위상차라고도 한다.
- 반송파의 모호정수(Ambiguity)를 소거하기 위하여 일정시간간격으로 이중차의 차이값을 측정하는 것이다.
- 일정시간 동안의 위상거리변화를 뜻하며 파장의 정수배의 불명확을 해결하는 방법으로 이용된다.

22 단일주파수수신기와 비교할 때 이중주파수수신기의 특징에 대한 설명으로 옳은 것은? 기19-2

① 전리층 지연에 의한 오차를 제거할 수 있다.
② 단일주파수수신기보다 일반적으로 가격이 저렴하다.
③ 이중주파수수신기는 C/A코드를 사용하고, 단일주파수수신기는 P코드를 사용한다.
④ 단거리측량에 비하여 장거리기선측량에서는 큰 이점이 없다.

해설 GNSS측량 시 이중주파수수신기를 사용하는 이유는 전리층 지연에 의한 오차를 제거하기 위함이다.

23 GNSS측량에서 의사거리(pseudo-range)에 대한 설명으로 옳지 않은 것은? 기18-2

① 인공위성과 지상수신기 사이의 거리측정값이다.
② 대류권과 이온층의 신호지연으로 인한 오차의 영향력이 제거된 관측값이다.
③ 기하학적인 실제 거리와 달라 의사거리라 부른다.
④ 인공위성에서 송신되어 수신기로 도착된 신호의 송신시간을 PRN인식코드로 비교하여 측정한다.

해설 GNSS측량에서 의사거리는 오차를 포함한 거리로 대류권과 이온층의 신호지연으로 인한 오차의 영향력이 제거되지 않은 거리이다.

24 GPS에서 단일차분해(single difference solution)를 얻을 수 있는 경우는? 기16-1

① 2개의 수신기가 시간간격을 두고 각각의 위성을 관측하는 경우
② 2개의 수신기가 동일한 순간 동안 각각의 위성을 관측하는 경우
③ 2개의 수신기가 동일한 순간 동안 동일한 위성을 관측하는 경우
④ 1개의 수신기가 한순간에 1개의 위성만 관측하는 경우

해설 GPS에서 단일차분해는 2개의 수신기가 동일한 순간 동안 동일한 위성을 관측하는 경우이다.

25 GPS위성궤도면의 수는? 기18-1

① 4개 ② 6개
③ 8개 ④ 10개

해설 GPS위성의 궤도간격은 60°이므로 궤도면의 수는 6개이다.

26 GPS의 위성신호에서 P코드의 주파수크기로 옳은 것은? 산17-3

① 10.23MHz ② 1227.60MHz
③ 1574.42MHz ④ 1785.13MHz

해설 GPS의 위성신호에서 P코드의 주파수크기는 10.23MHz이다.

27 GNSS측량에 의한 위치결정 시 최소 4대 이상의 위성에서 동시 관측해야 하는 이유로 옳은 것은? 산18-2

① 궤도오차를 소거한 3차원 위치를 구하기 위하여
② 다중경로오차를 소거한 3차원 위치를 구하기 위하여
③ 시계오차를 소거한 3차원 위치를 구하기 위하여
④ 전리층오차를 소거한 3차원 위치를 구하기 위하여

해설 GNSS측량에 의한 위치결정 시 최소 4대 이상의 위성에서 동시 관측해야 하는 이유는 시계오차를 소거한 3차원 위치를 구하기 위해서이다.

정답 22 ① 23 ② 24 ③ 25 ② 26 ① 27 ③

28 GNSS측량에서 지적기준점측량과 같이 높은 정밀도를 필요로 할 때 사용하는 관측방법은?

① 스태틱(static)관측
② 키네마틱(kinematic)관측
③ 실시간 키네마틱(real time kinematic)관측
④ 1점 측위관측

해설 스태틱(Static)측량은 GPS측량에서 지적기준점측량과 같이 높은 정밀도를 필요로 할 때 사용하는 관측방법으로 후처리과정을 통하여 위치를 결정한다.

29 일반적으로 GNSS측위 정밀도가 가장 높은 방법은?

① 단독측위
② DGPS
③ 후처리 상대측위
④ 실시간 이동측위(Real Time Kinematic)

해설 후처리 상대측위(정지측량)는 위성수신기를 관측지점에 일정시간 동안 고정하여 연속적으로 위성데이터를 취득한 후 기선해석 및 조정계산을 수행하는 측량방법으로 가장 정밀도가 높다.

30 GNSS를 이용하는 지적기준점(지적삼각점)측량에서 가장 일반적으로 사용하는 방법은?

① 정지측량   ② 이동측량
③ 실시간 이동측량   ④ 도근점측량

해설 GNSS를 이용하는 지적기준점(지적삼각점)측량에서 가장 일반적으로 사용하는 방법은 정밀도가 가장 높은 정지측량이다.

31 정확한 위치에 기준국을 두고 GNSS위성신호를 받아 기준국 주위에서 움직이는 사용자에게 위성신호를 넘겨주어 정확한 위치를 계산하는 방법은?

① DGNSS   ② DOP
③ SPS   ④ S/A

해설 DGNSS(DGPS) : 상대측위방식으로 C/A코드를 해석하는 방식인 DGPS는 이미 알고 있는 기지점좌표를 이용하여 오차를 최대한 줄여서 이용하기 위한 위치결정방식으로 기지점에서 기준국용 GPS수신기를 설치하여 위성을 관측하여 각 위성의 의사거리보정값을 구한 뒤, 이 보정값을 이용하여 이동국용 GPS수신기의 위치결정오차를 개선하는 위치결정방식

32 GNSS측량에서 이동국에 수신기를 설치하는 순간 그 지점의 보정데이터를 기지국에 송신하여 상대적인 방법으로 위치를 결정하는 것은?

① Static방법
② Kinematic방법
③ Pseudo-Kinematic방법
④ Real Time Kinematic방법

해설 이동측량(Real Time Kinematic)방법 : GNSS측량에서 이동국에 수신기를 설치하는 순간 그 지점의 보정데이터를 기지국에 송신하여 상대적인 방법으로 위치를 결정하는 방법

33 GNSS측량의 정지측량방법에 관한 설명으로 옳지 않은 것은?

① 관측시간 중 전원(배터리) 부족에 문제가 없도록 해야 한다.
② 기선결정을 위한 경우에는 두 측점 간의 시통이 잘 되어야 한다.
③ 충분한 시간 동안 수신이 이루어져야 한다.
④ GNSS측량방법 중 후처리방식에 속한다.

해설 GNSS측량은 관측점과 시통을 필요치 않는다.

34 네트워크 RTK GNSS측량의 특징이 아닌 것은?

① 실내·외 어디에서도 측량이 가능하다.
② 1대의 GNSS수신기만으로도 측량이 가능하다.
③ GNSS 상시관측소를 기준국으로 사용한다.
④ 관측자가 1명이어도 관측이 가능하다.

해설 네트워크 RTK GNSS는 실내에서는 관측할 수 없다.

35 지적삼각점의 신설을 위해 가장 적합한 GNSS측량방법은?

① 정지측량방식(static)
② DGPS(Differential GPS)
③ Stop & Go방식
④ RTK(Real Time Kinematic)

해설 지적삼각점의 신설을 위해 가장 적합한 GNSS측량방법은 가장 정밀도가 높은 정지측량방식(static)이다.

정답 28 ① 29 ③ 30 ① 31 ① 32 ④ 33 ② 34 ① 35 ①

36 GNSS측량방법 중 후처리방식이 아닌 것은?
① Static방법
② Kinematic방법
③ Pseudo-Kinematic방법
④ Real-Time Kinematic방법

해설 Real-Time Kinematic방법은 실시간 이동측량방식이다.

37 GNSS측량에서 의사거리(Pseudo-Range)에 대한 설명으로 가장 적합한 것은?
① 인공위성과 기지점 사이의 거리측정값이다.
② 인공위성과 지상수신기 사이의 거리측정값이다.
③ 인공위성과 지상송신기 사이의 거리측정값이다.
④ 관측된 인공위성 상호 간의 거리측정값이다.

해설 GNSS측량에서 의사거리는 인공위성과 지상수신기 사이의 거리측정값으로, 이는 오차를 포함하고 있다.

38 GNSS(Global Navigation Satellite System)측량에서 의사거리결정에 영향을 주는 오차의 원인으로 가장 거리가 먼 것은?
① 위성의 궤도오차 ② 위성의 시계오차
③ 안테나의 구심오차 ④ 지상의 기상오차

해설 구조적 요인에 의한 거리오차에는 위성궤도오차, 위성시계오차, 안테나의 구심오차, 전리층 및 대류권 전파지연오차 등이 있다.

39 사이클슬립(cycle slip)이나 멀티패스(multipath)의 오차를 줄일 목적으로 낮은 위성의 고도각을 제한하기도 한다. 일반적으로 제한하는 위성의 고도각범위로 알맞은 것은?
① 10° 이상 ② 15° 이상
③ 30° 이상 ④ 40° 이상

해설 GNSS에 의한 측량 시 고도각범위는 15° 이상이다. 그 이유는 사이클슬립이나 멀티패스에 의한 오차를 줄이기 위함이다.

40 GNSS오차 중 송신된 신호를 동기화하는데 발생하는 시계오차와 전기적 잡음에 의한 오차는?
① 수신기오차
② 위성의 시계오차
③ 다중전파경로에 의한 오차
④ 대기조건에 의한 오차

해설 GNSS오차 중 송신된 신호를 동기화하는데 발생하는 시계오차와 전기적 잡음에 의한 오차는 수신기오차이다.

41 GNSS의 스태틱측량을 실시한 결과 거리오차의 크기가 0.10m이고 PDOP가 4일 경우 측위오차의 크기는?
① 0.4m ② 0.6m
③ 1.0m ④ 1.5m

해설 측위오차=PDOP×거리오차=4×0.1=0.4m

42 여러 기종의 수신기로부터 얻어진 GNSS측량자료를 후처리하기 위한 표준형식은?
① RTCM-SC ② NMEA
③ RTCA ④ RINEX

해설 RINEX : 여러 기종의 수신기로부터 얻어진 GNSS측량자료를 후처리하기 위한 표준형식

43 GNSS측량의 정확도에 영향을 미치는 요소와 가장 거리가 먼 것은?
① 기지점의 정확도
② 위성 정밀력의 정확도
③ 안테나의 높이측정 정확도
④ 관측 시의 온도측정 정확도

해설 GNSS는 기상조건에 영향을 받지 않기 때문에 관측 시의 정확도는 온도와는 무관하다.

44 정밀도 저하율(DOP : Dilution of Precision)에 대한 설명으로 틀린 것은?
① 정밀도 저하율의 수치가 클수록 정확하다.
② 위성들의 상대적인 기하학적 상태가 위치결정에 미치는 오차를 표시한 것이다.
③ 무차원수로 표시된다.
④ 시간의 정밀도에 의한 DOP의 형식을 TDOP라 한다.

정답 36 ④ 37 ② 38 ④ 39 ② 40 ① 41 ① 42 ④ 43 ④ 44 ①

해설 **위성배치형태에 따른 오차**
  ㉠ 의의 : 위성과 수신기들 간의 기하학적 배치에 따른 오차로서 측위정확도의 영향을 표시하는 계수로 정밀도 저하율(DOP)이 사용된다.
  ㉡ 종류
    • GDOP : 기하학적 정밀도 저하율
    • PDOP : 위치정밀도 저하율
    • HDOP : 수평정밀도 저하율
    • VDOP : 수직정밀도 저하율
    • RDOP : 상대정밀도 저하율
    • TDOP : 시간정밀도 저하율
  ㉢ 특징
    • DOP는 위성의 기하학적 배치상태가 정확도에 어떻게 영향을 주는가를 추정할 수 있는 척도이다.
    • 정확도를 나타내는 계수로서 수치로 표시된다.
    • 수치가 작을수록 정밀하다.
    • 지표에서 가장 배치상태가 좋을 때의 DOP수치는 10이다.
    • 위성의 위치, 높이, 시간에 대한 함수관계가 있다.

45 GNSS위치결정에서 정확도와 관련된 위성의 위치상태에 관한 내용으로 옳지 않은 것은? 기 17-3

① 결정좌표의 정확도는 정밀도 저하율(DOP)과 단위관측정확도의 곱에 의해 결정된다.
② 3차원 위치는 TDOP(Time DOP)에 의해 정확도가 달라진다.
③ 최적의 위성배치는 한 위성은 관측자의 머리 위에 있고 다른 위성의 배치가 각각 120°를 이룰 때이다.
④ 높은 DOP는 위성의 배치상태가 나쁘다는 것을 의미한다.

해설 3차원 위치는 VDOP에 의해 정확도가 달라진다.

46 GNSS(global navigation satellite system)측량의 Cycle Slip에 대한 설명으로 옳지 않은 것은? 기 16-3

① GNSS반송파 위상추적회로에서 반송파 위상차값의 순간적인 차단으로 인한 오차이다.
② GNSS안테나 주위의 지형·지물에 의한 신호단절현상이다.
③ 높은 위성고도각에 의하여 발생하게 된다.
④ 이동측량의 경우 정지측량의 경우보다 Cycle Slip의 다양한 원인이 존재한다.

해설 **사이클슬립의 원인** : 낮은 위성의 고도각, 높은 신호잡음, 낮은 신호강도, 이동차량에서 주로 발생

47 GNSS측량에서 GDOP에 관한 설명으로 옳은 것은? 산 19-3

① 위성의 수치적인 평면의 함수값이다.
② 수신기의 기하학적인 높이의 함수값이다.
③ 위성의 신호강도와 관련된 오차로서 그 값이 크면 정밀도가 낮다.
④ 위성의 기하학적인 배열과 관련된 함수값이다.

해설 GNSS측량에서 GDOP(기하학적 정밀도 저하율)은 위성의 기하학적인 배열과 관련된 함수값이다.

48 GNSS를 이용하여 위치를 결정할 때 발생하는 중요한 오차요인이 아닌 것은? 산 19-2

① 위성의 배치상태와 관련된 오차
② 자료호환과 관련된 오차
③ 신호전달과 관련된 오차
④ 수신기에 관련된 오차

해설 **GNSS의 오차**
  ㉠ 구조적 요인에 의한 거리오차(위성시계오차, 수신기오차, 다중경로오차, 대류권 전파지연오차)
  ㉡ 사이클슬립
  ㉢ 선택적 가용성에 따른 오차(SA)
  ㉣ 위성배치형태에 따른 오차

49 GNSS측량에서 DOP에 대한 설명으로 옳은 것은? 기 16-2

① 도플러이동량
② 위성궤도의 결정좌표
③ 특정한 순간의 위성배치에 대한 기하학적 강도
④ 위성시계와 수신기시계의 조합으로부터 계산되는 시간오차의 표준편차

해설 DOP란 특정한 순간의 위성배치에 대한 기하학적 강도로서 수치로 표현되며 작을수록 좋다.

50 GNSS측량 시 유사거리에 영향을 주는 오차와 거리가 먼 것은? 산 17-1

① 위성시계의 오차
② 위성궤도의 오차
③ 전리층의 굴절오차
④ 지오이드의 변화오차

정답 45 ② 46 ③ 47 ④ 48 ② 49 ③ 50 ④

해설 GNSS에서 구조적 요인에 의한 거리오차 : 위성시계오차, 궤도오차, 전리층의 굴절오차 등

51 GNSS의 활용분야와 거리가 먼 것은?
① 위성영상의 지상기준점(Ground Control Point) 측량
② 항공사진의 촬영 순간 카메라 투영중심점의 위치측정
③ 위성영상의 분광특성조사
④ 지적측량에서 기준점측량

해설 GNSS는 인공위성에 의한 위치결정시스템으로 위성영상의 분광특성조사분야에는 활용할 수 없다.

정답 51 ③

제 3 편

토지정보체계론

제1장 지적전산 총론
제2장 지적정보
제3장 자료구조
제4장 데이터베이스
제5장 토지정보시스템
제6장 국가공간정보 기본법

ENGINEER & INDUSTRIAL ENGINEER of
CADASTRAL SURVEYING

CHAPTER 01 지적전산 총론

1 개요

1 의의

지적은 토지에 관련된 정보를 조사·측량하여 지적공부에 등록·관리하고 등록된 정보의 제공에 관한 사항을 규정함으로써 효율적인 토지관리와 소유권 보호에 이바지함을 목적으로 한다. 따라서 전산화의 필요성이 대두되었으며, 이는 협의의 지적전산과 광의의 지적전산으로 구분된다.

2 목적

① 토지정보의 수요에 대한 신속한 정보제공
② 공공계획의 수립에 필요한 정보제공
③ 행정자료 구축과 행정업무에 이용
④ 다른 정보자료 등과의 연계
⑤ 민원인에 대한 신속한 대처

3 지적전산의 구성

1) 자료

지적전산의 구성요소 중 데이터는 매우 중요하면서 핵심적인 요소이다. 지적전산은 많은 자료를 입력하거나 관리하는 것으로 이루어지며 입력된 자료를 활용하여 지적전산의 응용시스템을 구축할 수 있다. 이러한 자료들을 속성정보와 도형정보로 분류된다.

2) 소프트웨어

지적전산의 주요 구성요소 중 소프트웨어는 데이터와 함께 핵심요소로 기능하고 있다. 지적전산의 자료를 입력, 출력, 관리하기 위해 자료입력소프트웨어, 자료출력소프트웨어, 데이터베이스관리소프트웨어 등이 반드시 필요하며 각종 통계, 문서작성기, 그래프작성기 등과 같은 지원프로그램 등도 이에 포함된다. 각종 정보를 저장·분석·출력할 수 있는 기능을 지원하는 도구로써 정보의 입력 및 중첩기능, 데이터베이스관리기능, 질의분석기능, 시각화기능 등의 주요 기능을 갖는다.

① 운영체제 : MS-DOS, Windows 2000, Windows XP, Windows NT, UNIX 등
② 지적전산소프트웨어
　㉠ 지적행정시스템 : 지적정보의 공동 활용 확대, 지적전산처리절차의 개선, 관련 기관과의 연계기반 구축을 목표로 하여 개발되었으며, 주요 기능으로는 토지이동관리, 소유권변동관리, 지적업무, 창구민원관리 등 다양한 지적행정업무를 수행한다. 이 시스템은 시·도에서 관리하던 토지기록전산온라인시스템을 시·군·구로 이관하여 관리하게 되며 토지대장, 임야대장 등의 속성정보만을 관리하는 시스템이다.
　㉡ 필지중심토지정보시스템(PBLIS) : 지적도·토지대장의 통합관리시스템 구축으로 지방자치단체의 지적업무 효율화와 토지정책, 도시계획 등의 다양한 정책분야에 기초공간자료제공을 목적으로 개발되었다. 즉 대장정보와 도형정보를 통합한 일필지정보를 기반으로 토지의 모든 정보를 다루는 시스템이다.
　㉢ 토지관리정보시스템(LMIS) : 시·군·구에서 생산·관리하는 공간도형자료와 속성자료를 통합 구축·관리하기 위한 정보화사업이다.
　㉣ 한국토지정보시스템(KLIS) : 국가적인 정보화사업을 효율적으로 추진하기 위하여 행정안전부의 필지중심토지정보시스템(PBLIS)과 국토교통부의 토지종합정보망(LMIS)을 하나의 시스템으로 통합하여 전산정보의 공공활용과 행정의 효율성 제고를 위해 행정안전부와 국토교통부가 공동 주관으로 추진하고 있는 정보화사업이다.
　㉤ 부동산종합공부시스템 : 토지의 표시와 소유자에 관한 사항, 건축물의 표시와 소유자에 관한 사항, 토지의 이용 및 규제에 관한 사항, 부동산의 가격에 관한 사항 등 부동산에 관한 종합정보를 정보관리체계를 통하여 기록·저장한 것을 말한다.
③ GIS 전용소프트웨어 : Arc/Info, ArcView, ArcGIS

3) 하드웨어

지적전산을 운용하는데 필요한 컴퓨터와 각종 입출력장치 및 자료관리장치를 말한다. 워크스테이션, 컴퓨터 등과 같은 주작업장치들과 스캐너, 프린터, 플로터, 디지타이저를 비롯한 각종 주변장치들, 정보의 공유를 위한 네트워크장비들도 포함된다.

(1) 입력장비

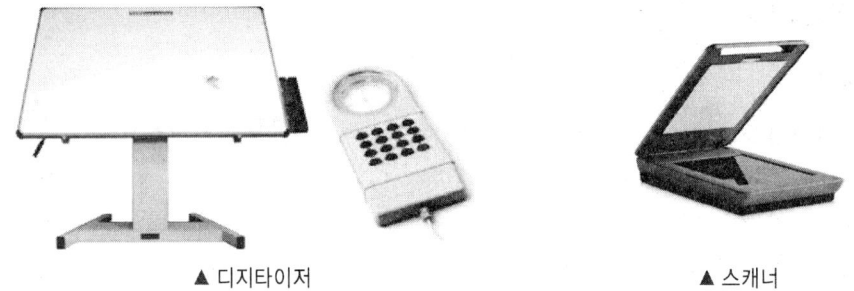

▲ 디지타이저　　　　　　　　▲ 스캐너

(2) 저장장치

① **워크스테이션(workstation)** : 공학적 용도(CAD/CAM)나 소프트웨어 개발, 그래픽디자인 등 연산능력과 뛰어난 그래픽능력을 필요로 하는 일에 주로 사용되는 고성능 컴퓨터로서, 일반컴퓨터보다 성능이 월등히 높고 처리속도가 빠른 반면에 가격은 비싼 편이다.

② **개인용 컴퓨터** : 개인용 컴퓨터, 퍼스널컴퓨터, 퍼스컴이라고도 한다. 기본적으로는 사무실용 컴퓨터와 같으나 일반적으로 소형이고 값도 저렴하다. 소프트웨어로는 운영체계(OS : operating system)를 가지고 있으며, 언어로는 어셈블리어(assembly language)와 고급수준의 언어로 베이직(basic) 등의 언어가 제공되고 있다.

③ **자기디스크** : 대용량 보조기억장치로서 자기테이프장치와는 달리 자료를 직접 또는 임의로 처리할 수 있는 직접접근저장장치(DASD)이다. 주변에서 흔히 볼 수 있는 레코드판과 같은 형태의 알루미늄과 같은 금속성 표면에 자성물질을 입혀서 그 위에 데이터를 기록하고 기록된 데이터를 읽어낸다. 회전축을 중심으로 자료가 저장되는 동심원을 트랙(track)이라고 하며, 하나의 트랙을 여러 개로 구분한 것을 섹터(sector)라고 하고, 동일 위치의 트랙집합을 실린더(cylinder)라고 한다. 안쪽의 트랙과 바깥쪽의 트랙은 길이는 다르지만 정보량은 같게 되어 있다. 실린더, 트랙, 섹터의 번호는 자료를 저장하는 장소, 즉 주소로 이용된다.

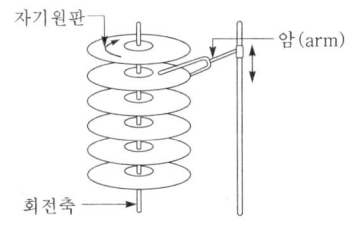
▲ 자기디스크

▲ 개인용 컴퓨터

▲ 워크스테이션

(3) 출력장비

▲ 플로터

▲ 프린터

▲ 모니터

4 지적전산용 네트워크장비

1) 전송장비

두 지점 사이에 정보를 전달하는 일련의 행위를 수행하는 것으로 랜카드가 대표적이다.

2) 교환장비

통신망에서 데이터의 경로를 지정해주는 장비이다.
① 라우터 : 패킷의 위치를 추출하여 그 위치에 대한 최상의 경로를 지정하며, 이 경로를 따라 데이터 패킷을 다음 장치로 전향시키는 장치이다.
② 허브 : 신호를 여러 개의 다른 선으로 분산시켜 내보낼 수 있는 장치이며 컴퓨터나 프린터들과 네트워크연결, 근거리의 다른 네트워크(다른 허브)와 연결, 라우터 등의 네트워크장비와 연결, 네트워크상태 점검, 신호증폭기능 등의 역할을 한다.
③ 단말·서버장비 : 개인용 컴퓨터와 워크스테이션을 말한다.
④ 보안장비 : 네트워크상에서 해킹과 같이 불법적으로 네트워크나 시스템으로 침입하는 행위에 대비한 보안으로 내부네트워크와 외부네트워크 사이에서 보안을 담당하는 방화벽이 대표적이다.

2 지적전산의 변천

1 변천연혁

지적업무전산화 기반 조성	• 1975년 지적법령의 전문을 개정하고 지적업무전산화에 대한 기반 조성
↓	
지적정보화계획 수립 및 토지기록전산화	• 정부는 1980년 12월에 지적정보화계획 수립에 착수하고, 1982년 토지기록전산화사업 착수
↓	
지적전산관리전산망 구축	• 1990년 4월부터 대민서비스 개시 • 1991년 2월부터 전국을 대상으로 온라인서비스 제공
↓	
지적도면전산화	• 1996년 4월부터 대전광역시 유성구 전체를 대상으로 지적도면전산화시범사업 실시
↓	
필지중심토지정보시스템 (PBLIS)	• 개발계획 수립 : 1994년 12월 • 개발계획 착수 : 1996년 8월 • 실험사업대상지구 선정(1996년) : 경남 창원시 • 개발완료 : 2000년 11월 • 시범운영기관 선정(2001년 7월) : 경기도 일산구 • 2002년 5월부터 11월 말까지 전국적 확산
↓	

지적행정시스템	• 토지에 관련된 정보를 조사·측량하여 작성한 지적공부(토지대장, 임야대장, 공유지연명부, 대지권등록부, 경계점좌표등록부)를 전산으로 등록·관리하는 시스템으로 하드웨어와 소프트웨어 및 전산자료로 이루어짐
↓	
한국토지정보시스템 (KLIS)	• 필지중심토지정보시스템(PBLIS)과 국토교통부의 토지관리정보시스템(LMIS)을 보완하여 하나의 시스템으로 통합 구축 • 토지대장의 문자(속성)정보를 연계활용하는 방안 강구 • 3계층 클라이언트/서버(3-Tiered client/server) 아키텍처를 기본구조로 개발하기로 합의

2 지적전산화 기반 조성

① 대장의 서식을 부책식에서 카드식으로 개정
② 면적단위를 척관법에 의한 평(坪)과 보(步)에서 미터법에 의한 '평방미터(m^2)'로 개정
③ 소유권 주체의 고유번호화
④ 지목, 토지이동연혁, 소유권변동연혁 등의 코드화 및 업무의 표준화
⑤ 수치지적부(현 경계점좌표등록부)의 도입
   ㉠ 지적측량을 사진측량과 수치측량방법으로 실시할 수 있도록 제도 신설
   ㉡ 시·군·구에 토지대장, 지적도, 임야대장, 임야도 및 수치지적부를 비치·관리하도록 하고 그 등록사항을 규정
   ㉢ 수치지적부(1975) → 경계점좌표등록부(2002.1.27. 시행)

3 토지기록전산화

1) 의의

토지기록전산화의 기반이 되는 토지대장 및 임야대장의 전산화를 신속·정확하게 하고 업무의 능률성을 도모하기 위하여 1982년에 토지기록전산입력자료작성지침을 전국에 시달하고 시·군·구는 전국 필지에 대한 원시자료를 작성하고 전산화입력작업을 시작하였다.

2) 기대효과

관리적 기대효과	정책적 기대효과
• 토지정보관리의 과학화 　-정확한 토지정보관리 　-토지정보의 신속처리 • 주민 편익 위주의 민원 쇄신 　-민원의 신속·정확처리 　-대정부 신뢰성 향상 • 지방행정전산화의 기반 조성 　-전산요원 양성 및 기술축적 　-지방행정정보관리능력 제고	• 토지정책정보의 공동 이용 　-토지정책정보의 공동 이용 　-정책정보의 다목적 활용 • 건전한 토지거래질서 확립 　-토지투기방지효과 보완 　-세무행정의 공정성 확보 • 국토의 효율적 이용관리 　-국토이용현황의 정확 파악 　-국·공유재산의 효율적 관리

4 지적도면전산화

1) 추진배경

① 지적·임야도면의 관리소홀로 인한 훼손 및 오손 심각
② 도면의 신축으로 인한 과대오차 내재
③ 다양한 축척으로 인한 지적·임야도면 상호 간의 차이

2) 사업 추진 시 고려사항

① 전산화 이전에 도면의 오류사항 및 토지이동정리 누락분 일제정비 필요
② 도면입력의 효율성 제고
③ 전산화 소요시간 및 비용의 절감
④ 합리적인 검사방법 정립으로 신뢰도 향상
⑤ 신뢰할 수 있는 신축보정 및 접합보정방법 연구
⑥ 작업과정에서 지적도면 훼손 및 멸실방지대책 수립

3) 작업순서

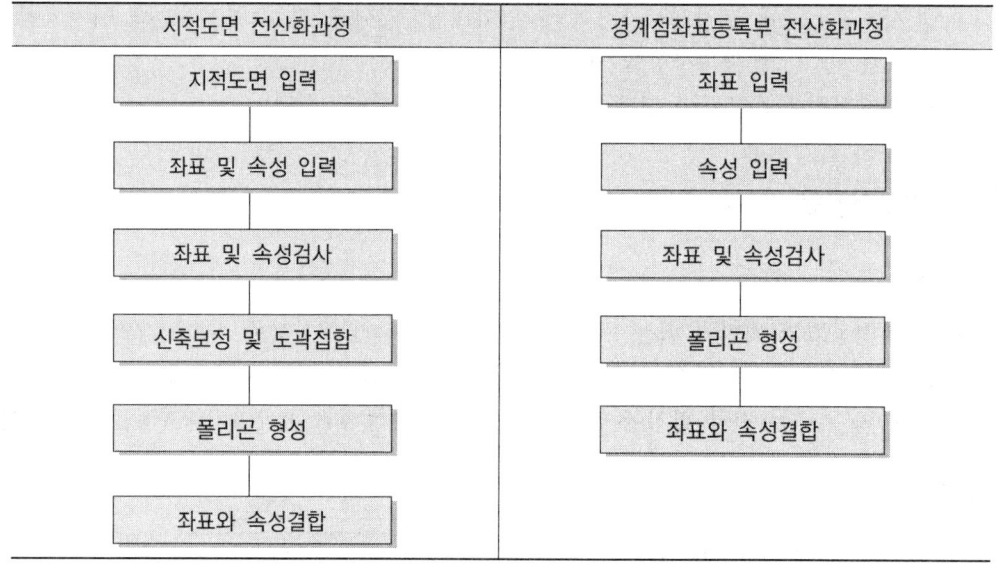

5 필지중심토지정보체계(PBLIS)

1) 의의

필지중심토지정보시스템(PBLIS : Parcel Based Land Information System)은 지적도·토지대장의 통합관리시스템 구축으로 지방자치단체의 지적업무 효율화와 토지정책, 도시계획 등의 다양한 정책분야에 기초공간자료 제공을 목적으로 개발되었다. 즉 대장정보와

도형정보를 통합한 일필지정보를 기반으로 토지의 모든 정보를 다루는 시스템으로써 각종 지적행정업무 수행과 관련 부처 및 타 기관에 제공할 정책정보를 생산하는 시스템을 의미한다. 이러한 필지중심토지정보시스템은 지적공부관리시스템, 지적측량시스템, 지적측량성과작성시스템으로 구성되어 있다.

2) 필지중심토지정보시스템 개발배경

(1) 지적도면의 한계성 봉착
① 종이도면에 따른 온습도변화 및 노후화 등 도면관리의 문제
② 다양한 축척으로 인한 불일치사항 내재

(2) 대장과 도면관리의 불균형
대장정보는 1990년 전산화가 완료되었으나, 도면정보는 수작업관리로 불균형발전 초래

(3) 대장정보와 도면정보의 통합시스템 운영 필요성 대두
① 대장과 도면을 통합한 지적정보의 실시간 제공
② 다양한 정책정보 제공 및 양질의 대국민서비스

3) 필지중심토지정보시스템 개발목적
① 지적재조사기반 확보 : 도면관리의 문제점 및 다양한 축척의 도면으로 인한 불일치사항 해소
② 소유권 보호 및 토지 관련 서비스 제공
③ 행정의 능률성 제고(시간 절감) 및 비용 절감 : 토지이동의 실시간정리로 신속한 데이터의 제공
④ 정부나 국민에게 정확한 지적정보 제공 : 정확한 데이터를 관리할 수 있어 국가정보로서의 공신력 향상
⑤ 대장 및 도면등록정보의 다양화로 국민의 정보욕구 충족
⑥ 다양한 부가정보의 조합을 통해 새로운 정보생산의 기반 확충
⑦ 대장과 도면정보의 통합시스템 운영

4) PBLIS시스템 구성 및 주요 기능
필지중심토지정보시스템은 지적공부관리시스템, 지적측량시스템, 지적측량성과작성시스템으로 구성되어 있다.

(1) 지적공부관리시스템
주로 시·군·구청의 지적담당부서에서 지적행정업무를 처리하는데 이용되며, 이 시스템은 사용자권한관리, 지적측량검사업무, 토지이동관리, 지적일반업무관리, 창구민원업무, 토지기록자료 조회 및 출력, 지적통계관리, 정책정보관리 등 160여종의 업무를 제공하고 있다.

(2) 지적측량시스템

지적측량수행자가 처리하는 지적측량업무를 지원하는 시스템으로서 지적측량업무의 자동화에 일익을 담당하게 되어 측량업무의 생산성과 정확성을 높여주는 시스템이다. 이 시스템은 지적삼각측량, 지적삼각보조측량, 지적도근측량, 세부측량 등 170여종의 업무를 제공하고 있다.

(3) 지적측량성과작성시스템

지적측량수행자가 사용하며 지적측량성과업무에 이용된다. 이 시스템은 지적측량을 위한 준비도 작성과 성과도의 입력 등으로 지적측량업무를 지원하며 측량성과를 데이터베이스로 저장하여 지적업무에 효율성을 높일 수 있다.

▶ PBLIS의 시스템 구성 및 주요 기능

PBLIS	주요 기능	DB
지적공부관리시스템	시스템, 화면, 도면, 사용자권한관리, 지적측량검사. 토지이동, 지적일반업무, 창구민원업무, 토지기록자료, 지적통계, 정책정보, 자료정비, 데이터 검증, 도움말	• 지적재조사를 통한 신규 제작 개별지적도 • 기존 개별지적도 • 토지대장 • 등기부 등
지적측량시스템	지적삼각측량, 지적삼각보조측량, 지적도근측량, 세부측량 등	
지적측량성과작성시스템	측량준비도 작성, 측량성과파일 작성, 측량성과도 작성, 측량결과도 작성, 구획경지정리산출물 작성	

6 토지관리정보시스템

1) 의의

토지관리정보시스템(LMIS : Land Management Information System) 구축사업은 시·군·구에서 생산하는 공간도형자료와 속성자료를 통합 구축·관리하기 위하여 국토교통부 토지국에서 추진하고 있는 정보화사업으로 토지관리업무와 공간자료관리업무, 토지행정지원업무를 대상으로 추진하고 있다.

2) 목적

① 자료의 일관성과 정확성 확보
② 정보를 공유하여 업무의 효율성 증대
③ 개인소유의 토지에 대한 공적규제사항 제공
④ 토지정책 수립 시 다양한 정보제공

3) LMIS의 구성

구성	역할
토지관리업무시스템	토지거래관리, 외국인토지관리, 개발부담금관리, 공시지가관리, 부동산중개업관리, 용도지역·지구관리 등
공간자료관리시스템	토지 관련 공간자료와 관련 속성자료를 통합 관리할 수 있도록 구성
토지행정지원시스템	토지거래, 외국인토지, 개발부담금, 공시지가, 부동산중개업, 용도지역·지구, 관리시스템 등

7 한국토지정보시스템

1) 의의

한국토지정보시스템(KLIS : Korea Land Information System)은 국가적인 정보화사업을 효율적으로 추진하기 위하여 행정안전부의 필지중심토지정보시스템(PBLIS)과 국토교통부의 토지종합정보망(LMIS)를 하나의 시스템으로 통합하여 전산정보의 공공활용과 행정의 효율성 제고를 위해 행정안전부와 국토교통부가 공동 주관으로 추진하고 있는 정보화사업이다.

2) 도입배경

"(구)행정자치부의 필지중심토지정보시스템(PBLIS)과 (구)건설교통부의 토지관리정보시스템(LMIS)을 보완하여 하나의 시스템으로 통합 구축하고 토지대장의 문자(속성)정보를 연계활용하는 방안을 강구하라"는 감사원 감사결과(2000)에 따라 3계층 클라이언트-서버(3-Tiered client/server) 아키텍처를 기본구조로 개발하기로 합의하였다.

PBLIS
- 개발착수 및 전국확산 (1996년 8월~2002년 12월)
- 주요 개발내역
 - 지적공부관리, 측량성과
 - 지적측량 계산, 민원발급

LMIS
- 시범사업 및 전국확산 (1998년 2월~2005년 12월)
- 주요 개발내역
 - 지적도관리, 토지정책관리
 - 주제도관리, 토지행정관리

KLIS
- 2001년 6월 : KLIS추진방향 결정
- 2003년 6월~2004년 7월 : KLIS개발사업완료
- 2004년 9월~2005년 2월 : 시스템 안정화 및 시험운영
- 2005년 6월~2006년 4월 : KLIS 전국확산 및 업무전환

3) KLIS의 주요 기능

(1) 지적공부관리시스템

토지의 등록사항을 관리하는 시스템이다. 지적공부는 속성정보를 담고 있는 토지·임야대장, 공유지연명부, 대지권등록부와 각 필지의 경계를 표시하는 지적·임야도로 나눌 수 있다. 지적공부관리시스템은 속성정보와 공간정보를 유기적으로 통합하여 두 데이터의 무결성을 유지하며 변동자료를 실시간으로 갱신하여 국민과 관련 기관에 필요한 정보를 제공하는 시스템이다.

(2) 지적측량성과작성시스템

지적공부관리시스템에서 제공하는 측량업무의 기초자료인 측량준비도를 제공하고, 이를 기반으로 작성된 측량결과도를 지적공부관리시스템에 제공한다.

(3) 연속·편집도관리시스템

지적공부관리시스템에서 토지이동업무가 처리되면 연속·편집도에 자동 또는 수동으로 반영하고, 이를 기반으로 운영되는 토지행정업무를 처리하기 위하여 개발되었다.

(4) 토지민원발급시스템

지적민원·토지민원서류를 발급·관리하기 위한 시스템으로 지적(임야)도 등본, 지적공부등본, 경계점좌표등록부, 지적기준점확인원, 토지이용계획확인서, 개별공시지가확인서 등 6종류 문서발급과 토지·임야(폐쇄)등본, 대지권등록부발급시스템의 연계를 통한 발급을 처리한다.

(5) 도로명 및 건물번호부여관리시스템

도로명 및 건물번호를 효율적으로 관리하는 시스템으로서 도로의 신설, 용도폐지 및 건축물의 신축, 멸실 등에 따른 도로명 및 건물번호의 유지관리가 가능할 뿐만 아니라 새주소부여를 효율적으로 수행할 수 있도록 업무를 지원하는 시스템이다.

▶ 도로명 및 건물번호부여관리시스템의 중요메뉴 구성 및 기능

메뉴	설명
도로관리	도로구간 입력, 도로구간 수정, 도로구간 삭제, 기초구간 입력, 기초구간 수정, 기초구간 삭제, 기·종점 변경, 실폭도로관리, 단위구간나누기, 기초번호 일괄 부여 등 도로를 관리하는 기능
건물관리	건물정보 입력, 건물정보 수정, 건물 말소, 건물군정보 입력, 건물군정보 수정, 건물군정보 삭제, 주출입구 입력, 주출입구 수정, 출입구 삭제, 건물번호 자동갱신 등 건물을 관리하는 기능
명판관리	도로명판 입력, 도로명판 수정, 도로명판 삭제 등 도로의 명판을 관리하는 기능
대장관리	도로구간조서, 도로명부여대장, 도로구간별 기초번호부여조서, 건물번호부여사무처리대장, 건물번호부여대장, 도로명판관리대장, 건물번호판교부대장 등 도로 및 건물에 관련된 대장을 관리하는 기능

(6) DB관리시스템

도형DB를 관리하기 위한 단위시스템으로 초기데이터 구축, DB자료데이터 전환, 공통파일백업, DB일관성검사기능으로 구별된다. 이 시스템은 기존 PBLIS와 LMIS 확산을 통해 이미 생성된 DB를 한국토지정보시스템의 DB로 이행하는 시스템이다.

4) KLIS의 파일확장자

(1) 측량준비도추출파일(*.cif)

도형데이터추출파일은 지적소관청의 지적공부관리시스템에서 측량하고자 하는 일정범위를 지정하여 도형과 속성정보를 저장한 파일을 말한다.

(2) 일필지속성정보파일(*.sebu)

측량성과작성시스템의 추출버튼을 이용하여 작성하는 파일이다.

(3) 측량관측파일(*.svy)

Total측량에서 현지 지형을 관측한 측량기하적을 좌표로 등록하여 작성된 파일로 현재 도해지역의 측량에 많이 사용하고 있다.

(4) 측량계산파일(*.ksp)

지적측량계산시스템에서 작업한 내용을 관리하는 파일이지만 측량성과작성시스템에서는 주로 경계점 결선, 경계점 등록, 교차점계산, 분할 후 결선작업에 대한 결과를 저장하는 파일이다.

(5) 세부측량계산파일(*.ser)

측량계산시스템에서 교차점계산 및 면적지정계산을 하여 등록버튼을 클릭하면 *.ser파일을 저장할 수 있도록 파일저장창이 활성화된다. 특히 이 파일은 경계점좌표등록부 시행지역 및 측량결과도를 출력할 경우에 반드시 필요한 파일이다.

(6) 측량성과파일(*.jsg)

측량계산시스템에서 생성되는 파일로 분할 후 경계점결선작업을 완료하고 토지이동에 대한 모든 속성정보를 포함한 파일로 측량성과입력에서 반드시 필요하다. 이 파일은 측량성과작성시스템에서 측량성과 입력을 통하여 측량결과도 및 측량성과도를 작성하기 위한 파일이다.

(7) 토지이동정리파일(측량결과파일, *.dat)

지적측량검사요청을 할 경우 이동정리필지에 관한 정보를 저장한 파일로 KLIS의 지적공부관리시스템의 성과검사에 활용이 가능하며 지적소관청의 측량검사, 도면검사, 폐쇄도면검사, 속성정보 등을 검사할 수 있도록 작성된 파일이며, 이를 이용하여 지적공부정리시스템에서 토지대장 및 지적도 정리에 이용되는 파일이다.

3 기타

1 다목적 지적(Multipurpose Cadastre)

1) 의의

① 종합지적(유사지적, 경제지적, 통합지적)이라고도 한다.
② 1필지를 단위로 토지 관련 정보를 종합적으로 등록하는 제도로서 토지에 관한 물리적 현황은 물론 법률적, 재정적, 경제적 정보를 포괄하는 제도이다.
③ 토지에 대한 평가, 과세, 거래, 이용계획, 지하시설물과 공공시설물 및 토지통계 등에 관한 정보를 공동으로 활용하기 위하여 최근에 개발된 지적제도이다.

2) 다목적 지적의 구성요소

구분	내용
3대 구성요소	측지기준망, 기본도, 중첩도
5대 구성요소	측지기준망, 기본도, 중첩도, 필지식별번호, 토지자료파일

① **측지기준망** : 측지기준망은 지상에 영구적으로 표시되어 도면상에 등록된 경계선을 현지에 복원할 수 있는 정확도를 유지해야 한다. 측량의 기준이 되는 좌표체계로서 일반적 측량기법뿐만 아니라 인공위성을 이용한 GPS측량을 이용하여 정확성 및 경제성을 도모해야 한다. 따라서 측지기준망은 지적측량의 기준이 되는 삼각점들을 연결한 삼각망, 수준점들을 연결한 수준망을 의미한다.
② **기본도** : 측지기준망을 기초로 하여 작성된 도면으로서 지도 작성에 필요한 정보를 일정한 축척의 도면 위에 등록한 것이다.
③ **중첩도** : 측지기준망 및 기본도와 연계하여 활용할 수 있고 토지소유권에 대한 경계를 식별할 수 있도록 명확히 구분하여 정한 토지의 등록단위인 필지를 등록한 지적도와 시설물, 토지이용도, 지역지구도 등을 결합한 상태의 도면을 말한다.

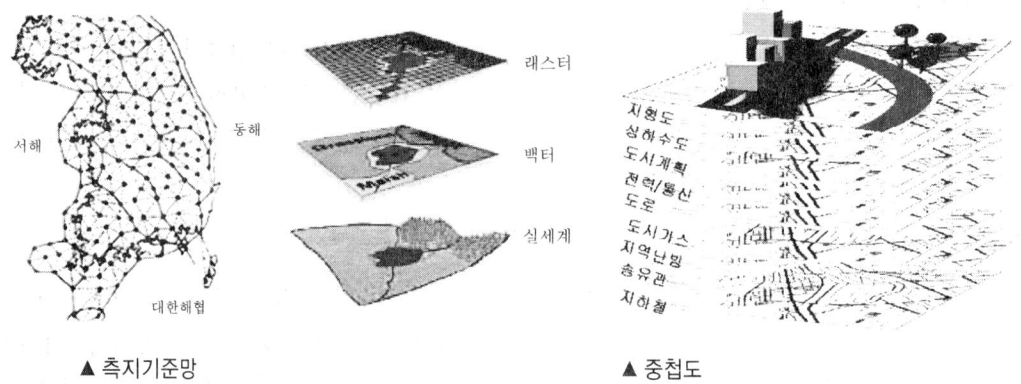

▲ 측지기준망   ▲ 중첩도

④ **필지식별번호** : 각 필지별 등록사항의 저장과 수정 등을 쉽게 처리할 수 있는 가변성이 없는 고유번호를 말하며 속성정보와 도형정보의 연결, 토지정보의 위치식별확인, 도형정보의 수집, 검색, 조회 등의 key역할을 한다.
  ㉠ 토지소유자가 기억하기 쉽고 이해하기 쉬워야 한다.
  ㉡ 분할 및 합병 시 수정이 가능하여야 한다.
  ㉢ 토지거래에 있어 변화가 없고 영구적이어야 한다.
  ㉣ 공부상 등록사항과 실제 사항이 일치하여야 한다.
  ㉤ 오차의 발생이 최소화되어야 하며 정확하여야 한다.
  ㉥ 모든 토지행정에 사용될 수 있도록 충분히 유동적이어야 한다.
  ㉦ 전산처리가 쉬워야 한다.

⑤ **토지자료파일** : 토지자료파일은 필지식별번호가 포함된 일련의 공부 또는 토지자료철을 말하는데 과세대장, 건축물관리대장, 천연자원기록, 기타 토지이용, 도로, 시설물 등 토지 관련 자료를 등록한 대장을 뜻하며 필지식별번호에 의거하여 상호 정보교환과 자료검색이 가능하다.

2 지적불부합지

1) 의의

지적불부합지란 지적공부에 등록된 사항과 실제가 부합하지 않는 지역을 말하며 불부합으로 인하여 분쟁, 토지거래질서의 문란 등 많은 문제점이 발생하고 있는 실정이며, 이에 대한 대책이 요구되고 있다.

2) 원인 및 문제점

(1) 원인

제도상의 원인	유지·관리상의 원인
• 세부측량 당시의 착오로 인한 오류 • 측량기준점, 통일원점의 통일성 결여(다양한 원점 사용) • 도면축척의 다양성에 의한 축척 간 접합 시 오류 • 도해지적의 한계로 인한 오류 • 지적도와 임야도의 분리등록에 의한 오류	• 토지의 과다한 이동에 의한 측량 및 정리에 의한 오류 • 한국전쟁 및 각종 공사 시 기준점 망실 및 복구 시 발생한 오류 • 도면 재작성 및 복구측량 착오에 의한 오류 • 도해측량 시 협소지역을 이용한 성과결정에 의한 오류 • 기초점의 도선 편성상 오류 • 도면 취급 시 훼손에 의한 오류 및 관리의 부실로 인한 오류

(2) 영향

사회적 영향	행정적 영향
• 빈번한 토지분쟁 • 토지거래질서의 문란 • 주민의 권리행사 지장 • 권리 실체 인정의 부실	• 지적행정의 불신 • 토지이동정리의 정지 • 지적공부에 대한 증명발급의 곤란 • 토지과세의 부정확 • 부동산등기의 지장 초래 • 공공사업 수행의 지장 • 소송 수행의 지장

3 지적재조사사업

1) 개요

지적공부의 등록사항을 조사·측량하여 기존의 지적공부를 디지털에 의한 새로운 지적공부로 대체함과 동시에 지적공부의 등록사항이 토지의 실제 현황과 일치하지 아니하는 경우 이를 바로잡기 위하여 실시하는 국가사업을 말한다.

2) 필요성 및 기대효과

(1) 필요성
① 지적불부합지의 과다
② 노후화된 지적도면
③ 지적측량기준점의 정확도 저하
④ 통일원점의 본원적 문제
⑤ 국가좌표체계의 문제

(2) 기대효과
① 지적불부합지의 해소
② 능률적인 지적관리체제 개선
③ 경계복원능력의 향상
④ 지적관리를 현대화하기 위한 수단
⑤ 지적공부의 정확도 및 지적에 포함되는 요소들의 확장

3) 지적재조사사업 시 고려할 사항
① 현재와 미래의 소요정확도
② 현재와 미래의 재정, 인력, 장비의 확보가능성
③ 전반적 또는 부분적인 업무의 긴급성
④ 지적전산화 등 새로운 기술개발의 가능성
⑤ 지적정리를 위한 인력 및 장비의 확보
⑥ 측량방법의 선택

01 예상문제

01 지적전산화의 목적으로 가장 거리가 먼 것은? 기 18-3

① 지적민원처리의 신속성
② 전산화를 통한 중앙통제
③ 관련 업무의 능률과 정확도 향상
④ 토지 관련 정책자료의 다목적 활용

해설 지적전산화의 목적
㉠ 국가지리정보에 기본정보로 관련 기관이 공동으로 활용할 수 있는 기반 조성(공공계획 수립의 중요정보 제공)
㉡ 지적도면의 신축으로 인한 원형보관·관리의 어려움 해소
㉢ 정확한 지적측량자료 활용
㉣ 토지대장과 지적도면을 통합한 대민서비스 질적 향상
㉤ 토지정보의 수요에 대한 신속한 대처
㉥ 토지정보시스템의 기초데이터 활용

02 지적도전산화작업의 목적으로 옳지 않은 것은? 산 18-1

① 수치지형도의 위조 방지
② 대민서비스의 질적 향상 도모
③ 토지정보시스템의 기초데이터 활용
④ 지적도면의 신축으로 인한 원형보관·관리의 어려움 해소

해설 지적도면전산화의 목적
㉠ 국가지리정보에 기본정보로 관련 기관이 공동으로 활용할 수 있는 기반 조성(공공계획 수립의 중요정보 제공)
㉡ 지적도면의 신축으로 인한 원형보관·관리의 어려움 해소
㉢ 정확한 지적측량자료 활용
㉣ 토지대장과 지적도면을 통합한 대민서비스 질적 향상
㉤ 토지정보의 수요에 대한 신속한 대처
㉥ 토지정보시스템의 기초데이터 활용

03 지적도전산화작업의 목적으로 옳지 않은 것은? 기 19-1

① 정확한 지적측량자료의 이용
② 지적도의 대량생산 및 배포
③ 대민서비스의 질적 수준 향상
④ 지적도 원형보관·관리의 어려움 해소

04 지적도면전산화의 기대효과로 틀린 것은? 산 17-2

① 지적도면의 효율적 관리
② 토지 관련 정보의 인프라 구축
③ 신속하고 효율적인 대민서비스 제공
④ 지적도면정보 유통을 통한 이윤 창출

해설 지적전산화의 목적
㉠ 토지정보의 수요에 대한 신속한 정보 제공
㉡ 공공계획의 수립에 필요한 정보 제공
㉢ 행정자료 구축과 행정업무에 이용
㉣ 다른 정보자료 등과의 연계
㉤ 민원인에 대한 신속한 대처

05 다음 중 토지기록전산화작업의 목적과 거리가 먼 것은? 산 16-1

① 토지 관련 정책자료의 다목적 활용
② 민원의 신속하고 정확한 처리
③ 토지소유현황의 파악
④ 중앙통제형 행정전산화의 촉진

해설 토지기록전산화의 기대효과

관리적 기대효과	정책적 기대효과

• 토지정보관리의 과학화
  – 정확한 토지정보관리
  – 토지정보의 신속 처리
• 주민편익 위주의 민원 쇄신
  – 민원의 신속 정확 처리
  – 대정부 신뢰성 향상
• 지방행정전산화의 기반 조성
  – 전산요원 양성 및 기술 축적
  – 지방행정정보관리능력 제고
	• 토지정책정보의 공동 이용
	  – 토지정책정보의 공동 이용
	  – 정책정보의 다목적 활용
	• 건전한 토지거래질서 확립
	  – 토지투기방지효과 보완
	  – 세무행정의 공정성 확보
	• 국토의 효율적 이용관리
	  – 국토이용현황의 정확 파악
	  – 국·공유재산의 효율적 관리

정답 01 ② 02 ① 03 ② 04 ④ 05 ④

06 지적도면전산화에 따른 기대효과로 옳지 않은 것은?

① 지적도면의 효율적 관리
② 지적도면관리업무의 자동화
③ 신속하고 효율적인 대민서비스 제공
④ 정부 사이버테러에 대비한 보안성 강화

해설 **지적도면전산화의 목적**
㉠ 국가지리정보에 기본정보로 관련 기관이 공동으로 활용할 수 있는 기반 조성(공공계획 수립의 중요정보 제공)
㉡ 지적도면의 신축으로 인한 원형보관·관리의 어려움 해소
㉢ 정확한 지적측량자료 활용
㉣ 토지대장과 지적도면을 통합한 대민서비스 질적 향상
㉤ 토지정보의 수요에 대한 신속한 대처
㉥ 토지정보시스템의 기초데이터 활용

07 토지대장전산화를 위하여 실시한 준비사항이 아닌 것은?

① 지적 관련 법령의 정비
② 토지·임야대장의 카드화
③ 면적표시의 평(坪)단위 통일
④ 소유권 주체의 고유번호 코드화

해설 **지적전산화 기반 조성**
㉠ 대장의 서식을 부책식에서 카드식으로 개정
㉡ 면적단위를 척관법에 의한 평(坪)과 보(步)에서 미터법에 의한 '평방미터(m^2)'로 개정
㉢ 소유권 주체의 고유번호화
㉣ 지목, 토지이동연혁, 소유권변동연혁 등의 코드화 및 업무의 표준화
㉤ 경계점좌표등록부의 도입

08 토지대장전산화과정에 대한 설명으로 옳지 않은 것은?

① 1975년 지적법 전문개정으로 대장의 카드화
② 1976년부터 1978년까지 척관법에서 미터법으로 환산 등록
③ 1982년부터 1984년까지 토지대장 및 임야대장 전산입력
④ 1989년 1월부터 온라인서비스 최초 실시

해설 1990년 1월부터 전국적인 온라인서비스를 실시하였다.

09 우리나라의 토지대장과 임야대장의 전산화 및 전국 온라인화를 수행했던 정보화사업은?

① 지적도면전산화 ② 토지기록전산화
③ 토지관리정보체계 ④ 토지행정정보전산화

해설 **토지기록전산화** : 토지기록전산화의 기반이 되는 토지대장 및 임야대장의 전산화를 신속·정확하게 하고 업무의 능률성을 도모하기 위하여 1982년에 토지기록전산입력 자료작성지침을 전국에 시달하고 시·군·구는 전국 필지에 대한 원시자료를 작성하고 전산화입력작업을 시작하였다.

10 다음은 토지기록전산화사업과 관련된 설명으로 틀린 것은?

① 시·군·구 온라인화
② 지적도와 임야도의 구조화
③ 자료의 무결성
④ 업무처리절차의 표준화

해설 토지기록전산화사업 시 지적도와 임야도의 구조화작업은 하지 않는다.

11 토지기록전산화의 목적과 거리가 먼 것은?

① 지적공부의 전산화 및 전산파일의 유지로 지적서고의 체계적 관리 및 확대
② 체계적이고 효율적인 지적사무와 지적행정의 실현
③ 최신 자료에 의한 지적통계와 주민정보의 정확성 제고 및 온라인에 의한 신속성 확보
④ 전국적인 등본의 열람을 가능하게 하여 민원인의 편의 증진

해설 **토지기록전산화의 목적**
㉠ 체계적이고 효율적인 지적사무와 지적행정의 실현
㉡ 최신 자료에 의한 지적통계와 주민정보의 정확성 제고 및 온라인에 의한 신속성 확보
㉢ 전국적인 등본의 열람을 가능하게 하여 민원인의 편의 증진

12 다음 중 지적전산업무에 속하지 않는 것은?

① 용도지역 고시
② 지적측량성과 작성
③ 부동산종합공부의 운영
④ 지적공부의 데이터베이스화

해설 **지적전산업무** : 지적측량성과 작성, 부동산종합공부의 운영, 지적공부의 데이터베이스화 등

13 1970년대에 우리나라 정부가 지정한 지적전산화업무의 최초 시범지역은?

① 서울   ② 대전
③ 대구   ④ 부산

해설 1970년대에 우리나라 정부가 지정한 지적전산화업무의 최초 시범지역은 대전이다.

14 지적도재작성사업을 시행하여 지적도 독취자료를 이용하는 도면전산화의 추진연도는?

① 1975년   ② 1978년
③ 1984년   ④ 1990년

해설 지적도재작성사업을 시행하여 지적도 독취자료를 이용하는 도면전산화의 추진연도는 1978년이다.

15 토지정보를 제공하는 국토정보센터가 처음 구축된 연도는?

① 1987년   ② 1990년
③ 1994년   ④ 2001년

해설 토지정보를 제공하는 국토정보센터가 처음 구축된 연도는 1987년이다.

16 다목적 지적의 3대 기본요소만으로 올바르게 묶여진 것은?

① 보조중첩도, 기초점, 지적도
② 측지기준망, 기본도, 지적도
③ 대장, 도면, 수치
④ 지적도, 임야도, 기초점

해설 **다목적 지적의 3대 기본요소** : 측지기준망, 기본도, 지적도

17 발전단계에 따른 지적제도 중 토지정보체계의 기초로서 가장 적합한 것은?

① 법지적   ② 과세지적
③ 소유지적 ④ 다목적 지적

해설 **다목적 지적(Multipurpose Cadastre)** : 1필지를 단위로 토지 관련 정보를 종합적으로 등록하는 제도로서 토지에 관한 물리적 현황은 물론 법률적, 재정적, 경제적 정보를 포괄하는 제도이며 토지정보시스템의 기초가 된다.

18 필지식별자(Parcel Identifier)에 대한 설명으로 옳지 않은 것은?

① 경우에 따라서 변경이 가능하다.
② 지적도에 등록된 모든 필지에 부여하여 개별화한다.
③ 필지별 대장의 등록사항과 도면의 등록사항을 연결시킨다.
④ 각 필지의 등록사항의 저장, 검색, 수정 등을 처리하는데 이용한다.

해설 **필지식별번호** : 각 필지별 등록사항의 저장과 수정 등을 쉽게 처리할 수 있는 가변성이 없는 고유번호를 말하며 속성정보와 도형정보의 연결, 토지정보의 위치식별확인, 도형정보의 수집, 검색, 조회 등의 key역할을 한다.
㉠ 토지소유자가 기억하기 쉽고 이해하기 쉬워야 한다.
㉡ 분할 및 합병 시 수정이 가능하여야 한다.
㉢ 토지거래에 있어 변화가 없고 영구적이어야 한다.
㉣ 공부상 등록사항과 실제 사항이 일치하여야 한다.
㉤ 오차의 발생이 최소화되어야 하며 정확하여야 한다.
㉥ 모든 토지행정에 사용될 수 있도록 충분히 유동적이어야 한다.
㉦ 전산처리가 쉬워야 한다.

19 필지식별번호에 관한 설명으로 틀린 것은?

① 각 필지의 등록사항의 저장과 수정 등을 용이하게 처리할 수 있는 고유번호를 말한다.
② 필지에 관련된 모든 자료의 공통적인 색인번호의 역할을 한다.
③ 토지 관련 정보를 등록하고 있는 각종 대장과 파일 간의 정보를 연결하거나 검색하는 기능을 향상시킨다.
④ 필지의 등록사항 변경 및 수정에 따라 변화할 수 있도록 가변성이 있어야 한다.

해설 필지식별번호는 필지의 등록사항 변경 및 수정에 따라 변화할 수 있도록 가변성이 없어야 한다.

정답 13 ② 14 ② 15 ③ 16 ② 17 ④ 18 ① 19 ④

20 필지식별번호에 대한 설명으로 옳지 않은 것은?
　　　　　　　　　　　　　　　　　　기 18-2
① 각 필지에 부여하며 가변성이 있는 번호이다.
② 필지에 관련된 자료의 공통적인 색인번호의 역할을 한다.
③ 필지별 대장의 등록사항과 도면의 등록사항을 연결하는 기능을 한다.
④ 각 필지별 등록사항의 저장과 수정 등을 용이하게 처리할 수 있는 고유번호이다.

해설　필지식별번호는 각 필지별 등록사항의 저장과 수정 등을 쉽게 처리할 수 있는 가변성이 없는 고유번호를 말하며 속성정보와 도형정보의 연결, 토지정보의 위치식별확인, 도형정보의 수집, 검색, 조회 등의 key역할을 한다.

21 필지중심토지정보시스템에서 도형정보와 속성정보를 연계하기 위하여 사용되는 가변성이 없는 고유번호는?
　　　　　　　　　　　　　　　　　　기 17-3
① 객체식별번호　　② 단일식별번호
③ 유일식별번호　　④ 필지식별번호

해설　**필지식별번호** : 필지중심토지정보시스템에서 도형정보와 속성정보를 연계하기 위하여 사용되는 가변성이 없는 고유번호

22 다음 중 필지식별자로서 가장 적합한 것은?　산 19-1
① 지목　　　　　② 토지의 소재지
③ 필지의 고유번호　④ 토지소유자의 성명

해설　**필지식별자** : 각 필지별 등록사항의 저장과 수정 등을 쉽게 처리할 수 있는 가변성이 없는 고유번호를 말하며 속성정보와 도형정보의 연결, 토지정보의 위치식별 확인, 도형정보의 수집, 검색, 조회 등의 key역할을 한다.

23 다음 중 연속도면의 제작편집에 있어 도곽선 불일치의 원인에 해당하지 않는 것은?　산 16-1
① 통일된 원점의 사용
② 도면축척의 다양성
③ 지적도면의 관리 부실
④ 지적도면 재작성의 부정확

해설　**도곽선 불일치의 원인**
　㉠ 다양한 원점 사용
　㉡ 도면축척의 다양성
　㉢ 지적도면의 관리 부실
　㉣ 지적도면 재작성의 부정확

24 지적도면을 전산화하고자 하는 경우 정비하여야 할 대상정보가 아닌 것은?　기 16-3
① 색인도　　② 도곽선
③ 필지경계　④ 지번색인표

해설　**도면전산화 시 정비대상** : 경계, 색인도, 도곽선 및 수치, 도면번호, 행정구역선 등

25 다음 중 공개된 상업용 소프트웨어와 자료구조의 연결이 잘못된 것은?　산 16-1
① AutoCAD – DXF
② ArcView – SHP/SHX/DBF
③ MicroStation – IFS
④ MapInfo – MID/MIF

해설　**상업용 소프트웨어와 자료구조**
　㉠ AutoCAD – DXF
　㉡ ArcView – SHP/SHX/DBF
　㉢ MicroStation – ISFF
　㉣ MapInfo – MID/MIF
　㉤ ArcInfo – E00

26 각종 행정업무의 무인자동화를 위해 가판대와 같이 공공시설, 거리 등에 설치하여 대중들이 쉽게 사용할 수 있도록 설치한 컴퓨터로 무인자동단말기를 가리키는 용어는?　산 17-1
① Touch Screen　② Kiosk
③ PDA　　　　　④ PMP

해설　**Kiosk** : 각종 행정업무의 무인자동화를 위해 가판대와 같이 공공시설, 거리 등에 설치하여 대중들이 쉽게 사용할 수 있도록 설치한 컴퓨터로 무인자동단말기

27 PBLIS와 NGIS의 연계로 인한 장점으로 가장 거리가 먼 것은?　기 18-3, 19-1
① 토지 관련 자료의 원활한 교류와 공동 활용
② 토지의 효율적인 이용증진과 체계적 국토개발
③ 유사한 정보시스템의 개발로 인한 중복투자 방지
④ 지적측량과 일반측량의 업무통합에 따른 효율성 증대

정답　20 ①　21 ④　22 ③　23 ①　24 ④　25 ③　26 ②　28 ④

해설 **PBLIS와 NGIS의 연계로 나타나는 장점**
㉠ 토지 관련 자료의 원활한 교류와 공동 활용
㉡ 토지의 효율적인 이용증진과 체계적 국토개발
㉢ 유사한 정보시스템의 개발로 인한 중복투자 방지

28 지적행정시스템의 속성자료와 관련이 없는 것은?

① 토지대장　　② 임야대장
③ 공유지연명부　④ 국세과세대장

해설 지적행정시스템은 지적정보의 공동 활용 확대, 지적전산처리절차의 개선, 관련 기관과의 연계기반 구축을 목표로 하여 개발되었으며, 주요 기능으로는 토지이동관리, 소유권변동관리, 지적업무, 창구민원관리 등 다양한 지적행정업무를 수행한다. 이 시스템은 시·도에서 관리하던 토지기록전산온라인시스템을 시·군·구로 이관하여 관리하게 되며 토지대장, 임야대장, 공유지연명부 등의 속성정보만을 관리하는 시스템이다.

29 지적 관련 전산화사업의 시기가 빠른 순으로 올바르게 나열한 것은?

① 토지·임야대장전산화 → 지적도면전산화 → KLIS 구축 → 부동산종합공부시스템 구축
② 지적도면전산화 → 토지·임야대장전산화 → KLIS 구축 → 부동산종합공부시스템 구축
③ 지적도면전산화 → 토지·임야대장전산화 → 부동산종합공부시스템 구축 → KLIS 구축
④ 토지·임야대장전산화 → KLIS 구축 → 지적도면전산화 → 부동산종합공부시스템 구축

해설 **지적전산화사업의 변천**: 토지·임야대장전산화 → 지적도면전산화 → KLIS 구축 → 부동산종합공부시스템 구축

30 다음 중에서 가장 늦게 출현한 시스템은?

① 지적행정시스템
② 부동산종합공부시스템
③ 한국토지정보시스템(KLIS)
④ 필지중심토지정보시스템(PBLIS)

해설 **부동산종합공부시스템**: 2014년에 도입된 것으로 토지의 표시와 소유자에 관한 사항, 건축물의 표시와 소유자에 관한 사항, 토지의 이용 및 규제에 관한 사항, 부동산의 가격에 관한 사항 등 부동산에 관한 종합정보를 정보관리체계를 통하여 기록·저장한 것

31 필지중심토지정보시스템(PBLIS)에 대한 설명으로 옳지 않은 것은?

① LMIS와 통합되어 KLIS로 운영되어 왔다.
② 각종 지적행정업무의 수행과 정책정보를 제공할 목적으로 개발되었다.
③ 지적전산화사업의 지적도면자료와 지적행정시스템의 속성데이터베이스를 연계하여 구축되었다.
④ 개발 초기에 토지관리업무시스템, 공간자료관리시스템, 토지행정지원시스템으로 구성되었다.

해설 필지중심토지정보시스템(PBLIS : Parcel Based Land Information System)은 지적도·토지대장의 통합관리시스템 구축으로 지자체의 지적업무 효율화와 토지정책, 도시계획 등의 다양한 정책분야에 기초공간자료의 제공을 목적으로 개발되었다. 즉 대장정보와 도형정보를 통합한 일필지정보를 기반으로 토지의 모든 정보를 다루는 시스템으로써 각종 지적행정업무 수행과 관련 부처 및 타 기관에 제공할 정책정보를 생산하는 시스템을 의미한다. 이 시스템은 지적공부관리시스템, 지적측량시스템, 지적측량성과작성시스템으로 구성되어 있다.

32 필지중심토지정보시스템(PBLIS)에 관한 설명으로 옳은 것은?

① PBLIS는 지형도를 기반으로 각종 행정업무를 수행하고 관련 부처 및 타 기관에 제공할 정책정보를 생산하는 시스템이다.
② PBLIS를 구축한 후 연계업무를 위해 지적도 전산화사업을 추진하였다.
③ 필지식별자는 각 필지에 부여되어야 하고 필지의 변동이 있을 경우에는 언제나 변경, 정리가 용이해야 한다.
④ PBLIS의 자료는 속성정보만으로 구성되며, 속성정보에는 과세대장, 상수도대장, 도로대장, 주민등록, 공시지가, 건물대장, 등기부, 토지대장 등이 포함된다.

해설 필지식별자는 각 필지에 부여되어야 하고 가변성이 없어야 한다.

정답 28 ④　29 ①　30 ②　31 ④　32 ③

33 필지중심토지정보시스템(PBLIS)의 구성에 해당하지 않는 것은?

① 지적공부관리시스템
② 지적측량성과시스템
③ 부동산등기관리시스템
④ 지적측량시스템

해설 필지중심토지정보시스템은 지적공부관리시스템, 지적측량시스템, 지적측량성과작성시스템으로 구성되어 있다.

34 필지중심토지정보시스템의 구성체계 중 주로 시·군·구 행정종합정보화시스템과 연계를 통한 통합데이터베이스를 구축하여 지적업무의 효율성과 정확도 향상 및 지적정보의 응용·가공으로 신속한 정책정보를 제공하는 시스템은?

① 지적측량시스템
② 토지행정시스템
③ 지적공부관리시스템
④ 지적측량성과작성시스템

해설 필지중심토지정보시스템의 주요 기능
㉠ 지적공부관리시스템 : 주로 시·군·구청의 지적담당 부서에서 지적행정업무를 처리하는데 이용되며, 이 시스템은 사용자권한관리, 지적측량검사업무, 토지이동관리, 지적일반업무관리, 창구민원업무, 토지기록자료 조회 및 출력, 지적통계관리, 정책정보관리 등 160여 종의 업무를 제공하고 있다.
㉡ 지적측량시스템 : 지적측량수행자가 처리하는 지적측량업무를 지원하는 시스템으로서 지적측량업무의 자동화에 일익을 담당하게 되어 측량업무의 생산성과 정확성을 높여주는 시스템이다. 이 시스템은 지적삼각측량, 지적삼각보조측량, 지적도근측량, 세부측량 등 170여 종의 업무를 제공하고 있다.
㉢ 지적측량성과작성시스템 : 지적측량수행자가 사용하며 지적측량성과업무에 이용된다. 이 시스템은 지적측량을 위한 준비도 작성과 성과도의 입력 등으로 지적측량업무를 지원하며 측량성과를 데이터베이스로 저장하여 지적업무에 효율성을 높일 수 있다.

35 지적도와 시·군·구 대장정보를 기반으로 하는 지적행정시스템의 연계를 통해 각종 지적업무를 수행할 수 있도록 만들어진 정보시스템은?

① 필지중심토지정보시스템
② 지리정보시스템
③ 도시계획정보시스템
④ 시설물관리시스템

해설 필지중심토지정보시스템(PBLIS : Parcel Based Land Information System)은 지적도·토지대장의 통합관리시스템 구축으로 지방자치단체의 지적업무 효율화와 토지정책, 도시계획 등의 다양한 정책분야에 기초공간자료의 제공목적으로 개발되었다. 즉 대장정보와 도형정보를 통합한 일필지정보를 기반으로 토지의 모든 정보를 다루는 시스템으로써 각종 지적행정업무 수행과 관련 부처 및 타 기관에 제공할 정책정보를 생산하는 시스템을 의미한다. 이 시스템은 지적공부관리시스템, 지적측량시스템, 지적측량성과작성시스템으로 구성되어 있다.

36 필지중심토지정보시스템의 구성체계 중 지적측량업무를 지원하는 시스템으로서 지적측량업무의 자동화를 통하여 생산성과 정확성을 높여주는 시스템은?

① 지적측량시스템
② 지적행정시스템
③ 공간정보관시스템
④ 지적공부관리시스템

해설 PBLIS시스템 및 주요 기능
㉠ 지적공부관리시스템 : 주로 시·군·구청의 지적담당 부서에서 지적행정업무를 처리하는데 이용되며, 이 시스템은 사용자권한관리, 지적측량검사업무, 토지이동관리, 지적일반업무관리, 창구민원업무, 토지기록자료 조회 및 출력, 지적통계관리, 정책정보관리 등 160여 종의 업무를 제공하고 있다.
㉡ 지적측량시스템 : 지적측량수행자가 처리하는 지적측량업무를 지원하는 시스템으로서 지적측량업무의 자동화에 일익을 담당하게 되어 측량업무의 생산성과 정확성을 높여주는 시스템이다. 이 시스템은 지적삼각측량, 지적삼각보조측량, 지적도근측량, 세부측량 등 170여 종의 업무를 제공하고 있다.
㉢ 지적측량성과작성시스템 : 지적측량수행자가 사용하며 지적측량성과업무에 이용된다. 이 시스템은 지적측량을 위한 준비도 작성과 성과도의 입력 등으로 지적측량업무를 지원하며 측량성과를 데이터베이스로 저장하여 지적업무에 효율성을 높일 수 있다.

37 우리나라 PBLIS의 개발소프트웨어는?

① CARIS
② GOTHIC
③ ER-Mapper
④ SYSTEM 9

해설 PBLIS에서는 GIS엔진으로 Gothic S/W를 사용하고 있다.

정답 33 ③ 34 ③ 35 ① 36 ① 37 ②

38 필지중심토지정보시스템(PBLIS)의 표준화에 관한 설명 중 옳지 않은 것은?

① 통일된 하나의 표준좌표계를 선정해야 한다.
② 다양한 사용자들이 다양한 자원을 공유할 수 있도록 데이터를 표준화하여야 한다.
③ 국가차원에서 수치지도작성규칙을 제정하여 표준화된 소축척도면을 사용하여야 한다.
④ 시스템의 상호 운용성, 연동성 등 통신망에서 운용될 수 있게 네트워크가 설계되어야 한다.

해설 필지중심토지정보시스템(PBLIS)은 지적도와 임야도를 기반으로 하기 때문에 대축척도면을 사용한다.

39 토지종합정보망소프트웨어 구성에 관한 설명으로 옳지 않은 것은?

① 미들웨어는 클라이언트에 탑재
② DB서버-응용서버-클라이언트로 구성
③ 미들웨어는 자료제공자와 도면생성자로 구분
④ 자바(Java)로 구현하여 IT-플랫폼에 관계없이 운영가능

해설 미들웨어는 양쪽을 연결하여 데이터를 주고받을 수 있도록 중간에서 매개역할을 하는 소프트웨어로 네트워크를 통해서 연결된 여러 개의 컴퓨터에 있는 많은 프로세스들에게 어떤 서비스를 사용할 수 있도록 연결해주는 소프트웨어를 말한다.

40 토지관리정보시스템(LMIS)에 관한 설명으로 옳지 않은 것은?

① 과거 건설교통부에서 추진하였던 정보화사업이다.
② 구축하는 도형자료에는 지형도, 연속 및 편집지적도, 용도지역지구도 등이 있다.
③ 시·군·구에서 생산·관리하는 도형자료와 속성자료 중 도형정보의 질을 제고하기 위한 시스템이다.
④ 자료를 공유하여 업무의 효율성을 높이고 개인소유의 토지에 대한 공적 규제사항을 신속·정확하게 알려주기 위하여 구축하였다.

해설 토지관리정보시스템(LMIS : Land Management Information System) 구축사업은 시·군·구에서 생산·관리하는 공간도형자료와 속성자료를 통합 구축·관리하기 위하여 국토교통부에서 추진하고 있는 정보화사업으로 토지관리업무, 공간자료관리업무, 토지행정지원업무를 대상으로 추진하고 있다.

41 다음 중 필지중심토지정보시스템(PBLIS)의 구성체계에 해당되지 않는 것은?

① 지적측량시스템
② 지적공부관리시스템
③ 토지거래관리시스템
④ 지적측량성과작성시스템

해설 필지중심토지정보시스템은 지적공부관리시스템, 지적측량시스템, 지적측량성과작성시스템으로 구성되어 있다.

42 지적전산용 네트워크 기본장비와 거리가 가장 먼 것은?

① 교환장비
② 전송장비
③ 보안장비
④ DLT장비

해설 지적전산용 네트워크장비
㉠ 전송장비 : 두 지점 사이에 정보를 전달하는 일련의 행위를 수행하는 것으로 랜카드가 대표적이다.
㉡ 교환장비 : 통신망에서 데이터의 경로를 지정해주는 장비이다.
  • 라우터 : 패킷의 위치를 추출하여 그 위치에 대한 최상의 경로를 지정하며, 이 경로를 따라 데이터 패킷을 다음 장치로 전향시키는 장치이다.
  • 허브 : 신호를 여러 개의 다른 선으로 분산시켜 내보낼 수 있는 장치이며 컴퓨터나 프린터들과 네트워크연결, 근거리의 다른 네트워크(다른 허브)와 연결, 라우터 등의 네트워크장비와 연결, 네트워크상태 점검, 신호증폭기능 등의 역할을 한다.
㉢ 단말·서버장비 : 개인용 컴퓨터와 워크스테이션을 말한다.
㉣ 보안장비 : 네트워크상에서 해킹과 같이 불법적으로 네트워크나 시스템으로 침입하는 행위에 대비한 보안으로 내부네트워크와 외부네트워크 사이에서 보안을 담당하는 방화벽이 대표적이다.

43 지적 관련 전산시스템을 나타내는 용어의 표기로 옳지 않은 것은?

① 지적정보시스템 : GIS
② 토지관리정보시스템 : LIMS
③ 한국토지정보시스템 : KLIS
④ 필지중심토지정보시스템 : PBLIS

정답 38 ③ 39 ① 40 ③ 41 ③ 42 ④ 43 ②

해설 토지관리정보시스템(LMIS : Land Management Information System) 구축사업은 시·군·구에서 생산·관리하는 공간도형자료와 속성자료를 통합 구축·관리하기 위하여 국토교통부에서 추진하고 있는 정보화사업으로 토지관리업무, 공간자료관리업무, 토지행정지원업무를 대상으로 추진하고 있다.

44 다음 중 1필지를 중심으로 한 토지정보시스템을 구축하고자 할 때 시스템의 구성요건으로 옳지 않은 것은?

① 파일처리방식을 이용하여 데이터 관리를 설계한다.
② 확장성을 고려하여 설계한다.
③ 전국적으로 통일된 좌표계를 사용한다.
④ 개방적 구조를 고려하여 설계한다.

해설 토지정보시스템은 파일처리방식이 아닌 데이터베이스관리시스템(DBMS)을 이용하여 데이터 관리를 설계한다.

45 토지관리정보시스템(LMIS)의 관리데이터가 아닌 것은?

① 공시지가자료   ② 연속지적도
③ 지적기준점   ④ 용도지역·지구

해설 토지관리정보시스템(LMIS)의 자료
㉠ 공간도형자료
  • 지적도 DB : 개별·연속·편집지적도
  • 지형도 DB : 도로, 건물, 철도 등의 주요 지형지물
  • 용도지역·지구 DB : 도시계획법 등 81개 법률에서 지정하는 용도지역·지구자료
㉡ 속성자료 : 토지관리업무에서 생산·활용·관리하는 대장 및 조서자료와 관련 법률자료 등

46 한국토지정보시스템에 대한 설명으로 옳은 것은?

① 한국토지정보시스템은 지적공부관리시스템과 지적측량성과작성시스템으로만 구성되어 있다.
② 한국토지정보시스템은 국토교통부의 토지관리정보시스템과 개별공시지가관리시스템을 통합한 시스템이다.
③ 한국토지정보시스템은 국토교통부의 토지관리정보시스템과 행정안전부의 시·군·구 지적행정시스템을 통합한 시스템이다.
④ 한국토지정보시스템은 필지중심토지정보시스템과 토지관리정보시스템을 통합·연계한 시스템이다.

해설 한국토지정보시스템(KLIS : Korea Land Information System)은 국가적인 정보화사업을 효율적으로 추진하기 위하여 행정안전부의 필지중심토지정보시스템(PBLIS)과 국토교통부의 토지종합정보망(LMIS)을 하나의 시스템으로 통합하여 전산정보의 공공활용과 행정의 효율성 제고를 위해 행정안전부와 국토교통부가 공동 주관으로 추진하고 있는 정보화사업이다.

47 한국토지정보시스템의 구축에 따른 기대효과로 가장 거리가 먼 것은?

① 다양하고 입체적인 토지정보를 제공할 수 있다.
② 건축물의 유지 및 보수현황의 관리가 용이해진다.
③ 민원처리기간을 단축하고 온라인으로 서비스를 제공할 수 있다.
④ 각 부서 간의 다양한 토지 관련 정보를 공동으로 활용하여 업무의 효율을 높일 수 있다.

해설 한국토지정보시스템은 토지의 분할·합병 등 변동자료에 대한 실시간(real-time) 갱신체계를 마련함으로써, 이를 활용하여 토지와 관련한 각종 정보의 공간분석이 가능해짐에 따라 부동산투기방지대책 등 합리적인 토지정책을 수립할 수 있고 토지행정업무의 전산화로 업무처리시간 단축 및 토지행정의 생산성 향상 등에 크게 기여할 것으로 기대된다.

48 다음 중 PBLIS와 LMIS를 통합한 시스템으로 옳은 것은?

① GSIS   ② KLIS
③ PLIS   ④ UIS

해설 한국토지정보시스템(KLIS : Korea Land Information System)은 국가적인 정보화사업을 효율적으로 추진하기 위하여 행정안전부의 필지중심토지정보시스템(PBLIS)과 국토교통부의 토지종합정보망(LMIS)을 하나의 시스템으로 통합하여 전산정보의 공공활용과 행정의 효율성 제고를 위해 행정안전부와 국토교통부가 공동 주관으로 추진하고 있는 정보화사업이다.

정답 44 ① 45 ③ 46 ④ 47 ② 48 ②

49 한국토지정보시스템(KLIS)에 대한 설명으로 옳은 것은? (단, 중앙행정부서의 명칭은 해당 시스템의 개발 당시 명칭을 기준으로 한다.)

① 건설교통부의 토지관리정보시스템과 행정자치부의 필지중심토지정보시스템을 통합한 시스템이다.
② 건설교통부의 토지관리정보시스템과 행정자치부의 시·군·구 지적행정시스템을 통합한 시스템이다.
③ 행정자치부의 시·군·구 지적행정시스템과 필지중심토지정보시스템을 통합한 시스템이다.
④ 건설교통부의 토지관리정보시스템과 개별공시지가관리시스템을 통합한 시스템이다.

해설 한국토지정보시스템(KLIS : Korea Land Information System)은 국가적인 정보화사업을 효율적으로 추진하기 위하여 (구)행정자치부의 필지중심토지정보시스템(PBLIS)과 (구)건설교통부의 토지종합정보망(LMIS)을 하나의 시스템으로 통합하여 전산정보의 공공활용과 행정의 효율성 제고를 위해 (구)행정자치부와 (구)건설교통부가 공동 주관으로 추진하고 있는 정보화사업이다.

50 다음 중 한국토지정보시스템(KLIS)의 구성시스템이 아닌 것은?

① DB변환관리시스템
② 지적측량접수시스템
③ 지적공부관리시스템
④ 토지행정지원시스템

해설 한국토지정보시스템(KLIS)의 구성시스템
㉠ 지적공부관리시스템
㉡ 지적측량성과작성시스템
㉢ 연속·편집도관리시스템
㉣ 토지민원발급시스템
㉤ 도로명 및 건물번호부여관리시스템
㉥ DB관리시스템
㉦ 토지행정지원시스템

51 한국토지정보시스템(KLIS)에서 지적공부관리시스템의 구성메뉴에 해당되지 않는 것은?

① 특수업무관리부 ② 측량업무관리부
③ 지적기준점관리 ④ 토지민원발급

해설 지적공부관리시스템의 중요메뉴구성 및 기능

메뉴	설명	출력물
측량업무관리부	측량대행사에 접수된 민원에 대한 측량을 위해 정보이용승인신청서를 접수받아 측량준비파일을 생성하고, 측량결과에 대한 오류사항을 관리하고 측량결과파일을 저장, 다운로드기능	측량업무관리부, 검사결과서, 측량성과도
지적공부정리관리부	민원인이 접수한 토지이동민원을 검색·선택하여 대장 및 도면을 정리하고 진행상황을 보여주는 기능	조사복명서, 결의서, 지적공부관리부, 도면처리일일결과
특수업무관리부	대단위업무를 처리하기 위한 임시파일을 생성하고 갱신하는 기능	특수업무관리부
지적기준점관리	지적기준점(위성기준점, 삼각점, 삼각보조점, 도근점)을 등록·수정·삭제·조회하는 기능	위성기준점성과관리, 삼각점성과관리, 삼각보조점성과관리, 도근점성과관리
정책정보제공	주제별 현황, 도로 개설, 세력권 분석, 토지매입세액 산출에 따른 정책정보를 제공하는 기능	주제별 현황도, 주제별 통계, 필지목록, 도로개설용지조서, 세력권분석필지조서, 토지매입세액산출조서
기본도면관리	도면을 등록, 수정, 폐쇄, 조회하는 기능	
폐쇄도면관리	폐쇄된 도면을 조회하는 기능	
자료정비	도면의 오류사항에 대해 필지를 생성·수정·삭제하는 기능	
데이터 검증	필지중복, 지목상이, 지번중복 등 오류사항을 검증하는 기능	

52 필지중심토지정보시스템 중 지적소관청에서 일반적으로 많이 사용하는 시스템은?

① 지적측량시스템
② 지적행정시스템
③ 지적공부관리시스템
④ 지적측량성과작성시스템

정답 49 ① 50 ② 51 ④ 52 ③

해설 지적공부관리시스템은 주로 시·군·구청의 지적담당부서(지적소관청)에서 지적행정업무를 처리하는데 이용되며 사용자권한관리, 지적측량검사업무, 토지이동관리, 지적일반업무관리, 창구민원업무, 토지기록자료 조회 및 출력, 지적통계관리, 정책정보관리 등 160여 종의 업무를 제공하고 있다.

53 KLIS 중 토지의 등록사항을 관리하는 시스템으로 속성정보와 공간정보를 유기적으로 통합하여 상호데이터의 연계성을 유지하며 변동자료를 실시간으로 수정하여 국민과 관련 기관에 필요한 정보를 제공하는 시스템은? 〔기 18-1〕
① 지적공부관리시스템
② 측량성과작성시스템
③ 토지민원발급시스템
④ 연속·편집도관리시스템

해설 지적공부는 속성정보를 담고 있는 토지대장, 임야대장, 공유지연명부, 대지권등록부와 각 필지의 경계를 표시하는 지적도와 임야도로 나눌 수 있다. 지적공부관리시스템은 토지의 등록사항을 관리하는 시스템으로, 속성정보와 공간정보를 유기적으로 통합하여 두 데이터의 무결성을 유지하며 변동자료를 실시간으로 갱신하여 국민과 관련 기관에 필요한 정보를 제공하는 시스템이다.

54 KLIS에서 공시지가정보검색 및 개발부담금관리를 위한 시스템으로 옳은 것은? 〔산 19-1〕
① 지적공부관리시스템
② 토지민원발급시스템
③ 토지행정지원시스템
④ 용도지역·지구관리시스템

해설 KLIS에서 공시지가정보검색 및 개발부담금관리는 토지행정지원시스템에서 하는 업무이다.

55 한국토지정보체계(KLIS)에서 지적정보관리시스템의 기능에 해당하지 않는 것은? 〔산 18-2〕
① 측량결과파일(*.dat)의 생성기능
② 소유권 연혁에 대한 오기정정기능
③ 개인별 토지소유현황을 조회하는 기능
④ 토지이동에 따른 변동내역을 조회하는 기능

해설 측량결과파일(*.dat) : 지적측량검사요청을 할 경우 이동정리필지에 관한 정보를 저장한 파일로 KLIS의 지적공부관리시스템의 성과검사에 활용이 가능하며 지적소관청의 측량검사, 도면검사, 폐쇄도면검사, 속성정보 등을 검사할 수 있도록 작성된 파일이다. 이를 이용하여 지적공부정리시스템에서 토지대장 및 지적도 정리에 이용되는 파일

56 지적측량성과작성시스템에서 지적측량접수프로그램을 이용하여 작성된 측량성과검사요청서의 파일포맷 형식으로 옳은 것은? 〔기 18-2〕
① *.jsg
② *.srf
③ *.sif
④ *.cif

해설 측량검사요청서파일(*.sif) : 각 지사단위에서 지적측량접수프로그램을 이용하여 작성하며 iuf파일과 동시에 작성되는 파일

57 다음 중 지적재조사사업의 목적으로 가장 거리가 먼 것은? 〔기 16-3〕
① 지적불부합지문제 해소
② 토지의 경계복원능력 향상
③ 지하시설물관리체계 개선
④ 능률적인 지적관리체제 개선

해설 지적재조사사업의 목적 및 기대효과
㉠ 지적불부합지의 해소
㉡ 능률적인 지적관리체제 개선
㉢ 경계복원능력의 향상
㉣ 지적관리를 현대화하기 위한 수단
㉤ 지적공부의 정확도 및 지적에 포함되는 요소들의 확장

58 과거 지적재조사사업의 추진방향이 아닌 것은? 〔기 16-1〕
① 지목의 단순화
② 축척구분의 단순화
③ 지적도와 임야도의 통합
④ 토지대장과 임야대장의 통합

해설 지적재조사사업은 지적공부의 등록사항을 조사·측량하여 기존의 지적공부를 디지털에 의한 새로운 지적공부로 대체함과 동시에 지적공부의 등록사항이 토지의 실제 현황과 일치하지 아니하는 경우, 이를 바로잡기 위하여 실시하는 국가사업을 말한다. 지목을 단순화하는 것은 지적재조사사업의 추진방향과는 관련이 없다.

정답 53 ① 54 ③ 55 ① 56 ③ 57 ③ 58 ①

59 지적재조사사업의 필요성 및 목적이 아닌 것은?

① 토지의 경계복원능력을 향상시키기 위함이다.
② 지적불부합지 과다문제를 해소하기 위함이다.
③ 지적관리인력의 확충과 기구의 규모 확장을 위함이다.
④ 능률적인 지적관리체제로의 개선을 위함이다.

해설 지적재조사사업의 목적
  ㉠ 지적불부합지의 해소
  ㉡ 능률적인 지적관리체제 개선
  ㉢ 경계복원능력의 향상
  ㉣ 지적관리를 현대화하기 위한 수단
  ㉤ 지적공부의 정확도 및 지적에 포함되는 요소들의 확장

60 토지소유자나 이해관계인이 지적재조사사업과 관련한 정보를 인터넷 등을 통하여 실시간으로 열람할 수 있도록 구축한 공개시스템의 명칭은?

① 지적재조사측량시스템
② 지적재조사행정시스템
③ 지적재조사관리공개시스템
④ 지적재조사정보공개시스템

해설 지적재조사행정시스템 : 토지소유자나 이해관계인이 지적재조사사업과 관련한 정보를 인터넷 등을 통하여 실시간으로 열람할 수 있도록 구축한 공개시스템

61 지번주소체계와 도로명주소체계에 대한 설명으로 가장 거리가 먼 것은?

① 지번주소는 토지 중심으로 구성된다.
② 도로명주소는 주소(건물번호)를 표시하는 것을 주목적으로 한다.
③ 대부분 OECD국가들이 지번주소체계를 채택하고 있다.
④ 지번주소는 토지표시와 주소를 함께 사용함으로써 재산권 보호가 용이하다.

해설 대부분 OECD국가들이 도로명주소체계를 채택하고 있다.

정답 59 ③ 60 ② 61 ③

02 지적정보

1 개요

1 의의

지적정보에 대한 표준적인 정의는 없으나 일반적으로 공간정보의 구축 및 관리 등에 관한 법률에 의거 작성하여 지적소관청에서 관리하는 지적공부에 수록된 정보를 의미한다. 따라서 구체적인 지적정보의 개념은 속성정보로 토지대장, 임야대장, 공유지연명부, 대지권등록부 등과 도형정보로 지적도, 임야도, 경계점좌표등록부 등에 수록되어 있는 정보를 의미한다.

2 종류

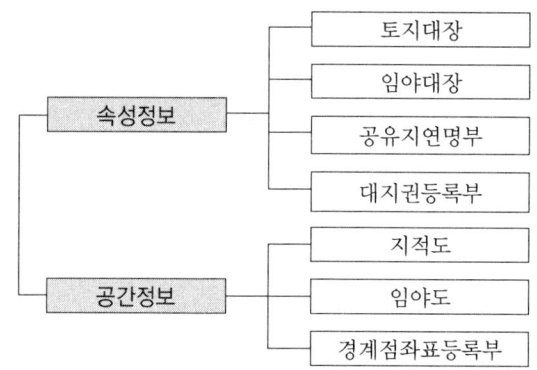

▲ 속성정보와 공간정보

1) 속성정보(비공간정보)

(1) 특징

① 도형이나 영상 속에 있는 내용 등으로 대상물의 성격이나 그와 관련된 사항들을 기술하는 자료이며 지형도상의 특성이나 질, 지형, 지물의 관계를 나타낸다.
② 도형요소에 나타내는 성질을 기호, 문자, 숫자로 설명된다.
③ 속성(attribute)자료는 비공간자료로도 불리며 공간적 위치관계와 무관한 자료를 말한다.
④ 지적공부 중 속성정보로 토지대장, 임야대장, 공유지연명부, 대지권등록부가 이에 해당한다.

(2) 구성

① **숫자형** : 정수, 실수 등의 숫자형태로 표현하며 기록된 자료는 후에 자료비교, 산술연산처리가 가능하다.
② **문자형** : 문자형태로 기록되며 산술연산처리는 불가능하나 오름차순, 내림차순 등 정렬 등에 처리가 가능하다.
③ **날짜형** : 날짜순으로 오름차순, 내림차순, 특정기간 내의 자료검색 등에 활용된다.
④ **이진형** : 숫자형, 문자형, 날짜형이 아닌 모든 형태의 파일로서 기록될 수 있으며 실제 이 데이터를 데이터베이스에 저장하는 경우도 존재하지만 링크만 하고 파일은 특정한 폴더에 체계적으로 모아두는 경우도 있다. 영상자료파일과 문서자료파일 등 다양한 종류의 파일을 링크하여 기록할 수 있다.

2) 공간정보

(1) 특징

① 공간정보란 점, 선, 면과 같이 위치, 형태, 크기, 방위 등을 가지고 있는 정보를 말한다.
② 객체 간의 공간적 위치관계를 설명할 수 있는 공간관계(spatial relationship)를 갖는다.
③ 대상물들의 거리, 방향, 상대적 위치 등을 파악할 수 있게 한다.
④ 지적공부 중 지적도와 임야도가 이에 해당하며 경계점좌표등록부에 등록되는 좌표도 공간정보로 취급된다.

(2) 형태

구분	점	선	면적
형태	한 쌍의 x, y좌표	시작점과 끝점을 갖는 일련의 좌표	폐합된 선들로 구성된 일련의 좌표군
특징	면적이나 길이가 없음	면적이 없고 길이만 있음	면적과 경계를 가짐
예	유정, 송전철탑, 맨홀	도로, 하천, 통신, 전력선, 관망, 경계	행정구역, 지적, 건물, 지정구역

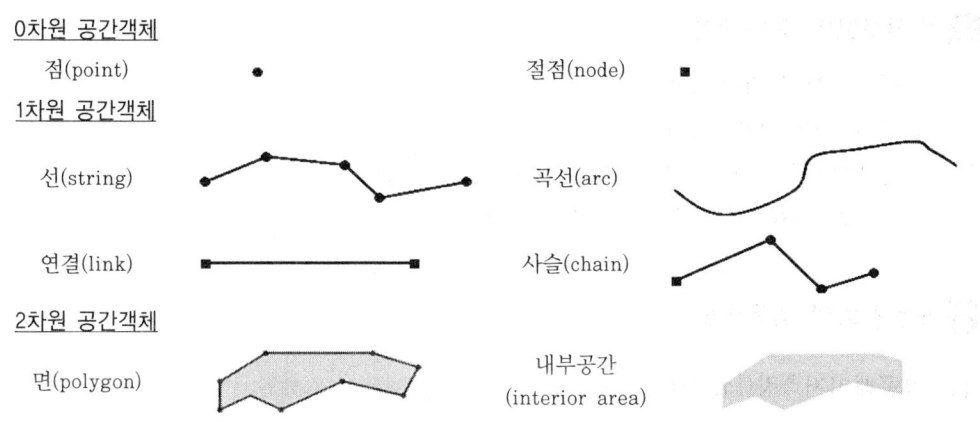

3 속성정보와 공간정보의 링크

1) 의의

공간데이터와 속성데이터는 다른 자료구조를 가지고 있으며 관리하는 체계도 다른 경우가 있다. 따라서 이를 통합하여 관리하기 위해서는 공통이 되는 식별자를 사용하여야 한다.

2) 공간정보와 속성정보의 관계

① 데이터의 조회가 용이 : 컴퓨터상에서 공간데이터를 보다가 관련되는 속성데이터를 즉시 볼 수 있으며 동시에 한 화면에 나타낼 수 있다.
② 데이터의 통합적인 검색이 가능 : 속성데이터의 레코드값으로 관계되는 공간데이터를 찾아볼 수 있다.
③ 공간적 상관관계가 있는 자료를 볼 수 있음 : 어떤 객체에 연결된 자료를 공간적인 현황과 속성테이블 모두 볼 수 있다.
④ 공간자료와 속성자료를 통합한 자료분석, 가공, 자료갱신이 편리 : 공간자료와 속성자료가 통합된 형태의 자료분석이 발생하거나 가공·갱신을 할 경우 편리하다.

2 지적정보 취득방법

속성정보	도형정보
• 현지조사에 의한 경우 • 민원신청에 의한 경우 • 담당공무원의 직권에 의한 경우 • 관계기관의 통보에 의한 경우	• 지상측량에 의한 경우 • 항공사진측량에 의한 경우 • 원격탐측에 의한 경우 • GPS측량에 의한 경우 • 기존의 도면을 이용하는 경우

1 속성정보의 취득방법

① 현지조사에 의한 경우
② 민원신청에 의한 경우
③ 관계기관의 통보에 의한 경우(소유권 변경사실 통지)
④ 담당공무원의 직권에 의한 경우(직권등록)

2 도형정보의 취득방법

(1) 항공레이저측량(LiDAR)

레이저에 의한 측량은 기상조건에 영향을 받지 아니하고 산림, 수목 및 늪지대의 지형도

제작에 유용하며 항공사진에 비해 작업속도가 빠르고 경제적이다. 이 방법은 표고자료수집만 가능하므로 필지를 단위로 하는 토지정보시스템(LIS) 구축에는 보조적인 측량방법으로만 사용할 수 있다.

(2) 항공사진측량

사진측량(photogrammetry)은 전자기파를 이용하여 대상물에 대하여 정량적(위치, 형상, 크기 등 결정) 및 정성적(자원과 환경현상의 특성조사 및 분석)인 해석을 하는 학문이며 사진측정학이라고도 한다. 항공사진상에서 경계점의 위치식별이 불가능하기 때문에 지적측량에서는 사용하지 아니하며 주로 지형도 제작에 사용된다.

▶ 사진측량의 장단점

장점	단점
• 정량적, 정성적 측정이 가능하다. • 정확도가 균일하다. • 대규모 지역에서는 경제적이다. • 4차원(x, y, z, t) 측정이 가능하다. • 축척변경이 용이하다. • 분업화로 작업이 능률적이다.	• 소규모 지역에서는 비경제적이다. • 기자재가 고가이다. • 피사체에 대한 식별이 난해하다. • 기상조건에 영향을 받는다. • 태양고도 등에 영향을 받는다.

(3) 원격탐측

원격탐측이란 관찰하고자 하는 목적물에 접근하지 않고 대상물의 정보를 추출하는 기법이나 학문을 의미하며 사진기의 발명을 원격탐측의 시점으로 본다. 원격탐측은 데이터취득 비용이 고가인 단점이 있으나 대규모 지역의 자료취득에는 효과적인 측면도 있다. 이 방법은 사진이나 원격으로 감지된 영상정보를 계산하고 검사하는 면에 중점을 두고 있다.

(4) 평판측량

평판측량은 평판(도판)을 삼각대 위에 올려놓고 지상의 기준점을 도상에 구심작업으로 도상기준점을 잡고 표정을 하는 기구인 앨리데이드를 사용하여 방향, 거리, 고저차를 측정함으로써 현장에서 직접 지형도 및 지적도를 작성하는 측량이다. 평판측량으로 얻은 성과는 도면에 도해적으로 나타나므로 컴퓨터에 입력하기 위해서는 디지타이저나 스캐너를 사용해야 한다.

(5) 토털스테이션

Total Station은 관측된 데이터를 직접 저장하고 처리할 수 있으며 3차원 지형정보획득으로부터 데이터베이스의 구축 및 지적도 제작까지 일괄적으로 처리할 수 있는 최신 측량기계이다. 관측자료는 자동적으로 자료기록장치에 기록되며, 이것을 컴퓨터로 전송하고 벡터파일로 저장한다.

(6) GPS측량

GPS측량은 인공위성을 이용하여 정확하게 위치를 알고 있는 위성에서 발사한 전파를 수신하여 관측점까지의 소요시간을 관측함으로써 정확하게 지상의 대상물의 위치를 결정해 주는 위치결정시스템으로 정확도가 매우 높아 정밀한 데이터를 취득할 수 있는 반면, 자료취득에 시간과 비용이 많이 드는 단점이 있다.

(7) 전자평판

토털스테이션과 전자평판(컴퓨터 등에 전자평판측량운영프로그램 등이 설치된 시스템을 말한다)을 연결한 후 전자평판에서 측량준비도파일을 이용하여 지적측량업무를 수행하는 측량을 말한다. 관측된 자료가 전산파일에서 벡터자료로 저장되므로 별도로 전산화절차를 거치지 아니한다.

(8) COGO(Coordinate Geometry)를 이용한 방법

이 방식은 실제 현장에서 측량의 결과로 얻어진 자료를 이용하여 수치지도를 작성하는 방식이다. 실제 현장에서 각 측량지점에서의 측량결과를 컴퓨터에 입력시킨 후 지형분석용 소프트웨어를 이용하여 지표면의 형태를 생성한 후 수치의 형태로 저장시키는 방식이다.

3 지적정보의 입력

1 도형정보의 입력

1) 디지타이저(수동방식)

(1) 의의

디지타이저라는 테이블 위에 컴퓨터와 연결된 마우스를 이용하여 필요한 주제(도로, 하천 등)의 형태를 컴퓨터에 입력시키는 것으로써 지적도면과 같은 자료를 수동으로 입력할 수 있으며 대상물의 형태를 따라 마우스를 움직이면 x, y좌표가 자동적으로 기록된다.

(2) 장단점

장점	단점
• 결과물이 벡터자료여서 GIS에 바로 이용할 수 있다. • 레이어별로 나누어 입력할 수 있어 효과적이다. • 불필요한 도형이나 주기를 제외시킬 수 있다(선별적 입력 가능). • 상대적으로 지도의 보관상태에 적은 영향을 받는다. • 가격이 저렴하고 작업과정이 비교적 간단하다.	• 많은 시간과 노력이 필요하다. • 입력 시 누락이 발생할 수 있다. • 경계선이 복잡한 경우 정확히 입력하기 어렵다. • 단순 도형입력 시에는 비효율적이다. • 작업자의 숙련을 요한다.

2) 스캐너(자동방식)

(1) 의의

일정파장의 레이저광선을 지도에 주사하고 반사되는 값에 수치를 부여하여 컴퓨터에 저장시킴으로서 기존의 지도를 영상의 형태로 만드는 방식이다.

(2) 장단점

장점	단점
• 수작업이 최소화되고 지도상의 모든 정보를 신속하게 입력할 수 있다. • 컬러필터를 사용하면 컬러영상을 얻을 수 있다. • 깨끗하고 단순한 형태의 지도입력, 다양한 지도입력에 적합하다. • 이미지상에서 삭제, 수정 등을 할 수 있어 능률적이다.	• 가격이 비싸고 다루기가 까다롭다. • 오염된 도면의 입력이 어렵다. • 도형인식의 신뢰성이 떨어진다. • 격자의 크기가 작아질수록 정밀해지지만 자료의 양이 방대해진다. • 문자나 그래픽심볼과 같은 부수적 정보를 많이 포함한 도면을 입력하는 데 부적합하다.

▶ 디지타이저와 스캐너의 비교

구분	스캐너	디지타이저
입력방식	자동방식	수동방식
결과물	래스터	벡터
비용	고가	저렴
시간	신속	많이 소요
도면상태	영향을 받음	영향을 적게 받음

2 키보드에 의한 입력

속성자료는 토지대장과 임야대장에 등록된 사항으로, 이들은 키보드를 사용하여 입력하므로 다른 작업자가 다시 입력하더라도 동일하고 정확한 값을 입력할 수 있다.

3 자료변환

1) 래스터라이징(벡터자료 → 래스터자료로 변환)

전체의 벡터구조를 일정크기의 격자로 나눈 다음 동일 폴리곤에 속하는 모든 격자들은 해당 폴리곤의 속성값을 격자에 저장하는 방식

2) 벡터라이징(래스터자료 → 벡터자료로 변환)

각각의 격자가 가지는 속성을 확인한 후 동일한 속성을 갖는 격자들로서 폴리곤을 형성한 다음 해당 폴리곤에 속성값을 부여한다. 래스터이미지를 벡터화하는 방법에는 자동벡터라이징기법, 반자동(Interactive)벡터라이징기법, 스크린디지타이징기법 등이 있으며, 현행

지적도면 수치화벡터라이징기법은 작업자의 육안에 의한 수동기법(스크린디지타이징기법)을 사용하고 있다.

(1) 자동입력방식(일괄처리방식)

자동입력방식은 스캐너장비로 읽어들인 래스터파일 전체를 벡터화 및 도형인식소프트웨어를 이용하여 처리함으로써 점, 문자, 기호, 선 등의 지도데이터를 자동으로 벡터파일로 변환하는 방법이다. 벡터화된 파일은 부분적으로 수정을 거쳐 원도에 일치하도록 편집과정을 거친다.

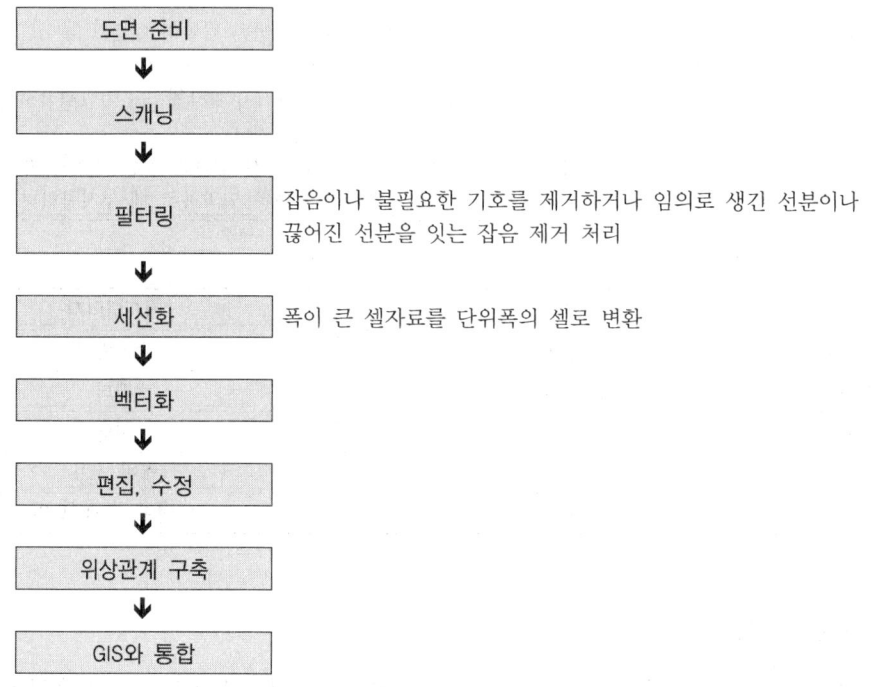

▲ 자동입력방식의 작업과정

(2) 반자동입력방식(대화형 방식)

대화형 방식이라고도 부르며 자동입력방식의 문제점인 도형인식을 사람이 수행함으로써 인간의 정확한 도형인식능력과 빠른 벡터화능력을 결합했다는 특징이 있다. 스캐너장비로 읽어들인 래스터파일을 사람이 도형의 레이어, 속성 등과 함께 벡터화할 도형을 지정하면 컴퓨터가 지시된 도형을 고속으로 벡터화하고, 벡터화된 도형을 컴퓨터에 중첩시킨다. 이렇게 함으로써 벡터화하는 동시에 추출된 지도데이터의 오차 유무를 검사할 수 있다. 즉 간단한 직선이나 확실한

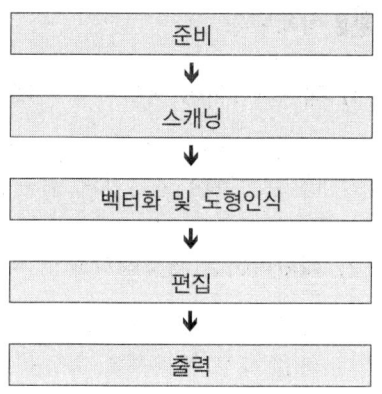

▲ 반자동입력방식의 작업과정

굴곡들은 컴퓨터가 인식하여 자동으로 수행하고, 복잡한 부분은 사용자가 직접처리하는 방식이다.

(3) 스크린디지타이징방식

스캐너장비로 읽어들인 래스터파일을 화면상에 배경으로 깔고 입력할 점, 선, 면, 문자, 심벌 등을 기술자가 필요에 따라 도형인식을 선별적으로 디지타이징하여 벡터화하는 방법으로 지적도전산화에서 주로 사용한다.

▶ 벡터라이징의 종류별 특징

구분	특징
자동입력방식	• 스캐닝과 자동벡터라이징(vectorizing)에 의해 이루어짐 • 도면을 스캐닝하여 컴퓨터에 입력하고 벡터라이징소프트웨어를 이용해 벡터자료 추출 • 정확도의 불안함을 고려하여 완전자동보다는 반자동 벡터라이징방식이 많이 사용됨 • 디지타이징을 통해 작성한 벡터자료는 상당한 오류수정작업을 필요로 하며, 자동디지타이징에 의한 자료는 더욱 세심한 관찰과 수정을 요구
반자동입력방식	• 간단한 직선이나 확실한 굴곡 등은 컴퓨터가 인식하여 자동수행 • 복잡한 부분 및 부정확한 자료는 사용자가 직접처리 • 속도와 정확도 확보 가능
스크린디지타이징방식	• 래스터를 화면에 띄워놓고 마우스나 전자펜 등으로 벡터의 특이점을 표시하는 방식 • 정확성 확보 • 많은 시간과 비용 소요 • 작업에 따라 결과차이 발생

4 입력 시 발생하는 오차

1 도형정보 입력 시 발생하는 오차

1) 기계적인 오차

디지타이저와 스캐너의 기계 제작 당시부터 가지고 있는 기계의 고유오차를 말한다.

2) 입력도면의 평탄성 오차

지적정보를 입력할 도면이 평탄하지 아니하면 이로 인해 오차가 발생할 수 있으며, 도면을 평탄하게 하기 위한 조치로 판에 미세한 구멍을 뚫고 지도와 판 사이에 공기를 흡입하는 장치를 부착하거나 정전기를 발생시켜 부착하는 방법을 취하고 있다.

3) 도면등록 시 오차

디지타이저를 이용하여 도면을 등록할 때 도면의 신축, 기준점의 좌표의 오류 등으로 인하여 발생하는 오차이다.

4) 디지타이저에 의한 도면 독취과정에서의 오차

구분	내용
오버슛 (Overshoot)	다른 아크(도곽선)와의 교점을 지나서 디지타이징된 아크의 한 부분을 말한다.
언더슛 (Undershoot)	기준선 미달오류로 도곽선상에 인접되어야 할 선형요소가 도곽선에 도달하지 못한 경우를 말한다. 다른 선형요소와 완전히 교차되지 않은 선형을 말한다.
스파이크 (Spike)	교차점에서 두 개의 선분이 만나는 과정에서 잘못된 좌표가 입력되어 발생하는 오차이다.
슬리버 (Sliver)	하나의 선으로 입력되어야 할 곳에서 두 개의 선으로 약간 어긋나게 입력되어 가늘고 긴 불필요한 폴리곤을 형성한 상태를 말한다.
점·선 중복 (Overlapping)	주로 영역의 경계선에서 점·선이 이중으로 입력되어 발생하는 오차로 중복된 점·선을 삭제함으로써 수정이 가능하다.

5) 스캐너로 읽은 래스터자료를 벡터자료로 변환할 때 생기는 오차

① 선의 단절
② 불분명한 경계
③ 방향의 혼돈
④ 주기와 대상물의 혼돈

2 속성정보 입력 시 발생하는 오차

속성자료의 입력은 대부분 키보드에 의하여 이루어지므로 입력자의 착오로 인한 오류가 발생할 수 있다. 따라서 입력자의 착오를 방지하기 위하여 입력한 자료를 출력하여 원자료와 비교 검토하는 것이 필요하다.

02 예상문제

01 지적정보에 대한 설명으로 옳지 않은 것은? 산 18-3
① 속성정보는 주로 대장자료를 말하며, 도형정보는 주로 도면자료를 말한다.
② 토지의 경계·면적 등의 물리적인 형상을 표시한 지적에 대한 자료를 포함한다.
③ 도형정보와 속성정보는 서로 성격이 다르므로 별개로 존재하며 별도로 분리하여 관리하여야 한다.
④ 토지에 대한 법적 권리관계 등을 등록·관리하기 위해 기록하는 등기에 대한 자료를 포함한다.

해설 도형정보와 속성정보는 통합해서 관리하는 것이 합리적이다.

02 속성자료의 관리에 대한 설명으로 옳지 않은 것은? 산 19-3
① 속성테이블은 대표적으로 파일시스템과 데이터베이스관리시스템으로 관리한다.
② 토지대장, 임야대장, 경계점좌표등록부 등과 같이 문자와 수치로 된 자료는 키보드를 사용하여 쉽고 편리하게 입력할 수 있다.
③ 데이터베이스관리시스템으로 관리하는 것은 시스템이 비교적 간단하고 데이터베이스가 소규모일 때 사용하는 방법이다.
④ 속성자료를 입력할 때 입력자의 착오로 인한 오류가 발생할 수 있으므로 입력한 자료를 출력하여 재검토한 후 오류가 발견되면 수정하여야 한다.

해설 데이터베이스관리시스템으로 관리하는 것은 시스템이 비교적 복잡하고 데이터베이스가 대규모일 때 사용하는 방법이다.

03 토지정보시스템의 도형정보 구성요소인 점·선·면에 대한 설명으로 옳지 않은 것은? 산 16-2
① 점은 x, y좌표를 이용하여 공간위치를 나타낸다.
② 선은 속성데이터와 링크할 수 없다.
③ 면은 일정한 영역에 대한 면적을 가질 수 있다.
④ 선은 도로, 하천, 경계 등 시작점과 끝점을 표시하는 형태로 구성된다.

해설 공간데이터와 속성데이터는 다른 자료구조를 가지고 있으며 관리하는 체계도 다른 경우가 있다. 따라서 이를 통합하여 관리하기 위해서는 공통이 되는 식별자를 사용하여야 한다.

04 공간데이터의 표현형태 중 폴리곤에 대한 설명으로 옳지 않은 것은? 산 19-1
① 이차원의 면적을 갖는다.
② 점, 선, 면의 데이터 중 가장 복잡한 형태를 갖는다.
③ 경계를 형성하는 연속된 선들로서 형태가 이루어진다.
④ 폴리곤 간의 공간적인 관계를 계량화하는 것은 매우 쉽다.

해설 **폴리곤**
㉠ 최소 3개 이상의 선으로 폐합되는 2차원 객체의 표현으로 폭과 길이의 개념이 존재한다.
㉡ 경계를 형성하는 연속된 선들로서 형태가 이루어진다.
㉢ 하나의 노드와 여러 개의 버텍스로 구성되어 있고, 노드 혹은 버텍스는 링크로 연결한다.
㉣ 점, 선, 면의 데이터 중 가장 복잡한 형태를 갖는다.
㉤ 지표상의 면형 실체는 축척에 따라 면 또는 점사상으로 표현 가능하다.
㉥ 폴리곤 간의 공간적인 관계를 계량화하는 것은 어렵다.

05 공간자료에 대한 설명으로 옳지 않은 것은? 산 16-2
① 공간자료는 일반적으로 도형자료와 속성자료로 구분한다.
② 도형자료는 점, 선, 면의 형태로 구성된다.
③ 도형자료에는 통계자료, 보고서, 범례 등이 포함된다.
④ 속성자료는 일반적으로 문자나 숫자로 구성되어 있다.

정답 01 ③ 02 ③ 03 ② 04 ④ 05 ③

해설 통계자료, 보고서, 범례 등은 속성자료에 해당한다.

06 토지정보시스템에서 속성정보로 취급할 수 있는 것은? 산 16-2
① 토지 간의 인접 관계
② 토지 간의 포함관계
③ 토지 간의 위상관계
④ 토지의 지목

해설 토지정보체계를 구성하는 토지의 표시 중 소재, 지번, 지목, 면적 등은 속성자료에 해당한다.

07 다음 중 속성정보로 보기 어려운 것은? 기 17-3
① 임야도의 등록사항인 경계
② 경계점좌표등록부의 등록사항인 지번
③ 대지권등록부의 등록사항인 대지권비율
④ 공유지연명부의 등록사항인 토지의 소재

해설 임야도의 경계는 도형정보이다.

08 토지정보를 공간자료와 속성자료로 분류할 때 공간자료에 해당하는 것으로만 나열된 것은? 산 18-1
① 지적도, 임야도
② 지적도, 토지대장
③ 토지대장, 임야대장
④ 토지대장, 공유지연명부

해설 지적공부 중 지적도와 임야도가 공간정보에 해당하며, 경계점좌표등록부에 등록되는 좌표도 공간자료로 취급된다.

09 토지정보시스템의 속성정보가 아닌 것은? 기 19-2
① 일람도 자료
② 대지권등록부
③ 토지·임야대장
④ 경계점좌표등록부

해설 토지정보시스템의 지적정보의 종류
㉠ 속성정보 : 토지대장, 임야대장, 공유지연명부, 대지권등록부
㉡ 공간정보 : 지적도, 임야도, 일람도, 경계점좌표등록부

10 속성데이터에 해당하지 않는 것은? 산 19-3
① 지적도
② 토지대장
③ 공유지연명부
④ 대지권등록부

해설 토지정보시스템의 지적정보의 종류
㉠ 속성정보 : 토지대장, 임야대장, 공유지연명부, 대지권등록부
㉡ 공간정보 : 지적도, 임야도, 일람도, 경계점좌표등록부

11 다음 중 데이터베이스의 도형자료에 해당하는 것은? 기 16-2
① 선
② 도면
③ 통계자료
④ 토지대장

해설 도형자료
㉠ 점, 선, 면과 같이 위치, 형태, 크기, 방위 등을 가지고 있는 정보를 말한다.
㉡ 객체 간의 공간적 위치관계를 설명할 수 있는 공간관계(spatial relationship)를 갖는다.
㉢ 대상물들의 거리, 방향, 상대적 위치 등을 파악할 수 있게 한다.
㉣ 지적공부 중 지적도와 임야도가 이에 해당하며, 경계점좌표등록부에 등록되는 좌표도 공간정보로 취급된다.

12 다음 중 사진을 구성하는 요소로 영상에서 눈에 보이는 가장 작은 비분할 2차원적 요소는? 산 18-2
① 노드(node)
② 픽셀(pixel)
③ 그리드(grid)
④ 폴리곤(polygon)

해설 픽셀은 영상에서 눈에 보이는 가장 작은 비분할 2차원적 요소이다.

13 다음 중 2차원 표현의 내용이 아닌 것은? 산 19-2
① 선(Line)
② 면적(Area)
③ 영상소(Pixel)
④ 격자셀(Grid Cell)

해설 선(line)
㉠ 두 개 이상의 점사상으로 구성되어 있는 선형으로 1차원의 객체를 표현, 즉 길이를 갖는 공간객체로 표현된다.
㉡ 두 개의 노드와 여러 개의 버텍스(vertex)로 구성되어 있고, 노드 혹은 버텍스는 링크로 구성되어 있다.
㉢ 지표상의 선형 실체는 축척에 따라 선형 또는 면형 객체로 표현될 수 있다. 예를 들어, 도로의 경우 대축척지도에서는 면사상으로 표현될 수 있고, 소축척지도에서는 선사상으로 표현될 수 있다.
㉣ 연속적인 복잡한 선을 묘사하는 다수의 x, y좌표의 집합은 아크(arc), 체인(chain), 스트링(string) 등의 다양한 용어로서 표현된다.

정답 06 ④ 07 ① 08 ① 09 ④ 10 ① 11 ① 12 ② 13 ①

14 한 픽셀에 대해 8bit를 사용하면 서로 다른 값을 표현할 수 있는 가짓수는? 〈산 19-2〉

① 8가지 ② 64가지
③ 128가지 ④ 256가지

해설 한 픽셀에 대해 8bit를 사용하면 서로 다른 값을 표현할 수 있는 가짓수는 256개이다.

15 다음 중 실세계에서 기호화된 지형지물의 지도를 이루는 기본적인 지형요소로 공간객체의 단위인 것은? 〈산 18-2〉

① Feature ② MDB
③ Pointer ④ Coverage

해설 Feature : 실세계에서 기호화된 지형지물의 지도를 이루는 기본적인 지형요소로 공간객체의 단위

16 다음 공간정보의 형태에 대한 설명 중 옳지 않은 것은? 〈기 16-2〉

① 점은 위치좌표계의 단 하나의 쌍으로 표현되는 대상이다.
② 선은 점이 연결되어 만들어지는 집합이다.
③ 면적은 공간적 대상물을 범주로 간주되며 연속적인 자료의 표현이다.
④ 면적은 분리된 단위를 형성하는 것에 가까운 점분할의 집합이다.

해설 면적은 분리된 단위를 형성하는 것에 가까운 선분할의 집합이다.

17 다음 중 필지를 개별화하고 대장과 도면의 등록사항을 연결하는 역할을 하는 것은? 〈기 19-2〉

① 면적 ② 지목
③ 지번 ④ 주민등록번호

해설 지번 : 필지를 개별화하고 대장과 도면의 등록사항을 연결하는 역할을 하는 것

18 속성데이터에서 동영상은 다음 어느 유형의 자료로 처리되어 관리될 수 있는가? 〈산 16-3〉

① 숫자형 ② 문자형
③ 날짜형 ④ 이진형

해설 속성정보의 구성
㉠ 숫자형 : 정수, 실수 등의 숫자형태로 표현하며 기록된 자료는 후에 자료비교, 산술연산처리가 가능하다.
㉡ 문자형 : 문자형태로 기록되며 산술연산처리는 불가능하나 오름차순, 내림차순 등 정렬 등에 처리가 가능하다.
㉢ 날짜형 : 날짜순으로 오름차순, 내림차순, 특정기간 내의 자료검색 등에 활용된다.
㉣ 이진형 : 숫자형, 문자형, 날짜형이 아닌 모든 형태의 파일로서 기록될 수 있으며 실제 이 데이터를 데이터베이스에 저장하는 경우도 존재하지만 링크만 하고 파일은 특정한 폴더에 체계적으로 모아두는 경우도 있다. 영상자료파일과 문서자료파일 등 다양한 종류의 파일을 링크하여 기록할 수 있다.

19 레이어에 대한 설명으로 옳은 것은? 〈산 17-3〉

① 레이어 간의 객체이동은 할 수 없다.
② 지형·지물을 기호로 나타내는 규칙이다.
③ 속성데이터를 관리하는데 사용하는 것이다.
④ 같은 성격을 가지는 공간객체를 같은 층으로 묶어준다.

해설 레이어 : 같은 성격을 가지는 공간객체를 같은 층으로 묶은 것

20 다음의 지적정보를 도형정보와 속성정보로 구분할 때 성격이 다른 하나는? 〈산 16-3〉

① 지번 ② 면적
③ 지적도 ④ 개별공시지가

해설 지번, 면적, 개별공시지가는 속성정보에, 지적도의 등록사항은 도형정보에 해당한다.

21 다음 중 CNS(Car Navigation System)에서 이용하고 있는 대표적인 지적정보는? 〈산 18-2〉

① 지번정보 ② 면적정보
③ 지목정보 ④ 토지소유자정보

해설 CNS는 주소나 도로명을 이용하여 위치를 찾는 시스템이므로 지번정보가 필수적이다.

22 공간객체를 색인화(Indexing)하기 위해 사용하는 방법이 아닌 것은? 〈기 16-2〉

① 그리드색인화 ② R-Tree색인화
③ 피타고라스색인화 ④ 사지수형색인화

정답 14 ④ 15 ① 16 ④ 17 ③ 18 ④ 19 ④ 20 ③ 21 ① 22 ③

해설 **공간객체색인화방법** : 그리드색인화, R-Tree색인화, 사지수형색인화

23 현황참조용 영상자료와 지적도파일을 중첩하여 지적도의 필지경계선조정작업을 할 경우 정확도면에서 가장 효율적인 자료는?

① 1 : 5,000 축척의 항공사진 정사영상자료
② 소축척 지형도 스캔영상자료
③ 중·저해상도 위성영상자료
④ 소축척의 도로망도

해설 현황참조용 영상자료와 지적도파일을 중첩하여 지적도의 필지경계선조정작업을 할 경우 항공사진 정사영상자료(1 : 5,000)를 이용하면 효율적이다.

24 3차원 지적정보를 구축할 때 지상건축물의 권리관계 등록과 가장 밀접한 관련성을 가지는 도형정보는?

① 수치지도
② 층별 권원도
③ 토지피복도
④ 토지이용계획도

해설 층별 권원도는 3차원 지적정보를 구축할 때 지상건축물의 권리관계를 등록한 도면이다.

25 지리정보의 유형을 도형정보와 속성정보로 구분할 때 도형정보에 포함되지 않는 것은?

① 필지
② 교통사고지점
③ 행정구역경계선
④ 도로준공날짜

해설 필지, 교통사고지점, 행정구역경계선은 도형정보에, 도로준공날짜는 속성정보에 해당한다.

26 토지정도시스템에서 필지식별번호의 역할로 옳은 것은?

① 공간정보와 속성정보의 링크
② 공간정보에서 기호의 작성
③ 속성정보의 자료량 감소
④ 공간정보의 자료량 감소

해설 공간데이터와 속성데이터는 다른 자료구조를 가지고 있으며 관리하는 체계도 다른 경우가 있다. 따라서 이를 통합하여 관리하기 위해서는 공통되는 식별자를 사용하여야 한다.

27 속성데이터와 공간데이터를 연계하여 통합관리할 때의 장점이 아닌 것은?

① 데이터의 조회가 용이하다.
② 데이터의 오류를 자동 수정할 수 있다.
③ 공간적 상관관계가 있는 자료를 볼 수 있다.
④ 공간자료와 속성자료를 통합한 자료분석, 가공, 자료갱신이 편리하다.

해설 속성데이터와 공간데이터를 연계하여 통합관리를 하더라도 데이터의 오류는 자동으로 수정할 수 없다.

28 다음 중 토지소유권에 대한 정보를 검색하고자 하는 경우 식별자로 사용하기에 가장 적절한 것은?

① 주소
② 성명
③ 주민등록번호
④ 생년월일

해설 토지소유권에 대한 정보를 검색할 경우 주민등록번호를 이용하는 것이 가장 효과적이다.

29 다음 내용의 ㉠, ㉡에 들어갈 용어가 올바르게 나열된 것은?

> 수치지도는 영어로 digital map으로 일컬어진다. 좀 더 명확한 의미에서는 도형자료만을 수치로 나타낸 것을 (㉠)라 하고, 도형자료와 관련 속성을 함께 지닌 수치지도를 (㉡)라고 칭한다.

① ㉠ 레전드, ㉡ 레이어
② ㉠ 레전드, ㉡ 커버리지
③ ㉠ 커버리지, ㉡ 레이어
④ ㉠ 레이어, ㉡ 커버리지

해설 수치지도는 영어로 digital map으로 일컬어진다. 좀 더 명확한 의미에서는 도형자료만을 수치로 나타낸 것을 레이어라 하고, 도형자료와 관련 속성을 함께 지닌 수치지도를 커버리지라고 칭한다.

30 토지 및 지리정보시스템의 일반적인 데이터 형태로 옳은 것은?

① 공간데이터와 속성데이터
② 속성데이터와 내성데이터
③ 내성데이터와 위상데이터
④ 위상데이터와 라벨데이터

정답 23 ① 24 ② 25 ④ 26 ① 27 ② 28 ③ 29 ④ 30 ①

해설 토지 및 지리정보시스템은 공간데이터와 속성데이터로 구성되어 있다.

31 다음 중 우리나라의 지적측량에서 사용하는 직각좌표계의 투영법기준으로 옳은 것은? 기 16-2
① 방위도법
② 정사투영법
③ 가우스 상사이중투영법
④ 원추투영법

해설 지적측량에서 사용하는 직각좌표계에 사용하는 투영법은 가우스 상사이중투영법이다.

32 우리나라 지적도에서 사용하는 평면직각좌표계의 경우 중앙경선에서의 축척계수는? 기 19-2
① 0.9996　　② 0.9999
③ 1.0000　　④ 1.5000

해설 우리나라 지적도에서 사용하는 평면직각좌표계의 경우 중앙경선에서의 축척계수는 1.0000이다.

33 기준좌표계의 장점이라고 볼 수 없는 것은? 산 16-2
① 자료의 수집과 정리를 분산적으로 할 수 있다.
② 전 세계적으로 이해할 수 있는 표현방법이다.
③ 공간데이터의 입력을 분산적으로 할 수 있다.
④ 거리와 면적에 대한 기준이 분산이다.

해설 기준좌표계는 거리, 면적, 각도에 대한 기준이 통일된다.

34 평면직각좌표계의 이점이 아닌 것은? 기 16-3
① 평판측량, 항공사진측량 등 많은 측량작업과 호환성이 좋다.
② 평면직각좌표로부터 거리, 수평각, 면적을 계산하기 편리하다.
③ 관측값으로부터 평면직각좌표를 계산하기 편리하다.
④ 지도 구면상에 표시하기가 쉽다.

해설 평면직각좌표계는 지도 구면상에 표현하기가 어렵다.

35 경위도좌표계에 대한 설명으로 틀린 것은? 산 19-3
① 지구타원체의 회전에 기반을 둔 3차원 구형 좌표계이다.
② 횡축 메르카토르투영을 이용한 2차원 평면 좌표계이다.
③ 위도는 한 점에서 기준타원체의 수직선과 적도평면이 이루는 각으로 정의된다.
④ 경도는 적도평면에 수직인 평면과 본초자오선면이 이루는 각으로 정의된다.

해설 직각좌표계는 횡축 메르카토르투영을 이용한 2차원 평면 좌표계이다.

36 다음과 같은 수식으로 주어지는 것은 어떤 좌표변환인가? (단, λ : 축척변환, (x_0, y_0) : 원점의 변위량, θ : 회전변환, (x', y') : 보정된 좌표, (x, y) : 보정 전 좌표) 기 16-3

$$\begin{bmatrix} x' \\ y' \end{bmatrix} = \lambda \begin{bmatrix} \cos\theta & -\sin\theta \\ \sin\theta & \cos\theta \end{bmatrix} \begin{bmatrix} x \\ y \end{bmatrix} + \begin{bmatrix} x_0 \\ y_0 \end{bmatrix}$$

① 어파인(Affine)변환
② 투영변환
③ 등각사상변환
④ 의사어파인(Pseudo-Affine)변환

해설 **등각사상변환(Conformal Coordinate Transformation)**
㉠ 등각사상변환이란 모든 방향의 축척이 일정할 때 적용되는 변환으로 기하적인 각도를 그대로 유지하면서 좌표변환하는 것이다.
㉡ 미지수는 총 4개로 축척변환(λ), 회전변환(θ), 원점의 변위량(x_0, y_0)이다.
㉢ 등각사상변환공식

$$\begin{bmatrix} X \\ Y \end{bmatrix} = S \begin{bmatrix} \cos\theta & -\sin\theta \\ \sin\theta & \cos\theta \end{bmatrix} \begin{bmatrix} X' \\ Y' \end{bmatrix} + \begin{bmatrix} T_x \\ T_y \end{bmatrix}$$
$$= \begin{bmatrix} a & -b \\ b & a \end{bmatrix} \begin{bmatrix} X' \\ Y' \end{bmatrix} + \begin{bmatrix} T_x \\ T_y \end{bmatrix}$$

37 토지정보시스템에 사용되는 지도투영법에 대한 설명으로 옳은 것은? 산 19-2
① 우리나라 지적도의 투영에 사용된 지도투영법은 램버트 등각투영법이다.
② 어떤 지도투영법으로 만들어진 자료를 다른 투영법의 자료로 변환하지는 못한다.
③ 지구타원체상의 형상을 평면직각좌표로 표현할 때에는 비틀림이 발생한다.
④ 토지정보시스템에서 지도투영법은 속성데이터를 표현하는데 사용되는 것이다.

정답 31 ③　32 ③　33 ④　34 ④　35 ②　36 ③　37 ③

해설 ① 우리나라 지적도의 투영에 사용된 지도투영법은 원통도법으로 등각투영법이다.
② 어떤 지도투영법으로 만들어진 자료를 다른 투영법의 자료로 변환할 수 있다.
④ 토지정보시스템에서 지도투영법은 도형데이터를 표현하는데 사용되는 것이다.

38 다음의 지적도 종류 중에서 지형과의 부합도가 가장 높은 도면은? 〈산 17-2〉

① 개별지적도 ② 연속지적도
③ 편집지적도 ④ 건물지적도

해설 편집지적도는 연속지적도를 수치지형도에 맞춘 지적도로 지형과의 부합도가 가장 높은 도면이다.

39 지형도와 지적도를 중첩할 때 도면과 도면의 비연속되는 부분을 수정하는데 이용될 수 있는 참고자료로 가장 유용한 것은? 〈기 19-2〉

① 식생도 ② 지질도
③ 정사사진 ④ 토지이용도

해설 지형도와 지적도를 중첩할 때 도면과 도면의 비연속되는 부분을 수정하는데 이용될 수 있는 참고자료로 가장 유용한 것은 정사사진이다.

40 토지정보체계를 구축할 때 좌표를 입력하여 도형자료를 작성하는데 가장 적합한 원시자료는? 〈기 18-1, 19-2〉

① 경계점등록부 자료
② 공유지연명부 자료
③ 대지권등록부 자료
④ 토지대장 및 임야대장 자료

해설 경계점좌표등록부를 갖추두는 토지는 지적확정측량 또는 축척변경을 위한 측량을 실시하여 경계점을 좌표로 등록한 지역의 토지로 한다. 따라서 토지정보체계를 구축할 때 좌표를 입력하여 도형자료를 작성하는데 가장 적합한 원시자료는 경계점좌표등록부이다.

41 다음 중 속성정보와 도형정보를 컴퓨터에 입력하는 장비로 옳지 않은 것은? 〈기 18-3〉

① 스캐너 ② 키보드
③ 플로터 ④ 디지타이저

해설 플로터는 출력장치이다.

42 토지정보시스템 구축에 있어 지적도와 지형도를 중첩할 때 비연속도면을 수정하는데 가장 효율적인 자료는? 〈산 16-2〉

① 정사항공영상 ② TIN모형
③ 수치표고모델 ④ 토지이용현황도

해설 토지정보시스템 구축에 있어 지적도와 지형도를 중첩할 때 비연속도면을 수정하는데 가장 효율적인 자료는 정사항공영상이다.

43 토지정보시스템의 도형자료 입력에 주로 사용하는 방식이 아닌 것은? 〈기 19-2〉

① 레이아웃(layout)방식
② 스캐닝(scanning)방식
③ 디지타이징(digitizing)방식
④ COGO(coordinate geometry)방식

해설 **도형자료 입력에 주로 사용하는 방식**
㉠ 스캐닝방식 : 일정파장의 레이저광선을 지도에 주사하고, 반사되는 값에 수치를 부여하여 컴퓨터에 저장시킴으로써 기존의 지도를 영상의 형태로 만드는 방식이다.
㉡ 디지타이징방식 : 디지타이저라는 테이블 위에 컴퓨터와 연결된 마우스를 이용하여 필요한 주제(도로, 하천 등)의 형태를 컴퓨터에 입력시키는 것으로서 지적도면과 같은 자료를 수동으로 입력할 수 있으며 대상물의 형태를 따라 마우스를 움직이면 x, y좌표가 자동적으로 기록된다.
㉢ COGO방식 : 실제 현장에서 측량의 결과로 얻어진 자료를 이용하여 수치지도를 작성하는 방식이다. 즉 실제 현장에서 각 측량지점에서의 측량결과를 컴퓨터에 입력시킨 후 지형분석용 소프트웨어를 이용하여 지표면의 형태를 생성한 후 수치의 형태로 저장시키는 방식이다.

44 기존의 지적도면전산화에 적용한 방법으로 옳은 것은? 〈기 18-3〉

① 원격탐측방식 ② 조사·측량방식
③ 디지타이징방식 ④ 자동벡터화방식

해설 **지적도면전산화작업방법의 결정**

구분	도면상태	도곽 내 필지수
디지타이저	훼손, 마모	적은 경우
스캐너	양호	많은 경우

정답 38 ③ 39 ③ 40 ① 41 ③ 42 ① 43 ① 44 ③

45 다음 중 일반적인 수치지형도의 제작에 가장 많이 사용되는 방법은? 기 18-3

① COGO　　　② 평판측량
③ 디지타이징　④ 항공사진측량

해설 수치지형도 제작에 가장 많이 사용되는 방법은 항공사진측량에 의한 방법이다.

46 다음 중 2차적으로 자료를 이용하여 공간데이터를 취득하는 방법은? 산 16-2

① 디지털원격탐사영상
② 디지털항공사진영상
③ GPS관측데이터
④ 지도로부터 추출한 DEM

해설 지도로부터 추출한 DEM은 2차적으로 자료를 취득하는 방법이다.

47 지적도면정보의 직접취득방법이 아닌 것은? 기 18-1

① 위성측량방법　　② 평판측량방법
③ 경위의측량방법　④ 법원감정측량방법

해설 법원감정측량 : 법원이 감정을 요구한 내용대로 측량을 실시하여 지번, 경계, 면적 등은 공간정보의 구축 및 관리 등에 관한 법령이 정한 규정에 따라 결정하는 것으로, 지적도면정보의 직접적인 취득방법에 해당하지 않는다.

48 지적정보전산화에 있어 속성정보를 취득하는 방법으로 옳지 않은 것은? 산 17-1

① 민원인이 직접 조사하는 경우
② 관련 기관의 통보에 의한 경우
③ 민원신청에 의한 경우
④ 담당공무원의 직권에 의한 경우

해설 지적정보취득방법

속성정보	도형정보
• 현지조사에 의한 경우 • 민원신청에 의한 경우 • 담당공무원의 직권에 의한 경우 • 관계기관의 통보에 의한 경우	• 지상측량에 의한 경우 • 항공사진측량에 의한 경우 • 원격탐측에 의한 경우 • GPS측량에 의한 경우 • 기존의 도면을 이용하는 경우

49 다음 중 공간데이터베이스를 구축하기 위한 자료취득방법과 가장 거리가 먼 것은? 기 17-2

① 기존 지형도를 이용하는 방법
② 지상측량에 의한 방법
③ 항공사진측량에 의한 방법
④ 통신장비를 이용하는 방법

해설 지적정보취득방법

속성정보	도형정보
• 현지조사에 의한 경우 • 민원신청에 의한 경우 • 담당공무원의 직권에 의한 경우 • 관계기관의 통보에 의한 경우	• 지상측량에 의한 경우 • 항공사진측량에 의한 경우 • 원격탐측에 의한 경우 • GPS측량에 의한 경우 • 기존의 도면을 이용하는 경우

50 다음 중 지적 관련 속성정보를 데이터베이스에 입력하기에 가장 적합한 장비는? 기 19-1

① 스캐너　　② 플로터
③ 키보드　　④ 디지타이저

해설 지적정보 중 속성정보의 입력은 키보드를 이용하여 입력하는 것이 가장 효율적이다.

51 위성영상으로부터의 데이터 수집에 대한 설명으로 옳지 않은 것은? 산 16-3

① 원격탐사는 항공기나 위성에 탑재된 센서를 통해 자료를 수집한다.
② 위성영상은 GIS공간데이터에 대한 자료원이 풍부한 나라들에게 매우 유용하다.
③ 인공위성은 항공사진의 관측영역보다 광대한 영역을 한 번에 관측할 수 있다.
④ 시간과 노동을 감안하면 지상작업에 비해 단위비용이 적게 들기 때문에 GIS에 있어서 중요한 자료원이 된다.

해설 위성영상은 GIS공간데이터에 대한 자료원이 풍부한 나라에서는 유용하지 않다.

52 다음 중 공간데이터를 취득하는 방법이 서로 다른 것은? 기 17-3

① GPS　　　② 원격탐측
③ 디지타이징　④ 토털스테이션

해설 GPS, 원격탐측, 토털스테이션은 공간데이터를 직접 취득하는 방법이며, 디지타이징은 기존의 도면을 이용하여 공간데이터를 취득하는 방법이다.

정답　45 ④　46 ④　47 ④　48 ①　49 ④　50 ③　51 ②　52 ③

53 다음 토지정보시스템의 공간데이터 취득방법 중 성격이 다른 하나는?

① GPS에 의한 방법
② COGO에 의한 방법
③ 스캐너에 의한 방법
④ 토털스테이션에 의한 방법

해설 ①, ②, ④는 벡터방식이고, ③은 래스터방식이다.

54 필지단위로 토지정보체계를 구축할 경우 적합하지 않은 것은?

① 원격탐사
② GPS측량
③ 항공사진측량
④ 디지타이저

해설 원격탐측이란 관찰하고자 하는 목적물에 접근하지 않고 대상물의 정보를 추출하는 기법이나 학문을 의미하며 사진기의 발명을 원격탐측의 시점으로 본다. 원격탐측은 데이터 취득비용이 고가인 단점이 있으나, 대규모 지역의 자료취득에는 효과적인 측면도 있다. 또한 필지단위로 토지정보체계를 구축할 경우 적합하지 않다.

55 현지측량 등으로 얻어진 대상물의 좌표를 직접 입력하여 공간정보를 구축하는 방식은?

① 디지타이징
② 스캐닝
③ COGO
④ DIGEST

해설 COGO(Coordinate Geometry)를 이용한 방법은 실제 현장에서 측량의 결과로 얻어진 자료를 이용하여 수치지도를 작성하는 방식이다. 실제 현장에서 각 측량지점에서의 측량결과를 컴퓨터에 입력시킨 후 지형분석용 소프트웨어를 이용하여 지표면의 형태를 생성한 후 수치의 형태로 저장시키는 방식이다.

56 경계점좌표등록부 시행지역의 지적도면을 전산화하는 방법으로 가장 적합한 것은?

① 스캐닝방식
② 좌표입력방식
③ 항공측량방식
④ 디지타이징방식

해설 경계점좌표등록부 시행지역의 지적도면을 전산화하는 방법은 좌표입력방식이다.

57 공간데이터의 수집절차로 옳은 것은?

① 데이터 획득→수집계획→데이터 검증
② 수집계획→데이터 검증→데이터 획득
③ 수집계획→데이터 획득→데이터 검증
④ 데이터 검증→데이터 획득→수집계획

해설 공간데이터 수집절차 : 수집계획→데이터 획득→데이터 검증

58 토털스테이션으로 얻은 자료를 전산처리하는 방법에 대한 설명으로 옳은 것은?

① 디지타이저로 좌표입력작업을 해야 한다.
② 스캐너로 자료를 입력해야 한다.
③ 특별히 전산화하는 방법이 존재하지 않는다.
④ 통신으로 컴퓨터에 전송하여 자료를 처리한다.

해설 Total Station은 관측된 데이터를 직접 저장하고 처리할 수 있으며 3차원 지형정보획득으로부터 데이터베이스의 구축 및 지적도 제작까지 일괄적으로 처리할 수 있는 최신 측량기계이다. 관측자료는 자동적으로 자료기록장치에 기록되며, 이것을 컴퓨터로 전송할 수 있으며 벡터파일로 저장할 수 있다.

59 다음 중 임야도의 도형자료를 스캐너로 편집한 자료형태는?

① 속성정보
② 메타데이터
③ 벡터데이터
④ 래스터데이터

해설 래스터데이터는 실세계를 일정크기의 최소지도화단위인 셀로 분할하고 각 셀에 속성값을 입력하고 저장하여 연산하는 자료구조이다. 즉 격자형의 영역에서 x, y축을 따라 일련의 셀들이 존재하고 각 셀들이 속성값을 가지므로 이들 값에 따라 셀들을 분류하거나 다양하게 표현할 수 있다. 각 셀들의 크기에 따라 데이터의 해상도와 저장크기가 달라지는데, 셀크기가 작으면 작을수록 보다 정밀한 공간현상을 잘 표현할 수 있다. 대표적인 래스터자료유형으로는 인공위성에 의한 이미지, 항공사진에 의한 이미지 등이 있으며, 또한 스캐닝을 통해 얻어진 이미지데이터를 좌표정보를 가진 이미지로 바꿈으로서 얻어질 수 있다.

60 스캐닝방식을 이용하여 지적전산파일을 생성할 경우 선명한 영상을 얻기 위한 방법으로 옳지 않은 것은?

① 해상도를 최대한 낮게 한다.
② 원본형상의 보존상태를 양호하게 한다.
③ 하프톤방식의 스캐닝 시에는 되도록 속도를 느리게 한다.
④ 크기가 큰 영상은 영역을 세분하여 차례로 스캐닝한다.

정답 53 ③ 54 ① 55 ③ 56 ② 57 ③ 58 ④ 59 ④ 60 ①

해설 선명한 해상도를 얻기 위해서는 해상도를 최대한 높게 해야 한다.

61 토지정보체계의 구축에 있어 벡터자료(vector data)를 취득하기 위한 장비로 옳은 것은?

  ㉠ 스캐너   ㉡ 디지털카메라
  ㉢ 디지타이저   ㉣ 전자평판

① ㉠, ㉡   ② ㉠, ㉣
③ ㉡, ㉢   ④ ㉢, ㉣

해설 ㉠ 래스터자료 : 스캐너, 디지털카메라
㉡ 벡터자료 : 디지타이저, 전자평판

62 디지타이저를 이용한 도형자료의 취득에 대한 설명으로 틀린 것은?

① 기존 도면을 입력하는 방법을 사용할 때에는 보관과정에서 발생할 수 있는 불규칙한 신축 등으로 인한 오차를 제거하거나 축소할 수 있으므로 현장측량방법보다 정확도가 높다.
② 디지타이징의 효율성은 작업자의 숙련도에 따라 크게 좌우되며 스캐닝과 비교하여 도면의 보관상태가 좋지 않은 경우에도 입력이 가능하다.
③ 디지타이징을 이용한 입력은 복사된 지적도를 디지타이징하여 벡터자료파일을 구축하는 것이다.
④ 디지타이징은 디지타이저라는 테이블에 컴퓨터와 연결된 커서를 이용하여 필요한 객체의 형태를 컴퓨터에 입력시키는 것으로 해당 객체의 형태를 따라서 x, y좌표값을 컴퓨터에 입력시키는 방법이다.

해설 디지타이저는 기존의 측량성과를 이용하여 제작한 도면을 전산화하는 방법이므로 현지측량방법보다 정확도가 높을 수는 없다.

63 토지정보체계의 도형자료를 컴퓨터에 입력하는 방식과 관련이 없는 것은?

① 스캐닝   ② 좌표변환
③ 디지타이징   ④ 항공사진 디지타이징

해설 토지정보체계의 도형자료를 컴퓨터에 입력하는 방식으로 스캐닝방식과 디지타이징방식 등을 사용한다.

64 도면에서 공간자료를 입력하는 데 많이 쓰이는 점(point)입력방식의 장비는?

① 스캐너   ② 프린터
③ 플로터   ④ 디지타이저

해설 공간데이터 입력에는 디지타이저, 스캐너 등이 있으며, 디지타이저가 점(point)입력방식에 적합한 방식이다.

65 기존의 종이도면을 직접 벡터데이터로 입력할 수 있는 작업으로 헤드업방법이라고도 하는 것은?

① 스캐닝   ② 디지타이징
③ key-in   ④ CAD작업

해설 디지타이징
㉠ 디지타이저라는 테이블 위에 컴퓨터와 연결된 마우스를 이용하여 필요한 주제(도로, 하천 등)의 형태를 컴퓨터에 입력시키는 것으로서 지적도면과 같은 자료를 수동으로 입력할 수 있으며, 대상물의 형태를 따라 마우스를 움직이면 x, y좌표가 자동적으로 기록되며 단순 도형입력 시 비효율적이다.
㉡ 장단점

장점	단점
• 결과물이 벡터자료이므로 GSIS에 바로 이용할 수 있다.	• 많은 시간과 노력이 필요하다.
• 레이어별로 나누어 입력할 수 있어 효과적이다.	• 입력 시 누락이 발생할 수 있다.
• 불필요한 도형이나 주기를 제외시킬 수 있다(선별적 입력 가능).	• 경계선이 복잡한 경우 정확하게 입력하기 어렵다.
• 상대적으로 지도의 보관상태에 적은 영향을 받는다.	• 단순 도형입력 시에는 비효율적이다.
• 가격이 저렴하고 작업과정이 비교적 간단하다.	• 작업자의 숙련을 요한다.

66 기어구동식 자동제도기의 정도변화범위로 맞는 것은?

① 0.01mm 이내   ② 0.02mm 이내
③ 0.03mm 이내   ④ 0.05mm 이내

해설 기어구동식 자동제도기의 정도변화범위는 0.02mm 이내이다.

정답 61 ④ 62 ① 63 ② 64 ④ 65 ② 66 ②

67 다음 중 토지 관련 자료의 입력과정에서 지적도면과 같은 자료를 수동으로 입력할 수 있는 장비는?

기 18-1

① 프린터 ② 디지타이저
③ 스캐너 ④ 플로터

해설 디지타이저란 디지타이저라는 테이블 위에 컴퓨터와 연결된 마우스를 이용하여 필요한 주제(도로, 하천 등)의 형태를 컴퓨터에 입력시키는 것으로서 지적도면과 같은 자료를 수동으로 입력할 수 있으며 대상물의 형태에 따라 마우스를 움직이면 x, y좌표가 자동적으로 기록된다.

68 지적도면을 디지타이저를 이용하여 전산입력할 때 저장되는 자료구조는?

기 17-2

① 래스터자료 ② 문자자료
③ 벡터자료   ④ 속성자료

해설 디지타이저

장점	단점
• 결과물이 벡터자료이므로 GSIS에 바로 이용할 수 있다. • 레이어별로 나누어 입력할 수 있어 효과적이다. • 불필요한 도형이나 주기를 제외시킬 수 있다(선별적 입력 가능). • 상대적으로 지도의 보관상태에 적은 영향을 받는다. • 가격이 저렴하고 작업과정이 비교적 간단하다.	• 많은 시간과 노력이 필요하다. • 입력 시 누락이 발생할 수 있다. • 경계선이 복잡한 경우 정확하게 입력하기 어렵다. • 단순 도형입력 시에는 비효율적이다. • 작업자의 숙련을 요한다.

69 디지타이징방식과 비교하였을 때 스캐닝방식이 갖는 장점에 대한 설명으로 옳지 않은 것은?

산 18-1

① 일반적으로 작업의 속도가 빠르다.
② 다량의 지도를 입력하는 작업에 유리하다.
③ 하드웨어와 소프트웨어의 구입비용이 덜 소요된다.
④ 작업자의 숙련도가 작업에 미치는 영향이 적은 편이다.

해설 스캐너(자동방식)
㉠ 일정파장의 레이저광선을 지도에 주사하고 반사되는 값에 수치를 부여하여 컴퓨터에 저장시킴으로서 기존의 지도를 영상의 형태로 만드는 방식이다.

㉡ 장단점

장점	단점
• 수작업이 최소화되고 지도상의 모든 정보를 신속하게 입력할 수 있다. • 컬러필터를 사용하면 컬러영상을 얻을 수 있다. • 깨끗하고 단순한 형태의 지도입력, 다양한 지도입력에 적합하다. • 이미지상에서 삭제, 수정 등을 할 수 있어 능률적이다.	• 가격이 비싸고 다루기가 까다롭다. • 오염된 도면의 입력이 어렵다. • 도형인식의 신뢰성이 떨어진다. • 격자의 크기가 작아질수록 정밀해지지만 자료의 양이 방대해진다. • 문자나 그래픽심볼과 같은 부수적 정보를 많이 포함한 도면을 입력하는 데 부적합하다.

70 다음과 같은 특징을 갖는 도형자료의 입력장치는?

산 19-1

• 필요한 주제의 형태에 따라 작업자가 좌표를 독취하는 방법이다.
• 일반적으로 많이 사용되는 방법으로 간단하고 소요비용이 저렴한 편이다.
• 작업자의 숙련속도가 작업의 효율성에 큰 영향을 준다.

① 프린터 ② 플로터
③ DLT장비 ④ 디지타이저

해설 디지타이저(수동방식)
㉠ 의의 : 디지타이저라는 테이블 위에 컴퓨터와 연결된 마우스를 이용하여 필요한 주제(도로, 하천 등)의 형태를 컴퓨터에 입력시키는 것으로서 지적도면과 같은 자료를 수동으로 입력할 수 있으며 대상물의 형태를 따라 마우스를 움직이면 x, y좌표가 자동적으로 기록된다.

㉡ 장단점

장점	단점
• 결과물이 벡터자료이므로 GSIS에 바로 이용할 수 있다. • 레이어별로 나누어 입력할 수 있어 효과적이다. • 불필요한 도형이나 주기를 제외시킬 수 있다(선별적 입력 가능). • 상대적으로 지도의 보관상태에 적은 영향을 받는다. • 가격이 저렴하고 작업과정이 비교적 간단하다.	• 많은 시간과 노력이 필요하다. • 입력 시 누락이 발생할 수 있다. • 경계선이 복잡한 경우 정확하게 입력하기 어렵다. • 단순 도형입력 시에는 비효율적이다. • 작업자의 숙련을 요한다.

정답 67 ② 68 ③ 69 ③ 70 ④

71 디지타이징과 비교하여 스캐닝작업이 갖는 특징에 대한 설명으로 옳은 것은?

① 스캐너는 장치운영방법이 복잡하여 위상에 관한 정보가 제공된다.
② 스캐너로 읽은 자료는 디지털카메라로 촬영하여 얻은 자료와 유사하다.
③ 스캐너로 입력한 자료는 벡터자료로서 벡터라이징작업이 필요하지 않다.
④ 디지타이징은 스캐닝방법에 비해 자동으로 작업할 수 있으므로 작업속도가 빠르다.

해설 ① 디지타이저는 장치운영방법이 복잡하여 위상에 관한 정보가 제공된다.
③ 디지타이저로 입력된 자료는 벡터자료로서 벡터라이징 작업이 필요하지 않다.
④ 스캐닝은 디지타이징방법에 비해 자동으로 작업할 수 있으므로 작업속도가 빠르다.

72 다음 중 스캐닝을 통해 자료를 구축할 때 해상도를 표현하는 단위에 해당하는 것은?

① PPM   ② DPI
③ DOT   ④ BPS

해설 ㉠ ppm : 백만분율로 백분율과의 관계는 1ppm=1/10⁶, 미량분석의 정량범위, 검출한계 등을 수적으로 표현할 때 널리 사용된다.
㉡ dpi : 프린터에서 출력해야 할 출력물의 해상도를 조절하거나 스캐너로 사진이나 슬라이드필름, 그림 등을 스캔받을 때 입력물의 해상도를 조절할 때 쓰는 단위로, 1인치당 표현되는 점의 개수가 많을수록 더 많은 점의 수로 표현되기 때문에 더욱 해상도가 뛰어나다.
㉢ dot : 화면이나 인쇄기 등에서 문자나 그림을 구성하는 작은 점, 즉 픽셀을 의미한다.

73 다음 중 스캐닝(Scanning)에 의하여 도형정보를 입력할 경우의 장점으로 옳지 않은 것은?

① 작업자의 수작업이 최소화된다.
② 이미지상에서 삭제·수정할 수 있다.
③ 원본도면의 손상된 정도와 상관없이 도면을 정확하게 입력할 수 있다.
④ 복잡한 도면을 입력할 때 작업시간을 단축할 수 있다.

해설 스캐너는 일정파장의 레이저광선을 지도에 주사하고, 반사되는 값에 수치를 부여하여 컴퓨터에 저장시킴으로써 기존의 지도를 영상의 형태로 만드는 방식으로 오염된 도면의 입력이 어렵다.

74 스캐너로 지적도를 입력하는 경우 입력한 도형자료의 유형으로 옳은 것은?

① 속성데이터   ② 래스터데이터
③ 벡터데이터   ④ 위성데이터

해설 디지타이저와 스캐너

구분	디지타이저	스캐너
입력방식	수동방식	자동방식
결과물	벡터	래스터
비용	저렴	고가
시간	시간이 많이 소요	신속
도면상태	영향을 적게 받음	영향을 받음

75 격자구조를 벡터구조로 변환할 때 격자영상에 생긴 잡음(noise)을 제거하고 외곽선을 연속적으로 이어주는 영상처리과정을 무엇이라고 하는가?

① Noising   ② Filtering
③ Thinning   ④ Conversioning

해설 필터링(Filtering)은 잡음이나 불필요한 기호를 제거하거나 임의로 생긴 선분이나 끊어진 선분을 잇는 잡음을 제거, 처리하는 영상처리과정이다.

76 GIS에서 위성영상자료의 활용 등에 관한 설명으로 옳지 않은 것은?

① 벡터데이터 구조로 처리·저장되므로 데이터 호환이 매우 쉽다.
② 인공위성 상용영상의 해상도가 높아지면서 GIS에서 활용이 크다.
③ 원격탐사 및 영상처리는 공간데이터를 다루는 특성화된 기술이다.
④ 데이터가 컴퓨터로 바로 처리할 수 있는 디지털형태라는 점에서 GIS와 통합되고 있다.

해설 위성영상자료는 래스터데이터로 처리된다.

정답 71 ② 72 ② 73 ③ 74 ② 75 ② 76 ①

77 공간자료의 입력방법인 스캐닝에 대한 설명으로 옳지 않은 것은? 〔기 16-3〕

① 스캐너를 이용하여 정보를 신속하게 입력시킬 수 있다.
② 스캐너는 광학주사기 등을 이용하여 레이저광선을 도면에 주사하여 반사되는 값에 수치값을 부여하여 데이터의 영상자료를 만드는 것이다.
③ 스캐너 영상자료는 소프트웨어를 이용하여 벡터라이징을 통해 수치지도로 제작된다.
④ 스캐닝은 문자나 그래픽심볼과 같은 부수적 정보를 많이 포함한 도면을 입력하는 데 적합하다.

해설 스캐닝은 문자나 그래픽심볼과 같은 부수적 정보를 많이 포함한 도면을 입력하는 데 적합하지 않다.

78 스캐너에 의한 반자동입력방식의 작업과정을 순서대로 올바르게 나열한 것은? 〔기 19-3〕

① 준비 → 래스터데이터 취득 → 벡터화 및 도형인식 → 편집 → 출력 및 저장
② 준비 → 벡터화 및 도형인식 → 편집 → 래스터데이터 취득 → 출력 및 저장
③ 준비 → 편집 → 벡터화 및 도형인식 → 래스터데이터 취득 → 출력 및 저장
④ 준비 → 편집 → 래스터데이터 취득 → 벡터화 및 도형인식 → 출력 및 저장

해설 벡터라이징순서 : 준비 → 래스터데이터 취득 → 벡터화 및 도형인식 → 편집 → 출력 및 저장

79 지적도면의 수치파일화 공정순서로 옳은 것은? 〔기 17-1, 18-2〕

① 폴리곤 형성 → 도면 신축보정 → 지적도면 입력 → 좌표 및 속성검사
② 폴리곤 형성 → 지적도면 입력 → 도면 신축보정 → 좌표 및 속성검사
③ 지적도면 입력 → 도면 신축보정 → 폴리곤 형성 → 좌표 및 속성검사
④ 지적도면 입력 → 좌표 및 속성검사 → 도면 신축보정 → 폴리곤 형성

해설 지적도면의 수치파일화 공정순서 : 지적도면 입력 → 좌표 및 속성검사 → 도면 신축보정 → 폴리곤 형성

80 지적도면전산화사업으로 생성된 지적도면파일을 이용하여 지적업무를 수행할 경우의 기대되는 장점으로 옳지 않은 것은? 〔기 18-3, 산 19-3〕

① 지적측량성과의 효율적인 전산관리가 가능하다.
② 토지대장과 지적도면을 통합한 대민서비스의 질적 향상을 도모할 수 있다.
③ 공간정보분야의 다양한 주제도와 융합을 통해 새로운 콘텐츠를 생성할 수 있다.
④ 원시 지적도면의 정확도가 한층 높아져 지적측량성과의 정확도 향상을 기할 수 있다.

해설 기존의 도면을 이용하여 전산화된 지적도면파일은 전산화하는 과정에서 정보의 손실을 가져오기 때문에 원시 지적도면보다는 정확도가 떨어진다.

81 지적도를 수치화하기 위한 작성과정으로 옳은 것은? 〔산 18-2〕

① 작업계획 수립 → 벡터라이징 → 좌표독취(스캐닝) → 정위치편집 → 도면 작성
② 작업계획 수립 → 좌표독취(스캐닝) → 벡터라이징 → 정위치편집 → 도면 작성
③ 작업계획 수립 → 벡터라이징 → 정위치편집 → 좌표독취(스캐닝) → 도면 작성
④ 작업계획 수립 → 좌표독취(스캐닝) → 정위치편집 → 벡터라이징 → 도면 작성

해설 지적도 수치화 작성과정 : 작업계획 수립 → 좌표독취(스캐닝) → 벡터라이징 → 정위치편집 → 도면 작성

82 지적도면을 스캐너로 입력한 전산자료에 포함될 수 있는 오차로 가장 거리가 먼 것은? 〔기 19-2〕

① 기계적인 오차
② 도면등록 시의 오차
③ 입력도면의 평탄성 오차
④ 벡터자료의 래스터자료로의 변환과정에서의 오차

정답 77 ④ 78 ① 79 ④ 80 ④ 81 ② 82 ④

해설 지적도면을 스캐너로 입력한 전산자료에 포함될 수 있는 오차
- ㉠ 기계적인 오차 : 스캐너의 기계 제작 당시부터 가지고 있는 기계의 고유오차
- ㉡ 입력도면의 평탄성 오차 : 지적정보를 입력할 도면이 평탄하지 아니하면 이로 인해 오차가 발생할 수 있음
- ㉢ 도면등록 시 오차 : 도면을 등록할 때 도면의 신축, 기준점의 좌표의 오류 등으로 인하여 발생하는 오차
- ㉣ 래스터자료를 벡터자료로 변환할 때 생기는 오차

83 지적도전산화작업의 구축된 도면의 데이터별 레이어 번호로 옳지 않은 것은? 　기 18-2
① 지번 : 10　　② 지목 : 11
③ 문자정보 : 12　　④ 필지경계선 : 1

해설 데이터 종류별 레이어

레이어 번호	데이터명	타입	비고
1	필지경계선	LINE	
10	지번	TEXT	Point값으로 필지 내에 위치
11	지목	TEXT	Point값으로 필지 내에 위치
30	문자정보	TEXT	색인도, 제명, 행정구역선, 행정구역명칭, 작업자표시, 각종 문자 등
60	도곽선	LINE	

84 수치화된 지적도의 레이어에 해당하지 않는 것은? 　산 17-3
① 지번　　② 기준점
③ 도곽선　　④ 소유자

해설 데이터 종류별 레이어

레이어 번호	데이터명	타입	비고
1	필지경계선	LINE	
10	지번	TEXT	Point값으로 필지 내에 위치
11	지목	TEXT	Point값으로 필지 내에 위치
30	문자정보	TEXT	색인도, 제명, 행정구역선, 행정구역명칭, 작업자표시, 각종 문자 등
60	도곽선	LINE	

85 지적도면전산화작업과정에서 처리하지 않는 작업은? 　기 18-3
① 신축보정　　② 벡터라이징
③ 구조화편집　　④ 지적도 스캐닝

해설 구조화편집이란 자료 간의 위치적 상관관계를 파악하기 위하여 정위치로 편집된 지형, 지물을 기하학적 형태로 구성하는 작업을 말한다. 지적전산화과정에서 구조화편집을 하지 않는다.

86 경계점좌표등록부의 수치파일화순서로 옳은 것은? 　산 19-1
① 좌표 및 속성입력→좌표 및 속성검사→좌표와 속성결합→폴리곤 형성
② 좌표 및 속성입력→좌표 및 속성검사→폴리곤 형성→좌표와 속성결합
③ 좌표 및 속성검사→좌표 및 속성입력→좌표와 속성결합→폴리곤 형성
④ 좌표 및 속성검사→좌표 및 속성입력→폴리곤 형성→좌표와 속성결합

해설 경계점좌표등록부의 수치파일화순서 : 좌표 및 속성입력→좌표 및 속성검사→폴리곤 형성→좌표와 속성결합

87 디지타이징입력에 의한 도면의 오류를 수정하는 방법으로 틀린 것은? 　기 17-2
① 선의 중복 : 중복된 두 선을 제거함으로써 쉽게 오류를 수정할 수 있다.
② 라벨오류 : 잘못된 라벨을 선택하여 수정하거나 제 위치에 옮겨주면 된다.
③ Undershoot and Overshoot : 두 선이 목표지점을 벗어나거나 못 미치는 오류를 수정하기 위해서는 선분의 길이를 늘려주거나 줄여야 한다.
④ Sliver폴리곤 : 폴리곤이 겹치지 않게 적절하게 위치를 이동시킴으로써 제거될 수 있는 경우도 있고, 폴리곤을 형성하고 있는 부정확하게 입력된 선분을 만드는 버텍스들을 제거함으로써 수정될 수도 있다.

해설 선의 중복은 주로 영역의 경계선에서 점·선이 이중으로 입력되어 발생하는 오차로, 중복된 점·선을 삭제함으로써 수정이 가능하다.

정답 83 ③　84 ④　85 ③　86 ②　87 ①

88. 다음 중 벡터편집의 오류유형이 아닌 것은? 기 18-1

① 스파이크(spike)
② 언더슛(undershoot)
③ 슬리버폴리곤(sliver polygon)
④ 스파게티모형(spaghetti model)

해설 디지타이저에 의한 도면독취과정에서의 오차
㉠ 오버슛(Overshoot) : 다른 아크(도곡선)와의 교점을 지나서 디지타이징된 아크의 한 부분을 말한다.
㉡ 언더슛(Undershoot, 기준선 미달오류) : 도곽선상에 인접되어야 할 선형요소가 도곽선에 도달하지 못한 경우를 말한다. 다른 선형요소와 완전히 교차되지 않은 선형을 말한다.
㉢ 스파이크(Spike) : 교차점에서 두 개의 선분이 만나는 과정에서 잘못된 좌표가 입력되어 발생하는 오차이다.
㉣ 슬리버(Sliver) : 하나의 선으로 입력되어야 할 곳에서 2개의 선으로 약간 어긋나게 입력되어 가늘고 긴 불필요한 폴리곤을 형성한 상태를 말한다.
㉤ 점·선 중복(Overlapping) : 주로 영역의 경계선에서 점·선이 이중으로 입력되어 발생하는 오차로 중복된 점·선을 삭제함으로써 수정이 가능하다.

89. 디지타이징 및 벡터편집의 오류에서 중복되어 있는 점, 선을 제거함으로써 수정할 수 있는 방법은? 기 16-1

① 언더슛(undershoot)
② 오버슛(overshoot)
③ 슬리버폴리곤(sliver polygon)
④ 오버래핑(overlapping)

해설 디지타이저에 의한 도면독취과정에서의 오차
㉠ 오버슛(Overshoot) : 다른 아크(도곡선)와의 교점을 지나서 디지타이징된 아크의 한 부분을 말한다.
㉡ 언더슛(Undershoot, 기준선 미달오류) : 도곽선상에 인접되어야 할 선형요소가 도곽선에 도달하지 못한 경우를 말한다. 다른 선형요소와 완전히 교차되지 않은 선형을 말한다.
㉢ 스파이크(Spike) : 교차점에서 두 개의 선분이 만나는 과정에서 잘못된 좌표가 입력되어 발생하는 오차이다.
㉣ 슬리버(Sliver) : 하나의 선으로 입력되어야 할 곳에서 2개의 선으로 약간 어긋나게 입력되어 가늘고 긴 불필요한 폴리곤을 형성한 상태를 말한다.
㉤ 점·선 중복(Overlapping) : 주로 영역의 경계선에서 점·선이 이중으로 입력되어 발생하는 오차로 중복된 점·선을 삭제함으로써 수정이 가능하다.

90. 벡터데이터 편집 시 다음과 같은 상태가 발생하는 오류의 유형으로 옳은 것은? 산 19-1

> 하나의 선으로 연결되어야 할 곳에서 두 개의 선으로 어긋나게 입력되어 불필요한 폴리곤을 형성한 상태

① 스파이크(Spike)
② 언더슛(Undershoot)
③ 오버래핑(Overlapping)
④ 슬리버폴리곤(Sliver polygon)

해설 디지타이저에 의한 도면독취과정에서의 오차
㉠ 오버슛(Overshoot) : 다른 아크(도곡선)와의 교점을 지나서 디지타이징된 아크의 한 부분을 말한다.
㉡ 언더슛(Undershoot, 기준선 미달오류) : 도곽선상에 인접되어야 할 선형요소가 도곽선에 도달하지 못한 경우를 말한다. 다른 선형요소와 완전히 교차되지 않은 선형을 말한다.
㉢ 스파이크(Spike) : 교차점에서 두 개의 선분이 만나는 과정에서 잘못된 좌표가 입력되어 발생하는 오차이다.
㉣ 슬리버(Sliver) : 하나의 선으로 입력되어야 할 곳에서 2개의 선으로 약간 어긋나게 입력되어 가늘고 긴 불필요한 폴리곤을 형성한 상태를 말한다.
㉤ 점·선 중복(Overlapping) : 주로 영역의 경계선에서 점·선이 이중으로 입력되어 발생하는 오차로 중복된 점·선을 삭제함으로써 수정이 가능하다.

91. 지적도면을 디지타이징한 결과 교차점을 만나지 못하고 선이 끝나는 오류는? 기 18-2

① Spike
② Overshoot
③ Undershoot
④ Sliver polygon

해설 디지타이저에 의한 도면독취과정에서의 오차
㉠ 오버슛(Overshoot) : 다른 아크(도곡선)와의 교점을 지나서 디지타이징된 아크의 한 부분을 말한다.
㉡ 언더슛(Undershoot, 기준선 미달오류) : 도곽선상에 인접되어야 할 선형요소가 도곽선에 도달하지 못한 경우를 말한다. 다른 선형요소와 완전히 교차되지 않은 선형을 말한다.
㉢ 스파이크(Spike) : 교차점에서 두 개의 선분이 만나는 과정에서 잘못된 좌표가 입력되어 발생하는 오차이다.
㉣ 슬리버(Sliver) : 하나의 선으로 입력되어야 할 곳에서 2개의 선으로 약간 어긋나게 입력되어 가늘고 긴 불필요한 폴리곤을 형성한 상태를 말한다.
㉤ 점·선 중복(Overlapping) : 주로 영역의 경계선에서 점·선이 이중으로 입력되어 발생하는 오차로 중복된 점·선을 삭제함으로써 수정이 가능하다.

정답 88 ④ 89 ④ 90 ④ 91 ③

92 일반적으로 많이 나타나는 디지타이징오류에 대한 설명으로 옳지 않은 것은?

① 라벨오류 : 폴리곤에 라벨이 없거나 또는 잘못된 라벨이 붙는 오류
② 선의 중복 : 입력내용이 복잡한 경우 같은 선이 두 번씩 입력되는 오류
③ Undershoot and Overshoot : 두 선이 목표지점에 못 미치거나 벗어나는 오류
④ 슬리버폴리곤 : 폴리곤의 시작점과 끝점이 떨어져 있거나 시작점과 끝점이 벗어나는 오류

해설 슬리버(Sliver) : 하나의 선으로 입력되어야 할 곳에서 두 개의 선으로 약간 어긋나게 입력되어 가늘고 긴 불필요한 폴리곤을 형성한 상태

93 다음 중 데이터의 입력오차가 발생하는 이유로 옳지 않은 것은?

① 작업자의 실수
② 스캐너의 해상도문제
③ 스캐닝할 도면의 신축
④ 도면수치파일의 보정오차

해설 도면수치파일의 보정데이터는 이미 전산화된 수치파일 중 지적도면의 신축량을 고려하지 않고 작성된 수치파일로 데이터베이스 구축을 위하여 축척별 기준도곽에 일치하도록 전자자동제도법에 의하여 신축을 보정하는 것을 말한다.

94 디지타이징이나 스캐닝에 의해 도형정보파일을 생성할 경우 발생할 수 있는 오차에 대한 설명으로 옳지 않은 것은?

① 도곽의 신축이 있는 도면의 경우 부분적인 오차만 발생하므로 정확한 독취자료를 얻을 수 있다.
② 디지타이저에 의한 도면독취 시 작업자의 숙련도에 따라 오차가 발생할 수 있다.
③ 스캐너로 읽은 래스터자료를 벡터자료로 변환할 때 오차가 발생한다.
④ 입력도면이 평탄하지 않은 경우 오차발생을 유발한다.

해설 도곽의 신축이 있는 도면은 전체적인 부분에 오차가 발생하므로 정확한 독취자료를 얻을 수 없다.

95 수치지적도에서 인접 필지와의 경계선이 작업오류로 인하여 하나 이상일 경우 원하지 않는 필지가 생기는 오류를 무엇이라 하는가?

① Undershoot
② Overshoot
③ Dangle
④ Sliver polygon

해설 Sliver polygon : 인접 필지와의 경계선이 작업오류로 인하여 하나 이상일 경우 원하지 않는 필지가 생기는 오류

96 데이터 처리 시 대상물이 두 개의 유사한 색조나 색깔을 가지고 있는 경우 소프트웨어적으로 구별하기 어려워서 발생되는 오류는?

① 선의 단절
② 방향의 혼동
③ 불분명한 경계
④ 주기와 대상물의 혼동

해설 불분명한 경계 : 데이터 처리 시 대상물이 두 개의 유사한 색조나 색깔을 가지고 있는 경우 소프트웨어적으로 구별하기 어려워서 발생되는 오류

97 오차의 발생원인에 대한 설명 중 틀린 것은?

① 자료입력을 수동으로 하는 것도 오차유발의 원인이 된다.
② 원자료의 오차는 자료기반에 거의 포함되지 않는다.
③ 여러 가지의 자료층을 처리하는 과정에서 오차가 발생한다.
④ 지역을 지도화하는 과정에서 선으로 표현할 때 오차가 발생한다.

해설 원자료의 오차는 자료기반에도 포함이 된다.

98 자동벡터화에 대한 설명으로 틀린 것은?

① 래스터자료를 소프트웨어에 의해 벡터화하는 것이다.
② 경우에 따라 수동디지타이징보다 결과가 나쁠 수 있다.
③ 자동벡터화 후에 처리결과를 확인할 필요가 있다.
④ 위상구조화작업도 신속하게 이루어진다.

해설 자동벡터화를 실시한 후 별도의 위상구조화작업을 해야 한다.

정답 92 ④ 93 ④ 94 ① 95 ④ 96 ③ 97 ② 98 ④

99 지적전산정보시스템의 사용자권한등록파일에 등록하는 사용자의 권한구분으로 틀린 것은?

① 사용자의 신규등록
② 법인의 등록번호업무관리
③ 개별공시지가 변동의 관리
④ 토지등급 및 기준수확량등급 변동의 관리

해설 지적전산정보시스템의 사용자권한구분
- 사용자의 신규등록
- 사용자등록의 변경 및 삭제
- 법인 아닌 사단·재단등록번호의 업무관리
- 법인 아닌 사단·재단등록번호의 직권수정
- 개별공시지가변동의 관리
- 지적전산코드의 입력·수정 및 삭제
- 지적전산코드의 조회
- 지적전산자료의 조회
- 지적통계의 관리
- 토지 관련 정책정보의 관리
- 토지이동신청의 접수
- 토지이동의 정리
- 토지소유자변경의 정리
- 토지등급 및 기준수확량등급 변동의 관리
- 지적공부의 열람 및 등본교부의 관리
- 부동산종합공부의 열람 및 부동산종합증명서발급의 관리
- 일반지적업무의 관리
- 일일마감관리
- 지적전산자료의 정비
- 개인별 토지소유현황의 조회
- 비밀번호의 변경

100 지적정보관리시스템의 사용자권한등록파일에 등록하는 사용자권한으로 옳지 않은 것은?

① 지적통계의 관리
② 종합부동산세 입력 및 수정
③ 토지 관련 정책정보의 관리
④ 개인별 토지소유현황의 조회

해설 지적정보관리시스템의 사용자권한구분
- 사용자의 신규등록
- 사용자등록의 변경 및 삭제
- 법인 아닌 사단·재단등록번호의 업무관리
- 법인 아닌 사단·재단등록번호의 직권수정
- 개별공시지가변동의 관리
- 지적전산코드의 입력·수정 및 삭제
- 지적전산코드의 조회
- 지적전산자료의 조회
- 지적통계의 관리
- 토지 관련 정책정보의 관리
- 토지이동신청의 접수
- 토지이동의 정리
- 토지소유자변경의 정리
- 토지등급 및 기준수확량등급 변동의 관리
- 지적공부의 열람 및 등본교부의 관리
- 부동산종합공부의 열람 및 부동산종합증명서발급의 관리
- 일반지적업무의 관리
- 일일마감관리
- 지적전산자료의 정비
- 개인별 토지소유현황의 조회
- 비밀번호의 변경

101 지적전산정보시스템에서 사용자권한등록파일에 등록하는 사용자의 권한에 해당하지 않는 것은?

① 표준지공시지가변동의 관리
② 지적전산코드의 입력·수정 및 삭제
③ 지적공부의 열람 및 등본발급의 관리
④ 법인이 아닌 사단·재단등록번호의 직권수정

해설 지적정보체계의 사용자권한 중 개별공시지가변동의 관리는 포함되나, 표준지공시지가변동의 관리는 포함되지 않는다.

102 다음 중 사용자권한등록파일에 등록하는 사용자의 권한에 해당하지 않는 것은?

① 지적전산코드의 입력·수정 및 삭제
② 토지등급 및 기준수확량등급 변동의 관리
③ 개별공시지가의 변동관리
④ 기업별 토지소유현황의 조회

해설 지적전산정보시스템의 사용자권한구분
- 사용자의 신규등록
- 사용자등록의 변경 및 삭제
- 법인 아닌 사단·재단등록번호의 업무관리
- 법인 아닌 사단·재단등록번호의 직권수정
- 개별공시지가변동의 관리
- 지적전산코드의 입력·수정 및 삭제
- 지적전산코드의 조회
- 지적전산자료의 조회
- 지적통계의 관리
- 토지 관련 정책정보의 관리
- 토지이동신청의 접수
- 토지이동의 정리
- 토지소유자변경의 정리
- 토지등급 및 기준수확량등급 변동의 관리
- 지적공부의 열람 및 등본교부의 관리
- 부동산종합공부의 열람 및 부동산종합증명서발급의 관리

정답 99 ② 100 ② 101 ① 102 ④

- 일반지적업무의 관리
- 일일마감관리
- 지적전산자료의 정비
- 개인별 토지소유현황의 조회
- 비밀번호의 변경

103 지적전산정보시스템에서 사용자권한등록파일에 등록하는 사용자번호 및 비밀번호에 관한 사항으로 옳지 않은 것은?

① 사용자의 비밀번호는 변경할 수 없다.
② 한 번 부여된 사용자번호는 변경할 수 없다.
③ 사용자번호는 사용자권한등록관리청별로 일련번호로 부여하여야 한다.
④ 사용자권한등록관리청은 사용자번호를 따로 관리할 수 있다.

해설 비밀번호는 누설되거나 누설될 우려가 있을 경우 변경할 수 있다.

104 다음 중 '사용자권한등록관리청'이 사용자권한등록파일에 등록하여야 하는 사항에 해당하지 않는 것은?

① 사용자의 비밀번호 ② 사용자의 사용자번호
③ 사용자의 이름   ④ 사용자의 소속

해설 지적정보관리체계 담당자등록
㉠ 국토교통부장관, 시·도지사 및 지적소관청(이하 "사용자권한등록관리청"이라 한다)은 지적공부정리 등을 지적정보관리체계에 의하여 처리하는 담당자(이하 "사용자"라 한다)를 사용자권한등록파일에 등록하여 관리하여야 한다.
㉡ 지적정보관리시스템을 설치한 기관의 장은 그 소속공무원을 사용자로 등록하려는 때에는 지적정보관리시스템 사용자권한등록신청서를 해당 사용자권한등록관리청에 제출하여야 한다.
㉢ 신청을 받은 사용자권한등록관리청은 신청내용을 심사하여 사용자권한등록파일에 사용자의 이름 및 권한과 사용자번호 및 비밀번호를 등록하여야 한다.

105 지적정보관리체계로 처리하는 지적공부정리 등의 사용자권한등록파일을 등록할 때의 사용자비밀번호 설정기준으로 옳은 것은?

① 4자리부터 12자리까지의 범위에서 사용자가 정하여 사용한다.
② 6자리부터 16자리까지의 범위에서 사용자가 정하여 사용한다.
③ 영문을 포함하여 3자리부터 12자리까지의 범위에서 사용자가 정하여 사용한다.
④ 영문을 포함하여 5자리부터 16자리까지의 범위에서 사용자가 정하여 사용한다.

해설 사용자비밀번호는 6자리부터 16자리까지의 범위에서 사용자가 정하여 사용한다.

106 토지고유번호의 코드구성기준이 옳은 것은?

① 행정구역코드 9자리, 대장구분 2자리, 본번 4자리, 부번 4자리, 합계 19자리로 구성
② 행정구역코드 9자리, 대장구분 1자리, 본번 4자리, 부번 5자리, 합계 19자리로 구성
③ 행정구역코드 10자리, 대장구분 1자리, 본번 4자리, 부번 4자리, 합계 19자리로 구성
④ 행정구역코드 10자리, 대장구분 1자리, 본번 3자리, 부번 5자리, 합계 19자리로 구성

해설 고유번호의 구성은 행정구역코드 10자리(시·도 2, 시·군·구 3, 읍·면·동 3, 리 2), 대장구분 1자리, 본번 4자리, 부번 4자리 합계 19자리로 구성한다.

1	2	3	4	5	6	7	8	9	0	-	1	0	0	0	0	-	0	0	0	0
시·도		시·군·구			읍·면·동			리			대장						지번(본번)			
																	지번(부번)			

107 토지 및 임야대장에 등록하는 각 필지를 식별하기 위한 토지의 고유번호는 총 몇 자리로 구성하는가?

① 10자리   ② 15자리
③ 19자리   ④ 21자리

해설 토지의 고유번호는 각 필지를 구별하기 위해 필지마다 붙이는 고유번호(19자리)를 말하며 토지대장, 임야대장, 공유지연명부, 대지권등록부와 경계점좌표등록부에 등록하고, 도면에는 등록되지 않는다. 이 고유번호는 행정구역, 대장, 지번을 나타내며, 소유자, 지목 등은 알 수 없다.

108 토지대장의 고유번호 중 행정구역코드를 구성하는 자릿수기준으로 옳지 않은 것은?

① 리-3자리   ② 시·도-2자리
③ 시·군·구-3자리 ④ 읍·면·동-3자리

정답 103 ① 104 ④ 105 ② 106 ③ 107 ③ 108 ①

해설 고유번호의 구성은 행정구역코드 10자리(시·도 2, 시·군·구 3, 읍·면·동 3, 리 2), 대장구분 1자리, 본번 4자리, 부번 4자리로 총 19자리로 구성한다.

109 토지의 고유번호구성에서 지번의 총자릿수는?

① 6자리 ② 8자리
③ 10자리 ④ 12자리

해설 토지의 고유번호는 각 필지를 구별하기 위해 필지마다 붙이는 고유번호로 토지대장, 임야대장, 공유지연명부, 대지권등록부와 경계점좌표등록부에 등록하고, 도면에는 등록되지 않는다. 이 고유번호는 행정구역(10자리), 대장(1자리), 지번(8자리)을 나타내며, 소유자, 지목 등은 알 수 없다.

110 고유번호 4567891232-20002-0010인 토지에 대한 설명으로 옳지 않은 것은?

① 지번은 2-10이다.
② 32는 리를 나타낸다.
③ 45는 시·도를 나타낸다.
④ 912는 읍·면·동을 나타낸다.

해설 제시된 고유번호에서 대장구분코드가 2이므로 임야대장을 나타낸다. 따라서 지번을 부여할 경우 숫자 앞에 '산'자 (산 2-10)를 부여하여야 한다.

111 도시개발사업에 따른 지구계 분할을 하고자 할 때 지구계 구분코드의 입력사항으로 옳은 것은?

① 지구 내 0, 지구 외 2
② 지구 내 0, 지구 외 1
③ 지구 내 1, 지구 외 0
④ 지구 내 2, 지구 외 0

해설 지구계 분할을 하고자 하는 경우에는 시행지번호와 지구계 구분코드(지구 내 0, 지구 외 1)를 입력해야 한다.

112 다음 중 지적정보센터자료가 아닌 것은?

① 시설물관리전산자료
② 지적전산자료
③ 주민등록전산자료
④ 개별공시지가전산자료

해설 지적정보센터의 토지 관련 자료는 지적전산자료, 위성기준점관측자료, 공시지가전산자료, 주민등록전산자료이다.

113 일선 시, 군, 구에서 사용하는 지적행정시스템의 통합업무관리에서 지적공부 오기정정메뉴가 아닌 것은?

① 토지·임야 기본정정
② 토지·임야 연혁정정
③ 집합건물소유권 정정
④ 대지권등록부 정정

해설 지적행정시스템의 지적공부 오기정정메뉴 : 토지·임야 기본정정, 토지·임야 연혁정정, 집합건물소유권 정정

114 지적전산업무의 처리, 지적전산프로그램의 관리 등 지적전산시스템의 관리·운영 등에 필요한 사항을 정하는 자는?

① 교육부장관 ② 행정안전부장관
③ 국토교통부장관 ④ 산업통상자원부장관

해설 지적전산업무의 처리, 지적전산프로그램의 관리 등 지적전산시스템의 관리·운영 등에 필요한 사항은 국토교통부장관이 정한다.

115 지적공부 정리 중에 잘못 정리하였음을 즉시 발견하여 정정할 때 오기정정할 지적전산자료를 출력하여 확인을 받아야 하는 사람은?

① 시장·군수·구청장
② 시·도지사
③ 지적전산자료책임관
④ 국토교통부장관

해설 지적공부 정리 중에 잘못 정리하였음을 즉시 발견하여 정정할 때 오기정정할 지적전산자료를 출력받아 지적전산자료책임관에게 확인을 받아야 한다.

116 지적전산자료의 이용 및 활용에 관한 사항 중 틀린 것은?

① 필요한 최소한도 안에서 신청하여야 한다.
② 지적파일 자체를 제공하라고 신청할 수는 없다.
③ 지적공부의 형식으로는 복사할 수 없다.
④ 승인받은 자료의 이용·활용에 관한 사용료는 무료이다.

해설 지적전산자료의 이용 또는 활용에 관한 승인을 받은 자는 국토교통부령으로 정하는 사용료를 내야 한다. 다만, 국가 또는 지방자치단체에 대해서는 사용료를 면제한다.

정답 109 ② 110 ① 111 ② 112 ① 113 ④ 114 ③ 115 ③ 116 ④

▶ 지적전산자료의 사용료

지적전산자료 제공방법	수수료
전산매체로 제공하는 때	1필지당 20원
인쇄물로 제공하는 때	1필지당 30원

117 시·군·구(자치구가 아닌 구 포함)단위의 지적공부에 관한 지적전산자료의 이용 및 활용에 관한 승인권자로 옳은 것은? 기 17-3

① 지적소관청
② 시·도지사 또는 지적소관청
③ 국토교통부장관 또는 시·도지사
④ 국토교통부장관, 시·도지사 또는 지적소관청

해설 지적전산자료의 이용·활용의 승인

자료의 범위	내용
전국단위	국토교통부장관, 시·도지사 또는 지적소관청
시·도단위	시·도지사 또는 지적소관청
시·군·구단위	지적소관청

118 다음 중 지적전산자료를 이용 또는 활용하고자 하는 자가 관계 중앙행정기관의 장에게 제출하여야 하는 심사신청서에 포함시켜야 할 내용으로 틀린 것은? 산 17-2

① 자료의 공익성 여부
② 자료의 보관기관
③ 자료의 안전관리대책
④ 자료의 제공방식

해설 지적전산자료를 이용 또는 활용하려는 자는 다음의 사항을 기재한 신청서를 관계 중앙행정기관의 장에게 제출하여 심사를 신청하여야 한다.
㉠ 자료의 이용 또는 활용목적 및 근거
㉡ 자료의 범위 및 내용
㉢ 자료의 제공방식, 보관기관 및 안전관리대책 등

119 지적전산자료의 이용에 관한 설명으로 옳은 것은? 기 16-1

① 시·군·구단위의 지적전산자료를 이용하고자 하는 자는 지적소관청 또는 도지사의 승인을 얻어야 한다.
② 시·도단위의 지적전산자료를 이용하고자 하는 자는 시·도지사 또는 행정안전부장관의 승인을 얻어야 한다.
③ 전국단위의 지적전산자료를 이용하고자 하는 자는 국토교통부장관, 시·도지사 또는 지적소관청의 승인을 얻어야 한다.
④ 심사 및 승인을 거쳐 지적전산자료를 이용하는 모든 자는 사용료를 면제한다.

해설 ① 시·군·구단위의 지적전산자료를 이용하고자 하는 자는 지적소관청의 승인을 얻어야 한다.
② 시·도단위의 지적전산자료를 이용하고자 하는 자는 시·도지사 또는 지적소관청의 승인을 얻어야 한다.
④ 심사 및 승인을 거쳐 지적전산자료를 이용하는 모든 자는 사용료를 납부하여야 한다.

120 지적전산자료를 이용 또는 활용하고자 하는 자는 누구에게 신청서를 제출하여 심사를 신청하여야 하는가? 산 18-2

① 국무총리
② 시·도지사
③ 서울특별시장
④ 관계 중앙행정기관의 장

해설 지적전산자료를 신청하려는 자는 대통령령으로 정하는 바에 따라 지적전산자료의 이용 또는 활용목적 등에 관하여 미리 관계 중앙행정기관의 심사를 받아야 한다. 다만, 중앙행정기관의 장, 그 소속기관의 장 또는 지방자치단체의 장이 신청하는 경우에는 그러하지 아니하다.

121 전국단위의 지적전산자료를 이용하려고 할 때 지적전산자료를 신청하여야 하는 대상이 아닌 것은? 산 18-3

① 시·도지사
② 지적소관청
③ 국토교통부장관
④ 한국국토정보공사장

해설 전국단위의 지적전산자료를 이용하려고 할 경우 국토교통부장관, 시·도지사 또는 지적소관청에게 신청하여야 한다.

122 시·군·구단위의 지적전산자료를 활용하려는 자가 지적전산자료를 신청하여야 하는 곳은? (단, 자치구가 아닌 구를 포함한다.) 산 19-3

① 도지사
② 지적소관청
③ 국토교통부장관
④ 행정안전부장관

정답 117 ① 118 ① 119 ③ 120 ④ 121 ④ 122 ②

해설 지적전산자료의 이용·활용의 신청

자료의 범위	내용
전국단위	국토교통부장관, 시·도지사 또는 지적소관청
시·도단위	시·도지사 또는 지적소관청
시·군·구단위	지적소관청

123 지적전산자료를 전산매체로 제공하는 경우의 수수료 기준은?
① 1필지당 20원 ② 1필지당 30원
③ 1필지당 50원 ④ 1필지당 100원

해설 지적전산자료의 이용 또는 활용에 관한 승인을 받은 자는 국토교통부령으로 정하는 사용료를 내야 한다. 다만, 국가 또는 지방자치단체에 대해서는 사용료를 면제한다.

▶ 지적전산자료의 사용료

지적전산자료 제공방법	수수료
전산매체로 제공하는 때	1필지당 20원
인쇄물로 제공하는 때	1필지당 30원

124 국가나 지방자치단체가 지적전산자료를 이용하는 경우 사용료의 납부방법으로 옳은 것은?
① 사용료를 면제한다.
② 사용료를 수입증지로 납부한다.
③ 사용료를 수입인지로 납부한다.
④ 규정된 사용료의 절반을 현금으로 납부한다.

해설 국가나 지방자치단체가 지적전산자료를 이용하는 경우 사용료는 면제된다.

125 지적전산자료의 이용 또는 활용 시 사용료를 면제받을 수 있는 자는?
① 학생   ② 공기업
③ 민간기업 ④ 지방자치단체

해설 지적전산자료의 이용 또는 활용에 관한 승인을 받은 자는 국토교통부령으로 정하는 사용료를 내야 한다. 다만, 국가 또는 지방자치단체에 대해서는 사용료를 면제한다.

126 지적전산자료를 활용한 정보화사업인 "정보처리시스템을 통한 도형자료의 기록·저장업무나 속성자료의 전산화업무"에서의 대상자료가 아닌 것은?
① 지적도   ② 토지대장

③ 연속지적도   ④ 부동산등기부

해설 지적전산자료를 활용한 정보화사업
㉠ 지적도, 임야도, 연속지적도, 도시개발사업 등의 계획을 위한 지적도 등의 정보처리시스템을 통한 기록·저장업무
㉡ 토지대장, 임야대장의 전산화업무

127 부동산종합공부시스템의 관리내용으로 옳지 않은 것은?
① 부동산종합공부시스템의 사용 시 발견된 프로그램의 문제점이나 개선사항은 국토교통부장관에게 요청해야 한다.
② 사용기관이 필요시 부동산종합공부시스템의 원시프로그램이나 조작도구를 개발·설치할 수 있다.
③ 국토교통부장관은 부동산종합공부시스템이 단일버전의 프로그램으로 설치·운영되도록 총괄·조정하여 배포해야 한다.
④ 국토교통부장관은 부동산종합공부시스템 프로그램의 추가·변경 또는 폐기 등의 변동사항이 발생한 때에는 그 세부내역을 작성·관리해야 한다.

해설 부동산종합공부시스템의 프로그램관리
㉠ 국토교통부장관은 부동산종합공부시스템에 사용되는 프로그램의 목록을 작성하여 관리하고 프로그램의 추가·변경 또는 폐기 등의 변동사항이 발생한 때에는 그에 관한 세부내역을 작성·관리하여야 한다.
㉡ 국토교통부장관은 부동산종합공부시스템이 단일한 버전의 프로그램으로 설치 및 운영되도록 총괄적으로 조정하여 이를 운영기관의 장에 배포하여야 한다.
㉢ 부동산종합공부시스템에는 국토교통부장관의 승인을 받지 아니한 어떠한 형태의 원시프로그램과 이를 조작할 수 있는 도구 등을 개발·제작·저장·설치할 수 없다.
㉣ 운영기관에서 부동산종합공부시스템을 사용 또는 유지관리하던 중 발견된 프로그램의 문제점이나 개선사항에 대한 프로그램 개발·개선·변경요청은 국토교통부장관에게 요청하여야 한다.

128 토털스테이션과 지적측량운영프로그램 등이 설치된 컴퓨터를 연결하여 세부측량을 수행함으로써 필지경계정보를 취득하는 측량방법은?
① GNSS   ② 경위의측량
③ 전자평판측량 ④ 네트워크RTK측량

정답 123 ① 124 ① 125 ④ 126 ④ 127 ② 128 ③

해설 **전자평판측량** : 토털스테이션과 지적측량운영프로그램 등이 설치된 컴퓨터를 연결하여 세부측량을 수행함으로써 필지경계정보를 취득하는 측량방법

129 다음 ( ) 안에 들어갈 용어로 옳은 것은?

> ( )이란 국토교통부장관이 지적공부 및 부동산종합공부정보를 전국단위로 통합하여 관리·운영하는 시스템을 말한다.

① 국토정보시스템
② 지적행정시스템
③ 한국토지정보시스템
④ 부동산종합공부시스템

해설 **부동산종합공부시스템 운영 및 관리규정 제2조(정의)**
이 규정에서 사용하는 용어의 정의는 다음과 같다.
1. "정보관리체계"란 지적공부 및 부동산종합공부의 관리업무를 전자적으로 처리할 수 있도록 설치된 정보시스템으로서 국토교통부가 운영하는 "국토정보시스템"과 지방자치단체가 운영하는 "부동산종합공부시스템"으로 구성된다.
2. "국토정보시스템"이란 국토교통부장관이 지적공부 및 부동산종합공부 정보를 전국단위로 통합하여 관리·운영하는 시스템을 말한다.
3. "부동산종합공부시스템"이란 지방자치단체가 지적공부 및 부동산종합공부정보를 전자적으로 관리·운영하는 시스템을 말한다.
4. "운영기관"이란 부동산종합공부시스템이 설치되어 이를 운영하고 유지관리의 책임을 지는 지방자치단체를 말하며 영문표기는 "Korea Real estate Administration intelligence System"로 "KRAS"로 약칭한다.
5. "사용자"란 부동산종합공부시스템을 이용하여 업무를 처리하는 업무담당자로서 부동산종합공부시스템에 사용자로 등록된 자를 말한다.
6. "운영지침서"란 국토교통부장관이 부동산종합공부시스템을 통한 업무처리의 절차 및 방법에 대하여 체계적으로 정한 지침서로서 '운영자 전산처리지침서'와 '사용자 업무처리지침서'를 말한다.

130 다음 설명에서 정의하는 용어는?

> 토지의 표시와 소유자에 관한 사항, 건축물의 표시와 소유자에 관한 사항, 토지의 이용 및 규제에 관한 사항, 부동산의 가격에 관한 사항 등 부동산에 관한 종합정보들을 정보관리체계를 통하여 기록·저장한 것을 말한다.

① 지적공부
② 공시지가
③ 부동산종합공부
④ 토지이용계획확인서

해설 **부동산종합공부** : 토지의 표시와 소유자에 관한 사항, 건축물의 표시와 소유자에 관한 사항, 토지의 이용 및 규제에 관한 사항, 부동산의 가격에 관한 사항 등 부동산에 관한 종합정보들을 정보관리체계를 통하여 기록·저장한 것

131 전자평판측량 및 위성측량방법으로 관측 후 지적측량정보를 처리할 수 있는 시스템에 따라 작성된 측량결과도파일과 토지이동정리를 위한 지번, 지목 및 경계점의 좌표가 포함된 파일은?

① 측량준비파일
② 측량성과파일
③ 측량현형파일
④ 측량부데이터베이스

해설 **측량성과파일** : 전자평판측량 및 위성측량방법으로 관측 후 지적측량정보를 처리할 수 있는 시스템에 따라 작성된 측량결과도파일과 토지이동정리를 위한 지번, 지목 및 경계점의 좌표가 포함된 파일

132 "부동산종합공부시스템에서 지적측량업무를 수행하기 위하여 도면 및 대장속성, 정보를 추출한 파일"을 정의하는 용어는?

① 측량계획파일
② 측량전산파일
③ 측량준비파일
④ 측량현형파일

해설 **용어정의**
㉠ 지적측량파일 : 측량준비파일, 측량현형파일 및 측량성과파일
㉡ 측량준비파일 : 한국토지정보시스템에서 지적측량업무를 수행하기 위하여 도면 및 대장의 속성정보를 추출한 파일
㉢ 측량현형파일 : 전자평판측량으로 관측한 데이터 및 지적측량에 필요한 각종 정보가 들어있는 파일
㉣ 측량성과파일 : 전자평판측량으로 관측 후 지적측량정보를 처리할 수 있는 시스템에 따라 작성된 측량결과도파일과 토지이동정리를 위한 지번, 지목 및 경계점의 좌표가 포함된 파일

133 지방자치단체가 지적공부 및 부동산종합공부의 정보를 전자적으로 관리·운영하는 시스템은?

① 한국토지정보시스템
② 부동산종합공부시스템
③ 지적행정시스템
④ 국가공간정보시스템

정답 129 ① 130 ③ 131 ② 132 ③ 133 ②

해설 ㉠ 국토정보체계 : 국토교통부장관이 지적공부 및 부동산종합공부의 정보를 전국단위로 통합하여 관리·운영하는 시스템
㉡ 부동산종합공부시스템 : 지방자치단체가 지적공부 및 부동산종합공부의 정보를 전자적으로 관리·운영하는 시스템

134 부동산종합공부시스템 운영기관의 장이 지적전산자료의 유지·관리업무를 원활히 수행하기 위하여 지정하는 지적전산자료관리책임관은?　실 18-1

① 보수업무담당부서의 장
② 전산업무담당부서의 장
③ 지적업무담당부서의 장
④ 유지·관리업무담당부서의 장

해설 부동산종합공부시스템 운영기관의 장은 전산자료의 유지·관리업무를 원활히 수행하기 위하여 지적업무담당부서의 장을 전산자료관리책임관으로 지정한다.

135 부동산종합공부시스템의 전산자료에 대한 구축·관리자로 옳은 것은?　실 19-2

① 업무담당자　② 업무부서장
③ 국토교통부장관　④ 지방자치단체의 장

해설 부동산종합공부시스템 운영 및 관리규정 제6조(전산자료의 관리책임)
부동산종합공부시스템의 전산자료는 다음 각 호의 자(이하 "부서장"이라 한다)가 구축·관리한다.
1. 지적공부 및 부동산종합공부는 지적업무를 처리하는 부서장
2. 연속지적도는 지적도면의 변동사항을 정리하는 부서장
3. 용도지역·지구도 등은 해당 용도지역·지구 등을 입안·결정 및 관리하는 부서장(다만, 관리부서가 없는 경우에는 도시계획을 입안·결정 및 관리하는 부서장)
4. 개별공시지가 및 개별주택가격정보 등의 자료는 해당 업무를 수행하는 부서장
5. 그 밖의 건물통합정보 및 통계는 그 자료를 관리하는 부서장

136 부동산종합공부시스템에 대한 정상적인 운용상태에 대한 지적소관청의 점검시기로 옳은 것은?　기 18-2

① 매월　② 매주
③ 매일　④ 수시

해설 지적소관청은 부동산종합공부시스템에 대한 정상적인 운용상태에 대해 수시로 점검하여야 한다.

137 지적공부에 관한 전산자료의 관리에 관한 내용으로 옳지 않은 것은?　기 18-2

① 지적공부에 관한 전산자료가 최신 정보에 맞도록 수시로 갱신하여야 한다.
② 국토교통부장관은 지적전산자료에 오류가 있다고 판단되는 경우에는 지적소관청에 자료의 수정·보완을 요청할 수 있다.
③ 지적소관청은 요청받은 자료의 수정·보완내용을 확인하여 지체 없이 바로잡은 후 국토교통부장관에게 그 결과를 보고하여야 한다.
④ 국토교통부장관은 표준지공시지가 및 개별공시지가에 관한 지가전산자료를 개별공시지가가 확정된 후 6개월 이내에 정리하여야 한다.

해설 국토교통부장관은 부동산가격공시에 관한 법률에 따른 표준지공시지가 및 개별공시지가에 관한 지가전산자료를 개별공시지가가 확정된 후 3개월 이내에 정리하여야 한다.

138 부동산종합공부운영기관의 장은 프로그램 및 전산자료가 멸실·훼손된 경우에는 누구에게 통보하고 이를 지체 없이 복구하여야 하는가?　기 18-3

① 시·도지사　② 국가정보원장
③ 국토교통부장관　④ 행정안전부장관

해설 운영기관의 장은 프로그램 및 전산자료가 멸실·파손된 경우에는 국토교통부장관에게 그 사유를 통보한 후 지체 없이 복구하여야 한다.

139 부동산종합공부시스템의 전산장비의 정기점검주기로 옳은 것은?　기 18-2

① 일 1회 이상　② 주 1회 이상
③ 월 1회 이상　④ 연 1회 이상

해설 운영기관의 장은 부동산종합공부시스템의 전산장비를 수시로 점검·관리하되 월 1회 이상 정기점검을 하여야 한다.

140 지적전산자료에 오류가 발생한 때의 정비내역보존기관으로 옳은 것은?　기 19-2, 실 18-3

① 2년　② 3년
③ 5년　④ 영구

정답 134 ③　135 ②　136 ④　137 ④　138 ③　139 ③　140 ②

해설 전산자료 장애·오류의 정비
㉠ 운영기관의 장은 전산자료의 구축이나 관리과정에서 장애 또는 오류가 발생한 때에는 지체 없이 이를 정비하여야 한다.
㉡ 운영기관의 장은 장애 또는 오류가 발생한 경우에는 이를 국토교통부장관에게 보고하고, 그에 따른 필요한 조치를 요청할 수 있다.
㉢ 보고를 받은 국토교통부장관은 장애 또는 오류가 정비될 수 있도록 필요한 조치를 하여야 한다.
㉣ 운영기관의 장은 전산자료를 정비한 때에는 그 정비내역을 3년간 보존하여야 한다.

141 국토교통부장관이 시·군·구자료를 취합하여 지적통계를 작성하는 주기로 옳은 것은?
① 매일　　② 매주
③ 매월　　④ 매년

해설 지적소관청에서는 지적통계를 작성하기 위한 일일마감, 월마감, 연마감을 하여야 하며, 국토교통부장관은 매년 시·군·구자료를 취합하여 지적통계를 작성한다.

142 행정구역의 명칭이 변경된 때에 지적소관청은 시·도지사를 경유하여 국토교통부장관에게 행정구역변경일 며칠 전까지 행정구역의 코드변경을 요청하여야 하는가?
① 7일 전　　② 10일 전
③ 15일 전　　④ 30일 전

해설 행정구역의 명칭이 변경된 때에는 지적소관청은 시·도지사를 경유하여 국토교통부장관에게 행정구역변경일 10일 전까지 행정구역의 코드변경을 요청하여야 한다.

143 지적공부정리업무에 있어 행정구역변경사유가 아닌 것은?
① 행정계획변경
② 행정관할구역변경
③ 행정구역명칭변경
④ 지번변경을 수반한 행정관할구역변경

해설 **행정구역변경사유** : 행정구역명칭변경, 행정관할구역변경, 지번변경을 수반한 행정관할구역변경

144 전산으로 접수된 지적공부정리신청서의 검토사항에 해당되지 않는 것은?
① 첨부된 서류의 적정 여부
② 신청인과 소유자의 일치 여부
③ 지적측량성과자료의 적정 여부
④ 신청사항과 지적전산자료의 일치 여부

해설 지적소관청은 신규등록, 등록전환, 분할, 합병, 바다로 된 토지의 등록말소, 등록사항정정, 도시개발사업에 의한 지적공부정리신청이 있는 때에는 지적업무정리부자료에 토지이동종목별로 접수하여야 한다. 접수된 신청서는 다음의 사항을 검토하여 정리하여야 한다.
㉠ 신청사항과 지적전산자료의 일치 여부
㉡ 첨부된 서류의 적정 여부
㉢ 지적측량성과자료의 적정 여부
㉣ 그 밖에 지적공부정리를 하기 위하여 필요한 사항

145 지적측량수행자는 지적측량파일을 얼마의 주기로 데이터를 백업하여 보관하여야 하는가?
① 월 1회 이상　　② 연 1회 이상
③ 분기 1회 이상　　④ 반기 1회 이상

해설 지적측량수행자는 전자평판측량으로 측량을 하여 작성된 지적측량파일을 데이터베이스에 저장하여 후속 측량자료 및 민원업무에 활용할 수 있도록 관리하여야 하며, 지적측량파일은 월 1회 이상 데이터를 백업하여 보관하여야 한다.

146 지적행정시스템에서 지적공부 오기정정을 실시하는 자료수정방법이 아닌 것은?
① 갱신　　② 복구
③ 삭제　　④ 추가

해설 지적공부의 전부 또는 일부가 멸실, 훼손되었을 경우 하는 것을 복구라 한다.

정답 141 ④　142 ②　143 ①　144 ②　145 ①　146 ②

03 자료구조

1 벡터자료구조

1 의의

벡터(vector)자료구조는 현실 세계의 객체 및 객체와 관련되는 모든 형상이 점(0차원), 선(1차원), 면(2차원)을 이용하여 표현하는 것으로 객체들의 지리적 위치를 방향성과 크기로 나타낸다.

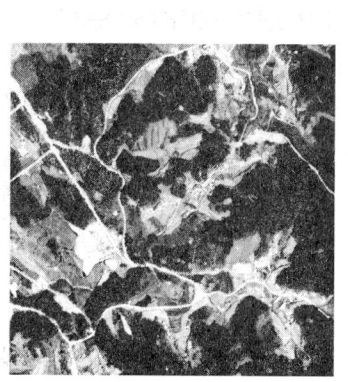

▲ 현실 세계

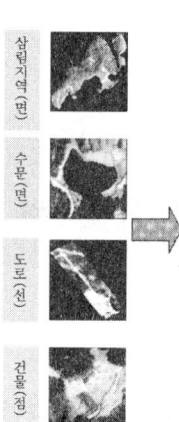

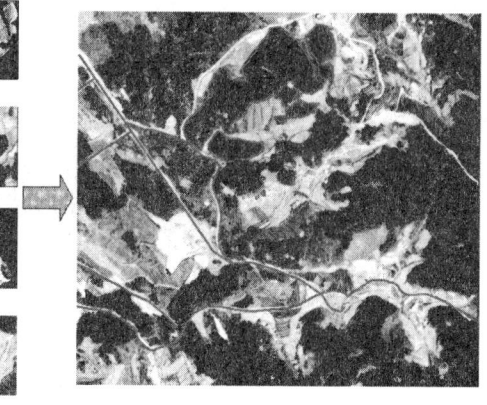

▲ 벡터자료로 표현된 공간사상

노드 (node)	0차원의 위상기본요소이며 체인이 시작되고 끝나는 점, 서로 다른 체인 또는 링크가 연결되는 곳에 위치한다.
체인 (chain)	시작노드와 끝노드에 대한 위상정보를 가지며 자체 꼬임이 허용되지 아니한다.
버텍스 (vertex)	각 아크들의 사이에 존재하는 점을 말한다.

2 기본요소

1) 점(point)

① 차원이 존재하지 아니하며 대상물에 지점 및 장소를 나타내고 심벌(기호)을 이용하여 공간형상을 표현한다.
② 하나의 노드로 구성되어 있고 노드의 위치값으로 점사상의 위치좌표를 표현한다.
③ 거리와 폭의 개념이 존재하지 아니한다.
④ 축척에 따라 다양한 공간객체가 점사상으로 표현될 수 있다.
⑤ x, y를 이용하여 공간위치를 나타내며 지적측량기준점(지적위성기준점, 지적삼각점, 지적삼각보조점, 지적도근점), 건물 등을 나타내는데 효과적이다.

2) 선(line)

① 두 개 이상의 점사상으로 구성되어 있는 선형으로 1차원의 객체를 표현, 즉 길이를 갖는 공간객체로 표현된다.
② 두 개의 노드와 수개의 버텍스(vertex)로 구성되어 있고 노드 혹은 버텍스는 링크로 구성되어 있다.
③ 지표상의 선형 실체는 축척에 따라 선형 또는 면형 객체로 표현될 수 있다. 예를 들어 도로의 경우 대축척지도에서는 면사상으로 표현될 수 있고, 소축척지도에서는 선사상으로 표현될 수 있다.
④ 연속적인 복잡한 선을 묘사하는 다수의 x, y좌표의 집합은 아크(arc), 체인(chain), 스트링(string) 등의 다양한 용어로서 표현된다.

3) 면

① 최소 3개 이상의 선으로 폐합되는 2차원 객체의 표현으로 폭과 길이의 개념이 존재한다.
② 하나의 노드와 수개의 버텍스로 구성되어 있고, 노드 혹은 버텍스는 링크로 연결한다.
③ 지적도의 필지, 행정구역, 호수, 삼림, 도시 등은 대표적인 면사상이다.
④ 지표상의 면형 실체는 축척에 따라 면 또는 점사상으로 표현 가능하다.

3 저장방법(자료구조)

1) 스파게티모델

① 공간자료를 점, 선, 면을 단순한 좌표목록으로 저장하며 위상관계를 정의하지 않는다.
② 상호 연결성이 결여된 점과 선의 집합체, 즉 점, 선, 다각형 등의 객체들이 구조화되지 않은 그래픽형태(점, 선, 면)이다.
③ 수작업으로 디지타이징된 지도자료가 대표적인 스파게티모델의 예이다.
④ 인접하고 있는 다각형을 나타내기 위하여 경계하는 선은 두 번씩 저장된다.

⑤ 모든 면사상이 일련의 독립된 좌표집합으로 저장되므로 자료저장공간을 많이 차지하게 된다.
⑥ 객체들 간의 공간관계가 설정되지 않아 공간분석에 비효율적이다.

2) 위상구조

(1) 의의

위상관계(topology)란 공간상에서 대상물들의 위치나 관계를 나타내는 것을 말하는데 대상물들의 모양, 이웃하고 있는 대상물들 사이의 위치적인 관계, 대상물들의 포함관계를 정하는 것이라고 할 수 있다.

(2) 분석

각 공간객체 사이의 관계를 인접성(Adjacency), 연결성(Connectivity), 포함성(Containment) 등의 관점에서 묘사되며 스파게티모델에 비해 다양한 공간분석이 가능하다.
① **인접성** : 관심대상사상의 좌측과 우측에 어떤 사상이 있는지를 정의한다. 즉 두 개의 객체가 서로 인접하는지를 판단한다.
② **연결성** : 특정 사상이 어떤 사상과 연결되어 있는지를 정의한다. 즉 두 개 이상의 객체가 연결되어 있는지를 판단한다.
③ **포함성** : 특정 사상이 다른 사상의 내부에 포함되느냐 혹은 다른 사상을 포함하느냐를 정의한다.

4 장단점

장점	단점
• 복잡한 현실 세계의 묘사가 가능하다. • 압축된 자료구조를 제공하므로 데이터 용량의 축소가 용이하다. • 위상에 관한 정보가 제공되므로 관망분석과 같은 다양한 공간분석이 가능하다. • 그래픽의 정확도가 높고 그래픽과 관련된 속성정보의 추출, 일반화, 갱신 등이 용이하다.	• 자료구조가 복잡하다. • 여러 레이어의 중첩이나 분석에 기술적으로 어려움이 수반된다. • 각각의 그래픽구성요소는 각기 다른 위상구조를 가지므로 분석에 어려움이 크다. • 일반적으로 값비싼 하드웨어와 소프트웨어가 요구되므로 초기비용이 많이 든다.

5 파일형식

수치화된 벡터자료는 자료의 출력과 분석을 위해 컴퓨터에 저장하며, 컴퓨터에 저장될 때 각 벡터자료는 특정 파일형식에 의해 저장되는데, 이는 다양한 소프트웨어에 따라 다른 형식으로 나타난다.

파일형식	특징
Shape파일형식	ESRI사의 ArcView에서 사용되는 자료형식
Coverage파일형식	ESRI사의 Arc/Info에서 사용되는 자료형식
CAD파일형식	Autodesk사의 AutoCAD소프트웨어에서는 DWG와 DXF 등의 파일형식
DLG파일형식	Digital Line Graph의 약자로 U.S. Geological Survey에서 지도학적 정보를 표현하기 위해 고안한 디지털벡터파일형식
VPF파일형식	Vector Product Format의 약자로 미 국방성의 NIMA(National Imagery and Mapping Agency)에서 개발한 군사적 목적의 벡터형 파일형식
TIGER파일형식	Topologically Integrated Geographic Encoding and Referencing System의 약자로 U.S. Census Bureau에서 인구조사를 위해 개발한 벡터형 파일형식

2 래스터자료구조

1 의의

실세계를 일정크기의 최소지도화단위인 셀로 분할하고 각 셀에 속성값을 입력하고 저장하여 연산하는 자료구조이다. 즉 격자형의 영역에서 x, y축을 따라 일련의 셀들이 존재하고 각 셀들이 속성값(value)을 가지므로, 이들 값에 따라 셀들을 분류하거나 다양하게 표현할 수 있다.

각 셀들의 크기에 따라 데이터의 해상도와 저장크기가 달라지는데 셀크기가 작으면 작을수록 보다 정밀한 공간현상을 잘 표현할 수 있다. 대표적인 래스터자료유형으로는 인공위성에 의한 이미지, 항공사진에 의한 이미지 등이 있으며, 또한 스캐닝을 통해 얻어진 이미지데이터를 좌표정보를 가진 이미지로 바꿈으로써 얻어질 수 있다.

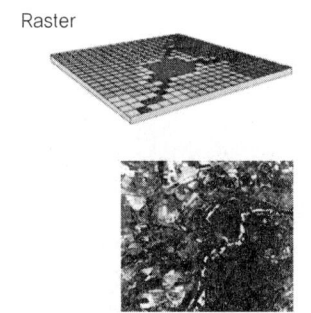

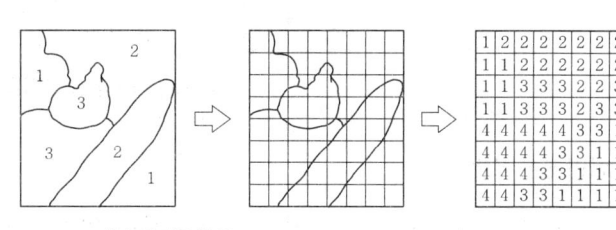

▲ 래스터자료구조

2 장단점

장점	단점
• 자료구조가 단순하다 • 원격탐사자료와의 연계처리가 용이하다. • 여러 레이어의 중첩이나 분석이 용이하다. • 격자의 크기와 형태가 동일하므로 시뮬레이션이 용이하다.	• 그래픽자료의 양이 방대하다. • 격자의 크기를 늘리면 자료의 양은 줄일 수 있으나 상대적으로 정보의 손실을 초래한다. • 격자구조인 만큼 시각적인 효과가 떨어진다. • 위상정보의 제공이 불가능하므로 관망해석과 같은 분석기능이 이루어질 수 없다.

3 압축방법(저장구조)

1) Run-length코드기법

① Run이란 하나의 행에서 동일한 속성값을 갖는 셀을 의미한다.
② 같은 셀값을 가진 셀의 수를 length라 한다.
③ 셀값을 개별적으로 저장하는 대신 각각의 런에 대하여 속성값, 위치, 길이를 한 번씩만 저장하는 방식이다.
④ 각 행마다 왼쪽에서 오른쪽으로 진행하면서 동일한 수치를 갖는 셀들을 묶어 압축시키는 방법이다.
⑤ 셀의 크기가 지도단위 혹은 사상에 비추어 크고 하나의 지도단위가 다수의 셀로 구성되어 있는 경우에 유용하다. 즉 방대한 데이터베이스를 구축하는 경우 효과적이다.
⑥ 셀의 값의 변화가 심한 경우 연속적인 변화를 코드화하여야 하므로 자료압축이 용이하지 않아 효과적인 방법이라 볼 수 없다.
⑦ 유일값으로 구성된 자료인 경우에는 비효율적이다.

1	1	1	2	2	(3, 1)(2, 2)
1	2	2	2	2	(1, 1)(4, 2)
1	2	2	3	4	(1, 1)(2, 2)(1, 3)(1, 4)
1	2	4	4	4	(1, 1)(1, 2)(3, 4)
1	2	4	4	4	(1, 1)(1, 2)(3, 4)

▲ Run-length코드기법

2) 체인코드기법

① 대상지역에 해당하는 격자들의 연속적인 연결상태를 파악하여 동일한 지역의 정보를 제공하는 방법이다.
② 어떤 개체의 경계선을 그 시작점에서부터 동서남북방향으로 4방 혹은 8방으로 순차진행하는 단위벡터를 사용하여 표현하는 방법이다.
② 압축에 매우 효과적이며 면적과 둘레의 계산 등을 쉽게 할 수 있다.

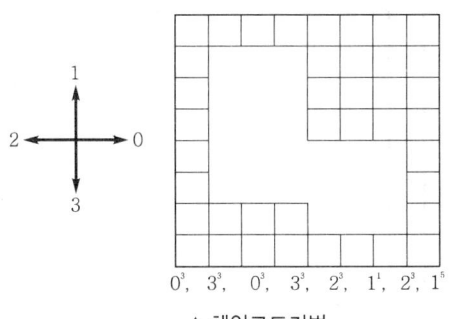

▲ 체인코드기법

3) 블록코드기법

① 런랭스코드기법에서 지도화하는 영역을 행(row)단위가 아닌 타일(tile)형태의 정사각블록을 사용함으로써 2차원으로 확장한 기법이다.
② 이때의 자료구조는 원점으로부터의 (x, y)좌표 및 정사각형의 한 변의 길이로 구성되는 세 개의 숫자만으로 표시 가능하다.
③ 런랭스코드방식과 마찬가지로 크고 단순한 형태에는 효율적이나, 기본적인 셀보다 약간 큰 지도단위들로 이루어지는 복잡한 지도에서는 비효율이다.

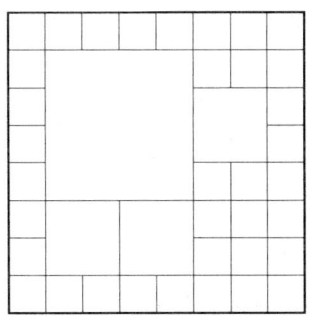

▲ 블록코드기법

4) 사지수형기법

① 크기가 다른 정사각형을 이용한 런랭스코드기법보다 자료의 압축이 좋다.
② 런랭스코드기법과 함께 가장 많이 쓰이는 자료압축기법이다.
③ $2n \times 2n$배열로 표현되는 공간을 북서(NW), 북동(NE), 남서(SW), 남동(SE)으로 불리는 사분원(quadrant)으로 분할한다.
④ 이 과정을 각 분원마다 하나의 속성값이 존재할 때까지 반복한다.
⑤ 그 결과 대상공간을 사지수형이라는 불리는 네 개의 가지를 갖는 나무의 형태로 표현 가능하다.

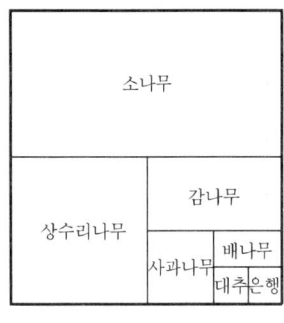 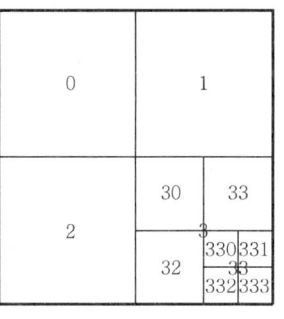 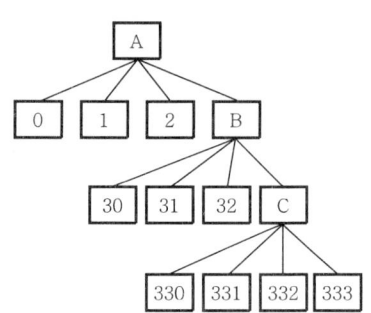

▲ 사지수형기법

4 자료포맷방법

방법	특징
BSQ(Band SeQuential)	한 번에 한 밴드의 영상을 저장하는 방식
BIP(Band Inerleaved by Pixel)	각 열(column)에 대한 픽셀자료를 밴드별로 저장
BIL(Band Inerleaved by Line)	각 행(row)에 대한 픽셀자료를 밴드별로 저장

▶ BSQ방식

	열 1~n
행 1~n	밴드 1
	밴드 2
	밴드 3

▶ BIL방식

	열 1~n	열 1~n	열 1~n
	밴드 1	밴드 2	밴드 3
	밴드 1	밴드 2	밴드 3
	밴드 1	밴드 2	밴드 3

▶ BIP방식

픽셀 (1, 1)　　픽셀 (1, 2)　　　　　픽셀 (1, n)

행 1~n	b1	b2	b3	b1	b2	b3		b1	b2	b3
	b1	b2	b3	b1	b2	b3		b1	b2	b3

5 파일형식

1) TIFF(Tagged Interchange File Format)

① 미국의 앨더스사(현재는 Adobe systems사에 흡수합병)와 마이크로소프트사가 공동 개발한 래스터화상파일형식이다.

② TIFF는 흑백 또는 그레이스케일(gray scale) 정지화상을 주사(scan)하여 저장하거나 교환하는 데 널리 사용되는 표준파일형식이다.

2) BMP

MS사에서 표준으로 채택한 영상포맷으로 윈도기반 S/W에서 사용된다.

3) GIF(Graphics Interchange Format)

① 미국의 CompuServer사가 1987년에 개발한 화상파일형식이다.
② 인터넷에서 래스터화상(raster image)을 전송하는데 널리 사용되는 파일형식으로 최대 256가지 색이 사용될 수 있는데, 실제로 사용되는 색의 수에 따라 파일의 크기가 결정된다.

4) JPEG(Joint Photographic Expert Group)

① 영상의 압축률이 높아서 표준으로 5분의 1, 최대 30분의 1 정도의 압축이 가능하다.
② 다양한 압축방법을 통해 자료의 양을 줄일 수 있다.
③ PC통신이나 멀티미디어작품의 전송·기록에 널리 이용된다.

5) DEM(Digital Elevation Model)

USGS에서 제정한 형식으로 일반적으로 모든 형태의 수치표고모형을 말하기도 한다.

▶ 래스터자료와 벡터자료의 비교

비교항목		래스터자료	벡터자료
특징	데이터 형식	정사각형으로 일정함	임의로 가능
	정밀도	격자간격에 의존	기본도에 의존
	도형표현방법	면으로 표현	점, 선, 면으로 표현
	속성데이터	속성데이터를 면으로 표현	점, 선, 면을 각각 도형정보와 결합
	도형처리기능	면을 이용한 도형처리	점, 선, 면을 이용한 도형처리
데이터	데이터 구조	단순한 데이터 구조	복잡한 자료구조
	데이터양	일반적으로 데이터양이 많다.	데이터양이 적을 수 있다.
지도 표현	지도표현	격자간격에 의존하지만 벡터형 지도와 비교하면 거칠게 표현된다.	기본도 축척에 의존하지만 정확히 표현할 수 있다.
	지도축척	지도를 확대하면 격자가 커지기 때문에 형상구조를 인식할 수 없다.	지도를 확대하여도 형상이 변하지 않는다.
가공 처리	공간해석	도화데이터와 원격탐사데이터의 중첩 및 조합이 쉽다.	고도의 프로그램이 필요하다.
	시뮬레이션	각 단위의 크기가 균일할 때 시뮬레이션이 쉽다.	위상구조를 가진 것은 시뮬레이션이 곤란하다.
	네트워크해석	네트워크결합은 곤란하다.	네트워크연결에 의한 지리적 요소의 연결을 표현할 수 있다.

3 공간분석

1 중첩분석

1) 의의

각각의 자료집단이 주어진 기본도를 기초로 좌표계의 통일이 되면 둘 또는 그 이상의 자료관측에 대하여 분석될 수 있으며, 이 기법을 중첩 또는 합성이라 한다. 주로 적지 선정에 이용된다.

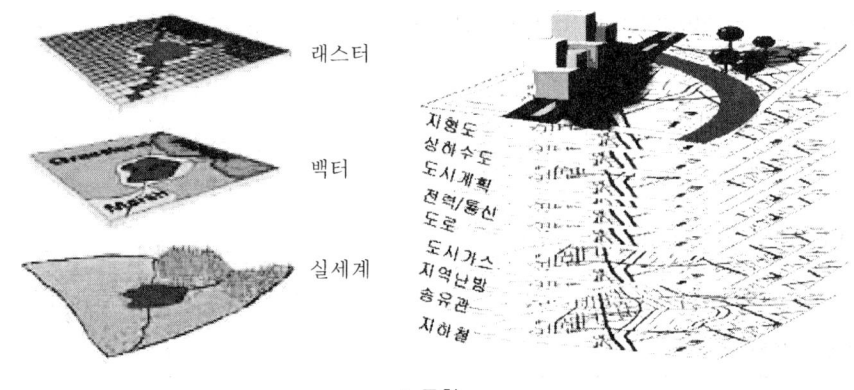

▲ 중첩

2) 특징

① 각각 서로 다른 자료를 취득하여 중첩하는 것으로 다량의 정보를 얻을 수 있다.
② 레이어별로 자료를 제공할 수 있다.
③ 사용자입장에서 필요한 자료만을 제공받을 수 있어 편리하다.
④ 각종 주제도를 통합 또는 분산관리할 수 있다.

3) 중첩의 종류

① 점과 폴리곤의 중첩(Point-in-Polygon)
② 선과 폴리곤의 중첩(Line-in-Polygon)
③ 폴리곤과 폴리곤의 중첩(Polygon-in-Polygon)

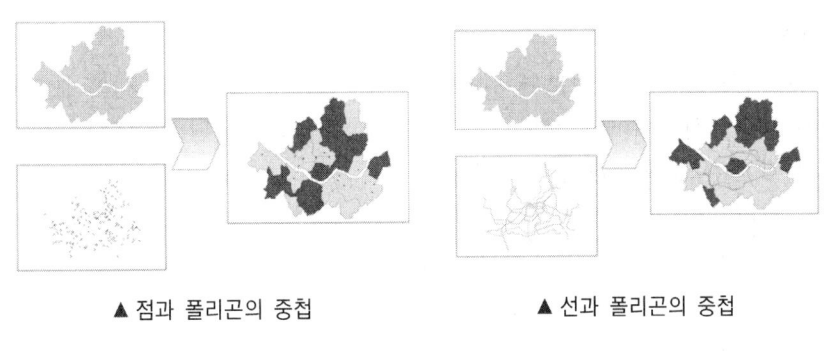

▲ 점과 폴리곤의 중첩   ▲ 선과 폴리곤의 중첩

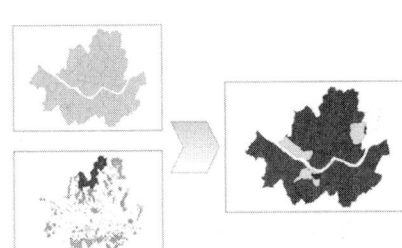

▲ 폴리곤과 폴리곤의 중첩

4) 중첩의 주요 유형

(1) union(합집합)

여러 개의 레이어에 있는 모든 도형정보를 OR연산자를 이용하여 모두 통합추출한다. 겹치는 도형이 있는 경우 겹쳐지는 부분이 분할되며, 분할된 객체는 각 레이어에 있던 모든 속성정보를 지닌 형태로 독립적인 객체가 된다.

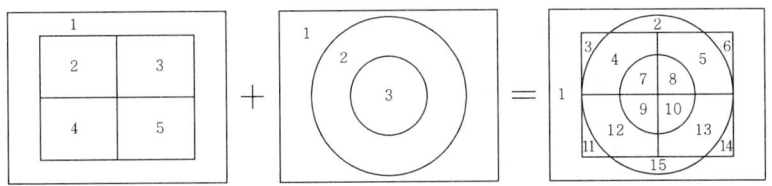

(2) intersect(교집합)

대상레이어에서 적용 레이어를 AND연산자를 사용하여 중첩시켜 적용 레이어에 각 폴리곤과 중복되는 도형 및 속성정보만을 추출한다.

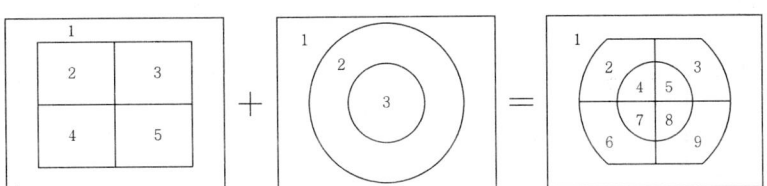

(3) identity

대상레이어의 모든 도형정보가 적용 레이어 내의 각 폴리곤에 맞게 분할되어 추출되며 속성정보는 대상레이어의 정보 외에 적용 레이어가 적용된 부분만 속성값이 추가되고, 나머지 부분은 빈 속성값이 생성된다.

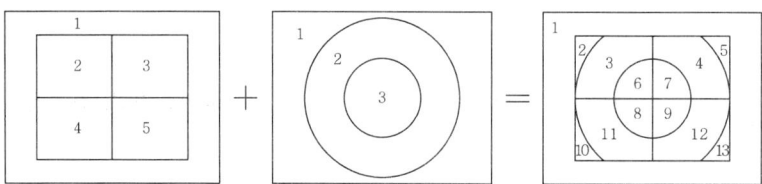

5) 중첩을 이용한 레이어의 편집

(1) clip

정해진 모양으로 자료층상의 특정 영역의 데이터를 잘라내는 기능이다.

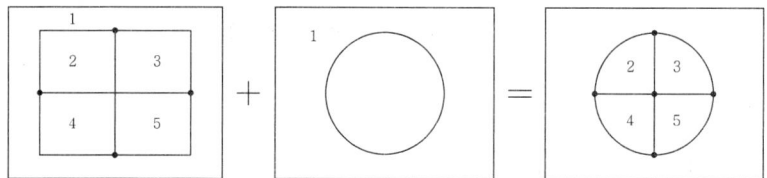

(2) erase

중첩된 부분을 제거하는 기능으로 clip의 반대되는 개념의 기능을 수행한다.

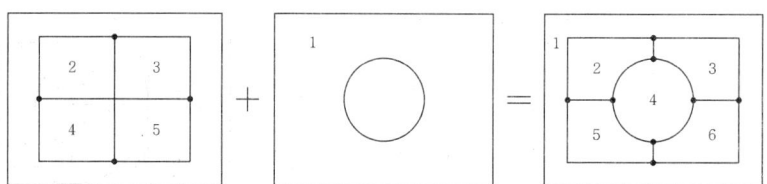

(3) update

추가하고자 하는 데이터를 자료층의 지정된 위치에 추가, 수정하고 새로 만들어내는 기능이며 지도의 특정 부분에 대해 공간데이터를 새로 또는 수정된 구역으로 바꾸는 것을 의미한다.

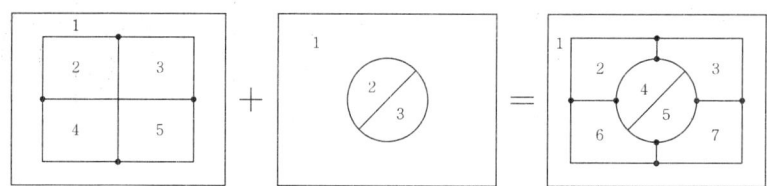

(4) split

스프리트는 하나의 레이어를 여러 개의 레이어로 분할하는 과정이다. 이것은 도형과 속성정보로 이루어진 하나의 데이터베이스를 기준에 따라 여러 개의 파일이나 데이터베이스로 분리하는 데 사용될 수 있다.

(5) map join and append

스프리트와 반대되는 개념으로 여러 개의 레이어를 하나의 레이어로 합치는 것을 말한다.

(6) dissolve

디졸브는 맵조인이나 제반 레이어를 합치는 과정에서 발생한 불필요한 폴리곤의 경계선을 제거하는 과정이다.

(7) eliminate

여러 개의 레이어를 중첩하거나 맵조인 등에 의하여 서로 다른 레이어가 합쳐지는 경우에 슬리버와 같은 작고 가느다란 형태의 불필요한 폴리곤들이 형성되는 경우가 많다. 불필요한 슬리버를 eliminate를 통하여 제거한다.

2 Buffer분석

특정 공간데이터를 중심으로 특정 길이만큼의 버퍼영역을 설정하는 것으로 선택한 공간데이터의 둘레 또는 특정한 거리에 무엇이 있는가를 분석하는 것으로 인접 지역분석에 이용된다.

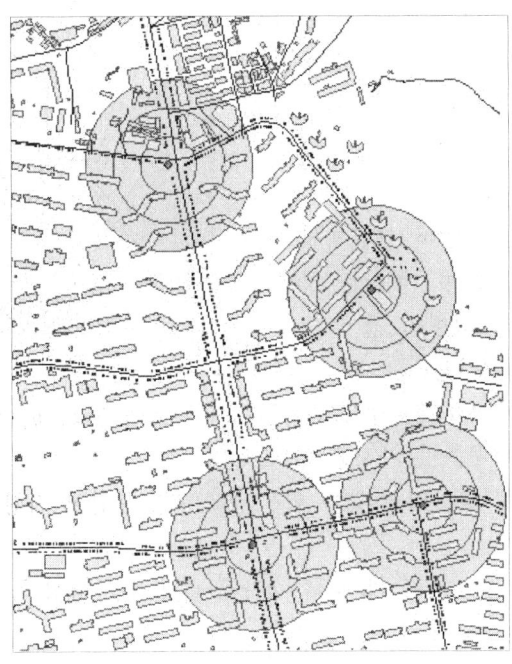

3 네트워크분석

네트워크의 기능은 목적물 간의 교통안내나 최단경로분석, 상하수도관망분석 등 다양한 분석기능을 수행할 수 있다.
① 최단경로나 최소비용경로를 찾는 경로탐색기능
② 시설물을 적정한 위치에 할당하는 배분기능
③ 네트워크상에서 연결성을 추적하는 추적기능
④ 지역 간의 공간적 상호 작용기능
⑤ 수요에 맞추어 가장 효율적으로 재화나 서비스시설을 입지시키는 입지·배분기능

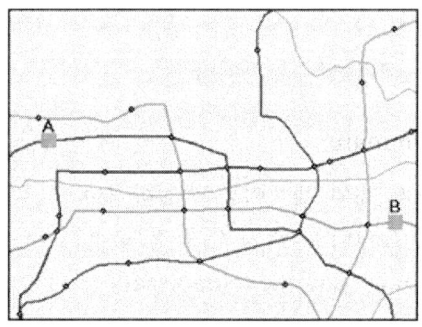

4 불규칙삼각망(TIN)데이터 분석

① 연속적인 표면을 표현하기 위한 방법의 하나로서 표본추출된 표고점들을 선택적으로 연결하여 형성된 크기와 모양이 정해지지 않고 서로 겹치지 않는 삼각형으로 이루어진 그물망의 모양으로 표현하는 것을 비정규삼각망이라 한다.
② 지형의 특성을 고려하여 불규칙적으로 표본지점을 추출하기 때문에 경사가 급한 곳은 작은 삼각형이 많이 모여있는 모양으로 나타난다.

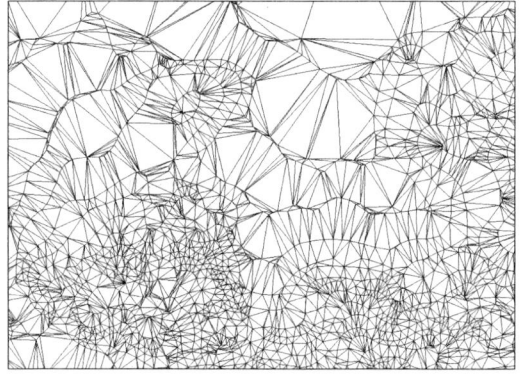

③ 격자형 수치표고모델과는 달리 추출된 표본지점들은 x, y, z값을 가지고 있고 벡터데이터 모델로 위상구조를 가지고 있다.
④ 각 면의 경사도나 경사의 방향이 쉽게 구해지며 복잡한 지형을 표현하는 데 매우 효과적이다.
⑤ TIN을 활용하여 방향, 경사도분석, 3차원 입체지형 생성 등 다양한 분석을 수행할 수 있다.

5 수치표고모델

① 규칙적인 간격으로 표본지점이 추출된 래스터형태의 데이터 모델이 격자형 수치표고모델이다.
② 수치지형데이터구조가 그리드를 기반으로 하기 때문에 데이터를 처리하고 다양한 분석을 수행하는 데 용이하다.

6 공간보간

지형에 대한 정보를 숫자로 나타내기 위해서는 현실 세계에 대한 연속된 값들이 필요한데, 이런 데이터를 얻는 것이 매우 어렵기 때문에 공간보간법이 이용된다. 공간보간법(spatial interpolation)은 값(높이, 오염 정도 등)을 알고 있는 지점들을 이용하여 그 사이에 있는 모르는 지점의 값을 계산하는 방법이다.

03 예상문제

01 실세계의 표현을 위한 기본적인 요소로 가장 거리가 먼 것은?

① 시간데이터(time data)
② 메타데이터(meta data)
③ 공간데이터(spatial data)
④ 속성데이터(attribute data)

해설 실세계의 표현을 위한 기본적인 요소 : 시간데이터, 공간데이터, 속성데이터

02 다음 중 점, 선, 면으로 표현된 객체들 간의 공간관계를 설정하여 각 객체들 간의 인접성, 연결성, 포함성 등에 관한 정보를 파악하기 쉬우며 다양한 공간분석을 효율적으로 수행할 수 있는 자료구조는?

① 스파게티(spaghetti)구조
② 래스터(raster)구조
③ 위상(topology)구조
④ 그리드(grid)구조

해설 위상구조는 각 공간객체 사이의 관계를 인접성(Adjacency), 연결성(Connectivity), 포함성(Containment) 등의 관점에서 묘사되며 스파게티모델에 비해 다양한 공간분석이 가능하다.

03 위상구조에 사용되는 것이 아닌 것은?

① 노드
② 링크
③ 체인
④ 밴드

해설 위상구조
㉠ 노드(node) : 0차원의 위상기본요소이며 체인이 시작되고 끝나는 점. 서로 다른 체인 또는 링크가 연결되는 곳에 위치한다.
㉡ 체인(chain) : 시작노드와 끝노드에 대한 위상정보를 가지며 자체 꼬임이 허용되지 아니한다.
㉢ 버텍스(vertex) : 각 아크들의 사이에 존재하는 점을 말한다.

04 벡터형식의 토지정보자료구조 중 위상관계 없이 점, 선, 다각형을 단순한 좌표로 저장하는 방식은?

① 블록코드모형
② 스파게티모형
③ 체인코드모형
④ 커버리지모형

해설 스파게티모델
㉠ 공간자료를 점, 선, 면의 단순한 좌표목록으로 저장하며 위상관계를 정의하지 않는다.
㉡ 상호 연결성이 결여된 점과 선의 집합체, 즉 점, 선, 다각형 등의 객체들이 구조화되지 않은 그래픽형태(점, 선, 면)이다.
㉢ 수작업으로 디지타이징된 지도자료가 대표적인 스파게티모델의 예이다.
㉣ 인접하고 있는 다각형을 나타내기 위하여 경계하는 선은 두 번씩 저장된다.
㉤ 모든 면사상이 일련의 독립된 좌표집합으로 저장되므로 자료저장공간을 많이 차지하게 된다.
㉥ 객체들 간의 공간관계가 설정되지 않아 공간분석에 비효율적이다.

05 점, 선, 면 등의 객체(object)들 간의 공간관계가 설정되지 못한 채 일련의 좌표에 의한 그래픽형태로 저장되는 구조로 공간분석에는 비효율적이지만 자료구조가 매우 간단하여 수치지도를 제작하고 갱신하는 경우에는 효율적인 자료구조는?

① 래스터(raster)구조
② 위상(topology)구조
③ 스파게티(spaghetti)구조
④ 체인코드(chain codes)구조

해설 스파게티모델
㉠ 공간자료를 점, 선, 면의 단순한 좌표목록으로 저장하며 위상관계를 정의하지 않는다.
㉡ 상호 연결성이 결여된 점과 선의 집합체, 즉 점, 선, 다각형 등의 객체들이 구조화되지 않은 그래픽형태(점, 선, 면)이다.
㉢ 수작업으로 디지타이징된 지도자료가 대표적인 스파게티모델의 예이다.
㉣ 인접하고 있는 다각형을 나타내기 위하여 경계하는 선은 두 번씩 저장된다.
㉤ 모든 면사상이 일련의 독립된 좌표집합으로 저장되므로 자료저장공간을 많이 차지하게 된다.
㉥ 객체들 간의 공간관계가 설정되지 않아 공간분석에 비효율적이다.

정답 01 ② 02 ③ 03 ④ 04 ② 05 ③

06 스파게티모형의 특징으로 옳지 않은 것은? 기 18-1

① 공간자료를 단순한 좌표목록으로 저장한다.
② 도면을 독취할 때 작성된 자료와 비슷하다.
③ 인접한 다각형을 나타낼 때에 경계는 2번씩 저장한다.
④ 객체들 간 공간관계가 설정되어 공간분석에 효율적이다.

해설 스파게티모델
㉠ 공간자료를 점, 선, 면의 단순한 좌표목록으로 저장하며 위상관계를 정의하지 않는다.
㉡ 상호 연결성이 결여된 점과 선의 집합체, 즉 점, 선, 다각형 등의 객체들이 구조화되지 않은 그래픽형태(점, 선, 면)이다.
㉢ 수작업으로 디지타이징된 지도자료가 대표적인 스파게티모델의 예이다.
㉣ 인접하고 있는 다각형을 나타내기 위하여 경계하는 선은 두 번씩 저장된다.
㉤ 모든 면사상이 일련의 독립된 좌표집합으로 저장되므로 자료저장공간을 많이 차지하게 된다.
㉥ 객체들 간의 공간관계가 설정되지 않아 공간분석에 비효율적이다.

07 스파게티(Spaghetti)모형에 대한 설명이 옳지 않은 것은? 기 16-3

① 하나의 점이 x, y좌표를 기본으로 하고 있어 다른 모형에 비하여 구조가 복잡하고 이해하기 어렵다.
② 데이터 파일을 이용한 지도를 인쇄하는 단순작업의 경우에 효율적인 도구로 사용되었다.
③ 상호 연관성에 관한 정보가 없어 인접한 객체들의 특징과 관련성, 연결성을 파악하기 힘들었다.
④ 객체들 간에 정보를 갖지 못하고 국수가락처럼 좌표들이 길게 연결되어 있는 구조를 말한다.

해설 스파게티모델은 공간자료를 점, 선, 면을 단순한 좌표목록으로 저장하여 구조가 간단하다.

08 벡터데이터 모델과 래스터데이터 모델에서 동시에 표현할 수 있는 것은? 기 17-1

① 점과 선의 형태로 표현
② 지리적 위치를 x, y좌표로 표현
③ 그리드의 형태로 표현
④ 셀의 형태로 표현

해설 벡터데이터 모델과 래스터데이터 모델에서 동시에 표현할 수 있는 것은 지리적 위치를 x, y좌표로 표현하는 것이다.

09 다음 중 벡터자료구조의 기본적인 단위에 해당되지 않는 것은? 기 16-3, 산 16-3

① 픽셀 ② 점
③ 선 ④ 면

해설 벡터자료구조는 현실 세계의 객체 및 객체와 관련되는 모든 형상이 점(0차원), 선(1차원), 면(2차원)을 이용하여 표현하는 것으로 객체들의 지리적 위치를 방향성과 크기로 나타낸다.

10 공간자료의 표현형태 중 점(point)에 대한 설명으로 옳은 것은? 기 17-3

① 공간객체 중 가장 복잡한 형태를 가진다.
② 최소한의 데이터 요소로 위치와 속성을 가진다.
③ 공간분석에 있어서 가장 많은 양의 데이터를 요구한다.
④ 좌표계 없이 위치를 나타내며 관련 속성데이터가 연결된다.

해설 공간자료의 특징

구분	형태	특징	예
점	한 쌍의 x, y 좌표	면적이나 길이가 없음	유정, 송전철탑, 맨홀
선	시작점과 끝점을 갖는 일련의 좌표	면적이 없고 길이만 있음	도로, 하천, 통신, 전력선 관망, 경계
면적	폐합된 선들로 구성된 일련의 좌표군	면적과 경계를 가짐	행정구역, 지적, 건물, 지정구역

11 벡터데이터의 구조에 대한 설명으로 틀린 것은? 산 16-1

① 점은 하나의 좌표로 표현된다.
② 선은 여러 개의 좌표로 구성된다.
③ 면은 3개 이상의 점의 집합체로 폐합된 다각형형태의 구조를 갖는다.
④ 점, 선, 면의 형태를 이용한 지리적 객체는 4차원의 지도형태이다.

정답 06 ④ 07 ① 08 ② 09 ① 10 ② 11 ④

해설 점, 선, 면의 형태를 이용한 지리적 객체는 2차원 지도이다.

12 연속적인 면의 단위를 나타내는 2차원 표현요소로 래스터데이터를 구성하는 가장 작은 단위는? 산 17-2

① 격자셀　　② 선
③ 절점　　　④ 점

해설 격자셀 : 연속적인 면의 단위를 나타내는 2차원 표현요소로 래스터데이터를 구성하는 가장 작은 단위

13 다음 중 벡터구조의 요소인 선(line)에 대한 설명으로 틀린 것은? 산 17-2

① 지도상에 표현되는 1차원적 요소이다.
② 길이와 방향을 가지고 있다.
③ 일반적으로 면적을 가지고 있다.
④ 노드에서 시작하여 노드에서 끝난다.

해설 선(line)
㉠ 2개 이상의 점사상으로 구성되어 있는 선형으로 1차원의 객체를 표현, 즉 길이를 갖는 공간객체로 표현된다.
㉡ 2개의 노드와 수개의 버텍스(vertex)로 구성되어 있고, 노드 혹은 버텍스는 링크로 구성되어 있다.
㉢ 지표상의 선형 실체는 축척에 따라 선형 또는 면형 객체로 표현될 수 있다. 예를 들어, 도로의 경우 대축척지도에서는 면사상으로 표현될 수 있고, 소축척지도에서는 선사상으로 표현될 수 있다.
㉣ 연속적인 복잡한 선을 묘사하는 다수의 x, y좌표의 집합은 아크(arc), 체인(chain), 스트링(string) 등의 다양한 용어로서 표현된다.

14 공간의 관계를 정의하는데 쓰이는 수학적 방법으로서 입력된 자료의 위치를 좌표값으로 인식하고 각각의 자료 간의 정보를 상대적 위치로 저장하며 선의 방향, 특성 간의 관계, 연결성, 인접성 등을 정의하는 것을 무엇이라 하는가? 기 19-2

① 속성정보　　② 위상관계
③ 위치관계　　④ 위치정보

해설 공간의 관계를 정의하는데 쓰이는 수학적 방법으로서 입력된 자료의 위치를 좌표값으로 인식하고 각각의 자료 간의 정보를 상대적 위치로 저장하며 선의 방향, 특성 간의 관계, 연결성, 인접성 등을 정의하는 것을 위상관계라 한다.

15 벡터데이터의 위상구조를 이용하여 분석이 가능한 내용이 아닌 것은? 기 19-1

① 분리성　　② 연결성
③ 인접성　　④ 포함성

해설 벡터데이터의 위상구조는 각 공간객체 사이의 관계를 인접성(adjacency), 연결성(connectivity), 포함성(containment) 등의 관점에서 묘사되며 스파게티모델에 비해 다양한 공간분석이 가능하다.
㉠ 인접성 : 관심대상사상의 좌측과 우측에 어떤 사상이 있는지를 정의한다. 즉 두 개의 객체가 서로 인접하는지를 판단한다.
㉡ 연결성 : 특정 사상이 어떤 사상과 연결되어 있는지를 정의한다. 즉 두 개 이상의 객체가 연결되어 있는지를 판단한다.
㉢ 포함성 : 특정 사상이 다른 사상의 내부에 포함되느냐 혹은 다른 사상을 포함하느냐를 정의한다.

16 다음의 위상정보 중 하나의 지점에서 또 다른 지점으로의 이동 시 경로 선정이나 자원의 배분 등과 가장 밀접한 것은? 기 17-1, 산 19-2

① 중첩성(overlay)
② 연결성(connectivity)
③ 계급성(hierarchy or containment)
④ 인접성(neighborhood or adjacency)

해설 네트워크분석은 하나의 지점에서 또 다른 지점으로의 이동 시 경로 선정이나 자원의 배분에 사용되며, 이는 위상정보 중 연결성을 이용한다.

17 벡터자료구조에 있어서 폴리곤구조의 특성과 관계가 먼 것은? 산 17-3

① 형상　　② 계급성
③ 변환성　　④ 인접성

해설 벡터자료의 위상구조는 각 공간객체 사이의 관계를 인접성(adjacency), 연결성(connectivity), 포함성(containment) 등의 관점에서 묘사되며 스파게티모델에 비해 다양한 공간분석이 가능하다.

18 위상구조에 대한 설명으로 옳은 것은? 산 19-2

① 노드는 3차원의 위상 기본요소이다.
② 위상구조는 래스터데이터에 적합하다.
③ 최단경로탐색은 영역형 위상구조의 활용 예이다.
④ 체인은 시작노드와 끝노드에 대한 위상정보를 가진다.

정답　12 ①　13 ③　14 ②　15 ①　16 ②　17 ③　18 ④

해설
① 노드는 0차원의 위상 기본요소이다.
② 위상구조는 벡터데이터에 적합하다.
③ 최단경로탐색은 선형 위상구조의 활용 예이다.

19 도형자료의 위상관계에서 관심대상의 좌측과 우측에 어떤 사상이 있는지를 정의하는 것은? 산 17-1

① 근접성(proximity)
② 연결성(connectivity)
③ 인접성(adjacency)
④ 위계성(hierarchy)

해설 인접성(adjacency) : 관심대상사상의 좌측과 우측에 어떤 사상이 있는지를 정의한다. 즉 두 개의 객체가 서로 인접하는지를 판단한다.

20 GIS의 공간데이터에서 필지의 인접성 또는 도로의 연결성 등을 규정짓는 것은? 산 17-1

① 위상관계
② 공간관계
③ 상호관계
④ 도형관계

해설 벡터데이터의 위상구조는 각 공간객체 사이의 관계를 인접성(adjacency), 연결성(connectivity), 포함성(containment) 등의 관점에서 묘사되며 스파게티모델에 비해 다양한 공간분석이 가능하다.

21 벡터데이터 모델과 래스터데이터 모델에 대한 설명으로 틀린 것은? 산 17-2

① 벡터데이터 모델 : 점과 선의 형태로 표현
② 래스터데이터 모델 : 지리적 위치를 x, y좌표로 표현
③ 래스터데이터 모델 : 그리드의 형태로 표현
④ 벡터데이터 모델 : 셀의 형태로 표현

해설 벡터자료구조는 현실 세계의 객체 및 객체와 관련되는 모든 형상이 점(0차원), 선(1차원), 면(2차원)을 이용하여 표현하는 것으로 객체들의 지리적 위치를 방향성과 크기로 나타낸다.

22 다음 중 벡터구조에 비하여 격자구조가 갖는 장점이 아닌 것은? 기 16-3

① 네트워크분석에 효과적이다.
② 자료의 중첩에 대한 조작이 용이하다.
③ 자료구조가 간단하다.
④ 원격탐사자료와의 연계처리가 용이하다.

해설 벡터자료구조

장점	단점
• 복잡한 현실 세계의 묘사가 가능하다. • 압축된 자료구조를 제공하므로 데이터 용량의 축소가 용이하다. • 위상에 관한 정보가 제공되므로 관망분석과 같은 다양한 공간분석이 가능하다. • 그래픽의 정확도가 높고 그래픽과 관련된 속성정보의 추출, 일반화, 갱신 등이 용이하다.	• 자료구조가 복잡하다. • 여러 레이어의 중첩이나 분석에 기술적으로 어려움이 수반된다. • 각각의 그래픽구성요소는 각기 다른 위상구조를 가지므로 분석에 어려움이 크다. • 일반적으로 값비싼 하드웨어와 소프트웨어가 요구되므로 초기비용이 많이 든다.

23 다음 중 벡터데이터의 장점으로 옳지 않은 것은? 산 16-3

① 정확한 형상묘사가 가능하다.
② 중첩기능을 수행하기에 용이하다.
③ 객체의 위치가 직접 지도좌표로 저장된다.
④ 객체별로 속성테이블과 연결될 수 있다.

해설 벡터자료구조

장점	단점
• 복잡한 현실 세계의 묘사가 가능하다. • 압축된 자료구조를 제공하므로 데이터 용량의 축소가 용이하다. • 위상에 관한 정보가 제공되므로 관망분석과 같은 다양한 공간분석이 가능하다. • 그래픽의 정확도가 높고 그래픽과 관련된 속성정보의 추출, 일반화, 갱신 등이 용이하다.	• 자료구조가 복잡하다. • 여러 레이어의 중첩이나 분석에 기술적으로 어려움이 수반된다. • 각각의 그래픽구성요소는 각기 다른 위상구조를 가지므로 분석에 어려움이 크다. • 일반적으로 값비싼 하드웨어와 소프트웨어가 요구되므로 초기비용이 많이 든다.

24 벡터자료에 대한 설명으로 옳지 않은 것은? 산 18-3

① 자료의 구조는 그리드와 셀로 구성된다.
② 공간정보는 좌표계를 이용하여 기록한다.
③ 객체들이 지리적 위치를 방향과 크기로 나타낸다.
④ 지적도면의 수치화에 벡터방식이 주로 사용된다.

정답 19 ③ 20 ① 21 ④ 22 ① 23 ② 24 ①

해설 벡터자료구조는 현실 세계의 객체 및 객체와 관련되는 모든 형상을 점(0차원), 선(1차원), 면(2차원)을 이용하여 표현하는 것으로 객체들의 지리적 위치를 방향성과 크기로 나타낸다.

25 벡터데이터에 대한 설명이 옳지 않은 것은? 산 19-2
① 디지타이징에 의해 입력된 자료가 해당된다.
② 지도와 비슷하고 시각적 효과가 높으며 실세계의 묘사가 가능하다.
③ 위상에 관한 정보가 제공되므로 관망분석과 같은 다양한 공간분석이 가능하다.
④ 상대적으로 자료구조가 단순하며 체인코드, 블록코드 등의 방법에 의한 자료의 압축효율이 우수하다.

해설 래스터자료구조는 상대적으로 자료구조가 단순하며 체인코드, 블록코드 등의 방법에 의한 자료의 압축효율이 우수하다.

26 벡터자료의 구조에 관한 설명으로 가장 거리가 먼 것은? 기 18-1
① 복잡한 현실 세계의 묘사가 가능하다.
② 좌표계를 이용하여 공간정보를 기록한다.
③ 래스터자료보다 자료구조 단순하여 중첩분석이 쉽다.
④ 위상 관련 정보가 제공되어 네트워크분석이 가능하다.

해설 벡터자료구조는 래스터자료구조보다 자료구조가 복잡하며 중첩분석에 어려움이 있다.

27 벡터데이터의 특징이 아닌 것은? 기 16-1
① 래스터데이터에 비해 데이터가 압축되고 검색이 빠르다.
② 각기 다른 위상구조로 중첩기능을 수행하기 어렵다.
③ 격자간격에 의존하여 면으로 표현된다.
④ 자료의 갱신과 유지관리가 편리하다.

해설 격자데이터는 격자간격에 의존하여 면으로 표현된다.

28 벡터데이터 모델의 장점이 아닌 것은? 산 17-1
① 다양한 모델링작업을 쉽게 수행할 수 있다.
② 위상관계 정의 및 분석이 가능하다.
③ 고해상력의 높은 공간적 정확성을 제공한다.
④ 공간객체에 대한 속성정보의 추출, 일반화, 갱신이 용이하다.

해설 다양한 모델링작업을 쉽게 수행할 수 있는 것은 래스터데이터 모델이다.

29 벡터데이터에 비해 래스터데이터가 갖는 장점으로 틀린 것은? 기 17-2
① 자료구조가 단순하다.
② 객체의 크기와 방향성에 정보를 가지고 있다.
③ 스캐닝이나 위성영상, 디지털카메라에 의해 쉽게 자료를 취득할 수 있다.
④ 격자의 크기 및 형태가 동일하므로 시뮬레이션에는 용이하다.

해설 벡터데이터는 객체의 크기와 방향성에 정보를 가지고 있다.

30 다음 중 래스터구조에 비하여 벡터구조가 갖는 장점으로 옳지 않은 것은? 기 16-2
① 복잡한 현실 세계의 묘사가 가능하다.
② 위상에 관한 정보가 제공된다.
③ 지도를 확대하여도 형상이 변하지 않는다.
④ 시뮬레이션이 용이하다.

해설 벡터자료구조

장점	단점
• 복잡한 현실 세계의 묘사가 가능하다.	• 자료구조가 복잡하다.
• 압축된 자료구조를 제공하므로 데이터 용량의 축소가 용이하다.	• 여러 레이어의 중첩이나 분석에 기술적으로 어려움이 수반된다.
• 위상에 관한 정보가 제공되므로 관망분석과 같은 다양한 공간분석이 가능하다.	• 각각의 그래픽구성요소는 각기 다른 위상구조를 가지므로 분석에 어려움이 크다.
• 그래픽의 정확도가 높고 그래픽과 관련된 속성정보의 추출, 일반화, 갱신 등이 용이하다.	• 일반적으로 값비싼 하드웨어와 소프트웨어가 요구되므로 초기비용이 많이 든다.

31 래스터데이터에 해당하지 않는 것은? 산 18-2
① 이미지데이터 ② 위성영상데이터
③ 위치좌표데이터 ④ 항공사진데이터

정답 25 ④ 26 ③ 27 ③ 28 ① 29 ② 30 ④ 31 ③

해설 래스터데이터란 실세계를 일정크기의 최소지도화단위인 셀로 분할하고, 각 셀에 속성값을 입력하고 저장하여 연산하는 자료구조이다. 즉 격자형의 영역에서 x, y축을 따라 일련의 셀들이 존재하고 각 셀들이 속성값을 가지므로 이들 값에 따라 셀들을 분류하거나 다양하게 표현할 수 있다. 각 셀들의 크기에 따라 데이터의 해상도와 저장크기가 달라지는데, 셀크기가 작으면 작을수록 보다 정밀한 공간현상을 잘 표현할 수 있다. 대표적인 래스터자료유형으로는 인공위성에 의한 이미지, 항공사진에 의한 이미지 등이 있으며, 또한 스캐닝을 통해 얻어진 이미지데이터를 좌표정보를 가진 이미지로 바꿈으로써 얻어질 수 있다.

32 래스터데이터에 대한 설명으로 틀린 것은? 실16-3

① 일정한 격자모양의 셀이 데이터의 위치와 값을 표현한다.
② 해상력을 높이면 자료의 크기가 커진다.
③ 격자의 크기를 확대할 경우 객체의 경계가 매끄럽지 못하다.
④ 네트워크와 연계구현이 용이하여 좌표변환이 편리하다.

해설 래스터데이터는 네트워크와 연계가 불가능하며 좌표변환 시 시간이 많이 소요된다.

33 래스터데이터에 관한 설명으로 옳은 것은? 실16-2

① 객체의 형상을 다소 일반화시키므로 공간적인 부정확성과 분류의 부정확성을 가지고 있다.
② 데이터의 구조가 복잡하지만 데이터 용량이 작다.
③ 셀수를 줄이면 공간해상도를 높일 수 있다.
④ 원격탐사자료와의 연계가 어렵다.

해설 ② 데이터의 구조가 간단하며 데이터 용량이 크다.
③ 셀수를 줄이면 공간해상도가 떨어진다.
④ 원격탐사자료와의 연계가 쉽다.

34 해상력에 대한 설명으로 옳지 않은 것은? 기17-3

① 해상력은 일반적으로 mm당 선의 수를 말한다.
② 해상력은 자료를 표현하는 최대단위를 의미한다.
③ 수치영상시스템에서의 공간해상력은 격자나 픽셀의 크기를 의미한다.
④ 일반적으로 항공사진이나 인공위성영상의 경우에 해상력은 식별이 가능한 최소객체를 의미한다.

해설 해상력은 자료를 표현하는 최소단위를 의미한다.

35 래스터데이터의 단점으로 볼 수 없는 것은? 기16-1

① 해상도를 높이면 자료의 양이 크게 늘어난다.
② 객체단위로 선택하거나 자료의 이동, 삭제, 입력 등 편집이 어렵다.
③ 위상구조를 부여하지 못하므로 공간적 관계를 다루는 분석이 불가능하다.
④ 중첩기능을 수행하기가 불편하다.

해설 래스터자료구조

장점	단점
• 데이터 구조가 간단	• 그래픽자료의 양이 방대
• 여러 레이어의 중첩, 분석이 용이	• 격자의 크기를 늘리면 정보손실 초래
• 원격탐사자료와 연계가 쉬움	• 시각적인 효과가 떨어짐
• 격자의 크기와 형태가 동일한 까닭에 시뮬레이션이 용이	• 관망해석 불가능
• 자료의 조작과정을 효과적으로 하고 수치영상의 질을 향상시키는 데 용이	• 좌표변환 시 시간이 많이 소요됨

36 래스터자료의 특성으로 옳지 않은 것은? 실18-3

① 정밀도는 격자의 간격에 의존한다.
② 점, 선, 면을 이용하여 도형을 처리한다.
③ 벡터자료에 비하여 데이터 구조가 간단하다.
④ 해상도를 높이면 자료의 크기가 방대해진다.

해설 래스터자료구조

장점	단점
• 데이터 구조가 간단	• 그래픽자료의 양이 방대
• 여러 레이어의 중첩, 분석이 용이	• 격자의 크기를 늘리면 정보손실 초래
• 원격탐사자료와 연계가 쉬움	• 시각적인 효과가 떨어짐
• 격자의 크기와 형태가 동일한 까닭에 시뮬레이션이 용이	• 관망해석 불가능
• 자료의 조작과정을 효과적으로 하고 수치영상의 질을 향상시키는 데 용이	• 좌표변환 시 시간이 많이 소요됨

정답 32 ④ 33 ① 34 ② 35 ④ 36 ②

37 래스터데이터와 벡터데이터에 대한 설명으로 틀린 것은?

① 래스터데이터의 정밀도는 격자간격에 의하여 결정된다.
② 벡터데이터의 자료구조는 래스터데이터보다 복잡하다.
③ 벡터데이터의 자료입력에는 스캐너가 주로 이용된다.
④ 래스터데이터의 도형표현은 면(화소, 셀)으로 표현된다.

해설 디지타이저와 스캐너의 비교

구분	스캐너	디지타이저
입력방식	자동방식	수동방식
결과물	래스터	벡터
비용	고가	저렴
시간	신속	많이 소요
도면상태	영향을 받음	영향을 적게 받음

38 도형정보의 자료구조에 관한 설명으로 옳지 않은 것은?

① 벡터구조는 자료구조가 복잡하다.
② 격자구조는 자료구조가 단순하다.
③ 벡터구조는 그래픽의 정확도가 높다.
④ 격자구조는 그래픽자료의 양이 적다.

해설 격자구조

장점	단점
• 자료구조가 단순하다 • 원격탐사자료와의 연계처리가 용이하다. • 여러 레이어의 중첩이나 분석이 용이하다. • 격자의 크기와 형태가 동일하므로 시뮬레이션이 용이하다.	• 그래픽자료의 양이 방대하다. • 격자의 크기를 늘리면 자료의 양은 줄일 수 있으나 상대적으로 정보의 손실을 초래한다. • 격자구조인 만큼 시각적인 효과가 떨어진다. • 위상정보의 제공이 불가능하므로 관망해석과 같은 분석기능이 이루어질 수 없다.

39 래스터데이터 구조에 비하여 벡터데이터 구조가 갖는 단점으로 옳은 것은?

① 자료의 구조가 복잡한 편이다.
② 네트워크분석과 같은 다양한 공간분석에 제약이 있다.
③ 해상도가 높을 경우 더욱 많은 저장용량을 필요로 한다.
④ 각 셀이 코드화되기 때문에 많은 저장용량을 필요로 한다.

해설 벡터데이터 구조는 래스터데이터 구조에 비해 자료구조가 복잡하고 중첩을 수행하는 데 어려움이 있다.

40 벡터데이터와 래스터데이터의 구조에 관한 설명으로 옳지 않은 것은?

① 래스터데이터는 중첩분석이나 모델링이 유리하다.
② 벡터데이터는 자료구조가 단순하여 중첩분석이 쉽다.
③ 벡터데이터는 좌표계를 이용하여 공간정보를 기록한다.
④ 벡터데이터는 점, 선, 면으로, 래스터데이터는 격자로 도형을 표현한다.

해설 벡터데이터와 래스터데이터의 비교

구분	벡터자료구조	래스터자료구조
장점	• 사용자관점에 가까운 자료구조 • 데이터가 압축되어 간결한 형태 • 위상에 대한 정보가 제공되어 관망분석과 같은 다양한 공간분석 가능 • 위치와 속성에 대한 검색, 갱신, 일반화 가능 • 그래픽 정확도가 높음 • 지도와 비슷한 도형 제작	• 데이터 구조가 간단 • 여러 레이어의 중첩, 분석이 용이 • 원격탐사자료와 연계가 쉬움 • 격자의 크기와 형태가 동일한 까닭에 시뮬레이션 용이 • 자료의 조작과정을 효과적으로 하고 수치영상의 질을 향상시키는 데 용이
단점	• 데이터 구조가 복잡 • 중첩의 수행이 어렵고 공간적 편의를 나타내기에는 비효율적 • 각각의 그래픽구성요소는 각기 다른 위상구조를 가지므로 분석이 어려움 • 도식과 출력에 비싼 장비가 요구됨	• 그래픽자료의 양이 방대 • 격자의 크기를 늘리면 정보손실 초래 • 시각적인 효과가 떨어짐 • 관망해석 불가능 • 좌표변환 시 시간이 많이 소요됨

정답 37 ③ 38 ④ 39 ① 40 ②

41 래스터데이터의 설명으로 옳지 않은 것은?

① 데이터 구조가 간단하다.
② 격자로 표현하기 때문에 데이터 표출에 한계가 있다.
③ 데이터가 위상구조로 되어 있어 공간적인 상관성분석에 유리하다.
④ 공간해상도를 높일 수 있으나 데이터의 양이 방대해지는 단점이 있다.

해설 위상구조는 벡터데이터에만 적용되며, 래스터데이터에는 적용되지 않는다.

42 다음 중 래스터데이터가 갖는 장점으로 옳지 않은 것은?

① 중첩분석이 용이하다.
② 데이터 구조가 단순하다.
③ 위상관계를 나타낼 수 있다.
④ 원격탐사영상자료와의 연계가 용이하다.

해설 위상관계는 벡터데이터에만 적용되며, 래스터데이터에는 적용되지 않는다.

43 래스터데이터와 벡터데이터에 대한 설명으로 옳지 않은 것은?

① 벡터데이터는 객체들의 지리적 위치를 크기와 방향으로 나타낸다.
② 래스터데이터는 데이터 구조가 단순하고 레이어의 중첩분석이 편리하다.
③ 벡터데이터는 좌표계를 이용하여 공간정보를 기록하므로 자료를 보다 정확히 표현할 수 있다.
④ 벡터데이터를 래스터데이터로 변환하는 방법으로 Transit Code, Run-Length Code, Lot Code, Quadtree기법이 있다.

해설 래스터자료의 압축방법(저장구조)
㉠ 행렬기법 : 각 행과 열의 쌍에 하나의 값을 저장하는 방식이다.
㉡ Run-length코드기법 : 런이란 하나의 행에서 동일한 속성값을 갖는 셀을 의미하며, 각 행마다 왼쪽에서 오른쪽으로 진행하면서 동일한 수치를 갖는 셀들을 묶어 압축시키는 방법이다.
㉢ 체인코드기법 : 대상지역에 해당하는 격자들의 연속적인 연결상태를 파악하여 동일한 지역의 정보를 제공하는 방법으로 자료의 시작점에서 동서남북으로 방향을 이동하는 단위거리를 통해서 표현하는 기법이다.
㉣ 블록코드기법 : Run-length코드기법에 기반을 둔 것으로 2차원 정방형 블록으로 분할하여 객체에 대한 데이터를 구축하는 방법이다. 이때의 자료구조는 원점으로부터의 좌표(x, y) 및 정사각형의 한 변의 길이로 구성되는 세 개의 숫자만으로 표시가 가능하다.
㉤ 사지수형기법 : 크기가 다른 정사각형을 이용하는 방법으로 하나의 속성값이 존재할 때까지 반복하는 방법으로 자료의 압축이 좋다.
㉥ R-tree기법 : B-tree의 2차원 확장인 R-tree는 사각형과 기타 다각형을 인덱싱하는 데 유용하다.

44 격자구조를 압축 및 저장하는 기법 중 각각의 열(列) 진행방향에 대하여 동일한 속성값을 갖는 격자(cell)들을 하나로 묶어 길이와 위치를 저장하는 방식은?

① Quadtree기법 ② Block code기법
③ Chain code기법 ④ Run-length code기법

해설 래스터데이터의 압축방법(저장구조)
㉠ 행렬기법 : 각 행과 열의 쌍에 하나의 값을 저장하는 방식이다.
㉡ Run-length코드기법 : 런이란 하나의 행에서 동일한 속성값을 갖는 셀을 의미하며, 각 행마다 왼쪽에서 오른쪽으로 진행하면서 동일한 수치를 갖는 셀들을 묶어 압축시키는 방법이다.
㉢ 체인코드기법 : 대상지역에 해당하는 격자들의 연속적인 연결상태를 파악하여 동일한 지역의 정보를 제공하는 방법으로 자료의 시작점에서 동서남북으로 방향을 이동하는 단위거리를 통해서 표현하는 기법이다.
㉣ 블록코드기법 : Run-length코드기법에 기반을 둔 것으로 2차원 정방형 블록으로 분할하여 객체에 대한 데이터를 구축하는 방법이다. 이때의 자료구조는 원점으로부터의 좌표(x, y) 및 정사각형의 한 변의 길이로 구성되는 세 개의 숫자만으로 표시가 가능하다.
㉤ 사지수형기법 : 크기가 다른 정사각형을 이용하는 방법으로 하나의 속성값이 존재할 때까지 반복하는 방법으로 자료의 압축이 좋다.
㉥ R-tree기법 : B-tree의 2차원 확장인 R-tree는 사각형과 기타 다각형을 인덱싱하는 데 유용하다.

45 수치영상의 복잡도를 감소하거나 영상매트릭스의 편차를 줄이는데 사용하는 격자기반의 일반화과정은?

① 필터링 ② 구조의 축소
③ 영상재배열 ④ 모자이크변환

정답 41 ③ 42 ③ 43 ④ 44 ④ 45 ①

해설 **필터링** : 수치영상의 복잡도를 감소하거나 영상매트릭스의 편차를 줄이는데 사용하는 격자기반의 일반화과정

46 래스터자료의 압축방법에 해당하지 않는 것은?
기 19-2, 산 19-1

① 블록코드(Block code)기법
② 체인코드(Chain code)기법
③ 포인트코드(Point code)기법
④ 연속분할코드(Run-length code)기법

해설 **래스터자료의 압축방법(저장구조)**
㉠ 행렬기법 : 각 행과 열의 쌍에 하나의 값을 저장하는 방식이다.
㉡ Run-length코드기법 : 런이란 하나의 행에서 동일한 속성값을 갖는 셀을 의미하며, 각 행마다 왼쪽에서 오른쪽으로 진행하면서 동일한 수치를 갖는 셀들을 묶어 압축시키는 방법이다.
㉢ 체인코드기법 : 대상지역에 해당하는 격자들의 연속적인 연결상태를 파악하여 동일한 지역의 정보를 제공하는 방법으로 자료의 시작점에서 동서남북으로 방향을 이동하는 단위거리를 통해서 표현하는 기법이다.
㉣ 블록코드기법 : Run-length코드기법에 기반을 둔 것으로 2차원 정방형 블록으로 분할하여 객체에 대한 데이터를 구축하는 방법이다. 이때의 자료구조는 원점으로부터 좌표(x, y) 및 정사각형의 한 변의 길이로 구성되는 세 개의 숫자만으로 표시가 가능하다.
㉤ 사지수형기법 : 크기가 다른 정사각형을 이용하는 방법으로 하나의 속성값이 존재할 때까지 반복하는 방법으로 자료의 압축이 좋다.
㉥ R-tree기법 : B-tree의 2차원 확장인 R-tree는 사각형과 기타 다각형을 인덱싱하는 데 유용하다.

47 런랭스(Run-length)코드압축방법에 대한 설명으로 옳지 않은 것은?
기 16-1, 산 19-2

① 격자들의 연속적인 연결상태를 파악하여 압축하는 방법이다.
② 런(run)은 하나의 행에서 동일한 속성값을 갖는 격자를 의미한다.
③ Quadtree방법과 함께 많이 쓰이는 격자자료 압축방법이다.
④ 동일한 속성값을 개별적으로 저장하는 대신 하나의 런(run)에 해당하는 속성값이 한 번만 저장된다.

해설 **체인코드기법**
㉠ 대상지역에 해당하는 격자들의 연속적인 연결상태를 파악하여 동일한 지역의 정보를 제공하는 방법이다.
㉡ 어떤 개체의 경계선을 그 시작점에서부터 동서남북 방향으로 4방 혹은 8방으로 순차진행하는 단위벡터를 사용하여 표현하는 방법이다.
㉢ 압축에 매우 효과적이며 면적과 둘레의 계산 등을 쉽게 할 수 있다.

48 래스터데이터의 압축방법 중 각 행마다 왼쪽에서 오른쪽으로 진행하면서 동일한 수치를 갖는 셀들을 묶어 압축하는 방법은?
기 18-1, 산 19-3

① Quadtree
② Block code
③ Chain code
④ Run-length code

해설 **Run-length코드기법**
㉠ Run이란 하나의 행에서 동일한 속성값을 갖는 셀을 의미한다.
㉡ 같은 셀값을 가진 셀의 수를 length라 한다.
㉢ 셀값을 개별적으로 저장하는 대신 각각의 런에 대하여 속성값, 위치, 길이를 한 번씩만 저장하는 방식이다.
㉣ 각 행마다 왼쪽에서 오른쪽으로 진행하면서 동일한 수치를 갖는 셀들을 묶어 압축시키는 방법이다.
㉤ 셀의 크기가 지도단위 혹은 사상에 비추어 크고 하나의 지도단위가 다수의 셀로 구성되어 있는 경우에 유용하다. 즉 방대한 데이터베이스를 구축하는 경우 효과적이다.
㉥ 셀값의 변화가 심한 경우 연속적인 변화를 코드화하여야 하므로 자료압축이 용이하지 않아 효과적인 방법이라 볼 수 없다.
㉦ 유일값으로 구성된 자료인 경우에는 비효율적이다.

49 크기가 다른 정사각형을 이용하여 공간을 4개의 동일한 면적으로 분할하는 작업을 하나의 속성값이 존재할 때까지 반복하는 래스터자료압축방법은?
기 16-2

① 런랭스코드(Run-length)기법
② 체인코드(Chain code)기법
③ 블록코드(Block code)기법
④ 사지수형(Quadtree)기법

해설 **사지수형기법**
㉠ 크기가 다른 정사각형을 이용한 run-length code기법보다 자료의 압축이 좋다.
㉡ 사지수형기법은 run-length code기법과 함께 가장 많이 쓰이는 자료압축기법이다.

정답 46 ③ 47 ① 48 ④ 49 ④

ⓒ $2n \times 2n$ 배열로 표현되는 공간을 북서(NW), 북동(NE), 남서(SW), 남동(SE)으로 불리는 사분원(quadrant)으로 분할한다.
ⓓ 이 과정을 각 분원마다 하나의 속성값이 존재할 때까지 반복한다.
ⓔ 그 결과 대상공간을 사지수형이라는 불리는 네 개의 가지를 갖는 나무의 형태로 표현 가능하다.

50 다음 중 래스터데이터의 저장형식에 해당하지 않는 것은? 기 16-1
① BMP ② JPG
③ TIFF ④ DXF

해설 ㉠ 벡터파일형식 : Shape, Coverage, CAD, DLG, VPF, TIGER, DGN
㉡ 래스터파일형식 : TIFF, GeoTIFF, BMP, JPG, PNG, GIF, DEM

51 다음 중 래스터형식의 자료에 해당하는 파일포맷은? 기 19-2
① DWG ② DXF
③ SHAPE ④ GeoTIF

해설 ㉠ 벡터파일형식 : Shape, Coverage, CAD, DLG, VPF, TIGER, DGN
㉡ 래스터파일형식 : TIFF, GeoTIFF, BMP, JPG, PNG, GIF, DEM

52 다음 중 대표적인 벡터자료파일형식이 아닌 것은? 기 18-2
① TIFF파일포맷 ② CAD파일포맷
③ Shape파일포맷 ④ Coverage파일포맷

해설 ㉠ 벡터파일형식 : Shape, Coverage, CAD, DLG, VPF, TIGER, DGN
㉡ 래스터파일형식 : TIFF, GeoTIFF, BMP, JPG, PNG, GIF, DEM

53 다음 중 공간자료의 파일형식이 다른 것은? 기 19-1
① BIL ② DGN
③ DWG ④ SHP

해설 DWG, SHP, DGN은 벡터파일이고, BIL은 래스터파일이다.

54 래스터데이터에 해당하는 파일은? 산 19-3
① TIF파일 ② SHP파일
③ DGN파일 ④ DWG파일

해설 ㉠ 벡터파일형식 : Shape, Coverage, CAD, DLG, VPF, TIGER, DGN
㉡ 래스터파일형식 : TIFF, GeoTIFF, BMP, JPG, PNG, GIF, DEM

55 다음 중 TIGER파일의 도형자료를 수치지도데이터베이스로 구축한 국가는? 기 17-3
① 한국 ② 호주
③ 미국 ④ 캐나다

해설 TIGER : Topologically Integrated Geographic Encoding and Referencing System의 약자로 미국 U.S. Census Bureau에서 인구조사를 위해 개발한 벡터형 파일형식

56 지도와 지형에 관한 정보에서 사용되는 형식(data format) 중 AutoCAD의 제작자에 의해 제안된 ASCII 형태의 그래픽자료파일형식은? 산 17-1, 16-3
① DIME ② DXF
③ IGES ④ ISIF

해설 DXF : 지도와 지형에 관한 정보에서 사용되는 형식 중 AutoCAD의 제작자에 의해 제안된 ASCII형태의 그래픽자료파일형식

57 벡터파일포맷 중 DXF파일에 대한 설명으로 옳지 않은 것은? 산 18-2
① 아스키문서파일로서 "*.dxf"를 확장자로 가진다.
② 자료의 관리나 사용, 변경이 쉽고 변환효율이 뛰어나다.
③ 일반적인 텍스트편집기를 통해서도 내용을 읽고 쉽게 편집할 수 있다.
④ 행단위로 데이터 필드가 이루어져 읽기 어렵고 용량도 작아지는 장점도 있다.

해설 DXF파일은 행단위로 데이터 필드가 이루어져 읽기는 쉬우나 용량이 커지는 단점이 있다.

58 토지정보시스템의 공간분석작업 중 성격이 다른 하나는? 산 18-3
① 속성분석 ② 인접 분석
③ 중첩분석 ④ 버퍼링분석

정답 50 ④ 51 ④ 52 ① 53 ① 54 ① 55 ③ 56 ② 57 ④ 58 ①

해설 인접 분석, 중첩분석, 버퍼링분석은 도형자료와 속성자료를 통합하여 분석하는 것이며, 속성분석은 속성자료를 이용하여 분석하는 것을 말한다.

59 사용자의 필요에 따라 일정한 기준에 맞추어 자료를 나누는 것을 무엇이라 하는가?

① 질의(query)
② 세선화(thinning)
③ 분류(classification)
④ 일반화(generalization)

해설 ① 질의 : 작업자가 부여하는 조건에 따라 속성데이터베이스에서 정보를 추출하는 것
② 세선화 : 필터링단계에서 만들어진 선형의 패턴을 가늘고 긴 선과 같은 형상으로 만들기 위하여 가늘게 하는 것
④ 일반화 : 지도에서 동일 특성을 갖는 지역의 결합을 의미하는 것으로서 일정기준에 의하여 유사한 분류명을 갖는 폴리곤끼리 합침으로써 분류의 정도를 낮추는 것

60 도형정보와 속성정보의 통합공간분석기법 중 연결성 분석과 가장 거리가 먼 것은?

① 관망(network)
② 근접성(proximity)
③ 연속성(continuity)
④ 분류(classification)

해설 분류는 정해진 기준으로 데이터 그룹을 나누는 것으로 속성자료를 통해 가능하다.

61 GIS의 자료분석과정 중 도형자료와 속성자료가 구축된 레이어 간의 정보를 합성하거나 수학적 변환기능을 이용하여 정보를 통합하는 분석방법은?

① 중첩분석
② 표면분석
③ 합성분석
④ 검색분석

해설 각각의 자료집단이 주어진 기본도를 기초로 좌표계의 통일이 되면 둘 또는 그 이상의 자료관측에 대하여 분석될 수 있으며, 이 기법을 중첩 또는 합성이라 한다. 주로 적지선정에 이용된다.

62 다음 중 중첩(overlay)의 기능으로 옳지 않은 것은?

① 도형자료와 속성자료를 입력할 수 있게 한다.
② 각종 주제도를 통합 또는 분산관리할 수 있다.
③ 다양한 데이터베이스로부터 필요한 정보를 추출할 수 있다.
④ 새로운 가설이나 시뮬레이션을 통한 모델링 작업을 수행할 수 있게 한다.

해설 각각의 자료집단이 주어진 기본도를 기초로 좌표계가 통일이 되면 둘 또는 그 이상의 자료관측에 대하여 분석될 수 있으며, 이 기법을 중첩 또는 합성이라 한다. 주로 적지선정에 이용된다.
㉠ 각각 서로 다른 자료를 취득하여 중첩하는 것으로 다량의 정보를 얻을 수 있다.
㉡ 레이어별로 자료를 제공할 수 있다.
㉢ 사용자입장에서 필요한 자료만을 제공받을 수 있어 편리하다.
㉣ 각종 주제도를 통합 또는 분산관리할 수 있다.

63 다음의 설명에 해당하는 공간분석유형은?

> 서로 다른 레이어의 정보를 합성함으로써 수치연산의 적용이 가능하며, 이것에 의해 새로운 속성값을 생성한다.

① 네트워크분석
② 연결성 추정
③ 중첩
④ 보간법

해설 각각의 자료집단이 주어진 기본도를 기초로 좌표계의 통일이 되면 둘 또는 그 이상의 자료관측에 대하여 분석될 수 있으며, 이 기법을 중첩 또는 합성이라 한다. 주로 적지선정에 이용된다.
㉠ 각각 서로 다른 자료를 취득하여 중첩하는 것으로 다량의 정보를 얻을 수 있다.
㉡ 레이어별로 자료를 제공할 수 있다.
㉢ 사용자입장에서 필요한 자료만을 제공받을 수 있어 편리하다.
㉣ 각종 주제도를 통합 또는 분산관리할 수 있다.

64 행정구역도와 학교위치도를 이용하여 해당 행정구역에 포함되는 학교를 분석할 때 사용하는 기법은?

① 버퍼(buffer)분석
② 중첩(overlay)분석
③ 입체지형(TIN)분석
④ 네트워크(network)분석

해설 각각의 자료집단이 주어진 기본도를 기초로 좌표계의 통일이 되면 둘 또는 그 이상의 자료관측에 대하여 분석될 수 있으며, 이 기법을 중첩 또는 합성이라 한다. 주로 적지선정에 이용된다. 따라서 행정구역도와 학교위치도를 이용하여 중첩분석하면 해당 행정구역에 포함되는 학교를 분석할 수 있다.

정답 59 ③ 60 ④ 61 ① 62 ① 63 ③ 64 ②

65 중첩분석에 대한 설명으로 틀린 것은?

① 레이어를 중첩하여 각각의 레이어가 가지고 있는 정보를 합칠 수 있다.
② 각종 주제도를 통합 또는 분산관리할 수 있다.
③ 각각의 레이어가 서로 다른 좌표계를 사용하는 경우에도 별도의 작업 없이 분석이 가능하다.
④ 사용자가 필요한 정보만을 추출할 수 있어 편리하다.

해설 각각의 자료집단이 주어진 기본도를 기초로 좌표계의 통일이 되면 둘 또는 그 이상의 자료관측에 대하여 분석될 수 있으며, 이 기법을 중첩 또는 합성이라 한다. 주로 적지선정에 이용된다.

66 노랑머리를 가진 새가 서식하는 특정한 식생이 있는지를 파악하기 위해서는 어떤 중첩기법을 써야 하는가?

① 점과 폴리곤   ② 선과 선
③ 선과 폴리곤   ④ 폴리곤과 폴리곤

해설 노랑머리를 가진 새는 점으로 표현되며, 새가 서식하는 특정한 식생은 폴리곤으로 표현되므로 점과 폴리곤의 중첩을 통하여 분석할 수 있다.

67 공간보간법에서 지형의 기복이 심하지 않은 표면을 생성하는데 적합한 방법은?

① 국지적 보간법   ② 전역적 보간법
③ 정밀보간법   ④ Spline보간법

해설 공간보간법에서 지형의 기복이 심하지 않은 표면을 생성하는데 적합한 방법은 전역적 보간법이다.

68 중첩의 유형에 해당하지 않는 것은?

① 선과 점의 중첩
② 점과 폴리곤의 중첩
③ 선과 폴리곤의 중첩
④ 폴리곤과 폴리곤의 중첩

해설 중첩의 유형
㉠ 점과 폴리곤의 중첩
㉡ 선과 폴리곤의 중첩
㉢ 폴리곤과 폴리곤의 중첩

69 검색방법 중 찾고자 하는 레코드키가 있음 직한 위치를 추정하여 검색하는 방법은?

① 보간(Interpolation)검색
② 피보나치(Fibonacci)검색
③ 이진(Binary)검색
④ 순차(Sequential)검색

해설 보간검색 : 찾고자 하는 레코드키가 있음 직한 위치를 추정하여 검색하는 방법

70 4개의 타일(tile)로 분할된 지적도 레이어를 하나의 레이어로 편집하기 위해서는 다음의 어떤 기능을 이용하여야 하는가?

① Map join   ② Map overlay
③ Map filtering ④ Map loading

해설 Map join : 4개의 타일로 분할된 지적도 레이어를 하나의 레이어로 편집하는 것

71 다음 중 두 개 또는 더 많은 레이어들에 대하여 불(boolean)의 OR연산자를 적용하여 합병하는 방법으로 기준이 되는 레이어의 모든 특징이 결과레이어에 포함되는 중첩분석방법은?

① Intersect   ② Union
③ Identity   ④ Clip

해설 중첩의 주요 유형
㉠ union(합집합) : 여러 개의 레이어에 있는 모든 도형정보를 OR연산자를 이용하여 모두 통합추출한다. 겹치는 도형이 있는 경우 겹쳐지는 부분이 분할되며, 분할된 객체는 각 레이어에 있던 모든 속성정보를 지닌 형태로 독립적인 객체가 된다.
㉡ intersect(교집합) : 대상레이어에서 적용 레이어를 AND연산자를 사용하여 중첩시켜 적용 레이어에 각 폴리곤과 중복되는 도형 및 속성정보만을 추출한다.
㉢ identity : 대상레이어의 모든 도형정보가 적용 레이어 내의 각 폴리곤에 맞게 분할되어 추출되며, 속성정보는 대상레이어의 정보 외에 적용 레이어가 적용된 부분만 속성값이 추가되고 나머지 부분은 빈 속성값이 생성된다.

72 지표면을 3차원적으로 표현할 수 있는 수치표고자료의 유형은?

① DEM 또는 TIN   ② JPG 또는 GIF
③ SHF 또는 DBF   ④ RFM 또는 GUM

정답 65 ③ 66 ① 67 ② 68 ① 69 ① 70 ① 71 ② 72 ①

해설 ㉠ 불규칙삼각망(TIN) : 연속적인 표면을 표현하기 위한 방법의 하나로서 표본이 추출된 표고점들을 선택적으로 연결하여 형성된 크기와 모양이 정해지지 않고 서로 겹치지 않는 삼각형으로 이루어진 그물망의 모양으로 표현하는 것을 비정규삼각망이라 한다. TIN을 활용하여 방향, 경사도분석, 3차원 입체지형 생성 등 다양한 분석을 수행할 수 있다.
㉡ 수치표고모델(DEM) : 규칙적인 간격으로 표본지점이 추출된 래스터형태의 데이터 모델이 격자형 수치표고모델이다. 수치지형데이터 구조가 그리드를 기반으로 하기 때문에 데이터를 처리하고 다양한 분석을 수행하는 데 용이하다.

73 수치표고자료가 만들어지고 저장되는 방식이 아닌 것은? 〔기 17-2〕

① 일정크기의 격자로서 저장되는 격자(grid)방식
② 등고선에 의한 방식
③ 단층에 의한 프로파일(profile)방식
④ 위상(topology)방식

해설 수치표고자료의 저장방식 : 격자방식, 등고선에 의한 방식, 단층에 의한 프로파일방식

74 수치표고데이터를 취득하고자 한다. 다음 중 DEM보간법의 종류와 보간방식의 설명이 틀린 것은? 〔산 16-2〕

① Bilinear : 거리값으로 가중치를 적용한 보간법
② Inverse weighted distance : 거리값의 역으로 가중치를 적용한 보간법
③ Inverse weighted square distance : 거리의 제곱값에 역으로 가중치를 적용한 보간법
④ Nearest neighbor : 가장 가까운 거리에 있는 표고값으로 대체하는 보간법

해설 Bilinear보간법은 점에서 점까지의 거리에 가중치를 주는 것이 아니라 한 점에서 다른 점까지의 거리에 따른 면적에 대한 가중치를 주어서 보간하는 방식으로 영상처리에서 가장 보편적으로 사용되는 보간방식이다.

75 다음 자료들 중에서 지형, 지세 등 표면표현 및 등고선, 3차원 표현 등 표면모델링에 이용되는 것은? 〔기 16-3〕

① Coverage ② Layer
③ TIN ④ Image

해설 불규칙삼각망(TIN)데이터
㉠ 연속적인 표면을 표현하기 위한 방법의 하나로서 표본 추출된 표고점들을 선택적으로 연결하여 형성된 크기와 모양이 정해지지 않고 서로 겹치지 않는 삼각형으로 이루어진 그물망의 모양으로 표현하는 것을 비정규삼각망이라 한다.
㉡ 지형의 특성을 고려하여 불규칙적으로 표본지점을 추출하기 때문에 경사가 급한 곳은 작은 삼각형이 많이 모여있는 모양으로 나타난다.
㉢ 격자형 수치표고모델과는 달리 추출된 표본지점들은 x, y, z값을 가지고 있고 벡터데이터 모델로 위상구조를 가지고 있다.
㉣ 각 면의 경사도나 경사의 방향이 쉽게 구해지며 복잡한 지형을 표현하는 데 매우 효과적이다.
㉤ TIN을 활용하여 방향, 경사도분석, 3차원 입체지형 생성 등 다양한 분석을 수행할 수 있다.

76 레이어의 중첩에 대한 설명으로 옳지 않은 것은? 〔기 19-3〕

① 레이어별로 필요한 정보를 추출해 낼 수 있다.
② 일정한 정보만을 처리하기 때문에 정보가 단순하다.
③ 새로운 가설이나 이론 및 시뮬레이션을 통해 정보를 추출하는 모델링작업을 수행할 수 있다.
④ 형상들의 공간관계를 파악할 수 있으며 특정 지점의 주변 환경에 대한 정보를 얻고자 하는 경우에도 사용할 수 있다.

해설 중첩
㉠ 각각 서로 다른 자료를 취득하여 중첩하는 것으로 다량의 정보를 얻을 수 있다.
㉡ 레이어별로 자료를 제공할 수 있다.
㉢ 사용자입장에서 필요한 자료만을 제공받을 수 있어 편리하다.
㉣ 각종 주제도를 통합 또는 분산관리할 수 있다.

77 지형이나 기온, 강수량 등과 같이 지표상에 연속적으로 분포되어 있는 현상을 표현하기 위한 방법으로 적합한 것은? 〔산 16-3〕

① 폴리곤화 ② 점, 선, 면
③ 표면모델링 ④ 자연모델링

해설 표면모델링 : 지형이나 기온, 강수량 등과 같이 지표상에 연속적으로 분포되어 있는 현상을 표현하기 위한 방법

정답 73 ④ 74 ① 75 ③ 76 ② 77 ③

78 차량내비게이션(CNS)에서 사용하는 최단거리분석 방법으로 적합한 분석기능은? 기 18-1

① 네트워크분석 ② 관계분석
③ 표면분석   ④ 인접성분석

해설 네트워크분석
㉠ 목적물 간의 교통안내나 최단경로분석, 상하수도관망 분석 등 다양한 분석기능 수행
㉡ 최단경로나 최소비용경로를 찾는 경로탐색기능
㉢ 시설물을 적정한 위치에 할당하는 배분기능
㉣ 네트워크상에서 연결성을 추적하는 추적기능

79 표면모델링에 대한 설명으로 틀린 것은? 기 19-3

① 선형으로 나타나는 불완전한 표면의 대표적인 것은 등고선 또는 등치선이다.
② 불완전한 표면은 격자의 x, y좌표가 알려져 있고 z좌표값만 입력하면 된다.
③ 수집되는 데이터의 특성과 표현방법에 따라 완전한 표면과 불완전한 표면으로 구분된다.
④ 완전한 표면은 관심대상지역이 분할되어 있고 각각의 분할된 구역에 다양한 z값을 가지고 있다.

해설 표면모델링의 완전한 표면은 관심대상지역이 분할되어 있고 각각의 분할된 구역에 하나의 z값을 가지고 있다.

80 다음 중 기존 공간사상의 위치, 모양, 방향 등에 기초하여 공간형상의 둘레에 특정한 폭을 가진 구역을 구축하는 공간분석기법은? 기 18-2

① Buffer   ② Dissolve
③ Interpolation ④ Classification

해설 Buffer분석은 특정 공간데이터를 중심으로 특정 길이만큼의 버퍼영역을 설정하는 것으로 선택한 공간데이터의 둘레 또는 특정한 거리에 무엇이 있는가를 분석하는 방법으로 인접 지역분석에 이용된다.

81 점개체의 분포특성을 일정한 단위공간에서 나타나는 점의 수를 측정하여 분석하는 방법은? 기 17-2

① 방안분석(quadrat analysis)
② 빈도분석(frequency analysis)
③ 예측분석(expected analysis)
④ 커널분석(kernel analysis)

해설 방안분석 : 점개체의 분포특성을 일정한 단위공간에서 나타나는 점의 수를 측정하여 분석하는 방법

82 데이터 분석에 대한 설명이 옳은 것은? 기 19-1

① 재부호화란 속성값의 숫자나 명칭을 변경하는 작업이다.
② 네트워크분석은 어떤 객체의 둘레에 특정한 폭을 가진 구역을 구축하는 것이다.
③ 질의검색이란 취득한 자료를 대상으로 최대값, 표준편차, 분산 등의 분석과 상관관계조사 등을 실시할 수 있다.
④ 근접분석은 하나의 레이어 또는 커버리지 위에 다른 레이어를 올려놓고 두 레이어에 나타난 형상들 간의 관계를 분석하는 것이다.

해설 ② 버퍼분석, ③ 근접분석, ④ 중첩분석

83 경로의 최적화, 자원의 분배에 가장 적합한 공간분석방법은? 기 17-1

① 관망분석 ② 보간분석
③ 분류분석 ④ 중첩분석

해설 네트워크분석
㉠ 목적물 간의 교통안내나 최단경로분석, 상하수도관망 분석 등 다양한 분석기능 수행
㉡ 최단경로나 최소비용경로를 찾는 경로탐색기능
㉢ 시설물을 적정한 위치에 할당하는 배분기능
㉣ 네트워크상에서 연결성을 추적하는 추적기능
㉤ 지역 간의 공간적 상호작용기능
㉥ 수요에 맞추어 가장 효율적으로 재화나 서비스시설을 입지시키는 입지·배분기능

84 불규칙삼각망(TIN)에 관한 설명으로 틀린 것은? 기 17-1

① DEM과 달리 추출된 표본지점들은 x, y, z값을 갖고 있다.
② 벡터데이터 모델로 위상구조를 가지고 있다.
③ 표고를 가지고 있는 많은 점들을 연결하면 동일한 크기의 삼각형으로 망이 형성된다.
④ 표본점으로부터 삼각형의 네트워크를 생성하는 방법으로 가장 널리 사용되는 방법은 델로니삼각법이다.

정답 78 ① 79 ④ 80 ① 81 ① 82 ① 83 ① 84 ③

해설 **불규칙삼각망(TIN)**
㉠ 연속적인 표면을 표현하기 위한 방법의 하나로서 표본추출된 표고점들을 선택적으로 연결하여 형성된 크기와 모양이 정해지지 않고 서로 겹치지 않는 삼각형으로 이루어진 그물망의 모양으로 표현하는 것을 비정규삼각망이라 한다.
㉡ 지형의 특성을 고려하여 불규칙적으로 표본지점을 추출하기 때문에 경사가 급한 곳은 작은 삼각형이 많이 모여있는 모양으로 나타난다.
㉢ 격자형 수치표고모델과는 달리 추출된 표본지점들은 x, y, z값을 가지고 있고 벡터데이터 모델로 위상구조를 가지고 있다.
㉣ 각 면의 경사도나 경사의 방향이 쉽게 구해지며 복잡한 지형을 표현하는 데 매우 효과적이다.
㉤ TIN을 활용하여 방향, 경사도분석, 3차원 입체지형 생성 등 다양한 분석을 수행할 수 있다.

85 다음 중 표고를 나타내는 자료가 아닌 것은? 기 19-3
① DEM ② DLG
③ DTM ④ TIN

해설 ① DEM : 수치표고모델은 각종 토목공사분야에서 댐, 도로, 철도건설을 위한 기초자료로 활용되고, 또한 임의의 위치에서 가시지역분석을 통한 전파의 중계를 위한 송신탑의 건설이나 레이더시설물의 적정위치 선정을 위한 적지분석에도 사용된다.
② DLG : Digital Line Graph의 약자로 U.S. Geological Survey에서 지도학적 정보를 표현하기 위해 고안한 디지털벡터파일형식이다.
③ DTM : 수치지형모형(Digital Terrain Model)은 적당한 밀도로 분포하는 지점들의 위치 및 표고의 수치값을 자기테이프에 기록하고, 그 수치값을 이용하여 지형을 수치적으로 근사하게 표현하는 모형이다.
④ TIN : 연속적인 표면을 표현하기 위한 방법의 하나로서 표본추출된 표고점들을 선택적으로 연결하여 형성된 크기와 모양이 정해지지 않고 서로 겹치지 않는 삼각형으로 이루어진 그물망의 모양으로 표현하는 것을 비정규삼각망이라 한다.

86 학교정화구역(학교로부터 100m 이내 지역)을 설정할 때 적합한 공간분석방법은? 기 18-1
① 버퍼분석 ② 중첩분석
③ TIN분석 ④ 네트워크분석

해설 Buffer분석은 특정 공간데이터를 중심으로 특정 길이만큼의 버퍼영역을 설정하는 것으로 선택한 공간데이터의 둘레 또는 특정 거리에 무엇이 있는가를 분석하는 방법으로 인접 지역분석에 이용된다.

87 LIS에서 사용하는 공간자료를 중첩유형인 UNION과 INTERSECT에 대한 설명으로 틀린 것은? 기 17-1
① UNION : 두 개 이상의 레이어에 대하여 OR연산자를 적용하여 합병하는 방법이다.
② UNION : 기준이 되는 레이어의 모든 속성정보는 결과레이어에 포함된다.
③ INTERSECT : 불린(Boolean)의 AND연산자를 적용한다.
④ INTERSECT : 입력레이어의 모든 속성정보는 결과레이어에 포함된다.

해설 **intersect(교집합)** : 대상레이어에서 적용 레이어를 AND연산자를 사용하여 중첩시켜 적용 레이어에 각 폴리곤과 중복되는 도형 및 속성정보만을 추출한다.

88 다음 중 도로와 같은 교통망이나 하천, 상하수도 등과 같은 관망의 연결성과 경로를 분석하는 기법은? 기 17-2
① 지형분석 ② 다기준분석
③ 근접분석 ④ 네트워크분석

해설 **네트워크분석**
㉠ 목적물 간의 교통안내나 최단경로분석, 상하수도관망분석 등 다양한 분석기능 수행
㉡ 최단경로나 최소비용경로를 찾는 경로탐색기능
㉢ 시설물을 적정한 위치에 할당하는 배분기능
㉣ 네트워크상에서 연결성을 추적하는 추적기능
㉤ 지역 간의 공간적 상호작용기능
㉥ 수요에 맞추어 가장 효율적으로 재화나 서비스시설을 입지시키는 입지·배분기능

89 DEM과 TIN에 관한 설명으로 옳은 것은? 기 18-1
① 불규칙한 적응적 추출방법인 DEM은 복잡한 지형에 알맞다.
② 정사사진 생성과 같은 목적을 위해서는 DEM데이터가 훨씬 효과적이다.
③ DEM과 TIN모델은 상호 변환이 불가능하므로 처음 구축할 때부터 선택에 신중을 기해야 한다.
④ 항공사진을 해석도화하는 방법으로 수치지형데이터를 획득하는 경우 DEM 생성보다 TIN 생성이 더 쉽다.

정답 85 ② 86 ① 87 ④ 88 ④ 89 ②

해설 ① 불규칙한 적응적 추출방법인 TIN은 복잡한 지형에 알맞다.
③ DEM과 TIN모델은 상호 변환이 가능하다.
④ 항공사진을 해석도화하는 방법으로 수치지형데이터를 획득하는 경우 TIN 생성보다 DEM 생성이 더 쉽다.

90 공간질의에 이용되는 연산방법 중 일반적인 분류에 포함되지 않는 것은? 실19-3

① 공간연산　② 논리연산
③ 산출연산　④ 통계연산

해설 공간질의에 이용되는 연산방법 중 일반적인 분류에는 논리연산, 산출연산, 통계연산이 있다.

91 데이터의 가공에 대한 설명으로 틀린 것은? 실17-2

① 데이터의 가공에는 분리, 분할, 합병, 폴리곤 생성, 러버시팅(Rubber Sheeting), 투영법 및 좌표계변환 등이 있다.
② 분할은 하나의 객체를 두 개 이상으로 나누는 것으로, 객체의 분할 전과 후에 도형데이터와 링크된 속성테이블의 구조는 그대로 유지할 수 있다.
③ 합병은 처음에 두 개로 만들어진 인접한 객체를 하나로 만드는 것으로 지적도의 도곽을 접합할 때에도 사용되며 합병할 두 객체와 링크된 속성테이블이 같아야 한다.
④ 러버시팅은 자료의 변형 없이 축척의 크기만 달라지고 모양은 유지하므로 경계복원에 영향을 미치지 않는다.

해설 러버시팅 : 지정된 기준점에 대해 지도나 영상의 일부분을 맞추기 위한 기하학적 변화과정으로 물리적으로 왜곡되거나 지도를 기준점에 의거하여 원래 형상과 일치시키는 방법

92 DEM데이터가 다음과 같을 때 A→B방향의 경사도는? (단, 셀의 크기는 100m×100m이다.) 기18-1

200	210	(A) 220
190	(B) 190	200
170	190	190

① 약 +21%　② 약 −21%
③ 약 +30%　④ 약 −30%

해설 경사도 $= \dfrac{190-220}{\sqrt{100^2+100^2}} \times 100\% = -21\%$

93 위성영상의 기준점자료를 이용하여 영상소를 재배열하는 보간법이 아닌 것은? 실18-2

① Bicubic보간법
② Shape weighted보간법
③ Nearest neighbor보간법
④ Inverse distance weighting보간법

해설 **공간보간법(spatial interpolation)**
지형에 대한 정보를 숫자로 나타내기 위해서는 현실 세계에 대한 연속된 값들이 필요한데, 이런 데이터를 얻는 것이 매우 어렵기 때문에 공간보간법이 이용된다. 공간보간법은 값(높이, 오염 정도 등)을 알고 있는 지점들을 이용하여 그 사이에 있는 모르는 지점의 값을 계산하는 방법이다.
㉠ Nearest Neighbor보간법 : 가장 간단한 최단거리보간법으로 주변에서 가장 가까운 점의 값을 택하는 방식이다.
㉡ IDW(Inverse Distance Weighting)보간법 : 관측점과 보간대상점과의 거리의 역수를 가중치로 하여 보간하는 방식으로 거리가 가까울수록 가중치의 상대적인 영향은 크며, 거리가 멀어질수록 상대적인 영향은 적어진다.
- Inverse Weighted Distance보간법 : 미지점으로부터 일정반경 내에 존재하는 관측점과의 단순 거리의 역수에 대한 가중치를 주어 미지점에서 가까운 점일수록 큰 가중치를 부여한다.
- Inverse Weighted Square Distance보간법 : 거리의 제곱값의 역수를 가중치로 사용함으로써 거리의 영향을 보다 크게 한 것이다.
- Bilinear보간법 : 점에서 점까지의 거리에 가중치를 주는 것이 아니라 한 점에서 다른 점까지의 거리에 따른 면적에 대한 가중치를 주어서 보간하는 방식으로 영상처리에서 가장 보편적으로 사용되는 보간방식이다.
- Bicubic보간법 : 4×4격자의 값들을 윈도로 이용하여 인접 지역의 값을 이용하여 미지점의 표고값을 추정하는 것으로 타 보간법에 비해 가장 높은 정확도를 나타낼 수는 있으나 계산과정이 복잡하여 시간이 많이 소요되는 단점이 있다.

정답　90 ①　91 ④　92 ②　93 ②

04 데이터베이스

1 개요

1 자료와 정보

1) 자료
자료란 있는 그대로의 현상 또는 그것을 숫자나 문자로 표현해놓은 것으로 정보를 만들기 위한 재료를 뜻한다. 사람이나 컴퓨터가 개념 또는 명령을 인식하고 처리하기에 편하도록 규정된 대로 표시된 평가되지 않은 단순한 기록을 말한다.

2) 정보
평가되지 않은 단순한 기록인 비구조적 자료를 일정한 처리과정을 거쳐 생성된 구조적인 자료로서 특정한 상황에 맞게 평가된 의미를 가지는 기록이다.

3) 자료와 정보
자료는 가공되지 않아 모든 자료가 모인 것이고, 정보는 자료가 가공되어 원하는 지식을 원하면 얻을 수 있게 간편히 되어 있는 것을 뜻한다.

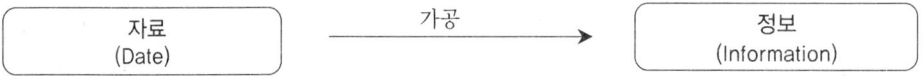

2 데이터웨어하우스

1) 등장배경
① 현 전산시스템의 공로 : 데이터베이스 구축 및 활용의 보편화, OLTP(운영데이터베이스) 업무의 성공적 지원, 각종 레포트정보 제공
② 현 전산시스템의 한계 : OLTP(운영데이터베이스)업무 중심 개발(일관성 결여)→OLAP(On-Line Analytical Processing)업무를 효율적으로 지원할 수 없고 대용량 데이터베이스에서 고급정보를 추출하기 어려워 효율적인 의사결정 불가능
③ 의사결정지원시스템(DSS : Decision Support System)과 최고경영자정보시스템(EIS : Executive Information System)의 기대감 증가

④ OLTP(On-Line Transaction Processing) : 단순 레코드를 위주로 한 은행계좌처리, 항공예약처리 등의 단순 트랜잭션처리응용을 OLTP라고 한다.
⑤ OLAP(On-Line Analytical Processing) : 대규모 레코드를 대상으로 시장분석, 판매동향 분석 등을 수행하는 DSS, EIS, Data Warehouse 등의 복잡한 트랜잭션처리응용을 OLAP라고 한다.

2) 정의

① 데이터웨어하우스(Data Warehouse)란 의사결정지원을 위한 주제지향의 통합적이고 영속적이면서 시간에 따라 변하는 데이터의 집합이다.
② 데이터웨어하우스의 기능은 복잡한 분석, 지식발견, 의사결정지원을 위한 데이터의 접근을 제공하는 것이다.
③ 여러 곳에 분산, 운용되는 트랜잭션 위주의 시스템들로부터 필요한 정보를 추출한 후 하나의 중앙 집중화된 저장소에 모아놓고, 이를 여러 계층의 사용자들이 좀 더 손쉽게 효과적으로 이용하기 위하여 만든 데이터 창고이다.

3) 특징

① **주제 중심적(subject-oriented)인 데이터 저장** : 의사결정에 필요한 주제만 저장한다(운용데이터베이스는 의사결정에 필요치 않더라도 업무처리에 필요한 모든 데이터를 대상으로 한다).
② **통합된(integrated) 저장** : 속성이름, 데이터 타입, 도량형 단위 등에 일관성이 있다.
③ **시간에 따라 변화되는(time-variant) 값의 유지** : 운영데이터베이스는 현재를 기준으로 최신의 값을 유지하지만, 데이터웨어하우스는 시간에 따라 모든 순간의 값을 유지한다.
④ **비갱신성(non-volatile)** : 데이터웨어하우스에는 레코드의 적재와 읽기만 가능하고 수정과 삭제는 발생하지 않아 무결성 유지, 동시성 제어, 회복 등이 매우 간단하다.

3 데이터마이닝

① 데이터웨어하우스의 규모가 대형화되고 복잡하게 될 때 관련된 정보를 발견하는 과정, 즉 지식발견과정을 의미한다.
② 체계적이고 자동적으로 데이터로부터 통계적 규칙이나 패턴을 찾는다.
③ 데이터마이닝은 디스크에 저장된 대량의 데이터를 대상으로 한다는 점에서 기계학습과는 다르다.

4 빅데이터

① 빅데이터란 기존 데이터베이스관리도구로 데이터를 수집, 저장, 관리, 분석할 수 있는 역량을 넘어서는 대량의 정형 또는 비정형데이터 집합 및 이러한 데이터로부터 가치를 추출하고 결과를 분석하는 기술을 의미한다.

② 다양한 종류의 대규모 데이터에 대한 생성, 수집, 분석, 표현을 그 특징으로 하는 빅데이터 기술의 발전은 다변화된 현대사회를 더욱 정확하게 예측하여 효율적으로 작동케 하고 개인화된 현대사회구성원마다 맞춤형 정보를 제공, 관리, 분석 가능케 하며, 과거에는 불가능했던 기술을 실현시키기도 한다.
③ 빅데이터는 초대용량(volume), 다양한 형태(variety), 빠른 생성속도(velocity)와 무한한 가치(value)의 개념을 의미하는 4V로 정의되며, 최근 위치기반 데이터와 연계되어 신성장 동력산업을 선도할 수 있는 새로운 가치를 창출할 것으로 기대되고 있다.

5 스택과 큐

1) 스택(stack)

① 데이터를 저장할 때 리스트의 최상단에서만 데이터를 추출할 수 있는 구조를 말한다.
② LIFO(후입선출)구조를 가진 기억장소구조이다. 즉 가장 나중에 입력된 데이터를 먼저 추출하는 구조이다.
③ 데이터 저장을 PUSH, 데이터 로드를 POP이라고 한다.

2) 큐(queue)

① 데이터 저장은 한쪽에서, 추출은 반대방향에서 이루어지는 구조이다.
② 데이터들이 줄을 서서 대기하며 최초 대기된 데이터부터 차례대로 처리하는 구조이다.

2 데이터베이스

1 정의

데이터베이스(database)는 어느 한 조직의 여러 응용시스템들이 공용할 수 있도록 통합, 저장된 운영데이터의 집합이라고 정의할 수 있다.

1) 통합된 데이터(integrated data)

① 원칙적으로 데이터베이스에서는 똑같은 데이터가 중복되지 않았음을 의미한다.
② 데이터의 중복은 여러 부작용을 초래할 수 있다. 그러나 실제로 효율성 때문에 일부 데이터의 중복을 허용한다. → 최소의 중복, 통제된 중복

2) 저장된 데이터(stored data)

책상 서랍이나 파일캐비닛에 들어 있는 데이터가 아니라 컴퓨터가 접근할 수 있는 저장매체(자기테이프, 디스크)에 저장된 데이터 집합이다.

3) 운영데이터(operational data)

어떤 조직도 그 고유의 기능을 수행하기 위해 반드시 유지해야 할 데이터가 있기 마련인데, 이것을 운영데이터라 한다.

4) 공용데이터(shared data)

한 조직에서 여러 응용 프로그램이 공동으로 소유·유지 가능한 데이터이다.

정의	내용
통합데이터 (Integrated Data)	데이터의 일관성을 위해 중복을 최소화한 데이터
저장데이터 (Stored Data)	책상 서랍이나 캐비닛과 같은 일반저장소가 아닌 컴퓨터가 접근할 수 있는 저장매체(자기테이프, 디스크)에 저장된 집합운영데이터
운영데이터 (Operational Data)	불필요한 데이터는 제거하고 조직의 목적을 위해 사용될 반드시 필요한 데이터
공용데이터 (Shared Data)	한 조직에서 여러 응용프로그램들이 공동으로 이용하는 데이터

2 특징

① 실시간 접근(real time accessibility) : 수시로 비정형적인 질의에 대한 실시간 처리로 응답할 수 있도록 지원한다.
② 계속적인 변화(continuous evolution) : 삽입(insertion), 삭제(deletion), 갱신(update)을 통해서 현재의 정확한 데이터를 동적으로 유지하는 것이 가능하다(동적 특성).
③ 동시 공유(concurrent sharing) : 서로 다른 목적을 가진 여러 사용자가 같은 내용의 데이터를 동시에 접근할 수 있다.
④ 내용에 의한 참조(content reference) : 데이터 참조는 주소나 위치가 아닌 데이터의 내용, 즉 데이터값에 의한 참조이다.

특징	내용
실시간 접근성	질의에 대한 실시간 응답처리 지원
계속적인 변화	삽입, 삭제, 갱신을 통한 현재 데이터의 정확한 데이터를 동적으로 유지
동시 공유	서로 다른 목적을 가진 여러 사용자가 같은 내용의 데이터를 동시에 접근 가능
내용에 의한 참조	데이터 참조는 주소나 위치가 아닌 데이터의 내용, 즉 데이터값에 의한 참조

3 구성요소

1) 개체(entity)

① 데이터베이스가 표현하려고 하는 유형, 무형의 정보대상으로 존재하면서 서로 구별될

수 있는 것으로 현실 세계에 존재하는 객체에 대해 사람이 생각하는 개념이나 정보단위이다.
② 컴퓨터가 취급하는 파일구성측면에서는 레코드(record)에 해당하며 단독으로 존재할 수 있고 정보로서 역할을 할 수 있다.
③ 하나 이상의 속성(attribute)으로 구성된다.

2) 속성(attribute)

① 체의 특성이나 상태를 기술하는 것으로 데이터의 가장 작은 논리적 단위가 되지만 단독으로 존재하지 못한다.
② 파일구조에서는 데이터 항목(item) 또는 필드(field)라고도 한다.

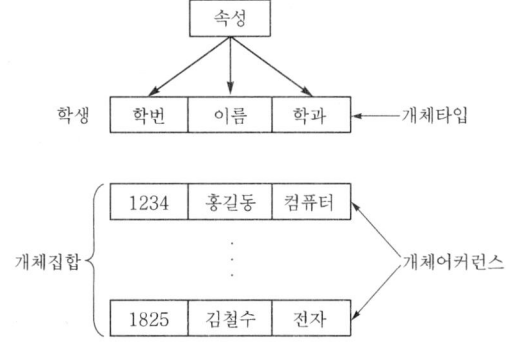

3) 관계

개체집합의 구성요소인 인스턴스 사이의 대응성(correspondence), 즉 사상(mapping)을 의미한다.
① 속성관계(attribute relationship) : 개체 내(intra-entity) 관계, 속성과 속성 사이의 관계
② 개체관계(entity relationship) : 개체 간(inter-entity)의 관계

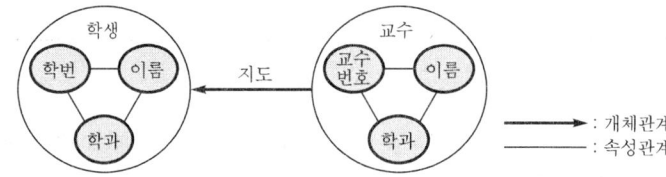

3 데이터베이스시스템

1 파일처리시스템

1) 개요

① 파일처리 중심의 종래의 자료처리시스템에서는, 각각의 응용프로그램은 개별적으로 자기 자신의 데이터 파일을 관리·유지해야 한다.
② 각각의 응용프로그램은 자기의 데이터 파일을 접근하고 관리하기 위해 검색, 삽입, 삭제 및 갱신을 할 수 있는 루틴을 포함하고 있어야만 한다.

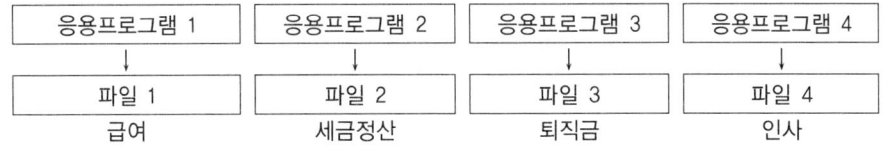

2) 문제점

① 응용프로그램은 논리적 파일구조와 물리적 파일구조가 일대일(1 : 1)로 대응될 것을 요구한다.
② 응용프로그래머는 물리적 데이터 구조를 알고 있어야만 접근방법을 응용프로그램에 구현시킬 수 있다.
③ 각 응용프로그램은 자기 자신만의 파일을 단독으로 사용한다.
④ 대부분의 파일처리시스템에서는 하나의 파일이 개방(open)되어 사용될 때 다른 프로그램이 이 파일에 접근할 수 없다. 즉 데이터의 동시 공용을 지원하지 못한다.

3) 데이터 종속성(data dependency)

① 응용프로그램과 데이터 간의 상호의존관계이다.
② 파일구조가 바뀌면 응용프로그램도 바꿔야 한다.
③ 데이터의 저장방법이나 접근방법이 변경되면 관련된 응용프로그램도 같이 변경해야 한다.
④ 물리적 데이터 구조에 대해 알아야만 파일접근방법을 응용프로그램에 구현할 수 있다.

4) 데이터 중복성(data redundancy)

(1) 개요

한 시스템 내에 같은 내용의 데이터가 중복되어 저장·관리된다.

(2) 데이터 중복의 문제점

① 일관성(consistency) 없음 : 여러 자료의 불일치 때문에 생긴다.
② 보안성(security) 결여 : 여러 자료를 모두 똑같은 보안수준으로 유지하기 어렵다.

③ 경제성(economics) 저하 : 여러 곳에 중복 저장해두어 매체의 낭비가 발생하고 자료수정을 위해 여러 번 갱신하므로 시간과 비용이 많이 든다.
④ 무결성(integrity)의 유지 곤란 : 여러 곳에 흩어져 있는 자료를 제어하기 힘들어 데이터의 정확성이 결여된다.

2 DBMS방식

1) 의의

DBMS(Date Base Management System, 데이터베이스관리시스템)는 파일시스템의 문제점을 해결하기 위해 등장하였으며 여러 곳에 흩어져 있는 자료를 한 곳에 모아두고 그 데이터들을 응용프로그램이 접근하기 위해 통과해주도록 해주는 중간매개체시스템을 말한다. 또한 데이터베이스의 구성, 접근방법, 관리, 유지에 관한 모든 책임을 맡고 있는 시스템소프트웨어이다.

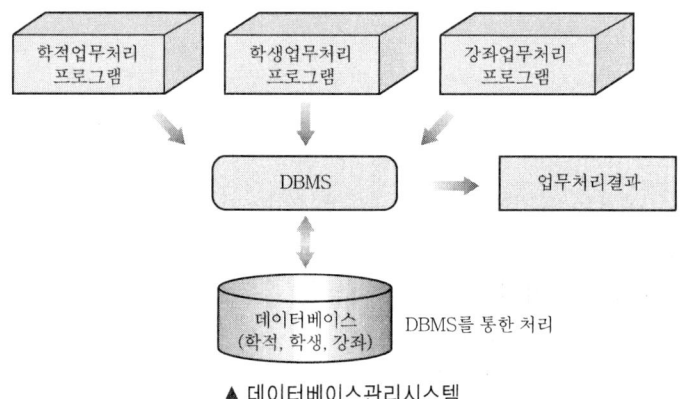

▲ 데이터베이스관리시스템

2) 장단점

(1) 장점

① 데이터 중복(redundancy)의 최소화 : 데이터의 중복을 완전히 배제해야 한다는 의미는 아니다. 왜냐하면 통합데이터베이스 환경에서도 성능 향상을 위해 중복이 불가피할 때가 있다.
② 데이터 공용(sharing)
③ 데이터의 일관성(consistency) 유지 : 현실 세계의 어느 한 사실을 나타내는 두 개의 데이터가 있을 때 오직 하나의 데이터만이 변경되고, 다른 하나는 변경되지 않았다면 데이터 간의 불일치성, 모순성이 존재한다. 데이터의 일관성은 이를 방지하는 것이다.
④ 데이터의 무결성(integrity) 유지 : 데이터베이스에 저장된 데이터값과 그것이 표현하는 현실 세계의 실제 값이 일치하는 정확성(accuracy)이다.

⑤ 데이터 보안(security) 보장 : DBMS는 데이터베이스를 중앙 집중식으로 총괄·관장함으로써 데이터베이스의 접근·관리를 효율적으로 통제할 수 있다.

⑥ 표준화(standardization) : DBMS의 필수적인 데이터 제어기능을 통해 데이터의 기술양식, 내용, 처리방식, 문서화양식 등에 관한 표준화를 범 기관적으로 쉽게 시행할 수 있다.

⑦ 전체 데이터 요구의 조정 : 데이터베이스는 한 기관의 모든 응용시스템들이 요구하는 데이터들을 전체적으로 통합분석하게 하여 상충되는 데이터 요구는 조정해서 기관 전체에 가장 유익한 구조로 조직하여 효율적인 정보처리효과를 얻게 할 수 있다.

⑧ 백업과 회복 제공 : DBMS는 하드웨어와 소프트웨어의 고장으로부터 복구할 수 있는 기능을 가져야 한다. DBMS의 백업(backup)과 회복(recovery)서브시스템은 회복기능을 담당한다.

(2) 단점

① 운영비의 증대 : 더 많은 메모리용량과 더 빠른 CPU의 필요로 인해 전산비용이 증가한다.

② 특정 응용프로그램의 복잡화 : 데이터베이스에는 상이한 여러 유형의 데이터가 서로 관련되어 있다. 특정 응용프로그램은 이러한 상황 속에서 여러 가지 제한점을 가지고 작성되고 수행될 수도 있다. 따라서 특수목적의 응용시스템은 설계기간이 길어지게 되고 보다 전문적, 기술적이 되어야 하기 때문에 그 성능이 저하될 수도 있다.

③ 복잡한 예비(backup)와 회복(recovery) : 데이터베이스의 구조가 복잡하고 여러 사용자가 동시에 공유하기 때문이다.

④ 시스템의 취약성 : 일부의 고장이 전체 시스템을 정지시켜 시스템의 신뢰성과 가용성을 저해할 수 있다. 이것은 특히 데이터베이스에 의존도가 높은 환경에서는 아주 치명적인 약점이 아닐 수 없다.

3) 필수기능

(1) 정의기능

① 다양한 응용프로그램과 데이터베이스가 서로 인터페이스를 할 수 있는 방법을 제공한다.
② 데이터베이스의 구조정의, 저장, 레코드형태에서 키(key)를 지정한다.
③ 하나의 물리적 구조의 데이터베이스로 여러 사용자의 관점을 만족시키기 위해 데이터베이스 구조를 정의할 수 있는 기능이다.

(2) 조작기능

① 사용자요구는 체계적인 연산(검색, 갱신, 삽입, 삭제 등)을 지원하는 도구(언어)를 통해 구현된다.
② 사용자와 DBMS 사이의 인터페이스를 위한 수단을 제공한다.

(3) 제어기능

① DBMS는 공용목적으로 관리되는 데이터베이스 내용에 대해 항상 정확성과 안전성을 유지할 수 있어야 한다.
② 정확성은 데이터 공용의 기본적인 가정이며 관리의 제약조건이 된다.

필수기능	요건
정의기능	• 논리적 구조명세　　　　　　　　• 물리적 구조명세 • 물리적·논리적 사상명세
조작기능	• 사용의 편의성 및 용이성　　　　• 연산의 완전한 명세가능 • 접근의 효율성
제어기능	• 공용목적으로 관리되는 데이터베이스의 내용에 대해 정확성, 안정성 유지 • 무결성(integrity) 유지 • 보안(security) 유지, 권한(authority)검사 • 병행제어(concurrency control)

4) 스키마

(1) 외부스키마(external schema)

① 사용자나 응용프로그래머가 접근할 수 있는 데이터베이스를 정의한 것으로 개인의 견해(view)이다.
② 전체 데이터베이스의 한 논리적인 부분이 되기 때문에 서브스키마(subschema)라 한다(개개의 사용자를 위한 여러 형태의 외부스키마가 존재).
③ 사용자와 가장 가까운 단계이다. 사용자 개개인이 보는 자료에 대한 관점과 관련이 있다(사용자논리단계(user logical level)로 알려지기도 함).

(2) 개념스키마(conceptual schema)

① 범 기관적 입장에서 데이터베이스를 정의한 것으로 기관 전체의 견해이다.
② 데이터베이스 전체를 기술한 것이기 때문에 하나만 존재하고, 사용자나 응용프로그램은 개념스키마의 일부를 사용한다(일반적으로 스키마라 불림).
③ 모든 응용시스템이나 사용자들이 필요로 하는 데이터를 통합한 조직 전체의 데이터베이스를 기술한 것이다.
④ 모든 데이터 개체, 관계, 제약조건, 접근권한, 보안정책, 무결성규칙 등을 명세한다.
⑤ 외부스키마와 내부스키마 사이에 위치하는 간접(indirection)단계이다.
⑥ 조직논리단계(community logical level)로 알려지기도 한다.

(3) 내부스키마(internal schema)

① 저장장치의 관점에서 전체 데이터베이스가 저장되는 방법을 명세한다(저장장치 견해).
② 개념스키마에 대한 저장구조를 정의한 것이다(하나의 내부스키마 존재).

③ 실제로 저장될 내부레코드형식, 인덱스 유무, 저장데이터 항목의 표현방법, 내부레코드의 물리적 순서를 나타내지만 블록이나 실린더를 이용한 물리적 저장장치를 기술하는 의미는 아니다.
④ 내부스키마는 아직 물리적 단계보다 한 단계 위에 있다. 그 이유는 내부적 뷰는 물리적 레코드(페이지 또는 블록이라고 함)를 취급하지 않으며 실린더(cylinder), 트랙(track)의 크기 같은 장치특성에도 관련이 없기 때문이다.

4 SQL 데이터 언어

1 개요

① 1974년 IBM연구소에서 개발한 SEQUEL(Structured English QUEry Language)에 연유한다.
② SQL이라는 이름은 'Structured Query Language'의 약자이며 "sequel(시퀄)"이라 발음한다.
③ 관계형 데이터베이스에 사용되는 관계대수와 관계해석을 기초로 한 통합데이터 언어를 말한다.

2 특징

① 대화식 언어 : 온라인터미널을 통하여 대화식으로 사용할 수 있다.
② 집합단위로 연산되는 언어 : SQL은 개개의 레코드단위로 처리하기보다는 레코드집합단위로 처리하는 언어이다.
③ 데이터 정의어, 조작어, 제어어를 모두 지원
④ 비절차적 언어 : 데이터 처리를 위한 접근경로(access path)에 대한 명세가 필요하지 않으므로 비절차적인 언어이다.
⑤ 표현력이 다양하고 구조가 간단

3 주요 사용용어

① 테이블 : 관계형 데이터베이스에서 말하는 관계로서 행과 열로 구성된다.
② 행 : 관계형 데이터베이스에서 튜플(tuple)이라고 명명하는 것으로 파일처리방식의 레코드에 해당하며 테이블의 수평 부분을 말한다.
③ 열 : 관계형 데이터베이스에서 속성이라고 명명하는 것으로 한 가지 자료형식으로 되어 있는 테이블의 수직 부분에 해당한다.

4 데이터 언어

1) 데이터 정의어(DDL : Data Definition Language)

(1) 특징

① 데이터베이스를 정의하거나 그 정의를 수정할 목적으로 사용하는 언어로 데이터베이스 관리자나 DB설계자가 주로 사용한다.
② 스키마에 사용되는 개체의 정의, 속성, 개체 간의 관계, 인스턴스들에 존재하는 제약조건, 사상(mapping)명세를 포함한다(논리적·물리적 저장구조와 액세스방법 정의).
③ 관계DBMS의 경우 table, view의 생성, 삭제기능을 갖는다.

(2) 명령어

① CREATE TABLE : 새로운 테이블의 정의
② DROP TABLE : 기존 테이블의 삭제
③ ALTER TABLE : 이미 설정된 테이블의 정의를 수정
④ CREATE VIEW : 기존의 테이블로부터 새로운 테이블을 정의
⑤ DROP VIEW : 정의된 뷰의 정의를 삭제
⑥ CREATE INDEX : 인덱스의 생성
⑦ DROP INDEX : 이미 설정된 인덱스를 해제

2) 데이터 조작어(DML : Data Manipulation Language)

① 사용자로 하여금 적절한 데이터 모델에 근거하여 데이터를 처리할 수 있게 하는 도구로서 사용자(응용프로그램)와 DBMS 사이의 인터페이스를 제공한다.
② 데이터 연산은 데이터의 검색, 삽입, 삭제, 변경 등을 의미한다.

3) 데이터 제어어(DCL : Data Control Language)

① 여러 사용자가 데이터베이스를 공용하고 정확하게 유지하기 위한 데이터 제어를 정의하고 기술하는 언어이다.
② 데이터 제어어는 데이터를 보호하고 데이터를 관리하는 목적으로 사용된다.
③ 데이터 관리목적으로 데이터베이스관리자(DBA)가 사용, 관리하기 위한 도구이다.
　㉠ 데이터 보안(security) 및 권한
　㉡ 데이터 무결성(integrity) 유지
　㉢ 병행수행(concurrency)제어
　㉣ 데이터 회복(recovery)기법
　㉤ 질의최적화기법
　㉥ 교착상태해결기법

▶ 데이터 언어

데이터 언어	종류
정의어(DDL)	생성 : CREATE, 주소변경 : ALTER, 제거 : DROP
조작어(DML)	검색 : SELECT, 삽입 : INSERT, 삭제 : DELETE, 갱신 : UPDATE
제어어(DCL)	권한부여 : GRANT, 권한해제 : REVOKE, 데이터 변경완료 : COMMIT, 데이터 변경취소 : ROLLBACK

5 데이터베이스 모형

1 네트워크데이터 모델(Graph)

1) 개요

① 데이터베이스의 논리적 구조를 기술한 자료구조도가 네트워크형태이다.
② 데이터 간의 관계는 오너(owner)-멤버(member)의 관계를 갖는 링크(link)로서 표현된다.
③ 관계형 데이터 모델과의 다른 점은 관계모델이 두 릴레이션 간의 관계를 나타내주기 위해 직접적인 데이터 속성값을 사용하는 데 비해, 네트워크형 모델에서는 포인터형태로 연결을 해주는 것이다.

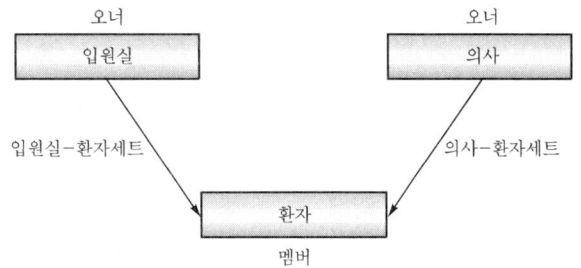

2) 장단점

① 장점 : 데이터 상호 간 유연성이 좋고 다양한 형태의 구조를 제공한다.
② 단점 : 복잡해서 이해하기 어렵고 변경이 어려워 확장성이 거의 없다.

2 계층데이터 모델(Tree)

① 데이터베이스의 논리적 구조를 기술한 자료구조도는 노드들의 상대적인 위치정보도 포함된 순서트리형태이다.
② 트리에 있는 모든 노드들은 데이터베이스에서 사용할 수 있는 레코드타입을 나타내고, 두 레코드타입 사이의 링크는 이들 레코드어커런스(record occurrence) 사이의 일대다

$(1:n)$관계를 나타낸다. 이렇게 연관된 두 개의 레코드타입들을 parent-child관계라고 한다.

③ 레코드타입과 일대다의 관계를 나타내는 링크로 구성된 트리형태의 자료구조도를 계층정의트리(HDT : Hierarchical Definition Tree)라고 한다.

④ 두 레코드타입 간의 다대다$(m:n)$관계는 직접 표현할 수 없다.

04 예상문제

01 조직 안에서 다수의 사용자들이 의사결정지원을 위해 공동으로 사용할 수 있도록 통합저장되어 있는 자료의 집합을 의미하는 것은?

① 데이터마이닝 ② 데이터모델링
③ 데이터웨어하우스 ④ 관계형 데이터베이스

해설 데이터웨어하우스(Data Warehouse) : 의사결정지원을 위한 주제지향의 통합적이고 영속적이면서 시간에 따라 변하는 데이터의 집합

02 데이터웨어하우스(Data Warehouse)의 설명으로 가장 적절한 것은?

① 제품의 생산을 위한 프로세스를 전산화해서 부품조달에서 생산계획, 납품, 재고관리 등을 효율적으로 처리할 수 있는 공급망관리솔루션을 말한다.
② 기간업무시스템에서 추출되어 새로이 생성된 데이터베이스로서 의사결정지원시스템을 지원하는 주체적, 통합적, 시간적 데이터의 집합체를 말한다.
③ 데이터 수집이나 보고를 위해 작성된 각종 양식, 보고서관리, 문서보관 등 여러 형태의 문서관리를 수행한다.
④ 대량의 데이터로부터 각종 기법 등을 이용하여 숨겨져 있는 데이터 간의 상호 관련성, 패턴, 경향 등의 유용한 정보를 추출하여 의사결정에 적용한다.

해설 데이터웨어하우스
㉠ 의사결정지원을 위한 주제 지향의 통합적이고 영속적이면서 시간에 따라 변하는 데이터의 집합이다.
㉡ 기능은 복잡한 분석, 지식발견, 의사결정지원을 위한 데이터의 접근을 제공하는 것이다.
㉢ 여러 곳에 분산, 운용되는 트랜잭션 위주의 시스템들로부터 필요한 정보를 추출한 후 하나의 중앙 집중화된 저장소에 모아놓고, 이를 여러 계층의 사용자들이 좀 더 손쉽게 효과적으로 이용하기 위하여 만든 데이터 창고이다.

03 데이터베이스의 특징 중 "같은 데이터가 원칙적으로 중복되어 있지 않다"는 내용에 해당하는 것은?

① 저장데이터(Stored data)
② 공용데이터(Shared data)
③ 통합데이터(Integrated data)
④ 운영데이터(Operational data)

해설 데이터베이스의 정의
㉠ 통합데이터 : 데이터의 일관성을 위해 중복을 최소화한 데이터
㉡ 저장데이터 : 책상 서랍이나 캐비넷과 같은 일반저장소가 아닌 컴퓨터가 접근할 수 있는 저장매체(자기테이프, 디스크)에 집합운영데이터
㉢ 운영데이터 : 불필요한 데이터는 제거하고 조직의 목적을 위해 사용될 반드시 필요한 데이터
㉣ 공용데이터 : 한 조직에서 여러 응용프로그램들이 공동으로 이용하는 데이터

04 파일처리방식과 비교하여 데이터베이스관리시스템(DBMS) 구축의 장점으로 옳은 것은?

① 하드웨어 및 소프트웨어의 초기비용이 저렴하다.
② 시스템의 부가적인 복잡성이 완전히 제거된다.
③ 집중화된 통제에 따른 위험이 완전히 제거된다.
④ 자료의 중복을 방지하고 일관성을 유지할 수 있다.

해설 데이터베이스

장점	단점
• 중앙제어 가능	• 초기 구축비용이 고가
• 효율적인 자료호환(표준화)	• 초기 구축 시 관련 전문가 필요
• 데이터의 독립성	• 시스템의 복잡성(자료구조가 복잡)
• 새로운 응용프로그램 개발의 용이성	• 자료의 공유로 인해 자료의 분실이나 잘못된 자료가 사용될 가능성이 있어 보완조치 마련
• 반복성의 제거(중복 제거)	
• 많은 사용자의 자료공유	
• 데이터의 무결성 유지	• 통제의 집중화에 따른 위험성 존재
• 데이터의 보안 보장	

정답 01 ③ 02 ② 03 ③ 04 ④

05 데이터베이스 관리용으로 사용되는 소프트웨어는? 기 16-1

① Oracle   ② ERDAS Imagine
③ SPSS   ④ ArcGIS

해설 데이터베이스 관리용으로 사용되는 소프트웨어는 Oracle 이다.

06 LIS에서 DBMS의 개념을 적용함에 따른 장점으로 가장 거리가 먼 것은? 산 17-3

① 관련 자료 간의 자동갱신이 가능하다.
② 자료의 표현과 저장방식을 통합하는 것이 가능하다.
③ 도형 및 속성자료 간에 물리적으로 명확한 관계가 정의될 수 있다.
④ 자료의 중앙제어를 통해 데이터베이스의 신뢰도를 증진시킬 수 있다.

해설 DBMS(Date Base Management System : 데이터베이스 관리시스템)는 파일시스템의 문제점을 해결하기 위해 등장하였으며 여러 곳에 흩어져 있는 자료를 한 곳에 모아두고 그 데이터들을 응용프로그램이 접근하기 위해 통과해주도록 해주는 중간 매개체시스템을 말한다. 또한 데이터베이스의 구성, 접근방법, 관리, 유지에 관한 모든 책임을 맡고 있는 시스템소프트웨어이며 자료의 표현과 저장방식을 통합하는 것은 아니다.

07 토지정보체계의 데이터 관리에서 파일처리방식의 문제점이 아닌 것은? 기 16-3

① 시스템구성이 복잡하고 비용이 많이 소요된다.
② 데이터의 독립성을 지원하지 못한다.
③ 사용자접근을 제어하는 보안체제가 미흡하다.
④ 다수의 사용자환경을 지원하지 못한다.

해설 파일처리시스템은 시스템의 구성이 간단하고 비용이 적게 든다.

08 파일처리방식과 데이터베이스관리시스템에 대한 설명으로 옳지 않은 것은? 산 17-3

① 파일처리방식은 데이터의 중복성이 발생한다.
② 파일처리방식은 데이터의 독립성을 지원하지 못한다.
③ 데이터베이스관리시스템은 운영비용면에서 경제적이다.
④ 데이터베이스관리시스템은 데이터의 일관성을 유지하게 한다.

해설 DBMS의 단점
㉠ 운영비의 증대 : 더 많은 메모리용량과 더 빠른 CPU의 필요로 인해 전산비용이 증가한다.
㉡ 특정 응용프로그램의 복잡화 : 데이터베이스에는 상이한 여러 유형의 데이터가 서로 관련되어 있다. 특정 응용프로그램은 이러한 상황 속에서 여러 가지 제한점을 가지고 작성되고 수행될 수도 있다. 따라서 특수 목적의 응용시스템은 설계기간이 길어지게 되고 보다 전문적, 기술적이 되어야 하기 때문에 그 성능이 저하될 수도 있다.
㉢ 복잡한 예비(backup)와 회복(recovery) : 데이터베이스의 구조가 복잡하고 여러 사용자가 동시에 공유하기 때문이다.
㉣ 시스템의 취약성 : 일부의 고장이 전체 시스템을 정지시켜 시스템의 신뢰성과 가용성을 저해할 수 있다. 이것은 특히 데이터베이스에 의존도가 높은 환경에서는 아주 치명적인 약점이 아닐 수 없다.

09 데이터베이스 디자인의 순서로 옳은 것은? 산 17-3

㉠ DB 목적정의
㉡ 테이블 간의 관계정의
㉢ DB 필드정의
㉣ DB 테이블정의

① ㉠→㉡→㉢→㉣
② ㉠→㉢→㉡→㉣
③ ㉠→㉣→㉢→㉡
④ ㉠→㉣→㉢→㉡

해설 데이터베이스 디자인순서 : DB 목적정의→DB 테이블정의→DB 필드정의→테이블 간의 관계정의

10 DBMS방식 자료관리의 장점이 아닌 것은? 기 19-3

① 중앙제어가 가능하다.
② 자료의 중복을 최대한 감소시킬 수 있다.
③ 시스템구성이 파일방식에 비해 단순하다.
④ 데이터베이스 내의 자료는 다른 사용자와의 호환이 가능하다.

해설 DBMS방식은 파일처리시스템에 비해 시스템구성이 복잡하다.

정답 05 ① 06 ② 07 ① 08 ③ 09 ④ 10 ③

11 데이터베이스의 장점으로 옳지 않은 것은? 실19-3

① 자료의 독립성 유지
② 여러 사용자의 동시 사용 가능
③ 초기 구축비용과 유지비가 저렴
④ 표준화되고 구조적인 자료저장 가능

해설 데이터베이스

장점	단점
• 중앙제어 가능 • 효율적인 자료호환(표준화) • 데이터의 독립성 • 새로운 응용프로그램 개발의 용이성 • 반복성의 제거(중복 제거) • 많은 사용자의 자료공유 • 데이터의 무결성 유지 • 데이터의 보안 보장	• 초기 구축비용이 고가 • 초기 구축 시 관련 전문가 필요 • 시스템의 복잡성(자료구조가 복잡) • 자료의 공유로 인해 자료의 분실이나 잘못된 자료가 사용될 가능성이 있어 보완조치 마련 • 통제의 집중화에 따른 위험성 존재

12 DBMS방식의 단점으로 옳지 않은 것은? 기18-1

① 시스템의 복잡성
② 상대적으로 비싼 비용
③ 중앙 집약적인 구조의 위험성
④ 미들웨어 사용으로 인한 불편 초래

해설 데이터베이스

장점	단점
• 중앙제어 가능 • 효율적인 자료호환(표준화) • 데이터의 독립성 • 새로운 응용프로그램 개발의 용이성 • 반복성의 제거(중복 제거) • 많은 사용자의 자료공유 • 데이터의 무결성 유지 • 데이터의 보안 보장	• 초기 구축비용이 고가 • 초기 구축 시 관련 전문가 필요 • 시스템의 복잡성(자료구조가 복잡) • 자료의 공유로 인해 자료의 분실이나 잘못된 자료가 사용될 가능성이 있어 보완조치 마련 • 통제의 집중화에 따른 위험성 존재

13 데이터베이스관리시스템이 파일시스템에 비하여 갖는 단점은? 실18-2

① 자료의 중복성을 피할 수 없다.
② 자료의 일관성이 확보되지 않는다.
③ 일반적으로 시스템 도입비용이 비싸다.
④ 사용자별 자료접근에 대한 권한부여를 할 수 없다.

해설 DBMS는 초기에 시스템 구축비용이 많이 드는 단점이 있다.

14 DBMS방식의 설명으로 옳지 않은 것은? 기18-3

① 데이터의 관리를 효율적으로 한다.
② 다수의 프로그램으로 이루어져 있다.
③ 데이터를 파일단위로 처리하는 데이터처리시스템이다.
④ 다수의 데이터 파일에 존재하는 공간개체와 관련되는 정보를 관리한다.

해설 데이터베이스

장점	단점
• 중앙제어 가능 • 효율적인 자료호환(표준화) • 데이터의 독립성 • 새로운 응용프로그램 개발의 용이성 • 반복성의 제거(중복 제거) • 많은 사용자의 자료공유 • 데이터의 무결성 유지 • 데이터의 보안 보장	• 초기 구축비용이 고가 • 초기 구축 시 관련 전문가 필요 • 시스템의 복잡성(자료구조가 복잡) • 자료의 공유로 인해 자료의 분실이나 잘못된 자료가 사용될 가능성이 있어 보완조치 마련 • 통제의 집중화에 따른 위험성 존재

15 데이터베이스관리시스템(DBMS)의 단점이 아닌 것은? 기16-1

① 시스템구성이 복잡
② 데이터의 중복성 발생
③ 통제의 집중화에 따른 위험 존재
④ 초기 구축비용과 유지비용이 고가

해설 DBMS는 데이터의 중복을 최소화하고 데이터의 독립성을 유지할 수 있다.

16 데이터베이스시스템을 집중형과 분산형으로 구분할 때 집중형 데이터베이스의 장점으로 옳은 것은? 실17-3

① 자료관리가 경제적이다.
② 자료의 통신비용이 저렴한 편이다.
③ 자료에의 분산형보다 접근속도가 신속한 편이다.
④ 데이터베이스 사용자를 위한 교육 및 자문이 편리하다.

정답 11 ③ 12 ④ 13 ③ 14 ③ 15 ② 16 ①

해설 분산형 데이터베이스시스템보다 집중형 데이터베이스시스템이 자료관리에 있어서 경제적이다.

17 다음 중 데이터베이스관리시스템(DBMS)의 기본기능에 해당하지 않는 것은? 기 19-2

① 정의기능　② 제어기능
③ 조작기능　④ 표준화기능

해설 데이터베이스관리시스템(DBMS)의 기본기능
㉠ 정의기능
　• 논리적 구조명세
　• 물리적 구조명세
　• 물리적·논리적 사상명세
㉡ 조작기능
　• 사용의 편의성 및 용이성
　• 연산의 완전한 명세 가능
　• 접근의 효율성
㉢ 제어기능
　• 데이터의 무결성 유지
　• 보안 유지와 권한검사
　• 데이터의 정확성 유지
　• 여러 사용자가 동시에 접근할 때 병행제어를 할 수 있어야 함

18 DBMS의 "정의"기능에 대한 설명이 아닌 것은? 기 18-1

① 데이터의 물리적 구조를 명세한다.
② 데이터의 논리적 구조와 물리적 구조 사이의 변환이 가능하도록 한다.
③ 데이터베이스의 논리적 구조와 그 특성을 데이터 모델에 따라 명세한다.
④ 데이터베이스를 공용하는 사용자의 요구에 따라 체계적으로 접근하고 조작할 수 있다.

해설 데이터 조작어(DML : Data Manipulation Language)는 사용자로 하여금 적절한 데이터 모델에 근거하여 데이터를 처리할 수 있게 하는 도구로서 사용자(응용프로그램)와 DBMS 사이의 인터페이스를 제공하며, 데이터 연산은 데이터의 검색, 삽입, 삭제, 변경 등을 의미한다.

19 DBMS의 기능 중 하나의 데이터베이스형태로 여러 사용자들이 요구하는 대로 데이터를 기술해 줄 수 있도록 데이터를 조직하는 기능은 무엇인가? 산 16-1

① 저장기능　② 정의기능
③ 제어기능　④ 조작기능

해설 DBMS의 필수기능
㉠ 정의기능
　• 다양한 응용프로그램과 데이터베이스가 서로 인터페이스를 할 수 있는 방법을 제공한다.
　• 데이터베이스의 구조를 정의, 저장, 레코드형태에서 키(key)를 지정한다.
　• 하나의 물리적 구조의 데이터베이스로 여러 사용자의 관점을 만족시키기 위해 데이터베이스 구조를 정의할 수 있는 기능이다.
㉡ 조작기능
　• 사용자요구는 체계적인 연산(검색, 갱신, 삽입, 삭제 등)을 지원하는 도구(언어)를 통해 구현된다.
　• 사용자와 DBMS 사이의 인터페이스를 위한 수단을 제공한다.
㉢ 제어기능
　• DBMS는 공용목적으로 관리되는 데이터베이스 내용에 대해 항상 정확성과 안전성을 유지할 수 있어야 한다.
　• 정확성은 데이터 공용의 기본적인 가정이며 관리의 제약조건이 된다.

20 데이터베이스에서 자료가 실제로 저장되는 방법을 기술한 물리적인 데이터의 구조를 무엇이라 하는가? 산 16-3

① 개념스키마　② 내부스키마
③ 외부스키마　④ 논리스키마

해설 내부스키마(internal schema)
㉠ 저장장치의 관점에서 전체 데이터베이스가 저장되는 방법을 명세한다(저장장치 견해).
㉡ 개념스키마에 대한 저장구조를 정의한 것이다(하나의 내부스키마 존재).
㉢ 실제로 저장될 내부레코드형식, 인덱스 유무, 저장데이터 항목의 표현방법, 내부레코드의 물리적 순서를 나타내지만, 블록이나 실린더를 이용한 물리적 저장장치를 기술하는 의미는 아니다.
㉣ 내부스키마는 아직 물리적 단계보다 한 단계 위에 있다. 그 이유는 내부적 뷰는 물리적 레코드(페이지 또는 블록이라고 함)를 취급하지 않으며, 또한 실린더(cylinder), 트랙(track)크기 같은 장치특성에도 관련이 없기 때문이다.

21 주요 DBMS에서 채택하고 있는 표준데이터베이스 질의어는? 기 19-1

① SQL　② COBOL
③ DIGEST　④ DELPHI

정답 17 ④　18 ④　19 ②　20 ②　21 ①

해설 SQL
ⓘ 개요
- 1974년 IBM연구소에서 개발한 SEQUEL(Structured English QUEry Language)에 연유한다.
- SQL이라는 이름은 'Structured Query Language'의 약자이며 "sequel(시퀄)"이라 발음한다.
- 관계형 데이터베이스에 사용되는 관계대수와 관계해석을 기초로 한 통합데이터 언어를 말한다.

ⓛ 특징
- 대화식 언어 : 온라인터미널을 통하여 대화식으로 사용할 수 있다.
- 집합단위로 연산되는 언어 : SQL은 개개의 레코드단위로 처리하기보다는 레코드집합단위로 처리하는 언어이다.
- 데이터 정의어, 조작어, 제어어를 모두 지원
- 비절차적 언어 : 데이터 처리를 위한 접근경로(access path)에 대한 명세가 필요하지 않으므로 비절차적인 언어이다.
- 표현력이 다양하고 구조가 간단

22 데이터 언어에 대한 설명으로 틀린 것은? 기 17-2
① 데이터 제어어(DCL)는 데이터를 보호하고 관리하는 목적으로 사용한다.
② 데이터 조작어(DML)에는 질의어가 있으며, 질의어는 절차적(Procedural) 데이터 언어이다.
③ 데이터 정의어(DDL)는 데이터베이스를 정의하거나 수정할 목적으로 사용한다.
④ 데이터 언어는 사용목적에 따라 데이터 정의어, 데이터 조작어, 데이터 제어어로 나누어진다.

해설 데이터 조작어(DML)에는 질의어가 있으며, 질의어는 비절차적 데이터 언어이다.

23 다음 중 관계형 데이터베이스에서 자료의 추출(검색)에 사용되는 표준언어인 비과정질의어는? 기 16-3
① SQL
② Visual Basic
③ Visual C++
④ COBOL

해설 SQL은 'Structured Query Language'의 약자이며 "sequel(시퀄)"이라 발음한다. 관계형 데이터베이스에 사용되는 관계대수와 관계해석을 기초로 한 통합데이터 언어를 말한다.

24 데이터베이스 언어 중 데이터베이스관리자나 응용프로그래머가 데이터베이스의 논리적 구조를 정의하기 위한 언어는? 기 18-3
① 위상(topology)
② 데이터 정의어(DDL)
③ 데이터 제어어(DCL)
④ 데이터 조작어(DML)

해설 데이터 정의어(DDL : Data Definition Language)
ⓘ 데이터베이스를 정의하거나 그 정의를 수정할 목적으로 사용하는 언어로 데이터베이스관리자나 DB설계자가 주로 사용한다.
ⓛ 스키마에 사용되는 개체의 정의, 속성, 개체 간의 관계, 인스턴스들에 존재하는 제약조건, 사상(mapping)명세를 포함한다(논리적, 물리적 저장구조와 액세스방법 정의).
ⓒ 관계DBMS의 경우 table, view의 생성, 삭제기능을 갖는다.

25 표준데이터베이스 질의언어인 SQL의 데이터 정의어(DDL)에 해당하지 않는 것은? 기 18-3
① DROP
② ALTER
③ GRANT
④ CREATE

해설 데이터 언어

데이터 언어	종류
정의어 (DDL)	생성 : CREATE, 주소변경 : ALTER, 제거 : DROP
조작어 (DML)	검색 : SELECT, 삽입 : INSERT, 삭제 : DELETE, 갱신 : UPDATE
제어어 (DCL)	권한부여 : GRANT, 권한해제 : REVOKE, 데이터 변경완료 : COMMIT, 데이터 변경취소 : ROLLBACK

26 사용자로 하여금 데이터베이스에 접근하여 데이터를 처리할 수 있도록 검색, 삽입, 삭제, 갱신 등의 역할을 하는 데이터 언어는? 기 16-2, 산 18-3
① DCL
② DDL
③ DML
④ DNL

해설 데이터 조작어(DML : Data Manipulation Language)
ⓘ 사용자로 하여금 적절한 데이터 모델에 근거하여 데이터를 처리할 수 있게 하는 도구로서 사용자(응용프로그램)와 DBMS 사이의 인터페이스를 제공한다.
ⓛ 데이터 연산은 데이터의 검색, 삽입, 삭제, 변경 등을 의미한다.

정답 22 ② 23 ① 24 ② 25 ③ 26 ③

27 관계형 데이터베이스를 위한 산업표준으로 사용되는 대표적인 질의언어는?

① SQL ② DML
③ DCL ④ CQL

해설 SQL
㉠ 개요
- 1974년 IBM연구소에서 개발한 SEQUEL(Structured English QUEry Language)에 연유한다.
- SQL이라는 이름은 'Structured Query Language'의 약자이며 "sequel(시퀄)"이라 발음한다.
- 관계형 데이터베이스에 사용되는 관계대수와 관계해석을 기초로 한 통합데이터 언어를 말한다.

㉡ 특징
- 대화식 언어 : 온라인터미널을 통하여 대화식으로 사용할 수 있다.
- 집합단위로 연산되는 언어 : SQL은 개개의 레코드단위로 처리하기보다는 레코드집합단위로 처리하는 언어이다.
- 데이터 정의어, 조작어, 제어어를 모두 지원
- 비절차적 언어 : 데이터 처리를 위한 접근경로(access path)에 대한 명세가 필요하지 않으므로 비절차적인 언어이다.
- 표현력이 다양하고 구조가 간단

28 다음 중 관계형 DBMS의 질의어는?

① SQL ② DLL
③ DLG ④ COGO

해설 SQL은 'Structured Query Language'의 약자이며 "sequel(시퀄)"이라 발음한다. 관계형 데이터베이스에 사용되는 관계대수와 관계해석을 기초로 한 통합데이터 언어를 말한다.

29 SQL의 특징에 대한 설명으로 틀린 것은?

① 상호대화식 언어다.
② 집합단위로 연산하는 언어이다.
③ ISO 8211에 근거한 정보처리체계와 코딩규칙을 갖는다.
④ 관계형 DBMS에서 자료를 만들고 조회할 수 있는 도구이다.

해설 SQL의 특징
㉠ 대화식 언어 : 온라인터미널을 통하여 대화식으로 사용할 수 있다.
㉡ 집합단위로 연산되는 언어 : SQL은 개개의 레코드단위로 처리하기보다는 레코드집합단위로 처리하는 언어이다.
㉢ 데이터 정의어, 조작어, 제어어를 모두 지원
㉣ 비절차적 언어 : 데이터 처리를 위한 접근경로(access path)에 대한 명세가 필요하지 않으므로 비절차적인 언어이다.
㉤ 표현력이 다양하고 구조가 간단

30 데이터베이스의 데이터 언어 중 데이터 조작어가 아닌 것은?

① CREATE문 ② DELETE문
③ SELECT문 ④ UPDATE문

해설 데이터 언어

데이터 언어	종류
정의어 (DDL)	생성 : CREATE, 주소변경 : ALTER, 제거 : DROP
조작어 (DML)	검색 : SELECT, 삽입 : INSERT, 삭제 : DELETE, 갱신 : UPDATE
제어어 (DCL)	권한부여 : GRANT, 권한해제 : REVOKE, 데이터 변경완료 : COMMIT, 데이터 변경취소 : ROLLBACK

31 SQL언어에 대한 설명으로 옳은 것은?

① order는 보통 질의어에서 처음 나온다.
② select 다음에는 테이블명이 나온다.
③ where 다음에는 조건식이 나온다.
④ from 다음에는 필드명이 나온다.

해설 ① order by는 문장 마지막에 나온다.
② select 다음에는 필드명이 나온다.
④ from 다음에는 테이블명이 나온다.

32 데이터베이스의 스키마를 정의하거나 수정하는데 사용하는 데이터 언어는?

① DBL ② DCL
③ DML ④ DDL

해설 데이터 정의어(DDL : Data Definition Language)는 데이터베이스를 정의하거나 그 정의를 수정할 목적으로 사용하는 언어로 데이터베이스관리자나 설계자가 주로 사용한다.

정답 27 ① 28 ① 29 ③ 30 ① 31 ③ 32 ④

33 SQL언어 중 데이터 조작어(DML)에 해당하지 않는 것은? 기 16-3

① INSERT ② UPDATE
③ DELETE ④ DROP

해설 데이터 언어

데이터 언어	종류
정의어 (DDL)	생성 : CREATE, 주소변경 : ALTER, 제거 : DROP
조작어 (DML)	검색 : SELECT, 삽입 : INSERT, 삭제 : DELETE, 갱신 : UPDATE
제어어 (DCL)	권한부여 : GRANT, 권한해제 : REVOKE, 데이터 변경완료 : COMMIT, 데이터 변경취소 : ROLLBACK

34 토지정보시스템(LIS)의 질의어(query language)에 대한 설명으로 옳지 않은 것은? 산 16-3

① SQL은 비절차언어이다.
② 질의어란 사용자가 필요한 정보를 데이터베이스에서 추출하는데 사용되는 언어를 말한다.
③ 질의를 위하여 사용자가 데이터베이스의 구조를 알아야 하는 언어를 과정질의어라 한다.
④ 계급형(hierarchical)과 관계형(relational) 데이터베이스 모형은 사용하는 질의를 위해 데이터베이스의 구조를 알아야 한다.

해설 계급형과 관계형 데이터베이스의 경우 사용하는 질의를 위해 데이터베이스 구조를 알지 못해도 상관없다

35 계층형(hierarchical), 네트워크형(network), 관계형(relational) 데이터베이스 모델 간의 가장 큰 차이점은 무엇인가? 기 16-3

① 데이터의 물리적 구조
② 관계의 표현방식
③ 속성자료의 표현방법
④ 데이터 모델의 구축환경

해설 계층형(tree), 네트워크형(graph), 관계형(table) 구조는 관계의 표현방식에 따라 차이가 있다.

36 데이터베이스의 일반적인 모형과 거리가 먼 것은? 기 16-1

① 입체형(solid)
② 계급형(hierarchical)
③ 관망형(network)
④ 관계형(relational)

해설 데이터베이스 모형에는 계급형(hierarchical), 관망형(network), 관계형(relational)이 있다.

37 나무줄기와 같은 구조를 가지고 있으며 가장 상위의 계층을 뿌리라 할 때 뿌리를 제외한 모든 객체들은 부모-자녀의 관계를 갖는 데이터 모델은? 19-1

① 관계형 데이터 모델
② 계층형 데이터 모델
③ 객체지향형 데이터 모델
④ 네트워크형 데이터 모델

해설 계층형 데이터 모델
㉠ 데이터베이스의 논리적 구조를 기술한 자료구조도(data structure diagram)는 노드들의 상대적인 위치정보도 포함된 순서트리형태이다.
㉡ 트리에 있는 모든 노드들은 데이터베이스에서 사용할 수 있는 레코드타입을 나타내고, 두 레코드타입 사이의 링크는 이들 레코드어커런스(record occurrence) 사이의 일 대 다($1:n$)의 관계를 나타낸다. 이렇게 연관된 두 개의 레코드타입들을 parent-child관계라고 한다.

38 다음과 같은 특징을 갖는 논리적인 데이터베이스 모델은? 기 17-1

- 다른 모델과 달리 각 개체는 각 레코드(record)를 대표하는 기본키(primary key)를 갖는다.
- 다른 모델에 비하여 관련 데이터 필드가 존재하는 한, 필요한 정보를 추출하기 위한 질의형태에 제한이 없다.
- 데이터의 갱신이 용이하고 융통성을 증대시킨다.

① 계층형 모델 ② 네트워크형 모델
③ 관계형 모델 ④ 객체지향형 모델

해설 관계형 모델
㉠ 다른 모델과 달리 각 개체는 각 레코드(record)를 대표하는 기본키(primary key)를 갖는다.
㉡ 다른 모델에 비하여 관련 데이터 필드가 존재하는 한, 필요한 정보를 추출하기 위한 질의형태에 제한이 없다.
㉢ 데이터의 갱신이 용이하고 융통성을 증대시킨다.

정답 33 ④ 34 ④ 35 ② 36 ① 37 ② 38 ③

39 논리적 데이터 모델에 대한 설명으로 틀린 것은? 기 18-3

① 네트워크형 모델 : 데이터베이스를 그래프구조로 표현한다.
② 관계형 모델 : 데이터베이스를 테이블의 집합으로 표현한다.
③ 계층형 모델 : 데이터베이스를 계층적 그래프구조로 표현한다.
④ 객체지향형 모델 : 데이터베이스를 객체/상속구조로 표현한다.

해설 계층형 모델이란 데이터베이스의 논리적 구조를 기술한 자료구조도(data structure diagram)로 노드들의 상대적인 위치정보도 포함된 순서트리형태이다.

40 관계형 DBMS에 대한 설명으로 옳은 것은? 기 17-2

① 하나의 개체가 여러 개의 부모레코드와 자녀 레코드를 가질 수 있다.
② 데이터들이 트리구조로 표현되기 때문에 하나의 루트(root)레코드를 가진다.
③ SQL과 같은 질의언어 사용으로 복잡한 질의도 간단하게 표현할 수 있다.
④ 서로 같은 자료 부분을 갖는 모든 객체를 묶어서 클래스(class) 혹은 형(type)라 한다.

해설 관계형 DBMS은 가장 최신의 데이터베이스 형태이며 사용자에게 보다 친숙한 자료접근방법을 제공하기 위해 개발하였다. 현재 가장 보편적으로 많이 쓰이며 데이터의 독립성이 높고 높은 수준의 데이터 조작언어(SQL)를 사용한다.

41 관계형 데이터베이스에 대한 설명으로 옳은 것은? 산 18-1

① 데이터를 2차원의 테이블형태로 저장한다.
② 정의된 데이터 테이블의 갱신이 어려운 편이다.
③ 트리(Tree)형태의 계층구조로 데이터들을 구성한다.
④ 필요한 정보를 추출하기 위한 질의 형태에 많은 제한을 받는다.

해설 관계형 데이터베이스는 가장 최신의 데이터베이스 형태이며 사용자에게 보다 친숙한 자료접근방법을 제공하기 위해 개발되었다. 2차원 테이블형태로 저장되며 행과 열로 정렬된 논리적인 데이터 구조이다.

42 관계형 데이터베이스관리시스템에서 자료를 만들고 조회할 수 있는 도구는? 기 18-2

① ASP   ② JAVA
③ Perl   ④ SQL

해설 SQL : 관계형 데이터베이스에 사용되는 관계대수와 관계해석을 기초로 한 통합데이터 언어

43 관계형 데이터 모델의 단점을 보완한 데이터베이스로 CAD, GIS, 사무정보시스템분야에서 활용하는 데이터베이스는? 산 17-1

① 객체지향형   ② 계층형
③ 관계형   ④ 네트워크형

해설 객체지향형 데이터베이스 : 관계형 데이터 모델의 단점을 보완한 데이터베이스로 CAD, GIS, 사무정보시스템분야에서 활용하는 데이터베이스

44 테이블형태로 데이터베이스를 구축하는 전형적인 모델로 두 개 이상의 테이블을 공통의 키필드에 의해 효율적인 자료관리가 가능한 데이터 모델은? 산 19-2

① 계층형 데이터 모델
② 관계형 데이터 모델
③ 객체지향형 데이터 모델
④ 네트워크형 데이터 모델

해설 관계형 데이터베이스는 가장 최신의 데이터베이스 형태이며 사용자에게 보다 친숙한 자료접근방법을 제공하기 위해 개발되었다. 또한 행과 열로 정렬된 논리인 데이터 구조이며 테이블형태로 데이터베이스를 구축하는 전형적인 모델로 두 개 이상의 테이블을 공통의 키필드에 의해 효율적인 자료관리가 가능한 데이터 모델이다.

45 데이터베이스의 설명으로 옳지 않은 것은? 산 19-2

① 파일 내 레코드는 검색, 생성, 삭제할 수 있다.
② 데이터베이스의 데이터들은 레코드단위로 저장된다.
③ 파일에서 레코드는 색인(index)을 통해서 효율적으로 검색할 수 있다.
④ 효과적인 탐색을 위해 B-tree방법을 개선한 것이 역파일(inverted file)방식이다.

해설 효과적인 탐색을 위해 역파일방법을 개선한 것이 B-tree방법이다.

정답 39 ③ 40 ③ 41 ① 42 ④ 43 ① 44 ② 45 ④

46 GIS, CAD자료, 비디오, 영상 등의 다중매체와 같은 복잡한 자료유형을 지원하는 데 적합한 데이터베이스 방식은?

① 네트워크형 데이터베이스
② 계층형 데이터베이스
③ 관계형 데이터베이스
④ 객체지향형 데이터베이스

해설 객체지향형 데이터베이스 : GIS, CAD자료, 비디오, 영상 등의 다중매체와 같은 복잡한 자료유형을 지원하는 데 적합한 데이터베이스 방식

47 관계형 데이터베이스 모델(relational database model)의 기본구조요소로 옳지 않은 것은?

① 속성(attribute)   ② 행(record)
③ 테이블(table)   ④ 소트(sort)

해설 관계형 데이터베이스 모델의 기본구조요소 : 속성, 행, 테이블

48 토지정보를 비롯한 공간정보를 관리하기 위한 데이터 모델로서 현재 가장 보편적으로 많이 쓰이며 데이터의 독립성이 높고 높은 수준의 데이터 조작언어를 사용하는 것은?

① 파일시스템모델
② 계층형 데이터 모델
③ 관계형 데이터 모델
④ 네트워크형 데이터 모델

해설 관계형 데이터베이스는 가장 최신의 데이터베이스 형태이며 사용자에게 보다 친숙한 자료접근방법을 제공하기 위해 개발하였다. 현재 가장 보편적으로 많이 쓰이며 데이터의 독립성이 높고 높은 수준의 데이터 조작언어를 사용한다.

정답 46 ④ 47 ④ 48 ③

05 토지정보시스템

1 토지정보시스템

1 의의
Land Information System의 약어로서 주로 토지와 관련된 위치정보와 속성정보를 수집, 처리, 저장, 관리하기 위한 정보시스템이다.

2 필요성과 기대효과

1) 필요성
① 토지 관련 정책자료의 다목적 활용
② 토지 관련 과세자료로 이용
③ 지적민원사항의 신속 정확한 처리
④ 지방행정전산화의 획기적인 계기
⑤ 여러 가지 대장 및 도면을 쉽게 관리
⑥ 수작업으로 인한 오류 방지
⑦ 자료를 쉽게 공유
⑧ 지적공부의 노후화

2) 기대효과
① 체계적이고 과학적인 지적사무와 지적행정의 실현
② 다목적 국토정보시스템 구축
③ 토지기록변동자료의 신속한 온라인처리로 업무의 이중성 배제
④ 최신의 자료확보로 지적통계와 정책정보의 정확성 제고
⑤ 수치지형모형을 이용한 지형분석 및 경관정보 추출
⑥ 토지부동산정보관리체계 및 다목적 지적정보시스템 구축
⑦ 지적도면관리전산화의 기초 확립

3 구성요소
GIS는 컴퓨터와 각종 입출력장치 및 자료관리장치 등의 하드웨어, 각종 정보를 저장·분석·표현할 수 있는 기능을 지원하는 소프트웨어, 지도로부터 추출한 도형정보와 대장이나 통계자료로부터 추출한 속성정보를 전산화한 데이터베이스, 데이터를 구축하고 실제 업무에 활용하는 조직 및 인력으로 구성된다.

▲ GIS의 구성요소

1) 하드웨어(hardware)

GIS를 운용하는 데 필요한 컴퓨터와 각종 입출력장치, 자료관리장치이다. 입력장비는 종이지도나 도면 또는 문자정보를 컴퓨터에서 이용할 수 있도록 디지털화하는 장비로서 디지타이저, 스캐너, 키보드 등이 있다. 저장장치는 디지털화된 데이터를 저장하기 위한 장비인 자기테이프, 자기디스크 등과 데이터 분석 및 연산장비인 개인용 컴퓨터와 워크스테이션 등이 있다. 출력장비는 분석결과를 출력하기 위한 장비로서 플로터, 프린터, 모니터 등이 있다.

2) 소프트웨어(software)

각종 정보를 저장·분석·표현할 수 있는 기능을 지원하는 도구이다. 정보의 입력 및 중첩기능, 데이터베이스관리기능, 질의분석시각화기능 등의 주요 기능을 가지고 있다. 운영체제는 GIS를 운영하기 위해 필요한 컴퓨터프로그램으로서 도스(DOS), 윈도우즈(MS Windows), 유닉스(UNIX) 등이 있다. GIS용 소프트웨어는 공간분석, 편집, 그래픽처리 등의 기능을 가지고 있는 보조적인 프로그램이며, 데이터베이스관리시스템은 구축된 자료의 검색, 수정, 보완 등을 수행하는 관리프로그램을 말한다.

3) 데이터베이스

지도로부터 만들어내거나 직접 만들어진 도형정보와 대장이나 자료로부터 추출한 속성정보를 말한다. GIS의 핵심적인 요소이며 구축에 많은 시간과 노력이 필요하다. 최근에는 지도 외에 항공사진이나 인공위성영상으로부터 많은 정보를 획득하고 있다.

4) 조직 및 인력

GIS를 구성하는 가장 중요한 요소로서 데이터를 구축하고 실제 업무에 활용하는 사람을 말한다. 시스템을 설계하고 관리하는 전문인력과 일상업무에 GIS를 활용하는 사용자를 모두 포함한다.

4 자료

자료	구성내용
토지측량자료	• 기하학적 자료 : 현황, 지표형상 • 토지표시자료 : 지번, 지목, 면적
법률자료	소유권 및 소유권 이외의 권리
자연자원자료	지질 및 광업자원, 유량, 입목, 기후
기술적 시설물에 관한 자료	지하시설물 전력 및 산업공장, 주거지, 교통시설
환경보전에 관한 자료	수질, 공해, 소음, 기타 자연훼손자료
경제 및 사회정책적 자료	인구, 고용능력, 교통조건, 문화시설

5 토지정보시스템과 지리정보시스템의 비교

구분	토지정보시스템(LIS)	지리정보시스템(GIS)
공간정보단위	필지(parcel)	지역, 구역
축척 및 기본도	대축척(지적도, 임야도)	소축척, 지형도(지형, 지물)
정보갱신주기	즉시	비정규적(2~5년)
자료수집의 목적	정확한 관청의 과업을 수행하기 위한 관공서의 중요한 영구자료	대규모 사업설계도, 도시 및 지역계획 수립 등 의사결정자료 확보
보존연한	영구 보존	사업종료 시(영구 보존 가능)
정보내용	필지중심자료 • 토지소재, 지번, 지목, 경계, 면적 • 권리관계(지적/등기) • 가치정보(개별공시지가)	지형중심자료 • 지형, 경사, 고도 • 환경, 토양, 토지 이용 • 도로, 구조물 등

6 토지정보시스템의 오차

입력자료의 품질에 따른 오차	데이터베이스 구축 시 발생되는 오차
• 위치정확도에 따른 오차 • 속성정확도에 따른 오차 • 논리적 일관성에 따른 오차 • 완결성에 따른 오차 • 자료변환과정에 따른 오차	• 절대위치자료 생성 시 기준점의 오차 • 위치자료 생성 시 발생되는 항공사진 및 위성영상의 정확도에 따른 오차 • 디지타이징 시 발생되는 오차 • 좌표변환 시 투영법에 따른 오차 • 사회자료 부정확성에 따른 오차 • 자료처리 시 발생되는 오차

2 자료처리체계

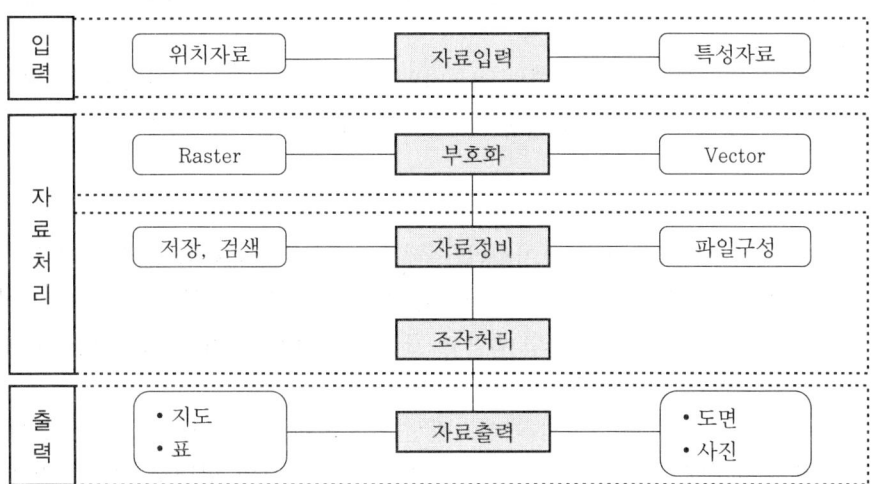

1 자료입력(data input)

1) 정보

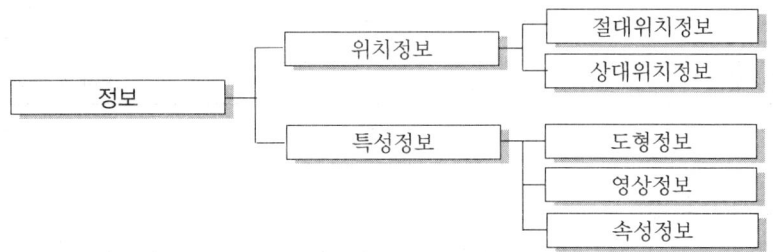

(1) 위치정보

① 절대위치정보 : 절대 변하지 않는 실제 공간에서의 위치정보로 경·위도 및 표고 등을 말하며 지상, 지하, 해양, 공중 등 지구공간 및 우주공간에서의 위치의 기준이 된다.

② 상대위치정보 : 가변성을 지니고 있으며 주변 정세에 따라 변할 수 있는 관계적 위치, 즉 모형공간(model space)에서의 위치로 임의의 기준으로부터 결정되는 위치 또는 위상관계를 부여하는 기준이 된다.

(2) 특성정보

① 도형(공간)정보 : 위치정보를 이용하여 대상을 가시화시킨 것으로, 지도형상의 수치적 설명으로 특정한 지도요소를 설명하는 것으로 좌표체계를 기준으로 하여 지형지물의 위치와 모양을 나타내는 정보이다.

② **영상정보** : 센서(일반사진기, 지상 및 항공사진기, 비디오사진기, 수치사진기, 스캐너, Radar, 레이저 등)에 의해 얻은 사진 등으로 인공위성에서 직접 취득한 수치영상과 항공사진측량에서 획득한 사진을 디지타이징 또는 스캐닝하여 컴퓨터에 적합하도록 변환된 정보를 말한다.

③ **속성정보** : 도형이나 영상 속에 있는 내용 등으로 대상물의 성격이나 그와 관련된 사항들을 기술하는 자료이며 지형도상의 특성이나 지질, 지형, 지물의 관계를 나타낸다.

2) 입력

① **디지타이저(수동방식)** : 디지타이저라는 테이블 위에 컴퓨터와 연결된 마우스를 이용하여 필요한 주제(도로, 하천 등)의 형태를 컴퓨터에 입력시키는 것으로서 지적도면과 같은 자료를 수동으로 입력할 수 있으며 대상물의 형태를 따라 마우스를 움직이면 x, y 좌표가 자동적으로 기록된다.

② **스캐너(자동방식)** : 일정파장의 레이저광선을 지도에 주사하고 반사되는 값에 수치를 부여하여 컴퓨터에 저장시킴으로써 기존의 지도를 영상의 형태로 만드는 방식이다.

▶ 디지타이저와 스캐너의 비교

구분	스캐너	디지타이저
입력방식	자동방식	수동방식
결과물	래스터	벡터
비용	고가	저렴
시간	신속	많이 소요
도면상태	영향을 받음	영향을 적게 받음

2 부호화(encoding)

① **벡터방식** : 공간데이터를 표현하는 방법의 하나로 점(0차원), 선(1차원), 면(2차원)으로 공간형상을 표현

② **래스터방식** : 실세계를 일정크기의 최소지도화단위인 셀로 분할하고 각 셀에 속성값을 입력하고 저장하여 연산하는 자료구조

3 자료정비(DBMS)

1) 데이터베이스

(1) 의의

하나의 조직 내에서 다수의 이용자가 서로 다수의 목적으로도 공유할 수 있도록 저장해놓은 Data파일의 집합체이다.

(2) 장단점

장점	단점
• 중앙제어 가능 • 효율적인 자료호환 • 데이터의 독립성 • 새로운 응용프로그램 개발의 용이성 • 반복성의 제거 • 많은 사용자의 자료공유 • 다양한 응용프로그램에서 다른 목적으로 편집 및 저장	• 초기 구축비용 고가 • 초기 구축 시 관련 전문가 필요 • 시스템의 복잡성 • 자료의 공유로 인해 자료의 분실이나 잘못된 자료가 사용될 가능성이 있어 보완조치 마련 • 통제의 집중화에 따른 위험성 존재

4 조작처리(manipulative operation)

1) 표면분석(surface analysis)

하나의 자료층상에 있는 변량들 간의 관계분석에 이용한다.

2) 중첩분석(overlay analysis)

① 둘 이상의 자료층에 있는 변량들 간의 관계분석에 적용한다.
② 변량들의 상대적 중요도에 따라 경중률을 부가하여 정밀중첩분석에 실행한다.

5 자료출력(data output)

1) 자료출력

도면, 도표, 지도, 영상 등으로 다양한 방식으로의 결과물을 표현한다.
① **인쇄복사** : 종이, 도화용 물질, 필름 등에 정보인쇄
② **영상복사** : 영상모니터에 의한 영상표시 하나의 자료층상에 있는 변량들 간의 관계분석에 이용

2) 출력설계 시 고려사항

① 자료에 대한 보안성   ② 판독의 용이성   ③ 원시자료의 완전성

3 국가지리정보시스템(NGIS)

1 의의

국가지리정보시스템의 효율적인 구축과 그 이용 및 관리에 관한 사항을 규정함으로써 국민에 대한 다양한 지리정보의 제공을 통하여 국토 및 자원의 합리적 이용과 국민경제의 발전에 이바지함을 목적으로 한다.

2 구축단계

1) 제1차 NGIS(1995~2000년) : 기반조성단계

국가GIS추진위원회 산하에 총괄분과, 지리정보분과, 표준화분과, 기술개발분과, 토지정보분과의 5개 분과를 설치·운영하고 있으며 기본계획작성 등 국가GIS구축사업에 요구되는 각종 계획수립과 지원연구를 수행하기 위하여 국토연구원이 총괄분과 간사기관의 역할을 수행하고 있다.

2) 제2차 NGIS(2001~2005년) : 활용·확산단계

제2차 국가GIS사업을 통해 국가공간정보기반을 확고히 마련하고 범 국민적 유통·활용을 정착 후 국가공간정보기반(National Spatial Data Infrastructure)을 확충하여 2001~2005년까지 디지털국토 실현을 목적으로 한다.

```
제1단계 GIS기반조성단계
(1995~2000)
      ↓
제2단계 GIS활용·확산단계
(2001~2005)
      ↓
제3단계 GIS정착단계
(2006~2010)
      ↓
디지털국토 실현
```

3) 제3단계(2006~2010) : GIS정착단계

제3단계는 언제 어디서나 필요한 공간정보를 편리하게 생산·유통·이용할 수 있는 고도의 GIS활용단계에 진입하여 GIS 선진국으로 발돋음하는 시기이다. 이 기간 중에 정부와 지방자치단체는 공공기관이 보유한 모든 지도와 공간정보의 전산화사업을 완료하고 유통체계를 통해 민간에 적극 공급하는 한편, 재정적으로도 완전히 자립할 수 있을 것이다. 이 시점에서는 민간의 활력과 창의를 바탕으로 산업부문과 개인생활 등에서 이용자들이 편리하게 이용할 수 있는 GIS서비스를 극대화하고 GIS활용의 보편화를 실현할 것으로 전망된다. 또한 축적된 공간정보를 활용한 새로운 부가가치산업이 창출되고, GIS정보기술을 해외로 수출할 수 있는 수준에 도달할 것이다.

4 수치지도

1 의의

지표면, 지하, 수중 및 공간의 위치와 지형, 지물 및 지명 등의 각종 지형공간정보를 전산시스템을 이용하여 일정한 축척에 의하여 디지털형태로 나타낸 것을 말한다.

2 장단점

장점	단점
• 지도 제작비용이 저렴하다. • 제작속도가 빠르다. • 지도의 축소·확대가 용이하다. • 다른 수치지도와 중첩을 통한 정보의 재가공이 가능하다.	• 매핑시스템 구입에 따른 초기비용이 많이 소요된다. • 높은 품질의 지도 제작을 보장하지는 않는다.

3 제작순서

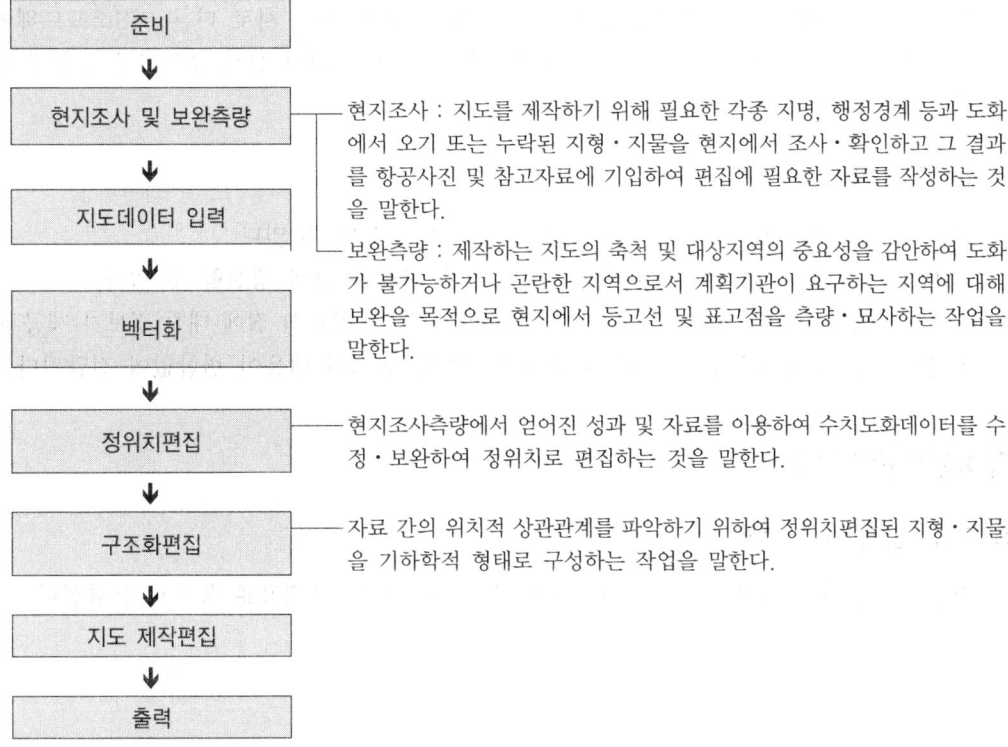

4 검수항목

① 데이터의 입력과정 및 생성연혁관리
② 데이터 포맷
③ 위치정확도, 속성정확도, 논리적 일관성, 완결성
④ 기하구조 적합성
⑤ 경계정합
⑥ 문자정확성
⑦ 시간적 정확성

5 표준화

1 의의 및 필요성

1) 의의

정보화사회가 도래하고 국민의 안전 및 시설물의 관리 등에 대한 관심이 증대되면서 각종 정보화추진과제 및 국가 주요 시책에 기본자료로 공동 활용될 예정이지만, 이를 위한 정보 공동 활용의 기반환경이 미흡한 실정이다. 국가 또는 지방자치단체에서 막대한 예산을 투입하여 정보화사업을 하여 효율적인 관리 및 활용을 하고 서로 다른 GIS소프트웨어와 시스템 상호 간 호환성을 확보하기 위하여 기초연구의 강화와 함께 운영기반 조성에 필요한 데이터의 표준화 추진이 필요하다.

2) 표준화의 필요성

① 자료를 공유함으로써 연구과정에 드는 비용을 절감할 수 있다.
② 다양한 자료에 대한 접근이 용이하기 때문에 자료를 쉽게 갱신할 수 있다.
③ 사용자가 자신의 용도에 따라 자료를 갱신할 수 있는 자료의 질에 대한 정보가 제공된다.
④ 수치적인 공간자료가 서로 다른 체계 사이에서 원래의 내용이 변함없이 전달된다.

2 표준유형의 분류

1) 기능측면에 따른 분류

기능측면에 따라 데이터 표준, 기술표준, 프로세스표준, 조직표준 등으로 분류한다.

2) 데이터 측면에 따른 분류

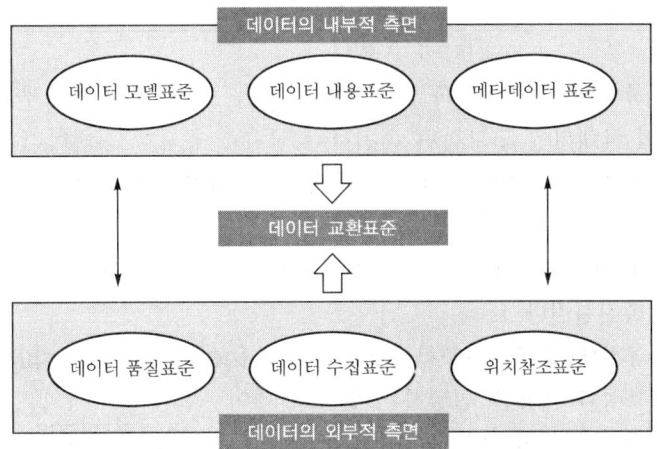

구분		내용
내적 요소	데이터 모형표준	공간데이터의 개념적이고 논리적인 틀을 정의한다.
	데이터 내용표준	다양한 공간현상에 대하여 데이터 교환에 의해 필요한 데이터를 얻기 위해 공간형상과 관련 속성자료들이 정의된다.
	메타데이터 표준	사용되는 공간데이터의 의미, 맥락, 내·외부적 관계 등에 대한 정보로 정의된다.
외적 요소	데이터 품질표준	만들어진 공간데이터가 얼마나 유용하고 정확한지, 의미가 있는지에 대한 검증 과정을 정의한다.
	데이터 수집표준	디지타이징, 스캐닝 등 공간데이터를 수집하기 위한 방법을 정의한다.
	위치참조표준	공간데이터의 정확성, 의미, 공간적 관계 등을 객관적인 기준(좌표계, 투영법, 기준점)에 의해 정의한다.

3) 표준영역측면에 따른 분류

표준영역측면에 따라 국지적 표준, 국가범주, 국가 간 범주, 국제범주 등으로 분류한다.

3 메타데이터

1) 의의

메타데이터란 실제 데이터는 아니지만 데이터베이스, 레이어, 속성, 공간현상 등과 관련된 데이터의 내용, 품질, 조건 및 특징 등을 저장한 데이터로서 데이터에 관한 데이터로 데이터의 이력서라고 말할 수 있다. 따라서 메타데이터는 작성한 실무자가 바뀌더라도 변함없는 데이터의 기본체계를 유지하게 되므로 시간이 지나도 일관성 있는 데이터를 사용자에게 제공이 가능하다.

2) 특징

① 데이터의 기본체계를 유지함으로써 시간과 관계없이 일관성 있는 데이터를 제공할 수 있다.
② 데이터를 목록화(indexing)하기 때문에 사용에 편리한 정보를 제공한다.
③ 정보공유의 극대화를 도모하며 데이터의 교환을 원활히 지원하기 위한 틀을 제공한다.
④ DB구축과정에 대한 정보를 관리하는 내부메타데이터와 구축DB를 외부에 공개하는 외부메타데이터로 구분한다.
⑤ 최근에는 데이터에 대한 목록을 체계적이고 표준화된 방식으로 제공함으로써 데이터의 공유화를 촉진시킨다.
⑥ 대용량의 공간데이터를 구축하는 데 비용과 시간을 절감할 수 있다.
⑦ 데이터의 특성과 내용을 설명하는 일종의 데이터로서 데이터의 양이 방대하다.
⑧ 데이터의 직접적인 접근이 용이하지 않을 경우 데이터를 참조하기 위한 보조데이터로서 많이 사용한다.

3) 기본요소

① **개요 및 자료소개** : 수록된 데이터의 제목, 개발자, 데이터의 지리적 영역 및 내용, 다른 이용자의 이용 가능성, 가능할 경우 데이터의 획득방법 등을 정한 규칙이 포함
② **데이터의 질에 대한 정보** : Data Set의 위치정확도, 속성정확도, 완전성, 일관성, 정보출처, 데이터 생성방법이 포함
③ **자료의 구성** : 자료의 코드화에 이용된 데이터 모형(벡터나 래스터모형 등), 공간위치의 표시방법에 대한 정보가 포함
④ **공간참조를 위한 정보** : 사용된 지도투영법의 명칭, 파라미터, 격자좌표체계 및 기법에 대한 정보 등이 포함
⑤ **형상·속성정보** : 수록된 공간정보(도로, 가옥, 대기 등) 및 속성정보가 포함
⑥ **정보획득방법** : 정보의 획득장소 및 획득형태, 정보의 가격에 대한 정보가 포함
⑦ **참조정보** : 메타데이터의 작성자 및 일시에 대한 정보가 포함

4 데이터의 교환표준(SDTS)

1) 의의

SDTS(Spatial Data Transfer Standard)는 모든 종류의 공간데이터(지리정보, 지도)들을 서로 변환 가능하게 해주는 표준을 말한다. 서로 다른 지리정보시스템들은 서로 간의 데이터를 긴밀하게 공유할 필요가 발생하지만 상이한 하드웨어, 소프트웨어, 운영체제 사이에서 데이터 교환을 가능하게 한다.

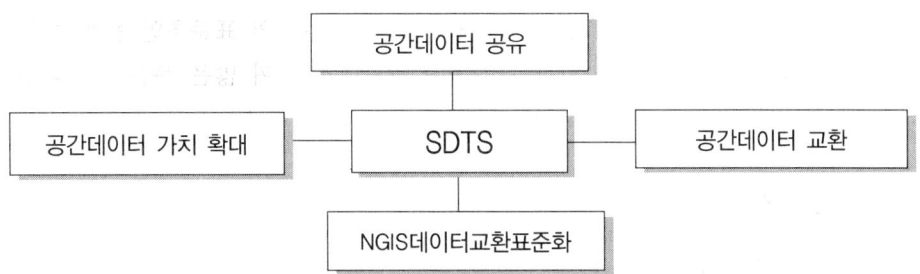

2) 특징

① 공간데이터에 관한 정보를 서로 전달하는 언어이며 서로 다른 하드웨어 및 소프트웨어 운영체계의 표준이다.
② 총 34개 모듈로 정의되며 모듈, 레코드, 필드, 하위필드의 위계적인 구조로 이루어져 있다.
③ NGIS의 데이터교환표준화로 제정되었으며 공간데이터 전환의 조직과 구조, 공간형상과 공간속성의 정의, 데이터 전환의 코드화에 대한 규정을 상세히 제공하고 있다.
④ 자료모델로 기하학적인 위치정보만을 가지는 공간객체와, 위상구조정보를 포함한 공간객체를 구별하여 Geometry와 Topology로 정의하고 있다.
⑤ 일반적인 자료교환표준 ISO/ANSI 8211을 사용하여 논리적인 규약을 물리적 수준으로 전환 가능하도록 규정하고 있다.
⑥ 공간현상들을 수치적으로 표현하는 공간객체를 정의하여 체계적이고 구조적으로 자료모델을 정의하고 있다.
⑦ 다양한 공간현상들을 효과적이고 수치화된 지도의 형태로 표현가능하며 개념모델, 논리모델, 물리모델을 통해 일관성을 가진 형태의 자료를 저장, 전환하여 관리할 수 있다.
⑧ SDTS에서는 위상구조정보로서 순서, 연결성, 인접성 정보를 규정하고 있다.

5 표준화기구

1) ISO/TC 211

① 국제표준기구(International Organization for Standard)는 1994년에 GIS표준기술위원회(Technical Committee 211)를 구성하여 표준작업을 진행하고 있다.
② 공식명칭은 Geographic Information/Geomatics으로써 TC 211위원회(이하 ISO/TC 211)는 수치화된 지리정보분야의 표준화를 위한 기술위원회이며 지구의 지리적 위치와 직·간접적으로 관계가 있는 객체나 현상에 대한 정보표준규격을 수립함에 그 목적을 두고 있다.

2) CEN/TC 287

① CEN/TC 287은 ISO/TC 211활동이 시작되기 이전에 유럽의 표준화기구를 중심으로 추진된 유럽의 지리정보표준화기구이다.

② ISO/TC 211과 CEN/TC 287은 일찍부터 상호 합의문서와 표준초안 등을 공유하고 있으며, CEN/TC 287의 표준화성과는 ISO/TC 211에 의하여 많은 부분 참조되었다.
③ CEN/TC 287은 기술위원회명칭을 Geographic Information이라고 하였으며, 그 범위는 실세계에 대한 현상을 정의, 표현, 전송하기 위한 방법을 명시하는 표준들의 체계적 집합 등으로 구성하였다.

3) OGC(OpenGIS Consortium)

1994년 8월 설립되었으며 GIS 관련 기관과 업체를 중심으로 하는 비영리단체이다.
① 상호 운영 가능한 지리정보처리기술규약의 공동 개발
② 상호 운영 가능한 제품의 개발보급을 위한 corba, java, OLE/COM, ODBC 분산환경에 대한 구현규약의 정의
③ 개방형 시스템, 분산처리, 컴포넌트프레임워크에 기초한 정보기술과 지리정보처리기술의 융합과 분산된 지리데이터 처리와 관련된 산업계 공동 개발을 촉진하기 위한 산업체 포럼을 제공

6 기타

1 웹LIS(인터넷LIS)

1) 의의

인터넷기술의 발전과 웹 이용의 엄청난 증가는 수많은 정보통신분야에 새로운 길을 열어주고 있고 LIS에 있어서도 새로운 방향을 제시하였으며, 인터넷LIS는 인터넷의 WWW(World Wide Web)구현기술을 LIS와 결합하여 인터넷 또는 인트라넷환경에서 토지정보의 입력, 수정, 조작, 분석, 출력 등의 작업을 처리하여 네트워크환경에서 서비스를 제공할 수 있도록 구축된 시스템을 말한다.

2) 도입효과

① 업무처리의 신속화
② 정보의 공유
③ 업무별 분산처리 실현
④ 시간과 거리에 제한을 받지 않음
⑤ 중복된 업무를 처리하지 않을 수 있음

3) 구성

(1) 2계층구조(2-tier architecture)

2계층구조는 분산처리시스템으로 네트워크환경을 기반으로 원격지에 있는 시스템 간의 협동작업을 통하여 서로의 자원을 공유하거나 필요한 정보를 주고받는 등의 일련의 상호

작용을 말한다. 즉 2계층구조는 클라이언트-서버구조로 네트워크를 기반으로 하여 서비스를 요구하는 클라이언트와, 이를 처리하여 결과를 클라이언트로 돌려보내는 클라이언트와 서버 간의 상호 처리프로세스를 기본으로 하고 있다.

(2) 3계층구조(3-tier architecture)

3계층구조(3-tier architecture)는 각종 자료의 조회나 표현기능은 클라이언트에, 데이터 접근기능은 서버에 두고, 나머지 기능은 하나 혹은 여러 개의 응용시스템이 공유할 수 있도록 구성하며 중간 매체소프트웨어인 미들웨어(middleware)가 사용되는 구조를 말한다.

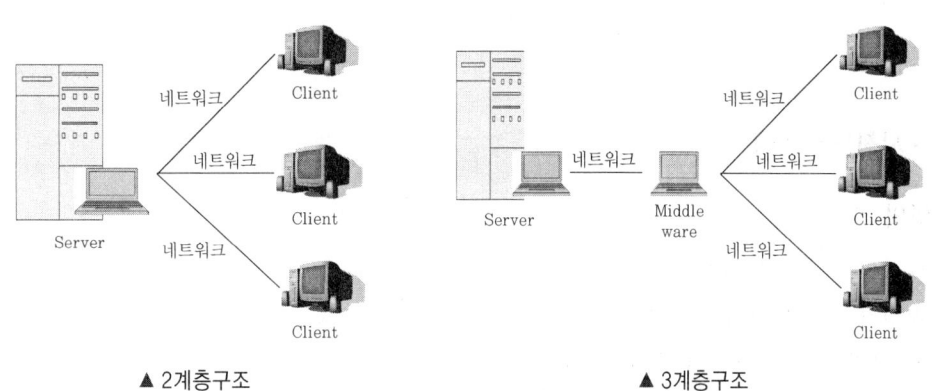

▲ 2계층구조　　　　　　　　　　▲ 3계층구조

2 인트라넷

인터넷의 웹(Web)기술을 이용, 기업 및 특정 단체의 내부정보시스템을 구축하는 것이 인트라넷(Intranet)이다. 정보검색시스템인 WWW(World Wide Web)와 브라우저S/W기술로 정보공유시스템을 구축, 기업 및 특정 단체의 내부(Intra) 관련자들이 필요한 정보를 공유하게 하는 네트워크시스템을 의미한다.

3 전자정부

1) 의의

전자정부란 정보통신기술(IT)을 활용하여 정부업무처리방식을 혁신하고, 이를 통해 행정의 효율성과 생산성을 높이면서 국민에게 신속하고 질 높은 행정서비스를 제공하는 정부를 말한다.

2) 구성요소

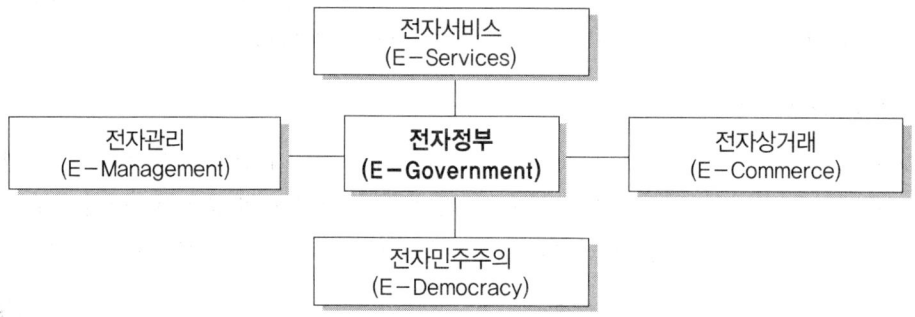

4 도시정보시스템

1) 의의

도시정보시스템(UIS : Urban Information System)은 도시를 대상으로 하는 공간자료와 속성자료를 통합하여 토지 및 시설물의 관리, 도로의 계획 및 보수, 자원활용 및 환경보존 등 다양한 사용목적에 맞게 구축된 공간정보데이터베이스로서 컴퓨터기술을 이용하여 자료입력 및 갱신, 자료처리, 자료검색 및 관리, 조작 및 분석, 그리고 출력하는 시스템을 말한다.

2) 도시 관련 정보

① 속성정보 : 주민등록인구자료, 건축물대장, 과세대장, 토지대장, 인구 및 주택센서스 등
② 도형정보 : 지형, 행정경계, 교통로, 도로, 항공사진 등 지도나 도면에 표시되는 정보

3) 특징

① 초기 시스템 구축단계에서 많은 경비와 시간, 노력이 소요된다.
② 도시계획, 도시행정관리, 도시개발 등의 다양한 도시 관련 업무에서 방대한 양의 정보를 효과적으로 처리할 수 있어 많은 비용과 시간, 인력과 노력 등이 절감된다.
③ 각종 도면 및 대장발급업무와 인허가업무 등을 신속하게 처리할 수 있으므로 대민행정 서비스가 향상된다.

5 AM/FM

1) 도면자동화(AM)

(1) 의의

도면자동화(AM : Automated Mapping)는 도형해석을 위한 소프트웨어를 이용하여 지형정

보를 생성·수정 및 합성하여 시설물관리를 효과적으로 지원하기 위한 시스템이다. 즉 지도를 그리거나 생산해내는 전산기체계로 효율적인 위치정보의 처리와 출력을 위해 고안되었으며 지형에 대한 분석능력이 없고 단지 위치정보에 의한 영상만을 조작할 수 있다.

(2) 특징

① 지도의 유지·보수·관리가 경제적이고 편리하다.
② 중앙 집중식 관리가 가능하다.
③ 내용의 추가·변경이 용이하다.

2) 시설물관리(FM)

(1) 의의

시설물관리(FM : Facility Management)는 공공시설물이나 대규모의 공장, 관로망 등에 대한 지도 및 도면 등 제반 정보를 수치입력하여 시설물에 대해 효율적인 운영관리를 하는 종합체계, FMS라고도 한다. 시설물에 관한 자료목록이 전산화된 형태로 구성되어 사용자가 원하는 대로 정보를 분류, 갱신, 출력할 수 있다.

(2) 특징

① 시설물도면관리를 통한 업무의 효율화 증대
② 복잡한 사무에 관하여 단일계통을 통해 업무처리의 고도화·신속화 도모
③ 시설물정보의 중앙관리로 시설물의 최적화 기대

05 예상문제

01 토지정보시스템의 필요성을 가장 잘 설명한 것은?

기 18-3

① 기준점의 효율적 관리
② 지적재조사사업 추진
③ 지역측지계의 세계좌표계로의 변환
④ 토지 관련 자료의 효율적 이용과 관리

해설 토지정보체계(LIS : Land Information System)는 주로 토지와 관련된 위치정보와 속성정보를 수집, 처리, 저장, 관리하기 위한 정보체계로서 지형분석, 토지의 이용, 다목적 지적 등 토지자원 관련 문제해결에 이용되며 지적, 토지의 이용, 자원, 환경정보 등을 포함한 지구표면의 속성 및 이용을 나타낸다. 또한 토지에 대한 물리적, 정량적, 법적인 내용을 말하며 토지정보체계의 가장 일반적인 형태인 토지소유자, 토지가액, 세액평가, 토지경계 등의 정보를 관리한다.

02 토지정보시스템(LIS)의 구축목적으로 옳지 않은 것은?

기 19-3

① 지적재조사의 기반 확보
② 다목적 지적정보체계 구축
③ 도시기반시설의 유지 및 관리
④ 지적 관련 민원의 신속·정확한 처리

해설 토지정보시스템의 필요성과 기대효과
㉠ 필요성
• 토지 관련 정책자료의 다목적 활용
• 토지 관련 과세자료로 이용
• 지적민원사항의 신속·정확한 처리
• 지방행정전산화의 획기적인 계기
• 여러 가지 대장 및 도면을 쉽게 관리
• 수작업으로 인한 오류 방지
• 자료를 쉽게 공유
• 지적공부의 노후화
㉡ 기대효과
• 체계적이고 과학적인 지적사무와 지적행정의 실현
• 다목적 국토정보시스템 구축
• 토지기록변동자료의 신속한 온라인처리로 업무의 이중성 배제
• 최신의 자료 확보로 지적통계와 정책정보의 정확성 제고
• 수치지형모형을 이용한 지형분석 및 경관정보 추출
• 토지부동산정보관리체계 및 다목적 지적정보시스템 구축
• 지적도면관리전산화의 기초 확립

03 토지정보시스템 구축의 목적으로 가장 거리가 먼 것은?

산 19-1

① 토지 관련 과세자료의 이용
② 지적민원사항의 신속한 처리
③ 토지관계정책자료의 다목적 활용
④ 전산자원 및 지적도 DB 단독 활용

해설 토지정보시스템 구축의 필요성 및 기대효과
㉠ 필요성
• 토지 관련 정책자료의 다목적 활용
• 토지 관련 과세자료로 이용
• 지적민원사항의 신속·정확한 처리
• 지방행정전산화의 획기적인 계기
• 여러 가지 대장 및 도면을 쉽게 관리
• 수작업으로 인한 오류 방지
• 자료를 쉽게 공유
• 지적공부의 노후화
㉡ 기대효과
• 체계적이고 과학적인 지적사무와 지적행정의 실현
• 다목적 국토정보시스템 구축
• 토지기록변동자료의 신속한 온라인처리로 업무의 이중성 배제
• 최신의 자료 확보로 지적통계와 정책정보의 정확성 제고
• 수치지형모형을 이용한 지형분석 및 경관정보 추출
• 토지부동산정보관리체계 및 다목적 지적정보시스템 구축
• 지적도면관리전산화의 기초 확립

04 토지정보체계의 필요성에 대한 설명으로 옳지 않은 것은?

산 18-3

① 토지 관련 정보의 보안강화
② 여러 대장과 도면의 효율적 관리
③ 토지권리에 대한 분석과 정보제공
④ 토지 관련 변동자료의 신속·정확한 처리

정답 01 ④ 02 ③ 03 ④ 04 ①

해설 토지정보체계의 필요성 및 기대효과
  ㉠ 필요성
  - 토지 관련 정책자료의 다목적 활용
  - 토지 관련 과세자료로 이용
  - 지적민원사항의 신속·정확한 처리
  - 지방행정전산화의 획기적인 계기
  - 여러 가지 대장 및 도면을 쉽게 관리
  - 수작업으로 인한 오류 방지
  - 자료를 쉽게 공유
  - 지적공부의 노후화
  ㉡ 기대효과
  - 체계적이고 과학적인 지적사무와 지적행정의 실현
  - 다목적 국토정보시스템 구축
  - 토지기록변동자료의 신속한 온라인처리로 업무의 이중성 배제
  - 최신의 자료 확보로 지적통계와 정책정보의 정확성 제고
  - 수치지형모형을 이용한 지형분석 및 경관정보 추출
  - 토지부동산정보관리체계 및 다목적 지적정보시스템 구축
  - 지적도면관리전산화의 기초 확립

05 토지정보체계의 특징에 해당되지 않는 것은? 기 19-2
  ① 지형도 기반의 지적정보를 대상으로 하는 위치참조체계이다.
  ② 토지이용계획 및 토지 관련 정책자료 등 다목적으로 활용이 가능하다.
  ③ 토지 1필지의 이동정리에 따른 정확한 자료가 저장되고 검색이 편리하다.
  ④ 지적도의 경계점좌표를 수치로 등록함으로써 각종 계획업무에 활용할 수 있다.

해설 토지정보체계는 Land Information System의 약어로서 지적도 기반의 위치정보와 속성정보를 수집, 처리, 저장, 관리하기 위한 정보시스템이다.

06 토지정보시스템(Land Information System) 운용에서 역점을 두어야 할 측면은? 기 19-3
  ① 민주성과 기술성   ② 사회성과 기술성
  ③ 자율성과 경제성   ④ 정확성과 신속성

해설 토지정보시스템 운용에서 역점을 두어야 할 측면은 정확성과 신속성이다.

07 GIS의 필요성과 관계가 없는 것은? 산 16-1

① 전문부서 간의 업무의 유기적 관계를 갖기 위하여
② 정보의 신뢰도를 높이기 위하여
③ 자료의 중복조사 방지를 위하여
④ 행정환경변화의 수동적 대응을 하기 위하여

해설 GIS는 행정환경변화에 능동적으로 대응해야 한다.

08 토지정보시스템에 대한 설명으로 가장 거리가 먼 것은? 산 16-2
① 법률적, 행정적, 경제적 기초하에 토지에 관한 자료를 체계적으로 수집한 시스템이다.
② 협의의 개념은 지적을 중심으로 지적공부에 표시된 사항을 근거로 하는 시스템이다.
③ 지상 및 지하의 공급시설에 대한 자료를 효율적으로 관리하는 시스템이다.
④ 토지 관련 문제의 해결과 토지정책의 의사결정을 보조하는 시스템이다.

해설 지상 및 지하의 공급시설에 대한 자료를 효율적으로 관리하는 시스템은 시설물관리시스템이다.

09 토지정보시스템의 활용효과로 가장 관련이 없는 것은? 기 18-3
① 원활한 의사결정의 지원
② 토지와 관련된 행정업무 간소화
③ 데이터의 구축비용과 투자의 중복 최소화
④ 데이터의 공유로 인한 이원화된 자료 활용

해설 토지정보시스템의 활용
  ㉠ 토지 관련 정책자료의 다목적 활용
  ㉡ 토지 관련 과세자료로 이용
  ㉢ 지적민원사항의 신속·정확한 처리
  ㉣ 지방행정전산화의 획기적인 계기
  ㉤ 여러 가지 대장 및 도면을 쉽게 관리
  ㉥ 수작업으로 인한 오류 방지
  ㉦ 자료를 쉽게 공유
  ㉧ 지적공부의 노후화

10 LIS를 구동시키기 위한 가장 중요한 요소로서 전문성과 기술을 요하는 구성요소는? 기 17-1
① 자료   ② 하드웨어
③ 소프트웨어   ④ 조직 및 인력

정답 05 ① 06 ④ 07 ④ 08 ③ 09 ④ 10 ④

해설 조직 및 인력은 LIS를 구성하는 가장 중요한 요소로서 데이터를 구축하고 실제 업무에 활용하는 사람을 말한다. 시스템을 설계하고 관리하는 전문인력과 일상업무에 GIS를 활용하는 사용자를 모두 포함한다.

11 토지정보시스템(LIS)에 관한 설명으로 옳은 것은?

① 토지개발에 따른 투기현상을 방지하는데 주목적을 두고 있다.
② 토지와 관련된 공간정보를 수집, 저장, 처리, 관리하기 위한 시스템이다.
③ 도시기반시설에 관한 자료를 저장하여 효율적으로 관리하는 시스템이다.
④ 토지와 관련된 등록부와 도면작성을 위한 도해지적공부의 확보를 위한 것이다.

해설 토지정보시스템(LIS)은 토지와 관련된 공간정보를 수집, 저장, 처리, 관리하기 위한 시스템이다.

12 토지정보체계의 관리목적에 대한 설명으로 틀린 것은?

① 토지 관련 정보의 수요결정과 정보를 신속하고 정확하게 제공할 수 있다.
② 신뢰할 수 있는 가장 최신의 토지등록데이터를 확보할 수 있도록 하는 것이다.
③ 토지와 관련된 등록부와 도면 등의 도해지적공부의 확보이다.
④ 새로운 시스템의 도입으로 토지정보체계의 DB에 관련된 시스템을 자동화하는 것이다.

해설 **토지정보체계의 관리목적**
㉠ 토지 관련 정보의 수요결정과 정보를 신속하고 정확하게 제공
㉡ 신뢰할 수 있는 가장 최신의 토지등록데이터를 확보
㉢ 토지와 관련된 등록부와 도면 등의 수치지적공부의 확보
㉣ 새로운 시스템의 도입으로 토지정보체계의 DB에 관련된 시스템을 자동화

13 토지정보체계와 지리정보체계에 대한 설명으로 옳지 않은 것은?

① 토지정보체계의 공간정보단위는 필지이다.
② 지리정보체계의 축척은 소축척이다.
③ 토지정보체계의 기본도는 지형도이다.
④ 지리정보체계는 경사, 고도, 환경, 토양, 도로 등이 기반정보로 운영된다.

해설 토지정보체계는 지적도를, 지리정보체계는 지형도를 기본도로 한다.

14 토지정보시스템(LIS)과 지리정보시스템(GIS)을 비교한 내용 중 틀린 것은?

① LIS는 필지를, GIS는 구역·지역을 단위로 한다.
② LIS는 지적도를, GIS는 지형도를 기본도면으로 한다.
③ LIS는 대축척을, GIS는 소축척을 사용한다.
④ LIS는 자료분석이, GIS는 자료관리 및 처리가 장점이다.

해설 LIS는 자료관리 및 처리에, GIS는 자료분석에 중점을 두고 있다.

15 토지정보체계의 구성요소로 볼 수 없는 것은?

① 하드웨어   ② 정보
③ 전문인력   ④ 소프트웨어

해설 LIS는 컴퓨터와 각종 입출력장치 및 자료관리장치 등의 하드웨어, 각종 정보를 저장·분석·표현할 수 있는 기능을 지원하는 소프트웨어, 지도로부터 추출한 도형정보와 대장이나 통계자료로부터 추출한 속성정보를 전산화한 데이터베이스, 데이터를 구축하고 실제 업무에 활용하는 조직 및 인력으로 구성된다.

16 다음 중 토지정보시스템의 주된 구성요소로만 나열한 것은?

① 조직과 인력, 하드웨어 및 소프트웨어, 자료
② 하드웨어 및 소프트웨어, 통신장비, 네트워크
③ 자료, 보안장치, 시설
④ 지적측량, 조직과 인력, 네트워크

해설 **토지정보시스템의 구성요소** : 자료, 하드웨어, 소프트웨어, 조직과 인력

17 지형공간정보체계가 아닌 것은?

① 지적행정시스템   ② 토지정보시스템
③ 도시정보시스템   ④ 환경정보시스템

정답 11 ② 12 ③ 13 ③ 14 ④ 15 ② 16 ① 17 ①

해설 지적행정시스템은 토지에 관련된 정보를 조사·측량하여 작성한 지적공부(토지대장, 임야대장, 공유지연명부, 대지권등록부, 경계점좌표등록부)를 전산으로 등록·관리하는 시스템으로 하드웨어와 소프트웨어 및 전산자료로 이루어진다.

18 다음 중 LIS(Land Information System)와 관련이 없는 것은? 실 18-1

① UIS(Urban Information System)
② DIS(Defense Information System)
③ GIS(Geographic Information System)
④ EIS(Environmental Information System)

해설 ① UIS(Urban Information System) : 도시정보체계
② DIS(Defense Information System) : 국방정보체계
③ GIS(Geographic Information System) : 지리정보체계
④ EIS(Environmental Information System) : 환경정보체계

19 각종 토지 관련 정보시스템의 한글표기가 틀린 것은? 실 17-1

① KLIS : 한국토지정보시스템
② LIS : 토지정보체계
③ NGIS : 국가지리정보시스템
④ UIS : 교통정보체계

해설 ㉠ UIS : 도시정보체계
㉡ TIS : 교통정보체계

20 도시현황의 파악 및 도시계획, 도시정비, 도시기반시설의 관리를 효과적으로 수행할 수 있는 시스템은? 기 19-2

① 교통정보시스템(TIS)
② 도시정보시스템(UIS)
③ 자원정보시스템(RIS)
④ 환경정보시스템(EIS)

해설 도시정보시스템(UIS) : 도시현황의 파악 및 도시계획, 도시정비, 도시기반시설의 관리를 효과적으로 수행할 수 있는 시스템

21 다음 중 토지정보시스템에 대한 설명으로 옳지 않은 것은? 기 18-2

① 데이터에 대한 내용, 품질, 사용조건 등을 기술하고 있다.
② 구축된 토지정보는 토지등기, 평가, 과세, 거래의 기초자료로 활용된다.
③ 토지부동산정보관리체계 및 다목적 지적정보체계 구축에 활용될 수 있다.
④ 지적도를 기반으로 토지와 관련된 공간정보를 수집·처리·저장·관리하기 위한 정보체계이다.

해설 메타데이터란 실제 데이터는 아니지만 데이터베이스, 레이어, 속성, 공간현상 등과 관련된 데이터의 내용, 품질, 조건 및 특징 등을 저장한 데이터로서 데이터에 관한 데이터로 데이터의 이력서라고 말할 수 있다. 따라서 메타데이터는 작성한 실무자가 바뀌더라도 변함없는 데이터의 기본체계를 유지하게 되므로 시간이 지나도 일관성 있는 데이터를 사용자에게 제공이 가능하다.

22 도시정보체계(UIS : Urban Information System)를 구축할 경우의 기대효과로 옳지 않은 것은? 실 17-2

① 도시행정업무를 체계적으로 지원할 수 있다.
② 각종 도시계획을 효율적이고 과학적으로 수립 가능하다.
③ 효율적인 도시관리 및 행정서비스 향상의 정보기반 구축으로 시설물을 입체적으로 관리할 수 있다.
④ 도시 내 건축물의 유지·보수를 위한 재원확보와 조세징수를 위해 최적화된 시스템을 이용할 수 있게 한다.

해설 도시정보시스템
도시를 대상으로 하는 공간자료와 속성자료를 통합하여 토지 및 시설물의 관리, 도로의 계획 및 보수, 자원활용 및 환경보존 등 다양한 사용목적에 맞게 구축된 공간정보데이터베이스로서 컴퓨터기술을 이용하여 자료입력 및 갱신, 자료처리, 자료검색 및 관리, 조작 및 분석, 그리고 출력하는 시스템을 말한다.
㉠ 초기 시스템 구축단계에서 많은 경비와 시간, 노력이 소요된다.
㉡ 도시계획, 도시행정관리, 도시개발 등의 다양한 도시 관련 업무에서 방대한 양의 정보를 효과적으로 처리할 수 있어 많은 비용, 시간, 인력, 노력 등이 절감된다.
㉢ 각종 도면 및 대장발급업무와 인허가업무 등을 신속하게 처리할 수 있으므로 대민행정서비스가 향상된다.

정답 18 ② 19 ④ 20 ② 21 ① 22 ④

23 도시정보시스템에 대한 설명으로 옳지 않은 것은?

① 토지와 건물의 속성만을 입력할 수 있는 시스템이다.
② UIS라고 하며 Urban Information System의 약어이다.
③ 도시 전반에 관한 사항을 관리·활용하는 종합적이고 체계적인 정보시스템이다.
④ 지적도 및 각종 지형도, 도시계획도, 토지이용계획도, 도로교통시설물 등의 지리정보를 데이터베이스화한다.

해설 도시정보시스템(UIS : Urban Information System)은 도시를 대상으로 하는 공간자료와 속성자료를 통합하여 토지 및 시설물의 관리, 도로의 계획 및 보수, 자원활용 및 환경보존 등 다양한 사용목적에 맞게 구축된 공간정보데이터베이스로서 컴퓨터기술을 이용하여 자료입력 및 갱신, 자료처리, 자료검색 및 관리, 조작 및 분석, 그리고 출력하는 시스템을 말한다.

24 다음 중 토지정보시스템의 범주에 포함되지 않는 것은?

① 경영정책자료
② 시설물에 관한 자료
③ 지적 관련 법령자료
④ 토지측량자료

해설 LIS자료 및 구성내용
㉠ 토지측량자료
 • 기하학적 자료 : 현황, 지표형상
 • 토지표시자료 : 지번, 지목, 면적
㉡ 법률자료 : 소유권 및 소유권 이외의 권리
㉢ 자연자원자료 : 지질 및 광업자원, 유량, 입목, 기후
㉣ 기술적 시설물에 관한 자료 : 지하시설물 전력 및 산업공장, 주거지, 교통시설
㉤ 환경보전에 관한 자료 : 수질, 공해, 소음, 기타 자연훼손자료
㉥ 경제 및 사회정책적 자료 : 인구, 고용능력, 교통조건, 문화시설

25 사용자가 네트워크나 컴퓨터를 의식하지 않고 장소에 상관없이 자유롭게 네트워크에 접속할 수 있는 정보통신환경을 무엇이라 하는가?

① 유비쿼터스(Ubiquitous)
② 위치기반정보시스템(LBS)
③ 지능형 교통정보시스템(ITS)
④ 텔레매틱스(Telematics)

해설 유비쿼터스 : 사용자가 네트워크나 컴퓨터를 의식하지 않고 장소에 상관없이 자유롭게 네트워크에 접속할 수 있는 정보통신환경

26 3차원 토지정보체계 구축을 위한 측량기술의 설명으로 옳지 않은 것은?

① 위성측량기술 : 광역지역에 대한 반복적인 시계열 3차원 자료 구축에 유리하다.
② 항공사진측량기술 : 균질한 정확도와 원하는 축척의 수치지도 제작에 유리하다.
③ GNSS측량기술 : 기존의 평판이나 트랜싯측량에 비해 정확도가 떨어져 지적재조사사업에 불리하다.
④ 모바일매핑시스템 : LIDAR, GPS, INS 등을 탑재하여 도로시설물의 3차원 정보 구축에 유리하다.

해설 위성측위시스템(GNSS)은 우주궤도를 돌고 있는 위성을 이용해 지상물의 위치정보를 제공하는 시스템이다. 작게는 1m 이하 해상도의 정밀한 위치정보 파악도 가능하며, 이를 통해 교통정보, 측량정보 등을 제공할 수 있다. 자동차에 응용한 GPS가 대표적이다.

27 GIS의 구축 및 활용을 위한 과정을 순서대로 올바르게 나열한 것은?

㉠ 자료수집 및 입력
㉡ 결과출력
㉢ 데이터베이스 구축 및 관리
㉣ 데이터 분석

① ㉠→㉢→㉣→㉡
② ㉣→㉠→㉢→㉡
③ ㉡→㉠→㉣→㉢
④ ㉣→㉡→㉠→㉢

해설 GIS의 구축순서 : 자료수집 및 입력→데이터베이스 구축 및 관리→데이터 분석→결과출력

정답 23 ① 24 ① 25 ① 26 ③ 27 ①

28 토지정보체계의 자료관리과정 중 가장 중요한 단계는?

① 자료검색방법 ② 데이터베이스 구축
③ 조작처리 ④ 부호화(code화)

해설 토지정보체계의 자료관리과정 중 가장 중요한 단계는 데이터베이스 구축이다.

29 국가지리정보체계(NGIS)추진위원회의 심의사항이 아닌 것은?

① 기본계획의 수립 및 변경
② 기본지리정보의 선정
③ 지리정보의 유통과 보호에 관한 주요 사항
④ 추진실적의 관리 및 감독

해설 국가지리정보체계추진위원회의 심의·의결사항
㉠ 기본계획의 수립 및 변경
㉡ 기본지리정보의 선정
㉢ 지리정보의 유통과 보호에 관한 주요 사항

30 국가공간정보정책 기본계획은 몇 년 단위로 수립·시행되는가?

① 1년 ② 3년
③ 5년 ④ 10년

해설 국가공간정보정책기본계획은 5년 단위로 수립·시행된다.

31 제6차 국가공간정보정책 기본계획의 계획기간으로 옳은 것은?

① 2010~2015년 ② 2013~2017년
③ 2014~2019년 ④ 2018~2022년

해설 제6차 국가공간정보정책기본계획의 계획기간은 2018~2022년이다.

32 국가지리정보체계의 추진과정에 관한 내용으로 틀린 것은?

① 1995년부터 2000년까지 제1차 국가GIS사업 수행
② 2006년부터 2010년에는 제2차 국가GIS기본계획 수립
③ 제1차 국가GIS사업에서는 지형도, 공통주제도, 지하시설물도의 DB 구축 추진
④ 제2차 국가GIS사업에서는 국가공간정보기반 확충을 통한 디지털국토 실현 추진

해설 제2차 NGIS(2001~2005)활용·확산단계 : 제2차 국가 GIS사업을 통해 국가공간정보기반을 확고히 마련하고 범국민적 유통·활용을 정착

33 NGIS 구축의 단계적 추진에서 3단계 사업이 속하는 단계는?

① GIS기반조성단계 ② GIS정착단계
③ GIS수정보완단계 ④ GIS활용·확산단계

해설 NGIS 구축단계 : 제1단계 GIS기반조성단계(1995~2000) → 제2단계 GIS활용·확산단계(2001~2005) → 제3단계 GIS정착단계(2006~2010) → 디지털국토 실현

34 다음 중 지적행정에 웹LIS를 도입한 효과로 가장 거리가 먼 것은?

① 중복된 업무를 처리하지 않을 수 있다.
② 지적 관련 정보와 자원을 공유할 수 있다.
③ 업무의 중앙집중 및 업무별 중앙제어가 가능하다.
④ 시간과 거리에 제한을 받지 않고 민원을 처리할 수 있다.

해설 웹LIS(인터넷LIS)
㉠ 의의 : 인터넷기술의 발전과 웹 이용의 엄청난 증가는 수많은 정보통신분야에 새로운 길을 열어주고 있고 LIS에 있어서도 새로운 방향을 제시하였다. 인터넷LIS는 인터넷의 WWW(World Wide Web)구현기술을 LIS와 결합하여 인터넷 또는 인트라넷환경에서 토지정보의 입력, 수정, 조작, 분석, 출력 등의 작업을 처리하여 네트워크환경에서 서비스를 제공할 수 있도록 구축된 시스템을 말한다.
㉡ 도입효과
• 업무처리의 신속화
• 정보의 공유
• 업무별 분산처리 실현
• 시간과 거리에 제한을 받지 않음
• 중복된 업무를 처리하지 않을 수 있음

35 다음 중 공간데이터 관련 표준화와 관련이 없는 것은?

① IDW ② SDTS
③ CEN/TC ④ ISO/TC 211

정답 28 ② 29 ④ 30 ③ 31 ④ 32 ② 33 ② 34 ③ 35 ①

해설 IDW(Inverse Distance Weighting)보간법은 관측점과 보간대상점과의 거리의 역수를 가중치로 하여 보간하는 방식으로 거리가 가까울수록 가중치의 상대적인 영향은 크며, 거리가 멀어질수록 상대적인 영향은 작아진다.

36 토지정보체계(LIS)와 지리정보체계(GIS)의 차이점으로 옳지 않은 것은? 기 17-3

① 지리정보체계의 공간기본단위는 지역과 구역이다.
② 토지정보체계는 일반적으로 대축척지도를 기본도로 한다.
③ 토지정보체계의 공간기본단위는 필지(parcel)이다.
④ 지리정보체계는 일반적으로 소축척 행정구역도를 기본도로 한다.

해설 지리정보체계는 일반적으로 소축척 지형도를 기본도로 한다.

37 지적행정에 웹(Web)기반의 LIS를 도입함으로써 발생하는 효과가 아닌 것은? 기 19-3

① 정보와 자원을 공유할 수 있다.
② 업무별 분산처리를 실현할 수 있다.
③ 서버의 구축비용을 절감할 수 있다.
④ 시간과 거리에 제한을 받지 않으며 민원을 처리할 수 있다.

해설 웹LIS(인터넷LIS)
㉠ 의의 : 인터넷기술의 발전과 웹 이용의 엄청난 증가는 수많은 정보통신분야에 새로운 길을 열어주고 있고 LIS에 있어서도 새로운 방향을 제시하였다. 인터넷LIS는 인터넷 WWW(World Wide Web)구현기술을 LIS와 결합하여 인터넷 또는 인트라넷환경에서 토지정보의 입력, 수정, 조작, 분석, 출력 등의 작업을 처리하여 네트워크환경에서 서비스를 제공할 수 있도록 구축된 시스템을 말한다.
㉡ 도입효과
• 업무처리의 신속화
• 정보의 공유
• 업무별 분산처리 실현
• 시간과 거리에 제한을 받지 않음
• 중복된 업무를 처리하지 않을 수 있음

38 Wed GIS에 대한 설명으로 옳지 않은 것은? 기 19-1

① 클라이언트-서버형태의 시스템으로 대용량 공간자료의 저장, 관리와 분산처리가 가능하다.
② 전문적인 GIS개발자들이 특정 목적의 GIS 응용프로그램을 개발할 수 있도록 하는 개발 지원도구이다.
③ 인터넷기술을 GIS와 접목시켜 네트워크환경에서 GIS서비스를 제공할 수 있도록 구축한 시스템이다.
④ 데이터베이스와 웹의 상호 연결로 시공간상의 한계를 극복하고 실시간으로 정보취득과 공유가 가능하다.

39 Internet GIS에 대한 설명으로 틀린 것은? 기 17-1

① 인터넷기술을 GIS와 접목시켜 네트워크환경에서 GIS서비스를 제공할 수 있도록 구축한 시스템이다.
② 조직 내 많은 부서가 공동으로 필요로 하는 다양한 지리정보를 취급할 수 있도록 클라이언트-서버기술을 바탕으로 시스템을 통합시키는 GIS기술을 말한다.
③ 인터넷을 이용한 분석이나 확대, 축소나 기본적인 질의가 가능하다.
④ 다른 기종 간에 접속이 가능한 시스템으로 네트워크상에서 움직이기 때문에 각종 시스템에 접속이 가능하다.

해설 인트라넷은 조직 내 많은 부서가 공동으로 필요로 하는 다양한 지리정보를 취급할 수 있도록 클라이언트-서버 기술을 바탕으로 시스템을 통합시키는 GIS기술이다.

40 지리현상의 공간적 분석에서 시간개념을 도입하여 시간변화에 따른 공간변화를 이해하기 위한 방법과 가장 밀접한 관련이 있는 것은? 기 17-1

① Temporal GIS
② Embedded SW
③ Target Platform
④ Terminating Node

해설 Temporal GIS는 지리현상의 공간적 분석에서 시간개념을 도입하여 시간변화에 따른 공간변화를 이해하기 위한 방법이다.

정답 36 ④ 37 ③ 38 ② 39 ② 40 ①

41 개방형 지리정보시스템(Open GIS)에 대한 설명으로 옳지 않은 것은?

① 시스템 상호 간의 접속에 대한 용이성과 분산처리기술을 확보하여야 한다.
② 국가공간정보유통기구를 통해 유통할 경우 개방형 GIS 구축이 필수적이다.
③ 서로 다른 GIS데이터의 혼용을 막기 위하여 같은 종류의 데이터만 교환이 가능하도록 해야 한다.
④ 정보의 교환 및 시스템의 통합과 다양한 분야에서 공유할 수 있어야 한다.

해설 개방형 지리정보시스템의 경우 서로 다른 지리정보시스템들은 서로 간의 데이터를 긴밀하게 공유할 필요가 발생하지만 상이한 하드웨어, 소프트웨어, 운영체제 사이에서 데이터 교환을 가능케 한다.

42 다음 중 서로 다른 체계들 간의 자료공유를 위한 공간 자료교환표준으로 대표적인 것은?

① CEN/TC 287
② SDTS
③ DX-90
④ Z 39-50

해설 SDTS(Spatial Data Transfer Standard)는 모든 종류의 공간데이터(지리정보, 지도)들을 서로 변환 가능하게 해주는 표준을 말한다. 서로 다른 지리정보시스템들은 서로 간의 데이터를 긴밀하게 공유할 필요가 발생하지만 상이한 하드웨어, 소프트웨어, 운영체제 사이에서 데이터 교환을 가능하게 한다.

43 효율적으로 공간데이터를 분석, 처리하기 위한 고려사항으로 가장 거리가 먼 것은?

① 공간데이터의 분포 및 군집성
② 하드웨어 설치장소
③ 변화하는 공간데이터의 갱신
④ 효율적인 저장구조

해설 공간데이터를 분석, 처리 시 고려사항
㉠ 공간데이터의 분포 및 군집성
㉡ 변화하는 공간데이터의 갱신
㉢ 효율적인 저장구조

44 데이터베이스 구축과정에서 검수에 대한 설명으로 옳은 것은?

① 검수란 최종성과에 대해 실시하는 것이다.
② 검수는 데이터베이스 구축과정에서 단계별로 실시한다.
③ 출력검수는 화면출력에 대해 검수하는 것이다.
④ 검수방법 중에서 컴퓨터에 의해 자동처리되는 프로그램검수가 가장 우수하다.

해설 데이터베이스 구축과정에서 검수란 단계별로 실시하며 컴퓨터에 의해 자동처리되는 프로그램검수보다 작업자의 육안에 의한 검수가 더 정확하다.

45 데이터의 표준화를 위해서 선행되어야 할 요건이 아닌 것은?

① 원격탐사
② 형상의 분류
③ 대상물의 표현
④ 자료의 질에 대한 분류

해설 데이터의 표준화를 위해서 선행되어야 할 요건 : 형상의 분류, 대상물의 표현, 자료의 질에 대한 분류

46 토지정보체계의 자료구축에 있어서 표준화의 필요성과 가장 관련이 적은 것은?

① 자료의 중복구축 방지로 비용을 절감할 수 있다.
② 자료구조의 단순화를 목적으로 한다.
③ 기존에 구축된 모든 데이터에 쉽게 접근할 수 있다.
④ 시스템 간의 상호 연계성을 강화할 수 있다.

해설 표준화의 필요성
㉠ 자료를 공유함으로써 연구과정에 드는 비용을 절감할 수 있다.
㉡ 다양한 자료에 대한 접근이 용이하기 때문에 자료를 쉽게 갱신할 수 있다.
㉢ 사용자가 자신의 용도에 따라 자료를 갱신할 수 있는 자료의 질에 대한 정보가 제공된다.
㉣ 수치적인 공간자료가 서로 다른 체계 사이에서 원래의 내용이 변함없이 전달된다.

47 다음 중 GIS데이터의 표준화에 해당하지 않는 것은?

① 데이터 모델(Data Model)의 표준화
② 데이터 내용(Data Contents)의 표준화
③ 데이터 제공(Data Supply)의 표준화
④ 위치참조(Location Reference)의 표준화

정답 41 ③ 42 ② 43 ② 44 ② 45 ① 46 ② 47 ③

해설 표준유형의 분류(데이터 측면)

구분		내용
내적 요소	데이터 모형표준	공간데이터의 개념적이고 논리적인 틀을 정의한다.
	데이터 내용표준	다양한 공간현상에 대하여 데이터 교환에 의해 필요한 데이터를 얻기 위해 공간형상과 관련 속성자료들이 정의된다.
	메타데이터 표준	사용되는 공간데이터의 의미, 맥락, 내·외부적 관계 등에 대한 정보로 정의된다.
외적 요소	데이터 품질표준	만들어진 공간데이터가 얼마나 유용하고 정확한지, 의미가 있는지에 대한 검증과정을 정의한다.
	데이터 수집표준	디지타이징, 스캐닝 등 공간데이터를 수집하기 위한 방법을 정의한다.
	위치참조표준	공간데이터의 정확성, 의미, 공간적 관계 등을 객관적인 기준(좌표계, 투영법, 기준점)에 의해 정의한다.

48 다음 중 GIS데이터 교환표준이 아닌 것은?

① NTF   ② SQL
③ SDTS ④ DIGEST

해설 SQL은 1974년 IBM연구소에서 개발한 SEQUEL(Structured English QUEry Language)에 연유한다. SQL이라는 이름은 'Structured Query Language'의 약자이며 "sequel(시퀄)"이라 발음한다. 관계형 데이터베이스에 사용되는 관계대수와 관계해석을 기초로 한 통합데이터 언어를 말한다.

49 네트워크를 통하여 정보를 공유하고자 하는 온라인 활용분야에서 사용되는 공통어는?

① 메타데이터   ② 속성데이터
③ 위성데이터   ④ 데이터 표준화

해설 메타데이터
㉠ 의의 : 실제 데이터는 아니지만 데이터베이스, 레이어, 속성, 공간현상 등과 관련된 데이터의 내용, 품질, 조건 및 특징 등을 저장한 데이터로서 데이터에 관한 데이터로 데이터의 이력서라고 말할 수 있다.
㉡ 특징
• 데이터의 기본체계를 유지함으로써 시간과 관계없이 일관성 있는 데이터를 제공할 수 있다.
• 데이터를 목록화하기 때문에 사용에 편리한 정보를 제공한다.

• 정보공유의 극대화를 도모하며 데이터의 교환을 원활히 지원하기 위한 틀을 제공한다.
• DB구축과정에 대한 정보를 관리하는 내부메타데이터와 구축DB를 외부에 공개하는 외부메타데이터로 구분한다.
• 최근에는 데이터에 대한 목록을 체계적이고 표준화된 방식으로 제공함으로써 데이터의 공유화를 촉진시킨다.
• 대용량의 공간데이터를 구축하는 데 비용과 시간을 절감할 수 있다.
• 데이터의 특성과 내용을 설명하는 일종의 데이터로서 데이터의 양이 방대하다.
• 데이터의 직접적인 접근이 용이하지 않을 경우 데이터를 참조하기 위한 보조데이터로서 많이 사용한다.

50 데이터베이스에서 데이터 표준유형을 분류할 때 기능측면의 분류에 해당하지 않는 것은?

① 기술표준   ② 데이터 표준
③ 프로세스표준 ④ 메타데이터 표준

해설 표준유형의 분류
㉠ 기능측면에 따른 분류 : 데이터 표준, 기술표준, 프로세스표준, 조직표준
㉡ 데이터 측면에 따른 분류

구분		내용
내적 요소	데이터 모형표준	공간데이터의 개념적이고 논리적인 틀을 정의한다.
	데이터 내용표준	다양한 공간현상에 대하여 데이터 교환에 의해 필요한 데이터를 얻기 위해 공간형상과 관련 속성자료들이 정의된다.
	메타 데이터표준	사용되는 공간데이터의 의미, 맥락, 내·외부적 관계 등에 대한 정보로 정의된다.
외적 요소	데이터 품질표준	만들어진 공간데이터가 얼마나 유용하고 정확한지, 의미가 있는지에 대한 검증과정을 정의한다.
	데이터 수집표준	디지타이징, 스캐닝 등 공간데이터를 수집하기 위한 방법을 정의한다.
	위치참조표준	공간데이터의 정확성, 의미, 공간적 관계 등을 객관적인 기준(좌표계, 투영법, 기준점)에 의해 정의한다.

㉢ 표준영역측면에 따른 분류 : 국지적 표준, 국가범주, 국가 간 범주, 국제범주

정답 48 ② 49 ① 50 ④

51 메타데이터(metadata)에 대한 설명으로 옳은 것은?

① 수학적으로 데이터의 모형을 정의하는 데 필요한 구성요소이다.
② 여러 변수 사이에 함수관계를 설정하기 위하여 사용되는 매개데이터를 말한다.
③ 데이터의 내용, 논리적 관계, 기초자료의 정확도, 경계 등 자료의 특성을 설명하는 정보의 이력서이다.
④ 토지정보시스템에 사용되는 GPS, 사진측량 등으로 얻은 위치자료를 데이터베이스화한 자료를 말한다.

해설 메타데이터
㉠ 수록된 자료의 내용, 논리적인 관계와 특징, 기초자료의 정확도, 경계 등 포함한 자료의 특성을 설명하는 자료로서 한마디로 정보의 이력서이다.
㉡ 일련의 자료들을 기술하거나 또는 이들 자료를 대표하기 위하여 사용되는 자료로 자료베이스의 스키마 또는 객체지향프로그래밍에서 클래스 등이 메타자료에 해당된다.
㉢ 데이터베이스, 레이어, 속성공간현상과 관련된 정보, 즉 자료에 대한 자료를 의미한다. 또한 포함된 데이터베이스의 종류, 자료의 정확성, 이용방법에 관한 정보를 제공하며 자료에 대한 자료이다(data about data).
㉣ 공간정보의 수신자가 수신된 공간정보를 일일이 분석하고 출력하여 도면으로 보기 전에 과연 수신된 공간자료가 꼭 필요한 자료인지, 또 필요한 과제를 수행할 만큼 양과 질의 자료인지 미리 알아볼 수 있는 자료이다.
㉤ 일반사용자가 GIS자료에 접근하고자 할 때 필요한 자료의 종류, 용도, 포맷, 자료구축의 지리적 범위, 자료의 판매가능성과 판매가격 등에 대한 정보를 수록하고 있다.
㉥ 자료의 품질정보, 공간자료의 구성정보, 공간참조정보, 객체 및 속성정보, 배포정보, 메타데이터 참조정보 등을 포함한다.

52 데이터의 연혁, 품질정보 및 공간참조정보 등을 담고 있는 세부적인 정보데이터 용어는?

① 공간데이터   ② 메타데이터
③ 속성데이터   ④ 참조데이터

해설 메타데이터란 실제 데이터는 아니지만 데이터베이스, 레이어, 속성, 공간현상 등과 관련된 데이터의 내용, 품질, 조건 및 특징 등을 저장한 데이터로서 데이터에 관한 데이터로 데이터의 이력서라고 말할 수 있다. 따라서 메타데이터는 작성한 실무자가 바뀌더라도 변함없는 데이터의 기본체계를 유지하게 되므로 시간이 지나도 일관성 있는 데이터를 사용자에게 제공 가능하다.

53 공간자료교환의 표준(SDTS)에 대한 설명으로 옳지 않은 것은?

① NGIS의 데이터교환표준화로 제정되었다.
② 모든 종류의 공간자료들을 호환 가능하도록 하기 위한 내용을 기술하고 있다.
③ 위상구조정보로서 순서(order), 연결성(connectivity), 인접성(adjacency)정보를 규정하고 있다.
④ 국방분야의 지리정보데이터교환표준으로서 미국과 주요 NATO국가들이 채택하여 사용하고 있다.

해설 SDTS(Spatial Data Transfer Standard)는 모든 종류의 공간데이터(지리정보, 지도)들을 서로 변환 가능하게 해주는 표준을 말한다. 서로 다른 지리정보시스템들은 서로 간의 데이터를 긴밀하게 공유할 필요가 발생하지만 상이한 하드웨어, 소프트웨어, 운영체제 사이에서 데이터 교환을 가능케 한다.

54 다음 중 우리나라의 메타데이터에 대한 설명으로 옳지 않은 것은?

① 메타데이터는 데이터 사전과 DBMS로 구성되어 있다.
② 1955년 12월 우리나라 NGIS데이터교환표준으로 SDTS가 채택되었다.
③ 국가기본도 및 공통데이터교환포맷표준안을 확정하여 국가표준으로 제정하고 있다.
④ NGIS에서 수행하고 있는 표준화내용은 기본모델연구, 정보구축표준화, 정보유통표준화, 정보활용표준화, 관련 기술표준화이다.

해설 메타데이터란 실제 데이터는 아니지만 데이터베이스, 레이어, 속성, 공간현상 등과 관련된 데이터의 내용, 품질, 조건 및 특징 등을 저장한 데이터로서 데이터에 관한 데이터로 데이터의 이력서라고 말할 수 있다. 따라서 메타데이터는 작성한 실무자가 바뀌더라도 변함없는 데이터의 기본체계를 유지하게 되므로 시간이 지나도 일관성 있는 데이터를 사용자에게 제공 가능하다.

55 메타데이터(Metadata)의 기본적인 요소가 아닌 것은?

① 공간참조   ② 자료의 내용
③ 정보획득방법   ④ 공간자료의 구성

정답 51 ③ 52 ② 53 ④ 54 ① 55 ②

해설 메타데이터의 기본요소
- ㉠ 개요 및 자료소개 : 수록된 데이터의 제목, 개발자, 데이터의 지리적 영역 및 내용, 다른 이용자의 이용 가능성, 가능할 경우 데이터의 획득방법 등을 정한 규칙 포함
- ㉡ 데이터의 질에 대한 정보 : Data Set의 위치정확도, 속성정확도, 완전성, 일관성, 정보출처, 데이터 생성방법 포함
- ㉢ 자료의 구성 : 자료의 코드화에 이용된 데이터 모형(벡터나 래스터모형 등), 공간위치의 표시방법에 대한 정보 포함
- ㉣ 공간참조를 위한 정보 : 사용된 지도투영법의 명칭, 파라미터, 격자좌표체계 및 기법에 대한 정보 등 포함
- ㉤ 형상·속성정보 : 수록된 공간정보(도로, 가옥, 대기 등) 및 속성정보 포함
- ㉥ 정보획득방법 : 정보의 획득장소 및 획득형태, 정보의 가격에 대한 정보 포함
- ㉦ 참조정보 : 메타데이터의 작성자 및 일시에 대한 정보 포함

56 메타데이터의 내용에 해당하지 않는 것은?
① 개체별 위치좌표
② 데이터의 정확도
③ 데이터의 제공포맷
④ 데이터가 생성된 일자

해설 메타데이터의 기본요소
- ㉠ 개요 및 자료소개 : 수록된 데이터의 제목, 개발자, 데이터의 지리적 영역 및 내용, 다른 이용자의 이용 가능성, 가능할 경우 데이터의 획득방법 등을 정한 규칙 포함
- ㉡ 데이터의 질에 대한 정보 : Data Set의 위치정확도, 속성정확도, 완전성, 일관성, 정보출처, 데이터 생성방법 포함
- ㉢ 자료의 구성 : 자료의 코드화에 이용된 데이터 모형(벡터나 래스터모형 등), 공간위치의 표시방법에 대한 정보 포함
- ㉣ 공간참조를 위한 정보 : 사용된 지도투영법의 명칭, 파라미터, 격자좌표체계 및 기법에 대한 정보 등 포함
- ㉤ 형상·속성정보 : 수록된 공간정보(도로, 가옥, 대기 등) 및 속성정보 포함
- ㉥ 정보획득방법 : 정보의 획득장소 및 획득형태, 정보의 가격에 대한 정보 포함
- ㉦ 참조정보 : 메타데이터의 작성자 및 일시에 대한 정보 포함

57 데이터에 대한 정보로서 데이터의 내용, 품질, 조건 및 기타 특성에 대한 정보를 포함하는 정보의 이력서라 할 수 있는 것은?
① 인덱스(Index)
② 라이브러리(Library)
③ 메타데이터(Metadata)
④ 데이터베이스(Database)

해설 메타데이터 : 데이터에 대한 정보로서 데이터의 내용, 품질, 조건 및 기타 특성에 대한 정보를 포함하는 정보의 이력서

58 데이터에 대한 정보인 메타데이터의 특징으로 틀린 것은?
① 데이터의 직접적인 접근이 용이하지 않을 경우 데이터를 참조하기 위한 보조데이터로 사용된다.
② 대용량의 공간데이터를 구축하는 데 비용과 시간을 절감할 수 있다.
③ 데이터의 교환을 원활하게 지원할 수 있다.
④ 메타데이터는 데이터의 일관성을 유지하기 어렵게 한다.

해설 메타데이터란 실제 데이터는 아니지만 데이터베이스, 레이어, 속성, 공간현상 등과 관련된 데이터의 내용, 품질, 조건 및 특징 등을 저장한 데이터로서 데이터에 관한 데이터로 데이터의 이력서라고 말할 수 있다. 따라서 메타데이터는 작성한 실무자가 바뀌더라도 변함없는 데이터의 기본체계를 유지하게 되므로 시간이 지나도 일관성 있는 데이터를 사용자에게 제공 가능하다.

59 다음 중 유럽의 지형공간데이터의 표준화작업을 위한 지리정보표준화기구로 옳은 것은?
① OGC
② FGDC
③ CEN/TC 287
④ ISO/TC 211

해설 CEN/TC 287
- ㉠ CEN/TC 287은 ISO/TC 211활동이 시작되기 이전에 유럽의 표준화기구를 중심으로 추진된 유럽의 지리정보 표준화기구이다.
- ㉡ ISO/TC 211과 CEN/TC 287은 일찍부터 상호 합의문서와 표준초안 등을 공유하고 있으며, CEN/TC 287의 표준화성과는 ISO/TC 211에 의하여 많은 부분 참조되었다.
- ㉢ CEN/TC 287은 기술위원회 명칭을 Geographic Information이라고 하였으며, 그 범위는 실세계에 대한 현상을 정의, 표현, 전송하기 위한 방법을 명시하는 표준들의 체계적 집합 등으로 구성하였다.

정답 56 ① 57 ③ 58 ④ 59 ③

60 메타데이터의 특징으로 틀린 것은?

① 대용량의 데이터를 구축하는 시간과 비용을 절감할 수 있다.
② 공간정보유통의 효율성을 제고한다.
③ 시간이 지남에 따라 데이터의 기본체계를 변경하여 변화된 데이터를 실시간으로 사용자에게 제공한다.
④ 데이터의 공유화를 촉진시킨다.

해설 메타데이터란 실제 데이터는 아니지만 데이터베이스, 레이어, 속성, 공간현상 등과 관련된 데이터의 내용, 품질, 조건 및 특징 등을 저장한 데이터로서 데이터에 관한 데이터로 데이터의 이력서라고 말할 수 있다. 따라서 메타데이터는 작성한 실무자가 바뀌더라도 변함없는 데이터의 기본체계를 유지하게 되므로 시간이 지나도 일관성 있는 데이터를 사용자에게 제공 가능하다.

61 공간데이터의 질을 평가하는 기준과 가장 거리가 먼 것은?

① 위치정확성 ② 속성정확성
③ 논리적 일관성 ④ 데이터의 경제성

해설 입력자료의 질을 평가하는 기준으로 위치정확도, 속성정확도, 논리적 일관성, 완결성 등이 있다.

62 지리정보시스템에서 실세계를 추상화시켜 표현하는 과정을 데이터 모델링이라 하며, 이와 같이 실세계의 지리공간을 GIS의 데이터베이스로 구축하는 과정은 추상화수준에 따라 세 가지 단계로 나누어진다. 이 세 가지 단계에 포함되지 않는 것은?

① 개념적 모델 ② 논리적 모델
③ 물리적 모델 ④ 위상적 모델

해설 GIS의 데이터베이스로 구축하는 과정은 추상화수준에 따라 논리적 모델, 물리적 모델, 개념적 모델 등 세 가지 단계로 나누어진다.

63 다음 중 지리정보시스템의 국제표준을 담당하고 있는 기구의 명칭으로 틀린 것은?

① 유럽의 지리정보표준화기구 : CEN/TC 287
② 국제표준화기구 ISO의 지리정보표준화 관련 위원회 : IOS/TC 211
③ GIS기본모델의 표준화를 마련한 비영리민관 참여국제기구 : OGC
④ 유럽의 수치지도제작표준화기구 : SDTS

해설 CEN/TC 287
㉠ CEN/TC 287은 ISO/TC 211활동이 시작되기 이전에 유럽의 표준화기구를 중심으로 추진된 유럽의 지리정보 표준화기구이다.
㉡ ISO/TC 211과 CEN/TC 287은 일찍부터 상호 합의문서와 표준초안 등을 공유하고 있으며, CEN/TC 287의 표준화성과는 ISO/TC 211에 의하여 많은 부분 참조되었다.
㉢ CEN/TC 287은 기술위원회 명칭을 Geographic Information이라고 하였으며, 그 범위는 실세계에 대한 현상을 정의, 표현, 전송하기 위한 방법을 명시하는 표준들의 체계적 집합 등으로 구성하였다.

64 대규모의 공장, 관로망 또는 공공시설물 등에 대한 제반 정보를 처리하는 시스템은?

① 시설물관리시스템 ② 교통정보관리시스템
③ 도시정보관리시스템 ④ 측량정보관리시스템

해설 시설물관리시스템은 공공시설물이나 대규모의 공장, 관로망 등에 대한 지도 및 도면 등 제반 정보를 수치입력하여 시설물에 대해 효율적인 운영관리를 하는 종합체계로서 FMS라고도 한다. 시설물에 관한 자료목록이 전산화된 형태로 구성되어 사용자가 원하는 대로 정보를 분류, 갱신, 출력할 수 있다.

65 다음 중 지리정보시스템의 자료구축 시 발생하는 오차가 아닌 것은?

① 자료처리 시 발생하는 오차
② 디지타이징 시 발생하는 오차
③ 좌표투영을 위한 스캐닝오차
④ 절대위치자료 생성 시 지적측량기준점의 오차

해설 지리정보시스템의 오차
㉠ 입력자료의 품질에 따른 오차
 • 위치정확도에 따른 오차
 • 속성정확도에 따른 오차
 • 논리적 일관성에 따른 오차
 • 완결성에 따른 오차
 • 자료변환과정에 따른 오차
㉡ 데이터베이스 구축 시 발생되는 오차
 • 절대위치자료 생성 시 기준점의 오차
 • 위치자료 생성 시 발생되는 항공사진 및 위성영상의 정확도에 따른 오차
 • 디지타이징 시 발생되는 오차
 • 좌표변환 시 투영법에 따른 오차
 • 사회자료 부정확성에 따른 오차
 • 자료처리 시 발생되는 오차

정답 60 ③ 61 ④ 62 ④ 63 ④ 64 ① 65 ③

06 국가공간정보 기본법

1 개요

1 제정목적
이 법은 국가공간정보체계의 효율적인 구축과 종합적 활용 및 관리에 관한 사항을 규정함으로써 국토 및 자원을 합리적으로 이용하여 국민경제의 발전에 이바지함을 목적으로 한다.

2 용어정의
① **공간정보** : 지상·지하·수상·수중 등 공간상에 존재하는 자연적 또는 인공적인 객체에 대한 위치정보 및 이와 관련된 공간적 인지 및 의사결정에 필요한 정보를 말한다.
② **공간정보데이터베이스** : 공간정보를 체계적으로 정리하여 사용자가 검색하고 활용할 수 있도록 가공한 정보의 집합체를 말한다.
③ **공간정보체계** : 공간정보를 효과적으로 수집·저장·가공·분석·표현할 수 있도록 서로 유기적으로 연계된 컴퓨터의 하드웨어, 소프트웨어, 데이터베이스 및 인적자원의 결합체를 말한다.
④ **관리기관** : 공간정보를 생산하거나 관리하는 중앙행정기관, 지방자치단체, 공공기관의 운영에 관한 법률 제4조에 따른 공공기관(이하 "공공기관"이라 한다), 그 밖에 대통령령으로 정하는 민간기관을 말한다.
  • **민간기관의 범위** : 국가공간정보 기본법에서 "대통령령으로 정하는 민간기관"이란 다음의 자 중에서 국토교통부장관이 관계 중앙행정기관의 장과 특별시장·광역시장·특별자치시장·도지사 및 특별자치도지사(이하 "시·도지사"라 한다)와 협의하여 고시하는 자를 말한다.
    - 전기통신사업법에 따른 전기통신사업자로서 허가를 받은 기간통신사업자
    - 도시가스사업법에 따른 도시가스사업자로서 허가를 받은 일반도시가스사업자
    - 송유관 안전관리법에 따른 송유관설치자 및 송유관관리자
⑤ **국가공간정보체계** : 관리기관이 구축 및 관리하는 공간정보체계를 말한다.
⑥ **국가공간정보통합체계** : 기본공간정보데이터베이스를 기반으로 국가공간정보체계를 통합 또는 연계하여 국토교통부장관이 구축·운용하는 공간정보체계를 말한다.
⑦ **공간객체등록번호** : 공간정보를 효율적으로 관리 및 활용하기 위하여 자연적 또는 인공적 객체에 부여하는 공간정보의 유일식별번호를 말한다.

3 국민의 공간정보복지 증진

① 국가 및 지방자치단체는 국민이 공간정보에 쉽게 접근하여 활용할 수 있도록 체계적으로 공간정보를 생산 및 관리하고 공개함으로써 국민의 공간정보복지를 증진시킬 수 있도록 노력하여야 한다.
② 국민은 법령에 따라 공개 및 이용이 제한된 경우를 제외하고는 관리기관이 생산한 공간정보를 정당한 절차를 거쳐 활용할 권리를 가진다.

4 공간정보의 취득·관리의 기본원칙

공간정보체계의 효율적인 구축과 종합적 활용을 위하여 다음의 어느 하나에 해당하는 경우에는 국토의 공간별·지역별 공간정보가 균형 있게 포함되도록 하여야 한다.
① 국가공간정보정책 기본계획 또는 기관별 국가공간정보정책 기본계획을 수립하는 경우
② 국가공간정보정책 시행계획 또는 기관별 국가공간정보정책 시행계획을 수립하는 경우
③ 기본공간정보를 취득 및 관리하는 경우
④ 국가공간정보통합체계를 구축하는 경우

2 국가공간정보정책의 추진체계

1 국가공간정보위원회

1) 설치

국가공간정보정책에 관한 사항을 심의·조정하기 위하여 국토교통부에 국가공간정보위원회(이하 "위원회"라 한다)를 둔다.

2) 위원

① 위원회는 위원장을 포함하여 30인 이내의 위원으로 구성한다.
② 위원장은 국토교통부장관이 되고, 위원은 다음의 자가 된다.
　㉠ 국가공간정보체계를 관리하는 중앙행정기관의 차관급 공무원으로서 대통령령으로 정하는 자
　　• 기획재정부 제1차관, 교육부차관, 미래창조과학부 제2차관, 국방부차관, 행정안전부차관, 농림축산식품부차관, 산업통상자원부 제1차관, 환경부차관, 해양수산부차관 및 국민안전처의 소방사무를 담당하는 본부장
　　• 통계청장, 문화재청장, 농촌진흥청장 및 산림청장
　㉡ 지방자치단체의 장(특별시·광역시·특별자치시·도·특별자치도의 경우에는 부시장 또는 부지사)으로서 위원장이 위촉하는 자 7인 이상

ⓒ 공간정보체계에 관한 전문지식과 경험이 풍부한 민간전문가로서 위원장이 위촉하는 자 7인 이상. 이 경우 국가공간정보위원회(이하 "위원회"라 한다)의 위원장은 민간전문가를 위원으로 위촉하는 경우 관계 중앙행정기관의 장의 의견을 들을 수 있다.
③ 위의 ⓛ, ⓒ에 해당하는 위원의 임기는 2년으로 한다. 다만, 위원의 사임 등으로 새로 위촉된 위원의 임기는 전임위원의 남은 임기로 한다.
④ 그 밖에 위원회 및 전문위원회의 구성·운영 등에 관하여 필요한 사항은 대통령령으로 정한다.

3) 위원회의 운영

① 위원회의 위원장(이하 "위원장"이라 한다)은 위원회를 대표하고 위원회의 업무를 총괄한다.
② 위원장이 부득이한 사유로 직무를 수행할 수 없을 때에는 위원장이 지명하는 위원의 순으로 그 직무를 대행한다.
③ 위원장은 회의개최 5일 전까지 회의일시·장소 및 심의안건을 각 위원에게 통보하여야 한다. 다만, 긴급한 경우에는 회의개최 전까지 통보할 수 있다.
④ 회의는 재적위원 과반수의 출석으로 개의하고, 출석위원 과반수의 찬성으로 의결한다.
⑤ 위원회에 간사 2명을 두되, 간사는 국토교통부와 행정안전부 소속 3급 또는 고위공무원단에 속하는 일반직공무원 중에서 국토교통부장관과 행정안전부장관이 각각 지명한다.

4) 심의사항

① 국가공간정보정책 기본계획의 수립·변경 및 집행실적의 평가
② 국가공간정보정책 시행계획(제7조에 따른 기관별 국가공간정보정책 시행계획을 포함한다)의 수립·변경 및 집행실적의 평가
③ 공간정보의 유통과 보호에 관한 사항
④ 국가공간정보체계의 중복투자 방지 등 투자효율화에 관한 사항
⑤ 국가공간정보체계의 구축·관리 및 활용에 관한 주요 정책의 조정에 관한 사항
⑥ 그 밖에 국가공간정보정책 및 국가공간정보체계와 관련된 사항으로서 위원장이 부의하는 사항

5) 전문위원회

위원회는 심의사항을 전문적으로 검토하기 위하여 전문위원회를 둘 수 있다.
① 전문위원회는 위원장 1명을 포함하여 30명 이내의 위원으로 구성한다.
② 전문위원회 위원은 공간정보와 관련한 4급 이상 공무원과 민간전문가 중에서 국토교통부장관이 임명 또는 위촉하되 성별을 고려하여야 한다.
③ 전문위원회 위원장은 전문위원회 위원 중에서 국토교통부장관이 지명하는 자가 된다.
④ 전문위원회 위촉위원의 임기는 2년으로 한다.

⑤ 전문위원회에 간사 1명을 두며, 간사는 국토교통부 소속공무원 중에서 국토교통부장관이 지명하는 자가 된다.
⑥ 전문위원회의 운영에 관하여는 국가공간정보위원회의 운영에 관한 사항을 준용한다.

6) 기타

① 의견청취 및 현지조사 등 : 위원회와 전문위원회는 안건심의와 업무수행에 필요하다고 인정하는 경우에는 관계기관에 자료의 제출을 요청하거나 관계인 또는 전문가를 출석하게 하여 그 의견을 들을 수 있으며 현지조사를 할 수 있다.
② 회의록 : 위원회와 전문위원회는 각각 회의록을 작성하여 갖추어두어야 한다.
③ 수당 : 위원회 또는 전문위원회에 출석한 위원·관계인 및 전문가에게는 예산의 범위에서 수당과 여비를 지급할 수 있다. 다만, 공무원인 위원이 그 소관업무와 직접 관련하여 회의에 출석한 경우에는 그러하지 아니하다.
④ 운영세칙 : 위원회 및 전문위원회의 운영에 필요한 사항은 위원회 및 전문위원회의 의결을 거쳐 위원장 및 전문위원회의 위원장이 정할 수 있다.

2 국가공간정보정책 기본계획의 수립

1) 국가공간정보정책 기본계획의 수립

정부는 국가공간정보체계의 구축 및 활용을 촉진하기 위하여 다음의 사항을 포함한 국가공간정보정책 기본계획(이하 "기본계획"이라 한다)을 5년마다 수립하고 시행하여야 한다.
① 국가공간정보체계의 구축 및 공간정보의 활용 촉진을 위한 정책의 기본방향
② 기본공간정보의 취득 및 관리
③ 국가공간정보체계에 관한 연구·개발
④ 공간정보관련 전문인력의 양성
⑤ 국가공간정보체계의 활용 및 공간정보의 유통
⑥ 국가공간정보체계의 구축·관리 및 유통 촉진에 필요한 투자 및 재원조달계획
⑦ 국가공간정보체계와 관련한 국가적 표준의 연구·보급 및 기술기준의 관리
⑧ 공간정보산업 진흥법에 따른 공간정보산업의 육성에 관한 사항
⑨ 그 밖에 국가공간정보정책에 관한 사항

2) 기본계획 작성 및 제출

① 관계 중앙행정기관의 장은 소관업무에 관한 기관별 국가공간정보정책 기본계획(이하 "기관별 기본계획"이라 한다)을 작성하여 대통령령으로 정하는 바에 따라 국토교통부장관에게 제출하여야 한다.
② 관계 중앙행정기관의 장은 소관업무에 관한 기관별 국가공간정보정책 기본계획을 국토교통부장관이 정하는 수립·제출일정에 따라 국토교통부장관에게 제출하여야 한다. 이

경우 국토교통부장관은 기관별 국가공간정보정책 기본계획 수립에 필요한 지침을 정하여 관계 중앙행정기관의 장에게 통보할 수 있다.

3) 기본계획의 확정

① 국토교통부장관은 관계 중앙행정기관의 장이 제출한 기관별 기본계획을 종합하여 기본계획을 수립하고 위원회의 심의를 거쳐 이를 확정한다.
② 국토교통부장관은 국가공간정보정책 기본계획의 수립을 위하여 필요하면 시·도지사에게 소관업무에 관한 자료의 제출을 요청할 수 있다. 이 경우 시·도지사는 특별한 사유가 없으면 이에 따라야 한다.

4) 기본계획의 변경

① 확정된 기본계획을 변경하는 경우 그 절차에 관하여는 위원회의 심의를 거쳐 이를 변경한다.
② 다만, 대통령령으로 정하는 경미한 사항을 변경하는 경우에는 그러하지 아니하다.
  ㉠ 사업기간을 2년 이내에서 가감하거나 사업비를 처음 계획의 100분의 10 이내에서 증감하는 경우
  ㉡ 투자 및 재원조달계획에 따른 투자금액 또는 재원조달금액을 처음 계획의 100분의 10 이내에서 증감하는 경우

5) 고시

국토교통부장관은 국가공간정보정책 기본계획을 확정하거나 변경한 경우에는 이를 관보에 고시하여야 한다.

3 국가공간정보정책 시행계획의 수립

1) 기관별 시행계획의 수립

① 관계 중앙행정기관의 장과 특별시장·광역시장·특별자치시장·도지사 및 특별자치도지사(이하 "시·도지사"라 한다)는 매년 기본계획에 따라 소관업무와 관련된 기관별 국가공간정보정책 시행계획(이하 "기관별 시행계획"이라 한다)을 수립한다.
② 기관별 시행계획을 수립 또는 변경하고자 하는 관계 중앙행정기관의 장과 시·도지사는 관련된 관리기관과 협의하여야 한다. 이 경우 관계 중앙행정기관의 장과 시·도지사는 관련된 관리기관의 장에게 해당 사항에 관한 협의를 요청할 수 있다.
③ 협의를 요청받은 관리기관의 장은 특별한 사유가 없는 한 30일 이내에 협의를 요청한 관계 중앙행정기관의 장 또는 시·도지사에게 의견을 제시하여야 한다.

2) 공간정보정책 시행계획의 확정

(1) 기획재정부장관의 의견제시 및 반영
① 국토교통부장관은 시행계획 또는 기관별 시행계획의 집행에 필요한 예산에 대하여 위원회의 심의를 거쳐 기획재정부장관에게 의견을 제시할 수 있다.
② 국토교통부장관이 기획재정부장관에게 의견을 제시하는 경우에는 평가결과를 그 의견에 반영하여야 한다.
③ 시행계획 또는 기관별 시행계획의 수립, 시행 및 집행실적의 평가와 국토교통부장관의 의견제시에 관하여 필요한 사항은 대통령령으로 정한다.

(2) 공간정보정책 시행계획의 확정
관계 중앙행정기관의 장과 시·도지사는 제1항에 따라 수립한 기관별 시행계획을 대통령령으로 정하는 바에 따라 국토교통부장관에게 제출하여야 하며, 국토교통부장관은 제출된 기관별 시행계획을 통합하여 매년 국가공간정보정책 시행계획(이하 "시행계획"이라 한다)을 수립하고 위원회의 심의를 거쳐 이를 확정한다.

3) 시행계획의 변경
확정된 시행계획을 변경하고자 하는 경우에는 위의 절차를 준용한다. 다만, 대통령령으로 정하는 경미한 사항(해당 연도 사업비를 100분의 10 이내에서 증감하는 경우)을 변경하는 경우에는 그러하지 아니하다.

4 집행실적 제출 및 평가

1) 집행실적 제출
관계 중앙행정기관의 장과 시·도지사는 다음의 사항이 포함된 다음연도의 기관별 국가공간정보정책 시행계획(이하 "기관별 시행계획"이라 한다)과 전년도 기관별 시행계획의 집행실적(평가결과를 포함한다)을 매년 2월 말까지 국토교통부장관에게 제출하여야 한다.
① 사업추진방향
② 세부사업계획
③ 사업비 및 재원조달계획

2) 집행실적 평가
① 국토교통부장관, 관계 중앙행정기관의 장 및 시·도지사는 확정 또는 변경된 시행계획 및 기관별 시행계획을 시행하고 그 집행실적을 평가하여야 한다.
② 국토교통부장관, 관계 중앙행정기관의 장 및 시·도지사는 국가공간정보정책 시행계획 또는 기관별 시행계획의 집행실적에 대하여 다음의 사항을 평가하여야 한다.
㉠ 국가공간정보정책 기본계획의 목표 및 추진방향과의 적합성 여부

ⓛ 중복되는 국가공간정보체계사업 간의 조정 및 연계
ⓒ 그 밖에 국가공간정보체계의 투자효율성을 높이기 위하여 필요한 사항

5 연구·개발

1) 업무수행

관계 중앙행정기관의 장은 공간정보체계의 구축 및 활용에 필요한 기술의 연구와 개발사업을 효율적으로 추진하기 위하여 다음의 업무를 행할 수 있다.
① 공간정보체계의 구축·관리·활용 및 공간정보의 유통 등에 관한 기술의 연구·개발, 평가 및 이전과 보급
② 산업계 또는 학계와의 공동 연구 및 개발
③ 전문인력양성 및 교육
④ 국제기술협력 및 교류

2) 업무의 위탁

관계 중앙행정기관의 장은 대통령령으로 정하는 바에 따라 업무를 대통령령으로 정하는 공간정보 관련 기관, 단체 또는 법인에 위탁할 수 있다. 기관의 지정기준 및 절차 등은 관계 중앙행정기관의 장이 정하는 바에 따른다.
① 건설기술 진흥법 제11조에 따른 기술평가기관
② 고등교육법 제25조에 따른 학교부설연구소
③ 공간정보산업 진흥법 제23조에 따른 공간정보산업진흥원
④ 과학기술분야 정부출연연구기관 등의 설립·운영 및 육성에 관한 법률 제8조에 따른 연구기관
⑤ 국가정보화 기본법 제14조에 따른 한국정보화진흥원
⑥ 기초연구 진흥 및 기술개발지원에 관한 법률 제14조의2 제1항에 따라 인정받은 기업부설연구소
⑦ 전자정부법 제72조에 따른 한국지역정보개발원
⑧ 전파법 제66조에 따른 한국방송통신전파진흥원
⑨ 정부출연연구기관 등의 설립·운영 및 육성에 관한 법률 제8조에 따른 연구기관
⑩ 공간정보산업 진흥법 제24조에 따른 공간정보산업협회
⑪ 공간정보의 구축 및 관리 등에 관한 법률 제57조에 따른 해양조사협회
⑫ 법 제12조에 따른 한국국토정보공사
⑬ 특정 연구기관육성법 제2조에 따른 특정 연구기관

6 정부의 지원

정부는 국가공간정보체계의 효율적 구축 및 활용을 촉진하기 위하여 다음의 어느 하나에

해당하는 업무를 수행하는 자에 대하여 출연 또는 보조금의 지급 등 필요한 지원을 할 수 있다.
① 공간정보체계와 관련한 기술의 연구·개발
② 공간정보체계와 관련한 전문인력의 양성
③ 공간정보체계와 관련한 전문지식 및 기술의 지원
④ 공간정보데이터베이스의 구축 및 관리
⑤ 공간정보의 유통
⑥ 공간정보에 관한 목록정보의 작성

7 국가공간정보정책에 관한 연차보고

1) 연차보고서 제출

정부는 국가공간정보정책의 주요 시책에 관한 보고서(이하 "연차보고서"라 한다)를 작성하여 매년 정기국회의 개회 전까지 국회에 제출하여야 한다. 연차보고서의 작성절차 및 방법 등에 관하여 필요한 사항은 대통령령으로 정한다.

2) 연차보고서 내용

연차보고서에는 다음의 내용이 포함되어야 한다.
① 기본계획 및 시행계획
② 국가공간정보체계 구축 및 활용에 관하여 추진된 시책과 추진하고자 하는 시책
③ 국가공간정보체계 구축 등 국가공간정보정책 추진현황
④ 공간정보관련 표준 및 기술기준현황
⑤ 공간정보산업 진흥법에 따른 공간정보산업육성에 관한 사항
⑥ 그 밖에 국가공간정보정책에 관한 중요사항

3) 자료의 제출요청

국토교통부장관은 연차보고서의 작성 등을 위하여 중앙행정기관의 장 또는 지방자치단체의 장에게 필요한 자료의 제출을 요청할 수 있다. 이 경우 요청을 받은 중앙행정기관의 장 또는 지방자치단체의 장은 특별한 사유가 없는 한 이에 응하여야 한다.

3 국가공간정보기반의 조성

1 기본공간정보의 취득 및 관리

1) 기본공간정보 선정 및 고시

① 국토교통부장관은 주요 공간정보를 기본공간정보로 선정하여 관계 중앙행정기관의 장과 협의한 후 이를 관보에 고시하여야 한다.

② 기본공간정보 선정의 기준 및 절차, 기본공간정보데이터베이스의 구축과 관리, 기본공간정보데이터베이스의 통합관리, 그 밖에 필요한 사항은 대통령령으로 정한다.

2) 기본공간정보

① 지형, 해안선, 행정경계, 도로 또는 철도의 경계, 하천경계, 지적, 건물 등 인공구조물의 공간정보
② 기준점(공간정보의 구축 및 관리 등에 관한 법률 제8조 제1항에 따른 측량기준점표지를 말한다)
③ 지명
④ 정사영상(항공사진 또는 인공위성의 영상을 지도와 같은 정사투영법(正射投影法)으로 제작한 영상을 말한다)
⑤ 수치표고모형(지표면의 표고(標高)를 일정간격격자마다 수치로 기록한 표고모형을 말한다)
⑥ 공간정보입체모형(지상에 존재하는 인공적인 객체의 외형에 관한 위치정보를 현실과 유사하게 입체적으로 표현한 정보를 말한다)
⑦ 실내공간정보(지상 또는 지하에 존재하는 건물 등 인공구조물의 내부에 관한 공간정보를 말한다)
⑧ 그 밖에 위원회의 심의를 거쳐 국토교통부장관이 정하는 공간정보

3) 데이터베이스 구축·관리

① 관계 중앙행정기관의 장은 선정·고시된 기본공간정보(이하 "기본공간정보"라 한다)를 대통령령으로 정하는 바에 따라 데이터베이스로 구축하여 관리하여야 한다.
② 관계 중앙행정기관의 장은 기본공간정보를 데이터베이스로 구축·관리하기 위하여 재원조달계획을 포함한 기본공간정보데이터베이스의 구축 또는 갱신계획, 유지·관리계획을 기관별 국가공간정보정책 기본계획에 포함하여 수립하고 시행하여야 한다.
③ 관계 중앙행정기관의 장은 기본공간정보데이터베이스를 구축·관리할 때에는 다음의 기준에 따라야 한다.
  ㉠ 표준 및 기술기준
  ㉡ 관계 중앙행정기관의 장과 협의하여 국토교통부장관이 정하는 기본공간정보교환형식 및 지형지물분류체계
  ㉢ 공간정보의 구축 및 관리 등에 관한 법률 시행령에 따른 직각좌표의 기준
  ㉣ 그 밖에 관계 중앙행정기관과 협의하여 국토교통부장관이 정하는 기준
④ 국토교통부장관은 관리기관이 구축·관리하는 데이터베이스(이하 "기본공간정보데이터베이스"라 한다)를 통합하여 하나의 데이터베이스로 관리하여야 한다.

4) 공간객체등록번호의 부여

① 국토교통부장관은 공간정보데이터베이스의 효율적인 구축·관리 및 활용을 위하여 건

물, 도로, 하천, 교량 등 공간상의 주요 객체에 대하여 공간객체등록번호를 부여하고 이를 고시할 수 있다.
② 관리기관의 장은 부여된 공간객체등록번호에 따라 공간정보데이터베이스를 구축하여야 한다.
③ 국토교통부장관은 공간정보를 효율적으로 관리 및 활용하기 위하여 필요한 경우 관리기관의 장과 공동으로 공간정보데이터베이스를 구축할 수 있다.
④ 국토교통부장관은 공간객체등록번호업무의 관리기관 간 협의 및 조정 등을 위하여 협력체계로서 협의체(이하 "협의체"라 한다)를 구성하여 운영할 수 있다.
⑤ 공간객체등록번호의 부여방법·대상·유지 및 관리, 그 밖에 필요한 사항은 국토교통부령으로 정한다.

2 공간정보표준화

1) 공간정보표준화

① 공간정보와 관련한 표준의 제정 및 관리에 관하여는 이 법에서 정하는 것을 제외하고는 국가표준기본법과 산업표준화법에서 정하는 바에 따른다.
② 관리기관의 장은 공간정보의 공유 및 공동 이용을 촉진하기 위하여 공간정보와 관련한 표준에 대한 의견을 산업통상자원부장관에게 제시할 수 있다.
③ 관리기관의 장은 대통령령으로 정하는 바에 따라 공간정보의 구축·관리·활용 및 공간정보의 유통과 관련된 기술기준을 정할 수 있다.
④ 관리기관의 장이 공간정보와 관련한 표준에 대한 의견을 제시하거나 기술기준을 제정하고자 하는 경우에는 국토교통부장관과 미리 협의하여야 한다.

2) 표준의 연구 및 보급

국토교통부장관은 공간정보와 관련한 표준의 연구 및 보급을 촉진하기 위하여 다음 각 호의 시책을 행할 수 있다.
① 공간정보체계의 구축·관리·활용 및 공간정보의 유통 등과 관련된 표준의 연구
② 공간정보에 관한 국제표준의 연구

3) 협의체의 구성·운영

국토교통부장관은 공간정보와 관련한 표준의 제정 및 관리를 위하여 관리기관과 협의체를 구성·운영할 수 있다. 협의체에서는 다음의 업무를 수행한다.
① 공간정보와 관련한 표준의 제안
② 공간정보의 구축·관리·활용 및 공간정보의 유통과 관련된 기술기준의 제정
③ 공간정보와 관련한 표준 및 기술기준의 준수방안 제안
④ 국제표준기구와의 협력체계 구축
⑤ 공간정보와 관련한 표준에 관한 연구·개발의 위탁

4) 전문위원회의 검토

국토교통부장관은 법 제21조 제4항에 따라 표준에 대한 의견을 제시하거나 기술기준에 관하여 협의할 때에는 전문위원회의 검토를 거쳐야 한다.

5) 표준 등의 준수의무

관리기관의 장은 공간정보체계의 구축·관리·활용 및 공간정보의 유통에 있어 이 법에서 정하는 기술기준과 다른 법률에서 정하는 표준을 따라야 한다.

3 국가공간정보통합체계의 구축과 운영

1) 구축 및 운영

① 국토교통부장관은 관리기관과 공동으로 국가공간정보통합체계를 구축하거나 운영할 수 있다.
② 국토교통부장관은 관리기관의 장에게 국가공간정보통합체계의 구축과 운영에 필요한 자료 또는 정보의 제공을 요청할 수 있다. 이 경우 자료 또는 정보의 제공을 요청받은 관리기관의 장은 특별한 사유가 없는 한 이에 응하여야 한다.
③ 그 밖에 국가공간정보통합체계의 구축 및 운영에 관하여 필요한 사항은 대통령령으로 정한다.

2) 협의체 구성

① 국토교통부장관은 국가공간정보통합체계의 구축과 운영을 효율적으로 하기 위하여 관리기관과 협의체를 구성하여 운영할 수 있다.
② 국토교통부장관은 관리기관의 장과 협의하여 국가공간정보통합체계의 구축 및 운영에 필요한 국가공간정보체계의 개발기준과 유지·관리기준을 정할 수 있다.
③ 관리기관이 국가공간정보통합체계와 연계하여 공간정보데이터베이스를 활용하는 경우에는 기준을 적용하여야 한다.
④ 국토교통부장관은 국가공간정보통합체계의 구축과 운영을 위하여 필요한 예산의 전부 또는 일부를 관리기관에 지원할 수 있다.

4 국가공간정보센터의 설치

1) 설치

① 국토교통부장관은 공간정보를 수집·가공하여 정보이용자에게 제공하기 위하여 국가공간정보센터를 설치하고 운영하여야 한다.
② 국가공간정보센터의 설치와 운영 등에 관하여 필요한 사항은 대통령령으로 정한다.

2) 자료의 제출요구

국토교통부장관은 국가공간정보센터의 운영에 필요한 공간정보를 생산 또는 관리하는 관리기관의 장에게 자료의 제출을 요구할 수 있으며, 자료의 제출을 요청받은 관리기관의 장은 특별한 사유가 있는 경우를 제외하고는 자료를 제공하여야 한다.

3) 자료의 가공

① 국토교통부장관은 공간정보의 이용을 촉진하기 위하여 수집한 공간정보를 분석 또는 가공하여 정보이용자에게 제공할 수 있다.
② 국토교통부장관은 가공된 정보의 정확성을 유지하기 위하여 수집한 공간정보 등에 오류가 있다고 판단되는 경우에는 자료를 제공한 관리기관에 대하여 자료의 수정 또는 보완을 요구할 수 있다.
③ 자료의 수정 또는 보완을 요구받은 관리기관의 장은 그에 따른 조치결과를 국토교통부장관에게 제출하여야 한다. 다만, 관리기관이 공공기관일 경우는 조치결과를 제출하기 전에 주무기관의 장과 미리 협의하여야 한다.

4 국가공간정보체계의 구축 및 활용

1 공간정보데이터베이스의 구축 및 관리

1) 구축 및 관리

관리기관의 장은 해당 기관이 생산 또는 관리하는 공간정보가 다른 기관이 생산 또는 관리하는 공간정보와 호환이 가능하도록 제21조에 따른 공간정보와 관련한 표준 또는 기술기준에 따라 공간정보데이터베이스를 구축·관리하여야 한다.

2) 유지관리

관리기관의 장은 해당 기관이 관리하고 있는 공간정보데이터베이스가 최신 정보를 기반으로 유지될 수 있도록 노력하여야 한다.

3) 공간정보의 열람 및 복제

① 관리기관의 장은 중앙행정기관 및 지방자치단체로부터 공간정보데이터베이스의 구축·관리 등을 위하여 필요한 공간정보의 열람·복제 등 관련 자료의 제공요청을 받은 때에는 특별한 사유가 없는 한 이에 응하여야 한다.
② 관리기관의 장은 중앙행정기관 및 지방자치단체를 제외한 다른 관리기관으로부터 공간정보데이터베이스의 구축·관리 등을 위하여 필요한 공간정보의 열람·복제 등 관련 자료의 제공요청을 받은 때에는 이에 협조할 수 있다.

③ 제공받은 공간정보는 공간정보데이터베이스의 구축·관리 외의 용도로 이용되어서는 아니 된다.

2 중복투자의 방지

1) 검토사항

관리기관의 장은 새로운 공간정보데이터베이스를 구축하고자 하는 경우 기존에 구축된 공간정보체계와 중복투자가 되지 아니하도록 사전에 다음의 사항을 검토하여야 한다. 국토교통부장관은 관리기관의 장이 검토를 위하여 필요한 자료를 요청하는 경우에는 특별한 사유가 없는 한 이를 제공하여야 한다.
① 구축하고자 하는 공간정보데이터베이스가 해당 기관 또는 다른 관리기관에 이미 구축되었는지 여부
② 해당 기관 또는 다른 관리기관에 이미 구축된 공간정보데이터베이스의 활용 가능 여부

2) 공간정보데이터베이스의 구축 및 관리에 관한 계획

① 관리기관의 장이 새로운 공간정보데이터베이스를 구축하고자 하는 경우에는 해당 공간정보데이터베이스의 구축 및 관리에 관한 계획을 수립하여 국토교통부장관에게 통보하여야 한다. 다만, 관리기관이 공공기관일 경우는 통보 전에 주무기관의 장과 미리 협의하여야 한다.
② 관리기관의 장(민간기관의 장은 제외한다. 이하 같다)이 수립하는 공간정보데이터베이스의 구축 및 관리에 관한 계획에는 다음의 사항이 포함되어야 한다.
　㉠ 공간정보데이터베이스의 명칭·종류 및 규모
　㉡ 공간정보데이터베이스를 구축하려는 범위 또는 지역
　㉢ 공간정보에 관한 목록정보
　㉣ 공간정보데이터베이스의 구축방법 및 기간
　㉤ 사업비 및 재원조달계획
　㉥ 사업시행계획

3) 중복투자 여부의 판단

① 국토교통부장관은 통보받은 공간정보데이터베이스의 구축 및 관리에 관한 계획이 중복투자에 해당된다고 판단하는 때에는 위원회의 심의를 거쳐 해당 공간정보데이터베이스를 구축하고자 하는 관리기관의 장에게 시정을 요구할 수 있다. 중복투자 여부의 판단에 필요한 기준은 대통령령으로 정할 수 있다.
② 중복투자 여부의 판단에 필요한 기준은 다음과 같다.
　㉠ 사업의 유형 및 성격
　㉡ 다른 관리기관에서의 비슷한 종류의 사업추진 여부

ⓒ 공간정보 관련 표준 또는 기술기준의 준수 여부
ⓔ 다른 관리기관에서 구축한 사업의 활용 여부
ⓜ 공간정보데이터베이스의 활용 여부

3 공간목록정보의 작성

1) 목록정보의 작성

관리기관의 장은 해당 기관이 구축·관리하고 있는 공간정보에 관한 목록정보(정보의 내용, 특징, 정확도, 다른 정보와의 관계 등 정보의 특성을 설명하는 정보를 말한다. 이하 "목록정보"라 한다)를 공간정보와 관련한 표준 또는 기술기준에 따라 작성 또는 관리하도록 노력하여야 한다. 그 밖에 목록정보의 작성 또는 관리에 관하여 필요한 사항은 대통령령으로 정한다.

2) 목록정보의 제출

① 관리기관의 장은 해당 기관이 구축·관리하고 있는 목록정보를 특별한 사유가 없는 한 국토교통부장관에게 수시로 제출하여야 한다. 다만, 관리기관이 공공기관일 경우는 제출하기 전에 주무기관의 장과 미리 협의하여야 한다.
② 관리기관의 장(민간기관의 장은 제외한다. 이하 같다)은 목록정보를 12월 31일 기준으로 작성하여 다음 해 3월 31일까지 국토교통부장관에게 제출하여야 한다.
③ 관리기관의 장은 해당 기관이 구축·관리하고 있는 목록정보를 변경하거나 폐지한 경우에는 그 변경사항을 국토교통부장관에게 통보하여야 한다.
④ 국토교통부장관은 매년 공개목록집을 발간하여 관리기관에게 배포할 수 있다.

4 공간정보의 활용

1) 협력체계의 구축

관리기관의 장은 공간정보체계의 구축·관리 및 활용에 있어 관리기관 상호 간 또는 관리기관과 산업계 및 학계 간 협력체계를 구축할 수 있다.

2) 공간정보의 활용

① 관리기관의 장은 소관업무를 수행함에 있어서 공간정보를 활용하는 시책을 강구해야 한다.
② 국토교통부장관은 대통령령으로 정하는 국토현황을 조사하고, 이를 공간정보로 제작하여 업무에 활용할 수 있도록 제공할 수 있다. 국토교통부장관은 제작한 공간정보를 국토계획 또는 정책의 수립에 활용하기 위하여 필요한 공간정보체계를 구축·운영할 수 있다.

③ 관리기관의 장은 특별한 사유가 없는 한 해당 기관이 구축 또는 관리하고 있는 공간정보체계를 다른 관리기관과 공동으로 이용할 수 있도록 협조해야 한다.

3) 공간정보의 공개

① 관리기관의 장은 해당 기관이 생산하는 공간정보를 국민이 이용할 수 있도록 공개목록을 작성하여 대통령령으로 정하는 바에 따라 공개해야 한다. 다만, 공공기관의 정보공개에 관한 법률 제9조에 따른 비공개대상정보는 그러하지 아니하다.
② 관리기관의 장은 작성한 공간정보의 공개목록을 해당 기관의 인터넷홈페이지와 국가공간정보센터를 통하여 공개해야 한다.
③ 국토교통부장관은 공개목록 중 활용도가 높은 공간정보의 목록을 국가공간정보센터를 통하여 공개하고 관리기관의 장에게 요청하여 해당 기관의 인터넷홈페이지를 통하여 공개하도록 해야 한다.
④ 국토교통부장관은 관리기관의 장과 협의하여 공개목록 중 활용도가 높은 공간정보의 목록을 정하고 국민이 쉽게 이용할 수 있도록 대통령령으로 정하는 바에 따라 공개해야 한다.

4) 공간정보의 복제 및 판매

(1) 공간정보의 복제

① 관리기관의 장은 대통령령으로 정하는 바에 따라 해당 기관이 관리하고 있는 공간정보데이터베이스의 전부 또는 일부를 복제 또는 간행하여 판매 또는 배포하거나 해당 데이터베이스로부터 출력한 자료를 정보이용자에게 제공할 수 있다. 다만, 보안관리규정에 따라 공개 또는 유출이 금지된 정보에 대하여는 그러하지 아니한다.
② 관리기관의 장은 정보이용자에게 제공하려는 공간정보데이터베이스를 해당 기관의 인터넷홈페이지와 국가공간정보센터를 통하여 공개하여야 한다.
③ 관리기관의 장이 사용료 또는 수수료를 받으려는 경우에는 실비(實費)의 범위에서 정하여야 하며, 사용료 또는 수수료를 정하였을 때에는 그 내용을 관보 또는 공보에 고시하고(중앙행정기관 또는 지방자치단체에 한정한다) 해당 기관의 인터넷홈페이지와 국가공간정보센터를 통하여 공개하여야 한다.

(2) 수수료

① 관리기관의 장은 대통령령으로 정하는 바에 따라 공간정보데이터베이스로부터 복제 또는 출력한 자료를 이용하는 자로부터 사용료 또는 수수료를 받을 수 있다.
② 관리기관의 장은 공간정보데이터베이스로부터 복제하거나 출력한 자료의 사용이 다음의 어느 하나에 해당하는 경우에는 사용료 또는 수수료를 감면할 수 있다.
  ㉠ 국가, 지방자치단체 또는 관리기관이 그 업무에 사용하는 경우
  ㉡ 교육연구기관이 교육연구용으로 사용하는 경우

5 기타

1) 국가공간정보의 보호

(1) 보안관리

관리기관의 장은 공간정보 또는 공간정보데이터베이스의 구축·관리 및 활용에 있어서 공개가 제한되는 공간정보에 대한 부당한 접근과 이용 또는 공간정보의 유출을 방지하기 위하여 필요한 보안관리규정을 대통령령으로 정하는 바에 따라 제정하고 시행하여야 한다.

(2) 보안관리규정

관리기관의 장은 다음의 사항을 포함한 보안관리규정을 제정하는 경우에는 국가정보원장과 협의하여야 한다. 보안관리규정을 개정하고자 하는 경우에도 또한 같다.
① 공간정보의 관리부서 및 공간정보보안담당자 등 보안관리체계
② 공간정보체계 및 공간정보유통망의 관리방법과 그 보호대책
③ 보안대상공간정보의 분류기준 및 관리절차
④ 보안대상공간정보의 공개요건 및 절차
⑤ 보안대상공간정보의 유출·훼손 등 사고발생 시 처리절차 및 처리방법

(3) 국가정보원장은 협의를 위하여 필요한 때에는 보안관리규정의 제정·시행에 필요한 기본지침을 작성하여 관리기관의 장에게 통보할 수 있다.

(4) 국가정보원장은 관리기관에 대하여 공간정보의 보안성 검토 등 보안관리에 필요한 협조와 지원을 할 수 있다.

2) 공간정보데이터베이스의 안전성 확보

관리기관의 장은 공간정보데이터베이스의 멸실 또는 훼손에 대비하여 대통령령으로 정하는 바에 따라 이를 별도로 복제하여 관리하여야 한다.

3) 공간정보 등의 침해 또는 훼손 등의 금지

① 누구든지 관리기관이 생산 또는 관리하는 공간정보 또는 공간정보데이터베이스를 침해 또는 훼손하거나 법령에 따라 공개가 제한되는 공간정보를 관리기관의 승인 없이 무단으로 열람·복제·유출해서는 아니 된다.
② 누구든지 공간정보 또는 공간정보데이터베이스를 이용하여 다른 사람의 권리나 사생활을 침해해서는 아니 된다.

4) 비밀준수 등의 의무

관리기관 또는 이 법이나 다른 법령에 따라 위탁을 받은 국가공간정보체계 관련 업무를 수행하는 기관, 법인, 단체에 소속되거나 소속되었던 자(용역계약 등에 따라 해당 업무를

수임한 자 또는 그 사용인을 포함한다)는 국가공간정보체계의 구축·관리 및 활용과 관련한 직무를 수행함에 있어서 알게 된 비밀을 누설하거나 도용하여서는 아니 된다.

5 벌칙

1 행정형벌

① 2년 이하의 징역 또는 2천만원 이하의 벌금 : 공간정보 또는 공간정보데이터베이스를 무단으로 침해하거나 훼손한 자
② 1년 이하의 징역 또는 1천만원 이하의 벌금 : 공간정보 또는 공간정보데이터베이스를 관리기관의 승인 없이 무단으로 열람·복제·유출한 자, 직무상 알게 된 비밀을 누설하거나 도용한 자

2 양벌규정

법인의 대표자나 법인 또는 개인의 대리인, 사용인, 그 밖의 종업원이 그 법인 또는 개인의 업무에 관하여 제39조 또는 제40조의 위반행위를 하면 그 행위자를 벌하는 외에 그 법인 또는 개인에게도 해당 조문의 벌금형을 과(科)한다. 다만, 법인 또는 개인이 그 위반행위를 방지하기 위하여 해당 업무에 관하여 상당한 주의와 감독을 게을리하지 아니한 경우에는 그러하지 아니하다.

06 예상문제

01 국가공간정보정책에 관한 사항을 심의·조정하기 위하여 국토교통부에 설치하는 기구는?

① 국가지리정보위원회
② 지적재조사위원회
③ 국가지적위원회
④ 국가공간정보위원회

해설 국가공간정보정책에 관한 사항을 심의·조정하기 위하여 국토교통부에 국가공간정보위원회를 둔다.

02 다음은 국가공간정보위원회에 대한 설명이다. 이 중 틀린 것은?

① 위원장은 회의개최 5일 전까지 회의일시·장소 및 심의안건을 각 위원에게 통보하여야 한다. 다만, 긴급한 경우에는 회의개최 전까지 통보할 수 있다.
② 국가공간정보위원회의 위원장은 국토교통부장관이 된다.
③ 국가공간정보정책에 관한 사항을 심의·조정하기 위하여 국토교통부에 국가공간정보위원회를 둔다.
④ 위원회는 위원장을 포함하여 20인 이내의 위원으로 구성한다.

해설 위원회는 위원장을 포함하여 30인 이내의 위원으로 구성한다.

03 다음은 국가공간정보위원회에 대한 설명이다. 이 중 틀린 것은?

① 국가공간정보체계를 관리하는 중앙행정기관의 차관급 공무원으로서 대통령령으로 정하는 자를 제외한 위원의 임기는 2년으로 한다.
② 회의는 재적위원 과반수의 출석으로 개의하고 출석위원 과반수의 찬성으로 의결한다.
③ 전문위원회는 위원장 1명을 포함하여 20명 이내의 위원으로 구성한다.
④ 위원회 또는 전문위원회에 출석한 위원·관계인 및 전문가에게는 예산의 범위에서 수당과 여비를 지급할 수 있다.

해설 전문위원회는 위원장 1명을 포함하여 30명 이내의 위원으로 구성한다.

04 국가공간정보정책 기본계획의 수립 시 포함할 사항이 아닌 것은?

① 국가공간정보체계의 활용 및 공간정보의 유통
② 기본공간정보의 취득 및 관리
③ 국가공간정보체계에 관한 연구·개발 및 보급
④ 공간정보 관련 전문인력의 양성

해설 **국가공간정보정책 기본계획사항**
㉠ 국가공간정보체계의 구축 및 공간정보의 활용 촉진을 위한 정책의 기본방향
㉡ 기본공간정보의 취득 및 관리
㉢ 국가공간정보체계에 관한 연구·개발
㉣ 공간정보 관련 전문인력의 양성
㉤ 국가공간정보체계의 활용 및 공간정보의 유통
㉥ 국가공간정보체계의 구축·관리 및 유통 촉진에 필요한 투자 및 재원조달계획
㉦ 국가공간정보체계와 관련한 국가적 표준의 연구·보급 및 기술기준의 관리
㉧ 공간정보산업 진흥법 제2조 제1항 제2호에 따른 공간정보산업의 육성에 관한 사항
㉨ 그 밖에 국가공간정보정책에 관한 사항

05 지상에 존재하는 인공적인 객체의 외형에 관한 위치정보를 현실과 유사하게 입체적으로 표현한 정보를 무엇이라 하는가?

① 공간정보입체모형
② 수치표고모형
③ 정사영상
④ 실내공간정보

해설 **공간정보입체모형** : 지상에 존재하는 인공적인 객체의 외형에 관한 위치정보를 현실과 유사하게 입체적으로 표현한 정보

정답 01 ④ 02 ④ 03 ③ 04 ② 05 ①

06 국가공간정보정책 시행계획의 수립에 대한 설명이다. 이 중 틀린 것은?

① 관계 중앙행정기관의 장과 특별시장·광역시장·특별자치시장·도지사 및 특별자치도지사는 매년 기본계획에 따라 소관업무와 관련된 기관별 국가공간정보정책 시행계획을 수립한다.
② 국토교통부장관, 관계 중앙행정기관의 장 및 시·도지사는 국가공간정보정책 시행계획 또는 기관별 시행계획의 집행실적에 대하여 평가하여야 한다.
③ 국토교통부장관은 시행계획 또는 기관별 시행계획의 집행에 필요한 예산에 대하여 위원회의 심의를 거쳐 시·도지사에게 의견을 제시할 수 있다.
④ 관계 중앙행정기관의 장과 시·도지사는 수립한 기관별 시행계획을 대통령령으로 정하는 바에 따라 국토교통부장관에게 제출하여야 하며, 국토교통부장관은 제출된 기관별 시행계획을 통합하여 매년 국가공간정보정책 시행계획을 수립하고 위원회의 심의를 거쳐 이를 확정한다.

해설 국토교통부장관은 시행계획 또는 기관별 시행계획의 집행에 필요한 예산에 대하여 위원회의 심의를 거쳐 기획재정부장관에게 의견을 제시할 수 있다.

07 국토교통부장관은 공간정보를 기본공간정보로 선정하여 관계 중앙행정기관의 장과 협의한 후 이를 관보에 고시하여야 한다. 공간정보에 해당하지 않는 것은?

① 지형, 해안선, 행정경계, 도로 또는 철도의 경계, 하천경계
② 지명 및 건물
③ 공간정보입체모형
④ 실외공간정보

해설 국토교통부장관은 지형, 해안선, 행정경계, 도로 또는 철도의 경계, 하천경계, 지적, 건물 등 인공구조물의 공간정보, 그 밖에 대통령령으로 정하는 주요 공간정보를 기본공간정보로 선정하여 관계 중앙행정기관의 장과 협의한 후 이를 관보에 고시하여야 한다. "대통령령으로 정하는 주요 공간정보"란 다음의 공간정보를 말한다.
㉠ 기준점(공간정보의 구축 및 관리 등에 관한 법률 제8조제1항에 따른 측량기준점표지를 말한다)
㉡ 지명

㉢ 정사영상(항공사진 또는 인공위성의 영상을 지도와 같은 정사투영법으로 제작한 영상을 말한다)
㉣ 수치표고모형(지표면의 표고를 일정간격자마다 수치로 기록한 표고모형을 말한다)
㉤ 공간정보입체모형(지상에 존재하는 인공적인 객체의 외형에 관한 위치정보를 현실과 유사하게 입체적으로 표현한 정보를 말한다)
㉥ 실내공간정보(지상 또는 지하에 존재하는 건물 등 인공구조물의 내부에 관한 공간정보를 말한다)
㉦ 그 밖에 위원회의 심의를 거쳐 국토교통부장관이 정하는 공간정보

08 공간정보를 효율적으로 관리 및 활용하기 위하여 자연적 또는 인공적 객체에 부여하는 번호를 무엇이라 하는가?

① 필지식별번호 ② 공간객체등록번호
③ 공간주체등록번호 ④ 공간정보등록번호

해설 공간객체등록번호: 공간정보를 효율적으로 관리 및 활용하기 위하여 자연적 또는 인공적 객체에 부여하는 공간정보의 유일식별번호

09 국가공간정보 기본법에서는 다음과 같이 공간정보를 정의하고 있다. ㉠, ㉡, ㉢에 들어갈 용어가 모두 올바르게 나열된 것은? 기 19-1

> 공간정보란 지상·지하·(㉠)·수중 등 공간상에 존재하는 자연적 또는 인공적인 (㉡)에 대한 위치정보 및 이와 관련된 (㉢) 및 의사결정에 필요한 정보를 말한다.

① ㉠ 공중, ㉡ 개체, ㉢ 지형정보
② ㉠ 지표, ㉡ 객체, ㉢ 도형정보
③ ㉠ 지표, ㉡ 개체, ㉢ 속성정보
④ ㉠ 수상, ㉡ 객체, ㉢ 공간적 인지

해설 공간정보란 지상·지하·수상·수중 등 공간상에 존재하는 자연적 또는 인공적인 객체에 대한 위치정보 및 이와 관련된 공간적 인지 및 의사결정에 필요한 정보를 말한다.

10 공간정보 또는 공간정보데이터베이스를 무단으로 침해하거나 훼손한 자에 대한 처벌규정은?

① 1년 이하의 징역 또는 5백만원 이하의 벌금
② 1년 이하의 징역 또는 1천만원 이하의 벌금
③ 2년 이하의 징역 또는 2천만원 이하의 벌금
④ 3년 이하의 징역 또는 3천만원 이하의 벌금

정답 06 ③ 07 ④ 08 ② 09 ④ 10 ②

해설 공간정보 또는 공간정보데이터베이스를 무단으로 침해하거나 훼손한 자는 2년 이하의 징역 또는 2천만원 이하의 벌금에 처한다.

11 다음 용어의 설명 중 잘못된 것은? 〔기 19-1〕

① "국가공간정보체계"란 관리기관이 구축 및 관리하는 공간정보체계를 말한다.
② "공간정보데이터베이스"란 공간정보를 체계적으로 정리하여 사용자가 검색하고 활용할 수 있도록 가공한 정보의 집합체를 말한다.
③ "국가공간정보통합체계"란 기본공간정보데이터베이스를 기반으로 국가공간정보체계를 통합 또는 연계하여 행정안전부장관이 구축·운용하는 공간정보체계를 말한다.
④ "공간정보체계"란 공간정보를 효과적으로 수집·저장·가공·분석·표현할 수 있도록 서로 유기적으로 연계된 컴퓨터의 하드웨어, 소프트웨어, 데이터베이스 및 인적자원의 결합체를 말한다.

해설 국가공간정보 기본법의 용어정의

㉠ 공간정보 : 지상·지하·수상·수중 등 공간상에 존재하는 자연적 또는 인공적인 객체에 대한 위치정보 및 이와 관련된 공간적 인지 및 의사결정에 필요한 정보를 말한다.
㉡ 공간정보데이터베이스 : 공간정보를 체계적으로 정리하여 사용자가 검색하고 활용할 수 있도록 가공한 정보의 집합체를 말한다.
㉢ 공간정보체계 : 공간정보를 효과적으로 수집·저장·가공·분석·표현할 수 있도록 서로 유기적으로 연계된 컴퓨터의 하드웨어, 소프트웨어, 데이터베이스 및 인적자원의 결합체를 말한다.
㉣ 관리기관 : 공간정보를 생산하거나 관리하는 중앙행정기관, 지방자치단체, 공공기관의 운영에 관한 법률 제4조에 따른 공공기관, 그 밖에 대통령령으로 정하는 민간기관을 말한다.
  • 민간기관의 범위 : 국가공간정보 기본법에서 "대통령령으로 정하는 민간기관"이란 다음의 자 중에서 국토교통부장관이 관계 중앙행정기관의 장과 특별시장·광역시장·특별자치시장·도지사 및 특별자치도지사와 협의하여 고시하는 자를 말한다.
    - 전기통신사업법에 따른 전기통신사업자로서 허가를 받은 기간통신사업자
    - 도시가스사업법에 따른 도시가스사업자로서 허가를 받은 일반도시가스사업자
    - 송유관안전관리법에 따른 송유관설치자 및 송유관관리자

㉤ 국가공간정보체계 : 관리기관이 구축 및 관리하는 공간정보체계를 말한다.
㉥ 국가공간정보통합체계 : 기본공간정보데이터베이스를 기반으로 국가공간정보체계를 통합 또는 연계하여 국토교통부장관이 구축·운용하는 공간정보체계를 말한다.
㉦ 공간객체등록번호 : 공간정보를 효율적으로 관리 및 활용하기 위하여 자연적 또는 인공적 객체에 부여하는 공간정보의 유일식별번호를 말한다.

12 다음 중 국가공간정보위원회와 관련된 내용으로 옳은 것은? 〔기 17-3〕

① 위원회는 회의의 원활한 진행을 위하여 간사 1명을 둔다.
② 위원장은 회의개최 7일 전까지 회의일시·장소 및 심의안건을 각 위원에게 통보하여야 한다.
③ 회의는 재적위원 3분의 1의 출석으로 개의하고, 출석위원 3분의 2의 찬성으로 의결한다.
④ 위원장이 부득이한 사유로 직무를 수행할 수 없을 때에는 위원장이 지명하는 위원의 순으로 그 직무를 대행한다.

해설 ① 위원회는 회의의 원활한 진행을 위하여 간사 2명을 둔다.
② 위원장은 회의개최 5일 전까지 회의일시·장소 및 심의안건을 각 위원에게 통보하여야 한다.
③ 회의는 재적위원 과반수의 출석으로 개의하고, 출석위원 과반수의 찬성으로 의결한다.

13 국가의 공간정보의 제공과 관련한 내용으로 옳지 않은 것은? 〔기 19-3〕

① 공간정보이용자에게 제공하기 위하여 국가공간정보센터를 설치·운영하고 있다.
② 수집한 공간정보는 제공의 효율화를 위해 분석 또는 가공하지 않고 원자료형태로 제공하여야 한다.
③ 관리기관이 공공기관일 경우는 자료를 제출하기 전에 주무기관의 장과 미리 합의하여야 한다.
④ 국토교통부장관은 국가공간정보센터의 운영에 필요한 공간정보를 생산 또는 관리하는 관리기관의 장에게 자료의 제출을 요구할 수 있다.

정답 11 ③ 12 ④ 13 ②

해설 국가공간정보 기본법 제27조(자료의 가공 등)
① 국토교통부장관은 공간정보의 이용을 촉진하기 위하여 제25조에 따라 수집한 공간정보를 분석 또는 가공하여 정보이용자에게 제공할 수 있다.
② 국토교통부장관은 제1항에 따라 가공된 정보의 정확성을 유지하기 위하여 수집한 공간정보 등에 오류가 있다고 판단되는 경우에는 자료를 제공한 관리기관에 대하여 자료의 수정 또는 보완을 요구할 수 있으며, 자료의 수정 또는 보완을 요구받은 관리기관의 장은 그에 따른 조치결과를 국토교통부장관에게 제출하여야 한다. 다만, 관리기관이 공공기관일 경우는 조치결과를 제출하기 전에 주무기관의 장과 미리 협의하여야 한다.

제 4 편

지적학

제1장 총론
제2장 토지의 등록 및 지적공부
제3장 지적의 발달사
제4장 토지조사사업

ENGINEER & INDUSTRIAL ENGINEER of
CADASTRAL SURVEYING

01 총론

1 개요

1 지적의 어원

① J. G. McEntyre는 지적을 라틴어인 Capitastrum에서 그 어원이 유래되었다고 주장하면서 인두세등록부(Head Tax Register)를 의미하는 Capitastrum 또는 Cadastrum에서 유래되었다고 하였다.
② Blondheim은 지적을 그리스어인 Katastikhon에서 그 어원이 유래되었다고 주장하였으며, 여기서 Kata(위에서 아래로)+stikhon(부과)=Katastikhon는 군주가 백성에게 세금을 부과하는 제도라는 의미로 사용하였다.
③ Capitastrum과 Katastikhon은 세금부과의 뜻을 지닌 것으로 알 수 있다.
④ Cadastre는 과세 및 측량이라는 의미를 내포하고 있다.

2 지적의 정의

1) 사전적 정의

① Webster's International Dictionary : 과세부과에 이용되는 부동산의 수량, 가치, 소유권의 공적기록
② The Oxford English Dictionary : 둠즈데이북과 같이 공평과세의 기초로서 제공되는 재산의 기록
③ Random House Dictionary : 과세기초로서 이용되는 일정한 지역에 부동산의 가치, 범위, 소유권의 공적기록

2) 학자별 정의

① J. L. Hensen
  ㉠ 토지의 일필지에 대한 크기와 본질, 이용상태 및 법률관계 등을 상세히 기록하여 별개의 재산권으로 행사할 수 있도록 지적측량에 의하여 대장과 대축척 지적도에 개별적으로 표시하여 체계적으로 정리한 것이다.
  ㉡ 지적은 특정한 국가나 지역 내에 있는 재산을 지적측량에 의해 체계적으로 정리해 놓은 공부이다.

② S. R. Simpson : 지적은 과세의 기초를 제공하기 위하여 한 나라 안의 부동산의 규모와 가치 및 소유권을 기록한 등록이다.

③ J. G. McEntyre : 행정구역단위에 의하여 관리되는 지역 내에 부동산의 수량, 가치, 소유권을 공적으로 기록한 것이다.

④ 래장 교수 : 지적의 위치, 경계, 종류, 면적, 권리상태 및 사용상태 등을 기재한 공적장부를 말한다.

3) 국제측량사연맹(FIG)

지적은 토지에 대한 권리와 제한사항 및 의무사항 등 이해관계에 대한 기록을 포함한 필지 중심의 현대적인 토지정보시스템으로 정의하였다.

3 지적학의 접근방법

① 역사적 접근방법 : 역사적 접근방법의 기본전제는 현재와 과거의 사건이 여러 태도로 상호 연관성을 갖는 것이다. 이 방법은 역사를 통해서 지적이론의 발달을 이해하려는 입장이다.

② 경제적 접근방법 : 경제적 측면에 초점을 맞추어 접근하는 방식이며 과거 세지적의 입장과 관련이 깊다. 토지를 자원으로 보는 현대 지적에서도 지목의 분류나 토지등급, 기준수확량등급을 포함함으로써 토지의 생상성에 상당한 비중을 두고 있다.

③ 법률적 접근방법 : 이 접근방법은 제도적 접근방법이라고도 하며, 이와 관련된 것으로는 공시제도가 있다. 우리나라의 지적공부도 토지소유자와 함께 원인변동에 관한 사항을 등록하고 있으며 그 경계와 면적을 분명히 함으로써 법지적의 토대를 구축하고 있다.

④ 형태론적 접근방법 : 최근 지적민원의 대중을 이루는 공부의 열람과 등본, 토지의 형질변경과 지목변경, 토지등급조정, 경계와 좌표의 불부합 여부 등에 대한 국민의 관심이 높아지고 있으며, 이러한 지적민원과의 관계를 반영하여 접근하는 방식이다.

⑤ 비교론적 접근방법 : 비교를 통해서 유사점과 차이점을 확인함으로써 관찰대상에 대한 보다 선명한 윤곽을 파악하고 상황의 의미를 보다 잘 이해할 수 있게 하는 방법이다.

⑥ 체계론적 접근방법 : 지적현상을 포괄적, 동태적, 거시적으로 분석·연구할 수 있다.

4 지적의 발생설

1) 과세설(Taxation Theory)

(1) 의의

지적제도의 태동은 과세의 필요성이 대두됨에 따라 토지의 기록으로 지적제도가 등장하였다고 주장하는 학설이다. 국가가 과세를 목적으로 토지에 대한 각종 현상을 기록·관리하는 수단으로부터 출발했다고 보는 학설이다.

① 공동생활과 집단생활을 위한 경비를 마련하기 위한 경계적 수단

② 토지의 측정은 과세목적을 위해 측정되고 경계의 확정량에 따라 세금부과
③ 고대의 전쟁은 정복한 지역의 공납물을 징수하는 수단
④ 과세설은 영국의 둠즈데이북(Domesday Book), 신라시대의 신라장적문서, 모세의 탈무드법에 규정된 십일조(tithe), 3세기 말 디오클레티아누스(Diocletian)황제의 로마제국 토지측량 등의 학설이 있다.

(2) 영국의 둠즈데이북(Domesday Book)

① 1066년에 잉글랜드를 정복 후 1085~1086년 동안 조사하여 양피지 2권에 라틴어로 검정과 적색 잉크만을 사용하여 작성한 토지조사부이다.
② 노르만 출신 윌리엄 1세가 정복한 전 영국의 자원목록으로 국토를 조직적으로 작성한 토지기록이며, 영국에서 사용되어 왔던 과세장부, 지세대장의 성격을 가지고 있다.
③ 윌리엄 1세가 자원목록으로 정리하기 전에 덴마크 침략자들의 약탈을 피하기 위해 지불되는 보호금인 다네켈트(danegeld)를 모으기 위해 색슨 영국에서 사용되어 왔던 과세용 과세장부였다.
④ 각 주별 직할지면적, 쟁기의 수, 산림, 목초지, 방목지 등 공유지면적, 자유농민 및 비자유노동자의 수, 자유농민보유면적 등이 기록되어 있다.
⑤ 지적도면은 작성하지 않았으며 지세대장만 작성하였다.
⑥ 영국의 공문서보관소에 두 권의 책으로 보관되어 있다.

(3) 신라의 장적문서

신라장적은 신라 때 서원경(현재 청주) 지방 4개 촌의 장적(帳籍)으로, 당시 촌락의 경제상황과 국가의 세무행정을 알 수 있는 자료이다. 신라민정문서 또는 신라촌락문서, 정창원문서(正倉院文書)라고도 부른다.

① 서원경 부근의 4개 촌락을 대상으로 작성되었다.
② 신라의 대표적 토지 관련 문서로 토지대장의 성격을 가지며 가장 오래된 현존하는 문서이다.
③ 촌락의 토지조세징수와 부역징발을 위한 기초자료로 활용되었다.
④ 호구(戶口)수, 우마(牛馬)수, 다양한 전답면적, 나무의 주수가 기록되었다.
⑤ 촌명 및 촌락의 영역, 전, 답, 마전(麻田) 등으로 구분하였다.

2) 치수설(Flood Control Theory, 토지측량설)

국가가 토지를 농업생산수단으로 이용하기 위해서 관개시설 등을 측량하고 기록·유지·관리하는 데서 비롯되었다고 보는 설이다.

① 토지의 분배를 위하여 측량을 실시하였으며 토지측량설이라고도 한다.
② 과세설과 더불어 등장한 이론이며 합리적인 과세를 목적으로 농경지를 배분하였다.
③ 메소포타미아문명 : 티그리스강, 유프라테스강 지역에서 제방, 홍수 뒤 경지정리의 필요성을 느껴 삼각법에 의한 측량을 실시하였다.

3) 지배설(Rule Theory)

로마가 그리스를 침략하면서 식민지에 대한 영토의 보존과 통치수단이라는 관점에서 식민지에서 먼저 토지조사작업을 하였을 것이라 생각되는 학설이다.
① **영토의 보존수단** : 국가형태를 유지하면서 백성을 다스리는 근본적인 것은 토지로 생각했으며 영토의 보존수단으로 하였다.
② **통치의 수단** : 국가가 토지를 다스리기 위한 통치수단으로 토지에 대한 각종 현황을 관리하는 데서 출발한다고 보는 설이다.

4) 침략설(Aggression Theory)

국가가 영토확장을 위해 상대국의 토지현황을 미리 조사·분석·연구하는 데서 비롯되었다는 설이며 영토를 확장하고 침략상 우위를 점하는 데서 유래를 찾아볼 수 있다.

5 우리나라의 지적

1) 지적용어의 최초 사용

우리나라의 근대적인 지적제도는 고종 32년(1895년) 3월 26일 칙령 제53호로 내부관제를 공포하고 내부관제의 판적국에서 지적(地籍)에 관한 사항을 담당하였다. 따라서 법령에 최초로 지적이라는 용어를 사용하였다.

2) 지적사무

① 국가 또는 국가의 위임을 받은 기관이 통치권이 미치는 모든 영토를 필지단위로 구획하여 토지에 대한 물리적 현황과 법적 권리관계 등을 공적장부에 등록·공시하고 그 변경사항을 영속적으로 등록·관리하는 국가의 사무를 말한다.
② 국가공권력에 의하여 토지의 일정한 사항을 공정(公定)하게 지적공부에 등록·공시하는 업무이다.
③ 지적소관청이란 지적공부를 관리하는 특별자치시장, 시장(제주특별자치도 설치 및 국제자유도시 조성을 위한 특별법 제10조 제2항에 따른 행정시의 시장을 포함하며, 지방자치법 제3조 제3항에 따라 자치구가 아닌 구를 두는 시의 시장은 제외한다)·군수 또는 구청장(자치구가 아닌 구의 구청장을 포함한다)을 말한다.
④ 지적소관청은 지방자치단체의 장으로서의 시장, 군수, 구청장이 아닌 국가기관의 장으로서의 시장, 군수, 구청장을 말한다.

3) 지적사무의 특징

① **전통적이고 영속적인 사무** : 토지조사사업으로 지적제도가 창설된 후 일부 제도 개선을 하면서 시행 당시 작성된 지적도면과 대장에 의해 전통성과 영속성을 유지하면서 관리

· 운영되고 있기 때문에 새로운 측량기술이 발달되어도 즉시 적용할 수 없고 법률에 기속되는 보수적인 측면이 있다.
② 이면적이고 내재적인 사무 : 지적업무는 대장이나 도면에 토지에 관한 사항을 등록해야 하는 형식주의를 기본이념으로 하고 있으며 그 사업의 성과가 표면적이나 외재적으로 나타나지 않는 내재적인 사무이다.
③ 준사법적이고 기속적인 사무 : 지적제도는 토지에 대한 물권이 미치는 범위와 양을 직권으로 결정하여 지적공부에 등록·공시하는 준사법적이고 기속적인 제도이다. 이에 지적에 관한 업무는 법령이 정하는 방법과 절차에 따라 실시하며 등록사항에 대해서도 실질적 심사주의를 채택하고 있다.
④ 기술적이고 전문적인 사무 : 지적사무는 측량과 같은 기술적이고 전문성 있는 업무로서의 특성을 갖는다. 법령에서 지적측량의 기술적인 측면과 그 시행절차 등을 상세히 규정하고 있다.
⑤ 통일적이고 획일적인 국가사무 : 지적사무에 대해 관련 법률 등에 자세히 규정하여 전국적인 통일성과 획일성을 유지할 수 있도록 운영되고 있으며 지적소관청이 지적사무를 담당하고 있다. 이는 지방자치단체의 장으로서가 아닌 국가의 위임을 받은 국가기관의 장으로서 처리하는 것이다.

4) 우리나라 지적제도의 요약

기본법	창설	담당기구		지적공부
		중앙	지방	
공간정보의 구축 및 관리 등에 관한 법률	1910년 (토지조사법)	국토교통부	시·도지사, 지적소관청	토지(임야)대장, 공유지연명부, 대지권등록부, 지적도, 임야도, 경계점좌표등록부

지적·등기	지적공부 편성	등록의무	지적측량	발전단계
이원화	물적 편성주의	적극적 등록주의	완전대행체계 (지적측량수행자)	법지적

6 지적의 구성요소

1) P. F. Dale의 구성요소

외부요소(External Factors)	주요 구성요소(Central Factors)
• 지리적 요소(Geographic Factors) • 법률적 요소(Legal Factors) • 사회·정치·경제적 요소 (Social·Political·Economic Factors)	• 토지(Land) • 경계설정과 측량(Demarcation & Surveying) • 등록(Registration) • 지적공부(Cadastral Records)

2) 협의와 광의의 구성요소

협의의 구성요소	광의의 구성요소
• 토지 : 지적의 객체 • 등록 : 지적의 주된 행위 • 공부 : 지적행위 결과물	• 필지 : 권리의 객체 • 소유자 : 권리의 주체 • 권리 : 토지를 소유할 수 있는 법적 권리

(1) 토지
① 지적등록의 객체는 토지이다. 여기서 토지란 국가의 통치권이 미치는 모든 영토를 말한다.
② 한반도와 그 부속도서를 의미하며 바다는 지적의 대상이 아니다.
③ 토지의 등록단위를 필지라 하며, 이를 기준으로 토지를 관리한다.
④ 유인도, 무인도, 과세지, 비과세지, 국유지, 민유지 관계없이 모두 등록대상이다.

(2) 공부
① 토지대장, 임야대장, 공유지연명부, 대지권등록부, 지적도, 임야도 및 경계점좌표등록부 등 지적측량 등을 통하여 조사된 토지의 표시와 해당 토지의 소유자 등을 기록한 대장 및 도면(정보처리시스템을 통하여 기록·저장된 것을 포함한다)을 말한다.
② 국민이 언제라도 활용할 수 있도록 항상 비치되어 있어야 한다.
③ 지적공부에 등록된 내용과 실제 내용과는 일치되어야 하며 토지의 이동이 있는 경우 그 변동사항을 계속적으로 정리해야 한다.

(3) 등록
① 토지표시에 관한 사항 : 소재, 지번, 지목, 면적, 경계, 좌표
② 소유권에 관한 사항 : 성명(명칭), 주소(소재지), 주민등록번호(부동산등기용 등록번호)
③ 기타 사항 : 토지등급, 용도지역, 개별공시지가

7 현대 지적의 원리 및 기능

① **공기능성(Publicness)** : 지적활동에 대한 정보의 입수는 이권이나 특혜의 대상이 되기 때문에 지적사항을 필요로 하는 모든 이에게 알려야 한다는 것이다. 공기능성에 부합하는 것으로 국정주의와 공개주의가 있다.
② **민주성(Democracy)** : 국가가 지적활동의 주체로서 업무를 추진하지만 최후의 목표는 국민의 욕구충족에 기인하려는 특성을 가진다. 분권화, 주민참여의 보장, 책임성, 공개성 등이 수반되어야 한다.
③ **능률성(Efficiency)** : 지적은 토지에 대한 인간활동을 효율화하기 위한 것을 대전제로 하며, 여기에는 기술적 측면의 효율성이 포함된다.

④ 정확성(Accuracy) : 지적은 세수원으로서 각종 정책의 기초자료로 신속하고 정확한 현황 유지를 생명으로 하고 있다. 지적활동의 정확도는 토지현황조사, 일필지조사, 기록과 도면, 관리와 운영의 정확한 정도를 말한다.

8 지적의 성격 및 기능

1) 지적의 성격

① 역사성과 영구성(History & Permanence) : 발전과정에 따라 세지적→법지적→다목적 지적으로 분류되며 인류문명의 시작에서부터 오늘날까지 토지에 관한 일정한 사항을 등록, 공시하고 지속적으로 유지, 관리되고 있다. 지적공부에 등록된 토지에 관한 일정한 사항은 지적서고에 영구히 보존된다.

② 반복적 민원성(Repeated civil application) : 지적공부의 등본·열람, 토지이동의 신청·접수·정리, 등록사항정정 등 시·군·구의 지적업무는 대체적으로 민원업무가 주를 이루고 있으며, 이는 반복성을 가진다.

③ 전문성과 기술성(Profession & Technique) : 토지에 관한 정보를 지적공부 등에 정확하게 기록, 제도하는 과정에서 전문성을 요하며, 경계, 면적, 좌표 등을 결정하기 위한 지적측량은 기술성을 요한다.

④ 서비스성과 윤리성(Service & Ethics) : 지적민원의 증가로 인한 양질의 서비스가 요구되며, 토지는 국가와 국민의 재산이므로 토지활동에 참여하는 자는 높은 윤리성이 요구된다.

⑤ 정보원(Source of information) : 토지정보시스템(LIS), 필지중심토지정보시스템(PBLIS), 한국토지정보시스템(KLIS) 등을 구축하기 위해 다양한 정보가 필요하며 지적공부의 등록사항은 이에 대한 필요한 정보를 제공한다.

2) 지적의 기능

구분	내용
일반적 기능	사회적 기능, 법률적 기능, 행정적 기능
실제적 기능	• 토지등기의 기초 • 토지평가의 기초 • 토지과세의 기초 • 토지거래의 기초 • 토지이용의 기초 • 주소표기의 기준 • 토지정보의 제공 • 토지등록의 법적 효력과 공시 • 도시 및 국토계획의 원천 • 토지감정평가의 기초 • 지방행정의 자료 • 토지유통의 매개체 • 토지관리의 지침

(1) 일반적 기능

① 사회적 기능

㉠ 공정한 토지거래를 위해서는 지적공부의 등록사항과 실제 사항과 일치해야 한다.

ⓒ 만약 불일치하게 된다면 토지소유권행사에 지장을 초래하며, 이에 따른 거래의 불공정이 발생하고 토지거래의 불안전이라는 혼란이 발생한다.
ⓒ 지적은 정확하게 토지를 등록하여 완전한 공시기능을 확립함으로써 사회적 문제를 해결하는데 중요한 기능을 한다.

② 법률적 기능
㉠ 사법적 기능 : 사인 간의 토지거래에 있어서 용이성을 갖게 하며 경비의 절감이나 거래의 안전성을 갖게 된다.
ⓒ 공법적 기능 : 토지를 지적공부에 등록하면 토지등록은 법적 효력을 갖게 되고 공적 확인의 자료가 되는 기능을 갖게 된다.

③ 행정적 기능
㉠ 토지거래와 토지규제, 공공계획 수행을 위한 기술적 자료, 공공행정을 위한 자료, 인구자료 등의 자료로서 이용된다.
ⓒ 토지정책자료의 공급역할을 효율적으로 수행하기 위하여 자방자치단체별로 토지정보시스템을 구성한다.

(2) 실제적 기능

① **토지등기의 기초(선등록 후등기)** : 지적제도를 통하여 토지에 관한 물리적인 현황인 지번, 지목, 면적, 경계, 좌표가 결정되면 이를 기초로 하여 토지등기부의 표제부가 생성되고, 토지대장과 임야대장의 등록사항을 토대로 소유권보존등기가 실행되어 등기부가 개설된다.
② **토지평가의 기초(선등록 후평가)** : 토지평가는 지적공부에 등록된 토지에 한하여 이루어지며, 평가는 지적공부에 등록된 토지표시사항을 기초자료로 이용하고 있다.
③ **토지과세의 기초(선등록 후과세)** : 토지에 대한 각종 국세와 지방세는 지적공부에 등록된 필지를 단위로 면적과 지목 등 기초자료를 이용하여 결정한 개별공시지가를 과세의 기초자료로 하고 있다.
④ **토지거래의 기초(선등록 후거래)** : 모든 토지는 지적공부에 등록된 소재, 지번, 지목, 면적, 경계 등을 기준으로 거래하게 되므로 지적은 권리에 관한 부동산등기와 함께 토지에 대한 거래의 기준이 된다.
⑤ **토지이용계획의 기초(선등록 후이용)** : 각종 토지이용계획은 지적공부에 등록된 토지표시사항을 기초자료로 활용하고 있다.
⑥ **주소표기의 기준** : 민법, 주민등록법 등에 규정된 본적 또는 주소는 지적공부에 등록된 토지의 소재, 지번을 기준으로 설정하고 있다.

2 지적제도

1 지적제도의 특징

① 안정성(Security) : 토지소유자와 권리에 관련된 자는 권리가 일단 등록되면 불가침의 영역이며 안정성을 확보한다.
② 간편성(Simplicity) : 소유권 등록은 단순한 형태로 사용되어야 하며, 절차는 명확하고 확실해야 한다.
③ 정확성(Accuracy) : 지적제도가 효과적으로 운영되기 위해 정확성이 요구된다.
④ 신속성(Expedition) : 토지등록절차가 신속하지 않을 경우 불평이 정당화되고 체계에 대한 비판을 받게 된다.
⑤ 저렴성(Cheapness) : 효율적인 소유권 등록에 의해 소유권 입증은 저렴성을 내포한다.
⑥ 적합성(Suitability) : 현재와 미래에 발생할 상황이 적합해야 하며 비용, 인력, 전문적 기술에 유용해야 한다.
⑦ 완전성(Completeness) : 등록은 모든 토지에 대하여 완전해야 하며, 개별적인 구획토지의 등록은 실질적인 최근의 상황을 반영할 수 있도록 그 자체가 완전해야 한다.

2 지적제도의 분류

1) 발전과정에 따른 분류

(1) 세지적(Fiscal Cadastre)

① 세지적은 최초의 지적제도로 세금징수를 가장 큰 목적으로 개발된 제도로 과세지적이라고도 한다.
② 국가재정수입의 대부분을 토지세에 의존하던 농경시대에 개발된 최초의 지적제도이다.
③ 각 필지에 대한 세액을 정확하게 산정하기 위하여 면적 본위로 운영되는 지적제도이다.

(2) 법지적(Legal Cadastre)

① 법지적은 세지적에서 진일보한 제도로서 토지과세 및 토지거래의 안전, 토지소유권 보호 등이 주요 목적인 지적제도로서 일명 소유지적(경계지적)이라고도 한다.
② 법지적하에서는 위치의 정확도를 중시하였다.
③ 토지거래의 안전을 보장하기 위하여 권리관계를 보다 상세하게 기록하게 되며 토지의 평가보다는 소유권의 한계설정과 경계복원의 가능성을 더욱 강조하는 제도이다.
④ 토지의 등록사항이 정확하지 못할 경우 발생하는 손해에 대하여 선의의 제3자를 보호하는 목적을 가진다.

(3) 다목적 지적(Multipurpose Cadastre)

① 토지에 관한 등록자료의 용도가 다양해짐에 따라 많은 자료의 관리와 이를 신속하게 공급하기 위한 지적제도로 종합지적(유사지적, 경제지적, 통합지적)이라고도 한다.
② 1필지를 단위로 토지 관련 정보를 종합적으로 등록하는 제도로서 토지에 관한 물리적 현황은 물론 법률적, 재정적, 경제적 정보를 포괄하는 제도이다.
③ 토지에 대한 평가, 과세, 거래, 이용계획, 지하시설물과 공공시설물 및 토지통계 등에 관한 정보를 공동으로 활용하기 위하여 최근에 개발된 지적제도이다.
④ 이 제도에는 막대한 등록자료에 대하여 통계, 추정, 검증, 분석 등을 자유로이 할 수 있는 프로그램을 개발하여 컴퓨터시스템으로 운용할 때 가능하다.

2) 측량방법(경계표시방법)에 따른 분류

(1) 도해지적(Graphical Cadastre)

도해지적은 토지의 경계를 도면 위에 표시하는 지적제도로서 각 필지의 경계점을 일정한 축척의 도면 위에 기하학적으로 폐합된 다각형의 형태로 표시하여 등록하는 제도이다.

장점	단점
• 측량비용이 저렴하며 고도의 기술을 요하지 않는다. • 시각적으로 양호하여 필지의 형상파악이 쉽다. • 현지에서 오류조정이 가능하다. • 시가지 외 지역인 농촌지역 등에 상대적으로 적합하다.	• 축척에 따라 허용오차가 다르다($\frac{3}{10}M[\text{mm}]$). • 도면의 신축 방지와 보관이 어렵다. • 작업상 인위적·기계적·자연적인 오차를 유발한다. • 정밀도가 높지 않기 때문에 결과에 대한 신뢰성이 저하된다.

(2) 수치지적(Numerical Cadastre, 좌표지적)

수치지적이란 세지적, 법지적 또는 다목적 지적에 있어서 토지의 경계점을 도해적으로 표시하지 않고 수학적인 좌표로서 표시하는 방법으로, 이는 축척이 1:1이기 때문에 도해지적보다 훨씬 정밀한 결과를 가져온다. 최근 TS(Total Station), 사진측량, GPS, 원격탐측(RS), 관성측량방법 등에 의한 3차원 수치측량기법이 개발되고 있어 이를 활용한 지적측량방법의 폭넓은 응용이 기대되고 있다.

장점	단점
• 정밀한 경계표시가 가능하다. • 지적측량결과를 등록 당시의 정확도로 재현이 가능하다. • 일필지의 면적이 넓고 토지형상이 정사각형에 가까운 굴곡점이 적은 경우에 적합하다. • 도면의 신축에 영향을 받지 않는다. • 지적의 자동화, 정보화가 용이하다.	• 측량과정이 매우 복잡하고 고도의 기술을 요한다. • 측량장비가 고가이며 측량비용이 높다. • 시각적으로 양호하지 못하므로 형상파악이 힘들어 별도의 지적도를 비치해야 한다. • 경지정리가 이루어지지 않은 농촌지역은 불리하다.

(3) 도해지적과 수치지적의 비교

구분	도해지적	수치지적(좌표지적)
도면의 신축	도면 신축의 영향을 받음	도면 신축의 영향을 받지 않음
측량방법	평판측량	경위의측량
도면이해	시각적 양호	일반인 이해 곤란(별도 도면 비치)
측량비용	저렴	고가
기술	고도의 측량기술을 요하지 않음	고도의 측량기술을 요함
정확도	낮음	높음
대상지역	농촌 및 구시가지	도시지역, 도시개발사업시행지역, 경지정리 사업지역

3) 등록방법(등록대상)에 따른 분류

(1) 2차원 지적(평면지적)

① 2차원 지적은 토지의 고저에 관계없이 수평면상의 투영만을 가상하여 각 필지의 경계를 등록·공시하는 제도로 일명 평면지적이라고도 한다.
② 2차원 지적은 토지의 경계, 지목 등 지표의 물리적 현황만을 등록하는 제도이다. 점과 선을 지적공부인 도면에 기하학적으로 폐쇄된 다각형의 형태로 등록하여 관리하고 있다.
③ 우리나라를 비롯하여 세계 각국에서 일반적으로 가장 많이 채택하고 있는 지적제도이다.

(2) 3차원 지적(입체지적)

① 3차원 지적은 2차원 지적에서 진일보한 지적제도로 우리나라를 비롯한 세계 각국에서 활발하게 연구 중이다.
② 토지의 이용이 다양화됨에 따라 토지의 경계, 지목 등 지표의 물리적 현황은 물론 지상과 지하에 설치된 시설물 등을 수치의 형태로 등록공시 또는 관리를 지원하는 제도로 일명 입체지적이라고도 한다.
③ 3차원 지적은 많은 인력과 시간 및 예산이 소요되는 지적제도이다.
④ 지상의 건축물과 지하의 상수도, 하수도, 전기, 전화선 등 공공시설물을 효율적으로 등록, 관리할 수 있다(시설지적).
⑤ 3차원 지적은 지하의 각종 시설물 및 대형화된 구조물의 건설로 토지이용의 입체화가 활발히 진행됨에 따라 지표, 지하, 공중에 형성되는 선과 면, 높이를 나타내는 것이다.

3 지적제도와 등기제도

1 지적제도

1) 지적의 의의 및 성격

(1) 의의

국가 또는 국가의 위임을 받은 기관이 통치권이 미치는 모든 영토를 필지단위로 구획하여 토지에 대한 물리적 현황과 법적 권리관계 등을 공적장부에 등록·공시하고 그 변경사항을 영속적으로 등록·관리하는 국가의 사무를 말한다.

(2) 지적의 성격(공간정보의 구축 및 관리 등에 관한 법률)

① **토지등록·공시에 관한 기본법** : 공간정보의 구축 및 관리 등에 관한 법률은 국가가 통치권이 미치는 모든 영토를 필지단위로 구획하고 토지의 소재, 지번, 지목, 면적, 경계 또는 좌표 등을 정하여 지적공부에 등록·공시하고 관리하는 절차와 방법 등을 규율한 법으로, 공부에 등록된 사항을 중심으로 토지등기부, 토지과세, 토지의 평가, 토지거래, 토지이용 등에 관한 사무 및 행정이 수행되므로 토지등록·공시에 관한 기본법이라 할 수 있다.

② **사법적 성격을 가진 토지공법** : 공간정보의 구축 및 관리 등에 관한 법률은 토지에 관련된 정보를 조사·측량하여 지적공부에 등록·관리하고 등록된 정보의 제공에 관한 사항을 규정함으로써 효율적인 토지관리와 소유권 보호에 이바지함을 목적으로 한다. 즉 소유권 보호라는 사법적 성격과 토지를 효율적으로 관리하는 공법적 성격을 지니므로 사법적 성격을 가진 토지공법이라 할 수 있다.

③ **임의적법성격을 가진 강행법** : 토지등록 및 토지이동신청에 있어서 토지소유자 의사에 따라 신청을 우선으로 하지만, 토지소유자의 의사 여하에 불구하고 강제적으로 지적공부에 등록·공시해야 하는 강행법적 성격을 지니고 있다. 따라서 임의적법성격을 가진 강행법이라 할 수 있다.

④ **실체법적 성격을 가진 절차법** : 공간정보의 구축 및 관리 등에 관한 법률은 지적공부에 등록하는 절차와 지적측량에 관한 방법과 절차를 규정하고 있으므로 절차법에 해당한다. 그러나 국가기관의 장인 시장, 군수, 구청장 및 토지소유자가 해야 할 행위와 의무 등에 관한 사항도 함께 규정하고 있으므로 실체법적 성격을 가진다. 따라서 실체법적 성격을 가진 절차법이라 할 수 있다.

2) 지적의 기본이념

(1) 지적국정주의

지적국정주의란 지적에 관한 사항, 즉 지번·지목·경계·면적·좌표는 국가만이 이를 결정한다는 원리이다.

(2) 지적형식주의(지적등록주의)

지적형식주의란 지적공부에 등록하는 법적인 형식을 갖추어야만 비로소 토지로서의 거래단위가 될 수 있다는 원리이며 지적등록주의라고도 한다.

(3) 지적공개주의

토지에 관한 사항은 국가의 편의뿐만 아니라 국민 일반인에게도 공개함으로써 토지소유자 기타 이해관계인으로 하여금 이용할 수 있도록 한다는 원리이다. 즉 토지이동신고 및 신청, 경계복원측량, 지적공부등본 및 열람, 지적측량기준점등본 및 열람 등이 이에 해당한다.

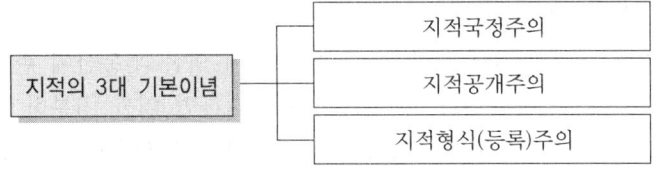

(4) 실질적 심사주의(사실심사주의)

지적공부에 새로이 등록하거나 등록된 사항의 변경은 국가기관의 장인 시장·군수·구청장(지적소관청)이 공간정보의 구축 및 관리 등에 관한 법률에 의한 절차상의 적법성 및 실체법상의 사실관계의 부합 여부를 심사하여 등록한다는 것을 말한다.

(5) 직권등록주의(강제등록주의, 적극적 등록주의)

국토교통부장관은 모든 토지에 대하여 필지별로 소재·지번·지목·면적·경계 또는 좌표 등을 조사·측량하여 지적공부에 등록해야 한다.

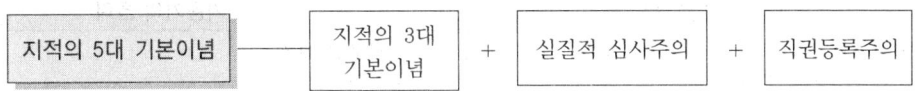

2 부동산등기제도

1) 등기의 의의

부동산등기란 등기관이 등기부에 부동산에 관한 등기사항을 부동산등기법이 정하는 절차와 방법에 따라 기록하는 것 또는 그러한 기록 그 자체를 말한다.

2) 용어정의

① 등기부 : 전산정보처리조직에 의하여 입력·처리된 등기정보자료를 대법원규칙으로 정하는 바에 따라 편성한 것을 말한다.
② 등기부부본자료 : 등기부와 동일한 내용으로 보조기억장치에 기록된 자료를 말한다.
③ 등기기록 : 1필의 토지 또는 1개의 건물에 관한 등기정보자료를 말한다.

④ 등기필정보 : 등기부에 새로운 권리자가 기록되는 경우에 그 권리자를 확인하기 위하여 등기관이 작성한 정보를 말한다.

3) 부동산등기의 기능

(1) 성립요건(효력발생요건)으로서의 기능

부동산에 관한 '법률행위'로 인한 물권의 득실변경은 등기해야 그 효력이 생긴다(민법 제186조). 즉 등기에 의하여 비로소 물권변동이 일어나는 경우이다.

(2) 처분요건으로서의 기능

상속, 공용징수, 판결, 경매 기타 '법률의 규정'에 의한 부동산에 관한 물권의 취득은 등기를 요하지 아니한다. 그러나 등기를 하지 아니하면 이를 처분하지 못한다(민법 제187조). 즉 법률의 규정에 의하여 이미 발생한 물권변동을 사후적으로 공시하기 위하여 등기하는 경우이다.

(3) 대항요건으로서의 기능

부동산임차권(법 제3조, 제74조), 부동산환매특약(법 제53조), 부동산신탁(법 제81조~제87조) 및 임의적 신청정보(존속기간, 지료, 이자, 변제기 등)는 이를 등기해야 제3자에게 주장할 수 있는 대항력이 생긴다. 즉 부동산물권변동과는 무관하고, 다만 제3자에 대한 대항력을 갖추는 의미로 등기하는 경우이다.

4) 부동산등기의 효력

종국등기의 효력	가등기의 효력
• 순위확정적 효력 • 물권변동적 효력 • 대항적 효력 • 권리추정적 효력 • 점유적 효력(취득시효기간 단축의 효력) • 형식적 확정력(후등기 저지력) • 공신력의 불인정	• 청구권 보전 • 순위 보전

3 지적제도와 등기제도의 비교

① 지적사무의 담당기관은 국토교통부이며, 등기사무의 담당기관은 사법부이다.
② 지적은 토지를 그 객체로 하며, 등기는 부동산, 즉 토지와 건물을 객체로 한다.
③ 지적은 권리의 객체인 사실관계를 중시하는 반면, 등기는 권리의 주체인 권리관계를 중시한다(토지표시 : 지적>등기, 소유권 : 지적<등기).
④ 지적과 등기 모두 지적공부, 등기부를 편성하는 방법으로 물적 편성주의를 채택하고 있다.

⑤ 지적은 직권등록주의, 강제주의, 단독신청이며, 등기는 신청주의, 공동신청주의이다. 등록필지수(약 3,500만필지)와 등기필지수(약 90만필지 미등기)와의 차이가 발생하는 이유는 지적은 직권등록주의, 등기는 신청주의를 취하고 있기 때문이다.
⑥ 지적은 토지를 지적공부에 등록하는 데 있어서 실질적 심사주의를 취하는 반면, 등기는 형식적 심사주의를 취하고 있다.
⑦ 대장과 등기부가 이원화되어 있기 때문에 이를 일치시키기 위한 조치로서 등기촉탁과 등기필통지의 제도가 있다.

▶ 지적제도와 등기제도의 비교

구분	지적제도	등기제도
기본법	공간정보의 구축 및 관리 등에 관한 법률	부동산등기법
담당기관	국토교통부	사법부
객체	토지	토지, 건물
기능	사실관계 중시	권리관계 중시
신청	직권등록주의, 강제등록주의, 단독신청	신청주의, 출석주의, 서면신청, 공동신청
공부편성	물적 편성주의	물적 편성주의
등록사항	• 토지표시사항 : 소재, 지번, 지목, 면적, 경계, 좌표 • 소유권에 관한 사항 : 성명, 주소, 주민등록번호 • 기타 : 토지의 등급, 개별공시지가, 용도지역	• 부동산표시에 관한 사항 • 소유권에 관한 사항 • 소유권 이외의 권리에 관한 사항
등록필지수	3,500만필지	약 90만필지(미등기)
심사방법	실질적 심사주의	형식적 심사주의
기본이념	지적국정주의, 지적형식주의, 지적공개주의, 실질적 심사주의, 직권등록주의	당사자신청주의, 성립요건주의
효력발생시기	지적공부에 등록했을 때	등기부에 기록한 때
공신력	불인정	불인정

4 외국의 지적제도

구분	대한민국	일본	프랑스	스위스
기본법	공간정보의 구축 및 관리 등에 관한 법률	국토조사법, 부동산등기법	민법, 지적법	지적공부에 관한 법률
창설기간	1910년(토지조사법)	1876~1880년	1807년 지적법 창설	1911년
담당기구 (중앙)	국토교통부 지적기획과	법무성	재무경제성	사법경찰청 : 법무국 지적과·측량과
담당기구 (지방)	시·도지사, 지적소관청, 대도시시장	지방법무국 산하 : 지국, 출장소	• 시·도 : 지방세무국 • 시·군 : 지적사무국	각 주의 특성에 따라 지적담당부서가 다름

구분	대한민국	일본	프랑스	스위스
지적공부	토지(임야)대장, 공유지연명부, 대지권등록부, 지적도, 임야도, 경계점좌표등록	지적부, 지적도, 토지등기부, 건물등기부	토지대장, 건물대장, 지적도, 도엽기록부, 색인도	부동산등록부, 소유자별대장, 지적도, 수치지적부
지적도 축척	1/500, 1/600, 1/1000, 1/1200, 1/2400, 1/3000, 1/6000	• 도시지역 : 1/250, 1/500 • 농촌지역 : 1/500, 1/1000 • 산림지역 : 1/1000, 1/2500, 1/5000	• 도시지역 : 1/500 • 농촌지역 : 1/1000 • 기타지역 : 1/2000	• 시가지 : 1/500 • 삼림지역 : 1/2000 • 산악지역 : 1/10000
지적·등기	이원화	일원화(1966년)	일원화	일원화
토지대장 편성	물적 편성주의	물적 편성주의	연대적 편성주의	물적·인적 편성주의
등록의무	적극적 등록주의	적극적 등록주의	소극적 등록주의	적극적 등록주의
지적재조사사업	2011년 지적재조사사업 특별법 통과	1951~현재	1930~1950년	1923~2000년
지적측량 대행기관	완전대행체제	완전대행체제(토지가옥조사회, 국토조사측량협회)	국가직영체제	일부 대행체제
발전단계	법지적	다목적 지적	다목적 지적	다목적 지적

구분	네덜란드	독일	대만
기본법	민법, 지적법	측량 및 지적법	토지법
창설기간	1811~1832년	1870~1900년	1897~1914
담당기구 (중앙)	주택도시계획 및 환경성	내무성 : 지방국 지적과	내정부 지적국
담당기구 (지방)	지방지적청	• 내무성 : 측량 및 지적국 • 산하 : 지역지적부 • 시·군 : 지적사무소	지정사무소, 국가공무원이 직접 시행
지적공부	위치대장, 부동산등록부, 지적도	부동산지적부, 부동산지적도, 수치지적부	토지등록부, 건축물개량등기부, 지적도
지적도 축척	• 시가지 : 1/500 • 주택지구 : 1/1000 • 주위 지대 : 1/2000~1/2500	• 도시지역 : 1/500 • 기타 지역 : 1/1000, 1/2500	• 도시지역 : 1/500, 1/600, 1/1000, 1/1200 • 산간지역 : 1/2000, 1/3000
지적·등기	일원화	이원화	일원화(1930년)
토지대장 편성	인적 편성주의	물적·인적 편성주의	물적 편성주의
등록의무	소극적 등록주의		적극적 등록주의
지적재조사사업	1928~1975년	—	1976년~현재
지적측량 대행기관	국가직영체제	국가직영체제	국가직영체제
발전단계	다목적 지적	다목적 지적	다목적 지적

01 예상문제

01 지적의 어원을 katastikhon, capitastrum에서 찾고 있는 견해의 주요 쟁점이 되는 의미는?

① 세금부과 ② 지적공부
③ 지형도   ④ 토지측량

해설 지적의 어원
㉠ J. G. McEntyre는 지적을 라틴어인 Capitastrum에서 그 어원이 유래되었다고 주장하면서 인두세등록부(Head Tax Register)를 의미하는 Capitastrum 또는 Cadastrum에서 유래되었다고 하였다.
㉡ Blondheim은 지적을 그리스어인 Katastikhon에서 그 어원이 유래되었다고 주장하였으며, 여기서 Kata(위에서 아래로)+stikhon(부과)=Katastikhon는 군주가 백성에게 세금을 부과하는 제도라는 의미로 사용하였다.
㉢ Capitastrum과 Katastikhon은 세금부과의 뜻을 지닌 것으로 알 수 있다.
※ Cadastre은 과세 및 측량이라는 의미를 내포하고 있다.

02 지적의 어원과 관련이 없는 것은?

① capitalism   ② catastrum
③ capitastrum ④ katastikhon

해설 지적의 어원
㉠ J. G. McEntyre는 지적을 라틴어인 Capitastrum에서 그 어원이 유래되었다고 주장하면서 인두세등록부(Head Tax Register)를 의미하는 Capitastrum 또는 Cadastrum에서 유래되었다고 하였다.
㉡ Blondheim은 지적을 그리스어인 Katastikhon에서 그 어원이 유래되었다고 주장하였으며, 여기서 Kata(위에서 아래로)+stikhon(부과)=Katastikhon는 군주가 백성에게 세금을 부과하는 제도라는 의미로 사용하였다.
㉢ Capitastrum과 Katastikhon은 세금부과의 뜻을 지닌 것으로 알 수 있다.
※ Cadastre은 과세 및 측량이라는 의미를 내포하고 있다.

03 다음 중 지적의 용어와 관련이 없는 것은?

① Capital   ② Kataster
③ Kadaster   ④ Capitastrum

해설 지적의 어원
㉠ J. G. McEntyre는 지적을 라틴어인 Capitastrum에서 그 어원이 유래되었다고 주장하면서 인두세등록부(Head Tax Register)를 의미하는 Capitastrum 또는 Cadastrum에서 유래되었다고 하였다.
㉡ Blondheim은 지적을 그리스어인 Katastikhon에서 그 어원이 유래되었다고 주장하였으며, 여기서 Kata(위에서 아래로)+stikhon(부과)=Katastikhon는 군주가 백성에게 세금을 부과하는 제도라는 의미로 사용하였다.
㉢ Capitastrum과 Katastikhon은 세금부과의 뜻을 지닌 것으로 알 수 있다.
※ Cadastre은 과세 및 측량이라는 의미를 내포하고 있다.

04 다음과 같은 지적의 어원이 지닌 공통적인 의미는?

> Katastikhon, Capitastrum, Catastrum

① 지형도   ② 조세부과
③ 지적공부 ④ 토지측량

해설 지적의 어원
㉠ J. G. McEntyre는 지적을 라틴어인 Capitastrum에서 그 어원이 유래되었다고 주장하면서 인두세등록부(Head Tax Register)를 의미하는 Capitastrum 또는 Cadastrum에서 유래되었다고 하였다.
㉡ Blondheim은 지적을 그리스어인 Katastikhon에서 그 어원이 유래되었다고 주장하였으며, 여기서 Kata(위에서 아래로)+stikhon(부과)=Katastikhon는 군주가 백성에게 세금을 부과하는 제도라는 의미로 사용하였다.
㉢ Capitastrum과 Katastikhon은 세금부과의 뜻을 지닌 것으로 알 수 있다.
※ Cadastre은 과세 및 측량이라는 의미를 내포하고 있다.

05 다음 중 고대 바빌로니아의 지적 관련 사료가 아닌 것은?

① 미쇼(Michaux)의 돌
② 테라코타(Terra Cotta) 서판
③ 누지(Nuzi)의 점토판지도(clay tablet)
④ 메나무덤(Tomb of Menna)의 고분벽화

06 다음 중 근대적 지적제도의 효시가 되는 나라는?

① 한국   ② 대만
③ 일본   ④ 프랑스

정답 01 ① 02 ① 03 ① 04 ② 05 ④ 06 ④

해설 나폴레옹지적(프랑스)은 근대적 세지적의 완성과 소유권제도의 확립을 위한 지적제도 성립의 전환점으로 평가되는 역사적인 사건이다.

07 "지적은 특정한 국가나 지역 내에 있는 재산을 지적측량에 의해서 체계적으로 정리해놓은 공부이다"라고 지적을 정의한 학자는?

① A. Toffler
② S. R. Simpson
③ J. G. McEntre
④ J. L. G. Hensen

해설 J. L. G. Hensen은 "지적은 특정한 국가나 지역 내에 있는 재산을 지적측량에 의해서 체계적으로 정리해놓은 공부이다"라고 지적을 정의하였다.

08 다음 중 근대 지적의 시초로 과세지적이 대표적인 나라는?

① 일본
② 독일
③ 프랑스
④ 네덜란드

해설 근대 유럽지적제도의 효시를 이루는 데 공헌한 국가는 프랑스이다.

09 근대적 세지적의 완성과 소유권제도의 확립을 위한 지적제도 성립의 전환점으로 평가되는 역사적인 사건은?

① 솔리만 1세의 오스만제국 토지법 시행
② 윌리엄 1세의 영국 둠스데이측량 시행
③ 나폴레옹 1세의 프랑스 토지관리법 시행
④ 디오클레티아누스황제의 로마제국 토지측량 시행

해설 나폴레옹지적은 근대적 세지적의 완성과 소유권제도의 확립을 위한 지적제도 성립의 전환점으로 평가되는 역사적인 사건이다.

10 다음 중 우리나라에서 최초로 '지적'이라는 용어가 법률상에 등장한 시기로 옳은 것은?

① 1895년
② 1905년
③ 1910년
④ 1950년

해설 우리나라의 근대적인 지적제도는 고종 32년(1895년) 3월 26일 칙령 제53호로 내부관제를 공포하고 내부관제의 판적국에서 지적에 관한 사항을 담당하였다. 이때 법령에 최초로 지적이라는 용어를 사용하였다.

11 우리나라에서 지적이라는 용어가 법률상 처음 등장한 것은?

① 1895년 내부관제
② 1898년 양지아문 직원급 처무규정
③ 1901년 지계아문 직원급 처무규정
④ 1910년 토지조사법

해설 우리나라의 근대적인 지적제도는 고종 32년(1895년) 3월 26일 칙령 제53호로 내부관제를 공포하고 내부관제의 판적국에서 지적에 관한 사항을 담당하였다. 이때 법령에 최초로 지적이라는 용어를 사용하였다.

12 우리나라의 근대적 지적제도가 이루어진 연대는?

① 1710년대
② 1810년대
③ 1850년대
④ 1910년대

해설 우리나라의 근대적 지적제도가 이루어진 연대는 1910년 토지조사사업 실시 당시로 본다.

13 지적의 발생설 중 영토의 보존과 통치수단이라는 두 관점에 대한 이론은?

① 지배설
② 치수설
③ 침략설
④ 과세설

해설 지배설(Rule Theory)은 로마가 그리스를 침략하면서 식민지에 대한 영토의 보존과 통치수단이라는 관점에서 식민지에서 먼저 토지조사작업을 했을 것이라 생각되는 학설이다.

14 지적이론의 발생설 중 이론적 근거가 다른 것은?

① 나일로미터
② 둠즈데이북
③ 장적문서
④ 지세대장

해설 둠즈데이북, 장적문서, 지세대장은 지적의 발생설 중 과세설을 뒷받침하는 근거자료이다.

15 다음 중 지적의 발생설과 관계가 먼 것은?

① 법률설
② 과세설
③ 치수설
④ 지배설

해설 **지적의 발생설** : 과세설, 치수설, 침략설, 지배설

정답 07 ④ 08 ③ 09 ③ 10 ① 11 ① 12 ④ 13 ① 14 ① 15 ①

16 지적의 발생설을 토지측량과 밀접하게 관련지어 이해할 수 있는 이론은?

① 과세설　　② 치수설
③ 지배설　　④ 역사설

해설 치수설(Flood Control Theory, 토지측량설)
㉠ 국가가 토지를 농업생산수단으로 이용하기 위해서 관개시설 등을 측량하고 기록·유지·관리하는 데서 비롯되었다고 보는 설이다.
㉡ 토지의 분배를 위하여 측량을 실시하였으며 토지측량설이라고도 한다.
㉢ 과세설과 더불어 등장한 이론이며 합리적인 과세를 목적으로 농경지를 배분하였다.
㉣ 메소포타미아문명 : 티그리스강, 유프라테스강 지역에서 제방, 홍수 뒤 경지정리의 필요성을 느껴 삼각법에 의한 측량을 실시하였다.

17 다음 중 지적이론의 발생설로 가장 지배적인 것으로 다음의 기록들이 근거가 되는 학설은?

- 3세기 말 디오클레티아누스(Diocletian)황제의 로마제국 토지측량
- 모세의 탈무드법에 규정된 십일조(tithe)
- 영국의 둠즈데이북(Domesday Book)

① 과세설　　② 지배설
③ 지수설　　④ 통치설

해설 과세설은 영국의 둠즈데이북, 신라시대의 신라장적문서, 모세의 탈무드법에 규정된 십일조, 3세기 말 디오클레티아누스황제의 로마제국 토지측량 등의 학설에 근거가 있다.

18 둠즈데이북(Doomsday Book)과 관계 깊은 나라는?

① 프랑스　　② 이탈리아
③ 영국　　　④ 이집트

해설 영국의 둠즈데이북(Domesday Book)
㉠ 1066년에 잉글랜드를 정복 후 1085~1086년 동안 조사하여 양피지 2권에 라틴어로 작성한 토지조사부이다.
㉡ 노르만 출신 윌리엄 1세가 정복한 전 영국의 자원목록으로 국토를 조직적으로 작성한 토지기록이며 영국에서 사용되어 왔던 과세장부이다.
㉢ 과세설의 증거로 세금부과를 위한 일종의 지세장부, 지세대장의 성격을 가지고 있다.
㉣ 윌리엄 1세가 자원목록으로 정리하기 전에 덴마크 침략자들의 약탈을 피하기 위해 지불되는 보호금인 다네겔트(danegeld)를 모으기 위해 색슨 영국에서 사용되어 왔던 과세용 과세장부였다.
㉤ 각 주별 직할지면적, 쟁기의 수, 산림, 목초지, 방목지 등 공유지면적, 자유농민 및 비자유노동자의 수, 자유농민보유면적 등이 기록되어 있다.
㉥ 지적도면은 작성하지 않았으며 지세대장만 작성하였다.
㉦ 영국의 공문서보관소에 두 권의 책으로 보관되어 있다.

19 물권설정측면에서 지적의 3요소로 볼 수 없는 것은?

① 국가　　② 토지
③ 등록　　④ 공부

해설 지적의 3요소 : 토지, 등록, 공부

20 지적의 구성요소로 가장 거리가 먼 것은?

① 토지이용에 의한 활동
② 토지정보에 대한 등록
③ 기록의 대상인 지적공부
④ 일필지를 의미하는 토지

해설 지적의 협의와 광의의 구성요소

협의의 구성요소	광의의 구성요소
• 토지 : 지적의 객체 • 등록 : 지적의 주된 행위 • 공부 : 지적행위 결과물	• 필지 : 권리의 객체 • 소유자 : 권리의 주체 • 권리 : 토지를 소유할 수 있는 법적 권리

21 다음 지적의 3요소 중 협의의 개념에 해당하지 않는 것은?

① 공부　　② 등록
③ 토지　　④ 필지

해설 지적의 협의와 광의의 구성요소

협의의 구성요소	광의의 구성요소
• 토지 : 지적의 객체 • 등록 : 지적의 주된 행위 • 공부 : 지적행위 결과물	• 필지 : 권리의 객체 • 소유자 : 권리의 주체 • 권리 : 토지를 소유할 수 있는 법적 권리

22 지적공부에 등록하지 아니하는 것은?

① 해면　　② 국유림
③ 암석지　　④ 황무지

정답 16 ②　17 ①　18 ③　19 ①　20 ①　21 ④　22 ①

해설 바다는 등록의 대상이 되지 않으므로 해면은 지적공부에 등록되지 않는다.

23 소유권에 대한 설명으로 옳은 것은?
① 소유권은 물권이 아니다.
② 소유권은 제한물권이다.
③ 소유권에는 존속기간이 있다.
④ 소유권은 소멸시효에 걸리지 않는다.

해설 소유권은 물권이며 제한물권(용익물권, 담보물권)에 해당하지 않는다. 또한 존속기간은 존재하지 않으며 소멸시효에 걸리지 않는다.

24 토지소유권권리의 특성 중 틀린 것은?
① 항구성 ② 탄력성
③ 완전성 ④ 단일성

해설 **토지소유권권리의 특성**
㉠ 완전성 : 제한물권과는 달리 토지소유권은 토지가 가지는 사용가치 및 교환가치 전부에 전면적으로 미친다.
㉡ 혼일성 : 토지소유권은 토지에 대한 사용, 수익, 처분 등의 제 권능이 아니며, 이러한 기능은 혼일한 지배권능을 유출하는 것이다.
㉢ 탄력성 : 토지소유권은 일시적으로 그 권능의 행사가 제한받기도 하지만 그 제한이 해소되면 곧바로 원만한 상태로 되돌아가는 탄력성을 지니고 있다.
㉣ 항구성 : 토지소유권의 존속기간은 제한이 없으며, 또한 소멸시효에도 걸리지 않는다.

25 토지소유권권리의 특성이 아닌 것은?
① 탄력성 ② 혼일성
③ 항구성 ④ 불완전성

해설 **토지소유권의 특성** : 탄력성, 혼일성, 항구성, 완전성

26 우리나라에서 토지소유권에 대한 설명으로 옳은 것은?
① 절대적이다.
② 무제한 사용, 수익, 처분할 수 있다.
③ 신성불가침이다.
④ 법률의 범위 내에서 사용, 수익, 처분할 수 있다.

해설 토지소유권은 법률의 범위 내에서 그 소유물을 사용, 수익, 처분할 권리가 있다.

27 토지소유권에 관한 설명으로 옳은 것은?
① 무제한 사용, 수익할 수 있다.
② 존속기간이 있고 소멸시효에 걸린다.
③ 법률의 범위 내에서 사용, 수익, 처분할 수 있다.
④ 토지소유권은 토지를 일시 지배하는 제한물권이다.

해설 민법에 소유자는 법률의 범위 내에서 그 소유물을 사용, 수익, 처분할 권리가 있다고 규정하고 있다.

28 토지의 소유권을 규제할 수 있는 근거로 가장 타당한 것은?
① 토지가 갖는 가역성, 경제성
② 토지가 갖는 공공성, 사회성
③ 토지가 갖는 사회성, 적법성
④ 토지가 갖는 경제성, 절대성

해설 토지의 소유권을 규제할 수 있는 근거는 토지가 갖고 있는 공공성과 사회성 때문이다.

29 토지의 소유권 객체를 확정하기 위하여 채택한 근대적인 기술은?
① 지적측량 ② 지질분석
③ 지형조사 ④ 토지가격평가

해설 토지소유권의 객체를 확정하기 위해서는 지적측량을 요한다.

30 지적의 역할에 해당하지 않는 것은?
① 토지평가의 자료
② 토지정보의 관리
③ 토지소유권의 보호
④ 부동산의 적정한 가격형성

해설 지적은 토지를 효율적으로 관리하고 소유권 보호를 위해 도입이 된 것으로 부동산의 적정한 가격형성은 지적의 역할과 거리가 멀다.

31 다음 중 현대 지적의 원리와 거리가 먼 것은?
① 민주성의 원리 ② 정확성의 원리
③ 능률성의 원리 ④ 경제성의 원리

정답 23 ④ 24 ④ 25 ④ 26 ④ 27 ③ 28 ② 29 ① 30 ④ 31 ④

해설 **현대 지적의 원리**
㉠ 공기능성(Publicness) : 지적활동에 대한 정보의 입수는 이권이나 특혜의 대상이 되기 때문에 지적사항을 필요로 하는 모든 이에게 알려야 한다는 것이다. 공기능성에 부합하는 것으로 국정주의와 공개주의가 있다.
㉡ 민주성(Democracy) : 국가가 지적활동의 주체로서 업무를 추진하지만 최후의 목표는 국민의 욕구충족에 기인하려는 특성을 가진다. 분권화, 주민참여의 보장, 책임성, 공개성 등이 수반되어야 한다.
㉢ 능률성(Efficiency) : 지적은 토지에 대한 인간활동을 효율화하기 위한 것을 대전제로 하며, 여기에는 기술적 측면의 효율성이 포함된다.
㉣ 정확성(Accuracy) : 지적은 세수원으로서 각종 정책의 기초자료로 신속하고 정확한 현황 유지를 생명으로 하고 있다. 지적활동의 정확도는 토지현황조사, 일필지조사, 기록과 도면, 관리와 운영의 정확한 정도를 말한다.

32 지적업무의 특성으로 볼 수 없는 것은? 산18-1
① 전국적으로 획일성을 요하는 기술업무
② 전통성과 영속성을 가진 국가 고유 업무
③ 토지소유권을 확정·공시하는 준사법적인 행정업무
④ 토지에 대한 권리관계를 등록하는 등기의 보완적 업무

해설 **지적사무의 특징**
㉠ 전통적이고 영속적인 사무
㉡ 이면적이고 내재적인 사무
㉢ 준사법적이고 지속적인 사무
㉣ 기술적이고 전문적인 사무
㉤ 통일적이고 획일적인 국가사무

33 지적의 원리에 대한 설명으로 틀린 것은? 기17-1
① 공(公)기능성의 원리는 지적공개주의를 말한다.
② 민주성의 원리는 주민참여의 보장을 말한다.
③ 능률성의 원리는 중앙집권적 통제를 말한다.
④ 정확성의 원리는 지적불부합지의 해소를 말한다.

해설 **현대 지적의 원리**
㉠ 공기능성(Publicness) : 지적활동에 대한 정보의 입수는 이권이나 특혜의 대상이 되기 때문에 지적사항을 필요로 하는 모든 이에게 알려야 한다는 것이다. 공기능성에 부합하는 것으로 국정주의와 공개주의가 있다.
㉡ 민주성(Democracy) : 국가가 지적활동의 주체로서 업무를 추진하지만 최후의 목표는 국민의 욕구충족에 기인하려는 특성을 가진다. 분권화, 주민참여의 보장, 책임성, 공개성 등이 수반되어야 한다.
㉢ 능률성(Efficiency) : 지적은 토지에 대한 인간활동을 효율화하기 위한 것을 대전제로 하며, 여기에는 기술적 측면의 효율성이 포함된다.
㉣ 정확성(Accuracy) : 지적은 세수원으로서 각종 정책의 기초자료로 신속하고 정확한 현황 유지를 생명으로 하고 있다. 지적활동의 정확도는 토지현황조사, 일필지조사, 기록과 도면, 관리와 운영의 정확한 정도를 말한다.

34 현대 지적의 성격으로 가장 거리가 먼 것은? 기16-3 산19-2
① 역사성과 영구성
② 전문성과 기술성
③ 서비스성과 윤리성
④ 일시적 민원성과 개별성

해설 **현대 지적의 성격**
㉠ 역사성과 영구성(History & Permanence)
㉡ 반복적 민원성(Repeated civil application)
㉢ 전문성과 기술성(Profession & Technique)
㉣ 서비스성과 윤리성(Service & Ethics)
㉤ 정보원(Source of information)

35 대규모 지역의 지적측량에 부가하여 항공사진측량을 병용하는 것과 가장 관계 깊은 지적원리는? 기19-3
① 공기능의 원리 ② 능률성의 원리
③ 민주성의 원리 ④ 정확성의 원리

해설 **현대 지적의 원리**
㉠ 공기능성(Publicness) : 지적활동에 대한 정보의 입수는 이권이나 특혜의 대상이 되기 때문에 지적사항을 필요로 하는 모든 이에게 알려야 한다는 것이다. 공기능성에 부합하는 것으로 국정주의와 공개주의가 있다.
㉡ 민주성(Democracy) : 국가가 지적활동의 주체로서 업무를 추진하지만 최후의 목표는 국민의 욕구충족에 기인하려는 특성을 가진다. 분권화, 주민참여의 보장, 책임성, 공개성 등이 수반되어야 한다.
㉢ 능률성(Efficiency) : 지적은 토지에 대한 인간활동을 효율화하기 위한 것을 대전제로 하며, 여기에는 기술적 측면의 효율성이 포함된다.
㉣ 정확성(Accuracy) : 조사항목에 대한 정확한 정도를 나타내는 것으로 지적활동의 정확도는 토지현황조사, 일필지조사, 기록과 도면, 관리와 운영의 정확한 정도를 말한다.
※ 대규모 지역의 지적측량에 부가하여 항공사진측량을 병용하는 것과 가장 관계 깊은 지적원리는 능률성이다.

정답 32 ④ 33 ③ 34 ④ 35 ②

36 지적의 원리 중 지적활동의 정확성을 설명한 것으로 옳지 않은 것은?

① 서비스의 정확성 : 기술의 정확도
② 토지현황조사의 정확성 : 일필지조사
③ 기록과 도면의 정확성 : 측량의 정확도
④ 관리·운영의 정확성 : 지적조직의 업무분화 정확도

해설 지적은 세수원으로서 각종 정책의 기초자료로 신속하고 정확한 현황 유지를 생명으로 하고 있다. 지적활동의 정확도는 토지현황조사, 일필지조사, 기록과 도면, 관리와 운영의 정확한 정도를 말한다.

37 다음 중 우리나라 지적제도의 역할과 가장 거리가 먼 것은?

① 토지재산권의 보호
② 국가인적자원의 관리
③ 토지행정의 기초자료
④ 토지기록의 법적 효력

해설 우리나라 지적제도의 역할 : 토지재산권의 보호, 토지행정의 기초자료, 토지기록의 법적 효력

38 지적제도의 특성으로 가장 거리가 먼 것은?

① 안전성 ② 간편성
③ 정확성 ④ 유사성

해설 지적제도의 특징
㉠ 안정성(Security) : 토지소유자와 권리에 관련된 자는 권리가 일단 등록되면 불가침의 영역이며 안정성을 확보한다.
㉡ 간편성(Simplicity) : 소유권 등록은 단순한 형태로 사용되어야 하며, 절차는 명확하고 확실해야 한다.
㉢ 정확성(Accuracy) : 지적제도가 효과적으로 운영되기 위해 정확성이 요구된다.
㉣ 신속성(Expedition) : 토지등록절차가 신속하지 않을 경우 불평이 정당화되고 체계에 대한 비판을 받게 된다.
㉤ 저렴성(Cheapness) : 효율적인 소유권 등록에 의해 소유권 입증은 저렴성을 내포한다.
㉥ 적합성(Suitability) : 현재와 미래에 발생할 상황이 적합하여야 하며 비용, 인력, 전문적 기술에 유용해야 한다.
㉦ 완전성(Completeness) : 등록은 모든 토지에 대하여 완전해야 하며, 개별적인 구획토지의 등록은 실질적인 최근의 상황을 반영할 수 있도록 그 자체가 완전해야 한다.

39 지적제도의 기능 및 역할로 옳지 않은 것은?

① 토지거래의 기준
② 토지등기의 기초
③ 토지소유제한의 기준
④ 토지에 대한 과세의 기준

해설 지적의 실제적 기능
㉠ 토지등기의 기초(선등록 후등기) : 지적제도를 통하여 토지에 관한 물리적인 현황인 지번, 지목, 면적, 경계, 좌표가 결정되면 이를 기초로 하여 토지등기부의 표제부가 생성되고, 토지대장과 임야대장의 등록사항을 토대로 소유권보존등기가 실행되어 등기부가 개설된다.
㉡ 토지평가의 기초(선등록 후평가) : 토지평가는 지적공부에 등록된 토지에 한하여 이루어지며, 평가는 지적공부에 등록된 토지표시사항을 기초자료로 이용하고 있다.
㉢ 토지과세의 기초(선등록 후과세) : 토지에 대한 각종 국세와 지방세는 지적공부에 등록된 필지를 단위로 면적과 지목 등 기초자료를 이용하여 결정한 개별공시지가를 과세의 기초자료로 하고 있다.
㉣ 토지거래의 기초(선등록 후거래) : 모든 토지는 지적공부에 등록된 소재, 지번, 지목, 면적, 경계 등을 기준으로 거래하게 되므로 지적은 권리에 관한 부동산등기와 함께 토지에 대한 거래의 기준이 된다.
㉤ 토지이용계획의 기초(선등록 후이용) : 각종 토지이용계획은 지적공부에 등록된 토지표시사항을 기초자료로 활용하고 있다.
㉥ 주소표기의 기준 : 민법, 주민등록법 등에 규정된 본적 또는 주소는 지적공부에 등록된 토지의 소재, 지번을 기준으로 설정하고 있다.

40 지적의 기능으로 가장 거리가 먼 것은?

① 재산권의 보호
② 공정과세의 자료
③ 토지관리에 기여
④ 쾌적한 생활환경의 조성

해설 지적의 기능
㉠ 일반적 기능 : 사회적 기능, 법률적 기능, 행정적 기능
㉡ 실제적 기능
• 토지등록의 법적 효력과 공시
• 도시 및 국토계획의 원천
• 토지감정평가의 기초
• 지방행정의 자료
• 토지유통의 매개체
• 토지관리의 지침

정답 36 ① 37 ② 38 ④ 39 ③ 40 ④

41 다음 중 지적제도의 기능이 아닌 것은?   기 17-3
① 지방행정의 자료
② 토지유통의 매개체
③ 토지감정평가의 기초
④ 토지이용 및 개발의 기준

해설 지적의 실제적 기능
㉠ 토지등록의 법적 효력과 공시
㉡ 도시 및 국토계획의 원천
㉢ 토지감정평가의 기초
㉣ 지방행정의 자료
㉤ 토지유통의 매개체
㉥ 토지관리의 지침

42 다음 중 지적의 기능으로 옳지 않은 것은?   산 17-2
① 지리적 요소의 결정
② 토지감정평가의 기초
③ 도시 및 국토계획의 원천
④ 토지기록의 법적 효력과 공시

해설 지적의 실제적 기능
㉠ 토지등록의 법적 효력과 공시
㉡ 도시 및 국토계획의 원천
㉢ 토지감정평가의 기초
㉣ 지방행정의 자료
㉤ 토지유통의 매개체
㉥ 토지관리의 지침

43 국가의 재원을 확보하기 위한 지적제도로서 면적본위지적제도라고도 하는 것은?   기 17-1
① 과세지적   ② 법지적
③ 다목적 지적   ④ 경제지적

해설 세지적(Fiscal Cadastre)은 최초의 지적제도로 세금징수를 가장 큰 목적으로 개발된 제도로 과세지적이라고도 한다. 세지적하에서는 면적의 정확도를 중시하였다.

44 지적제도의 발전단계별 특징으로서 중요한 등록사항에 해당하지 않는 것은?   산 16-3
① 세지적 - 경계
② 법지적 - 소유권
③ 법지적 - 경계
④ 다목적 지적 - 등록사항 다양화

해설 세지적은 과세의 목적에서 도입된 것으로 경계보다 면적을 중시한다.

45 다음 중 지적제도의 발전단계별 분류상 가장 먼저 발생한 것으로 원시적인 지적제도라고 할 수 있는 것은?   산 19-3
① 법지적   ② 세지적
③ 정보지적   ④ 다목적 지적

해설 발전과정에 따른 분류
㉠ 세지적(Fiscal Cadastre) : 최초의 지적제도로 세금징수를 가장 큰 목적으로 개발된 제도로 과세지적이라고도 한다. 세지적하에서는 면적의 정확도를 중시하였다.
㉡ 법지적(Legal Cadastre) : 세지적에서 진일보한 제도로서 토지과세 및 토지거래의 안전, 토지소유권 보호 등이 주요 목적인 지적제도로서 일명 소유지적(경계지적)이라고도 한다. 법지적하에서는 위치의 정확도를 중시하였다.
㉢ 다목적 지적(Multipurpose Cadastre)
  • 종합지적(유사지적, 경제지적, 통합지적)이라고도 한다.
  • 1필지를 단위로 토지 관련 정보를 종합적으로 등록하는 제도로서 토지에 관한 물리적 현황은 물론 법률적, 재정적, 경제적 정보를 포괄하는 제도이다.
  • 토지에 대한 평가, 과세, 거래, 이용계획, 지하시설물과 공공시설물 및 토지통계 등에 관한 정보를 공동으로 활용하기 위하여 최근에 개발된 지적제도이다.

46 다음 중 지적제도의 분류방법이 다른 하나는?   산 18-1
① 세지적   ② 법지적
③ 수치지적   ④ 다목적 지적

해설 지적제도의 분류
㉠ 측량방법에 따른 분류 : 도해지적, 수치지적
㉡ 발전과정에 따른 분류 : 세지적, 법지적, 다목적 지적

47 토지과세 및 토지거래의 안전을 도모하며 토지소유권의 보호를 주요 목적으로 하는 지적제도는?   산 18-3
① 법지적   ② 경제지적
③ 과세지적   ④ 유사지적

해설 법지적(Legal Cadastre)은 세지적에서 진일보한 제도로서 토지과세 및 토지거래의 안전, 토지소유권 보호 등이 주요 목적인 지적제도로서 일명 소유지적(경계지적)이라고도 한다. 법지적하에서는 위치의 정확도를 중시하였다.

정답 41 ④ 42 ① 43 ① 44 ① 45 ② 46 ③ 47 ①

48 지적제도의 발달과정에서 세지적이 표방하는 가장 중요한 특징은?

① 면적본위 ② 위치본위
③ 소유권본위 ④ 대축척 지적도

해설 세지적(Fiscal Cadastre)은 최초의 지적제도로 세금징수를 가장 큰 목적으로 개발된 제도로 과세지적이라고도 한다. 세지적하에서는 면적의 정확도를 중시하였다.

49 고도의 정확성을 가진 지적측량을 요구하지는 않으나 과세표준을 위한 면적과 토지 전체에 대한 목록의 작성이 중요한 지적제도는?

① 법지적 ② 세지적
③ 경제지적 ④ 소유지적

해설 세지적(Fiscal Cadastre)은 최초의 지적제도로 세금징수를 가장 큰 목적으로 개발된 제도로 과세지적이라고도 한다. 세지적하에서는 면적의 정확도를 중시하였다.

50 지적제도의 발전단계별 특징이 옳지 않은 것은?

① 세지적 – 생산량
② 법지적 – 경계
③ 법지적 – 물권
④ 다목적 지적 – 지형지물

해설 다목적 지적(Multipurpose Cadastre)
㉠ 종합지적(유사지적, 경제지적, 통합지적)이라고도 한다.
㉡ 1필지를 단위로 토지 관련 정보를 종합적으로 등록하는 제도로서 토지에 관한 물리적 현황은 물론 법률적, 재정적, 경제적 정보를 포괄하는 제도이다.
㉢ 토지에 대한 평가, 과세, 거래, 이용계획, 지하시설물과 공공시설물 및 토지통계 등에 관한 정보를 공동으로 활용하기 위하여 최근에 개발된 지적제도이다.

51 경계의 표시방법에 따른 지적제도의 분류가 옳은 것은?

① 도해지적, 수치지적
② 수평지적, 입체지적
③ 2차원 지적, 3차원 지적
④ 세지적, 법지적, 다목적 지적

해설 측량방법(경계표시)에 따른 분류 : 도해지적, 수치지적

52 법지적제도 운영을 위한 토지등록에서 일반적인 필지획정의 기준은?

① 개발단위 ② 거래단위
③ 경작단위 ④ 소유단위

해설 법지적(Legal Cadastre)은 세지적에서 진일보한 제도로서 토지과세 및 토지거래의 안전, 토지소유권 보호 등이 주요 목적인 지적제도로서 일명 소유지적(경계지적)이라고도 한다. 법지적하에서는 위치의 정확도를 중시하였다.

53 토지소유권 보호가 주요 목적이며 토지거래의 안전을 보장하기 위해 만들어진 지적제도로서 토지의 평가보다 소유권의 한계설정과 경계복원의 가능성을 중요시하는 것은?

① 법지적 ② 세지적
③ 경제지적 ④ 유사지적

해설 발전과정에 따른 분류
㉠ 세지적(Fiscal Cadastre) : 최초의 지적제도로 세금징수를 가장 큰 목적으로 개발된 제도로 과세지적이라고도 한다. 세지적하에서는 면적의 정확도를 중시하였다.
㉡ 법지적(Legal Cadastre) : 세지적에서 진일보한 제도로서 토지과세 및 토지거래의 안전, 토지소유권 보호 등이 주요 목적인 지적제도로서 일명 소유지적(경계지적)이라고도 한다. 법지적하에서는 위치의 정확도를 중시하였다.
㉢ 다목적 지적(Multipurpose Cadastre)
• 종합지적(유사지적, 경제지적, 통합지적)이라고도 한다.
• 1필지를 단위로 토지 관련 정보를 종합적으로 등록하는 제도로서 토지에 관한 물리적 현황은 물론 법률적, 재정적, 경제적 정보를 포괄하는 제도이다.
• 토지에 대한 평가, 과세, 거래, 이용계획, 지하시설물과 공공시설물 및 토지통계 등에 관한 정보를 공동으로 활용하기 위하여 최근에 개발된 지적제도이다.

54 토지이용의 입체화와 가장 관련성이 깊은 지적제도의 형태는?

① 세지적 ② 3차원 지적
③ 2차원 지적 ④ 법지적

해설 3차원 지적은 토지의 이용이 다양화됨에 따라 토지의 경계, 지목 등 지표의 물리적 현황은 물론 지상과 지하에 설치된 시설물 등을 수치의 형태로 등록공시 또는 관리를 지원하는 제도로 일명 입체지적이라고도 한다.

정답 48 ① 49 ② 50 ④ 51 ① 52 ④ 53 ① 54 ②

55 법지적제도와 거리가 가장 먼 것은?

① 정밀한 대축척 지적도 작성
② 토지의 사용, 수익, 처분권 인정
③ 토지의 상품화
④ 토지자원의 배분

해설 토지자원의 배분은 다목적 지적과 관련이 있다.

56 우리나라 지적제도에 토지대장과 임야대장이 2원적(二元的)으로 있게 된 가장 큰 이유는?

① 측량기술이 보급되지 않았기 때문이다.
② 삼각측량에 시일이 너무 많이 소요되었기 때문이다.
③ 토지나 임야의 소유권제도가 확립되지 않았기 때문이다.
④ 우리의 지적제도가 조사사업별 구분에 의하여 다르게 하였기 때문이다.

해설 우리나라 지적제도에 토지대장과 임야대장이 2원적(二元的)으로 있게 된 가장 큰 이유는 1910년 토지조사사업과 1918년 임야조사사업으로 나누어서 토지조사를 하였기 때문이다.

57 지적제도의 유형을 등록차원에 따라 분류한 경우 3차원 지적의 업무영역에 해당하지 않는 것은?

① 지상　　　　② 지하
③ 지표　　　　④ 시간

해설 3차원 지적은 토지의 이용이 다양화됨에 따라 토지의 경계, 지목 등 지표의 물리적 현황은 물론 지상과 지하에 설치된 시설물 등을 수치의 형태로 등록공시 또는 관리를 지원하는 제도로 일명 입체지적이라고도 한다.

58 지적제도의 발달사적 입장에서 볼 때 법지적제도의 확립을 위하여 동원한 가장 두드러진 기술업무는?

① 토지평가　　　② 지적측량
③ 지도제작　　　④ 면적측정

해설 법지적(Legal Cadastre)은 세지적에서 진일보한 제도로 토지과세 및 토지거래의 안전, 토지소유권 보호 등이 주요 목적인 지적제도로서 일명 소유지적(경계지적)이라고도 한다. 법지적하에서는 위치의 정확도를 중시하였다. 따라서 경계가 명확해야 하므로 법지적의 확립을 위해서는 정밀한 지적측량이 필요하다.

59 다음 중 3차원 지적이 아닌 것은?

① 평면지적　　　② 지표공간
③ 지중공간　　　④ 입체지적

해설 2차원 지적(평면지적)
㉠ 2차원 지적은 토지의 고저에 관계없이 수평면상의 투영만을 가상하여 각 필지의 경계를 등록·공시하는 제도로 일명 평면지적이라고도 한다.
㉡ 2차원 지적은 토지의 경계, 지목 등 지표의 물리적 현황만을 등록하는 제도이다. 점과 선을 지적공부인 도면에 기하학적으로 폐쇄된 다각형의 형태로 등록하여 관리하고 있다.
㉢ 우리나라를 비롯하여 세계 각국에서 일반적으로 가장 많이 채택하고 있는 지적제도이다.

60 지적도 작성방법 중 지적도면자료나 영상자료를 래스터(Raster)방식으로 입력하여 수치화하는 장비로 옳은 것은?

① 스캐너　　　② 디지타이저
③ 자동복사기　　④ 키보드

해설 지적도면자료나 영상자료를 래스터방식으로 입력하여 수치화하는 장비는 스캐너이며, 벡터방식으로 저장되는 것은 디지타이저이다.

61 지적업무의 전산화 이유와 거리가 먼 것은?

① 민원처리의 신속화
② 국토기본도의 정확한 작성
③ 자료의 효율적 관리
④ 지적공부관리의 기계화

해설 지적업무전산화의 목적
㉠ 민원처리의 신속화
㉡ 자료의 효율적 관리
㉢ 토지과세자료의 정확화
㉣ 토지정보의 수요에 대한 신속한 정보제공
㉤ 공공계획의 수립에 필요한 정보제공
㉥ 다른 정보자료들과 연계

62 지적의 분류 중 등록방법에 따른 분류가 아닌 것은?

① 도해지적　　　② 2차원 지적
③ 3차원 지적　　④ 입체지적

정답　55 ④　56 ④　57 ④　58 ②　59 ①　60 ①　61 ②　62 ①

해설 **등록방법에 따른 분류**: 2차원 지적, 3차원 지적(입체지적)
※ 도해지적은 측량방법(경계표시)에 따른 분류에 해당한다.

63 토지에 대한 세를 부과함에 있어 과세자료로 이용하기 위한 목적의 지적제도는?
① 법지적 ② 세지적
③ 경제지적 ④ 다목적 지적

해설 세지적(Fiscal Cadastre)은 최초의 지적제도로 세금징수를 가장 큰 목적으로 개발된 제도로 과세지적이라고도 한다. 세지적하에서는 면적의 정확도를 중시하였다.

64 우리나라에서 채용하는 토지경계표시방식은?
① 방향측량방식
② 입체기하적 방식
③ 도상경계표시방식
④ 입체기하적 방식과 방향측량방식의 절충방식

해설 경계란 필지별로 경계점들을 직선으로 연결하여 지적공부에 등록한 선을 말한다. 즉 도면에 등록된 선 또는 경계점좌표등록부에 등록된 좌표의 연결을 말한다. 우리나라에서 채택하고 있는 경계는 도상경계이다.

65 수치지적과 도해지적에 관한 설명으로 옳지 않은 것은?
① 수치지적은 비교적 비용이 저렴하고 고도의 기술을 요구하지 않는다.
② 수치지적은 도해지적보다 정밀하게 경계를 표시할 수 있다.
③ 도해지적은 대상필지의 형태를 시각적으로 용이하게 파악할 수 있다.
④ 도해지적은 토지의 경계를 도면에 일정한 축척의 그림으로 그리는 것이다.

해설 수치지적(Numerical Cadastre, 좌표지적)이란 세지적, 법지적, 다목적 지적에 있어서 토지의 경계점을 도해적으로 표시하지 않고 수학적인 좌표로서 표시하는 방법으로, 이는 축척이 1:1이기 때문에 도해지적보다 훨씬 정밀한 결과를 가져온다. 최근 Total Station, 사진측량, GPS, 원격탐측(RS), 관성측량방법 등에 의한 3차원 수치측량기법이 개발되고 있어 이를 활용한 지적측량방법의 폭넓은 응용이 기대되고 있다.

장점	단점
• 정밀한 경계표시가 가능하다. • 지적측량결과를 등록 당시의 정확도로 재현이 가능하다. • 일필지의 면적이 넓고 토지형상이 정사각형에 가까운 굴곡점이 적은 경우에 적합하다. • 도면의 신축에 영향을 받지 않는다. • 지적의 자동화, 정보화가 용이하다.	• 측량과정이 매우 복잡하고 고도의 기술을 요한다. • 측량장비가 고가이며 측량비용이 높다. • 시각적으로 양호하지 못하므로 형상파악이 힘들어 별도의 지적도를 비치해야 한다. • 경지정리가 이루어지지 않은 농촌지역은 불리하다.

66 다목적 지적제도의 구성요소가 아닌 것은?
① 기본도 ② 지적중첩도
③ 측지기본망 ④ 주민등록파일

해설 **다목적 지적의 구성요소**
㉠ 3대 : 측지기준망, 기본도, 중첩도
㉡ 5대 : 측지기준망, 기본도, 중첩도, 필지식별번호, 토지자료파일

67 다음 중 다목적 지적제도의 구성요소에 해당하지 않는 것은?
① 측지기준망 ② 행정조직도
③ 지적중첩도 ④ 필지식별번호

해설 **다목적 지적제도의 구성요소** : 측지기준망, 기본도, 지적중첩도, 필지식별번호, 토지자료파일

68 다목적 지적의 3대 구성요소가 아닌 것은?
① 기본도 ② 경계표지
③ 지적중첩도 ④ 측지기준망

해설 **다목적 지적의 3대 구성요소** : 측지기준망, 기본도, 중첩도

69 다음의 지적제도 중 토지정보시스템과 가장 밀접한 관계가 있는 것은?
① 법지적 ② 세지적
③ 경제지적 ④ 다목적 지적

해설 **다목적 지적(Multipurpose Cadastre)**
㉠ 1필지를 단위로 토지 관련 정보를 종합적으로 등록하는 제도로서 토지에 관한 물리적 현황은 물론 법률적, 재정적, 경제적 정보를 포괄하는 제도이다. 따라서 토지정보시스템과 가장 밀접한 관계가 있다.

정답 63 ② 64 ③ 65 ① 66 ④ 67 ② 68 ② 69 ④

ⓛ 토지에 대한 평가, 과세, 거래, 이용계획, 지하시설물과 공공시설물 및 토지통계 등에 관한 정보를 공동으로 활용하기 위하여 최근에 개발된 지적제도이다.

70 우리나라에서 적용하는 지적의 원리가 아닌 것은?
산 17-1

① 적극적 등록주의 ② 형식적 심사주의
③ 공개주의   ④ 국정주의

해설 **지적의 기본이념**
㉠ 지적국정주의 : 지적에 관한 사항, 즉 지번·지목·경계·면적·좌표는 국가만이 이를 결정한다는 원리이다.
㉡ 지적형식주의(지적등록주의) : 지적공부에 등록하는 법적인 형식을 갖추어야만 비로소 토지로서의 거래단위가 될 수 있다는 원리이며 지적등록주의라고도 한다.
㉢ 지적공개주의 : 토지에 관한 사항은 국가의 편의뿐만 아니라 국민 일반인에게도 공개함으로써 토지소유자 기타 이해관계인으로 하여금 이용할 수 있도록 한다는 원리이다. 즉 토지이동신고 및 신청, 경계복원측량, 지적공부등본 및 열람, 지적측량기준점등본 및 열람 등이 이에 해당한다.
㉣ 실질적 심사주의(사실심사주의) : 지적공부에 새로이 등록하거나 등록된 사항의 변경은 국가기관의 장인 시장·군수·구청장(지적소관청)이 공간정보의 구축 및 관리 등에 관한 법률에 의한 절차상의 적법성 및 실체법상의 사실관계의 부합 여부를 심사하여 등록한다는 것을 말한다.
㉤ 직권등록주의(강제등록주의, 적극적 등록주의) : 국토교통부장관은 모든 토지에 대하여 필지별로 소재·지번·지목·면적·경계 또는 좌표 등을 조사·측량하여 지적공부에 등록해야 한다.

71 지적의 원칙과 이념의 연결이 옳은 것은?
기 18-1

① 공시의 원칙 – 공개주의
② 공신의 원칙 – 국정주의
③ 신의성실의 원칙 – 실질적 심사주의
④ 임의신청의 원칙 – 적극적 등록주의

해설 토지등록의 법적 지위에 있어서 토지이동이나 물권의 변동은 반드시 외부에 알려져야 한다는 것을 공시의 원칙이라 하며, 토지소유자 또는 이해관계인 기타 누구든지 수수료를 납부하면 토지의 등록사항을 외부에서 인식하고 활용할 수 있도록 한다는 것을 공개주의라 한다.

72 지적국정주의에 대한 내용으로 옳지 않은 것은?
기 19-1

① 토지의 표시사항을 국가가 결정한다.

② 토지소유권의 변동은 등기를 해야 효력이 발생한다.
③ 토지의 표시방법에 대하여 통일성, 획일성, 일관성을 유지하기 위함이다.
④ 소유자의 신청이 없을 경우 국가가 직권으로 이를 조사 또는 측량하여 결정한다.

해설 ②는 형식주의(성립요건주의)이다.

73 다음 지적의 기본이념에 대한 설명으로 옳지 않은 것은?
기 19-3

① 지적공개주의 : 지정공부에 등록해야만 효력이 발생한다는 이념
② 지적국정주의 : 지적공부의 등록사항은 국가만이 결정할 수 있다는 이념
③ 직권등록주의 : 모든 필지는 강제적으로 지적공부에 등록·공시해야 한다는 이념
④ 실질적 심사주의 : 지적공부의 등록사항이나 변경등록은 지적 관련 법률상 적법성과 사실관계부합 여부를 심사하여 지적공부에 등록한다는 이념

해설 ㉠ 지적공개주의 : 토지에 관한 사항은 국가의 편의뿐만 아니라 국민 일반인에게도 공개함으로써 토지소유자 기타 이해관계인으로 하여금 이용할 수 있도록 한다는 원리이다. 즉 토지이동신고 및 신청, 경계복원측량, 지적공부등본 및 열람, 지적측량기준점등본 및 열람 등이 이에 해당한다.
㉡ 지적형식주의(지적등록주의) : 지적공부에 등록하는 법적인 형식을 갖추어야만 비로소 토지로서의 거래단위가 될 수 있다는 원리로 지적등록주의라고도 한다.

74 새로이 지적공부에 등록하는 사항이나 기존에 등록된 사항의 변경등록은 시장, 군수, 구청장이 관련 법률에서 규정한 절차상의 적법성과 사실관계부합 여부를 심사하여 지적공부에 등록한다는 이념은?
기 17-1

① 형식적 심사주의 ② 일물일권주의
③ 실질적 심사주의 ④ 토지표시공개주의

해설 실질적 심사주의란 새로이 지적공부에 등록하는 사항이나 기존에 등록된 사항의 변경등록은 시장, 군수, 구청장이 관련 법률에서 규정한 절차상의 적법성과 사실관계부합 여부를 심사하여 지적공부에 등록한다는 것이다.

정답 70 ② 71 ① 72 ② 73 ① 74 ③

75 토지의 표시사항은 지적공부에 등록, 공시해야만 효력이 인정된다는 토지등록의 원칙은?

① 공신주의 ② 신청주의
③ 직권주의 ④ 형식주의

해설 지적형식주의(지적등록주의) : 지적공부에 등록하는 법적인 형식을 갖추어야만 비로소 토지로서의 거래단위가 될 수 있다는 원리

76 지적공부에 토지등록을 하는 경우에 채택하고 있는 기본원칙에 해당하지 않는 것은?

① 등록주의 ② 직권주의
③ 임의신청주의 ④ 실질적 심사주의

해설 지적에 관한 법률의 기본이념
㉠ 지적국정주의 : 지적에 관한 사항, 즉 지번·지목·경계·면적·좌표는 국가만이 이를 결정한다는 원리이다.
㉡ 지적형식주의(지적등록주의) : 지적공부에 등록하는 법적인 형식을 갖추어야만 비로소 토지로서의 거래단위가 될 수 있다는 원리로 지적등록주의라고도 한다.
㉢ 지적공개주의 : 토지에 관한 사항은 국가의 편의뿐만 아니라 국민 일반인에게도 공개함으로써 토지소유자 기타 이해관계인으로 하여금 이용할 수 있도록 한다는 원리이다. 즉 토지이동신고 및 신청, 경계복원측량, 지적공부등본 및 열람, 지적측량기준점등본 및 열람 등이 이에 해당한다.
㉣ 실질적 심사주의(사실심사주의) : 지적공부에 새로이 등록하거나 등록된 사항의 변경은 국가기관의 장인 시장·군수·구청장(지적소관청)이 공간정보의 구축 및 관리 등에 관한 법률에 의한 절차상의 적법성 및 실체법상의 사실관계부합 여부를 심사하여 등록한다는 것을 말한다.
㉤ 직권등록주의(강제등록주의, 적극적 등록주의) : 국토교통부장관은 모든 토지에 대하여 필지별로 소재·지번·지목·면적·경계 또는 좌표 등을 조사·측량하여 지적공부에 등록해야 한다.

77 지적제도에서 채택하고 있는 토지등록의 일반원칙이 아닌 것은?

① 등록의 직권주의 ② 실질적 심사주의
③ 심사의 형식주의 ④ 적극적 등록주의

해설 지적형식주의란 지적공부에 등록하는 법적인 형식을 갖추어야만 비로소 토지로서의 거래단위가 될 수 있다는 원리로 지적등록주의라고도 한다. 따라서 심사의 형식주의는 틀리다.

78 다음에서 설명하는 내용의 의미로 옳은 것은?

> 지번, 지목, 경계 및 면적은 국가가 비치하는 지적공부에 등록해야만 공식적 효력이 있다.

① 지적공개주의 ② 지적국정주의
③ 지적비밀주의 ④ 지적형식주의

해설 지적형식주의란 지적공부에 등록하는 법적인 형식을 갖추어야만 비로소 토지로서의 거래단위가 될 수 있다는 원리로 지적등록주의라고도 한다.

79 지적국정주의를 처음 채택한 때는?

① 해방 이후 ② 일제 말엽
③ 토지조사 당시 ④ 5.16혁명 이후

해설 지적국정주의란 지적에 관한 사항, 즉 지번·지목·경계·면적·좌표는 국가만이 이를 결정한다는 원리이다. 이는 토지조사 당시부터 적용되었다.

80 다음 중 지적의 형식주의에 대한 설명으로 옳은 것은?

① 지적공부에 등록할 사항은 국가의 공권력에 의하여 국가만이 이를 결정할 수 있다.
② 지적공부에 등록된 사항을 일반국민에게 공개하여 정당하게 이용할 수 있도록 해야 한다.
③ 지적공부에 새로이 등록하거나 변경된 사항은 사실관계의 부합 여부를 심사하여 등록해야 한다.
④ 국가의 통치권이 미치는 모든 영토를 필지단위로 구획하여 지적공부에 등록·공사해야만 배타적인 소유권이 인정된다.

해설 ① 국정주의, ② 공개주의, ③ 실질적 심사주의

81 지적의 기본이념으로만 열거된 것은?

① 국정주의, 형식주의, 공개주의
② 형식주의, 민정주의, 직권등록주의
③ 국정주의, 형식적 심사주의, 직권등록주의
④ 등록임의주의, 형식적 심사주의, 공개주의

해설 지적의 기본이념 : 국정주의, 형식주의(등록주의), 공개주의

정답 75 ④ 76 ③ 77 ③ 78 ④ 79 ③ 80 ④ 81 ①

82 지적소관청에서 지적공부등본을 발급하는 것과 관계 있는 지적의 기본이념은?

① 지적공개주의 ② 지적국정주의
③ 지적신청주의 ④ 지적형식주의

해설 지적공개주의란 토지에 관한 사항은 국가의 편의뿐만 아니라 국민 일반인에게도 공개함으로써 토지소유자 기타 이해관계인으로 하여금 이용할 수 있도록 한다는 원리이다. 즉 토지이동신고 및 신청, 경계복원측량, 지적공부등본 및 열람, 지적측량기준점등본 및 열람 등이 이에 해당한다.

83 지적국정주의에 대한 설명으로 틀린 것은?

① 지적공부의 등록사항결정방법과 운영방법에 통일성을 기해야 한다.
② 모든 토지를 지적공부에 등록해야 하는 적극적 등록주의를 택하고 있다.
③ 토지에 이동사항이 있을 경우 신청이 없더라도 이를 직권으로 조사·정리할 수 있다.
④ 지적공부에 등록된 사항을 토지소유자나 일반국민에게 신속·정확하게 공개하여 정당하게 이용할 수 있도록 한다.

해설 ④는 공개주의에 해당한다.

84 토지의 등록주의에 대한 내용으로 옳지 않은 것은?

① 등록할 가치가 있는 토지만을 등록한다.
② 전 국토는 지적공부에 등록되어야 한다.
③ 지적공부에 미등록된 토지는 토지등록주의의 미비이다.
④ 토지의 이동이 지적공부에 등록되지 않으면 공시의 효력이 없다.

해설 **토지등록의 원칙**: 토지의 표시사항은 지적공부에 반드시 등록해야 한다는 원칙으로 토지의 권리를 행사하기 위해서는 지적공부에 등록하지 아니하고서는 어떠한 법률상의 효력을 갖지 못한다.

85 다음 중 지적형식주의에 대한 설명으로 옳은 것은?

① 지적공부등록 시 효력발생
② 토지이동처리의 형식적 심사
③ 공시의 원칙
④ 토지표시의 결재형식으로 결정

해설 지적형식주의(지적등록주의)란 지적공부에 등록하는 법적인 형식을 갖춰야만 비로소 토지로서의 거래단위가 될 수 있다는 원리로 지적등록주의라고도 한다.

86 지적공부의 등본교부와 관계가 가장 깊은 것은?

① 지적공개주의 ② 지적형식주의
③ 지적국정주의 ④ 지적비밀주의

해설 지적공개주의란 토지에 관한 사항은 국가의 편의뿐만 아니라 국민 일반인에게도 공개함으로써 토지소유자 기타 이해관계인으로 하여금 이용할 수 있도록 한다는 원리이다. 즉 토지이동신고 및 신청, 경계복원측량, 지적공부등본 및 열람, 지적기준점등본 및 열람 등이 이에 해당한다.

87 지적국정주의는 토지표시사항의 결정권한은 국가만이 가진다는 이념으로 그 취지와 가장 거리가 먼 것은?

① 처분성 ② 통일성
③ 획일성 ④ 일관성

해설 지적국정주의를 채택하는 이유는 통일성, 일관성, 획일성을 확보하기 위함이다.

88 우리나라에서 지적공부에 토지표시사항을 결정 등록하기 위하여 택하고 있는 심사방법은?

① 공중심사 ② 대질심사
③ 실질심사 ④ 형식심사

해설 실질적 심사주의(사실심사주의)란 지적공부에 새로이 등록하거나 등록된 사항의 변경은 국가기관의 장인 시장·군수·구청장(지적소관청)이 공간정보의 구축 및 관리 등에 관한 법률에 의한 절차상의 적법성 및 실체법상의 사실관계의 부합 여부를 심사하여 등록한다는 것을 말한다.

89 우리나라의 토지등록제도에 대하여 가장 잘 표현한 것은?

① 선등기 후이전의 원칙
② 선등기 후등록의 원칙
③ 선이전 후등록의 원칙
④ 선등록 후등기의 원칙

정답 82 ① 83 ④ 84 ① 85 ① 86 ① 87 ① 88 ③ 89 ④

해설 우리나라의 토지등록은 선등록 후등기의 원칙을 채택하고 있다.

90 지적공부의 등록사항을 공시하는 방법으로 적절하지 않은 것은?
① 지적공부에 등록된 경계를 지상에 복원하는 것
② 지적공부를 직접 열람하거나 등본에 의하여 외부에서 알 수 있는 것
③ 지적공부에 등록된 토지표시사항을 등기부에 기록된 내용에 의하여 정정하는 것
④ 지적공부에 등록된 사항과 현장 상황이 맞지 않을 때 현장 상황에 따라 변경등록하는 것

해설 토지의 표시는 지적공부가 우선이다. 따라서 등기부에 의해서 정정할 수 없다.

91 토지의 권리표상에 치중한 부동산등기와 같은 형식적 심사를 가능하게 한 지적제도의 특성으로 볼 수 없는 것은?
① 지적공부의 공시
② 지적측량의 대행
③ 토지표시의 실질심사
④ 최초 소유자의 사정 및 사실조사

해설 지적측량의 대행은 심사와는 아무 관련이 없다.

92 일반적으로 지적제도와 부동산등기제도의 발달과정을 볼 때 연대적 또는 업무절차상으로의 선후관계는?
① 두 제도가 같다.
② 등기제도가 먼저이다.
③ 지적제도가 먼저이다.
④ 불분명하다.

해설 지적제도와 등기제도의 발달과정을 볼 때 연대적 또는 업무절차상으로의 선후관계는 선등록 후등기를 취하고 있기 때문에 지적제도가 등기제도보다 먼저이다.

93 우리나라의 등기제도에 관한 내용으로 옳지 않은 것은?
① 법적 권리관계를 공시한다.
② 단독신청주의를 채택하고 있다.
③ 형식적 심사주의를 기본이념으로 한다.
④ 공신력을 인정하지 않고 확력력만을 인정하고 있다.

해설 등기의 신청은 당사자신청, 관공서의 촉탁이 아니면 이를 할 수 없으며, 당사자신청에서도 공동신청을 원칙으로 하고 있다. 예외적으로 단독신청, 제3자 대위신청, 대리인의 신청이 있다. 또한 등기는 원칙적으로 신청주의로 등기소에 출석하여 등기를 신청해야 하며 반드시 서면으로 등기를 신청해야 한다(신청주의, 출석주의, 서면신청주의). 다만, 관공서의 등기촉탁인 경우에는 등기소에 직접 출석하지 아니하고 우편으로 등기신청이 가능하며, 전자신청의 경우에도 출석주의를 적용하지 아니한다.

94 다음 중 지적과 등기를 비교하여 설명한 내용으로 옳지 않은 것은?
① 지적은 실질적 심사주의를 채택하고, 등기는 형식적 심사주의를 채택한다.
② 등기는 토지의 표시에 관하여는 지적을 기초로 하고, 지적의 소유자표시는 등기를 기초로 한다.
③ 지적과 등기는 국정주의와 직권등록주의를 채택한다.
④ 지적은 토지에 대한 사실관계를 공시하고, 등기는 토지에 대한 권리관계를 공시한다.

해설 지적은 직권등록주의를, 등기는 신청주의를 채택하고 있다.

95 지적에 관한 설명으로 틀린 것은?
① 일필지 중심의 정보를 등록·관리한다.
② 토지표시사항의 이동사항을 결정한다.
③ 토지의 물리적 현황을 조사·측량·등록·관리·제공한다.
④ 토지와 관련한 모든 권리의 공시를 목적으로 한다.

해설 토지의 권리관계를 공시하는 것은 등기의 역할이다.

96 미등기토지를 등기부에 개설하는 보존등기를 할 경우 소유권에 관하여 특별한 증빙서로 하고 있는 것은?
① 공증증서   ② 토지대장
③ 토지조사부   ④ 등기공무원의 조사서

정답 90 ③ 91 ② 92 ③ 93 ② 94 ③ 95 ④ 96 ②

해설 소유권보존등기를 신청하는 경우 토지대장을 첨부해야 한다.

97 부동산의 증명제도에 대한 설명으로 옳지 않은 것은?
④ 18-1

① 근대적 등기제도에 해당한다.
② 소유권에 한하여 그 계약내용을 인증해주는 제도였다.
③ 증명은 대한제국에서 일제 초기에 이르는 부동산등기의 일종이다.
④ 일본인이 우리나라에서 제한거리를 넘어서도 토지를 소유할 수 있는 근거가 되었다.

해설 부동산등기제도는 소유권 및 소유권 이외의 권리를 공시하기 위해 도입된 제도이다.

98 우리나라의 지적제도와 등기제도에 대한 설명이 옳지 않은 것은?
② 19-1

① 지적과 등기 모두 형식주의를 기본이념으로 한다.
② 지적과 등기 모두 실질적 심사주의를 원칙으로 한다.
③ 지적은 공신력을 인정하고, 등기는 공신력을 인정하지 않는다.
④ 지적은 토지에 대한 사실관계를 공시하고, 등기는 토지에 대한 권리관계를 공시한다.

해설 **지적제도와 등기제도의 비교**
㉠ 지적사무의 담당기관은 국토교통부이며, 등기사무의 담당기관은 사법부이다.
㉡ 지적은 토지를 그 객체로 하며, 등기는 부동산, 즉 토지와 건물을 객체로 한다.
㉢ 지적은 권리의 객체인 사실관계를 중시하는 반면, 등기는 권리의 주체인 권리관계를 중시한다(토지표시 : 지적>등기, 소유권 : 지적<등기).
㉣ 지적과 등기 모두 지적공부, 등기부를 편성하는 방법으로 물적 편성주의를 채택하고 있다.
㉤ 지적은 직권등록주의, 강제주의, 단독신청이며, 등기는 신청주의, 공동신청주의이다. 등록필지수(약 3,500만 필지)와 등기필지수(약 90만필지 미등기)와의 차이가 발생하는 이유는 지적은 직권등록주의, 등기는 신청주의를 취하고 있기 때문이다.
㉥ 지적은 토지를 지적공부에 등록하는 데 있어서 실질적 심사주의를 취하는 반면, 등기는 형식적 심사주의를 취하고 있다.

㉦ 대장과 등기부가 이원화되어 있기 때문에 이를 일치시키기 위한 조치로서 등기촉탁과 등기필통지의 제도가 있다.

99 지적과 등기에 관한 설명으로 틀린 것은?
② 17-2

① 지적공부는 필지별 토지의 특성을 기록한 공적장부이다.
② 등기부 을구의 내용은 지적공부 작성의 토대가 된다.
③ 등기부 갑구의 정보는 지적공부 작성의 토대가 된다.
④ 등기부의 표제부는 지적공부의 기록을 토대로 작성된다.

해설 등기부 을구에는 소유권 이외의 권리에 관한 사항을 기록한다. 따라서 을구에 기록하는 내용은 지적공부하고는 무관하다.

100 형식적 심사에 의하여 개설하는 토지등기부의 보전등기를 위하여 일반적으로 권원증명이 되는 서류는?
② 19-1

① 공인인증서
② 인감증명서
③ 인우보증서
④ 토지대장등본

해설 소유권보존등기 시 토지대장등본을 첨부하여 등기기록의 표제부에 소재, 지번, 지목, 면적을 기록한다.

101 지적불부합으로 인해 발생되는 사회적 측면의 영향이 아닌 것은?
④ 17-3

① 토지분쟁의 빈발
② 토지거래질서의 문란
③ 주민의 권리행사 용이
④ 토지표시사항의 확인 곤란

해설 **지적불부합의 영향**

사회적 영향	행정적 영향
• 빈번한 토지분쟁 • 토지거래질서의 문란 • 주민의 권리행사 지장 • 권리 실체 인정의 부실	• 지적행정의 불신 • 토지이동정리의 정지 • 지적공부에 대한 증명발급의 곤란 • 토지과세의 부정적 • 부동산등기의 지장 초래 • 공공사업 수행의 지장 • 소송 수행의 지장

정답 97 ② 98 ② 99 ② 100 ④ 101 ③

102 지적재조사사업의 목적으로 옳지 않은 것은? 기 18-2
① 경계복원능력의 향상
② 지적불부합지의 해소
③ 토지거래질서의 확립
④ 능률적인 지적관리체제 개선

해설 지적재조사사업의 목적 및 기대효과
㉠ 지적불부합지의 해소
㉡ 능률적인 지적관리체제 개선
㉢ 경계복원능력의 향상
㉣ 지적관리를 현대화하기 위한 수단
㉤ 지적공부의 정확도 및 지적에 포함되는 요소들의 확장

103 다음 중 지적재조사의 효과로 볼 수 없는 것은? 기 19-1
① 지적과 등기의 책임부서 명백화
② 국토개발과 토지이용의 정확한 자료제공
③ 행정구역의 합리적 조정을 위한 기초자료
④ 토지소유권의 공시에 대한 국민의 신뢰 확보

해설 지적재조사사업의 목적
㉠ 지적불부합지의 해소
㉡ 능률적인 지적관리체제 개선
㉢ 경계복원능력의 향상
㉣ 지적관리를 현대화하기 위한 수단
㉤ 지적공부의 정확도 및 지적에 포함되는 요소들의 확장

104 다음 중 자한도(字限圖)에 대한 설명으로 옳은 것은? 기 16-2
① 조선시대의 지적도
② 중국 원나라시대의 지적도
③ 일본의 지적도
④ 중국 청나라시대의 지적도

해설 자한도는 일본의 지적도를 말한다.

105 스위스, 네덜란드에서 채택하고 있는 지번표기의 유형으로 지번의 완전한 변경내용을 알 수 있는 보조장부의 보존이 필요한 것은? 기 16-2
① 순차식 지번제도
② 자유식 지번제도
③ 분수식 지번제도
④ 복합식 지번제도

해설 자유식 부번제도
㉠ 새로운 경계가 설정하기까지의 모든 절차상의 번호가 영원히 소멸되고 토지등록구역에서 사용하지 않은 최종지번번호로 대치한다.
㉡ 부번이 없기 때문에 지번을 표기하는데 용이하지만 필지별로 그 유래를 파악하기 어렵다.
㉢ 지번을 주소로 활용할 수 없는 단점이 있다.
㉣ 지번의 완전한 변경내용을 알 수 있는 보조장부의 보존이 필요하다.
㉤ 스위스, 호주, 뉴질랜드, 이란 등의 국가에서 사용하고 있다.

106 일본의 국토에 대한 기초조사로 실시한 국토사업에 해당되지 않는 것은? 산 19-2
① 지적조사
② 임야수종조사
③ 토지분류조사
④ 수조사(水調査)

해설 일본의 국토에 대한 기초조사로 실시한 국토사업은 지적조사, 토지분류조사, 수조사 등이 있다.

107 일본의 지적 관련 법령으로 옳은 것은? 기 16-3
① 지적법
② 부동산등기법
③ 국토기본법
④ 지가공시법

해설 일본은 1960년 부동산등기법을 개정하여 토지대장과 등기부의 통합 일원화에 착수하여 1966년 3월 31일에 완료하였다.

108 지적과 등기를 일원화된 조직의 행정업무로 처리하지 않는 국가는? 산 17-1
① 독일
② 네덜란드
③ 일본
④ 대만

해설 지적과 등기가 이원화된 국가로 대한민국과 독일이 대표적이다.

109 다음 중 지적도에 건물이 등록되어 있는 국가는? 기 17-2, 산 18-3
① 독일
② 대만
③ 일본
④ 한국

해설 지적도에 건물이 등록되어 있는 국가는 독일과 프랑스이다.

110 대만에서 지적재조사를 의미하는 것은? 기 17-3
① 국토조사
② 지적도 증축
③ 지도 작계
④ 토지가옥조사

정답 102 ③ 103 ① 104 ③ 105 ② 106 ② 107 ② 108 ① 109 ① 110 ②

해설 대만의 지적재조사는 지적도 증축을 의미한다.

111 1720년부터 1723년 사이에 이탈리아 밀라노의 지적도 제작사업에서 전 영토를 측량하기 위해 사용한 지적도의 축척으로 옳은 것은? 산 17-3
① 1/1000   ② 1/1200
③ 1/2000   ④ 1/3000

해설 1720년부터 1723년 사이에 이탈리아 밀라노의 지적도 제작사업에서 전 영토를 측량하기 위해 사용한 지적도의 축척은 1/20000이다.

112 다음 중 지적제도와 등기제도를 처음부터 일원화하여 운영한 국가는? 기 18-1
① 대만   ② 독일
③ 일본   ④ 네덜란드

해설 지적제도와 등기제도를 처음부터 일원화하여 운영한 국가는 네덜란드이다.

113 나라별 지적제도에 대한 설명으로 옳지 않은 것은? 기 18-2
① 대만 : 일본의 식민지시대에 지적제도가 창설되었다.
② 스위스 : 적극적 권리의 지적체계를 가지고 있다.
③ 독일 : 최초의 지적조사는 1811년에 착수, 1832년에 확립하였다.
④ 프랑스 : 근대 지적의 시초인 나폴레옹지적으로서 과세지적의 대표이다.

해설 최초의 지적조사로 1811년에 착수, 1832년에 확립한 나라는 네덜란드이다.

114 다음 중 토지가옥조사회와 국토조사측량협회를 운영하는 나라는? 기 18-3
① 대만   ② 독일
③ 일본   ④ 한국

해설 일본의 경우 토지가옥조사회와 국토조사측량협회를 운영한다.

정답 111 ③ 112 ④ 113 ③ 114 ③

# CHAPTER 02 토지의 등록 및 지적공부

1 토지등록

1 의의
국가기관인 지적소관청이 토지등록사항의 공시를 위하여 토지에 관한 장부를 비치하고, 이를 토지소유자 및 이해관계인에게 필요한 정보를 제공하기 위한 행정행위를 말한다.

2 토지등록의 제 원칙
① **등록의 원칙** : 토지의 표시사항은 지적공부에 반드시 등록해야 한다는 원칙으로 토지의 권리를 행사하기 위해서는 지적공부에 등록하지 아니하고서는 어떠한 법률상의 효력을 갖지 못한다.
② **신청의 원칙** : 토지를 지적공부에 등록하기 위해서는 우선 토지소유자의 신청을 전제로 이루어진다. 만약 토지소유자의 신청이 없는 경우에는 직권으로 조사·측량하여 지적공부에 등록한다.
③ **국정주의** : 지적사무는 국가의 고유사무로서 토지의 지번·지목·면적·경계·좌표의 결정은 국가공권력으로서 결정한다는 것을 의미한다.
④ **특정화의 원칙** : 권리의 객체로서의 모든 토지는 반드시 특정적이면서도 단순하며 그리고 명확한 방법에 의하여 인식될 수 있도록 개별화함을 의미한다(대표적인 것이 지번이다).
⑤ **공시의 원칙, 공개주의** : 토지등록의 법적 지위에 있어서 토지이동이나 물권의 변동은 반드시 외부에 알려져야 한다는 것을 공시의 원칙이라 하며, 토지소유자 또는 이해관계인 기타 누구든지 수수료를 납부하면 토지의 등록사항을 외부에서 인식하고 활용할 수 있도록 한다는 것을 공개주의라 한다.
⑥ **공신의 원칙** : 지적공부를 믿고 거래한 자를 보호하여 진실로 그러한 공시내용과 같은 권리관계가 존재하는 것처럼 법률효과를 인정하려는 원칙을 말한다. 우리나라에서는 공신력을 인정하지 아니한다.

3 토지등록의 효력

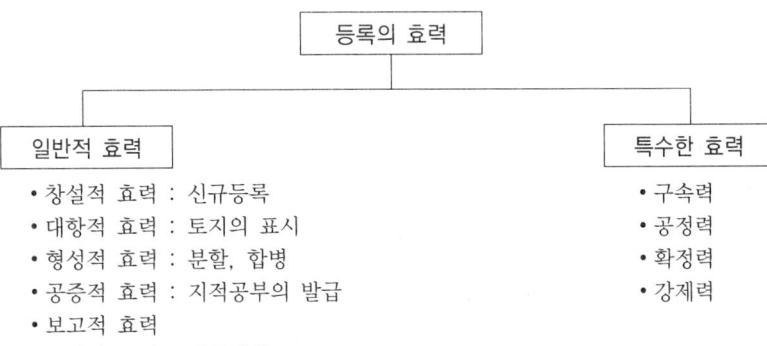

1) 일반적 효력(법률행위에 의한 효력)

① **창설적 효력** : 신규등록이란 새로이 조성된 토지 및 등록이 누락되어 있는 토지를 지적공부에 등록하는 것을 말한다. 이 경우
에 발생되는 효력을 창설적 효력이라 한다.

② **대항적 효력** : 토지의 표시란 토지의 소재, 지번, 지목, 면적, 경계 또는 좌표를 말한다. 즉 지적공부에 등록된 토지의 표시사항은 제3자에게 대항할 수 있다.

③ **형성적 효력** : 분할이란 지적공부에 등록된 1필지를 2필지 이상으로 나누어 등록하는 것을 말하며, 합병이란 지적공부에 등록된 2필지 이상을 1필지로 합하여 등록하는 것을 말한다. 이러한 분할, 합병 등에 의하여 새로운 권리가 형성된다.

④ **공증적 효력** : 지적공부에 등록되는 사항, 즉 토지의 표시에 관한 사항, 소유자에 관한 사항, 기타 등을 공증하는 효력을 가진다.

⑤ **공시적 효력** : 토지의 표시를 법적으로 공개, 표시하는 효력을 공시적 효력이라 한다.

⑥ **보고적 효력** : 지적공부에 등록하기 전에 지적공부의 신뢰성을 확보하기 위하여 지적공부정리결의서를 작성하여 보고해야 하는 효력을 보고적 효력이라 한다.

2) 행정행위에 의한 특수한 효력

① **구속력** : 법정요건을 갖추어 행정행위가 행해진 경우에 그 내용에 따라 상대방과 행정청을 구속하는 효력

② **공정력** : 행정행위가 행해지면 법정요건을 갖추지 못하여 흠이 있더라도 절대무효인 경우를 제외하고는 권한 있는 기관이 이를 취소하기 전까지는 유효한 효력

③ **확정력** : 일단 유효하게 등록된 표시사항은 일정기간이 경과한 뒤에는 상대방이나 이해관계인이 그 효력을 다툴 수 없을 뿐만 아니라 소관청 자신도 특별한 사유가 없는 한 그 행위를 다툴 수 없는 효력

④ **강제력** : 상대방이 의무를 이행하지 않을 경우에 사법권의 힘을 빌리지 않고 행정장이 자력으로 실현시킬 수 있는 효력

2 토지등록의 유형

1 토지등록의 유형

1) 등록시점에 따른 분류

(1) 분산등록제도

토지의 매매 시 토지소유자가 등록을 요구할 경우 필요에 따라 공부에 등록하는 제도로 미국, 호주 등의 국가에서 채택하고 있다.
① 국토의 면적이 넓고 인구가 적은 지역에 적합한 제도이다.
② 분산등록제도는 산간·사막지역의 지적도는 작성하지 아니하며, 도시지역에서만 지적도를 작성한다.
③ 등록을 요구할 경우 필요에 따라 공부에 등록하는 제도로 일시에 많은 예산이 소요되지 않는다.
④ 국토관리를 지형도에 의존하며 지적도를 기본도로 활용하지 않는다.

(2) 일괄등록제도

일정지역 내의 모든 토지를 일시에 조사·측량하여 공부에 등록하는 제도로 우리나라에서 사용하고 있다.
① 국토의 넓이가 좁고 인구가 많은 지역에서 적합하다.
② 모든 토지를 일시에 조사·측량하여 공부에 등록하는 제도이다.
③ 초기에 많은 예산이 소요되나 필지당 단위단가는 저렴하다.
④ 소유권 보호와 국토를 효율적으로 관리할 수 있다.
⑤ 분산등록주의와 달리 지적도를 기본도로 활용한다.

2) 등록의무에 따른 분류

(1) 소극적 등록주의(Negative System)

기본적으로 거래와 그에 관한 거래증서의 변경기록을 수행하는 것을 말한다.
① 사유재산의 양도증서와 거래증서의 등록으로 구분한다. 양도증서의 작성은 사인 간의 계약에 의해 발생하며, 거래증서의 등록은 법률가에 의해 취급된다.
② 거래증서의 등록은 정부가 수행하며 형식적 심사주의를 취하고 있다.
③ 거래의 등록이 소유권의 증명에 관한 증거나 증빙 이상의 것이 되지 못한다.
④ 네덜란드, 영국, 프랑스, 이탈리아, 캐나다, 미국의 일부 주에서 이를 적용한다.

(2) 적극적 등록주의(Positive System)

토지의 등록은 일필지의 개념으로 법적인 권리보장이 인증되고 정부에 의해서 합법성과 효력이 발생한다. 모든 토지를 공부에 강제 등록시키는 제도이다.

① 등록은 강제적이고 의무적이다.
② 공부에 등록되지 않은 토지는 어떠한 권리도 인정되지 않는다.
③ 지적측량이 실시되어야만 등기를 허락한다.
④ 토지등록의 효력이 국가에 의해 보장된다. 따라서 선의의 제3자는 토지등록의 문제로 인한 피해는 법적으로 보호를 받는다.
⑤ 한국, 일본, 대만, 호주, 뉴질랜드, 스위스, 캐나다 일부 등에서 적용한다.

▶ 적극적 등록주의와 소극적 등록주의

구분	적극적 등록주의(Positive System)	소극적 등록주의(Negative System)
유형	포지티브시스템(Positive System)	네거티브시스템(Negative System)
등록	소유자의 신청을 불문하고 국가가 직권으로 조사·등록의 의무를 가진다.	토지소유자의 신청 시 신청한 사항에 대해서만 등록한다.
등록주의	직권등록주의(등록강제주의)	신청주의
공신력	인정	불인정
상응시스템	토렌스시스템(Torrens System)	리코딩시스템(Recording System) ※ 연대적 편성주의가 여기에 속한다.
권리보험제도	불필요	필요
심사	실질적 심사주의(사실심사권)	형식적 심사주의(서면심사)
시행국가	한국, 일본, 대만, 호주, 뉴질랜드, 스위스, 오스트리아	네덜란드, 영국, 프랑스, 이탈리아, 캐나다, 미국 일부 주

3) 날인증서등록제도와 권원등록제도

(1) 날인증서등록제도(Registration of Deed)

토지처분에 관한 내용을 연대적으로 등록해두어 후일에 증거방식으로 삼는 방식으로 토지의 이익에 영향을 미치는 문서의 공적등기를 보전하는 것을 말한다.
① 등록된 문서가 등록되지 않은 문서 또는 뒤늦게 등록된 서류보다 우선권을 가진다.
② 문서가 본질적으로는 소유권을 입증하지는 못한다.
③ 독립된 거래에 대한 기록에 지나지 않는다.

(2) 권원등록제도(Registration of Title)

공적기관에서 보존되는 특정한 사람에게 귀속된 명확히 한정된 단위의 토지에 대한 권리와 그러한 권리들이 존속되는 한계에 대한 권위 있는 등록이다.
① 소유권 등록은 언제나 최후의 권리이며 이후에 이루어지는 거래의 유효성에 대해 책임을 진다.
② 날인증서제도의 결점을 보완하기 위해 도입되었다.
③ 정부는 등록한 이후에 이루어지는 거래의 유효성에 대해 책임을 진다.

2 토렌스시스템(Torrens System)

1) 의의

오스트레일리아의 Richard Robert Torrens에 의하여 창안되었으며 선박업에 관계하고 있던 그가 선박재산관리의 복합성에서 간단히 권리를 이전시키는 방법을 연구하게 되었다. 이 제도의 근본목적은 법률적으로 토지의 권리를 확인하는 대신에 토지의 권원을 등록하는 행위로서 토지의 소유권을 명확히 하고 토지거래에 따른 변동사항과 정리를 용이하게 하여 권리증서의 발행을 손쉽게 행하는 데 있다. 적극적 등록주의의 발달된 형태로 오스트리아의 토렌스에 의해 주창되었으며 캐나다 일부 주, 대만 등에서 채택하고 있다.

2) 특징

① 토지의 권원을 명확히 하고 있다.
② 토지거래에 따른 변동사항 파악을 용이하게 한다.
③ 소유권의 안전성을 확보한다.
④ 권리증서의 발행이 쉽다.
⑤ 토지등록업무가 매입신청자를 위한 유일한 정보의 기초이다.
⑥ 여러 필지를 한꺼번에 등록할 때는 불리하다.

3) 기본이론

(1) 거울이론(mirror principle)

토지권리증서의 등록이 토지의 거래사실을 완벽하게 반영하는 거울과 같다는 입장이다.

(2) 커튼이론(curtain principle)

① 토지등록업무가 커튼 뒤에 놓여있기 때문에 붙인 공정성과 신빙성에 관여할 필요도 없고 관여해서도 안 된다.
② 토렌스제도에 의해 한번 권리증명서가 발급되면 당해 토지에 대한 이전의 모든 이해관계는 무효가 된다. 따라서 이전의 권리에 대한 사항은 받아보기가 불가능하다는 이론이다.
③ 현재 소유권증서는 완전한 것이며 이전의 증서를 추적할 필요가 없다.

(3) 보험이론(insurance principle)

토지등록이 토지의 권리를 아주 정확하게 반영하는 것이나 인간의 과실로 인하여 착오가 발생하는 경우 해를 입은 사람은 누구나 피해보상에 관한 한 법률적으로 선의의 구제자와 동등한 입장으로 보호되어야 한다는 이론이다.

4) 공신력 인정근거

토렌스시스템에 있어서 공신력을 인정하는 이유는 등록과정에서 실질적 심사주의를 취하고 국가배상제도가 있기 때문이다.

3 지적공부

1 의의

지적공부란 토지대장, 임야대장, 공유지연명부, 대지권등록부, 지적도, 임야도 및 경계점좌표등록부 등 지적측량 등을 통하여 조사된 토지의 표시와 해당 토지의 소유자 등을 기록한 대장 및 도면(정보처리시스템을 통하여 기록·저장된 것을 포함한다)을 말한다.

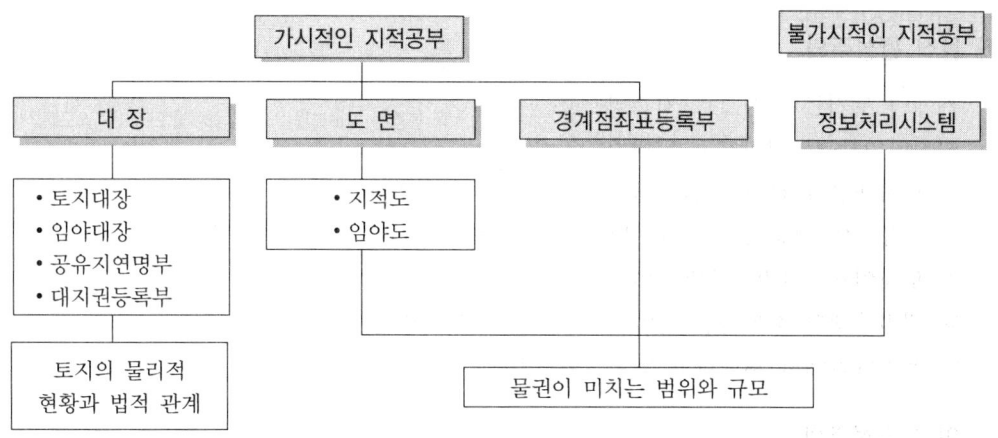

2 지적공부의 변천

1910~1917	1918~1975	1976~1990	1991~2001	2001~현재
토지대장 지적도	임야대장 임야도	토지대장, 임야대장 지적도, 임야도 수치지적부	토지대장, 임야대장 지적도, 임야도 수치지적부 수치파일	토지대장, 임야대장 지적도, 임야도 대지권등록부 공유지연명부 경계점좌표등록부 정보처리시스템
• 간주지적도 • 산토지대장 • 을호토지대장 • 별책토지대장	• 간주임야도			

▶ 지적공부의 변천사

지적법 개정	날짜	내용
지적법 제정 (법률 제165호)	1950.12.1. 시행 : 1950.12.1.	토지대장, 지적도, 임야대장, 임야도를 지적공부로 규정
제2차 전문개정 (법률 제2801호)	1975.12.31. 시행 : 1976.4.1.	시·군·구에 토지대장·지적도·임야대장·임야도 및 수치지적부를 비치·관리하도록 하고 그 등록사항을 규정
제4차 개정 (법률 제4273호)	1990.12.31. 시행 : 1991.1.1.	지적공부의 등록사항을 전산정보처리조직에 의하여 처리할 경우 전산등록파일을 지적공부로 보도록 규정
제10차 전문개정 (법률 제6389호)	2001.1.26. 시행 : 2002.1.27.	지적공부의 부속공부로 운영하던 공유지연명부와 대지권등록부를 지적공부로 규정하고 지적공부인 수치지적부를 경계점좌표등록부로 변경하였으며 경계점의 용어를 새로이 신설

3 지적공부 편성방법

1) 물적 편성주의

개개의 토지를 중심으로 지적공부를 편성하는 방법이며 각국에서 가장 많이 사용하고 합리적인 제도로 평가하고 있다.
① 토지대장과 같이 지번순서에 따라 등록되고 분할되더라도 본번과 관련하여 편철한다.
② 소유자의 변동이 있을 때에도 이를 계속 수정하여 관리하는 방식이다.
③ 토지이용·관리·개발측면에 편리하다.
④ 권리주체인 소유자별 파악이 곤란한 단점이 있다.
⑤ 우리나라에서 채택하고 있는 제도이다.

2) 인적 편성주의

개개의 권리자를 중심으로 지적공부를 편성하는 방법으로 1권리자 1카드원칙을 말한다.
① 동일 소유자에 속하는 모든 토지는 해당 소유자의 대장에 기록된다.
② 과세에 목적을 둔 세지적의 소산이다.
③ 토지이용·관리·개발측면 등 토지행정관리상 불편하다.
④ 네덜란드에서 채택하고 있다.

3) 연대적 편성주의

특별한 기준 없이 신청순서에 의하여 지적공부를 편성하는 방법이다.
① 지적공부 편성방법으로 가장 유효한 권리증서의 등록제도이다.
② 단순히 토지처분에 관한 증서의 내용을 기록하여 뒷날 증거로 하는 것에 불과하다.
③ 그 자체만으로는 공시기능을 발휘하지 못한다.
④ 프랑스, 미국의 일부 주에서 실시하는 리코딩시스템이 이에 해당한다.

4) 물적·인적 편성주의

물적 편성주의를 기본으로 인적 편성주의 요소를 가미한 편성방법이다.
① 소유자별 토지등록부를 동시에 설치·운영함으로써 효과적으로 토지행정을 수행하는 방법이다.
② 2필지 이상의 토지를 하나의 등기용지, 즉 공동용지를 사용하는 경우에 해당한다.
③ 소유자별 등록카드와 함께 지번별 목록, 성명별 목록을 동시에 등록하고 있다.
④ 스위스와 독일에서 채택하고 있다.

4 지적공부 등록사항

구분	토지표시사항	소유자에 관한 사항	기타 사항
토지대장 임야대장	• 토지의 소재 • 지번 • 지목 • 면적 • 토지이동의 사유	• 변동일자 • 변동원인 • 성명 • 주소 • 주민등록번호	• 고유번호 • 도면번호 • 장번호 • 축척 • 용도지역
공유지연명부	• 토지의 소재 • 지번	• 변동일자 • 변동원인 • 주민등록번호 • 성명, 주소 • 지분	• 고유번호 • 장번호
대지권등록부	• 토지의 소재 • 지번	• 변동일자 • 변동원인 • 주민등록번호 • 성명, 주소 • 대지권의 지분 • 소유권지분	• 고유번호 • 장번호 • 건물의 명칭 • 전유 부분의 건물의 표시
경계점좌표 등록부	• 토지의 소재 • 지번		• 고유번호 • 장번호 • 부호 및 부호도 • 도면번호
지적도 임야도	• 토지의 소재 • 지번 • 지목 • 경계 • 경계점 간의 거리	• 지적도면의 색인도(인접 도면의 연결순서를 표시하기 위하여 기재한 도표와 번호를 말한다) • 도면의 제명 및 축척 • 도곽선(圖廓線)과 그 수치 • 좌표에 의하여 계산된 경계점 간의 거리(경계점좌표등록부를 갖춰두는 지역으로 한정한다) • 삼각점 및 지적측량기준점의 위치 • 건축물 및 구조물 등의 위치 • 그 밖에 국토교통부가 정하는 사항	

4 필지와 획지

1) 필지

필지란 대통령령이 정하는 바에 따라 구획되는 토지의 등록단위를 말한다.

(1) 1필지로 정할 수 있는 기준

지번부여지역 안의 토지로서 소유자와 용도가 동일하고 지반이 연속된 토지는 이를 1필지로 할 수 있다.

기준	내용
지번부여지역이 동일	지번을 부여하는 단위지역으로서 동·리 또는 이에 준하는 지역을 말한다. 행정상의 리·동이 아닌 법정상의 리·동을 의미한다.
소유자가 동일	1필지는 토지에 대한 소유권이 미치는 범위를 정하는 기준이 되므로 소유자가 동일하고 소유자의 주소와 지분도 동일해야 한다.
지목이 동일	지목의 설정원칙 중 1필 1목의 원칙에 따라 필지의 지목은 하나의 지목만을 정하여 지적공부에 등록해야 한다. 만약 1필지의 일부의 형질변경 등으로 용도가 변경되는 경우에는 토지소유자는 지적소관청에게 사유발생일로부터 60일 이내에 분할신청을 해야 한다.
지반이 연속	토지가 도로, 구거, 하천, 철도, 제방 등 주요 지형지물에 의하여 연속하지 못한 경우에는 별개의 필지로 획정해야 한다.
축척이 동일	1필지가 성립하기 위해서는 축척이 동일해야 하며, 축척이 다른 경우에는 축척을 일치시켜야 한다. 이 경우 시·도지사의 승인을 요하지 아니한다.
등기 여부가 일치	기등기지끼리 또는 미등기지끼리가 아니면 1필지로 등록할 수 없다.

(2) 필지의 기능

기능	내용
토지조사의 등록단위	토지조사는 1필지를 기본단위로 조사
토지등록의 기본단위	토지등록의 기본단위로서 기능
토지공시의 기본단위	토지의 공시단위로서의 기능
토지의 거래단위	토지유통시장에서 거래단위로서 기능
물권의 설정단위	토지의 소유권이 미치는 범위를 설정하는 기능
토지평가의 기본단위	토지에 대한 평가는 일필지를 기본단위로 하여 $1m^2$당 가격을 평가하는 기능

2) 획지

인위적, 자연적, 행정적 조건에 의해 다른 토지와 구별되는 가격수준이 비슷한 일단의 토지를 말한다.

▶ 필지와 획지

구분	내용
필지	• 지적법상의 개념 • 대통령령이 정하는 바에 의하여 구획되는 토지의 등록단위 • 면적크기에 있어서 하나의 필지가 수개의 획지로 구성되는 경우가 있음
획지	• 부동산학적인 개념 • 인위적, 자연적, 행정적 조건에 의해 다른 토지와 구별되는 가격수준이 비슷한 일단의 토지 • 면적크기에 있어서 하나의 획지가 수개의 필지로 구성되는 경우가 있음

5 지번

1 의의

토지등록의 단위구역인 필지에 대한 지리적 위치의 고정성과 개별성을 보장하기 위하여 리·동의 단위로 필지마다 아라비아숫자로 순차적으로 토지에 붙이는 번호를 지번이라 한다.

2 지번의 기능 및 특성

1) 기능

① 필지를 구별하는 개별성과 특정성의 기능을 가진다.
② 거주지 또는 주소표기의 기준으로 이용된다.
③ 위치파악의 기준이 된다.
④ 각종 토지 관련 정보시스템에서 검색키로서의 기능을 가진다.
⑤ 물권의 객체를 구분한다.
⑥ 등록공시단위이다.

2) 특성

① **특정성** : 각 지번부여지역에 속한 필지들은 지번에 의해 개별성을 보장받으므로 지번은 특정성을 지니게 된다.
② **동질성** : 단식지번과 복식지번은 지번으로서의 역할에는 우열과 경중이 없다. 따라서 지번은 유형과 크기에 관계없이 동질성을 갖는다.
③ **종속성** : 지번은 지번부여지역 및 이미 부여된 지번 등에 의해 형성되므로 종속성을 갖는다.
④ **불가분성** : 지번은 물권변동 또는 제한물권의 설정에 따른 각 권리에 의해 분리되지 않는 불가분성을 갖는다.
⑤ **연속성** : 지번은 지번부여지역별로 순차적으로 부여하기 때문에 연속성을 가진다.

3) 지번부여지역의 변천

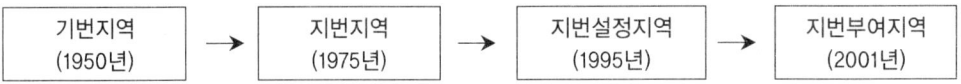

4) 지번구성의 유형

(1) 단식지번

① 본번만으로 구성된 지번을 말하며 부번이 없기 때문에 표기방식이 단순하다.
② 지번으로 토지의 필수를 추측할 수 있다.
③ 광대한 지역의 토지에 적합하며 토지조사사업, 임야조사사업에서 지번을 부여할 경우 이 유형을 사용하였다.

(2) 복식지번

① 본번과 부번을 붙여 지번을 구성하며 신규등록, 분할, 단지식에 의한 부번에 많이 사용한다.
② 지번만으로 토지의 필수를 추측하기는 거의 불가능하며 표기가 단식지번보다 복잡하다.
③ 단지식에서는 거의 절대적으로 복식지번이 유리하다.

3 지번의 부여방법

지번의 부여방법에는 진행방향, 부여단위, 기번위치에 따라 구분된다.

1) 진행방향에 따른 분류

① **사행식** : 필지의 배열이 불규칙한 경우에 적합한 방식으로 주로 농촌지역에 이용되며 우리나라에서 가장 많이 사용하고 있는 방법이다. 사행식으로 지번을 부여할 경우 지번이 일정하지 않고 상하, 좌우로 분산되는 단점이 있다.
② **기우식(교호식)** : 기우식은 도로를 중심으로 한쪽은 홀수, 다른 한쪽은 짝수로 지번을 부여하는 방법으로 주로 시가지에서 사용된다.
③ **단지식(블록식)** : 여러 필지가 모여 하나의 단지를 형성하는 경우 각각의 단지마다 본번을 부여하고 부번만 다르게 부여하는 방법으로 토지구획정리 또는 경지정리지구에 주로 이용된다.
④ **절충식** : 토지배열이 불규칙한 지역은 사행식을, 규칙적인 곳은 기우식을 붙이는 방법이다.

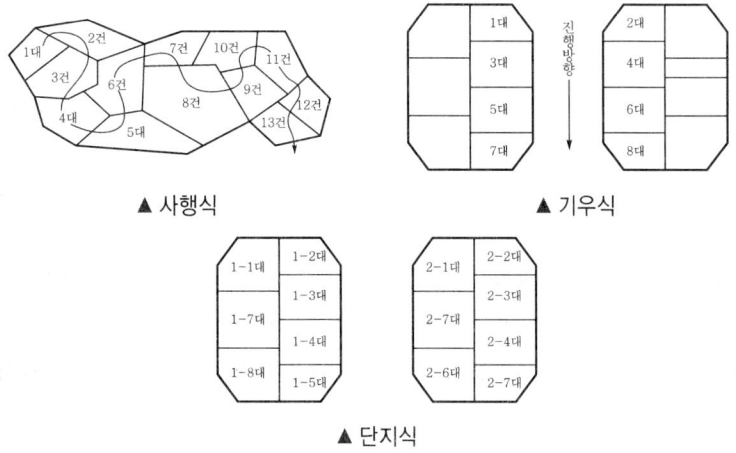

▲ 사행식　　　　　　　▲ 기우식

▲ 단지식

2) 기번위치에 따른 분류

① 북서기번법 : 지번부여지역의 북서쪽에서 시작하여 남동쪽에서 끝나도록 하는 방법으로 한글, 영어, 아라비아숫자를 사용하는 문화권에서 주로 사용하는 방법이다. 현재 우리나라에서 이용하고 있다.

② 북동기번법 : 지번부여지역 북동쪽에서 시작하여 남서쪽에서 끝나도록 하는 방법으로 주로 한자문화권에서 사용한다. 우리나라도 과거에 사용한 적이 있었다.

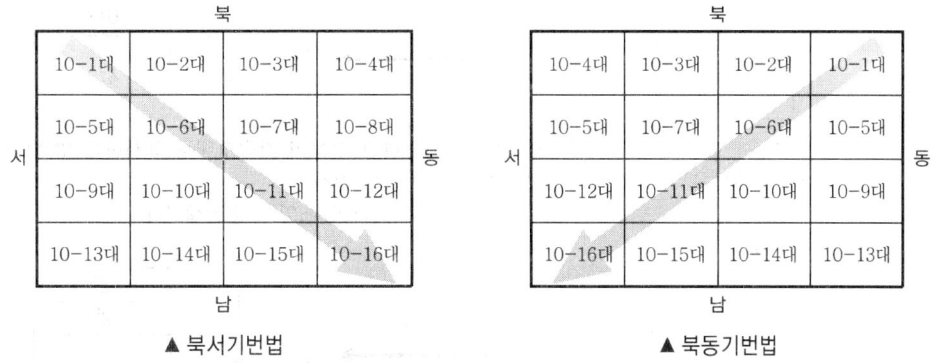

▲ 북서기번법　　　　　　　▲ 북동기번법

3) 부여단위에 따른 분류

(1) 지역단위법

① 지번부여지역 전체를 대상으로 순차적으로 지번을 부여하는 방식이다.
② 면적이 넓지 않아 지적도, 임야도의 장수가 적은 경우에 적합한 방식이다.
③ 토지구획이 잘 된 시가지에 주로 사용된다.
④ 시가지 등에서 노선의 전장이 비교적 긴 가로별로 지번을 연속시킬 필요가 있을 경우에 적합하다.

(2) 도엽단위법

① 지적도, 임야도의 도엽단위를 세분하여 도엽의 순서에 따라 지번을 부여하는 방식이다.
② 면적이 넓은 경우나 지적도, 임야도의 장수가 많은 지역에 사용한다.
③ 대부분의 국가에서 이를 채택하고 있다.

(3) 단지단위법

① 단지단위를 기준으로 하여 지번을 순차적으로 부여하는 방식이다.
② 토지의 검색 및 색출을 용이하게 하려는 목적이 있다.
③ 토지구획정리, 농지개량사업시행지역에 이용되며 토지의 위치를 쉽게 알 수 있는 장점을 가지고 있다.

4 외국의 부번제도

구분	내용
분수식	• 본번을 분모로, 부번을 분자로 표시하는 방법으로 본번의 변경이 불가능하다. • 분할 후 지번이 정확히 어느 지번에서 파생되었는지 그 유래를 파악하기 힘들다. • 지번을 주소로 활용할 수 없다. • 독일, 오스트리아, 핀란드, 불가리아 （1/2 ｜ 2/2） → 분할 → （1/2 ｜ 5/2, 6/2） （2/2 ｜ 4/2）　　　　　　（2/2 ｜ 4/2）
기번식	• 모번에 기초하여 문자나 기호색인을 사용하여 수학의 자승형태로 표시하는 방법이다. • 분할되는 토지의 유래를 용이하게 파악할 수 있다. • 여러 차례로 분할될 경우에는 반복정리로 인하여 배열이 혼잡해진다. • 벨기에 （1 ｜ 2） → 분할 → （1 ｜ 2^a, 2^b） （3 ｜ 4）　　　　　　（3 ｜ 4）
자유식	• 새로운 경계가 설정하기까지의 모든 절차상의 번호가 영원히 소멸되고 토지등록구역에서 사용하지 않은 최종지번번호로 대치한다. • 부번이 없기 때문에 지번을 표기하는데 용이하지만, 필지별로 그 유래를 파악하기 어렵다. • 지번을 주소로 활용할 수 없다. • 스위스, 호주, 뉴질랜드, 이란

6 지목

1 의의

지목이라 함은 토지의 주된 사용목적에 따라 토지의 종류를 구분하여 지적공부에 등록한 것을 말한다. 지목은 토지의 주된 용도표시, 토지의 과세기준에 참고자료로 활용, 국토계획 및 토지이용계획의 기초자료로 활용, 토지의 용도별 통계자료 및 정책자료 등으로 활용된다.

2 지목의 변천사

지목의 변천	날짜	지목수	신설지목	분리
토지조사법	1910년 8월 24일	17		
토지조사령	1912년 8월 13일	18	전과 답을 분리	
개정지세령	1918년 6월 18일	19	유지(비과세지)	지소(과세지)
			생산수익 없는 유수지	생산수익이 있는 유수지
조선지세령	1943년 3월 31일	21	염전, 광천지	잡종지
개정지적법	1975년 12월 31일	24	과수원	전
			목장용지	잡종지
			공장용지	대 또는 잡종지
			학교용지	대
			운동장	잡종지
			유원지	잡종지
	2002년 1월 26일	28	주유소용지	잡종지
			주차장	잡종지
			창고용지	잡종지
			양어장	유지

※ 지목은 전, 답, 과수원, 목장용지, 임야, 광천지, 염전, 대(垈), 공장용지, 학교용지, 주차장, 주유소용지, 창고용지, 도로, 철도용지, 제방(堤防), 하천, 구거(溝渠), 유지(溜池), 양어장, 수도용지, 공원, 체육용지, 유원지, 종교용지, 사적지, 묘지, 잡종지로 구분하여 정한다.

3 토지조사사업 당시의 지목의 조사

1) 과세지

직접적인 수익이 있는 토지로서 현재 과세 중에 있으며 장래 과세의 목적이 될 수 있는 토지를 말한다. 전, 답, 대, 지소, 임야, 잡종지가 이에 해당한다.

2) 면세지

직접적인 수익이 없으며 대부분이 공공용에 속하여 지세를 면제한 토지를 말한다. 사사지, 분묘지, 공원지, 철도용지, 수도용지가 이에 해당한다.

3) 비과세지

일반적으로 개인이 소유할 수 없는 토지를 말하며 전혀 과세의 목적으로 하지 않는 것을 말한다. 도로, 하천, 구거, 제방, 성첩, 철도선로, 수도선로가 이에 해당한다.

4) 과세지성과 비과세지성

① 과세지성 : 지세를 부과하지 않는 토지가 지세를 부과하는 토지로 된 것을 말한다.
② 비과세지성 : 지세를 부과하는 토지가 지세를 부과하지 않는 토지로 된 것을 말한다.

4 지목의 분류

1) 토지현황에 의한 분류

① 지형지목 : 지표면의 형태, 토지의 고저, 수륙의 분포상태 등 토지의 생긴 모양에 따라 지목을 결정하는 것
② 토성지목 : 토지의 성질(토질)인 지층이나 암석 또는 토양의 종류 등에 따라 지목을 결정하는 것
③ 용도지목 : 토지의 주된 사용목적(주된 용도)에 따라 지목을 결정하는 것으로 우리나라에서 지목을 결정할 때 사용되는 방법

2) 구성내용에 따른 분류

① 단식지목 : 1필지 토지에 대하여 어느 한 가지의 기준으로 지목을 분류한 것을 말하며 토지의 이용상태가 단순한 지역에 적합하다.
② 복식지목 : 1필지 토지에 대하여 2개 이상의 기준에 따라 분류된 지목을 말한다.

3) 기타 분류

① 소재지역에 따른 분류 : 농촌형 지목, 도시형 지목
② 산업별 분류 : 1차 산업형 지목, 2차 산업형 지목, 3차 산업형 지목
③ 국가발전에 따른 분류 : 후진국형 지목, 선진국형 지목

5 지목의 설정원칙

① 법정지목의 원칙 : 현행 공간정보의 구축 및 관리 등에 관한 법률에서 지목은 28개의 지목으로 정해져 있으며, 그 외의 지목 등은 인정하지 않는다.
② 1필 1목의 원칙 : 필지마다 하나의 지목을 설정한다.
③ 주지목 추종의 원칙 : 1필지가 2 이상의 용도로 활용되는 경우에는 주된 용도에 따라 지목을 설정한다.

④ 영속성의 원칙(일시변경 불변의 원칙) : 토지가 일시적 또는 임시적인 용도로 사용되는 때에는 지목을 변경하지 아니한다.
⑤ 사용목적 추종의 원칙 : 택지조성사업을 목적으로 공사가 준공된 토지는 미리 그 목적에 따라 지목을 '대'로 정할 수 있다.
⑥ 용도 경중의 원칙 : 지목이 중복되는 경우 중요한 토지의 사용목적·용도에 따라 지목을 설정한다.
⑦ 등록 선후의 원칙 : 지목이 중복되는 경우 먼저 등록된 토지의 사용목적·용도에 따라 지목을 설정한다.

6 지목의 표기방법

1) 토지대장·임야대장

토지대장·임야대장에 등록하는 때에는 코드번호와 정식명칭으로 표기해야 한다.

2) 지적도·임야도

① 지적도·임야도(이하 "지적도면"이라 한다)에 등록하는 때에는 부호로 표기해야 한다.
② 하천, 유원지, 공장용지, 주차장은 차문자(천, 원, 장, 차)로 표기한다.

지목	코드번호	부호	지목	코드번호	부호
전	1	전	철도용지	15	철
답	2	답	제방	16	제
과수원	3	과	하천	17	천
목장용지	4	목	구거	18	구
임야	5	임	유지	19	유
광천지	6	광	양어장	20	양
염전	7	염	수도용지	21	수
대	8	대	공원	22	공
공장용지	9	장	체육용지	23	체
학교용지	10	학	유원지	24	원
주차장	11	차	종교용지	25	종
주유소용지	12	주	사적지	26	사
창고용지	13	창	묘지	27	묘
도로	14	도	잡종지	28	잡

7 경계

1 의의

경계란 필지별로 경계점 간을 직선으로 연결하여 지적공부에 등록한 선을 말한다. 여기서 경계점은 필지를 구획하는 선의 굴곡점으로써 지적도나 임야도에 도해형태로 등록하거나, 경계점좌표등록부에 좌표형태로 등록하는 점을 말한다. 경계를 도면에 등록하여 영구적으로 관리하는 목적은 변화하는 경계의 복원력을 유지하려는 것이다.

도해지적	좌표지적
• 작업이 간단하다. • 경계를 기하학적으로 표현한다. • 위치나 형태파악이 용이하다. • 실제 거리를 축척에 따라 도면을 작성하므로 제도 오차가 발생한다.	• 좌표로 나타내므로 정밀도가 높다. • 토지정보시스템에 적합하다. • 대축척지도로 행정업무에 다양하게 이용된다. • 작업과정과 관리체계에 경제적 부담이 크다.

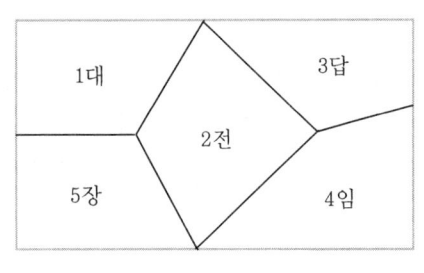

▶ 경계의 역할 및 특성

역할	특성
• 토지의 위치결정 • 소유권의 범위결정 • 필지의 형상결정	• 필지 사이의 경계는 1개가 존재한다. • 경계는 크기가 없는 기하학적인 의미이다. • 경계는 위치만 있으므로 분할이 불가능하다. • 경계는 경계점 사이의 최단거리연결이다.

2 경계의 분류

구분	내용
특성에 따라	일반경계, 고정경계, 보증경계
법률적 효력에 따라	지적법상 경계, 민법상 경계, 형법상 경계
물리적 경계에 따라	자연적 경계, 인공적 경계

1) 특성에 따른 분류

(1) 일반경계(general boundary)

① 1875년 영국의 거래법(Land Tranfer ACT)에서 규정한다.
② 토지의 경계가 자연적인 지형지물을 이용하여 설정된 경우를 말한다.
③ 통상 1/1250의 대축척 지형도에 지형을 표시한다.
④ 도로, 벽, 울타리, 도랑, 해안선 등으로 이루어진 경우이며 토지의 경계가 담장의 중앙부를 연결하는 선으로 이루어져야 한다.
⑤ 굴곡점의 위치가 좌표로 확정되어야 하는 일필지의 경계로서는 부족한 점이 많지만 비교적 토지의 가격이 저렴한 농촌지역에서 이용하는 방법이다.
⑥ 측량기준이 명확하지 않아도 된다.
⑦ 인접된 경계의 위치상 작은 변화 정도는 무시할 수 있다.

(2) 고정경계(확정경계, fixed boundary)

토지소유자가 부담하여 지적측량과 토지조사에 의해 설정된 경계를 말하며 일반경계와 법률적 효력은 유사하나 정밀도가 높다.

(3) 보증경계(승인경계, guaranted boundary)

토지측량사에 의하여 정밀지적측량이 수행되고 지적소관청으로부터 사정의 행정처리가 완료되어 확정된 토지경계를 말한다. 우리나라에서 적용되는 개념이다.

2) 법률적 효력에 따른 분류

(1) 공간정보의 구축 및 관리 등에 관한 법률상 경계(도상경계)

① 필지별로 경계점들을 직선으로 연결하여 지적공부에 등록한 선을 말한다.
② 공간정보의 구축 및 관리 등에 관한 법률에 의하여 어떤 토지가 지적공부에 1필지의 토지로 등록되면 그 토지의 경계는 다른 특별한 사정이 없는 한 이 등록으로써 특정된다.
③ 지적공부를 작성함에 있어 기점을 잘못 선택하는 등의 기술적인 착오로 말미암아 지적공부상의 경계가 진실한 경계선과 다르게 잘못 작성되었다는 등의 특별한 사정이 있는 경우에는 그 토지의 경계는 지적공부에 의하지 않고 실제의 경계에 의하여 확정해야 한다.

(2) 민법상 경계(지상경계)

① 실제 토지 위에 설치한 담장이나 전, 답 등의 구획된 둑 또는 주요 지형지물에 의하여 구획된 구거 등을 말하는 것으로 일반적으로 지표상의 경계를 말한다.
② 인접하여 토지를 소유한 자는 공동으로 통상의 경계표나 담을 설치할 수 있으며, 비용은 쌍방이 절반씩 부담하고, 측량비용은 토지의 면적에 비례하여 부담한다.
③ 경계에 설치된 경계표, 담, 구거 등은 상린자의 공유로 추정된다. 다만, 경계표, 담,

구거 등이 상린자 일방의 단독비용으로 설치되었거나 담이 건물의 일부인 경우에는 그러하지 아니하다.

(3) 형법상 경계(지상경계)

소유권, 용익물권, 임차권 등 토지에 관한 사법상의 권리의 범위를 표시하는 지상의 경계뿐만 아니라 시·도·군·읍·면·동·리의 경계 등 공법상의 관계에 있는 토지의 지상경계도 포함한다.

3) 물리적 경계에 의한 분류

① **자연적 경계** : 지형지물로 된 경우로서 산등선, 계곡, 하천, 호수, 해안, 구거 등에 의하여 관습법으로 인정되는 경계이다.
② **인공적 경계** : 사람이 설정하는 것으로 담장, 울타리, 철조망, 콘크리트파일 등을 이용하여 인위적으로 설정한 경계를 말한다.

3 경계의 설정

1) 점유설

① 토지소유권의 경계는 이웃하는 소유자가 각자 점유하는 1개의 선으로 결정된다.
② 지적공부에 의한 경계복원이 불가능한 경우 점유설은 지상경계결정에 있어 가장 중요한 원칙이 된다.
③ 민법 제197조 "점유자가 소유의 의사로 선의로 평온·공연하게 점유한 것으로 추정한다"라고 규정되어 있다.
④ 선의의 점유자라도 본권에 관한 소송에서 패소한 때에는 악의의 점유자로 본다.
⑤ 민법 제245조 "20년간 소유의 의사로 평온·공연하게 부동산을 점유한 자는 등기를 완료함으로 소유권을 취득한다"라고 규정되어 있다.
⑥ 민법 제245조 "부동산의 소유자로 등기한 자가 10년간 소유의 의사로 평온·공연하게 선의이며 과실 없이 그 부동산을 점유한 때에는 소유권을 취득한다"라고 규정되어 있다.

2) 평분설

① 경계가 불명하고 점유상태에서 확정할 수 없을 경우에는 분쟁지를 물리적으로 평분하여 쌍방토지에 소속시킨다.

② 평분설은 분쟁당사자를 대등한 입장에서 자기의 점유경계선을 상대방과는 다르게 주장하기 때문에 이에 대한 해결은 평등배분하는 것이 합리적이다.
③ 점유상태를 확정할 수 없을 경우에는 분쟁지를 평분하여 양필지에 속하게 설정한다.
④ 독일 민법 제920조 제2항 "점유상태를 알 수 없는 때에는 경계지면을 등분하여 쌍방토지에 할부함을 요한다"라고 규정되어 있다.
⑤ 일본의 경우 "점유의 경계를 알 수 없을 때에는 분쟁 중인 지역을 평분하여 경계를 정할 수밖에 없음을 양해할 수 있다"라고 대심원 판례에 규정하고 있다.

점유 불분명(분쟁) → 2등분 쌍방귀속

3) 보완설

현 점유설에 의하거나 혹은 평분하여 경계를 결정하고자 할 때에 그 새로 결정되는 경계가 이미 조사된 신빙할 만한 다른 자료와 일치하지 않을 경우에는 이 자료를 감안하여 공평하고도 적당한 방법에 따라 그 경계를 보완해야 할 것이다.

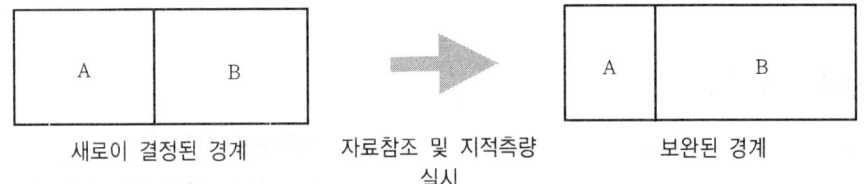

새로이 결정된 경계 → 자료참조 및 지적측량 실시 → 보완된 경계

4 강계선, 경계선, 지역선

1) 강계선(疆界線)

① 토지조사사업 당시 임시토지조사국장이 사정한 경계선을 말한다.
② 지목을 구별하며 소유권의 분계를 확정한다.
③ 토지소유자와 지목이 동일하고 지반이 연속된 토지는 1필지로 함을 원칙으로 한다.
④ 강계선의 반대쪽은 반드시 소유자가 다르다.

2) 지역선(地域線)

① 토지조사사업 당시 소유자는 동일하나 지목이 다른 경우와 지반이 연속되지 않아 별도의 필지로 구획한 토지 간의 경계선을 말한다. 즉 동일인의 소유지라도 지목이 상이하여 별필로 하는 경우의 경계선을 말한다.
② 토지조사사업 당시 조사대상토지와 조사에서 제외된 토지 간의 구분한 지역경계선(지계선)을 말한다.

③ 이 지역선은 경계선 또는 강계선과는 달리 소유권을 구분하는 선이 아니므로 사정하지 않았다.
④ 반대쪽은 소유자가 같을 수도 있고 다를 수도 있다.
⑤ 지역선은 경계분쟁대상에서 제외되었다.

3) 경계선(境界線)

임야조사사업 시 도지사가 사정한 경계선을 말한다.

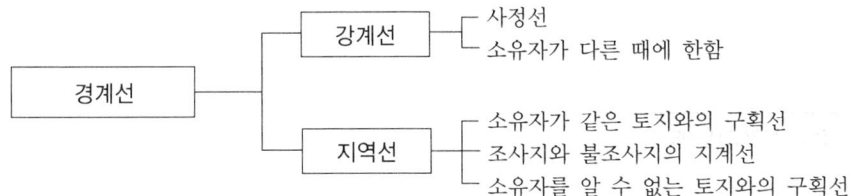

4) 강계선과 경계선과의 관계

강계선과 경계선은 부르는 명칭만 다를 뿐 그 내용은 소유권을 달리하는 토지 간의 구분선을 의미한다. 현재 강계선, 경계선 모두 경계선이라 부른다.

5 경계의 설정원칙

① **경계국정주의** : 경계는 국가기관이 지적측량을 실시하여 정한다.
② **경계직선주의** : 경계는 곡선이 아닌 최단거리, 즉 경계는 직선이어야 한다.
③ **축척종대의 원칙** : 동일한 경계가 축척이 서로 다른 도면에 등록되어 있는 경우에는 축척이 큰 도면의 경계에 따른다.
④ **경계불가분의 원칙** : 토지의 경계는 같은 토지에 2개 이상의 경계가 있을 수 없으며 양 필지 사이에 공통으로 작용한다.
⑤ **경계부동성의 원칙** : 경계는 한번 정해지면 적법한 절차에 의하지 않고서는 움직이지 않는다.

8 면적

1 의의

지적측량성과에 의하여 지적공부에 등록한 필지의 수평면상 넓이를 말한다. 토지조사사업 이후부터 1975년 지적법 전문개정 전까지는 척관법에 따라 평(坪)과 보(步)를 단위로 한 "지적(地積)"으로 부르다가 용어상 "지적(地籍)"과 혼동이 되어 제2차 지적법 전문개정 시 "면적(面積)"으로 개정하였고 제곱미터법을 단위로 하여 현재까지 이르고 있다.

2 시대별 면적측정단위

1) 정전제(고조선)

(1) 의의

상고시대의 토지제도로 토지의 한 구역을 '정(井)'자로 9등분 하여 8호의 농가가 각각 한 구역씩 경작하고, 가운데 있는 한 구역은 8호가 공동으로 경작하여 그 수확물을 국가에 조세로 바치는 토지제도였다.

(2) 특징

① 사방 1리의 토지를 정(井)자형으로 구획하여 이를 정(井)이라 한다.
② 1정을 900묘로 구획한다(1정=3파, 1파=3부, 1부=100무, 1무(묘)=100보, 1보=6척).
③ 중앙의 100묘를 공전으로 주고, 주위의 800묘는 사전으로 하여 개인의 8가구에 100묘씩 나눠줘 농사를 짓게 한다.
④ 중안의 100묘는 8호가 공동으로 경작하여 그 수확물을 국가에 조세로 바친다.
⑤ 정전제는 땅을 고르게 나눌 수는 있지만 땅의 환경이 모두 똑같진 않았기 때문에 허점이 있다.

2) 경무법(고구려, 고려 초기)

(1) 의의

중국에서 유래되어 경묘법이라고 하며 전지의 면적을 정, 무라는 단위로 측량하였다. 경작과는 상관없이 얼마큼의 밭이랑을 보유하는 지가 중요하다(밭이랑 기준).

(2) 특징

① 농지를 광협에 따라 경, 무라는 객관적인 단위로 세액을 부과하였으며 토지현황 파악이 주목적이다.
② 세금을 경중에 따라 부과하여 세금의 총액이 일정치 않았다.
③ 전국의 농지를 정확하게 파악할 수 있다.
④ 1경=100무, 1무=100보, 1보=6척

3) 두락제(백제, 고려 중기)

(1) 의의

전, 답에 뿌리는 파종량으로 면적을 표시하는 방법이다(파종량 기준).

(2) 특징

① 1두락=약 120 또는 180평
② 토지를 등급에 따라 하두락, 하승락, 하합락으로 분류하였다.

③ 1석(20두)의 씨앗을 뿌리는 면적을 1석락이라고 하였다.

4) 결부제(신라, 고려 말기, 조선)

(1) 의의
농지를 비옥의 정도에 따라 수확량으로 세액을 파악하는 주관적인 방법으로 지세부과가 주목적이였다(수확량 기준). 조세가 구체적으로 부과될 때에는 결과부만 사용되었기 때문에 결부제라는 명칭이 붙었다.

(2) 특징
① 1결＝100부＝10총, 10부＝1총, 1부＝10속, 1속＝10파, 1파＝곡식 한 줌
② 농지를 동일하게 파악하여 세금의 총액이 일정하였다.
③ 생산량을 중심으로 세를 파악하였기에 전국의 토지가 정확하게 측량되지 않아 부정이 있었던 제도이다.

5) 토지조사사업
토지조사령에 지반의 측량에 있어서는 평 또는 보를 지적의 단위로 한다.

6) 구 지적법
① 토지대장 : 평, 최소단위 1홉(0.1평)
② 임야대장 : 무, 최소단위 1보＝1평＝10홉
③ 1홉＝1/10평, 1평＝6척×6척, 1보＝1평＝10홉
④ 1무＝30평, 1단＝300평＝10무, 1정＝3,000평＝10단＝100무

7) 현재
1975년 12월 31일 지적법 전문개정 시 미터법의 도입으로 평을 m^2단위로 환산 등록하였다.

$1평 \times 400/121 = 1m^2$

02 예상문제

01 지적의 실체를 구체화시키기 위한 법률행위를 담당하는 토지등록의 주체는?

① 지적소관청 ② 지적측량업자
③ 행정안전부장관 ④ 한국국토정보공사장

해설 지적의 실체를 구체화시키기 위한 법률행위를 담당하는 토지등록의 주체는 지적소관청이다.

02 지적공부에 등록하는 면적에 이동이 있을 때 지적공부의 등록결정권자는?

① 도지사 ② 지적소관청
③ 토지소유자 ④ 한국국토정보공사

해설 국토교통부장관은 모든 토지에 대하여 필지별로 소재, 지번, 지목, 면적, 경계 또는 좌표 등을 조사·측량하여 지적공부에 등록해야 한다. 지적공부에 등록하는 지번, 지목, 면적, 경계 또는 좌표는 토지의 이동이 있을 때 토지소유자(법인이 아닌 사단이나 재단의 경우에는 그 대표자나 관리인을 말한다)의 신청을 받아 지적소관청이 결정한다. 다만, 신청이 없으면 지적소관청이 직권으로 조사·측량하여 결정할 수 있다.

03 토지를 등록하는 기술적 행위에 따라 발생하는 효력과 가장 관계가 먼 것은?

① 공정력 ② 구속력
③ 추정력 ④ 확정력

해설 토지등록의 효력 : 구속력, 공정력, 확정력, 강제력

04 경계복원측량의 법률적 효력 중 소관청 자신이나 토지소유자 및 이해관계인에게 정당한 변경절차가 없는 한 유효한 행정처분에 복정하도록 하는 것은?

① 구속력 ② 공정력
③ 강제력 ④ 확정력

해설 행정행위에 의한 특수한 효력
㉠ 구속력(拘束力) : 토지등록은 행정행위가 행해진 경우 상대방과 지적소관청의 자신을 구속하는 효력을 말한다.
㉡ 공정력(公定力) : 지적측량의 효력은 정당한 절차 없이 그 내용의 존재를 부정할 수 없다. 지적측량의 하자가 있다 하더라도 정당한 절차에 의하여 취소될 때까지는 적법한 것으로 추정된다.
㉢ 강제력(强制力) : 행정행위를 함에 있어서 그 상대방이 의무를 이행하지 않을 때 사법행위와는 다르게 법원의 힘을 빌리지 않고 행정관청이 자력으로 이를 실현할 수 있는 것을 말한다.
㉣ 확정력(確定力) : 일단 유효하게 성립한 토지의 등록에 대해서는 일정기간이 경과한 뒤에는 그 상대방이나 이해관계인이 그 효력을 다툴 수 없다. 지적소관청도 특별한 사유가 있는 경우를 제외하고는 그 성과변경을 할 수 없는 효력을 말한다.

05 토지를 지적공부에 등록함으로써 발생하는 효력이 아닌 것은?

① 공증의 효력 ② 대항적 효력
③ 추정의 효력 ④ 형성의 효력

해설 토지등록의 일반적 효력
㉠ 창설적 효력 : 신규등록이란 새로이 조성된 토지 및 등록이 누락되어 있는 토지를 지적공부에 등록하는 것을 말한다. 이 경우에 발생되는 효력을 창설적 효력이라 한다.
㉡ 대항적 효력 : 토지의 표시란 토지의 소재, 지번, 지목, 면적, 경계 또는 좌표를 말한다. 즉 지적공부에 등록된 토지의 표시사항은 제3자에게 대항할 수 있다.
㉢ 형성적 효력 : 분할이란 지적공부에 등록된 1필지를 2필지 이상으로 나누어 등록하는 것을 말하며, 합병이란 지적공부에 등록된 2필지 이상을 1필지로 합하여 등록하는 것을 말한다. 이러한 분할, 합병 등에 의하여 새로운 권리가 형성된다.
㉣ 공증적 효력 : 지적공부에 등록되는 사항, 즉 토지의 표시에 관한 사항, 소유자에 관한 사항, 기타 등을 공증하는 효력을 가진다.
㉤ 공시적 효력 : 토지의 표시를 법적으로 공개, 표시하는 효력을 공시적 효력이라 한다.
㉥ 보고적 효력 : 지적공부에 등록하기 전에 지적공부의 신뢰성을 확보하기 위하여 지적공부정리결의서를 작성하여 보고해야 하는 효력을 보고적 효력이라 한다.

06 다음 중 토지의 분할이 속하는 것은?

① 등록전환 ② 사법처분
③ 행정처분 ④ 형질변경

정답 01 ① 02 ② 03 ③ 04 ① 05 ③ 06 ③

해설 토지의 이동에 따라 지적공부에 등록하는 것은 행정처분이다. 따라서 토지의 분할은 행정처분에 속한다.

07 토지에 관한 권리객체의 공시역할을 하고 있는 지적의 가장 주요한 역할이라 할 수 있는 것은? 산 19-1

① 필지획정 ② 지목결정
③ 면적결정 ④ 소유자 등록

해설 토지에 관한 권리객체의 공시역할을 하고 있는 지적의 가장 중요한 역할은 필지의 획정이다.

08 지적기술자가 측량 시 타인의 토지 내에서 시설물의 파손 등 재산상의 피해를 입힌 경우에 속하는 것은? 기 18-1

① 징계책임 ② 민사책임
③ 형사책임 ④ 도의적 책임

해설 지적기술자가 측량 시 타인의 토지 내에서 시설물의 파손 등 재산상의 피해를 입힌 경우 민사상의 책임을 진다.

09 토지등록에 대한 설명으로 가장 거리가 먼 것은? 기 19-3

① 토지거래를 안전하고 신속하게 해 준다.
② 토지의 공개념을 실현하는데 활용될 수 있다.
③ 지적소관청이 토지등록사항을 공적장부에 기록·공시하는 행정행위이다.
④ 국가나 공적장부에 기록된 토지의 이동 및 수정사항을 규제하는 법률적 행위이다.

해설 토지등록은 지적소관청이 토지등록사항을 공적장부에 기록·공시하는 행정행위이다.

10 다음 중 물권의 객체로서 토지를 외부에서 인식할 수 있는 토지등록의 원칙은? 기 19-2, 산 18-2

① 공고(公告)의 원칙 ② 공시(公示)의 원칙
③ 공신(公信)의 원칙 ④ 공증(公證)의 원칙

해설 토지등록의 법적 지위에 있어서 토지이동이나 물권의 변동은 반드시 외부에 알려져야 한다는 것을 공시의 원칙이라 하며, 토지소유자 또는 이해관계인 기타 누구든지 수수료를 납부하면 토지의 등록사항을 외부에서 인식하고 활용할 수 있도록 한다는 것을 공개주의라 한다.

11 토지등록제도에 있어서 권리의 객체로서 모든 토지를 반드시 특정적이면서도 단순하고 명확한 방법에 의하여 인식될 수 있도록 개별화함을 의미하는 토지등록원칙은? 산 17-3

① 공신의 원칙 ② 등록의 원칙
③ 신청의 원칙 ④ 특정화의 원칙

해설 토지등록제도에 있어서 특정화의 원칙은 권리의 객체로서의 모든 토지는 반드시 특정적이면서도 단순하며 명확한 방법에 의하여 인식될 수 있도록 개별화함을 의미한다(대표적인 것이 지번이다).

12 지적공부를 상시 비치하고 누구나 열람할 수 있게 하는 공개주의의 이론적 근거가 되는 것은? 산 18-1

① 공신의 원칙 ② 공시의 원칙
③ 공증의 원칙 ④ 직권등록의 원칙

해설 토지등록의 법적 지위에 있어서 토지이동이나 물권의 변동은 반드시 외부에 알려져야 한다는 것을 공시의 원칙이라 하며, 토지소유자 또는 이해관계인 기타 누구든지 수수료를 납부하면 토지의 등록사항을 외부에서 인식하고 활용할 수 있도록 한다는 것을 공개주의라 한다.

13 토지멸실에 의한 등록말소에 속하는 것은? 기 19-1

① 등록전환에 의한 말소
② 등록변경에 따른 말소
③ 토지합병에 따른 말소
④ 바다로 된 토지의 말소

해설 바다로 된 토지의 등록말소란 지적공부에 등록된 토지가 지형의 변화 등으로 바다로 된 경우로서 원상으로 회복할 수 없거나 다른 지목의 토지로 될 가능성이 없는 때에는 지적공부의 등록을 말소하는 것을 말한다.

14 오늘날 지적측량의 방법과 절차에 대하여 엄격한 법률적인 규제를 가하는 이유로 가장 옳은 것은? 산 17-2, 19-3

① 기술적 변화 대처
② 법률적인 효력 유지
③ 측량기술의 발전
④ 토지등록정보 복원 유지

해설 오늘날 지적측량의 방법과 절차에 대하여 엄격한 법률적인 규제를 가하는 이유는 법률적인 효력을 유지하기 위함이다.

정답 07 ① 08 ② 09 ④ 10 ② 11 ④ 12 ② 13 ④ 14 ②

15 토지등록의 목적과 관계가 가장 적은 것은? 기 16-1
① 토지의 현황 파악 ② 토지의 수량조사
③ 토지의 과실기록 ④ 토지의 권리상태 공시

해설 토지의 과실기록은 대장에 등록되지 않기 때문에 토지등록의 목적과 관계가 적다.

16 1필지로 정할 수 있는 기준에 해당하지 않는 것은? 산 19-3
① 지번부여지역의 토지로서 용도가 동일한 토지
② 지번부여지역의 토지로서 지가가 동일한 토지
③ 지번부여지역의 토지로서 지반이 연속된 토지
④ 지번부여지역의 토지로서 소유자가 동일한 토지

해설 1필지로 정할 수 있는 기준
　㉠ 지번부여지역의 토지로서 용도가 동일한 토지
　㉡ 지번부여지역의 토지로서 지반이 연속된 토지
　㉢ 지번부여지역의 토지로서 소유자가 동일한 토지

17 토지의 표시사항 중 면적을 결정하기 위하여 먼저 결정되어야 할 사항은? 산 16-1
① 토지소재 ② 지번
③ 지목   ④ 경계

해설 면적을 결정하기 위해서 경계와 좌표가 먼저 결정되어야 한다.

18 토지등기를 위하여 지적제도가 해야 할 가장 중요한 역할은? 기 19-2
① 필지획정 ② 소유권 심사
③ 지목의 결정 ④ 지번의 설정

해설 우리나라는 선등록 후등기의 원칙이므로 토지등기를 위하여 필지획정이 되어 대장에 등록이 되어야만 소유권보존등기를 할 수 있다.

19 하천으로 된 민유지의 소유권 정리는? 기 19-3
① 국가   ② 국방부
③ 토지소유자 ④ 지방자치단체

해설 하천으로 된 토지의 소유자는 변경되지 않으므로 민유지의 소유권 정리는 토지소유자로 한다.

20 토지의 물권설정을 위해서는 물권객체의 설정이 필요하다. 토지의 물권객체설정을 위한 지적의 가장 중요한 역할은? 산 19-3
① 면적측정 ② 지번설정
③ 필지획정 ④ 소유권조사

해설 토지의 물권객체설정을 위한 지적의 가장 중요한 역할은 필지획정이다.

21 다음 중 1필지에 대한 설명으로 옳지 않은 것은? 산 18-2
① 법률적 토지단위 ② 토지의 등록단위
③ 인위적인 토지단위 ④ 지형학적 토지단위

해설 필지와 획지
　㉠ 필지
　　• 공간정보의 구축 및 관리 등에 관한 법률상의 개념
　　• 대통령령이 정하는 바에 의하여 구획되는 토지의 등록단위
　　• 면적크기에 있어서 하나의 필지가 수개의 획지로 구성되는 경우가 있음
　㉡ 획지
　　• 부동산학적인 개념
　　• 인위적, 자연적, 행정적 조건에 의해 다른 토지와 구별되는 가격수준이 비슷한 일단의 토지
　　• 면적크기에 있어서 하나의 획지가 수개의 필지로 구성되는 경우가 있음

22 토지에 대한 일정한 사항을 조사하여 지적공부에 등록하기 위하여 반드시 선행되어야 할 사항은? 기 19-2
① 토지번호의 확정 ② 토지용도의 결정
③ 1필지의 경계설정 ④ 토지소유자의 결정

해설 토지에 대한 일정한 사항을 조사하여 지적공부에 등록하기 위하여 1필지의 경계설정이 선행되어야 한다.

23 필지는 자연물인 지구를 인간이 필요에 의해 인위적으로 구획한 인공물이다. 필지의 성립요건으로 볼 수 없는 것은? 기 17-1
① 지표면을 인위적으로 구획한 폐쇄된 공간
② 정확한 측량성과
③ 지번 및 지목의 설정
④ 경계의 결정

정답 15 ③ 16 ② 17 ④ 18 ① 19 ③ 20 ③ 21 ④ 22 ③ 23 ②

해설 필지의 기능
㉠ 토지조사의 등록단위 : 토지조사는 1필지를 기본단위로 조사
㉡ 토지등록의 기본단위 : 토지등록의 기본단위로서 기능
㉢ 토지공시의 기본단위 : 토지의 공시단위로서의 기능
㉣ 토지의 거래단위 : 토지유통시장에서 거래단위로서 기능
㉤ 물권의 설정단위 : 토지의 소유권이 미치는 범위를 설정하는 기능
㉥ 토지평가의 기본단위 : 토지에 대한 평가는 1필지를 기본단위로 하여 1m²당 가격을 평가하는 기능

24 1필지에 대한 설명으로 가장 거리가 먼 것은?
① 토지의 거래단위가 되고 있다.
② 논둑이나 밭둑으로 구획된 단위지역이다.
③ 토지에 대한 물권의 효력이 미치는 범위이다.
④ 하나의 지번이 부여되는 토지의 등록단위이다.

해설 필지의 기능
㉠ 토지조사의 등록단위 : 토지조사는 1필지를 기본단위로 조사
㉡ 토지등록의 기본단위 : 토지등록의 기본단위로서 기능
㉢ 토지공시의 기본단위 : 토지의 공시단위로서의 기능
㉣ 토지의 거래단위 : 토지유통시장에서 거래단위로서 기능
㉤ 물권의 설정단위 : 토지의 소유권이 미치는 범위를 설정하는 기능
㉥ 토지평가의 기본단위 : 토지에 대한 평가는 1필지를 기본단위로 하여 1m²당 가격을 평가하는 기능

25 2필지 이상의 토지를 합병하기 위한 조건이라고 볼 수 없는 것은?
① 지반이 연속되어 있어야 한다.
② 지목이 동일해야 한다.
③ 축척이 달라야 한다.
④ 지번부여지역이 동일해야 한다.

해설 축척이 동일하지 않은 토지는 합병할 수 없다.

26 토지의 특정성(特定性)을 살려 다른 토지와 분명히 구별하기 위한 토지표시방법은?
① 지목을 구분하는 것
② 지번을 붙이는 것
③ 면적을 정하는 것
④ 토지의 등급을 정하는 것

해설 토지등록제도에 있어서 특정화의 원칙은, 권리의 객체로서의 모든 토지는 반드시 특정적이면서도 단순하며 명확한 방법에 의하여 인식될 수 있도록 개별화함을 의미한다. 특정성에 가장 부합하는 토지의 표시는 지번이다.

27 1필지에 대한 설명 중 틀린 것은?
① 물권이 미치는 범위를 지정하는 구획이다.
② 하나의 지번이 붙는 토지의 등록단위이다.
③ 자연현상으로써의 지형학적 단위이다.
④ 폐합다각형으로 나타낸다.

해설 필지와 획지
㉠ 필지
  • 공간정보의 구축 및 관리 등에 관한 법률상의 개념
  • 대통령령이 정하는 바에 의하여 구획되는 토지의 등록단위
  • 면적크기에 있어서 하나의 필지가 수개의 획지로 구성되는 경우가 있음
㉡ 획지
  • 부동산학적인 개념
  • 인위적, 자연적, 행정적 조건에 의해 다른 토지와 구별되는 가격수준이 비슷한 일단의 토지
  • 면적크기에 있어서 하나의 획지가 수개의 필지로 구성되는 경우가 있음

28 토지표시사항의 결정에 있어서 실질적 심사를 원칙으로 하는 가장 중요한 이유는?
① 소유자의 이해
② 결정사항에 대한 이의 예방
③ 거래안전의 국가적 책무
④ 조세형평 유지

해설 토지표시사항의 결정에 있어서 실질적 심사를 취하는 이유는 지적사무는 국가사무이며, 이는 거래안전의 국가적 책무이기 때문이다.

29 토지표시사항 중 물권객체를 구분하여 표상(表象)할 수 있는 역할을 하는 것은?
① 경계   ② 지목
③ 지번   ④ 소유자

해설 지번의 기능
㉠ 필지를 구별하는 개별성과 특정성의 기능을 가진다.
㉡ 거주지 또는 주소표기의 기준으로 이용된다.
㉢ 위치파악의 기준이 된다.
㉣ 각종 토지 관련 정보시스템에서 검색키로서의 기능을 가진다.
㉤ 물권의 객체를 구분한다.
㉥ 등록공시단위이다.

정답 24 ② 25 ③ 26 ② 27 ③ 28 ③ 29 ③

30 지적의 토지표시사항의 특성으로 볼 수 없는 것은?　　　기 18-2

① 정확성　　② 다양성
③ 통일성　　④ 단순성

해설　토지표시사항의 특성 : 정확성, 통일성, 단순성, 융통성, 검색성

31 토지의 개별성·독립성을 인정하여 물권객체로 설정할 수 있도록 다른 토지와 구별되게 한 토지표시사항은?　　　기 18-2

① 지번　　② 지목
③ 면적　　④ 개별공시지가

해설　토지의 개별성·독립성을 인정하여 물권객체로 설정할 수 있도록 다른 토지와 구별되게 한 토지표시사항은 지번이다(특정화의 원칙).

32 다음 중 토지등록제도의 장점으로 보기 어려운 것은?　　　기 16-1

① 사인 간의 토지거래에 있어서 용이성과 경비절감을 기할 수 있다.
② 토지에 대한 장기신용에 의한 안전성을 확보할 수 있다.
③ 지적과 등기에 공신력이 인정되고 측량성과의 정확도가 향상될 수 있다.
④ 토지분쟁의 해결을 위한 개인의 경비측면이나 시간적 절감을 가져오고 소송사건이 감소될 수 있다.

해설　우리나라의 경우 지적과 등기에 공신력이 인정되지 않는다.

33 1필지의 특징으로 틀린 것은?　　　산 17-1

① 자연적 구획인 단위토지이다.
② 폐합다각형으로 구성한다.
③ 토지등록의 기본단위이다.
④ 법률적인 단위구역이다.

해설　필지와 획지
㉠ 필지
　· 공간정보의 구축 및 관리 등에 관한 법률상의 개념
　· 대통령령이 정하는 바에 의하여 구획되는 토지의 등록단위
　· 면적크기에 있어서 하나의 필지가 수개의 획지로 구성되는 경우가 있음
㉡ 획지
　· 부동산학적인 개념
　· 인위적, 자연적, 행정적 조건에 의해 다른 토지와 구별되는 가격수준이 비슷한 일단의 토지
　· 면적크기에 있어서 하나의 획지가 수개의 필지로 구성되는 경우가 있음

34 지적정리 시 소유자의 신청에 의하지 않고 지적소관청이 직권으로 정리하는 사항은?　　　산 17-2

① 분할　　② 신규등록
③ 지목변경　　④ 행정구역 개편

해설　행정구역의 명칭이 변경된 때에는 지적공부에 등록된 토지의 소재는 새로이 변경된 행정구역의 명칭으로 변경된 것으로 본다. 이 경우 지번부여지역의 일부가 행정구역의 개편으로 다른 지번부여지역에 속하게 된 때에는 지적소관청은 새로이 그 지번을 부여해야 한다.

35 1필지에 하나의 지번을 붙이는 이유로서 가장 관계없는 것은?　　　기 19-2

① 물권객체표시　　② 제한물권설정
③ 토지의 개별화　　④ 토지의 독립화

해설　지번의 기능
㉠ 필지를 구별하는 개별성과 특정성의 기능을 가진다.
㉡ 거주지 또는 주소표기의 기준으로 이용된다.
㉢ 위치파악의 기준이 된다.
㉣ 각종 토지 관련 정보시스템에서 검색키로서의 기능을 가진다.
㉤ 물권의 객체를 구분한다.
㉥ 등록공시단위이다.

36 하천 연안에 있던 토지가 홍수 등으로 인하여 하천부지로 된 경우 이 토지를 무엇이라 하는가?　　　산 17-1

① 간석지　　② 포락지
③ 이생지　　④ 개재기

해설　기타 전의 종류
㉠ 진전 : 경작하지 않은 묵은 밭
㉡ 간전 : 개간하여 일군 밭
㉢ 일역전 : 1년 동안 휴경하는 토지
㉣ 재역전 : 2년 동안 휴경하는 토지
㉤ 포락지 : 양안에 등록된 전, 답 등의 토지가 물에 침식되어 수면 아래로 잠긴 토지
㉥ 이생지 : 하천 연안에서 홍수 등의 자연현상으로 기존의 하천부지에 새로 형성된 토지

정답　30 ②　31 ①　32 ③　33 ①　34 ④　35 ②　36 ②

37 토지의 표시사항 중 토지를 특정할 수 있도록 하는 가장 단순하고 명확한 토지식별자는?
① 지번 ② 지목
③ 소유자 ④ 경계

해설 토지등록제도에 있어서 특정화의 원칙은 권리의 객체로서의 모든 토지는 반드시 특정적이면서도 단순하며 명확한 방법에 의하여 인식될 수 있도록 개별화함을 의미한다. 토지의 표시 중 특정화의 원칙에 가장 부합하는 것은 지번이다.

38 다음 중 토지조사사업 당시 일반적으로 지번을 부여하지 않았던 지목에 해당하는 것은?
① 성첩 ② 공원지
③ 지소 ④ 분묘지

해설 토지조사사업의 조사대상은 예산, 인원 등 경제적 가치가 있는 것에 한하여 실시하였으므로 도로, 하천, 구거, 제방, 성첩, 철도선로, 수도선로는 지목만 조사하고 지반을 측량하거나 지번을 붙이지 않았다.

39 다음 중 지번을 설정하는 이유와 가장 거리가 먼 것은?
① 토지의 특정화
② 지리적 위치의 고정성 확보
③ 입체적 토지표시
④ 토지의 개별화

해설 지번의 기능
㉠ 필지를 구별하는 개별성과 특정성의 기능을 가진다.
㉡ 거주지 또는 주소표기의 기준으로 이용된다.
㉢ 위치파악의 기준이 된다.
㉣ 각종 토지 관련 정보시스템에서 검색키로서의 기능을 가진다.
㉤ 물권의 객체를 구분한다.
㉥ 등록공시단위이다.

40 다음 중 지번의 기능과 가장 관련이 적은 것은?
① 토지의 특정화 ② 토지의 식별
③ 토지의 개별화 ④ 토지의 경제화

해설 지번의 기능
㉠ 필지를 구별하는 개별성과 특정성의 기능을 가진다.
㉡ 거주지 또는 주소표기의 기준으로 이용된다.
㉢ 위치파악의 기준이 된다.
㉣ 각종 토지 관련 정보시스템에서 검색키로서의 기능을 가진다.
㉤ 물권의 객체를 구분한다.
㉥ 등록공시단위이다.

41 다음 중 지번의 특성에 해당되지 않는 것은?
① 토지의 특정화 ② 토지의 가격화
③ 토지의 위치추측 ④ 토지의 실별

해설 지번의 기능
㉠ 필지를 구별하는 개별성과 특정성의 기능을 가진다.
㉡ 거주지 또는 주소표기의 기준으로 이용된다.
㉢ 위치파악의 기준이 된다.
㉣ 각종 토지 관련 정보시스템에서 검색키로서의 기능을 가진다.
㉤ 물권의 객체를 구분한다.
㉥ 등록공시단위이다.

42 지번의 역할 및 기능으로 가장 거리가 먼 것은?
① 토지용도의 식별
② 토지위치의 추측
③ 토지의 특정성 보장
④ 토지의 필지별 개별화

해설 지번의 기능
㉠ 필지를 구별하는 개별성과 특정성의 기능을 가진다.
㉡ 거주지 또는 주소표기의 기준으로 이용된다.
㉢ 위치파악의 기준이 된다.
㉣ 각종 토지 관련 정보시스템에서 검색키로서의 기능을 가진다.
㉤ 물권의 객체를 구분한다.
㉥ 등록공시단위이다.

43 지번의 설정이유 및 역할로 가장 거리가 먼 것은?
① 토지의 개별화 ② 토지의 특정화
③ 토지의 위치 확인 ④ 토지이용의 효율화

해설 지번의 기능
㉠ 필지를 구별하는 개별성과 특정성의 기능을 가진다.
㉡ 거주지 또는 주소표기의 기준으로 이용된다.
㉢ 위치파악의 기준이 된다.
㉣ 각종 토지 관련 정보시스템에서 검색키로서의 기능을 가진다.
㉤ 물권의 객체를 구분한다.
㉥ 등록공시단위이다.

정답 37 ① 38 ① 39 ③ 40 ④ 41 ② 42 ① 43 ④

44 지번부여지역에 해당하는 것은?

① 군 ② 읍
③ 면 ④ 동·리

해설 지번부여지역은 지번을 부여하는 단위지역으로 동, 리 및 이에 준할 만한 지역이다.

45 단식지번과 복식지번에 대한 설명으로 옳지 않은 것은?

① 단식지번이란 본번만으로 구성된 지번을 말한다.
② 단식지번은 협소한 토지의 부번(附番)에 적합하다.
③ 복식지번은 본번에 부번을 붙여서 구성하는 지번을 말한다.
④ 복식지번은 일반적인 신규등록지, 분할지에는 물론 단지단위법 등에 의한 부번에 적합하다.

해설 지번구성의 유형
㉠ 단식지번
 • 본번만으로 구성된 지번을 말하며 부번이 없기 때문에 표기방식이 단순하다.
 • 지번으로 토지의 필수를 추측할 수 있다.
 • 광대한 지역의 토지에 적합하며 토지조사사업, 임야조사사업에서 지번을 부여할 경우 이 유형을 사용하였다.
㉡ 복식지번
 • 본번과 부번을 붙여 지번을 구성하며 신규등록, 분할, 단지식에 의한 부번에 많이 사용한다.
 • 지번만으로 토지의 필수를 추측하기는 거의 불가능하며 표기가 단식지번보다 복잡하다.
 • 단지식에서는 거의 절대적으로 복식지번이 유리하다.

46 필지의 배열이 불규칙한 지역에서 뱀이 기어가는 모습과 같이 지번을 부여하는 방식으로 과거 우리나라에서 지번부여방법으로 가장 많이 사용된 것은?

① 단지식 ② 절충식
③ 사행식 ④ 기우식

해설 사행식은 필지의 배열이 불규칙한 경우에 적합한 방식으로 주로 농촌지역에 이용되며 우리나라에서 가장 많이 사용하고 있는 방법이다. 사행식으로 지번을 부여할 경우 지번이 일정하지 않고 상하, 좌우로 분산되는 단점이 있다.

47 지번의 부여방법 중 사행식에 대한 설명으로 옳지 않은 것은?

① 우리나라 지번의 대부분이 사행식에 의하여 부여되었다.
② 필지의 배열이 불규칙한 지역에서 많이 사용한다.
③ 도로를 중심으로 한쪽은 홀수로, 다른 한쪽은 짝수로 부여한다.
④ 각 토지의 순서를 빠짐없이 따라가기 때문에 뱀이 기어가는 형상이 된다.

해설 사행식은 필지의 배열이 불규칙한 경우에 적합한 방식으로 주로 농촌지역에 이용되며 우리나라에서 가장 많이 사용하고 있는 방법이다. 사행식으로 지번을 부여할 경우 지번이 일정하지 않고 상하, 좌우로 분산되는 단점이 있다.

48 지번의 부여단위에 따른 분류 중 해당 지번설정지역의 면적이 비교적 넓고 지적도의 매수가 많을 때 흔히 채택하는 방법은?

① 기우단위법 ② 단지단위법
③ 도엽단위법 ④ 지역단위법

해설 도엽단위법
㉠ 지적도, 임야도의 도엽단위를 세분하여 도엽의 순서에 따라 지번을 부여하는 방식이다.
㉡ 면적이 넓은 경우나 지적도, 임야도의 장수가 많은 지역에 사용한다.
㉢ 대부분의 국가에서 이를 채택하고 있다.

49 지번의 부여방법 중 진행방향에 따른 분류가 아닌 것은?

① 기우식 ② 사행식
③ 오결식 ④ 절충식

해설 지번부여방법
㉠ 진행방향에 따른 분류 : 사행식, 기우식, 단지식, 절충식
㉡ 부여단위에 따른 분류 : 지역단위법, 도엽단위법, 단지단위법
㉢ 기번위치에 따른 분류 : 북서기번법, 북동기번법

50 우리나라에서 사용되는 지번부여방법이 아닌 것은 어느 것인가?

① 기우식 ② 단지식
③ 사행식 ④ 순차식

정답 44 ④ 45 ② 46 ③ 47 ③ 48 ③ 49 ③ 50 ④

해설 지번을 부여할 경우 진행방향에 따라 사행식, 기우식, 단지식 등으로 지번을 부여하며 모두 우리나라에서 적용되는 방법이다.

51 다음 중 일반적으로 지번을 부여하는 방법이 아닌 것은?
① 기번식   ② 문장식
③ 분수식   ④ 자유부번식

해설 외국의 부번제도 : 기번식, 분수식, 자유식

52 다음 지번의 부번(附番)방법 중 진행방향에 의한 분류에 해당하지 않는 것은?
① 기우식법   ② 단지식법
③ 사행식법   ④ 도엽단위법

해설 지번부여방법
㉠ 진행방향에 따른 분류 : 사행식, 기우식, 단지식, 절충식
㉡ 부여단위에 따른 분류 : 지역단위법, 도엽단위법, 단지단위법
㉢ 기번위치에 따른 분류 : 북서기번법, 북동기번법

53 다음 지번의 진행방향에 따른 분류 중 도로를 중심으로 한쪽은 홀수로, 반대쪽은 짝수로 지번을 부여하는 방법은?
① 기우식   ② 사행식
③ 단지식   ④ 혼합식

해설 진행방향에 따른 분류
㉠ 사행식 : 필지의 배열이 불규칙한 경우에 적합한 방식으로 주로 농촌지역에 이용되며 우리나라에서 가장 많이 사용하고 있는 방법이다. 사행식으로 지번을 부여할 경우 지번이 일정하지 않고 상하, 좌우로 분산되는 단점이 있다.
㉡ 기우식(교호식) : 기우식은 도로를 중심으로 한쪽은 홀수로, 다른 한쪽은 짝수로 지번을 부여하는 방법으로 주로 시가지에서 사용된다.
㉢ 단지식(블록식) : 여러 필지가 모여 하나의 단지를 형성하는 경우 각각의 단지마다 본번을 부여하고 부번만 다르게 부여하는 방법으로 토지구획정리 또는 경지정리지구에 주로 이용된다.
㉣ 절충식 : 토지배열이 불규칙한 지역은 사행식을, 규칙적인 곳은 기우식을 붙이는 방법이다.

54 다음 중 지번의 역할에 해당하지 않는 것은?
① 위치추정   ② 토지이용구분
③ 필지의 구분   ④ 물권의 객체단위

해설 토지이용구분은 지목의 역할에 해당한다.

55 동일한 지번부여지역 내에서 최종지번이 1075이고 지번이 545인 필지를 분할하여 1076, 1077로 표시하는 것과 같은 부번방식은?
① 기번식 지번제도   ② 분수식 지번제도
③ 사행식 부번제도   ④ 자유식 지번제도

해설 자유식 부번제도는 새로운 경계가 설정하기까지의 모든 절차상의 번호가 영원히 소멸되고 토지등록구역에서 사용하지 않은 최종지번번호로 대치한다. 부번이 없기 때문에 지번을 표기하는데 용이하지만 필지별로 그 유래를 파악하기 어렵다.

56 우리나라의 현행 지번설정에 대한 원칙으로 옳지 않은 것은?
① 북서기번의 원칙
② 부번(副番)의 원칙
③ 종서(縱書)의 원칙
④ 아라비아숫자 지번의 원칙

해설 지번을 도면에 제도할 때 가로쓰기를 기본으로 하기 때문에 횡서의 원칙을 적용한다.

57 지번의 진행방향에 따른 부번방식(附番方式)이 아닌 것은?
① 절충식(折衷式)   ② 우수식(隅數式)
③ 사행식(蛇行式)   ④ 기우식(奇隅式)

해설 지번부여방법
㉠ 진행방향에 따른 분류 : 사행식, 기우식, 단지식, 절충식
㉡ 부여단위에 따른 분류 : 지역단위법, 도엽단위법, 단지단위법
㉢ 기번위치에 따른 분류 : 북서기번법, 북동기번법

58 진행방향에 따른 지번부여방법의 분류에 해당하는 것은?
① 자유식   ② 분수식
③ 사행식   ④ 도엽단위식

정답 51 ② 52 ④ 53 ① 54 ② 55 ④ 56 ③ 57 ② 58 ③

해설 지번부여방법
  ㉠ 진행방향에 따른 분류 : 사행식, 기우식, 단지식, 절충식
  ㉡ 부여단위에 따른 분류 : 지역단위법, 도엽단위법, 단지단위법
  ㉢ 기번위치에 따른 분류 : 북서기번법, 북동기번법

59 우리나라의 지번부여방법이 아닌 것은?
  ① 종서의 원칙   ② 1필지 1지번 원칙
  ③ 북서기번의 원칙   ④ 아라비아숫자표기원칙

해설 지번은 필지에 부여하는 것으로 아라비아숫자로 북서기번법에 의한다.

60 지번에 결번이 생겼을 경우 처리하는 방법은?
  ① 결번된 토지대장카드를 삭제한다.
  ② 결번대장을 비치하여 영구히 보전한다.
  ③ 결번된 지번을 삭제하고 다른 지번을 설정한다.
  ④ 신규등록 시 결번을 사용하여 결번이 없도록 한다.

해설 지적소관청은 지번변경, 합병, 축척변경 등의 사유로 결번이 발생한 경우 결번대장에 사유를 적고 결번대장을 비치하여 영구히 보전한다.

61 지번의 결번(缺番)이 발생되는 원인이 아닌 것은?
  ① 토지조사 당시 지번누락으로 인한 결번
  ② 토지의 등록전환으로 인한 결번
  ③ 토지의 경계정정으로 인한 결번
  ④ 토지의 합병으로 인한 결번

해설 경계정정의 경우 결번이 발생하지 않는다.

62 등록전환으로 인하여 임야대장 및 임야도에 결번이 생겼을 때의 일반적인 처리방법은?
  ① 결번을 그대로 둔다.
  ② 결번에 해당하는 지번을 다른 토지에 붙인다.
  ③ 결번에 해당하는 임야대장을 빼내어 폐기한다.
  ④ 지번설정지역을 변경한다.

해설 등록전환으로 인하여 임야대장 및 임야도에 결번이 생겼을 때 결번대장에 결번의 사유를 기재하고 결번대장은 영구히 보존한다. 이 문제의 경우 결번대장에 대해 언급이 없었으므로 등록전환 시 결번이 발생한 경우 결번은 그대로 둔다는 지문인 ①이 정답이다.

63 결번의 원인이 되지 않는 것은?
  ① 토지분할   ② 토지의 합병
  ③ 토지의 말소   ④ 행정구역의 변경

해설 결번사유
  ㉠ 결번이 발생하는 경우 : 지번변경, 행정구역변경, 도시개발사업, 축척변경, 지번정정, 등록전환 및 합병, 해면성 말소
  ㉡ 결번이 발생하지 않는 경우 : 신규등록, 분할, 지목변경

64 다음의 토지표시사항 중 지목의 역할과 가장 관계가 적은 것은?
  ① 토지형질변경의 규제
  ② 사용현황의 표상(表象)
  ③ 구획정리지의 토지용도 유지
  ④ 사용목적의 추측

해설 지목의 역할
  ㉠ 사용목적의 추측
  ㉡ 사용현황의 표상(表象)
  ㉢ 구획정리지의 토지용도 유지

65 지목의 설정에서 우리나라가 채택하지 않는 원칙은?
  ① 지목법정주의   ② 복식지목주의
  ③ 주지목 추종주의   ④ 일필일목주의

해설 지목의 설정원칙 : 1필 1목의 원칙, 주지목 추종의 원칙, 사용목적 추종의 원칙, 일시변경 불변의 원칙, 지목법정주의, 용도 경중의 원칙, 등록 선후의 원칙

66 지표면의 형태, 토지의 고저, 수륙의 분포상태 등 땅이 생긴 모양에 따라 결정하는 지목은?
  ① 용도지목   ② 복식지목
  ③ 지형지목   ④ 토성지목

해설 토지현황에 의한 분류
  ㉠ 지형지목 : 지표면의 형태, 토지의 고저, 수륙의 분포상태 등 토지의 생긴 모양에 따라 지목을 결정하는 것
  ㉡ 토성지목 : 토지의 성질(토질)인 지층이나 암석 또는 토양의 종류 등에 따라 지목을 결정하는 것

정답 59 ① 60 ② 61 ③ 62 ① 63 ① 64 ① 65 ② 66 ③

ⓒ 용도지목 : 토지의 주된 사용목적(주된 용도)에 따라 지목을 결정하는 것으로 우리나라에서 지목을 결정할 때 사용되는 방법

67 지목을 설정할 때 심사의 근거가 되는 것은?

① 지질구조　② 토양유형
③ 입체적 토지이용　④ 지표의 토지이용

해설 지목은 토지의 주된 용도에 따라 종류를 구분해서 지적공부에 등록한 것이므로, 지목을 설정할 때 심사의 근거는 지표의 토지이용이다.

68 우리나라 법정지목을 구분하는 중심적 기준은?

① 토지의 성질　② 토지의 용도
③ 토지의 위치　④ 토지의 지형

해설 토지현황에 의한 분류
ⓐ 지형지목 : 지표면의 형태, 토지의 고저, 수륙의 분포상태 등 토지의 생긴 모양에 따라 지목을 결정하는 것
ⓑ 토성지목 : 토지의 성질(토질)인 지층이나 암석 또는 토양의 종류 등에 따라 지목을 결정하는 것
ⓒ 용도지목 : 토지의 주된 사용목적(주된 용도)에 따라 지목을 결정하는 것으로 우리나라에서 지목을 결정할 때 사용되는 방법

69 우리나라의 현행 지적제도에서 채택하고 있는 지목 설정기준은?

① 용도지목　② 자연지목
③ 지형지목　④ 토성지목

해설 토지현황에 의한 분류
ⓐ 지형지목 : 지표면의 형태, 토지의 고저, 수륙의 분포상태 등 토지의 생긴 모양에 따라 지목을 결정하는 것
ⓑ 토성지목 : 토지의 성질(토질)인 지층이나 암석 또는 토양의 종류 등에 따라 지목을 결정하는 것
ⓒ 용도지목 : 토지의 주된 사용목적(주된 용도)에 따라 지목을 결정하는 것으로 우리나라에서 지목을 결정할 때 사용되는 방법

70 토지조사사업에서 지목은 모두 몇 종류로 구분하였는가?

① 18종　② 21종
③ 24종　④ 28종

해설 토지조사사업 당시의 지목(18종)은 전, 답, 대, 지소, 임야,
잡종지, 사사지, 분묘지, 공원지, 철도용지, 수도용지, 도로, 하천, 구거, 제방, 성첩, 철도선로, 수도선로 등이다.

71 초기에 부여된 지목명칭을 변경한 것으로 잘못된 것은?

① 공원지 → 공원　② 분묘지 → 묘지
③ 사사지 → 사적지　④ 운동장 → 체육용지

해설 지목의 명칭변경
ⓐ 공원지 → 공원
ⓑ 사사지 → 종교용지
ⓒ 성첩 → 사적지
ⓓ 분묘지 → 묘지
ⓔ 운동장 → 체육용지

72 토지조사사업 당시 지번의 설정을 생략한 지목은?

① 임야　② 성첩
③ 지소　④ 잡종지

해설 토지조사사업 당시 지번조사 시 1개 동·리를 통산하여 1필지마다 순차적으로 수호를 붙이게 하였으며 도로, 하천, 구거, 제방, 성첩, 철도선로, 수도선로는 지목만 조사하고 지반을 측량하거나 지번을 붙이지 않았다.

73 지목의 설정원칙으로 옳지 않은 것은?

① 용도 경중의 원칙　② 일시변경의 원칙
③ 주지목 추종의 원칙　④ 사용목적 추종의 원칙

해설 지목의 설정원칙
ⓐ 법정지목의 원칙 : 현행 공간정보의 구축 및 관리 등에 관한 법률에서 지목은 28개의 지목으로 정해져 있으며, 그 외의 지목 등은 인정하지 않는다.
ⓑ 1필 1목의 원칙 : 필지마다 하나의 지목을 설정한다.
ⓒ 주지목 추종의 원칙 : 1필지가 2 이상의 용도로 활용되는 경우에는 주된 용도에 따라 지목을 설정한다.
ⓓ 영속성의 원칙(일시변경 불변의 원칙) : 토지가 일시적 또는 임시적인 용도로 사용되는 때에는 지목을 변경하지 아니한다.
ⓔ 사용목적 추종의 원칙 : 택지조성사업을 목적으로 공사가 준공된 토지는 미리 그 목적에 따라 지목을 '대'로 정할 수 있다.
ⓕ 용도 경중의 원칙 : 지목이 중복되는 경우 중요한 토지의 사용목적·용도에 따라 지목을 설정한다.
ⓖ 등록 선후의 원칙 : 지목이 중복되는 경우 먼저 등록된 토지의 사용목적·용도에 따라 지목을 설정한다.

정답 67 ④　68 ②　69 ①　70 ①　71 ③　72 ②　73 ②

74 철도용지와 하천의 지목이 중복되는 토지의 지목설정방법은?

① 등록 선후의 원칙에 따른다.
② 필지규모와 원칙에 따른다.
③ 경제적 고부가가치의 용도에 따른다.
④ 소관청담당자의 주관적 직권으로 결정한다.

해설 지목이 중복되는 경우 먼저 등록된 토지의 사용목적·용도에 따라 지목을 설정한다.

75 다음 중 지목설정 시 기본원칙이 되는 것은?

① 토지의 모양
② 토지의 주된 사용목적
③ 토지의 위치
④ 토지의 크기

해설 지목이라 함은 토지의 주된 사용목적에 따라 토지의 종류를 구분하여 지적공부에 등록한 것을 말한다. 지목은 토지의 주된 용도표시, 토지의 과세기준에 참고자료로 활용, 국토계획 및 토지이용계획의 기초자료로 활용, 토지의 용도별 통계자료 및 정책자료 등으로 활용된다.

76 다음 중 도로, 철도, 하천, 제방 등의 지목이 서로 중복되는 경우 지목을 결정하기 위하여 고려하는 사항으로 가장 거리가 먼 것은?

① 용도의 경중
② 공시지가의 고저
③ 등록시기의 선후
④ 일필 일목의 원칙

해설 지목의 설정원칙
㉠ 법정지목의 원칙 : 현행 공간정보의 구축 및 관리 등에 관한 법률에서 지목은 28개의 지목으로 정해져 있으며, 그 외의 지목 등은 인정하지 않는다.
㉡ 1필 1목의 원칙 : 필지마다 하나의 지목을 설정한다.
㉢ 주지목 추종의 원칙 : 1필지가 2 이상의 용도로 활용되는 경우에는 주된 용도에 따라 지목을 설정한다.
㉣ 영속성의 원칙(일시변경 불변의 원칙) : 토지가 일시적 또는 임시적인 용도로 사용되는 때에는 지목을 변경하지 아니한다.
㉤ 사용목적 추종의 원칙 : 택지조성사업을 목적으로 공사가 준공된 토지는 미리 그 목적에 따라 지목을 '대'로 정할 수 있다.
㉥ 용도 경중의 원칙 : 지목이 중복되는 경우 중요한 토지의 사용목적·용도에 따라 지목을 설정한다.
㉦ 등록 선후의 원칙 : 지목이 중복되는 경우 먼저 등록된 토지의 사용목적·용도에 따라 지목을 설정한다.

77 우리나라의 지목결정원칙과 가장 거리가 먼 것은?

① 일필 일목의 원칙
② 용도 경중의 원칙
③ 지형지목의 원칙
④ 주지목 추종의 원칙

해설 지목의 설정원칙
㉠ 법정지목의 원칙 : 현행 공간정보의 구축 및 관리 등에 관한 법률에서 지목은 28개의 지목으로 정해져 있으며, 그 외의 지목 등은 인정하지 않는다.
㉡ 1필 1목의 원칙 : 필지마다 하나의 지목을 설정한다.
㉢ 주지목 추종의 원칙 : 1필지가 2 이상의 용도로 활용되는 경우에는 주된 용도에 따라 지목을 설정한다.
㉣ 영속성의 원칙(일시변경 불변의 원칙) : 토지가 일시적 또는 임시적인 용도로 사용되는 때에는 지목을 변경하지 아니한다.
㉤ 사용목적 추종의 원칙 : 택지조성사업을 목적으로 공사가 준공된 토지는 미리 그 목적에 따라 지목을 '대'로 정할 수 있다.
㉥ 용도 경중의 원칙 : 지목이 중복되는 경우 중요한 토지의 사용목적·용도에 따라 지목을 설정한다.
㉦ 등록 선후의 원칙 : 지목이 중복되는 경우 먼저 등록된 토지의 사용목적·용도에 따라 지목을 설정한다.

78 지목설정의 원칙 중 옳지 않은 것은?

① 1필 1목의 원칙
② 용도 경중의 원칙
③ 축척종대의 원칙
④ 주지목 추종의 원칙

해설 지목의 설정원칙 : 법정지목의 원칙, 1필 1목의 원칙, 주지목 추종의 원칙, 사용목적 추종의 원칙, 일시변경 불변의 원칙, 등록 선후의 원칙, 용도 경중의 원칙

79 현행 지목 중 차문자(次文字)를 따르지 않는 것은?

① 주차장
② 유원지
③ 공장용지
④ 종교용지

해설 차문자 : 주차장(차), 공장용지(장), 하천(천), 유원지(원)

80 지목의 부호표시가 각각 '유'와 '장'인 것은?

① 유지, 공장용지
② 유원지, 공원지
③ 유지, 목장용지
④ 유원지, 공장용지

해설 ㉠ 지적도 및 임야도(이하 "지적도면")에 등록하는 때에는 부호로 표기해야 한다.
㉡ 하천(천), 유원지(원), 공장용지(장), 주차장(차)은 차문자(천, 원, 장, 차)로 표기한다.

정답 74 ① 75 ② 76 ② 77 ③ 78 ③ 79 ④ 80 ①

81 지목의 부호표기방법으로 옳지 않은 것은?

① 하천은 '천'으로 한다.
② 유원지는 '원'으로 한다.
③ 종교용지는 '교'로 한다.
④ 공장용지는 '장'으로 한다.

해설 종교용지는 지적도면에 두문자로 표기하므로 '종'으로 한다.

82 토지조사사업 당시의 지목 중 비과세지에 해당하는 것은?

① 전 ② 하천
③ 임야 ④ 잡종지

해설 토지조사사업 당시 지목은 18개로 구분하였으며 과세지, 비과세지, 면세지로 구별하였다.
㉠ 과세지
• 직접적인 수익이 있는 토지로 과세 중이거나 장래에 과세의 목적이 될 수 있는 토지
• 전, 답, 대, 지소, 임야, 잡종지
㉡ 비과세지
• 개인이 소유할 수 없으며 과세의 목적으로 하지 않는 토지
• 도로, 하천, 구거, 제방, 성첩, 철도선로, 수도선로
㉢ 면세지
• 직접적인 수익이 없으며 공공용에 속하여 지세가 면제된 토지
• 사사지, 분묘지, 공원지, 철도용지, 수도용지

83 다음 중 지목의 변천에 관한 설명으로 옳은 것은?

① 2000년의 지목의 수는 28개이었다.
② 토지조사사업 당시 지목의 수는 21개이었다.
③ 최초 지적법이 제정된 후 지목의 수는 24개이었다.
④ 지목수의 증가는 경제발전에 따른 토지이용의 세분화를 반영하는 것이다.

해설 ① 2000년의 지목의 수는 24개이었다.
② 토지조사사업 당시 지목의 수는 18개이었다.
③ 최초 지적법이 제정된 후 지목의 수는 21개이었다.

84 다음 중 지목을 체육용지로 할 수 없는 것은?

① 경마장 ② 경륜장
③ 스키장 ④ 승마장

해설 일반 공중의 위락·휴양 등에 적합한 시설물을 종합적으로 갖춘 수영장, 유선장(遊船場), 낚시터, 어린이놀이터, 동물원, 식물원, 민속촌, 경마장 등의 토지와 이에 접속된 부속시설물의 부지는 유원지로 한다. 다만, 이들 시설과의 거리 등으로 보아 독립적인 것으로 인정되는 숙식시설 및 유기장(遊技場)의 부지와 하천·구거 또는 유지(공유(公有)인 것으로 한정한다)로 분류되는 것은 제외한다.

85 집 울타리 안에 꽃동산이 있을 때 지목으로 옳은 것은?

① 대 ② 공원
③ 임야 ④ 유원지

해설 주지목 추종의 원칙에 따라 집 울타리 안에 꽃동산이 있을 때 지목은 '대'이다.

86 토지의 등록사항 중 경계의 역할로 옳지 않은 것은?

① 토지의 용도결정 ② 토지의 위치결정
③ 필지의 형상결정 ④ 소유권의 범위결정

해설 경계의 역할 및 특성
㉠ 역할 : 토지의 위치결정, 소유권의 범위결정, 필지의 형상결정
㉡ 특성
• 필지 사이의 경계는 1개가 존재한다.
• 경계는 크기가 없는 기하학적인 의미이다.
• 경계는 위치만 있으므로 분할이 불가능하다.
• 경계는 경계점 사이의 최단거리연결이다.

87 다음 중 토지조사사업 당시 비과세지에 해당되지 않는 것은?

① 도로 ② 구거
③ 성첩 ④ 분묘지

해설 토지조사사업 당시 지목은 18개로 구분하였으며 과세지, 비과세지, 면세지로 구별하였다.
㉠ 과세지
• 직접적인 수익이 있는 토지로 과세 중이거나 장래에 과세의 목적이 될 수 있는 토지
• 전, 답, 대, 지소, 임야, 잡종지
㉡ 비과세지
• 개인이 소유할 수 없으며 과세의 목적으로 하지 않는 토지
• 도로, 하천, 구거, 제방, 성첩, 철도선로, 수도선로

정답 81 ③ 82 ② 83 ④ 84 ① 85 ① 86 ① 87 ④

ⓒ 면세지
- 직접적인 수익이 없으며 공공용에 속하여 지세가 면제된 토지
- 사사지, 분묘지, 공원지, 철도용지, 수도용지

88 다음 중 지목을 설정하는 가장 주된 기준은? 〈기 16-2〉

① 토지의 자연상태 ② 토지의 주된 용도
③ 토지의 수익성 ④ 토양의 성질

해설 지목이라 함은 토지의 주된 사용목적에 따라 토지의 종류를 구분하여 지적공부에 등록한 것을 말한다. 지목은 토지의 주된 용도표시, 토지의 과세기준에 참고자료로 활용, 국토계획 및 토지이용계획의 기초자료로 활용, 토지의 용도별 통계자료 및 정책자료 등으로 활용된다.

89 경계결정 시 경계불가분의 원칙이 적용되는 이유로 옳지 않은 것은? 〈기 18-2〉

① 필지 간 경계는 1개만 존재한다.
② 경계는 인접 토지에 공통으로 작용한다.
③ 실지 경계구조물의 소유권을 인정하지 않는다.
④ 경계는 폭이 없는 기하학적인 선의 의미와 동일하다.

해설 경계불가분의 원칙
ⓐ 필지 사이의 경계는 1개가 존재한다.
ⓑ 경계는 크기가 없는 기하학적인 의미이다.
ⓒ 경계는 위치만 있으므로 분할이 불가능하다.
ⓓ 경계는 경계점 사이의 최단거리연결이다.

90 토지등록사항 중 지목이 내포하고 있는 역할로 가장 옳은 것은? 〈산 16-3〉

① 합리적 도시계획 ② 용도실상구분
③ 지가평정기준 ④ 국토균형개발

해설 지목이라 함은 토지의 주된 사용목적에 따라 토지의 종류를 구분하여 지적공부에 등록한 것을 말한다. 지목은 토지의 주된 용도표시, 토지의 과세기준에 참고자료로 활용, 국토계획 및 토지이용계획의 기초자료로 활용, 토지의 용도별 통계자료 및 정책자료 등으로 활용된다.

91 토지의 성질, 즉 지질이나 토질에 따라 지목을 분류하는 것은? 〈산 17-3〉

① 단식지목 ② 용도지목
③ 지형지목 ④ 토성지목

해설 토지현황에 의한 분류
ⓐ 지형지목 : 지표면의 형태, 토지의 고저, 수륙의 분포상태 등 토지의 생긴 모양에 따라 지목을 결정하는 것
ⓑ 토성지목 : 토지의 성질(토질)인 지층이나 암석 또는 토양의 종류 등에 따라 지목을 결정하는 것
ⓒ 용도지목 : 토지의 주된 사용목적(주된 용도)에 따라 지목을 결정하는 것으로 우리나라에서 지목을 결정할 때 사용되는 방법

92 토지조사사업 당시 지적공부에 등록되었던 지목의 분류에 해당하지 않는 것은? 〈산 16-1〉

① 지소 ② 성첩
③ 염전 ④ 잡종지

해설 염전의 경우 1943년 3월 31일 조선지세령에 의하여 신설된 지목으로 잡종지에서 분리되었다.

93 다음 중 지적에서의 '경계'에 대한 설명으로 옳지 않은 것은? 〈산 19-2〉

① 경계불가분의 원칙을 적용한다.
② 지상의 말뚝, 울타리와 같은 목표물로 구획된 선을 말한다.
③ 지적공부에 등록된 경계에 의하여 토지소유권의 범위가 확정된다.
④ 필지별로 경계점들을 직선으로 연결하여 지적공부에 등록한 선을 말한다.

해설 지적에서의 경계는 경계점 간의 직선으로 연결하여 지적공부에 등록한 선이다. 즉 도상경계를 말한다. 지상의 말뚝, 울타리와 같은 목표물로 구획된 선은 지상경계이다.

94 경계불가분의 원칙에 대한 설명과 가장 거리가 먼 것은? 〈기 19-3〉

① 필지 사이의 경계는 분리할 수 없다.
② 경계는 인접 토지에 공통으로 작용된다.
③ 경계는 위치와 길이만 있고 너비는 없다.
④ 동일한 경계가 축척이 다른 도면에 각각 등록된 경우 둘 중 하나의 경계만을 최종경계로 결정한다.

해설 경계불가분의 원칙
ⓐ 필지 사이의 경계는 1개가 존재한다.
ⓑ 경계는 크기가 없는 기하학적인 의미이다.
ⓒ 경계는 위치만 있으므로 분할이 불가능하다.
ⓓ 경계는 경계점 사이의 최단거리연결이다.

정답 88 ② 89 ③ 90 ② 91 ④ 92 ③ 93 ② 94 ④

95 경계점표지의 특성이 아닌 것은?

① 명확성 ② 안전성
③ 영구성 ④ 유동성

해설 경계점표지의 특성 : 명확성, 영구성, 안전성

96 토지측량사에 의해 정밀지적측량이 수행되고 토지소관청으로부터 사정의 행정처리가 완료되어 확정된 지적경계의 유형은?

① 고정경계 ② 일반경계
③ 보증경계 ④ 지상경계

해설 보증경계(승인경계, guaranted boundary)란 토지측량사에 의하여 정밀지적측량이 수행되고 지적소관청으로부터 사정의 행정처리가 완료되어 확정된 토지경계를 말한다. 우리나라에서 적용되는 개념이다.

97 지적도에 등록된 경계의 뜻으로서 합당하지 않은 것은?

① 위치만 있고, 면적은 없음
② 경계점 간 최단거리연결
③ 측량방법에 따라 필지 간 2개 존재 가능
④ 필지 간 공통작용

해설 경계의 역할 및 특성

역할	특성
• 토지의 위치결정 • 소유권의 범위결정 • 필지의 형상결정	• 필지 사이의 경계는 1개가 존재한다. • 경계는 크기가 없는 기하학적인 의미이다. • 경계는 위치만 있으므로 분할이 불가능하다. • 경계는 경계점 사이의 최단거리연결이다.

98 경계의 특징에 대한 설명으로 옳지 않은 것은?

① 필지 사이에는 1개의 경계가 존재한다.
② 경계는 크기가 없는 기하학적인 의미를 갖는다.
③ 경계는 경계점 사이를 직선으로 연결한 것이다.
④ 경계는 면적을 갖고 있으므로 분할이 가능하다.

해설 경계는 선으로 표현하므로 면적을 갖지 못하며 분할도 불가능하다.

99 "지적도에 등록된 경계와 임야도에 등록된 경계가 서로 다른 때에는 축척 1:1200인 지적도에 등록된 경계에 따라 축척 1:6000인 임야도의 경계를 정정해야 한다"라는 기준은 어느 원칙을 따른 것인가?

① 등록 선후의 원칙 ② 용도 경중의 원칙
③ 축척종대의 원칙 ④ 경계불가분의 원칙

해설 축척종대의 원칙은 지적도에 등록된 경계와 임야도에 등록된 경계가 서로 다른 때에는 큰 축척의 경계를 따른다.

100 경계불가분의 원칙에 관한 설명으로 옳은 것은?

① 3개의 단위토지 간을 구획하는 선이다.
② 토지의 경계에는 위치, 길이, 넓이가 있다.
③ 같은 토지에 2개 이상의 경계가 있을 수 있다.
④ 토지의 경계는 인접 토지에 공통으로 작용한다.

해설 경계불가분의 원칙은 토지의 경계는 같은 토지에 2개 이상의 경계가 있을 수 없으며 양 필지 사이에 공통으로 작용한다.

101 다음에서 설명하는 경계결정의 원칙은?

> 토지의 인접된 경계는 분리할 수 없고 위치와 길이만 있을 뿐 너비는 없는 것으로 기하학상의 선과 동일한 성질을 갖고 있으며, 필지 사이의 경계는 2개 이상이 있을 수 없고 이를 분리할 수도 없다.

① 축척종대의 원칙 ② 경계불가분의 원칙
③ 강계선결정의 원칙 ④ 지역선결정의 원칙

해설 경계불가분의 원칙 : 토지의 경계는 같은 토지에 2개 이상의 경계가 있을 수 없으며, 위치와 길이만 있을 뿐 너비는 없으며 양 필지 사이에 공통으로 작용한다.

102 다음 중 축척이 다른 2개의 도면에 동일한 필지의 경계가 각각 등록되어 있을 때 토지의 경계를 결정하는 원칙으로 옳은 것은?

① 축척이 큰 것에 따른다.
② 축척의 평균치에 따른다.
③ 축척이 작은 것에 따른다.
④ 토지소유자에게 유리한 쪽에 따른다.

정답 95 ④ 96 ③ 97 ③ 98 ④ 99 ③ 100 ④ 101 ② 102 ①

해설 축척종대의 원칙은 동일한 경계가 축척이 서로 다른 도면에 등록되어 있는 경우에는 축척이 큰 도면의 경계에 따른다.

103 다음 중 일필지의 경계설정방법이 아닌 것은? 기 17-2

① 보완설　　② 분급설
③ 점유설　　④ 평분설

해설 **경계설정방법** : 점유설, 평분설, 보완설

104 영국의 토지등록제도에 있어서 경계의 구분이 아닌 것은? 기 19-2

① 고정경계　　② 보증경계
③ 일반경계　　④ 특별경계

해설 **특성에 따른 분류**
㉠ 일반경계(general boundary) : 1875년 영국의 거래법(Land Tranfer ACT)에서 규정되었으며 토지의 경계가 자연적인 지형지물을 이용하여 설정된 경우를 말한다. 대축척 지형도에 지형을 표시한다. 즉 도로, 벽, 울타리, 도랑, 해안선 등으로 이루어진 경우이며 토지의 경계가 담장의 중앙부를 연결하는 선으로 이루어져야 하고 굴곡점의 위치가 좌표로 확정되어야 하는 일필지의 경계로서는 부족한 점이 많지만 비교적 토지의 가격이 저렴한 농촌지역에서 이용하는 방법이다.
㉡ 고정경계(확정경계, fixed boundary) : 토지소유자가 부담하여 지적측량과 토지조사에 의해 설정된 경계를 말하며 일반경계와 법률적 효력은 유사하나 정밀도가 높다.
㉢ 보증경계(승인경계, guaranted boundary) : 토지측량사에 의하여 정밀지적측량이 수행되고 지적소관청으로부터 사정의 행정처리가 완료되어 확정된 토지경계를 말한다. 우리나라에서 적용되는 개념이다.

105 다음과 관련된 일필지의 경계설정기준에 관한 설명에 해당하는 것은? 기 17-1

- (우리나라 민법) 점유자는 소유의 의사로 선의, 평온 및 공연하게 점유한 것으로 추정한다.
- (독일 민법) 경계쟁의의 경우에 있어서 정당한 경계가 알려지지 않을 때에는 점유상태로서 경계의 표준으로 한다.

① 경계가 불분명하고 점유형태를 확정할 수 없을 때 분쟁지를 물리적으로 평분하여 쌍방의 토지에 소유시킨다.

② 현재 소유자가 각자 점유하고 있는 지역이 명확한 1개의 선으로 구분되어 있을 때 이 선을 경계로 한다.
③ 새로이 결정하는 경계가 다른 확실한 자료와 비교하여 공평, 합당하지 못할 때에는 상당한 보완을 한다.
④ 점유형태를 확인할 수 없을 때 먼저 등록한 소유자에게 소유시킨다.

해설 **점유설**
㉠ 토지소유권의 경계는 이웃하는 소유자가 각자 점유하는 1개의 선으로 결정된다.
㉡ 지적공부에 의한 경계복원이 불가능한 경우 점유설은 지상경계결정에 있어 가장 중요한 원칙이 된다.
㉢ 점유자가 소유의 의사로 선의로 평온, 공연하게 점유한 것으로 추정한다(민법 제197조 규정).
㉣ 선의의 점유자라도 본권에 관한 소송에서 패소한 때에는 악의의 점유자로 본다.
㉤ 20년간 소유의 의사로 평온, 공연하게 부동산을 점유한 자는 등기를 완료함으로 소유권을 취득한다(민법 제245조).
㉥ 부동산의 소유자로 등기한 자가 10년간 소유의 의사로 평온, 공연하게 선의이며 과실 없이 그 부동산을 점유한 때에는 소유권을 취득한다(민법 제245조).

106 다음 토지경계를 설명한 것으로 옳지 않은 것은? 산 19-3

① 토지경계에는 불가분의 원칙이 적용된다.
② 공부에 등록된 경계는 말소가 불가능하다.
③ 토지경계는 국가기관인 소관청이 결정한다.
④ 지적공부에 등록된 필지의 구획선을 말한다.

해설 합병과 바다로 된 토지의 등록말소 등의 경우 그 등록된 경계는 말소가 가능하다.

107 다음 중 경계점좌표등록부를 작성해야 할 곳은? 기 16-1

① 국토의 계획 및 이용에 관한 법률상의 도시지역
② 임야도 시행지구
③ 도시개발사업을 지적확정측량으로 한 지역
④ 측판측량방법으로 한 농지구획정리지구

해설 도시개발사업을 지적확정측량으로 한 지역과 축척변경을 실시하여 경계점을 좌표로 등록한 지역에는 반드시 경계점좌표등록부를 비치해야 한다.

정답 103 ② 104 ④ 105 ② 106 ② 107 ③

108 경계점좌표등록부에 등록되는 좌표는?
① UTM좌표 ② 경위도좌표
③ 구면직각좌표 ④ 평면직각좌표

해설 경계점좌표등록부에 등록되는 좌표는 평면직각좌표의 X, Y이다.

109 다음 중 지적공부에 등록하는 토지의 물리적 현황과 가장 거리가 먼 것은?
① 지번과 지목 ② 등급과 소유자
③ 경계와 좌표 ④ 토지소재와 면적

해설 토지의 물리적인 현황이란 토지의 표시를 의미한다. 따라서 소재, 지번, 지목, 면적, 경계, 좌표가 토지의 물리적 현황에 해당한다.

110 근대적인 지적제도의 토지대장이 처음 만들어진 시기는?
① 1910년대 ② 1920년대
③ 1950년대 ④ 1970년대

해설 근대적인 지적제도의 토지대장이 처음 만들어진 시기는 1910년이다.

111 현행 임야대장에 토지를 등록하는 순서로 가장 옳은 것은?
① 지번 순으로 한다.
② 면적이 큰 순으로 한다.
③ 소유자 성(姓)의 가, 나, 다 순으로 한다.
④ 공간정보의 구축 및 관리 등에 관한 법률에 규정된 지목의 순으로 한다.

해설 지적공부의 편성하는 방법은 물적 편성주의이므로 지적공부의 등록은 지번 순으로 이루어진다.

112 고구려에서 토지측량단위로 면적계산에 사용한 제도는?
① 결부법 ② 두락제
③ 경무법 ④ 정전제

해설 **경무법**(고구려, 고려 초기)
㉠ 의의 : 중국에서 유래되었고 경묘법이라고도 하며 전지의 면적을 정, 무라는 단위로 측량하였다. 경작과는 상관없이 얼마만큼의 밭이랑을 보유하는지가 중요하다(밭이랑 기준).
㉡ 특징
• 농지를 광협에 따라 경, 무라는 객관적인 단위로 세액을 부과하였으며 토지현황 파악이 주목적이다.
• 세금을 경중에 따라 부과하여 세금의 총액이 일정치 않다.
• 전국의 농지를 정확하게 파악할 수 있다.
• 1경=100무, 1무=100보, 1보=6척

113 조선시대 결부제에 의한 면적단위에 대한 설명 중 틀린 것은?
① 1결은 100부이다.
② 1부는 1,000파이다.
③ 1속은 10파이다.
④ 1파는 곡식 한 줌에서 유래하였다.

해설 **결부제**
㉠ 의의 : 농지를 비옥한 정도에 따라 수확량으로 세액을 파악하는 주관적인 방법으로 지세부과가 주목적이었다(수확량 기준). 조세가 구체적으로 부과될 때에는 결과 부만 사용되었기 때문에 결부제라는 명칭이 붙었다.
㉡ 특징
• 1결=100부, 1부=10속, 1속=10파, 1파=곡식 한 줌
• 농지를 동일하게 파악하여 세금의 총액이 일정하다.
• 생산량을 중심으로 세를 파악하였기에 전국의 토지가 정확하게 측량되지 않아 부정이 있었던 제도이다.

114 토지분할 후의 면적합계는 분할 전 면적과 어떻게 되도록 처리하는가?
① $1m^2$까지 작아지는 것은 허용한다.
② $1m^2$까지 많아지는 것은 허용한다.
③ $1m^2$까지는 많아지거나 적어지거나 모두 좋다.
④ 분할 전 면적에 증감이 없도록 하여야 한다.

해설 토지분할 후의 면적합계는 분할 전 면적에 증감이 없도록 해야 한다.

115 토지조사사업 당시 면적이 10평 이하인 협소한 토지의 면적측정방법으로 옳은 것은?
① 삼사법 ② 계적기법
③ 푸라니미터법 ④ 전자면적측정기법

해설 토지조사사업 당시 면적이 10평 이하인 협소한 토지의 면적측정은 삼사법을 이용하였다.

정답 108 ④ 109 ② 110 ① 111 ① 112 ③ 113 ② 114 ④ 115 ①

116 지적공부를 토지대장 등록지와 임야대장 등록지로 구분하여 비치하고 있는 이유는?

① 토지이용정책
② 정도(精度)의 구분
③ 조사사업 근거의 상이
④ 지번(地番)의 번잡성 해소

해설 토지대장 등록지와 임야대장 등록지로 구분하는 이유는 조사사업의 상이에 따른 결과이다.
㉠ 토지조사사업 : 토지대장, 지적도
㉡ 임야조사사업 : 임야대장, 임야도

117 토지대장을 열람하여 얻을 수 있는 정보가 아닌 것은?

① 토지경계
② 토지면적
③ 토지소재
④ 토지지번

해설 경계는 지적도면에만 등록되므로 토지대장을 열람해서는 알 수 없다.

118 다음 중 경계점좌표등록부를 비치하는 지역의 측량시행에 대한 가장 특징적인 토지표시사항은?

① 면적
② 좌표
③ 지목
④ 지번

해설 경계점좌표등록부는 경계점을 좌표로 등록한 지역에 비치하는 지적공부로 토지의 표시 중 좌표와 관련이 있다.

119 지적도에서 도곽선(圖郭線)의 역할로 옳지 않은 것은?

① 다른 도면과의 접합기준선이 된다.
② 도면신축량측정의 기준선이 된다.
③ 도곽에 걸친 큰 필지의 분할기준선이 된다.
④ 도곽 내 모든 필지의 관계위치를 명확히 하는 기준선이 된다.

해설 도곽선의 역할
㉠ 지적기준점 전개 시의 기준
㉡ 도곽 신축보정 시의 기준
㉢ 인접 도면접합 시의 기준
㉣ 도북방위선의 기준
㉤ 측량결과도와 실지의 부합 여부 기준

120 지적도의 도곽선이 갖는 역할로 옳지 않은 것은?

① 면적의 통계 산출에 이용된다.
② 도면신축량측정의 기준선이다.
③ 도북방위선의 표시에 해당한다.
④ 인접 도면과의 접합기준선이 된다.

해설 도곽선의 역할
㉠ 지적기준점 전개 시의 기준
㉡ 도곽 신축보정 시의 기준
㉢ 인접 도면접합 시의 기준
㉣ 도북방위선의 기준
㉤ 측량결과도와 실지의 부합 여부 기준

121 지적도나 임야도에서 도곽선의 역할과 가장 거리가 먼 것은?

① 도면접합의 기준
② 도곽 신축보정의 기준
③ 토지합병 시의 필지결정기준
④ 지적측량기준점 전개의 기준

해설 도곽선의 역할
㉠ 지적기준점 전개 시의 기준
㉡ 도곽 신축보정 시의 기준
㉢ 인접 도면접합 시의 기준
㉣ 도북방위선의 기준
㉤ 측량결과도와 실지의 부합 여부 기준

122 우리나라의 지적도에 등록해야 할 사항으로 볼 수 없는 것은?

① 지번
② 필지의 경계
③ 토지의 소재
④ 소관청의 명칭

해설 지적도면의 등록사항

일반적인 기재사항	국토교통부령이 정하는 사항
• 토지의 소재 • 지번 : 아라비아숫자로 표기 • 지목 : 두문자 또는 차문자로 표시 • 경계	• 지적도면의 색인도(인접 도면의 연결순서를 표시하기 위하여 기재한 도표와 번호를 말한다) • 도면의 제명 및 축척 • 도곽선과 그 수치 • 좌표에 의하여 계산된 경계점 간의 거리(경계점좌표등록부를 갖추는 지역으로 한정한다) • 삼각점 및 지적기준점의 위치 • 건축물 및 구조물 등의 위치 • 그 밖에 국토교통부장관이 정하는 사항

정답 116 ③ 117 ① 118 ② 119 ③ 120 ① 121 ③ 122 ④

123 지적도의 축척에 관한 설명으로 옳지 않은 것은?

① 일반적으로 축척이 크면 도면의 정밀도가 높다.
② 지도상에서의 거리와 표면상에서의 거리와의 관계를 나타내는 것이다.
③ 축척의 표현방법에는 분수식, 서술식, 그래프식 방법 등이 있다.
④ 축척이 분수로 표현될 때에 분자가 같으면 분모가 큰 것이 축척이 크다.

해설 축척이 분수로 표현될 때에 분자가 같으면 분모가 작은 것이 축척이 크다(대축척).

124 전산등록파일을 지적공부로 규정한 지적법의 개정연도로 옳은 것은?

① 1991년 1월 1일 ② 1995년 1월 1일
③ 1999년 1월 1일 ④ 2001년 1월 1일

해설 전산등록파일을 지적공부로 규정한 해는 1991년 1월 1일이다.

125 우리나라 현행 토지대장의 특성으로 옳지 않은 것은?

① 전산파일로도 등록·처리한다.
② 물권객체의 공시기능을 갖는다.
③ 물적 편성주의를 채택하고 있다.
④ 등록내용은 법률적 효력을 갖지는 않는다.

해설 **토지등록의 효력**
㉠ 일반적 효력
  • 창설적 효력 : 신규등록
  • 대항적 효력 : 토지의 표시
  • 형성적 효력 : 분할, 합병
  • 공증적 효력 : 지적공부의 발급
  • 보고적 효력
  • 공시적 효력 : 등록사항
㉡ 특수한 효력 : 구속력, 공정력, 확정력, 강제력

126 적극적 등록제도에 대한 설명으로 옳지 않은 것은?

① 토지등록을 의무화하지 않는다.
② 토렌스시스템은 이 제도의 발달된 형태이다.
③ 지적측량이 실시되지 않으면 토지의 등기도 할 수 없다.
④ 토지등록상의 문제로 인해 선의의 제3자가 받은 피해는 법적으로 보호되고 있다.

해설 **적극적 등록주의(Positive System)**
㉠ 토지의 등록은 일필지의 개념으로 법적인 권리보장이 인증되고 정부에 의해서 합법성과 효력이 발생한다. 모든 토지를 공부에 강제 등록시키는 제도이다.
㉡ 등록은 강제적이고 의무적이다.
㉢ 공부에 등록되지 않은 토지는 어떠한 권리도 인정되지 않는다.
㉣ 지적측량이 실시되어야만 등기를 허락한다.
㉤ 토지등록의 효력이 국가에 의해 보장된다. 따라서 선의의 제3자는 토지등록의 문제로 인한 피해는 법적으로 보호를 받는다.
㉥ 한국, 일본, 대만, 호주, 뉴질랜드, 스위스, 캐나다 일부 등에서 적용한다.

127 다음 중 등록의무에 따른 지적제도의 분류에 해당하는 것은?

① 세지적   ② 도해지적
③ 2차원 지적 ④ 소극적 지적

해설 **지적제도의 분류**
㉠ 등록의무에 따른 분류 : 적극적 지적, 소극적 지적
㉡ 발전과정에 따른 분류 : 세지적, 법지적, 다목적 지적
㉢ 등록대상에 따른 분류 : 2차원 지적, 3차원 지적

128 소극적 등록제도에 대한 설명으로 옳지 않은 것은?

① 권리 자체의 등록이다.
② 지적측량과 측량도면이 필요하다.
③ 토지등록을 의무화하고 있지 않다.
④ 서류의 합법성에 대한 사실조사가 이루어지는 것은 아니다.

해설 **소극적 등록주의(Negative System)**
㉠ 기본적으로 거래와 그에 관한 거래증서의 변경기록을 수행하는 것을 말한다.
㉡ 사유재산의 양도증서와 거래증서의 등록으로 구분한다. 양도증서의 작성은 사인 간의 계약에 의해 발생하며, 거래증서의 등록은 법률가에 의해 취급된다.
㉢ 거래증서의 등록은 정부가 수행하며 형식적 심사주의를 취하고 있다.
㉣ 거래의 등록이 소유권의 증명에 관한 증거나 증빙 이상의 것이 되지 못한다.
㉤ 네덜란드, 영국, 프랑스, 이탈리아, 캐나다, 미국의 일부 주에서 이를 적용한다.

정답 123 ④ 124 ① 125 ④ 126 ① 127 ④ 128 ①

129 다음 중 적극적 등록제도에 대한 설명으로 옳지 않은 것은?　　산 18-3

① 토지등록을 의무로 하지 않는다.
② 적극적 등록제도의 발달된 형태로 토렌스시스템이 있다.
③ 선의의 제3자에 대하여 토지등록상의 피해는 법적으로 보장된다.
④ 지적공부에 등록되지 않은 토지에는 어떠한 권리도 인정되지 않는다.

해설　적극적 등록주의(Positive System)
　㉠ 토지의 등록은 일필지의 개념으로 법적인 권리보장이 인증되고 정부에 의해서 합법성과 효력이 발생한다. 모든 토지를 공부에 강제 등록시키는 제도이다.
　㉡ 등록은 강제적이고 의무적이다.
　㉢ 공부에 등록되지 않은 토지는 어떠한 권리도 인정되지 않는다.
　㉣ 지적측량이 실시되어야만 등기를 허락한다.
　㉤ 토지등록의 효력이 국가에 의해 보장된다. 따라서 선의의 제3자는 토지등록의 문제로 인한 피해는 법적으로 보호를 받는다.
　㉥ 한국, 일본, 대만, 호주, 뉴질랜드, 스위스, 캐나다 일부 등에서 적용한다.

130 적극적 토지등록제도의 기본원칙이라고 할 수 없는 것은?　　산 19-1

① 토지등록은 국가공권력에 의해 성립된다.
② 토지등록은 형식심사에 의해 이루어진다.
③ 등록내용의 유효성은 법률적으로 보장된다.
④ 토지에 대한 권리는 등록에 의해서만 인정된다.

해설　적극적 등록주의(Positive System)
　㉠ 토지의 등록은 일필지의 개념으로 법적인 권리보장이 인증되고 정부에 의해서 합법성과 효력이 발생한다. 모든 토지를 공부에 강제 등록시키는 제도이다.
　㉡ 등록은 강제적이고 의무적이다.
　㉢ 공부에 등록되지 않은 토지는 어떠한 권리도 인정되지 않는다.
　㉣ 지적측량이 실시되어야만 등기를 허락한다.
　㉤ 토지등록의 효력이 국가에 의해 보장된다. 따라서 선의의 제3자는 토지등록의 문제로 인한 피해는 법적으로 보호를 받는다.
　㉥ 한국, 일본, 대만, 호주, 뉴질랜드, 스위스, 캐나다 일부 등에서 적용한다.

131 다음 중 적극적 등록제도(positive system)에 대한 설명으로 옳지 않은 것은?　　기 16-2

① 거래행위에 따른 토지등록은 사유재산양도증서의 작성과 거래증서의 등록으로 구분된다.
② 적극적 등록제도에서의 토지등록은 일필지의 개념으로 법적인 권리보장이 인정된다.
③ 적극적 등록제도의 발달된 형태로 유명한 것은 토렌스시스템(Torrens system)이 있다.
④ 지적공부에 등록되지 아니한 토지는 그 토지에 대한 어떠한 권리도 인정되지 않는다는 이론이 지배적이다.

해설　등록의무에 따른 분류
　㉠ 소극적 등록주의(Negative System)
　　• 기본적으로 거래와 그에 관한 거래증서의 변경기록을 수행하는 것을 말한다.
　　• 사유재산의 양도증서와 거래증서의 등록으로 구분한다. 양도증서의 작성은 사인 간의 계약에 의해 발생하며, 거래증서의 등록은 법률가에 의해 취급된다.
　　• 거래증서의 등록은 정부가 수행하며 형식적 심사주의를 취하고 있다.
　　• 거래의 등록이 소유권의 증명에 관한 증거나 증빙 이상의 것이 되지 못한다.
　　• 네덜란드, 영국, 프랑스, 이탈리아, 캐나다, 미국의 일부 주에서 이를 적용한다.
　㉡ 적극적 등록주의(Positive System)
　　• 토지의 등록은 일필지의 개념으로 법적인 권리보장이 인증되고 정부에 의해서 합법성과 효력이 발생한다. 모든 토지를 공부에 강제 등록시키는 제도이다.
　　• 등록은 강제적이고 의무적이다.
　　• 공부에 등록되지 않은 토지는 어떠한 권리도 인정되지 않는다.
　　• 지적측량이 실시되어야만 등기를 허락한다.
　　• 토지등록의 효력이 국가에 의해 보장된다. 따라서 선의의 제3자는 토지등록의 문제로 인한 피해는 법적으로 보호를 받는다.
　　• 한국, 일본, 대만, 호주, 뉴질랜드, 스위스, 캐나다 일부 등에서 적용한다.

132 다음 설명 중 틀린 것은?　　산 16-3

① 공유지연명부는 지적공부에 포함되지 않는다.
② 지적공부에 등록하는 면적단위는 m^2이다.
③ 지적공부는 소관청의 영구보존문서이다.
④ 임야도의 축척에는 1/3000, 1/6000 두 가지가 있다.

정답　129 ①　130 ②　131 ①　132 ①

해설 지적공부는 토지대장, 임야대장, 공유지연명부, 대지권등록부, 지적도, 임야도 및 경계점좌표등록부 등 지적측량 등을 통하여 조사된 토지의 표시와 해당 토지의 소유자 등을 기록한 대장 및 도면(정보처리시스템을 통하여 기록·저장된 것을 포함한다)을 말한다.

133 우리나라에서 토지를 토지대장에 등록하는 절차상 순서로 옳은 것은?

① 지목별 순으로 한다.
② 소유자명의 "가, 나, 다" 순으로 한다.
③ 지번 순으로 한다.
④ 토지등급 순으로 한다.

해설 **물적 편성주의**
㉠ 개개의 토지를 중심으로 지적공부를 편성하는 방법이며 각국에서 가장 많이 사용하고 합리적인 제도로 평가하고 있다.
㉡ 토지대장과 같이 지번순서에 따라 등록되고 분할되더라도 본번과 관련하여 편철한다.
㉢ 소유자의 변동이 있을 때에도 이를 계속 수정하여 관리하는 방식이다.
㉣ 토지이용·관리·개발측면에 편리하다.
㉤ 권리주체인 소유자별 파악이 곤란한 단점이 있다.
㉥ 우리나라에서 채택하고 있는 제도이다.

134 토지등록공부의 편성방법이 아닌 것은?

① 물적 편성주의 ② 인적 편성주의
③ 세대별 편성주의 ④ 연대적 편성주의

해설 **지적공부 편성방법** : 물적 편성주의, 인적 편성주의, 연대적 편성주의

135 토지대장의 편성방법 중 현행 우리나라에서 채택하고 있는 방법은?

① 물적 편성주의 ② 인적 편성주의
③ 연대적 편성주의 ④ 인적·물적 편성주의

해설 **물적 편성주의**
㉠ 개개의 토지를 중심으로 지적공부를 편성하는 방법으로 각국에서 가장 많이 사용하고 합리적인 제도로 평가하고 있다.
㉡ 토지대장과 같이 지번순서에 따라 등록되고 분할되더라도 본번과 관련하여 편철한다.
㉢ 소유자의 변동이 있을 때에도 이를 계속 수정하여 관리하는 방식이다.
㉣ 토지이용·관리·개발측면에 편리하다.
㉤ 권리주체인 소유자별 파악이 곤란한 단점이 있다.
㉥ 우리나라에서 채택하고 있는 제도이다.

136 다음 중 토지대장의 일반적인 편성방법이 아닌 것은?

① 인적 편성주의 ② 물적 편성주의
③ 구역별 편성주의 ④ 연대적 편성주의

해설 **지적공부 편성방법**
㉠ 연대적 편성주의 : 당사자의 신청순서에 따라 차례대로 지적공부를 편성하는 방법
㉡ 인적 편성주의 : 소유자를 중심으로 하여 편성하는 방식
㉢ 물적 편성주의 : 개개의 토지를 중심으로 하여 등록부를 편성하는 방법

137 토지대장의 편성방법 중 리코딩시스템(Recording system)이 해당하는 것은?

① 물적 편성주의 ② 연대적 편성주의
③ 인적 편성주의 ④ 면적별 편성주의

해설 **연대적 편성주의**
㉠ 특별한 기준 없이 신청순서에 의하여 지적공부를 편성하는 방법이다.
㉡ 공부 편성방법으로 가장 유효한 권리증서의 등록제도이다.
㉢ 단순히 토지처분에 관한 증서의 내용을 기록하여 뒷날 증거로 하는 것에 불과하다.
㉣ 그 자체만으로는 공시기능을 발휘하지 못한다.
㉤ 프랑스, 미국의 일부 주에서 실시하는 리코딩시스템이 이에 해당한다.

138 다음 중 토지등록의 원칙에 대한 설명으로 옳지 않은 것은?

① 지적국정주의 : 지적공부의 등록사항인 토지표시사항을 국가가 결정하는 원칙이다.
② 물적 편성주의 : 권리의 주체인 토지소유자를 중심으로 지적공부를 편성한다는 원칙이다.
③ 의무등록주의 : 토지의 표시를 새로이 정하거나 변경 또는 말소하는 경우 의무적으로 소관청에 토지이동을 신청해야 한다.
④ 직권등록주의 : 지적공부에 등록할 토지표시사항은 소관청이 직권으로 조사·측량하여 지적공부에 등록한다는 원칙이다.

정답 133 ③　134 ③　135 ①　136 ③　137 ②　138 ②

해설 물적 편성주의
- ㉠ 개개의 토지를 중심으로 지적공부를 편성하는 방법이며 각국에서 가장 많이 사용하고 합리적인 제도로 평가하고 있다.
- ㉡ 토지대장과 같이 지번순서에 따라 등록되고 분할되더라도 본번과 관련하여 편철한다.
- ㉢ 소유자의 변동이 있을 때에도 이를 계속 수정하여 관리하는 방식이다.
- ㉣ 토지이용·관리·개발측면에 편리하다.
- ㉤ 권리주체인 소유자별 파악이 곤란한 단점이 있다.
- ㉥ 우리나라에서 채택하고 있는 제도이다.

139 개개의 토지를 중심으로 토지등록부를 편성하는 방법은?
① 물적 편성주의 ② 인적 편성주의
③ 연대적 편성주의 ④ 물적·인적 편성주의

해설 물적 편성주의
- ㉠ 개개의 토지를 중심으로 지적공부를 편성하는 방법이며 각국에서 가장 많이 사용하고 합리적인 제도로 평가하고 있다.
- ㉡ 토지대장과 같이 지번순서에 따라 등록되고 분할되더라도 본번과 관련하여 편철한다.
- ㉢ 소유자의 변동이 있을 때에도 이를 계속 수정하여 관리하는 방식이다.
- ㉣ 토지이용·관리·개발측면에 편리하다.
- ㉤ 권리주체인 소유자별 파악이 곤란한 단점이 있다.
- ㉥ 우리나라에서 채택하고 있는 제도이다.

140 우리나라 지적제도의 원칙과 가장 관계가 없는 것은?
① 공시의 원칙 ② 인적 편성주의
③ 실질적 심사주의 ④ 적극적 등록주의

해설 우리나라는 지적공부 편성 시 물적 편성주의를 채택하고 있다.

141 특별한 기준을 두지 않고 당사자의 신청순서에 따라 토지등록부를 편성하는 방법은?
① 물적 편성주의 ② 인적 편성주의
③ 연대적 편성주의 ④ 인적·물적 편성주의

해설 연대적 편성주의
- ㉠ 특별한 기준 없이 신청순서에 의하여 지적공부를 편성하는 방법이다.
- ㉡ 공부 편성방법으로 가장 유효한 권리증서의 등록제도이다.
- ㉢ 단순히 토지처분에 관한 증서의 내용을 기록하여 뒷날 증거로 하는 것에 불과하다.
- ㉣ 그 자체만으로는 공시기능을 발휘하지 못한다.
- ㉤ 프랑스, 미국의 일부 주에서 실시하는 리코딩시스템이 이에 해당한다.

142 우리나라 토지대장과 같이 토지를 지번순서에 따라 등록하고 분할되더라도 본번과 관련하여 편철하고 소유자의 변동이 있을 때에 이를 계속 수정하여 관리하는 토지등록부 편성방법은?
① 물적 편성주의 ② 인적 편성주의
③ 연대적 편성주의 ④ 인적·물적 편성주의

해설 물적 편성주의
- ㉠ 개개의 토지를 중심으로 지적공부를 편성하는 방법이며 각국에서 가장 많이 사용하고 합리적인 제도로 평가하고 있다.
- ㉡ 토지대장과 같이 지번순서에 따라 등록되고 분할되더라도 본번과 관련하여 편철한다.
- ㉢ 소유자의 변동이 있을 때에도 이를 계속 수정하여 관리하는 방식이다.
- ㉣ 토지이용·관리·개발측면에 편리하다.
- ㉤ 권리주체인 소유자별 파악이 곤란한 단점이 있다.
- ㉥ 우리나라에서 채택하고 있는 제도이다.

143 토지의 이익에 영향을 미치는 문서의 공적등기를 보전하는 것을 주된 목적으로 하는 등록제도는?
① 날인증서등록제도 ② 권원등록제도
③ 적극적 등록제도 ④ 소극적 등록제도

해설 날인증서등록제도와 권원등록제도
㉠ 날인증서등록제도(Registration of Deed)
- 토지의 이익에 영향을 미치는 문서의 공적등기를 보전하는 것을 말한다.
- 등록된 문서가 등록되지 않은 문서 또는 뒤늦게 등록된 서류보다 우선권을 가진다.
- 문서가 본질적으로는 소유권을 입증하지는 못한다.
- 독립된 거래에 대한 기록에 지나지 않는다.

㉡ 권원등록제도(Registration of Title)
- 공적기관에서 보존되는 특정한 사람에게 귀속된 명확히 한정된 단위의 토지에 대한 권리와 그러한 권리들이 존속되는 한계에 대한 권위 있는 등록이다.
- 소유권 등록은 언제나 최후의 권리이며 이후에 이루어지는 거래의 유효성에 대해 책임을 진다.
- 날인증서제도의 결점을 보완하기 위해 도입되었다.
- 정부는 등록한 이후에 이루어지는 거래의 유효성에 대해 책임을 진다.

정답 139 ① 140 ② 141 ③ 142 ① 143 ①

144 다음 중 개별토지를 중심으로 등록부를 편성하는 토지대장의 편성방법은?

① 물적 편성주의 ② 인적 편성주의
③ 연대적 편성주의 ④ 물적·인적 편성주의

해설 지적공부 편성방법
㉠ 연대적 편성주의 : 당사자의 신청순서에 따라 차례대로 지적공부를 편성하는 방법
㉡ 인적 편성주의 : 소유자를 중심으로 하여 편성하는 방식
㉢ 물적 편성주의 : 개개의 토지를 중심으로 하여 등록부를 편성하는 방법

145 적극적 지적제도의 특징이 아닌 것은?

① 토지의 등록은 의무화되어 있지 않다.
② 토지등록의 효력은 정부에 의해 보장된다.
③ 토지등록상 문제로 인한 피해는 법적으로 보장된다.
④ 등록되지 않은 토지에는 어떤 권리도 인정될 수 없다.

해설 적극적 등록주의(Positive System)
㉠ 토지의 등록은 일필지의 개념으로 법적인 권리보장이 인증되고 정부에 의해서 합법성과 효력이 발생한다. 모든 토지를 공부에 강제 등록시키는 제도이다.
㉡ 등록은 강제적이고 의무적이다.
㉢ 공부에 등록되지 않은 토지는 어떠한 권리도 인정되지 않는다.
㉣ 지적측량이 실시되어야만 등기를 허락한다.
㉤ 토지등록의 효력이 국가에 의해 보장된다. 따라서 선의의 제3자는 토지등록의 문제로 인한 피해는 법적으로 보호를 받는다.
㉥ 한국, 일본, 대만, 호주, 뉴질랜드, 스위스, 캐나다 일부 등에서 적용한다.

146 "모든 토지는 지적공부에 등록해야 하고 등록 전 토지표시사항은 항상 실제와 일치하게 유지해야 한다"가 의미하는 토지등록제도는?

① 권원등록제도 ② 소극적 등록제도
③ 적극적 등록제도 ④ 날인증서등록제도

해설 "모든 토지는 지적공부에 등록해야 하고 등록 전 토지표시사항은 항상 실제와 일치하게 유지해야 한다"는 적극적 등록제도이다.

147 다음 중 권원등록제도(registration of title)에 대한 설명으로 옳은 것은?

① 토지의 이익에 영향을 미치는 문서의 공적 등기를 보전하는 제도이다.
② 보험회사의 토지중개거래제도이다.
③ 소유권 등록 이후에 이루어지는 거래의 유효성에 대하여 정부가 책임을 지는 제도이다.
④ 토지소유권의 공시보호제도이다.

해설 권원등록제도
㉠ 공적기관에서 보존되는 특정한 사람에게 귀속된 명확히 한정된 단위의 토지에 대한 권리와 그러한 권리들이 존속되는 한계에 대한 권위 있는 등록이다.
㉡ 소유권 등록은 언제나 최후의 권리이며 이후에 이루어지는 거래의 유효성에 대해 책임을 진다.
㉢ 날인증서제도의 결점을 보완하기 위해 도입되었다.
㉣ 정부는 등록한 이후에 이루어지는 거래의 유효성에 대해 책임을 진다.

148 토렌스시스템(Torrens System)이 창안된 국가는?

① 영국 ② 프랑스
③ 네덜란드 ④ 오스트레일리아

해설 토렌스시스템은 오스트레일리아의 Richard Robert Torrens에 의하여 창안되었으며 선박업에 관계하고 있던 그가 선박재산관리의 복합성에서 간단히 권리를 이전시키는 방법을 연구하게 되었다. 이 제도의 근본목적은 법률적으로 토지의 권리를 확인하는 대신에 토지의 권원을 등록하는 행위로서 토지의 소유권을 명확히 하고 토지거래에 따른 변동사항과 정리를 용이하게 하여 권리증서의 발행을 손쉽게 행하는 데 있다. 적극적 등록주의의 발달된 형태로 오스트리아의 토렌스경에 의해 주창되었으며 캐나다 일부 주, 대만 등에서 채택하고 있다.

149 다음 중 토렌스시스템의 기본이론에 해당되지 않는 것은?

① 거울이론 ② 보상이론
③ 보험이론 ④ 커튼이론

해설 토렌스시스템의 기본이론
㉠ 거울이론(mirror principle) : 토지권리증서의 등록이 토지의 거래사실을 완벽하게 반영하는 거울과 같다는 입장이다.

ⓒ 커튼이론(curtain principle)
- 토지등록업무가 커튼 뒤에 놓여있기 때문에 붙인 공정성과 신빙성에 관여할 필요도 없고 관여해서도 안 된다는 것이다.
- 토렌스제도에 의해 한번 권리증명서가 발급되면 당해 토지에 대한 이전의 모든 이해관계는 무효가 된다.
- 이전의 권리에 대한 사항은 받아보기가 불가능하다는 이론이다.
- 토지등록업무는 매입신청자를 위한 유일한 정보의 기초이다.

ⓒ 보험이론(insurance principle) : 토지등록이 토지의 권리를 아주 정확하게 반영하는 것이나 인간의 과실로 인하여 착오가 발생하는 경우 해를 입은 사람은 누구나 피해보상에 관한 한 법률적으로 선의의 구제자와 동등한 입장으로 보호되어야 한다는 이론이다.

150 다음에서 설명하는 토렌스시스템의 기본이론은?

🖊 18-2

> 토지등록이 토지의 권리를 아주 정확하게 반영하는 것으로 인간의 과실로 착오가 발생하는 경우에 피해를 입은 사람은 누구나 피해보상에 관한 한 법률적으로 선의의 제3자와 동등한 입장에 놓여야만 된다.

① 공개이론 ② 거울이론
③ 보험이론 ④ 커튼이론

해설 토렌스시스템의 기본이론

ⓐ 거울이론(mirror principle) : 토지권리증서의 등록이 토지의 거래사실을 완벽하게 반영하는 거울과 같다는 입장이다.
ⓑ 커튼이론(curtain principle)
- 토지등록업무가 커튼 뒤에 놓여있기 때문에 붙인 공정성과 신빙성에 관여할 필요도 없고 관여해서도 안 된다는 것이다.
- 토렌스제도에 의해 한번 권리증명서가 발급되면 당해 토지에 대한 이전의 모든 이해관계는 무효가 된다.
- 이전의 권리에 대한 사항은 받아보기가 불가능하다는 이론이다.
- 토지등록업무는 매입신청자를 위한 유일한 정보의 기초이다.
ⓒ 보험이론(insurance principle) : 토지등록이 토지의 권리를 아주 정확하게 반영하는 것이나 인간의 과실로 인하여 착오가 발생하는 경우 해를 입은 사람은 누구나 피해보상에 관한 한 법률적으로 선의의 구제자와 동등한 입장으로 보호되어야 한다는 이론이다.

151 토렌스시스템은 오스트레일리아의 Robert Torrens 경에 의해 창안된 시스템으로서 토지권리등록법안의 기초가 된다. 다음 중 토렌스시스템의 주요 이론에 해당되지 않는 것은?

🖊 16-2

① 거울이론 ② 커튼이론
③ 보험이론 ④ 권원이론

해설 토렌스시스템의 주요 이론 : 거울이론, 커튼이론, 보험이론

152 토렌스시스템의 커튼이론(curtain principle)에 대한 설명으로 가장 옳은 것은?

🖊 19-3

① 선의의 제3자에게는 보험효과를 갖는다.
② 사실심사 시 권리의 진실성에 직접 관여해야 한다.
③ 토지등록이 토지의 권리관계를 완전하게 반영한다.
④ 토지등록업무는 매입신청자를 위한 유일한 정보의 기초이다.

해설 토렌스시스템의 기본이론

ⓐ 거울이론(mirror principle) : 토지권리증서의 등록이 토지의 거래사실을 완벽하게 반영하는 거울과 같다는 입장이다.
ⓑ 커튼이론(curtain principle)
- 토지등록업무가 커튼 뒤에 놓여있기 때문에 붙인 공정성과 신빙성에 관여할 필요도 없고 관여해서도 안 된다는 것이다.
- 토렌스제도에 의해 한번 권리증명서가 발급되면 당해 토지에 대한 이전의 모든 이해관계는 무효가 된다.
- 이전의 권리에 대한 사항은 받아보기가 불가능하다는 이론이다.
- 토지등록업무는 매입신청자를 위한 유일한 정보의 기초이다.
ⓒ 보험이론(insurance principle) : 토지등록이 토지의 권리를 아주 정확하게 반영하는 것이나 인간의 과실로 인하여 착오가 발생하는 경우 해를 입은 사람은 누구나 피해보상에 관한 한 법률적으로 선의의 구제자와 동등한 입장으로 보호되어야 한다는 이론이다.

정답 150 ③ 151 ④ 152 ④

03 지적의 발달사

1 삼국시대의 지적제도

1 측량 관련

구분	길이단위	면적단위	측량방식	측량실무
고구려		경무법		산학박사
백제	척	두락제	구장산술	산학박사, 산사, 화사
신라		결부제		산학박사

1) 구장산술

(1) 의의

고구려시대 토지측량방식으로 사용되었다. 당시 측량기술로 측량하기 쉬운 형태로 구별하여 측량하는 방법에 응용되었으며 저자 및 편찬연대는 알 수 없다.

구분	내용
제1장 방전(方田)	온갖 형태의 토지면적을 구하는 방법을 적었다.
제2장 속미(粟米)	곡식의 교환 및 천(布)(포) 등의 매매를 다루었다.
제3장 쇠분(衰分)	안분비례(按分比例)의 문제, 등차·등비수열을 포함, 비례를 취급하고 있다.
제4장 소광(少廣)	방전에 반대되는 문제, 직사각형·원 등의 넓이로부터 변의 길이나 지름을 구한다.
제5장 상공(商功)	토목공사에 필요한 각종 입체의 부피를 구하는 법과 필요한 인부의 수를 계산하는 방법에 대해 썼다.
제6장 균수(均輸)	납세하는 곡식과 수송에 필요한 인부, 관청에서의 거리에 따라 부과하는 문제 등 반비례·작업에 대한 계산문제가 많다.
제7장 영부족(盈不足)	과부족산(過不足算) 및 이와 똑같은 모양의 공식으로 풀 수 있는 복가정법(複假定法) 문제를 수록하였다(2원 1차 방정식의 산술적 방식).
제8장 방정(方程)	1차 연립방정식을 가감법으로 푸는 문제를 실었다.
제9장 구고(句股)	직각삼각형에 관한 문제, 상사삼각형(相似三角形)에 관한 비례의 정리 및 피타고라스의 정리를 써서 푼다.

(2) 전의 형태

① 방전(方田) : 정사각형의 토지로 장(長)과 광(廣)을 측량

② 직전(直田) : 직사각형의 토지로 장(長)과 평(平)을 측량
③ 구고전(句股田) : 직각삼각형의 토지로 구(句)와 고(股)를 측량
④ 규전(圭田) : 이등변삼각형의 토지로 장(長)과 광(廣)을 측량
⑤ 제전(梯田) : 사다리꼴의 토지로서 장(長)과 동활(東闊), 서활(西闊)을 측량
⑥ 원전(圓田) : 원형의 토지로서 주(周)와 경(經)을 측량
⑦ 호전(弧田) : 호형태의 토지로서 현장(弦長)과 시활(矢闊)을 측량
⑧ 환전(環田) : 고리모양의 토지로서 내주(內周)와 외주(外周)를 측량

2) 산학박사

고도의 수학지식을 토대로 토지에 대한 측량과 면적측정사무에 종사하였다.

3) 산사와 화사

백제에는 산사와 화사 등의 직이 있어 토지측량과 도면 작성을 하였다. 산사는 구장산술의 토지측량방식을 이용하여 지형을 당시 측량기술로 측량하기 쉬운 여러 형태로 구획하는 측량을 수행하였으며, 화사는 회화적으로 지도를 작성하는 업무를 수행하였다.

2 지적 관련 부서

시대	구분	담당부서			
고구려	주부(主簿)	국왕 아래의 중앙기관으로 주부와 사자를 두어 도부(圖簿) 등의 지도를 관장하였다.			
	울절(鬱折)	국가경영담당으로 지적도와 호적을 다루었다고 전해진다.			
백제	구분	한성시기	사비(부여)시기		
			내관		외관
	담당부서	내두좌평	곡내부	목부	점구부	사공부
	업무내용	재무	양정	토목	호구, 조세	토목, 재정
신라	구분	통일 전		통일 후		
	담당부서	품주	조부	창부	조부	예작부
	업무내용	토지, 조세	토지, 조세	조세의 출납 및 저장	공부	토목, 건축, 수리, 교각, 도로 등의 공사

3 지도 및 지적공부

구분	지도	지적공부
고구려	봉역도, 요동성총도	도부
백제	능역도	도적
신라	-	장적문서

1) 봉역도(封域圖)

① 봉역이란 흙을 쌓아서 만든 경계의 뜻을 가지며, 봉역도에는 지리상의 원근, 지명, 산천 등을 기록하였다.
② 국가의 토지를 조사하여 군사·행정목적 등에 사용하기 위해 작성되었다.
③ 울절이 사무를 주관하였으며 현존하지 않는다.

2) 요동성총도

① 평남 순천군에서 발견된 고구려 고분벽화이다.
② 이 벽화에는 요동성의 지도가 그려져 있으며 요동성의 외곽, 내부와 외부의 시설 및 통로, 성과 하천의 관계, 하천의 흐름과 건물들이 유형별로 도식화되어 있어 지리적 환경과 건물배치에 대한 지식을 매우 중요시하였음을 알 수 있다.
③ 실물로 현존하는 도시평면도로 가장 오래되었다.

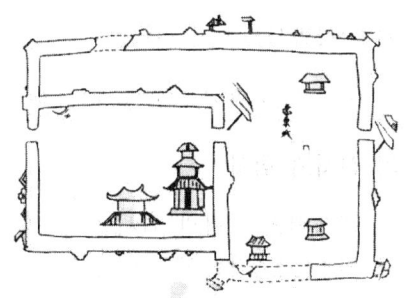

▲ 요동성총도

3) 능역도

능역(陵域)이란 임금의 무덤을 말하며, 백제 무령왕릉의 지석(誌石)의 뒷면에 동·남·북에 방위간지가 새겨져 있다. 이것은 능묘에 관한 방위도 혹은 능역도(陵域圖)를 겸한 것이다.

2 고려시대의 지적제도

1 지적제도의 특징

길이단위	면적단위	측량방식	측량도구	토지기록부
척(尺)	• 경무법(초기) • 결부제(후기)	구장산술	• 양전척(초기) • 지척(후기) • 수등이척제(후기)	양안

2 지적 관련 부서

1) 상설기구

구분	중앙		지방
	전기	후기	
담당기관	호부(戶部)	판도사(判圖司)	• 양전사업 : 사창, 창정, 부창정, 향리 • 측량실무 : 향리
담당업무	호구(戶口)·공부(貢賦)·전량(錢糧)에 관한 일을 맡았다.		

2) 임시기구

① 급전도감 : 문종 때 토지지급에 관한 사무를 관장하기 위하여 임시로 설치한 기구
② 방고감전별감 : 원종 4년에 설치되어 토지문서와 별고(別庫) 소속노비의 문서를 담당한 기구
③ 찰리변위도감 : 부정에 대한 감찰을 실시한 기구
④ 화자거집전민추고도감 : 내시들에게 빼앗긴 논, 밭의 소유자를 조사하여 원주민에게 환원하는 일을 담당한 기구
⑤ 정치도감 : 논, 밭을 다시 측량하기 위하여 설치된 기구
⑥ 절급도감 : 토지소유의 문란함과 불균형을 시정하고자 설치된 기구

3 토지의 분류

1) 공전과 사전

① 공전 : 국가에서 소유권과 수조권을 가지고 있는 토지로서 농민에게 노역 또는 소작을 주어 세금을 충당하였다.
② 사전 : 개인이 소유·수조하는 토지로서 주로 전호(佃戶)가 경작하였으며 생산비율에 따라 국가에 조세를 납부하고, 지주는 전호에게 일정액을 수취하였다.

▶ 공전과 사전

구분	종류
공전	민전, 내장전, 공해전, 둔전, 학전, 적전
사전	공음전, 한인전, 구분전, 군인전, 투하전

2) 신분 및 공역에 따른 분류

① 공음전시(功蔭田柴) : 전시과 규정에 따라 공신들에게 반급(頒給)한 전시로서 공음전시과(功蔭田柴科)라고도 불렀다. 토지제도 개혁으로 공음전은 공신전(功臣田)으로 바뀌었으며 상속이 가능한 토지였다.
② 영업전(永業田) : 양반 신분 자체에 대한 우대 특전으로 지급된 공음전은 영구적으로 상속되는 것이기 때문에 영업전(永業田)이라고도 한다.
③ 외역전(外役田) : 향리에게 주는 토지로서 일명 직전(職田)이다. 향리들에게 향역(鄕役)의 대가로 지급한 토지로 주로 지방호족 중 중앙귀족이 되지 못하고 지방에 남아 지방행정을 담당한 자들에게 지급되었다. 새로운 토지를 사여(賜與)한 것도 있겠지만 토지개혁과정에서 주로 이미 소유하고 있던 토지의 수조권(收租權)을 인정해 준 것이며 향역이 세습된 것과 마찬가지로 토지도 세습되었다.
④ 군인전(軍人田) : 군인들에게 군역의 대가로 주는 토지로 군인은 군인전의 경작자가 아니라 그 수조권자(收租權者)였다. 또한 세습적으로 상속되었다.

⑤ 구분전(口分田) : 군역을 이을 자손이 없거나 전쟁미망인 등 생계를 유지할 수 없는 관리나 군인의 유족에게 준 토지이다.

⑥ 한인전(閑人田) : 정6품 이하 관인의 신분을 가지고 있으면서도 아직 관리의 길에 오르지 못한 사람에게 지급된 토지이다.

⑦ 별사전(別賜田) : 승직, 지리업(地理業)에 종사하는 사람에게 주던 토지이다. 3대까지 세습이 가능했다.

3) 기타

① 투하전(投化田) : 고려에 귀화한 외국인의 사회적 지위에 따라 관료에게 지급한 토지이다.
② 등과전(登科田) : 과거제도에 응시자가 적어 이를 장려하기 위하여 급제자에게 전지를 지급한 토지이다.

4 토지수취제도(전시과)

1) 의의

관료와 국역부담자에 대해 과(科 : 등급)를 나누어 전지(田地)와 시지(柴地)를 나누어 주는 제도이다. 이때의 토지지급은 실제의 토지지급이 아니라 그 토지에서 조세를 수취하는 권리, 즉 수조권(收租權)의 분급을 의미했다.

2) 변천

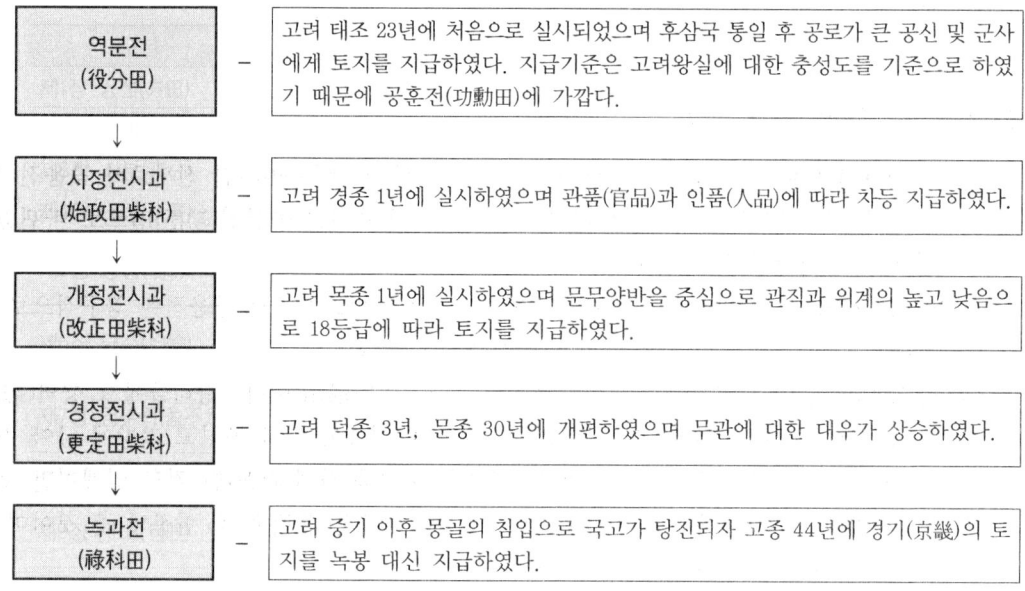

3 조선시대의 지적제도

1 지적제도의 특징

길이단위	면적단위	측량방식	측량도구	측량실무	토지기록부
척(尺)	결부제	구장산술	이조척, 기리고차, 인지의	균전사, 양전사	양안

※ 전의 형태 : 방전, 직전, 구고전, 규전, 제전

1) 기리고차

(1) 의의

조선시대에 거리를 측정하던 장치로 반자동이며 수레의 형태를 띠고 있다. 세종대왕의 명을 받아 중국으로 유학을 간 장영실이 이전의 중국에 있었던 거리측정장치를 조선에 들여와 개량하여 만든 것이라고 전해진다. 수레가 1/2리를 가면 종을 1번 치게 하고, 1리를 갔을 때에는 종이 여러 번 울리게 하였으며, 수레가 5리를 가면 북을 울리게 하고, 10리를 갔을 때는 북이 여러 번 울리게 하였다. 마차 위에 앉아 있는 사람은 이렇게 들리는 종과 북소리의 횟수를 기록하여 거리를 측정하였다.

▲ 기리고차

(2) 측정방법

세종 23년에 10리를 가면 북이 여러 번 울리도록 하여 거리를 측정할 수 있도록 고안된 거리측정기구로써 인지의와 함께 조선시대 대표적인 측량기구이다.

(3) 원리

수레바퀴가 첫 번째부터 네 번째 바퀴까지 있어 한번 회전하는 방식으로 네 번째 바퀴가 1회전하면 18,000자를 측정한 것이 된다.

(4) 특징

① 세종 23년 거리측량을 정확하게 하기 위해 고안된 측량기구이다.
② 문종 때 제방공사에서 기리고차로 거리를 관측했다는 기록이 있다.
③ 홍대용의 「주해수용」에 기리고차의 구조가 자세히 기록되어 있다.
④ 수레가 1리를 갈 때와 5리를 갔을 때, 10리를 갔을 때 종이 여러 번 울리게 하여 종소리로 거리를 파악할 수 있게 하였다.

2) 인지의(印地義)

(1) 의의

각도와 축척의 원리를 이용하여 토지의 원근과 높낮이를 측량하는 데 사용한 기구로 1466년(세조 12년)에 제작되었다. 구리로 그릇을 만들어 24방위를 새겼으며, 그릇 중간을 보이게 하고 가운데 동주(銅柱)를 세워 구멍을 뚫어서 동형(銅衡)을 그 위에 끼워 높였다 낮추었다 하여 측량한다.

(2) 구성

① 수직축과 수평눈금판으로 구성되어 있다.
② 수평눈금판에는 24방위가 새겨져 있으며 7°의 정확도로 방위를 판정한다.
③ 자북침이 고정되어 있어 기계를 정량할 수 있다.
④ 평판측량과 각도를 측정할 수 있다.
⑤ 현재 실물이 남아 있지 않다.

3) 혼천의(渾天儀)

천체의 위치와 운행을 관측하였던 기구이다. 하늘의 적도, 황도, 자오선 따위에 해당되는 여러 개의 둥근 테를 짜 맞춘 것으로 기원전 2세기경 중국에서 처음 만들었다. 우리나라에서는 1433년(세종 15년)에 이천, 장영실 등에 의해 만들어졌다.

2 지적 관련 부서

구분	부서	담당업무
중앙부서	한성부(5부)	가옥의 측량
	호조(판적사)	양전업무
지방	양전사, 향리, 서리, 균전사	
임시기구	전제상정소	토지의 측량 및 조세제도의 조사연구, 신법의 제정
	전제상정소에서 공법으로 확정한 토지세제법 • 연분 9등법 : 해마다 작황 또는 흉풍에 따라 토지를 9등급으로 나누어 전세를 차등 징수 • 전분 6등법 : 토지를 비옥도에 따라 6등급으로 나누어 전세를 차등 징수 • 결부제 채택	

1) 전제상정소(田稅詳定所)

세종 18년(1436년)에 공법상정소(貢法詳定所)를 설치하고 각 도의 토지를 비척에 따라 3등급으로 나누어 세율을 달리하는 안을 실시하였으나, 결함이 많아 1443년 세종 때 토지와 조세제도의 조사·연구와 신법의 제정을 목적으로 추진한 전세개혁의 주무기관으로 임시기구이지만 지적을 관장하는 중앙기관이었다.

① **연분 9등법(年分九等法)** : 해마다 작황 또는 흉풍에 따라 토지를 9등급으로 나눠 전세를 차등 징수

② 전분 6등법(田分六等法) : 토지를 비옥도에 따라 6등급으로 나누어 전세를 차등 징수

2) 양전청

숙종 43년(1717년)에 땅의 면적을 조사하기 위하여 양전청을 설치하였으며 측량중앙관청으로 최초의 독립관청이다. 양전청에서는 양전결과 양안을 작성하였다.

3) 전제상정소준수조화

1653년 효종 때 전제상정소준수조화(田制詳定所遵守條畵, 일종의 측량법규, 전제상정소준수조획이라고도 하였음)라는 우리나라 최초의 독자적인 양전법규를 만들었다.

3 전(田)의 형태 및 종류

1) 전의 종류(경작상태에 따른)

① 정전(正田) : 항상 경작하는 토지
② 속전(續田) : 땅이 메말라 계속 농사짓기 어려워 경작할 때만 과세하는 토지
③ 강등전(降等田) : 토질이 점점 떨어져 본래의 전품(田品), 즉 등급을 유지하지 못하여 세율을 감해야 하는 토지
④ 강속전(降續田) : 강등을 하고도 농사짓지 못하여 경작할 때만 과세하는 토지
⑤ 가경전(加耕田) : 새로 개간하여 세율도 새로 정해야 하는 토지
⑥ 화전(火田) : 나무를 불태워 경작하는 토지로 경작지에 포함시키지 않는 토지

2) 전의 형태

① 방전(方田) : 정사각형의 토지로 장(長)과 광(廣)을 측량
② 직전(直田) : 직사각형의 토지로 장(長)과 평(平)을 측량
③ 구고전(句股田) : 직각삼각형의 토지로 구(句)와 고(股)를 측량
④ 규전(圭田) : 이등변삼각형의 토지로 장(長)과 광(廣)을 측량
⑤ 제전(梯田) : 사다리꼴의 토지로서 장(長)과 동활(東闊), 서활(西闊)을 측량

3) 기타

① 진전 : 경작하지 않은 묵은 밭
② 간전 : 개간하여 일군 밭
③ 일역전 : 1년 동안 휴경하는 토지
④ 재역전 : 2년 동안 휴경하는 토지
⑤ 포락지 : 양안에 등록된 전, 답 등의 토지가 물에 침식되어 수면 아래로 잠긴 토지
⑥ 이생지 : 하천 연안에서 홍수 등의 자연현상으로 기존의 하천부지에 새로 형성된 토지

4 토지거래

1) 입안(立案)

(1) 의의
토지매매 시 관청에서 증명한 공적 소유권증서로 소유자 확인 및 토지매매를 증명하는 제도이다. 오늘날의 등기부와 유사하다.

(2) 법률적 규정
① 속전등록 : 입안을 받는 기간에 대한 규정은 없으나 입안을 받지 않으면 그 토지는 몰관한다고 하였다.
② 경국대전 : 토지, 가옥의 매매는 100일 이내, 상속의 경우 1년 이내에 입안하도록 되어 있다.

(3) 기재내용
입안일자, 입안사유, 당해관의 날인, 입안관청명 등

(4) 법률적 효력
매매계약에 대한 확정력, 공증력이 부여되어 권리관계가 명확하게 된다.

2) 문기(文記)

(1) 의의
① 토지 및 가옥을 매수 또는 매매할 때 작성한 매매계약서를 말한다. 상속, 유증, 임대차의 경우에도 문기를 작성하였다. 명문(明文), 문권(文券)이라고도 한다.
② 입안을 받지 않은 매매계약서를 백문매매라 한다.
③ 토지매매 시 매도인은 신문기뿐만 아니라 구문기(권리전승의 유래 증명)도 함께 인도해야 한다.

(2) 작성절차
① 문기를 3부 작성하여 매수인, 집필인, 관청에 각각 1부씩 비치하였다.
② 이후 이를 증명하는 문서로 입지(立旨)를 받았다.
③ 입지란 조선시대 지방행정관청에서 발급한 일종의 증명서로 전답의 소유자가 문기를 분실 또는 멸실하였을 때 관청으로 이를 증명받는 문서 또는 가옥전세계약을 체결 후 관청에서 이를 증명하는 문서를 말한다.

(3) 종류
신문기, 구문기, 공문기, 사문기, 매매문기, 증여문기, 전당문기, 깃급문기, 화회문기, 별급문기 등

구분	내용
백문매매	입안을 받지 않은 매매계약서
매매문기	궁방(弓房)에게 제출하는 문기
깃급문기	자손에게 상속할 깃(몫)을 기재하는 문기(분급문기)
화회문기	부모가 토지나 노비 등의 재산을 깃급문기로 나누어 주지 못하고 사망할 경우 유언 또는 유서가 없을 때 형제, 자매 간에 서로 합의하여 재산을 나눌 때 작성하는 문기
별급문기	과거급제, 생일, 혼례, 득남 등 축하나 기념하는 일들이 생겼을 때 별도로 재산을 분배할 때 작성하는 문기

(4) 기재내용

문기작성일, 대상자의 성명, 재산의 표시, 당부의 말, 재주, 증인, 필집의 성명 등

(5) 법적 효력

① 상속, 증여 및 소송 등의 문서 : 권리변동의 효력
② 권리자임을 증명하는 서류 : 확정적 효력

5 토지수취제도(과전법)

1) 의의

과전법(科田法)은 고려 말과 조선 초에 관리에게 토지를 주던 제도 가운데 하나이며, 그러한 토지를 과전이라 불렀다. 고려 말기에 정계를 장악한 이성계와 신진사대부가 문란한 토지제도를 바로잡고자 전제개혁의 일환으로 기존의 토지 관련 공사전적(公私田籍)들을 전부 불태워 버리고 과전법을 시행하여 새로이 양안을 작성하여 지번제도인 자호(字號)제도를 창설하였고 토지 관련 법규로 답험손실법(踏驗損實法, 답험타량법(踏驗打量法))을 규정하였다.

개요	• 전·답의 실지를 현지에 직접 답사 및 조사하여 작황에 따라 과세하는 제도로 과전법에 따른 전제개혁 시 공사전(公私田)을 막론하고 실시하였다. • 1391년(고려 말 공양왕 3년) 과전법 실시~1446년(조선 세종 26년) 공법(貢法) 공표 때까지 실시
내용	• 그 해 농사가 평년작 이하일 경우 농작상황을 분(分)이라는 10등급으로 하여 흉작 1분에 조세 1분을 감하고, 흉작이 8분이면 전부를 감면하였다. • 농지의 실지조사는 공전은 관할 수령이 조사→감사에 보고→파견하여 재심→감사·수령이 3차로 심사하였다. • 실질적 심사주의를 따랐다.
폐지	• 지주와 관리의 횡포 등 폐단이 커서 조선 세종 때 들어서 공법 제정 시 폐지되었다.

2) 변천

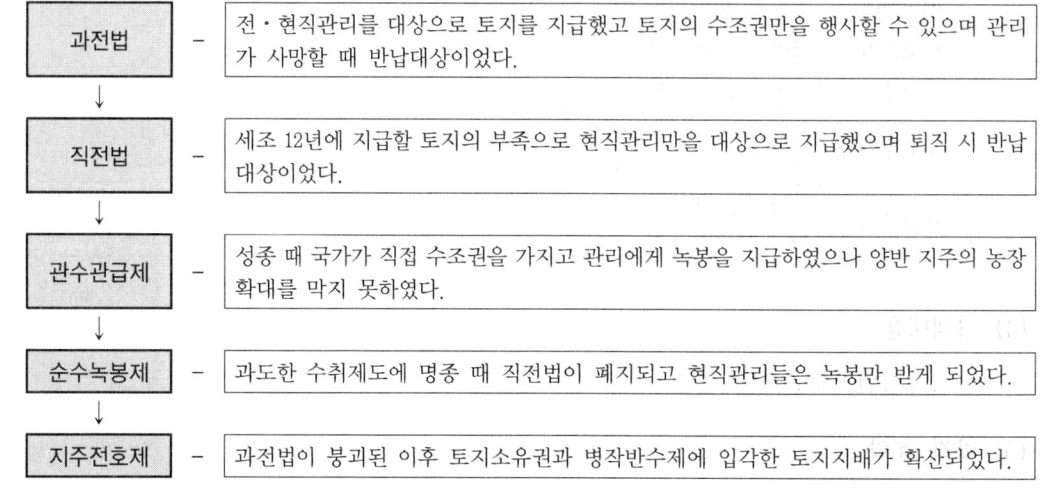

3) 기타

(1) 둔토(屯土), 둔전(屯田)

① 고려와 조선시대에 지방의 군자금운영경비 및 지방관청의 운영경비를 조달하기 위하여 설정한 토지이다.
② 조선 말기 관리들의 수익 착복 등의 폐단이 발생하여 대한제국 때 탁지부 궁내부로 사무를 이속하였다.
③ 국둔전(國屯田), 관둔전(官屯田)이라고도 하였다.

(2) 역토(驛土)

신라시대부터 있던 제도로 역참(驛站 : 관리의 공무에 필요한 숙박의 제공 등)에 부속된 토지이다.

(3) 공수전(公須田)

역참에서 관청의 숙박비 등을 지급하기 위하여 설정하였던 토지이다.

(4) 궁장토(宮庄土)

① 왕실의 일부인 궁실(宮室)과 왕실에서 분가한 궁가(宮家)에 지급한 토지를 말하며, 이후 투탁(投託) 등의 문제점을 발생시켰다.
② 후궁, 대군, 공주, 옹주 등에게 지급하는 토지를 총칭하였다.
③ 궁장전(宮庄田)이라고도 하였다.

(5) 묘위토(墓位土)

① 문중의 제사와 유지 및 관리를 위해 필요한 비용을 충당하기 위하여 능·원·묘에 부속된 토지를 말하며 묘위전(墓位田), 위토(位土)라고도 하였다.

② 능(陵) : 임금과 왕후 등의 묘지로 제사를 지내도록 흙이나 돌로 쌓아올린 장소로 능묘(陵墓), 능상(陵上), 능침(陵寢)이라고도 한다.
③ 원(園) : 왕자 및 왕자비, 왕세자 및 왕세자비, 왕의 생모 및 빈궁의 분묘를 말한다.
④ 묘(墓) : 출가하지 않은 공주 및 옹주, 연산군, 광해군의 분묘 등을 말한다.

(6) 역둔토(驛屯土)

갑오개혁 이후 역토와 둔토를 통칭하였으며 대한제국시대 궁내부에서 관리하다가 탁지부로 이관 후 궁장토와 능·원·묘 등 모든 국유지를 총칭하여 역둔토라 하였다.

4 양전제도와 양안

1 양전

고려·조선시대 토지의 실제 경작상황을 파악하기 위해 실시한 토지측량제도로 전국의 전결수(田結數)를 정확히 파악하고, 양안(量案 : 토지대장)에 누락된 토지를 적발하여 탈세를 방지하며, 토지경작상황의 변동을 조사하여 국가재정의 기본을 이루는 전세의 징수에 충실을 기함에 실시목적을 두었다.

2 양안

1) 의의

고려·조선시대 양전에 의해 작성된 토지장부로 국가가 양전을 통하여 조세부과의 대상이 되는 토지와 납세자를 파악하고, 그 결과 작성된 장부이다.

2) 목적 및 근거

(1) 목적

① 토지의 실태 파악 : 토지의 소재, 위치, 등급, 형상, 면적, 자호(지번), 소유자, 사표(토지의 사방 경계를 표시) 등
② 세금징수대장
③ 소유권 입증(立證), 확정
④ 사유토지거래의 용이성

(2) 법적 근거

경국대전에는 모든 토지를 6등급으로 나누어 20년마다 한 번씩 양전을 실시, 그 결과를 양안에 기록하며 호조·본도·본읍에 보관하기로 되어 있다.

3) 분류

구분	내용
시대에 따른 분류	• 고려시대 : 도전장, 양전장적, 양전도장, 도전정, 전적, 전안 • 조선시대 : 양안등서책, 전답안, 성책, 양명등서차, 전답결대장, 전답결타량, 전답타량안, 전답양안, 전답행심, 양전도행장
작성시기에 따른 분류	신양안, 구양안
행정구역에 따른 분류	모군양안, 모현양안, 모면양안, 모동양안
신분에 따른 분류	• 임금 : 어람양안, 궁타량성책, 아문둔전 • 양반, 양인 : 모택양안 • 노비 : 노비타량성책
특수목적에 따른 분류	역둔토양안, 목장토양안, 사원전양안

4) 양안의 작성

구분	내용
야초책 양안	각 면단위로 실제로 측량해서 작성하는 가장 기초적인 장부이다.
중초책 양안	각 면단위로 작성된 야초책을 면의 순서에 따라 자호를 붙이고 지번을 부여하며 사표와 시주의 일치 여부 등을 중점적으로 확인하면서 작성한 장부이다.
정서책 양안	광무양안 때 야초책과 중초책을 작성하였고, 이를 기초로 하여 만든 양안의 최종성과이다. 2부를 작성하여 1부는 탁지부에 보관하고, 1부는 각 부·군에 보관하였다.

5) 기재사항

(1) 고려시대

토지의 소유주, 전품, 토지의 형태, 양전방향, 사표, 양전척의 단위, 결수 등을 기재하였다.

(2) 조선시대

소재지, 천자문의 자호, 지번, 양전방향, 토지형태, 지목, 사표, 척수, 토지등급, 결부수, 주(소유자) 등을 기재하였다.

구분	내용
자호	양전할 때 각 표지에 천자문의 순서로 번호를 부여
양전방향	남범, 북범 등 동서남북으로 표시함
사표	• 토지의 위치를 간략하게 표시한 것으로 오늘날의 지적도와 유사하다. • 토지에 관한 경계를 명확히 하기 위하여 토지의 위치를 동서남북의 인접지에 대한 자호, 지목, 주명(토지소유자)을 표시하였다. 예 동남도 서진지 북종이천(동쪽과 남쪽에는 제방이 있고, 서쪽은 황폐된 토지, 북쪽은 곡식을 심은 하천)
척수	토지의 실제 거리를 양전척으로 측량하여 기재
토지등급	토지의 비옥도에 따라 전분 6등급, 풍흉에 따라 연분 9등급으로 분류
결부수	면적
진기	경작 여부를 밝힌 것
주	토지소유자

※ 일자오결제도(一字五結制度) : 토지의 면적이 5결이 되면 폐경전, 기경전을 막론하고 천자문의 자번호를 부여했다. 조선시대 이미 부번제도가 있었음을 알 수 있고 자번호 또는 일자오결이라고도 한다. 이 제도는 약 160년 동안 사용하였으며 조선시대, 대한제국, 일제 초기까지의 지번제도이다.

3 양전개정론

1) 의의

조선 중기 임진왜란, 병자호란 이후 전란에 따른 토지의 황폐화와 관리들의 부정부패로 인해 토지제도가 극심하게 문란하여 은결, 여결, 투탁지가 발생하여 조선의 실학자 등은 전제와 세제의 개혁을 중심으로 한 양전개선론을 제시하였다.

2) 양전개정론자

실학자	저서	개정론
이익	균전론	영업전 제도
정약용	목민심서, 경세유표	정전제, 방량법, 어린도법
서유구	의상경계책	어린도법, 방량법
이기	해학유서, 전제망언	결부제 보완, 망척제
유길준	서유견문, 지제의	전통도 실시

(1) 균전론(均田論)

조선 후기에 실학자들을 비롯한 지식인들이 제기하였던 토지개혁론으로, 관리들의 토지 겸병과 농장 확대의 폐해를 없애고 토지를 균등하게 분배하기 위하여 제기한 개혁론이다. 한 집에 필요한 기준량을 정하여 그에 상당한 논밭을 한정하고, 1호(戶)에 영업전을 지급하여 제한된 영업전 이외의 논밭은 자유매매를 허가할 수 있도록 제시하였다.

(2) 어린도법(魚鱗圖法)

일정한 구역의 토지를 그린 도면의 모양이 물고기 비늘과 같다고 하여 붙여진 명칭이다.

(3) 망척제(罔尺制)

수등이척제(隨等異尺制)에 대한 개선으로 전을 측량할 때에 정방향의 눈들을 가진 그물을 사용하여 그물 속에 들어온 그물눈을 계산하여 면적을 산출하는 방법이며 방(方), 원(圓), 직(直), 호형(弧形)에 구애됨이 없이 그 그물 한눈 한눈에 들어오는 것을 계산하도록 하였다.

(4) 방량법(方量法)

정약용, 서유구가 주장하였으며 농지를 정정방방으로 구획할 수 있는 것은 하고, 그렇지 못한 곳은 어린도상으로 구획하여 전국의 농지를 일목요연하게 파악하는 방법을 제시하였다.

(5) 전통도(田統圖)

각리(各里)를 양전하여 리단위의 지적도를 작성하였는데, 리(里)단위의 지적도를 전통도라 하며 유길준이 주장하였다.

5 대한제국의 지적제도

1 지적관리행정기구

구분		내용
내부판적국 (版籍局)	설치	• 고종 32년(1895년 3월 26일) 칙령 제53호로 내부관제를 공포하여 판적국에 호적과(戶籍科)와 지적과(地籍科)를 설치하였다.
	목적	• 호적업무와 지적업무를 관장하기 위하여 만들어진 기관이다. ※ 최초로 법령에 지적이라는 용어를 사용하였다.
양지아문 (量地衙門)	설치	• 광무(光武) 2년(1898년 7월 6일) 칙령 제25호로 제정·공포되어 설치하였다.
	목적	• 전국의 양전사업을 관장하는 양전독립기구를 발족하였으며, 양전을 위한 최초의 지적행정관청이었다.
지계아문 (地契衙門)	설치	• 광무 5년(1901년 11월) 칙령 제22호로 설치하였다.
	목적	• 1901년 지계아문을 설치하고 각도에 지계감리를 두어 "대한제국 전답관계"라는 지계를 발급하였고, 이는 전, 답 소유에 대한 관청의 공적증명을 말한다.
탁지부 양지국 (度支部 量地局)	설치	• 광무 8년(1904년 4월) 칙령 제11호로 관제를 공포하였다.
	목적	• 국내 토지측량에 관한 사항(전답, 가사, 산림, 천택(川澤) 등)과 지계아문이 하던 일의 마무리를 하였다.
탁지부 사세국 양지과 (度支部 司稅局 量地科)	설치	• 1906년 4월 13일에 양지과를 설치하였다. • 1908년 탁지부 분과규정으로 토지측량, 정리사무의 조사 및 준비, 토지양안 조제(작성)의 준비에 관한 사항을 최초로 법규에 규정하였다. • 측량기술견습소(測量技術見習所)를 설치하였다.

※ 지계에 관한 규칙
- 전, 답의 소유자가 매매, 양여(讓與)한 경우 관계(官契)를 받아야 한다.
- 전, 답의 소유자가 전질(典質)할 경우 인허가를 받아야 한다.
- 관계와 인허가를 받지 않으면 전, 답을 몰수한다.
- 외국인은 전, 답을 소유할 수 없다.
- 관계가 침수, 화재 등으로 유실된 경우 확인 후 재발급이 가능하다.

2 토지거래증서의 종류

① **사패(賜牌)** : 임금이 왕족이나 공신에게 노예 또는 전지를 하사한 문서

② 입지(立旨)
　㉠ 전답의 소유자가 문기를 멸실하였을 때 관청으로부터 이를 증명받는 문서
　㉡ 가옥전세계약을 체결하고 관청에서 이를 증명하는 문서
③ 문기(文記) : 토지 및 가옥을 매수 또는 매도 시에 작성한 매매계약서
④ 입안(立案) : 토지매매를 증명하는 제도로 오늘날의 등기필증과 유사
⑤ 양안(量案) : 토지대장으로 위치, 등급, 형상, 면적, 사표, 소유자 등을 기록
⑥ 가계(家契) : 가옥의 소유에 대한 관청의 공적증명
⑦ 지계(地契) : 전, 답의 소유에 대한 관청의 공적증명

3 대한제국시대의 각종 도면

1) 민유임야약도(民有林野略圖)

(1) 의의

대한제국은 1908년 1월 21일 삼림법을 공포하였는데, 제19조에 모든 민유임야는 3년 안에 지적 및 면적의 약도를 첨부하여 농상공부대신에게 신고하되, 기간 내에 신고하지 않는 자는 모두 국유로 한다라는 내용을 두어 모든 민간인이 갖고 있는 임야지를 국민 소유지분을 명확히 하려고 강제적으로 그 약도를 제출하게 하였다. 민유임야약도란 삼림법에 의해서 민유임야측량기간 사이에 소유자의 자비측량에 의해서 만들어진 약도를 말한다.

(2) 특징

① 민유임야약도는 채색으로 되어 있으며 범례와 등고선이 그려져 있는 것도 있고, 흑백으로 된 것도 있다. 현 임야도와 비교해 볼 때 가장 큰 특징이다.
② 민유임야약도에는 지번만 빠져 있으며 임야지의 소재, 면적, 소유자, 축척, 사표, 측량연월일, 방위, 측량자 성명과 날인을 하였다.
③ 측량연도는 대체로 융희(조선의 마지막 임금인 순종 때의 연호(1907~1910))를 썼고, 1910~1911년은 메이지(일본 메이지천황시대의 연호(1867~1912))를 썼다.
④ 축척은 1 : 200, 1 : 300, 1 : 600, 1 : 1000, 1 : 1200, 1 : 2400, 1 : 3000, 1 : 6000 등 8종이 있다.
⑤ 일정한 기준이 없이 측량자가 임야의 크기에 따라 축척을 정하였다.
⑥ 1909년에 제작된 충남 회덕군 일도면 미호리 차용겸의 민유산야약도의 사례로 볼 때 우리나라 고대부터 사용되는 토지의 사표식 표현의 전통을 그대로 이어오고 있음을 알 수 있다.
⑦ 민유임약약도는 폐쇄다각형으로 그린 다음, 그 안에 등고선을 긋고 묘 같은 것을 범례에 따라 도식으로 나타내었다.
⑧ 면적측정방법은 대부분 삼사법으로 했으며, 면적단위는 평(坪)을 기준으로 정(町), 반(反), 무(畝), 보(步)의 척관법을 사용하였다.

2) 국유지 실측도(國有地 實測圖)

중앙부처인 임시재산정리국에서 주관하여 전국에 산재해 있는 국유지를 조사하는 과정에서 작성한 것으로 국유지의 위치 및 면적조사, 작인조사, 새로운 도조 책정 등을 시도하였으며 측판측량과 삼각측량 등 근대적 측량기술을 활용하여 토지조사를 행하고 국유지 실측도를 작성하였다.

3) 율림기지원도(栗林基址原圖)

밀양 영람루 남천강의 건너편 수월비동의 밤나무 숲을 측량한 지적도를 말한다.

4) 산록도(山麓圖)

구한말 동(洞)의 뒷산을 실측한 지도이다.

5) 전원도(田園圖)

농경지만을 나타낸 지적도를 말하며 축척은 1/1,000로 되어 있다. 면적은 삼사법으로 구적하였고 방위표시를 한 도식이 오른쪽 상단에 보이며, 범례는 없다.

6) 건물원도(建物原圖)

1908년 제실재산정리국에서 측량기사를 동원하여 대한제국 황실 소유의 토지를 측량하고 구한말 주요 건물의 위치와 평면적 크기를 도면상에 나타낸 지도이다.

7) 가옥원도(家屋原圖)

호(戸)단위로 가옥의 위치와 평면적 크기를 나타낸 구한말 실측도 가운데 축척이 가장 큰 대축척 1/100 지도이다.

8) 궁채전도(宮菜田圖)

내수사(內需司) 등 7궁 소속의 토지 가운데 채소밭을 실측한 지도이다.

9) 관저원도(官邸原圖)

대한제국 때 고위관리의 관저를 실측한 원도이다.

03 예상문제

01 고조선시대의 토지관리를 담당한 직책은?
① 봉가(鳳加) ② 주부(主簿)
③ 박사(博士) ④ 급전도감(給田都監)

해설 고조선시대 토지관리를 담당한 직책은 봉가(鳳加)이다.

02 행정구역제도로 국도를 중심으로 영토를 사방으로 구획하는 '사출도'란 토지구획방법을 시행하였던 나라는?
① 고구려 ② 부여
③ 백제 ④ 조선

해설 부여는 행정구역제도로 국도를 중심으로 영토를 사방으로 구획하는 '사출도'란 토지구획방법을 시행하였다.

03 고조선시대의 토지제도로 옳은 것은?
① 과전법(科田法)
② 두락제(斗落制)
③ 정전제(井田制)
④ 수등이척제(隨等異尺制)

해설 정전제(井田制): 고조선시대의 토지제도로 토지의 한 구역을 '정(井)'자로 9등분 하여 8호의 농가가 각각 한 구역씩 경작하고, 가운데 있는 한 구역은 8호가 공동으로 경작하여 그 수확물을 국가에 조세로 바치는 토지제도

04 지적에 관련된 행정조직으로 중앙에 주부(主簿)라는 직책을 두어 전부(田簿)에 관한 사항을 관장하게 하고 토지측량단위로 경무법을 사용한 국가는?
① 백제 ② 신라
③ 고구려 ④ 고려

해설 고구려는 지적에 관련된 행정조직으로 중앙에 주부(主簿)라는 직책을 두어 전부(田簿)에 관한 사항을 관장하게 하고 토지측량단위로 경무법을 사용하였다.

05 고구려에서 토지면적단위체계로 사용된 것은?
① 경무법 ② 두락법
③ 결부법 ④ 수등이척법

해설 삼국시대의 지적제도

시대	길이단위	면적단위	측량방식	측량실무
고구려	척	경무법	구장산술	산학박사
백제		두락제		산학박사, 산사, 화사
신라		결부제		산학박사

06 내두좌평(內頭佐平)이 지적을 담당하고 산학박사(算學博士)가 측량을 전담하여 관리하도록 했던 시대는?
① 백제시대 ② 신라시대
③ 고려시대 ④ 조선시대

해설 백제의 측량전담기구

구분		담당부서	업무내용
한성시기		내두좌평	재무
사비(부여)시기	내관	곡내부	양정
		목부	토목
	외관	점구부	호구, 조세
		사공부	토목, 재정

07 우리나라 지적제도의 기원으로 균형 있는 촌락의 설치와 토지분급 및 수확량의 파악을 위해 실시한 고조선시대의 지적제도로 옳은 것은?
① 정전제(井田制) ② 경무법(頃畝法)
③ 결부제(結負制) ④ 과전법(科田法)

해설 우리나라 지적제도의 기원으로 균형 있는 촌락의 설치와 토지분급 및 수확량의 파악을 위해 실시한 고조선시대의 지적제도는 정전제(井田制)이다.

08 통일신라시대 촌락단위의 토지관리를 위한 장부로 조세의 징수와 부역(賦役)징발을 위한 기초자료로 활용하기 위한 문서는?
① 결수연명부 ② 장적문서
③ 지세명기장 ④ 양안

정답 01 ① 02 ② 03 ③ 04 ③ 05 ① 06 ① 07 ① 08 ②

해설 신라의 장적문서는 8~9세기 초에 작성된 문서로 통일신라의 토지제도에 관한 확실한 인식을 알 수 있으며 세금징수의 목적으로 작성된 문서이다. 지적공부 중 토지대장의 성격을 가지며 가장 오래된 문서이다.

09 다음 중 신라시대 구장산술에 따른 전(田)의 형태별 측량내용으로 옳지 않은 것은? 기 18-2

① 방전(方田) : 정사각형의 토지로 장(長)과 광(廣)을 측량한다.
② 규전(圭田) : 이등변삼각형의 토지로 장(長)과 광(廣)을 측량한다.
③ 제전(梯田) : 사다리꼴의 토지로 장(長)과 동활(東闊), 서활(西闊)을 측량한다.
④ 환전(環田) : 원형의 토지로 주(周)와 경(經)을 측량한다.

해설 원전(圓田) : 원형의 토지로 주(周)와 경(經)을 측량

10 조세, 토지관리 및 지적사무를 담당하였던 백제의 지적담당기관은? 기 19-2

① 공부   ② 조부
③ 호조   ④ 내두좌평

해설 백제시대의 지적담당기관

구분	한성시기	사비(부여)시기	
		내관	외관
담당부서	내두좌평	곡부	목부	점구부	사공부
업무내용	재무	양정	토목	호구, 조세	토목, 재정

11 고구려에서 작성된 평면도로서 도로, 하천, 건축물 등이 그려진 도면이며 우리나라에 실물로 현재하는 도시평면도로서 가장 오래된 것은? 실 18-3

① 방위도   ② 어린도
③ 지안도   ④ 요동성총도

해설 요동성총도
㉠ 평남 순천군에서 발견된 고구려 고분벽화이다.
㉡ 이 벽화에는 요동성의 지도가 그려져 있으며 요동성의 외곽, 내부와 외부의 시설 및 통로, 성과 하천의 관계, 하천의 흐름과 건물들이 유형별로 도식화되어 있어 지리적 환경과 건물배치에 대한 지식을 매우 중요시하였음을 알 수 있다.
㉢ 실물로 현존하는 도시평면도 가장 오래되었다.

12 각 시대별 지적제도의 연결이 옳지 않은 것은? 실 19-1

① 고려 : 수등이척제
② 조선 : 수등이척제
③ 고구려 : 두락제(斗落制)
④ 대한제국 : 지계아문(地契衙門)

해설 삼국시대의 지적제도

시대	길이단위	면적단위	측량방식	측량실무
고구려		경무법		산학박사
백제	척	두락제	구장산술	산학박사, 산사, 화사
신라		결부제		산학박사

13 다음 중 고려시대의 토지소유제도와 관계가 없는 것은? 실 19-2

① 과전(科田)   ② 전시과(田柴科)
③ 정전(丁田)   ④ 투화전(投化田)

해설 정전제(丁田制)는 일반백성에 정전을 분급하여 모든 부역과 전조를 국가에게 바치게 한 제도로 20세 이상 50세 이하의 남자가 대상이었다. 이는 신라시대의 토지수취제도이다.

14 고려시대의 토지제도에 관한 설명으로 옳지 않은 것은? 기 19-3

① 당나라의 토지제도를 모방하였다.
② 광무개혁(光武改革)을 실시하였다.
③ '도행'이나 '작'이라는 토지장부가 있었다.
④ 고려 말에는 전제가 극도로 문란해져서 이에 대한 개혁으로 과전법이 실시되었다.

해설 광무개혁(光武改革)은 대한제국의 황제 고종이 1897년 '광무'라는 연호를 선포한 뒤 시행한 근대적 개혁을 말한다.

15 우리나라에서 자호제도가 처음 사용된 시기는? 기 18-1

① 백제   ② 신라
③ 고려   ④ 조선

해설 고려시대에 자호제도가 처음 사용되었다.

정답 09 ④ 10 ④ 11 ④ 12 ③ 13 ③ 14 ② 15 ③

16 고려시대 토지장부의 명칭으로 옳지 않은 것은?

기 19-2

① 양안(量案)   ② 원적(元籍)
③ 전적(田籍)   ④ 양전도장(量田都帳)

해설 시대별 양안의 명칭
㉠ 고려시대 : 도전장, 양전장적, 양전도장, 도전정, 전적, 전안
㉡ 조선시대 : 양안등서책, 전답안, 성책, 양명등서차, 전답결대장, 전답결타량, 전답타량안, 전답양안, 전답행심, 양전도행장

17 다음 중 고려시대 토지기록부의 명칭이 아닌 것은?

기 16-3

① 양전도장(量田都帳) ② 도전장(都田帳)
③ 양전장적(量田帳籍) ④ 방전장(方田帳)

해설 시대별 양안의 명칭
㉠ 고려시대 : 도전장, 양전장적, 양전도장, 도전정, 전적, 전안
㉡ 조선시대 : 양안등서책, 전답안, 성책, 양명등서차, 전답결대장, 전답결타량, 전답타량안, 전답양안, 전답행심, 양전도행장

18 고려 말기 토지대장의 편제를 인적 편성주의에서 물적 편성주의로 바꾸게 된 주요 제도는?

기 18-3

① 자호(字號)제도
② 결부(結負)제도
③ 전시과(田柴科)제도
④ 일자오결(一字五結)제도

해설 고려 말기 토지대장의 편제를 인적 편성주의에서 물적 편성주의로 바꾸게 된 주요 제도는 자호제도이다. 자호제도는 조선시대 토지대장인 양안 등에 천자문 중 한 글자를 이용하여 토지의 지번을 표시하는 제도이다.

19 고려시대에 토지업무를 담당하던 기관과 관리에 관한 설명으로 틀린 것은?

산 16-3

① 정치도감은 전지를 개량하기 위하여 설치된 임시관청이었다.
② 토지측량업무는 이조에서 관장하였으며, 이를 관리하는 사람을 양인·전민계정사(田民計定使)라 하였다.
③ 찰리변위도감은 전국의 토지분급에 따른 공부 등에 관한 불법을 규찰하는 기구였다.
④ 급전도감은 고려 초 전시과를 시행할 때 전지분급과 이에 따른 토지측량을 담당하는 기관이었다.

해설 고려시대의 지적 관련 부서

구분	중앙		지방
	전기	후기	
담당기관	호부(戶部)	판도사(判圖司)	• 양전사업 : 사창, 창정, 부창정, 향리 • 측량실무 : 향리
담당업무	호구(戶口), 공부(貢賦), 전량(錢糧)에 관한 일을 맡았다.		

20 다음과 같은 특징을 갖는 지적제도를 시행한 나라는?

기 18-3

- 토지대장은 양전도장, 양전장적, 전적 등 다양한 명칭으로 호칭되었다.
- 과전법의 실시와 함께 자호제도가 창설되어 정 단위로 자호를 붙여 대장에 기록하였다.
- 수등이척제를 측량의 척도로 사용하였다.

① 고구려   ② 백제
③ 고려   ④ 조선

해설 조선시대의 지적제도에 대한 설명이다.

21 조선시대의 양전법에 따른 전의 형태에서 직각삼각형형태의 전의 명칭은?

산 17-2

① 방전(方田)   ② 제전(梯田)
③ 구고전(句股田) ④ 요고전(腰鼓田)

해설 조선시대 전의 형태
㉠ 방전(方田) : 정사각형의 토지로 장(長)과 광(廣)을 측량
㉡ 직전(直田) : 직사각형의 토지로 장(長)과 평(平)을 측량
㉢ 구고전(句股田) : 직각삼각형의 토지로 구(句)와 고(股)를 측량
㉣ 규전(圭田) : 이등변삼각형의 토지로 장(長)과 광(廣)을 측량
㉤ 제전(梯田) : 사다리꼴의 토지로서 장(長)과 동활(東闊), 서활(西闊)을 측량

22 양지아문에서 양전사업에 종사하는 실무진에 해당되지 않는 것은?

산 16-2

① 양무감리   ② 양무위원
③ 조사위원   ④ 총재관

정답 16 ① 17 ④ 18 ① 19 ② 20 ③ 21 ③ 22 ④

해설 양지아문은 양전을 지휘·감독하는 총본부로서 총재관(總裁官) 3명, 부총재관 2명, 기사원 3명, 서기 6명 등으로 구성되었다. 총재관은 경무사(警務使), 한성판윤(漢城判尹), 도관찰사를 지휘할 수 있었다. 1899년 4월 양전에 종사할 실무진으로 각 도에 양무감리(量務監理)를 두고 현직 군수나 양전에 밝은 사람을 선임하여 측량·양안 작성을 책임지게 했다. 각 군에는 양무위원을 두어 감리의 감독을 받게 하는 한편, 양무위원과 학원(學員)들이 작성한 양안 초안을 재검토하기 위해 아문령으로서 조사위원을 두었다. 기술진으로는 수기사(首技師), 기수보, 견습생을 두었다.

23 조선시대의 양안(量案)은 오늘날의 어느 것과 같은 성질의 것인가? 기 16-3

① 토지과세대장　② 임야대장
③ 토지대장　　　④ 부동산등기부

해설 양안은 고려·조선시대 양전에 의해 작성된 토지장부로 국가가 양전을 통하여 조세부과의 대상이 되는 토지와 납세자를 파악하고 그 결과 작성된 장부이다. 오늘날의 토지대장과 유사하다.

24 백문매매(白文賣買)에 대한 설명이 옳은 것은? 산 16-3

① 백문매매란 입안을 받지 않은 매매계약서로 임진왜란 이후 더욱 더 성행하였다.
② 백문매매로 인하여 소유자를 보호할 수 있게 되었다.
③ 백문매매로 인하여 소유권에 대한 확정적 효력을 부여받게 되었다.
④ 백문매매란 토지거래에서 매도자, 매수자, 해당 관서 등이 각각 서명함으로써 이루어지는 거래를 말한다.

해설 문기의 종류
㉠ 백문매매 : 입안을 받지 않은 매매계약서
㉡ 매매문기 : 궁방(弓房)에게 제출하는 문기
㉢ 깃급문기 : 자손에게 상속할 깃(몫)을 기재하는 문기 (분급문기)
㉣ 화회문기 : 부모가 토지나 노비 등의 재산을 깃급문기로 나누어 주지 못하고 사망할 경우 유언 또는 유서가 없을 때 형제, 자매 간에 서로 합의하여 재산을 나눌 때 작성하는 문기
㉤ 별급문기 : 과거급제, 생일, 혼례, 득남 등 축하나 기념하는 일들이 생겼을 때 별도로 재산을 분배할 때 작성하는 문기

25 일반적으로 양안에 기재된 사항에 해당하지 않는 것은? 기 16-3

① 지번, 면적
② 측량순서, 토지등급
③ 토지형태, 사표(四標)
④ 신·구 토지소유자, 토지가격

해설 양안에 토지가격은 기록되어 있지 않다.

26 매 20년마다 양전을 실시하여 작성하도록 경국대전에 나타난 것은? 기 19-2

① 문권(文卷)　　② 양안(量案)
③ 입안(立案)　　④ 양전대장(量田臺帳)

해설 경국대전에는 모든 토지를 6등급으로 나누어 20년마다 한 번씩 양전을 실시, 그 결과를 양안에 기록하며 호조·본도·본읍에 보관하기로 되어 있다.

27 조선시대 경국대전 호전(戶典)에 의한 양전은 몇 년마다 실시하였는가? 산 19-1

① 5년　　② 10년
③ 15년　④ 20년

해설 경국대전에는 모든 토지를 6등급으로 나누어 20년마다 한 번씩 양전을 실시, 그 결과를 양안에 기록하며 호조·본도·본읍에 보관하기로 되어 있다.

28 조선시대의 토지제도에 대한 설명으로 옳지 않은 것은? 기 18-3

① 조선시대의 지번설정제도에는 부번제도가 없었다.
② 사표(四標)는 토지의 위치로서 동·서·남·북의 경계를 표시한 것이다.
③ 양안의 내용 중 시주(時主)는 토지의 소유자이고, 시작(時作)은 소작인을 나타낸다.
④ 조선시대의 양전은 원칙적으로 20년마다 한 번씩 실시하여 새로이 양안을 작성하게 되어 있다.

해설 조선시대에는 자번호를 사용하였다.

정답 23 ③　24 ①　25 ④　26 ②　27 ④　28 ①

29 현재의 토지대장과 같은 것은?

① 문기(文記) ② 양안(量案)
③ 사표(四標) ④ 입안(立案)

해설 양안은 오늘날의 토지대장으로 고려·조선시대 양전에 의해 작성된 토지장부로 국가가 양전을 통하여 조세부과의 대상이 되는 토지와 납세자를 파악하고 그 결과 작성된 장부이다.

30 다음 중 조선시대의 경국대전에 명시된 토지등록제도는?

① 공전제도 ② 사전제도
③ 정전제도 ④ 양전제도

해설 경국대전에는 모든 토지를 6등급으로 나누어 20년마다 한 번씩 양전을 실시, 그 결과를 양안에 기록하며 호조·본도·본읍에 보관하기로 되어 있다.

31 경국대전에 의한 공전(公田), 사전(私田)의 구분 중 사전(私田)에 속하는 것은?

① 적전(籍田) ② 직전(職田)
③ 관둔전(官屯田) ④ 목장토(牧場土)

해설 직전(職田)은 조선시대에 현직관리만을 대상으로 토지를 분급한 토지제도로 사전(私田)에 속한다.

32 토지가옥의 매매계약이 성립되기 위하여 매수인과 매도인 쌍방의 합의 외에 대가의 수수목적물의 인도 시에 서면으로 작성한 계약서는?

① 문기 ② 양전
③ 입안 ④ 전안

해설 문기란 토지 및 가옥을 매수 또는 매매할 때 작성한 매매계약서로 상속, 유증, 임대차의 경우에도 문기를 작성하였다. 명문(明文), 문권(文券)이라고도 한다.

33 양전(量田) 개정론자와 그가 주장한 저서로 바르게 연결되지 않은 것은?

① 정약용 – 목민심서
② 이기 – 해학유서
③ 서유구 – 의상경계책
④ 김정호 – 동국여지도

해설 김정호의 저서는 대동여지도이다.

34 정약용이 목민심서를 통해 주장한 양전개정론의 내용이 아닌 것은?

① 망척제의 시행 ② 어린도법의 시행
③ 경무법의 시행 ④ 방량법의 시행

해설 망척제(罔尺制)는 서유구가 주장한 것으로, 수등이척제(隨等異尺制)에 대한 개선으로 전을 측량할 때에 정방향의 눈들을 가진 그물을 사용하여 그물 속에 들어온 그물눈을 계산하여 면적을 산출하는 방법이다. 방(方), 원(圓), 직(直), 호형(弧形)에 구애됨이 없이 그 그물 한눈 한눈에 들어오는 것을 계산하도록 하였다.

35 경국대전에서 매 20년마다 토지를 개량하여 작성했던 양안의 역할은?

① 가옥규모 파악
② 세금징수
③ 상시 소유자변경 등재
④ 토지거래

해설 양안의 목적
  ㉠ 토지의 실태 파악 : 토지의 소재, 위치, 등급, 형상, 면적, 자호(지번), 소유자, 사표(토지의 사방경계를 표시) 등
  ㉡ 세금징수대장
  ㉢ 소유권 입증(立證), 확정
  ㉣ 사유토지거래의 용이성

36 일자오결제에 대한 설명으로 옳지 않은 것은?

① 양전의 순서에 따라 1필지마다 천자문의 자번호를 부여하였다.
② 천자문의 각 자내(字內)에 다시 제일(第一), 제이(第二), 제삼(第三) 등의 번호를 붙였다.
③ 천자문의 1자는 기경전의 경우만 5결이 되면 부여하고, 폐경전에는 부여하지 않았다.
④ 숙종 35년 해서양전사업에서는 일자오결의 양전방식이 실시되었으나 폐단이 있었다.

해설 일자오결제
  ㉠ 천자문의 1자의 부여를 위한 결수의 구성
  ㉡ 주요 내용
  • 양안의 토지표시는 양전의 순서에 따라 1필지마다 천자문의 자번호를 부여함
  • 천자문의 1자는 폐경전, 기경전을 막론하고 5결이 되면 부여함
  • 1결의 크기는 1등전의 경우 사방 1만척으로 하였음

정답 29 ② 30 ④ 31 ② 32 ① 33 ④ 34 ① 35 ② 36 ③

37 이기가 해학유서에서 수등이척제에 대한 개선으로 주장한 제도로서, 전지(田地)를 측량할 때 정방형의 눈들을 가진 그물을 사용하여 면적을 산출하는 방법은?

① 일자오결제 ② 망척제
③ 결부제   ④ 방전제

해설 망척제(網尺制) : 수등이척제(隨等異尺制)에 대한 개선으로 전을 측량할 때에 정방향의 눈들을 가진 그물을 사용하여 그물 속에 들어온 그물눈을 계산하여 면적을 산출하는 방법

38 조선시대 양전의 개혁을 주장한 학자가 아닌 사람은?

① 이기   ② 김응원
③ 서유구 ④ 정약용

해설 양전개정론자

실학자	저서	개정론
이익	균전론	영업전 제도
정약용	목민심서, 경세유표	정전제, 방량법, 어린도법
서유구	의상경계책	어린도법, 방량법
이기	해학유서, 전제망언	결부제 보완, 망척제
유길준	서유견문, 지제의	전통도 실시

39 공훈의 차등에 따라 공신들에게 일정한 면적의 토지를 나누어 준 것으로 고려시대 토지제도 정비의 효시가 된 것은?

① 정전   ② 공신전
③ 관료전 ④ 역분전

해설 역분전(役分田)은 고려 태조 23년에 처음으로 실시되었으며 후삼국 통일 후 공로가 큰 공신 및 군사에게 토지를 지급하였다. 지급기준은 고려왕실에 대한 충성도를 기준으로 하였기 때문에 공훈전(功勳田)에 가깝다.

40 정전제(井田制)를 주장한 학자가 아닌 것은?

① 한백겸(韓百謙) ② 서명응(徐命膺)
③ 이기(李沂)   ④ 세키야(關野貞)

해설 이기(李沂)는 결부제의 보완과 망척제를 주장하였다.

41 다음 중 정약용과 서유구가 주장한 양전개정론의 내용이 아닌 것은?

① 경무법 시행   ② 결부제 폐지
③ 어린도법 시행 ④ 수등이척제 개선

해설 양전개정론자

실학자	저서	개정론
이익	균전론	영업전 제도
정약용	목민심서, 경세유표	정전제, 방량법, 어린도법
서유구	의상경계책	어린도법, 방량법
이기	해학유서, 전제망언	결부제 보완, 망척제
유길준	서유견문, 지제의	전통도 실시

42 양전개정론을 주장한 학자와 그 저서의 연결이 옳은 것은?

① 김정호-속대전   ② 이기-해학유서
③ 정약용-경국대전 ④ 서유구-목민심서

해설 양전개정론자

실학자	저서	개정론
이익	균전론	영업전 제도
정약용	목민심서, 경세유표	정전제, 방량법, 어린도법
서유구	의상경계책	어린도법, 방량법
이기	해학유서, 전제망언	결부제 보완, 망척제
유길준	서유견문, 지제의	전통도 실시

43 다음의 설명에 해당하는 학자는?

- 해학유서에서 망척제를 주장하였다.
- 전안을 작성하는데 반드시 도면과 지적이 있어야 비로소 자세하게 갖추어진 것이라 하였다.

① 이기   ② 서유구
③ 유진억 ④ 정약용

해설 양전개정론자

실학자	저서	개정론
이익	균전론	영업전 제도
정약용	목민심서, 경세유표	정전제, 방량법, 어린도법
서유구	의상경계책	어린도법, 방량법
이기	해학유서, 전제망언	결부제 보완, 망척제
유길준	서유견문, 지제의	전통도 실시

44 다음 중 망척제와 관계가 없는 것은?

① 이기(李沂)   ② 해학유서(海鶴遺書)
③ 목민심서(牧民心書) ④ 면적을 산출하는 방법

정답 37 ② 38 ② 39 ④ 40 ③ 41 ④ 42 ② 43 ① 44 ③

해설 목민심서는 정약용의 저서이다.

45 시대와 사용처, 비치처에 따라 다르게 불리는 양안의 명칭에 해당하지 않는 것은? 기 17-2

① 도적(圖籍)
② 성책(城柵)
③ 전답타량안(田畓打量案)
④ 양전도행장(量田導行帳)

해설 **시대별 양안의 명칭**
㉠ 고려시대 : 도전장, 양전장적, 양전도장, 도전정, 전적, 전안
㉡ 조선시대 : 양안등서책, 전답안, 성책, 양명등서차, 전답결대장, 전답결타량, 전답타량안, 전답양안, 전답행심, 양전도행장

46 다음 중 조선시대의 양안(量案)에 관한 설명으로 틀린 것은? 기 17-2

① 호조, 본도, 본읍에 보관하게 하였다.
② 토지의 소재, 등급, 면적을 기록하였다.
③ 양안의 소유자는 매 10년마다 측량하여 등재하였다.
④ 오늘날의 토지대장과 같은 조선시대의 토지장부이다.

해설 경국대전에는 모든 토지를 6등급으로 나누어 20년마다 한 번씩 양전을 실시, 그 결과를 양안에 기록하며 호조·본도·본읍에 보관하기로 되어 있다.

47 양안 작성 시 실제로 현장에 나가 측량하여 기록하는 것은? 기 19-1

① 야초책   ② 정서책
③ 정초책   ④ 중초책

해설 **양안의 작성**
㉠ 야초책 양안 : 각 면단위로 실제로 측량해서 작성하는 가장 기초적인 장부이다.
㉡ 중초책 양안 : 각 면단위로 작성된 야초책을 면의 순서에 따라 자호를 붙이고 지번을 부여하여 사표와 사주의 일치 여부 등을 중점적으로 확인하면서 작성한 장부이다.
㉢ 정서책 양안 : 광무양안 때 야초책과 중초책을 작성하였고, 이를 기초로 하여 만든 양안의 최종성과이다. 2부를 작성하여 1부는 탁지부에 보관하고, 1부는 각 부·군에 보관하였다.

48 토지·가옥을 매매·증여·교환·전당할 경우 군수 또는 부윤의 증명을 받으면 법률적으로 보장을 받는 완전한 증명제도는? 기 16-3

① 토지가옥증명규칙
② 조선민사령
③ 부동산등기령
④ 토지가옥소유권증명규칙

해설 토지·가옥을 매매·증여·교환·전당할 경우 군수 또는 부윤의 증명을 받으면 법률적으로 보장을 받는 완전한 증명제도는 토지가옥소유권증명규칙이다.

49 대한제국정부에서 문란한 토지제도를 바로잡기 위하여 시행하였던 근대적 공시제도의 과도기적 제도는? 기 19-1

① 등기제도   ② 양안제도
③ 입안제도   ④ 지권제도

해설 **지권제도** : 대한제국정부에서 문란한 토지제도를 바로잡기 위해 시행된 근대적 공시제도

50 다음 중 구한말에 운영한 지적업무부서의 설치순서가 옳은 것은? 산 16-3

① 탁지부 양지국→탁지부 양지과→양지아문→지계아문
② 양지아문→탁지부 양지국→탁지부 양지과→지계아문
③ 양지아문→지계아문→탁지부 양지국→탁지부 양지과
④ 지계아문→양지아문→탁지부 양지국→탁지부 양지과

해설 구한말에 운영한 지적업무부서의 설치순서 : 양지아문→지계아문→탁지부 양지국→탁지부 양지과

51 1910년 대한제국의 탁지부에서 근대적인 지적제도를 창설하기 위하여 전 국토에 대한 토지조사사업을 추진할 목적으로 제정·공포한 것은? 산 19-1

① 지세령   ② 토지조사령
③ 토지조사법   ④ 토지측량규칙

해설 토지조사법을 대한제국정부가 1910년 8월 24일 전문 15조로 공포(내각총리대신 이완용)하였으며 토지조사의 절차와 규범을 마련하였다.

정답 45 ① 46 ③ 47 ① 48 ④ 49 ④ 50 ③ 51 ③

52 대한제국시대의 행정조직이 아닌 것은?
① 사세청　② 탁지부
③ 양지아문　④ 지계아문

해설 대한제국시대의 지적관리행정기구

구분		내용
내부 판적국 (版籍局)	설치	• 고종 32년(1895년 3월 26일) 칙령 제53호로 내부관제 공포, 판적국에 호적과와 지적과를 설치하였다.
	목적	• 호적업무와 지적업무를 관장하기 위하여 만들어진 기관이다. ※ 최초로 법령에 지적이라는 용어를 사용하였다.
양지아문 (量地衙門)	설치	• 광무 2년(1898년 7월 6일) 칙령 제25호로 제정·공포되어 설치되었다.
	목적	• 전국의 양전사업을 관장하는 양전독립기구를 발족하였으며 양전을 위한 최초의 지적행정관청이었다.
지계아문 (地契衙門)	설치	• 광무 5년(1901년 11월) 칙령 제22호로 설치하였다.
	목적	• 지계(地契 : 토지에 관한 증명서)의 발행전담기구로 설립하였다.
탁지부 양지국 (度支部 量地局)	설치	• 광무 8년(1904년 4월) 칙령 제11호로 관제를 공포하였다.
	목적	• 국내 토지측량에 관한 사항(전답, 가사, 산림, 천택(川澤) 등)과 지계아문이 하던 일의 마무리를 하였다.
탁지부 사세국 양지과 (度支部 司稅局 量地科)	설치	• 1906년 4월 13일에 양지과를 설치하였다. • 1908년 탁지부 분과규정으로 토지측량, 정리사무의 조사 및 준비, 토지양안 조제(작성)의 준비에 관한 사항을 최초로 법규에 규정하였다. • 측량기술견습소를 설치하였다.

53 다음 중 근대적 등기제도를 확립한 제도는?
① 과전법　② 입안제도
③ 지계제도　④ 수등이척제

해설 1898년 양전사업이 시행되면서 이전의 입안제도를 근대적 소유권제도로 바꾸기 위해 토지의 소유권증서를 관에서 발급하는 지계제도와 같이 시행해야 했다.

54 양전의 결과로 민간인의 사적토지소유권을 증명해주는 지계를 발행하기 위해 1901년에 설립된 것으로 탁지부에 소속된 지적사무를 관장하는 독립된 외청형태의 중앙행정기관은?
① 양지아문(量地衙門)　② 지계아문(地契衙門)
③ 양지과(量地課)　④ 통감부(統監府)

해설 지계아문 : 양전의 결과로 민간인의 사적토지소유권을 증명해주는 지계를 발행하기 위해 1901년에 설립된 것으로 탁지부에 소속된 지적사무를 관장하는 독립된 외청형태의 중앙행정기관

55 조선시대 매매에 따른 일종의 공증제도로 토지를 매매할 때 소유권 이전에 관하여 관에서 공적으로 증명하여 발급한 서류는?
① 명문(明文)　② 문권(文券)
③ 문기(文記)　④ 입안(立案)

해설
㉠ 입안(立案) : 토지매매 시 관청에서 증명한 공적 소유권증서로 소유자 확인 및 토지매매를 증명하는 제도이다. 오늘날의 등기부와 유사하다.
㉡ 문기(文記) : 토지 및 가옥을 매수 또는 매매할 때 작성한 매매계약서를 말한다. 상속, 유증, 임대차의 경우에도 문기를 작성하였다. 명문(明文), 문권(文券)이라고도 한다.

56 다음 중 입안제도(立案制度)에 대한 설명으로 옳지 않은 것은?
① 토지매매계약서이다.
② 관에서 교부하는 형식이었다.
③ 조선 후기에는 백문매매가 성행하였다.
④ 소유권 이전 후 100일 이내에 신청하였다.

해설 문기란 토지 및 가옥을 매수 또는 매매할 때 작성한 매매계약서를 말한다. 상속, 유증, 임대차의 경우에도 문기를 작성하였다. 명문(明文), 문권(文券)이라고도 한다.

57 대한제국시대에 문란한 토지제도를 바로잡기 위하여 시행한 제도와 관계가 없는 것은?
① 지계(地契)제도　② 입안(立案)제도
③ 가계(家契)제도　④ 토지증명제도

해설 입안제도는 조선시대에 토지매매 시 관청에서 증명한 공적소유권증서로 소유자 확인 및 토지매매를 증명하는 제도이다.

정답 52 ① 53 ③ 54 ② 55 ④ 56 ① 57 ②

58 지계발행 및 양전사업의 전담기구인 지계아문을 설치한 연도로 옳은 것은?

① 1895년 ② 1901년
③ 1907년 ④ 1910년

해설 1901년 중추원의관 김중환이 지계발행의 긴급함을 상소했고, 같은 해 10월 20일 의정부참정 김성근이 26개조의 '지계아문직원급처리규정(地契衙門職員及處理規程)'을 작성, 주의(奏議)했고, 김성근의 건의는 같은 날 칙령 제22호로 공포되었다.

59 우리나라 근대적 지적제도의 확립을 촉진시킨 여건에 해당되지 않는 것은?

① 토지에 대한 문건의 미비
② 토지소유형태의 합리성 결여
③ 토지면적단위의 통일성 결여
④ 토지가치판단을 위한 자료 부족

해설 근대적 지적제도의 확립을 촉진시킨 여건
㉠ 토지에 대한 문건의 미비
㉡ 토지소유형태의 합리성 결여
㉢ 토지면적단위의 통일성 결여

60 1898년 양전사업을 담당하기 위하여 최초로 설치된 기관은?

① 양지아문(量地衙門)
② 지계아문(地契衙門)
③ 양지과(量地課)
④ 임시토지조사국(臨時土地調査局)

해설 양지아문 : 1898년 7월 6일(광무 2년) 칙령 제25호로서 전 24조의 '양지아문직원급처무규정(量地衙門職員及處務規定)'을 반포하여 직제를 마련했다. 2년 6개월 동안 전국 124군에 양전을 시행했지만 1901년 심한 흉년으로 계획의 1/3만 시행한 채 중단되었다. 1902년 지계아문(地契衙門)에 흡수·통합되었고, 다시 1903년 탁지부 양지국으로 개편되었다. 이후 러일전쟁을 거치면서 양전·지계사업도 실질적으로 중단되었다.

61 탁지부 양지국에 관한 설명으로 옳지 않은 것은?

① 토지측량에 관한 사항을 담당하였다.
② 공문서류의 편찬 및 조사에 관한 사항을 담당하였다.
③ 관습조사(慣習調査)사항을 담당하였다.
④ 1904년 탁지부 양지국 관제가 공포되면서 상설기구로 설치되었다.

해설 관습조사는 1910년 토지조사사업의 준비조사의 하나로 임시토지조사국에서 담당하였다.

62 다음 중 대한제국시대에 양전사업을 위해 설치된 최초의 독립된 지적행정관청은?

① 탁지부 ② 양지아문
③ 지계아문 ④ 임시재산정리국

해설 양지아문(量地衙門)
㉠ 설치 : 광무(光武) 2년(1898년 7월 6일) 칙령 제25호로 제정·공포되어 설치하였다.
㉡ 목적 : 전국의 양전사업을 관장하는 양전독립기구를 발족하였으며 양전을 위한 최초의 지적행정관청이었다.

63 지적업무가 재무부에서 내무부로 이관되었던 연도로 옳은 것은?

① 1950년 ② 1960년
③ 1962년 ④ 1975년

해설 지적업무가 재무부에서 내무부로 1962년에 이관되었다.

64 지적행정을 재무부와 사세청의 지도·감독하에 세무서에서 담당한 연도로 옳은 것은?

① 1949년 12월 31일 ② 1960년 12월 31일
③ 1961년 12월 31일 ④ 1975년 12월 31일

65 대한제국시대에 삼림법에 의거하여 작성한 민유산야약도에 대한 설명으로 옳지 않은 것은?

① 민유산야약도의 경우에는 지번을 기재하지 않는다.
② 최초의 임야측량이 실시되었다는 점에서 중요한 의미가 있다.
③ 민유임야측량은 조직과 계획 없이 개인별로 시행되었고 일정한 수수료도 없었다.
④ 토지등급을 상세하게 정리하여 세금을 공평하게 징수할 수 있도록 작성된 도면이다.

해설 토지등급을 상세하게 정리하여 세금을 공평하게 징수할 수 있도록 작성된 도면은 토지등급도면이다.

정답 58 ② 59 ④ 60 ① 61 ③ 62 ② 63 ③ 64 ③ 65 ④

66 구한말 지적제도의 설명과 가장 거리가 먼 것은?

① 1901년 지계발행전담기구인 지계아문이 탄생되었다.
② 구한말 내부관제에 지적이라는 용어가 처음 등장하였다.
③ 양전사업의 총본산인 양지아문이 독립관청으로 설치되었다.
④ 조선지적협회를 설립하여 광대이동지정리제도와 기업자측량제도가 폐지되었다.

67 다음 중 역토(驛土)에 대한 설명으로 옳지 않은 것은?

① 역토는 주로 군수비용을 충당하기 위한 토지이다.
② 역토의 수입은 국고수입으로 하였다.
③ 역토는 역참에 부속된 토지의 명칭이다.
④ 조선시대 초기에 역토에는 관둔전, 공수전 등이 있다.

해설 역토는 조선 초 역참제도가 정비되면서 각 역(驛)의 경비를 마련하고 입마(立馬)와 역역(驛役) 동원의 대가로 지급된 토지를 일컫었다. 한편 둔토는 군량을 비축하고 정부관서의 경비를 보전해주기 위한 목적으로 거칠어 버려둔 토지인 진황지나 주인 없는 무주지를 지급하여 경작하게 한 토지였다.

68 역토의 종류에 해당되지 않는 것은?

① 마전   ② 국둔전
③ 장전   ④ 급주전

해설 **역토의 종류** : 마전, 장전, 급주전

69 밤나무 숲을 측량한 지적도로 탁지부 임시재산정리국 측량과에서 실시한 측량원도의 명칭으로 옳은 것은?

① 산록도   ② 관저원도
③ 궁채전도   ④ 율림기지원도

해설
㉠ 율림기지원도 : 밀양 영남루 남천강의 건너편 수월비동의 밤나무 숲을 측량한 지적도를 말한다.
㉡ 산록도 : 구한말 동(洞)의 뒷산을 실측한 지도이다.
㉢ 전원도 : 농경지만을 나타낸 지적도를 말하며 축척은 1/1000로 되어 있다. 면적은 삼사법으로 구적하였고 방위표시를 한 도식이 오른쪽 상단에 보이며, 범례는 없다.
㉣ 건물원도 : 1908년 제실재산정리국에서 측량기사를 동원하여 대한제국 황실 소유의 토지를 측량하고 구한말 주로 건물의 위치와 평면적 크기를 도면상에 나타낸 지도이다
㉤ 가옥원도 : 호(戶)단위로 가옥의 위치와 평면적 크기를 나타낸 구한말 실측도 가운데 축척이 가장 큰 대축척 1/100 지도이다.
㉥ 궁채전도 : 내수사 등 7궁 소속의 토지 가운데 채소밭을 실측한 지도이다.
㉦ 관저원도 : 대한제국기 고위관리의 관저를 실측한 원도이다.

70 지적측량사규정에 국가공무원으로서 그 소속관서의 지적측량사무에 종사하는 자로 정의하며 내무부를 비롯하여 각 시·도와 시·군·구에 근무하는 지적직공무원은 물론 국가기관에서 근무하는 공무원도 포함되었던 지적측량사는?

① 감정측량사   ② 대행측량사
③ 상치측량사   ④ 지정측량사

해설 **지적측량사제도**
㉠ 목적 : 지적측량사규정(1960년 12월 31일)은 지적법에 의한 측량에 종사하는 자(이하 "지적측량사")의 자질 향상을 도모함으로써 지적행정의 원활한 운영에 기여함을 목적으로 한다.
㉡ 구분
• 상치측량사 : 국가공무원으로서 그 소속관서의 지적측량사무에 종사하는 자로 정의하며 행정안전부를 비롯하여 각 시·도와 시·군·구에 근무하는 지적직공무원은 물론 한국철도공사, 문화재청 등 국가기관에서 근무하는 공무원도 포함되었던 지적측량사
• 대행측량사 : 타인으로부터 법에 의한 지적측량업무를 위탁받아 행하는 법인격이 있는 지적단체의 지적측량업무를 대행하는 자

정답 66 ④ 67 ① 68 ② 69 ④ 70 ③

04 토지조사사업

1 토지조사사업

1) 의의

토지조사사업은 1910~1918년까지 일제가 한국의 식민지체제 수립을 위한 기초작업으로 시행한 대규모 사업으로, 이 사업은 일본자본의 토지점유에 적합한 토지소유의 증명제도를 확립하고, 은결(隱結) 등을 찾아내어 지세수입을 증대시킴으로써 식민통치를 위한 재정자금을 확보하며, 국유지를 창출하여 조선총독부의 소유지로 개편하기 위한 목적으로 실시하였다.

2) 토지조사사업의 내용

① 소유권조사 : 전국의 토지에 대하여 토지소유자 및 강계를 조사, 사정함으로써 토지분쟁을 해결하고 토지조사부, 토지대장, 지적도를 작성한다.
② 가격조사 : 과세의 공평을 기하기 위하여 시가지의 경우 토지의 시가를 조사하며, 시가지 이외의 지역에서는 대지는 임대가격을, 기타 전, 답, 지소 및 잡종지는 그 수익을 기초로 지가를 결정하여 지세제도를 확립한다.
③ 외모조사 : 국토 전체에 대한 자연적 또는 인위적으로 형성된 지물과 고저를 표시한 지형도를 작성하기 위해 지형·지모조사를 실시하였다.

3) 불조사지

토지조사사업의 조사대상은 예산, 인원 등 경제적 가치가 있는 것에 한하여 실시하였으므로 도로, 하천, 구거, 제방, 성첩, 철도선로, 수도선로는 지목만 조사하고 지반을 측량하거나 지번을 붙이지 않았다.

4) 별필지로 하는 경우

① 도로, 하천, 구거, 제방, 성곽 등에 의하여 자연적으로 구획을 이룬 것
② 특히 면적이 광대한 것
③ 심히 형상이 만곡하거나 협장한 것
④ 지방 기타의 상황이 현저히 상이한 것
⑤ 지반의 고저가 심하게 차이가 있는 것
⑥ 시가지로서 연와병, 석원 기타 영구적 건축물로서 구획된 지역

⑦ 분쟁에 걸린 것
⑧ 국·도·부·군·면 또는 조선총독부가 지정한 공공단체의 소유에 속한 공용 또는 공공의 이용에 제공하는 토지
⑨ 잡종지 중의 염전 및 광천지로서 그 구역이 명확한 것
⑩ 전당권 설정의 증명이 있는 것은 그 증명마다 별필로 취급할 것
⑪ 소유권 증명을 거친 것은 그 증명번호마다 별필로 할 것

2 토지조사사업의 업무

행정업무	측량업무
• 준비조사(準備調査) • 일필지조사(一筆地調査) • 분쟁지조사(紛爭地調査) • 지위등급조사(地位等級調査) • 장부조제(帳簿調劑) • 지방토지조사위원회 • 고등토지조사위원회 • 토지의 사정(査定) • 이동지정리(異動地整理)	• 삼각측량(三角測量) • 도근측량(圖根測量) • 세부측량(細部測量) • 면적계산(面積計算) • 지적도 작성 • 이동지측량(異動地測量) • 지형측량(地形測量)

1) 준비조사

① 행정구역인 리(里)·동(洞)의 명칭조사
② 구역·경계의 혼선을 정리
③ 지명의 통일과 강계(疆界)의 조사
④ 신고서류의 수합 및 정리
⑤ 지방경제사정과 관습조사
⑥ 특별조사
  ㉠ 의의 : 조선총독부에서 시가지세(市街地稅)를 조급하게 충당할 목적으로 개성, 청주, 공주, 대전, 강경, 전주, 군산, 광주, 나주, 목포, 김천, 마산, 진주, 해주, 평양, 진남포, 의주, 신의주, 원산, 함흥, 청진, 경성, 회령, 나남 등 24개 지역에 특별토지조사를 실시하였다.
  ㉡ 대상 : 시가지특별조사, 도서지역특별조사, 서북지방특별조사

2) 일필지조사(一筆地調査)

토지소유권을 확실히 하기 위해 필지(筆地)단위로 지주, 강계, 지목, 지번의 조사 등을 하였다.

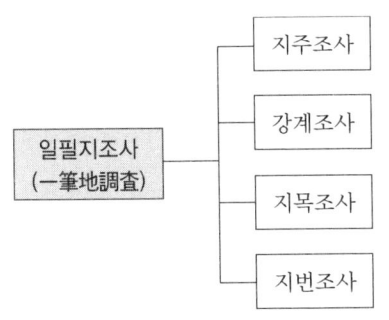

▲ 일필지조사

(1) 지주(토지소유자)조사

① 지주의 조사는 민유지에 있어서는 토지신고서를, 국유지의 경우에는 보관청의 통지서에 의하는 것을 원칙으로 하였다.
② 원칙적으로 신고주의를 채택하였기 때문에 같은 토지에 대하여 2인 이상의 소유권리를 주장하는 경우와 그렇지 않고 1사람이 권리를 주장한다 하더라도 그가 의심스러운 때 등을 제외하고는 구태여 소유권조사를 거칠 것 없이 신고의무인을 지주로 인정하였다.

(2) 지목조사

토지조사사업 당시 지목은 18개로 구분하였으며 과세지, 비과세지, 면세지로 구별하였다.

구분	내용	종류
과세지	직접적인 수익이 있는 토지로 과세 중이거나 장래에 과세의 목적이 될 수 있는 토지	전, 답, 대, 지소, 임야, 잡종지
비과세지	개인이 소유할 수 없으며 과세의 목적으로 하지 않는 토지	도로, 하천, 구거, 제방, 성첩, 철도선로, 수도선로
면세지	직접적인 수익이 없으며 공공용에 속하여 지세가 면제된 토지	사사지, 분묘지, 공원지, 철도용지, 수도용지

※ 면세지의 종류
- 황지면세 : 재해로 인하여 지형이 변하거나 작토가 손상된 토지의 면세
- 재해면세지 : 도의 전부 또는 일부에 걸친 재해, 일기불순으로 인해 수확이 전혀 없는 전답에 대하여 납세의무자의 신청에 의해 면세
- 자작농지면세 : 납세의무자(법인 제외)의 주소지 부·읍·면 및 부·읍·면만의 전답임대가격의 합계금액이 동거가족분과 합산하여 130원 미만일 때 면세
- 사립학교용지면세 : 조선총독이 정하는 사립유치원·학교용지, 교육상 필요한 부속건물의 부지는 면세(단, 유료차지는 제외)

(3) 강계조사

강계의 조사는 신고자로 하여금 자기 토지의 사방에 말뚝을 세우게 한 후 지주나 이해관계인 또는 지주총대를 입회시켜 지주의 조사와 아울러 부근 토지와의 관계도 조사하였다.

(4) 지번조사

1개 동·리를 통산하여 1필지마다 순차적으로 지번을 붙이게 하였으며 도로, 하천, 구거, 제방, 성첩, 철도선로, 수도선로는 지목만 조사하고 지반을 측량하거나 지번을 붙이지 않았다.

3) 분쟁지조사(紛爭地調査)

(1) 분쟁의 원인

① 불분명한 국유지와 민유지
② 미정리된 역둔토와 궁장토
③ 소유권이 불확실한 미개간지를 정리하기 위한 조사
④ 토지 소속의 불분명
⑤ 토지소유권 증명의 미비
⑥ 세제의 불균일
⑦ 제언의 모경

(2) 분쟁지조사방법

분쟁지조사방법으로는 외업조사, 내업조사, 고등토지조사위원회의 심사 등이 있다.

구분	내용
외업조사	실지에서 분쟁지에 관한 제반 사실을 조사하고 필요한 서류의 정비를 하는 업무로써 외업반을 이 사무에 종사하게 하였다.
내업조사	외업반이 조사한 것을 내업반(총무과)에서 다시 반복 심사한 다음 심사서를 작성하여 이를 심사위원회에 회부하였다.
위원회의 심사	심사위원이 심사서를 심사, 검열한 다음 의견을 붙여 위원장에 제출하면, 위원장은 이를 결정하여 조사국장이 결재를 받았다.

4) 지위등급조사(地位等級調査)

① 토지의 지목에 따라 수익성의 차이에 근거하여 지력의 우월을 구별하는 조사이다.
② "대"는 임대가격을 기초로 지가를 산정하였다.

5) 지형지모(地形地貌)조사

국토 전체에 대한 자연적 또는 인위적으로 형성된 지물과 고저를 표시한 지형도를 작성하기 위해 지형지모조사를 실시하였다.
① 삼각측량
② 도근측량(圖根測量)
③ 세부측량
④ 면적계산
⑤ 지적도 등의 조제, 축척을 정리할 것
⑥ 이동지 정리

6) 토지검사

① **토지검사** : 토지이동신고·신청의 확인을 말하며 토지측량에 관한 사항을 제외하고 순수한 토지의 현황검사만을 말한다.
② **지압조사** : 무신고 이동지를 발견하기 위하여 실시하는 토지검사이다.

7) 토지의 사정(査定)

(1) 의의

토지조사부 및 지적도에 의하여 토지소유자(원시취득) 및 강계를 확정하는 행정처분을 말하며, 지적도에 등록된 강계선이 대상이며 지역선은 사정하지 않는다.

(2) 사정권자

임시토지조사국장은 지방토지조사위원회에 자문하여 토지소유자 및 그 강계를 사정하며, 사정을 하는 때에는 30일간 이를 공시한다.

(3) 재결

사정에 대하여 불복하는 자는 공시기간 만료 후 60일 내에 고등토지조사위원회에 제기하여 재결을 받을 수 있다. 다만, 정당한 사유 없이 입회를 하지 아니한 자는 그러하지 아니하다.

(4) 효력

① 토지조사사업 시 소유자를 사정(査定)하여 토지대장에 등록한 소유권의 취득효력은 원시취득에 해당한다.
② 재결 받은 때의 효력발생일은 사정일로 소급하여 발생한다.

8) 장부의 조제

(1) 결수연명부

결수연명부는 토지대장적 성격의 공부로 그 성격을 확실히 하고 있었는데, 그러한 장부 성격의 변화과정에서 주요 계기였던 것은 과세견취도의 작성이다. 각 재무감독별로 상이한 형태와 내용의 징세대장이 만들어져 이에 따른 통일된 양식의 징세대장을 만들기 위해 결수연명부를 작성하도록 하였다.
① 한일합방 직전에 작성한 일종의 징세대장이다.
② 원래 재무관인의 출장집무에 의하여 조제된 것이 아니고 신고에 의하여 조제된 과세장부였다.
③ 실제로는 신빙성이 희박하였을 뿐만 아니라 그것을 이용하여 일본인 지주와 조선 말의 지배계층이 타인의 토지와 국유지까지 자기의 소유로 한 일이 많았다.
④ 결수연명부에 의하여 토지신고서를 조제케 한 사실을 알 수 있다.

(2) 과세지견취도

과세지견취도(課稅地見取圖)는 일제 초기에 세금부과를 목적으로 각 필지의 개형(槪形)을 각 필지의 실측 작성, 각 필지의 주위를 간승으로 측정 작성, 각 필지 주위의 보측 작성, 단지 지형을 견취 작성의 방법 등으로 그린 약도로 간이지적도를 말한다.

조선총독부(제20호)	작성방법
• 제1조 : 면은 부윤 또는 군수의 지휘에 따라 지세를 부과할 견취도를 작성한다. • 제2조 : 토지소유자는 각 토지에 말목을 세우고 실지에 입회한다. • 작성시기는 부윤 또는 군수가 정한다.	• 북방 표시 • 굴곡이 없는 곡선으로 제도 • 축척 : 1/2000 • 부군청에서 소유자의 신고에 근거하여 조제하였을 뿐 그 신고가 정당한가에 대해서는 조사를 하지 않았다.

(3) 개황도

개황도는 일필지조사를 끝마친 후 그 강계 및 지역을 보측하여 개황을 그리고, 여기에 각종 조사사항을 기재함으로써 장부조제의 참고자료 또는 세부측량의 안내자료로 활용한 것이다.

규격	기재사항
• 길이 : 1척 6촌 • 너비 : 1척 2촌 • 2푼의 방안을 그려 사용 • 축척 : 1/600, 1/1200, 1/2400	• 가지번 및 지번 • 지목 및 사용세목 • 지주의 성명 및 이해관계인의 성명 • 지위등급 • 행정구역의 강계 • 죽목, 초생지, 기타 강계의 목표로 할 수 있는 것 • 삼각점, 도근점

※ 1912년 11월부터 조사와 측량을 한꺼번에 하게 되어 안내도가 필요 없게 되었고, 지위등급조사 시 따로 세부측량원도를 등사하여 이를 지위등급도로 하였기 때문에 개황도를 폐지하였다.

(4) 토지조사부

1911년 11월 토지조사사업 당시 모든 토지소유자가 토지소유권을 신고하게 하여 토지사정원부로 사용하였으며 사정부(査定簿)라고도 하였다.

① 토지조사부에 소유자로 등재되는 것을 사정이라고 하였다.
② 리, 동마다 지번 순으로 지번, 가지번, 지목, 지적, 소유자의 성명 및 주소, 신고 또는 통지연월일 및 분쟁과 기타 특수한 사고가 있는 경우 적요란에 그 내용을 기재하였다.
③ 책의 말미에는 지목별로 면적과 필수를 집계하고, 이를 다시 국유지와 민유지로 구분하여 합계를 냈다.
④ 소유자가 2명인 공유지는 이름을 연기하여 적요란에 표시하고, 3명 이상인 공유지는 따로 연명부를 작성하였다.
⑤ 토지소유권의 사정원부로 사용하다가 토지조사사업이 완료되고 토지대장이 작성되어 그 기능을 상실하였다.

(5) 지세명기장

① 지세징수를 위하여 이동정리를 끝낸 토지대장 중에서 민유과세지만을 뽑아 각 면마다 소유자별(인적 편성주의)로 성명을 기록하여 비치하였다.
② 약 200매를 1책으로 작성하고 책머리에는 색인과, 책 끝에는 면계를 첨부하였다.
③ 지번, 지적, 지가세액, 납기구분, 납세관리인의 주소와 성명 등을 기재하였고 동명이인인 경우 동·리·면과 통호명을 부기하여 구별하였다.
④ 임시토지조사국 조사규정에 의하여 토지조사부가 작성되고, 이에 근거하여 토지대장이 작성되면 토지대장집계표와 지세명기장을 작성하였다.

3 임야조사사업

1) 의의

임야조사사업은 1916~1924년까지 일제가 한국을 강점하기 위한 시책의 일환으로 식민지적 임야소유관계의 확립을 목적으로 실시한 대규모 조사사업이다. 이 사업은 토지조사사업과 더불어 일제의 중요한 식민지수탈정책 중의 하나였다.

2) 사정

토지조사사업에 의한 사정을 하지 아니한 임야와 임야 내 게재지에 대한 소유자와 그 경계를 확정하는 행정처분이다.

3) 사정기관

도지사(도관장)는 조사측량을 한 사항에 대하여 1필지마다 그 토지의 소유자와 경계를 임야조사서와 임야도에 의하여 사정하였다.

4) 재결기관

사정은 30일간 공고하며, 사정사항에 대해 불복하는 자는 공시기간 만료 후 60일 내에 임야심사위원회에 신고하여 재결을 청구할 수 있다. 다만, 정당한 사유 없이 입회를 하지 아니한 자는 그러하지 아니하다.

▶ 토지조사사업과 임야조사사업의 비교

구분	토지조사사업	임야조사사업
실시기간	1910~1918년	1916~1924년
사정기관	임시토지조사국장	도지사
재결기관	고등토지조사위원회	임야조사위원회
조사측량기관	임시토지조사국	부와 면
조사대상	전국에 걸친 평야부의 토지, 낙산, 임야	토지조사에서 제외된 임야, 산림 내 개재지
도면의 축척	1/600, 1/1200, 1/2400	1/3000, 1/6000
지적공부	토지대장, 지적도	임야대장, 임야도

4 도면의 작성

1) 지적도

① 최초의 원도상에 있는 도곽(남북 1척 1촌, 동서 1척 3촌 7분 5리)의 신축을 검사하여 그 차가 2리를 초과하는 것에 대하여는 교정을 한 다음 점사지를 장치하고 자사침으로 원도의 도곽선 및 매 필지경계의 각 점, 삼각점 및 도근점의 위치를 자사한다.
② 도곽 외에 있는 군·면·동·리명, 매수, 도서번호 등을 활판인쇄한다.
③ 1필지 내의 지번 및 지목 등은 입안기로 표시하고, 1필지의 면적이 협소하여 입안기를 사용할 수 없거나 또는 지명 등의 문자가 입안기에 없거나 삼각점과 도근점의 부호권 같은 것은 손으로 기재한다.
④ 조사지역 외의 토지에 대한 지물의 부호는 활자로 산(山), 해(海), 호(湖) 등과 같이 표시한다.
⑤ 초기에는 등고선을 표시하였으며, 분할선은 양홍색으로 정리하였다.
⑥ **지적도의 축척** : 1/600(시가지), 1/1200(평지), 1/2400(산지)

2) 간주지적도

(1) 의의

토지조사령에 의한 토지조사지역 밖의 산림지대에도 전, 답, 대 등 지적도에 올려할 토지가 있는 경우 신규측량한 후 지적도에 등록해야 하나, 이러한 토지는 대략 토지조사시행지역에서 200간 떨어진 곳에 위치하여 기존의 지적도에 등록할 수 없는 경우 산간벽지 또는 도서지방에 이미 비치되어 있는 임야도를 지적도로 간주하여, 그 안에 있는 것은 전, 답, 대 등 과세지라 하더라도 지적도에 신규등록할 것 없이 그 지목만 수정하여 임야도에 존치하였다. 이때 지적도로 간주하는 임야도를 간주지적도라 한다.

(2) 법적 근거

1923년 10월 15일 토지대장규칙에 따로 고시하는 지역에서는 토지대장에 등록한 토지에 대하여 임야도로써 지적도로 간주한다라고 규정하였다.

(3) 작성이유

① 200간 떨어진 곳에 위치하여 기존의 지적도에 등록할 수 없는 경우, 증보도를 만들 경우 많은 노력과 경비가 소요된다.
② 도면의 매수가 늘어나서 취급이 불편하다.

(4) 특징

① 임야도로써 지적도로 간주하는 지역을 간주지적도지역이라 한다.
② 토지대장은 일반적인 토지대장과는 별도로 작성하여 별책토지대장, 을호토지대장, 산토지대장으로 불렀다.

③ 산토지대장에 등록하는 면적의 단위는 30평(1무)단위로 등록하였다.
④ 산토지대장은 1975년 토지대장카드화작업으로 면적을 제곱미터단위로 환산하여 등록하면서 토지대장으로 교체하였으며, 현재는 보관만 하고 있다.
⑤ 육지에서 멀리 떨어진 도서나 산간벽지 등에 지목이 전, 답, 대 등의 과세지가 있을 경우에 당시의 지적도의 축척인 1 : 600, 1 : 1200, 1 : 2400으로 측량하지 않고 축척 1 : 3000, 1 : 6000인 임야도에 그 전, 답, 대 등을 등록하고 이것을 간주지적도로 간주하였다.
⑥ 1924년 4월 1일 조선총독부고시를 시작으로 총 15차례에 걸쳐 추가 고시를 계속하여 우리나라의 산간벽지와 도서지방 대부분이 이 지역에 포함되었다.

3) 증보도

임야도에 등록전환하거나 국유미간지의 개간, 공유수면을 매립해서 측량하여 새로이 토지대장에 등록할 토지가 기존 지적도의 지역 밖에 있는 경우에는 새로 지적도를 조제하여 이에 등재하게 되는데, 이때 기존 지적도 도곽 이외에 새로 만들어지는 지적도를 증보도라 하고 도면번호 위에 증보(增補)라고 관기(冠記)한다. 새로이 지적도를 조제하였을 때에는 일람도의 당해 위치에 도곽을 그리고, 증보지적도의 도호(圖號)는 증1, 증2 등으로 기재한다.

4) 부호도

① 부호란 지적도에 등록된 필지가 너무 작아서 지번, 지목을 주기할 수 없는 경우 해당 필지에 부호를 넣고 도곽 밖에 기재하는 것을 말한다.
② 지적도곽 내 부호필지가 너무 많아서 해당 지적도에 부호의 지번을 기록하지 못하는 경우 다른 도면에 작성하였다
③ 부호도는 지적도의 일부분으로 부속도면 또는 보조도면은 아니다.

5) 임야도

(1) 법적 근거(조선임야조사령 제17조)

도장관은 임야대장 및 임야도를 작성하여 사정에 의하여 확정된 사항 또는 재결을 거친 사항을 등록해야 한다.

(2) 비치(임야대장규칙 제1조)

1920년 8월 23일 전문 5조로 공포하였으며 부·군·도에 임야대장 및 임야도를 비치한다.

(3) 축척

① 1/3000 : 높은 정밀도를 요하는 지역(시가지, 특수지역)
② 1/6000 : 정밀도가 그다지 높지 않은 지역

(4) 임야도 작성방법

① 임야도 중 지적도 시행지역은 담홍색으로 표시한다.
② 하천은 청색, 임야도 내 미등록 도로는 홍색으로 등록한다.
③ 임야도의 도곽은 남북으로 1척 3촌 2리(40cm), 동서로 1척 6촌 5리(50cm)로 구획한다.
④ 아주 넓은 국유임야 등에 대해서는 1:25000, 1:50000 지형도에 등록하여 임야도로 간주하여 사용하였다.

6) 간주임야도

(1) 의의

간주임야도는 일제가 조선임야조사사업 당시 전국의 일부 지역에 있어서 임야지의 이용 가치가 낮고 정밀도가 그다지 요구되지 않으며 임야조사측량을 실시하기가 곤란한 광대한 면적을 가진 심산유곡의 국유·임야지 가운데 일부 지역에 대하여 축척 1:3000, 1:6000의 임야도를 작성하지 않고 축척 1:25000, 1:50000 지형도 위에 임야경계선을 조사·등록하고 임야도로 대용토록 한 것을 말한다.

(2) 특징

① 사정된 필지별 경계선 임야 내부의 필지경계선의 대부분을 도·군·면·리의 행정구역경계선으로 결정하였기 때문에 도면의 정밀도가 낮다.
② 1:25000, 1:50000 지형도상에서 면적을 측정하였기 때문에 신뢰성이 낮고 공신력 있는 공부로서의 역할을 다하지 못했다.
③ 간주임야도는 1:25000, 1:50000 지형도의 경·위도로 구분한 도곽을 사용하였기 때문에 위도에 따라 그 도곽의 절대길이가 약간씩 변화되는데, 북반구에서는 위도가 높을수록 그 횡선의 길이가 짧아지는 현상이 나타나며 심지어 같은 도면에서조차 위 횡선보다 아래 횡선이 약간 길다고 할 수 있다.
④ **시행지역** : 경북 일월산, 전북 덕유산, 경남 지리산 일대

04 예상문제

01 다음 중 지적 관련 법령의 변천순서로 옳은 것은?
　　　　　　　　　　　　　　　　　　　　　　　기 17-2

① 토지조사령 → 조선임야조사령 → 조선지세령 → 지세령 → 지적법
② 토지조사령 → 조선지세령 → 조선임야조사령 → 지세령 → 지적법
③ 토지조사령 → 조선임야조사령 → 지세령 → 조선지세령 → 지적법
④ 토지조사령 → 지세령 → 조선임야조사령 → 조선지세령 → 지적법

해설　**지적 관련 법령의 변천순서** : 토지조사령(1912) → 지세령(1914) → 조선임야조사령(1918) → 조선지세령(1943) → 지적법(1950)

02 지적 관련 법령의 변천순서가 옳게 나열된 것은?
　　　　　　　　　　　　　　　　　　　　　　　산 18-1

① 토지대장법 → 조선지세령 → 토지조사령 → 지세령
② 토지대장법 → 토지조사령 → 조선지세령 → 지세령
③ 토지조사법 → 지세령 → 토지조사령 → 조선지세령
④ 토지조사법 → 토지조사령 → 지세령 → 조선지세령

해설　**지적 관련 법령의 변천순서** : 토지조사법(1910) → 토지조사령(1912) → 지세령(1914) → 조선임야조사령(1918) → 조선지세령(1943) → 지적법(1950)

03 토지조사사업의 근거법령은 토지조사법과 토지조사령이다. 임야조사사업의 근거법령은?
　　　　　　　　　　　　　　　　　　　　　　　기 18-3

① 임야조사령　　　② 조선조사령
③ 임야대장규칙　　④ 조선임야조사령

해설　조선임야조사령은 1918년 5월 1일 전문 20조로 공포하였다. 임야의 조사 및 측정은 토지조사령에 의하여 한 것을 제외하고는 본령에 의하며, 임야는 지반을 측정하고 그 지목을 정하여 1구역마다 지번을 부여한다.

04 지적법이 제정되기까지의 순서를 올바르게 나열한 것은?
　　　　　　　　　　　　　　　　　　　　　　　기 19-3

① 토지조사법 → 토지조사령 → 지세령 → 조선지세령 → 조선임야조사령 → 지적법
② 토지조사법 → 지세령 → 토지조사령 → 조선지세령 → 조선임야조사령 → 지적법
③ 토지조사법 → 토지조사령 → 지세령 → 조선임야조사령 → 조선지세령 → 지적법
④ 토지조사법 → 지세령 → 조선임야조사령 → 토지조사령 → 조선지세령 → 지적법

해설　**지적 관련 법령의 변천순서** : 토지조사법(1910) → 토지조사령(1912) → 지세령(1914) → 조선임야조사령(1918) → 조선지세령(1943) → 지적법(1950)

05 다음 중 조선총독부에서 제정한 법령이 아닌 것은?
　　　　　　　　　　　　　　　　　　　　　　　기 18-1

① 토지조사령　　　② 토지조사법
③ 토지대장규칙　　④ 토지측량표규칙

해설　토지조사법은 대한제국정부가 1910년 8월 24일 전문 15조로 공포(내각총리대신 이완용)하였으며 토지조사의 절차와 규범을 마련하였다.

06 다음 중 토지조사사업의 주요 목적과 거리가 먼 것은?
　　　　　　　　　　　　　　　　　　　　　　　산 16-3

① 토지소유의 증명제도 확립
② 조세수입체계 확립
③ 토지에 대한 면적단위의 통일성 확보
④ 전문지적측량사의 양성

해설　토지조사사업은 1910~1918년까지 일제가 한국의 식민지 체제 수립을 위한 기초작업으로 시행한 대규모 사업으로, 이 사업은 일본자본의 토지점유에 적합한 토지소유의 증명제도를 확립하고 은결(隱結) 등을 찾아내어 지세수입을 증대시킴으로써 식민통치를 위한 재정자금을 확보하며 국유지를 창출하여 조선총독부의 소유지로 개편하기 위한 목적으로 실시하였다.

정답　01 ④　02 ④　03 ④　04 ③　05 ②　06 ④

07 토지조사사업의 목적과 가장 거리가 먼 것은?

① 토지소유의 증명제도 확립
② 토지소유의 합리화
③ 국토개발계획의 수립
④ 토지의 면적단위 통일

해설 토지조사사업의 목적
㉠ 토지소유의 증명제도 확립
㉡ 토지소유의 합리화
㉢ 토지의 면적단위 통일

08 다음 중 토지조사사업에서의 사정결과를 바탕으로 작성한 토지대장을 기초로 등기부가 작성되어 최초로 전국에 등기령을 시행하게 된 시기는?

① 1910년 ② 1918년
③ 1924년 ④ 1930년

해설 1918년 토지조사사업에서의 사정결과를 바탕으로 작성한 토지대장을 기초로 등기부가 작성되어 최초로 전국에 등기령을 시행하게 되었다.

09 토지조사사업의 특징으로 틀린 것은?

① 근대적 토지제도가 확립되었다.
② 사업의 조사, 준비, 홍보에 철저를 기하였다.
③ 역둔토 등을 사유화하여 토지소유권을 인정하였다.
④ 도로, 하천, 구거 등을 토지조사사업에서 제외하였다.

해설 토지조사사업은 1910~1918년까지 일제가 한국의 식민지 체제 수립을 위한 기초작업으로 시행한 대규모 사업으로, 이 사업은 일본자본의 토지점유에 적합한 토지소유의 증명제도를 확립하고 은결(隱結) 등을 찾아내어 지세수입을 증대시킴으로써 식민통치를 위한 재정자금을 확보하며 역둔토를 국유화하여 조선총독부의 소유지로 개편하기 위한 목적으로 실시하였다.

10 토지조사령이 제정된 시기는?

① 1898년 ② 1905년
③ 1912년 ④ 1916년

해설 토지조사령(土地調査令)은 1912년 8월 13일 전문 19조로 공포(총독 데라우치)되었으며, 민심수습과 토지수탈에 그 본래의 목적이 있었고 토지에 대한 과세에 큰 비중을 두었다. 토지조사는 소유권조사, 지가조사, 지형·지모조사 세 분야에 걸쳐 조사되었다.

11 법률체제를 갖춘 우리나라 최초의 지적법으로, 이 법의 폐지 이후 대부분의 내용이 토지조사령에 계승된 것은?

① 삼림법 ② 지세법
③ 토지조사법 ④ 조선임야조사령

해설 토지조사법(土地調査法)은 대한제국정부가 1910년 8월 24일 전문 15조로 공포(내각총리대신 이완용)하였으며 토지조사의 절차와 규범을 마련하였다. 이후 토지조사령(土地調査令)이 1912년 8월 13일 전문 19조로 공포(총독 데라우치)되었고 민심수습과 토지수탈에 그 본래의 목적이 있었으며 토지에 대한 과세에 큰 비중을 두었다. 토지조사는 소유권조사, 지가조사, 지형·지모조사 등 세 분야에 걸쳐 조사되었다.

12 조선지세령에 관한 내용으로 틀린 것은?

① 1943년에 공포되어 시행되었다.
② 전문 7장과 부칙을 포함한 95개 조문으로 되어 있다.
③ 토지대장, 지적도, 임야대장에 관한 모든 규칙을 통합하였다.
④ 우리나라 세금의 대부분인 지세에 관한 사항을 규정하는 것이 주목적이었다.

해설 조선지세령은 1943년 3월 31일 공포하였으며 토지대장규칙을 흡수하였으나 임야대장규칙을 흡수하지 못하고 조선임야대장규칙으로 독립하였다. 그 이유는 일제시대 지세는 국세이며, 임야세는 지방세이기 때문에 이를 이원적으로 규정할 필요가 있었기 때문이다.

13 역둔토 실지조사를 실시할 경우 조사내용에 해당되지 않는 것은?

① 지번, 지목
② 면적, 사표
③ 등급 및 결정소작료
④ 경계 및 조사자 성명

해설 역둔토 실지조사내용 : 지번, 지목, 등급, 지적, 소작인의 주소, 성명 또는 명칭, 소작연월일 및 대부료 등

정답 07 ③ 08 ② 09 ③ 10 ③ 11 ③ 12 ③ 13 ④

14 토지조사사업에서 측량에 관계되는 사항을 구분한 7가지 항목에 해당하지 않는 것은?

① 삼각측량 ② 지형측량
③ 천문측량 ④ 이동지측량

해설 토지조사사업 당시의 측량의 구분 : 삼각측량, 도근측량, 세부측량, 면적계산, 지적도 작성, 이동지측량, 지형측량

15 토지조사령은 그 본래의 목적이 일제가 우리나라의 민심수습과 토지수탈의 목적으로 제정되었다고 볼 수 있다. 토지조사령은 토지에 대한 과세에 큰 비중을 두었으며, 토지조사는 세 가지 분야에 걸쳐 시행되었다. 다음 중 토지조사에 해당되지 않는 것은?

① 지가조사 ② 소유권조사
③ 지(형)모조사 ④ 측량성과조사

해설 토지조사사업의 내용
㉠ 소유권조사 : 전국의 토지에 대하여 토지소유자 및 강계를 조사, 사정함으로써 토지분쟁을 해결하고 토지조사부, 토지대장, 지적도를 작성한다.
㉡ 가격조사 : 과세의 공평을 기하기 위하여 시가지의 경우 토지의 시가를 조사하며, 시가지 이외의 지역에서는 대지는 임대가격을, 기타 전, 답, 지소 및 잡종지는 그 수익을 기초로 지가를 결정하여 지세제도를 확립한다.
㉢ 외모조사 : 국토 전체에 대한 자연적 또는 인위적으로 형성된 지물과 고저를 표시한 지형도를 작성하기 위해 지형·지모조사를 실시하였다.

16 1910~1918년에 시행한 토지조사사업에서 조사한 내용이 아닌 것은?

① 토지의 지질조사
② 토지의 가격조사
③ 토지의 소유권조사
④ 토지의 외모(外貌)조사

해설 토지조사사업의 내용
㉠ 소유권조사 : 전국의 토지에 대하여 토지소유자 및 강계를 조사, 사정함으로써 토지분쟁을 해결하고 토지조사부, 토지대장, 지적도를 작성한다.
㉡ 가격조사 : 과세의 공평을 기하기 위하여 시가지의 경우 토지의 시가를 조사하며, 시가지 이외의 지역에서는 대지는 임대가격을, 기타 전, 답, 지소 및 잡종지는 그 수익을 기초로 지가를 결정하여 지세제도를 확립한다.
㉢ 외모조사 : 국토 전체에 대한 자연적 또는 인위적으로 형성된 지물과 고저를 표시한 지형도를 작성하기 위해 지형·지모조사를 실시하였다.

17 다음 중 토지조사사업 당시 일필지조사와 관련이 가장 적은 것은?

① 경계조사 ② 지목조사
③ 지주조사 ④ 지형조사

해설 일필지조사(一筆地調査)는 토지소유권을 확실히 하기 위해 필지단위로 지주, 강계, 지목, 지번의 조사 등을 하였다.

18 다음 중 토지조사사업의 일필지조사내용에 해당하지 않는 것은?

① 임차인조사
② 지목의 조사
③ 경계 및 지역의 조사
④ 증명 및 등기필토지의 조사

해설 일필지조사(一筆地調査)는 토지소유권을 확실히 하기 위해 필지단위로 지주, 강계, 지목, 지번의 조사 등을 하였다.

19 토지조사사업 당시 일부 지목에 대하여 지번을 부여하지 않았던 이유로 옳은 것은?

① 소유자 확인 불명
② 과세적 가치의 희소
③ 경제선의 구분 곤란
④ 측량조사작업의 어려움

해설 토지조사법에 의하면 토지는 지목을 정하고 지반을 측량하며 1구역마다 지번을 부여한다. 단, 도로, 하천, 구거, 제방, 성첩, 철도선로, 수도선로의 토지에 대하여는 지번을 부여하지 않을 수 있다. 지번을 부여하지 않은 이유는 과세적 가치의 희소 때문이다.

20 지주총대의 사무에 해당되지 않는 것은?

① 신고서류 취급 처리
② 소유자 및 경계 사정
③ 동·리의 경계 및 일필지조사의 안내
④ 경계표에 기재된 성명 및 지목 등의 조사

해설 지주총대의 사무
㉠ 동·리의 경계 및 일필지조사의 안내
㉡ 신고서류 취급 및 처리
㉢ 경계표에 기재된 성명 및 지목 등의 조사

정답 14 ③ 15 ④ 16 ① 17 ④ 18 ① 19 ② 20 ②

21 토지조사사업 당시 험조장의 위치를 선정할 때 고려사항이 아닌 것은?

① 유수 및 풍향 ② 해저의 깊이
③ 선착장의 편리성 ④ 조류의 속도

해설 험조장 위치 선정 시 고려사항 : 유수, 풍향, 해저의 깊이, 조류속도

22 다음 중 토지조사사업의 토지사정 당시 별필(別筆)로 하였던 사유에 해당되지 않는 것은?

① 도로, 하천 등에 의하여 자연구획을 이룬 것
② 토지의 소유자와 지목이 동일하고 연속된 것
③ 지반의 고저차가 심한 것
④ 특히 면적이 광대한 것

해설 별필지로 하는 경우
㉠ 도로, 하천, 구거, 제방, 성곽 등에 의하여 자연적으로 구획을 이룬 것
㉡ 특히 면적이 광대한 것
㉢ 심히 형상이 만곡하거나 협장한 것
㉣ 지방 기타의 상황이 현저히 상이한 것
㉤ 지반의 고저가 심하게 차이가 있는 것
㉥ 시가지로서 연와병, 석원 기타 영구적 건축물로서 구획된 지역
㉦ 분쟁에 걸린 것
㉧ 국·도·부·군·면 또는 조선총독부가 지정한 공공단체의 소유에 속한 공용 또는 공공의 용에 공하는 토지
㉨ 잡종지 중의 염전 및 광천지로서 그 구역이 명확한 것
㉩ 전당권 설정의 증명이 있는 것은 그 증명마다 별필로 취급할 것
㉪ 소유권 증명을 거친 것은 그 증명번호마다 별필로 할 것

23 토지조사사업 당시 필지를 구분함에 있어 일필지의 강계(彊界)를 설정할 때 별필로 하였던 경우가 아닌 것은?

① 특히 면적이 협소한 것
② 지반의 고저가 심하게 차이 있는 것
③ 심히 형상이 구부러지거나 협장한 것
④ 도로, 하천, 구거, 제방, 성곽 등에 의하여 자연으로 구획을 이룬 것

해설 별필지로 하는 경우
㉠ 도로, 하천, 구거, 제방, 성곽 등에 의하여 자연적으로 구획을 이룬 것
㉡ 특히 면적이 광대한 것
㉢ 심히 형상이 만곡하거나 협장한 것
㉣ 지방 기타의 상황이 현저히 상이한 것
㉤ 지반의 고저가 심하게 차이가 있는 것
㉥ 시가지로서 연와병, 석원 기타 영구적 건축물로서 구획된 지역
㉦ 분쟁에 걸린 것
㉧ 국·도·부·군·면 또는 조선총독부가 지정한 공공단체의 소유에 속한 공용 또는 공공의 용에 공하는 토지
㉨ 잡종지 중의 염전 및 광천지로서 그 구역이 명확한 것
㉩ 전당권 설정의 증명이 있는 것은 그 증명마다 별필로 취급할 것
㉪ 소유권 증명을 거친 것은 그 증명번호마다 별필로 할 것

24 토지조사사업 당시 분쟁의 원인에 해당되지 않는 것은?

① 미개간지
② 토지 소속의 불분명
③ 역둔토의 정리 미비
④ 토지점유권 증명의 미비

해설 분쟁의 원인
㉠ 불분명한 국유지와 민유지
㉡ 미정리된 역둔토와 궁장토
㉢ 소유권이 불확실한 미개간지를 정리하기 위한 조사
㉣ 토지 소속의 불분명
㉤ 토지소유권 증명의 미비

25 지압(地壓)조사에 대한 설명으로 옳은 것은?

① 신고, 신청에 의하여 실시하는 토지조사이다.
② 무신고 이동지를 발견하기 위하여 실시하는 토지검사이다.
③ 토지의 이동측량성과를 검사하는 성과검사이다.
④ 분쟁지의 경계와 소유자를 확정하는 토지조사이다.

해설 지압조사는 무신고 이동지를 발견하기 위하여 실시하는 토지검사이다.

26 다음 중 토지조사사업에서 소유권 조사와 관계되는 사항에 해당하지 않는 것은?

① 준비조사 ② 분쟁지조사
③ 이동지조사 ④ 일필지조사

해설 이동지조사는 토지이동과 관련된 것이므로 소유권 조사와 관련이 없다.

정답 21 ③ 22 ② 23 ① 24 ④ 25 ② 26 ③

27 다음 중 1910년대의 토지조사사업에 따른 일필지조사의 업무내용에 해당하지 않는 것은?

① 지번조사 ② 지주조사
③ 지목조사 ④ 역둔토조사

해설 일필지조사(一筆地調査)는 토지소유권을 확실히 하기 위해 필지단위로 지주, 강계, 지목, 지번의 조사 등을 하였다.

28 토지조사사업 당시의 일필지조사에 해당되지 않는 것은?

① 소유자조사 ② 지목조사
③ 지주조사   ④ 강계조사

해설 일필지조사는 토지소유권을 확실히 하기 위해 필지단위로 지주, 강계, 지목, 지번의 조사 등을 하였다.

29 토지조사사업에서 일필지조사의 내용과 가장 거리가 먼 것은?

① 지목의 조사   ② 지주의 조사
③ 지번의 조사   ④ 미개간지의 조사

해설 일필지조사(一筆地調査)는 토지소유권을 확실히 하기 위해 필지단위로 지주, 강계, 지목, 지번조사 등을 하였다.

30 토지조사사업 시 사정한 경계의 직접적인 사항은?

① 토지과세의 촉구   ② 측량기술의 확인
③ 기초행정의 확립   ④ 등록단위인 필지획정

해설 토지조사사업 시 사정한 경계는 등록단위인 필지획정이다.

31 토지조사사업 당시 도로, 하천, 구거, 제방, 성첩, 철도선로, 수도선로를 조사대상에서 제외한 주된 이유는?

① 측량작업의 난이   ② 소유자 확인 불명
③ 강계선 구분 불가능 ④ 경제적 가치의 희소

해설 토지조사사업 당시 도로, 하천, 구거, 제방, 성첩, 철도선로, 수도선로를 조사대상에서 제외한 주된 이유는 경제적 가치의 희소 때문이다.

32 토지조사사업 당시의 지목 중 면세지에 해당하지 않는 것은?

① 분묘지   ② 사사지
③ 수도선로 ④ 철도용지

해설 토지조사사업 당시 지목은 18개로 구분하였으며 과세지, 비과세지, 면세지로 구별하였다.
㉠ 과세지
  • 직접적인 수익이 있는 토지로 과세 중이거나 장래에 과세의 목적이 될 수 있는 토지
  • 전, 답, 대, 지소, 임야, 잡종지
㉡ 비과세지
  • 개인이 소유할 수 없으며 과세의 목적으로 하지 않는 토지
  • 도로, 하천, 구거, 제방, 성첩, 철도선로, 수도선로
㉢ 면세지
  • 직접적인 수익이 없으며 공공용에 속하여 지세가 면제된 토지
  • 사사지, 분묘지, 공원지, 철도용지, 수도용지

33 토지조사사업 당시의 지목 중 비과세지에 해당하지 않는 것은?

① 구거   ② 도로
③ 제방   ④ 지소

해설 토지조사사업 당시 지목은 18개로 구분하였으며 과세지, 비과세지, 면세지로 구별하였다.
㉠ 과세지
  • 직접적인 수익이 있는 토지로 과세 중이거나 장래에 과세의 목적이 될 수 있는 토지
  • 전, 답, 대, 지소, 임야, 잡종지
㉡ 비과세지
  • 개인이 소유할 수 없으며 과세의 목적으로 하지 않는 토지
  • 도로, 하천, 구거, 제방, 성첩, 철도선로, 수도선로
㉢ 면세지
  • 직접적인 수익이 없으며 공공용에 속하여 지세가 면제된 토지
  • 사사지, 분묘지, 공원지, 철도용지, 수도용지

34 토지의 사정(査定)에 해당되는 것은?

① 재결   ② 법원판결
③ 사법처분 ④ 행정처분

해설 토지조사사업 당시 사정이란 소유자와 강계를 확정하는 행정처분이다.

35 토지조사사업 당시 소유권 조사에서 사정한 사항은?

① 강계, 면적   ② 강계, 소유자
③ 소유자, 지번 ④ 소유자, 면적

정답 27 ④ 28 ① 29 ④ 30 ④ 31 ④ 32 ③ 33 ④ 34 ④ 35 ②

해설 사정이란 토지조사부 및 지적도에 의하여 토지소유자(원시취득) 및 강계를 확정하는 행정처분을 말한다. 지적도에 등록된 강계선이 대상이며 지역선은 사정하지 않는다.

36 토지조사사업 당시 사정(査定)은 토지조사부 및 지적도에 의하여 토지의 소유자 및 그 강계를 확정하는 행정처분을 말한다. 이때 사정권자는 누구인가?

① 조선총독부 ② 측량국장
③ 지적국장 ④ 임시토지조사국장

해설 토지의 사정(査定)
㉠ 의의 : 토지조사부 및 지적도에 의하여 토지소유자(원시취득) 및 강계를 확정하는 행정처분을 말한다. 지적도에 등록된 강계선이 대상이며 지역선은 사정하지 않는다.
㉡ 사정권자 : 임시토지조사국장은 지방토지조사위원회에 자문하여 토지소유 및 그 강계를 사정하며, 임시토지조사국장은 사정을 하는 때에는 30일간 이를 공시한다.
㉢ 재결 : 사정에 대하여 불복하는 자는 공시기간 만료 후 60일 내에 고등토지조사위원회에 제기하여 재결을 받을 수 있다. 다만, 정당한 사유 없이 입회를 하지 아니한 자는 그러하지 아니하다.

37 토지조사사업 당시 확정된 소유자가 다른 토지 간의 사정된 경계선은?

① 지압선 ② 수사선
③ 도곽선 ④ 강계선

해설 강계선(疆界線)
㉠ 토지조사사업 당시 임시토지조사국장이 사정한 경계선을 말한다.
㉡ 지목을 구별하며 소유권의 분계를 확정한다.
㉢ 토지소유자와 지목이 동일하고 지반이 연속된 토지는 1필지로 함을 원칙으로 한다.
㉣ 강계선의 반대쪽은 반드시 소유자가 다르다.

38 토지조사사업의 사정에 불복하는 자는 공시기간 만료 후 최대 며칠 이내에 고등토지조사위원회에 재결을 신청해야 하는가?

① 10일 ② 30일
③ 60일 ④ 90일

해설 임시토지조사국장은 지방토지조사위원회에 자문하여 토지소유 및 그 강계를 사정하며, 사정을 하는 때에는 30일간 이를 공시한다. 사정에 대하여 불복하는 자는 공시기간 만료 후 60일 내에 고등토지조사위원회에 제기하여 재결을 받을 수 있다. 다만, 정당한 사유 없이 입회를 하지 아니한 자는 그러하지 아니하다.

39 다음 중 토지조사사업 당시 불복신립 및 재결을 행하는 토지소유권의 확정에 관한 최고의 심의기관은 어느 것인가?

① 도지사
② 임시토지조사
③ 고등토지조사위원회
④ 임야조사위원회

해설 사정에 대하여 불복하는 자는 공시기간 만료 후 60일 내에 고등토지조사위원회에 제기하여 재결을 받을 수 있다. 다만, 정당한 사유 없이 입회를 하지 아니한 자는 그러하지 아니하다.

40 토지조사사업 당시 사정에 대한 재결기관은?

① 지방토지조사위원회
② 도지사
③ 임시토지조사국장
④ 고등토지조사위원회

해설 임시토지조사국장은 지방토지조사위원회에 자문하여 토지소유 및 그 경계를 사정하며, 사정을 하는 때에는 30일간 이를 공시한다. 사정에 대하여 불복하는 자는 공시기간 만료 후 60일 내에 고등토지조사위원회에 제기하여 재결을 받을 수 있다. 다만, 정당한 사유 없이 입회를 하지 아니한 자는 그러하지 아니하다.

41 토지조사사업 당시 사정사항에 불복하여 재결을 받은 때의 효력발생일은?

① 재결신청일 ② 재결접수일
③ 사정일 ④ 사정 후 30일

해설 토지조사사업 시 소유자를 사정하여 토지대장에 등록한 소유권의 취득효력은 원시취득에 해당한다. 재결 받은 때의 효력발생일은 사정일로 소급하여 발생한다.

42 토지조사 시 소유자 사정(査定)에 불복하여 고등토지조사위원회에서 사정과 다르게 재결(裁決)이 있는 경우 재결에 따른 변경의 효력발생시기는?

① 사정일에 소급 ② 재결일
③ 재결서 발송일 ④ 재결서 접수일

정답 36 ④ 37 ④ 38 ③ 39 ③ 40 ④ 41 ③ 42 ①

해설 사정에 대하여 불복하는 자는 공시기간 만료 후 60일 내에 고등토지조사위원회에 제기하여 재결을 받을 수 있다. 이 경우 재결의 효력은 사정일로 소급 적용된다.

43 토지조사사업 당시 소유자는 같으나 지목이 상이하여 별필(別筆)로 해야 하는 토지들의 경계선과 소유자를 알 수 없는 토지와의 구획선으로 옳은 것은?
기 17-1

① 강계선(疆界線) ② 경계선(境界線)
③ 지역선(地域線) ④ 지세선(地勢線)

해설 지역선(地域線)
㉠ 토지조사사업 당시 소유자는 동일하나 지목이 다른 경우와 지반이 연속되지 않아 별도의 필지로 구획한 토지 간의 경계선을 말한다. 즉 동일인의 소유지이라도 지목이 상이하여 별필로 하는 경우의 경계선을 말한다.
㉡ 토지조사사업 당시 조사대상토지와 조사에서 제외된 토지 간의 구분한 지역경계선(지계선)을 말한다.
㉢ 이 지역선은 경계선 또는 강계선과는 달리 소유권을 구분하는 선이 아니므로 사정하지 않았다.
㉣ 반대쪽은 소유자가 같을 수도, 다를 수도 있다.
㉤ 지역선은 경계분쟁대상에서 제외되었다.

44 토지조사사업 당시 토지의 사정이 의미하는 것은?
기 19-1

① 경계와 면적으로 확정하는 것이다.
② 지번, 지목, 면적으로 확정하는 것이다.
③ 소유자와 지목을 확정하는 행정행위이다.
④ 소유자와 강계를 확정하는 행정처분이다.

해설 토지조사사업 당시 토지의 사정은 토지조사부 및 지적도에 의하여 토지소유자(원시취득) 및 강계를 확정하는 행정처분을 말한다.

45 토지조사사업 시의 사정(査定)에 대한 설명으로 옳지 않은 것은?
기 19-2

① 사정권자는 당시 고등토지위원회의 장이었다.
② 토지소유자 및 그 강계를 확정하는 행정처분이다.
③ 사정권자는 사정을 하기 전 지방토지위원회의 자문을 받았다.
④ 토지의 강계는 지적도에 등록된 토지의 경계선인 강계선이 대상이었다.

해설 사정이란 토지조사부 및 지적도에 의하여 토지소유자(원시취득) 및 강계를 확정하는 행정처분을 말한다. 지적도에 등록된 강계선이 대상이며 지역선은 사정하지 않는다. 임시토지조사국장은 지방토지조사위원회에 자문하여 토지소유자 및 그 강계를 사정하며, 사정을 하는 때에는 30일간 이를 공시한다.

46 토지의 사정(査定)을 가장 잘 설명한 것은?
기 16-3

① 토지의 소유자와 지목을 확정하는 것이다.
② 토지의 소유자와 강계를 확정하는 행정처분이다.
③ 토지의 소유자와 강계를 확정하는 사법처분이다.
④ 경계와 지적을 확정하는 행정처분이다.

해설 사정이란 토지조사부 및 지적도에 의하여 토지소유자(원시취득) 및 강계를 확정하는 행정처분을 말한다. 지적도에 등록된 강계선이 대상이며 지역선은 사정하지 않는다.

47 우리나라 토지조사사업 당시 토지소유권의 사정원부로 사용하기 위하여 작성한 공부는?
산 16-2

① 지세명기장 ② 토지조사부
③ 역둔토대장 ④ 결수연명부

해설 토지조사부는 1911년 11월 토지조사사업 당시 모든 토지소유자가 토지소유권을 신고하게 하여 토지사정원부로 사용하였으며 사정부(査定簿)라고도 하였다.

48 지역선에 대한 설명으로 옳지 않은 것은?
기 18-2

① 임야조사사업 당시의 사정선
② 시행지와 미시행지와의 지계선
③ 소유자가 동일한 토지와의 구획선
④ 소유자를 알 수 없는 토지와의 구획선

해설 임야조사사업 당시의 사정선은 경계선을 말한다.

49 토지조사사업 당시 지역선의 대상이 아닌 것은?
산 16-1

① 소유자가 같은 토지와의 구획선
② 소유자가 다른 토지 간의 사정된 경계선
③ 토지조사시행지와 미시행지와의 지계선
④ 소유자를 알 수 없는 토지와의 구획선

해설 소유자가 다른 토지 간의 사정된 경계선은 강계선이다.

정답 43 ③ 44 ④ 45 ① 46 ② 47 ② 48 ① 49 ②

50 토지경계에 대한 설명으로 옳지 않은 것은? 기 17-3
① 지역선이란 사정선과 같다.
② 강계선이란 사정선을 말한다.
③ 원칙적으로 지적(임야)도상의 경계를 말한다.
④ 지적공부상에 등록하는 단위토지인 일필지의 구획선을 말한다.

해설 ㉠ 강계선(疆界線)
  - 토지조사사업 당시 임시토지조사국장이 사정한 경계선을 말한다.
  - 지목을 구별하며 소유권의 분계를 확정한다.
  - 토지소유자와 지목이 동일하고 지반이 연속된 토지는 1필지로 함을 원칙으로 한다.
  - 강계선의 반대쪽은 반드시 소유자가 다르다.
㉡ 지역선(地域線)
  - 토지조사사업 당시 소유자는 동일하나 지목이 다른 경우와 지반이 연속되지 않아 별도의 필지로 구획한 토지 간의 경계선을 말한다. 즉 동일인의 소유지라도 지목이 상이하여 별필로 하는 경우의 경계선을 말한다.
  - 토지조사사업 당시 조사대상토지와 조사에서 제외된 토지 간의 구분한 지역경계선(지계선)을 말한다.
  - 이 지역선은 경계선 또는 강계선과는 달리 소유권을 구분하는 선이 아니므로 사정하지 않았다.
  - 반대쪽은 소유자가 같을 수도, 다를 수도 있다.
  - 지역선은 경계분쟁대상에서 제외되었다.

51 징발된 토지소유권의 주체는? 산 18-1
① 국가 ② 국방부
③ 토지소유자 ④ 지방자치단체

해설 징발된 토지의 소유권은 토지소유자에게 있다.

52 다음 중 토지조사사업 당시 토지대장 정리를 위한 조사자료에 해당하는 것은? 산 17-2
① 양안 및 지계
② 토지소유권 증명
③ 토지 및 건물대장
④ 토지조사부 및 등급조사부

해설 토지조사사업 당시 토지대장 정리를 위한 조사자료로 토지조사부와 등급조사부가 사용되었다.

53 임야조사사업의 목적에 해당하지 않는 것은? 기 16-2
① 소유권을 법적으로 확정
② 임야정책 및 산업건설의 기초자료 제공
③ 지세부담의 균형 조정
④ 지방재정의 기초 확립

해설 임야조사사업의 목적
  ㉠ 소유권을 법적으로 확정
  ㉡ 임야정책 및 산업건설의 기초자료 제공
  ㉢ 지세부담의 균형 조정

54 우리나라의 지적 창설 당시 도로, 하천, 구거 및 소도서는 토지(임야)대장 등록에서 제외하였는데 가장 큰 이유는? 기 16-3
① 측량하기 어려워서
② 소유자를 알 수가 없어서
③ 경계선이 명확하지 않아서
④ 과세적 가치가 없어서

해설 토지조사사업의 조사대상은 예산, 인원 등 경제적 가치가 있는 것에 한하여 실시하였으므로 도로, 하천, 구거, 제방, 성첩, 철도선로, 수도선로는 지목만 조사하고 지반을 측량하거나 지번을 붙이지 않았다. 그 이유는 경제적 가치가 없기 때문이다.

55 임야조사사업 당시의 조사 및 측량기관은? 기 16-2
① 부(府)나 면(面) ② 임야심사위원회
③ 임시토지조사국 ④ 도지사

해설 임야조사사업 당시 부윤 또는 면장은 조선총독이 정하는 바에 의하여 임야의 조사 및 측량을 행하며 임야조사서 및 도면을 작성하고 신고서 및 통지서를 첨부하여 도장관에게 제출해야 한다.

56 우리나라 임야조사사업 당시의 재결기관은? 산 16-1
① 고등토지조사위원회
② 임시토지조사국
③ 도지사
④ 임야심사위원회

해설 임야조사사업 당시 도지사(도관장)는 조사측량을 한 사항에 대하여 1필지마다 그 토지의 소유자와 경계를 임야조사서와 임야도에 의하여 사정하였다. 사정은 30일간 공고하며, 사정에 대하여 불복하는 자는 공시기간 만료 후 60일 내에 임야심사위원회에 신고하여 재결을 청구할 수 있다.

정답 50 ① 51 ③ 52 ④ 53 ④ 54 ④ 55 ① 56 ④

57 우리나라 토지조사사업 당시 조사측량기관은?
① 부(府)와 면(面) ② 임야조사위원회
③ 임시토지조사국 ④ 토지조사위원회

해설 토지조사사업 당시 조사측량기관은 임시토지조사국이다.

58 임야조사사업 당시 토지의 사정기관은?
① 면장 ② 도지사
③ 임야조사위원회 ④ 임시토지조사국장

해설 임야조사사업에서 사정은 토지조사사업에 의한 사정을 하지 아니한 임야와 임야 내 개재지에 대한 소유자와 그 경계를 확정하는 행정처분이다. 도지사는 조사측량을 한 사항에 대하여 1필지마다 그 토지의 소유자와 경계를 임야조사서와 임야도에 의하여 사정하였다.

59 토지조사사업 당시 토지의 사정에 대하여 불복이 있는 경우 이의재결기관은?
① 도지사
② 임시토지조사국장
③ 고등토지조사위원회
④ 지방토지조사위원회

해설 임시토지조사국장은 지방토지조사위원회에 자문하여 토지소유자 및 그 강계를 사정하며, 사정을 하는 때에는 30일간 이를 공시한다. 사정에 대하여 불복하는 자는 공시기간 만료 후 60일 내에 고등토지조사위원회에 제기하여 재결을 받을 수 있다.

60 1916년부터 1924년까지 실시한 임야조사사업에서 사정한 임야의 구획선은?
① 강계선(疆界線) ② 경계선(境界線)
③ 지계선(地界線) ④ 지역선(地域線)

해설 경계선 : 1916년부터 1924년까지 실시한 임야조사사업 시 도지사가 사정한 경계선

61 다음 중 임야조사사업 당시 도지사가 사정한 경계 및 소유자에 대해 불복이 있을 경우 사정내용을 번복하기 위해 필요하였던 처분은?
① 임야심사위원회의 재결
② 관할 고등법원의 확정판결
③ 고등토지조사위원회의 재결
④ 임시토지조사국장의 재사정

해설 임야조사사업 당시 도지사(도관장)는 조사측량을 한 사항에 대하여 1필지마다 그 토지의 소유자와 경계를 임야조사서와 임야도에 의하여 사정하였다. 사정은 30일간 공고하며, 사정사항에 불복하는 자는 공시기간 만료 후 60일 내에 임야심사위원회에 신고하여 재결을 청구할 수 있다. 다만, 정당한 사유 없이 입회를 하지 아니한 자는 그러하지 아니하다.

62 지압조사(地押調査)에 대한 설명으로 가장 적합한 것은?
① 토지소유자를 입회시키는 일체의 토지검사이다.
② 도면에 의하여 측량성과를 확인하는 토지검사이다.
③ 신고가 없는 이동지를 조사·발견할 목적으로 국가가 자진하여 현지조사를 하는 것이다.
④ 지목변경의 신청이 있을 때에 그를 확인하고자 지적소관청이 현지조사를 시행하는 것이다.

해설 지압조사는 신고가 없는 이동지를 조사·발견할 목적으로 국가가 자진하여 현지조사를 하는 것이다.

63 다음 중 토지조사사업 당시 작성된 지형도의 종류가 아닌 것은?
① 축척 1/5000도면 ② 축척 1/10000도면
③ 축척 1/25000도면 ④ 축척 1/50000도면

해설 토지조사사업 당시 작성된 지형도의 축척은 1/10000, 1/25000, 1/50000이다.

64 토지조사사업 당시 토지대장은 1동·리마다 조제하되 약 몇 매를 1책으로 하였는가?
① 200매 ② 300매
③ 400매 ④ 500매

해설 토지조사사업 당시 토지대장은 1동·리마다 조제하되 약 200매를 1책으로 하였다.

65 결수연명부에 대한 설명으로 옳은 것은?
① 소유권의 분계(分界)를 확정하는 대장
② 지반의 고저가 있는 토지를 정리한 장부
③ 강계(疆界)지역을 조사하여 등록한 장부
④ 지세대장을 겸하여 토지조사 준비를 위해 만든 과세부

정답 57 ③ 58 ② 59 ③ 60 ② 61 ① 62 ③ 63 ① 64 ① 65 ④

해설 **결수연명부**
토지대장적 성격의 공부로 그 성격을 확실히 하고 있었는데, 그러한 장부성격의 변화과정에서 주요 계기였던 것은 과세 견취도의 작성이다. 각 재무감독별로 상이한 형태와 내용의 징세대장이 만들어져, 이에 따른 통일된 양식의 징세대장을 만들기 위해 결수연명부를 작성하도록 하였다.
㉠ 한일합방 직전에 작성한 일종의 징세대장이다.
㉡ 원래 재무관인의 출장집무에 의하여 조제된 것이 아니고 신고에 의하여 조제된 과세장부였다.
㉢ 실지로는 신빙성이 희박하였을 뿐만 아니라 그것을 이용하여 일본인 지주와 조선 말의 지배계층이 타인의 토지와 국유지까지 자기의 소유로 한 일이 많았다.
㉣ 결수연명부에 의하여 토지신고서를 조제케 한 사실을 알 수 있다.

66 토지조사부(土地調査簿)에 대한 설명으로 옳은 것은?   기 17-3
① 결수연명부로 사용된 장부이다.
② 입안과 양안을 통합한 장부이다.
③ 별책토지대장으로 사용된 장부이다.
④ 토지소유권의 사정원부로 사용된 장부이다.

해설 토지조사부는 1911년 11월 토지조사사업 당시 모든 토지소유자가 토지소유권을 신고하게 하여 토지사정원부로 사용하였으며 사정부(査定簿)라고도 하였다.

67 토지조사부의 설명으로 옳지 않은 것은?   실 17-3
① 토지소유권의 사정원부로 사용되었다.
② 토지조사부는 토지대장의 완성과 함께 그 기능을 발휘하였다.
③ 국유지와 민유지로 구분하여 정리하였고, 공유지는 이름을 연기하여 적요란에 표시하였다.
④ 동·리마다 지번 순에 따라 지번, 가지번, 지목, 신고연월일, 소유자의 주소 및 성명 등을 기재하였다.

해설 토지조사부는 토지소유권의 사정원부로 사용하다가 토지조사사업이 완료되고 토지대장이 작성되어 그 기능을 상실하였다.

68 다음 중 간주지적도에 관한 설명으로 틀린 것은?   기 16-3
① 임야도로서 지적도로 간주하게 된 것을 말한다.
② 간주지적도인 임야도에는 적색 1호선으로써 구역을 표시하였다.
③ 지적도 축척이 아닌 임야도 축척으로 측량하였다.
④ 대상은 토지조사시행지역에서 약 200간(間) 이상 떨어진 지역으로 하였다.

해설 **간주지적도**
㉠ 의의 : 토지조사지역 밖인 산림지대에도 전, 답, 대 등 과세지가 있더라도 구태여 지적도에 신규등록할 것 없이 그 지목만을 수정하여 임야도에 그냥 존치하도록 하되, 그에 대한 대장은 일반적인 토지대장과는 별도로 작성하여 별책토지대장, 을호토지대장, 산토지대장으로 불렀다. 이와 같이 지적도로 간주하는 임야도를 간주지적도라 한다.
㉡ 작성이유 : 조사지역 밖의 산림지대에 지적도에 올려야 할 토지가 있는 경우 신규측량한 후 지적도에 등록해야 하나, 이러한 토지는 대략 토지조사시행지역에서 200간 떨어진 곳에 위치하여 기존의 지적도에 등록할 수 없는 경우, 증보도를 만들 경우 많은 노력과 경비가 소요되고 도면의 매수가 늘어나서 취급이 불편하여 간주지적도를 작성하게 되었다.

69 간주지적도에 등록하는 토지대장의 명칭이 아닌 것은?   기 16-1
① 산토지대장   ② 을호토지대장
③ 민유토지대장   ④ 별책토지대장

해설 토지조사지역 밖인 산림지대에도 전, 답, 대 등 과세지가 있더라도 구태여 지적도에 신규등록할 것 없이 그 지목만을 수정하여 임야도에 그냥 존치하도록 하되, 그에 대한 대장은 일반적인 토지대장과는 별도로 작성하여 별책토지대장, 을호토지대장, 산토지대장으로 불렀다. 이와 같이 지적도로 간주하는 임야도를 간주지적도라 한다.

70 간주지적도에 등록된 토지는 토지대장과는 별도로 대장을 작성하였다. 다음 중 그 명칭에 해당하지 않는 것은?   기 16-3
① 산토지대장   ② 별책토지대장
③ 임야토지대장   ④ 을호토지대장

해설 간주지적도에 등록된 토지는 토지대장과 별도로 작성하여 별책토지대장, 산토지대장, 을호토지대장이라 불렀다.

71 다음 중 지적공부의 성격이 다른 것은?   실 18-1
① 산토지대장   ② 갑호토지대장
③ 별책토지대장   ④ 을호토지대장

정답   66 ④   67 ②   68 ②   69 ③   70 ③   71 ②

해설 간주지적도는 1923년 10월 15일 일부 개정하여 토지대장에 등록한 토지에 대하여 임야도로써 지적도로 간주함을 추가하였으며, 그에 대한 대장은 토지대장과 별도로 작성하여 별책토지대장, 산토지대장, 을호토지대장이라 불렀다.

72 간주임야도에 대한 설명으로 틀린 것은? 기 17-1

① 고산지대로 조사측량이 곤란하거나 정확도와 관계없는 대단위의 광대한 국유임야지역을 대상으로 시행하였다.
② 간주임야도에 등록된 소유자는 국가였다.
③ 임야도를 작성하지 않고 축척 5만분의 1 또는 2만 5천분의 1 지형도에 작성되었다.
④ 충청북도 청원군, 제천군, 괴산군 속리산지역을 대상으로 시행되었다.

해설 간주임야도 시행지역 : 경북 일월산, 전북 덕유산, 경남 지리산 일대

73 토지조사사업 시 일필지측량의 결과로 작성한 도부(개황도)의 축척에 해당되지 않는 것은? 기 19-2

① 1/600 ② 1/1200
③ 1/2400 ④ 1/3000

해설 개황도는 일필지조사를 끝마친 후 그 강계 및 지역을 보측하여 개황을 그리고, 여기에 각종 조사사항을 기재함으로써 장부조제의 참고자료 또는 세부측량의 안내자료로 활용한 것이다.

개황도의 규격	개황도의 기재사항
• 길이 : 1척 6촌 • 너비 : 1척 2촌 • 2푼의 방안 그려 사용 • 축척 : 1/600, 1/1200, 1/2400	• 가지번 및 지번 • 지목 및 사용세목 • 지주의 성명 및 이해관계인의 성명 • 지위등급 • 행정구역의 강계 • 죽목, 초생지, 기타 강계의 목표로 할 수 있는 것 • 삼각점, 도근점

※ 1912년 11월부터 조사와 측량을 한꺼번에 하게 되어 안내도가 필요 없게 되었고, 지위등급조사 시 따로 세부측량원도를 등사하여 이를 지위등급도로 하였기 때문에 개황도를 폐지하였다.

74 토지조사사업 당시 인적 편성주의에 해당되는 공부로 알맞은 것은? 산 16-3

① 토지조사부   ② 지세명기장
③ 대장, 도면집계부   ④ 역둔토대장

해설 지세명기장
㉠ 지세징수를 위하여 이동정리를 끝낸 토지대장 중에서 민유과세지만을 뽑아 각 면마다 소유자별(인적 편성주의)로 성명을 기록하여 비치하였다.
㉡ 약 200매를 1책으로 작성하고 책머리에는 색인과, 책 끝에는 면계를 첨부하였다.
㉢ 지번, 지적, 지가세액, 납기구분, 납세관리인의 주소와 성명 등을 기재하였고, 동명이인인 경우 동, 리, 면과 통호명을 부기하여 구별하였다.

75 임야조사위원회에 대한 설명으로 옳지 않은 것은? 기 18-3

① 위원장은 조선총독부 정무총감으로 하였다.
② 위원장은 내무부장관인 사무관을 도지사가 임명하였다.
③ 재결에 대한 특수한 재판기관으로 종심이라 할 수 있다.
④ 위원장 및 위원으로 조직된 합의체의 부제(部制)로 운영한다.

해설 임야조사위원회의 위원장은 조선총독부 정무총감으로 하고, 위원은 조선총독의 주청에 의하여 조선총독부 관사 및 조선총독부 고등관 중에서 내각이 임명한다.

76 토지조사사업 및 임야조사사업에 대한 설명으로 옳은 것은? 기 19-3

① 임야조사사업의 사정기관은 도지사였다.
② 토지조사사업의 사정기관은 시장, 군수였다.
③ 토지조사사업 당시 사정의 공시는 60일간 하였다.
④ 토지조사사업의 재결기관은 지방토지조사위원회였다.

해설 토지조사사업과 임야조사사업의 비교

구분	토지조사사업	임야조사사업
사업기간	1910~1918년	1916~1924년
사정사항	소유자와 그 강계	소유자와 그 경계
조사, 측량	토지조사국	부(俯)와 면(面)
사정기관	토지조사국장	도지사
사정의 공시	30일	30일
재결기관	고등토지조사위원회	임야심사위원회

정답 72 ④ 73 ④ 74 ② 75 ② 76 ①

MEMO

제 5 편
지적관계법규

제1장 총론 및 토지의 등록
제2장 지적공부
제3장 토지의 이동 및 정리
제4장 지적측량
제5장 지적재조사특별법
제6장 부동산등기법
제7장 국토의 계획 및 이용에 관한 법률

ENGINEER & INDUSTRIAL ENGINEER of
CADASTRAL SURVEYING

01 총론 및 토지의 등록

1 개요

1 지적의 의의

지적이란 국가 또는 국가의 위임을 받은 기관이 통치권이 미치는 모든 영토를 필지단위로 구획하여 토지에 대한 물리적 현황과 법적 권리관계 등을 공적장부에 등록·공시하고 그 변경사항을 영속적으로 등록·관리하는 국가의 사무를 말한다.

2 지적법의 연혁 및 용어

1) 지적법의 연혁

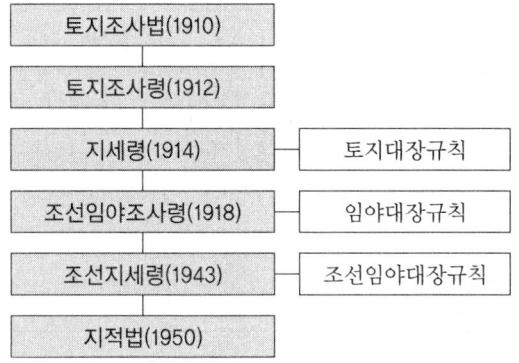

2) 용어정의

① **지적공부** : 토지대장, 임야대장, 공유지연명부, 대지권등록부, 지적도, 임야도 및 경계점좌표등록부 등 지적측량 등을 통하여 조사된 토지의 표시와 해당 토지의 소유자 등을 기록한 대장 및 도면(정보처리시스템을 통하여 기록·저장된 것을 포함한다)을 말한다.
② **연속지적도** : 지적측량을 하지 아니하고 전산화된 지적도 및 임야도파일을 이용하여 도면상의 경계점들을 연결하여 작성한 도면으로서 측량에 활용할 수 없는 도면을 말한다.
③ **부동산종합공부** : 토지의 표시와 소유자에 관한 사항, 건축물의 표시와 소유자에 관한 사항, 토지의 이용 및 규제에 관한 사항, 부동산가격에 관한 사항 등 부동산에 관한 종합정보를 정보관리체계를 통하여 기록·저장한 것을 말한다.

④ **지적소관청** : 지적공부를 관리하는 시장(제주특별자치도 설치 및 국제자유도시 조성을 위한 특별법 제15조 제2항에 따른 행정시의 시장을 포함하며, 지방자치법 제3조 제3항에 따라 자치구가 아닌 구를 두는 시의 시장은 제외한다)·군수 또는 구청장(자치구가 아닌 구의 구청장을 포함한다)을 말한다.

⑤ **필지** : 대통령령이 정하는 바에 의하여 구획되는 토지의 등록단위를 말한다.

⑥ **토지의 표시** : 지적공부에 토지의 소재, 지번, 지목, 면적, 경계 또는 좌표를 등록한 것을 말한다.

구분	정의
지번	필지에 부여하여 지적공부에 등록한 번호
지목	토지의 주된 용도에 따라 토지의 종류를 구분하여 지적공부에 등록한 것
면적	지적공부에 등록한 필지의 수평면상 넓이
경계	필지별로 경계점 간을 직선으로 연결하여 지적공부에 등록한 선
좌표	지적기준점 또는 경계점의 위치를 평면직각종횡선수치로 표시한 것

⑦ **지번부여지역** : 지번을 부여하는 단위지역으로서 동·리 또는 이에 준하는 지역을 말한다.

⑧ **경계점** : 필지를 구획하는 선의 굴곡점으로서 지적도나 임야도에 도해형태로 등록하거나 경계점좌표등록부에 좌표형태로 등록하는 점을 말한다.

⑨ **토지의 이동** : 토지의 표시를 새로이 정하거나 변경 또는 말소하는 것을 말한다.

구분	정의
신규등록	새로이 조성된 토지 및 등록이 누락되어 있는 토지를 지적공부에 등록하는 것
등록전환	임야대장 및 임야도에 등록된 토지를 토지대장 및 지적도에 옮겨 등록하는 것
분할	지적공부에 등록된 1필지를 2필지 이상으로 나누어 등록하는 것
합병	지적공부에 등록된 2필지 이상을 1필지로 합하여 등록하는 것
지목변경	지적공부에 등록된 지목을 다른 지목으로 바꾸어 등록하는 것
축척변경	지적도에 등록된 경계점의 정밀도를 높이기 위하여 작은 축척을 큰 축척으로 변경하여 등록하는 것

⑩ **지적기준점** : 지적삼각점, 지적삼각보조점, 지적도근점을 말한다.

구분	특징	표기
지적삼각점	지적측량 시 수평위치측량의 기준으로 사용하기 위하여 국가기준점을 기준으로 하여 정한 기준점	⊕
지적삼각보조점	지적측량 시 수평위치측량의 기준으로 사용하기 위하여 국가기준점과 지적삼각점을 기준으로 하여 정한 기준점	●
지적도근점	지적측량 시 필지에 대한 수평위치측량기준으로 사용하기 위하여 국가기준점, 지적삼각점, 지적삼각보조점 및 다른 지적도근점을 기초로 하여 정한 기준점	○

⑪ **지적측량** : 토지를 지적공부에 등록하거나 지적공부에 등록된 경계점을 지상에 복원하기 위하여 필지의 경계 또는 좌표와 면적을 정하는 측량을 말하며 지적측량과 지적재조사측량을 포함한다.

2 토지의 등록

1 의의 및 원칙

1) 의의

국토교통부장관은 모든 토지에 대하여 필지별로 소재, 지번, 지목, 면적, 경계 또는 좌표 등을 조사·측량하여 지적공부에 등록하여야 한다.

2) 토지등록의 제 원칙

① **등록의 원칙** : 토지의 표시사항은 지적공부에 반드시 등록하여야 한다는 원칙으로, 토지의 권리를 행사하기 위해서는 지적공부에 등록하지 아니하고서는 어떠한 법률상의 효력을 갖지 못한다.
② **신청의 원칙** : 토지를 지적공부에 등록하기 위해서는 우선 토지소유자의 신청을 전제로 이루어진다. 만약 토지소유자의 신청이 없는 경우에는 직권으로 조사·측량하여 지적공부에 등록한다.
③ **국정주의 및 직권주의** : 지적사무는 국가의 고유사무로서 토지의 지번·지목·면적·경계·좌표의 결정은 국가 공권력으로서 결정한다는 것을 의미한다.
④ **특정화의 원칙** : 권리의 객체로서의 모든 토지는 반드시 특정적이면서도 단순하며 명확한 방법에 의하여 인식될 수 있도록 개별화함을 의미한다.
⑤ **공시의 원칙, 공개주의** : 토지등록의 법적 지위에 있어서 토지이동이나 물권의 변동은 반드시 외부에 알려져야 한다는 것을 공시의 원칙이라 하며, 토지소유자 또는 이해관계인 기타 누구든지 수수료를 납부하면 토지의 등록사항을 외부에서 인식하고 활용할 수 있도록 한다는 것을 공개주의라 한다.
⑥ **공신의 원칙** : 지적공부를 믿고 거래한 자를 보호하여 진실로 그러한 공시내용과 같은 권리관계가 존재하는 것처럼 법률효과를 인정하려는 원칙을 말한다. 우리나라에서는 공신력을 인정하지 아니한다.

3) 토지의 조사등록

(1) 의의

국토교통부장관은 모든 토지에 대하여 필지별로 소재, 지번, 지목, 면적, 경계 또는 좌표 등을 조사·측량하여 지적공부에 등록하여야 한다.

(2) 등록신청 및 등록사항의 결정

지적공부에 등록하는 지번·지목·면적·경계 또는 좌표는 토지의 이동이 있을 때 토지소유자(법인이 아닌 사단이나 재단의 경우에는 그 대표자나 관리인을 말한다. 이하 같다)의 신청을 받아 지적소관청이 결정한다. 다만, 신청이 없으면 지적소관청이 직권으로 조사·측량하여 결정할 수 있다.

(3) 직권에 의한 조사등록

토지이동현황조사계획 수립 (시·군·구별)	지적소관청은 토지의 이동현황을 직권으로 조사·측량하여 토지의 지번·지목·면적·경계 또는 좌표를 결정하려는 때에는 토지이동현황조사계획을 수립하여야 한다. 이 경우 토지이동현황조사계획은 시·군·구별로 수립하되, 부득이한 사유가 있는 때에는 읍·면·동별로 수립할 수 있다.
↓	
토지이동조사부 작성	지적소관청은 토지이동현황조사계획에 따라 토지의 이동현황을 조사한 때에는 토지이동조사부에 토지의 이동현황을 적어야 한다.
↓	
토지이동정리결의서 작성	지적소관청은 지적공부를 정리하려는 때에는 토지이동조사부를 근거로 토지이동조서를 작성하여 토지이동정리결의서에 첨부하여야 하며, 토지이동조서의 아랫부분 여백에 "공간정보의 구축 및 관리 등에 관한 법률에 따른 직권정리"라고 적어야 한다.
↓	
지적공부정리	지적소관청은 토지이동현황조사결과에 따라 토지의 지번·지목·면적·경계 또는 좌표를 결정한 때에는 이에 따라 지적공부를 정리하여야 한다.

4) 토지의 등록단위

(1) 필지

① 의의 : 토지의 소유권이 미치는 범위를 측정하기 위하여 대통령령이 정하는 바에 따라 구획되는 토지의 등록단위를 말한다.

② 1필지로 정할 수 있는 기준 : 지번부여지역 안의 토지로서 소유자와 용도가 동일하고 지반이 연속된 토지는 이를 1필지로 할 수 있다.

원칙	내용
지번부여지역이 동일	지번을 부여하는 단위지역으로서 동·리 또는 이에 준하는 지역을 말한다. 행정상의 리·동이 아닌 법정상의 리·동을 의미한다.
소유자가 동일	1필지는 토지에 대한 소유권이 미치는 범위를 정하는 기준이 되므로 소유자가 동일하고 소유자의 주소와 지분도 동일하여야 한다.
지목이 동일	지목의 설정원칙 중 1필 1목의 원칙에 따라 필지의 지목은 하나의 지목만을 정하여 지적공부에 등록하여야 한다. 만약 1필지의 일부의 형질변경 등으로 용도가 변경되는 경우에는 토지소유자는 지적소관청에게 사유발생일로부터 60일 이내에 분할 신청을 하여야 한다.
지반이 연속	토지가 도로·구거·하천·철도·제방 등 주요 지형지물에 의하여 연속하지 못한 경우에는 별개의 필지로 획정하여야 한다.
축척이 동일	1필지가 성립하기 위해서는 축척이 동일하여야 하며, 축척이 다른 경우에는 축척을 일치시켜야 한다. 이 경우 시·도지사의 승인을 요하지 아니한다.
등기 여부가 일치	기등기지끼리 또는 미등기지끼리가 아니면 1필지로 등록할 수 없다.

(2) 양입지

① 의의 : 소유자가 동일하고 지반은 연속되지만 지목이 동일하지 않은 경우 주된 용도의 토지에 편입하여 1필지로 할 수 있는 종된 토지를 양입지라 한다.

② 요건 및 제한

요건	제한
• 주된 용도의 토지의 편의를 위하여 설치된 도로·구거 등의 부지 • 주된 용도의 토지에 접속되거나 주된 용도의 토지로 둘러싸인 토지로서 다른 용도로 사용되고 있는 토지	• 종된 토지의 지목이 '대'인 경우 • 주된 토지면적의 10%를 초과하는 경우 • 종된 토지면적이 330m^{2}를 초과하는 경우

2 지번

1) 의의

토지등록의 단위구역인 필지에 대한 지리적 위치의 고정성과 개별성을 보장하기 위하여 리·동의 단위로 필지마다 아라비아숫자로 순차적으로 토지에 붙이는 번호를 지번이라 한다.

2) 지번의 부여방법

지번의 부여방법에는 진행방향, 부여단위, 기번위치에 따라 구분된다.

```
                    ┌ 진행방향에 따른 분류 : 사행식, 기우식, 단지식, 절충식
지번의 부여방법 ─┼ 부여단위에 따른 분류 : 지역단위법, 도엽단위법, 단지단위법
                    └ 기번위치에 따른 분류 : 북서기번법, 북동기번법
```

(1) 진행방향에 따른 분류

① **사행식** : 필지의 배열이 불규칙한 경우에 적합한 방식으로 주로 농촌지역에 이용되며 우리나라에서 가장 많이 사용하고 있는 방법이다. 사행식으로 지번을 부여할 경우 지번이 일정하지 않고 상하, 좌우로 분산되는 단점이 있다.

② **기우식(교호식)** : 도로를 중심으로 한쪽은 홀수, 다른 한쪽은 짝수로 지번을 부여하는 방법으로 주로 시가지에서 사용된다.

③ **단지식(블록식)** : 여러 필지가 모여 하나의 단지를 형성하는 경우 각각의 단지마다 본번을 부여하고 부번만 다르게 부여하는 방법으로 토지구획정리 또는 경지정리지구에 주로 이용된다.

④ **절충식** : 토지배열이 불규칙한 지역은 사행식을, 토지배열이 규칙적인 곳은 기우식을 붙이는 방법이다.

(2) 부여단위에 따른 분류

① **지역단위법** : 지번부여지역 전체를 대상으로 순차적으로 지번을 부여하는 방식으로 면

적이 넓지 않아 지적도, 임야도의 장수가 적은 경우에 적합한 방식으로 토지구획이 잘 된 시가지에 주로 사용된다.
② **도엽단위법** : 지적도, 임야도의 도엽단위를 세분하여 도엽의 순서에 따라 지번을 부여하는 방식으로 면적이 넓은 경우나 지적도, 임야도의 장수가 많은 지역에 사용되며 대부분의 국가에서 이를 채택하고 있다.
③ **단지단위법** : 단지단위를 기준으로 하여 지번을 순차적으로 부여하는 방식으로 토지구획정리, 농지개량사업시행지역에 이용되며 토지의 위치를 쉽게 알 수 있는 장점을 가지고 있다.

(3) 기번위치에 따른 분류

① **북서기번법** : 지번부여지역의 북서쪽에서 시작하여 남동쪽에서 끝나도록 하는 방법으로 한글, 영어, 아라비아숫자를 사용하는 문화권에서 주로 사용하는 방법으로 우리나라에서 이용한다.
② **북동기번법** : 지번부여지역의 북동쪽에서 시작하여 남서쪽에서 끝나도록 하는 방법으로 주로 한자문화권에서 사용하며 우리나라도 과거 사용한 적이 있었다.

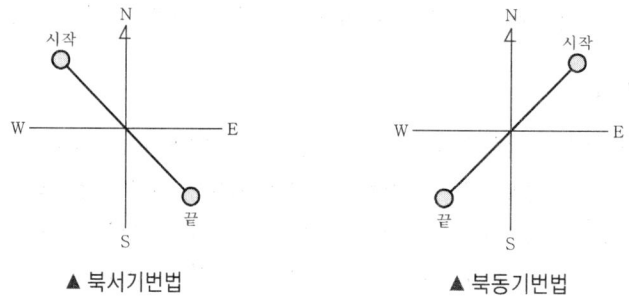

▲ 북서기번법　　　　　▲ 북동기번법

(4) 외국의 부번제도

① **분수식** : 본번을 분모로, 부번을 분자로 표시하는 방법으로 본번의 변경이 불가능하며 분할 후 지번이 정확히 어느 지번에서 파생되었는지 그 유래를 파악하기 힘들다. 지번을 주소로 활용할 수 없다.
② **기번식** : 모번에 기초하여 문자나 기호색인을 사용하여 수학의 자승형태로 표시하는 방법으로 분할되는 토지의 유래를 용이하게 파악할 수 있으나 여러 차례로 분할될 경우에는 반복정리로 인하여 배열이 혼잡해진다.
③ **자유식** : 새로운 경계가 설정하기까지의 모든 절차상의 번호가 영원히 소멸되고 토지등록구역에서 사용하지 않은 최종지번번호로 대치한다. 부번이 없기 때문에 지번을 표기하는데 용이하지만, 필지별로 그 유래를 파악하기 어렵고 지번을 주소로 활용할 수 없다.

3) 지번의 부여 및 표기방법

(1) 부여방법

① 지번은 지적소관청이 지번부여지역별로 차례대로 부여한다.
② 지적소관청은 지적공부에 등록된 지번을 변경할 필요가 있다고 인정하면 시·도지사나 대도시시장의 승인을 받아 지번부여지역의 전부 또는 일부에 대하여 지번을 새로 부여할 수 있다.
③ 지번의 부여방법 및 절차 등에 관하여 필요한 사항은 대통령령으로 정한다.

(2) 지번의 표기방법

① 지번은 아라비아숫자로 표기하되, 임야대장 및 임야도에 등록하는 토지의 지번은 숫자 앞에 '산'자를 붙인다.
② 지번은 본번과 부번으로 구성하되, 본번과 부번 사이에 '-'로 연결한다. 이 경우 '-'는 '의'라고 읽는다.
③ 지번은 북서에서 남동으로 순차적으로 부여한다.

(3) 지번부여목적

① 토지를 특정시킬 수 있다.
② 토지의 개별성을 부여한다.
③ 주소표기의 기준이 된다.
④ 토지의 소재 파악이 용이하여 방문이나 우편배달 등을 용이하게 해준다.

4) 토지이동에 따른 지번 부여기준

(1) 신규등록·등록전환에 따른 지번부여

① 원칙 : 신규등록 및 등록전환의 경우에는 그 지번부여지역 안에서 인접 토지의 본번에 부번을 붙여서 지번을 부여한다.
② 예외 : 다음에 해당하는 경우에는 그 지번부여지역의 최종본번의 다음 순번부터 본번으로 해서 순차적으로 지번을 부여할 수 있다.
  ㉠ 대상토지가 당해 지번설정지역 안의 최종지번의 토지에 인접되어 있는 경우
  ㉡ 대상토지가 이미 등록된 토지가 멀리 떨어져 있어 등록된 토지의 본번에 부번을 부여하는 것이 불합리한 경우
  ㉢ 대상토지가 여러 필지로 되어 있는 경우

(2) 합병에 따른 지번부여

① 원칙 : 합병대상지번 중 선순위의 지번을 그 지번으로 하되, 본번으로 된 지번이 있는 때에는 본번 중 선순위의 지번을 합병 후의 지번으로 한다.

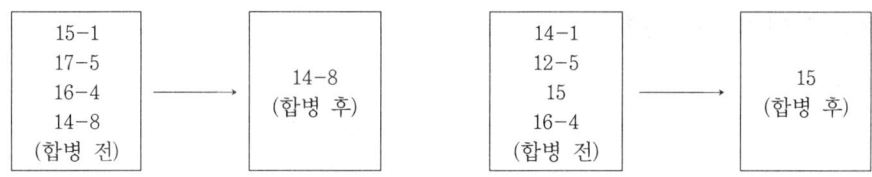

▲ 합병에 따른 지번의 부여원칙

② 예외 : 토지소유자가 합병 전의 필지에 주거, 사무실 등의 건축물이 있어서 그 건축물이 위치한 지번을 합병 후의 지번으로 신청하는 때에는 그 지번을 합병 후의 지번으로 부여해야 한다.

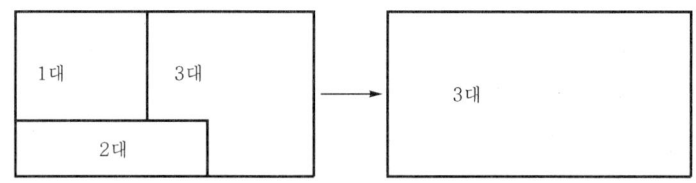

▲ 합병에 따른 지번의 부여 제외

(3) 분할

① 원칙 : 분할 후의 필지 중 1필지의 지번은 분할 전의 지번으로 하고, 나머지 필지의 지번은 본번의 최종부번의 다음 순번으로 부번을 부여한다.

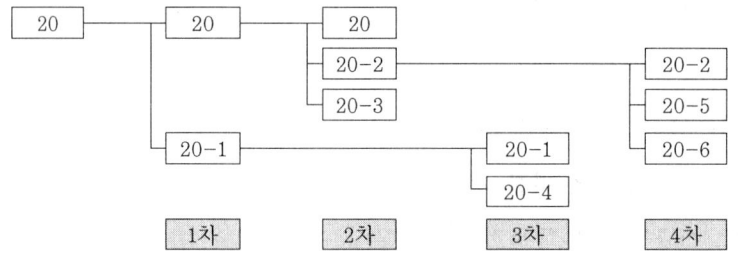

▲ 분할에 따른 지번의 부여원칙

② 예외 : 다만 주거, 사무실 등의 건축물이 있는 필지에 대하여는 분할 전의 지번을 우선하여 부여하여야 한다.

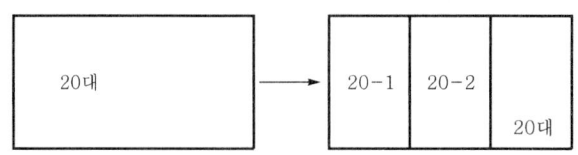

▲ 분할에 따른 지번의 부여 예외

(4) 도시개발사업 등이 완료됨에 따라 지적확정측량을 실시한 지역

① 원칙 : 도시개발사업 등이 완료됨에 따라 지적확정측량(지적공부에 토지의 표시를 새

로이 등록하기 위한 측량을 말한다)을 실시한 지역 안의 각 필지에 지번을 새로이 부여하는 경우에는 종전의 지번 중 본번으로 지번을 부여한다. 단, 지적확정측량을 실시한 지역 안의 종전의 지번과 지적확정측량을 실시한 지역 밖에 있는 본번이 같은 지번이 있을 때 그 지번과 지적확정측량을 실시한 지역의 경계에 걸쳐 있는 지번은 제외한다.

② 예외 : 다만, 부여할 수 있는 종전지번의 수가 새로이 부여할 지번의 수보다 적은 때에는 블록단위로 하나의 본번을 부여한 후 필지별로 부번을 부여하거나 그 지번부여지역의 최종본번의 다음 순번부터 본번으로 해서 순차적으로 지번을 부여할 수 있다.

③ 도시개발사업 등의 준공 전 지번부여
  ㉠ 도시개발사업 등이 준공되기 전에 사업시행자가 지번부여신청을 하는 때에는 국토교통부령으로 정하는 바에 따라 지번을 부여할 수 있다.
  ㉡ 지적소관청은 도시개발사업 등이 준공되기 전에 지번을 부여하는 때에는 도시개발사업 등의 신고 시 제출한 사업계획도에 의하되, 도시개발사업 등이 완료됨에 따라 지적확정측량을 실시한 지역 안의 각 필지에 지번을 새로이 부여하는 방법에 의한다.

④ 도시개발사업 등이 완료됨에 따라 지적확정측량을 실시한 지역의 지번부여방법을 준용하는 경우
  ㉠ 지번부여지역 안의 지번변경을 하는 때(지번변경)
  ㉡ 행정구역 개편에 따라 새로이 지번을 부여하는 때(행정구역 개편)
  ㉢ 축척변경시행지역 안의 필지에 지번을 부여하는 때(축척변경)

5) 지번변경

(1) 의의

① 지적소관청은 지적공부에 등록된 지번을 변경할 필요가 있다고 인정하면 시·도지사나 대도시시장의 승인을 받아 지번부여지역의 전부 또는 일부에 대하여 지번을 새로 부여할 수 있다.

② "지적공부에 등록된 지번을 변경할 필요가 있다고 인정하는 때"라 함은 지번부여지역 안에 있는 지번의 전부 또는 일부가 순차적으로 부여되어 있지 않아 지번을 새로이 부여하는 것이 타당한 때를 말한다.

(2) 절차

① 지적소관청은 지번을 변경하고자 하는 때에는 지번변경사유를 기재한 승인신청서에 지번변경대상지역의 지번 등 명세를 첨부해서 시·도지사에게 제출해야 한다.

② 신청을 받은 시·도지사는 지번변경사유 등을 심사한 후 그 결과를 지적소관청에 통지해야 한다.

▶ 지번변경지번 등 명세

토지소재		지번		지목	면적 (m²)	소유자	
읍·면	동·리	변경 후	변경 전			성명	주소

(3) 대상

① 행정구역의 통·폐합으로 인하여 같은 지번부여지역 안에 같은 지번이 두 개 이상 있게 되는 경우
② 행정구역의 변경으로 인하여 지번이 연속되지 않는 경우
③ 분할, 합병 등으로 지번이 혼잡한 경우

6) 결번

(1) 의의

결번이란 지번부여지역의 리·동단위로 순차적으로 연속하여 지번이 부여되어야 하나 지번이 여러 가지 사유로 인하여 그 지번순서대로 지적공부에 등록되지 아니한 번호가 생기는 경우를 말한다. 또한 지적확정측량·축척변경 및 지번변경에 따른 토지이동의 경우를 제외하고는 폐쇄 또는 말소된 지번은 다시 사용할 수 없다.

(2) 발생사유

① 결번이 발생하는 경우 : 지번변경, 행정구역변경, 도시개발사업, 축척변경, 지번정정, 등록전환 및 합병, 해면성 말소
② 결번이 발생하지 않는 경우 : 신규등록, 분할, 지목변경

(3) 결번대장

지적소관청은 행정구역의 변경, 도시개발사업의 시행, 지번변경, 축척변경, 지번정정 등의 사유로 지번에 결번이 생긴 때에는 지체 없이 그 사유를 결번대장에 기재하여 영구히 보존하여야 한다.

▶ 결번대장

구   읍   면

결재			동·리	지번	결번		비고
					연월일	사유	
							(결번사유) ① 행정구역변경 ② 도시개발사업 ③ 지번변경 ④ 축척변경 ⑤ 지번정정 등

3 지목

1) 의의

지목이란 토지의 주된 사용목적에 따라 토지의 종류를 구분하여 지적공부에 등록한 것을 말한다.

2) 지목의 분류

지목은 지형지목, 토성지목, 용도지목 등으로 분류된다.

분류	내용
지형지목	지표면의 형태, 토지의 고저, 수륙의 분포상태 등 토지의 생긴 모양에 따라 지목을 결정하는 것
토성지목	토지의 성질(토질)에 따라 지목을 결정하는 것
용도지목	토지의 주된 사용목적(주된 용도)에 따라 지목을 결정하는 것으로 우리나라에서 지목을 결정할 때 사용되는 방법이다.

3) 지목의 설정원칙

(1) 1필 1목의 원칙

① 필지마다 하나의 지목을 설정한다.
② 1필지의 일부가 용도가 변경되는 경우에는 분할을 하여야 한다.

(2) 주지목 추종의 원칙

① 1필지가 2 이상의 용도로 활용되는 경우에는 주된 용도에 따라 지목을 설정한다.
② 1필지 내에서 토지가 2 이상의 용도로 활용되는 경우, 즉 건물은 '대', 연못은 '유지', 밭은 '전'인 경우에는 주된 용도에 따라 지목을 설정하여야 하므로 '대'로 하여야 한다.

(3) 영속성의 원칙(일시변경 불변의 원칙)

① 토지가 일시적 또는 임시적인 용도로 사용되는 때에는 지목을 변경하지 아니한다.

② 타인의 건물을 임대하여 체육도장으로 하는 경우에는 지목이 체육용지가 되지 아니하고 '대'로 하여야 한다.

(4) 사용목적 추종의 원칙
① 도시계획사업, 도시개발사업, 농지개량사업, 산업단지조성사업 등의 지역에서 조성된 토지는 미리 그 사용목적에 따라 지목을 설정해야 한다.
② 택지조성사업을 목적으로 공사가 준공된 토지는 미리 그 목적에 따라 지목을 '대'로 정할 수 있다.

4) 지목의 구분

지목은 전, 답, 과수원, 목장용지, 임야, 광천지, 염전, 대(垈), 공장용지, 학교용지, 주차장, 주유소용지, 창고용지, 도로, 철도용지, 제방, 하천, 구거(溝渠), 유지(溜池), 양어장, 수도용지, 공원, 체육용지, 유원지, 종교용지, 사적지, 묘지, 잡종지로 구분하여 정한다. 지목의 구분 및 설정방법 등에 필요한 사항은 대통령령으로 정한다.

(1) 전
① 물을 상시적으로 이용하지 않고 곡물, 원예작물(과수류를 제외한다), 약초, 뽕나무, 닥나무, 묘목, 관상수 등의 식물을 주로 재배하는 토지와 식용을 위해 죽순을 재배하는 토지는 '전'으로 한다.
② 농작물을 재배하기 위하여 설치한 유리온실, 고정식 비닐하우스, 고정식 온상, 버섯재배사, 망실 등의 시설물부지는 '전' 또는 '답'으로 한다.

(2) 답
① 물을 상시적으로 직접 이용해서 벼, 연, 미나리, 왕골 등의 식물을 주로 재배하는 토지는 '답'으로 한다.
② 연, 왕골이 자생하고 배수가 잘 되지 아니하는 토지는 '유지'로 한다.

(3) 과수원
① 사과, 배, 밤, 호두, 귤나무 등 과수류를 집단적으로 재배하는 토지와 이에 접속된 저장고 등 부속시설물의 부지는 '과수원'으로 한다. 다만, 주거용 건축물의 부지는 '대'로 한다.
② 밤, 호두나무, 잣나무 등의 유실수가 자생하는 토지는 과수원으로 보지 아니한다.

(4) 목장용지
① 축산업 및 낙농업을 하기 위하여 초지를 조성한 토지, 축산법 제2조 제1호의 규정에 의한 가축을 사육하는 축사 등의 부지, 이것의 토지와 접속된 부속시설물의 부지는 '목장용지'로 한다. 다만, 주거용 건축물의 부지는 '대'로 한다.

② 농어가주택부지 내에 농가소득을 위해 건축된 축사, 계사의 부지의 지목은 '대'로 하여야 한다.

(5) 임야

산림 및 원야(原野)를 이루고 있는 수림지, 죽림지, 암석지, 자갈땅, 모래땅, 습지, 황무지 등의 토지는 '임야'로 한다.

(6) 광천지

지하에서 온수, 약수, 석유류 등이 용출되는 용출구와 그 유지(維持)에 사용되는 부지는 '광천지'로 한다. 다만, 온수, 약수, 석유류 등을 일정한 장소로 운송하는 송수관, 송유관 및 저장시설의 부지(잡종지)를 제외한다.

(7) 염전

① 바닷물을 끌어들여 소금을 채취하기 위하여 조성된 토지와 이에 접속된 제염장 등 부속시설물의 부지는 '염전'으로 한다. 다만, 천일제염방식에 의하지 아니하고 동력에 의하여 바닷물을 끌어들여 소금을 제조하는 공장시설물의 부지를 제외한다.
② 동력에 의하여 바닷물을 끌어들여 소금을 만드는 제조공장은 '공장용지'로 하여야 한다.

(8) 대

① 영구적 건축물 중 주거, 사무실, 점포와 박물관, 극장, 미술관 등 문화시설과 이에 접속된 정원 및 부속시설물의 부지
② 국토의 계획 및 이용에 관한 법률 등 관계법령에 의한 택지조성공사가 준공된 토지

▶ 건축물의 용도에 따른 지목설정기준

종류	사용목적	지목
주거용 건축물	단독주택, 공동주택(아파트, 연립주택)	대
상업용 건축물	상점, 소매시장, 도매시장 등	대
업무용 건축물	국가, 지방자치단체, 공공기관의 청사 등	대
문화용 건축물	박물관, 극장, 미술관 등	대
의료용 건축물	의원, 병원, 종합병원 등	대
숙박용 건축물	일반숙박시설(호텔, 여관, 여인숙 등), 관광숙박시설(관광호텔, 휴양콘도미니엄 등) 등	대
요식용 건축물	간이주점, 유흥음식점, 전문음식점 등	대
공장용 건축물	제조, 가공 또는 수리공장 등	공장용지
주차용 건축물	주차빌딩	주차장
주유용 건축물	주유소, LPG판매소 등	주유소용지
교육용 건축물	초등학교, 중·고등학교, 대학교 등	학교용지
철도용 건축물	공작창, 철도용지 등	철도용지

종류	사용목적	지목
창고용 건축물	양곡보관창고, 냉동창고 등	창고용지
관광용 건축물	경마장, 동물원, 식물원 등	유원지
체육용 건축물	운동장, 체육관 등	체육용지
종교용 건축물	교회, 성당, 사찰, 재실, 사당 등	종교용지
납골보존용 건축물	납골당 등	묘지
폐기물용 건축물	분뇨종말처리장 등	잡종지

(9) 공장용지

① 제조업을 하고 있는 공장시설물의 부지
② 산업 직접 활성화 및 공장설립에 관한 법률 등 관계법령에 의한 공장부지조성공사가 준공된 토지
③ 위와 같은 토지와 같은 구역 안에 있는 의료시설 등 부속시설물의 부지

(10) 학교용지

① 학교의 교사와 이에 접속된 체육장 등 부속시설물의 부지는 '학교용지'로 한다.
② 학교시설구역으로부터 떨어진 실습지, 기숙사, 사택 등의 부지와 교육용에 직접 이용되지 아니하는 임야는 학교용지로 보지 아니한다.
③ 사설학원, 사내교육원 등은 '대'로 한다.

(11) 주차장

① 자동차 등의 주차에 필요한 독립적인 시설을 갖춘 부지와 주차전용 건축물 및 이에 접속된 부속시설물의 부지는 '주차장'으로 한다.
② 주차장법 제2조 제1호 가목 및 다목에 따른 노상주차장 및 부설주차장(주차장법 제19조 제4항에 따라 시설물의 부지 인근에 설치된 부설주차장을 제외한다), 자동차 등의 판매목적으로 설치된 물류장 및 야외전시장 등은 주차장으로 보지 아니한다.

(12) 주유소용지

① 석유, 석유제품 또는 액화석유가스, 전기 또는 수소 등의 판매를 위하여 일정한 설비를 갖춘 시설물의 부지
② 주유소 및 원유저장소의 부지와 이에 접속된 부속시설물의 부지
③ 자동차, 선박, 기차 등의 제작 또는 정비공장 안에 설치된 급·송유시설 등의 부지는 주유소용지로 보지 아니한다.

(13) 창고용지

물건 등을 보관 또는 저장하기 위하여 독립적으로 설치된 보관시설물의 부지와 이에 접속된 부속시설물의 부지는 '창고용지'로 한다.

(14) 도로

 ① 일반 공중의 교통운수를 위하여 보행 또는 차량운행에 필요한 일정한 설비 또는 형태를 갖추어 이용되는 토지
 ② 도로법 등 관계법령에 의하여 도로로 개설된 토지
 ③ 고속도로 안의 휴게소부지
 ④ 2필지 이상에 진입하는 통로로 이용되는 토지
 ⑤ 아파트, 공장 등 단일용도의 일정한 단지 안에 설치된 통로 등은 도로로 보지 아니한다.
 ⑥ 지방도로의 휴게소 : 대
 ⑦ 노상주차장 : 도로
 ⑧ 포항제철공장 안의 도로 : 공장용지

(15) 철도용지

 ① 교통운수를 위하여 일정한 궤도 등의 설비와 형태를 갖추어 이용되는 토지와 이에 접속된 역사, 차고, 발전시설 및 공작창 등 부속시설물의 부지
 ② 사설철도, 전용 철도

(16) 제방

조수, 자연유수, 모래, 바람 등을 막기 위하여 설치된 방조제, 방수제, 방사제, 방파제 등의 부지는 '제방'으로 한다.

(17) 하천

 ① 자연의 유수(流水)가 있거나 있을 것으로 예상되는 토지
 ② 시가지 하천을 복개하여 도로, 상가 등으로 사용하는 토지

(18) 구거

용수 또는 배수를 위하여 일정한 형태를 갖춘 인공적인 수로, 둑 및 그 부속시설물의 부지와 자연의 유수(流水)가 있거나 있을 것으로 예상되는 소규모 수로부지는 '구거'로 한다.

(19) 유지

물이 고이거나 상시적으로 물을 저장하고 있는 댐, 저수지, 소류지, 호수, 연못 등의 토지와 연, 왕골 등이 자생하고 배수가 잘 되지 아니하는 토지는 '유지'로 한다.

(20) 양어장

육상에 인공으로 조성된 수산생물의 번식 또는 양식을 위한 시설을 갖춘 부지와 이에 접속된 부속시설물의 부지는 '양어장'으로 한다.

(21) 수도용지

① 물을 정수하여 공급하기 위한 취수, 저수, 도수(導水), 정수, 송수 및 배수시설의 부지 및 이에 접속된 부속시설물의 부지는 '수도용지'로 한다.
② 배수관의 매설 부지가 도로로 활용되더라도 지목은 '수도용지'이며, 도로에 매설하는 경우에는 '도로'가 된다.

(22) 공원

① 일반 공중의 보건·휴양 및 정서생활에 이용하기 위한 시설을 갖춘 토지로서 국토의 계획 및 이용에 관한 법률에 의하여 공원 또는 녹지로 결정·고시된 토지는 '공원'으로 한다.
② 국토의 계획 및 이용에 관한 법률에 의하여 공원으로 결정·고시되는 토지 중에서 어린이공원, 근린공원, 체육공원, 자연공원의 지목은 '공원'으로 하며, 묘지공원은 '묘지'로 한다.

(23) 체육용지

국민의 건강증진 등을 위한 체육활동에 적합한 시설과 형태를 갖춘 종합운동장, 실내체육관, 야구장, 골프장, 스키장, 승마장, 경륜장 등 체육시설의 토지와 이에 접속된 부속시설물의 부지는 '체육용지'로 한다. 다만, 체육시설로서의 영속성과 독립성이 미흡한 정구장, 골프연습장, 실내수영장 및 체육도장, 유수(流水)를 이용한 요트장 및 카누장, 산림 안의 야영장 등의 토지를 제외한다.

(24) 유원지

① 일반 공중의 위락·휴양 등에 적합한 시설물을 종합적으로 갖춘 수영장, 유선장, 낚시터, 어린이놀이터, 동물원, 식물원, 민속촌, 경마장, 야영장 등의 토지와 이에 접속된 부속시설물의 부지는 '유원지'로 한다. 다만, 이들 시설과의 거리 등으로 보아 독립적인 것으로 인정되는 숙식시설 및 유기장의 부지와 하천, 구거 또는 유지(공유(公有)의 것에 한한다)로 분류되는 것을 제외한다.
② 승마장, 경륜장 : 체육용지
③ 경마장 : 유원지

(25) 종교용지

① 일반 공중의 종교의식을 위하여 예배, 법요, 설교, 제사 등을 하기 위한 교회, 사찰, 향교 등 건축물의 부지와 이에 접속된 부속시설물의 부지는 '종교용지'로 한다.
② 타인의 건물을 임대한 교회, 사찰 : 대

(26) 사적지

문화재로 지정된 역사적인 유적, 고적, 기념물 등을 보존하기 위하여 구획된 토지는 '사적지'로 한다.

다만, 학교용지, 공원, 종교용지 등 다른 지목으로 된 토지 안에 있는 유적, 고적, 기념물 등을 보호하기 위하여 구획된 토지를 제외한다.

(27) 묘지

사람의 시체나 유골이 매장된 토지와 도시공원법에 의한 묘지공원으로 결정·고시된 토지 및 장사 등에 관한 법률 제2조 제8호의 규정에 의한 봉안시설과 이에 접속된 부속시설물의 부지는 '묘지'로 한다. 다만, 묘지의 관리를 위한 건축물의 부지는 '대'로 한다.

(28) 잡종지

① 갈대밭, 실외에 물건을 쌓아두는 곳, 돌을 캐내는 곳, 흙을 파내는 곳, 야외시장, 공동우물(다만, 원상회복을 조건으로 돌을 캐내는 곳 또는 흙을 파내는 곳으로 허가된 토지를 제외한다)
② 영구적 건축물 중 변전소, 송신소, 수신소, 송유시설, 도축장, 자동차운전학원, 쓰레기 및 오물처리장 등의 부지
③ 여객자동차터미널, 폐차장 등 자동차 관련 독립적인 시설을 갖춘 부지
④ 공항시설 및 항만시설의 부지
⑤ 다른 지목에 속하지 아니하는 토지

5) 지목의 표기방법

① 지목을 지적도 및 임야도(이하 '지적도면'이라 한다)에 등록하는 때에는 다음의 부호로 표기하여야 한다.
② 하천, 유원지, 공장용지, 주차장은 차문자(천, 원, 장, 차)로 표기한다.
③ 경계점좌표등록부, 대지권등록부, 공유지연명부에는 지목을 기재하지 않는다.

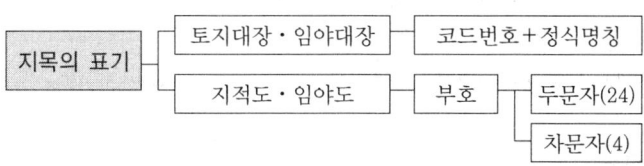

지목	코드번호	부호	지목	코드번호	부호
전	1	전	철도용지	15	철
답	2	답	제방	16	제
과수원	3	과	하천	17	천
목장용지	4	목	구거	18	구
임야	5	임	유지	19	유
광천지	6	광	양어장	20	양
염전	7	염	수도용지	21	수
대	8	대	공원	22	공
공장용지	9	장	체육용지	23	체
학교용지	10	학	유원지	24	원

지목	코드번호	부호	지목	코드번호	부호
주차장	11	차	종교용지	25	종
주유소용지	12	주	사적지	26	사
창고용지	13	창	묘지	27	묘
도로	14	도	잡종지	28	잡

4 경계

1) 의의

필지별로 경계점들을 직선으로 연결하여 지적공부에 등록한 선을 말한다. 즉 도면에 등록된 선 또는 경계점좌표등록부에 등록된 좌표의 연결을 말한다. 공간정보의 구축 및 관리 등에 관한 법률에 의하여 어떤 토지가 지적공부에 1필의 토지로 등록되면 그 토지의 경계는 다른 특별한 사정이 없는 한 이 등록으로써 특정되고, 지적공부를 작성함에 있어 기점을 잘못 선택하는 등의 기술적인 착오로 말미암아 지적공부상의 경계가 진실한 경계선과 다르게 잘못 작성되었다는 등의 특별한 사정이 있는 경우 그 토지의 경계는 지적공부에 의하지 않고 실제의 경계에 의하여 확정하여야 한다.

2) 경계의 설정원칙

① **경계국정주의** : 경계는 국가기관이 지적측량을 실시하여 정한다.
② **경계직선주의** : 경계는 곡선이 아닌 최단거리, 즉 경계는 직선이어야 한다.
③ **축척종대의 원칙** : 동일한 경계가 축척이 서로 다른 도면에 등록되어 있는 경우에는 축척이 큰 도면의 경계에 따른다.
④ **경계불가분의 원칙** : 토지의 경계는 같은 토지에 2개 이상의 경계가 있을 수 없으며 양 필지 사이에 공통으로 작용한다.
⑤ **부동성의 원칙** : 경계는 한번 정해지면 적법절차에 의하지 않고서는 움직이지 않는다.

3) 지상경계의 결정

① 연접되는 토지 사이에 높낮이 차이가 없는 경우에는 그 구조물 등의 중앙
② 연접되는 토지 사이에 높낮이 차이가 있는 경우에는 그 구조물 등의 하단부
③ 도로, 구거 등의 토지에 절토된 부분이 있는 경우에는 그 경사면의 상단부
④ 토지가 해면 또는 수면에 접하는 경우에는 최대만조위 또는 최대만수위가 되는 선
⑤ 공유수면매립지의 토지 중 제방 등을 토지에 편입하여 등록하는 경우에는 바깥쪽 어깨 부분
⑥ 지상경계의 구획을 형성하는 구조물 등의 소유자가 다른 경우에는 ①, ②, ③에 불구하고 그 소유권에 따라 지상경계를 결정

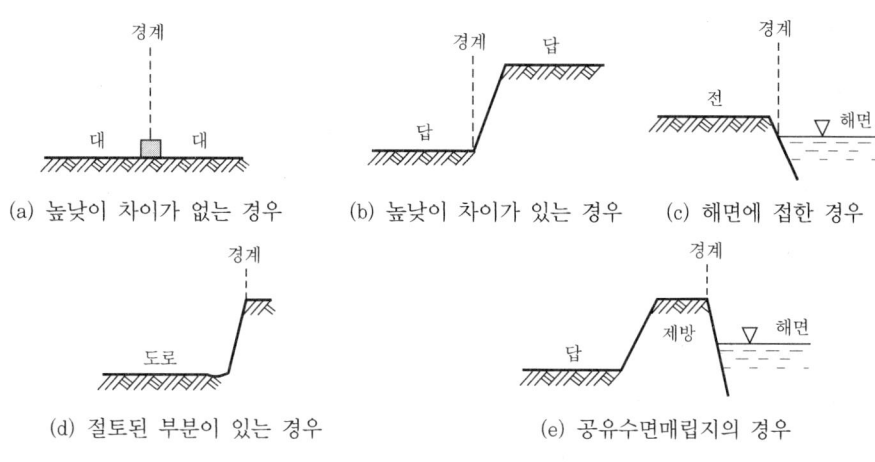

▲ 지상경계의 결정

4) 지상경계점에 경계점표지를 설치한 후 측량할 수 있는 경우

① 도시개발사업 등의 사업시행자가 사업지구의 경계를 결정하기 위해 분할하려는 경우
② 공공사업 등에 따라 학교용지, 도로, 철도용지, 제방, 하천, 구거, 유지, 수도용지 등의 지목으로 되는 토지인 경우 : 해당 사업의 시행자
③ 국가나 지방자치단체가 취득하는 토지인 경우 해당 토지를 관리하는 행정기관의 장 또는 지방자치단체의 장, 사업시행자와 국가기관 또는 지방자치단체의 장이 토지를 취득하기 위해 분할하려는 경우
④ 국토의 계획 및 이용에 관한 법률 제30조 제6항에 따른 도시·군관리계획결정고시와 같은 법 제32조 제4항에 따른 지형도면고시가 된 지역의 도시·군관리계획선에 따라 토지를 분할하려는 경우
⑤ 소유권 이전, 매매 등을 위해 필요한 경우
⑥ 토지이용상 불합리한 지상경계를 시정하기 위한 경우
⑦ 관계법령에 따라 인허가 등을 받아 분할하려는 경우

>  Key Point
>
> **분할에 따른 지상경계는 지상건축물에 걸려서 분할할 수 있는 경우**
> • 법원의 확정판결이 있는 경우
> • 법 제87조 제1호에 해당하는 토지를 분할하는 경우(공공사업 등에 따라 학교용지, 도로, 철도용지, 제방, 하천, 구거, 유지, 수도용지 등의 지목으로 되는 토지인 경우) : 해당 사업의 시행자
> • 도시개발사업 등의 사업시행자가 사업지구의 경계를 결정하기 위해 분할하려는 경우
> • 국토의 계획 및 이용에 관한 법률 제30조 제6항에 따른 도시·군관리계획결정고시와 같은 법 제32조 제4항에 따른 지형도면고시가 된 지역의 도시·군관리계획선에 따라 토지를 분할하려는 경우

5) 지상경계점등록부

(1) 의의

지적소관청은 토지이동에 따라 지상경계를 새로 정한 경우에는 국토교통부령이 정하는 바에 따라 지상경계점등록부를 작성·관리하여야 한다.

(2) 등록사항

① 지적소관청이 지상경계점을 등록하고자 하는 때에는 지상경계점등록부에 다음의 사항을 등록하여야 한다.
    ㉠ 토지의 소재
    ㉡ 지번
    ㉢ 경계점좌표(경계점좌표등록부 시행지역에 한정한다)
    ㉣ 경계점위치 설명도
    ㉤ 경계점에 대한 사진파일
    ㉥ 공부상 지목과 실제 토지이용지목
    ㉦ 경계점표지의 종류 및 경계점위치
② 경계점표지의 규격과 재질 등에 관해 필요한 사항은 국토교통부령으로 정한다.

▶ 지상경계점등록부

토지소재 :						
지번 :						
경계점좌표(경계점좌표등록부 시행지역에 한함)						
부호	좌표		부호	좌표		
	X	Y		X	Y	
	m	m		m	m	
경계점위치 설명도						
경계점에 대한 사진파일						

6) 기타

① 행정구역의 경계선인 리·동의 경계선은 도로, 하천의 중앙으로 한다.
② 도시개발사업 등이 완료되어 실시하는 지적확정측량의 경계는 공사가 완료된 현황대로 결정한다.

③ 신규등록, 등록전환, 분할 및 경계정정의 경우에는 새로이 측량을 실시하여 경계를 결정하게 되지만, 토지를 합병하는 경우에는 합병으로 필요 없게 된 경계 부분을 말소하며 별도로 측량하지 않는다.

5 면적

1) 의의

지적측량성과에 의하여 지적공부에 등록한 필지의 수평면상 넓이를 말하며, 면적의 단위는 제곱미터로 한다.

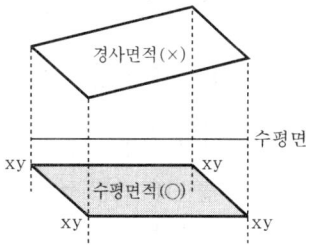

2) 면적측정의 대상

(1) 면적측정

세부측량을 하는 경우에는 필지마다 면적을 측정하여야 한다. 다만, 경계복원측량 및 지적현황측량의 경우에는 그러하지 아니한다.

(2) 면적측정의 대상

① 지적공부의 복구, 신규등록, 등록전환, 분할 및 축척변경을 하는 경우
② 면적 또는 경계를 정정하는 경우 등록사항정정
③ 도시개발사업 등으로 인한 토지의 이동에 의하여 토지의 표시를 새로이 결정하는 경우(지적확정측량)
④ 경계복원측량 및 지적현황측량에 의하여 면적측정이 수반되는 경우

(3) 면적측정의 대상이 아닌 것

① 도면의 재작성
② 지목변경, 지번변경, 합병
③ 경계복원측량, 지적현황측량
④ 위치정정

3) 면적측정방법

현행 공간정보의 구축 및 관리 등에 관한 법률에서의 면적측정방법은 좌표법과 전자면적측정기법만을 의미한다.

(1) 좌표에 의한 방법

① 경위의측량방법으로 세부측량을 실시한 경우, 즉 경계점좌표등록부가 비치된 지역에서의 면적은 필지의 좌표를 이용하여 면적을 측정하여야 한다.
② 산출면적은 1,000분의 $1m^2$까지 계산하여 10분의 $1m^2$단위로 정할 것

(2) 전자면적측정기법

① 전자식 구적기라고도 하며 도상에서 2회 측정하여 그 교차가 다음 산식에 의한 허용면적 이하인 때에는 그 평균치를 측정면적으로 한다.

$$A = 0.023^2 M \sqrt{F}$$

여기서, A : 허용면적, M : 축척분모, F : 2회 측정한 면적의 합계를 2로 나눈 수

② 산출면적은 1,000분의 $1m^2$까지 계산하여 10분의 $1m^2$ 단위로 정한다.

4) 면적의 결정 및 측량계산의 끝수처리

(1) 면적의 결정

① 토지의 면적에 m^2 미만의 끝수가 있는 경우 $0.5m^2$ 미만인 때에는 버리고, $0.5m^2$를 초과하는 때에는 올리며, $0.5m^2$인 때에는 구하고자 하는 끝자리의 숫자가 0 또는 짝수이면 버리고, 홀수이면 올린다. 다만, 1필지의 면적이 $1m^2$ 미만인 때에는 $1m^2$로 한다.

② 지적도의 축척이 600분의 1인 지역과 경계점좌표등록부에 등록하는 지역의 토지의 면적은 ㉠의 규정에 불구하고 m^2 이하 한 자리 단위로 하되, $0.1m^2$ 미만의 끝수가 있는 경우 $0.05m^2$ 미만인 때에는 버리고, $0.05m^2$를 초과하는 때에는 올리며, $0.05m^2$인 때에는 구하고자 하는 끝자리의 숫자가 0 또는 짝수이면 버리고, 홀수이면 올린다. 다만, 1필지의 면적이 $0.1m^2$ 미만인 때에는 $0.1m^2$로 한다.

▶ 면적측정 시 단수처리방법

구분	1/600, 경계점좌표등록부	기타
등록자리수	m^2 이하 한 자리	m^2
최소면적	$0.1m^2$	$1m^2$
소수처리방법	• $0.05m^2$ 미만 → 버림 • $0.05m^2$ 초과 → 올림 • $0.05m^2$ 구하고자 하는 수가 홀수 → 올림, 0 또는 짝수 → 버림	• $0.5m^2$ 미만 → 버림 • $0.5m^2$ 초과 → 올림 • $0.5m^2$ 구하고자 하는 수가 홀수 → 올림, 0 또는 짝수 → 버림

▶ 면적결정 예

1/600, 경계점좌표등록부		기타	
산출면적	결정면적	산출면적	결정면적
45.44	45.4	45.4	45
45.46	45.5	45.6	46
45.45	45.4	44.5	44
45.55	45.6	43.5	44

(2) 측량계산의 끝수처리

방위각의 각치(角値), 종횡선의 수치 또는 거리의 계산에 있어서 구하고자 하는 끝자리의 다음 숫자가 5 미만인 때에는 버리고, 5를 초과하는 때에는 올리며, 5인 때에는 구하고자

하는 끝자리의 숫자가 0 또는 짝수이면 버리고, 홀수이면 올린다. 다만, 전자계산조직에 의하여 연산하는 때에는 최종수치에 한하여 이를 적용한다.

5) 토지의 이동으로 인한 면적 등의 결정방법

(1) 면적결정방법

① 신규등록, 등록전환, 분할 및 경계정정 등을 하는 때에는 새로이 측량하여 각 필지의 경계 또는 좌표와 면적을 정한다.
② 토지합병을 하고자 하는 때의 경계 또는 좌표는 합병 전의 각 필지의 경계 또는 좌표가 합병 등으로 인하여 필요 없게 된 부분을 말소하여 정하고, 면적은 합병 전의 각 필지를 합산하여 그 필지의 면적으로 한다.

(2) 등록전환 및 분할에 따른 면적오차의 허용범위 및 배분

① 등록전환을 하는 경우

허용범위	이내	초과
$A = 0.026^2 M\sqrt{F}$	등록전환될 면적을 등록전환면적으로 결정	임야대장의 면적 또는 임야도의 경계를 지적소관청이 직권으로 정정

여기서, A : 오차허용면적
M : 임야도 축척분모(3,000분의 1인 지역의 축척분모는 6,000으로 한다)
F : 등록전환될 면적

② 토지를 분할하는 경우

허용범위	이내	초과
$A = 0.026^2 M\sqrt{F}$	분할 후의 각 필지의 면적에 안분	지적공부상의 면적 또는 경계를 정정

[기타]
- 결정면적 : $r = \dfrac{F}{A} a$ (r은 각 필지의 산출면적, F는 원면적, A는 측정면적합계 또는 보정면적합계, a는 각 필지의 측정면적 또는 보정면적)
- 경계점좌표등록부 시행지역의 토지분할을 위하여 면적을 정하는 때에는 다음의 기준에 의한다.
  - 분할 후 각 필지의 면적합계가 분할 전 면적보다 많은 경우에는 구하고자 하는 끝자리의 다음 숫자가 작은 것부터 순차적으로 버려서 정하되, 분할 전 면적에 증감이 없도록 할 것
  - 분할 후 각 필지의 면적합계가 분할 전 면적보다 적은 경우에는 구하고자 하는 끝자리의 다음 숫자가 큰 것부터 순차적으로 올려서 정하되, 분할 전 면적에 증감이 없도록 할 것

③ 축척변경의 경우

허용범위	이내	초과
$A = 0.026^2 M\sqrt{F}$	축척변경 전 면적	축척변경 후 면적

01 예상문제

01 다음 중 공간정보의 구축 및 관리 등에 관한 법률의 목적으로 볼 수 없는 것은? 〔기 19-3〕

① 해상교통의 안전
② 토지개발의 촉진
③ 국토의 효율적 관리
④ 국민의 소유권 보호에 기여

해설 공간정보의 구축 및 관리 등에 관한 법률 제1조(목적)
공간정보의 구축 및 관리 등에 관한 법률은 측량 및 수로조사의 기준 및 절차와 지적공부·부동산종합공부의 작성 및 관리 등에 관한 사항을 규정함으로써 국토의 효율적 관리와 국민의 소유권 보호에 기여함을 목적으로 한다.

02 공간정보의 구축 및 관리 등에 관한 법률상 토지의 이동에 해당하는 것은? 〔기 18-3〕

① 경계복원
② 토지합병
③ 지적도 작성
④ 소유권이전등기

해설 토지의 이동이란 토지의 표시를 새로 정하거나 변경 또는 말소하는 것을 말한다. 즉 지적공부에 등록된 토지의 지번, 지목, 경계, 좌표, 면적이 달라지는 것을 말하며 토지소유자의 변경, 토지소유자의 주소변경, 토지등급의 변경은 토지의 이동에 해당하지 아니한다.

토지의 이동에 해당하는 경우	토지의 이동에 해당하지 않는 경우
• 신규등록, 등록전환 • 분할, 합병 • 해면성 말소 • 행정구역명칭변경 • 도시개발사업 등 • 축척변경, 등록사항정정	• 토지소유자의 변경 • 토지소유자의 주소변경 • 토지의 등급변경 • 개별공시지가의 변경

03 공간정보의 구축 및 관리 등에 관한 법률상 규정하고 있는 용어로 옳지 않은 것은? 〔산 18-3〕

① 경계점
② 토지의 이동
③ 지번설정지역
④ 지적측량수행자

해설 지번설정지역은 지번부여지역으로 변경이 되었으므로 현행 공간정보의 구축 및 관리 등에 관한 법률상에서 용어의 정의로 규정하고 있지 않다.

04 공간정보의 구축 및 관리 등에 관한 법률에서 규정하는 내용이 아닌 것은? 〔기 17-3, 산 18-2〕

① 부동산등기에 관한 사항
② 지적공부의 작성 및 관리에 관한 사항
③ 부동산종합공부의 작성 및 관리에 관한 사항
④ 측량의 기준 및 절차에 관한 사항

해설 공간정보의 구축 및 관리 등에 관한 법률 제1조(목적)
공간정보의 구축 및 관리 등에 관한 법률은 측량 및 수로조사의 기준 및 절차와 지적공부·부동산종합공부의 작성 및 관리 등에 관한 사항을 규정함으로써 국토의 효율적 관리와 국민의 소유권 보호에 기여함을 목적으로 한다.

05 공간정보의 구축 및 관리 등에 관한 법률에서 정의한 용어의 설명으로 옳지 않은 것은? 〔기 19-1〕

① "필지"란 대통령령으로 정하는 바에 따라 구획되는 토지의 등록단위를 말한다.
② "경계"란 필지별로 경계점들을 직선으로 연결하여 지적공부에 등록한 선을 말한다.
③ "토지의 표시"란 지적공부에 토지의 소재·지번(地番)·지목(地目)·면적·경계 또는 좌표를 등록한 것을 말한다.
④ "측량기준점"이란 지적삼각점, 지적삼각보조점, 지적수준점을 말한다.

해설 공간정보의 구축 및 관리 등에 관한 법률 제7조(측량기준점)
① 측량기준점은 다음 각 호의 구분에 따른다.
1. 국가기준점 : 측량의 정확도를 확보하고 효율성을 높이기 위하여 국토교통부장관이 전 국토를 대상으로 주요 지점마다 정한 측량의 기본이 되는 측량기준점
2. 공공기준점 : 공공측량시행자가 공공측량을 정확하고 효율적으로 시행하기 위하여 국가기준점을 기준으로 하여 따로 정하는 측량기준점
3. 지적기준점 : 특별시장·광역시장·특별자치시장·도지사 또는 특별자치도지사나 지적소관청이 지적측량을 정확하고 효율적으로 시행하기 위하여 국가기준점을 기준으로 하여 따로 정하는 측량기준점

정답 01 ② 02 ② 03 ③ 04 ① 05 ④

06 공간정보의 구축 및 관리 등에 관한 법률상 용어에 대한 설명으로 옳지 않은 것은? 〈실 19-1〉

① "면적"이란 지적공부에 등록한 필지의 수평면상 넓이를 말한다.
② "토지의 이동"이란 토지의 표시를 새로 정하거나 변경 또는 말소하는 것을 말한다.
③ "지번부여지역"이란 지번을 부여하는 단위지역으로서 동·리 또는 이에 준하는 지역을 말한다.
④ "축척변경"이란 지적도에 등록된 경계점의 정밀도를 높이기 위하여 큰 축척을 작은 축척으로 변경하여 등록하는 것을 말한다.

해설 공간정보의 구축 및 관리 등에 관한 법률 제2조(정의)
이 법에서 사용하는 용어의 뜻은 다음과 같다.
34. "축척변경"이란 지적도에 등록된 경계점의 정밀도를 높이기 위하여 작은 축척을 큰 축척으로 변경하여 등록하는 것을 말한다.

07 공간정보의 구축 및 관리 등에 관한 법률상 용어의 정의로 옳은 것은? 〈기 19-3〉

① "경계점"이란 구면좌표를 이용하여 계산한다.
② "토지의 이동"이란 토지의 표시를 새로이 정하는 경우만을 말한다.
③ "지적공부"란 정보처리시스템에 저장된 것을 제외한 토지대장, 임야대장 등을 말한다.
④ "토지의 표시"란 지적공부에 토지의 소재·지번·지목·면적·경계 또는 좌표를 등록한 것을 말한다.

해설 ① "경계점"이란 필지를 구획하는 선의 굴곡점으로서 지적도나 임야도에 도해형태로 등록하거나 경계점좌표등록부에 좌표형태로 등록하는 점을 말한다.
② "토지의 이동"이란 토지의 표시를 새로이 정하거나 변경 또는 말소하는 것을 말한다.
③ "지적공부"란 토지대장, 임야대장, 공유지연명부, 대지권등록부, 지적도, 임야도 및 경계점좌표등록부 등 지적측량 등을 통하여 조사된 토지의 표시와 해당 토지의 소유자 등을 기록한 대장 및 도면(정보처리시스템을 통하여 기록·저장된 것을 포함한다)을 말한다.

08 공간정보의 구축 및 관리 등에 관한 법률에 따른 '토지의 표시'에 해당하지 않는 것은? 〈실 17-2〉

① 경계
② 지번
③ 소유자
④ 면적

해설 토지의 표시란 지적공부에 토지의 소재·지번·지목·면적·경계 또는 좌표를 등록한 것을 말한다.

09 공간정보의 구축 및 관리 등에 관한 법률상 "토지의 표시"의 정의가 다음과 같을 때 ( ) 안에 들어갈 내용으로 옳지 않은 것은? 〈실 16-2〉

"토지의 표시"란 지적공부에 토지의 ( )을(를) 등록한 것을 말한다.

① 지번
② 지목
③ 지가
④ 면적

해설 토지의 표시란 지적공부에 토지의 소재·지번·지목·면적·경계 또는 좌표를 등록한 것을 말한다.

10 공간정보의 구축 및 관리 등에 관한 법률상 "지번을 부여하는 단위지역으로서 동·리 또는 이에 준하는 지역"을 말하는 용어는? 〈실 18-2〉

① 지목
② 필지
③ 지번지역
④ 지번부여지역

해설 지번부여지역이란 지번을 부여하는 단위지역으로서 동·리 또는 이에 준하는 지역을 말한다.

11 공간정보의 구축 및 관리 등에 관한 법률에서 규정하고 있는 용어의 정의로 옳지 않은 것은? 〈기 18-3〉

① "경계"란 필지별로 경계점들을 직선으로 연결하여 지적공부에 등록한 선을 말한다.
② "지목"이란 토지의 주된 용도에 따라 토지의 종류를 구분하여 지적공부에 등록한 것을 말한다.
③ "지번부여지역"이란 지번을 부여하는 단위지역으로서 읍·면 또는 이에 준하는 지역을 말한다.
④ "등록전환"이란 임야대장 및 임야도에 등록된 토지를 토지대장 및 지적도에 옮겨 등록하는 것을 말한다.

해설 지번부여지역이란 지번을 부여하는 단위지역으로서 동·리 또는 이에 준하는 지역을 말한다.

정답 06 ④ 07 ④ 08 ③ 09 ③ 10 ④ 11 ③

12 공간정보의 구축 및 관리 등에 관한 법률에서 규정된 용어의 정의로 틀린 것은? 〔기 17-2〕

① "경계"란 필지별로 경계점들을 곡선으로 연결하여 지적공부에 등록한 선을 말한다.
② "면적"이란 지적공부에 등록한 필지의 수평면상 넓이를 말한다.
③ "신규등록"이란 새로 조성된 토지와 지적공부에 등록되어 있지 아니한 토지를 지적공부에 등록하는 것을 말한다.
④ "축척변경"이란 지적도에 등록된 경계점의 정밀도를 높이기 위하여 작은 축척을 큰 축척으로 변경하여 등록하는 것을 말한다.

해설 경계란 필지별로 경계점들을 직선으로 연결하여 지적공부에 등록한 선을 말한다.

13 다음 중 지적 관련 법령상 용어에 대한 설명이 옳은 것은? 〔산 16-3〕

① 지적소관청이란 지적공부를 관리하는 시장을 말하며 자치구가 아닌 구를 두는 시의 시장 또한 포함한다.
② 면적이란 지적공부에 등록한 필지의 지표면상의 넓이를 말한다.
③ 일반측량이란 기본측량, 공공측량, 지적측량 및 수로측량을 말한다.
④ 지목변경이란 지적공부에 등록된 지목을 다른 지목으로 바꾸어 등록하는 것을 말한다.

해설 ① 지적소관청이란 지적공부를 관리하는 특별자치시장, 시장(제주특별자치도 설치 및 국제자유도시 조성을 위한 특별법 제15조 제2항에 따른 행정시의 시장을 포함하며, 지방자치법 제3조 제3항에 따라 자치구가 아닌 구를 두는 시의 시장은 제외한다), 군수 또는 구청장(자치구가 아닌 구의 구청장을 포함한다)을 말한다.
② 면적이란 지적공부에 등록한 필지의 수평면상 넓이를 말한다.
③ 일반측량이란 기본측량, 공공측량, 지적측량 및 수로측량 외의 측량을 말한다.

14 토지등록에 있어서 등록의 주체와 객체가 가장 올바르게 짝지어진 것은? 〔기 19-2〕

① 권리-필지
② 소유자-토지
③ 지적소관청-토지
④ 행정안전부장관-필지

해설 국토교통부장관은 모든 토지에 대하여 필지별로 소재·지번·지목·면적·경계 또는 좌표 등을 조사·측량하여 지적공부에 등록하여야 한다. 지적공부에 등록하는 지번·지목·면적·경계 또는 좌표는 토지의 이동이 있을 때 토지소유자(법인이 아닌 사단이나 재단의 경우에는 그 대표자나 관리인을 말한다)의 신청을 받아 지적소관청이 결정한다. 다만, 신청이 없으면 지적소관청이 직권으로 조사·측량하여 결정할 수 있다.

15 공간정보의 구축 및 관리 등에 관한 법률상의 기본원칙이 아닌 것은? 〔기 19-3〕

① 토지표지의 공시
② 등록사항의 국가결정
③ 등록사항의 실질적 심사
④ 등록사항의 형식적 심사

해설 등록사항의 형식적 심사는 등기의 기본원칙에 해당하며, 지적은 실질적 심사를 기본원칙으로 한다.

16 지적공부에 등록하는 경계(境界)의 결정권자는 누구인가? 〔산 16-3〕

① 행정안전부장관   ② 국토교통부장관
③ 지적소관청   ④ 시·도지사

해설 지적공부에 등록하는 지번·지목·면적·경계 또는 좌표는 토지의 이동이 있을 때 토지소유자(법인이 아닌 사단이나 재단의 경우에는 그 대표자나 관리인을 말한다)의 신청을 받아 지적소관청이 결정한다. 다만, 신청이 없으면 지적소관청이 직권으로 조사·측량하여 결정할 수 있다. 이 경우 조사·측량의 절차 등에 필요한 사항은 국토교통부령으로 정한다.

17 공간정보의 구축 및 관리 등에 관한 법령상 주된 용도의 토지에 편입하여 1필지로 할 수 있는 경우에 해당하는 것은? 〔기 18-3〕

① 1,000m² 내의 110m²의 답
② 10,000m² 내의 250m²의 전
③ 4,000m² 내의 350m²의 과수원
④ 5,000m²인 과수원 내의 50m²의 대지

해설 ① 10% 초과
② 330m² 초과
③ 지목 '대'

정답 12 ① 13 ④ 14 ③ 15 ④ 16 ③ 17 ②

18 지적소관청이 토지이동현황조사계획을 수립하는 단위는? 　　기 19-1

① 도단위　　　② 시단위
③ 시·도단위　　④ 시·군·구단위

해설 공간정보의 구축 및 관리 등에 관한 법률 시행규칙 제59조(토지의 조사·등록)
① 지적소관청은 법 제64조 제2항 단서에 따라 토지의 이동현황을 직권으로 조사·측량하여 토지의 지번·지목·면적·경계 또는 좌표를 결정하려는 때에는 토지이동현황조사계획을 수립하여야 한다. 이 경우 토지이동현황조사계획은 시·군·구별로 수립하되, 부득이한 사유가 있는 때에는 읍·면·동별로 수립할 수 있다.
② 지적소관청은 제1항에 따른 토지이동현황조사계획에 따라 토지의 이동현황을 조사한 때에는 토지이동조사부에 토지의 이동현황을 적어야 한다.
③ 지적소관청은 제2항에 따른 토지이동현황조사결과에 따라 토지의 지번·지목·면적·경계 또는 좌표를 결정한 때에는 이에 따라 지적공부를 정리하여야 한다.
④ 지적소관청은 제3항에 따라 지적공부를 정리하려는 때에는 제2항에 따른 토지이동조사부를 근거로 토지이동조서를 작성하여 토지이동정리결의서에 첨부하여야 하며, 토지이동조서의 아랫부분 여백에 "「공간정보의 구축 및 관리 등에 관한 법률」 제64조 제2항 단서에 따른 직권정리"라고 적어야 한다.

19 토지의 이동이 있을 때 지적공부에 등록하는 지번·지목·면적·경계 또는 좌표를 결정하는 자는?　　기 19-1

① 시·도지사　　　② 지적소관청
③ 지적측량업자　　④ 행정안전부장관

해설 공간정보의 구축 및 관리 등에 관한 법률 제64조(토지의 조사·등록 등)
① 국토교통부장관은 모든 토지에 대하여 필지별로 소재·지번·지목·면적·경계 또는 좌표 등을 조사·측량하여 지적공부에 등록하여야 한다.
② 지적공부에 등록하는 지번·지목·면적·경계 또는 좌표는 토지의 이동이 있을 때 토지소유자(법인이 아닌 사단이나 재단의 경우에는 그 대표자나 관리인을 말한다)의 신청을 받아 지적소관청이 결정한다. 다만, 신청이 없으면 지적소관청이 직권으로 조사·측량하여 결정할 수 있다.

20 토지를 지적공부에 1필지로 등록하는 기준으로 옳은 것은?　　산 17-1

① 지번부여지역의 토지로서 용도와 관계없이 소유자가 동일하면 1필지로 등록할 수 있다.
② 지번부여지역의 토지로서 소유자와 용도가 같고 지반이 연속된 토지는 1필지로 등록할 수 있다.
③ 행정구역을 달리할지라도 지목과 소유자가 동일하면 1필지로 등록한다.
④ 종된 용도의 토지면적이 $100m^2$를 초과하면 1필지로 등록한다.

해설 ① 지번부여지역의 토지로서 용도와 관계없이 소유자가 동일하면 1필지로 등록할 수 없다.
③ 행정구역을 달리할지라도 지목과 소유자가 동일하면 1필지로 등록할 수 없다.
④ 종된 용도의 토지면적이 $330m^2$를 초과하면 1필지로 등록한다.

21 다음 중 주된 용도의 토지에 편입하여 1필지로 할 수 있는 종된 토지의 기준으로 옳은 것은?　　기 17-2

① 주된 지목의 토지면적이 $1,148m^2$인 토지로 종된 지목의 토지면적이 $115m^2$인 토지
② 주된 지목의 토지면적이 $2,300m^2$인 토지로 종된 지목의 토지면적이 $231m^2$인 토지
③ 주된 지목의 토지면적이 $3,125m^2$인 토지로 종된 지목의 토지면적이 $228m^2$인 토지
④ 주된 지목의 토지면적이 $3,350m^2$인 토지로 종된 지목의 토지면적이 $332m^2$인 토지

해설 양입지
㉠ 의의 : 소유자가 동일하고 지반은 연속되지만 지목이 동일하지 않은 경우 주된 용도의 토지에 편입하여 1필지로 할 수 있는 종된 토지를 말한다.
㉡ 요건
• 주된 용도의 토지의 편의를 위하여 설치된 도로·구거(도랑) 등의 부지
• 주된 용도의 토지에 접속되거나 주된 용도의 토지로 둘러싸인 토지로서 다른 용도로 사용되고 있는 토지
㉢ 제한
• 종된 토지의 지목이 '대'인 경우
• 주된 토지면적의 10%를 초과하는 경우
• 종된 토지면적이 $330m^2$를 초과하는 경우

22 다음 중 지번을 새로이 부여할 필요가 없는 것은?　　기 18-1

① 임야분할　　② 지목변경
③ 등록전환　　④ 신규등록

정답 18 ④　19 ②　20 ②　21 ③　22 ②

해설 지목변경이란 지적공부에 등록된 지목을 다른 지목으로 변경하는 것으로, 지목만 변경되는 것이므로 새로이 지번을 부여하지 않는다.

23 주된 용도의 토지에 편입하여 1필지로 할 수 있는 경우는?
　　　　　　　　　　　　　　　　　　　　기 16-2, 산 18-2

① 종된 용도의 토지의 지목이 "대(垈)"인 경우
② 종된 용도의 토지면적이 330m²를 초과하는 경우
③ 주된 용도의 토지의 편의를 위하여 설치된 구거 등의 부지인 경우
④ 종된 용도의 토지면적이 주된 용도의 토지면적의 10%를 초과하는 경우

해설 **양입지**
　㉠ 의의 : 소유자가 동일하고 지반은 연속되지만 지목이 동일하지 않은 경우 주된 용도의 토지에 편입하여 1필지로 할 수 있는 종된 토지를 말한다.
　㉡ 요건
　　• 주된 용도의 토지의 편의를 위하여 설치된 도로·구거(도랑) 등의 부지
　　• 주된 용도의 토지에 접속되거나 주된 용도의 토지로 둘러싸인 토지로서 다른 용도로 사용되고 있는 토지
　㉢ 제한
　　• 종된 토지의 지목이 '대'인 경우
　　• 주된 토지면적의 10%를 초과하는 경우
　　• 종된 토지면적이 330m²를 초과하는 경우

24 과수원으로 이용되고 있는 1,000m² 면적의 토지에 지목이 대(垈)인 30m² 면적의 토지가 포함되어 있을 경우 필지의 결정방법으로 옳은 것은? (단, 토지의 소유자는 동일하다.)
　　　　　　　　　　　　　　　　　　　　산 18-3

① 1필지로 하거나 필지를 달리하여도 무방하다.
② 종된 용도의 토지의 지목이 대(垈)이므로 1필지로 할 수 없다.
③ 지목이 대(垈)인 토지의 지가가 더 높으므로 전체를 1필지로 한다.
④ 종된 용도의 토지면적이 주된 용도의 토지면적의 10% 미만이므로 전체를 1필지로 한다.

해설 과수원으로 이용되고 있는 1,000m² 면적의 토지에 지목이 대인 30m² 면적의 토지가 포함되어 있을 경우 종된 용도의 토지의 지목이 대이므로 주된 토지에 양입이 될 수 없으며 별도의 필지로 구획을 하여야 한다.

25 지번의 구성 및 부여방법에 관한 설명(기준)이 틀린 것은?
　　　　　　　　　　　　　　　　　　　　산 16-3

① 시·도지사가 지번부여지역별로 북동에서 남서로 지번을 순차적으로 부여한다.
② 본번(本番)과 부번(副番)으로 구성하되, 본번과 부번 사이에 "-"표시로 연결한다.
③ 신규등록의 경우에는 그 지번부여지역에서 인접 토지의 본번에 부번을 붙여서 지번을 부여한다.
④ 합병의 경우에는 합병대상지번 중 선순위의 지번을 그 지번으로 하되, 본번으로 된 지번이 있을 때에는 본번 중 선순위의 지번을 합병 후의 지번으로 한다.

해설 지번은 지적소관청이 지번부여지역을 기준으로 북서에서 남동쪽으로 차례대로 부여한다.

26 공간정보의 구축 및 관리 등에 관한 법률 시행령상 지번부여방법기준으로 틀린 것은?
　　　　　　　　　　　　　　　　　　　　기 17-2

① 분할 시의 지번은 최종본번을 부여한다.
② 합병 시의 지번은 합병대상지번 중 선순위 본번으로 부여할 수 있다.
③ 북서에서 남동으로 순차적으로 부여한다.
④ 신규등록 시 인접 토지의 본번에 부번을 붙여 부여한다.

해설 분할 후의 필지 중 1필지의 지번은 분할 전의 지번으로 하고, 나머지 필지의 지번은 본번의 최종부번의 다음 순번으로 부번을 부여한다.

27 합병조건이 갖추어진 4필지(99-1, 100-10, 111, 125)를 합병할 경우 새로이 설정하여야 하는 지번은? (단, 합병 전의 필지에 건축물이 없는 경우이다.)
　　　　　　　　　　　　　　　　　　　　기 19-2

① 99-1　　② 100-10
③ 111　　④ 125

해설 **합병에 따른 지번부여**
　㉠ 원칙 : 합병대상지번 중 선순위의 지번을 그 지번으로 하되, 본번으로 된 지번이 있을 때에는 본번 중 선순위의 지번을 합병 후의 지번으로 한다. 따라서 4필지(99-1, 100-10, 111, 125)를 합병할 경우 새로이 설정해야 하는 지번은 111이 된다.

정답 23 ③　24 ②　25 ①　26 ①　27 ③

ⓒ 예외 : 토지소유자가 합병 전의 필지에 주거, 사무실 등의 건축물이 있어서 그 건축물이 위치한 지번을 합병 후의 지번으로 신청하는 때에는 그 지번을 합병 후의 지번으로 부여하여야 한다.

나. 대상토지가 이미 등록된 토지와 멀리 떨어져 있어서 등록된 토지의 본번에 부번을 부여하는 것이 불합리한 경우
다. 대상토지가 여러 필지로 되어 있는 경우

28 지번이 10-1, 10-2, 11, 12번지인 4필지를 합병하는 경우 새로이 설정하는 지번으로 옳은 것은? 〖산〗17-1

① 10-1
② 10-2
③ 11
④ 12

해설 합병의 경우 합병대상지번 중 선순위의 지번을 그 지번으로 하되, 본번으로 된 지번이 있는 때에는 본번 중 선순위의 지번을 합병 후의 지번으로 한다. 따라서 11로 지번을 결정해야 한다.

29 공유수면 매립으로 신규등록을 할 경우 지번부여방법으로 옳지 않은 것은? 〖산〗19-2

① 종전지번의 수에서 결번을 찾아서 새로이 부여한다.
② 그 지번부여지역에서 인접 토지의 본번에 부번을 붙여서 지번을 부여한다.
③ 최종지번의 토지에 인접하여 있는 경우는 최종본번의 다음 순번부터 본번으로 하여 순차적으로 지번을 부여할 수 있다.
④ 신규등록토지가 여러 필지로 되어 있는 경우는 최종본번의 다음 순번부터 본번으로 하여 순차적으로 지번을 부여할 수 있다.

해설 공간정보의 구축 및 관리 등에 관한 법률 시행령 제56조(지번의 구성 및 부여방법 등)
① 지번은 아라비아숫자로 표기하되, 임야대장 및 임야도에 등록하는 토지의 지번은 숫자 앞에 "산"자를 붙인다.
② 지번은 본번과 부번으로 구성하되, 본번과 부번 사이에 "-"표시로 연결한다. 이 경우 "-"표시는 "의"라고 읽는다.
③ 법 제66조에 따른 지번의 부여방법은 다음 각 호와 같다.
  1. 지번은 북서에서 남동으로 순차적으로 부여할 것
  2. 신규등록 및 등록전환의 경우에는 그 지번부여지역에서 인접 토지의 본번에 부번을 붙여서 지번을 부여할 것. 다만, 다음 각 목의 어느 하나에 해당하는 경우에는 그 지번부여지역의 최종본번의 다음 순번부터 본번으로 하여 순차적으로 지번을 부여할 수 있다.
    가. 대상토지가 그 지번부여지역의 최종지번의 토지에 인접하여 있는 경우

30 공간정보의 구축 및 관리 등에 관한 법령상 지번부여 방법에 대한 설명으로 옳지 않은 것은? 〖산〗17-3

① 지번은 북서에서 남동으로 순차적으로 부여한다.
② 신규등록 및 등록전환의 경우에는 그 지번부여지역에서 인접 토지의 본번에 부번을 붙여서 지번을 부여한다.
③ 분할의 경우에는 분할 후의 필지 중 1필지의 지번은 분할 전의 지번으로 하고, 나머지 필지의 지번은 본번의 최종부번 다음 순번으로 부번을 부여한다.
④ 합병의 경우에는 합병대상지번 중 후순위 지번을 그 지번으로 하되, 본번으로 된 지번이 있는 때에는 본번 중 후순위 지번을 합병 후의 지번으로 한다.

해설 합병의 경우에는 합병대상지번 중 선순위 지번을 그 지번으로 하되, 본번으로 된 지번이 있는 때에는 본번 중 선순위 지번을 합병 후의 지번으로 한다.

31 도시개발사업 등이 완료됨에 따라 지적확정측량을 실시한 지역의 각 필지에 지번을 새로 부여하는 방법과 다르게 지번을 부여하는 경우는? 〖기〗16-2

① 토지를 합병할 때
② 지번부여지역의 지번을 변경할 때
③ 행정구역 개편에 따라 새로 지번을 부여할 때
④ 축척변경시행지역의 필지에 지번을 부여할 때

해설 도시개발사업 시행지역의 지번부여는 축척변경, 지번변경, 행정구역 개편에 따른 지번을 부여한다.

32 도시개발사업 등이 준공되기 전에 사업시행자가 지번부여신청을 할 경우 지적소관청은 무엇을 기준으로 지번을 부여하여야 하는가? 〖기〗16-3

① 측량준비도
② 지번별 조서
③ 사업계획도
④ 확정측량결과도

정답 28 ③　29 ①　30 ④　31 ①　32 ③

해설 지적소관청은 도시개발사업 등이 준공되기 전에 지번을 부여하는 때에는 도시개발사업 등의 신고 시 제출한 사업계획도에 의하되, 도시개발사업 등이 완료됨에 따라 지적확정측량을 실시한 지역 안의 각 필지에 지번을 새로이 부여하는 방법에 의한다.

33 지번부여지역의 일부가 행정구역의 개편으로 다른 지번부여지역에 속하게 될 때 지번정리방법은? 기 19-2

① 토지소재만 변경정리한다.
② 종전지번에 부호를 붙여 정한다.
③ 지적소관청이 새로 그 지번을 부여하여야 한다.
④ 변경된 지번부여지역의 최종본번에 부번을 붙여 정리한다.

해설 공간정보의 구축 및 관리 등에 관한 법률 제85조(행정구역의 명칭변경 등)
① 행정구역의 명칭이 변경되었으면 지적공부에 등록된 토지의 소재는 새로운 행정구역의 명칭으로 변경된 것으로 본다.
② 지번부여지역의 일부가 행정구역의 개편으로 다른 지번부여지역에 속하게 되었으면 지적소관청은 새로 속하게 된 지번부여지역의 지번을 부여하여야 한다.

34 공간정보의 구축 및 관리 등에 관한 법령상 지적소관청은 지번을 변경하고자 할 때 누구에게 승인신청서를 제출하여야 하는가? 기 17-3, 산 16-2

① 행정안전부장관
② 중앙지적위원회 위원장
③ 토지수용위원회 위원장
④ 시·도지사 또는 대도시시장

해설 지적소관청은 지번을 변경하고자 하는 때에는 지번변경사유를 적은 승인신청서에 지번변경대상지역의 지번, 지목, 면적, 소유자에 대한 상세한 내용(이하 '지번 등 명세'라 한다)을 기재하여 시·도지사 또는 대도시시장에게 제출하여야 한다.

35 지적소관청은 특정 사유로 지번에 결번이 생긴 때에는 지체 없이 그 사유를 결번대장에 적어 영구히 보존하여야 한다. 다음 중 특정 사유에 해당하지 않는 것은? 산 16-2

① 축척변경
② 지구계 분할
③ 행정구역변경
④ 도시개발사업 시행

해설 결번사유
㉠ 결번이 발생하는 경우 : 지번변경, 행정구역변경, 도시개발사업, 축척변경, 지번정정, 등록전환 및 합병, 해면성 말소
㉡ 결번이 발생하지 않는 경우 : 신규등록, 분할, 지목변경

36 다음 중 결번대장의 등재사항이 아닌 것은? 산 17-2

① 결번사유
② 결번연월일
③ 결번해지일
④ 결번된 지번

해설 결번대장

결재	동·리	지번	결번		비고
			연월일	사유	
					※ 결번사유 • 행정구역변경 • 도시개발사업 • 지번변경 • 축척변경 • 지번정정 등

37 행정구역의 변경, 도시개발사업의 시행, 지번변경, 축척변경, 지번정정 등의 사유로 지번에 결번이 생긴 때의 지적소관청의 결번처리방법으로 옳은 것은? 산 16-1

① 결번된 지번은 새로이 토지이동이 발생하면 지번을 부여한다.
② 지체 없이 그 사유를 결번대장에 적어 영구히 보존한다.
③ 결번된 지번은 토지대장에서 말소하고 토지대장을 폐기한다.
④ 행정구역의 변경으로 결번된 지번은 새로이 지번을 부여할 경우에 지번을 부여한다.

해설 행정구역의 변경, 도시개발사업의 시행, 지번변경, 축척변경, 지번정정 등의 사유로 지번에 결번이 생긴 때의 지적소관청은 결번이 발생하면 지체 없이 그 사유를 결번대장에 적어 영구히 보존한다.

38 공간정보의 구축 및 관리 등에 관한 법령에 따른 지목설정의 원칙이 아닌 것은? 산 19-2

① 1필 1지목의 원칙
② 자연지목의 원칙
③ 주지목 추종의 원칙
④ 임시적 변경불변의 원칙

해설 **지목의 설정원칙**
㉠ 1필 1목의 원칙 : 필지마다 하나의 지목을 설정한다. 따라서 1필지의 일부가 용도가 변경되는 경우에는 분할을 하여야 한다.
㉡ 주지목 추종의 원칙 : 1필지가 2 이상의 용도로 활용되는 경우에는 주된 용도에 따라 지목을 설정한다.
㉢ 영속성의 원칙(일시변경불변의 원칙) : 토지가 일시적 또는 임시적인 용도로 사용되는 때에는 지목을 변경하지 아니한다.
㉣ 사용목적 추종의 원칙 : 택지조성사업을 목적으로 공사가 준공된 토지는 미리 그 목적에 따라 지목을 '대'로 정할 수 있다.

39 지적공부에 등록하는 지목의 설정기준으로 옳은 것은? 기 19-2
① 토지의 공시지가
② 토지의 주된 용도
③ 토지의 지형지세
④ 토지의 토성분포

해설 **공간정보의 구축 및 관리 등에 관한 법률 제2조(정의)**
이 법에서 사용하는 용어의 뜻은 다음과 같다.
24. "지목"이란 토지의 주된 용도에 따라 토지의 종류를 구분하여 지적공부에 등록한 것을 말한다.

40 지적도 및 임야도에 등록하는 지목의 부호가 모두 옳은 것은? 산 16-2
① 하천-하, 제방-방, 구거-구, 공원-공
② 하천-하, 제방-제, 구거-거, 공원-원
③ 하천-천, 제방-제, 구거-거, 공원-원
④ 하천-천, 제방-제, 구거-구, 공원-공

해설 지목을 지적도면에 등록할 경우 두문자(24)와 차문자(4)로 표기하며, 차문자로 표기되는 지목은 주차장(차), 공장용지(장), 하천(천), 유원지(원)이다.

41 다음 중 지목을 부호로 표기하는 지적공부는? 산 19-2
① 지적도
② 임야대장
③ 토지대장
④ 경계점좌표등록부

해설 **공간정보의 구축 및 관리 등에 관한 법률 제67조(지목의 종류)**
① 지적도 및 임야도(이하 "지적도면"이라 한다)에 등록하는 때에는 부호로 표기하여야 한다.
② 하천, 유원지, 공장용지, 주차장은 차문자(천, 원, 장, 차)로 표기한다.

지목	부호	지목	부호
전	전	철도용지	철
답	답	제방	제
과수원	과	하천	천
목장용지	목	구거	구
임야	임	유지	유
광천지	광	양어장	양
염전	염	수도용지	수
대	대	공원	공
공장용지	장	체육용지	체
학교용지	학	유원지	원
주차장	차	종교용지	종
주유소용지	주	사적지	사
창고용지	창	묘지	묘
도로	도	잡종지	잡

※ 차문자표기 : 주차장(차), 공장용지(장), 하천(천), 유원지(원)

42 다음 중 지목을 지적도면에 등록하는 때의 부호표기가 옳지 않은 것은? 산 19-2
① 광천지 → 광
② 유원지 → 유
③ 공장용지 → 장
④ 목장용지 → 목

해설 지목을 지적도면에 등록할 경우 두문자(24)와 차문자(4)로 표기하며, 차문자로 표기되는 지목은 주차장(차), 공장용지(장), 하천(천), 유원지(원)이다.

43 "주차장" 지목을 지적도에 표기하는 부호로 옳은 것은? 산 16-3
① 주
② 차
③ 장
④ 주차

해설 지목을 지적도면에 등록할 경우 두문자(24)와 차문자(4)로 표기하며, 차문자로 표기되는 지목은 주차장(차), 공장용지(장), 하천(천), 유원지(원)이다.

44 현재 시행되고 있는 지목의 종류는 총 몇 종인가? 산 16-3
① 25종
② 26종
③ 27종
④ 28종

해설 지목은 전, 답, 과수원, 목장용지, 임야, 광천지, 염전, 대, 공장용지, 학교용지, 주차장, 주유소용지, 창고용지, 도로, 철도용지, 제방, 하천, 구거, 유지, 양어장, 수도용지, 공원, 체육용지, 유원지, 종교용지, 사적지, 묘지, 잡종지로 총 28종으로 구분한다.

정답 39 ② 40 ④ 41 ① 42 ② 43 ② 44 ④

45 공간정보의 구축 및 관리 등에 관한 법령에서 구분하고 있는 28개의 지목에 해당되는 것은?

① 나대지 ② 선하지
③ 양어장 ④ 납골용지

해설 지목은 전, 답, 과수원, 목장용지, 임야, 광천지, 염전, 대, 공장용지, 학교용지, 주차장, 주유소용지, 창고용지, 도로, 철도용지, 제방, 하천, 구거, 유지, 양어장, 수도용지, 공원, 체육용지, 유원지, 종교용지, 사적지, 묘지, 잡종지로 총 28종으로 구분한다.

46 공간정보의 구축 및 관리 등에 관한 법률상 규정된 지목의 종류로 옳지 않은 것은?

① 운동장 ② 유원지
③ 잡종지 ④ 철도용지

해설 지목은 전, 답, 과수원, 목장용지, 임야, 광천지, 염전, 대, 공장용지, 학교용지, 주차장, 주유소용지, 창고용지, 도로, 철도용지, 제방, 하천, 구거, 유지, 양어장, 수도용지, 공원, 체육용지, 유원지, 종교용지, 사적지, 묘지, 잡종지로 총 28종으로 구분한다.

47 다음 중 '체육용지'로 지목설정을 할 수 있는 것은?

① 공원 ② 골프장
③ 경마장 ④ 유선장

해설 공간정보의 구축 및 관리 등에 관한 법률 시행령 제58조(지목의 구분)
법 제67조 제1항에 따른 지목의 구분은 다음 각 호의 기준에 따른다.
23. 체육용지 : 국민의 건강증진 등을 위한 체육활동에 적합한 시설과 형태를 갖춘 종합운동장·실내체육관·야구장·골프장·스키장·승마장·경륜장 등 체육시설의 토지와 이에 접속된 부속시설물의 부지는 "체육용지"로 한다. 다만, 체육시설로서의 영속성과 독립성이 미흡한 정구장·골프연습장·실내수영장 및 체육도장, 유수를 이용한 요트장 및 카누장, 산림 안의 야영장 등의 토지를 제외한다.

48 닥나무, 묘목, 관상수 등의 식물을 주로 재배하는 토지의 지목은?

① 전 ② 답
③ 임야 ④ 잡종지

해설 공간정보의 구축 및 관리 등에 관한 법률 시행령 제58조(지목의 구분)
법 제67조 제1항에 따른 지목의 구분은 다음 각 호의 기준에 따른다.
1. 전 : 물을 상시적으로 이용하지 않고 곡물·원예작물(과수류는 제외한다)·약초·뽕나무·닥나무·묘목·관상수 등의 식물을 주로 재배하는 토지와 식용으로 죽순을 재배하는 토지는 "전"으로 한다.

49 공간정보의 구축 및 관리 등에 관한 법령상 지적공부에 등록할 때 지목을 '대'로 설정할 수 없는 것은?

① 택지조성공사가 준공된 토지
② 목장용지 내의 주거용 건축물의 부지
③ 과수원 내에 있는 주거용 건축물의 부지
④ 제조업공장시설물부지 내의 의료시설부지

해설 제조업공장시설물부지 내의 의료시설부지의 지목은 "공장용지"이다.

50 다음 중 지목의 구분이 옳지 않은 것은?

① 고속도로의 휴게소부지는 '도로'로 한다.
② 국토의 계획 및 이용에 관한 법률 등 관계법령에 따른 택지조성공사가 준공된 토지는 '대'로 한다.
③ 온수·약수·석유류를 일정한 장소로 운송하는 송수관·송유관 및 저장시설의 부지는 '광천지'로 한다.
④ 제조업을 하고 있는 공장시설물의 부지는 '공장용지'로 한다.

해설 지하에서 온수·약수·석유류 등이 용출되는 용출구와 그 유지에 사용되는 부지는 "광천지"로 한다. 다만, 온수·약수·석유류 등을 일정한 장소로 운송하는 송수관·송유관 및 저장시설의 부지(잡종지)는 제외한다.

51 다음 중 지목이 '잡종지'에 해당되지 않는 것은?

① 자갈땅 ② 비행장
③ 공동우물 ④ 야외시장

해설 산림 및 원야를 이루고 있는 수림지, 죽림지, 암석지, 자갈땅, 모래땅, 습지, 황무지 등의 토지는 "임야"로 한다.

정답 45 ③ 46 ① 47 ② 48 ① 49 ④ 50 ③ 51 ①

52 공간정보의 구축 및 관리 등에 관한 법령상 지목이 다른 하나는? 〔기 19-1〕

① 골프장   ② 수영장
③ 스키장   ④ 승마장

해설 공간정보의 구축 및 관리 등에 관한 법률 시행령 제58조(지목의 구분)

법 제67조 제1항에 따른 지목의 구분은 다음 각 호의 기준에 따른다.

23. 체육용지 : 국민의 건강증진 등을 위한 체육활동에 적합한 시설과 형태를 갖춘 종합운동장·실내체육관·야구장·골프장·스키장·승마장·경륜장 등 체육시설의 토지와 이에 접속된 부속시설물의 부지는 "체육용지"로 한다. 다만, 체육시설로서의 영속성과 독립성이 미흡한 정구장·골프연습장·실내수영장 및 체육도장, 유수를 이용한 요트장 및 카누장, 산림 안의 야영장 등의 토지를 제외한다.

24. 유원지 : 일반 공중의 위락·휴양 등에 적합한 시설을 종합적으로 갖춘 수영장·유선장·낚시터·어린이놀이터·동물원·식물원·민속촌·경마장 등의 토지와 이에 접속된 부속시설물의 부지는 "유원지"로 한다. 다만, 이들 시설과의 거리 등으로 보아 독립적인 것으로 인정되는 숙박시설 및 유기장의 부지와 하천·구거 또는 유지(공유인 것으로 한정한다)로 분류되는 것은 제외한다.

53 공간정보의 구축 및 관리 등에 관한 법령상 지목설정이 올바르게 연결된 것은? 〔기 19-1〕

① 체육용지 : 실내체육관, 승마장
② 유원지 : 스키장, 어린이놀이터
③ 잡종지 : 원상회복을 조건으로 돌을 캐내는 곳
④ 염전 : 동력을 이용하여 소금을 제조하는 공장시설물의 부지

해설 공간정보의 구축 및 관리 등에 관한 법률 시행령 제58조(지목의 구분)

법 제67조 제1항에 따른 지목의 구분은 다음 각 호의 기준에 따른다.

7. 염전 : 바닷물을 끌어들여 소금을 채취하기 위하여 조성된 토지와 이에 접속된 제염장 등 부속시설물의 부지는 "염전"으로 한다. 다만, 천일제염방식으로 하지 아니하고 동력으로 바닷물을 끌어들여 소금을 제조하는 공장시설물의 부지는 제외한다.

24. 유지 : 일반 공중의 위락·휴양 등에 적합한 시설을 종합적으로 갖춘 수영장·유선장·낚시터·어린이놀이터·동물원·식물원·민속촌·경마장 등의

토지와 이에 접속된 부속시설물의 부지는 "유원지"로 한다. 다만, 이들 시설과의 거리 등으로 보아 독립적인 것으로 인정되는 숙박시설 및 유기장의 부지와 하천·구거 또는 유지(공유인 것으로 한정한다)로 분류되는 것은 제외한다.

28. 잡종지 : 갈대밭, 실외에 물건을 쌓아두는 곳, 돌을 캐내는 곳, 흙을 파내는 곳, 야외시장, 비행장, 공동우물(다만, 원상회복을 조건으로 돌을 캐내는 곳 또는 흙을 파내는 곳으로 허가된 토지를 제외한다)

54 지목과 지적도면에 등록하는 부호의 연결이 옳은 것은? 〔산 17-2〕

① 공원 : 공   ② 하천 : 하
③ 유원지 : 유   ④ 주차장 : 주

해설 지목
㉠ 지적도 및 임야도(이하 "지적도면"이라 한다)에 등록하는 때에는 부호로 표기하여야 한다.
㉡ 하천, 유원지, 공장용지, 주차장은 차문자(천, 원, 장, 차)로 표기한다.

55 지목의 구분 중 '답'에 대한 설명으로 옳은 것은? 〔산 18-2〕

① 물을 상시적으로 이용하지 않고 곡물 등의 식물을 주로 재배하는 토지
② 물이 고이거나 상시적으로 물을 저장하고 있는 댐, 저수지 등의 토지
③ 물을 상시적으로 직접 이용하여 벼, 연(蓮), 미나리, 왕골 등의 식물을 주로 재배하는 토지
④ 용수(用水) 또는 배수(排水)를 위하여 일정한 형태를 갖춘 인공적인 수로, 둑 및 그 부속시설물의 부지와 자연의 유수(流水)가 있거나 있을 것으로 예상되는 소규모 수로부지

해설 ①은 전, ②는 유지, ④는 구거에 해당한다.

56 다음 중 지목설정이 올바르게 연결되지 않은 것은? 〔기 18-1〕

① 황무지 – 임야
② 경마장 – 체육용지
③ 야외시장 – 잡종지
④ 고속도로의 휴게소부지 – 도로

정답 52 ② 53 ① 54 ① 55 ③ 56 ②

해설 일반 공중의 위락·휴양 등에 적합한 시설물을 종합적으로 갖춘 수영장, 유선장, 낚시터, 어린이놀이터, 동물원, 식물원, 민속촌, 경마장 등의 토지와 이에 접속된 부속시설물의 부지는 "유원지"로 한다.

57 지적공부에 등록하기 위한 지목결정으로 옳지 않은 것은?

① 소관청에서 결정한다.
② 1필지에 1지목을 설정한다.
③ 토지의 주된 용도에 따라 결정한다.
④ 토지소유자가 신청하는 지목으로 설정한다.

해설 지목은 토지의 용도에 따라 설정을 하는 것이지 토지소유자가 신청한다고 해서 무조건 그 지목으로는 설정할 수 없다.

58 철도, 역사, 차고, 공작창이 집단으로 위치할 경우 그 지목은?

① 철도, 차고는 철도용지이고, 역사는 대지, 공작창은 공장용지이다.
② 역사만 대지이고, 나머지는 철도용지이다.
③ 공작창만 공장용지이고, 나머지는 철도용지이다.
④ 모두 철도용지이다.

해설 교통운수를 위하여 일정한 궤도 등의 설비와 형태를 갖추어 이용되는 토지와 이에 접속된 역사·차고·발전시설 및 공작창 등 부속시설물의 부지는 "철도용지"로 한다.

59 일반 공중이 종교의식을 위하여 법요를 하기 위한 사찰 등 건축물의 부지와 이에 접속된 부속시설물의 부지지목은?

① 사적지   ② 종교용지
③ 잡종지   ④ 공원

해설 일반 공중의 종교의식을 위하여 예배, 법요, 설교, 제사 등을 하기 위한 교회, 사찰, 향교 등 건축물의 부지와 이에 접속된 부속시설물의 부지는 "종교용지"로 한다.

60 지목의 설정이 바르게 연결된 것은?

① 염전 : 동력에 의한 제조공장시설의 부지
② 도로 : 1필지 이상에 진입하는 통로로 이용되는 토지

③ 공원 : 도시공원 및 녹지 등에 관한 법률에 따라 묘지공원으로 결정·고시된 토지
④ 유지(溜池) : 연, 왕골 등이 자생하는 배수가 잘 되지 아니하는 토지

해설 ① 동력에 의한 제조공장시설의 부지는 염전으로 보지 않는다.
② 1필지 이상에 진입하는 통로로 이용되는 토지의 지목은 "대"이다.
③ 묘지공원의 지목은 "묘지"이다.

61 지목을 등록할 때 유원지로 설정하는 지목은?

① 경마장   ② 남한산성
③ 장충체육관   ④ 올림픽 컨트리클럽

해설 유원지는 일반 공중의 위락·휴양 등에 적합한 시설물을 종합적으로 갖춘 수영장·유선장·낚시터·어린이놀이터·동물원·식물원·민속촌·경마장 등의 토지와 이에 접속된 부속시설물의 부지이다. 다만, 이들 시설과의 거리 등으로 보아 독립적인 것으로 인정되는 숙식시설 및 유기장의 부지와 하천·구거 또는 유지(공유(公有)인 것으로 한정한다)로 분류되는 것은 제외한다.

62 다음 중 지목이 임야에 해당하지 않는 것은?

① 수림지   ② 죽림지
③ 간석지   ④ 모래땅

해설 간석지의 경우 등록대상에 해당하지 아니하므로 지목을 임야로 할 수 없다.

63 토지의 지목을 구분하는 경우 "임야"에 대한 설명 중 ( ) 안에 해당하지 않는 것은?

산림 및 원야(原野)를 이루고 있는 ( ) 등의 토지

① 수림지(樹林地)   ② 죽림지
③ 간석지   ④ 모래땅

해설 간석지는 지목을 임야로 할 수 없으며 지적공부에 등록되지 않으므로 지목을 설정할 수 없다.

64 다음 지목의 분류에서 암석지의 지목으로 옳은 것은?

① 유지   ② 임야
③ 잡종지   ④ 전

정답 57 ④ 58 ④ 59 ② 60 ④ 61 ① 62 ③ 63 ③ 64 ②

해설 산림 및 원야를 이루고 있는 수림지, 죽림지, 암석지, 자갈땅, 모래땅, 습지, 황무지 등의 토지의 지목은 "임야"로 한다.

65 다음 중 고속도로 휴게소부지의 지목으로 옳은 것은?
기 16-3

① 도로　　② 공원
③ 주차장　④ 잡종지

해설 고속도로 휴게소의 지목은 "도로"이다.

66 다음 중 지목을 "도로"로 볼 수 없는 것은?
산 16-1

① 고속도로의 휴게소부지
② 2필지 이상에 진입하는 통로로 이용되는 토지
③ 도로법 등 관계법령에 의하여 도로로 개설된 토지
④ 아파트, 공장 등 단일용도의 일정한 단지 안에 설치된 통로

해설 아파트, 공장 등 단일용도의 일정한 단지 안에 설치된 통로는 도로로 보지 않는다.

67 공간정보의 구축 및 관리 등에 관한 법령상 잡종지로 지목을 설정할 수 없는 것은?
기 17-3

① 야외시장
② 돌을 캐내는 곳
③ 영구적 건축물인 자동차운전학원의 부지
④ 원상회복을 조건으로 흙을 파내는 곳으로 허가된 토지

해설 잡종지
㉠ 갈대밭, 실외에 물건을 쌓아두는 곳, 돌을 캐내는 곳, 흙을 파내는 곳, 야외시장, 비행장, 공동우물(다만, 원상회복을 조건으로 돌을 캐내는 곳 또는 흙을 파내는 곳으로 허가된 토지를 제외한다)
㉡ 영구적 건축물 중 변전소, 송신소, 수신소, 송유시설, 도축장, 자동차운전학원, 쓰레기 및 오물처리장 등의 부지

68 지적공부(대장)에 등록하는 면적단위는?
산 17-3

① 평 또는 보　② 홉 또는 무
③ 제곱미터　　④ 평 또는 무

해설 면적이란 지적측량성과에 의하여 지적공부에 등록한 필지의 수평면상 넓이를 말하며, 단위는 m²로, 결정방법 등에 필요한 사항은 대통령령으로 정한다.

69 지적측량시행규칙상 면적측정의 대상으로 옳지 않은 것은?
산 18-2

① 신규등록　② 등록전환
③ 토지분할　④ 토지합병

해설 합병의 경우 합병 전 각 필지의 면적을 합산하며 별도로 면적측정을 실시하지 않는다.

70 지적측량시행규칙상 면적측정의 대상이 아닌 것은?
산 18-3

① 경계를 정정하는 경우
② 축척변경을 하는 경우
③ 토지를 합병하는 경우
④ 필지분할을 하는 경우

해설 ㉠ 면적측정대상
　• 지적공부의 복구, 신규등록, 등록전환, 분할, 축척변경
　• 면적 또는 경계를 정정하는 경우(등록사항정정)
　• 지적확정측량
　• 경계복원측량·지적현황측량에 의하여 면적측정이 수반되는 경우
㉡ 면적측정의 대상이 아닌 경우
　• 도면의 재작성
　• 지목변경, 지번변경, 합병
　• 경계복원측량, 지적현황측량
　• 위치정정

71 세부측량을 하는 경우 필지마다 면적을 측정하여야 하는 대상으로 옳지 않은 것은?
산 19-1

① 면적 또는 경계를 정정하는 경우
② 지적공부의 신규등록을 하는 경우
③ 경계복원측량 및 지적현황측량에 면적측정이 수반되는 경우
④ 지상건축물 등의 현황을 지적도 및 임야도에 등록된 경계와 대비하여 표시하는 데에 필요한 경우

정답 65 ① 66 ④ 67 ④ 68 ③ 69 ④ 70 ③ 71 ④

해설 지적측량시행규칙 제19조(면적측정의 대상)

면적측정대상	면적측정의 대상이 아닌 경우
• 지적공부의 복구, 신규등록, 등록전환, 분할, 축척변경 • 면적 또는 경계를 정정하는 경우(등록사항정정) • 지적확정측량 • 경계복원측량·지적현황 측량에 의하여 면적측정이 수반되는 경우	• 도면의 재작성 • 지목변경, 지번변경, 합병 • 경계복원측량, 지적현황측량 • 위치정정

72 토지의 이동과 관련하여 세부측량을 실시할 때 면적을 측정하지 않는 것은?

① 지적공부의 복구·신규등록을 하는 경우
② 등록전환·분할 및 축척변경을 하는 경우
③ 등록된 경계점을 지상에 복원만 하는 경우
④ 면적 및 경계의 등록사항을 정정하는 경우

해설 면적측정대상

면적측정대상	면적측정의 대상이 아닌 경우
• 지적공부의 복구, 신규등록, 등록전환, 분할, 축척변경 • 면적 또는 경계를 정정하는 경우(등록사항정정) • 지적확정측량 • 경계복원측량·지적현황 측량에 의하여 면적측정이 수반되는 경우	• 도면의 재작성 • 지목변경, 지번변경, 합병 • 경계복원측량, 지적현황측량 • 위치정정

73 지적도 축척 1,200분의 1 지역의 토지대장에 등록하는 최소면적단위는?

① $1m^2$ ② $0.5m^2$
③ $0.1m^2$ ④ $0.01m^2$

해설 토지의 면적에 m^2 미만의 끝수가 있는 경우 $0.5m^2$ 미만인 때에는 버리고, $0.5m^2$를 초과하는 때에는 올리며, $0.5m^2$인 때에는 구하고자 하는 끝자리의 숫자가 0 또는 짝수이면 버리고, 홀수이면 올린다. 다만, 1필지의 면적이 $1m^2$ 미만인 때에는 $1m^2$로 한다. 따라서 1,200분의 1 지역의 토지대장에 등록하는 최소면적은 $1m^2$이다.

74 경계점좌표등록부에 등록하는 지역의 토지면적결정(m^2)의 기준으로 옳은 것은?

① 소수점 세 자리로 한다.
② 소수점 두 자리로 한다.
③ 소수점 한 자리로 한다.
④ 정수로 한다.

해설 지적도의 축척이 600분의 1인 지역과 경계점좌표등록부에 등록하는 지역의 토지의 면적은 m^2 이하 한 자리 단위로 하되, $0.1m^2$ 미만의 끝수가 있는 경우 $0.05m^2$ 미만인 때에는 버리고, $0.05m^2$를 초과하는 때에는 올리며, $0.05m^2$인 때에는 구하고자 하는 끝자리의 숫자가 0 또는 짝수이면 버리고, 홀수이면 올린다. 다만, 1필지의 면적이 $0.1m^2$ 미만인 때에는 $0.1m^2$로 한다.

75 공간정보의 구축 및 관리 등에 관한 법령상 임야대장에 등록하는 1필지 최소면적단위는? (단, 지적도의 축척이 600분의 1인 지역과 경계점좌표등록부에 등록하는 지역의 토지면적은 제외한다.)

① $0.1m^2$ ② $1m^2$
③ $10m^2$ ④ $100m^2$

해설 면적의 결정

㉠ 토지의 면적에 m^2 미만의 끝수가 있는 경우 $0.5m^2$ 미만인 때에는 버리고, $0.5m^2$를 초과하는 때에는 올리며, $0.5m^2$인 때에는 구하고자 하는 끝자리의 숫자가 0 또는 짝수이면 버리고, 홀수이면 올린다. 다만, 1필지의 면적이 $1m^2$ 미만인 때에는 $1m^2$로 한다.

㉡ 지적도의 축척이 600분의 1인 지역과 경계점좌표등록부에 등록하는 지역의 토지의 면적은 ㉠의 규정에 불구하고 m^2 이하 한 자리 단위로 하되, $0.1m^2$ 미만의 끝수가 있는 경우 $0.05m^2$ 미만인 때에는 버리고, $0.05m^2$를 초과하는 때에는 올리며, $0.05m^2$인 때에는 구하고자 하는 끝자리의 숫자가 0 또는 짝수이면 버리고, 홀수이면 올린다. 다만, 1필지의 면적이 $0.1m^2$ 미만인 때에는 $0.1m^2$로 한다.

76 다음의 ( ) 안에 공통으로 들어갈 알맞은 용어는?

> 토지의 이동에 따른 면적 등의 결정방법은 ( )에 따른 경계·좌표 또는 면적은 따로 지적측량을 하지 아니하고 ( ) 후 필지의 경계 또는 좌표와 ( ) 후 필지의 면적의 구분에 따라 결정한다.

① 등록   ② 분할
③ 전환   ④ 합병

해설 합병의 경우 면적의 결정

㉠ 합병에 따른 경계·좌표 또는 면적은 따로 지적측량을 하지 아니한다.

정답 72 ③ 73 ① 74 ③ 75 ② 76 ④

ⓒ 합병 후 필지의 경계 또는 좌표는 합병 전 각 필지의 경계 또는 좌표 중 합병으로 필요 없게 된 부분을 말소하여 결정한다.
ⓒ 합병 후 필지의 면적은 합병 전 각 필지의 면적을 합산하여 결정한다.

77 지적측량시행규칙상 경계점좌표등록부에 등록된 지역에서의 필지별 면적측정방법으로 옳은 것은? 산 17-3
① 도상삼사계산법 ② 좌표면적계산법
③ 푸라니미터기법 ④ 전자면적측정기법

해설 경위의측량방법으로 세부측량을 실시한 경우, 즉 경계점좌표등록부가 비치된 지역에서의 면적은 필지의 좌표를 이용하여 면적을 측정하여야 한다. 즉 좌표면적계산법에 의해 면적을 계산하여야 한다.

78 면적측정의 방법에 관한 내용으로 옳은 것은? 산 19-1
① 좌표면적계산법에 따른 산출면적은 1,000분의 1m^2까지 계산하여 100분의 1m^2단위로 정해야 한다.
② 전자면적측정기에 따른 측정면적은 100분의 1m^2까지 계산하여 10분의 1m^2단위로 정해야 한다.
③ 경위의측량방법으로 세부측량을 한 지역의 필지별 면적측정은 경계점좌표에 따라야 한다.
④ 면적을 측정하는 경우 도곽선의 길이에 1mm 이상의 신축이 있을 때에는 이를 보정하여야 한다.

해설 ① 좌표면적계산법에 따른 산출면적은 1,000분의 1m^2까지 계산하여 10분의 1m^2단위로 정해야 한다.
② 전자면적측정기에 따른 산출면적은 1,000분의 1m^2까지 계산하여 10분의 1m^2단위로 정해야 한다.
④ 면적을 측정하는 경우 도곽선의 길이에 0.5mm 이상의 신축이 있을 때에는 이를 보정하여야 한다.

79 지적도의 축척이 600분의 1인 지역에서 분할을 위한 지적측량수행 시 1필지 면적측정결과가 0.01m^2인 경우 토지대장 등록을 위한 결정면적은? 기 18-2
① 0.01m^2 ② 0.05m^2
③ 0.1m^2 ④ 1m^2

해설 지적도의 축척이 600분의 1인 지역과 경계점좌표등록부에 등록하는 지역의 토지의 면적은 m^2 이하 한 자리 단위로 하되, 0.1m^2 미만의 끝수가 있는 경우 0.05m^2 미만인 때에는 버리고, 0.05m^2를 초과하는 때에는 올리며, 0.05m^2인 때에는 구하고자 하는 끝자리의 숫자가 0 또는 짝수이면 버리고, 홀수이면 올린다. 다만, 1필지의 면적이 0.1m^2 미만인 때에는 0.1m^2로 한다.

80 면적을 측정하는 경우 도곽선의 길이에 얼마 이상의 신축이 있을 때에 이를 보정하여야 하는가? 산 18-1
① 0.4mm ② 0.5mm
③ 0.8mm ④ 1.0mm

해설 면적을 측정하는 경우 도곽선의 길이에 0.5mm 이상의 신축이 있을 때에는 이를 보정하여야 한다.

81 축척 600분의 1지역에서 1필지의 산출면적이 76.55m^2였다면 결정면적은? 산 17-1
① 76m^2 ② 76.5m^2
③ 76.6m^2 ④ 77m^2

해설 지적도의 축척이 600분의 1인 지역과 경계점좌표등록부에 등록하는 지역의 토지의 면적은 m^2 이하 한 자리 단위로 하되, 0.1m^2 미만의 끝수가 있는 경우 0.05m^2 미만인 때에는 버리고, 0.05m^2를 초과하는 때에는 올리며, 0.05m^2인 때에는 구하고자 하는 끝자리의 숫자가 0 또는 짝수이면 버리고, 홀수이면 올린다. 다만, 1필지의 면적이 0.1m^2 미만인 때에는 0.1m^2로 한다. 따라서 축척 600분의 1지역에서 1필지의 산출면적이 76.55m^2였다면 결정면적은 76.6m^2이다.

82 토지의 이동에 따른 면적결정방법으로 옳지 않은 것은? 산 16-2
① 합병 후 필지의 면적은 개별적인 측정을 통하여 결정한다.
② 합병 후 필지의 경계는 합병 전 각 필지의 경계 중 합병으로 필요 없게 된 부분을 말소하여 결정한다.
③ 합병 후 필지의 좌표는 합병 전 각 필지의 좌표 중 합병으로 필요 없게 된 부분을 말소하여 결정한다.
④ 등록전환이나 분할에 따른 면적을 정할 때 오차가 발생하는 경우 그 오차의 허용범위 및 처리방법 등에 필요한 사항은 대통령령으로 정한다.

해설 합병의 경우 합병으로 인한 불필요한 경계와 좌표는 말소하며, 면적은 각 필지의 면적을 합산하며 별도로 면적을 측정하지 아니한다.

정답 77 ② 78 ③ 79 ③ 80 ② 81 ③ 82 ①

83 지적도의 축척이 600분의 1인 지역에 1필지의 측정면적이 123.45m²인 경우 지적공부에 등록할 면적은?

① 123m² ② 123.4m²
③ 123.5m² ④ 123.45m²

해설 지적도의 축척이 600분의 1인 지역과 경계점좌표등록부에 등록하는 지역의 토지의 면적은 m² 이하 한 자리 단위로 하되, 0.1m² 미만의 끝수가 있는 경우 0.05m² 미만일 때에는 버리고, 0.05m²를 초과할 때에는 올리며, 0.05m²일 때에는 구하려는 끝자리의 숫자가 0 또는 짝수이면 버리고, 홀수이면 올린다. 다만, 1필지의 면적이 0.1m² 미만일 때에는 0.1m²로 한다. 따라서 지적도의 축척이 600분의 1인 지역에 1필지의 측정면적이 123.45m²인 경우 지적공부에 등록할 면적은 123.4m²이다.

84 합병에 따른 경계 · 좌표 또는 면적은 따로 지적측량을 하지 아니하고 별도의 구분에 따라 결정한다. 다음 중 합병 후 필지의 면적결정방법으로 옳은 것은?

① 소관청의 직권으로 결정한다.
② 면적은 삼사법으로 계산한다.
③ 합병한 후에는 새로이 측량하여 면적을 결정한다.
④ 합병 전 각 필지의 면적을 합산하여 결정한다.

해설 합병의 경우에는 각 필지의 면적을 합산하여 면적을 결정한다.

85 공간정보의 구축 및 관리 등에 관한 법률에서 규정하는 경계에 대한 설명으로 옳지 않은 것은?

① 지적도에 등록한 선
② 임야도에 등록한 선
③ 지상에 설치한 경계표지
④ 필지별로 경계점들을 직선으로 연결하여 지적공부에 등록한 선

해설 경계란 필지별로 경계점들을 직선으로 연결하여 지적공부에 등록한 선, 즉 도면에 등록된 선 또는 경계점좌표등록부에 등록된 좌표의 연결을 말한다. 따라서 공간정보의 구축 및 관리 등에 관한 법률에 따른 경계는 도상경계를 의미한다.

86 도해지적에서 동일한 경계가 축척이 다른 도면에 각각 등록되어 있을 경우 경계의 최우선순위는?

① 평균하여 사용한다.
② 대축척경계에 따른다.
③ 소관청이 임의로 결정한다.
④ 토지소유자 의견에 따른다.

해설 도해지적에서 동일한 경계가 축척이 다른 도면에 각각 등록되어 있을 경우 큰 축척경계에 따른다(축척종대의 원칙).

87 지상경계를 새로이 결정하고자 하는 경우 그 기준으로 옳지 않은 것은?

① 연접되는 토지 간에 높낮이 차이가 없는 경우에는 그 구조물 등의 중앙
② 도로 · 구거 등의 토지에 절토된 부분이 있는 경우에는 그 경사면의 상단부
③ 토지가 해면 또는 수면에 접하는 경우에는 최대만조위 또는 최대만수위가 되는 선
④ 공유수면매립지의 토지 중 제방 등을 토지에 편입하여 등록하는 경우에는 안쪽 어깨 부분

해설 지상경계기준
㉠ 연접되는 토지 간에 높낮이 차이가 없는 경우 그 구조물 등의 중앙
㉡ 연접되는 토지 간에 높낮이 차이가 있는 경우에는 그 구조물 등의 하단부
㉢ 도로 · 구거 등의 토지에 절토된 부분이 있는 경우에는 그 경사면의 상단부
㉣ 토지가 해면 또는 수면에 접하는 경우에는 최대만조위 또는 최대만수위가 되는 선
㉤ 공유수면매립지의 토지 중 제방 등을 토지에 편입하여 등록하는 경우에는 바깥쪽 어깨 부분

88 공간정보의 구축 및 관리 등에 관한 법률 시행령상 지상경계의 결정기준에서 분할에 따른 지상경계를 지상건축물에 걸리게 결정할 수 있는 경우로 틀린 것은?

① 공공사업 등에 따라 지목이 학교용지로 되는 토지를 분할하는 경우
② 토지를 토지소유자의 필요에 의해 분할하는 경우
③ 도시개발사업 등의 사업시행자가 사업지구의 경계를 결정하기 위하여 토지를 분할하려는 경우
④ 법원의 확정판결이 있는 경우

정답 83 ② 84 ④ 85 ③ 86 ② 87 ④ 88 ②

해설 분할에 따른 지상경계를 지상건축물에 걸리게 결정할 수 있는 경우
  ㉠ 법원의 확정판결이 있는 경우
  ㉡ 토지를 분할하는 경우 : 공공사업 등에 따라 학교용지·도로·철도용지·제방·하천·구거·유지·수도용지 등의 지목으로 되는 토지인 경우
  ㉢ 도시개발사업 등의 사업시행자가 사업지구의 경계를 결정하기 위해 분할하려는 경우
  ㉣ 국토의 계획 및 이용에 관한 법률 제30조 제6항에 따른 도시·군관리계획결정고시와 같은 법 제32조 제4항에 따른 지형도면고시가 된 지역의 도시관리계획선에 따라 토지를 분할하려는 경우

89 공간정보의 구축 및 관리 등에 관한 법령상 지상경계의 결정기준 등에 관한 내용으로 옳지 않은 것은?

① 연접되는 토지 간에 높낮이 차이가 없는 경우에는 그 구조물 등의 중앙
② 도로·구거 등의 토지에 절토된 부분이 있는 경우에는 그 경사면의 상단부
③ 토지가 해면 또는 수면에 접하는 경우에는 최대만조위 또는 최대만수위가 되는 선
④ 공유수면매립지의 토지 중 제방 등을 토지에 편입하여 등록하는 경우에는 안쪽 어깨 부분

해설 공간정보의 구축 및 관리 등에 관한 법률 시행령 제55조(지상경계의 결정기준 등)
① 법 제65조 제1항에 따른 지상경계의 결정기준은 다음 각 호의 구분에 따른다.
  1. 연접되는 토지 간에 높낮이 차이가 없는 경우 : 그 구조물 등의 중앙
  2. 연접되는 토지 간에 높낮이 차이가 있는 경우 : 그 구조물 등의 하단부
  3. 도로·구거 등의 토지에 절토된 부분이 있는 경우 : 그 경사면의 상단부
  4. 토지가 해면 또는 수면에 접하는 경우 : 최대만조위 또는 최대만수위가 되는 선
  5. 공유수면매립지의 토지 중 제방 등을 토지에 편입하여 등록하는 경우 : 바깥쪽 어깨 부분
② 지상경계의 구획을 형성하는 구조물 등의 소유자가 다른 경우에는 제1항 제1호부터 제3호까지의 규정에도 불구하고 그 소유권에 따라 지상경계를 결정한다.

90 공간정보의 구축 및 관리 등에 관한 법령상 지상경계점에 경계점표지를 설치한 후 측량할 수 있는 경우가 아닌 것은?

① 관계법령에 따라 인허가 등을 받아 토지를 분할하려는 경우
② 토지 일부에 대한 지상권 설정을 목적으로 분할하고자 하려는 경우
③ 토지이용상 불합리한 지상경계를 시정하기 위하여 토지를 분할하려는 경우
④ 도시개발사업의 사업시행자가 사업지구의 경계를 결정하기 위하여 토지를 분할하려는 경우

해설 지상권은 일필지 일부에도 설정이 가능하기 때문에 분할 대상에 해당하지 않는다.

91 다음 중 경계점표지의 규격과 재질에 대한 설명으로 옳은 것은?

① 목제는 아스팔트포장지역에 설치한다.
② 철못 1호는 콘크리트포장지역에 설치한다.
③ 철못 2호는 콘크리트구조물·담장·벽에 설치한다.
④ 표석은 소유자의 요구가 있는 경우 설치한다.

해설 경계점표지의 재질
  ㉠ 목제는 비포장지역에 설치한다.
  ㉡ 철못 1호는 아스팔트포장지역에 설치한다.
  ㉢ 철못 2호는 콘크리트포장지역에 설치한다.
  ㉣ 철못 3호는 콘크리트구조물·담장·벽에 설치한다.
  ㉤ 표석은 소유자의 요구가 있는 경우 설치한다.

92 다음 중 공익사업을 위한 토지 등의 취득 및 보상에 관한 법률을 적용하여야 하는 경우는?

① 국토교통부장관이 기본측량을 실시하기 위하여 토지를 사용함에 따른 손실보상에 관한 경우
② 지적소관청이 측량을 방해하는 장애물을 제거하는 경우
③ 축척변경위원회가 축척변경에 따른 청산금을 산정하는 경우
④ 지적측량수행자가 측량성과를 검사하기 위하여 타인의 토지에 출입하는 경우

해설 국토교통부장관이 기본측량을 실시하기 위하여 토지를 사용함에 따른 손실보상은 공익사업을 위한 토지 등의 취득 및 보상에 관한 법률을 적용한다.

정답 89 ④ 90 ② 91 ④ 92 ①

02 지적공부

1 개요

1 의의

지적공부란 토지대장, 임야대장, 공유지연명부, 대지권등록부, 지적도, 임야도 및 경계점좌표등록부 등 지적측량 등을 통하여 조사된 토지의 표시와 해당 토지의 소유자 등을 기록한 대장 및 도면(정보처리시스템을 통하여 기록·저장된 것을 포함한다)을 말한다. 이 지적공부에는 토지에 관한 사항, 소유자에 관한 사항, 기타 등을 등록한다. 즉 대장에는 토지의 물리적 현황과 법적 소유관계 등을 등록·공시하며, 도면에는 토지에 대한 소유권 등 물권이 미치는 범위와 양을 나타내는 경계를 등록·공시한다.

1910~1975	1976~1990	1991~2001	2001~현재
토지대장, 임야대장 지적도, 임야도	토지대장, 임야대장 지적도, 임야도 수치지적부	토지대장, 임야대장 지적도, 임야도 수치지적부(현 경계점좌표등록부) 정보처리시스템(전산)	토지대장, 임야대장 지적도, 임야도 경계점좌표등록부 정보처리시스템(전산) 대지권등록부 공유지연명부

2 효력

국가의 통치권이 미치는 모든 영토는 지적공부에 등록이 되어야 하며 지적공부에 등록할 경우 창설적 효력, 대항적 효력, 형성적 효력, 공증적 효력, 공시적 효력, 보고적 효력 등이 발생한다.

구분	내용
창설적 효력	신규등록이란 새로이 조성된 토지 및 등록이 누락되어 있는 토지를 지적공부에 등록하는 것을 말한다. 이 경우에 발생되는 효력을 창설적 효력이라 한다.
대항적 효력	토지의 표시란 토지의 소재, 지번, 지목, 면적, 경계 또는 좌표를 말한다. 즉 지적공부에 등록된 토지의 표시사항은 제3자에게 대항할 수 있다.
형성적 효력	분할이란 지적공부에 등록된 1필지를 2필지 이상으로 나누어 등록하는 것을 말하며, 합병이란 지적공부에 등록된 2필지 이상을 1필지로 합하여 등록하는 것을 말한다. 이러한 분할, 합병 등에 의하여 새로운 권리가 형성된다.

구분	내용
공증적 효력	지적공부에 등록되는 사항, 즉 토지의 표시에 관한 사항, 소유자에 관한 사항, 기타 등을 공증하는 효력을 가진다.
공시적 효력	토지의 표시를 법적으로 공개, 표시하는 효력을 말한다.
보고적 효력	지적공부에 등록하기 전에 지적공부의 신뢰성을 확보하기 위하여 지적공부정리결의서를 작성하여 보고하여야 하는 효력을 말한다.

2 지적공부

1 지적공부의 종류

지적공부에는 크게 4종류로 구분하며 8가지로 세분화되어 있다.

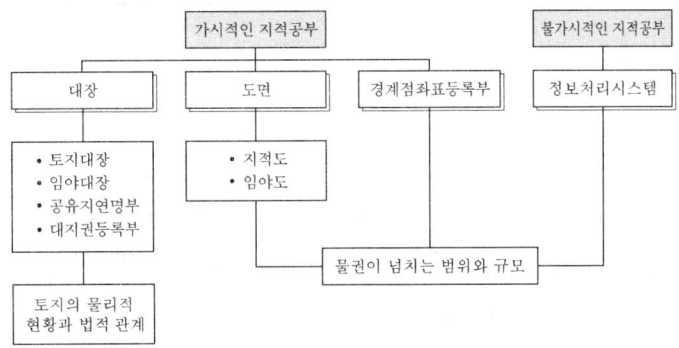

2 등록사항

1) 토지대장·임야대장

토지대장은 1912년의 토지조사령에 따른 토지조사결과를 바탕으로 작성된 지적공부를 말하며, 임야대장은 1918년 임야조사령에 따른 임야조사결과로 토지대장에 등록한 토지 이외의 토지에 관한 내용을 등록하는 지적공부를 말한다.

(1) 등록사항

일반적인 기재사항	국토교통부령이 정하는 사항
• 토지의 소재 : 리·동단위까지 법정행정구역의 명칭을 기재 • 지번 : 임야대장에는 숫자 앞에 "산"을 붙임 • 지목 : 정식명칭을 기재 • 면적 : m^2로 표시 • 소유자의 성명 또는 명칭, 주소 및 주민등록번호	• 토지의 고유번호 • 도면번호 • 필지별 대장의 장번호 및 축척 • 토지의 이동사유 • 토지소유자가 변경된 날과 그 원인 • 토지등급 또는 기준수확량등급과 그 설정·수정연월일 • 개별공시지가와 그 기준일

고유번호		토지대장		도면번호		장번호	
토지소재		지번		축척		비고	
토지표시				소유권			
지목	면적 (m²)	사유		변동일자	주소	등록번호	
				변동원인		성명 또는 명칭	
				년 월 일			
				년 월 일			
등급수정 년 월 일						직인날 인번호	호
토지등급							
등급수정 년 월 일					용도지역		
토지등급							

(2) 토지의 고유번호

각 필지를 구별하기 위해 필지마다 붙이는 고유번호를 말하며 토지대장, 임야대장, 공유지연명부, 대지권등록부와 경계점좌표등록부에 등록하고, 도면에는 등록되지 않는다. 이 고유번호는 행정구역, 대장, 지번을 나타내며 소유자, 지목 등은 알 수 없다.

1	2	3	4	5	6	7	8	9	0	-	1	0	0	0	0	-	0	0	0	0
시·도		시·군·구			읍·면·동			리			대장	지번(본번)					지번(부번)			

대장구분표시	대장의 일체성
• 토지대장 • 임야대장	• 토지대장 + 지적도 • 임야대장 + 임야도

2) 공유지연명부

토지소유자가 2인 이상인 때에는 공유지연명부에 다음의 사항을 등록한다.

일반적인 기재사항	국토교통부령이 정하는 사항
• 토지의 소재 • 지번 • 소유권 지분 • 소유자의 성명 또는 명칭, 주소 및 주민등록번호	• 토지의 고유번호 • 필지별 공유지연명부의 장번호 • 토지소유자가 변경된 날과 그 원인

고유번호				공유지연명부			장번호		
토지소재			지번				비고		
변동일자	소유권 지분	소유자			변동일자	소유권 지분	소유자		
		주소		등록번호			주소		등록번호
변동원인				성명 또는 명칭	변동원인				성명 또는 명칭
년 월 일					년 월 일				
년 월 일					년 월 일				
년 월 일					년 월 일				

3) 대지권등록부

토지대장 또는 임야대장에 등록하는 토지가 부동산등기법에 의하여 대지권등기가 된 때에는 대지권등록부에 다음의 사항을 등록한다.

일반적인 기재사항	국토교통부령이 정하는 사항
• 토지의 소재 • 지번 • 대지권 비율 • 소유자의 성명 또는 명칭, 주소 및 주민등록번호	• 토지의 고유번호 • 전유 부분의 건물표시 • 건물명칭 • 집합건물별 대지권등록부의 장번호 • 토지소유자가 변경된 날과 그 원인 • 소유권 지분

고유번호			대지권등록부		전유 부분의 건물의 표시			건물 명칭		
토지 소재			지번		대지권 비율			장번호		
지번										
대지권 비율										
변동일자	소유권 지분	소유자			변동일자	소유권 지분	소유자			
		주소		등록번호			주소		등록번호	
변동원인				성명 또는 명칭	변동원인				성명 또는 명칭	
년 월 일					년 월 일					
년 월 일					년 월 일					
년 월 일					년 월 일					

4) 도면

① 도면에는 토지대장에 등록된 사항을 도면으로 표시한 지적도와 임야대장에 등록된 사항을 도면으로 표시한 임야도가 있다.

일반적인 기재사항	국토교통부령이 정하는 사항
• 토지의 소재 • 지번 : 아라비아숫자로 표기 • 지목 : 두문자 또는 차문자로 표시 • 경계	• 도면의 색인도 • 도면의 제명 및 축척 • 도곽선과 그 수치 • 좌표에 의하여 계산된 경계점 간의 거리(경계점좌표등록부를 비치하는 지역에 한한다) • 삼각점 및 지적기준점의 위치 • 건축물 및 구조물 등의 위치

② 경계점좌표등록부를 비치하는 지역 안의 지적도에는 도면의 제명 끝에 '좌표'라고 표시하고, 도곽선의 오른쪽 아래 끝에 '이 도면에 의하여 측량을 할 수 없음'이라고 기재하여야 한다.
③ 지적도면에는 지적소관청의 직인을 날인하여야 한다. 다만, 전산정보처리조직에 의하여 관리하는 도면의 경우에는 그러하지 아니하다.
④ 지적소관청은 지적도면의 관리상 필요한 때에는 지번부여지역마다 일람도와 지번색인표를 작성하여 비치할 수 있다.
⑤ 지적도면에는 면적, 좌표, 고유번호, 소유자 등은 등록되지 않는다.
⑥ 도곽선의 수치는 원점을 기준으로 하며 평면직각종횡선수치 중 x축에 500,000m, y축에 200,000m를 더한다.
⑦ 지적도면의 축척은 다음의 구분에 의한다.
　㉠ 지적도 : 1/500, 1/600, 1/1,000, 1/1,200, 1/2,400, 1/3,000, 1/6,000
　㉡ 임야도 : 1/3,000, 1/6,000

▶ 도면의 도곽크기

축척	도상거리		지상거리	
	세로(cm)	가로(cm)	세로(m)	가로(m)
1/500	30	40	150	200
1/1,000	30	40	300	400
1/600	33.3333	41.6667	200	250
1/1,200	33.3333	41.6667	400	500
1/2,400	33.3333	41.6667	800	1,000
1/3,000	40	50	1,200	1,500
1/6,000	40	50	2,400	3,000

도곽선의 용도
• 지적기준점 전개 시의 기준
• 인접 도면접합 시의 기준
• 측량결과도와 실지의 부합 여부 확인기준
• 도곽 신축보정 시의 기준
• 도북방위선의 기준

⑧ 지적도 시행지역에서의 거리측정은 5cm, 임야도 시행지역에서의 거리측정은 50cm단위로 측정한다.

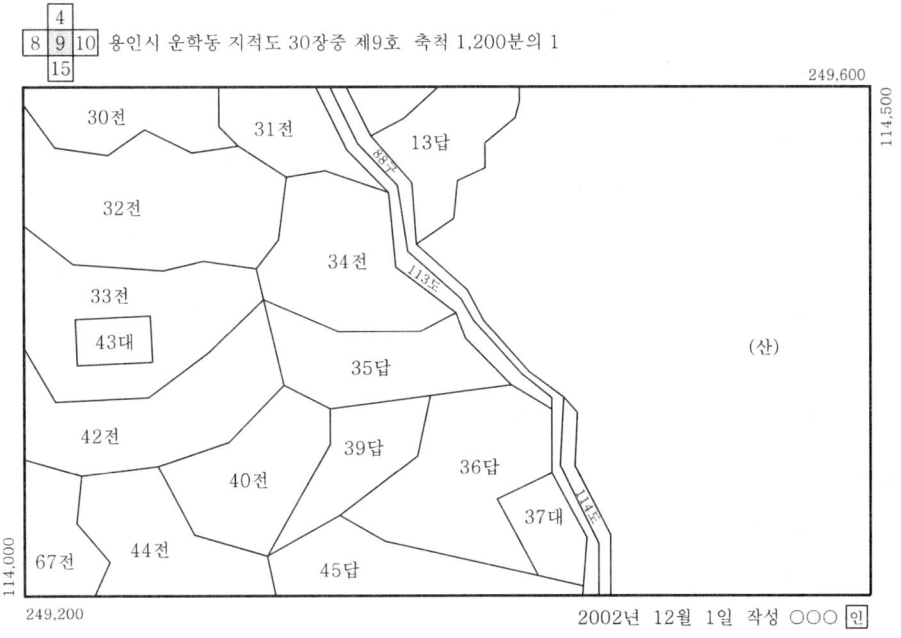

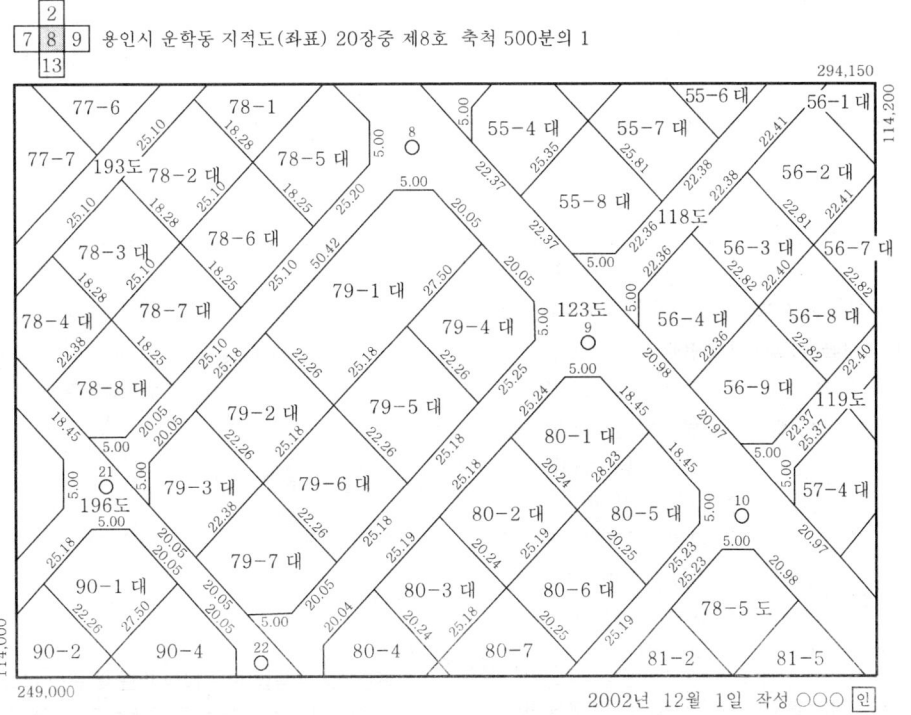

이 도면에 의하여 측량을 할 수 없음

5) 지적도면의 복사

① 국가기관, 지방자치단체 또는 지적측량수행자가 지적도면(정보처리시스템에 구축된 지적도면데이터 파일을 포함한다)을 복사하려는 경우에는 지적도면복사의 목적, 사업계획 등을 적은 신청서를 지적소관청에 제출하여야 한다.
② 신청을 받은 지적소관청은 신청내용을 심사한 후 그 타당성을 인정하는 때에 지적도면을 복사할 수 있게 하여야 한다. 이 경우 복사과정에서 지적도면을 손상시킬 염려가 있으면 지적도면의 복사를 정지시킬 수 있다.
③ 복사한 지적도면은 신청 당시의 목적 외의 용도로는 사용할 수 없다.

6) 경계점좌표등록부

경계점좌표등록부를 비치하는 토지는 지적확정측량 또는 축척변경을 위한 측량을 실시하여 경계점을 좌표로 등록한 지역의 토지로 한다.

(1) 등록사항

지적소관청은 도시개발사업 등으로 인하여 필요하다고 인정되는 지역 안의 토지에 대하여는 경계점좌표등록부를 비치하고 다음의 사항을 등록한다.

일반적인 기재사항	국토교통부령이 정하는 사항
• 토지의 소재 • 지번 • 좌표	• 토지의 고유번호 • 도면번호 • 필지별 경계점좌표등록부의 장번호 • 부호 및 부호도 : 왼쪽→오른쪽으로

(2) 특징

구분	도해지적	수치지적(좌표지적)
도면의 신축	도면 신축의 영향을 받음	도면 신축의 영향을 받지 않음
측량방법	평판측량	경위의측량
도면이해	시각적 양호	일반인 이해 곤란(별도 도면 비치)
측량비용	저렴	고가
기술	고도의 측량기술을 요하지 않음	고도의 측량기술을 요함
정확도	낮음	높음

(3) 기타

① 경계점좌표등록부에는 지목, 경계, 면적, 소유권 등은 등록되지 않는다.
② 지적확정측량 또는 축척변경을 위한 측량을 실시하여 경계점을 좌표로 등록한 지역에는 반드시 비치하여야 한다.
③ 지적도와 토지대장을 별도로 비치하여야 한다.

④ 토지의 경계결정과 지표상의 복원은 좌표에 의한다.
⑤ 지적확정측량시행지역(농지의 구획정리시행지역은 제외한다)과 축척변경시행지역은 500분의 1로, 농지의 구획정리시행지역은 1,000분의 1로 하되, 필요한 경우에는 미리 시·도지사의 승인을 받아 6,000분의 1까지 작성할 수 있다.

고유번호			경계점좌표등록부		도면번호		장번호	
토지소재		지번			비고			
부호도		부호	좌표 X	Y	부호	좌표 X		Y
			m	m		m		m
부호	좌표 X Y	부호	좌표 X	Y	부호	좌표 X		Y
	m m		m	m		m		m

Key Point

지적공부등록사항

구분	고유번호	소재	지번	지목	면적	경계	좌표	소유자
토지·임야대장	O	O	O	O	O	×	×	O
공유지연명부	O	O	O	×	×	×	×	O
대지권등록부	O	O	O	×	×	×	×	O
경계점좌표등록부	O	O	O	×	×	×	O	×
지적·임야도	×	O	O	O	×	O	×	×

구분	토지표시사항	소유권에 관한 사항	기타 사항
토지·임야대장	• 토지의 소재 • 지번 • 지목 • 면적 • 토지이동의 사유	• 변동일자 • 변동원인 • 성명 • 주소 • 주민등록번호	• 고유번호 • 도면번호 • 장번호 • 축척 • 용도지역

구분	토지표시사항	소유권에 관한 사항	기타 사항
공유지연명부	• 토지의 소재 • 지번	• 변동일자 • 변동원인 • 주민등록번호 • 성명, 주소 • 지분	• 고유번호 • 장번호
대지권등록부	• 토지의 소재 • 지번	• 변동일자 • 변동원인 • 주민등록번호 • 성명, 주소 • 대지권의 지분 • 소유권 지분	• 고유번호 • 장번호 • 건물의 명칭 • 전유 부분의 건물의 표시
경계점좌표 등록부	• 토지의 소재 • 지번		• 고유번호 • 장번호 • 부호 및 부호도 • 도면번호
지적· 임야도	• 토지의 소재 • 지번 • 지목 • 경계 • 경계점 간의 거리		

3 지적공부의 관리

1 지적공부

1) **지적공부의 보존**

① 지적소관청은 해당 청사에 지적서고를 설치하고, 그곳에 지적공부(정보처리시스템을 통하여 기록·저장한 경우는 제외한다)를 영구히 보존하여야 하며, 다음 어느 하나에 해당하는 경우 외에는 해당 청사 밖으로 지적공부를 반출할 수 없다.
  ㉠ 천재지변이나 그 밖에 이에 준하는 재난을 피하기 위하여 필요한 경우
  ㉡ 관할 시·도지사 또는 대도시시장의 승인을 받은 경우
② 지적공부를 정보처리시스템을 통하여 기록·저장한 경우 관할 시·도지사, 시장·군수 또는 구청장은 그 지적공부를 지적정보관리체계에 영구히 보존하여야 한다.
③ 국토교통부장관은 보존하여야 하는 지적공부가 멸실되거나 훼손될 경우를 대비하여 지적공부를 복제하여 관리하는 정보관리체계를 구축하여야 한다.
④ 지적서고의 설치기준, 지적공부의 보관방법 및 반출승인절차 등에 필요한 사항은 국토교통부령으로 정한다.

2) 지적공부의 반출

① 지적소관청이 지적공부를 그 시·군·구의 청사 밖으로 반출하려는 때에는 특별시장·광역시장 또는 도지사(이하 "시·도지사"라 한다) 또는 대도시시장에게 지적공부반출사유를 적은 승인신청서를 제출하여야 한다.
② 신청을 받은 시·도지사 또는 대도시시장은 지적공부반출사유 등을 심사한 후 그 승인 여부를 지적소관청에 통지하여야 한다.

3) 지적공부의 열람 및 등본발급

① 지적공부를 열람하거나 그 등본을 발급받으려는 자는 해당 지적소관청에 그 열람 또는 발급을 신청하여야 한다. 다만, 정보처리시스템을 통하여 기록·저장된 지적공부(지적도 및 임야도는 제외한다)를 열람하거나 그 등본을 발급받으려는 경우에는 시장·군수 또는 구청장이나 읍·면·동의 장에게 신청할 수 있다.
② 지적공부를 열람하거나 그 등본을 발급받으려는 자는 지적공부열람·등본발급신청서(전자문서로 된 신청서를 포함한다)를 지적소관청에 제출하여야 한다.

4) 수수료

① 토지(임야)대장 및 경계점좌표등록부의 열람 및 등본발급수수료는 1필지를 기준으로 하되, 1필지당 20장을 초과하는 경우에는 초과하는 매 1장당 100원을 가산하며, 지적(임야)도면등본의 크기가 기본단위(가로 21cm, 세로 30cm)의 4배를 초과하는 경우에는 기본단위당 700원을 가산한다.
② 지적(임야)도면등본을 제도방법(연필로 하는 제도방법은 제외한다)으로 작성·교부하는 경우 그 등본교부수수료는 기본단위당 5필지를 기준하여 2,400원으로 하되, 5필지를 초과하는 경우에는 초과하는 매 1필지당 150원을 가산하며, 도면등본의 크기가 기본단위를 초과하는 경우에는 기본단위당 500원을 가산한다.
③ 국가 또는 지방자치단체가 업무수행에 필요하여 지적공부의 열람 및 등본발급을 신청하는 경우에는 수수료를 면제한다.
④ 지적측량업무에 종사하는 측량기술자가 그 업무와 관련하여 지적공부를 열람(복사하기 위하여 열람하는 것을 포함한다)하는 경우에는 수수료를 면제한다.
⑤ 지적소관청은 정보통신망을 이용하여 전자화폐, 전자결제 등의 방법으로 수수료를 내게 할 수 있다.

▶ 지적공부의 열람·등본교부수수료

구분	종별	단위	수수료
열람	토지대장, 임야대장	1필지	300원
	지적도, 임야도	1장	400원
	경계점좌표등록부	1필지	300원

구분	종별	단위	수수료
등본교부	토지대장, 임야대장	1필지	500원
	지적도, 임야도	1장(가로 21cm, 세로 30cm)	700원
	경계점좌표등록부	1필지	500원

> **Key Point**
>
> **지적공부의 보관방법**
> - 부책(簿册)으로 된 대장은 지적공부보관상자에 넣어 보관하고, 카드로 된 대장은 100장 단위로 바인더에 넣어 보관하여야 한다.
> - 일람도, 지번색인표와 지적도면은 지번부여지역별로 도면번호 순으로 보관하되, 각 장별로 보호대에 넣어야 한다.
> - 지적공부를 정보처리시스템을 통하여 기록·보존하는 때에는 그 지적공부를 공공기관의 기록물관리에 관한 법률에 따른 기록물관리기관에 이관할 수 있다.

2 부동산종합공부

1) 의의

토지의 표시와 소유자에 관한 사항, 건축물의 표시와 소유자에 관한 사항, 토지의 이용 및 규제에 대한 사항, 부동산의 가격에 관한 사항 등 부동산에 관한 종합정보를 정보관리체계를 통하여 기록·저장한 것을 말한다.

2) 등록사항

① 토지의 표시와 소유자에 관한 사항 : 공간정보의 구축 및 관리에 관한 법률에 따른 지적공부의 내용
② 건축물의 표시와 소유자에 관한 사항(토지에 건축물이 있는 경우에만 해당한다) : 건축법 제38조에 따른 건축물대장의 내용
③ 토지의 이용 및 규제에 관한 사항 : 토지이용규제 기본법 제10조에 따른 토지이용계획확인서의 내용
④ 부동산의 가격에 관한 사항 : 부동산가격공시 및 감정평가에 관한 법률 제11조에 따른 개별공시지가, 같은 법 제16조 및 제17조에 따른 개별주택가격 및 공동주택가격공시내용
⑤ 그 밖에 부동산의 효율적 이용과 부동산과 관련된 정보의 종합적 관리·운영을 위하여 필요한 사항으로서 대통령령으로 정하는 사항
⑥ 대통령령으로 정하는 사항 : 부동산등기법 제48조에 따른 부동산의 권리에 관한 사항

3) 관리 및 운영

① 지적소관청은 부동산의 효율적 이용과 부동산과 관련된 정보의 종합적 관리·운영을 위하여 부동산종합공부를 관리·운영한다.
② 지적소관청은 부동산종합공부를 영구히 보존하여야 하며 부동산종합공부의 멸실 또는 훼손에 대비하여 이를 별도로 복제하여 관리하는 정보관리체계를 구축하여야 한다.
③ 등록사항을 관리하는 기관의 장은 지적소관청에 상시적으로 관련 정보를 제공하여야 한다.
④ 지적소관청은 부동산종합공부의 정확한 등록 및 관리를 위하여 필요한 경우에는 등록사항을 관리하는 기관의 장에게 관련 자료의 제출을 요구할 수 있다. 이 경우 자료의 제출을 요구받은 기관의 장은 특별한 사유가 없으면 자료를 제공하여야 한다.

4) 열람 및 증명서

① 부동산종합공부를 열람하거나 부동산종합공부 기록사항의 전부 또는 일부에 관한 증명서(이하 "부동산종합증명서"라 한다)를 발급받으려는 자는 지적공부·부동산종합공부 열람·발급신청서(전자문서로 된 신청서를 포함한다)를 지적소관청 또는 읍·면·동장에게 제출하여야 한다.
② 부동산종합증명서의 건축물현황도 중 평면도 및 단위세대별 평면도의 열람·발급의 방법과 절차에 관하여는 건축물대장의 기재 및 관리 등에 관한 규칙에 따른다.
③ 부동산종합공부를 열람하거나 부동산종합공부 기록사항의 전부 또는 일부에 관한 증명서(이하 "부동산종합증명서"라 한다)를 발급받으려는 자는 지적소관청이나 읍·면·동의 장에게 신청할 수 있다.
④ 부동산종합공부의 열람 및 부동산종합증명서 발급의 절차 등에 관하여 필요한 사항은 국토교통부령으로 정한다.

5) 등록사항정정

① 지적소관청은 부동산종합공부의 등록사항정정을 위하여 등록사항 상호 간에 일치하지 아니하는 사항(이하 "불일치 등록사항"이라 한다)을 확인 및 관리하여야 한다.
② 지적소관청은 불일치 등록사항에 대해서는 등록사항을 관리하는 기관의 장에게 그 내용을 통지하여 등록사항정정을 요청할 수 있다.
③ 부동산종합공부의 등록사항정정절차 등에 관하여 필요한 사항은 국토교통부장관이 따로 정한다.

3 지적서고

1) 지적서고의 구조기준

① 골조는 철근콘크리트 이상의 강질로 할 것

② 지적서고의 면적은 다음의 기준면적에 의할 것

지적공부등록필지수	지적서고의 기준면적
10만 필지 이하	80m²
10만 필지 초과 20만 필지 이하	110m²
20만 필지 초과 30만 필지 이하	130m²
30만 필지 초과 40만 필지 이하	150m²
40만 필지 초과 50만 필지 이하	165m²
50만 필지 초과	180m²에 60만 필지를 초과하는 10만 필지마다 10m²를 가산한 면적

③ 바닥과 벽은 2중으로 하고 영구적인 방수설비를 할 것
④ 창문과 출입문은 2중으로 하되, 바깥쪽 문은 반드시 철제로 하고, 안쪽 문은 곤충, 쥐 등의 침입을 막을 수 있도록 철망 등을 설치할 것
⑤ 온도 및 습도의 자동조절장치를 설치하고, 연중평균온도는 섭씨 20±5℃를, 연중평균습도는 65±5%를 유지할 것
⑥ 전기시설을 설치하는 때에는 단독 퓨즈를 설치하고 소화장비를 비치할 것
⑦ 열과 습도의 영향을 받지 아니하도록 내부공간을 넓게 하고 천장을 높게 설치할 것

2) 지적서고의 관리

① 지적서고는 제한구역으로 지정하고 출입자를 지적사무담당공무원으로 한정할 것
② 지적서고에는 인화물질의 반입을 금지하며 지적공부, 지적관계서류 및 지적측량장비만 보관할 것
③ 지적공부보관상자는 벽으로부터 15cm 이상 띄워야 하며 높이 10cm 이상의 깔판 위에 올려놓아야 함

4 지적정보전담관리기구의 설치

1) 설치 및 운영

국토교통부장관은 지적공부의 효율적인 관리 및 활용을 위하여 지적정보전담관리기구를 설치·운영한다. 지적정보전담관리기구의 설치·운영에 관한 세부사항은 대통령령으로 정한다.

2) 자료요청

국토교통부장관은 지적공부를 과세나 부동산정책자료 등으로 활용하기 위하여 주민등록전산자료, 가족관계등록전산자료, 부동산등기전산자료 또는 공시지가전산자료 등을 관리하는 기관에 그 자료를 요청할 수 있으며, 요청을 받은 관리기관의 장은 특별한 사정이 없는 한 이에 응하여야 한다.

5 지적전산자료의 이용

지적공부에 관한 전산자료(이하 "지적전산자료"라 한다)를 이용하거나 활용하려는 자는 구분에 따라 국토교통부장관, 시·도지사 또는 지적소관청에 신청을 해야 한다. 승인을 신청하려는 자는 대통령령으로 정하는 바에 따라 지적전산자료의 이용 또는 활용목적 등에 관하여 미리 관계 중앙행정기관의 심사를 받아야 한다. 다만, 중앙행정기관의 장, 그 소속기관의 장 또는 지방자치단체의 장이 신청하는 경우에는 그러하지 아니하다.

1) 절차

(1) 신청

지적전산자료를 이용 또는 활용하려는 자는 다음의 사항을 기재한 신청서를 관계 중앙행정기관의 장에게 제출하여 심사를 신청해야 한다.
① 자료의 이용 또는 활용목적 및 근거
② 자료의 범위 및 내용
③ 자료의 제공방식, 보관기관 및 안전관리대책 등

(2) 관계 중앙행정기관의 심사

심사신청을 받은 관계 중앙행정기관의 장은 다음의 사항을 심사한 후 그 결과를 신청인에게 통지해야 한다.
① 신청내용의 타당성·적합성·공익성
② 개인의 사생활 침해 여부
③ 자료의 목적 외 사용 방지 및 안전관리대책

(3) 국토교통부장관, 시·도지사 또는 지적소관청 신청

지적전산자료의 이용 또는 활용에 관한 신청을 할 때에 심사결과를 제출해야 한다. 다만, 중앙행정기관의 장이 승인을 신청하는 경우에는 심사결과를 제출하지 않을 수 있다.

(4) 국토교통부장관, 시·도지사 또는 지적소관청 심사

승인신청을 받은 국토교통부장관, 시·도지사 또는 지적소관청은 다음의 사항을 심사해야 한다.
① 관계 중앙행정기관의 심사사항
② 신청한 사항의 처리가 전산정보처리조직으로 가능한지 여부
③ 신청한 사항의 처리가 지적업무수행에 지장이 없는지 여부

2) 자료의 제공 및 사용료

(1) 자료제공

국토교통부장관, 시·도지사 또는 지적소관청은 심사를 거쳐 지적전산자료의 이용 또는 활용을 승인한 때에는 지적전산자료이용·활용승인대장에 그 내용을 기록·관리하고 승인한 자료를 제공해야 한다.

▶ 지적전산자료의 이용·활용

이용단위	신청에 따른 심사권자
전국단위	국토교통부장관, 시·도지사 또는 지적소관청
시·도단위	시·도지사 또는 지적소관청
시·군·구단위	지적소관청

(2) 사용료

지적전산자료의 이용 또는 활용에 관한 신청을 받은 자는 국토교통부령으로 정하는 사용료를 내야 한다. 다만, 국가 또는 지방자치단체에 대해서는 사용료를 면제한다.

▶ 지적전산자료의 사용료

지적전산자료제공방법	수수료
인쇄물로 제공하는 때	1필지당 30원
자기디스크 등 전산매체로 제공하는 때	1필지당 20원

6 지적정보관리체계 담당자의 등록절차

① 국토교통부장관, 시·도지사 및 지적소관청(이하 "사용자권한등록관리청"이라 한다)은 지적공부정리 등을 전산정보처리시스템에 의하여 처리하는 담당자(이하 "사용자"라 한다)를 사용자권한등록파일에 등록하여 관리하여야 한다.
② 지적전산처리용 단말기를 설치한 기관의 장은 그 소속공무원을 ①에 따라 사용자로 등록하려는 때에는 지적전산시스템 사용자권한등록신청서를 그 사용자권한등록관리청에 제출하여야 한다.
③ 신청을 받은 사용자권한등록관리청은 신청내용을 심사하여 사용자권한등록파일에 사용자의 이름 및 권한과 사용자번호 및 비밀번호를 등록하여야 한다.
④ 사용자권한등록관리청은 사용자의 근무지 또는 직급이 변경되거나 사용자가 퇴직 등을 한 때에는 사용자권한등록내용을 변경하여야 한다. 이 경우 사용자권한등록변경절차에 관하여는 ② 및 ③을 준용한다.

7 사용자번호 및 비밀번호

1) 사용자번호

① 사용자권한등록파일에 등록하는 사용자번호는 사용자권한등록관리청별로 일련번호로 부여하여야 하며, 한번 부여된 사용자번호는 변경할 수 없다.
② 사용자권한등록관리청은 사용자가 다른 사용자권한등록관리청으로 소속이 변경되거나 퇴직 등을 한 때에는 사용자번호를 별도로 관리하여 사용자의 책임을 명백히 할 수 있도록 하여야 한다.

2) 비밀번호

① 사용자의 비밀번호는 사용자가 6~16자리로 정하여 사용한다.
② 사용자의 비밀번호는 다른 사람에게 누설하여서는 아니 되며, 사용자는 비밀번호가 누설되거나 누설될 우려가 있는 때에는 즉시 이를 변경하여야 한다.

▶ 사용자번호 및 비밀번호

구분	내용
사용자번호	• 사용자권한등록관리청별로 일련번호로 부여 • 한번 부여된 사용자번호는 변경할 수 없음
소속변경 또는 퇴직	• 사용자번호를 별도로 관리하여 사용자의 책임을 명백히 할 수 있도록 하여야 함
비밀번호	• 사용자가 6~16자리
비밀번호의 단속	• 다른 사람에게 누설하여서는 아니 됨 • 누설되거나 누설될 우려가 있는 때에는 즉시 이를 변경

3) 사용자권한구분

① 사용자의 신규등록
② 사용자등록의 변경 및 삭제
③ 법인 아닌 사단・재단등록번호의 업무관리
④ 법인 아닌 사단・재단등록번호의 직권수정
⑤ 개별공시지가 변동의 관리
⑥ 지적전산코드의 입력・수정 및 삭제
⑦ 지적전산코드의 조회
⑧ 지적전산자료의 조회
⑨ 지적통계의 관리
⑩ 토지 관련 정책정보의 관리
⑪ 토지이동신청의 접수
⑫ 토지이동의 정리
⑬ 토지소유자변경의 정리

⑭ 토지등급 및 기준수확량등급변동의 관리
⑮ 지적공부의 열람 및 등본교부의 관리
⑯ 일반지적업무의 관리
⑰ 일일마감관리
⑱ 지적전산자료의 정비
⑲ 개인별 토지소유현황의 조회
⑳ 비밀번호의 변경
㉑ 부동산종합공부의 열람 및 증명서 발급

4 지적공부의 복구

1 의의

지적소관청(정보처리시스템의 경우에는 시·도지사, 시장·군수 또는 구청장)은 지적공부의 전부 또는 일부가 멸실되거나 훼손된 경우에는 대통령령으로 정하는 바에 따라 지체 없이 이를 복구하여야 한다.

2 복구방법

① 지적소관청이 지적공부를 복구하고자 하는 때에는 멸실·훼손 당시의 지적공부와 가장 부합된다고 인정되는 관계자료에 따라 토지의 표시에 관한 사항을 복구해야 한다. 다만, 소유자에 관한 사항은 부동산등기부나 법원의 확정판결에 의해 복구하여야 한다.
② 지적공부의 복구에 관한 관계자료 및 복구절차 등에 관하여 필요한 사항은 국토교통부령으로 정한다.

3 복구자료

토지표시사항	소유자에 관한 사항
• 지적공부의 등본 • 측량결과도 • 토지이동정리결의서 • 부동산등기부등본 등 등기사실을 증명하는 서류 • 지적소관청이 작성하거나 발행한 지적공부의 등록내용을 증명하는 서류 • 복제된 지적공부	• 법원의 확정판결서 정본 또는 사본 • 등기사항증명서

4 복구절차

(1) 복구자료조사

지적소관청은 지적공부를 복구하고자 하는 때에는 복구자료를 조사하여야 한다.

(2) 복구자료조사서, 복구자료도

지적소관청은 조사된 복구자료 중 토지대장, 임야대장 및 공유지연명부의 등록내용을 증명하는 서류 등에 의하여 지적복구자료조사서를 작성하고 지적도면의 등록내용을 증명하는 서류 등에 의하여 복구자료도를 작성하여야 한다.

지적복구자료조사서

조사자 직·성명 ○○○(서명 또는 인)

복구자료		토지소재		지번	지목	면적 (m^2)	소유자			조사연월일 및 조사내용	비고
자료명	발행연도	읍·면	동·리				등록번호 성명		주소		

(3) 복구측량

작성된 복구자료도에 의하여 측정한 면적과 지적복구자료조사서의 조사된 면적의 증감이 허용범위($A = 0.026^2 M \sqrt{F}$)를 초과하거나 복구자료도를 작성할 복구자료가 없는 때에는 복구측량을 하여야 한다. 이 경우 같은 산식 중 A는 오차허용면적, M은 축척분모, F는 조사된 면적을 말한다.

① 지적복구자료조사서의 조사된 면적이 허용범위 이내인 때에는 그 면적을 복구면적으로 결정해야 한다.
② 복구측량을 한 결과가 복구자료와 부합하지 아니하는 때에는 토지소유자 및 이해관계인의 동의를 얻어 경계 또는 면적 등을 조정할 수 있다. 이 경우 경계를 조정한 때에는 경계점표지를 설치하여야 한다.

(4) 복구사항 게시

지적소관청은 복구자료의 조사 또는 복구측량 등이 완료되어 지적공부를 복구하려는 때에는 복구하려는 토지의 표시 등을 시·군·구의 게시판 및 인터넷 홈페이지에 15일 이상 게시하여야 한다.

(5) 이의신청

복구하려는 토지의 표시 등에 이의가 있는 자는 게시기간 내에 지적소관청에 이의신청을 할 수 있다. 이 경우 이의신청을 받은 지적소관청은 이의사유를 검토하여 이유 있다고 인정되는 때에는 그 시정에 필요한 조치를 하여야 한다.

(6) 지적공부 복구

지적소관청은 복구사항 게시와 이의신청에 따른 절차를 이행한 때에는 지적복구자료조사서, 복구자료도 또는 복구측량결과도 등에 의하여 토지대장, 임야대장, 공유지연명부 또는 지적도면을 복구하여야 한다.

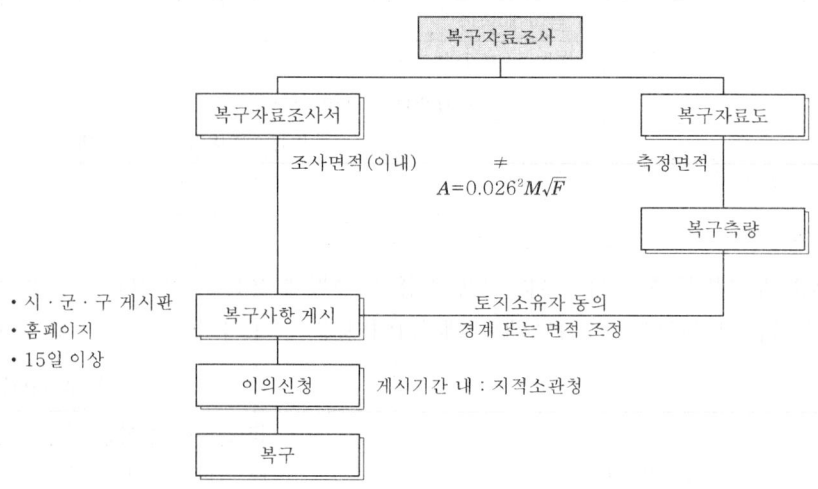

▲ 지적공부복구절차

5 기타 공부

1 일람도

1) 정의

일람도란 지적도나 임야도의 배치와 관리 및 토지가 등록된 도호를 쉽게 알 수 있도록 하기 위하여 작성한 도면을 말한다.

2) 등재사항

① 지번부여지역의 경계 및 인접 지역의 행정구역명칭
② 도면의 제명 및 축척
③ 도곽선과 그 수치
④ 도면번호
⑤ 도로, 철도, 하천, 구거, 유지, 취락 등 주요 지형·지물의 표시

3) 일람도 작성

① 일람도를 작성하는 경우 일람도의 축척은 그 도면축척의 10분의 1로 한다. 다만, 도면의 장수가 많아서 1장에 작성할 수 없는 경우에는 축척을 줄여서 작성할 수 있으며, 도면의 장수가 4장 미만인 경우에는 일람도의 작성을 하지 아니할 수 있다.

② 제명 및 축척은 일람도 윗부분에 'ㅇㅇ시・도 ㅇㅇ시・군・구 ㅇㅇ읍・면 ㅇㅇ동・리 일람도 축척 ㅇㅇㅇㅇ분의 1'이라 제도한다. 이 경우 경계점좌표등록부 시행지역은 제명 중 일람도 다음에 '(좌표)'라 기재한다.

③ 글자의 크기는 9mm로 하고, 글자 사이의 간격은 글자크기의 2분의 1 정도 띄우며, 축척은 제명 끝에 20mm를 띄운다.

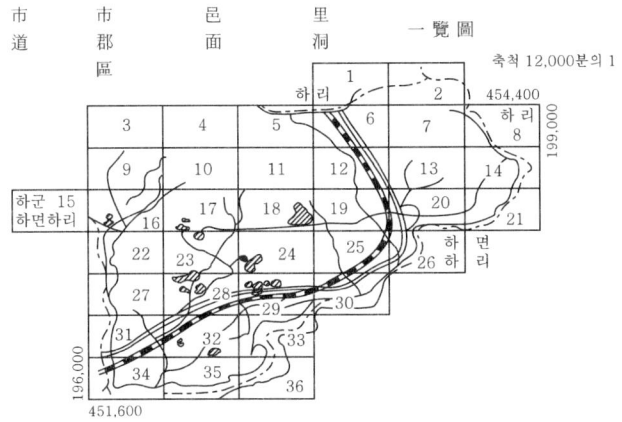

▲ 일람도

④ 도면번호는 지번부여지역, 축척 및 지적도, 임야도, 경계점좌표등록부 등록지별로 일련번호를 부여한다. 이 경우 신규등록 및 등록전환으로 새로이 도면을 작성하는 경우의 도면번호는 그 지역 마지막 도면번호의 다음 번호부터 새로이 부여한다.

2 지번색인표

1) 정의

지번색인표란 필지별 당해 토지가 등록된 도면을 용이하게 알 수 있도록 작성해놓은 도표이다.

2) 등재사항

① 제명
② 지번, 도면번호 및 결번

▶ 인천광역시 부평구 부개동 지번색인표 예시

본번		부번		결번
지번	도면번호	지번	도면번호 1	
1	3	1-1	3	2-3
2	4	2-1	4	2-2
3	5	3-1	5	4-2
4	6	4-1	6	
5	7	5-1	7	
6	8	6-1	8	

02 예상문제

01 다음 중 공간정보의 구축 및 관리 등에 관한 법률에서 정의하는 지적공부에 해당하지 않는 것은? 기 17-2

① 지적도 ② 일람도
③ 공유지연명부 ④ 대지권등록부

해설 공간정보의 구축 및 관리 등에 관한 법률 제2조(정의)
이 법에서 사용하는 용어의 뜻은 다음과 같다.
19. "지적공부"란 토지대장, 임야대장, 공유지연명부, 대지권등록부, 지적도, 임야도 및 경계점좌표등록부 등 지적측량 등을 통하여 조사된 토지의 표시와 해당 토지의 소유자 등을 기록한 대장 및 도면(정보처리시스템을 통하여 기록·저장된 것을 포함한다)을 말한다.

02 다음 중 지적공부에 해당하지 않는 것은? 산 19-1

① 지적도 ② 지적약도
③ 임야대장 ④ 경계점좌표등록부

해설 공간정보의 구축 및 관리 등에 관한 법률 제2조(정의)
이 법에서 사용하는 용어의 뜻은 다음과 같다.
19. "지적공부"란 토지대장, 임야대장, 공유지연명부, 대지권등록부, 지적도, 임야도 및 경계점좌표등록부 등 지적측량 등을 통하여 조사된 토지의 표시와 해당 토지의 소유자 등을 기록한 대장 및 도면(정보처리시스템을 통하여 기록·저장된 것을 포함한다)을 말한다.

03 공간정보의 구축 및 관리 등에 관한 법령상 토지대장과 임야대장에 등록하여야 하는 사항으로 옳지 않은 것은? 기 17-3

① 지번 ② 면적
③ 좌표 ④ 토지의 소재

해설 좌표는 경계점좌표등록부에만 등록되며, 토지대장과 임야대장에는 등록되지 않는다.

04 다음 중 토지대장에 등록하여야 하는 사항이 아닌 것은? 기 16-3

① 지목 ② 지번
③ 경계 ④ 토지의 소재

해설 경계는 지적도, 임야도에만 등록되며, 토지대장에는 등록되지 않는다.

05 부동산종합공부시스템 운영 및 관리규정상 토지의 고유번호코드의 총자릿수는? 산 18-1

① 13자리 ② 15자리
③ 19자리 ④ 22자리

해설 토지의 고유번호는 각 필지를 구별하기 위해 필지마다 붙이는 고유번호(19자리)를 말하며 토지대장, 임야대장, 공유지연명부, 대지권등록부와 경계점좌표등록부에 등록하고, 도면에는 등록되지 않는다. 이 고유번호는 행정구역, 대장, 지번을 나타내며 소유자, 지목 등은 알 수 없다.

06 지적도의 등록사항으로 틀린 것은? 산 17-1

① 전유 부분의 건물표시
② 도면의 색인도
③ 건물 및 구조물 등의 위치
④ 삼각점 및 지적측량기준점의 위치

해설 지적도의 등록사항

일반적인 기재사항	국토교통부령이 정하는 사항
• 토지의 소재 • 지번 : 아라비아숫자로 표기 • 지목 : 두문자 또는 차문자로 표시 • 경계	• 지적도면의 색인도(인접 도면의 연결순서를 표시하기 위하여 기재한 도표와 번호를 말한다) • 도면의 제명 및 축척 • 도곽선과 그 수치 • 좌표에 의하여 계산된 경계점 간의 거리(경계점좌표등록부를 갖추는 지역으로 한정한다) • 삼각점 및 지적측량기준점의 위치 • 건축물 및 구조물 등의 위치 • 그 밖에 국토교통부장관이 정하는 사항

※ 전유 부분의 건물표시는 대지권등록부에 등록된다.

07 다음 중 지적도·임야도·경계점좌표등록부에 공통으로 등록되는 사항으로만 나열된 것은? 기 16-1, 산 18-1

① 토지의 소재, 지목
② 토지의 소재, 지번
③ 도면의 제명, 경계
④ 지적도면의 번호, 지목

정답 01 ② 02 ② 03 ③ 04 ③ 05 ③ 06 ① 07 ②

해설 토지의 소재와 지번은 모든 지적공부에 등록된다.

08 토지대장에 등록하는 토지가 부동산등기법에 따라 대지권등기가 되어 있는 경우 대지권등록부에 등록하여야 할 사항에 해당하지 않는 것은? 기 16-1

① 토지의 소재 ② 지번
③ 대지권비율 ④ 도곽선수치

해설 **대지권등록부** : 집합건물의 구분소유자가 전유 부분을 소유하기 위하여 건물의 대지에 대하여 가지는 권리로서 대지에 대한 소유권, 지상권, 전세권, 임차권 등이 해당한다. 대지사용권 중에서 전유 부분과 분리해서 처분할 수 없는 것을 대지권이라 한다.

일반적인 기재사항	국토교통부령이 정하는 사항
• 토지의 소재 • 지번 • 대지권 비율 • 소유자의 성명 또는 명칭, 주소 및 주민등록번호	• 토지의 고유번호 • 전유 부분의 건물표시 • 건물명칭 • 집합건물별 대지권등록부의 장번호 • 토지소유자가 변경된 날과 그 원인 • 소유권 지분

09 경계점좌표등록부의 등록사항이 아닌 것은? 산 16-1

① 경계 ② 부호도
③ 지적도면의 번호 ④ 토지의 고유번호

해설 경계는 도면에만 등록되며, 경계점좌표등록부에는 등록되지 아니한다.

10 다음 내용 중 ㉠, ㉡에 들어갈 말로 모두 옳은 것은?
산 17-3

> 경계점좌표등록부를 갖춰두는 지역에 있는 각 필지의 경계점을 측정할 때 각 필지의 경계점측점번호는 (㉠)부터 (㉡)으로 경계를 따라 일련번호를 부여한다.

① ㉠ 오른쪽 위에서, ㉡ 왼쪽
② ㉠ 오른쪽 아래에서, ㉡ 왼쪽
③ ㉠ 왼쪽 위에서, ㉡ 오른쪽
④ ㉠ 왼쪽 아래에서, ㉡ 오른쪽

해설 경계점좌표등록부를 갖춰두는 지역에 있는 각 필지의 경계점을 측정할 때 각 필지의 경계점측점번호는 왼쪽 위에서부터 오른쪽으로 경계를 따라 일련번호를 부여한다.

11 다음 중 지적도의 등록사항이 아닌 것은? 산 16-1

① 주요 지형표시 ② 삼각점의 위치
③ 건축물의 위치 ④ 지적도면의 색인도

해설 **지적도의 등록사항**

일반적인 기재사항	국토교통부령이 정하는 사항
• 토지의 소재 • 지번 : 아라비아숫자로 표기 • 지목 : 두문자 또는 차문자로 표시 • 경계	• 지적도면의 색인도(인접 도면의 연결순서를 표시하기 위하여 기재한 도표와 번호를 말한다) • 도면의 제명 및 축척 • 도곽선과 그 수치 • 좌표에 의하여 계산된 경계점 간의 거리(경계점좌표등록부를 갖추두는 지역으로 한정한다) • 삼각점 및 지적측량기준점의 위치 • 건축물 및 구조물 등의 위치 • 그 밖에 국토교통부장관이 정하는 사항

12 공간정보의 구축 및 관리 등에 관한 법률에서 규정하고 있는 사항 중 옳지 않은 것은? 기 19-2

① 지적도에는 소유자의 주소, 지번, 지목, 경계 등을 등록하여야 한다.
② 국토의 효율적인 관리와 해상교통의 안전 및 국민의 소유권보호에 기여함을 목적으로 한다.
③ 시 · 도지사나 지적소관청은 지적기준점성과와 그 측량기록을 보관하고 일반인이 열람할 수 있도록 하여야 한다.
④ 토지소유자는 지목변경을 할 토지가 있으면 그 사유가 발생한 날부터 60일 이내에 지적소관청에 지목변경을 신청하여야 한다.

해설 **지적도(지적도, 임야도)의 등록사항** : 도면에는 토지대장에 등록된 사항을 도면으로 표시한 지적도와 임야대장에 등록된 사항을 도면으로 표시한 임야도가 있다.

일반적인 기재사항	국토교통부령이 정하는 사항
• 토지의 소재 • 지번 : 아라비아숫자로 표기 • 지목 : 두문자 또는 차문자로 표시 • 경계	• 지적도면의 색인도(인접 도면의 연결순서를 표시하기 위하여 기재한 도표와 번호를 말한다) • 도면의 제명 및 축척 • 도곽선과 그 수치

정답 08 ④ 09 ① 10 ③ 11 ① 12 ①

- 좌표에 의하여 계산된 경계점 간의 거리(경계점좌표등록부를 갖추두는 지역으로 한정한다)
- 삼각점 및 지적측량기준점의 위치
- 건축물 및 구조물 등의 위치
- 그 밖에 국토교통부장관이 정하는 사항

※ 지적도에 소유자의 주소는 등록되지 않는다.

13 다음 중 지적도의 축척에 해당하지 않는 것은?

① 1/1,000 ② 1/1,500
③ 1/3,000 ④ 1/6,000

해설 지적도면의 축척
㉠ 지적도 : 1/500, 1/600, 1/1,000, 1/1,200, 1/2,400, 1/3,000, 1/6,000
㉡ 임야도 : 1/3,000, 1/6,000

14 공간정보의 구축 및 관리 등에 관한 법령상 임야도의 축척으로 옳은 것은?

① 1/1,200 ② 1/2,400
③ 1/5,000 ④ 1/6,000

해설 지적도면의 축척
㉠ 지적도 : 1/500, 1/600, 1/1,000, 1/1,200, 1/2,400, 1/3,000, 1/6,000
㉡ 임야도 : 1/3,000, 1/6,000

15 공간정보의 구축 및 관리 등에 관한 법령상 지적공부의 열람·발급 시 지적소관청에서 교부하는 등본대상이 아닌 것은?

① 결번대장 ② 임야대장
③ 토지대장 ④ 경계점좌표등록부

해설 결번대장은 지적공부에 해당하지 않기 때문에 지적소관청에게 열람 및 발급을 신청할 수 없다.

16 지적공부의 열람, 등본발급 및 수수료에 대한 설명으로 옳지 않은 것은?

① 성능검사대행자가 하는 성능검사수수료는 현금으로 내야 한다.
② 인터넷으로 지적도면을 발급할 경우 그 크기는 가로 21cm, 세로 30cm이다.
③ 지적기술자격을 취득한 자가 지적공부를 열람하는 경우에는 수수료를 면제한다.
④ 전산파일로 된 경우에는 당해 지적소관청이 아닌 다른 지적소관청에 신청할 수 있다.

해설 지적공부의 열람, 등본발급 및 수수료 면제규정
㉠ 국가 또는 지방자치단체가 업무수행에 필요하여 지적공부의 열람 및 등본발급을 신청하는 경우에는 수수료를 면제한다.
㉡ 지적측량업무에 종사하는 측량기술자가 그 업무와 관련하여 지적공부를 열람(복사하기 위하여 열람하는 것을 포함한다)하는 경우에는 수수료를 면제한다.

17 지적소관청을 직접 방문하여 1필지를 기준으로 토지대장 또는 임야대장에 대한 열람신청을 하거나 등본발급 신청을 할 경우 납부해야 하는 수수료는?

① 열람 : 200원, 등본발급 : 300원
② 열람 : 300원, 등본발급 : 500원
③ 열람 : 500원, 등본발급 : 700원
④ 열람 : 700원, 등본발급 : 1,000원

해설 지적공부 시 등본 및 열람수수료

구분	신청종목	방문신청	인터넷신청
열람	토지(임야)대장, 경계점좌표등록부(1필지)	300원	무료
	지적(임야)도(1장)	400원	무료
발급	토지(임야)대장, 경계점좌표등록부(1필지)	500원	무료
	지적(임야)도(가로 21cm×세로 30cm)	700원	무료

18 지적서고의 설치기준 등에 관한 다음 내용 중 ㉠과 ㉡에 들어갈 수치로 모두 옳은 것은?

지적공부보관상자는 벽으로부터 (㉠) 이상 띄워야 하며 높이 (㉡) 이상의 깔판 위에 올려놓아야 한다.

① ㉠ 10cm, ㉡ 10cm
② ㉠ 10cm, ㉡ 15cm
③ ㉠ 15cm, ㉡ 10cm
④ ㉠ 15cm, ㉡ 15cm

해설 지적공부보관상자는 벽으로부터 15cm 이상 띄워야 하며 높이 10cm 이상의 깔판 위에 올려놓아야 한다.

정답 13 ② 14 ④ 15 ① 16 ③ 17 ② 18 ③

19 지적업무처리규정상 대장등본을 복사하여 작성·발급할 때 대장등본의 규격으로 옳은 것은?

① 가로 10cm, 세로 2cm
② 가로 10cm, 세로 4cm
③ 가로 13cm, 세로 2cm
④ 가로 13cm, 세로 4cm

해설 지적업무처리규정 제48조(지적공부의 열람 및 등본작성 방법 등)
대장등본을 복사에 의하여 작성발급하는 때에는 대장의 앞면과 뒷면을 각각 복사하여 기재사항 끝부분에 다음과 같이 날인한다.

▶ 대장등본 날인문안 및 규격

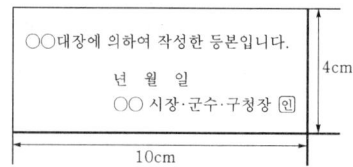

20 지적서고의 설치 및 관리기준에 관한 설명으로 옳지 않은 것은?

① 연중평균습도는 65±5%를 유지하도록 한다.
② 전기시설을 설치하는 때에는 이중퓨즈를 설치한다.
③ 지적공부보관상자는 벽으로부터 15cm 이상 띄워야 한다.
④ 지적관계서류와 함께 지적측량장비를 보관할 수 있다.

해설 지적서고의 구조기준 및 설치기준, 지적공부의 보관방법 및 반출승인절차 등에 필요한 사항은 국토교통부령으로 정한다.
㉠ 지적서고는 지적사무를 처리하는 사무실과 연접(連接)하여 설치할 것
㉡ 골조는 철근콘크리트 이상의 강질로 할 것
㉢ 바닥과 벽은 2중으로 하고 영구적인 방수설비를 할 것
㉣ 창문과 출입문은 2중으로 하되, 바깥쪽 문은 반드시 철제로 하고, 안쪽 문은 곤충·쥐 등의 침입을 막을 수 있도록 철망 등을 설치할 것
㉤ 온도 및 습도의 자동조절장치를 설치하고 연중평균온도는 섭씨 20±5℃를, 연중평균습도는 65±5%를 유지할 것
㉥ 전기시설을 설치하는 때에는 단독퓨즈를 설치하고 소화장비를 비치할 것
㉦ 열과 습도의 영향을 받지 아니하도록 내부공간을 넓게 하고 천장을 높게 설치할 것

21 지적서고의 설치기준 등에 관한 설명으로 틀린 것은?

① 골조는 철근콘크리트 이상의 강질로 할 것
② 바닥과 벽은 2중으로 하고 영구적인 방수설비를 할 것
③ 전기시설을 설치하는 때에는 단독퓨즈를 설치하고 소화장비를 갖춰둘 것
④ 열과 습도의 영향을 적게 받도록 내부공간을 좁고 천장을 낮게 설치할 것

해설 지적서고의 구조기준 및 설치기준, 지적공부의 보관방법 및 반출승인절차 등에 필요한 사항은 국토교통부령으로 정한다.
㉠ 지적서고는 지적사무를 처리하는 사무실과 연접(連接)하여 설치할 것
㉡ 골조는 철근콘크리트 이상의 강질로 할 것
㉢ 바닥과 벽은 2중으로 하고 영구적인 방수설비를 할 것
㉣ 창문과 출입문은 2중으로 하되, 바깥쪽 문은 반드시 철제로 하고, 안쪽 문은 곤충·쥐 등의 침입을 막을 수 있도록 철망 등을 설치할 것
㉤ 온도 및 습도의 자동조절장치를 설치하고 연중평균온도는 섭씨 20±5℃를, 연중평균습도는 65±5%를 유지할 것
㉥ 전기시설을 설치하는 때에는 단독퓨즈를 설치하고 소화장비를 비치할 것
㉦ 열과 습도의 영향을 받지 아니하도록 내부공간을 넓게 하고 천장을 높게 설치할 것

22 지적업무처리규정상 지적공부관리방법이 아닌 것은? (단, 부동산종합공부시스템에 따른 방법을 제외한다.)

① 지적공부는 지적업무담당공무원 외에는 취급하지 못한다.
② 지적공부사용을 완료한 때에는 간이보관상자를 비치한 경우에도 즉시 보관상자에 넣어야 한다.
③ 도면은 항상 보호대에 놓아 취급하되 말거나 접지 못하며 직사광선을 받으면 아니 된다.
④ 지적공부를 지적서고 밖으로 반출하고자 할 때에는 훼손이 되지 않도록 보관·운반함 등을 사용한다.

해설 지적공부의 관리
㉠ 지적공부는 지적업무담당공무원 외에는 취급하지 못한다.

정답 19 ② 20 ② 21 ④ 22 ②

㉡ 지적공부사용을 완료한 때에는 즉시 보관상자에 넣어야 한다. 다만, 간이보관상자를 비치한 경우에는 그러하지 아니하다.
㉢ 지적공부를 지적서고 밖으로 반출하고자 할 때에는 훼손이 되지 않도록 보관·운반함 등을 사용한다.
㉣ 도면은 항상 보호대에 넣어 취급하되 말거나 접지 못하며 직사광선을 받게 하거나 건습이 심한 장소에서 취급하지 못한다.

23 지적서고의 기준면적이 잘못된 것은? 기 19-2

① 10만필지 이하 : 90m²
② 10만필지 초과 20만필지 이하 : 110m²
③ 20만필지 초과 30만필지 이하 : 130m²
④ 30만필지 초과 40만필지 이하 : 150m²

해설 지적서고의 기준면적

지적공부등록필지수	지적서고의 기준면적
10만필지 이하	80m²
10만필지 초과 20만필지 이하	110m²
20만필지 초과 30만필지 이하	130m²
30만필지 초과 40만필지 이하	150m²
40만필지 초과 50만필지 이하	165m²
50만필지 초과	180m²에 60만필지를 초과하는 10만필지마다 10m²를 가산한 면적

24 다음 중 사용자권한등록관리청에 해당하지 않는 것은? 기 16-2

① 지적소관청 ② 시·도지사
③ 국토교통부장관 ④ 국토지리정보원장

해설 사용자권한등록관리청은 국토교통부장관, 시·도지사, 지적소관청이다.

25 지적공부등록필지수가 20만필지 초과 30만필지 이하일 때 지적서고의 기준면적은? 산 19-2

① 80m² ② 110m²
③ 130m² ④ 150m²

해설 지적서고의 기준면적

지적공부등록필지수	지적서고의 기준면적
10만필지 이하	80m²
10만필지 초과 20만필지 이하	110m²
20만필지 초과 30만필지 이하	130m²
30만필지 초과 40만필지 이하	150m²
40만필지 초과 50만필지 이하	165m²
50만필지 초과	180m²에 60만필지를 초과하는 10만필지마다 10m²를 가산한 면적

26 공간정보의 구축 및 관리 등에 관한 법령상 지적정보관리시스템 사용자의 권한구분으로 옳지 않은 것은? 기 17-3

① 지적측량업등록
② 토지이동의 정리
③ 사용자의 신규등록
④ 사용자 등록의 변경 및 삭제

해설 지적정보관리체계의 사용자권한
1. 사용자의 신규등록
2. 사용자등록의 변경 및 삭제
3. 법인 아닌 사단·재단등록번호의 업무관리
4. 법인 아닌 사단·재단등록번호의 직권수정
5. 개별공시지가변동의 관리
6. 지적전산코드의 입력·수정 및 삭제
7. 지적전산코드의 조회
8. 지적전산자료의 조회
9. 지적통계의 관리
10. 토지 관련 정책정보의 관리
11. 토지이동신청의 접수
12. 토지이동의 정리
13. 토지소유자변경의 정리
14. 토지등급 및 기준수확량등급변동의 관리
15. 지적공부의 열람 및 등본교부의 관리
15의2. 부동산종합공부의 열람 및 부동산종합증명서 발급의 관리
16. 일반지적업무의 관리
17. 일일마감관리
18. 지적전산자료의 정비
19. 개인별 토지소유현황의 조회
20. 비밀번호의 변경

정답 23 ① 24 ④ 25 ③ 26 ①

27 지적공부에 관한 전산자료를 이용 또는 활용하고자 승인을 신청하려는 자는 다음 중 누구의 심사를 받아야 하는가? (단, 중앙행정기관의 장, 그 소속기관의 장 또는 지방자치단체의 장이 승인을 신청하는 경우는 제외한다.) 〔기 17-2〕
① 국무총리
② 시·도지사
③ 시장·군수·구청장
④ 관계 중앙행정기관의 장

해설 지적전산자료를 이용 또는 활용하고자 하는 자는 대통령령으로 정하는 바에 따라 지적전산자료의 이용 또는 활용목적 등에 관하여 미리 관계 중앙행정기관의 심사를 받아야 한다. 다만, 중앙행정기관의 장, 그 소속기관의 장 또는 지방자치단체의 장이 승인을 신청하는 경우에는 그러하지 아니하다.

28 지적전산자료를 이용·활용하고자 하는 자의 심사신청을 받은 관계 중앙행정기관의 장이 심사하여야 할 사항에 해당하지 않는 것은? 〔산 18-2〕
① 신청내용의 공익성 ② 신청내용의 비용성
③ 신청내용의 적합성 ④ 신청내용의 타당성

해설 지적전산자료의 이용·활용에 대한 심사신청을 받은 관계 중앙행정기관의 장은 다음의 사항을 심사한 후 그 결과를 신청인에게 통지하여야 한다.
㉠ 신청내용의 타당성, 적합성, 공익성
㉡ 개인의 사생활 침해 여부
㉢ 자료의 목적 외 사용 방지 및 안전관리대책

29 공간정보의 구축 및 관리 등에 관한 법령상 지적전산자료의 이용에 대한 심사신청을 받은 관계 중앙행정기관의 장이 심사하여야 할 사항이 아닌 것은? 〔기 18-3〕
① 소유권 침해 여부
② 신청내용의 타당성
③ 개인의 사생활 침해 여부
④ 자료의 목적 외 사용 방지 및 안전관리대책

해설 지적전산자료의 심사신청을 받은 관계 중앙행정기관의 장은 다음의 사항을 심사한 후 그 결과를 신청인에게 통지하여야 한다.
㉠ 신청내용의 타당성, 적합성, 공익성
㉡ 개인의 사생활 침해 여부
㉢ 자료의 목적 외 사용 방지 및 안전관리대책

30 지적공부에 관한 전산자료를 이용 또는 활용하고자 할 경우 신청서의 기재사항이 아닌 것은? 〔기 16-2〕
① 자료의 범위
② 자료의 제공방식
③ 자료의 안전관리대책
④ 자료를 편집·가공할 자의 인적사항

해설 전산자료이용 신청 시 신청서의 기재사항
㉠ 자료의 이용 또는 활용목적 및 근거
㉡ 자료의 범위 및 내용
㉢ 자료의 제공방식, 보관기관, 안전관리대책 등

31 시·군·구(자치구가 아닌 구를 포함한다)단위의 지적전산자료를 이용하거나 활용하려는 자는 누구에게 신청해야 하는가? 〔산 16-2〕
① 지적소관청   ② 시·도지사
③ 행정안전부장관 ④ 국토교통부장관

해설 지적전산자료의 이용 및 활용

이용단위	미리 심사	심사권자
전국단위	관계 중앙행정기관의 장	국토교통부장관, 시·도지사, 지적소관청
시·도단위		시·도지사, 지적소관청
시·군·구단위		지적소관청

32 공간정보의 구축 및 관리 등에 관한 법규상 지적전산자료의 이용 또는 활용신청 시 자료를 인쇄물로 제공할 때 수수료로 옳은 것은? 〔기 18-2, 19-2〕
① 1필지당 10원   ② 1필지당 20원
③ 1필지당 30원   ④ 1필지당 40원

해설 지적전산자료의 이용·활용

지적전산자료 제공방법	수수료	비고
인쇄물로 제공하는 때	1필지당 30원	• 국토교통부장관 : 수입인지 • 시·도지사, 지적소관청 : 수입증지
자기디스크 등 전산매체로 제공하는 때	1필지당 20원	

※ 지적전산자료의 이용 또는 활용에 관한 신청을 하는 자는 국토교통령으로 정하는 사용료를 내야 한다. 다만, 국가나 지방자치단체에 대해서는 사용료를 면제한다.

정답 27 ④ 28 ② 29 ① 30 ④ 31 ① 32 ③

33 공간정보의 구축 및 관리 등에 관한 법령상 지적공부의 복구 및 복구절차 등에 관한 내용으로 옳지 않은 것은? 기 17-3

① 소유자에 관한 사항은 부동산등기부나 법원의 확정판결에 따라 복구하여야만 한다.
② 지적소관청은 지적공부의 전부 또는 일부가 멸실되거나 훼손되는 경우에는 지체 없이 이를 복구하여야 한다.
③ 지적공부를 복구할 때에는 멸실·훼손 당시의 지적공부와 가장 부합된다고 인정되는 관계 자료에 따라 토지의 표시에 관한 사항을 복구하여야 한다.
④ 지적소관청은 지적공부를 복구하려는 토지의 표시 등을 시·군·구 게시판 및 인터넷 홈페이지에 7일 이상 게시하여야 한다.

해설 지적소관청은 지적공부를 복구하려는 토지의 표시 등을 시·군·구 게시판 및 인터넷 홈페이지에 15일 이상 게시하여야 한다.

34 다음 중 지적공부의 복구자료가 될 수 없는 것은? 산 16-1

① 지적편집도   ② 측량결과도
③ 복제된 지적공부   ④ 토지이동정리결의서

해설 지적편집도는 지적공부를 복구할 때 복구자료로 사용할 수 없다.

35 다음은 지적공부의 복구에 관한 내용이다. ( ) 안에 들어갈 내용으로 옳은 것은? 기 16-3

지적소관청이 지적공부를 복구할 때에는 멸실·훼손 당시의 지적공부와 가장 부합된다고 인정되는 관계자료에 따라 토지의 표시에 관한 사항을 복구하여야 한다. 다만, 소유자에 관한 사항은 ( )(이)나 법원의 확정판결에 따라 복구하여야 한다.

① 부본
② 부동산등기부
③ 지적공부등본
④ 복제된 법인등기부등본

해설 지적공부를 복구하고자 하는 경우 소유자에 관한 사항은 부동산등기부나 법원의 확정판결에 의하여 복구하여야 한다.

36 공간정보의 구축 및 관리 등에 관한 법령상 지적공부의 복구자료가 아닌 것은? 기 16-2

① 측량결과도
② 토지이동정리결의서
③ 토지이용계획확인서
④ 법원의 확정판결서 정본 또는 사본

해설 지적공부의 복구자료

토지의 표시사항	소유자에 관한 사항
• 지적공부의 등본 • 측량결과도 • 토지이동정리결의서 • 부동산등기부등본 등 등기사실을 증명하는 서류 • 지적소관청이 작성하거나 발행한 지적공부의 등록내용을 증명하는 서류 • 복제된 지적공부	• 법원의 확정판결서 정본 또는 사본 • 등기사항증명서

37 공간정보의 구축 및 관리 등에 관한 법령상 지적공부의 복구자료에 해당하지 않는 것은? 기 18-3

① 측량준비도
② 토지이동정리결의서
③ 법원의 확정판결서 정본 또는 사본
④ 부동산등기부등본 등 등기사실을 증명하는 서류

해설 측량준비도는 복구자료로 활용할 수 없다.

38 지적공부의 복구자료에 해당하지 않는 것은? 산 17-1

① 복제된 지적공부   ② 측량준비도
③ 부동산등기부등본   ④ 지적공부의 등본

해설 지적공부의 복구자료
㉠ 지적공부의 등본
㉡ 측량결과도
㉢ 토지이동정리결의서
㉣ 부동산등기부등본 등 등기사실을 증명하는 서류
㉤ 지적소관청이 작성하거나 발행한 지적공부의 등록내용을 증명하는 서류
㉥ 복제된 지적공부
㉦ 법원의 확정판결서 정본 또는 사본

정답 33 ④ 34 ① 35 ② 36 ③ 37 ① 38 ②

39 다음 중 지적공부의 복구자료에 해당하지 않는 것은?

① 측량결과도
② 지적측량신청서
③ 토지이동정리결의서
④ 부동산등기부등본 등 등기사실을 증명하는 서류

해설 공간정보의 구축 및 관리 등에 관한 법률 시행규칙 제72조(지적공부의 복구자료)
영 제61조 제1항에 따른 지적공부의 복구에 관한 관계자료(이하 "복구자료"라 한다)는 다음 각 호와 같다.
1. 지적공부의 등본
2. 측량결과도
3. 토지이동정리결의서
4. 부동산등기부등본 등 등기사실을 증명하는 서류
5. 지적소관청이 작성하거나 발행한 지적공부의 등록내용을 증명하는 서류
6. 법 제69조 제3항에 따라 복제된 지적공부
7. 법원의 확정판결서 정본 또는 사본

40 공간정보의 구축 및 관리 등에 관한 법규상 지적공부를 복구하는 경우 참고자료에 해당되지 않는 것은?

① 측량결과도
② 토지이동정리결의서
③ 지적공부등록현황집계표
④ 법원의 확정판결서 정본 또는 사본

해설 지적공부의 복구자료

토지의 표시사항	소유자에 관한 사항
• 지적공부의 등본 • 측량결과도 • 토지이동정리결의서 • 부동산등기부등본 등 등기사실을 증명하는 서류 • 지적소관청이 작성하거나 발행한 지적공부의 등록내용을 증명하는 서류 • 복제된 지적공부	• 법원의 확정판결서 정본 또는 사본 • 등기사항증명서

41 다음 중 지적공부의 복구에 관한 관계자료로 옳지 않은 것은?

① 매매계약서
② 측량결과도
③ 지적공부의 등본
④ 토지이동정리결의서

해설 지적공부의 복구에 관한 관계자료(복구자료)
㉠ 지적공부의 등본
㉡ 측량결과도
㉢ 토지이동정리결의서
㉣ 부동산등기부등본 등 등기사실을 증명하는 서류
㉤ 지적소관청이 작성하거나 발행한 지적공부의 등록내용을 증명하는 서류
㉥ 복제된 지적공부
㉦ 법원의 확정판결서 정본 또는 사본

42 지적공부의 복구에 관한 관계자료에 해당하지 않는 것은?

① 지적공부의 등본
② 측량결과도
③ 토지이용계획확인서
④ 토지이동정리결의서

해설 토지이용계획확인서는 복구자료로 활용할 수 없다.

43 지적공부를 복구하려는 경우에는 복구하려는 토지의 표시 등을 시·군·구 게시판 및 인터넷 홈페이지에 며칠 이상 게시하여야 하는가?

① 15일 이상   ② 20일 이상
③ 25일 이상   ④ 30일 이상

해설 지적공부를 복구하려는 경우에는 복구하려는 토지의 표시 등을 시·군·구 게시판 및 인터넷 홈페이지에 15일 이상 게시하여야 한다.

44 일람도의 등록사항이 아닌 것은?

① 도면의 제명 및 축척
② 지번부여지역의 경계
③ 지번, 도면번호 및 결번
④ 주요 지형·지물의 표시

해설 지적업무처리규정 제37조(일람도 및 지번색인표의 등재사항)
규칙 제69조 제5항에 따른 일람도 및 지번색인표에는 다음 각 호의 사항을 등재하여야 한다.
1. 일람도
   가. 지번부여지역의 경계 및 인접 지역의 행정구역명칭
   나. 도면의 제명 및 축척
   다. 도곽선과 그 수치
   라. 도면번호
   마. 도로·철도·하천·구거·유지·취락 등 주요 지형·지물의 표시

정답 39 ② 40 ③ 41 ① 42 ③ 43 ① 44 ③

45 지적업무처리규정상 일람도 및 지번색인표의 등재사항 중 일람도에 등재하여야 하는 사항으로 옳지 않은 것은? 기 19-2

① 도곽선과 그 수치
② 도면의 제명 및 축척
③ 지번·도면번호 및 결번
④ 지번부여지역의 경계 및 인접 지역의 행정구역명칭

해설 지적업무처리규정 제37조(일람도 및 지번색인표의 등재사항)
규칙 제69조 제5항에 따른 일람도 및 지번색인표에는 다음 각 호의 사항을 등재하여야 한다.
1. 일람도
   가. 지번부여지역의 경계 및 인접 지역의 행정구역명칭
   나. 도면의 제명 및 축척
   다. 도곽선과 그 수치
   라. 도면번호
   마. 도로·철도·하천·구거·유지·취락 등 주요 지형·지물의 표시
2. 지번색인표
   가. 제명
   나. 지번·도면번호 및 결번

46 다음 중 일람도의 등재사항에 해당하지 않는 것은? 산 16-2

① 도곽선과 그 수치
② 도면의 제명 및 축척
③ 토지의 지번 및 면적
④ 주요 지형·지물의 표시

해설 일람도의 등재사항
㉠ 지번부여지역의 경계 및 인접 지역의 행정구역명칭
㉡ 도면의 제명 및 축척
㉢ 도곽선과 그 수치
㉣ 도면번호
㉤ 도로·철도·하천·구거·유지·취락 등 주요 지형·지물의 표시

47 지적업무처리규정상 일람도의 제도방법에 대한 설명으로 옳지 않은 것은? 산 18-1

① 철도용지는 붉은색 0.2mm 폭의 2선으로 제도한다.
② 인접 동·리명칭은 4mm, 그 밖의 행정구역의 명칭은 5mm의 크기로 한다.
③ 취락지, 건물 등은 0.1mm의 폭으로 제도하고 그 내부를 검은색으로 엷게 채색한다.
④ 도곽선은 0.1mm의 폭으로, 도곽선수치는 3mm 크기의 아라비아숫자로 제도한다.

해설 일람도제도 중 도곽선은 0.1mm의 폭으로, 도곽선의 수치는 도곽선 왼쪽 아랫부분과 오른쪽 윗부분의 종횡선 교차점 바깥쪽에 2mm 크기의 아라비아숫자로 제도한다.

48 직경 2mm 및 3mm의 2중원 안에 십자선을 표시하여 제도하는 측량기준점은? 기 19-2

① 위성기준점   ② 지적도근점
③ 지적삼각점   ④ 지적삼각보조점

해설 지적업무처리규정 제43조(지적기준점 등의 제도)
① 삼각점 및 지적기준점(제4조에 따라 지적측량수행자가 설치하고, 그 지적기준점성과를 지적소관청이 인정한 지적기준점을 포함한다)은 0.2mm 폭의 선으로 다음 각 호와 같이 제도한다.
1. 위성기준점은 직경 2mm, 3mm의 2중원 안에 십자선을 표시하여 제도한다.
2. 1등 및 2등삼각점은 직경 1mm, 2mm 및 3mm의 3중원으로 제도한다. 이 경우 1등삼각점은 그 중심원 내부를 검은색으로 엷게 채색한다.
3. 3등 및 4등삼각점은 직경 1mm, 2mm의 2중원으로 제도한다. 이 경우 3등삼각점은 그 중심원 내부를 검은색으로 엷게 채색한다.
4. 지적삼각점 및 지적삼각보조점은 직경 3mm의 원으로 제도한다. 이 경우 지적삼각점은 원 안에 십자선을, 지적삼각보조점은 원 안에 검은색으로 엷게 채색한다.
5. 지적도근점은 직경 2mm의 원으로 제도한다.
6. 지적측량기준점의 명칭과 번호는 그 지적측량기준점의 윗부분에 명조체의 2mm 내지 3mm의 크기로 제도한다. 다만, 레터링으로 작성하는 경우에는 고딕체로 할 수 있으며 경계에 닿는 경우에는 적당한 위치에 제도할 수 있다.

49 지적업무처리규정상 측량결과에 대한 측량파일코드에 관한 내용으로 옳은 것은? 산 19-1

① 분할선은 검은색 점선으로 제도한다.
② 현황선은 붉은색 점선으로 제도한다.
③ 지적경계선은 파란색 실선으로 제도한다.
④ 방위표정방향선은 검은색 실선 화살표로 제도한다.

정답 45 ③ 46 ③ 47 ④ 48 ① 49 ②

[해설] 지적업무처리규정의 측량파일코드 일람표

코드	내용	규격	도식	제도형태
1	지적경계선	기본값	———	검은색
10	지번, 지목	2mm	1591-10 대	검은색
71	도근점	2mm	○	검은색 원
211	현황선		− − −	붉은색 점선
217	경계점표지	2mm	○	붉은색 원
281	방위표정 방향선		→	파란색 실선 화살표
282	분할선	기본값	———	붉은색 실선
291	측정점		+	붉은색 십자선
292	측정점 방향선		╱	붉은색 실선
294	평판점	1.5~3.0mm (규격변동 가능)	○	검은색 원 옆에 파란색 不$_1$, 不$_2$ 등으로 표시
297	이동도근점	2mm	○	붉은색 원
298	방위각 표정거리	2mm	000-00 -00 000.000	붉은색

※ 기존 측량파일코드의 내용·규격·도식은 "파란색"으로 표시한다.

03 토지의 이동 및 정리

1 개요

1 의의

토지의 이동이란 토지의 표시를 새로이 정하거나 변경 또는 말소하는 것을 말한다. 즉 지적공부에 등록된 토지의 지번·지목·경계·좌표·면적이 달라지는 것을 말하며, 토지소유권자의 변경, 토지소유자의 주소변경, 토지등급의 변경은 토지의 이동에 해당하지 아니한다.

토지의 이동에 해당하는 경우	토지의 이동에 해당하지 않는 경우
• 신규등록, 등록전환 • 분할, 합병 • 해면성 말소 • 행정구역명칭변경 • 도시개발사업 등 • 축척변경, 등록사항정정	• 토지소유자의 변경 • 토지소유자의 주소변경 • 토지의 등급변경 • 개별공시지가의 변경

2 토지이동의 종류

토지이동의 종류는 지적측량을 요하는 경우, 토지이동조사를 요하는 경우, 기타 등으로 구분된다.

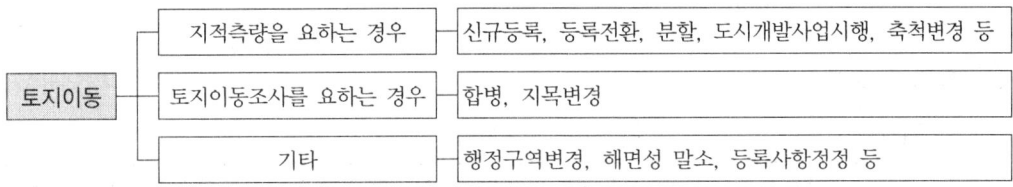

2 토지의 이동

1 신규등록

1) 의의

신규등록이란 새로 조성한 토지 및 등록이 누락되어 있는 토지를 지적공부에 등록하는 것을 말한다.

2) 대상 및 신청

대상	신청
• 미등록 토지 • 공유수면 매립으로 준공된 토지 • 미등록된 공공용 토지(도로, 구거, 하천) • 미등록 도서지역(섬) • 방조제 건설	토지소유자는 신규등록할 토지가 있으면 대통령령으로 정하는 바에 따라 그 사유가 발생한 날부터 60일 이내에 지적소관청에 신규등록을 신청하여야 한다.

3) 첨부서면

토지소유자가 신규등록을 신청하고자 하는 때에는 신규등록사유를 기재한 신청서에 국토교통부령으로 정하는 서류를 첨부하여 지적소관청에 제출하여야 한다. 다만, 그 서류를 지적소관청이 관리하는 경우에는 지적소관청의 확인으로써 그 서류의 제출에 갈음할 수 있다.

첨부서면	첨부서면(×)
• 법원의 확정판결서 정본 또는 사본 • 공유수면매립법에 따른 준공인가필증 사본 • 도시계획구역의 토지를 그 지방자치단체의 명의로 등록하는 때에는 기획재정부장관과 협의한 문서의 사본 • 그 밖에 소유권을 증명할 수 있는 서류의 사본	• 측량성과도 • 등기사항증명서

(1) 토지의 표시

① 지번

원칙	신규등록의 경우에 당해 지번부여지역 안의 가장 가까운 인접 토지의 본번에 -1, -2, -3 등의 부번을 붙여 설정한다.
예외	그 지번부여지역의 최종본번의 다음 순번부터 본번으로 하여 순차적으로 지번을 부여할 수 있다. • 대상토지가 당해 지번부여지역 안의 최종지번의 토지에 인접되어 있는 경우 • 대상토지가 이미 등록된 토지가 멀리 떨어져 있어 등록된 토지의 본번에 부번을 부여하는 것이 불합리한 경우 • 대상토지가 여러 필지로 되어 있는 경우

② 경계, 좌표 및 면적 결정을 위한 지적측량 실시
- ㉠ 이미 비치된 도면상에 누락된 도로, 하천 및 구거 등의 토지를 신규등록하는 경우의 경계는 도면에 등록된 인접 토지의 경계를 기준으로 하여 결정한다. 이 경우 토지의 경계와 이용현황 등을 조사하기 위한 측량을 하여야 한다.
- ㉡ 경계, 면적, 좌표 등은 새로이 측량을 실시하여 지적공부에 등록하며, 측량결과도의 축척은 인접 토지의 축척과 동일한 축척으로 한다.

(2) 소유자에 관한 사항

① 소유자에 관한 사항은 소유권을 증명하는 서면을 지적소관청에 제출하며, 신규등록하는 토지의 소유자는 지적소관청이 직접 조사하여 등록한다.
② 국유재산법에 따른 총괄청이나 관리청이 소유자가 없는 부동산에 대한 소유자 등록을 신청하는 경우 지적소관청은 지적공부에 해당 토지의 소유자가 등록되지 아니한 경우에만 등록할 수 있다.
③ 공유수면 매립에 의한 신규등록 시 소유권취득시기는 매립준공일이다.

4) 기타

① 선등록 후등기원칙이므로 신규등록은 등기부와 대장을 일치시키기 위한 등기촉탁은 하지 아니한다.
② 신규등록의 경우 결번은 발생하지 아니한다.
③ 신규등록신청 시 측량성과도는 제출하지 아니한다.

2 등록전환

1) 의의

등록전환이란 임야대장 및 임야도에 등록한 토지를 토지대장·지적도에 옮겨 등록하는 것을 말한다.

2) 지적측량의 실시

① 1필지 전체를 등록전환하는 경우에는 임야대장등록사항과 토지대장등록사항의 부합 여부 등을 확인하고 토지의 경계와 이용현황 등을 조사하기 위한 측량을 하여야 한다.
② 등록전환할 일단의 토지가 2필지 이상으로 분할하여야 할 토지의 경우에는 1필지로 등록전환 후 지목별로 분할하여야 한다. 이 경우 등록전환하는 토지의 지목은 임야대장에 등록된 지목으로 설정하되, 분할 및 지목변경은 등록전환과 동시에 정리한다.
③ 경계점좌표등록부를 비치하는 지역과 인접되어 있는 토지를 등록전환하는 경우에는 경계점좌표등록부에 등록하여야 한다.
④ 등록전환으로 인하여 말소하여야 하는 필지의 임야측량결과도를 등록전환측량결과도

에 함께 작성할 수 있는 경우는 임야도에 도곽선 또는 도곽선수치가 없거나 1필지 전체를 등록전환하는 경우에 한한다.

3) 신청

토지소유자가 등록전환할 토지가 있으면 대통령령으로 정하는 바에 따라 그 사유가 발생한 날부터 60일 이내에 지적소관청에 등록전환을 신청하여야 한다.

4) 첨부서면

토지소유자가 등록전환을 신청하려는 때에는 등록전환사유를 기재한 신청서에 국토교통부령으로 정하는 서류를 첨부해서 지적소관청에 제출해야 한다.
① 토지의 형질변경 등의 공사가 준공되었음을 증명하는 서류이다.
② 서류를 그 지적소관청이 관리하는 경우에는 지적소관청의 확인으로써 그 서류의 제출에 갈음할 수 있다.
③ 신규등록과 마찬가지로 측량성과도는 첨부하지 아니한다.

5) 토지의 표시

(1) 지번

원칙	신규등록의 경우에 당해 지번부여지역 안의 가장 가까운 인접 토지의 본번에 -1, -2, -3 등의 부번을 붙여 설정한다.
예외	그 지번부여지역의 최종본번의 다음 순번부터 본번으로 하여 순차적으로 지번을 부여할 수 있다. • 대상토지가 당해 지번부여지역 안의 최종지번의 토지에 인접되어 있는 경우 • 대상토지가 이미 등록된 토지가 멀리 떨어져 있어 등록된 토지의 본번에 부번을 부여하는 것이 불합리한 경우 • 대상토지가 여러 필지로 되어 있는 경우

(2) 지목(등록전환대상)

① 산지관리법에 따른 산지전용허가·신고·산지일시사용허가·신고, 건축법에 따른 건축허가·신고 또는 그 밖의 관계법령에 따른 개발행위 허가 등을 받을 경우
② 대부분의 토지가 등록전환되어 나머지 토지를 임야도에 계속 존치하는 것이 불합리한 경우
③ 임야도에 등록된 토지가 사실상 형질변경되었으나 지목변경을 할 수 없는 경우
④ 도시관리계획선에 따라 토지를 분할하는 경우

(3) 면적

① 토지대장에 등록하는 면적은 등록전환측량의 결과에 의하여야 하며 임야대장의 면적을 그대로 정리할 수 없다.
② 1필지의 일부를 등록전환하는 경우 등록전환으로 인하여 말소하여야 할 필지의 면적은 반드시 임야도분할측량결과도에서 측정한다.

허용범위	이내	초과
$A = 0.026^2 M\sqrt{F}$	등록전환될 면적을 등록전환면적으로 결정	임야대장의 면적 또는 임야도의 경계를 지적소관청이 직권으로 정정하여야 한다.

여기서, A : 오차허용면적
  M : 임야도 축척분모(3,000분의 1인 지역의 축척분모는 6,000으로 한다)
  F : 등록전환될 면적

6) 기타

① 경계·좌표는 지적측량에 의해서 결정되며, 면적은 면적측량에 의해서 결정한다.
② 등록전환하는 과정에서 지목변경과 축척변경이 수반된다.
③ 임야대장·임야도의 등록사항은 말소한다.
④ 등록전환이 완료되면 관할 등기소에 대장과 등기부를 일치시키기 위하여 등기촉탁을 한다.
⑤ 등록전환 시 결번이 발생한다.

3 분할

1) 의의

분할이란 지적공부에 등록된 1필지를 2필지 이상으로 나누어 등록하는 것을 말한다.

2) 대상

신청의무(○)	• 필지의 일부가 형질변경 등으로 용도가 다르게 된 경우
신청의무(×)	• 소유권 이전, 매매 등을 위하여 필요한 경우 • 토지이용상 불합리한 지상경계를 시정하기 위한 경우

3) 신청

① 토지소유자는 토지를 분할하려면 대통령령으로 정하는 바에 따라 지적소관청에 분할을 신청하여야 한다.
② 토지소유자는 지적공부에 등록된 1필지의 일부가 형질변경 등으로 용도가 변경된 경우에는 대통령령으로 정하는 바에 따라 용도가 변경된 날부터 60일 이내에 지적소관청에 토지의 분할을 신청하여야 한다.

4) 첨부서면

① 토지소유자는 토지의 분할을 신청하려는 때에는 분할사유를 기재한 신청서에 국토교통부령으로 정하는 서류를 첨부하여 지적소관청에 제출하여야 한다. 서류를 그 지적소관청이 관리하는 경우에는 지적소관청의 확인으로써 그 서류의 제출에 갈음할 수 있다.
  ㉠ 분할허가대상인 토지의 경우에는 그 허가서 사본

ⓒ 법원의 확정판결에 의하여 분할하는 경우에는 확정판결서 정본 또는 사본
② 1필지의 일부가 형질변경 등으로 용도가 다르게 되어 분할을 신청하는 때에는 지목변경신청서를 함께 제출해야 한다.

5) 토지의 표시

(1) 지번

① 원칙 : 분할 후의 필지 중 1필지의 지번은 분할 전의 지번으로 하고, 나머지 필지의 지번은 본번의 최종부번의 다음 순번으로 부번을 부여한다.
② 예외 : 주거, 사무실 등의 건축물이 있는 필지에 대하여는 분할 전의 지번을 우선하여 부여하여야 한다.
③ 분할의 경우 결번은 발생하지 않는다.

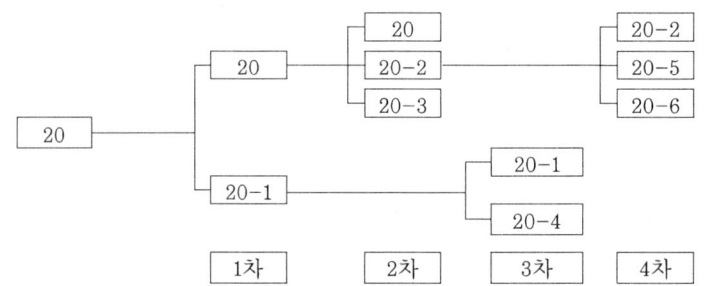

▲ 분할에 따른 지번부여방법

(2) 지목

1필지의 일부가 형질변경 등으로 용도가 다르게 되어 분할을 신청하는 때에는 지목변경신청서를 함께 제출해야 한다.

(3) 면적

허용범위	이내	초과
$A = 0.026^2 M\sqrt{F}$	분할 후의 각 필지의 면적에 안분	지적공부상의 면적 또는 경계를 정정

[기타]
- 결정면적 $r = \dfrac{F}{A} a$ (r은 각 필지의 산출면적, F는 원면적, A는 측정면적합계 또는 보정면적합계, a는 각 필지의 측정면적 또는 보정면적)
- 경계점좌표등록부 시행지역의 토지분할을 위하여 면적을 정하는 때에는 다음의 기준에 의한다.
  - 분할 후 각 필지의 면적합계가 분할 전 면적보다 많은 경우에는 구하고자 하는 끝자리의 다음 숫자가 작은 것부터 순차적으로 버려서 정하되, 분할 전 면적에 증감이 없도록 할 것
  - 분할 후 각 필지의 면적합계가 분할 전 면적보다 적은 경우에는 구하고자 하는 끝자리의 다음 숫자가 큰 것부터 순차적으로 올려서 정하되, 분할 전 면적에 증감이 없도록 할 것
- 도곽선의 신축량이 0.5mm 이상인 경우 면적을 보정하여야 한다.

• 합병된 토지를 합병 전의 경계대로 분할하는 경우에는 합병 전 각 필지의 면적을 분할 후 각 필지의 면적으로 한다. 이 경우 분할되는 토지 중 일부가 등록사항정정대상토지인 경우에는 분할정리 후 그 토지에만 등록사항정정대상토지임을 등록하여야 한다.

(4) 경계, 좌표

① 분할의 경우 새로이 측량하여 각 필지의 경계 및 좌표를 정한다.
② 측량대상토지의 점유현황이 도면에 등록된 경계와 일치하지 않은 경우에는 분할측량 시에 그 분할등록될 경계점을 지상에 복원하여야 한다.

4 합병

1) 의의

합병이란 지적공부에 등록된 2필지 이상의 토지를 1필지로 합하여 지적공부에 등록하는 것을 말한다.

2) 신청

토지소유자는 토지를 합병하려면 대통령령으로 정하는 바에 따라 지적소관청에 합병을 신청하여야 한다.

① 원칙 : 토지소유자의 신청에 의하며 신청기간에는 제한이 없다.
② 예외 : 토지소유자는 주택법에 따른 공동주택의 부지, 도로, 제방, 하천, 구거, 유지, 그 밖에 대통령령으로 정하는 토지로서 합병하여야 할 토지가 있으면 그 사유가 발생한 날부터 60일 이내에 지적소관청에 합병을 신청하여야 한다.

3) 요건

(1) 합병이 가능한 경우

① 각 필지의 지번부여지역, 지목, 소유자가 동일할 것
② 각 필지의 지반이 서로 연접되어 있을 것
③ 각 필지의 축척이 동일할 것
④ 각 필지의 등기 여부가 일치할 것
⑤ 공유토지의 경우 소유자의 공유지분이 같고 주소가 동일할 것
⑥ 소유권·지상권·전세권 또는 임차권의 등기, 승역지에 대한 지역권등기
⑦ 합병하려는 토지 전부에 대한 등기원인 및 그 연월일과 접수번호가 같은 저당권의 등기
⑧ 합병하려는 토지 전부에 등기사항이 동일한 신탁등기

(2) 합병이 불가능한 경우

① 합병하려는 토지의 지번부여지역, 지목 또는 소유자가 서로 다른 경우

② 합병하려는 토지에 다음의 등기 외의 등기가 있는 경우
   ㉠ 소유권, 지상권, 전세권 또는 임차권의 등기
   ㉡ 승역지에 대한 지역권의 등기
   ㉢ 합병하려는 토지 전부에 대한 등기원인 및 그 연월일과 접수번호가 같은 저당권의 등기
③ 그 밖에 합병하려는 토지의 지적도 및 임야도의 축척이 서로 다른 경우 등 대통령령으로 정하는 경우
④ 합병하려는 각 필지의 지반이 연속되지 않은 경우
⑤ 합병하려는 토지가 등기된 토지와 등기되지 않은 토지인 경우
⑥ 합병하려는 각 필지의 지목은 같으나 일부 토지의 용도가 다르게 되어 법 제79조 제2항에 따른 분할대상토지인 경우. 다만, 합병신청과 동시에 토지의 용도에 따라 분할신청을 하는 경우에는 그렇지 않다.
⑦ 합병하고자 하는 토지의 소유자별 공유지분이 다르거나 소유자의 주소가 서로 다른 경우. 다만, 소유자의 주소가 서로 다르나 소유자가 동일인임이 확인되는 경우에는 그렇지 않다.
⑧ 합병하고자 하는 토지가 구획정리, 경지정리 또는 축척변경을 시행하고 있는 지역 안의 토지와 지역 밖의 토지인 경우

▶ 합병요건

합병이 가능한 경우	합병이 불가능한 경우
• 필지의 성립요건을 만족한 경우 • 지상권, 전세권, 승역지 지역권 및 임차권이 설정된 토지 • 창설적 공동저당 • 신탁등기	• 필지의 성립요건을 만족시키지 못한 경우 • 소유권(가등기, 처분제한의 등기) • 환매특약등기 • 저당권설정등기, 요역지 지역권 • 추가적 공동 저당

4) 기타

① 합병의 경우에는 지적측량을 실시하지 아니하며 면적측정도 하지 아니한다.
② 등기촉탁의 대상이며 결번이 발생한다.

5) 지번부여방식

① 원칙 : 합병의 경우에는 합병대상지번 중 선순위의 지번을 그 지번으로 하되, 본번으로 된 지번이 있는 때에는 본번 중 선순위의 지번을 합병 후의 지번으로 한다.
② 예외 : 토지소유자가 합병 전의 필지에 주거, 사무실 등의 건축물이 있어서 그 건축물이 위치한 지번을 합병 후의 지번으로 신청하는 때에는 그 지번을 합병 후의 지번으로 부여하여야 한다.

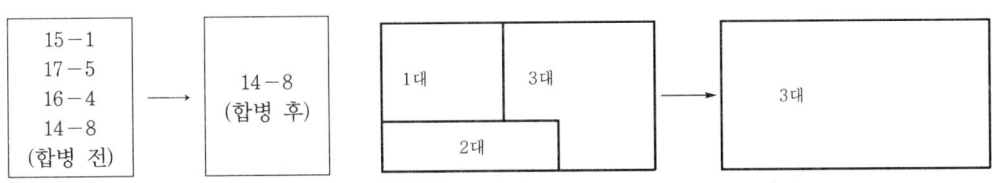

▲ 합병에 따른 지번부여원칙과 예외

5 지목변경

1) 의의

지목변경이란 지적공부에 등록된 토지의 지목을 다른 지목으로 바꾸어 등록하는 것을 말하며, 1필지의 일부가 변경되는 경우에는 분할을 먼저 해야 지목변경이 가능하다.

2) 대상

① 국토의 계획 및 이용에 관한 법률 등 관계법령에 의한 토지의 형질변경 등의 공사가 준공된 경우
② 토지 또는 건축물의 용도가 변경된 경우
③ 도시개발사업 등의 원활한 사업추진을 위하여 사업시행자가 공사준공 전에 토지의 합병을 신청하는 경우

3) 신청

토지소유자는 지목변경을 할 토지가 있으면 대통령령으로 정하는 바에 따라 그 사유가 발생한 날부터 60일 이내에 지적소관청에 지목변경을 신청하여야 한다.

4) 첨부서면

토지소유자는 지목변경을 신청하고자 하는 때에는 지목변경사유를 기재한 신청서에 국토교통부령으로 정하는 서류를 첨부해서 지적소관청에 제출해야 한다. 다만, 서류를 그 지적소관청이 관리하는 경우에는 지적소관청의 확인으로써 그 서류의 제출에 갈음할 수 있다.
① 관계법령에 따라 토지의 형질변경 등의 공사가 준공되었음을 증명하는 서류의 사본
② 국·공유지의 경우에는 용도폐지되었거나 사실상 공공용으로 사용되고 있지 아니함을 증명하는 서류의 사본
③ 토지 또는 건축물의 용도가 변경되었음을 증명하는 서류의 사본
④ 개발행위허가, 농지전용허가, 보전산지전용허가 등 지목변경과 관련된 규제를 받지 아니하는 토지의 지목변경이거나 전·답·과수원 상호 간의 지목변경인 경우에는 ①에 따른 서류의 첨부를 생략할 수 있다.

5) 기타

① 지목설정원칙 중 일시변경불변의 법칙에 따라 임시적, 일시적 용도변경은 지목변경의 대상이 아니다.
② 불법형질변경, 개간 등에 의하여 사용목적이 변경된 경우에는 지목변경이 불가능하다.
③ 지목변경은 측량을 실시하지 아니하며 이동조사에 의한다.
④ 지목변경이 완료되면 대장과 등기부를 일치시키기 위하여 등기촉탁을 한다.
⑤ 농지법상 농지는 전·답·과수원 외의 지목변경이 불가능하고, 산림법상 보전임지는 다른 지목으로 변경하지 못한다.

6 바다로 된 토지의 등록말소(해면성 말소)

1) 의의

지적공부에 등록된 토지가 지형의 변화 등으로 바다로 된 경우로서 원상으로 회복할 수 없거나 다른 지목의 토지로 될 가능성이 없는 때에는 지적공부의 등록을 말소하는 것을 말한다.

2) 신청

① 지적소관청은 지적공부에 등록된 토지가 지형의 변화 등으로 바다로 된 경우로서 원상(原狀)으로 회복될 수 없거나 다른 지목의 토지로 될 가능성이 없는 경우에는 지적공부에 등록된 토지소유자에게 지적공부의 등록말소신청을 하도록 통지하여야 한다.

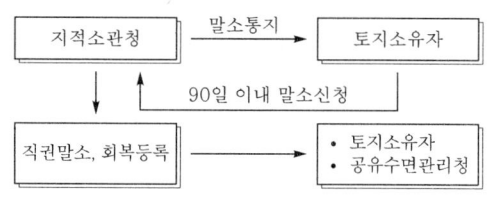

② 지적소관청은 토지소유자가 통지를 받은 날부터 90일 이내에 등록말소신청을 하지 아니하면 대통령령으로 정하는 바에 따라 등록을 말소한다.

3) 회복등록

① 지적소관청은 말소한 토지가 지형의 변화 등으로 다시 토지가 된 경우에는 대통령령으로 정하는 바에 따라 토지로 회복등록을 할 수 있다
② 지적소관청이 회복등록을 하려는 때에는 그 지적측량성과 및 등록말소 당시의 지적공부 등 관계자료에 따라야 한다.
③ 지적공부의 등록사항을 말소 또는 회복등록한 때에는 그 정리결과를 토지소유자 및 그 공유수면의 관리청에 통지해야 한다.

4) 기타

① 1필지 중 일부가 해면이 된 경우에는 분할측량 후 해면이 된 부분만 말소한다.
② 1필지 전부가 해면이 된 경우에는 측량을 실시하지 않는다.

③ 등기촉탁을 하여야 하며 결번이 생긴다.
④ 지적공부의 등록사항을 말소하는 경우에 지적공부정리수수료 및 지적측량수수료를 토지소유자에게 징수할 수 없다.

7 축척변경

1) 의의

축척변경이라 함은 지적도에 등록된 경계점의 정밀도를 높이기 위하여 작은 축척을 큰 축척으로 변경하여 등록하는 것을 말한다. 축척변경의 절차, 축척변경으로 인한 면적증감의 처리, 축척변경결과에 대한 이의신청 및 축척변경위원회의 구성·운영 등에 필요한 사항은 대통령령으로 정한다.

2) 대상

지적소관청은 지적도가 다음의 어느 하나에 해당하는 경우에는 토지소유자의 신청 또는 지적소관청의 직권으로 일정한 지역을 정하여 그 지역의 축척을 변경할 수 있다.
① 잦은 토지의 이동으로 1필지의 규모가 작아서 소축척으로는 지적측량성과의 결정이나 토지의 이동에 따른 정리를 하기가 곤란한 경우
② 하나의 지번부여지역에 서로 다른 축척의 지적도가 있는 경우
③ 그 밖에 지적공부를 관리하기 위하여 필요하다고 인정되는 경우

3) 절차

(1) 신청

① 축척변경을 신청하는 토지소유자는 축척변경사유를 기재한 신청서에 국토교통부령으로 정하는 서류를 첨부해서 지적소관청에 제출해야 한다.

첨부서류
- 축척변경사유서
- 토지소유자 3분의 2 이상 동의서

② 지적소관청은 축척변경을 하려면 축척변경시행지역의 토지소유자 3분의 2 이상의 동의를 받아 축척변경위원회의 의결을 거친 후 시·도지사 또는 대도시시장의 승인을 받아야 한다. 다만, 다음의 어느 하나에 해당하는 경우에는 축척변경위원회의 의결 및 시·도지사 또는 대도시시장의 승인 없이 축척변경을 할 수 있다.
㉠ 합병하려는 토지가 축척이 다른 지적도에 각각 등록되어 있어 축척변경을 하는 경우
㉡ 도시개발사업 등의 시행지역에 있는 토지로서 그 사업시행에서 제외된 토지의 축척변경을 하는 경우

(2) 축척변경승인

① 지적소관청은 축척변경을 하려는 때에는 축척변경사유를 기재한 승인신청서에 다음의 서류를 첨부해서 시·도지사 또는 대도시시장에게 제출해야 한다.

축척변경승인신청서
1. 사업지구명 : 2. 시행면적 : 3. 필지수 : 4. 소유자수 : 5. 시행기간 :
공간정보의 구축 및 관리 등에 관한 법률 시행령 제71조 제1항 및 같은 법 시행규칙 제86조에 따라 위와 같이 신청합니다. 　　　　　　　　　　년　　　　　월　　　　　일 　　　　　　　　　　　　　　　　　시장 　　　　　　　　　　　　　　○○ 군수　　㊞ 　　　　　　　　　　　　　　　　　구청장 　시·도지사 귀하
[첨부서류] 1. 축척변경사유 2. 지번 등 명세 3. 토지소유자의 동의서 4. 축척변경위원회의 의결서 사본 5. 그 밖에 축척변경승인을 위해 시·도지사 또는 대도시시장이 필요하다고 인정하는 서류

② 신청을 받은 시·도지사 또는 대도시시장은 축척변경사유 등을 심사한 후 그 승인 여부를 지적소관청에 통지해야 한다.

(3) 축척변경시행공고

① 지적소관청은 시·도지사 또는 대도시시장으로부터 축척변경승인을 받은 때에는 지체 없이 다음의 사항을 20일 이상 공고해야 한다.
　㉠ 축척변경의 목적·시행지역 및 시행기간
　㉡ 축척변경의 시행에 관한 세부계획
　㉢ 축척변경의 시행에 따른 청산방법
　㉣ 축척변경의 시행에 따른 소유자 등의 협조에 관한 사항

② 시행공고는 시·군·구(자치구가 아닌 구를 포함한다) 및 축척변경시행지역 안 동·리의 게시판에 주민이 볼 수 있도록 게시해야 한다.

(4) 토지소유자의 경계표시의무

축척변경시행지역 안의 토지소유자 또는 점유자는 시행공고가 있는 날(이하 "시행공고일"이라 한다)부터 30일 이내에 시행공고일 현재 점유하고 있는 경계에 국토교통부령으로 정하는 경계점표지를 설치해야 한다.

(5) 측량실시와 토지의 표시결정

① 지적소관청은 축척변경시행지역 안의 각 필지별 지번·지목·면적·경계 또는 좌표를 새로이 정해야 한다.
② 지적소관청이 축척변경을 위한 측량을 하려는 때에는 토지소유자가 설치한 경계점표지를 기준으로 새로운 축척에 따라 면적·경계 또는 좌표를 정해야 한다.
③ 축척변경위원회의 의결 및 시·도지사의 승인절차를 거치지 아니하고 축척을 변경하는 때에는 각 필지별 지번·지목 및 경계는 종전의 지적공부에 의하고 면적만 새로이 정하여야 한다.
④ 축척변경절차 및 면적결정방법 등에 관해 필요한 사항은 국토교통부령으로 정한다.
　㉠ 면적을 새로이 정하는 때에는 축척변경측량결과도에 따라야 한다.
　㉡ 축척변경측량결과도에 의하여 면적을 측정한 결과 축척변경 전의 면적과 축척변경 후의 면적의 오차가 $A = 0.026^2 M \sqrt{F}$(허용범위) 이내인 경우에는 축척변경 전의 면적을 결정면적으로 하고, 허용면적을 초과하는 경우에는 축척변경 후의 면적을 결정면적으로 한다. 이 경우 같은 산식 중 A는 오차허용면적, M은 축척이 변경될 지적도의 축척분모, F는 축척변경 전의 면적을 말한다.
　㉢ 경계점좌표등록부를 비치하지 아니하는 지역을 경계점좌표등록부를 비치하는 지역으로 축척변경을 하는 경우에는 그 필지의 경계점을 측판측량방법이나 전자평판측량방법으로 지상에 복원시킨 후 경위의측량방법 등으로 경계점좌표를 구하여야 한다. 이 경우 면적은 ㉡에도 불구하고 경계점좌표에 의하여 결정하여야 한다.

(6) 지번별 조서 작성

지적소관청은 축척변경에 관한 측량을 완료한 때에는 시행공고일 현재의 지적공부상의 면적과 측량 후의 면적을 비교해서 그 변동사항을 표시한 지번별 조서를 작성해야 한다.

축척변경지번별 조서

토지소재		축척변경 전				축척변경 후				청산내역				제곱미터 당 가격	소유자		비고
										증		감					
읍·면	동·리	지번	지목	면적	등급	지번	지목	면적	등급	면적	금액	면적	금액		성명	주소	

(7) 지적공부정리 등의 정지

지적소관청은 축척변경시행기간 중에는 축척변경시행지역 안의 지적공부정리와 경계복원측량(제72조 제3항에 따른 경계점표지의 설치를 위한 경계복원측량을 제외한다)을 축척변경확정공고일까지 정지해야 한다. 다만, 축척변경위원회의 의결이 있는 때에는 그렇지 않다.

(8) 청산금 산정

지적소관청은 축척변경에 관한 측량을 한 결과 측량 전에 비해 면적의 증감이 있는 경우에는 그 증감면적에 대해 청산을 해야 한다. 다만, 다음에 해당하는 경우에는 청산을 하지 아니하다.
① 필지별 증감면적이 허용범위 이내인 경우. 다만, 축척변경위원회의 의결이 있는 때에는 제외한다.
② 소유자 전원이 청산하지 아니하기로 합의하여 이를 서면으로 제출한 경우

(9) 확정공고

① 청산금의 납부 및 지급이 완료된 때에는 지적소관청은 지체 없이 축척변경의 확정공고를 해야 한다.
② 지적소관청은 확정공고를 한 때에는 지체 없이 축척변경에 따라 확정된 사항을 지적공부에 등록해야 한다.
③ 축척변경시행지역 안의 토지는 확정공고일에 토지의 이동이 있는 것으로 본다.
④ **축척변경의 확정공고**
    ㉠ 토지의 소재 및 지역명
    ㉡ 지번별 조서
    ㉢ 필지별 청산금내역을 기재한 청산금조서
    ㉣ 지적도의 축척

(10) 지적공부에 등록

① 토지대장은 확정공고된 지번별 조서에 의하여 지적공부를 정리한다.
② 지적도는 확정측량결과도 또는 경계점좌표에 의하여 정리한다.

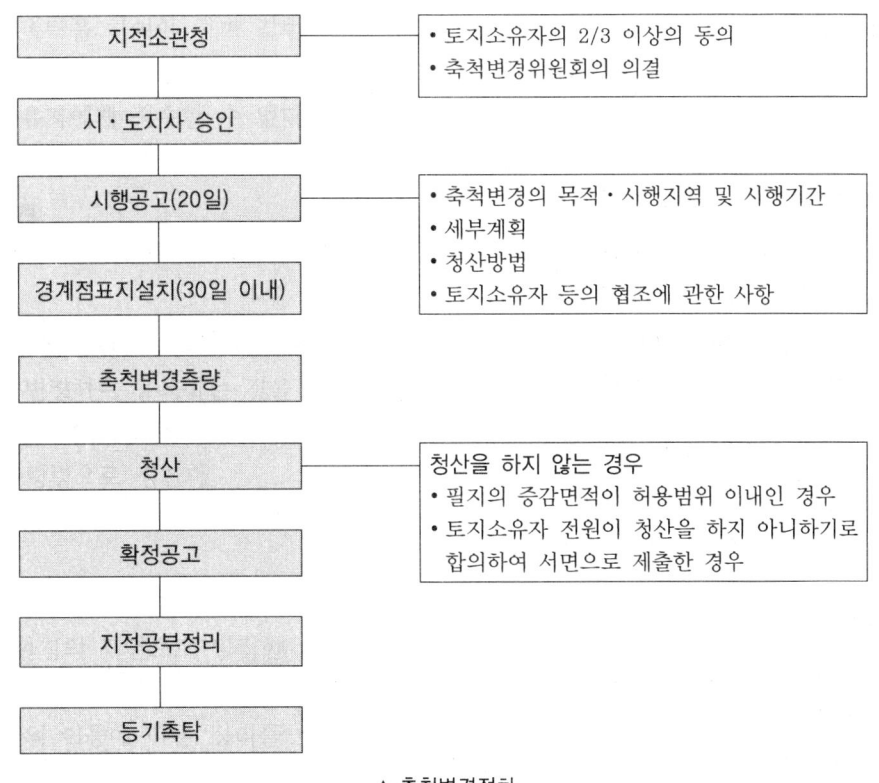

▲ 축척변경절차

4) 청산절차

(1) 지번별 m²당 금액결정

청산을 하려는 때에는 축척변경위원회의 의결을 거쳐 지번별로 제곱미터당 금액(이하 "지번별 제곱미터당 금액"이라 한다)을 정해야 한다. 이 경우 지적소관청은 시행공고일 현재를 기준으로 그 축척변경시행지역 안의 토지에 대해 지번별 제곱미터당 금액을 미리 조사해서 축척변경위원회에 제출해야 한다.

지번별 m²당 금액조서

(단위 : m², 원)

토지소재		지번	지목	면적	개별토지가격		감정기관가격		매매 실제 가격		결정 m²당 가격	비고
읍·면	동·리				m²당 시가	연월일	m²당 시가	연월일	m²당 시가	연월일		

(2) 청산금 산정

청산금은 작성된 지번별 조서의 필지별 증감면적에 결정된 지번별 m^2당 금액을 곱해서 산정한다.

(3) 청산금산출조서 작성 및 열람

지적소관청은 청산금을 산정한 때에는 청산금조서(축척변경지번별 조서에 필지별 청산금 명세를 적은 것을 말한다)를 작성하고, 청산금이 결정되었다는 뜻을 시·군·구(자치구가 아닌 구를 포함한다) 및 축척변경시행지역 동·리의 게시판에 15일 이상 공고해서 일반인이 열람할 수 있게 해야 한다.

(4) 청산금의 납부고지 및 수령통지

지적소관청은 청산금의 결정을 공고한 날부터 20일 이내에 토지소유자에게 청산금의 납부고지 또는 수령통지를 해야 한다.

(5) 청산금 납부 및 수령

① 납부고지를 받은 자는 그 고지를 받은 날부터 6개월 이내에 청산금을 지적소관청에 내야 한다.
② 지적소관청은 수령통지를 한 날부터 6개월 이내에 청산금을 지급해야 한다.
③ 지적소관청은 청산금을 지급받을 자가 행방불명 등으로 받을 수 없거나 받기를 거부하는 때에는 그 청산금을 공탁할 수 있다.

(6) 이의신청

① 납부고지 또는 수령통지된 청산금에 관해 이의가 있는 자는 납부고지 또는 수령통지를 받은 날부터 1개월 이내에 지적소관청에 이의신청을 할 수 있다.
② 지적소관청은 이의신청이 있는 때에는 1개월 이내에 축척변경위원회의 심의·의결을 거쳐 그 인용 여부를 결정한 후 지체 없이 그 내용을 이의신청인에게 통지해야 한다.
③ 지적소관청은 청산금을 내야 하는 자가 기간 안에 청산금에 관한 이의신청을 하지 않고 기간 안에 청산금을 납부하지 않는 때에는 지방세체납처분의 예에 따라 이를 징수할 수 있다.

(7) 차액

청산금을 산정한 결과 증가된 면적에 대한 청산금의 합계와 감소된 면적에 대한 청산금의 합계에 차액이 생긴 경우 초과액은 그 지방자치단체(제주특별자치도 설치 및 국제자유도시 조성을 위한 특별법 제15조 제2항에 따른 행정시의 경우에는 해당 행정시가 속한 특별자치도를 말하고, 지방자치법 제3조 제3항에 따른 자치구가 아닌 구의 경우에는 해당 구가 속한 시를 말한다)의 수입으로 하고, 부족액은 그 지방자치단체가 부담한다.

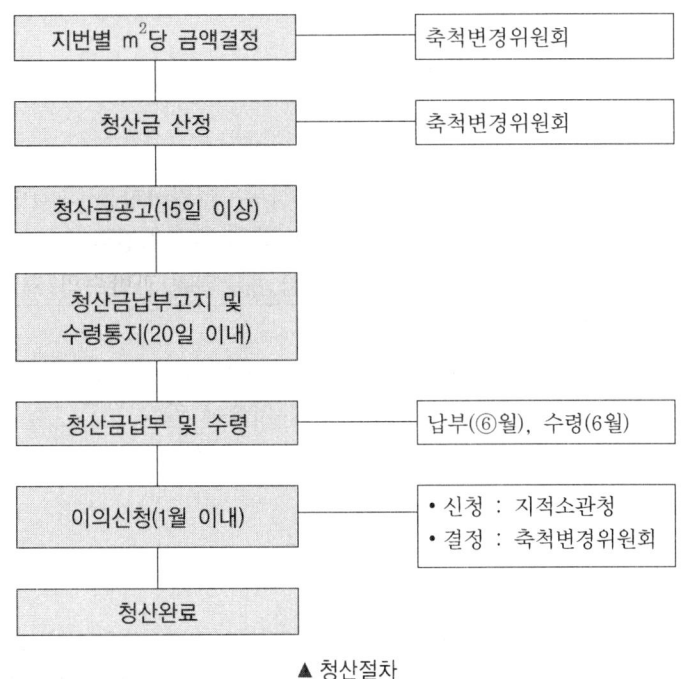

▲ 청산절차

5) 축척변경위원회

(1) 구성

축척변경위원회는 5명 이상 10명 이내의 위원으로 구성하되, 위원의 2분의 1 이상을 토지소유자로 해야 한다. 이 경우 그 축척변경시행지역 안의 토지소유자가 5명 이하인 때에는 토지소유자 전원을 위원으로 위촉해야 한다.

(2) 위원장

위원장은 위원 중에서 지적소관청이 지명한다.

(3) 위원

① 위원은 그 축척변경시행지역 안의 토지소유자로서 지역사정에 정통한 자로 위촉한다.
② 지적에 관하여 전문지식을 가진 자 중에서 지적소관청이 위촉한다.
③ 축척변경위원회의 위원에게는 예산의 범위 안에서 출석수당과 여비, 그 밖의 실비를 지급할 수 있다. 다만, 공무원인 위원이 그 소관업무와 직접적으로 관련되어 출석하는 경우에는 그렇지 않다.

(4) 심의 · 의결사항

축척변경위원회는 지적소관청이 회부하는 다음의 사항을 심의 · 의결한다.
① 축척변경시행계획에 관한 사항
② 지번별 m^2당 금액의 결정과 청산금의 산정에 관한 사항

③ 청산금의 이의신청에 관한 사항
④ 그 밖에 축척변경과 관련하여 지적소관청이 부의한 사항

(5) 회의

① 축척변경위원회의 회의는 지적소관청이 심의·의결사항을 축척변경위원회에 회부하거나 위원장이 필요하다고 인정하는 때에 위원장이 소집한다.
② 축척변경위원회의 회의는 위원장을 포함한 재적위원 과반수의 출석으로 개의하고, 출석위원 과반수의 찬성으로 의결한다.
③ 위원장은 축척변경위원회의 회의를 소집하는 때에는 회의일시·장소 및 심의안건을 회의 5일 전까지 각 위원에게 서면으로 통지해야 한다.

8 등록사항정정

1) 의의

지적소관청은 지적공부의 등록사항에 잘못이 있음을 발견하면 대통령령으로 정하는 바에 따라 직권으로 조사·측량하여 정정할 수 있다. 지적소관청은 직권정정사유에 해당하는 토지가 있는 때에는 지체 없이 관계서류에 따라 지적공부의 등록사항을 정정해야 한다.

2) 등록사항의 직권정정

지적소관청이 지적공부의 등록사항에 잘못이 있는지 여부를 직권으로 조사·측량해서 정정할 수 있는 경우는 다음과 같다.
① 토지이동정리결의서의 내용과 다르게 정리된 경우
② 지적도 및 임야도에 등록된 필지가 면적의 증감 없이 경계의 위치만 잘못된 경우
③ 1필지가 각각 다른 지적도 또는 임야도에 등록되어 있는 경우로서 지적공부에 등록된 면적과 측량한 실제 면적은 일치하지만 지적도 또는 임야도에 등록된 경계가 서로 접합되지 아니하여 지적도 또는 임야도에 등록된 경계를 지상의 경계에 맞추어 정정하여야 하는 토지가 발견된 경우
④ 지적공부의 작성 또는 재작성 당시 잘못 정리된 경우
⑤ 지적측량성과와 다르게 정리된 경우
⑥ 지적위원회의 지적측량적부심사의결서에 의하여 지적공부의 등록사항을 정정하여야 하는 경우
⑦ 지적공부의 등록사항이 잘못 입력된 경우
⑧ 부동산등기법 제90조의3 제2항의 규정(토지의 합필등기신청의 각하)에 의한 통지가 있는 경우
⑨ 공간정보의 구축 및 관리 등에 관한 법률 개정에 따른 면적 환산이 잘못된 경우

⑩ 지적측량의 정지 : 지적공부의 등록사항 중 경계 또는 면적 등 측량을 수반하는 토지의 표시에 잘못이 있는 경우에 지적소관청은 그 정정이 완료되는 때까지 지적측량을 정지시킬 수 있다. 다만, 잘못 표시된 사항의 정정을 위한 지적측량은 그렇지 않다.

3) 토지소유자의 신청에 의한 정정

토지소유자는 지적공부의 등록사항에 대한 정정신청을 하는 때에는 정정사유를 적은 신청서에 다음의 구분에 따른 서류를 첨부하여 지적소관청에 제출하여야 한다.

(1) 토지의 표시에 관한 사항

① 정정으로 인하여 인접 토지의 경계가 변경되는 경우에는 인접 토지소유자의 승낙서 또는 이에 대항할 수 있는 확정판결서 정본에 의하여야 한다.
② 토지소유자는 지적공부의 등록사항에 대한 정정신청을 하는 때에는 정정사유를 기재한 신청서에 다음의 서류를 첨부하여 지적소관청에 제출하여야 한다.
  ㉠ 경계 또는 면적의 변경을 가져오는 경우 : 등록사항정정측량성과도
  ㉡ 그 밖에 등록사항을 정정하는 경우 : 변경사항을 확인할 수 있는 서류

(2) 소유자에 관한 사항

① 등기된 토지 : 토지소유자에 관한 사항인 경우에는 등기필증, 등기사항증명서 또는 등기관서에서 제공한 등기전산정보자료에 따라 정정하여야 한다.
② 미등기 토지 : 정정사항이 토지소유자의 성명 또는 명칭, 주민등록번호, 주소 등에 관한 사항의 정정을 신청한 경우로서 그 등록사항이 명백히 잘못된 경우에는 가족관계기록사항에 관한 증명서에 따라 정정하여야 한다.

▶ 소유자 정정

등기된 토지(직권/신청)	미등기 토지(신청)
등기필증, 등기사항증명서, 등기전산정보자료	가족관계기록사항에 관한 증명서

9 행정구역의 명칭변경

행정구역의 명칭이 변경된 때에는 지적공부에 등록된 토지의 소재는 새로이 변경된 행정구역의 명칭으로 변경된 것으로 본다. 이 경우 지번부여지역의 일부가 행정구역의 개편으로 다른 지번부여지역에 속하게 된 때에는 지적소관청은 새로이 그 지번을 부여하여야 한다.

3 토지이동신청의 특례

1 도시개발사업 등 시행지역

1) 신청

도시개발법에 따른 도시개발사업, 농어촌정비법에 따른 농어촌정비사업, 그 밖에 대통령령으로 정하는 토지개발사업의 시행자는 대통령령으로 정하는 바에 따라 그 사업의 착수·변경 및 완료사실을 지적소관청에 신고하여야 한다.

① 도시개발사업에 의한 토지의 이동신청은 그 신청대상지역이 환지를 수반하는 경우에는 사업완료신고로써 이에 갈음한다. 이 경우 사업완료신고서에 토지의 이동신청에 갈음한다는 뜻을 기재하여야 한다.

② 주택법의 규정에 의한 주택건설사업의 시행자가 파산 등의 이유로 토지의 이동신청을 할 수 없는 때에는 그 주택의 시공을 보증한 자 또는 입주예정자 등이 신청할 수 있다.

> **Key Point**
>
> **토지개발사업**
> - 주택법에 따른 주택건설사업
> - 택지개발촉진법에 따른 택지개발사업
> - 산업입지 및 개발에 관한 법률에 따른 산업단지개발사업
> - 도시 및 주거환경정비법에 따른 정비사업
> - 지역개발 및 지원에 관한 법률에 따른 지역개발사업
> - 체육시설의 설치·이용에 관한 법률에 따른 체육시설 설치를 위한 토지개발사업
> - 관광진흥법에 따른 관광단지개발사업
> - 공유수면 관리 및 매립에 관한 법률에 따른 매립사업
> - 항만법 및 신항만건설촉진법에 따른 항만개발사업
> - 공공주택특별법에 따른 공공주택지구조성사업
> - 물류시설의 개발 및 운영에 관한 법률 및 경제자유구역의 지정 및 운영에 관한 특별법에 따른 개발사업
> - 철도건설법에 따른 고속철도, 일반철도 및 광역철도건설사업
> - 도로법에 따른 고속국도 및 일반국도건설사업
> - 그 밖에 위 사업과 유사한 경우로서 국토교통부장관이 고시하는 요건에 해당하는 토지개발사업

2) 도시개발사업 등의 신고

① 사업과 관련하여 토지의 이동이 필요한 경우에는 해당 사업의 시행자가 지적소관청에 토지의 이동을 신청하여야 한다.

② 사업시행자는 대통령령이 정하는 바에 의하여 그 사업의 착수·변경 또는 완료사실을 지적소관청에 신고하여야 한다. 사업의 착수 또는 변경의 신고가 된 토지의 소유자가 해당 토지의 이동을 원하는 경우에는 해당 사업의 시행자에게 그 토지의 이동을 신청하도록 요청하여야 하며, 요청을 받은 시행자는 해당 사업에 지장이 없다고 판단되면

지적소관청에 그 이동을 신청하여야 한다.
③ 도시개발사업 등의 착수·변경 또는 완료사실의 신고는 그 사유가 발생한 날부터 15일 이내에 하여야 한다.

3) 토지의 이동시기

도시개발사업 등으로 인한 토지의 이동은 토지의 형질변경 등의 공사가 준공된 때 토지의 이동이 있는 것으로 본다.

4) 첨부서면

① 도시개발사업 등의 착수 또는 변경신고를 하려는 자는 도시개발 등의 착수·변경·완료신고서에 다음의 서류를 첨부하여야 한다. 다만, 변경신고의 경우에는 변경된 부분에 한정한다.

착수 또는 변경신고 시	완료신고 시
• 사업인가서 • 지번별 조서 • 사업계획도	• 확정될 토지의 지번별 조서 및 종전토지의 지번별 조서 • 환지처분과 같은 효력이 있는 고시된 환지계획서. 다만, 환지를 수반하지 아니하는 사업인 경우에는 사업의 완료를 증명하는 서류

② 도시개발사업 등의 완료신고를 하려는 자는 신청서에 다음의 서류를 첨부하여야 한다. 이 경우 지적측량수행자가 지적소관청에 측량검사를 의뢰하면서 미리 제출한 서류는 첨부하지 아니할 수 있다.

2 신청의 대위

다음의 해당하는 자는 이 법에 의한 토지소유자가 하여야 하는 신청을 대위할 수 있다.
① 사업시행자 : 공공사업 등으로 인하여 학교용지, 도로, 철도용지, 제방, 하천, 구거, 유지, 수도용지 등의 지목으로 되는 토지의 경우에는 그 사업시행자
② 행정기관 또는 지방자치단체장 : 국가 또는 지방자치단체가 취득하는 토지의 경우에는 그 토지를 관리하는 행정기관 또는 지방자치단체의 장
③ 관리인 또는 사업시행자 : 주택법에 의한 주택의 부지의 경우에는 집합건물의 소유 및 관리에 관한 법률에 의한 관리인(관리인이 없는 경우에는 공유자가 선임한 대표자) 또는 사업시행자
④ 민법 제404조의 규정에 의한 채권자

4 지적공부의 정리

1 의의

토지의 이동으로서의 토지의 변동, 즉 토지의 소재·지번·지목·면적·경계 및 좌표의 변동, 그 밖의 지적공부상 발생되는 일체의 변동이 있는 경우 지적공부를 정리하는 것을 말하며, 지적공부의 정리방법, 토지이동정리결의서 및 소유자정리결의서의 작성방법 등에 관해 필요한 사항은 국토교통부령으로 정한다.

2 대상

지적소관청은 지적공부가 다음의 어느 하나에 해당하는 경우에는 지적공부를 정리해야 한다. 이 경우 이미 작성된 지적공부에 정리할 수 없는 때에는 이를 새로이 작성해야 한다.
① 지번을 변경하는 경우
② 지적공부를 복구하는 경우
③ 신규등록, 등록전환, 분할, 합병, 지목변경 등 토지의 이동이 있는 경우

3 지적공부정리방법

1) 토지이동정리결의서 작성

① 지적소관청이 토지의 이동이 있는 경우에는 토지이동정리결의서를 작성하여야 한다.
② 토지이동정리결의서는 토지대장, 임야대장 또는 경계점좌표등록부별로 구분하여 작성하되, 토지이동정리결의서에는 토지이동신청서 또는 도시개발사업 등의 완료신고서 등을 첨부하여야 한다.

2) 소유자정리결의서 작성

① 토지소유자의 변동 등에 따른 지적공부를 정리하고자 하는 경우에는 소유자정리결의서를 작성하여야 한다.
② 소유자정리결의서에는 등기필증, 등기사항증명서, 그 밖에 토지소유자가 변경되었음을 증명하는 서류를 첨부하여야 한다. 다만, 전자정부법에 따른 행정정보의 공동 이용을 통하여 첨부서류에 대한 정보를 확인할 수 있는 경우에는 그 확인으로 첨부서류를 갈음할 수 있다.

4 토지소유자의 정리

1) 등록된 토지의 소유자 정리

지적공부에 등록된 토지소유자의 변경사항은 등기관서에서 등기한 것을 증명하는 등기필

통지서, 등기필증, 등기사항증명서 또는 등기관서에서 제공한 등기전산정보자료에 따라 정리한다. 다만, 신규등록하는 토지의 소유자는 지적소관청이 직접 조사하여 등록한다.

(1) 등기부와 지적공부와의 부합

등기부에 적혀 있는 토지의 표시가 지적공부와 일치하지 아니하면 토지소유자를 정리할 수 없다. 이 경우 토지의 표시와 지적공부가 일치하지 아니한다는 사실을 관할 등기관서에 통지하여야 한다.

(2) 등기부와의 부합 여부 확인

① 지적소관청은 필요하다고 인정하는 경우에는 관할 등기관서의 등기부를 열람하여 지적공부와 부동산등기부가 일치하는지 여부를 조사·확인하여야 하며, 일치하지 아니하는 사항을 발견하면 등기사항증명서 또는 등기관서에서 제공한 등기전산정보자료에 따라 지적공부를 직권으로 정리하거나, 토지소유자나 그 밖의 이해관계인에게 그 지적공부와 부동산등기부가 일치하게 하는 데에 필요한 신청 등을 하도록 요구할 수 있다.

② 지적소관청 소속공무원이 지적공부와 부동산등기부의 부합 여부를 확인하기 위하여 등기부를 열람하거나 등기사항증명서의 발급을 신청하거나 등기전산정보자료의 제공을 요청하는 경우 그 수수료는 무료로 한다.

2) 소유자가 등록되지 아니한 토지

국유재산법에 따른 총괄청이나 중앙관서의 장이 소유자 없는 부동산에 대한 소유자 등록을 신청하는 경우 지적소관청은 지적공부에 해당 토지의 소유자가 등록되지 아니한 경우에만 등록할 수 있다.

3) 신규등록의 경우 소유자 등록

소유자에 관한 사항은 소유권을 증명하는 서면을 지적소관청에 제출하며 지적소관청이 조사하여 직권으로 등록한다. 이 경우에는 등기필증 및 등기사항증명서에 의할 수 없다. 그 이유는 선등록 후등기의 원칙이 적용되기 때문에 신규등록의 경우에는 등기부가 존재하지 아니하므로 등기사항증명서로 소유자를 정리할 수 없다.

4) 소유자 정리

① 대장의 소유자변동일자는 등기필통지서·등기필증·등기사항증명서의 경우에는 등기접수일자를, 미등기토지소유자등록사항정정신청의 경우와 국유재산법에 의한 총괄청 또는 중앙관서의 장이 지적공부에 소유자가 등록되지 아니한 토지의 소유자 등록신청을 하는 경우에는 소유자정리결의일자를, 공유수면 매립준공에 의한 신규등록의 경우에는 매립준공일자를 정리한다.

② 주소·성명·명칭의 변경 또는 경정 및 소유권 이전 등이 같은 날짜에 등기가 된 경우의 지적공부정리는 등기접수순서에 따라 전량 정리하여야 한다.
③ 소유자의 주소가 토지소재와 같은 경우에는 지번만 정리한다.
④ 지적소관청이 등기부를 열람하여 소유자에 관한 사항이 대장과 부합되지 아니하는 토지의 소유자 정리에 관하여는 소유자정리결의서를 작성하여 정리한다.
⑤ 국토교통부장관은 등기관서로부터 법인 또는 재외국민의 부동산등기용 등록번호정정통보가 있는 때에는 정정 전 등록번호에 의거 토지소재를 조사하여 시·도지사에게 그 내용을 통지하여야 한다. 이 경우 시·도지사는 지체 없이 그 내용을 당해 지적소관청에 통지하여 대장의 등록번호를 정정하도록 하여야 한다.

5 지적정리의 통지

1) 직권에 의한 지적정리통지

지적소관청이 지적공부에 등록하거나 지적공부를 복구 또는 말소하거나 등기촉탁을 하였으면 대통령령으로 정하는 바에 따라 해당 토지소유자에게 통지하여야 한다. 다만, 통지받을 자의 주소나 거소를 알 수 없는 경우에는 국토교통부령으로 정하는 바에 따라 일간신문, 해당 시·군·구의 공보 또는 인터넷 홈페이지에 공고하여야 한다.

2) 통지대상

① 토지소유자의 신청이 없어 지적소관청이 직권으로 조사 또는 측량하여 지번, 지목, 경계 또는 좌표와 면적을 결정할 때
② 지적소관청이 지번을 변경한 때
③ 지적소관청이 지적공부를 복구한 때
④ 해면성 말소의 통지
⑤ 도시계획사업, 도시개발사업, 농지개량사업 등에 의해 지적공부를 정리했을 때
⑥ 대위신청에 의해 지적공부를 정리했을 때
⑦ 행정구역 개편으로 인하여 새로이 지번을 정할 때
⑧ 지적공부에 등록된 사항이 오류가 있음을 발견하여 지적소관청이 직권으로 등록사항을 정정한 때
⑨ 토지표시의 변경에 관하여 관할 등기소에 등기를 촉탁한 때

3) 통지의 시기

지적소관청이 토지소유자에게 지적정리 등을 통지하여야 하는 시기는 다음과 같다.
① 토지의 표시에 관한 변경등기가 필요한 경우 : 등기완료의 통지서를 접수한 날부터 15일 이내
② 토지의 표시에 관한 변경등기가 필요하지 아니한 경우 : 지적공부에 등록한 날부터 7일 이내

6 등기촉탁

지적소관청은 토지의 표시변경에 관한 등기를 할 필요가 있는 경우에는 지체 없이 관할 등기관서에 그 등기를 촉탁하여야 한다. 이 경우 등기촉탁은 국가가 국가를 위하여 하는 등기로 본다. 등기촉탁에 필요한 사항은 국토교통부령으로 정한다.

1) 등기촉탁의 대상

① 토지의 이동이 있는 경우(신규등록은 제외)
② 지번을 변경한 때
③ 축척변경을 한 때(이 사유로 인한 등기촉탁의 경우에 이해관계가 있는 제3자의 승낙은 관할 축척변경위원회의 의결서 정본으로 이에 갈음할 수 있다.)
④ 행정구역 개편으로 새로이 지번을 정할 때
⑤ 등록사항의 오류를 지적소관청이 직권으로 조사·측량하여 정정한 때

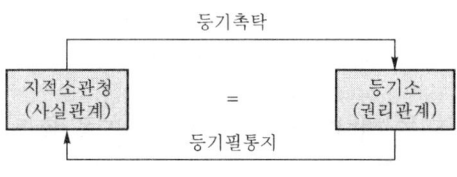

2) 등기촉탁의 절차

① 지적소관청은 등기관서에 토지표시의 변경에 관한 등기를 촉탁하고자 하는 때에는 등기촉탁서에 그 취지를 기재하고 토지대장등본 또는 임야대장등본을 첨부하여야 한다. 다만, 토지대장등본 또는 임야대장등본이 필요하지 아니한 때와 전자정부법에 따른 행정정보의 공동 이용을 통하여 첨부서류에 대한 정보를 확인할 수 있는 경우에는 그러하지 아니하다.
② 토지표시의 변경에 관한 등기를 촉탁한 때에는 토지표시변경등기촉탁대장에 그 내용을 적어야 한다.

3) 지적공부정리신청수수료

토지의 이동에 따른 지적공부정리신청을 하는 때에는 신청인은 국토교통부령이 정하는 수수료를 그 지방자치단체의 수입증지로 지적소관청에 납부하여야 한다. 다만, 국가 또는 지방자치단체가 신청하는 때 및 바다로 된 토지의 소유자가 지적공부의 등록말소를 신청하는 때에는 수수료를 면제한다.

▶ 지적공부정리신청수수료(제68조 관련)

신청종별	단위	수수료
신규등록신청	1필지	1,400원
등록전환신청	1필지	1,400원
분할신청	분할 후 1필지	1,400원
법 제26조의 토지이동신청	1필지	1,400원
합병신청	합병 전 1필지	1,000원
지목변경신청	1필지	1,000원

03 예상문제

01 공간정보의 구축 및 관리 등에 관한 법률상 토지의 이동으로 볼 수 없는 것은? 기 19-2
① 지적도에 등록된 경계변경
② 지적공부에 등록된 지목변경
③ 토지대장에 등록된 소유권변경
④ 경계점좌표등록부에 등록된 좌표변경

해설 토지의 이동이란 토지의 표시를 새로이 정하거나 변경 또는 말소하는 것을 말한다. 즉 지적공부에 등록된 토지의 지번·지목·경계·좌표·면적이 달라지는 것을 말하며, 토지소유권자의 변경, 토지소유자의 주소변경, 토지의 등급변경은 토지의 이동에 해당하지 아니한다.

토지의 이동에 해당하는 경우	토지의 이동에 해당하지 않는 경우
• 신규등록, 등록전환 • 분할, 합병 • 해면성 말소 • 행정구역명칭변경 • 도시개발사업 등 • 축척변경, 등록사항정정	• 토지소유자의 변경 • 토지소유자의 주소변경 • 토지의 등급변경 • 개별공시지가의 변경

02 다음 중 토지의 이동에 해당하는 것은? 산 17-3
① 신규등록   ② 소유권변경
③ 토지등급변경 ④ 수확량등급변경

해설 토지의 이동이란 토지의 표시를 새로이 정하거나 변경 또는 말소하는 것을 말한다. 즉 지적공부에 등록된 토지의 지번·지목·경계·좌표·면적이 달라지는 것을 말하며, 토지소유권자의 변경, 토지소유자의 주소변경, 토지의 등급의 변경은 토지의 이동에 해당하지 아니한다.

03 다음 중 "토지의 이동"과 관련이 없는 것은? 산 18-3
① 경계   ② 좌표
③ 소유자 ④ 토지의 소재

해설 토지의 이동이란 토지의 표시를 새로이 정하거나 변경 또는 말소하는 것을 말한다. 즉 지적공부에 등록된 토지의 지번·지목·경계·좌표·면적이 달라지는 것을 말하며, 토지소유권자의 변경, 토지소유자의 주소변경, 토지의 등급변경은 토지의 이동에 해당하지 아니한다.

04 다음 중 토지의 이동이라 할 수 없는 사항은? 기 18-1
① 지번의 변경   ② 토지의 합병
③ 토지등급의 수정 ④ 경계점좌표의 변경

해설 토지의 이동이란 토지의 표시를 새로이 정하거나 변경 또는 말소하는 것을 말한다. 즉 지적공부에 등록된 토지의 지번·지목·경계·좌표·면적이 달라지는 것을 말하며, 토지소유권자의 변경, 토지소유자의 주소변경, 토지의 등급변경은 토지의 이동에 해당하지 아니한다.

05 다음 중 지적측량을 수반하지 않아도 되는 경우는? 기 16-3
① 토지를 분할하는 경우
② 토지를 신규등록하는 경우
③ 축척을 변경하는 경우
④ 토지를 합병하는 경우

해설 토지를 합병하는 경우에는 지적측량을 요하지 않는다.

06 신규등록하는 토지의 소유자에 관한 사항을 지적공부에 등록하는 방법으로 옳은 것은? 산 16-1
① 등기부등본에 의하여 등록
② 지적소관청의 조사에 의하여 등록
③ 법원의 최초 판결에 의하여 등록
④ 토지소유자의 신고에 의하여 등록

해설 소유자에 관한 사항은 소유권을 증명하는 서면을 지적소관청에 제출하며, 신규등록하는 토지의 소유자는 지적소관청이 직접 조사하여 등록한다.

07 신규등록대상토지가 아닌 것은? 산 17-1
① 공유수면매립준공토지
② 도시개발사업완료토지
③ 미등록 하천
④ 미등록 공공용 토지

해설 신규등록대상 : 미등록 토지, 공유수면 매립으로 준공된 토지, 미등록된 공공용 토지(도로, 구거, 하천), 미등록 도서지역(섬), 방조제 건설

정답 01 ③ 02 ① 03 ③ 04 ③ 05 ④ 06 ② 07 ②

08 새로 조성된 토지와 지적공부에 등록되어 있지 아니한 토지를 지적공부에 등록하는 것은?

① 등록전환 ② 지목변경
③ 신규등록 ④ 축척변경

해설 신규등록이란 새로 조성된 토지와 지적공부에 등록되어 있지 아니한 토지를 지적공부에 등록하는 것을 말한다.

09 신규등록할 토지가 발생한 경우 최대 며칠 이내에 지적소관청에 신규등록을 신청하여야 하는가?

① 15일 ② 30일
③ 60일 ④ 90일

해설 토지소유자는 신규등록할 토지가 있으면 대통령령으로 정하는 바에 따라 그 사유가 발생한 날부터 60일 이내에 지적소관청에 신규등록을 신청하여야 한다.

10 토지소유자가 신규등록을 신청할 때에 신규등록사유를 적는 신청서에 첨부하여야 하는 서류에 해당하지 않는 것은?

① 사업인가서와 지번별 조서
② 법원의 확정판결서 정본 또는 사본
③ 소유권을 증명할 수 있는 서류의 사본
④ 공유수면 관리 및 매립에 관한 법률에 따른 준공검사확인증 사본

해설 토지소유자는 신규등록을 신청하고자 하는 때에는 신규등록사유를 기재한 신청서에 국토교통부령으로 정하는 서류를 첨부하여 지적소관청에 제출하여야 한다. 다만, 그 서류를 소관청이 관리하는 경우에는 지적소관청의 확인으로써 그 서류의 제출에 갈음할 수 있다.
㉠ 법원의 확정판결서 정본 또는 사본
㉡ 공유수면 관리 및 매립에 관한 법률에 따른 준공검사확인증 사본
㉢ 도시계획구역의 토지를 그 지방자치단체의 명의로 등록하는 때에는 기획재정부장관과 협의한 문서의 사본
㉣ 그 밖에 소유권을 증명할 수 있는 서류의 사본

11 공간정보의 구축 및 관리 등에 관한 법령상 신규등록 신청 시 지적소관청에 제출하여야 하는 첨부서류가 아닌 것은?

① 지적측량성과도
② 법원의 확정판결서 정본 또는 사본
③ 소유권을 증명할 수 있는 서류의 사본
④ 공유수면 관리 및 매립에 관한 법률에 따른 준공검사확인증 사본

해설 토지소유자는 신규등록을 신청하고자 하는 때에는 신규등록사유를 기재한 신청서에 국토교통부령으로 정하는 서류를 첨부하여 지적소관청에 제출하여야 한다. 다만, 그 서류를 지적소관청이 관리하는 경우에는 지적소관청의 확인으로써 그 서류의 제출에 갈음할 수 있다.
㉠ 법원의 확정판결서 정본 또는 사본
㉡ 공유수면 관리 및 매립에 관한 법률에 따른 준공검사확인증 사본
㉢ 도시계획구역의 토지를 그 지방자치단체의 명의로 등록하는 때에는 기획재정부장관과 협의한 문서의 사본
㉣ 그 밖에 소유권을 증명할 수 있는 서류의 사본

12 지적공부에 신규등록하는 토지의 소유자 정리로 옳은 것은?

① 모두 국가의 소유로 한다.
② 등기부 초본이나 확정판결에 의한다.
③ 현재 점유하고 있는 자의 소유로 한다.
④ 지적소관청이 직접 조사하여 등록한다.

해설 소유자에 관한 사항은 소유권을 증명하는 서면을 지적소관청에 제출하며, 신규등록하는 토지의 소유자는 지적소관청이 직접 조사하여 등록한다.

13 공유수면매립지를 신규등록하는 경우에 신규등록의 효력이 발생하는 시기로서 타당한 것은?

① 매립준공인가 시
② 부동산보존등기한 때
③ 지적공부에 등록한 때
④ 측량성과도의 교부한 때

해설 공유수면 매립에 따른 신규등록의 효력은 지적공부에 등록한 때 발생한다.

14 도시계획구역의 토지를 그 지방자치단체의 명의로 신규등록을 신청할 때 신청서에 첨부해야 할 서류로 옳은 것은?

① 국토교통부장관과 협의한 문서의 사본
② 기획재정부장관과 협의한 문서의 사본
③ 행정안전부장관과 협의한 문서의 사본
④ 공정거래위원회위원장과 협의한 문서의 사본

정답 08 ③ 09 ③ 10 ① 11 ① 12 ④ 13 ③ 14 ②

해설 **공간정보의 구축 및 관리 등에 관한 법률 시행규칙 제81조(신규등록신청)**
① 토지소유자는 신규등록을 신청하고자 하는 때에는 신규등록사유를 기재한 신청서에 국토교통부령으로 정하는 서류를 첨부하여 지적소관청에 제출하여야 한다. 다만, 그 서류를 지적소관청이 관리하는 경우에는 지적소관청의 확인으로써 그 서류의 제출에 갈음할 수 있다.
  1. 법원의 확정판결서 정본 또는 사본
  2. 공유수면 관리 및 매립에 관한 법률에 따른 준공검사확인증 사본
  3. 도시계획구역의 토지를 그 지방자치단체의 명의로 등록하는 때에는 기획재정부장관과 협의한 문서의 사본
  4. 그 밖에 소유권을 증명할 수 있는 서류의 사본

15 대부분의 토지가 등록전환되어 나머지 토지를 임야도에 계속 존치하는 것이 불합리한 경우 토지이동신청절차로 옳은 것은?

① 지목변경 없이 등록전환을 신청할 수 있다.
② 지목변경 후 등록전환을 신청할 수 없다.
③ 지목변경 없이 신규등록을 신청할 수 있다.
④ 지목변경 후 신규등록을 신청할 수 없다.

해설 대부분의 토지가 등록전환되어 나머지 토지를 임야도에 계속 존치하는 것이 불합리한 경우에는 지목변경 없이 등록전환할 수 있다.

16 공간정보의 구축 및 관리 등에 관한 법령상 지목변경 없이 등록전환을 신청할 수 없는 경우는?

① 도시·군관리계획선에 따라 토지를 분할하는 경우
② 관계법령에 따른 토지의 형질변경 또는 건축물의 사용승인하는 경우
③ 임야도에 등록된 토지가 사실상 형질변경되었으나 지목변경을 할 수 없는 경우
④ 대부분의 토지가 등록전환되어 나머지 토지를 임야도에 계속 존치하는 것이 불합리한 경우

해설 **공간정보의 구축 및 관리 등에 관한 법률 시행령 제64조(등록전환신청)**
① 법 제78조에 따라 등록전환을 신청할 수 있는 경우는 다음 각 호와 같다.
  1. 산지관리법에 따른 산지전용허가·신고, 산지일시사용허가·신고, 건축법에 따른 건축허가·신고 또는 그 밖의 관계법령에 따른 개발행위허가 등을 받은 경우
  2. 대부분의 토지가 등록전환되어 나머지 토지를 임야도에 계속 존치하는 것이 불합리한 경우
  3. 임야도에 등록된 토지가 사실상 형질변경되었으나 지목변경을 할 수 없는 경우
  4. 도시·군관리계획선에 따라 토지를 분할하는 경우

17 다음 토지이동 중 축척의 변경이 수반되는 토지이동은?

① 등록전환   ② 신규등록
③ 지목변경   ④ 합병

해설 등록전환이란 임야대장 및 임야도에 등록한 토지를 토지대장·지적도에 옮겨 등록하는 것을 말한다. 등록전환하는 과정에서 지목변경과 축척변경이 수반된다.

18 토지의 분할을 신청할 수 있는 경우에 대한 설명으로 옳지 않은 것은?

① 토지의 소유자가 변경된 경우
② 토지소유자가 매매를 위하여 필요로 하는 경우
③ 토지이용상 불합리한 지상경계를 시정하기 위한 경우
④ 1필지의 일부가 형질변경 등으로 용도가 변경된 경우

해설 **분할대상**
㉠ 1필지의 일부가 형질변경 등으로 용도가 다르게 된 경우
㉡ 소유권 이전, 매매 등을 위하여 필요한 경우
㉢ 토지이용상 불합리한 지상경계를 시정하기 위한 경우

19 1필지 일부가 형질변경 등으로 용도가 변경되어 분할을 신청하는 경우 함께 제출할 신청서로 옳은 것은?

① 신규등록신청서   ② 용도전용신청서
③ 지목변경신청서   ④ 토지합병신청서

해설 **공간정보의 구축 및 관리 등에 관한 법률 시행령 제65조(분할신청)**
① 법 제79조 제1항에 따라 분할을 신청할 수 있는 경우는 다음 각 호와 같다.
  1. 소유권 이전, 매매 등을 위하여 필요한 경우
  2. 토지이용상 불합리한 지상경계를 시정하기 위한 경우
  3. 관계법령에 따라 토지분할이 포함된 개발행위허가 등을 받은 경우

정답 15 ① 16 ② 17 ① 18 ① 19 ③

② 토지소유자는 법 제79조에 따라 토지의 분할을 신청할 때에는 분할사유를 적은 신청서에 국토교통부령으로 정하는 서류를 첨부하여 지적소관청에 제출하여야 한다. 이 경우 법 제79조 제2항에 따라 1필지의 일부가 형질변경 등으로 용도가 변경되어 분할을 신청할 때에는 제67조 제2항에 따른 지목변경신청서를 함께 제출하여야 한다.

20 공간정보의 구축 및 관리 등에 관한 법률에 따라 토지이용상 불합리한 지상경계를 시정하기 위해 토지이동신청을 할 수 있는 경우로 옳은 것은? 기 16-2
① 분할신청 ② 등록전환신청
③ 지목변경신청 ④ 등록사항정정신청

해설 분할대상
㉠ 1필지의 일부가 형질변경 등으로 용도가 다르게 된 경우
㉡ 소유권 이전, 매매 등을 위하여 필요한 경우
㉢ 토지이용상 불합리한 지상경계를 시정하기 위한 경우

21 토지소유자는 주택법에 따른 공동주택의 부지, 도로, 제방, 하천, 구거, 유지, 그 밖에 대통령령으로 정하는 토지로서 합병하여야 할 토지가 있으면 그 사유가 발생한 날부터 최대 얼마 이내에 지적소관청에 합병을 신청하여야 하는가? 기 16-1
① 30일 ② 50일
③ 60일 ④ 90일

해설 토지소유자는 주택법에 따른 공동주택의 부지, 도로, 제방, 하천, 구거, 유지, 그 밖에 대통령령으로 정하는 토지로서 합병하여야 할 토지가 있으면 그 사유가 발생한 날부터 60일 이내에 지적소관청에 합병을 신청하여야 한다.

22 다음 중 합병신청을 할 수 있는 것은? 실 19-1
① 합병하려는 토지의 소유형태가 공동 소유인 경우
② 합병하려는 각 필지의 지반이 연속되지 아니한 경우
③ 합병하려는 토지의 지적도 및 임야도의 축척이 서로 다른 경우
④ 합병하려는 토지가 축척변경을 시행하고 있는 지역의 토지와 그 지역 밖의 토지인 경우

해설 공간정보의 구축 및 관리 등에 관한 법률 제80조(합병신청)
③ 다음 각 호의 어느 하나에 해당하는 경우에는 합병신청을 할 수 없다.

1. 합병하려는 토지의 지번부여지역, 지목 또는 소유자가 서로 다른 경우
2. 합병하려는 토지에 저당권등기, 추가적 공동 저당등기가 있는 경우
3. 토지의 지적도 및 임야도의 축척이 서로 다른 경우
4. 합병하려는 각 필지의 지반이 연속되지 않은 경우
5. 합병하려는 토지가 등기된 토지와 등기되지 않은 토지인 경우
6. 합병하려는 각 필지의 지목은 같으나 일부 토지의 용도가 다르게 되어 분할대상토지인 경우. 다만, 합병신청과 동시에 토지의 용도에 따라 분할신청을 하는 경우에는 그렇지 아니하다.
7. 합병하고자 하는 토지의 소유자별 공유지분이 다르거나 소유자의 주소가 서로 다른 경우. 다만, 소유자의 주소가 서로 다르나 소유자가 동일인임이 확인되는 경우에는 그렇지 아니하다.
8. 합병하고자 하는 토지가 구획정리·경지정리 또는 축척변경을 시행하고 있는 지역 안의 토지와 지역 밖의 토지인 경우

23 다음 중 토지의 합병신청을 할 수 있는 것은? 실 18-2
① 소유자의 주소가 서로 다른 경우
② 지적도의 축척이 서로 다른 경우
③ 소유자별 공유지분이 서로 다른 경우
④ 주택법에 따른 공동주택의 부지로서 합병하여야 할 토지가 있는 경우

해설 합병이 불가능한 경우
㉠ 합병하려는 토지의 지번부여지역, 지목 또는 소유자가 서로 다른 경우
㉡ 합병하려는 토지에 저당권등기, 추가적 공동 저당등기가 있는 경우
㉢ 토지의 지적도 및 임야도의 축척이 서로 다른 경우
㉣ 합병하려는 각 필지의 지반이 연속되지 않은 경우
㉤ 합병하려는 토지가 등기된 토지와 등기되지 않은 토지인 경우
㉥ 합병하려는 각 필지의 지목은 같으나 일부 토지의 용도가 다르게 되어 분할대상토지인 경우. 다만, 합병신청과 동시에 토지의 용도에 따라 분할신청을 하는 경우에는 그렇지 아니하다.
㉦ 합병하고자 하는 토지의 소유자별 공유지분이 다르거나 소유자의 주소가 서로 다른 경우. 다만, 소유자의 주소가 서로 다르나 소유자가 동일인임이 확인되는 경우에는 그렇지 아니하다.
㉧ 합병하고자 하는 토지가 구획정리·경지정리 또는 축척변경을 시행하고 있는 지역 안의 토지와 지역 밖의 토지인 경우

정답 20 ① 21 ③ 22 ① 23 ④

24 공간정보의 구축 및 관리 등에 관한 법률상 토지의 합병을 신청할 수 있는 경우는? 〔기 18-3〕

① 합병하려는 토지의 지적도 및 임야도의 축척이 서로 다른 경우
② 합병하려는 토지가 등기된 토지와 등기되지 아니한 토지인 경우
③ 합병하려는 토지의 소유자별 공유지분이 다르거나 소유자의 주소가 서로 다른 경우
④ 합병하려는 각 필지의 지목은 같으나 일부 토지의 용도가 다르게 되어 합병신청과 동시에 토지의 용도에 따라 분할신청을 하는 경우

해설 합병이 불가능한 경우
㉠ 합병하려는 토지의 지번부여지역, 지목 또는 소유자가 서로 다른 경우
㉡ 합병하려는 토지에 저당권등기, 추가적 공동 저당등기가 있는 경우
㉢ 토지의 지적도 및 임야도의 축척이 서로 다른 경우
㉣ 합병하려는 각 필지의 지반이 연속되지 않은 경우
㉤ 합병하려는 토지가 등기된 토지와 등기되지 않은 토지인 경우
㉥ 합병하려는 각 필지의 지목은 같으나 일부 토지의 용도가 다르게 되어 분할대상토지인 경우. 다만, 합병신청과 동시에 토지의 용도에 따라 분할신청을 하는 경우에는 그렇지 않다.
㉦ 합병하고자 하는 토지의 소유자별 공유지분이 다르거나 소유자의 주소가 서로 다른 경우. 다만, 소유자의 주소가 서로 다르나 소유자가 동일인임이 확인되는 경우에는 그렇지 않다.
㉧ 합병하고자 하는 토지가 구획정리·경지정리 또는 축척변경을 시행하고 있는 지역 안의 토지와 지역 밖의 토지인 경우

25 다음 합병신청에 대한 내용 중 합병신청이 가능한 경우는? 〔산 18-3〕

① 합병하려는 토지의 지목이 서로 다른 경우
② 합병하려는 토지에 승역지에 대한 지역권의 등기가 있는 경우
③ 합병하려는 토지의 지적도 및 임야도의 축척이 서로 다른 경우
④ 합병하려는 토지가 등기된 토지와 등기되지 아니한 토지인 경우

해설 승역지의 경우 일필지 일부에도 성립이 가능하므로 합병할 수 있다.

26 다음 중 토지의 합병을 신청할 수 없는 경우에 해당하지 않는 것은? 〔산 16-1〕

① 합병하려는 토지의 지목이 서로 다른 경우
② 합병하려는 토지의 등급이 서로 다른 경우
③ 합병하려는 토지의 지번부여지역이 서로 다른 경우
④ 합병하려는 토지의 지적도 및 임야도의 축척이 서로 다른 경우

해설 토지의 등급은 합병요건과는 관련이 없다.

27 다음 중 지목변경에 해당하는 것은? 〔기 18-2〕

① 밭을 집터로 만드는 행위
② 밭의 흙을 파서 논으로 만드는 행위
③ 산을 절토(切土)하여 대(垈)로 만드는 행위
④ 지적공부상의 전(田)을 대(垈)로 변경하는 행위

해설 지목변경이란 지적공부에 등록된 지목을 다른 지목으로 바꾸어 등록하는 것을 말한다.

28 다음 중 토지소유자가 지목변경을 신청할 때에 첨부하여 지적소관청에 제출하여야 하는 서류에 해당하지 않는 것은? 〔기 16-3, 산 16-1〕

① 과세사실을 증명하는 납세증명서의 사본
② 토지 또는 건축물의 용도가 변경되었음을 증명하는 서류의 사본
③ 관계법령에 따라 토지의 형질변경공사가 준공되었음을 증명하는 서류의 사본
④ 국유지·공유지의 경우 용도폐지되었거나 사실상 공공용으로 사용되고 있지 아니함을 증명하는 서류의 사본

해설 토지소유자는 지목변경을 신청하고자 하는 때에는 지목변경사유를 기재한 신청서에 국토교통부령으로 정하는 서류를 첨부해서 지적소관청에 제출하여야 한다. 다만, 서류를 그 지적소관청이 관리하는 경우에는 지적소관청의 확인으로써 그 서류의 제출에 갈음할 수 있다.
㉠ 관계법령에 따라 토지의 형질변경 등의 공사가 준공되었음을 증명하는 서류의 사본
㉡ 국·공유지의 경우에는 용도폐지되었거나 사실상 공공용으로 사용되고 있지 아니함을 증명하는 서류의 사본

정답 24 ④ 25 ② 26 ② 27 ④ 28 ①

ⓒ 토지 또는 건축물의 용도가 변경되었음을 증명하는 서류의 사본
ⓔ 개발행위허가, 농지전용허가, 보전산지전용허가 등 지목변경과 관련된 규제를 받지 아니하는 토지의 지목변경이거나 전·답·과수원 상호 간의 지목변경인 경우에는 서류의 첨부를 생략할 수 있음

29 다음 중 지적공부에 등록한 토지를 말소시키는 경우는? 〔산 17-2〕

① 토지의 형질을 변경하였을 때
② 화재로 인하여 건물이 소실된 때
③ 수해로 인하여 토지가 유실되었을 때
④ 토지가 바다로 된 경우로서 원상으로 회복될 수 없을 때

해설 **바다로 된 토지의 등록말소** : 지적공부에 등록된 토지가 지형의 변화 등으로 바다로 된 경우로서, 원상으로 회복할 수 없거나 다른 지목의 토지로 될 가능성이 없는 때에는 지적공부의 등록을 말소하는 것을 말한다.

30 바다로 된 토지의 등록말소 및 회복에 대한 설명으로 틀린 것은? 〔기 16-2〕

① 등록말소 및 회복에 관한 사항은 토지소유자의 동의 없이는 불가능하다.
② 지적소관청은 회복등록을 하려면 그 지적측량성과 및 등록말소 당시의 지적공부 등 관계 자료에 따라야 한다.
③ 토지소유자가 등록말소신청을 하지 아니하면 지적소관청이 직권으로 그 지적공부의 등록사항을 말소하여야 한다.
④ 지적공부의 등록사항을 말소하거나 회복등록하였을 때에는 그 정리결과를 토지소유자 및 해당 공유수면의 관리청에 통지하여야 한다.

해설 지적소관청은 말소한 토지가 지형의 변화 등으로 다시 토지가 된 경우에는 대통령령으로 정하는 바에 따라 토지로 회복등록을 할 수 있다.

31 지적공부의 등록을 말소시켜야 하는 경우는? 〔산 18-2〕

① 대규모 화재로 건물이 전소한 경우
② 토지에 형질변경의 사유가 생길 경우
③ 홍수로 인하여 하천이 범람하여 토지가 매몰된 경우
④ 토지가 지형의 변화 등으로 바다로 된 경우로서 원상회복이 불가능한 경우

해설 지적소관청은 지적공부에 등록된 토지가 지형의 변화 등으로 바다로 된 경우로서 원상으로 회복될 수 없거나 다른 지목의 토지로 될 가능성이 없는 경우에는 지적공부에 등록된 토지소유자에게 지적공부의 등록말소신청을 하도록 통지하여야 한다. 지적소관청은 토지소유자가 통지를 받은 날부터 90일 이내에 등록말소신청을 하지 아니하면 대통령령으로 정하는 바에 따라 등록을 말소한다.

32 토지의 이동사항 중 신청기간이 다른 하나는? 〔기 16-2, 산 16-3〕

① 등록전환신청
② 지목변경신청
③ 신규등록신청
④ 바다로 된 토지의 등록말소신청

해설 신규등록, 등록전환, 지목변경의 경우 사유발생일로부터 60일 이내에 지적소관청에서 신청을 하여야 하며, 바다로 된 토지의 등록말소의 경우 지적소관청으로부터 말소통지를 받은 날로부터 90일 이내에 말소신청을 하여야 한다.

33 다음 축척변경에 관한 설명의 ( ) 안에 적합한 것은? 〔기 16-1〕

> 지적소관청은 축척변경을 하려면 축척변경시행지역의 토지소유자 ( ) 이상의 동의를 받아 축척변경위원회의 의결을 거친 후 시·도지사 또는 대도시시장의 승인을 받아야 한다.

① 4분의 1   ② 3분의 1
③ 3분의 2   ④ 2분의 1

해설 지적소관청은 축척변경을 하려면 축척변경시행지역의 토지소유자 2/3 이상의 동의를 받아 축척변경위원회의 의결을 거친 후 시·도지사 또는 대도시시장의 승인을 받아야 한다.

34 공간정보의 구축 및 관리 등에 관한 법령상 축척변경 승인신청 시 첨부하여야 하는 서류로 옳지 않은 것은? 〔산 16-3, 17-3〕

① 지번 등 명세
② 축척변경의 사유
③ 토지소유자의 동의서
④ 토지수용위원회의 의결서

정답 29 ④ 30 ① 31 ④ 32 ④ 33 ③ 34 ④

해설 지적소관청은 축척변경을 하려는 때에는 축척변경사유를 기재한 승인신청서에 다음의 서류를 첨부해서 시·도지사 또는 대도시시장에게 제출하여야 한다.
㉠ 축척변경사유
㉡ 지번 등 명세
㉢ 토지소유자의 동의서
㉣ 축척변경위원회의 의결서 사본
㉤ 그 밖에 축척변경승인을 위해 시·도지사 또는 대도시시장이 필요하다고 인정하는 서류

35 다음 축척변경에 대한 설명 중 옳지 않은 것은?

① 지적도에서 임야도로 변경하여 등록하는 것이다.
② 지적도에 등록된 경계점의 정밀도를 높이기 위한 것이다.
③ 지적도의 작은 축척을 큰 축척으로 변경하여 등록하는 것을 말한다.
④ 하나의 지번부여지역에 서로 다른 축척의 지적도가 있는 경우 축척변경할 수 있다.

해설 축척변경이라 함은 지적도에 등록된 경계점의 정밀도를 높이기 위하여 작은 축척을 큰 축척으로 변경하여 등록하는 것을 말한다. 따라서 임야도는 축척변경대상에 해당하지 않는다.

36 다음 중 축척변경에 관한 설명으로 옳지 않은 것은?

① 지적소관청은 축척변경시행지역의 각 필지별 지번·지목·면적·경계 또는 좌표를 새로 정하여야 한다.
② 지적소관청은 하나의 지번부여지역에 서로 다른 축척의 지적도가 있는 경우 일정한 지역을 정하여 그 지역의 축척을 변경할 수 있다.
③ 지적소관청이 지적공부의 관리에 필요하여 축척변경을 하고자 하는 경우 축척변경시행지역의 토지소유자 3분의 1 이상의 동의를 얻어야 한다.
④ 잦은 토지의 이동으로 1필지의 규모가 작아서 소축척으로는 지적측량성과의 결정이 곤란한 경우 지적소관청은 일정한 지역을 정하여 그 지역의 축척을 변경할 수 있다.

해설 축척변경을 신청하는 토지소유자는 축척변경사유를 기재한 신청서에 국토교통부령으로 정하는 서류(토지소유자 3분의 2 이상의 동의서)를 첨부해서 지적소관청에 제출하여야 한다.

37 공간정보의 구축 및 관리 등에 관한 법령상 축척변경 승인을 받았을 때 시행공고를 하여야 하는 사항이 아닌 것은?

① 축척변경의 시행지역
② 축척변경의 시행에 관한 세부계획
③ 축척변경의 시행에 따른 청산방법
④ 축척변경의 시행에 관한 사업시행자

해설 지적소관청은 시·도지사 또는 대도시시장으로부터 축척변경승인을 받은 때에는 지체 없이 다음의 사항을 20일 이상 공고하여야 한다.
㉠ 축척변경의 목적·시행지역 및 시행기간
㉡ 축척변경의 시행에 관한 세부계획
㉢ 축척변경의 시행에 따른 청산방법
㉣ 축척변경의 시행에 따른 소유자 등의 협조에 관한 사항

38 공간정보의 구축 및 관리 등에 관한 법률상 축척변경에 대한 설명으로 옳지 않은 것은?

① 작은 축척을 큰 축척으로 변경하는 것을 말한다.
② 임야도의 축척을 지적도의 축척으로 바꾸는 것을 말한다.
③ 축척변경은 지적도에 등록된 경계점의 정밀도를 높이기 위해 시행한다.
④ 축척변경에 관한 사항을 심의·의결하기 위하여 지적소관청에 축척변경위원회를 둔다.

해설 축척변경이란 지적도에 등록된 경계점의 정밀도를 높이기 위하여 작은 축척을 큰 축척으로 변경하여 등록하는 것을 말한다. 따라서 임야도의 축척을 지적도의 축척으로 바꾸는 것은 축척변경에 해당하지 아니한다.

39 축척변경시행지역의 토지는 언제 토지의 이동이 있는 것으로 보는가?

① 축척변경승인신청일
② 축척변경시행공고일
③ 축척변경확정공고일
④ 축척변경청산금교부일

정답 35 ① 36 ③ 37 ④ 38 ② 39 ③

해설 공간정보의 구축 및 관리 등에 관한 법률 시행령 제78조
(축척변경의 확정공고)
① 청산금의 납부 및 지급이 완료되었을 때에는 지적소관청은 지체 없이 축척변경의 확정공고를 하여야 한다.
② 지적소관청은 제1항에 따른 확정공고를 하였을 때에는 지체 없이 축척변경에 따라 확정된 사항을 지적공부에 등록하여야 한다.
③ 축척변경시행지역의 토지는 제1항에 따른 확정공고일에 토지의 이동이 있는 것으로 본다.

40 다음 중 축척변경에 관한 측량에 따른 청산금의 산정에 대한 설명으로 옳지 않은 것은? 기 16-1

① 지적소관청은 축척변경에 관한 측량을 한 결과 측량 전에 비하여 면적의 증감이 있는 경우에는 그 증감면적에 대하여 청산을 하여야 한다.
② 청산을 할 때에는 축척변경위원회의 의결을 거쳐 지번별로 m^2당 금액을 정하여야 한다.
③ 청산금은 축척변경지번별 조서의 필지별 증감면적에 지번별 m^2당 금액을 곱하여 산정한다.
④ 지적소관청은 청산금을 지급받을 자가 청산금을 받기를 거부할 때에는 그 청산금을 공탁할 수 없다.

해설 지적소관청은 청산금을 지급받을 자가 청산금을 받기를 거부할 때에는 그 청산금을 공탁할 수 있다.

41 축척변경에 따른 청산금을 산정한 결과 증가된 면적에 대한 청산금의 합계와 감소된 면적에 대한 청산금의 합계에 차액이 생긴 경우 부족액은 누가 부담하는가? 기 16-3, 17-3

① 지적소관청
② 지방자치단체
③ 국토교통부장관
④ 증가된 면적의 토지소유자

해설 청산금을 산정한 결과 증가된 면적에 대한 청산금의 합계와 감소된 면적에 대한 청산금의 합계에 차액이 생긴 경우 초과액은 그 지방자치단체(제주특별자치도 설치 및 국제자유도시 조성을 위한 특별법 제15조 제2항에 따른 행정시의 경우에는 해당 행정시가 속한 특별자치도를 말하고, 지방자치법 제3조 제3항에 따른 자치구가 아닌 구의 경우에는 해당 구가 속한 시를 말한다)의 수입으로 하고, 부족액은 그 지방자치단체가 부담한다.

42 공간정보의 구축 및 관리 등에 관한 법률 시행령상 청산금의 납부고지 및 이의신청기준으로 틀린 것은? 기 17-2

① 납부고지를 받은 자는 그 고지를 받은 날로부터 6개월 이내에 청산금을 지적소관청에 내야 한다.
② 납부고지되거나 수령통지된 청산금에 관하여 이의가 있는 자는 납부고지 또는 수령통지를 받은 날로부터 1개월 이내에 지적소관청에 이의신청을 할 수 있다.
③ 지적소관청은 수령통지를 한 날부터 6개월 이내에 청산금을 지급하여야 한다.
④ 지적소관청은 청산금의 결정을 공고한 날부터 1개월 이내에 토지소유자에게 청산금의 납부고지 또는 수령통지를 하여야 한다.

해설 지적소관청은 청산금의 결정을 공고한 날부터 20일 이내에 토지소유자에게 청산금의 납부고지 또는 수령통지를 하여야 한다.

43 축척변경시행에 따른 청산금의 납부 및 교부에 관한 설명으로 옳지 않은 것은? 산 16-1

① 지적소관청은 청산금의 결정을 공고한 날부터 20일 이내에 토지소유자에게 납부고지 또는 수령통지를 해야 한다.
② 납부고지를 받은 자는 고지를 받은 날부터 3개월 이내에 청산금을 축척변경위원회에 납부해야 한다.
③ 청산금에 관한 이의신청은 납부고지 또는 수령통지를 받은 날부터 1개월 이내에 지적소관청에 할 수 있다.
④ 지적소관청은 청산금을 지급받을 자가 행방불명 등으로 받을 수 없거나 받기를 거부할 때에는 그 청산금을 공탁할 수 있다.

해설 납부고지를 받은 자는 고지를 받은 날부터 6개월 이내에 청산금을 지적소관청에 납부해야 한다.

정답 40 ④ 41 ② 42 ④ 43 ②

44 공간정보의 구축 및 관리 등에 관한 법령상 축척변경에 관한 설명으로 옳지 않은 것은? 기 19-2

① 지적소관청이 축척변경의 확정공고를 하였을 때에는 지체 없이 축척변경에 따라 확정된 사항을 지적공부에 등록하여야 한다.
② 청산금의 납부 및 지급이 완료되었을 때에는 지적소관청은 7일 이내에 축척변경의 확정공고를 하여야 한다.
③ 축척변경의 확정공고에 따라 해당 사항을 지적공부에 등록하는 때에 지적도는 확정측량결과도 또는 경계점좌표에 따른다.
④ 축척변경위원회는 5명 이상 10명 이하의 위원으로 구성하되 위원의 2분의 1 이상을 토지소유자로 하여야 한다.

해설 공간정보의 구축 및 관리 등에 관한 법률 시행령 제78조(축척변경의 확정공고)
① 청산금의 납부 및 지급이 완료되었을 때에는 지적소관청은 지체 없이 축척변경의 확정공고를 하여야 한다.
② 지적소관청은 제1항에 따른 확정공고를 하였을 때에는 지체 없이 축척변경에 따라 확정된 사항을 지적공부에 등록하여야 한다.
③ 축척변경시행지역의 토지는 제1항에 따른 확정공고일에 토지의 이동이 있는 것으로 본다.

45 공간정보의 구축 및 관리 등에 관한 법령상 축척변경 시행에 따른 청산금의 산정 및 납부고지 등 이의신청에 관한 설명으로 옳은 것은? 실 17-3

① 청산금의 이의신청은 지적소관청에 하여야 한다.
② 청산금의 초과액은 국가의 수입으로 하고, 부족액은 지방자치단체가 부담한다.
③ 지적소관청은 토지소유자에게 수령통지를 한 날부터 9개월 이내에 청산금을 지급하여야 한다.
④ 지적소관청은 청산금의 결정을 공고한 날부터 30일 이내에 토지소유자에게 납부고지 또는 수령통지를 하여야 한다.

해설 ② 청산금의 초과액은 지방자치단체의 수입으로 하고, 부족액은 지방자치단체가 부담한다.
③ 지적소관청은 토지소유자에게 수령통지를 한 날부터 6개월 이내에 청산금을 지급하여야 한다.
④ 지적소관청은 청산금의 결정을 공고한 날부터 20일 이내에 토지소유자에게 납부고지 또는 수령통지를 하여야 한다.

46 축척변경에 따른 청산금을 산정한 결과 증가된 면적에 대한 청산금의 합계와 감소된 면적에 대한 청산금의 합계에 차액이 생긴 경우 이에 대한 처리방법으로 옳은 것은? 실 16-3

① 그 행정안전부장관의 부담 또는 수입으로 한다.
② 그 시·도지사의 부담 또는 수입으로 한다.
③ 그 지방자치단체의 부담 또는 수입으로 한다.
④ 그 토지소유자의 부담 또는 수입으로 한다.

해설 청산금을 산정한 결과 증가된 면적에 대한 청산금의 합계와 감소된 면적에 대한 청산금의 합계에 차액이 생긴 경우 초과액은 그 지방자치단체(제주특별자치도 설치 및 국제자유도시 조성을 위한 특별법 제15조 제2항에 따른 행정시의 경우에는 해당 행정시가 속한 특별자치도를 말하고, 지방자치법 제3조 제3항에 따른 자치구가 아닌 구의 경우에는 해당 구가 속한 시를 말한다)의 수입으로 하고, 부족액은 그 지방자치단체가 부담한다.

47 축척변경 시 확정공고에 대한 설명으로 옳지 않은 것은? 실 17-2

① 지적공부인 토지대장에 등록하는 때에는 확정공고된 청산금조서에 의한다.
② 확정공고일에 토지의 이동이 있는 것으로 본다.
③ 청산금의 지급이 완료된 때에는 확정공고를 하여야 한다.
④ 확정공고를 하였을 때에는 확정된 사항을 지적공부에 등록한다.

해설 지적공부의 등록
㉠ 토지대장은 확정공고된 축척변경지번별 조서에 의하여 지적공부를 정리한다.
㉡ 지적도는 확정측량결과도 또는 경계점좌표에 의하여 정리한다.
㉢ 축척변경사무처리에 도시개발사업에 따른 처리방법을 준용한다. 다만, 시·도지사 또는 대도시시장의 승인을 얻지 아니하고 축척을 변경하는 경우에는 그러하지 아니하다.

정답 44 ② 45 ① 46 ③ 47 ①

48 축척변경에 따른 청산금의 산정 및 납부고지 등에 관한 설명으로 옳지 않은 것은? 기 18-1

① 청산금을 산정한 결과 차액이 생긴 경우 초과액은 그 지방자치단체의 수입으로 한다.
② 지적소관청은 청산금의 수령통지를 한 날부터 6개월 이내에 청산금을 지급하여야 한다.
③ 납부고지를 받은 자는 그 고지를 받은 날부터 9개월 이내에 청산금을 지적소관청에 내야 한다.
④ 청산금은 축척변경지번별 조서의 필지별 증감면적에 지번별 m²당 금액을 곱하여 산정한다.

해설 청산금의 납부 및 수령
㉠ 납부고지를 받은 자는 그 고지를 받은 날부터 6개월 이내에 청산금을 지적소관청에 내야 한다.
㉡ 지적소관청은 수령통지를 한 날부터 6개월 이내에 청산금을 지급하여야 한다.
㉢ 지적소관청은 청산금을 지급받을 자가 행방불명 등으로 받을 수 없거나 받기를 거부하는 때에는 그 청산금을 공탁할 수 있다.

49 다음 중 축척변경위원회의 구성에 대한 설명으로 옳은 것은? 기 19-3

① 위원은 지적소관청이 위촉한다.
② 축척변경시행지역의 토지소유자가 7명 이하일 때 토지소유자 전원을 위원으로 위촉하여야 한다.
③ 10명 이상 15명 이하의 위원으로 구성하되, 위원의 3분의 2 이상을 축척변경시행지역의 토지소유자로 하여야 한다.
④ 위원장은 위원 중에서 지적에 관하여 전문지식을 가지고 해당 지역의 사정에 정통한 사람 중에서 국토교통부장관이 지명한다.

해설
② 축척변경시행지역의 토지소유자가 5명 이하일 때 토지소유자 전원을 위원으로 위촉하여야 한다.
③ 5명 이상 10명 이하의 위원으로 구성하되, 위원의 2분의 1 이상을 축척변경시행지역의 토지소유자로 하여야 한다.
④ 위원장은 위원 중에서 지적에 관하여 전문지식을 가지고 해당 지역의 사정에 정통한 사람 중에서 지적소관청이 위촉한다.

50 다음 중 축척변경위원회에 대한 설명에 해당하는 것은? 기 17-2

① 축척변경시행계획에 관하여 소관청이 회부하는 사항에 대한 심의·의결하는 기구이다.
② 토지 관련 자료의 효율적인 관리를 위하여 설치된 기구이다.
③ 지적측량의 적부심사청구사항에 대한 심의기구이다.
④ 축척변경에 대한 연구를 수행하는 주민자치기구이다.

해설 축척변경에 관한 사항을 심의·의결하기 위하여 지적소관청에 축척변경위원회를 둔다. 축척변경위원회는 5명 이상 10명 이하의 위원으로 구성하되, 위원의 2분의 1 이상을 토지소유자로 하여야 한다. 이 경우 그 축척변경시행지역 안의 토지소유자가 5명 이하인 때에는 토지소유자 전원을 위원으로 위촉하여야 한다.

51 축척변경위원회의 구성에 관한 설명으로 옳은 것은? 산 19-2

① 위원장은 위원 중에서 선출한다.
② 10명 이상 15명 이하의 위원으로 구성한다.
③ 위원의 3분의 1 이상을 토지소유자로 하여야 한다.
④ 토지소유자가 5명 이하일 때에는 토지소유자 전원을 위원으로 위촉하여야 한다.

해설 공간정보의 구축 및 관리 등에 관한 법률 시행령 제79조(축척변경위원회의 구성 등)
① 축척변경위원회는 5명 이상 10명 이하의 위원으로 구성하되, 위원의 2분의 1 이상을 토지소유자로 하여야 한다. 이 경우 그 축척변경시행지역의 토지소유자가 5명 이하일 때에는 토지소유자 전원을 위원으로 위촉하여야 한다.
② 위원장은 위원 중에서 지적소관청이 지명한다.
③ 위원은 다음 각 호의 사람 중에서 지적소관청이 위촉한다.
 1. 해당 축척변경시행지역의 토지소유자로서 지역사정에 정통한 사람
 2. 지적에 관하여 전문지식을 가진 사람
④ 축척변경위원회의 위원에게는 예산의 범위에서 출석수당과 여비, 그 밖의 실비를 지급할 수 있다. 다만, 공무원인 위원이 그 소관업무와 직접적으로 관련되어 출석하는 경우에는 그러하지 아니하다.

정답 48 ③ 49 ① 50 ① 51 ④

52 공간정보의 구축 및 관리 등에 관한 법률상 축척변경위원회의 구성 등에 관한 설명 중 ( ) 안에 들어갈 숫자로 옳은 것은?

> 축척변경위원회는 (㉠)명 이상 (㉡)명 이하의 위원으로 구성하되, 위원의 2분의 1 이상을 토지소유자로 하여야 한다.

① ㉠ 5, ㉡ 10 ② ㉠ 10, ㉡ 15
③ ㉠ 15, ㉡ 25 ④ ㉠ 25, ㉡ 30

해설 공간정보의 구축 및 관리 등에 관한 법률 시행령 제79조(축척변경위원회의 구성 등)
① 축척변경위원회는 5명 이상 10명 이하의 위원으로 구성하되, 위원의 2분의 1 이상을 토지소유자로 하여야 한다. 이 경우 그 축척변경시행지역의 토지소유자가 5명 이하일 때에는 토지소유자 전원을 위원으로 위촉하여야 한다.

53 공간정보의 구축 및 관리 등에 관한 법령상 축척변경위원회의 심의·의결사항이 아닌 것은?

① 청산금의 이의신청에 관한 사항
② 축척변경시행계획에 관한 사항
③ 축척변경의 확정공고에 관한 사항
④ 지번별 m²당 금액의 결정과 청산금의 산정에 관한 사항

해설 축척변경위원회는 지소관청이 회부하는 다음의 사항을 심의·의결한다.
㉠ 축척변경시행계획에 관한 사항
㉡ 지번별 m²당 금액의 결정과 청산금의 산정에 관한 사항
㉢ 청산금의 이의신청에 관한 사항
㉣ 그 밖에 축척변경과 관련하여 지적소관청이 회의에 부치는 사항

54 축척변경위원회의 심의사항이 아닌 것은?

① 축척변경시행계획에 관한 사항
② 지번별 m²당 가격의 결정에 관한 사항
③ 청산금의 이의신청에 관한 사항
④ 도시개발사업에 관한 사항

해설 축척변경위원회의 심의·의결사항
㉠ 지번별 m²당 금액의 결정에 관한 사항
㉡ 축척변경에 관하여 지적소관청이 부의한 사항
㉢ 청산금의 산정에 관한 사항
㉣ 청산금의 이의신청에 관한 사항
㉤ 축척변경의 시행계획에 관한 사항

55 다음 중 축척변경위원회의 심의·의결사항에 해당하는 것은?

① 지적측량적부심사에 관한 사항
② 지적기술자의 징계에 관한 사항
③ 지적기술자의 양성방안에 관한 사항
④ 지번별 m²당 금액의 결정에 관한 사항

해설 공간정보의 구축 및 관리 등에 관한 법률 시행령 제80조(축척변경위원회의 기능)
축척변경위원회는 지적소관청이 회부하는 다음 각 호의 사항을 심의·의결한다.
1. 축척변경시행계획에 관한 사항
2. 지번별 m²당 금액의 결정과 청산금의 산정에 관한 사항
3. 청산금의 이의신청에 관한 사항
4. 그 밖에 축척변경과 관련하여 지적소관청이 회의에 부치는 사항

56 다음 등록사항의 정정에 대한 설명 중 ( ) 안에 해당하지 않는 것은?

> 지적소관청이 제1항 또는 제2항에 따라 등록사항을 정정할 때 그 정정사항이 토지소유자에 관한 사항인 경우에는 ( ) 또는 등기관서에서 제공한 등기전산정보자료에 따라 정정하여야 한다.

① 등기부등본   ② 등기필증
③ 등기완료통지서 ④ 등기사항증명서

해설 정정사항이 토지소유자에 관한 사항인 경우에는 등기필증, 등기완료통지서, 등기사항증명서 또는 등기관서에서 제공한 등기전산정보자료에 따라 정정하여야 한다.

57 지적소관청이 등록사항을 정정할 때 그 정정사항이 토지소유자에 관한 사항인 경우 정정을 위한 관련 서류가 아닌 것은?

① 등기필증
② 등기완료통지서
③ 등기사항증명서
④ 인접 토지소유자의 승낙서

해설 공간정보의 구축 및 관리 등에 관한 법률 제84조(등록사항의 정정)
① 토지소유자는 지적공부의 등록사항에 잘못이 있음을 발견하면 지적소관청에 그 정정을 신청할 수 있다.
② 지적소관청은 지적공부의 등록사항에 잘못이 있음을 발견하면 대통령령으로 정하는 바에 따라 직권으로 조사·측량하여 정정할 수 있다.

정답 52 ① 53 ③ 54 ④ 55 ④ 56 ① 57 ④

③ 제1항에 따른 정정으로 인접 토지의 경계가 변경되는 경우에는 다음 각 호의 어느 하나에 해당하는 서류를 지적소관청에 제출하여야 한다.
1. 인접 토지소유자의 승낙서
2. 인접 토지소유자가 승낙하지 아니하는 경우에는 이에 대항할 수 있는 확정판결서 정본
④ 지적소관청이 제1항 또는 제2항에 따라 등록사항을 정정할 때 그 정정사항이 토지소유자에 관한 사항인 경우에는 등기필증, 등기완료통지서, 등기사항증명서 또는 등기관서에서 제공한 등기전산정보자료에 따라 정정하여야 한다. 다만, 제1항에 따라 미등기 토지에 대하여 토지소유자의 성명 또는 명칭, 주민등록번호, 주소 등에 관한 사항의 정정을 신청한 경우로서 그 등록사항이 명백히 잘못된 경우에는 가족관계기록사항에 관한 증명서에 따라 정정하여야 한다.

등기된 토지	미등기 토지(신청)
• 등기완료통지서 • 등기사항증명서 • 등기전산정보자료 • 등기필증	• 가족관계기록사항에 관한 증명서

58 등록사항의 정정에 관한 설명으로 옳지 않은 것은?

기 18-1

① 토지소유자는 지적공부의 등록사항에 잘못이 있음을 발견하면 지적소관청에 그 정정을 신청할 수 있다.
② 토지소유자에 관한 사항을 정정하는 경우에는 주민등록등·초본 및 가족관계기록사항에 관한 증명서에 따라 정정하여야 한다.
③ 지적공부의 등록사항 중 경계나 면적 등 측량을 수반하는 토지의 표시가 잘못된 경우에는 지적소관청은 그 정정이 완료될 때까지 지적측량을 정지시킬 수 있다.
④ 미등기 토지에 대하여 토지소유자의 성명 또는 명칭, 주민등록번호, 주소 등이 명백히 잘못된 경우에는 가족관계기록사항에 관한 증명서에 따라 정정하여야 한다.

해설 지적소관청이 등록사항을 정정할 때 그 정정사항이 토지소유자에 관한 사항인 경우에는 등기필증, 등기완료통지서, 등기사항증명서 또는 등기관서에서 제공한 등기전산정보자료에 따라 정정하여야 한다.

59 공간정보의 구축 및 관리 등에 관한 법령상 지적소관청이 직권으로 지적공부에 등록된 사항을 정정할 수 없는 경우는?

기 16-1, 19-2

① 지적측량성과와 다르게 정리된 경우
② 지적공부의 등록사항이 잘못 입력된 경우
③ 토지이동정리결의서의 내용과 다르게 정리된 경우
④ 지적도에 등록된 필지가 면적증감이 있고 경계의 위치가 잘못된 경우

해설 공간정보의 구축 및 관리 등에 관한 법률 시행령 제82조(등록사항의 직권정정 등)
① 지적소관청이 법 제84조 제2항에 따라 지적공부의 등록사항에 잘못이 있는지를 직권으로 조사·측량하여 정정할 수 있는 경우는 다음 각 호와 같다.
1. 제84조 제2항에 따른 토지이동정리결의서의 내용과 다르게 정리된 경우
2. 지적도 및 임야도에 등록된 필지가 면적의 증감 없이 경계의 위치만 잘못된 경우(따라서 지적도에 등록된 필지가 면적증감이 있고 경계의 위치가 잘못된 경우에는 직권으로 정정할 수 없다)
3. 1필지가 각각 다른 지적도나 임야도에 등록되어 있는 경우로서 지적공부에 등록된 면적과 측량한 실제 면적은 일치하지만 지적도나 임야도에 등록된 경계가 서로 접합되지 않아 지적도나 임야도에 등록된 경계를 지상의 경계에 맞추어 정정하여야 하는 토지가 발견된 경우
4. 지적공부의 작성 또는 재작성 당시 잘못 정리된 경우
5. 지적측량성과와 다르게 정리된 경우
6. 법 제29조 제10항에 따라 지적공부의 등록사항을 정정하여야 하는 경우
7. 지적공부의 등록사항이 잘못 입력된 경우
8. 부동산등기법 제37조 제2항에 따른 통지가 있는 경우(지적소관청의 착오로 잘못 합병한 경우만 해당한다)
9. 법률 제2801호 지적법 개정법률 부칙 제3조에 따른 면적 환산이 잘못된 경우

60 토지소유자가 지적공부의 등록사항에 잘못이 있음을 발견하여 정정을 신청할 때 경계 또는 면적의 변경을 가져오는 경우 정정사유를 적은 신청서에 첨부해야 하는 서류는?

기 16-3

① 토지대장등본
② 등기전산정보자료
③ 축척변경지번별 조서
④ 등록사항정정측량성과도

정답 58 ② 59 ④ 60 ④

해설 토지소유자는 지적공부의 등록사항에 대한 정정신청을 하는 때에는 정정사유를 기재한 신청서에 다음의 서류를 첨부하여 지적소관청에 제출하여야 한다.
㉠ 경계 또는 면적의 변경을 가져오는 경우 : 등록사항정정측량성과도
㉡ 그 밖에 등록사항을 정정하는 경우 : 변경사항을 확인할 수 있는 서류

61 공간정보의 구축 및 관리 등에 관한 법률상 지적공부 등록사항의 정정에 대한 내용으로 틀린 것은?

기 16-2, 19-3

① 등록사항의 정정이 토지소유자에 관한 사항일 경우 지적공부등본에 의하여야 한다.
② 토지소유자는 지적공부의 등록사항에 잘못이 있음을 발견하면 지적소관청에 그 정정을 신청할 수 있다.
③ 지적소관청은 지적공부의 등록사항에 잘못이 있음을 발견하면 대통령령으로 정하는 바에 따라 직권으로 조사·측량하여 정정할 수 있다.
④ 등록사항의 정정으로 인접 토지의 경계가 변경되는 경우 그 정정은 인접 토지소유자의 승낙서가 제출되어야 한다(토지소유자가 승낙하지 아니하는 경우는 이에 대항할 수 있는 확정판결서 정본을 제출한다).

해설 등록사항의 정정이 토지소유자에 관한 사항일 경우 등기필증, 등기완료통지서, 등기사항증명서, 등기전산정보자료에 의한다.

62 다음 중 지적소관청이 지적공부의 등록사항에 잘못이 있는지를 직권으로 조사·측량하여 정정할 수 있는 경우에 해당하지 않는 것은?

기 16-3, 19-1

① 미등기 토지의 소유자를 변경하는 경우
② 지적공부의 작성 또는 재작성 당시 잘못 정리된 경우
③ 토지이동정리결의서의 내용과 다르게 정리된 경우
④ 지적도 및 임야도에 등록된 필지가 면적의 증감 없이 경계의 위치만 잘못된 경우

해설 공간정보의 구축 및 관리 등에 관한 법률 시행령 제82조(등록사항의 직권정정 등)

① 지적소관청이 법 제84조 제2항에 따라 지적공부의 등록사항에 잘못이 있는지를 직권으로 조사·측량하여 정정할 수 있는 경우는 다음 각 호와 같다.
1. 제84조 제2항에 따른 토지이동정리결의서의 내용과 다르게 정리된 경우
2. 지적도 및 임야도에 등록된 필지가 면적의 증감 없이 경계의 위치만 잘못된 경우
3. 1필지가 각각 다른 지적도나 임야도에 등록되어 있는 경우로서 지적공부에 등록된 면적과 측량한 실제 면적은 일치하지만 지적도나 임야도에 등록된 경계가 서로 접합되지 않아 지적도나 임야도에 등록된 경계를 지상의 경계에 맞추어 정정하여야 하는 토지가 발견된 경우
4. 지적공부의 작성 또는 재작성 당시 잘못 정리된 경우
5. 지적측량성과와 다르게 정리된 경우
6. 법 제29조 제10항에 따라 지적공부의 등록사항을 정정하여야 하는 경우
7. 지적공부의 등록사항이 잘못 입력된 경우
8. 부동산등기법 제37조 제2항에 따른 통지가 있는 경우(지적소관청의 착오로 잘못 합병한 경우만 해당한다)
9. 법률 제2801호 지적법 개정법률 부칙 제3조에 따른 면적 환산이 잘못된 경우

63 공간정보의 구축 및 관리 등에 관한 법령상 도시개발법에 따른 도시개발사업의 착수·변경 또는 완료사실의 신고는 그 사유가 발생한 날부터 최대 며칠 이내에 하여야 하는가?

산 18-1

① 7일 이내   ② 15일 이내
③ 30일 이내 ④ 60일 이내

해설 도시개발사업 등의 착수·변경 또는 완료사실의 신고는 그 사유가 발생한 날부터 15일 이내에 하여야 한다.

64 도시개발사업 등으로 인한 토지의 이동은 언제를 기준으로 그 토지의 이동이 이루어진 것으로 보는가?

산 16-1

① 토지의 형질변경 등의 공사가 준공된 때
② 토지의 형질변경 등의 공사를 착공한 때
③ 토지의 형질변경 등의 공사를 허가한 때
④ 토지의 형질변경 등의 공사가 중지된 때

해설 도시개발사업 등으로 인한 토지의 이동은 토지의 형질변경 등의 공사가 준공된 때 토지이동이 있는 것으로 본다.

정답 61 ① 62 ① 63 ② 64 ①

65 공간정보의 구축 및 관리 등에 관한 법령상 도시개발사업 등의 신고에 관한 설명으로 옳지 않은 것은?

① 도시개발사업의 변경신고 시 첨부서류에는 지번별 조서도 포함된다.
② 도시개발사업의 완료신고 시에는 지번별 조서와 사업계획도와의 부합 여부를 확인하여야 한다.
③ 도시개발사업의 착수·변경 또는 완료사실의 신고는 그 사유가 발생한 날로부터 15일 이내에 하여야 한다.
④ 도시개발사업의 완료신고 시에는 확정될 토지의 지번별 조서 및 종전토지의 지번별 조서를 첨부하여야 한다.

해설 지적업무처리규정 제58조(도시개발 등의 사업신고)
① 지적소관청은 규칙 제95조 제1항에 따른 도시개발사업 등의 착수(시행) 또는 변경신고가 있는 때에는 다음 각 호에 따라 처리한다.
 1. 다음 각 목의 사항을 확인한다.
  가. 지번별 조서와 지적공부등록사항과의 부합 여부
  나. 지번별 조서·지적(임야)도와 사업계획도와의 부합 여부
  다. 착수 전 각종 집계의 정확 여부
 2. 제1호에 따라 서류의 확인이 완료된 때에는 지체 없이 지적공부에 그 사유를 정리하여야 한다.
② 지적소관청은 규칙 제95조 제2항에 따라 도시개발사업 등의 완료신고가 있는 때에는 다음 각 호에 따라 처리한다.
 1. 다음 각 목의 사항을 확인한다.
  가. 확정될 토지의 지번별 조서 및 면적측정부 및 환지계획서의 부합 여부
  나. 종전토지의 지번별 조서와 지적공부등록사항 및 환지계획서의 부합 여부
  다. 측량결과도 또는 경계점좌표와 새로이 작성된 지적도와의 부합 여부
  라. 종전토지 소유명의인 동일 여부 및 종전토지등기부에 소유권등기 이외의 다른 등기사항이 없는지 여부
  마. 그 밖에 필요한 사항

66 도시개발사업과 관련하여 지적소관청에 제출하는 신고서류로 옳지 않은 것은?

① 사업인가서 ② 지번별 조서
③ 사업계획도 ④ 환지설계서

해설 도시개발사업과 관련하여 지적소관청에 제출하는 신고서류

착수 또는 변경신고 시	완료신고 시
• 사업인가서 • 지번별 조서 • 사업계획도	• 확정될 토지의 지번 등 명세 및 종전토지의 지번 등 명세 • 환지처분과 같은 효력이 있는 고시된 환지계획서. 다만, 환지를 수반하지 아니하는 사업인 경우에는 사업의 완료를 증명하는 서류

67 도시개발사업 등 시행지역의 토지이동신청에 관한 특례와 관련하여 대통령령으로 정하는 토지개발사업에 해당하지 않는 것은?

① 지역개발 및 지원에 관한 법률에 따른 농지기반사업
② 택지개발촉진법에 따른 택지개발사업
③ 산업입지 및 개발에 관한 법률에 따른 산업단지개발사업
④ 도시 및 주거환경정비법에 따른 정비사업

해설 토지개발사업의 종류
㉠ 주택법에 따른 주택건설사업
㉡ 택지개발촉진법에 따른 택지개발사업
㉢ 산업입지 및 개발에 관한 법률에 따른 산업단지개발사업
㉣ 도시 및 주거환경정비법에 따른 정비사업
㉤ 지역개발 및 지원에 관한 법률에 따른 지역개발사업
㉥ 체육시설의 설치·이용에 관한 법률에 따른 체육시설 설치를 위한 토지개발사업
㉦ 관광진흥법에 따른 관광단지개발사업
㉧ 공유수면 관리 및 매립에 관한 법률에 따른 매립사업
㉨ 항만법 및 신항만건설촉진법에 따른 항만개발사업
㉩ 공공주택특별법에 따른 공공주택지구조성사업
㉪ 물류시설의 개발 및 운영에 관한 법률 및 경제자유구역의 지정 및 운영에 관한 특별법에 따른 개발사업
㉫ 철도건설법에 따른 고속철도, 일반철도 및 광역철도건설사업
㉬ 도로법에 따른 고속국도 및 일반국도건설사업
㉭ 그 밖에 위 사업과 유사한 경우로서 국토교통부장관이 고시하는 요건에 해당하는 토지개발사업

68 사업시행자가 토지이동에 관하여 대위신청을 할 수 있는 토지의 지목이 아닌 것은?

① 유지, 제방   ② 과수원, 유원지
③ 철도용지, 하천 ④ 수도용지, 학교용지

정답 65 ② 66 ④ 67 ① 68 ②

해설 **공간정보의 구축 및 관리 등에 관한 법률 제87조(신청의 대위)**

다음 각 호의 어느 하나에 해당하는 자는 이 법에 따라 토지소유자가 하여야 하는 신청을 대신할 수 있다. 다만, 제84조에 따른 등록사항정정대상토지는 제외한다.
1. 공공사업 등에 따라 학교용지·도로·철도용지·제방·하천·구거·유지·수도용지 등의 지목으로 되는 토지인 경우 : 해당 사업의 시행자
2. 국가나 지방자치단체가 취득하는 토지인 경우 : 해당 토지를 관리하는 행정기관의 장 또는 지방자치단체의 장
3. 주택법에 따른 공동주택의 부지인 경우 : 집합건물의 소유 및 관리에 관한 법률에 따른 관리인(관리인이 없는 경우에는 공유자가 선임한 대표자) 또는 해당 사업의 시행자
4. 민법 제404조에 따른 채권자

69 다음 중 토지소유자를 대신하여 토지의 이동신청을 할 수 없는 자는? (단, 등록사항정정대상토지는 제외한다.)

① 행정안전부 차관
② 민법 제404조의 규정에 의한 채권자
③ 국가 또는 지방자치단체가 취득하는 토지의 경우에는 그 토지를 관리하는 지방자치단체의 장
④ 공공사업 등으로 인해 학교, 도로, 철도, 제방, 하천, 구거, 유지, 수도용지 등의 지목으로 되는 토지의 경우에 그 사업시행자

해설 **신청의 대위**
㉠ 사업시행자 : 공공사업 등으로 인하여 학교용지, 도로, 철도용지, 제방, 하천, 구거, 유지, 수도용지 등의 지목으로 되는 토지의 경우에는 그 사업시행자
㉡ 행정기관 또는 지방자치단체장 : 국가 또는 지방자치단체가 취득하는 토지의 경우에는 그 토지를 관리하는 행정기관 또는 지방자치단체의 장
㉢ 관리인 또는 사업시행자 : 주택법에 의한 주택의 부지의 경우에는 집합건물의 소유 및 관리에 관한 법률에 의한 관리인(관리인이 없는 경우에는 공유자가 선임한 대표자) 또는 사업시행자
㉣ 민법 제404조의 규정에 의한 채권자 : 채권자는 자신의 채권을 보전하기 위하여 채무자의 권리를 행사할 수 있음

70 공간정보의 구축 및 관리 등에 관한 법률상 토지소유자가 하여야 하는 신청을 대신할 수 없는 자는? (단, 등록사항정정대상토지는 제외한다.)

① 토지점유자
② 채권을 보전하기 위한 채권자
③ 학교용지, 도로, 수도용지 등의 지목으로 될 토지의 경우 그 해당 사업의 시행자
④ 지방자치단체가 취득하는 토지의 경우 그 토지를 관리하는 지방자치단체의 장

해설 **공간정보의 구축 및 관리 등에 관한 법률 제87조(신청의 대위)**

다음 각 호의 어느 하나에 해당하는 자는 이 법에 따라 토지소유자가 하여야 하는 신청을 대신할 수 있다. 다만, 제84조에 따른 등록사항정정대상토지는 제외한다.
1. 공공사업 등에 따라 학교용지·도로·철도용지·제방·하천·구거·유지·수도용지 등의 지목으로 되는 토지인 경우 : 해당 사업의 시행자
2. 국가나 지방자치단체가 취득하는 토지인 경우 : 해당 토지를 관리하는 행정기관의 장 또는 지방자치단체의 장
3. 주택법에 따른 공동주택의 부지인 경우 : 집합건물의 소유 및 관리에 관한 법률에 따른 관리인(관리인이 없는 경우에는 공유자가 선임한 대표자) 또는 해당 사업의 시행자
4. 민법 제404조에 따른 채권자

71 공간정보의 구축 및 관리 등에 관한 법률상 행정구역의 명칭변경 시 지적공부에 등록된 토지의 소재는 어떻게 되는가?

① 등기소에 변경등기함으로써 변경된다.
② 소관청장이 변경정리함으로써 변경된다.
③ 새로운 행정구역의 명칭으로 변경된 것으로 본다.
④ 행정안전부장관의 승인을 받아야 변경된 것으로 본다.

해설 **행정구역의 명칭변경**
㉠ 행정구역의 명칭이 변경되었으면 지적공부에 등록된 토지의 소재는 새로운 행정구역의 명칭으로 변경된 것으로 본다.
㉡ 지번부여지역의 일부가 행정구역의 개편으로 다른 지번부여지역에 속하게 되었으면 지적소관청은 새로 속하게 된 지번부여지역에 지번을 부여하여야 한다.

정답 69 ① 70 ① 71 ③

72 토지소유자가 하여야 하는 신청을 대신할 수 있는 자가 아닌 것은? (단, 등록사항정정대상토지는 고려하지 않는다) 실 16-2

① 민법 제404조에 따른 채권자
② 공공사업 등에 따라 학교용지의 지목으로 되는 토지인 경우 해당 사업의 시행자
③ 주택법에 따른 공동주택의 부지인 경우 집합건물의 소유 및 관리에 관한 법률에 따른 관리인
④ 국가나 지방자치단체가 취득하는 토지인 경우 해당 토지의 매도인

해설 신청의 대위
㉠ 사업시행자 : 공공사업 등으로 인하여 학교용지, 도로, 철도용지, 제방, 하천, 구거, 유지, 수도용지 등의 지목으로 되는 토지의 경우에는 그 사업시행자
㉡ 행정기관 또는 지방자치단체장 : 국가 또는 지방자치단체가 취득하는 토지의 경우에는 그 토지를 관리하는 행정기관 또는 지방자치단체의 장
㉢ 관리인 또는 사업시행자 : 주택법에 의한 주택의 부지의 경우에는 집합건물의 소유 및 관리에 관한 법률에 의한 관리인(관리인이 없는 경우에는 공유자가 선임한 대표자) 또는 사업시행자
㉣ 민법 제404조의 규정에 의한 채권자 : 채권자는 자신의 채권을 보전하기 위하여 채무자의 권리를 행사할 수 있음

73 지적공부에 등록된 일필지의 토지를 분할하기 위한 다음의 지적정리절차를 순서대로 올바르게 나열한 것은? 기 18-1

| ㉠ 토지의 이동신청 |
| ㉡ 등기촉탁 및 지적정리의 통지 |
| ㉢ 지적측량의뢰 |
| ㉣ 지적공부정리 |

① ㉢→㉠→㉣→㉡
② ㉠→㉢→㉣→㉡
③ ㉢→㉠→㉡→㉣
④ ㉠→㉢→㉡→㉣

해설 지적정리절차 : 지적측량의뢰 → 토지의 이동신청 → 지적공부정리 → 등기촉탁 및 지적정리의 통지

74 지적소관청이 토지의 이동에 따라 지적공부를 정리해야 할 경우 작성하는 행정서류는? 기 16-2

① 손실보상합의결서
② 결번대장정리조사서
③ 토지이용정리결의서
④ 지적측량적부의결서

해설 지적소관청이 토지의 이동에 따라 지적공부를 정리할 경우 토지이동정리결의서를 작성하여야 한다.

75 토지의 이동에 따른 지적공부의 정리방법 등에 관한 설명으로 틀린 것은? 기 17-2

① 토지이동정리결의서는 토지대장·임야대장 또는 경계점좌표등록부별로 구분하여 작성한다.
② 토지이동정리결의서에는 토지이동신청서 또는 도시개발사업 등의 완료신고서 등을 첨부하여야 한다.
③ 소유자정리결의서에는 등기필증, 등기부등본 또는 그 밖에 토지소유자가 변경되었음을 증명하는 서류를 첨부하여야 한다.
④ 토지이동정리결의서 및 소유자정리결의서의 작성에 필요한 사항은 대통령령으로 정한다.

해설 토지이동정리결의서 및 소유자정리결의서의 작성에 필요한 사항은 국토교통부령으로 정한다.

76 다음 중 지적소관청이 관할 등기관서에 등기촉탁을 하는 사유에 해당되지 않는 것은? 기 19-3

① 축척변경
② 신규등록
③ 등록사항의 직권정정
④ 행정구역 개편에 따른 지번부여

해설 등기촉탁
㉠ 의의 : 지적소관청은 토지의 표시변경에 관한 등기를 할 필요가 있는 경우에는 지체 없이 관할 등기관서에 그 등기를 촉탁한다. 이 경우 등기촉탁은 국가가 국가를 위하여 하는 등기로, 등기촉탁에 필요한 사항은 국토교통부령으로 정한다.
㉡ 대상
• 토지의 이동이 있는 경우(신규등록은 제외)
• 지번을 변경한 때
• 축척변경을 한 때(이 사유로 인한 등기촉탁의 경우에 이해관계가 있는 제3자의 승낙은 관할 축척변경위원회의 의결서 정본으로 이에 갈음할 수 있다)

정답 72 ④ 73 ① 74 ③ 75 ④ 76 ②

- 행정구역 개편으로 새로이 지번을 정할 때
- 등록사항의 오류를 소관청이 직권으로 조사·측량하여 정정한 때

77 공간정보의 구축 및 관리 등에 관한 법령상 등기촉탁에 대한 설명으로 옳지 않은 것은?

① 신규등록은 등기촉탁대상에서 제외한다.
② 토지의 경계, 소유자 등을 변경정리한 경우에 토지소유자를 대신하여 소관청이 관할 등기관서에 등기신청을 하는 것을 말한다.
③ 지적소관청이 관련 법규에 따른 사유로 등기를 촉탁하는 경우 국가가 국가를 위하여 하는 등기로 본다.
④ 축척변경의 사유로 등기촉탁을 하는 경우에 이해관계가 있는 제3자의 승낙은 관할 축척변경위원회의 의결서 정본으로 갈음할 수 있다.

해설 지적소관청은 토지의 표시변경에 관한 등기를 할 필요가 있는 경우에는 지체 없이 관할 등기관서에 그 등기를 촉탁한다. 이 경우 등기촉탁은 국가가 국가를 위해 하는 등기로, 등기촉탁에 필요한 사항은 국토교통부령으로 정한다. 소유자를 정리한 경우 등기촉탁대상에 해당하지 않는다.

78 지적소관청이 관할 등기소에 토지의 표시변경에 관한 등기를 할 필요가 있는 사유가 아닌 것은?

① 토지소유자의 신청을 받아 지적소관청이 신규등록한 경우
② 지적소관청이 지적공부의 등록사항에 잘못이 있음을 발견하여 이를 직권으로 조사·측량하여 정정한 경우
③ 지적공부를 관리하기 위하여 필요하다고 인정되어 지적소관청이 직권으로 일정한 지역을 정하여 그 지역의 축척을 변경한 경우
④ 지번부여지역의 일부가 행정구역의 개편으로 다른 지번부여지역에 속하게 되어 지적소관청이 새로 속하게 된 지번부여지역의 지번을 부여한 경우

해설 공간정보의 구축 및 관리 등에 관한 법률 제89조(등기촉탁)
신규등록 당시 등기부가 존재하지 아니하므로 지적공부와 등기부를 일치시키기 위한 등기촉탁은 필요하지 않다.

79 공간정보의 구축 및 관리 등에 관한 법령상 지적소관청이 해당 토지소유자에게 지적정리 등의 통지를 하여야 하는 경우가 아닌 것은?

① 지적소관청이 지적공부를 복구하는 경우
② 지적소관청이 측량성과를 검사하는 경우
③ 지적소관청이 지번부여지역의 전부 또는 일부에 대하여 지번을 새로 부여한 경우
④ 지적소관청이 직권으로 조사·측량하여 지적공부의 등록사항을 결정하는 경우

해설 지적정리통지대상
㉠ 토지소유자의 신청이 없어 지적소관청이 직권으로 조사 또는 측량하여 지번, 지목, 경계 또는 좌표와 면적을 결정할 때
㉡ 지적소관청이 지번을 변경한 때
㉢ 지적소관청이 지적공부를 복구한 때
㉣ 해면성 말소의 통지
㉤ 도시계획사업, 도시개발사업, 농지개량사업 등에 의해 지적공부를 정리했을 때
㉥ 대위신청에 의해 지적공부를 정리했을 때
㉦ 행정구역 개편으로 인하여 새로이 지번을 정할 때
㉧ 지적공부에 등록된 사항이 오류가 있음을 발견하여 지적소관청이 직권으로 등록사항을 정정한 때
㉨ 토지표시의 변경에 관하여 관할 등기소에 등기를 촉탁한 때

80 다음 중 지적소관청이 관할 등기관서에 등기를 촉탁하여야 하는 경우가 아닌 것은?

① 토지의 신규등록을 하는 경우
② 토지가 지형의 변화 등으로 바다로 된 경우
③ 지번을 변경할 필요가 있다고 인정되는 경우
④ 하나의 지번부여지역에 서로 다른 축척의 지적도가 있는 경우

해설 공간정보의 구축 및 관리 등에 관한 법률 제89조(등기촉탁)
① 지적소관청은 제64조 제2항(신규등록은 제외한다), 제66조 제2항, 제82조, 제83조 제2항, 제84조 제2항 또는 제85조 제2항에 따른 사유로 토지의 표시변경에 관한 등기를 할 필요가 있는 경우에는 지체 없이 관할 등기관서에 그 등기를 촉탁하여야 한다. 이 경우 등기촉탁은 국가가 국가를 위하여 하는 등기로 본다.
② 제항에 따른 등기촉탁에 필요한 사항은 국토교통부령으로 정한다.

정답 77 ② 78 ① 79 ② 80 ①

81 토지소유자에게 지적정리사항을 통지하지 않아도 되는 때는?

① 신청의 대위 시
② 직권등록사항정정 시
③ 등기촉탁 시
④ 신규등록 시

해설 신규등록을 직권으로 하였다면 토지소유자에게 통지를 해야 하지만, 토지소유자의 신청에 의한 것이라면 통지대상에 해당하지 않는다.

82 공간정보의 구축 및 관리 등에 관한 법령상 지적소관청이 토지소유자에게 지적정리 등을 통지하여야 하는 시기로 옳은 것은?

① 토지의 표시에 관한 변경등기가 필요한 경우 : 그 등기완료의 통지서를 접수한 날부터 15일 이내
② 토지의 표시에 관한 변경등기가 필요한 경우 : 그 등기완료의 통지서를 접수한 날부터 30일 이내
③ 토지의 표시에 관한 변경등기가 필요하지 아니한 경우 : 지적공부에 등록한 날부터 15일 이내
④ 토지의 표시에 관한 변경등기가 필요하지 아니한 경우 : 지적공부에 등록한 날부터 30일 이내

해설 지적정리통지시기
㉠ 토지의 표시에 관한 변경등기가 필요한 경우 : 그 등기완료의 통지서를 접수한 날부터 15일 이내
㉡ 토지의 표시에 관한 변경등기가 필요하지 아니한 경우 : 지적공부에 등록한 날부터 7일 이내

83 토지대장의 소유자변동일자의 정리기준에 대한 설명으로 옳지 않은 것은?

① 신규등록의 경우 : 매립준공일자
② 미등기 토지의 경우 : 소유자정리결의일자
③ 등기부 등·초본에 의하는 경우 : 등기원인일자
④ 등기전산정보자료에 의하는 경우 : 등기접수일자

해설 대장의 소유자변동일자는 등기필통지서, 등기필증, 등기사항증명서 또는 등기관서에서 제공한 등기전산정보자료의 경우에는 등기접수일자를, 미등기 토지소유자에 관한 정정신청의 경우와 국유재산법 총괄청이나 중앙관서의 장이 소유자 없는 부동산에 대한 소유자 등록을 신청하는 경우에는 소유자정리결의일자를, 공유수면 매립준공에 의한 신규등록의 경우에는 매립준공일자를 정리한다.

84 공간정보의 구축 및 관리 등에 관한 법률상 국유재산법에 따른 총괄청이 소유자 없는 부동산에 대한 소유자 등록을 신청하는 경우의 소유자변동일자는? (단, 지적공부에 해당 토지의 소유자가 등록되지 아니한 경우)

① 등기신청일
② 등기접수일자
③ 신규등록신청일
④ 소유자정리결의일자

해설 지적업무처리규정 제60조(소유자 정리)
① 대장의 소유자변동일자는 등기필통지서, 등기필증, 등기부 등·초본 또는 등기관서에서 제공한 등기전산정보자료의 경우에는 등기접수일자로, 법 제84조 제4항 단서의 미등기 토지소유자에 관한 정정신청의 경우와 법 제88조 제2항에 따른 소유자 등록신청의 경우에는 소유자정리결의일자로, 공유수면 매립준공에 따른 신규등록의 경우에는 매립준공일자로 정리한다.
② 주소·성명·명칭의 변경 또는 경정 및 소유권 이전 등이 같은 날짜에 등기가 된 경우의 지적공부정리는 등기접수순서에 따라 모두 정리하여야 한다.
③ 소유자의 주소가 토지소재지와 같은 경우에도 등기부와 일치하게 정리한다. 다만, 등기관서에서 제공한 등기전산정보자료에 따라 정리하는 경우에는 등기전산정보자료에 따른다.
④ 법 제88조 제4항에 따라 지적소관청이 소유자에 관한 사항이 대장과 부합되지 아니하는 토지소유자를 정리할 때에는 제1항부터 제3항까지와 제65조 제2항을 준용하며, 토지소유자 등 이해관계인이 등기부 등·초본 등에 따라 소유자 정정을 신청하는 경우에는 별지 제9호 서식의 소유자정정신청서를 제출하여야 한다.
⑤ 국토교통부장관은 등기관서로부터 법인 또는 재외국민의 부동산등기용 등록번호정정통보가 있는 때에는 정정 전 등록번호에 따라 토지소재를 조사하여 시·도지사에게 그 내용을 통지하여야 한다. 이 경우 시·도지사는 지체 없이 그 내용을 해당 지적소관청에 통지하여야 한다.
⑥ 소유자등록사항 중 토지이동과 함께 소유자가 결정되는 신규등록, 도시개발사업 등의 환지등록 시에는 토지이동업무처리와 동시에 소유자를 정리하여야 한다.

정답 81 ④ 82 ② 83 ③ 84 ④

85 토지이동과 관련하여 지적공부에 등록하는 시기로 옳은 것은?

① 신규등록 : 공유수면매립인가일
② 축척변경 : 축척변경확정공고일
③ 도시개발사업 : 사업의 완료신고일
④ 지목변경 : 토지형질변경공사허가일

해설 ① 신규등록 : 사유발생일(매립준공일)
③ 도시개발사업 : 공사가 준공된 때
④ 지목변경 : 사유발생일(토지형질변경공사가 준공된 때)

정답 85 ②

04 지적측량

1 개요

1 의의

토지를 지적공부에 등록하거나 지적공부에 등록된 경계점을 지표상에 복원할 목적으로 각 필지의 경계, 좌표, 면적 등을 정하는 측량을 말하며 지적확정측량과 지적재조사측량을 포함한다.

2 성격

기속측량 (↔ 자유측량)	→	지적측량은 법률로 정해진 측량방법 및 절차에 의해 측량해야 한다는 점에서 기속측량의 성격을 가진다.
사법측량 (↔ 시공측량)	→	토지에 대한 물권이 미치는 범위, 위치, 양을 결정한다는 점에서 사법측량의 성격을 가진다.
평면측량 (↔ 측지측량)	→	지구의 곡률을 고려하지 않고 측량하는 지역을 평면으로 간주하여 실시하는 측량으로 소지측량이라고도 한다.
영구성	→	지적측량성과는 영구히 보존된다는 점에서 영구성을 가진다.
대중성	→	지적측량의 성과 및 지적공부등기사항증명서 및 열람은 지적공개주의의 이념에 의하여 누구나 일정한 절차에 의하면 공개가 가능하다는 점에서 대중성의 성격을 가진다.

2 지적측량

1 분류

지적측량은 기초측량 및 세부측량으로 구분한다.

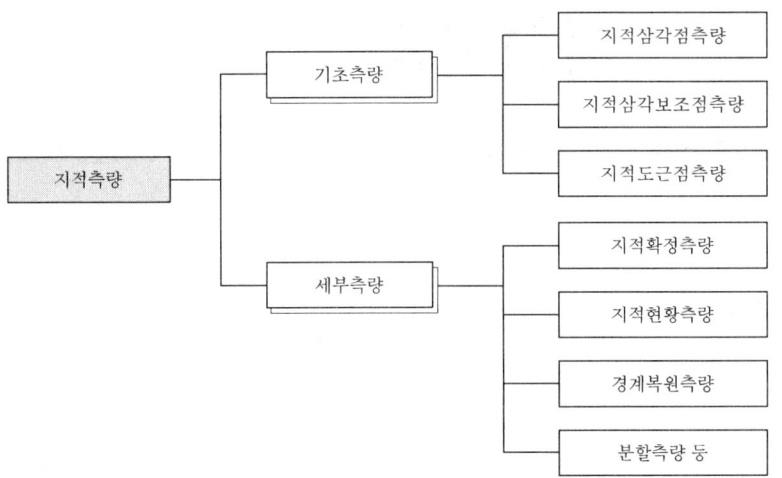

1) 기초측량

지적측량의 기초점인 지적삼각점, 지적삼각보조점 및 지적도근점의 위치를 결정하기 위하여 실시하는 측량이다.

(1) 지적삼각점측량, 지적삼각보조점측량

① 측량지역의 지형관계상 지적삼각점 또는 지적삼각보조점의 설치 또는 재설치를 필요로 하는 경우
② 지적도근점의 설치 또는 재설치를 위하여 지적삼각점·지적삼각보조점의 설치를 필요로 하는 경우
③ 세부측량의 시행상 지적삼각점, 지적삼각보조점의 설치를 필요로 하는 경우

(2) 지적도근점측량

① 축척변경을 위한 측량을 하는 경우
② 도시개발사업 등으로 인하여 지적확정측량을 하는 경우
③ 도시지역 및 준도시지역에서 세부측량을 하는 경우
④ 측량지역의 면적이 당해 지적도 1장에 해당하는 면적 이상인 경우
⑤ 세부측량의 시행상 특히 필요한 경우

2) 세부측량

① **분할측량** : 지적공부에 등록된 1필지의 토지를 2필지 이상으로 분할하기 위해 실시하는 측량
② **등록전환측량** : 임야도·임야대장에 등록된 토지를 지적도·토지대장에 옮겨 등록하기 위해 실시하는 측량
③ **경계정정측량** : 지적공부에 등록되어 있는 경계를 정정하기 위해 실시하는 측량

④ 신규등록측량 : 지적공부에 새로운 토지를 등록하기 위해 실시하는 측량
⑤ 지적확정측량 : 도시계획, 구획정리, 농지개량 등의 사업을 시행하는 지구 내 토지의 필지별 지적을 새로이 확정하기 위해 실시하는 측량
⑥ 축척변경측량 : 지적도의 경계점의 정밀성을 위하여 작은 축척을 큰 축척으로 변경하기 위해 실시하는 측량
⑦ 지적복구측량 : 지적공부의 일부 또는 전부가 멸실·훼손된 때 지적공부를 복구할 목적으로 실시하는 측량으로서 멸실의 지적공부에 등록되었던 내용을 기초로 하는 측량
⑧ 경계복원측량 : 지적공부에 등록된 토지의 경계를 지상에 복원할 목적으로 실시하는 측량으로서 등록 당시의 측량방법을 기초로 하는 측량
⑨ 지적현황측량 : 지상구조물 또는 지하시설물의 점유관계를 지적공부에 등록된 경계와 대비하여 표시할 목적으로 실시하는 측량

> **Key Point**
>
> **지적측량의 종류**
> - 제7조 제1항 제3호에 따른 지적기준점을 정하는 경우
> - 제25조에 따라 지적측량성과를 검사하는 경우
> - 다음의 어느 하나에 해당하는 경우로서 측량을 할 필요가 있는 경우
>   - 제74조에 따라 지적공부를 복구하는 경우
>   - 제77조에 따라 토지를 신규등록하는 경우
>   - 제78조에 따라 토지를 등록전환하는 경우
>   - 제79조에 따라 토지를 분할하는 경우
>   - 제82조에 따라 바다가 된 토지의 등록을 말소하는 경우
>   - 제83조에 따라 축척을 변경하는 경우
>   - 제84조에 따라 지적공부의 등록사항을 정정하는 경우
>   - 제86조에 따른 도시개발사업 등의 시행지역에서 토지의 이동이 있는 경우
> - 경계점을 지상에 복원하는 경우
> - 그 밖에 대통령령으로 정하는 경우

3) 지적측량방법

지적측량방법에는 평판측량, 전자평판측량, 경위의측량, 사진측량, 위성측량, 전파 또는 광파기측량이 있다.

2 지적기준점

1) 지적기준점성과의 보관 및 열람 등

시·도지사나 지적소관청은 지적기준점성과(지적기준점에 의한 측량성과를 말한다)와 그 측량기록을 보관하고 일반인이 열람할 수 있도록 하여야 한다.

2) 등본 및 열람

① 지적기준점성과 또는 그 측량부를 열람하거나 등본을 발급받으려는 자는 지적삼각점성과에 대해서는 특별시장·광역시장·도지사 또는 특별자치도지사(이하 "시·도지사"라 한다) 또는 지적소관청에게 신청하고, 지적삼각보조점성과 및 지적도근점성과에 대해서는 지적소관청에 신청하여야 한다.
② 지적기준점성과 또는 그 측량부의 열람 및 등본교부신청서에 따른다.
③ 지적기준점성과 또는 그 측량부의 열람이나 등본교부신청을 받은 해당 기관은 열람하게 하거나 지적측량기준점성과등본을 발급하여야 한다.

▶ 지적기준점관리

지적기준점	점간거리	표기	성과보관	열람 및 등본
지적삼각점	• 2~5km 이상	⊕	시·도지사	시·도지사 또는 지적소관청
지적삼각보조점	• 1~3km • 다각망도선법 : 0.5~1km 이하	●	지적소관청	지적소관청
지적도근점	• 50~300m	○		

▶ 지적기준점성과의 열람·등본교부수수료

구분	종별	단위	수수료
열람	지적삼각점	1점당	300원
	지적삼각보조점	1점당	300원
	지적도근점	1점당	200원
등본교부	지적삼각점	1점당	500원
	지적삼각보조점	1점당	500원
	지적도근점	1점당	400원

3 지적측량

1) 지적측량의 의뢰

① 토지소유자 등 이해관계인은 지적측량을 할 필요가 있는 경우에는 지적측량수행자에게 지적측량을 의뢰하여야 한다. 지적측량을 의뢰하고자 하는 자는 별지 제15호 서식의 지적측량의뢰서에 의뢰사유를 증명하는 서류를 첨부하여 지적측량수행자에게 제출하여야 한다.
② 지적측량수행자는 지적측량의뢰를 받으면 지적측량을 하여 그 측량성과를 결정하여야 한다.
③ 지적측량의뢰에 필요한 사항은 국토교통부령으로 정한다.

2) 지적측량수행계획서 제출

지적측량수행자는 지적측량의뢰를 받은 때에는 측량기간, 측량일자 및 측량수수료 등을 기재한 지적측량수행계획서를 그 다음날까지 지적소관청에 제출하여야 한다.

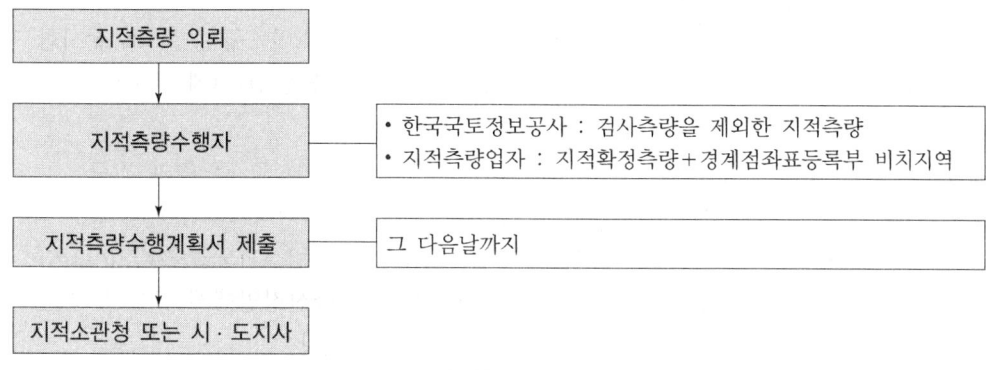

▲ 지적측량의뢰절차

3) 측량기간 및 검사기간

① 지적측량의 측량기간은 5일로 하며, 측량검사기간은 4일로 한다. 다만, 지적기준점을 설치하여 측량 또는 측량검사를 하는 경우 지적기준점이 15점 이하인 때에는 4일을, 15점을 초과하는 때에는 4일에 15점을 초과하는 4점마다 1일을 가산한다.
② 지적측량의뢰인과 지적측량수행자가 서로 합의하여 따로 기간을 정하는 경우에는 전체 기간의 4분의 3은 측량기간으로, 전체기간의 4분의 1은 측량검사기간으로 본다.

4) 수수료

① 지적측량을 의뢰하는 자는 국토교통부령으로 정하는 바에 따라 지적측량수행자에게 지적측량수수료를 내야 한다.
② 지적측량수수료는 국토교통부장관이 매년 12월 말일까지 고시하여야 한다.
③ 지적소관청이 직권으로 조사·측량하여 지적공부를 정리한 경우에는 그 조사·측량에 들어간 비용을 토지소유자로부터 징수한다. 다만, 지적공부를 등록말소한 경우에는 그러하지 아니하다.
④ 수수료는 지적공부를 정리한 날부터 30일 내에 납부하여야 한다.
⑤ 신청자가 국가, 지방자치단체 또는 지적측량수행자인 경우에는 수수료를 면제한다.
⑥ 수수료를 국토교통부령으로 정하는 기간 내에 내지 아니하면 지방세체납처분의 예에 따라 징수한다.

5) 지적측량검사

① 지적측량수행자가 지적측량을 하였으면 시·도지사, 대도시시장(지방자치법 제3조 제3항에 따라 자치구가 아닌 구가 설치된 시의 시장을 말한다) 또는 지적소관청으로부터

측량성과에 대한 검사를 받아야 한다. 다만, 지적공부를 정리하지 아니하는 측량으로서 국토교통부령으로 정하는 측량의 경우에는 그러하지 아니하다.
② 지적측량성과의 검사방법 및 검사절차 등에 필요한 사항은 국토교통부령으로 정한다.
③ 지적측량수행자는 지적측량을 한 때에는 측량부, 측량결과도, 면적측정부 등 측량성과에 관한 자료를 지적소관청(지적삼각점측량성과 및 경위의측량방법으로 실시한 지적확정측량성과인 경우에는 시·도지사 또는 지적소관청을 말한다)에 제출하여 그 성과의 정확성에 관한 검사를 받아야 한다.
④ 시·도지사가 검사를 한 때에는 그 결과를 지적소관청에 통지하여야 한다.
⑤ 지적소관청은 측량성과가 정확하다고 인정되는 때에는 측량성과도를 지적측량수행자에게 교부하여야 하며, 지적측량수행자는 측량신청인에게 그 측량성과도를 지체 없이 송부하여야 한다. 이 경우 검사를 받지 아니한 측량성과도는 측량신청인에게 교부할 수 없다.
⑥ 경계복원측량 및 지적현황측량은 검사를 받지 아니한다.

▶ 지적측량 및 검사

구분	세부측량	기준점 설치 시	계약 또는 협의
측량기간	5일	• 15개 이하 : 4일	• 측량기간 : 3/4
검사기간	4일	• 15개 초과 : 4일+초과하는 4개마다 1일을 가산	• 검사기간 : 1/4
검사		지적측량의 검사자 • 지적소관청 • 시·도지사	검사(×) • 경계복원측량 • 지적현황측량
수수료	• 지적측량을 의뢰하는 자는 지적측량수행자에게 지적측량수수료를 지급하여야 한다. • 토지소유자가 신청하여야 하는 사항으로서 신청이 없어 지적소관청이 직권으로 조사·측량하여 지적공부를 정리한 때에는 지적측량수수료를 징수한다. 다만, 바다로 된 토지의 지적공부의 등록말소를 한 경우에는 그러하지 아니하다. • 전항에 따른 수수료는 지적공부를 정리한 날부터 30일 내에 납부하여야 한다. 비용을 30일 내에 납부하지 아니한 경우에는 지방세체납처분의 예에 의하여 징수한다. • 지적측량수수료는 국토교통부장관이 매년 12월 말일까지 고시한다.		

6) 검사항목

(1) 기초측량

① 기지점 사용의 적정 여부
② 지적기준점설치망 구성의 적정 여부
③ 관측각 및 거리측정의 정확 여부
④ 계산의 정확 여부
⑤ 지적기준점 선점 및 표지설치의 정확 여부
⑥ 지적기준점성과와 기지경계선과의 부합 여부

(2) 세부측량

① 기지점 사용의 적정 여부
② 측량준비도 및 측량결과도 작성의 적정 여부
③ 기지점과 지상경계와의 부합 여부
④ 경계점 간 계산거리(도상거리)와 실측거리의 부합 여부
⑤ 면적측정의 정확 여부
⑥ 관계법령의 분할제한 등의 저촉 여부(다만, 각종 인허가 등의 내용과 다르게 토지의 형질이 변경되었을 경우에는 제외한다)

3 지적측량수행자

1 지적측량업자

1) 지적측량업의 등록

지적측량업을 하려는 자는 업종별로 대통령령으로 정하는 기술인력·장비 등의 등록기준을 갖추어 시·도지사에게 등록하여야 한다. 다만, 한국국토정보공사는 측량업의 등록을 하지 아니하고 지적측량업을 할 수 있다.

2) 등록기준

기술능력	장비보유
• 특급기술자 1명 또는 고급기술자 2명 이상 • 중급기술자 2명 이상 • 초급기술자 1명 이상 • 지적분야의 초급기능사 1명 이상	• 토털스테이션 1대 이상 • 출력장치 - 해상도 : 2,400DPI×1,200DPI - 출력범위 : 600mm×1,060mm 이상

3) 결격사유

① 피성년후견인 또는 피한정후견인
② 이 법이나 국가보안법 또는 형법 제87조부터 제104조까지의 규정을 위반하여 금고 이상의 실형을 선고받고 그 집행이 끝나거나(집행이 끝난 것으로 보는 경우를 포함한다) 집행이 면제된 날부터 2년이 지나지 아니한 자
③ 이 법이나 국가보안법 또는 형법 제87조부터 제104조까지의 규정을 위반하여 금고 이상의 형의 집행유예를 선고받고 그 집행유예기간 중에 있는 자
④ 측량업의 등록이 취소된 후 2년이 지나지 아니한 자
⑤ 임원 중에 ①부터 ④까지의 어느 하나에 해당하는 자가 있는 법인

4) 업무범위

① 경계점좌표등록부가 있는 지역에서의 지적측량
② 지적재조사에 관한 특별법에 따른 사업지구에서 실시하는 지적재조사측량
③ 도시개발사업 등이 끝남에 따라 하는 지적확정측량
④ **지적전산자료를 활용한 정보화사업**
   ㉠ 지적도, 임야도, 연속지적도, 도시개발사업 등의 계획을 위한 지적도 등의 정보처리 시스템을 통한 기록·저장업무
   ㉡ 토지대장, 임야대장의 전산화업무

5) 신고

(1) 등록사항변경신고

지적측량업의 등록을 한 자는 등록사항 중 다음의 어느 하나에 해당하는 사항을 변경하였을 때에는 변경된 날부터 30일 이내에 국토교통부령으로 정하는 바에 따라 시·도지사 또는 대도시시장에게 변경신고를 하여야 한다. 다만, ④에 해당하는 사항을 변경한 때에는 그 변경이 있은 날부터 90일 이내에 변경신고를 하여야 한다.

① 주된 영업소 또는 지점의 소재지   ② 상호
③ 대표자   ④ 기술인력 및 장비

(2) 지위승계신고

① 지적측량업자가 그 사업을 양도하거나 사망한 경우 또는 법인인 측량업자의 합병이 있는 경우에는 그 사업의 양수인·상속인 또는 합병 후 존속하는 법인이나 합병에 따라 설립된 법인은 종전의 측량업자의 지위를 승계한다.
② 지적측량업자의 지위를 승계한 자는 그 승계사유가 발생한 날부터 30일 이내에 대통령령으로 정하는 바에 따라 시·도지사 또는 대도시시장에게 신고하여야 한다.

(3) 휴·폐업신고

다음의 어느 하나에 해당하는 자는 국토교통부령으로 정하는 바에 따라 시·도지사 또는 대도시시장에게 해당 각 호의 사실이 발생한 날부터 30일 이내에 그 사실을 신고하여야 한다.

① 측량업자인 법인이 파산 또는 합병 외의 사유로 해산한 경우 : 해당 법인의 청산인
② 측량업자가 폐업한 경우 : 폐업한 측량업자
③ 측량업자가 30일을 넘는 기간 동안 휴업하거나 휴업 후 업무를 재개한 경우 : 해당 측량업자

6) 지적측량업의 등록취소 및 영업정지

시·도지사 또는 대도시시장은 측량업자가 다음의 어느 하나에 해당하는 경우에는 측량업의 등록을 취소하거나 1년 이내의 기간을 정하여 영업의 정지를 명할 수 있다.

(1) 등록취소

① 거짓이나 그 밖의 부정한 방법으로 측량업의 등록을 한 경우
② 등록기준에 미달하게 된 경우. 다만, 일시적으로 등록기준에 미달되는 등 대통령령으로 정하는 경우는 제외한다("일시적으로 등록기준에 미달되는 등 대통령령으로 정하는 경우"란 기술인력에 해당하는 사람의 사망·실종 또는 퇴직으로 인하여 등록기준에 미달되는 기간이 90일 이내인 경우를 말한다).
③ 결격사유에 해당하는 경우
④ 다른 사람에게 자기의 등록증 또는 등록수첩을 빌려주거나 자기의 성명 또는 상호를 사용하여 측량업무를 하게 한 경우
⑤ 영업정지기간 중에 계속하여 영업을 한 경우
⑥ 국가기술자격법을 위반하여 측량업자가 측량기술자의 국가기술자격증을 대여받은 사실이 확인된 경우

(2) 영업정지

① 고의 또는 과실로 측량을 부정확하게 한 경우
② 정당한 사유 없이 측량업의 등록을 한 날부터 1년 이내에 영업을 시작하지 아니하거나 계속하여 1년 이상 휴업한 경우
③ 지적측량업자가 업무범위를 위반하여 지적측량을 한 경우
④ 지적측량업자가 다음의 성실의무를 위반한 경우
　㉠ 지적측량수행자(소속 지적기술자를 포함한다)는 신의와 성실로써 공정하게 지적측량을 하여야 하며 정당한 사유 없이 지적측량신청을 거부하여서는 아니 된다.
　㉡ 지적측량수행자는 본인, 배우자 또는 직계존·비속이 소유한 토지에 대한 지적측량을 하여서는 아니 된다.
　㉢ 지적측량수행자는 지적측량수수료 외에는 어떠한 명목으로도 그 업무와 관련된 대가를 받으면 아니 된다.
⑤ 보험가입 등 필요한 조치를 하지 아니한 경우
⑥ 영업정지기간 중에 계속하여 영업을 한 경우
⑦ 지적측량업자가 지적측량수수료를 같은 조 고시한 금액보다 과다 또는 과소하게 받은 경우
⑧ 다른 행정기관이 관계법령에 따라 등록취소 또는 영업정지를 요구한 경우

2 한국국토정보공사

1) 설립

① 공간정보체계의 구축지원, 공간정보와 지적제도에 관한 연구, 기술개발 및 지적측량 등을 수행하기 위하여 한국국토정보공사를 설립한다.

② 공사는 법인으로 한다.
③ 공사는 그 주된 사무소의 소재지에서 설립등기를 함으로써 성립한다.
④ 공사의 설립등기에 필요한 사항은 대통령령으로 정한다.

2) 설립등기사항 및 정관에 기재사항

설립등기사항	정관
• 목적 • 명칭 • 주된 사무소의 소재지 • 이사 및 감사의 성명과 주소 • 자산에 관한 사항 • 공고의 방법	• 목적 • 명칭 • 주된 사무소의 소재지 • 조직 및 기구에 관한 사항 • 업무 및 그 집행에 관한 사항 • 이사회에 관한 사항 • 임원 및 직원에 관한 사항 • 재산 및 회계에 관한 사항 • 정관의 변경에 관한 사항 • 공고의 방법에 관한 사항 • 규정의 제정 및 개폐에 관한 사항 • 해산에 관한 사항 • 공사가 정관을 변경하고자 하는 때에는 국토교통부장관의 인가를 받아야 함

※ 국토교통부장관은 공사의 사업 중 다음의 사항에 대하여 지도·감독한다.
  • 사업실적 및 결산에 관한 사항
  • 공사사업의 적절한 수행에 관한 사항
  • 그 밖에 관계법령에서 정하는 사항

3) 임원

① 공사에는 임원으로 사장 1명과 부사장 1명을 포함한 11명 이내의 이사와 감사 1명을 두며, 이사는 정관으로 정하는 바에 따라 상임이사와 비상임이사로 구분한다.
② 사장은 공사를 대표하고 공사의 사무를 총괄한다.
③ 감사는 공사의 회계와 업무를 감사한다.

4) 사업

① 공간정보체계 구축지원에 관한 사업

구분	내용
대통령령으로 정한 사업	• 국가공간정보체계 구축 및 활용 관련 계획수립에 관한 지원 • 국가공간정보체계 구축 및 활용에 관한 지원 • 공간정보체계 구축과 관련한 출자(出資) 및 출연(出捐)
제외되는 사업	• 공간정보의 구축 및 관리 등에 관한 법률에 따른 측량업(지적측량업은 제외한다)의 범위에 해당하는 사업 • 중소기업제품 구매촉진 및 판로지원에 관한 법률에 따른 중소기업자 간 경쟁제품에 해당하는 사업

② 공간정보·지적제도에 관한 연구, 기술개발, 표준화 및 교육사업
③ 공간정보·지적제도에 관한 외국기술의 도입, 국제교류·협력 및 국외진출사업
④ 공간정보의 구축 및 관리 등에 관한 법률 중 지적기준점을 정하는 경우, 측량을 할 필요가 있는 경우, 경계점을 지상에 복원하는 경우, 지적현황을 측량하는 경우까지의 어느 하나에 해당하는 사유로 실시하는 지적측량
⑤ 지적재조사에 관한 특별법에 따른 지적재조사사업
⑥ 다른 법률에 따라 공사가 수행할 수 있는 사업
⑦ 그 밖에 공사의 설립목적을 달성하기 위하여 필요한 사업으로서 정관으로 정하는 사업

5) 유사명칭의 사용금지

공사가 아닌 자는 한국국토정보공사 또는 이와 유사한 명칭을 사용하지 못한다. 이를 위반한 자에게는 500만원 이하의 과태료를 부과한다.
① 공사가 아닌 자가 한국국토정보공사의 명칭을 사용한 경우 : 400만원의 과태료
② 공사가 아닌 자가 한국국토정보공사와 유사한 명칭을 사용한 경우 : 300만원의 과태료

3 지적측량수행자의 성실의무

① 지적측량수행자(소속 지적기술자를 포함한다)는 신의와 성실로써 공정하게 지적측량을 하여야 하며 정당한 사유 없이 지적측량신청을 거부하여서는 아니 된다.
② 지적측량수행자는 본인, 배우자 또는 직계존·비속이 소유한 토지에 대한 지적측량을 하여서는 아니 된다.
③ 지적측량수행자는 지적측량수수료 외에는 어떠한 명목으로도 그 업무와 관련된 대가를 받으면 아니 된다(1년 이하의 징역 또는 1,000만원 이하의 벌금).

4 손해배상

1) 손해배상책임

① 지적측량수행자가 타인의 의뢰에 의하여 지적측량을 함에 있어서 고의 또는 과실로 지적측량을 부실하게 함으로써 지적측량의뢰인이나 제3자에게 재산상의 손해를 발생하게 한 때에는 지적측량수행자는 그 손해를 배상할 책임이 있다.
② 지적측량수행자는 손해배상책임을 보장하기 위하여 대통령령으로 정하는 바에 따라 보험가입 등 필요한 조치를 하여야 한다.

2) 보증설정

① 지적측량수행자는 손해배상책임을 보장하기 위하여 다음의 구분에 따라 보증보험에 가입하거나 공간정보산업협회가 운영하는 보증 또는 공제에 가입하는 방법으로 보증설정(이하 "보증설정"이라 한다)을 하여야 한다.

㉠ 지적측량업자 : 보장기간 10년 이상 및 보증금액 1억원 이상
㉡ 국가공간정보 기본법에 따라 설립된 한국국토정보공사(이하 "한국국토정보공사"라 한다) : 보증금액 20억원 이상
② 지적측량업자는 지적측량업등록증을 발급받은 날부터 10일 이내에 보증설정을 하여야 하며, 보증설정을 하였을 때에는 이를 증명하는 서류를 시·도지사에게 제출하여야 한다.

3) 보험의 변경

① 보증설정을 한 지적측량수행자는 그 보증설정을 다른 보증설정으로 변경하려는 경우에는 해당 보증설정의 효력이 있는 기간 중에 다른 보증설정을 하고 그 사실을 증명하는 서류를 시·도지사에게 제출하여야 한다.
② 보증설정을 한 지적측량수행자는 보증기간의 만료로 인하여 다시 보증설정을 하려는 경우에는 그 보증기간 만료일까지 다시 보증설정을 하고 그 사실을 증명하는 서류를 시·도지사에게 제출하여야 한다.

4) 보험금 지급

① 지적측량의뢰인은 손해배상으로 보험금·보증금 또는 공제금을 지급받으려면 다음의 어느 하나에 해당하는 서류를 첨부하여 보험회사 또는 공간정보산업협회에 손해배상금 지급을 청구하여야 한다.
  ㉠ 지적측량의뢰인과 지적측량수행자 간의 손해배상합의서 또는 화해조서
  ㉡ 확정된 법원의 판결문 사본
  ㉢ ㉠, ㉡에 준하는 효력이 있는 서류
② 지적측량수행자는 보험금·보증금 또는 공제금으로 손해배상을 하였을 때에는 지체 없이 다시 보증설정을 하고 그 사실을 증명하는 서류를 시·도지사에게 제출하여야 한다.
③ 지적소관청은 지적측량수행자가 지급하는 손해배상금의 일부를 지적소관청의 지적측량성과검사 과실로 인하여 지급하여야 하는 경우에 대비하여 공제에 가입할 수 있다.

4 측량기기의 성능검사

1 성능검사대행자 등록

1) 대행자 등록

측량기기의 성능검사업무를 대행하려는 자는 측량기기별로 대통령령으로 정하는 기술능력과 시설 등의 등록기준을 갖추어 시·도지사에게 등록하여야 하며, 등록사항을 변경하려는 경우에는 시·도지사에게 신고하여야 한다.

2) 등록기준

구분	시설 및 장비	기술인력
일반 성능검사대행자	콜리미터시설 1조 이상	• 측량 및 지형공간정보분야 고급기술자 또는 정밀측정산업기사로서 실무경력 10년 이상인 사람 1명 이상 • 측량분야의 중급기능사 또는 계량 및 측정분야의 실무경력이 3년 이상인 사람 1명 이상
금속관로탐지기 성능검사대행자	금속관로탐지기검사시설 1식 이상	• 측량 및 지형공간정보분야 고급기술자 또는 정밀측정산업기사로서 실무경력 10년 이상인 사람 1명 이상 • 측량분야의 중급기능사 또는 계량 및 측정분야의 실무경력이 3년 이상인 사람 1명 이상

3) 결격사유

① 피성년후견인 또는 피한정후견인
② 금고 이상의 형의 선고를 받고 그 집행이 종료되거나 집행이 면제된 날로부터 2년이 경과되지 아니한 자
③ 등록이 취소된 후 2년이 경과되지 아니한 자
④ 형의 집행유예선고를 받고 그 유예기간이 경과되지 아니한 자
⑤ 임원 중 ①~④에 해당하는 자가 있는 법인

4) 등록증 교부

시·도지사는 등록신청을 받은 경우 등록기준에 적합하다고 인정되면 신청인에게 측량기기성능검사대행자등록증을 발급한 후 그 발급사실을 공고하고 국토교통부장관에게 통지하여야 한다.

5) 성능검사대행자등록증의 대여금지

① 성능검사대행자는 다른 사람에게 자기의 성능검사대행자등록증을 빌려주거나 자기의 성명 또는 상호를 사용하여 성능검사대행업무를 수행하게 하여서는 아니 된다(1년 이하의 징역 또는 1,000만원 이하의 벌금형).
② 누구든지 다른 사람의 성능검사대행자등록증을 빌려서 사용하거나 다른 사람의 성명 또는 상호를 사용하여 성능검사대행업무를 수행하여서는 아니 된다(1년 이하의 징역 또는 1,000만원 이하의 벌금형).

6) 기타

① 성능검사대행자와 그 검사업무를 담당하는 임직원은 형법 제129조부터 제132조까지의 규정을 적용할 때에는 공무원으로 본다.
② 성능검사대행자의 등록, 등록사항의 변경신고, 측량기기성능검사대행자등록증의 발급, 검사수수료 등에 필요한 사항은 국토교통부령으로 정한다.

2 신고사항

1) 등록사항변경신고

성능검사대행자가 등록사항을 변경하려는 경우에는 측량기기성능검사대행자변경신고서(전자문서로 된 신청서를 포함한다)에 다음의 구분에 따른 서류(전자문서를 포함한다)를 첨부하여 그 변경된 날부터 60일 이내에 시·도지사에게 변경신고를 하여야 한다.

검사시설 또는 검사장비변경의 경우	기술인력변경의 경우
• 변경된 시설 또는 장비의 명세서 및 성능검사서 사본 • 소유권 또는 사용권을 보유한 사실을 증명할 수 있는 서류	• 입사 또는 퇴사한 검사기술인력의 명단 • 검사기술인력의 측량기술경력증 또는 입사한 경력증명서(실무경력인정이 필요한 자의 경우만을 말한다)

2) 폐업신고

성능검사대행자가 폐업을 한 경우에는 30일 이내에 국토교통부령으로 정하는 바에 따라 시·도지사에게 폐업사실을 신고하여야 한다.

3 등록취소 및 업무정지

1) 등록취소

시·도지사는 성능검사대행자의 등록을 취소하였으면 취소사실을 공고한 후 국토교통부장관에게 통지하여야 한다. 성능검사대행자의 등록취소 및 업무정지처분에 관한 기준은 국토교통부령으로 정한다.
① 거짓이나 그 밖의 부정한 방법으로 등록을 한 경우
② 거짓이나 부정한 방법으로 성능검사를 한 경우
③ 다른 사람에게 자기의 성능검사대행자등록증을 빌려주거나 자기의 성명 또는 상호를 사용하여 성능검사대행업무를 수행하게 한 경우
④ 업무정지기간 중에 계속하여 성능검사대행업무를 한 경우

2) 업무정지(1년 이내)

① 등록기준에 미달하게 된 경우. 다만, 일시적으로 등록기준에 미달하는 등 대통령령으로 정하는 경우는 제외한다.
② 정당한 사유 없이 성능검사를 거부하거나 기피한 경우
③ 다른 행정기관이 관계법령에 따라 등록취소 또는 업무정지를 요구한 경우

4 측량기기성능검사

1) 측량기기의 성능검사업무

① 측량업자는 트랜싯, 레벨, 그 밖에 대통령령으로 정하는 측량기기에 대하여 5년의 범위에서 대통령령으로 정하는 기간마다 국토교통부장관이 실시하는 성능검사를 받아야 한다. 다만, 국가표준기본법에 따라 국가교정업무전담기관의 교정검사를 받은 측량기기로서 국토교통부장관이 성능검사기준에 적합하다고 인정한 경우에는 성능검사를 받은 것으로 본다.

② 한국국토정보공사는 성능검사를 위한 적합한 시설과 장비를 갖추고 자체적으로 검사를 실시하여야 한다.

③ 측량기기의 성능검사업무를 대행하는 자로 등록한 자(이하 "성능검사대행자"라 한다)는 국토교통부장관의 성능검사업무를 대행할 수 있다.

⑤ 한국국토정보공사와 성능검사대행자는 성능검사의 기준, 방법 및 절차와 다르게 성능검사를 하여서는 아니 된다.

⑥ 국토교통부장관은 한국국토정보공사와 성능검사대행자가 기준, 방법 및 절차에 따라 성능검사를 정확하게 하는지 실태를 점검하고, 필요한 경우에는 시정을 명할 수 있다.

⑦ 성능검사의 기준, 방법 및 절차와 실태점검 및 시정명령 등에 필요한 사항은 국토교통부령으로 정한다.

2) 측량기기별 성능검사유효기간

① 트랜싯(데오드라이트) : 3년
② 토털스테이션 : 3년
③ 레벨 : 3년
④ GPS수신기 : 3년
⑤ 거리측정기 : 3년
⑥ 금속관로탐지기 : 3년

3) 측량기기 유효기간 만료에 따른 성능검사

① 성능검사(신규 성능검사는 제외한다)는 성능검사 유효기간 만료일 전 1개월부터 성능검사 유효기간 만료일 후 1개월까지의 기간에 받아야 한다.

② 성능검사의 유효기간은 종전 유효기간 만료일의 다음 날부터 기산(起算)한다. 다만, ①에 따른 기간 외의 기간에 성능검사를 받은 경우에는 그 검사를 받은 날의 다음 날부터 기산한다.

4) 성능검사서의 발급

① 성능검사서 발급 : 성능검사대행자는 성능검사를 완료한 때에는 측량기기성능검사서에 그 적합 여부의 표시를 하여 신청인에게 발급하여야 한다.

② 검사필증 : 성능검사대행자는 성능검사결과성능기준에 적합하다고 인정하는 때에는 검사필증을 해당 측량기기에 붙여야 한다.

5 지적위원회

1 개요

지적측량에 대한 적부심사(適否審査)청구사항을 심의·의결하기 위하여 국토교통부에 중앙지적위원회를 두고, 특별시·광역시·도 또는 특별자치도(이하 "시·도"라 한다)에 지방지적위원회를 둔다. 중앙지적위원회와 지방지적위원회의 구성 및 운영에 필요한 사항은 대통령령으로 정한다.

2 중앙지적위원회

1) 구성

① 중앙지적위원회는 위원장 및 부위원장 각 1명을 포함하여 5명 이상 10명 이내의 위원으로 구성한다.
② 위원장은 국토교통부의 지적업무담당국장이, 부위원장은 국토교통부의 지적업무담당과장이 된다.
③ 위원은 지적에 관한 학식과 경험이 풍부한 자 중에서 국토교통부장관이 임명 또는 위촉한다.
④ 위원장 및 부위원장을 제외한 위원의 임기는 2년으로 한다.
⑤ 위원회의 간사는 국토교통부의 지적업무담당공무원 중에서 국토교통부장관이 임명하며, 회의준비·회의록 작성 및 회의결과에 따른 업무 등 중앙지적위원회의 서무를 담당한다.
⑥ 위원회의 위원에게는 예산의 범위 안에서 출석수당과 여비 그 밖의 실비를 지급할 수 있다. 다만, 공무원인 위원이 그 소관업무와 직접적으로 관련되어 출석하는 경우에는 그렇지 않다.

2) 회의

① 중앙지적위원회 위원장은 회의를 소집하고 그 의장이 된다.
② 위원장이 부득이한 사유로 직무를 수행할 수 없을 때에는 부위원장이 그 직무를 대행하고, 위원장 및 부위원장이 모두 부득이한 사유로 직무를 수행할 수 없을 때에는 위원장이 미리 지명한 위원이 그 직무를 대행한다.
③ 회의는 재적위원 과반수의 출석으로 개의하고, 출석위원 과반수의 찬성으로 의결한다.
④ 위원회는 관계인을 출석하게 해서 의견을 들을 수 있으며, 필요한 경우에는 현지조사

를 할 수 있다.
⑤ 위원장이 위원회의 회의를 소집하는 때에는 회의일시·장소 및 심의안건을 회의 5일 전까지 각 위원에게 서면으로 통지해야 한다.
⑥ 위원이 재심사에 있어서 그 측량사안에 관해 관련이 있는 경우에는 그 안건의 심의 또는 의결에 참석할 수 없다.
⑦ 중앙지적위원회가 현지조사를 하려는 때에는 관계 공무원을 지정해서 지적측량 및 자료조사 등 현지조사를 하고 그 결과를 보고하게 할 수 있으며, 필요한 때에는 지적측량수행자에 그 소속 지적기술자의 참여를 요청할 수 있다.

3) 심의·의결사항

중앙지적위원회의 심의·의결사항으로는 지적측량적부재심사이다.

3 지방지적위원회

지적측량에 대한 적부심사청구사항을 심의·의결하기 위하여 시·도에 지방지적위원회를 둔다.

1) 구성 및 회의

지방지적위원회의 구성 및 회의 등에 관해서는 중앙지적위원회의 규정을 준용한다. 이 경우 제21조와 제22조 중 "중앙지적위원회"는 "지방지적위원회"로, "국토교통부"는 "시·도"로, "국토교통부장관"은 "특별시장·광역시장·도지사 또는 특별자치도지사"로, "법 제29조 제6항에 따른 재심사"는 "법 제29조 제1항에 따른 지적측량적부심사"로 본다.

2) 심의·의결사항

지적측량성과에 다툼이 있는 경우 지적측량적부심사사항을 심의·의결한다.

▶ 중앙지적위원회와 지방지적위원회의 비교

구분	중앙지적위원회	지방지적위원회
설치	국토교통부	시·도
위원장	지적업무담당국장	
부위원장	지적과장	
위원수	5인 이상 10인 이내(위원장과 부위원장을 포함)	
임기	2년(위원장과 부위원장 제외)	
의결사항	• 지적측량적부재심사 • 지적 관련 정책개발 및 업무개선 등에 관한 사항 • 지적측량기술의 연구·개발 및 보급에 관한 사항 • 측량기술자 중 지적분야 측량기술자의 양성에 관한 사항 • 지적기술자의 업무정지처분 및 징계요구에 관한 사항	• 지적측량적부심사

4 지적측량적부심사

1) 지적측량적부심사

토지소유자, 이해관계인 또는 지적측량수행자는 지적측량성과에 대하여 다툼이 있는 경우에는 대통령령으로 정하는 바에 따라 관할 시·도지사를 거쳐서 지방지적위원회에 지적측량적부심사를 청구할 수 있다.

2) 절차

(1) 적부심사청구

① 토지소유자, 이해관계인 또는 지적측량수행자는 지적측량성과에 대하여 다툼이 있는 경우에는 대통령령으로 정하는 바에 따라 관할 시·도지사를 거쳐서 지방지적위원회에 지적측량적부심사를 청구할 수 있다.
② 지적측량적부심사를 청구하고자 하는 토지소유자, 이해관계인 또는 지적측량수행자는 지적측량을 신청해서 측량을 실시한 후 심사청구서에 그 측량성과와 심사청구경위서를 첨부하여 특별시장·광역시장·도지사 또는 특별자치도지사(이하 "시·도지사"라 한다)를 거쳐서 지방지적위원회에 제출하여야 한다.

(2) 회부

① 지적측량적부심사청구를 받은 시·도지사는 30일 이내에 다음의 사항을 조사하여 지방지적위원회에 회부하여야 한다.
　㉠ 다툼이 되는 지적측량의 경위 및 그 성과
　㉡ 해당 토지에 대한 토지이동 및 소유권변동연혁
　㉢ 해당 토지 주변의 측량기준점, 경계, 주요 구조물 등 현황실측도
② 시·도지사는 조사측량성과를 작성하기 위하여 필요한 경우에는 관계 공무원을 지정하여 지적측량을 하게 할 수 있으며, 필요하면 지적측량수행자에게 그 소속 지적기술자를 참여시키도록 요청할 수 있다.

(3) 심의·의결

지적측량적부심사청구를 회부받은 지방지적위원회는 그 심사청구를 회부받은 날부터 60일 이내에 심의·의결하여야 한다. 다만, 부득이한 경우에는 그 심의기간을 해당 지적위원회의 의결을 거쳐 30일 이내에서 한 번만 연장할 수 있다.

(4) 송부

① 지방지적위원회는 지적측량적부심사를 의결하였으면 대통령령으로 정하는 바에 따라 의결서를 작성하여 시·도지사에게 송부하여야 한다.
② 지방지적위원회는 지적측량적부심사를 의결하였으면 위원장과 참석위원 전원이 서명 및 날인한 지적측량적부심사의결서를 지체 없이 시·도지사에게 송부하여야 한다.

(5) 통지

① 시·도지사는 의결서를 받은 날부터 7일 이내에 지적측량적부심사청구인 및 이해관계인에게 그 의결서를 통지하여야 한다.
② 시·도지사가 지적측량적부심사의결서를 지적측량적부심사청구인 및 이해관계인에게 통지하는 때에는 재심사를 청구할 수 있음을 서면으로 알려야 한다.

5 지적측량적부재심사

1) 지적측량적부재심사

지적측량적부심사의결서를 통지받은 자가 지방지적위원회의 의결에 불복하는 때에는 의결서를 통지받은 날부터 90일 이내에 국토교통부장관을 거쳐 중앙지적위원회에 재심사를 청구할 수 있다.

2) 절차

(1) 재심사청구

① 의결서를 받은 자가 지방지적위원회의 의결에 불복하는 경우에는 그 의결서를 받은 날부터 90일 이내에 국토교통부장관을 거쳐서 중앙지적위원회에게 재심사를 청구할 수 있다.
② 지적측량적부심사의 재심사청구를 하려는 자는 재심사청구서에 다음의 서류를 첨부해서 국토교통부장관에게 제출해야 한다.
　㉠ 지방지적위원회의 지적측량적부심사의결서 사본
　㉡ 재심사청구사유

(2) 회부, 심의·의결, 송부, 통지

재심사청구에 관하여는 지적측량적부심사 규정을 준용한다. 이 경우 '시·도지사'는 '국토교통부장관'으로, '지방지적위원회'는 '중앙지적위원회'로 본다.

(3) 지적소관청에 송부

① 중앙지적위원회로부터 의결서를 받은 국토교통부장관은 그 의결서를 관할 시·도지사에게 송부하여야 한다.
② 시·도지사는 지방지적위원회의 의결서를 받은 후 해당 지적측량적부심사청구인 및 이해관계인이 90일 이내에 재심사를 청구하지 아니하면 그 의결서 사본을 지적소관청에 보내야 하며, 중앙지적위원회의 의결서를 받은 경우에는 그 의결서 사본에 지방지적위원회의 의결서 사본을 첨부하여 지적소관청에 보내야 한다.

(4) 지적측량적부심사(재심사)의 효력

① 지방지적위원회 또는 중앙지적위원회의 의결서 사본을 받은 지적소관청은 그 내용에 따라 지적공부의 등록사항을 정정하거나 측량성과를 수정하여야 한다.

② 지방지적위원회의 의결이 있은 후 90일 이내에 재심사를 청구하지 아니하거나 중앙지적위원회의 의결이 있는 경우에는 해당 지적측량성과에 대하여 다시 지적측량적부심사청구를 할 수 없다.

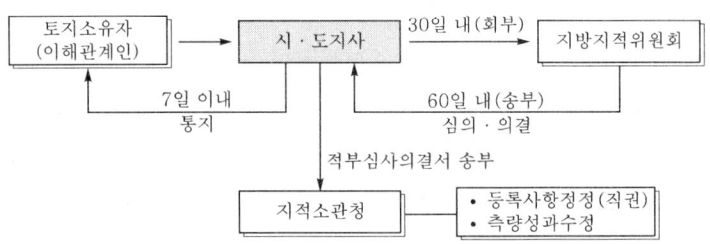

▲ 지적측량적부심사절차

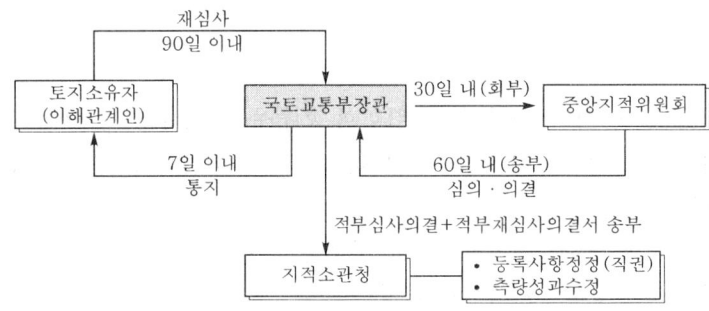

▲ 지적측량적부재심사절차

6 벌칙

1 벌칙

1) 3년 이하의 징역 또는 3천만원 이하의 벌금

측량업자로서 속임수, 위력(威力), 그 밖의 방법으로 측량업과 관련된 입찰의 공정성을 해친 자는 3년 이하의 징역 또는 3천만원 이하의 벌금에 처한다.

2) 2년 이하의 징역 또는 2천만원 이하의 벌금

① 측량기준점표지를 이전 또는 파손하거나 그 효용을 해치는 행위를 한 자
② 고의로 측량성과사실과 다르게 한 자
③ 측량업의 등록을 하지 아니하거나 거짓이나 그 밖의 부정한 방법으로 측량업의 등록을 하고 측량업을 한 자

3) 1년 이하의 징역 또는 1천만원 이하의 벌금

① 위반하여 무단으로 측량성과 또는 측량기록을 복제한 자
② 측량기술자가 아님에도 불구하고 측량을 한 자
③ 업무상 알게 된 비밀을 누설한 측량기술자
④ 둘 이상의 측량업자에게 소속된 측량기술자
⑤ 다른 사람에게 측량업등록증 또는 등록수첩을 빌려주거나 자기의 성명 또는 상호를 사용하여 측량업무를 하게 한 자
⑥ 다른 사람의 등록증 또는 등록수첩을 빌려서 사용하거나 다른 사람의 성명 또는 상호를 사용하여 측량업무를 한 자
⑦ 지적측량수수료 외의 대가를 받은 지적측량기술자
⑧ 거짓으로 다음의 신청을 한 자
　㉠ 제77조에 따른 신규등록신청
　㉡ 제78조에 따른 등록전환신청
　㉢ 제79조에 따른 분할신청
　㉣ 제80조에 따른 합병신청
　㉤ 제81조에 따른 지목변경신청
　㉥ 제82조에 따른 바다로 된 토지의 등록말소신청
　㉦ 제83조에 따른 축척변경신청
　㉧ 제84조에 따른 등록사항의 정정신청
　㉨ 제86조에 따른 도시개발사업 등 시행지역의 토지이동신청

4) 양벌규정

법인의 대표자나 법인 또는 개인의 대리인, 사용인, 그 밖의 종업원이 그 법인 또는 개인의 업무에 관하여 위반행위를 하면 그 행위자를 벌하는 외에 그 법인 또는 개인에게도 해당 조문의 벌금형을 과(科)한다. 다만, 법인 또는 개인이 그 위반행위를 방지하기 위하여 해당 업무에 관하여 상당한 주의와 감독을 게을리하지 아니한 경우에는 그러하지 아니하다.

2 과태료

1) 300만원 이하의 과태료

고시된 측량성과에 어긋나는 측량성과를 사용한 자

2) 200만원 이하의 과태료

① 정당한 사유 없이 측량을 방해한 자
② 측량기기에 대한 성능검사를 받지 아니하거나 부정한 방법으로 성능검사를 받은 자
③ 정당한 사유 없이 따른 보고를 하지 아니하거나 거짓으로 보고를 한 자

④ 정당한 사유 없이 조사를 거부·방해 또는 기피한 자
⑤ 정당한 사유 없이 토지 등에의 출입 등을 방해하거나 거부한 자

3) 100만원 이하의 과태료

① 거짓으로 측량기술자의 신고를 한 자
② 측량업등록사항의 변경신고를 하지 아니한 자
③ 측량업자의 지위승계신고를 하지 아니한 자
④ 측량업의 휴·폐업 등의 신고를 하지 아니하거나 거짓으로 신고한 자
⑤ 성능검사대행자의 등록사항 변경을 신고하지 아니한 자
⑥ 성능검사대행업무의 폐업신고를 하지 아니한 자
⑦ 정당한 사유 없이 교육을 받지 아니한 자

4) 과태료 부과권자

과태료는 대통령령으로 정하는 바에 따라 국토교통부장관, 시·도지사, 대도시시장 또는 지적소관청이 부과·징수한다.

04 예상문제

01 공간정보의 구축 및 관리 등에 관한 법률상 지적측량을 하여야 하는 경우가 아닌 것은?
① 토지를 합병하는 경우
② 축척을 변경하는 경우
③ 지적공부를 복구하는 경우
④ 토지를 등록전환하는 경우

해설 토지를 합병하는 경우 합병으로 불필요한 경계와 좌표가 말소되므로 별도의 지적측량을 실시하지 아니한다.

02 공간정보의 구축 및 관리 등에 관한 법률상 지적측량을 실시하여야 하는 경우로 옳지 않은 것은?
① 지적측량성과를 검사하는 경우
② 지형등고선의 위치를 측정하는 경우
③ 경계점을 지상에 복원하는 경우
④ 지적기준점을 정하는 경우

해설 등고선의 위치측정은 지적측량과는 무관하다.

03 지적확정측량에 관한 설명으로 틀린 것은?
① 지적확정측량을 하는 경우 필지별 경계점은 위성기준점, 통합기준점, 삼각점, 지적삼각점, 지적삼각보조점 및 지적도근점에 따라 측정하여야 한다.
② 지적확정측량을 할 때에는 미리 사업계획도와 도면을 대조하여 각 필지의 위치 등을 확인하여야 한다.
③ 도시개발사업 등으로 지적확정측량을 하려는 지역에 임야도를 갖춰두는 지역의 토지가 있는 경우에는 등록전환을 하지 아니할 수 있다.
④ 도시개발사업 등에는 막대한 예산이 소요되기 때문에 지적확정측량은 지적측량수행자 중에서 전문적인 노하우를 갖춘 한국국토공사가 전담한다.

해설 지적확정측량은 시·도지사에게 등록한 지적측량업자와 한국국토정보공사가 수행한다.

04 지적업무처리규정에서 사용하는 용어의 뜻이 옳지 않은 것은?
① "지적측량파일"이란 측량현형파일 및 측량성과파일을 말한다.
② "측량준비파일"이란 부동산종합공부시스템에서 지적측량업무를 수행하기 위하여 도면 및 대장속성정보를 추출한 파일을 말한다.
③ "측량현형파일"이란 전자평판측량 및 위성측량방법으로 관측한 데이터 및 지적측량에 필요한 각종 정보가 들어있는 파일을 말한다.
④ "측량성과파일"이란 전자평판측량 및 위성측량방법으로 관측 후 지적측량정보를 처리할 수 있는 시스템에 따라 작성된 측량결과도파일과 토지이동정리를 위한 지번, 지목 및 경계점의 좌표가 포함된 파일을 말한다.

해설 지적측량파일 : 측량준비파일, 측량현형파일, 측량성과파일

05 경계점좌표측량부에 포함되지 않는 것은?
① 경계점관측부
② 수평각관측부
③ 좌표면적계산부
④ 교차점계산부

해설 경계점좌표측량부는 지적도근점측량부에 경계점관측부, 좌표면적계산부, 경계점 간 거리계산부, 교차점계산부 등을 포함한다.

06 지적기준점측량의 절차순서로 옳은 것은?
① 계획의 수립 → 준비 및 현지답사 → 선점 및 조표 → 관측 및 계산과 성과표의 작성
② 선점 및 조표 → 계획의 수립 → 준비 및 현지답사 → 관측 및 계산과 성과표의 작성
③ 준비 및 현지답사 → 계획의 수립 → 선점 및 조표 → 관측 및 계산과 성과표의 작성
④ 준비 및 현지답사 → 선점 및 조표 → 계획의 수립 → 관측 및 계산과 성과표의 작성

정답 01 ① 02 ② 03 ④ 04 ① 05 ② 06 ①

해설 **지적기준점측량의 순서** : 계획의 수립 → 준비 및 현지답사 → 선점 및 조표 → 관측 및 계산과 성과표의 작성

07 지적소관청이 정확한 지적측량을 시행하기 위하여 국가기준점을 기준으로 정하는 측량기준점은?

① 공공기준점   ② 수로기준점
③ 지적기준점   ④ 위성기준점

해설 지적기준점은 특별시장·광역시장·도지사 또는 특별자치도지사나 지적소관청이 지적측량을 정확하고 효율적으로 시행하기 위하여 국가기준점을 기준으로 하여 따로 정하는 측량기준점이다.

08 공간정보의 구축 및 관리 등에 관한 법령상 지적기준점에 해당되지 않는 것은?

① 위성기준점   ② 지적도근점
③ 지적삼각점   ④ 지적삼각보조점

해설 **지적기준점**
㉠ 지적삼각점 : 지적측량 시 수평위치측량의 기준으로 사용하기 위하여 국가기준점을 기준으로 하여 정한 기준점
㉡ 지적삼각보조점 : 지적측량 시 수평위치측량의 기준으로 사용하기 위하여 국가기준점과 지적삼각점을 기준으로 하여 정한 기준점
㉢ 지적도근점 : 지적측량 시 필지에 대한 수평위치측량 기준으로 사용하기 위하여 국가기준점, 지적삼각점, 지적삼각보조점 및 다른 지적도근점을 기초로 하여 정한 기준점

09 지적소관청이 관리하는 지적기준점표지가 멸실되거나 훼손되었을 때에는 누가 이를 다시 설치하거나 보수하여야 하는가?

① 국토지리정보원장   ② 지적소관청
③ 시·도지사   ④ 국토교통부장관

해설 지적소관청은 지적기준점표지가 멸실되거나 훼손되었을 때에는 이를 다시 설치하거나 보수하여야 한다.

10 지적측량시행규칙상 지적기준점표지의 설치·관리로서 옳지 않은 것은?

① 지적소관청은 연 1회 이상 지적기준점표지의 이상 유무를 조사하여야 한다.
② 지적삼각점표지의 점간거리는 평균 3km 이상 6km 이하로 하여야 한다.
③ 지적삼각보조점표지의 점간거리는 평균 1km 이상 3km 이하로 하여야 한다.
④ 다각망도선법에 따르는 경우 지적도근점표지의 점간거리는 평균 500m 이하로 하여야 한다.

해설 지적삼각점표지의 점간거리는 평균 2km 이상 5km 이하로 하여야 한다.

11 지적기준점성과의 관리 등에 대한 설명으로 옳은 것은?

① 지적도근점성과는 지적소관청이 관리한다.
② 지적삼각점성과는 지적소관청이 관리한다.
③ 지적삼각보조점성과은 시·도지사가 관리한다.
④ 지적소관청이 지적삼각점을 변경하였을 때에는 그 측량성과를 국토교통부장관에게 통보한다.

해설 **지적측량시행규칙 제3조(지적기준점성과의 관리 등)**
법 제27조 제1항에 따른 지적기준점성과의 관리는 다음 각 호에 따른다.
1. 지적삼각점성과는 특별시장·광역시장·도지사 또는 특별자치도지사(이하 "시·도지사"라 한다)가 관리하고, 지적삼각보조점성과 및 지적도근점성과는 지적소관청이 관리할 것
2. 지적소관청이 지적삼각점을 설치하거나 변경하였을 때에는 그 측량성과를 시·도지사에게 통보할 것
3. 지적소관청은 지형·지물 등의 변동으로 인하여 지적삼각점성과가 다르게 된 때에는 지체 없이 그 측량성과를 수정하고 그 내용을 시·도지사에게 통보할 것

12 지적측량시행규칙상 지적소관청이 지적삼각보조점성과표 및 지적도근점성과표에 기록·관리하여야 하는 사항에 해당하지 않는 것은?

① 표지의 재질
② 직각좌표계 원점명
③ 소재지와 측량연월일
④ 지적위성기준점의 명칭

해설 **지적측량시행규칙 제4조(지적기준점성과표의 기록·관리 등)**
② 제3조에 따라 지적소관청이 지적삼각보조점성과 및 지적도근점성과를 관리할 때에는 다음 각 호의 사항을 지적삼각보조점성과표 및 지적도근점성과표에 기록·관리하여야 한다.

정답 07 ③ 08 ① 09 ② 10 ② 11 ① 12 ④

1. 지적삼각보조점 또는 지적도근점의 번호
1의2. 근경사진 및 위치의 약도(위치의 약도는 원경사진·항공사진으로 대체할 수 있다)
2. 좌표와 직각좌표계 원점명
3. 경도와 위도(필요한 경우로 한정한다)
4. 표고(필요한 경우로 한정한다)
5. 소재지와 설치 및 재설치연월일
6. 도선등급 및 도선명
7. 표지의 재질
8. 지적도·임야도의 번호
9. 삭제
10. 조사연월일, 조사자의 직위·성명 및 조사내용

13 지적삼각점성과표의 기록·관리사항이 아닌 것은?

① 연직선편차
② 경도 및 위도
③ 좌표 및 표고
④ 방위각 및 거리

해설 지적삼각점성과표

고시사항	기록·관리사항
• 기준점의 명칭 및 번호 • 직각좌표계의 원점명(지적기준점에 한정한다) • 좌표 및 표고 • 경도와 위도 • 설치일, 소재지 및 표지의 재질 • 측량성과보관장소	• 지적삼각점의 명칭과 기준원점명 • 좌표 및 표고 • 경도 및 위도(필요한 경우로 한정함) • 자오선수차 • 시준점의 명칭, 방위각 및 거리 • 소재지와 측량연월일 • 그 밖의 참고사항

14 지적삼각점성과표에 기록·관리하여야 하는 시항 중 필요한 경우로 한정하여 기록·관리하는 사항은?

① 자오선수차
② 경도 및 위도
③ 시준점의 명칭
④ 좌표 및 표고

해설 지적측량시행규칙 제4조(지적기준점성과표의 기록·관리 등)
① 제3조에 따라 시·도지사가 지적삼각점성과를 관리할 때에는 다음 각 호의 사항을 지적삼각점성과표에 기록·관리하여야 한다.
1. 지적삼각점의 명칭과 기준원점명
2. 좌표 및 표고
3. 경도 및 위도(필요한 경우로 한정한다)
4. 자오선수차
5. 시준점의 명칭, 방위각 및 거리
6. 소재지와 측량연월일
7. 그 밖의 참고사항

15 지적측량시행규칙상 지적삼각보조점측량에 있어서 그 측량성과를 그대로 결정하기 위한 지적측량성과와 검사성과 간의 연결교차의 허용범위로 옳은 것은?

① 0.10m
② 0.15m
③ 0.20m
④ 0.25m

해설 지적측량성과의 결정
㉠ 지적삼각점 : ±20cm
㉡ 지적삼각보조점 : ±25cm
㉢ 지적도근점
• 경계점좌표등록부 시행지역 : ±15cm
• 그 밖의 지역 : ±25cm
㉣ 경계점
• 경계점좌표등록부 시행지역 : ±10cm
• 그 밖의 지역 : ±100분의 3M[cm](M은 축척분모). 이 경우 전자평판측량방법으로 측량하는 경우에는 ±100분의 2M[cm]로 한다.

16 지적업무처리규정에 따른 측량성과도의 작성방법에 관한 설명으로 옳지 않은 것은?

① 측량성과도의 문자와 숫자는 레터링 또는 전자측량시스템에 따라 작성하여야 한다.
② 경계점좌표로 등록된 지역의 측량성과도에는 경계점 간 계산거리를 기재하여야 한다.
③ 복원된 경계점과 측량대상토지의 점유현황선이 일치하더라도 점유현황선을 표시하여야 한다.
④ 분할측량성과 등을 결정하였을 때에는 "인허가내용을 변경하여야 지적공부정리가 가능함"이라고 붉은색으로 표시하여야 한다.

해설 지적업무처리규정 제28조(측량성과도의 작성방법)
① 지적측량시행규칙 제28조 제2항 제3호에 따른 측량성과도(측량결과도에 따라 작성한 측량성과도면을 말한다)의 문자와 숫자는 레터링 또는 전자측량시스템에 따라 작성하여야 한다.
② 측량성과도의 명칭은 신규등록, 등록전환, 분할, 지적확정, 경계복원, 지적현황, 지적복구 또는 등록사항정정측량성과도로 한다. 이 경우 경계점좌표로 등록된 지역인 경우에는 명칭 앞에 "(좌표)"라 기재한다.
③ 경계점좌표로 등록된 지역의 측량성과도에는 경계점 간 계산거리를 기재하여야 한다.
④ 분할측량성과도를 작성하는 때에는 측량대상토지의 분할선은 붉은색 실선으로, 점유현황선은 붉은색 점선으로 표시하여야 한다. 다만, 경계와 점유현황선이 같을 경우에는 그러하지 아니하다.

정답 13 ① 14 ② 15 ④ 16 ③

⑤ 제20조 제3항에 따라 분할측량성과 등을 결정하였을 때에는 "인허가내용을 변경하여야 지적공부정리가 가능함"이라고 붉은색으로 표시하여야 한다.
⑥ 경계복원측량성과도를 작성하는 때에는 복원된 경계점은 직경 2mm 이상 3mm 이하의 붉은색 원으로 표시하고, 측량대상토지의 점유현황선은 붉은색 점선으로 표시하여야 한다. 다만, 필지가 작아 식별하기 곤란한 경우에는 복원된 경계점을 직경 1mm 이상 1.5mm 이하의 붉은색 원으로 표시할 수 있다.
⑦ 복원된 경계점과 측량대상토지의 점유현황선이 일치할 경우에는 제6항에 따른 점유현황선의 표시를 생략하고 경계복원측량성과도를 현장에서 작성하여 지적측량의 뢰인에게 발급할 수 있다.

17 지적삼각점의 지적측량성과와 검사성과와의 연결교차 허용범위로 옳은 것은? (단, 그 지적측량성과에 관하여 다른 입증을 할 수 있는 경우는 제외한다.)

① 0.10m 이내
② 0.15m 이내
③ 0.20m 이내
④ 0.25m 이내

해설 지적측량시행규칙 제27조(지적측량성과의 결정)
① 지적측량성과와 검사성과의 연결교차가 다음 각 호의 허용범위 이내일 때에는 그 지적측량성과에 관하여 다른 입증을 할 수 있는 경우를 제외하고는 그 측량성과로 결정하여야 한다.
  1. 지적삼각점 : ±20cm
  2. 지적삼각보조점 : ±25cm
  3. 지적도근점
    가. 경계점좌표등록부 시행지역 : ±15cm
    나. 그 밖의 지역 : ±25cm
  4. 경계점
    가. 경계점좌표등록부 시행지역 : ±10cm
    나. 그 밖의 지역 : ±100분의 3M[cm](M은 축척분모). 이 경우 전자평판측량방법으로 측량하는 경우에는 ±100분의 2M[cm]로 한다.

18 지적소관청의 측량결과도 보관방법으로 옳은 것은?

① 동·리별, 측량종목별로 지번순으로 편철하여 보관하여야 한다.
② 연도별, 동·리별로 지번순으로 편철하여 보관하여야 한다.
③ 동·리별, 지적측량수행자별로 지번순으로 편철하여 보관하여야 한다.
④ 연도별, 측량종목별, 지적공부정리일자별, 동·리별로 지번순으로 편철하여 보관하여야 한다.

해설 지적측량시행규칙 제25조(지적측량결과도의 작성 등)
③ 측량결과도의 보관은 지적소관청은 연도별, 측량종목별, 지적공부정리일자별, 동·리별로, 지적측량수행자는 연도별, 동·리별로 지번순으로 편철하여 보관하여야 한다.

19 공간정보의 구축 및 관리 등에 관한 법률상 측량기술자의 의무에 해당하지 않는 것은?

① 측량기술자는 신의와 성실로써 공정하게 측량을 하여야 한다.
② 측량기술자는 정당한 사유 없이 그 업무상 알게 된 비밀을 누설하여서는 아니 된다.
③ 측량기술자는 둘 이상의 측량업자에게 소속되어야 한다.
④ 측량기술자는 정당한 사유 없이 측량을 거부하여서는 아니 된다.

해설 측량기술자의 성실의무
㉠ 측량기술자는 신의와 성실로써 공정하게 측량을 하여야 하며 정당한 사유 없이 측량을 거부하여서는 아니 된다.
㉡ 측량기술자는 정당한 사유 없이 그 업무상 알게 된 비밀을 누설하여서는 아니 된다(1년 이하의 징역 또는 1천만원 이하의 벌금).
㉢ 측량기술자는 둘 이상의 측량업자에게 소속될 수 없다(1년 이하의 징역 또는 1천만원 이하의 벌금).
㉣ 측량기술자는 다른 사람에게 측량기술경력증을 빌려주거나 자기의 성명을 사용하여 측량업무를 수행하게 하여서는 아니 된다.

20 지적측량업의 등록을 위한 기술능력 및 장비의 기준으로 옳지 않은 것은?

① 출력장치 1대 이상
② 중급기술자 2명 이상
③ 토털스테이션 1대 이상
④ 특급기술자 2명 또는 고급기술자 1명 이상

해설 지적측량업의 등록기준

기술인력	장비

• 특급기술자 1명 또는 고급기술자 2명 이상
• 중급기술자 2명 이상
• 초급기술자 1명 이상
• 지적분야의 초급기능사 1명 이상
	• 토털스테이션 1대 이상
	• 출력장치 1대 이상
	  - 해상도 : 2,400DPI×1,200DPI
	  - 출력범위 : 600mm×1,060mm 이상

21 측량업의 등록을 하지 아니하고 지적측량업을 할 수 있는 자는?
① 지적측량업자 ② 측지측량업자
③ 한국국토정보공사 ④ 한국해양조사협회

해설 한국국토정보공사는 별도로 지적측량업을 등록하지 않아도 지적측량을 할 수 있다.

22 측량업자가 보유한 측량기기의 성능검사주기기준이 옳은 것은? (단, 한국국토정보공사의 경우는 고려하지 않는다.)
① 거리측정기 : 3년
② 토털스테이션 : 2년
③ 트랜싯(데오도라이트) : 2년
④ 지피에스(GPS)수신기 : 1년

해설 성능검사를 받아야 하는 측량기기와 검사주기
㉠ 트랜싯(데오도라이트) : 3년
㉡ 레벨 : 3년
㉢ 거리측정기 : 3년
㉣ 토털스테이션 : 3년
㉤ 지피에스(GPS)수신기 : 3년
㉥ 금속관로탐지기 : 3년

23 지적측량업의 등록기준이 옳은 것은?
① 특급기술사 1명 또는 고급기술자 3명 이상
② 중급기술자 3명 이상
③ 초급기술자 2명 이상
④ 지적분야의 초급기능사 1명 이상

해설 지적측량업의 등록기준(기술인력)
㉠ 특급기술자 1명 또는 고급기술자 2명 이상
㉡ 중급기술자 2명 이상
㉢ 초급기술자 1명 이상
㉣ 지적분야의 초급기능사 1명 이상

24 지적측량업의 등록에 필요한 기술능력의 등급별 인원기준으로 옳은 것은? (단, 상위등급의 기술능력으로 하위등급의 기술능력을 대체하는 경우는 고려하지 않는다.)
① 고급기술인 1명 이상
② 중급기술인 1명 이상
③ 초급기술인 1명 이상
④ 지적분야의 초급기능사 2명 이상

해설 지적측량업의 등록기준(기술인력)
㉠ 특급기술자 1명 또는 고급기술자 2명 이상
㉡ 중급기술자 2명 이상
㉢ 초급기술자 1명 이상
㉣ 지적분야의 초급기능사 1명 이상

25 측량업의 등록을 하려는 자가 신청에서 첨부하여 제출하여야 할 서류가 아닌 것은?
① 보유하고 있는 측량기술자의 명단
② 보유한 인력에 대한 측량기술경력증명서
③ 보유하고 있는 장비의 명세서
④ 등기부등본

해설 측량업의 등록을 하려는 자는 국토교통부령으로 정하는 신청서(전자문서로 된 신청서를 포함한다)에 다음의 서류(전자문서를 포함한다)를 첨부하여 국토교통부장관 또는 시·도지사에게 제출하여야 한다.

기술인력을 갖춘 사실을 증명하기 위한 서류	장비를 갖춘 사실을 증명하기 위한 서류
• 보유하고 있는 측량기술자의 명단 • 인력에 대한 측량기술경력증명서(발급일부터 1개월 이내의 것으로 한정한다)	• 보유하고 있는 장비의 명세서 • 장비에 대한 성능검사서 사본 • 소유권 또는 사용권을 보유한 사실을 증명할 수 있는 서류

26 다음 중 측량업 등록의 결격사유에 해당하지 않는 것은?
① 파산자로서 복권되지 아니한 자
② 피성년후견인 또는 피한정후견인
③ 측량업의 등록이 취소된 후 2년이 지나지 아니한 자
④ 국가보안법의 관련 규정을 위반하여 금고 이상의 실형을 선고받고 그 집행이 끝난 날부터 2년이 지나지 아니한 자

해설 측량업 등록의 결격사유
㉠ 피성년후견인 또는 피한정후견인
㉡ 이 법이나 국가보안법 또는 형법 제87조부터 제104조까지의 규정을 위반하여 금고 이상의 실형을 선고받고 그 집행이 끝나거나(집행이 끝난 것으로 보는 경우를 포함한다) 집행이 면제된 날부터 2년이 지나지 아니한 자

정답 21 ③ 22 ① 23 ④ 24 ③ 25 ④ 26 ①

ⓒ 이 법이나 국가보안법 또는 형법 제87조부터 제104조까지의 규정을 위반하여 금고 이상의 형의 집행유예를 선고받고 그 집행유예기간 중에 있는 자
ⓓ 측량업의 등록이 취소된 후 2년(㉠에 해당하여 등록이 취소된 경우는 제외한다)이 지나지 아니한 자
ⓔ 임원 중에 ㉠~ⓓ까지의 어느 하나에 해당하는 자가 있는 법인

27 공간정보의 구축 및 관리 등에 관한 법규상 측량업자의 지위승계신고서에 첨부하여야 할 서류로 옳지 않은 것은? 기 19-3

① 합병공고문
② 지적측량업등록증
③ 양도·양수계약서 사본
④ 상속인임을 증명할 수 있는 서류

해설 공간정보의 구축 및 관리 등에 관한 법률 시행규칙 제51조(측량업자의 지위승계신고서)
① 법 제46조에 따라 측량업자의 지위를 승계한 자가 영 제40조 제1항에 따라 측량업자 지위승계의 신고를 하려는 경우에는 다음 각 호의 구분에 따라 신고서에 해당 서류(전자문서로 된 신고서와 서류를 포함한다)를 첨부하여 영 제35조 제1항에 따라 등록한 기관에 제출하여야 한다.
1. 측량업 양도·양수신고의 경우
 가. 양도·양수계약서 사본
 나. 영 제35조 제2항 제1호 및 제2호의 서류
2. 측량업 상속신고의 경우
 가. 상속인임을 증명할 수 있는 서류
 나. 영 제35조 제2항 제1호 및 제2호의 서류
3. 측량업 법인합병신고의 경우
 가. 합병계약서 사본
 나. 합병공고문
 다. 합병에 관한 사항을 의결한 총회 또는 창립총회의 결의서 사본
 라. 영 제35조 제2항 제1호 및 제2호의 서류

28 국토교통부장관, 해양수산부장관 또는 시·도지사가 측량업자에게 측량업의 등록을 취소하거나 1년 이내의 기간을 정하여 영업의 정지를 명할 수 있는 경우에 해당하지 않는 것은? 기 19-3, 산 17-2

① 고의 또는 과실로 측량을 부정확하게 한 경우
② 거짓이나 그 밖의 부정한 방법으로 측량업의 등록을 한 경우
③ 지적측량업자가 업무범위를 위반하여 지적측량을 한 경우
④ 정당한 사유 없이 측량업의 등록을 한 날부터 1년 이내에 영업을 시작하지 아니한 경우

해설 공간정보의 구축 및 관리 등에 관한 법률 제52조(측량업의 등록취소 등)
① 국토교통부장관, 해양수산부장관 또는 시·도지사는 측량업자가 다음 각 호의 어느 하나에 해당하는 경우에는 측량업의 등록을 취소하거나 1년 이내의 기간을 정하여 영업의 정지를 명할 수 있다. 다만, 제2호·제4호·제7호·제8호·제11호 또는 제15호에 해당하는 경우에는 측량업의 등록을 취소하여야 한다.
1. 고의 또는 과실로 측량을 부정확하게 한 경우
2. 거짓이나 그 밖의 부정한 방법으로 측량업의 등록을 한 경우
3. 정당한 사유 없이 측량업의 등록을 한 날부터 1년 이내에 영업을 시작하지 아니하거나 계속하여 1년 이상 휴업한 경우
4. 제44조 제2항에 따른 등록기준에 미달하게 된 경우. 다만, 일시적으로 등록기준에 미달되는 등 대통령령으로 정하는 경우는 제외한다.
5. 제44조 제4항을 위반하여 측량업등록사항의 변경신고를 하지 아니한 경우
6. 지적측량업자가 제45조에 따른 업무범위를 위반하여 지적측량을 한 경우
7. 제47조 각 호의 어느 하나에 해당하게 된 경우. 다만, 측량업자가 같은 조 제5호에 해당하게 된 경우로서 그 사유가 발생한 날부터 3개월 이내에 그 사유를 해소한 경우는 제외한다.
8. 제49조 제1항을 위반하여 다른 사람에게 자기의 측량업등록증 또는 측량업등록수첩을 빌려주거나 자기의 성명 또는 상호를 사용하여 측량업무를 하게 한 경우
9. 지적측량업자가 제50조를 위반한 경우
10. 제51조를 위반하여 보험가입 등 필요한 조치를 하지 아니한 경우
11. 영업정지기간 중에 계속하여 영업을 한 경우
12. 제52조 제3항에 따른 임원의 직무정지명령을 이행하지 아니한 경우
13. 지적측량업자가 제106조 제2항에 따른 지적측량수수료를 같은 조 제3항에 따라 고시한 금액보다 과다 또는 과소하게 받은 경우
14. 다른 행정기관이 관계법령에 따라 등록취소 또는 영업정지를 요구한 경우
15. 국가기술자격법 제15조 제2항을 위반하여 측량업자가 측량기술자의 국가기술자격증을 대여받은 사실이 확인된 경우

정답 27 ② 28 ②

29 지적측량업의 등록을 취소해야 하는 경우에 해당되지 않는 것은?

① 거짓이나 그 밖의 부정한 방법으로 지적측량업의 등록을 한 때
② 법인의 임원 중 형의 집행유예선고를 받고 그 유예기간이 경과된 자가 있는 때
③ 다른 사람에게 자기의 등록증을 빌려준 때
④ 영업정지기간 중에 지적측량업을 영위한 때

해설 법인의 임원 중 형의 집행유예선고를 받고 그 유예기간이 경과된 자가 있는 때에는 결격사유에 해당하지 아니하므로 측량업취소사유에 해당하지 않는

30 지적측량업자의 업무범위가 아닌 것은?

① 경계점좌표등록부가 있는 지역에서의 지적측량
② 도시개발사업 등이 끝남에 따라 하는 지적확정측량
③ 도해지역의 분할측량결과에 대한 지적성과검사측량
④ 지적재조사에 관한 특별법에 따른 사업지구에서 실시하는 지적재조사측량

해설 지적측량업자의 업무범위
㉠ 경계점좌표등록부가 있는 지역에서의 지적측량
㉡ 지적재조사에 관한 특별법에 따른 사업지구에서 실시하는 지적재조사측량
㉢ 도시개발사업 등이 끝남에 따라 하는 지적확정측량
㉣ 지적전산자료를 활용한 정보화사업
 • 지적도, 임야도, 연속지적도, 도시개발사업 등의 계획을 위한 지적도 등의 정보처리시스템을 통한 기록·저장업무
 • 토지대장, 임야대장의 전산화업무

31 다음 중 지적측량업의 업무내용으로 옳은 것은?

① 도해지역에서의 지적측량
② 지적재조사사업에 따라 실시하는 기준점측량
③ 지적전산자료를 활용한 정보화사업
④ 도시개발사업 등이 완료됨에 따라 실시하는 지적도근점측량

해설 지적측량업의 업무범위
㉠ 경계점좌표등록부가 갖춰진 지역에서의 지적측량
㉡ 지적재조사사업에 따라 실시하는 지적확정측량
㉢ 도시개발사업 등이 완료됨에 따라 실시하는 지적확정측량
㉣ 지적전산자료를 활용한 정보화사업

32 다음 중 지적측량업자의 업무범위에 속하지 않는 것은?

① 지적측량성과검사를 위한 지적측량
② 사업지구에서 실시하는 지적재조사측량
③ 경계점좌표등록부가 있는 지역에서의 지적측량
④ 도시개발사업 등이 끝남에 따라 하는 지적확정측량

해설 지적측량업자의 업무범위
㉠ 경계점좌표등록부가 있는 지역에서의 지적측량
㉡ 지적재조사에 관한 특별법에 따른 사업지구에서 실시하는 지적재조사측량
㉢ 도시개발사업 등이 끝남에 따라 하는 지적확정측량
㉣ 지적전산자료를 활용한 정보화사업
 • 지적도, 임야도, 연속지적도, 도시개발사업 등의 계획을 위한 지적도 등의 정보처리시스템을 통한 기록·저장업무
 • 토지대장, 임야대장의 전산화업무

33 지적측량업자가 손해배상책임을 보장하기 위하여 가입하여야 하는 보증보험의 보증금액기준으로 옳은 것은? (단, 보장기간은 10년 이상으로 한다.)

① 1억원 이상   ② 5억원 이상
③ 10억원 이상   ④ 20억원 이상

해설 공간정보의 구축 및 관리 등에 관한 법률 시행령 제41조(손해배상책임의 보장)
① 지적측량수행자는 법 제51조 제2항에 따라 손해배상책임을 보장하기 위하여 다음 각 호의 구분에 따라 보증보험에 가입하거나 공간정보산업협회가 운영하는 보증 또는 공제에 가입하는 방법으로 보증설정(이하 "보증설정"이라 한다)을 하여야 한다.
 1. 지적측량업자 : 보장기간 10년 이상 및 보증금액 1억원 이상
 2. 국가공간정보 기본법 제12조에 따라 설립된 한국국토정보공사 : 보증금액 20억원 이상
② 지적측량업자는 지적측량업등록증을 발급받은 날부터 10일 이내에 제1항 제1호의 기준에 따라 보증설정을 하여야 하며, 보증설정을 하였을 때에는 이를 증명하는 서류를 제35조 제1항에 따라 등록한 시·도지사에게 제출하여야 한다.

정답 29 ② 30 ③ 31 ③ 32 ① 33 ①

34 지적측량수행자가 손해배상책임을 보장하기 위하여 보증보험에 가입하여 보증설정을 하여야 할 금액의 기준으로 옳은 것은?

① 지적측량업자 : 3천만원 이상
② 지적측량업자 : 5천만원 이상
③ 한국국토정보공사 : 20억원 이상
④ 한국국토정보공사 : 10억원 이상

해설 지적측량수행자는 손해배상책임을 보장하기 위하여 보증보험에 가입하여야 한다.
㉠ 지적측량업자 : 보장기간이 10년 이상이고 보증금액이 1억원 이상인 보증보험
㉡ 국가공간정보 기본법 제12조에 따라 설립된 한국국토정보공사 : 보증금액이 20억원 이상인 보증보험

35 공간정보의 구축 및 관리 등에 관한 법률상 지적측량수행자의 성실의무 등에 관한 내용으로 틀린 것은?

① 지적측량수행자는 신의와 성실로써 공정하게 지적측량을 하여야 한다.
② 지적측량수행자는 정당한 사유 없이 지적측량신청을 거부하여서는 아니 된다.
③ 지적측량수행자는 본인, 배우자가 아닌 직계존·비속이 소유한 토지에 대해서는 지적측량이 가능하다.
④ 지적측량수행자는 제106조 제2항에 따른 지적측량수수료 외에는 어떠한 명목으로도 그 업무와 관련된 대가를 받으면 아니 된다.

해설 지적측량수행자의 성실의무
㉠ 지적측량수행자(소속 지적기술자를 포함한다)는 신의와 성실로써 공정하게 지적측량을 하여야 하며 정당한 사유 없이 지적측량신청을 거부하여서는 아니 된다.
㉡ 지적측량수행자는 본인, 배우자 또는 직계존·비속이 소유한 토지에 대한 지적측량을 하여서는 아니 된다.
㉢ 지적측량수행자는 지적측량수수료 외에는 어떠한 명목으로도 그 업무와 관련된 대가를 받으면 아니 된다.

36 지적측량수행자가 손해배상책임을 보장하기 위하여 보증보험에 가입하여야 하는 보증금액기준이 모두 옳은 것은? (단, 지적측량업자의 경우 보장기간은 10년 이상이다.)

① 지적측량업자 : 1억원 이상, 한국국토정보공사 : 10억원 이상
② 지적측량업자 : 1억원 이상, 한국국토정보공사 : 20억원 이상
③ 지적측량업자 : 3억원 이상, 한국국토정보공사 : 10억원 이상
④ 지적측량업자 : 3억원 이상, 한국국토정보공사 : 20억원 이상

해설 지적측량수행자는 손해배상책임을 보장하기 위하여 보증보험에 가입하여야 한다.
㉠ 지적측량업자 : 보장기간이 10년 이상이고 보증금액이 1억원 이상인 보증보험
㉡ 한국국토정보공사 : 보증금액이 20억원 이상인 보증보험

37 지적측량수행자가 과실로 지적측량을 부실하게 하여 지적측량의뢰인에게 재산상의 손해를 발생하게 한 경우 지적측량의뢰인이 손해배상으로 보험금을 지급받기 위해 보험회사에 첨부하여 제출하는 서류가 아닌 것은?

① 지적측량의뢰인과 지적측량수행자 간의 손해배상합의서
② 지적측량의뢰인과 지적측량수행자 간의 화해조서
③ 지적위원회에서 손해사실에 대하여 결정한 서류
④ 확정된 법원의 판결문 사본 또는 이에 준하는 효력이 있는 서류

해설 지적측량의뢰인은 손해배상으로 보험금을 지급받으려면 그 지적측량의뢰인과 지적측량수행자 간의 손해배상합의서, 화해조서, 확정된 법원의 판결문 사본 또는 이에 준하는 효력이 있는 서류를 첨부하여 보험회사에 손해배상금 지급을 청구하여야 한다.

38 공간정보의 구축 및 관리 등에 관한 법령상 지적측량의뢰인이 손해배상금으로 보험금을 지급받고자 하는 경우의 첨부서류에 해당되는 것은?

① 공정증서 ② 인낙조서
③ 조정조서 ④ 화해조서

해설 지적측량의뢰인은 손해배상으로 보험금, 보증금 또는 공제금을 지급받으려면 다음의 어느 하나에 해당하는 서류를 첨부하여 보험회사 또는 공간정보산업협회에 손해배상금지급을 청구하여야 한다.

정답 34 ③ 35 ③ 36 ② 37 ③ 38 ④

㉠ 지적측량의뢰인과 지적측량수행자 간의 손해배상합의서 또는 화해조서
㉡ 확정된 법원의 판결문 사본
㉢ ㉠~㉡에 준하는 효력이 있는 서류

39 지적업무처리규정상 지적측량수행자가 지적측량정보를 처리할 수 있는 시스템에 측량준비파일을 등록하여 자료를 조사하여야 하는 사항이 아닌 것은?

① 측량연혁
② 토지의 지목
③ 경계 및 면적
④ 지적기준점성과

해설 지적측량수행자는 지적측량정보를 처리할 수 있는 시스템에 측량준비파일을 등록하여 다음의 사항에 대한 자료를 조사하여야 한다.
㉠ 경계 및 면적
㉡ 지적측량성과의 결정방법
㉢ 측량연혁
㉣ 지적기준점성과
㉤ 그 밖에 필요한 사항

40 공간정보의 구축 및 관리 등에 관한 법령상 지적측량수수료에 관한 설명으로 틀린 것은?

① 국토교통부장관이 고시하는 표준품셈 중 지적측량품에 지적기술자의 정부노임단가를 적용하여 산정한다.
② 지적측량종목별 세부산정기준은 국토교통부장관이 지정한다.
③ 지적소관청이 직권으로 조사·측량하여 지적공부를 정리한 경우 조사·측량에 들어간 비용을 면제한다.
④ 지적측량수수료는 국토교통부장관이 매년 12월 말까지 고시하여야 한다.

해설 지적소관청이 직권으로 조사·측량하여 지적공부를 정리한 경우 조사·측량에 들어간 비용을 토지소유자에게 징수한다.

41 공간정보의 구축 및 관리 등에 관한 법령상 지적측량수수료를 결정하여 고시하는 자는?

① 기획재정부장관
② 국토교통부장관
③ 행정안전부장관
④ 한국국토정보공사사장

해설 지적측량수수료의 지급
㉠ 지적측량을 의뢰하는 자는 지적측량수행자에게 지적측량수수료를 지급하여야 한다.
㉡ 토지소유자가 신청하여야 하는 사항으로서 신청이 없이 지적소관청이 직권으로 조사·측량하여 지적공부를 정리한 때에는 지적측량수수료를 징수한다. 다만, 바다로 된 토지의 지적공부의 등록말소를 한 경우에는 그러하지 아니하다.
㉢ 비용을 30일 내에 납부하지 아니한 경우에는 지방세 체납처분의 예에 의하여 징수한다.
㉣ 지적측량수수료는 국토교통부장관이 매년 12월 말일까지 고시한다.

42 지적업무처리규정상 지적측량성과검사 시 세부측량의 검사항목으로 옳지 않은 것은?

① 면적측정의 정확 여부
② 관측각 및 거리측정의 정확 여부
③ 기지점과 지상경계와의 부합 여부
④ 측량준비도 및 측량결과도 작성의 적정 여부

해설 지적측량의 검사항목
㉠ 기초측량
  • 기지점 사용의 적정 여부
  • 지적기준점 설치망 구성의 적정 여부
  • 관측각 및 거리측정의 정확 여부
  • 계산의 정확 여부
  • 지적기준점 선점 및 표지설치의 정확 여부
  • 지적기준점성과와 기지경계선과의 부합 여부
㉡ 세부측량
  • 기지점 사용의 적정 여부
  • 측량준비도 및 측량결과도 작성의 적정 여부
  • 기지점과 지상경계와의 부합 여부
  • 경계점 간 계산거리(도상거리)와 실측거리의 부합 여부
  • 면적측정의 정확 여부
  • 관계법령의 분할제한 등의 저촉 여부(다만, 각종 인허가 등의 내용과 다르게 토지의 형질이 변경되었을 경우에는 제외한다)

43 지적업무처리규정상 지적측량성과의 검사항목 중 기초측량과 세부측량에서 공통으로 검사하는 항목은?

① 계산의 정확 여부
② 기지점 사용의 적정 여부
③ 기지점과 지상경계와의 부합 여부
④ 지적기준점설치망 구성의 적정 여부

정답 39 ② 40 ③ 41 ② 42 ② 43 ②

해설) 기지점 사용의 적정 여부는 기초측량과 세부측량 시 공통으로 검사하여야 할 사항이다.

44 지적소관청으로부터 측량성과에 대한 검사를 받지 않아도 되는 것만을 옳게 나열한 것은? 기 16-1, 18-3

① 지적기준점측량, 분할측량
② 지적공부복구측량, 축척변경측량
③ 경계복원측량, 지적현황측량
④ 신규등록측량, 등록전환측량

해설) 지적공부를 정리하지 아니하는 경계복원측량, 지적현황측량은 지적소관청으로부터 측량성과에 대한 검사를 받지 아니한다.

45 공간정보의 구축 및 관리 등에 관한 법률상 성능검사대행자등록의 결격사유가 아닌 것은? 기 17-2

① 피성년후견인 또는 피한정후견인
② 성능검사대행자등록이 취소된 후 2년이 경과되지 아니한 자
③ 이 법을 위반하여 징역형의 집행유예를 선고받고 그 유예기간 중에 있는 자
④ 이 법을 위반하여 징역의 실형을 선고받고 그 집행이 종료(집행이 종료된 것으로 보는 경우를 포함한다)되거나 집행이 면제된 날로부터 3년이 경과한 자

해설) 성능검사대행자등록의 결격사유
㉠ 피성년후견인 또는 피한정후견인
㉡ 이 법이나 국가보안법 또는 형법 제87조부터 제104조까지의 규정을 위반하여 금고 이상의 실형을 선고받고 그 집행이 끝나거나(집행이 끝난 것으로 보는 경우를 포함한다) 집행이 면제된 날부터 2년이 지나지 아니한 자
㉢ 이 법이나 국가보안법 또는 형법 제87조부터 제104조까지의 규정을 위반하여 금고 이상의 형의 집행유예를 선고받고 그 집행유예기간 중에 있는 자
㉣ 측량업의 등록이 취소된 후 2년(㉠에 해당하여 등록이 취소된 경우는 제외한다)이 지나지 아니한 자
㉤ 임원 중에 ㉠~㉣까지의 어느 하나에 해당하는 자가 있는 법인

46 지적측량의 적부심사를 청구할 수 없는 자는? 산 17-2

① 이해관계인   ② 지적소관청
③ 토지소유자   ④ 지적측량수행자

해설) 토지소유자, 이해관계인 또는 지적측량수행자는 지적측량성과에 대하여 다툼이 있는 경우에는 대통령령으로 정하는 바에 따라 관할 시·도지사를 거쳐 지방지적위원회에 지적측량적부심사를 청구할 수 있다.

47 공간정보의 구축 및 관리 등에 관한 법률상 지적측량적부심사청구사안에 대한 시·도지사의 조사사항이 아닌 것은? 기 18-2

① 지적측량기준점 설치연혁
② 다툼이 되는 지적측량의 경위 및 그 성과
③ 해당 토지에 대한 토지이동 및 소유권변동연혁
④ 해당 토지 주변의 측량기준점, 경계, 주요 구조물 등 현황실측도

해설) 지적측량적부심사청구를 받은 시·도지사는 30일 이내에 다음의 사항을 조사하여 지방지적위원회에 회부하여야 한다.
㉠ 다툼이 되는 지적측량의 경위 및 그 성과
㉡ 해당 토지에 대한 토지이동 및 소유권변동연혁
㉢ 해당 토지 주변의 측량기준점, 경계, 주요 구조물 등 현황실측도

48 공간정보의 구축 및 관리 등에 관한 법률상 지적측량의 적부심사에 관한 내용으로 옳은 것은? 기 19-2

① 지적측량업자가 중앙지적위원회에 지적측량적부심사를 청구하여 지적소관청이 이를 심의·의결한다.
② 지적소관청이 지방지적위원회에 지적측량적부심사를 청구하여 관할 시·도지사가 이를 심의·의결한다.
③ 지적소관청이 중앙지적위원회에 지적측량적부심사를 청구하여 국토교통부장관이 이를 심의·의결한다.
④ 토지소유자가 관할 시·도지사를 거쳐 지방지적위원회에 지적측량적부심사를 청구하고, 지방지적위원회가 이를 심의·의결한다.

해설) 공간정보의 구축 및 관리 등에 관한 법률 제29조(지적측량의 적부심사 등)
① 토지소유자, 이해관계인 또는 지적측량수행자는 지적측량성과에 대하여 다툼이 있는 경우에는 대통령령으로 정하는 바에 따라 관할 시·도지사를 거쳐 지방지적위원회에 지적측량적부심사를 청구할 수 있다.

정답 44 ③ 45 ④ 46 ② 47 ① 48 ④

49 지적측량적부심사의결서를 받은 자가 지방지적위원회의 의결에 불복하는 경우에는 그 의결서를 받은 날부터 며칠 이내에 국토교통부장관을 거쳐 중앙지적위원회에 재심사를 청구할 수 있는가? 기 18-2

① 7일 이내 ② 30일 이내
③ 60일 이내 ④ 90일 이내

해설 지적측량적부심사의결서를 받은 자가 지방지적위원회의 의결에 불복하는 경우에는 그 의결서를 받은 날부터 90일 이내에 국토교통부장관을 거쳐 중앙지적위원회에 재심사를 청구할 수 있다.

50 지적측량적부심사의결서를 받은 시·도지사는 며칠 이내에 지적측량적부심사 청구인 및 이해관계인에게 그 의결서를 통지하여야 하는가? 산 17-1

① 5일 ② 7일
③ 30일 ④ 60일

해설 지적측량적부심사의결서를 받은 시·도지사는 7일 이내에 지적측량적부심사 청구인 및 이해관계인에게 그 의결서를 통지하여야 한다.

51 중앙지적위원회는 위원장 1명과 부위원장 1명을 포함하여 몇 명으로 위원이 구성하는가? 산 16-1

① 3명 이상 7명 이하
② 5명 이상 10명 이하
③ 7명 이상 12명 이하
④ 15명 이상 20명 이하

해설 중앙지적위원회는 위원장 1명과 부위원장 1명을 포함하여 5명 이상 10명 이내의 위원으로 구성한다.

52 다음 중 중앙지적위원회에 대한 설명으로 옳지 않은 것은? 기 16-1

① 위원장 및 부위원장을 포함한 임원의 임기는 2년이다.
② 위원장은 국토교통부의 지적업무담당국장이 된다.
③ 위원은 지적에 관한 학식과 경험이 풍부한 사람 중에서 국토교통부장관이 임명하거나 위촉한다.
④ 위원장 1명과 부위원장 1명을 포함하여 5명 이상 10명 이하의 위원으로 구성한다.

해설 중앙지적위원회 위원의 임기는 위원장 및 부위원장을 제외한 2년이다.

53 공간정보의 구축 및 관리 등에 관한 법령상 중앙지적위원회의 구성 등에 관한 설명으로 옳은 것은? 기 18-3

① 위원장은 국토교통부장관이 임명하거나 위촉한다.
② 부위원장은 국토교통부의 지적업무담당국장이 된다.
③ 위원장 및 부위원장을 제외한 위원의 임기는 2년으로 한다.
④ 위원장 1명과 부위원장 1명을 제외하고 5명 이상 10명 이하의 위원으로 구성한다.

해설 ① 위원장은 국토교통부의 지적업무담당국장이다.
② 부위원장은 국토교통부의 지적업무담당과장이다.
④ 위원장 1명과 부위원장 1명을 포함해서 5명 이상 10명 이하의 위원으로 구성한다.

54 다음 설명의 ( ) 안에 적합한 것은? 기 16-3

지적측량에 대한 적부심사청구사항을 심의·의결하기 위하여 특별시·광역시·특별자치시·도 또는 특별자치도에 ( )을(를) 둔다.

① 소관청장 ② 행정안전부장관
③ 지방지적위원회 ④ 지적측량심의위원회

해설 지적측량에 대한 적부심사청구사항을 심의·의결하기 위하여 특별시·광역시·특별자치시·도 또는 특별자치도에 지방지적위원회를 둔다.

55 공간정보의 구축 및 관리 등에 관한 법령상 지적위원회에 관한 설명으로 옳지 않은 것은? 기 19-3

① 지적위원회는 중앙지적위원회와 지방지적위원회가 있다.
② 지방지적위원회의 위원장 및 부위원장을 제외한 위원의 임기는 2년으로 한다.
③ 지방지적위원회는 지적측량적부심사청구를 회부받은 날부터 60일 이내에 심의·의결하여야 한다.
④ 중앙지적위원회의 위원장은 국토교통부의 지적업무담당과장이 되고, 부위원장은 위원 중에서 임명한다.

정답 49 ④ 50 ② 51 ② 52 ① 53 ③ 54 ③ 55 ④

해설 공간정보의 구축 및 관리 등에 관한 법률 시행령 제20조 (중앙지적위원회의 구성 등)
① 법 제28조 제1항에 따른 중앙지적위원회(이하 "중앙지적위원회"라 한다)는 위원장 1명과 부위원장 1명을 포함하여 5명 이상 10명 이하의 위원으로 구성한다.
② 위원장은 국토교통부의 지적업무담당국장이, 부위원장은 국토교통부의 지적업무담당과장이 된다.
③ 위원은 지적에 관한 학식과 경험이 풍부한 사람 중에서 국토교통부장관이 임명하거나 위촉한다.
④ 위원장 및 부위원장을 제외한 위원의 임기는 2년으로 한다.
⑤ 중앙지적위원회의 간사는 국토교통부의 지적업무담당 공무원 중에서 국토교통부장관이 임명하며 회의준비, 회의록 작성 및 회의결과에 따른 업무 등 중앙지적위원회의 서무를 담당한다.
⑥ 중앙지적위원회의 위원에게는 예산의 범위에서 출석수당과 여비, 그 밖의 실비를 지급할 수 있다. 다만, 공무원인 위원이 그 소관업무와 직접적으로 관련하여 출석하는 경우에는 그러하지 아니하다.

56 중앙지적위원회에 관한 설명으로 옳지 않은 것은?   산 16-2

① 중앙지적위원회의 위원장은 국토교통부의 지적업무담당국장이 된다.
② 중앙지적위원회의 부위원장은 국토교통부의 지적업무담당과장이 된다.
③ 위원장 및 부위원장을 포함한 위원의 임기는 2년으로 한다.
④ 위원은 지적에 관한 학식과 경험이 풍부한 사람 중에서 국토교통부장관이 임명하거나 위촉한다.

해설

구분	중앙지적위원회	지방지적위원회
설치	국토교통부	시·도
위원장 및 부위원장	• 위원장 : 지적업무담당국장 • 부위원장 : 지적업무담당과장	
위원수	5인 이상 10인 이내(위원장과 부위원장을 포함)	
임기	2년(위원장과 부위원장 제외)	

57 중앙지적위원회의 심의·의결사항이 아닌 것은?   기 16-2

① 지적측량기술의 연구·개발 및 보급에 관한 사항
② 지적 관련 정책개발 및 업무개선 등에 관한 사항
③ 지적소관청이 회부하는 청산금의 이의신청에 관한 사항
④ 지적기술자의 업무정지처분 및 징계요구에 관한 사항

해설 중앙지적위원회의 심의·의결사항
㉠ 지적 관련 정책개발 및 업무개선 등에 관한 사항
㉡ 지적측량기술의 연구·개발 및 보급에 관한 사항
㉢ 지적측량적부심사에 대한 재심사
㉣ 측량기술자 중 지적분야 측량기술자(이하 "지적기술자"라 한다)의 양성에 관한 사항
㉤ 지적기술자의 업무정지처분 및 징계요구에 관한 사항

58 토지 등의 출입 등에 따른 손실보상에 관하여 손실을 보상할 자와 손실을 받은 자의 협의가 성립되지 않거나 협의를 할 수 없는 경우 재결을 신청할 수 있는 곳은?   기 17-3, 18-1, 산 17-1

① 지적소관청
② 중앙지적위원회
③ 지방지적위원회
④ 관할 토지수용위원회

해설 지적소관청 또는 손실을 입은 자는 협의가 성립되지 아니하거나 협의를 할 수 없는 경우에는 공익사업을 위한 토지 등의 취득 및 보상에 관한 법률에 따른 관할 토지수용위원회에 재결을 신청할 수 있다

59 공간정보의 구축 및 관리 등에 관한 법률상 지적측량 및 토지이동조사를 위해 타인의 토지에 출입하거나 일시 사용하는 경우에 대한 설명으로 옳지 않은 것은?   기 18-2

① 타인의 토지에 출입하려는 자는 관할 특별자치시장, 특별자치도지사, 시장·군수 또는 구청장의 허가를 받아야 한다.
② 타인의 토지를 출입하는 자는 소유자·점유자 또는 관리인의 동의 없이 장애물을 변경 또는 제거할 수 있다.
③ 토지의 점유자는 정당한 사유 없이 지적측량 및 토지이동조사에 필요한 행위를 방해하거나 거부하지 못한다.
④ 지적측량 및 토지이동조사에 필요한 행위를 하려는 자는 그 권한을 표시하는 허가증을 지니고 관계인에게 이를 내보여야 한다.

정답 56 ③ 57 ③ 58 ④ 59 ②

해설 타인의 토지를 출입하는 자는 소유자·점유자 또는 관리인의 동의를 얻어 장애물을 변경 또는 제거할 수 있다.

60 공간정보의 구축 및 관리 등에 관한 법령상 지적측량수행자의 손해배상책임을 보장하기 위한 보증설정에 관한 설명으로 옳은 것은? 기 18-2

① 지적측량업자가 보증보험에 가입하여야 하는 보증금액은 5천만원 이상이다.
② 한국국토정보공사가 보증보험에 가입하여야 하는 보증금액은 20억원 이상이다.
③ 지적측량업자가 보증설정을 하였을 때에는 이를 증명하는 서류를 국토교통부장관에게 제출하여야 한다.
④ 지적측량업자는 지적측량업등록증을 발급받은 날부터 30일 이내에 보증설정을 하여야 한다.

해설 ① 지적측량업자가 보증보험에 가입하여야 하는 보증금액은 1억원 이상이다.
③ 지적측량업자가 보증설정을 하였을 때에는 이를 증명하는 서류를 시·도지사에게 제출하여야 한다.
④ 지적측량업자는 지적측량업등록증을 발급받은 날부터 15일 이내에 보증설정을 하여야 한다.

61 토지의 이동을 조사하는 자가 측량 또는 조사 등 필요로 하여 토지 등에 출입하거나 일시 사용함으로 인하여 손실을 받은 자가 있는 경우의 손실보상에 대한 설명으로 옳지 않은 것은? 기 18-3

① 손실을 받은 자가 있으면 그 행위를 한 자는 그 손실을 보상하여야 한다.
② 손실보상에 관하여는 손실을 보상할 자와 손실을 받은 자가 협의하여야 한다.
③ 손실을 보상할 자 또는 손실을 받은 자는 손실보상에 관한 협의가 성립되지 아니하는 경우 관할 토지수용위원회에 재결을 신청할 수 있다.
④ 재결에 불복하는 자는 재결서 정본을 송달받은 날부터 3개월 이내에 중앙토지수용위원회에 이의를 신청할 수 있다.

해설 재결에 불복하는 자는 재결서 정본을 송달받은 날부터 30일 이내에 중앙토지수용위원회에 이의를 신청할 수 있다.

62 공간정보의 구축 및 관리 등에 관한 법률상 필요한 경우 토지를 수용할 수 있는 경우는? 기 18-1

① 장애물을 제거하는 경우
② 경계복원측량을 하는 경우
③ 축척변경사업을 하는 경우
④ 지적측량기준점표지를 설치하는 경우

해설 지적기준점표지를 설치 시 필요한 경우 타인의 토지를 수용할 수 있다.

63 다음 중 1년 이하의 징역 또는 1천만원 이하의 벌금에 처하는 경우는? 기 19-3

① 고의로 측량성과를 다르게 한 자
② 정당한 사유 없이 측량을 방해한 자
③ 지적측량수수료 외의 대가를 받은 지적측량기술자
④ 본인 또는 배우자가 소유한 토지에 대한 지적측량을 한 자

해설 ① 2년 이하의 징역 또는 2,000만원 이하의 벌금
② 300만원 이하의 과태료
④ 300만원 이하의 과태료

64 국토교통부장관이 기본측량을 실시하기 위하여 필요하다고 인정하는 경우 토지의 수용 또는 사용에 따른 손실보상에 관하여 적용하는 법률은? 산 18-1

① 부동산등기법
② 국토의 계획 및 이용에 관한 법률
③ 공간정보의 구축 및 관리 등에 관한 법률
④ 공익사업을 위한 토지 등의 취득 및 보상에 관한 법률

해설 국토교통부장관이 기본측량을 실시하기 위하여 필요하다고 인정하는 경우 토지의 수용 또는 사용에 따른 손실보상에 관하여 적용하는 법률은 공익사업을 위한 토지 등의 취득 및 보상에 관한 법률이다.

65 공간정보의 구축 및 관리 등에 관한 법률상 토지를 수용하거나 사용할 수 있는 경우는? 기 19-3

① 타인의 토지를 출입할 경우
② 장애물의 형상을 변경할 경우
③ 기본측량 시 필요하다고 인정하는 경우
④ 축척변경측량 시 경계표지를 설치할 경우

정답 60 ② 61 ④ 62 ④ 63 ③ 64 ④ 65 ③

해설 공간정보의 구축 및 관리 등에 관한 법률 제103조(토지의 수용 또는 사용)
① 국토교통부장관 및 해양수산부장관은 기본측량을 실시하기 위하여 필요하다고 인정하는 경우에는 토지, 건물, 나무, 그 밖의 공작물을 수용하거나 사용할 수 있다.
② 제1항에 따른 수용 또는 사용 및 이에 따른 손실보상에 관하여는 공익사업을 위한 토지 등의 취득 및 보상에 관한 법률을 적용한다.

66 공간정보의 구축 및 관리 등에 관한 법률에서 300만원 이하의 과태료의 대상이 아닌 것은? 기 16-1

① 고시된 측량성과에 어긋나는 측량성과를 사용한 자
② 수로조사를 하지 아니한 자
③ 정당한 사유 없이 측량을 방해한 자
④ 고의로 측량성과를 사실과 다르게 한 자

해설 고의로 지적측량성과를 사실과 다르게 한 자는 2년 이하의 징역 또는 2천만원 이하의 벌금에 처한다.

67 공간정보의 구축 및 관리 등에 관한 법률상 고의로 지적측량성과를 사실과 다르게 한 자에 대한 벌칙으로 옳은 것은? 기 17-2, 18-3

① 1년 이하의 징역 또는 1천만원 이하의 벌금
② 2년 이하의 징역 또는 2천만원 이하의 벌금
③ 3년 이하의 징역 또는 3천만원 이하의 벌금
④ 5년 이하의 징역 또는 5천만원 이하의 벌금

해설 고의로 지적측량성과를 사실과 다르게 한 자는 2년 이하의 징역 또는 2천만원 이하의 벌금에 처한다.

68 공간정보의 구축 및 관리 등에 관한 법률상 양벌규정의 해당행위가 아닌 것은? (단, 법인 또는 개인이 그 위반행위를 방지하기 위하여 해당 업무에 관하여 상당한 주의와 감독을 게을리하지 아니한 경우는 고려하지 않는다.) 기 16-2

① 고의로 측량성과 또는 수로조사성과를 사실과 다르게 한 자
② 둘 이상의 측량업자에게 소속된 측량기술자 또는 수로기술자
③ 직계존·비속이 소유한 토지에 대한 지적측량을 한 자
④ 측량업자나 수로사업자로서 속임수, 위력(威力), 그 밖의 방법으로 측량업 또는 수로사업과 관련된 입찰의 공정성을 해친 자

해설 양벌규정이란 법인의 대표자 또는 법인이나 개인의 대리인, 기타 종업원이 그 법인 또는 개인의 업무에 관하여 법률위반행위를 하였을 때 그 행위자를 처벌하는 것 외에 그 업무의 주체인 법인 또는 개인도 처벌하는 규정이다. 지적기술자가 자기, 배우자, 직계존·비속 소유토지에 대하여 지적측량을 한 경우 과태료만 부과되며 양벌규정을 적용하지 않는다.

69 다음 중 200만원 이하의 과태료 부과대상인 자는? 산 16-3

① 무단으로 측량성과 또는 측량기록을 복제한 자
② 심사를 받지 아니하고 지도 등을 간행하여 판매하거나 배포한 자
③ 정당한 사유 없이 측량을 방해한 자
④ 측량기술자가 아님에도 불구하고 측량을 한 자

해설 ①, ②, ④ 1년 이하의 징역 또는 1,000만원 이하의 벌금

70 공간정보의 구축 및 관리 등에 관한 법률상 2년 이하의 징역 또는 2천만원 이하의 벌금에 처하는 자로 옳지 않은 것은? 기 19-1

① 측량성과를 국외로 반출한 자
② 고의로 측량성과 또는 수로조사성과를 사실과 다르게 한 자
③ 측량기준점표지를 이전 또는 파손하거나 그 효용을 해치는 행위를 한 자
④ 측량업자로서 속임수, 위력(威力), 그 밖의 방법으로 측량업과 관련된 입찰의 공정성을 해친 자

해설 공간정보의 구축 및 관리 등에 관한 법률 제107조(벌칙)
측량업자로서 속임수, 위력, 그 밖의 방법으로 측량업과 관련된 입찰의 공정성을 해친 자는 3년 이하의 징역 또는 3천만원 이하의 벌금에 처한다.

71 공간정보의 구축 및 관리 등에 관한 법률에서 규정하고 있는 벌칙에 해당하지 않는 것은? 기 18-3

① 자격취소, 자격정지, 견책, 훈계
② 1년 이하의 징역 또는 1천만원 이하의 벌금
③ 2년 이하의 징역 또는 2천만원 이하의 벌금
④ 3년 이하의 징역 또는 3천만원 이하의 벌금

정답 66 ④ 67 ② 68 ③ 69 ③ 70 ④ 71 ①

해설 공간정보의 구축 및 관리 등에 관한 법률에서 규정하고 있는 벌칙
  ㉠ 1년 이하의 징역 또는 1천만원 이하의 벌금
  ㉡ 2년 이하의 징역 또는 2천만원 이하의 벌금
  ㉢ 3년 이하의 징역 또는 3천만원 이하의 벌금

72 측량업자로서 속임수, 위력(威力), 그 밖의 방법으로 측량업과 관련된 입찰의 공정성을 해친 자에 대한 벌칙기준은?   기 19-3
① 300만원 이하의 과태료
② 1년 이하의 징역 또는 1천만원 이하의 벌금
③ 2년 이하의 징역 또는 2천만원 이하의 벌금
④ 3년 이하의 징역 또는 3천만원 이하의 벌금

해설 공간정보의 구축 및 관리 등에 관한 법률 제107조(벌칙)
측량업자나 수로사업자로서 속임수, 위력, 그 밖의 방법으로 측량업 또는 수로사업과 관련된 입찰의 공정성을 해친 자는 3년 이하의 징역 또는 3천만원 이하의 벌금에 처한다.

73 다음 중 과태료 처분을 받는 경우에 해당되지 않는 자는?   산 18-3
① 거짓으로 등록전환신청을 한 자
② 정당한 사유 없이 측량을 방해한 자
③ 측량업의 휴·폐업 등의 신고를 하지 아니한 자
④ 본인, 배우자 또는 직계존·비속이 소유한 토지에 대한 지적측량을 한 자

해설 토지이동을 거짓으로 신청한 자는 1년 이하의 징역 또는 1천만원 이하의 벌금형에 처한다.

74 공간정보의 구축 및 관리 등에 관한 법률상 1년 이하의 징역 또는 1천만원 이하의 벌금대상으로 옳은 것은?   기 17-3, 18-2
① 정당한 사유 없이 측량을 방해한 자
② 측량업등록사항의 변경신고를 하지 아니한 자
③ 무단으로 측량성과 또는 측량기록을 복제한 자
④ 고시된 측량성과에 어긋나는 측량성과를 사용한 자

해설 ①, ②, ④는 300만원 이하의 과태료 부과대상이다.

75 다음 중 2년 이하의 징역 또는 2천만원 이하의 벌금에 처하는 벌칙기준을 적용받는 경우?   기 17-3
① 정당한 사유 없이 측량을 방해한 자
② 측량기술자가 아님에도 불구하고 측량을 한 자
③ 측량업의 등록을 하지 아니하고 측량업을 한 자
④ 측량업자로서 속임수로 측량업과 관련된 입찰의 공정성을 해친 자

해설 ① 300만원 이하의 과태료
② 1년 이하의 징역 또는 1,000만원 이하의 벌금
④ 3년 이하의 징역 또는 3,000만원 이하의 벌금

76 다른 사람에게 측량업등록증 또는 측량업등록수첩을 빌려주거나 자기의 성명 또는 상호를 사용하여 측량업무를 하게 한 자에 대한 벌칙기준으로 옳은 것은?   산 19-1
① 300만원 이하의 과태료를 부과한다.
② 1년 이하의 징역 또는 1천만원 이하의 벌금에 처한다.
③ 2년 이하의 징역 또는 2천만원 이하의 벌금에 처한다.
④ 3년 이하의 징역 또는 3천만원 이하의 벌금에 처한다.

해설 공간정보의 구축 및 관리 등에 관한 법률 제109조(벌칙)
다음 각 호의 어느 하나에 해당하는 자는 1년 이하의 징역 또는 1천만원 이하의 벌금에 처한다.
1. 무단으로 측량성과 또는 측량기록을 복제한 자
2. 심사를 받지 아니하고 지도 등을 간행하여 판매하거나 배포한 자
3. 측량기술자가 아님에도 불구하고 측량을 한 자
4. 업무상 알게 된 비밀을 누설한 측량기술자
5. 둘 이상의 측량업자에게 소속된 측량기술자
6. 다른 사람에게 측량업등록증 또는 측량업등록수첩을 빌려주거나 자기의 성명 또는 상호를 사용하여 측량업무를 하게 한 자
7. 다른 사람의 측량업등록증 또는 측량업등록수첩을 빌려서 사용하거나 다른 사람의 성명 또는 상호를 사용하여 측량업무를 한 자
8. 지적측량수수료 외의 대가를 받은 지적측량기술자
9. 거짓으로 토지이동의 신청을 한 자
10. 다른 사람에게 자기의 성능검사대행자등록증을 빌려주거나 자기의 성명 또는 상호를 사용하여 성능검사대행업무를 수행하게 한 자

정답 72 ④ 73 ① 74 ③ 75 ③ 76 ②

11. 다른 사람의 성능검사대행자등록증을 빌려서 사용하거나 다른 사람의 성명 또는 상호를 사용하여 성능검사대행업무를 수행한 자

77 공간정보의 구축 및 관리 등에 관한 법령상 정당한 사유 없이 지적측량을 방해한 자에 대한 벌칙기준으로 옳은 것은?

① 200만원 이하의 과태료
② 500만원 이하의 과태료
③ 1년 이하의 징역 또는 1천만원 이하의 벌금
④ 2년 이하의 징역 또는 2천만원 이하의 벌금

해설 정당한 사유 없이 지적측량을 방해한 자는 200만원 이하의 과태료가 부과된다.

정답 77 ①

05 지적재조사특별법

1 개요

1 제정목적

토지의 실제 현황과 일치하지 아니하는 지적공부의 등록사항을 바로잡고 종이에 구현된 지적을 디지털지적으로 전환함으로써 국토를 효율적으로 관리함과 아울러 국민의 재산권 보호에 기여함을 목적으로 한다.

2 용어정의

① **지적재조사사업** : 공간정보의 구축 및 관리 등에 관한 법률에 따라 지적공부의 등록사항을 조사·측량하여 기존의 지적공부를 디지털에 의한 새로운 지적공부로 대체함과 동시에 지적공부의 등록사항이 토지의 실제 현황과 일치하지 아니하는 경우 이를 바로잡기 위하여 실시하는 국가사업을 말한다.
② **지적재조사지구** : 지적재조사사업을 시행하기 위하여 지정·고시된 지구를 말한다.
③ **토지현황조사** : 지적재조사사업을 시행하기 위해 필지별로 소유자, 지번, 지목, 면적, 경계 또는 좌표, 지상건축물 및 지하건축물의 위치, 개별공시지가 등을 조사하는 것을 말한다.

2 지적재조사사업의 절차

1 지적재조사사업 시행자

1) 시행자

지적재조사사업은 지적소관청이 시행한다.

2) 지적재조사사업의 측량·조사 등의 위탁

지적소관청은 지적재조사사업의 측량·조사 등을 책임수행기관에 위탁할 수 있으며, 다음의 업무를 책임수행기관에게 위탁할 수 있다.
① 토지현황조사 및 토지현황조사서 작성
② 지적재조사측량 중 경계점측량 및 필지별 면적 산정

③ 경계 설정
④ 임시경계점표지 설치, 지적확정예정조서 작성, 경계재설정 및 임시경계점표지 재설치
⑤ 경계점표지 설치, 경계확정측량 및 지상경계점등록부 작성
⑥ 지적재조사 측량규정에 따른 지적재조사지구의 내·외경계 확정
⑦ 측량규정에 따른 측량성과물 작성

3) 고시 및 통지

(1) 고시

지적소관청은 책임수행기관에 지적재조사사업의 측량·조사 등을 위탁한 때에는 대통령령으로 정하는 바에 따라 다음의 사항을 공보에 고시해야 한다.
① 책임수행기관의 명칭
② 지적재조사지구의 명칭
③ 지적재조사지구의 위치 및 면적
④ 책임수행기관에 위탁할 측량·조사에 관한 사항

(2) 통지

지적소관청은 토지소유자와 책임수행기관에 고시사항을 통지해야 한다.

4) 토지 등의 출입

① 지적소관청은 지적재조사사업을 위하여 필요한 경우에는 소속공무원 또는 지적측량수행자로 하여금 타인의 토지, 건물, 공유수면 등(이하 "토지 등"이라 한다)에 출입하거나 이를 일시 사용하게 할 수 있으며, 특히 필요한 경우에는 나무, 흙, 돌, 그 밖의 장애물(이하 "장애물 등"이라 한다)을 변경하거나 제거하게 할 수 있다.
② 지적소관청은 소속공무원 또는 지적측량수행자로 하여금 타인의 토지 등에 출입하게 하거나 이를 일시 사용하게 하거나 장애물 등을 변경 또는 제거하게 하려는 때에는 출입 등을 하려는 날의 3일 전까지 해당 토지 등의 소유자, 점유자 또는 관리인에게 그 일시와 장소를 통지하여야 한다.
③ 해 뜨기 전이나 해가 진 후에는 그 토지 등의 점유자의 승낙 없이 택지나 담장 또는 울타리로 둘러싸인 타인의 토지 등에 출입할 수 없다.
④ 토지 등의 점유자는 정당한 사유 없이 행위를 방해하거나 거부하지 못한다.
⑤ 행위를 하려는 자는 그 권한을 표시하는 증표와 허가증을 지니고 이를 관계인에게 내보여야 한다.
⑥ 지적소관청은 행위로 인하여 손실을 입은 자가 있으면 이를 보상하여야 한다.
⑦ 손실보상에 관하여는 지적소관청과 손실을 입은 자가 협의하여야 한다.
⑧ 지적소관청 또는 손실을 입은 자는 협의가 성립되지 아니하거나 협의를 할 수 없는 경우에는 공익사업을 위한 토지 등의 취득 및 보상에 관한 법률에 따른 관할 토지수용위원회에 재결을 신청할 수 있다.

⑨ 관할 토지수용위원회의 재결에 관하여는 공익사업을 위한 토지 등의 취득 및 보상에 관한 법률의 규정을 준용한다.

2 기본계획

1) 기본계획의 수립

국토교통부장관은 지적재조사사업을 효율적으로 시행하기 위하여 다음의 사항이 포함된 지적재조사사업에 관한 기본계획을 수립하여야 한다.
① 지적재조사사업에 관한 기본방향
② 지적재조사사업의 시행기간 및 규모
③ 지적재조사사업비의 연도별 집행계획
④ 지적재조사사업비의 특별시·광역시·도·특별자치도·특별자치시 및 지방자치법에 따른 인구 50만 이상 대도시(이하 "시·도"라 한다)별 배분계획
⑤ 지적재조사사업에 필요한 인력의 확보에 관한 계획
⑥ 그 밖에 지적재조사사업의 효율적 시행을 위하여 필요한 사항으로서 대통령령으로 정하는 사항
  ㉠ 디지털지적의 운영·관리에 필요한 표준의 제정 및 그 활용
  ㉡ 지적재조사사업의 효율적 추진을 위하여 필요한 교육 및 연구·개발
  ㉢ 그 밖에 국토교통부장관이 지적재조사사업에 관한 기본계획(이하 "기본계획"이라 한다)의 수립에 필요하다고 인정하는 사항

2) 자료제출

국토교통부장관은 기본계획의 수립을 위하여 관계 중앙행정기관의 장에게 필요한 자료제출을 요청할 수 있다. 이 경우 자료제출을 요청받은 관계 중앙행정기관의 장은 특별한 사정이 없으면 요청에 따라야 한다.

3) 기본계획절차

① 국토교통부장관은 기본계획을 수립할 때에는 미리 공청회를 개최하여 관계 전문가 등의 의견을 들어 기본계획안을 작성하고, 특별시장·광역시장·도지사·특별자치도지사·특별자치시장 및 지방자치법 제175조에 따른 인구 50만 이상 대도시의 시장(이하 "시·도지사"라 한다)에게 그 안을 송부하여 의견을 들은 후 중앙지적재조사위원회의 심의를 거쳐야 한다.
② 시·도지사는 기본계획안을 송부받았을 때에는 이를 지체 없이 지적소관청에 송부하여 그 의견을 들어야 한다.
③ 지적소관청은 기본계획안을 송부받은 날부터 20일 이내에 시·도지사에게 의견을 제출하여야 하며, 시·도지사는 기본계획안을 송부받은 날부터 30일 이내에 지적소관청의

의견에 자신의 의견을 첨부하여 국토교통부장관에게 제출하여야 한다. 이 경우 기간 내에 의견을 제출하지 아니하면 의견이 없는 것으로 본다.
④ 기본계획을 변경할 때에도 적용한다. 다만, 대통령령으로 정하는 경미한 사항을 변경할 때에는 제외한다.
　㉠ 지적재조사사업 대상필지 또는 면적의 100분의 20 이내의 증감
　㉡ 지적재조사사업 총사업비의 처음 계획 대비 100분의 20 이내의 증감
⑤ 국토교통부장관은 기본계획을 수립하거나 변경하였을 때에는 이를 관보에 고시하고 시·도지사에게 통지하여야 하며, 시·도지사는 이를 지체 없이 지적소관청에 통지하여야 한다.
⑥ 국토교통부장관은 기본계획이 수립된 날부터 5년이 지나면 그 타당성을 다시 검토하고 필요하면 이를 변경하여야 한다.

3 시·도종합계획

1) 시·도종합계획의 수립

시·도지사는 기본계획을 토대로 다음의 사항이 포함된 지적재조사사업에 관한 종합계획 (이하 "시·도종합계획"이라 한다)을 수립하여야 한다.
① 지적재조사지구 지정의 세부기준
② 지적재조사사업의 연도별·지적소관청별 사업량
③ 지적재조사사업비의 연도별 추산액
④ 지적재조사사업비의 지적소관청별 배분계획
⑤ 지적재조사사업에 필요한 인력의 확보에 관한 계획
⑥ 지적재조사사업의 교육과 홍보에 관한 사항
⑦ 그 밖에 시·도의 지적재조사사업을 위하여 필요한 사항

2) 시·도종합계획의 수립절차

① 시·도지사는 시·도종합계획을 수립할 때에는 시·도종합계획안을 지적소관청에 송부하여 의견을 들은 후 시·도 지적재조사위원회의 심의를 거쳐야 한다.
② 지적소관청은 시·도종합계획안을 송부받았을 때에는 송부받은 날부터 14일 이내에 의견을 제출하여야 한다. 이 경우 기간 내에 의견을 제출하지 아니하면 의견이 없는 것으로 본다.
③ 시·도지사는 시·도종합계획을 확정한 때에는 지체 없이 국토교통부장관에게 제출하여야 한다.
④ 국토교통부장관은 제4항에 따라 제출된 시·도종합계획이 기본계획과 부합되지 아니할 때에는 그 사유를 명시하여 시·도지사에게 시·도종합계획의 변경을 요구할 수 있다. 이 경우 시·도지사는 정당한 사유가 없으면 그 요구에 따라야 한다.

⑤ 시·도지사는 시·도종합계획이 수립된 날부터 5년이 지나면 그 타당성을 다시 검토하고 필요하면 변경하여야 한다.
⑥ ①~④까지의 규정은 시·도종합계획을 변경할 때에도 적용한다. 다만, 대통령령으로 정하는 경미한 사항을 변경할 때에는 그러하지 아니하다.
⑦ 시·도지사는 시·도종합계획을 수립하거나 변경하였을 때에는 시·도의 공보에 고시하고 지적소관청에 통지하여야 한다.
⑧ 시·도종합계획의 작성기준, 작성방법, 그 밖에 시·도종합계획의 수립에 관한 세부적인 사항은 국토교통부장관이 정한다.

4 실시계획

1) 실시계획의 수립

지적소관청은 시·도종합계획을 통지받았을 때에는 지적재조사사업에 관한 실시계획을 수립하여야 한다.

2) 공람 및 의견

① 지적소관청은 지적재조사지구 지정을 신청하고자 할 때에는 실시계획수립내용을 주민에게 서면으로 통보한 후 주민설명회를 개최하고 실시계획을 30일 이상 주민에게 공람하여야 한다.
② 지적재조사지구에 있는 토지소유자와 이해관계인은 공람기간 안에 지적소관청에 의견을 제출할 수 있으며, 지적소관청은 제출된 의견이 타당하다고 인정할 때에는 이를 반영하여야 한다.

3) 실시계획사항

① 지적재조사사업의 시행자
② 지적재조사지구의 명칭
③ 지적재조사지구의 위치 및 면적
④ 지적재조사사업의 시행시기 및 기간
⑤ 지적재조사사업비의 추산액
⑥ 토지현황조사에 관한 사항
⑦ 그 밖에 지적재조사사업의 시행을 위하여 필요한 사항으로서 대통령령으로 정하는 사항
　㉠ 지적재조사지구의 현황
　㉡ 지적재조사사업의 시행에 관한 세부계획
　㉢ 지적재조사측량에 관한 시행계획
　㉣ 지적재조사사업의 시행에 따른 홍보
　㉤ 그 밖에 지적소관청이 지적재조사사업에 관한 실시계획(이하 "실시계획"이라 한다)의 수립에 필요하다고 인정하는 사항

4) 기타

① 실시계획의 작성기준 및 방법은 국토교통부장관이 정한다.
② 지적소관청은 실시계획을 수립할 때에는 기본계획과 연계되도록 하여야 한다.

5 지적재조사지구 지정

1) 지적재조사지구 지정신청

(1) 원칙

① 지적소관청은 실시계획을 수립하여 시·도지사에게 지적재조사지구 지정신청을 하여야 한다.
② 지적소관청이 시·도지사에게 지적재조사지구 지정을 신청하고자 할 때에는 다음의 사항을 고려하여 지적재조사지구 토지소유자(국·공유지의 경우에는 그 재산관리청을 말한다) 총수의 3분의 2 이상과 토지면적 3분의 2 이상에 해당하는 토지소유자의 동의를 받아야 한다. 이 경우 토지소유자가 동의하거나 그 동의를 철회할 경우에는 국토교통부령으로 정하는 동의서 또는 동의철회서를 제출하여야 한다.
  ⊙ 지적공부의 등록사항과 토지의 실제 현황이 다른 정도가 심하여 주민의 불편이 많은 지역인지 여부
  ⓒ 사업시행이 용이한지 여부
  ⓒ 사업시행의 효과 여부

(2) 우선지구신청

지적소관청은 지적재조사지구에 토지소유자협의회(이하 "토지소유자협의회"라 한다)가 구성되어 있고 토지소유자 총수의 4분의 3 이상의 동의가 있는 지구에 대하여는 우선하여 지적재조사지구로 지정을 신청할 수 있다.

2) 회부

지적재조사지구 지정신청을 받은 특별시장·광역시장·도지사·특별자치도지사·특별자치시장 및 지방자치법에 따른 인구 50만명 이상 대도시의 시장은 15일 이내에 그 신청을 시·도 지적재조사위원회에 회부하여야 한다.

3) 심의·의결

① 시·도지사는 지적재조사지구를 지정할 때에는 대통령령으로 정하는 바에 따라 시·도 지적재조사위원회의 심의를 거쳐야 한다.
② 지적재조사지구 지정신청을 회부받은 시·도 지적재조사위원회는 그 신청을 회부받은 날부터 30일 이내에 지적재조사지구의 지정 여부에 대하여 심의·의결하여야 한다. 다

만, 사실확인이 필요한 경우 등 불가피한 사유가 있을 때에는 그 심의기간을 해당 시·도위원회의 의결을 거쳐 15일의 범위에서 그 기간을 한 차례만 연장할 수 있다.

4) 송부

시·도위원회는 지적재조사지구 지정신청에 대하여 의결을 하였을 때에는 의결서를 작성하여 지체 없이 시·도지사에게 송부하여야 한다.

5) 지적소관청에 통지

시·도지사는 의결서를 받은 날부터 7일 이내에 지적재조사지구를 지정·고시하거나 지적재조사지구를 지정하지 아니한다는 결정을 하고, 그 사실을 지적소관청에 통지하여야 한다.

6) 지적재조사지구의 변경

지적재조사지구를 변경할 때에도 위의 절차를 적용한다. 다만, 대통령령으로 정하는 다음의 경미한 사항을 변경할 때에는 제외한다.
① 지적재조사지구 명칭의 변경
② 1년 이내의 범위에서의 지적재조사사업기간의 조정
③ 지적재조사사업 대상토지(필지, 면적)의 100분의 20 이내의 증감

7) 지적재조사지구 지정고시

① 시·도지사는 지적재조사지구를 지정하거나 변경한 경우에 시·도공보에 고시하고 그 지정내용 또는 변경내용을 국토교통부장관에게 보고하여야 하며, 관계서류를 일반인이 열람할 수 있도록 하여야 한다.
② 지적재조사지구의 지정 또는 변경에 대한 고시가 있을 때에는 지적공부에 지적재조사지구로 지정된 사실을 기재하여야 한다.

8) 효력상실

① 지적소관청은 지적재조사지구 지정고시를 한 날부터 2년 내에 토지현황조사 및 지적재조사를 위한 지적측량(이하 "지적재조사측량"이라 한다)을 시행하여야 한다.
② 기간 내에 토지현황조사 및 지적재조사측량을 시행하지 아니할 때에는 그 기간의 만료로 지적재조사지구의 지정은 효력이 상실된다.
③ 시·도지사는 지적재조사지구 지정의 효력이 상실되었을 때에는 이를 시·도공보에 고시하고 국토교통부장관에게 보고하여야 한다.

6 토지소유자협의회

1) 구성
① 지적재조사지구의 토지소유자는 토지소유자 총수의 2분의 1 이상과 토지면적 2분의 1 이상에 해당하는 토지소유자의 동의를 받아 토지소유자협의회를 구성할 수 있다.
② 토지소유자협의회는 위원장을 포함한 5명 이상 20명 이하의 위원으로 구성한다. 토지소유자협의회의 위원은 그 지적재조사지구에 있는 토지의 소유자이어야 하며, 위원장은 위원 중에서 호선한다.
③ 동의자 수의 산정방법 및 동의절차, 토지소유자협의회의 구성 및 운영, 그 밖에 필요한 사항은 대통령령으로 정한다.

2) 기능
① 지적소관청에 대한 우선지적재조사지구의 신청
② 토지현황조사에 대한 입회
③ 임시경계점표지 및 경계점표지의 설치에 대한 입회
④ 조정금 산정기준에 대한 의견제출
⑤ 경계결정위원회 위원의 추천

3) 토지소유자 수 및 동의자 수 산정방법
① 1필의 토지가 수인의 공유에 속할 때에는 그 수인을 대표하는 1인을 토지소유자로 산정한다. 이 경우 공유토지의 대표소유자는 공유자 3분의 2 이상과 공유지분의 3분의 2 이상에 해당하는 공유자의 동의를 받아야 한다.
② 1인이 다수 필지의 토지를 소유하고 있는 경우에는 필지수에 관계없이 토지소유자를 1인으로 산정한다.
③ 토지등기부 및 토지·임야대장에 소유자로 등재될 당시 주민등록번호의 기재가 없거나 기재된 주소가 현재 주소와 다른 경우 또는 소재가 확인되지 아니한 자는 토지소유자의 수에서 제외한다.
④ 국·공유지에 대해서는 그 재산관리청을 토지소유자로 산정한다.

4) 동의서 제출
① 토지소유자가 동의하거나 그 동의를 철회할 경우에는 국토교통부령으로 정하는 동의서 또는 동의철회서를 제출하여야 한다.
② 공유토지의 대표소유자는 국토교통부령으로 정하는 대표자지정동의서를 첨부하여 동의서 또는 동의철회서와 함께 지적소관청에 제출하여야 한다.
③ 토지소유자가 외국인인 경우에는 지적소관청은 전자정부법에 따른 행정정보의 공동 이용을 통하여 출입국관리법에 따른 외국인등록사실증명을 확인하여야 하되, 토지소유자

가 행정정보의 공동 이용을 통한 외국인등록사실증명의 확인에 동의하지 아니하는 경우에는 해당 서류를 첨부하게 하여야 한다.

5) 기타

① 협의회를 구성하려는 토지소유자는 협의회명부에 본인임을 확인한 후 동의란에 서명 또는 날인하여야 한다.
② 협의회의 위원장은 협의회를 대표하고 협의회의 업무를 총괄한다.
③ 협의회의 회의는 재적위원 과반수의 출석으로 개의하고, 출석위원 과반수의 찬성으로 의결한다.
④ 협의회의 운영 등에 필요한 사항은 협의회의 의결을 거쳐 위원장이 정한다.

3 지적재조사측량

1 토지현황조사

1) 토지현황조사

① 지적소관청은 지적재조사지구 지정고시가 있으면 그 지적재조사지구의 토지를 대상으로 토지현황조사를 하여야 하며, 토지현황조사는 지적재조사측량과 병행하여 실시할 수 있다.
② 토지현황조사는 사전조사와 현지조사로 구분하여 실시하며, 현지조사는 지적재조사를 위한 지적측량(이하 "지적재조사측량"이라 한다)과 함께 할 수 있다.
③ 토지현황조사에 따른 조사범위·대상·항목과 토지현황조사서 기재·작성방법에 관련된 사항은 국토교통부령으로 정한다.

2) 조사사항

① 토지에 관한 사항
② 건축물에 관한 사항
③ 토지이용계획에 관한 사항
④ 토지이용현황 및 건축물현황
⑤ 지하시설물(지하구조물) 등에 관한 사항
⑥ 그 밖에 국토교통부장관이 토지현황조사와 관련하여 필요하다고 인정하는 사항

3) 토지현황조사서 작성

① 토지현황조사를 할 때에는 소유자, 지번, 지목, 경계 또는 좌표, 지상건축물 및 지하건축물의 위치, 개별공시지가 등을 기재한 토지현황조사서를 작성하여야 한다.

② 토지현황조사서 작성에 필요한 사항은 국토교통부장관이 정하여 고시한다.

2 지적재조사측량

1) 구분
① 지적재조사측량은 지적기준점을 정하기 위한 기초측량과 일필지의 경계와 면적을 정하는 세부측량으로 구분한다.
② 기초측량과 세부측량은 공간정보의 구축 및 관리 등에 관한 법률 시행령에 따른 국가기준점 및 지적기준점을 기준으로 측정하여야 한다.
③ 지적재조사측량의 기준, 방법 및 절차 등에 관하여 필요한 사항은 국토교통부장관이 정하여 고시한다.

2) 기초측량
기초측량은 위성측량 및 토털스테이션측량의 방법으로 한다.

3) 세부측량
세부측량은 위성측량, 토털스테이션측량 및 항공사진측량 등의 방법으로 한다.

3 지적공부정리 등의 정지

1) 원칙
지적재조사지구 지정고시가 있으면 해당 지적재조사지구 내의 토지에 대해서는 사업완료 공고 전까지 다음의 행위를 할 수 없다.
① 공간정보의 구축 및 관리 등에 관한 법률 제23조 제1항 제4호에 따라 경계점을 지상에 복원하기 위하여 하는 지적측량(이하 "경계복원측량"이라 한다)
② 공간정보의 구축 및 관리 등에 관한 법률 제77조부터 제84조까지에 따른 지적공부의 정리(이하 "지적공부정리"라 한다)

2) 예외
다음에 어느 하나에 해당하는 경우에는 경계복원측량 또는 지적공부정리를 할 수 있다.
① 지적재조사사업의 시행을 위하여 경계복원측량을 하는 경우
② 법원의 판결 또는 결정에 따라 경계복원측량 또는 지적공부정리를 하는 경우
③ 토지소유자의 신청에 시·군·구 지적재조사위원회가 경계복원측량 또는 지적공부정리가 필요하다고 결정하는 경우

4 경계의 확정

1 경계설정기준

1) 원칙

지적소관청은 다음의 순위로 지적재조사를 위한 경계를 설정하여야 한다.
① 지상경계에 대하여 다툼이 없는 경우 토지소유자가 점유하는 토지의 현실 경계
② 지상경계에 대하여 다툼이 있는 경우 등록할 때의 측량기록을 조사한 경계
③ 지방관습에 의한 경계

2) 예외

지적소관청은 위의 방법에 따라 지적재조사를 위한 경계설정을 하는 것이 불합리하다고 인정하는 경우에는 토지소유자들이 합의한 경계를 기준으로 지적재조사를 위한 경계를 설정할 수 있다.

3) 기타

지적소관청이 지적재조사를 위한 경계를 설정할 때에는 도로법, 하천법 등 관계법령에 따라 고시되어 설치된 공공용지의 경계가 변경되지 아니하도록 하여야 한다. 다만, 해당 토지소유자들 간에 합의한 경우에는 그러하지 아니하다.

2 임시경계점표지 설치 및 지적확정예정조서 작성

1) 임시경계점표지 설치

① 지적소관청은 경계를 설정하면 지체 없이 임시경계점표지를 설치하고 지적재조사측량을 실시하여야 한다.
② 지적소관청은 지적확정예정조서를 작성하였을 때에는 토지소유자나 이해관계인에게 그 내용을 통보하여야 하며, 통보를 받은 토지소유자나 이해관계인은 지적소관청에 의견을 제출할 수 있다. 이 경우 지적소관청은 제출된 의견이 타당하다고 인정할 때에는 경계를 다시 설정하고 임시경계점표지를 다시 설치하는 등의 조치를 하여야 한다.
③ 누구든지 따른 임시경계점표지를 이전 또는 파손하거나 그 효용을 해치는 행위를 하여서는 아니 된다.

2) 지적확정예정조서

(1) 작성

① 지적소관청은 지적재조사측량을 완료하였을 때에는 대통령령으로 정하는 바에 따라

기존 지적공부상의 종전토지면적과 지적재조사를 통하여 확정된 토지면적에 대한 지번별 내역 등을 표시한 지적확정예정조서를 작성하여야 한다.
② 그 밖에 지적확정예정조서의 작성에 필요한 사항은 국토교통부령으로 정한다.

(2) 내용

지적소관청은 지적확정예정조서에 다음의 사항을 포함하여야 한다.
① 토지의 소재지
② 종전토지의 지번, 지목 및 면적
③ 확정된 토지의 지번, 지목 및 면적
④ 토지소유자의 성명 또는 명칭 및 주소
⑤ 그 밖에 국토교통부장관이 지적확정예정조서 작성에 필요하다고 인정하여 고시하는 사항

3 경계확정

1) 경계결정의 신청

① 지적재조사에 따른 경계결정은 경계결정위원회의 의결을 거쳐 결정한다.
② 지적소관청은 경계에 관한 결정을 신청하고자 할 때에는 지적확정예정조서에 토지소유자나 이해관계인의 의견을 첨부하여 경계결정위원회에 제출하여야 한다.

2) 경계의 결정 및 통지

① 신청을 받은 경계결정위원회는 지적확정예정조서를 제출받은 날부터 30일 이내에 경계에 관한 결정을 하고, 이를 지적소관청에 통지하여야 한다. 이 기간 안에 경계에 관한 결정을 할 수 없는 부득이한 사유가 있을 때에는 경계결정위원회는 의결을 거쳐 30일의 범위에서 그 기간을 연장할 수 있다.
② 토지소유자나 이해관계인은 경계결정위원회에 참석하여 의견을 진술할 수 있다. 경계결정위원회는 토지소유자나 이해관계인이 의견진술을 신청하는 경우에는 특별한 사정이 없는 한 이에 따라야 한다.
③ 경계결정위원회는 경계에 관한 결정을 하기에 앞서 토지소유자들로 하여금 경계에 관한 합의를 하도록 권고할 수 있다.

3) 토지소유자 및 이해관계인에게 통지

지적소관청은 경계결정위원회로부터 경계에 관한 결정을 통지받았을 때에는 지체 없이 이를 토지소유자나 이해관계인에게 통지하여야 한다. 이 경우 기간 안에 이의신청이 없으면 경계결정위원회의 결정대로 경계가 확정된다는 취지를 명시하여야 한다.

4) 이의신청

① 경계에 관한 결정을 통지받은 토지소유자나 이해관계인이 이에 대하여 불복하는 경우에는 통지를 받은 날부터 60일 이내에 지적소관청에 이의신청을 할 수 있다.
② 이의신청을 하고자 하는 토지소유자나 이해관계인은 지적소관청에 이의신청서를 제출하여야 한다. 이 경우 이의신청서에는 증빙서류를 첨부하여야 한다.
③ 지적소관청은 이의신청서가 접수된 날부터 14일 이내에 이의신청서에 의견서를 첨부하여 경계결정위원회에 송부하여야 한다.
④ 이의신청서를 송부받은 경계결정위원회는 이의신청서를 송부받은 날부터 30일 이내에 이의신청에 대한 결정을 하여야 한다. 다만, 부득이한 경우에는 30일의 범위에서 처리기간을 연장할 수 있다.
⑤ 경계결정위원회는 이의신청에 대한 결정을 하였을 때에는 그 내용을 지적소관청에 통지하여야 하며, 지적소관청은 결정내용을 통지받은 날부터 7일 이내에 결정서를 작성하여 이의신청인에게는 그 정본을, 그 밖의 토지소유자나 이해관계인에게는 그 부본을 송달하여야 한다. 이 경우 토지소유자는 결정서를 송부받은 날부터 60일 이내에 경계결정위원회의 결정에 대하여 행정심판이나 행정소송을 통하여 불복할지 여부를 지적소관청에 알려야 한다.
⑥ 지적소관청은 경계결정위원회의 결정에 불복하는 토지소유자의 필지는 사업대상지에서 제외할 수 있다. 다만, 사업대상지에서 제외된 토지에 관하여는 등록사항정정대상토지로 지정하여 관리한다.

5) 경계확정

(1) 경계확정시기

① 이의신청기간에 이의를 신청하지 아니하였을 때
② 이의신청에 대한 결정에 대하여 60일 이내에 불복의사를 표명하지 아니하였을 때
③ 경계에 관한 결정이나 이의신청에 대한 결정에 불복하여 행정소송을 제기한 경우에는 그 판결이 확정되었을 때

(2) 지상경계점등록부 작성

① 경계가 확정되었을 때에는 지적소관청은 지체 없이 경계점표지를 설치하여야 하며, 국토교통부령으로 정하는 바에 따라 지상경계점등록부를 작성하고 관리하여야 한다.
② 지적소관청이 작성하여 관리하는 지상경계점등록부에는 다음의 사항이 포함되어야 한다.
  • 토지의 소재
  • 지번
  • 지목
  • 작성일

- 위치도
- 경계점번호 및 표지종류
- 경계점설정기준 및 경계형태
- 경계위치
- 경계점 세부설명 및 관련 자료
- 작성자의 소속·직급(직위)·성명
- 확인자의 직급·성명

③ 지상경계점등록부 작성방법에 관하여 필요한 사항은 국토교통부장관이 정하여 고시한다.

(3) 기타

지적소관청이 지적재조사를 위한 경계를 설정할 때에는 도로법, 하천법 등 관계법령에 따라 고시되어 설치된 공공용지의 경계가 변경되지 아니하도록 하여야 한다.

6) 지목의 변경

지적재조사측량결과 기존의 지적공부상 지목이 실제의 이용현황과 다른 경우 지적소관청은 시·군·구 지적재조사위원회의 심의를 거쳐 기존의 지적공부상의 지목을 변경할 수 있다. 이 경우 지목을 변경하기 위하여 다른 법령에 따른 인허가 등을 받아야 할 때에는 그 인허가 등을 받거나 관계기관과 협의한 경우에 한하여 실제의 지목으로 변경할 수 있다.

5 조정금 산정

1 조정금 산정

1) 조정금 징수 및 지급

① 지적소관청은 경계확정으로 지적공부상의 면적이 증감된 경우에는 필지별 면적증감내역을 기준으로 조정금을 산정하여 징수하거나 지급한다.
② 국가 또는 지방자치단체 소유의 국·공유지 행정재산의 조정금은 징수하거나 지급하지 아니한다.

2) 조정금 산정방법

조정금은 경계가 확정된 시점을 기준으로 감정평가 및 감정평가사에 관한 법률에 따른 감정평가업자가 평가한 감정평가액으로 산정한다. 다만, 토지소유자협의회가 요청하는 경우에는 제30조에 따른 시·군·구 지적재조사위원회의 심의를 거쳐 부동산가격공시에 관한 법률에 따른 개별공시지가로 산정할 수 있다. 조정금의 산정에 필요한 사항은 대통령령으로 정한다.
① 개별공시지가를 기준으로 하는 경우 : 작성된 지적확정예정조서의 필지별 증감면적에 지적재조사지구 지정고시일 당시의 개별공시지가(부동산가격공시에 관한 법률 제10조에 따른 개별공시지가를 말하며, 해당 토지의 개별공시지가가 없으면 같은 법 제8조에 따른 공시지가를 기준으로 하여 산출한 금액을 말한다)를 곱하여 산정한다.
② 감정평가액을 기준으로 하는 경우 : 작성된 지적확정예정조서의 필지별 증감면적을 감정평가 및 감정평가사에 관한 법률 제29조에 따른 감정평가법인에 의뢰하여 평가한 감정평가액으로 산정한다.

3) 시·군·구 지적재조사위원회의 심의

지적소관청은 조정금을 산정하고자 할 때에는 시·군·구 지적재조사위원회의 심의를 거쳐야 한다.

2 조정금의 지급 및 납부

1) 조정금의 지급 및 납부

조정금은 현금으로 지급하거나 납부하여야 한다.
① 지적소관청은 조정금이 1천만원을 초과하는 경우에는 그 조정금을 1년 이내의 기간을 정하여 4회 이내에서 나누어 내게 할 수 있다.
② 분할납부를 신청하려는 자는 조정금분할납부신청서에 분할납부사유 등을 적고, 분할납부사유를 증명할 수 있는 자료 등을 첨부하여 지적소관청에 제출하여야 한다.
③ 지적소관청은 분할납부신청서를 받은 날부터 15일 이내에 신청인에게 분할납부 여부를 서면으로 알려야 한다.

2) 조정금액의 통보

지적소관청은 조정금을 산정하였을 때에는 지체 없이 조정금조서를 작성하고 토지소유자에게 개별적으로 조정금액을 통보하여야 한다.

3) 조정금 수령통지 및 납부고지

지적소관청은 조정금액을 통지한 날부터 10일 이내에 토지소유자에게 조정금의 수령통지 또는 납부고지를 하여야 한다.

4) 조정금 지급

지적소관청은 수령통지를 한 날부터 6개월 이내에 조정금을 지급하여야 한다.

5) 조정금 납부

6) 조정금 공탁

① 지적소관청은 조정금을 지급하여야 하는 경우로서 다음의 어느 하나에 해당하는 때에는 조정금을 지급받을 자의 토지소재지 공탁소에 그 조정금을 공탁할 수 있다.
   ㉠ 조정금을 받을 자가 그 수령을 거부하거나 주소불분명 등의 이유로 조정금을 수령할 수 없을 때
   ㉡ 지적소관청이 과실 없이 조정금을 받을 자를 알 수 없을 때
   ㉢ 압류 또는 가압류에 따라 조정금의 지급이 금지되었을 때
② 지적재조사지구 지정이 있은 후 권리의 변동이 있을 때에는 그 권리를 승계한 자가 조정금 또는 공탁금을 수령하거나 납부한다.

7) 이의신청

① 수령통지 또는 납부고지된 조정금에 이의가 있는 토지소유자는 수령통지 또는 납부고지를 받은 날부터 60일 이내에 지적소관청에 이의신청을 할 수 있다.
② 지적소관청은 이의신청을 받은 날부터 30일 이내에 제30조에 따른 시·군·구 지적재조사위원회의 심의·의결을 거쳐 이의신청에 대한 결과를 신청인에게 서면으로 알려야 한다.

8) 소멸시효

조정금을 받을 권리나 징수할 권리는 5년간 행사하지 아니하면 시효의 완성으로 소멸한다.

6 사업완료 및 등기촉탁

1 사업완료공고 및 공람

1) 사업완료의 공고

① 지적소관청은 지적재조사지구에 있는 모든 토지에 대하여 경계확정이 있었을 때에는 지체 없이 대통령령으로 정하는 바에 따라 사업완료공고를 하여야 한다.
② 경계결정위원회의 결정에 불복하여 경계가 확정되지 아니한 토지가 있는 경우 그 면적이 지적재조사지구 전체 토지면적의 10분의 1 이하이거나 토지소유자의 수가 지적재조사지구 전체 토지소유자 수의 10분의 1 이하인 경우에는 ①에도 불구하고 사업완료공고를 할 수 있다.
③ 지적소관청은 사업완료공고를 하려는 때에는 다음의 사항을 공보에 고시하여야 한다.
   ㉠ 지적재조사지구의 명칭
   ㉡ 토지의 소재지
   ㉢ 종전토지의 지번, 지목 및 면적

ⓐ 확정된 토지의 지번, 지목 및 면적
　　ⓑ 토지소유자의 성명 또는 명칭 및 주소
　　ⓒ 조정금조서
　　ⓓ 그 밖에 국토교통부장관이 지적확정예정조서 작성에 필요하다고 인정하여 고시하는 사항

2) 공람

지적소관청은 지적재조사지구에 있는 모든 토지에 대하여 경계확정이 있었을 때에는 지체 없이 대통령령으로 정하는 바에 따라 사업완료공고를 하고 관계서류를 일반인이 공람하게 하여야 한다. 지적소관청은 공고를 한 때에는 다음의 서류를 14일 이상 일반인이 공람할 수 있도록 하여야 한다.
① 새로 작성한 지적공부
② 지상경계점등록부
③ 측량성과 결정을 위하여 취득한 측량기록물

2 새로운 지적공부의 작성

1) 지적공부의 작성

① 지적소관청은 사업완료공고가 있었을 때에는 기존의 지적공부를 폐쇄하고 새로운 지적공부를 작성하여야 한다. 이 경우 그 토지는 사업완료공고일에 토지의 이동이 있은 것으로 본다. 새로이 작성하는 지적공부에는 다음의 사항을 등록하여야 한다.
- 토지의 소재
- 지번
- 지목
- 면적
- 경계점좌표
- 소유자의 성명 또는 명칭, 주소 및 주민등록번호(국가, 지방자치단체, 법인, 법인 아닌 사단이나 재단 및 외국인의 경우에는 부동산등기법 제49조에 따라 부여된 등록번호를 말한다)
- 소유권 지분
- 대지권 비율
- 지상건축물 및 지하건축물의 위치
- 토지의 고유번호
- 토지의 이동사유
- 토지소유자가 변경된 날과 그 원인
- 개별공시지가, 개별주택가격, 공동주택가격 및 부동산 실거래가격과 그 기준일
- 필지별 공유지연명부의 장번호

- 전유(專有) 부분의 건물표시
- 건물의 명칭
- 집합건물별 대지권등록부의 장번호
- 좌표에 의하여 계산된 경계점 사이의 거리
- 지적기준점의 위치
- 필지별 경계점좌표의 부호 및 부호도
- 토지이용규제 기본법에 따른 토지이용과 관련된 지역·지구 등의 지정에 관한 사항
- 건축물의 표시와 건축물현황도에 관한 사항
- 구분지상권에 관한 사항
- 도로명주소
- 그 밖에 새로운 지적공부의 등록과 관련하여 국토교통부장관이 필요하다고 인정하는 사항

② 새로 작성하는 지적공부는 토지, 토지·건물 및 집합건물로 각각 구분하여 작성하며, 해당 지적공부는 각각 부동산종합공부(토지), 부동산종합공부(토지, 건물) 및 부동산종합공부(집합건물)에 따른다.

③ 경계가 확정되지 아니하고 사업완료공고가 된 토지에 대하여는 대통령령으로 정하는 바에 따라 "경계미확정토지"라고 기재하고 지적공부를 정리할 수 있으며 경계가 확정될 때까지 지적측량을 정지시킬 수 있다.

2) 경계미확정토지 지적공부의 관리

지적소관청은 경계가 확정되지 아니한 토지의 새로운 지적공부에 "경계미확정토지"라고 기재한 때에는 토지소유자에게 그 사실을 통지하여야 한다.

3) 폐쇄된 지적공부의 관리

① 폐쇄된 지적공부는 영구히 보존하여야 한다.
② 폐쇄된 지적공부의 열람이나 그 등본의 발급에 관하여는 공간정보의 구축 및 관리 등에 관한 법률을 준용한다.

4) 건축물현황에 관한 사항의 통보

사업완료공고가 있었던 지역을 관할하는 특별자치도지사 또는 시장·군수·자치구청장은 건축법에 따라 건축물대장을 새로이 작성하거나, 건축물대장의 기재사항 중 지상건축물 또는 지하건축물의 위치에 관한 사항을 변경할 때에는 그 내용을 지적소관청에 통보하여야 한다.

3 등기촉탁 및 등기신청

1) 등기촉탁

① 지적소관청은 새로이 지적공부를 작성하였을 때에는 지체 없이 관할 등기소에 그 등기를 촉탁하여야 한다. 이 경우 그 등기촉탁은 국가가 자기를 위하여 하는 등기로 본다.
② 지적소관청은 관할 등기소에 지적재조사완료에 따른 등기를 촉탁할 때에는 지적재조사완료등기촉탁서에 그 취지를 적고 등기촉탁서 부본과 토지(임야)대장을 첨부하여야 한다.
③ 지적소관청은 등기를 촉탁하였을 때에는 등기촉탁대장에 그 내용을 적어야 한다.

2) 등기신청

① 토지소유자나 이해관계인은 지적소관청이 등기촉탁을 지연하고 있는 경우에는 대통령령으로 정하는 바에 따라 직접 등기를 신청할 수 있다.
② 토지소유자 및 이해관계인(이하 "토지소유자 등"이라 한다)이 법에 따라 등기를 신청하는 경우에는 지적소관청은 새로운 지적공부 등 등기신청에 필요한 지적 관련 서류를 작성하여 토지소유자 등에게 제공하여야 한다.
③ 등기에 관하여 필요한 사항은 대법원규칙으로 정한다.

7 벌칙

1 행정형벌

1) 2년 이하의 징역 또는 2천만원 이하의 벌금

① 지적재조사사업을 위한 지적측량을 고의로 진실에 반하게 측량을 한 자
② 지적재조사사업 성과를 거짓으로 등록을 한 자

2) 1년 이하의 징역 또는 1천만원 이하의 벌금

지적재조사사업 중에 알게 된 타인의 비밀을 누설하거나 사용한 자

3) 양벌규정

법인의 대표자나 법인 또는 개인의 대리인, 사용인, 그 밖의 종업원이 그 법인 또는 개인의 업무에 관하여 제43조의 위반행위를 하면 그 행위자를 벌하는 외에 그 법인 또는 개인에게도 해당 조문의 벌금형을 과(科)한다. 다만, 법인 또는 개인이 그 위반행위를 방지하기 위하여 해당 업무에 관하여 상당한 주의와 감독을 게을리하지 아니한 경우에는 그러하지 아니하다.

2 행정질서벌

1) 300만원 이하의 과태료

① 임시경계점표지 또는 경계점표지를 이전 또는 파손하거나 그 효용을 해치는 행위를 한 자
② 지적재조사사업을 정당한 이유 없이 방해한 자

2) 부과권자

과태료는 대통령령으로 정하는 바에 따라 국토교통부장관, 시·도지사 또는 지적소관청이 부과·징수한다.

> **Key Point**
>
> **과태료 부과기준(제29조 관련)**
>
> ■ 일반기준
> - 위반행위의 횟수에 따른 행정처분의 기준은 최근 3년간 같은 위반행위로 과태료를 부과받은 경우에 적용한다. 이 경우 위반횟수는 같은 위반행위에 대하여 과태료를 부과받은 날과 다시 같은 위반행위로 적발된 날을 기준으로 한다.
> - 부과권자는 다음의 어느 하나에 해당하는 경우에는 제2호의 개별기준에 따른 과태료금액의 2분의 1의 범위에서 그 금액을 줄일 수 있다. 다만, 과태료를 체납하고 있는 위반행위자의 경우에는 그러하지 아니하다.
>   - 위반행위자가 질서위반행위규제법 시행령 제2조의2 제1항 각 호의 어느 하나에 해당하는 경우
>   - 위반행위가 사소한 부주의나 오류로 인한 것으로 인정되는 경우
>   - 위반행위자가 위반행위를 바로 정정하거나 시정하여 법 위반상태를 해소한 경우
>   - 그 밖에 위반행위의 정도, 위반행위의 동기와 그 결과 등을 고려하여 과태료금액을 줄일 필요가 있다고 인정되는 경우
> - 부과권자는 다음의 어느 하나에 해당하는 경우에는 제2호의 개별기준에 따른 과태료금액의 2분의 1의 범위에서 그 금액을 늘릴 수 있다. 다만, 법 제45조 제1항에 따른 과태료금액의 상한을 넘을 수 없다.
>   - 위반의 내용·정도가 중대하여 이해관계인 등에게 미치는 피해가 크다고 인정되는 경우
>   - 법 위반상태의 기간이 6개월 이상인 경우
>   - 그 밖에 위반행위의 정도, 위반행위의 동기와 그 결과 등을 고려하여 과태료금액을 늘릴 필요가 있다고 인정되는 경우
>
> ■ 개별기준
>
> | 위반행위 | 과태료금액 | | |
> |---|---|---|---|
> | | 1차 | 2차 | 3차 이상 |
> | 법 제15조 제4항 또는 제18조 제3항을 위반하여 임시경계점표지를 이전 또는 파손하거나 그 효용을 해치는 행위를 한 경우 | 100만원 | 150만원 | 200만원 |
> | 법 제15조 제4항 또는 제18조 제3항을 위반하여 경계점표지를 이전 또는 파손하거나 그 효용을 해치는 행위를 한 경우 | 150만원 | 200만원 | 300만원 |
> | 지적재조사사업을 정당한 이유 없이 방해한 경우 | 50만원 | 75만원 | 100만원 |

8 지적재조사위원회

1 중앙지적재조사위원회

1) 설치

지적재조사사업에 관한 주요 정책을 심의·의결하기 위하여 국토교통부장관 소속으로 중앙지적재조사위원회(이하 "중앙위원회"라 한다)를 둔다.

2) 심의·의결

① 기본계획의 수립 및 변경
② 관계법령의 제·개정 및 제도의 개선에 관한 사항
③ 그 밖에 지적재조사사업에 필요하여 중앙위원회의 위원장이 부의하는 사항

3) 위원회의 구성

① 중앙위원회는 위원장 및 부위원장 각 1명을 포함한 15명 이상 20명 이하의 위원으로 구성한다.
② 중앙위원회의 위원장은 국토교통부장관이 되며, 부위원장은 위원 중에서 위원장이 지명한다.
③ 중앙위원회의 위원은 다음의 어느 하나에 해당하는 사람 중에서 위원장이 임명 또는 위촉한다.
　㉠ 기획재정부, 법무부, 행정안전부 또는 국토교통부의 1급부터 3급까지 상당의 공무원 또는 고위공무원단에 속하는 공무원
　㉡ 판사, 검사 또는 변호사
　㉢ 법학이나 지적 또는 측량분야의 교수로 재직하고 있거나 있었던 사람
　㉣ 그 밖에 지적재조사사업에 관하여 전문성을 갖춘 사람
④ 중앙위원회의 위원 중 공무원이 아닌 위원의 임기는 2년으로 한다.
⑤ 중앙위원회는 재적위원 과반수의 출석과 출석위원 과반수의 찬성으로 의결한다.
⑥ 그 밖에 중앙위원회의 조직 및 운영 등에 관하여 필요한 사항은 대통령령으로 정한다.

4) 중앙위원회의 운영

① 중앙지적재조사위원회(이하 "중앙위원회"라 한다)의 위원장(이하 "위원장"이라 한다)은 중앙위원회를 대표하고 중앙위원회의 업무를 총괄한다.
② 위원장이 부득이한 사유로 직무를 수행할 수 없을 때에는 부위원장이 그 직무를 대행하고, 위원장과 부위원장이 모두 부득이한 사유로 그 직무를 수행할 수 없을 때에는 위원장이 미리 지명한 위원이 그 직무를 대행한다.
③ 위원장은 회의개최 5일 전까지 회의일시·장소 및 심의안건을 각 위원에게 통보하여야

한다. 다만, 긴급한 경우에는 회의개최 전까지 통보할 수 있다.
④ 회의는 분기별로 개최한다. 다만, 위원장이 필요하다고 인정하는 때에는 임시회를 소집할 수 있다.

2 시·도 지적재조사위원회

1) 설치

시·도의 지적재조사사업에 관한 주요 정책을 심의·의결하기 위하여 시·도지사 소속으로 시·도 지적재조사위원회(이하 "시·도위원회"라 한다)를 둘 수 있다.

2) 심의·의결

① 지적소관청이 수립한 실시계획
② 시·도종합계획의 수립 및 변경
③ 지적재조사지적재조사지구의 지정 및 변경
④ 시·군·구별 지적재조사사업의 우선순위 조정
⑤ 그 밖에 지적재조사사업에 필요하여 시·도위원회의 위원장이 부의하는 사항

3) 위원회의 구성

① 시·도위원회는 위원장 및 부위원장 각 1명을 포함한 10명 이내의 위원으로 구성한다.
② 시·도위원회의 위원장은 시·도지사가 되며, 부위원장은 위원 중에서 위원장이 지명한다.
③ 시·도위원회의 위원은 다음의 어느 하나에 해당하는 사람 중에서 위원장이 임명 또는 위촉한다.
　㉠ 해당 시·도의 3급 이상 공무원
　㉡ 판사, 검사 또는 변호사
　㉢ 법학이나 지적 또는 측량분야의 교수로 재직하고 있거나 있었던 사람
　㉣ 그 밖에 지적재조사사업에 관하여 전문성을 갖춘 사람
④ 시·도위원회의 위원 중 공무원이 아닌 위원의 임기는 2년으로 한다.
⑤ 시·도위원회는 재적위원 과반수의 출석과 출석위원 과반수의 찬성으로 의결한다.
⑥ 그 밖에 시·도위원회의 조직 및 운영 등에 관하여 필요한 사항은 해당 시·도의 조례로 정한다.

3 시·군·구 지적재조사위원회

1) 설치

시·군·구의 지적재조사사업에 관한 주요 정책을 심의·의결하기 위하여 지적소관청 소속으

로 시·군·구 지적재조사위원회(이하 "시·군·구위원회"라 한다)를 둘 수 있다.

2) 심의·의결
① 경계복원측량 또는 지적공부정리의 허용 여부
② 지목의 변경
③ 조정금의 산정
④ 조정금 이의신청에 대한 결정
⑤ 그 밖에 지적재조사사업에 필요하여 시·군·구위원회의 위원장이 부의하는 사항

3) 위원회의 구성
① 시·군·구위원회는 위원장 및 부위원장 각 1명을 포함한 10명 이내의 위원으로 구성한다.
② 시·군·구위원회의 위원장은 시장·군수 또는 구청장이 되며, 부위원장은 위원 중에서 위원장이 지명한다.
③ 시·군·구위원회의 위원은 다음의 어느 하나에 해당하는 사람 중에서 위원장이 임명 또는 위촉한다.
　㉠ 해당 시·군·구의 5급 이상 공무원
　㉡ 해당 지적재조사지구의 읍·면·동장
　㉢ 판사, 검사 또는 변호사
　㉣ 법학이나 지적 또는 측량분야의 교수로 재직하고 있거나 있었던 사람
　㉤ 그 밖에 지적재조사사업에 관하여 전문성을 갖춘 사람
④ 시·군·구위원회의 위원 중 공무원이 아닌 위원의 임기는 2년으로 한다.
⑤ 시·군·구위원회는 재적위원 과반수의 출석과 출석위원 과반수의 찬성으로 의결한다.
⑥ 그 밖에 시·군·구위원회의 조직 및 운영 등에 관하여 필요한 사항은 해당 시·군·구의 조례로 정한다.

9 경계결정위원회 및 지적재조사기획단 등

1 경계결정위원회

1) 설치
지적소관청 소속으로 경계결정위원회를 둔다.

2) 심의·의결
① 경계설정에 관한 결정
② 경계설정에 따른 이의신청에 관한 결정

3) 위원회의 구성

① 경계결정위원회는 위원장 및 부위원장 각 1명을 포함한 11명 이내의 위원으로 구성한다.
② 경계결정위원회의 위원장은 위원인 판사가 되며, 부위원장은 위원 중에서 지적소관청이 지정한다.
③ 경계결정위원회의 위원은 다음에서 정하는 사람이 된다. 다만, ⓒ 및 ⓔ의 위원은 해당 지적재조사지구에 관한 안건인 경우에 위원으로 참석할 수 있다.
  ㉠ 관할 지방법원장이 지명하는 판사
  ㉡ 다음의 어느 하나에 해당하는 사람으로서 지적소관청이 임명 또는 위촉하는 사람
   • 지적소관청 소속 5급 이상 공무원
   • 변호사, 법학교수, 그 밖에 법률지식이 풍부한 사람
   • 지적측량기술자, 감정평가사, 그 밖에 지적재조사사업에 관한 전문성을 갖춘 사람
  ㉢ 각 지적재조사지구의 토지소유자(토지소유자협의회가 구성된 경우에는 토지소유자협의회가 추천하는 사람을 말한다)
  ㉣ 각 지적재조사지구의 읍·면·동장
④ 경계결정위원회의 위원에는 ③의 ㉢에 해당하는 위원이 반드시 포함되어야 한다.
⑤ 경계결정위원회의 위원 중 공무원이 아닌 위원의 임기는 2년으로 한다.
⑥ 경계결정위원회는 직권 또는 토지소유자나 이해관계인의 신청에 따라 사실조사를 하거나 신청인 또는 토지소유자나 이해관계인에게 필요한 서류의 제출을 요청할 수 있으며 지적소관청의 소속공무원으로 하여금 사실조사를 하게 할 수 있다.
⑦ 토지소유자나 이해관계인은 경계결정위원회에 출석하여 의견을 진술하거나 필요한 증빙서류를 제출할 수 있다.
⑧ 경계결정위원회의 결정 또는 의결은 문서로써 재적위원 과반수의 찬성이 있어야 한다.
⑨ 결정서 또는 의결서에는 주문, 결정 또는 의결이유, 결정 또는 의결일자 및 결정 또는 의결에 참여한 위원의 성명을 기재하고, 결정 또는 의결에 참여한 위원 전원이 서명날인하여야 한다. 다만, 서명날인을 거부하거나 서명날인을 할 수 없는 부득이한 사유가 있는 위원의 경우 해당 위원의 서명날인을 생략하고 그 사유만을 기재할 수 있다.
⑩ 경계결정위원회의 조직 및 운영 등에 관하여 필요한 사항은 해당 시·군·구의 조례로 정한다.

2 지적재조사기획단

1) 지적재조사기획단

기본계획의 입안, 지적재조사사업의 지도·감독, 기술·인력 및 예산 등의 지원, 중앙위원회 심의·의결사항에 대한 보좌를 위하여 국토교통부에 지적재조사기획단을 둔다.
① 지적재조사기획단(이하 "기획단"이라 한다)은 단장 1명과 소속직원으로 구성하며, 단장은 국토교통부의 고위공무원단에 속하는 일반직공무원 중에서 국토교통부장관이 지명

하는 자가 겸직한다.
② 국토교통부장관은 기획단의 업무수행을 위하여 필요하다고 인정할 때에는 관계 행정기관의 공무원 및 관련 기관·단체의 임직원의 파견을 요청할 수 있다.
③ 기획단의 조직과 운영에 필요한 사항은 국토교통부장관이 정한다.

2) 지적재조사지원단

지적재조사사업의 지도·감독, 기술·인력 및 예산 등의 지원을 위하여 시·도에 지적재조사지원단을 둘 수 있다.

3) 지적재조사추진단

실시계획의 입안, 지적재조사사업의 시행, 사업대행자에 대한 지도·감독 등을 위하여 지적소관청에 지적재조사추진단을 둘 수 있다.

4) 기타

지적재조사기획단의 조직과 운영에 관하여 필요한 사항은 대통령령으로, 지적재조사지원단과 지적재조사추진단의 조직과 운영에 관하여 필요한 사항은 해당 지방자치단체의 조례로 정한다.

05 예상문제

01 지적재조사사업에 관한 기본계획수립 시 포함하여야 하는 사항으로 옳지 않은 것은? 〔기 17-3, 18-3〕

① 지적재조사사업의 시행기간
② 지적재조사사업에 관한 기본방향
③ 지적재조사사업의 시·군별 배분계획
④ 지적재조사사업에 필요한 인력확보계획

해설 국토교통부장관은 지적재조사사업을 효율적으로 시행하기 위하여 다음의 사항이 포함된 지적재조사사업에 관한 기본계획을 수립하여야 한다.
㉠ 지적재조사사업에 관한 기본방향
㉡ 지적재조사사업의 시행기간 및 규모
㉢ 지적재조사사업비의 연도별 집행계획
㉣ 지적재조사사업비의 특별시·광역시·도·특별자치도·특별자치시 및 지방자치법에 따른 인구 50만 이상 대도시(이하 "시·도"라 한다)별 배분계획
㉤ 지적재조사사업에 필요한 인력의 확보에 관한 계획
㉥ 그 밖에 지적재조사사업의 효율적 시행을 위하여 필요한 사항으로서 대통령령으로 정하는 사항
  • 디지털지적의 운영·관리에 필요한 표준의 제정 및 그 활용
  • 지적재조사사업의 효율적 추진을 위하여 필요한 교육 및 연구·개발
  • 그 밖에 국토교통부장관이 지적재조사사업에 관한 기본계획(이하 "기본계획"이라 한다)의 수립에 필요하다고 인정하는 사항

02 다음 중 기본계획을 통지받은 지적소관청이 지적재조사사업에 관한 실시계획수립 시 포함해야 하는 사항이 아닌 것은? 〔산 17-2〕

① 사업지구의 위치 및 면적
② 지적재조사사업의 시행기간
③ 지적재조사사업비의 추산액
④ 지적재조사사업의 연도별 집행계획

해설 **실시계획사항에 포함될 사항**
㉠ 지적재조사사업의 시행자
㉡ 사업지구의 명칭
㉢ 사업지구의 위치 및 면적
㉣ 지적재조사사업의 시행시기 및 기간
㉤ 지적재조사사업비의 추산액
㉥ 지적현황조사에 관한 사항
㉦ 그 밖에 지적재조사사업의 시행을 위하여 필요한 사항으로서 대통령령으로 정하는 사항
  • 사업지구의 현황
  • 지적재조사사업의 시행에 관한 세부계획
  • 지적재조사측량에 관한 시행계획
  • 지적재조사사업의 시행에 따른 홍보
  • 그 밖에 지적소관청이 지적재조사사업에 관한 실시계획(이하 "실시계획"이라 한다)의 수립에 필요하다고 인정하는 사항

03 다음은 지적재조사에 관한 특별법에 따른 기본계획의 수립에 관한 내용이다. ( ) 안에 들어갈 일자로 옳은 것은? 〔산 17-2〕

> 지적소관청은 기본계획안을 송부받은 날부터 (㉠) 이내에 시·도지사에게 의견을 제출하여야 하며, 시·도지사는 기본계획안을 송부받은 날부터 (㉡) 이내에 지적소관청의 의견에 자신의 의견을 첨부하여 국토교통부장관에게 제출하여야 한다. 이 경우 기간 내에 의견을 제출하지 아니하면 의견이 없는 것으로 본다.

① ㉠ 10일, ㉡ 20일 ② ㉠ 20일, ㉡ 30일
③ ㉠ 30일, ㉡ 40일 ④ ㉠ 40일, ㉡ 50일

해설 지적소관청은 기본계획안을 송부받은 날부터 20일 이내에 시·도지사에게 의견을 제출하여야 하며, 시·도지사는 기본계획안을 송부받은 날부터 30일 이내에 지적소관청의 의견에 자신의 의견을 첨부하여 국토교통부장관에게 제출하여야 한다. 이 경우 기간 내에 의견을 제출하지 아니하면 의견이 없는 것으로 본다.

04 지적재조사에 관한 특별법령상 사업지구의 경미한 변경에 해당하지 않는 사항은? 〔산 18-2, 19-2〕

① 사업지구 명칭의 변경
② 면적의 100분의 20 이내의 증감
③ 필지의 100분의 30 이내의 증감
④ 1년 이내의 범위에서의 지적재조사사업기간의 조정

정답 01 ③ 02 ④ 03 ② 04 ③

해설 사업지구의 경미한 변경
  ㉠ 사업지구 명칭의 변경
  ㉡ 1년 이내의 범위에서의 지적재조사사업기간의 조정
  ㉢ 다음의 요건을 모두 충족하는 지적재조사사업대상토지의 증감
   • 필지의 100분의 20 이내의 증감
   • 면적의 100분의 20 이내의 증감

05 지적재조사에 관한 특별법령상 지적소관청이 사업지구지정고시를 한 날부터 토지현황조사 및 지적재조사측량을 시행하여야 하는 기간은?　실 18-1
① 6개월 이내　② 1년 이내
③ 2년 이내　④ 3년 이내

해설 지적재조사에 관한 특별법령상 지적소관청이 사업지구 지정고시를 한 날부터 2년 이내에 토지현황조사 및 지적재조사측량을 실시하여야 한다.

06 지적소관청이 사업지구 지정을 신청하고자 할 때 주민에게 실시계획을 공람해야 하는 기간은?　실 18-3
① 7일 이상　② 15일 이상
③ 20일 이상　④ 30일 이상

해설 지적소관청은 사업지구 지정을 신청하고자 할 때에는 실시계획수립내용을 주민에게 서면으로 통보한 후 주민설명회를 개최하고 실시계획을 30일 이상 주민에게 공람하여야 한다.

07 지적재조사에 관한 특별법령상 지적재조사사업을 위한 지적측량을 고의로 진실에 반하게 측정하거나 지적재조사사업성과를 거짓으로 등록한 자에게 처하는 벌칙으로 옳은 것은?　실 17-3
① 300만원 이하의 벌금
② 300만원 이하의 벌금
③ 1년 이하의 징역 또는 1천만원 이하의 벌금
④ 2년 이하의 징역 또는 2천만원 이하의 벌금

해설 지적재조사에 관한 특별법령상 지적재조사사업을 위한 지적측량을 고의로 진실에 반하게 측정하거나 지적재조사사업성과를 거짓으로 등록한 자는 2년 이하의 징역 또는 2천만원 이하의 벌금형에 처한다.

08 지적재조사에 관한 특별법령상 조정금을 받을 권리나 징수할 권리를 몇 년간 행사하지 아니하면 시효의 완성으로 소멸하는가?　실 18-2
① 1년　② 2년
③ 3년　④ 5년

해설 조정금의 소멸시효는 조정금을 받을 권리나 징수할 권리는 5년간 행사하지 아니하면 시효의 완성으로 소멸한다.

09 지적재조사에 관한 특별법상 납부고지된 조정금에 이의가 있는 토지소유자는 납부고지를 받은 날부터 며칠 이내에 지적소관청에 이의신청을 할 수 있는가?　기 19-1
① 7일　② 15일
③ 30일　④ 60일

해설 지적재조사에 관한 특별법 제21조의2(조정금에 관한 이의신청)
① 제21조 제3항에 따라 수령통지 또는 납부고지된 조정금에 이의가 있는 토지소유자는 수령통지 또는 납부고지를 받은 날부터 60일 이내에 지적소관청에 이의신청을 할 수 있다.
② 지적소관청은 제1항에 따른 이의신청을 받은 날부터 30일 이내에 제30조에 따른 시·군·구 지적재조사위원회의 심의·의결을 거쳐 이의신청에 대한 결과를 신청인에게 서면으로 알려야 한다.

10 지적재조사측량에 따른 경계설정기준으로 옳은 것은?　실 19-1
① 지상경계에 대하여 다툼이 있는 경우 현재의 지적공부상 경계
② 지상경계에 대하여 다툼이 없는 경우 등록할 때의 측량기록을 조사한 경계
③ 지상경계에 대하여 다툼이 있는 경우 토지소유자가 점유하는 토지의 현실 경계
④ 지상경계에 대하여 다툼이 없는 경우 토지소유자가 점유하는 토지의 현실 경계

해설 지적재조사에 관한 특별법 제14조(경계설정의 기준)
① 지적소관청은 다음 각 호의 순위로 지적재조사를 위한 경계를 설정하여야 한다.
  1. 지상경계에 대하여 다툼이 없는 경우 토지소유자가 점유하는 토지의 현실 경계
  2. 지상경계에 대하여 다툼이 있는 경우 등록할 때의 측량기록을 조사한 경계
  3. 지방관습에 의한 경계

정답 05 ③　06 ④　07 ④　08 ④　09 ④　10 ④

② 지적소관청은 제1항 각 호의 방법에 따라 지적재조사를 위한 경계설정을 하는 것이 불합리하다고 인정하는 경우에는 토지소유자들이 합의한 경계를 기준으로 지적재조사를 위한 경계를 설정할 수 있다.
③ 지적소관청은 제1항과 제2항에 따라 지적재조사를 위한 경계를 설정할 때에는 도로법, 하천법 등 관계법령에 따라 고시되어 설치된 공공용지의 경계가 변경되지 아니하도록 하여야 한다. 다만, 해당 토지소유자들 간에 합의한 경우에는 그러하지 아니하다.

11 지적재조사에 관한 특별법상 조정금의 산정에 관한 내용으로 옳지 않은 것은? 图 19-1

① 조정금은 경계가 확정된 시점을 기준으로 개별공시지가로 산정한다.
② 국가 또는 지방자치단체 소유의 국유지·공유지 행정재산의 조정금은 징수하거나 지급하지 아니한다.
③ 토지소유자협의회가 요청하는 경우 시·군·구 지적재조사위원회의 심의를 거쳐 개별공시지가로 조정금을 산정할 수 있다.
④ 지적소관청은 경계확정으로 지적공부상의 면적이 증감된 경우에는 필지별 면적증감내역을 기준으로 조정금을 산정하여 징수하거나 지급한다.

해설 지적재조사에 관한 특별법 제20조(조정금의 산정)
① 지적소관청은 제18조에 따른 경계확정으로 지적공부상의 면적이 증감된 경우에는 필지별 면적증감내역을 기준으로 조정금을 산정하여 징수하거나 지급한다.
② 제1항에도 불구하고 국가 또는 지방자치단체 소유의 국유지·공유지 행정재산의 조정금은 징수하거나 지급하지 아니한다.
③ 조정금은 제18조에 따라 경계가 확정된 시점을 기준으로 감정평가 및 감정평가사에 관한 법률에 따른 감정평가업자가 평가한 감정평가액으로 산정한다. 다만, 토지소유자협의회가 요청하는 경우에는 제30조에 따른 시·군·구 지적재조사위원회의 심의를 거쳐 부동산가격공시에 관한 법률에 따른 개별공시지가로 산정할 수 있다.
④ 지적소관청은 제3항에 따라 조정금을 산정하고자 할 때에는 제30조에 따른 시·군·구 지적재조사위원회의 심의를 거쳐야 한다.
⑤ 제2항부터 제4항까지에 규정된 것 외에 조정금의 산정에 필요한 사항은 대통령령으로 정한다.

12 다음의 조정금에 관한 이의신청에 대한 내용 중 ( ) 안에 들어갈 알맞은 일자는? 图 19-2

- 수령통지 또는 납부고지된 조정금에 이의가 있는 토지소유자는 수령통지 또는 납부고지를 받은 날부터 (㉠) 이내에 지적소관청에 이의신청을 할 수 있다.
- 지적소관청은 이의신청을 받은 날부터 (㉡) 이내에 시·군·구 지적재조사위원회의 심의·의결을 거쳐 이의신청에 대한 결과를 신청인에게 서면으로 알려야 한다.

① ㉠ 30일, ㉡ 30일　② ㉠ 30일, ㉡ 60일
③ ㉠ 60일, ㉡ 30일　④ ㉠ 60일, ㉡ 60일

해설 지적재조사에 관한 특별법 제21조의2(조정금에 관한 이의신청)
① 제21조 제3항에 따라 수령통지 또는 납부고지된 조정금에 이의가 있는 토지소유자는 수령통지 또는 납부고지를 받은 날부터 60일 이내에 지적소관청에 이의신청을 할 수 있다.
② 지적소관청은 제1항에 따른 이의신청을 받은 날부터 30일 이내에 제30조에 따른 시·군·구 지적재조사위원회의 심의·의결을 거쳐 이의신청에 대한 결과를 신청인에게 서면으로 알려야 한다.

06 부동산등기법

1 개요

1) 의의

부동산등기란 등기관이 등기부에 부동산에 관한 등기사항을 부동산등기법이 정하는 절차와 방법에 따라 기록하는 것 또는 그러한 기록 그 자체를 말한다.

2) 용어정의

① 등기부 : 전산정보처리조직에 의하여 입력·처리된 등기정보자료를 대법원규칙으로 정하는 바에 따라 편성한 것을 말한다.
② 등기부부본자료 : 등기부와 동일한 내용으로 보조기억장치에 기록된 자료를 말한다.
③ 등기기록 : 1필의 토지 또는 1개의 건물에 관한 등기정보자료를 말한다.
④ 등기필정보 : 등기부에 새로운 권리자가 기록되는 경우에 그 권리자를 확인하기 위하여 등기관이 작성한 정보를 말한다.

3) 부동산등기의 기능

① 성립요건(효력발생요건)으로서의 기능 : 부동산에 관한 법률행위로 인한 물권의 득실변경은 등기하여야 그 효력이 생긴다(민법 제186조). 즉 등기에 의하여 비로소 물권변동이 일어나는 경우이다.
② 처분요건으로서의 기능 : 상속, 공용징수, 판결, 경매 기타 법률의 규정에 의한 부동산에 관한 물권의 취득은 등기를 요하지 아니한다. 그러나 등기를 하지 아니하면 이를 처분하지 못한다(민법 제187조). 즉 법률의 규정에 의하여 이미 발생한 물권변동을 사후적으로 공시하기 위하여 등기하는 경우이다.
③ 대항요건으로서의 기능 : 부동산임차권(법 제3조, 제74조), 부동산환매특약(법 제53조), 부동산신탁(법 제81조~제87조) 및 임의적 신청정보(존속기간, 지료, 이자, 변제기 등)는 이를 등기하여야 제3자에게 주장할 수 있는 대항력이 생긴다. 즉 부동산물권변동과는 무관하고 다만 제3자에 대한 대항력을 갖추는 의미로 등기하는 경우이다.

4) 등기할 사항인 권리

등기는 부동산의 표시와 소유권, 지상권, 지역권, 전세권, 저당권, 권리질권, 채권담보권, 임차권 등 어느 하나에 해당하는 권리의 보존, 이전, 설정, 변경, 처분의 제한 또는 소멸에 대하여 한다.

① 등기할 사항인 권리는 원칙적으로 부동산물권 그 중에서도 소유권, 지상권, 지역권, 전세권, 저당권이다.
② 부동산물권은 아니지만 등기가 가능한 권리로는 권리질권, 채권담보권, 임차권(법 제3조, 제74조), 환매특약(법 제53조), 신탁(법 제81조~제87조)이 있다.
③ 점유권, 유치권은 부동산물권이지만 점유하는 사실이 계속되는 동안에만 인정되는 권리에서 등기라는 공시방법이 필요하지 않아 등기에 관한 규정이 없고 따라서 등기할 수 없다. 특수지역권, 분묘기지권 등은 실체법상 인정되는 부동산물권이지만 절차법에 등기할 수 있다는 규정이 없어 등기할 수 없다.
④ 구분임차권, 주위 토지통행권, 아파트분양약관상의 일정기간 전매금지특약, 수증자가 제사를 부담한다는 조건, 경락대금의 배당에 관한 특약, 근저당권설정자가 당해 부동산을 처분할 경우 근저당권자의 승낙을 받아야 한다는 약정은 부동산물권도 아니고 등기할 수 있다는 규정도 없어 등기할 수 없다.

▶ 등기대상인 권리

구분	등기하여야 하는 권리	등기할 수 있는 권리	등기할 수 없는 권리
권리	소유권, 지상권, 지역권, 전세권, 저당권, 권리질권	임차권, 환매권	점유권, 질권, 유치권, 분묘기지권, 특수지역권

▶ 등기가능 여부

구분	소유권보존등기	소유권이전등기	용익물권·임차권	저당권(근저당권)
부동산 전부	O	O	O	O
부동산 일부	×	×	O	×
공유(지분)	×	O	×	O

2 등기관

1) 의의

① 등기관은 등기소에 근무하는 법원서기관, 등기사무관, 등기주사 또는 등기주사보 중에서 지방법원장(또는 지원장)이 지정한 자를 의미한다.
② 등기사무는 등기관이 처리한다. 등기관은 등기사무를 전산정보처리조직을 이용하여 등기부에 등기사항을 기록하는 방식으로 처리하여야 한다.
③ 등기관은 접수번호의 순서에 따라 등기사무를 처리하여야 한다.
④ 등기관이 등기사무를 처리한 때에는 등기사무를 처리한 등기관이 누구인지 알 수 있는 조치(각 등기관이 미리 부여받은 식별부호를 기록)를 하여야 한다.

2) 등기관의 업무처리의 제한

① 등기관은 본인, 배우자 또는 4촌 이내의 친족이 등기신청인인 때에는 등기를 할 수 없다.

배우자 등의 관계가 끝난 후에도 같다.
② 하지만 이 경우에도 그 등기소에서 소유권 등기를 한 성년자로서 배우자 등이 아닌 자 2인 이상의 참여가 있으면 등기를 할 수 있는데, 등기관은 참여조서를 작성하여 참여인과 같이 기명날인 또는 서명을 하여야 한다(만약 참여조서를 작성하지 않고 배우자 등의 등기를 실행한 경우라 하더라도 상급관청의 행정적 제재에 그칠 뿐 무효의 등기가 되는 것은 아니다).

3) 등기관의 책임

① 부동산등기법에는 등기관의 책임에 대한 규정이 없다. 하지만 등기관은 국가공무원의 신분도 가지고 있으므로 국가배상법에 의한 공무원으로서의 책임은 부담하여야 한다(따라서 등기관이 그 직무를 집행함에 있어서 고의 또는 과실로 법령에 위반하여 타인에게 손해를 가한 경우에는 국가가 그 타인에게 국가배상법에 의한 손해를 배상하여야 한다. 이 경우 그 등기관에게 고의 또는 중과실이 있는 경우에는 국가는 등기관에게 구상할 수 있다).
② 국가배상책임을 경감시키는 한편, 등기관이 손해배상책임의 위험에서 벗어나 소신 있게 업무수행을 할 수 있는 토대를 마련한다는 차원에서 법원행정처장이 등기관의 재정보증에 관한 사항을 정하여 운용할 수 있도록 하고 있다.

▶ 등기관의 책임

구분	국가(손해배상)	구상권	개인책임
고의	○	○	○
중과실	○	○	○
경과실	○	×	×

3 법정절차

① 등기의 신청은 당사자신청, 관공서의 촉탁이 아니면 이를 할 수 없으며, 당사자신청에서도 공동신청을 원칙으로 하고 있다. 예외적으로 단독신청, 제3자 대위신청, 대리인의 신청이 있다. 또한 등기는 원칙적으로 신청주의이며, 등기소에 출석하여 등기를 신청하여야 하고 반드시 서면으로 등기를 신청하여야 한다(신청주의, 출석주의, 서면신청주의). 다만, 관공서의 등기촉탁인 경우에는 등기소에 직접 출석하지 아니하고 우편으로 등기신청이 가능하며 전자신청의 경우에도 출석주의를 적용하지 아니한다.

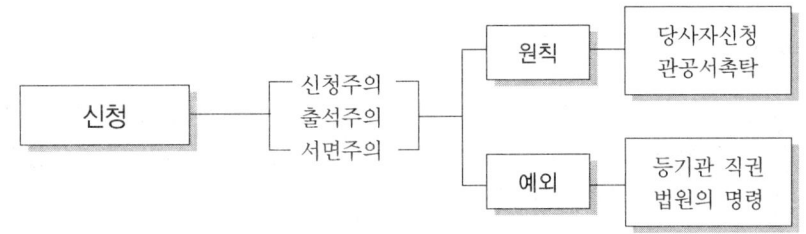

② 등기관은 등기의 신청이 있게 되면 어떠한 경우라도 접수를 거부하여서는 아니 된다.
③ 등기관은 등기신청에 대하여 실체법상의 권리관계와 일치하는 여부를 심사할 실질적 심사권한은 없으며, 오직 등기신청서 및 그 첨부서류와 등기부에 의하여 등기요건에 합당하는 여부를 심사하는 형식적 심사권한밖에 없다.

▶ 형식적 심사주의와 실질적 심사주의의 비교

형식적 심사주의(원칙)	실질적 심사주의(예외)
• 신속성 • 허위 • 부실의 등기 • 등기법 제29조	• 정확성 • 시간이 많이 소요

④ 등기관은 등기법 제29조 각하사유에 해당하면 등기부에 기재하지 않고 등기신청을 각하하여야 하며, 각하사유에 해당하지 아니하면 부동산의 물리적 현황은 등기부 표제부에, 소유권 및 소유권 이외의 권리사항에 대하여는 갑구, 을구에 각 기재하여야 한다.

4 등기부

1) 의의

① 등기부란 전산정보처리조직에 의하여 입력·처리된 등기정보자료를 대법원규칙으로 정하는 바에 따라 편성한 것을 말한다(법 제2조 제1호). 등기기록이란 1필의 토지 또는 1개의 건물에 관한 등기정보자료를 말한다(법 제2조 제3호). 1개의 부동산에는 1등기정보자료만 존재한다.
② 등기부는 토지등기부와 건물등기부로 구분한다. 건물등기부에는 일반건물등기부와 집합건물등기부가 있다. 등기부의 일부로 평가되어 광의의 등기부에 포함되는 것에는 신탁원부, 공동담보(전세)목록, 도면 및 매매목록 등이 있다.

2) 등기부의 편성(물적 편성주의)

① 등기부를 편성할 때에는 1필의 토지 또는 1개의 건물에 대하여 1개의 등기기록을 둔다. 다만, 1동의 건물을 구분한 건물에 있어서는 1동의 건물에 속하는 전부에 대하여 1개의 등기기록을 사용한다.
② 등기기록에는 부동산의 표시에 관한 사항을 기록하는 표제부와 소유권에 관한 사항을 기록하는 갑구(甲區) 및 소유권 외의 권리에 관한 사항을 기록하는 을구(乙區)를 둔다.

3) 등기기록의 양식

① 토지등기기록의 표제부에는 표시번호란, 접수란, 소재지번란, 지목란, 면적란, 등기원인 및 기타 사항란을 두고, 건물등기기록의 표제부에는 표시번호란, 접수란, 소재지번 및 건물번호란, 건물내역란, 등기원인 및 기타 사항란을 둔다.

▶ 토지소유권보존등기-표제부

【표제부】	(토지의 표시)				
표시번호	접수	소재지번	지목	면적	등기원인 및 기타 사항
1 (전2)	2017년 3월 5일	인천광역시 부평구 부개동 15	대	100m^2	

▶ 건물소유권보존등기-단층 건물인 경우

【표제부】	(건물의 표시)			
표시번호	접수	소재지번 및 건물번호	건물내역	등기원인 및 기타 사항
1	2017년 3월 5일	인천광역시 부평구 부개동 15	시멘트블럭조 시멘트기와지붕 단층주택 85m^2	

② 갑구와 을구에는 순위번호란, 등기목적란, 접수란, 등기원인란, 권리자 및 기타 사항란을 둔다.

▶ 토지소유권보존 및 이전등기-단독소유인 경우

【갑구】	(소유권에 관한 사항)			
순위번호	등기목적	접수	등기원인	권리자 및 기타 사항
1	소유권 보존	2017년 3월 5일 제3005호		소유자 ○○○ 0000000-0000000 인천광역시 부평구 부개동 15
2	소유권 이전	2017년 10월 15일 제8000호	2017년 10월 14일 매매	소유자 ○○○ 0000000-0000000 서울특별시 강서구 화곡동 15 거래가액 금 300,000,000원

▶ 근저당설정권

【을구】	(소유권 이외의 권리에 관한 사항)			
순위번호	등기목적	접수	등기원인	권리자 및 기타 사항
1	근저당권 설정	2017년 10월 15일 제3691호	2017년 10월 14일 설정계약	채권최고액 금 10,000,000원 채무자 ○○○ 서울특별시 강서구 화곡동 15 근저당권자 ○○○ 000000-0000000 서울특별시 양천구 목동 123

③ 구분건물등기기록에는 1동의 건물에 대한 표제부를 두고 전유 부분마다 표제부, 갑구, 을구를 둔다. 1동의 건물의 표제부에는 표시번호란, 접수란, 소재지번·건물명칭 및 번호란, 건물내역란, 등기원인 및 기타 사항란을 두고, 전유 부분의 표제부에는 표시번호란, 접수란, 건물번호란, 건물내역란, 등기원인 및 기타 사항란을 둔다. 다만, 구분한 각 건물 중 대지권이 있는 건물이 있는 경우에는 1동의 건물의 표제부에는 대지권의 목적인 토지의 표시를 위한 표시번호란, 소재지번란, 지목란, 면적란, 등기원인 및 기타 사항란을 두고, 전유 부분의 표제부에는 대지권의 표시를 위한 표시번호란, 대지권 종류란, 대지권 비율란, 등기원인 및 기타 사항란을 둔다.

5 등기의 분류

1) 내용에 따른 분류

(1) 변경등기

① 등기된 등기사항의 일부가 후발적 원인으로 불일치가 발생하였을 때 이를 일치시키기 위한 등기를 변경등기라 하며 표시란의 변경등기와 사항란의 변경등기로 구분된다.
② 표시란의 변경등기는 부동산변경등기, 부동산표시변경등기, 대지권의 변경등기로 구분된다.
③ 사항란의 변경등기는 등기명의인표시변경등기, 권리의 변경등기로 구분된다.

(2) 경정등기

① 등기기록과 실체관계의 원시적 불일치를 시정하는 등기로 등기사항의 일부 착오 또는 유루(빠진 부분)를 등기완료 후에 바로잡는 등기를 말한다.
② 착오 또는 유루(빠진 부분)는 등기관의 착오, 신청인의 잘못으로 인하여 발생된다.

(3) 말소등기

① 등기사항의 전부가 원시적, 후발적으로 실체관계와 불일치하게 된 경우 기존 등기를 소멸하는 등기, 별도 독립등기로써 말소등기를 하고 기존 등기는 주말한다.
② 일부 불일치의 경우에는 말소등기가 아니라 변경등기 또는 경정등기를 하여야 한다.
③ 말소등기는 원칙적으로 공동신청에 의해서 이루어지며 예외적으로 단독신청, 등기관 직권, 관공서의 촉탁에 의한 경우도 있다.
④ 말소등기의 말소등기는 허용되지 않으며, 이 경우에는 말소회복등기를 하여야 한다.

(4) 멸실등기

① 등기된 부동산이 전부가 멸실된 경우 행하는 등기, 존재하지 않은 건물에 대한 보존등기가 된 경우에도 멸실등기를 한다.
② 멸실등기를 하게 되면 등기기록을 폐쇄한다.
③ 멸실등기는 소유권의 등기명의인이 1월 이내에 신청하도록 되어 있다.
④ 토지 또는 건물이 일부 멸실된 경우에는 변경등기를 하여야 한다.

(5) 말소회복등기

말소회복등기란 기존등기가 전부 또는 일부가 부적법하게 말소된 경우 이를 회복시키는 등기를 말한다.

2) 형식에 따른 분류

(1) 주등기

표시번호 또는 순위번호에 독립한 번호를 부여한다.

(2) 부기등기

① 법률의 규정에 의하여 주등기의 순위와 동일 순위 및 연장선임을 표시하려 할 때 주등기번호 아래에 '부기ㅇ호'라는 형식으로 표기한다.
② 주등기와 동일 순위 또는 연장선상이므로 주등기말소 시 부기등기는 등기관이 직권말소한다.
③ 부기등기로 기록하려면 법적 근거가 있어야 하며 등기관이 임의로 할 수 없다.
④ 부기등기순위는 주등기순위에 의하고, 부기등기 상호 간의 순위는 전·후에 의한다.
⑤ 환매권이전등기의 경우에는 부기등기의 부기등기에 의한다.

▶ 주등기와 부기등기의 비교

구분	주등기	부기등기
소유권 및 소유권 이외의 권리	• 소유권이전등기 • 소유권이전등기의 청구권가등기 • 소유권의 처분제한등기 • 소유권을 목적으로 하는 저당권등기	• 소유권 이외의 권리의 이전등기 • 소유권 이외의 권리의 이전등기청구권의 가등기 • 소유권 이외의 권리의 처분제한등기 • 지상권, 전세권을 목적으로 하는 저당권등기

변경(경정) 등기	• 부동산표시변경(경정)등기
	• 부동산표시변경(경정)등기
	• 대지권의 변경(경정)등기
	• 권리의 변경(경정)등기
	  -이해관계인의 승낙서 첨부 ×
		• 등기명의인의 표시변경(경정)등기
		• 권리의 변경(경정)등기
		  - 이해관계인이 없는 경우 승낙서 첨부
		• 직권경정등기

말소등기	○	-
멸실등기	○	-
말소회복등기	전부 말소회복등기	• 일부 말소회복등기
구분건물	• 대지권등기 • 대지권인 취지의 등기 • 토지만에 별도의 등기 • 규약상 공용 부분인 취지의 등기 • 규약상 공용 부분인 취지의 말소등기	• 건물만의 취지의 등기
가등기	• 본등기에 따라	• 본등기에 따라 • 가등기이전등기 • 가등기이전금지가처분등기
법원의 명령	-	• 등기실행처분에 대하여 이의신청이 있다는 취지의 등기
기타	• 환매권행사에 따른 소유권이전등기 • 공유물 분할에 따른 소유권이전등기	• 환매특약 • 공유물 불분할특약 • 전전세등기 • 권리질권

6 등기의 효력(종국등기)

1) 순위확정적 효력

① 같은 부동산에 관하여 등기한 권리의 순위는 법률에 다른 규정이 없으면 등기한 순서에 따른다.
② 등기의 순서는 등기기록 중 같은 구(區)에서 한 등기 상호 간에는 순위번호에 따르고, 다른 구에서 한 등기 상호 간에는 접수번호에 따른다.
③ 환매등기는 소유권이전등기와 동시에 하지 않으면 각하사유에 해당하며, 소유권이전등기에 부기하여 이루어지므로 순위는 소유권이전등기의 순위에 의한다.
④ 부기등기의 순위는 주등기의 순위에 따른다.
⑤ 같은 주등기에 관한 부기등기 상호 간의 순위는 그 등기순서에 따른다.
⑥ 신탁등기의 순위는 소유권이전등기의 순위에 의한다.
⑦ 회복등기의 순위는 종전 순위를 보유한다.
⑧ 가등기에 기한 본등기의 순위는 가등기의 순위에 의한다.
⑨ 대지권에 대한 등기로서의 효력이 있는 등기와 대지권의 목적인 토지의 등기기록 중 해당 구에 한 등기의 순서는 접수번호에 따른다.

2) 물권변동적 효력

물권변동에 관한 형식주의를 채택하고 있는 현행법하에서는 물권행위에 부합하는 등기까지 해야만 부동산물권변동의 효력이 발생한다.

3) 대항적 효력

부동산임차권, 부동산환매, 부동산신탁 및 임의적 신청정보(존속기간, 지료, 이자, 변제기 등)는 이를 등기하여야 제3자에게 주장할 수 있는 대항력이 생긴다.

4) 권리추정적 효력

등기가 있으면 그에 대응하는 실체적 권리관계가 존재하는 것으로 인정되는 것을 추정력이라 한다. 현행 민법상 등기의 추정력에 대하여는 명문의 규정이 없고 학설과 판례에 의한다. 반증에 의하여 추정을 뒤집을 수 있으며 입증책임은 주장하는 자에게 있다.

5) 점유적 효력(취득시효기간 단축의 효력)

민법 제245조 제2항에 의하면 부동산의 소유자로 등기한 자가 10년간 소유의 의사로 평온, 공연하게 선의이며 과실 없이 그 부동산을 자주점유한 때에는 소유권을 취득한다(등기부취득시효). 부동산의 일반시효취득의 점유기간이 20년인데 반하여 등기부시효취득의 점유기간을 10년으로 함으로써 등기가 그 점유기간을 10년이나 단축시키는 효력을 가진다. 이를 취득시효기간 단축의 효력이라고도 한다.

6) 형식적 확정력(후등기 저지력)

실체법상의 효력은 없으나 형식상의 효력을 가지는 등기, 즉 무효인 등기가 있더라도 그것을 말소하지 않으면 그것과 양립할 수 없는 등기의 신청이 있을 경우 등기관은 각하하여야 한다. 따라서 전세권의 존속기간이 만료된 경우에 실체법적 효력은 없으나 등기부상의 말소등기를 하지 않는 한 형식적인 효력은 인정되는 바 그 전세권의 등기를 말소하기 전에 그 전세권등기와 양립할 수 없는 전세권의 등기를 신청하면 등기관은 각하하여야 한다.

7) 공신력의 불인정

등기를 믿고 거래한 자가 보호를 받을 수 있는가의 문제로써 등기과정에서 형식적 심사에 그치는 현실에서 얼마든지 부실등기가 발생할 가능성이 있으므로 진정한 권리자를 보호하기 위하여 공신력을 절대적으로 부정하고 있는 것이 통설과 판례의 태도이다.

▶ 등기의 효력

종국등기의 효력	가등기의 효력
• 순위확정적 효력 • 물권변동적 효력 • 대항적 효력 • 권리추정적 효력 • 점유적 효력(취득시효기간 단축의 효력) • 형식적 확정력(후등기 저지력) • 공신력의 불인정	• 청구권보전 • 순위보전

7 소유권에 관한 등기

1) 소유권보존등기

(1) 의의

미등기부동산에 대하여 최초로 하는 등기이다(등기기록 개설).

(2) 대상

① 공유수면을 매립한 경우
② 건물을 신축한 경우
③ 미등기부동산에 대한 처분제한등기촉탁이 있는 경우
④ 규약상 공용 부분이라는 뜻의 등기를 말소한 경우

(3) 신청인

구분	내용
토지	• 토지대장등본 또는 임야대장등본에 의하여 본인 또는 피상속인이 토지대장 또는 임야대장에 소유자로서 등록되어 있는 것을 증명하는 자 • 판결에 의하여 본인의 소유권을 증명하는 자 • 수용으로 인하여 소유권을 취득하였음을 증명하는 자
건물	• 건축물대장등본에 의하여 본인 또는 피상속인이 건축물대장에 소유자로서 등록되어 있는 것을 증명하는 자 • 판결에 의하여 본인의 소유권을 증명하는 자 • 수용으로 인하여 소유권을 취득하였음을 증명하는 자 • 특별자치도지사, 시장, 군수 또는 구청장(자치구의 구청장을 말한다)의 확인에 의하여 본인의 소유권을 증명하는 자(건물의 경우로 한정한다)

(4) 신청

구분	내용
단독신청	등기명의인이 될 자
직권	• 등기관이 미등기부동산에 대하여 법원의 촉탁에 따라 소유권의 처분제한등기를 할 때에는 직권으로 소유권보존등기를 하고, 처분제한의 등기를 명하는 법원의 재판에 따라 소유권의 등기를 한다는 뜻을 기록하여야 한다. • 건물이 건축법상 사용승인을 받아야 할 건물임에도 사용승인을 받지 아니하였다면 그 사실을 표제부에 기록하여야 한다. • 등기된 건물에 대하여 건축법상 사용승인이 이루어진 경우에는 그 건물소유권의 등기명의인은 1개월 이내에 제2항 단서의 기록에 대한 말소등기를 신청하여야 한다.

(5) 신청정보 및 첨부정보

소유권보존등기를 신청하는 경우에는 법 제65조의 어느 하나에 따라 등기를 신청한다는 뜻을 신청정보의 내용으로 등기소에 제공하여야 한다. 이 경우 등기원인과 그 연월일은 신청정보의 내용으로 등기소에 제공할 필요가 없다.

첨부정보(○)	첨부정보(×)
• 토지대장, 임야대장 • 확정판결서(판결) • 재결서, 협의성립확인서(수용) • 주소증명정보 • 부동산등기용 등록번호를 증명하는 정보	• 등기필정보 • 인감증명 • 등기원인에 대한 제3자의 허가·동의·승낙을 요하는 서면

(6) 등기실행

① 갑구에 기록
② 등기원인 및 연월일 기록(×)

(7) 직권에 의한 소유권보존등기

① 미등기 부동산에 처분제한등기촉탁(가압류, 가처분, 경매)
② 임차권등기명령제도에 의한 임차권등기촉탁

2) 상속을 원인으로 하는 소유권이전등기

(1) 의의

상속의 경우 피상속인의 사망(실종선고 포함) 시 물권변동이 발생한다. 즉 물권변동은 등기 없이도 피상속인의 재산에 관한 포괄적 권리·의무의 승계가 발생한다. 다만, 처분하기 위해서는 상속등기를 하여야 한다.

(2) 유형

구분	상속등기	협의분할에 의한 상속	상속등기 후 협의분할에 의한 상속
등기원인	상속	협의분할에 의한 상속	협의분할에 의한 상속
원인일자	피상속인의 사망일	피상속인의 사망일	협의분할일
등기	소유권이전등기	소유권이전등기	소유권경정등기
신청	단독신청	단독신청	공동신청

(3) 기타

공동상속인 중 1인이 신청하는 상속인 전원명의의 상속등기는 할 수 있으나, 공동상속인 중 1인이 신청하는 본인지분만의 상속등기는 허용되지 아니한다.

3) 환매특약등기

4) 유증을 원인으로 하는 소유권이전등기

(1) 의의

유언에 의하여 유산의 전부 또는 일부를 무상으로 타인에게 주는 행위를 말한다. 유증은 보통 유언자가 사망한 때부터 그 효력이 발생한다.

(2) 종류

① 포괄유증 : 등기(×) → 물권변동 발생
② 특정 유증 : 등기(○) → 물권변동 발생

(3) 신청(공동신청)

① 수증자가 수인인 포괄유증의 경우에는 수증자 전원이 공동으로 신청하거나 각자가 본인지분만에 대하여 신청할 수 있다.

② 유증의 목적물이 미등기 부동산인 경우 특정 유증인 때에는 유언집행자는 상속인명의로 소유권보존등기를 한 후 수증자명의로 소유권이전등기를 신청하여야 한다. 다만, 포괄유증의 경우 수증자는 직접 본인명의로 소유권보존등기를 할 수 있다.

(4) 실행

① 등기원인 : ○○○○년 ○○월 ○○일 유증
② 연월일 : 유증자가 사망한 날(다만, 유증에 조건 또는 기한이 붙은 경우에는 그 조건이 성취한 날 또는 그 기한이 도래한 날)
③ 첨부정보 : 유언자의 사망을 증명하는 서면, 등기의무자(유증자)의 등기필정보(등기필증)

5) 수용을 원인으로 하는 소유권이전등기

(1) 의의

특정한 공익사업을 위하여 보상을 전제로 개인의 특정한 재산권을 강제적으로 취득하는 것을 말한다.

(2) 신청

구분	내용
원칙 (단독)	• 수용으로 인한 소유권이전등기는 등기권리자가 단독으로 신청할 수 있다. • 등기권리자는 등기명의인이나 상속인, 그 밖의 포괄승계인을 갈음하여 부동산의 표시 또는 등기명의인의 표시의 변경, 경정 또는 상속, 그 밖의 포괄승계로 인한 소유권이전의 등기를 신청할 수 있다.
예외 (관공서촉탁)	• 국가 또는 지방자치단체가 등기권리자인 경우에는 국가 또는 지방자치단체는 지체 없이 등기를 등기소에 촉탁하여야 한다.

(3) 신청정보

수용으로 인한 소유권이전등기를 신청하는 경우에 토지수용위원회의 재결로써 존속이 인정된 권리가 있으면 이에 관한 사항을 신청정보의 내용으로 등기소에 제공하여야 한다.

(4) 첨부정보

수용으로 인한 소유권이전등기를 신청하는 경우에는 보상이나 공탁을 증명하는 정보를 첨부정보로서 등기소에 제공하여야 한다.

(5) 실행

① 등기원인 : 토지수용
② 원인일자 : 수용의 시기

(6) 직권말소

① 대상 : 등기관이 수용으로 인한 소유권이전등기를 하는 경우 그 부동산의 등기기록 중 소유권, 소유권 외의 권리, 그 밖의 처분제한에 관한 등기가 있으면 그 등기를 직권으로 말소하여야 한다. 다만, 그 부동산을 위하여 존재하는 지역권의 등기 또는 토지수용위원회의 재결로써 존속이 인정된 권리의 등기는 그러하지 아니하다.

직권말소대상	예외
• 수용의 날 이후에 경료된 소유권이전등기 • 소유권 이외의 권리의 말소(수용의 날 전후를 불문) • 가등기, 가압류, 가처분(수용의 날 전후를 불문)	• 수용의 날 이전에 상속을 원인으로 한 소유권이전등기 • 지역권의 등기, 토지수용위원회의 재결로 인정된 권리 • 예외 없음

② 수용으로 인한 소유권이전등기가 된 후 토지수용위원회의 재결이 실효된 경우 그 소유권이전등기의 말소등기는 원칙적으로 공동신청에 의한다.

8 소유권 이외의 권리에 관한 등기

1) 지상권

(1) 의의

타인의 토지에 건물 기타 공작물이나 수목을 소유하기 위하여 그 토지를 사용하는 용익물권이다.

(2) 범위

① 부동산 전부 : 가능
② 부동산 일부 : 가능(도면 첨부정보로 제공)
③ 지분 : 불가능

(3) 신청정보

구분	내용
필요적 신청정보의 내용	• 목적 : 건물, 공작물, 수목 • 범위 : 전부, 일부
임의적 신청정보의 내용	• 지료 및 지급시기 • 존속기간 : 최단규정 ○(최장기간 ×)

(4) 기타

① 타인의 농지에 지상권을 설정할 수 있으나 농작물을 소유하기 위해서는 지상권을 설정할 수 없다.

② 이중지상권(×)
③ 1필지 일부에 지상권을 설정하기 위하여 분필을 할 필요는 없다.
④ 지상권을 목적으로 하는 저당권등기는 을구에 부기등기에 의한다.

2) 지역권

(1) 의의

일정한 목적을 위하여 타인의 토지를 본인토지의 편익에 이용하는 용익물권이다.

(2) 범위

① **부동산 전부** : 가능
② **부동산 일부** : 승역지 가능, 요역지 불가능
③ **지분** : 불가능

(3) 신청정보

구분	내용	
필요적 신청정보의 내용	• 목적 : 통행, 인수, 관망 • 요역지, 승역지 표시	• 범위 : 전부, 일부
임의적 신청정보의 내용	• 부종성배제특약 • 비용부담특약	• 용수이용특약 • 권리소멸에 관한 약정

(4) 기타

① 지역권설정등기는 승역지소유자를 등기의무자로, 요역지소유자를 등기권리자로 하여 공동으로 신청함이 원칙이다.
② 지역권설정등기신청은 승역지소유자를 등기의무자로, 요역지소유자를 등기권리자로 하여 공동신청을 원칙으로 한다. 토지소유자 이외의 지상권자, 전세권자, 임차권자도 지역권의 등기권리자 또는 등기의무자가 될 수 있다.
③ 등기관이 승역지의 등기기록에 지역권설정의 등기를 할 때에는 지역권설정의 목적을 기록하여야 한다.
④ 요역지의 소유권이 이전되면 지역권은 별도의 등기 없이 이전된다.
⑤ 지역권설정등기 시 요역지지역권의 등기사항은 등기관이 직권으로 기록하여야 한다.

3) 전세권

(1) 의의

전세권자는 전세금을 지급하고 타인의 부동산을 점유하여 그 부동산의 용도에 따라 사용·수익하는 용익물권이다.

(2) 범위

① 부동산 전부 : 가능
② 부동산 일부 : 가능(도면 첨부정보로 제공)
③ 지분 : 불가능

(3) 신청정보

구분	내용	
필요적 신청정보의 내용	• 전세금(전전세금)	• 전세권의 범위(전전세권범위)
임의적 신청정보의 내용	• 존속기간 • 양도, 담보제공금지	• 위약금, 배상금 • 전전세, 임대차금지

(4) 전세권일부이전등기

① 등기관이 전세금반환채권의 일부 양도를 원인으로 한 전세권일부이전등기를 할 때에는 양도액을 기록한다.
② 전세권일부이전등기의 신청은 전세권의 존속기간의 만료 전에는 할 수 없다. 다만, 존속기간 만료 전이라도 해당 전세권이 소멸하였음을 증명하여 신청하는 경우에는 그러하지 아니하다.

(5) 기타

① 농경지는 전세권의 목적으로 하지 못한다.
② 대지권은 지분의 성격을 가지므로 전세권의 목적이 될 수 없다.
③ 공유부동산에 전세권을 설정할 경우 그 등기기록에 기록된 공유자 전원이 등기의무자이다.
④ 등기원인에 위약금약정이 있는 경우 등기관은 전세권설정등기를 할 때 이를 기록한다.
⑤ 전세금반환채권의 일부양도를 원인으로 한 전세권일부이전등기를 할 때 양도액을 기록한다.

4) 저당권

(1) 의의

채무자 또는 제3자가 채무의 담보로 제공한 부동산 기타의 목적물을 제공자로부터 인도를 받지 않고서 그 목적물을 관념적으로만 지배하고 채무자의 변제가 없는 경우에는 그 목적물로부터 우선 변제를 받는 담보물권을 말한다.

(2) 범위

① 부동산 전부 : 가능   ② 부동산 일부 : 불가능   ③ 지분 : 가능

(3) 신청정보

구분	내용
필요적 신청정보의 내용	• 채권액 • 채무자의 성명 또는 명칭과 주소 또는 사무소 소재지
임의적 신청정보의 내용	• 변제기(辨濟期) • 이자 및 그 발생·지급시기 • 원본 또는 이자의 지급장소 • 채무불이행으로 인한 손해배상에 관한 약정 • 민법 제358조 단서의 약정 • 채권의 조건

(4) 기타

① 전세권은 저당권의 목적이 될 수 있다.
② 토지소유권의 공유지분에 대하여 저당권을 설정할 수 있다.
③ 등기관은 부동산이 5개 이상일 때에는 공동담보목록을 작성하여야 한다.

5) 임차권

(1) 의의

임대인에게 목적물을 사용·수익하게 할 것을 요구할 수 있는 임차인의 권리이다.

(2) 범위

① 부동산 전부 : 가능   ② 부동산 일부 : 불가능   ③ 지분 : 가능

(3) 신청정보

구분	내용
필요적 신청정보의 내용	• 차임 • 임차권 설정 또는 임차물 전대의 범위가 부동산의 일부일 때에는 그 부분을 표시한 도면의 번호
임의적 신청정보의 내용	• 차임지급시기 • 존속기간 • 임차보증금 • 임차권의 양도 또는 임차물의 전대에 대한 임대인의 동의

(4) 임차권등기명령제도

임대차가 종료된 후 보증금을 반환받지 못한 임차인은 임차주택의 소재지를 관할하는 지방법원·지방법원지원 또는 시·군법원에 임대차등기명령을 신청할 수 있다. 법원은 임차권등기명령의 효력이 발생하면 지체 없이 촉탁서에 재판서등본을 첨부하여 등기관에게 임차권등기의 기입을 촉탁하여야 한다.

▶ 신청정보의 내용

권리	필요적 신청정보의 내용	임의적 신청정보의 내용
지상권	• 목적 : 건물, 공작물, 수목 • 범위 : 전부, 일부	• 존속기간 • 지료, 지급시기
지역권	• 목적 : 통행, 인수, 관망 • 범위 : 승역지 전부 및 일부, 요역지 전부 • 요역지표시	• 부종성배제특약 • 수선의무특약 • 용수승역지의 수량공급을 달리하는 특약
전세권	• 전세금(전전세금) • 전세권(전전세권)범위	• 존속기간(10년) • 위약금, 배상금 • 양도, 담보제공금지 • 전전세, 임대차금지
저당권	• 채권액 • 채무자 • 권리의 표시(소유권 제외) • 공동담보의 표시	• 변제기 • 이자 및 이자발생시기 • 원본 및 이자지급장소 • 손해배상약정 • 저당권의 효력범위제한의 약정 • 채권이 조건부인 때에는 그 취지
임차권	• 차임 • 처분능력 및 처분권한이 없는 자의 그 취지	• 존속기간 • 차임의 전급, 지급시기 • 임차보증금 • 양도 및 전대에 대한 임대인의 동의

9 첨부정보

1) 신청정보

(1) 부동산의 표시

① **토지** : 소재, 지번, 지목, 면적
② **건물** : 소재, 지번 및 건물번호, 건물의 종류, 구조와 면적. 단, 부속건물이 있는 경우에는 부속건물의 종류, 구조와 면적이다.
③ **구분건물** : 1동의 건물의 표시로서 소재지번·건물명칭 및 번호·구조·종류·면적, 전유 부분의 건물의 표시로서 건물번호·구조·면적, 대지권이 있는 경우 그 권리의 표시. 다만, 1동의 건물의 구조·종류·면적은 건물의 표시에 관한 등기나 소유권보존등기를 신청하는 경우로 한정한다.

(2) 신청인

① 신청인의 성명(또는 명칭), 주소(또는 사무소 소재지) 및 주민등록번호(또는 부동산등기용 등록번호)
② 신청인이 법인인 경우에는 그 대표자의 성명과 주소
③ 대리인에 의하여 등기를 신청하는 경우에는 그 성명과 주소

④ 법인 아닌 사단이나 재단이 신청인인 경우에는 그 대표자나 관리인의 성명, 주소 및 주민등록번호를 신청정보의 내용으로 등기소에 제공하여야 한다.

(3) 등기원인 및 연월일

소유권보존등기의 경우 등기원인 및 연월일을 기재하지 않는다.

(4) 기타

① 등기의 목적
② 등기필정보. 다만, 공동신청 또는 승소한 등기의무자의 단독신청에 의하여 권리에 관한 등기를 신청하는 경우로 한정한다.
③ 등기소의 표시
④ 신청연월일

(5) 작성 시 유의사항

① 신청서나 그 밖의 등기에 관한 서면을 작성할 때에는 자획(字劃)을 분명히 하여야 한다.
② 방문신청을 하는 경우에는 등기신청서에 신청정보의 내용으로 등기소에 제공하여야 하는 정보를 적고 신청인 또는 그 대리인이 기명날인하거나 서명하여야 한다.
③ 신청서가 여러 장일 때에는 신청인 또는 그 대리인이 간인을 하여야 하고, 등기권리자 또는 등기의무자가 여러 명일 때에는 그 중 1명이 간인하는 방법으로 한다. 다만, 신청서에 서명을 하였을 때에는 각 장마다 연결되는 서명을 함으로써 간인을 대신한다.
④ 서면에 적은 문자의 정정, 삽입 또는 삭제를 한 경우에는 서면에 적은 문자의 정정, 삽입 또는 삭제를 한 경우에는 그 글자 수를 난외(欄外)에 적으며, 문자의 앞뒤에 괄호를 붙이고 이에 날인 또는 서명하여야 한다. 이 경우 삭제한 문자는 해독할 수 있게 글자체를 남겨두어야 한다.
⑤ 필요적 기록사항은 신청서가 유효하기 위하여 반드시 기록해야 한다.
⑥ 공유인 경우에는 지분을 기록하고, 합유의 경우 지분을 기록하지 아니하며 합유의 뜻을 기록하여야 한다.
⑦ 매매에 관한 거래계약서를 등기원인을 증명하는 서면으로 하여 소유권이전등기를 신청하는 경우에는 대법원규칙이 정하는 거래신고일련번호와 신고필증과 매매목록에 기록된 거래가액을 하여야 한다. 이 거래금액은 갑구의 권리자 및 기타 사항란에 기록한다.
⑧ 방문신청을 하고자 하는 신청인은 신청서를 등기소에 제출하기 전에 전산정보처리조직에 신청정보를 입력하고, 그 입력한 신청정보를 서면으로 출력하여 등기소에 제출하는 방법으로 할 수 있다.

2) 등기필정보(등기필증)

등기권리자와 등기의무자가 공동으로 권리에 관한 등기를 신청하는 경우에 신청인은 그 신청정보와 함께 통지받은 등기의무자의 등기필정보를 등기소에 제공하여야 한다. 승소한 등기의무자가 단독으로 권리에 관한 등기를 신청하는 경우에도 또한 같다.

(1) 제공하는 경우
① 등기권리자와 등기의무자가 공동으로 권리에 관한 등기를 신청하는 경우
② 승소한 등기의무자가 단독으로 권리에 관한 등기를 신청하는 경우

(2) 제공하지 않아도 되는 경우
① 관공서가 촉탁하는 경우
② 승소한 등기권리자가 단독으로 권리에 관한 등기를 신청하는 경우
③ 환매특약등기를 신청하는 경우

(3) 등기필정보가 없는 경우(재발급은 안 됨)
① 등기의무자의 출석
  ㉠ 등기의무자의 등기필정보가 없을 때에는 등기의무자 또는 그 법정대리인(이하 "등기의무자 등"이라 한다)이 등기소에 출석하여 등기관으로부터 등기의무자 등임을 확인받아야 한다.
  ㉡ 등기관은 주민등록증, 외국인등록증, 국내거소신고증, 여권 또는 운전면허증(이하 "주민등록증 등"이라 한다)에 의하여 본인 여부를 확인하고 조서를 작성하여 이에 기명날인하여야 한다. 이 경우 주민등록증 등의 사본을 조서에 첨부하여야 한다.
② 출석 예외
  ㉠ 등기신청인의 자격자대리인(변호사나 법무사만을 말한다)이 등기의무자 등으로부터 위임받았음을 확인한 경우 자격자대리인이 등기의무자 또는 그 법정대리인으로부터 위임받았음을 확인한 경우(확인정보를 첨부정보로서 등기소에 제공)
  ㉡ 신청서(위임에 의한 대리인이 신청하는 경우에는 그 권한을 증명하는 서면을 말한다) 중 등기의무자등의 작성 부분에 관하여 공증을 받은 경우

3) 인감증명

(1) 제출 여부

① 인감증명의 제출
  ㉠ 소유권의 등기명의인이 등기의무자로서 등기를 신청하는 경우 등기의무자의 인감증명
  ㉡ 소유권에 관한 가등기명의인이 가등기의 말소등기를 신청하는 경우 가등기명의인의 인감증명
  ㉢ 소유권 외의 권리의 등기명의인이 등기의무자로서 등기를 신청하는 경우 등기의무자의 인감증명

② 토지소유자들의 확인서를 첨부하여 토지합필등기를 신청하는 경우 그 토지소유자들의 인감증명
⑩ 권리자의 확인서를 첨부하여 토지분필등기를 신청하는 경우 그 권리자의 인감증명
⑪ 협의분할에 의한 상속등기를 신청하는 경우 상속인 전원의 인감증명
⑫ 등기신청서에 제3자의 동의 또는 승낙을 증명하는 서면을 첨부하는 경우 그 제3자의 인감증명
⑬ 법인 아닌 사단이나 재단의 등기신청에서 대법원예규로 정한 경우
② 인감증명의 제출(×)
  ⑤ 인감증명을 제출하여야 하는 자가 국가 또는 지방자치단체인 경우
  ⑥ 토지소유자들의 확인서, 권리자의 확인서, 상속재산분할협의서, 제3자의 동의 또는 승낙을 증명하는 서면이 공정증서이거나 당사자가 서명 또는 날인하였다는 뜻의 공증인의 인증을 받은 서면인 경우
③ 유효기간 : 등기신청서에 첨부하는 인감증명, 법인등기사항증명서, 주민등록표등·초본, 가족관계등록사항별 증명서 및 건축물대장·토지대장·임야대장등본은 발행일부터 3개월 이내의 것이어야 한다.

(2) 제출하여야 할 인감증명

① 법정대리인 : 법정대리인의 인감증명
② 법인(외국법인 포함) : 등기소의 증명을 얻은 그 대표자의 인감증명
③ 비법인사단·재단 : 그 대표자나 관리인의 인감증명
④ 재외국인
  ⑤ 인감증명법에 따른 인감증명 또는 본국의 관공서가 발행한 인감증명을 제출하여야 한다.
  ⑥ 다만, 본국에 인감증명제도가 없고 인감증명법에 따른 인감증명을 받을 수 없는 자는 신청서나 위임장 또는 첨부정보에 본인이 서명 또는 날인하였다는 뜻의 본국 관공서의 증명이나 본국 또는 대한민국 공증인의 인증(재외공관공증법에 따른 인증을 포함한다)을 받음으로써 인감증명의 제출을 갈음할 수 있다.
⑤ 재외국민 : 위임장이나 첨부정보에 본인이 서명 또는 날인하였다는 뜻의 재외공관공증법에 따른 인증을 받음으로써 인감증명의 제출을 갈음할 수 있다.
⑥ 인감증명을 제출하여야 하는 자가 다른 사람에게 권리의 처분권한을 수여한 경우에는 그 대리인의 인감증명을 함께 제출하여야 한다.

4) 주소증명정보

① 등기권리자(새로 등기명의인이 되는 경우로 한정한다)의 주소(또는 사무소 소재지)를 증명하는 정보를 제공하여야 한다.
② 다만, 소유권이전등기를 신청하는 경우에는 등기의무자의 주소(또는 사무소 소재지)를 증명하는 정보도 제공하여야 한다.

5) 부동산등기용 등록번호를 증명하는 서면

① 등기권리자(새로 등기명의인이 되는 경우로 한정한다)의 주소(또는 사무소 소재지) 및 주민등록번호(또는 부동산등기용 등록번호)를 증명하는 정보이다.
② 다만, 소유권이전등기를 신청하는 경우에는 등기의무자의 주소(또는 사무소 소재지)를 증명하는 정보도 제공하여야 한다.

구분	부여기관
국가, 지자체, 국제기관, 외국정부	국토교통부장관이 지정·고시
법인	주된 사무소 소재지 관할 등기소 등기관
법인 아닌 사단, 재단	시장, 군수, 구청장
외국인	체류지를 관할하는 지방출입국, 외국인관서의 장(국내에 체류지가 없는 경우에는 대법원 소재지에 체류지가 있는 것으로 본다)
재외국민	대법원 소재지 관할 등기소 등기관

6) 도면

(1) 건물

① 구분건물소유권보존등기 : 건물의 소재도, 각 층의 평면도, 구분건물의 평면도
② 구분점포 : 건물의 도면, 각 층의 평면도
③ 대지상 수개의 건물이 있는 경우 : 건물의 소재도
④ 건물의 일부 : 전세권, 임차권을 설정하는 경우

(2) 토지

지상권, 지역권, 전세권, 임차권을 설정하는 경우(토지의 일부)이다.

(3) 제출방법

방문신청을 하는 경우라도 등기소에 제공하여야 하는 도면은 전자문서로 작성하여야 하며, 그 제공은 전산정보처리조직을 이용하여 등기소에 송신하는 방법으로 하여야 한다. 다만, 다음의 어느 하나에 해당하는 경우에는 그 도면을 서면으로 작성하여 등기소에 제출할 수 있다.
① 자연인 또는 법인 아닌 사단이나 재단이 직접 등기신청을 하는 경우
② 자연인 또는 법인 아닌 사단이나 재단이 자격자대리인이 아닌 사람에게 위임하여 등기신청을 하는 경우

10 등기완료 후 조치

1) 등기필정보 작성 및 통지

(1) 의의
전산정보처리조직에 따라 등기를 마치면 등기관은 등기필정보를 작성하여 통지해야 한다.

(2) 구성
등기필정보는 아라비아숫자 기타 부호의 조합으로 이루어진 일련번호와 비밀번호(50개)로 구성된다.

(3) 작성
① 작성하는 경우
  ㉠ 등기할 수 있는 권리의 보존, 설정, 이전하는 등기를 하는 경우
  ㉡ ㉠의 설정, 이전의 가등기를 하는 경우
  ㉢ 권리자를 추가하는 경정 또는 변경등기
② 작성하지 않는 경우
  ㉠ 말소등기, 말소회복등기
  ㉡ 채권자대위에 의한 등기
  ㉢ 등기관의 직권에 의한 보존등기
  ㉣ 승소한 등기의무자에 신청에 의한 등기
  ㉤ 관공서가 등기를 촉탁한 경우(단, 관공서가 등기권리자를 위해 소유권 보존, 이전 등기를 촉탁하는 경우는 제외)

(4) 통지방법
① 방문신청의 경우 : 등기필정보를 적은 서면(이하 "등기필정보통지서"라 한다)을 교부하는 방법
② 전자신청의 경우 : 전산정보처리조직을 이용하여 송신하는 방법

(5) 통지를 요하지 않는 경우
① 등기권리자가 등기필정보의 통지를 원하지 아니하는 경우
② 국가 또는 지방자치단체가 등기권리자인 경우
③ 등기필정보를 전산정보처리조직으로 통지받아야 할 자가 수신이 가능한 때부터 3개월 이내에 전산정보처리조직을 이용하여 수신하지 않은 경우
④ 등기필정보통지서를 수령할 자가 등기를 마친 때부터 3개월 이내에 그 서면을 수령하지 않은 경우

2) 등기완료통지대상

(1) 등기신청인

① 공동신청에 있어서 등기필정보를 부여받지 않는 등기권리자
② 단독신청에 있어서 신청인
③ 공동신청에서 등기의무자가 원하는 경우

(2) 등기명의인

① 승소한 등기의무자의 등기신청에 있어서 등기권리자
② 대위자의 등기신청에서 피대위자
③ 등기필정보를 제공하지 않고 확인정보 등을 제공한 등기신청에서 등기의무자
④ 직권소유권보존등기에서 등기명의인
⑤ 관공서가 촉탁하는 등기에서 관공서

3) 소유권변경사실통지

(1) 의의

소유권변경사실의 통지는 대장과 등기기록을 일치시키기 위한 조치로서 소유권에 관한 등기(가등기, 처분제한의 등기는 제외)에만 적용된다. 그러므로 소유권 이외의 권리에 관한 등기를 한 경우에는 통지대상이 되지 않는다.

(2) 대상

통지대상	제외
• 소유권의 보존 또는 이전 • 소유권의 등기명의인 표시의 변경 또는 경정 • 소유권의 변경 또는 경정 • 소유권의 말소 또는 말소회복	• 소유권에 관한 가등기, 처분제한의 등기 • 소유권 이외의 권리에 관한 등기

4) 과세자료제공

(1) 의의

등기관이 소유권의 보존 또는 이전의 등기(가등기를 포함한다)를 하였을 때에는 대법원규칙으로 정하는 바에 따라 지체 없이 그 사실을 부동산 소재지 관할 세무서장에게 통지하여야 한다. 과세자료의 제공은 전산정보처리조직을 이용하여 할 수 있다.

(2) 대상

송부대상	제외
• 소유권보존등기 • 소유권이전등기(가등기 포함)	• 국·공유부동산의 소유권보존등기 • 소유권이전등기

06 예상문제

01 부동산등기법에 따른 용어의 정의로 옳지 않은 것은? 기 18-1

① "등기부"란 전산정보처리조직에 의하여 입력·처리된 등기정보자료를 대법원규칙으로 정하는 바에 따라 편성한 것을 말한다.
② "등기부부본자료"란 등기부의 멸실 방지를 위하여 전산으로 출력하여 별도의 장소에 보관한 자료를 말한다.
③ "등기기록"이란 1필의 토지 또는 1개의 건물에 관한 등기정보자료를 말한다.
④ "등기필정보"란 등기부에 새로운 권리자가 기록되는 경우에 그 권리자를 확인하기 위하여 등기관이 작성한 정보를 말한다.

해설 등기부부본자료 : 등기부와 동일한 내용으로 보조기억장치에 기록된 자료

02 부동산등기법상 등기관이 토지등기기록의 표제부에 기록하여야 하는 사항으로 옳지 않은 것은? 기 19-2, 19-3

① 경계   ② 면적
③ 지목   ④ 지번

해설 부동산등기규칙 제13조(등기기록의 양식)
① 토지등기기록의 표제부에는 표시번호란, 접수란, 소재지번란, 지목란, 면적란, 등기원인 및 기타 사항란을 두고, 건물등기기록의 표제부에는 표시번호란, 접수란, 소재지번 및 건물번호란, 건물내역란, 등기원인 및 기타 사항란을 둔다.
② 갑구와 을구에는 순위번호란, 등기목적란, 접수란, 등기원인란, 권리자 및 기타 사항란을 둔다.

03 부동산등기법의 규정에 의해 등기할 수 없는 권리는? 기 19-2

① 소유권 및 저당권   ② 지상권 및 임차권
③ 지역권 및 전세권   ④ 점유권 및 유치권

해설 부동산등기법 제3조(등기할 수 있는 권리 등)
등기는 부동산의 표시와 다음 각 호의 어느 하나에 해당하는 권리의 보존, 이전, 설정, 변경, 처분의 제한 또는 소멸에 대하여 한다.
1. 소유권   2. 지상권
3. 지역권   4. 전세권
5. 저당권   6. 권리질권
7. 채권담보권   8. 임차권

04 부동산등기법상 등기할 수 있는 권리에 해당하지 않는 것은? 기 18-1

① 점유권과 유치권   ② 소유권과 지역권
③ 저당권과 임차권   ④ 지상권과 전세권

해설 점유권과 유치권은 등기할 수 없는 권리이다.

05 부동산등기법령상 등기기록의 갑구(甲區)에 기록하여야 할 사항은? 기 17-3

① 부동산의 소재지
② 소유권에 관한 사항
③ 소유권 이외의 권리에 관한 사항
④ 토지의 지목, 지번, 면적에 관한 사항

해설 등기기록
㉠ 표제부 : 부동산의 표시에 관한 사항
㉡ 갑구 : 소유권에 관한 사항
㉢ 을구 : 소유권 이외의 권리에 관한 사항

06 부동산등기법의 수용으로 인한 등기에 관한 내용이다. ( ) 안에 들어갈 내용으로 옳은 것은? 기 16-2

수용으로 인한 소유권이전등기를 하는 경우 그 부동산의 등기기록 중 소유권, 소유권 외의 권리, 그 밖의 처분제한에 관한 등기가 있으면 그 등기를 직권으로 말소하여야 한다. 다만, 그 부동산을 위하여 존재하는 ( )의 등기 또는 토지수용위원회의 재결(裁決)로서 존속(存續)이 인정된 권리의 등기는 그러하지 아니하다.

① 소유권   ② 지역권
③ 지상권   ④ 저당권

해설 토지수용 시 그 토지를 위해 존재하는 지역권의 경우 등기관이 직권으로 말소할 수 없다.

정답 01 ② 02 ① 03 ④ 04 ① 05 ② 06 ②

07 부동산등기규칙상 토지의 분할, 합병 및 등기사항의 변경이 있어 토지의 표시변경등기를 신청하는 경우에 그 변경을 증명하는 첨부정보로서 옳은 것은 어느 것인가?

① 지적도나 임야도
② 멸실 및 증감확인서
③ 이해관계인의 승낙서
④ 토지대장정보나 임야대장정보

해설 부동산등기규칙상 토지의 분할, 합병 및 등기사항의 변경이 있어 토지의 표시변경등기를 신청하는 경우에 그 변경을 증명하는 첨부정보로 토지대장정보나 임야대장정보을 제공하여야 한다.

08 다음 중 등기의 효력이 발생하는 시기는?

① 등기필증을 교부한 때
② 등기신청서를 접수한 때
③ 관련 기관에 등기필통지를 한 때
④ 등기사항을 등기부에 기재한 때

해설 등기의 효력발생시기는 등기관이 등기를 마치면 접수한 때 발생한다.

09 등기의 일반적 효력에 관한 사랑으로 옳지 않은 것은?

① 공신력   ② 대항적 효력
③ 추정적 효력 ④ 순위확정적 효력

해설 등기의 효력(종국등기) : 권리의 변동적 효력, 대항적 효력, 순위확정적 효력, 점유적 효력, 형식적 확정력(후등기 저지력), 권리추정적 효력, 공신력의 불인정

10 우리나라 부동산등기의 일반적 효력과 관계가 없는 것은?

① 순위확정적 효력   ② 권리의 공신적 효력
③ 권리의 변동적 효력 ④ 권리의 추정적 효력

해설 등기의 효력(종국등기) : 권리의 변동적 효력, 대항적 효력, 순위확정적 효력, 점유적 효력, 형식적 확정력(후등기 저지력), 권리추정적 효력, 공신력의 불인정

11 부동산등기법상 미등기 토지의 소유권보존등기를 신청할 수 없는 자는?

① 확정판결에 의하여 자기의 소유권을 증명하는 자
② 수용(收用)으로 인하여 소유권을 취득하였음을 증명하는 자
③ 토지대장등본에 의하여 피상속인이 토지대장에 소유자로서 등록되어 있는 것을 증명하는 자
④ 특별자치도지사, 시장, 군수 또는 구청장의 확인에 의하여 자기의 소유권을 증명하는 자(건물의 경우로 한정한다)

해설 특별자치도지사, 시장, 군수 또는 구청장의 확인에 의하여 자기의 소유권을 증명하는 자는 건물에 대해서만 소유권보존등기가 가능하며 토지의 경우에는 해당하지 않는다.

12 부동산등기법상 미등기의 토지에 관한 소유권보존등기를 신청할 수 없는 자는?

① 토지대장에 최초의 소유자로 등록되어 있는 자
② 수용으로 인하여 소유권을 취득하였음을 증명하는 자
③ 확정판결에 의하여 자기의 소유권을 증명하는 자
④ 구청장 또는 면장의 서면에 의하여 자기의 소유권을 증명하는 자

해설 토지의 소유권보존등기 신청인
㉠ 토지대장에 최초의 소유자로 등록되어 있는 자
㉡ 수용으로 인하여 소유권을 취득하였음을 증명하는 자
㉢ 확정판결에 의하여 자기의 소유권을 증명하는 자
㉣ 특별자치도지사, 시장, 군수 또는 구청장(자치구의 구청장을 말한다)의 확인에 의하여 자기의 소유권을 증명하는 자(건물의 경우로 한정한다)

13 부동산등기법령상 토지가 멸실된 경우 그 토지소유권의 등기명의인이 등기를 신청하여야 하는 기간은?

① 그 사실이 있는 때부터 14일 이내
② 그 사실이 있는 때부터 15일 이내
③ 그 사실이 있는 때부터 1개월 이내
④ 그 사실이 있는 때부터 3개월 이내

해설 토지가 전부 멸실된 경우 소유권의 등기명의인은 1개월 이내에 멸실등기를 신청하여야 한다.

정답 07 ④ 08 ② 09 ① 10 ② 11 ④ 12 ④ 13 ③

14 부동산등기법령상 등기부에 관한 설명으로 옳지 않은 것은? `기 17-3`

① 등기부는 영구히 보존하여야 한다.
② 공동인명부와 도면은 영구히 보존하여야 한다.
③ 등기부는 토지등기부와 건물등기부로 구분한다.
④ 등기부란 전산정보처리조직에 의하여 입력·처리된 등기정보자료를 대법원규칙으로 정하는 바에 따라 편성한 것을 말한다.

해설 공동인명부는 현행법상에 존재하지 않는다.

15 등기의 말소를 신청하는 경우 그 말소에 대하여 등기상 이해관계가 있는 제3자가 있을 때 필요한 것은? `기 16-1`

① 제3자의 승낙
② 시장의 서면
③ 공동담보목록원부
④ 가등기 명의인의 승낙

해설 등기의 말소를 신청하는 경우 그 말소에 대하여 등기상 이해관계가 있는 제3자가 있을 때 그의 승낙서를 첨부하여야 한다.

16 다음 중 승소한 등기권리자 또는 등기의무자가 단독으로 신청하는 등기는? `기 16-1`

① 소유권보존등기
② 교환에 의한 등기
③ 판결에 의한 등기
④ 신탁재산에 속하는 부동산의 신탁등기

해설 판결에 의한 등기는 승소한 등기권리자 또는 승소한 등기의무자가 단독으로 신청할 수 있다.

17 새로운 권리에 관한 등기를 마쳤을 때 작성한 등기필정보를 등기권리자에게 통지하지 아니하는 경우로 옳지 않은 것은? `기 19-1`

① 등기권리자를 대위하여 등기신청을 한 경우
② 국가 또는 지방자치단체가 등기권리자인 경우
③ 등기권리자가 등기필정보의 통지를 원하지 아니하는 경우
④ 등기필정보통지서를 수령할 자가 등기를 마친 때부터 1개월 이내에 그 서면을 수령하지 않은 경우

해설 등기필정보의 통지를 요하지 않는 경우
등기관이 새로운 권리에 관한 등기를 마쳤을 때에는 등기필정보를 작성하여 등기권리자에게 통지하여야 한다. 다만, 다음의 어느 하나에 해당하는 경우에는 그러하지 아니하다.
㉠ 등기권리자가 등기필정보의 통지를 원하지 아니하는 경우
㉡ 국가 또는 지방자치단체가 등기권리자인 경우
㉢ 등기필정보를 전산정보처리조직으로 통지받아야 할 자가 수신이 가능한 때부터 3개월 이내에 전산정보처리조직을 이용하여 수신하지 않은 경우
㉣ 등기필정보통지서를 수령할 자가 등기를 마친 때부터 3개월 이내에 그 서면을 수령하지 않은 경우
㉤ 승소한 등기의무자가 등기신청을 한 경우
㉥ 등기권리자를 대위하여 등기신청을 한 경우
㉦ 등기관이 직권으로 소유권보존등기를 한 경우

18 다음 중 등기관이 토지에 관한 등기를 하였을 때 지적공부소관청에 지체 없이 그 사실을 알려야 하는 대상에 해당하지 않는 것은? `기 16-2`

① 소유권의 보존 또는 이전
② 소유권의 등록 또는 등록정정
③ 소유권의 변경 또는 경정
④ 소유권의 말소 또는 말소회복

해설 소유권변경사실의 통지
㉠ 의의 : 소유권변경사실의 통지는 대장과 등기부를 일치시키기 위한 조치로서 소유권에 관한 등기(가등기, 처분제한의 등기는 제외)에만 적용된다. 그러므로 소유권 이외의 권리에 관한 등기를 한 경우에는 등기필통지의 대상이 되지 않는다.
㉡ 통지대상
• 소유권의 보존 또는 이전
• 소유권의 등기명의인의 표시의 변경 또는 경정
• 소유권의 변경 또는 경정
• 소유권의 말소 또는 말소회복
㉢ 통지대상 제외
• 소유권에 관한 등기(가등기, 처분제한의 등기는 제외)
• 소유권 이외의 권리에 관한 등기

19 등기관이 토지소유권의 이전등기를 한 경우 지체 없이 그 사실을 누구에게 알려야 하는가? `기 16-3`

① 이해관계인
② 지적소관청
③ 관할 등기소
④ 행정안전부장관

해설 등기관이 토지소유권의 이전등기를 한 경우 지체 없이 그 사실을 지적소관청에게 통지하여야 한다.

정답 14 ② 15 ① 16 ③ 17 ④ 18 ② 19 ②

20 등기관이 등기를 한 후 지체 없이 그 사실을 지적소관청 또는 건축물대장소관청에 통지하여야 하는 것이 아닌 것은? 기 18-3

① 부동산표시의 변경
② 소유권의 보존 또는 이전
③ 소유권의 말소 또는 말소회복
④ 소유권의 등기명의인표시의 변경 또는 경정

해설 **소유권변경사실의 통지대상**
㉠ 소유권의 보존 또는 이전
㉡ 소유권의 말소 또는 말소회복
㉢ 소유권의 등기명의인표시의 변경 또는 경정

21 등기관이 지적소관청에 통지하여야 하는 토지의 등기사항이 아닌 것은? 기 17-2

① 소유권의 보존
② 소유권의 이전
③ 토지표시의 변경
④ 소유권의 등기명의인표시의 변경

해설 등기관은 소유권의 변경이 있을 경우 지적소관청에 통지를 하여야 한다. 토지표시의 변경은 지적소관청의 주업무이므로 등기관이 통지할 대상에 해당하지 않는다.

22 부동산등기법상 부동산등기용 등록번호의 부여절차로 옳지 않은 것은? 기 18-2

① 법인의 등록번호는 주된 사무소 소재지 관할 등기소의 등기관이 부여한다.
② 법인 아닌 사단이나 재단의 등록번호는 시장, 군수 또는 구청장이 부여한다.
③ 국가·지방자치단체·국제기관 및 외국정부의 등록번호는 기획재정부장관이 지정·고시한다.
④ 주민등록번호가 없는 재외국민의 등록번호는 대법원 소재지 관할 등기소의 등기관이 부여한다.

해설 **부동산등기용 등록번호 부여**
㉠ 국가, 지자체, 외국정부 : 국토교통부장관이 지정·고시
㉡ 법인 : 주된 사무소 소재지 관할 등기소 등기관
㉢ 법인 아닌 사단·재단 : 시장, 군수, 구청장
㉣ 외국인 : 체류지를 관할하는 지방출입국, 외국인관서의 장
㉤ 재외국민 : 대법원 소재지 관할 등기소 등기관

정답 20 ① 21 ③ 22 ③

CHAPTER 07 국토의 계획 및 이용에 관한 법률

1 개요

1 목적
국토의 이용·개발 및 보전을 위한 계획의 수립 및 집행 등에 관하여 필요한 사항을 정함으로써 공공복리 증진과 국민의 삶의 질을 향상시키는 데 있다.

2 용어정의
① **광역도시계획** : 광역계획권의 장기발전방향을 제시하는 계획
② **도시·군계획** : 특별시·광역시·특별자치시·특별자치도·시 또는 군에 대한 공간구조와 발전방향의 계획으로 도시·군기본계획과 도시·군관리계획으로 구분
③ **도시·군기본계획** : 특별시·광역시·특별자치시·특별자치도·시 또는 군에 대한 기본적인 공간구조와 장기발전방향을 제시하는 종합계획으로 도시·군관리계획의 수립에 지침이 되는 계획
④ **도시·군관리계획** : 특별시·광역시·특별자치시·특별자치도·시 또는 군의 개발·정비 및 보전을 위하여 수립하는 토지이용·교통 등에 관한 다음의 계획
  ㉠ 용도지역 및 용도지구의 지정·변경에 관한 계획
  ㉡ 개발제한구역, 도시자연공원구역, 시가화조정구역, 수산자원보호구역의 지정·변경에 관한 계획
  ㉢ 기반시설의 설치·정비·개량에 관한 계획
  ㉣ 도시개발사업이나 정비사업에 관한 계획
  ㉤ 지구단위계획구역의 지정·변경에 관한 계획과 지구단위계획
⑤ **지구단위계획** : 도시·군계획수립대상지역의 일부에 대하여 토지이용을 합리화하고 기능을 증진하고 미관을 개선하며 양호한 환경을 체계적·계획적으로 관리하기 위한 도시·군관리계획
⑥ **기반시설** : 대통령령으로 정하는 다음의 시설(부대시설, 편익시설 포함)
  ㉠ 교통시설 : 도로, 철도, 항만, 공항, 주차장, 자동차정류장 등
  ㉡ 공간시설 : 광장, 공원, 녹지, 유원지, 공공공지
  ㉢ 유통·공급시설 : 유통업무설비, 수도, 전기, 가스, 공동구, 시장 등
  ㉣ 공공·문화체육시설 : 학교, 운동장, 공공청사, 문화시설, 체육시설, 도서관 등

ⓜ 방재시설 : 하천, 유수지, 저수지, 방화설비, 방풍설비 등
ⓗ 보건위생시설 : 화장시설, 공동묘지, 봉안시설, 자연장지, 장례식장 등
ⓢ 환경기초시설 : 하수도, 폐기물처리시설, 수질오염방지시설, 폐차장
⑦ 도시·군계획시설 : 기반시설 중 도시·군관리계획으로 결정된 시설.
⑧ 광역시설 : 기반시설 중 광역적인 정비체계가 필요한 다음의 시설
  ㉠ 둘 이상 특별시·광역시·특별자치시·특별자치도·시 또는 군에 걸치는 시설 : 도로, 철도, 운하, 수도, 전기, 가스 등
  ㉡ 둘 이상 특별시·광역시·특별자치시·특별자치도·시 또는 군이 공동 이용하는 시설 : 항만, 공항, 자동차정류장, 공원 등
⑨ 도시·군계획시설사업 : 도시·군계획시설을 설치·정비 또는 개량하는 사업
⑩ 도시·군계획사업 : 도시·군관리계획을 시행하기 위한 사업으로 다음의 사업
  ㉠ 도시·군계획시설사업
  ㉡ 도시개발법에 따른 도시개발사업
  ㉢ 도시 및 주거환경정비법에 따른 정비사업
⑪ 국가계획 : 중앙행정기관의 장이 법률에 의하여 수립하거나 국가정책을 위한 계획 중 도시·군기본계획의 내용 또는 도시·군관리계획으로 결정하여야 할 사항이 포함된 계획

2 광역도시계획

1 의의 및 성격

① 의의 : 광역계획권의 장기적인 발전방향을 제시하는 행정계획이다.
② 성격 : 일반사인을 구속하지 아니하는 내부구속적 계획으로 행정쟁송의 대상이 되지 아니한다.

2 광역계획권의 지정

1) 지정권자 및 지정목적

국토교통부장관 또는 도지사는 둘 이상의 특별시·광역시·특별자치시·특별자치도·시 또는 군의 공간구조 및 기능을 상호 연계시키고 환경을 보전하며 광역시설을 체계적으로 정비하기 위하여 필요한 경우에는 다음의 구분에 따라 광역계획권을 지정할 수 있다.
① 광역계획권이 둘 이상의 특별시·광역시·특별자치시·특별자치도 또는 도(이하 "시·도")의 관할 구역에 걸쳐 있는 경우 : 국토교통부장관이 지정
② 광역계획권이 도의 관할 구역에 속하여 있는 경우 : 도지사가 지정

2) 광역계획권의 지정단위

광역계획권은 인접한 둘 이상의 특별시·광역시·시 또는 군의 관할 구역의 전부 또는 일부를 대통령령이 정하는 바에 따라 지정할 수 있다.

3 광역도시계획의 수립권자

1) 원칙

국토교통부장관, 시·도지사, 시장 또는 군수는 다음의 구분에 따라 광역도시계획을 수립하여야 한다.
① 광역계획권이 같은 도의 관할 구역에 속하여 있는 경우 : 관할 시장 또는 군수가 공동으로 수립
② 광역계획권이 둘 이상의 시·도의 관할 구역에 걸쳐 있는 경우 : 관할 시·도지사가 공동으로 수립
③ 광역계획권을 지정한 날부터 3년이 지날 때까지 관할 시장 또는 군수로부터 광역도시계획의 승인신청이 없는 경우 : 관할 도지사가 수립
④ 국가계획과 관련된 광역도시계획의 수립이 필요한 경우나 광역계획권을 지정한 날부터 3년이 지날 때까지 관할 시·도지사로부터 광역도시계획의 승인신청이 없는 경우 : 국토교통부장관이 수립

2) 예외

① **국토교통부장관과 시·도지사의 공동 수립** : 국토교통부장관은 시·도지사가 요청하는 경우와 그 밖에 필요하다고 인정되는 경우에는 위의 규정에도 불구하고 관할 시·도지사와 공동으로 광역도시계획을 수립할 수 있다.
② **도지사와 시장·군수의 공동 수립** : 도지사는 시장 또는 군수가 요청하는 경우와 그 밖에 필요하다고 인정하는 경우에는 위의 규정에도 불구하고 관할 시장 또는 군수와 공동으로 광역도시계획을 수립할 수 있으며, 시장 또는 군수가 협의를 거쳐 요청하는 경우에는 단독으로 광역도시계획을 수립할 수 있다.

4 수립 및 승인절차

기초조사(의무)	• 인구, 경제, 사회, 문화 등을 조사·측량 • 자료제출요청 및 전문기관에 기초조사의뢰 가능
↓	
의견청취	• 공청회를 개최하여 주민과 관계 전문가의 의견청취 • 수립권자는 시·도의회 및 시·군의회와 시장·군수의 의견청취 • 의회는 특별한 사유가 없는 한 30일 내 의견제시

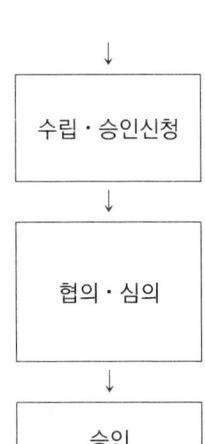

- 시장·군수 공동, 시·도지사 공동, 도지사 또는 국토교통부장관이 수립
- 시장·군수가 공동으로 수립한 경우 도지사에게 승인신청
- 시·도지사가 공동으로 수립한 경우 국토교통부장관에게 승인신청

- 국토교통부장관이 승인하는 경우 중앙행정기관의 장과 협의한 후 중앙도시계획위원회의 심의
- 도지사가 승인하는 경우 관계 행정기관의 장과 협의한 후 지방도시계획위원회의 심의
- 행정기관의 장은 특별한 사유가 없는 한 30일 이내 의견제시

- 국토교통부장관은 승인 후 중앙행정기관의 장과 시·도지사에게 송부
- 도지사는 승인 후 관계 행정기관의 장과 시장·군수에게 송부

- 송부받은 시·도지사는 시·도공보에 공고 후 30일 이상 일반에 열람
- 송부받은 시장·군수는 시·군공보에 공고 후 30일 이상 일반에 열람

1) 기초조사

수립권자는 인구, 경제, 사회, 문화, 토지이용, 교통, 환경, 주택 등 그 밖에 대통령령이 정하는 사항(기후·지형 등 자연적 여건, 기반시설 및 주거수준의 현황, 풍수해·지진 등 재해발생현황 및 추이 등)을 조사·측량을 하여야 한다.

2) 의견청취

(1) 주민 및 전문가의 의견청취

수립권자는 공청회를 열어 주민과 관계 전문가의 의견을 청취하여야 하며, 타당하다고 인정하는 경우에는 이를 반영하여야 한다.

(2) 지방의회 등의 의견청취

① 수립권자는 시·도의회, 시·군의회 및 시장 또는 군수의 의견을 청취하여야 한다.
② 시·도의회, 시·군의회 및 시장 또는 군수는 특별한 사유가 없는 한 30일 이내 의견을 제시하여야 한다.

3) 수립 및 승인신청

(1) 국토교통부장관에게 승인신청

시·도지사는 광역도시계획을 수립하거나 변경하려면 국토교통부장관의 승인을 받아야 한다.

(2) 도지사에게 승인신청

시장 또는 군수는 광역도시계획을 수립하거나 변경하려면 도지사의 승인을 받아야 한다.

4) 협의 및 심의

(1) 관계 중앙행정기관의 장과 협의 및 중앙도시계획위원회 심의
① 국토교통부장관은 광역도시계획을 승인하거나 직접 광역도시계획을 수립 또는 변경하려면 관계 중앙행정기관과 협의한 후 중앙도시계획위원회의 심의를 거쳐야 한다.
② 관계 중앙행정기관의 장은 특별한 사유가 없는 한 그 요청을 받은 날부터 30일 이내에 국토교통부장관에게 의견을 제시하여야 한다.

(2) 관계 행정기관의 장과 협의 및 지방도시계획위원회 심의
① 도지사가 광역도시계획을 승인하거나 직접 광역도시계획을 수립 또는 변경하려면 관계 행정기관의 장(국토교통부장관 포함)과 협의한 후 지방도시계획위원회의 심의를 거쳐야 한다.
② 관계 행정기관의 장은 특별한 사유가 없는 한 그 요청을 받은 날부터 30일 이내에 도지사에게 의견을 제시하여야 한다.

5) 승인 및 송부
① 국토교통부장관은 직접 수립 또는 변경하거나 승인하였을 때에는 관계 중앙행정기관의 장과 시·도지사에게 관계서류를 송부하여야 한다.
② 도지사는 직접 광역도시계획을 수립 또는 변경하거나 승인하였을 때에는 관계 행정기관의 장과 시장·군수에게 관계서류를 송부하여야 한다.

6) 공고 및 열람
① 관계서류를 받은 시·도지사는 시·도공보에 게재하는 방법에 따라 그 내용을 공고하고 일반이 30일 이상 열람할 수 있도록 하여야 한다.
② 관계서류를 받은 시장·군수는 시·군공보에 게재하는 방법에 따라 그 내용을 공고하고 일반이 30일 이상 열람할 수 있도록 하여야 한다.

5 광역도시계획의 수립기준

광역도시계획의 수립기준 등은 국토교통부장관이 이를 정하되, 광역도시계획의 수립기준을 정할 때에는 법정된 사항을 종합적으로 고려하여야 한다.

6 광역도시계획의 조정신청 등

1) 시·도지사의 공동 수립 시 조정신청
시·도지사는 공동으로 수립하는 경우 그 내용에 관하여 협의가 되지 아니하면 공동 또는 단독으로 국토교통부장관에게 조정을 신청할 수 있다.

2) 시장·군수의 공동 수립 시 조정신청

시장·군수는 공동으로 수립하는 경우 그 내용에 관하여 협의가 되지 아니하면 공동 또는 단독으로 도지사에게 조정을 신청할 수 있다.

3 도시·군기본계획

1 의의 및 성격

① 의의 : 특별시·광역시·특별자치시·특별자치도·시 또는 군의 기본적 공간구조와 장기적인 발전방향 제시하는 종합계획으로 도시·군관리계획의 수립에 지침이 되는 계획이다.
② 성격 : 일반사인을 구속하지 아니하는 내부구속적 행정계획으로 행정쟁송의 대상이 되지 아니한다.

2 수립권자

① 원칙(의무적) : 특별시장·광역시장·특별자치시장·특별자치도지사·시장 또는 군수는 관할 구역에 대하여 도시·군기본계획을 수립하여야 한다.
② 예외(임의적) : 대통령령이 정하는 시 또는 군은 도시·군기본계획을 수립하지 아니할 수 있다.
  ㉠ 수도권에 속하지 아니하고 광역시와 경계를 같이하지 아니한 시 또는 군으로서 인구 10만명 이하인 시 또는 군
  ㉡ 관할 구역 전부에 대하여 광역도시계획이 수립되어 있는 시 또는 군으로서 당해 광역도시계획에 도시·군기본계획의 사항이 모두 포함되어 있는 시 또는 군

3 수립 및 승인절차

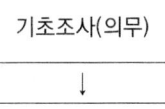

| 기초조사(의무) | • 인구, 경제, 사회, 문화 등을 조사·측량
• 자료제출요청 및 전문기관에 기초조사의뢰 가능 |

↓

| 의견청취 | • 공청회를 개최하여 주민과 관계 전문가의 의견청취
• 특별시·광역시·특별자치시·특별자치도·시 또는 군의회의 의견청취
• 의회는 특별한 사유가 없는 한 30일 내 의견제시 |

↓

| 수립·승인신청 | • 특별시장·광역시장·특별자치시장·특별자치도지사·시장 또는 군수가 수립
• 특별시·광역시·자치시·자치도는 협의 및 심의를 거쳐 확정
• 시장 또는 군수는 도지사에게 승인신청 |

↓

```
┌─────────┐    • 도지사는 승인 전에 관계 행정기관의 장과 협의
│ 협의·심의│    • 관계 행정기관의 장은 특별한 사유가 없는 한 30일 내 의견제시
└─────────┘    • 도지사는 협의 후 지방도시계획위원회의 심의실시
     ↓
┌─────────┐
│  승인   │    • 도지사는 승인 후 관계 행정기관의 장과 시장·군수에게 송부
└─────────┘
     ↓ 송부
┌─────────┐    • 특별시·광역시·특별자치도·시는 확정 후 공보에 공고 후 30일 이상 열람
│ 공고·열람│    • 시장 또는 군수는 공보에 공고 후 30일 이상 열람
└─────────┘
```

1) 기초조사

특별시장·광역시장·특별자치시장·특별자치도지사·시장 또는 군수는 인구, 경제, 사회, 문화, 토지이용, 교통, 환경, 주택 등 그 밖에 대통령령이 정하는 사항(자연적 여건, 기반시설 및 주거수준의 현황, 재해발생현황 및 추이 등)을 조사하거나 측량을 하여야 한다.

2) 의견청취

(1) 주민과 전문가의 의견청취

특별시장·광역시장·특별자치시장·특별자치도지사·시장 또는 군수는 도시·군기본계획을 수립 또는 이를 변경하고자 하는 때에는 미리 공청회를 열어 주민 및 관계 전문가 등으로부터 의견을 들어야 한다.

(2) 지방의회의 의견청취

① 특별시장·광역시장·특별자치시장·특별자치도지사·시장 또는 군수가 도시·군기본계획을 수립 또는 변경하는 때에는 미리 당해 특별시·광역시·특별자치시·특별자치도·시 또는 군의 의회의 의견을 들어야 한다.
② 의회는 특별한 사유가 없는 한 30일 이내 의견을 제시하여야 한다.

3) 수립 및 승인신청

(1) 특별시장·광역시장·특별자치시장·특별자치도지사의 수립(승인 없이 확정)

① 특별시장·광역시장·특별자치시장·특별자치도지사는 도시·군기본계획을 수립하거나 변경하려면 관계 행정기관의 장(국토교통부장관 포함)과 협의한 후 지방도시계획위원회의 심의를 거쳐 확정한다.
② 협의요청을 받은 관계 행정기관의 장은 특별한 사유가 없으면 그 요청을 받은 날부터 30일 이내에 특별시장·광역시장·특별자치시장·특별자치도지사에게 의견을 제시하여야 한다.

(2) 시장·군수의 수립(승인신청)

시장 또는 군수는 도시·군기본계획을 수립하거나 변경하려면 도지사의 승인을 받아야 한다.

4) 협의 및 심의

① 도지사는 도시·군기본계획을 승인하려면 관계 행정기관의 장과 협의한 후 지방도시계획위원회의 심의를 거쳐야 한다.
② 관계 행정기관의 장은 특별한 사유가 없는 한 그 요청을 받은 날부터 30일 이내에 도지사에게 의견을 제시하여야 한다.

5) 승인 및 송부

도지사는 도시·군기본계획을 승인하면 관계 행정기관의 장과 시장 또는 군수에게 송부하여야 한다.

6) 공고 및 열람

① 특별시장·광역시장·특별자치시장·특별자치도지사는 도시·군기본계획을 수립하거나 변경한 경우에는 관계 행정기관의 장에게 관계서류를 송부하여야 하며 특별시·광역시·특별자치시·특별자치도지사의 공보에 게재하는 방법으로 그 계획을 공고하고 일반인이 30일 이상 열람할 수 있도록 하여야 한다.
② 관계서류를 송부받은 시장 또는 군수는 시·군공보에 게재하는 방법으로 그 계획을 공고하고 일반인이 30일 이상 열람할 수 있도록 하여야 한다.

4 수립기준 및 타당성 검토

① 수립기준 : 도시·군기본계획의 수립기준 등은 국토교통부장관이 이를 정하되 법정된 사항을 고려하여야 한다.
② 타당성 검토 : 수립권자는 도시·군기본계획에 대하여 5년마다 타당성 여부를 재검토하여 정비하여야 한다.

4 도시·군관리계획

1 의의 및 성격

1) 의의

특별시·광역시·특별자치시·특별자치도·시 또는 군의 개발·정비 및 보전을 위하여 수립하는 토지이용, 교통, 환경, 안전, 산업, 정보통신, 보건, 후생, 안보, 문화 등에 관한 다음 내용의 계획이다.
① 용도지역 및 용도지구의 지정 또는 변경에 관한 계획
② 용도구역의 지정 또는 변경에 관한 계획

③ 기반시설의 설치·정비 또는 개량에 관한 계획
④ 도시개발사업 또는 정비사업에 관한 계획
⑤ 지구단위계획구역 지정·변경에 관한 계획 또는 지구단위계획의 수립

2) 성격

행정청은 물론 일반사인도 직접 구속하는 외부구속적 행정계획으로 일반사인은 결정된 도시·군관리계획에 관하여 부당 또는 위법함을 이유로 행정쟁송을 제기할 수 있다.

2 입안권자

1) 원칙

특별시장·광역시장·특별자치시장·특별자치도지사·시장 또는 군수가 관할 구역에 대하여 입안하여야 한다.

2) 예외

국토교통부장관 또는 도지사도 법정된 사유에 해당하는 경우 입안할 수 있다.

(1) 국토교통부장관이 입안할 수 있는 경우

① 국가계획과 관련된 경우
② 둘 이상 시·도에 걸쳐 지정되는 용도지역·용도지구 및 용도구역과 둘 이상 시·도에 걸쳐 이루어지는 사업의 계획 중 도시·군관리계획으로 결정할 사항이 포함된 경우
③ 특별시장·광역시장·특별자치시장·특별자치도지사·시장 또는 군수가 법정된 기한까지 국토교통부장관의 조정요구에 따라 정비하지 아니하는 경우

(2) 도지사가 입안할 수 있는 경우

① 둘 이상 시·군에 걸쳐 지정되는 용도지역·용도지구 및 용도구역과 둘 이상 시·군에 걸쳐 이루어지는 사업의 계획 중 도시·군관리계획으로 결정할 사항이 포함된 경우
② 도지사가 직접 수립하는 사업의 계획으로 도시·군관리계획으로 결정할 사항이 포함된 경우

3 결정권자

1) 원칙

시·도지사 또는 대도시시장이 결정한다.

2) 예외

다음 도시·군관리계획은 국토교통부장관이 결정한다.
① 국토교통부장관이 직접 입안한 도시·군관리계획
② 개발제한구역의 지정 및 변경에 관한 도시·군관리계획
③ 시가화조정구역의 지정 및 변경에 관한 도시·군관리계획

4 입안·결정절차

1) 입안절차

(1) 기초조사

① 입안권자는 도시·군관리계획을 수립 또는 변경하고자 하는 경우 미리 인구, 경제, 사회, 문화, 토지이용, 교통, 환경, 주택 등 그 밖에 대통령령이 정하는 사항(자연적 여건, 기반시설 및 주거수준의 현황, 재해발생현황 및 추이 등)을 등을 조사·측량하여야 한다.
② 효율적인 조사·측량을 위하여 필요한 경우 전문기관에 의뢰할 수 있다.
③ 기초조사의 내용에는 환경성 검토와 토지의 적성에 대한 평가를 포함하여야 한다.
④ 대통령령이 정하는 경미한 사항(도시·군계획시설부지면적 5% 미만 변경, 근소한 위치변경 등)을 입안하는 경우 기초조사를 하지 아니할 수 있다.
⑤ 지구단위계획구역으로 지정하고자 하는 구역 또는 지구단위계획을 입안하고자 하는 구역이 도심지에 위치하거나 나대지가 없는 등의 법정된 사유 시 기초조사, 환경성 검토 또는 토지의 적성에 대한 평가를 실시하지 아니할 수 있다.

(2) 의견청취

① 공람절차를 통한 주민의 의견청취
  ㉠ 주민의견청취(의무) : 도시·군관리계획을 입안하고자 하는 경우 공람절차를 거쳐 주민의견을 들어야 하며, 그 의견이 타당하다고 인정하는 경우 이를 도시·군관리계획에 반영하여야 한다.
  ㉡ 공람절차 : 도시·군관리계획을 입안하고자 하는 때에는 2 이상 일간신문과 인터넷 홈페이지에 공고하고 14일 이상 일반이 열람할 수 있도록 하여야 한다. 의견이 있는 자는 열람기간 내 의견을 제출할 수 있다. 입안권자는 열람기간이 종료된 날부터 60일 내 의견을 반영할 것인지 여부를 통지하여야 한다.
  ㉢ 생략 : 국방상 또는 국가안전보장상 기밀을 요하는 사항이거나 대통령령이 정하는 경미한 사항을 입안하고자 하는 경우 주민의견청취를 생략할 수 있다.
② 지방의회의 의견청취
  ㉠ 용도지역·용도지구 및 용도구역의 지정 또는 변경지정
  ㉡ 광역도시계획에 포함된 광역시설의 설치·정비 또는 개량

ⓒ 법정된 기반시설의 설치·정비 또는 개량

(3) 입안 및 결정신청
① 도시·군관리계획은 광역도시계획 및 도시·군기본계획에 부합되어야 한다.
② 입안 시 도시·군관리계획도서(계획도와 계획조서)와 계획설명서를 작성하여야 한다. 이 경우 계획도는 축척 1/1000 또는 1/5000의 지형도로 작성하여야 한다.
③ 도시·군관리계획의 수립기준은 국토교통부장관이 정한다.

(4) 주민의 입안제안
① 주민(이해관계인 포함)은 다음 사항에 대하여 입안권자에게 입안을 제안할 수 있다.
    ㉠ 기반시설의 설치·정비·개량
    ㉡ 지구단위계획구역의 지정·변경 또는 지구단위계획의 수립·변경
② 입안자는 제안일로부터 45일 이내에 반영 여부를 제안자에게 통보하여야 한다. 단, 부득이한 사정이 있는 경우 1회에 한하여 30일을 연장할 수 있다.
③ 제안을 받은 자는 제안자와 협의하여 도시·군관리계획의 입안·결정에 필요한 비용의 전부 또는 일부를 제안자에게 부담시킬 수 있다.

2) 결정절차

(1) 협의
① 관계 행정기관의 장과 협의
    ㉠ 시·도지사 또는 대도시시장은 관계 행정기관의 장과 미리 협의하여야 한다.
    ㉡ 관계 행정기관의 장은 특별한 사유가 없는 한 30일 이내 의견을 제시하여야 한다.
② 관계 중앙행정기관의 장과 협의
    ㉠ 국토교통부장관 등은 관계 중앙행정기관의 장과 미리 협의하여야 한다.
    ㉡ 관계 중앙행정기관의 장은 특별한 사유가 없는 한 30일 이내 의견을 제시하여야 한다.
③ 협의의 생략 : 국방상 또는 국가안전보장상 기밀을 요하거나 대통령령이 정하는 경미한 사항의 결정 시 협의절차를 생략할 수 있다.

(2) 심의
① **지방도시계획위원회 심의** : 시·도지사 또는 대도시시장은 시·도 도시계획위원회, 대도시 도시계획위원회의 심의를 거쳐야 한다.
② **중앙도시계획위원회 심의** : 국토교통부장관 등은 중앙도시계획위원회의 심의를 거쳐야 한다.
③ **심의의 생략** : 국방상 또는 국가안전보장상 기밀을 요하거나 대통령령이 정하는 경미한 사항의 결정 시 심의절차를 생략할 수 있다.

(3) 결정 · 고시 및 송부 · 열람

① 시 · 도지사 또는 대도시시장이 도시 · 군관리계획을 결정한 경우 공보에 이를 고시한다.
② 국토교통부장관 등이 도시 · 군관리계획을 결정한 경우 관보에 이를 고시한다.
③ 국토교통부장관 또는 도지사는 관련 서류를 특별시장 · 광역시장 · 특별자치시장 · 특별자치도지사 · 시장 또는 군수에게 송부하여 일반이 열람할 수 있도록 하여야 한다.

5 도시 · 군관리계획 결정 후 효과

1) 효력발생시기

도시 · 군관리계획의 결정 · 고시가 있은 날부터 5일 후에 효력이 발생한다.

2) 시행 중인 공사에 대한 특례

① 원칙 : 도시 · 군관리계획 결정 당시 이미 사업 또는 공사에 착수한 자는 당해 도시 · 군관리계획의 결정에 관계없이 그 사업 또는 공사를 계속할 수 있다.
② 예외 : 단, 시가화조정구역 또는 수산자원보호구역의 지정에 관한 도시 · 군관리계획의 결정이 있는 경우 결정 · 고시일부터 3월 이내에 그 사업의 내용을 특별시장 · 광역시장 · 특별자치시장 · 특별자치도지사 · 시장 또는 군수에게 신고해야 그 사업 또는 공사를 계속할 수 있다.

3) 지형도면의 작성 · 고시

(1) 작성자(=입안권자)

① 원칙 : 특별시장 · 광역시장 · 특별자치시장 · 특별자치도지사 · 시장 또는 군수는 도시 · 군관리계획의 결정고시가 있은 때에는 지적이 표시된 지형도에 도시 · 군관리계획 사항을 명시한 도면을 작성하여야 한다.
② 예외 : 국토교통부장관 등 또는 도지사는 도시 · 군관리계획을 직접 입안한 때에는 특별시장 · 광역시장 · 특별자치시장 · 특별자치도지사 · 시장 또는 군수의 의견을 들어 직접 지형도면을 작성할 수 있다.

(2) 지형도면의 축척

지적이 표시된 지형도에 축척 1/500 내지 1/1500로 작성한다. 단, 녹지지역 안의 임야 또는 관리지역, 농림지역 및 자연환경보전지역은 1/3000 내지 1/6000로 작성할 수 있다.

(3) 승인

시장(대도시 제외) 또는 군수가 작성한 때에는 도지사의 승인을 얻어야 한다. 이 경우 도지사는 도시 · 군관리계획을 대조하여 착오가 없다고 인정되는 때에는 30일 내 승인을 하여야 한다.

(4) 작성의 특례

① 고시하고자 하는 경계가 행정구역의 경계와 일치하는 경우와 도시·군계획사업, 택지개발사업 등이 완료된 구역인 경우 지적도 사본에 도시·군관리계획을 명시한 도면으로 이에 갈음할 수 있다.
② 도면을 작성하는 경우 지형도가 간행되어 있지 아니하는 경우 해도·해저지형도 등의 도면으로 지형도에 갈음할 수 있다.
③ 지형도면의 작성기준 등은 국토교통부장관 등이 정한다.
④ 축척 1/500 내지 1/1500 이상의 지형도(녹지지역 안의 임야, 관리지역, 농림지역 및 자연환경보전지역은 1/3000 내지 1/6000)를 사용하여 도시·군관리계획의 결정을 고시한 경우 도시·군관리계획 고시로써 지형도면의 고시에 갈음할 수 있다. 이 경우 도시·군관리계획의 고시내용에는 지형도면을 따로 작성하지 아니한다는 것을 분명하게 기록하여야 한다.

(5) 실효

도시·군관리계획 결정·고시일부터 2년이 되는 날까지 지형도면의 고시가 없는 경우에는 그 2년이 되는 날의 다음날에 효력상실한다. 효력이 상실된 경우 지체 없이 그 사실을 고시하여야 한다.

6 도시·군관리계획의 재검토·정비

특별시장·광역시장·특별자치시장·특별자치도지사·시장 또는 군수는 5년마다 일정한 사항의 타당성 여부를 전반적으로 재검토·정비하여야 한다.

7 동시 입안

도시·군관리계획을 조속히 입안하여야 할 필요가 있다고 인정되는 때에는 광역도시계획 또는 도시·군기본계획을 수립하는 때에 도시·군관리계획을 함께 입안할 수 있다.

5 용도지역, 용도지구 및 용도구역

1 용도지역

1) 법률적 의의

토지를 경제적·효율적으로 이용하고 공공복리의 증진을 도모하기 위하여 서로 중복되지 아니하게 도시·군관리계획으로 결정하는 지역이다.

2) 지정권자 및 지정(변경)절차

(1) 원칙 : 도시·군관리계획 결정으로 지정·변경

시·도지사, 대도시시장 또는 국토교통부장관이 도시·군관리계획을 결정하여 용도지역을 지정하거나 변경한다.

(2) 예외 : 도시·군관리계획의 결정 없이 용도지역이 지정되거나 변경되는 지역

① 공유수면매립지의 용도지역 지정특례
  ㉠ 공유수면(바다) 매립목적이 이웃 용도지역의 내용과 동일한 경우 도시·군관리계획의 입안·결정절차 없이 매립준공인가일부터 이웃하는 용도지역으로 지정된 것으로 본다. 이 경우 그 사실을 지체 없이 고시하여야 한다.
  ㉡ 공유수면 매립목적이 이웃 용도지역의 내용과 동일하지 아니하거나 2 이상의 용도지역에 걸쳐있는 경우 매립구역의 용도지역은 도시·군관리계획의 결정으로 지정하여야 한다.

② 다른 법률에 의한 용도지역의 지정특례
  ㉠ 항만구역 또는 어항구역으로서 도시지역에 연접된 공유수면은 도시지역으로 결정·고시된 것으로 본다.
  ㉡ 국가산업단지·일반산업단지 및 도시첨단산업단지, 택지개발지구, 전원개발사업구역 및 예정구역(수력발전소, 송·변전설비구역은 제외)은 도시지역으로 결정·고시된 것으로 본다.
  ㉢ 관리지역 안에서 농업진흥지역으로 지정·고시된 지역은 농림지역으로 결정·고시된 것으로 본다.
  ㉣ 관리지역 안에서 보전산지로 지정·고시된 지역은 당해 고시에서 구분하는 바에 의하여 농림지역 또는 자연환경보전지역으로 결정·고시된 것으로 본다.

3) 종류 및 세분

(1) 도시지역(세분 가능)

인구와 산업이 밀집되어 있거나 밀집이 예상되어 당해 지역에 대하여 체계적인 개발·정비·관리·보전 등이 필요한 지역으로 다음과 같이 구분하여 지정한다.

① 주거지역 : 거주의 안녕과 생활환경의 보호를 위한 지역
  ㉠ 제1종 전용주거지역 : 단독주택 중심의 양호한 주거환경을 보호
  ㉡ 제2종 전용주거지역 : 공동주택 중심의 양호한 주거환경을 보호
  ㉢ 제1종 일반주거지역 : 저층주택을 중심으로 편리한 주거환경을 조성
  ㉣ 제2종 일반주거지역 : 중층주택을 중심으로 편리한 주거환경을 조성
  ㉤ 제3종 일반주거지역 : 중·고층주택을 중심으로 편리한 주거환경을 조성
  ㉥ 준주거지역 : 주거기능 위주로 이를 지원하는 일부 업무·상업기능을 보완

② 상업지역 : 상업 그 밖의 업무의 편익증진을 위한 지역
　㉠ 중심상업지역 : 도심・부도심의 업무 및 상업기능의 확충
　㉡ 일반상업지역 : 일반적인 상업 및 업무기능을 담당
　㉢ 근린상업지역 : 근린지역에서의 일용품 및 서비스의 공급
　㉣ 유통상업지역 : 도시 내 및 지역 간 유통기능의 증진
③ 공업지역 : 공업의 편익증진을 위하여 필요한 지역
　㉠ 전용공업지역 : 주로 중화학공업, 공해성 공업 등을 수용
　㉡ 일반공업지역 : 환경을 저해하지 아니하는 공업의 배치
　㉢ 준공업지역 : 경공업 기타 공업을 수용하되 주거・상업・업무기능의 보완
④ 녹지지역 : 자연환경・농지 및 산림의 보호, 보건위생, 보안과 도시의 무질서한 확산을 방지하기 위하여 녹지의 보전이 필요한 지역
　㉠ 보전녹지지역 : 도시의 자연환경, 경관, 산림 및 녹지공간을 보전
　㉡ 생산녹지지역 : 주로 농업적 생산을 위하여 개발을 유보할 필요
　㉢ 자연녹지지역 : 도시의 녹지공간의 확보, 도시 확산의 방지, 장래 도시용지의 공급 등을 위하여 보전할 필요가 있는 지역으로서 불가피한 경우에 한하여 제한적인 개발이 허용되는 지역

(2) 관리지역(세분 가능)

도시지역의 인구와 산업을 수용하기 위하여 도시지역에 준하여 체계적으로 관리하거나 농림지역 또는 자연환경보전지역에 준하여 관리가 필요한 지역으로 다음과 같이 구분하여 지정한다.
① 보전관리지역 : 자연환경보호, 산림보호, 수질오염 방지, 녹지공간 확보, 생태계보전 등을 위하여 보전이 필요하나 주변의 용도지역과의 관계 등을 고려할 때 자연환경보전지역으로 지정하여 관리하기가 곤란한 지역
② 생산관리지역 : 농・임・어업생산 등을 위하여 관리가 필요하나 주변의 용도지역과의 관계 등을 고려할 때 농림지역으로 지정하여 관리하기가 곤란한 지역
③ 계획관리지역 : 도시지역으로의 편입이 예상되는 지역, 자연환경을 고려하여 제한적인 이용・개발을 하려는 지역으로 계획적・체계적인 관리가 필요한 지역

(3) 농림지역

도시지역에 속하지 아니하는 농업진흥지역 또는 보전산지 등으로서 농림업의 진흥과 산림의 보전을 위하여 필요한 지역

(4) 자연환경보전지역

자연환경・수자원・해안・생태계・상수원 및 문화재의 보전과 수산자원의 보호・육성 등을 위하여 필요한 지역

4) 행위제한

(1) 건축제한

① 원칙 : 건축물의 용도·종류 및 규모 등의 제한은 대통령령으로 정한다.
  ㉠ 제1종 전용주거지역
   • 건축할 수 있는 건축물
     - 단독주택(다가구주택 제외)
     - 제1종 근린생활시설 중 건축법 시행령에 해당하는 것으로서 바닥면적합계가 1천m² 미만인 것
   • 도시·군계획조례가 정하는 바에 의하여 건축할 수 있는 건축물
     - 단독주택 중 다가구주택
     - 공동주택 중 연립주택 및 다세대주택
     - 제1종 근린생활시설 중 별표 1 제3호 아목(변전소, 양수장, 정수장 등)과 자목·차목(지역아동센터)에 해당하는 것으로서 바닥면적합계가 1천m² 미만
     - 제2종 근린생활시설 중 종교집회장
     - 문화 및 집회시설 중 라목(박물관, 미술관 및 기념관에 한함)에 해당하는 것으로서 바닥면적합계가 1천m² 미만
     - 종교시설 중 바닥면적의 합계가 1천m² 미만
     - 교육연구시설 중 유치원·초등학교·중학교 및 고등학교
     - 노유자시설
     - 자동차 관련 시설 중 주차장
  ㉡ 제2종 전용주거지역
   • 건축할 수 있는 건축물
     - 단독주택
     - 공동주택
     - 제1종 근린생활시설 중 바닥면적합계가 1천m² 미만인 것
   • 도시·군계획조례가 정하는 바에 의하여 건축할 수 있는 건축물
     - 제2종 근린생활시설 중 종교집회장
     - 문화 및 집회시설 중 라목(박물관·미술관 및 기념관에 한함)에 해당하는 것으로서 바닥면적합계가 1천m² 미만
     - 종교시설 중 바닥면적의 합계가 1천m² 미만
     - 교육연구시설 중 유치원 초등학교·중학교·고등학교
     - 노유자시설
     - 자동차 관련 시설 중 주차장
  ㉢ 제1종 일반주거지역
  ㉣ 농림지역

㉺ 자연환경보전지역
　　　　• 건축할 수 있는 건축물
　　　　　- 단독주택으로서 현저한 자연훼손을 가져오지 아니하는 범위 안에서 건축하는 농어가주택
　　　　　- 교육연구시설 중 초등학교
　　　　• 도시·군계획조례가 정하는 바에 의하여 건축할 수 있는 건축물 : 수질오염 및 경관훼손의 우려가 없다고 인정하여 조례가 정하는 지역 내에서 건축하는 것에 한한다.
　　　　　- 제1종 근린생활시설 중 가목(슈퍼마켓 등)·바목(지역자치센터 등)·사목(마을회관 등) 및 아목(변전소 등)·자목에 해당하는 것
　　　　　- 제2종 근린생활시설 중 종교집회장으로서 지목이 종교용지인 토지에 건축하는 것
　　　　　- 종교시설로서 지목이 종교용지인 토지에 건축하는 것
　　　　　- 동물 및 식물 관련 시설 중 마목 내지 아목에 해당하는 것과 양어시설(양식장을 포함)
　　　　　- 국방·군사시설 중 관할 시장·군수 또는 구청장이 입지의 불가피성을 인정한 범위에서 건축화하는 시설
　　　　　- 발전시설
　　　　　- 묘지 관련 시설
　　② **건축제한특례(개별법 우선 적용)** : 다음의 건축물 그 밖의 시설의 용도·종류·규모 등의 제한에 관하여는 ①의 규정에도 불구하고 다음에서 정하는 바에 의한다.
　　　㉠ 농공단지 안에서 산업입지 및 개발에 관한 법률이 정하는 바에 의한다.
　　　㉡ 농림지역 중 농업진흥지역은 농지법, 보전산지는 산지관리법, 초지인 경우 초지법이 정하는 바에 의한다.
　　　㉢ 자연환경보전지역 중 공원구역은 자연공원법, 상수원보호구역은 수도법, 지정문화재 또는 천연기념물보호구역은 문화재보호법, 해양보호구역은 해양생태계의 보전 및 관리에 관한 법률이 정하는 바에 의한다.
　　　㉣ 자연환경보전지역 중 수산자원보호구역은 수산자원관리법이 정하는 바에 따른다.

(2) 건폐율 또는 용적률

① 정의

　　㉠ 건폐율 $= \dfrac{건축면적}{대지면적} \times 100[\%]$

　　㉡ 용적률 $= \dfrac{건축연면적}{대지면적} \times 100[\%]$ (단, 용적률 산정 시 연면적에는 지하층, 지상층 부속용도주차장, 법정된 건축물의 주민공동시설 등의 면적은 제외)

② **최대한도** : 건폐율 및 용적률의 최대한도는 법률범위 안에서 대통령령이 정하는 기준에 따라 특별시·광역시·특별자치시·특별자치도·시 또는 군의 조례로 정한다.

▶ 법률에 규정된 기준(건폐율, 용적률)

구분	기준
도시지역	• 주거지역 : 70% 이하, 500% 이하 • 상업지역 : 90% 이하, 1,500% 이하 • 공업지역 : 70% 이하, 400% 이하 • 녹지지역 : 20% 이하, 100% 이하
관리지역	• 보전관리지역 : 20% 이하, 80% 이하 • 생산관리지역 : 20% 이하, 80% 이하 • 계획관리지역 : 40% 이하, 100% 이하
농림지역	20% 이하, 80% 이하
자연환경보전지역	20% 이하, 80% 이하

▶ 대통령령에 규정된 기준

용도지역			건폐율	용적률
도시지역	주거지역	제1종 전용주거지역	50% 이하	50% 이상 100% 이하
		제2종 전용주거지역		100% 이상 150% 이하
		제1종 일반주거지역	60% 이하	100% 이상 200% 이하
		제2종 일반주거지역		150% 이상 250% 이하
		제3종 일반주거지역	50% 이하	200% 이상 300% 이하
		준주거지역	70% 이하	200% 이상 500% 이하
	상업지역	중심상업지역	90% 이하	400% 이상 1,500% 이하
		일반상업지역	80% 이하	300% 이상 1,300% 이하
		유통상업지역	80% 이하	200% 이상 1,100% 이하
		근린상업지역	70% 이하	200% 이상 900% 이하
	공업지역	일반공업지역	70% 이하	150% 이상 300% 이하
		전용공업지역		200% 이상 350% 이하
		준공업지역		200% 이상 400% 이하
	녹지지역	보전녹지지역	20% 이하	50% 이상 80% 이하
		생산녹지지역		50% 이상 100% 이하
		자연녹지지역		
관리지역		보전관리지역	20% 이하	50% 이상 80% 이하
		생산관리지역		
		계획관리지역	40% 이하	50% 이상 100% 이하
농림지역			20% 이하	50% 이상 80% 이하
자연환경보전지역			20% 이하	50% 이상 80% 이하

(3) 건폐율 또는 용적률기준의 특례

① 건폐율은 대통령령에 의하여 강화 또는 완화할 수 있다.
② 용적률은 대통령령에 의하여 완화할 수 있다.

2 용도지구

1) 법률적 의의

토지의 이용 및 건축물의 용도·건폐율·용적률·높이 등에 대한 용도지역의 제한을 강화 또는 완화하여 적용함으로써 용도지역의 기능을 증진, 미관·경관·안전 등을 도모하기 위하여 도시·군관리계획으로 결정하여 지정하는 지역이다(중복지정 가능).

2) 지정권자 및 지정(변경)절차

시·도지사, 대도시시장 또는 국토교통부장관이 도시·군관리계획을 결정하여 용도지구를 지정 또는 변경한다.

3) 종류 및 세분

(1) 법률에 규정된 용도지구의 종류

① 경관지구 : 경관을 보호·형성하기 위하여 필요한 지구
② 미관지구 : 미관을 유지하기 위하여 필요한 지구
③ 고도지구 : 쾌적한 환경 조성 및 토지의 효율적 이용을 위하여 건축물 높이의 최저한도 또는 최고한도를 규제할 필요가 있는 지구
④ 방화지구 : 화재의 위험을 예방하기 위하여 필요한 지구
⑤ 방재지구 : 풍수해, 산사태, 지반의 붕괴, 그 밖의 재해를 예방하기 위하여 필요한 지구
⑥ 보존지구 : 문화재, 중요시설물 및 문화적·생태적으로 보존가치가 큰 지역의 보호와 보존을 위하여 필요한 지구
⑦ 시설보호지구 : 학교시설·공용시설·항만 또는 공항의 보호, 업무기능의 효율화, 항공기의 안전운항 등을 위하여 필요한 지구
⑧ 취락지구 : 녹지지역, 관리지역, 농림지역, 자연환경보전지역, 개발제한구역 또는 도시자연공원구역의 취락을 정비하기 위한 지구
⑨ 개발진흥지구 : 주거기능, 상업기능, 공업기능, 유통물류기능, 관광기능, 휴양기능 등을 집중적으로 개발·정비할 필요가 있는 지구
⑩ 특정용도제한지구 : 주거기능보호나 청소년보호 등의 목적으로 청소년유해시설 등 특정 시설의 입지를 제한할 필요가 있는 지구

(2) 세분

① 대통령령에 의한 세분 : 용도지구는 대통령령에 의하여 다음과 같이 세분할 수 있다.

용도지구	지정목적
경관지구	• 자연 : 산지, 구릉지 등 자연경관보호, 도시의 자연풍치 유지 • 수변 : 지역 내 주요 수계의 수변자연경관을 보호·유지 • 시가지 : 주거지역의 양호한 환경 조성과 도시경관보호

용도지구	지정목적
미관지구	• 중심지 : 토지의 이용도가 높은 지역의 미관을 유지·관리 • 역사문화 : 문화재와 문화적으로 보전가치가 큰 건축물 등의 미관을 유지·관리 • 일반 : 그 외의 지역으로서 미관을 유지·관리
고도지구	• 최고 : 환경과 경관을 보호하고 과밀 방지를 위하여 최고한도 지정 • 최저 : 토지이용을 고도화하고 경관을 보호하기 위하여 최저한도 지정
보존지구	• 역사문화환경 : 문화재·전통사찰 등 역사·문화적으로 보존가치가 큰 시설 및 지역의 보호와 보존 • 중요시설물 : 국방상 또는 안보상 중요한 시설물의 보호·보존 • 생태계보존 : 야생동식물서식처 등 생태적으로 보존가치가 큰 지역의 보호·보존
시설보호지구	• 학교시설 : 학교의 교육환경을 보호·유지 • 항만시설 : 항만기능을 효율화, 항만시설의 관리·운영 • 공항시설 : 공항시설의 보호와 항공기의 안전운항 • 공용시설 : 공용시설을 보호하고 공공업무기능을 효율화
취락지구	• 자연 : 녹지지역·관리지역·농림지역·자연환경보전지역 안의 취락정비 • 집단 : 개발제한구역 안의 취락정비
개발진흥지구	• 주거 : 주거기능을 중심으로 개발·정비 • 산업·유통 : 공업기능 및 유통·물류기능을 중심으로 개발·정비 • 관광·휴양 : 관광·휴양기능을 중심으로 개발·정비 • 복합 : 주거, 산업, 유통, 관광, 휴양 등 2 이상 기능을 중심으로 개발·정비 • 특정 : 주거, 공업, 유통, 물류 및 관광, 휴양기능 외의 기능을 중심으로 특정한 목적을 위하여 개발·정비

② 시·도 또는 대도시조례에 의한 세분 : 경관지구, 미관지구, 특정용도제한지구

4) 행위제한

용도지구 안에서 건축물 등의 용도·종류 및 규모는 이 법 또는 다른 법률에 특별한 규정이 있는 경우를 제외하고는 대통령령이 정하는 기준에 따라 조례로 정할 수 있다.

① 고도지구 : 도시·군관리계획으로 정하는 높이를 초과·미달하여 건축이 불가능하다.
② 공항시설보호지구 : 항공법이 정하는 바에 의한다.
③ 취락지구
  ㉠ 자연취락지구 : 국토의 계획 및 이용에 관한 법률에 의한다.
  ㉡ 집단취락지구 : 개발제한구역의 지정 및 관리에 관한 특별조치법에 의한다.
④ 개발진흥지구 : 지구단위계획 또는 개발계획에 위반하여 건축할 수 없다.
⑤ 방화지구 : 건축법이 정하는 구조에 따라 건축하여야 한다.

3 용도구역제한

1) 개발제한구역

(1) 지정목적 및 지정(변경)절차
국토교통부장관은 도시의 무질서한 확산을 방지하고 도시 주변의 자연환경을 보전하며 도시민의 건전한 생활환경을 확보하기 위하여 또는 보안상 도시의 개발을 제한할 필요가 있는 경우 지정·변경을 도시·군관리계획으로 결정할 수 있다.

(2) 행위제한
개발제한구역 안에서의 행위제한과 관리에 관하여 필요한 사항은 따로 법률로 정한다.

2) 도시자연공원구역

(1) 지정목적 및 지정(변경)절차
시·도지사 또는 대도시시장은 도시의 자연환경 및 경관을 보호하고 도시민에게 건전한 여가·휴식공간을 제공하기 위하여 도시지역 안에 식생이 양호한 산지의 개발을 제한할 필요가 있다고 인정되는 경우 지정·변경을 도시·군관리계획으로 결정할 수 있다.

(2) 행위제한
도시자연공원구역의 행위제한과 관리에 관하여 필요한 사항은 따로 법률로 정한다.

3) 시가화조정구역

(1) 지정목적 및 지정(변경)절차
① 국토교통부장관은 도시지역과 그 주변지역의 무질서한 시가화를 방지하고 계획적·단계적인 개발을 도모하기 위하여 5년 이상 20년 이내 기간 동안 시가화를 유보할 필요가 있다고 인정되는 경우 지정 또는 변경을 도시·군관리계획으로 결정할 수 있다.
② 시가화유보기간이 만료된 날의 다음 날부터 그 효력을 상실한다. 이 경우 국토교통부장관은 실효사실을 관보에 고시하여야 한다.

(2) 행위제한 : 국토의 계획 및 이용에 관한 법령에 직접 규정
① 도시·군계획사업 : 국방상 또는 공익상 불가피한 것으로서 관계 중앙행정기관의 요청에 의하여 국토교통부장관이 지정하며 목적달성에 지장이 없다고 인정하는 도시·군계획사업에 한하여 이를 시행할 수 있다.
② 허가대상 : 도시·군계획사업에 의하는 경우를 제외하고는 다음 행위에 한하여 특별시장·광역시장·특별자치시장·특별자치도지사·시장 또는 군수의 허가를 받아 이를 할 수 있다.
　㉠ 농·임·어업을 영위하는 자가 행하는 축사·창고·양어장 등의 건축

ⓒ 주택의 증축(기존 면적 포함 : 100m² 이하), 부속건축물의 건축(신·증·재축, 대수선으로 기존 면적 포함 : 33m²)
　　ⓒ 마을공동시설(새마을회관 등)의 설치, 공익·공용시설·공공시설 등의 설치
　　ⓔ 기존 건축물의 동일한 용도·규모 안에서 개·재축 및 대수선
　　ⓜ 종교시설의 증축(기존 연면적의 200% 초과금지)
　　ⓗ 입목의 벌채, 조림, 육림, 토석의 채취
　　ⓢ 공익사업을 위한 형질변경, 농·임업 및 어업을 개간과 축산을 위한 초지 조성 등
　　ⓞ 토지의 합병·분할 등

4) 수산자원보호구역

　① 지정목적 및 지정(변경)절차 : 농림수산식품부장관은 수산자원의 보호·육성을 위하여 필요한 공유수면이나 그에 인접된 토지에 대하여 지정 또는 변경을 도시·군관리계획으로 결정할 수 있다.
　② 행위제한 : 수산자원보호구역 안에서 건축제한에 관하여는 수산업법령에서 정하는 바에 의한다.

4 행위제한의 특례

1) 하나의 대지가 둘 이상의 용도지역·지구·구역에 걸치는 경우 적용 기준

　① 하나의 대지가 2 이상의 지역·지구·구역에 걸치는 경우 330m²(도로변에 띠모양으로 지정된 상업지역에 걸쳐있는 필지는 660m²) 이하 토지 부분에 대하여 그 대지 중 가장 넓은 면적이 속하는 지역·지구·구역에 관한 규정을 적용한다.
　② 하나의 대지가 녹지지역과 그 밖의 지역·지구·구역에 걸쳐 있는 경우에는 각각의 용도지역·지구·구역의 건축물 및 토지에 관한 규정을 적용한다.
　③ 단, 건축물이 미관지구 또는 고도지구에 걸쳐있는 경우 그 건축물 및 대지의 전부에 대하여 미관지구 또는 고도지구 안의 규정을 적용한다.
　④ 하나의 건축물이 방화지구와 그 밖의 용도지역·지구·구역에 걸쳐있는 경우 그 전부에 대하여 방화지구 안의 건축물에 관한 규정을 적용한다. 단, 경계가 방화벽으로 구획되는 경우 그 밖의 지역·지구·구역에 있는 부분에 대하여는 그러하지 아니하다.

2) 용도지역이 미지정 또는 미세분인 경우 적용 기준

　① 도시지역, 관리지역, 농림지역, 자연환경보전지역으로 용도가 지정되지 아니한 지역에 대하여는 건축제한·건폐율·용적률을 적용함에 있어서 자연환경보전지역에 관한 규정을 적용한다.
　② 도시지역, 관리지역이 세부용도지역으로 지정되지 아니한 경우에는 건축제한·건폐율·용적률을 적용함에 있어 보전녹지지역 또는 보전관리지역에 관한 규정을 적용한다.

6 도시·군계획시설

1 도시·군계획시설의 설치 및 관리

1) 의의

도시·군계획시설이란 기반시설 중 도시·군관리계획으로 결정된 시설이다.

2) 설치

(1) 원칙

지상, 지하 등에 기반시설을 설치하고자 하는 경우 종류, 위치, 규모 등을 미리 도시·군관리계획으로 결정하여야 한다.

(2) 예외

도시지역 또는 지구단위계획구역에서 다음의 경미한 기반시설은 도시·군관리계획으로 결정하지 아니하고 설치할 수 있다.
① 자동차 및 건설기계운전학원, 공공공지, 방송·통신시설, 시장, 공공청사
② 문화시설, 체육시설, 도서관, 연구시설, 사회복지시설, 청소년수련시설
③ 저수지, 방화설비, 방풍설비, 장례식장, 종합의료시설, 폐차장
④ 도시공원 및 녹지 등에 관한 법률의 규정에 의한 점용허가대상이 되는 공원 안의 기반시설

3) 관리

이 법 또는 다른 법률에 특별한 규정이 있는 경우를 제외하고는 국가가 관리하는 경우는 대통령령으로, 지방자치단체가 관리하는 경우는 지방자치단체조례로 관리에 관한 사항을 정한다.

2 공동구의 설치·관리

1) 의의

지하매설물(전기, 가스, 수도, 통신, 하수도 등)을 공동 수용함으로써 도시미관 개선, 도로구조보전, 교통 원활을 기하기 위하여 지하에 설치하는 시설물이다.

2) 의무적 수용

공동구가 설치된 경우 수용되어야 할 시설이 빠짐없이 공동구에 수용되도록 하여야 한다.
① 의무적 수용 : 전선로, 통신선로, 수도관, 중수도관, 열수송관, 쓰레기수송관
② 임의적 수용 : 가스관, 하수도관 그 밖의 시설

3) 설치비용

도시·군계획시설사업의 시행자(비행정청은 제외)는 공동구에 수용되어야 할 시설을 설치할 의무가 있는 자(점용예정자)에게 설치에 소요되는 비용을 부담시킬 수 있다.

4) 관리

① 공동구는 특별시장·광역시장·특별자치시장·특별자치도지사·시장 또는 군수가 관리한다.
② 공동구 안전점검·시설개선 등 중요사항에 대하여 특별시장·광역시장·특별자치시장·특별자치도지사·시장 또는 군수의 자문에 응하기 위하여 공동구관리협의회를 둔다.
③ 공동구의 관리에 소요되는 비용은 그 공동구를 점용하는 자가 함께 부담하되, 부담비율은 점용면적을 고려하여 공동구관리자가 정한다.

3 광역시설의 설치·관리

1) 광역시설의 의의

기반시설 중 광역적인 정비체계가 필요한 다음의 시설이다.
① 2 이상 특별시·광역시·시 또는 군에 걸치는 시설(예 도로, 철도, 광장, 수도, 공동구 등)
② 2 이상 특별시·광역시·시 또는 군이 공동으로 이용하는 시설(예 항만, 공항, 공원, 폐기물처리시설 등)

2) 광역시설의 설치 및 관리

(1) 원칙

광역시설의 설치 및 관리는 제43조(도시·군계획시설의 설치·관리)의 규정에 의한다.

(2) 예외

① 특별시장·광역시장·특별자치시장·특별자치도지사·시장 또는 군수는 협약을 체결하거나 협의회 등을 구성하여 설치·관리할 수 있다. 다만, 협약의 체결이나 협의회 등이 구성되지 아니하는 경우 당해 시·군이 동일한 도에 속하는 때에는 관할 도지사가 설치·관리할 수 있다.
② 국가계획으로 설치하는 광역시설은 당해 광역시설의 설치·관리를 사업목적으로 하거나 사업종목으로 하여 설립된 법인이 이를 설치·관리할 수 있다.

7 지구단위계획

1 의의 및 종류

① **의의** : 도시·군계획수립대상지역 안의 일부에 대하여 토지이용을 합리화하고 그 기능을 증진시키며, 미관을 개선하고 양호한 환경을 확보하며 체계적·계획적으로 관리하기 위하여 수립하는 도시·군관리계획이다.
② **지정(수립)절차 및 지정권자** : 시·도지사, 대도시시장 또는 국토교통부장관이 도시·군관리계획을 결정하여 지구단위계획구역을 지정·변경하거나 지구단위계획을 수립한다.

2 지정대상

1) 지구단위계획구역

(1) 임의적

다음 지역의 전부 또는 일부에 대하여 지정할 수 있다.
① 용도지구
② 도시개발구역
③ 정비구역
④ 택지개발지구
⑤ 대지조성사업지구
⑥ 산업단지
⑦ 관광특구
⑧ 개발제한구역·도시자연공원구역·시가화조정구역·공원에서 해제되는 구역, 녹지지역에서 주거·상업·공업지역으로 변경되는 구역과 새로이 도시지역으로 편입되는 구역 중 계획적인 개발·관리가 필요한 지역 등
⑨ 도시지역 내 주거·상업·업무 등의 기능을 결합하는 등 복합적인 토지이용을 증진시킬 필요가 있는 지역으로서 대통령령으로 정하는 요건에 해당하는 지역
⑩ 도시지역 내 유휴토지를 효율적으로 개발하거나 교정시설, 군사시설 등을 이전 또는 재배치하여 토지이용을 합리화하고, 그 기능을 증진시키기 위하여 집중적으로 정비가 필요한 지역으로서 대통령령으로 정하는 요건에 해당하는 지역
⑪ 도시지역의 체계적·계획적인 관리 또는 개발이 필요한 지역
⑫ 시범도시, 개발행위허가제한지역

(2) 의무적

다음 지역에 대하여는 지구단위계획구역을 지정하여야 한다.
① 정비구역, 택지개발지구 등에서 시행되는 사업이 완료된 후 10년이 경과된 지역

② 시가화조정구역 또는 공원에서 해제되는 지역으로 면적이 30만m² 이상인 지역
③ 녹지지역에서 주거·상업·공업지역으로 변경되는 지역으로 면적이 30만m² 이상인 지역

2) 비도시지역 안에서 지구단위계획구역

(1) 지정하려는 구역면적이 50/100 이상이 계획관리지역으로서 다음 요건에 해당하는 지역
 ① 계획관리지역 외 지구단위계획구역으로 포함할 수 있는 나머지 용도지역은 생산관리지역일 것
 ② 지정하고자 하는 토지면적이 다음 어느 하나에 해당할 것
  ㉠ 아파트 또는 연립주택건설계획의 포함된 경우 30만m² 이상(단 자연보전권역이거나 초등학교용지를 확보하여 교육청 동의를 얻은 경우 등 10만m² 이상)
  ㉡ ㉠의 경우를 제외하고는 3만m² 이상
 ③ 도로·수도공급설비 등의 기반시설을 공급할 수 있을 것
 ④ 자연환경·경관·미관 등을 해지지 아니하고 문화재의 훼손 우려가 없을 것

(2) 개발진흥지구로 위 (1)의 ②, ③, ④요건에 해당하며 개발진흥지구가 다음 지역에 위치하는 경우 지정할 수 있다.
 ① 주거개발진흥지구, 복합개발진흥지구(주거기능이 포함된) 및 특정개발진흥지구 : 계획관리지역
 ② 산업·유통개발진흥지구 및 복합개발진흥지구 : 계획관리지역, 생산관리지역 또는 농림지역
 ③ 관광휴양개발진흥지구 : 도시지역 외의 지역

(3) 용도지구를 폐지하고 그 용도지구에서 행위제한 등을 지구단위계획으로 대체하려는 경우

3 지구단위계획의 내용 등

1) 내용

지구단위계획구역의 지정목적을 이루기 위하여 지구단위계획에는 다음의 사항 중 ③ 및 ⑤의 사항을 포함한 둘 이상의 사항이 포함되어야 한다.
① 용도지역·용도지구(고도지구는 제외)를 세분하거나 변경하는 사항
② 기존의 용도지구를 폐지하고 그 용도지구에서 건축물이나 그 밖의 시설의 용도·종류 및 규모 등의 제한을 대체하는 사항
③ 대통령령이 정하는 기반시설의 배치와 규모
④ 도로로 둘러싸인 일단의 지역, 계획적인 개발·정비를 위하여 구획된 토지의 규모와 조성계획
⑤ 건축물의 용도제한·건폐율·용적률·건축물의 높이의 최고한도 또는 최저한도
⑥ 건축물의 배치·형태·색채 또는 건축선에 관한 계획

⑦ 환경관리계획 또는 경관계획
⑧ 교통처리계획
⑨ 기타 토지이용합리화 등을 위한 사항 등(대문·담의 형태·색채, 간판의 크기 등)

2) 법 적용의 완화

지구단위계획구역 안에서 다음의 규정을 지구단위계획이 정하는 바에 따라 완화하여 적용할 수 있다.
① **국토의 계획 및 이용에 관한 법률** : 건축제한(제76조), 건폐율(제77조), 용적률(제78조)
② **건축법** : 대지 안의 조경(제42조), 대지와 도로와의 관계(제44조), 건축물의 높이제한(제60조), 일조 등의 확보를 위한 높이제한(제61조), 공개공지(제43조)
③ **주차장법** : 부설주차장의 설치(제19조, 제19조의 2)

3) 수립기준

국토교통부장관이 지구단위계획의 수립기준을 정하는 경우 일정한 사항을 고려하여야 한다.

4 실효

지구단위계획구역의 지정에 관한 도시·군관리계획 결정의 고시일부터 3년 이내에 지구단위계획이 결정·고시되지 아니하는 경우 3년이 되는 날의 다음날에 당해 지구단위계획구역의 지정에 관한 도시·군관리계획 결정은 그 효력을 잃는다. 지구단위계획구역 지정이 효력을 잃으면 실효사유, 실효일자 등을 지체 없이 고시하여야 한다.

5 지구단위계획구역 안에서 건축제한

지구단위계획구역 안에서 건축물을 건축하거 건축물의 용도를 변경하고자 하는 경우 그 지구단위계획에 맞게 건축하거나 용도를 변경하여야 한다. 다만, 지구단위계획이 수립되어 있지 아니한 경우와 지구단위계획의 범위에서 시차를 두어 단계적으로 건축물을 건축하는 경우 그러하지 않다.

8 개발행위의 허가

1 의의

1) 허가대상

도시·군계획사업에 의하지 아니하고 다음의 어느 하나에 해당하는 개발행위를 하고자 하는 자는 특별시장·광역시장·특별자치시장·특별자치도지사·시장 또는 군수의 허가를 받아야 한다. 허가받은 사항을 변경하는 경우에는 변경허가를 받아야 한다.
① 건축물의 건축 또는 공작물(인공을 가하여 제작한 시설물)의 설치
② 녹지지역·관리지역·자연환경보전지역 안에서 건축물의 울타리 안이 아닌 토지에 물건을 1월 이상 쌓아놓는 행위
③ 토지의 형질변경 : 절토, 성토, 정지, 포장, 공유수면의 매립 포함(경작을 위한 경우 제외)
④ 토석의 채취 : 흙, 모래, 자갈, 바위 등을 채취
⑤ 다음의 토지분할(건축물이 있는 대지를 제외)
 ㉠ 녹지지역·관리지역·농림지역 및 자연환경보전지역 안에서 관계법령에 따른 인허가 등을 받지 아니하고 행하는 분할
 ㉡ 건축물이 없는 토지로 건축법 제57조 제1항의 규정의 분할제한면적 미만으로 분할
 ㉢ 관계법령에 의한 인허가 등을 받지 아니하고 행하는 너비 5m 이하의 분할

2) 예외 : 허가 없이 가능한 개발행위

① 재해복구·재난수습을 위한 응급조치 : 단, 1개월 이내에 특별시장·광역시장·특별자치시장·특별자치도지사·시장 또는 군수에게 신고를 하여야 한다.
② 건축법에 의하여 신고하고 설치할 수 있는 건축물의 개·증축 또는 재축과 이에 필요한 범위 내 토지형질변경(도시·군계획시설사업이 없는 도시·군계획시설 사업부지에 한한다)
③ 기타 대통령령으로 정하는 경미한 행위

2 허가절차

1) 허가신청서의 제출

개발행위를 하고자 하는 자는 개발행위에 따른 기반시설의 설치 및 용지의 확보, 위해 방지, 환경오염 방지, 경관, 조경 등(이하 "조경 등")에 관한 계획서를 첨부한 신청서를 허가권자에게 제출하여야 한다.

2) 허가절차

(1) 허가기간

허가증 교부 또는 불허가(서면)처분은 15일 이내 하여야 한다.

(2) 조건부 허가

허가권자는 신청자의 의견을 들어 조경 등의 조치를 조건으로 허가할 수 있다.

(3) 이행보증금 예치

① 허가권자는 조경 등을 위하여 필요하다 인정되는 경우로서 대통령령으로 정하는 경우에는 이의이행을 보증하기 위하여 허가를 받은 자로 하여금 이행보증금을 예치하게 할 수 있다.

② 이행보증금의 예치금액의 산정 및 예치방법은 조례로 정하며 총공사비의 20% 이내가 되도록 한다.

(4) 도시·군계획사업 시행자의 의견청취

허가 시 도시·군계획사업 시행에 지장을 주는지 도시·군계획사업 시행자의 의견을 청취하여야 한다.

3 개발행위허가의 제한

1) 제한권자

국토교통부장관, 시·도지사, 시장 또는 군수는 일정한 사유에 해당되는 지역으로서 도시계획상 특히 필요하다고 인정하는 경우 개발행위허가를 제한할 수 있다.

2) 제한사유

① 녹지지역 또는 계획관리지역으로 수목이 집단생육·조수류집단서식지역, 우량농지 등으로 보전할 필요가 있는 지역
② 개발행위로 인하여 주변의 환경·경관·미관·문화재 등이 크게 오염, 손상될 우려가 있는 지역
③ 도시·군기본계획, 도시·군관리계획을 수립하고 있는 지역으로 계획이 결정될 경우 용도지역·지구·구역의 변경이 예상되고 허가의 기준이 크게 달라질 것으로 예상되는 지역
④ 지구단위계획구역으로 지정되어 있는 지역
⑤ 기반시설부담구역으로 지정되어 있는 지역

3) 제한기간 및 절차

1회에 한하여 3년 이내의 기간 동안 제한이 가능하며 위 2)의 ③ 내지 ⑤의 사유는 1회에 한하여 2년 이내의 기간 동안 연장할 수 있다.

4 무허가행위에 대한 제재

① 개발행위허가 또는 변경허가를 받지 아니하고 개발행위를 한 자 : 허가취소, 공사중지, 공작물 등의 개축 또는 이전 등의 처분을 하거나 조치를 명할 수 있다.
② 개발행위허가 규정을 위반한 허가 또는 변경허가를 받지 아니하거나 속임수나 그 밖의 부정한 방법으로 허가 또는 변경허가를 받아 개발행위를 한 자 : 3년 이하의 징역 또는 3천만원 이하 벌금

5 도시·군계획시설부지에서 개발행위

1) 도시·군계획시설부지에서의 개발행위규제

(1) 원칙
특별시장·광역시장·특별자치시장·특별자치도지사·시장 또는 군수는 도시·군계획시설 설치장소로 결정된 지상·지하 등에 대하여 당해 도시·군계획시설이 아닌 건축물의 건축·공작물 설치를 허가하여서는 아니 된다.

(2) 예외 : 가설건축물 등의 허용
도시·군계획시설결정의 고시일부터 2년이 지날 때까지 도시·군계획시설에 관한 사업이 시행되지 아니한 도시·군계획시설 중 단계별 집행계획이 수립되지 아니하거나 제1단계 집행계획에 포함되지 아니한 부지에 대하여는 다음의 개발행위를 허가할 수 있다.
① 가설건축물의 건축과 이를 위한 토지의 형질변경
② 도시·군계획시설의 설치에 지장이 없는 공작물의 설치와 이를 위한 토지의 형질변경
③ 건축물의 개축 또는 재축과 이에 필요한 범위 안에서의 토지의 형질변경

2) 도시·군계획시설부지에서의 매수청구

(1) 매수청구사유 및 매수청구권자
도시·군계획시설에 대한 도시·군관리계획 결정·고시일부터 10년 이내 도시·군계획시설사업이 시행되지 아니하는 경우 도시·군계획시설부지의 토지 중 지목이 대(垈)인 토지(건축물 및 정착물 포함)의 소유자는 매수를 청구할 수 있다. 단, 실시계획의 인가 등의 절차가 행하여진 경우는 제외한다.

(2) 매수청구의 상대방(매수의무자)
① 원칙 : 매수청구는 특별시장·광역시장·특별자치시장·특별자치도지사·시장 또는 군수에게 청구를 할 수 있다.
② 예외 : 단, 다음의 경우에는 그에 해당하는 자에게 당해 토지에 대한 매수를 청구할 수 있다.
 ㉠ 이 법으로 도시·군계획시설사업의 시행자가 정하여진 경우에는 그 시행자
 ㉡ 도시·군계획시설을 설치·관리하여야 할 의무가 있는 자

(3) 매수절차
매수의무자는 청구가 있은 날부터 6월 이내 매수 여부를 결정하여 토지소유자 등에게 통지하여야 하며, 매수하기로 결정한 토지는 매수결정을 통지한 날부터 2년 이내에 매수하여야 한다.

(4) 규제완화

매수하지 아니하기로 결정한 경우 또는 매수결정을 통지한 날부터 2년이 경과될 때까지 당해 토지를 매수하지 아니하는 경우에는 개발행위허가를 받아서 다음의 건축물 등을 설치할 수 있다.
① 3층 이하의 단독주택
② 3층 이하의 제1종 근린생활시설
③ 3층 이하의 제2종 근린생활시설(단란주점, 노래연습장, 안마시술소 등은 제외)
④ 공작물

(5) 매수대금

① 원칙 : 현금으로 그 대금을 지급한다.
② 예외 : 다음의 어느 하나에 해당하는 경우로서 매수의무자가 지방자치단체인 경우 도시·군계획시설채권을 발행하여 지급할 수 있다.
  ㉠ 토지소유자가 원하는 경우
  ㉡ 부재부동산소유자의 토지 또는 비업무용 토지로서 매수대금이 3천만원을 초과하는 경우 그 초과하는 금액에 대하여 지급하는 경우

3) 도시·군계획시설 결정의 실효

① 도시·군계획시설 결정고시일로부터 20년이 지날 때까지 당해 시설의 설치에 관한 도시·군계획시설사업이 시행되지 아니하는 경우 도시·군계획시설 결정은 고시일로부터 20년이 되는 날의 다음날에 그 효력을 잃는다.
② 도시·군계획시설 결정이 효력을 잃으면 지체 없이 실효고시를 하여야 한다.

6 장기 미집행시설에 대한 규제완화

1) 보고의무

특별시장·광역시장·특별자치시장·특별자치도지사·시장 또는 군수는 도시·군계획시설 결정이 고시된 도시·군계획시설(국토교통부장관이 결정·고시한 도시·군계획시설은 제외)을 설치할 필요성이 없어진 경우 또는 그 고시일부터 10년이 지날 때까지 해당 시설의 설치에 관한 도시·군계획시설사업이 시행되지 아니하는 경우에는 그 현황과 단계별 집행계획을 해당 지방의회에 보고하여야 한다.

2) 해제권고

보고를 받은 지방의회는 해당 특별시장·광역시장·특별자치시장·특별자치도지사·시장 또는 군수에게 도시·군계획시설 결정의 해제를 권고할 수 있다.

9 개발행위에 따른 기반시설의 설치

1 개발밀도관리구역

① 의의 및 지정대상 : 특별시장·광역시장·특별자치시장·특별자치도지사·시장 또는 군수는 주거·상업 또는 공업지역에서의 개발행위로 인하여 기반시설의 처리능력 등이 부족할 것으로 예상되는 지역 중 기반시설의 설치가 곤란한 지역을 개발밀도관리구역으로 지정할 수 있다.
② 지정효과 : 개발밀도관리구역 안에서는 당해 용도지역에 적용되는 건폐율 또는 용적률을 대통령령으로 비율(용적률을 최대 한도의 50% 범위 안에서)을 정하여 강화하여 적용한다.
③ 지정(변경)절차 : 지정권자는 지정 또는 변경하고자 하는 경우 지방도시계획위원회 심의 후 공보에 게재하여 일정한 사항을 고시하여야 한다.
④ 지정기준 : 국토교통부장관은 지정기준 및 관리방법 등을 정하는 경우 대통령령이 정하는 사항을 종합적으로 고려하여야 한다.

2 기반시설부담구역

1) 의의

특별시장·광역시장·특별자치시장·특별자치도지사·시장 또는 군수는 개발밀도관리구역 외의 지역으로서 개발로 인하여 도로, 공원, 녹지, 학교, 수도, 하수도 등의 기반시설의 설치가 필요한 지역을 대상으로 기반시설을 설치하거나 용지를 확보하게 하기 위하여 지정·고시하는 구역

2) 지정대상지역

① 이 법 또는 다른 법령의 제·개정으로 행위제한이 완화되거나 해제되는 지역
② 이 법 또는 다른 법령에 따라 지정된 용도지역 등이 변경·해제되어 행위제한이 완화되는 지역
③ 해당 연도의 전년도 개발행위허가건수가 전전년도 건수보다 20% 이상 증가하는 지역
④ 해당 지역의 전년도 인구증가율이 그 지역이 속하는 특별시·광역시·시 또는 군의 전년도 인구증가율보다 20% 이상 높은 지역

3) 지정절차

기반시설부담구역을 지정 또는 변경하고자 하는 경우 주민의 의견을 들어야 하며 지방도시계획위원회의 심의를 거쳐 공보와 인터넷 홈페이지에 고시하여야 한다.

4) 기반시설설치계획의 작성의무

① 특별시장·광역시장·특별자치시장·특별자치도지사·시장 또는 군수는 기반시설부담구역이 지정된 경우 기반시설설치계획을 수립하여야 하며, 이를 도시·군관리계획에 반영하여야 한다.
② 기반시설부담구역의 지정·고시일부터 1년이 되는 날까지 기반시설설치계획을 수립하지 아니하면 그 1년이 되는 날의 다음날에 기반시설부담구역의 지정은 해제되는 것으로 본다.

5) 지정기준

기반시설부담구역의 지정기준 등에 관하여 필요한 사항은 국토교통부장관이 정하되 일정한 사항을 종합적으로 고려하여야 한다.

10 도시·군계획시설사업의 시행

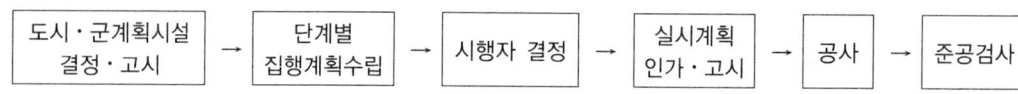
▲ 도시·군계획시설사업의 시행절차

1 단계별 집행계획의 수립

1) 수립권자 및 수립시기

(1) 원칙

특별시장·광역시장·특별자치시장·특별자치도지사·시장 또는 군수는 도시·군계획시설 결정의 고시일부터 2년 이내 재원조달계획, 보상계획 등을 포함하는 단계별 집행계획을 수립하여야 한다.

(2) 예외

국토교통부장관 또는 도지사가 직접 입안한 도시·군관리계획인 경우 직접 수립하여 특별시장·광역시장·특별자치시장·특별자치도지사·시장 또는 군수에게 송부할 수 있다.

2) 수립절차

① 특별시장·광역시장·특별자치시장·특별자치도지사·시장 또는 군수는 수립하고자 하는 경우 미리 관계 행정기관의 장과 협의하여야 한다.
② 특별시장·광역시장·특별자치시장·특별자치도지사·시장·군수는 수립하거나 송부를 받은 때에는 지체 없이 공보에 공고하여야 한다.

3) 단계별 집행계획의 구분

제1단계와 제2단계 집행계획으로 구분하되, 3년 이내에 시행하는 시설사업은 제1단계에, 3년 후에 시행하는 시설사업은 제2단계 집행계획에 포함되도록 하여야 한다.

2 도시·군계획시설사업의 시행자

1) 행정청인 시행자

(1) 원칙

특별시장·광역시장·특별자치시장·특별자치도지사·시장 또는 군수가 이 법 또는 다른 법률의 특별한 규정을 제외하고 시행한다.

(2) 예외

① 국가계획과 관련되거나 기타 필요한 경우에는 국토교통부장관이 특별시장·광역시장·특별자치시장·특별자치도지사·시장·군수의 의견을 들어 시행할 수 있다.
② 광역도시계획과 관련되거나 기타 필요한 경우에는 도지사가 시장·군수의 의견을 들어 시행할 수 있다.

2) 비행정청인 시행자

행정청 외의 자는 국토교통부장관, 시·도지사 또는 시장·군수로부터 시행자로 지정을 받아 시행할 수 있다.

3 실시계획

1) 작성자 및 인가권자

(1) 작성자

① 도시·군계획시설사업의 시행자는 실시계획을 작성하여야 한다.
② 비행정청은 실시계획을 작성하고자 하는 경우 미리 특별시장·광역시장·특별자치시장·특별자치도지사·시장 또는 군수의 의견을 들어야 한다.

(2) 인가권자

시행자(시·도지사, 대도시시장, 국토교통부장관은 제외)는 실시계획을 작성한 때에는 시·도지사, 대도시시장 또는 국토교통부장관의 인가를 받아야 한다. 실시계획을 변경하거나 폐지하는 경우에도 인가를 받아야 한다.

2) 내용

① 종류·명칭, 면적 또는 규모, 성명 및 주소, 착수·준공예정일 등을 명시·첨부하여야 한다.

② 실시계획에는 설계도서·자금계획 및 시행기간 등의 사항을 명시·첨부하여야 한다.

3) 열람 및 의견청취, 고시

(1) 열람 및 의견청취

시·도지사, 대도시시장 또는 국토교통부장관이 실시계획을 인가하고자 하는 때에는 미리 관보 또는 공보에 공고하고 20일 이상 일반이 열람할 수 있도록 하여 이해관계인의 의견을 들어야 한다.

(2) 고시

인가권자는 직접 작성하거나 인가한 때에는 국토교통부장관은 관보에, 시·도지사과 대도시시장은 공보에 고시한다.

4) 원상회복명령 등

① 특별시장·광역시장·특별자치시장·특별자치도지사·시장 또는 군수는 실시계획의 인가를 받지 아니하고 시설사업을 시행하거나 인가내용과 다르게 시설사업을 하는 자에 대하여 원상회복을 명할 수 있다.

② 특별시장·광역시장·특별자치시장·특별자치도지사·시장 또는 군수는 원상회복을 하지 아니하는 때에는 행정대집행법에 따라 원상회복이 가능하고, 대집행에 필요한 비용은 시행자가 예치한 이행보증금으로 충당이 가능하다.

4 시행자의 보호

1) 분할시행

사업의 효율적 추진을 위하여 둘 이상으로 분할하여 시행이 가능하다.

2) 무료열람 등

관계서류의 무료열람 또는 복사나 등·초본의 교부청구가 가능하다.

3) 공시송달

이해관계인의 주소 등의 불명 등의 사유로 서류를 송달할 수 없는 경우 송달에 갈음하여 공시할 수 있다(민사소송법의 공시송달의 예에 의한다).

4) 토지 등의 수용·사용

(1) 의의

① 수용·사용권 : 시행자는 도시·군계획시설사업에 필요한 토지·건축물, 정착물 또는 소유권 외의 권리를 수용·사용할 수 있다.

② 일시사용권 : 도시·군계획시설에 인접한 토지·건축물, 정착물이나 소유권 외의 권리를 일시 사용할 수 있다.

(2) 수용·사용절차

① 수용·사용에 관하여 이 법에 특별한 규정이 있는 경우를 제외하고 공익사업을 위한 토지 등의 취득 및 보상에 관한 법률을 준용한다.
② 준용함에 있어서 실시계획의 고시가 있은 때 공익사업을 위한 토지 등의 취득 및 보상에 관한 법률 제20조 제1항의 사업인정 및 그 고시가 있은 것으로 본다.
③ 재결신청은 실시계획에서 정한 시설사업의 시행기간 이내에 하여야 한다.

5) 타인 토지의 출입, 일시사용, 장애물의 변경·제거 등

국토교통부장관, 시·도지사, 시장·군수, 도시·군계획시설사업의 시행자는 도시계획 등에 관한 기초조사 및 도시·군계획시설사업에 관한 조사·측량 등을 위하여 필요한 경우 타인 토지에 출입하거나 일시사용할 수 있으며 장애물 등을 변경·제거할 수 있다.

(1) 타인 토지의 출입절차

① 비행정청인 시행자는 특별시장·광역시장·특별자치시장·특별자치도지사·시장 또는 군수의 출입허가 후 출입 3일 전까지 토지소유자·점유자 또는 관리인 등에게 통지하여야 한다.
② 행정청인 시행자는 출입 3일 전에 토지소유자·점유자 또는 관리인 등에게 통지하여야 한다.

(2) 일시사용 또는 장애물 등의 제거·변경절차

토지소유자·점유자 또는 관리인 등의 동의를 얻은 후 일시사용 또는 제거·변경 3일 전까지 토지 또는 장애물소유자·점유자 또는 관리인 등에게 통지하여야 한다.

(3) 출입제한과 수인의무

① 일출 전, 일몰 후에는 토지점유자의 승낙 없이 택지나 담장으로 둘러싸인 타인 토지에 출입할 수 없다.
② 토지의 점유자는 정당한 사유 없이 시행자의 출입, 일시사용, 제거·변경을 방해하거나 거절하지 못한다.

6) 국·공유지의 처분제한

도시·군관리계획 결정·고시 후 국·공유지로서 시설사업에 필요한 토지는 당해 도시·군관리계획에서 정한 목적 외의 목적으로 이를 매각·양도가 금지된다. 이에 위반한 행위는 무효로 한다.

5 준공검사 등

① **준공검사권자** : 도시·군계획시설사업의 시행자(시·도지사, 대도시시장, 국토교통부장관 제외)는 공사를 완료한 경우 공사완료보고서를 작성하여 시·도지사 또는 대도시시장에게 준공검사를 받아야 한다.
② **공사완료공고** : 시·도지사, 대도시시장, 국토교통부장관은 공사를 완료한 때에 공사완료공고를 하여야 한다.

11 비용

1 비용부담(시행자부담원칙)

광역도시계획 또는 도시·군계획의 수립, 도시·군계획시설사업에 관한 비용은 국가가 행하는 경우 국가예산, 지방자치단체가 행하는 경우 지방자치단체의 예산, 비행정청이 행하는 경우 그 자가 부담함이 원칙이다.

2 지방자치단체(수익자) 등의 비용부담

① 국토교통부장관 또는 시·도지사는 그가 시행한 도시·군계획시설사업으로 현저한 이익을 받은 다른 지방자치단체가 있는 경우 시설사업에 소요된 비용의 일부를 부담시킬 수 있다. 이 경우 국토교통부장관은 행정안전부장관과 협의하여야 한다.
② 시장·군수는 그가 시행한 도시·군계획시설사업으로 인하여 현저히 이익을 받은 다른 지방자치단체가 있는 경우 도시·군계획시설사업에 소요되는 비용의 일부를 그 지방자치단체와 협의하여 부담시킬 수 있다.

12 토지거래규제

1 토지거래계약허가제도

1) 의의

국토교통부장관은 국토의 이용 및 관리에 관한 계획의 원활한 수립과 집행, 합리적인 토지이용 등을 위하여 투기적 거래가 성행하거나 지가가 급격히 상승하는 지역과 그러한 우려가 있는 지역으로서 다음 지역에 대하여는 5년 이내 기간을 정하여 허가구역을 지정할 수 있다.
① 광역도시계획·도시계획 등 토지이용계획이 새로이 수립·변경되는 지역
② 법령의 제정·개정·폐지 등으로 토지이용에 대한 행위제한이 완화·해제되는 지역

③ 법령에 의한 개발사업이 진행 중 또는 예정된 지역과 그 인근 지역
④ 그 밖에 국토교통부장관이 투기 우려가 있다고 인정하는 지역 등

2) 지정절차

(1) 심의

허가구역으로 지정, 해제·축소하고자 하는 때에는 중앙도시계획위원회의 심의를 거쳐야 한다. 허가구역으로 다시 지정하려면 심의 전에 미리 시·도지사 또는 시장·군수·구청장의 의견을 들어야 한다.

(2) 지정공고 및 통지

① 허가구역으로 지정, 해제·축소한 때에는 허가구역의 범위, 지정기간, 기준면적 등을 공고하고 시·도지사에게 통지하여야 한다.
② 통지를 받은 시·도지사는 지체 없이 공고내용을 등기소장과 시장·군수·구청장에게 통지하여야 한다.
③ 통지를 받은 시장·군수·구청장은 지체 없이 그 사실을 7일 이상 공고하고 그 공고내용을 15일간 일반에게 열람시켜야 한다.

(3) 허가의 기준면적

경제 및 지가의 동향과 거래단위면적 등을 고려하여 대통령령이 정하는 다음의 면적 이하는 허가가 필요하지 아니하다.

도시지역		도시지역 외의 지역	
주거지역	180m^2	농지	500m^2
상업지역	200m^2		
공업지역	660m^2	임야	1,000m^2
녹지지역	100m^2		
지역지정이 없는 곳	90m^2	기타	250m^2

※ 기준면적의 강화 또는 완화 : 다만, 국토교통부장관은 거래실태 등에 비추어 해당 기준면적의 10% 이상 300% 이하 범위에서 따로 정하여 공고한 경우 그에 의한다.

(4) 효력발생시기

① **최초, 확대지정** : 지정·공고한 날부터 5일이 경과한 날
② **재지정, 해제·축소** : 지정(해제·축소)·공고일

(5) 의무적 해제 또는 축소

허가구역의 지정사유가 없어졌다고 인정되거나 시·도지사 또는 시장·군수·구청장으로부터 해제 또는 축소요청이 이유 있다고 인정되는 경우 지체 없이 허가구역의 지정을 해제하거나 축소하여야 한다. 허가구역의 해제·축소절차는 지정절차를 준용한다.

3) 허가대상

토지에 관한 소유권·지상권을 유상으로 이전·설정하는 계약(예약을 포함)을 체결하고자 하는 당사자는 공동으로 허가신청서를 제출하여 시장·군수·구청장의 허가를 받아야 한다. 허가받은 사항을 변경하는 경우에도 또한 같다.

4) 허가절차

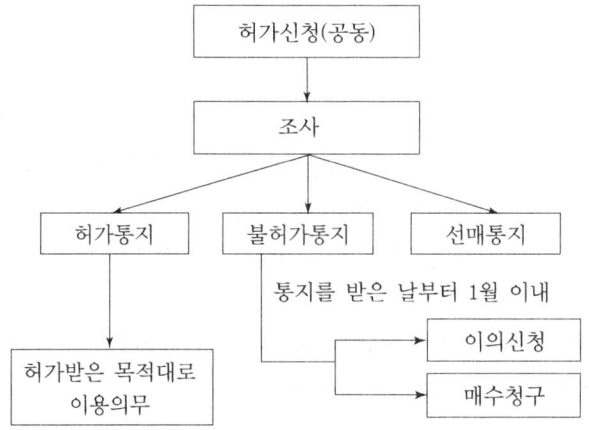

(1) 허가신청서 기재사항

당사자 공동으로 허가신청서에 일정한 내용을 기재하여 시장·군수·구청장에게 제출하여야 한다.

(2) 허가처리기간 및 미처리 시 효과

① 허가신청서를 받은 날부터 15일 이내(민원사무처리에 관한 법률의 처리기간 내) 허가 또는 불허가처분을 하고 허가증을 교부하거나 불허가처분사유를 통지(서면)하여야 한다. 단, 선매협의절차가 진행 중인 경우 그 사실을 통지하여야 한다.
② 15일 이내 허가증의 교부 또는 불허가사유의 통지가 없거나 선매협의사실의 통지가 없는 경우에는 당해 기간만료한 날의 다음날에 허가가 있은 것으로 보며 지체 없이 허가증을 교부하여야 한다.

(3) 사권보호규정

① 이의신청 : 허가신청에 대한 처분에 이의가 있는 자는 처분을 받은 날로부터 1월 이내 시장·군수·구청장에게 이의를 신청할 수 있다.
② 매수청구
  ㉠ 불허가처분을 받은 자는 그 불허가처분의 통지를 받은 날부터 1월 이내 시장·군수·구청장에게 당해 토지에 대한 권리(소유권 또는 지상권)의 매수를 청구할 수 있다.

ⓒ 시장·군수·구청장은 국가, 지방자치단체, 정부투자기관, 공공단체 중에서 매수자를 지정하여 예산의 범위 안에서 공시지가를 기준으로 매수하게 하여야 한다.

5) 허가의 심사기준

시장·군수·구청장은 허가신청한 내용이 다음 기준에 모두 적합한 경우 허가를 하여야 한다.

(1) 토지이용목적이 다음에 해당하지 않는 경우 불허가(실수요성)

① 자기 거주용 주택용지
② 허가구역을 포함한 주민의 복지시설·편익시설용지
③ 허가구역 안에 거주하는 농·임·어업인 또는 다음 자가 취득하는 경우
　㉠ 농어촌발전특별조치법상 농림어업인이 그가 거주하는 특별시·광역시·시 또는 군에 소재하는 토지에 관한 소유권·지상권을 이전·설정하려는 자
　㉡ 농업인 등이 거주지 주소지로부터 20km 내 토지를 취득하려는 자
　㉢ 단, 공익사업을 위한 토지 등의 취득 및 보상에 관한 법률에 의하여 농지를 협의양도 또는 수용된 자(실제 경작자)가 수용 또는 협의양도된 날부터 3년 내 농지를 대체하기 위한 경우 80km 내 농지를 취득 가능(이 경우 새로 취득하는 농지가격은 종전토지가격 이하)
④ 수용·사용할 수 있는 자가 시행하는 사업을 위하여 필요한 경우
⑤ 지역의 건전한 발전을 위한 경우로 관련 법률의 지역·지구목적에 적합하다 인정되는 사업을 위하여 필요한 경우
⑥ 허가구역 지정 당시 시행하고 있는 사업에 이용하고자 하는 경우
⑦ 허가구역 내 일상생활 및 통상적 경제활동에 필요한 토지를 협의양도 또는 수용된 자가 3년 내 대체토지를 취득하는 경우(이 경우 새로 취득하는 토지가액은 종전토지가격 이하)
⑧ 허가구역 내 일상생활 등에 필요한 것으로 관계법령에 의하여 개발·이용이 제한 또는 금지된 토지로 현상보존목적으로 취득하는 경우
⑨ 허가구역 내 일상생활 등에 필요한 것으로 임대주택법의 임대사업자 등이 임대사업을 위하여 건축물과 그에 딸린 토지를 취득하는 경우

(2) 도시·군계획 등에 부적합한 경우 불허가

(3) 면적의 적절성

6) 토지의 이용의무기간

(1) 이용목적별 의무기간

허가를 받은 자는 법정된 경우를 제외하고 5년의 범위 안에서 다음 기간 내 허가받은 목

적대로 이용하여야 한다. 시장·군수·구청장은 의무이행 여부를 매년 1회 이상 조사하여야 한다.
① 자기 거주용 주택용지 : 취득 시부터 3년
② 허가구역을 포함한 주민의 복지·편익시설용지 : 4년
③ 농업을 영위하기 위한 경우 : 2년
④ 축산업·임업·어업을 위한 경우 : 3년(단, 생산물이 없는 경우 5년)
⑤ 수용·사용할 수 있는 자가 시행하는 사업을 위한 경우 : 4년
⑥ 지역의 건전한 발전을 위한 경우로 지역·지구목적에 적합한 사업을 위한 경우 : 4년
⑦ 허가구역 지정 당시 사업에 이용하기 위한 경우 : 4년
⑧ 일상생활의 토지 등을 협의양도·수용된 자가 3년 내 대체 토지를 취득 : 2년
⑨ 현상보존의 목적으로 취득 : 5년
⑩ 임대사업을 위하여 취득 : 5년

(2) 이행명령

시장·군수·구청장은 이용의무를 이행하지 아니한 자에 대하여 상당한 기간(3월 이내에서 정함)을 정하여 토지이용의무를 이행하도록 명할 수 있다.

(3) 이행강제금

이행명령이 3월 이내에서 정해진 기간 내 이행하지 않는 경우 다음 범위 안에서 강제금을 부과한다. 이 경우 취득가액은 실거래금액으로 한다.
① 당초 목적대로 이용하지 않고 방치 시 : 취득가액에 10/100
② 허가받은 자가 직접이용하지 않고 임대한 경우 : 취득가액에 7/100
③ 허가받은 자가 승인 없이 이용목적을 변경한 경우 : 취득가액에 5/100
④ 기타의 경우 : 취득가액에 7/100

7) 위반행위 시 조치

① 허가받지 아니하고 체결한 계약은 무효이다(유동적 무효)
② 허가를 받지 않거나 사위 및 부정한 방법으로 허가를 얻은 경우 2년 이하 징역 또는 계약체결 당시의 당해 토지가격(공시지가)의 30/100에 상당하는 금액 이하의 벌금에 처한다.

2 선매협의제도

1) 의의

시장·군수·구청장은 허가신청이 있는 경우 다음의 토지에 대하여 국가, 지방자치단체, 한국토지공사 등의 공공기관, 공공단체가 매수를 원하는 경우 당해 공적이용주체 중에서

선매자를 지정하여 협의매수하게 할 수 있다.
① 공익사업용 토지
② 허가를 받아 취득한 토지를 그 이용목적대로 이용하고 있지 아니한 경우

2) 선매협의절차

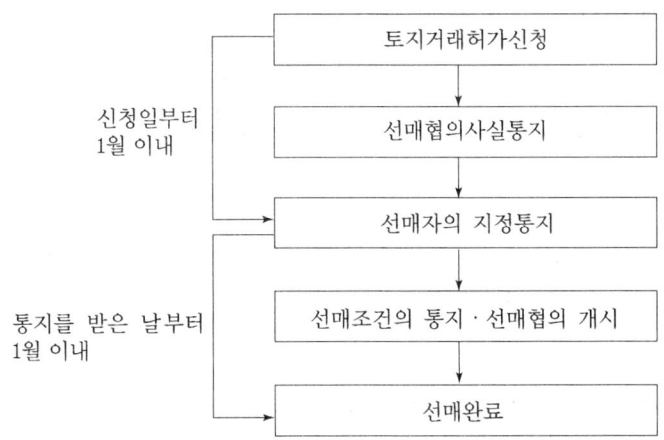

① 시장·군수·구청장은 허가신청일로부터 15일 이내 허가신청자에게 선매협의에 관한 사실을 통지한다.
② 시장·군수·구청장은 선매요건에 해당하는 토지에 대하여 허가신청일로부터 1월 이내 선매자를 지정하여 토지소유자에게 통지하여야 한다.
③ 선매자로 지정된 자는 지정일로부터 15일 이내 매수가격 등 선매조건을 기재한 서면을 허가신청자에게 통지하여 선매협의를 하여야 한다. 또한 지정일로부터 30일 이내 선매협의조서를 시장·군수·구청장에게 제출하여야 한다.
④ 선매자는 지정통지를 받은 날부터 1월 이내 협의를 완료하여야 한다.

3) 불성립 시 조치

시장·군수·구청장은 지체 없이 허가 또는 불허가를 결정하여 이를 통보해야 한다. 수용은 불가능하다.

4) 선매가격

감정가격을 기준으로 하되, 허가신청서에 기재된 가격이 감정가격보다 낮은 경우 신청서에 기재된 가격으로 할 수 있다.

07 예상문제

01 다음 중 국토의 계획 및 이용에 관한 법률의 제정목적으로 가장 타당한 것은?

① 공공복리의 증진
② 도시의 미관 개선
③ 투기 억제 및 경제발전
④ 건전한 도시발전의 도모

해설 국토의 계획 및 이용에 관한 법률은 국토의 이용·개발과 보전을 위한 계획의 수립 및 집행 등에 필요한 사항을 정하여 공공복리를 증진시키고 국민의 삶의 질을 향상시키는 것을 목적으로 한다.

02 다음 중 국토의 계획 및 이용에 관한 법령상 원칙적으로 공동구를 관리하여야 하는 자는?

① 구청장
② 특별시장
③ 국토교통부장관
④ 행정안전부장관

해설 국토의 계획 및 이용에 관한 법령상 원칙적으로 공동구를 관리하여야 하는 자는 특별시장이다.

03 국토의 계획 및 이용에 관한 법률 시행령상 개발행위허가기준에 따른 분할제한면적 미만으로 토지분할하는 경우에 해당하지 않는 것은?

① 사설도로를 개설하기 위한 분할
② 녹지지역 안에서의 기존 묘지의 분할
③ 사도법에 의한 사도개설허가를 받아서 하는 분할
④ 사설도로로 사용되고 있는 토지 중 도로로서의 용도가 폐지되는 부분을 인접 토지와 합병하기 위하여 하는 분할

해설 다음의 토지분할을 하는 경우 허가를 받지 아니한다.
㉠ 사도법에 의한 사도개설허가를 받은 토지의 분할
㉡ 토지의 일부를 공공용지 또는 공용지로 하기 위한 토지의 분할
㉢ 행정재산 중 용도폐지되는 부분의 분할 또는 일반재산을 매각·교환 또는 양여하기 위한 분할
㉣ 토지의 일부가 도시·군계획시설로 지형도면고시가 된 당해 토지의 분할
㉤ 너비 5m 이하로 이미 분할된 토지의 건축법 제57조제1항에 따른 분할제한면적 이상으로의 분할

04 국토의 계획 및 이용에 관한 법률상 보호지구로 지정하여 보호하는 시설로 옳지 않은 것은?

① 공항
② 항만
③ 문화재
④ 녹지지역

해설 녹지지역은 자연환경·농지 및 산림의 보호, 보건위생, 보안과 도시의 무질서한 확산을 방지하기 위하여 녹지의 보전이 필요한 지역으로서 국토의 계획 및 이용에 관한 법률에 따라 도시·군관리계획으로 결정·고시된 지역을 말한다.

05 도시·군관리계획 결정으로 도시자연공원구역을 지정하는 자는?

① 시장·군수
② 시·도지사
③ 국토교통부장관
④ 국립공원관리공단 이사장

해설 도시·관리계획 결정으로 도시자연공원구역을 지정하는 자는 시·도지사이다.

06 국토의 계획 및 이용에 관한 법률에서 용도지구의 지정에 관한 설명으로 틀린 것은?

① 미관지구 : 미관을 유지하기 위하여 필요한 지구
② 경관지구 : 경관을 보호, 형성하기 위하여 필요한 지구
③ 시설보호지구 : 문화재, 중요시설물의 보호와 보존을 위하여 필요한 지구
④ 방재지구 : 풍수해, 산사태, 지반의 붕괴, 그 밖의 재해를 예방하기 위하여 필요한 지구

해설 시설보호지구는 학교시설·공용시설·항만 또는 공항의 보호, 업무기능의 효율화, 항공기의 안전운항 등을 위하여 필요한 지구이다.

정답 01 ① 02 ② 03 ③ 04 ④ 05 ② 06 ③

07 다음 중 국토의 계획 및 이용에 관한 법률에 따른 용도지역에 대한 설명으로 옳지 않은 것은? 기 16-1

① 도시지역은 인구와 산업이 밀집되어 있거나 밀집이 예상되어 그 지역에 대하여 체계적인 개발·정비·관리·보전 등이 필요한 지역을 말한다.
② 관리지역은 도시지역의 인구와 산업을 수용하기 위하여 도시지역에 준하여 체계적으로 관리하거나 농림업의 진흥, 자연환경 또는 산림의 보전을 위하여 농림지역 또는 자연환경보전지역에 준하여 관리할 필요가 있는 지역을 말한다.
③ 농림지역은 도시지역에 속하지 아니하는 농지법에 따른 농업진흥지역 또는 산지관리법에 따른 보전산지 등으로서 농림업을 진흥시키고 산림을 보전하기 위하여 필요한 지역을 말한다.
④ 자연녹지보전지역은 자연환경·수자원·해안·생태계·상수원 및 문화재의 보전과 수산자원의 보호·육성 등을 위하여 필요한 지역을 말한다.

해설 국토는 토지의 이용실태 및 특성, 장래의 토지이용방향, 지역 간 균형발전 등을 고려하여 다음과 같은 용도지역으로 구분한다.
㉠ 도시지역 : 인구와 산업이 밀집되어 있거나 밀집이 예상되어 그 지역에 대하여 체계적인 개발·정비·관리·보전 등이 필요한 지역
㉡ 관리지역 : 도시지역의 인구와 산업을 수용하기 위하여 도시지역에 준하여 체계적으로 관리하거나 농림업의 진흥, 자연환경 또는 산림의 보전을 위하여 농림지역 또는 자연환경보전지역에 준하여 관리할 필요가 있는 지역
㉢ 농림지역 : 도시지역에 속하지 아니하는 농지법에 따른 농업진흥지역 또는 산지관리법에 따른 보전산지 등으로서 농림업을 진흥시키고 산림을 보전하기 위하여 필요한 지역
㉣ 자연환경보전지역 : 자연환경·수자원·해안·생태계·상수원 및 문화재의 보전과 수산자원의 보호·육성 등을 위하여 필요한 지역

08 용도지역 안에서 건폐율의 최대한도를 20% 이하로 규정하고 있는 지역에 해당되지 않는 것은? 기 19-2

① 녹지지역 ② 보전관리지역
③ 계획관리지역 ④ 자연환경보전지역

해설 용도지역 안에서 건폐율

용도지역		지역 세분	건폐율 한도(%)
도시지역	주거지역	전용 1~2종	50
		일반 1~2종	60
		3종	50
		준주거	70
	상업지역	중심	90
		일반, 유통	80
		근린	70
	공업지역	전용, 일반, 준공업	70
	녹지지역	보전, 생산, 자연	20
관리지역		보전관리지역, 생산관리지역	20
		계획관리지역	40
농림지역			20
자연환경보존지역			20

09 국토의 계획 및 이용에 관한 법률상 도로에 해당되지 않는 것은? 기 16-3

① 지방도 ② 일반도로
③ 지하도로 ④ 자전거전용도로

해설 도로 : 일반도로, 지하도로, 자전거전용도로, 보행자전용도로, 자동차전용도로, 고가도로

10 국토의 계획 및 이용에 관한 법률에 따른 용도지구에 대한 설명으로 옳지 않은 것은? 기 18-3

① 경관지구 : 경관을 보호·형성하기 위하여 필요한 지구
② 방재지구 : 화재의 위험을 예방하기 위하여 필요한 지구
③ 보호지구 : 문화재, 중요시설물(항만, 공항 등 대통령령으로 정하는 시설물을 말한다) 및 문화적·생태적으로 보존가치가 큰 지역의 보호와 보존을 위하여 필요한 지구
④ 고도지구 : 쾌적한 환경 조성 및 토지의 효율적 이용을 위하여 건축물 높이의 최저한도 또는 최고한도를 규제할 필요가 있는 지구

해설 방재지구 : 풍수해, 산사태, 지반의 붕괴, 그 밖의 재해를 예방하기 위하여 필요한 지구

정답 07 ④ 08 ③ 09 ① 10 ②

11 국토의 계획 및 이용에 관한 법률에 따른 국토의 용도구분 4가지에 해당하지 않는 것은? [기 16-3]

① 보존지역 ② 관리지역
③ 도시지역 ④ 농림지역

해설 **국토의 용도구분(용도지역제도) 및 관리**

용도지역	지정목적	관리의무
도시지역	인구와 산업이 밀집되거나 밀집이 예상되어 체계적인 개발·정비·보전 등이 필요한 지역	이 법 또는 관계법률에 따라 체계적이고 효율적으로 개발·정비·보전될 수 있도록 계획을 수립하고 시행하여야 한다.
관리지역	도시지역의 인구와 산업을 수용하기 위하여 도시지역에 준하여 체계적으로 관리하거나 농림업의 진흥, 자연환경·산림을 보전하기 위하여 농림지역 또는 자연환경보전지역에 준하여 관리가 필요한 지역	이 법 또는 관계법률에 따라 보전조치를 취하고 개발이 필요한 지역에 대하여 계획적 이용과 개발을 도모하여야 한다.
농림지역	도시지역에 속하지 아니하는 농업진흥지역 또는 보전산지 등으로 농림업을 진흥시키고 산림의 보전을 위하여 필요한 지역	이 법 또는 관계법률에서 농림업의 진흥과 산림의 보전·육성에 필요한 조사와 대책을 마련하여야 한다.
자연환경보전지역	자연환경·수자원·해안·생태계·상수원·문화재의 보전과 수산자원의 보호·육성을 위하여 필요한 지역	이 법 또는 관계법률에서 정하는 바에 따라 환경오염 방지, 자연환경·수질·문화재의 보전과 수산자원의 보호·육성을 위하여 필요한 조사와 대책을 마련하여야 한다.

12 국토의 계획 및 이용에 관한 법률의 정의에 따른 도시·군관리계획에 포함되지 않는 것은? [기 19-2]

① 기반시설의 설치·정비 또는 개량에 관한 계획
② 광역계획권의 기본구조와 발전방향에 관한 계획
③ 지구단위계획구역의 지정 또는 변경에 관한 계획
④ 용도지역·용도지구의 지정 또는 변경에 관한 계획

해설 **국토의 계획 및 이용에 관한 법률 제2조(정의)**
이 법에서 사용하는 용어의 뜻은 다음과 같다.
4. "도시·군관리계획"이란 특별시·광역시·특별자치시·특별자치도·시 또는 군의 개발·정비 및 보전을 위하여 수립하는 토지이용, 교통, 환경, 경관, 안전, 산업, 정보통신, 보건, 복지, 안보, 문화 등에 관한 다음 각 목의 계획을 말한다.
가. 용도지역·용도지구의 지정 또는 변경에 관한 계획
나. 개발제한구역, 도시자연공원구역, 시가화조정구역, 수산자원보호구역의 지정 또는 변경에 관한 계획
다. 기반시설의 설치·정비 또는 개량에 관한 계획
라. 도시개발사업이나 정비사업에 관한 계획
마. 지구단위계획구역의 지정 또는 변경에 관한 계획과 지구단위계획
바. 입지규제최소구역의 지정 또는 변경에 관한 계획과 입지규제최소구역계획

13 특별시·광역시·특별자치시·특별자치도·시 또는 군의 개발·정비 및 보전을 위하여 수립하는 도시·군관리계획에 포함되지 않는 것은? [기 16-2]

① 도시개발사업이나 정비사업에 관한 계획
② 기반시설의 설치·정비 또는 개량에 관한 계획
③ 용도지역·용도지구의 지정 또는 변경에 관한 계획
④ 기본적인 공간구조와 장기발전방향을 제시하는 종합계획

해설 **도시·군관리계획** : 특별시·광역시·특별자치시도·특별자치도·시 또는 군의 개발·정비 및 보전을 위하여 수립하는 토지이용, 교통, 환경, 경관, 안전, 문화 등에 관한 다음의 계획
㉠ 용도지역 및 용도지구의 지정 또는 변경에 관한 계획
㉡ 용도구역의 지정 또는 변경에 관한 계획
㉢ 기반시설의 설치·정비 또는 개량에 관한 계획
㉣ 도시개발사업이나 정비사업에 관한 계획
㉤ 지구단위계획구역의 지정 또는 변경과 지구단위계획

14 국토의 계획 및 이용에 관한 법률상 용도지역에 해당하지 않는 것은? [기 18-1]

① 농림지역 ② 도시지역
③ 자연환경보전지역 ④ 취락지역

해설 **용도지역** : 도시지역, 관리지역, 농림지역, 자연환경보존지역

정답 11 ① 12 ② 13 ④ 14 ④

15 다음 중 도시·군관리계획으로 결정하여야 하는 기반시설은? 〔기 16-3〕

① 도서관　　② 공공청사
③ 종합의료시설　　④ 고등학교

해설 다음의 기반시설은 도시·군관리계획으로 결정하지 아니하고 설치할 수 있다.
㉠ 자동차 및 건설기계운전학원, 공공공지, 방송·통신시설, 시장, 공공청사
㉡ 문화시설, 공공 필요성이 인정되는 체육시설, 도서관, 연구시설, 사회복지시설, 청소년수련시설
㉢ 저수지, 방화설비, 방풍설비, 장례식장, 종합의료시설, 폐차장
㉣ 도시공원 및 녹지 등에 관한 법률의 규정에 의한 점용허가대상이 되는 공원 안의 기반시설

16 국토의 계획 및 이용에 관한 법령상 광역도시계획에 관한 설명으로 옳지 않은 것은? 〔기 17-3〕

① 광역계획권의 지정은 국토교통부장관만이 할 수 있다.
② 광역도시계획에는 경관계획에 관한 사항이 포함되어야 한다.
③ 국토교통부장관은 시·도지사가 요청하는 경우 관할 시·도지사와 공동으로 광역도시계획을 수립할 수 있다.
④ 인접한 둘 이상의 특별시·광역시·특별자치시·특별자치도·시 또는 군의 관할 구역 전부 또는 일부를 광역계획권으로 지정할 수 있다.

해설 국토교통부장관 또는 도지사는 둘 이상의 특별시·광역시·특별자치시·특별자치도·시 또는 군의 공간구조 및 기능을 상호 연계시키고 환경을 보전하며 광역시설을 체계적으로 정비하기 위하여 필요한 경우에는 인접한 둘 이상의 특별시·광역시·특별자치시·특별자치도·시 또는 군의 관할 구역 전부 또는 일부를 대통령령으로 정하는 바에 따라 광역계획권으로 지정할 수 있다.

17 국토의 계획 및 이용에 관한 법률상 광역계획권을 지정한 날부터 3년이 지날 때까지 관할 시장 또는 군수로부터 광역도시계획의 승인신청이 없는 경우의 광역도시계획의 수립권자는? 〔기 18-3〕

① 대통령　　② 국무총리
③ 관할 도지사　　④ 국토교통부장관

해설 국토의 계획 및 이용에 관한 법률상 광역계획권을 지정한 날부터 3년이 지날 때까지 관할 시장 또는 군수로부터 광역도시계획의 승인신청이 없는 경우의 관할 도지사가 광역도시계획을 수립한다.

18 국토의 계획 및 이용에 관한 법률상 용어의 정의로 옳지 않은 것은? 〔기 18-2〕

① "도시·군계획사업"이란 도시·군관리계획을 시행하기 위한 도시·군계획시설사업, 도시개발법에 따른 도시개발사업, 도시 및 주거환경정비법에 따른 정비사업을 말한다.
② "용도지역"이란 토지의 이용 및 건축물의 용도·건폐율·용적률·높이 등에 대한 용도지역의 제한을 강화하거나 완화하여 적용함으로써 용도지역의 기능을 증진시키고 미관·경관·안전 등을 도모하기 위하여 도시·군관리계획으로 결정하는 지역을 말한다.
③ "지구단위계획"이란 도시·군계획수립대상지역의 일부에 대하여 토지이용을 합리화하고 그 기능을 증진시키며 미관을 개선하고 양호한 환경을 확보하며, 그 지역을 체계적·계획적으로 관리하기 위하여 수립하는 도시·군관리계획을 말한다.
④ "용도구역"이란 토지의 이용 및 건축물의 용도·건폐율·용적률·높이 등에 대한 용도지역 및 용도지구의 제한을 강화하거나 완화하여 따로 정함으로써 시가지의 무질서한 확산 방지, 계획적이고 단계적인 토지이용의 도모, 토지이용의 종합적 조정·관리 등을 위하여 도시·군관리계획으로 결정하는 지역을 말한다.

해설 용도지구 : 토지의 이용 및 건축물의 용도·건폐율·용적률·높이 등에 대한 용도지역의 제한을 강화하거나 완화하여 적용함으로써 용도지역의 기능을 증진시키고 미관·경관·안전 등을 도모하기 위하여 도시·군관리계획으로 결정하는 지역

19 국토의 계획 및 이용에 관한 법률상 용도지역 중 농림지역의 건폐율은? 〔기 18-2〕

① 20% 이하　　② 30% 이하
③ 50% 이하　　④ 70% 이하

정답 15 ④　16 ①　17 ③　18 ②　19 ①

해설 건폐율기준

용도지역		지역 세분	건폐율 한도(%)
도시 지역	주거지역	전용 1~2종	50
		일반 1~2종	60
		3종	50
		준주거	70
	상업지역	중심	90
		일반, 유통	80
		근린	70
	공업지역	전용, 일반, 준공업	70
	녹지지역	보전, 생산, 자연	20
관리 지역		보전관리지역, 생산관리지역	20
		계획관리지역	40
농림지역			20
자연환경보존지역			20

20 국토의 계획 및 이용에 관한 법률상 심의를 거치지 아니하고 한 차례만 2년 이내의 기간 동안 개발행위허가의 제한을 연장할 수 있는 지역이 아닌 곳은? 기 19-1

① 기반시설부담구역으로 지정된 지역
② 지구단위계획구역으로 지정된 지역
③ 개발행위로 인하여 주변의 환경·경관·미관·문화재 등이 크게 오염되거나 손상될 우려가 있는 지역
④ 도시·군관리계획을 수립하고 있는 지역으로서 그 도시·군관리계획이 결정될 경우 용도지역의 변경이 예상되고, 그에 따라 개발행위허가의 기준이 크게 달라질 것으로 예상되는 지역

해설 개발행위허가제한지역은 다음의 어느 하나에 해당하는 지역을 대상으로 지정한다. 개발행위허가제한은 1회에 한하여 3년 이내의 기간 동안 제한한다. 다만, 다음의 ⓒ부터 ⓜ까지에 해당하는 지역에 대해서는 1회에 한하여 2년 이내의 기간 동안 개발행위허가의 제한을 연장할 수 있다.
㉠ 녹지지역이나 계획관리지역으로서 수목이 집단적으로 자라고 있거나 조수류 등이 집단적으로 서식하고 있는 지역 또는 우량농지 등으로 보전할 필요가 있는 지역
㉡ 개발행위로 인하여 주변의 환경·경관·미관·문화재 등이 크게 오염되거나 손상될 우려가 있는 지역
㉢ 도시·군관리계획을 수립하고 있는 지역으로서 그 도시·군관리계획이 결정될 경우 용도지역의 변경이 예상되고, 그에 따라 개발행위허가의 기준이 크게 달라질 것으로 예상되는 지역
㉣ 지구단위계획구역으로 지정된 지역
㉤ 기반시설부담구역으로 지정된 지역

21 도시·군관리계획으로 결정하는 주거지역의 분류 및 설명으로 옳은 것은? 기 19-3

① 준주거지역 : 편리한 주거환경을 조성하기 위하여 필요한 지역
② 전용주거지역 : 양호한 주거환경을 보호하기 위하여 필요한 지역
③ 일반준주거지역 : 근린지역에서의 일용품 및 서비스의 공급을 위하여 필요한 지역
④ 일반주거지역 : 주거기능을 위주로 일부 상업기능 및 업무기능을 보완하기 위하여 필요한 지역

해설 주거지역의 분류
㉠ 전용주거지역 : 양호한 주거환경을 보호하기 위하여 필요한 지역
  • 제1종 전용주거지역 : 단독주택 중심의 양호한 주거환경을 위한 지역
  • 제2종 전용주거지역 : 공동주택 중심의 양호한 주거환경을 위한 지역
㉡ 일반주거지역 : 편리한 주거환경을 조성하기 위하여 필요한 지역
  • 제1종 일반주거지역 : 저층주택을 중심으로 편리한 주거환경 조성을 위한 지역
  • 제2종 일반주거지역 : 중층주택을 중심으로 편리한 주거환경 조성을 위한 지역
  • 제3종 일반주거지역 : 중고층주택 중심으로 편리한 주거환경 조성을 위한 지역
㉢ 준주거지역 : 주거기능 위주로 이를 지원하는 일부 상업기능 및 업무기능을 보완하기 위해 필요한 지역

22 국토의 계획 및 이용에 관한 법률상 입지규제최소구역에서의 다른 법률규정을 적용하지 아니할 수 있는 사항으로 옳지 않은 것은? 기 19-3

① 도로법 제40조에 따른 접도구역
② 주차장법 제19조에 따른 부설주차장의 설치
③ 문화예술진흥법 제9조에 따른 건축물에 대한 미술작품의 설치
④ 주택법 제35조에 따른 주택의 배치, 부대시설·복리시설의 설치기준 및 대지조성기준

정답 20 ③ 21 ② 22 ①

해설 국토의 계획 및 이용에 관한 법률 제83조의2(입지규제최소구역에서의 다른 법률의 적용 특례)
① 입지규제최소구역에 대하여는 다음 각 호의 법률규정을 적용하지 아니할 수 있다.
  1. 주택법 제35조에 따른 주택의 배치, 부대시설·복리시설의 설치기준 및 대지조성기준
  2. 주차장법 제19조에 따른 부설주차장의 설치
  3. 문화예술진흥법 제9조에 따른 건축물에 대한 미술작품의 설치

23 국토의 계획 및 이용에 관한 법률상 토지거래계약의 허가를 받지 않아도 되는 토지의 면적기준으로 옳지 않은 것은? (단, 국토교통부장관 또는 시·도지사가 허가구역을 지정할 당시 해당 지역에서의 거래실태 등에 비추어 타당하지 아니하다고 인정하여 당해 기준면적의 10% 이상 300% 이하의 범위에서 따로 정하여 공고한 경우는 고려하지 않는다.) 기 16-2

① 주거지역 : 180m² 이하
② 상업지역 : 200m² 이하
③ 녹지지역 : 300m² 이하
④ 공업지역 : 660m² 이하

해설 토지거래허가를 받지 않아도 되는 토지의 기준면적

도시지역		도시지역 외의 지역	
주거지역	180m²	농지	500m²
상업지역	200m²		
공업지역	660m²	임야	1,000m²
녹지지역	100m²		
지역지정이 없는 곳	90m²	기타	250m²

24 다음 중 도시·군관리계획의 입안권자가 아닌 자는? 기 19-1

① 군수   ② 구청장
③ 광역시장   ④ 특별시장

해설 도시·군관리계획의 입안권자는 특별시장, 광역시장, 특별자치시장, 특별자치도지사, 시장, 군수이다.

25 국토의 계획 및 이용에 관한 법률상 도시·군관리계획 결정의 효력은 언제를 기준으로 그 효력이 발생하는가? 기 17-2

① 지형도면을 고시한 날로부터
② 지형도면고시가 된 날의 다음날로부터
③ 지형도면고시가 된 날로부터 3일 후부터
④ 지형도면고시가 된 날로부터 5일 후부터

해설 국토의 계획 및 이용에 관한 법률상 도시·군관리계획 결정의 효력은 지형도면을 고시한 날부터 효력이 발생한다.

26 도시지역과 그 주변지역의 무질서한 시가화를 방지하고 계획적·단계적인 개발을 도모하기 위하여 일정시간 동안 시가화를 유보할 목적으로 지정하는 것은? 기 17-2

① 보존지구   ② 개발제한구역
③ 시가화조정구역 ④ 지구단위계획구역

해설 **시가화조정구역** : 도시지역과 그 주변지역의 무질서한 시가화를 방지하고 계획적·단계적인 개발을 도모하기 위하여 일정시간 동안 시가화를 유보할 목적으로 지정하는 구역

정답 23 ③ 24 ② 25 ① 26 ③

MEMO

부록 I

과년도 기출복원문제

**ENGINEER & INDUSTRIAL ENGINEER of
CADASTRAL SURVEYING**

2023년 제1회 지적기사 필기 복원

제1과목 지적측량

01 변수가 18변인 도선을 방위각법으로 도근측량을 실시한 결과 각오차가 −4분 발생하였다. 제13변에 배부할 오차는?

① 약 +2분 ② 약 +3분
③ 약 −2분 ④ 약 −3분

해설 $18 : 4 = 13 : x$
∴ $x =$ 약 +3분

02 지적공부 작성에 대한 설명 중 도면의 작성방법에 해당되지 않는 것은?

① 직접자사법
② 간접자사법
③ 정밀복사법
④ 전자자동제도법

해설 도면 작성방법 : 직접자사법, 간접자사법, 전자자동제도법

03 다음 중 지적공부의 정리가 수반되지 않는 것은?

① 토지분할 ② 축척변경
③ 신규등록 ④ 경계복원

해설 경계복원측량은 지적공부를 정리하지 않으며, 그렇기 때문에 측량성과에 대한 검사도 받지 않는다.

04 평판측량방법에 따른 세부측량을 도선법으로 하는 경우 도선의 폐색오차를 각 점에 배분하는 방법으로 옳은 것은?

① 변의 길이에 반비례하여 배분한다.
② 변의 순서에 반비례하여 배분한다.
③ 변의 길이에 비례하여 배분한다.
④ 변의 순서에 비례하여 배분한다.

해설 평판측량방법에 따른 세부측량 시 도선법에 의한 폐색오차는 변의 순서에 비례하여 배분한다.

05 경위의측량방법에 따른 세부측량의 방법기준으로만 나열된 것은?

① 지거법, 도선법
② 도선법, 방사법
③ 방사법, 교회법
④ 교회법, 지거법

해설 경위의측량에 의한 세부측량 관측 및 계산기준
㉠ 미리 각 경계점에 표지를 설치하여야 한다. 다만, 부득이한 경우에는 그러하지 아니하다.
㉡ 도선법 또는 방사법에 따른다.
㉢ 관측은 20초독 이상의 경위의를 사용한다.
㉣ 수평각의 관측은 1대회의 방향관측법이나 2배각의 배각법에 따른다. 다만, 방향관측법인 경우에는 1측회의 폐색을 하지 아니할 수 있다.
㉤ 연직각의 관측은 정반으로 1회 관측하여 그 교차가 5분 이내일 때에는 그 평균치를 연직각으로 하되, 분단위로 독정(讀定)한다.

06 근사조정법에 의한 삽입망조정계산에서 기지내각에 맞도록 조정하는 것을 무슨 조정이라고 하는가?

① 망규약에 대한 조정
② 변규약에 대한 조정
③ 측점규약에 대한 조정
④ 삼각규약에 대한 조정

해설 근사조정법에 의한 삽입망조정계산에서 기지내각에 맞도록 조정하는 것은 망규약에 대한 조종이다.

07 지적확정측량 시 필지별 경계점의 기준이 되는 점이 아닌 것은?

① 수준점
② 위성기준점
③ 통합기준점
④ 지적삼각점

해설 지적확정측량을 하는 경우 필지별 경계점은 위성기준점, 통합기준점, 삼각점, 지적삼각점, 지적삼각보조점 및 지적도근점에 따라 측정하여야 한다.

정답 1 ② 2 ③ 3 ④ 4 ④ 5 ② 6 ① 7 ①

08 지적삼각보조점측량을 Y망으로 실시하여 1도선의 거리의 합계가 1654.15m이었을 때 연결오차는 최대 얼마 이하로 하여야 하는가?

① 0.033083m 이하 ② 0.0496245m 이하
③ 0.066166m 이하 ④ 0.0827075m 이하

해설 연결오차 $= 0.05S = 0.05 \times 1.65415 = 0.0827075$m 이하

09 다음 그림에서 AD//BC일 때 PQ의 길이는?

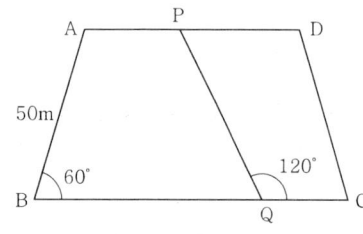

① 60m ② 50m
③ 80m ④ 70m

해설 $\overline{PQ} = \dfrac{50 \times \sin 60°}{\sin 60°} = 50$m

10 반지름 1,500m, 중심각 37°14′53.6″인 원호상의 길이는 얼마인가?

① 약 975.155m ② 약 2501.000m
③ 약 1625.260m ④ 약 3250.001m

해설 원호상의 길이 $= 0.01745 \times 1,500 \times 37°14′53.6″$
$= 975.155$m

11 다음은 도선법과 다각망도선법에 따른 지적도근점의 각도관측 시 폐색오차허용범위의 기준에 대한 설명이다. ㉠, ㉡, ㉢, ㉣에 들어갈 내용이 옳게 짝지어진 것은? (단, n은 폐색변을 포함한 변의 수를 말한다.)

> 1. 배각법에 따르는 경우 : 1회 측정각과 3회 측정각의 평균값에 대한 교차는 30초 이내로 하고, 1도선의 기지방위각 또는 평균방위각과 관측방위각의 폐색오차는 1등도선은 (㉠)초 이내, 2등도선은 (㉡)초 이내로 할 것
> 2. 방위각법에 따르는 경우 : 1도선의 폐색오차는 1등도선은 (㉢)분 이내, 2등도선은 (㉣)분 이내로 할 것

① ㉠ $\pm 20\sqrt{n}$, ㉡ $\pm 10\sqrt{n}$, ㉢ $\pm \sqrt{n}$, ㉣ $\pm 2\sqrt{n}$
② ㉠ $\pm 20\sqrt{n}$, ㉡ $\pm 30\sqrt{n}$, ㉢ $\pm \sqrt{n}$, ㉣ $\pm 1.5\sqrt{n}$
③ ㉠ $\pm 10\sqrt{n}$, ㉡ $\pm 20\sqrt{n}$, ㉢ $\pm 2\sqrt{n}$, ㉣ $\pm \sqrt{n}$
④ ㉠ $\pm 30\sqrt{n}$, ㉡ $\pm 20\sqrt{n}$, ㉢ $\pm 1.5\sqrt{n}$, ㉣ $\pm \sqrt{n}$

해설 도선법과 다각망도선법에 따른 지적도근점의 각도관측을 할 때의 폐색오차의 허용범위는 다음의 기준에 따른다. 이 경우 n은 폐색변을 포함한 변의 수를 말한다.
㉠ 배각법에 따르는 경우 : 1회 측정각과 3회 측정각의 평균값에 대한 교차는 30초 이내로 하고, 1도선의 기지방위각 또는 평균방위각과 관측방위각의 폐색오차는 1등도선은 $\pm 20\sqrt{n}$초 이내, 2등도선은 $\pm 30\sqrt{n}$초 이내로 한다.
㉡ 방위각법에 따르는 경우 : 1도선의 폐색오차는 1등도선은 $\pm \sqrt{n}$분 이내, 2등도선은 $\pm 1.5\sqrt{n}$분 이내로 한다.

12 축척 1/600을 축척 1/500으로 잘못 알고 면적을 계산한 결과가 2,500m²이었다. 축척 1/600에서의 실제 토지면적은?

① 2,500m² ② 3,000m²
③ 3,600m² ④ 4,000m²

해설 $a_2 = \left(\dfrac{m_2}{m_1}\right)^2 a_1 = \left(\dfrac{600}{500}\right)^2 \times 2,500 = 3,600$m²

13 지적삼각보조측량의 평면거리계산에 대한 설명으로 틀린 것은?

① 기준면상 거리는 경사거리를 이용해 계산한다.
② 두 점 간의 경사거리는 현장에서 2회 측정한다.
③ 원점에 투영된 평면거리에 의하여 계산한다.
④ 기준면상 거리에 축척계수를 곱하여 평면거리를 계산한다.

해설 지적삼각보조점측량 시 점간거리는 5회 측정하여 그 측정치의 최대치와 최소치의 교차가 평균치의 1만분의 1 이하인 때에는 그 평균치를 측정거리로 하고 원점에 투영된 평면거리에 의하여 계산한다.

정답 8 ④ 9 ② 10 ① 11 ② 12 ③ 13 ②

14 지적소관청이 지적삼각보조점성과를 관리할 때 지적삼각보조점성과표에 기록·관리하여야 하는 내용으로 옳지 않은 것은?

① 번호 및 위치의 약도
② 좌표와 직각좌표계 원점명
③ 도선등급 및 도선명
④ 자오선수차(子午線收差)

해설 자오선수차는 지적삼각점성과표에 기록·관리하며, 지적삼각보조점성과표에는 기록하지 않는다.

15 경위의측량방법과 다각망도선법에 의한 지적삼각보조점의 관측 시 도선별 평균방위각과 관측방위각의 폐색오차는 얼마 이내로 하여야 하는가? (단, 폐색변을 포함한 변의 수는 4이다.)

① ±10초 이내   ② ±20초 이내
③ ±30초 이내   ④ ±40초 이내

해설 폐색오차= $\pm 10\sqrt{n} = \pm 10\sqrt{4} = \pm 20$초 이내

16 다음 중 지적삼각점성과를 관리하는 자는?

① 지적소관청   ② 시·도지사
③ 국토교통부장관   ④ 행정안전부장관

해설 지적삼각점성과는 시·도지사가 관리한다.

17 다각망도선법으로 지적삼각보조점측량을 할 때 1도선의 거리는 최대 얼마 이하로 하여야 하는가?

① 3km   ② 4km
③ 5km   ④ 6km

해설 지적삼각보조점측량 시 전파기 또는 광파기측량방법에 따라 다각망도선법으로 지적삼각보조점측량을 할 때에는 다음의 기준에 따른다.
㉠ 3개 이상의 기지점을 포함한 결합다각방식에 따른다.
㉡ 1도선(기지점과 교점 간 또는 교점과 교점 간을 말한다)의 점의 수는 기지점과 교점을 포함하여 5개 이하로 한다.
㉢ 1도선의 거리(기지점과 교점 또는 교점과 교점 간의 점간 거리의 총합계를 말한다)는 4km 이하로 한다.

18 다음 그림과 같은 삼각쇄에서 기지방위각의 오차가 +24″일 때 ③삼각형의 γ각에는 얼마를 보정하여야 하는가?

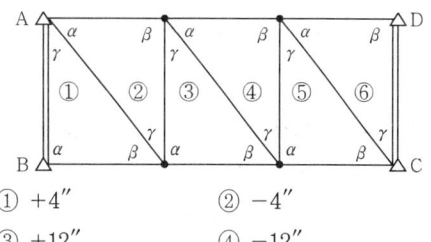

① +4″   ② -4″
③ +12″   ④ -12″

해설 γ각이 좌측에 있으므로
∴ 보정량 = $\frac{q}{n} = \frac{24}{6} = +4$초

19 다각망도선법 복합망의 관측방위각에 대한 보정수의 계산순서로 맞는 것은?

① 표준방정식 → 상관방정식 → 역해 → 정해 → 보정수계산
② 상관방정식 → 표준방정식 → 정해 → 역해 → 보정수계산
③ 표준방정식 → 정해 → 역해 → 상관방정식 → 보정수계산
④ 상관방정식 → 정해 → 역해 → 표준방정식 → 보정수계산

해설 다각망도선법 복합망의 관측방위각 보정수 산정순서:
상관방정식 → 표준방정식 → 정해 → 역해 → 보정수계산

20 축척이 1/1,200인 지역에서 800m²의 토지를 분할하고자 할 때 신·구면적오차의 허용범위는?

① 114m²   ② 57m²
③ 22m²   ④ 20m²

해설 $A = 0.026^2 M\sqrt{F} = 0.026^2 \times 1,200\sqrt{800} = 22\text{m}^2$

제2과목　응용측량

21 수준측량에서 기포관의 눈금이 3눈금 움직였을 때 60m 전방에 세운 표척의 읽음차가 2.5cm일 경우 기포관의 감도는?

① 26″   ② 29″
③ 32″   ④ 35″

정답 14 ④　15 ②　16 ②　17 ②　18 ①　19 ②　20 ③　21 ②

해설 감도 $= \frac{\Delta l}{nl}\rho'' = \frac{0.025}{3\times 60}\times 206,265 = 29''$

해설 종기선장(B) : 횡기선장(C)
$= ma\left(1-\frac{p}{100}\right) : ma\left(1-\frac{q}{100}\right)$
$B:C=0.3ma:0.7ma$
$\therefore B:C=3:7$

22 GNSS측량에서 DOP에 대한 설명으로 옳은 것은?

① 도플러이동량
② 위성궤도의 결정좌표
③ 특정한 순간의 위성배치에 대한 기하학적 강도
④ 위성시계와 수신기시계의 조합으로부터 계산되는 시간오차의 표준편차

해설 DOP
㉠ 특정한 순간의 위성배치에 대한 기하학적 강도를 말한다.
㉡ 수치로 표현되며 작을수록 좋다.

26 수준측량에서 전·후시의 측량을 연결하기 위하여 전시와 후시를 함께 취하는 점은?

① 중간점   ② 수준점
③ 이기점   ④ 기계점

해설 이기점(T.P)이란 기계를 옮기기 위한 점으로 전시와 후시를 동시에 취하는 점이다.

23 GPS위성의 신호에 대한 설명 중 틀린 것은?

① L_1반송파에는 C/A코드와 P코드가 포함되어 있다.
② L_2반송파에는 C/A코드만 포함되어 있다.
③ L_1반송파가 L_2반송파보다 높은 주파수를 가지고 있다.
④ 위성에서 송신되는 신호는 대기의 상태에 따라 전파의 속도가 달라지는 것을 보정하기 위하여 파장이 다른 2가지의 전파를 동시에 수신한다.

해설 GPS위성신호 중 L_2파에는 P코드가 포함되어 있다.

27 노선측량의 작업순서로 옳은 것은?

① 노선 선정 – 계획조사측량 – 실시설계측량 – 세부측량 – 용지측량 – 공사측량
② 계획조사측량 – 노선 선정 – 용지측량 – 실시설계측량 – 공사측량 – 세부측량
③ 노선 선정 – 계획조사측량 – 용지측량 – 세부측량 – 실시설계측량 – 공사측량
④ 계획조사측량 – 용지측량 – 노선 선정 – 실시설계측량 – 세부측량 – 공사측량

해설 **노선측량의 작업순서** : 노선 선정–계획조사측량–실시설계측량–세부측량–용지측량–공사측량

24 노선측량의 완화곡선 중 차가 일정속도로 달리고 그 앞바퀴의 회전속도를 일정하게 유지할 경우 이 차가 그리는 주행궤적을 의미하는 완화곡선으로 고속도로의 곡선 설치에 많이 이용되는 곡선은?

① 3차 포물선   ② sin체감곡선
③ 클로소이드   ④ 렘니스케이트

해설 노선측량에서 곡선 설치 시 고속도로에서 사용하는 완화곡선은 클로소이드곡선이며, 철도에 사용하는 것은 3차 포물선이다.

28 터널의 준공을 위한 변형조사측량에 해당되지 않는 것은?

① 중심측량   ② 고저측량
③ 삼각측량   ④ 단면측량

해설 삼각측량의 경우 터널을 설치하기 전에 실시하는 기준점측량으로 터널 준공을 위한 측량에는 해당하지 않는다.

29 항공사진의 투영원리로 옳은 것은?

① 정사투영
② 중심투영
③ 평행투영
④ 등적투영

해설 항공사진은 중심투영이며, 지도는 정사투영이다.

25 사진의 크기가 23cm×23cm, 종중복도 70%, 횡중복도 30%일 때 촬영종기선의 길이와 촬영횡기선의 길이의 비(종기선길이 : 횡기선길이)는?

① 2 : 1   ② 3 : 7
③ 4 : 7   ④ 7 : 3

정답 22 ③ 23 ② 24 ③ 25 ② 26 ③ 27 ① 28 ③ 29 ②

30 노선측량의 단곡선 설치에서 교각 $I=90°$, 곡선반지름 $R=150m$일 때 곡선거리(C.L)는?

① 212.6m   ② 216.3m
③ 223.6m   ④ 235.6m

해설 $C.L = RI\dfrac{\pi}{180°} = 150 \times 90° \times \dfrac{\pi}{180°} = 235.6m$

31 다음 중 항공삼각측량방법이 아닌 것은?

① 다항식조정법
② 광속조정법
③ 독립모델조정법
④ 보간조정법

해설 **항공삼각측량방법** : 다항식조정법, 독립모델조정법, 광속조정법

32 다음 중 지형측량의 지성선에 해당되지 않는 것은?

① 계곡선(합수선)   ② 능선(분수선)
③ 경사변환선   ④ 주곡선

해설 **지성선** : 능선(분수선), 곡선(합수선), 경사변환선, 최대경사선

33 수준측량에서 발생하는 오차 중 정오차인 것은?

① 표척을 잘못 읽어 생기는 오차
② 태양의 직사광선에 의한 오차
③ 지구곡률에 의한 오차
④ 시차에 의한 오차

해설 ① 표척을 잘못 읽어 생기는 오차 – 착오
② 태양의 직사광선에 의한 오차 – 우연오차
④ 시차에 의한 오차 – 우연오차

34 곡선반지름 $R=2,500m$, 캔트(cant) 100mm인 철도선로를 설계할 때 적합한 설계속도는? (단, 레일간격은 1m로 가정한다.)

① 50km/h   ② 60km/h
③ 150km/h   ④ 178km/h

해설 $C = \dfrac{SV^2}{Rg}$

$0.1 = \dfrac{1 \times V^2}{2,500 \times 9.8}$

$\therefore V = 49.5 m/s = 178 km/h$

35 다음 중 원격탐사(Remote Sensing)의 정의로 가장 적합한 것은?

① 센서를 이용하여 지표의 대상물에서 반사 또는 방사된 전자스펙트럼을 측정하여 대상물에 대한 정보를 얻는 기법
② 지상에서 대상물체에 전파를 발생시켜 그 반사파를 이용하여 측정하는 기법
③ 우주에 산재하여 있는 물체들의 고유 스펙트럼을 이용하여 각각의 구성성분을 지상의 레이더망으로 수집하여 얻는 기법
④ 우주선에서 찍은 중복된 사진을 이용하여 지상에서 항공사진의 처리와 같은 방법으로 판독하는 기법

해설 원격탐사는 센서를 이용하여 지표의 대상물에서 반사 또는 방사되는 전자기파를 수집하여 대상물에 대한 정보를 얻고 이를 해석하는 학문이다.

36 항공사진촬영을 위한 표정점 선점 시 유의사항으로 옳지 않은 것은?

① 표정점은 X, Y, Z가 동시에 정확하게 결정될 수 있는 점이어야 한다.
② 경사가 급한 지표면이나 경사변환선상을 택해서는 안 된다.
③ 상공에서 잘 보여야 하며 시간에 따라 변화가 생기지 않아야 한다.
④ 헐레이션(Halation)이 발생하기 쉬운 점을 선택한다.

해설 항공사진촬영을 위한 표정점 설치 시 헐레이션이 발생하기 쉬운 점은 피해야 한다.

37 수치사진측량에서 영상정합(image matching)에 대한 설명으로 틀린 것은?

① 저역통과필터를 이용하여 영상을 여과한다.
② 하나의 영상에서 정합요소로 점이나 특징을 선택한다.
③ 수치표고모델 생성이나 항공삼각측량의 점이사를 위해 적용한다.
④ 대상공간에서 정합된 요소의 3차원 위치를 계산한다.

정답 30 ④ 31 ④ 32 ④ 33 ③ 34 ④ 35 ① 36 ④ 37 ①

해설 영상정합은 입체영상 중 한 영상의 한 위치에 해당하는 실제의 대상물이 다른 영상의 어느 위치에 형성되었는가를 발견하는 작업으로서 상응하는 위치를 발견하기 위해서 유사성관측을 이용한다.

38 수직터널에 의하여 지상과 지하의 측량을 연결할 때의 수선측량에 대한 설명으로 틀린 것은?

① 깊은 수직터널에 내리는 추는 50~60kg 정도의 추를 사용할 수 있다.
② 추를 드리울 때 깊은 수직터널에서는 보통 피아노선이 이용된다.
③ 수직터널 밑에는 물이나 기름을 담은 물통을 설치하고 내린 추가 그 물통 속에서 동요하지 않게 한다.
④ 수직터널 밑에서 수선의 위치를 결정하는 데는 수선이 완전히 정지하는 것을 기다린 후 1회 관측값으로 결정한다.

해설 추가 진동하므로 직각방향으로 수선진동의 위치를 10회 이상 관측하여 평균값을 정지점으로 한다.

39 지형도에서 100m 등고선상의 A점과 140m 등고선상의 B점 간을 상향기울기 9%의 도로로 만들면 AB 간 도로의 실제 경사거리는?

① 446.24m   ② 448.42m
③ 464.44m   ④ 468.24m

해설 ㉠ 수평거리
$100 : 9 = x : 40$
$\therefore x = 444.44\text{m}$
㉡ 경사거리
경사거리 $= \sqrt{444.44^2 + 40^2} = 446.24\text{m}$

40 등고선 내의 면적이 저면부터 $A_1 = 380\text{m}^2$, $A_2 = 350\text{m}^2$, $A_3 = 300\text{m}^2$, $A_4 = 100\text{m}^2$, $A_5 = 50\text{m}^2$일 때 전체 토량은? (단, 등고선의 간격은 5m이고 상단은 평평한 것으로 가정하며 각주공식에 의한다.)

① 2,950m³   ② 4,717m³
③ 4,767m³   ④ 5,900m³

해설 $V = \frac{5}{3} \times [380 + 50 + 4 \times (350 + 100) + 2 \times 300]$
$= 4,717\text{m}^3$

제3과목 토지정보체계론

41 스파게티(Spaghetti)모형에 대한 설명으로 옳지 않은 것은?

① 자료구조가 단순하여 파일의 용량이 작다.
② 하나의 점(x, y좌표)을 기본으로 하고 있어 구조가 간단하므로 이해하기 쉽다.
③ 객체들 간의 공간관계에 대한 정보가 입력되므로 공간분석에 효율적이다.
④ 상호연관성에 관한 정보가 없어 인접한 객체들의 특징과 관련성을 파악하기 힘들다.

해설 스파게티모델
㉠ 공간자료를 점, 선, 면의 단순한 좌표목록으로 저장하며 위상관계를 정의하지 않는다.
㉡ 상호연결성이 결여된 점과 선의 집합체, 즉 점, 선, 다각형 등의 객체들이 구조화되지 않은 그래픽형태(점, 선, 면)이다.
㉢ 수작업으로 디지타이징된 지도자료가 대표적인 스파게티모델의 예이다.
㉣ 인접하고 있는 다각형을 나타내기 위하여 경계하는 선은 두 번씩 저장된다.
㉤ 모든 면사상이 일련의 독립된 좌표집합으로 저장되므로 자료저장공간을 많이 차지하게 된다.
㉥ 객체들 간의 공간관계가 설정되지 않아 공간분석에 비효율적이다.

42 크기가 다른 정사각형을 이용하여 공간을 4개의 동일한 면적으로 분할하는 작업을 하나의 속성값이 존재할 때까지 반복하는 래스터자료압축방법은?

① 런랭스코드(Run-length code)기법
② 체인코드(Chain code)기법
③ 블록코드(Block code)기법
④ 사지수형(Quadtree)기법

해설 사지수형기법
㉠ 크기가 다른 정사각형을 이용한 run-length code기법보다 자료의 압축이 좋다.
㉡ 사지수형기법은 run-length code기법과 함께 가장 많이 쓰이는 자료압축기법이다.
㉢ $2n \times 2n$배열로 표현되는 공간을 북서(NW), 북동(NE), 남서(SW), 남동(SE)으로 불리는 사분원(quadrant)으로 분할한다.
㉣ 이 과정을 각 분원마다 하나의 속성값이 존재할 때까지 반복한다.
㉤ 그 결과 대상공간을 사지수형이라는 불리는 네 개의 가지를 갖는 나무의 형태로 표현 가능하다.

정답 38 ④ 39 ① 40 ② 41 ③ 42 ④

43 사용자가 데이터베이스에 접근하여 데이터를 처리할 수 있도록 하는 것으로 데이터의 검색, 삽입, 삭제 및 갱신 등과 같은 조작을 하는데 사용되는 데이터 언어는?
   ① DDL(Data Definition Language)
   ② DML(Data Manipulation Language)
   ③ DCL(Data Control Language)
   ④ DLL(Data Link Language)

해설 **데이터 조작어(DML : Data Manipulation Language)**
   ㉠ 사용자로 하여금 적절한 데이터 모델에 근거하여 데이터를 처리할 수 있게 하는 도구로서 사용재(응용프로그램)와 DBMS 사이의 인터페이스를 제공한다.
   ㉡ 데이터 연산은 데이터의 검색, 삽입, 삭제, 변경 등을 의미한다.

44 다음 중 지적정보센터자료가 아닌 것은?
   ① 시설물관리전산자료
   ② 지적전산자료
   ③ 주민등록전산자료
   ④ 개별공시지가전산자료

해설 **지적정보센터의 토지 관련 자료** : 지적전산자료, 위성기준점관측자료, 공시지가전산자료, 주민등록전산자료

45 토지정보체계의 자료 구축에 있어서 표준화의 필요성과 가장 관련이 적은 것은?
   ① 자료의 중복 구축 방지로 비용을 절감할 수 있다.
   ② 자료구조의 단순화를 목적으로 한다.
   ③ 기존에 구축된 모든 데이터에 쉽게 접근할 수 있다.
   ④ 시스템 간의 상호연계성을 강화할 수 있다.

해설 **표준화의 필요성**
   ㉠ 자료를 공유함으로써 연구과정에 드는 비용을 절감할 수 있다.
   ㉡ 다양한 자료에 대한 접근이 용이하기 때문에 자료를 쉽게 갱신할 수 있다.
   ㉢ 사용자가 자신의 용도에 따라 자료를 갱신할 수 있는 자료의 질에 대한 정보가 제공된다.
   ㉣ 수치적인 공간자료가 서로 다른 체계 사이에서 원래의 내용이 변함없이 전달된다.

46 공간객체를 색인화(Indexing)하기 위해 사용하는 방법이 아닌 것은?
   ① 그리드색인화
   ② R-Tree색인화
   ③ 피타고라스색인화
   ④ 사지수형색인화

해설 **공간객체색인화방법** : 그리드색인화, R-Tree색인화, 사지수형색인화

47 다음 중 데이터베이스의 도형자료에 해당하는 것은?
   ① 선   ② 도면
   ③ 통계자료   ④ 토지대장

해설 **도형자료**
   ㉠ 점, 선, 면과 같이 위치, 형태, 크기, 방위 등을 가지고 있는 정보를 말한다.
   ㉡ 객체 간의 공간적 위치관계를 설명할 수 있는 공간관계(spatial relationship)를 갖는다.
   ㉢ 대상물들의 거리, 방향, 상대적 위치 등을 파악할 수 있게 한다.
   ㉣ 지적공부 중 지적도와 임야도가 이에 해당하며, 경계점좌표등록부에 등록되는 좌표도 공간정보로 취급된다.

48 일선 시, 군, 구에서 사용하는 지적행정시스템의 통합업무관리에서 지적공부 오기정정메뉴가 아닌 것은?
   ① 토지/임야 기본정정
   ② 토지/임야 연혁정정
   ③ 집합건물소유권 정정
   ④ 대지권등록부 정정

해설 **지적행정시스템의 지적공부 오기정정메뉴**
   ㉠ 토지·임야 기본정정
   ㉡ 토지·임야 연혁정정
   ㉢ 집합건물소유권 정정

49 다음 중 GIS데이터의 표준화에 해당하지 않는 것은?
   ① 데이터 모델(Data Model)의 표준화
   ② 데이터 내용(Data Contents)의 표준화
   ③ 데이터 제공(Data Supply)의 표준화
   ④ 위치참조(Location Reference)의 표준화

정답 43 ② 44 ① 45 ② 46 ③ 47 ① 48 ④ 49 ③

해설 표준유형의 분류(데이터 측면)

구분		내용
내적 요소	데이터 모형표준	공간데이터의 개념적이고 논리적인 틀을 정의한다.
	데이터 내용표준	다양한 공간현상에 대하여 데이터 교환에 의해 필요한 데이터를 얻기 위해 공간현상과 관련 속성자료들이 정의된다.
	메타데이터 표준	사용되는 공간데이터의 의미, 맥락, 내·외부적 관계 등에 대한 정보로 정의된다.
외적 요소	데이터 품질표준	만들어진 공간데이터가 얼마나 유용하고 정확한지, 의미가 있는지에 대한 검증과정을 정의한다.
	데이터 수집표준	디지타이징, 스캐닝 등 공간데이터를 수집하기 위한 방법을 정의한다.
	위치참조표준	공간데이터의 정확성, 의미, 공간적 관계 등을 객관적인 기준(좌표계, 투영법, 기준점)에 의해 정의한다.

50 다음 중 격자구조의 압축방법에 해당하지 않는 것은?

① Run-length code ② Block code
③ Chain code ④ Spaghetti code

해설 격자구조압축방법(저장구조)
㉠ 행렬기법 : 각 행과 열의 쌍에 하나의 값을 저장하는 방식이다.
㉡ Run-length코드기법 : 런이란 하나의 행에서 동일한 속성값을 갖는 셀을 의미하며, 각 행마다 왼쪽에서 오른쪽으로 진행하면서 동일한 수치를 갖는 셀들을 묶어 압축시키는 방법이다.
㉢ 체인코드기법 : 대상지역에 해당하는 격자들의 연속적인 연결상태를 파악하여 동일한 지역의 정보를 제공하는 방법으로 자료의 시작점에서 동서남북으로 방향을 이동하는 단위거리를 통해서 표현하는 기법이다.
㉣ 블록코드기법 : Run-length코드기법에 기반을 둔 것으로 2차원 정방형 블록으로 분할하여 객체에 대한 데이터를 구축하는 방법이다. 이때의 자료구조는 원점으로부터의 좌표(x, y) 및 정사각형의 한 변의 길이로 구성되는 세 개의 숫자만으로 표시가 가능하다.
㉤ 사지수형기법 : 크기가 다른 정사각형을 이용하는 방법으로 하나의 속성값이 존재할 때까지 반복하는 방법으로 자료의 압축이 좋다.
㉥ R-tree기법 : B-tree의 2차원 확장인 R-tree는 사각형과 기타 다각형을 인덱싱하는 데 유용하다.

51 국가지리정보체계(NGIS)추진위원회의 심의사항이 아닌 것은?

① 기본계획의 수립 및 변경
② 기본지리정보의 선정
③ 지리정보의 유통과 보호에 관한 주요 사항
④ 추진실적의 관리 및 감독

해설 국가지리정보체계추진위원회의 심의·의결사항
㉠ 기본계획의 수립 및 변경
㉡ 기본지리정보의 선정
㉢ 지리정보의 유통과 보호에 관한 주요 사항

52 다음 중 우리나라의 지적측량에서 사용하는 직각좌표계의 투영법기준으로 옳은 것은?

① 방위도법
② 정사투영법
③ 가우스 상사이중투영법
④ 원추투영법

해설 지적측량에서 사용하는 직각좌표계에 사용하는 투영법은 가우스 상사이중투영법이다.

53 토지의 고유번호에서 행정구역코드의 자리구성이 옳지 않은 것은?

① 시·도 : 2자리
② 리 : 2자리
③ 읍·면·동 : 2자리
④ 시·군·구 : 3자리

해설 고유번호의 구성은 행정구역코드 10자리(시·도 2, 시·군·구 3, 읍·면·동 3, 리 2), 대장구분 1자리, 본번 4자리, 부번 4자리 총합계 19자리로 구성한다.

54 다음 중 토지정보시스템의 주된 구성요소로만 나열한 것은?

① 조직과 인력, 하드웨어 및 소프트웨어, 자료
② 하드웨어 및 소프트웨어, 통신장비, 네트워크
③ 자료, 보안장치, 시설
④ 지적측량, 조직과 인력, 네트워크

해설 토지정보시스템의 구성요소 : 자료, 하드웨어, 소프트웨어, 조직과 인력

정답 50 ④ 51 ④ 52 ③ 53 ③ 54 ①

55 지적공부를 효율적으로 관리하기 위하여 국토교통부장관의 설치·운영하는 것은?

① 국토정보센터
② 국가공간정보센터
③ 지적정보전담관리기구
④ 부동산종합공부시스템

해설 국토교통부장관은 지적공부의 효율적인 관리 및 활용을 위하여 지적정보전담관리기구를 설치·운영한다.

56 데이터웨어하우스(Data Warehouse)의 설명으로 가장 적절한 것은?

① 제품의 생산을 위한 프로세스를 전산화해서 부품조달에서 생산계획, 납품, 재고관리 등을 효율적으로 처리할 수 있는 공급망관리 솔루션을 말한다.
② 기간업무시스템에서 추출되어 새로이 생성된 데이터베이스로서 의사결정지원시스템을 지원하는 주체적, 통합적, 시간적 데이터의 집합체를 말한다.
③ 데이터 수집이나 보고를 위해 작성된 각종 양식, 보고서관리, 문서보관 등 여러 형태의 문서관리를 수행한다.
④ 대량의 데이터로부터 각종 기법 등을 이용하여 숨겨져 있는 데이터 간의 상호 관련성, 패턴, 경향 등의 유용한 정보를 추출하여 의사결정에 적용한다.

해설 데이터웨어하우스
㉠ 의사결정지원을 위한 주제지향의 통합적이고 영속적이면서 시간에 따라 변하는 데이터의 집합이다.
㉡ 데이터웨어하우스의 기능은 복잡한 분석, 지식발견, 의사결정지원을 위한 데이터의 접근을 제공하는 것이다.
㉢ 여러 곳에 분산, 운용되는 트랜잭션 위주의 시스템들로부터 필요한 정보를 추출한 후 하나의 중앙 집중화된 저장소에 모아놓고, 이를 여러 계층의 사용자들이 좀 더 손쉽게 효과적으로 이용하기 위하여 만든 데이터 창고이다.

57 지적전산업무의 처리, 지적전산프로그램의 관리 등 지적전산시스템의 관리·운영 등에 필요한 사항을 정하는 자는?

① 교육부장관
② 행정안전부장관
③ 국토교통부장관
④ 산업통상자원부장관

해설 지적전산업무의 처리, 지적전산프로그램의 관리 등 지적전산시스템의 관리·운영 등에 필요한 사항은 국토교통부장관이 정한다.

58 다음 중 관계형 DBMS의 질의어는?

① SQL
② DLL
③ DLG
④ COGO

해설 SQL은 'Structured Query Language'의 약자이며 "sequel(시퀄)"이라 발음한다. 관계형 데이터베이스에 사용되는 관계대수와 관계해석을 기초로 한 통합데이터 언어를 말한다.

59 다음 중 래스터구조에 비하여 벡터구조가 갖는 장점으로 옳지 않은 것은?

① 복잡한 현실 세계의 묘사가 가능하다.
② 위상에 관한 정보가 제공된다.
③ 지도를 확대하여도 형상이 변하지 않는다.
④ 시뮬레이션이 용이하다.

해설 벡터자료구조

장점	단점
• 복잡한 현실 세계의 묘사가 가능하다. • 압축된 자료구조를 제공하므로 데이터 용량의 축소가 용이하다. • 위상에 관한 정보가 제공되므로 관망분석과 같은 다양한 공간분석이 가능하다. • 그래픽의 정확도가 높고 그래픽과 관련된 속성정보의 추출, 일반화, 갱신 등이 용이하다.	• 자료구조가 복잡하다. • 여러 레이어의 중첩이나 분석에 기술적으로 어려움이 수반된다. • 각각의 그래픽구성요소는 각기 다른 위상구조를 가지므로 분석에 어려움이 크다. • 일반적으로 값비싼 하드웨어와 소프트웨어가 요구되므로 초기 비용이 많이 든다.

60 다음 공간정보의 형태에 대한 설명 중 옳지 않은 것은?

① 점은 위치좌표계의 단 하나의 쌍으로 표현되는 대상이다.
② 선은 점이 연결되어 만들어지는 집합이다.
③ 면적은 공간적 대상물을 범주로 간주되며 연속적인 자료의 표현이다.
④ 면적은 분리된 단위를 형성하는 것에 가까운 점분할의 집합이다.

정답 55 ③ 56 ② 57 ③ 58 ① 59 ④ 60 ④

해설 면적은 분리된 단위를 형성하는 것에 가까운 선분할의 집합이다.

제4과목 지적학

61 토렌스시스템은 오스트레일리아의 Robert Torrens 경에 의해 창안된 시스템으로서 토지권리등록법안의 기초가 된다. 다음 중 토렌스시스템의 주요 이론에 해당되지 않는 것은?

① 거울이론 ② 커튼이론
③ 보험이론 ④ 권원이론

해설 토렌스시스템의 주요 이론에는 거울이론, 커튼이론, 보험이론이 있다.

62 다음에서 설명하는 경계결정의 원칙은?

> 토지의 인접된 경계는 분리할 수 없고 위치와 길이만 있을 뿐 너비는 없는 것으로 기하학상의 선과 동일한 성질을 갖고 있으며, 필지 사이의 경계는 2개 이상이 있을 수 없고 이를 분리할 수도 없다.

① 축척종대의 원칙 ② 경계불가분의 원칙
③ 강계선결정의 원칙 ④ 지역선결정의 원칙

해설 **경계불가분의 원칙** : 토지의 경계는 같은 토지에 2개 이상의 경계가 있을 수 없으며, 위치와 길이만 있을 뿐 너비는 없으며 양 필지 사이에 공통으로 작용한다.

63 다음 중 자한도(字限圖)에 대한 설명으로 옳은 것은?

① 조선시대의 지적도
② 중국 원나라시대의 지적도
③ 일본의 지적도
④ 중국 청나라시대의 지적도

해설 자한도는 일본의 지적도를 말한다.

64 다음 중 지번의 특성에 해당되지 않는 것은?

① 토지의 특정화 ② 토지의 가격화
③ 토지의 위치추측 ④ 토지의 실별

해설 **지번의 기능**
㉠ 필지를 구별하는 개별성과 특정성의 기능을 가진다.
㉡ 거주지 또는 주소표기의 기준으로 이용된다.
㉢ 위치 파악의 기준이 된다.
㉣ 각종 토지 관련 정보시스템에서 검색키로서의 기능을 가진다.
㉤ 물권의 객체를 구분한다.
㉥ 등록공시단위이다.

65 다음 중 지적형식주의에 대한 설명으로 옳은 것은?

① 지적공부등록 시 효력 발생
② 토지이동처리의 형식적 심사
③ 공시의 원칙
④ 토지표시의 결재형식으로 결정

해설 지적형식주의란 지적공부에 등록하는 법적인 형식을 갖춰야만 비로소 토지로서의 거래단위가 될 수 있다는 원리로 지적등록주의라고도 한다.

66 다음 중 망척제와 관계가 없는 것은?

① 이기(李沂)
② 해학유서(海鶴遺書)
③ 목민심서(牧民心書)
④ 면적을 산출하는 방법

해설 목민심서는 정약용의 저서이다.

67 조선지세령에 관한 내용으로 틀린 것은?

① 1943년에 공포되어 시행되었다.
② 전문 7장과 부칙을 포함한 95개 조문으로 되어 있다.
③ 토지대장, 지적도, 임야대장에 관한 모든 규칙을 통합하였다.
④ 우리나라 세금의 대부분인 지세에 관한 사항을 규정하는 것이 주목적이었다.

해설 조선지세령은 1943년 3월 31일 공포하였으며 토지대장규칙을 흡수하였으나 임야대장규칙을 흡수하지 못하고 조선임야대장규칙으로 독립하였다. 그 이유는 일제시대 지세는 국세이며, 임야세는 지방세이기 때문에 이를 이원적으로 규정할 필요가 있기 때문이었다.

정답 61 ④ 62 ② 63 ③ 64 ② 65 ① 66 ③ 67 ③

68 다음 중 임야조사사업 당시의 조사 및 측량기관은?
① 부(府)나 면(面)   ② 임야심사위원회
③ 임시토지조사국장   ④ 도지사

해설 임야조사사업 당시 부윤 또는 면장은 조선총독이 정하는 바에 의하여 임야의 조사 및 측량을 행하며 임야조사서 및 도면을 작성하고 신고서 및 통지서를 첨부하여 도장관에게 제출해야 한다.

69 특별한 기준을 두지 않고 당사자의 신청순서에 따라 토지등록부를 편성하는 방법은?
① 물적 편성주의   ② 인적 편성주의
③ 연대적 편성주의   ④ 인적 · 물적 편성주의

해설 연대적 편성주의
㉠ 특별한 기준 없이 신청순서에 의하여 지적공부를 편성하는 방법이다.
㉡ 공부편성방법으로 가장 유효한 권리증서의 등록제도이다.
㉢ 단순히 토지처분에 관한 증서의 내용을 기록하여 뒷날 증거로 하는 것에 불과하다.
㉣ 그 자체만으로는 공시기능을 발휘하지 못한다.
㉤ 프랑스, 미국의 일부 주에서 실시하는 리코딩시스템이 이에 해당한다.

70 토지조사사업 당시 사정(査定)은 토지조사부 및 지적도에 의하여 토지의 소유자 및 그 강계를 확정하는 행정처분을 말한다. 이때 사정권자는 누구인가?
① 조선총독부   ② 측량국장
③ 지적국장   ④ 임시토지조사국장

해설 토지의 사정(査定)
㉠ 의의 : 토지조사부 및 지적도에 의하여 토지소유자(원시취득) 및 강계를 확정하는 행정처분을 말한다. 지적도에 등록된 강계선이 대상이며 지역선은 사정하지 않는다.
㉡ 사정권자 : 임시토지조사국장은 지방토지조사위원회에 자문하여 토지소유자 및 그 강계를 사정하며, 사정을 하는 때에는 30일간 이를 공시한다.
㉢ 재결 : 사정에 대하여 불복하는 자는 공시기간 만료 후 60일 내에 고등토지조사위원회에 제기하여 재결을 받을 수 있다. 다만, 정당한 사유 없이 입회를 하지 아니한 자는 그러하지 아니하다.

71 현재의 토지대장과 가장 유사한 것은?
① 양전(量田)   ② 양안(量案)
③ 지계(地契)   ④ 사표(四標)

해설 양안은 고려 · 조선시대 양전에 의해 작성된 토지장부로 국가가 양전을 통하여 조세 부과의 대상이 되는 토지와 납세자를 파악하고 그 결과 작성된 장부로 오늘날의 토지대장과 성격이 유사하다.

72 다음 중 지목을 설정하는 가장 주된 기준은?
① 토지의 자연상태   ② 토지의 주된 용도
③ 토지의 수익성   ④ 토양의 성질

해설 지목
㉠ 토지의 주된 사용목적에 따라 토지의 종류를 구분하여 지적공부에 등록한 것을 말한다.
㉡ 토지의 주된 용도표시, 토지의 과세기준에 참고자료로 활용, 국토계획 및 토지이용계획의 기초자료로 활용, 토지의 용도별 통계자료 및 정책자료 등으로 활용된다.

73 토지의 이익에 영향을 미치는 문서의 공적등기를 보전하는 것을 주된 목적으로 하는 등록제도는?
① 날인증서등록제도   ② 권원등록제도
③ 적극적 등록제도   ④ 소극적 등록제도

해설 ㉠ 날인증서등록제도
• 토지의 이익에 영향을 미치는 문서의 공적등기를 보전하는 것을 말한다.
• 등록된 문서가 등록되지 않은 문서 또는 뒤늦게 등록된 서류보다 우선권을 가진다.
• 문서가 본질적으로는 소유권을 입증하지는 못한다.
• 독립된 거래에 대한 기록에 지나지 않는다.
㉡ 권원등록제도
• 공적기관에서 보존되는 특정한 사람에게 귀속된 명확히 한정된 단위의 토지에 대한 권리와 그러한 권리들이 존속되는 한계에 대한 권위 있는 등록이다.
• 소유권 등록은 언제나 최후의 권리이며 이후에 이루어지는 거래에 유효성에 대해 책임을 진다.
• 날인증서제도의 결점을 보완하기 위해 도입되었다.
• 정부는 등록한 이후에 이루어지는 거래의 유효성에 대해 책임을 진다.

74 임야조사사업의 목적에 해당하지 않는 것은?
① 소유권을 법적으로 확정
② 임야정책 및 산업건설의 기초자료 제공
③ 지세부담의 균형 조정
④ 지방재정의 기초 확립

정답 68 ① 69 ③ 70 ④ 71 ② 72 ② 73 ① 74 ④

해설 임야조사사업의 목적
- ㉠ 소유권을 법적으로 확정
- ㉡ 임야정책 및 산업건설의 기초자료 제공
- ㉢ 지세부담의 균형 조정

75 스위스, 네덜란드에서 채택하고 있는 지번표기의 유형으로 지번의 완전한 변경내용을 알 수 있는 보조장부의 보존이 필요한 것은?

① 순차식 지번제도   ② 자유식 지번제도
③ 분수식 지번제도   ④ 복합식 지번제도

해설 자유식 부번제도
- ㉠ 새로운 경계가 설정하기까지의 모든 절차상의 번호가 영원히 소멸되고 토지등록구역에서 사용하지 않은 최종지번번호로 대치한다.
- ㉡ 부번이 없기 때문에 지번을 표기하는데 용이하지만 필지별로 그 유래를 파악하기 어렵다.
- ㉢ 지번을 주소로 활용할 수 없는 단점이 있다.
- ㉣ 지번의 완전한 변경내용을 알 수 있는 보조장부의 보존이 필요하다.
- ㉤ 스위스, 호주, 뉴질랜드, 이란 등의 국가에서 사용하고 있다.

76 토지조사사업의 특징으로 틀린 것은?

① 근대적 토지제도가 확립되었다.
② 사업의 조사, 준비, 홍보에 철저를 기하였다.
③ 역둔토 등을 사유화하여 토지소유권을 인정하였다.
④ 도로, 하천, 구거 등을 토지조사사업에서 제외하였다.

해설 토지조사사업은 1910~1918년까지 일제가 한국의 식민지체제 수립을 위한 기초작업으로 시행한 대규모 사업으로, 이 사업은 일본자본의 토지점유에 적합한 토지소유의 증명제도를 확립하고 은결(隱結) 등을 찾아내어 지세수입을 증대시킴으로써 식민통치를 위한 재정자금을 확보하며, 역둔토를 국유화하여 조선총독부의 소유지로 개편하기 위한 목적으로 실시하였다.

77 양전(量田) 개정론자와 그가 주장한 저서로 바르게 연결되지 않은 것은?

① 정약용 – 목민심서
② 이기 – 해학유서
③ 서유구 – 의상경계책
④ 김정호 – 동국여지도

해설 김정호의 저서는 대동여지도이다.

78 다음 중 적극적 등록제도(positive system)에 대한 설명으로 옳지 않은 것은?

① 거래행위에 따른 토지등록은 사유재산양도증서의 작성과 거래증서의 등록으로 구분된다.
② 적극적 등록제도에서의 토지등록은 일필지의 개념으로 법적인 권리보장이 인정된다.
③ 적극적 등록제도의 발달된 형태로 유명한 것은 토렌스시스템(Torrens system)이 있다.
④ 지적공부에 등록되지 아니한 토지는 그 토지에 대한 어떠한 권리도 인정되지 않는다는 이론이 지배적이다.

해설 등록의무에 따른 분류
㉠ 소극적 등록주의(Negative System)
- 기본적으로 거래와 그에 관한 거래증서의 변경기록을 수행하는 것을 말한다.
- 사유재산의 양도증서와 거래증서의 등록으로 구분한다. 양도증서의 작성은 사인 간의 계약에 의해 발생하며, 거래증서의 등록은 법률가에 의해 취급된다.
- 거래증서의 등록은 정부가 수행하며 형식적 심사주의를 취하고 있다.
- 거래의 등록이 소유권의 증명에 관한 증거나 증빙 이상의 것이 되지 못한다.
- 네덜란드, 영국, 프랑스, 이탈리아, 캐나다, 미국의 일부 주에서 이를 적용한다.

㉡ 적극적 등록주의(Positive System)
- 토지의 등록은 일필지의 개념으로 법적인 권리보장이 인정되고 정부에 의해서 합법성과 효력이 발생한다. 모든 토지를 공부에 강제 등록시키는 제도이다.
- 등록은 강제적이고 의무적이다.
- 공부에 등록되지 않은 토지는 어떠한 권리도 인정되지 않는다.
- 지적측량이 실시되어야만 등기를 허락한다.
- 토지등록의 효력이 국가에 의해 보장된다. 따라서 선의의 제3자는 토지등록의 문제로 인한 피해는 법적으로 보호를 받는다.
- 한국, 일본, 대만, 호주, 뉴질랜드, 스위스, 캐나다 일부 등에서 적용한다.

79 지적공부의 등본교부와 관계가 가장 깊은 것은?

① 지적공개주의   ② 지적형식주의
③ 지적국정주의   ④ 지적비밀주의

정답 75 ② 76 ③ 77 ④ 78 ① 79 ①

해설 지적공개주의란 토지에 관한 사항은 국가의 편의뿐만 아니라 국민 일반인에게도 공개함으로써 토지소유자 기타 이해관계인으로 하여금 이용할 수 있도록 한다는 원리이다. 즉 토지이동신고 및 신청, 경계복원측량, 지적공부등본 및 열람, 지적기준점등본 및 열람 등이 이에 해당한다.

80 다음 중 토지조사사업 당시 비과세지에 해당되지 않는 것은?

① 도로   ② 구거
③ 성첩   ④ 분묘지

해설 토지조사사업 당시 지목은 18개로 구분하였으며 과세지, 비과세지, 면세지로 구별하였다.
㉠ 과세지
  • 직접적인 수익이 있는 토지로 과세 중이거나 장래에 과세의 목적이 될 수 있는 토지
  • 전, 답, 대, 지소, 임야, 잡종지
㉡ 비과세지
  • 개인이 소유할 수 없으며 과세의 목적으로 하지 않는 토지
  • 도로, 하천, 구거, 제방, 성첩, 철도선로, 수도선로
㉢ 면세지
  • 직접적인 수익이 없으며 공공용에 속하여 지세가 면제된 토지
  • 사사지, 분묘지, 공원지, 철도용지, 수도선로

제5과목 지적관계법규

81 공간정보의 구축 및 관리 등에 관한 법률상 양벌규정에 해당하는 행위가 아닌 것은? (단, 법인 또는 개인이 그 위반행위를 방지하기 위하여 해당 업무에 관하여 상당한 주의와 감독을 게을리하지 아니한 경우는 고려하지 않는다.)

① 고의로 측량성과 또는 수로조사성과를 사실과 다르게 한 자
② 둘 이상의 측량업자에게 소속된 측량기술자 또는 수로기술자
③ 직계존·비속이 소유한 토지에 대한 지적측량을 한 자
④ 측량업자나 수로사업자로서 속임수, 위력(威力), 그 밖의 방법으로 측량업 또는 수로사업과 관련된 입찰의 공정성을 해친 자

해설 양벌규정이란 법인의 대표자 또는 법인이나 개인의 대리인, 기타 종업원이 그 법인 또는 개인의 업무에 관하여 법률위반행위를 하였을 때 그 행위자를 처벌하는 것 외에 그 업무의 주체인 법인 또는 개인도 처벌하는 규정이다.

82 공간정보의 구축 및 관리 등에 관한 법률에 따라 토지이용상 불합리한 지상경계를 시정하기 위해 토지이동신청을 할 수 있는 경우로 옳은 것은?

① 분할신청   ② 등록전환신청
③ 지목변경신청   ④ 등록사항정정신청

해설 분할대상
㉠ 1필지의 일부가 형질변경 등으로 용도가 다르게 된 경우
㉡ 소유권 이전, 매매 등을 위하여 필요한 경우
㉢ 토지이용상 불합리한 지상경계를 시정하기 위한 경우
㉣ 관계법령에 따라 토지분할이 포함된 개발행위허가 등을 받은 경우

83 지적소관청이 토지의 이동에 따라 지적공부를 정리해야 할 경우 작성하는 행정서류는?

① 손실보상합의결정서
② 결번대장정리조사서
③ 토지이동정리결의서
④ 지적측량적부의결서

해설 지적소관청이 토지의 이동에 따라 지적공부를 정리할 경우 토지이동정리결의서를 작성하여야 한다.

84 국토의 계획 및 이용에 관한 법률에서 용도지구의 지정에 관한 설명으로 틀린 것은?

① 미관지구 : 미관을 유지하기 위하여 필요한 지구
② 경관지구 : 경관을 보호, 형성하기 위하여 필요한 지구
③ 시설보호지구 : 문화재, 중요시설물의 보호와 보존을 위하여 필요한 지구
④ 방재지구 : 풍수해, 산사태, 지반의 붕괴, 그 밖의 재해를 예방하기 위하여 필요한 지구

해설 **시설보호지구** : 학교시설·공용시설·항만 또는 공항의 보호, 업무기능의 효율화, 항공기의 안전운항 등을 위하여 필요한 지구

정답 80 ④ 81 ③ 82 ① 83 ③ 84 ③

85 바다로 된 토지의 등록말소 및 회복에 대한 설명으로 틀린 것은?

① 등록말소 및 회복에 관한 사항은 토지소유자의 동의 없이는 불가능하다.
② 지적소관청은 회복등록을 하려면 그 지적측량성과 및 등록말소 당시의 지적공부 등 관계자료에 따라야 한다.
③ 토지소유자가 등록말소신청을 하지 아니하면 지적소관청이 직권으로 그 지적공부의 등록사항을 말소하여야 한다.
④ 지적공부의 등록사항을 말소하거나 회복등록하였을 때에는 그 정리결과를 토지소유자 및 해당 공유수면의 관리청에 통지하여야 한다.

해설 지적소관청은 말소한 토지가 지형의 변화 등으로 다시 토지가 된 경우에는 대통령령으로 정하는 바에 따라 토지로 회복등록을 할 수 있다.

86 공간정보의 구축 및 관리 등에 관한 법률상 도시개발사업에 관련한 토지의 이동은 언제 이루어졌다고 보는가?

① 공사가 발주된 때 ② 공사가 허가가 난 때
③ 공사가 착공된 때 ④ 공사가 준공된 때

해설 도시개발사업의 경우 공사가 준공된 때 토지의 이동이 있는 것으로 본다

87 토지의 이동사항 중 신청기간이 다른 하나는?

① 등록전환신청
② 지목변경신청
③ 신규등록신청
④ 바다로 된 토지의 등록말소신청

해설 등록전환, 지목변경, 신규등록의 경우 사유 발생일로부터 60일 이내에 지적소관청에서 신청을 하여야 하며, 바다로 된 토지의 등록말소의 경우 지적소관청으로부터 말소통지를 받은 날로부터 90일 이내에 말소신청으로 하여야 한다.

88 공간정보의 구축 및 관리 등에 관한 법률상 지적공부 등록사항의 정정에 대한 내용으로 틀린 것은?

① 등록사항의 정정이 토지소유자에 관한 사항일 경우 지적공부등본에 의하여야 한다.
② 토지소유자는 지적공부의 등록사항에 잘못이 있음을 발견하면 지적소관청에 그 정정을 신청할 수 있다.
③ 지적소관청은 지적공부의 등록사항에 잘못이 있음을 발견하면 대통령령으로 정하는 바에 따라 직권으로 조사·측량하여 정정할 수 있다.
④ 등록사항의 정정으로 인접 토지의 경계가 변경되는 경우 그 정정은 인접 토지소유자의 승낙서가 제출되어야 한다(토지소유자가 승낙하지 아니하는 경우는 이에 대항할 수 있는 확정판결서 정본을 제출한다).

해설 등록사항의 정정이 토지소유자에 관한 사항일 경우 등기필증, 등기완료통지서, 등기사항증명서, 등기전산정보자료에 의한다.

89 중앙지적위원회의 심의·의결사항이 아닌 것은?

① 지적측량기술의 연구·개발 및 보급에 관한 사항
② 지적 관련 정책개발 및 업무개선 등에 관한 사항
③ 지적소관청이 회부하는 청산금의 이의신청에 관한 사항
④ 지적기술자의 업무정지처분 및 징계요구에 관한 사항

해설 중앙지적위원회의 심의·의결사항
㉠ 지적 관련 정책개발 및 업무개선 등에 관한 사항
㉡ 지적측량기술의 연구·개발 및 보급에 관한 사항
㉢ 지적측량 적부심사에 대한 재심사
㉣ 측량기술자 중 지적분야 측량기술자(이하 "지적기술자"라 한다)의 양성에 관한 사항
㉤ 지적기술자의 업무정지처분 및 징계요구에 관한 사항

90 축척변경시행지역의 토지는 어느 때에 토지의 이동이 있는 것으로 보는가?

① 청산금산출일   ② 청산금납부일
③ 축척변경승인공고일 ④ 축척변경확정공고일

해설 축척변경시행지역 안의 토지는 확정공고일에 토지의 이동이 있는 것으로 본다.

정답 85 ① 86 ④ 87 ④ 88 ① 89 ③ 90 ④

91 국토의 계획 및 이용에 관한 법률상 토지거래계약의 허가를 받지 않아도 되는 토지의 면적기준으로 옳지 않은 것은? (단, 국토교통부장관 또는 시·도지사가 허가구역을 지정할 당시 당해 지역에서의 거래실태 등에 비추어 타당하지 아니하다고 인정하여 당해 기준면적의 10% 이상 300% 이하의 범위에서 따로 정하여 공고한 경우는 고려하지 않는다.)

① 주거지역 : 180m² 이하
② 상업지역 : 200m² 이하
③ 녹지지역 : 300m² 이하
④ 공업지역 : 660m² 이하

해설 토지거래허가를 받지 않아도 되는 토지의 기준면적

도시지역		도시지역 외의 지역	
주거지역	180m²	농지	500m²
상업지역	200m²		
공업지역	660m²	임야	1,000m²
녹지지역	100m²		
지역지정이 없는 곳	90m²	기타	250m²

92 특별시·광역시·특별자치시·특별자치도·시 또는 군의 개발·정비 및 보전을 위하여 수립하는 도시·군관리계획에 포함되지 않는 것은?

① 도시개발사업이나 정비사업에 관한 계획
② 기반시설의 설치·정비 또는 개량에 관한 계획
③ 용도지역·용도지구의 지정 또는 변경에 관한 계획
④ 기본적인 공간구조와 장기발전방향을 제시하는 종합계획

해설 도시·군관리계획이란 특별시·광역시·특별자치시·특별자치도·시 또는 군의 개발·정비 및 보전을 위하여 수립하는 토지이용, 교통, 환경, 경관, 안전, 문화 등에 관한 다음의 계획을 말한다.
㉠ 용도지역 및 용도지구의 지정 또는 변경에 관한 계획
㉡ 용도구역의 지정 또는 변경에 관한 계획
㉢ 기반시설의 설치·정비 또는 개량에 관한 계획
㉣ 도시개발사업이나 정비사업에 관한 계획
㉤ 지구단위계획구역의 지정 또는 변경과 지구단위계획

93 공간정보의 구축 및 관리 등에 관한 법령상 지적공부의 복구자료가 아닌 것은?

① 측량결과도
② 토지이동정리결의서
③ 토지이용계획확인서
④ 법원의 확정판결서 정본 또는 사본

해설 지적공부복구자료

토지의 표시사항	소유자에 관한 사항
• 지적공부의 등본 • 측량결과도 • 토지이동정리결의서 • 부동산등기부등본 등 등기사실을 증명하는 서류 • 지적소관청이 작성하거나 발행한 지적공부의 등록내용을 증명하는 서류 • 복제된 지적공부	• 법원의 확정판결서 정본 또는 사본 • 등기사항증명서

94 다음 중 사용자권한등록관리청에 해당하지 않는 것은?

① 지적소관청　　② 시·도지사
③ 국토교통부장관　④ 국토지리정보원장

해설 국토교통부장관, 시·도지사 및 지적소관청(이하 "사용자권한등록관리청"이라 한다)은 지적공부정리 등을 지적정보관리체계에 의하여 처리하는 담당자를 사용자권한등록파일에 등록하여 관리하여야 한다.

95 도로명주소법상 기초번호에 대한 설명으로 옳은 것은?

① 도로구간에 행정안전부령으로 정하는 간격마다 부여된 번호를 말한다.
② 건축물 또는 구조물마다 부여된 번호를 말한다.
③ 건물 등 내부의 독립된 거주·활동구역을 구분하기 위하여 부여된 동(棟)번호, 층수 또는 호(號)수를 말한다.
④ 도로명, 건물번호 및 상세주소(상세주소가 있는 경우만 해당한다)로 표기하는 주소를 말한다.

정답 91 ③　92 ④　93 ③　94 ④　95 ①

해설 도로명주소법 제2조(정의)

이 법에서 사용하는 용어의 뜻은 다음과 같다.
4. "기초번호"란 도로구간에 행정안전부령으로 정하는 간격마다 부여된 번호를 말한다.
5. "건물번호"란 다음 각 목의 어느 하나에 해당하는 건축물 또는 구조물(이하 "건물 등"이라 한다)마다 부여된 번호(둘 이상의 건물 등이 하나의 집단을 형성하고 있는 경우로서 대통령령으로 정하는 경우에는 그 건물 등의 전체에 부여된 번호를 말한다)를 말한다.
   가. 건축법 제2조 제1항 제2호에 따른 건축물
   나. 현실적으로 30일 이상 거주하거나 정착하여 활동하는 데 이용되는 인공구조물 및 자연적으로 형성된 구조물
6. "상세주소"란 건물 등 내부의 독립된 거주·활동구역을 구분하기 위하여 부여된 동(棟)번호, 층수 또는 호(號)수를 말한다.
7. "도로명주소"란 도로명, 건물번호 및 상세주소(상세주소가 있는 경우만 해당한다)로 표기하는 주소를 말한다.

96 부동산등기법의 수용으로 인한 등기에 관한 내용이다. ( ) 안에 들어갈 내용으로 옳은 것은?

> 수용으로 인한 소유권이전등기를 하는 경우 그 부동산의 등기기록 중 소유권, 소유권 외의 권리, 그 밖의 처분제한에 관한 등기가 있으면 그 등기를 직권으로 말소하여야 한다. 다만, 그 부동산을 위하여 존재하는 ( )의 등기 또는 토지수용위원회의 재결(裁決)로서 존속(存續)이 인정된 권리의 등기는 그러하지 아니하다.

① 소유권
② 지역권
③ 지상권
④ 저당권

해설 토지수용 시 그 토지를 위해 존재하는 지역권의 경우 등기관이 직권으로 말소할 수 없다.

97 지적공부에 관한 전산자료를 이용 또는 활용하고자 할 경우 신청서의 기재사항이 아닌 것은?

① 자료의 범위
② 자료의 제공방식
③ 자료의 안전관리대책
④ 자료를 편집·가공할 자의 인적사항

해설 전산자료이용신청 시 신청서의 기재사항
㉠ 자료의 이용 또는 활용목적 및 근거
㉡ 자료의 범위 및 내용
㉢ 자료의 제공방식·보관기관 및 안전관리대책 등

98 다음 중 지목의 구분이 옳지 않은 것은?

① 고속도로의 휴게소부지는 '도로'로 한다.
② 국토의 계획 및 이용에 관한 법률 등 관계법령에 따른 택지조성공사가 준공된 토지는 '대'로 한다.
③ 온수·약수·석유류를 일정한 장소로 운송하는 송수관·송유관 및 저장시설의 부지는 '광천지'로 한다.
④ 제조업을 하고 있는 공장시설물의 부지는 '공장용지'로 한다.

해설 지하에서 온수·약수·석유류 등이 용출되는 용출구(湧出口)와 그 유지(維持)에 사용되는 부지는 '광천지'로 한다. 다만, 온수·약수·석유류 등을 일정한 장소로 운송하는 송수관·송유관 및 저장시설의 부지(잡종지)는 제외한다.

99 다음 중 등기관이 토지에 관한 등기를 하였을 때 지적공부소관청에 지체 없이 그 사실을 알려야 하는 대상에 해당하지 않는 것은?

① 소유권의 보존 또는 이전
② 소유권의 등록 또는 등록정정
③ 소유권의 변경 또는 경정
④ 소유권의 말소 또는 말소회복

해설 소유권변경사실의 통지
㉠ 의의 : 소유권변경사실의 통지는 대장과 등기부를 일치시키기 위한 조치로서 소유권에 관한 등기(가등기, 처분제한의 등기는 제외)에만 적용된다. 그러므로 소유권 이외의 권리에 관한 등기를 한 경우에는 등기필통지의 대상이 되지 않는다.
㉡ 통지대상
  • 소유권의 보존 또는 이전
  • 소유권의 등기명의인 표시의 변경 또는 경정
  • 소유권의 변경 또는 경정
  • 소유권의 말소 또는 말소회복
㉢ 통지대상 제외
  • 소유권에 관한 등기(가등기, 처분제한의 등기는 제외)
  • 소유권 이외의 권리에 관한 등기

정답 96 ② 97 ④ 98 ③ 99 ②

100 도시개발사업 등이 완료됨에 따라 지적확정측량을 실시한 지역의 각 필지에 지번을 새로 부여하는 방법과 다르게 지번을 부여하는 경우는?

① 토지를 합병할 때
② 지번부여지역의 지번을 변경할 때
③ 행정구역 개편에 따라 새로 지번을 부여할 때
④ 축척변경시행지역의 필지에 지번을 부여할 때

해설 축척변경, 지번변경, 행정구역 개편에 따라 지번을 부여하는 경우 지적확정측량의 지번부여방식을 준용한다.

정답 100 ①

2023년 제1회 지적산업기사 필기 복원

제1과목 지적측량

01 강제권척(steel tape)으로 일정한 거리를 측정하여 96.98m를 얻었다. 강제권척을 검정한 바 100m에 35mm가 줄어 있음을 알았다. 보정된 실거리는?

① 97.01m ② 96.95m
③ 96.63m ④ 96.35m

해설 $L_0 = L\left(1 \pm \dfrac{\Delta l}{l}\right) = 96.98 \times \left(1 - \dfrac{0.035}{100}\right) = 96.95\text{m}$

02 다음 중 지적소관청이 축척변경시행기간 중에 축척변경시행지역에서 축척변경확정공고일까지 정지하여야 하는 것은? (단, 보기 ②의 경계복원측량의 경우 경계점표지의 설치를 위한 경계복원측량은 제외한다.)

① 등록전환측량
② 경계복원측량
③ 토지분할측량
④ 지적현황측량

해설 지적소관청이 축척변경시행기간 중에 축척변경시행지역에서 축척변경확정공고일까지 경계복원측량을 정지하여야 한다.

03 지적도 축척이 1/1,200인 지역에서 평판측량방법으로 세부측량을 시행할 경우 도상에 영향을 미치지 아니하는 지상거리의 허용범위는?

① 12mm 이하 ② 60mm 이하
③ 100mm 이하 ④ 120mm 이하

해설 지상거리의 허용범위 $= \dfrac{M}{10} = \dfrac{1,200}{10} = 120\text{mm}$ 이하

[참고] 지적도 축척이 1/1,200인 지역에서 평판측량방법으로 세부측량을 시행할 경우 도상에 영향을 미치지 아니하는 지상거리의 허용범위는 $\dfrac{M}{10}$[mm]이다.

04 경계점좌표등록부 시행지역에서 배각법에 의하여 도근측량을 실시하였다. 폐색변을 포함하여 17변일 때 1등도선의 폐색오차허용범위는?

① ±75초 이내 ② ±79초 이내
③ ±82초 이내 ④ ±95초 이내

해설 폐색오차 $= \pm 20\sqrt{n} = \pm 20\sqrt{17} = \pm 82$초 이내

[참고] 경계점좌표등록부 시행지역에서 배각법에 의하여 도근측량을 실시하였을 경우 1등도선의 폐색오차는 $\pm 20\sqrt{n}$ 초 이내이다.

05 평판측량방법에 의한 세부측량을 도선법으로 하는 경우 도선의 변은 몇 개 이하로 제한하는가?

① 10개 ② 15개
③ 20개 ④ 25개

해설 평판측량방법에 의한 세부측량을 도선법으로 하는 경우 도선의 변은 20개 이하로 제한한다.

06 지적삼각보조점측량에서 다각망도선법에 의한 측량 시 1도선의 점의 수는 최대 몇 개까지로 할 수 있는가? (단, 기지점과 교점을 포함한 점의 수)

① 3개 ② 5개
③ 7개 ④ 9개

해설 지적삼각보조점측량에서 다각망도선법에 의한 측량 시 1도선의 점의 수는 기지점과 교점을 포함해서 5개 이하로 한다.

07 두 점 간의 수평거리가 148m이고 연직각이 −5°10′00″일 때 두 점 간의 경사거리는?

① 145.18m ② 148.60m
③ 149.43m ④ 151.20m

해설 수평거리 = 경사거리 × cosθ
∴ 경사거리 $= \dfrac{\text{수평거리}}{\cos\theta} = \dfrac{148}{\cos 5°10'} = 148.60\text{m}$

정답 1 ② 2 ② 3 ④ 4 ③ 5 ③ 6 ② 7 ②

08 평판측량법으로 세부측량을 하는 경우의 기준으로서 옳지 않은 것은?

① 거리측정단위는 지적도 시행지역에서는 5cm, 임야도 시행지역에서는 10cm로 한다.
② 세부측량의 기준이 되는 기초점 또는 기지점이 부족할 때에는 측량상 필요한 위치에 보조점을 설치할 수 있다.
③ 경계점은 기지점을 기준으로 하여 지상경계선과 도상경계선의 부합 여부를 현형법, 도상원호교회법, 지상원호교회법, 거리비교확인법 등으로 확인하여 정한다.
④ 측량결과도는 그 토지가 등록된 도면과 동일한 축척으로 작성한다.

해설 평판측량법으로 세부측량을 하는 경우 거리측정단위는 지적도 시행지역에서는 5cm, 임야도 시행지역에서는 50cm로 한다.

09 다음 중 지적측량에 대한 설명으로 옳지 않은 것은?

① 경계점을 지상에 복원하는 경우 지적측량을 하여야 한다.
② 특별소삼각측량지역에 분포된 소삼각측량지역은 별도의 원점을 사용할 수 있다.
③ 조본원점과 고초원점의 평면직각종횡선수치의 단위는 간(間)으로 한다.
④ 지적측량의 방법 및 절차 등에 필요한 사항은 국토교통부령으로 정한다.

해설 조본원점·고초원점·율곡원점·현창원점 및 소라원점의 평면직각종횡선수치의 단위는 미터로 하고, 망산원점·계양원점·가리원점·등경원점·구암원점 및 금산원점의 평면직각종횡선수치의 단위는 간(間)으로 한다. 이 경우 각각의 원점에 대한 평면직각종횡선수치는 0으로 한다.

10 평판측량방법에 의한 세부측량으로 사용할 수 없는 것은?

① 교회법   ② 도선법
③ 방사법   ④ 시거법

해설 평판측량방법에 의한 세부측량은 방사법, 교회법, 도선법으로 한다.

11 방위각법에 의한 지적도근점측량 시 관측방위각이 83°15′이고 기지방위각이 83°18′이었을 때 방위각 오차는?

① +6분   ② −6분
③ +3분   ④ −3분

해설 방위각오차 = 관측방위각−기지방위각
= 83°15′−83°18′ = −3분

12 지번 및 지목을 제도하는 때에 지번과 지목의 글자간격은 글자크기의 어느 정도를 띄어서 제도하는가?

① 글자크기의 1/2   ② 글자크기의 1/3
③ 글자크기의 1/4   ④ 글자크기의 1/5

해설 지번 및 지목을 제도하는 때에 지번과 지목의 글자간격은 글자크기의 1/2을 띄어 제도한다.

13 지적도면에 등록하는 동·리의 행정구역선 폭은?

① 0.1mm   ② 0.2mm
③ 0.3mm   ④ 0.4mm

해설 도면에 등록하는 행정구역선은 0.4mm 폭으로 제도한다. 다만, 동·리의 행정구역선은 0.2mm 폭으로 한다.

14 경사거리가 28.80m이고 하시준공으로 관측한 앨리데이드(alidade)의 경사분획이 +15분획이었다면 이때 보정한 수평거리는 얼마인가?

① 28.48m
② 28.50m
③ 28.60m
④ 28.71m

해설 $D = \dfrac{100l}{\sqrt{100^2+n^2}} = \dfrac{100 \times 28.8}{\sqrt{100^2+15^2}} = 28.48\text{m}$

15 지적기준점표지 설치의 점간거리기준으로 옳은 것은?

① 지적삼각점 : 평균 2km 이상 5km 이하
② 지적삼각보조점 : 평균 1km 이상 2km 이하
③ 지적삼각보조점 : 다각망도선법에 따르는 경우 평균 2km 이하
④ 지적도근점 : 평균 40m 이상 300m 이하

정답 8 ① 9 ③ 10 ④ 11 ④ 12 ① 13 ② 14 ① 15 ①

해설 지적기준점 설치기준

지적기준점	점간거리
지적삼각점	• 2~5km 이상
지적삼각보조점	• 1~3km • 다각망도선법 : 0.5~1km 이하
지적도근점	• 50~500m

16 다음 중 트랜싯(Transit)이 갖추어야 할 3축의 조건으로 옳지 않은 것은?

① 시준축⊥수평축
② 수평축//시준축
③ 수직축⊥기포관축
④ 수평축⊥수직축

해설 트랜싯이 갖추어야 할 3축의 조건
ⓐ 시준축⊥수평축
ⓑ 수평축⊥수직축
ⓒ 수직축⊥기포관축

17 경위의측량방법에 따른 세부측량을 실시하는 경우 설명으로 옳지 않은 것은?

① 농지의 구획정리시행지역의 측량결과도는 1천분의 1로 작성한다.
② 축척변경시행지역의 측량결과도는 600분의 1로 작성한다.
③ 거리측정단위는 1cm로 한다.
④ 직선으로 연결하는 곡선의 중앙종거의 길이는 5cm 이상 10cm 이하로 한다.

해설 경위의측량방법에 따른 세부측량을 실시하는 경우 축척변경시행지역의 측량결과도는 500분의 1로 작성한다.

18 지적도의 축척 1/600에 등록된 토지의 면적이 70.65m²로 산출되었다. 지적공부에 등록하는 결정면적은?

① 70m²
② 70.6m²
③ 70.7m²
④ 71m²

해설 지적도의 축척 1/600인 경우 m² 이하 한 자리로 등록하여야 한다. 지적도의 축척 1/600에 등록된 토지의 면적이 70.65m²로 산출되었다면 지적공부에 등록하는 결정면적은 70.6m²이다.

19 방위각법에 의한 지적도근점측량계산에서 종횡선오차는 어떻게 배분하는가? (단, 연결오차가 허용범위 이내인 경우)

① 측선장에 역비례배분한다.
② 종횡선차에 역비례배분한다.
③ 측선장에 비례배분한다.
④ 종횡선차에 비례배분한다.

해설 방위각법에 의한 지적도근점측량계산에서 종횡선오차는 측선장에 비례배분한다.

20 교회법에 의한 지적삼각보조점측량에서 두 점 간의 종선차가 40.30m, 횡선차가 61.25m일 때 두 점 간의 연결교차는?

① 63.21m
② 69.49m
③ 71.33m
④ 73.32m

해설 연결교차 = $\sqrt{종선교차^2 + 횡선교차^2}$
 = $\sqrt{40.3^2 + 61.25^2}$ =73.32m

제2과목 응용측량

21 촬영고도가 1,500m인 비행기에서 표고 1,000m의 지형을 촬영했을 때 이 지형의 사진축척은? (단, 초점거리는 150mm)

① 1 : 10,000
② 1 : 6,600
③ 1 : 3,300
④ 1 : 2,500

해설 $\dfrac{1}{m} = \dfrac{f}{H-h} = \dfrac{0.15}{1,500-1,000} = \dfrac{1}{3,333}$

22 지형도는 지표면상의 자연 및 지물(地物), 지모(地貌)를 표현하게 되는데, 다음 중 지모에 해당되지 않는 것은?

① 도로
② 계곡
③ 평야
④ 구릉

해설 지모란 자연적인 것을 의미하므로 계곡, 평야, 구릉 등이 이에 해당한다. 도로는 인위적인 것으로 지물에 해당한다.

정답 16 ② 17 ② 18 ② 19 ③ 20 ④ 21 ③ 22 ①

23 원곡선 설치 시 교각 60°, 반지름 200m, 곡선시점의 위치가 No.20+12.5m일 때 곡선종점의 위치는? (단, 측점 간 거리 = 20m)

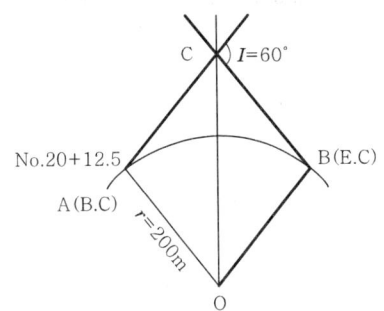

① 421.94m ② 521.94m
③ 621.94m ④ 821.94m

해설 곡선종점(E.C)=B.C+C.L=412.5+0.01745×200×60°
=621.94m

24 다음 중 원곡선이 아닌 것은?
① 단곡선 ② 복합곡선
③ 반향곡선 ④ 클로소이드곡선

해설 클로소이드곡선은 수평곡선 중 완화곡선에 해당한다.

25 사진 판독에서 정성적 요소가 아닌 것은?
① 모양 ② 크기
③ 음영 ④ 질감

해설 사진 판독의 요소 중 크기는 정량적 요소에 해당한다.

26 초점거리 150mm, 사진크기 23cm×23cm, 축척 1:10,000인 사진이 있다. 종중복도가 60%일 때 기선고도비는?
① 0.38 ② 0.48
③ 0.52 ④ 0.61

해설 기선고도비 = $\dfrac{B}{H} = \dfrac{10,000 \times 0.23 \times \left(1 - \dfrac{60}{100}\right)}{10,000 \times 0.15} = 0.61$

27 곡선반지름이나 곡선길이가 작은 시가지의 곡선 설치나 철도, 도로 등의 기설곡선의 검사 또는 개정에 편리한 노선측량방법은?
① 접선편거와 현편거에 의한 방법
② 중앙종거에 의한 방법
③ 접선에 대한 지거법
④ 편각에 의한 방법

해설 중앙종거에 의한 방법은 곡선반지름이나 곡선길이가 작은 시가지의 곡선 설치나 철도, 도로 등의 기설곡선의 검사 또는 개정에 편리하다.

28 등고선 간 최소거리의 방향이 의미하는 것은?
① 최대경사방향 ② 최소경사방향
③ 하향경사방향 ④ 상향경사방향

해설 등고선 간 최소거리방향은 최대경사방향을 의미한다.

29 GPS의 특징으로 틀린 것은?
① 측점 간 시통에 무관하다.
② 야간에도 관측이 가능하다.
③ 날씨의 영향을 거의 받지 않는다.
④ 고압선, 고층건물 등은 관측의 정확도에 영향을 주지 않는다.

해설 GPS측량은 레이더안테나, TV탑, 방송국, 우주통신국 등 강력한 전파의 영향을 받는 곳, 초고압송전선, 고속철도 등의 전차경로 등 전기불꽃의 영향을 받는 곳 등은 관측의 정확도에 영향을 주므로 피하는 것이 좋다.

30 1:50,000 지형도에서 A점은 140m 등고선 위에, B점은 180m 등고선 위에 있다. 두 점 사이의 경사가 15%일 때 수평거리는?
① 255.56m ② 266.67m
③ 277.78m ④ 288.89m

해설 100 : 15 = x : 40
∴ x = 266.67m

31 다음 중 깊이 50m, 직경 5m인 수직터널에 의해 터널 내·외를 연결하는 측량방법으로 가장 적합한 것은?
① 삼각구분법
② 레벨과 함척에 의한 방법
③ 폴과 지거법에 의한 방법
④ 데오도라이트와 추선에 의한 방법

정답 23 ③ 24 ④ 25 ② 26 ④ 27 ② 28 ① 29 ④ 30 ② 31 ④

해설 깊이 50m, 직경 5m인 수직터널에 의해 터널 내·외를 연결하는 측량방법으로 가장 적합한 방법은 데오도라이트와 추선에 의한 방법이다.

32 등고선에 대한 설명으로 틀린 것은?

① 주곡선은 지형을 표시하는데 기본이 되는 선이다.
② 계곡선은 주곡선 10개마다 굵게 표시한다.
③ 간곡선은 주곡선간격의 1/2이다.
④ 조곡선은 간곡선간격의 1/2이다.

해설 계곡선은 표고의 읽음을 쉽게 하기 위하여 주곡선 5개마다 굵은 실선으로 표시한다.

33 상호표정이 끝났을 때 사진모델과 실제 지형모델의 관계로 옳은 것은?

① 상사 ② 대칭
③ 합동 ④ 일치

해설 상호표정이 끝났을 때 사진모델과 실제 지형모델의 관계는 상사이다.

34 A점의 표고 100.65m, B점의 표고 104.25m일 때 레벨을 사용하여 A점에 세운 표척의 읽음값이 5.23m이었다면 B점에 세운 표척의 읽음값은?

① 0.78m ② 0.98m
③ 1.52m ④ 1.63m

해설 100.65+5.23−전시=104.25
∴ 전시=1.63m

35 다음 그림에서 여유폭을 고려한 단면용지의 폭은? (단, 여유폭은 0.5m로 한다.)

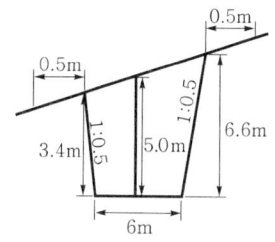

① 10m ② 11m
③ 12m ④ 13m

해설 용지폭=0.5+3.4×0.5+6+6.6×0.5+0.5=12m

36 다음 중 GPS의 자료교환에 사용되는 표준형식으로 서로 다른 기종 간의 기선해석이 가능하도록 한 것은?

① RINEX ② SDTS
③ DXF   ④ RTMS

해설 RINEX
㉠ GPS의 자료교환에 사용되는 표준형식
㉡ 여러 기종의 수신기로부터 얻어진 GNSS측량자료를 후처리하기 위한 표준형식

37 수준측량에서 전시와 후시의 거리를 같게 측량함으로써 제거되는 오차가 아닌 것은?

① 시준축오차
② 표척의 0눈금오차
③ 광선의 굴절에 의한 오차
④ 지구의 곡률에 의한 오차

해설 표척의 0눈금오차는 레벨을 세우는 횟수를 짝수로 해서 소거할 수 있다.

38 삼각수준측량에서 연직각 $\alpha=20°$, 두 점 사이의 수평거리 $D=400$m, 기계높이 $i=1.70$m, 표척의 높이 $Z=2.50$m이면 두 점 간의 고저차는? (단, 대기오차와 지구의 곡률오차는 고려하지 않는다.)

① 130.11m ② 140.25m
③ 144.79m ④ 146.39m

해설 $H=i+D\tan\theta-Z=1.7+400\times\tan20°-2.5=144.79$m

39 GPS측량에서 지적기준점측량과 같이 높은 정밀도를 필요로 할 때 사용하는 관측방법은?

① 실시간 키네마틱(realtime kinematic)관측
② 키네마틱(kinematic)관측
③ 스태틱(static)측량
④ 1점 측위관측

해설 스태틱(static)측량은 GPS측량에서 지적기준점측량과 같이 높은 정밀도를 필요로 할 때 사용하는 관측방법으로 후처리과정을 통하여 위치를 결정한다.

정답 32 ② 33 ① 34 ④ 35 ③ 36 ① 37 ② 38 ③ 39 ③

40 사진측량의 특징에 대한 설명으로 틀린 것은?

① 좁은 지역, 대축척일수록 경제적이다.
② 동일 모델 내에서는 정확도가 균일하다.
③ 작업단계가 분업화되어 있으므로 능률적이다.
④ 개인적 원인의 오차가 적게 생기며 다른 지점과의 상대적 오차가 적다.

해설 **사진측량**

장점	단점
• 정량적, 정성적 측정이 가능하다. • 정확도가 균일하다. • 대규모 지역에서는 경제적이다. • 4차원(X, Y, Z, T) 측정이 가능하다. • 축척변경이 용이하다. • 분업화로 작업이 능률적이다.	• 소규모 지역에서는 비경제적이다. • 기자재가 고가이다. • 피사체에 대한 식별이 난해하다. • 기상조건에 영향을 받는다. • 태양고도 등에 영향을 받는다.

제3과목 토지정보체계론

41 한 픽셀에 대해 8bit를 사용하면 몇 가지의 서로 다른 값을 표현할 수 있는가?

① 8가지　　② 64가지
③ 128가지　④ 256가지

해설 한 픽셀에 대해 8bit를 사용하면 256가지의 서로 다른 값을 표현할 수 있다.

42 도로, 전력, 상하수도 등과 같이 연결성을 기반으로 하는 분야에서 최적 경로, 효율적인 자원의 이동과 배치 등을 산출하는 분석기법은?

① 표면분석　　② 네트워크분석
③ 중첩분석　　④ 인접성분석

해설 네트워크분석은 목적물 간의 교통안내나 최단경로분석, 상하수도관망분석 등 다양한 분석기능을 수행할 수 있다.
㉠ 최단경로나 최소비용경로를 찾는 경로탐색기능
㉡ 시설물을 적정한 위치에 할당하는 배분기능
㉢ 네트워크상에서 연결성을 추적하는 추적기능
㉣ 지역 간의 공간적 상호작용기능

43 데이터베이스 구축에서 현지조사 및 현장 보완측량 결과를 이용하여 이미 입력된 공간데이터를 수정하는 것은?

① 정위치편집
② 구조화편집
③ 속성데이터의 입력 및 수정
④ 검수

해설 **정위치편집** : 현지조사측량에서 얻어진 성과 및 자료를 이용하여 수치도화데이터를 수정·보완하여 정위치로 편집하는 것

44 토지정보체계의 데이터 모델 생성과 관련된 개체(entity)와 객체(object)에 대한 설명이 틀린 것은?

① 개체는 서로 다른 개체들과의 관계성을 가지고 구성된다.
② 개체는 데이터 모델을 이용하여 정량적인 정보를 갖게 된다.
③ 객체는 컴퓨터에 입력된 이후 개체로 불린다.
④ 객체는 도형과 속성정보 이외에도 위상정보를 갖게 된다.

해설 개체는 컴퓨터에 입력된 이후 객체로 불린다.

45 모든 데이터들을 테이블과 같은 형태로 나타내는 것으로 데이터 구조를 릴레이션으로 표현하는 모델은?

① 계층형 데이터베이스
② 네트워크형 데이터베이스
③ 관계형 데이터베이스
④ 객체지향형 데이터베이스

해설 모든 데이터들을 테이블과 같은 형태로 나타내는 것으로 데이터 구조를 릴레이션으로 표현하는 모델은 관계형 데이터베이스(테이블구조)이다.

46 메타데이터의 기본적인 요소가 아닌 것은?

① 공간참조
② 공간자료의 구성
③ 자료의 내용
④ 정보획득방법

정답 40 ① 41 ④ 42 ② 43 ① 44 ③ 45 ③ 46 ③

해설 메타데이터의 기본요소
- ㉠ 개요 및 자료소개
- ㉡ 데이터의 질에 대한 정보
- ㉢ 자료의 구성
- ㉣ 공간참조를 위한 정보
- ㉤ 형상·속성정보
- ㉥ 정보획득방법
- ㉦ 참조정보

47 다음 중 래스터데이터가 갖는 장점으로 옳지 않은 것은?
① 데이터 구조가 단순하다.
② 중첩분석이 용이하다.
③ 원격탐사영상자료와의 연계가 용이하다.
④ 위상관계를 나타낼 수 있다.

해설 래스터데이터

장점	단점
• 자료구조가 단순하다. • 원격탐사자료와의 연계처리가 용이하다. • 여러 레이어의 중첩이나 분석이 용이하다. • 격자의 크기와 형태가 동일하므로 시뮬레이션이 용이하다.	• 그래픽자료의 양이 방대하다. • 격자의 크기를 늘리면 자료의 양은 줄일 수 있으나 상대적으로 정보의 손실을 초래한다. • 격자구조인 만큼 시각적인 효과가 떨어진다. • 위상정보의 제공이 불가능하므로 망면해석과 같은 분석기능이 이루어질 수 없다.

48 다음 중 지적전산화의 목적으로 옳지 않은 것은?
① 토지소유자의 현황 파악
② 토지 관련 정책자료의 다목적 활용
③ 지적 관련 민원의 신속한 처리
④ 전산화를 통한 중앙통제권 강화

해설 지적전산화의 목적
- ㉠ 토지정보의 수요에 대한 신속한 정보 제공
- ㉡ 공공계획의 수립에 필요한 정보 제공
- ㉢ 토지투기의 예방
- ㉣ 행정자료 구축과 행정업무에 이용
- ㉤ 다른 정보자료 등과의 연계
- ㉥ 민원인에 대한 신속한 대처

49 베이스맵을 만들고 각 레이어별로 분류도를 만들었다. 이들을 중첩했을 때 산사태로 가장 큰 피해가 예상되는 지역은?

강수량 적음	경사 급함	경사 완만	인구밀도 낮음	1	2
강수량 많음			인구밀도 높음	8	3
				7	4
				6	5

① 지역 7   ② 지역 6
③ 지역 5   ④ 지역 4

해설 지역 6은 강수량이 많고 경사가 급하며 인구밀도가 높기 때문에 산사태가 발생했을 때 가장 큰 피해를 입을 것으로 예상된다.

50 다음 중 데이터베이스의 장점으로 옳지 않은 것은?
① 데이터의 처리속도가 증가한다.
② 방대한 종이자료를 간소화시킨다.
③ 정확한 최신 정보를 이용할 수 있다.
④ 초기의 시스템 구축비용이 저렴하다.

해설 데이터베이스는 초기의 시스템 구축비용이 많이 든다.

51 토지정보를 공간자료와 속성자료를 분류할 때 다음 중 공간자료에 해당하는 것으로만 나열된 것은?
① 지적도, 임야도
② 지적도, 토지대장
③ 토지대장, 임야대장
④ 토지대장, 공유지연명부

해설 공간정보(도형정보)
- ㉠ 점, 선, 면과 같이 위치, 형태, 크기, 방위 등을 가지고 있는 정보를 말한다.
- ㉡ 객체 간의 공간적 위치관계를 설명할 수 있는 공간관계를 갖는다.
- ㉢ 대상물들의 거리, 방향, 상대적 위치 등을 파악할 수 있게 한다.
- ㉣ 지적공부 중 지적도와 임야도의 경계가 이에 해당하며, 경계점좌표등록부에 등록되는 좌표도 공간정보로 취급된다.

52 지도형상이 일정한 격자구조로 정의되는 특성정보로 옳은 것은?
① 상대적 위치정보   ② 위상정보
③ 영상정보   ④ 속성정보

정답 47 ④ 48 ④ 49 ② 50 ④ 51 ① 52 ③

[해설] 지도형상이 일정한 격자구조로 정의되는 특성정보는 영상정보이다.

53 토지정보체계에 있어 기반이 되는 것으로 가장 알맞은 것은?
① 필지 ② 지번
③ 지목 ④ 소유자

[해설] 필지란 토지의 등록단위로 토지정보체계에 있어 기본단위가 된다.

54 공간데이터의 질을 평가하는 기준과 거리가 먼 것은?
① 데이터의 경제성
② 위치정확성
③ 속성정확성
④ 논리적 일관성

[해설] 공간데이터의 질을 평가하는 기준 : 완결성, 위치정확성, 속성정확성, 논리적 일관성

55 지적도재작성사업을 시행하여 지적도독취자료를 이용하는 도면전산화의 추진연도는?
① 1975년 ② 1978년
③ 1984년 ④ 1990년

[해설] 지적도재작성사업을 시행하여 지적도독취자료를 이용하는 도면전산화의 추진연도는 1978년이다.

56 다음의 데이터 언어 중 데이터 정의어(DDL)에 해당하는 것은?
① 생성 : CREATE ② 검색 : SELECT
③ 삽입 : INSERT ④ 갱신 : UPDATE

[해설] 데이터 언어

데이터 언어	종류
정의어 (DDL)	생성 : CREATE, 주소변경 : ALTER, 제거 : DROP
조작어 (DML)	검색 : SELECT, 삽입 : INSERT, 삭제 : DELETE, 갱신 : UPDATE
제어어 (DCL)	권한부여 : GRANT, 권한해제 : REVOKE, 데이터 변경완료 : COMMIT, 데이터 변경취소 : ROLLBACK

57 공간데이터를 취득하는 디지타이저의 유형이 아닌 것은?
① 전자식 디지타이저
② 카메라 유도식 디지타이저
③ 스캐너방식 디지타이저
④ 기어엔코어방식 디지타이저

[해설] 디지타이저의 유형 : 전자식 디지타이저, 카메라 유도식 디지타이저, 기어엔코어방식 디지타이저

58 국가공간정보에 관한 법령에 의한 국가공간정보위원회의 분과위원회가 아닌 것은?
① 기본공간정보분과위원회
② 공간객체등록번호분과위원회
③ 공간정보융합서비스분과위원회
④ 공간정보통신분과위원회

[해설] 국가공간정보위원회의 분과위원회
㉠ 총괄조정분과위원회
㉡ 표준화・기술기준분과위원회
㉢ 산업진흥분과위원회
㉣ 측량 및 수로조사분과위원회
㉤ 기본공간정보분과위원회
㉥ 공간정보참조체계분과위원회
㉦ 공간정보융합서비스분과위원회

59 다음 중 SQL의 특징에 대한 설명이 아닌 것은?
① 상호대화식 언어이다.
② 집합단위로 연산하는 언어이다.
③ 관계형 DBMS에서 자료를 만들고 조회할 수 있는 도구이다.
④ ISO8211에 근거한 정보처리체계와 코딩규칙을 갖는다.

[해설] SQL의 특징
㉠ 대화식 언어 : 온라인터미널을 통하여 대화식으로 사용할 수 있다.
㉡ 집합단위로 연산되는 언어 : SQL은 개개의 레코드단위로 처리하기보다는 레코드집합단위로 처리하는 언어이다.
㉢ 데이터 정의어, 조작어, 제어어를 모두 지원
㉣ 비절차적 언어 : 데이터 처리를 위한 접근경로(access path)에 대한 명세가 필요하지 않으므로 비절차적인 언어이다.
㉤ 표현력이 다양하고 구조가 간단

정답 53 ① 54 ① 55 ② 56 ① 57 ③ 58 ④ 59 ④

60 다음 중 광범위한 자료의 호환을 위한 규약으로서 국가지리정보체계(NGIS)의 공간데이터교환포맷으로 하였던 것은?
① SDTS
② DIGEST
③ SMS
④ SHP

해설 SDTS(Spatial Data Transfer Standard)는 모든 종류의 공간데이터(지리정보, 지도)들을 서로 변환 가능하게 해주는 표준을 말한다. 서로 다른 지리정보시스템들은 서로 간의 데이터를 긴밀하게 공유할 필요가 발생하지만 상이한 하드웨어, 소프트웨어, 운영체제 사이에서 데이터 교환을 가능하게 한다.

제4과목 지적학

61 다음 중 지적의 발생설과 관계가 먼 것은?
① 법률설   ② 과세설
③ 치수설   ④ 지배설

해설 지적의 발생설 : 과세설, 치수설, 지배설, 침략설

62 우리나라의 지적에 수치지적이 시행되기 시작한 연대는?
① 1950년   ② 1975년
③ 1980년   ④ 1986년

해설 1975년 지적법이 개정되면서 경계점을 좌표로 등록하기 위한 수치지적부가 도입되었으며, 2000년에 들어와서 경계점좌표등록부로 그 명칭이 변경되었다.

63 경계의 결정원칙 중 경계불가분의 원칙과 관련이 없는 것은?
① 토지의 경계는 인접 토지에 공통으로 작용한다.
② 토지의 경계는 유일무이하다.
③ 경계선은 위치와 길이만 있고 너비가 없다.
④ 축척이 큰 도면의 경계를 따른다.

해설 축척종대의 원칙 : 동일한 경계가 축척이 서로 다른 도면에 등록되어 있는 경우에는 축척이 큰 도면의 경계에 따른다.

64 토지소유권에 관한 설명으로 옳은 것은?
① 법률의 범위 내에서 사용, 수익, 처분할 수 있다.
② 토지소유권은 토지를 일시 지배하는 제한물권이다.
③ 존속기간이 있고 소멸시효에 걸린다.
④ 무제한 사용, 수익할 수 있다.

해설 소유권이란 물건을 법률의 범위 내에서 사용, 수익, 처분할 수 있는 권리이다.

65 다음 중 토렌스시스템에 대한 설명으로 옳은 것은?
① 미국의 토렌스지방에서 처음 시행되었다.
② 실질적 심사에 의한 권원조사를 하지만 공신력은 없다.
③ 기본이론으로 거울이론, 커튼이론, 보험이론이 있다.
④ 피해자가 발생하여도 국가가 보상할 책임이 없다.

해설 토렌스시스템 : 오스트레일리아의 Richard Robert Torrens에 의하여 창안되었으며 선박업에 관계하고 있던 그가 선박재산관리의 복합성에서 간단히 권리를 이전시키는 방법을 연구하게 되었다. 이 제도의 근본목적은 법률적으로 토지의 권리를 확인하는 대신에 토지의 권원을 등록하는 행위로서 토지의 소유권을 명확히 하고 토지거래에 따른 변동사항과 정리를 용이하게 하여 권리증서의 발행을 손쉽게 행하는 데 있다. 기본이론으로 거울이론, 커튼이론, 보험이론이 있다.

66 다음 지목 중 잡종지에서 분리된 지목에 해당하는 것은?
① 지소   ② 유지
③ 염전   ④ 공원

해설 염전, 광천지는 1943년 3월 31일 조선지세령에 의하여 신설된 지목으로 '잡종지'에서 분리되었다.

67 공훈의 차등에 따라 공신들에게 일정한 면적의 토지를 나누어 준 것으로 고려시대 토지제도 정비의 효시가 된 것은?
① 관료전   ② 공신전
③ 역분전   ④ 정전

정답 60 ① 61 ① 62 ② 63 ④ 64 ① 65 ③ 66 ③ 67 ③

해설 역분전은 고려 태조 23년에 처음으로 실시되었으며 후삼국 통일 후 공로가 큰 조신 및 군사에게 토지를 지급하였다. 지급기준은 고려왕실에 대한 충성도를 기준으로 하였기 때문에 공훈전(功勳田)에 가깝다.

68 다음 중 적극적 토지등록제도의 기본원칙이라고 할 수 없는 것은?

① 토지등록은 국가공권력에 의해 성립된다.
② 토지에 대한 권리는 등록에 의해서만 인정된다.
③ 등록내용의 유효성은 법률적으로 보장된다.
④ 토지등록은 형식심사에 의해 이루어진다.

해설 적극적 등록주의(Positive System)
토지의 등록은 일필지의 개념으로 법적인 권리보장이 인증되고 정부에 의해서 합법성과 효력이 발생한다. 모든 토지를 공부에 강제 등록시키는 제도이다.
㉠ 등록은 강제적이고 의무적이다.
㉡ 공부에 등록되지 않은 토지는 어떠한 권리도 인정되지 않는다.
㉢ 지적측량이 실시되어야만 등기를 허락한다.
㉣ 토지등록의 효력이 국가에 의해 보장된다. 따라서 선의의 제3자는 토지등록의 문제로 인한 피해는 법적으로 보호를 받는다.
㉤ 실질적 심사주의를 채택하고 있다.

69 지적의 원리 중 지적활동의 정확도를 설명한 것으로 옳지 않은 것은?

① 토지현황조사의 정확성 – 일필지조사
② 기록과 도면의 정확성 – 측량의 정확도
③ 서비스의 정확성 – 기술의 정확도
④ 관리·운영의 정확성 – 지적조직의 업무분화정확도

해설 서비스의 정확성은 지적활동의 정확도와는 관련이 없다.

70 다음 중 근대 지적제도가 창설되기 이전에 문란한 토지제도를 바로잡기 위하여 대한제국에서 과도기적으로 시행한 제도는?

① 양안제도 ② 입안제도
③ 지계제도 ④ 사정제도

해설 근대 지적제도가 창설되기 이전에 문란한 토지제도를 바로잡기 위하여 대한제국에서 과도기적으로 시행한 제도는 지계제도이다.

71 지목의 설정원칙이 아닌 것은?

① 지목변경 불변의 원칙
② 사용목적 추종의 원칙
③ 용도 경중의 원칙
④ 등록 선후의 원칙

해설 지목의 설정원칙
㉠ 법정지목의 원칙 : 현행 공간정보의 구축 및 관리 등에 관한 법률에서 지목은 28개의 지목으로 정해져 있으며, 그 외의 지목 등은 인정하지 않는다.
㉡ 1필 1목의 원칙 : 필지마다 하나의 지목을 설정한다.
㉢ 주지목 추종의 원칙 : 1필지가 2 이상의 용도로 활용되는 경우에는 주된 용도에 따라 지목을 설정한다.
㉣ 영속성의 원칙(일시변경 불변의 원칙) : 토지가 일시적 또는 임시적 용도로 사용되는 때에는 지목을 변경하지 아니한다.
㉤ 사용목적 추종의 원칙 : 택지조성사업을 목적으로 공사가 준공된 토지는 미리 그 목적에 따라 지목을 '대'로 정할 수 있다.
㉥ 용도 경중의 원칙 : 지목이 중복되는 경우 중요한 토지의 사용목적·용도에 따라 지목을 설정한다.
㉦ 등록 선후의 원칙 : 지목이 중복되는 경우 먼저 등록된 토지의 사용목적·용도에 따라 지목을 설정한다.

72 지적공개주의의 의미로 가장 적합한 것은?

① 지적공부에 등록하여 국가통제하에 두는 것이다.
② 토지소유자, 이해관계자에게 정당하게 활용되도록 하는 것이다.
③ 지적 관계공무원에게 공개하는 것이다.
④ 지적공부를 외국인에게 공개하여 과세자료를 제공하는 것이다.

해설 지적공개주의 : 토지에 관한 사항은 국가의 편의뿐만 아니라 국민 일반인에게도 공개함으로써 토지소유자 기타 이해관계인으로 하여금 이용할 수 있도록 한다는 원리이다. 즉 토지이동신고 및 신청, 경계복원측량, 지적공부등본 및 열람, 지적측량기준점등본 및 열람 등이 이에 해당한다.

73 다음 중 지적형식주의에 관한 설명으로 옳은 것은?

① 토지소유권은 부동산등기부에 등기된 바에 따른다.
② 토지대장은 카드형식으로만 작성된다.
③ 지적공부의 열람은 누구나 할 수 있다.
④ 모든 토지는 지적공부에 등록해야 한다.

정답 68 ④ 69 ③ 70 ③ 71 ① 72 ② 73 ④

해설 **지적형식주의** : 지적공부에 등록하는 법적인 형식을 갖추어야만 비로소 토지로서의 거래단위가 될 수 있다는 원리로 지적등록주의라고도 한다.

74 궁장토 관리조직의 변천과정으로 옳은 것은?

① 제실제도국 → 제실재정회의 → 임시재산정리국 → 제실재산정리국
② 제실재정회의 → 제실제도국 → 제실재산정리국 → 임시재산정리국
③ 제실제도국 → 임시재산정리국 → 제실재산정리국 → 제실재정회의
④ 임시재산정리국 → 제실재정회의 → 제실제도국 → 제실재산정리국

해설 **궁장토 관리조직의 변천과정** : 제실재정회의 → 제실제도국 → 제실재산정리국 → 임시재산정리국

75 다음 중 지적의 일반적 기능 및 역할로 옳지 않은 것은?

① 토지의 물리적 현황을 등록한 토지대장은 등기부를 정리하기 위한 보조적 기능을 한다.
② 지적공부에 등록된 정보는 토지평가의 기초자료로 활용된다.
③ 지적공부에 등록된 정보는 토지거래의 기초자료로 활용된다.
④ 토지정보를 필요로 하는 분야에 종합정보원으로서의 기능을 한다.

해설 토지의 물리적 현황을 등록한 토지대장은 등기부를 정리하기 위한 주된 기능을 한다.

76 토지를 등록하는 지적공부를 크게 토지대장 등록지와 임야대장 등록지로 구분하고 있는 직접적인 원인은?

① 조사사업별 구분   ② 토지지목별 구분
③ 과세세목별 구분   ④ 도면축척별 구분

해설 토지를 등록하는 지적공부를 크게 토지대장 등록지와 임야대장 등록지로 구분하고 있는 직접적인 원인은 토지조사사업(토지대장)과 임야조사사업(임야대장)으로 구분하므로 조사사업별로 구분한다.

77 조선시대에 정약용이 주장한 양전개정론의 내용에 해당하지 않는 것은?

① 방량법과 어린도법   ② 정전제
③ 경무법   ④ 망척제

해설 망척제는 조선시대 이기가 주장한 것으로 망척제는 수등이척제에 대한 개선으로 전을 측량할 때에 정방향의 눈들을 가진 그물을 사용하여 그물 속에 들어온 그물눈을 계산하여 면적을 산출하는 방법이며, 방(方), 원(圓), 직(直), 호형(弧形)에 구애됨이 없이 그 그물 한눈 한눈에 들어오는 것을 계산하도록 하였다.

78 다음 중 지적도와 임야도의 등록사항이 아닌 것은?

① 면적   ② 지번
③ 경계   ④ 지목

해설 면적은 토지대장과 임야대장에만 등록되며, 지적도와 임야도에는 등록되지 않는다.

79 고려시대 토지를 기록하는 대장에 해당되지 않는 것은?

① 도전장   ② 양전도장
③ 도전정   ④ 구양안

해설 **양안의 시대별 명칭**
㉠ 고려시대 : 도전장, 양전장적, 양전도장, 도전정, 전적, 전안
㉡ 조선시대 : 양안등서책, 전답안, 성책, 양명등서차, 전답결대장, 전답결타량, 전답타량안, 전답양안, 전답행심, 양전도행장

80 다음 중 조선시대 토지제도인 양전법에서 규정한 전형(田形 : 토지의 모양) 5가지에 해당되지 않는 것은?

① 방전(方田)   ② 원전(圓田)
③ 직전(直田)   ④ 규전(圭田)

해설 **조선시대 전의 형태**
㉠ 방전(方田) : 정사각형의 토지로 장(長)과 광(廣)을 측량
㉡ 직전(直田) : 직사각형의 토지로 장(長)과 평(平)을 측량
㉢ 구고전(句股田) : 직각삼각형의 토지로 구(句)와 고(股)를 측량
㉣ 규전(圭田) : 이등변삼각형의 토지로 장(長)과 광(廣)을 측량
㉤ 제전(梯田) : 사다리꼴의 토지로서 장(長)과 동활(東闊), 서활(西闊)을 측량

정답 74 ② 75 ① 76 ① 77 ④ 78 ① 79 ④ 80 ②

제5과목 지적관계법규

81 1필지로 정할 수 있는 기준에 적합하지 않는 것은?
① 소유자와 용도가 동일하고 지반이 연속된 토지
② 종된 용도의 토지의 면적이 주된 용도의 토지면적의 10% 미만인 토지
③ 주된 용도의 토지의 편의를 위하여 설치된 도로·구거 등의 부지
④ 종된 용도의 토지의 지목이 '대'인 토지

해설 양입의 제한
㉠ 종된 용도의 토지의 지목이 '대'인 경우
㉡ 주된 용도의 토지면적의 10%를 초과하는 경우
㉢ 종된 용도의 토지면적이 330m²를 초과하는 경우

82 다음 중 일람도를 작성하는 축척기준으로 옳은 것은? (단, 도면의 장수가 많아서 1장에 작성할 수 없는 경우는 고려하지 않는다.)
① 도면축척의 2분의 1 ② 도면축척의 5분의 1
③ 도면축척의 10분의 1 ④ 도면축척의 20분의 1

해설 일람도를 작성하는 경우 일람도의 축척은 그 도면축척의 10분의 1로 한다. 다만, 도면의 장수가 많아서 1장에 작성할 수 없는 경우에는 축척을 줄여서 작성할 수 있으며, 도면의 장수가 4장 미만인 경우에는 일람도의 작성을 하지 아니할 수 있다.

83 지적도에 기재하는 지목부호 "유"와 "장"은 어떤 지목인가?
① 유원지와 목장용지 ② 유원지와 공장용지
③ 유지와 공장용지   ④ 유지와 목장용지

해설 지목을 지적도면에 등록할 경우 두문자(24)와 차문자(4)로 표기하며, 차문자로 표기되는 지목은 주차장(차), 공장용지(장), 하천(천), 유원지(원)이다.

84 다음 중 지번을 순차적으로 부여해야 하는 방향기준으로 옳은 것은?
① 북동 → 남서   ② 북서 → 남동
③ 남동 → 북서   ④ 남서 → 북동

해설 지번은 지적소관청이 지번부여지역을 기준으로 북서에서 남동쪽으로 순차적으로 부여한다.

85 축척변경시행공고 시 기재해야 할 사항이 아닌 것은?
① 축척변경의 변경절차 및 면적결정방법
② 축척변경의 시행에 따른 청산방법
③ 축척변경의 시행에 관한 세부계획
④ 축척변경의 목적, 시행지역 및 시행기간

해설 지적소관청은 시·도지사 또는 대도시시장으로부터 축척변경승인을 받은 때에는 지체 없이 다음의 사항을 20일 이상 공고하여야 한다.
㉠ 축척변경의 목적·시행지역 및 시행기간
㉡ 축척변경의 시행에 관한 세부계획
㉢ 축척변경의 시행에 따른 청산방법
㉣ 축척변경의 시행에 따른 소유자 등의 협조에 관한 사항

86 다음 중 지적공부등록을 말소할 수 있는 사항은?
① 하천으로 된 토지 ② 바다로 된 토지
③ 등록전환   ④ 행정구역의 통·폐합

해설 지적공부에 등록된 토지가 지형의 변화 등으로 바다로 된 경우로서 원상으로 회복할 수 없거나 다른 지목의 토지로 될 가능성이 없는 때에는 지적공부의 등록을 말소한다.

87 다음 중 지적측량업의 등록기준으로 옳지 않은 것은?
① 토털스테이션 1대 이상
② 출력장치 1대 이상
③ 초급기술자 2명 이상
④ 고급기술자 2명 이상

해설 지적측량업 등록기준
㉠ 기술자
• 특급기술자 1명 또는 고급기술자 2명 이상
• 중급기술자 2명 이상
• 초급기술자 1명 이상
• 지적분야의 초급기능사 1명 이상
㉡ 장비
• 토털스테이션 1대 이상
• 자동제도장치 1대 이상
 - 해상도 : 2,400DPI×1,200DPI
 - 출력범위 : 600mm×1,060mm 이상

88 지적공부의 등록사항 중 모든 지적공부에 공통으로 등록되는 사항으로 맞는 것은?
① 지목   ② 지분
③ 토지소유자 ④ 지번

해설 토지의 소재와 지번은 모든 지적공부에 등록된다.

정답 81 ④ 82 ③ 83 ③ 84 ② 85 ① 86 ② 87 ③ 88 ④

89 다음 중 합병의 금지사유가 아닌 것은?
① 합병하려는 토지의 지목이 서로 다른 경우
② 합병하려는 토지의 지적도 및 임야도의 축척이 서로 다른 경우
③ 합병하려는 각 필지의 지반이 연속되지 아니한 경우
④ 합병하려는 각 필지의 토지가 등기된 토지인 경우

해설 합병이 가능한 경우
㉠ 각 필지의 지번부여지역, 지목, 소유자가 동일할 것
㉡ 각 필지의 지반이 연속되어 있을 것
㉢ 각 필지의 축척이 동일할 것
㉣ 각 필지의 등기 여부가 일치할 것
㉤ 공유토지의 경우 소유자의 공유지분이 같고 주소가 동일할 것
㉥ 소유권·지상권·전세권 또는 임차권의 등기, 승역지에 대한 지역권의 등기
㉦ 합병하려는 토지 전부에 대한 등기원인 및 그 연월일과 접수번호가 같은 저당권의 등기

90 다음 중 한국국토정보공사의 사업에 해당하지 않는 것은?
① 지적측량
② 지적재조사사업
③ 지적측량교육지원사업
④ 지적측량성과의 검사

해설 한국국토정보공사의 사업범위
㉠ 공간정보체계 구축지원에 관한 사업
㉡ 공간정보·지적제도에 관한 연구, 기술 개발, 표준화 및 교육사업
㉢ 공간정보·지적제도에 관한 외국 기술의 도입, 국제교류·협력 및 국외진출사업
㉣ 공간정보의 구축 및 관리 등에 관한 법률 중 지적기준점을 정하는 경우, 측량을 할 필요가 있는 경우, 경계점을 지상에 복원하는 경우, 지적현황을 측량하는 경우까지의 어느 하나에 해당하는 사유로 실시하는 지적측량
㉤ 지적재조사에 관한 특별법에 따른 지적재조사사업
㉥ 다른 법률에 따라 공사가 수행할 수 있는 사업
㉦ 그 밖에 공사의 설립목적을 달성하기 위하여 필요한 사업으로서 정관으로 정하는 사업

91 지목의 부호는 다음 지적공부 중 어디에 표기하는가?
① 토지대장   ② 임야대장
③ 지적도   ④ 경계점좌표등록부

해설 지목은 토지대장, 임야대장, 지적도, 임야도에 등록되며, 지적도와 임야도에 등록할 경우 부호로 표기한다.

92 축척변경에 대한 확정공고의 시기로 옳은 것은?
① 공사완료 시
② 청산금의 납부 및 지급의 완료 시
③ 축척변경 등기촉탁완료 시
④ 청산금 징수공고 시

해설 청산금의 납부 및 지급이 완료된 때에는 지적소관청은 지체 없이 다음의 사항을 포함한 축척변경의 확정공고를 하여야 한다.
㉠ 토지의 소재 및 지역명
㉡ 축척변경 지번별 조서
㉢ 필지별 청산금내역을 기재한 청산금조서
㉣ 지적도의 축척

93 지적공부의 복구자료가 될 수 없는 것은?
① 측량결과도
② 한국국토정보공사 발행 지적도 사본
③ 지적공부등본
④ 토지이동정리결의서

해설 지적공부복구자료

토지의 표시사항	소유자에 관한 사항
• 지적공부의 등본 • 측량결과도 • 토지이동정리결의서 • 부동산등기부등본 등 등기사실을 증명하는 서류 • 지적소관청이 작성하거나 발행한 지적공부의 등록내용을 증명하는 서류 • 복제된 지적공부	• 법원의 확정판결서 정본 또는 사본 • 등기사항증명서

94 지적전산자료의 이용·활용에 대한 신청권자가 아닌 자는?
① 국토교통부장관   ② 국가정보원장
③ 시·도지사   ④ 지적소관청

해설 지적공부에 관한 전산자료(연속지적도를 포함하며 지적전산자료라 한다)를 이용하거나 활용하려는 자는 다음의 구분에 따라 국토교통부장관, 시·도지사 또는 지적소관청에 지적전산자료를 신청하여야 한다. 지적전산자료의 이용 또는 활용에 필요한 사항은 대통령령으로 정한다.

정답 89 ④ 90 ④ 91 ③ 92 ② 93 ② 94 ②

자료의 범위	신청권자
전국단위	국토교통부장관, 시·도지사 또는 지적소관청
시·도단위	시·도지사 또는 지적소관청
시·군·구단위	지적소관청

95 공간정보의 구축 및 관리 등에 관한 법률에 따른 용어의 정의가 틀린 것은?

① 토지의 이동이란 토지의 표시를 새로 정하거나 변경 또는 말소하는 것을 말한다.
② 지목이란 토지의 주된 용도에 따라 토지의 종류를 구분하여 지적공부에 등록한 것을 말한다.
③ 등록전환이란 임야대장 및 임야도에 등록된 토지를 토지대장 및 지적도에 옮겨 등록하는 것을 말한다.
④ 지번설정지역이란 지번을 설정하는 단위지역으로서 동·리 또는 이에 준하는 행정동단위의 지역을 말한다.

해설 지번부여지역이란 지번을 부여하는 단위지역으로서 동·리 또는 이에 준하는 법정동단위의 지역을 말한다.

96 다음 중 지목이 "체육용지"가 아닌 것은?

① 경마장   ② 경륜장
③ 승마장   ④ 스키장

해설 경마장의 경우 '유원지'에 해당한다.

[참고] 국민의 건강증진 등을 위한 체육활동에 적합한 시설과 형태를 갖춘 종합운동장·실내체육관·야구장·골프장·스키장·승마장·경륜장 등 체육시설의 토지와 이에 접속된 부속시설물의 부지는 '체육용지'로 한다. 다만, 체육시설로서의 영속성과 독립성이 미흡한 정구장·골프연습장·실내수영장 및 체육도장, 유수(流水)를 이용한 요트장 및 카누장, 산림 안의 야영장 등의 토지를 제외한다.

97 도로명주소법 시행령상 도로의 폭이 12m 이상 40m 미만이거나 왕복 2차로 이상 8차로 미만인 도로를 무엇이라 하는가?

① 대로   ② 소로
③ 로   ④ 길

해설 도로명주소법 시행령 제3조(도로의 유형 및 통로의 종류)
① 도로명주소법(이하 "법"이라 한다) 제2조 제1호에 따른 도로는 유형별로 다음 각 호와 같이 구분한다.
  1. 지상도로 : 주변 지대(地帶)와 높낮이가 비슷한 도로(제2호의 입체도로가 지상도로의 일부에 연속되는 경우를 포함한다)로서 다음 각 목의 도로
    가. 도로교통법 제2조 제3호에 따른 고속도로(이하 "고속도로"라 한다)
    나. 그 밖의 도로
      1) 대로 : 도로의 폭이 40m 이상이거나 왕복 8차로 이상인 도로
      2) 로 : 도로의 폭이 12m 이상 40m 미만이거나 왕복 2차로 이상 8차로 미만인 도로
      3) 길 : 대로와 로 외의 도로

98 다음 중 공유지연명부의 등록사항으로 틀린 것은?

① 토지의 소재   ② 지번
③ 소유권지분   ④ 대지권비율

해설 대지권비율은 대지권등록부에 등록된다.

99 지적 관련 법령에 따른 지목 설정의 원칙이 아닌 것은?

① 임시적 변경 불변의 원칙
② 1필 1지목의 원칙
③ 주지목 추종의 원칙
④ 자연지목의 원칙

해설 지목의 설정원칙
㉠ 법정지목의 원칙 : 현행 공간정보의 구축 및 관리 등에 관한 법률에서 지목은 28개의 지목으로 정해져 있으며, 그 외의 지목 등은 인정하지 않는다.
㉡ 1필 1목의 원칙 : 필지마다 하나의 지목을 설정한다.
㉢ 주지목 추종의 원칙 : 1필지가 2 이상의 용도로 활용되는 경우에는 주된 용도에 따라 지목을 설정한다.
㉣ 영속성의 원칙(일시변경 불변의 원칙) : 토지가 일시적 또는 임시적인 용도로 사용되는 때에는 지목을 변경하지 아니한다.
㉤ 사용목적 추종의 원칙 : 택지조성사업을 목적으로 공사가 준공된 토지는 미리 그 목적에 따라 지목을 '대'로 정할 수 있다.
㉥ 용도 경중의 원칙 : 지목이 중복되는 경우 중요한 토지의 사용목적·용도에 따라 지목을 설정한다.
㉦ 등록 선후의 원칙 : 지목이 중복되는 경우 먼저 등록된 토지의 사용목적·용도에 따라 지목을 설정한다.

정답 95 ④ 96 ① 97 ③ 98 ④ 99 ④

100 다음 중 지적공부를 청사 밖으로 반출할 수 없는 경우는?

① 지적측량검사를 위하여 필요한 경우
② 천재지변을 피하기 위하여 필요한 경우
③ 관할 시·도지사의 승인을 받은 경우
④ 화재로 지적공부의 소실 우려가 있는 경우

해설 지적공부의 반출
㉠ 천재지변이나 그 밖에 이에 준하는 재난을 피하기 위하여 필요한 경우
㉡ 관할 시·도지사 또는 대도시시장의 승인을 받은 경우

정답 100 ①

2023년 제2회 지적기사 필기 복원

제1과목 지적측량

01 배각법에 의하여 지적도근점측량을 시행할 경우 측각오차계산식으로 옳은 것은? (단, e는 각오차, T_1은 출발기지 방위각, $\sum \alpha$는 관측각의 합, n은 폐색변을 포함한 변수, T_2는 도착기지 방위각)

① $e = T_1 + \sum \alpha - 180°(n-1) + T_2$
② $e = T_1 + \sum \alpha - 180°(n-1) - T_2$
③ $e = T_1 - \sum \alpha - 180°(n-1) + T_2$
④ $e = T_1 - \sum \alpha - 180°(n-1) - T_2$

해설 도선법의 폐색오차
㉠ 배각법 : $e = T_1 + \sum \alpha - 180°(n-1) - T_2$
㉡ 방위각법 : $e = $ 관측방위각 $-$ 기지방위각

02 고저차가 1.9m인 기선의 관측거리가 248.48m일 때 경사에 대한 보정량은?

① $-8mm$ ② $-7mm$
③ $+7mm$ ④ $+8mm$

해설 $C_h = -\dfrac{H^2}{2L} = -\dfrac{1.9^2}{2 \times 248.84} = -7mm$

03 다음 중 경계의 제도기준에 대한 설명으로 옳은 것은?

① 경계는 0.1mm 폭의 선으로 제도한다.
② 1필지의 경계가 도곽선에 걸쳐 등록되어 있는 경우에는 도곽선 밖의 여백에 경계를 제도할 수 없다.
③ 경계점좌표등록부 등록지역의 도면에 등록할 경계점 간 거리는 붉은색, 1.5mm 크기의 아라비아숫자로 제도한다.
④ 지적기준점 등이 매설된 토지를 분할하는 경우 그 토지가 작아서 제도하기가 곤란한 때에는 그 도면의 여백에 그 축척의 15배로 확대하여 제도할 수 있다.

해설 1필지의 경계가 도곽선에 걸쳐 등록되어 있는 경우에는 도곽선 밖의 여백에 경계를 제도하거나 도곽선을 기준으로 다른 도면에 나머지 경계를 제도한다. 이 경우 다른 도면에 경계를 제도하는 때에는 지번 및 지목은 붉은색으로 한다.

04 필지를 분할하는 경우 분할 후의 면적이 분할 전 면적의 80% 이상이 되는 필지의 면적을 측정할 때에는 분할 전 면적의 20% 미만이 되는 필지의 면적을 먼저 측정한 후 분할 전 면적에서 그 측정된 면적을 빼는 방법으로 할 수 있다. 이러한 방법으로 필지를 분할할 수 있는 기준면적은 얼마 이상인가?

① $4,000m^2$
② $5,000m^2$
③ $6,000m^2$
④ $7,000m^2$

해설 면적이 $5,000m^2$ 이상인 필지를 분할하는 경우 분할 후의 면적이 분할 전 면적의 80% 이상이 되는 필지의 면적을 측정할 때에는 분할 전 면적의 20% 미만이 되는 필지의 면적을 먼저 측정한 후 분할 전 면적에서 그 측정된 면적을 빼는 방법으로 할 수 있다. 다만, 동일한 측량결과도에서 측정할 수 있는 경우와 좌표면적계산법에 따라 면적을 측정하는 경우에는 그러하지 아니하다.

05 경위의측량방법에 따른 세부측량을 실시하는 경우 축척변경시행지역에 대한 측량결과도의 기본적인 축척은?

① 1/500
② 1/1,000
③ 1/1,200
④ 1/6,000

해설 지적확정측량시행지역(농지의 구획정리시행지역은 제외한다)과 축척변경시행지역은 500분의 1로, 농지의 구획정리시행지역은 1,000분의 1로 하되 필요한 경우에는 미리 시·도지사의 승인의 받아 6,000분의 1까지 작성할 수 있다.

정답 1 ② 2 ② 3 ① 4 ② 5 ①

06 지적삼각점측량에서 수평각의 측각공차에 대한 기준으로 옳은 것은?

① 기지각과의 차는 ±40초 이상
② 삼각형 내각관측치의 합과 180도와의 차는 ±40초 이내
③ 1측회의 폐색차는 ±30초 이상
④ 1방향각은 30초 이내

해설 **지적삼각점측량 시 수평각의 측각공차**

종별	1방향각	1측회의 폐색	삼각형 내각관측 합과 180도와의 차	기지각과의 차
공차	30초 이내	±30초 이내	±30초 이내	±40초 이내

07 지적도근점측량에 따라 계산된 연결오차가 허용범위 이내인 경우 그 오차의 배분방법이 옳은 것은?

① 배각법에 따르는 경우 각 측선장에 비례하여 배분한다.
② 배각법에 따르는 경우 각 측선장에 반비례하여 배분한다.
③ 배각법에 따르는 경우 각 측선의 종선차 또는 횡선차의 길이에 비례하여 배분한다.
④ 방위각법에 따르는 경우 각 측선의 종선차 또는 횡선차의 길이에 반비례하여 배분한다.

해설 지적도근점측량에 따라 계산된 연결오차가 허용범위 이내인 경우 그 오차의 배분은 다음의 기준에 따른다.

배각법	방위각법
트랜싯법칙 $\dfrac{\Delta l}{l} < \dfrac{\theta''}{\rho''}$	컴퍼스법칙 $\dfrac{\Delta l}{l} = \dfrac{\theta''}{\rho''}$
종선차, 횡선차에 비례배분	측선장에 비례배분
$T = -\dfrac{e}{L}l$	$C = -\dfrac{e}{L}l$
T : 각 측선의 종선차 또는 횡선차에 배분할 cm 단위의 수치 e : 종선오차 or 횡선오차 L : 종선차 or 횡선차의 절대치의 합계 l : 각 측선의 종선차 or 횡선차	C : 각 측선의 종선차 또는 횡선차에 배분할 cm 단위의 수치 e : 종선오차 or 횡선오차 L : 각 측선장의 총합계 l : 각 측선의 측선장

08 지적삼각점측량에서 A점의 종선좌표가 1,000m, 횡선좌표가 2,000m, AB 간의 평면거리가 3210.987m, AB 간의 방위각이 333°33′33.3″일 때의 B점의 횡선좌표는?

① 496.789m ② 570.237m
③ 798.466m ④ 1322.123m

해설 $Y_B = X_A + l\sin\theta$
$= 2,000 + 3210.987 \times \sin 333°33′33.3″$
$= 570.237\text{m}$

09 면적을 측정하는 경우 도곽선의 길이에 최소 얼마 이상의 신축이 있는 때에 이를 보정하여야 하는가?

① 0.2mm ② 0.3mm
③ 0.5mm ④ 0.7mm

해설 면적을 측정하는 경우 도곽선의 길이에 0.5mm 이상의 신축이 있을 때에는 이를 보정하여야 한다.

10 지적측량기준점표지의 설치기준에 대한 설명으로 옳은 것은?

① 지적도근점표지의 점간거리는 평균 300m 이상 600m 이하로 한다.
② 지적삼각점표지의 점간거리는 평균 5km 이상 10km 이하로 한다.
③ 다각망도선법에 의한 지적삼각보조점표지의 점간거리는 평균 2km 이상 5km 이하로 한다.
④ 다각망도선법에 의한 지적도근점표지의 점간거리는 평균 500m 이하로 한다.

해설 **지적기준점표지의 설치기준**

지적기준점	점간거리	표기
지적삼각점	지적삼각점표지의 점간거리는 평균 2km 이상 5km 이하로 할 것	⊕
지적삼각보조점	지적삼각보조점표지의 점간거리는 평균 1km 이상 3km 이하로 할 것. 다만, 다각망도선법에 따르는 경우에는 평균 0.5km 이상 1km 이하로 한다.	●
지적도근점	지적도근점표지의 점간거리는 평균 50m 이상 500m 이하로 할 것	○

정답 6 ④ 7 ③ 8 ② 9 ③ 10 ④

11 고초원점의 평면직각종횡선수치는 얼마인가?

① $X=0m$, $Y=0m$
② $X=10,000m$, $Y=30,000m$
③ $X=500,000m$, $Y=200,000m$
④ $X=550,000m$, $Y=200,000m$

해설 구소삼각원점의 수치는 $X=0m$, $Y=0m$이다.

12 축척 1/1,200지역에서 도곽선의 신축량이 +2.0mm 일 때 도곽의 신축에 따른 면적보정계수는?

① 0.99328
② 0.99224
③ 0.98929
④ 0.98844

해설 $Z = \dfrac{XY}{\Delta X \Delta Y} = \dfrac{333.33 \times 416.67}{(333.33+2) \times (416.67+2)}$
$= 0.98929$

13 지적삼각보조점의 수평각을 관측하는 방법에 대한 기준으로 옳은 것은?

① 도선법에 따른다.
② 2대회의 방향관측법에 따른다.
③ 3대회의 방향관측법에 따른다.
④ 관측지역에 따라 방위각법과 배각법을 혼용한다.

해설 지적삼각보조점측량 시 수평각은 2대회의 방향관측법에 의한다.

14 지적삼각점의 관측에 있어 광파측거기는 표준편차가 얼마 이상인 정밀측거기를 사용하여야 하는가?

① ±(5mm+5ppm)
② ±(5cm+5ppm)
③ ±(0.05mm+50ppm)
④ ±(0.05cm+50ppm)

해설 전파기 또는 광파기 측량방법에 따른 지적삼각점의 관측과 계산기준
㉠ 전파 또는 광파측거기는 표준편차가 ±(5mm+5ppm) 이상인 정밀측거기를 사용한다.
㉡ 점간거리는 5회 측정하여 그 측정치의 최대치와 최소치의 교차가 평균치의 10만분의 1 이하일 때에는 그 평균치를 측정거리로 하고, 원점에 투영된 평면거리에 따라 계산한다.
㉢ 삼각형의 내각은 세 변의 평면거리에 따라 계산하며, 기지각과의 차(差)는 ±40초 이내이어야 한다.

15 지적측량 중 지적기준점을 정하기 위한 기초측량을 3가지로 분류할 때 그 분류로 옳지 않은 것은?

① 지적삼각점측량
② 지적삼각보조점측량
③ 지적도근점측량
④ 지적사진측량

해설 기초측량 : 지적삼각점측량, 지적삼각보조점측량, 지적도근점측량

16 다음 중 착오(과대오차)에 해당하는 것은?

① 토털스테이션의 수평축이 수직축과 직각을 이루지 않아 발생한 오차
② 토털스테이션의 망원경축과 수준기포관축이 평행하지 않아 발생한 오차
③ 토털스테이션으로 측정한 거리 169.56m를 196.56m으로 잘못 읽어 발생한 오차
④ 토털스테이션의 조정불량 및 측량사의 습관에 의하여 발생한 오차

해설 과대오차(착오)는 관측자의 부주의 및 미숙에 의해서 발생하는 오차로 야장의 오기, 눈금의 오독 등이 있다.

17 1/50,000 지형도상에서 36cm²인 토지를 경지정리 하고자 할 때 지상에서의 실제 면적은?

① 90ha
② 900ha
③ 1,200ha
④ 2,000ha

해설 $\left(\dfrac{1}{50,000}\right)^2 = \dfrac{36}{실제\ 면적}$
∴ 실제 면적 = 900ha

18 평판측량방법에 따른 세부측량의 기준 및 방법에 대한 설명 중 옳지 않은 것은?

① 지적도를 갖춰두는 지역에서의 거리측정단위는 5cm로 한다.
② 임야도를 갖춰두는 지역에서의 거리측정단위는 50cm로 한다.
③ 측량결과도는 축척 500분의 1로 작성한다.
④ 기지점이 부족한 경우에는 측량상 필요한 위치에 보조점을 설치하여 활용한다.

해설 경위의측량에 의해 세부측량을 실시한 지역으로 지적확정측량을 실시하였거나 축척변경을 실시하여 경계점을 좌표로 등록한 지역의 측량결과도는 1/500로 작성하여야 한다.

19 지적삼각보조점측량의 방법에 대한 설명으로 옳지 않은 것은?

① 교회법으로 시행한다.
② 망평균계산법으로 시행한다.
③ 전파기측량법으로 시행한다.
④ 광파기측량법으로 시행한다.

해설 망평균계산법은 지적삼각점측량의 계산방법이다.

20 평판측량방법에 따른 세부측량을 교회법으로 할 때 방향각의 교각은?

① 30° 이상 150° 이하로 한다.
② 20° 이상 130° 이하로 한다.
③ 30° 이상 120° 이하로 한다.
④ 50° 이상 130° 이하로 한다.

해설 세부측량의 기준 및 방법 등
㉠ 전방교회법 또는 측방교회법에 따른다.
㉡ 3방향 이상의 교회에 따른다.
㉢ 방향각의 교각은 30도 이상 150도 이하로 한다.
㉣ 방향선의 도상길이는 평판의 방위표정에 사용한 방향선의 도상길이 이하로서 10cm 이하로 한다. 다만, 광파조준의 또는 광파측거기를 사용하는 경우에는 30cm 이하로 할 수 있다.
㉤ 측량결과 시오(示誤)삼각형이 생긴 경우 내접원의 지름이 1mm 이하일 때에는 그 중심을 점의 위치로 한다.

제2과목 응용측량

21 사진의 크기 18cm×18cm, 초점거리 180mm의 카메라로 지면으로부터 비고가 100m인 구릉지에서 촬영한 연직사진의 축척이 1 : 40,000이었다면 이 사진의 비고에 의한 최대변위량은?

① ±18mm   ② ±9mm
③ ±1.8mm   ④ ±0.9mm

해설 $\Delta r_{max} = \dfrac{h}{H} r_{max}$
$= \dfrac{100}{40,000 \times 0.18} \times \dfrac{\sqrt{2}}{2} \times 0.18$
$= 1.8\text{mm}$

22 원곡선 설치를 위하여 교각(I)이 60°, 반지름이 200m, 중심말뚝거리가 20m일 때 노선기점에서 교점까지의 추가거리가 630.29m라면 시단현의 편각은?

① 0°24′31″   ② 0°34′31″
③ 0°44′31″   ④ 0°54′31″

해설 ㉠ 접선장(T.L) $= R \tan \dfrac{I}{2} = 200 \times \tan \dfrac{60°}{2}$
$= 115.470\text{m}$
㉡ 곡선의 시점(B.C) $= 630.29 - 115.470 = 514.82\text{m}$
㉢ 시단현의 길이(l_1) $= 520 - 514.82 = 5.18\text{m}$
㉣ 시단편각(δ_1) $= \dfrac{l_1}{R} \cdot \dfrac{90°}{\pi} = \dfrac{5.18}{200} \times \dfrac{90°}{\pi} = 0°44′32″$

23 다음 그림과 같이 원곡선(AB)을 설치하려고 하는데 그 교점(I.P)에 갈 수 없어 ∠ACD=150°, ∠CDB=90°, $\overline{CD}$=100m를 관측하였다. C점에서 곡선시점(B.C)까지의 거리는? (단, 곡선반지름 R=150m)

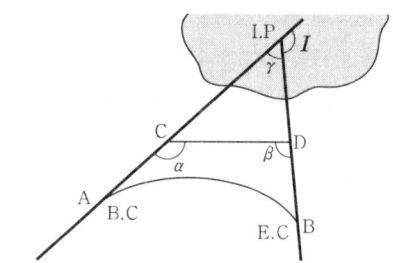

① 115.47m   ② 125.25m
③ 144.34m   ④ 259.81m

해설 ㉠ 교각(I) = 30° + 90° = 120°
㉡ 접선장(T.L) $= R \tan \dfrac{I}{2} = 150 \times \tan \dfrac{120°}{2}$
$= 259.81\text{m}$
㉢ $\dfrac{100}{\sin 60°} = \dfrac{\text{C점}\sim\text{I.P거리}}{\sin 90°}$
∴ C점~I.P거리 = 115.47m
㉣ C점에서 B.C까지의 거리 = 259.81 - 115.47
= 144.34m

24 항공삼각측량의 광속조정법(Bundle Adjustment)에서 사용하는 입력좌표는?

① 사진좌표   ② 모델좌표
③ 스트립좌표   ④ 기계좌표

해설 **항공삼각측량조정방법**
  ㉠ 다항식법 : 스트립을 기본단위로 조정
  ㉡ 독립모델법 : 모델을 기본단위로 조정
  ㉢ 광속조정법 : 사진을 기본단위로 조정

25 사진의 특수 3점은 주점, 등각점, 연직점을 말하는데, 이 특수 3점이 일치하는 사진은?

① 수평사진   ② 저각도경사사진
③ 고각도경사사진 ④ 엄밀수직사진

해설 사진의 특수 3점은 주점, 연직점, 등각점이며, 이 3점이 일치하는 경우에는 엄밀수직사진이다.

26 우리나라 지형도 1:50,000에서 조곡선의 간격은?

① 2.5m   ② 5m
③ 10m   ④ 20m

해설 **등고선**

종류	1/5,000, 1/10,000	1/25,000	1/50,000
주곡선	5m	10m	20m
간곡선	2.5m	5m	10m
조곡선	1.25m	2.5m	5m
계곡선	25m	50m	100m

27 수준측량의 야장기입법 중 중간점(I.P)이 많을 때 가장 적합한 방법은?

① 승강식   ② 고차식
③ 기고식   ④ 방사식

해설 정밀한 수준측량은 할 수 없으나 중간점이 많은 경우 적합한 야장기입법은 기고식이다.

28 완화곡선의 성질에 대한 설명으로 옳지 않은 것은?

① 완화곡선의 접선은 시점에서 직선에 접한다.
② 완화곡선의 접선은 종점에서 원호에 접한다.
③ 완화곡선에 연한 곡선반지름의 감소율은 캔트의 증가율과 같다.
④ 곡선반지름은 완화곡선의 시점에서 원곡선의 반지름과 같다.

해설 완화곡선의 반지름은 시점에서 무한대이며, 종점에서는 원곡선의 반지름과 같게 된다.

29 GNSS(Global Navigation Satellite System)측량의 Cycle Slip에 대한 설명으로 옳지 않은 것은?

① GNSS반송파 위상추적회로에서 반송파 위상차값의 순간적인 차단으로 인한 오차이다.
② GNSS안테나 주위의 지형·지물에 의한 신호단절현상이다.
③ 높은 위성고도각에 의하여 발생하게 된다.
④ 이동측량의 경우 정지측량의 경우보다 Cycle Slip의 다양한 원인이 존재한다.

해설 **사이클슬립의 원인**
  ㉠ 낮은 위성의 고도각
  ㉡ 높은 신호잡음
  ㉢ 낮은 신호강도
  ㉣ 이동차량에서 주로 발생

30 다음 그림과 같은 경사지에 폭 6.0m의 도로를 개설하고자 한다. 절토기울기 1:0.5, 절토높이 2.0m, 성토기울기 1:1, 성토높이 5m로 한다면 필요한 용지폭은? (단, 양쪽의 여유폭은 1m로 한다)

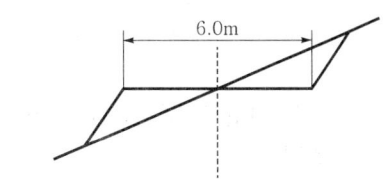

① 17.0m   ② 14.0m
③ 12.5m   ④ 11.5m

해설
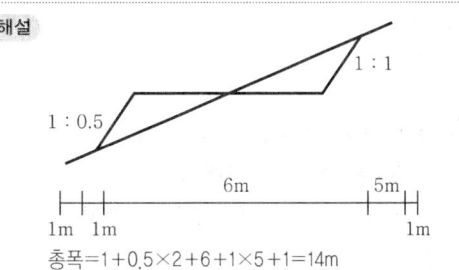
총폭=1+0.5×2+6+1×5+1=14m

31 곡선의 종류 중 완화곡선이 아닌 것은?

① 복심곡선   ② 3차 포물선
③ 렘니스케이트 ④ 클로소이드

해설 복심곡선은 반지름이 다른 원곡선이 접속점에서 하나의 공통접선을 가지며 곡선의 중심이 서로 같은 방향에 있는 곡선으로, 원곡선에 해당하며 완화곡선에 해당하지 않는다.

정답 25 ④ 26 ② 27 ③ 28 ④ 29 ③ 30 ② 31 ①

32 다음 중 인공위성의 궤도요소에 포함되지 않는 것은?

① 승교점의 적경   ② 궤도경사각
③ 관측점의 위도   ④ 궤도의 이심률

해설 인공위성의 궤도요소
  ㉠ 승교점의 적경
  ㉡ 궤도경사각
  ㉢ 근지점의 독립변수
  ㉣ 장반경
  ㉤ 이심률
  ㉥ 궤도주기

33 터널측량에서 측점 A, B를 천장에 설치하고 A점으로부터 경사거리 46.35m, 경사각 +17°20′, A점의 천장으로부터 기계고 1.45m, B점의 측표높이 1.76m를 관측하였을 때 AB의 고저차는?

① 17.02m
② 10.60m
③ 13.50m
④ 14.12m

해설 $h = 1.45 + 46.35 \times \sin 17°20′ - 1.76 = 14.12$m

34 상호표정의 인자 중 촬영방향(x축)을 회전축으로 한 회전운동인자는?

① ϕ ② ω
③ κ ④ b_y

해설 상호표정의 인자 중 촬영방향(x축)을 회전축으로 한 회전운동인자는 ω이다.

35 표척 2개를 사용하여 수준측량할 때 기계의 배치횟수를 짝수로 하는 주된 이유는?

① 표척의 영점오차를 제거하기 위하여
② 표척수의 안전한 작업을 위하여
③ 작업능률을 높이기 위하여
④ 레벨의 조정이 불완전하기 때문에

해설 표척의 0눈금오차를 소거하기 위해 레벨을 세우는 횟수는 짝수로 한다.

36 등고선의 성질에 대한 설명으로 틀린 것은?

① 등고선은 최대경사선과 직교한다.
② 동일 등고선상에 있는 모든 점은 높이가 같다.
③ 등고선은 절벽이나 동굴의 지형을 제외하고는 교차하지 않는다.
④ 등고선은 폭포와 같이 도면 내·외 어느 곳에서도 폐합되지 않는 경우가 있다.

해설 등고선은 도면 안 또는 밖에서 반드시 폐합된다.

37 내부표정에 대한 설명으로 옳은 것은?

① 기계좌표계 → 지표좌표계 → 사진좌표계로 변환
② 지표좌표계 → 기계좌표계 → 사진좌표계로 변환
③ 지표좌표계 → 사진좌표계 → 기계좌표계로 변환
④ 기계좌표계 → 사진좌표계 → 지표좌표계로 변환

해설 내부표정은 기계좌표계 → 지표좌표계 → 사진좌표계로 변환한다.

38 터널측량을 하여 터널시점(A)과 종점(B)의 좌표와 높이(H)가 다음과 같을 때 터널의 경사도는?

A(1125.68, 782.46), B(1546.73, 415.37)
$H_A = 49.25$, $H_B = 86.39$ (단위 : m)

① 3°25′14″
② 3°48′14″
③ 4°08′14″
④ 5°08′14″

해설 ㉠ $\overline{AB}$ 거리
  $= \sqrt{(1546.73 - 1125.68)^2 + (415.37 - 782.46)^2}$
  $= 558.60$m
㉡ 표고차(h) $= 86.39 - 49.25 = 37.14$m
㉢ 경사각 $= \tan^{-1} \dfrac{37.14}{558.60} = 3°48′14″$

정답 32 ③ 33 ④ 34 ② 35 ① 36 ④ 37 ① 38 ②

39 지형도에서 등고선에 둘러싸인 면적을 구하는 방법으로 가장 적합한 것은?

① 전자면적측정기에 의한 방법
② 방안지에 의한 방법
③ 좌표에 의한 방법
④ 삼사법

해설 경계선이 곡선으로 둘러싸인 경우에 면적을 구하는 방법에 방안지를 이용하는 방법, 구적기를 이용하는 방법, 심프슨 제1법칙, 심프슨 제2법칙 등이 있다.

40 촬영고도 1,500m에서 찍은 인접 사진에서 주점기선의 길이가 15cm이고, 어느 건물의 시차차가 3mm이었다면 건물의 높이는?

① 10m ② 30m
③ 50m ④ 70m

해설 $h = \dfrac{H}{b_0}\Delta p = \dfrac{1,500}{150} \times 3 = 30\text{m}$

제3과목 토지정보체계론

41 다음 중 벡터자료구조의 기본적인 단위에 해당되지 않는 것은?

① 픽셀 ② 점
③ 선   ④ 면

해설 벡터자료구조는 현실 세계의 객체 및 객체와 관련되는 모든 형상이 점(0차원), 선(1차원), 면(2차원)을 이용하여 표현하는 것으로 객체들의 지리적 위치를 방향성과 크기로 나타낸다.

42 토지정보체계의 데이터 관리에서 파일처리방식의 문제점이 아닌 것은?

① 시스템 구성이 복잡하고 비용이 많이 소요된다.
② 데이터의 독립성을 지원하지 못한다.
③ 사용자 접근을 제어하는 보안체제가 미흡하다.
④ 다수의 사용자환경을 지원하지 못한다.

해설 파일처리시스템은 시스템의 구성이 간단하고 비용이 적게 든다.

43 다음 중 벡터구조에 비해 격자구조가 갖는 장점이 아닌 것은?

① 네트워크분석에 효과적이다.
② 자료의 중첩에 대한 조작이 용이하다.
③ 자료구조가 간단하다.
④ 원격탐사자료와의 연계처리가 용이하다.

해설 벡터자료구조

장점	단점
• 복잡한 현실 세계의 묘사가 가능하다. • 압축된 자료구조를 제공하므로 데이터 용량의 축소가 용이하다. • 위상에 관한 정보가 제공되므로 관망분석과 같은 다양한 공간분석이 가능하다. • 그래픽의 정확도가 높고 그래픽과 관련된 속성정보의 추출, 일반화, 갱신 등이 용이하다.	• 자료구조가 복잡하다. • 여러 레이어의 중첩이나 분석에 기술적으로 어려움이 수반된다. • 각각의 그래픽구성요소는 각기 다른 위상구조를 가지므로 분석에 어려움이 크다. • 일반적으로 값비싼 하드웨어와 소프트웨어가 요구되므로 초기 비용이 많이 든다.

44 공간데이터의 수집절차로 옳은 것은?

① 데이터 획득 → 수집계획 → 데이터 검증
② 수집계획 → 데이터 검증 → 데이터 획득
③ 수집계획 → 데이터 획득 → 데이터 검증
④ 데이터 검증 → 데이터 획득 → 수집계획

해설 공간데이터 수집절차 : 수집계획 → 데이터 획득 → 데이터 검증

45 기어구동식 자동제도기의 정도변화범위로 맞는 것은?

① 0.01mm 이내 ② 0.02mm 이내
③ 0.03mm 이내 ④ 0.05mm 이내

해설 기어구동식 자동제도기의 정도변화범위는 0.02mm 이내이다.

46 다음 중 관계형 데이터베이스에서 자료의 추출(검색)에 사용되는 표준언어인 비과정질의어는?

① SQL   ② Visual Basic
③ Visual C++   ④ COBOL

해설 SQL은 'Structured Query Language'의 약자이며 "sequel(시퀄)"이라 발음한다. 관계형 데이터베이스에 사용되는 관계대수와 관계해석을 기초로 한 통합데이터 언어를 말한다.

정답 39 ① 40 ② 41 ① 42 ① 43 ① 44 ③ 45 ② 46 ①

47 공간자료의 입력방법인 스캐닝에 대한 설명으로 옳지 않은 것은?

① 스캐너를 이용하여 정보를 신속하게 입력시킬 수 있다.
② 스캐너는 광학주사기 등을 이용하여 레이저 광선을 도면에 주사하여 반사되는 값에 수치값을 부여하여 데이터의 영상자료를 만드는 것이다.
③ 스캐너 영상자료는 소프트웨어를 이용하여 벡터라이징을 통해 수치지도로 제작된다.
④ 스캐닝은 문자나 그래픽심볼과 같은 부수적 정보를 많이 포함한 도면을 입력하는 데 적합하다.

해설 스캐닝은 문자나 그래픽심볼과 같은 부수적 정보를 많이 포함한 도면을 입력하는 데 적합하지 않다.

48 다음 중 두 개 또는 더 많은 레이어들에 대하여 불(boolean)의 OR연산자를 적용하여 합병하는 방법으로 기준이 되는 레이어의 모든 특징이 결과레이어에 포함되는 중첩분석방법은?

① Intersect　　② Union
③ Identity　　　④ Clip

해설 중첩의 주요 유형
㉠ union(합집합) : 여러 개의 레이어에 있는 모든 도형정보를 OR연산자를 이용하여 모두 통합 추출한다. 겹치는 도형이 있는 경우 겹쳐지는 부분이 분할되며, 분할된 객체는 각 레이어에 있던 모든 속성정보를 지닌 형태로 독립적인 객체가 된다.
㉡ intersect(교집합) : 대상레이어에서 적용레이어를 AND 연산자를 사용하여 중첩시켜 적용레이어에 각 폴리곤과 중복되는 도형 및 속성정보만을 추출한다.
㉢ identity : 대상레이어의 모든 도형정보가 적용레이어 내의 각 폴리곤에 맞게 분할되어 추출되며 속성정보는 대상레이어의 정보 외에 적용레이어가 적용된 부분만 속성값이 추가되고, 나머지 부분은 빈 속성값이 생성된다.

49 래스터데이터의 일반적인 자료압축방법이 아닌 것은?

① Chain Code
② Block Code
③ Structure Code
④ Run-length Code

해설 래스터자료의 압축방법(저장구조)
㉠ 행렬기법 : 각 행과 열의 쌍에 하나의 값을 저장하는 방식이다.
㉡ Run-length코드기법 : 런이란 하나의 행에서 동일한 속성값을 갖는 셀을 의미하며, 각 행마다 왼쪽에서 오른쪽으로 진행하면서 동일한 수치를 갖는 셀들을 묶어 압축시키는 방법이다.
㉢ 체인코드기법 : 대상지역에 해당하는 격자들의 연속적인 연결상태를 파악하여 동일한 지역의 정보를 제공하는 방법으로 자료의 시작점에서 동서남북으로 방향을 이동하는 단위거리를 통해서 표현하는 기법이다.
㉣ 블록코드기법 : Run-length코드기법에 기반을 둔 것으로 2차원 정방형 블록으로 분할하여 객체에 대한 데이터를 구축하는 방법이다. 이때의 자료구조는 원점으로부터의 좌표(x, y) 및 정사각형의 한 변의 길이로 구성되는 세 개의 숫자만으로 표시가 가능하다.
㉤ 사지수형기법 : 크기가 다른 정사각형을 이용하는 방법으로 하나의 속성값이 존재할 때까지 반복하는 방법으로 자료의 압축이 좋다.
㉥ R-tree기법 : B-tree의 2차원 확장인 R-tree는 사각형과 기타 다각형을 인덱싱하는 데 유용하다.

50 스파게티(Spaghetti)모형에 대한 설명이 옳지 않은 것은?

① 하나의 점이 x, y좌표를 기본으로 하고 있어 다른 모형에 비하여 구조가 복잡하고 이해하기 어렵다.
② 데이터 파일을 이용한 지도를 인쇄하는 단순 작업의 경우에 효율적인 도구로 사용되었다.
③ 상호연관성에 관한 정보가 없어 인접한 객체들의 특징과 관련성, 연결성을 파악하기 힘들었다.
④ 객체들 간에 정보를 갖지 못하고 국수 가락처럼 좌표들이 길게 연결되어 있는 구조를 말한다.

해설 스파게티모델은 공간자료를 점, 선, 면의 단순한 좌표목록으로 저장하여 구조가 간단하다.

51 지적도면을 전산화하고자 하는 경우 정비하여야 할 대상정보가 아닌 것은?

① 색인도　　　② 도곽선
③ 필지경계　　④ 지번색인표

정답 47 ④　48 ②　49 ③　50 ①　51 ④

해설 도면전산화 시 정비대상은 경계, 색인도, 도곽선 및 수치, 도면번호, 행정구역선 등이다.

52 다음 중 평면직각좌표계의 이점이 아닌 것은?

① 평판측량, 항공사진측량 등 많은 측량작업과 호환성이 좋다.
② 평면직각좌표로부터 거리, 수평각, 면적을 계산하기 편리하다.
③ 관측값으로부터 평면직각좌표를 계산하기 편리하다.
④ 지도 구면상에 표시하기가 쉽다.

해설 평면직각좌표계
㉠ 평판측량, 항공사진측량 등 많은 측량작업과 호환성이 좋다.
㉡ 평면직각좌표로부터 거리, 수평각, 면적을 계산하기 편리하다.
㉢ 관측값으로부터 평면직각좌표를 계산하기 편리하다.
㉣ 지도 구면상에 표현하기가 어렵다.

53 다음과 같은 수식으로 주어지는 것은 어떤 좌표변환인가? (단, λ : 축척변환, (x_0, y_0) : 원점의 변위량, θ : 회전변환, (x', y') : 보정된 좌표, (x, y) : 보정 전 좌표)

$$\begin{bmatrix} x' \\ y' \end{bmatrix} = \lambda \begin{bmatrix} \cos\theta & -\sin\theta \\ \sin\theta & \cos\theta \end{bmatrix} \begin{bmatrix} x \\ y \end{bmatrix} + \begin{bmatrix} x_0 \\ y_0 \end{bmatrix}$$

① 어파인(Affine)변환
② 투영변환
③ 등각사상변환
④ 의사어파인(Pseudo-Affine)변환

해설 등각사상변환(Conformal Coordinate Transformation)
㉠ 모든 방향의 축척이 일정할 때 적용되는 변환으로 기하적인 각도를 그대로 유지하면서 좌표변환하는 것이다.
㉡ 미지수는 총 4개로 축척변환(λ), 회전변환(θ), 원점의 변위량(x_0, y_0)이다.
㉢ 등각사상변환공식

$$\begin{bmatrix} X \\ Y \end{bmatrix} = S \begin{bmatrix} \cos\theta & -\sin\theta \\ \sin\theta & \cos\theta \end{bmatrix} \begin{bmatrix} X' \\ Y' \end{bmatrix} + \begin{bmatrix} T_x \\ T_y \end{bmatrix}$$

$$= \begin{bmatrix} a & -b \\ b & a \end{bmatrix} \begin{bmatrix} X' \\ Y' \end{bmatrix} + \begin{bmatrix} T_x \\ T_y \end{bmatrix}$$

54 다음 자료들 중에서 지형, 지세 등 표면표현 및 등고선, 3차원 표현 등 표면모델링에 이용되는 것은?

① Coverage   ② Layer
③ TIN   ④ Image

해설 불규칙삼각망(TIN)데이터 분석
㉠ 연속적인 표면을 표현하기 위한 방법의 하나로서 표본 추출된 표고점들을 선택적으로 연결하여 형성된 크기와 모양이 정해지지 않고 서로 겹치지 않는 삼각형으로 이루어진 그물망의 모양으로 표현하는 것을 비정규삼각망이라 한다.
㉡ 지형의 특성을 고려하여 불규칙적으로 표본지점을 추출하기 때문에 경사가 급한 곳은 작은 삼각형이 많이 모여 있는 모양으로 나타난다.
㉢ 격자형 수치표고모델과는 달리 추출된 표본지점들은 x, y, z값을 가지고 있고, 벡터데이터 모델로 위상구조를 가지고 있다.
㉣ 각 면의 경사도나 경사의 방향이 쉽게 구해지며 복잡한 지형을 표현하는 데 매우 효과적이다.
㉤ TIN을 활용하여 방향, 경사도분석, 3차원 입체지형 생성 등 다양한 분석을 수행할 수 있다.

55 계층형(hierarchical), 네트워크형(network), 관계형(relational) 데이터베이스 모델 간의 가장 큰 차이점은 무엇인가?

① 데이터의 물리적 구조
② 관계의 표현방식
③ 속성자료의 표현방법
④ 데이터 모델의 구축환경

해설 계층형(tree), 네트워크형(graph), 관계형(table) 구조는 관계의 표현방식에 따라 차이가 있다.

56 GIS의 자료분석과정 중 도형자료와 속성자료가 구축된 레이어 간의 정보를 합성하거나 수학적 변환기능을 이용하여 정보를 통합하는 분석방법은?

① 중첩분석   ② 표면분석
③ 합성분석   ④ 검색분석

해설 각각의 자료집단이 주어진 기초도를 기초로 좌표계의 통일이 되면 둘 또는 그 이상의 자료관측에 대하여 분석될 수 있으며, 이 기법을 중첩 또는 합성이라 한다. 주로 적지 선정에 이용된다.

정답 52 ④ 53 ③ 54 ③ 55 ② 56 ①

57 GIS데이터의 표준화유형에 해당하지 않는 것은?

① 데이터 모형(Data Model)의 표준화
② 데이터 내용(Data Content)의 표준화
③ 데이터 정책(Data Institute)의 표준화
④ 위치참조(Location Reference)의 표준화

해설 표준유형의 분류(데이터 측면)

구분		내용
내적 요소	데이터 모형표준	공간데이터의 개념적이고 논리적인 틀을 정의한다.
	데이터 내용표준	다양한 공간현상에 대하여 데이터 교환에 의해 필요한 데이터를 얻기 위해 공간형상과 관련 속성자료들이 정의된다.
	메타데이터 표준	사용되는 공간데이터의 의미, 맥락, 내·외부적 관계 등에 대한 정보로 정의된다.
외적 요소	데이터 품질표준	만들어진 공간데이터가 얼마나 유용하고 정확한지, 의미가 있는지에 대한 검증과정을 정의한다.
	데이터 수집표준	디지타이징, 스캐닝 등 공간데이터를 수집하기 위한 방법을 정의한다.
	위치참조 표준	공간데이터의 정확성, 의미, 공간적 관계 등을 객관적인 기준(좌표계, 투영법, 기준점)에 의해 정의한다.

58 다음 중 지적재조사사업의 목적으로 가장 거리가 먼 것은?

① 지적불부합지문제 해소
② 토지의 경계복원능력 향상
③ 지하시설물관리체계 개선
④ 능률적인 지적관리체제 개선

해설 지적재조사사업의 목적 및 기대효과
㉠ 지적불부합지의 해소
㉡ 능률적인 지적관리체제 개선
㉢ 경계복원능력의 향상
㉣ 지적관리를 현대화하기 위한 수단
㉤ 지적공부의 정확도 및 지적에 포함되는 요소들의 확장

59 SQL언어 중 데이터 조작어(DML)에 해당하지 않는 것은?

① INSERT   ② UPDATE
③ DELETE   ④ DROP

해설 데이터 언어

데이터 언어	종류
정의어 (DDL)	생성 : CREATE, 주소변경 : ALTER, 제거 : DROP
조작어 (DML)	검색 : SELECT, 삽입 : INSERT, 삭제 : DELETE, 갱신 : UPDATE
제어어 (DCL)	권한부여 : GRANT, 권한해제 : REVOKE, 데이터 변경완료 : COMMIT, 데이터 변경취소 : ROLLBACK

60 데이터베이스 구축과정에서 검수에 대한 설명으로 옳은 것은?

① 검수란 최종성과에 대해 실시하는 것이다.
② 검수는 데이터베이스 구축과정에서 단계별로 실시한다.
③ 출력검수는 화면출력에 대해 검수하는 것이다.
④ 검수방법 중에서 컴퓨터에 의해 자동처리되는 프로그램검수가 가장 우수하다.

해설 검수는 데이터베이스 구축과정에서 단계별로 실시하며 컴퓨터에 의해 자동처리되는 프로그램검수보다 작업자의 육안에 의한 검수가 더 정확하다.

제4과목 지적학

61 다음 중 역토(驛土)에 대한 설명으로 옳지 않은 것은?

① 역토는 주로 군수비용을 충당하기 위한 토지이다.
② 역토의 수입은 국고수입으로 하였다.
③ 역토는 역참에 부속된 토지의 명칭이다.
④ 조선시대 초기에 역토에는 관둔전, 공수전 등이 있다.

해설 역토(驛土)란 신라시대부터 있던 제도로, 역참(관리의 공무에 필요한 숙박의 제공 등)에 부속된 토지이다.

62 지적제도의 발생설로 보기 어려운 것은?

① 과세설   ② 치수설
③ 지배설   ④ 계약설

정답 57 ③ 58 ③ 59 ④ 60 ④ 61 ① 62 ④

해설 **지적의 발생설** : 과세설, 치수설, 지배설, 침략설

63 지적공부열람신청과 가장 밀접한 관계가 있는 것은?
① 토지소유권 보존 ② 토지소유권 이전
③ 지적공개주의 ④ 지적형식주의

해설 지적공개주의란 토지에 관한 사항은 국가의 편의뿐만 아니라 국민 일반인에게도 공개함으로써 토지소유자 기타 이해관계인으로 하여금 이용할 수 있도록 한다는 원리이다. 즉 토지이동신고 및 신청, 경계복원측량, 지적공부등본 및 열람, 지적측량기준점등본 및 열람 등이 이에 해당한다.

64 일본의 지적 관련 법령으로 옳은 것은?
① 지적법 ② 부동산등기법
③ 국토기본법 ④ 지가공시법

해설 일본은 1960년 부동산등기법을 개정하여 토지대장과 등기부의 통합 일원화에 착수하여 1966년 3월 31일에 완료하였다.

65 우리나라의 지적 창설 당시 도로, 하천, 구거 및 소도서는 토지(임야)대장 등록에서 제외하였는데 가장 큰 이유는?
① 측량하기 어려워서
② 소유자를 알 수가 없어서
③ 경계선이 명확하지 않아서
④ 과세적 가치가 없어서

해설 토지조사사업의 조사대상은 예산, 인원 등 경제적 가치가 있는 것에 한하여 실시하였으므로 도로, 하천, 구거, 제방, 성첩, 철도선로, 수도선로는 지목만 조사하고 지반을 측량하거나 지번을 붙이지 않았다. 그 이유는 경제적 가치가 없기 때문이다.

66 지번의 부여방법 중 사행식에 대한 설명으로 옳지 않은 것은?
① 우리나라 지번의 대부분이 사행식에 의하여 부여되었다.
② 필지의 배열이 불규칙한 지역에서 많이 사용한다.
③ 도로를 중심으로 한쪽은 홀수로, 다른 한쪽은 짝수로 부여한다.
④ 각 토지의 순서를 빠짐없이 따라가기 때문에 뱀이 기어가는 형상이 된다.

해설 사행식은 필지의 배열이 불규칙한 경우에 적합한 방식으로 주로 농촌지역에 이용되며 우리나라에서 가장 많이 사용하고 있는 방법이기도 하다. 사행식으로 지번을 부여할 경우 지번이 일정하지 않고 상하, 좌우로 분산되는 단점이 있다.

67 지적제도의 발전단계별 특징이 옳지 않은 것은?
① 세지적 – 생산량
② 법지적 – 경계
③ 법지적 – 물권
④ 다목적 지적 – 지형지물

해설 **다목적 지적(Multipurpose Cadastre)**
㉠ 종합지적(유사지적, 경제지적, 통합지적)이라고도 한다.
㉡ 1필지를 단위로 토지 관련 정보를 종합적으로 등록하는 제도로서 토지에 관한 물리적 현황은 물론 법률적, 재정적, 경제적 정보를 포괄하는 제도이다.
㉢ 토지에 대한 평가, 과세, 거래, 이용계획, 지하시설물과 공공시설물 및 토지통계 등에 관한 정보를 공동으로 활용하기 위하여 최근에 개발된 지적제도이다.

68 다음 중 간주지적도에 관한 설명으로 틀린 것은?
① 임야도로서 지적도로 간주하게 된 것을 말한다.
② 간주지적도인 임야도에는 적색 1호선으로써 구역을 표시하였다.
③ 지적도 축척이 아닌 임야도 축척으로 측량하였다.
④ 대상은 토지조사시행지역에서 약 200간(間) 이상 떨어진 지역으로 하였다.

해설 **간주지적도**
㉠ 의의 : 토지조사지역 밖인 산림지대에도 전·답·대 등 과세지가 있더라도 구태여 지적도에 신규등록할 것 없이 그 지목만을 수정하여 임야도에 그냥 존치하도록 하되, 그에 대한 대장은 일반적인 토지대장과는 별도로 작성하여 별책토지대장, 을호토지대장, 산토지대장으로 불렀다. 이와 같이 지적도로 간주하는 임야도를 간주지적도라 한다.
㉡ 작성이유 : 조사지역 밖의 산림지대에 지적도에 올려야 할 토지가 있는 경우 신규측량한 후 지적도에 등록하여야 하나, 이러한 토지는 대략 토지조사시행지역에서 200간 떨어진 곳에 위치하여 기존의 지적도에 등록할 수 없는 경우, 증보도를 만들 경우 많은 노력과 경비가 소요되고 도면의 매수가 늘어나서 취급이 불편하여 간주지적도를 작성하게 되었다.

정답 63 ③ 64 ② 65 ④ 66 ③ 67 ④ 68 ②

69 다음 중 지번을 설정하는 이유와 가장 거리가 먼 것은?

① 토지의 특정화
② 지리적 위치의 고정성 확보
③ 입체적 토지표시
④ 토지의 개별화

해설 지번의 기능
㉠ 필지를 구별하는 개별성과 특정성의 기능을 가진다.
㉡ 거주지 또는 주소표기의 기준으로 이용된다.
㉢ 위치 파악의 기준이 된다.
㉣ 각종 토지 관련 정보시스템에서 검색키로서의 기능을 가진다.
㉤ 물권의 객체를 구분한다.
㉥ 등록공시단위이다.

70 토지이용의 입체화와 가장 관련성이 깊은 지적제도의 형태는?

① 세지적   ② 3차원 지적
③ 2차원 지적   ④ 법지적

해설 3차원 지적은 토지의 이용이 다양화됨에 따라 토지의 경계, 지목 등 지표의 물리적 현황은 물론 지상과 지하에 설치된 시설물 등을 수치의 형태로 등록공시 또는 관리를 지원하는 제도로 일명 입체지적이라고도 한다.

71 조선시대의 양안(量案)은 오늘날의 어느 것과 같은 성질의 것인가?

① 토지과세대장   ② 임야대장
③ 토지대장   ④ 부동산등기부

해설 양안은 고려·조선시대 양전에 의해 작성된 토지장부로 국가가 양전을 통하여 조세 부과의 대상이 되는 토지와 납세자를 파악하고, 그 결과 작성된 장부이다. 오늘날의 토지대장과 유사하다.

72 전산등록파일을 지적공부로 규정한 지적법의 개정연도로 옳은 것은?

① 1991년 1월 1일   ② 1995년 1월 1일
③ 1999년 1월 1일   ④ 2001년 1월 1일

해설 전산등록파일을 지적공부로 규정한 해는 1991년 1월 1일이다.

73 지적제도의 발달사적 입장에서 볼 때 법지적제도의 확립을 위하여 동원한 가장 두드러진 기술업무는?

① 토지평가   ② 지적측량
③ 지도제작   ④ 면적측정

해설 법지적(Legal Cadastre)은 세지적에서 진일보한 제도로 토지과세 및 토지거래의 안전, 토지소유권 보호 등이 주요 목적인 지적제도로서 일명 소유지적(경계지적)이라고도 한다. 법지적하에서는 위치의 정확도를 중시하였다. 따라서 경계가 명확해야 하므로 법지적의 확립을 위해서는 정밀한 지적측량이 필요하다.

74 토지·가옥을 매매·증여·교환·전당할 경우 군수 또는 부윤의 증명을 받으면 법률적으로 보장을 받는 완전한 증명제도는?

① 토지가옥증명규칙
② 조선민사령
③ 부동산등기령
④ 토지가옥소유권증명규칙

해설 토지·가옥을 매매·증여·교환·전당할 경우 군수 또는 부윤의 증명을 받으면 법률적으로 보장을 받는 완전한 증명제도는 토지가옥소유권증명규칙이다.

75 다음 중 현대 지적의 특성만으로 연결된 것이 아닌 것은?

① 역사성 – 영구성
② 전문성 – 기술성
③ 서비스성 – 윤리성
④ 일시적 민원성 – 개별성

해설 현대 지적의 성격
㉠ 역사성과 영구성(History & Permanence)
㉡ 반복적 민원성(Repeated civil application)
㉢ 전문성과 기술성(Profession & Technique)
㉣ 서비스성과 윤리성(Service & Ethics)
㉤ 정보원(Source of information)

76 다목적 지적의 기본구성요소와 가장 거리가 먼 것은?

① 측지기준망   ② 기본도
③ 지적도   ④ 토지권리도

해설 다목적 지적의 구성요소 : 측지기준망, 기본도, 지적중첩도, 필지식별번호, 토지자료파일

정답 69 ③ 70 ② 71 ③ 72 ① 73 ② 74 ④ 75 ④ 76 ④

77 토지의 사정(査定)을 가장 잘 설명한 것은?

① 토지의 소유자와 지목을 확정하는 것이다.
② 토지의 소유자와 강계를 확정하는 행정처분이다.
③ 토지의 소유자와 강계를 확정하는 사법처분이다.
④ 경계와 지적을 확정하는 행정처분이다.

해설 사정이란 토지조사부 및 지적도에 의하여 토지소유자(원시취득) 및 강계를 확정하는 행정처분을 말한다. 지적도에 등록된 강계선이 대상이며 지역선은 사정하지 않는다.

78 다음 중 고려시대 토지기록부의 명칭이 아닌 것은?

① 양전도장(量田都帳)
② 도전장(都田帳)
③ 양전장적(量田帳籍)
④ 방전장(方田帳)

해설 시대별 양안의 명칭
㉠ 고려시대 : 도전장, 양전장적, 양전도장, 도전정, 전적, 전안
㉡ 조선시대 : 양안등서책, 전답안, 성책, 양명등서차, 전답결대장, 전답결타량, 전답타량안, 전답양안, 전답행심, 양전도행장

79 일반적으로 양안에 기재된 사항에 해당하지 않는 것은?

① 지번, 면적
② 측량순서, 토지등급
③ 토지형태, 사표(四標)
④ 신·구토지소유자, 토지가격

해설 양안에 토지가격은 기록되어 있지 않다.

80 간주지적도에 등록된 토지는 토지대장과는 별도로 대장을 작성하였다. 다음 중 그 명칭에 해당하지 않는 것은?

① 산토지대장
② 별책토지대장
③ 임야토지대장
④ 을호토지대장

해설 간주지적도에 등록된 토지는 토지대장과는 별도로 대장을 작성하며 산토지대장, 을호토지대장, 별책토지대장으로 불렸다.

제5과목 지적관계법규

81 국토의 계획 및 이용에 관한 법률에 따른 국토의 용도구분 4가지에 해당하지 않는 것은?

① 보존지역
② 관리지역
③ 도시지역
④ 농림지역

해설 국토의 용도구분(용도지역제도) 및 관리

용도지역	지정목적	관리의무
도시지역	인구와 산업이 밀집되거나 밀집이 예상되어 체계적인 개발·정비·보전 등이 필요한 지역	이 법 또는 관계법률에 따라 체계적이고 효율적으로 개발·정비·보전될 수 있도록 계획을 수립하고 시행하여야 한다.
관리지역	도시지역의 인구와 산업을 수용하기 위하여 도시지역에 준하여 체계적으로 관리하거나 농림업의 진흥, 자연환경·산림을 보전하기 위하여 농림지역 또는 자연환경보전지역에 준하여 관리가 필요한 지역	이 법 또는 관계법률에 따라 보전조치를 취하고 개발이 필요한 지역에 대하여 계획적 이용과 개발을 도모하여야 한다.
농림지역	도시지역에 속하지 아니하는 농업진흥지역 또는 보전산지 등으로 농림업을 진흥시키고 산림의 보전을 위하여 필요한 지역	이 법 또는 관계법률에서 농림업의 진흥과 산림의 보전·육성에 필요한 조사와 대책을 마련하여야 한다.
자연환경보전지역	자연환경·수자원·해안·생태계·상수원·문화재의 보전과 수산자원의 보호·육성을 위하여 필요한 지역	이 법 또는 관계법률에서 정하는 바에 따라 환경오염 방지, 자연환경·수질·문화재의 보전과 수산자원의 보호·육성을 위하여 필요한 조사와 대책을 마련하여야 한다.

82 축척변경에 따른 청산금을 산정한 결과 증가된 면적에 대한 청산금의 합계와 감소된 면적에 대한 청산금의 합계에 차액이 생긴 경우 부족액은 누가 부담하는가?

① 지적소관청
② 지방자치단체
③ 국토교통부장관
④ 증가된 면적의 토지소유자

정답 77 ② 78 ④ 79 ④ 80 ③ 81 ① 82 ②

해설 청산금을 산정한 결과 증가된 면적에 대한 청산금의 합계와 감소된 면적에 대한 청산금의 합계에 차액이 생긴 경우 초과액은 그 지방자치단체(제주특별자치도 설치 및 국제자유도시 조성을 위한 특별법 제15조 제2항에 따른 행정시의 경우에는 해당 행정시가 속한 특별자치도를 말하고, 지방자치법 제3조 제3항에 따른 자치구가 아닌 구의 경우에는 해당 구가 속한 시를 말한다)의 수입으로 하고, 부족액은 그 지방자치단체가 부담한다.

83 다음 중 토지소유자가 지목변경을 신청할 때에 첨부하여 지적소관청에 제출하여야 하는 서류에 해당하지 않는 것은?
① 과세사실을 증명하는 납세증명서의 사본
② 토지 또는 건축물의 용도가 변경되었음을 증명하는 서류의 사본
③ 관계법령에 따라 토지의 형질변경공사가 준공되었음을 증명하는 서류의 사본
④ 국·공유지의 경우 용도폐지되었거나 사실상 공공용으로 사용되고 있지 아니함을 증명하는 서류의 사본

해설 토지소유자는 지목변경을 신청하고자 하는 때에는 지목변경사유를 기재한 신청서에 국토교통부령으로 정하는 서류를 첨부해서 지적소관청에 제출하여야 한다. 다만, 서류를 그 지적소관청이 관리하는 경우에는 지적소관청의 확인으로써 그 서류의 제출에 갈음할 수 있다.
㉠ 관계법령에 따라 토지의 형질변경 등의 공사가 준공되었음을 증명하는 서류의 사본
㉡ 국·공유지의 경우에는 용도폐지되었거나 사실상 공공용으로 사용되고 있지 아니함을 증명하는 서류의 사본
㉢ 토지 또는 건축물의 용도가 변경되었음을 증명하는 서류의 사본
㉣ 개발행위허가·농지전용허가·보전산지전용허가 등 지목변경과 관련된 규제를 받지 아니하는 토지의 지목변경이거나 전·답·과수원 상호 간의 지목변경인 경우에는 서류의 첨부를 생략할 수 있음

84 축척변경위원회의 심의사항이 아닌 것은?
① 축척변경시행계획에 관한 사항
② 지번별 제곱미터당 가격의 결정에 관한 사항
③ 청산금의 이의신청에 관한 사항
④ 도시개발사업에 관한 사항

해설 축척변경위원회의 심의·의결사항
㉠ 지번별 제곱미터당 금액의 결정에 관한 사항
㉡ 축척변경에 관하여 지적소관청이 부의한 사항
㉢ 청산금의 산정에 관한 사항
㉣ 청산금의 이의신청에 관한 사항
㉤ 축척변경의 시행계획에 관한 사항

85 지적측량업자의 업무범위에 해당하지 않는 것은?
① 경계점좌표등록부가 있는 지역에서의 지적측량
② 도시개발사업 등이 끝남에 따라 하는 지적확정측량
③ 지적재조사에 관한 특별법에 따른 사업지구에서 실시하는 지적재조사측량
④ 도해세부측량지역의 등록전환측량에 대한 성과검사측량

해설 지적측량업자의 업무범위
㉠ 경계점좌표등록부가 있는 지역에서의 지적측량
㉡ 지적재조사에 관한 특별법에 따른 사업지구에서 실시하는 지적재조사측량
㉢ 도시개발사업 등이 끝남에 따라 하는 지적확정측량
㉣ 지적전산자료를 활용한 정보화사업
 • 지적도, 임야도, 연속지적도, 도시개발사업 등의 계획을 위한 지적도 등의 정보처리시스템을 통한 기록·저장업무
 • 토지대장, 임야대장의 전산화업무

86 다음 중 도시·군관리계획으로 결정하여야 하는 기반시설은?
① 도서관 ② 공공청사
③ 종합의료시설 ④ 고등학교

해설 다음의 기반시설은 도시·군관리계획으로 결정하지 아니하고 설치할 수 있다.
㉠ 자동차 및 건설기계운전학원, 공공공지, 방송·통신시설, 시장, 공공청사
㉡ 문화시설·공공필요성이 인정되는 체육시설, 도서관·연구시설, 사회복지시설·청소년수련시설
㉢ 저수지·방화설비·방풍설비, 장례식장·종합의료시설, 폐차장
㉣ 도시공원 및 녹지 등에 관한 법률의 규정에 의한 점용허가대상이 되는 공원 안의 기반시설

정답 83 ① 84 ④ 85 ④ 86 ④

87 도로명주소법상 정당한 사유 없이 주소정보시설의 조사, 설치, 교체 또는 철거업무의 집행을 거부하거나 방해한 자에 대한 과태료 부과금액은?

① 300만원 이하의 과태료
② 200만원 이하의 과태료
③ 100만원 이하의 과태료
④ 50만원 이하의 과태료

해설 도로명주소법 제35조(과태료)
① 제26조 제2항을 위반하여 정당한 사유 없이 주소정보시설의 조사, 설치, 교체 또는 철거업무의 집행을 거부하거나 방해한 자에게는 100만원 이하의 과태료를 부과한다.
② 제13조 제2항을 위반하여 훼손되거나 없어진 건물번호판을 재교부받거나 직접 제작하여 다시 설치하지 아니한 자에게는 50만원 이하의 과태료를 부과한다.
③ 제1항 및 제2항에 따른 과태료는 대통령령으로 정하는 바에 따라 특별자치시장, 특별자치도지사 및 시장·군수·구청장이 부과·징수한다.

88 축척변경시행지역의 토지는 언제 토지의 이동이 있는 것으로 보는가?

① 등기촉탁일
② 청산금지급완료일
③ 축척변경시행공고일
④ 축척변경확정공고일

해설 축척변경시행지역 안의 토지는 확정공고일에 토지의 이동이 있는 것으로 본다.

89 다음 설명의 ( ) 안에 적합한 것은?

> 지적측량에 대한 적부심사청구사항을 심의·의결하기 위하여 특별시·광역시·특별자치시·도 또는 특별자치도에 ( )을(를) 둔다.

① 소관청장
② 행정안전부장관
③ 지방지적위원회
④ 지적측량심의위원회

해설 지적측량에 대한 적부심사청구사항을 심의·의결하기 위하여 특별시·광역시·특별자치시·도 또는 특별자치도에 지방지적위원회를 둔다.

90 다음 중 토지대장에 등록하여야 하는 사항이 아닌 것은?

① 지목
② 지번
③ 경계
④ 토지의 소재

해설 경계는 지적도, 임야도에만 등록되며, 토지대장에는 등록되지 않는다.

91 지적소관청이 지적공부의 등록사항에 잘못이 있는지를 직권으로 조사·측량하여 정정할 수 있는 경우가 아닌 것은?

① 지적측량성과와 다르게 정리된 경우
② 토지이동정리결의서의 내용과 다르게 정리된 경우
③ 지적공부의 작성 또는 재작성 당시 잘못 정리된 경우
④ 도면에 등록된 필지가 경계 또는 면적의 변경을 가져오는 경우

해설 도면의 등록된 필지가 경계 또는 면적의 변경을 가져오는 경우에는 직권으로 등록사항을 정정할 수 없다.

92 국토의 계획 및 이용에 관한 법률상 도로에 해당되지 않는 것은?

① 지방도
② 일반도로
③ 지하도로
④ 자전거전용도로

해설 국토의 계획 및 이용에 관한 법률상 도로는 일반도로, 지하도로, 자전거전용도로, 보행자전용도로, 자동차전용도로, 고가도로이다.

93 대부분의 토지가 등록전환되어 나머지 토지를 임야도에 계속 존치하는 것이 불합리한 경우 토지이동신청절차로 옳은 것은?

① 지목변경 없이 등록전환을 신청할 수 있다.
② 지목변경 후 등록전환을 신청할 수 없다.
③ 지목변경 없이 신규등록을 신청할 수 있다.
④ 지목변경 후 신규등록을 신청할 수 없다.

해설 대부분의 토지가 등록전환되어 나머지 토지를 임야도에 계속 존치하는 것이 불합리한 경우에는 지목변경 없이 등록전환할 수 있다.

94 다음 중 등기관이 토지소유권의 이전등기를 한 경우 지체 없이 그 사실을 누구에게 알려야 하는가?

① 이해관계인
② 지적소관청
③ 관할 등기소
④ 행정안전부장관

정답 87 ③ 88 ④ 89 ③ 90 ③ 91 ④ 92 ① 93 ① 94 ②

해설 등기관이 토지소유권의 이전등기를 한 경우 지체 없이 그 사실을 지적소관청에게 통지하여야 한다.

95 토지소유자가 지적공부의 등록사항에 잘못이 있음을 발견하여 정정을 신청할 때 경계 또는 면적의 변경을 가져오는 경우 정정사유를 적은 신청서에 첨부해야 하는 서류는?

① 토지대장등본
② 등기전산정보자료
③ 축척변경지번별 조서
④ 등록사항정정측량성과도

해설 토지소유자는 지적공부의 등록사항에 대한 정정신청을 하는 때에는 정정사유를 기재한 신청서에 다음의 서류를 첨부하여 지적소관청에 제출하여야 한다.
㉠ 경계 또는 면적의 변경을 가져오는 경우 : 등록사항정정측량성과도
㉡ 그 밖에 등록사항을 정정하는 경우 : 변경사항을 확인할 수 있는 서류

96 도시개발사업 등이 준공되기 전에 사업시행자가 지번부여신청을 할 경우 지적소관청은 무엇을 기준으로 지번을 부여하여야 하는가?

① 측량준비도   ② 지번별 조서
③ 사업계획도   ④ 확정측량결과도

해설 지적소관청은 도시개발사업 등이 준공되기 전에 지번을 부여하는 때에는 도시개발사업 등의 신고 시 제출한 사업계획도에 의하되, 도시개발사업 등이 완료됨에 따라 지적확정측량을 실시한 지역 안의 각 필지에 지번을 새로이 부여하는 방법에 의한다.

97 다음 중 고속도로 휴게소부지의 지목으로 옳은 것은?

① 도로   ② 공원
③ 주차장   ④ 잡종지

해설 고속도로 휴게소의 지목은 도로이다.

98 다음은 지적공부의 복구에 관한 내용이다. (   ) 안에 들어갈 내용으로 옳은 것은?

> 지적소관청이 지적공부를 복구할 때에는 멸실·훼손 당시의 지적공부와 가장 부합된다고 인정되는 관계자료에 따라 토지의 표시에 관한 사항을 복구하여야 한다. 다만, 소유자에 관한 사항은 (   )(이)나 법원의 확정판결에 따라 복구하여야 한다.

① 부본
② 부동산등기부
③ 지적공부등본
④ 복제된 법인등기부등본

해설 지적공부를 복구하고자 하는 경우 소유자에 관한 사항은 부동산등기부나 법원의 확정판결에 의하여 복구하여야 한다.

99 공간정보의 구축 및 관리 등에 관한 법률상 지적측량수행자의 성실의무 등에 관한 내용으로 틀린 것은?

① 지적측량수행자는 신의와 성실로써 공정하게 지적측량을 하여야 한다.
② 지적측량수행자는 정당한 사유 없이 지적측량신청을 거부하여서는 아니 된다.
③ 지적측량수행자는 본인, 배우자가 아닌 직계존·비속이 소유한 토지에 대해서는 지적측량이 가능하다.
④ 지적측량수행자는 제106조 제2항에 따른 지적측량수수료 외에는 어떠한 명목으로도 그 업무와 관련된 대가를 받으면 아니 된다.

해설 **지적측량수행자의 성실의무**
㉠ 지적측량수행자(소속 지적기술자를 포함한다)는 신의와 성실로써 공정하게 지적측량을 하여야 하며 정당한 사유 없이 지적측량신청을 거부하여서는 아니 된다.
㉡ 지적측량수행자는 본인, 배우자 또는 직계존·비속이 소유한 토지에 대한 지적측량을 하여서는 아니 된다.
㉢ 지적측량수행자는 지적측량수수료 외에는 어떠한 명목으로도 그 업무와 관련된 대가를 받으면 아니 된다.

100 중앙지적위원회에 관한 설명으로 옳지 않은 것은?

① 위원장은 국토교통부의 지적업무담당국장이 된다.
② 위원장 및 부위원장을 제외한 위원의 임기는 2년으로 한다.
③ 위원장 1명과 부위원장 1명을 포함하여 5명 이상 10명 이하의 위원으로 구성한다.
④ 위원은 지적에 관한 학식과 경험이 풍부한 사람 중에서 중앙지적위원회의 위원장이 임명한다.

해설 중앙지적위원회의 위원은 국토교통부장관이 임명 또는 위촉한다.

정답 95 ④ 96 ③ 97 ① 98 ② 99 ③ 100 ④

2023년 제2회 지적산업기사 필기 복원

제1과목 지적측량

01 경위의측량방법으로 세부측량을 시행할 때의 설명으로 옳은 것은?

① 수평각은 1대회의 방향관측법이나 3배각의 배각법에 의한다.
② 도선법 또는 교회법에 의한다.
③ 연직각은 정반으로 1회 관측하여 그 교차가 5분 이내일 때에는 그 평균치로 한다.
④ 수평각관측에서 1방향각 측각공차는 30초 이내로 한다.

해설 ① 수평각은 1대회의 방향관측법이나 2배각의 배각법에 의한다.
② 도선법 또는 방사법에 의한다.
④ 수평각관측에서 1방향각 측각공차는 40초 이내로 한다.

02 지상 500m²를 도면상에 5cm²로 나타낼 수 있는 도면의 축척은 얼마인가?

① 1/500
② 1/600
③ 1/1,000
④ 1/1,200

해설 $\left(\dfrac{1}{m}\right)^2 = \dfrac{도상면적}{실제 면적} = \dfrac{5cm^2}{500m^2} = \dfrac{1}{1,000}$

03 다음 중 경위의측량방법과 교회법에 따른 지적삼각보조점의 관측 및 계산에서 2개의 삼각형으로부터 계산한 연결교차가 최대 얼마 이하일 때에 그 평균치를 지적삼각보조점의 위치로 하는가?

① 0.10m
② 0.20m
③ 0.30m
④ 0.40m

해설 경위의측량방법과 교회법에 따른 지적삼각보조점의 관측 및 계산에서 2개의 삼각형으로부터 계산한 연결교차가 0.3m 이하일 때에 그 평균치를 지적삼각보조점의 위치로 한다.

04 독립된 관측값의 정밀도를 나타내는데 사용되는 것은?

① 정준오차
② 허용공차
③ 표준편차
④ 연결오차

해설 독립된 관측값의 정밀도를 나타내는데 사용되는 것은 표준편차이며, 조정환산값의 정밀도를 나타내는데 사용되는 것은 표준오차이다.

05 평판측량방법으로 세부측량을 시행하고자 할 때 측량준비파일의 포함사항이 아닌 것은?

① 측량대상토지의 경계선·지번 및 지목
② 경계점 간 계산거리
③ 행정구역선과 그 명칭
④ 지적기준점 및 그 번호

해설 경계점 간 계산거리는 경위의에 의한 세부측량 시 측량준비파일에 포함된다.

06 다음 중 평판측량방법에 따른 세부측량을 교회법으로 하는 경우의 기준으로 옳지 않은 것은?

① 3방향 이상의 교회에 따른다.
② 방향각의 교각은 30도 이상 150도 이하로 한다.
③ 전방교회법 또는 후방교회법에 의한다.
④ 광파조준의를 사용하는 경우 방향선의 도상길이는 30cm 이하로 할 수 있다.

해설 지적측량 시행규칙 제18조(세부측량의 기준 및 방법 등)
③ 평판측량방법에 따른 세부측량을 교회법으로 하는 경우에는 다음 각 호의 기준에 따른다
 1. 전방교회법 또는 측방교회법에 따를 것
 2. 3방향 이상의 교회에 따를 것
 3. 방향각의 교각은 30도 이상 150도 이하로 할 것
 4. 방향선의 도상길이는 측판의 방위표정에 사용한 방향선의 도상길이 이하로서 10cm 이하로 할 것. 다만, 광파조준의 또는 광파측거기를 사용하는 경우에는 30cm 이하로 할 수 있다.
 5. 측량결과 시오삼각형이 생긴 경우 내접원의 지름이 1mm 이하일 때에는 그 중심을 점의 위치로 할 것

정답 1 ③ 2 ③ 3 ③ 4 ③ 5 ② 6 ③

07 지적측량성과 검사방법을 설명한 것으로 틀린 것은?
① 지적삼각점측량은 신설된 점을 검사한다.
② 측량성과를 검사하는 때에는 측량자가 실시한 측량방법과 같은 방법으로 한다.
③ 지적도근점측량은 주요 도선별로 지적도근점을 검사한다.
④ 면적측정검사는 필지별로 한다.

해설 측량성과를 검사하는 때에는 측량자가 실시한 측량방법과 다른 방법으로 한다.

08 다음 중 시오삼각형이 발생할 수 있는 세부측량방법은?
① 방사법 ② 현형법
③ 교회법 ④ 도선법

해설 평판측량을 교회법으로 실시할 경우 시오삼각형이 생긴다.

09 지번과 지목의 제도방법에 대한 설명으로 옳지 않은 것은?
① 지번과 지목의 글자간격은 글자크기의 1/3 정도 띄워서 제도한다.
② 지번의 글자간격은 글자크기의 1/4 정도가 되도록 제도한다.
③ 지번과 지목은 2mm 이상 3mm 이하의 크기로 제도한다.
④ 지번과 지목이 경계에 닿지 않도록 필지의 중앙에 제도한다.

해설 지번과 지목의 글자간격은 글자크기의 1/2 정도 띄워서 제도한다.

10 트랜싯(Transit)으로 수평각을 정반관측하는 가장 큰 목적은?
① 관측오차를 발견하기 위하여
② 외심오차를 제거하기 위하여
③ 불완전한 기계오차를 줄이기 위하여
④ 시준오차를 제거하기 위하여

해설 트랜싯으로 수평각을 정반관측하는 가장 큰 목적은 기계오차를 소거하기 위함이다.

11 다음의 평판측량오차 중 평판이 수평이 되지 않고 경사질 때 발생하는 오차는?
① 정준오차 ② 시준오차
③ 구심오차 ④ 표정오차

해설 평판측량오차 중 평판이 수평이 되지 않고 경사질 때 발생하는 오차를 정준오차라 한다.

12 1/600 지적도 시행지역에서 평판측량의 도선법으로 세부측량을 실시하는 경우에는 측선의 길이를 얼마 이하로 정하여야 하는가?
① 72m 이하 ② 60m 이하
③ 54m 이하 ④ 48m 이하

해설 평판측량을 도선법으로 실시할 경우 방향선의 길이는 도상에서 8cm이다. 따라서 축척이 1/600인 경우 방향선의 실제 거리는 600×0.08=48m이다.

13 다각망도선법에 의한 1도선이 폐색변을 포함하여 6변이고, 각 측점의 각을 측정하여 합한 결과 936°55′10″이었다. 출발기지 방위각(T_1)이 26°31′18″였다면 관측방위각(T_2)은?
① 63°26′28″ ② 150°23′52″
③ 203°26′28″ ④ 330°23′52″

해설 $T_2 = T_1 + \sum \alpha - 180°(n-1)$
= 26°31′18″ + 936°55′10″ − 180°×(6−1)
= 63°26′28″

14 지적삼각보조점표지를 설치할 경우 점간거리기준은?
① 평균 300m 이하
② 평균 500m 이하
③ 평균 1km 이상 3km 이하
④ 평균 2km 이상 5km 이하

해설 지적삼각보조점표지를 설치할 경우 점간거리는 평균 1km 이상 3km 이하이다.

15 축척 1/500인 지역에서 1등도선으로 지적도근점측량을 실시할 경우 연결오차에 대한 허용범위는? (단, 도선의 수평거리 총합계는 800m이다.)
① 24cm 이하 ② 14cm 이하
③ 22cm 이하 ④ 12cm 이하

정답 7 ② 8 ③ 9 ① 10 ③ 11 ① 12 ④ 13 ① 14 ③ 15 ②

해설 연결오차 = $\frac{1}{100}\sqrt{n}\,M = \frac{1}{100} \times \sqrt{8} \times 500 = 14\text{cm}$

16 다각망도선법으로 지적삼각보조측량을 실시할 경우 폐색변을 포함한 변의 수가 4개일 때 도선별 평균방위각과 관측방위각의 폐색오차는?

① ±5초 이내
② ±10초 이내
③ ±15초 이내
④ ±20초 이내

해설 폐색오차 = $\pm 10\sqrt{n} = \pm 10\sqrt{4} = \pm 20$초 이내

17 다음 중 경위의측량방법과 교회법에 따른 지적삼각보조점의 관측 및 계산기준에 관한 설명으로 옳은 것은?

① 관측은 20초독 이상의 경위의를 사용한다.
② 점간거리의 측정은 3회 실시한다.
③ 수평각관측은 3대회의 방향관측법에 따른다.
④ 수평각의 1방향각 측각공차는 50초 이내이다.

해설 ② 점간거리의 측정은 2회 실시한다.
③ 수평각관측은 2대회의 방향관측법에 따른다.
④ 수평각의 1방향각 측각공차는 60초 이내이다.

18 삼각측량에서 삼각망의 1변에 설치하는 기본적인 측선을 일컫는 용어로 옳은 것은?

① 귀심
② 방위
③ 편심
④ 기선

해설 기선은 삼각측량에서 삼각망의 1변에 설치하는 기본적인 측선으로 인바아테이프를 이용하여 측정한다.

19 다음 ( ) 안에 들어갈 면적단위는?

좌표면적계산법에 의한 산출면적은 1/1,000m²까지 계산해 ( ) 단위로 정한다.

① 1/1,000m²
② 1/100m²
③ 1/10m²
④ 1m²

해설 좌표면적계산법에 의한 산출면적은 1/1,000m²까지 계산해 1/10m² 단위로 정한다.

20 지적삼각보조점측량을 할 때에 지적삼각보조점은 어떠한 망으로 구성해야 하는가?

① 삽입망
② 삼각망
③ 사각망
④ 교회망

해설 지적삼각보조점은 삼각망으로 구성해 지적삼각보조점측량을 한다.

제2과목 응용측량

21 폭이 100m이고 양안(兩岸)의 고저차가 1m인 하천을 횡단하여 수준측량을 실시할 때 양안의 고저차를 측정하는 방법으로 옳은 것은?

① 교호수준측량으로 구한다.
② 시거측량으로 구한다.
③ 간접수준측량으로 구한다.
④ 양안의 수면으로부터의 높이로 구한다.

해설 폭이 100m이고 양안의 고저차가 1m인 하천을 횡단하여 수준측량을 실시할 때 양안의 고저차를 측정하는 방법으로 교호수준측량을 사용하며, 이는 시준축오차를 소거하기 위함이다.

22 지형의 표시법 중 급경사는 굵고 짧게, 완경사는 가늘고 길게 표시하는 방법은?

① 음영법
② 영선법
③ 채색법
④ 등고선법

해설 **영선법**: 선의 굵기와 길이로 표시하는 방법으로 급경사는 굵고 짧게, 완경사는 가늘고 길게 표시하는 방법

23 촬영고도 3,000m에서 촬영한 1:20,000 축척의 항공사진에서 연직점으로부터 10cm 떨어진 곳에 찍힌 굴뚝의 길이를 측정하니 2mm이었다. 이 굴뚝의 실제 높이는?

① 40m
② 50m
③ 60m
④ 70m

해설 $\Delta r = \frac{h}{H}r$

$\therefore h = \frac{H}{r}\Delta r = \frac{3,000}{0.1} \times 0.002 = 60\text{m}$

정답 16 ④ 17 ① 18 ④ 19 ③ 20 ② 21 ① 22 ② 23 ③

24 항공사진촬영 시 사진면에 직교하는 광선과 연직선이 이루는 각의 2등분선이 사진면과 만나는 점은?

① 주점   ② 연직점
③ 등각점 ④ 중심점

해설 항공사진의 특수 3점
  ㉠ 주점 : 사진의 중심점으로 렌즈의 중심으로부터 화면에 내린 수선의 길이, 즉 렌즈의 광축과 화면이 교차하는 점(거의 수직사진)
  ㉡ 연직점 : 중심투영점 0을 지나는 중력선이 사진면과 마주치는 점으로 카메라렌즈의 중심으로부터 기준면에 수선을 내렸을 때 만나는 점(고저차가 큰 지형의 수직 및 경사사진)
  ㉢ 등각점 : 사진면에 직교되는 광선과 중력선이 이루는 각을 2등분 하는 광선이 사진면에 마주치는 점(평탄한 지역의 경사사진)

25 GPS측량을 위해 위성에서 발사하는 신호요소가 아닌 것은?

① 반송파(carrier)   ② P코드
③ C/A코드   ④ 키네마틱(kinematic)

해설 GPS신호 : 반송파, P코드, C/A코드

26 절대표정에 대한 설명으로 옳은 것은?

① 한쪽만을 움직여 접합시키는 작업이다.
② 사진지표와 초점거리를 바로잡는 작업이다.
③ 축척과 위치를 바로잡는 작업이다.
④ 종시차를 소거시키는 작업이다.

해설 절대표정은 상호표정을 한 다음 행하는 과정으로 축척, 표고와 경사, 위치와 방향을 결정한다.

27 터널측량의 구분 중 터널 외 측량의 작업공정으로 틀린 것은?

① 두 터널 입구 부근의 수준점 설치
② 두 터널 입구 부근의 지형측량
③ 중심선에 따른 터널의 방향 및 거리측량
④ 줄자에 의한 수직터널의 심도측정

해설 터널 외 측량작업공정 : 수준점 설치, 지형측량, 터널의 방향 및 거리측량

28 사진측량에서 입체모델(Stereo Model)에 대한 설명으로 옳은 것은?

① 한 장의 수직사진을 말한다.
② 입체시가 되는 중복사진의 상을 말한다.
③ 편위 수정한 사진의 상을 말한다.
④ 축척이 동일한 흑백과 천연색 사진을 말한다.

해설 입체모델은 입체시가 되는 중복된 상을 말한다.

29 GPS측량에서 GDOP에 관한 설명으로 옳은 것은?

① 위성의 수치적인 평면의 함수값이다.
② 수신기의 기하학적인 높이의 함수값이다.
③ 위성의 신호강도와 관련된 오차로서 그 값이 크면 정밀도가 낮다.
④ 위성의 기하학적인 배열과 관련된 함수값이다.

해설 위성과 수신기들 간의 기하학적 배치에 따른 오차로서 측위정확도의 영향을 표시하는 계수로 정밀도 저하율(DOP)이 사용된다.

30 표고 100m인 A점에서 표고 120m인 B점을 관측하여 경사각 25°를 구했다면 A, B점 간의 수평거리는? (단, A점의 기계고와 B점의 시준고는 같다.)

① 42.26m   ② 42.89m
③ 47.32m   ④ 50.71m

해설 $\tan\theta = \dfrac{고저차}{수평거리}$

$\tan 25° = \dfrac{120-100}{수평거리}$

∴ 수평거리 = 42.89m

31 지형도의 이용에 관한 설명으로 틀린 것은?

① 경계복원   ② 토량계산
③ 저수유역면적 추정   ④ 성·절토범위 결정

해설 지형도로 필지의 경계를 알 수 없으므로 경계를 복원할 수 없다.

32 측점 A의 횡단면적이 32m², 측점 B의 횡단면적이 48m²이고 두 측점 간 거리가 20m일 때 토공량은?

① 640m³   ② 780m³
③ 800m³   ④ 960m³

정답 24 ③ 25 ④ 26 ③ 27 ④ 28 ② 29 ④ 30 ② 31 ① 32 ③

해설 $V = \left(\dfrac{A_1 + A_2}{2}\right)l = \dfrac{32+48}{2} \times 20 = 800\text{m}^3$

33 항공사진측량에서 촬영 시 적용되는 투영법은?
① 중심투영 ② 정사투영
③ 평행투영 ④ 연직투영

해설 항공사진측량에서 촬영 시 적용되는 투영법은 중심투영이며, 지도의 경우는 정사투영이다.

34 노선측량에서 기점으로부터 B.C(곡선시점)까지의 거리가 1523.5m이고 C.L(곡선길이)이 260m이면 E.C(곡선종점)까지의 거리는?
① 1263.5m ② 1393.5m
③ 1653.5m ④ 1783.5m

해설 E.C = B.C + C.L = 1523.5 + 260 = 1783.5m

35 곡선장 및 횡거 등에 의해 캔트를 직선적으로 체감하는 완화곡선이 아닌 것은?
① 3차 포물선
② 클로소이드곡선
③ 렘니스케이트곡선
④ 반파장 정현곡선

해설 렘니스케이트곡선은 주로 시가지의 지하철에 이용하는 완화곡선으로 곡선장 및 횡거 등에 의해 캔트를 직선적으로 체감하는 완화곡선에 해당하지 않는다.

36 좌표 (x, y, z)가 각각 A(810, 328, 86.3), B(589, 734, 112.4)인 두 점 A, B를 연결하는 터널의 경사각은? (단, 좌표의 단위는 m이다.)
① 2°13′54″ ② 3°13′54″
③ 23°13′54″ ④ 86°45′48″

해설 ㉠ 수평거리
$D = \sqrt{(589-810)^2 + (734-328)^2} = 462.25\text{m}$
㉡ 고저차
$H = 112.4 - 86.3 = 26.1\text{m}$
㉢ 경사각
$\theta = \tan^{-1}\dfrac{26.1}{462.25} = 3°13′54″$

37 축척 1:25,000 지형도에서 4% 기울기의 노선 선정 시 계곡선 사이에 취하여야 할 도상 수평거리는?
① 5mm ② 10mm
③ 50mm ④ 100mm

해설 1/25,000 지형도의 주곡선간격은 10m이다. 따라서 구배가 4%이면 수평거리는 250m가 된다.
100 : 4 = x : 10
∴ x = 250m
이를 축척 1/25,000일 때 도상거리로 환산하면 5mm가 된다.

38 클로소이드의 조합형식 중 반향곡선 사이에 클로소이드를 삽입한 형식은?
① 기본형 ② 난형
③ 복합형 ④ S형

해설 반향곡선 사이에 2개의 클로소이드를 삽입한 형식은 S형이며, 복심곡선 사이에 클로소이드를 삽입하는 형식은 난형이다.

39 초점거리 150mm, 비행고도 3,000m, 사진크기 23cm×23cm일 때 종중복도가 60%라면 이때의 기선장은?
① 1,220m
② 1,840m
③ 2,300m
④ 3,220m

해설 $B = ma\left(1 - \dfrac{p}{100}\right) = 20,000 \times 0.23 \times \left(1 - \dfrac{60}{100}\right)$
$= 1,840\text{m}$

40 측량의 구분에서 노선측량이 아닌 것은?
① 철도의 노선설계를 위한 측량
② 지형, 지물 등을 조사하는 측량
③ 상하수도의 도수관 부설을 위한 측량
④ 도로의 계획조사를 위한 측량

해설 노선측량은 길이에 비해서 폭이 좁은 경우에 행하는 측량으로 철도, 도로, 상하수도 등에 이용된다.

정답 33 ① 34 ④ 35 ③ 36 ② 37 ① 38 ④ 39 ② 40 ②

제3과목　토지정보체계론

41 토지정보체계의 도형정보자료취득방법 중 거리가 먼 것은?
① 지상측량에 의한 경우
② 원격탐측에 의한 경우
③ 관계기관의 통보에 의한 경우
④ GPS측량에 의한 경우

해설 **지적정보취득방법**

속성정보	도형정보
• 현지조사에 의한 경우 • 민원신청에 의한 경우 • 담당공무원의 직권에 의한 경우 • 관계기관의 통보에 의한 경우	• 지상측량에 의한 경우 • 항공사진측량에 의한 경우 • 원격탐측에 의한 경우 • GPS측량에 의한 경우 • 기존의 도면을 이용하는 경우

42 격자구조를 벡터구조로 변환할 때 격자영상에 생긴 잡음(noise)을 제거하고 외곽선을 연속적으로 이어주는 영상처리과정을 무엇이라고 하는가?
① Filtering
② Noising
③ Conversioning
④ Thinning

해설 **Filtering** : 격자구조를 벡터구조로 변환할 때 격자영상에 생긴 잡음을 제거하고 외곽선을 연속적으로 이어주는 영상처리과정

43 지적도면을 디지타이징한 결과 교차점을 만나지 못하고 선이 끝나는 오차유형은?
① 오버슛
② 언더슛
③ 스파이크
④ 왜곡오차

해설 **언더슛(기준선 미달오류)**
㉠ 도곽선상에 인접되어야 할 선형요소가 도곽선에 도달하지 못한 경우를 말한다.
㉡ 다른 선형요소와 완전히 교차되지 않은 선형을 말한다.

44 지리정보분야의 국제표준화기구로 1994년 6월에 구성되었으며 수치로 된 지리정보분야에 대한 표준화를 다루는 기술위원회로 구성된 기구는?
① CEN/TC287
② ISO/TC211
③ OGC
④ OGF

해설 **ISO/TC211** : 지리정보분야의 국제표준화기구로 1994년 6월에 구성되었으며 수치로 된 지리정보분야에 대한 표준화를 다루는 기술위원회로 구성된 기구

45 자료입력단계에서 입력자료의 질에 따른 오차가 아닌 것은?
① 좌표변환 시 투영법에 따른 오차
② 논리적 일관성에 따른 오차
③ 위치정확도에 따른 오차
④ 속성정확도에 따른 오차

해설 **입력자료의 품질에 따른 오차**
㉠ 위치정확도에 따른 오차
㉡ 속성정확도에 따른 오차
㉢ 논리적 일관성에 따른 오차
㉣ 완결성에 따른 오차
㉤ 자료변환과정에 따른 오차

46 위상구조에 사용되는 것이 아닌 것은?
① 밴드
② 노드
③ 체인
④ 링크

해설 **위상구조**
㉠ 노드(node) : 0차원의 위상기본요소이며 체인이 시작되고 끝나는 점. 서로 다른 체인 또는 링크가 연결되는 곳에 위치한다.
㉡ 체인(chain) : 시작노드와 끝노드에 대한 위상정보를 가지며 자체 꼬임이 허용되지 아니한다.
㉢ 버텍스(vertex) : 각 아크들의 사이에 존재하는 점을 말한다.

47 실세계에서 나타나는 다양한 대상물이나 현상을 x, y와 같은 실제 좌표에 의한 점, 선, 다각형을 이용하여 표현하는 자료구조는?
① 래스터(raster)
② 인터폴레이션(interpolation)
③ 픽셀(pixel)
④ 벡터(vector)

해설 벡터자료구조는 현실 세계의 객체 및 객체와 관련되는 모든 형상이 점(0차원), 선(1차원), 면(2차원)을 이용하여 표현하는 것으로 객체들의 지리적 위치를 방향성과 크기로 나타낸다.

정답　41 ③　42 ①　43 ②　44 ②　45 ①　46 ①　47 ④

48 데이터베이스에서 자료의 중앙통제 시 가장 큰 장점은?

① 데이터의 중복이 전혀 없게 되어 경제적이다.
② 저장된 자료의 일관성 유지가 용이하다.
③ 보안에 대한 위험이 없어진다.
④ 데이터베이스관리자가 필요 없게 된다.

해설 데이터베이스에서 자료의 중앙통제 시 저장된 자료의 일관성 유지가 용이하다.

49 소프트웨어의 주요 기능유형 중 데이터 입력과 관련이 없는 것은?

① 데이터 검색   ② 공간데이터 입력
③ 데이터 통합   ④ 구조화편집

해설 데이터 검색은 입력된 데이터를 조건에 맞춰 찾아내는 것이므로 입력과 관련이 없다.

50 데이터베이스의 데이터 언어 중 데이터 조작어가 아닌 것은?

① SELECT문   ② UPDATE문
③ CREATE문   ④ DELETE문

해설 데이터 언어

데이터 언어	종류
정의어 (DDL)	생성 : CREATE, 주소변경 : ALTER, 제거 : DROP
조작어 (DML)	검색 : SELECT, 삽입 : INSERT, 삭제 : DELETE, 갱신 : UPDATE
제어어 (DCL)	권한부여 : GRANT, 권한해제 : REVOKE, 데이터 변경완료 : COMMIT, 데이터 변경취소 : ROLLBACK

51 GIS의 표준화 가운데 가장 큰 비중을 차지하고 있는 데이터 표준화의 유형과 가장 거리가 먼 것은?

① 데이터 모형표준   ② 데이터 내용표준
③ 데이터 수집표준   ④ 데이터 정리표준

해설 표준유형의 분류
㉠ 내적요소 : 데이터 모형표준, 데이터 내용표준, 메타데이터 표준
㉡ 외적요소 : 데이터 품질표준, 데이터 수집표준, 위치참조표준

52 토지정보시스템의 자료를 입력할 때 필지의 공간데이터로 취급하는 것은?

① 필지의 소유자   ② 필지의 지번정보
③ 필지의 소재지   ④ 필지의 경계점좌표

해설 필지의 경계점좌표는 공간데이터로 취급한다.

53 지형공간정보체계가 아닌 것은?

① 도시정보시스템
② 토지정보시스템
③ 토지대장전산시스템
④ 지리정보시스템

해설 토지대장전산시스템은 지형공간정보체계에 포함되지 않는다.

54 지적행정시스템의 개발목표와 거리가 먼 것은?

① 지적전산처리절차의 개선
② 업무편리성 및 행정효율성 제고
③ 궁극적으로 유관기관과의 시스템 분리
④ 부동산종합정보관리체계의 기반 구축

해설 지적행정시스템의 개발목표
㉠ 지적정보의 공동활용 확대
㉡ 지적전산처리절차의 개선
㉢ 관련 기관과의 연계기반 구축

55 지적측량성과작성시스템에서 사용하는 파일의 설명이 옳은 것은?

① 정보이용승인신청서파일 : *.ksp
② 측량결과파일 : *.iuf
③ 측량계산파일 : *.dat
④ 측량성과파일 : *.jsg

해설 한국토지정보시스템의 파일확장자
㉠ 측량준비도추출파일 : *.cif
㉡ 일필지속성정보파일 : *.sebu
㉢ 측량관측파일 : *.svy
㉣ 측량계산파일 : *.ksp
㉤ 세부측량계산파일 : *.ser
㉥ 측량성과파일 : *.jsg
㉦ 측량결과파일 : *.dat
㉧ 정보이용승인신청서파일 : *.iuf

정답 48 ② 49 ① 50 ③ 51 ④ 52 ④ 53 ③ 54 ③ 55 ④

56 지적정보관리시스템의 사용자권한등록파일에 등록하는 사용자권한으로 옳지 않은 것은?
① 지적통계의 관리
② 종합부동산세 입력 및 수정
③ 개인별 토지소유현황의 조회
④ 토지 관련 정책정보의 관리

해설 지적정보관리시스템의 사용자권한등록파일에 등록하는 사용자권한에 종합부동산세 입력 및 수정은 해당하지 아니한다.

57 데이터베이스관리시스템이 파일시스템에 비하여 갖는 단점은?
① 자료의 일관성이 확보되지 않는다.
② 자료의 중복성을 피할 수 없다.
③ 사용자별 자료접근에 대한 권한부여를 할 수 없다.
④ 일반적으로 시스템 도입비용이 비싸다.

해설 DBMS의 단점
㉠ 운영비의 증대 : 더 많은 메모리용량과 더 빠른 CPU의 필요로 인해 전산비용이 증가한다.
㉡ 특정 응용프로그램의 복잡화 : 데이터베이스에는 상이한 여러 유형의 데이터가 서로 관련되어 있다. 특정 응용프로그램은 이러한 상황 속에서 여러 가지 제한점을 가지고 작성되고 수행될 수도 있다. 따라서 특수 목적의 응용시스템은 설계기간이 길어지게 되고 보다 전문적, 기술적이 되어야 하기 때문에 그 성능이 저하될 수도 있다.
㉢ 복잡한 예비(backup)와 회복(recovery) : 데이터베이스의 구조가 복잡하고 여러 사용자가 동시에 공유하기 때문이다.
㉣ 시스템의 취약성 : 일부의 고장이 전체 시스템을 정지시켜 시스템의 신뢰성과 가용성을 저해할 수 있다. 이것은 특히 데이터베이스에 의존도가 높은 환경에서는 아주 치명적인 약점이 아닐 수 없다.

58 현재 우리나라 수치지도의 기준이 되는 타원체는 무엇인가?
① Bessel타원체
② WGS84타원체
③ GRS80타원체
④ Heyford타원체

해설 현재 우리나라 수치지도의 기준이 되는 타원체는 GRS80 타원체이다.

59 DXF파일의 구조는?
① ASCII
② KSC-5601
③ ANSI
④ SPARC

해설 DXF파일은 단순한 아스키파일(ASCII file)로서 공간객체의 위상관계를 지원하지 않는다.

60 다음 중 메타데이터(metadata)에 대한 설명으로 옳은 것은?
① 데이터의 내용, 논리적 관계, 기초자료의 정확도, 경계 등 자료의 특성을 설명하는 정보의 이력서이다.
② 수학적으로 데이터의 모형을 정의하는데 필요한 구성요소다.
③ 여러 개의 변수 사이에 함수관계를 설정하기 위하여 사용되는 매개데이터를 말한다.
④ 토지정보시스템에 사용되는 GPS, 사진측량 등에서 얻어진 위치자료를 데이터베이스화한 자료를 말한다.

해설 메타데이터란 실제 데이터는 아니지만 데이터베이스, 레이어, 속성, 공간현상 등과 관련된 데이터의 내용, 품질, 조건 및 특징 등을 저장한 데이터로서 데이터에 관한 데이터로 데이터의 이력서라고 말할 수 있다. 따라서 메타데이터는 작성한 실무자가 바뀌더라도 변함없는 데이터의 기본체계를 유지하게 되므로 시간이 지나도 일관성 있는 데이터를 사용자에게 제공이 가능하다.

제4과목 지적학

61 지적의 발생설에 해당하지 않는 것은?
① 치수설
② 상징설
③ 지배설
④ 과세설

해설 지적의 발생설
㉠ 과세설 : 지적제도의 태동은 과세의 필요성이 대두됨에 따라 토지의 기록으로 지적제도가 등장하였다고 주장하는 학설이다.
㉡ 치수설(토지측량설) : 과세설과 함께 토목과 측량기술의 발달로 농경지 생산성에 대한 합리적인 과세의 목적에서 토지의 기록이 이루어진 것으로 보는 학설이다.
㉢ 지배설 : 로마가 그리스를 침략하면서 식민지에 대한 영토의 보존과 통치수단이라는 관점에서 식민지에서 먼저 토지조사작업을 하였을 것이라 생각되는 학설이다.

정답 56 ② 57 ④ 58 ③ 59 ① 60 ① 61 ②

62 지압조사(地押調査)를 가장 잘 설명하고 있는 것은?

① 측량성과검사의 일종이다.
② 소유권의 변동사항에 주안을 둔다.
③ 신청이 없는 경우의 직권에 의한 이동지조사이다.
④ 소유자의 동의하에 현지를 확인해야 효력이 있다.

해설 **지압조사** : 무신고 이동지를 발견하기 위하여 실시하는 토지검사

63 지적국정주의에 대한 설명으로 옳은 것은?

① 지적공부에 등록하는 토지의 표시사항은 국가만이 결정할 수 있다.
② 모든 토지는 법령이 정하는 바에 따라 1필지마다 지번, 지목, 경계, 좌표 및 면적을 결정하여 지적공부에 등록하여야 한다.
③ 지적에 관한 사항을 토지소유자, 이해관계인 및 일반국민으로 하여금 정당하게 이용할 수 있도록 하여야 한다.
④ 부동산물권변동에 대하여 등기를 하지 않으면 효력이 없다.

해설 **지적국정주의** : 지적에 관한 사항, 즉 지번·지목·경계·면적·좌표는 국가만이 이를 결정한다는 원리

64 임야조사사업 당시의 재결기관은?

① 고등토지조사위원회
② 임시토지조사국장
③ 임야조사위원회
④ 도지사

해설 임야조사사업 당시 도지사(도관장)는 조사측량을 한 사항에 대하여 1필지마다 그 토지의 소유자와 경계를 임야조사서와 임야도에 의하여 사정하였다. 사정은 30일간 공고하며, 사정사항에 불복하는 자는 공시기간 만료 후 60일 내에 임야조사위원회에 신고하여 재결을 청구할 수 있다.

65 다음 중 정약용과 서유구가 주장한 양전개정론의 내용이 아닌 것은?

① 경무법 시행   ② 결부제 폐지
③ 어린도법 시행 ④ 수등이척제 개선

해설 **양전개정론자**

실학자	저서	개정론
이익	균전론	영업전 제도
정약용	목민심서, 경세유표	정전제, 방량법, 어린도법
서유구	의상경계책	어린도법, 방량법
이기	해학유서, 전제망언	결부제 보완, 망척제
유길준	서유견문, 지제의	전통도 실시

66 1필지로 정할 수 있는 기준에 해당하지 않는 것은?

① 지번부여지역 안의 토지로 소유자가 동일한 토지
② 지번부여지역 안의 토지로 용도가 동일한 토지
③ 지번부여지역 안의 토지로 지가가 동일한 토지
④ 지번부여지역 안의 토지로 지반이 연속된 토지

해설 지번부여지역 안의 토지로서 소유자와 용도가 동일하고 지반이 연속된 토지는 1필지로 할 수 있다.

67 대부분의 일반농촌지역에서 주로 사용되며 토지의 배열이 불규칙한 경우 인접해 있는 필지로 진행방향에 따라 연속적으로 지번을 부여하는 방식은?

① 사행식(蛇行式)   ② 기우식(奇偶式)
③ 교호식(交互式)   ④ 단지식(團地式)

해설 사행식은 토지의 배열이 불규칙한 경우 인접해 있는 필지로 진행방향에 따라 연속적으로 지번을 부여하는 방식으로 일반농촌지역에서 주로 사용된다.

68 우리나라의 지목결정원칙과 거리가 먼 것은?

① 용도 경중의 원칙
② 1필 1지목의 원칙
③ 주지목 추종의 원칙
④ 지형지목의 원칙

해설 **지목의 설정원칙**
㉠ 1필 1목의 원칙
㉡ 주지목 추종의 원칙
㉢ 사용목적 추종의 원칙
㉣ 일시변경 불변의 법칙
㉤ 용도 경중의 원칙
㉥ 등록 선후의 원칙

정답 62 ③ 63 ① 64 ③ 65 ④ 66 ③ 67 ① 68 ④

69 지적제도의 기능 및 역할로 옳지 않은 것은?
① 토지등기의 기초
② 토지에 대한 과세의 기준
③ 토지거래의 기준
④ 토지소유제한의 기준

해설 지적제도의 기능 및 역할
㉠ 토지등기의 기초
㉡ 토지평가의 기초
㉢ 토지과세의 기초
㉣ 토지거래의 기초
㉤ 토지이용의 기초
㉥ 주소표기의 기준
㉦ 토지정보의 제공

70 다음 중 토지조사사업에서 사정(査定)하였던 사항은?
① 토지소유자
② 지번
③ 지목
④ 면적

해설 사정이란 토지조사부 및 지적도에 의하여 토지소유자(원시취득) 및 강계를 확정하는 행정처분을 말한다. 지적도에 등록된 강계선이 대상이며 지역선은 사정하지 않는다. 임시토지조사국장은 지방토지조사위원회에 자문하여 토지소유자 및 그 강계를 사정하며, 사정을 하는 때에는 30일간 이를 공시한다.

71 현대 지적의 원리로 가장 거리가 먼 것은?
① 공기능성
② 문화성
③ 정확성
④ 능률성

해설 현대 지적의 원리
㉠ 공기능성(publicness) : 지적활동에 대한 정보의 입수는 이권이나 특혜의 대상이 되기 때문에 지적사항을 필요로 하는 모든 이에게 알려야 한다는 것이다. 공기능성에 부합하는 것으로 국정주의와 공개주의가 있다.
㉡ 민주성(democracy) : 국가가 지적활동의 주체로서 업무를 추진하지만 국민의 뜻이 반영되어야 한다는 것이다. 분권화, 주민참여의 보장, 책임성, 공개성 등이 수반되어야 한다.
㉢ 능률성(efficiency) : 지적은 토지에 대한 인간활동을 효율화하기 위한 것을 대전제로 하며, 여기에 기술적 측면의 효율성이 포함된다.
㉣ 정확성(accurcy) : 조사항목에 대한 정확한 정도를 나타내는 것으로 지적활동의 정확도는 토지현황조사, 일필지조사, 기록과 도면, 관리와 운영의 정확한 정도를 말한다.

72 양안에 토지를 표시함에 있어 양전의 순서에 따라 1필지마다 천자문(千字文)의 자(字)번호를 부여하였던 제도는?
① 수등이척제
② 결부법
③ 일자오결제
④ 집결제

해설 일자오결제 : 양안에 토지를 표시함에 있어 양전의 순서에 따라 1필지마다 천자문의 자(字)번호를 부여하였던 제도

73 행정구역제도로 국도를 중심으로 영토를 사방으로 구획하는 사출도란 토지구획방법을 시행하였던 나라는?
① 고구려
② 부여
③ 백제
④ 조선

해설 행정구역제도로 국도를 중심으로 영토를 사방으로 구획하는 사출도란 토지구획방법을 시행하였던 나라는 부여이다.

74 조선시대의 토지대장인 양안에 대한 설명으로 옳지 않은 것은?
① 전적이라고도 하였다.
② 양안의 명칭은 시대, 사용처, 보관기간에 따라 달랐다.
③ 양안은 호조, 본도, 본읍에서 보관하게 되어 있었다.
④ 경국대전에 토지매매 후 100일 이내에 작성한다고 규정되어 있다.

해설 경국대전에는 모든 토지를 6등급으로 나누어 20년마다 한 번씩 양전을 실시, 그 결과를 양안에 기록하며 호조·본도·본읍에 보관하기로 되어 있다.

75 매매계약이 성립되기 위해 매수인, 매도인 쌍방의 합의 외에 대가의 수수목적물의 인도 시에 서면으로 작성한 계약서를 무엇이라 하는가?
① 문기
② 양안
③ 입안
④ 가계

해설 문기
㉠ 토지 및 가옥을 매수 또는 매매할 때 작성한 매매계약서를 말한다.
㉡ 상속, 유증, 임대차의 경우에도 작성하였다.
㉢ 명문(明文), 문권(文券)이라고도 한다.

정답 69 ④ 70 ① 71 ② 72 ③ 73 ② 74 ④ 75 ①

76 부동산의 증명제도에 대한 설명으로 틀린 것은?

① 근대적 등기제도에 해당한다.
② 일본인이 우리나라에서 제한거리를 넘어서도 토지를 소유할 수 있는 근거가 되었다.
③ 증명은 구한국에서 일제 초기에 이르는 부동산등기의 일종이다.
④ 소유권에 한하여 그 계약내용을 인증해주는 제도였다.

해설 부동산증명제도는 소유권 및 소유권 이외의 권리의 내용을 인증해주는 제도이다.

77 다음 중 세지적제도에서 중요시한 사항으로 가장 거리가 먼 것은?

① 생산량 ② 면적
③ 경계   ④ 토지등급

해설 경계를 중시한 것은 법지적이며, 세지적의 경우 면적을 중시하였다.

78 토지등록부의 편성방법 중 연대적 편성주의에 대한 설명으로 옳은 것은?

① 토지의 등록에 있어 개개의 토지를 중심으로 토지등록부를 편성하는 것으로 우리나라도 이 제도를 따르고 있다.
② 토지소유자별로 토지를 등록하여 동일 소유자에 속하는 모든 토지는 당해 소유권자의 대장에 기록하는 방식이다.
③ 어떠한 특별한 기준을 두지 않고 당사자의 신청순서에 따라 순차적으로 기록해가는 것으로 레코딩시스템이 이에 속한다.
④ 토지대장에 있어서 소유자별 토지등록카드와 지번별 목록, 성명별 목록을 동시에 등록하는 방식이다.

해설 지적공부의 편성방법
㉠ 물적 편성주의 : 개개의 토지를 중심으로 지적공부를 편성하는 방법이며 각국에서 가장 많이 사용하고 합리적인 제도로 평가하고 있다.
㉡ 인적 편성주의 : 개개의 권리자를 중심으로 지적공부를 편성하는 방법으로 1권리자 1카드원칙을 말한다.
㉢ 연대적 편성주의 : 특별한 기준 없이 신청순서에 의하여 지적공부를 편성하는 방법이다.

㉣ 물적·인적 편성주의 : 물적 편성주의를 기본으로 인적 편성주의 요소를 가미한 편성방법으로 소유자별 등록카드와 함께 지번별 목록, 성명별 목록을 동시에 등록하고 있다.

79 토지조사사업 당시 분쟁지조사를 하였던 분쟁의 원인으로 가장 거리가 먼 것은?

① 토지 소속의 불명확 ② 권리증명의 불분명
③ 역둔토 정리의 미비 ④ 지적측량의 미숙

해설 분쟁의 원인
㉠ 불분명한 국유지와 민유지
㉡ 미정리된 역둔토와 궁장토
㉢ 소유권이 불확실한 미개간지를 정리하기 위한 조사
㉣ 토지 소속의 불분명
㉤ 토지소유권 증명의 미비
㉥ 세제의 불균일
㉦ 제언의 모경

80 지적에서 토지의 경계라고 할 때 무엇을 의미하는가?

① 지상(地上)의 경계를 의미한다.
② 도면상(圖面上)의 경계를 의미한다.
③ 소유자가 다른 토지 사이의 경계를 의미한다.
④ 지목이 같은 토지 사이의 경계를 의미한다.

해설 지적에서의 경계는 도상경계를 말한다.

제5과목 지적관계법규

81 지적공부의 등록을 말소시켜야 하는 경우는?

① 홍수로 인하여 하천이 범람하여 토지가 매몰된 경우
② 토지가 지형의 변화 등으로 바다로 된 경우로서 원상회복이 불가능한 경우
③ 토지에 형질변경의 사유가 생길 경우
④ 대규모 화재로 건물이 전소한 경우

해설 바다로 된 토지의 등록말소란 지적공부에 등록된 토지가 지형의 변화 등으로 바다로 된 경우로서 원상으로 회복할 수 없거나 다른 지목의 토지로 될 가능성이 없는 때에는 지적공부의 등록을 말소하는 것을 말한다.

정답 76 ④ 77 ③ 78 ③ 79 ④ 80 ② 81 ②

82 과수원으로 이용되고 있는 1,000m² 면적의 토지에 지목이 대(垈)인 30m² 면적의 토지가 포함되어 있을 경우 필지의 결정방법으로 옳은 것은? (단, 토지의 소유자는 동일하다.)

① 종된 용도의 토지면적이 주된 용도의 토지면적의 10% 미만이므로 전체를 1필지로 한다.
② 종된 용도의 토지의 지목이 대(垈)이므로 1필지로 할 수 없다.
③ 지목이 대(垈)인 토지의 지가가 더 높으므로 전체를 1필지로 한다.
④ 1필지로 하거나 필지를 달리하여도 무방하다.

해설 과수원으로 이용되고 있는 1,000m² 면적의 토지에 지목이 '대'인 30m² 면적의 토지가 포함되어 있을 경우 '대'는 양입의 제한사유에 해당하므로 1필지로 할 수 없다.

83 다음 중 축척변경에 따른 청산금 산정에 대한 설명이 옳지 않은 것은?

① 지적소관청은 축척변경에 관한 측량을 한 결과 측량 전에 비하여 면적의 증감이 있는 경우에는 그 증감면적에 대하여 청산을 하여야 한다.
② 토지소유자 전원이 청산하지 아니하기로 합의하여 서면을 제출한 경우에도 지적소관청은 축척변경에 따른 증감면적에 대하여 청산을 하여야 한다.
③ 지적소관청이 축척변경에 따른 증감면적에 대하여 청산하는 경우 축척변경위원회의 의결을 거쳐 지번별 제곱미터당 금액을 정하여야 한다.
④ 지적소관청은 청산금을 산정하였을 때에는 청산금조서를 작성하고 청산금이 결정되었다는 뜻을 15일 이상 공고하여 일반인이 열람할 수 있게 하여야 한다.

해설 토지소유자 전원이 청산하지 아니하기로 합의하여 서면을 제출한 경우에는 청산을 하지 아니할 수도 있다.

84 다음 중 현행 공간정보의 구축 및 관리 등에 관한 법령에서 구분하고 있는 28개의 지목에 해당되는 것은?

① 나대지 ② 납골용지
③ 양어장 ④ 선하지

해설 지목은 전·답·과수원·목장용지·임야·광천지·염전·대(垈)·공장용지·학교용지·주차장·주유소용지·창고용지·도로·철도용지·제방(堤防)·하천·구거(溝渠)·유지(溜池)·양어장·수도용지·공원·체육용지·유원지·종교용지·사적지·묘지·잡종지로 구분하여 정한다. 지목의 구분 및 설정방법 등에 필요한 사항은 대통령령으로 정한다.

85 다음 중 수수료를 납부해야 하는 경우로 옳지 않은 것은?

① 지적공부의 등본 발급을 신청할 때
② 지적전산자료의 이용을 신청할 때
③ 지적측량을 의뢰할 때
④ 측량을 위한 타인토지출입허가증 발급을 신청할 때

해설 측량을 위한 타인토지출입허가증 발급을 신청할 때에는 별도의 수수료를 납부하지 않는다.

86 지목의 결정에 대한 설명으로 옳지 않은 것은?

① 지목의 결정 자체는 행정처분이다.
② 지목의 결정은 지적소관청에서 한다.
③ 지목은 토지의 주된 용도에 따라 결정한다.
④ 지목은 토지소유자의 신청이 있어야만 결정한다.

해설 지적공부에 등록하는 지번·지목·면적·경계 또는 좌표는 토지의 이동이 있을 때 토지소유자(법인이 아닌 사단이나 재단의 경우에는 그 대표자나 관리인을 말한다)의 신청을 받아 지적소관청이 지번, 지목, 면적, 경계, 좌표를 결정한다. 다만, 신청이 없으면 지적소관청이 직권으로 조사·측량하여 결정할 수 있다. 이 경우 조사·측량의 절차 등에 필요한 사항은 국토교통부령으로 정한다.

87 도시개발사업 등의 신고에 관한 설명 중 옳지 않은 것은?

① 시행자는 사업의 착수·변경 및 완료사실을 지적소관청에 신고하여야 한다.
② 사업의 착수신고는 그 신고사유가 발생한 날로부터 15일 이내에 하여야 한다.
③ 사업의 완료신고는 그 신고사유가 발생한 날로부터 30일 이내에 하여야 한다.
④ 사업의 착수신고서에는 반드시 사업계획도가 첨부되어야 한다.

정답 82 ② 83 ② 84 ③ 85 ④ 86 ④ 87 ③

해설 사업의 완료신고는 그 신고사유가 발생한 날로부터 15일 이내에 하여야 한다.

88 1필지의 일부가 형질변경 등으로 용도가 변경되어 토지소유자가 지적소관청에 분할을 신청하는 경우 함께 제출할 신청서로서 옳은 것은?

① 신규등록신청서　② 지목변경신청서
③ 토지합병신청서　④ 용도전용신청서

해설 1필지의 일부가 형질변경 등으로 용도가 다르게 되어 분할을 신청하는 때에는 지목변경신청서를 함께 제출하여야 한다.

89 토지 및 임야대장의 등록사항으로 틀린 것은?

① 토지의 소재　② 소유자의 주소
③ 도곽선의 그 수치　④ 지번과 지목

해설 도곽선 및 수치는 지적도와 임야도에 등록되며, 토지 및 임야대장에는 등록되지 않는다.

90 다음 중 지목과 지적도면에 등록하는 부호의 연결이 옳지 않은 것은?

① 주차장 – 주　② 공장용지 – 장
③ 수도용지 – 수　④ 창고용지 – 창

해설 지목
㉠ 지적도 및 임야도(이하 "지적도면"이라 한다)에 등록하는 때에는 부호로 표기하여야 한다.
㉡ 하천, 유원지, 공장용지, 주차장은 차문자(천, 원, 장, 차)로 표기한다.

91 다음 중 도면번호가 등록되지 않는 장부는?

① 일람도　② 지번색인표
③ 공유지연명부　④ 경계점좌표등록부

해설 공유지연명부에는 도면번호가 등록되지 않는다.

92 다음 ㉠과 ㉡에 들어갈 내용으로 모두 옳은 것은?

> 경계점좌표등록부를 갖춰두는 지역에 있는 각 필지의 경계점을 측정할 때 각 필지의 경계점측정번호는 (㉠)부터 (㉡)으로 경계를 따라 일련번호를 부여한다.

① ㉠ 왼쪽 위에서, ㉡ 오른쪽
② ㉠ 왼쪽 아래에서, ㉡ 오른쪽
③ ㉠ 오른쪽 위에서, ㉡ 왼쪽
④ ㉠ 오른쪽 아래에서, ㉡ 왼쪽

해설 경계점좌표등록부를 갖춰두는 지역에 있는 각 필지의 경계점을 측정할 때 각 필지의 경계점측정번호는 왼쪽 위에서부터 오른쪽으로 경계를 따라 일련번호를 부여한다.

93 축척변경에 관하여 도지사의 승인을 얻은 후 지체 없이 공고해야 할 사항이 아닌 것은?

① 축척변경의 시행에 관한 세부계획
② 축척변경의 시행에 따른 청산방법
③ 축척변경의 시행에 따른 토지소유자의 협조에 관한 사항
④ 축척변경의 시행에 따른 이의신청방법에 관한 사항

해설 지적소관청은 시·도지사 또는 대도시시장으로부터 축척변경승인을 받은 때에는 지체 없이 다음의 사항을 20일 이상 공고하여야 한다.
㉠ 축척변경의 목적·시행지역 및 시행기간
㉡ 축척변경의 시행에 관한 세부계획
㉢ 축척변경의 시행에 따른 청산방법
㉣ 축척변경의 시행에 따른 소유자 등의 협조에 관한 사항

94 지적소관청이 관할 등기소에 토지와 표시변경에 관한 등기를 할 필요가 있는 사유가 아닌 것은?

① 지적공부를 관리하기 위하여 필요하다고 인정되어 지적소관청이 직권으로 일정한 지역을 정하여 그 지역의 축척을 변경한 경우
② 지적소관청이 지적공부의 등록사항에 잘못이 있음을 발견하여 이를 직권으로 조사·측량하여 정정한 경우
③ 지번부여지역의 일부가 행정구역의 개편으로 다른 지번부여지역에 속하게 되어 지적소관청이 새로 속하게 된 지번부여지역의 지번을 부여한 경우
④ 토지소유자의 신청을 받아 지적소관청이 신규등록한 경우

해설 신규등록 당시 등기부가 존재하지 않으므로 등기촉탁을 하지 않는다.

정답 88 ② 89 ③ 90 ① 91 ③ 92 ① 93 ④ 94 ④

95 다음 중 토지의 합병신청을 할 수 있는 것은?

① 소유자의 주소가 서로 다른 경우
② 소유자별 공유지분이 서로 다른 토지
③ 각 필지의 지적도의 축척이 서로 다른 경우
④ 주택법에 의한 공동주택의 부지

해설 **합병이 불가능한 경우**
㉠ 합병하려는 토지의 지번부여지역, 지목 또는 소유자가 서로 다른 경우
㉡ 합병하려는 토지에 저당권등기, 추가적 공동저당등기가 있는 경우
㉢ 토지의 지적도 및 임야도의 축척이 서로 다른 경우
㉣ 합병하려는 각 필지의 지반이 연속되지 않은 경우
㉤ 합병하려는 토지가 등기된 토지와 등기되지 않은 토지인 경우
㉥ 합병하려는 각 필지의 지목은 같으나 일부 토지의 용도가 다르게 되어 분할대상토지인 경우. 다만, 합병신청과 동시에 토지의 용도에 따라 분할신청을 하는 경우에는 그렇지 않다.
㉦ 합병하고자 하는 토지의 소유자별 공유지분이 다르거나 소유자의 주소가 서로 다른 경우. 다만, 소유자의 주소가 서로 다르나 소유자가 동일인임이 확인되는 경우에는 그렇지 않다.
㉧ 합병하고자 하는 토지가 구획정리·경지정리 또는 축척변경을 시행하고 있는 지역 안의 토지와 지역 밖의 토지인 경우

96 다음 중 지번부여지역의 정의로 옳은 것은?

① 지번을 부여하는 단위지역으로서 동·리 또는 이에 준하는 지역
② 지번을 부여하는 단위지역으로서 읍·면 또는 이에 준하는 지역
③ 지번을 부여하는 단위지역으로서 시·군 또는 이에 준하는 지역
④ 지번을 부여하는 단위지역으로서 시·도 또는 이에 준하는 지역

해설 **지번부여지역** : 지번을 부여하는 단위지역으로서 동·리 또는 이에 준하는 지역

97 시·군·구(자치구가 아닌 구를 포함한다)단위의 지적전산자료를 활용하려는 자는 누구의 승인을 받아야 하는가?

① 국가정보원장
② 행정안전부장관
③ 시·도지사
④ 지적소관청

해설 시·군·구(자치구가 아닌 구를 포함한다)단위의 지적전산자료를 활용하려는 자는 지적소관청의 승인을 받아야 한다.

98 다음 중 새로 조성된 토지와 지적공부에 등록되어 있지 아니한 토지를 지적공부에 등록하는 것을 무엇이라고 하는가?

① 등록전환
② 신규등록
③ 지목변경
④ 축척변경

해설 **신규등록** : 새로 조성된 토지와 지적공부에 등록되어 있지 아니한 토지를 지적공부에 등록하는 것

99 도로명주소법 시행령상 유사도로명에 대한 설명으로 옳은 것은?

① 도로명을 새로 부여하려거나 기존의 도로명을 변경하려는 경우에 임시로 정하는 도로명을 말한다.
② 특정 도로명을 다른 도로명의 일부로 사용하는 경우 특정 도로명과 다른 도로명 모두를 말한다.
③ 도로구간이 서로 연결되어 있으면서 그 이름이 같은 도로명을 말한다.
④ 별도로 도로구간으로 설정하지 않고 그 구간에 접해 있는 주된 도로구간에 포함시킨 구간을 말한다.

해설 **도로명주소법 시행령 제2조(정의)**
이 영에서 사용하는 용어의 뜻은 다음과 같다.
1. "예비도로명"이란 도로명을 새로 부여하려거나 기존의 도로명을 변경하려는 경우에 임시로 정하는 도로명을 말한다.
2. "유사도로명"이란 특정 도로명을 다른 도로명의 일부로 사용하는 경우 특정 도로명과 다른 도로명 모두를 말한다.
3. "동일 도로명"이란 도로구간이 서로 연결되어 있으면서 그 이름이 같은 도로명을 말한다.
4. "종속구간"이란 다음 각 목의 어느 하나에 해당하는 구간으로서 별도로 도로구간으로 설정하지 않고 그 구간에 접해 있는 주된 도로구간에 포함시킨 구간을 말한다.
   가. 막다른 구간
   나. 2개의 도로를 연결하는 구간

정답 95 ④ 96 ① 97 ④ 98 ② 99 ②

100 다음 중 중앙지적위원회의 위원을 임명하거나 위촉하는 자는?
① 한국국토정보공사장
② 행정안전부장관
③ 국토지리정보원장
④ 국토교통부장관

해설 중앙지적위원회의 위원을 임명하거나 위촉하는 자는 국토교통부장관이다.

정답 100 ④

2023년 제3회 지적기사 필기 복원

제1과목 지적측량

01 지적측량에 대한 설명으로 옳지 않은 것은?
① 지적측량은 기속측량이다.
② 지적측량은 지형측량을 목적으로 한다.
③ 지적측량은 측량의 정확성과 명확성을 중시한다.
④ 지적측량의 성과는 영구적으로 보존·활용한다.

해설 지적측량의 성격 : 기속측량, 사법측량, 평면측량, 2차원 측량, 영구성, 대중성

02 지적기준점표지의 설치기준에 대한 설명으로 옳은 것은?
① 지적도근점표지의 점간거리는 평균 300m 이상 600m 이하로 한다.
② 지적삼각점표지의 점간거리는 평균 5km 이상 10km 이하로 한다.
③ 다각망도선법에 의한 지적삼각보조점표지의 점간거리는 평균 2km 이상 5km 이하로 한다.
④ 다각망도선법에 의한 지적도근점표지의 점간거리는 평균 500m 이하로 한다.

해설 지적기준점표지의 설치기준

지적기준점	점간거리	표기
지적삼각점	지적삼각점표지의 점간거리는 평균 2km 이상 5km 이하로 할 것	⊕
지적삼각보조점	지적삼각보조점표지의 점간거리는 평균 1km 이상 3km 이하로 할 것. 다만, 다각망도선법에 따르는 경우에는 평균 0.5km 이상 1km 이하로 한다.	●
지적도근점	지적도근점표지의 점간거리는 평균 50m 이상 500m 이하로 할 것	○

03 오차의 부호와 크기가 불규칙하게 발생하여 관측자가 아무리 주의해도 소거할 수 없으며 오차원인의 방향이 일정하지 않은 것은?
① 착오 ② 정오차
③ 우연오차 ④ 누적오차

해설 우연오차는 오차의 부호와 크기가 불규칙하게 발생하여 관측자가 아무리 주의해도 소거할 수 없고 오차원인의 방향이 일정하지 않으며 최소제곱법에 의해 처리한다.

04 경위의로 수평각을 측정하는데 50m 떨어진 곳에 지름 2cm인 폴(pole)의 외곽을 시준했을 때 수평각에 생기는 오차량은?
① 약 41초 ② 약 83초
③ 약 98초 ④ 약 102초

해설 지름 2cm인 폴의 외곽을 시준했기 때문에 변위량은 1cm이다.
$$\frac{\Delta l}{l} = \frac{\theta''}{\rho''}$$
$$\frac{0.01}{50} = \frac{\theta''}{206,265''}$$
∴ $\theta'' ≒ 41$초

05 고초원점의 평면직각종횡선수치는?
① $X=0m, Y=0m$
② $X=10,000m, Y=30,000m$
③ $X=500,000m, Y=200,000m$
④ $X=550,000m, Y=200,000m$

해설 구소삼각원점의 수치는 $X=0m, Y=0m$이다.

06 전파기 또는 광파기측량방법에 따른 지적삼각점의 점간거리는 몇 회 측정하여야 하는가?
① 2회 ② 3회
③ 4회 ④ 5회

정답 1② 2④ 3③ 4① 5① 6④

해설 전파기 또는 광파기측량방법에 따른 지적삼각점의 관측과 계산의 기준
㉠ 전파 또는 광파측거기는 표준편차가 ±(5mm+5ppm) 이상인 정밀측거기를 사용할 것
㉡ 점간거리는 5회 측정하여 그 측정치의 최대치와 최소치의 교차가 평균치의 10만분의 1 이하일 때에는 그 평균치를 측정거리로 하고 원점에 투영된 평면거리에 따라 계산할 것
㉢ 삼각형의 내각은 세 변의 평면거리에 따라 계산할 것

07 광파기측량방법과 다각망도선법에 의한 지적삼각보조점의 관측에 있어 도선별 평균방위각과 관측방위각의 폐색오차한계는? (단, n은 폐색변을 포함한 변의 수를 말한다.)

① ±$\sqrt{n}$초 이내
② ±1.5$\sqrt{n}$초 이내
③ ±10$\sqrt{n}$초 이내
④ ±20$\sqrt{n}$초 이내

해설 광파기측량방법과 다각망도선법에 의한 지적삼각보조점의 관측에 있어 도선별 평균방위각과 관측방위각의 폐색오차한계는 ±10$\sqrt{n}$초 이내이다.

08 다각망도선법 복합망의 관측방위각에 대한 보정수의 계산순서로 맞는 것은?

① 표준방정식 → 상관방정식 → 역해 → 정해 → 보정수계산
② 상관방정식 → 표준방정식 → 정해 → 역해 → 보정수계산
③ 표준방정식 → 정해 → 역해 → 상관방정식 → 보정수계산
④ 상관방정식 → 정해 → 역해 → 표준방정식 → 보정수계산

해설 다각망도선법 복합망의 관측방위각에 대한 보정수의 계산순서 : 상관방정식 → 표준방정식 → 정해 → 역해 → 보정수계산

09 배각법에 의하여 지적도근점측량을 시행할 경우 측각오차계산식으로 옳은 것은? (단, e는 각오차, T_1은 출발기지 방위각, $\Sigma\alpha$는 관측각의 합, n은 폐색변을 포함한 변수, T_2는 도착기지 방위각)

① $e = T_1 + \Sigma\alpha - 180°(n-1) + T_2$
② $e = T_1 + \Sigma\alpha - 180°(n-1) - T_2$
③ $e = T_1 - \Sigma\alpha - 180°(n-1) + T_2$
④ $e = T_1 - \Sigma\alpha - 180°(n-1) - T_2$

해설 도선법의 폐색오차
㉠ 배각법 : $e = T_1 + \Sigma\alpha - 180°(n-1) - T_2$
㉡ 방위각법 : e = 관측방위각 − 기지방위각

10 배각법에 의한 지적도근점측량 시 종·횡선차의 합이 각각 200.25m, −150.44m, 종·횡선차 절대치의 합이 각가 200.25m, 150.44m, 출발점의 좌표값이 각각 1000.00m, 1000.00m, 도착점의 좌표값이 각각 1200.15m, 849.58m일 때 연결오차로 옳은 것은?

① 0.10m
② 0.11m
③ 0.12m
④ 0.13m

해설 ㉠ $f_x = (X_A + \Sigma\Delta x) - X_B$
    $= (1,000 + 200.25) - 1200.15 = 0.10$m
㉡ $f_y = (Y_A + \Sigma\Delta y) - Y_B$
    $= (1,000 - 150.44) - 849.58 = 0.02$m
㉢ 연결오차 = $\sqrt{f_x^2 + f_y^2} = \sqrt{0.1^2 + 0.02^2} = 0.10$m

11 광파기측량방법에 따라 다각망도선법으로 지적도근점측량을 하는 경우 필요한 최소기지점수는?

① 2점
② 3점
③ 5점
④ 7점

해설 경위의측량방법이나 전파기 또는 광파기측량방법에 따라 다각망도선법으로 지적도근점측량을 할 때에는 다음의 기준에 따른다.
㉠ 3점 이상의 기지점을 포함한 결합다각방식에 따를 것
㉡ 1도선의 점의 수는 20점 이하로 할 것

12 미지점에서 평판을 세우고 기지점을 시준한 방향선의 교차에 의하여 그 점의 도상위치를 구할 때 사용하는 측량방법은?

① 전방교회법
② 원호교회법
③ 측방교회법
④ 후방교회법

해설 후방교회법은 미지점에서 평판을 세우고 기지점을 시준한 방향선의 교차에 의하여 그 점의 도상위치를 구할 때 사용하는 측량방법이다.

13 경위의측량방법에 따른 세부측량에서 거리측정단위는?

① 0.1cm
② 1cm
③ 5cm
④ 10cm

해설 경위의측량방법에 따른 세부측량에서 거리측정단위는 1cm로 한다.

정답 7 ③ 8 ② 9 ② 10 ① 11 ② 12 ④ 13 ②

14 경위의측량방법으로 세부측량을 한 경우 측량결과도에 작성하여야 할 사항이 아닌 것은?

① 측정점의 위치, 측량기하적
② 측량결과도의 제명 및 번호
③ 측량대상토지의 점유현황선
④ 측량대상토지의 경계점 간 실측거리

해설 경위의측량방법으로 세부측량을 한 경우

측량준비파일	측량결과도
• 측량대상토지의 경계와 경계점의 좌표 및 부호도·지번·지목 • 인근 토지의 경계와 경계점의 좌표 및 부호도·지번·지목 • 행정구역선과 그 명칭 • 지적기준점 및 그 번호와 지적기준점 간의 방위각 및 그 거리 • 경계점 간 계산거리 • 도곽선과 그 수치 • 그 밖에 국토교통부장관이 정하는 사항	• 측량준비파일의 사항 • 측정점의 위치(측량계산부의 좌표를 전개하여 적는다), 지상에서 측정한 거리 및 방위각 • 측량대상토지의 경계점 간 실측거리 • 측량대상토지의 토지이동 전의 지번과 지목(2개의 붉은색으로 말소한다) • 측량결과도의 제명 및 번호(연도별로 붙인다)와 지적도의 도면번호 • 신규등록 또는 등록전환하려는 경계선 및 분할경계선 • 측량대상토지의 점유현황선 • 측량 및 검사의 연월일, 측량자 및 검사자의 성명·소속 및 자격등급 또는 기술등급 • 해당 필지 및 인접 필지의 측량연혁

15 축척 600분의 1인 임야도에서 분할토지의 원면적이 1,700m²일 때 오차허용면적은?

① 13.1m²
② 14.8m²
③ 16.7m²
④ 18.4m²

해설 $A = 0.026^2 M\sqrt{F}$
$= 0.026^2 \times 600 \times \sqrt{1,700} = 16.7\text{m}^2$

16 다음 일람도에 관한 설명으로 틀린 것은?

① 제명의 일람도와 축척 사이는 20mm를 띄운다.
② 축척은 당해 도면축척의 10분의 1로 한다.
③ 도면의 장수가 5장 미만인 때에는 일람도를 작성하지 않아도 된다.
④ 도면번호는 지번부여지역·축척 및 지적도·임야도·경계점좌표등록부 시행지별로 일련번호를 부여한다.

해설 일람도를 작성하는 경우 일람도의 축척은 그 도면축척의 10분의 1로 한다. 다만, 도면의 장수가 많아서 1장에 작성할 수 없는 경우에는 축척을 줄여서 작성할 수 있으며, 도면의 장수가 4장 미만인 경우에는 일람도의 작성을 하지 아니할 수 있다.

17 다음 그림과 같이 α, β, γ 3개의 각을 관측하였다. α+β−γ=−12″일 때 α, β, γ의 조정량으로 옳은 것은?

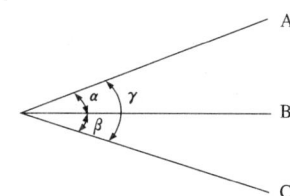

① α=+4″, β=+4″, γ=+4″
② α=−4″, β=+4″, γ=+4″
③ α=+4″, β=+4″, γ=−4″
④ α=−4″, β=−4″, γ=+4″

해설 조건부 관측값의 최확값
㉠ 오차=α+β−γ=−12″
㉡ 배부량=$\frac{12}{3}$=4″ (큰 각 (−), 작은 각 (+)로 보정)
따라서 α, β는 +4″씩 보정하며, γ는 −4″로 보정한다.

18 지적확정측량규정상 지적확정측량부에 해당하지 않는 것은?

① 신·구 대조도
② 행정구역 변경도
③ 지적확정측량 종합도
④ 지적확정측량 결과도(일람도 제외)

해설 지적확정측량부
㉠ 면적집계표(총괄, 지목별)
㉡ 지적확정토지 지번별 조서
㉢ 좌표면적 및 경계점 간 거리계산부(지구계점, 가구점, 필계점)
㉣ 경계(보조)점 관측 및 좌표계산부
㉤ 종전토지 지번별 조서
㉥ 행정구역 변경조서(필요시 작성)
㉦ 지적확정측량 종합도
㉧ 지적확정측량 결과도(일람도 포함)
㉨ 지적확정측량 성과도
㉩ 종전도
㉪ 신·구 대조도
㉫ 행정구역 변경도(필요시 작성)

정답 14 ① 15 ③ 16 ③ 17 ③ 18 ④

19 경위의측량방법으로 세부측량을 할 때 경계점 간 실측거리가 120m인 경우 경계점좌표에 따라 계산한 거리와의 교차한계는?

① 15cm   ② 17cm
③ 35cm   ④ 36cm

해설 교차 $= 3 + \dfrac{L}{10} = 3 + \dfrac{120}{10} = 15\text{cm}$

[참고] 지적측량 시행규칙 제26조(세부측량성과의 작성)
③ 제2항 제3호에 따른 측량대상토지의 경계점 간 실측거리와 경계점의 좌표에 따라 계산한 거리의 교차는 $3 + \dfrac{L}{10}$[cm] 이내여야 한다. 이 경우 L은 실측거리로서 미터단위로 표시한 수치를 말한다.

20 지적삼각보조점측량을 다각망도선법으로 실시할 경우 1도선의 설명으로 옳은 것은?

① 기지점과 기기점 간 또는 교점과 기지점 간
② 기지점과 교점 간 또는 교점과 교점 간
③ 기지점과 교점 간 또는 기지점과 미지점 간
④ 기지점과 교점 간 또는 미지점과 교점 간

해설 1도선은 기지점과 교점 간 또는 교점과 교점 간을 말한다.

제2과목 응용측량

21 수준측량 야장기입법 중 중간점이 많은 경우에 편리한 방법은?

① 고차식
② 기고식
③ 승강식
④ 약도식

해설 야장기입법
㉠ 고차식 : 전시와 후시만 있을 때 사용하며 2점 간의 고저차를 구할 경우 사용한다.
㉡ 기고식 : 중간점이 많을 때 적당하나 완전한 검산을 할 수 없는 단점이 있다.
㉢ 승강식 : 중간점이 많을 때 불편하나 완전한 검산을 할 수 있다.

22 거리 80m 떨어진 곳에 표척을 세워 기포가 중앙에 있을 때와 기포관의 눈금이 5눈금 이동했을 때 표척 읽음값의 차이가 0.09m이었다면 이 기포관의 곡률반지름은? (단, 기포관 한 눈금의 간격은 2mm이고 $\rho'' = 206,265''$ 이다.)

① 8.9m   ② 9.1m
③ 9.4m   ④ 9.6m

해설 $R = \dfrac{nsl}{\Delta l} = \dfrac{5 \times 0.002 \times 80}{0.09} = 8.9\text{m}$

23 수준측량에서 전시와 후시를 같게 하여 제거할 수 있는 오차는?

① 기포관축과 시준선이 평행하지 않을 때
② 관측자의 읽기착오에 의한 오차
③ 지반의 침하에 의한 오차
④ 표척의 눈금오차

해설 수준측량에서 전시와 후시의 거리를 같게 하면 시준축오차를 소거할 수 있다. 즉 망원경의 시준선이 기포관축에 평행이 아닐 때의 오차를 소거할 수 있다.

24 지형도 작성 시 활용하는 지형표시방법과 거리가 먼 것은?

① 방사법   ② 영선법
③ 채색법   ④ 점고법

해설 지형의 표시법
㉠ 부호적인 도법
 • 영선법(게바법) : 지형을 선의 굵기와 길이로 표시하는 방법으로 급경사는 굵고 짧게, 완경사는 가늘고 길게 표현한다.
 • 음영법(명암법) : 서북방향 45°에서 태양광선이 비친다고 가정하여 지표면의 기복을 2~3색 이상으로 표시하는 방법이다.
㉡ 자연적인 도법
 • 점고법 : 지표상에 있는 임의점의 표고를 도상에서 숫자로 나타내며 하천, 항만 등의 수심을 나타낼 때 주로 사용한다.
 • 등고선법 : 동일 표고의 점을 연결하는 등고선을 이용하여 지표를 표시하는 방법으로 주로 토목공사에 사용된다.
 • 채색법 : 지형도에 채색을 하여 지형이 높아질수록 색깔을 진하게, 낮아질수록 연하게 채색의 농도를 변화시켜 지표면의 고저를 나타내는 방법이다.

정답 19 ① 20 ② 21 ② 22 ① 23 ① 24 ①

25 등고선의 성질에 대한 설명으로 틀린 것은?

① 등고선의 능선을 횡단할 때 능선과 직교한다.
② 지표의 경사가 완만하면 등고선의 간격은 넓다.
③ 등고선은 어떠한 경우라도 교차하나 겹치지 않는다.
④ 등고선은 도면 안 또는 밖에서 폐합하는 폐곡선이다.

해설 등고선은 동굴이나 절벽에서는 교차한다.

26 축척 1:50,000인 지형도에서 표고 317.6m로부터 521.4m까지 사이에 주곡선간격의 등고선개수는?

① 5개   ② 9개
③ 11개 ④ 21개

해설 등고선개수 = $\frac{520-320}{20}+1=11$개

27 다음 그림과 같은 수평면과 45°의 경사를 가진 사면의 길이($\overline{AB}$)가 25m이다. 이 사면의 경사를 30°로 할 때 사면의 길이($\overline{AC}$)는?

① 32.36m
② 33.36m
③ 34.36m
④ 35.36m

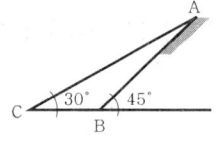

해설 ㉠ $\overline{AB}$의 높이
   $H=25\times\sin45°=17.68$m
㉡ 경사거리
   $\overline{AC}=\frac{17.68}{\sin30°}=35.36$m

28 다음 중 체적을 산정하는 방법에 대한 설명이다 이 중 틀린 것은?

① 점고법은 토지정리나 구획정리에 많이 사용하는 체적계산법이다.
② 등고선법은 등고선의 간격과 각 단면의 면적을 이용하여 체적을 계산한다.
③ 양단면평균법은 양단면의 면적을 평균한 값에 길이를 곱하여 체적을 계산한다.
④ 각주공식은 중앙단면적과 길이를 이용하여 체적을 계산한다.

해설 각주공식은 양단면의 면적, 중앙단면적, 길이를 이용하여 체적을 계산한다.

29 직선부 포장도로에서 주행을 위한 편경사는 필요 없지만 1.5~2.0% 정도의 편경사를 주는 경우의 가장 큰 목적은?

① 차량의 회전을 원활히 하기 위하여
② 노면배수가 잘 되도록 하기 위하여
③ 급격한 노선변화에 대비하기 위하여
④ 주행에 따른 노면침하를 사전에 방지하기 위하여

해설 도로에서 도로의 중심을 기준으로 1.5~2.0%의 구배를 주는 이유는 노면배수를 원활하게 하기 위해서이다.

30 우리나라의 일반철도에 주로 이용되는 완화곡선은?

① 클로소이드곡선 ② 3차 포물선
③ 2차 포물선   ④ sin곡선

해설 완화곡선은 곡선반경의 급격한 변화로 인한 승차감 저해 등의 문제를 막기 위해 직선부와 곡선 사이에 넣는 특수한 곡선으로, 고속도로에서는 클로소이드곡선이, 철도에서는 3차 포물선이 이용된다.

31 다음 그림과 같이 원곡선(AB)을 설치하려고 하는데 그 교점(I.P)에 갈 수 없어 ∠ACD=150°, ∠CDB=90°, $\overline{CD}$=100m를 관측하였다. C점에서 곡선시점(B.C)까지의 거리는? (단, 곡선반지름 R=150m)

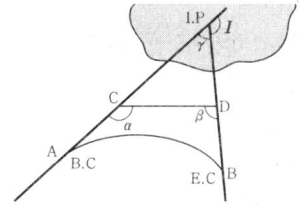

① 115.47m ② 125.25m
③ 144.34m ④ 259.81m

해설 ㉠ 교각(I)=30°+90°=120°
㉡ 접선장(T.L)=$R\tan\frac{I}{2}=150\times\tan\frac{120°}{2}$
   =259.81m
㉢ C점~I.P거리 : $\frac{100}{\sin60°}=\frac{\text{C점~I.P거리}}{\sin90°}$
   ∴ C점~I.P거리=115.47m
㉣ C점에서 B.C까지의 거리=259.81-115.47
   =144.34m

32 곡선반지름 $R=2,500$m, 캔트(cant) 100mm인 철도선로를 설계할 때 적합한 설계속도는? (단, 레일간격은 1m로 가정한다.)

① 50km/h　　② 60km/h
③ 150km/h　　④ 178km/h

해설　$C = \dfrac{SV^2}{Rg}$

$0.1 = \dfrac{1 \times V^2}{2,500 \times 9.8}$

∴ $V = 49.5$m/s $= 178$km/h

33 항공사진의 특수 3점 중 렌즈 중심으로부터 사진면에 내린 수선의 발은?

① 주점　　② 연직점
③ 등각점　　④ 부점

해설　항공사진의 특수 3점
 ㉠ 주점 : 사진의 중심점으로 렌즈의 중심으로부터 화면에 내린 수선의 길이, 즉 렌즈의 광축과 화면이 교차하는 점
 ㉡ 연직점 : 중심투영점 0을 지나는 중력선이 사진면과 마주치는 점으로 카메라렌즈의 중심으로부터 기준면에 수선을 내렸을 때 만나는 점(고저차가 큰 지형의 수직 및 경사사진)
 ㉢ 등각점 : 사진면에 직교되는 광선과 중력선이 이루는 각을 2등분 하는 광선이 사진면에 마주치는 점

34 축척 1:10,000으로 평지를 촬영한 연직사진의 사진크기 23cm×23cm, 종중복도 60%일 때 촬영기선장은?

① 1,380m　　② 1,180m
③ 1,020m　　④ 920m

해설　$B = ma\left(1 - \dfrac{p}{100}\right) = 10,000 \times 0.23 \times \left(1 - \dfrac{60}{100}\right)$
$\quad = 920$m

35 다음 중 항공사진의 판독만으로 구별하기 가장 어려운 것은?

① 능선과 계곡　　② 밀밭과 보리밭
③ 도로와 철도선로　　④ 침엽수와 활엽수

해설　밀밭과 보리밭은 사진측량으로는 구별할 수 없다.

36 항공삼각측량의 3차원 항공삼각측량방법 중에서 공선조건식을 이용하는 해석법은?

① 블록조정법
② 에어로폴리곤법
③ 독립모델법
④ 번들조정법

해설　항공삼각측량의 3차원 항공삼각측량방법 중에서 공선조건식을 이용하는 해석법은 번들조정법이다.

37 대지표정이 끝났을 때 사진과 실제 지형과의 관계는?

① 대응　　② 상사
③ 역대칭　　④ 합동

해설　대지표정이 끝났을 때 사진과 실제 지형과의 관계는 상사이다.

38 터널 내 두 점의 좌표 (x, y, z)가 각각 A(1328.0m, 810.0m, 86.3m), B(1734.0m, 589.0m, 112.4m)일 때 A, B를 연결하는 터널의 경사거리는?

① 341.52m　　② 341.98m
③ 462.25m　　④ 462.99m

해설　㉠ 수평거리
　　$D = \sqrt{(1,734 - 1,328)^2 + (589 - 810)^2} = 462.25$m
　㉡ 고저차
　　$H = 112.4 - 86.3 = 26.1$m
　㉢ 경사거리
　　$L = \sqrt{462.25^2 + 26.1^2} = 462.99$m

39 GNSS(global navigation satellite system)측량의 Cycle Slip에 대한 설명으로 옳지 않은 것은?

① GNSS반송파 위상추적회로에서 반송파 위상차값의 순간적인 차단으로 인한 오차이다.
② GNSS안테나 주위의 지형·지물에 의한 신호단절현상이다.
③ 높은 위성고도각에 의하여 발생하게 된다.
④ 이동측량의 경우 정지측량의 경우보다 Cycle Slip의 다양한 원인이 존재한다.

해설　사이클슬립의 원인 : 낮은 위성의 고도각, 높은 신호잡음, 낮은 신호강도, 이동차량에서 주로 발생

정답　32 ④　33 ①　34 ④　35 ②　36 ④　37 ②　38 ④　39 ③

40 다음 중 GPS신호 중 L₁, L₂의 주파수로 옳은 것은?

① 1575.42MHz, 1227.60MHz
② 1227.60MHz, 1575.42MHz
③ 157.42MHz, 122.60MHz
④ 122.60MHz, 157.42MHz

해설 GPS신호에 대한 주파수는 L_1파 1575.42MHz, L_2파 1227.60MHz이다.

제3과목　토지정보체계론

41 PBLIS와 NGIS의 연계로 인한 장점으로 가장 거리가 먼 것은?

① 토지 관련 자료의 원활한 교류와 공동 활용
② 토지의 효율적인 이용증진과 체계적 국토개발
③ 유사한 정보시스템의 개발로 인한 중복투자 방지
④ 지적측량과 일반측량의 업무통합에 따른 효율성 증대

해설 PBLIS와 NGIS의 연계로 나타나는 장점
　㉠ 토지 관련 자료의 원활한 교류와 공동 활용
　㉡ 토지의 효율적인 이용증진과 체계적 국토개발
　㉢ 유사한 정보시스템의 개발로 인한 중복투자 방지

42 한국토지정보시스템(KLIS)에 대한 설명으로 옳은 것은? (단, 중앙행정부서의 명칭은 해당 시스템의 개발 당시 명칭을 기준으로 한다.)

① 건설교통부의 토지관리정보시스템과 행정자치부의 필지중심토지정보시스템을 통합한 시스템이다.
② 건설교통부의 토지관리정보시스템과 행정자치부의 시·군·구 지적행정시스템을 통합한 시스템이다.
③ 행정자치부의 시·군·구 지적행정시스템과 필지중심토지정보시스템을 통합한 시스템이다.
④ 건설교통부의 토지관리정보시스템과 개별공시지가관리시스템을 통합한 시스템이다.

해설 한국토지정보시스템(KLIS : Korea Land Information System)은 국가적인 정보화사업을 효율적으로 추진하기 위하여 (구)행정자치부의 필지중심토지정보시스템(PBLIS)과 (구)건설교통부의 토지종합정보망(LMIS)을 하나의 시스템으로 통합하여 전산정보의 공공활용과 행정의 효율성 제고를 위해 (구)행정자치부와 (구)건설교통부가 공동 주관으로 추진하고 있는 정보화사업이다.

43 PBLIS와 LMIS에 대한 설명이다. 이 중 틀린 것은?

① PBLIS와 LMIS에서 속성DB에 Oracle DBMS를 사용한다.
② 속성DB 접근방법은 PBLIS는 ODBC 이용 3-tier이며, LMIS는 ODBC 이용 2-tier이다.
③ GIS엔진 사용현황은 PBLIS는 Gothic S/W를 사용하며, LMIS는 ArcSDE8.0을 사용한다.
④ 공간DB 접근방법은 PBLIS는 Gothic API 이용 2-tier이며, LMIS는 코바(OpenGIS 구현사양 수용) 미들웨어를 이용한다.

해설 PBLIS와 LMIS의 속성DB 접근방법은 ODBC 이용 2-tier이다.

44 다음 중 스캐닝(Scanning)에 의하여 도형정보를 입력할 경우의 장점으로 옳지 않은 것은?

① 작업자의 수작업이 최소화된다.
② 이미지상에서 삭제·수정할 수 있다.
③ 원본도면의 손상된 정도와 상관없이 도면을 정확하게 입력할 수 있다.
④ 복잡한 도면을 입력할 때 작업시간을 단축할 수 있다.

해설 스캐너는 일정파장의 레이저광선을 지도에 주사하고, 반사되는 값에 수치를 부여하여 컴퓨터에 저장시킴으로써 기존의 지도를 영상의 형태로 만드는 방식으로 오염된 도면의 입력이 어렵다.

45 일반적으로 많이 나타나는 디지타이징오류에 대한 설명으로 옳지 않은 것은?

① 라벨오류 : 폴리곤에 라벨이 없거나 또는 잘못된 라벨이 붙는 오류
② 선의 중복 : 입력내용이 복잡한 경우 같은 선이 두 번씩 입력되는 오류
③ Undershoot and Overshoot : 두 선이 목표지점에 못 미치거나 벗어나는 오류
④ 슬리버폴리곤 : 폴리곤의 시작점과 끝점이 떨어져 있거나 시작점과 끝점이 벗어나는 오류

정답 40 ① 41 ④ 42 ① 43 ② 44 ③ 45 ④

해설 슬리버(Sliver) : 하나의 선으로 입력되어야 할 곳에서 두 개의 선으로 약간 어긋나게 입력되어 가늘고 긴 불필요한 폴리곤을 형성한 상태

46 지방자치단체가 지적공부 및 부동산종합공부의 정보를 전자적으로 관리·운영하는 시스템은?

① 한국토지정보시스템
② 부동산종합공부시스템
③ 지적행정시스템
④ 국가공간정보시스템

해설
㉠ 국토정보체계 : 국토교통부장관이 지적공부 및 부동산종합공부의 정보를 전국단위로 통합하여 관리·운영하는 시스템
㉡ 부동산종합공부시스템 : 지방자치단체가 지적공부 및 부동산종합공부의 정보를 전자적으로 관리·운영하는 시스템

47 래스터데이터 형식의 자료로 옳지 않은 것은?

① 그리드(grid)   ② 픽셀(pixel)
③ DEM   ④ 폴리곤(polygon)

해설 벡터자료구조는 현실 세계의 객체 및 객체와 관련되는 모든 형상을 점(0차원), 선(1차원), 면(2차원)을 이용하여 표현하는 것으로 객체들의 지리적 위치를 방향성과 크기로 나타낸다. 따라서 폴리곤은 벡터자료구조에 해당한다.

48 다음 표는 영상분류오차행렬이다. 전체 정확도(PCC) 치수는 얼마인가?

구분		참조데이터				총계
		A	B	C	D	
표본데이터	A	1	2	0	0	3
	B	0	5	0	2	7
	C	0	3	5	1	9
	D	0	0	4	4	8
총계		1	10	9	7	27

① 55.56%   ② 44.44%
③ 81.48%   ④ 18.52%

해설 $PCC = \dfrac{대각선값의 합}{표본의 총수} \times 100\%$
$= \dfrac{1+5+5+4}{27} \times 100\% = 55.56\%$

49 벡터데이터의 위상구조를 이용하여 분석이 가능한 내용이 아닌 것은?

① 분리성   ② 연결성
③ 인접성   ④ 포함성

해설 벡터데이터의 위상구조는 각 공간객체 사이의 관계를 인접성(adjacency), 연결성(connectivity), 포함성(containment) 등의 관점에서 묘사되며 스파게티모델에 비해 다양한 공간분석이 가능하다.
㉠ 인접성 : 관심대상 사상의 좌측과 우측에 어떤 사상이 있는지를 정의한다. 즉 두 개의 객체가 서로 인접하는지를 판단한다.
㉡ 연결성 : 특정 사상이 어떤 사상과 연결되어 있는지를 정의한다. 즉 두 개 이상의 객체가 연결되어 있는지를 판단한다.
㉢ 포함성 : 특정 사상이 다른 사상의 내부에 포함되느냐, 혹은 다른 사상을 포함하느냐를 정의한다.

50 크기가 다른 정사각형을 이용하여 공간을 4개의 동일한 면적으로 분할하는 작업을 하나의 속성값이 존재할 때까지 반복하는 래스터자료압축방법은?

① 런랭스코드(Run-length code)기법
② 체인코드(Chain code)기법
③ 블록코드(Block code)기법
④ 사지수형(Quadtree)기법

해설 사지수형기법
㉠ 크기가 다른 정사각형을 이용한 run-length code기법보다 자료의 압축이 좋다.
㉡ 사지수형기법은 run-length code기법과 함께 가장 많이 쓰이는 자료압축기법이다.
㉢ $2n \times 2n$ 배열로 표현되는 공간을 북서(NW), 북동(NE), 남서(SW), 남동(SE)으로 불리는 사분원(quadrant)으로 분할한다.
㉣ 이 과정을 각 분원마다 하나의 속성값이 존재할 때까지 반복한다.
㉤ 그 결과 대상공간을 사지수형이라는 불리는 네 개의 가지를 갖는 나무의 형태로 표현 가능하다.

51 경로의 최적화, 자원의 분배에 가장 적합한 공간분석 방법은?

① 관망분석
② 보간분석
③ 분류분석
④ 중첩분석

해설 **네트워크분석**
㉠ 목적물 간의 교통안내나 최단경로분석, 상하수도관망 분석 등 다양한 분석기능 수행
㉡ 최단경로나 최소비용경로를 찾는 경로탐색기능
㉢ 시설물을 적정한 위치에 할당하는 배분기능
㉣ 네트워크상에서 연결성을 추적하는 추적기능
㉤ 지역 간의 공간적 상호작용기능
㉥ 수요에 맞추어 가장 효율적으로 재화나 서비스시설을 입지시키는 입지·배분기능

52 지적정보 중 토지대장과 임야대장의 속성정보를 활용한 최초의 정보화사업은?

① 토지기록전산화
② 토지종합전산망
③ 필지중심토지정보시스템
④ 한국토지정보시스템

해설 토지기록전산화의 기반이 되는 토지대장 및 임야대장의 전산화를 신속·정확하게 하고 업무의 능률성을 도모하기 위하여 1982년에 토지기록전산입력자료작성지침을 전국에 시달하고 시·군·구는 전국필지에 대한 원시자료를 작성하고 전산화입력작업을 시작하였다.

53 래스터데이터의 단점으로 볼 수 없는 것은?

① 해상도를 높이면 자료의 양이 크게 늘어난다.
② 객체단위로 선택하거나 자료의 이동, 삭제, 입력 등 편집이 어렵다.
③ 위상구조를 부여하지 못하므로 공간적 관계를 다루는 분석이 불가능하다.
④ 중첩기능을 수행하기가 불편하다.

해설 **래스터자료구조**

장점	단점
• 데이터 구조가 간단	• 그래픽자료의 양이 방대
• 여러 레이어의 중첩, 분석이 용이	• 격자의 크기를 늘리면 정보손실 초래
• 원격탐사자료와 연계가 쉬움	• 시각적인 효과가 떨어짐
• 격자의 크기와 형태가 동일한 까닭에 시뮬레이션 용이	• 관망해석 불가능
• 자료의 조작과정을 효과적으로 하고 수치영상의 질을 향상시키는 데 용이	• 좌표변환 시 시간이 많이 소요됨

54 SQL의 표준구문으로 적합한 것은?

① SELECT "item명" FROM "table명" WHERE "조건절"
② SELECT "table명" FROM "item명" WHERE "조건절"
③ SELECT "조건절" FROM "table명" WHERE "item명"
④ SELECT "item명" FROM "조건절" WHERE "table명"

해설 SELECT는 선택칼럼명, FROM은 테이블명, WHERE는 칼럼에 대한 조건값이다.

55 SQL의 언어 중 '제거'에 해당하는 것은?

① INSERT
② DROP
③ CREATE
④ DELETE

해설 **데이터 언어**

데이터 언어	종류
정의어 (DDL)	생성 : CREATE, 주소변경 : ALTER, 제거 : DROP
조작어 (DML)	검색 : SELECT, 삽입 : INSERT, 삭제 : DELETE, 갱신 : UPDATE
제어어 (DCL)	권한부여 : GRANT, 권한해제 : REVOKE, 데이터 변경완료 : COMMIT, 데이터 변경취소 : ROLLBACK

56 국가지리정보체계의 추진과정에 관한 내용으로 틀린 것은?

① 1995년부터 2000년까지 제1차 국가GIS사업 수행
② 2006년부터 2010년에는 제2차 국가GIS기본계획 수립
③ 제1차 국가GIS사업에서는 지형도, 공통주제도, 지하시설물도의 DB 구축 추진
④ 제2차 국가GIS사업에서는 국가공간정보기반 확충을 통한 디지털국토 실현 추진

해설 **제2차 NGIS활용·확산단계(2001~2005)** : 제2차 국가 GIS사업을 통해 국가공간정보기반을 확고히 마련하고 범국민적 유통·활용을 정착

정답 52 ① 53 ④ 54 ① 55 ② 56 ②

57 다음 중 우리나라의 메타데이터에 대한 설명으로 옳지 않은 것은?

① 메타데이터는 데이터 사전과 DBMS로 구성되어 있다.
② 1955년 12월 우리나라 NGIS데이터교환표준으로 SDTS가 채택되었다.
③ 국가기본도 및 공통데이터교환포맷표준안을 확정하여 국가표준으로 제정하고 있다.
④ NGIS에서 수행하고 있는 표준화내용은 기본모델연구, 정보구축표준화, 정보유통표준화, 정보활용표준화, 관련 기술표준화이다.

해설 메타데이터란 실제 데이터는 아니지만 데이터베이스, 레이어, 속성, 공간현상 등과 관련된 데이터의 내용, 품질, 조건 및 특징 등을 저장한 데이터로서 데이터에 관한 데이터로 데이터의 이력서라고 말할 수 있다. 따라서 메타데이터는 작성한 실무자가 바뀌더라도 변함없는 데이터의 기본체계를 유지하게 되므로 시간이 지나도 일관성 있는 데이터를 사용자에게 제공 가능하다.

58 토지정보를 비롯한 공간정보를 관리하기 위한 데이터 모델로서 현재 가장 보편적으로 많이 쓰이며 데이터의 독립성이 높고 높은 수준의 데이터 조작언어를 사용하는 것은?

① 파일시스템모델
② 계층형 데이터 모델
③ 관계형 데이터 모델
④ 네트워크형 데이터 모델

해설 관계형 데이터베이스는 가장 최신의 데이터베이스 형태이며 사용자에게 보다 친숙한 자료접근방법을 제공하기 위해 개발하였다. 현재 가장 보편적으로 많이 쓰이며 데이터의 독립성이 높고 높은 수준의 데이터 조작언어를 사용한다.

59 다음은 국가공간정보위원회에 대한 설명이다. 이 중 틀린 것은?

① 위원장은 회의개최 5일 전까지 회의일시·장소 및 심의안건을 각 위원에게 통보하여야 한다. 다만, 긴급한 경우에는 회의개최 전까지 통보할 수 있다.
② 국가공간정보위원회의 위원장은 국토교통부 장관이 된다.
③ 국가공간정보정책에 관한 사항을 심의·조정하기 위하여 국토교통부에 국가공간정보위원회를 둔다.
④ 위원회는 위원장을 포함하여 20인 이내의 위원으로 구성한다.

해설 국가공간정보위원회는 위원장을 포함하여 30인 이내의 위원으로 구성한다.

60 국가공간정보 기본법에서는 다음과 같이 공간정보를 정의하고 있다. ㉠, ㉡, ㉢에 들어갈 용어가 모두 올바르게 나열된 것은?

> 공간정보란 지상·지하·(㉠)·수중 등 공간상에 존재하는 자연적 또는 인공적인 (㉡)에 대한 위치정보 및 이와 관련된 (㉢) 및 의사결정에 필요한 정보를 말한다.

① ㉠ 공중, ㉡ 개체, ㉢ 지형정보
② ㉠ 지표, ㉡ 객체, ㉢ 도형정보
③ ㉠ 지표, ㉡ 개체, ㉢ 속성정보
④ ㉠ 수상, ㉡ 객체, ㉢ 공간적 인지

해설 공간정보란 지상·지하·수상·수중 등 공간상에 존재하는 자연적 또는 인공적 객체에 대한 위치정보 및 이와 관련된 공간적 인지 및 의사결정에 필요한 정보를 말한다.

제4과목 지적학

61 다음 지적의 3요소 중 협의의 3요소로 올바른 것은?

① 필지, 소유자, 권리
② 토지, 등록, 공부
③ 토지, 소유자, 권리
④ 토지, 권리, 등록

해설 **지적의 협의와 광의의 구성요소**

협의의 구성요소	광의의 구성요소
• 토지 : 지적의 객체 • 등록 : 지적의 주된 행위 • 공부 : 지적행위 결과물	• 필지 : 권리의 객체 • 소유자 : 권리의 주체 • 권리 : 토지를 소유할 수 있는 법적 권리

정답 57 ① 58 ③ 59 ④ 60 ④ 61 ②

62 지적공부의 등록사항을 공시하는 방법으로 적절하지 않은 것은?

① 지적공부에 등록된 경계를 지상에 복원하는 것
② 지적공부를 직접 열람하거나 등본에 의하여 외부에서 알 수 있는 것
③ 지적공부에 등록된 토지표시사항을 등기부에 기록된 내용에 의하여 정정하는 것
④ 지적공부에 등록된 사항과 현장 상황이 맞지 않을 때 현장 상황에 따라 변경등록하는 것

해설 토지의 표시는 지적공부가 우선이므로 등기부에 의해서 정정할 수 없다.

63 다음 중 토지가옥조사회와 국토조사측량협회를 운영하는 나라는?

① 대만   ② 독일
③ 일본   ④ 한국

해설 일본의 경우 토지가옥조사회와 국토조사측량협회를 운영한다.

64 지번의 부여방법 중 진행방향에 따른 분류가 아닌 것은?

① 기우식   ② 사행식
③ 오결식   ④ 절충식

해설 지번부여방법
㉠ 진행방향에 따른 분류 : 사행식, 기우식, 단지식, 절충식
㉡ 부여단위에 따른 분류 : 지역단위법, 도엽단위법, 단지단위법
㉢ 기번위치에 따른 분류 : 북서기번법, 북동기번법

65 경계결정 시 경계불가분의 원칙이 적용되는 이유로 옳지 않은 것은?

① 필지 간 경계는 1개만 존재한다.
② 경계는 인접 토지에 공통으로 작용한다.
③ 실지 경계구조물의 소유권을 인정하지 않는다.
④ 경계는 폭이 없는 기하학적인 선의 의미와 동일하다.

해설 경계불가분의 원칙
㉠ 필지 사이의 경계는 1개가 존재한다.
㉡ 경계는 크기가 없는 기하학적인 의미이다.
㉢ 경계는 위치만 있으므로 분할이 불가능하다.
㉣ 경계는 경계점 사이의 최단거리연결이다.

66 다음 중 적극적 등록제도(positive system)에 대한 설명으로 옳지 않은 것은?

① 영국, 프랑스, 이탈리아 등에서 채택하고 있다.
② 적극적 등록제도에서의 토지등록은 일필지의 개념으로 법적인 권리보장이 인정된다.
③ 적극적 등록제도의 발달된 형태로 유명한 것은 토렌스시스템(Torrens system)이 있다.
④ 지적공부에 등록되지 아니한 토지는 그 토지에 대한 어떠한 권리도 인정되지 않는다는 이론이 지배적이다.

해설 소극적 등록주의(Negative System)
㉠ 기본적으로 거래와 그에 관한 거래증서의 변경기록을 수행하는 것을 말한다.
㉡ 사유재산의 양도증서와 거래증서의 등록으로 구분한다. 양도증서의 작성은 사인 간의 계약에 의해 발생하며, 거래증서의 등록은 법률가에 의해 취급된다.
㉢ 거래증서의 등록은 정부가 수행하며 형식적 심사주의를 취하고 있다.
㉣ 거래의 등록이 소유권의 증명에 관한 증거나 증빙 이상의 것이 되지 못한다.
㉤ 네덜란드, 영국, 프랑스, 이탈리아, 캐나다, 미국의 일부 주에서 이를 적용한다.

67 행정구역제도로 국도를 중심으로 영토를 사방으로 구획하는 '사출도'란 토지구획방법을 시행하였던 나라는?

① 고구려   ② 부여
③ 백제   ④ 조선

해설 부여는 행정구역제도로 국도를 중심으로 영토를 사방으로 구획하는 '사출도'란 토지구획방법을 시행하였다.

68 입안을 받지 않은 매매계약서를 무엇이라 하는가?

① 별급문기   ② 화회문기
③ 매매문기   ④ 백문매매

해설 문기의 종류
㉠ 백문매매 : 입안을 받지 않은 매매계약서
㉡ 매매문기 : 궁방(弓房)에게 제출하는 문기
㉢ 깃급문기 : 자손에게 상속할 깃(몫)을 기재하는 문기(분급문기)
㉣ 화회문기 : 부모가 토지나 노비 등의 재산을 깃급문기로 나누어 주지 못하고 사망할 경우 유언 또는 유서가 없을 때 형제, 자매 간에 서로 합의하여 재산을 나눌 때 작성하는 문기
㉤ 별급문기 : 과거급제, 생일, 혼례, 득남 등 축하나 기념하는 일들이 생겼을 때 별도로 재산을 분배할 때 작성하는 문기

정답 62 ③ 63 ③ 64 ③ 65 ③ 66 ① 67 ② 68 ④

69 양안 작성 시 실제로 현장에 나가 측량하여 기록하는 것은?

① 야초책
② 정서책
③ 정초책
④ 중초책

해설 양안의 작성
  ㉠ 야초책 양안 : 각 면단위로 실제로 측량해서 작성하는 가장 기초적인 장부이다.
  ㉡ 중초책 양안 : 각 면단위로 작성된 야초책을 면의 순서에 따라 자호를 붙이고 지번을 부여하여 사표와 사주의 일치 여부 등을 중점적으로 확인하면서 작성한 장부이다.
  ㉢ 정서책 양안 : 광무양안 때 야초책과 중초책을 작성하였고, 이를 기초로 하여 만든 양안의 최종성과이다. 2부를 작성하여 1부는 탁지부에 보관하고, 1부는 각 부·군에 보관하였다.

70 1910~1918년에 시행한 토지조사사업에서 조사한 내용이 아닌 것은?

① 토지의 지질조사
② 토지의 가격조사
③ 토지의 소유권조사
④ 토지의 외모(外貌)조사

해설 토지조사사업의 내용
  ㉠ 소유권조사 : 전국의 토지에 대하여 토지소유자 및 강계를 조사, 사정함으로써 토지분쟁을 해결하고 토지조사부, 토지대장, 지적도를 작성한다.
  ㉡ 가격조사 : 과세의 공평을 기하기 위하여 시가지의 경우 토지의 시가를 조사하며, 시가지 이외의 지역에서는 대지는 임대가격을, 기타 전, 답, 지소 및 잡종지는 그 수익을 기초로 지가를 결정하여 지세제도를 확립한다.
  ㉢ 외모조사 : 국토 전체에 대한 자연적 또는 인위적으로 형성된 지물과 고저를 표시한 지형도를 작성하기 위해 지형·지모조사를 실시하였다.

71 토지조사사업 당시 일부 지목에 대하여 지번을 부여하지 않았던 이유로 옳은 것은?

① 소유자 확인 불명
② 과세적 가치의 희소
③ 경제선의 구분 곤란
④ 측량조사작업의 어려움

해설 토지조사법에 의하면 토지는 지목을 정하고 지반을 측량하며 1구역마다 지번을 부여한다. 단, 도로, 하천, 구거, 제방, 성첩, 철도선로, 수도선로의 토지에 대하여는 지번을 부여하지 않을 수 있다. 그 이유는 과세적 가치의 희소 때문이다.

72 토지조사사업 시의 사정(査定)에 대한 설명으로 옳지 않은 것은?

① 사정권자는 당시 고등토지위원회의 장이었다.
② 토지소유자 및 그 강계를 확정하는 행정처분이다.
③ 사정권자는 사정을 하기 전 지방토지위원회의 자문을 받았다.
④ 토지의 강계는 지적도에 등록된 토지의 경계선인 강계선이 대상이었다.

해설 사정이란 토지조사부 및 지적도에 의하여 토지소유자(원시취득) 및 강계를 확정하는 행정처분을 말한다. 지적도에 등록된 강계선이 대상이며 지역선은 사정하지 않는다. 임시토지조사국장은 지방토지조사위원회에 자문하여 토지소유자 및 그 강계를 사정하며, 사정을 하는 때에는 30일간 이를 공시한다.

73 필지는 자연물인 지구를 인간이 필요에 의해 인위적으로 구획한 인공물이다. 필지의 성립요건으로 볼 수 없는 것은?

① 지표면을 인위적으로 구획한 폐쇄된 공간
② 정확한 측량성과
③ 지번 및 지목의 설정
④ 경계의 결정

해설 필지의 기능
  ㉠ 토지조사의 등록단위 : 토지조사는 1필지를 기본단위로 조사
  ㉡ 토지등록의 기본단위 : 토지등록의 기본단위로서 기능
  ㉢ 토지공시의 기본단위 : 토지의 공시단위로서의 기능
  ㉣ 토지의 거래단위 : 토지유통시장에서 거래단위로서 기능
  ㉤ 물권의 설정단위 : 토지의 소유권이 미치는 범위를 설정하는 기능
  ㉥ 토지평가의 기본단위 : 토지에 대한 평가는 1필지를 기본단위로 하여 1m²당 가격을 평가하는 기능

74 지적의 토지표시사항의 특성으로 볼 수 없는 것은?

① 정확성
② 다양성
③ 통일성
④ 단순성

해설 토지표시사항의 특성 : 정확성, 통일성, 단순성, 융통성, 검색성

정답 69 ① 70 ① 71 ② 72 ① 73 ② 74 ②

75 다음 중 지목의 변천에 관한 설명으로 옳은 것은?

① 2000년 지목의 수는 28개이었다.
② 토지조사사업 당시 지목의 수는 21개이었다.
③ 최초 지적법이 제정된 후 지목의 수는 24개이었다.
④ 지목수의 증가는 경제발전에 따른 토지이용의 세분화를 반영하는 것이다.

해설 ① 2000년 지목의 수는 24개이었다.
② 토지조사사업 당시 지목의 수는 18개이었다.
③ 최초 지적법이 제정된 후 지목의 수는 21개이었다.

76 지적제도의 단계별 특징으로 옳지 않은 것은?

① 세지적 : 토지과세
② 법지적 : 경계
③ 다목적 지적 : 토지공개념
④ 법지적 : 소유권

해설 다목적 지적(Multipurpose Cadastre)
㉠ 1필지를 단위로 토지 관련 정보를 종합적으로 등록하는 제도로서 토지에 관한 물리적 현황은 물론 법률적, 재정적, 경제적 정보를 포괄하는 제도이다. 따라서 토지정보시스템과 가장 밀접한 관계가 있다.
㉡ 토지에 대한 평가, 과세, 거래, 이용계획, 지하시설물과 공공시설물 및 토지통계 등에 관한 정보를 공동으로 활용하기 위하여 최근에 개발된 지적제도이다.

77 지적재조사사업의 목적으로 옳지 않은 것은?

① 경계복원능력의 향상
② 지적불부합지의 해소
③ 토지거래질서의 확립
④ 능률적인 지적관리체제 개선

해설 지적재조사사업의 목적 및 기대효과
㉠ 지적불부합지의 해소
㉡ 능률적인 지적관리체제 개선
㉢ 경계복원능력의 향상
㉣ 지적관리를 현대화하기 위한 수단
㉤ 지적공부의 정확도 및 지적에 포함되는 요소들의 확장

78 토렌스시스템의 커튼이론(curtain principle)에 대한 설명으로 가장 옳은 것은?

① 선의의 제3자에게는 보험효과를 갖는다.
② 사실심사 시 권리의 진실성에 직접 관여해야 한다.
③ 토지등록이 토지의 권리관계를 완전하게 반영한다.
④ 토지등록업무는 매입신청자를 위한 유일한 정보의 기초이다.

해설 토렌스시스템의 기본이론
㉠ 거울이론(mirror principle) : 토지권리증서의 등록이 토지의 거래사실을 완벽하게 반영하는 거울과 같다는 입장이다.
㉡ 커튼이론(curtain principle)
  • 토지등록업무가 커튼 뒤에 놓여있기 때문에 붙인 공정성과 신빙성에 관여할 필요도 없고 관여해서도 안 된다.
  • 토렌스제도에 의해 한번 권리증명서가 발급되면 당해 토지에 대한 이전의 모든 이해관계는 무효가 된다. 따라서 이전의 권리에 대한 사항은 받아보기가 불가능하다는 이론이다.
  • 토지등록업무는 매입신청자를 위한 유일한 정보의 기초이다.
㉢ 보험이론(insurance principle) : 토지등록이 토지의 권리를 아주 정확하게 반영하는 것이나 인간의 과실로 인하여 착오가 발생하는 경우 해를 입은 사람은 누구나 피해보상에 관한 한 법률적으로 선의의 구제자와 동등한 입장으로 보호되어야 한다는 이론이다.

79 토지의 사정(査定)을 가장 잘 설명한 것은?

① 토지의 소유자와 지목을 확정하는 것이다.
② 토지의 소유자와 강계를 확정하는 행정처분이다.
③ 토지의 소유자와 강계를 확정하는 사법처분이다.
④ 경계와 지적을 확정하는 행정처분이다.

해설 사정이란 토지조사부 및 지적도에 의하여 토지소유자(원시취득) 및 강계를 확정하는 행정처분을 말한다. 지적도에 등록된 강계선이 대상이며 지역선은 사정하지 않는다.

80 임야조사위원회에 대한 설명으로 옳지 않은 것은?

① 위원장은 조선총독부 정무총감으로 하였다.
② 위원장은 내무부장관인 사무관을 도지사가 임명하였다.
③ 재결에 대한 특수한 재판기관으로 종심이라 할 수 있다.
④ 위원장 및 위원으로 조직된 합의체의 부제(部制)로 운영한다.

해설 임야조사위원회의 위원장은 조선총독부 정무총감으로 하고, 위원은 조선총독의 주청에 의하여 조선총독부 관사 및 조선총독부 고등관 중에서 내각이 임명한다.

정답 75 ④ 76 ③ 77 ③ 78 ④ 79 ② 80 ②

제5과목 지적관계법규

81 공간정보의 구축 및 관리 등에 관한 법률상 용어의 정의로 옳은 것은?

① "경계점"이란 구면좌표를 이용하여 계산한다.
② "토지의 이동"이란 토지의 표시를 새로이 정하는 경우만을 말한다.
③ "지적공부"란 정보처리시스템에 저장된 것을 제외한 토지대장, 임야대장 등을 말한다.
④ "토지의 표시"란 지적공부에 토지의 소재·지번·지목·면적·경계 또는 좌표를 등록한 것을 말한다.

해설
① "경계점"이란 필지를 구획하는 선의 굴곡점으로서 지적도나 임야도에 도해형태로 등록하거나 경계점좌표등록부에 좌표형태로 등록하는 점을 말한다.
② "토지의 이동"이란 토지의 표시를 새로이 정하거나 변경 또는 말소하는 것을 말한다.
③ "지적공부"란 토지대장, 임야대장, 공유지연명부, 대지권등록부, 지적도, 임야도 및 경계점좌표등록부 등 지적측량 등을 통하여 조사된 토지의 표시와 해당 토지의 소유자 등을 기록한 대장 및 도면(정보처리시스템을 통하여 기록·저장된 것을 포함한다)을 말한다.

82 지적업무처리규정상 일람도의 제도방법에 대한 설명으로 옳지 않은 것은?

① 철도용지는 붉은색 0.2mm 폭의 2선으로 제도한다.
② 인접 동·리명칭은 4mm, 그 밖의 행정구역의 명칭은 5mm의 크기로 한다.
③ 취락지, 건물 등은 0.1mm의 폭으로 제도하고 그 내부를 검은색으로 엷게 채색한다.
④ 도곽선은 0.1mm의 폭으로, 도곽선수치는 3mm 크기의 아라비아숫자로 제도한다.

해설 일람도제도 중 도곽선은 0.1mm의 폭으로, 도곽선의 수치는 도곽선 왼쪽 아랫부분과 오른쪽 윗부분의 종횡선 교차점 바깥쪽에 2mm 크기의 아라비아숫자로 제도한다.

83 임야를 원상회복의 조건으로 돌을 캐내거나 흙을 파내는 곳으로 허가된 토지의 지목은?

① 임야   ② 잡종지
③ 전   ④ 과수원

해설 임야를 원상회복의 조건으로 돌을 캐내거나 흙을 파내는 곳으로 허가된 토지의 지목은 임야이다.

84 다음 중 결번이 발생하지 않는 것은?

① 도시개발사업의 시행
② 축척변경
③ 분할
④ 지번변경

해설 분할의 경우 결번이 발생하지 아니한다.

[참고] 공간정보의 구축 및 관리 등에 관한 법률 시행규칙 제63조(결번대장의 비치)
지적소관청은 행정구역의 변경, 도시개발사업의 시행, 지번변경, 축척변경, 지번정정 등의 사유로 지번에 결번이 생긴 때에는 지체 없이 그 사유를 결번대장에 적어 영구히 보존하여야 한다.

85 공간정보의 구축 및 관리 등에 관한 법령상 토지의 합병을 신청할 수 있는 경우는?

① 합병하려는 토지의 지적도 및 임야도의 축척이 서로 다른 경우
② 합병하려는 토지가 등기된 토지와 등기되지 아니한 토지인 경우
③ 합병하려는 토지의 소유자별 공유지분이 다르거나 소유자의 주소가 서로 다른 경우
④ 합병하려는 각 필지의 지목은 같으나 일부 토지의 용도가 다르게 되어 합병신청과 동시에 토지의 용도에 따라 분할신청을 하는 경우

해설 합병이 불가능한 경우
㉠ 합병하려는 토지의 지번부여지역, 지목 또는 소유자가 서로 다른 경우
㉡ 합병하려는 토지에 저당권등기, 추가적 공동저당등기가 있는 경우
㉢ 토지의 지적도 및 임야도의 축척이 서로 다른 경우
㉣ 합병하려는 각 필지의 지반이 연속되지 않은 경우
㉤ 합병하려는 토지가 등기된 토지와 등기되지 않은 토지인 경우
㉥ 합병하려는 각 필지의 지목은 같으나 일부 토지의 용도가 다르게 되어 분할대상토지인 경우. 다만, 합병신청과 동시에 토지의 용도에 따라 분할신청을 하는 경우에는 그렇지 않다.
㉦ 합병하고자 하는 토지의 소유자별 공유지분이 다르거나 소유자의 주소가 서로 다른 경우. 다만, 소유자의 주소가 서로 다르나 소유자가 동일인임이 확인되는 경우에는 그렇지 않다.

정답 81 ④ 82 ④ 83 ① 84 ③ 85 ④

◎ 합병하고자 하는 토지가 구획정리·경지정리 또는 축척변경을 시행하고 있는 지역 안의 토지와 지역 밖의 토지인 경우

86 공간정보의 구축 및 관리 등에 관한 법률상 지적공부 관리 등에 대한 설명이다. 이 중 틀린 것은?

① 지적소관청은 해당 청사에 지적서고를 설치하고 그곳에 지적공부(정보처리시스템을 통하여 기록·저장한 경우는 제외한다)를 영구히 보존하여야 한다.
② 지적공부를 정보처리시스템을 통하여 기록·보존하는 때에는 그 지적공부를 공공기관의 기록물관리에 관한 법률에 따라 기록물관리기관에 이관할 수 있다.
③ 지적소관청은 정보처리시스템을 통하여 보존하여야 하는 지적공부가 멸실되거나 훼손될 경우를 대비하여 지적공부를 복제하여 관리하는 정보관리체계를 구축하여야 한다.
④ 카드로 된 토지대장·임야대장·공유지연명부·대지권등록부 및 경계점좌표등록부는 100장 단위로 바인더(binder)에 넣어 보관하여야 한다.

해설 국토교통부장관은 보존하여야 하는 지적공부가 멸실되거나 훼손될 경우를 대비하여 지적공부를 복제하여 관리하는 정보관리체계를 구축하여야 한다.

87 지적공부의 열람, 등본발급 및 수수료에 대한 설명으로 옳지 않은 것은?

① 성능검사대행자가 하는 성능검사수수료는 현금으로 내야 한다.
② 인터넷으로 지적도면을 발급할 경우 그 크기는 가로 21cm, 세로 30cm이다.
③ 지적기술자격을 취득한 자가 지적공부를 열람하는 경우에는 수수료를 면제한다.
④ 전산파일로 된 경우에는 당해 지적소관청이 아닌 다른 지적소관청에 신청할 수 있다.

해설 지적공부의 열람, 등본발급 및 수수료 면제규정
㉠ 국가 또는 지방자치단체가 업무수행에 필요하여 지적공부의 열람 및 등본발급을 신청하는 경우에는 수수료를 면제한다.

㉡ 지적측량업무에 종사하는 측량기술자가 그 업무와 관련하여 지적공부를 열람(복사하기 위하여 열람하는 것을 포함한다)하는 경우에는 수수료를 면제한다.

88 부동산의 효율적 이용과 관련 정보의 종합적 관리·운영을 위하여 활용되고 있는 부동산종합공부의 등록사항으로 옳지 않은 것은?

① 지적공부의 내용
② 건축물대장의 내용
③ 국토계획에 관련된 내용
④ 토지이용계획확인서의 내용

해설 공간정보의 구축 및 관리 등에 관한 법률 제76조의3(부동산종합공부의 등록사항 등)
지적소관청은 부동산종합공부에 다음 각 호의 사항을 등록하여야 한다.
1. 토지의 표시와 소유자에 관한 사항 : 이 법에 따른 지적공부의 내용
2. 건축물의 표시와 소유자에 관한 사항(토지에 건축물이 있는 경우만 해당한다) : 건축법 제38조에 따른 건축물대장의 내용
3. 토지의 이용 및 규제에 관한 사항 : 토지이용규제 기본법 제10조에 따른 토지이용계획확인서의 내용
4. 부동산의 가격에 관한 사항 : 부동산가격공시에 관한 법률 제10조에 따른 개별공시지가, 같은 법 제16조, 제17조 및 제18조에 따른 개별주택가격 및 공동주택가격 공시내용
5. 그 밖에 부동산의 효율적 이용과 부동산과 관련된 정보의 종합적 관리·운영을 위하여 필요한 사항으로서 대통령령으로 정하는 사항

89 공간정보의 구축 및 관리 등에 관한 법령상 축척변경승인신청 시 첨부하여야 하는 서류로 옳지 않은 것은?

① 지번 등 명세
② 축척변경의 사유
③ 토지소유자의 동의서
④ 토지수용위원회의 의결서

해설 지적소관청은 축척변경을 하려는 때에는 축척변경사유를 기재한 승인신청서에 다음의 서류를 첨부해서 시·도지사 또는 대도시시장에게 제출하여야 한다.
㉠ 축척변경사유
㉡ 지번 등 명세
㉢ 토지소유자의 동의서
㉣ 축척변경위원회의 의결서 사본
㉤ 그 밖에 축척변경승인을 위해 시·도지사 또는 대도시시장이 필요하다고 인정하는 서류

정답 86 ③ 87 ③ 88 ③ 89 ④

90 공간정보의 구축 및 관리 등에 관한 법률상 지적측량수행자의 성실의무 등에 관한 내용으로 틀린 것은?

① 지적측량수행자는 신의와 성실로써 공정하게 지적측량을 하여야 한다.
② 지적측량수행자는 정당한 사유 없이 지적측량신청을 거부하여서는 아니 된다.
③ 지적측량수행자는 본인, 배우자가 아닌 직계존·비속이 소유한 토지에 대해서는 지적측량이 가능하다.
④ 지적측량수행자는 제106조 제2항에 따른 지적측량수수료 외에는 어떠한 명목으로도 그 업무와 관련된 대가를 받으면 아니 된다.

해설 지적측량수행자의 성실의무
㉠ 지적측량수행자(소속 지적기술자를 포함한다)는 신의와 성실로써 공정하게 지적측량을 하여야 하며 정당한 사유 없이 지적측량신청을 거부하여서는 아니 된다.
㉡ 지적측량수행자는 본인, 배우자 또는 직계존·비속이 소유한 토지에 대한 지적측량을 하여서는 아니 된다.
㉢ 지적측량수행자는 지적측량수수료 외에는 어떠한 명목으로도 그 업무와 관련된 대가를 받으면 아니 된다.

91 지적측량 시행규칙상 경위의측량방법, 전파기 또는 광파기측량방법과 다각망도선법에 따른 지적삼각보조점의 관측 및 계산 시 연결오차의 허용범위로 옳은 것은? (단, S : 도선의 거리를 1,000으로 나눈 수)

① $0.05S$[m] 이하
② $0.5S$[m] 이하
③ $0.01S$[m] 이하
④ $0.1S$[m] 이하

해설 경위의측량방법, 전파기 또는 광파기측량방법과 다각망도선법에 따른 지적삼각보조점의 관측 및 계산 시 도선별 연결오차는 $0.05S$[m] 이하로 할 것. 이 경우 S는 도선의 거리를 1,000으로 나눈 수를 말한다.

92 지적측량 시행규칙상 지적기준점표지의 설치·관리로서 옳지 않은 것은?

① 지적소관청은 연 1회 이상 지적기준점표지의 이상 유무를 조사하여야 한다.
② 지적삼각점표지의 점간거리는 평균 3km 이상 6km 이하로 하여야 한다.
③ 지적삼각보조점표지의 점간거리는 평균 1km 이상 3km 이하로 하여야 한다.
④ 다각망도선법에 따르는 경우 지적도근점표지의 점간거리는 평균 500m 이하로 하여야 한다.

해설 지적삼각점표지의 점간거리는 평균 2km 이상 5km 이하로 하여야 한다.

93 도로명주소법 시행령상 직권에 의한 상세주소의 부여·변경절차에 대한 설명으로 틀린 것은?

① 시장 등은 직권으로 상세주소를 부여·변경하려는 경우 해당 건물 등의 소유자 및 임차인에게 14일 이상의 기간을 정하여 행정안전부령으로 정하는 사항을 통보하고, 상세주소 부여·변경에 관한 의견을 수렴해야 한다.
② 시장 등은 의견제출기간에 제출된 의견이 있는 경우에는 그 기간이 지난날부터 10일 이내에 제출된 의견에 대한 검토결과를 의견을 제출한 자에게 통보하여야 한다.
③ 시장 등은 이의신청기간에 제출된 이의가 있는 경우에는 그 기간이 경과한 날부터 20일 이내에 해당 주소정보위원회의 심의를 거쳐 상세주소를 부여·변경하고, 행정안전부령으로 정하는 바에 따라 고지해야 한다.
④ 시장 등은 의견이나 이의가 없는 경우에는 의견제출 및 이의신청제출기간이 종료한 날부터 10일 이내에 상세주소를 부여·변경하고, 행정안전부령으로 정하는 바에 따라 건물 등의 소유자에게 고지해야 한다.

해설 도로명주소법 시행령 제29조(직권에 의한 상세주소의 부여·변경절차)
① 시장 등은 법 제14조 제3항에 따라 직권으로 상세주소를 부여·변경하려는 경우 해당 건물 등의 소유자 및 임차인에게 14일 이상의 기간을 정하여 행정안전부령으로 정하는 사항을 통보하고, 상세주소 부여·변경에 관한 의견을 수렴해야 한다.
② 시장 등은 제항에 따른 의견제출기간에 제출된 의견이 있는 경우에는 그 기간이 지난날부터 10일 이내에 제출된 의견에 대한 검토결과를 의견을 제출한 자에게 통보하고, 14일 이상의 기간을 정하여 이의신청의 기회를 주어야 한다.
③ 시장 등은 제2항에 따른 이의신청기간에 제출된 이의가 있는 경우에는 그 기간이 경과한 날부터 30일 이내에 해당 주소정보위원회의 심의를 거쳐 상세주소를 부여·변경하고, 행정안전부령으로 정하는 바에 따라 고지해야 한다. 다만, 주소정보위원회 심의결과 상세주소를 부여·변경하지 않기로 한 경우에는 해당 건물 등의 소유자에게 그 사실을 통보해야 한다.

정답 90 ③ 91 ① 92 ② 93 ③

④ 시장 등은 제1항 및 제2항에 따른 의견이나 이의가 없는 경우에는 의견제출 및 이의신청제출기간이 종료한 날부터 10일 이내에 상세주소를 부여·변경하고, 행정안전부령으로 정하는 바에 따라 건물 등의 소유자에게 고지해야 한다.

94 지적재조사사업에 따른 조정금에 대한 설명으로 틀린 것은?

① 지적소관청은 제2항에 따라 조정금액을 통지한 날부터 10일 이내에 토지소유자에게 조정금의 수령통지 또는 납부고지를 하여야 한다.
② 지적소관청은 조정금이 1천만원을 초과하는 경우에는 그 조정금을 부과한 날부터 1년 이내의 기간을 정하여 3회 이내에서 나누어 내게 할 수 있다.
③ 납부고지를 받은 자는 그 부과일부터 6개월 이내에 조정금을 납부하여야 한다.
④ 지적소관청은 분할납부신청서를 받은 날부터 15일 이내에 신청인에게 분할납부 여부를 서면으로 알려야 한다.

해설 지적재조사에 관한 특별법 시행령 제13조(분할납부)
① 지적소관청은 법 제21조 제5항 단서에 따라 조정금이 1천만원을 초과하는 경우에는 그 조정금을 부과한 날부터 1년 이내의 기간을 정하여 4회 이내에서 나누어 내게 할 수 있다.
② 제1항에 따라 분할납부를 신청하려는 자는 국토교통부령으로 정하는 조정금분할납부신청서에 분할납부사유 등을 적고, 분할납부사유를 증명할 수 있는 자료 등을 첨부하여 지적소관청에 제출하여야 한다.
③ 지적소관청은 제2항에 따라 분할납부신청서를 받은 날부터 15일 이내에 신청인에게 분할납부 여부를 서면으로 알려야 한다.

95 지적재조사에 관한 특별법상 토지소유자협의회에 대한 설명이다. 이 중 틀린 것은?

① 지적재조사지구의 토지소유자는 토지소유자 총수의 2분의 1 이상과 토지면적 2분의 1 이상에 해당하는 토지소유자의 동의를 받아 토지소유자협의회를 구성할 수 있다.
② 토지소유자협의회는 위원장을 포함한 5명 이상 10명 이하의 위원으로 구성한다.
③ 토지소유자협의회의 위원은 그 지적재조사지구에 있는 토지의 소유자이어야 하며, 위원장은 위원 중에서 호선한다.
④ 토지소유자협의회는 지적소관청에 대한 우선지적재조사지구의 신청, 토지현황조사에 대한 참관 등의 기능을 할 수 있다.

해설 지적재조사에 관한 특별법 제13조(토지소유자협의회)
① 지적재조사지구의 토지소유자는 토지소유자 총수의 2분의 1 이상과 토지면적 2분의 1 이상에 해당하는 토지소유자의 동의를 받아 토지소유자협의회를 구성할 수 있다.
② 토지소유자협의회는 위원장을 포함한 5명 이상 20명 이하의 위원으로 구성한다. 토지소유자협의회의 위원은 그 지적재조사지구에 있는 토지의 소유자이어야 하며, 위원장은 위원 중에서 호선한다.

96 용도지역 안에서 건폐율의 최대한도를 20% 이하로 규정하고 있는 지역에 해당되지 않는 것은?

① 녹지지역　　② 보전관리지역
③ 계획관리지역　　④ 자연환경보전지역

해설 용도지역 안에서 건폐율

용도지역		지역 세분	건폐율 한도(%)
도시지역	주거지역	전용 1~2종	50
		일반 1~2종	60
		일반 3종	50
		준주거	70
	상업지역	중심	90
		일반, 유통	80
		근린	70
	공업지역	전용, 일반, 준공업	70
	녹지지역	보전, 생산, 자연	20
관리지역		보전관리지역, 생산관리지역	20
		계획관리지역	40
농림지역			20
자연환경보존지역			20

97 등기기록과 실체관계의 원시적 불일치를 시정하는 것으로 등기사항의 일부 착오 또는 빠진 부분을 등기 완료 후에 바로잡는 등기는?

① 변경등기　　② 경정등기
③ 말소등기　　④ 멸실등기

정답 94 ② 95 ② 96 ③ 97 ②

해설 **경정등기** : 등기기록과 실체관계의 원시적 불일치를 시정하는 것으로 등기사항의 일부 착오 또는 빠진 부분을 등기완료 후에 바로잡는 등기

98 도로명주소법상 용어에 대한 설명으로 틀린 것은?

① "상세주소"란 건물 등 내부의 독립된 거주·활동구역을 구분하기 위하여 부여된 동(棟)번호, 층수 또는 호(號)수를 말한다.
② "국가기초구역"이란 도로명주소를 기반으로 국토를 읍·면·동의 면적보다 작게 경계를 정하여 나눈 구역을 말한다.
③ "주소정보시설"이란 도로명판, 기초번호판, 건물번호판, 국가지점번호판, 사물주소판 및 주소정보안내판을 말한다.
④ "사물주소"란 도로명과 기초번호를 활용하여 건물 등에 해당하는 시설물의 위치를 특정하는 정보를 말한다.

해설 사물주소란 도로명과 기초번호를 활용하여 건물 등에 해당하지 아니하는 시설물의 위치를 특정하는 정보를 말한다.

99 측량업자로서 속임수, 위력, 그 밖의 방법으로 측량업과 관련된 입찰의 공정성을 해친 자에 대한 벌칙으로 옳은 것은?

① 3년 이하의 징역 또는 3천만원 이하의 벌금
② 2년 이하의 징역 또는 2천만원 이하의 벌금
③ 1년 이하의 징역 또는 1천만원 이하의 벌금
④ 300만원 이하의 과태료

해설 **공간정보의 구축 및 관리 등에 관한 법률 제107조(벌칙)**
측량업자로서 속임수, 위력, 그 밖의 방법으로 측량업과 관련된 입찰의 공정성을 해친 자는 3년 이하의 징역 또는 3천만원 이하의 벌금에 처한다.

100 지적공부의 정리를 수반하는 토지이동지측량으로 가장 옳지 않은 것은?

① 분할측량   ② 지적현황측량
③ 축척변경측량   ④ 등록전환측량

해설 지적현황측량과 경계복원측량의 경우 지적공부를 정리하지 아니한다.

정답 98 ④ 99 ① 100 ②

2023년 제3회 지적산업기사 필기 복원

제1과목 지적측량

01 지적기준점표지 설치의 점간거리기준으로 옳은 것은?

① 지적삼각점 : 평균 2km 이상 5km 이하
② 지적도근점 : 평균 40m 이상 300m 이하
③ 지적삼각보조점 : 평균 1km 이상 2km 이하
④ 지적삼각보조점 : 다각망도선법에 따르는 경우 평균 2km 이하

해설 지적측량 시행규칙 제2조(지적기준점표지의 설치·관리 등)
① 공간정보의 구축 및 관리 등에 관한 법률 제8조 제1항에 따른 지적기준점표지의 설치는 다음 각 호의 기준에 따른다.
  1. 지적삼각점표지의 점간거리는 평균 2km 이상 5km 이하로 할 것
  2. 지적삼각보조점표지의 점간거리는 평균 1km 이상 3km 이하로 할 것. 다만, 다각망도선법에 따르는 경우에는 평균 0.5km 이상 1km 이하로 한다.
  3. 지적도근점표지의 점간거리는 평균 50m 이상 500m 이하로 할 것

02 지적측량의 측량기간기준으로 옳은 것은? (단, 지적기준점을 설치하여 측량하는 경우는 고려하지 않는다.)

① 4일   ② 5일
③ 6일   ④ 7일

해설 지적측량기준
  ㉠ 측량기간 : 5일
  ㉡ 검사기간 : 4일

03 측량기준점을 구분할 때 지적기준점에 해당하지 않는 기준점은?

① 위성기준점   ② 지적삼각점
③ 지적도근점   ④ 지적삼각보조점

해설 지적기준점 : 지적삼각점, 지적삼각보조점, 지적도근점

04 다음 중 데오드라이트의 3축조건으로 옳지 않은 것은?

① 시준축⊥수평축
② 수평축⊥수직축
③ 수직축⊥기포관
④ 시준축//연직축

해설 데오드라이트의 조정조건

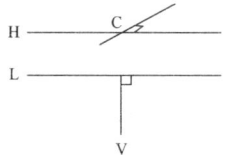

㉠ 수평축과 시준선이 직교(H⊥C)
㉡ 수평축과 연직축이 직교(H⊥V)
㉢ 연직축과 수준기축이 직교(L⊥V)

05 50m 줄자로 측정한 A, B점 간 거리가 250m이었다. 이 줄자가 표준줄자보다 5mm가 줄어있다면 정확한 거리는?

① 250.250m   ② 250.025m
③ 249.975m   ④ 249.750m

해설 $L_0 = L\left(1 \pm \dfrac{\Delta l}{l}\right) = 250 \times \left(1 - \dfrac{0.005}{50}\right) = 249.975\text{m}$

06 광파기측량방법에 따른 지적삼각보조점의 점간거리를 5회 측정한 결과의 평균치가 2435.44m일 때 이 측정치의 최대치와 최소치의 교차가 최대 얼마 이하이어야 이 평균치를 측정거리로 할 수 있는가?

① 0.01m   ② 0.02m
③ 0.04m   ④ 0.06m

해설 $\dfrac{1}{m} = \dfrac{\text{최대치} - \text{최소치}}{\text{평균값}}$

$\dfrac{1}{100,000} = \dfrac{\Delta l}{2435.44}$

∴ $\Delta l = 0.02\text{m}$

정답 1① 2② 3① 4④ 5③ 6②

07 지적삼각보조점측량을 2방향의 교회에 의하여 결정하려는 경우의 처리방법은? (단, 각 내각의 관측치의 합계와 180도와의 차가 ±40초 이내일 때이다.)

① 각 내각에 고르게 배부한다.
② 각 내각의 크기에 비례하여 배부한다.
③ 각 내각의 크기에 반비례하여 배부한다.
④ 허용오차이므로 관측내각에 배분할 필요가 없다.

해설 각 내각의 관측치의 합계와 180도와의 차가 ±40초이면 허용범위 이내이므로 각 내각에 고르게 배부한다.

[참고] 지적측량 시행규칙 제11조(지적삼각보조점의 관측 및 계산)
① 경위의측량방법과 교회법에 따른 지적삼각보조점의 관측 및 계산은 다음 각 호의 기준에 따른다.
  1. 관측은 20초독 이상의 경위의를 사용할 것
  2. 수평각관측은 2대회(윤곽도는 0도, 90도로 한다)의 방향관측법에 따를 것
  3. 수평각의 측각공차는 다음 표에 따를 것. 이 경우 삼각형 내각의 관측치를 합한 값과 180도와의 차는 내각을 전부 관측한 경우에 적용한다.

종별	공차
1방향각	40초 이내
1측회의 폐색	±40초 이내
삼각형 내각관측의 합과 180도와의 차	±50초 이내
기지각과의 차	±50초 이내

08 다음 중 지적삼각보조점표지의 점간거리는 평균 얼마를 기준으로 하여 설치하여야 하는가? (단, 다각망도선법에 따르는 경우는 고려하지 않는다.)

① 0.5km 이상 1km 이하
② 1km 이상 3km 이하
③ 2km 이상 4km 이하
④ 3km 이상 5km 이하

해설 지적기준점표지의 설치기준
㉠ 지적삼각점표지의 점간거리는 평균 2km 이상 5km 이하로 할 것
㉡ 지적삼각보조점표지의 점간거리는 평균 1km 이상 3km 이하로 할 것. 다만, 다각망도선법에 따르는 경우에는 평균 0.5km 이상 1km 이하로 한다.
㉢ 지적도근점표지의 점간거리는 평균 50m 이상 500m 이하로 할 것

09 다각망도선법에 따른 지적삼각보조점측량의 관측 및 계산에 대한 설명으로 옳지 않은 것은?

① 1도선의 거리는 4km 이하로 한다.
② 3점 이상의 교점을 포함한 결합다각방식에 따른다.
③ 1도선은 기지점과 교점 간 또는 교점과 교점 간을 말한다.
④ 1도선의 점의 수는 기지점과 교점을 포함한 5점 이하로 한다.

해설 전파기 또는 광파기측량방법에 따라 다각망도선법으로 지적삼각보조점측량을 할 때에는 다음의 기준에 따른다.
㉠ 3점 이상의 기지점을 포함한 결합다각방식에 따를 것
㉡ 1도선(기지점과 교점 간 또는 교점과 교점 간을 말한다)의 점의 수는 기지점과 교점을 포함하여 5점 이하로 할 것
㉢ 1도선의 거리(기지점과 교점 또는 교점과 교점 간의 점간거리의 총합계를 말한다)는 4km 이하로 할 것

10 도선법에 의한 지적도근측량을 시행할 때에 배각법과 방위각법을 혼용하여 수평각을 관측할 수 있는 지역은?

① 시가지지역
② 축척변경시행지역
③ 농촌지역
④ 경계점좌표등록부 시행지역

해설 수평각관측은 시가지지역, 축척변경지역 및 경계점좌표등록부 시행지역에 대하여는 배각법에 따르고, 그 밖의 지역에 대하여는 배각법과 방위각법을 혼용한다.

11 지적도근점측량에 따라 계산된 연결오차가 허용범위 이내인 경우 그 오차의 배분방법이 옳은 것은?

① 배각법에 따르는 경우 각 측선장에 비례하여 배분한다.
② 배각법에 따르는 경우 각 측선장에 반비례하여 배분한다.
③ 배각법에 따르는 경우 각 측선의 종선차 또는 횡선차길이에 비례하여 배분한다.
④ 방위각법에 따르는 경우 각 측선의 종선차 또는 횡선차길이에 반비례하여 배분한다.

정답 7 ① 8 ② 9 ② 10 ③ 11 ③

해설 지적도근점측량에 따라 계산된 연결오차가 허용범위 이내인 경우 그 오차의 배분은 다음의 기준에 따른다.
㉠ 배각법
- 트랜싯법칙 : $\dfrac{\Delta l}{l} < \dfrac{\theta''}{\rho''}$
- 종선차, 횡선차에 비례배분
- $T = -\dfrac{e}{L}l$

  여기서, T : 각 측선의 종선차 또는 횡선차에 배분할 cm단위의 수치
  e : 종선오차 또는 횡선오차
  L : 종선차 또는 횡선차의 절대치의 합계
  l : 각 측선의 종선차 또는 횡선차

㉡ 방위각법
- 컴퍼스법칙 : $\dfrac{\Delta l}{l} = \dfrac{\theta''}{\rho''}$
- 측선장에 비례배분
- $C = -\dfrac{e}{L}l$

  여기서, C : 각 측선의 종선차 또는 횡선차에 배분할 cm단위의 수치
  e : 종선오차 또는 횡선오차
  L : 각 측선장의 총합계
  l : 각 측선의 측선장

12 평판측량방법에 따른 세부측량을 교회법으로 하는 경우 방향각의 교각기준은?

① 45° 이상 90° 이하
② 0° 이상 180° 이하
③ 30° 이상 120° 이하
④ 30° 이상 150° 이하

해설 지적측량 시행규칙 제18조(세부측량의 기준 및 방법 등)
③ 평판측량방법에 따른 세부측량을 교회법으로 하는 경우에는 다음 각 호의 기준에 따른다.
1. 전방교회법 또는 측방교회법에 따를 것
2. 3방향 이상의 교회에 따를 것
3. 방향각의 교각은 30도 이상 150도 이하로 할 것
4. 방향선의 도상길이는 측판의 방위표정에 사용한 방향선의 도상길이 이하로서 10cm 이하로 할 것. 다만, 광파조준의 또는 광파측거기를 사용하는 경우에는 30cm 이하로 할 수 있다.
5. 측량결과 시오삼각형이 생긴 경우 내접원의 지름이 1mm 이하일 때에는 그 중심을 점의 위치로 할 것

13 평판측량방법에 따른 세부측량을 도선법으로 하는 경우 변의 수가 16개인 도선의 도상 허용오차한도는?

① 1.0mm
② 1.1mm
③ 1.2mm
④ 1.3mm

해설 평판측량에 따른 세부측량을 도선법으로 하는 경우 도선의 폐색오차는 도상길이 $\dfrac{\sqrt{N}}{3}$[mm] 이하이다.

∴ 폐색오차 = $\dfrac{\sqrt{N}}{3} = \dfrac{\sqrt{16}}{3} = 1.3\text{mm}$

14 평판측량방법으로 거리를 측정하여 도곽선이 줄어든 경우 실측거리의 보정방법으로 옳은 것은?

① 실측거리에서 보정량을 뺀다.
② 실측거리에서 보정량을 곱한다.
③ 실측거리에서 보정량을 나눈다.
④ 실측거리에서 보정량을 더한다.

해설 평판측량방법으로 거리를 측정하는 경우 도곽선의 신축량이 0.5mm 이상일 때에는 다음의 계산식에 따른 보정량을 산출하여 도곽선이 늘어난 경우에는 실측거리에 보정량을 더하고, 줄어든 경우에는 실측거리에서 보정량을 뺀다.

보정량 = $\dfrac{\text{신축량(지상)} \times 4}{\text{도곽선길이합계(지상)}} \times$ 실측거리

15 다음 중 지번과 지목의 글자간격은 얼마를 기준으로 띄어서 제도하여야 하는가?

① 글자크기의 2분의 1 정도
② 글자크기의 4분의 1 정도
③ 글자크기의 5분의 1 정도
④ 글자크기의 10분의 1 정도

해설 지번 및 지목을 제도할 때에는 지번 다음에 지목을 제도한다. 이 경우 2mm 이상 3mm 이하 크기의 명조체로 하고, 지번의 글자간격은 글자크기의 4분의 1 정도, 지번과 지목의 글자간격은 글자크기의 2분의 1 정도 띄어서 제도한다. 다만, 부동산종합공부시스템이나 레터링으로 작성할 경우에는 고딕체로 할 수 있다.

16 일람도의 제도방법으로 옳지 않은 것은?

① 도면번호는 3mm의 크기로 한다.
② 철도용지는 검은색 0.2mm의 폭의 선으로 제도한다.
③ 수도용지 중 선로는 남색 0.1mm 폭의 2선으로 제도한다.
④ 건물은 검은색 0.1mm의 폭으로 제도하고 그 내부를 검은색으로 옅게 채색한다.

정답 12 ④ 13 ④ 14 ① 15 ① 16 ②

해설 **지적업무처리규정 제38조(일람도의 제도)**
① 규칙 제69조 제5항에 따라 일람도를 작성할 경우 일람도의 축척은 그 도면축척의 10분의 1로 한다. 다만, 도면의 장수가 많아서 한 장에 작성할 수 없는 경우에는 축척을 줄여서 작성할 수 있으며, 도면의 장수가 4장 미만인 경우에는 일람도의 작성을 하지 아니할 수 있다.
② 제명 및 축척은 일람도 윗부분에 "○○시·도 ○○시·군·구 ○○읍·면 ○○동·리 일람도 축척 ○○○○분의 1"이라 제도한다. 이 경우 경계점좌표등록부 시행지역은 제명 중 일람도 다음에 "(좌표)"라 기재하며, 그 제도방법은 다음 각 호와 같다.
  1. 글자의 크기는 9mm로 하고, 글자 사이의 간격은 글자크기의 2분의 1 정도 띄운다.
  2. 제명의 일람도와 축척 사이는 20mm를 띄운다.
③ 도면번호는 지번부여지역·축척 및 지적도·임야도·경계점좌표등록부 시행지별로 일련번호를 부여하고, 이 경우 신규등록 및 등록전환으로 새로 도면을 작성할 경우의 도면번호는 그 지역 마지막 도면번호의 다음 번호로 부여한다. 다만, 제46조 제12항에 따라 도면을 작성할 경우에는 종전 도면번호에 "-1"과 같이 부호를 부여한다.
④ 일람도의 제도방법은 다음 각 호와 같다.
  1. 도곽선과 그 수치의 제도는 제40조 제5항을 준용한다.
  2. 도면번호는 3mm의 크기로 한다.
  3. 인접 동·리명칭은 4mm, 그 밖의 행정구역명칭은 5mm의 크기로 한다.
  4. 지방도로 이상은 검은색 0.2mm 폭의 2선으로, 그 밖의 도로는 0.1mm의 폭으로 제도한다.
  5. 철도용지는 붉은색 0.2mm 폭의 2선으로 제도한다.
  6. 수도용지 중 선로는 남색 0.1mm 폭의 2선으로 제도한다.
  7. 하천·구거(溝渠)·유지(溜池)는 남색 0.1mm 폭의 2선으로 제도하고 그 내부를 남색으로 엷게 채색한다. 다만, 적은 양의 물이 흐르는 하천 및 구거는 0.1mm의 남색 선으로 제도한다.
  8. 취락지·건물 등은 검은색 0.1mm의 폭으로 제도하고 그 내부를 검은색으로 엷게 채색한다.
  9. 삼각점 및 지적기준점의 제도는 제43조를 준용한다.
  10. 도시개발사업·축척변경 등이 완료된 때에는 지구 경계를 붉은색 0.1mm 폭의 선으로 제도한 후 지구 안을 붉은색으로 엷게 채색하고 그 중앙에 사업명 및 사업완료연도를 기재한다.

17 지적측량 시행규칙상 배각법에 의한 지적도근점측량을 시행할 경우 수평각을 관측한 1배각과 3배각의 평균값에 대한 교차는 얼마 이내여야 하는가?

① 30초 이내
② 40초 이내
③ 50초 이내
④ 1분 이내

해설 **지적측량 시행규칙 제14조(지적도근점의 각도관측을 할 때의 폐색오차의 허용범위 및 측각오차의 배분)**
① 도선법과 다각망도선법에 따른 지적도근점의 각도관측을 할 때의 폐색오차의 허용범위는 다음 각 호의 기준에 따른다. 이 경우 n은 폐색변을 포함한 변의 수를 말한다.
  1. 배각법에 따르는 경우 : 1회 측정각과 3회 측정각의 평균값에 대한 교차는 30초 이내로 하고, 1도선의 기지방위각 또는 평균방위각과 관측방위각의 폐색오차는 1등도선은 $\pm 20\sqrt{n}$초 이내, 2등도선은 $\pm 30\sqrt{n}$초 이내로 할 것

18 지적측량 시행규칙상 축척 1/1,200지역의 세부측량을 평판측량방법으로 시행하였을 경우 경계점에 대한 측량성과와 검사성과의 연결오차 인정범위는?

① 6cm 이하
② 12cm 이하
③ 24cm 이하
④ 36cm 이하

해설 성과의 인정 $= \dfrac{3}{10}M = \dfrac{3}{10} \times 1,200 = 360\text{mm} = 36\text{cm}$

[참고] **지적측량시행규칙 제27조(지적측량성과의 결정)**
① 지적측량성과와 검사성과의 연결교차가 다음 각 호의 허용범위 이내일 때에는 그 지적측량성과에 관하여 다른 입증을 할 수 있는 경우를 제외하고는 그 측량성과로 결정하여야 한다.
  1. 지적삼각점 : ±20cm
  2. 지적삼각보조점 : ±25cm
  3. 지적도근점
    가. 경계점좌표등록부 시행지역 : ±15cm
    나. 그 밖의 지역 : ±25cm
  4. 경계점
    가. 경계점좌표등록부 시행지역 : ±10cm
    나. 그 밖의 지역 : ±100분의 3M[cm](M은 축척분모). 이 경우 전자평판측량방법으로 측량하는 경우에는 ±100분의 2M[cm]로 한다.

19 지적측량 시행규칙상 경위의측량방법에 의한 세부측량방법으로 잘못 설명된 것은?

① 수평각과 연직각을 전부 측정해야 한다.
② 연직각의 관측 시 정, 반으로 2회 관측한다.
③ 수평각관측은 2배각의 배각법과 1대회의 방향관측법으로 할 수 있다.
④ 연직각 관측 시 정, 반관측의 교차는 5분 이내여야 한다.

정답 17 ① 18 ④ 19 ②

해설 **지적측량 시행규칙 제18조(세부측량의 기준 및 방법 등)**
⑩ 경위의측량방법에 따른 세부측량의 관측 및 계산은 다음 각 호의 기준에 따른다.
1. 미리 각 경계점에 표지를 설치하여야 한다. 다만, 부득이한 경우에는 그러하지 아니하다.
2. 도선법 또는 방사법에 따를 것
3. 관측은 20초독 이상의 경위의를 사용할 것
4. 수평각의 관측은 1대회의 방향관측법이나 2배각의 배각법에 따를 것. 다만, 방향관측법인 경우에는 1측회의 폐색을 하지 아니할 수 있다.
5. 연직각의 관측은 정반으로 1회 관측하여 그 교차가 5분 이내일 때에는 그 평균치를 연직각으로 하되, 분단위로 독정할 것

20 지적측량 시행규칙상 세부측량을 하는 때에 필지마다 면적을 측정하여야 하는 경우가 아닌 것은?
① 등록전환·분할·합병 및 축척변경을 하는 경우
② 지적공부의 복구 및 신규등록을 하는 경우
③ 도시개발사업 등으로 인한 토지의 이동에 의하여 토지의 표시를 새로이 결정하는 경우
④ 경계복원측량 및 지적현황측량 시 면적측정이 수반되는 경우

해설 **지적측량 시행규칙 제19조(면적측정의 대상)**
세부측량을 하는 경우에는 필지마다 면적을 측정하여야 한다. 다만, 경계복원측량 및 지적현황측량의 경우에는 그러하지 아니한다. 또한 합병의 경우 합병 전 각 필지의 면적을 합산하므로 면적을 측정하지 않는다.

제2과목 응용측량

21 단일노선의 폐합수준측량에서 생긴 오차가 허용오차 이하일 때 폐합오차를 각 측점에 배부하는 방법으로 옳은 것은?
① 출발점에서 그 측점까지의 거리에 비례하여 배부한다.
② 각 측점 간의 관측거리의 제곱근에 반비례하여 배부한다.
③ 관측한 측점수에 따라 등분배하여 배부한다.
④ 측점 간의 표고에 따라 비례하여 배부한다.

해설 단일노선의 폐합수준측량에서 생긴 오차가 허용오차 이하일 때 폐합오차를 각 측점에 배부는 출발점에서 그 측점까지의 거리에 비례하여 배부한다.

$$배부량 = \frac{그\ 측점까지의\ 거리}{측선장의\ 합} \times 폐합오차$$

22 측점이 터널의 천정에 설치되어 있는 수준측량에서 다음 그림과 같은 관측결과를 얻었다. A점의 지반고가 15.32m일 때 C점의 지반고는?

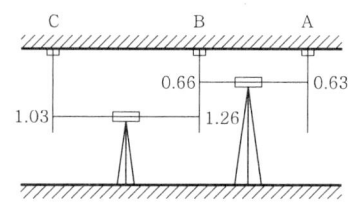

① 14.32m   ② 15.12m
③ 16.32m   ④ 16.49m

해설 $H_C = 15.32 - 0.63 + 0.66 - 1.26 + 1.03 = 15.12\text{m}$

23 하천, 호수, 항만 등의 수심을 숫자로 도상에 나타내는 지형표시방법은?
① 등고선법
② 음영법
③ 모형법
④ 점고법

해설 점고법은 지표면상에 있는 임의점의 표고를 도상에서 숫자로 표시해 지표를 나타내는 방법으로 하천, 항만, 해양 등의 심천을 나타내는 경우에 사용한다.

24 어느 지역에 다목적 댐을 건설하여 댐의 저수용량을 산정하려고 할 때에 사용되는 방법으로 가장 적합한 것은?
① 점고법   ② 삼사법
③ 중앙단면법 ④ 등고선법

해설 저수량 산정에 가장 효과적인 방법은 등고선을 이용하는 것이다.

25 우리나라 지형도 1 : 50,000에서 조곡선의 간격은?
① 2.5m   ② 5m
③ 10m   ④ 20m

정답 20 ① 21 ① 22 ② 23 ④ 24 ④ 25 ②

해설 등고선

종류	1/5,000, 1/10,000	1/25,000	1/50,000
주곡선	5m	10m	20m
간곡선	2.5m	5m	10m
조곡선	1.25m	2.5m	5m
계곡선	25m	50m	100m

26 축척 1:25,000인 지형도에서 높이차가 120m인 두 점 사이의 거리가 2cm라면 경사각은?

① $13°29'45''$ ② $13°53'12''$
③ $76°06'48''$ ④ $76°30'15''$

해설 $\theta = \tan^{-1}\dfrac{120}{25,000 \times 0.02} = 13°29'45''$

27 노선측량의 작업순서로 옳은 것은?

① 노선 선정 – 계획조사측량 – 실시설계측량 – 세부측량 – 용지측량 – 공사측량
② 계획조사측량 – 노선 선정 – 용지측량 – 실시설계측량 – 공사측량 – 세부측량
③ 노선 선정 – 계획조사측량 – 용지측량 – 세부측량 – 실시설계측량 – 공사측량
④ 계획조사측량 – 용지측량 – 노선 선정 – 실시설계측량 – 세부측량 – 공사측량

해설 노선측량의 작업순서 : 노선 선정 – 계획조사측량 – 실시설계측량 – 세부측량 – 용지측량 – 공사측량

28 원곡선 설치에서 교각 $I=70°$, 반지름 $R=100$m일 때 접선길이는?

① 50.0m ② 70.0m
③ 86.6m ④ 259.8m

해설 $T.L = R\tan\dfrac{I}{2} = 100 \times \tan\dfrac{70°}{2} = 70m$

29 곡선반지름(R)이 500m, 곡선의 단현길이(l)가 20m 일 때 이 단현에 대한 편각은?

① $1°08'45''$ ② $1°18'45''$
③ $2°08'45''$ ④ $2°18'45''$

해설 $\delta = \dfrac{l}{R} \cdot \dfrac{90°}{\pi} = \dfrac{20}{500} \times \dfrac{90°}{\pi} = 1°08'45''$

30 철도의 캔트량을 결정하는데 고려하지 않아도 되는 사항은?

① 확폭 ② 설계속도
③ 레일간격 ④ 곡선반지름

해설 캔트$(C) = \dfrac{SV^2}{Rg}$
여기서, S : 레일간격, V : 설계속도, R : 곡선반지름

31 도로에 사용하는 클로소이드(clothoid)곡선에 대한 설명으로 틀린 것은?

① 완화곡선의 일종이다.
② 일종의 유선형 곡선으로 종단곡선에 주로 사용된다.
③ 곡선길이에 반비례하여 곡률반지름이 감소한다.
④ 차가 일정한 속도로 달리고 그 앞바퀴의 회전속도를 일정하게 유지할 경우의 운동궤적과 같다.

해설 클로소이드(clothoid)곡선은 곡률이 곡선장에 비례하는 곡선으로 고속도로에서 사용하는 완화곡선이며, 이는 수평곡선에 해당한다.

32 축척 1:5,000의 항공사진을 촬영고도 1,000m에서 촬영하였다면 사진의 초점거리는?

① 200mm ② 210mm
③ 250mm ④ 500mm

해설 $\dfrac{1}{m} = \dfrac{f}{H}$
$\dfrac{1}{5,000} = \dfrac{f}{1,000}$
∴ $f = 200mm$

33 초점거리 210mm의 카메라로 비고가 50m인 구릉지에서 촬영한 사진의 축척이 1:25,000이다. 이 사진의 비고에 의한 최대변위량은? (단, 사진크기=23cm×23cm, 종중복도=60%)

① ±0.15mm ② ±0.24mm
③ ±1.5mm ④ ±2.4mm

해설 $\Delta r_{max} = \dfrac{h}{H}r_{max} = \dfrac{50}{25,000 \times 0.21} \times \dfrac{\sqrt{2}}{2} \times 0.23$
$= \pm 1.5mm$

정답 26 ① 27 ① 28 ② 29 ① 30 ① 31 ② 32 ① 33 ③

34 사진측량에서 표정 중 촬영 당시 광속의 기하상태를 재현하는 작업으로 기준점위치, 렌즈의 왜곡, 사진기의 초점거리와 사진의 주점을 결정하는 작업은?

① 내부표정 ② 상호표정
③ 절대표정 ④ 접합표정

해설 촬영 당시 광속의 기하상태를 재현하는 작업으로 기준점위치, 렌즈의 왜곡, 사진기의 초점거리와 사진의 주점을 결정하는 작업은 내부표정이다.

35 터널측량에 관한 설명으로 옳지 않은 것은?

① 터널측량은 크게 터널 내 측량, 터널 외 측량, 터널 내·외 연결측량으로 나눈다.
② 터널 내·외 연결측량은 지상측량의 좌표와 지하측량의 좌표를 같게 하는 측량이다.
③ 터널 내·외 연결측량 시 추를 드리울 때는 보통 피아노선이 이용된다.
④ 터널 내·외 연결측량방법 중 가장 일반적인 것은 다각법이다.

해설 터널 내·외 연결측량방법 중 가장 일반적인 것은 트랜싯과 추선에 의한 방법이 가장 간단하고 적당하다.

36 경사진 터널 내에서 2점 간의 표고차를 구하기 위하여 측량한 결과 다음과 같은 결과를 얻었다. AB의 고저차크기는? (단, $a=1.20m$, $b=1.65m$, $\alpha=-11°$, $S=35m$)

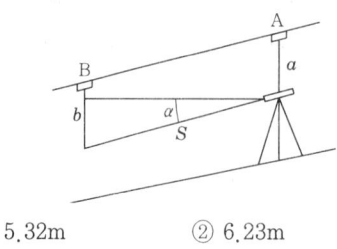

① 5.32m ② 6.23m
③ 7.32m ④ 8.23m

해설 고저차 = $1.2 + 35 \times \sin11° - 1.65 = 6.23m$

37 GNSS측량에서 지적기준점측량과 같이 높은 정밀도를 필요로 할 때 사용하는 관측방법은?

① 스태틱(static)관측
② 키네마틱(kinematic)관측
③ 실시간 키네마틱(real time kinematic)관측
④ 1점 측위관측

해설 스태틱(Static)측량은 GPS측량에서 지적기준점측량과 같이 높은 정밀도를 필요로 할 때 사용하는 관측방법으로 후처리과정을 통하여 위치를 결정한다.

38 GNSS측량의 정확도에 영향을 미치는 요소와 가장 거리가 먼 것은?

① 기지점의 정확도
② 위성 정밀력의 정확도
③ 안테나의 높이측정 정확도
④ 관측 시의 온도측정 정확도

해설 GNSS는 기상조건에 영향을 받지 않기 때문에 관측 시 정확도는 온도와는 무관하다.

39 GNSS의 활용분야와 거리가 먼 것은?

① 위성영상의 지상기준점(Ground Control Point)측량
② 항공사진의 촬영 순간 카메라 투영 중심점의 위치측정
③ 위성영상의 분광특성조사
④ 지적측량에서 기준점측량

해설 GNSS는 인공위성에 의한 위치결정시스템으로 위성영상의 분광특성조사분야에는 활용할 수 없다.

40 항공사진의 기복변위와 관계없는 것은?

① 중심투영 ② 정사투영
③ 지형지물의 비고 ④ 촬영고도

해설 사진은 중심투영이므로 기복변위는 정사투영과는 관계없다.

제3과목 토지정보시스템

41 토지기록전산화의 목적과 거리가 먼 것은?

① 지적공부의 전산화 및 전산파일의 유지로 지적서고의 체계적 관리 및 확대
② 체계적이고 효율적인 지적사무와 지적행정의 실현
③ 최신 자료에 의한 지적통계와 주민정보의 정확성 제고 및 온라인에 의한 신속성 확보
④ 전국적인 등본의 열람을 가능하게 하여 민원인의 편의 증진

정답 34 ① 35 ④ 36 ② 37 ① 38 ④ 39 ③ 40 ② 41 ①

해설 토지기록전산화의 목적
  ㉠ 체계적이고 효율적인 지적사무와 지적행정의 실현
  ㉡ 최신 자료에 의한 지적통계와 주민정보의 정확성 제고 및 온라인에 의한 신속성 확보
  ㉢ 전국적인 등본의 열람을 가능하게 하여 민원인의 편의 증진

42 지적전산용 네트워크 기본장비와 거리가 가장 먼 것은?
① 교환장비 ② 전송장비
③ 보안장비 ④ DLT장비

해설 지적전산용 네트워크장비
  ㉠ 전송장비 : 두 지점 사이에 정보를 전달하는 일련의 행위를 수행하는 것으로 랜카드가 대표적이다.
  ㉡ 교환장비 : 통신망에서 데이터의 경로를 지정해주는 장비이다.
    • 라우터 : 패킷의 위치를 추출하여 그 위치에 대한 최상의 경로를 지정하며, 이 경로를 따라 데이터 패킷을 다음 장치로 전향시키는 장치이다.
    • 허브 : 신호를 여러 개의 다른 선으로 분산시켜 내보낼 수 있는 장치이며 컴퓨터나 프린터들과 네트워크연결, 근거리의 다른 네트워크(다른 허브)와 연결, 라우터 등의 네트워크장비와 연결, 네트워크상태 점검, 신호증폭기능 등의 역할을 한다.
  ㉢ 단말·서버장비 : 개인용 컴퓨터와 워크스테이션을 말한다.
  ㉣ 보안장비 : 네트워크상에서 해킹과 같이 불법적으로 네트워크나 시스템으로 침입하는 행위에 대비한 보안으로 내부네트워크와 외부네트워크 사이에서 보안을 담당하는 방화벽이 대표적이다.

43 다음 중 필지중심토지정보시스템(PBLIS)에 대한 설명으로 옳지 않은 것은?
① 각종 지적행정업무의 수행과 정책정보를 제공할 목적으로 개발되었다.
② LMIS와 통합되어 KLIS로 운영되었다가 부동산종합공부시스템으로 통합되었다.
③ 도형데이터로 지적도, 임야도, 경계점좌표등록부를 사용하였다.
④ 개발 초기에 토지관리업무시스템, 공간자료관리시스템, 토지행정지원시스템으로 구성되었다.

해설 필지중심토지정보체계(PBLIS)의 주요 시스템은 지적공부관리시스템, 지적측량시스템, 지적측량성과관리시스템이다.

44 토지정보시스템의 도형정보 구성요소인 점·선·면에 대한 설명으로 옳지 않은 것은?
① 점은 x, y좌표를 이용하여 공간위치를 나타낸다.
② 선은 속성데이터와 링크할 수 없다.
③ 면은 일정한 영역에 대한 면적을 가질 수 있다.
④ 선은 도로, 하천, 경계 등 시작점과 끝점을 표시하는 형태로 구성된다.

해설 공간데이터와 속성데이터는 다른 자료구조를 가지고 있으며 관리하는 체계도 다른 경우가 있다. 따라서 이를 통합하여 관리하기 위해서는 공통이 되는 식별자를 사용하여야 한다.

45 다음 중 속성정보로 보기 어려운 것은?
① 임야도의 등록사항인 경계
② 경계점좌표등록부의 등록사항인 지번
③ 대지권등록부의 등록사항인 대지권비율
④ 공유지연명부의 등록사항인 토지의 소재

해설 임야도의 경계는 도형정보이다.

46 현지측량 등으로 얻어진 대상물의 좌표를 직접 입력하여 공간정보를 구축하는 방식은?
① 디지타이징 ② 스캐닝
③ COGO ④ DIGEST

해설 COGO(Coordinate Geometry)를 이용한 방법은 실제 현장에서 측량의 결과로 얻어진 자료를 이용하여 수치지도를 작성하는 방식이다. 실제 현장에서 각 측량지점에서의 측량결과를 컴퓨터에 입력시킨 후 지형분석용 소프트웨어를 이용하여 지표면의 형태를 생성한 후 수치의 형태로 저장시키는 방식이다.

47 토지 및 임야대장에 등록하는 각 필지를 식별하기 위한 토지의 고유번호는 총 몇 자리로 구성하는가?
① 10자리 ② 15자리
③ 19자리 ④ 21자리

해설 토지의 고유번호는 각 필지를 구별하기 위해 필지마다 붙이는 고유번호(19자리)를 말하며 토지대장, 임야대장, 공유지연명부, 대지권등록부와 경계점좌표등록부에 등록하고, 도면에는 등록되지 않는다. 이 고유번호는 행정구역, 대장, 지번을 나타내며, 소유자, 지목 등은 알 수 없다.

정답 42 ④ 43 ④ 44 ② 45 ① 46 ③ 47 ③

48 부동산종합공부시스템의 전산자료에 대한 구축·관리자로 옳은 것은?

① 업무담당자 ② 업무부서장
③ 국토교통부장관 ④ 지방자치단체의 장

해설 부동산종합공부시스템 운영 및 관리규정 제6조(전산자료의 관리책임)
부동산종합공부시스템의 전산자료는 다음 각 호의 자(이하 "부서장"이라 한다)가 구축·관리한다.
1. 지적공부 및 부동산종합공부는 지적업무를 처리하는 부서장
2. 연속지적도는 지적도면의 변동사항을 정리하는 부서장
3. 용도지역·지구도 등은 해당 용도지역·지구 등을 입안·결정 및 관리하는 부서장(다만, 관리부서가 없는 경우에는 도시계획을 입안·결정 및 관리하는 부서장)
4. 개별공시지가 및 개별주택가격정보 등의 자료는 해당 업무를 수행하는 부서장
5. 그 밖의 건물통합정보 및 통계는 그 자료를 관리하는 부서장

49 래스터데이터의 설명으로 옳지 않은 것은?

① 데이터 구조가 간단하다.
② 격자로 표현하기 때문에 데이터 표출에 한계가 있다.
③ 데이터가 위상구조로 되어 있어 공간적인 상관성분석에 유리하다.
④ 공간해상도를 높일 수 있으나 데이터의 양이 방대해지는 단점이 있다.

해설 위상구조는 벡터데이터에만 적용되며, 래스터데이터에는 적용되지 않는다.

50 래스터데이터의 압축방법 중 각 행마다 왼쪽에서 오른쪽으로 진행하면서 동일한 수치를 갖는 셀들을 묶어 압축하는 방법은?

① Quadtree ② Block code
③ Chain code ④ Run-length code

해설 Run-length코드기법
㉠ Run이란 하나의 행에서 동일한 속성값을 갖는 셀을 의미한다.
㉡ 같은 셀값을 가진 셀의 수를 length라 한다.
㉢ 셀값을 개별적으로 저장하는 대신 각각의 런에 대하여 속성값, 위치, 길이를 한 번씩만 저장하는 방식이다.
㉣ 각 행마다 왼쪽에서 오른쪽으로 진행하면서 동일한 수치를 갖는 셀들을 묶어 압축시키는 방법이다.
㉤ 셀의 크기가 지도단위 혹은 사상에 비추어 크고 하나의 지도단위가 다수의 셀로 구성되어 있는 경우에 유용하다. 즉 방대한 데이터베이스를 구축하는 경우 효과적이다.
㉥ 셀값의 변화가 심한 경우 연속적인 변화를 코드화하여야 하므로 자료압축이 용이하지 않아 효과적인 방법이라 볼 수 없다.
㉦ 유일값으로 구성된 자료인 경우에는 비효율적이다.

51 다음 중 도로와 같은 교통망이나 하천, 상하수도 등과 같은 관망의 연결성과 경로를 분석하는 기법은?

① 지형분석 ② 다기준분석
③ 근접분석 ④ 네트워크분석

해설 네트워크분석
㉠ 목적물 간의 교통안내나 최단경로분석, 상하수도관망 분석 등 다양한 분석기능 수행
㉡ 최단경로나 최소비용경로를 찾는 경로탐색기능
㉢ 시설물을 적정한 위치에 할당하는 배분기능
㉣ 네트워크상에서 연결성을 추적하는 추적기능
㉤ 지역 간의 공간적 상호작용기능
㉥ 수요에 맞추어 가장 효율적으로 재화나 서비스시설을 입지시키는 입지·배분기능

52 데이터 모델링작업 진행순서의 3단계로 옳은 것은?

① 개념적 모델링 → 논리적 모델링 → 물리적 모델링
② 개념적 모델링 → 물리적 모델링 → 논리적 모델링
③ 논리적 모델링 → 개념적 모델링 → 물리적 모델링
④ 논리적 모델링 → 물리적 모델링 → 개념적 모델링

해설 데이터 모델링작업 진행순서 : 개념적 모델링 → 논리적 모델링 → 물리적 모델링

53 GIS데이터베이스를 구성하는 정보(information)와 자료(data)에 대한 설명으로 옳은 것은?

① 자료는 의사결정의 수단으로 활용할 수 있는 가공된 것이다.
② 지리자료는 지리정보를 처리하여 얻을 수 있는 결과물이다.
③ 정보와 자료는 같은 의미로 사용되는 개념으로 구분이 무의미하다.
④ 모든 정보는 자료를 처리하여 의미를 부여한 것이다.

정답 48 ② 49 ③ 50 ④ 51 ④ 52 ① 53 ④

해설 ① 정보는 의사결정의 수단으로 활용할 수 있는 가공된 것이다.
② 지리정보는 지리자료를 처리하여 얻을 수 있는 결과물이다.
③ 정보와 자료는 같은 의미로 사용되지 않는다.

54 다음 중 SQL에서 데이터베이스의 논리적 구조를 정의하기 위한 데이터 정의어에 포함되지 않는 것은?

① CREATE ② ALTER
③ DROP ④ INSERT

해설 데이터 언어

데이터 언어	종류
정의어 (DDL)	생성 : CREATE, 주소변경 : ALTER, 제거 : DROP
조작어 (DML)	검색 : SELECT, 삽입 : INSERT, 삭제 : DELETE, 갱신 : UPDATE
제어어 (DCL)	권한부여 : GRANT, 권한해제 : REVOKE, 데이터 변경완료 : COMMIT, 데이터 변경 취소 : ROLLBACK

55 SQL언어에 대한 설명으로 옳은 것은?

① order는 보통 질의어에서 처음 나온다.
② select 다음에는 테이블명이 나온다.
③ where 다음에는 조건식이 나온다.
④ from 다음에는 필드명이 나온다.

해설 ① order by는 문장 마지막에 나온다.
② select 다음에는 필드명이 나온다.
④ from 다음에는 테이블명이 나온다.

56 토지정보시스템 구축에 있어 지적도와 지형도를 중첩할 때 비연속도면을 수정하는데 가장 효율적인 자료는?

① 정사항공영상 ② TIN모형
③ 수치표고모델 ④ 토지이용현황도

해설 토지정보시스템 구축에 있어 지적도와 지형도를 중첩할 때 비연속도면을 수정하는데 가장 효율적인 자료는 정사항공영상이다.

57 벡터데이터 편집 시 다음과 같은 상태가 발생하는 오류의 유형으로 옳은 것은?

하나의 선으로 연결되어야 할 곳에서 두 개의 선으로 어긋나게 입력되어 불필요한 폴리곤을 형성한 상태

① 스파이크(Spike)
② 언더슛(Undershoot)
③ 오버래핑(Overlapping)
④ 슬리버폴리곤(Sliver polygon)

해설 디지타이저에 의한 도면독취과정에서의 오차
㉠ 오버슛(overshoot) : 다른 아크(도곽선)와의 교점을 지나서 디지타이징된 아크의 한 부분을 말한다.
㉡ 언더슛(undershoot, 기준선 미달오류) : 도곽선상에 인접되어야 할 선형요소가 도곽선에 도달하지 못한 경우를 말한다. 다른 선형요소와 완전히 교차되지 않은 선형을 말한다.
㉢ 스파이크(spike) : 교차점에서 두 개의 선분이 만나는 과정에서 잘못된 좌표가 입력되어 발생하는 오차이다.
㉣ 슬리버(sliver) : 하나의 선으로 입력되어야 할 곳에서 2개의 선으로 약간 어긋나게 입력되어 가늘고 긴 불필요한 폴리곤을 형성한 상태를 말한다.
㉤ 점·선 중복(overlapping) : 주로 영역의 경계선에서 점·선이 이중으로 입력되어 발생하는 오차로 중복된 점·선을 삭제함으로써 수정이 가능하다.

58 토지정보시스템의 활용효과로 가장 관련이 없는 것은?

① 원활한 의사결정의 지원
② 토지와 관련된 행정업무 간소화
③ 데이터의 구축비용과 투자의 중복 최소화
④ 데이터의 공유로 인한 이원화된 자료 활용

해설 토지정보시스템의 활용
㉠ 토지 관련 정책자료의 다목적 활용
㉡ 토지 관련 과세자료로 이용
㉢ 지적민원사항의 신속·정확한 처리
㉣ 지방행정전산화의 획기적인 계기
㉤ 여러 가지 대장 및 도면을 쉽게 관리
㉥ 수작업으로 인한 오류 방지
㉦ 자료를 쉽게 공유
㉧ 지적공부의 노후화

59 토지정보체계의 자료 구축에 있어서 표준화의 필요성과 가장 관련이 적은 것은?

① 자료의 중복 구축 방지로 비용을 절감할 수 있다.
② 자료구조의 단순화를 목적으로 한다.
③ 기존에 구축된 모든 데이터에 쉽게 접근할 수 있다.
④ 시스템 간의 상호연계성을 강화할 수 있다.

정답 54 ④ 55 ③ 56 ① 57 ④ 58 ④ 59 ②

해설 **표준화의 필요성**
  ㉠ 자료를 공유함으로써 연구과정에 드는 비용을 절감할 수 있다.
  ㉡ 다양한 자료에 대한 접근이 용이하기 때문에 자료를 쉽게 갱신할 수 있다.
  ㉢ 사용자가 자신의 용도에 따라 자료를 갱신할 수 있는 자료의 질에 대한 정보가 제공된다.
  ㉣ 수치적인 공간자료가 서로 다른 체계 사이에서 원래의 내용이 변함없이 전달된다.

60 메타데이터의 내용에 해당하지 않는 것은?
① 개체별 위치좌표   ② 데이터의 정확도
③ 데이터의 제공포맷 ④ 데이터가 생성된 일자

해설 **메타데이터의 기본요소**
  ㉠ 개요 및 자료소개 : 수록된 데이터의 제목, 개발자, 데이터의 지리적 영역 및 내용, 다른 이용자의 이용 가능성, 가능할 경우 데이터의 획득방법 등을 정한 규칙 포함
  ㉡ 데이터의 질에 대한 정보 : Data Set의 위치정확도, 속성정확도, 완전성, 일관성, 정보출처, 데이터 생성방법 포함
  ㉢ 자료의 구성 : 자료의 코드화에 이용된 데이터 모형(벡터나 래스터모형 등), 공간위치의 표시방법에 대한 정보 포함
  ㉣ 공간참조를 위한 정보 : 사용된 지도투영법의 명칭, 파라미터, 격자좌표체계 및 기법에 대한 정보 등 포함
  ㉤ 형상·속성정보 : 수록된 공간정보(도로, 가옥, 대기 등) 및 속성정보 포함
  ㉥ 정보획득방법 : 정보의 획득장소 및 획득형태, 정보의 가격에 대한 정보 포함
  ㉦ 참조정보 : 메타데이터의 작성자 및 일시에 대한 정보 포함

제4과목 지적학

61 근대적 세지적의 완성과 소유권제도의 확립을 위한 지적제도 성립의 전환점으로 평가되는 역사적인 사건은?
① 솔리만 1세의 오스만제국 토지법 시행
② 윌리엄 1세의 영국 둠스데이측량 시행
③ 나폴레옹 1세의 프랑스 토지관리법 시행
④ 디오클레티아누스황제의 로마제국 토지측량 시행

해설 나폴레옹지적은 근대적 세지적의 완성과 소유권제도의 확립을 위한 지적제도 성립의 전환점으로 평가되는 역사적인 사건이다.

62 지적의 발생설을 토지측량과 밀접하게 관련지어 이해할 수 있는 이론은?
① 과세설   ② 치수설
③ 지배설   ④ 역사설

해설 **치수설(Flood Control Theory, 토지측량설)**
  ㉠ 국가가 토지를 농업생산수단으로 이용하기 위해서 관개시설 등을 측량하고 기록·유지·관리하는 데서 비롯되었다고 보는 설이다.
  ㉡ 토지의 분배를 위하여 측량을 실시하였으며 토지측량설이라고도 한다.
  ㉢ 과세설과 더불어 등장한 이론이며 합리적인 과세를 목적으로 농경지를 배분하였다.
  ㉣ 메소포타미아문명 : 티그리스강, 유프라테스강 지역에서 제방, 홍수 뒤 경지정리의 필요성을 느껴 삼각법에 의한 측량을 실시하였다.

63 다음 지적의 3요소 중 협의의 개념에 해당하지 않는 것은?
① 공부   ② 등록
③ 토지   ④ 필지

해설 **지적의 협의와 광의의 구성요소**

협의의 구성요소	광의의 구성요소
• 토지 : 지적의 객체 • 등록 : 지적의 주된 행위 • 공부 : 지적행위 결과물	• 필지 : 권리의 객체 • 소유자 : 권리의 주체 • 권리 : 토지를 소유할 수 있는 법적 권리

64 토지에 대한 세를 부과함에 있어 과세자료로 이용하기 위한 목적의 지적제도는?
① 법지적   ② 세지적
③ 경제지적 ④ 다목적 지적

해설 세지적(Fiscal Cadastre)은 최초의 지적제도로 세금 징수를 가장 큰 목적으로 개발된 제도로 과세지적이라고도 한다. 세지적하에서는 면적의 정확도를 중시하였다.

65 다목적 지적의 3대 구성요소가 아닌 것은?
① 기본도   ② 경계표지
③ 지적중첩도 ④ 측지기준망

해설 **다목적 지적의 3대 구성요소** : 측지기준망, 기본도, 중첩도

정답 60 ① 61 ③ 62 ② 63 ④ 64 ② 65 ②

66 지적과 등기를 일원화된 조직의 행정업무로 처리하지 않는 국가는?

① 독일 ② 네덜란드
③ 일본 ④ 대만

해설) 지적과 등기가 이원화된 국가는 대한민국과 독일이 대표적이다.

67 토지등기를 위하여 지적제도가 해야 할 가장 중요한 역할은?

① 필지 확정 ② 소유권 심사
③ 지목의 결정 ④ 지번의 설정

해설) 우리나라는 선등록 후등기의 원칙이므로 토지등기를 위하여 필지 확정이 되어 대장에 등록이 되어야만 소유권보존등기를 할 수 있다.

68 지번의 설정이유 및 역할로 가장 거리가 먼 것은?

① 토지의 개별화 ② 토지의 특정화
③ 토지의 위치 확인 ④ 토지이용의 효율화

해설) 지번의 기능
㉠ 필지를 구별하는 개별성과 특정성의 기능을 가진다.
㉡ 거주지 또는 주소표기의 기준으로 이용된다.
㉢ 위치 파악의 기준이 된다.
㉣ 각종 토지 관련 정보시스템에서 검색키로서의 기능을 가진다.
㉤ 물권의 객체를 구분한다.
㉥ 등록공시단위이다.

69 다음 중 축척이 다른 2개의 도면에 동일한 필지의 경계가 각각 등록되어 있을 때 토지의 경계를 결정하는 원칙으로 옳은 것은?

① 축척이 큰 것에 따른다.
② 축척의 평균치에 따른다.
③ 축척이 작은 것에 따른다.
④ 토지소유자에게 유리한 쪽에 따른다.

해설) 축척종대의 원칙은 동일한 경계가 축척이 서로 다른 도면에 등록되어 있는 경우에는 축척이 큰 도면의 경계에 따른다.

70 "모든 토지는 지적공부에 등록해야 하고 등록 전 토지 표시사항은 항상 실제와 일치하게 유지해야 한다"가 의미하는 토지등록제도는?

① 권원등록제도 ② 소극적 등록제도
③ 적극적 등록제도 ④ 날인증서등록제도

해설) "모든 토지는 지적공부에 등록해야 하고 등록 전 토지표시사항은 항상 실제와 일치하게 유지해야 한다"는 적극적 등록제도이다.

71 내두좌평(內頭佐平)이 지적을 담당하고 산학박사(算學博士)가 측량을 전담하여 관리하도록 했던 시대는?

① 백제시대 ② 신라시대
③ 고려시대 ④ 조선시대

해설) 백제의 측량전담기구

구분		담당부서	업무내용
한성시기		내두좌평	재무
사비(부여) 시기	내관	곡내부	양정
		목부	토목
	외관	점구부	호구, 조세
		사공부	토목, 재정

72 조선시대의 양전법에 따른 전의 형태에서 직각삼각형형태의 전의 명칭은?

① 방전(方田) ② 제전(梯田)
③ 구고전(句股田) ④ 요고전(腰鼓田)

해설) 조선시대 전의 형태
㉠ 방전(方田) : 정사각형의 토지로 장(長)과 광(廣)을 측량
㉡ 직전(直田) : 직사각형의 토지로 장(長)과 평(平)을 측량
㉢ 구고전(句股田) : 직각삼각형의 토지로 구(句)와 고(股)를 측량
㉣ 규전(圭田) : 이등변삼각형의 토지로 장(長)과 광(廣)을 측량
㉤ 제전(梯田) : 사다리꼴의 토지로서 장(長)과 동활(東闊), 서활(西闊)을 측량

73 다음 중 구한말에 운영한 지적업무부서의 설치순서가 옳은 것은?

① 탁지부 양지국 → 탁지부 양지과 → 양지아문 → 지계아문
② 양지아문 → 탁지부 양지국 → 탁지부 양지과 → 지계아문
③ 양지아문 → 지계아문 → 탁지부 양지국 → 탁지부 양지과
④ 지계아문 → 양지아문 → 탁지부 양지국 → 탁지부 양지과

정답 66 ① 67 ① 68 ④ 69 ① 70 ③ 71 ① 72 ③ 73 ③

해설 구한말 지적업무부서의 설치순서 : 양지아문 → 지계아문 → 탁지부 양지국 → 탁지부 양지과

74 밤나무 숲을 측량한 지적도로 탁지부 임시재산정리국 측량과에서 실시한 측량원도의 명칭으로 옳은 것은?
① 산록도 ② 관저원도
③ 궁채전도 ④ 율림기지원도

해설 대한제국시대의 각종 도면
㉠ 율림기지원도 : 밀양 영남루 남천강의 건너편 수월비동의 밤나무 숲을 측량한 지적도를 말한다.
㉡ 산록도 : 구한말 동(洞)의 뒷산을 실측한 지도이다.
㉢ 전원도 : 농경지만을 나타낸 지적도를 말하며 축척은 1/1,000로 되어 있다. 면적은 삼사법으로 구적하였고 방위표시를 한 도식이 오른쪽 상단에 보이며, 범례는 없다.
㉣ 건물원도 : 1908년 제실재산정리국에서 측량기사를 동원하여 대한제국 황실 소유의 토지를 측량하고 구한말 주로 건물의 위치와 평면적 크기를 도면상에 나타낸 지도이다
㉤ 가옥원도 : 호(戶)단위로 가옥의 위치와 평면적 크기를 나타낸 구한말 실측도 가운데 축척이 가장 큰 대축척 1/100지도이다.
㉥ 궁채전도 : 내수사 등 7궁 소속의 토지 가운데 채소밭을 실측한 지도이다.
㉦ 관저원도 : 대한제국기 고위관리의 관저를 실측한 원도이다.

75 우리나라 토지조사사업 당시 토지소유권의 사정원부로 사용하기 위하여 작성한 공부는?
① 지세명기장 ② 토지조사부
③ 역둔토대장 ④ 결수연명부

해설 토지조사부는 1911년 11월 토지조사사업 당시 모든 토지소유자가 토지소유권을 신고하게 하여 토지사정원부로 사용하였으며 사정부(査定簿)라고도 하였다.

76 토지조사사업 당시 필지를 구분함에 있어 일필지의 강계(疆界)를 설정할 때 별필로 하였던 경우가 아닌 것은?
① 특히 면적이 협소한 것
② 지반의 고저가 심하게 차이 있는 것
③ 심히 형상이 구부러지거나 협장한 것
④ 도로, 하천, 구거, 제방, 성곽 등에 의하여 자연으로 구획을 이룬 것

해설 별필지로 하는 경우
㉠ 도로, 하천, 구거, 제방, 성곽 등에 의하여 자연적으로 구획을 이룬 것
㉡ 특히 면적이 광대한 것
㉢ 심히 형상이 만곡하거나 협장한 것
㉣ 지방 기타의 상황이 현저히 상이한 것
㉤ 지반의 고저가 심하게 차이가 있는 것
㉥ 시가지로서 연와병, 석원 기타 영구적 건축물로서 구획된 지역
㉦ 분쟁에 걸린 것
㉧ 국·도·부·군·면 또는 조선총독부가 지정한 공공단체의 소유에 속한 공용 또는 공공의 이용에 제공하는 토지
㉨ 잡종지 중의 염전 및 광천지로서 그 구역이 명확한 것
㉩ 전당권 설정의 증명이 있는 것은 그 증명마다 별필로 취급할 것
㉪ 소유권 증명을 거친 것은 그 증명번호마다 별필로 할 것

77 토지조사사업에서 일필지조사의 내용과 가장 거리가 먼 것은?
① 지목의 조사 ② 지주의 조사
③ 지번의 조사 ④ 미개간지의 조사

해설 일필지조사(一筆地調査)는 토지소유권을 확실히 하기 위해 필지단위로 지주, 강계, 지목, 지번 등을 조사하였다.

78 우리나라 토지조사사업 당시 조사측량기관은?
① 부(府)와 면(面) ② 임야조사위원회
③ 임시토지조사국 ④ 토지조사위원회

해설 토지조사사업 당시 조사측량기관은 임시토지조사국이다.

79 지압조사(地押調査)에 대한 설명으로 가장 적합한 것은?
① 토지소유자를 입회시키는 일체의 토지검사이다.
② 도면에 의하여 측량성과를 확인하는 토지검사이다.
③ 신고가 없는 이동지를 조사·발견할 목적으로 국가가 자진하여 현지조사를 하는 것이다.
④ 지목변경의 신청이 있을 때에 그를 확인하고자 지적소관청이 현지조사를 시행하는 것이다.

해설 지압조사는 신고가 없는 이동지를 조사·발견할 목적으로 국가가 자진하여 현지조사를 하는 것이다.

정답 74 ④ 75 ② 76 ① 77 ④ 78 ③ 79 ③

80 토지조사사업 당시 인적 편성주의에 해당되는 공부로 알맞은 것은?
① 토지조사부 ② 지세명기장
③ 대장, 도면집계부 ④ 역둔토대장

해설 지세명기장
㉠ 지세 징수를 위하여 이동정리를 끝낸 토지대장 중에서 민유과세지만을 뽑아 각 면마다 소유자별(인적 편성주의)로 성명을 기록하여 비치하였다.
㉡ 약 200매를 1책으로 작성하고 책머리에는 색인과, 책 끝에는 면계를 첨부하였다.
㉢ 지번, 지적, 지가세액, 납기구분, 납세관리인의 주소와 성명 등을 기재하였고, 동명이인인 경우 동, 리, 면과 통호명을 부기하여 구별하였다.

제5과목 지적관계법규

81 공간정보의 구축 및 관리 등에 관한 법률상 용어에 대한 설명으로 옳지 않은 것은?
① "면적"이란 지적공부에 등록한 필지의 수평면상 넓이를 말한다.
② "토지의 이동"이란 토지의 표시를 새로 정하거나 변경 또는 말소하는 것을 말한다.
③ "지번부여지역"이란 지번을 부여하는 단위지역으로서 동·리 또는 이에 준하는 지역을 말한다.
④ "축척변경"이란 지적도에 등록된 경계점의 정밀도를 높이기 위하여 큰 축척을 작은 축척으로 변경하여 등록하는 것을 말한다.

해설 공간정보의 구축 및 관리 등에 관한 법률 제2조(정의)
이 법에서 사용하는 용어의 뜻은 다음과 같다.
34. "축척변경"이란 지적도에 등록된 경계점의 정밀도를 높이기 위하여 작은 축척을 큰 축척으로 변경하여 등록하는 것을 말한다.

82 지적도 및 임야도에 등록하는 지목의 부호가 모두 옳은 것은?
① 하천-하, 제방-방, 구거-구, 공원-공
② 하천-하, 제방-제, 구거-거, 공원-원
③ 하천-천, 제방-제, 구거-구, 공원-원
④ 하천-천, 제방-제, 구거-구, 공원-공

해설 지목을 지적도면에 등록할 경우 두문자(24)와 차문자(4)로 표기하며, 차문자로 표기되는 지목은 주차장(차), 공장용지(장), 하천(천), 유원지(원)이다.

83 바닷물을 끌어들여 소금을 채취하기 위하여 조성된 토지와 이에 접속된 제염장 등 부속시설물 부지의 지목은?
① 염전 ② 잡종지
③ 답 ④ 공장용지

해설 바닷물을 끌어들여 소금을 채취하기 위하여 조성된 토지와 이에 접속된 제염장 등 부속시설물의 부지는 염전으로 한다.

84 물을 상시적으로 직접 이용하여 벼·연·미나리·왕골 등의 식물을 주로 재배하는 토지의 지목은?
① 유지 ② 답
③ 전 ④ 수도용지

해설 물을 상시적으로 직접 이용해서 벼, 연, 미나리, 왕골 등의 식물을 주로 재배하는 토지는 답으로 한다.

85 경계점좌표등록부의 등록사항이 아닌 것은?
① 경계 ② 부호도
③ 지적도면의 번호 ④ 토지의 고유번호

해설 경계는 도면에만 등록되며, 경계점좌표등록부에는 등록되지 아니한다.

86 공간정보의 구축 및 관리 등에 관한 법령상 지적공부의 복구자료가 아닌 것은?
① 측량결과도
② 토지이동정리결의서
③ 토지이용계획확인서
④ 법원의 확정판결서 정본 또는 사본

해설 지적공부의 복구자료

토지의 표시사항	소유자에 관한 사항
• 지적공부의 등본 • 측량결과도 • 토지이동정리결의서 • 부동산등기부등본 등 등기사실을 증명하는 서류 • 지적소관청이 작성하거나 발행한 지적공부의 등록내용을 증명하는 서류 • 복제된 지적공부	• 법원의 확정판결서 정본 또는 사본 • 등기사항증명서

정답 80 ② 81 ④ 82 ④ 83 ① 84 ② 85 ① 86 ③

87 1필지 일부가 형질변경 등으로 용도가 변경되어 분할을 신청하는 경우 함께 제출할 신청서로 옳은 것은?

① 신규등록신청서 ② 용도전용신청서
③ 지목변경신청서 ④ 토지합병신청서

해설 공간정보의 구축 및 관리 등에 관한 법률 시행령 제65조(분할신청)
① 법 제79조 제1항에 따라 분할을 신청할 수 있는 경우는 다음 각 호와 같다.
  1. 소유권 이전, 매매 등을 위하여 필요한 경우
  2. 토지이용상 불합리한 지상경계를 시정하기 위한 경우
  3. 관계법령에 따라 토지분할이 포함된 개발행위허가 등을 받은 경우
② 토지소유자는 법 제79조에 따라 토지의 분할을 신청할 때에는 분할사유를 적은 신청서에 국토교통부령으로 정하는 서류를 첨부하여 지적소관청에 제출하여야 한다. 이 경우 법 제79조 제2항에 따라 1필지의 일부가 형질변경 등으로 용도가 변경되어 분할을 신청할 때에는 제67조 제2항에 따른 지목변경신청서를 함께 제출하여야 한다.

88 다음 합병신청에 대한 내용 중 합병신청이 가능한 경우는?

① 합병하려는 토지의 지목이 서로 다른 경우
② 합병하려는 토지에 승역지에 대한 지역권의 등기가 있는 경우
③ 합병하려는 토지의 지적도 및 임야도의 축척이 서로 다른 경우
④ 합병하려는 토지가 등기된 토지와 등기되지 아니한 토지인 경우

해설 승역지의 경우 일필지 일부에도 성립이 가능하므로 합병할 수 있다.

89 공간정보의 구축 및 관리 등에 관한 법률상 신청기간이 다른 하나는?

① 신규등록신청
② 등록전환신청
③ 1필지 일부 용도변경에 따른 분할신청
④ 도시개발사업의 신고

해설 ① 신규등록신청 : 60일
② 등록전환신청 : 60일
③ 1필지 일부 용도변경에 따른 분할신청 : 60일
④ 도시개발사업의 신고 : 15일

90 지적도근점측량을 교회법으로 시행하는 경우에 따른 설명으로서 타당하지 않은 것은?

① 방위각법으로 시행할 때는 분위(分位)까지 독정한다.
② 시가지에서는 보통 배각법으로 실시한다.
③ 지적도근점은 기준으로 하지 못한다.
④ 삼각점, 지적삼각점, 지적삼각보조점 등을 기준으로 한다.

해설 지적도근측량은 위성기준점, 통합기준점, 삼각점 및 지적기준점을 기초로 하여 경위의측량방법, 전파기 또는 광파기측량방법, 위성측량방법 및 국토교통부장관이 승인한 측량방법에 따르되, 그 계산은 도선법, 교회법 및 다각망도선법에 따른다.

91 도선법에 따른 지적도근점의 각도관측을 배각법으로 하는 경우 1도선의 폐색오차의 허용범위는? (단, 폐색변을 포함한 변의 수는 20개이며 2등도선이다.)

① ±44초 이내 ② ±67초 이내
③ ±89초 이내 ④ ±134초 이내

해설 폐색오차 $= \pm 30\sqrt{n} = \pm 30\sqrt{20} = \pm 134$초 이내

92 지적도근점성과표에 기록·관리하여야 할 사항에 해당하지 않는 것은?

① 좌표   ② 도선등급
③ 자오선수차 ④ 표지의 재질

해설 지적측량시행규칙 제4조(지적기준점성과표의 기록·관리 등)
② 제3조에 따라 지적소관청이 지적삼각보조점성과 및 지적도근점성과를 관리할 때에는 다음 각 호의 사항을 지적삼각보조점성과표 및 지적도근점성과표에 기록·관리하여야 한다.
  1. 지적삼각보조점 또는 지적도근점의 번호
  1의2. 근경사진 및 위치의 약도(위치의 약도는 원경사진·항공사진으로 대체할 수 있다)
  2. 좌표와 직각좌표계 원점명
  3. 경도와 위도(필요한 경우로 한정한다)
  4. 표고(필요한 경우로 한정한다)
  5. 소재지와 설치 및 재설치연월일
  6. 도선등급 및 도선명
  7. 표지의 재질
  8. 지적도·임야도의 번호
  9. 삭제
  10. 조사연월일, 조사자의 직위·성명 및 조사내용

정답 87 ③ 88 ② 89 ④ 90 ③ 91 ④ 92 ③

93 축척변경 시 확정공고에 대한 설명으로 옳지 않은 것은?

① 지적공부인 토지대장에 등록하는 때에는 확정공고된 청산금조서에 의한다.
② 확정공고일에 토지의 이동이 있는 것으로 본다.
③ 청산금의 지급이 완료된 때에는 확정공고를 하여야 한다.
④ 확정공고를 하였을 때에는 확정된 사항을 지적공부에 등록한다.

해설 지적공부의 등록
㉠ 토지대장은 확정공고된 축척변경지번별 조서에 의하여 지적공부를 정리한다.
㉡ 지적도는 확정측량결과도 또는 경계점좌표에 의하여 정리한다.
㉢ 축척변경사무처리에 도시개발사업에 따른 처리방법을 준용한다. 다만, 시·도지사 또는 대도시시장의 승인을 얻지 아니하고 축척을 변경하는 경우에는 그러하지 아니하다.

94 토지이동과 관련하여 지적공부에 등록하는 시기로 옳은 것은?

① 신규등록 : 공유수면매립인가일
② 축척변경 : 축척변경확정공고일
③ 도시개발사업 : 사업의 완료신고일
④ 지목변경 : 토지형질변경공사허가일

해설 ① 신규등록 : 사유 발생일(매립 준공일)
③ 도시개발사업 : 공사가 준공된 때
④ 지목변경 : 사유 발생일(토지형질변경공사가 준공된 때)

95 공간정보의 구축 및 관리 등에 관한 법령상 지적기준점에 해당되지 않는 것은?

① 위성기준점   ② 지적도근점
③ 지적삼각점   ④ 지적삼각보조점

해설 지적기준점
㉠ 지적삼각점 : 지적측량 시 수평위치측량의 기준으로 사용하기 위하여 국가기준점을 기준으로 하여 정한 기준점
㉡ 지적삼각보조점 : 지적측량 시 수평위치측량의 기준으로 사용하기 위하여 국가기준점과 지적삼각점을 기준으로 하여 정한 기준점
㉢ 지적도근점 : 지적측량 시 필지에 대한 수평위치측량 기준으로 사용하기 위하여 국가기준점, 지적삼각점, 지적삼각보조점 및 다른 지적도근점을 기초로 하여 정한 기준점

96 지적재조사에 관한 특별법상 토지소유자협의회의 기능에 해당하지 않는 것은?

① 경계결정위원회 위원의 추천
② 조정금 산정기준에 대한 의견제출
③ 시·도지사에 대한 우선지적재조사지구의 신청
④ 임시경계점표지 및 경계점표지의 설치에 대한 참관

해설 토지소유자협의회의 기능
㉠ 지적소관청에 대한 우선지적재조사지구의 신청
㉡ 토지현황조사에 대한 입회
㉢ 임시경계점표지 및 경계점표지의 설치에 대한 입회
㉣ 조정금 산정기준에 대한 의견제출
㉤ 경계결정위원회 위원의 추천

97 지적재조사에 관한 특별법상 지목변경에 대한 절차에 대한 설명으로 옳은 것은?

① 지적재조사측량결과 기존의 지적공부상 지목이 실제의 이용현황과 다른 경우 지적소관청은 시·군·구 지적재조사위원회의 심의를 거쳐 기존의 지적공부상의 지목을 변경할 수 있다.
② 지적재조사측량결과 기존의 지적공부상 지목이 실제의 이용현황과 다른 경우 지적소관청은 시·도 지적재조사위원회의 심의를 거쳐 기존의 지적공부상의 지목을 변경할 수 있다.
③ 지적재조사측량결과 기존의 지적공부상 지목이 실제의 이용현황과 다른 경우 시·도지사는 시·군·구 지적재조사위원회의 심의를 거쳐 기존의 지적공부상의 지목을 변경할 수 있다.
④ 지적재조사측량결과 기존의 지적공부상 지목이 실제의 이용현황과 다른 경우 시·도지사는 시·도 지적재조사위원회의 심의를 거쳐 기존의 지적공부상의 지목을 변경할 수 있다.

해설 지적재조사측량결과 기존의 지적공부상 지목이 실제의 이용현황과 다른 경우 지적소관청은 시·군·구 지적재조사위원회의 심의를 거쳐 기존의 지적공부상의 지목을 변경할 수 있다. 이 경우 지목을 변경하기 위하여 다른 법령에 따른 인허가 등을 받아야 할 때에는 그 인허가 등을 받거나 관계기관과 협의한 경우에만 실제의 지목으로 변경할 수 있다.

정답 93 ① 94 ② 95 ① 96 ③ 97 ①

98 지적소관청이 사업지구 지정을 신청하고자 할 때 주민에게 실시계획을 공람해야 하는 기간은?

① 7일 이상　② 15일 이상
③ 20일 이상　④ 30일 이상

해설 지적소관청은 사업지구 지정을 신청하고자 할 때에는 실시계획수립내용을 주민에게 서면으로 통보한 후 주민설명회를 개최하고 실시계획을 30일 이상 주민에게 공람하여야 한다.

99 도로명주소법상에서 도로명과 기초번호를 활용하여 건물 등에 해당하지 아니하는 시설물의 위치를 특정하는 정보를 무엇이라 하는가?

① 도로명주소　② 주소정보
③ 상세주소　④ 사물주소

해설 도로명주소법 제2조(정의)
이 법에서 사용하는 용어의 뜻은 다음과 같다.
6. "상세주소"란 건물 등 내부의 독립된 거주·활동구역을 구분하기 위하여 부여된 동(棟)번호, 층수 또는 호(號)수를 말한다.
7. "도로명주소"란 도로명, 건물번호 및 상세주소(상세주소가 있는 경우만 해당한다)로 표기하는 주소를 말한다.
10. "사물주소"란 도로명과 기초번호를 활용하여 건물 등에 해당하지 아니하는 시설물의 위치를 특정하는 정보를 말한다.
11. "주소정보"란 기초번호, 도로명주소, 국가기초구역, 국가지점번호 및 사물주소에 관한 정보를 말한다.

100 도로명주소법상 명예도로명에 대한 설명으로 틀린 것은?

① 특별자치시장, 특별자치도지사 및 시장·군수·구청장은 도로명이 부여된 도로구간의 전부 또는 일부에 대하여 기업 유치 또는 국제교류를 목적으로 하는 도로명을 추가적으로 부여할 수 있다.
② 특별자치시장, 특별자치도지사 및 시장·군수·구청장은 명예도로명을 안내하기 위한 시설물을 설치할 수 있다
③ 주소정보시설에는 명예도로명을 표기할 수 있다.
④ 명예도로명의 부여기준과 절차 및 안내시설물의 설치 등에 필요한 사항은 대통령령으로 정한다.

해설 도로명주소법 제10조(명예도로명)
① 특별자치시장, 특별자치도지사 및 시장·군수·구청장은 도로명이 부여된 도로구간의 전부 또는 일부에 대하여 기업 유치 또는 국제교류를 목적으로 하는 도로명(이하 "명예도로명"이라 한다)을 추가적으로 부여할 수 있다.
② 특별자치시장, 특별자치도지사 및 시장·군수·구청장은 명예도로명을 안내하기 위한 시설물을 설치할 수 있다. 다만, 주소정보시설에는 명예도로명을 표기할 수 없다.
③ 제1항 및 제2항에 따른 명예도로명의 부여기준과 절차 및 안내시설물의 설치 등에 필요한 사항은 대통령령으로 정한다.

정답 98 ④　99 ④　100 ③

2024년 제1회 지적기사 필기 복원

제1과목 지적측량

01 경위의측량방법에 따른 지적삼각점의 관측과 계산에 대한 설명으로 옳은 것은?

① 관측은 20초독 이상의 경위의를 사용한다.
② 삼각형의 각 내각은 30° 이상 150° 이하로 한다.
③ 1방향각의 수평각공차는 30초 이내로 한다.
④ 1측회의 폐색공차는 ±40초 이내로 한다.

해설 경위의측량방법에 따른 지적삼각점의 관측과 계산은 다음의 기준에 따른다.
㉠ 관측은 10초독 이상의 경위의를 사용할 것
㉡ 수평각관측은 3대회(윤곽도는 0도, 60도, 120도로 한다)의 방향관측법에 따를 것
㉢ 수평각의 측각공차는 다음 표에 따를 것

종별	1방향각	1측회의 폐색	삼각형 내각관측의 합과 180도와의 차	기지각과의 차
공차	30초 이내	±30초 이내	±30초 이내	±40초 이내

02 지적도의 축척이 1/600인 지역의 면적결정방법으로 옳은 것은?

① 산출면적이 123.15m²일 때는 123.2m²로 한다.
② 산출면적이 123.55m²일 때는 126m²로 한다.
③ 산출면적이 135.25m²일 때는 135.3m²로 한다.
④ 산출면적이 146.55m²일 때는 146.5m²로 한다.

해설 ② 산출면적이 123.55m²일 때는 123.6m²로 한다.
③ 산출면적이 135.25m²일 때는 135.2m²로 한다.
④ 산출면적이 146.55m²일 때는 146.6m²로 한다.

[참고] 지적도의 축척이 600분의 1인 지역과 경계점좌표등록부에 등록하는 지역의 토지의 면적은 제곱미터 이하 한 자리 단위로 하되, 0.1m² 미만의 끝수가 있는 경우 0.05m² 미만인 때에는 버리고, 0.05m²를 초과하는 때에는 올리며, 0.05m²인 때에는 구하고자 하는 끝자리의 숫자가 0 또는 짝수이면 버리고, 홀수이면 올린다. 다만, 1필지의 면적이 0.1m² 미만인 때에는 0.1m²로 한다.

03 전파기 또는 광파기측량방법에 따른 지적삼각점의 관측과 계산기준이 틀린 것은?

① 표준편차가 ±(5mm+5ppm) 이상인 정밀측거기를 사용한다.
② 점간거리는 3회 측정하고 원점에 투영된 수평거리로 계산하여야 한다.
③ 측정치의 최대치와 최소치의 교차가 평균치의 10만분의 1 이하일 때는 그 평균치를 측정거리로 한다.
④ 삼각형의 내각계산은 기지각과 차가 ±40초 이내이어야 한다.

해설 지적삼각점측량 시 점간거리는 5회 측정하여 그 측정치의 최대치와 최소치의 교차가 평균치의 10만분의 1 이하일 때에는 그 평균치를 측정거리로 하고 원점에 투영된 평면거리에 따라 계산한다.

04 일람도의 각종 선의 제도방법으로 옳은 것은?

① 수도용지 : 남색 0.2mm 폭, 2선
② 철도용지 : 붉은색 0.1mm 폭, 2선
③ 취락지·건물 : 0.1mm의 선, 내부는 검은색 엷게 채색
④ 하천·구거·유지 : 붉은색 0.1mm 폭, 내부는 붉은색 엷게 채색

해설 일람도의 제도
㉠ 도곽선은 0.1mm의 폭으로, 도곽선의 수치는 도곽선 왼쪽 아랫부분과 오른쪽 윗부분의 종횡선교차점 바깥쪽에 2mm 크기의 아라비아숫자로 제도한다.
㉡ 도면번호는 3mm의 크기로 한다.
㉢ 인접 동·리명칭은 4mm, 그 밖의 행정구역명칭은 5mm의 크기로 한다.
㉣ 지방도로 이상은 검은색 0.2mm 폭의 2선으로, 그 밖의 도로는 0.1mm의 폭으로 제도한다.
㉤ 철도용지는 붉은색 0.2mm 폭의 2선으로 제도한다.
㉥ 수도용지 중 선로는 남색 0.1mm 폭의 2선으로 제도한다.
㉦ 하천·구거(溝渠)·유지(溜池)는 남색 0.1mm의 폭의 2선으로 제도하고, 그 내부를 남색으로 엷게 채색한다. 다만, 적은 양의 물이 흐르는 하천 및 구거는 0.1mm의 남색 선으로 제도한다.
㉧ 취락지·건물 등은 검은색 0.1mm의 폭으로 제도하고, 그 내부를 검은색으로 엷게 채색한다.

정답 1 ③ 2 ① 3 ② 4 ③

05 경위의측량방법으로 세부측량을 하는 경우 실측거리 65.52m에 대한 실측거리와 경계점좌표에 의한 계산거리의 교차허용한계는?

① 7.6cm 이내 ② 9.6cm 이내
③ 12.6cm 이내 ④ 15.6cm 이내

해설 허용교차 $= 3 + \dfrac{L}{10} = 3 + \dfrac{65.52}{10} = 9.6\text{cm}$

06 다음 그림에서 $E_1 = 20\text{m}$, $\theta = 150°$일 때 S_1은?

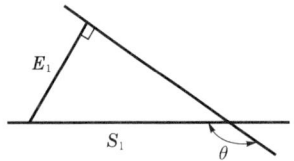

① 10.0m ② 23.1m
③ 34.6m ④ 40.0m

해설 $\dfrac{20}{\sin 30°} = \dfrac{S_1}{\sin 90°}$
$\therefore S_1 = 40.0\text{m}$

07 지적도근점의 번호를 부여하는 방법기준이 옳은 것은?

① 영구표지를 설치하는 경우에는 시·군·구별로 일련번호를 부여한다.
② 영구표지를 설치하는 경우에는 시·도별로 일련번호를 부여한다.
③ 영구표지를 설치하지 아니하는 경우에는 동·리별로 일련번호를 부여한다.
④ 영구표지를 설치하지 아니하는 경우에는 읍·면별로 일련번호를 부여한다.

해설 지적도근점의 번호는 영구표지를 설치하는 경우에는 시·군·구별로, 영구표지를 설치하지 아니하는 경우에는 시행지역별로 설치순서에 따라 일련번호를 부여한다.

08 지적삼각보조점의 망구성으로 옳은 것은?

① 유심다각망 또는 삽입망
② 삽입망 또는 사각망
③ 사각망 또는 교회망
④ 교회망 또는 교점다각망

해설 지적삼각보조점측량
㉠ 지적삼각보조점측량을 할 때에 필요한 경우에는 미리 지적삼각보조점표지를 설치하여야 한다.
㉡ 지적삼각보조점은 측량지역별로 설치순서에 따라 일련번호를 부여하되, 영구표지를 설치하는 경우에는 시·군·구별로 일련번호를 부여한다. 이 경우 지적삼각보조점의 일련번호 앞에 "보"자를 붙인다.
㉢ 지적삼각보조점은 교회망 또는 교점다각망으로 구성하여야 한다.

09 다각망도선법에 따른 지적도근점측량에 대한 설명으로 옳은 것은?

① 각 도선의 교점은 지적도근점의 번호 앞에 '교점'자를 붙인다.
② 3점 이상의 기지점을 포함한 결합다각방식에 따른다.
③ 영구표지를 설치하지 않는 경우 지적도근점의 번호는 시·군·구별로 부여한다.
④ 1도선의 점의 수는 40개 이하로 한다.

해설 지적측량 시행규칙 제12조(지적도근점측량)
ⓐ 지적도근점의 번호는 영구표지를 설치하는 경우에는 시·군·구별로, 영구표지를 설치하지 아니하는 경우에는 시행지역별로 설치순서에 따라 일련번호를 부여한다. 이 경우 각 도선의 교점은 지적도근점의 번호 앞에 "교"자를 붙인다.
ⓑ 경위의측량방법이나 전파기 또는 광파기측량방법에 따라 다각망도선법으로 지적도근점측량을 할 때에는 다음의 기준에 따른다.
 1. 3점 이상의 기지점을 포함한 결합다각방식에 따를 것
 2. 1도선의 점의 수는 20점 이하로 할 것

10 표준자보다 2cm 짧게 제작된 50m 줄자로 측정된 340m 거리의 정확한 값은?

① 339.728m ② 339.864m
③ 340.136m ④ 340.272m

해설 $L_0 = L\left(1 \pm \dfrac{\Delta l}{l}\right) = 340 \times \left(1 - \dfrac{0.02}{50}\right) = 339.864\text{m}$

11 최소제곱법에 의한 확률법칙에 의해 처리할 수 있는 오차는?

① 정오차 ② 부정오차
③ 착각   ④ 과대오차

해설 최소제곱법에 의한 확률법칙에 의해 처리할 수 있는 오차는 우연오차(상차)이다.

12 지적도근점측량의 방법 및 기준에 대한 설명으로 틀린 것은?

① 지적도근점표지의 점간거리는 다각망도선법에 따르는 경우에 평균 0.5km 이상 1km 이하로 한다.
② 전파기측량방법에 따라 다각망도선법으로 하는 경우 3점 이상의 기지점을 포함한 결합다각방식에 따른다.
③ 경위의측량방법에 따라 도선법으로 하는 때에 1도선의 점의 수는 40점 이하로 하며, 지형상 부득이한 경우 50점까지로 할 수 있다.
④ 경위의측량방법에 따라 도선법으로 하는 때에 지형상 부득이한 경우를 제외하고는 결합도선에 의한다.

해설 지적도근점표지의 점간거리는 다각망도선법에 따르는 경우에 평균 50m 이상 500m 이하로 한다.

13 광파측거기로 두 점 간의 거리를 2회 측정한 결과가 각각 50.55m, 50.58m이었을 때 정확도는?

① 약 1/600   ② 약 1/800
③ 약 1/1,700   ④ 약 1/3,400

해설 $\dfrac{1}{m} = \dfrac{50.55 - 50.58}{\dfrac{50.55 + 50.58}{2}} ≒ \dfrac{1}{1,700}$

14 전파기측량방법에 따라 다각망도선법으로 지적삼각보조점측량을 하는 경우 적용되는 기준으로 틀린 것은?

① 3점 이상의 기지점을 포함한 결합다각방식에 따른다.
② 1도선의 거리는 4km 이하로 한다.
③ 1도선의 점의 수는 기지점과 교점을 포함하여 5점 이상으로 한다.
④ 1도선이란 기지점과 교점 간 또는 교점과 교점 간을 말한다.

해설 전파기 또는 광파기측량방법에 따라 다각망도선법으로 지적삼각보조점측량을 할 때에는 다음의 기준에 따른다.
㉠ 3점 이상의 기지점을 포함한 결합다각방식에 따를 것
㉡ 1도선(기지점과 교점 간 또는 교점과 교점 간을 말한다)의 점의 수는 기지점과 교점을 포함하여 5점 이하로 할 것
㉢ 1도선의 거리(기지점과 교점 또는 교점과 교점 간의 점 간거리의 총합계를 말한다)는 4km 이하로 할 것

15 A, B 두 점의 좌표가 각각 A(200m, 300m), B(400m, 200m)인 두 기지삼각점을 연결하는 방위각 V_a^b는?

① 26°33′54″   ② 153°26′06″
③ 206°33′54″   ④ 333°26′06″

해설 $\theta = \tan^{-1} \dfrac{200-300}{400-200} = 26°33′54″(4상한)$

∴ $V_a^b = 360° - 26°33′54″ = 333°26′06″$

16 경위의측량방법으로 세부측량을 하였을 때 측량대상토지의 경계점 간 실측거리와 경계점의 좌표에 따라 계산한 거리의 교차기준은? (단, L은 실측거리로서 미터단위로 표시한 수치를 말한다.)

① $\dfrac{3L}{10}$ [cm] 이내   ② $3 + \dfrac{L}{10}$ [cm] 이내
③ $\dfrac{3L}{100}$ [cm] 이내   ④ $3 + \dfrac{L}{100}$ [cm] 이내

해설 경위의측량방법으로 세부측량을 하였을 때 측량대상토지의 경계점 간 실측거리와 경계점의 좌표에 따라 계산한 거리의 교차기준은 $3 + \dfrac{L}{10}$ [cm] 이내이다.

17 다음 중 고대 지적 및 측량사와 가장 거리가 먼 것은?

① 테베(Thebes)의 고분벽화
② 고대 수메르(Sumer)지방의 점토판
③ 고대 인도의 타지마할유적
④ 고대 이집트의 나일강변

해설 ① 테베(Thebes)의 고분벽화 : 메나무덤의 벽화로 측량하는 모습이 그려져 있다.
② 고대 수메르(Sumer)지방의 점토판 : 지적도 등이 나타나 있다.
④ 고대 이집트의 나일강변 : 홍수로 인해 제방을 쌓는 과정에서 측량의 필요성이 제기되었다.

정답 12 ① 13 ③ 14 ③ 15 ④ 16 ② 17 ③

18 등록전환측량에 대한 설명으로 틀린 것은?
① 토지대장에 등록하는 면적은 등록전환측량의 결과에 따라야 하며, 임야대장의 면적을 그대로 정리할 수 없다.
② 1필지의 일부를 등록전환하려면 등록전환으로 인하여 말소하여야 할 필지의 면적은 반드시 임야분할측량결과도에서 측정하여야 한다.
③ 경계점좌표등록부를 비치하는 지역과 연접되어 있는 토지를 등록전환하려면 경계점좌표등록부에 등록하여야 한다.
④ 등록전환할 일단의 토지가 2필지 이상으로 분할하여야 할 토지의 경우에는 먼저 지목별로 분할 후 등록전환하여야 한다.

해설 등록전환할 일단의 토지가 2필지 이상으로 분할하여야 할 토지의 경우에는 먼저 등록전환을 실시한 후 지목별로 분할하여야 한다.

19 지적삼각점측량의 계산에서 진수는 몇 자리 이상을 사용하는가?
① 6자리 이상
② 7자리 이상
③ 8자리 이상
④ 9자리 이상

해설 지적삼각점측량의 계산

종별	각	변의 길이	진수	좌표
공차	초	센티미터	6자리 이상	센티미터

20 지적측량에서 망원경을 정·반위로 수평각을 관측하였을 때 산술평균하여도 소거되지 않는 오차는?
① 편심오차
② 시준축오차
③ 수평축오차
④ 연직축오차

해설 연직축오차는 기포관축과 연직축이 직교하지 않아 발생하는 것으로 어떠한 방법으로도 소거할 수 없다.

제2과목 응용측량

21 터널 안에서 A점의 좌표가 (1749.0m, 1134.0m, 126.9m), B점의 좌표가 (2419.0m, 987.0m, 149.4m)일 때 A, B점을 연결하는 터널을 굴진하는 경우 이 터널의 경사거리는?
① 685.94m
② 686.19m
③ 686.31m
④ 686.57m

해설 ㉠ 수평거리
$= \sqrt{(2419.0-1749.0)^2 + (987.0-1134.0)^2}$
$= 685.94\text{m}$
㉡ 고저차 $= 149.4 - 126.9 = 22.5\text{m}$
㉢ 경사거리 $= \sqrt{685.94^2 + 22.5^2} = 686.31\text{m}$

22 지성선상의 중요점의 위치와 표고를 측정하여 이 점들을 기준으로 등고선을 삽입하는 등고선측정방법은?
① 좌표점법
② 종단점법
③ 횡단점법
④ 직접법

해설 지성선상의 중요한 지점의 위치와 표고를 측정하여 이 점들을 기준으로 하여 등고선을 삽입하는 방법은 종단점법이다.

23 도로설계 시에 등경사노선을 결정하려고 한다. 축척 1:5,000의 지형도에서 등고선의 간격이 5.0m이고 제한경사를 4%로 하기 위한 지형도상에서의 등고선 간 수평거리는?
① 2.5cm
② 5.0cm
③ 100.0cm
④ 125.0cm

해설 ㉠ $100 : 4 = x : 5$
∴ $x = 125\text{m}$(실제 거리)
㉡ $\dfrac{1}{5,000} = \dfrac{\text{도상거리}}{125}$
∴ 도상거리 = 2.5cm

24 하천, 호수, 항만 등의 수심을 나타내기에 가장 적합한 지형표시방법은?
① 단채법
② 점고법
③ 영선법
④ 채색법

정답 18 ④ 19 ① 20 ④ 21 ③ 22 ② 23 ① 24 ②

해설 점고법은 지표면상에 있는 임의점의 표고를 도안에서 숫자로 표시해 지표를 나타내는 방법으로 하천, 항만, 해양 등의 심천을 나타내는 경우에 사용한다.

25 복심곡선에 대한 설명으로 옳지 않은 것은?

① 반지름이 다른 2개의 단곡선이 그 접속점에서 공통접선을 갖는다.
② 철도 및 도로에서 복심곡선의 사용은 승객에게 불쾌감을 줄 수 있다.
③ 반지름의 중심은 공통접선과 서로 다른 방향에 있다.
④ 산지의 특수한 도로나 산길 등에서 설치하는 경우가 있다.

해설 복심곡선은 반지름이 다른 두 개의 원곡선이 접속점에서 하나의 공통접선을 가지며 곡선반경이 같은 방향에 있는 곡선을 말한다.

26 수준측량에 대한 설명으로 옳지 않은 것은?

① 표고는 2점 사이의 높이차를 의미한다.
② 어느 지점의 높이는 기준면으로부터 연직거리로 표시한다.
③ 기포관의 감도는 기포 1눈금에 대한 중심각의 변화를 의미한다.
④ 기준면으로부터 정확한 높이를 측정하여 수준측량의 기준이 되는 점으로 정해놓은 점을 수준원점이라 한다.

해설 표고란 기준면을 기준으로 어느 점까지의 연직거리를 말한다.

27 지형을 표시하는 일반적인 방법으로 옳지 않은 것은?

① 음영법   ② 영선법
③ 조감도법   ④ 등고선법

해설 지형의 표시법
㉠ 자연적인 도법
- 우모법(영선법, 게바법) : 선의 굵기와 길이로 지형을 표시하는 방법으로 경사가 급하면 굵고 짧게, 경사가 완만하면 가늘고 길게 표시한다.
- 음영법(명암법) : 태양광선이 서북쪽에서 45°로 비친다고 가정하고, 지표의 기복에 대해서 그 명암을 도상에 2~3색 이상으로 지형의 기복을 표시하는 방법이다.

㉡ 부호적인 도법
- 점고법 : 지표면상에 있는 임의점의 표고를 도안에서 숫자로 표시해 지표를 나타내는 방법으로 하천, 항만, 해양 등의 심천을 나타내는 경우에 사용한다.
- 등고선법 : 등고선에 의하여 지표면의 형태를 표시하는 방법으로 비교적 지형을 쉽게 표현할 수 있어 가장 널리 쓰이는 방법이다.
- 채색법 : 지형도에 채색을 하여 지형을 표시하는 방법으로 높은 곳은 진하게, 낮은 곳은 연하게 표시하며 지리관계의 지도나 소축척 지도에 사용된다.

28 지질, 토양, 수자원, 삼림조사 등의 판독작업에 주로 이용되는 사진은?

① 흑백사진   ② 적외선사진
③ 반사사진   ④ 위색사진

해설 적외선사진은 지질, 토양, 수자원, 삼림조사 등의 사진 판독작업에 주로 이용된다.

29 터널 내에서의 수준측량결과가 다음과 같은 B점의 지반고는?

(단위 : m)

측점	B.S	F.S	지반고
A	2.40		110.00
1	-1.20	-3.30	
2	-0.40	-0.20	
B		2.10	

① 112.20m   ② 114.70m
③ 115.70m   ④ 116.20m

해설 지반고차=Σ 후시−Σ 전시=0.8−(−1.4)=2.2m
∴ B점의 지반고=110+2.2=112.2m

30 촬영고도 2,000m에서 초점거리 150mm인 카메라로 평탄한 지역을 촬영한 밀착사진의 크기가 23cm×23cm, 종중복도는 60%, 횡중복도는 30%인 경우 이 연직사진의 유효모델에 찍히는 면적은?

① 2.0km²   ② 2.6km²
③ 3.0km²   ④ 3.3km²

해설 $\dfrac{1}{m} = \dfrac{f}{H} = \dfrac{0.15}{2,000} = \dfrac{1}{13,333}$

∴ $A_0 = (ma)^2 \left(1-\dfrac{p}{100}\right)\left(1-\dfrac{q}{100}\right)$

$= (13,333 \times 0.23)^2 \times \left(1-\dfrac{60}{100}\right) \times \left(1-\dfrac{30}{100}\right)$

$= 2.6 \text{km}^2$

정답 25 ③ 26 ① 27 ③ 28 ② 29 ① 30 ②

31 계산과정에서 완전한 검산을 할 수 있어 정밀한 측량에 이용되나 중간점이 많을 때는 계산이 복잡한 야장기입법은?

① 고차식 ② 기고식
③ 횡단식 ④ 승강식

해설 야장기입방법
㉠ 고차식 : 2점의 높이를 구하는 것이 목적이고 도중에 있는 측점의 지반고를 구할 필요가 없을 때 사용하는 방법이다.
㉡ 기고식 : 중간점이 많을 경우에 사용하는 방법으로 완전한 검산을 할 수 없는 단점이 있다.
㉢ 승강식 : 완전한 검산을 할 수 있어 정밀한 측량에 적합하나, 중간점이 많을 때에는 불편한 단점이 있다.

32 다음 그림과 같이 A에서부터 관측하여 폐합수준측량을 한 결과가 표와 같을 때 오차를 보정한 D점의 표고는?

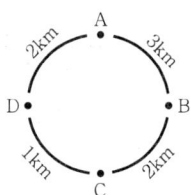

측점	거리(km)	표고(m)
A	0	20.000
B	3	12.412
C	2	11.285
D	1	10.874
A	2	20.055

① 10.819m ② 10.833m
③ 10.915m ④ 10.929m

해설 ㉠ 오차 = 20.000 − 20.055 = 0.055m
㉡ D점의 조정량 = $\frac{\text{그 측점까지의 거리}}{\text{총거리}} \times$ 오차
$= \frac{6}{8} \times 0.055 = 0.041$m
㉢ D점의 표고 = 10.874 − 0.041 = 10.833m

33 도로에 사용되는 곡선 중 수평곡선에 사용되지 않는 것은?

① 단곡선
② 복심곡선
③ 반향곡선
④ 2차 포물선

해설 2차 포물선은 도로에 사용하는 수직곡선(종곡선)이다.

34 위성영상의 투영상과 가장 가까운 것은?

① 정사투영상 ② 외사투영상
③ 중심투영상 ④ 평사투영상

해설 위성영상은 관측이 좁은 시야각으로 측정되므로 정사투영에 가깝다.

35 다음 그림과 같은 단면에서 도로용지의 폭($x_1 + x_2$)은?

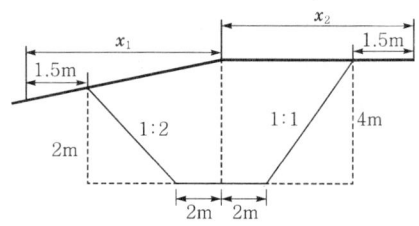

① 12.0m ② 15.0m
③ 17.2m ④ 19.0m

해설 용지폭 = 1.5 + 2×2 + 2 + 2 + 1×4 + 1.5 = 15.0m

36 GPS위성신호인 L_1과 L_2의 주파수의 크기는?

① L_1 = 1274.45MHz, L_2 = 1567.62MHz
② L_1 = 1367.53MHz, L_2 = 1425.30MHz
③ L_1 = 1479.23MHz, L_2 = 1321.56MHz
④ L_1 = 1575.42MHz, L_2 = 1227.60MHz

해설 GPS위성신호의 주파수
㉠ L_1 = 1575.42MHz
㉡ L_2 = 1227.60MHz

37 기복변위에 관한 설명으로 틀린 것은?

① 지표면에 기복이 있을 경우에도 연직으로 촬영하면 축척이 동일하게 나타나는 것이다.
② 지형의 고저변화로 인하여 사진상에 동일 지물의 위치변위가 생기는 것이다.
③ 기준면상의 저면위치와 정점위치가 중심투영을 거치기 때문에 사진상에 나타나는 위치가 달라지는 것이다.
④ 사진면에서 연직점을 중심으로 생기는 방사상의 변위를 말한다.

정답 31 ④ 32 ② 33 ④ 34 ① 35 ② 36 ④ 37 ①

해설 지표면에 기복이 있을 경우에도 연직으로 촬영하면 축척이 동일하게 나타나지 않으며 연직점을 중심으로 방사상의 변위가 발생하는데, 이를 기복변위라 한다.

38 비행속도 180km/h인 항공기에서 초점거리 150mm인 카메라로 어느 시가지를 촬영한 항공사진이 있다. 최장허용노출시간이 1/250초, 사진의 크기라 23cm×23cm, 사진에서 허용흔들림량이 0.01mm일 때, 이 사진의 연직점으로부터 6cm 떨어진 위치에 있는 건물의 변위가 0.26cm라면 이 건물의 실제 높이는?

① 60m   ② 90m
③ 115m   ④ 130m

해설 ㉠ $T_l = \dfrac{\Delta S \, m}{V}$

$$\dfrac{1}{250} = \dfrac{\dfrac{0.01}{1,000} \times m}{\dfrac{180 \times 1,000}{3,600}}$$

$$\therefore \dfrac{1}{축척(m)} = \dfrac{1}{20,000}$$

㉡ $\Delta r = \dfrac{h}{H} r$

$$0.26 = \dfrac{h}{20,000 \times 0.15} \times 6$$

$$\therefore h = 130m$$

39 GNSS의 스태틱측량을 실시한 결과 거리오차의 크기가 0.10m이고 PDOP가 4일 경우 측위오차의 크기는?

① 0.4m   ② 0.6m
③ 1.0m   ④ 1.5m

해설 측위오차=거리오차×PDOP=0.1×4=0.4m

40 완화곡선의 성질에 대해 설명으로 틀린 것은?

① 완화곡선의 반지름은 시작점에서 무한대이다.
② 완화곡선의 반지름은 종점에서 원곡선의 반지름과 같다.
③ 완화곡선의 접선은 시점에서 원호에 접한다.
④ 완화곡선에 연한 곡선반지름의 감소율은 캔트의 증가율과 같다.

해설 완화곡선의 성질
㉠ 완화곡선의 접선은 시점에서 직선에, 종점에서 원호에 접한다.
㉡ 곡선반지름은 완화곡선의 시점에서 무한대, 종점에서 원곡선의 반지름(R)이 된다.
㉢ 완화곡선에 연한 곡선반지름의 감소율은 캔트의 증가율과 같다.
㉣ 완화곡선 종점에 있는 캔트는 원곡선의 캔트와 같다.
㉤ 완화곡선은 이 점의 중앙을 통과한다.

제3과목 토지정보체계론

41 토지정보를 비롯한 공간정보를 관리하기 위한 데이터 모델로서 현재 가장 보편적으로 많이 쓰이며 데이터의 독립성이 높고 높은 수준의 데이터 조작언어를 사용하는 것은?

① 파일시스템모델
② 계층형 데이터 모델
③ 관계형 데이터 모델
④ 네트워크형 데이터 모델

해설 관계형 데이터베이스는 가장 최신의 데이터베이스 형태이며 사용자에게 보다 친숙한 자료접근방법을 제공하기 위해 개발하였다. 현재 가장 보편적으로 많이 쓰이며 데이터의 독립성이 높고 높은 수준의 데이터 조작언어를 사용한다.

42 토지정보체계의 구성요소로 볼 수 없는 것은?

① 하드웨어   ② 정보
③ 전문인력   ④ 소프트웨어

해설 토지정보시스템(LIS)은 컴퓨터와 각종 입출력장치 및 자료관리장치 등의 하드웨어, 각종 정보를 저장·분석·표현할 수 있는 기능을 지원하는 소프트웨어, 지도로부터 추출한 도형정보와 대장이나 통계자료로부터 추출한 속성정보를 전산화한 데이터베이스, 데이터를 구축하고 실제 업무에 활용하는 조직 및 인력으로 구성된다.

43 지리현상의 공간적 분석에서 시간개념을 도입하여 시간변화에 따른 공간변화를 이해하기 위한 방법과 가장 밀접한 관련이 있는 것은?

① Temporal GIS   ② Embedded SW
③ Target Platform ④ Terminating Node

정답 38 ④ 39 ① 40 ③ 41 ③ 42 ② 43 ①

해설 Temporal GIS는 지리현상의 공간적 분석에서 시간개념을 도입하여 시간변화에 따른 공간변화를 이해하기 위한 방법이다.

44 경위의측량방법으로 지적세부측량을 시행하고자 한다. 이때 측량준비파일의 작성에 있어 지적기준점 간 거리 및 방위각의 작성표시색으로 옳은 것은?

① 검은색　　② 노란색
③ 붉은색　　④ 파란색

해설 경위의측량에 의한 세부측량 시 측량준비파일을 작성할 경우 지적기준점 간 거리 및 방위각은 붉은색으로 표시한다.

45 현지측량 등으로 얻어진 대상물의 좌표를 직접 입력하여 공간정보를 구축하는 방식은?

① 디지타이징　　② 스캐닝
③ COGO　　　　④ DIGEST

해설 COGO(Coordinate Geometry)를 이용한 방법은 실제 현장에서 측량의 결과로 얻어진 자료를 이용하여 수치지도를 작성하는 방식이다. 실제 현장에서 각 측량지점에서의 측량결과를 컴퓨터에 입력시킨 후 지형분석용 소프트웨어를 이용하여 지표면의 형태를 생성한 후 수치의 형태로 저장시키는 방식이다.

46 토지고유번호의 코드구성기준이 옳은 것은?

① 행정구역코드 9자리, 대장구분 2자리, 본번 4자리, 부번 4자리 총합계 19자리로 구성
② 행정구역코드 9자리, 대장구분 1자리, 본번 4자리, 부번 5자리 총합계 19자리로 구성
③ 행정구역코드 10자리, 대장구분 1자리, 본번 4자리, 부번 4자리 총합계 19자리로 구성
④ 행정구역코드 10자리, 대장구분 1자리, 본번 3자리, 부번 5자리 총합계 19자리로 구성

해설 고유번호의 구성은 행정구역코드 10자리(시·도 2, 시·군·구 3, 읍·면·동 3, 리 2), 대장구분 1자리, 본번 4자리, 부번 4자리 총합계 19자리로 구성한다.

47 경로의 최적화, 자원의 분배에 가장 적합한 공간분석방법은?

① 관망분석　　② 보간분석
③ 분류분석　　④ 중첩분석

해설 네트워크분석
㉠ 목적물 간의 교통안내나 최단경로분석, 상하수도관망분석 등 다양한 분석기능 수행
㉡ 최단경로나 최소비용경로를 찾는 경로탐색기능
㉢ 시설물을 적정한 위치에 할당하는 배분기능
㉣ 네트워크상에서 연결성을 추적하는 추적기능
㉤ 지역 간의 공간적 상호작용기능
㉥ 수요에 맞추어 가장 효율적으로 재화나 서비스시설을 입지시키는 입지·배분기능 등

48 Internet GIS에 대한 설명으로 틀린 것은?

① 인터넷기술을 GIS와 접목시켜 네트워크환경에서 GIS서비스를 제공할 수 있도록 구축한 시스템이다.
② 조직 내 많은 부서가 공동으로 필요로 하는 다양한 지리정보를 취급할 수 있도록 클라이언트-서버기술을 바탕으로 시스템을 통합시키는 GIS기술을 말한다.
③ 인터넷을 이용한 분석이나 확대, 축소나 기본적인 질의가 가능하다.
④ 다른 기종 간에 접속이 가능한 시스템으로 네트워크상에서 움직이기 때문에 각종 시스템에 접속이 가능하다.

해설 인트라넷은 조직 내 많은 부서가 공동으로 필요로 하는 다양한 지리정보를 취급할 수 있도록 클라이언트-서버기술을 바탕으로 시스템을 통합시키는 GIS기술이다.

49 지적도면의 수치파일화 공정순서로 옳은 것은?

① 폴리곤 형성 → 도면 신축보정 → 지적도면 입력 → 좌표 및 속성검사
② 폴리곤 형성 → 지적도면 입력 → 도면 신축보정 → 좌표 및 속성검사
③ 지적도면 입력 → 도면 신축보정 → 폴리곤 형성 → 좌표 및 속성검사
④ 지적도면 입력 → 좌표 및 속성검사 → 도면 신축보정 → 폴리곤 형성

해설 **지적도면의 수치파일화 공정순서** : 지적도면 입력 → 좌표 및 속성검사 → 도면 신축보정 → 폴리곤 형성

정답 44 ③　45 ③　46 ③　47 ①　48 ②　49 ④

50 다음 위상정보 중 하나의 지점에서 또 다른 지점으로의 이동 시 경로 선정이나 자원의 배분 등과 가장 밀접한 것은?

① 인접성(Neighborhood Or Adjacency)
② 계급성(Hierarchy Or Containment)
③ 중첩성(Overlay)
④ 연결성(Connectivity)

해설 위상관계는 각 공간객체 사이의 관계를 인접성(adjacency), 연결성(connectivity), 포함성(containment) 등의 관점에서 묘사되며 스파게티모델에 비해 다양한 공간분석이 가능하다.
㉠ 인접성 : 관심대상 사상의 좌측과 우측에 어떤 사상이 있는지를 정의한다. 즉 두 개의 객체가 서로 인접하는지를 판단한다.
㉡ 연결성 : 특정 사상이 어떤 사상과 연결되어 있는지를 정의한다. 즉 두 개 이상의 객체가 연결되어 있는지를 판단한다.
㉢ 포함성 : 특정 사상이 다른 사상의 내부에 포함되느냐, 혹은 다른 사상을 포함하느냐를 정의한다.

51 다음과 같은 특징을 갖는 논리적인 데이터베이스 모델은?

• 다른 모델과 달리 각 개체는 각 레코드(record)를 대표하는 기본키(primary key)를 갖는다.
• 다른 모델에 비하여 관련 데이터 필드가 존재하는 한 필요한 정보를 추출하기 위한 질의형태에 제한이 없다.
• 데이터의 갱신이 용이하고 융통성을 증대시킨다.

① 계층형 모델 ② 네트워크형 모델
③ 관계형 모델 ④ 객체지향형 모델

해설 관계형 모델
㉠ 다른 모델과 달리 각 개체는 각 레코드(record)를 대표하는 기본키(primary key)를 갖는다.
㉡ 다른 모델에 비하여 관련 데이터 필드가 존재하는 한 필요한 정보를 추출하기 위한 질의형태에 제한이 없다.
㉢ 데이터의 갱신이 용이하고 융통성을 증대시킨다.

52 지형공간정보체계가 아닌 것은?

① 지적행정시스템 ② 토지정보시스템
③ 도시정보시스템 ④ 환경정보시스템

해설 지적행정시스템은 토지에 관련된 정보를 조사·측량하여 작성한 지적공부(토지대장, 임야대장, 공유지연명부, 대지권등록부, 경계점좌표등록부)를 전산으로 등록·관리하는 시스템으로 하드웨어와 소프트웨어 및 전산자료로 이루어진다.

53 불규칙삼각망(TIN)에 관한 설명으로 틀린 것은?

① DEM과 달리 추출된 표본지점들은 x, y, z 값을 갖고 있다.
② 벡터데이터 모델로 위상구조를 가지고 있다.
③ 표고를 가지고 있는 많은 점들을 연결하면 동일한 크기의 삼각형으로 망이 형성된다.
④ 표본점으로부터 삼각형의 네트워크를 생성하는 방법으로 가장 널리 사용되는 방법은 델로니삼각법이다.

해설 불규칙삼각망(TIN)
㉠ 연속적인 표면을 표현하기 위한 방법의 하나로서 표본 추출된 표고점들을 선택적으로 연결하여 형성된 크기와 모양이 정해지지 않고 서로 겹치지 않는 삼각형으로 이루어진 그물망의 모양으로 표현하는 것을 비정규삼각망이라 한다.
㉡ 지형의 특성을 고려하여 불규칙적으로 표본지점을 추출하기 때문에 경사가 급한 곳은 작은 삼각형이 많이 모여있는 모양으로 나타난다.
㉢ 격자형 수치표고모델과는 달리 추출된 표본지점들은 x, y, z값을 가지고 있고 벡터데이터 모델로 위상구조를 가지고 있다.
㉣ 각 면의 경사도나 경사의 방향이 쉽게 구해지며 복잡한 지형을 표현하는 데 매우 효과적이다.
㉤ TIN을 활용하여 방향, 경사도분석, 3차원 입체지형 생성 등 다양한 분석을 수행할 수 있다.

54 벡터데이터 모델과 래스터데이터 모델에서 동시에 표현할 수 있는 것은?

① 점과 선의 형태로 표현
② 지리적 위치를 x, y좌표로 표현
③ 그리드의 형태로 표현
④ 셀의 형태로 표현

해설 벡터데이터 모델과 래스터데이터 모델은 지리적 위치를 x, y좌표로 동시에 표현할 수 있다.

정답 50 ④ 51 ③ 52 ① 53 ③ 54 ②

55 지적전산자료의 이용 및 활용에 관한 사항 중 틀린 것은?
① 필요한 최소한도 안에서 신청하여야 한다.
② 지적파일 자체를 제공하라고 신청할 수는 없다.
③ 지적공부의 형식으로는 복사할 수 없다.
④ 승인받은 자료의 이용·활용에 관한 사용료는 무료이다.

해설 지적전산자료의 이용 또는 활용에 관한 승인을 받은 자는 국토교통부령으로 정하는 사용료를 내야 한다. 다만, 국가 또는 지방자치단체에 대해서는 사용료를 면제한다.
▶ 지적전산자료의 사용료

지적전산자료 제공방법	수수료
전산매체로 제공하는 때	1필지당 20원
인쇄물로 제공하는 때	1필지당 30원

56 토지기록전산화의 목적과 거리가 먼 것은?
① 지적공부의 전산화 및 전산파일의 유지로 지적서고의 체계적 관리 및 확대
② 체계적이고 효율적인 지적사무와 지적행정의 실현
③ 최신 자료에 의한 지적통계와 주민정보의 정확성 제고 및 온라인에 의한 신속성 확보
④ 전국적인 등본의 열람을 가능하게 하여 민원인의 편의 증진

해설 토지기록전산화의 목적
㉠ 체계적이고 효율적인 지적사무와 지적행정의 실현
㉡ 최신 자료에 의한 지적통계와 주민정보의 정확성 제고 및 온라인에 의한 신속성 확보
㉢ 전국적인 등본의 열람을 가능하게 하여 민원인의 편의 증진

57 LIS를 구동시키기 위한 가장 중요한 요소로서 전문성과 기술을 요하는 구성요소는?
① 자료   ② 하드웨어
③ 소프트웨어   ④ 조직 및 인력

해설 조직 및 인력은 LIS를 구성하는 가장 중요한 요소로서 데이터를 구축하고 실제 업무에 활용하는 사람을 말한다. 시스템을 설계하고 관리하는 전문인력과 일상업무에 GIS를 활용하는 사용자를 모두 포함한다.

58 다목적 지적의 3대 기본요소에 해당하지 않은 것은?
① 측지기본망   ② 필지식별자
③ 기본도   ④ 지적중첩도

해설 다목적 지적의 구성요소
㉠ 3대 : 측지기본망, 기본도, 지적중첩도
㉡ 5대 : 측지기본망, 기본도, 지적중첩도, 필지식별번호, 토지자료파일

59 토털스테이션으로 얻은 자료를 전산처리하는 방법에 대한 설명으로 옳은 것은?
① 디지타이저로 좌표 입력작업을 해야 한다.
② 스캐너로 자료를 입력해야 한다.
③ 특별히 전산화하는 방법이 존재하지 않는다.
④ 통신으로 컴퓨터에 전송하여 자료를 처리한다.

해설 Total Station은 관측된 데이터를 직접 저장하고 처리할 수 있으며, 3차원 지형정보 획득으로부터 데이터베이스의 구축 및 지적도 제작까지 일괄적으로 처리할 수 있는 최신 측량기계이다. 관측자료는 자동적으로 자료기록장치에 기록되며, 이것을 컴퓨터로 전송할 수 있으며 벡터파일로 저장할 수 있다.

60 다음 중 PBLIS와 LMIS를 통합한 시스템으로 옳은 것은?
① GSIS   ② KLIS
③ PLIS   ④ UIS

해설 한국토지정보시스템(KLIS : Korea Land Information System)은 국가적인 정보화사업을 효율적으로 추진하기 위하여 (구)행정자치부의 필지중심토지정보시스템(PBLIS)과 (구)건설교통부의 토지종합정보망(LMIS)을 하나의 시스템으로 통합하여 전산정보의 공공활용과 행정의 효율성 제고를 위해 (구)행정자치부와 (구)건설교통부가 공동 주관으로 추진하고 있는 정보화사업이다.

제4과목 지적학

61 대한제국시대에 문란한 토지제도를 바로잡기 위하여 시행한 제도와 관계없는 것은?
① 지계(地契)제도   ② 입안(立案)제도
③ 가계(家契)제도   ④ 토지증명제도

정답 55 ④ 56 ① 57 ④ 58 ② 59 ④ 60 ② 61 ②

해설 입안제도는 조선시대에 토지매매 시 관청에서 증명한 공적소유권증서로 소유자 확인 및 토지매매를 증명하는 제도이다.

62 토지조사사업에 대한 설명으로 틀린 것은?

① 축척 3천분의 1과 6천분의 1을 사용하여 2만 5천분의 1 지형도를 작성할 지형도의 세부측량을 함께 실시하였다.
② 토지조사사업은 사법적인 성격을 갖고 업무를 수행하였으며 연속성과 통일성이 있도록 하였다.
③ 토지조사사업의 내용은 토지소유권조사, 토지가격조사, 지형지모조사가 있다.
④ 토지조사사업은 일제가 식민지정책의 일환으로 실시하였다.

해설 축척 2만 5천분의 1 지형도를 작성하기 위해 축척 1,200분의 1과 2,400분의 1을 사용하여 세부측량을 함께 실시하였다.

63 지번의 결번(缺番)이 발생되는 원인이 아닌 것은?

① 토지조사 당시 지번누락으로 인한 결번
② 토지의 등록전환으로 인한 결번
③ 토지의 경계정정으로 인한 결번
④ 토지의 합병으로 인한 결번

해설 경계정정은 결번이 발생하지 않는다.

64 다음 경계 중 정밀지적측량이 수행되고 지적소관청으로부터 사정의 행정처리가 완료된 것은?

① 보증경계
② 고정경계
③ 일반경계
④ 특정경계

해설 보증경계(승인경계, guaranted boundary) : 토지측량사에 의하여 정밀지적측량이 수행되고 지적소관청으로부터 사정의 행정처리가 완료되어 확정된 토지경계를 말한다. 우리나라에서 적용되는 개념이다.

65 토지조사사업 당시 지번의 설정을 생략한 지목은?

① 임야
② 성첩
③ 지소
④ 잡종지

해설 토지조사사업 당시 지번조사 시 1개 동·리를 통산하여 1필지마다 순차적으로 지번을 붙이게 하였으며 도로, 하천, 구거, 제방, 성첩, 철도선로, 수도선로는 지목만 조사하고 지반을 측량하거나 지번을 붙이지 않았다.

66 지적의 원리에 대한 설명으로 틀린 것은?

① 공(公)기능성의 원리는 지적공개주의를 말한다.
② 민주성의 원리는 주민참여의 보장을 말한다.
③ 능률성의 원리는 중앙집권적 통제를 말한다.
④ 정확성의 원리는 지적불부합지의 해소를 말한다.

해설 현대 지적의 원리
㉠ 공기능성(publicness) : 지적활동에 대한 정보의 입수는 이권이나 특혜의 대상이 되기 때문에 지적사항을 필요로 하는 모든 이에게 알려야 한다는 것이다. 공기능성에 부합하는 것으로 국정주의와 공개주의가 있다.
㉡ 민주성(democracy) : 국가가 지적활동의 주체로서 업무를 추진하지만 최후의 목표는 국민의 욕구 충족에 기인하려는 특성을 가진다. 분권화, 주민참여의 보장, 책임성, 공개성 등이 수반되어야 한다.
㉢ 능률성(efficiency) : 지적은 토지에 대한 인간활동을 효율화하기 위한 것을 대전제로 하며, 여기에는 기술적 측면의 효율성이 포함된다.
㉣ 정확성(accurcy) : 지적은 세수원으로서 각종 정책의 기초자료로 신속하고 정확한 현황 유지를 생명으로 하고 있다. 지적활동의 정확도는 토지현황조사, 일필지조사, 기록과 도면, 관리와 운영의 정확한 정도를 말한다.

67 국가의 재원을 확보하기 위한 지적제도로서 면적본위지적제도라고도 하는 것은?

① 과세지적
② 법지적
③ 다목적 지적
④ 경제지적

해설 세지적(Fiscal Cadastre)은 최초의 지적제도로 세금 징수를 가장 큰 목적으로 개발된 제도로 과세지적이라고도 한다. 세지적하에서는 면적의 정확도를 중시하였다.

68 토지조사사업 당시 확정된 소유자가 다른 토지 간의 사정된 경계선은?

① 지압선
② 수사선
③ 도곽선
④ 강계선

정답 62 ① 63 ③ 64 ① 65 ② 66 ③ 67 ① 68 ④

해설 **강계선(疆界線)**
㉠ 토지조사사업 당시 임시토지조사국장이 사정한 경계선을 말한다.
㉡ 지목을 구별하며 소유권의 분계를 확정한다.
㉢ 토지소유자와 지목이 동일하고 지반이 연속된 토지는 1필지로 함을 원칙으로 한다.
㉣ 강계선의 반대쪽은 반드시 소유자가 다르다.

69 다음과 관련된 일필지의 경계설정기준에 관한 설명에 해당하는 것은?

> • 우리나라 민법 : 점유자는 소유의 의사로 선의, 평온 및 공연하게 점유한 것으로 추정한다.
> • 독일 민법 : 경계쟁의의 경우에 있어서 정당한 경계가 알려지지 않을 때에는 점유상태로서 경계의 표준으로 한다.

① 경계가 불분명하고 점유형태를 확정할 수 없을 때 분쟁지를 물리적으로 평분하여 쌍방의 토지에 소유시킨다.
② 현재 소유자가 각자 점유하고 있는 지역이 명확한 1개의 선으로 구분되어 있을 때, 이 선을 경계로 한다.
③ 새로이 결정하는 경계가 다른 확실한 자료와 비교하여 공평, 합당하지 못할 때에는 상당한 보완을 한다.
④ 점유형태를 확인할 수 없을 때 먼저 등록한 소유자에게 소유시킨다.

해설 **점유설**
㉠ 토지소유권의 경계는 이웃하는 소유자가 각자 점유하는 1개의 선으로 결정된다.
㉡ 지적공부에 의한 경계복원이 불가능한 경우 점유설은 지상경계결정에 있어 가장 중요한 원칙이 된다.
㉢ 점유자가 소유의 의사로 선의로 평온, 공연하게 점유한 것으로 추정한다(민법 제197조 규정).
㉣ 선의의 점유자라도 본권에 관한 소송에서 패소한 때에는 악의의 점유자로 본다.
㉤ 20년간 소유의 의사로 평온, 공연하게 부동산을 점유한 자는 등기를 완료함으로 소유권을 취득한다(민법 제245조).
㉥ 부동산의 소유로 등기한 자가 10년간 소유의 의사로 평온, 공연하게 선의이며 과실 없이 그 부동산을 점유한 때에는 소유권을 취득한다(민법 제245조).

70 토지소유권권리의 특성 중 틀린 것은?
① 항구성   ② 탄력성
③ 완전성   ④ 단일성

해설 **토지소유권권리의 특성** : 항구성, 탄력성, 완전성

71 토렌스시스템의 기본원리에 해당하지 않는 것은?
① 거울이론   ② 거래이론
③ 커튼이론   ④ 보험이론

해설 **토렌스시스템의 기본이론**
㉠ 거울이론(mirror principle) : 토지권리증서의 등록이 토지의 거래사실을 완벽하게 반영하는 거울과 같다는 입장이다.
㉡ 커튼이론(curtain principle)
 • 토지등록업무가 커튼 뒤에 놓여있기 때문에 붙인 공정성과 신빙성에 관여할 필요도 없고 관여해서도 안 된다.
 • 토렌스제도에 의해 한번 권리증명서가 발급되면 당해 토지에 대한 이전의 모든 이해관계는 무효가 된다. 따라서 이전의 권리에 대한 사항은 받아보기가 불가능하다는 이론이다.
㉢ 보험이론(insurance principle) : 토지등록이 토지의 권리를 아주 정확하게 반영하는 것이나 인간의 과실로 인하여 착오가 발생하는 경우 해를 입은 사람은 누구나 피해보상에 관한 한 법률적으로 선의의 구제자와 동등한 입장으로 보호되어야 한다는 이론이다.

72 토지조사사업 당시 소유자는 같으나 지목이 상이하여 별필(別筆)로 해야 하는 토지들의 경계선과 소유자를 알 수 없는 토지와의 구획선으로 옳은 것은?
① 강계선(疆界線)   ② 경계선(境界線)
③ 지역선(地域線)   ④ 지세선(地勢線)

해설 **지역선(地域線)**
㉠ 토지조사사업 당시 소유자는 동일하나 지목이 다른 경우와 지반이 연속되지 않아 별도의 필지로 구획한 토지 간의 경계선을 말한다. 즉 동일인의 소유라도 지목이 상이하여 별필로 하는 경우의 경계선을 말한다.
㉡ 토지조사사업 당시 조사대상토지와 조사에서 제외된 토지 간의 구분한 지역경계선(지계선)을 말한다.
㉢ 이 지역선은 경계선 또는 강계선과는 달리 소유권을 구분하는 선이 아니므로 사정하지 않았다.
㉣ 반대쪽은 소유자가 같을 수도, 다를 수도 있다.
㉤ 지역선은 경계분쟁대상에서 제외되었다.

정답 69 ② 70 ④ 71 ② 72 ③

73 간주임야도에 대한 설명으로 틀린 것은?
① 고산지대로 조사측량이 곤란하거나 정확도와 관계없는 대단위의 광대한 국유임야지역을 대상으로 시행하였다.
② 간주임야도에 등록된 소유자는 국가였다.
③ 임야도를 작성하지 않고 축척 5만분의 1 또는 2만 5천분의 1 지형도에 작성되었다.
④ 충청북도 청원군, 제천군, 괴산군 속리산지역을 대상으로 시행되었다.

해설 간주임야도 시행지역 : 경북 일월산, 전북 덕유산, 경남 지리산 일대

74 이기가 해학유서에서 수등이척제에 대한 개선으로 주장한 제도로서 전지(田地)를 측량할 때 정방형의 눈들을 가진 그물을 사용하여 면적을 산출하는 방법은?
① 일자오결제 ② 망척제
③ 결부제 ④ 방전제

해설 망척제(罔尺制)는 수등이척제(隨等異尺制)에 대한 개선으로 전을 측량할 때에 정방향의 눈들을 가진 그물을 사용하여 그물속에 들어온 그물눈을 계산하여 면적을 산출하는 방법이다.

75 새로이 지적공부에 등록하는 사항이나 기존에 등록된 사항의 변경등록은 시장, 군수, 구청장이 관련 법률에서 규정한 절차상의 적법성과 사실관계부합 여부를 심사하여 지적공부에 등록한다는 이념은?
① 형식적 심사주의 ② 일물일권주의
③ 실질적 심사주의 ④ 토지표시공개주의

해설 실질적 심사주의 : 새로이 지적공부에 등록하는 사항이나 기존에 등록된 사항의 변경등록은 시장, 군수, 구청장이 관련 법률에서 규정한 절차상의 적법성과 사실관계부합 여부를 심사하여 지적공부에 등록한다는 이념

76 역토(驛土)에 대한 설명으로 틀린 것은?
① 역토는 역참에 부속된 토지의 명칭이다.
② 역토의 수입은 국고수입으로 하였다.
③ 역토는 주로 군수비용을 충당하기 위한 토지이다.
④ 조선시대 초기에 역토에는 관둔전,, 공수전 등이 있다.

해설 ㉠ 역토 : 조선 초 역참제도가 정비되면서 각 역(驛)의 경비를 마련하고 입마(立馬)와 역역(驛役) 동원의 대가로 지급된 토지
㉡ 둔토 : 군량을 비축하고 정부관서의 경비를 보전해주기 위한 목적으로 거칠어 버려둔 토지인 진황지나 주인없는 무주지를 지급하여 경작하게 한 토지

77 근대적 지적제도가 가장 빨리 시작된 나라는?
① 프랑스 ② 독일
③ 일본 ④ 대만

해설 나폴레옹지적(프랑스)은 근대 세지적의 완성과 소유권제도의 확립을 위한 지적제도 성립의 전환점으로 평가되는 역사적인 사건이다.

78 현행 지목 중 차문자(次文字)를 따르지 않는 것은?
① 주차장 ② 유원지
③ 공장용지 ④ 종교용지

해설 차문자 : 주차장(차), 공장용지(장), 하천(천), 유원지(원)

79 1898년 양전사업을 담당하기 위하여 최초로 설치된 기관은?
① 양지아문(量地衙門)
② 지계아문(地契衙門)
③ 양지과(量地課)
④ 임시토지조사국(臨時土地調査局)

해설 양지아문 : 1898년 7월 6일(광무 2년) 칙령 제25호로서 전24조의 '양지아문직원급처무규정(量地衙門職員及處務規定)'을 반포하여 직제를 마련했다. 2년 6개월 동안 전국 124군에 양전을 시행했지만, 1901년 심한 흉년으로 계획의 1/3만 시행한 채 중단되었다. 1902년 지계아문(地契衙門)에 흡수·통합되었고, 다시 1903년 탁지부 양국으로 개편되었다. 이후 러일전쟁을 거치면서 양전·지계사업도 실질적으로 중단되었다.

80 필지는 자연물인 지구를 인간이 필요에 의해 인위적으로 구획한 인공물이다. 필지의 성립요건으로 볼 수 없는 것은?
① 지표면을 인위적으로 구획한 폐쇄된 공간
② 정확한 측량성과
③ 지번 및 지목의 설정
④ 경계의 결정

정답 73 ④ 74 ② 75 ③ 76 ③ 77 ① 78 ④ 79 ① 80 ②

해설 **필지의 기능**
- ㉠ 토지조사의 등록단위 : 토지조사는 1필지를 기본단위로 조사
- ㉡ 토지등록의 기본단위 : 토지등록의 기본단위로서 기능
- ㉢ 토지공시의 기본단위 : 토지의 공시단위로서의 기능
- ㉣ 토지의 거래단위 : 토지유통시장에서 거래단위로서 기능
- ㉤ 물권의 설정단위 : 토지의 소유권이 미치는 범위를 설정하는 기능
- ㉥ 토지평가의 기본단위 : 토지에 대한 평가는 일필지를 기본단위로 하여 1m²당 가격을 평가하는 기능

제5과목 지적관계법규

81 다음 벌칙 중 2년 이하의 징역 또는 2천만원 이하의 벌금에 처하는 행위로 틀린 것은?
① 속임수, 위력, 그 밖의 방법으로 입찰의 공정성을 해친 자
② 측량기준점표지를 이전 또는 파손하거나 그 효용을 해치는 행위를 한 자
③ 고의로 측량성과를 다르게 한 자
④ 측량업의 등록을 하지 아니하고 측량업을 한 자

해설 속임수, 위력, 그 밖의 방법으로 입찰의 공정성을 해친 자는 3년 이하의 징역 또는 3천만원 이하의 벌금에 처한다.

82 동일한 경계가 축척이 다른 도면에 각각 등록되어 있을 때의 경계결정방법은?
① 소면적에 따른다. ② 소축척에 따른다.
③ 대면적에 따른다. ④ 대축척에 따른다.

해설 **축척종대의 원칙** : 동일한 경계가 축척이 다른 도면에 각각 등록되어 있을 때의 경계는 큰 축척(대축척)에 따른다.

83 지적측량수행자가 지적측량을 시행한 후 성과의 정확성에 관한 검사를 받기 위해 소관청에 제출하는 서류로서 틀린 것은?
① 면적측정부   ② 지적도
③ 측량결과도   ④ 측량부

해설 지적측량수행자가 지적측량을 시행한 후 성과의 정확성에 관한 검사를 받기 위해 소관청에 제출하는 서류는 측량성과로 면적측정부, 측량결과도, 측량부 등을 말한다. 지적도는 측량성과에 해당하지 않는다.

84 지적전산자료를 이용하거나 활용하려는 자로부터 심사신청을 받은 관계 중앙행정기관의 장이 심사하여야 할 사항에 해당되지 않은 것은?
① 신청인의 지적전산자료활용능력
② 신청내용의 타당성, 적합성 및 공익성
③ 개인의 사생활 침해 여부
④ 자료의 목적 외 사용 방지 및 안전관리대책

해설 지적전산자료를 이용하거나 활용하려는 자로부터 심사신청을 받은 관계 중앙행정기관의 장은 다음의 사항을 심사한 후 그 결과를 신청인에게 통지하여야 한다.
- ㉠ 신청내용의 타당성·적합성·공익성
- ㉡ 개인의 사생활 침해 여부
- ㉢ 자료의 목적 외 사용 방지 및 안전관리대책

85 공간정보의 구축 및 관리 등에 관한 법률에서 규정하고 있는 경계의 의미로 옳은 것은?
① 계곡·능선 등의 자연적 경계
② 지상에 설치한 담장·둑 등의 인위적인 경계
③ 지적도나 임야도에 등록한 경계
④ 토지소유자가 표시한 지상경계

해설 **경계**
- ㉠ 필지별로 경계점들을 직선으로 연결하여 지적공부에 등록한 선을 말한다. 즉 도면에 등록된 선 또는 경계점좌표등록부에 등록된 좌표의 연결을 말한다.
- ㉡ 공간정보의 구축 및 관리 등에 관한 법률에 의하여 어떤 토지가 지적공부에 1필의 토지로 등록되면 그 토지의 경계는 다른 특별한 사정이 없는 한 이 등록으로써 특정된다.
- ㉢ 지적공부를 작성함에 있어 기점을 잘못 선택하는 등의 기술적인 착오로 말미암아 지적공부상의 경계가 진실한 경계선과 다르게 잘못 작성되었다는 등의 특별한 사정이 있는 경우에는 그 토지의 경계는 지적공부에 의하지 않고 실제의 경계에 의하여 확정하여야 한다.

86 60일 이내에 토지의 이동신청을 하지 않아도 되는 것은?
① 신규등록신청
② 지목변경신청
③ 경계정정신청
④ 형질변경에 따른 분할신청

해설 경계정정은 등록사항정정에 해당하며, 이는 신청기간의 의무가 없다.

정답 81 ① 82 ④ 83 ② 84 ① 85 ③ 86 ③

87 토지대장의 등록사항에 해당하지 않은 것은?

① 면적   ② 지번
③ 대지권비율   ④ 토지의 소재

해설 토지대장은 1912년의 토지조사령에 따른 토지조사결과를 바탕으로 작성된 지적공부를 말하며, 임야대장은 1918년 임야조사령에 따른 임야조사결과로 토지대장에 등록한 토지 이외의 토지에 관한 내용을 등록하는 지적공부를 말한다.

일반적인 기재사항	국토교통부령이 정하는 사항
• 토지의 소재 : 동·리단위까지 법정행정구역의 명칭을 기재 • 지번 : 임야대장에는 숫자 앞에 '산'을 붙임 • 지목 : 정식명칭을 기재 • 면적 : m²로 표시 • 소유자의 성명 또는 명칭, 주소 및 주민등록번호(국가, 지방자치단체, 법인, 법인 아닌 사단이나 재단 및 외국인의 경우에는 부동산등기법 제41조의2에 따라 부여된 등록번호를 말한다)	• 토지의 고유번호(각 필지를 서로 구별하기 위하여 필지마다 붙이는 고유한 번호를 말한다) • 지적도 또는 임야도의 번호와 필지별 토지대장 또는 임야대장의 장번호 및 축척 • 토지의 이동사유 • 토지소유자가 변경된 날과 그 원인 • 토지등급 또는 기준수확량등급과 그 설정·수정연월일 • 개별공시지가와 그 기준일

88 공간정보의 구축 및 관리 등에 관한 법률에 따른 토지의 이동에 해당하는 것은?

① 신규등록   ② 토지등급변경
③ 토지소유자변경   ④ 수확량등급변경

해설 토지의 이동이란 토지의 표시를 새로이 정하거나 변경 또는 말소하는 것을 말한다. 즉 지적공부에 등록된 토지의 지번·지목·경계·좌표·면적이 달라지는 것을 말하며, 토지소유자의 변경, 토지소유자의 주소변경, 토지의 등급변경은 토지의 이동에 해당하지 아니한다.

89 주거기능보호나 청소년보호 등의 목적으로 청소년유해시설 등 특정 시설의 입지를 제한할 필요가 있는 경우에 지정하는 용도지구는?

① 개발진흥지구   ② 특정용도제한지구
③ 시설보호지구   ④ 보존지구

해설 특정용도제한지구 : 주거기능보호나 청소년보호 등의 목적으로 청소년유해시설 등 특정 시설의 입지를 제한할 필요가 있는 경우에 지정하는 용도지구

90 지적기준점표지의 설치·관리 등에 관한 설명으로 옳은 것은?

① 지적삼각점표지의 점간거리는 평균 4km 이상 10km 이하로 한다.
② 다각망도선법에 따르는 경우를 제외하고 지적도근점표지의 점간거리는 평균 100m 이상 500m 이하로 한다.
③ 지적소관청은 연 1회 이상 지적기준점표지의 이상 유무를 조사하여야 한다.
④ 지적기준점표지가 멸실되거나 훼손되었을 때에는 시·도지사는 이를 다시 설치하거나 보수하여야 한다.

해설 ① 지적삼각점표지의 점간거리는 평균 2km 이상 5km 이하로 한다.
② 다각망도선법에 따르는 경우를 제외하고 지적도근점표지의 점간거리는 평균 50m 이상 500m 이하로 한다.
④ 지적기준점표지가 멸실되거나 훼손되었을 때에는 지적소관청은 이를 다시 설치하거나 보수하여야 한다.

91 본등기의 일반적 효력으로 적합하지 않은 것은?

① 공신력 인정   ② 순위확정적 효력
③ 점유적 효력   ④ 추정적 효력

해설 부동산등기의 효력(종국등기의 효력) : 물권변동적 효력, 대항력, 순위확정적 효력, 점유적 효력, 권리추정적 효력, 공신력 불인정, 형식적 확정력

92 미등기토지의 소유권보존등기를 신청할 수 없는 자는?

① 관할 소관청장
② 토지대장상의 소유자
③ 확정판결에 의하여 자기의 소유권을 증명하는 자
④ 수용으로 인하여 소유권을 취득하였음을 증명하는 자

해설 미등기토지의 소유권보존등기를 신청할 수 있는 자
㉠ 대장상의 최초의 소유자로 등록되어 있는 자
㉡ 확정판결에 의하여 자기의 소유권을 증명하는 자
㉢ 수용으로 인하여 소유권을 취득하였음을 증명하는 자

정답 87 ③ 88 ① 89 ② 90 ③ 91 ① 92 ①

93 토지이동으로 볼 수 있는 것은?

① 소유자의 주소변경
② 소유권의 변경
③ 지상권의 변경
④ 경계의 정정

해설 토지의 이동이란 토지의 표시를 새로이 정하거나 변경 또는 말소하는 것을 말한다. 즉 지적공부에 등록된 토지의 지번·지목·경계·좌표·면적이 달라지는 것을 말하며, 토지소유권의 변경, 토지소유자의 주소변경, 토지의 등급변경은 토지의 이동에 해당하지 아니한다.

94 도로명주소법상 건물 등 내부의 독립된 거주·활동 구역을 구분하기 위하여 부여된 동(棟)번호, 층수 또는 호(號)수를 무엇이라 하는가?

① 기초번호
② 건물번호
③ 상세주소
④ 도로명주소

해설 도로명주소법 제2조(정의)

이 법에서 사용하는 용어의 뜻은 다음과 같다.
1. "도로"란 다음 각 목의 어느 하나에 해당하는 것을 말한다.
   가. 도로법 제2조 제1호에 따른 도로(같은 조 제2호에 따른 도로의 부속물은 제외한다)
   나. 그 밖에 차량 등 이동수단이나 사람이 통행할 수 있는 통로로서 대통령령으로 정하는 것
2. "도로구간"이란 도로명을 부여하기 위하여 설정하는 도로의 시작지점과 끝지점 사이를 말한다.
3. "도로명"이란 도로구간마다 부여된 이름을 말한다.
4. "기초번호"란 도로구간에 행정안전부령으로 정하는 간격마다 부여된 번호를 말한다.
5. "건물번호"란 다음 각 목의 어느 하나에 해당하는 건축물 또는 구조물(이하 "건물 등"이라 한다)마다 부여된 번호(둘 이상의 건물 등이 하나의 집단을 형성하고 있는 경우로서 대통령령으로 정하는 경우에는 그 건물 등의 전체에 부여된 번호를 말한다)를 말한다.
   가. 건축법 제2조 제1항 제2호에 따른 건축물
   나. 현실적으로 30일 이상 거주하거나 정착하여 활동하는 데 이용되는 인공구조물 및 자연적으로 형성된 구조물
6. "상세주소"란 건물 등 내부의 독립된 거주·활동구역을 구분하기 위하여 부여된 동(棟)번호, 층수 또는 호(號)수를 말한다.
7. "도로명주소"란 도로명, 건물번호 및 상세주소(상세주소가 있는 경우만 해당한다)로 표기하는 주소를 말한다.

95 지목을 '대'로 구분할 수 없는 것은?

① 목장용지 내 주거용 건축물의 부지
② 과수원에 접속된 주거용 건축물의 부지
③ 영구적 건축물 중 변전소시설의 부지
④ 국토의 계획 및 이용에 관한 법률 등 관계법령에 따른 택지조성공사가 준공된 토지

해설 잡종지
㉠ 갈대밭, 실외에 물건을 쌓아두는 곳, 돌을 캐내는 곳, 흙을 파내는 곳, 야외시장, 비행장, 공동우물(다만, 원상회복을 조건으로 돌을 캐내는 곳 또는 흙을 파내는 곳으로 허가된 토지를 제외한다)
㉡ 영구적 건축물 중 변전소, 송신소, 수신소, 송유시설, 도축장, 자동차운전학원, 쓰레기 및 오물처리장 등의 부지
㉢ 농어촌정비법에 의하여 농어촌휴양지 내에 야영장으로 조성된 토지

96 지적공부의 '대장'으로만 나열된 것은?

① 토지대장, 임야도
② 대지권등록부, 지적도
③ 경계점좌표등록부, 일람도
④ 공유지연명부, 토지대장

해설 지적공부에서 대장이라 함은 토지대장, 임야대장, 공유지연명부, 대지권등록부를 말한다.

97 도로명주소법상 국가지점번호에 대한 설명이다. 이 중 틀린 것은?

① 행정안전부장관은 국토 및 이와 인접한 해양에 대통령령으로 정하는 바에 따라 국가지점번호를 부여하고, 이를 고시하여야 한다.
② 공공기관의 장은 철탑, 수문, 방파제 등 대통령령으로 정하는 시설물을 설치하는 경우에는 국가지점번호를 표기하여야 한다.
③ 공공기관의 장은 구조·구급 및 위치 확인 등을 쉽게 하기 위하여 필요하면 대통령령으로 정하는 장소에 국가지점번호판을 설치할 수 있다.
④ 공공기관의 장이 시설물에 국가지점번호를 표기하거나 국가지점번호판을 설치하려는 경우에는 해당 국가지점번호가 적절한지를 국토교통부장관에게 확인받아야 한다.

정답 93 ④ 94 ③ 95 ③ 96 ④ 97 ④

해설 도로명주소법 제23조(국가지점번호)
① 행정안전부장관은 국토 및 이와 인접한 해양에 대통령령으로 정하는 바에 따라 국가지점번호를 부여하고, 이를 고시하여야 한다.
② 제1항에 따라 고시된 국가지점번호는 구조·구급활동 등의 위치 표시로 활용한다.
③ 공공기관의 장은 철탑, 수문, 방파제 등 대통령령으로 정하는 시설물을 설치하는 경우에는 국가지점번호를 표기하여야 한다.
④ 공공기관의 장은 구조·구급 및 위치 확인 등을 쉽게 하기 위하여 필요하면 대통령령으로 정하는 장소에 국가지점번호판을 설치할 수 있다.
⑤ 공공기관의 장이 제3항에 따라 시설물에 국가지점번호를 표기하거나 제4항에 따라 국가지점번호판을 설치하려는 경우에는 해당 국가지점번호가 적절한지를 행정안전부장관에게 확인받아야 한다.
⑥ 제1항부터 제5항까지의 규정에 따른 국가지점번호 표기·확인의 방법 및 절차, 국가지점번호판의 설치절차 및 그 밖에 필요한 사항은 대통령령으로 정한다.

98 거짓으로 분할신청을 한 경우 벌칙기준으로 옳은 것은?

① 300만원 이하의 과태료
② 1년 이하의 징역 또는 1천만원 이하의 벌금
③ 2년 이하의 징역 또는 2천만원 이하의 벌금
④ 3년 이하의 징역 또는 3천만원 이하의 벌금

해설 토지이동을 거짓으로 할 경우 1년 이하의 징역 또는 1천만원 이하의 벌금에 해당한다. 따라서 분할신청을 거짓으로 하면 1년 이하의 징역 또는 1천만원 이하의 벌금에 해당한다.

99 이미 완료된 등기에 대한 등기절차상에 착오 또는 유루(遺漏)가 발생하여 원시적으로 등기사항과 실체사항과의 불일치가 발생되었을 때 이를 시정하기 위하여 행하여지는 등기는?

① 부기등기   ② 경정등기
③ 회복등기   ④ 기입등기

해설 등기의 분류
㉠ 경정등기 : 이미 완료된 등기에 대한 등기절차상에 착오 또는 유루(遺漏)가 발생하여 원시적으로 등기사항과 실체사항과의 불일치가 발생되었을 때 이를 시정하기 위하여 행하여지는 등기
㉡ 회복등기 : 등기사항의 전부 또는 일부가 부적법하게 말소된 경우 이를 회복하기 위한 등기
㉢ 기입등기 : 새로운 등기원인에 의해서 등기기록에 새롭게 기입되는 보존, 설정, 이전등기
㉣ 부기등기 : 주등기의 순위를 가지기 위해서 주등기에 가지번호를 붙여 이루어지는 등기

100 부동산표시의 변경등기가 아닌 것은?

① 건물번호의 변경   ② 소유권자의 변경
③ 소재지의 명칭변경 ④ 토지지번의 변경

해설 부동산표시의 변경등기는 소재, 지번, 지목, 면적 등이 변경되었을 때 하는 것이며, 소유권자가 변경되는 경우에는 소유권이전등기를 하여야 한다.

2024년 제1회 지적산업기사 필기 복원

제1과목 지적측량

01 축척 1 : 600 도면을 기초로 하여 축척 1 : 3,000 도면을 작성할 때 필요한 1 : 600 도면의 매수는?

① 10매　　② 15매
③ 20매　　④ 25매

해설 매수 $= \left(\dfrac{3,000}{600}\right)^2 = 25$매

02 다음 중 지적측량을 하여야 하는 경우로 옳지 않은 것은?

① 지적측량성과를 검사하는 경우
② 지적기준점을 정하는 경우
③ 분할된 도로의 필지를 합병하는 경우
④ 경계점을 지상에 복원하는 경우

해설 합병의 경우 합병으로 인하여 불필요한 경계와 좌표를 말소하면 되므로 지적측량을 요하지 않는다.

03 평판측량의 오차 중 표정오차에 해당하는 것은?

① 구심오차　　② 외심오차
③ 시준오차　　④ 경사분획오차

해설 평판측량의 오차 중 표정오차에 해당하는 것은 구심오차이다.

04 정오차에 대한 설명으로 틀린 것은?

① 원인과 상태를 알면 일정한 법칙에 따라 보정할 수 있다.
② 수학적 또는 물리적인 법칙에 따라 일정하게 발생한다.
③ 조건과 상태가 변화하면 그 변화량에 따라 오차의 양도 변화하는 계통오차이다.
④ 일반적으로 최소제곱법을 이용하여 조정한다.

해설 정오차는 오차의 발생원인을 알 수 있으므로 보정이 가능한 반면, 우연오차는 오차의 원인이 불분명하며 이를 제거할 수 없으므로 최소제곱법을 이용하여 조정한다.

05 경위의측량방법에 따른 세부측량에서 거리측정단위는?

① 0.1cm　　② 1cm
③ 5cm　　④ 10cm

해설 경위의측량방법에 따른 세부측량에서 거리측정단위는 1cm로 한다.

06 지적도의 축척이 1 : 600인 지역에서 0.7m²인 필지의 지적공부등록면적은?

① 0m²　　② 0.5m²
③ 0.7m²　　④ 1m²

해설 지적도의 축척이 1 : 600인 지역에서 면적은 제곱미터 이하 한 자리로 등록한다. 따라서 0.7m²인 필지의 지적공부등록면적은 0.7m²이다.

07 축척이 1 : 1,200인 지역에서 전자면적측정기에 따른 면적을 도상에서 2회 측정한 결과가 654.8m², 655.2m²이었을 때 평균치를 측정면적으로 하기 위하여 교차는 얼마 이하이어야 하는가?

① 16.2m²　　② 17.2m²
③ 18.2m²　　④ 19.2m²

해설 $A = 0.023^2 M\sqrt{F}$
$= 0.023^2 \times 1,200 \times \sqrt{\dfrac{654.8 + 655.2}{2}} = 16.2\text{m}^2$

08 지적삼각보조점측량 시 기초가 되는 점이 아닌 것은?

① 지적도근점
② 위성기준점
③ 지적삼각점
④ 지적삼각보조점

해설 지적삼각보조점측량은 위성기준점, 통합기준점, 삼각점, 지적삼각점 및 지적삼각보조점을 기초로 하여 경위의측량방법, 전파기 또는 광파기측량방법, 위성측량방법 및 국토교통부장관이 승인한 측량방법에 따르되, 그 계산은 교회법 또는 다각망도선법에 따른다.

정답 1 ④　2 ③　3 ①　4 ④　5 ②　6 ③　7 ①　8 ①

09 배각법에 의한 지적도근측량결과 출발방위각이 47°32′52″, 변의 수가 11, 도착방위각이 251°24′20″, 관측값의 합이 2,003°50′40″일 때 측각오차는?

① 38초　② −38초
③ 48초　④ −48초

해설
$e = T_1 + \Sigma\alpha - 180°(n-1) - T_2$
$= 47°32′52″ + 2,003°50′40″ - 180° \times (11-1) - 251°24′20″$
$= -48″$

10 축척 1:500인 지역에서 평판측량을 교회법으로 실시할 때 방향선의 지상거리는 최대 얼마 이하로 하여야 하는가?

① 25m　② 50m
③ 75m　④ 100m

해설
$\dfrac{1}{500} = \dfrac{0.1}{지상거리}$
∴ 지상거리 = 50m

[참고] 방향선의 도상길이는 평판의 방위표정(方位標定)에 사용한 방향선의 도상길이 이하로서 10cm 이하로 한다.

11 기지점 A를 측점으로 하고 전방교회법의 요령으로 다른 기지에 의하여 평판을 표정하는 측량방법은?

① 방향선법　② 원호교회법
③ 측방교회법　④ 후방교회법

해설 측방교회법 : 기지점 2점 중 1점에 접근할 수 없는 경우 기지점 2점을 이용하여 미지점의 위치를 결정하는 방법

12 지적도 일람도에서 지방도로 이상을 나타내는 선은?

① 검은색 0.1mm　② 남색 0.1mm
③ 검은색 0.2mm　④ 남색 0.2mm

해설 지방도로 이상은 검은색 0.2mm 폭의 2선으로, 그 밖의 도로는 0.1mm의 폭으로 제도한다.

13 경위의측량방법에 따른 지적삼각점의 관측에서 수평각의 측각공차 중 기지각과의 차에 대한 기준은?

① ±30초 이내　② ±40초 이내
③ ±50초 이내　④ ±60초 이내

해설 지적삼각점측량 시 수평각의 측각공차

종별	1방향각	1측회의 폐색	삼각형 내각관측의 합과 180도와의 차	기지각과의 차
공차	30초 이내	±30초 이내	±30초 이내	±40초 이내

14 지적측량 시행규칙에 따른 지적측량의 구분으로 옳은 것은?

① 삼각측량과 세부측량
② 경위의측량과 평판측량
③ 삼각측량과 도극측량
④ 기초측량과 세부측량

해설 지적측량은 지적기준점을 정하는 기초측량과 경계, 좌표, 면적을 정하는 세부측량으로 구분한다.

15 경계점좌표등록부 시행지역에서 경계점의 지적측량성과와 검사성과의 연결교차허용범위기준으로 옳은 것은?

① 0.01m 이내　② 0.10m 이내
③ 0.15m 이내　④ 0.20m 이내

해설 지적측량성과의 결정
㉠ 지적삼각점 : ±20cm
㉡ 지적삼각보조점 : ±25cm
㉢ 지적도근점
・경계점좌표등록부 시행지역 : ±15cm
・그 밖의 지역 : ±25cm
㉣ 경계점
・경계점좌표등록부 시행지역 : ±10cm
・그 밖의 지역 : ±100분의 3M[cm](M은 축척분모), 이 경우 전자평판측량방법으로 측량하는 경우에는 ±100분의 2M[cm]로 한다.

16 광파기측량방법과 다각망도선법에 의한 지적삼각보조점의 관측에 있어 도선별 평균방위각과 관측방위각의 폐색오차한계는? (단, n은 폐색변을 포함한 변의 수를 말한다.)

① $\pm\sqrt{n}$ 초 이내　② $\pm 1.5\sqrt{n}$ 초 이내
③ $\pm 10\sqrt{n}$ 초 이내　④ $\pm 20\sqrt{n}$ 초 이내

해설 광파기측량방법과 다각망도선법에 의한 지적삼각보조점의 관측에 있어 도선별 평균방위각과 관측방위각의 폐색오차한계는 $\pm 10\sqrt{n}$ 초 이내이다.

정답 9 ④　10 ②　11 ③　12 ③　13 ②　14 ④　15 ②　16 ③

17 표고(H)가 5m인 두 지점 간 수평거리를 구하기 위해 평판측량용 조준의로 두 지점 간 경사도를 측정하여 경사분획 +6을 구했다면 이 두 지점 간 수평거리는?

① 62.5m ② 63.3m
③ 82.5m ④ 83.3m

해설 $D = \dfrac{100h}{n} = \dfrac{100 \times 5}{6} = 83.3\text{m}$

18 다각망도선법으로 지적도근점측량을 실시하는 경우 옳지 않은 것은?

① 3점 이상의 기지점을 포함한 폐합다각방식에 의한다.
② 1도선의 점의 수는 20점 이하로 한다.
③ 경위의측량방법이나 전파기 또는 광파기측량방법에 의한다.
④ 1도선이란 기지점과 교점 간 또는 교점과 교점 간을 말한다.

해설 경위의측량방법이나 전파기 또는 광파기측량방법에 따라 다각망도선법으로 지적도근점측량을 할 때에는 3점 이상의 기지점을 포함한 결합다각방식에 따르며, 1도선의 점의 수는 20점 이하로 한다.

19 지적도근점측량의 도선구분으로 옳은 것은?

① 1등도선은 가·나·다 순으로 표기하고, 2등도선은 ㄱ·ㄴ·ㄷ 순으로 표기한다.
② 1등도선은 가·나·다 순으로 표기하고, 2등도선은 (1)·(2)·(3) 순으로 표기한다.
③ 1등도선은 ㄱ·ㄴ·ㄷ 순으로 표기하고, 2등도선은 가·나·다 순으로 표기한다.
④ 1등도선은 (1)·(2)·(3) 순으로 표기하고, 2등도선은 가·나·다 순으로 표기한다.

해설 지적도근점측량의 도선은 다음의 기준에 따라 1등도선과 2등도선으로 구분한다.
㉠ 1등도선은 위성기준점, 통합기준점, 삼각점, 지적삼각점 및 지적삼각보조점의 상호 간을 연결하는 도선 또는 다각망도선으로 할 것
㉡ 2등도선은 위성기준점, 통합기준점, 삼각점, 지적삼각점 및 지적삼각보조점과 지적도근점을 연결하거나 지적도근점 상호 간을 연결하는 도선으로 할 것
㉢ 1등도선은 가·나·다 순으로 표기하고, 2등도선은 ㄱ·ㄴ·ㄷ 순으로 표기할 것

20 평판측량방법으로 세부측량을 하는 경우 축척 1:1,200인 지역에서 도상에 영향을 미치지 않는 지상거리의 허용범위는?

① 5cm ② 12cm
③ 15cm ④ 20cm

해설 허용범위 = $\dfrac{M}{10} = \dfrac{1,200}{10} = 120\text{mm} = 12\text{cm}$

[참고] 도상에 영향을 미치지 않는 지상거리의 허용범위는 $\dfrac{M}{10}$[mm]이다.

제2과목 응용측량

21 도로에 사용하는 클로소이드(clothoid)곡선에 대한 설명으로 틀린 것은?

① 완화곡선의 일종이다.
② 일종의 유선형 곡선으로 종단곡선에 주로 사용된다.
③ 곡선길이에 반비례하여 곡률반지름이 감소한다.
④ 차가 일정한 속도로 달리고 그 앞바퀴의 회전속도를 일정하게 유지할 경우의 운동궤적과 같다.

해설 클로소이드(clothoid)곡선은 곡률이 곡선장에 비례하는 곡선으로 고속도로에서 사용하는 완화곡선이며, 이는 수평곡선에 해당한다.

22 교호수준측량을 통해 소거할 수 있는 오차로 옳은 것은?

① 레벨의 불완전조정으로 인한 오차
② 표척의 이음매 불완전에 의한 오차
③ 관측자의 오독에 의한 오차
④ 표척의 기울기오차

해설 폭이 100m이고 양안(兩岸)의 고저차가 1m인 하천을 횡단하여 수준측량을 실시할 때 양안의 고저차를 측정하는 방법으로 교호수준측량을 사용하며, 이는 시준축오차를 소거하기 위함이다. 따라서 레벨의 불완전조정으로 인한 오차를 소거할 수 있다.

정답 17 ④ 18 ① 19 ① 20 ② 21 ② 22 ①

23 내부표정에 대한 설명으로 옳은 것은?

① 입체모델을 지상기준점을 이용하여 축척 및 경사 등을 조정하여 대상물의 좌표계와 일치시키는 작업이다.
② 독립적으로 이루어진 입체모델을 인접 모델과 경사와 축척 등을 일치시키는 작업이다.
③ 동일 대상을 촬영한 후 한 쌍의 좌우사진 간에 촬영 시와 같게 투영관계를 맞추는 작업을 말한다.
④ 사진좌표의 정확도를 향상시키기 위해 카메라의 렌즈와 센서에 대한 정확한 제원을 산출하는 과정이다.

해설 ① 절대표정 : 입체모델을 지상기준점을 이용하여 축척 및 경사 등을 조정하여 대상물의 좌표계와 일치시키는 작업
② 절대표정 : 독립적으로 이루어진 입체모델을 인접 모델과 경사와 축척 등을 일치시키는 작업
③ 상호표정 : 동일 대상을 촬영한 후 한 쌍의 좌우사진 간에 촬영 시와 같게 투영관계를 맞추는 작업

24 지형측량의 등고선에 대한 설명으로 틀린 것은?

① 주곡선은 기본이 되는 등고선으로 가는 실선으로 표시한다.
② 간곡선의 간격은 조곡선간격의 1/2로 한다.
③ 조곡선은 주곡선과 간곡선 사이에 짧은 파선으로 표시한다.
④ 계곡선은 주곡선 5개마다 굵은 실선으로 표시한다.

해설 간곡선은 주곡선만으로 지형을 나타내기 곤란할 경우 주곡선간격의 1/2로 가는 파선으로 표시한다.

25 수준측량의 용어에 대한 설명으로 틀린 것은?

① 전시는 기지점에 세운 표척의 눈금을 읽은 값이다.
② 기계고는 기준면으로부터 망원경의 시준선까지의 높이이다.
③ 기계고는 지반고와 후시의 합으로 구한다.
④ 중간점은 다른 점에 영향을 주지 않는다.

해설 ㉠ 전시(F.S) : 구하고자 하는 점에 표척을 세워 읽은 값
㉡ 후시(B.S) : 기지점에 표척을 세워 읽은 값

26 단일노선의 폐합수준측량에서 생긴 오차가 허용오차 이하일 때 폐합오차를 각 측점에 배부하는 방법으로 옳은 것은?

① 출발점에서 그 측점까지의 거리에 비례하여 배부한다.
② 각 측점 간의 관측거리의 제곱근에 반비례하여 배부한다.
③ 관측한 측점수에 따라 등분배하여 배부한다.
④ 측점 간의 표고에 따라 비례하여 배부한다.

해설 단일노선의 폐합수준측량에서 생긴 오차가 허용오차 이하일 때 폐합오차를 각 측점에 배부는 출발점에서 그 측점까지의 거리에 비례하여 배부한다.

$$배부량 = \frac{그\ 측선까지의\ 거리}{측선장의\ 합} \times 폐합오차$$

27 삼각형 세 변의 길이가 $a=30\text{m}$, $b=15\text{m}$, $c=20\text{m}$일 때 이 삼각형의 면적은?

① 32.50m^2
② 133.32m^2
③ 325.00m^2
④ 1333.20m^2

해설 $S = \frac{1}{2}(a+b+c) = \frac{1}{2} \times (30+14+20) = 32\text{m}$
∴ $A = \sqrt{S(S-a)(S-b)(S-c)}$
$= \sqrt{32 \times (32-30) \times (32-15) \times (32-20)}$
$= 133.32\text{m}^2$

28 다음 그림과 같이 터널 내 수준측량을 하였을 경우 A점의 표고가 156.632m라면 B점의 표고는?

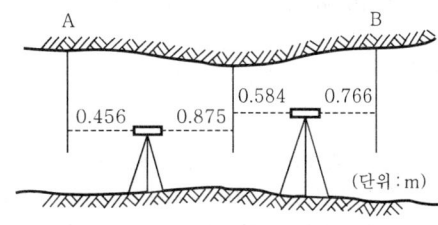

① 156.869m ② 157.233m
③ 157.781m ④ 158.401m

해설 $H_B = 156.632 - 0.456 + 0.875 - 0.584 + 0.766$
$= 157.233\text{m}$

정답 23 ④ 24 ② 25 ① 26 ① 27 ② 28 ②

29 완화곡선의 성질에 대한 설명으로 옳은 것은?

① 완화곡선의 시점에서 곡선반지름은 무한대이다.
② 완화곡선의 접선은 시점에서 원호에 접한다.
③ 완화곡선의 종점에서 곡선반지름은 0이 된다.
④ 완화곡선의 곡선반지름과 슬랙의 감소율은 같다.

해설 완화곡선의 성질
㉠ 완화곡선의 접선은 시점에서 직선에, 종점에서 원호에 접한다.
㉡ 곡선반지름은 완화곡선의 시점에서 무한대, 종점에서 원곡선의 반지름(R)이 된다.
㉢ 완화곡선에 연한 곡선반지름의 감소율은 캔트의 증가율과 같다.
㉣ 완화곡선의 종점에 있는 캔트는 원곡선의 캔트와 같다.
㉤ 완화곡선은 이 점의 중앙을 통과한다.

30 도로에서 경사가 5%일 때 높이차 2m에 대한 수평거리는?

① 20m   ② 25m
③ 40m   ④ 50m

해설 경사도 5%는 수평거리 100m에 대한 고저차 5m를 의미한다.
100 : 5 = 수평거리 : 2
∴ 수평거리 = 40m

31 축척 1 : 25,000 지형도에서 높이차가 120m인 두 점 사이의 거리가 2cm라면 경사각은?

① 13°29′45″   ② 13°53′12″
③ 76°06′48″   ④ 76°30′15″

해설 $\theta = \tan^{-1} \dfrac{120}{25,000 \times 0.02} = 13°29′45″$

32 원곡선에서 교각 $I=40°$, 반지름 $R=150$m, 곡선시점 B.C=No.2+4.0m일 때 도로기점으로부터 곡선종점 E.C까지의 거리는? (단, 중심말뚝간격은 20m)

① 104.7m   ② 138.2m
③ 744.7m   ④ 748.7m

해설 $E.C = B.C + C.L = 644 + 150 \times 40° \times \dfrac{\pi}{180°}$
$= 748.7$m

33 항공사진의 입체시에서 나타나는 과고감에 대한 설명으로 옳지 않은 것은?

① 인공적인 입체시에서 과장되어 보이는 정도를 말한다.
② 사진 중심으로부터 멀어질수록 방사상으로 발생된다.
③ 평면축척에 비해 수직축척이 크게 되기 때문이다.
④ 기선고도비가 커지면 과고감도 커진다.

해설 사진 중심으로부터 멀어질수록 방사상으로 발생되는 것은 기복변위이다.

34 GNSS의 제어 부분에 대한 설명으로 옳은 것은?

① 시스템을 구성하는 위성을 의미하며 위성의 개발, 제조, 발사 등에 관한 업무를 담당한다.
② 결정된 위치를 활용한 다양한 소프트웨어의 개발 등의 응용분야를 의미한다.
③ 위성에 대한 궤도모니터링, 위성의 상태 파악 및 각종 정보의 갱신 등의 업무를 담당한다.
④ 위성으로부터 수신된 신호로부터 수신기 위치를 결정하며, 이를 위한 다양한 장치를 포함한다.

해설 GNSS제어 부분의 역할
㉠ 위성시간의 동일화
㉡ 위성으로 자료전송
㉢ 전리층 및 대류권의 주기적 모형화
㉣ 위성의 궤도와 시각 결정을 위한 위성 추적 및 작동상태 점검

35 터널 내 기준점측량에서 기준점을 보통 천장에 설치하는 이유로 틀린 것은?

① 파손될 염려가 적기 때문에
② 발견하기 쉽게 하기 위하여
③ 터널시공의 조명으로 사용하기 위하여
④ 운반이나 기타 작업에 장애가 되지 않게 하기 위하여

해설 터널 내 기준점측량에서 기준점을 보통 천장에 설치하는 이유는 기준점이 파손될 염려가 적고 기준점의 위치를 찾기 쉬우며, 각종 장비의 운반이나 작업에 장애가 되지 않기 위해서이다.

정답 29 ① 30 ③ 31 ① 32 ④ 33 ② 34 ③ 35 ③

36 항공삼각측량에서 사진좌표를 기본단위로 공선조건식을 이용하는 방법은?

① 에어로폴리곤법(aeropolygon triangulation)
② 스트립조정법(strip aerotriangulation)
③ 독립모형법(independent model method)
④ 광속조정법(bundle adjustment)

해설 항공삼각측량조정방법
㉠ 스트립조정법(strip aerotriangulation) : 스트립을 기본단위로 조정
㉡ 독립모형법(independent model method) : 모델을 기본단위로 조정
㉢ 광속조정법(bundle adjustment) : 사진을 기본단위로 조정

37 태양광선이 서북쪽에서 비친다고 가정하고 지표의 기복에 대해 명암으로 입체감을 주는 지형표시방법은?

① 음영법
② 단채법
③ 점고법
④ 등고선법

해설 음영법 : 태양광선이 서북쪽에서 비친다고 가정하고 지표의 기복에 대해 명암으로 입체감을 주는 지형표시방법

38 촬영고도가 2,100m이고 인접 중복사진의 주점기선 길이는 70mm일 때 시차차 1.6mm인 건물의 높이는?

① 12m
② 24m
③ 48m
④ 72m

해설 $h = \dfrac{H}{b_0}\Delta p = \dfrac{2{,}100}{70} \times 1.6 = 48\text{m}$

39 GNSS측량에서 기준점측량(지적삼각점)방식으로 옳은 것은?

① Stop & Go측량방식
② Kinematic측량방식
③ RTK측량방식
④ Static측량방식

해설 스태틱(static)측량은 GPS측량에서 지적기준점측량과 같이 높은 정밀도를 필요로 할 때 사용하는 관측방법으로 후처리과정을 통하여 위치를 결정한다.

40 여러 기종의 수신기로부터 얻어진 GNSS측량자료를 후처리하기 위한 표준형식은?

① RTCM-SC
② NMEA
③ RTCA
④ RINEX

해설 RINEX : 여러 기종의 수신기로부터 얻어진 GNSS측량자료를 후처리하기 위한 표준형식

제3과목 토지정보체계론

41 다음 중 토지정보시스템의 범주에 포함되지 않는 것은?

① 경영정책자료
② 시설물에 관한 자료
③ 지적 관련 법령자료
④ 토지측량자료

해설 LIS자료 및 구성내용

자료	구성내용
토지측량자료	• 기하학적 자료 : 현황, 지표형상 • 토지표시자료 : 지번, 지목, 면적
법률자료	소유권 및 소유권 이외의 권리
자연자원자료	지질 및 광업자원, 유량, 임목, 기후
기술적 시설물에 관한 자료	지하시설물 전력 및 산업공장, 주거지, 교통시설
환경보전에 관한 자료	수질 공해, 소음, 기타 자연훼손자료
경제 및 사회정책적 자료	인구, 고용능력, 교통조건, 문화시설

42 속성데이터와 공간데이터를 연계하여 통합관리할 때의 장점이 아닌 것은?

① 데이터의 조회가 용이하다.
② 데이터의 오류를 자동 수정할 수 있다.
③ 공간적 상관관계가 있는 자료를 볼 수 있다.
④ 공간자료와 속성자료를 통합한 자료분석, 가공, 자료갱신이 편리하다.

해설 속성데이터와 공간데이터를 연계하여 통합관리를 하더라도 데이터의 오류는 자동으로 수정할 수 없다.

정답 36 ④ 37 ① 38 ③ 39 ④ 40 ④ 41 ① 42 ②

43 메타데이터의 특징으로 틀린 것은?

① 대용량의 데이터를 구축하는 시간과 비용을 절감할 수 있다.
② 공간정보 유통의 효율성을 제고한다.
③ 시간이 지남에 따라 데이터의 기본체계를 변경하여 변화된 데이터를 실시간으로 사용자에게 제공한다.
④ 데이터의 공유화를 촉진시킨다.

해설 메타데이터란 실제 데이터는 아니지만 데이터베이스, 레이어, 속성, 공간현상 등과 관련된 데이터의 내용, 품질, 조건 및 특징 등을 저장한 데이터로서 데이터에 관한 데이터로 데이터의 이력서라고 말할 수 있다. 따라서 메타데이터는 작성한 실무자가 바뀌더라도 변함없는 데이터의 기본체계를 유지하게 되므로 시간이 지나도 일관성 있는 데이터를 사용자에게 제공이 가능하다.

44 벡터데이터 모델과 래스터데이터 모델에 대한 설명으로 틀린 것은?

① 벡터데이터 모델 : 점과 선의 형태로 표현
② 래스터데이터 모델 : 지리적 위치를 X, Y좌표로 표현
③ 래스터데이터 모델 : 그리드의 형태로 표현
④ 벡터데이터 모델 : 셀의 형태로 표현

해설 벡터자료구조는 현실 세계의 객체 및 객체와 관련되는 모든 형상이 점(0차원), 선(1차원), 면(2차원)을 이용하여 표현하는 것으로, 객체들의 지리적 위치를 방향성과 크기로 나타낸다.

45 다음의 지적도 종류 중에서 지형과의 부합도가 가장 높은 도면은?

① 개별지적도   ② 연속지적도
③ 편집지적도   ④ 건물지적도

해설 편집지적도는 연속지적도를 수치지형도에 맞춘 지적도로 지형과의 부합도가 가장 높은 도면이다.

46 지적도면전산화의 기대효과로 틀린 것은?

① 지적도면의 효율적 관리
② 토지 관련 정보의 인프라 구축
③ 신속하고 효율적인 대민서비스 제공
④ 지적도면정보 유통을 통한 이윤 창출

해설 지적전산화의 목적
㉠ 토지정보의 수요에 대한 신속한 정보 제공
㉡ 공공계획의 수립에 필요한 정보 제공
㉢ 행정자료 구축과 행정업무에 이용
㉣ 다른 정보자료 등과의 연계
㉤ 민원인에 대한 신속한 대처

47 데이터 언어에 대한 설명으로 틀린 것은?

① 데이터 제어어(DCL)는 데이터를 보호하고 관리하는 목적으로 사용한다.
② 데이터 조작어(DML)에는 질의어가 있으며, 질의어는 절차적(Procedural) 데이터 언어이다.
③ 데이터 정의어(DDL)는 데이터베이스를 정의하거나 수정할 목적으로 사용한다.
④ 데이터 언어는 사용목적에 따라 데이터 정의어, 데이터 조작어, 데이터 제어어로 나누어진다.

해설 데이터 조작어(DML)에는 질의어가 있으며, 질의어는 비절차적 데이터 언어이다.

48 디지타이저를 이용한 도형자료의 취득에 대한 설명으로 틀린 것은?

① 기존 도면을 입력하는 방법을 사용할 때에는 보관과정에서 발생할 수 있는 불규칙한 신축 등으로 인한 오차를 제거하거나 축소할 수 있으므로 현장 측량방법보다 정확도가 높다.
② 디지타이징의 효율성은 작업자의 숙련도에 따라 크게 좌우되며 스캐닝과 비교하여 도면의 보관상태가 좋지 않은 경우에도 입력이 가능하다.
③ 디지타이징을 이용한 입력은 복사된 지적도를 디지타이징하여 벡터자료파일을 구축하는 것이다.
④ 디지타이징은 디지타이저라는 테이블에 컴퓨터와 연결된 커서를 이용하여 필요한 객체의 형태를 컴퓨터에 입력시키는 것으로, 해당 객체의 형태를 따라서 x, y좌표값을 컴퓨터에 입력시키는 방법이다.

해설 디지타이저는 기존의 측량성과를 이용하여 제작한 도면을 전산화하는 방법이므로 현장 측량방법보다 정확도가 높을 수는 없다.

정답 43 ③ 44 ④ 45 ③ 46 ④ 47 ② 48 ①

49 다목적 지적의 3대 기본요소만으로 올바르게 묶여진 것은?

① 보조중첩도, 기초점, 지적도
② 측지기준망, 기본도, 지적도
③ 대장, 도면, 수치
④ 지적도, 임야도, 기초점

해설 다목적 지적의 구성요소
㉠ 3대 : 측지기본망, 기본도, 지적중첩도
㉡ 5대 : 측지기본망, 기본도, 지적중첩도, 필지식별번호, 토지자료파일

50 GIS, CAD자료, 비디오, 영상 등의 다중매체와 같은 복잡한 자료유형을 지원하는 데 적합한 데이터베이스 방식은?

① 네트워크형 데이터베이스
② 계층형 데이터베이스
③ 관계형 데이터베이스
④ 객체지향형 데이터베이스

해설 객체지향형 데이터베이스 : GIS, CAD자료, 비디오, 영상 등의 다중매체와 같은 복잡한 자료유형을 지원하는 데 적합한 데이터베이스 방식

51 수치영상의 복잡도를 감소하거나 영상매트릭스의 편차를 줄이는데 사용하는 격자기반의 일반화과정은?

① 필터링   ② 구조의 축소
③ 영상재배열   ④ 모자이크변환

해설 수치영상의 복잡도를 감소하거나 영상매트릭스의 편차를 줄이는데 사용하는 격자기반의 일반화과정을 필터링이라 한다.

52 도시정보체계(UIS : Urban Information System)를 구축할 경우의 기대효과로 옳지 않은 것은?

① 도시행정업무를 체계적으로 지원할 수 있다.
② 각종 도시계획을 효율적이고 과학적으로 수립 가능하다.
③ 효율적인 도시관리 및 행정서비스 향상의 정보기반 구축으로 시설물을 입체적으로 관리할 수 있다.
④ 도시 내 건축물의 유지·보수를 위한 재원 확보와 조세 징수를 위해 최적화된 시스템을 이용할 수 있게 한다.

해설 도시정보시스템(UIS)
도시를 대상으로 하는 공간자료와 속성자료를 통합하여 토지 및 시설물의 관리, 도로의 계획 및 보수, 자원활용 및 환경보존 등 다양한 사용목적에 맞게 구축된 공간정보 데이터베이스로서, 컴퓨터기술을 이용하여 자료 입력 및 갱신, 자료의 처리, 자료검색 및 관리, 조작 및 분석, 그리고 출력하는 시스템을 말한다.
㉠ 초기 시스템 구축단계에서 많은 경비와 시간, 노력이 소요된다.
㉡ 도시계획, 도시행정관리, 도시개발 등의 다양한 도시 관련 업무에서 방대한 양의 정보를 효과적으로 처리할 수 있어 많은 비용과 시간, 인력과 노력 등이 절감된다.
㉢ 각종 도면 및 대장발급업무와 인허가업무 등을 신속하게 처리할 수 있으므로 대민행정서비스가 향상된다.

53 데이터의 가공에 대한 설명으로 틀린 것은?

① 데이터의 가공에는 분리, 분할, 합병, 폴리곤 생성, 러버시팅(Rubber Sheeting), 투영법 및 좌표계변환 등이 있다.
② 분할은 하나의 객체를 두 개 이상으로 나누는 것으로, 객체의 분할 전과 후에 도형데이터와 링크된 속성테이블의 구조는 그대로 유지할 수 있다.
③ 합병은 처음에 두 개로 만들어진 인접한 객체를 하나로 만드는 것으로, 지적도의 도곽을 접합할 때에도 사용되며 합병할 두 객체와 링크된 속성테이블이 같아야 한다.
④ 러버시팅은 자료의 변형 없이 축척의 크기만 달라지고 모양은 유지하므로 경계복원에 영향을 미치지 않는다.

해설 러버시팅은 지정된 기준점에 대해 지도나 영상의 일부분을 맞추기 위한 기하학적 변화과정으로 물리적으로 왜곡되거나 지도를 기준점에 의거하여 원래 형상과 일치시키는 방법이다.

54 다음 중 벡터구조의 요소인 선(line)에 대한 설명으로 틀린 것은?

① 지도상에 표현되는 1차원적 요소이다.
② 길이와 방향을 가지고 있다.
③ 일반적으로 면적을 가지고 있다.
④ 노드에서 시작하여 노드에서 끝난다.

정답 49 ② 50 ④ 51 ① 52 ④ 53 ④ 54 ③

해설 선(line)
① 두 개 이상의 점사상으로 구성되어 있는 선형으로 1차원의 객체를 표현, 즉 길이를 갖는 공간객체로 표현된다.
② 두 개의 노드와 수개의 버텍스(vertex)로 구성되어 있고, 노드 혹은 버텍스는 링크로 구성되어 있다.
③ 지표상의 선형실체는 축척에 따라 선형 또는 면형객체로 표현될 수 있다. 예를 들어, 도로의 경우 대축척 지도에서는 면사상으로 표현될 수 있고, 소축척 지도에서는 선사상으로 표현될 수 있다.
④ 연속적인 복잡한 선을 묘사하는 다수의 x, y좌표의 집합은 아크(arc), 체인(chain), 스트링(string) 등의 다양한 용어로서 표현된다.

55 지적전산자료의 이용·활용에 대한 신청권자에 해당하지 않는 자는?

① 국토지리정보원장　② 국토교통부장관
③ 시·도지사　　　　④ 지적소관청

해설 지적전산자료의 이용·활용

자료의 범위	신청권자
전국단위	국토교통부장관, 시·도지사 또는 지적소관청
시·도단위	시·도지사 또는 지적소관청
시·군·구단위	지적소관청

56 다음 중 지적전산자료를 이용 또는 활용하고자 하는 자가 관계 중앙행정기관의 장에게 제출하여야 하는 심사신청서에 포함시켜야 할 내용으로 틀린 것은?

① 자료의 공익성 여부
② 자료의 보관기관
③ 자료의 안전관리대책
④ 자료의 제공방식

해설 지적전산자료를 이용 또는 활용하려는 자는 다음의 사항을 기재한 신청서를 관계 중앙행정기관의 장에게 제출하여 심사를 신청하여야 한다.
① 자료의 이용 또는 활용목적 및 근거
② 자료의 범위 및 내용
③ 자료의 제공방식·보관기관 및 안전관리대책 등

57 기존의 종이도면을 직접 벡터데이터로 입력할 수 있는 작업으로 헤드업방법이라고도 하는 것은?

① 스캐닝　　　　② 디지타이징
③ key-in　　　　④ CAD작업

해설 디지타이징
① 디지타이저는 테이블 위에 컴퓨터와 연결된 마우스를 이용하여 필요한 주제(도로, 하천 등)의 형태를 컴퓨터에 입력시키는 것으로서 지적도면과 같은 자료를 수동으로 입력할 수 있으며, 대상물의 형태를 따라 마우스를 움직이면 x, y좌표가 자동적으로 기록되며 단순 도형 입력 시 비효율적이다.
② 장단점

장점	단점
• 결과물이 벡터자료이므로 GSIS에 바로 이용할 수 있다. • 레이어별로 나누어 입력할 수 있어 효과적이다. • 불필요한 도형이나 주기를 제외시킬 수 있다(선별적 입력 가능). • 상대적으로 지도의 보관 상태에 적은 영향을 받는다. • 가격이 저렴하고 작업과정이 비교적 간단하다.	• 많은 시간과 노력이 필요하다. • 입력 시 누락이 발생할 수 있다. • 경계선이 복잡한 경우 정확하게 입력하기 어렵다. • 단순 도형 입력 시에는 비효율적이다. • 작업자의 숙련을 요한다.

58 지적재조사사업의 필요성 및 목적이 아닌 것은?

① 토지의 경계복원능력을 향상시키기 위함이다.
② 지적불부합지 과다문제를 해소하기 위함이다.
③ 지적관리인력의 확충과 기구의 규모 확장을 위함이다.
④ 능률적인 지적관리체제로의 개선을 위함이다.

해설 지적재조사사업의 목적
① 지적불부합지의 해소
② 능률적인 지적관리체제 개선
③ 경계복원능력의 향상
④ 지적관리를 현대화하기 위한 수단
⑤ 지적공부의 정확도 및 지적에 포함되는 요소들의 확장

59 연속적인 면의 단위를 나타내는 2차원 표현요소로 래스터데이터를 구성하는 가장 작은 단위는?

① 격자셀　　　　② 선
③ 절점　　　　　④ 점

해설 격자셀 : 연속적인 면의 단위를 나타내는 2차원 표현요소로 래스터데이터를 구성하는 가장 작은 단위

정답 55 ① 56 ① 57 ② 58 ③ 59 ①

60 한국토지정보시스템(KLIS)에서 지적공부관리시스템의 구성메뉴에 해당되지 않는 것은?

① 특수업무관리부 ② 측량업무관리부
③ 지적기준점관리 ④ 토지민원발급

해설 지적공부관리시스템의 중요메뉴 구성 및 기능

메뉴	설명	출력물
측량업무 관리부	측량대행사에 접수된 민원에 대한 측량을 위해 정보이용승인신청서를 접수받아 측량준비파일을 생성하고, 측량결과에 대한 오류사항을 관리하고 측량결과파일을 저장, 다운로드 기능	측량업무관리부, 검사결과서, 측량성과도
지적공부 정리관리부	민원인이 접수한 토지이동민원을 검색·선택하여 대장 및 도면을 정리하고 진행상황을 보여주는 기능	조사복명서, 결의서, 지적공부관리부, 도면처리일일결과
특수업무 관리부	대단위업무를 처리하기 위한 임시파일을 생성하고 갱신하는 기능	특수업무관리부
지적기준점 관리	지적기준점(위성기준점, 삼각점, 삼각보조점, 도근점)을 등록·수정·삭제·조회하는 기능	위성기준점성과관리, 삼각점성과관리, 삼각보조점성과관리, 도근점성과관리
정책정보 제공	주제별 현황, 도로개설, 세력권 분석, 토지매입세액 산출에 따른 정책정보를 제공하는 기능	주제별 현황도, 주제별 통계, 필지목록, 도로개설용지조서, 세력권분석필지조서, 토지매입세액산출조서
기본도면 관리	도면을 등록, 수정, 폐쇄, 조회하는 기능	
폐쇄도면 관리	폐쇄된 도면을 조회하는 기능	
자료정비	도면의 오류사항에 대해 필지를 생성, 수정, 삭제하는 기능	
데이터 검증	필지중복, 지목상이, 지번중복 등 오류사항을 검증하는 기능	

제4과목 지적학

61 소유권에 대한 설명으로 옳은 것은?

① 소유권은 물권이 아니다.
② 소유권은 제한물권이다.
③ 소유권에는 존속기간이 있다.
④ 소유권은 소멸시효에 걸리지 않는다.

해설 소유권
㉠ 물권이며 제한물권(용익물권, 담보물권)에 해당하지 않는다.
㉡ 존속기간은 존재하지 않으며 소멸시효에 걸리지 않는다.

62 지목의 부호표시가 각각 '유'와 '장'인 것은?

① 유지, 공장용지
② 유원지, 공원지
③ 유지, 목장용지
④ 유원지, 공장용지

해설 ㉠ 지적도 및 임야도(이하 "지적도면"이라 한다)에 등록하는 때에는 부호로 표기하여야 한다.
㉡ 하천(천), 유원지(원), 공장용지(장), 주차장(차)은 차문자(천, 원, 장, 차)로 표기한다.

63 우리나라에서 사용되는 지번부여방법이 아닌 것은 어느 것인가?

① 기우식 ② 단지식
③ 사행식 ④ 순차식

해설 지번은 진행방향에 따라 사행식, 기우식, 단지식 등으로 부여하며 모두 우리나라에서 적용되는 방법이다.

64 지적정리 시 소유자의 신청에 의하지 않고 지적소관청이 직권으로 정리하는 사항은?

① 분할 ② 신규등록
③ 지목변경 ④ 행정구역 개편

해설 행정구역의 명칭이 변경된 때에는 지적공부에 등록된 토지의 소재는 새로이 변경된 행정구역의 명칭으로 변경된 것으로 본다. 이 경우 지번부여지역의 일부가 행정구역의 개편으로 다른 지번부여지역에 속하게 된 때에는 지적소관청은 새로이 그 지번을 부여하여야 한다.

정답 60 ④ 61 ④ 62 ① 63 ④ 64 ④

65 다음 중 도곽선의 역할로 가장 거리가 먼 것은?
① 기초점 전개의 기준
② 지적원점 결정의 기준
③ 도면신축량측정의 기준
④ 인접 도면과 접합의 기준

해설 **도곽선의 역할**
㉠ 지적측량기준점 전개 시의 기준
㉡ 도곽신축보정 시의 기준
㉢ 인접 도면접합 시의 기준
㉣ 도북방위선의 기준
㉤ 측량결과도와 실지의 부합 여부 확인기준

66 오늘날 지적측량의 방법과 절차에 대하여 엄격한 법률적인 규제를 가하는 이유로 가장 옳은 것은?
① 기술적 변화 대처
② 법률적인 효력 유지
③ 측량기술의 발전
④ 토지등록정보 복원 유지

해설 지적측량의 방법과 절차에 대하여 엄격한 법률적인 규제를 가하는 이유는 법률적인 효력을 유지하기 위함이다.

67 지적이론의 발생설 중 이론적 근거가 다른 것은?
① 나일로미터
② 둠즈데이북
③ 장적문서
④ 지세대장

해설 둠즈데이북, 장적문서, 지세대장은 지적의 발생설 중 과세설을 뒷받침하는 근거자료이다.

68 다음 중 토지조사사업 당시 확정된 소유자가 서로 다른 토지 간에 사정된 구획선을 무엇이라고 하였는가?
① 경계선
② 강계선
③ 지역선
④ 지계선

해설 **강계선(疆界線)**
㉠ 토지조사령에 의하여 임시토지조사국장이 사정한 경계선을 말하며, 도면상에 등록된 토지의 경계선 및 소유자가 각각 다른 토지와의 경계선을 말한다.
㉡ 강계선은 토지소유자와 지목이 동일하고 지반이 연속된 토지는 1필지로 함이 원칙이다.
㉢ 강계선의 반대쪽은 반드시 소유자가 다르다.

69 다음 중 지적공부에 등록하는 토지의 물리적 현황과 가장 거리가 먼 것은?
① 지번과 지목
② 등급과 소유자
③ 경계와 좌표
④ 토지소재와 면적

해설 토지의 물리적 현황이란 토지의 표시를 의미하는 것으로 소재, 지번, 지목, 면적, 경계, 좌표 등이 해당한다.

70 다음 중 토지조사사업 당시 불복신립 및 재결을 행하는 토지소유권의 확정에 관한 최고의 심의기관은 어느 것인가?
① 도지사
② 임시토지조사국장
③ 고등토지조사위원회
④ 임야조사위원회

해설 사정에 대하여 불복하는 자는 공시기간 만료 후 60일 내에 고등토지조사위원회에 제기하여 재결을 받을 수 있다. 다만, 정당한 사유 없이 입회를 하지 아니한 자는 그러하지 아니하다.

71 다음 중 지적의 기능으로 옳지 않은 것은?
① 지리적 요소의 결정
② 토지감정평가의 기초
③ 도시 및 국토계획의 원천
④ 토지기록의 법적 효력과 공시

해설 **지적의 실제적 기능**
㉠ 토지등록의 법적 효력과 공시
㉡ 도시 및 국토계획의 원천
㉢ 토지감정평가의 기초
㉣ 지방행정의 자료
㉤ 토지유통의 매개체
㉥ 토지관리의 지침

72 다음 중 토지조사사업 당시 토지대장정리를 위한 조사자료에 해당하는 것은?
① 양안 및 지계
② 토지소유권증명
③ 토지 및 건물대장
④ 토지조사부 및 등급조사부

해설 토지조사사업 당시 토지대장정리를 위한 조사자료로 토지조사부와 등급조사부가 사용되었다.

정답 65 ② 66 ② 67 ① 68 ② 69 ② 70 ③ 71 ① 72 ④

73 조선시대의 양전법에 따른 전의 형태에서 직각삼각형형태의 전의 명칭은?

① 방전(方田)   ② 제전(梯田)
③ 구고전(句股田)   ④ 요고전(腰鼓田)

해설 조선시대 전의 형태
   ㉠ 방전(方田) : 정사각형의 토지로 장(長)과 광(廣)을 측량
   ㉡ 직전(直田) : 직사각형의 토지로 장(長)과 평(平)을 측량
   ㉢ 구고전(句股田) : 직각삼각형의 토지로 구(句)와 고(股)를 측량
   ㉣ 규전(圭田) : 이등변삼각형의 토지로 장(長)과 광(廣)을 측량
   ㉤ 제전(梯田) : 사다리꼴의 토지로서 장(長)과 동활(東闊), 서활(西闊)을 측량

74 토지를 등록하는 기술적 행위에 따라 발생하는 효력과 가장 관계가 먼 것은?

① 공정력   ② 구속력
③ 추정력   ④ 확정력

해설 토지등록의 효력 : 구속력, 공정력, 확정력, 강제력

75 2필지 이상의 토지를 합병하기 위한 조건이라고 볼 수 없는 것은?

① 지반이 연속되어 있어야 한다.
② 지목이 동일하여야 한다.
③ 축척이 달라야 한다.
④ 지번부여지역이 동일하여야 한다.

해설 축척이 동일하지 않는 토지는 합병할 수 없다.

76 경계점좌표등록부에 등록되는 좌표는?

① UTM좌표   ② 경위도좌표
③ 구면직각좌표   ④ 평면직각좌표

해설 경계점좌표등록부에 등록되는 좌표는 평면직각좌표의 x, y이다.

77 근대적인 지적제도의 토지대장이 처음 만들어진 시기는?

① 1910년대   ② 1920년대
③ 1950년대   ④ 1970년대

해설 근대적인 지적제도의 토지대장이 처음 만들어진 시기는 1910년이다.

78 지적도 작성방법 중 지적도면자료나 영상자료를 래스터(raster)방식으로 입력하여 수치화하는 장비로 옳은 것은?

① 스캐너
② 디지타이저
③ 자동복사기
④ 키보드

해설 지적도면자료나 영상자료를 래스터방식으로 입력하여 수치화하는 장비는 스캐너이며, 벡터방식으로 저장되는 것은 디지타이저이다.

79 토지표시사항의 결정에 있어서 실질적 심사를 원칙으로 하는 가장 중요한 이유는?

① 소유자의 이해
② 결정사항에 대한 이의 예방
③ 거래안전의 국가적 책무
④ 조세형평 유지

해설 토지표시사항의 결정에 있어서 실질적 심사를 취하는 이유는 지적사무는 국가사무이며, 이는 거래안전의 국가적 책무이기 때문이다.

80 토지조사사업에서 조사한 내용이 아닌 것은?

① 토지의 가격
② 토지의 지질
③ 토지의 소유권
④ 토지의 외모(外貌)

해설 토지조사사업의 내용
   ㉠ 소유권조사 : 전국의 토지에 대하여 토지소유자 및 강계를 조사, 사정함으로써 토지분쟁을 해결하고 토지조사부, 토지대장, 지적도를 작성한다.
   ㉡ 가격조사 : 과세의 공평을 기하기 위하여 시가지의 경우 토지의 시가를 조사하며, 시가지 이외의 지역에서는 대지는 임대가격을, 기타 전, 답, 지소 및 잡종지는 그 수익을 기초로 지가를 결정하여 지세제도를 확립한다.
   ㉢ 외모조사 : 국토 전체에 대한 자연적 또는 인위적으로 형성된 지물과 고저를 표시한 지형도를 작성하기 위해 지형·지모조사를 실시하였다.

정답 73 ③ 74 ③ 75 ③ 76 ④ 77 ① 78 ① 79 ③ 80 ②

제5과목 지적관계법규

81 지목을 등록할 때 유원지로 설정하는 지목은?
① 경마장
② 남한산성
③ 장충체육관
④ 올림픽 컨트리클럽

해설 일반 공중의 위락·휴양 등에 적합한 시설물을 종합적으로 갖춘 수영장·유선장(遊船場)·낚시터·어린이놀이터·동물원·식물원·민속촌·경마장 등의 토지와 이에 접속된 부속시설물의 부지는 '유원지'로 한다. 다만, 이들 시설과의 거리 등으로 보아 독립적인 것으로 인정되는 숙식시설 및 유기장(遊技場)의 부지와 하천·구거 또는 유지(공유(公有)인 것으로 한정한다)로 분류되는 것은 제외한다.

82 다음 중 지적공부에 등록한 토지를 말소시키는 경우는?
① 토지의 형질을 변경하였을 때
② 화재로 인하여 건물이 소실된 때
③ 수해로 인하여 토지가 유실되었을 때
④ 토지가 바다로 된 경우로서 원상으로 회복될 수 없을 때

해설 바다로 된 토지의 등록말소란 지적공부에 등록된 토지가 지형의 변화 등으로 바다로 된 경우로서 원상으로 회복할 수 없거나 다른 지목의 토지로 될 가능성이 없는 때에는 지적공부의 등록을 말소하는 것을 말한다.

83 평판측량방법 또는 전자평판측량방법으로 세부측량 시 측량준비파일에 작성하여야 하는 측량기하적 사항으로 옳지 않은 것은?
① 평판점·측정점 및 방위표정에 사용한 기지점 등에는 방향선을 긋고 실측한 거리를 기재한다.
② 평판점 및 측정점은 측량자는 직경 1.5mm 이상 3mm 이하의 검은색 원으로 표시한다.
③ 평판점의 결정 및 방위표정에 사용한 기지점은 측량자는 1변의 길이가 2mm와 3mm의 이중삼각형으로 표시한다.
④ 측량대상토지에 지상구조물 등이 있는 경우와 새로이 설정하는 경계에 지상건물 등이 걸리는 경우에는 그 위치현황을 표시하여야 한다.

해설 평판점의 결정 및 방위표정에 사용한 기지점은 측량자는 직경 2mm와 3mm의 2중원으로 표시한다.

84 지적업무처리규정상 전자평판측량을 이용한 지적측량결과도의 작성방법이 아닌 것은?
① 관측한 측정점의 왼쪽 상단에는 측정거리를 표시하여야 한다.
② 측정점의 표시는 측량자의 경우 붉은색 짧은 십자선(+)으로 표시한다.
③ 측량성과파일에는 측량성과 결정에 관한 모든 사항이 수록되어 있어야 한다.
④ 이미 작성되어 있는 지적측량파일을 이용하여 측량할 경우에는 기존 측량파일코드의 내용·규격·도식은 파란색으로 표시한다.

해설 전자평판측량을 이용한 지적측량결과도의 작성방법
㉠ 관측한 측정점의 오른쪽 상단에는 측정거리를 표시하여야 한다. 다만, 소축척 등으로 식별이 불가능한 때에는 방향선과 측정거리를 생략할 수 있다.
㉡ 측정점의 표시는 측량자의 경우 붉은색 짧은 십자선(+)으로 표시하고, 검사자는 삼각형(△)으로 표시하며, 각 측정점은 붉은색 점선으로 연결한다.
㉢ 지적측량결과도 상단 중앙에 "전자평판측량"이라 표기하고, 상단 오른쪽에 측량성과파일명을 표기하여야 하며, 측량성과파일에는 측량성과 결정에 관한 사항이 수록되어 있어야 한다.
㉣ 측량결과의 파일형식은 표준화된 공통포맷을 지원할 수 있어야 한다.
㉤ 이미 작성되어 있는 지적측량파일을 이용하여 측량할 경우에는 기존 측량파일코드의 내용·규격·도식은 파란색으로 표시한다.

85 축척변경 시 확정공고에 대한 설명으로 옳지 않은 것은?
① 지적공부인 토지대장에 등록하는 때에는 확정공고된 청산금조서에 의한다.
② 확정공고일에 토지의 이동이 있는 것으로 본다.
③ 청산금의 지급이 완료된 때에는 확정공고를 하여야 한다.
④ 확정공고를 하였을 때에는 확정된 사항을 지적공부에 등록한다.

정답 81 ① 82 ④ 83 ③ 84 ① 85 ①

해설 지적공부의 등록
- ㉠ 토지대장은 확정공고된 축척변경지번별 조서에 의하여 지적공부를 정리한다.
- ㉡ 지적도는 확정측량결과도 또는 경계점좌표에 의하여 정리한다.
- ㉢ 축척변경사무처리에 도시개발사업에 따른 처리방법을 준용한다. 다만, 시·도지사 또는 대도시시장의 승인을 얻지 아니하고 축척을 변경하는 경우에는 그러하지 아니하다.

86 다음은 지적재조사에 관한 특별법에 따른 기본계획의 수립에 관한 내용이다. ( ) 안에 들어갈 일자로 옳은 것은?

> 지적소관청은 기본계획안을 송부받은 날부터 (㉠) 이내에 시·도지사에게 의견을 제출하여야 하며, 시·도지사는 기본계획안을 송부받은 날부터 (㉡) 이내에 지적소관청의 의견에 자신의 의견을 첨부하여 국토교통부장관에게 제출하여야 한다. 이 경우 기간 내에 의견을 제출하지 아니하면 의견이 없는 것으로 본다.

① ㉠ 10일, ㉡ 20일
② ㉠ 20일, ㉡ 30일
③ ㉠ 30일, ㉡ 40일
④ ㉠ 40일, ㉡ 50일

해설 지적소관청은 기본계획안을 송부받은 날부터 20일 이내에 시·도지사에게 의견을 제출하여야 하며, 시·도지사는 기본계획안을 송부받은 날부터 30일 이내에 지적소관청의 의견에 자신의 의견을 첨부하여 국토교통부장관에게 제출하여야 한다. 이 경우 기간 내에 의견을 제출하지 아니하면 의견이 없는 것으로 본다.

87 새로 조성된 토지와 지적공부에 등록되어 있지 아니한 토지를 지적공부에 등록하는 것은?

① 등록전환   ② 지목변경
③ 신규등록   ④ 축척변경

해설 신규등록이란 새로 조성된 토지와 지적공부에 등록되어 있지 아니한 토지를 지적공부에 등록하는 것을 말한다.

88 다음 중 결번대장의 등재사항이 아닌 것은?

① 결번사유   ② 결번연월일
③ 결번해지일   ④ 결번된 지번

해설 결번대장

결재	동·리	지번	결번		비고
			연월일	사유	

※ 결번사유
- 행정구역변경
- 도시개발사업
- 지번변경
- 축척변경
- 지번정정 등

89 공간정보의 구축 및 관리 등에 관한 법률상 지적측량을 실시하여야 하는 경우로 옳지 않은 것은?

① 지적측량성과를 검사하는 경우
② 지형등고선의 위치를 측정하는 경우
③ 경계점을 지상에 복원하는 경우
④ 지적기준점을 정하는 경우

해설 등고선의 위치측정은 지적측량과는 무관하다.

90 지적측량수행자가 손해배상책임을 보장하기 위하여 보증보험에 가입하여 보증설정을 하여야 할 금액의 기준으로 옳은 것은?

① 지적측량업자 : 3천만원 이상
② 지적측량업자 : 5천만원 이상
③ 한국국토정보공사 : 20억원 이상
④ 한국국토정보공사 : 10억원 이상

해설 지적측량수행자는 손해배상책임을 보장하기 위하여 보증보험에 가입하여야 한다.
- ㉠ 지적측량업자 : 보장기간이 10년 이상이고 보증금액이 1억원 이상인 보증보험
- ㉡ 국가공간정보 기본법 제12조에 따라 설립된 한국국토정보공사 : 보증금액이 20억원 이상인 보증보험

91 지적측량의 적부심사를 청구할 수 없는 자는?

① 이해관계인   ② 지적소관청
③ 토지소유자   ④ 지적측량수행자

해설 토지소유자, 이해관계인 또는 지적측량수행자는 지적측량 성과에 대하여 다툼이 있는 경우에는 대통령령으로 정하는 바에 따라 관할 시·도지사를 거쳐 지방지적위원회에 지적측량적부심사를 청구할 수 있다.

정답 86 ② 87 ③ 88 ③ 89 ② 90 ③ 91 ②

92 다음 중 지적소관청이 토지의 표시변경에 관한 등기를 할 필요가 있는 경우 관할 등기관서에 그 등기를 촉탁하여야 하는 대상에 해당하지 않는 것은?

① 분할
② 신규등록
③ 바다로 된 토지의 말소
④ 행정구역 개편에 따른 지번변경

해설 신규등록 당시에는 등기부가 존재하지 아니하므로 등기촉탁을 하지 않는다.

93 지적업무처리규정상 지적공부관리방법이 아닌 것은? (단, 부동산종합공부시스템에 따른 방법을 제외한다.)

① 지적공부는 지적업무담당공무원 외에는 취급하지 못한다.
② 지적공부 사용을 완료한 때에는 간이보관상자를 비치한 경우에도 즉시 보관상자에 넣어야 한다.
③ 도면은 항상 보호대에 놓아 취급하되 말거나 접지 못하며 직사광선을 받으면 아니 된다.
④ 지적공부를 지적서고 밖으로 반출하고자 할 때에는 훼손이 되지 않도록 보관·운반함 등을 사용한다.

해설 지적공부의 관리
㉠ 지적공부는 지적업무담당공무원 외에는 취급하지 못한다.
㉡ 지적공부 사용을 완료한 때에는 즉시 보관상자에 넣어야 한다. 다만, 간이보관상자를 비치한 경우에는 그러하지 아니하다.
㉢ 지적공부를 지적서고 밖으로 반출하고자 할 때에는 훼손이 되지 않도록 보관·운반함 등을 사용한다.
㉣ 도면은 항상 보호대에 넣어 취급하되 말거나 접지 못하며 직사광선을 받게 하거나 건습이 심한 장소에서 취급하지 못한다.

94 다음 중 지적측량업자의 업무범위에 속하지 않는 것은?

① 지적측량성과검사를 위한 지적측량
② 사업지구에서 실시하는 지적재조사측량
③ 경계점좌표등록부가 있는 지역에서의 지적측량
④ 도시개발사업 등이 끝남에 따라 하는 지적확정측량

해설 지적측량업자의 업무범위
㉠ 경계점좌표등록부가 있는 지역에서의 지적측량
㉡ 지적재조사에 관한 특별법에 따른 사업지구에서 실시하는 지적재조사측량
㉢ 도시개발사업 등이 끝남에 따라 하는 지적확정측량
㉣ 지적전산자료를 활용한 정보화사업
 • 지적도, 임야도, 연속지적도, 도시개발사업 등의 계획을 위한 지적도 등의 정보처리시스템을 통한 기록·저장업무
 • 토지대장, 임야대장의 전산화업무

95 지목을 지적도면에 등록하는 부호의 연결이 옳은 것은?

① 공원 : 공   ② 하천 : 하
③ 유원지 : 유   ④ 주차장 : 주

해설 ㉠ 지적도 및 임야도(이하 "지적도면"이라 한다)에 등록하는 때에는 부호로 표기하여야 한다.
㉡ 하천(천), 유원지(원), 공장용지(장), 주차장(차)은 차문자(천, 원, 장, 차)로 표기한다.

96 도로명주소법상 기초번호에 대한 설명으로 옳은 것은?

① 도로구간에 행정안전부령으로 정하는 간격마다 부여된 번호를 말한다.
② 건축물 또는 구조물마다 부여된 번호를 말한다.
③ 건물 등 내부의 독립된 거주·활동구역을 구분하기 위하여 부여된 동(棟)번호, 층수 또는 호(號)수를 말한다.
④ 도로명, 건물번호 및 상세주소(상세주소가 있는 경우만 해당한다)로 표기하는 주소를 말한다.

해설 도로명주소법 제2조(정의)
이 법에서 사용하는 용어의 뜻은 다음과 같다.
4. "기초번호"란 도로구간에 행정안전부령으로 정하는 간격마다 부여된 번호를 말한다.
5. "건물번호"란 다음 각 목의 어느 하나에 해당하는 건축물 또는 구조물(이하 "건물 등"이라 한다)마다 부여된 번호(둘 이상의 건물 등이 하나의 집단을 형성하고 있는 경우로서 대통령령으로 정하는 경우에는 그 건물 등의 전체에 부여된 번호를 말한다)를 말한다.
 가. 건축법 제2조 제1항 제2호에 따른 건축물
 나. 현실적으로 30일 이상 거주하거나 정착하여 활동하는 데 이용되는 인공구조물 및 자연적으로 형성된 구조물
6. "상세주소"란 건물 등 내부의 독립된 거주·활동구역을 구분하기 위하여 부여된 동(棟)번호, 층수 또는 호(號)수를 말한다.
7. "도로명주소"란 도로명, 건물번호 및 상세주소(상세주소가 있는 경우만 해당한다)로 표기하는 주소를 말한다.

정답 92 ② 93 ② 94 ① 95 ① 96 ①

97 다음 중 기본계획을 통지받은 지적소관청이 지적재조사사업에 관한 실시계획 수립 시 포함해야 하는 사항이 아닌 것은?

① 사업지구의 위치 및 면적
② 지적재조사사업의 시행기간
③ 지적재조사사업비의 추산액
④ 지적재조사사업의 연도별 집행계획

해설 실시계획사항에 포함될 사항
㉠ 지적재조사사업의 시행자
㉡ 사업지구의 명칭
㉢ 사업지구의 위치 및 면적
㉣ 지적재조사사업의 시행시기 및 기간
㉤ 지적재조사사업비의 추산액
㉥ 지적현황조사에 관한 사항
㉦ 그 밖에 지적재조사사업의 시행을 위하여 필요한 사항으로서 대통령령으로 정하는 사항
  • 사업지구의 현황
  • 지적재조사사업의 시행에 관한 세부계획
  • 지적재조사측량에 관한 시행계획
  • 지적재조사사업의 시행에 따른 홍보
  • 그 밖에 지적소관청이 지적재조사사업에 관한 실시계획(이하 "실시계획"이라 한다)의 수립에 필요하다고 인정하는 사항

98 철도, 역사, 차고, 공작창이 집단으로 위치할 경우 그 지목은?

① 철도, 차고는 철도용지이고, 역사는 대지, 공작창은 공장용지이다.
② 역사만 대지이고, 나머지는 철도용지이다.
③ 공작창만 공장용지이고, 나머지는 철도용지이다.
④ 모두 철도용지이다.

해설 교통운수를 위하여 일정한 궤도 등의 설비와 형태를 갖추어 이용되는 토지와 이에 접속된 역사(驛舍)·차고·발전시설 및 공작창(工作廠) 등 부속시설물의 부지는 철도용지로 한다.

99 축척변경시행지역 안에서의 토지이동은 언제 있는 것으로 보는가?

① 촉탁등기 시
② 청산금 교부 시
③ 축척변경승인신청 시
④ 축척변경확정공고일

해설 축척변경시행지역 안의 토지는 확정공고일에 토지의 이동이 있는 것으로 본다.

100 도로명주소법상 정당한 사유 없이 주소정보시설의 조사, 설치, 교체 또는 철거업무의 집행을 거부하거나 방해한 자에 대한 과태료 부과금액은?

① 300만원 이하의 과태료
② 200만원 이하의 과태료
③ 100만원 이하의 과태료
④ 50만원 이하의 과태료

해설 도로명주소법 제35조(과태료)
① 제26조 제2항을 위반하여 정당한 사유 없이 주소정보시설의 조사, 설치, 교체 또는 철거업무의 집행을 거부하거나 방해한 자에게는 100만원 이하의 과태료를 부과한다.
② 제13조 제2항을 위반하여 훼손되거나 없어진 건물번호판을 재교부받거나 직접 제작하여 다시 설치하지 아니한 자에게는 50만원 이하의 과태료를 부과한다.
③ 제1항 및 제2항에 따른 과태료는 대통령령으로 정하는 바에 따라 특별자치시장, 특별자치도지사 및 시장·군수·구청장이 부과·징수한다.

정답 97 ④ 98 ④ 99 ④ 100 ③

2024년 제2회 지적기사 필기 복원

제1과목 지적측량

01 50m 줄자로 측정한 A, B점 간 거리가 250m이었다. 이 줄자가 표준줄자보다 5mm가 줄어있다면 정확한 거리는?

① 250.250m ② 250.025m
③ 249.975m ④ 249.750m

해설 $L_0 = L\left(1 \pm \dfrac{\Delta l}{l}\right) = 250 \times \left(1 - \dfrac{0.005}{50}\right) = 249.975\text{m}$

02 경계의 제도에 관한 설명으로 틀린 것은?

① 경계는 0.1mm 폭의 선으로 제도한다.
② 1필지의 경계가 도곽선에 걸쳐 등록되어 있으면 도곽선 밖의 여백에 경계를 제도할 수 없다.
③ 지적기준점 등이 매설된 토지를 분할할 경우 그 토지가 작아서 제도하기가 곤란한 때에는 그 도면의 여백에 그 축척의 10배로 확대하여 제도할 수 있다.
④ 경계점좌표등록부 등록지역의 도면(경계점 간 거리등록을 하지 아니한 도면을 제외한다)에 등록할 경계점 간 거리는 검은색의 1.0~1.5mm 크기의 아라비아숫자로 제도한다.

해설 1필지의 경계가 도곽선에 걸쳐 등록되어 있으면 도곽선 밖의 여백에 경계를 제도하거나 도곽선을 기준으로 다른 도면에 나머지 경계를 제도한다. 이 경우 다른 도면에 경계를 제도할 때에는 지번 및 지목은 붉은색으로 표시한다.

03 지적삼각점측량 후 삼각망을 최소제곱법(엄밀조정법)으로 조정하고자 할 때 이와 관련 없는 것은?

① 표준방정식 ② 순차방정식
③ 상관방정식 ④ 동시조정

해설 삼각망조정 시 각조정 → 점조정 → 변조정 순으로 조정하는 방법을 간이조정법이라 하며 순차방정식이라고도 한다. 각, 점, 변의 조종을 동시에 조장하는 방법을 최소제곱법(동시조정법, 상관방정식, 표준방정식)이라 한다.

04 축척이 1 : 50,000 지형도상에서 어느 산정(山頂)부터 산 밑까지의 도상 수평거리를 측정하였더니 60mm이었다. 산정의 높이는 2,200m, 산 밑의 높이는 200m이었다면 그 경사면의 경사는?

① $\dfrac{1}{1.5}$ ② $\dfrac{1}{2.5}$
③ $\dfrac{1}{10}$ ④ $\dfrac{1}{30}$

해설
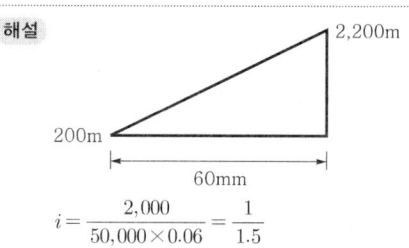

$i = \dfrac{2,000}{50,000 \times 0.06} = \dfrac{1}{1.5}$

05 다음 중 임야도를 갖춰두는 지역의 세부측량에 있어서 지적기준점에 따라 측량하지 아니하고 지적도의 축척으로 측량한 후 그 성과에 따라 임야측량결과도를 작성할 수 있는 경우는?

① 임야도에 도곽선이 없는 경우
② 경계점의 좌표를 구할 수 없는 경우
③ 지적도근점이 설치되어 있지 않은 경우
④ 지적도에 기지점은 없지만 지적도를 갖춰두는 지역에 인접한 경우

해설 위성기준점, 통합기준점, 삼각점, 지적삼각점, 지적삼각보조점 및 지적도근점에 따라 측량하지 아니하고 지적도의 축척으로 측량한 후 그 성과에 따라 임야측량결과도를 작성할 수 있다.
㉠ 측량대상토지가 지적도를 갖춰두는 지역에 인접하여 있고 지적도의 기지점이 정확하다고 인정되는 경우
㉡ 임야도에 도곽선이 없는 경우

06 다음 구소삼각지역의 직각좌표계 원점 중 평면직각 종횡선수치의 단위를 간(間)으로 한 원점은?

① 조본원점 ② 고초원점
③ 율곡원점 ④ 망산원점

정답 1 ③ 2 ② 3 ② 4 ① 5 ① 6 ④

해설 구소삼각점원점

경기지역	경북지역	m	간
고초원점	구암원점	조본원점	구암원점
등경원점	금산원점	고초원점	금산원점
가리원점	율곡원점	율곡원점	등경원점
계양원점	현창원점	현창원점	가리원점
망산원점	소라원점	소라원점	계양원점
조본원점			망산원점

07 삼각형의 내각을 같은 정밀도로 측정하여 변의 길이를 계산할 경우 각도의 오차가 변의 길이에 미치는 영향이 최소인 것은?

① 직각삼각형
② 정삼각형
③ 둔각삼각형
④ 예각삼각형

해설 삼각형의 내각을 같은 정밀도로 측정하여 변의 길이를 계산할 경우 각도의 오차가 변의 길이에 미치는 영향이 최소인 것은 정삼각형이다.

08 경위의측량방법에 따른 지적삼각점의 관측과 계산기준으로 틀린 것은?

① 관측은 10초독 이상의 경위의를 사용한다.
② 수평각관측은 3대회의 방향관측법에 따른다.
③ 수평각의 측각공차에서 1방향각의 공차는 40초 이내로 한다.
④ 수평각의 측각공차에서 1측회의 폐색공차는 ±30초 이내로 한다.

해설 경위의측량방법에 따른 지적삼각점의 관측과 계산은 다음의 기준에 따른다.
㉠ 관측은 10초독 이상의 경위의를 사용할 것
㉡ 수평각관측은 3대회(윤곽도는 0도, 60도, 120도로 한다)의 방향관측법에 따를 것
㉢ 수평각의 측각공차는 다음 표에 따를 것

종별	1방향각	1측회의 폐색	삼각형 내각 관측의 합과 180도와의 차	기지각과의 차
공차	30초 이내	±30초 이내	±30초 이내	±40초 이내

09 두 점의 좌표가 각각 A(495674.32, 192899.25), B(497845.81, 190256.39)일 때 A → B의 방위는?

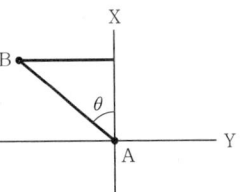

① N39°24′29″W ② S39°24′29″E
③ N50°35′31″W ④ S50°35′31″E

해설 $\theta = \tan^{-1}\dfrac{190256.39 - 192899.25}{497845.81 - 495674.32}$
$= 50°35′31″(4상한)$
그러므로 A → B의 방위는 N50°35′31″W이다.

10 지적측량 시행규칙상 세부측량의 기준 및 방법으로 옳지 않은 것은?

① 평판측량방법에 따른 세부측량의 측량결과도는 그 토지가 등록된 도면과 동일한 축척으로 작성하여야 한다.
② 평판측량방법에 따른 세부측량은 교회법, 도선법 및 방사법(放射法)에 따른다.
③ 평판측량방법에 따른 세부측량을 교회법으로 하는 경우 방향각의 교각은 45도 이상 120도 이하로 하여야 한다.
④ 평판측량방법에 따른 세부측량을 도선법으로 하는 경우 도선의 측선장은 도상길이 8cm 이하로 하여야 한다.

해설 평판측량방법에 따른 세부측량을 교회법으로 하는 경우 방향각의 교각은 30도 이상 150도 이하로 하여야 한다.

11 거리측량을 할 때 발생하는 오차 중 우연오차의 원인이 아닌 것은?

① 테이프의 길이가 표준길이와 다를 때
② 온도가 측정 중 시시각각으로 변할 때
③ 눈금의 끝수를 정확히 읽을 수 없을 때
④ 측정 중 장력을 일정하게 유지하지 못하였을 때

해설 테이프의 길이가 표준길이와 다른 경우에는 보정이 가능하므로 정오차에 해당한다.

정답 7 ② 8 ③ 9 ③ 10 ③ 11 ①

12 지적삼각보조점의 위치결정을 교회법으로 할 경우 두 삼각형으로부터 계산한 종선교차가 60cm, 횡선교차가 50cm일 때 위치에 대한 연결교차는?

① 0.1m ② 0.3m
③ 0.6m ④ 0.8m

해설 연결오차 = $\sqrt{종선교차^2 + 횡선교차^2}$
= $\sqrt{0.6^2 + 0.5^2}$ = 0.8m

13 교회법에 관한 설명 중 틀린 것은?

① 후방교회법에서 소구점을 구하기 위해서는 기지점에는 측판을 설치하지 않아도 된다.
② 전방교회법에서는 3점의 기지점에서 소구점에 대한 방향선의 교차로 소구점의 위치를 구할 수 있다.
③ 측방교회법에 의하여 구하는 거리는 수평거리이다.
④ 전방교회법으로 구한 수평위치의 정확도는 후방교회법의 경우보다 항상 높다고 말할 수 있다.

해설 전방교회법으로 구한 수평위치의 정확도는 후방교회법의 경우보다 항상 높다고 말할 수 없다.

14 지적삼각점의 관측계산에서 자오선수차의 계산단위 기준은?

① 초 아래 1자리 ② 초 아래 2자리
③ 초 아래 3자리 ④ 초 아래 4자리

해설 지적삼각점의 계산단위기준

종별	각	변의 길이	진수	좌표 또는 표고	경위도	자오선 수차
공차	초	센티 미터	6자리 이상	센티 미터	초 아래 3자리	초 아래 1자리

15 평판측량방법에 따른 세부측량에서 지적도를 갖추두는 지역의 거리측정단위기준으로 옳은 것은?

① 1cm ② 5cm
③ 10cm ④ 20cm

해설 평판측량방법에 따른 세부측량 시 거리측정단위는 지적도를 갖추두는 지역에서는 5cm로 하고, 임야도를 갖추두는 지역에서는 50cm로 한다.

16 다음 중 지적기준점측량의 절차로 옳은 것은?

① 계획의 수립 → 준비 및 현지답사 → 선점 및 조표 → 관측 및 계산과 성과표의 작성
② 계획의 수립 → 선점 및 조표 → 준비 및 현지답사 → 관측 및 계산과 성과표의 작성
③ 계획의 수립 → 선점 및 조표 → 관측 및 계산과 성과표의 작성 → 준비 및 현지답사
④ 계획의 수립 → 준비 및 현지답사 → 관측 및 계산과 성과표의 작성 → 선점 및 조표

해설 지적기준점측량절차: 계획의 수립 → 준비 및 현지답사 → 선점 및 조표 → 관측 및 계산과 성과표의 작성

17 지적도의 축척이 1:600인 지역에서 토지를 분할하는 경우 면적측정부의 원면적이 4,529m², 보정면적이 4,550m²일 때 어느 필지의 보정면적이 2,033m²이었다면 이 필지의 산출면적은?

① 2019.8m² ② 2023.6m²
③ 2024.4m² ④ 2028.2m²

해설 필지면적 = $\frac{2,033}{4,550} \times 4,529$ = 2023.6m²

18 배각법에 의한 지적도근점측량을 한 결과 한 측선의 길이가 52.47m이고, 초단위 오차는 18″, 변장반수의 총합계는 183.1일 때 해당 측선에 배분할 초단위의 각도로 옳은 것은?

① 2″ ② 5″
③ -2″ ④ -5″

해설 $K = -\frac{e}{R}r = -\frac{\frac{1,000}{52.47}}{183.1} \times 18 = -2″$

19 경위의측량방법과 다각망도선법에 따른 지적도근점의 관측에서 시가지지역, 축척변경지역 및 경계점좌표등록부 시행지역의 수평각관측방법은?

① 방향각법 ② 교회법
③ 방위각법 ④ 배각법

해설 경위의측량방법과 다각망도선법에 따른 지적도근점의 관측에서 시가지지역, 축척변경지역 및 경계점좌표등록부 시행지역의 수평각은 배각법에 따른다.

정답 12 ④ 13 ④ 14 ① 15 ② 16 ① 17 ② 18 ③ 19 ④

20 경계점좌표등록부 시행지역에서 지적도근점의 측량성과와 검사성과의 연결교차기준은?

① 0.15m 이내
② 0.20m 이내
③ 0.25m 이내
④ 0.30m 이내

해설 지적측량성과와 검사성과의 연결교차가 다음의 허용범위 이내일 때에는 그 지적측량성과에 관하여 다른 입증을 할 수 있는 경우를 제외하고는 그 측량성과로 결정하여야 한다.
㉠ 지적삼각점 : ±20cm
㉡ 지적삼각보조점 : ±25cm
㉢ 지적도근점
  • 경계점좌표등록부 시행지역 : ±15cm
  • 그 밖의 지역 : ±25cm
㉣ 경계점
  • 경계점좌표등록부 시행지역 : ±10cm
  • 그 밖의 지역 : ±100분의 3M[cm](M은 축척분모). 이 경우 전자평판측량방법으로 측량하는 경우에는 ±100분의 2M[cm]로 한다.

제2과목 응용측량

21 촬영고도 4,000m에서 촬영한 항공사진에 나타난 건물의 시차를 주점에서 측정하니 정상 부분이 19.32mm, 밑부분이 18.88mm이었다. 한 층의 높이를 3m로 가정할 때 이 건물의 층수는?

① 15층
② 28층
③ 30층
④ 45층

해설 $h = \dfrac{H}{r}\Delta r = \dfrac{4,000}{19.32} \times (19.32 - 18.88) \fallingdotseq 91\mathrm{m}$

∴ 층수 $= \dfrac{91}{3} \fallingdotseq 30$층

22 노선측량에서 완화곡선의 성질을 설명한 것으로 틀린 것은?

① 완화곡선의 종점의 캔트는 원곡선의 캔트와 같다.
② 완화곡선에 연한 곡률반지름의 감소율은 캔트의 증가율과 같다.
③ 완화곡선의 접선은 시점에서는 원호에, 종점에서는 직선에 접한다.
④ 완화곡선의 반지름은 시점에서는 무한대이며, 종점에서는 원곡선의 반지름과 같다.

해설 완화곡선의 접선은 시점에서는 직선에, 종점에서는 원호에 접한다

23 입체영상의 영상정합(image matching)에 대한 설명으로 옳은 것은?

① 경사와 축척을 바로 수정하여 축척을 통일시키고 변위가 없는 수직사진으로 수정하는 작업
② 사진상의 주점이나 표정점 등 제점의 위치를 인접한 사진상에 옮기는 작업
③ 지표의 상태를 파악하기 위하여 사진에 찍혀 있는 것이 무엇인지를 판별하는 작업
④ 한 영상의 한 위치에 해당하는 실제의 객체가 다른 영상의 어느 위치에 형성되었는가를 발견하는 작업

해설 영상정합(image matching) : 한 영상의 한 위치에 해당하는 실제의 객체가 다른 영상의 어느 위치에 형성되었는가를 발견하는 작업

24 A, B 두 점의 표고가 각각 120m, 144m이고 두 점간의 경사가 1 : 2인 경우 표고가 130m 되는 지점을 C라 할 때 A점과 C점과의 경사거리는?

① 22.36m
② 25.85m
③ 28.28m
④ 29.82m

해설 $\overline{AC} = \sqrt{20^2 + 10^2} = 22.36\mathrm{m}$

25 노선측량 중 공사측량에 속하지 않는 것은?

① 용지측량
② 토공의 기준틀측량
③ 주요 말뚝의 인조점 설치측량
④ 중심말뚝의 검측

해설 용지측량은 용지보상을 위해 경계를 측량하는 것으로 공사측량 전에 시행하므로 공사측량범위에 속하지 않는다.

26 축척 1 : 50,000 지형도에서 등고선간격을 20m로 할 때 도상에서 표시될 수 있는 최소간격을 0.45mm로 할 경우 등고선으로 표현할 수 있는 최대경사각은?

① 40.1°
② 41.6°
③ 44.6°
④ 46.1°

정답 20 ① 21 ③ 22 ③ 23 ④ 24 ① 25 ① 26 ②

해설 $\theta = \tan^{-1}\dfrac{H}{D} = \tan^{-1}\dfrac{20}{50,000 \times 0.00045} = 41.6°$

27 GPS측량에서 이용하는 좌표계는?

① WGS84
② GRS80
③ JGD2000
④ ITRF2000

해설 GPS측량에서 이용하는 좌표계는 WGS84이다.

28 원심력에 의한 곡선부의 차량 탈선을 방지하기 위하여 곡선부의 횡단 노면 외측부를 높여주는 것은?

① 캔트   ② 확폭
③ 종거   ④ 완화구간

해설 캔트(cant) : 차량이 곡선을 통과할 때 원심력에 의한 곡선부의 차량 탈선을 방지하기 위하여 곡선부의 횡단 노면 외측부를 높여주는 것

29 클로소이드의 형식 중 반향곡선 사이에 2개의 클로소이드를 삽입하는 것은?

① 복합형   ② 난형
③ 철형   ④ S형

해설 ㉠ S형 : 반향곡선 사이에 2개의 클로소이드를 삽입하는 것
ⓒ 난형 : 복심곡선 사이에 클로소이드를 삽입하는 것

30 수준측량에 관한 용어 설명으로 틀린 것은?

① 표고 : 평균해수면으로부터의 연직거리
② 후시 : 표고를 결정하기 위한 점에 세운 표척 읽음값
③ 중간점 : 전시만을 읽는 점으로서, 이 점의 오차는 다른 점에 영향이 없음
④ 기계고 : 기준면으로부터 망원경의 시준선까지의 높이

해설 후시(B.S) : 알고 있는 점에 표척을 세워 읽은 값

31 GNSS측량에서 의사거리(pseudo range)에 대한 설명으로 가장 적합한 것은?

① 인공위성과 기지점 사이의 거리측정값이다.
② 인공위성과 지상수신기 사이의 거리측정값이다.
③ 인공위성과 지상송신기 사이의 거리측정값이다.
④ 관측된 인공위성 상호 간의 거리측정값이다.

해설 GNSS측량에서 의사거리(pseudo range)는 인공위성과 지상수신기 사이의 거리측정값으로, 이는 오차를 포함하고 있다.

32 수준측량 야장에서 측점 5의 기계고와 지반고는? (단, 표의 단위 m이다.)

측점	B.S	F.S T.P	F.S I.P	I.H	G.H
A	1.14				80.00
1	2.41	1.16			
2	1.64	2.68			
3			0.11		
4			1.23		
5	0.30	0.50			
B		0.65			

① 81.35m, 80.85m   ② 81.35m, 80.50m
③ 81.15m, 80.85m   ④ 81.15m, 80.50m

해설

측점	B.S	F.S T.P	F.S I.P	I.H	G.H
A	1.14			80.00+1.14 =81.14	80.00
1	2.41	1.16		79.98+2.41 =82.39	81.14−1.16 =79.98
2	1.64	2.68		79.71+1.64 =81.35	82.39−2.68 =79.71
3			0.11		81.35−0.11 =81.24
4			1.23		81.35−1.23 =80.12
5	0.30	0.50		80.85+0.30 =81.15	81.35−0.50 =80.85
B		0.65			81.15−0.65 =80.50

정답 27 ① 28 ① 29 ④ 30 ② 31 ② 32 ③

33 측점이 터널의 천장에 설치되어 있는 수준측량에서 다음 그림과 같은 관측결과를 얻었다. A점의 지반고가 15.32m일 때 C점의 지반고는?

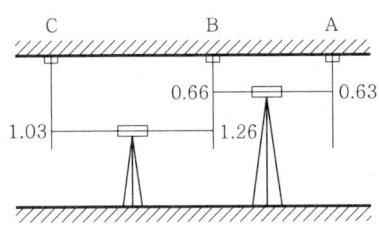

① 14.32m ② 15.12m
③ 16.32m ④ 16.49m

해설 $H_C = 15.32 - 0.63 + 1.26 - 0.66 + 1.03 = 15.12\text{m}$

34 지성선에 대한 설명으로 옳은 것은?
① 지표면의 다른 종류의 토양 간에 만나는 선
② 경작지와 산지가 교차되는 선
③ 지모의 골격을 나타내는 선
④ 수평면과 직교하는 선

해설 지성선이란 지모의 골격을 나타내는 선으로 능선, 곡선, 경사변환선, 최대경사선이 이에 해당한다.

35 터널 내에서 A점의 평면좌표 및 표고가 (1,328, 810, 86), B점의 평면좌표 및 표고가 (1,734, 589, 112)일 때 A, B점을 연결하는 터널을 굴진할 경우 이 터널의 경사거리는? (단, 좌표 및 표고의 단위는 m이다.)

① 341.5m ② 363.1m
③ 421.6m ④ 463.0m

해설 ㉠ 수평거리 = $\sqrt{(1,734-1,328)^2 + (589-810)^2}$
= 462.25m
㉡ 고저차 = 112 - 86 = 26m
㉢ 경사거리 = $\sqrt{462.25^2 + 26^2}$ = 463.0m

36 GPS를 구성하는 위성의 궤도주기로 옳은 것은?
① 약 6시간 ② 약 12시간
③ 약 18시간 ④ 약 24시간

해설 GPS를 구성하는 위성의 궤도주기는 약 12시간(0.5항성일)이다.

37 항공사진측량 시 촬영고도 1,200m에서 초점거리 15cm, 단촬영경로에 따라 촬영한 연속사진 10장의 입체 부분의 지상유효면적(모델면적)은? (단, 사진크기 23cm×23cm, 중복도 60%)

① 10.24km² ② 12.19km²
③ 13.54km² ④ 14.26km²

해설 $\dfrac{1}{m} = \dfrac{f}{H} = \dfrac{0.15}{1,200} = \dfrac{1}{8,000}$

∴ $A_0 = (ma)^2 \left(1 - \dfrac{q}{100}\right)$
$= (8,000 \times 0.23)^2 \times \left(1 - \dfrac{60}{100}\right) = 13.54\text{km}^2$

38 수준측량에서 굴절오차와 관측거리의 관계를 설명할 것으로 옳은 것은?
① 거리의 제곱에 비례한다.
② 거리의 제곱에 반비례한다.
③ 거리의 제곱근에 비례한다.
④ 거리의 제곱근에 반비례한다.

해설 굴절오차(기차) = $\dfrac{D^2}{2R}(1-K)$ 이므로 거리(D)의 제곱에 비례하고, 지구의 반지름(R)에 반비례한다.

39 지형표시방법의 하나로 단선상의 선으로 지표의 기복을 나타내는 것으로 일명 게바법이라고도 하는 것은?
① 음영법 ② 단채법
③ 등고선법 ④ 영선법

해설 **영선법(게바법, 우모법)** : 선의 굵기와 길이로 지형을 표시하는 방법으로 경사가 급하면 굵고 짧게, 경사가 완만하면 가늘고 길게 표시한다.

40 원격센서(remote sensor)를 능동적 센서와 수동적 센서로 구분할 때 능동적 센서에 해당되는 것은?
① TM(Thematic Mapper)
② 천연색 사진
③ MSS(Multi-Spectral Scanner)
④ SLAR(Side Looking Airborne Radar)

해설 SLAR(Side Looking Airborne Radar)은 극초단파를 이용하여 2차원의 영상을 얻는 방법으로 능동적 탐측기이다.

정답 33 ② 34 ③ 35 ④ 36 ② 37 ③ 38 ① 39 ④ 40 ④

제3과목 토지정보체계론

41 다음 중 지리정보시스템의 국제표준을 담당하고 있는 기구의 명칭으로 틀린 것은?

① 유럽의 지리정보표준화기구 : CEN/TC287
② 국제표준화기구 ISO의 지리정보표준화 관련 위원회 : IOS/TC211
③ GIS기본모델의 표준화를 마련한 비영리민간참여국제기구 : OGC
④ 유럽의 수치지도제작표준화기구 : SDTS

해설 CEN/TC287
㉠ CEN/TC287은 ISO/TC211활동이 시작되기 이전에 유럽의 표준화기구를 중심으로 추진된 유럽의 지리정보표준화기구이다.
㉡ ISO/TC211과 CEN/TC287은 일찍부터 상호합의문서와 표준초안 등을 공유하고 있으며, CEN/TC287의 표준화성과는 ISO/TC211에 의하여 많은 부분 참조되었다.
㉢ CEN/TC287은 기술위원회의 명칭을 Geographic Information이라고 하였으며, 그 범위는 실세계에 대한 현상을 정의, 표현, 전송하기 위한 방법을 명시하는 표준들의 체계적 집합 등으로 구성하였다.

42 지적도면을 디지타이저를 이용하여 전산 입력할 때 저장되는 자료구조는?

① 래스터자료
② 문자자료
③ 벡터자료
④ 속성자료

해설 디지타이저

장점	단점
• 결과물이 벡터자료여서 GIS에 바로 이용할 수 있다. • 레이어별로 나누어 입력할 수 있어 효과적이다. • 불필요한 도형이나 주기를 제외시킬 수 있다(선별적 입력 가능). • 상대적으로 지도의 보관상태에 적은 영향을 받는다. • 가격이 저렴하고 작업과정이 비교적 간단하다.	• 많은 시간과 노력이 필요하다. • 입력 시 누락이 발생할 수 있다. • 경계선이 복잡한 경우 정확히 입력하기 어렵다. • 단순 도형 입력 시에는 비효율적이다. • 작업자의 숙련을 요한다.

43 점개체의 분포특성을 일정한 단위공간에서 나타나는 점의 수를 측정하여 분석하는 방법은?

① 방안분석(quadrat analysis)
② 빈도분석(frequency analysis)
③ 예측분석(expected analysis)
④ 커널분석(kernel analysis)

해설 방안분석(quadrat analysis) : 점개체의 분포특성을 일정한 단위공간에서 나타나는 점의 수를 측정하여 분석하는 방법

44 다음의 설명에 해당하는 공간분석유형은?

> 서로 다른 레이어의 정보를 합성으로써 수치연산의 적용이 가능하며, 이것에 의해 새로운 속성값을 생성한다.

① 네트워크분석
② 연결성 추정
③ 중첩
④ 보간법

해설 각각의 자료집단이 주어진 기본도를 기초로 좌표계의 통일이 되면 둘 또는 그 이상의 자료관측에 대하여 분석될 수 있으며, 이 기법을 중첩 또는 합성이라 한다. 주로 적지선정에 이용된다.
㉠ 각각 서로 다른 자료를 취득하여 중첩하는 것으로 다량의 정보를 얻을 수 있다.
㉡ 레이어별로 자료를 제공할 수 있다.
㉢ 사용자 입장에서 필요한 자료만을 제공받을 수 있어 편리하다.
㉣ 각종 주제도를 통합 또는 분산관리할 수 있다.

45 수치표고자료가 만들어지고 저장되는 방식이 아닌 것은?

① 일정크기의 격자로서 저장되는 격자(grid)방식
② 등고선에 의한 방식
③ 단층에 의한 프로파일(profile)방식
④ 위상(topology)방식

해설 수치표고자료의 저장방식 : 격자(grid)방식, 등고선에 의한 방식, 단층에 의한 프로파일(profile)방식

정답 41 ④ 42 ③ 43 ① 44 ③ 45 ④

46 행정구역의 명칭이 변경된 때에 지적소관청은 시·도지사를 경유하여 국토교통부장관에게 행정구역변경일 며칠 전까지 행정구역의 코드변경을 요청하여야 하는가?

① 5일　　② 10일
③ 20일　　④ 30일

해설 행정구역의 명칭이 변경된 때에는 지적소관청은 시·도지사를 경유하여 국토교통부장관에게 행정구역변경일 10일 전까지 행정구역의 코드변경을 요청하여야 한다.

47 관계형 데이터베이스를 위한 산업표준으로 사용되는 대표적인 질의언어는?

① SQL　　② DML
③ DCL　　④ CQL

해설 SQL
㉠ 개요
- 1974년 IBM연구소에서 개발한 SEQUEL(Structured English QUEry Language)에 연유한다.
- SQL이라는 이름은 'Structured Query Language'의 약자이며 "sequel(시퀄)"이라 발음한다.
- 관계형 데이터베이스에 사용되는 관계대수와 관계해석을 기초로 한 통합데이터 언어를 말한다.

㉡ 특징
- 대화식 언어 : 온라인터미널을 통하여 대화식으로 사용할 수 있다.
- 집합단위로 연산되는 언어 : SQL은 개개의 레코드단위로 처리하기보다는 레코드집합단위로 처리하는 언어이다.
- 데이터 정의어, 조작어, 제어어를 모두 지원
- 비절차적 언어 : 데이터 처리를 위한 접근경로에 대한 명세가 필요하지 않으므로 비절차적인 언어이다.
- 표현력이 다양하고 구조가 간단

48 다음 중 PBLIS 구축에 따른 시스템의 구성요건으로 옳지 않은 것은?

① 개방적 구조를 고려하여 설계
② 파일처리방식의 데이터관리시스템 설계
③ 시스템의 확장성을 고려하여 설계
④ 전국적인 통일된 좌표계 사용

해설 PBLIS는 데이터베이스관리시스템(DBMS)을 이용하여 처리하는 시스템이다.

49 토지정보체계의 관리목적에 대한 설명으로 틀린 것은?

① 토지 관련 정보의 수요 결정과 정보를 신속하고 정확하게 제공할 수 있다.
② 신뢰할 수 있는 가장 최신의 토지등록데이터를 확보할 수 있도록 하는 것이다.
③ 토지와 관련된 등록부와 도면 등의 도해지적공부의 확보이다.
④ 새로운 시스템의 도입으로 토지정보체계의 DB에 관련된 시스템을 자동화하는 것이다.

해설 토지정보체계의 관리목적
㉠ 토지 관련 정보의 수요 결정과 정보를 신속하고 정확하게 제공
㉡ 신뢰할 수 있는 가장 최신의 토지등록데이터 확보
㉢ 토지와 관련된 등록부와 도면 등의 수치지적공부 확보
㉣ 새로운 시스템의 도입으로 토지정보체계의 DB에 관련된 시스템 자동화

50 위상관계의 특성과 관계가 없는 것은?

① 인접성　　② 연결성
③ 단순성　　④ 포함성

해설 위상관계는 각 공간객체 사이의 관계를 인접성(adjacency), 연결성(connectivity), 포함성(containment) 등의 관점에서 묘사되며 스파게티모델에 비해 다양한 공간분석이 가능하다.

51 국가지리정보체계의 추진과정에 관한 내용으로 틀린 것은?

① 1995년부터 2000년까지 제1차 국가GIS사업 수행
② 2006년부터 2010년에는 제2차 국가GIS기본계획 수립
③ 제1차 국가GIS사업에서는 지형도, 공통주제도, 지하시설물도의 DB 구축 추진
④ 제2차 국가GIS사업에서는 국가공간정보기반 확충을 통한 디지털국토 실현 추진

해설 제2차 NGIS활용·확산단계(2001~2005) : 제2차 국가GIS사업을 통해 국가공간정보기반을 확고히 마련하고 범국민적 유통·활용을 정착

정답 46 ② 47 ① 48 ② 49 ③ 50 ③ 51 ②

52 다음 중 관계형 DBMS에 대한 설명으로 옳은 것은?

① 하나의 개체가 여러 개의 부모레코드와 자녀레코드를 가질 수 있다.
② 데이터들이 트리구조로 표현되기 때문에 하나의 루트(root)레코드를 가진다.
③ SQL과 같은 질의언어 사용으로 복잡한 질의도 간단하게 표현할 수 있다.
④ 서로 같은 자료 부분을 갖는 모든 객체를 묶어서 클래스(class) 혹은 형태(type)라 한다.

해설 관계형 DBMS은 가장 최신의 데이터베이스 형태이며 사용자에게 보다 친숙한 자료접근방법을 제공하기 위해 개발하였다. 현재 가장 보편적으로 많이 쓰이며 데이터의 독립성이 높고 높은 수준의 데이터 조작언어(SQL)를 사용한다.

53 데이터에 대한 정보인 메타데이터의 특징으로 틀린 것은?

① 데이터의 직접적인 접근이 용이하지 않을 경우 데이터를 참조하기 위한 보조데이터로 사용된다.
② 대용량의 공간데이터를 구축하는 데 비용과 시간을 절감할 수 있다.
③ 데이터의 교환을 원활하게 지원할 수 있다.
④ 메타데이터는 데이터의 일관성을 유지하기 어렵게 한다.

해설 메타데이터란 실제 데이터는 아니지만 데이터베이스, 레이어, 속성, 공간현상 등과 관련된 데이터의 내용, 품질, 조건 및 특징 등을 저장한 데이터로서 데이터에 관한 데이터로 데이터의 이력서라고 말할 수 있다. 따라서 메타데이터는 작성한 실무자가 바뀌더라도 변함없는 데이터의 기본체계를 유지하게 되므로 시간이 지나도 일관성 있는 데이터를 사용자에게 제공이 가능하다.

54 사용자가 네트워크나 컴퓨터를 의식하지 않고 장소에 상관없이 자유롭게 네트워크에 접속할 수 있는 정보통신환경을 무엇이라 하는가?

① 유비쿼터스(Ubiquitous)
② 위치기반정보시스템(LBS)
③ 지능형 교통정보시스템(ITS)
④ 텔레매틱스(Telematics)

해설 유비쿼터스(Ubiquitous) : 사용자가 네트워크나 컴퓨터를 의식하지 않고 장소에 상관없이 자유롭게 네트워크에 접속할 수 있는 정보통신환경

55 다음 중 공간데이터베이스를 구축하기 위한 자료취득방법과 가장 거리가 먼 것은?

① 기존 지형도를 이용하는 방법
② 지상측량에 의한 방법
③ 항공사진측량에 의한 방법
④ 통신장비를 이용하는 방법

해설 지적정보취득방법

속성정보	도형정보(공간정보)
• 현지조사에 의한 경우	• 지상측량에 의한 경우
• 민원신청에 의한 경우	• 항공사진측량에 의한 경우
• 담당공무원의 직권에 의한 경우	• 원격탐측에 의한 경우
• 관계기관의 통보에 의한 경우	• GPS측량에 의한 경우
	• 기존의 도면을 이용하는 경우

56 필지식별번호에 관한 설명으로 틀린 것은?

① 각 필지의 등록사항의 저장과 수정 등을 용이하게 처리할 수 있는 고유번호를 말한다.
② 필지에 관련된 모든 자료의 공통적 색인번호의 역할을 한다.
③ 토지 관련 정보를 등록하고 있는 각종 대장과 파일 간의 정보를 연결하거나 검색하는 기능을 향상시킨다.
④ 필지의 등록사항 변경 및 수정에 따라 변화할 수 있도록 가변성이 있어야 한다.

해설 필지식별번호는 필지의 등록사항 변경 및 수정에 따라 변화할 수 있도록 가변성이 없어야 한다.

57 벡터데이터에 비해 래스터데이터가 갖는 장점으로 틀린 것은?

① 자료구조가 단순하다.
② 객체의 크기와 방향성에 정보를 가지고 있다.
③ 스캐닝이나 위성영상, 디지털카메라에 의해 쉽게 자료를 취득할 수 있다.
④ 격자의 크기 및 형태가 동일하므로 시뮬레이션에는 용이하다.

정답 52 ③ 53 ④ 54 ① 55 ④ 56 ④ 57 ②

해설 객체의 크기와 방향성에 정보를 가지고 있는 것은 벡터데이터의 장점이다.

58 디지타이징 입력에 의한 도면의 오류를 수정하는 방법으로 틀린 것은?

① 선의 중복 : 중복된 두 선을 제거함으로써 쉽게 오류를 수정할 수 있다.
② 라벨오류 : 잘못된 라벨을 선택하여 수정하거나 제 위치에 옮겨주면 된다.
③ Undershoot and Overshoot : 두 선이 목표지점을 벗어나거나 못 미치는 오류를 수정하기 위해서는 선분의 길이를 늘려주거나 줄여야 한다.
④ Sliver폴리곤 : 폴리곤이 겹치지 않게 적절하게 위치를 이동시킴으로써 제거될 수 있는 경우도 있고, 폴리곤을 형성하고 있는 부정확하게 입력된 선분을 만드는 버텍스들을 제거함으로써 수정될 수도 있다.

해설 선의 중복은 주로 영역의 경계선에서 점·선이 이중으로 입력되어 발생하는 오차로, 중복된 점·선을 삭제함으로써 수정이 가능하다.

59 다음 중 도로와 같은 교통망이나 하천, 상하수도 등과 같은 관망의 연결성과 경로를 분석하는 기법은?

① 지형분석 ② 다기준분석
③ 근접분석 ④ 네트워크분석

해설 **네트워크분석**
㉠ 목적물 간의 교통안내나 최단경로분석, 상하수도관망분석 등 다양한 분석기능 수행
㉡ 최단경로나 최소비용경로를 찾는 경로탐색기능
㉢ 시설물을 적정한 위치에 할당하는 배분기능
㉣ 네트워크상에서 연결성을 추적하는 추적기능
㉤ 지역 간의 공간적 상호작용기능
㉥ 수요에 맞추어 가장 효율적으로 재화나 서비스시설을 입지시키는 입지·배분기능 등

60 지방자치단체가 지적공부 및 부동산종합공부의 정보를 전자적으로 관리·운영하는 시스템은?

① 한국토지정보시스템
② 부동산종합공부시스템
③ 지적행정시스템
④ 국가공간정보시스템

해설 ㉠ 국토정보체계 : 국토교통부장관이 지적공부 및 부동산종합공부의 정보를 전국단위로 통합하여 관리·운영하는 시스템
㉡ 부동산종합공부시스템 : 지방자치단체가 지적공부 및 부동산종합공부의 정보를 전자적으로 관리·운영하는 시스템

제4과목 지적학

61 지적공부의 등록사항을 공시하는 방법으로 적절하지 않은 것은?

① 지적공부에 등록된 경계를 지상에 복원하는 것
② 지적공부를 직접 열람하거나 등본에 의하여 외부에서 알 수 있는 것
③ 지적공부에 등록된 토지표시사항을 등기부에 기록된 내용에 의하여 정정하는 것
④ 지적공부에 등록된 사항과 현장 상황이 맞지 않을 때 현장 상황에 따라 변경등록하는 것

해설 토지의 표시는 지적공부가 우선이므로 등기부에 의해서 정정할 수 없다.

62 토지조사사업 당시의 사정사항으로 옳은 것은?

① 지번과 경계 ② 지번과 지목
③ 지번과 소유자 ④ 소유자와 경계

해설 토지의 사정(査定)이란 토지조사부 및 지적도에 의하여 토지소유자(원시취득) 및 강계를 확정하는 행정처분을 말한다. 지적도에 등록된 강계선이 대상이며 지역선은 사정하지 않는다.

63 다음 중 대한제국시대에 양전사업을 위해 설치된 최초의 독립된 지적행정관청은?

① 탁지부 ② 양지아문
③ 지계아문 ④ 임시재산정리국

해설 **양지아문(量地衙門)**
㉠ 설치 : 광무 2년(1898년 7월 6일) 칙령 제25호로 제정·공포되어 설치하였다.
㉡ 목적 : 전국의 양전사업을 관장하는 양전독립기구를 발족하였으며, 양전을 위한 최초의 지적행정관청이었다.

정답 58 ① 59 ④ 60 ② 61 ③ 62 ④ 63 ②

64 지적의 어원과 관련이 없는 것은?

① Capitalism ② Catastrum
③ Capitastrum ④ Katastikhon

해설 지적의 어원
㉠ J. G. McEntyre는 지적을 라틴어인 Capitastrum에서 그 어원이 유래되었다고 주장하면서 인두세등록부(Head Tax Register)를 의미하는 Capitastrum 또는 Cadastrum에서 유래되었다고 하였다.
㉡ Blondheim은 지적을 그리스어인 Katastikhon에서 그 어원이 유래되었다고 주장하였으며, 여기서 Kata(위에서 아래로)+stikhon(부과)=Katastikhon는 군주가 백성에게 세금을 부과하는 제도라는 의미로 사용하였다.
㉢ Capitastrum과 Katastikhon은 세금 부과의 뜻을 지닌 것으로 알 수 있다.
㉣ Cadastre은 과세 및 측량이라는 의미를 내포하고 있다.

65 조선시대 매매에 따른 일종의 공증제도로 토지를 매매할 때 소유권 이전에 관하여 관에서 공적으로 증명하여 발급한 서류는?

① 명문(明文) ② 문권(文券)
③ 문기(文記) ④ 입안(立案)

해설 ㉠ 입안(立案) : 토지매매 시 관청에서 증명한 공적 소유권 증서로, 소유자 확인 및 토지매매를 증명하는 제도이다. 오늘날의 등기부와 유사하다.
㉡ 문기(文記) : 토지 및 가옥을 매수 또는 매매할 때 작성한 매매계약서를 말한다. 상속, 유증, 임대차의 경우에도 문기를 작성하였다. 명문(明文), 문권(文券)이라고도 한다.

66 다음 중 토지조사사업 당시의 재결기관으로 옳은 것은?

① 도지사
② 임시토지조사국장
③ 고등토지조사위원회
④ 지방토지조사위원회

해설 임시토지조사국장은 지방토지조사위원회에 자문하여 토지소유자 및 그 강계를 사정하며, 사정을 하는 때에는 30일간 이를 공시한다. 사정에 대하여 불복하는 자는 공시기간 만료 후 60일 내에 고등토지조사위원회에 제기하여 재결을 받을 수 있다. 다만, 정당한 사유 없이 입회를 하지 아니한 자는 그러하지 아니하다.

67 지압(地壓)조사에 대한 설명으로 옳은 것은?

① 신고, 신청에 의하여 실시하는 토지조사이다.
② 무신고 이동지를 발견하기 위하여 실시하는 토지검사이다.
③ 토지의 이동측량성과를 검사하는 성과검사이다.
④ 분쟁지의 경계와 소유자를 확정하는 토지조사이다.

해설 지압(地壓)조사는 무신고 이동지를 발견하기 위하여 실시하는 토지검사이다.

68 지번에 결번이 생겼을 경우 처리하는 방법은?

① 결번된 토지대장카드를 삭제한다.
② 결번대장을 비치하여 영구히 보전한다.
③ 결번된 지번을 삭제하고 다른 지번을 설정한다.
④ 신규등록 시 결번을 사용하여 결번이 없도록 한다.

해설 지적소관청은 지번변경, 합병, 축척변경 등의 사유로 결번이 발생한 경우 결번대장에 사유를 적고 비치하여 영구히 보전한다.

69 다음 중 일필지의 경계설정방법이 아닌 것은?

① 보완설 ② 분급설
③ 점유설 ④ 평분설

해설 경계설정방법 : 점유설, 평분설, 보완설

70 지적과 등기에 관한 설명으로 틀린 것은?

① 지적공부는 필지별 토지의 특성을 기록한 공적장부이다.
② 등기부 을구의 내용은 지적공부 작성의 토대가 된다.
③ 등기부 갑구의 정보는 지적공부 작성의 토대가 된다.
④ 등기부의 표제부는 지적공부의 기록을 토대로 작성된다.

해설 등기부 을구에는 소유권 이외의 권리에 관한 사항을 기록한다. 따라서 을구에 기록하는 내용은 지적공부와는 무관하다.

정답 64 ① 65 ④ 66 ③ 67 ② 68 ② 69 ② 70 ②

71 "모든 토지는 지적공부에 등록해야 하고 등록 전 토지표시사항은 항상 실제와 일치하게 유지해야 한다"가 의미하는 토지등록제도는?

① 권원등록제도 ② 소극적 등록제도
③ 적극적 등록제도 ④ 날인증서등록제도

해설 "모든 토지는 지적공부에 등록해야 하고 등록 전 토지표시사항은 항상 실제와 일치하게 유지해야 한다"가 의미하는 토지등록제도는 적극적 등록제도이다.

72 다음 중 지적도에 건물이 등록되어 있는 국가는?

① 독일 ② 대만
③ 일본 ④ 한국

해설 독일은 지적도에 건물이 등록되어 있다.

73 지적의 분류 중 등록방법에 따른 분류가 아닌 것은?

① 도해지적 ② 2차원 지적
③ 3차원 지적 ④ 입체지적

해설 등록방법에 따른 분류에는 2차원 지적과 3차원 지적(입체지적)이 있으며, 도해지적은 측량방법(경계표시)에 따른 분류에 해당한다.

74 다음 지적재조사사업에 관한 설명으로 옳은 것은?

① 지적재조사사업은 지적소관청이 시행한다.
② 지적소관청은 지적재조사사업에 관한 기본계획을 수립하여야 한다.
③ 지적재조사사업에 관한 주요 정책을 심의·의결하기 위하여 지적소관청 소속으로 중앙지적재조사위원회를 둔다.
④ 시·군·구의 지적재조사사업에 관한 주요 정책을 심의·의결하기 위하여 국토교통부장관 소속으로 시·군·구 지적재조사위원회를 둘 수 있다.

해설 ② 국토교통부장관은 지적재조사사업에 관한 기본계획을 수립하여야 한다.
③ 지적재조사사업에 관한 주요 정책을 심의·의결하기 위하여 국토교통부장관 소속으로 중앙지적재조사위원회를 둔다.
④ 시·군·구의 지적재조사사업에 관한 주요 정책을 심의·의결하기 위하여 지적소관청 소속으로 시·군·구 지적재조사위원회를 둘 수 있다.

75 시대와 사용처, 비치처에 따라 다르게 불리는 양안의 명칭에 해당하지 않는 것은?

① 도적(圖籍)
② 성책(城柵)
③ 전답타량안(田畓打量案)
④ 양전도행장(量田導行帳)

해설 시대에 따른 분류
㉠ 고려시대 : 도전장, 양전장적, 양전도장, 도전정, 전적, 전안
㉡ 조선시대 : 양안등서책, 전답안, 성책, 양명등서차, 전답결대장, 전답결타량, 전답타량안, 전답양안, 전답행심, 양전도행장

76 다음 중 지적 관련 법령의 변천순서로 옳은 것은?

① 토지조사령 → 조선임야조사령 → 조선지세령 → 지세령 → 지적법
② 토지조사령 → 조선지세령 → 조선임야조사령 → 지세령 → 지적법
③ 토지조사령 → 조선임야조사령 → 지세령 → 조선지세령 → 지적법
④ 토지조사령 → 지세령 → 조선임야조사령 → 조선지세령 → 지적법

해설 지적법령의 변천순서 : 토지조사령(1912) → 지세령(1914) → 조선임야조사령(1918) → 조선지세령(1943) → 지적법(1950)

77 다음 중 조선시대의 양안(量案)에 관한 설명으로 틀린 것은?

① 호조, 본도, 본읍에 보관하게 하였다.
② 토지의 소재, 등급, 면적을 기록하였다.
③ 양안의 소유자는 매 10년마다 측량하여 등재하였다.
④ 오늘날의 토지대장과 같은 조선시대의 토지장부다.

해설 경국대전에는 모든 토지를 6등급으로 나누어 20년마다 한 번씩 양전을 실시, 그 결과를 양안에 기록하며 호조·본도·본읍에 보관하기로 되어 있다.

정답 71 ③ 72 ① 73 ① 74 ① 75 ① 76 ④ 77 ③

78 "지적도에 등록된 경계와 임야도에 등록된 경계가 서로 다른 때에는 축척 1:1,200인 지적도에 등록된 경계에 따라 축척 1:6,000인 임야도의 경계를 정정하여야 한다"라는 기준은 어느 원칙을 따른 것인가?
① 등록 선후의 원칙 ② 용도 경중의 원칙
③ 축척종대의 원칙 ④ 경계불가분의 원칙

해설 **축척종대의 원칙**: 지적도에 등록된 경계와 임야도에 등록된 경계가 서로 다른 때에는 큰 축척의 경계를 따른다.

79 토지이동에 관한 설명 중 틀린 것은?
① 신규등록은 토지이동에 속한다.
② 등록전환, 지목변경의 신청기간은 60일 이내이다.
③ 소유자변경, 토지등급 및 수확량등급의 수정도 토지이동에 속한다.
④ 토지이동이란 토지의 표시를 새로 정하거나 변경 또는 말소하는 것을 말한다.

해설 토지의 이동이란 토지의 표시를 새로이 정하거나 변경 또는 말소하는 것을 말한다. 즉 지적공부에 등록된 토지의 지번·지목·경계·좌표·면적이 달라지는 것을 말하며, 토지소유자의 변경, 토지소유자의 주소변경, 토지의 등급변경은 토지의 이동에 해당하지 아니한다.

토지의 이동에 해당하는 경우	토지의 이동에 해당하지 않는 경우
• 신규등록, 등록전환 • 분할, 합병 • 해면성 말소 • 행정구역명칭변경 • 도시개발사업 등 • 축척변경, 등록사항정정	• 토지소유자의 변경 • 토지소유자의 주소변경 • 토지의 등급변경 • 개별공시지가의 변경

80 "지적은 특정한 국가나 지역 내에 있는 재산을 지적측량에 의해서 체계적으로 정리해 놓은 공부이다"라고 지적을 정의한 학자는?
① A. Toffler ② S. R. Simpson
③ J. G. McEntre ④ J. L. G. Henssen

해설 J. L. G. Henssen은 "지적은 특정한 국가나 지역 내에 있는 재산을 지적측량에 의해서 체계적으로 정리해 놓은 공부이다"라고 정의하였다.

제5과목 지적관계법규

81 부동산등기규칙상 토지의 분할, 합병 및 등기사항의 변경이 있어 토지의 표시변경등기를 신청하는 경우에 그 변경을 증명하는 첨부정보로서 옳은 것은 어느 것인가?
① 지적도나 임야도
② 멸실 및 증감확인서
③ 이해관계인의 승낙서
④ 토지대장정보나 임야대장정보

해설 부동산등기규칙상 토지의 분할, 합병 및 등기사항의 변경이 있어 토지의 표시변경등기를 신청하는 경우에 그 변경을 증명하는 첨부정보로 토지대장정보나 임야대장정보를 제공하여야 한다.

82 공간정보의 구축 및 관리 등에 관한 법률 시행령상 청산금의 납부고지 및 이의신청기준으로 틀린 것은?
① 납부고지를 받은 자는 그 고지를 받은 날로부터 6개월 이내에 청산금을 지적소관청에 내야 한다.
② 납부고지되거나 수령통지된 청산금에 관하여 이의가 있는 자는 납부고지 또는 수령통지를 받은 날로부터 1개월 이내에 지적소관청에 이의신청을 할 수 있다.
③ 지적소관청은 수령통지를 한 날부터 6개월 이내에 청산금을 지급하여야 한다.
④ 지적소관청은 청산금의 결정을 공고한 날부터 1개월 이내에 토지소유자에게 청산금의 납부고지 또는 수령통지를 하여야 한다.

해설 지적소관청은 청산금의 결정을 공고한 날부터 20일 이내에 토지소유자에게 청산금의 납부고지 또는 수령통지를 하여야 한다.

83 다음 중 등기의 효력이 발생하는 시기는?
① 등기필증을 교부한 때
② 등기신청서를 접수한 때
③ 관련 기관에 등기필통지를 한 때
④ 등기사항을 등기부에 기재한 때

정답 78 ③ 79 ③ 80 ④ 81 ④ 82 ④ 83 ②

해설 등기의 효력 발생시기는 등기관이 등기를 마치면 접수한 때 발생한다.

84 공간정보의 구축 및 관리 등에 관한 법률에서 규정된 용어의 정의로 틀린 것은?

① "경계"란 필지별로 경계점들을 곡선으로 연결하여 지적공부에 등록한 선을 말한다.
② "면적"이란 지적공부에 등록한 필지의 수평면상 넓이를 말한다.
③ "신규등록"이란 새로 조성된 토지와 지적공부에 등록되어 있지 아니한 토지를 지적공부에 등록하는 것을 말한다.
④ "축척변경"이란 지적도에 등록된 경계점의 정밀도를 높이기 위하여 작은 축척을 큰 축척으로 변경하여 등록하는 것을 말한다.

해설 경계란 필지별로 경계점들을 직선으로 연결하여 지적공부에 등록한 선을 말한다.

85 다음 중 지적측량업의 업무내용으로 옳은 것은?

① 도해지역에서의 지적측량
② 지적재조사사업에 따라 실시하는 기준점측량
③ 지적전산자료를 활용한 정보화사업
④ 도시개발사업 등이 완료됨에 따라 실시하는 지적도근점측량

해설 지적측량업의 업무범위
㉠ 경계점좌표등록부가 갖춰진 지역에서의 지적측량
㉡ 지적재조사사업에 따라 실시하는 지적확정측량
㉢ 도시개발사업 등이 완료됨에 따라 실시하는 지적확정측량
㉣ 지적전산자료를 활용한 정보화사업

86 지적소관청이 관리하는 지적기준점표지가 멸실되거나 훼손되었을 때에는 누가 이를 다시 설치하거나 보수하여야 하는가?

① 국토지리정보원장
② 지적소관청
③ 시·도지사
④ 국토교통부장관

해설 지적소관청은 지적기준점표지가 멸실되거나 훼손되었을 때에는 이를 다시 설치하거나 보수하여야 한다.

87 다음 중 축척변경위원회에 대한 설명에 해당하는 것은?

① 축척변경시행계획에 관하여 소관청이 회부하는 사항에 대한 심의·의결하는 기구이다.
② 토지 관련 자료의 효율적인 관리를 위하여 설치된 기구이다.
③ 지적측량의 적부심사청구사항에 대한 심의기구이다.
④ 축척변경에 대한 연구를 수행하는 주민자치기구이다.

해설 축척변경에 관한 사항을 심의·의결하기 위하여 지적소관청에 축척변경위원회를 둔다. 축척변경위원회는 5명 이상 10명 이하의 위원으로 구성하되, 위원의 2분의 1 이상을 토지소유자로 하여야 한다. 이 경우 그 축척변경시행지역 안의 토지소유자가 5명 이하인 때에는 토지소유자 전원을 위원으로 위촉하여야 한다.

88 고의로 측량성과를 사실과 다르게 한 자에 대한 벌칙 기준으로 옳은 것은?

① 300만원 이하의 과태료
② 1년 이하의 징역 또는 1천만원 이하의 벌금
③ 2년 이하의 징역 또는 2천만원 이하의 벌금
④ 3년 이하의 징역 또는 3천만원 이하의 벌금

해설 고의로 측량성과를 사실과 다르게 한 자는 2년 이하의 징역 또는 2천만원 이하의 벌금형에 해당한다.

89 토지의 이동에 따른 지적공부의 정리방법 등에 관한 설명으로 틀린 것은?

① 토지이동정리결의서는 토지대장·임야대장 또는 경계점좌표등록부별로 구분하여 작성한다.
② 토지이동정리결의서에는 토지이동신청서 또는 도시개발사업 등의 완료신고서 등을 첨부하여야 한다.
③ 소유자정리결의서에는 등기필증, 등기부등본 또는 그 밖에 토지소유자가 변경되었음을 증명하는 서류를 첨부하여야 한다.
④ 토지이동정리결의서 및 소유자정리결의서의 작성에 필요한 사항은 대통령령으로 정한다.

정답 84 ① 85 ③ 86 ② 87 ① 88 ③ 89 ④

해설 토지이동정리결의서 및 소유자정리결의서의 작성에 필요한 사항은 국토교통부령으로 정한다.

90 다음 중 주된 용도의 토지에 편입하여 1필지로 할 수 있는 종된 토지의 기준으로 옳은 것은?

① 주된 지목의 토지면적이 1,148m²인 토지로 종된 지목의 토지면적이 115m²인 토지
② 주된 지목의 토지면적이 2,300m²인 토지로 종된 지목의 토지면적이 231m²인 토지
③ 주된 지목의 토지면적이 3,125m²인 토지로 종된 지목의 토지면적이 228m²인 토지
④ 주된 지목의 토지면적이 3,350m²인 토지로 종된 지목의 토지면적이 332m²인 토지

해설 **양입지**
㉠ 의의 : 소유자가 동일하고 지반은 연속되지만 지목이 동일하지 않은 경우 주된 용도의 토지에 편입하여 1필지로 할 수 있는 종된 토지를 말한다.
㉡ 요건 및 제한

요건	제한
• 주된 용도의 토지의 편의를 위하여 설치된 도로·구거(도랑) 등의 부지 • 주된 용도의 토지에 접속되거나 주된 용도의 토지로 둘러싸인 토지로서 다른 용도로 사용되고 있는 토지	• 종된 토지의 지목이 '대'인 경우 • 주된 토지면적의 10%를 초과하는 경우 • 종된 토지면적이 330m²를 초과하는 경우

91 공간정보의 구축 및 관리 등에 관한 법률 시행령상 지상경계의 결정기준에서 분할에 따른 지상경계를 지상건축물에 걸리게 결정할 수 있는 경우로 틀린 것은?

① 공공사업 등에 따라 지목이 학교용지로 되는 토지를 분할하는 경우
② 토지를 토지소유자의 필요에 의해 분할하는 경우
③ 도시개발사업 등의 사업시행자가 사업지구의 경계를 결정하기 위하여 토지를 분할하려는 경우
④ 법원의 확정판결이 있는 경우

해설 분할에 따른 지상경계를 지상건축물에 걸리게 결정할 수 있는 경우
㉠ 법원의 확정판결이 있는 경우
㉡ 토지를 분할하는 경우 : 공공사업 등에 따라 학교용지·도로·철도용지·제방·하천·구거·유지·수도용지 등의 지목으로 되는 토지인 경우
㉢ 도시개발사업 등의 사업시행자가 사업지구의 경계를 결정하기 위해 분할하려는 경우
㉣ 국토의 계획 및 이용에 관한 법률 제30조 제6항에 따른 도시·군관리계획결정고시와 같은 법 제32조 제4항에 따른 지형도면고시가 된 지역의 도시관리계획선에 따라 토지를 분할하려는 경우

92 다음 중 공간정보의 구축 및 관리 등에 관한 법률에서 정의하는 지적공부에 해당하지 않는 것은?

① 지적도   ② 일람도
③ 공유지연명부 ④ 대지권등록부

해설 공간정보의 구축 및 관리 등에 관한 법률 제2조(정의)
이 법에서 사용하는 용어의 뜻은 다음과 같다.
19. "지적공부"란 토지대장, 임야대장, 공유지연명부, 대지권등록부, 지적도, 임야도 및 경계점좌표등록부 등 지적측량 등을 통하여 조사된 토지의 표시와 해당 토지의 소유자 등을 기록한 대장 및 도면(정보처리시스템을 통하여 기록·저장된 것을 포함한다)을 말한다.

93 다음 중 지적삼각점성과표에 기록·관리하여야 하는 사항 중 필요한 경우로 한정하여 기재하는 것은?

① 자오선수차   ② 경도 및 위도
③ 좌표 및 표고 ④ 시준점의 명칭

해설 지적삼각점성과표에 경도 및 위도는 필요한 경우에만 등록한다.

94 도시지역과 그 주변지역의 무질서한 시가화를 방지하고 계획적·단계적인 개발을 도모하기 위하여 일정시간 동안 시가화를 유보할 목적으로 지정하는 것은?

① 보존지구   ② 개발제한구역
③ 시가화조정구역 ④ 지구단위계획구역

해설 **시가화조정구역** : 도시지역과 그 주변지역의 무질서한 시가화를 방지하고 계획적·단계적인 개발을 도모하기 위하여 일정시간 동안 시가화를 유보할 목적으로 지정하는 구역

95 도로명주소법상 기초번호, 도로명주소, 국가기초구역, 국가지점번호 및 사물주소의 부여·설정·관리 등을 위하여 도로 및 건물 등의 위치에 관한 기초조사를 할 수 없는 자는?

① 국토교통부장관
② 행정안전부장관
③ 시·도지사
④ 시장, 군수, 구청장

해설 도로명주소법 제6조(기초조사 등)
① 행정안전부장관, 시·도지사 및 시장·군수·구청장은 기초번호, 도로명주소, 국가기초구역, 국가지점번호 및 사물주소의 부여·설정·관리 등을 위하여 도로 및 건물 등의 위치에 관한 기초조사를 할 수 있다.
② 도로법 제2조 제5호에 따른 도로관리청은 같은 법 제25조에 따라 도로구역을 결정·변경 또는 폐지한 경우 그 사실을 제7조 제2항 각 호의 구분에 따라 행정안전부장관, 시·도지사 또는 시장·군수·구청장에게 통보하여야 한다.

96 공간정보의 구축 및 관리 등에 관한 법률 시행령상 지번부여방법기준으로 틀린 것은?

① 분할 시의 지번은 최종본번을 부여한다.
② 합병 시의 지번은 합병대상지번 중 선순위 본번으로 부여할 수 있다.
③ 북서에서 남동으로 순차적으로 부여한다.
④ 신규등록 시 인접 토지의 본번에 부번을 붙여 부여한다.

해설 분할 후의 필지 중 1필지의 지번은 분할 전의 지번으로 하고, 나머지 필지의 지번은 본번의 최종부번의 다음 순번으로 부번을 부여한다.

97 등기관이 지적소관청에 통지하여야 하는 토지의 등기사항이 아닌 것은?

① 소유권의 보존
② 소유권의 이전
③ 토지표시의 변경
④ 소유권의 등기명의인 표시의 변경

해설 등기관은 소유권의 변경이 있을 경우 지적소관청에 통지를 하여야 한다. 토지표시의 변경은 지적소관청의 주업무이므로 등기관이 통지할 대상에 해당하지 않는다.

98 공간정보의 구축 및 관리 등에 관한 법률상 성능검사대행자등록의 결격사유가 아닌 것은?

① 피성년후견인 또는 피한정후견인
② 성능검사대행자등록이 취소된 후 2년이 경과되지 아니한 자
③ 이 법을 위반하여 징역형의 집행유예를 선고받고 그 유예기간 중에 있는 자
④ 이 법을 위반하여 징역의 실형을 선고받고 그 집행이 종료(집행이 종료된 것으로 보는 경우를 포함한다)되거나 집행이 면제된 날로부터 3년이 경과한 자

해설 성능검사대행자등록의 결격사유
㉠ 피성년후견인 또는 피한정후견인
㉡ 이 법이나 국가보안법 또는 형법 제87조부터 제104조까지의 규정을 위반하여 금고 이상의 실형을 선고받고 그 집행이 끝나거나(집행이 끝난 것으로 보는 경우를 포함한다) 집행이 면제된 날부터 2년이 지나지 아니한 자
㉢ 이 법이나 국가보안법 또는 형법 제87조부터 제104조까지의 규정을 위반하여 금고 이상의 형의 집행유예를 선고받고 그 집행유예기간 중에 있는 자
㉣ 측량업의 등록이 취소된 후 2년(제1호에 해당하여 등록이 취소된 경우는 제외한다)이 지나지 아니한 자
㉤ 임원 중에 ㉠~㉣까지의 어느 하나에 해당하는 자가 있는 법인

99 국토의 계획 및 이용에 관한 법률상 도시·군관리계획 결정의 효력은 언제를 기준으로 그 효력이 발생하는가?

① 지형도면을 고시한 날부터
② 지형도면고시가 된 날의 다음날로부터
③ 지형도면고시가 된 날로부터 3일 후부터
④ 지형도면고시가 된 날로부터 5일 후부터

해설 국토의 계획 및 이용에 관한 법률상 도시·군관리계획 결정의 효력은 지형도면을 고시한 날부터 효력이 발생한다.

정답 95 ① 96 ① 97 ③ 98 ④ 99 ①

100. 도로명주소법 시행령상 유사도로명에 대한 설명으로 옳은 것은?

① 도로명을 새로 부여하려거나 기존의 도로명을 변경하려는 경우에 임시로 정하는 도로명을 말한다.
② 특정 도로명을 다른 도로명의 일부로 사용하는 경우 특정 도로명과 다른 도로명 모두를 말한다.
③ 도로구간이 서로 연결되어 있으면서 그 이름이 같은 도로명을 말한다.
④ 별도로 도로구간으로 설정하지 않고 그 구간에 접해 있는 주된 도로구간에 포함시킨 구간을 말한다.

해설 도로명주소법 시행령 제2조(정의)
이 영에서 사용하는 용어의 뜻은 다음과 같다.
1. "예비도로명"이란 도로명을 새로 부여하려거나 기존의 도로명을 변경하려는 경우에 임시로 정하는 도로명을 말한다.
2. "유사도로명"이란 특정 도로명을 다른 도로명의 일부로 사용하는 경우 특정 도로명과 다른 도로명 모두를 말한다.
3. "동일 도로명"이란 도로구간이 서로 연결되어 있으면서 그 이름이 같은 도로명을 말한다.
4. "종속구간"이란 다음 각 목의 어느 하나에 해당하는 구간으로서 별도로 도로구간으로 설정하지 않고 그 구간에 접해 있는 주된 도로구간에 포함시킨 구간을 말한다.
   가. 막다른 구간
   나. 2개의 도로를 연결하는 구간

정답 100 ②

2024년 제2회 지적산업기사 필기 복원

제1과목 지적측량

01 우연오차에 대한 설명으로 옳지 않은 것은?

① 오차의 발생원인이 명확하지 않다.
② 부정오차(random error)라고도 한다.
③ 확률에 근거하여 통계적으로 오차를 처리한다.
④ 같은 크기의 (+)오차는 (−)오차보다 자주 발생한다.

해설 같은 크기의 (+)오차와 (−)오차가 발생할 확률은 같다.

02 평판측량방법에 따른 세부측량을 도선법으로 하는 경우 도선의 변의 수 기준은?

① 10개 이하　② 20개 이하
③ 30개 이하　④ 40개 이하

해설 평판측량방법에 따른 세부측량을 도선법으로 하는 경우에는 다음의 기준에 따른다.
㉠ 위성기준점, 통합기준점, 삼각점, 지적삼각점, 지적삼각보조점 및 지적도근점, 그 밖에 명확한 기지점 사이를 서로 연결할 것
㉡ 도선의 측선장은 도상길이 8cm 이하로 할 것. 다만, 광파조준의 또는 광파측거기를 사용할 때에는 30cm 이하로 할 수 있다.
㉢ 도선의 변은 20개 이하로 할 것
㉣ 도선의 폐색오차가 도상길이 $\frac{\sqrt{N}}{3}$ [mm] 이하인 경우 그 오차는 다음의 계산식에 따라 이를 각 점에 배분하여 그 점의 위치로 할 것

$$M_n = \frac{e}{N} n$$

M_n은 각 점에 순서대로 배분할 밀리미터단위의 도상길이, e는 밀리미터단위의 오차, N은 변의 수, n은 변의 순서를 말한다.

03 지적측량의 측량기간기준으로 옳은 것은? (단, 지적기준점을 설치하여 측량하는 경우는 고려하지 않는다.)

① 4일　② 5일
③ 6일　④ 7일

해설 지적측량기준
㉠ 측량기간 : 5일
㉡ 검사기간 : 4일

04 지적측량에 사용되는 구소삼각지역의 직각좌표계 원점이 아닌 것은?

① 가리원점　② 동경원점
③ 망산원점　④ 조본원점

해설 구소삼각원점

경기지역	경북지역
고초원점	구암원점
등경원점	금산원점
가리원점	율곡원점
계양원점	현창원점
망산원점	소라원점
조본원점	

05 경위의측량방법에 따른 지적삼각점의 관측과 계산에 대한 설명으로 옳은 것은?

① 1방향각의 수평각측각공차는 30초 이내이다.
② 수평각관측은 2대회의 방향관측법에 의한다.
③ 관측은 5초독 이상의 경위의를 사용한다.
④ 수평각관측 시 윤곽도는 0도, 60도, 100도로 한다.

해설 경위의 측량방법에 따른 지적삼각점측량의 관측 및 계산은 다음의 기준에 따른다.
㉠ 관측은 10초독 이상의 경위의를 사용할 것
㉡ 수평각관측은 3대회(윤곽도는 0도, 60도, 120도로 한다)의 방향관측법에 따를 것
㉢ 수평각의 측각공차는 다음 표에 따를 것

종별	1방향각	1측회의 폐색	삼각형 내각관측의 합과 180도와의 차	기지각과의 차
공차	30초 이내	±30초 이내	±30초 이내	±40초 이내

정답 1 ④　2 ②　3 ②　4 ②　5 ①

06 다음 중 경위의측량방법에 따른 세부측량에서 토지의 경계가 곡선인 경우 직선으로 연결하는 곡선의 중앙종거의 길이기준으로 옳은 것은?

① 1cm 이상 5cm 이하
② 3cm 이상 5cm 이하
③ 5cm 이상 7cm 이하
④ 5cm 이상 10cm 이하

해설 토지의 경계가 곡선인 경우에는 가급적 현재 상태와 다르게 되지 아니하도록 경계점을 측정하여 연결할 것 이 경우 직선으로 연결하는 곡선의 중앙종거의 길이는 5cm 이상 10cm 이하로 한다.

07 지적도근측량에서 측정한 경사거리가 600m, 연직각이 60°일 때 수평거리는?

① 300m
② 370m
③ $300\sqrt{2}$ m
④ $740\sqrt{3}$ m

해설 $D = l\cos\theta = 600 \times \cos 60° = 300\text{m}$

08 배각법에 의해 도근측량을 실시하여 종선차의 합이 -140.10m, 종선차의 기지값이 -140.30m, 횡선차의 합이 320.20m, 횡선차의 기지값이 320.25m일 때 연결오차는?

① 0.21m
② 0.30m
③ 0.25m
④ 0.31m

해설 연결오차 = $\sqrt{0.2^2 + 0.05^2} = 0.21\text{m}$

09 광파기측량방법에 따른 지적삼각보조점의 점간거리를 5회 측정한 결과의 평균치가 2435.44m일 때 이 측정치의 최대치와 최소치의 교차가 최대 얼마 이하이어야 이 평균치를 측정거리로 할 수 있는가?

① 0.01m
② 0.02m
③ 0.04m
④ 0.06m

해설 $\dfrac{1}{100,000} = \dfrac{\Delta l}{2435.44}$
∴ $\Delta l = 0.02\text{m}$

10 지적도근점측량에서 지적도근점을 구성하여야 하는 도선으로 옳지 않은 것은?

① 결합도선
② 폐합도선
③ 개방도선
④ 왕복도선

해설 지적도근점은 결합도선, 폐합도선, 왕복도선 및 다각망도선으로 구성하여야 한다.

11 지적도의 제도에 관한 설명으로 옳지 않은 것은?

① 도곽선은 폭 0.1mm로 제도한다.
② 지번 및 지목은 2mm 이상 3mm 이하의 크기로 제도한다.
③ 지적도근점은 직경 3mm의 원으로 제도한다.
④ 도곽선수치는 2mm 크기의 아라비아숫자로 주기한다.

해설 지적도근점은 직경 2mm의 원으로 제도한다.

12 지상경계를 결정하고자 할 때의 기준으로 옳지 않은 것은?

① 토지가 수면에 접하는 경우 : 최소만조위가 되는 선
② 연접되는 토지 간에 높낮이 차이가 있는 경우 : 그 구조물 등의 하단부
③ 도로·구거 등의 토지에 절토(切土)된 부분이 있는 경우 : 그 경사면의 상단부
④ 공유수면매립지의 토지 중 제방 등을 토지에 편입하여 등록하는 경우 : 바깥쪽 어깨 부분

해설 **지상경계기준**
㉠ 연접되는 토지 간에 높낮이 차이가 없는 경우에는 그 구조물 등의 중앙
㉡ 연접되는 토지 간에 높낮이 차이가 있는 경우에는 그 구조물 등의 하단부
㉢ 도로·구거 등의 토지에 절토된 부분이 있는 경우에는 그 경사면의 상단부
㉣ 토지가 해면 또는 수면에 접하는 경우에는 최대만조위 또는 최대만수위가 되는 선
㉤ 공유수면매립지의 토지 중 제방 등을 토지에 편입하여 등록하는 경우에는 바깥쪽 어깨 부분

13 등록전환측량을 평판측량방법으로 실시할 때 그 방법으로 옳지 않은 것은?

① 교회법
② 도선법
③ 방사법
④ 현형법

정답 6 ④ 7 ① 8 ① 9 ② 10 ③ 11 ③ 12 ① 13 ④

해설 평판측량방법에 따른 세부측량은 교회법, 도선법 및 방사법에 따른다.

14 평면삼각형 ABC의 측각치 ∠A, ∠B, ∠C의 폐합오차는? (단, 폐합오차는 W로 표시한다)

① $W = 180° - (∠B + ∠C)$
② $W = ∠A + ∠B + ∠C - 180°$
③ $W = ∠A + ∠B + ∠C - 360°$
④ $W = 360° - (∠A + ∠B + ∠C)$

해설 삼각형의 폐합오차(W) = ∠A + ∠B + ∠C - 180°

15 지적확정측량을 시행할 때에 필지별 경계점측정에 사용되지 않는 점은?

① 위성기준점 ② 통합기준점
③ 지적삼각점 ④ 지적도근보조점

해설 지적확정측량을 하는 경우 필지별 경계점은 위성기준점, 통합기준점, 삼각점, 지적삼각점, 지적삼각보조점 및 지적도근점에 따라 측정하여야 한다.

16 등록전환 시 임야대장상 말소면적과 토지대장상 등록면적과의 허용오차 산출식은? (단, M은 임야도의 축척분모, F는 등록전환될 면적이다.)

① $A = 0.026^2 M\sqrt{F}$ ② $A = 0.026 MF$
③ $A = 0.026^2 MF$ ④ $A = 0.026 M\sqrt{F}$

해설 등록전환을 하는 경우

허용범위	이내	초과
$A = 0.026^2 M\sqrt{F}$	등록전환될 면적을 등록전환면적으로 결정	임야대장의 면적 또는 임야도의 경계를 지적소관청이 직권으로 정정하여야 한다.

[비고] A : 오차허용면적
M : 임야도 축척분모(3,000분의 1인 지역의 축척분모는 6,000으로 한다)
F : 등록전환될 면적

17 경위의측량방법과 교회법에 따른 지적삼각보조점측량의 관측 및 계산기준으로 옳은 것은?

① 1방향각의 공차는 50초 이내이다.
② 수평각관측은 3배각관측법에 따른다.
③ 2개의 삼각형으로부터 계산한 위치의 연결교차가 0.30m 이하일 때에는 그 평균치를 지적삼각보조점의 위치로 한다.
④ 관측은 30초독 이상의 경위의를 사용한다.

해설 경위의측량방법과 교회법에 따른 지적삼각보조점의 관측 및 계산기준

㉠ 관측은 20초독 이상의 경위의를 사용할 것
㉡ 수평각관측은 2대회(윤곽도는 0도, 90도로 한다)의 방향관측법에 따를 것
㉢ 수평각의 측각공차는 다음 표에 따를 것. 이 경우 삼각형 내각의 관측치를 합한 값과 180도와의 차는 내각을 전부 관측한 경우에 적용한다.

종별	1방향각	1측회의 폐색	삼각형 내각관측의 합과 180도와의 차	기지각과의 차
공차	40초 이내	±40초 이내	±50초 이내	±50초 이내

18 다음 중 지번과 지목의 제도방법에 대한 설명으로 옳지 않은 것은?

① 지번은 경계에 닿지 않도록 필지의 중앙에 제도한다.
② 1필지의 토지가 형상이 좁고 길게 된 경우 가로쓰기가 되도록 도면을 왼쪽 또는 오른쪽으로 돌려서 제도할 수 있다.
③ 지번은 고딕체로, 지목은 명조체로 제도한다.
④ 1필지의 면적이 작은 경우 지번과 지목은 부호를 붙이고 도곽선 밖에 그 부호·지번 및 지목을 제도할 수 있다.

해설 지번 및 지목을 제도할 때에는 지번 다음에 지목을 제도한다. 이 경우 2mm 이상 3mm 이하 크기의 명조체로 하고, 지번의 글자간격은 글자크기의 4분의 1 정도, 지번과 지목의 글자간격은 글자크기의 2분의 1 정도 띄어서 제도한다. 다만, 부동산종합공부시스템이나 레터링으로 작성할 경우에는 고딕체로 할 수 있다.

19 중부원점지역에서 사용하는 축척 1/600 지적도 1도곽에 포용되는 면적은?

① 20,000m² ② 30,000m²
③ 40,000m² ④ 50,000m²

정답 14 ② 15 ④ 16 ① 17 ③ 18 ③ 19 ④

해설 축척별 기준도곽

축척	도상거리		지상거리	
	세로(cm)	가로(cm)	세로(m)	가로(m)
1/500	30	400	150	200
1/1,000			300	400
1/600	33.3333	41.6667	200	250
1/1,200			400	500
1/2,400			800	1,000
1/3,000	40	50	1,200	1,500
1/6,000			2,400	3,000

20 토지조사사업 당시의 측량조건으로 옳지 않은 것은?

① 일본의 동경원점을 이용하여 대삼각망을 구성하였다.
② 통일된 원점체계를 전 국토에 적용하였다.
③ 가우스 상사이중투영법을 적용하였다.
④ 베셀(Bessel)타원체를 도입하였다.

해설 토지조사사업 당시 전국적으로 통일된 원점을 사용하지 않은 상태에서 측량이 이루어졌다.

제2과목 응용측량

21 다음 중 터널에서 중심선측량의 가장 중요한 목적은?

① 터널단면의 변위측정
② 인조점의 바른 매설
③ 터널 입구형상의 측정
④ 정확한 방향과 거리측정

해설 터널에서 중심선측량의 가장 중요한 목적은 터널시공에 있어서 정확한 방향과 거리를 측정하기 위함이다.

22 단곡선을 설치하기 위해 교각을 관측하여 46°30′를 얻다. 곡선반지름이 200m일 때 교점으로부터 곡선 시점까지의 거리는?

① 210.76m ② 105.38m
③ 85.93m   ④ 85.51m

해설 $T.L = R\tan\dfrac{I}{2} = 200 \times \tan\dfrac{46°30'}{2} = 85.93m$

23 출발점에 세운 표척과 도착점에 세운 표척을 같게 하는 이유는?

① 정준의 불량으로 인한 오차를 소거한다.
② 수직축의 기울어짐으로 인한 오차를 제거한다.
③ 기포관의 감도불량으로 인한 오차를 제거한다.
④ 표척의 상태(마모 등)로 인한 오차를 소거한다.

해설 수준측량에서 출발점에 세운 표척과 도착점에 세운 표척을 같게 하는 이유는 표척의 상태(마모 등)로 인한 오차를 소거하기 위함이다.

24 터널 내 두 점의 좌표가 A점(102.34m, 340.26m), B점(145.45m, 423.86m)이고 표고는 A점 53.20m, B점 82.35m일 때 터널의 경사각은?

① 17°12′7″ ② 17°13′7″
③ 17°14′7″ ④ 17°15′7″

해설 ㉠ AB거리
$\overline{AB} = \sqrt{(145.45 - 102.34)^2 + (423.86 - 340.26)^2}$
$= 94.03m$

㉡ 경사각
$\theta = \tan^{-1}\dfrac{82.35 - 53.20}{94.03} = 17°13'7''$

25 다음 그림과 같은 사면을 지형도에 표시할 때에 대한 설명으로 옳은 것은?

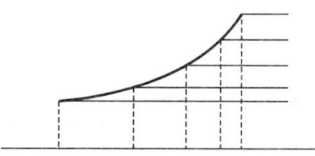

① 지형도상의 등고선 간의 거리가 일정한 사면
② 지형도상에서 상부는 등고선 간의 거리가 넓고, 하부에서는 좁은 사면
③ 지형도상에서 상부는 등고선 간의 거리가 좁고, 하부에서는 넓은 사면
④ 지형도상에서 등고선 간의 거리가 높이에 비례하여 일정하게 증가하는 사면

해설 지형도상에서 상부는 등고선의 간격이 좁기 때문에 거리가 좁고, 하부에서는 등고선 간의 간격이 넓기 때문에 완만한 경사를 가진다.

정답 20 ② 21 ④ 22 ③ 23 ④ 24 ② 25 ③

26 GPS의 위성신호에서 P코드의 주파수크기로 옳은 것은?
① 10.23MHz ② 1227.60MHz
③ 1574.42MHz ④ 1785.13MHz

해설 GPS의 위성신호에서 P코드의 주파수크기는 10.23MHz 이다.

27 다음 그림과 같은 수준망에서 수준점 P의 최확값은? (단, A점에서의 관측지반고 10.15m, B점에서의 관측지반고 10.16m, C점에서의 관측지반고 10.18m)

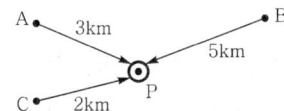

① 10.180m ② 10.166m
③ 10.152m ④ 10.170m

해설 ㉠ 경중률
$$\frac{1}{S_1} : \frac{1}{S_2} : \frac{1}{S_3} = \frac{1}{3} : \frac{1}{5} : \frac{1}{2} = 10 : 6 : 15$$
㉡ 최확값
$$H_0 = 10 + \frac{10 \times 0.15 + 6 \times 0.16 + 15 \times 0.18}{10 + 6 + 15}$$
$$= 10.166\text{m}$$

28 노선측량에 사용되는 곡선 중 주요 용도가 다른 것은?
① 2차 포물선 ② 3차 포물선
③ 클로소이드곡선 ④ 렘니스케이트곡선

해설 2차 포물선은 수직곡선에 사용되며, 3차 포물선, 클로소이드곡선, 렘니스케이트곡선은 수평곡선 중 완화곡선에 해당한다.

29 GNSS(Global Navigation Satellite System)측량에서 의사거리 결정에 영향을 주는 오차의 원인으로 가장 거리가 먼 것은?
① 위성의 궤도오차 ② 위성의 시계오차
③ 안테나의 구심오차 ④ 지상의 기상오차

해설 구조적 요인에 의한 거리오차에는 위성의 궤도오차, 위성의 시계오차, 안테나의 구심오차, 전리층 및 대류권 전파 지연오차 등이 있다.

30 화각(피사각)이 90°이고 일반도화 판독용으로 사용하는 카메라로 옳은 것은?
① 초광각카메라 ② 광각카메라
③ 보통각카메라 ④ 협각카메라

해설 사용카메라에 따른 분류

종류	렌즈의 화각	초점거리 (mm)	화면크기 (cm)	용도
협각 카메라	60° 이하			특수한 대축척, 평면도 제작
보통각 카메라	60°	210	18×18	산림조사용, 도심지
광각 카메라	90°	152~153	23×23	일반도화 판독용, 경제적
초광각 카메라	120°	88~90	23×23	소축척 도화용, 완전 평지

31 간접수준측량으로 관측한 수평거리가 5km일 때 지구의 곡률오차는? (단, 지구의 곡률반지름은 6,370km)
① 0.862m ② 1.962m
③ 3.925m ④ 4.862m

해설 곡률오차(구차)=$\frac{D^2}{2R} = \frac{5^2}{2 \times 6,370} = 1.962\text{m}$

32 항공사진의 특수 3점에 해당되지 않는 것은?
① 부점 ② 연직점
③ 등각점 ④ 주점

해설 항공사진의 특수 3점 : 주점, 등각점, 연직점

33 지형의 표시방법에 해당되지 않는 것은?
① 등고선법 ② 방사법
③ 점고법   ④ 채색법

해설 지형의 표시방법 : 등고선법, 채색법, 점고법, 영선법

34 수치사진측량에서 영상정합의 분류 중 영상소의 밝기값을 이용하는 정합은?
① 영역기준 정합 ② 관계형 정합
③ 형상기준 정합 ④ 기호정합

해설 수치사진측량에서 영상소의 밝기값을 이용하는 영상정합 방법은 영역기준 정합이다.

정답 26 ① 27 ② 28 ① 29 ④ 30 ② 31 ② 32 ① 33 ② 34 ①

35 곡선반지름 115m인 원곡선에서 현의 길이 20m에 대한 편각은?

① 2°51′21″ ② 3°48′29″
③ 4°58′56″ ④ 5°29′38″

해설 $\delta = \dfrac{l}{R} \cdot \dfrac{90°}{\pi} = \dfrac{20}{115} \times \dfrac{90°}{\pi} = 4°58′56″$

36 지형측량의 작업공정으로 옳은 것은?

① 측량계획 → 조사 및 선점 → 세부측량 → 기준점측량 → 측량원도 작성 → 지도편집
② 측량계획 → 조사 및 선점 → 기준점측량 → 측량원도 작성 → 세부측량 → 지도편집
③ 측량계획 → 기준점측량 → 조사 및 선점 → 세부측량 → 측량원도 작성 → 지도편집
④ 측량계획 → 조사 및 선점 → 기준점측량 → 세부측량 → 측량원도 작성 → 지도편집

해설 **지형측량의 작업공정**: 측량계획 → 조사 및 선점 → 기준점측량 → 세부측량 → 측량원도 작성 → 지도편집

37 지적삼각점의 신설을 위해 가장 적합한 GNSS측량방법은?

① 정지측량방식(Static)
② DGPS(Differential GPS)
③ Stop & Go방식
④ RTK(Real Time Kinematic)

해설 지적삼각점의 신설을 위해 가장 적합한 GNSS측량방법은 가장 정밀도가 높은 정지측량방식(Static)이다.

38 단곡선에서 교각 $I=36°20′$, 반지름 $R=500$m, 노선의 기점에서 교점까지의 거리는 6,500m이다. 20m 간격으로 중심말뚝을 설치할 때 종단현의 길이(l_2)는?

① 7m ② 10m
③ 13m ④ 16m

해설 ㉠ $B.C = I.P - T.L = 6,500 - 500 \times \tan\dfrac{36°20′}{2}$
     $= 6,336$m

㉡ $E.C = B.C + C.L = 6,336 + 500 \times 36°20′ \times \dfrac{\pi}{180°}$
     $= 6,653$m

㉢ $l_2 = 6,653 - 6,640 = 13$m

39 항공사진 판독에 대한 설명으로 틀린 것은?

① 사진 판독은 단시간에 넓은 지역을 판독할 수 있다.
② 근적외선영상은 식물과 물을 판독하는 데 유용하다.
③ 수목의 종류를 판독하는 주요 요소는 음영이다.
④ 색조, 모양, 입체감 등에 나타나지 않는 지역은 판독에 어려움이 있다.

해설 사진 판독에서 수목의 종류를 판독하는 주요 요소는 색조이다.

40 등고선에 관한 설명 중 틀린 것은?

① 주곡선은 등고선간격의 기준이 되는 선이다.
② 간곡선은 주곡선간격의 1/2마다 표시한다.
③ 조곡선은 간곡선간격의 1/4마다 표시한다.
④ 계곡선은 주곡선 5개마다 굵게 표시한다.

해설 조곡선은 간곡선간격의 1/2마다 표시한다.

제3과목 토지정보체계론

41 디지타이징이나 스캐닝에 의해 도형정보파일을 생성할 경우 발생할 수 있는 오차에 대한 설명으로 옳지 않은 것은?

① 도곽의 신축이 있는 도면의 경우 부분적인 오차만 발생하므로 정확한 독취자료를 얻을 수 있다.
② 디지타이저에 의한 도면 독취 시 작업자의 숙련도에 따라 오차가 발생할 수 있다.
③ 스캐너로 읽은 래스터자료를 벡터자료로 변환할 때 오차가 발생한다.
④ 입력도면이 평탄하지 않은 경우 오차 발생을 유발한다.

해설 도곽의 신축이 있는 도면은 전체적인 부분에 오차가 발생하므로 정확한 독취자료를 얻을 수 없다.

정답 35 ③ 36 ④ 37 ① 38 ③ 39 ③ 40 ③ 41 ①

42 지적전산화의 목적과 가장 거리가 먼 것은?

① 지방행정전산화의 촉진
② 국토기본도의 정확한 작성
③ 신속하고 정확한 지적민원처리
④ 토지 관련 정책자료의 다목적 활용

해설 지적전산화의 목적
㉠ 국가지리정보에 기본정보로 관련 기관이 공동으로 활용할 수 있는 기반 조성(공공계획 수립의 중요정보 제공)
㉡ 지적도면의 신축으로 인한 원형보관·관리의 어려움 해소
㉢ 정확한 지적측량자료 활용
㉣ 토지대장과 지적도면을 통합한 대민서비스 질적 향상
㉤ 토지정보의 수요에 대한 신속한 대처
㉥ 토지정보시스템의 기초데이터 활용

43 레이어에 대한 설명으로 옳은 것은?

① 레이어 간의 객체이동은 할 수 없다.
② 지형·지물을 기호로 나타내는 규칙이다.
③ 속성데이터를 관리하는데 사용하는 것이다.
④ 같은 성격을 가지는 공간객체를 같은 층으로 묶어준다.

해설 레이어란 같은 성격을 가지는 공간객체를 같은 층으로 묶는 것을 말한다.

44 데이터베이스의 데이터 언어 중 데이터 조작어가 아닌 것은?

① CREATE문   ② DELETE문
③ SELECT문   ④ UPDATE문

해설 데이터 언어

데이터 언어	종류
정의어 (DDL)	생성 : CREATE, 주소변경 : ALTER, 제거 : DROP
조작어 (DML)	검색 : SELECT, 삽입 : INSERT, 삭제 : DELETE, 갱신 : UPDATE
제어어 (DCL)	권한부여 : GRANT, 권한해제 : REVOKE, 데이터 변경완료 : COMMIT, 데이터 변경취소 : ROLLBACK

45 수치화된 지적도의 레이어에 해당하지 않는 것은?

① 지번   ② 기준점
③ 도곽선   ④ 소유자

해설 데이터 종류별 레이어

레이어 번호	데이터명	타입	비고
1	필지경계선	LINE	
10	지번	TEXT	Point값으로 필지 내에 위치
11	지목	TEXT	Point값으로 필지 내에 위치
30	문자정보	TEXT	색인도, 제명, 행정구역선, 행정구역명칭, 작업자표시, 각종 문자 등
60	도곽선	LINE	

46 지적데이터의 속성정보라 할 수 없는 것은?

① 지적도
② 토지대장
③ 공유지연명부
④ 대지권등록부

해설 토지정보시스템의 지적정보의 종류
㉠ 속성정보 : 토지대장, 임야대장, 공유지연명부, 대지권등록부
㉡ 공간정보 : 지적도, 임야도, 일람도, 경계점좌표등록부

47 현황참조용 영상자료와 지적도파일을 중첩하여 지적도의 필지경계선조정작업을 할 경우 정확도면에서 가장 효율적인 자료는?

① 1:5,000 축척의 항공사진 정사영상자료
② 소축척 지형도 스캔영상자료
③ 중·저해상도 위성영상자료
④ 소축척의 도로망도

해설 현황참조용 영상자료와 지적도파일을 중첩하여 지적도의 필지경계선조정작업을 할 경우 항공사진 정사영상자료(축척 1:5,000)를 이용하면 효율적이다.

48 PBLIS의 개발내용 중 옳지 않은 것은?

① 지적측량시스템
② 건축물관리시스템
③ 지적공부관리시스템
④ 지적측량성과작성시스템

해설 필지중심토지정보시스템의 구성 : 지적공부관리시스템, 지적측량시스템, 지적측량성과작성시스템

정답 42 ② 43 ④ 44 ① 45 ④ 46 ① 47 ① 48 ②

49 점, 선, 면 등의 객체(object)들 간의 공간관계가 설정되지 못한 채 일련의 좌표에 의한 그래픽형태로 저장되는 구조로, 공간분석에는 비효율적이지만 자료구조가 매우 간단하여 수치지도를 제작하고 갱신하는 경우에는 효율적인 자료구조는?

① 래스터(raster)구조
② 위상(topology)구조
③ 스파게티(spaghetti)구조
④ 체인코드(chain codes)구조

해설 스파게티모델
㉠ 공간자료를 점, 선, 면의 단순한 좌표목록으로 저장하며 위상관계를 정의하지 않는다.
㉡ 상호연결성이 결여된 점과 선의 집합체, 즉 점, 선, 다각형 등의 객체들이 구조화되지 않은 그래픽형태(점, 선, 면)이다.
㉢ 수작업으로 디지타이징된 지도자료가 대표적인 스파게티모델의 예이다.
㉣ 인접하고 있는 다각형을 나타내기 위하여 경계하는 선은 두 번씩 저장된다.
㉤ 모든 면사상이 일련의 독립된 좌표집합으로 저장되므로 자료저장공간을 많이 차지하게 된다.
㉥ 객체들 간의 공간관계가 설정되지 않아 공간분석에 비효율적이다.

50 NGIS 구축의 단계적 추진에서 3단계 사업이 속하는 단계는?

① GIS기반조성단계 ② GIS정착단계
③ GIS수정보완단계 ④ GIS활용·확산단계

해설 NGIS 구축단계 : 제1단계 GIS기반조성단계(1995~2000) → 제2단계 GIS활용·확산단계(2001~2005) → 제3단계 GIS정착단계(2006~2010) → 디지털국토 실현

51 시·군·구단위의 지적전산자료를 이용하려는 자는 누구에게 승인을 받아야 하는가?

① 관계 중앙행정기관의 장
② 행정안전부장관
③ 지적소관청
④ 시·도지사

해설 시·군·구단위의 지적전산자료를 이용 또는 활용하고자 하는 경우 지적소관청에 승인을 받아야 한다.

52 고유번호 4567891232-20002-0010인 토지에 대한 설명으로 옳지 않은 것은?

① 지번은 2-10이다.
② 32는 리를 나타낸다.
③ 45는 시·도를 나타낸다.
④ 912는 읍·면·동을 나타낸다.

해설 고유번호에서 대장구분코드가 2이므로 임야대장을 나타낸다. 따라서 지번을 부여할 경우 숫자 앞에 '산'(산 2-10) 자를 부여하여야 한다.

53 데이터베이스 시스템을 집중형과 분산형으로 구분할 때 집중형 데이터베이스의 장점으로 옳은 것은?

① 자료관리가 경제적이다.
② 자료의 통신비용이 저렴한 편이다.
③ 자료에의 분산형보다 접근속도가 신속한 편이다.
④ 데이터베이스 사용자를 위한 교육 및 자문이 편리하다.

해설 분산형 데이터베이스 시스템보다 집중형 데이터베이스 시스템이 자료관리에 있어서 경제적이다.

54 토지정보시스템(Land Information System)의 데이터 구성요소와 관련이 없는 것은?

① 도면정보 ② 위치정보
③ 속성정보 ④ 서비스정보

해설 토지정보시스템의 데이터는 속성정보, 도면정보, 위치정보로 구성된다.

55 LIS에서 DBMS의 개념을 적용함에 따른 장점으로 가장 거리가 먼 것은?

① 관련 자료 간의 자동갱신이 가능하다.
② 자료의 표현과 저장방식을 통합하는 것이 가능하다.
③ 도형 및 속성자료 간에 물리적으로 명확한 관계가 정의될 수 있다.
④ 자료의 중앙제어를 통해 데이터베이스의 신뢰도를 증진시킬 수 있다.

해설 DBMS(Date Base Management System : 데이터베이스관리시스템)는 파일시스템의 문제점을 해결하기 위해 등장하였으며 여러 곳에 흩어져 있는 자료를 한 곳에 모아두고 그 데이터들을 응용프로그램이 접근하기 위해 통과해주도록 해주는 중간 매개체시스템을 말한다. 또한 데이터베이스의 구성, 접근방법, 관리, 유지에 관한 모든 책임을 맡고 있는 시스템소프트웨어이며 자료의 표현과 저장방식을 통합하는 것은 아니다.

56 발전단계에 따른 지적제도 중 토지정보체계의 기초로서 가장 적합한 것은?

① 법지적
② 과세지적
③ 소유지적
④ 다목적 지적

해설 **다목적 지적(Multipurpose Cadastre)** : 1필지를 단위로 토지 관련 정보를 종합적으로 등록하는 제도로서 토지에 관한 물리적 현황은 물론 법률적, 재정적, 경제적 정보를 포괄하는 제도이며 토지정보시스템의 기초가 된다.

57 SQL언어에 대한 설명으로 옳은 것은?

① order는 보통 질의어에서 처음 나온다.
② select 다음에는 테이블명이 나온다.
③ where 다음에는 조건식이 나온다.
④ from 다음에는 필드명이 나온다.

해설 ① order by는 문장 마지막에 나온다.
② select 다음에는 필드명이 나온다.
④ from 다음에는 테이블명이 나온다.

58 데이터베이스 디자인의 순서로 옳은 것은?

㉠ DB 목적정의
㉡ 테이블 간의 관계정의
㉢ DB 필드정의
㉣ DB 테이블정의

① ㉠ → ㉡ → ㉢ → ㉣
② ㉠ → ㉢ → ㉡ → ㉣
③ ㉠ → ㉣ → ㉡ → ㉢
④ ㉠ → ㉣ → ㉢ → ㉡

해설 **데이터베이스 디자인순서** : DB 목적정의 → DB 테이블정의 → DB 필드정의 → 테이블 간의 관계정의

59 파일처리방식과 데이터베이스관리시스템에 대한 설명으로 옳지 않은 것은?

① 파일처리방식은 데이터의 중복성이 발생한다.
② 파일처리방식은 데이터의 독립성을 지원하지 못한다.
③ 데이터베이스관리시스템은 운영비용면에서 경제적이다.
④ 데이터베이스관리시스템은 데이터의 일관성을 유지하게 한다.

해설 **DBMS의 단점**
㉠ 운영비의 증대 : 더 많은 메모리용량과 더 빠른 CPU의 필요로 인해 전산비용이 증가한다.
㉡ 특정 응용프로그램의 복잡화 : 데이터베이스에는 상이한 여러 유형의 데이터가 서로 관련되어 있다. 특정 응용프로그램은 이러한 상황 속에서 여러 가지 제한점을 가지고 작성되고 수행될 수도 있다. 따라서 특수 목적의 응용시스템은 설계기간이 길어지게 되고 보다 전문적, 기술적이 되어야 하기 때문에 그 성능이 저하될 수도 있다.
㉢ 복잡한 예비(backup)와 회복(recovery) : 데이터베이스의 구조가 복잡하고 여러 사용자가 동시에 공유하기 때문이다.
㉣ 시스템의 취약성 : 일부의 고장이 전체 시스템을 정지시켜 시스템 신뢰성과 가용성을 저해할 수 있다. 이것은 특히 데이터베이스에 의존도가 높은 환경에서는 아주 치명적인 약점이 아닐 수 없다.

60 벡터자료구조에 있어서 폴리곤구조의 특성과 관계가 먼 것은?

① 형상
② 계급성
③ 변환성
④ 인접성

해설 벡터자료의 위상구조는 각 공간객체 사이의 관계를 인접성(adjacency), 연결성(connectivity), 포함성(containment) 등의 관점에서 묘사되며 스파게티모델에 비해 다양한 공간분석이 가능하다.

제4과목　지적학

61 다음 중 근대적 등기제도를 확립한 제도는?

① 과전법
② 입안제도
③ 지계제도
④ 수등이척제

정답 56 ④　57 ③　58 ④　59 ③　60 ②　61 ③

해설 1898년 양전사업이 시행되면서 이전의 입안제도를 근대적 소유권제도로 바꾸기 위해 토지의 소유권증서를 관에서 발급하는 지계제도와 같이 시행해야 했다.

62 지번의 진행방향에 따른 부번방식(附番方式)이 아닌 것은?

① 절충식(折衷式) ② 우수식(隅數式)
③ 사행식(蛇行式) ④ 기우식(奇隅式)

해설 **지번부여방법**
㉠ 진행방향에 따른 분류 : 사행식, 기우식, 단지식, 절충식
㉡ 부여단위에 따른 분류 : 지역단위법, 도엽단위법, 단지단위법
㉢ 기번위치에 따른 분류 : 북서기번법, 북동기번법

63 다음 중 지번의 역할에 해당하지 않는 것은?

① 위치 추정   ② 토지이용구분
③ 필지의 구분   ④ 물권객체단위

해설 토지이용구분은 지목의 역할에 해당한다.

64 다목적 지적의 3대 구성요소가 아닌 것은?

① 기본도   ② 지적도
③ 측지기준망   ④ 토지이용도

해설 **다목적 지적의 구성요소**
㉠ 3대 : 측지기준망, 기본도, 중첩도
㉡ 5대 : 측지기준망, 기본도, 중첩도, 필지식별번호, 토지자료파일

65 다음 중 3차원 지적이 아닌 것은?

① 평면지적   ② 지표공간
③ 지중공간   ④ 입체지적

해설 **2차원 지적(평면지적)**
㉠ 토지의 고저에 관계없이 수평면상의 투영만을 가상하여 각 필지의 경계를 등록·공시하는 제도로, 일명 평면지적이라고도 한다.
㉡ 토지의 경계, 지목 등 지표의 물리적 현황만을 등록하는 제도이다. 점과 선을 지적공부인 도면에 기하학적으로 폐쇄된 다각형의 형태로 등록하여 관리하고 있다.
㉢ 우리나라를 비롯하여 세계 각국에서 일반적으로 가장 많이 채택하고 있는 지적제도이다.

66 1720년부터 1723년 사이에 이탈리아 밀라노의 지적도 제작사업에서 전 영토를 측량하기 위해 사용한 지적도의 축척으로 옳은 것은?

① 1/1,000   ② 1/1,200
③ 1/2,000   ④ 1/3,000

해설 1720~1723년에 이탈리아 밀라노의 지적도 제작사업에서 전 영토를 측량하기 위해 사용한 지적도의 축척은 1/2,000이다.

67 지적불부합으로 인해 발생되는 사회적 측면의 영향이 아닌 것은?

① 토지분쟁의 빈발
② 토지거래질서의 문란
③ 주민의 권리행사 용이
④ 토지표시사항의 확인 곤란

해설 **지적불부합의 영향**

사회적 영향	행정적 영향
• 빈번한 토지분쟁 • 토지거래질서의 문란 • 주민의 권리행사 지장 • 권리 실체 인정의 부실	• 지적행정의 불신 • 토지이동정리의 정지 • 지적공부에 대한 증명발급의 곤란 • 토지과세의 부정적 • 부동산등기의 지장 초래 • 공공사업 수행의 지장 • 소송 수행의 지장

68 다음 중 지적의 기본이념으로만 열거된 것은?

① 국정주의, 형식주의, 공개주의
② 형식주의, 민정주의, 직권등록주의
③ 국정주의, 형식적 심사주의, 직권등록주의
④ 등록임의주의, 형식적 심사주의, 공개주의

해설 **지적의 기본이념** : 국정주의, 형식주의(등록주의), 공개주의

69 토지등록제도에 있어서 권리의 객체로서 모든 토지를 반드시 특정적이면서도 단순하고 명확한 방법에 의하여 인식될 수 있도록 개별화함을 의미하는 토지등록원칙은?

① 공신의 원칙   ② 등록의 원칙
③ 신청의 원칙   ④ 특정화의 원칙

정답 62 ② 63 ② 64 ④ 65 ① 66 ③ 67 ③ 68 ① 69 ④

해설 **특정화의 원칙** : 권리의 객체로서의 모든 토지는 반드시 특정적이면서도 단순하며 명확한 방법에 의하여 인식될 수 있도록 개별화함을 의미한다. 대표적인 것이 지번이다.

70 토지 1필지의 성립요건이 될 수 없는 것은?

① 소유자가 같아야 한다.
② 지반이 연속되어 있어야 한다.
③ 지적도의 축척이 같아야 한다.
④ 경계가 되는 지물(地物)이 있어야 한다.

해설 **1필지 성립요건**

원칙	내용
지번부여 지역이 동일	지번을 부여하는 단위지역으로서 동·리 또는 이에 준하는 지역을 말한다. 행정상의 리·동이 아닌 법정상의 리·동을 의미한다.
소유자가 동일	1필지는 토지에 대한 소유권이 미치는 범위를 정하는 기준이 되므로 소유자가 동일하고, 소유자의 주소와 지번도 동일하여야 한다.
지목이 동일	1목 1목의 원칙에 따라 1필지의 지목은 하나의 지목만을 정하여 지적공부에 등록하여야 한다. 만약 1필지의 일부의 형질변경 등으로 용도가 변경되는 경우에는 토지소유자는 지적소관청에게 사유 발생일로부터 60일 이내에 분할신청을 하여야 한다.
지반이 연속	토지가 도로·구거·하천·철도·제방 등 주요 지형지물에 의하여 연속하지 못한 경우에는 별개의 필지로 획정하여야 한다.
축척이 동일	1필지가 성립하기 위해서는 축척이 동일하여야 하며, 축척이 다른 경우에는 축척을 일치시켜야 한다. 이 경우 시·도지사의 승인을 요하지 아니한다.
등기 여부가 일치	기등기지끼리 또는 미등기지끼리가 아니면 1필지로 등록할 수 없다.

71 토지조사사업 당시 면적이 10평 이하인 협소한 토지의 면적측정방법으로 옳은 것은?

① 삼사법
② 계적기법
③ 푸라니미터법
④ 전자면적측정기법

해설 토지조사사업 당시 면적이 10평 이하인 협소한 토지의 면적측정은 삼사법을 이용하였다.

72 토지를 등록하는 지적공부의 체계인 토지대장 등록지와 임야대장 등록지를 하게 된 직접적인 원인은?

① 등록정보 구분
② 조사사업의 상이
③ 토지과세 구분
④ 토지이용도 구분

해설 토지를 등록하는 지적공부의 체계인 토지대장 등록지(1910)와 임야대장 등록지(1918)를 하게 된 직접적인 원인은 조사사업의 상이에서 비롯되었다.

73 토지의 성질, 즉 지질이나 토질에 따라 지목을 분류하는 것은?

① 단식지목   ② 용도지목
③ 지형지목   ④ 토성지목

해설 **토지현황에 의한 분류**
㉠ 지형지목 : 지표면의 형태, 토지의 고저, 수륙의 분포상태 등 토지의 생긴 모양에 따라 지목을 결정하는 것
㉡ 토성지목 : 토지의 성질(토질)인 지층이나 암석 또는 토양의 종류 등에 따라 지목을 결정하는 것
㉢ 용도지목 : 토지의 주된 사용목적(주된 용도)에 따라 지목을 결정하는 것으로 우리나라에서 지목을 결정할 때 사용되는 방법

74 우리나라 현행 토지대장의 특성으로 옳지 않은 것은?

① 전산파일로도 등록·처리한다.
② 물권객체의 공시기능을 갖는다.
③ 물적 편성주의를 채택하고 있다.
④ 등록내용은 법률적 효력을 갖지는 않는다.

해설 **토지등록의 효력**
㉠ 일반적 효력
  • 창설적 효력 : 신규등록
  • 대항적 효력 : 토지의 표시
  • 형성적 효력 : 분할, 합병
  • 공증적 효력 : 지적공부의 발급
  • 보고적 효력
  • 공시적 효력 : 등록사항
㉡ 특수한 효력 : 구속력, 공정력, 확정력, 강제력

75 다음 중 지목을 체육용지로 할 수 없는 것은?

① 경마장   ② 경륜장
③ 스키장   ④ 승마장

정답 70 ④ 71 ① 72 ② 73 ④ 74 ④ 75 ①

해설 일반 공중의 위락·휴양 등에 적합한 시설물을 종합적으로 갖춘 수영장·유선장(遊船場)·낚시터·어린이놀이터·동물원·식물원·민속촌·경마장 등의 토지와 이에 접속된 부속시설물의 부지는 유원지로 한다. 다만, 이들 시설과의 거리 등으로 보아 독립적인 것으로 인정되는 숙식시설 및 유기장(遊技場)의 부지와 하천·구거 또는 유지(공유(公有)인 것으로 한정한다)로 분류되는 것은 제외한다.

76 토지조사부의 설명으로 옳지 않은 것은?
① 토지소유권의 사정원부로 사용되었다.
② 토지조사부는 토지대장의 완성과 함께 그 기능을 발휘하였다.
③ 국유지와 민유지로 구분하여 정리하였고, 공유지는 이름을 연기하여 적요란에 표시하였다.
④ 동·리마다 지번 순에 따라 지번, 가지번, 지목, 신고연월일, 소유자의 주소 및 성명 등을 기재하였다.

해설 토지조사부는 토지소유권의 사정원부로 사용하다가 토지조사사업이 완료되고 토지대장이 작성되어 그 기능을 상실하였다.

77 토지조사사업 당시 토지의 사정권자로 옳은 것은?
① 도지사
② 토지조사국
③ 임시토지조사국장
④ 고등토지조사위원회

해설 **토지의 사정(査定)**
㉠ 의의 : 토지조사부 및 지적도에 의하여 토지소유자(원시취득) 및 강계를 확정하는 행정처분을 말한다. 지적도에 등록된 강계선이 대상이며 지역선은 사정하지 않는다.
㉡ 사정권자 : 임시토지조사국장은 지방토지조사위원회에 자문하여 토지소유자 및 그 강계를 사정하며, 임시토지조사국장은 사정을 하는 때에는 30일간 이를 공시한다.
㉢ 재결 : 사정에 대하여 불복하는 자는 공시기간 만료 후 60일 내에 고등토지조사위원회에 제기하여 재결을 받을 수 있다. 다만, 정당한 사유 없이 입회를 하지 아니한 자는 그러하지 아니하다.

78 지적공부를 복구할 수 있는 자료가 되지 못하는 것은?
① 지적공부의 등본
② 부동산등기부등본
③ 법원의 확정판결서 정본
④ 지적공부등록현황집계표

해설 **지적공부복구자료**

토지의 표시사항	소유자에 관한 사항
• 지적공부의 등본 • 측량결과도 • 토지이동정리결의서 • 부동산등기부등본 등 등기사실을 증명하는 서류 • 지적소관청이 작성하거나 발행한 지적공부의 등록내용을 증명하는 서류 • 복제된 지적공부	• 법원의 확정판결서 정본 또는 사본 • 등기사항증명서

79 물권설정측면에서 지적의 3요소로 볼 수 없는 것은?
① 공부
② 국가
③ 등록
④ 토지

해설 **지적의 3요소** : 토지, 등록, 공부

80 정전제(井田制)를 주장한 학자가 아닌 것은?
① 한백겸(韓百謙)
② 서명응(徐命膺)
③ 이기(李沂)
④ 세키야(關野貞)

해설 이기(李沂)는 결부제 보완과 망척제를 주장하였다.

제5과목 지적관계법규

81 다음 중 토지의 이동에 해당하는 것은?
① 신규등록
② 소유권변경
③ 토지등급변경
④ 수확량등급변경

해설 토지의 이동이란 토지의 표시를 새로이 정하거나 변경 또는 말소하는 것을 말한다. 즉 지적공부에 등록된 토지의 지번·지목·경계·좌표·면적이 달라지는 것을 말하며, 토지소유자의 변경, 토지소유자의 주소변경, 토지등급의 변경은 토지의 이동에 해당하지 아니한다.

82 지적업무처리규정상 지적측량성과검사 시 세부측량의 검사항목으로 옳지 않은 것은?
① 면적측정의 정확 여부
② 관측각 및 거리측정의 정확 여부
③ 기지점과 지상경계와의 부합 여부
④ 측량준비도 및 측량결과도 작성의 적정 여부

정답 76 ② 77 ③ 78 ④ 79 ② 80 ③ 81 ① 82 ②

해설 **지적측량의 검사항목**
㉠ 기초측량
• 기지점 사용의 적정 여부
• 지적기준점설치망 구성의 적정 여부
• 관측각 및 거리측정의 정확 여부
• 계산의 정확 여부
• 지적기준점 선점 및 표지 설치의 정확 여부
• 지적기준점 성과와 기지경계선과의 부합 여부
㉡ 세부측량
• 기지점 사용의 적정 여부
• 측량준비도 및 측량결과도 작성의 적정 여부
• 기지점과 지상경계와의 부합 여부
• 경계점 간 계산거리(도상거리)와 실측거리의 부합 여부
• 면적측정의 정확 여부
• 관계법령의 분제한 등의 저촉 여부(다만, 각종 인허가 등의 내용과 다르게 토지의 형질이 변경되었을 경우에는 제외한다)

83 도해지적에서 동일한 경계가 축척이 다른 도면에 각각 등록되어 있을 경우 경계의 최우선 순위는?

① 평균하여 사용한다.
② 대축척 경계에 따른다.
③ 소관청이 임의로 결정한다.
④ 토지소유자 의견에 따른다.

해설 도해지적에서 동일한 경계가 축척이 다른 도면에 각각 등록되어 있을 경우 큰 축척 경계에 따른다(축척종대의 원칙).

84 토지소유자가 신규등록을 신청할 때에 신규등록사유를 적는 신청서에 첨부하여야 하는 서류에 해당하지 않는 것은?

① 사업인가서와 지번별 조서
② 법원의 확정판결서 정본 또는 사본
③ 소유권을 증명할 수 있는 서류의 사본
④ 공유수면 관리 및 매립에 관한 법률에 따른 준공검사확인증 사본

해설 토지소유자는 신규등록을 신청하고자 하는 때에는 신규등록사유를 기재한 신청서에 국토교통부령으로 정하는 서류를 첨부하여 지적소관청에 제출하여야 한다. 다만, 그 서류를 소관청이 관리하는 경우에는 지적소관청의 확인으로써 그 서류의 제출에 갈음할 수 있다.

㉠ 법원의 확정판결서 정본 또는 사본
㉡ 공유수면 관리 및 매립에 관한 법률에 따른 준공검사확인증 사본
㉢ 도시계획구역의 토지를 그 지방자치단체의 명의로 등록하는 때에는 기획재정부장관과 협의한 문서의 사본
㉣ 그 밖에 소유권을 증명할 수 있는 서류의 사본

85 공간정보의 구축 및 관리 등에 관한 법령상 지적소관청이 해당 토지소유자에게 지적정리 등의 통지를 하여야 하는 경우가 아닌 것은?

① 지적소관청이 지적공부를 복구하는 경우
② 지적소관청이 측량성과를 검사하는 경우
③ 지적소관청이 지번부여지역의 전부 또는 일부에 대하여 지번을 새로 부여한 경우
④ 지적소관청이 직권으로 조사·측량하여 지적공부의 등록사항을 결정하는 경우

해설 **지적정리 등의 통지대상**
㉠ 토지소유자의 신청이 없어 지적소관청이 직권으로 조사 또는 측량하여 지번, 지목, 경계 또는 좌표와 면적을 결정할 때
㉡ 지적소관청이 지번을 변경한 때
㉢ 지적소관청이 지적공부를 복구한 때
㉣ 해면성 말소의 통지
㉤ 도시계획사업, 도시개발사업, 농지개량사업 등에 의해 지적공부를 정리했을 때
㉥ 대위신청에 의해 지적공부를 정리했을 때
㉦ 행정구역 개편으로 인하여 새로이 지번을 정할 때
㉧ 지적공부에 등록된 사항이 오류가 있음을 발견하여 지적소관청이 직권으로 등록사항을 정정한 때
㉨ 토지표시의 변경에 관하여 관할 등기소에 등기를 촉탁한 때

86 지적도에 등록된 경계점의 정밀도를 높이기 위하여 실시하는 것은?

① 경계복원　　② 등록전환
③ 신규등록　　④ 축척변경

해설 축척변경이라 함은 지적도에 등록된 경계점의 정밀도를 높이기 위하여 작은 축척을 큰 축척으로 변경하여 등록하는 것을 말한다. 축척변경의 절차, 축척변경으로 인한 면적 증감의 처리, 축척변경결과에 대한 이의신청 및 축척변경위원회의 구성·운영 등에 필요한 사항은 대통령령으로 정한다.

정답 83 ② 84 ① 85 ② 86 ④

87 지적공부를 복구하려는 경우에는 복구하려는 토지의 표시 등을 시·군·구 게시판 및 인터넷 홈페이지에 며칠 이상 게시하여야 하는가?

① 15일 이상
② 20일 이상
③ 25일 이상
④ 30일 이상

해설 지적공부를 복구하려는 경우에는 복구하려는 토지의 표시 등을 시·군·구 게시판 및 인터넷 홈페이지에 15일 이상 게시하여야 한다.

88 공간정보의 구축 및 관리 등에 관한 법령상 축척변경 승인신청 시 첨부하여야 하는 서류로 옳지 않은 것은?

① 지번 등 명세
② 축척변경의 사유
③ 토지소유자의 동의서
④ 토지수용위원회의 의결서

해설 지적소관청은 축척변경을 하려는 때에는 축척변경사유를 기재한 승인신청서에 다음의 서류를 첨부해서 시·도지사 또는 대도시시장에게 제출하여야 한다.
㉠ 축척변경사유
㉡ 지번 등 명세
㉢ 토지소유자의 동의서
㉣ 축척변경위원회의 의결서 사본
㉤ 그 밖에 축척변경승인을 위해 시·도지사 또는 대도시 시장이 필요하다고 인정하는 서류

89 다음 내용 중 ㉠, ㉡에 들어갈 말로 모두 옳은 것은?

> 경계점좌표등록부를 갖추두는 지역에 있는 각 필지의 경계점을 측정할 때 각 필지의 경계점측점번호는 (㉠)부터 (㉡)으로 경계를 따라 일련번호를 부여한다.

① ㉠ 오른쪽 위에서, ㉡ 왼쪽
② ㉠ 오른쪽 아래에서, ㉡ 왼쪽
③ ㉠ 왼쪽 위에서, ㉡ 오른쪽
④ ㉠ 왼쪽 아래에서, ㉡ 오른쪽

해설 경계점좌표등록부를 갖추두는 지역에 있는 각 필지의 경계점을 측정할 때 각 필지의 경계점측점번호는 왼쪽 위에서부터 오른쪽으로 경계를 따라 일련번호를 부여한다.

90 도로명주소법 시행령상 도로의 폭이 12m 이상 40m 미만이거나 왕복 2차로 이상 8차로 미만인 도로를 말하는 것은?

① 대로
② 로
③ 길
④ 소로

해설 도로명주소법 시행령 제3조(도로의 유형 및 통로의 종류)
① 도로명주소법(이하 "법"이라 한다) 제2조 제1호에 따른 도로는 유형별로 다음 각 호와 같이 구분한다.
  1. 지상도로 : 주변 지대(地帶)와 높낮이가 비슷한 도로(제2호의 입체도로가 지상도로의 일부에 연속되는 경우를 포함한다)로서 다음 각 목의 도로
    가. 도로교통법 제2조 제3호에 따른 고속도로(이하 "고속도로"라 한다)
    나. 그 밖의 도로
      1) 대로 : 도로의 폭이 40m 이상이거나 왕복 8차로 이상인 도로
      2) 로 : 도로의 폭이 12m 이상 40m 미만이거나 왕복 2차로 이상 8차로 미만인 도로
      3) 길 : 대로와 로 외의 도로

91 공유수면매립지를 신규등록하는 경우에 신규등록의 효력이 발생하는 시기로서 타당한 것은?

① 매립준공인가 시
② 부동산보존등기한 때
③ 지적공부에 등록한 때
④ 측량성과도를 교부한 때

해설 공유수면매립에 따른 신규등록의 효력은 지적공부에 등록한 때 발생한다.

92 지적재조사에 관한 특별법령상 지적재조사사업을 위한 지적측량을 고의로 진실에 반하게 측정하거나 지적재조사사업성과를 거짓으로 등록한 자에게 처하는 벌칙으로 옳은 것은?

① 300만원 이하의 벌금
② 300만원 이하의 벌금
③ 1년 이하의 징역 또는 1천만원 이하의 벌금
④ 2년 이하의 징역 또는 2천만원 이하의 벌금

해설 지적재조사에 관한 특별법령상 지적재조사사업을 위한 지적측량을 고의로 진실에 반하게 측정하거나 지적재조사사업성과를 거짓으로 등록한 자는 2년 이하의 징역 또는 2천만원 이하의 벌금형에 처한다.

정답 87 ① 88 ④ 89 ③ 90 ② 91 ③ 92 ④

93 공간정보의 구축 및 관리 등에 관한 법령상 지번부여 방법에 대한 설명으로 옳지 않은 것은?

① 지번은 북서에서 남동으로 순차적으로 부여한다.
② 신규등록 및 등록전환의 경우에는 그 지번부여지역에서 인접 토지의 본번에 부번을 붙여서 지번을 부여한다.
③ 분할의 경우에는 분할 후의 필지 중 1필지의 지번은 분할 전의 지번으로 하고, 나머지 필지의 지번은 본번의 최종부번 다음 순번으로 부번을 부여한다.
④ 합병의 경우에는 합병대상지번 중 후순위 지번을 그 지번으로 하되, 본번으로 된 지번이 있는 때에는 본번 중 후순위 지번을 합병 후의 지번으로 한다.

해설 합병의 경우에는 합병대상지번 중 선순위 지번을 그 지번으로 하되, 본번으로 된 지번이 있는 때에는 본번 중 선순위 지번을 합병 후의 지번으로 한다.

94 지적공부(대장)에 등록하는 면적단위는?

① 평 또는 보 ② 홉 또는 무
③ 제곱미터 ④ 평 또는 무

해설 면적은 지적측량성과에 의하여 지적공부에 등록한 필지의 수평면상 넓이로서 단위는 제곱미터로 하며, 면적의 결정방법 등에 필요한 사항은 대통령령으로 정한다.

95 지적측량 시행규칙상 경계점좌표등록부에 등록된 지역에서의 필지별 면적측정방법으로 옳은 것은?

① 도상삼사계산법 ② 좌표면적계산법
③ 푸라니미터기법 ④ 전자면적측정기법

해설 경위의측량방법으로 세부측량을 실시한 경우, 즉 경계점좌표등록부가 비치된 지역에서의 면적은 필지의 좌표를 이용하여 면적을 측정하여야 한다. 즉 좌표면적계산법에 의해 면적을 계산하여야 한다.

96 공간정보의 구축 및 관리 등에 관한 법령상 축척변경 시행에 따른 청산금의 산정 및 납부고지 등 이의신청에 관한 설명으로 옳은 것은?

① 청산금의 이의신청은 지적소관청에 하여야 한다.
② 청산금의 초과액은 국가의 수입으로 하고, 부족액은 지방자치단체가 부담한다.
③ 지적소관청은 토지소유자에게 수령통지를 한 날부터 9개월 이내에 청산금을 지급하여야 한다.
④ 지적소관청은 청산금의 결정을 공고한 날부터 30일 이내에 토지소유자에게 납부고지 또는 수령통지를 하여야 한다.

해설 ② 청산금의 초과액은 지방자치단체의 수입으로 하고, 부족액은 지방자치단체가 부담한다.
③ 지적소관청은 토지소유자에게 수령통지를 한 날부터 6개월 이내에 청산금을 지급하여야 한다.
④ 지적소관청은 청산금의 결정을 공고한 날부터 20일 이내에 토지소유자에게 납부고지 또는 수령통지를 하여야 한다.

97 측량준비파일 작성 시 붉은색으로 정리하여야 할 사항이 아닌 것은? (단, 따로 규정을 둔 사항은 고려하지 않는다.)

① 경계선 ② 도곽선
③ 도곽선수치 ④ 지적기준점 간 거리

해설 측량준비파일을 작성하고자 하는 때에는 지적기준점 및 그 번호와 좌표는 검은색으로, 도곽선 및 그 수치와 지적기준점 간 거리는 붉은색으로, 그 외는 검은색으로 작성한다.

98 공간정보의 구축 및 관리 등에 관한 법령상 지적측량 수행자의 성실의무에 관한 설명으로 옳지 않은 것은?

① 정당한 사유 없이 지적측량신청을 거부하여서는 아니 된다.
② 배우자 이외에 직계존·비속이 소유한 토지에 대한 지적측량을 할 수 있다.
③ 지적측량수수료 외에는 어떠한 명목으로도 그 업무와 관련된 대가를 받으면 아니 된다.
④ 지적측량수행자는 신의와 성실로 공정하게 지적측량을 하여야 한다.

해설 지적측량수행자는 배우자, 직계존·비속이 소유한 토지에 대한 지적측량을 할 수 없다.

정답 93 ④ 94 ③ 95 ② 96 ① 97 ① 98 ②

99 도로명주소법 시행령상 도로구간의 설정기준으로 틀린 것은?

① 도로망의 구성이 가능하도록 연결된 도로가 있는 경우 도로구간도 연결시킬 것
② 도로의 폭, 방향, 교통흐름 등 도로의 특성을 고려할 것
③ 도로의 연속성을 유지하면서 최대한 길게 설정할 것
④ 가급적 직선과 곡선을 적절하게 혼용할 것

해설 도로명주소법 시행령 제7조(도로구간 및 기초번호의 설정·부여기준)
② 법 제7조 제1항에 따른 도로구간의 설정기준은 다음 각 호와 같다.
  1. 도로망의 구성이 가능하도록 연결된 도로가 있는 경우 도로구간도 연결시킬 것
  2. 도로의 폭, 방향, 교통흐름 등 도로의 특성을 고려할 것
  3. 가급적 직선에 가까울 것
  4. 일시적인 도로가 아닐 것. 다만 하나의 도로구역으로 결정된 도로구간이 공사 등의 사유로 그 도로의 연결이 끊어져 있는 경우에는 하나의 도로구간으로 설정할 수 있다.
  5. 도로의 연속성을 유지하면서 최대한 길게 설정할 것. 다만, 길에 붙이는 도로명에 숫자나 방위를 나타내는 단어가 들어가는 경우에는 짧게 설정할 수 있다.
  6. 다음 각 목의 도로를 제외하고는 다른 도로구간과 겹치지 않도록 도로구간을 설정할 것
    가. 입체도로 및 내부도로
    나. 도로의 선형변경으로 인하여 연결된 측도가 발생하는 도로
    다. 교차로
    라. 종전의 도로구간과 신설되는 도로구간이 한시적으로 함께 사용되는 도로
  7. 도로구간의 시작지점 및 끝지점의 설정은 다음 각 목의 기준을 따를 것
    가. 강·하천·바다 등의 땅모양과 땅 위 물체, 시·군·구의 경계를 고려할 것. 다만, 길의 경우에는 그 길과 연결되는 도로 중 그 지역의 중심이 되는 도로를 시작지점이나 끝지점으로 할 수 있다.
    나. 시작지점부터 끝지점까지 도로가 연결되어 있을 것
    다. 서쪽과 동쪽을 잇는 도로는 서쪽을 시작지점으로, 동쪽을 끝지점으로 설정하고, 남쪽과 북쪽을 잇는 도로는 남쪽을 시작지점으로, 북쪽을 끝지점으로 설정할 것. 다만, 시작지점이 연장될 가능성이 있는 경우 등 행정안전부령으로 정하는 경우에는 달리 정할 수 있다.

100 다음 중 지적재조사사업에 관한 기본계획 수립 시 포함해야 하는 사항으로 옳지 않은 것은?

① 지적재조사사업의 시행기간
② 지적재조사사업에 관한 기본방향
③ 지적재조사사업비의 특별자치도를 제외한 행정구역별 배분계획
④ 지적재조사사업에 필요한 인력확보계획

해설 국토교통부장관은 지적재조사사업을 효율적으로 시행하기 위하여 다음의 사항이 포함된 지적재조사사업에 관한 기본계획을 수립하여야 한다.
㉠ 지적재조사사업에 관한 기본방향
㉡ 지적재조사사업의 시행기간 및 규모
㉢ 지적재조사사업비의 연도별 집행계획
㉣ 지적재조사사업비의 특별시·광역시·도·특별자치도·특별자치시 및 지방자치법에 따른 인구 50만 이상 대도시(이하 "시·도"라 한다)별 배분계획
㉤ 지적재조사사업에 필요한 인력의 확보에 관한 계획
㉥ 그 밖에 지적재조사사업의 효율적 시행을 위하여 필요한 사항으로서 대통령령으로 정하는 사항
  • 디지털지적의 운영·관리에 필요한 표준의 제정 및 그 활용
  • 지적재조사사업의 효율적 추진을 위하여 필요한 교육 및 연구·개발
  • 그 밖에 국토교통부장관이 지적재조사사업에 관한 기본계획(이하 "기본계획"이라 한다)의 수립에 필요하다고 인정하는 사항

정답 99 ④ 100 ③

2024년 제3회 지적기사 필기 복원

제1과목 지적측량

01 평판측량방법에 따른 세부측량을 도선법으로 하는 경우 폐색오차가 도상 1mm이고 총변수가 12일 때 제7변에 배부할 도상거리는?

① 0.2mm ② 0.4mm
③ 0.6mm ④ 0.8mm

해설 12 : 1 = 7 : x
∴ x = 0.6mm

02 지적기준점측량의 절차가 올바르게 나열된 것은?

① 계획의 수립 → 준비 및 현지답사 → 선점 및 조표 → 관측 및 계산과 성과표의 작성
② 준비 및 현지답사 → 선점 및 조표 → 계획의 수립 → 관측 및 계산과 성과표의 작성
③ 계획의 수립 → 선점 및 조표 → 준비 및 현지답사 → 관측 및 계산과 성과표의 작성
④ 준비 및 현지답사 → 계획의 수립 → 선점 및 조표 → 관측 및 계산과 성과표의 작성

해설 지적기준점측량절차 : 계획의 수립 → 준비 및 현지답사 → 선점 및 조표 → 관측 및 계산과 성과표의 작성

03 경계점좌표등록부 시행지역에서 경계점의 지적측량성과와 검사성과의 연결교차허용범위기준으로 옳은 것은?

① 0.10m 이내 ② 0.15m 이내
③ 0.20m 이내 ④ 0.25m 이내

해설 지적측량시행규칙 제27조(지적측량성과의 결정)
① 지적측량성과와 검사성과의 연결교차가 다음 각 호의 허용범위 이내일 때에는 그 지적측량성과에 관하여 다른 입증을 할 수 있는 경우를 제외하고는 그 측량성과로 결정하여야 한다.
1. 지적삼각점 : ±20cm
2. 지적삼각보조점 : ±25cm
3. 지적도근점
  가. 경계점좌표등록부 시행지역 : ±15cm
  나. 그 밖의 지역 : ±25cm
4. 경계점
  가. 경계점좌표등록부 시행지역 : ±10cm
  나. 그 밖의 지역 : ±100분의 3M[cm](M은 축척분모). 이 경우 전자평판측량방법으로 측량하는 경우에는 ±100분의 2M[cm]로 한다.

04 지적삼각보조점측량을 다각망도선법으로 실시할 경우 1도선에 최대로 들어갈 수 있는 점의 수는?

① 2점 ② 3점
③ 4점 ④ 5점

해설 지적삼각보조점측량을 다각망도선법으로 실시할 경우 1도선(기지점과 교점 간 또는 교점과 교점 간을 말한다)의 점의 수는 기지점과 교점을 포함하여 5점 이하로 할 것

05 지적삼각보조점측량을 다각망도선법으로 시행할 경우 1도선의 거리기준은?

① 1km 이하 ② 2km 이하
③ 3km 이하 ④ 4km 이하

해설 전파기 또는 광파기측량방법에 따라 다각망도선법으로 지적삼각보조점측량을 할 때에는 다음의 기준에 따른다.
㉠ 3점 이상의 기지점을 포함한 결합다각방식에 따를 것
㉡ 1도선(기지점과 교점 간 또는 교점과 교점 간을 말한다)의 점의 수는 기지점과 교점을 포함하여 5점 이하로 할 것
㉢ 1도선의 거리(기지점과 교점 또는 교점과 교점 간의 점간거리의 총합계를 말한다)는 4km 이하로 할 것

06 다각망도선법에 의한 지적도근점측량을 할 때 1도선의 점의 수는 몇 점 이하로 제한되는가?

① 10점 ② 20점
③ 30점 ④ 40점

해설 경위의측량방법이나 전파기 또는 광파기측량방법에 따라 다각망도선법으로 지적도근점측량을 할 때에는 다음의 기준에 따른다.
㉠ 3점 이상의 기지점을 포함한 결합다각방식에 따를 것
㉡ 1도선의 점의 수는 20점 이하로 할 것

정답 1 ③ 2 ① 3 ① 4 ④ 5 ④ 6 ②

07 다각망도선법에 따라 지적도근점측량을 실시하는 경우 지적도근점표지의 평균점간거리는?

① 50m 이하 ② 200m 이하
③ 300m 이하 ④ 500m 이하

해설 지적기준점표지의 설치·관리 등
㉠ 공간정보의 구축 및 관리 등에 관한 법률 제8조 제1항에 따른 지적기준점표지의 설치는 다음의 기준에 따른다.
- 지적삼각점표지의 점간거리는 평균 2km 이상 5km 이하로 할 것
- 지적삼각보조점표지의 점간거리는 평균 1km 이상 3km 이하로 할 것. 다만, 다각망도선법에 따르는 경우에는 평균 0.5km 이상 1km 이하로 한다.
- 지적도근점표지의 점간거리는 평균 50m 이상 500m 이하로 할 것
㉡ 지적소관청은 연 1회 이상 지적기준점표지의 이상 유무를 조사하여야 한다. 이 경우 멸실되거나 훼손된 지적기준점표지를 계속 보존할 필요가 없을 때에는 폐기할 수 있다.
㉢ 지적소관청이 관리하는 지적기준점표지가 멸실되거나 훼손되었을 때에는 지적소관청은 다시 설치하거나 보수하여야 한다.

08 지적삼각점측량의 관측 및 계산에 대한 설명으로 옳은 것은?

① 1방향각의 측각공차는 ±50초 이내이다.
② 기지각과의 측각공차는 ±40초 이내이다.
③ 연직각을 관측할 때에는 정반 1회 관측한다.
④ 수평각관측은 3배각의 배각관측법에 의한다.

해설 경위의측량방법에 따른 지적삼각점의 관측과 계산은 다음의 기준에 따른다.
㉠ 관측은 10초독 이상의 경위의를 사용할 것
㉡ 수평각관측은 3대회(윤곽도는 0도, 60도, 120도로 한다)의 방향관측법에 따를 것
㉢ 수평각의 측각공차는 다음 표에 따를 것

종별	공차
1방향각	30초 이내
1측회의 폐색	±30초 이내
삼각형 내각관측의 합과 180도와의 차	±30초 이내
기지각과의 차	±40초 이내

09 광파기측량방법으로 지적삼각점을 관측할 경우 기계의 표준편차는 얼마 이상이어야 하는가?

① ±(5mm+5ppm) 이상
② ±(3mm+5ppm) 이상
③ ±(5mm+10ppm) 이상
④ ±(3mm+10ppm) 이상

해설 전파기 또는 광파기측량방법에 따른 지적삼각점의 관측과 계산기준
㉠ 전파 또는 광파측거기는 표준편차가 ±(5mm+5ppm) 이상인 정밀측거기를 사용할 것
㉡ 점간거리는 5회 측정하여 그 측정치의 최대치와 최소치의 교차가 평균치의 10만분의 1 이하일 때에는 그 평균치를 측정거리로 하고 원점에 투영된 평면거리에 따라 계산할 것
㉢ 삼각형의 내각은 세 변의 평면거리에 따라 계산할 것

10 도선법에 따른 지적도근점의 각도관측을 배각법으로 하는 경우 1도선의 폐색오차의 허용범위는? (단, 폐색변을 포함한 변의 수는 20개이며 2등도선이다.)

① ±44초 이내 ② ±67초 이내
③ ±89초 이내 ④ ±134초 이내

해설 폐색오차 $=\pm 30\sqrt{n}=\pm 30\sqrt{20}=\pm 134$초 이내

11 다음 유심다각망에서 형태규약의 개수는?

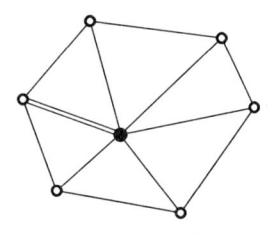

① 5개 ② 6개
③ 7개 ④ 8개

해설 조건식의 총수 $= B+a-2P+3$
$= 1+18-2\times 7+3$
$= 8$개

12 표준장 100m에 대하여 테이프(tape)의 길이가 100m인 강제권척을 검사한 결과 +0.052m이었을 때 이 테이프의 보정계수는?

① 1.00052 ② 1.99948
③ 0.00052 ④ 0.99948

정답 7 ④ 8 ② 9 ① 10 ④ 11 ④ 12 ①

해설 테이프의 보정계수 $= 1 + \dfrac{0.052}{100} = 1.00052$

13 경중률이 서로 다른 데오도라이트 A, B를 사용하여 동일한 측점의 협각을 관측한 결과가 다음과 같을 때 최확값은?

구분	경중률	관측값
A	3	60°39′10″
B	2	60°39′30″

① 60°39′15″ ② 68°39′18″
③ 68°39′20″ ④ 68°39′22″

해설 $\alpha_0 = 68°39' + \dfrac{3 \times 10'' + 2 \times 30''}{3+2} = 68°39'18''$

14 다음 중 색인도 등의 제도에 관한 설명으로 옳지 않은 것은?

① 도면번호는 3mm의 크기로 제도한다.
② 도곽선 왼쪽 윗부분 여백의 중앙에 제도한다.
③ 축척은 도곽선 윗부분 여백의 좌측에 3mm의 글자크기로 제도한다.
④ 가로 7mm, 세로 6mm 크기의 직사각형을 중앙에 두고, 그의 4변에 접하여 같은 규격으로 4개의 직사각형을 제도한다.

해설 축척은 도곽선 윗부분 여백의 우측에 5mm의 글자크기로 제도한다.

15 경위의측량방법으로 세부측량을 하였을 때 측량대상토지의 경계점 간 실측거리와 경계점의 좌표에 따라 계산한 거리의 교차기준으로 옳은 것은? (단, L은 실측거리로서 미터단위로 표시한 수치이다.)

① $2 + \dfrac{L}{10}$[cm] 이내 ② $3 + \dfrac{L}{10}$[cm] 이내
③ $4 + \dfrac{L}{10}$[cm] 이내 ④ $5 + \dfrac{L}{10}$[cm] 이내

해설 경위의측량방법으로 세부측량을 하였을 때 측량대상토지의 경계점 간 실측거리와 경계점의 좌표에 따라 계산한 거리의 교차는 $3 + \dfrac{L}{10}$[cm] 이내여야 한다. 이 경우 L은 실측거리로서 미터단위로 표시한 수치를 말한다.

16 UTM좌표계에 대한 설명으로 옳은 것은?

① 종선좌표의 원점은 위도 38°선이다.
② 중앙지오선에서 멀수록 축척계수는 작아진다.
③ UTM투영은 적도선을 따라 6° 간격으로 이루어진다.
④ 우리나라는 UTM좌표를 53, 54종대에 속해 있다.

해설 ① 종선좌표의 원점은 위도 0°선이다.
② 중앙지오선에서 멀수록 축척계수는 커진다.
④ 우리나라는 UTM좌표를 51, 52종대에 속해 있다.

17 평판측량방법으로 임야도를 갖추두는 지역에서 세부측량을 실시할 경우의 거리측정단위는?

① 5cm ② 10cm
③ 50cm ④ 100cm

해설 평판측량방법에 따른 세부측량 시 거리측정단위는 지적도를 갖추두는 지역에서는 5cm로 하고, 임야도를 갖추두는 지역에서는 50cm로 한다.

18 지상 1km²의 면적을 도상 4cm²로 표시한 도면의 축척은?

① 1/2,500
② 1/5,000
③ 1/25,000
④ 1/50,000

해설 $\left(\dfrac{1}{m}\right)^2 = \dfrac{도상면적}{실제 면적} = \dfrac{0.02 \times 0.02}{1,000 \times 1,000} = \dfrac{1}{50,000}$

19 수평각의 관측 시 윤곽도를 달리하여 망원경을 정·반으로 관측하는 이유로 가장 적합한 것은?

① 각 관측의 편의를 위함이다.
② 과대오차를 제거하기 위함이다.
③ 기계눈금오차를 제거하기 위함이다.
④ 관측값의 계산을 용이하게 하기 위함이다.

해설 수평각의 관측 시 윤곽도를 달리하여 관측하는 이유는 분도원의 눈금오차를 제거하기 위함이다.

정답 13 ② 14 ③ 15 ② 16 ③ 17 ③ 18 ④ 19 ③

20 sin45°의 1초차를 소수점 이하 6위를 정수로 하여 표시한 것은?

① 0.34
② 2.42
③ 3.43
④ 4.45

해설 sin45°의 1초차 = sin45° − sin45°00′01″
= 0.00000343
= 3.43

제2과목 응용측량

21 터널에서 수준측량을 실시한 결과가 다음 표와 같을 때 측점 No.3의 지반고는? (단, (−)는 천장에 설치된 측점이다.)

측점	후시(m)	전시(m)	지반고(m)
No.0	0.87		43.27
No.1	1.37	2.64	
No.2	−1.47	−3.29	
No.3	−0.22	−4.25	
No.4		0.69	

① 36.80m
② 41.21m
③ 48.94m
④ 49.35m

해설 No.3 = 43.27 + (0.87 + 1.37 − 1.47) − (2.64 − 3.29 − 4.25)
= 48.94m

22 사진축척 1:20,000, 초점거리 15cm, 사진크기 23cm×23cm로 촬영한 연직사진에서 주점으로부터 100mm 떨어진 위치에 철탑의 정상부가 찍혀 있다. 이 철탑이 사진상에서 길이가 5mm이었다면 철탑의 실제 높이는?

① 50m
② 100m
③ 150m
④ 200m

해설 $h = \dfrac{H}{r}\Delta r = \dfrac{3,000}{100} \times 5 = 150\text{m}$

23 수준점 A, B, C에서 수준측량을 한 결과가 다음 표와 같을 때 P점의 최확값은?

수준점	표고(m)	고저차관측값(m)	노선거리
A	19.332	A → P +1.533	2
B	20.933	B → P −0.074	4
C	18.852	C → P +1.986	3

① 20.839m
② 20.842m
③ 20.855m
④ 20.869m

해설 ㉠ 경중률
$\dfrac{1}{S_1} : \dfrac{1}{S_2} : \dfrac{1}{S_3} = \dfrac{1}{2} : \dfrac{1}{4} : \dfrac{1}{3} = 6 : 3 : 4$

㉡ 표고
$H_A = 19.332 + 1.533 = 20.865\text{m}$
$H_B = 20.933 - 0.074 = 20.859\text{m}$
$H_C = 18.852 + 1.986 = 20.838\text{m}$

㉢ 최확값
$H_P = \dfrac{6 \times 20.865 + 3 \times 20.859 + 4 \times 20.838}{6 + 3 + 4}$
$= 20.855\text{m}$

24 단곡선에서 반지름 $R=300\text{m}$, 교각 $I=60°$일 때 곡선길이(C.L)는?

① 310.10m
② 315.44m
③ 314.16m
④ 311.55m

해설 $\text{C.L} = RI\dfrac{\pi}{180°} = 300 \times 60° \times \dfrac{\pi}{180°} = 314.16\text{m}$

25 사진 판독에 대한 설명으로 옳지 않은 것은?

① 사진 판독요소에는 색조, 형태, 질감, 크기, 형상, 음영 등이 있다.
② 사진의 판독에는 보통 흑백사진보다 천연색 사진이 유리하다.
③ 사진 판독에서 얻을 수 있는 자료는 사진의 질과 사진 판독의 기술, 전문적 지식 및 경험 등에 좌우된다.
④ 사진 판독의 작업은 촬영계획, 촬영과 사진 작성, 정리, 판독, 판독기준의 작성순서로 진행된다.

해설 사진 판독순서 : 촬영계획 → 촬영과 사진 작성 → 판독기준의 작성 → 판독 → 정리

정답 20 ③ 21 ③ 22 ③ 23 ③ 24 ③ 25 ④

26 단곡선의 설치에서 두 접선의 교각이 60°이고 외선길이(E)가 14m인 단곡선의 반지름은?

① 24.2m ② 60.4m
③ 90.5m ④ 104.5m

해설 $E = R\left(\sec\dfrac{I}{2} - 1\right)$

$12 = R \times \left(\sec\dfrac{60°}{2} - 1\right)$

∴ $R = 90.5\text{m}$

27 GNSS위치 결정에서 정확도와 관련된 위성의 위치상태에 관한 내용으로 옳지 않은 것은?

① 결정좌표의 정확도는 정밀도 저하율(DOP)과 단위관측정확도의 곱에 의해 결정된다.
② 3차원 위치는 TDOP(Time DOP)에 의해 정확도가 달라진다.
③ 최적의 위성 배치는 한 위성은 관측자의 머리 위에 있고 다른 위성의 배치가 각각 120°를 이룰 때이다.
④ 높은 DOP는 위성의 배치상태가 나쁘다는 것을 의미한다.

해설 3차원 위치는 VDOP에 의해 정확도가 달라진다.

28 곡률반지름이 현의 길이에 반비례하는 곡선으로 시가지 철도 및 지하철 등에 주로 사용되는 완화곡선은?

① 렘니스케이트 ② 반파장체감곡선
③ 클로소이드   ④ 3차 포물선

해설 곡률반지름이 현의 길이에 반비례하는 곡선으로 시가지 철도 및 지하철 등에 주로 사용되는 완화곡선은 렘니스케이트이다.

29 터널측량의 일반적인 순서로 옳은 것은?

　㉠ 답사　　　　　　㉡ 단면측량
　㉢ 지하중심선측량　㉣ 계획
　㉤ 터널 내·외 연결측량　㉥ 지상중심선측량
　㉦ 터널 내 수준측량

① ㉠ → ㉣ → ㉡ → ㉢ → ㉥ → ㉤ → ㉦
② ㉣ → ㉠ → ㉥ → ㉢ → ㉤ → ㉦ → ㉡
③ ㉠ → ㉣ → ㉢ → ㉥ → ㉤ → ㉦ → ㉡
④ ㉣ → ㉠ → ㉢ → ㉡ → ㉦ → ㉤ → ㉥

해설 터널측량의 작업순서 : 계획 → 답사 → 지상중심선측량 → 지하중심선측량 → 터널 내·외 연결측량 → 터널 내 수준측량 → 단면측량

30 상호표정에 대한 설명으로 틀린 것은?

① 종시차는 상호표정에서 소거되지 않는다.
② 상호표정 후에도 횡시차는 남는다.
③ 상호표정으로 형성된 모델은 지상모델과 상사관계이다.
④ 상호표정에서 5개의 표정인자를 결정한다.

해설 상호표정은 사진측량에서 좌우투영기의 촬영위치를 촬영 당시의 인접 노출점에서 사진기의 상대위치와 동일한 상태로 조정하여 광학적으로 입체모델이 구성되도록 하는 과정으로 종시차를 소거한다.

31 GNSS측량에서 위도, 경도, 고도, 시간에 대한 차분해(differential solution)를 얻기 위해서는 최소 몇 개의 위성이 필요한가?

① 2 ② 4
③ 6 ④ 8

해설 GNSS측량에서 위도, 경도, 고도, 시간에 대한 차분해를 얻기 위해서는 최소 4개의 위성이 필요하다.

32 클로소이드곡선 설치의 평면선형에 대한 설명으로 옳은 것은?

① 기본형은 직선-클로소이드-직선으로 연결한 선형이다.
② S형은 반향곡선 사이에 두 개의 클로소이드를 연결한 선형이다.
③ 볼록(凸)형은 복심곡선 사이에 클로소이드를 삽입한 것이다.
④ 복합형은 같은 방향으로 구부러진 2개의 클로소이드를 직선적으로 삽입한 것이다.

해설 클로소이드곡선의 형식
　㉠ 기본형 : 직선, 클로소이드, 원곡선 순으로 나란히 설치되어 있는 것
　㉡ S형 : 반향곡선의 사이에 2개의 클로소이드를 삽입한 것
　㉢ 난형 : 복심곡선의 사이에 클로소이드를 삽입한 것
　㉣ 볼록(凸)형 : 같은 방향으로 구부러진 2개의 클로소이드를 직선적으로 삽입한 것
　㉤ 복합형 : 같은 방향으로 구부러진 2개 이상의 클로소이드를 이은 것

정답　26 ③　27 ②　28 ①　29 ②　30 ①　31 ②　32 ②

33 수준기의 감도가 4″인 레벨로 60m 전방에 세운 표척을 시준한 후 기포가 1눈금 이동하였을 때 발생하는 오차는?

① 0.6mm ② 1.2mm
③ 1.8mm ④ 2.4mm

해설 $\Delta l = \dfrac{n l \theta''}{\rho''} = \dfrac{1 \times 60 \times 4}{206.265} = 0.012\text{m} = 1.2\text{mm}$

34 다음 그림과 같이 $\overline{BC}$와 평행한 $\overline{xy}$로 면적을 $m:n=1:4$의 비율로 분할하고자 한다. $\overline{AB}=75$m일 때 $\overline{Ax}$의 거리는?

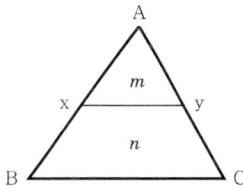

① 15.0m ② 18.8m
③ 33.5m ④ 37.5m

해설 $\overline{Ax} = \overline{AB}\sqrt{\dfrac{m}{n+m}} = 75 \times \sqrt{\dfrac{1}{4+1}} = 33.5\text{m}$

35 GNSS측량방법 중 후처리방식이 아닌 것은?

① Static방법
② Kinematic방법
③ Pseudo-Kinematic방법
④ Real-Time Kinematic방법

해설 Real-Time Kinematic방법은 실시간 이동측량방식이다.

36 등고선측량방법 중 표고를 알고 있는 기지점에서 중요한 지성선을 따라 측선을 설치하고 측선을 따라 여러 점의 표고와 거리를 측량하여 등고선을 측량하는 방법은?

① 방안법 ② 횡단점법
③ 영선법 ④ 종단점법

해설 종단점법 : 표고를 알고 있는 기지점에서 중요한 지성선을 따라 측선을 설치하고 측선을 따라 여러 점의 표고와 거리를 측량하여 등고선을 측량하는 방법

37 수십MHz~수GHz 주파수대역의 전자기파를 이용하여 전자기파의 반사와 회절현상 등을 측정하고, 이를 해석하여 지하구조의 파악 및 지하시설물을 측량하는 방법은?

① 지표투과레이더(GPR)탐사법
② 초장기선전파간섭계법
③ 전자유도탐사법
④ 자기탐사법

해설 지표투과레이더(GPR)탐사법 : 수십MHz~수GHz 주파수대역의 전자기파를 이용하여 전자기파의 반사와 회절현상 등을 측정하고, 이를 해석하여 지하구조의 파악 및 지하시설물을 측량하는 방법

38 지형측량에 관한 설명으로 틀린 것은?

① 축척 1:50,000, 1:25,000, 1:5,000 지형도의 주곡선간격은 각각 20m, 10m, 2m이다.
② 지성선은 지형을 묘사하기 위한 중요한 선으로 능선, 최대경사선, 계곡선 등이 있다.
③ 지형의 표시방법에는 우모법, 음영법, 채색법, 등고선법 등이 있다.
④ 등고선 중 간곡선간격은 조곡선간격의 2배이다.

해설 등고선

종류	1/5,000, 1/10,000	1/25,000	1/50,000
주곡선	5m	10m	20m
간곡선	2.5m	5m	10m
조곡선	1.25m	2.5m	5m
계곡선	25m	50m	100m

39 수준측량과 관련된 용어에 대한 설명으로 틀린 것은?

① 후시는 기지점에 세운 표척의 읽음값이다.
② 전시는 미지점 표적의 읽음값이다.
③ 중간점은 오차가 발생해도 다른 지점에 영향이 없다.
④ 이기점은 전시와 후시값이 항상 같게 된다.

해설 이기점은 기계를 옮기기 위한 점으로 후시와 전시를 동시에 취하는 점으로 후시값과 전시값이 다른 값을 갖게 된다.

정답 33 ② 34 ③ 35 ④ 36 ④ 37 ① 38 ① 39 ④

40 등고선에 대한 설명으로 틀린 것은?

① 높이가 다른 두 등고선은 어떠한 경우도 서로 교차하지 않는다.
② 동일 등고선상에 있는 모든 점은 같은 높이이다.
③ 등고선은 도면 내·외에서 폐합하는 폐곡선이다.
④ 지도의 도면 내에서 폐합하는 경우 등고선의 내부에 산꼭대기 또는 분지가 있다.

해설 높이가 다른 등고선은 동굴, 절벽이 아닌 곳에서는 서로 교차하지 않는다. 따라서 동굴이나 절벽에서는 교차한다.

제3과목 토지정보체계론

41 공간자료의 표현형태 중 점(point)에 대한 설명으로 옳은 것은?

① 공간객체 중 가장 복잡한 형태를 가진다.
② 최소한의 데이터 요소로 위치와 속성을 가진다.
③ 공간분석에 있어서 가장 많은 양의 데이터를 요구한다.
④ 좌표계 없이 위치를 나타내며 관련 속성데이터가 연결된다.

해설 공간자료의 특징

구분	점	선	면적
형태	한 쌍의 x, y 좌표	시작점과 끝점을 갖는 일련의 좌표	폐합된 선들로 구성된 일련의 좌표군
특징	면적이나 길이가 없음	면적이 없고 길이만 있음	면적과 경계를 가짐
예	유정, 송전철탑, 맨홀	도로, 하천 통신 전력선, 관망, 경계	행정구역, 지적, 건물, 지정구역

42 관계형 데이터베이스 모델(relational database model)의 기본구조요소로 옳지 않은 것은?

① 속성(attribute)
② 행(record)
③ 테이블(table)
④ 소트(sort)

해설 관계형 데이터베이스 모델은 속성(attribute), 행(record), 테이블(table)로 구성된다.

43 필지중심토지정보시스템에서 도형정보와 속성정보를 연계하기 위하여 사용되는 가변성이 없는 고유번호는?

① 객체식별번호
② 단일식별번호
③ 유일식별번호
④ 필지식별번호

해설 필지식별번호 : 필지중심토지정보시스템에서 도형정보와 속성정보를 연계하기 위하여 사용되는 가변성이 없는 고유번호

44 GIS의 구축 및 활용을 위한 과정을 순서대로 올바르게 나열한 것은?

㉠ 자료수집 및 입력
㉡ 결과 출력
㉢ 데이터베이스 구축 및 관리
㉣ 데이터 분석

① ㉠ → ㉢ → ㉣ → ㉡
② ㉣ → ㉠ → ㉢ → ㉡
③ ㉡ → ㉠ → ㉣ → ㉢
④ ㉣ → ㉡ → ㉠ → ㉢

해설 GIS 구축순서 : 자료수집 및 입력 → 데이터베이스 구축 및 관리 → 데이터 분석 → 결과 출력

45 토지의 고유번호의 총 자릿수는?

① 20자리
② 19자리
③ 18자리
④ 17자리

해설 고유번호의 구성은 행정구역코드 10자리(시·도 2, 시·군·구 3, 읍·면·동 3, 리 2), 대장구분 1자리, 본번 4자리, 부번 4자리 총합계 19자리로 구성한다.

46 다음 중 TIGER파일의 도형자료를 수치지도데이터베이스로 구축한 국가는?

① 한국
② 호주
③ 미국
④ 캐나다

해설 TIGER파일 : Topologically Integrated Geographic Encoding and Referencing System의 약자로서 미국 U.S. Census Bureau에서 인구조사를 위해 개발한 벡터형 파일형식

정답 40 ① 41 ② 42 ④ 43 ④ 44 ① 45 ② 46 ③

47 지적정보관리체계로 처리하는 지적공부정리 등의 사용자권한등록파일을 등록할 때의 사용자비밀번호설정기준으로 옳은 것은?

① 4자리부터 12자리까지의 범위에서 사용자가 정하여 사용한다.
② 6자리부터 16자리까지의 범위에서 사용자가 정하여 사용한다.
③ 영문을 포함하여 3자리부터 12자리까지의 범위에서 사용자가 정하여 사용한다.
④ 영문을 포함하여 5자리부터 16자리까지의 범위에서 사용자가 정하여 사용한다.

해설 사용자비밀번호는 6자리부터 16자리까지의 범위에서 사용자가 정하여 사용한다.

48 다음 중 유럽의 지형공간데이터의 표준화작업을 위한 지리정보표준화기구로 옳은 것은?

① OGC ② FGDC
③ CEN/TC287 ④ ISO/TC211

해설 CEN/TC287
㉠ CEN/TC287은 ISO/TC211활동이 시작되기 이전에 유럽의 표준화기구를 중심으로 추진된 유럽의 지리정보 표준화기구이다.
㉡ ISO/TC211과 CEN/TC287은 일찍부터 상호합의문서와 표준초안 등을 공유하고 있으며, CEN/TC287의 표준화 성과는 ISO/TC2110에 의하여 많은 부분 참조되었다.
㉢ CEN/TC287은 기술위원회명칭을 Geographic Information이라고 하였으며, 그 범위는 실세계에 대한 현상을 정의, 표현, 전송하기 위한 방법을 명시하는 표준들의 체계적 집합 등으로 구성하였다.

49 해상력에 대한 설명으로 옳지 않은 것은?

① 해상력은 일반적으로 mm당 선의 수를 말한다.
② 해상력은 자료를 표현하는 최대단위를 의미한다.
③ 수치영상시스템에서의 공간해상력은 격자나 픽셀의 크기를 의미한다.
④ 일반적으로 항공사진이나 인공위성영상의 경우에 해상력은 식별이 가능한 최소객체를 의미한다.

해설 해상력은 자료를 표현하는 최소단위를 의미한다.

50 데이터에 대한 정보로서 데이터의 내용, 품질, 조건 및 기타 특성에 대한 정보를 포함하는 정보의 이력서라 할 수 있는 것은?

① 인덱스(Index)
② 라이브러리(Library)
③ 메타데이터(Metadata)
④ 데이터베이스(Database)

해설 메타데이터란 실제 데이터는 아니지만 데이터베이스, 레이어, 속성, 공간현상 등과 관련된 데이터의 내용, 품질, 조건 및 특징 등을 저장한 데이터로서 데이터에 관한 데이터로 데이터의 이력서라고 말할 수 있다. 따라서 메타데이터는 작성한 실무자가 바뀌더라도 변함없는 데이터의 기본체계를 유지하게 되므로 시간이 지나도 일관성 있는 데이터를 사용자에게 제공이 가능하다.

51 다음 중 속성정보로 보기 어려운 것은?

① 임야도의 등록사항인 경계
② 경계점좌표등록부의 등록사항인 지번
③ 대지권등록부의 등록사항인 대지권비율
④ 공유지연명부의 등록사항인 토지의 소재

해설 임야도의 경계는 도형정보이다.

52 데이터베이스의 스키마를 정의하거나 수정하는데 사용하는 데이터 언어는?

① DBL ② DCL
③ DML ④ DDL

해설 데이터 정의어(DDL : Data Definition Language)는 데이터베이스를 정의하거나 그 정의를 수정할 목적으로 사용하는 언어로 데이터베이스 관리자나 설계자가 주로 사용한다.

53 토지정보체계(LIS)와 지리정보체계(GIS)의 차이점으로 옳지 않은 것은?

① 지리정보체계의 공간기본단위는 지역과 구역이다.
② 토지정보체계는 일반적으로 대축척 지도를 기본도로 한다.
③ 토지정보체계의 공간기본단위는 필지(parcel)이다.
④ 지리정보체계는 일반적으로 소축척 행정구역도를 기본도로 한다.

해설 지리정보체계는 일반적으로 소축척 지형도를 기본도로 한다.

정답 47 ② 48 ③ 49 ② 50 ③ 51 ① 52 ④ 53 ④

54 다음 중 공간데이터를 취득하는 방법이 서로 다른 것은?

① GPS
② 원격탐측
③ 디지타이징
④ 토털스테이션

해설 GPS, 원격탐측, 토털스테이션은 공간데이터를 직접 취득하는 방법이며, 디지타이징의 경우 기존의 도면을 이용하여 공간데이터를 취득하는 방법이다.

55 다음 중 국가공간정보위원회와 관련된 내용으로 옳은 것은?

① 위원회는 회의의 원활한 진행을 위하여 간사 1명을 둔다.
② 위원장은 회의개최 7일 전까지 회의일시·장소 및 심의안건을 각 위원에게 통보하여야 한다.
③ 회의는 재적위원 3분의 1의 출석으로 개의하고, 출석위원 3분의 2의 찬성으로 의결한다.
④ 위원장이 부득이한 사유로 직무를 수행할 수 없을 때에는 위원장이 지명하는 위원의 순으로 그 직무를 대행한다.

해설
① 위원회는 회의의 원활한 진행을 위하여 간사 2명을 둔다.
② 위원장은 회의개최 5일 전까지 회의일시·장소 및 심의안건을 각 위원에게 통보하여야 한다.
③ 회의는 재적위원 과반수의 출석으로 개의(開議)하고, 출석위원 과반수의 찬성으로 의결한다.

56 시·군·구(자치구가 아닌 구 포함)단위의 지적공부에 관한 지적전산자료의 이용 및 활용에 관한 신청권자로 옳은 것은?

① 지적소관청
② 시·도지사 또는 지적소관청
③ 국토교통부장관 또는 시·도지사
④ 국토교통부장관, 시·도지사 또는 지적소관청

해설 지적전산자료의 이용·활용

자료의 범위	신청권자
전국단위	국토교통부장관, 시·도지사 또는 지적소관청
시·도단위	시·도지사 또는 지적소관청
시·군·구단위	지적소관청

57 다음 중 토지정보시스템의 구성요소에 해당하지 않는 것은

① 인적자원
② 처리시간
③ 소프트웨어
④ 공간데이터베이스

해설 토지정보시스템의 구성요소 : 하드웨어, 소프트웨어, 데이터베이스, 인적자원

58 스캐닝방식을 이용하여 지적전산파일을 생성할 경우 선명한 영상을 얻기 위한 방법으로 옳지 않은 것은?

① 해상도를 최대한 낮게 한다.
② 원본형상의 보존상태를 양호하게 한다.
③ 하프톤방식의 스캐닝 시에는 되도록 속도를 느리게 한다.
④ 크기가 큰 영상은 영역을 세분하여 차례로 스캐닝한다.

해설 선명한 해상도를 얻기 위해서는 해상도를 최대한 높게 해야 한다.

59 토지소유자나 이해관계인이 지적재조사사업과 관련한 정보를 인터넷 등을 통하여 실시간으로 열람할 수 있도록 구축한 공개시스템의 명칭은?

① 지적재조사측량시스템
② 지적재조사행정시스템
③ 지적재조사관리공개시스템
④ 지적재조사정보공개시스템

해설 지적재조사행정시스템 : 토지소유자나 이해관계인이 지적재조사사업과 관련한 정보를 인터넷 등을 통하여 실시간으로 열람할 수 있도록 구축한 공개시스템

60 지적전산정보시스템에서 사용자권한등록파일에 등록하는 사용자의 권한에 해당하지 않는 것은?

① 표준지공시지가 변동의 관리
② 지적전산코드의 입력·수정 및 삭제
③ 지적공부의 열람 및 등본발급의 관리
④ 법인이 아닌 사단·재단등록번호의 직권수정

해설 지적정보체계의 사용자권한 중 개별공시지가 변동의 관리는 포함되나, 표준지공시지가 변동의 관리는 포함되지 않는다.

정답 54 ③ 55 ④ 56 ① 57 ② 58 ① 59 ② 60 ①

제4과목 지적학

61 대만에서 지적재조사를 의미하는 것은?
① 국토조사   ② 지적도 증축
③ 지도작제   ④ 토지가옥조사

해설 대만의 지적재조사는 지적도 증축을 의미한다.

62 토지등록공부의 편성방법이 아닌 것은?
① 물적 편성주의   ② 인적 편성주의
③ 세대별 편성주의   ④ 연대적 편성주의

해설 **지적공부의 편성방법** : 물적 편성주의, 인적 편성주의, 연대적 편성주의

63 토지조사사업 당시 재결기관으로 옳은 것은?
① 부와 면   ② 임시토지조사국
③ 임야심사위원회   ④ 고등토지조사위원회

해설 **토지조사사업의 토지의 사정(査定)**
㉠ 의의 : 토지조사부 및 지적도에 의하여 토지소유자(원시취득) 및 강계를 확정하는 행정처분을 말한다. 지적도에 등록된 강계선이 대상이며 지역선은 사정하지 않는다.
㉡ 사정권자 : 임시토지조사국장은 지방토지조사위원회에 자문하여 토지소유자 및 그 강계를 사정하며, 사정을 하는 때에는 30일간 이를 공시한다.
㉢ 재결 : 사정에 대하여 불복하는 자는 공시기간 만료 후 60일 내에 고등토지조사위원회에 제기하여 재결을 받을 수 있다. 다만, 정당한 사유 없이 입회를 하지 아니한 자는 그러하지 아니하다.

64 우리나라 지적제도에 토지대장과 임야대장이 2원적(二元的)으로 있게 된 가장 큰 이유는?
① 측량기술이 보급되지 않았기 때문이다.
② 삼각측량에 시일이 너무 많이 소요되었기 때문이다.
③ 토지나 임야의 소유권제도가 확립되지 않았기 때문이다.
④ 우리의 지적제도가 조사사업별 구분에 의하여 다르게 하였기 때문이다.

해설 우리나라 지적제도에 토지대장과 임야대장이 2원적(二元的)으로 있게 된 가장 큰 이유는 1910년 토지조사사업과 1918년 임야조사사업으로 나누어서 토지조사를 하였기 때문이다.

65 토지조사부(土地調査簿)에 대한 설명으로 옳은 것은?
① 결수연명부로 사용된 장부이다.
② 입안과 양안을 통합한 장부이다.
③ 별책토지대장으로 사용된 장부이다.
④ 토지소유권의 사정원부로 사용된 장부이다.

해설 토지조사부는 1911년 11월 토지조사사업 당시 모든 토지소유자가 토지소유권을 신고하게 하여 토지사정원부로 사용하였으며 사정부(査定簿)라고도 하였다.

66 토지조사사업 당시 사정(査定)의 처분행위는?
① 행정처분   ② 사법행위
③ 등기공시   ④ 재결행위

해설 토지의 사정(査定)이란 토지조사부 및 지적도에 의하여 토지소유(원시취득) 및 강계를 확정하는 행정처분을 말한다. 지적도에 등록된 강계선이 대상이며 지역선은 사정하지 않는다.

67 경계복원측량의 법률적 효력 중 소관청 자신이나 토지소유자 및 이해관계인에게 정당한 변경절차가 없는 한 유효한 행정처분에 복정하도록 하는 것은?
① 구속력   ② 공정력
③ 강제력   ④ 확정력

해설 **행정행위에 의한 특수한 효력**
㉠ 구속력(拘束力) : 토지등록은 행정행위가 행해진 경우 상대방과 지적소관청의 자신을 구속하는 효력을 말한다.
㉡ 공정력(公正力) : 지적측량의 효력은 정당한 절차 없이 그 내용의 존재를 부정할 수 없다. 지적측량의 하자가 있다 하더라도 정당한 절차에 의하여 취소될 때까지는 적법한 것으로 추정된다.
㉢ 강제력(強制力) : 행정행위를 함에 있어서 그 상대방이 의무를 이행하지 않을 때 사법행위와는 다르게 법원의 힘을 빌리지 않고 행정관청이 자력으로 이를 실현할 수 있는 것을 말한다.
㉣ 확정력(確定力) : 일단 유효하게 성립한 토지의 등록에 대해서는 일정기간이 경과한 뒤에는 그 상대방이나 이해관계인이 그 효력을 다룰 수 없다. 지적소관청도 특별한 사유가 있는 경우를 제외하고는 그 성과변경을 할 수 없는 효력을 말한다.

정답 61 ② 62 ③ 63 ④ 64 ④ 65 ④ 66 ① 67 ①

68 토지경계에 대한 설명으로 옳지 않은 것은?

① 지역선이란 사정선과 같다.
② 강계선이란 사정선을 말한다.
③ 원칙적으로 지적(임야)도상의 경계를 말한다.
④ 지적공부상에 등록하는 단위토지인 일필지의 구획선을 말한다.

해설 ㉠ 강계선(疆界線)
- 토지조사사업 당시 임시토지조사국장이 사정한 경계선을 말한다.
- 지목을 구별하며 소유권의 분계를 확정한다.
- 토지소유자와 지목이 동일하고 지반이 연속된 토지는 1필지로 함을 원칙으로 한다.
- 강계선의 반대쪽은 반드시 소유자가 다르다.

㉡ 지역선(地域線)
- 토지조사사업 당시 소유자는 동일하나 지목이 다른 경우와 지반이 연속되지 않아 별도의 필지로 구획한 토지 간의 경계선을 말한다. 즉 동일인의 소유라도 지목이 상이하여 별필로 하는 경우의 경계선을 말한다.
- 토지조사사업 당시 조사대상토지와 조사에서 제외된 토지 간의 구분한 지역경계선(지계선)을 말한다.
- 이 지역선은 경계선 또는 강계선과는 달리 소유권을 구분하는 선이 아니므로 사정하지 않았다.
- 반대쪽은 소유자가 같을 수도, 다를 수도 있다.
- 지역선은 경계분쟁대상에서 제외되었다.

69 입안제도(立案制度)에 대한 설명으로 옳지 않은 것은?

① 입안은 매수인의 소재관에게 제출하였다.
② 토지매매 후 100일 이내에 하는 명의변경절차이다.
③ 입안을 받지 못한 문기는 효력을 인정받지 못하였다.
④ 조선시대에 토지거래를 관에 신고하고 증명을 받는 것이다.

해설 입안을 받기 위한 절차는 매도인과 매수인 사이의 계약이 성립되면 구문기와 매매문기를 매도인의 소재에 있는 관청에 제출하여야 한다.

70 지적의 발생설을 토지측량과 밀접하게 관련지어 이해할 수 있는 이론은?

① 과세설 ② 치수설
③ 지배설 ④ 역사설

해설 치수설(Flood Control Theory, 토지측량설)
국가가 토지를 농업생산수단으로 이용하기 위해서 관개시설 등을 측량하고 기록·유지·관리하는 데서 비롯되었다고 보는 설이다.
㉠ 토지의 분배를 위하여 측량을 실시하였으며 토지측량설이라고도 한다.
㉡ 과세설과 더불어 등장한 이론이며 합리적인 과세를 목적으로 농경지를 배분하였다.
㉢ 메소포타미아문명 : 티그리스, 유프라테스강 지역에서 제방, 홍수 뒤 경지정리의 필요성을 느껴 삼각법에 의한 측량을 실시하였다.

71 다음 중 권원등록제도(registration of title)에 대한 설명으로 옳은 것은?

① 토지의 이익에 영향을 미치는 문서의 공적등기를 보존하는 제도이다.
② 보험회사의 토지중개거래제도이다.
③ 소유권 등록 이후에 이루어지는 거래의 유효성에 대하여 정부가 책임을 지는 제도이다.
④ 토지소유권의 공시보호제도이다.

해설 권원등록제도(Registration of Title)
공적기관에서 보존되는 특정한 사람에게 귀속된 명확히 한정된 단위의 토지에 대한 권리와 그러한 권리들이 존속되는 한계에 대한 권위 있는 등록이다.
㉠ 소유권등록은 언제나 최후의 권리이며 이후에 이루어지는 거래에 유효성에 대해 책임을 진다.
㉡ 날인증서제도의 결점을 보완하기 위해 도입되었다.
㉢ 정부는 등록한 이후에 이루어지는 거래의 유효성에 대해 책임을 진다.

72 다음 중 지적제도의 기능이 아닌 것은?

① 지방행정의 자료
② 토지유통의 매개체
③ 토지감정평가의 기초
④ 토지이용 및 개발의 기준

해설 지적의 실제적 기능
㉠ 토지등록의 법적 효력과 공시
㉡ 도시 및 국토계획의 원천
㉢ 토지감정평가의 기초
㉣ 지방행정의 자료
㉤ 토지유통의 매개체
㉥ 토지관리의 지침

73 토지소유권권리의 특성이 아닌 것은?
① 탄력성 ② 혼일성
③ 항구성 ④ 불완전성

해설 **토지소유권의 특징** : 탄력성, 혼일성, 항구성

74 우리나라 토지조사사업의 시행목적으로 옳지 않은 것은?
① 토지의 가격조사 ② 토지의 소유권조사
③ 토지의 지질조사 ④ 토지의 외모조사

해설 **토지조사사업의 목적** : 소유자조사, 가격조사, 외모조사

75 토지의 권리표상에 치중한 부동산등기와 같은 형식적 심사를 가능하게 한 지적제도의 특성으로 볼 수 없는 것은?
① 지적공부의 공시
② 지적측량의 대행
③ 토지표시의 실질심사
④ 최초 소유자의 사정 및 사실조사

해설 지적측량의 대행은 심사와는 아무 관련이 없다.

76 다음 중 우리나라에서 최초로 '지적'이라는 용어가 사용된 곳은?
① 경국대전 ② 내부관제
③ 임야조사령 ④ 토지조사법

해설 우리나라의 근대적인 지적제도는 고종 32년(1895년) 3월 26일 칙령 제53호로 내부관제를 공포하고 내부관제의 판적국에서 지적(地籍)에 관한 사항을 담당하였다. 따라서 법령에 최초로 지적이라는 용어를 사용하였다.

77 고구려에서 토지면적단위체계로 사용된 것은?
① 경무법 ② 두락법
③ 결부법 ④ 수등이척법

해설 **삼국시대의 지적제도**

시대	길이단위	면적	측량방식	측량실무
고구려		경무법		산학박사
백제	척	두락제	구장산술	산학박사, 산사, 화사
신라		결부제		산학박사

78 지목을 설정할 때 심사의 근거가 되는 것은?
① 지질구조 ② 토양유형
③ 입체적 토지이용 ④ 지표의 토지이용

해설 지목은 토지의 주된 용도에 따라 종류를 구분해서 지적공부에 등록한 것이므로, 지목을 설정할 때 심사의 근거는 지표의 토지이용이다.

79 경국대전에 의한 공전(公田), 사전(私田)의 구분 중 사전(私田)에 속하는 것은?
① 적전(籍田) ② 직전(職田)
③ 관둔전(官屯田) ④ 목장토(牧場土)

해설 직전(職田)은 조선시대에 현직관리만을 대상으로 토지를 분급한 토지제도로 사전(私田)에 속한다.

80 고조선시대의 토지관리를 담당한 직책은?
① 봉가(鳳加) ② 주부(主簿)
③ 박사(博士) ④ 급전도감(給田都監)

해설 고조선시대 토지관리를 담당한 직책은 봉가(鳳加)이다.

제5과목 지적관계법규

81 지적측량수행자가 과실로 지적측량을 부실하게 하여 지적측량의뢰인에게 재산상의 손해를 발생하게 한 경우 지적측량의뢰인이 손해배상으로 보험금을 지급받기 위해 보험회사에 첨부하여 제출하는 서류가 아닌 것은?
① 지적측량의뢰인과 지적측량수행자 간의 손해배상합의서
② 지적측량의뢰인과 지적측량수행자 간의 화해조서
③ 지적위원회에서 손해사실에 대하여 결정한 서류
④ 확정된 법원의 판결문 사본 또는 이에 준하는 효력이 있는 서류

해설 지적측량의뢰인은 손해배상으로 보험금을 지급받으려면 그 지적측량의뢰인과 지적측량수행자 간의 손해배상합의서, 화해조서, 확정된 법원의 판결문 사본 또는 이에 준하는 효력이 있는 서류를 첨부하여 보험회사에 손해배상보험금 지급을 청구하여야 한다.

정답 73 ④ 74 ③ 75 ② 76 ② 77 ① 78 ④ 79 ② 80 ① 81 ③

82 다음 중 국토의 계획 및 이용에 관한 법령상 원칙적으로 공동구를 관리하여야 하는 자는?

① 구청장
② 특별시장
③ 국토교통부장관
④ 행정안전부장관

해설 국토의 계획 및 이용에 관한 법령상 원칙적으로 공동구를 관리하여야 하는 자는 특별시장이다.

83 공간정보의 구축 및 관리 등에 관한 법령상 지적소관청이 토지소유자에게 지적정리 등을 통지하여야 하는 시기로 옳은 것은?

① 토지의 표시에 관한 변경등기가 필요한 경우 : 그 등기완료의 통지서를 접수한 날부터 15일 이내
② 토지의 표시에 관한 변경등기가 필요한 경우 : 그 등기완료의 통지서를 접수한 날부터 30일 이내
③ 토지의 표시에 관한 변경등기가 필요하지 아니한 경우 : 지적공부에 등록한 날부터 15일 이내
④ 토지의 표시에 관한 변경등기가 필요하지 아니한 경우 : 지적공부에 등록한 날부터 30일 이내

해설 지적정리통지시기
㉠ 토지의 표시에 관한 변경등기가 필요한 경우 : 그 등기완료의 통지서를 접수한 날부터 15일 이내
㉡ 토지의 표시에 관한 변경등기가 필요하지 아니한 경우 : 지적공부에 등록한 날부터 7일 이내

84 부동산등기법령상 등기기록의 갑구(甲區)에 기록하여야 할 사항은?

① 부동산의 소재지
② 소유권에 관한 사항
③ 소유권 이외의 권리에 관한 사항
④ 토지의 지목, 지번, 면적에 관한 사항

해설 등기기록
㉠ 표제부 : 부동산의 표시에 관한 사항
㉡ 갑구 : 소유권에 관한 사항
㉢ 을구 : 소유권 이외의 권리에 관한 사항

85 지적공부에 등록하기 위한 지목결정으로 옳지 않은 것은?

① 소관청에서 결정한다.
② 1필지에 1지목을 설정한다.
③ 토지의 주된 용도에 따라 결정한다.
④ 토지소유자가 신청하는 지목으로 설정한다.

해설 지목은 토지의 용도에 따라 설정을 하는 것이지 토지소유자가 신청한다고 해서 무조건 그 지목으로는 설정할 수 없다.

86 공간정보의 구축 및 관리 등에 관한 법령상 지적공부의 복구 및 복구절차 등에 관한 내용으로 옳지 않은 것은?

① 소유자에 관한 사항은 부동산등기부나 법원의 확정판결에 따라 복구하여야만 한다.
② 지적소관청은 지적공부의 전부 또는 일부가 멸실되거나 훼손되는 경우에는 지체 없이 이를 복구하여야 한다.
③ 지적공부를 복구할 때에는 멸실·훼손 당시의 지적공부와 가장 부합된다고 인정되는 관계자료에 따라 토지의 표시에 관한 사항을 복구하여야 한다.
④ 지적소관청은 지적공부를 복구하려는 토지의 표시 등을 시·군·구 게시판 및 인터넷 홈페이지에 7일 이상 게시하여야 한다.

해설 지적소관청은 지적공부를 복구하려는 토지의 표시 등을 시·군·구 게시판 및 인터넷 홈페이지에 15일 이상 게시하여야 한다.

87 지적소관청이 측량기준점의 설치를 위해 토지 등의 출입 등에 따라 손실이 발생하여 손실을 받은 자와 협의가 성립되지 아니한 경우 재결을 신청할 수 있는 곳은?

① 시·도지사
② 중앙지적위원회
③ 행정안전부장관
④ 관할 토지수용위원회

해설 지적소관청이 측량기준점의 설치를 위해 토지 등의 출입 등에 따라 손실이 발생하여 손실을 받은 자와 협의가 성립되지 아니한 경우 관할 토지수용위원회에 재결을 신청할 수 있다.

정답 82 ② 83 ② 84 ② 85 ④ 86 ④ 87 ④

88 공간정보의 구축 및 관리 등에 관한 법령상 임야대장에 등록하는 1필지 최소면적단위는? (단, 지적도의 축척이 600분의 1인 지역과 경계점좌표등록부에 등록하는 지역의 토지면적은 제외한다.)

① $0.1m^2$ ② $1m^2$
③ $10m^2$ ④ $100m^2$

해설 **면적의 결정**
㉠ 원칙 : 토지의 면적에 제곱미터 미만의 끝수가 있는 경우 $0.5m^2$ 미만인 때에는 버리고, $0.5m^2$를 초과하는 때에는 올리며, $0.5m^2$인 때에는 구하고자 하는 끝자리의 숫자가 0 또는 짝수이면 버리고, 홀수이면 올린다. 다만, 1필지의 면적이 $1m^2$ 미만인 때에는 $1m^2$로 한다.
㉡ 예외 : 지적도의 축척이 600분의 1인 지역과 경계점좌표등록부에 등록하는 지역의 토지의 면적은 제곱미터 이하 한 자리 단위로 하되, $0.1m^2$ 미만의 끝수가 있는 경우 $0.05m^2$ 미만인 때에는 버리고, $0.05m^2$를 초과하는 때에는 올리며, $0.05m^2$인 때에는 구하고자 하는 끝자리의 숫자가 0 또는 짝수이면 버리고, 홀수이면 올린다. 다만, 1필지의 면적이 $0.1m^2$ 미만인 때에는 $0.1m^2$로 한다.

89 도로명주소법 시행령상 명예도로명의 부여기준으로 틀린 것은?

① 명예도로명으로 사용될 사람 등의 도덕성, 사회헌신도 및 공익성 등을 고려할 것
② 사용기간은 10년 이내로 할 것
③ 같은 특별자치시, 특별자치도 및 시·군·구 내에서는 같은 명예도로명이 중복하여 부여되지 않도록 할 것
④ 이미 명예도로명이 부여된 도로구간에 다른 명예도로명이 중복하여 부여되지 않도록 할 것

해설 **도로명주소법 시행령 제20조(명예도로명의 부여기준)**
시장 등은 법 제10조에 따른 명예도로명(이하 "명예도로명"이라 한다)을 부여하려는 경우에는 다음 각 호의 기준을 따라야 한다.
1. 명예도로명으로 사용될 사람 등의 도덕성, 사회헌신도 및 공익성 등을 고려할 것
2. 사용기간은 5년 이내로 할 것
3. 해당 시장 등이 법 제7조 제6항 및 제8조 제5항에 따라 고시한 도로명이 아닐 것
4. 같은 특별자치시, 특별자치도 및 시·군·구 내에서는 같은 명예도로명이 중복하여 부여되지 않도록 할 것
5. 이미 명예도로명이 부여된 도로구간에 다른 명예도로명이 중복하여 부여되지 않도록 할 것

90 공간정보의 구축 및 관리 등에 관한 법령상 지적정보관리시스템 사용자의 권한구분으로 옳지 않은 것은?

① 지적측량업등록
② 토지이동의 정리
③ 사용자의 신규등록
④ 사용자 등록의 변경 및 삭제

해설 **지적정보관리체계의 사용자권한구분**
1. 사용자의 신규등록
2. 사용자등록의 변경 및 삭제
3. 법인 아닌 사단·재단등록번호의 업무관리
4. 법인 아닌 사단·재단등록번호의 직권수정
5. 개별공시지가 변동의 관리
6. 지적전산코드의 입력·수정 및 삭제
7. 지적전산코드의 조회
8. 지적전산자료의 조회
9. 지적통계의 관리
10. 토지 관련 정책정보의 관리
11. 토지이동신청의 접수
12. 토지이동의 정리
13. 토지소유자변경의 정리
14. 토지등급 및 기준수확량등급 변동의 관리
15. 지적공부의 열람 및 등본교부의 관리
15의2. 부동산종합공부의 열람 및 부동산종합증명서 발급의 관리
16. 일반지적업무의 관리
17. 일일마감관리
18. 지적전산자료의 정비
19. 개인별 토지소유현황의 조회
20. 비밀번호의 변경

91 부동산등기법령상 등기부에 관한 설명으로 옳지 않은 것은?

① 등기부는 영구히 보전하여야 한다.
② 공동인명부와 도면은 영구히 보존하여야 한다.
③ 등기부는 토지등기부와 건물등기부로 구분한다.
④ 등기부란 전산정보처리조직에 의하여 입력·처리된 등기정보자료를 대법원규칙으로 정하는 바에 따라 편성한 것을 말한다.

해설 공동인명부는 현행법상에 존재하지 않는다.

정답 88 ② 89 ② 90 ① 91 ②

92 공간정보의 구축 및 관리 등에 관한 법령상 잡종지로 지목을 설정할 수 없는 것은?

① 야외시장
② 돌을 캐내는 곳
③ 영구적 건축물인 자동차운전학원의 부지
④ 원상회복을 조건으로 흙을 파내는 곳으로 허가된 토지

해설 잡종지
㉠ 갈대밭, 실외에 물건을 쌓아두는 곳, 돌을 캐내는 곳, 흙을 파내는 곳, 야외시장, 비행장, 공동우물(다만, 원상회복을 조건으로 돌을 캐내는 곳 또는 흙을 파내는 곳으로 허가된 토지를 제외한다)
㉡ 영구적 건축물 중 변전소, 송신소, 수신소, 송유시설, 도축장, 자동차운전학원, 쓰레기 및 오물처리장 등의 부지

93 부동산등기법령상 토지가 멸실된 경우 그 토지소유권의 등기명의인이 등기를 신청하여야 하는 기간은?

① 그 사실이 있는 때부터 14일 이내
② 그 사실이 있는 때부터 15일 이내
③ 그 사실이 있는 때부터 1개월 이내
④ 그 사실이 있는 때부터 3개월 이내

해설 토지가 전부 멸실된 경우 소유권의 등기명의인은 1개월 이내에 멸실등기를 신청하여야 한다.

94 다음 중 축척변경에 따른 청산금을 산출한 결과 증가된 면적에 대한 청산금의 합계와 감소된 면적에 대한 청산금의 합계에 차액이 생긴 경우 부족액의 부담권자는?

① 국토교통부   ② 토지소유자
③ 지방자치단체 ④ 한국국토정보공사

해설 청산금을 산정한 결과 증가된 면적에 대한 청산금의 합계와 감소된 면적에 대한 청산금의 합계에 차액이 생긴 경우 초과액은 그 지방자치단체(제주특별자치도 설치 및 국제자유도시 조성을 위한 특별법 제10조 제2항에 따른 행정시의 경우에는 해당 행정시가 속한 특별자치도를 말하고, 지방자치법 제3조 제3항에 따른 자치구가 아닌 구의 경우에는 해당 구가 속한 시를 말한다)의 수입으로 하고, 부족액은 그 지방자치단체가 부담한다.

95 도로명주소법 시행규칙상 고속도로 기초번호의 부여 간격은?

① 500m
② 1km
③ 2km
④ 10km

해설 도로명주소법 시행규칙 제3조(기초번호의 부여간격)
도로명주소법(이하 "법"이라 한다) 제2조 제4호에서 "행정안전부령으로 정하는 간격"이란 20m를 말한다. 다만, 다음 각 호의 도로에 대하여는 다음 각 호의 간격으로 한다.
1. 도로교통법 제2조 제3호에 따른 고속도로(이하 "고속도로"라 한다) : 2km
2. 건물번호의 가지번호가 두 자리 숫자 이상으로 부여될 수 있는 길 또는 해당 도로구간에서 분기되는 도로구간이 없고, 가지번호를 이용한 건물번호를 부여하기 곤란한 길 : 10m
3. 가지번호를 이용하여 건물번호를 부여하기 곤란한 종속구간 : 10m 이하의 일정한 간격
4. 영 제3조 제1항 제3호에 따른 내부도로 : 20m 또는 도로명주소 및 사물주소의 부여개수를 고려하여 정하는 간격

96 공간정보의 구축 및 관리 등에 관한 법령상 등기촉탁에 대한 설명으로 옳지 않은 것은?

① 신규등록은 등기촉탁대상에서 제외한다.
② 토지의 경계, 소유자 등을 변경정리한 경우에 토지소유자를 대신하여 소관청이 관할 등기관서에 등기신청을 하는 것을 말한다.
③ 지적소관청이 관련 법규에 따른 사유로 등기를 촉탁하는 경우 국가가 국가를 위하여 하는 등기로 본다.
④ 축척변경의 사유로 등기촉탁을 하는 경우에 이해관계가 있는 제3자의 승낙은 관할 축척변경위원회의 의결서 정본으로 갈음할 수 있다.

해설 지적소관청은 토지의 표시변경에 관한 등기를 할 필요가 있는 경우에는 지체 없이 관할 등기관서에 그 등기를 촉탁한다. 이 경우 등기촉탁은 국가가 국가를 위해 하는 등기로, 등기촉탁에 필요한 사항은 국토교통부령으로 정한다. 소유자를 정리한 경우 등기촉탁대상에 해당하지 않는다.

97 공간정보의 구축 및 관리 등에 관한 법령상 토지대장과 임야대장에 등록하여야 하는 사항으로 옳지 않은 것은?

① 지번 ② 면적
③ 좌표 ④ 토지의 소재

해설 좌표는 경계점좌표등록부에만 등록되며 토지대장과 임야대장에는 등록되지 않는다.

98 국토의 계획 및 이용에 관한 법령상 광역도시계획에 관한 설명으로 옳지 않은 것은?

① 광역계획권의 지정은 국토교통부장관만이 할 수 있다.
② 광역도시계획에는 경관계획에 관한 사항이 포함되어야 한다.
③ 국토교통부장관은 시·도지사가 요청하는 경우 관할 시·도지사와 공동으로 광역도시계획을 수립할 수 있다.
④ 인접한 둘 이상의 특별시·광역시·특별자치시·특별자치도·시 또는 군의 관할 구역 전부 또는 일부를 광역계획권으로 지정할 수 있다.

해설 국토교통부장관 또는 도지사는 둘 이상의 특별시·광역시·특별자치시·특별자치도·시 또는 군의 공간구조 및 기능을 상호연계시키고 환경을 보전하며 광역시설을 체계적으로 정비하기 위하여 필요한 경우에는 인접한 둘 이상의 특별시·광역시·특별자치시·특별자치도·시 또는 군의 관할 구역 전부 또는 일부를 대통령령으로 정하는 바에 따라 광역계획권으로 지정할 수 있다.

99 공간정보의 구축 및 관리 등에 관한 법령상 지적소관청은 지번을 변경하고자 할 때 누구에게 승인신청서를 제출하여야 하는가?

① 행정안전부장관
② 중앙지적위원회 위원장
③ 토지수용위원회 위원장
④ 시·도지사 또는 대도시시장

해설 지적소관청은 지번을 변경하고자 하는 때에는 지번변경사유를 적은 승인신청서에 지번변경대상지역의 지번, 지목, 면적, 소유자에 대한 상세한 내용(이하 "지번 등 명세"라 한다)을 기재하여 시·도지사 또는 대도시시장에게 제출하여야 한다.

100 다음 중 2년 이하의 징역 또는 2천만원 이하의 벌금에 처하는 벌칙기준을 적용받는 경우?

① 정당한 사유 없이 측량을 방해한 자
② 측량기술자가 아님에도 불구하고 측량을 한 자
③ 측량업의 등록을 하지 아니하고 측량업을 한 자
④ 측량업자로서 속임수로 측량업과 관련된 입찰의 공정성을 해친 자

해설 ① 300만원 이하의 과태료
② 1년 이하의 징역 또는 1,000만원 이하의 벌금형
③ 2년 이하의 징역 또는 2,000만원 이하의 벌금형
④ 3년 이하의 징역 또는 3,000만원 이하의 벌금형

정답 97 ③ 98 ① 99 ④ 100 ③

2024년 제3회 지적산업기사 필기 복원

제1과목 지적측량

01 구소삼각점인 계양원점의 좌표가 옳은 것은?
① $X=200,000$m, $Y=500,000$m
② $X=500,000$m, $Y=200,000$m
③ $X=20,000$m, $Y=50,000$m
④ $X=0$m, $Y=0$m

해설 구소삼각원점의 경우 $X=0$m, $Y=0$m이다.

02 앨리데이드를 이용하여 측정한 두 점 간의 경사거리가 80m, 경사분획이 +15.5일 때 두 점 간의 수평거리는?
① 약 78.0m   ② 약 79.1m
③ 약 79.5m   ④ 약 78.5m

해설 $D=\dfrac{100l}{\sqrt{100^2+n^2}}=\dfrac{100\times 80}{\sqrt{100^2+15.5^2}}=79.1$m

03 삼각형의 세 변을 측정한 바 각 변이 10m, 12m, 14m이었다. 이 토지의 면적은?
① 52.72m²   ② 54.81m²
③ 55.26m²   ④ 85.79m²

해설 $S=\dfrac{1}{2}(a+b+c)=\dfrac{1}{2}\times(10+12+14)=18$m
$\therefore A=\sqrt{S(S-a)(S-b)(S-c)}$
$=\sqrt{18\times(18-10)\times(18-12)\times(18-14)}$
$=85.79$m²

04 교회법으로 측점의 위치를 경정할 때 베셀법은 다음 중 어느 경우에 사용되는가?
① 후방교회 시   ② 측방교회 시
③ 전방교회 시   ④ 원호교회 시

해설 평판측량에서 후방교회법에 베셀법, 레만법, 투사지법 등이 사용된다.

05 다각망도선법에 의하여 지적삼각보조측량을 실시할 경우 도선별 각오차는?
① 기지방위각 – 산출방위각
② 출발방위각 – 도착방위각
③ 평균방위각 – 기지방위각
④ 산출방위각 – 평균방위각

해설 다각망도선법에 의하여 지적삼각보조측량을 실시할 경우 도선별 각오차는 '산출방위각 – 평균방위각'으로 구한다.

06 지적도 및 임야도가 갖추어야 할 재질의 특성이 아닌 것은?
① 내구성   ② 명료성
③ 신축성   ④ 정밀성

해설 지적도와 임야도는 종이이므로 신축이 발생하면 안 된다.

07 지적도근점측량에서 지적도근점을 구성하는 기준도선에 해당하지 않는 것은?
① 개방도선   ② 다각망도선
③ 결합도선   ④ 왕복도선

해설 지적도근점은 결합도선, 폐합도선, 왕복도선 및 다각망도선으로 구성해야 한다.

08 평판측량방법에 따른 세부측량을 교회법으로 하는 경우 그 기준으로 틀린 것은? (단, 광파조준의 또는 광파측거기를 사용하는 경우는 고려하지 않는다.)
① 전방교회법 또는 측방교회법에 따른다.
② 3방향 이상의 교회에 따른다.
③ 방향각의 교각은 30도 이상 150도 이하로 한다.
④ 방향선의 도상길이는 평판의 방위표정에 사용한 방향선의 도상길이 이하로서 30m 이하로 한다.

해설 방향선의 도상길이는 평판의 방위표정에 사용한 방향선의 도상길이 이하로서 10m 이하로 한다.

정답 1 ④ 2 ② 3 ④ 4 ① 5 ④ 6 ③ 7 ① 8 ④

09 경위의측량방법으로 세부측량을 시행할 때 관측방법으로 옳은 것은?

① 교회법, 지거법
② 도선법, 방사법
③ 방사법, 교회법
④ 지거법, 도선법

해설 경위의측량방법에 따른 세부측량의 관측 및 계산은 다음의 기준에 따른다.
㉠ 미리 각 경계점에 표지를 설치할 것. 다만, 부득이한 경우에는 그러하지 아니하다.
㉡ 도선법 또는 방사법에 따를 것
㉢ 관측은 20초독 이상의 경위의를 사용할 것
㉣ 수평각의 관측은 1대회의 방향관측법이나 2배각의 배각법에 따를 것. 다만, 방향관측법인 경우에는 1측회의 폐색을 하지 아니할 수 있다.
㉤ 연직각의 관측은 정반으로 1회 관측하여 그 교차가 5분 이내일 때에는 그 평균치를 연직각으로 하되, 분단위로 독정(讀定)할 것

10 다각망도선법에 따르는 경우 지적도근점표지의 점간 거리는 평균 얼마 이하로 하여야 하는가?

① 500m
② 300m
③ 100m
④ 50m

해설 지적도근점표지의 점간거리는 다각망도선법에 따르는 경우에 평균 50m 이상 500m 이하로 한다.

11 오차의 부호와 크기가 불규칙하게 발생하여 관측자가 아무리 주의하여도 소거할 수 없으며 오차원인의 방향이 일정하지 않은 것은?

① 착오
② 정오차
③ 우연오차
④ 누적오차

해설 우연오차는 오차의 부호와 크기가 불규칙하게 발생하여 관측자가 아무리 주의하여도 소거할 수 없고 오차원인의 방향이 일정하지 않으며 최소제곱법의 의해 처리한다.

12 지적측량성과와 검사성과의 연결교차허용범위기준으로 틀린 것은? (단, M은 축척분모이며 경계점좌표등록부 시행지역의 경우는 고려하지 않는다.)

① 지적도근점 : 0.20m 이내
② 지적삼각점 : 0.20m 이내
③ 경계점 : 10분의 $3M$[mm] 이내
④ 지적삼각보조점 : 0.25m 이내

해설 지적측량시행규칙 제27조(지적측량성과의 결정)
① 지적측량성과와 검사성과의 연결교차가 다음 각 호의 허용범위 이내일 때에는 그 지적측량성과에 관하여 다른 입증을 할 수 있는 경우를 제외하고는 그 측량성과로 결정하여야 한다.
1. 지적삼각점 : ±20cm
2. 지적삼각보조점 : ±25cm
3. 지적도근점
   가. 경계점좌표등록부 시행지역 : ±15cm
   나. 그 밖의 지역 : ±25cm
4. 경계점
   가. 경계점좌표등록부 시행지역 : ±10cm
   나. 그 밖의 지역 : ±100분의 $3M$[cm](M은 축척분모). 이 경우 전자평판측량방법으로 측량하는 경우에는 ±100분의 $2M$[cm]로 한다.

13 경위의측량방법에 따른 세부측량의 관측 및 계산기준이 옳은 것은?

① 교회법 또는 도선법에 따른다.
② 관측은 30초독 이상의 경위의를 사용한다.
③ 수평각의 관측은 1대회의 방향각관측법에 따른다.
④ 연직각의 관측은 정반으로 2회 관측하여 그 교차가 5분 이내인 때에는 그 평균치로 한다.

해설 경위의측량방법에 따른 세부측량의 관측 및 계산은 다음의 기준에 따른다.
㉠ 미리 각 경계점에 표지를 설치할 것. 다만, 부득이한 경우에는 그러하지 아니하다.
㉡ 도선법 또는 방사법에 따를 것
㉢ 관측은 20초독 이상의 경위의를 사용할 것
㉣ 수평각의 관측은 1대회의 방향관측법이나 2배각의 배각법에 따를 것. 다만, 방향관측법인 경우에는 1측회의 폐색을 하지 아니할 수 있다.
㉤ 연직각의 관측은 정반으로 1회 관측하여 그 교차가 5분 이내일 때에는 그 평균치를 연직각으로 하되, 분단위로 독정(讀定)할 것

14 지적도면의 정리방법으로서 틀린 것은?

① 도곽선은 붉은색
② 도곽선수치는 붉은색
③ 축척변경 시 폐쇄된 지번은 다시 사용 불가능
④ 정정사항은 덮어서 고쳐 정리하지 못함

해설 지번변경, 축척변경, 지적확정측량의 경우 말소 또는 폐쇄된 지번을 다시 사용할 수 있다.

정답 9 ② 10 ① 11 ③ 12 ① 13 ③ 14 ③

15 지적측량 중 기초측량에서 사용하는 방법이 아닌 것은?

① 경위의측량방법 ② 평판측량방법
③ 위성측량방법   ④ 광파기측량방법

해설 기초측량방법 : 위성측량, 경위의측량, 전파기측량, 광파기측량 등 국토교통부장관이 승인한 방법

16 지적세부측량에서 광파조준의를 이용한 교회법을 실시할 경우 도상길이는 얼마 이하인가?

① $\frac{1}{10}M$[cm](여기서, M : 축척분모수)
② 5cm
③ 10cm
④ 30cm

해설 평판측량을 교회법으로 실시할 경우 방향선의 도상길이는 측판의 방위표정에 사용한 방향선의 도상길이 이하로서 10cm 이하로 할 것. 다만, 광파조준의 또는 광파측거기를 사용하는 경우에는 30cm 이하로 할 수 있다.

17 지적기준점측량의 절차를 순서대로 바르게 나열한 것은?

① 계획의 수립 → 준비 및 현지답사 → 선점 및 조표 → 관측 및 계산과 성과표의 작성
② 준비 및 현지답사 → 계획의 수립 → 선점 및 조표 → 관측 및 계산과 성과표의 작성
③ 준비 및 현지답사 → 계획의 수립 → 관측 및 계산과 성과표의 작성 → 선점 및 조표
④ 계획의 수립 → 준비 및 현지답사 → 관측 및 계산과 성과표의 작성 → 선점 및 조표

해설 지적기준점측량순서 : 계획의 수립 → 준비 및 현지답사 → 선점 및 조표 → 관측 및 계산과 성과표의 작성

18 지적도근점의 설치와 관리에 대한 설명이 틀린 것은?

① 영구표지를 설치한 지적도근점에는 시행지역별로 일련번호를 부여한다.
② 지적도근점에 부여하는 번호는 아라비아숫자의 일련번호를 사용한다.
③ 지적도근점의 표지는 소관청이 직접 관리하거나 위탁관리한다.
④ 지적도근측량을 하는 때에는 미리 지적도근점 표지를 설치하여야 한다.

해설 지적도근점의 번호는 영구표지를 설치하는 경우에는 시·군·구별로, 영구표지를 설치하지 아니하는 경우에는 시행지역별로 설치순서에 따라 일련번호를 부여한다. 이 경우 각 도선의 교점은 지적도근점의 번호 앞에 "교"자를 붙인다.

19 광파기측량방법으로 지적삼각보조점의 점간거리를 5회 측정한 결과 평균치가 2,420m이었다. 이때 평균치를 측정거리로 하기 위한 측정치의 최대치와 최소치의 교차 얼마 이하이어야 하는가?

① 0.2m   ② 0.02m
③ 0.1m   ④ 2.4m

해설 $\frac{1}{m} = \frac{최대치 - 최소치}{평균값}$

$\frac{1}{100,000} = \frac{최대치 - 최소치}{2,420}$

∴ 최대치 - 최소치 = 0.02m 이하

20 지적측량 시행규칙에 의한 면적측정의 대상이 아닌 것은?

① 축척변경을 하는 경우
② 지적공부의 복구 및 토지합병을 하는 경우
③ 도시개발사업 등으로 인해 토지의 표시를 새로 결정하는 경우
④ 경계복원측량에 면적측정이 수반되는 경우

해설 토지를 합병하는 경우 면적은 합병 전 각 필지의 면적을 합산하여 결정하므로 면적측정을 하지 않는다.

제2과목 응용측량

21 GNSS측량 시 유사거리에 영향을 주는 오차와 거리가 먼 것은?

① 위성시계의 오차
② 위성궤도의 오차
③ 전리층의 굴절오차
④ 지오이드의 변화오차

해설 GNSS에서 구조적 요인에 의한 거리오차 : 위성시계오차, 궤도오차, 전리층의 굴절오차 등

정답 15 ② 16 ④ 17 ① 18 ① 19 ② 20 ② 21 ④

22 등경사지 $\overline{AB}$ 에서 A의 표고가 32.10m, B의 표고가 52.35m, $\overline{AB}$ 의 도상길이가 70mm이다. 표고 40m 인 지점과 A점과의 도상길이는?

① 20.2mm ② 27.3mm
③ 32.1mm ④ 52.3mm

해설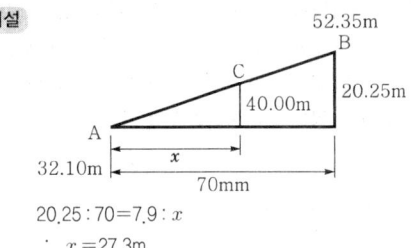

20.25 : 70 = 7.9 : x
∴ x = 27.3m

23 항공사진의 특수 3점 중 렌즈 중심으로부터 사진면에 내린 수선의 발은?

① 주점 ② 연직점
③ 등각점 ④ 부점

해설 항공사진의 특수 3점
 ㉠ 주점 : 사진의 중심점으로 렌즈의 중심으로부터 화면에 내린 수선의 길이. 즉 렌즈의 광축과 화면이 교차하는 점
 ㉡ 연직점 : 중심투영점 O을 지나는 중력선이 사진면과 마주치는 점으로 카메라렌즈의 중심으로부터 기준면에 수선을 내렸을 때 만나는 점
 ㉢ 등각점 : 사진면에 직교되는 광선과 중력선이 이루는 각을 2등분 하는 광선이 사진면에 마주치는 점

24 터널 양쪽 입구의 두 점 A, B의 수평위치 및 표고가 각각 A(4370.60, 2365.70, 465.80), B(4625.30, 3074.20, 432.50)일 때 AB 간의 경사거리는? (단, 좌표의 단위 : m)

① 254.73m
② 708.52m
③ 753.63m
④ 823.51m

해설 ㉠ 수평거리
  $= \sqrt{(4625.30-4370.60)^2+(3074.20-2365.70)^2}$
  $= 752.9$m
 ㉡ 고저차 = 465.80 − 432.50 = 33.3m
 ㉢ 경사거리 = $\sqrt{752.9^2+33.3^2}$ = 753.63m

25 높이가 150m인 어떤 굴뚝이 축척 1 : 20,000인 수직사진상에서 연직점으로부터의 거리가 40mm일 때 비고에 의한 변위량은? (단, 초점거리=150mm)

① 1mm ② 2mm
③ 5mm ④ 10mm

해설 $\Delta r = \dfrac{h}{H}r = \dfrac{150}{20,000\times0.15}\times0.04 = 0.002$m = 2mm

26 사진 판독 시 과고감에 의하여 지형, 지물을 판독하는 경우에 대한 설명으로 옳지 않은 것은?

① 과고감은 촬영 시 사용한 렌즈의 초점거리와 사진의 중복도에 따라 다르다.
② 낮고 평탄한 지형의 판독에 유용하다.
③ 경사면이나 계곡산지 등에서는 오판하기 쉽다.
④ 사진에서의 과고감은 실제보다 기복이 완화되어 나타난다.

해설 과고감이란 실제보다 더 과장되어 보이는 현상을 말한다.

27 등고선의 성질에 대한 설명으로 틀린 것은?

① 등고선의 능선을 횡단할 때 능선과 직교한다.
② 지표의 경사가 완만하면 등고선의 간격은 넓다.
③ 등고선은 어떠한 경우라도 교차하나 겹치지 않는다.
④ 등고선은 도면 안 또는 밖에서 폐합하는 폐곡선이다.

해설 등고선은 동굴이나 절벽에서는 교차한다.

28 경사터널에서의 관측결과가 다음 그림과 같을 때 AB 의 고저차는? (단, $a=0.50$m, $b=1.30$m, $S=22.70$m, $\alpha=30°$)

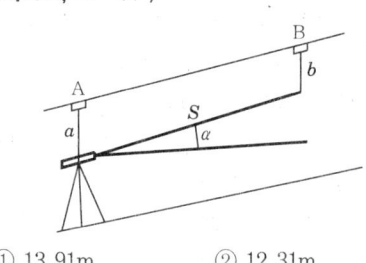

① 13.91m ② 12.31m
③ 12.15m ④ 10.55m

정답 22 ② 23 ① 24 ③ 25 ② 26 ④ 27 ③ 28 ③

해설 $h = S\tan\alpha + b - a = 22.70 \times \tan 30° + 1.3 - 0.5$
     $= 12.15m$

29. 등고선의 간격이 가장 큰 것부터 바르게 연결된 것은?

① 주곡선-조곡선-간곡선-계곡선
② 계곡선-주곡선-조곡선-간곡선
③ 주곡선-간곡선-조곡선-계곡선
④ 계곡선-주곡선-간곡선-조곡선

해설 **등고선**

종류	1/5,000, 1/10,000	1/25,000	1/50,000
주곡선	5m	10m	20m
간곡선	2.5m	5m	10m
조곡선	1.25m	2.5m	5m
계곡선	25m	50m	100m

30. 곡선반지름(R)이 500m, 곡선의 단현길이(l)가 20m일 때 이 단현에 대한 편각은?

① 1°08′45″
② 1°18′45″
③ 2°08′45″
④ 2°18′45″

해설 $\delta = \dfrac{l}{R} \cdot \dfrac{90°}{\pi} = \dfrac{20}{500} \times \dfrac{90°}{\pi} = 1°08'45''$

31. 캔트(cant)가 C인 원곡선에서 설계속도와 반지름을 각각 2배씩 증가시키면 캔트의 크기는?

① $\dfrac{C}{4}$
② $\dfrac{C}{2}$
③ $2C$
④ $4C$

해설 $C = \dfrac{SV^2}{Rg}$ 이므로 속도(V)와 곡선반경(R)을 각각 2배로 하면 캔트는 2배로 된다.

32. 완화곡선에 해당하지 않는 것은?

① 3차 포물선
② 복심곡선
③ 클로소이드곡선
④ 램니스케이트

해설 복심곡선은 반지름이 다른 두 개의 원곡선이 접속점에서 하나의 공통접선을 가지며 곡선반경이 같은 방향에 있는 곡선으로 원곡선에 해당하며 완화곡선에 해당하지 않는다.

33. GNSS와 관련이 없는 것은?

① GALILEO
② GPS
③ GLONASS
④ EDM

해설 GNSS는 위성을 이용한 위치결정시스템으로 GALILEO(유럽), GPS(미국), GLONASS(러시아) 등이 있다.

34. 수준측량에 관한 용어의 설명으로 틀린 것은?

① 수평면(level surface)은 정지된 해수면을 육지까지 연장하여 얻은 곡면으로 연직방향에 수직인 곡면이다.
② 이기점(turning point)은 높이를 알고 있는 지점에 세운 표척을 시준한 점을 말한다.
③ 표고(elevation)는 기준면으로부터 임의의 지점까지의 연직거리를 의미한다.
④ 수준점(bench mark)은 수직위치결정을 보다 편리하게 하기 위하여 정확하게 표고를 관측하여 표시해 둔 점을 말한다.

해설 이기점(turning point)은 기계를 옮기기 위한 점으로 전시와 후시를 동시에 취하는 점이다.

35. 지형의 표시방법으로 옳지 않은 것은?

① 음영법
② 교회법
③ 우모법
④ 등고선법

해설 **지형의 표시법**

㉠ 부호적인 도법
  - 영선법(게바법) : 지형을 선의 굵기와 길이로 표시하는 방법으로 급경사는 굵고 짧게, 완경사는 가늘고 길게 표현한다.
  - 음영법(명암법) : 서북방향 45°에서 태양광선이 비친다고 가정하여 지표면의 기복을 2~3색 이상으로 표시하는 방법이다.

㉡ 자연적인 도법
  - 점고법 : 지표상에 있는 임의점의 표고를 도상에서 숫자로 나타내며 하천, 항만 등의 수심을 나타낼 때 주로 사용한다.
  - 등고선법 : 동일 표고의 점을 연결하는 등고선을 이용하여 지표를 표시하는 방법으로 주로 토목공사에 사용된다.
  - 채색법 : 지형도에 채색을 하여 지형이 높아질수록 색깔을 진하게, 낮아질수록 연하게 채색의 농도를 변화시켜 지표면의 고저를 나타내는 방법이다.

정답 29 ④ 30 ① 31 ③ 32 ② 33 ④ 34 ② 35 ②

36 노선측량의 종·횡단측량과 같이 중간점이 많은 경우에 사용하기 적합한 수준측량의 야장기입방법은?

① 기고식 ② 고차식
③ 열거식 ④ 승강식

해설 수준측량 시 중간점이 많은 경우 기고식 야장기입법이 가장 적합하다.

37 항공사진측량의 기복변위계산에 직접적인 영향을 미치는 인자가 아닌 것은?

① 지표면의 고저차 ② 사진의 촬영고도
③ 연직점에서의 거리 ④ 주점기선거리

해설 기복변위

$$\Delta r = \frac{h}{H} r$$

여기서, H : 촬영고도, h : 고저차
r : 연직점에서의 거리
따라서 주점기선거리하고는 관계가 없다.

38 곡선반지름 $R=300\text{m}$, 교각 $I=50°$인 단곡선의 접선길이(T.L)와 곡선길이(C.L)는?

① T.L = 126.79m, C.L = 261.80m
② T.L = 139.89m, C.L = 261.80m
③ T.L = 126.79m, C.L = 361.75m
④ T.L = 139.89m, C.L = 361.75m

해설 ㉠ $T.L = R\tan\frac{I}{2} = 300 \times \tan\frac{50°}{2} = 139.89\text{m}$

㉡ $C.L = \frac{\pi}{180°}RI = \frac{\pi}{180°} \times 300 \times 50° = 361.75\text{m}$

39 GNSS측량에서 지적기준점측량과 같이 높은 정밀도를 필요로 할 때 사용하는 관측방법은?

① 스태틱(static)관측
② 키네마틱(kinematic)관측
③ 실시간 키네마틱(realtime kinematic)관측
④ 1점 측위관측

해설 스태틱(static)측량은 GPS측량에서 지적기준점측량과 같이 높은 정밀도를 필요로 할 때 사용하는 관측방법으로 후처리과정을 통하여 위치를 결정한다.

40 수준측량에서 왕복거리 4km에 대한 허용오차가 20mm이었다면 왕복거리 9km에 대한 허용오차는?

① 45mm ② 40mm
③ 30mm ④ 25mm

해설 $\sqrt{4} : 20 = \sqrt{9} : x$
∴ $x = 30\text{mm}$

제3과목 토지정보체계론

41 토지정도시스템에서 필지식별번호의 역할로 옳은 것은?

① 공간정보와 속성정보의 링크
② 공간정보에서 기호의 작성
③ 속성정보의 자료량 감소
④ 공간정보의 자료량 감소

해설 공간데이터와 속성데이터는 다른 자료구조를 가지고 있으며 관리하는 체계도 다른 경우가 있다. 따라서 이를 통합하여 관리하기 위해서는 공통되는 식별자를 사용하여야 한다.

42 지적정보전산화에 있어 속성정보를 취득하는 방법으로 옳지 않은 것은?

① 민원인이 직접 조사하는 경우
② 관련 기관의 통보에 의한 경우
③ 민원신청에 의한 경우
④ 담당공무원의 직권에 의한 경우

해설 지적정보취득방법

속성정보	도형정보
• 현지조사에 의한 경우 • 민원신청에 의한 경우 • 담당공무원의 직권에 의한 경우 • 관계기관의 통보에 의한 경우	• 지상측량에 의한 경우 • 항공사진측량에 의한 경우 • 원격탐측에 의한 경우 • GPS측량에 의한 경우 • 기존의 도면을 이용하는 경우

43 관계형 데이터 모델의 단점을 보완한 데이터베이스로 CAD, GIS, 사무정보시스템분야에서 활용하는 데이터베이스는?

① 객체지향형 ② 계층형
③ 관계형 ④ 네트워크형

정답 36 ① 37 ④ 38 ② 39 ① 40 ③ 41 ① 42 ① 43 ①

해설 **객체지향형 데이터베이스** : 관계형 데이터 모델의 단점을 보완한 데이터베이스로 CAD, GIS, 사무정보시스템분야에서 활용하는 데이터베이스

44 토털스테이션으로 얻은 자료를 컴퓨터에 입력하는 방법으로 옳은 것은?

① 입력을 디지타이저로 한다.
② 입력을 스캐너로 한다.
③ 관측된 수치자료를 키인(key-in)하거나 메모리카드에 저장된 자료를 컴퓨터에 전송하여 처리한다.
④ 전산화하는 방법은 존재하지 않는다.

해설 Total Station은 관측된 데이터를 직접 저장하고 처리할 수 있으며, 3차원 지형정보의 획득으로부터 데이터베이스의 구축 및 지적도 제작까지 일괄적으로 처리할 수 있는 최신 측량기계이다. 관측자료는 자동적으로 자료기록장치에 기록되며, 이것을 컴퓨터로 전송할 수 있으며 벡터파일로 저장할 수 있다.

45 대규모의 공장, 관로망 또는 공공시설물 등에 대한 제반 정보를 처리하는 시스템은?

① 시설물관리시스템
② 교통정보관리시스템
③ 도시정보관리시스템
④ 측량정보관리시스템

해설 **시설물관리시스템** : 공공시설물이나 대규모의 공장, 관로망 등에 대한 지도 및 도면 등 제반 정보를 수치 입력하여 시설물에 대해 효율적인 운영관리를 하는 종합체계로서 FMS라고도 한다. 시설물에 관한 자료목록이 전산화된 형태로 구성되어 사용자가 원하는 대로 정보를 분류, 갱신, 출력할 수 있다.

46 중첩분석에 대한 설명으로 틀린 것은?

① 레이어를 중첩하여 각각의 레이어가 가지고 있는 정보를 합칠 수 있다.
② 각종 주제도를 통합 또는 분산관리할 수 있다.
③ 각각의 레이어가 서로 다른 좌표계를 사용하는 경우에도 별도의 작업 없이 분석이 가능하다.
④ 사용자가 필요한 정보만을 추출할 수 있어 편리하다.

해설 각각의 자료집단이 주어진 기본도를 기초로 좌표계의 통일이 되면 둘 또는 그 이상의 자료관측에 대하여 분석될 수 있으며, 이 기법을 중첩 또는 합성이라 한다. 주로 적지 선정에 이용된다.

47 각종 행정업무의 무인자동화를 위해 가판대와 같이 공공시설, 거리 등에 설치하여 대중들이 쉽게 사용할 수 있도록 설치한 컴퓨터로 무인자동단말기를 가리키는 용어는?

① Touch Screen
② Kiosk
③ PDA
④ PMP

해설 **Kiosk(무인자동단말기)** : 각종 행정업무의 무인자동화를 위해 가판대와 같이 공공시설, 거리 등에 설치하여 대중들이 쉽게 사용할 수 있도록 설치한 컴퓨터

48 지적전산화의 목적으로 틀린 것은?

① 업무처리의 능률 및 정확도 향상
② 신속하고 정확한 지적민원의 처리
③ 토지 관련 정책자료의 다목적 활용
④ 토지가격의 현황 파악

해설 지적전산화를 한다고 해서 토지가격의 현황 파악은 할 수 없다.

49 지적공부정리신청이 있을 때에 검토하여 정리하여야 할 사항에 속하지 않는 것은?

① 신청사항과 지적전산자료의 일치 여부
② 지적측량성과자료의 적정 여부
③ 지적측량입회의 확인 여부
④ 첨부된 서류의 적정 여부

해설 지적소관청은 신규등록, 등록전환, 분할, 합병, 바다로 된 토지의 등록말소, 등록사항정정, 도시개발사업에 의한 지적공부정리신청이 있는 때에는 지적업무정리부자료에 토지이동종목별로 접수하여야 한다. 접수된 신청서는 다음의 사항을 검토하여 정리하여야 한다.
㉠ 신청사항과 지적전산자료의 일치 여부
㉡ 첨부된 서류의 적정 여부
㉢ 지적측량성과자료의 적정 여부
㉣ 그 밖에 지적공부정리를 하기 위하여 필요한 사항

정답 44 ③ 45 ① 46 ③ 47 ② 48 ④ 49 ③

50 LIS에서 사용하는 공간자료를 중첩유형인 UNION과 INTERSECT에 대한 설명으로 틀린 것은?

① UNION : 두 개 이상의 레이어에 대하여 OR 연산자를 적용하여 합병하는 방법이다.
② UNION : 기준이 되는 레이어의 모든 속성정보는 결과레이어에 포함된다.
③ INTERSECT : 불린(Boolean)의 AND연산자를 적용한다.
④ INTERSECT : 입력레이어의 모든 속성정보는 결과레이어에 포함된다.

해설 intersect(교집합) : 대상레이어에서 적용레이어를 AND 연산자를 사용하여 중첩시켜 적용레이어에 각 폴리곤과 중복되는 도형 및 속성정보만을 추출한다.

51 메타데이터의 내용에 해당하지 않는 것은?

① 개체별 위치좌표
② 데이터의 정확도
③ 데이터의 제공포맷
④ 데이터가 생성된 일자

해설 메타데이터의 기본요소
㉠ 개요 및 자료소개 : 수록된 데이터의 제목, 개발자, 데이터의 지리적 영역 및 내용, 다른 이용자의 이용가능성, 가능할 경우 데이터의 획득방법 등을 정한 규칙이 포함
㉡ 데이터의 질에 대한 정보 : Data Set의 위치정확도, 속성정확도, 완전성, 일관성, 정보출처, 데이터 생성방법이 포함
㉢ 자료의 구성 : 자료의 코드화에 이용된 데이터 모형(벡터나 래스터모형 등), 공간위치의 표시방법에 대한 정보가 포함
㉣ 공간참조를 위한 정보 : 사용된 지도투영법의 명칭, 파라미터, 격자좌표체계 및 기법에 대한 정보 등이 포함
㉤ 형상·속성정보 : 수록된 공간정보(도로, 가옥, 대기 등) 및 속성정보가 포함
㉥ 정보획득방법 : 정보의 획득장소 및 획득형태, 정보의 가격에 대한 정보가 포함
㉦ 참조정보 : 메타데이터의 작성자 및 일시에 대한 정보가 포함

52 스캐너로 지적도를 입력하는 경우 입력한 도형자료의 유형으로 옳은 것은?

① 속성데이터
② 래스터데이터
③ 벡터데이터
④ 위성데이터

해설 디지타이저와 스캐너의 비교

구분	디지타이저	스캐너
입력방식	수동방식	자동방식
결과물	벡터	래스터
비용	저렴	고가
시간	시간이 많이 소요	신속
도면상태	영향을 적게 받음	영향을 받음

53 필지중심토지정보시스템(PBLIS)에 관한 설명으로 옳은 것은?

① PBLIS는 지형도를 기반으로 각종 행정업무를 수행하고 관련 부처 및 타 기관에 제공할 정책정보를 생산하는 시스템이다.
② PBLIS를 구축한 후 연계업무를 위해 지적도 전산화사업을 추진하였다.
③ 필지식별자는 각 필지에 부여되어야 하고 필지의 변동이 있을 경우에는 언제나 변경, 정리가 용이해야 한다.
④ PBLIS의 자료는 속성정보만으로 구성되며, 속성정보에는 과세대장, 상수도대장, 도로대장, 주민등록, 공시시가, 건물대장, 등기부, 토지대장 등이 포함된다.

해설 필지식별자는 각 필지에 부여되어야 하고 가변성이 없어야 한다.

54 GIS의 공간데이터에서 필지의 인접성 또는 도로의 연결성 등을 규정는 것은?

① 위상관계
② 공간관계
③ 상호관계
④ 도형관계

해설 위상관계는 각 공간객체 사이의 관계를 인접성(adjacency), 연결성(connectivity), 포함성(containment) 등의 관점에서 묘사되며 스파게티모델에 비해 다양한 공간분석이 가능하다.

55 벡터데이터 모델의 장점이 아닌 것은?

① 다양한 모델링작업을 쉽게 수행할 수 있다.
② 위상관계 정의 및 분석이 가능하다.
③ 고해상력의 높은 공간적 정확성을 제공한다.
④ 공간객체에 대한 속성정보의 추출, 일반화, 갱신이 용이하다.

정답 50 ④ 51 ① 52 ② 53 ③ 54 ① 55 ①

해설 다양한 모델링작업을 쉽게 수행할 수 있는 것은 래스터 데이터 모델이다.

56 토지대장, 지적도, 경계점좌표등록부 중 하나의 지적공부에만 등록되는 사항으로만 묶인 것은?

① 지목, 면적, 경계, 소유권지분
② 면적, 경계, 좌표, 소유권지분
③ 지목, 경계, 좌표
④ 지목, 면적, 좌표, 소유권지분

해설 면적은 토지대장에만, 경계는 지적도와 임야도에만, 좌표는 경계점좌표등록부에만, 소유권지분은 대지권등록부에만 등록된다.

57 도형자료의 위상관계에서 관심대상의 좌측과 우측에 어떤 사상이 있는지를 정의하는 것은?

① 근접성(proximity)
② 연결성(connectivity)
③ 인접성(adjacency)
④ 위계성(hierarchy)

해설 인접성(adjacency) : 관심대상 사상의 좌측과 우측에 어떤 사상이 있는지를 정의한다. 즉 두 개의 객체가 서로 인접하는지를 판단한다.

58 각종 토지 관련 정보시스템의 한글표기가 틀린 것은?

① KLIS : 한국토지정보시스템
② LIS : 토지정보체계
③ NGIS : 국가지리정보시스템
④ UIS : 교통정보체계

해설 ㉠ UIS : 도시정보체계
㉡ TIS : 교통정보체계

59 지도와 지형에 관한 정보에서 사용되는 형식(data format) 중 AutoCAD의 제작자에 의해 제안된 ASCII 형태의 그래픽자료파일형식은?

① DIME
② DXF
③ IGES
④ ISIF

해설 DXF : 지도와 지형에 관한 정보에서 사용되는 형식 중 AutoCAD의 제작자에 의해 제안된 ASCII형태의 그래픽자료파일형식

60 다음 객체 간의 공간특성 중 위상관계에 해당하지 않는 것은?

① 연결성
② 인접성
③ 위계성
④ 포함성

해설 위상관계는 각 공간객체 사이의 관계를 인접성(adjacency), 연결성(connectivity), 포함성(containment) 등의 관점에서 묘사되며 스파게티모델에 비해 다양한 공간분석이 가능하다.

제4과목 지적학

61 1필지의 특징으로 틀린 것은?

① 자연적 구획인 단위토지이다.
② 폐합다각형으로 구성한다.
③ 토지등록의 기본단위이다.
④ 법률적인 단위구역이다.

해설 필지와 획지

구분	내용
필지	• 지적법률상의 개념 • 대통령령이 정하는 바에 의하여 구획되는 토지의 등록단위 • 면적크기에 있어서 하나의 필지가 수개의 획지로 구성되는 경우
획지	• 부동산학적인 개념 • 인위적, 자연적, 행정적 조건에 의해 다른 토지와 구별되는 가격수준이 비슷한 일단의 토지 • 면적크기에 있어서 하나의 획지가 수개의 필지로 구성되는 경우

62 경국대전에서 매 20년마다 토지를 개량하여 작성했던 양안의 역할은?

① 가옥규모 파악
② 세금 징수
③ 상시 소유자변경 등재
④ 토지거래

해설 양안의 목적
㉠ 토지의 실태 파악 : 토지의 소재, 위치, 등급, 형상, 면적, 자호(지번), 소유자, 사표(토지의 사방경계를 표시) 등
㉡ 세금징수대장
㉢ 소유권 입증(立證), 확정
㉣ 사유토지의 거래의 용이성

정답 56 ② 57 ③ 58 ④ 59 ② 60 ③ 61 ① 62 ②

63 현재의 토지대장과 같은 것은?
① 문기(文記) ② 양안(量案)
③ 사표(四標) ④ 입안(立案)

해설 양안은 오늘날의 토지대장으로 고려·조선시대 양전에 의해 작성된 토지장부로 국가가 양전을 통하여 조세 부과의 대상이 되는 토지와 납세자를 파악하고 그 결과 작성된 장부이다.

64 토지의 표시사항 중 토지를 특정할 수 있도록 하는 가장 단순하고 명확한 토지식별자는?
① 지번 ② 지목
③ 소유자 ④ 경계

해설 **특정화의 원칙** : 권리의 객체로서의 모든 토지는 반드시 특정적이면서도 단순하며 명확한 방법에 의하여 인식될 수 있도록 개별화함을 의미한다. 대표적인 것이 지번이다.

65 토지합병의 조건과 무관한 것은?
① 동일 지번지역 내에 있을 것
② 등록된 도면의 축척이 같을 것
③ 경계가 서로 연접되어 있을 것
④ 토지의 용도지역이 같을 것

해설 합병요건

합병이 가능한 경우	합병이 불가능한 경우
• 필지의 성립요건을 만족한 경우 • 지상권, 전세권, 승역지 지역권 및 임차권이 설정된 토지 • 창설적 공동 저당	• 필지의 성립요건을 만족시키지 못한 경우 • 소유권(가등기, 처분제한의 등기) • 환매특약등기 • 저당권설정등기, 요역지 지역권 • 추가적 공동 저당

66 토지조사사업 시 사정한 경계의 직접적인 사항은?
① 토지과세의 촉구
② 측량기술의 확인
③ 기초행정의 확립
④ 등록단위인 필지 획정

해설 토지조사사업 시 사정한 경계는 등록단위인 필지 획정이다.

67 우리나라에서 적용하는 지적의 원리가 아닌 것은?
① 적극적 등록주의 ② 형식적 심사주의
③ 공개주의 ④ 국정주의

해설 지적의 기본이념
㉠ 지적국정주의 : 지적에 관한 사항, 즉 지번·지목·경계·면적·좌표는 국가만이 이를 결정한다는 원리이다.
㉡ 지적형식주의(지적등록주의) : 지적공부에 등록하는 법적인 형식을 갖추어야만 비로소 토지로서의 거래단위가 될 수 있다는 원리이며 지적등록주의라고도 한다.
㉢ 지적공개주의 : 토지에 관한 사항은 국가의 편의뿐만 아니라 국민 일반인에게도 공개함으로써 토지소유자 기타 이해관계인으로 하여금 이용할 수 있도록 한다는 원리이다. 즉 토지이동신고 및 신청, 경계복원측량, 지적공부등본 및 열람, 지적측량기준점등본 및 열람 등이 이에 해당한다.
㉣ 실질적 심사주의(사실심사주의) : 지적공부에 새로이 등록하거나 등록된 사항의 변경은 국가기관의 장인 시장·군수·구청장(이하 "지적소관청"이라 한다)이 공간정보의 구축 및 관리 등에 관한 법률에 의한 절차상의 적법성 및 실체법상의 사실관계의 부합 여부를 심사하여 등록한다는 것을 말한다.
㉤ 직권등록주의(강제등록주의, 적극적 등록주의) : 국토교통부장관은 모든 토지에 대하여 필지별로 소재·지번·지목·면적·경계 또는 좌표 등을 조사·측량하여 지적공부에 등록하여야 한다.

68 양전의 결과로 민간인의 사적토지소유권을 증명해주는 지계를 발행하기 위해 1901년에 설립된 것으로, 탁지부에 소속된 지적사무를 관장하는 독립된 외청형태의 중앙행정기관은?
① 양지아문(量地衙門) ② 지계아문(地契衙門)
③ 양지과(量地課) ④ 통감부(統監府)

해설 **지계아문** : 양전의 결과로 민간인의 사적토지소유권을 증명해주는 지계를 발행하기 위해 1901년에 설립된 것으로, 탁지부에 소속된 지적사무를 관장하는 독립된 외청형태의 중앙행정기관

69 지적에 관한 설명으로 틀린 것은?
① 일필지 중심의 정보를 등록·관리한다.
② 토지표시사항의 이동사항을 결정한다.
③ 토지의 물리적 현황을 조사·측량·등록·관리 제공한다.
④ 토지와 관련한 모든 권리의 공시를 목적으로 한다.

정답 63 ② 64 ① 65 ④ 66 ④ 67 ② 68 ② 69 ④

해설 토지와 관련된 권리관계를 공시하는 것은 등기의 역할이다.

70 우리나라에서 토지소유권에 대한 설명으로 옳은 것은?

① 절대적이다.
② 무제한 사용, 수익, 처분할 수 있다.
③ 신성불가침이다.
④ 법률의 범위 내에서 사용, 수익, 처분할 수 있다.

해설 토지소유권은 법률의 범위 내에서 그 소유물을 사용, 수익, 처분할 권리가 있다.

71 지적의 3요소와 가장 거리가 먼 것은?

① 토지   ② 등록
③ 등기   ④ 공부

해설 지적의 3요소 : 토지, 등록, 공부

72 등록전환으로 인하여 임야대장 및 임야도에 결번이 생겼을 때의 일반적인 처리방법은?

① 결번을 그대로 둔다.
② 결번에 해당하는 지번을 다른 토지에 붙인다.
③ 결번에 해당하는 임야대장을 빼내어 폐기한다.
④ 지번설정지역을 변경한다.

해설 등록전환으로 인하여 임야대장 및 임야도에 결번이 생겼을 때 결번대장에 결번의 사유를 기재하고 결번대장은 영구히 보존한다. 이 문제의 경우 결번대장에 대해 언급이 없으므로 등록전환 시 결번이 발생한 경우 결번은 그대로 둔다라는 지문인 ①이 정답이다.

73 우리나라 법정지목의 성격으로 옳은 것은?

① 경제지목   ② 지형지목
③ 용도지목   ④ 토성지목

해설 지목
㉠ 토지의 주된 사용목적(용도지목)에 따라 토지의 종류를 구분하여 지적공부에 등록한 것을 말한다.
㉡ 토지의 주된 용도표시, 토지의 과세기준에 참고자료로 활용, 국토계획 및 토지이용계획의 기초자료로 활용, 토지의 용도별 통계자료 및 정책자료 등으로 활용된다.

74 하천의 연안에 있던 토지가 홍수 등으로 인하여 하천부지로 된 경우 이 토지를 무엇이라 하는가?

① 간석지   ② 포락지
③ 이생지   ④ 개재기

해설 기타 전의 종류
㉠ 진전 : 경작하지 않은 묵은 밭
㉡ 간전 : 개간하여 일군 밭
㉢ 일역전 : 1년 동안 휴경하는 토지
㉣ 재역전 : 2년 동안 휴경하는 토지
㉤ 포락지 : 양안에 등록된 전, 답 등의 토지가 물에 침식되어 수면 아래로 잠긴 토지
㉥ 이생지 : 하천 연안에서 홍수 등의 자연현상으로 기존의 하천부지에 새로 형성된 토지

75 고구려에서 토지측량단위로 면적계산에 사용한 제도는?

① 결부법   ② 두락제
③ 경무법   ④ 정전제

해설 경무법(고구려, 고려 초기)
㉠ 중국에서 유래되었고 경묘법이라고도 하며, 전지의 면적을 정, 무라는 단위로 측량하였다. 경작과는 상관없이 얼마만큼의 밭이랑을 보유하는 지가 중요(밭이랑기준)
㉡ 특징
• 농지를 광협에 따라 경, 무라는 객관적인 단위로 세액을 부과하였으며 토지현황 파악이 주목적이다.
• 세금을 경중에 따라 부과하여 세금의 총액이 일정치 않았다.
• 전국의 농지를 정확하게 파악할 수 있다.
• 1경=100무, 1무=100보, 1보=6척

76 지적과 등기를 일원화된 조직의 행정업무로 처리하지 않는 국가는?

① 독일   ② 네덜란드
③ 일본   ④ 대만

해설 지적과 등기가 이원화된 나라로 대한민국과 독일이 대표적이다.

77 지적의 어원을 katastikhon, capitastrum에서 찾고 있는 견해의 주요 쟁점이 되는 의미는?

① 세금 부과   ② 지적공부
③ 지형도   ④ 토지측량

정답 70 ④ 71 ③ 72 ① 73 ③ 74 ② 75 ③ 76 ① 77 ①

해설 지적의 어원

㉠ J. G. McEntyre는 지적을 라틴어인 Capitastrum에서 그 어원이 유래되었다고 주장하면서 인두세등록부(Head Tax Register)를 의미하는 Capitastrum 또는 Cadastrum에서 유래되었다고 하였다.
㉡ Blondheim은 지적을 그리스어인 Katastikhon에서 그 어원이 유래되었다고 주장하였으며, 여기서 Kata(위에서 아래로)+stikhon(부과)=Katastikhon은 군주가 백성에게 세금을 부과하는 제도라는 의미로 사용하였다.
㉢ Capitastrum과 Katastikhon은 세금 부과의 뜻을 지닌 것으로 알 수 있다.

78 지적도에 등록된 경계의 뜻으로서 합당하지 않은 것은?

① 위치만 있고, 면적은 없음
② 경계점 간 최단거리연결
③ 측량방법에 따라 필지 간 2개 존재 가능
④ 필지 간 공통작용

해설 경계

역할	특성
• 토지의 위치결정 • 소유권의 범위결정 • 필지의 형상결정	• 필지 사이의 경계는 1개가 존재한다. • 경계는 크기가 없는 기하학적인 의미이다. • 경계는 위치만 있으므로 분할이 불가능하다. • 경계는 경계점 사이의 최단거리연결이다.

79 다음 중 지적의 기능으로 가장 거리가 먼 것은?

① 재산권의 보호
② 공정과세의 자료
③ 토지관리에 기여
④ 쾌적한 생활환경의 조성

해설 지적의 기능

㉠ 일반적 기능 : 사회적 기능, 법률적 기능, 행정적 기능
㉡ 실제적 기능
  • 토지등록의 법적 효력과 공시
  • 도시 및 국토계획의 원천
  • 토지감정평가의 기초
  • 지방행정의 자료
  • 토지유통의 매개체
  • 토지관리의 지침

80 토지조사사업 당시의 지목 중 비과세지에 해당하는 것은?

① 전
② 하천
③ 임야
④ 잡종지

해설 토지조사사업 당시 지목은 18개로 구분하였으며 과세지, 비과세지, 면세지로 구별하였다.

구분	개념	종류
과세지	직접적인 수익이 있는 토지로 과세 중이거나 장래에 과세의 목적이 될 수 있는 토지	전, 답, 대, 지소, 임야, 잡종지
비과세지	개인이 소유할 수 없으며 과세의 목적으로 하지 않는 토지	도로, 하천, 구거, 제방, 성첩, 철도선로, 수도선로
면세지	직접적인 수익이 없으며 공공용에 속하여 지세가 면제된 토지	사사지, 분묘지, 공원지, 철도용지, 수도용지

제5과목 지적관계법규

81 도시개발사업과 관련하여 지적소관청에 제출하는 신고서류로 옳지 않은 것은?

① 사업인가서
② 지번별 조서
③ 사업계획도
④ 환지설계서

해설 도시개발사업과 관련하여 지적소관청에 제출하는 신고서류

착수 또는 변경신고 시	완료신고 시
• 사업인가서 • 지번별 조서 • 사업계획도	• 확정될 토지의 지번 등 명세 및 종전토지의 지번 등 명세 • 환지처분과 같은 효력이 있는 고시된 환지계획서. 다만, 환지를 수반하지 아니하는 사업인 경우에는 사업의 완료를 증명하는 서류

82 지적공부에 등록된 토지의 표시사항이 토지의 이동으로 달라지는 경우 이를 결정하는 권한을 가진 자는?

① 지적소관청
② 시·도지사
③ 토지권리자
④ 지적측량업자

정답 78 ③ 79 ④ 80 ② 81 ④ 82 ①

해설 지적공부에 등록하는 지번·지목·면적·경계 또는 좌표는 토지의 이동이 있을 때 토지소유자(법인이 아닌 사단이나 재단의 경우에는 그 대표자나 관리인을 말한다)의 신청을 받아 지적소관청이 결정한다. 다만, 신청이 없으면 지적소관청이 직권으로 조사·측량하여 결정할 수 있다. 이 경우 조사·측량의 절차 등에 필요한 사항은 국토교통부령으로 정한다.

83 지적기준점에 해당하지 않는 것은?

① 위성기준점
② 지적삼각점
③ 지적도근점
④ 지적삼각보조점

해설 **지적기준점**
㉠ 지적삼각점 : 지적측량 시 수평위치측량의 기준으로 사용하기 위하여 국가기준점을 기준으로 하여 정한 기준점
㉡ 지적삼각보조점 : 지적측량 시 수평위치측량의 기준으로 사용하기 위하여 국가기준점과 지적삼각점을 기준으로 하여 정한 기준점
㉢ 지적도근점 : 지적측량 시 필지에 대한 수평위치측량 기준으로 사용하기 위하여 국가기준점, 지적삼각점, 지적삼각보조점 및 다른 지적도근점을 기초로 하여 정한 기준점

84 지적확정측량에 관한 설명으로 틀린 것은?

① 지적확정측량을 하는 경우 필지별 경계점은 위성기준점, 통합기준점, 삼각점, 지적삼각점, 지적삼각보조점 및 지적도근점에 따라 측정하여야 한다.
② 지적확정측량을 할 때에는 미리 사업계획도와 도면을 대조하여 각 필지의 위치 등을 확인하여야 한다.
③ 도시개발사업 등으로 지적확정측량을 하려는 지역에 임야도를 갖추두는 지역의 토지가 있는 경우에는 등록전환을 하지 아니할 수 있다.
④ 도시개발사업 등에는 막대한 예산이 소요되기 때문에 지적확정측량은 지적측량수행자 중에서 전문적인 노하우를 갖춘 한국국토공사가 전담한다.

해설 지적확정측량은 시·도지사에게 등록한 지적측량업자와 한국국토정보공사가 수행한다.

85 지적측량업의 등록을 취소해야 하는 경우에 해당되지 않는 것은?

① 거짓이나 그 밖의 부정한 방법으로 지적측량업의 등록을 한 때
② 법인의 임원 중 형의 집행유예선고를 받고 그 유예기간이 경과된 자가 있는 때
③ 다른 사람에게 자기의 등록증을 빌려준 때
④ 영업정지기간 중에 지적측량업을 영위한 때

해설 법인의 임원 중 형의 집행유예선고를 받고 그 유예기간이 경과된 자가 있는 때에는 결격사유에 해당하지 아니하므로 측량업 취소사유에 해당하지 않는다.

86 지적도의 등록사항으로 틀린 것은?

① 전유 부분의 건물표시
② 도면의 색인도
③ 건물 및 구조물 등의 위치
④ 삼각점 및 지적측량기준점의 위치

해설 전유 부분의 표시는 대지권등록부에 등록된다.

[참고] **지적도 등록사항**

일반적인 기재사항	국토교통부령이 정하는 사항
• 토지의 소재 • 지번 : 아라비아숫자로 표기 • 지목 : 두문자 또는 차문자로 표시 • 경계	• 지적도면의 색인도(인접 도면의 연결순서를 표시하기 위하여 기재한 도표와 번호를 말한다) • 도면의 제명 및 축척 • 도곽선과 그 수치 • 좌표에 의하여 계산된 경계점 간의 거리(경계점좌표등록부를 갖추두는 지역으로 한정한다) • 삼각점 및 지적측량기준점의 위치 • 건축물 및 구조물 등의 위치 • 그 밖에 국토교통부장관이 정하는 사항

87 경계점좌표등록부에 등록하는 지역의 토지면적 결정(제곱미터)의 기준으로 옳은 것은?

① 소수점 세 자리로 한다.
② 소수점 두 자리로 한다.
③ 소수점 한 자리로 한다.
④ 정수로 한다.

정답 83 ① 84 ④ 85 ② 86 ① 87 ③

해설 지적도의 축척이 600분의 1인 지역과 경계점좌표등록부에 등록하는 지역의 토지의 면적은 제곱미터 이하 한 자리 단위로 하되, 0.1m² 미만의 끝수가 있는 경우 0.05m² 미만인 때에는 버리고, 0.05m²를 초과하는 때에는 올리며, 0.05m²인 때에는 구하고자 하는 끝자리의 숫자가 0 또는 짝수이면 버리고, 홀수이면 올린다. 다만, 1필지의 면적이 0.1m² 미만인 때에는 0.1m²로 한다.

88 토지를 지적공부에 1필지로 등록하는 기준으로 옳은 것은?

① 지번부여지역의 토지로서 용도와 관계없이 소유자가 동일하면 1필지로 등록할 수 있다.
② 지번부여지역의 토지로서 소유자와 용도가 같고 지반이 연속된 토지는 1필지로 등록할 수 있다.
③ 행정구역을 달리할지라도 지목과 소유자가 동일하면 1필지로 등록한다.
④ 종된 용도의 토지면적이 100m²를 초과하면 1필지로 등록한다.

해설 ① 지번부여지역의 토지로서 용도와 관계없이 소유자가 동일하면 1필지로 등록할 수 없다.
③ 행정구역을 달리할지라도 지목과 소유자가 동일하면 1필지로 등록할 수 없다.
④ 종된 용도의 토지면적이 330m²를 초과하면 1필지로 등록한다.

89 지적측량적부심사의결서를 받은 시·도지사는 며칠 이내에 지적측량적부심사 청구인 및 이해관계인에게 그 의결서를 통지하여야 하는가?

① 5일   ② 7일
③ 30일   ④ 60일

해설 지적측량적부심사의결서를 받은 시·도지사는 7일 이내에 지적측량적부심사 청구인 및 이해관계인에게 그 의결서를 통지하여야 한다.

90 토지 등의 출입 등에 따라 손실이 발생하였으나 협의가 성립되지 아니한 경우 손실을 보상할 자 또는 손실을 받은 자가 재결을 신청할 수 있는 기관은?

① 시·도지사   ② 국토교통부장관
③ 행정안전부장관   ④ 관할 토지수용위원회

해설 토지 등의 출입 등에 따라 손실이 발생하였으나 협의가 성립되지 아니한 경우 손실을 보상할 자 또는 손실을 받은 자는 관할 토지수용위원회에 재결을 신청할 수 있다.

91 신규등록대상토지가 아닌 것은?

① 공유수면매립준공토지
② 도시개발사업완료토지
③ 미등록 하천
④ 미등록 공공용 토지

해설 신규등록대상
㉠ 미등록 토지
㉡ 공유수면 매립으로 준공된 토지
㉢ 미등록된 공공용 토지(도로, 구거, 하천)
㉣ 미등록 도서지역(섬)
㉤ 방조제 건설

92 복구측량이 완료되어 지적공부를 복구하려는 경우 복구하려는 토지의 표시 등을 시·군·구 게시판 및 인터넷 홈페이지에 최소 며칠 이상 게시하여야 하는가?

① 7일 이상   ② 10일 이상
③ 15일 이상   ④ 30일 이상

해설 지적소관청은 복구자료의 조사 또는 복구측량 등이 완료되어 지적공부를 복구하려는 경우에는 복구하려는 토지의 표시 등을 시·군·구 게시판 및 인터넷 홈페이지에 15일 이상 게시하여야 한다.

93 지적공부의 복구자료에 해당하지 않는 것은?

① 복제된 지적공부   ② 측량준비도
③ 부동산등기부등본   ④ 지적공부의 등본

해설 지적공부의 복구자료
㉠ 지적공부의 등본
㉡ 측량결과도
㉢ 토지이동정리결의서
㉣ 부동산등기부등본 등 등기사실을 증명하는 서류
㉤ 지적소관청이 작성하거나 발행한 지적공부의 등록내용을 증명하는 서류
㉥ 복제된 지적공부
㉦ 법원의 확정판결서 정본 또는 사본

정답 88 ② 89 ② 90 ④ 91 ② 92 ③ 93 ②

94 지번이 10-1, 10-2, 11, 12번지인 4필지를 합병하는 경우 새로이 설정하는 지번으로 옳은 것은?

① 10-1
② 10-2
③ 11
④ 12

해설 합병의 경우 합병대상지번 중 선순위의 지번으로 하되, 본번으로 된 지번이 있는 때에는 본번 중 선순위의 지번을 합병 후의 지번으로 한다. 따라서 11로 지번을 결정하여야 한다.

95 지적공부의 복구에 관한 관계자료에 해당하지 않는 것은?

① 지적공부의 등본
② 측량결과도
③ 토지이용계획확인서
④ 토지이동정리결의서

해설 토지이용계획확인서는 복구자료로 활용할 수 없다.

96 국가가 국가를 위하여 하는 등기로 보는 등기촉탁사유가 아닌 것은?

① 신규등록
② 지번변경
③ 축척변경
④ 등록사항정정(직권)

해설 지적소관청은 토지의 표시변경에 관한 등기를 할 필요가 있는 경우에는 지체 없이 관할 등기관서에 그 등기를 촉탁한다. 이 경우 등기촉탁은 국가가 국가를 위하여 하는 등기로 등기촉탁에 필요한 사항은 국토교통부령으로 정한다.
㉠ 토지의 이동이 있는 경우(신규등록은 제외)
㉡ 지번을 변경한 때
㉢ 축척변경을 한 때(이 사유로 인한 등기촉탁의 경우에 이해관계가 있는 제3자의 승낙은 관할 축척변경위원회의 의결 정본으로 이에 갈음할 수 있다)
㉣ 행정구역 개편으로 새로이 지번을 정할 때
㉤ 등록사항의 오류를 소관청이 직권으로 조사, 측량하여 정정한 때

97 토지소유자에게 지적정리사항을 통지하지 않아도 되는 때는?

① 신청의 대위 시
② 직권등록사항 정정 시
③ 등기촉탁 시
④ 신규등록 시

해설 신규등록을 직권으로 하였다면 토지소유자에게 통지를 해야 하지만, 토지소유자의 신청에 의한 것이라면 통지대상에 해당하지 않는다.

98 도로명주소법 시행규칙상 도로명주소대장의 작성방법으로 틀린 것은?

① 총괄대장은 하나의 도로구간을 단위로 하여 도로구간마다 작성하고, 해당 도로구간에 종속구간이 있는 경우 그 종속구간은 주된 구간의 총괄대장에 포함하여 작성해야 한다.
② 총괄대장의 고유번호는 행정안전부장관이 부여·관리하고, 개별대장의 고유번호는 시장 등이 부여·관리한다.
③ 행정안전부장관은 관할 구역에 주된 구간이 없고 종속구간만 있어 총괄대장을 작성할 수 없는 경우에는 주된 구간을 관할하는 시장 등이 작성한 총괄대장을 근거로 개별대장을 작성해야 한다.
④ 개별대장은 하나의 건물번호를 단위로 하여 건물번호마다 작성해야 한다.

해설 **도로명주소법 시행규칙 제31조(도로명주소대장의 작성방법)**
① 총괄대장은 하나의 도로구간을 단위로 하여 도로구간마다 작성하고, 해당 도로구간에 종속구간이 있는 경우 그 종속구간은 주된 구간의 총괄대장에 포함하여 작성해야 한다.
② 개별대장은 하나의 건물번호를 단위로 하여 건물번호마다 작성해야 한다.
③ 시장 등은 총괄대장을 먼저 작성하고, 작성한 총괄대장을 근거로 개별대장을 작성해야 한다.
④ 총괄대장의 고유번호는 행정안전부장관이 부여·관리하고, 개별대장의 고유번호는 시장 등이 부여·관리한다.
⑤ 시장 등은 관할 구역에 주된 구간이 없고 종속구간만 있어 총괄대장을 작성할 수 없는 경우에는 주된 구간을 관할하는 시장 등이 작성한 총괄대장을 근거로 개별대장을 작성해야 한다. 이 경우 해당 주된 구간의 총괄대장을 작성·관리하는 시장 등에게 그 종속구간이 주된 구간의 총괄대장에 포함되도록 요청해야 한다.
⑥ 제5항에 따른 요청을 받은 시장 등은 주된 구간의 총괄대장에 종속구간에 관한 사항을 기록한 후 그 결과를 요청한 시장 등에게 통보해야 한다.
⑦ 제5항 및 제6항에도 불구하고 주된 구간에 대한 총괄대장의 작성·관리 주체에 대하여 이견이 있는 경우에는 다음 각 호의 자가 결정한다.
 1. 해당 주된 구간 및 종속구간이 동일한 특별시·광역시 또는 도의 관할 구역에 속하는 경우 : 관할 특별시장·광역시장 또는 도지사
 2. 해당 주된 구간 및 종속구간이 각각 다른 시·도의 관할 구역에 속하는 경우 : 행정안전부장관

정답 94 ③ 95 ③ 96 ① 97 ④ 98 ③

⑧ 도로명주소대장을 말소(도로구간 또는 도로명주소의 폐지로 인하여 해당 도로명주소대장을 폐지하는 것을 말한다. 이하 같다)하는 경우에는 도로명주소대장 앞면의 제목 오른쪽에 빨간색 글씨로 '폐지'라고 기재해야 한다.

⑨ 시장 등은 제8항에 따라 도로명주소대장을 말소한 경우에는 도로명주소폐지대장에 해당 내용을 작성해야 한다.

99 도로명주소법상 주소정보시설에 대한 정의에 대한 설명으로 옳은 것은?

① 도로명판, 기초번호판, 건물번호판, 국가지점번호판, 사물주소판 및 주소정보안내판을 말한다.
② 기초번호, 도로명주소, 국가기초구역, 국가지점번호 및 사물주소에 관한 정보를 말한다.
③ 도로명과 기초번호를 활용하여 건물 등에 해당하지 아니하는 시설물의 위치를 특정하는 정보를 말한다.
④ 도로명, 건물번호 및 상세주소(상세주소가 있는 경우만 해당한다)로 표기하는 주소를 말한다.

해설 도로명주소법 제2조(정의)
이 법에서 사용하는 용어의 뜻은 다음과 같다.
7. "도로명주소"란 도로명, 건물번호 및 상세주소(상세주소가 있는 경우만 해당한다)로 표기하는 주소를 말한다.
10. "사물주소"란 도로명과 기초번호를 활용하여 건물 등에 해당하지 아니하는 시설물의 위치를 특정하는 정보를 말한다.
11. "주소정보"란 기초번호, 도로명주소, 국가기초구역, 국가지점번호 및 사물주소에 관한 정보를 말한다.
12. "주소정보시설"이란 도로명판, 기초번호판, 건물번호판, 국가지점번호판, 사물주소판 및 주소정보안내판을 말한다.

100 지적서고의 설치기준 등에 관한 설명으로 틀린 것은?

① 골조는 철근콘크리트 이상의 강질로 할 것
② 바닥과 벽은 2중으로 하고 영구적인 방수설비를 할 것
③ 전기시설을 설치하는 때에는 단독퓨즈를 설치하고 소화장비를 갖춰둘 것
④ 열과 습도의 영향을 적게 받도록 내부공간을 좁고 천장을 낮게 설치할 것

해설 지적서고의 구조기준, 지적서고의 설치기준, 지적공부의 보관방법 및 반출승인절차 등에 필요한 사항은 국토교통부령으로 정한다.
㉠ 지적서고는 지적사무를 처리하는 사무실과 연접(連接)하여 설치할 것
㉡ 골조는 철근콘크리트 이상의 강질로 할 것
㉢ 바닥과 벽은 2중으로 하고 영구적인 방수설비를 할 것
㉣ 창문과 출입문은 2중으로 하되, 바깥쪽 문은 반드시 철제로 하고, 안쪽 문은 곤충·쥐 등의 침입을 막을 수 있도록 철망 등을 설치할 것
㉤ 온도 및 습도의 자동조절장치를 설치하고 연중평균온도는 섭씨 20±5℃를, 연중평균습도는 65±5%를 유지할 것
㉥ 전기시설을 설치하는 때에는 단독퓨즈를 설치하고 소화장비를 비치할 것
㉦ 열과 습도의 영향을 받지 아니하도록 내부공간을 넓게 하고 천장을 높게 설치할 것

정답 99 ① 100 ④

2025년 제1회 지적기사 필기 복원

제1과목 지적측량

01 고저차 1.9m인 기선을 관측하여 관측거리 248.484m의 값을 얻었다면 경사보정량은?

① -7mm ② -14mm
③ $+7$mm ④ $+14$mm

해설 $C_h = -\dfrac{H^2}{2L} = -\dfrac{1.9^2}{2 \times 248.484} = -7$mm

02 6개의 삼각형으로 구성된 유심다각망에서 중심각오차(e)가 $-10.6''$, 각 삼각형의 내각오차의 합($\Sigma\varepsilon$)이 $+20.8''$일 때에 각 삼각형의 r각의 보정치(Ⅱ)는?

① $+3.6''$ ② $+3.8''$
③ $+4.0''$ ④ $+4.4''$

해설 $\text{Ⅱ} = \dfrac{\Sigma\varepsilon - 3e}{2n} = \dfrac{20.8'' - 3 \times (-10.6'')}{2 \times 6} = +4.4''$

03 어떤 도선측량에서 변장거리 800m, 측점 8점 Δx의 폐합차 7cm, Δy의 폐합차 6cm의 결과를 얻었다. 이때 정도를 구하는 식으로 올바른 것은?

① $\dfrac{\sqrt{0.07^2 + 0.06^2}}{(8-1) \times 800}$ ② $\sqrt{\dfrac{0.07^2 + 0.06^2}{8 \times 800}}$
③ $\sqrt{\dfrac{0.07^2 + 0.06^2}{800}}$ ④ $\dfrac{\sqrt{0.07^2 + 0.06^2}}{800}$

해설 정도 $= \dfrac{1}{m} = \dfrac{\text{폐합오차}}{\text{총길이}} = \dfrac{\sqrt{(\Delta x)^2 + (\Delta y)^2}}{\Sigma l}$
$= \dfrac{\sqrt{0.07^2 + 0.06^2}}{800}$

04 전파기 또는 광파기측량방법에 따른 지적삼각점의 점간거리는 몇 회 측정하여야 하는가?

① 2회 ② 3회
③ 4회 ④ 5회

해설 전파기 또는 광파기측량방법에 따른 지적삼각점의 관측과 계산기준
㉠ 전파 또는 광파측거기는 표준편차가 ±(5mm+5ppm) 이상인 정밀측거기를 사용할 것
㉡ 점간거리는 5회 측정하여 그 측정치의 최대치와 최소치의 교차가 평균치의 10만분의 1 이하일 때에는 그 평균치를 측정거리로 하고, 원점에 투영된 평면거리에 따라 계산할 것
㉢ 삼각형의 내각은 세 변의 평면거리에 따라 계산할 것

05 다음 중 지적삼각점을 관측하는 경우 연직각의 관측 및 계산기준에 대한 설명으로 옳지 않은 것은?

① 연직각의 단위는 '초'로 한다.
② 각 측점에서 정반으로 각 2회 관측하여야 한다.
③ 관측치의 최대치와 최소치의 교차가 40초 이내이어야 한다.
④ 2개의 기지점에서 소구점의 표고를 계산한 결과 그 교차가 $0.05 + 0.05(S_1 + S_2)$[m] 이하일 때에는 그 평균치를 표고로 한다.

해설 지적삼각점을 관측하는 경우 연직각의 관측 및 계산기준
㉠ 각 측점에서 정반(正反)으로 각 2회 관측할 것
㉡ 관측치의 최대치와 최소치의 교차가 30초 이내일 때에는 그 평균치를 연직각으로 할 것
㉢ 2점의 기지점에서 소구점의 표고를 계산한 결과 그 교차가 $0.05 + 0.05(S_1 + S_2)$[m] 이하일 때에는 그 평균치를 표고로 할 것. 이 경우 S_1과 S_2는 기지점에서 소구점까지의 평면거리로서 km단위로 표시한 수를 말한다.

06 지적삼각점 두 점 간의 거리를 계산할 때 계산순서로 바르게 연결한 것은?

① 기준면거리 → 경사거리 → 평면거리
② 기준면거리 → 평면거리 → 수평거리
③ 경사거리 → 기준면거리 → 평면거리
④ 평면거리 → 기준면거리 → 수평거리

해설 지적삼각점 두 점 간의 거리계산순서: 경사거리 → 수평거리 → 기준면상의 거리 → 평면거리

정답 1 ① 2 ④ 3 ④ 4 ④ 5 ③ 6 ③

07 면적측정의 방법과 관련한 다음 내용의 ㉠과 ㉡에 들어갈 알맞은 말은?

> 면적이 (㉠) 이상인 필지를 분할하는 경우 분할 후의 면적이 분할 전 면적의 80% 이상이 되는 필지의 면적을 측정할 때에는 분할 전 면적의 20% 미만이 되는 필지의 면적을 먼저 측정한 후 분할 전 면적에서 그 측정된 면적을 빼는 방법으로 할 수 있다. 다만, 동일한 측량결과도에서 측정할 수 있는 경우와 (㉡)에 따라 면적을 측정하는 경우에는 그러하지 아니하다.

① ㉠ 3,000m², ㉡ 전자면적측정법
② ㉠ 3,000m², ㉡ 좌표면적측정법
③ ㉠ 5,000m², ㉡ 전자면적측정법
④ ㉠ 5,000m², ㉡ 좌표면적측정법

해설 면적이 5,000m² 이상인 필지를 분할하는 경우 분할 후의 면적이 분할 전 면적의 80% 이상이 되는 필지의 면적을 측정할 때에는 분할 전 면적의 20% 미만이 되는 필지의 면적을 먼저 측정한 후 분할 전 면적에서 그 측정된 면적을 빼는 방법으로 할 수 있다. 다만, 동일한 측량결과도에서 측정할 수 있는 경우와 좌표면적측정법에 따라 면적을 측정하는 경우에는 그러하지 아니하다.

08 지적도면의 작성에 대한 설명으로 옳은 것은?

① 경계점 간 거리는 2mm 크기의 아라비아숫자로 제도한다.
② 도곽선의 수치는 2mm 크기의 아라비아숫자로 제도한다.
③ 도면에 등록하는 지번은 5mm 크기의 고딕체로 한다.
④ 삼각점 및 지적기준점은 0.5mm 폭의 선으로 제도한다.

해설 ① 경계점 간 거리는 1~1.5mm 크기의 아라비아숫자로 제도한다.
③ 도면에 등록하는 지번은 2~3mm 크기의 명조체로 한다.
④ 삼각점 및 지적기준점은 0.2mm 폭의 선으로 제도한다.

09 △ABC 토지에 대하여 지적삼각측량을 실시하여 AB=3km, ∠ABC=30°, ∠BAC=60°를 측정하였다. AC의 거리는?

① 1,500m
② 1,732m
③ 2,598m
④ 6,000m

해설 $\dfrac{3,000}{\sin 90°} = \dfrac{\overline{AC}}{\sin 30°}$

∴ $\overline{AC} = 1,500$m

10 산100임을 산지전용하여 대지로 조성하는 경우 지적공부에 등록하기 위한 측량으로 옳은 것은?

① 등록말소
② 등록전환
③ 신규등록
④ 축척변경

해설 등록전환대상
㉠ 산지관리법에 따른 산지전용허가·신고, 산지일시사용허가·신고, 건축법에 따른 건축허가·신고 또는 그 밖의 관계법령에 따른 개발행위허가 등을 받은 경우
㉡ 대부분의 토지가 등록전환되어 나머지 토지를 임야도에 계속 존치하는 것이 불합리한 경우
㉢ 임야도에 등록된 토지가 사실상 형질변경되었으나 지목변경을 할 수 없는 경우
㉣ 도시·군관리계획선에 따라 토지를 분할하는 경우

11 지적도근점측량에서 측정한 각 측선의 수평거리의 총합계가 1,550m일 때 연결오차의 허용범위기준은 얼마인가? (단, 1/600지역과 경계점좌표등록부 시행지역에 걸쳐있으며 2등도선이다.)

① 25cm 이하
② 29cm 이하
③ 30cm 이하
④ 35cm 이하

해설 연결오차 $= \dfrac{1.5}{100}\sqrt{NM}$

$= \dfrac{1.5}{100} \times \sqrt{15.50} \times 500 = 29$cm

[참고] 1등도선 $= \dfrac{1}{100}\sqrt{NM}$

12 방위각 271°30′의 방위는?

① N 89°30′ E
② N 1°30′ W
③ N 88°30′ W
④ N 90° W

해설 방위각 271°30′의 경우 4상한에 해당하므로 방위는 N(360°−271°30′)W=N 88°30′ W이다.

정답 7 ④ 8 ② 9 ① 10 ② 11 ② 12 ③

13 점 P에서 방위각이 β인 직선 $\overline{AB}$까지의 수선장 d를 구하는 식은?

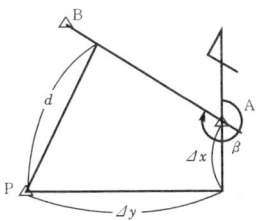

① $d = \Delta y \cos\beta - \Delta x \sin\beta$
② $d = \Delta x \cos\beta - \Delta y \sin\beta$
③ $d = \Delta x \sin\beta - \Delta y \cos\beta$
④ $d = \Delta y \sin\beta - \Delta x \cos\beta$

해설 $d = \Delta y \cos\beta - \Delta x \sin\beta$

14 다각망도선법에 따르는 경우 지적도근점표지의 점간거리는 평균 몇 m 이하로 하여야 하는가?

① 500m   ② 1,000m
③ 2,000m   ④ 3,000m

해설 지적도근점표지의 점간거리는 평균 50m 이상 500m 이하로 할 것

15 광파기측량방법에 따라 다각망도선법으로 지적도근점측량을 하는 경우 필요한 최소기지점수는?

① 2점   ② 3점
③ 5점   ④ 7점

해설 경위의측량방법이나 전파기 또는 광파기측량방법에 따라 다각망도선법으로 지적도근점측량을 할 때에는 다음의 기준에 따른다.
㉠ 3점 이상의 기지점을 포함한 결합다각방식에 따를 것
㉡ 1도선의 점의 수는 20점 이하로 할 것

16 두 점 간의 거리가 222m이고 두 점 간의 방위각이 33°33′33″일 때 횡선차는?

① 122.72m   ② 145.26m
③ 185.00m   ④ 201.56m

해설 ㉠ 종선차
$\Delta x = 222 \times \cos 33°3'33'' = 185.00m$
㉡ 횡선차
$\Delta y = 222 \times \sin 30°33'33'' = 122.72m$

17 다음 중 공간정보의 구축 및 관리 등에 관한 법령에 따른 측량기준에서 회전타원체의 편평률로 옳은 것은? (단, 분모는 소수점 둘째 자리까지 표현한다.)

① 299.26분의 1
② 294.98분의 1
③ 299.15분의 1
④ 298.26분의 1

해설 세계측지계는 지구를 편평한 회전타원체로 상정하여 실시하는 위치측정의 기준으로서 다음의 요건을 갖춘 것을 말한다.
㉠ 회전타원체의 긴 반지름 및 편평률은 다음과 같을 것
• 긴 반지름 : 6,378,137m
• 편평률 : 298.257222101분의 1
㉡ 회전타원체의 중심이 지구의 질량 중심과 일치할 것
㉢ 회전타원체의 단축이 지구의 자전축과 일치할 것

18 두 점 A, D 사이의 거리를 AB, BC, CD의 3구간으로 나누어 측정한 결과 다음과 같은 값을 얻었다면 AD 사이 전체 길이와 표준편차는?

AB=79.263m	±0.015m
BC=74.537m	±0.012m
CD=71.082m	±0.010m

① 224.882m, ±0.020m
② 224.882m, ±0.022m
③ 224.882m, ±0.026m
④ 224.822m, ±0.030m

해설 ㉠ 전체 길이
$L = 79.263 + 74.537 + 71.082 = 224.882m$
㉡ 표준편차
표준편차 $= \pm\sqrt{0.015^2 + 0.012^2 + 0.010^2}$
$= \pm 0.022m$

19 축척 1/1,200지역에서 지적도 도곽의 신축량이 −6mm이었을 때 면적보정계수로 옳은 것은?

① 0.9653   ② 0.9679
③ 1.0332   ④ 1.0359

해설 $Z = \dfrac{XY}{\Delta X \Delta Y}$
$= \dfrac{333.33 \times 416.67}{(333.33 - 6) \times (416.67 - 6)} = 1.0333$

정답 13 ① 14 ① 15 ② 16 ① 17 ④ 18 ② 19 ③

20 다음 중 온도에 따른 줄자의 신축을 팽창계수에 따라 보정한 오차의 조정과 관련이 있는 것은?

① 착오　　　　② 과대오차
③ 계통오차　　④ 우연오차

해설) 온도에 따른 줄자의 신축을 팽창계수에 따라 보정한 오차의 조정은 온도보정으로 정오차(계통오차)이다.

제2과목 응용측량

21 수준측량에서 전시(F.S : fore sight)에 대한 설명으로 옳은 것은?

① 미지점에 세운 표척의 눈금을 읽은 값
② 기준면으로부터 시준선까지의 높이를 읽은 값
③ 가장 먼저 세운 표척의 눈금을 읽은 값
④ 지반고를 알고 있는 점에 세운 표척이 눈금을 읽은 값

해설) 전시 : 구하고자 하는 점(미지점)에 표척을 세워 읽은 값

22 GNSS측량을 위하여 어느 곳에서나 같은 시간대에 관측할 수 있어야 하는 위성의 최소개수는?

① 2개　　　　② 4개
③ 6개　　　　④ 8개

해설) GNSS측량 시 위성의 최소개수
㉠ 정지측량 : 4개
㉡ 이동측량 : 5개

23 직접수준측량에 따른 오차 중 시준거리의 제곱에 비례하는 성질을 갖는 것은?

① 기포관축과 시준선이 평행하지 않아 발생하는 오차
② 표척의 길이가 표준길이와 달라 발생하는 오차
③ 지구의 곡률 및 대기 중 광선의 굴절로 인한 오차
④ 망원경 시야가 흐려 발생되는 표척의 독취오차

해설) 구차 = $\dfrac{D^2}{2R}$, 기차 = $-\dfrac{kD^2}{2R}$

여기서, D는 시준거리로, 구차와 기차는 시준거리의 제곱에 비례한다.

24 입체시에 의한 과고감에 대한 설명으로 옳은 것은?

① 사진의 초점거리와 비례한다.
② 사진촬영의 기선고도비에 비례한다.
③ 입체시할 경우 눈의 위치가 높아짐에 따라 작아진다.
④ 렌즈 피사각의 크기와 반비례한다.

해설) **입체상의 변화**
㉠ 기선고도비가 클수록 높게 보인다.
㉡ 촬영기선장이 클수록 높게 보인다.
㉢ 렌즈의 초점거리가 길면 낮게 보인다.
㉣ 촬영고도가 높으면 낮게 보인다.

25 카메라의 초점거리(f)와 촬영한 항공사진의 종중복도(p)가 다음과 같을 때 기선고도비가 가장 큰 것은? (단, 사진크기는 18cm×18cm로 동일하다.)

① $f=21$cm, $p=70\%$　② $f=21$cm, $p=60\%$
③ $f=11$cm, $p=75\%$　④ $f=11$cm, $p=60\%$

해설)
① 기선고도비 = $\dfrac{18 \times \left(1 - \dfrac{70}{100}\right)}{21} = 0.26$

② 기선고도비 = $\dfrac{18 \times \left(1 - \dfrac{60}{100}\right)}{21} = 0.34$

③ 기선고도비 = $\dfrac{18 \times \left(1 - \dfrac{75}{100}\right)}{11} = 0.41$

④ 기선고도비 = $\dfrac{18 \times \left(1 - \dfrac{60}{100}\right)}{11} = 0.65$

26 터널 내 두 점의 좌표(X, Y, Z)가 각각 A(1328.0m, 810.0m, 86.3m), B(1734.0m, 589.0m, 112.4m)일 때 A, B를 연결하는 터널의 경사거리는?

① 341.52m　　② 341.98m
③ 462.25m　　④ 462.99m

해설) ㉠ 수평거리
$D = \sqrt{(1,734-1,328)^2 + (589-810)^2}$
$= 462.25$m

㉡ 고저차
$H = 112.4 - 86.3 = 26.1$m

㉢ 경사거리
$L = \sqrt{462.25^2 + 26.1^2} = 462.99$m

정답) 20 ③　21 ①　22 ②　23 ③　24 ②　25 ④　26 ④

27 축척 1:10,000의 항공사진을 180km/h로 촬영할 경우 허용흔들림의 범위를 0.02mm로 한다면 최장노출시간은?

① 1/50초　　② 1/100초
③ 1/150초　　④ 1/250초

해설 $T_l = \dfrac{\Delta Sm}{V} = \dfrac{\dfrac{0.02}{1,000} \times 10,000}{\dfrac{180 \times 1,000}{3,600}} = \dfrac{1}{250}$ 초

28 평판을 이용하여 측량한 결과 경사분획(n)이 10, 수평거리(D)가 50m, 표척의 읽은 값(l)이 1.50m, 기계고(I)가 1.0m 기계를 세운 점의 지반고(H_A)가 20m인 경우 표척을 세운 지점의 지반고는?

① 21.1m　　② 21.6m
③ 22.7m　　④ 24.5m

해설 $H_B = H_A + I + H - l$
$= 20 + 1 + \dfrac{10 \times 50}{100} - 1.5 = 24.5$m

29 GPS위성궤도면의 수는?

① 4개　　② 6개
③ 8개　　④ 10개

해설 GPS위성의 궤도간격은 60도이므로 궤도면의 수는 6개이다.

30 지형도의 이용과 가장 거리가 먼 것은?

① 도로, 철도, 수로 등의 도상 선정
② 종단면도 및 횡단면도의 작성
③ 간접적인 지적도 작성
④ 집수면적의 측정

해설 지형도의 이용
㉠ 단면도의 제작(종·횡단면도)
㉡ 등경사선의 관측(구배)
㉢ 노선의 도면상 선정(두 점 간의 시통가부의 결정)
㉣ 유역면적 산정(저수량측정)
㉤ 절·성토범위의 결정(토공량계산)
㉥ 소요경비의 산출자료에 이용

31 축척 1:50,000의 지형도에서 A의 표고가 235m, B의 표고는 563m일 때 두 점 A, B 사이 주곡선의 수는?

① 13　　② 15
③ 17　　④ 18

해설 1:50,000의 주곡선의 간격은 20m이므로 표고 235m와 563m 사이에 주곡선의 개수는 17개이다.
[별해] 개수 = $\dfrac{560-240}{20} + 1 = 17$개

32 거리 80m 떨어진 곳에 표척을 세워 기포가 중앙에 있을 때와 기포관의 눈금이 5눈금 이동했을 때 표척 읽음값의 차이가 0.09m이었다면 이 기포관의 곡률반지름은? (단, 기포관 한 눈금의 간격은 2mm이고 $\rho'' = 206265''$ 이다.)

① 8.9m　　② 9.1m
③ 9.4m　　④ 9.6m

해설 $R = \dfrac{nsD}{\Delta l} = \dfrac{5 \times 0.002 \times 80}{0.09} = 8.9$m

33 지하시설물의 탐사방법으로 수도관로 중 PVC 또는 플라스틱관을 찾는데 주로 이용되는 방법은?

① 전자탐사법(electromagnetic survey)
② 자기탐사법(magnetic detection method)
③ 음파탐사법(acoustic prospecting method)
④ 전기탐사법(electrical survey)

해설 음파탐사법은 지하시설물의 수도관로 중 PVC 또는 플라스틱관을 탐색하는데 주로 이용된다.

34 30km×20km의 토지를 사진크기 18cm×18cm, 초점거리 150mm, 종중복도 60%, 횡중복도 30%, 축척 1:30,000로 촬영할 때 필요한 총모델수는? (단, 안전율은 고려하지 않는다.)

① 65모델　　② 74모델
③ 84모델　　④ 98모델

해설 ㉠ 종모델수 = $\dfrac{S_1}{B} = \dfrac{30,000}{30,000 \times 0.18 \times \left(1 - \dfrac{60}{100}\right)}$
$= 13.8 ≒ 14$모델

㉡ 횡모델수 = $\dfrac{S_2}{C} = \dfrac{20,000}{30,000 \times 0.18 \times \left(1 - \dfrac{30}{100}\right)}$
$= 5.2 ≒ 6$모델

∴ 총모델수 = 종모델수 × 횡모델수 = 14 × 6 = 84모델

정답 27 ④　28 ④　29 ②　30 ③　31 ③　32 ①　33 ③　34 ③

35 반지름 200m의 원곡선노선에 10m 간격의 중심점을 설치할 때 중심간격 10m에 대한 현과 호의 길이차는?

① 1mm ② 2mm
③ 3mm ④ 4mm

해설 현과 호의 길이차 $= \dfrac{l^3}{24R^2}$
$= \dfrac{10^3}{24 \times 200^2}$
$= 0.001\text{m} = 1\text{mm}$

36 다음 그림과 같은 지역에 정지작업을 하였을 때 절토량과 성토량이 같게 되는 지반고는? (단, 각 구역의 면적은 16m²로 동일하고, 지반고단위는 m이다.)

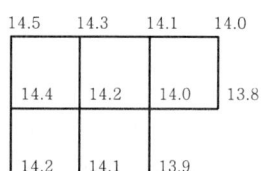

① 13.78m ② 14.09m
③ 14.15m ④ 14.23m

해설 ㉠ 체적
$V = \dfrac{A}{4}(\Sigma h_1 + 2\Sigma h_2 + 3\Sigma h_3 + 4\Sigma h_4)$
$= \dfrac{16}{4} \times [(14.5 + 14 + 13.8 + 13.9 + 14.2)$
$\quad + 2 \times (14.3 + 14.1 + 14.1 + 14.4) + 3 \times 14$
$\quad + 4 \times 14.2]$
$= 1,132\text{m}^3$

㉡ 지반고
$h = \dfrac{V}{nA} = \dfrac{1,132}{5 \times 16} = 14.15\text{m}$

37 수평각관측의 측각오차 중 망원경을 정·반으로 관측하여 소거할 수 있는 오차가 아닌 것은?

① 시준축오차
② 수평축오차
③ 연직축오차
④ 편심오차

해설 수평각관측 시 연직축오차는 어떠한 방법으로도 소거할 수 없다.

38 항공사진을 촬영하기 위한 비행고도가 3,000m일 때 평지에 있는 200m 높이의 언덕에 대한 사진상 최대기복변위는? (단, 항공사진 1장의 크기는 23cm×23cm이다.)

① 7.67mm
② 10.84mm
③ 15.33mm
④ 21.68mm

해설 $r_{max} = \dfrac{\sqrt{2}}{2}a$

$\therefore \Delta r_{max} = \dfrac{h}{H}r_{max} = \dfrac{h}{H}\dfrac{\sqrt{2}}{2}a$
$= \dfrac{200}{3,000} \times \dfrac{\sqrt{2}}{2} \times 0.23$
$= 0.01084\text{m} = 10.84\text{mm}$

39 다음 그림과 같은 수평면과 45°의 경사를 가진 사면의 길이($\overline{AB}$)가 25m이다. 이 사면의 경사를 30°로 할 때 사면의 길이($\overline{AC}$)는?

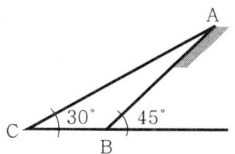

① 32.36m ② 33.36m
③ 34.36m ④ 35.36m

해설 ㉠ $\overline{AB}$의 높이
$H = 25 \times \sin 45° = 17.68\text{m}$
㉡ 경사거리
$\overline{AC} = \dfrac{17.68}{\sin 30°} = 35.36\text{m}$

40 곡선설치법에서 원곡선의 종류가 아닌 것은?

① 렘니스케이트
② 복심곡선
③ 반향곡선
④ 단곡선

해설 수평곡선의 종류
㉠ 원곡선 : 단곡선, 복심곡선, 반향곡선
㉡ 완화곡선 : 클로소이드곡선, 3차 포물선, 렘니스케이트

제3과목 토지정보체계론

41 지적공부정리업무에 있어 행정구역변경사유가 아닌 것은?

① 행정계획변경
② 행정관할구역변경
③ 행정구역명칭변경
④ 지번변경을 수반한 행정관할구역변경

해설 **행정구역변경사유** : 행정구역명칭변경, 행정관할구역변경, 지번변경을 수반한 행정관할구역변경

42 토털스테이션과 지적측량운영프로그램 등이 설치된 컴퓨터를 연결하여 세부측량을 수행함으로써 필지경계정보를 취득하는 측량방법은?

① GNSS
② 경위의측량
③ 전자평판측량
④ 네트워크RTK측량

해설 **전자평판측량** : 토털스테이션과 지적측량운영프로그램 등이 설치된 컴퓨터를 연결하여 세부측량을 수행함으로써 필지경계정보를 취득하는 측량방법

43 지적도면정보의 직접취득방법이 아닌 것은?

① 위성측량방법
② 평판측량방법
③ 경위의측량방법
④ 법원감정측량방법

해설 **법원감정측량** : 법원이 감정을 요구한 내용대로 측량을 실시하여 지번·경계 및 면적 등은 공간정보의 구축 및 관리 등에 관한 법령이 정한 규정에 따라 결정하는 것으로 지적도면정보의 직접적인 취득방법에 해당하지 않는다.

44 Wed GIS에 대한 설명으로 옳지 않은 것은?

① 클라이언트-서버형태의 시스템으로 대용량 공간자료의 저장, 관리와 분산처리가 가능하다.
② 전문적인 GIS개발자들이 특정 목적의 GIS 응용프로그램을 개발할 수 있도록 하는 개발 지원도구이다.
③ 인터넷기술을 GIS와 접목시켜 네트워크환경에서 GIS서비스를 제공할 수 있도록 구축한 시스템이다.
④ 데이터베이스와 웹의 상호 연결로 시공간상의 한계를 극복하고 실시간으로 정보취득과 공유가 가능하다.

해설 ① Enterprise GIS, ③ Internet GIS, ④ Mobile GIS

45 DBMS방식의 단점으로 옳지 않은 것은?

① 시스템의 복잡성
② 상대적으로 비싼 비용
③ 중앙 집약적인 구조의 위험성
④ 미들웨어 사용으로 인한 불편 초래

해설 **데이터베이스**

장점	단점
• 중앙제어 가능	• 초기 구축비용이 고가
• 효율적인 자료호환(표준화)	• 초기 구축 시 관련 전문가 필요
• 데이터의 독립성	• 시스템의 복잡성(자료구조가 복잡)
• 새로운 응용프로그램 개발의 용이성	• 자료의 공유로 인해 자료의 분실이나 잘못된 자료가 사용될 가능성이 있어 보완조치 마련
• 반복성의 제거(중복 제거)	
• 많은 사용자의 자료공유	
• 데이터의 무결성 유지	
• 데이터의 보안 보장	• 통제의 집중화에 따른 위험성 존재

46 나무줄기와 같은 구조를 가지고 있으며 가장 상위의 계층을 뿌리라 할 때 뿌리를 제외한 모든 객체들은 부모-자녀의 관계를 갖는 데이터 모델은?

① 관계형 데이터 모델
② 계층형 데이터 모델
③ 객체지향형 데이터 모델
④ 네트워크형 데이터 모델

해설 **계층형 데이터 모델**
㉠ 데이터베이스의 논리적 구조를 기술한 자료구조도(data structure diagram)는 노드들의 상대적인 위치정보도 포함된 순서트리형태이다.
㉡ 트리에 있는 모든 노드들은 데이터베이스에서 사용할 수 있는 레코드타입을 나타내고, 두 레코드타입 사이의 링크는 이들 레코드어커런스(record occurrence) 사이의 일 대 다(1 : N)의 관계를 나타낸다. 이렇게 연관된 두 개의 레코드타입들을 parent-child관계라고 한다.

정답 41 ① 42 ③ 43 ④ 44 ② 45 ④ 46 ②

47 DBMS의 "정의"기능에 대한 설명이 아닌 것은?

① 데이터의 물리적 구조를 명세한다.
② 데이터의 논리적 구조와 물리적 구조 사이의 변환이 가능하도록 한다.
③ 데이터베이스의 논리적 구조와 그 특성을 데이터 모델에 따라 명세한다.
④ 데이터베이스를 공용하는 사용자의 요구에 따라 체계적으로 접근하고 조작할 수 있다.

해설 데이터 조작어(DML : Data Manipulation Language)는 사용자로 하여금 적절한 데이터 모델에 근거하여 데이터를 처리할 수 있게 하는 도구로서 사용자(응용프로그램)와 DBMS 사이의 인터페이스를 제공하며, 데이터 연산은 데이터의 검색, 삽입, 삭제, 변경 등을 의미한다.

48 지적도전산화작업의 목적으로 옳지 않은 것은?

① 정확한 지적측량자료의 이용
② 지적도의 대량생산 및 배포
③ 대민서비스의 질적 수준 향상
④ 지적도 원형보관·관리의 어려움 해소

해설 지적도면전산화의 목적
㉠ 국가지리정보에 기본정보로 관련 기관이 공동으로 활용할 수 있는 기반 조성(공공계획 수립의 중요정보 제공)
㉡ 지적도면의 신축으로 인한 원형보관·관리의 어려움 해소
㉢ 정확한 지적측량자료 활용
㉣ 토지대장과 지적도면을 통합한 대민서비스 질적 향상
㉤ 토지정보의 수요에 대한 신속한 대처
㉥ 토지정보시스템의 기초데이터 활용

49 스파게티모형의 특징으로 옳지 않은 것은?

① 공간자료를 단순한 좌표목록으로 저장한다.
② 도면을 독취할 때 작성된 자료와 비슷하다.
③ 인접한 다각형을 나타낼 때에 경계는 2번씩 저장한다.
④ 객체들 간 공간관계가 설정되어 공간분석에 효율적이다.

해설 스파게티모델
㉠ 공간자료를 점, 선, 면을 단순한 좌표목록으로 저장하며 위상관계를 정의하지 않는다.
㉡ 상호 연결성이 결여된 점과 선의 집합체, 즉 점, 선, 다각형 등의 객체들이 구조화되지 않은 그래픽형태(점, 선, 면)이다.
㉢ 수작업으로 디지타이징된 지도자료가 대표적인 스파게티모델의 예이다.
㉣ 인접하고 있는 다각형을 나타내기 위하여 경계하는 선은 두 번씩 저장된다.
㉤ 모든 면사상이 일련의 독립된 좌표집합으로 저장되므로 자료저장공간을 많이 차지하게 된다.
㉥ 객체들 간의 공간관계가 설정되지 않아 공간분석에 비효율적이다.

50 PBLIS와 NGIS의 연계로 나타나는 장점으로 가장 거리가 먼 것은?

① 토지 관련 자료의 원활한 교류와 공동 활용
② 토지의 효율적인 이용증진과 체계적 국토개발
③ 유사한 정보시스템의 개발로 인한 중복투자 방지
④ 지적측량과 일반측량의 업무통합에 따른 효율성 증대

해설 PBLIS와 NGIS의 연계로 나타나는 장점
㉠ 토지 관련 자료의 원활한 교류와 공동 활용
㉡ 토지의 효율적인 이용증진과 체계적 국토개발
㉢ 유사한 정보시스템의 개발로 인한 중복투자 방지

51 토지종합정보망소프트웨어구성에 관한 설명으로 옳지 않은 것은?

① 미들웨어는 클라이언트에 탑재
② DB서버-응용서버-클라이언트로 구성
③ 미들웨어는 자료제공자와 도면생성자로 구분
④ 자바(Java)로 구현하여 IT-플랫폼에 관계없이 운영가능

해설 미들웨어는 양쪽을 연결하여 데이터를 주고받을 수 있도록 중간에서 매개역할을 하는 소프트웨어로 네트워크를 통해서 연결된 여러 개의 컴퓨터에 있는 많은 프로세스들에게 어떤 서비스를 사용할 수 있도록 연결해주는 소프트웨어를 말한다.

52 필지중심토지정보시스템 중 지적소관청에서 일반적으로 많이 사용하는 시스템은?

① 지적측량시스템
② 지적행정시스템
③ 지적공부관리시스템
④ 지적측량성과작성시스템

정답 47 ④ 48 ② 49 ④ 50 ④ 51 ① 52 ③

해설 지적공부관리시스템은 주로 시·군·구청의 지적담당부서(지적소관청)에서 지적행정업무를 처리하는데 이용되며 사용자권한관리, 지적측량검사업무, 토지이동관리, 지적일반업무관리, 창구민원업무, 토지기록자료 조회 및 출력, 지적통계관리, 정책정보관리 등 160여 종의 업무를 제공하고 있다.

53 다음 내용의 ㉠, ㉡에 들어갈 용어가 올바르게 나열된 것은?

> 수치지도는 영어로 digital map으로 일컬어진다. 좀 더 명확한 의미에서는 도형자료만을 수치로 나타낸 것을 (㉠)라 하고, 도형자료와 관련 속성을 함께 지닌 수치지도를 (㉡)라고 칭한다.

① ㉠ 레전드, ㉡ 레이어
② ㉠ 레전드, ㉡ 커버리지
③ ㉠ 커버리지, ㉡ 레이어
④ ㉠ 레이어, ㉡ 커버리지

해설 수치지도는 영어로 digital map으로 일컬어진다. 좀 더 명확한 의미에서는 도형자료만을 수치로 나타낸 것을 레이어라 하고, 도형자료와 관련 속성을 함께 지닌 수치지도를 커버리지라고 칭한다.

54 공간데이터에서 나타나는 오차의 발생원인으로 볼 수 없는 것은?

① 원시자료 이용 시 나타나는 오차
② 데이터 모델의 표현 시 발생하는 오차
③ 데이터 처리과정과 공간분석 시에 발생하는 오차
④ 수치데이터를 생성 및 편집하는 단계에서 발생하는 오차

해설 데이터 모델의 표현은 공간데이터에서 나타나는 오차의 발생원인과 관련이 없다.

55 다음 용어의 설명 중 잘못된 것은?

① "국가공간정보체계"란 관리기관이 구축 및 관리하는 공간정보체계를 말한다.
② "공간정보데이터베이스"란 공간정보를 체계적으로 정리하여 사용자가 검색하고 활용할 수 있도록 가공한 정보의 집합체를 말한다.
③ "국가공간정보통합체계"란 기본공간정보데이터베이스를 기반으로 국가공간정보체계를 통합 또는 연계하여 행정안전부장관이 구축·운용하는 공간정보체계를 말한다.
④ "공간정보체계"란 공간정보를 효과적으로 수집·저장·가공·분석·표현할 수 있도록 서로 유기적으로 연계된 컴퓨터의 하드웨어·소프트웨어·데이터베이스 및 인적자원의 결합체를 말한다.

해설 국가공간정보 기본법의 용어정의
㉠ 공간정보 : 지상·지하·수상·수중 등 공간상에 존재하는 자연적 또는 인공적인 객체에 대한 위치정보 및 이와 관련된 공간적 인지 및 의사결정에 필요한 정보를 말한다.
㉡ 공간정보데이터베이스 : 공간정보를 체계적으로 정리하여 사용자가 검색하고 활용할 수 있도록 가공한 정보의 집합체를 말한다.
㉢ 공간정보체계 : 공간정보를 효과적으로 수집·저장·가공·분석·표현할 수 있도록 서로 유기적으로 연계된 컴퓨터의 하드웨어, 소프트웨어, 데이터베이스 및 인적자원의 결합체를 말한다.
㉣ 관리기관 : 공간정보를 생산하거나 관리하는 중앙행정기관, 지방자치단체, 공공기관의 운영에 관한 법률 제4조에 따른 공공기관, 그 밖에 대통령령으로 정하는 민간기관을 말한다.
• 민간기관의 범위 : 국가공간정보 기본법에서 "대통령령으로 정하는 민간기관"이란 다음의 자 중에서 국토교통부장관이 관계 중앙행정기관의 장과 특별시장·광역시장·특별자치시장·도지사 및 특별자치도지사와 협의하여 고시하는 자를 말한다.
  - 전기통신사업법에 따른 전기통신사업자로서 허가를 받은 기간통신사업자
  - 도시가스사업법에 따른 도시가스사업자로서 허가를 받은 일반도시가스사업자
  - 송유관안전관리법에 따른 송유관설치자 및 송유관관리자
㉤ 국가공간정보체계 : 관리기관이 구축 및 관리하는 공간정보체계를 말한다.
㉥ 국가공간정보통합체계 : 기본공간정보데이터베이스를 기반으로 국가공간정보체계를 통합 또는 연계하여 국토교통부장관이 구축·운용하는 공간정보체계를 말한다.
㉦ 공간객체등록번호 : 공간정보를 효율적으로 관리 및 활용하기 위하여 자연적 또는 인공적 객체에 부여하는 공간정보의 유일식별번호를 말한다.

정답 53 ④ 54 ② 55 ③

56 토지 관련 자료의 입력과정에서 지적도면과 같은 자료를 수동으로 입력할 수 있는 장비는 어느 것인가?
① 프린터   ② 디지타이저
③ 스캐너   ④ 플로터

해설 디지타이저란 디지타이저라는 테이블 위에 컴퓨터와 연결된 마우스를 이용하여 필요한 주제(도로, 하천 등)의 형태를 컴퓨터에 입력시키는 것으로서, 지적도면과 같은 자료를 수동으로 입력할 수 있으며 대상물의 형태에 따라 마우스를 움직이면 X, Y좌표가 자동적으로 기록된다.

57 벡터데이터의 위상구조를 이용하여 분석이 가능한 내용이 아닌 것은?
① 분리성   ② 연결성
③ 인접성   ④ 포함성

해설 위상구조를 이용한 분석
각 공간객체 사이의 관계를 인접성(adjacency), 연결성(connectivity), 포함성(containment) 등의 관점에서 묘사되며 스파게티모델에 비해 다양한 공간분석이 가능하다.
㉠ 인접성 : 관심대상사상의 좌측과 우측에 어떤 사상이 있는지를 정의한다. 즉 두 개의 객체가 서로 인접하는지를 판단한다.
㉡ 연결성 : 특정 사상이 어떤 사상과 연결되어 있는지를 정의한다. 즉 두 개 이상의 객체가 연결되어 있는지를 판단한다.
㉢ 포함성 : 특정 사상이 다른 사상의 내부에 포함되느냐 혹은 다른 사상을 포함하느냐를 정의한다.

58 국가공간정보 기본법에서는 다음과 같이 공간정보를 정의하고 있다. ㉠, ㉡, ㉢에 들어갈 용어가 모두 올바르게 나열된 것은?

> 공간정보란 지상·지하·(㉠)·수중 등 공간상에 존재하는 자연적 또는 인공적인 (㉡)에 대한 위치정보 및 이와 관련된 (㉢) 및 의사결정에 필요한 정보를 말한다.

① ㉠ 공중, ㉡ 개체, ㉢ 지형정보
② ㉠ 지표, ㉡ 객체, ㉢ 도형정보
③ ㉠ 지표, ㉡ 개체, ㉢ 속성정보
④ ㉠ 수상, ㉡ 객체, ㉢ 공간적 인지

해설 공간정보란 지상·지하·수상·수중 등 공간상에 존재하는 자연적 또는 인공적인 객체에 대한 위치정보 및 이와 관련된 공간적 인지 및 의사결정에 필요한 정보를 말한다.

59 우리나라 PBLIS의 개발소프트웨어는?
① CARIS   ② GOTHIC
③ ER-Mapper   ④ SYSTEM 9

해설 PBLIS에서는 GIS엔진으로 Gothic S/W를 사용하고 있다.

60 토지정보시스템의 구성요소로 가장 거리가 먼 것은?
① 인적자원
② 하드웨어
③ 소프트웨어
④ 운영규정 및 매뉴얼

해설 토지정보시스템의 구성요소 : 하드웨어, 소프트웨어, 데이터베이스, 인적자원

제4과목 지적학

61 지적의 원칙과 이념의 연결이 옳은 것은?
① 공시의 원칙-공개주의
② 공신의 원칙-국정주의
③ 신의성실의 원칙-실질적 심사주의
④ 임의신청의 원칙-적극적 등록주의

해설 토지등록의 법적 지위에 있어서 토지이동이나 물권의 변동은 반드시 외부에 알려져야 한다는 것을 공시의 원칙이라 하며, 토지소유자 또는 이해관계인 기타 누구든지 수수료를 납부하면 토지의 등록사항을 외부에서 인식하고 활용할 수 있도록 한다는 것을 공개주의라 한다.

62 토지조사사업 당시 토지의 사정에 대하여 불복이 있는 경우 이의재결기관은?
① 도지사
② 임시토지조사국장
③ 고등토지조사위원회
④ 지방토지조사위원회

해설 임시토지조사국장은 지방토지조사위원회에 자문하여 토지소유자 및 그 강계를 사정하며, 사정을 하는 때에는 30일간 이를 공시한다. 사정에 대하여 불복하는 자는 공시기간 만료 후 60일 내에 고등토지조사위원회에 제기하여 재결을 받을 수 있다.

정답 56 ② 57 ① 58 ④ 59 ② 60 ④ 61 ① 62 ③

63 탁지부 양지국에 관한 설명으로 옳지 않은 것은?

① 토지측량에 관한 사항을 담당하였다.
② 관습조사(慣習調査)사항을 담당하였다.
③ 공문서류의 편찬 및 조사에 관한 사항을 담당하였다.
④ 1904년 탁지부 양지국관제가 공포되면서 상설기구로 설치되었다.

해설 관습조사는 1910년 토지조사사업의 준비조사의 하나로 임시토지조사국에서 담당하였다.

64 우리나라에서 지적공부에 토지표시사항을 결정 등록하기 위하여 택하고 있는 심사방법은?

① 공중심사
② 대질심사
③ 실질심사
④ 형식심사

해설 실질적 심사주의(사실심사주의) : 지적공부에 새로이 등록하거나 등록된 사항의 변경은 국가기관의 장인 시장·군수·구청장(지적소관청)이 공간정보의 구축 및 관리 등에 관한 법률에 의한 절차상의 적법성 및 실체법상의 사실관계의 부합 여부를 심사하여 등록한다는 것

65 지적측량사규정에 국가공무원으로서 그 소속관서의 지적측량사무에 종사하는 자로 정의하며 내무부를 비롯하여 각 시·도와 시·군·구에 근무하는 지적직공무원은 물론 국가기관에서 근무하는 공무원도 포함되었던 지적측량사는?

① 감정측량사
② 대행측량사
③ 상치측량사
④ 지정측량사

해설 지적측량사제도
㉠ 목적 : 지적측량사규정(1960년 12월 31일)은 지적법에 의한 측량에 종사는 자(이하 "지적측량사"라 한다)의 자질 향상을 도모함으로써 지적행정의 원활한 운영에 기여함을 목적으로 한다.
㉡ 구분
  • 상치측량사 : 국가공무원으로서 그 소속관서의 지적측량사무에 종사하는 자로 정의하며 내무부를 비롯하여 각 시·도와 시·군·구에 근무하는 지적직공무원은 물론 한국철도공사, 문화재청 등 국가기관에서 근무하는 공무원도 포함되었던 지적측량사
  • 대행측량사 : 타인으로부터 법에 의한 지적측량업무를 위탁받아 행하는 법인격이 있는 지적단체의 지적측량업무를 대행하는 자

66 지적기술자가 측량 시 타인의 토지 내에서 시설물의 파손 등 재산상의 피해를 입힌 경우에 속하는 것은?

① 징계책임
② 민사책임
③ 형사책임
④ 도의적 책임

해설 지적기술자가 측량 시 타인의 토지 내에서 시설물의 파손 등 재산상의 피해를 입힌 경우 민사상의 책임을 진다.

67 대한제국정부에서 문란한 토지제도를 바로잡기 위하여 시행하였던 근대적 공시제도의 과도기적 제도는?

① 등기제도
② 양안제도
③ 입안제도
④ 지권제도

해설 지권제도 : 구한국정부에서 문란한 토지제도를 바로잡기 위해 시행된 근대적 공시제도

68 우리나라의 지적제도와 등기제도에 대한 설명이 옳지 않은 것은?

① 지적과 등기 모두 형식주의를 기본이념으로 한다.
② 지적과 등기 모두 실질적 심사주의를 원칙으로 한다.
③ 지적은 공신력을 인정하고, 등기는 공신력을 인정하지 않는다.
④ 지적은 토지에 대한 사실관계를 공시하고, 등기는 토지에 대한 권리관계를 공시한다.

해설 지적제도와 등기제도의 비교
㉠ 지적사무의 담당기관은 국토교통부이며, 등기사무의 담당기관은 사법부이다.
㉡ 지적은 토지를 그 객체로 하며, 등기는 부동산, 즉 토지와 건물을 객체로 한다.
㉢ 지적은 권리의 객체인 사실관계를 중시하는 반면, 등기는 권리의 주체인 권리관계를 중시한다(토지표시 : 지적>등기, 소유권 : 지적<등기).
㉣ 지적과 등기 모두 지적공부, 등기부를 편성하는 방법으로 물적 편성주의를 채택하고 있다.
㉤ 지적은 직권등록주의, 강제주의, 단독신청이며, 등기는 신청주의, 공동신청주의이다. 등록필지수(약 3,500만필지)와 등기필지수(약 90만필지 미등기)와의 차이가 발생하는 이유는 지적은 직권등록주의, 등기는 신청주의를 취하고 있기 때문이다.
㉥ 지적은 토지를 지적공부에 등록하는 데 있어서 실질적 심사주의를 취하는 반면, 등기는 형식적 심사주의를 취하고 있다.
㉦ 대장과 등기부가 이원화되어 있기 때문에 이를 일치시키기 위한 조치로서 등기촉탁과 등기필통지의 제도가 있다.

정답 63 ② 64 ③ 65 ③ 66 ② 67 ④ 68 ②

69 토지조사사업 당시의 지목 중 면세지에 해당하지 않는 것은?

① 분묘지　　② 사사지
③ 수도선로　④ 철도용지

해설 토지조사사업 당시 지목은 18개로 구분하였으며 과세지, 비과세지, 면세지로 구별하였다.
㉠ 과세지
  • 직접적인 수익이 있는 토지로, 과세 중이거나 장래에 과세의 목적이 될 수 있는 토지
  • 전, 답, 대, 지소, 임야, 잡종지
㉡ 비과세지
  • 개인이 소유할 수 없으며 과세의 목적으로 하지 않는 토지
  • 도로, 하천, 구거, 제방, 성첩, 철도선로, 수도선로
㉢ 면세지
  • 직접적인 수익이 없으며 공공용에 속하여 지세가 면제된 토지
  • 사사지, 분묘지, 공원지, 철도용지, 수도용지

70 지적국정주의에 대한 내용으로 옳지 않은 것은?

① 토지의 표시사항을 국가가 결정한다.
② 토지소유권의 변동은 등기를 해야 효력이 발생한다.
③ 토지의 표시방법에 대하여 통일성, 획일성, 일관성을 유지하기 위함이다.
④ 소유자의 신청이 없을 경우 국가가 직권으로 이를 조사 또는 측량하여 결정한다.

해설 ②는 형식주의(성립요건주의)이다.

71 다음 중 우리나라에서 최초로 '지적'이라는 용어가 법률상에 등장한 시기로 옳은 것은?

① 1895년　② 1905년
③ 1910년　④ 1950년

해설 우리나라의 근대적인 지적제도는 고종 32년(1895년) 3월 26일 칙령 제53호로 내부관제를 공포하고 내부관제의 판적국에서 지적에 관한 사항을 담당하였다. 따라서 법령에 최초로 지적이라는 용어를 사용하였다.

72 다음 중 지적의 요건으로 볼 수 없는 것은?

① 안전성　② 정확성
③ 창조성　④ 효율성

해설 지적제도
㉠ 안정성(Security) : 토지소유자와 권리에 관련된 자는 권리가 일단 등록되면 불가침의 영역이며 안정성을 확보한다.
㉡ 간편성(Simplicity) : 소유권 등록은 단순한 형태로 사용되어야 하며, 절차는 명확하고 확실해야 한다.
㉢ 정확성(Accuracy) : 지적제도가 효과적으로 운영되기 위해 정확성이 요구된다.
㉣ 신속성(Expedition) : 토지등록절차가 신속하지 않을 경우 불평이 정당화되고 체계에 대한 비판을 받게 된다.
㉤ 저렴성(Cheapness) : 효율적인 소유권 등록에 의해 소유권 입증은 저렴성을 내포한다.
㉥ 적합성(Suitability) : 현재와 미래에 발생할 상황이 적합하여야 하며 비용, 인력, 전문적 기술에 유용해야 한다.
㉦ 완전성(Completeness) : 등록은 모든 토지에 대하여 완전해야 하며, 개별적인 구획토지의 등록은 실질적인 최근의 상황을 반영할 수 있도록 그 자체가 완전해야 한다.

73 지적행정을 재무부와 사세청의 지도·감독하에 세무서에서 담당한 연도로 옳은 것은?

① 1949년 12월 31일　② 1960년 12월 31일
③ 1961년 12월 31일　④ 1975년 12월 31일

해설 지적행정을 재무부와 사세청의 지도·감독하에 세무서에서 담당한 연도는 1961년 12월 31일이다.

74 다음 중 토지조사사업의 일필지조사내용에 해당하지 않는 것은?

① 임차인조사
② 지목의 조사
③ 경계 및 지역의 조사
④ 증명 및 등기필토지의 조사

해설 일필지조사(一筆地調査) : 토지소유권을 확실히 하기 위해 필지(筆地)단위로 지주, 강계, 지목, 지번의 조사 등을 하였다.

75 내수사(內需司) 등 7궁 소속의 토지 가운데 채소밭을 실측한 지도에 대한 설명으로 옳지 않은 것은?

① 사표식으로 주기되어 있다.
② 궁채전도(宮菜田圖)라 한다.
③ 지목과 지번이 기재되어 있다.
④ 면적은 삼사법으로 구적하였다.

정답 69 ③　70 ②　71 ①　72 ③　73 ③　74 ①　75 ③

해설 궁채전도는 내수사 등 7궁 소속의 토지 가운데 채소밭을 실측한 지도이다. 여기에는 지목과 지번은 기재되지 않았다.

76 형식적 심사에 의하여 개설하는 토지등기부의 보전등기를 위하여 일반적으로 권원증명이 되는 서류는?

① 공인인증서　　② 인감증명서
③ 인우보증서　　④ 토지대장등본

해설 소유권보존등기 시 토지대장등본을 첨부하여 등기기록의 표제부에 소재, 지번, 지목, 면적을 기록한다.

77 소극적 등록제도에 대한 설명으로 옳지 않은 것은?

① 권리 자체의 등록이다.
② 지적측량과 측량도면이 필요하다.
③ 토지등록을 의무화하고 있지 않다.
④ 서류의 합법성에 대한 사실조사가 이루어지는 것은 아니다.

해설 소극적 등록주의(Negative System)
㉠ 기본적으로 거래와 그에 관한 거래증서의 변경기록을 수행하는 것을 말한다.
㉡ 사유재산의 양도증서와 거래증서의 등록으로 구분한다. 양도증서의 작성은 사인 간의 계약에 의해 발생하며, 거래증서의 등록은 법률가에 의해 취급된다.
㉢ 거래증서의 등록은 정부가 수행하며 형식적 심사주의를 취하고 있다.
㉣ 거래의 등록이 소유권의 증명에 관한 증거나 증빙 이상의 것이 되지 못한다.
㉤ 네덜란드, 영국, 프랑스, 이탈리아, 캐나다, 미국의 일부 주에서 이를 적용한다.

78 다음 중 지적재조사의 효과로 볼 수 없는 것은?

① 지적과 등기의 책임부서 명백화
② 국토개발과 토지이용의 정확한 자료제공
③ 행정구역의 합리적 조정을 위한 기초자료
④ 토지소유권의 공시에 대한 국민의 신뢰 확보

해설 지적재조사사업의 목적 및 기대효과
㉠ 지적불부합지의 해소
㉡ 능률적인 지적관리체제 개선
㉢ 경계복원능력의 향상
㉣ 지적관리를 현대화하기 위한 수단
㉤ 지적공부의 정확도 및 지적에 포함되는 요소들의 확장

79 임야조사사업 당시 사정기관은?

① 법원　　　　　② 도지사
③ 임야심사위원회　④ 토지조사위원회

해설 임야조사사업에서의 사정은 토지조사사업에 의한 사정을 하지 아니한 임야와 임야 내 개재지에 대한 소유자와 그 경계를 확정하는 행정처분이다. 도지사는 조사측량을 한 사항에 대하여 1필지마다 그 토지의 소유자와 경계를 임야조사서와 임야도에 의하여 사정하였다.

80 우리나라 토지대장과 같이 토지를 지번순서에 따라 등록하고 분할되더라도 본번과 관련하여 편철하고 소유자의 변동이 있을 때에 이를 계속 수정하여 관리하는 토지등록부 편성방법은?

① 물적 편성주의　　② 인적 편성주의
③ 연대적 편성주의　④ 인적·물적 편성주의

해설 물적 편성주의
㉠ 개개의 토지를 중심으로 지적공부를 편성하는 방법으로 각국에서 가장 많이 사용하며 합리적인 제도로 평가하고 있다.
㉡ 토지대장과 같이 지번순서에 따라 등록되고 분할되더라도 본번과 관련하여 편철한다.
㉢ 소유자의 변동이 있을 때에도 이를 계속 수정하여 관리하는 방식이다.
㉣ 토지이용·관리·개발측면에 편리하다.
㉤ 권리주체인 소유자별 파악이 곤란한 단점이 있다.
㉥ 우리나라에서 채택하고 있는 제도이다.

제5과목　지적관계법규

81 다음 중 지번을 새로이 부여할 필요가 없는 것은?

① 임야분할　　② 지목변경
③ 등록전환　　④ 신규등록

해설 지목변경이란 지적공부에 등록된 지목을 다른 지목으로 변경하는 것으로, 지목만 변경되는 것이므로 새로이 지번을 부여하지 않는다.

82 지적소관청이 토지이동현황조사계획을 수립하는 단위는?

① 도단위　　　② 시단위
③ 시·도단위　④ 시·군·구단위

정답 76 ④　77 ①　78 ①　79 ②　80 ①　81 ②　82 ④

해설 공간정보의 구축 및 관리 등에 관한 법률 시행규칙 제59조(토지의 조사·등록)
① 지적소관청은 법 제64조 제2항 단서에 따라 토지의 이동현황을 직권으로 조사·측량하여 토지의 지번·지목·면적·경계 또는 좌표를 결정하려는 때에는 토지이동현황조사계획을 수립하여야 한다. 이 경우 토지이동현황조사계획은 시·군·구별로 수립하되, 부득이한 사유가 있는 때에는 읍·면·동별로 수립할 수 있다.
② 지적소관청은 제1항에 따른 토지이동현황조사계획에 따라 토지의 이동현황을 조사한 때에는 별지 제55호 서식의 토지이동조사부에 토지의 이동현황을 적어야 한다.
③ 지적소관청은 제2항에 따른 토지이동현황조사결과에 따라 토지의 지번·지목·면적·경계 또는 좌표를 결정한 때에는 이에 따라 지적공부를 정리하여야 한다.
④ 지적소관청은 제3항에 따라 지적공부를 정리하려는 때에는 제2항에 따른 토지이동조사부를 근거로 별지 제56호 서식의 토지이동조서를 작성하여 별지 제57호 서식의 토지이동정리결의서에 첨부하여야 하며, 토지이동조서의 아래 부분 여백에 "공간정보의 구축 및 관리 등에 관한 법률 제64조 제2항 단서에 따른 직권정리"라고 적어야 한다.

83 등록사항의 정정에 관한 설명으로 옳지 않은 것은?
① 토지소유자는 지적공부의 등록사항에 잘못이 있음을 발견하면 지적소관청에 그 정정을 신청할 수 있다.
② 토지소유자에 관한 사항을 정정하는 경우에는 주민등록등·초본 및 가족관계기록사항에 관한 증명서에 따라 정정하여야 한다.
③ 지적공부의 등록사항 중 경계나 면적 등 측량을 수반하는 토지의 표시가 잘못된 경우에는 지적소관청은 그 정정이 완료될 때까지 지적측량을 정지시킬 수 있다.
④ 미등기 토지에 대하여 토지소유자의 성명 또는 명칭, 주민등록번호, 주소 등이 명백히 잘못된 경우에는 가족관계기록사항에 관한 증명서에 따라 정정하여야 한다.

해설 지적소관청이 등록사항을 정정할 때 그 정정사항이 토지소유자에 관한 사항인 경우에는 등기필증, 등기완료통지서, 등기사항증명서 또는 등기관서에서 제공한 등기전산정보자료에 따라 정정하여야 한다.

84 공간정보의 구축 및 관리 등에 관한 법률에서 정의한 용어의 설명으로 옳지 않은 것은?
① "필지"란 대통령령으로 정하는 바에 따라 구획되는 토지의 등록단위를 말한다.
② "경계"란 필지별로 경계점들을 직선으로 연결하여 지적공부에 등록한 선을 말한다.
③ "토지의 표시"란 지적공부에 토지의 소재·지번(地番)·지목(地目)·면적·경계 또는 좌표를 등록한 것을 말한다.
④ "측량기준점"이란 지적삼각점, 지적삼각보조점, 지적수준점을 말한다.

해설 공간정보의 구축 및 관리 등에 관한 법률 제7조(측량기준점)
① 측량기준점은 다음 각 호의 구분에 따른다.
  1. 국가기준점 : 측량의 정확도를 확보하고 효율성을 높이기 위하여 국토교통부장관이 전 국토를 대상으로 주요 지점마다 정한 측량의 기본이 되는 측량기준점
  2. 공공기준점 : 공공측량시행자가 공공측량을 정확하고 효율적으로 시행하기 위하여 국가기준점을 기준으로 하여 따로 정하는 측량기준점
  3. 지적기준점 : 특별시장·광역시장·특별자치시장·도지사 또는 특별자치도지사나 지적소관청이 지적측량을 정확하고 효율적으로 시행하기 위하여 국가기준점을 기준으로 하여 따로 정하는 측량기준점

85 공간정보의 구축 및 관리 등에 관한 법률상 축척변경에 대한 설명으로 옳지 않은 것은?
① 작은 축척을 큰 축척으로 변경하는 것을 말한다.
② 임야도의 축척을 지적도의 축척으로 바꾸는 것을 말한다.
③ 축척변경은 지적도에 등록된 경계점의 정밀도를 높이기 위해 시행한다.
④ 축척변경에 관한 사항을 심의·의결하기 위하여 지적소관청에 축척변경위원회를 둔다.

해설 축척변경이란 지적도에 등록된 경계점의 정밀도를 높이기 위하여 작은 축척을 큰 축척으로 변경하여 등록하는 것을 말한다. 따라서 임야도의 축척을 지적도의 축척으로 바꾸는 것은 축척변경에 해당하지 아니한다.

정답 83 ② 84 ④ 85 ②

86 지적공부에 등록된 일필지의 토지를 분할하기 위한 다음의 지적정리절차를 순서대로 올바르게 나열한 것은?

> ㉠ 토지의 이동신청
> ㉡ 등기촉탁 및 지적정리의 통지
> ㉢ 지적측량의뢰
> ㉣ 지적공부정리

① ㉢ → ㉠ → ㉣ → ㉡
② ㉠ → ㉢ → ㉣ → ㉡
③ ㉢ → ㉠ → ㉡ → ㉣
④ ㉠ → ㉢ → ㉡ → ㉣

해설 **지적정리절차** : 지적측량의뢰 → 토지의 이동신청 → 지적공부정리 → 등기촉탁 및 지적정리의 통지

87 다음 중 축척변경에 관한 설명으로 옳지 않은 것은?

① 지적소관청은 축척변경시행지역의 각 필지별 지번·지목·면적·경계 또는 좌표를 새로 정하여야 한다.
② 지적소관청은 하나의 지번부여지역에 서로 다른 축척의 지적도가 있는 경우 일정한 지역을 정하여 그 지역의 축척을 변경할 수 있다.
③ 지적소관청이 지적공부의 관리에 필요하여 축척변경을 하고자 하는 경우 축척변경시행지역의 토지소유자 3분의 1 이상의 동의를 얻어야 한다.
④ 잦은 토지의 이동으로 1필지의 규모가 작아서 소축척으로는 지적측량성과의 결정이 곤란한 경우 지적소관청은 일정한 지역을 정하여 그 지역의 축척을 변경할 수 있다.

해설 축척변경을 신청하는 토지소유자는 축척변경사유를 기재한 신청서에 국토교통부령으로 정하는 서류(토지소유자 3분의 2 이상의 동의서)를 첨부해서 지적소관청에 제출하여야 한다.

88 다음 중 지목설정이 올바르게 연결되지 않은 것은?

① 황무지-임야
② 경마장-체육용지
③ 야외시장-잡종지
④ 고속도로의 휴게소부지-도로

해설 일반공중의 위락·휴양 등에 적합한 시설물을 종합적으로 갖춘 수영장, 유선장(遊船場), 낚시터, 어린이놀이터, 동물원, 식물원, 민속촌, 경마장 등의 토지와 이에 접속된 부속시설물의 부지는 유원지로 한다.

89 지적삼각점성과표에 기록·관리하여야 하는 사항 중 필요한 경우로 한정하여 기록·관리하는 사항은?

① 자오선수차
② 경도 및 위도
③ 시준점의 명칭
④ 좌표 및 표고

해설 지적측량시행규칙 제4조(지적기준점성과의 기록·관리 등)
① 제3조에 따라 시·도지사가 지적삼각점성과를 관리할 때에는 다음 각 호의 사항을 지적삼각점성과표에 기록·관리하여야 한다.
  1. 지적삼각점의 명칭과 기준원점명
  2. 좌표 및 표고
  3. 경도 및 위도(필요한 경우로 한정한다)
  4. 자오선수차
  5. 시준점의 명칭, 방위각 및 거리
  6. 소재지와 측량연월일
  7. 그 밖의 참고사항

90 지적공부의 열람, 등본발급 및 수수료에 대한 설명으로 옳지 않은 것은?

① 성능검사대행자가 하는 성능검사수수료는 현금으로 내야 한다.
② 인터넷으로 지적도면을 발급할 경우 그 크기는 가로 21cm, 세로 30cm이다.
③ 지적기술자격을 취득한 자가 지적공부를 열람하는 경우에는 수수료를 면제한다.
④ 전산파일로 된 경우에는 당해 지적소관청이 아닌 다른 지적소관청에 신청할 수 있다.

해설 지적공부의 열람, 등본발급 및 수수료 면제규정
㉠ 국가 또는 지방자치단체가 업무수행에 필요하여 지적공부의 열람 및 등본발급을 신청하는 경우에는 수수료를 면제한다.
㉡ 지적측량업무에 종사하는 측량기술자가 그 업무와 관련하여 지적공부를 열람(복사하기 위하여 열람하는 것을 포함한다)하는 경우에는 수수료를 면제한다.

91 지적측량업의 등록기준이 옳은 것은?

① 특급기술사 1명 또는 고급기술자 3명 이상
② 중급기술자 3명 이상
③ 초급기술자 2명 이상
④ 지적분야의 초급기능사 1명 이상

정답 86 ① 87 ③ 88 ② 89 ② 90 ③ 91 ④

해설 **지적측량업 등록기준(기술인력)**
  ㉠ 특급기술자 1명 또는 고급기술자 2명 이상
  ㉡ 중급기술자 2명 이상
  ㉢ 초급기술자 1명 이상
  ㉣ 지적분야의 초급기능사 1명 이상

92 토지의 이동이 있을 때 지적공부에 등록하는 지번·지목·면적·경계 또는 좌표를 결정하는 자는?
  ① 시·도지사
  ② 지적소관청
  ③ 지적측량업자
  ④ 행정안전부장관

해설 **공간정보의 구축 및 관리 등에 관한 법률 제64조(토지의 조사·등록 등)**
  ① 국토교통부장관은 모든 토지에 대하여 필지별로 소재·지번·지목·면적·경계 또는 좌표 등을 조사·측량하여 지적공부에 등록하여야 한다.
  ② 지적공부에 등록하는 지번·지목·면적·경계 또는 좌표는 토지의 이동이 있을 때 토지소유자(법인이 아닌 사단이나 재단의 경우에는 그 대표자나 관리인을 말한다)의 신청을 받아 지적소관청이 결정한다. 다만, 신청이 없으면 지적소관청이 직권으로 조사·측량하여 결정할 수 있다.
  ③ 제2항 단서에 따른 조사·측량의 절차 등에 필요한 사항은 국토교통부령으로 정한다.

93 부동산등기법에 따른 용어의 정의로 옳지 않은 것은?
  ① "등기부"란 전산정보처리조직에 의하여 입력·처리된 등기정보자료를 대법원규칙으로 정하는 바에 따라 편성한 것을 말한다.
  ② "등기부부본자료"란 등기부의 멸실 방지를 위하여 전산으로 출력하여 별도의 장소에 보관한 자료를 말한다.
  ③ "등기기록"이란 1필의 토지 또는 1개의 건물에 관한 등기정보자료를 말한다.
  ④ "등기필정보"란 등기부에 새로운 권리자가 기록되는 경우에 그 권리자를 확인하기 위하여 등기관이 작성한 정보를 말한다.

해설 **등기부부본자료** : 등기부와 동일한 내용으로 보조기억장치에 기록된 자료

94 다음 중 토지의 이동이라 할 수 없는 사항은?
  ① 지번의 변경
  ② 토지의 합병
  ③ 토지등급의 수정
  ④ 경계점좌표의 변경

해설 토지의 이동이란 토지의 표시를 새로이 정하거나 변경 또는 말소하는 것을 말한다. 즉 지적공부에 등록된 토지의 지번·지목·경계·좌표·면적이 달라지는 것을 말하며, 토지소유권자의 변경, 토지소유자의 주소변경, 토지등급의 변경은 토지의 이동에 해당하지 아니한다.

95 국토의 계획 및 이용에 관한 법률상 심의를 거치지 아니하고 한 차례만 2년 이내의 기간 동안 개발행위허가의 제한을 연장할 수 있는 지역이 아닌 곳은?
  ① 기반시설부담구역으로 지정된 지역
  ② 지구단위계획구역으로 지정된 지역
  ③ 개발행위로 인하여 주변의 환경·경관·미관·문화재 등이 크게 오염되거나 손상될 우려가 있는 지역
  ④ 도시·군관리계획을 수립하고 있는 지역으로서 그 도시·군관리계획이 결정될 경우 용도지역의 변경이 예상되고, 그에 따라 개발행위허가의 기준이 크게 달라질 것으로 예상되는 지역

해설 개발행위허가제한지역은 다음의 어느 하나에 해당하는 지역을 대상으로 지정한다. 개발행위허가제한은 1회에 한하여 3년 이내의 기간 동안 제한한다. 다만, 다음의 ㉢부터 ㉤까지에 해당하는 지역에 대해서는 1회에 한하여 2년 이내의 기간 동안 개발행위허가의 제한을 연장할 수 있다.
  ㉠ 녹지지역이나 계획관리지역으로서 수목이 집단적으로 자라고 있거나 조수류 등이 집단적으로 서식하고 있는 지역 또는 우량농지 등으로 보전할 필요가 있는 지역
  ㉡ 개발행위로 인하여 주변의 환경·경관·미관·문화재 등이 크게 오염되거나 손상될 우려가 있는 지역
  ㉢ 도시·군관리계획을 수립하고 있는 지역으로서 그 도시·군관리계획이 결정될 경우 용도지역의 변경이 예상되고, 그에 따라 개발행위허가의 기준이 크게 달라질 것으로 예상되는 지역
  ㉣ 지구단위계획구역으로 지정된 지역
  ㉤ 기반시설부담구역으로 지정된 지역

96 지적소관청을 직접 방문하여 1필지를 기준으로 토지대장 또는 임야대장에 대한 열람신청을 하거나 등본발급신청을 할 경우 납부해야 하는 수수료는?
  ① 열람 : 200원, 등본발급 : 300원
  ② 열람 : 300원, 등본발급 : 500원
  ③ 열람 : 500원, 등본발급 : 700원
  ④ 열람 : 700원, 등본발급 : 1,000원

해설 지적공부 시 등본 및 열람수수료

구분	신청종목	방문신청	인터넷신청
열람	토지(임야)대장, 경계점좌표등록부(1필지)	300원	무료
	지적(임야)도(1장)	400원	무료
발급	토지(임야)대장, 경계점좌표등록부(1필지)	500원	무료
	지적(임야)도 (가로 21cm×세로 30cm)	700원	무료

97 다음의 ( ) 안에 공통으로 들어갈 알맞은 용어는?

> 토지의 이동에 따른 면적 등의 결정방법은 ( )에 따른 경계·좌표 또는 면적은 따로 지적측량을 하지 아니하고 ( ) 후 필지의 경계 또는 좌표와 ( ) 후 필지의 면적의 구분에 따라 결정한다.

① 등록　　　② 분할
③ 전환　　　④ 합병

해설 합병의 경우 면적의 결정
㉠ 합병에 따른 경계·좌표 또는 면적은 따로 지적측량을 하지 아니한다.
㉡ 합병 후 필지의 경계 또는 좌표는 합병 전 각 필지의 경계 또는 좌표 중 합병으로 필요 없게 된 부분을 말소하여 결정한다.
㉢ 합병 후 필지의 면적은 합병 전 각 필지의 면적을 합산하여 결정한다.

98 새로운 권리에 관한 등기를 마쳤을 때 작성한 등기필정보를 등기권리자에게 통지하지 아니하는 경우로 옳지 않은 것은?

① 등기권리자를 대위하여 등기신청을 한 경우
② 국가 또는 지방자치단체가 등기권리자인 경우
③ 등기권리자가 등기필정보의 통지를 원하지 아니하는 경우
④ 등기필정보통지서를 수령할 자가 등기를 마친 때부터 1개월 이내에 그 서면을 수령하지 않은 경우

해설 등기필정보의 통지를 요하지 않는 경우
등기관이 새로운 권리에 관한 등기를 마쳤을 때에는 등기필정보를 작성하여 등기권리자에게 통지하여야 한다.

다만, 다음의 어느 하나에 해당하는 경우에는 그러하지 아니하다.
㉠ 등기권리자가 등기필정보의 통지를 원하지 아니하는 경우
㉡ 국가 또는 지방자치단체가 등기권리자인 경우
㉢ 등기필정보를 전산정보처리조직으로 통지받아야 할 자가 수신이 가능한 때부터 3개월 이내에 전산정보처리조직을 이용하여 수신하지 않은 경우
㉣ 등기필정보통지서를 수령할 자가 등기를 마친 때부터 3개월 이내에 그 서면을 수령하지 않은 경우
㉤ 승소한 등기의무자가 등기신청을 한 경우
㉥ 등기권리자를 대위하여 등기신청을 한 경우
㉦ 등기관이 직권으로 소유권보존등기를 한 경우

99 다음 중 국토의 계획 및 이용에 관한 법률의 제정목적으로 가장 타당한 것은?

① 공공복리의 증진
② 도시의 미관 개선
③ 투기 억제 및 경제발전
④ 건전한 도시발전의 도모

해설 국토의 계획 및 이용에 관한 법률은 국토의 이용·개발과 보전을 위한 계획의 수립 및 집행 등에 필요한 사항을 정하여 공공복리를 증진시키고 국민의 삶의 질을 향상시키는 것을 목적으로 한다.

100 도로명주소법 시행령상 중앙주소정보위원회의 위원의 구성으로 옳은 것은?

① 위원장 1명과 부위원장 1명을 포함하여 5명 이상 10명 이하의 위원으로 구성한다.
② 위원장 1명과 부위원장 1명을 제외하여 5명 이상 10명 이하의 위원으로 구성한다.
③ 위원장 1명과 부위원장 1명을 포함하여 5명 이상 10명 이하의 위원으로 구성한다.
④ 위원장 1명과 부위원장 1명을 포함하여 10명 이상 20명 이하의 위원으로 구성한다.

해설 도로명주소법 시행령 제57조(중앙주소정보위원회의 구성)
① 법 제29조 제1항에 따른 중앙주소정보위원회(이하 "위원회"라 한다)는 위원장 1명과 부위원장 1명을 포함하여 10명 이상 20명 이하의 위원으로 구성한다.
② 위원장과 부위원장은 위원 중에서 호선(互選)하며, 그 임기는 2년으로 한다.

정답 97 ④　98 ④　99 ①　100 ④

2025년 제1회 지적산업기사 필기 복원

제1과목 지적측량

01 지적도근점측량을 배각법으로 실시한 결과 도선의 수평거리 총합계가 3427.23m인 경우 종선과 횡선오차에 대한 공차는? (단, 축척은 1,200분의 1이며 1등 도선이다.)

① 0.58m ② 0.65m
③ 0.70m ④ 0.79m

해설 공차 $= \dfrac{1}{100}\sqrt{N}M = \dfrac{1}{100}\times\sqrt{34.2723}\times 1,200$
$= 70\text{cm} = 0.70\text{m}$

02 좌표가 $X=2907.36$m, $Y=3321.24$m인 지적도근점에서 거리가 23.25m, 방위각이 179°20′33″일 경우 필계점의 좌표는?

① $X=2879.15$m, $Y=3317.20$m
② $X=2879.15$m, $Y=3321.51$m
③ $X=2884.11$m, $Y=3315.47$m
④ $X=2884.11$m, $Y=3321.51$m

해설 ㉠ $X_B = X_A + l\cos\theta$
$= 2907.36 + 23.25\times\cos 179°20′33″$
$= 2884.11\text{m}$
㉡ $Y_B = Y_A + l\sin\theta$
$= 3321.24 + 23.25\times\sin 179°20′33″$
$= 3321.51\text{m}$

03 다각망도선법으로 지적도근점측량을 할 때의 기준으로 옳은 것은?

① 2점 이상의 기지점을 포함한 폐합다각방식에 의한다.
② 2점 이상의 기지점을 포함한 결합다각방식에 의한다.
③ 3점 이상의 기지점을 포함한 폐합다각방식에 의한다.
④ 3점 이상의 기지점을 포함한 결합다각방식에 의한다.

해설 경위의측량방법이나 전파기 또는 광파기측량방법에 따라 다각망도선법으로 지적도근점측량을 할 때에는 다음의 기준에 따른다.
㉠ 3점 이상의 기지점을 포함한 결합다각방식에 따를 것
㉡ 1도선의 점의 수는 20점 이하로 할 것

04 지적도 축척 600분의 1인 지역의 평판측량방법에 있어서 도상에 영향을 미치지 아니하는 지상거리의 허용범위로 옳은 것은?

① 60mm 이내 ② 100mm 이내
③ 120mm 이내 ④ 240mm 이내

해설 평판측량방법에 있어서 도상에 영향을 미치지 아니하는 지상거리의 축척별 허용범위는 $\dfrac{M}{10}$[mm]로 한다.
∴ 허용범위 $= \dfrac{600}{10} = 60$mm 이내

05 방위각법에 의한 지적도근점측량계산에서 종선 및 횡선오차의 배분방법은? (단, 연결오차가 허용범위 이내인 경우)

① 측선장에 비례배분한다.
② 측선장에 역비례배분한다.
③ 종횡선차에 비례배분한다.
④ 종횡선차에 역비례배분한다.

해설 지적도근점측량을 방위각법에 따르는 경우 종선 및 횡선오차는 측선장에 비례하여 배분한다.

06 일람도의 제도에 있어 도시개발사업·축척변경 등이 완료된 때에는 지구경계선을 제도한 후 지구 안을 어느 색으로 엷게 채색하는가?

① 남색 ② 청색
③ 검은색 ④ 붉은색

해설 도시개발사업·축척변경 등이 완료된 때에는 지구경계를 붉은색 0.1mm 폭의 선으로 제도한 후 지구 안을 붉은색으로 엷게 채색하고, 그 중앙에 사업명 및 사업완료연도를 기재한다.

정답 1 ③ 2 ④ 3 ④ 4 ① 5 ① 6 ④

07 지적삼각점측량 시 구성하는 망으로 하천, 노선 등과 같이 폭이 좁고 거리가 긴 지역에 사용하는 삼각망으로 옳은 것은?

① 사각망　　② 삼각쇄
③ 삽입망　　④ 유심다각망

해설 단열삼각망(삼각쇄)은 폭이 좁고 긴 지역에 적합하며 노선, 도로, 하천측량에 주로 이용한다.

08 평판측량방법으로 세부측량을 한 경우 측량결과도 기재사항으로 옳지 않은 것은?

① 측량결과도의 제명 및 번호
② 측량대상토지의 점유현황선
③ 인근 토지의 경계선·지번 및 지목
④ 측량기하적 및 도상에서 측정한 거리

해설 지적측량시행규칙 제26조(세부측량성과의 작성)
① 평판측량방법으로 세부측량을 한 경우 측량결과도에 다음 각 호의 사항을 적어야 한다. 다만, 1년 이내에 작성된 경계복원측량 또는 지적현황측량결과도와 지적도, 임야도의 도곽신축차이가 0.5mm 이하인 경우에는 종전의 측량결과도에 함께 작성할 수 있다.
1. 제17조 제1항 각 호의 사항
2. 측점의 위치, 측량기하적 및 지상에서 측정한 거리
3. 측량대상토지의 토지이동 전의 지번과 지목(2개의 붉은 선으로 말소한다)
4. 측량결과도의 제명 및 번호(연도별로 붙인다)와 도면번호
5. 신규등록 또는 등록전환하려는 경계선 및 분할경계선
6. 측량대상토지의 점유현황선
7. 측량 및 검사의 연월일, 측량자 및 검사자의 성명·소속 및 자격등급 또는 기술등급
8. 해당 필지 및 인접 필지의 측량연혁

09 표준길이보다 6cm가 짧은 100m 줄자로 측정한 거리가 650m이었다면 실제 거리는?

① 649.0m　　② 649.6m
③ 650.4m　　④ 651.0m

해설 $L_0 = L\left(1 \pm \dfrac{\Delta l}{l}\right) = 650 \times \left(1 - \dfrac{0.06}{100}\right) = 649.6m$

10 지적측량성과의 검사방법에 대한 설명으로 틀린 것은?

① 면적측정검사는 필지별로 한다.
② 지적삼각점측량은 신설된 점을 검사한다.
③ 지적도근점측량은 주요 도선별로 지적도근점을 검사한다.
④ 측량성과를 검사하는 때에는 측량자가 실시한 측량방법과 같은 방법으로 한다.

해설 지적업무처리규정 제27조(지적측량성과의 검사방법 등)
⑤ 지적측량시행규칙 제28조에 따른 측량성과의 검사방법은 다음 각 호와 같다.
1. 측량성과를 검사하는 때에는 측량자가 실시한 측량방법과 다른 방법으로 한다. 다만, 부득이한 경우에는 그러하지 아니한다.
2. 지적삼각점측량 및 지적삼각보조점측량은 신설된 점을, 지적도근점측량은 주요 도선별로 지적도근점을 검사한다. 이 경우 후방교회법으로 검사할 수 있다. 다만, 구하고자 하는 지적기준점이 기지점과 같은 원주상에 있는 경우에는 그러하지 아니하다.
3. 세부측량결과를 검사할 때에는 새로 결정된 경계를 검사한다. 이 경우 측량성과검사 시에 확인된 지역으로서 측량결과도만으로 그 측량성과가 정확하다고 인정되는 경우에는 현지측량검사를 하지 아니할 수 있다.
4. 면적측정검사는 필지별로 한다.
5. 측량성과파일의 검사는 부동산종합공부시스템으로 한다.
6. 지적측량수행자와 동일한 전자측량시스템을 이용하여 세부측량 시 측량성과의 정확성을 검사할 수 있다.

11 평판측량방법으로 광파조준의를 사용하여 세부측량을 하는 경우 방향선의 최대도상길이는?

① 10cm　　② 13cm
③ 20cm　　④ 30cm

해설 평판측량 시 광파조준의 또는 광파측거기를 사용하는 경우에는 방향선의 최대도상거리를 30cm 이하로 할 수 있다.

12 지적측량계산 시 끝수처리의 원칙을 적용할 수 없는 것은?

① 면적의 결정　　② 방위각의 결정
③ 연결교차의 결정　　④ 종횡선수치의 결정

해설 면적, 방위각의 각치(角値), 종횡선의 수치 또는 거리의 계산에 있어서 구하고자 하는 끝자리의 다음 숫자가 5 미만인 때에는 버리고, 5를 초과하는 때에는 올리며, 5인 때에는 구하고자 하는 끝자리의 숫자가 0 또는 짝수이면 버리고, 홀수이면 올린다. 다만, 전자계산조직에 의하여 연산하는 때에는 최종수치에만 이를 적용한다.

정답 7 ② 8 ④ 9 ② 10 ④ 11 ④ 12 ③

13 지적측량시행규칙상 지적삼각보조점측량의 기준으로 옳지 않은 것은? (단, 지형상 부득이한 경우는 고려하지 않는다.)

① 지적삼각보조점은 교회망 또는 교점다각망으로 구성하여야 한다.
② 광파기측량방법에 따라 교회법으로 지적삼각보조점측량을 하는 경우 3방향의 교회에 따른다.
③ 경위의측량방법과 교회법에 따른 지적삼각보조점의 수평각관측은 3대회의 방향관측법에 따른다.
④ 전파기측량방법에 따라 다각망도선법으로 지적삼각보조점측량을 하는 경우 3점 이상의 기지점을 포함한 결합다각방식에 따른다.

해설 지적측량시행규칙 제11조(지적삼각보조점의 관측 및 계산)
① 경위의측량방법과 교회법에 따른 지적삼각보조점의 관측 및 계산은 다음 각 호의 기준에 따른다.
  1. 관측은 20초독 이상의 경위의를 사용할 것
  2. 수평각관측은 2대회(윤곽도는 0도, 90도로 한다)의 방향관측법에 따를 것
  3. 수평각의 측각공차는 다음 표에 따를 것. 이 경우 삼각형 내각의 관측치를 합한 값과 180도와의 차는 내각을 전부 관측한 경우에 적용한다.

종별	1방향각	1측회의 폐색	삼각형 내각 관측의 합과 180도와의 차	기지각과의 차
공차	40초 이내	±40초 이내	±50초 이내	±50초 이내

  4. 계산단위는 다음 표에 따를 것

종별	각	변의 길이	진수	좌표
공차	초	센티미터	6자리 이상	센티미터

  5. 2개의 삼각형으로부터 계산한 위치의 연결교차 ($\sqrt{종선교차^2 + 횡선교차^2}$ 을 말한다)가 0.30m 이하일 때에는 그 평균치를 지적삼각보조점의 위치로 할 것. 이 경우 기지점과 소구점 사이의 방위각 및 거리는 평균치에 따라 새로 계산하여 정한다.

14 평판측량방법에 의하여 망원경조준의(망원경앨리데이드)로 측정한 값이 경사거리가 100m, 연직각이 10°20′30″일 경우 수평거리는?

① 98.28m   ② 98.34m
③ 98.38m   ④ 98.44m

해설 $D = l\cos\alpha = 100 \times \cos 10°20'30'' = 98.38\text{m}$

15 다음 그림에서 BP의 거리를 구하는 공식으로 옳은 것은?

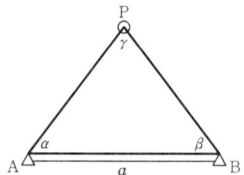

① $\overline{BP} = \dfrac{a\sin\alpha}{\sin\gamma}$ ② $\overline{BP} = \dfrac{a\sin\alpha}{\sin\beta}$
③ $\overline{BP} = \dfrac{a\sin\beta}{\sin\gamma}$ ④ $\overline{BP} = \dfrac{a\sin\gamma}{\sin\alpha}$

해설 $\dfrac{a}{\sin\gamma} = \dfrac{\overline{BP}}{\sin\alpha}$

∴ $\overline{BP} = \dfrac{a\sin\alpha}{\sin\gamma}$

16 5cm 늘어난 상태의 30m 줄자로 두 점의 거리를 측정한 값이 75.45m일 때 실제 거리는?

① 75.53m   ② 75.58m
③ 76.53m   ④ 76.58m

해설 $L_0 = L\left(1 \pm \dfrac{\Delta l}{l}\right) = 75.45 \times \left(1 + \dfrac{0.05}{30}\right) = 75.58\text{m}$

17 축척 1,200분의 1 지적도 시행지역에서 전자면적측정기로 도상에서 2회 측정한 값이 270.5m², 275.5m²이었을 때 그 교차는 얼마 이하여야 하는가?

① 10.4m²   ② 13.4m²
③ 17.3m²   ④ 24.3m²

해설 $A = 0.023^2 M\sqrt{F}$
$= 0.023^2 \times 1,200 \times \sqrt{\dfrac{270.5 + 275.5}{2}}$
$= 10.4\text{m}^2$

18 평판측량방법에 따른 세부측량을 교회법으로 하는 경우 방향각의 교각기준은?

① 45° 이상 90° 이하
② 0° 이상 180° 이하
③ 30° 이상 120° 이하
④ 30° 이상 150° 이하

정답 13 ③ 14 ③ 15 ① 16 ② 17 ① 18 ④

해설 지적측량시행규칙 제18조(세부측량의 기준 및 방법 등)
③ 평판측량방법에 따른 세부측량을 교회법으로 하는 경우에는 다음 각 호의 기준에 따른다.
1. 전방교회법 또는 측방교회법에 따를 것
2. 3방향 이상의 교회에 따를 것
3. 방향각의 교각은 30도 이상 150도 이하로 할 것
4. 방향선의 도상길이는 측판의 방위표정에 사용한 방향선의 도상길이 이하로서 10cm 이하로 할 것. 다만, 광파조준의 또는 광파측거기를 사용하는 경우에는 30cm 이하로 할 수 있다.
5. 측량결과 시오(삼각형)가 생긴 경우 내접원의 지름이 1mm 이하일 때에는 그 중심을 점의 위치로 할 것

19 점 $A(X_1, Y_1)$를 지나고 방위각이 α인 직선과 점 $B(X_2, Y_2)$를 지나고 방위각이 β인 직선이 점 P에서 교차하는 경우 $\overline{AP}$의 거리(S)를 구하는 식으로 옳은 것은?

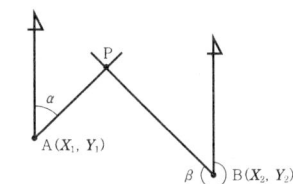

① $S = \dfrac{(Y_2 - Y_1)\sin\beta - (X_2 - X_1)\cos\beta}{\sin(\alpha - \beta)}$

② $S = \dfrac{(Y_2 - Y_1)\sin\beta + (X_2 - X_1)\cos\beta}{\sin(\alpha - \beta)}$

③ $S = \dfrac{(Y_2 - Y_1)\cos\beta - (X_2 - X_1)\sin\beta}{\sin(\alpha - \beta)}$

④ $S = \dfrac{(Y_2 - Y_1)\cos\beta + (X_2 - X_1)\sin\beta}{\sin(\alpha - \beta)}$

해설 $S = \dfrac{(Y_2 - Y_1)\cos\beta - (X_2 - X_1)\sin\beta}{\sin(\alpha - \beta)}$

20 일람도의 제도방법으로 옳지 않은 것은?
① 도면번호는 3mm의 크기로 한다.
② 철도용지는 검은색 0.2mm의 폭의 선으로 제도한다.
③ 수도용지 중 선로는 남색 0.1mm 폭의 2선으로 제도한다.
④ 건물은 검은색 0.1mm의 폭으로 제도하고 그 내부를 검은색으로 엷게 채색한다.

해설 지적업무처리규정 제38조(일람도의 제도)
① 규칙 제69조 제5항에 따라 일람도를 작성할 경우 일람도의 축척은 그 도면축척의 10분의 1로 한다. 다만, 도면의 장수가 많아서 한 장에 작성할 수 없는 경우에는 축척을 줄여서 작성할 수 있으며, 도면의 장수가 4장 미만인 경우에는 일람도의 작성을 하지 아니할 수 있다.
② 제명 및 축척은 일람도 윗부분에 "○○시·도 ○○시·군·구 ○○읍·면 ○○동·리 일람도 축척 ○○○○분의 1"이라 제도한다. 이 경우 경계점좌표등록부 시행지역은 제명 중 일람도 다음에 "(좌표)"라 기재하며, 그 제도방법은 다음 각 호와 같다.
1. 글자의 크기는 9mm로 하고, 글자 사이의 간격은 글자크기의 2분의 1 정도 띄운다.
2. 제명의 일람도와 축척 사이는 20mm를 띄운다.
③ 도면번호는 지번부여지역·축척 및 지적도·임야도·경계점좌표등록부 시행지별로 일련번호를 부여하고, 이 경우 신규등록 및 등록전환으로 새로 도면을 작성할 경우의 도면번호는 그 지역 마지막 도면번호의 다음 번호로 부여한다. 다만, 제46조 제12항에 따라 도면을 작성할 경우에는 종전 도면번호에 "-1"과 같이 부호를 부여한다.
④ 일람도의 제도방법은 다음 각 호와 같다.
1. 도곽선과 그 수치의 제도는 제40조 제5항을 준용한다.
2. 도면번호는 3mm의 크기로 한다.
3. 인접 동·리명칭은 4mm, 그 밖의 행정구역명칭은 5mm의 크기로 한다.
4. 지방도로 이상은 검은색 0.2mm 폭의 2선으로, 그 밖의 도로는 0.1mm의 폭으로 제도한다.
5. 철도용지는 붉은색 0.2mm 폭의 2선으로 제도한다.
6. 수도용지 중 선로는 남색 0.1mm 폭의 2선으로 제도한다.
7. 하천·구거·유지는 남색 0.1mm 폭의 2선으로 제도하고 그 내부를 남색으로 엷게 채색한다. 다만, 적은 양의 물이 흐르는 하천 및 구거는 0.1mm의 남색 선으로 제도한다.
8. 취락지·건물 등은 검은색 0.1mm의 폭으로 제도하고 그 내부를 검은색으로 엷게 채색한다.
9. 삼각점 및 지적기준점의 제도는 제43조를 준용한다.
10. 도시개발사업·축척변경 등이 완료된 때에는 지구경계를 붉은색 0.1mm 폭의 선으로 제도한 후 지구 안을 붉은색으로 엷게 채색하고, 그 중앙에 사업명 및 사업완료연도를 기재한다.

정답 19 ③ 20 ②

제2과목 응용측량

21 측량의 기준에서 지오이드에 대한 설명으로 옳은 것은?

① 수준원점과 같은 높이로 가상된 지구타원체를 말한다.
② 육지의 표면으로 지구의 물리적인 형태를 말한다.
③ 육지와 바다 밑까지 포함한 지형의 표면을 말한다.
④ 정지된 평균해수면이 지구를 둘러쌌다고 가상한 곡면을 말한다.

해설 지오이드란 정지된 평균해수면이 지구를 둘러쌌다고 가상한 곡면을 말한다.

22 노선측량에서 다음 그림과 같이 교점에 장애물이 있어 ∠ACD=150°, ∠CDB=90°를 측정하였다. 교각(I)은?

① 30°
② 90°
③ 120°
④ 240°

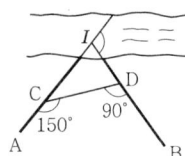

해설 $I = (180° - 150°) + (180° - 90°) = 120°$

23 축척 1:5,000의 항공사진을 촬영고도 1,000m에서 촬영하였다면 사진의 초점거리는?

① 200mm
② 210mm
③ 250mm
④ 500mm

해설 $\dfrac{1}{m} = \dfrac{f}{H}$

$\dfrac{1}{5,000} = \dfrac{f}{1,000}$

∴ 초점거리(f) = 200mm

24 절대표정에 대한 설명으로 틀린 것은?

① 사진의 축척을 결정한다.
② 주점의 위치를 결정한다.
③ 모델당 7개의 표정인자가 필요하다.
④ 최소한 3개의 표정점이 필요하다.

해설 내부표정의 역할 : 주점위치결정, 화면거리조정, 건판신축, 대기굴절, 지구곡률보정, 렌즈의 수차보정

25 경사거리가 50m인 경사터널에서 수평각을 관측한 시준선에서 직각으로 5mm의 시준오차가 생겼다면 각에 미치는 오차는?

① 21″
② 30″
③ 35″
④ 41″

해설 $\dfrac{\Delta l}{l} = \dfrac{\theta''}{\rho''}$

$\dfrac{0.005}{50} = \dfrac{\theta''}{206,265''}$

∴ $\theta'' = 21''$

26 GNSS를 이용하는 지적기준점(지적삼각점)측량에서 가장 일반적으로 사용하는 방법은?

① 정지측량
② 이동측량
③ 실시간 이동측량
④ 도근점측량

해설 GNSS를 이용하는 지적기준점(지적삼각점)측량에서 가장 일반적으로 사용하는 방법은 정밀도가 가장 높은 정지측량이다.

27 노선의 곡선에서 수평곡선으로 주로 사용되지 않는 곡선은?

① 복심곡선
② 단곡선
③ 2차 곡선
④ 반향곡선

해설 2차 곡선은 수직곡선(종곡선)에 해당한다.

28 우리나라 1:50,000 지형도의 간곡선간격으로 옳은 것은?

① 5m
② 10m
③ 20m
④ 25m

해설 등고선

구분	표시	$\dfrac{1}{5,000}$, $\dfrac{1}{10,000}$	$\dfrac{1}{25,000}$	$\dfrac{1}{50,000}$
주곡선	가는 실선	5m	10m	20m
간곡선	가는 파선	2.5m	5m	10m
조곡선	가는 점선	1.25m	2.5m	5m
계곡선	굵은 실선	25m	50m	100m

정답 21 ④ 22 ③ 23 ① 24 ② 25 ① 26 ① 27 ③ 28 ②

29 GNSS측량에서 위치를 결정하는 기하학적인 원리는?
① 위성에 의한 평균계산법
② 위성기점무선항법에 의한 후방교회법
③ 수신기에 의하여 처리하는 망평균계산법
④ GPS에 의한 폐합도선법

해설 GNSS측량에서 위치결정은 위성기점무선항법에 의한 후방교회법에 의한다.

30 정확한 위치에 기준국을 두고 GNSS위성신호를 받아 기준국 주위에서 움직이는 사용자에게 위성신호를 넘겨주어 정확한 위치를 계산하는 방법은?
① DGNSS ② DOP
③ SPS   ④ S/A

해설 **DGNSS(DGPS)**: 상대측위방식으로 C/A코드를 해석하는 방식인 DGPS는 이미 알고 있는 기지점좌표를 이용하여 오차를 최대한 줄여서 이용하기 위한 위치결정방식으로 기지점에서 기준국용 GPS수신기를 설치하여 위성을 관측하여 각 위성의 의사거리보정값을 구한 뒤, 이 보정값을 이용하여 이동국용 GPS수신기의 위치결정오차를 개선하는 위치결정방식

31 두 변의 길이가 각각 38m와 42m이고, 그 사잇각이 50°14′45″인 밑면과 높이가 7m인 삼각기둥의 부피(m³)는?
① 3994.7m³   ② 4028.7m³
③ 4119.5m³   ④ 4294.5m³

해설 $V = Ah = \left(\frac{1}{2} \times 38 \times 42 \times \sin 50°14′45″\right) \times 7$
$= 4294.5 \text{m}^3$

32 다음 그림과 같이 직선 $\overline{AB}$ 상의 점 B′에서 $\overline{B'C}$ = 10m인 수직선을 세워 ∠CAB=60°가 되도록 측설하려고 할 때 $\overline{AB'}$ 의 거리는?
① 5.05m
② 5.77m
③ 8.66m
④ 17.3m

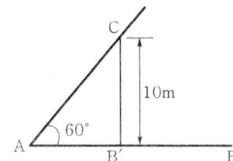

해설 $\tan 60° = \frac{10}{\overline{AB'}}$
$\therefore \overline{AB'} = 5.77 \text{m}$

33 GNSS측량의 정지측량방법에 관한 설명으로 옳지 않은 것은?
① 관측시간 중 전원(배터리) 부족에 문제가 없도록 하여야 한다.
② 기선결정을 위한 경우에는 두 측점 간의 시통이 잘 되어야 한다.
③ 충분한 시간 동안 수신이 이루어져야 한다.
④ GNSS측량방법 중 후처리방식에 속한다.

해설 GNSS측량은 관측점과 시통을 필요치 않는다.

34 다음 그림과 같은 △ABC를 $\overline{AD}$로 면적을 △ABD : △ABC=1 : 3으로 분할하려고 할 때 $\overline{BD}$의 거리는? (단, $\overline{BC}$=42.6m)

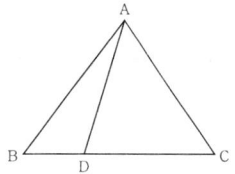

① 2.66m   ② 4.73m
③ 10.65m   ④ 14.20m

해설 $42.6 : \overline{BD} = 4 : 1$
$\therefore \overline{BD} = 10.65 \text{m}$

35 축척 1 : 500 지형도를 이용하여 축척 1 : 3,000의 지형도를 제작하고자 한다. 같은 크기의 축척 1 : 3,000 지형도를 만들기 위해 필요한 1 : 500 지형도의 매수는?
① 36매   ② 38매
③ 40매   ④ 42매

해설 매수 $= \left(\frac{3,000}{500}\right)^2 = 36$매

36 노선측량의 단곡선 설치에서 반지름이 200m, 교각이 67°42′일 때 접선길이(T.L)와 곡선길이(C.L)는?
① T.L=134.14m, C.L=234.37m
② T.L=134.14m, C.L=236.32m
③ T.L=136.14m, C.L=234.37m
④ T.L=136.14m, C.L=236.32m

정답 29 ② 30 ① 31 ④ 32 ② 33 ② 34 ③ 35 ① 36 ②

해설 ㉠ 접선장
$$T.L = R\tan\frac{I}{2} = 200 \times \tan\frac{67°42'}{2} = 134.14m$$
㉡ 곡선장
$$C.L = RI[\text{rad}] = \frac{\pi}{180°}RI = \frac{3.1415}{180°} \times 200 \times 67°42'$$
$$= 236.32m$$

37 항공삼각측량 시 사진을 기본단위로 사용하여 절대좌표를 구하며 정확도가 가장 양호하고 조정능력이 높은 방법은?

① 광속조정법 ② 독립모델조정법
③ 스트립조정법 ④ 다항식 조정법

해설 광속조정법은 사진을 기본단위로 사용하여 절대좌표를 구하며 정확도가 가장 양호하고 조정능력이 높다.

38 GPS의 우주 부분에 대한 설명으로 옳지 않은 것은?

① 각 궤도에는 4개의 위성과 예비위성으로 운영된다.
② 위성은 0.5항성일 주기로 지구 주위를 돌고 있다.
③ 위성은 모두 6개의 궤도로 구성되어 있다.
④ 위성은 고도 약 1,000km의 상공에 있다.

해설 **GPS**
㉠ 위치측정원리 : 전파의 도달시간, 3차원 후방교회법
㉡ 고도 및 주기 : 20,183km, 12시간(0.5항성일) 주기
㉢ 신호 : L_1파 1575.422MHz, L_2파 1227.60MHz
㉣ 궤도경사각 : 55°
㉤ 궤도방식 : 원궤도, 위도 60°의 6개 궤도면을 도는 34개 위성이 운행 중에 있음
㉥ 사용좌표계 : WGS84

39 수준측량에서 전시와 후시를 같게 하여 제거할 수 있는 오차는?

① 기포관축과 시준선이 평행하지 않을 때
② 관측자의 읽기착오에 의한 오차
③ 지반의 침하에 의한 오차
④ 표척의 눈금오차

해설 수준측량에서 전시와 후시의 거리를 같게 하면 시준축오차를 소거할 수 있다. 즉 망원경의 시준선이 기포관축에 평행이 아닐 때의 오차를 소거할 수 있다.

40 항공사진측량의 특성에 대한 설명으로 옳지 않은 것은?

① 측량의 정확도가 균일하다.
② 정량적 및 정성적 해석이 가능하다.
③ 축척이 크고 면적이 작을수록 경제적이다.
④ 동적인 대상물 및 접근하기 어려운 대상물의 측량이 가능하다.

해설 **사진측량**

장점	단점
• 정량적, 정성적 측정이 가능하다. • 정확도가 균일하다. • 대규모 지역에서는 경제적이다. • 4차원(X, Y, Z, T) 측정이 가능하다. • 축척변경이 용이하다. • 분업화로 작업이 능률적이다.	• 소규모 지역에서는 비경제적이다. • 기자재가 고가이다. • 피사체에 대한 식별이 난해하다. • 기상조건에 영향을 받는다. • 태양고도 등에 영향을 받는다.

제3과목 토지정보체계론

41 토지정보를 공간자료와 속성자료로 분류할 때 공간자료에 해당하는 것으로만 나열된 것은?

① 지적도, 임야도
② 지적도, 토지대장
③ 토지대장, 임야대장
④ 토지대장, 공유지연명부

해설 지적공부 중 지적도와 임야도가 공간정보에 해당하며, 경계점좌표등록부에 등록되는 좌표도 공간정보로 취급된다.

42 실세계의 표현을 위한 기본적인 요소로 가장 거리가 먼 것은?

① 시간데이터(time data)
② 메타데이터(meta data)
③ 공간데이터(spatial data)
④ 속성데이터(attribute data)

해설 실세계의 표현을 위한 기본적인 요소 : 시간데이터, 공간데이터, 속성데이터

정답 37 ① 38 ④ 39 ① 40 ③ 41 ① 42 ②

43 국가공간정보정책 기본계획은 몇 년 단위로 수립·시행되는가?

① 1년　　② 3년
③ 5년　　④ 10년

해설　국가공간정보정책 기본계획은 5년 단위로 수립·시행된다.

44 우리나라의 토지대장과 임야대장의 전산화 및 전국 온라인화를 수행했던 정보화사업은?

① 지적도면전산화
② 토지기록전산화
③ 토지관리정보체계
④ 토지행정정보전산화

해설　**토지기록전산화** : 토지기록전산화의 기반이 되는 토지대장 및 임야대장의 전산화를 신속·정확하게 하고 업무의 능률성을 도모하기 위하여 1982년에 토지기록전산입력자료작성지침을 전국에 시달하고 시·군·구는 전국 필지에 대한 원시자료를 작성하고 전산화입력작업을 시작하였다.

45 다음 중 래스터데이터가 갖는 장점으로 옳지 않은 것은?

① 중첩분석이 용이하다.
② 데이터 구조가 단순하다.
③ 위상관계를 나타낼 수 있다.
④ 원격탐사영상자료와의 연계가 용이하다.

해설　위상관계는 벡터데이터에만 적용되며, 래스터데이터에는 적용되지 않는다.

46 지적도면전산화에 따른 기대효과로 옳지 않은 것은?

① 지적도면의 효율적 관리
② 지적도면관리업무의 자동화
③ 신속하고 효율적인 대민서비스 제공
④ 정부 사이버테러에 대비한 보안성 강화

해설　**지적도면전산화의 목적**
㉠ 국가지리정보에 기본정보로 관련 기관이 공동으로 활용할 수 있는 기반 조성(공공계획 수립의 중요정보 제공)
㉡ 지적도면의 신축으로 인한 원형보관·관리의 어려움 해소
㉢ 정확한 지적측량자료 활용
㉣ 토지대장과 지적도면을 통합한 대민서비스 질적 향상
㉤ 토지정보의 수요에 대한 신속한 대처
㉥ 토지정보시스템의 기초데이터 활용

47 토지의 고유번호구성에서 지번의 총자릿수는?

① 6자리　　② 8자리
③ 10자리　　④ 12자리

해설　토지의 고유번호는 각 필지를 구별하기 위해 필지마다 붙이는 고유번호로 토지대장, 임야대장, 공유지연명부, 대지권등록부와 경계점좌표등록부에 등록하고, 도면에는 등록되지 않는다. 이 고유번호는 행정구역(10자리), 대장(1자리), 지번(8자리)을 나타내며, 소유자, 지목 등은 알 수 없다.

48 다음 중 필지식별자로서 가장 적합한 것은?

① 지목　　② 토지의 소재지
③ 필지의 고유번호　　④ 토지소유자의 성명

해설　**필지식별자** : 각 필지별 등록사항의 저장과 수정 등을 쉽게 처리할 수 있는 가변성이 없는 고유번호를 말하며 속성정보와 도형정보의 연결, 토지정보의 위치식별 확인, 도형정보의 수집, 검색, 조회 등의 key역할을 한다.

49 다음 중 GIS데이터교환표준이 아닌 것은?

① NTF　　② SQL
③ SDTS　　④ DIGEST

해설　SQL은 1974년 IBM연구소에서 개발한 SEQUEL(Structured English QUEry Language)에 연유한다. SQL이라는 이름은 'Structured Query Language'의 약자이며 "sequel(시퀄)"이라 발음한다. 관계형 데이터베이스에 사용되는 관계대수와 관계해석을 기초로 한 통합데이터 언어를 말한다.

50 토지정보전산화의 목적에 해당하지 않는 것은?

① 지적서고의 확장을 방지할 수 있다.
② 지적공부를 토지소유자와 실시간으로 공유할 수 있다.
③ 지적정보의 정확성을 높이고 업무의 신속성을 확보할 수 있다.
④ 체계적이고 과학적인 토지 관련 정책자료와 지적행정을 실현할 수 있다.

해설　**토지정보전산화의 목적**
㉠ 지적서고의 확장 방지
㉡ 지적정보의 정확성을 높이고 업무의 신속성 확보
㉢ 체계적이고 과학적인 토지 관련 정책자료와 지적행정 실현

정답　43 ③　44 ②　45 ③　46 ④　47 ②　48 ③　49 ②　50 ②

51 지적도전산화작업의 목적으로 옳지 않은 것은?

① 수치지형도의 위조 방지
② 대민서비스의 질적 향상 도모
③ 토지정보시스템의 기초데이터 활용
④ 지적도면의 신축으로 인한 원형보관·관리의 어려움 해소

해설 지적도면전산화의 목적
㉠ 국가지리정보에 기본정보로 관련 기관이 공동으로 활용할 수 있는 기반 조성(공공계획 수립의 중요정보 제공)
㉡ 지적도면의 신축으로 인한 원형보관·관리의 어려움 해소
㉢ 정확한 지적측량자료 활용
㉣ 토지대장과 지적도면을 통합한 대민서비스 질적 향상
㉤ 토지정보의 수요에 대한 신속한 대처
㉥ 토지정보시스템의 기초데이터 활용

52 중첩의 유형에 해당하지 않는 것은?

① 선과 점의 중첩
② 점과 폴리곤의 중첩
③ 선과 폴리곤의 중첩
④ 폴리곤과 폴리곤의 중첩

해설 중첩의 유형
㉠ 점과 폴리곤의 중첩
㉡ 선과 폴리곤의 중첩
㉢ 폴리곤과 폴리곤의 중첩

53 지적정보관리시스템의 사용자권한등록파일에 등록하는 사용자권한으로 옳지 않은 것은?

① 지적통계의 관리
② 종합부동산세 입력 및 수정
③ 토지 관련 정책정보의 관리
④ 개인별 토지소유현황의 조회

해설 지적정보관리시스템의 사용자권한
• 사용자의 신규등록
• 사용자등록의 변경 및 삭제
• 법인 아닌 사단·재단등록번호의 업무관리
• 법인 아닌 사단·재단등록번호의 직권수정
• 개별공시지가변동의 관리
• 지적전산코드의 입력·수정 및 삭제
• 지적전산코드의 조회
• 지적전산자료의 조회
• 지적통계의 관리
• 토지 관련 정책정보의 관리
• 토지이동신청의 접수
• 토지이동의 정리
• 토지소유자변경의 정리
• 토지등급 및 기준수확량등급 변동의 관리
• 지적공부의 열람 및 등본교부의 관리
• 부동산종합공부의 열람 및 부동산종합증명서발급의 관리
• 일반지적업무의 관리
• 일일마감관리
• 지적전산자료의 정비
• 개인별 토지소유현황의 조회
• 비밀번호의 변경

54 토지정보시스템 구축의 목적으로 가장 거리가 먼 것은?

① 토지 관련 과세자료의 이용
② 지적민원사항의 신속한 처리
③ 토지관계정책자료의 다목적 활용
④ 전산자원 및 지적도 DB 단독 활용

해설 토지정보시스템 구축의 필요성 및 기대효과
㉠ 필요성
• 토지 관련 정책자료의 다목적 활용
• 토지 관련 과세자료로 이용
• 지적민원사항의 신속 정확한 처리
• 지방행정전산화의 획기적인 계기
• 여러 가지 대장 및 도면을 쉽게 관리
• 수작업으로 인한 오류 방지
• 자료를 쉽게 공유
• 지적공부의 노후화
㉡ 기대효과
• 체계적이고 과학적인 지적사무와 지적행정의 실현
• 다목적 국토정보시스템 구축
• 토지기록변동자료의 신속한 온라인처리로 업무의 이중성 배제
• 최신의 자료 확보로 지적통계와 정책정보의 정확성 제고
• 수치지형모형을 이용한 지형분석 및 경관정보 추출
• 토지부동산정보관리체계 및 다목적 지적정보시스템 구축
• 지적도면관리전산화의 기초 확립

55 토지정보체계의 도형자료를 컴퓨터에 입력하는 방식과 관련이 없는 것은?

① 스캐닝
② 좌표변환
③ 디지타이징
④ 항공사진 디지타이징

해설 토지정보체계의 도형자료를 컴퓨터에 입력하는 방식으로 스캐닝방식과 디지타이징방식 등을 사용한다.

정답 51 ① 52 ① 53 ② 54 ④ 55 ②

56 공간데이터의 표현형태 중 폴리곤에 대한 설명으로 옳지 않은 것은?

① 이차원의 면적을 갖는다.
② 점, 선, 면의 데이터 중 가장 복잡한 형태를 갖는다.
③ 경계를 형성하는 연속된 선들로서 형태가 이루어진다.
④ 폴리곤 간의 공간적인 관계를 계량화하는 것은 매우 쉽다.

해설 폴리곤
㉠ 최소 3개 이상의 선으로 폐합되는 2차원 객체의 표현으로 폭과 길이의 개념이 존재한다.
㉡ 경계를 형성하는 연속된 선들로서 형태가 이루어진다.
㉢ 하나의 노드와 여러 개의 버텍스로 구성되어 있고, 노드 혹은 버텍스는 링크로 연결한다.
㉣ 점, 선, 면의 데이터 중 가장 복잡한 형태를 갖는다.
㉤ 지표상의 면형 실체는 축척에 따라 면 또는 점사상으로 표현 가능하다.
㉥ 폴리곤 간의 공간적인 관계를 계량화하는 것은 어렵다.

57 부동산종합공부시스템 운영기관의 장이 지적전산자료의 유지·관리업무를 원활히 수행하기 위하여 지정하는 지적전산자료관리책임관은?

① 보수업무담당부서의 장
② 전산업무담당부서의 장
③ 지적업무담당부서의 장
④ 유지·관리업무담당부서의 장

해설 부동산종합공부시스템 운영기관의 장은 전산자료의 유지·관리업무를 원활히 수행하기 위하여 지적업무담당부서의 장을 전산자료관리책임관으로 지정한다.

58 DEM과 TIN에 관한 설명으로 옳은 것은?

① 불규칙한 적응적 추출방법인 DEM은 복잡한 지형에 알맞다.
② 정사사진 생성과 같은 목적을 위해서는 DEM 데이터가 훨씬 효과적이다.
③ DEM과 TIN모델은 상호 변환이 불가능하므로 처음 구축할 때부터 선택에 신중을 기해야 한다.
④ 항공사진을 해석도화하는 방법으로 수치지형데이터를 획득하는 경우 DEM 생성보다 TIN 생성이 더 쉽다.

해설 ① 불규칙한 적응적 추출방법인 TIN은 복잡한 지형에 알맞다.
③ DEM과 TIN모델은 상호 변환이 가능하다.
④ 항공사진을 해석도화하는 방법으로 수치지형데이터를 획득하는 경우 TIN 생성보다 DEM 생성이 더 쉽다.

59 부동산종합공부시스템의 관리내용으로 옳지 않은 것은?

① 부동산종합공부시스템의 사용 시 발견된 프로그램의 문제점이나 개선사항은 국토교통부장관에게 요청해야 한다.
② 사용기관이 필요시 부동산종합공부시스템의 원시프로그램이나 조작도구를 개발·설치할 수 있다.
③ 국토교통부장관은 부동산종합공부시스템이 단일버전의 프로그램으로 설치·운영되도록 총괄·조정하여 배포해야 한다.
④ 국토교통부장관은 부동산종합공부시스템 프로그램의 추가·변경 또는 폐기 등의 변동사항이 발생한 때에는 그 세부내역을 작성·관리해야 한다.

해설 부동산종합공부시스템의 프로그램관리
㉠ 국토교통부장관은 부동산종합공부시스템에 사용되는 프로그램의 목록을 작성하여 관리하고 프로그램의 추가·변경 또는 폐기 등의 변동사항이 발생한 때에는 그에 관한 세부내역을 작성·관리하여야 한다.
㉡ 국토교통부장관은 부동산종합공부시스템이 단일한 버전의 프로그램으로 설치 및 운영되도록 총괄적으로 조정하여 이를 운영기관의 장에 배포하여야 한다.
㉢ 부동산종합공부시스템에는 국토교통부장관의 승인을 받지 아니한 어떠한 형태의 원시프로그램과 이를 조작할 수 있는 도구 등을 개발·제작·저장·설치할 수 없다.
㉣ 운영기관에서 부동산종합공부시스템을 사용 또는 유지관리하던 중 발견된 프로그램의 문제점이나 개선사항에 대한 프로그램 개발·개선·변경요청은 국토교통부장관에게 요청하여야 한다.

정답 56 ④ 57 ③ 58 ② 59 ②

60 다음과 같은 특징을 갖는 도형자료의 입력장치는?

> • 필요한 주제의 형태에 따라 작업자가 좌표를 독취하는 방법이다.
> • 일반적으로 많이 사용되는 방법으로 간단하고 소요비용이 저렴한 편이다.
> • 작업자의 숙련속도가 작업의 효율성에 큰 영향을 준다.

① 프린터 ② 플로터
③ DLT장비 ④ 디지타이저

해설 디지타이저(수동방식)
㉠ 의의 : 디지타이저라는 테이블 위에 컴퓨터와 연결된 마우스를 이용하여 필요한 주제(도로, 하천 등)의 형태를 컴퓨터에 입력시키는 것으로서 지적도면과 같은 자료를 수동으로 입력할 수 있으며 대상물의 형태를 따라 마우스를 움직이면 X, Y좌표가 자동적으로 기록된다.
㉡ 장단점

장점	단점
• 결과물이 벡터자료여서 GIS에 바로 이용할 수 있다.	• 많은 시간과 노력이 필요하다.
• 레이어별로 나누어 입력할 수 있어 효과적이다.	• 입력 시 누락이 발생할 수 있다.
• 불필요한 도형이나 주기를 제외시킬 수 있다(선별적 입력 가능).	• 경계선이 복잡한 경우 정확히 입력하기 어렵다.
• 상대적으로 지도의 보관상태에 적은 영향을 받는다.	• 단순 도형입력 시에는 비효율적이다.
• 가격이 저렴하고 작업과정이 비교적 간단하다.	• 작업자의 숙련을 요한다.

제4과목 지적학

61 지목설정의 원칙 중 옳지 않은 것은?

① 1필 1목의 원칙 ② 용도 경중의 원칙
③ 축척종대의 원칙 ④ 주지목 추종의 원칙

해설 지목의 설정원칙 : 법정지목의 원칙, 1필 1목의 원칙, 주지목 추종의 원칙, 사용목적 추종의 원칙, 일시변경 불변의 원칙, 등록 선후의 원칙, 용도 경중의 원칙

62 현대 지적의 원리로 가장 거리가 먼 것은?

① 능률성 ② 문화성
③ 정확성 ④ 공기능성

해설 현대 지적의 원리
㉠ 공기능성(Publicness) : 지적활동에 대한 정보의 입수는 이권이나 특혜의 대상이 되기 때문에 지적사항을 필요로 하는 모든 이에게 알려야 한다는 것이다. 공기능성에 부합하는 것으로 국정주의와 공개주의가 있다.
㉡ 민주성(Democracy) : 국가가 지적활동의 주체로서 업무를 추진하지만 최후의 목표는 국민의 욕구충족에 기인하려는 특성을 가진다. 분권화, 주민참여의 보장, 책임성, 공개성 등이 수반되어야 한다.
㉢ 능률성(Efficiency) : 지적은 토지에 대한 인간활동을 효율화하기 위한 것을 대전제로 하며, 여기에는 기술적 측면의 효율성이 포함된다.
㉣ 정확성(Accuracy) : 지적은 세수원으로서 각종 정책의 기초자료로 신속하고 정확한 현황 유지를 생명으로 하고 있다. 지적활동의 정확도는 토지현황조사, 일필지조사, 기록과 도면, 관리와 운영의 정확한 정도를 말한다.

63 토지분할 후의 면적합계는 분할 전 면적과 어떻게 되도록 처리하는가?

① $1m^2$까지 작아지는 것은 허용한다.
② $1m^2$까지 많아지는 것은 허용한다.
③ $1m^2$까지는 많아지거나 적어지거나 모두 좋다.
④ 분할 전 면적에 증감이 없도록 하여야 한다.

해설 토지분할 후의 면적합계는 분할 전 면적에 증감이 없도록 하여야 한다.

64 우리나라 근대적 지적제도의 확립을 촉진시킨 여건에 해당되지 않는 것은?

① 토지에 대한 문건의 미비
② 토지소유형태의 합리성 결여
③ 토지면적단위의 통일성 결여
④ 토지가치판단을 위한 자료 부족

해설 근대적 지적제도의 확립을 촉진시킨 여건
㉠ 토지에 대한 문건의 미비
㉡ 토지소유형태의 합리성 결여
㉢ 토지면적단위의 통일성 결여

65 다음 중 고대 바빌로니아의 지적 관련 사료가 아닌 것은?

① 미쇼(Michaux)의 돌
② 테라코타(Terra Cotta) 서판
③ 누지(Nuzi)의 점토판지도(clay tablet)
④ 메나무덤(Tomb of Menna)의 고분벽화

정답 60 ④ 61 ③ 62 ② 63 ④ 64 ④ 65 ④

해설 메나무덤의 고분벽화는 이집트의 주인인 파라오, 투트모시스 4세의 토지를 관리하는 서기의 무덤이다.

66 진행방향에 따른 지번부여방법의 분류에 해당하는 것은?

① 자유식   ② 분수식
③ 사행식   ④ 도엽단위식

해설 **지번부여방법**
㉠ 진행방향에 따른 분류 : 사행식, 기우식, 단지식, 절충식
㉡ 부여단위에 따른 분류 : 지역단위법, 도엽단위법, 단지단위법
㉢ 기번위치에 따른 분류 : 북서기번법, 북동기번법

67 다음 중 지적공부의 성격이 다른 것은?

① 산토지대장   ② 갑호토지대장
③ 별책토지대장 ④ 을호토지대장

해설 간주지적도는 1923년 10월 15일 일부 개정하여 토지대장에 등록한 토지에 대하여 임야도로써 지적도로 간주함을 추가하였으며, 그에 대한 대장은 토지대장과 별도로 작성하여 별책토지대장, 산토지대장, 을호토지대장이라 불렸다.

68 1필지에 대한 설명으로 가장 거리가 먼 것은?

① 토지의 거래단위가 되고 있다.
② 논둑이나 밭둑으로 구획된 단위지역이다.
③ 토지에 대한 물권의 효력이 미치는 범위이다.
④ 하나의 지번이 부여되는 토지의 등록단위이다.

해설 **필지의 기능**
㉠ 토지조사의 등록단위 : 토지조사는 1필지를 기본단위로 조사
㉡ 토지등록의 기본단위 : 토지등록의 기본단위로서 기능
㉢ 토지공시의 기본단위 : 토지의 공시단위로서의 기능
㉣ 토지의 거래단위 : 토지유통시장에서 거래단위로서 기능
㉤ 물권의 설정단위 : 토지의 소유권이 미치는 범위를 설정하는 기능
㉥ 토지평가의 기본단위 : 토지에 대한 평가는 1필지를 기본단위로 하여 $1m^2$당 가격을 평가하는 기능

69 다음 중 지적의 발생설과 관계가 먼 것은?

① 법률설   ② 과세설
③ 치수설   ④ 지배설

해설 **지적의 발생설** : 과세설, 치수설, 침략설, 지배설

70 지적공부에 등록하지 아니하는 것은?

① 해면   ② 국유림
③ 암석지 ④ 황무지

해설 바다는 등록의 대상이 되지 않으므로 해면은 지적공부에 등록되지 않는다.

71 다음 중 지적제도의 분류방법이 다른 하나는?

① 세지적   ② 법지적
③ 수치지적 ④ 다목적 지적

해설 **지적제도의 분류**
㉠ 측량방법에 따른 분류 : 도해지적, 수치지적
㉡ 발전과정에 따른 분류 : 세지적, 법지적, 다목적 지적

72 1910년 대한제국의 탁지부에서 근대적인 지적제도를 창설하기 위하여 전 국토에 대한 토지조사사업을 추진할 목적으로 제정·공포한 것은?

① 지세령   ② 토지조사령
③ 토지조사법 ④ 토지측량규칙

해설 토지조사법을 대한제국정부가 1910년 8월 24일 전문 15조로 공포(내각총리대신 이완용)하였으며 토지조사의 절차와 규범을 마련하였다.

73 다음 토지이동항목 중 면적측정대상에서 제외되는 것은?

① 등록전환   ② 신규등록
③ 지목변경   ④ 축척변경

해설 지목변경의 경우 지적측량을 실시하지 않으므로 면적도 측정하지 않는다.

74 다음에서 설명하는 내용의 의미로 옳은 것은?

> 지번, 지목, 경계 및 면적은 국가가 비치하는 지적공부에 등록해야만 공식적 효력이 있다.

① 지적공개주의   ② 지적국정주의
③ 지적비밀주의   ④ 지적형식주의

해설 지적형식주의란 지적공부에 등록하는 법적인 형식을 갖추어야만 비로소 토지로서의 거래단위가 될 수 있다는 원리로 지적등록주의라고도 한다.

정답 66 ③ 67 ② 68 ② 69 ① 70 ① 71 ③ 72 ③ 73 ③ 74 ④

75 다음 중 정약용과 서유구가 주장한 양전개정론의 내용이 아닌 것은?

① 경무법 시행
② 결부제 폐지
③ 어린도법 시행
④ 수등이척제 개선

해설 양전개정론자

실학자	저서	개정론
이익	균전론	영업전 제도
정약용	목민심서, 경세유표	정전제, 방량법, 어린도법
서유구	의상경계책	어린도법, 방량법
이기	해학유서, 전제망언	결부제 보완, 망척제
유길준	서유견문, 지제의	전통도 실시

76 적극적 토지등록제도의 기본원칙이라고 할 수 없는 것은?

① 토지등록은 국가공권력에 의해 성립된다.
② 토지등록은 형식심사에 의해 이루어진다.
③ 등록내용의 유효성은 법률적으로 보장된다.
④ 토지에 대한 권리는 등록에 의해서만 인정된다.

해설 적극적 등록주의(Positive System)
㉠ 토지의 등록은 일필지의 개념으로 법적인 권리보장이 인증되고 정부에 의해서 합법성과 효력이 발생한다. 모든 토지를 공부에 강제등록시키는 제도이다.
㉡ 등록은 강제적이고 의무적이다.
㉢ 공부에 등록되지 않은 토지는 어떠한 권리도 인정되지 않는다.
㉣ 지적측량이 실시되어야만 등기를 허락한다.
㉤ 토지등록의 효력이 국가에 의해 보장된다. 따라서 선의의 제3자는 토지등록의 문제로 인한 피해는 법적으로 보호를 받는다.
㉥ 한국, 일본, 대만, 호주, 뉴질랜드, 스위스, 캐나다 일부 등에서 적용한다.

77 지적제도의 발달과정에서 세지적이 표방하는 가장 중요한 특징은?

① 면적본위 ② 위치본위
③ 소유권본위 ④ 대축척 지적도

해설 세지적(Fiscal Cadastre)은 최초의 지적제도로 세금징수를 가장 큰 목적으로 개발된 제도로 과세지적이라고도 한다. 세지적하에서는 면적의 정확도를 중시하였다.

78 우리나라의 지목결정원칙과 가장 거리가 먼 것은?

① 일필 일목의 원칙
② 용도 경중의 원칙
③ 지형지목의 원칙
④ 주지목 추종의 원칙

해설 지목의 설정원칙
㉠ 법정지목의 원칙 : 현행 공간정보의 구축 및 관리 등에 관한 법률에서 지목은 28개의 지목으로 정해져 있으며, 그 외의 지목 등은 인정하지 않는다.
㉡ 1필 1목의 원칙 : 필지마다 하나의 지목을 설정한다.
㉢ 주지목 추종의 원칙 : 1필지가 2 이상의 용도로 활용되는 경우에는 주된 용도에 따라 지목을 설정한다.
㉣ 영속성의 원칙(일시변경 불변의 원칙) : 토지가 일시적 또는 임시적인 용도로 사용되는 때에는 지목을 변경하지 아니한다.
㉤ 사용목적 추종의 원칙 : 택지조성사업을 목적으로 공사가 준공된 토지는 미리 그 목적에 따라 지목을 '대'로 정할 수 있다.
㉥ 용도 경중의 원칙 : 지목이 중복되는 경우 중요한 토지의 사용목적·용도에 따라 지목을 설정한다.
㉦ 등록 선후의 원칙 : 지목이 중복되는 경우 먼저 등록된 토지의 사용목적·용도에 따라 지목을 설정한다.

79 지적공부를 상시 비치하고 누구나 열람할 수 있게 하는 공개주의의 이론적 근거가 되는 것은?

① 공신의 원칙
② 공시의 원칙
③ 공증의 원칙
④ 직권등록의 원칙

해설 토지등록의 법적 지위에 있어서 토지이동이나 물권의 변동은 반드시 외부에 알려져야 한다는 것을 공시의 원칙이라 하며, 토지소유자 또는 이해관계인 기타 누구든지 수수료를 납부하면 토지의 등록사항을 외부에서 인식하고 활용할 수 있도록 한다는 것을 공개주의라 한다.

80 조선시대 경국대전 호전(戶典)에 의한 양전은 몇 년마다 실시하였는가?

① 5년 ② 10년
③ 15년 ④ 20년

해설 경국대전에는 모든 토지를 6등급으로 나누어 20년마다 한 번씩 양전을 실시, 그 결과를 양안에 기록하며 호조·본도·본읍에 보관하기로 되어 있다.

정답 75 ④ 76 ② 77 ① 78 ③ 79 ② 80 ④

제5과목 지적관계법규

81 지적측량업의 등록을 위한 기술능력 및 장비의 기준으로 옳지 않은 것은?

① 출력장치 1대 이상
② 중급기술자 2명 이상
③ 토털스테이션 1대 이상
④ 특급기술자 2명 또는 고급기술자 1명 이상

해설 지적측량업

기술인력	장비

• 특급기술자 1명 또는 고급기술자 2명 이상
• 중급기술자 2명 이상
• 초급기술자 1명 이상
• 지적분야의 초급기능사 1명 이상
	• 토털스테이션 1대 이상
	• 출력장치 1대 이상
	  – 해상도 : 2,400DPI×1,200DPI
	  – 출력범위 : 600mm×1,060mm 이상

82 다음 중 지적공부에 해당하지 않는 것은?

① 지적도
② 지적약도
③ 임야대장
④ 경계점좌표등록부

해설 공간정보의 구축 및 관리 등에 관한 법률 제2조(정의)
이 법에서 사용하는 용어의 뜻은 다음과 같다.
19. "지적공부"란 토지대장, 임야대장, 공유지연명부, 대지권등록부, 지적도, 임야도 및 경계점좌표등록부 등 지적측량 등을 통하여 조사된 토지의 표시와 해당 토지의 소유자 등을 기록한 대장 및 도면(정보처리시스템을 통하여 기록·저장된 것을 포함한다)을 말한다.

83 공간정보의 구축 및 관리 등에 관한 법령상 신규등록 신청 시 지적소관청에 제출하여야 하는 첨부서류가 아닌 것은?

① 지적측량성과도
② 법원의 확정판결서 정본 또는 사본
③ 소유권을 증명할 수 있는 서류의 사본
④ 공유수면 관리 및 매립에 관한 법률에 따른 준공검사확인증 사본

해설 토지소유자는 신규등록을 신청하고자 하는 때에는 신규등록 사유를 기재한 신청서에 국토교통부령으로 정하는 서류를 첨부하여 지적소관청에 제출하여야 한다. 다만, 그 서류를 지적소관청이 관리하는 경우에는 지적소관청의 확인으로써 그 서류의 제출에 갈음할 수 있다.
㉠ 법원의 확정판결서 정본 또는 사본
㉡ 공유수면 관리 및 매립에 관한 법률에 따른 준공검사확인증 사본
㉢ 도시계획구역의 토지를 그 지방자치단체의 명의로 등록하는 때에는 기획재정부장관과 협의한 문서의 사본
㉣ 그 밖에 소유권을 증명할 수 있는 서류의 사본

84 다음 중 지목변경 없이 등록전환을 신청할 수 있는 경우가 아닌 것은?

① 산지관리법에 따라 토지의 형질이 변경되는 경우
② 도시·군관리계획선에 따라 토지를 분할하는 경우
③ 임야도에 등록된 토지가 사실상 형질변경되었으나 지목변경을 할 수 없는 경우
④ 대부분의 토지가 등록전환되어 나머지 토지를 임야도에 계속 존치하는 것이 불합리한 경우

해설 공간정보의 구축 및 관리 등에 관한 법률 시행령 제64조(등록전환신청)
① 법 제78조에 따라 등록전환을 신청할 수 있는 토지는 산지관리법, 건축법 등 관계법령에 따른 토지의 형질변경 또는 건축물의 사용승인 등으로 인하여 지목을 변경하여야 할 토지로 한다.
② 다음 각 호의 어느 하나에 해당하는 경우에는 제1항에도 불구하고 지목변경 없이 등록전환을 신청할 수 있다.
1. 대부분의 토지가 등록전환되어 나머지 토지를 임야도에 계속 존치하는 것이 불합리한 경우
2. 임야도에 등록된 토지가 사실상 형질변경되었으나 지목변경을 할 수 없는 경우
3. 도시·군관리계획선에 따라 토지를 분할하는 경우

85 공간정보의 구축 및 관리 등에 관한 법령상 지적기준점에 해당되지 않는 것은?

① 위성기준점
② 지적도근점
③ 지적삼각점
④ 지적삼각보조점

해설 지적기준점 : 지적삼각점, 지적삼각보조점, 지적도근점

정답 81 ④ 82 ② 83 ① 84 ① 85 ①

86 다른 사람에게 측량업등록증 또는 측량업등록수첩을 빌려주거나 자기의 성명 또는 상호를 사용하여 측량 업무를 하게 한 자에 대한 벌칙기준으로 옳은 것은?

① 300만원 이하의 과태료를 부과한다.
② 1년 이하의 징역 또는 1천만원 이하의 벌금에 처한다.
③ 2년 이하의 징역 또는 2천만원 이하의 벌금에 처한다.
④ 3년 이하의 징역 또는 3천만원 이하의 벌금에 처한다.

해설 공간정보의 구축 및 관리 등에 관한 법률 제109조(벌칙)
다음 각 호의 어느 하나에 해당하는 자는 1년 이하의 징역 또는 1천만원 이하의 벌금에 처한다.
1. 무단으로 측량성과 또는 측량기록을 복제한 자
2. 심사를 받지 아니하고 지도 등을 간행하여 판매하거나 배포한 자
3. 삭제
4. 측량기술자가 아님에도 불구하고 측량을 한 자
5. 업무상 알게 된 비밀을 누설한 측량기술자
6. 둘 이상의 측량업자에게 소속된 측량기술자
7. 다른 사람에게 측량업등록증 또는 측량업등록수첩을 빌려주거나 자기의 성명 또는 상호를 사용하여 측량업무를 하게 한 자
8. 다른 사람의 측량업등록증 또는 측량업등록수첩을 빌려서 사용하거나 다른 사람의 성명 또는 상호를 사용하여 측량업무를 한 자
9. 지적측량수수료 외의 대가를 받은 지적측량기술자
10. 거짓으로 다음 각 목의 신청을 한 자
  가. 신규등록신청
  나. 등록전환신청
  다. 분할신청
  라. 합병신청
  마. 지목변경신청
  바. 바다로 된 토지의 등록말소신청
  사. 축척변경신청
  아. 등록사항의 정정신청
  자. 도시개발사업 등 시행지역의 토지이동신청
11. 다른 사람에게 자기의 성능검사대행자등록증을 빌려주거나 자기의 성명 또는 상호를 사용하여 성능검사대행업무를 수행하게 한 자
12. 다른 사람의 성능검사대행자등록증을 빌려서 사용하거나 다른 사람의 성명 또는 상호를 사용하여 성능검사대행업무를 수행한 자

87 공간정보의 구축 및 관리 등에 관한 법령상 지적공부의 열람·발급 시 지적소관청에서 교부하는 등본대상이 아닌 것은?

① 결번대장
② 임야대장
③ 토지대장
④ 경계점좌표등록부

해설 결번대장은 지적공부에 해당하지 않기 때문에 지적소관청에게 열람 및 발급을 신청할 수 없다.

88 지적재조사에 관한 특별법령상 지적소관청이 사업지구지정고시를 한 날부터 토지현황조사 및 지적재조사측량을 시행하여야 하는 기간은?

① 6개월 이내　② 1년 이내
③ 2년 이내　④ 3년 이내

해설 지적재조사에 관한 특별법령상 지적소관청이 사업지구지정고시를 한 날부터 2년 이내에 토지현황조사 및 지적재조사측량을 실시하여야 한다.

89 공간정보의 구축 및 관리 등에 관한 법률상 지적측량을 하여야 하는 경우가 아닌 것은?

① 토지를 합병하는 경우
② 축척을 변경하는 경우
③ 지적공부를 복구하는 경우
④ 토지를 등록전환하는 경우

해설 토지를 합병하는 경우 합병으로 불필요한 경계와 좌표가 말소되므로 별도의 지적측량을 실시하지 아니한다.

90 부동산종합공부시스템 운영 및 관리규정상 토지의 고유번호코드의 총자릿수는?

① 13자리　② 15자리
③ 19자리　④ 22자리

해설 토지의 고유번호는 각 필지를 구별하기 위해 필지마다 붙이는 고유번호(19자리)로 토지대장, 임야대장, 공유지연명부, 대지권등록부와 경계점좌표등록부에 등록하고, 도면에는 등록되지 않는다. 이 고유번호는 행정구역, 대장, 지번을 나타내며 소유자, 지목 등은 알 수 없다.

91 지적측량시행규칙상 지적도근점측량을 시행하는 경우 지적도근점을 구성하는 도선이 아닌 것은?

① 개방도선　　② 결합도선
③ 왕복도선　　④ 폐합도선

해설 지적측량시행규칙 제12조(지적도근점측량)
① 지적도근점측량을 할 때에는 미리 지적도근점표지를 설치하여야 한다.
② 지적도근점의 번호는 영구표지를 설치하는 경우에는 시·군·구별로, 영구표지를 설치하지 아니하는 경우에는 시행지역별로 설치순서에 따라 일련번호를 부여한다. 이 경우 각 도선의 교점은 지적도근점의 번호 앞에 "교"자를 붙인다.
③ 지적도근점측량의 도선은 다음 각 호의 기준에 따라 1등도선과 2등도선으로 구분한다.
　1. 1등도선은 위성기준점, 통합기준점, 삼각점, 지적삼각점 및 지적삼각보조점의 상호 간을 연결하는 도선 또는 다각망도선으로 할 것
　2. 2등도선은 위성기준점, 통합기준점, 삼각점, 지적삼각점 및 지적삼각보조점과 지적도근점을 연결하거나 지적도근점 상호 간을 연결하는 도선으로 할 것
　3. 1등도선은 가·나·다 순으로 표기하고, 2등도선은 ㄱ·ㄴ·ㄷ 순으로 표기할 것
④ 지적도근점은 결합도선·폐합도선·왕복도선 및 다각망도선으로 구성하여야 한다.
⑤ 경위의측량방법에 따라 도선법으로 지적도근점측량을 할 때에는 다음 각 호의 기준에 따른다.
　1. 도선은 위성기준점, 통합기준점, 삼각점, 지적삼각점, 지적삼각보조점 및 지적도근점의 상호 간을 연결하는 결합도선에 따를 것. 다만, 지형상 부득이한 경우에는 폐합도선 또는 왕복도선에 따를 수 있다.
　2. 1도선의 점의 수는 40점 이하로 할 것. 다만, 지형상 부득이한 경우에는 50점까지로 할 수 있다.
⑥ 경위의측량방법이나 전파기 또는 광파기측량방법에 따라 다각망도선법으로 지적도근점측량을 할 때에는 다음 각 호의 기준에 따른다.
　1. 3점 이상의 기지점을 포함한 결합다각방식에 따를 것
　2. 1도선의 점의 수는 20개 이하로 할 것
⑦ 지적도근점성과결정을 위한 관측 및 계산의 과정은 그 내용을 지적도근점측량부에 적어야 한다.

92 공간정보의 구축 및 관리 등에 관한 법령상 지적측량의뢰인이 손해배상금으로 보험금을 지급받고자 하는 경우의 첨부서류에 해당되는 것은?

① 공정증서　　② 인낙조서
③ 조정조서　　④ 화해조서

해설 지적측량의뢰인은 손해배상으로 보험금, 보증금 또는 공제금을 지급받으려면 다음의 어느 하나에 해당하는 서류를 첨부하여 보험회사 또는 공간정보산업협회에 손해배상금 지급을 청구하여야 한다.
㉠ 지적측량의뢰인과 지적측량수행자 간의 손해배상합의서 또는 화해조서
㉡ 확정된 법원의 판결문 사본
㉢ 위에 준하는 효력이 있는 서류

93 지적소관청이 관할 등기소에 토지의 표시변경에 관한 등기를 할 필요가 있는 사유가 아닌 것은?

① 토지소유자의 신청을 받아 지적소관청이 신규등록한 경우
② 지적소관청이 지적공부의 등록사항에 잘못이 있음을 발견하여 이를 직권으로 조사·측량하여 정정한 경우
③ 지적공부를 관리하기 위하여 필요하다고 인정되어 지적소관청이 직권으로 일정한 지역을 정하여 그 지역의 축척을 변경한 경우
④ 지번부여지역의 일부가 행정구역의 개편으로 다른 지번부여지역에 속하게 되어 지적소관청이 새로 속하게 된 지번부여지역의 지번을 부여한 경우

해설 신규등록 당시 등기부가 존재하지 아니하므로 지적공부와 등기부를 일치시키기 위한 등기촉탁은 필요하지 않다.

94 지적업무처리규정상 일람도의 제도방법에 대한 설명으로 옳지 않은 것은?

① 철도용지는 붉은색 0.2mm 폭의 2선으로 제도한다.
② 인접 동·리명칭은 4mm, 그 밖의 행정구역의 명칭은 5mm의 크기로 한다.
③ 취락지, 건물 등은 0.1mm의 폭으로 제도하고 그 내부를 검은색으로 엷게 채색한다.
④ 도곽선은 0.1mm의 폭으로, 도곽선수치는 3mm 크기의 아라비아숫자로 제도한다.

해설 일람도제도 중 도곽선은 0.1mm의 폭으로, 도곽선의 수치는 도곽선 왼쪽 아랫부분과 오른쪽 윗부분의 종횡선 교차점 바깥쪽에 2mm 크기의 아라비아숫자로 제도한다.

정답　91 ①　92 ④　93 ①　94 ④

95 다음 중 합병신청을 할 수 있는 것은?
① 합병하려는 토지의 소유형태가 공동 소유인 경우
② 합병하려는 각 필지의 지반이 연속되지 아니한 경우
③ 합병하려는 토지의 지적도 및 임야도의 축척이 서로 다른 경우
④ 합병하려는 토지가 축척변경을 시행하고 있는 지역의 토지와 그 지역 밖의 토지인 경우

해설 공간정보의 구축 및 관리 등에 관한 법률 제80조(합병신청)
③ 다음 각 호의 어느 하나에 해당하는 경우에는 합병신청을 할 수 없다.
 1. 합병하려는 토지의 지번부여지역, 지목 또는 소유자가 서로 다른 경우
 2. 합병하려는 토지에 저당권등기, 추가적 공동 저당등기가 있는 경우
 3. 토지의 지적도 및 임야도의 축척이 서로 다른 경우
 4. 합병하려는 각 필지의 지반이 연속되지 않은 경우
 5. 합병하려는 토지가 등기된 토지와 등기되지 않은 토지인 경우
 6. 합병하려는 각 필지의 지목은 같으나 일부 토지의 용도가 다르게 되어 분할대상토지인 경우. 다만, 합병신청과 동시에 토지의 용도에 따라 분할신청을 하는 경우에는 그렇지 않다.
 7. 합병하고자 하는 토지의 소유자별 공유지분이 다르거나 소유자의 주소가 서로 다른 경우. 다만, 소유자의 주소가 서로 다르나 소유자가 동일인임이 확인되는 경우에는 그렇지 않다.
 8. 합병하고자 하는 토지가 구획정리ㆍ경지정리 또는 축척변경을 시행하고 있는 지역 안의 토지와 지역 밖의 토지인 경우

96 지적재조사측량에 따른 경계설정기준으로 옳은 것은?
① 지상경계에 대하여 다툼이 있는 경우 현재의 지적공부상 경계
② 지상경계에 대하여 다툼이 없는 경우 등록할 때의 측량기록을 조사한 경계
③ 지상경계에 대하여 다툼이 있는 경우 토지소유자가 점유하는 토지의 현실 경계
④ 지상경계에 대하여 다툼이 없는 경우 토지소유자가 점유하는 토지의 현실 경계

해설 지적재조사에 관한 특별법 제14조(경계설정의 기준)
① 지적소관청은 다음 각 호의 순위로 지적재조사를 위한 경계를 설정하여야 한다.
 1. 지상경계에 대하여 다툼이 없는 경우 토지소유자가 점유하는 토지의 현실 경계
 2. 지상경계에 대하여 다툼이 있는 경우 등록할 때의 측량기록을 조사한 경계
 3. 지방관습에 의한 경계
② 지적소관청은 제1항 각 호의 방법에 따라 지적재조사를 위한 경계설정을 하는 것이 불합리하다고 인정하는 경우에는 토지소유자들이 합의한 경계를 기준으로 지적재조사를 위한 경계를 설정할 수 있다.
③ 지적소관청은 제1항과 제2항에 따라 지적재조사를 위한 경계를 설정할 때에는 도로법, 하천법 등 관계법령에 따라 고시되어 설치된 공공용지의 경계가 변경되지 아니하도록 하여야 한다. 다만, 해당 토지소유자들 간에 합의한 경우에는 그러하지 아니하다.

97 공간정보의 구축 및 관리 등에 관한 법령상 지상경계점에 경계점표지를 설치한 후 측량할 수 있는 경우가 아닌 것은?
① 관계법령에 따라 인허가 등을 받아 토지를 분할하려는 경우
② 토지 일부에 대한 지상권 설정을 목적으로 분할하고자 하려는 경우
③ 토지이용상 불합리한 지상경계를 시정하기 위하여 토지를 분할하려는 경우
④ 도시개발사업의 사업시행자가 사업지구의 경계를 결정하기 위하여 토지를 분할하려는 경우

해설 지상권은 일필지 일부에도 설정이 가능하기 때문에 분할대상에 해당하지 않는다.

98 공간정보의 구축 및 관리 등에 관한 법률에 따른 토지의 표시가 아닌 것은?
① 경계
② 소유자의 주소
③ 좌표
④ 토지의 소재

해설 토지의 이동이란 토지의 표시를 새로이 정하거나 변경 또는 말소하는 것을 말한다. 즉 지적공부에 등록된 토지의 지번, 지목, 경계, 좌표, 면적이 달라지는 것을 말하며, 토지소유권의 변경, 토지소유자의 주소변경, 토지등급의 변경은 토지의 이동에 해당하지 아니한다.

정답 95 ① 96 ④ 97 ② 98 ②

99 면적측정의 방법에 관한 내용으로 옳은 것은?
① 좌표면적계산법에 따른 측정면적은 1,000분의 1m² 까지 계산하여 산출면적은 10분의 1m² 단위로 정해야 한다.
② 전자면적측정기에 따른 측정면적은 100분의 1m² 까지 계산하여 산출면적은 10분의 1m² 단위로 정해야 한다.
③ 경위의측량방법으로 세부측량을 한 지역의 필지별 면적측정은 경계점좌표에 따라야 한다.
④ 면적을 측정하는 경우 도곽선의 길이에 1mm 이상의 신축이 있을 때에는 이를 보정하여야 한다.

해설
① 좌표면적계산법에 따른 측정면적은 1,000분의 1m² 까지 계산하여 산출면적은 100분의 1m² 단위로 정해야 한다.
② 전자면적측정기에 따른 산출면적은 1,000분의 1m² 까지 계산하여 산출면적은 10분의 1m² 단위로 정해야 한다.
④ 면적을 측정하는 경우 도곽선의 길이에 0.5mm 이상의 신축이 있을 때에는 이를 보정하여야 한다.

100 도로명주소법 시행규칙상 고속도로의 경우 기초번호 부여간격은?
① 1km ② 2km
③ 5km ④ 10km

해설 도로명주소법 시행규칙 제3조(기초번호의 부여간격)
도로명주소법(이하 "법"이라 한다) 제2조 제4호에서 "행정안전부령으로 정하는 간격"이란 20m를 말한다. 다만, 다음 각 호의 도로에 대하여는 다음 각 호의 간격으로 한다.
1. 도로교통법 제2조 제3호에 따른 고속도로(이하 "고속도로"라 한다) : 2km
2. 건물번호의 가지번호가 두 자리 숫자 이상으로 부여될 수 있는 길 또는 해당 도로구간에서 분기되는 도로구간이 없고, 가지번호를 이용한 건물번호를 부여하기 곤란한 길 : 10m
3. 가지번호를 이용하여 건물번호를 부여하기 곤란한 종속구간 : 10m 이하의 일정한 간격
4. 영 제3조 제1항 제3호에 따른 내부도로 : 20m 또는 도로명주소 및 사물주소의 부여개수를 고려하여 정하는 간격

정답 99 ③ 100 ②

2025년 제2회 지적기사 필기 복원

제1과목 지적측량

01 지적도근점측량의 배각법에서 종횡선오차는 어느 방법으로 배분하여야 하는가?

① 반수에 비례하여 배분한다.
② 컴퍼스법칙에 의해 배분한다.
③ 트랜싯법칙에 의해 배분한다.
④ 측정변의 길이에 반비례하여 배분한다.

해설 지적도근점측량에 따라 계산된 연결오차가 허용범위 이내인 경우 수평각관측을 배각법으로 실시한 경우 그 오차의 배분은 각 측선의 종선차 또는 횡선차의 길이에 비례하여 배분한다(트랜싯법칙).

02 지적측량성과와 검사성과의 연결교차가 다음과 같을 때 측량성과로 결정할 수 없는 것은?

① 지적삼각점 : 15cm
② 지적삼각보조점 : 30cm
③ 지적도근점(경계점좌표등록부 시행지역) : 10cm
④ 경계점(경계점좌표등록부 시행지역) : 5cm

해설 지적측량시행규칙 제27조(지적측량성과의 결정)
① 지적측량성과와 검사성과의 연결교차가 다음 각 호의 허용범위 이내일 때에는 그 지적측량성과에 관하여 다른 입증을 할 수 있는 경우를 제외하고는 그 측량성과로 결정하여야 한다.
 1. 지적삼각점 : ±20cm
 2. 지적삼각보조점 : ±25cm
 3. 지적도근점
  가. 경계점좌표등록부 시행지역 : ±15cm
  나. 그 밖의 지역 : ±25cm
 4. 경계점
  가. 경계점좌표등록부 시행지역 : ±10cm
  나. 그 밖의 지역 : ±100분의 3M[cm](M은 축척분모). 이 경우 전자평판측량방법으로 측량하는 경우에는 ±100분의 2M[cm]로 한다.

03 A점에서 트랜싯으로 B점을 시준한 결과 표척눈금이 5.20m, 기계고가 3.70m, AB의 경사거리가 45m이었다면 AB 두 지점의 수평거리는?

① 44.67m
② 44.70m
③ 44.85m
④ 44.97m

해설 $D = \dfrac{l}{\sqrt{1+\left(\dfrac{n}{100}\right)^2}} = \dfrac{45}{\sqrt{1+\left(\dfrac{5.2-3.7}{100}\right)^2}} = 44.98\text{m}$

04 경위의측량방법으로 세부측량을 한 경우 측량결과도에 작성하여야 할 사항이 아닌 것은?

① 측정점의 위치, 측량기하적
② 측량결과도의 제명 및 번호
③ 측량대상토지의 점유현황선
④ 측량대상토지의 경계점 간 실측거리

해설 경위의측량방법으로 세부측량을 한 경우 측량준비파일과 측량결과도에 기록할 사항

측량준비파일	측량결과도
• 측량대상토지의 경계와 경계점의 좌표 및 부호도·지번·지목	• 측량준비파일의 사항
• 인근 토지의 경계와 경계점의 좌표 및 부호도·지번·지목	• 측정점의 위치(측량계산부의 좌표를 전개하여 적는다), 지상에서 측정한 거리 및 방위각
• 행정구역선과 그 명칭	• 측량대상토지의 경계점 간 실측거리
• 지적기준점 및 그 번호와 지적기준점 간의 방위각 및 그 거리	• 측량대상토지의 토지이동 전의 지번과 지목(2개의 붉은색으로 말소한다)
• 경계점 간 계산거리	• 측량결과도의 제명 및 번호(연도별로 붙인다)와 지적도의 도면번호
• 도곽선과 그 수치	• 신규등록 또는 등록전환하려는 경계선 및 분할경계선
• 그 밖에 국토교통부장관이 정하는 사항	• 측량대상토지의 점유현황선
	• 측량 및 검사의 연월일, 측량자 및 검사자의 성명·소속 및 자격등급 또는 기술등급
	• 해당 필지 및 인접 필지의 측량 연혁

정답 1 ③ 2 ② 3 ④ 4 ①

05 미지점에서 평판을 세우고 기지점을 시준한 방향선의 교차에 의하여 그 점의 도상위치를 구할 때 사용하는 측량방법은?

① 전방교회법　　② 원호교회법
③ 측방교회법　　④ 후방교회법

해설 후방교회법은 미지점에서 평판을 세우고 기지점을 시준한 방향선의 교차에 의하여 그 점의 도상위치를 구할 때 사용하는 측량방법이다.

06 지적삼각점측량에서 진북방향각의 계산단위로 옳은 것은?

① 초 아래 1자리　　② 초 아래 2자리
③ 초 아래 3자리　　④ 초 아래 4자리

해설 지적삼각점의 계산은 진수를 사용하여 각규약과 변규약에 따른 평균계산법 또는 망평균계산법에 따르며, 계산단위는 다음에 따른다.

종별	각	변의 길이	진수	좌표 또는 표고	경위도	자오선수차 (진북방향각)
단위	초	센티미터	6자리 이상	센티미터	초 아래 3자리	초 아래 1자리

07 지적기준점의 제도방법기준으로 옳지 않은 것은?

① 2등삼각점은 직경 1mm, 2mm, 3mm의 3중 원으로 제도한다.
② 위성기준점은 직경 2mm, 3mm의 2중원으로 제도하고 원 안을 검은색으로 옅게 채색한다.
③ 지적삼각보조점은 직경 3mm의 원으로 제도하고 원 안을 검은색으로 옅게 채색한다.
④ 명칭과 번호는 2mm 이상 3mm 이하 크기의 명조체로 제도한다.

해설 위성기준점은 직경 2mm 및 3mm의 2중원 안에 십자선을 표시하여 제도한다.

08 동일 조건으로 거리를 측량한 결과가 다음과 같을 때 최확치로 옳은 것은?

25.475±0.030, 25.470±0.020,
25.484±0.040

① 25.471　　② 25.473
③ 25.475　　④ 25.483

해설 ㉠ 경중률

$$P_1 : P_2 : P_3 = \frac{1}{3^2} : \frac{1}{2^2} : \frac{1}{4^2} = 1.8 : 4 : 1$$

㉡ 최확값

$$L_0 = 25 + \frac{1.8 \times 0.475 + 4 \times 0.470 + 1 \times 0.484}{1.8 + 4 + 1}$$
$$= 25.473\text{m}$$

09 경위의측량방법과 전파기측량방법에 따라 교회법으로 지적삼각보조점측량을 하는 기준으로 옳지 않은 것은?

① 수평각관측은 2대회의 방향관측법에 의한다.
② 삼각형의 각 내각은 30° 이상 120° 이하로 한다.
③ 2방향의 교회에 의하여 결정하려는 경우 각 내각의 관측치의 합계와 180°와의 차가 ±50초 이내이어야 한다.
④ 지적삼각보조점표지의 점간거리는 평균 1km 이상 3km 이하로 한다. 단, 다각망도선법에 따르는 경우는 제외한다.

해설 경위의측량방법과 전파기측량방법에 따라 교회법으로 지적삼각보조점측량을 2방향의 교회에 의하여 결정하려는 경우 각 내각의 관측치의 합계와 180°와의 차가 ±40초 이내이어야 한다.

10 가구중심점 C점에서 가구정점 P점까지의 거리를 구하는 공식으로 옳은 것은? (단, L_1과 L_2는 가로의 반폭, θ는 교각)

① $\sqrt{\left(\dfrac{L_2}{\sin\theta} + \dfrac{L_1}{\tan\theta}\right)^2 + L_1^2}$

② $\sqrt{\left(\dfrac{L_2}{\sin\theta} + \dfrac{L_1}{\cot\theta}\right)^2 + L_1^2}$

③ $\sqrt{\left(\dfrac{L_2}{\cos\theta} + \dfrac{L_1}{\tan\theta}\right)^2 + L_1^2}$

④ $\sqrt{\left(\dfrac{L_2}{\cos\theta} + \dfrac{L_1}{\cot\theta}\right)^2 + L_1^2}$

해설 $\overline{CP} = \sqrt{\left(\dfrac{L_2}{\sin\theta} + \dfrac{L_1}{\tan\theta}\right)^2 + L_1^2}$

정답 5 ④　6 ①　7 ②　8 ②　9 ③　10 ①

11 지적삼각점성과를 관리할 때 지적삼각점성과표에 기록·관리하여야 할 사항이 아닌 것은?

① 설치기관 ② 자오선수차
③ 좌표 및 표고 ④ 지적삼각점의 명칭

해설 지적삼각점성과표의 기록·관리사항

성과고시사항	성과기록·관리사항
• 기준점의 명칭 및 번호 • 직각좌표계의 원점명(지적기준점에 한정한다) • 좌표 및 표고 • 경도와 위도 • 설치일, 소재지 및 표지의 재질 • 측량성과보관장소	• 지적삼각점의 명칭과 기준원점명 • 좌표 및 표고 • 경도 및 위도(필요한 경우로 한정한다) • 자오선수차 • 시준점의 명칭, 방위각 및 거리 • 소재지와 측량연월일 • 그 밖의 참고사항

12 평판측량방법에 따른 세부측량을 시행하는 경우 기지점을 기준으로 하여 지상경계선과 도상경계선의 부합 여부를 확인하는 방법에 해당하지 않는 것은?

① 현형법
② 중앙종거법
③ 거리비교확인법
④ 도상원호교회법

해설 평판측량 시 경계점은 기지점을 기준으로 하여 지상경계선과 도상경계선의 부합 여부를 현형법, 도상원호교회법, 지상원호교회법, 거리비교확인법 등으로 확인하여 정한다.

13 광파기측량방법에 따라 다각망도선법으로 지적삼각보조점측량을 할 때 1도선의 거리기준으로 옳은 것은?

① 1km 이하 ② 2km 이하
③ 3km 이하 ④ 4km 이하

해설 지적측량시행규칙 제2조(지적기준점표지의 설치·관리 등)
① 공간정보의 구축 및 관리 등에 관한 법률 제8조 제항에 따른 지적기준점표지의 설치는 다음 각 호의 기준에 따른다.
  1. 지적삼각점표지의 점간거리는 평균 2km 이상 5km 이하로 할 것
  2. 지적삼각보조점표지의 점간거리는 평균 1km 이상 3km 이하로 할 것. 다만, 다각망도선법에 따르는 경우에는 평균 0.5km 이상 1km 이하로 한다.
  3. 지적도근점표지의 점간거리는 평균 50m 이상 500m 이하로 할 것

14 경위의측량방법에 따라 교회법으로 지적삼각보조점측량을 하는 기준으로 옳지 않은 것은?

① 수평각관측은 2대회의 방향관측법에 따른다.
② 지형상 부득이한 경우 두 점의 기지점을 사용할 수 있다.
③ 점간거리는 반드시 평균 1km 이상 3km 이하로 하여야 한다.
④ 연결교차가 0.50m 이하일 때에는 그 평균치를 지적삼각보조점의 위치로 한다.

해설 2개의 삼각형으로부터 계산한 위치의 연결교차가 0.30m 이하일 때에는 그 평균치를 지적삼각보조점의 위치로 한다. 이 경우 기지점과 소구점 사이의 방위각 및 거리는 평균치에 따라 새로 계산하여 정한다.

15 오차의 성질에 관한 설명으로 옳지 않은 것은?

① 정오차는 측정횟수에 비례하여 증가한다.
② 부정오차는 일정한 크기와 방향으로 나타난다.
③ 우연오차는 상차라고도 하며 측정횟수의 제곱근에 비례한다.
④ 1회 측정 후 우연오차를 b라 하면 n회 측정의 상쇄오차는 $b\sqrt{n}$이다.

해설 우연오차는 오차의 방향이 일정하지 않다.

16 경계점좌표등록부를 갖춰두는 지역의 측량에 대한 설명으로 옳은 것은?

① 경계점좌표등록부를 갖춰두는 지역에 있는 각 필지의 경계점을 측정할 때에는 도선법 또는 원호법에 따라 좌표를 산출하여야 한다.
② 경계점좌표등록부를 갖춰두는 지역에 있는 각 필지의 경계점측점번호는 오른쪽 위에서부터 왼쪽으로 경계를 따라 일련번호를 부여한다.
③ 기존의 경계점좌표등록부를 갖춰두는 지역의 경계점에 접속하여 지적확정측량을 하는 경우 동일한 경계점의 측량성과의 차이는 0.10m 이내여야 한다.
④ 기존의 경계점좌표등록부를 갖춰두는 지역의 경계점에 접속하여 지적확정측량을 하는 경우 동일한 경계점의 측량성과가 서로 다를 때에는 새로이 측량한 성과를 좌표로 결정한다.

정답 11 ① 12 ② 13 ④ 14 ④ 15 ② 16 ③

해설 지적측량시행규칙 제23조(경계점좌표등록부를 갖춰두는 지역의 측량)
① 경계점좌표등록부를 갖춰두는 지역에 있는 각 필지의 경계점을 측정할 때에는 도선법·방사법 또는 교회법에 따라 좌표를 산출하여야 한다. 다만, 필지의 경계점이 지형·지물에 가로막혀 경위의를 사용할 수 없는 경우에는 간접적인 방법으로 경계점의 좌표를 산출할 수 있다.
② 제1항에 따른 각 필지의 경계점 측점번호는 왼쪽 위에서부터 오른쪽으로 경계를 따라 일련번호를 부여한다.
③ 기존의 경계점좌표등록부를 갖춰두는 지역의 경계점에 접속하여 경위의측량방법 등으로 지적확정측량을 하는 경우 동일한 경계점의 측량성과가 서로 다를 때에는 경계점좌표등록부에 등록된 좌표를 그 경계점의 좌표로 본다. 이 경우 동일한 경계점의 측량성과의 차이는 제27조 제1항 제4호 가목의 허용범위 이내여야 한다.

17 트랜싯법칙에 대한 설명으로 가장 옳은 것은?
① 변의 수에 비례하여 오차를 배분하는 방식이다.
② 측선장에 반비례하여 오차를 배분하는 방식이다.
③ 거리측정의 정밀도가 각관측의 정밀도에 비하여 높다.
④ 각관측의 정밀도가 거리측정의 정밀도에 비하여 높다.

해설 ㉠ 트랜싯법칙 : 각관측의 정밀도가 거리측정의 정밀도보다 높을 경우
㉡ 컴퍼스법칙 : 각관측의 정밀도와 거리측정의 정밀도가 동일할 때

18 경위의측량방법으로 세부측량을 실시할 때 측량대상토지의 경계점 간 실측거리와 경계점의 좌표에 따라 계산한 거리의 교차는 얼마 이내여야 하는가? (단, L은 실측거리로서 미터단위로 표시한 수치이다.)
① $6+\dfrac{L}{10}$ [cm] 이내
② $5+\dfrac{L}{10}$ [cm] 이내
③ $4+\dfrac{L}{10}$ [cm] 이내
④ $3+\dfrac{L}{10}$ [cm] 이내

해설 측량대상토지의 경계점 간 실측거리와 경계점의 좌표에 따라 계산한 거리의 교차는 $3+\dfrac{L}{10}$ [cm] 이내여야 한다.

19 각도측정에서 50m의 거리에 1′의 각도오차가 있을 때 실제의 위치오차는?
① 0.02cm
② 0.50cm
③ 1.00cm
④ 1.45cm

해설 $\dfrac{\Delta l}{l} = \dfrac{\theta''}{\rho''}$

$\dfrac{\Delta l}{50} = \dfrac{60''}{206,265''}$

∴ $\Delta l = 0.0145m = 1.45cm$

20 각의 측량에 있어 A는 1회 관측으로 60°20′38″, B는 4회 관측으로 60°20′21″, C는 9회 관측으로 60°20′30″의 측정결과를 얻었을 때 최확값으로 옳은 것은?
① 60°20′24″
② 60°20′26″
③ 60°20′28″
④ 60°20′30″

해설 $\alpha_0 = 60°20' + \dfrac{1\times38'' + 4\times21'' + 9\times30''}{1+4+9}$
$= 60°20'28''$

제2과목 응용측량

21 곡선설치에서 캔트(cant)의 의미는?
① 확폭
② 편경사
③ 종곡선
④ 매개변수

해설 캔트란 곡선부를 통과하는 차량에 원심력이 발생하여 접선방향으로 탈선하는 것을 방지하기 위해 바깥쪽의 노면을 안쪽보다 높이는 정도를 말한다.

22 터널측량의 일반적인 작업순서에 맞게 나열된 것은?

㉠ 지표설치	㉡ 계획 및 답사
㉢ 예측	㉣ 지하설치

① ㉡ → ㉢ → ㉣ → ㉠
② ㉢ → ㉡ → ㉠ → ㉣
③ ㉡ → ㉢ → ㉠ → ㉣
④ ㉢ → ㉡ → ㉣ → ㉠

해설 터널측량의 순서 : 계획 및 답사 → 예측 → 지표설치 → 지하설치

정답 17 ④ 18 ④ 19 ④ 20 ③ 21 ② 22 ③

23 수준측량에서 표척(수준척)을 세우는 횟수를 짝수로 하는 주된 이유는?

① 표척의 영점오차 소거
② 시준축에 의한 오차의 소거
③ 구차의 소거
④ 기차의 소거

해설 직접수준측량 시 표척을 세우는 횟수를 짝수로 하는 이유는 표척의 0눈금오차를 소거하기 위함이다.

24 사이클슬립(cycle slip)이나 멀티패스(multipath)의 오차를 줄일 목적으로 낮은 위성의 고도각을 제한하기도 한다. 일반적으로 제한하는 위성의 고도각범위로 알맞은 것은?

① 10° 이상　　② 15° 이상
③ 30° 이상　　④ 40° 이상

해설 GNSS에 의한 측량 시 고도각범위는 15° 이상이다. 그 이유는 사이클슬립이나 멀티패스에 의한 오차를 줄이기 위함이다.

25 다음 그림과 같이 경사지에 폭 6.0m의 도로를 만들고자 한다. 절토기울기 1:0.7, 절토고 2.0m, 성토기울기 1:1, 성토고 5.0m일 때 필요한 용지폭 (x_1+x_2)은? (단, 여유폭 a는 1.50m로 한다.)

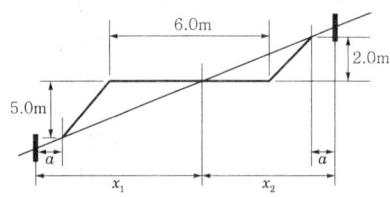

① 16.9m　　② 15.4m
③ 11.8m　　④ 7.9m

해설 용지폭 (x_1+x_2) = 1.5+(5×1)+6+(2×0.7)+1.5 = 15.4m

26 다음 중 우리나라에서 발사한 위성은?

① KOMPSAT　　② LANDSAT
③ SPOT　　④ IKONOS

해설 KOMPSAT(아리랑 1호)는 우리나라의 항공우주연구원에서 주관하는 다목적 소형 지구관측위성이다. 일반명칭으로 '아리랑위성'이라 하며 1999년 다목적 실용위성 1호, 2006년 2호를 성공적으로 발사하였다.

27 회전주기가 일정한 인공위성에 의한 원격탐사의 특성이 아닌 것은?

① 얻어진 영상이 정사투영에 가깝다.
② 판독이 자동적이고 정량화가 가능하다.
③ 넓은 지역을 동시에 측정할 수 있다.
④ 어떤 지점이든 원하는 시기에 관측할 수 있다.

해설 원격탐사의 특징
㉠ 짧은 시간에 넓은 지역을 동시에 측정할 수 있으며 반복 측정이 가능하다.
㉡ 다중파장대에 의한 지구표면의 정보획득이 용이하며 측정자료가 기록되어 판독이 자동적이고 정량화가 가능하다.
㉢ 회전주기가 일정하므로 원하는 지점 및 시기에 관측하기가 어렵다.
㉣ 관측이 좁은 시야각으로 얻어진 영상은 정사투영에 가깝다.
㉤ 탐사된 자료가 즉시 이용될 수 있으므로 재해 및 환경문제의 해결에 편리하다.

28 축척 1:50,000의 지형도에서 A, B점 간의 도상거리가 3cm이었다. 어느 수직항공사진상에서 같은 A, B점 간의 거리가 15cm이었다면 사진의 축척은?

① 1:5,000　　② 1:10,000
③ 1:15,000　　④ 1:20,000

해설 ㉠ $\dfrac{1}{50,000} = \dfrac{0.03}{\text{실제 거리}}$
∴ 실제 거리 = 1,500m
㉡ $\dfrac{1}{m} = \dfrac{0.15}{1,500} = \dfrac{1}{10,000}$

29 지형도의 도식과 기호가 만족하여야 할 조건에 대한 설명으로 옳지 않은 것은?

① 간단하면서도 그리기 용이해야 한다.
② 지물의 종류가 기호로써 명확히 판별될 수 있어야 한다.
③ 지도가 깨끗이 만들어지며 도식의 의미를 잘 알 수 있어야 한다.
④ 지도의 사용목적과 축척의 크기에 관계없이 동일한 모양과 크기로 빠짐없이 표시하여야 한다.

해설 주기에 사용되는 문자의 크기(식자급수)와 문자와의 간격(자격) 및 문자의 배열요령은 지도의 종류에 따라 국토지리정보원장이 정한다.

정답 23 ① 24 ② 25 ② 26 ① 27 ④ 28 ② 29 ④

30 짧은 선의 간격, 굵기, 길이 및 방향 등으로 지표의 기복을 나타내는 지형표시방법은?

① 영선법　② 등고선법
③ 점고법　④ 채색법

해설 지형의 표시법
㉠ 자연적인 도법
- 우모법(영선법, 게바법) : 선의 굵기와 길이로 지형을 표시하는 방법으로 경사가 급하면 굵고 짧게, 경사가 완만하면 가늘고 길게 표시한다.
- 음영법(명암법) : 태양광선이 서북쪽에서 45°로 비친다고 가정하고, 지표의 기복에 대해서 그 명암을 도상에 2~3색 이상으로 지형의 기복을 표시하는 방법이다.

㉡ 부호적인 도법
- 점고법 : 지표면상에 있는 임의점의 표고를 도상에서 숫자로 표시해 지표를 나타내는 방법으로 하천, 항만, 해양 등의 심천을 나타내는 경우에 사용한다.
- 등고선법 : 등고선에 의하여 지표면의 형태를 표시하는 방법으로 비교적 지형을 쉽게 표현할 수 있어 가장 널리 쓰이는 방법이다.
- 채색법 : 지형도에 채색을 하여 지형을 표시하는 방법으로 높은 곳은 진하게, 낮은 곳은 연하게 표시하며 지리관계의 지도나 소축척지도에 사용된다.

31 터널측량에 대한 설명 중 옳지 않은 것은?

① 터널측량은 크게 터널 내 측량, 터널 외 측량, 터널 내외 연결측량으로 구분할 수 있다.
② 터널 내 측량에서는 망원경의 십자선 및 표척에 조명이 필요하다.
③ 터널의 길이방향은 주로 트래버스측량으로 행한다.
④ 터널 내의 곡선설치는 일반적으로 지상에서와 같이 편각법을 주로 사용한다.

해설 터널 내의 곡선설치는 지거법에 의한 곡선설치, 접선편거와 현편거에 의한 방법을 이용한다.

32 지형도 작성 시 활용하는 지형표시방법과 거리가 먼 것은?

① 방사법　② 영선법
③ 채색법　④ 점고법

해설 지형의 표시법
㉠ 자연적인 도법
- 우모법(영선법, 게바법) : 지형을 선의 굵기와 길이로 표시하는 방법으로 급경사는 굵고 짧게, 완경사는 가늘고 길게 표현한다.
- 음영법(명암법) : 서북방향 45°에서 태양광선이 비친다고 가정하여 지표면의 기복을 2~3색 이상으로 표시하는 방법이다.

㉡ 부호적인 도법
- 점고법 : 지표상에 있는 임의점의 표고를 도상에서 숫자로 나타내며 하천, 항만 등의 수심을 나타낼 때 주로 사용한다.
- 등고선법 : 동일 표고의 점을 연결하는 등고선을 이용하여 지표를 표시하는 방법으로 주로 토목공사에 사용된다.
- 채색법 : 지형도에 채색을 하여 지형이 높아질수록 색깔을 진하게, 낮아질수록 연하게 채색의 농도를 변화시켜 지표면의 고저를 나타내는 방법이다.

33 지형도에서 92m 등고선상의 A점과 118m 등고선상의 B점 사이에 일정한 기울기 8%의 도로를 만들었을 때 AB 사이 도로의 실제 경사거리는?

① 347m　② 339m
③ 332m　④ 326m

해설 ㉠ $\overline{AB}$ 수평거리
$100 : 8 = D : 26$
$\therefore D = 325m$

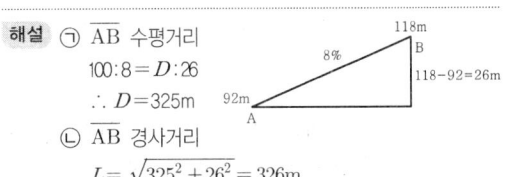

㉡ $\overline{AB}$ 경사거리
$L = \sqrt{325^2 + 26^2} = 326m$

34 직선부 포장도로에서 주행을 위한 편경사는 필요 없지만 1.5~2.0% 정도의 편경사를 주는 경우의 가장 큰 목적은?

① 차량의 회전을 원활히 하기 위하여
② 노면배수가 잘 되도록 하기 위하여
③ 급격한 노선변화에 대비하기 위하여
④ 주행에 따른 노면침하를 사전에 방지하기 위하여

해설 도로에서 도로의 중심을 기준으로 1.5~2.0%의 구배를 주는 이유는 노면배수를 원활하게 하기 위해서이다.

35 노선의 중심점 간 길이가 20m이고 단곡선의 반지름 $R = 100m$일 때 중심점 간 길이(20m)에 대한 편각은?

① 5°40′　② 5°20′
③ 5°44′　④ 5°54′

해설 $\delta = \dfrac{l}{R} \dfrac{90°}{\pi} = \dfrac{20}{100} \times \dfrac{90°}{\pi} = 5°44′$

정답 30 ① 31 ④ 32 ① 33 ④ 34 ② 35 ③

36 종단측량을 행하여 다음과 같은 결과를 얻었을 때 측점 1과 측점 5의 지반고를 연결한 도로계획선의 경사도는? (단, 중심선의 간격은 20m이다.)

측점	지반고(m)	측점	지반고(m)
1	53.38	4	50.56
2	52.28	5	52.38
3	55.76	–	–

① +1.00% ② -1.00%
③ +1.25% ④ -1.25%

해설 경사도 = $\dfrac{52.38 - 53.38}{80} \times 100\% = -1.25\%$

37 GPS신호에서 P코드의 1/10주파수를 가지는 C/A코드의 파장크기로 옳은 것은?

① 100m ② 200m
③ 300m ④ 400m

해설 P코드의 파장길이는 30m이다. 따라서 P코드의 1/10주파수를 가지는 C/A코드의 파장길이는 300m이다.

38 두 점 간의 고저차를 A, B 두 사람이 정밀하게 측정하여 다음과 같은 결과를 얻었다. 두 점 간 고저차의 최확값은?

- A : 68.994 ± 0.008m
- B : 69.003 ± 0.004m

① 69.001m ② 68.998m
③ 68.996m ④ 68.995m

해설
㉠ 경중률
$P_A : P_B = \dfrac{1}{8^2} : \dfrac{1}{4^2} = 1 : 4$

㉡ 최확값
$H_o = \dfrac{1 \times 68.994 + 4 \times 69.003}{1 + 4} = 69.001\text{m}$

39 GPS위성의 궤도주기로 옳은 것은?

① 약 6시간 ② 약 10시간
③ 약 12시간 ④ 약 18시간

해설 GPS
㉠ 위치측정원리 : 전파의 도달시간, 3차원 후방교회법
㉡ 고도 및 주기 : 20,183km, 12시간(0.5항성일) 주기
㉢ 신호 : L_1파 1575.422MHz, L_2파 1227.60MHz

㉣ 궤도경사각 : 55°
㉤ 궤도방식 : 원궤도, 위도 60°의 6개 궤도면을 도는 34개 위성이 운행 중에 있음
㉥ 사용좌표계 : WGS84

40 터널측량에 대한 설명으로 옳지 않은 것은?

① 터널측량은 터널 내 측량, 터널 외 측량, 터널 내외 연결측량으로 구분할 수 있다.
② 터널 내의 측점은 천장에 설치하는 것이 유리하다.
③ 터널 내 측량에서는 망원경의 십자선 및 표척에 조명이 필요하다.
④ 터널 내에서의 곡선설치는 중앙종거법을 사용하는 것이 가장 유리하다.

해설 터널 내에서의 곡선설치는 터널 내는 협소하므로 현편거법이나 트래버스측량에 의해 설치하며, 트래버스측량에 의한 방법에는 내접다각형법과 외접다각형법이 있다.

제3과목 토지정보체계론

41 주요 DBMS에서 채택하고 있는 표준데이터베이스 질의어는?

① SQL ② COBOL
③ DIGEST ④ DELPHI

해설 SQL
㉠ 개요
- 1974년 IBM연구소에서 개발한 SEQUEL(Structured English QUEry Language)에 연유한다.
- SQL이라는 이름은 'Structured Query Language'의 약자이며 "sequel(시퀄)"이라 발음한다.
- 관계형 데이터베이스에 사용되는 관계대수와 관계해석을 기초로 한 통합데이터 언어를 말한다.

㉡ 특징
- 대화식 언어 : 온라인터미널을 통하여 대화식으로 사용할 수 있다.
- 집합단위로 연산되는 언어 : SQL은 개개의 레코드단위로 처리하기보다는 레코드집합단위로 처리하는 언어이다.
- 데이터 정의어, 조작어, 제어어를 모두 지원한다.
- 비절차적 언어 : 데이터 처리를 위한 접근경로에 대한 명세가 필요하지 않으므로 비절차적인 언어이다.
- 표현력이 다양하고 구조가 간단하다.

정답 36 ④ 37 ③ 38 ① 39 ③ 40 ④ 41 ①

42 KLIS 중 토지의 등록사항을 관리하는 시스템으로 속성정보와 공간정보를 유기적으로 통합하여 상호 데이터의 연계성을 유지하며 변동자료를 실시간으로 수정하여 국민과 관련 기관에 필요한 정보를 제공하는 시스템은?

① 지적공부관리시스템
② 측량성과작성시스템
③ 토지민원발급시스템
④ 연속/편집도관리시스템

해설 지적공부는 속성정보를 담고 있는 토지대장, 임야대장, 공유지연명부, 대지권등록부와 각 필지의 경계를 표시하는 지적도와 임야도로 나눌 수 있다. 지적공부관리시스템은 토지의 등록사항을 관리하는 시스템으로, 속성정보와 공간정보를 유기적으로 통합하여 두 데이터의 무결성을 유지하며 변동자료를 실시간으로 갱신하여 국민과 관련 기관에 필요한 정보를 제공하는 시스템이다.

43 데이터베이스에서 데이터 표준유형을 분류할 때 기능측면의 분류에 해당하지 않는 것은?

① 기술표준   ② 데이터 표준
③ 프로세스표준 ④ 메타데이터 표준

해설 표준유형의 분류
㉠ 기능측면에 따른 분류 : 데이터 표준, 기술표준, 프로세스표준, 조직표준
㉡ 데이터 측면에 따른 분류

구분		내용
내적 요소	데이터 모형표준	공간데이터의 개념적이고 논리적인 틀을 정의한다.
	데이터 내용표준	다양한 공간현상에 대하여 데이터 교환에 의해 필요한 데이터를 얻기 위해 공간형상과 관련 속성자료들이 정의된다.
	메타 데이터 표준	사용되는 공간데이터의 의미, 맥락, 내·외부적 관계 등에 대한 정보로 정의된다.
외적 요소	데이터 품질표준	만들어진 공간데이터가 얼마나 유용하고 정확한지, 의미가 있는지에 대한 검증과정을 정의한다.
	데이터 수집표준	디지타이징, 스캐닝 등 공간데이터를 수집하기 위한 방법을 정의한다.
	위치 참조표준	공간데이터의 정확성, 의미, 공간적 관계 등을 객관적인 기준좌표계, 투영법, 기준점)에 의해 정의한다.

㉢ 표준영역측면에 따른 분류 : 국지적 표준, 국가범주, 국가 간 범주, 국제범주

44 다음 중 벡터편집의 오류유형이 아닌 것은?

① 스파이크(spike)
② 언더슛(undershoot)
③ 슬리버폴리곤(sliver polygon)
④ 스파게티모형(spaghetti model)

해설 디지타이저에 의한 도면독취과정에서의 오차

구분	내용
오버슛 (Overshoot)	다른 아크(도곡선)와의 교점을 지나서 디지타이징된 아크의 한 부분을 말한다.
언더슛 (Undershoot, 기준선 미달오류)	도곡선상에 인접되어야 할 선형요소가 도곡선에 도달하지 못한 경우를 말한다. 다른 선형요소와 완전히 교차하지 않은 선형을 말한다.
스파이크 (Spike)	교차점에서 두 개의 선분이 만나는 과정에서 잘못된 좌표가 입력되어 발생하는 오차이다.
슬리버 (Sliver)	하나의 선으로 입력되어야 할 곳에서 두 개의 선으로 약간 어긋나게 입력되어 가늘고 긴 불필요한 폴리곤을 형성한 상태를 말한다.
점·선 중복 (Overlapping)	주로 영역의 경계선에서 점·선이 이중으로 입력되어 발생하는 오차로 중복된 점·선을 삭제함으로서 수정이 가능하다.

45 다음 중 지적 관련 속성정보를 데이터베이스에 입력하기에 가장 적합한 장비는?

① 스캐너   ② 플로터
③ 키보드   ④ 디지타이저

해설 지적정보 중 속성정보의 입력은 키보드를 이용하여 입력하는 것이 가장 효율적이다.

46 다음 중에서 가장 늦게 출현한 시스템은?

① 지적행정시스템
② 부동산종합공부시스템
③ 한국토지정보시스템(KLIS)
④ 필지중심토지정보시스템(PBLIS)

해설 부동산종합공부시스템 : 2014년에 도입된 것으로 토지의 표시와 소유자에 관한 사항, 건축물의 표시와 소유자에 관한 사항, 토지의 이용 및 규제에 관한 사항, 부동산의 가격에 관한 사항 등 부동산에 관한 종합정보를 정보관리체계를 통하여 기록·저장한 것

정답 42 ① 43 ④ 44 ④ 45 ③ 46 ②

47 다음 중 공간자료의 파일형식이 다른 것은?

① BIL
② DGN
③ DWG
④ SHP

해설 DWG, SHP, DGN은 벡터파일이며, BIL은 래스터파일이다.

48 필지중심토지정보시스템(PBLIS)의 표준화에 관한 설명 중 옳지 않은 것은?

① 통일된 하나의 표준좌표계를 선정해야 한다.
② 다양한 사용자들이 다양한 자원을 공유할 수 있도록 데이터를 표준화하여야 한다.
③ 국가차원에서 수치지도작성규칙을 제정하여 표준화된 소축척도면을 사용하여야 한다.
④ 시스템의 상호 운용성, 연동성 등 통신망에서 운용될 수 있게 네트워크가 설계되어야 한다.

해설 필지중심토지정보시스템(PBLIS)은 지적도, 임야도를 기반으로 하기 때문에 대축척도면을 사용한다.

49 토지대장의 고유번호 중 행정구역코드를 구성하는 자리수기준으로 옳지 않은 것은?

① 리−3자리
② 시·도−2자리
③ 시·군·구−3자리
④ 읍·면·동−3자리

해설 고유번호의 구성은 행정구역코드 10자리(시·도 2, 시·군·구 3, 읍·면·동 3, 리 2), 대장구분 1자리, 본번 4자리, 부번 4자리로 총 19자리로 구성한다.

50 래스터데이터의 압축방법 중 각 행마다 왼쪽에서 오른쪽으로 진행하면서 동일한 수치를 갖는 셀들을 묶어 압축하는 방법은?

① Quadtree
② Block code
③ Chain code
④ Run length code

해설 Run−length코드기법
㉠ Run이란 하나의 행에서 동일한 속성값을 갖는 셀을 의미한다.
㉡ 같은 셀값을 가진 셀의 수를 length라 한다.
㉢ 셀값을 개별적으로 저장하는 대신 각각의 런에 대하여 속성값, 위치, 길이를 한 번씩만 저장하는 방식이다.
㉣ 각 행마다 왼쪽에서 오른쪽으로 진행하면서 동일한 수치를 갖는 셀들을 묶어 압축시키는 방법이다.
㉤ 셀의 크기가 지도단위 혹은 사상에 비추어 크고 하나의 지도단위가 다수의 셀로 구성되어 있는 경우에 유용하다. 즉 방대한 데이터베이스를 구축하는 경우 효과적이다.
㉥ 셀값의 변화가 심한 경우 연속적인 변화를 코드화하여야 하므로 자료압축이 용이하지 않아 효과적인 방법이라 볼 수 없다.
㉦ 유일값으로 구성된 자료인 경우에는 비효율적이다.

51 실세계를 GIS의 데이터베이스로 구축하는 과정을 추상화수준에 따라 분류할 때 이에 해당하지 않는 것은?

① 개념적 모델
② 논리적 모델
③ 물리적 모델
④ 수리적 모델

해설 공간데이터베이스를 이용하여 현실 세계를 모델링하는 과정은 개념적 설계, 논리적 설계, 물리적 설계로 구분된다.

52 차량내비게이션(CNS)에서 사용하는 최단거리분석 방법으로 적합한 분석기능은?

① 네트워크분석
② 관계분석
③ 표면분석
④ 인접성분석

해설 네트워크분석
㉠ 목적물 간의 교통안내나 최단경로분석, 상하수도관망분석 등 다양한 분석기능 수행
㉡ 최단경로나 최소비용경로를 찾는 경로탐색기능
㉢ 시설물을 적정한 위치에 할당하는 배분기능
㉣ 네트워크상에서 연결성을 추적하는 추적기능

53 지적 관련 전산화사업의 시기가 빠른 순으로 올바르게 나열한 것은?

① 토지·임야대장 전산화 → 지적도면 전산화 → KLIS 구축 → 부동산종합공부시스템 구축
② 지적도면 전산화 → 토지·임야대장 전산화 → KLIS 구축 → 부동산종합공부시스템 구축
③ 지적도면 전산화 → 토지·임야대장 전산화 → 부동산종합공부시스템 구축 → KLIS 구축
④ 토지·임야대장 전산화 → KLIS 구축 → 지적도면 전산화 → 부동산종합공부시스템 구축

해설 지적전산화사업의 변천 : 토지·임야대장 전산화 → 지적도면 전산화 → KLIS 구축 → 부동산종합공부시스템 구축

정답 47 ① 48 ③ 49 ① 50 ④ 51 ④ 52 ① 53 ①

54 토지정보체계를 구축할 때 도형자료를 작성하는 데 가장 적합한 원시자료는?

① 공유지연명부자료
② 대지권등록부자료
③ 경계점좌표등록부자료
④ 토지대장 및 임야대장자료

해설 공간정보
㉠ 점, 선, 면과 같이 위치, 형태, 크기, 방위 등을 가지고 있는 정보를 말한다.
㉡ 객체 간의 공간적 위치관계를 설명할 수 있는 공간관계(spatial relationship)를 갖는다.
㉢ 대상물들의 거리, 방향, 상대적 위치 등을 파악할 수 있게 한다.
㉣ 지적공부 중 지적도와 임야도가 이에 해당하며, 경계점좌표등록부에 등록되는 좌표도 공간정보로 취급된다.

55 데이터 분석에 대한 설명이 옳은 것은?

① 재부호화란 속성값의 숫자나 명칭을 변경하는 작업이다.
② 네트워크분석은 어떤 객체의 둘레에 특정한 폭을 가진 구역을 구축하는 것이다.
③ 질의검색이란 취득한 자료를 대상으로 최대값, 표준편차, 분산 등의 분석과 상관관계조사 등을 실시할 수 있다.
④ 근접분석은 하나의 레이어 또는 커버리지 위에 다른 레이어를 올려놓고 두 레이어에 나타난 형상들 간의 관계를 분석하는 것이다.

해설 ② 버퍼분석, ③ 근접분석, ④ 중첩분석

56 DEM데이터가 다음과 같을 때 A → B방향의 경사도는? (단, 셀의 크기는 100m×100m이다.)

200	210	(A) 220
190	(B) 190	200
170	190	190

① 약 +21%
② 약 -21%
③ 약 +30%
④ 약 -30%

해설 경사도 $= \dfrac{190-220}{\sqrt{100^2+100^2}} \times 100\% = -21\%$

57 다음 토지정보시스템의 공간데이터 취득방법 중 성격이 다른 하나는?

① GPS에 의한 방법
② COGO에 의한 방법
③ 스캐너에 의한 방법
④ 토털스테이션에 의한 방법

해설 ①, ②, ④는 벡터방식이고, ③은 래스터방식이다.

58 학교정화구역(학교로부터 100m 이내 지역)을 설정할 때 적합한 공간분석방법은?

① 버퍼분석
② 중첩분석
③ TIN분석
④ 네트워크분석

해설 Buffer분석은 특정 공간데이터를 중심으로 특정 길이만큼의 버퍼영역을 설정하는 것으로 선택한 공간데이터의 둘레 또는 특정한 거리에 무엇이 있는가를 분석하는 것으로 인접 지역분석에 이용된다.

59 다음 중 지적행정에 웹LIS를 도입한 효과로 가장 거리가 먼 것은?

① 중복된 업무를 처리하지 않을 수 있다.
② 지적 관련 정보와 자원을 공유할 수 있다.
③ 업무의 중앙집중 및 업무별 중앙제어가 가능하다.
④ 시간과 거리에 제한을 받지 않고 민원을 처리할 수 있다.

해설 웹LIS(인터넷LIS)
㉠ 의의 : 인터넷기술의 발전과 웹 이용의 엄청난 증가는 수많은 정보통신분야에 새로운 길을 열어주고 있고 LIS에 있어서도 새로운 방향을 제시하였다. 인터넷LIS는 인터넷의 WWW(World Wide Web)구현기술을 LIS와 결합하여 인터넷 또는 인트라넷환경에서 토지정보의 입력, 수정, 조작, 분석, 출력 등의 작업을 처리하여 네트워크환경에서 서비스를 제공할 수 있도록 구축된 시스템을 말한다.
㉡ 도입효과
• 업무처리의 신속화
• 정보의 공유
• 업무별 분산처리 실현
• 시간과 거리에 제한을 받지 않음
• 중복된 업무를 처리하지 않을 수 있음

정답 54 ③ 55 ① 56 ② 57 ③ 58 ① 59 ③

60 벡터자료의 구조에 관한 설명으로 가장 거리가 먼 것은?

① 복잡한 현실 세계의 묘사가 가능하다.
② 좌표계를 이용하여 공간정보를 기록한다.
③ 래스터자료보다 자료구조가 단순하여 중첩분석이 쉽다.
④ 위상 관련 정보가 제공되어 네트워크분석이 가능하다.

해설 벡터자료구조는 래스터자료구조보다 자료구조가 복잡하며 중첩분석에 어려움이 있다.

제4과목 지적학

61 지주총대의 사무에 해당되지 않는 것은?

① 신고서류 취급 처리
② 소유자 및 경계 사정
③ 동리의 경계 및 일필지조사의 안내
④ 경계표에 기재된 성명 및 지목 등의 조사

해설 지주총대의 사무
㉠ 동리의 경계 및 일필지조사의 안내
㉡ 신고서류 취급 및 처리
㉢ 경계표에 기재된 성명 및 지목 등의 조사

62 다음 중 등록의무에 따른 지적제도의 분류에 해당하는 것은?

① 세지적 ② 도해지적
③ 2차원 지적 ④ 소극적 지적

해설 ㉠ 등록의무에 따른 분류 : 적극적 지적, 소극적 지적
㉡ 발전과정에 따른 분류 : 세지적, 법지적, 다목적 지적
㉢ 등록대상에 따른 분류 : 2차원 지적, 3차원 지적

63 다음 중 근대 지적의 시초로 과세지적이 대표적인 나라는?

① 일본 ② 독일
③ 프랑스 ④ 네덜란드

해설 근대 유럽지적제도의 효시를 이루는데 공헌한 국가는 프랑스이다.

64 다음 중 지적제도와 등기제도를 처음부터 일원화하여 운영한 국가는?

① 대만 ② 독일
③ 일본 ④ 네덜란드

해설 지적제도와 등기제도를 처음부터 일원화하여 운영한 국가는 네덜란드이다.

65 양안 작성 시 실제로 현장에 나가 측량하여 기록하는 것은?

① 야초책 ② 정서책
③ 정초책 ④ 중초책

해설 양안의 작성
㉠ 야초책 양안 : 각 면단위로 실제로 측량해서 작성하는 가장 기초적인 장부이다.
㉡ 중초책 양안 : 각 면단위로 작성된 야초책을 면의 순서에 따라 자호를 붙이고 지번을 부여하여 사표와 사주의 일치 여부 등을 중점적으로 확인하면서 작성한 장부이다.
㉢ 정서책 양안 : 광무양안 때 야초책과 중초책을 작성하였고, 이를 기초로 하여 만든 양안의 최종성과이다. 2부를 작성하여 1부는 탁지부에 보관하고, 1부는 각 부·군에 보관하였다.

66 적극적 등록제도에 대한 설명으로 옳지 않은 것은?

① 토지등록을 의무화하지 않는다.
② 토렌스시스템은 이 제도의 발달된 형태이다.
③ 지적측량이 실시되지 않으면 토지의 등기도 할 수 없다.
④ 토지등록상의 문제로 인해 선의의 제3자가 받은 피해는 법적으로 보호되고 있다.

해설 적극적 등록주의(Positive System)
㉠ 토지의 등록은 일필지의 개념으로 법적인 권리보장이 인증되고 정부에 의해서 합법성과 효력이 발생한다. 모든 토지를 공부에 강제등록시키는 제도이다.
㉡ 등록은 강제적이고 의무적이다.
㉢ 공부에 등록되지 않은 토지는 어떠한 권리도 인정되지 않는다.
㉣ 지적측량이 실시되어야만 등기를 허락한다.
㉤ 토지등록의 효력이 국가에 의해 보장된다. 따라서 선의의 제3자는 토지등록의 문제로 인한 피해는 법적으로 보호를 받는다.
㉥ 한국, 일본, 대만, 호주, 뉴질랜드, 스위스, 캐나다 일부 등에서 적용한다.

정답 60 ③ 61 ② 62 ④ 63 ③ 64 ④ 65 ① 66 ①

67 우리나라에서 자호제도가 처음 사용된 시기는?

① 백제 ② 신라
③ 고려 ④ 조선

해설 고려시대에 자호제도가 처음 사용되었다.

68 다음 중 고조선시대의 토지제도로 옳은 것은?

① 과전법(科田法)
② 두락제(斗落制)
③ 정전제(井田制)
④ 수등이척제(隨等異尺制)

해설 정전제(井田制) : 고조선시대의 토지제도로 토지의 한 구역을 '정(井)'자로 9등분 하여 8호의 농가가 각각 한 구역씩 경작하고, 가운데 있는 한 구역은 8호가 공동으로 경작하여 그 수확물을 국가에 조세로 바치는 토지제도였다.

69 토지멸실에 의한 등록말소에 속하는 것은?

① 등록전환에 의한 말소
② 등록변경에 따른 말소
③ 토지합병에 따른 말소
④ 바다로 된 토지의 말소

해설 바다로 된 토지의 등록말소 : 지적공부에 등록된 토지가 지형의 변화 등으로 바다로 된 경우로서 원상으로 회복할 수 없거나 다른 지목의 토지로 될 가능성이 없는 때에는 지적공부의 등록을 말소하는 것을 말한다.

70 개개의 토지를 중심으로 토지등록부를 편성하는 방법은?

① 물적 편성주의   ② 인적 편성주의
③ 연대적 편성주의 ④ 물적·인적 편성주의

해설 물적 편성주의
㉠ 개개의 토지를 중심으로 지적공부를 편성하는 방법이며 각국에서 가장 많이 사용하고 합리적인 제도로 평가하고 있다.
㉡ 토지대장과 같이 지번순서에 따라 등록되고 분할되더라도 본번과 관련하여 편철한다.
㉢ 소유자의 변동이 있을 때에도 이를 계속 수정하여 관리하는 방식이다.
㉣ 토지이용·관리·개발측면에 편리하다.
㉤ 권리주체인 소유자별 파악이 곤란한 단점이 있다.
㉥ 우리나라에서 채택하고 있는 제도이다.

71 우리나라에서 지적이라는 용어가 법률상 처음 등장한 것은?

① 1895년 내부관제
② 1898년 양지아문 직원급 처무규정
③ 1901년 지계아문 직원급 처무규정
④ 1910년 토지조사법

해설 우리나라의 근대적인 지적제도는 고종 32년(1895년) 3월 26일 칙령 제53호로 내부관제를 공포하고 내부관제의 판적국에서 지적(地籍)에 관한 사항을 담당하였다. 이때 법령에 최초로 지적이라는 용어를 사용하였다.

72 우리나라 법정지목을 구분하는 중심적 기준은?

① 토지의 성질 ② 토지의 용도
③ 토지의 위치 ④ 토지의 지형

해설 토지현황에 의한 분류
㉠ 지형지목 : 지표면의 형태, 토지의 고저, 수륙의 분포상태 등 토지의 생긴 모양에 따라 지목을 결정하는 것
㉡ 토성지목 : 토지의 성질(토질)인 지층이나 암석 또는 토양의 종류 등에 따라 지목을 결정하는 것
㉢ 용도지목 : 토지의 주된 사용목적(주된 용도)에 따라 지목을 결정하는 것으로 우리나라에서 지목을 결정할 때 사용되는 방법

73 경계불가분의 원칙에 관한 설명으로 옳은 것은?

① 3개의 단위토지 간을 구획하는 선이다.
② 토지의 경계에는 위치, 길이, 넓이가 있다.
③ 같은 토지에 2개 이상의 경계가 있을 수 있다.
④ 토지의 경계는 인접 토지에 공통으로 작용한다.

해설 경계불가분의 원칙 : 토지의 경계는 같은 토지에 2개 이상의 경계가 있을 수 없으며 양필지 사이에 공통으로 작용한다.

74 경계의 표시방법에 따른 지적제도의 분류가 옳은 것은?

① 도해지적, 수치지적
② 수평지적, 입체지적
③ 2차원 지적, 3차원 지적
④ 세지적, 법지적, 다목적 지적

해설 측량방법(경계표시)에 따른 분류 : 도해지적, 수치지적

정답 67 ③ 68 ③ 69 ④ 70 ① 71 ① 72 ② 73 ④ 74 ①

75 양전개정론을 주장한 학자와 그 저서의 연결이 옳은 것은?

① 김정호 – 속대전 ② 이기 – 해학유서
③ 정약용 – 경국대전 ④ 서유구 – 목민심서

해설 양전개정론자

실학자	저서	개정론
이익	균전론	영업전 제도
정약용	목민심서, 경세유표	정전제, 방량법, 어린도법
서유구	의상경계책	어린도법, 방량법
이기	해학유서, 전제망언	결부제 보완, 망척제
유길준	서유견문, 지제의	전통도 실시

76 철도용지와 하천의 지목이 중복되는 토지의 지목설정방법은?

① 등록 선후의 원칙에 따른다.
② 필지규모와 원칙에 따른다.
③ 경제적 고부가가치의 용도에 따른다.
④ 소관청담당자의 주관적 직권으로 결정한다.

해설 지목이 중복되는 경우 먼저 등록된 토지의 사용목적·용도에 따라 지목을 설정한다.

77 토지조사사업 당시 토지의 사정이 의미하는 것은?

① 경계와 면적으로 확정하는 것이다.
② 지번, 지목, 면적으로 확정하는 것이다.
③ 소유자와 지목을 확정하는 행정행위이다.
④ 소유자와 강계를 확정하는 행정처분이다.

해설 토지조사사업 당시 토지의 사정은 토지조사부 및 지적도에 의하여 토지소유자(원시취득) 및 강계를 확정하는 행정처분을 말한다.

78 토지측량사에 의해 정밀지적측량이 수행되고 토지소관청으로부터 사정의 행정처리가 완료되어 확정된 지적경계의 유형은?

① 고정경계 ② 일반경계
③ 보증경계 ④ 지상경계

해설 보증경계(승인경계, guaranted boundary)는 토지측량사에 의하여 정밀지적측량이 수행되고 지적소관청으로부터 사정의 행정처리가 완료되어 확정된 토지경계를 말한다. 우리나라에서 적용되는 개념이다.

79 토지조사사업에서 측량에 관계되는 사항을 구분한 7가지 항목에 해당하지 않는 것은?

① 삼각측량 ② 지형측량
③ 천문측량 ④ 이동지측량

해설 토지조사사업 당시의 측량의 구분 : 삼각측량, 도근측량, 세부측량, 면적계산, 지적도 작성, 이동지측량, 지형측량

80 다음 중 조선총독부에서 제정한 법령이 아닌 것은?

① 토지조사령 ② 토지조사법
③ 토지대장규칙 ④ 토지측량표규칙

해설 토지조사법은 대한제국정부가 1910년 8월 24일 전문 15조로 공포(내각총리대신 이완용)하였으며 토지조사의 절차와 규범을 마련하였다.

제5과목 지적관계법규

81 지적재조사에 관한 특별법상 납부고지된 조정금에 이의가 있는 토지소유자는 납부고지를 받은 날부터 며칠 이내에 지적소관청에 이의신청을 할 수 있는가?

① 7일 ② 15일
③ 30일 ④ 60일

해설 지적재조사에 관한 특별법 제21조의2(조정금에 관한 이의신청)
① 제21조 제3항에 따라 수령통지 또는 납부고지된 조정금에 이의가 있는 토지소유자는 수령통지 또는 납부고지를 받은 날부터 60일 이내에 지적소관청에 이의신청을 할 수 있다.
② 지적소관청은 제1항에 따른 이의신청을 받은 날부터 30일 이내에 제30조에 따른 시·군·구 지적재조사위원회의 심의·의결을 거쳐 이의신청에 대한 결과를 신청인에게 서면으로 알려야 한다.

82 다음 중 지적소관청이 관할 등기관서에 등기를 촉탁하여야 하는 경우가 아닌 것은?

① 토지의 신규등록을 하는 경우
② 토지가 지형의 변화 등으로 바다로 된 경우
③ 지번을 변경할 필요가 있다고 인정되는 경우
④ 하나의 지번부여지역에 서로 다른 축척의 지적도가 있는 경우

정답 75 ② 76 ① 77 ④ 78 ③ 79 ③ 80 ② 81 ④ 82 ①

해설 공간정보의 구축 및 관리 등에 관한 법률 제89조(등기촉탁)
① 지적소관청은 제64조 제2항(신규등록은 제외한다), 제66조 제2항, 제82조, 제83조 제2항, 제84조 제2항 또는 제85조 제2항에 따른 사유로 토지의 표시변경에 관한 등기를 할 필요가 있는 경우에는 지체 없이 관할 등기관서에 그 등기를 촉탁하여야 한다. 이 경우 등기촉탁은 국가가 국가를 위하여 하는 등기로 본다.
② 제1항에 따른 등기촉탁에 필요한 사항은 국토교통부령으로 정한다.

83 다음 중 측량업 등록의 결격사유에 해당하지 않는 것은?
① 파산자로서 복권되지 아니한 자
② 피성년후견인 또는 피한정후견인
③ 측량업의 등록이 취소된 후 2년이 지나지 아니한 자
④ 국가보안법의 관련 규정을 위반하여 금고 이상의 실형을 선고받고 그 집행이 끝난 날부터 2년이 지나지 아니한 자

해설 측량업 등록의 결격사유
㉠ 피성년후견인 또는 피한정후견인
㉡ 이 법이나 국가보안법 또는 형법 제87조부터 제104조까지의 규정을 위반하여 금고 이상의 실형을 선고받고 그 집행이 끝나거나(집행이 끝난 것으로 보는 경우를 포함한다) 집행이 면제된 날부터 2년이 지나지 아니한 자
㉢ 이 법이나 국가보안법 또는 형법 제87조부터 제104조까지의 규정을 위반하여 금고 이상의 형의 집행유예를 선고받고 그 집행유예기간 중에 있는 자
㉣ 측량업의 등록이 취소된 후 2년(㉠에 해당하여 등록이 취소된 경우는 제외한다)이 지나지 아니한 자
㉤ 임원 중에 ㉠~㉣까지의 어느 하나에 해당하는 자가 있는 법인

84 토지 등의 출입 등에 따른 손실보상에 관하여 손실을 보상할 자와 손실을 받은 자의 협의가 성립되지 않거나 협의를 할 수 없는 경우 재결을 신청할 수 있는 곳은?
① 지적소관청
② 중앙지적위원회
③ 지방지적위원회
④ 관할 토지수용위원회

해설 지적소관청 또는 손실을 입은 자는 협의가 성립되지 아니하거나 협의를 할 수 없는 경우에는 공익사업을 위한 토지 등의 취득 및 보상에 관한 법률에 따른 관할 토지수용위원회에 재결을 신청할 수 있다.

85 공간정보의 구축 및 관리 등에 관한 법령상 지목이 다른 하나는?
① 골프장
② 수영장
③ 스키장
④ 승마장

해설 공간정보의 구축 및 관리 등에 관한 법률 시행령 제58조(지목의 구분)
법 제67조 제1항에 따른 지목의 구분은 다음 각 호의 기준에 따른다.
23. 체육용지 : 국민의 건강증진 등을 위한 체육활동에 적합한 시설과 형태를 갖춘 종합운동장·실내체육관·야구장·골프장·스키장·승마장·경륜장 등 체육시설의 토지와 이에 접속된 부속시설물의 부지는 "체육용지"로 한다. 다만, 체육시설로서의 영속성과 독립성이 미흡한 정구장·골프연습장·실내수영장 및 체육도장, 유수를 이용한 요트장 및 카누장, 산림 안의 야영장 등의 토지를 제외한다.
24. 유원지 : 일반공중의 위락·휴양 등에 적합한 시설물을 종합적으로 갖춘 수영장·유선장·낚시터·어린이놀이터·동물원·식물원·민속촌·경마장 등의 토지와 이에 접속된 부속시설물의 부지는 "유원지"로 한다. 다만, 이들 시설과의 거리 등으로 보아 독립적인 것으로 인정되는 숙식시설 및 유기장의 부지와 하천·구거 또는 유지(공유인 것으로 한정한다)로 분류되는 것은 제외한다.

86 축척변경에 따른 청산금의 산정 및 납부고지 등에 관한 설명으로 옳지 않은 것은?
① 청산금을 산정한 결과 차액이 생긴 경우 초과액은 그 지방자치단체의 수입으로 한다.
② 지적소관청은 청산금의 수령통지를 한 날부터 6개월 이내에 청산금을 지급하여야 한다.
③ 납부고지를 받은 자는 그 고지를 받은 날부터 9개월 이내에 청산금을 지적소관청에 내야 한다.
④ 청산금은 축척변경지번별 조서의 필지별 증감면적에 지번별 제곱미터당 금액을 곱하여 산정한다.

해설 청산금의 납부 및 수령
㉠ 납부고지를 받은 자는 그 고지를 받은 날부터 6개월 이내에 청산금을 지적소관청에 내야 한다.
㉡ 지적소관청은 수령통지를 한 날부터 6개월 이내에 청산금을 지급하여야 한다.
㉢ 지적소관청은 청산금을 지급받을 자가 행방불명 등으로 받을 수 없거나 받기를 거부하는 때에는 그 청산금을 공탁할 수 있다.

정답 83 ① 84 ④ 85 ② 86 ③

87 공간정보의 구축 및 관리 등에 관한 법령상 지목설정이 올바르게 연결된 것은?

① 체육용지 : 실내체육관, 승마장
② 유원지 : 스키장, 어린이놀이터
③ 잡종지 : 원상회복을 조건으로 돌을 캐내는 곳
④ 염전 : 동력을 이용하여 소금을 제조하는 공장시설물의 부지

해설 **공간정보의 구축 및 관리 등에 관한 법률 시행령 제58조(지목의 구분)**
법 제67조 제1항에 따른 지목의 구분은 다음 각 호의 기준에 따른다.
7. 염전 : 바닷물을 끌어들여 소금을 채취하기 위하여 조성된 토지와 이에 접속된 제염장 등 부속시설물의 부지는 "염전"으로 한다. 다만, 천일제염방식으로 하지 아니하고 동력으로 바닷물을 끌어들여 소금을 제조하는 공장시설물의 부지는 제외한다.
24. 유원지 : 일반공중의 위락·휴양 등에 적합한 시설물을 종합적으로 갖춘 수영장·유선장·낚시터·어린이놀이터·동물원·식물원·민속촌·경마장 등의 토지와 이에 접속된 부속시설물의 부지는 "유원지"로 한다. 다만, 이들 시설과의 거리 등으로 보아 독립적인 것으로 인정되는 숙식시설 및 유기장의 부지와 하천·구거 또는 유지(공유인 것으로 한정한다)로 분류되는 것은 제외한다.
28. 잡종지 : 갈대밭, 실외에 물건을 쌓아두는 곳, 돌을 캐내는 곳, 흙을 파내는 곳, 야외시장, 비행장, 공동우물(다만, 원상회복을 조건으로 돌을 캐내는 곳 또는 흙을 파내는 곳으로 허가된 토지를 제외한다)

88 도시개발사업 등이 준공되기 전에 사업시행자가 지번부여신청을 할 경우 지적소관청은 무엇을 기준으로 지번을 부여하여야 하는가?

① 측량준비도
② 지번별 조서
③ 사업계획도
④ 지번 등 명세

해설 지적소관청이 도시개발사업 등이 준공되기 전에 지번을 부여하는 때에는 도시개발사업 등의 신고 시 제출한 사업계획도에 따라 지번을 부여한다.

89 다음 중 도시·군관리계획의 입안권자가 아닌 자는?

① 군수
② 구청장
③ 광역시장
④ 특별시장

해설 도시·군관리계획의 입안권자는 특별시장·광역시장·특별자치시장·특별자치도지사·시장·군수이다.

90 부동산등기법에 따라 미등기의 토지에 관한 소유권보존등기를 신청할 수 없는 자는?

① 토지대장에 최초의 소유자로 등록되어 있는 자
② 확정판결에 의하여 자기의 소유권을 증명하는 자
③ 수용으로 인하여 소유권을 취득하였음을 증명하는 자
④ 토지에 대하여 지적소관청의 확인에 의하여 자기의 소유권을 증명하는 자

해설 **부동산등기법 제65조(소유권보존등기의 신청인)**
미등기의 토지 또는 건물에 관한 소유권보존등기는 다음 각 호의 어느 하나에 해당하는 자가 신청할 수 있다.
1. 토지대장, 임야대장 또는 건축물대장에 최초의 소유자로 등록되어 있는 자 또는 그 상속인, 그 밖의 포괄승계인
2. 확정판결에 의하여 자기의 소유권을 증명하는 자
3. 수용으로 인하여 소유권을 취득하였음을 증명하는 자
4. 특별자치도지사, 시장, 군수 또는 구청장(자치구의 구청장을 말한다)의 확인에 의하여 자기의 소유권을 증명하는 자(건물의 경우로 한정한다)

91 토지의 이동과 관련하여 세부측량을 실시할 때 면적을 측정하지 않는 것은?

① 지적공부의 복구·신규등록을 하는 경우
② 등록전환·분할 및 축척변경을 하는 경우
③ 등록된 경계점을 지상에 복원만 하는 경우
④ 면적 및 경계의 등록사항을 정정하는 경우

해설 **면적측정대상**

면적측정대상	면적측정의 대상이 아닌 경우
• 지적공부의 복구, 신규등록, 등록전환 • 분할, 축척변경 • 면적 또는 경계를 정정하는 경우(등록사항정정) • 지적확정측량 • 경계복원측량, 지적현황측량에 의하여 면적측정이 수반되는 경우	• 도면의 재작성 • 지목변경, 지번변경, 합병 • 경계복원측량, 지적현황측량 • 위치정정

정답 87 ① 88 ③ 89 ② 90 ④ 91 ③

92 부동산등기법상 등기할 수 있는 권리에 해당하지 않는 것은?

① 점유권과 유치권 ② 소유권과 지역권
③ 저당권과 임차권 ④ 지상권과 전세권

해설 점유권과 유치권은 등기할 수 없는 권리이다.

93 지적기준점성과의 관리 등에 대한 설명으로 옳은 것은?

① 지적도근점성과는 지적소관청이 관리한다.
② 지적삼각점성과는 지적소관청이 관리한다.
③ 지적삼각보조점성과은 시·도지사가 관리한다.
④ 지적소관청이 지적삼각점을 변경하였을 때에는 그 측량성과를 국토교통부장관에게 통보한다.

해설 **지적측량시행규칙 제3조(지적기준점성과의 관리 등)**
법 제27조 제1항에 따른 지적기준점성과의 관리는 다음 각 호에 따른다.
1. 지적삼각점성과는 특별시장·광역시장·도지사 또는 특별자치도지사(이하 "시·도지사"라 한다)가 관리하고, 지적삼각보조점성과 및 지적도근점성과는 지적소관청이 관리할 것
2. 지적소관청이 지적삼각점을 설치하거나 변경하였을 때에는 그 측량성과를 시·도지사에게 통보할 것
3. 지적소관청은 지형·지물 등의 변동으로 인하여 지적삼각점성과가 다르게 된 때에는 지체 없이 그 측량성과를 수정하고 그 내용을 시·도지사에게 통보할 것

94 공간정보의 구축 및 관리 등에 관한 법률상 필요한 경우 토지를 수용할 수 있는 경우는?

① 장애물을 제거하는 경우
② 경계복원측량을 하는 경우
③ 축척변경사업을 하는 경우
④ 지적측량기준점표지를 설치하는 경우

해설 지적기준점표지를 설치 시 필요한 경우 타인의 토지를 수용할 수 있다.

95 지적측량업의 등록에 필요한 기술능력의 등급별 인원기준으로 옳은 것은? (단, 상위등급의 기술능력으로 하위등급의 기술능력을 대체하는 경우는 고려하지 않는다.)

① 고급기술인 1명 이상
② 중급기술인 1명 이상
③ 초급기술인 1명 이상
④ 지적분야의 초급기능사 2명 이상

해설 **지적측량업자의 기술인력 확보기준**
㉠ 특급기술자 1명 또는 고급기술자 2명 이상
㉡ 중급기술자 2명 이상
㉢ 초급기술자 1명 이상
㉣ 지적분야의 초급기능사 1명 이상

96 토지등기기록의 표제부에 기록하여야 하는 사항으로 옳지 않은 것은?

① 등기원인 및 기타 사항
② 지목과 면적
③ 신청인의 성명, 주소
④ 부동산의 소재와 지번

해설 등기기록의 표제부에는 소재, 지번, 지목, 면적, 등기원인 및 기타 사항이 기록되며, 신청인의 성명, 주소, 이해관계자는 등기되지 않는다.

97 공간정보의 구축 및 관리 등에 관한 법률상 2년 이하의 징역 또는 2천만원 이하의 벌금에 처하는 자로 옳지 않은 것은?

① 측량성과를 국외로 반출한 자
② 고의로 측량성과 또는 수로조사성과를 사실과 다르게 한 자
③ 측량기준점표지를 이전 또는 파손하거나 그 효용을 해치는 행위를 한 자
④ 측량업자로서 속임수, 위력(威力), 그 밖의 방법으로 측량업과 관련된 입찰의 공정성을 해친 자

해설 **공간정보의 구축 및 관리 등에 관한 법률 제107조(벌칙)**
측량업자로서 속임수, 위력, 그 밖의 방법으로 측량업과 관련된 입찰의 공정성을 해친 자는 3년 이하의 징역 또는 3천만원 이하의 벌금에 처한다.

98 국토의 계획 및 이용에 관한 법률상 용도지역에 해당하지 않는 것은?

① 농림지역 ② 도시지역
③ 자연환경보전지역 ④ 취락지역

해설 **용도지역** : 도시지역, 관리지역, 농림지역, 자연환경보존지역

정답 92 ① 93 ① 94 ④ 95 ③ 96 ③ 97 ④ 98 ④

99 지적삼각점의 지적측량성과와 검사성과와의 연결교차허용범위로 옳은 것은? (단, 그 지적측량성과에 관하여 다른 입증을 할 수 있는 경우는 제외한다.)

① 10cm 이내 ② 15cm 이내
③ 20cm 이내 ④ 25cm 이내

해설 지적측량시행규칙 제27조(지적측량성과의 결정)
① 지적측량성과와 검사성과의 연결교차가 다음 각 호의 허용범위 이내일 때에는 그 지적측량성과에 관하여 다른 입증을 할 수 있는 경우를 제외하고는 그 측량성과로 결정하여야 한다.
  1. 지적삼각점 : ±20cm
  2. 지적삼각보조점 : ±25cm
  3. 지적도근점
     가. 경계점좌표등록부 시행지역 : ±15cm
     나. 그 밖의 지역 : ±25cm
  4. 경계점
     가. 경계점좌표등록부 시행지역 : ±10cm
     나. 그 밖의 지역 : ±100분의 3M[cm](M은 축척분모). 이 경우 전자평판측량방법으로 측량하는 경우에는 ±100분의 2M[cm]로 한다.

100 도로명주소법 시행령상 도로의 폭이 12m 이상 40m 미만이거나 왕복 2차로 이상 8차로 미만인 도로를 무엇이라 하는가?

① 대로 ② 로
③ 길   ④ 소로

해설 도로명주소법 시행령 제3조(도로의 유형 및 통로의 종류)
① 도로명주소법(이하 "법"이라 한다) 제2조 제1호에 따른 도로는 유형별로 다음 각 호와 같이 구분한다.
  1. 지상도로 : 주변 지대(地帶)와 높낮이가 비슷한 도로(제2호의 입체도로가 지상도로의 일부에 연속되는 경우를 포함한다)로서 다음 각 목의 도로
     가. 도로교통법 제2조 제3호에 따른 고속도로(이하 "고속도로"라 한다)
     나. 그 밖의 도로
       1) 대로 : 도로의 폭이 40m 이상이거나 왕복 8차로 이상인 도로
       2) 로 : 도로의 폭이 12m 이상 40m 미만이거나 왕복 2차로 이상 8차로 미만인 도로
       3) 길 : 대로와 로 외의 도로

정답 99 ③ 100 ②

2025년 제2회 지적산업기사 필기 복원

제1과목 : 지적측량

01 전자면적측정기에 따른 면적측정은 도상에서 몇 회 측정하여야 하는가?

① 1회 ② 2회
③ 3회 ④ 5회

해설 지적측량시행규칙 제20조(면적측정의 방법 등)
② 전자면적측정기에 따른 면적측정은 다음 각 호의 기준에 따른다.
1. 도상에서 2회 측정하여 그 교차가 다음 계산식에 따른 허용면적 이하일 때에는 그 평균치를 측정면적으로 할 것

$$A = 0.023^2 M\sqrt{F}$$

(A는 허용면적, M은 축척분모, F는 2회 측정한 면적의 합계를 2로 나눈 수)
2. 측정면적은 1천분의 $1m^2$까지 계산하여 10분의 $1m^2$단위로 정할 것

02 지번 및 지목을 제도할 때 지번과 지목의 글자간격은 글자크기의 어느 정도를 띄어서 제도하는가?

① 글자크기의 1/2 ② 글자크기의 1/3
③ 글자크기의 1/4 ④ 글자크기의 1/5

해설 지번 및 지목을 제도할 때에는 지번 다음에 지목을 제도한다. 이 경우 2mm 이상 3mm 이하 크기의 명조체로 하고, 지번의 글자간격은 글자크기의 4분의 1 정도, 지번과 지목의 글자간격은 글자크기의 2분의 1 정도 띄어서 제도한다. 다만, 부동산종합공부시스템이나 레터링으로 작성할 경우에는 고딕체로 할 수 있다.

03 다음 중 지적확정측량과 직접 관계가 없는 것은?

① 행정구역계결정
② 건물의 위치확인
③ 필지별 경계점측정
④ 지구계 또는 가구계측정

해설 지적확정측량 시 건물의 위치확인은 직접적인 관련이 없다.

04 지적도근점의 각도관측 시 배각법을 따르는 경우 오차의 배분방법으로 옳은 것은?

① 측선장에 비례하여 각 측선의 관측각에 배분한다.
② 변의 수에 비례하여 각 측선의 관측각에 배분한다.
③ 측선장에 반비례하여 각 측선의 관측각에 배분한다.
④ 변의 수에 반비례하여 각 측선의 관측각에 배분한다.

해설 지적측량시행규칙 제14조(지적도근점의 각도관측을 할 때의 폐색오차의 허용범위 및 측각오차의 배분)
① 도선법과 다각망도선법에 따른 지적도근점의 각도관측을 할 때의 폐색오차의 허용범위는 다음 각 호의 기준에 따른다. 이 경우 n은 폐색변을 포함한 변의 수를 말한다.
1. 배각법에 따르는 경우 : 1회 측정각과 3회 측정각의 평균값에 대한 교차는 30초 이내로 하고, 1도선의 기지방위각 또는 평균방위각과 관측방위각의 폐색오차는 1등도선은 $\pm 20\sqrt{n}$ 초 이내, 2등도선은 $\pm 30\sqrt{n}$ 초 이내로 할 것
2. 방위각법에 따르는 경우 : 1도선의 폐색오차는 1등도선은 $\pm\sqrt{n}$ 분 이내, 2등도선은 $\pm 1.5\sqrt{n}$ 분 이내로 할 것

② 각도의 측정결과가 제1항에 따른 허용범위 이내인 경우 그 오차의 배분은 다음 각 호의 기준에 따른다.
1. 배각법에 따르는 경우 : 다음의 계산식에 따라 측선장에 반비례하여 각 측선의 관측각에 배분할 것

$$K = -\frac{e}{R}r$$

(K는 각 측선에 배분할 초단위의 각도, e는 초단위의 오차, R은 폐색변을 포함한 각 측선장의 반수의 총합계, r은 각 측선장의 반수. 이 경우 반수는 측선장 1m에 대하여 1천을 기준으로 한 수를 말한다)
2. 방위각법에 따르는 경우 : 다음의 산식에 따라 변의 수에 비례하여 각 측선의 방위각에 배분할 것

$$K_n = -\frac{e}{S}s$$

(K_n은 각 측선의 순서대로 배분할 분단위의 각도, e는 분단위의 오차, S는 폐색변을 포함한 변의 수, s는 각 측선의 순서를 말한다)

정답 1 ② 2 ① 3 ② 4 ③

05 평면직각좌표상의 두 점 $A(X_A, Y_A)$와 $B(X_B, Y_B)$를 연결하는 $\overline{AB}$를 2등분 하는 점 P의 좌표(X_P, Y_P)를 구하는 식은?

① $X_P = \sqrt{X_B X_A}$, $Y_P = \sqrt{Y_B Y_A}$

② $X_P = \dfrac{X_B + X_A}{2}$, $Y_P = \dfrac{Y_B + Y_A}{2}$

③ $X_P = \dfrac{X_B - X_A}{2}$, $Y_P = \dfrac{Y_B - Y_A}{2}$

④ $X_P = \sqrt{X_B^2 + X_A^2}$, $Y_P = \sqrt{Y_B^2 + Y_A^2}$

해설 평면직각좌표상의 두 점 $A(X_A, Y_A)$와 $B(X_B, Y_B)$를 연결하는 AB를 2등분 하는 점 P의 좌표(X_P, Y_P)를 구하는 식은 $X_P = \dfrac{X_B + X_A}{2}$, $Y_P = \dfrac{Y_B + Y_A}{2}$ 이다.

06 경위의측량방법에 따른 지적삼각보조점의 수평각관측방법으로 옳은 것은?

① 3배각관측법
② 2대회의 방향관측법
③ 3대회의 방향관측법
④ 방위각에 의한 관측법

해설 경위의측량방법과 교회법에 따른 지적삼각보조점의 관측 및 계산기준
㉠ 관측은 20초독 이상의 경위의를 사용할 것
㉡ 수평각관측은 2대회(윤곽도는 0도, 90도로 한다)의 방향관측법에 따를 것
㉢ 수평각의 측각공차는 다음 표에 따를 것. 이 경우 삼각형 내각의 관측치를 합한 값과 180도와의 차는 내각을 전부 관측한 경우에 적용한다.

종별	1방향각	1측회의 폐색	삼각형 내각관측의 합과 180도와의 차	기지각과의 차
공차	40초 이내	±40초 이내	±50초 이내	±50초 이내

㉣ 계산단위는 다음 표에 따를 것

종별	각	변의 길이	진수	좌표
공차	초	센티미터	6자리 이상	센티미터

㉤ 2개의 삼각형으로부터 계산한 위치의 연결교차($\sqrt{종선교차^2 + 횡선교차^2}$ 을 말한다)가 0.30m 이하일 때에는 그 평균치를 지적삼각보조점의 위치로 할 것. 이 경우 기지점과 소구점 사이의 방위각 및 거리는 평균치에 따라 새로 계산하여 정한다.

07 EDM(Electromagnetic Distance Measurements)에서 영점보정에 대한 의미로 옳은 것은?

① 지구곡률보정
② 대기굴절보정
③ 관측값에 대한 온도보정
④ 기계 중심과 측점 간의 불일치조정

해설 EDM에서 영점보정은 기계 중심과 측점 간의 불일치조정이다.

08 수치지역 내의 P점과 Q점의 좌표가 다음과 같을 때 QP의 방위각은?

> P(3625.48, 2105.25)
> Q(5218.48, 3945.18)

① 49°06′51″
② 139°06′51″
③ 229°06′51″
④ 319°06′51″

해설
$\theta = \tan^{-1} \dfrac{Y_P - Y_Q}{X_P - X_Q}$
$= \tan^{-1} \dfrac{2105.25 - 3945.18}{3625.48 - 5218.48}$
$= 49°06′51″ (3상한)$
$\therefore V_{QP} = 180° + 49°06′51″ = 229°06′51″$

09 좌표면적계산법에 따른 면적측정에서 산출면적은 얼마의 단위까지 계산하여야 하는가?

① 10분의 $1m^2$
② 100분의 $1m^2$
③ 1,000분의 $1m^2$
④ 10,000분의 $1m^2$

해설 지적측량시행규칙 제20조(면적측정의 방법 등)
① 좌표면적계산법 또는 전산처리방법에 따른 면적측정은 다음 각 호의 기준에 따른다.
 1. 경위의측량방법으로 세부측량을 한 지역의 필지별 면적측정은 경계점좌표에 따를 것
 2. 측정면적은 1천분의 $1m^2$까지 측정하고, 산출면적은 다음 각 목의 구분에 따른 단위로 정할 것
  가. 지적도의 축척이 600분의 1인 지역 및 경계점좌표등록부에 등록하는 지역 : 100분의 $1m^2$
  나. 그 밖의 지역 : 10분의 $1m^2$

10 임야도에 등록하는 도곽선의 폭은?

① 0.1mm
② 0.2mm
③ 0.3mm
④ 0.5mm

정답 5 ② 6 ② 7 ④ 8 ③ 9 ③ 10 ①

해설 **도곽선의 제도**
  ㉠ 도면의 위방향은 항상 북쪽이 되어야 한다.
  ㉡ 지적도의 도곽크기는 가로 40cm, 세로 30cm의 직사각형으로 한다.
  ㉢ 도곽의 구획은 좌표의 원점을 기준으로 하여 정하되, 그 도곽의 종횡선수치는 좌표의 원점으로부터 기산하여 종횡선수치를 각각 가산한다.
  ㉣ 이미 사용하고 있는 도면의 도곽크기는 종전에 구획되어 있는 도곽과 그 수치로 한다.
  ㉤ 도면에 등록하는 도곽선은 0.1mm의 폭으로, 도곽선의 수치는 도곽선 왼쪽 아랫부분과 오른쪽 윗부분의 종횡선 교차점 바깥쪽에 2mm 크기의 아라비아숫자로 제도한다.

11 지적측량성과와 검사성과의 연결오차한계에 대한 설명으로 옳지 않은 것은?

① 지적삼각점은 20cm 이내
② 지적삼각보조점은 25cm 이내
③ 경계점좌표등록부 시행지역에서의 지적도근점은 20cm 이내
④ 경계점좌표등록부 시행지역에서의 경계점은 10cm 이내

해설 **지적측량시행규칙 제27조(지적측량성과의 결정)**
  ① 지적측량성과와 검사성과의 연결교차가 다음 각 호의 허용범위 이내일 때에는 그 지적측량성과에 관하여 다른 입증을 할 수 있는 경우를 제외하고는 그 측량성과로 결정하여야 한다.
    1. 지적삼각점 : ±20cm
    2. 지적삼각보조점 : ±25cm
    3. 지적도근점
       가. 경계점좌표등록부 시행지역 : ±15cm
       나. 그 밖의 지역 : ±25cm
    4. 경계점
       가. 경계점좌표등록부 시행지역 : ±10cm
       나. 그 밖의 지역 : ±100분의 3M[cm](M은 축척분모). 이 경우 전자평판측량방법으로 측량하는 경우에는 ±100분의 2M[cm]로 한다.

12 다각망도선법에 따른 지적도근점의 각도관측을 할 때 배각법에 따르는 경우 1등도선의 폐색오차범위는? (단, 폐색변을 포함한 변의 수는 12이다.)

① ±65초 이내   ② ±67초 이내
③ ±69초 이내   ④ ±73초 이내

해설 1등도선 폐색오차 = $\pm 20''\sqrt{N} = \pm 20''\sqrt{12} = \pm 69''$

13 지적측량이 수반되는 토지이동사항으로 모두 올바르게 짝지어진 것은?

① 분할, 합병, 등록전환
② 등록전환, 신규등록, 분할
③ 분할, 합병, 신규등록, 등록전환
④ 지목변경, 등록전환, 분할, 합병

해설 **토지이동사유**
  ㉠ 측량을 요하는 경우 : 신규등록, 등록전환, 분할, 축척변경, 도시개발사업, 등록사항정정
  ㉡ 측량을 수반하지 않는 경우 : 합병, 지목변경, 행정구역 명칭변경

14 평판측량에서 오차발생의 원인 중 가장 주의를 요하는 것은?

① 구심오차   ② 시준오차
③ 외심오차   ④ 표정오차

해설 평판측량에서 오차에 가장 영향을 많이 주는 것은 표정이다. 따라서 평판측량 시 가장 주의를 요한다.

15 트랜싯조작에서 시준선이란?

① 접안렌즈의 중심선
② 눈으로 내다보는 선
③ 십자선의 교점과 대물렌즈의 광심을 연결하는 선
④ 접안렌즈의 중심과 대물렌즈의 광심을 연결하는 선

해설 **시준선** : 십자선의 교점과 대물렌즈의 광심을 연결하는 선

16 광파측거기의 특성에 관한 설명으로 옳지 않은 것은?

① 관측장비는 측거기와 반사경으로 구성되어 있다.
② 송전선 등에 의한 주변 전파의 간섭을 받지 않는다.
③ 전파측거기보다 중량이 가볍고 조작이 간편하다.
④ 시통이 안 되는 두 지점 간의 거리측정이 가능하다.

해설 광파거리측정기는 두 지점 간의 거리측정 시 시통을 필요로 한다.

정답 11 ③ 12 ③ 13 ② 14 ④ 15 ③ 16 ④

17 다음 중 지적측량에 관한 설명으로 옳지 않은 것은?

① 경계점을 지상에 복원하는 경우 지적측량을 하여야 한다.
② 조본원점과 고초원점의 평면직각종횡선수치의 단위는 간(間)으로 한다.
③ 지적측량의 방법 및 절차 등에 필요한 사항은 국토교통부령으로 정한다.
④ 특별소삼각측량지역에 분포된 소삼각측량지역은 별도의 원점을 사용할 수 있다.

해설 **구소삼각원점**

경기지역	경북지역	간(間)	미터(m)
망산원점	율곡원점	망산원점	조본원점
계양원점	현창원점	계양원점	고초원점
조본원점	구암원점	가리원점	율곡원점
가리원점	금산원점	등경원점	현창원점
등경원점	소라원점	구암원점	소라원점
고초원점		금산원점	

18 다음 중 지적삼각보조점표지의 점간거리는 평균 얼마를 기준으로 하여 설치하여야 하는가? (단, 다각망도선법에 따르는 경우는 고려하지 않는다.)

① 0.5km 이상 1km 이하
② 1km 이상 3km 이하
③ 2km 이상 4km 이하
④ 3km 이상 5km 이하

해설 **지적측량시행규칙 제2조(지적기준점표지의 설치·관리 등)**
① 공간정보의 구축 및 관리 등에 관한 법률 제8조 제1항에 따른 지적기준점표지의 설치는 다음 각 호의 기준에 따른다.
 1. 지적삼각점표지의 점간거리는 평균 2km 이상 5km 이하로 할 것
 2. 지적삼각보조점표지의 점간거리는 평균 1km 이상 3km 이하로 할 것. 다만, 다각망도선법에 따르는 경우에는 평균 0.5km 이상 1km 이하로 한다.
 3. 지적도근점표지의 점간거리는 평균 50m 이상 500m 이하로 할 것

19 9개의 도선을 3개의 교점으로 연결한 복합형 다각망의 오차방정식을 편성하기 위한 최소조건식의 수는?

① 3개 ② 4개
③ 5개 ④ 6개

해설 조건식 수=도선수-교점수=9-3=6개

20 평판측량방법으로 거리를 측정하여 도곽선이 줄어든 경우 실측거리의 보정방법으로 옳은 것은?

① 실측거리에서 보정량을 뺀다.
② 실측거리에서 보정량을 곱한다.
③ 실측거리에서 보정량을 나눈다.
④ 실측거리에서 보정량을 더한다.

해설 평판측량방법으로 거리를 측정하는 경우 도곽선의 신축량이 0.5mm 이상일 때에는 다음의 계산식에 따른 보정량을 산출하여 도곽선이 늘어난 경우에는 실측거리에 보정량을 더하고, 줄어든 경우에는 실측거리에서 보정량을 뺀다.

$$보정량 = \frac{신축량(지상) \times 4}{도곽선길이합계(지상)} \times 실측거리$$

제2과목 응용측량

21 완화곡선의 성질에 대한 설명으로 옳지 않은 것은?

① 완화곡선의 반지름은 시점에서 무한대이다.
② 완화곡선의 반지름은 종점에서 원곡선의 반지름과 같다.
③ 완화곡선의 접선은 시점과 종점에서 직선에 접한다.
④ 곡선반지름의 감소율은 캔트의 증가율과 같다.

해설 **완화곡선의 성질**
㉠ 곡선반지름은 완화곡선의 시점에서 무한대, 종점에서 원곡선의 반지름으로 된다.
㉡ 완화곡선의 접선은 시점에서 직선에, 종점에서 원호에 접한다.
㉢ 완화곡선에 연한 곡선반지름의 감소율은 캔트의 증가율과 같다.
㉣ 완화곡선의 종점의 캔트와 원곡선의 시점의 캔트는 같다.

22 터널측량, 노선측량, 하천측량과 같이 폭이 좁고 거리가 긴 지역의 측량에 적합하며 거리에 비하여 측점수가 적어 정확도가 낮은 삼각망은?

① 사변형삼각망   ② 유심다각망
③ 단열삼각망   ④ 개방삼각망

해설 단열삼각망은 터널측량, 노선측량, 하천측량과 같이 폭이 좁고 거리가 긴 지역의 측량에 적합하며 거리에 비하여 측점수가 적어 정확도가 낮다.

정답 17 ② 18 ② 19 ④ 20 ① 21 ③ 22 ③

23 수준측량에서 전시와 후시의 시준거리를 같게 관측할 때 완전히 소거되는 오차는?

① 지구의 곡률오차
② 시차에 의한 오차
③ 수준척이 연직이 아니어서 발생되는 오차
④ 수준척의 눈금이 정확하지 않기 때문에 발생되는 오차

해설 전시와 후시의 거리를 같게 취하는 이유 : 시준축오차, 지구의 곡률오차, 굴절오차

24 직접수준측량에서 기계고를 구하는 식으로 옳은 것은?

① 기계고=지반고-후시
② 기계고=지반고+후시
③ 기계고=지반고-전시-후시
④ 기계고=지반고+전시-후시

해설 수준측량에서의 기계고는 기준면으로부터 망원경 시준선까지의 높이이다. 따라서 기계고=지반고+후시이다.

25 도로설계 시에 등경사노선을 결정하려고 한다. 축척 1:5,000의 지형도에서 등고선의 간격이 5m일 때 경사를 4%로 하려고 하면 등고선 간의 도상거리는?

① 25mm
② 33mm
③ 45mm
④ 53mm

해설
㉠ 수평거리
$100 : 4 = D : 5$
∴ $D = 125m$
㉡ 등고선 간의 도상거리
$\dfrac{1}{m} = \dfrac{도상거리}{실제 거리}$
$\dfrac{1}{5,000} = \dfrac{도상거리}{125}$
∴ 도상거리=25mm

26 등고선에 직각이며 물이 흐르는 방향이 되므로 유하선이라고도 하는 지성선은?

① 분수선
② 합수선
③ 경사변환선
④ 최대경사선

해설 최대경사선은 등고선에 직각이며 물이 흐르는 방향이 되므로 유하선이라고도 한다.

27 등고선의 성질에 대한 설명으로 옳지 않은 것은?

① 동일 등고선 위의 모든 점은 기준면으로부터 모두 동일한 높이이다.
② 경사가 같은 지표에서는 등고선의 간격은 동일하며 평행하다.
③ 등고선의 간격이 좁을수록 경사가 완만한 지형을 의미한다.
④ 등고선은 절벽 또는 동굴에서는 교차할 수 있다.

해설 등고선의 성질
㉠ 동일 등고선상에 있는 모든 점은 같은 높이이다.
㉡ 등고선은 도면 안이나 밖에서 폐합하는 폐합곡선이다.
㉢ 도면 내에서 등고선이 폐합하는 경우 폐합된 등고선 내부에는 산꼭대기 또는 분지가 있다.
㉣ 두 쌍의 등고선 볼록부가 마주하고 다른 한 쌍의 등고선이 바깥쪽으로 향할 때 그곳은 안부(고개)이다.
㉤ 높이가 다른 두 등고선은 동굴이나 절벽의 지형이 아닌 곳에서는 교차하지 않는다. 즉 동굴이나 절벽에서는 교차한다.
㉥ 동등한 경사의 지표에서 양 등고선의 수평거리는 같다.
㉦ 최대경사의 방향은 등고선과 직각으로 교차한다.
㉧ 등고선은 경사가 급한 곳에서는 간격이 좁고, 완만한 경사에서는 넓다.

28 GNSS측량을 구성하고 있는 세 부분(segment)에 해당되지 않는 것은?

① 사용자 부분
② 궤도 부분
③ 제어 부분
④ 우주 부분

해설 GPS는 우주부문, 제어부문, 사용자부문으로 구성되어 있다.

29 다음 그림과 같이 2개의 수준점 A, B를 기준으로 임의의 점 P의 표고를 측량한 결과 A점기준 42.375m, B점기준 42.363m를 관측하였다면 P점의 표고는?

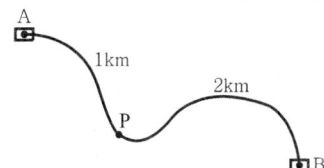

① 42.367m
② 42.369m
③ 42.371m
④ 42.373m

정답 23 ① 24 ② 25 ① 26 ④ 27 ③ 28 ② 29 ③

해설 ㉠ 경중률
$$P_A : P_B = \frac{1}{1} : \frac{1}{2} = 2 : 1$$
㉡ 최확값
$$H_0 = \frac{2 \times 42.375 + 1 \times 42.363}{2+1} = 42.371\text{m}$$

30 사진측량에서 고저차(h)와 시차차(Δp)의 관계로 옳은 것은?

① 고저차는 시차차에 비례한다.
② 고저차는 시차차에 반비례한다.
③ 고저차는 시차차의 제곱에 비례한다.
④ 고저차는 시차차의 제곱에 반비례한다.

해설 $\Delta p = \dfrac{h}{H}b_0$ 이므로 고저차는 시차차에 비례한다.

31 터널 내 측량에 대한 설명으로 옳은 것은?

① 지상측량보다 작업이 용이하다.
② 터널 내의 기준점은 터널 외의 기준점과 연결될 필요가 없다.
③ 기준점은 보통 천장에 설치한다.
④ 지상측량에 비하여 터널 내에서는 시통이 좋아서 측점 간의 거리를 멀리한다.

해설 터널측량의 특징
㉠ 지상측량보다 작업이 난해하다.
㉡ 터널 내의 기준점은 터널 외의 기준점과 연결하기 위하여 갱 내외 연결측량을 실시하여야 한다.
㉢ 기준점은 보통 천장에 설치한다.
㉣ 지상측량에 비하여 터널 내에서는 시통이 좋지 않아 측점 간의 거리를 짧게 한다.

32 다음 그림과 같이 터널 내의 천장에 측점이 설치되어 있을 때 두 점의 고저차는? (단, I.H=1.20m, H.P=1.82m, 사거리=45m, 연직각(α)=15°30′)

① 11.41m
② 12.65m
③ 13.10m
④ 15.50m

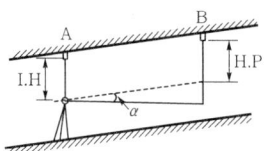

해설 $h = 1.82 + 45 \times \sin 15°30′ - 1.20$
$= 12.65\text{m}$

33 항공사진측량용 카메라에 대한 설명으로 틀린 것은?

① 초광각카메라 피사각은 60°, 보통각카메라의 피사각은 120°이다.
② 일반카메라보다 렌즈의 왜곡이 작으며 왜곡의 보정이 가능하다.
③ 일반카메라와 비교하여 피사각이 크다.
④ 일반카메라보다 해상력과 선명도가 좋다.

해설 사용카메라에 따른 분류

종류	렌즈의 화각	초점거리 (mm)	화면크기 (cm)	용도
협각 카메라	60° 이하			특수한 대축척, 평면도 제작
보통각 카메라	60°	210	18×18	산림조사용, 도심지
광각 카메라	90°	152~153	23×23	일반도화 판독용, 경제적
초광각 카메라	120°	88~90	23×23	소축척 도화용, 완전 평지

34 원곡선 설치에서 교각 $I=70°$, 반지름 $R=100$m일 때 접선길이는?

① 50.0m ② 70.0m
③ 86.6m ④ 259.8m

해설 $\text{T.L} = R\tan\dfrac{I}{2} = 100 \times \tan\dfrac{70°}{2} = 70\text{m}$

35 다음 그림과 같이 교호수준측량을 실시하여 구한 B점의 표고는? (단, $H_A = 20$m)

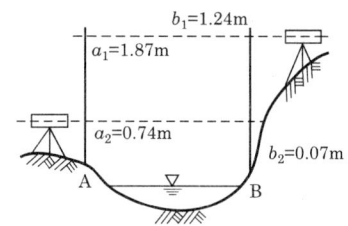

① 19.34m ② 20.65m
③ 20.67m ④ 20.75m

해설 $H_B = 20 + \dfrac{(0.74-0.07)+(1.87-1.24)}{2}$
$= 20.65\text{m}$

정답 30 ① 31 ③ 32 ② 33 ① 34 ② 35 ②

36 A점의 지반고가 15.4m, B점의 지반고가 18.9m일 때 A점으로부터 지반고가 17m인 지점까지의 수평거리는? (단, $\overline{AB}$ 간의 수평거리는 45m이고 등경사지형이다.)

① 17.3m ② 18.3m
③ 19.3m ④ 20.6m

해설
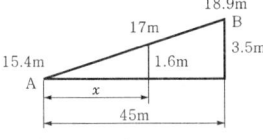

$45 : 3.5 = x : 1.6$
$\therefore x = 20.6m$

37 고속도로의 건설을 위한 노선측량을 하고자 한다. 각 단계별 작업이 다음과 같을 때 노선측량의 순서로 옳은 것은?

㉠ 실시설계측량	㉡ 용지측량
㉢ 계획조사측량	㉣ 세부측량
㉤ 공사측량	㉥ 도상 선정

① ㉥ → ㉠ → ㉢ → ㉣ → ㉤ → ㉡
② ㉥ → ㉢ → ㉠ → ㉣ → ㉡ → ㉤
③ ㉥ → ㉣ → ㉢ → ㉠ → ㉡ → ㉤
④ ㉥ → ㉤ → ㉠ → ㉢ → ㉡ → ㉣

해설 노선측량의 순서 : 도상 선정 → 계획조사측량 → 실시설계측량 → 세부측량 → 용지측량 → 공사측량

38 항공사진의 특수 3점이 아닌 것은?

① 주점
② 연직점
③ 등각점
④ 중심점

해설 항공사진의 특수 3점
㉠ 주점 : 사진의 중심점으로 렌즈의 중심으로부터 화면에 내린 수선의 길이, 즉 렌즈의 광축과 화면이 교차하는 점
㉡ 연직점 : 중심투영점 0을 지나는 중력선이 사진면과 마주치는 점. 카메라렌즈의 중심으로부터 고저차가 큰 지형의 수직 및 경사사진
㉢ 등각점 : 사진면에 직교되는 광선과 중력선이 이루는 각을 2등분 하는 광선이 사진면에 마주치는 점

39 사진측량의 특징에 대한 설명으로 옳지 않은 것은?

① 측량의 정확도가 균일하다.
② 축척변경이 용이하며 시간적 변화를 포함하는 4차원 측량도 가능하다.
③ 정량적, 정성적 해석이 가능하며 접근하기 어려운 대상물도 측정 가능하다.
④ 촬영대상물에 대한 판독 및 식별이 항상 용이하여 별도의 측량을 필요로 하지 않는다.

해설 사진측량

장점	단점
• 정량적, 정성적 측정이 가능하다.	• 소규모 지역에서는 비경제적이다.
• 정확도가 균일하다.	• 기자재가 고가이다.
• 대규모 지역에서는 경제적이다.	• 피사체에 대한 식별이 난해하다.
• 4차원(X, Y, Z, T) 측정이 가능하다.	• 기상조건에 영향을 받는다.
• 축척변경이 용이하다.	• 태양고도 등에 영향을 받는다.
• 분업화로 작업이 능률적이다.	

40 도로의 직선과 원곡선 사이에 곡률을 서서히 증가시켜 넣는 곡선은?

① 복심곡선 ② 반향곡선
③ 완화곡선 ④ 머리핀곡선

해설 차량을 안전하게 통과시키기 위해서 직선부와 원곡선 사이에 반지름이 무한대로부터 차차 작아져서 원곡선의 반지름(R)이 되는 곡선을 완화곡선이라 한다.

제3과목 토지정보체계론

41 벡터데이터 편집 시 다음과 같은 상태가 발생하는 오류의 유형으로 옳은 것은?

하나의 선으로 연결되어야 할 곳에서 두 개의 선으로 어긋나게 입력되어 불필요한 폴리곤을 형성한 상태

① 스파이크(Spike)
② 언더슛(Undershoot)
③ 오버래핑(Overlapping)
④ 슬리버폴리곤(Sliver polygon)

정답 36 ④ 37 ② 38 ④ 39 ④ 40 ③ 41 ④

해설 **디지타이저에 의한 도면독취과정에서의 오차**
  ㉠ 오버슛(Overshoot) : 다른 아크(도곽선)와의 교점을 지나서 디지타이징된 아크의 한 부분을 말한다.
  ㉡ 언더슛(Undershoot, 기준선 미달오류) : 도곽선상에 인접되어야 할 선형요소가 도곽선에 도달하지 못한 경우를 말한다. 다른 선형요소와 완전히 교차되지 않은 선형을 말한다.
  ㉢ 스파이크(Spike) : 교차점에서 두 개의 선분이 만나는 과정에서 잘못된 좌표가 입력되어 발생하는 오차이다.
  ㉣ 슬리버(Sliver) : 하나의 선으로 입력되어야 할 곳에서 두 개의 선으로 약간 어긋나게 입력되어 가늘고 긴 불필요한 폴리곤을 형성한 상태를 말한다.
  ㉤ 점·선 중복(Overlapping) : 주로 영역의 경계선에서 점·선이 이중으로 입력되어 발생하는 오차로 중복된 점·선을 삭제함으로써 수정이 가능하다.

42 다음 중 LIS(Land Information System)와 관련이 없는 것은?
 ① UIS(Urban Information System)
 ② DIS(Defense Information System)
 ③ GIS(Geographic Information System)
 ④ EIS(Environmental Information System)

해설 ① UIS(Urban Information System) : 도시정보체계
  ② DIS(Defense Information System) : 국방정보체계
  ③ GIS(Geographic Information System) : 지리정보체계
  ④ EIS(Environmental Information System) : 환경정보체계

43 데이터베이스의 특징 중 "같은 데이터가 원칙적으로 중복되어 있지 않다"는 내용에 해당하는 것은?
 ① 저장데이터(Stored data)
 ② 공용데이터(Shared data)
 ③ 통합데이터(Integrated data)
 ④ 운영데이터(Operational data)

해설 **데이터베이스의 정의**
  ㉠ 통합데이터 : 데이터의 일관성을 위해 중복을 최소화한 데이터
  ㉡ 저장데이터 : 책상 서랍이나 캐비넷과 같은 일반저장소가 아닌 컴퓨터가 접근할 수 있는 저장매체(자기테이프, 디스크)에 집합운영데이터
  ㉢ 운영데이터 : 불필요한 데이터는 제거하고 조직의 목적을 위해 사용될 반드시 필요한 데이터
  ㉣ 공용데이터 : 한 조직에서 여러 응용프로그램들이 공동으로 이용하는 데이터

44 벡터데이터에 대한 설명이 옳지 않은 것은?
 ① 디지타이징에 의해 입력된 자료가 해당된다.
 ② 지도와 비슷하고 시각적 효과가 높으며 실세계의 묘사가 가능하다.
 ③ 위상에 관한 정보가 제공되므로 관망분석과 같은 다양한 공간분석이 가능하다.
 ④ 상대적으로 자료구조가 단순하며 체인코드, 블록코드 등의 방법에 의한 자료의 압축효율이 우수하다.

해설 래스터데이터는 상대적으로 자료구조가 단순하며 체인코드, 블록코드 등의 방법에 의한 자료의 압축효율이 우수하다.

45 토지관리정보시스템(LMIS)에 관한 설명으로 옳지 않은 것은?
 ① 과거 건설교통부에서 추진하였던 정보화사업이다.
 ② 구축하는 도형자료에는 지형도, 연속 및 편집지적도, 용도지역지구도 등이 있다.
 ③ 시·군·구에서 생산·관리하는 도형자료와 속성자료 중 도형정보의 질을 제고하기 위한 시스템이다.
 ④ 자료를 공유하여 업무의 효율성을 높이고 개인소유의 토지에 대한 공적 규제사항을 신속·정확하게 알려주기 위하여 구축하였다.

해설 토지관리정보시스템(LMIS : Land Management Information System) 구축사업은 시·군·구에서 생산·관리하는 공간도형자료와 속성자료를 통합 구축·관리하기 위하여 국토교통부에서 추진하고 있는 정보화사업으로 토지관리업무와 공간자료관리업무, 토지행정지원업무를 대상으로 추진하고 있다.

46 경계점좌표등록부의 수치파일화순서로 옳은 것은?
 ① 좌표 및 속성입력 → 좌표 및 속성검사 → 좌표와 속성결합 → 폴리곤 형성
 ② 좌표 및 속성입력 → 좌표 및 속성검사 → 폴리곤 형성 → 좌표와 속성결합
 ③ 좌표 및 속성검사 → 좌표 및 속성입력 → 좌표와 속성결합 → 폴리곤 형성
 ④ 좌표 및 속성검사 → 좌표 및 속성입력 → 폴리곤 형성 → 좌표와 속성결합

정답 42 ② 43 ③ 44 ④ 45 ③ 46 ②

해설 경계점좌표등록부의 수치파일화순서 : 좌표 및 속성입력 → 좌표 및 속성검사 → 폴리곤 형성 → 좌표와 속성결합

47 다음 중 토지정보의 종류로 옳지 않은 것은?
① 위치정보
② 속성정보
③ 도형정보
④ 오차정보

해설 토지정보의 종류
㉠ 속성정보 : 토지대장, 임야대장, 공유지연명부, 대지권등록부
㉡ 공간정보 : 지적도, 임야도, 경계점좌표등록부

48 다음 중 스캐닝(Scanning)에 의하여 도형정보를 입력할 경우의 장점으로 옳지 않은 것은?
① 작업자의 수작업이 최소화된다.
② 이미지상에서 삭제·수정할 수 있다.
③ 원본도면의 손상된 정도와 상관없이 도면을 정확하게 입력할 수 있다.
④ 복잡한 도면을 입력할 때 작업시간을 단축할 수 있다.

해설 스캐너는 일정파장의 레이저광선을 지도에 주사하고, 반사되는 값에 수치를 부여하여 컴퓨터에 저장시킴으로써 기존의 지도를 영상의 형태로 만드는 방식으로 오염된 도면의 입력이 어렵다.

49 래스터데이터의 압축방법이 아닌 것은?
① 사지수형(Quadtree)기법
② 블록코드(Block Code)기법
③ 스틸코드(Steel Code)기법
④ 체인코드(Chain Code)기법

해설 래스터데이터의 압축방법
㉠ 행렬기법 : 각 행과 열의 쌍에 하나의 값을 저장하는 방식이다.
㉡ Run-length코드기법 : 런이란 하나의 행에서 동일한 속성값을 갖는 셀을 의미하며 각 행마다 왼쪽에서 오른쪽으로 진행하면서 동일한 수치를 갖는 셀들을 묶어 압축시키는 방법이다.
㉢ 체인코드기법 : 대상지역에 해당하는 격자들의 연속적인 연결상태를 파악하여 동일한 지역의 정보를 제공하는 방법으로 자료의 시작점에서 동서남북으로 방향을 이동하는 단위거리를 통해서 표현하는 기법이다.
㉣ 블록코드기법 : Run-length코드기법에 기반을 둔 것으로 2차원 정방형 블록으로 분할하여 객체에 대한 데이터를 구축하는 방법이다. 이때의 자료구조는 원점으로부터의 좌표(X, Y) 및 정사각형의 한 변의 길이로 구성되는 세 개의 숫자만으로 표시가 가능하다.
㉤ 사지수형기법 : 크기가 다른 정사각형을 이용하는 방법으로 하나의 속성값이 존재할 때까지 반복하는 방법으로 자료의 압축이 좋다.
㉥ R-tree기법 : B-tree의 2차원 확장인 R-tree는 사각형과 기타 다각형을 인덱싱하는 데 유용하다.

50 공간데이터의 질을 평가하는 기준과 가장 거리가 먼 것은?
① 위치정확성
② 속성정확성
③ 논리적 일관성
④ 데이터의 경제성

해설 입력자료의 질을 평가하는 기준으로 위치정확도, 속성정확도, 논리적 일관성, 완결성 등이 있다.

51 KLIS에서 공시지가정보검색 및 개발부담금관리를 위한 시스템으로 옳은 것은?
① 지적공부관리시스템
② 토지민원발급시스템
③ 토지행정지원시스템
④ 용도지역지구관리시스템

해설 KLIS에서 공시지가정보검색 및 개발부담금관리는 토지행정지원시스템에서 하는 업무이다.

52 관계형 데이터베이스에 대한 설명으로 옳은 것은?
① 데이터를 2차원의 테이블형태로 저장한다.
② 정의된 데이터 테이블의 갱신이 어려운 편이다.
③ 트리(Tree)형태의 계층구조로 데이터들을 구성한다.
④ 필요한 정보를 추출하기 위한 질의의 형태에 많은 제한을 받는다.

해설 관계형 데이터베이스는 가장 최신의 데이터베이스 형태이며 사용자에게 보다 친숙한 자료접근방법을 제공하기 위해 개발되었다. 2차원 테이블형태로 저장되며 행과 열로 정렬된 논리적인 데이터 구조이다.

정답 47 ④ 48 ③ 49 ③ 50 ④ 51 ③ 52 ①

53 지표면을 3차원적으로 표현할 수 있는 수치표고자료의 유형은?
① DEM 또는 TIN ② JPG 또는 GIF
③ SHF 또는 DBF ④ RFM 또는 GUM

해설 ㉠ 불규칙삼각망(TIN) : 연속적인 표면을 표현하기 위한 방법의 하나로서 표본이 추출된 표고점들을 선택적으로 연결하여 형성된 크기와 모양이 정해지지 않고 서로 겹치지 않는 삼각형으로 이루어진 그물망의 모양으로 표현하는 것을 비정규삼각망이라 한다. TIN을 활용하여 방향, 경사도 분석, 3차원 입체지형 생성 등 다양한 분석을 수행할 수 있다.
㉡ 수치표고모델(DEM) : 규칙적인 간격으로 표본지점이 추출된 래스터형태의 데이터 모델이 격자형 수치표고모델이다. 수치지형데이터 구조가 그리드를 기반으로 하기 때문에 데이터를 처리하고 다양한 분석을 수행하는 데 용이하다.

54 지적행정시스템의 속성자료와 관련이 없는 것은?
① 토지대장 ② 임야대장
③ 공유지연명부 ④ 국세과세대장

해설 지적행정시스템은 지적정보의 공동 활용 확대, 지적전산 처리절차의 개선, 관련 기관과의 연계기반 구축을 목표로 하여 개발되었으며, 주요 기능으로는 토지이동관리, 소유권변동관리, 지적업무, 창구민원관리 등 다양한 지적행정업무를 수행한다. 이 시스템은 시·도에서 관리하던 토지기록전산온라인시스템을 시·군·구로 이관하여 관리하게 되며 토지대장, 임야대장, 공유지연명부 등의 속성정보만을 관리하는 시스템이다.

55 지적전산용 네트워크 기본장비와 거리가 가장 먼 것은?
① 교환장비 ② 전송장비
③ 보안장비 ④ DLT장비

해설 지적전산용 네트워크장비
㉠ 전송장비 : 두 지점 사이에 정보를 전달하는 일련의 행위를 수행하는 것으로 랜카드가 대표적이다.
㉡ 교환장비 : 통신망에서 데이터의 경로를 지정해주는 장비이다.
• 라우터 : 패킷의 위치를 추출하여 그 위치에 대한 최상의 경로를 지정하며, 이 경로를 따라 데이터 패킷을 다음 장치로 전향시키는 장치이다.
• 허브 : 신호를 여러 개의 다른 선으로 분산시켜 내보낼 수 있는 장치이며 컴퓨터나 프린터들과 네트워크연결, 근거리의 다른 네트워크(다른 허브)와 연결, 라우터 등의 네트워크장비와 연결, 네트워크상태 점검, 신호증폭기능 등의 역할을 한다.
㉢ 단말·서버장비 : 개인용 컴퓨터와 워크스테이션을 말한다.
㉣ 보안장비 : 네트워크상에서 해킹과 같이 불법적으로 네트워크나 시스템으로 침입하는 행위에 대비한 보안으로 내부네트워크와 외부네트워크 사이에서 보안을 담당하는 방화벽이 대표적이다.

56 디지타이징방식과 비교하였을 때 스캐닝방식이 갖는 장점에 대한 설명으로 옳지 않은 것은?
① 일반적으로 작업의 속도가 빠르다.
② 다량의 지도를 입력하는 작업에 유리하다.
③ 하드웨어와 소프트웨어의 구입비용이 덜 소요된다.
④ 작업자의 숙련도가 작업에 미치는 영향이 적은 편이다.

해설 스캐너(자동방식)
㉠ 의의 : 일정파장의 레이저광선을 지도에 주사하고 반사되는 값에 수치를 부여하여 컴퓨터에 저장시킴으로서 기존의 지도를 영상의 형태로 만드는 방식이다.
㉡ 장단점

장점	단점
• 수작업이 최소화되고 지도상의 모든 정보를 신속하게 입력할 수 있다. • 컬러필터를 사용하면 컬러영상을 얻을 수 있다. • 깨끗하고 단순한 형태의 지도입력, 다양한 지도입력에 적합하다. • 이미지상에서 삭제, 수정 등을 할 수 있어 능률적이다.	• 가격이 비싸고 다루기가 까다롭다. • 오염된 도면의 입력이 어렵다. • 도형인식의 신뢰성이 떨어진다. • 격자의 크기가 작아질수록 정밀해지지만 자료의 양이 방대해진다. • 문자나 그래픽심볼과 같은 부수적 정보를 많이 포함한 도면을 입력하는 데 부적합하다.

57 데이터의 표준화를 위해서 선행되어야 할 요건이 아닌 것은?
① 원격탐사 ② 형상의 분류
③ 대상물의 표현 ④ 자료의 질에 대한 분류

해설 데이터의 표준화를 위해서 선행되어야 할 요건 : 형상의 분류, 대상물의 표현, 자료의 질에 대한 분류

정답 53 ① 54 ④ 55 ④ 56 ③ 57 ①

58 지리정보시스템에서 실세계를 추상화시켜 표현하는 과정을 데이터 모델링이라 하며, 이와 같이 실세계의 지리공간을 GIS의 데이터베이스로 구축하는 과정은 추상화수준에 따라 세 가지 단계로 나누어진다. 이 세 가지 단계에 포함되지 않는 것은?

① 개념적 모델 ② 논리적 모델
③ 물리적 모델 ④ 위상적 모델

해설 GIS의 데이터베이스로 구축하는 과정은 추상화수준에 따라 논리적 모델, 물리적 모델, 개념적 모델 등 세 가지 단계로 나누어진다.

59 네트워크를 통하여 정보를 공유하고자 하는 온라인 활용분야에서 사용되는 공통어는?

① 메타데이터 ② 속성데이터
③ 위성데이터 ④ 데이터표준화

해설 **메타데이터**
㉠ 의의 : 실제 데이터는 아니지만 데이터베이스, 레이어, 속성, 공간현상 등과 관련된 데이터의 내용, 품질, 조건 및 특징 등을 저장한 데이터로서 데이터에 관한 데이터로 데이터의 이력서라고 말할 수 있다.
㉡ 특징
  • 데이터의 기본체계를 유지함으로써 시간과 관계없이 일관성 있는 데이터를 제공할 수 있다.
  • 데이터를 목록화하기 때문에 사용에 편리한 정보를 제공한다.
  • 정보공유의 극대화를 도모하며 데이터의 교환을 원활히 지원하기 위한 틀을 제공한다.
  • DB구축과정에 대한 정보를 관리하는 내부메타데이터와 구축DB를 외부에 공개하는 외부메타데이터로 구분한다.
  • 최근에는 데이터에 대한 목록을 체계적이고 표준화된 방식으로 제공함으로써 데이터의 공유화를 촉진시킨다.
  • 대용량의 공간데이터를 구축하는 데 비용과 시간을 절감할 수 있다.
  • 데이터의 특성과 내용을 설명하는 일종의 데이터로서 데이터의 양이 방대하다.
  • 데이터의 직접적인 접근이 용이하지 않을 경우 데이터를 참조하기 위한 보조데이터로서 많이 사용한다.

60 래스터데이터 구조에 비하여 벡터데이터 구조가 갖는 단점으로 옳은 것은?

① 자료의 구조가 복잡한 편이다.
② 네트워크분석과 같은 다양한 공간분석에 제약이 있다.
③ 해상도가 높을 경우 더욱 많은 저장용량을 필요로 한다.
④ 각 셀이 코드화되기 때문에 많은 저장용량을 필요로 한다.

해설 벡터데이터 구조는 래스터데이터 구조에 비해 자료구조가 복잡하고 중첩을 수행하는 데 어려움이 있다.

제4과목 지적학

61 다음 중 토렌스시스템의 기본이론에 해당되지 않는 것은?

① 거울이론 ② 보상이론
③ 보험이론 ④ 커튼이론

해설 **토렌스시스템의 기본이론**
㉠ 거울이론(mirror principle) : 토지권리증서의 등록이 토지의 거래사실을 완벽하게 반영하는 거울과 같다는 입장이다.
㉡ 커튼이론(curtain principle) : 토지등록업무가 커튼 뒤에 놓여있기 때문에 붙인 공정성과 신빙성에 관여할 필요도 없고 관여해서도 안 된다는 것으로서 토렌스제도에 의해 한번 권리증명서가 발급되면 당해 토지에 대한 이전의 모든 이해관계는 무효가 된다. 따라서 이전의 권리에 대한 사항은 받아보기가 불가능하다는 이론이다.
㉢ 보험이론(insurance principle) : 토지등록이 토지의 권리를 아주 정확하게 반영하는 것이나 인간의 과실로 인하여 착오가 발생하는 경우 해를 입은 사람은 누구나 피해보상에 관한 한 법률적으로 선의의 구제자와 동등한 입장으로 보호되어야 한다는 이론이다.

62 부동산의 증명제도에 대한 설명으로 옳지 않은 것은?

① 근대적 등기제도에 해당한다.
② 소유권에 한하여 그 계약내용을 인증해주는 제도였다.
③ 증명은 대한제국에서 일제 초기에 이르는 부동산등기의 일종이다.
④ 일본인이 우리나라에서 제한거리를 넘어서도 토지를 소유할 수 있는 근거가 되었다.

해설 부동산등기제도는 소유권 및 소유권 이외의 권리를 공시하기 위해 도입된 제도이다.

정답 58 ④ 59 ① 60 ① 61 ② 62 ②

63 다음 중 토렌스시스템의 기본원리에 해당되지 않는 것은?
① 거울이론 ② 배상이론
③ 보험이론 ④ 커튼이론

해설 토렌스시스템의 기본원리 : 거울이론, 커튼이론, 보험이론

64 우리나라 임야조사사업 당시의 재결기관으로 옳은 것은?
① 도지사
② 임야조사위원회
③ 고등토지조사위원회
④ 세부측량검사위원

해설 임야조사사업 당시 도지사(도관장)는 조사측량을 한 사항에 대하여 1필지마다 그 토지의 소유자와 경계를 임야조사서와 임야도에 의하여 사정하였다. 사정은 30일간 공고하며, 사정사항에 불복하는 자는 공시기간 만료 후 60일 내에 임야심사위원회에 신고하여 재결을 청구할 수 있다. 다만, 정당한 사유 없이 입회를 하지 아니한 자는 그러하지 아니하다.

65 토지에 관한 권리객체의 공시역할을 하고 있는 지적의 가장 주요한 역할이라 할 수 있는 것은?
① 필지획정 ② 지목결정
③ 면적결정 ④ 소유자 등록

해설 토지에 관한 권리객체의 공시역할을 하고 있는 지적의 가장 중요한 역할은 필지의 획정이다.

66 지적 관련 법령의 변천순서가 옳게 나열된 것은?
① 토지대장법 → 조선지세령 → 토지조사령 → 지세령
② 토지대장법 → 토지조사령 → 조선지세령 → 지세령
③ 토지조사법 → 지세령 → 토지조사령 → 조선지세령
④ 토지조사법 → 토지조사령 → 지세령 → 조선지세령

해설 지적 관련 법령의 변천순서 : 토지조사법(1910) → 토지조사령(1912) → 지세령(1914) → 조선임야조사령(1918) → 조선지세령(1943) → 지적법(1950)

67 다음 중 토지조사사업 당시 일필지조사와 관련이 가장 적은 것은?
① 경계조사 ② 지목조사
③ 지주조사 ④ 지형조사

해설 일필지조사(一筆地調査)는 토지소유권을 확실히 하기 위해 필지단위로 지주, 강계, 지목, 지번의 조사 등을 하였다.

68 지번부여지역에 해당하는 것은?
① 군 ② 읍
③ 면 ④ 동·리

해설 지번부여지역은 지번을 부여하는 단위지역으로 동, 리 및 이에 준할 만한 지역이다.

69 지번의 설정이유 및 역할로 가장 거리가 먼 것은?
① 토지의 개별화
② 토지의 특정화
③ 토지의 위치확인
④ 토지이용의 효율화

해설 지번의 기능
㉠ 필지를 구별하는 개별성과 특정성의 기능을 가진다.
㉡ 거주지 또는 주소표기의 기준으로 이용된다.
㉢ 위치파악의 기준이 된다.
㉣ 각종 토지 관련 정보시스템에서 검색키로서의 기능을 가진다.
㉤ 물권의 객체를 구분한다.
㉥ 등록공시단위이다.

70 지적업무의 특성으로 볼 수 없는 것은?
① 전국적으로 획일성을 요하는 기술업무
② 전통성과 영속성을 가진 국가 고유업무
③ 토지소유권을 확정공시하는 준사법적인 행정업무
④ 토지에 대한 권리관계를 등록하는 등기의 보완적 업무

해설 지적사무의 특징
㉠ 전통적이고 영속적인 사무
㉡ 이면적이고 내재적인 사무
㉢ 준사법적이고 기속적인 사무
㉣ 기술적이고 전문적인 사무
㉤ 통일적이고 획일적인 국가사무

정답 63 ② 64 ② 65 ① 66 ④ 67 ④ 68 ④ 69 ④ 70 ④

71 지적도의 축척에 관한 설명으로 옳지 않은 것은?

① 일반적으로 축척이 크면 도면의 정밀도가 높다.
② 지도상에서의 거리와 표면상에서의 거리와의 관계를 나타내는 것이다.
③ 축척의 표현방법에는 분수식, 서술식, 그래프식 방법 등이 있다.
④ 축척이 분수로 표현될 때에 분자가 같으면 분모가 큰 것이 축척이 크다.

해설 축척이 분수로 표현될 때에 분자가 같으면 분모가 작은 것이 축척이 크다(대축척).

72 징발된 토지소유권의 주체는?

① 국가   ② 국방부
③ 토지소유자   ④ 지방자치단체

해설 징발된 토지의 소유권은 토지소유자에게 있다.

73 지적제도에서 채택하고 있는 토지등록의 일반원칙이 아닌 것은?

① 등록의 직권주의
② 실질적 심사주의
③ 심사의 형식주의
④ 적극적 등록주의

해설 지적형식주의란 지적공부에 등록하는 법적인 형식을 갖추어야만 비로소 토지로서의 거래단위가 될 수 있다는 원리로 지적등록주의라고도 한다. 따라서 심사의 형식주의는 틀리다.

74 조선시대에 정약용이 주장한 양전개정론의 내용에 해당하지 않는 것은?

① 경무법   ② 망척제
③ 정전제   ④ 방량법과 어린도법

해설 양전개정론자

실학자	저서	개정론
이익	균전론	영업전 제도
정약용	목민심서, 경세유표	정전제, 방량법, 어린도법
서유구	의상경계책	어린도법, 방량법
이기	해학유서, 전제망언	결부제 보완, 망척제
유길준	서유견문, 지제의	전통도 실시

75 지번의 부여방법 중 진행방향에 따른 분류가 아닌 것은?

① 기우식   ② 사행식
③ 오결식   ④ 절충식

해설 지번의 부여방법
㉠ 진행방향에 따른 분류 : 사행식, 기우식, 단지식, 절충식
㉡ 부여단위에 따른 분류 : 지역단위법, 도엽단위법, 단지단위법
㉢ 기번위치에 따른 분류 : 북서기번법, 북동기번법

76 다음 중 임야조사사업 당시 사정기관은?

① 도지사
② 임야심사위원회
③ 임시토지조사국
④ 고등토지조사위원회

해설 임야조사사업 당시 도지사(도관장)는 조사측량을 한 사항에 대하여 1필지마다 그 토지의 소유자와 경계를 임야조사서와 임야도에 의하여 사정하였다.

77 합병한 토지의 면적결정방법으로 옳은 것은?

① 새로이 심사법으로 측정한다.
② 새로이 전자면적기로 측정한다.
③ 합병 전의 각 필지의 면적을 합산한 것으로 한다.
④ 합병 전의 각 필지의 면적을 합산하여 나머지는 사사오입한다.

해설 합병의 경우 면적결정은 합병 전의 각 필지의 면적을 합산한 것으로 한다.

78 다음 중 축척이 다른 2개의 도면에 동일한 필지의 경계가 각각 등록되어 있을 때 토지의 경계를 결정하는 원칙으로 옳은 것은?

① 축척이 큰 것에 따른다.
② 축척의 평균치에 따른다.
③ 축척이 작은 것에 따른다.
④ 토지소유자에게 유리한 쪽에 따른다.

해설 축척종대의 원칙은 동일한 경계가 축척이 서로 다른 도면에 등록되어 있는 경우에는 축척이 큰 도면의 경계에 따른다.

정답 71 ④ 72 ③ 73 ③ 74 ② 75 ③ 76 ① 77 ③ 78 ①

79 각 시대별 지적제도의 연결이 옳지 않은 것은?

① 고려 : 수등이척제
② 조선 : 수등이척제
③ 고구려 : 두락제(斗落制)
④ 대한제국 : 지계아문(地契衙門)

해설 삼국시대의 지적제도

시대	길이단위	면적	측량방식	측량실무
고구려		경무법		산학박사
백제	척	두락제	구장산술	산학박사, 산사, 화사
신라		결부제		산학박사

80 토지대장을 열람하여 얻을 수 있는 정보가 아닌 것은?

① 토지경계
② 토지면적
③ 토지소재
④ 토지지번

해설 경계는 지적도면에만 등록되므로 토지대장을 열람해서는 알 수 없다.

제5과목　지적관계법규

81 공간정보의 구축 및 관리 등에 관한 법령상 지적측량 수수료를 결정하여 고시하는 자는?

① 기획재정부장관
② 국토교통부장관
③ 행정안전부장관
④ 한국국토정보공사사장

해설 지적측량수수료의 지급
㉠ 지적측량을 의뢰하는 자는 지적측량수행자에게 지적측량수수료를 지급하여야 한다.
㉡ 토지소유자가 신청하여야 하는 사항으로서 신청이 없어 지적소관청이 직권으로 조사·측량하여 지적공부를 정리한 때에는 지적측량수수료를 징수한다. 다만, 바다로 된 토지의 지적공부의 등록말소를 한 경우에는 그러하지 아니하다.
㉢ 비용을 30일 내에 납부하지 아니한 경우에는 지방세 체납처분의 예에 의하여 징수한다.
㉣ 지적측량수수료는 국토교통부장관이 매년 12월 말일까지 고시한다.

82 세부측량을 하는 경우 필지마다 면적을 측정하여야 하는 대상으로 옳지 않은 것은?

① 면적 또는 경계를 정정하는 경우
② 지적공부의 신규등록을 하는 경우
③ 경계복원측량 및 지적현황측량에 면적측정이 수반되는 경우
④ 지상건축물 등의 현황을 지적도 및 임야도에 등록된 경계와 대비하여 표시하는 데에 필요한 경우

해설 지적측량시행규칙 제19조(면적측정의 대상)

면적측정대상	면적측정의 대상이 아닌 경우
• 지적공부의 복구, 신규등록, 등록전환, 분할, 축척변경 • 면적 또는 경계를 정정하는 경우(등록사항정정) • 지적확정측량 • 경계복원측량·지적현황측량에 의하여 면적측정이 수반되는 경우	• 도면의 재작성 • 지목변경, 지번변경, 합병 • 경계복원측량, 지적현황측량 • 위치정정

83 1필지 일부가 형질변경 등으로 용도가 변경되어 분할을 신청하는 경우 함께 제출할 신청서로 옳은 것은?

① 신규등록신청서
② 용도전용신청서
③ 지목변경신청서
④ 토지합병신청서

해설 공간정보의 구축 및 관리 등에 관한 법률 시행령 제65조(분할신청)
① 법 제79조 제1항에 따라 분할을 신청할 수 있는 경우는 다음 각 호와 같다.
　1. 소유권 이전, 매매 등을 위하여 필요한 경우
　2. 토지이용상 불합리한 지상경계를 시정하기 위한 경우
　3. 관계법령에 따라 토지분할이 포함된 개발행위허가 등을 받은 경우
② 토지소유자는 법 제79조에 따라 토지의 분할을 신청할 때에는 분할사유를 적은 신청서에 국토교통부령으로 정하는 서류를 첨부하여 지적소관청에 제출하여야 한다. 이 경우 법 제79조 제2항에 따라 1필지의 일부가 형질변경 등으로 용도가 변경되어 분할을 신청할 때에는 제67조 제2항에 따른 지목변경신청서를 함께 제출하여야 한다.

정답 79 ③　80 ①　81 ②　82 ④　83 ③

84 다음 지목의 분류에서 암석지의 지목으로 옳은 것은?

① 유지 ② 임야
③ 잡종지 ④ 전

해설 산림 및 원야를 이루고 있는 수림지, 죽림지, 암석지, 자갈땅, 모래땅, 습지, 황무지 등의 토지의 지목은 임야로 한다.

85 일람도의 등록사항이 아닌 것은?

① 도면의 제명 및 축척
② 지번부여지역의 경계
③ 지번·도면번호 및 결번
④ 주요 지형·지물의 표시

해설 지적업무처리규정 제37조(일람도 및 지번색인표의 등재사항)
규칙 제69조 제5항에 따른 일람도 및 지번색인표에는 다음 각 호의 사항을 등재하여야 한다.
1. 일람도
  가. 지번부여지역의 경계 및 인접 지역의 행정구역명칭
  나. 도면의 제명 및 축척
  다. 도곽선과 그 수치
  라. 도면번호
  마. 도로·철도·하천·구거·유지·취락 등 주요 지형·지물의 표시

86 면적을 측정하는 경우 도곽선의 길이에 얼마 이상의 신축이 있을 때에 이를 보정하여야 하는가?

① 0.4mm
② 0.5mm
③ 0.8mm
④ 1.0mm

해설 면적을 측정하는 경우 도곽선의 길이에 0.5mm 이상의 신축이 있을 때에는 이를 보정하여야 한다.

87 공간정보의 구축 및 관리 등에 관한 법률상 용어에 대한 설명으로 옳지 않은 것은?

① "면적"이란 지적공부에 등록한 필지의 수평면상 넓이를 말한다.
② "토지의 이동"이란 토지의 표시를 새로 정하거나 변경 또는 말소하는 것을 말한다.
③ "지번부역지역"이란 지번을 부여하는 단위지역으로서 동·리 또는 이에 준하는 지역을 말한다.
④ "축척변경"이란 지적도에 등록된 경계점의 정밀도를 높이기 위하여 큰 축척을 작은 축척으로 변경하여 등록하는 것을 말한다.

해설 공간정보의 구축 및 관리 등에 관한 법률 제2조(정의)
34. "축척변경"이란 지적도에 등록된 경계점의 정밀도를 높이기 위하여 작은 축척을 큰 축척으로 변경하여 등록하는 것을 말한다.

88 공간정보의 구축 및 관리 등에 관한 법률상 국유재산법에 따른 총괄청이 소유자 없는 부동산에 대한 소유자 등록을 신청하는 경우의 소유자변동일자는? (단, 지적공부에 해당 토지의 소유자가 등록되지 아니한 경우)

① 등기신청일 ② 등기접수일자
③ 신규등록신청일 ④ 소유자정리결의일자

해설 지적업무처리규정 제60조(소유자 정리)
① 대장의 소유자변동일자는 등기필통지서, 등기필증, 등기부 등·초본 또는 등기관서에서 제공한 등기전산정보자료의 경우에는 등기접수일자로, 법 제84조 제4항 단서의 미등기 토지소유자에 관한 정정신청의 경우와 법 제88조 제2항에 따른 소유자 등록신청의 경우에는 소유자정리결의일자로, 공유수면 매립준공에 따른 신규등록의 경우에는 매립준공일자로 정리한다.
② 주소·성명·명칭의 변경 또는 경정 및 소유권 이전 등이 같은 날짜에 등기가 된 경우의 지적공부정리는 등기접수순서에 따라 모두 정리하여야 한다.
③ 소유자의 주소가 토지소재지와 같은 경우에도 등기부와 일치하게 정리한다. 다만, 등기관서에서 제공한 등기전산정보자료에 따라 정리하는 경우에는 등기전산정보자료에 따른다.
④ 법 제88조 제4항에 따라 지적소관청이 소유자에 관한 사항이 대장과 부합되지 아니하는 토지소유자를 정리할 때에는 제1항부터 제3항까지와 제65조 제2항을 준용하며, 토지소유자 등 이해관계인이 등기부 등·초본 등에 따라 소유자 정정을 신청하는 경우에는 별지 제9호 서식의 소유자정정신청서를 제출하여야 한다.
⑤ 국토교통부장관은 등기관서로부터 법인 또는 재외국민의 부동산등기용 등록번호정정통보가 있는 때에는 정정 전 등록번호에 따라 토지소재를 조사하여 시·도지사에게 그 내용을 통지하여야 한다. 이 경우 시·도지사는 지체 없이 그 내용을 해당 지적소관청에 통지하여야 한다.
⑥ 소유자등록사항 중 토지이동과 함께 소유자가 결정되는 신규등록, 도시개발사업 등의 환지등록 시에는 토지이동업무처리와 동시에 소유자를 정리하여야 한다.

정답 84 ② 85 ③ 86 ② 87 ④ 88 ④

89 신규등록할 토지가 발생한 경우 최대 며칠 이내에 지적소관청에 신규등록을 신청하여야 하는가?

① 15일 ② 30일
③ 60일 ④ 90일

해설 토지소유자는 신규등록할 토지가 있으면 대통령령으로 정하는 바에 따라 그 사유가 발생한 날부터 60일 이내에 지적소관청에 신규등록을 신청하여야 한다.

90 지적측량업자가 손해배상책임을 보장하기 위하여 가입하여야 하는 보증보험의 보증금액기준으로 옳은 것은? (단, 보장기간은 10년 이상으로 한다.)

① 1억원 이상
② 5억원 이상
③ 10억원 이상
④ 20억원 이상

해설 공간정보의 구축 및 관리 등에 관한 법률 시행령 제41조(손해배상책임의 보장)
① 지적측량수행자는 법 제51조 제2항에 따라 손해배상책임을 보장하기 위하여 다음 각 호의 구분에 따라 보증보험에 가입하거나 공간정보산업협회가 운영하는 보증 또는 공제에 가입하는 방법으로 보증설정(이하 "보증설정"이라 한다)을 하여야 한다.
  1. 지적측량업자 : 보장기간 10년 이상 및 보증금액 1억원 이상
  2. 국가공간정보 기본법 제12조에 따라 설립된 한국국토정보공사 : 보증금액 20억원 이상
② 지적측량업자는 지적측량업등록증을 발급받은 날부터 10일 이내에 제1항 제호의 기준에 따라 보증설정을 하여야 하며, 보증설정을 하였을 때에는 이를 증명하는 서류를 제35조 제1항에 따라 등록한 시·도지사에게 제출하여야 한다.

91 공간정보의 구축 및 관리 등에 관한 법령상 정당한 사유 없이 지적측량을 방해한 자에 대한 벌칙기준으로 옳은 것은?

① 200만원 이하의 과태료
② 500만원 이하의 과태료
③ 1년 이하의 징역 또는 1천만원 이하의 벌금
④ 2년 이하의 징역 또는 2천만원 이하의 벌금

해설 정당한 사유 없이 지적측량을 방해한 자는 200만원 이하의 과태료가 부과된다.

92 다음 중 체육용지로 지목설정을 할 수 있는 것은?

① 공원
② 골프장
③ 경마장
④ 유선장

해설 공간정보의 구축 및 관리 등에 관한 법률 시행령 제58조(지목의 구분)
법 제67조 제1항에 따른 지목의 구분은 다음 각 호의 기준에 따른다.
23. 체육용지 : 국민의 건강증진 등을 위한 체육활동에 적합한 시설과 형태를 갖춘 종합운동장·실내체육관·야구장·골프장·스키장·승마장·경륜장 등 체육시설의 토지와 이에 접속된 부속시설물의 부지는 '체육용지'로 한다. 다만, 체육시설로서의 영속성과 독립성이 미흡한 정구장·골프연습장·실내수영장 및 체육도장, 유수(流水)를 이용한 요트장 및 카누장, 산림 안의 야영장 등의 토지를 제외한다.

93 국토교통부장관이 기본측량을 실시하기 위하여 필요하다고 인정하는 경우 토지의 수용 또는 사용에 따른 손실보상에 관하여 적용하는 법률은?

① 부동산등기법
② 국토의 계획 및 이용에 관한 법률
③ 공간정보의 구축 및 관리 등에 관한 법률
④ 공익사업을 위한 토지 등의 취득 및 보상에 관한 법률

해설 국토교통부장관이 기본측량을 실시하기 위하여 필요하다고 인정하는 경우 토지의 수용 또는 사용에 따른 손실보상에 관하여 적용하는 법률은 공익사업을 위한 토지 등의 취득 및 보상에 관한 법률이다.

94 공간정보의 구축 및 관리 등에 관한 법령상 지상경계의 결정기준 등에 관한 내용으로 옳지 않은 것은?

① 연접되는 토지 간에 높낮이 차이가 없는 경우에는 그 구조물 등의 중앙
② 도로·구거 등의 토지에 절토된 부분이 있는 경우에는 그 경사면의 상단부
③ 토지가 해면 또는 수면에 접하는 경우에는 최대만조위 또는 최대만수위가 되는 선
④ 공유수면매립지의 토지 중 제방 등을 토지에 편입하여 등록하는 경우에는 안쪽 어깨 부분

정답 89 ③ 90 ① 91 ① 92 ② 93 ④ 94 ④

해설 공간정보의 구축 및 관리 등에 관한 법률 시행령 제55조 (지상경계의 결정기준 등)
① 법 제65조 제1항에 따른 지상경계의 결정기준은 다음 각 호의 구분에 따른다.
  1. 연접되는 토지 간에 높낮이 차이가 없는 경우 : 그 구조물 등의 중앙
  2. 연접되는 토지 간에 높낮이 차이가 있는 경우 : 그 구조물 등의 하단부
  3. 도로·구거 등의 토지에 절토된 부분이 있는 경우 : 그 경사면의 상단부
  4. 토지가 해면 또는 수면에 접하는 경우 : 최대만조위 또는 최대만수위가 되는 선
  5. 공유수면매립지의 토지 중 제방 등을 토지에 편입하여 등록하는 경우 : 바깥쪽 어깨 부분
② 지상경계의 구획을 형성하는 구조물 등의 소유자가 다른 경우에는 제1항 제1호부터 제3호까지의 규정에도 불구하고 그 소유권에 따라 지상경계를 결정한다.

95
공간정보의 구축 및 관리 등에 관한 법령상 도시개발법에 따른 도시개발사업의 착수·변경 또는 완료사실의 신고는 그 사유가 발생한 날부터 최대 며칠 이내에 하여야 하는가?

① 7일 이내
② 15일 이내
③ 30일 이내
④ 60일 이내

해설 도시개발사업 등의 착수·변경 또는 완료사실의 신고는 그 사유가 발생한 날부터 15일 이내에 하여야 한다.

96
공간정보의 구축 및 관리 등에 관한 법률에서 규정하는 경계에 대한 설명으로 옳지 않은 것은?

① 지적도에 등록한 선
② 임야도에 등록한 선
③ 지상에 설치한 경계표지
④ 필지별로 경계점들을 직선으로 연결하여 지적공부에 등록한 선

해설 경계란 필지별로 경계점들을 직선으로 연결하여 지적공부에 등록한 선, 즉 도면에 등록된 선 또는 경계점좌표등록부에 등록된 좌표의 연결을 말한다. 따라서 공간정보의 구축 및 관리 등에 관한 법률에 따른 경계는 도상경계를 의미한다.

97
지적재조사에 관한 특별법상 조정금의 산정에 관한 내용으로 옳지 않은 것은?

① 조정금은 경계가 확정된 시점을 기준으로 개별공시지가로 산정한다.
② 국가 또는 지방자치단체 소유의 국유지·공유지 행정재산의 조정금은 징수하거나 지급하지 아니한다.
③ 토지소유자협의회가 요청하는 경우 시·군·구 지적재조사위원회의 심의를 거쳐 개별공시지가로 조정금을 산정할 수 있다.
④ 지적소관청은 경계확정으로 지적공부상의 면적이 증감된 경우에는 필지별 면적증감내역을 기준으로 조정금을 산정하여 징수하거나 지급한다.

해설 지적재조사에 관한 특별법 제20조(조정금의 산정)
① 지적소관청은 제18조에 따른 경계확정으로 지적공부상의 면적이 증감된 경우에는 필지별 면적증감내역을 기준으로 조정금을 산정하여 징수하거나 지급한다.
② 제1항에도 불구하고 국가 또는 지방자치단체 소유의 국유지·공유지 행정재산의 조정금은 징수하거나 지급하지 아니한다.
③ 조정금은 제18조에 따라 경계가 확정된 시점을 기준으로 감정평가 및 감정평가사에 관한 법률에 따른 감정평가업자가 평가한 감정평가액으로 산정한다. 다만, 토지소유자협의회가 요청하는 경우에는 제30조에 따른 시·군·구 지적재조사위원회의 심의를 거쳐 부동산 가격공시에 관한 법률에 따른 개별공시지가로 산정할 수 있다.
④ 지적소관청은 제3항에 따라 조정금을 산정하고자 할 때에는 제30조에 따른 시·군·구 지적재조사위원회의 심의를 거쳐야 한다.
⑤ 제2항부터 제4항까지에 규정된 것 외에 조정금의 산정에 필요한 사항은 대통령령으로 정한다.

98
다음 토지이동 중 축척의 변경이 수반되는 토지이동은?

① 등록전환   ② 신규등록
③ 지목변경   ④ 합병

해설 등록전환이란 임야대장 및 임야도에 등록한 토지를 토지대장·지적도에 옮겨 등록하는 것을 말한다. 등록전환하는 과정에서 지목변경과 축척변경이 수반된다.

정답 95 ② 96 ③ 97 ① 98 ①

99 도로명주소법상 도로구간에 행정안전부령으로 정하는 간격마다 부여된 번호를 무엇이라 하는가?

① 기초번호 ② 건물번호
③ 상세번호 ④ 도로번호

해설 도로명주소법 제2조(정의)
4. "기초번호"란 도로구간에 행정안전부령으로 정하는 간격마다 부여된 번호를 말한다.
5. "건물번호"란 다음 각 목의 어느 하나에 해당하는 건축물 또는 구조물(이하 "건물 등"이라 한다)마다 부여된 번호(둘 이상의 건물 등이 하나의 집단을 형성하고 있는 경우로서 대통령령으로 정하는 경우에는 그 건물 등의 전체에 부여된 번호를 말한다)를 말한다.
   가. 건축법 제2조 제1항 제2호에 따른 건축물
   나. 현실적으로 30일 이상 거주하거나 정착하여 활동하는 데 이용되는 인공구조물 및 자연적으로 형성된 구조물
9. "국가지점번호"란 국토 및 이와 인접한 해양을 격자형으로 일정하게 구획한 지점마다 부여된 번호를 말한다.

100 토지이동과 관련하여 지적공부에 등록하는 시기로 옳은 것은?

① 신규등록 : 공유수면매립인가일
② 축척변경 : 축척변경확정공고일
③ 도시개발사업 : 사업의 완료신고일
④ 지목변경 : 토지형질변경공사허가일

해설 ① 신규등록 : 사유발생일(매립준공일)
③ 도시개발사업 : 공사가 준공된 때
④ 지목변경 : 사유발생일(토지형질변경공사가 준공된 때)

정답 99 ① 100 ②

2025년 제3회 지적기사 필기 복원

제1과목 지적측량

01 지구를 평면으로 가정할 때 정도 $1/10^6$에서 거리오차는? (단, 지구의 곡률반경은 6,370km이다.)

① 1.21cm ② 2.21cm
③ 3.21cm ④ 4.21cm

해설 $\dfrac{1}{m} = \dfrac{\Delta l}{l} = \dfrac{l^2}{12R^2}$

$\therefore \Delta l = \dfrac{l^3}{12R^2} = \dfrac{22^3}{12 \times 6,370^2} = 2.21\text{cm}$

02 지적소관청은 지적도면의 관리에 필요한 경우에는 지번부여지역마다 일람도와 지번색인표를 작성하여 갖춰둘 수 있다. 이때 일람도를 작성하지 아니할 수 있는 경우는 도면이 몇 장 미만일 때인가?

① 4장 ② 5장
③ 6장 ④ 7장

해설 지적업무처리규정 제38조(일람도의 제도)
① 규칙 제69조 제5항에 따라 일람도를 작성할 경우 일람도의 축척은 그 도면축척의 10분의 1로 한다. 다만, 도면의 장수가 많아서 한 장에 작성할 수 없는 경우에는 축척을 줄여서 작성할 수 있으며, 도면의 장수가 4장 미만인 경우에는 일람도의 작성을 하지 아니할 수 있다.
② 제명 및 축척은 일람도 윗부분에 "○○시·도 ○○시·군·구 ○○읍·면 ○○동·리 일람도 축척 ○○○○분의 1"이라 제도한다.

03 평판측량방법에 의한 세부측량을 교회법으로 하는 경우 방향각의 교각에 대한 설명으로 옳은 것은?

① 10° 이상 130° 이하로 한다.
② 20° 이상 140° 이하로 한다.
③ 30° 이상 150° 이하로 한다.
④ 40° 이상 160° 이하로 한다.

해설 평판측량방법에 따른 세부측량을 교회법으로 하는 경우에는 다음의 기준에 따른다.
㉠ 전방교회법 또는 측방교회법에 따를 것
㉡ 3방향 이상의 교회에 따를 것
㉢ 방향각의 교각은 30° 이상 150° 이하로 할 것
㉣ 방향선의 도상길이는 평판의 방위표정에 사용한 방향선의 도상길이 이하로서 10cm 이하로 할 것. 다만, 광파조준의 또는 광파측거기를 사용하는 경우에는 30cm 이하로 할 수 있다.
㉤ 측량결과 시오(示誤)삼각형이 생긴 경우 내접원의 지름이 1mm 이하일 때에는 그 중심을 점의 위치로 할 것

04 점간거리를 3회 측정하여 23cm, 24cm, 25cm의 측정치를 얻었다면 평균제곱근오차는?

① $\pm \dfrac{1}{\sqrt{2}}$ ② $\pm \dfrac{1}{\sqrt{3}}$
③ $\pm \dfrac{1}{2}$ ④ $\pm \dfrac{1}{3}$

해설

관측값	최확값	잔차	잔차의 제곱
23		1	1
24	24	0	0
25		-1	1
계			2

$\therefore$ 평균제곱근오차$(M) = \pm \sqrt{\dfrac{\sum V^2}{n(n-1)}}$

$= \pm \sqrt{\dfrac{2}{3 \times (3-1)}} = \pm \dfrac{1}{\sqrt{3}}$

05 배각법에 의한 지적도근점측량 시 관측각에 대한 오차계산으로 옳은 것은?

① 출발기지 방위각 - 관측각의 합 + 180°(측점수 - 1)
② 출발기지 방위각 - 관측각의 합 + 도착기지 방위각
③ 출발기지 방위각 + 관측각의 합 - 180°(측점수 - 1) - 도착기지 방위각
④ 출발기지 방위각 + 관측각의 합 - 도착기지 방위각

해설 폐색오차 = 출발기지 방위각 + 관측각의 합 - 180°(측점수 - 1) - 도착기지 방위각

정답 1 ② 2 ① 3 ③ 4 ② 5 ③

06 지적삼각점의 계산에서 자오선수차의 계산단위는?

① 초 아래 1자리   ② 초 아래 3자리
③ 초 아래 5자리   ④ 초 아래 6자리

해설 지적측량시행규칙 제9조(지적삼각점측량의 관측 및 계산)
④ 지적삼각점의 계산은 진수를 사용하여 각규약과 변규약에 따른 평균계산법 또는 망평균계산법에 따르며, 계산단위는 다음 표에 따른다.

종별	각	변의 길이	진수	좌표 또는 표고	경위도	자오선 수차
단위	초	센티미터	6자리 이상	센티미터	초 아래 3자리	초 아래 1자리

07 경위의측량방법에 의한 세부측량의 관측 및 계산에 대한 설명으로 옳지 않은 것은?

① 교회법에 따른다.
② 연직각의 관측은 정반으로 1회 관측한다.
③ 관측은 20초독 이상의 경위의를 사용한다.
④ 수평각의 관측은 1대회 방향관측법이나 2배각의 배각법에 따른다.

해설 경위의측량방법에 따른 세부측량의 관측 및 계산기준
㉠ 미리 각 경계점에 표지를 설치할 것. 다만, 부득이한 경우에는 그러하지 아니하다.
㉡ 도선법 또는 방사법에 따를 것
㉢ 관측은 20초독 이상의 경위의를 사용할 것
㉣ 수평각의 관측은 1대회의 방향관측법이나 2배각의 배각법에 따를 것. 다만, 방향관측법인 경우에는 1측회의 폐색을 하지 아니할 수 있다.
㉤ 연직각의 관측은 정반으로 1회 관측하여 그 교차가 5분 이내일 때에는 그 평균치를 연직각으로 하되 분단위로 독정(讀定)할 것

08 지적삼각보조점측량을 다각망도선법에 의할 경우 폐색오차의 범위로 옳은 것은? (단, n은 폐색변을 포함한 변의 수이다.)

① $\pm 10\sqrt{n}$초 이내   ② $\pm 20\sqrt{n}$초 이내
③ $\pm 30\sqrt{n}$초 이내   ④ $\pm 40\sqrt{n}$초 이내

해설 지적측량시행규칙 제11조(지적삼각보조점의 관측 및 계산)
③ 경위의측량방법, 전파기 또는 광파기측량방법과 다각망도선법에 따른 지적삼각보조점의 관측 및 계산은 다음 각 호의 기준에 따른다.
1. 관측과 계산방법에 관하여는 제1항 제1호부터 제4호까지의 규정을 준용하고, 점간거리 및 연직각의 관측방법에 관하여는 제9조 제2항 및 제3항을 준용할 것. 다만, 다각망도선법에 따른 지적삼각보조점의 수평각관측은 제13조 제3호에 따른 배각법에 따를 수 있으며, 1회 측정각과 3회 측정각의 평균치에 대한 교차는 30초 이내로 한다.
2. 도선별 평균방위각과 관측방위각의 폐색오차는 $\pm 10\sqrt{n}$초 이내로 할 것. 이 경우 n은 폐색변을 포함한 변의 수를 말한다.
3. 도선별 연결오차는 $0.05S$[mm] 이하로 할 것. 이 경우 S는 도선의 거리를 1천으로 나눈 수를 말한다.
4. 측각오차의 배분에 관하여는 제14조 제2항을 준용할 것
5. 종선오차 및 횡선오차의 배분에 관하여는 제15조 제2항을 준용할 것

09 평판측량에서 발생할 수 있는 오차가 아닌 것은?

① 시준오차   ② 연결오차
③ 외심오차   ④ 정준오차

해설 평판측량 시 발생하는 오차
㉠ 설치 시 발생하는 오차 : 정준오차, 구심오차, 표정오차
㉡ 방법에 따른 오차 : 방사법오차, 도선법오차, 교회법오차
㉢ 기계오차 : 시준오차, 외심오차

10 면적측정방법에 관한 다음 내용 중 ㉠, ㉡에 알맞은 것은?

> 전자면적측정기에 따른 면적측정에 있어서 도상에서 (㉠)회 측정하여 그 교차가 허용면적 이하일 때에는 그 평균치를 측정면적으로 정하는데, 허용면적의 계산식은 (㉡)이다.

① ㉠ 2회, ㉡ $A = 0.023M\sqrt{F}$
② ㉠ 2회, ㉡ $A = 0.023^2 M\sqrt{F}$
③ ㉠ 3회, ㉡ $A = 0.026M\sqrt{F}$
④ ㉠ 3회, ㉡ $A = 0.026^2 M\sqrt{F}$

해설 지적측량시행규칙 제20조(면적측정의 방법 등)
② 전자면적측정기에 따른 면적측정은 다음 각 호의 기준에 따른다.
1. 도상에서 2회 측정하여 그 교차가 다음 계산식에 따른 허용면적 이하일 때에는 그 평균치를 측정면적으로 할 것
$A = 0.023^2 M\sqrt{F}$
(A는 허용면적, M은 축척분모, F는 2회 측정한 면적의 합계를 2로 나눈 수)
2. 측정면적은 1천분의 $1m^2$까지 계산하여 10분의 $1m^2$ 단위로 정할 것

정답 6 ① 7 ① 8 ① 9 ② 10 ②

11 지적삼각점측량을 할 때 사용하고자 하는 삼각점의 변동 유무를 확인하는 기준은?

① 기지각과의 오차가 ±30초 이내
② 기지각과의 오차가 ±40초 이내
③ 기지각과의 오차가 ±50초 이내
④ 기지각과의 오차가 ±60초 이내

해설 지적삼각점측량 및 지적삼각보조점측량을 할 때에는 미리 사용하고자 하는 삼각점, 지적삼각점 및 지적삼각보조점의 변동 유무를 확인하여야 한다. 이 경우 확인결과 기지각과의 오차가 ±40초 이내인 경우에는 그 삼각점, 지적삼각점 및 지적삼각보조점에 변동이 없는 것으로 본다.

12 수평각관측에서 망원경의 정위와 반위로 관측을 하는 목적은?

① 눈금오차를 방지하기 위하여
② 연직축오차를 방지하기 위하여
③ 시준축오차를 제거하기 위하여
④ 굴절보정오차를 제거하기 위하여

해설 수평각관측에서 망원경의 정위와 반위로 관측을 하는 목적은 시준축오차, 수평축오차, 시준선의 편심오차를 소거하기 위함이다.

13 교회법에 따른 지적삼각보조점의 관측 및 계산기준으로 옳은 것은?

① 3배각법에 따른다.
② 3대회의 방향관측법에 따른다.
③ 1방향각의 측각공차는 50초 이내로 한다.
④ 관측은 20초독 이상의 경위의를 사용한다.

해설 경위의측량방법과 교회법에 따른 지적삼각보조점의 관측 및 계산기준
㉠ 관측은 20초독 이상의 경위의를 사용할 것
㉡ 수평각관측은 2대회(윤곽도는 0도, 90도로 한다)의 방향관측법에 따를 것
㉢ 수평각의 측각공차는 다음 표에 따를 것. 이 경우 삼각형 내각의 관측치를 합한 값과 180도와의 차는 내각을 전부 관측한 경우에 적용한다.

종별	1방향각	1측회의 폐색	삼각형 내각관측의 합과 180도와의 차	기지각과의 차
공차	40초 이내	±40초 이내	±50초 이내	±50초 이내

㉣ 계산단위는 다음 표에 따를 것

종별	각	변의 길이	진수	좌표
공차	초	센티미터	6자리 이상	센티미터

㉤ 2개의 삼각형으로부터 계산한 위치의 연결교차 ($\sqrt{종선교차^2 + 횡선교차^2}$ 을 말한다)가 0.30m 이하일 때에는 그 평균치를 지적삼각보조점의 위치로 할 것. 이 경우 기지점과 소구점 사이의 방위각 및 거리는 평균치에 따라 새로 계산하여 정한다.

14 다각망도선법에 따른 지적삼각보조점의 관측 및 계산기준에 대한 설명으로 옳지 않은 것은? (단, n은 폐색변을 포함한 변의 수, S는 도선의 거리를 1천으로 나눈 수를 말한다.)

① 수평각관측은 배각법에 따를 수 있다.
② 관측은 20초독 이상의 경위의를 사용하도록 한다.
③ 도선별 연결오차는 $(0.05 + 0.05S)$m 이하로 한다.
④ 종·횡선오차의 배부는 종·횡선차길이에 비례하여 배부한다.

해설 지적측량시행규칙 제11조(지적삼각보조점의 관측 및 계산)
① 경위의측량방법과 교회법에 따른 지적삼각보조점의 관측 및 계산은 다음 각 호의 기준에 따른다.
　1. 관측은 20초독 이상의 경위의를 사용할 것
　2. 수평각관측은 2대회(윤곽도는 0도, 90도로 한다)의 방향관측법에 따를 것
　3. 수평각의 측각공차는 다음 표에 따를 것. 이 경우 삼각형 내각의 관측치를 합한 값과 180도와의 차는 내각을 전부 관측한 경우에 적용한다.

종별	1방향각	1측회의 폐색	삼각형 내각 관측의 합과 180도와의 차	기지각과의 차
공차	40초 이내	±40초 이내	±50초 이내	±50초 이내

　4. 계산단위는 다음 표에 따를 것

종별	각	변의 길이	진수	좌표
공차	초	센티미터	6자리 이상	센티미터

　5. 2개의 삼각형으로부터 계산한 위치의 연결교차 ($\sqrt{종선교차^2 + 횡선교차^2}$ 을 말한다)가 0.30m 이하일 때에는 그 평균치를 지적삼각보조점의 위치로 할 것. 이 경우 기지점과 소구점 사이의 방위각 및 거리는 평균치에 따라 새로 계산하여 정한다.

정답 11 ② 12 ③ 13 ④ 14 ③

② 전파기 또는 광파기측량방법과 교회법에 따른 지적삼각보조점의 관측과 계산은 다음 각 호의 기준에 따른다.
1. 점간거리 및 연직각의 측정방법에 관하여는 제9조 제2항 및 제3항을 준용할 것
2. 기지각과의 차에 관하여는 제1항 제3호를 준용할 것
3. 계산단위 및 2개의 삼각형으로부터 계산한 위치의 연결교차에 관하여는 제1항 제4호 및 제5호를 준용할 것

③ 경위의측량방법, 전파기 또는 광파기측량방법과 다각망도선법에 따른 지적삼각보조점의 관측 및 계산은 다음 각 호의 기준에 따른다.
1. 관측과 계산방법에 관하여는 제1항 제1호부터 제4호까지의 규정을 준용하고, 점간거리 및 연직각의 관측방법에 관하여는 제9조 제2항 및 제3항을 준용할 것. 다만, 다각망도선법에 따른 지적삼각보조점의 수평각관측은 제13조 제3호에 따른 배각법에 따를 수 있으며, 1회 측정각과 3회 측정각의 평균치에 대한 교차는 30초 이내로 한다.
2. 도선별 평균방위각과 관측방위각의 폐색오차는 $±10\sqrt{n}$ 초 이내로 할 것. 이 경우 n은 폐색변을 포함한 변의 수를 말한다.
3. 도선별 연결오차는 $0.05S$[m] 이하로 할 것. 이 경우 S는 도선의 거리를 1천으로 나눈 수를 말한다.
4. 측각오차의 배분에 관하여는 제14조 제2항을 준용할 것
5. 종선오차 및 횡선오차의 배분에 관하여는 제15조 제2항을 준용할 것

15 지적도근점측량을 다각망도선법에 의하여 시행할 경우에 대한 설명으로 옳은 것은?

① 2점 이상의 기지점을 연결하는 다각망도선법에 의한다.
② 2점 이상의 기지점을 상호 연결하는 방식에 의한다.
③ 3점 이상의 기지점을 상호 연결하는 방식에 의한다.
④ 3점 이상의 기지점을 포함한 결합다각방식에 의한다.

해설 경위의측량방법이나 전파기 또는 광파기측량방법에 따라 다각망도선법으로 지적도근점측량을 할 경우 3점 이상의 기지점을 포함한 결합다각방식에 따르며 1도선의 점의 수는 20점 이하로 한다.

16 다음 중 데오드라이트의 3축조건으로 옳지 않은 것은?

① 시준축⊥수평축   ② 수평축⊥수직축
③ 수직축⊥기포관   ④ 시준축//연직축

해설 데오드라이트의 조정조건

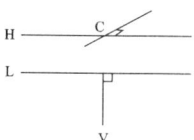

㉠ 수평축과 시준선이 직교(H⊥C)
㉡ 수평축과 연직축이 직교(H⊥V)
㉢ 연직축과 수준기축이 직교(L⊥V)

17 지적측량성과를 결정함에 있어 측량성과와 검사성과의 연결교차허용범위의 연결이 옳은 것은? (단, M은 축척분모)

① 지적삼각점 : 15cm
② 지적삼각보조점 : 20cm
③ 지적도근점(경계점좌표등록부 시행지역) : 15cm
④ 경계점(경계점좌표등록부 시행지역) : 100분의 $3M$[cm]

해설 지적측량시행규칙 제27조(지적측량성과의 결정)
① 지적측량성과와 검사성과의 연결교차가 다음 각 호의 허용범위 이내일 때에는 그 지적측량성과에 관하여 다른 입증을 할 수 있는 경우를 제외하고는 그 측량성과로 결정하여야 한다.
1. 지적삼각점 : ±20cm
2. 지적삼각보조점 : ±25cm
3. 지적도근점
  가. 경계점좌표등록부 시행지역 : ±15cm
  나. 그 밖의 지역 : ±25cm
4. 경계점
  가. 경계점좌표등록부 시행지역 : ±10cm
  나. 그 밖의 지역 : ±100분의 $3M$[cm](M은 축척분모). 이 경우 전자평판측량방법으로 측량하는 경우에는 ±100분의 $2M$[cm]로 한다.

18 3배각법에 의한 수평각관측의 결과가 다음과 같을 때 수평각의 평균값은?

- 첫 번째 관측값 : 42°16′32″
- 두 번째 관측값 : 84°32′54″
- 세 번째 관측값 : 126°49′18″

① 42°16′22″   ② 42°16′25″
③ 42°16′26″   ④ 42°16′27″

해설 평균값 $= \dfrac{126°49′18″}{3} = 42°16′26″$

정답 15 ④ 16 ④ 17 ③ 18 ③

19 지적삼각보조점성과표에 기록·관리하여야 하는 사항에 해당하지 않는 것은?

① 도면번호   ② 시준점의 명칭
③ 도선등급 및 도선명   ④ 소재지와 측량연월일

해설 시준점의 명칭은 지적삼각점성과표에 기록·관리할 사항이 아니다.

20 광파기측량방법에 따라 다각망도선법으로 지적도근점측량을 할 때 1도선의 점의 수는 몇 개 이하로 하여야 하는가?

① 10개   ② 20개
③ 30개   ④ 40개

해설 지적측량시행규칙 제12조(지적도근점측량)
⑥ 경위의측량방법이나 전파기 또는 광파기측량방법에 따라 다각망도선법으로 지적도근점측량을 할 때에는 다음 각 호의 기준에 따른다.
1. 3점 이상의 기지점을 포함한 결합다각방식에 따를 것
2. 1도선의 점의 수는 20점 이하로 할 것

제2과목 응용측량

21 AB, BC의 경사거리를 측정하여 AB=21.562m, BC=28.064m를 얻었다. 레벨을 설치하여 A, B, C의 표척을 읽은 결과가 다음 그림과 같을 때 AC의 수평거리는? (단, AB, BC구간은 각각 등경사로 가정한다.)

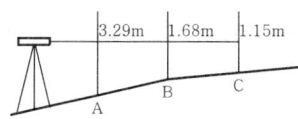

① 49.6m   ② 50.1m
③ 59.6m   ④ 60.1m

해설 $\overline{AC} = \sqrt{21.562^2 + 1.61^2} + \sqrt{28.064^2 + 0.53^2}$
$= 49.69m$

22 노선측량순서에서 중심선을 선정하고 도상 및 현지에 설치하는 단계는?

① 계획조사측량   ② 실시설계측량
③ 세부측량   ④ 노선 선정

해설 실시설계측량 : 노선측량순서에서 중심선을 선정하고 도상 및 현지에 설치하는 단계

23 사진의 크기가 23cm×23cm인 카메라로 평탄한 지역을 비행고도 2,000m에서 촬영하여 촬영면적이 21.16km²인 연직사진을 얻었다. 이 카메라의 초점거리는?

① 10cm   ② 27cm
③ 25cm   ④ 20cm

해설 $A = (ma)^2 = \left(\dfrac{H}{f}a\right)^2$
$21.16 = \left(\dfrac{2,000}{f} \times 0.23\right)^2$
$\therefore f = 10cm$

24 하천, 호수, 항만 등의 수심을 숫자로 도상에 나타내는 지형표시방법은?

① 등고선법   ② 음영법
③ 모형법   ④ 점고법

해설 지형의 표시법
㉠ 자연적인 도법
• 우모법(영선법, 게바법) : 선의 굵기와 길이로 지형을 표시하는 방법으로 경사가 급하면 굵고 짧게, 경사가 완만하면 가늘고 길게 표시한다.
• 음영법(명암법) : 태양광선이 서북쪽에서 45°로 비친다고 가정하고 지표의 기복에 대해서 그 명암을 도상에 2~3색 이상으로 지형의 기복을 표시하는 방법이다.
㉡ 부호적인 도법
• 점고법 : 지표면상에 있는 임의점 표고를 도상에서 숫자로 표시해 지표를 나타내는 방법으로 하천, 항만, 해양 등의 심천을 나타내는 경우에 사용한다.
• 등고선법 : 등고선에 의하여 지표면의 형태를 표시하는 방법으로 비교적 지형을 쉽게 표현할 수 있어 가장 널리 쓰이는 방법이다.
• 채색법 : 지형도에 채색을 하여 지형을 표시하는 방법으로 높은 곳은 진하게, 낮은 곳은 연하게 표시하며 지리관계의 지도나 소축척지도에 사용된다.

25 축척 1:1,000의 도면을 이용하여 측정한 면적이 2,600m²였다. 이 도면의 종·횡크기가 모두 1.5%씩 줄어있다면 실제 면적은?

① 2,510m²   ② 2,520m²
③ 2,610m²   ④ 2,680m²

정답 19 ② 20 ② 21 ① 22 ② 23 ① 24 ④ 25 ④

해설 도면의 종·횡크기가 모두 1.5%씩 줄어있었다면 전체 3% 줄어든 경우이다.
∴ 실제 면적 = 2,600 + (2,600 × 0.03) = 2,678m²

26 완화곡선에 대한 설명으로 옳은 것은?
① 완화곡선의 반지름은 종점에서 무한대가 된다.
② 완화곡선의 접선은 시점에서 원호에 접한다.
③ 완화곡선은 원곡선과 원곡선 사이에 위치하는 곡선을 의미한다.
④ 완화곡선에서 곡선반지름의 감소율은 캔트의 증가율과 같다.

해설 완화곡선의 성질
㉠ 완화곡선의 반지름은 시점에서 무한대이며, 종점에서는 원곡선의 반지름과 같다.
㉡ 완화곡선은 시점에서는 직선에 접하고, 종점에서는 원호에 접한다.
㉢ 완화곡선에 연한 곡선반지름의 감소율은 캔트의 증가율과 같다.
㉣ 완화곡선 종점의 캔트는 원곡선의 캔트와 같다.

27 A, B 두 개의 수준점에서 P점을 관측한 결과가 다음과 같을 때 P점의 최확값은?

구분	관측값	거리
A → P	80.258m	4km
B → P	80.218m	3km

① 80.235m ② 80.238m
③ 80.240m ④ 80.258m

해설 ㉠ 경중률
$P_1 : P_2 = \frac{1}{4} : \frac{1}{3} = 3 : 4$
㉡ 최확값
$H_P = 80 + \frac{3 \times 0.258 + 4 \times 0.218}{3+4} = 80.235m$

28 GPS신호 중에서 P-code의 특징이 아닌 것은?
① 주파수가 10.23MHz이다.
② 파장이 30m이다.
③ 허가된 사용자만이 이용할 수 있다.
④ 주기가 1ms(millisecond)로 매우 짧다.

해설 P-code의 주파수는 10.23MHz이고, 반복주기는 1주간의 코드가 사용되고 있으며, C/A코드의 주기는 1ms이다.

29 반지름이 다른 2개의 원곡선이 그 접속점에서 공통접선을 갖고, 그것들의 중심이 공통접선에 대하여 같은 쪽에 있는 곡선은?
① 반향곡선 ② 머리핀곡선
③ 복심곡선 ④ 종단곡선

해설 ㉠ 복심곡선 : 반지름이 다른 2개의 단곡선이 그 접속면에서 공통접선을 갖고, 그것들의 중심이 공통접선과 같은 방향에 있는 곡선
㉡ 반향곡선 : 반지름이 다른 2개의 단곡선이 그 접속면에서 공통접선을 갖고, 그것들의 중심이 공통접선과 반대 방향에 있는 곡선

30 지형도를 이용하여 작성할 수 있는 자료에 해당되지 않는 것은?
① 종·횡단면도 작성
② 표고에 의한 평균유속 결정
③ 절토 및 성토범위의 결정
④ 등고선에 의한 체적계산

해설 지형도 이용법
㉠ 단면도의 제작(종·횡단면도)
㉡ 등경사선의 관측(구배)
㉢ 노선의 도면상 선정(두 점 간의 시통가부의 결정)
㉣ 유역면적 산정(저수량측정)
㉤ 절·성토범위 결정(토공량계산)
㉥ 소요경비의 산출자료에 이용

31 등경사면 위의 A, B점에서 A점의 표고 180m, B점의 표고 60m, AB의 수평거리 200m일 때 A점 및 B점 사이에 위치하는 표고 150m인 등고선까지의 B점으로부터 수평거리는?
① 50m ② 100m
③ 150m ④ 200m

해설 $200 : 120 = x : 90$ ∴ $x = 150m$

32 다음 원격탐사에 사용되는 전자스펙트럼 중에서 가장 파장이 긴 것은?
① 가시광선 ② 열적외선
③ 근적외선 ④ 자외선

해설 원격탐사에 사용되는 전자스펙트럼 중 파장이 가장 긴 것은 열적외선이다(자외선 → 가시광선 → 적외선 순).

정답 26 ④ 27 ① 28 ④ 29 ③ 30 ② 31 ③ 32 ②

33 터널측량에 관한 설명으로 옳지 않은 것은?

① 터널측량은 크게 터널 내 측량, 터널 외 측량, 터널 내외 연결측량으로 나눈다.
② 터널 내외 연결측량은 지상측량의 좌표와 지하측량의 좌표를 같게 하는 측량이다.
③ 터널 내외 연결측량 시 추를 드리울 때는 보통 피아노선이 이용된다.
④ 터널 내외 연결측량방법 중 가장 일반적인 것은 다각법이다.

해설 터널 내외 연결측량방법 중 가장 일반적인 것은 트랜싯과 추선에 의한 방법이 가장 간단하고 적당하다.

34 지형도 작성을 위한 측량에서 해안선의 기준이 되는 높이기준면은?

① 측정 당시 정수면 ② 평균해수면
③ 약최저저조면   ④ 약최고고조면

해설 해안선은 해수면이 약최고고조면(일정기간 조석을 관측하여 분석한 결과 가장 높은 해수면)에 이르렀을 때의 육지와 해수면과의 경계로 표시한다.

35 종·횡방향의 거리가 25km×10km인 지역을 종중복(P) 60%, 횡중복(Q) 30%, 사진축척 1:5,000으로 촬영하였을 때의 입체모델수는? (단, 사진의 크기는 23cm×23cm이다.)

① 356매   ② 534매
③ 625매   ④ 715매

해설 ㉠ 종모델수 $= \dfrac{S_1}{B} = \dfrac{25,000}{5,000 \times 0.23 \times \left(1 - \dfrac{60}{100}\right)}$
$= 54.3 ≒ 55$매

㉡ 횡모델수 $= \dfrac{S_2}{C} = \dfrac{10,000}{5,000 \times 0.23 \times \left(1 - \dfrac{30}{100}\right)}$
$= 12.4 ≒ 13$매

∴ 입체모델수 = 종모델수 × 횡모델수 = 55 × 13 = 715매

36 GNSS측량에서 의사거리(pseudo-range)에 대한 설명으로 옳지 않은 것은?

① 인공위성과 지상수신기 사이의 거리측정값이다.
② 대류권과 이온층의 신호지연으로 인한 오차의 영향력이 제거된 관측값이다.
③ 기하학적인 실제 거리와 달리 의사거리라 부른다.
④ 인공위성에서 송신되어 수신기로 도착된 신호의 송신시간을 PRN인식코드로 비교하여 측정한다.

해설 GNSS측량에서 의사거리는 오차를 포함한 거리로 대류권과 이온층의 신호지연으로 인한 오차의 영향력이 제거되지 않은 거리이다.

37 단일주파수수신기와 비교할 때 이중주파수수신기의 특징에 대한 설명으로 옳은 것은?

① 전리층 지연에 의한 오차를 제거할 수 있다.
② 단일주파수수신기보다 일반적으로 가격이 저렴하다.
③ 이중주파수수신기는 C/A코드를 사용하고, 단일주파수수신기는 P코드를 사용한다.
④ 단거리측량에 비하여 장거리기선측량에서는 큰 이점이 없다.

해설 GNSS측량 시 이중주파수수신기를 사용하는 이유는 전리층 지연에 의한 오차를 제거하기 위함이다.

38 다음 그림과 같은 수준망에서 폐합수준측량을 한 결과 다음과 같은 관측오차를 얻었다. 이 중 관측정확도가 가장 낮은 것으로 추정되는 구간은?

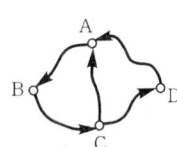

구간	오차(mm)	총거리(km)
AB	4.68	4
BC	2.27	3
CD	5.68	3
DA	7.50	5
CA	3.24	2

① AB구간   ② AC구간
③ CA구간   ④ DA구간

해설 오차계산
㉠ AB → BC → CA = 4.68 + 2.27 + 3.24 = 10.19mm
㉡ AB → BC → CD → DA = 4.68 + 2.27 + 5.68 + 7.50 = 20.13mm
㉢ AC → CD → DA = 3.24 + 5.68 + 7.50 = 16.42mm

∴ AC → CD → DA와 AB → BC → CD → DA에서 가장 오차량이 많으며 두 개의 노선에서 중복되는 노선이 DA구간이므로 DA구간이 정확도가 가장 낮다고 추정된다.

정답 33 ④ 34 ④ 35 ④ 36 ② 37 ① 38 ④

39 곡선길이가 104.7m이고 곡선반지름이 100m일 때 곡선시점과 곡선종점 간의 곡선길이와 직선거리(장현)의 거리차는?

① 4.7m ② 5.3m
③ 10.9m ④ 18.1m

해설 호와 현길이의 차 $=\dfrac{l^3}{24R^2}$

$=\dfrac{104.7^3}{24\times100^2}=4.7\text{m}$

40 다음 그림과 같이 곡선중점(E)을 E'로 이동하여 교각의 변화 없이 새로운 곡선을 설치하고자 한다. 새로운 곡선의 반지름은?

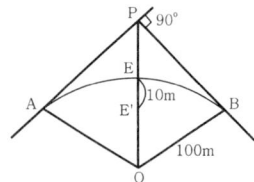

① 68m ② 90m
③ 124m ④ 200m

해설 ㉠ 구곡선의 외할

$E=R\left(\sec\dfrac{I}{2}-1\right)=100\times\left(\sec\dfrac{90°}{2}-1\right)=41.42\text{m}$

㉡ 신곡선의 반지름

$R'=\dfrac{E+10}{\sec\dfrac{I}{2}-1}=\dfrac{41.42+10}{\sec\dfrac{90°}{2}-1}=124.14\text{m}$

제3과목 토지정보체계론

41 국가나 지방자치단체가 지적전산자료를 이용하는 경우 사용료의 납부방법으로 옳은 것은?

① 사용료를 면제한다.
② 사용료를 수입증지로 납부한다.
③ 사용료를 수입인지로 납부한다.
④ 규정된 사용료의 절반을 현금으로 납부한다.

해설 국가나 지방자치단체가 지적전산자료를 이용하는 경우 사용료는 면제된다.

42 우리나라 지적도에서 사용하는 평면직각좌표계의 경우 중앙경선에서의 축척계수는?

① 0.9996 ② 0.9999
③ 1.0000 ④ 1.5000

해설 우리나라 지적도에서 사용하는 평면직각좌표계의 경우 중앙경선에서의 축척계수는 1.0000이다.

43 필지식별번호에 대한 설명으로 옳지 않은 것은?

① 각 필지에 부여하며 가변성이 있는 번호이다.
② 필지에 관련된 자료의 공통적인 색인번호의 역할을 한다.
③ 필지별 대장의 등록사항과 도면의 등록사항을 연결하는 기능을 한다.
④ 각 필지별 등록사항의 저장과 수정 등을 용이하게 처리할 수 있는 고유번호이다.

해설 필지식별번호는 각 필지별 등록사항의 저장과 수정 등을 쉽게 처리할 수 있는 가변성이 없는 고유번호를 말하며 속성정보와 도형정보의 연결, 토지정보의 위치식별확인, 도형정보의 수집, 검색, 조회 등의 key역할을 한다.

44 다음 중 필지를 개별화하고 대장과 도면의 등록사항을 연결하는 역할을 하는 것은?

① 면적 ② 지목
③ 지번 ④ 주민등록번호

해설 필지를 개별화하고 대장과 도면의 등록사항을 연결하는 역할을 하는 것은 토지의 표시 중 지번이다.

45 토지정보체계의 특징에 해당되지 않는 것은?

① 지형도 기반의 지적정보를 대상으로 하는 위치참조체계이다.
② 토지이용계획 및 토지 관련 정책자료 등 다목적으로 활용이 가능하다.
③ 토지 1필지의 이동정리에 따른 정확한 자료가 저장되고 검색이 편리하다.
④ 지적도의 경계점좌표를 수치로 등록함으로써 각종 계획업무에 활용할 수 있다.

해설 토지정보체계는 Land Information System의 약어로서 지적도 기반의 위치정보와 속성정보를 수집, 처리, 저장, 관리하기 위한 정보시스템이다.

46 데이터 처리 시 대상물이 두 개의 유사한 색조나 색깔을 가지고 있는 경우 소프트웨어적으로 구별하기 어려워서 발생되는 오류는?

① 선의 단절
② 방향의 혼동
③ 불분명한 경계
④ 주기와 대상물의 혼동

해설 불분명한 경계는 데이터 처리 시 대상물이 두 개의 유사한 색조나 색깔을 가지고 있는 경우 소프트웨어적으로 구별하기 어려워서 발생되는 오류이다.

47 다음 중 대표적인 벡터자료파일형식이 아닌 것은?

① TIFF파일포맷
② CAD파일포맷
③ Shape파일포맷
④ Coverage파일포맷

해설 ㉠ 벡터파일형식 : Shape, Coverage, CAD, DLG, VPF, TIGER
㉡ 래스터파일형식 : TIFF, GeoTIFF, BMP, JPG, PNG, GIF, DEM

48 토지정보체계를 구축할 때 좌표를 입력하여 도형자료를 작성하는데 가장 적합한 원시자료는?

① 경계점등록부자료
② 공유지연명부자료
③ 대지권등록부자료
④ 토지대장 및 임야대장자료

해설 경계점좌표등록부를 갖추두는 토지는 지적확정측량 또는 축척변경을 위한 측량을 실시하여 경계점을 좌표로 등록한 지역의 토지로 한다. 따라서 토지정보체계를 구축할 때 좌표를 입력하여 도형자료를 작성하는데 가장 적합한 원시자료는 경계점좌표등록부이다.

49 부동산종합공부시스템에 대한 정상적인 운용상태에 대한 지적소관청의 점검시기로 옳은 것은?

① 매월   ② 매주
③ 매일   ④ 수시

해설 지적소관청은 부동산종합공부시스템에 대한 정상적인 운용상태에 대해 수시로 점검하여야 한다.

50 지적공부에 관한 전산자료의 관리에 관한 내용으로 옳지 않은 것은?

① 지적공부에 관한 전산자료가 최신 정보에 맞도록 수시로 갱신하여야 한다.
② 국토교통부장관은 지적전산자료에 오류가 있다고 판단되는 경우에는 지적소관청에 자료의 수정·보완을 요청할 수 있다.
③ 지적소관청은 요청받은 자료의 수정·보완내용을 확인하여 지체 없이 바로잡은 후 국토교통부장관에게 그 결과를 보고하여야 한다.
④ 국토교통부장관은 표준지공시지가 및 개별공시지가에 관한 지가전산자료를 개별공시지가가 확정된 후 6개월 이내에 정리하여야 한다.

해설 국토교통부장관은 부동산가격공시에 관한 법률에 따른 표준지공시지가 및 개별공시지가에 관한 지가전산자료를 개별공시지가가 확정된 후 3개월 이내에 정리하여야 한다.

51 래스터자료의 압축방법에 해당하지 않는 것은?

① 블록코드(Block code)기법
② 체인코드(Chain code)기법
③ 포인트코드(Point code)기법
④ 연속분할코드(Run-length code)기법

해설 **래스터자료의 압축방법(저장구조)**
㉠ 행렬기법 : 각 행과 열의 쌍에 하나의 값을 저장하는 방식이다.
㉡ Run-length코드기법 : 런이란 하나의 행에서 동일한 속성값을 갖는 셀을 의미하며 각 행마다 왼쪽에서 오른쪽으로 진행하면서 동일한 수치를 갖는 셀들을 묶어 압축시키는 방법이다.
㉢ 체인코드기법 : 대상지역에 해당하는 격자들의 연속적인 연결상태를 파악하여 동일한 지역의 정보를 제공하는 방법으로 자료의 시작점에서 동서남북으로 방향을 이동하는 단위거리를 통해서 표현하는 기법이다.
㉣ 블록코드기법 : Run-length코드기법에 기반을 둔 것으로 2차원 정사각형 블록으로 분할하여 객체에 대한 데이터를 구축하는 방법이다. 이때의 자료구조는 원점으로부터의 좌표(X, Y) 및 정사각형의 한 변의 길이로 구성되는 세 개의 숫자만으로 표시가 가능하다.
㉤ 사지수형기법 : 크기가 다른 정사각형을 이용하는 방법으로 하나의 속성값이 존재할 때까지 반복하는 방법으로 자료의 압축이 좋다.
㉥ R-tree기법 : B-tree의 2차원 확장인 R-tree는 사각형과 기타 다각형을 인덱싱하는 데 유용하다.

정답 46 ③ 47 ① 48 ① 49 ④ 50 ④ 51 ③

52 행정구역의 명칭이 변경된 때에 지적소관청은 시·도지사를 경유하여 국토교통부장관에게 행정구역변경일 며칠 전까지 행정구역의 코드변경을 요청하여야 하는가?

① 7일 전 ② 10일 전
③ 15일 전 ④ 30일 전

해설 행정구역의 명칭이 변경된 때에는 지적소관청은 시·도지사를 경유하여 국토교통부장관에게 행정구역변경일 10일 전까지 행정구역의 코드변경을 요청하여야 한다.

53 다음 중 한국토지정보시스템(KLIS)의 구성시스템이 아닌 것은?

① DB변환관리시스템
② 지적측량접수시스템
③ 지적공부관리시스템
④ 토지행정지원시스템

해설 한국토지정보시스템(KLIS)의 구성시스템
㉠ 지적공부관리시스템
㉡ 지적측량성과작성시스템
㉢ 연속·편집도관리시스템
㉣ 토지민원발급시스템
㉤ 도로명 및 건물번호부여관리시스템
㉥ DB관리시스템
㉦ 토지행정지원시스템

54 다음 중 스캐닝을 통해 자료를 구축할 때 해상도를 표현하는 단위에 해당하는 것은?

① PPM
② DPI
③ DOT
④ BPS

해설 ㉠ ppm : 백만분율로 백분율과의 관계는 1ppm=$1/10^6$, 미량분석의 정량범위, 검출한계 등을 수적으로 표현할 때 널리 사용된다.
㉡ dpi : 프린터에서 출력해야 할 출력물의 해상도를 조절하거나 스캐너로 사진이나 슬라이드필름, 그림 등을 스캔받을 때 입력물의 해상도를 조절할 때 쓰는 단위로, 1인치당 표현되는 점의 개수가 많을수록 더 많은 점의 수로 표현되기 때문에 더욱 해상도가 뛰어나다.
㉢ dot : 화면이나 인쇄기 등에서 문자나 그림을 구성하는 작은 점, 즉 픽셀을 의미한다.

55 필지식별자(Parcel Identifier)에 대한 설명으로 옳지 않은 것은?

① 경우에 따라서 변경이 가능하다.
② 지적도에 등록된 모든 필지에 부여하여 개별화한다.
③ 필지별 대장의 등록사항과 도면의 등록사항을 연결시킨다.
④ 각 필지의 등록사항의 저장, 검색, 수정 등을 처리하는데 이용한다.

해설 필지식별번호
㉠ 각 필지별 등록사항의 저장과 수정 등을 쉽게 처리할 수 있는 가변성이 없는 고유번호를 말하며 속성정보와 도형정보의 연결, 토지정보의 위치식별확인, 도형정보의 수집, 검색, 조회 등의 key역할을 한다.
㉡ 토지소유자가 기억하기 쉽고 이해하기 쉬워야 한다.
㉢ 분할 및 합병 시 수정이 가능하여야 한다.
㉣ 토지거래에 있어 변화가 없고 영구적이어야 한다.
㉤ 공부상 등록사항과 실제 사항이 일치하여야 한다.
㉥ 오차의 발생이 최소화되어야 하며 정확하여야 한다.
㉦ 모든 토지행정에 사용될 수 있도록 충분히 유동적이어야 한다.
㉧ 전산처리가 쉬워야 한다.

56 전산으로 접수된 지적공부정리신청서의 검토사항에 해당되지 않는 것은?

① 첨부된 서류의 적정 여부
② 신청인과 소유자의 일치 여부
③ 지적측량성과자료의 적정 여부
④ 신청사항과 지적전산자료의 일치 여부

해설 지적소관청은 신규등록, 등록전환, 분할, 합병, 바다로 된 토지의 등록말소, 등록사항정정, 도시개발사업에 의한 지적공부정리신청이 있는 때에는 지적업무정리부자료에 토지이동종목별로 접수하여야 한다. 접수된 신청서는 다음의 사항을 검토하여 정리하여야 한다.
㉠ 신청사항과 지적전산자료의 일치 여부
㉡ 첨부된 서류의 적정 여부
㉢ 지적측량성과자료의 적정 여부
㉣ 그 밖에 지적공부정리를 하기 위하여 필요한 사항

57 지적전산자료에 오류가 발생한 때의 정비내역보존기관으로 옳은 것은?

① 2년 ② 3년
③ 5년 ④ 영구

해설 **전산자료 장애·오류의 정비**
  ㉠ 운영기관의 장은 전산자료의 구축이나 관리과정에서 장애 또는 오류가 발생한 때에는 지체 없이 이를 정비하여야 한다.
  ㉡ 운영기관의 장은 장애 또는 오류가 발생한 경우에는 이를 국토교통부장관에게 보고하고, 그에 따른 필요한 조치를 요청할 수 있다.
  ㉢ 보고를 받은 국토교통부장관은 장애 또는 오류가 정비될 수 있도록 필요한 조치를 하여야 한다.
  ㉣ 운영기관의 장은 전산자료를 정비한 때에는 그 정비내역을 3년간 보존하여야 한다.

58 지형도와 지적도를 중첩할 때 도면과 도면의 비연속되는 부분을 수정하는데 이용될 수 있는 참고자료로 가장 유용한 것은?
① 식생도
② 지질도
③ 정사사진
④ 토지이용도

해설 지형도와 지적도를 중첩할 때 도면과 도면의 비연속되는 부분을 수정하는데 이용될 수 있는 참고자료로 가장 유용한 것은 정사사진이다.

59 한국토지정보시스템에 대한 설명으로 옳은 것은?
① 한국토지정보시스템은 지적공부관리시스템과 지적측량성과작성시스템으로만 구성되어 있다.
② 한국토지정보시스템은 국토교통부의 토지관리정보시스템과 개별공시지가관리시스템을 통합한 시스템이다.
③ 한국토지정보시스템은 국토교통부의 토지관리정보시스템과 행정안전부의 시·군·구 지적행정시스템을 통합한 시스템이다.
④ 한국토지정보시스템은 필지중심토지정보시스템과 토지관리정보시스템을 통합·연계한 시스템이다.

해설 한국토지정보시스템(KLIS : Korea Land Information System)은 국가적인 정보화사업을 효율적으로 추진하기 위하여 (구)행정자치부의 필지중심토지정보시스템(PBLIS)과 (구)건설교통부의 토지종합정보망(LMIS)을 하나의 시스템으로 통합하여 전산정보의 공공 활용과 행정의 효율성 제고를 위해 (구)행정자치부와 (구)건설교통부가 공동 주관으로 추진하고 있는 정보화사업이다.

60 다음 중 지적도면의 수치파일화공정순서로 옳은 것은?
① 지적도면 입력 → 폴리곤 형성 → 좌표 및 속성검사 → 도면신축보정
② 지적도면 입력 → 폴리곤 형성 → 도면신축보정 → 좌표 및 속성검사
③ 지적도면 입력 → 도면신축보정 → 폴리곤 형성 → 좌표 및 속성검사
④ 지적도면 입력 → 좌표 및 속성검사 → 도면신축보정 → 폴리곤 형성

해설 **지적도면의 수치파일화공정순서** : 지적도면 입력 → 좌표 및 속성검사 → 도면신축보정 → 폴리곤 형성

제4과목 지적학

61 토지의 개별성·독립성을 인정하여 물권객체로 설정할 수 있도록 다른 토지와 구별되게 한 토지표시사항은?
① 지번
② 지목
③ 면적
④ 개별공시지가

해설 토지의 개별성·독립성을 인정하여 물권객체로 설정할 수 있도록 다른 토지와 구별되게 한 토지표시사항은 지번이다(특정화의 원칙).

62 토지등기를 위하여 지적제도가 해야 할 가장 중요한 역할은?
① 필지획정
② 소유권 심사
③ 지목의 결정
④ 지번의 설정

해설 우리나라는 선등록 후등기의 원칙이므로 토지등기를 위하여 필지획정이 되어 대장에 등록이 되어야만 소유권보존등기를 할 수 있다.

63 다목적 지적제도의 구성요소가 아닌 것은?
① 기본도
② 지적중첩도
③ 측지기본망
④ 주민등록파일

해설 **다목적 지적의 구성요소**
  ㉠ 3대 : 측지기준망, 기본도, 중첩도
  ㉡ 5대 : 측지기준망, 기본도, 중첩도, 필지식별번호, 토지자료파일

정답 58 ③ 59 ③ 60 ④ 61 ① 62 ① 63 ④

64 지적의 토지표시사항의 특성으로 볼 수 없는 것은?

① 정확성   ② 다양성
③ 통일성   ④ 단순성

해설 토지표시사항의 특성 : 정확성, 통일성, 단순성, 융통성, 검색성

65 토지조사령은 그 본래의 목적이 일제가 우리나라의 민심수습과 토지수탈의 목적으로 제정되었다고 볼 수 있다. 토지조사령은 토지에 대한 과세에 큰 비중을 두었으며, 토지조사는 세 가지 분야에 걸쳐 시행되었다. 다음 중 토지조사에 해당되지 않는 것은?

① 지가조사   ② 소유권조사
③ 지(형)모조사   ④ 측량성과조사

해설 토지조사사업의 내용
- ㉠ 소유권조사 : 전국의 토지에 대하여 토지소유자 및 강계를 조사, 사정함으로써 토지분쟁을 해결하고 토지조사부, 토지대장, 지적도를 작성한다.
- ㉡ 가격조사 : 과세의 공평을 기하기 위하여 시가지의 경우 토지의 시가를 조사하며, 시가지 이외의 지역에서는 대지는 임대가격을, 기타 전, 답, 지소 및 잡종지는 그 수익을 기초로 지가를 결정하여 지세제도를 확립한다.
- ㉢ 외모조사 : 국토 전체에 대한 자연적 또는 인위적으로 형성된 지물과 고저를 표시한 지형도를 작성하기 위해 지형·지모조사를 실시하였다.

66 영국의 토지등록제도에 있어서 경계의 구분이 아닌 것은?

① 고정경계   ② 보증경계
③ 일반경계   ④ 특별경계

해설 특성에 따른 분류
- ㉠ 일반경계(general boundary) : 1875년 영국의 거래법(Land Tranfer ACT)에서 규정되었으며, 토지의 경계가 자연적인 지형지물을 이용하여 설정된 경우를 말한다. 대축척 지형도에 지형을 표시한다. 즉 도로, 벽, 울타리, 도랑, 해안선 등으로 이루어진 경우이며 토지의 경계가 담장의 중앙부를 연결하는 선으로 이루어져야 하고 굴곡점의 위치가 좌표로 확정되어야 하는 일필지의 경계로서는 부족한 점이 많지만 비교적 토지의 가격이 저렴한 농촌지역에서 이용하는 방법이다.
- ㉡ 고정경계(확정경계, fixed boundary) : 토지소유자가 부담하여 지적측량과 토지조사에 의해 설정된 경계를 말하며 일반경계와 법률적 효력은 유사하나 정밀도가 높다.
- ㉢ 보증경계(승인경계, guaranted boundary) : 토지측량사에 의하여 정밀지적측량이 수행되고, 또한 지적소관청으로부터 사정의 행정처리가 완료되어 확정된 토지경계를 말한다. 우리나라에서 적용되는 개념이다.

67 중앙지적위원회와 지방지적위원회의 위원구성 및 운영에 필요한 사항은 무엇으로 정하는가?

① 대통령령   ② 국토교통부령
③ 행정안전부령   ④ 한국국토정보공사령

해설 중앙지적위원회와 지방지적위원회의 위원구성 및 운영에 필요한 사항은 대통령령으로 정한다.

68 토지에 대한 일정한 사항을 조사하여 지적공부에 등록하기 위하여 반드시 선행되어야 할 사항은?

① 토지번호의 확정   ② 토지용도의 결정
③ 1필지의 경계설정   ④ 토지소유자의 결정

해설 토지에 대한 일정한 사항을 조사하여 지적공부에 등록하기 위하여 1필지의 경계설정이 선행되어야 한다.

69 경계 결정 시 경계불가분의 원칙이 적용되는 이유로 옳지 않은 것은?

① 필지 간 경계는 1개만 존재한다.
② 경계는 인접 토지에 공통으로 작용한다.
③ 실지 경계구조물의 소유권을 인정하지 않는다.
④ 경계는 폭이 없는 기하학적인 선의 의미와 동일하다.

해설 경계불가분의 원칙
- ㉠ 필지 사이의 경계는 1개가 존재한다.
- ㉡ 경계는 크기가 없는 기하학적인 의미이다.
- ㉢ 경계는 위치만 있으므로 분할이 불가능하다.

70 동일한 지번부여지역 내에서 최종지번이 1075이고, 지번이 545인 필지를 분할하여 1076, 1077로 표시하는 것과 같은 부번방식은?

① 기번식 지번제도   ② 분수식 지번제도
③ 사행식 부번제도   ④ 자유식 지번제도

해설 자유식 부번제도는 새로운 경계가 설정하기까지의 모든 절차상의 번호가 영원히 소멸되고 토지등록구역에서 사용하지 않은 최종지번번호로 대치한다. 부번이 없기 때문에 지번을 표기하는데 용이하지만 필지별로 그 유래를 파악하기 어렵다.

71 지적국정주의를 처음 채택한 때는?

① 해방 이후
② 일제 말엽
③ 토지조사 당시
④ 5.16혁명 이후

해설 지적국정주의란 지적에 관한 사항, 즉 지번·지목·경계·면적·좌표는 국가만이 이를 결정한다는 원리이다. 이는 토지조사 당시부터 적용되었다.

72 결수연명부에 대한 설명으로 옳은 것은?

① 소유권의 분계(分界)를 확정하는 대장
② 지반의 고저가 있는 토지를 정리한 장부
③ 강계(疆界)지역을 조사하여 등록한 장부
④ 지세대장을 겸하여 토지조사 준비를 위해 만든 과세부

해설 결수연명부
토지대장적 성격의 공부로 그 성격을 확실히 하고 있었는데, 그러한 장부성격의 변화과정에서 주요 계기였던 것은 과세견취도의 작성이다. 각 재무감독별로 상이한 형태와 내용의 징세대장이 만들어져, 이에 따른 통일된 양식의 징세대장을 만들기 위해 결수연명부를 작성하도록 하였다.
㉠ 한일합방 직전에 작성한 일종의 징세대장이다.
㉡ 원래 재무관인의 출장집무에 의하여 조제된 것이 아니고 신고에 의하여 조제된 과세장부였다.
㉢ 실지로는 신빙성이 희박하였을 뿐만 아니라 그것을 이용하여 일본인 지주와 조선 말의 지배계층이 타인의 토지와 국유지까지 자기의 소유로 한 일이 많았던 것이다.
㉣ 결수연명부에 의하여 토지신고서를 조제케 한 사실을 알 수 있다.

73 고도의 정확성을 가진 지적측량을 요구하지는 않으나 과세표준을 위한 면적과 토지 전체에 대한 목록의 작성이 중요한 지적제도는?

① 법지적
② 세지적
③ 경제지적
④ 소유지적

해설 세지적(Fiscal Cadastre)은 최초의 지적제도로 세금징수를 가장 큰 목적으로 개발된 제도로 과세지적이라고도 한다. 세지적하에서는 면적의 정확도를 중시하였다.

74 조세, 토지관리 및 지적사무를 담당하였던 백제의 지적담당기관은?

① 공부
② 조부
③ 호조
④ 내두좌평

해설 백제시대의 지적담당기관

구분	한성시기	사비(부여)시기			
		내관		외관	
담당부서	내두좌평	곡내부	목부	점구부	사공부
업무내용	재무	양정	토목	호구, 조세	토목, 재정

75 나라별 지적제도에 대한 설명으로 옳지 않은 것은?

① 대만 : 일본의 식민지시대에 지적제도가 창설되었다.
② 스위스 : 적극적 권리의 지적체계를 가지고 있다.
③ 독일 : 최초의 지적조사는 1811년에 착수, 1832년에 확립하였다.
④ 프랑스 : 근대 지적의 시초인 나폴레옹지적으로서 과세지적의 대표이다.

해설 최초의 지적조사로 1811년에 착수, 1832년에 확립한 나라는 네덜란드이다.

76 1필지에 하나의 지번을 붙이는 이유로서 가장 관계없는 것은?

① 물권객체표시
② 제한물권설정
③ 토지의 개별화
④ 토지의 독립화

해설 지번의 기능
㉠ 필지를 구별하는 개별성과 특정성의 기능을 가진다.
㉡ 거주지 또는 주소표기의 기준으로 이용된다.
㉢ 위치파악의 기준이 된다.
㉣ 각종 토지 관련 정보시스템에서 검색키로서의 기능을 가진다.
㉤ 물권의 객체를 구분한다.
㉥ 등록공시단위이다.

77 수치지적과 도해지적에 관한 설명으로 옳지 않은 것은?

① 수치지적은 비교적 비용이 저렴하고 고도의 기술을 요구하지 않는다.
② 수치지적은 도해지적보다 정밀하게 경계를 표시할 수 있다.
③ 도해지적은 대상필지의 형태를 시각적으로 용이하게 파악할 수 있다.
④ 도해지적은 토지의 경계를 도면에 일정한 축척의 그림으로 그리는 것이다.

정답 71 ③ 72 ④ 73 ② 74 ④ 75 ③ 76 ② 77 ①

해설 수치지적(Numerical Cadastre, 좌표지적)
  ㉠ 세지적, 법지적, 다목적 지적에 있어서 토지의 경계점을 도해적으로 표시하지 않고 수학적인 좌표로서 표시하는 방법으로, 이는 축척이 1:1이기 때문에 도해지적보다 훨씬 정밀한 결과를 가져온다. 최근 Total Station, 사진측량, GPS, 원격탐측(RS), 관성측량방법 등에 의한 3차원 수치측량기법이 개발되고 있어 이를 활용한 지적측량방법의 폭넓은 응용이 기대되고 있다.
  ㉡ 장단점

장점	단점
• 정밀한 경계표시가 가능하다.	• 측량과정이 매우 복잡하고 고도의 기술을 요한다.
• 지적측량결과를 등록 당시의 정확도로 재현이 가능하다.	• 측량장비가 고가이며 측량비용이 높다.
• 일필지의 면적이 넓고 토지형상이 정사각형에 가까운 굴곡점이 적은 경우에 적합하다.	• 시각적으로 양호하지 못하므로 형상파악이 힘들어 별도의 지적도를 비치하여야 한다.
• 도면의 신축에 영향을 받지 않는다.	• 경지정리가 이루어지지 않은 농촌지역은 불리하다.
• 지적의 자동화, 정보화가 용이하다.	

78 다음 중 지목의 변천에 관한 설명으로 옳은 것은?

① 2000년의 지목의 수는 28개이었다.
② 토지조사사업 당시 지목의 수는 21개이었다.
③ 최초 지적법이 제정된 후 지목의 수는 24개이었다.
④ 지목수의 증가는 경제발전에 따른 토지이용의 세분화를 반영하는 것이다.

해설 ① 2000년의 지목의 수는 24개이었다.
② 토지조사사업 당시 지목의 수는 18개이었다.
③ 최초 지적법이 제정된 후 지목의 수는 21개이었다.

79 다음 중 물권의 객체로서 토지를 외부에서 인식할 수 있는 토지등록의 원칙은?

① 공고(公告)의 원칙 ② 공시(公示)의 원칙
③ 공신(公信)의 원칙 ④ 공증(公證)의 원칙

해설 토지등록의 법적 지위에 있어서 토지이동이나 물권의 변동은 반드시 외부에 알려져야 한다는 것을 공시의 원칙이라 하며, 토지소유자 또는 이해관계인 기타 누구든지 수수료를 납부하면 토지의 등록사항을 외부에서 인식하고 활용할 수 있도록 한다는 것을 공개주의라 한다.

80 대한제국시대에 삼림법에 의거하여 작성한 민유산야약도에 대한 설명으로 옳지 않은 것은?

① 민유산야약도의 경우에는 지번을 기재하지 않는다.
② 최초의 임야측량이 실시되었다는 점에서 중요한 의미가 있다.
③ 민유임야측량은 조직과 계획 없이 개인별로 시행되었고 일정한 수수료도 없었다.
④ 토지등급을 상세하게 정리하여 세금을 공평하게 징수할 수 있도록 작성된 도면이다.

해설 토지등급을 상세하게 정리하여 세금을 공평하게 징수할 수 있도록 작성된 도면은 토지등급도면이다.

제5과목 지적관계법규

81 공간정보의 구축 및 관리 등에 관한 법규상 지적전산자료의 이용 또는 활용신청 시 자료를 인쇄물로 제공할 때 수수료로 옳은 것은?

① 1필지당 10원 ② 1필지당 20원
③ 1필지당 30원 ④ 1필지당 40원

해설 지적전산자료의 이용·활용

지적전산자료 제공방법	수수료	비고
인쇄물로 제공하는 때	1필지당 30원	• 국토교통부장관 : 수입인지
자기디스크 등 전산매체로 제공하는 때	1필지당 20원	• 시·도지사, 지적소관청 : 수입증지

지적전산자료의 이용 또는 활용에 관한 신청을 하는 자는 국토교통부령으로 정하는 사용료를 내야 한다. 다만, 국가나 지방자치단체에 대해서는 사용료를 면제한다.

82 공간정보의 구축 및 관리 등에 관한 법령상 임야도의 축척으로 옳은 것은?

① 1/1,200 ② 1/2,400
③ 1/5,000 ④ 1/6,000

해설 지적도면의 축척
  ㉠ 지적도 : 1/500, 1/600, 1/1,000, 1/1,200, 1/2,400, 1/3,000, 1/6,000
  ㉡ 임야도 : 1/3,000, 1/6,000

정답 78 ④ 79 ② 80 ④ 81 ③ 82 ④

83. 국토의 계획 및 이용에 관한 법상 용어의 정의로 옳지 않은 것은?

① "도시·군계획사업"이란 도시·군관리계획을 시행하기 위한 도시·군계획시설사업, 도시개발법에 따른 도시개발사업, 도시 및 주거환경정비법에 따른 정비사업을 말한다.
② "용도지역"이란 토지의 이용 및 건축물의 용도·건폐율·용적률·높이 등에 대한 용도지역의 제한을 강화하거나 완화하여 적용함으로써 용도지역의 기능을 증진시키고 미관·경관·안전 등을 도모하기 위하여 도시·군관리계획으로 결정하는 지역을 말한다.
③ "지구단위계획"이란 도시·군계획수립대상지역의 일부에 대하여 토지이용을 합리화하고 그 기능을 증진시키며 미관을 개선하고 양호한 환경을 확보하며, 그 지역을 체계적·계획적으로 관리하기 위하여 수립하는 도시·군관리계획을 말한다.
④ "용도구역"이란 토지의 이용 및 건축물의 용도·건폐율·용적률·높이 등에 대한 용도지역 및 용도지구의 제한을 강화하거나 완화하여 따로 정함으로써 시가지의 무질서한 확산 방지, 계획적이고 단계적인 토지이용의 도모, 토지이용의 종합적 조정·관리 등을 위하여 도시·군관리계획으로 결정하는 지역을 말한다.

해설 용도지구란 토지의 이용 및 건축물의 용도·건폐율·용적률·높이 등에 대한 용도지역의 제한을 강화하거나 완화하여 적용함으로써 용도지역의 기능을 증진시키고 미관·경관·안전 등을 도모하기 위하여 도시·군관리계획으로 결정하는 지역을 말한다.

84. 지적업무처리규정상 일람도 및 지번색인표의 등재사항 중 일람도에 등재하여야 하는 사항으로 옳지 않은 것은?

① 도곽선과 그 수치
② 도면의 제명 및 축척
③ 지번·도면번호 및 결번
④ 지번부여지역의 경계 및 인접 지역의 행정구역명칭

해설 지적업무처리규정 제37조(일람도 및 지번색인표의 등재사항)
규칙 제69조 제5항에 따른 일람도 및 지번색인표에는 다음 각 호의 사항을 등재하여야 한다.
1. 일람도
  가. 지번부여지역의 경계 및 인접 지역의 행정구역명칭
  나. 도면의 제명 및 축척
  다. 도곽선과 그 수치
  라. 도면번호
  마. 도로·철도·하천·구거·유지·취락 등 주요 지형·지물의 표시
2. 지번색인표
  가. 제명
  나. 지번·도면번호 및 결번

85. 공간정보의 구축 및 관리 등에 관한 법상 지적측량 및 토지이동조사를 위해 타인의 토지에 출입하거나 일시 사용하는 경우에 대한 설명으로 옳지 않은 것은?

① 타인의 토지에 출입하려는 자는 관할 특별자치시장, 특별자치도지사, 시장·군수 또는 구청장의 허가를 받아야 한다.
② 타인의 토지를 출입하는 자는 소유자·점유자 또는 관리인의 동의 없이 장애물을 변경 또는 제거할 수 있다.
③ 토지의 점유자는 정당한 사유 없이 지적측량 및 토지이동조사에 필요한 행위를 방해하거나 거부하지 못한다.
④ 지적측량 및 토지이동조사에 필요한 행위를 하려는 자는 그 권한을 표시하는 허가증을 지니고 관계인에게 이를 내보여야 한다.

해설 타인의 토지를 출입하는 자는 소유자·점유자 또는 관리인의 동의를 얻어 장애물을 변경 또는 제거할 수 있다.

86. 공간정보의 구축 및 관리 등에 관한 법령상 축척변경 승인을 받았을 때 시행공고를 하여야 하는 사항이 아닌 것은?

① 축척변경의 시행지역
② 축척변경의 시행에 관한 세부계획
③ 축척변경의 시행에 따른 청산방법
④ 축척변경의 시행에 관한 사업시행자

정답 83 ② 84 ③ 85 ② 86 ④

해설 지적소관청은 시·도지사 또는 대도시시장으로부터 축척변경승인을 받은 때에는 지체 없이 다음의 사항을 20일 이상 공고하여야 한다.
㉠ 축척변경의 목적·시행지역 및 시행기간
㉡ 축척변경의 시행에 관한 세부계획
㉢ 축척변경의 시행에 따른 청산방법
㉣ 축척변경의 시행에 따른 소유자 등의 협조에 관한 사항

87 지적서고의 기준면적이 잘못된 것은?

① 10만필지 이하 : 90m²
② 10만필지 초과 20만필지 이하 : 110m²
③ 20만필지 초과 30만필지 이하 : 130m²
④ 30만필지 초과 40만필지 이하 : 150m²

해설 지적서고의 기준면적

지적공부등록필지수	지적서고의 기준면적
10만필지 이하	80m²
10만필지 초과 20만필지 이하	110m²
20만필지 초과 30만필지 이하	130m²
30만필지 초과 40만필지 이하	150m²
40만필지 초과 50만필지 이하	165m²
50만필지 초과	180m²에 60만필지를 초과하는 10만필지마다 10m²를 가산한 면적

88 공간정보의 구축 및 관리 등에 관한 법령상 축척변경에 관한 설명으로 옳지 않은 것은?

① 지적소관청이 축척변경의 확정공고를 하였을 때에는 지체 없이 축척변경에 따라 확정된 사항을 지적공부에 등록하여야 한다.
② 청산금의 납부 및 지급이 완료되었을 때에는 지적소관청은 7일 이내에 축척변경의 확정공고를 하여야 한다.
③ 축척변경의 확정공고에 따라 해당 사항을 지적공부에 등록하는 때에 지적도는 확정측량 결과도 또는 경계점좌표에 따른다.
④ 축척변경위원회는 5명 이상 10명 이하의 위원으로 구성하되, 위원의 2분의 1 이상을 토지소유자로 하여야 한다.

해설 공간정보의 구축 및 관리 등에 관한 법률 시행령 제78조(축척변경의 확정공고)
① 청산금의 납부 및 지급이 완료되었을 때에는 지적소관청은 지체 없이 축척변경의 확정공고를 하여야 한다.
② 지적소관청은 제1항에 따른 확정공고를 하였을 때에는 지체 없이 축척변경에 따라 확정된 사항을 지적공부에 등록하여야 한다.
③ 축척변경시행지역의 토지는 제1항에 따른 확정공고일에 토지의 이동이 있는 것으로 본다.

89 공간정보의 구축 및 관리 등에 관한 법상 행정구역의 명칭변경 시 지적공부에 등록된 토지의 소재는 어떻게 되는가?

① 등기소에 변경등기함으로써 변경된다.
② 소관청장이 변경정리함으로써 변경된다.
③ 새로운 행정구역의 명칭으로 변경된 것으로 본다.
④ 행정안전부장관의 승인을 받아야 변경된 것으로 본다.

해설 행정구역의 명칭변경
㉠ 행정구역의 명칭이 변경되었으면 지적공부에 등록된 토지의 소재는 새로운 행정구역의 명칭으로 변경된 것으로 본다.
㉡ 지번부여지역의 일부가 행정구역의 개편으로 다른 지번부여지역에 속하게 되었으면 지적소관청은 새로 속하게 된 지번부여지역에 지번을 부여하여야 한다.

90 부동산등기법상 미등기 토지의 소유권보존등기를 신청할 수 없는 자는?

① 확정판결에 의하여 자기의 소유권을 증명하는 자
② 수용(收用)으로 인하여 소유권을 취득하였음을 증명하는 자
③ 토지대장등본에 의하여 피상속인이 토지대장에 소유자로서 등록되어 있는 것을 증명하는 자
④ 특별자치도지사, 시장, 군수 또는 구청장의 확인에 의하여 자기의 소유권을 증명하는 자 (건물의 경우로 한정한다)

해설 특별자치도지사, 시장, 군수 또는 구청장의 확인에 의하여 자기의 소유권을 증명하는 자는 건물에 대해서만 소유권보존등기가 가능하며, 토지의 경우에는 해당하지 않는다.

91 국토의 계획 및 이용에 관한 법률의 정의에 따른 도시·군관리계획에 포함되지 않는 것은?

① 기반시설의 설치·정비 또는 개량에 관한 계획
② 광역계획권의 기본구조와 발전방향에 관한 계획
③ 지구단위계획구역의 지정 또는 변경에 관한 계획
④ 용도지역·용도지구의 지정 또는 변경에 관한 계획

해설 **국토의 계획 및 이용에 관한 법률 제2조(정의)**
4. "도시·군관리계획"이란 특별시·광역시·특별자치시·특별자치도·시 또는 군의 개발·정비 및 보전을 위하여 수립하는 토지이용, 교통, 환경, 경관, 안전, 산업, 정보통신, 보건, 복지, 안보, 문화 등에 관한 다음 각 목의 계획을 말한다.
가. 용도지역·용도지구의 지정 또는 변경에 관한 계획
나. 개발제한구역, 도시자연공원구역, 시가화조정구역, 수산자원보호구역의 지정 또는 변경에 관한 계획
다. 기반시설의 설치·정비 또는 개량에 관한 계획
라. 도시개발사업이나 정비사업에 관한 계획
마. 지구단위계획구역의 지정 또는 변경에 관한 계획과 지구단위계획
바. 입지규제최소구역의 지정 또는 변경에 관한 계획과 입지규제최소구역계획

92 지번부여지역의 일부가 행정구역의 개편으로 다른 지번부여지역에 속하게 될 때 지번정리방법은?

① 토지소재만 변경정리한다.
② 종전지번에 부호를 붙여 정한다.
③ 지적소관청이 새로 그 지번을 부여하여야 한다.
④ 변경된 지번부여지역의 최종본번에 부번을 붙여 정리한다.

해설 **공간정보의 구축 및 관리 등에 관한 법률 제85조(행정구역의 명칭변경 등)**
① 행정구역의 명칭이 변경되었으면 지적공부에 등록된 토지의 소재는 새로운 행정구역의 명칭으로 변경된 것으로 본다.
② 지번부여지역의 일부가 행정구역의 개편으로 다른 지번부여지역에 속하게 되었으면 지적소관청은 새로 속하게 된 지번부여지역의 지번을 부여하여야 한다.

93 국토의 계획 및 이용에 관한 법상 용도지역 중 농림지역의 건폐율은?

① 20% 이하
② 30% 이하
③ 50% 이하
④ 70% 이하

해설 **건폐율기준**
㉠ 도시지역
• 주거지역
 - 제1종 전용주거지역, 제2종 전용주거지역, 제3종 일반주거지역 : 50% 이하
 - 제1종 일반주거지역, 제2종 일반주거지역 : 60% 이하
 - 준주거지역 : 70% 이하
• 상업지역
 - 중심상업지역 : 90% 이하
 - 일반상업지역, 유통상업지역 : 80% 이하
 - 근린상업지역 : 70% 이하
• 공업지역(전용공업지역, 일반공업지역, 준공업지역) : 70% 이하
• 녹지지역(보전녹지지역, 생산녹지지역, 자연녹지역) : 20% 이하
㉡ 관리지역
• 보전관리지역, 생산관리지역 : 20% 이하
• 계획관리지역 : 40% 이하
㉢ 농림지역 : 20% 이하
㉣ 자연환경보전지역 : 20% 이하

94 부동산등기법의 규정에 의해 등기할 수 없는 권리는?

① 소유권 및 저당권
② 지상권 및 임차권
③ 지역권 및 전세권
④ 점유권 및 유치권

해설 **부동산등기법 제3조(등기할 수 있는 권리 등)**
등기는 부동산의 표시와 다음 각 호의 어느 하나에 해당하는 권리의 보존, 이전, 설정, 변경, 처분의 제한 또는 소멸에 대하여 한다.
1. 소유권   2. 지상권
3. 지역권   4. 전세권
5. 저당권   6. 권리질권
7. 채권담보권 8. 임차권

95 부동산등기법상 등기할 수 있는 권리가 아닌 것은?

① 유치권
② 임차권
③ 저당권
④ 권리질권

해설 점유권과 유치권은 등기할 수 없는 권리이다.

정답 91 ② 92 ③ 93 ① 94 ④ 95 ①

96 지적도의 축척이 600분의 1인 지역에서 분할을 위한 지적측량수행 시 1필지 면적측정결과가 0.01m²인 경우 토지대장 등록을 위한 결정면적은?

① 0.01m² ② 0.05m²
③ 0.1m²   ④ 1m²

해설 지적도의 축척이 600분의 1인 지역과 경계점좌표등록부에 등록하는 지역의 토지의 면적은 m² 이하 한 자리 단위로 하되, 0.1m² 미만의 끝수가 있는 경우 0.05m² 미만인 때에는 버리고, 0.05m²를 초과하는 때에는 올리며, 0.05m²인 때에는 구하고자 하는 끝자리의 숫자가 0 또는 짝수이면 버리고, 홀수이면 올린다. 다만, 1필지의 면적이 0.1m² 미만인 때에는 0.1m²로 한다.

97 부동산등기법상 등기관이 토지등기기록의 표제부에 기록하여야 할 사항이 아닌 것은?

① 면적   ② 지목
③ 좌표   ④ 등기원인

해설 부동산등기법 시행규칙 제13조(등기기록의 양식)
① 토지등기기록의 표제부에는 표시번호란, 접수란, 소재지번란, 지목란, 면적란, 등기원인 및 기타 사항란을 두고, 건물등기기록의 표제부에는 표시번호란, 접수란, 소재지번 및 건물번호란, 건물내역란, 등기원인 및 기타 사항란을 둔다.
② 갑구와 을구에는 순위번호란, 등기목적란, 접수란, 등기원인란, 권리자 및 기타 사항란을 둔다.

98 지적측량시행규칙상 지적소관청이 지적삼각보조점성과표 및 지적도근점성과표에 기록·관리하여야 하는 사항에 해당하지 않는 것은?

① 표지의 재질
② 직각좌표계 원점명
③ 소재지와 측량연월일
④ 지적위성기준점의 명칭

해설 지적측량시행규칙 제4조(지적기준점성과표의 기록·관리 등)
② 제3조에 따라 지적소관청이 지적삼각보조점성과 및 지적도근점성과를 관리할 때에는 다음 각 호의 사항을 지적삼각보조점성과표 및 지적도근점성과표에 기록·관리하여야 한다.
1. 지적삼각보조점 또는 지적도근점의 번호
1의2. 근경사진 및 위치의 약도(위치의 약도는 원경사진·항공사진으로 대체할 수 있다)
2. 좌표와 직각좌표계 원점명
3. 경도와 위도(필요한 경우로 한정한다)
4. 표고(필요한 경우로 한정한다)
5. 소재지와 설치 및 재설치연월일
6. 도선등급 및 도선명
7. 표지의 재질
8. 지적도·임야도의 번호
9. 삭제
10. 조사연월일, 조사자의 직위·성명 및 조사내용

99 공간정보의 구축 및 관리 등에 관한 법상 지적측량적부심사청구사안에 대한 시·도지사의 조사사항이 아닌 것은?

① 지적측량기준점 설치연혁
② 다툼이 되는 지적측량의 경위 및 그 성과
③ 해당 토지에 대한 토지이동 및 소유권변동연혁
④ 해당 토지 주변의 측량기준점, 경계, 주요 구조물 등 현황실측도

해설 지적측량적부심사청구를 받은 시·도지사는 30일 이내에 다음의 사항을 조사하여 지방지적위원회에 회부하여야 한다.
㉠ 다툼이 되는 지적측량의 경위 및 그 성과
㉡ 해당 토지에 대한 토지이동 및 소유권변동연혁
㉢ 해당 토지 주변의 측량기준점, 경계, 주요 구조물 등 현황실측도

100 도로명주소법 시행령상 중앙주소정보위원회 위원의 임기는?

① 1년   ② 2년
③ 3년   ④ 5년

해설 도로명주소법 시행령 제57조(중앙주소정보위원회의 구성)
① 법 제29조 제1항에 따른 중앙주소정보위원회(이하 "위원회"라 한다)는 위원장 1명과 부위원장 1명을 포함하여 10명 이상 20명 이하의 위원으로 구성한다.
② 위원장과 부위원장은 위원 중에서 호선(互選)하며, 그 임기는 2년으로 한다.

정답 96 ③ 97 ③ 98 ④ 99 ③ 100 ②

2025년 제3회 지적산업기사 필기 복원

제1과목 지적측량

01 지적측량의뢰인과 지적측량수행자가 서로 합의하여 따로 기간을 정하는 경우 측량기간은 전체 기간의 얼마로 하는가?

① 1/2
② 2/3
③ 3/4
④ 4/5

해설 지적측량의뢰인과 지적측량수행자가 서로 합의하여 따로 기간을 정하는 경우 측량기간은 전체 기간의 3/4, 검사기간은 1/4로 한다.

02 삼각점과 지적기준점 등의 제도방법으로 옳지 않은 것은?

① 지적도근점은 직경 2mm의 원으로 제도한다.
② 삼각점 및 지적기준점은 0.2mm 폭의 선으로 제도한다.
③ 2등삼각점은 직경 1mm 및 2mm의 2중원으로 제도한다.
④ 지적삼각점은 직경 3mm의 원으로 제도하고 원 안에 십자선을 표시한다.

해설 지적업무처리규정 제43조(지적기준점 등의 제도)
① 삼각점 및 지적기준점(제4조에 따라 지적측량수행자가 설치하고, 그 지적기준점성과를 지적소관청이 인정한 지적기준점을 포함한다)은 0.2mm 폭의 선으로 다음 각 호와 같이 제도한다.
1. 위성기준점은 직경 2mm 및 3mm의 2중원 안에 십자선을 표시하여 제도한다.
2. 1등 및 2등삼각점은 직경 1mm, 2mm 및 3mm의 3중원으로 제도한다. 이 경우 1등삼각점은 그 중심원 내부를 검은색으로 엷게 채색한다.
3. 3등 및 4등삼각점은 직경 1mm 및 2mm의 2중원으로 제도한다. 이 경우 3등삼각점은 그 중심원 내부를 검은색으로 엷게 채색한다.
4. 지적삼각점 및 지적삼각보조점은 직경 3mm의 원으로 제도한다. 이 경우 지적삼각점은 원 안에 십자선을 표시하고, 지적삼각보조점은 원 안에 검은색으로 엷게 채색한다.

5. 지적도근점은 직경 2mm의 원으로 제도한다.
6. 지적기준점의 명칭과 번호는 그 지적기준점의 윗부분에 2mm 이상 3mm 이하 크기의 명조체로 제도한다. 다만, 레터링으로 작성할 경우에는 고딕체로 할 수 있으며 경계에 닿는 경우에는 다른 위치에 제도할 수 있다.

03 평판측량방법에 의한 세부측량을 광파조준의를 사용하여 방사법으로 실시할 경우 도상길이는 최대 얼마 이하로 할 수 있는가?

① 10cm
② 20cm
③ 30cm
④ 40cm

해설 평판측량방법에 의한 세부측량을 방사법으로 실시할 경우 방향선의 도상길이는 평판의 방위표정에 사용한 방향선의 도상길이 이하로서 10cm 이하로 할 것. 다만, 광파조준의 또는 광파측거기를 사용하는 경우에는 30cm 이하로 할 수 있다.

04 지적삼각점성과표에 기록·관리하여야 하는 사항이 아닌 것은?

① 경계점좌표
② 자오선수차
③ 소재지와 측량연월일
④ 지적삼각점의 명칭과 기준원점명

해설 지적측량시행규칙 제4조(지적기준점성과표의 기록·관리 등)
① 제3조에 따라 시·도지사가 지적삼각점성과를 관리할 때에는 다음 각 호의 사항을 지적삼각점성과표에 기록·관리하여야 한다.
1. 지적삼각점의 명칭과 기준원점명
2. 좌표 및 표고
3. 경도 및 위도(필요한 경우로 한정한다)
4. 자오선수차
5. 시준점의 명칭, 방위각 및 거리
6. 소재지와 측량연월일
7. 그 밖의 참고사항

정답 1 ③ 2 ③ 3 ③ 4 ①

05 지적삼각점의 연직각을 관측치의 최대치와 최소치의 교차가 몇 초 이내일 때 평균치를 연직각으로 하는가?

① 10초 이내 ② 30초 이내
③ 50초 이내 ④ 60초 이내

해설 지적삼각점측량 시 연직각은 각 측점에서 정반(正反)으로 각 2회 관측하며, 관측치의 최대치와 최소치의 교차가 30초 이내일 때에는 그 평균치를 연직각으로 한다.

06 일반지역에서 축척이 6,000분의 1인 임야도의 지상 도곽선규격(종선×횡선)으로 옳은 것은?

① 500m×400m ② 1,200m×1,000m
③ 1,250m×1,500m ④ 2,400m×3,000m

해설 축척별 기준도곽

도면의 축척	도상길이		지상길이	
	횡선	종선	횡선	종선
1/500 1/1,000	40cm	30cm	200m 400m	150m 300m
1/600 1/1,200 1/2,400	41.666cm	33.333cm	250m 500m 1,000m	200m 400m 800m
1/3,000 1/6,000	50cm	40cm	1,500m 3,000m	1,200m 2,400m

07 다음은 광파기측량방법에 따른 지적삼각점관측기준에 대한 설명이다. ( ) 안에 들어갈 내용으로 옳은 것은?

> 광파측거기는 표준편차가 ( ) 이상인 정밀측거기를 사용할 것

① ±(15mm+5ppm) ② ±(5mm+15ppm)
③ ±(5mm+10ppm) ④ ±(5mm+5ppm)

해설 지적측량시행규칙상 전파 또는 광파측거기는 표준편차가 ±(5mm+5ppm) 이상인 정밀측거기를 사용하여야 한다.

08 다음 그림에서 측선 CD의 방위각(V_{CD})은?

① 146°
② 214°
③ 266°
④ 326°

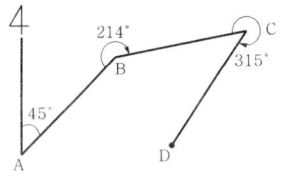

해설
㉠ BC의 방위각
$V_{BC} = 45° - 180° + 214° = 79°$
㉡ CD의 방위각
$V_{CD} = 79° - 180° + 315° = 214°$

09 평판측량방법에 있어서 도상에 영향을 미치지 아니하는 지상거리의 축척별 허용범위기준은? (단, M은 축척분모를 말한다.)

① $\frac{M}{5}$ [mm]

② $\frac{M}{10}$ [mm]

③ $\frac{M}{20}$ [mm]

④ $\frac{M}{30}$ [mm]

해설 평판측량방법에 있어서 도상에 영향을 미치지 아니하는 지상거리의 축척별 허용범위는 $\frac{M}{10}$ [mm]로 한다.

10 경위의측량방법에 따른 세부측량을 행하는 경우에 수평각의 측각공차는 1회 측정각과 2회 측정각의 평균값에 대한 교차를 얼마까지 허용하는가?

① 10초 이내 ② 20초 이내
③ 30초 이내 ④ 40초 이내

해설 지적측량시행규칙 제18조(세부측량의 기준 및 방법 등)
⑩ 경위의측량방법에 따른 세부측량의 관측 및 계산은 다음 각 호의 기준에 따른다.
1. 미리 각 경계점에 표지를 설치하여야 한다. 다만, 부득이한 경우에는 그러하지 아니하다.
2. 도선법 또는 방사법에 따를 것
3. 관측은 20초독 이상의 경위의를 사용할 것
4. 수평각의 관측은 1대회의 방향관측법이나 2배각의 배각법에 따를 것. 다만, 방향관측법인 경우에는 1측회의 폐색을 하지 아니할 수 있다.
5. 연직각의 관측은 정반으로 1회 관측하여 그 교차가 5분 이내일 때에는 그 평균치를 연직각으로 하되 분단위로 독정할 것
6. 수평각의 측각공차는 다음 표에 따를 것

종별	1방향각	1회 측정각과 2회 측정각의 평균값에 대한 교차
공차	60초 이내	40초 이내

정답 5 ② 6 ④ 7 ④ 8 ② 9 ② 10 ④

11 경위의측량방법으로 세부측량을 하는 경우에 측량대상토지의 경계점 간 실측거리와 경계점의 좌표에 의해 계산한 거리의 교차가 얼마 이내일 때 그 실측거리를 측량원도에 기재하는가? (단, L은 미터단위로 표시한 실측거리이다.)

① $\frac{3L}{10}$ [cm] ② $\frac{10}{3L}$ [cm]
③ $3 - \frac{L}{10}$ [cm] ④ $3 + \frac{L}{10}$ [cm]

해설 측량대상토지의 경계점 간 실측거리와 경계점의 좌표에 따라 계산한 거리의 교차는 $3 + \frac{L}{10}$ [cm] 이내여야 한다.

12 축척 1,200분의 1지역에서 평판측량을 도선법으로 하는 경우 일반적인 도선의 거리제한으로 옳은 것은?

① 68m 이내 ② 86m 이내
③ 96m 이내 ④ 100m 이내

해설 도선의 거리제한=1,200×0.08=96m

[참고] 지적측량시행규칙 제18조(세부측량의 기준 및 방법 등)
④ 평판측량방법에 따른 세부측량을 도선법으로 하는 경우에는 다음 각 호의 기준에 따른다.
  1. 도선의 측선장은 도상길이 8cm 이하로 할 것. 다만, 광파조준의 또는 광파측거기를 사용할 때에는 30cm 이하로 할 수 있다.

13 R=500m, 중심각(θ)이 60°인 경우 AB의 직선거리는?

① 400m
② 500m
③ 600m
④ 1,000m

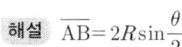

해설 $\overline{AB} = 2R\sin\frac{\theta}{2}$
$= 2 \times 500 \times \sin\frac{60°}{2} = 500\text{m}$

14 지적도근점성과표에 기록·관리하여야 할 사항에 해당하지 않는 것은?

① 좌표 ② 도선등급
③ 자오선수차 ④ 표지의 재질

해설 지적측량시행규칙 제4조(지적기준점성과표의 기록·관리 등)
② 제3항에 따라 지적소관청이 지적삼각보조점성과 및 지적도근점성과를 관리할 때에는 다음 각 호의 사항을 지적삼각보조점성과표 및 지적도근점성과표에 기록·관리하여야 한다.
  1. 지적삼각보조점 또는 지적도근점의 번호
  1의2. 근경사진 및 위치의 약도(위치의 약도는 원경사진·항공사진으로 대체할 수 있다)
  2. 좌표와 직각좌표계 원점명
  3. 경도와 위도(필요한 경우로 한정한다)
  4. 표고(필요한 경우로 한정한다)
  5. 소재지와 설치 및 재설치연월일
  6. 도선등급 및 도선명
  7. 표지의 재질
  8. 지적도·임야도의 번호
  9. 삭제
  10. 조사연월일, 조사자의 직위·성명 및 조사내용

15 지적도근점의 각도관측을 방위각법으로 할 때 2등도선의 폐색오차허용범위는? (단, n은 폐색변을 포함한 변의 수를 말한다.)

① ±$1.5\sqrt{n}$ 분 이내 ② ±$2\sqrt{n}$ 분 이내
③ ±$2.5\sqrt{n}$ 분 이내 ④ ±$3\sqrt{n}$ 분 이내

해설 도선법과 다각망도선법에 따른 지적도근점의 각도관측을 할 때의 폐색오차의 허용범위는 다음의 기준에 따른다. 이 경우 n은 폐색변을 포함한 변의 수를 말한다.
㉠ 배각법에 따르는 경우 : 1회 측정각과 3회 측정각의 평균값에 대한 교차는 30초 이내로 하고, 1도선의 기지방위각 또는 평균방위각과 관측방위각의 폐색오차는 1등도선은 ±$20\sqrt{n}$ 초 이내, 2등도선은 ±$30\sqrt{n}$ 초 이내로 할 것
㉡ 방위각법에 따르는 경우 : 1도선의 폐색오차는 1등도선은 ±$\sqrt{n}$ 분 이내, 2등도선은 ±$1.5\sqrt{n}$ 분 이내로 할 것

16 다음 중 지적측량을 실시하지 않아도 되는 경우는?

① 지적기준점을 정하는 경우
② 지적측량성과를 검사하는 경우
③ 경계점을 지상에 복원하는 경우
④ 토지를 합병하고 면적을 결정하는 경우

해설 합병이란 2필지 이상의 토지를 1필지로 하는 것으로, 합병으로 인하여 불필요한 경계와 좌표를 말소하면 되므로 별도의 지적측량을 실시하지 않는다.

정답 11 ④ 12 ③ 13 ② 14 ③ 15 ① 16 ④

17 경위의측량방법과 도선법에 따른 지적도근점의 관측 시 시가지지역에서 수평각을 관측하는 방법으로 옳은 것은?

① 배각법 ② 편각법
③ 각관측법 ④ 방위각법

해설 지적도근점측량 시 수평각의 관측은 시가지지역, 축척변경지역 및 경계점좌표등록부 시행지역에 대하여는 배각법에 따르고, 그 밖의 지역에 대하여는 배각법과 방위각법을 혼용한다.

18 다음 평판측량에 의한 오차 중 기계적 오차에 해당하는 것은?

① 평판의 경사에 의한 오차
② 방향선의 변위에 의한 오차
③ 시준선의 경사에 의한 오차
④ 평판의 방향 표정불완전에 의한 오차

해설 평판측량에서의 기계적 오차는 대부분 앨리데이드의 구비요건을 만족하지 못한 경우이다. 따라서 시준선의 경사에 의한 오차는 기계오차에 해당한다.

19 다음 중 도면에 등록하는 도곽선의 제도방법기준에 대한 설명으로 옳지 않은 것은?

① 도곽선은 0.1mm의 폭으로 제도한다.
② 도곽선의 수치는 2mm의 크기로 제도한다.
③ 지적도의 도곽크기는 가로 30cm, 세로 40cm의 직사각형으로 한다.
④ 도곽선의 수치는 도곽선 왼쪽 아랫부분과 오른쪽 윗부분의 종횡선 교차점 바깥쪽에 제도한다.

해설 도곽선의 제도
㉠ 도면의 위방향은 항상 북쪽이 되어야 한다.
㉡ 지적도의 도곽크기는 가로 40cm, 세로 30cm의 직사각형으로 한다.
㉢ 도곽의 구획은 좌표의 원점을 기준으로 하여 정하되, 그 도곽의 종횡선수치는 좌표의 원점으로부터 기산하여 종횡선수치를 각각 가산한다.
㉣ 이미 사용하고 있는 도면의 도곽크기는 종전에 구획되어 있는 도곽과 그 수치로 한다.
㉤ 도면에 등록하는 도곽선은 0.1mm의 폭으로, 도곽선의 수치는 도곽선 왼쪽 아랫부분과 오른쪽 윗부분의 종횡선 교차점 바깥쪽에 2mm 크기의 아라비아숫자로 제도한다.

20 평판측량방법에 의한 세부측량 시 일반적인 방향선 또는 측선장의 도상길이로 옳지 않은 것은?

① 교회법은 10cm 이하
② 도선법은 10cm 이하
③ 광파조준의에 의한 도선법은 30cm 이하
④ 광파조준의에 의한 교회법은 30cm 이하

해설 ㉠ 도선법 : 1방향선의 도상길이는 8cm 이하로 한다. 다만, 광파조준의 또는 광파측거기를 사용할 때에는 30cm 이하로 할 수 있다.
㉡ 교회법 : 1방향선의 도상길이는 10cm 이하로 한다. 다만, 광파조준의 또는 광파측거기를 사용할 때에는 30cm 이하로 할 수 있다.
㉢ 방사법 : 1방향선의 도상길이는 10cm 이하로 한다. 다만, 광파조준의 또는 광파측거기를 사용할 때에는 30cm 이하로 할 수 있다.

제2과목 응용측량

21 다음 중 지성선에 속하지 않는 것은?

① 능선 ② 계곡선
③ 경사변환선 ④ 지질변환선

해설 지성선 : 능선, 곡선, 경사변환선, 최대경사선

22 다음 그림과 같이 지표면에서 성토하여 도로폭 $b=6m$의 도로면을 단면으로 개설하고자 한다. 성토높이 $h=5.0m$, 성토기울기를 1:1로 한다면 용지폭($2x$)은? (단, a : 여유폭=1m)

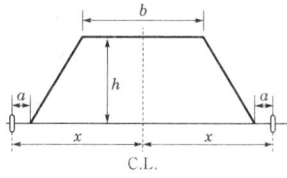

① 10.0m ② 14.0m
③ 18.0m ④ 22.0m

해설
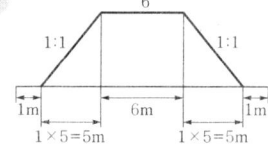

용지폭($2x$)=1+5+6+5+1=18m

23 한 개의 깊은 수직터널에서 터널 내외를 연결하는 연결측량방법으로서 가장 적당한 것은?

① 트래버스측량방법
② 트랜싯과 추선에 의한 방법
③ 삼각측량방법
④ 측위망원경에 의한 방법

해설 한 개의 깊은 수직터널에서 터널 내외를 연결하는 측량방법은 트랜싯과 추선에 의한 방법이 가장 효율적이다.

24 축척 1:1,000, 등고선간격 2m, 경사 5%일 때 등고선 간의 수평거리 L의 도상길이는?

① 1.2cm
② 2.7cm
③ 3.1cm
④ 4.0cm

해설 ㉠ 실제 길이
100 : 5 = x : 2
∴ x = 40m

㉡ 도상길이
$\dfrac{1}{1,000} = \dfrac{도상길이}{40}$
∴ 도상거리 = 0.04m = 4cm

25 사진크기 23cm×23cm, 초점거리 153mm, 촬영고도 750m, 사진주점기선장 10cm인 2장의 인접 사진에서 관측한 굴뚝의 시차차가 7.5mm일 때 지상에서의 실제 높이는?

① 45.24m
② 56.25m
③ 62.72m
④ 85.36m

해설 $h = \dfrac{H}{b_o}\Delta p = \dfrac{750}{0.1} \times 0.0075 = 56.25$m

26 GNSS측량에 의한 위치결정 시 최소 4대 이상의 위성에서 동시 관측해야 하는 이유로 옳은 것은?

① 궤도오차를 소거한 3차원 위치를 구하기 위하여
② 다중경로오차를 소거한 3차원 위치를 구하기 위하여
③ 시계오차를 소거한 3차원 위치를 구하기 위하여
④ 전리층오차를 소거한 3차원 위치를 구하기 위하여

해설 GNSS측량에 의한 위치결정 시 최소 4대 이상의 위성에서 동시 관측해야 하는 이유는 시계오차를 소거한 3차원 위치를 구하기 위해서이다.

27 경사가 일정한 터널에서 두 점 AB 간의 경사거리가 150m이고 고저차가 15m일 때 AB 간의 수평거리는?

① 149.2m
② 148.5m
③ 147.2m
④ 146.5m

해설 $D = \sqrt{150^2 - 15^2} = 149.2$m

28 사진판독에 사용하는 주요 요소가 아닌 것은?

① 음영(shadow)
② 형상(shape)
③ 질감(texture)
④ 촬영고도(flight height)

해설 사진판독요소
㉠ 사진판독 6요소 : 색조, 모양, 질감, 형상, 크기, 음영
㉡ 기타 : 과고감, 상호위치관계

29 경사거리를 130m인 터널에서 수평각을 관측할 때 시준방향에서 직각으로 5mm의 시준오차가 발생하였다면 수평각오차는?

① 5″
② 8″
③ 10″
④ 20″

해설 $\dfrac{\Delta l}{l} = \dfrac{\theta''}{\rho''}$

$\dfrac{0.005}{130} = \dfrac{\theta''}{206,265}$

∴ $\theta'' = 8''$

30 초광각카메라의 특징으로 옳지 않은 것은?

① 같은 축척으로 촬영할 경우 다른 사진에 비하여 촬영고도가 낮다.
② 동일한 고도에서 촬영된 사진 1장의 포괄면적이 크다.
③ 사각 부분이 많이 발생된다.
④ 표고측정의 정확도가 높다.

해설 초광각카메라는 소축척 지형도 제작에 적합하므로 정확도가 낮다.

정답 23 ② 24 ④ 25 ② 26 ③ 27 ① 28 ④ 29 ② 30 ④

31 항공사진을 판독할 때 사면의 경사는 실제보다 어떻게 보이는가?

① 사면의 경사는 방향이 반대로 나타난다.
② 실제보다 경사가 완만하게 보인다.
③ 실제보다 경사가 급하게 보인다.
④ 실제와 차이가 없다.

해설 항공사진을 판독할 때 사면의 경사는 실제보다 경사가 급하게 보인다.

32 철도의 캔트량을 결정하는데 고려하지 않아도 되는 사항은?

① 확폭   ② 설계속도
③ 레일간격   ④ 곡선반지름

해설 캔트(C) = $\dfrac{SV^2}{Rg}$

여기서, S : 레일간격, V : 설계속도, R : 곡선반지름

33 노선측량에서 일반국도를 개설하려고 한다. 측량의 순서로 옳은 것은?

① 계획조사측량 → 노선 선정 → 실시설계측량 → 세부측량 → 용지측량
② 노선 선정 → 계획조사측량 → 실시설계측량 → 세부측량 → 용지측량
③ 노선 선정 → 계획조사측량 → 세부측량 → 실시설계측량 → 용지측량
④ 계획조사측량 → 노선 선정 → 세부측량 → 실시설계측량 → 용지측량

해설 **노선측량의 순서** : 노선 선정 → 계획조사측량 → 실시설계측량 → 세부측량 → 용지측량

34 일반적으로 GNSS측위 정밀도가 가장 높은 방법은?

① 단독측위
② DGPS
③ 후처리 상대측위
④ 실시간 이동측위(Real Time Kinematic)

해설 후처리 상대측위(정지측량)는 위성수신기를 관측지점에 일정시간 동안 고정하여 연속적으로 위성데이터를 취득한 후 기선해석 및 조정계산을 수행하는 측량방법으로 가장 정밀도가 높다.

35 GNSS측량에서 제어부문의 주요 임무로 틀린 것은?

① 위성시각의 동기화
② 위성으로의 자료전송
③ 위성의 궤도모니터링
④ 신호정보를 이용한 위치결정 및 시각비교

해설 **제어부문의 주요 임무**
㉠ 궤도와 시각결정을 위한 위성추적, 작동상태 점검
㉡ 위성시간의 동일화
㉢ 위성으로의 자료전송
㉣ 전리층, 대류권의 주기적 모형화

36 수준측량 야장기입법 중 중간점이 많은 경우에 편리한 방법은?

① 고차식   ② 기고식
③ 승강식   ④ 약도식

해설 **야장기입법**
㉠ 고차식 : 전시와 후시만 있을 때 사용하며 2점 간의 고저차를 구할 경우 사용한다.
㉡ 기고식 : 중간점이 많을 때 적당하나 완전한 검산을 할 수 없는 단점이 있다.
㉢ 승강식 : 중간점이 많을 때 불편하나 완전한 검산을 할 수 있다.

37 표고가 0m인 해변에서 눈높이 1.45m인 사람이 볼 수 있는 수평선까지의 거리는? (단, 지구반지름 R = 6,370km, 굴절계수 k = 0.14)

① 4713.91m   ② 4634.68m
③ 4298.02m   ④ 4127.47m

해설 기차 = $-\dfrac{kD^2}{2R}$

$1.45 = -\dfrac{0.14 \times D^2}{2 \times 6,370}$

$\therefore D = 4634.68\text{m}$

38 단곡선측량에서 교각이 50°, 반지름이 250m인 경우에 외할(E)은?

① 10.12m   ② 15.84m
③ 20.84m   ④ 25.84m

해설 $E = R\left(\sec\dfrac{I}{2} - 1\right) = 250 \times \left(\sec\dfrac{50°}{2} - 1\right)$
$= 25.84\text{m}$

정답 31 ③ 32 ① 33 ② 34 ③ 35 ④ 36 ② 37 ② 38 ④

39 지형도의 이용에 관한 설명으로 틀린 것은?

① 토량의 결정
② 저수량의 결정
③ 하천유역면적의 결정
④ 지적 일필지면적의 결정

해설 **지형도의 이용**
㉠ 단면도의 제작(종·횡단면도)
㉡ 등경사선의 관측(구배)
㉢ 노선의 도면상 선정(두 점 간의 시통가부의 결정)
㉣ 유역면적 산정(저수량측정)
㉤ 절·성토범위 결정(토공량계산)
㉥ 소요경비의 산출자료에 이용

40 축척 1:50,000 지형도에서 표고 317.6m로부터 521.4m까지 사이에 주곡선간격의 등고선개수는?

① 5개 ② 9개
③ 11개 ④ 21개

해설 등고선개수 $= \dfrac{520-320}{20} + 1 = 11$개

제3과목 토지정보체계론

41 다음의 위상정보 중 하나의 지점에서 또 다른 지점으로의 이동 시 경로 선정이나 자원의 배분 등과 가장 밀접한 것은?

① 중첩성(overlay)
② 연결성(connectivity)
③ 계급성(hierarchy or containment)
④ 인접성(neighborhood or adjacency)

해설 네트워크분석은 하나의 지점에서 또 다른 지점으로의 이동 시 경로 선정이나 자원의 배분에 사용되며, 이는 위상정보 중 연결성을 이용한다.

42 다음 중 지리정보시스템의 자료구축 시 발생하는 오차가 아닌 것은?

① 자료처리 시 발생하는 오차
② 디지타이징 시 발생하는 오차
③ 좌표투영을 위한 스캐닝오차
④ 절대위치자료 생성 시 지적측량기준점의 오차

해설 **지리정보시스템의 오차**

입력자료의 품질에 따른 오차	데이터베이스 구축 시 발생되는 오차
• 위치정확도에 따른 오차 • 속성정확도에 따른 오차 • 논리적 일관성에 따른 오차 • 완결성에 따른 오차 • 자료변환과정에 따른 오차	• 절대위치자료 생성 시 기준점의 오차 • 위치자료 생성 시 발생되는 항공사진 및 위성영상의 정확도에 따른 오차 • 디지타이징 시 발생되는 오차 • 좌표변환 시 투영법에 따른 오차 • 사회자료 부정확성에 따른 오차 • 자료처리 시 발생되는 오차

43 사용자의 필요에 따라 일정한 기준에 맞추어 자료를 나누는 것을 무엇이라 하는가?

① 질의(query)
② 세선화(thinning)
③ 분류(classification)
④ 일반화(generalization)

해설 ① 질의 : 작업자가 부여하는 조건에 따라 속성데이터베이스에서 정보를 추출하는 것
② 세선화 : 필터링단계에서 만들어진 선형의 패턴을 가늘고 긴 선과 같은 형상으로 만들기 위하여 가늘게 하는 것
④ 일반화 : 지도에서 동일 특성을 갖는 지역의 결합을 의미하는 것으로서 일정기준에 의하여 유사한 분류명을 갖는 폴리곤끼리 합침으로써 분류의 정도를 낮추는 것

44 격자구조를 벡터구조로 변환할 때 격자영상에 생긴 잡음(noise)을 제거하고 외곽선을 연속적으로 이어주는 영상처리과정을 무엇이라고 하는가?

① Noising ② Filtering
③ Thinning ④ Conversioning

해설 필터링(Filtering)은 잡음이나 불필요한 기호를 제거하거나 임의로 생긴 선분이나 끊어진 선분을 잇는 잡음을 제거, 처리하는 영상처리과정이다.

45 토지 및 임야대장에 등록하는 각 필지를 식별하기 위한 토지의 고유번호는 총 몇 자리로 구성하는가?

① 10자리 ② 15자리
③ 19자리 ④ 21자리

정답 39 ④ 40 ③ 41 ② 42 ③ 43 ③ 44 ② 45 ③

해설 토지의 고유번호는 각 필지를 구별하기 위해 필지마다 붙이는 고유번호(19자리)로, 토지대장, 임야대장, 공유지연명부, 대지권등록부와 경계점좌표등록부에 등록하고, 도면에는 등록되지 않는다. 이 고유번호는 행정구역, 대장, 지번을 나타내며 소유자, 지목 등은 알 수 없다.

46 테이블형태로 데이터베이스를 구축하는 전형적인 모델로 두 개 이상의 테이블을 공통의 키필드에 의해 효율적인 자료관리가 가능한 데이터 모델은?

① 계층형 데이터 모델
② 관계형 데이터 모델
③ 객체지향형 데이터 모델
④ 네트워크형 데이터 모델

해설 관계형 데이터베이스는 가장 최신의 데이터베이스 형태이며 사용자에게 보다 친숙한 자료접근방법을 제공하기 위해 개발되었다. 또한 행과 열로 정렬된 논리적인 데이터 구조이며 테이블형태로 데이터베이스를 구축하는 전형적인 모델로, 두 개 이상의 테이블을 공통의 키필드에 의해 효율적인 자료관리가 가능한 데이터 모델이다.

47 다음 중 CNS(Car Navigation System)에서 이용하고 있는 대표적인 지적정보는?

① 지번정보
② 면적정보
③ 지목정보
④ 토지소유자정보

해설 CNS는 주소나 도로명을 이용하여 위치를 찾는 시스템이므로 지번정보가 필수적이다.

48 시·군·구(자치구가 아닌 구 포함)단위의 지적공부에 관한 지적전산자료의 이용 및 활용에 관한 승인권자로 옳은 것은?

① 광역시장
② 시·도지사
③ 지적소관청
④ 국토교통부장관

해설 지적전산자료의 이용·활용의 신청

자료의 범위	신청
전국단위	국토교통부장관, 시·도지사 또는 지적소관청
시·도단위	시·도지사 또는 지적소관청
시·군·구단위	지적소관청

49 토지정보체계의 구축에 있어 벡터자료(vector data)를 취득하기 위한 장비로 옳은 것은?

㉠ 스캐너 ㉡ 디지털카메라
㉢ 디지타이저 ㉣ 전자평판

① ㉠, ㉡
② ㉠, ㉣
③ ㉡, ㉢
④ ㉢, ㉣

해설 ㉠ 스캐너, 디지털카메라 : 래스터자료
㉡ 디지타이저, 전자평판 : 벡터자료

50 부동산종합공부시스템의 전산자료에 대한 구축·관리자로 옳은 것은?

① 업무담당자
② 업무부서장
③ 국토교통부장관
④ 지방자치단체의 장

해설 부동산종합공부시스템 운영 및 관리규정 제6조(전산자료의 관리책임)
부동산종합공부시스템의 전산자료는 다음 각 호의 자(이하 "부서장"이라 한다)가 구축·관리한다.
1. 지적공부 및 부동산종합공부는 지적업무를 처리하는 부서장
2. 연속지적도는 지적도면의 변동사항을 정리하는 부서장
3. 용도지역·지구도 등은 해당 용도지역·지구 등을 입안·결정 및 관리하는 부서장(다만, 관리부서가 없는 경우에는 도시계획을 입안·결정 및 관리하는 부서장)
4. 개별공시지가 및 개별주택가격정보 등의 자료는 해당 업무를 수행하는 부서장
5. 그 밖의 건물통합정보 및 통계는 그 자료를 관리하는 부서장

51 국가나 지방자치단체가 지적전산자료를 이용 또는 활용하는 경우의 사용료는?

① 면제한다.
② 현금으로 한다.
③ 수입인지로 한다.
④ 수입증지로 한다.

해설 국가나 지방자치단체가 지적전산자료를 이용 또는 활용하는 경우의 사용료는 면제한다.

52 다음 중 2차원 표현의 내용이 아닌 것은?

① 선(Line)
② 면적(Area)
③ 영상소(Pixel)
④ 격자셀(Grid Cell)

정답 46 ② 47 ① 48 ③ 49 ④ 50 ② 51 ① 52 ①

해설 선(line)
㉠ 두 개 이상의 점사상으로 구성되어 있는 선형으로 1차원의 객체를 표현, 즉 길이를 갖는 공간객체로 표현된다.
㉡ 두 개의 노드와 여러 개의 버텍스(vertex)로 구성되어 있고, 노드 혹은 버텍스는 링크로 구성되어 있다.
㉢ 지표상의 선형 실체는 축척에 따라 선형 또는 면형 객체로 표현될 수 있다. 예를 들어, 도로의 경우 대축척지도에서는 면사상으로 표현될 수 있고, 소축척지도에서는 선사상으로 표현될 수 있다.
㉣ 연속적인 복잡한 선을 묘사하는 다수의 X, Y좌표의 집합은 아크(arc), 체인(chain), 스트링(string) 등의 다양한 용어로서 표현된다.

53 한국토지정보체계(KLIS)에서 지적정보관리시스템의 기능에 해당하지 않는 것은?
① 측량결과파일(*.dat)의 생성기능
② 소유권연혁에 대한 오기정정기능
③ 개인별 토지소유현황을 조회하는 기능
④ 토지이동에 따른 변동내역을 조회하는 기능

해설 측량결과파일(*.dat)은 지적측량검사요청을 할 경우 이동정리필지에 관한 정보를 저장한 파일로 KLIS의 지적공부관리시스템의 성과검사에 활용이 가능하며 지적소관청의 측량검사, 도면검사, 폐쇄도면검사, 속성정보 등을 검사할 수 있도록 작성된 파일이다. 이를 이용하여 지적공부정리시스템에서 토지대장 및 지적도 정리에 이용되는 파일이다.

54 한 픽셀에 대해 8bit를 사용하면 서로 다른 값을 표현할 수 있는 가짓수는?
① 8가지   ② 64가지
③ 128가지   ④ 256가지

해설 한 픽셀에 대해 8bit를 사용하면 서로 다른 값을 표현할 수 있는 가짓수는 256개이다.

55 지적행정시스템에서 지적공부 오기정정을 실시하는 자료수정방법이 아닌 것은?
① 갱신   ② 복구
③ 삭제   ④ 추가

해설 지적공부의 전부 또는 일부가 멸실, 훼손되었을 경우 하는 것을 복구라 한다.

56 지적도를 수치화하기 위한 작성과정으로 옳은 것은?
① 작업계획 수립 → 벡터라이징 → 좌표독취(스캐닝) → 정위치편집 → 도면 작성
② 작업계획 수립 → 좌표독취(스캐닝) → 벡터라이징 → 정위치편집 → 도면 작성
③ 작업계획 수립 → 벡터라이징 → 정위치편집 → 좌표독취(스캐닝) → 도면 작성
④ 작업계획 수립 → 좌표독취(스캐닝) → 정위치편집 → 벡터라이징 → 도면 작성

해설 지적도를 수치화하기 위한 작성과정 : 작업계획 수립 → 좌표독취(스캐닝) → 벡터라이징 → 정위치편집 → 도면 작성

57 다음 중 토지정보시스템(LIS)과 가장 관련이 깊은 것은?
① 법지적
② 세지적
③ 소유지적
④ 다목적 지적

해설 다목적 지적(Multipurpose Cadastre)은 1필지를 단위로 토지 관련 정보를 종합적으로 등록하는 제도로서, 토지에 관한 물리적 현황은 물론 법률적, 재정적, 경제적 정보를 포괄하는 제도로 토지정보시스템과 밀접한 관련이 있다.

58 지적도와 시·군·구 대장정보를 기반으로 하는 지적행정시스템과의 연계를 통해 각종 지적업무를 수행할 수 있도록 만들어진 정보시스템은?
① 지리정보시스템
② 시설물관리시스템
③ 도시계획정보시스템
④ 필지중심토지정보시스템

해설 필지중심토지정보시스템(PBLIS : Parcel Based Land Information System)은 지적도·토지대장의 통합관리시스템 구축으로 지자체의 지적업무 효율화와 토지정책, 도시계획 등의 다양한 정책분야에 기초공간자료의 제공을 목적으로 개발되었다. 즉 대장정보와 도형정보를 통합한 일필지정보를 기반으로 토지의 모든 정보를 다루는 시스템으로써 각종 지적행정업무 수행과 관련 부처 및 타 기관에 제공할 정책정보를 생산하는 시스템을 의미한다. 이 시스템은 지적공부관리시스템, 지적측량시스템, 지적측량성과작성시스템으로 구성되어 있다.

정답 53 ① 54 ④ 55 ② 56 ② 57 ④ 58 ④

59 다음 중 사진을 구성하는 요소로 영상에서 눈에 보이는 가장 작은 비분할 2차원적 요소는?

① 노드(node) ② 픽셀(pixel)
③ 그리드(grid) ④ 폴리곤(polygon)

해설 픽셀은 영상에서 눈에 보이는 가장 작은 비분할 2차원적 요소이다.

60 다음 중 중첩(overlay)의 기능으로 옳지 않은 것은?

① 도형자료와 속성자료를 입력할 수 있게 한다.
② 각종 주제도를 통합 또는 분산관리할 수 있다.
③ 다양한 데이터베이스로부터 필요한 정보를 추출할 수 있다.
④ 새로운 가설이나 시뮬레이션을 통한 모델링 작업을 수행할 수 있게 한다.

해설 각각의 자료집단이 주어진 기본도를 기초로 좌표계가 통일이 되면 둘 또는 그 이상의 자료관측에 대하여 분석될 수 있으며, 이 기법을 중첩 또는 합성이라 한다. 주로 적지 선정에 이용된다.
㉠ 각각 서로 다른 자료를 취득하여 중첩하는 것으로 다량의 정보를 얻을 수 있다.
㉡ 레이어별로 자료를 제공할 수 있다.
㉢ 사용자입장에서 필요한 자료만을 제공받을 수 있어 편리하다.
㉣ 각종 주제도를 통합 또는 분산관리할 수 있다.

제4과목 지적학

61 다목적 지적의 3대 구성요소가 아닌 것은?

① 기본도 ② 경계표지
③ 지적중첩도 ④ 측지기준망

해설 다목적 지적의 3대 구성요소 : 측지기준망, 기본도, 중첩도

62 토지의 표시사항은 지적공부에 등록, 공시하여야만 효력이 인정된다는 토지등록의 원칙은?

① 공신주의 ② 신청주의
③ 직권주의 ④ 형식주의

해설 지적형식주의(지적등록주의) : 지적공부에 등록하는 법적인 형식을 갖추어야만 비로소 토지로서의 거래단위가 될 수 있다는 원리

63 근대적 세지적의 완성과 소유권제도의 확립을 위한 지적제도 성립의 전환점으로 평가되는 역사적인 사건은?

① 솔리만 1세의 오스만제국 토지법 시행
② 윌리엄 1세의 영국 둠스데이측량 시행
③ 나폴레옹 1세의 프랑스 토지관리법 시행
④ 디오클레티아누스황제의 로마제국 토지측량 시행

해설 나폴레옹지적은 근대적 세지적의 완성과 소유권제도의 확립을 위한 지적제도 성립의 전환점으로 평가되는 역사적인 사건이다.

64 행정구역제도로 국도를 중심으로 영토를 사방으로 구획하는 '사출도'란 토지구획방법을 시행하였던 나라는?

① 고구려 ② 부여
③ 백제 ④ 조선

해설 행정구역제도로 국도를 중심으로 영토를 사방으로 구획하는 사출도란 토지구획방법을 시행하였던 나라는 부여이다.

65 다음 중 도로·철도·하천·제방 등의 지목이 서로 중복되는 경우 지목을 결정하기 위하여 고려하는 사항으로 가장 거리가 먼 것은?

① 용도의 경중 ② 공시지가의 고저
③ 등록시기의 선후 ④ 일필 일목의 원칙

해설 지목의 설정원칙
㉠ 법정지목의 원칙 : 현행 공간정보의 구축 및 관리 등에 관한 법률에서 지목은 28개의 지목으로 정해져 있으며, 그 외의 지목 등은 인정하지 않는다.
㉡ 1필 1목의 원칙 : 필지마다 하나의 지목을 설정한다.
㉢ 주지목 추종의 원칙 : 1필지가 2 이상의 용도로 활용되는 경우에는 주된 용도에 따라 지목을 설정한다.
㉣ 영속성의 원칙(일시변경 불인의 원칙) : 토지가 일시적 또는 임시적인 용도로 사용되는 때에는 지목을 변경하지 아니한다.
㉤ 사용목적 추종의 원칙 : 택지조성사업을 목적으로 공사가 준공된 토지는 미리 그 목적에 따라 지목을 '대'로 정할 수 있다.
㉥ 용도 경중의 원칙 : 지목이 중복되는 경우 중요한 토지의 사용목적·용도에 따라 지목을 설정한다.
㉦ 등록 선후의 원칙 : 지목이 중복되는 경우 먼저 등록된 토지의 사용목적·용도에 따라 지목을 설정한다.

정답 59 ② 60 ① 61 ② 62 ④ 63 ③ 64 ② 65 ②

66 토지표시사항 중 물권객체를 구분하여 표상(表象)할 수 있는 역할을 하는 것은?

① 경계　　② 지목
③ 지번　　④ 소유자

해설 지번의 기능
㉠ 필지를 구별하는 개별성과 특정성의 기능을 가진다.
㉡ 거주지 또는 주소표기의 기준으로 이용된다.
㉢ 위치파악의 기준이 된다.
㉣ 각종 토지 관련 정보시스템에서 검색키로서의 기능을 가진다.
㉤ 물권의 객체를 구분한다.
㉥ 등록공시단위이다.

67 토지조사사업 당시 확정된 소유자가 다른 토지 간 사정된 경계선의 명칭으로 옳은 것은?

① 강계선　　② 지역선
③ 지계선　　④ 구역선

해설 강계선(疆界線)
㉠ 토지조사령에 의하여 임시토지조사국장이 사정한 경계선을 말하며 도면상에 등록된 토지의 경계선 및 소유자가 각각 다른 토지와의 경계선을 말한다.
㉡ 토지소유자와 지목이 동일하고 지반이 연속된 토지는 1필지로 함이 원칙이다.
㉢ 강계선의 반대쪽은 반드시 소유자가 다르다.

68 토지소유권 보호가 주요 목적이며 토지거래의 안전을 보장하기 위해 만들어진 지적제도로서 토지의 평가보다 소유권의 한계설정과 경계복원의 가능성을 중요시하는 것은?

① 법지적　　② 세지적
③ 경제지적　　④ 유사지적

해설 발전과정에 따른 분류
㉠ 세지적(Fiscal Cadastre) : 최초의 지적제도로 세금징수를 가장 큰 목적으로 개발된 제도로 과세지적이라고도 한다. 세지적하에서는 면적의 정확도를 중시하였다.
㉡ 법지적(Legal Cadastre) : 세지적에서 진일보한 제도로서 토지과세 및 토지거래의 안전, 토지소유권 보호 등이 주요 목적인 지적제도로서, 일명 소유지적(경계지적)이라고도 한다. 법지적하에서는 위치의 정확도를 중시하였다.
㉢ 다목적 지적(Multipurpose Cadastre)
・종합지적(유사지적, 경제지적, 통합지적)이라고도 한다.
・1필지를 단위로 토지 관련 정보를 종합적으로 등록하는 제도로서 토지에 관한 물리적 현황은 물론 법률적, 재정적, 경제적 정보를 포괄하는 제도이다.
・토지에 대한 평가, 과세, 거래, 이용계획, 지하시설물과 공공시설물 및 토지통계 등에 관한 정보를 공동으로 활용하기 위하여 최근에 개발된 지적제도이다.

69 집 울타리 안에 꽃동산이 있을 때 지목으로 옳은 것은?

① 대　　② 공원
③ 임야　　④ 유원지

해설 주지목 추종의 원칙에 따라 집 울타리 안에 꽃동산이 있을 때 지목은 대이다.

70 밤나무 숲을 측량한 지적도로 탁지부 임시재산정리국 측량과에서 실시한 측량원도의 명칭으로 옳은 것은?

① 산록도　　② 관저원도
③ 궁채전도　　④ 율림기지원도

해설
㉠ 율림기지원도 : 밀양 영람루 남천강의 건너편 수월비동의 밤나무 숲을 측량한 지적도를 말한다.
㉡ 산록도 : 구한말 동(洞)의 뒷산을 실측한 지도이다.
㉢ 전원도 : 농경지만을 나타낸 지적도를 말하며, 축척은 1/1,000으로 되어 있다. 면적은 삼사법으로 구적하였고 방위 표시를 한 도식이 오른쪽 상단에 보이며, 범례는 없다.
㉣ 건물원도 : 1908년 제실재산정리국에서 측량기사를 동원하여 대한제국 황실 소유의 토지를 측량하고 구한말 주로 건물의 위치와 평면적 크기를 도면상에 나타낸 지도이다.
㉤ 가옥원도 : 호(戶)단위로 가옥의 위치와 평면적 크기를 나타낸 구한말 실측도 가운데 축척이 가장 큰 대축척 1/100 지도이다.
㉥ 궁채전도 : 내수사 등 7궁 소속의 토지 가운데 채소밭을 실측한 지도이다.
㉦ 관저원도 : 대한제국기 고위관리의 관저를 실측한 원도이다.

71 임야조사사업 당시 토지의 사정기관은?

① 면장　　② 도지사
③ 임야조사위원회　　④ 임시토지조사국장

해설 임야조사사업에서 사정은 토지조사사업에 의한 사정을 하지 아니한 임야와 임야 내 개재지에 대한 소유자와 그 경계를 확정하는 행정처분이다. 도지사는 조사측량을 한 사항에 대하여 1필지마다 그 토지의 소유자와 경계를 임야조사서와 임야도에 의하여 사정하였다.

정답 66 ③　67 ①　68 ①　69 ①　70 ④　71 ②

72 토지의 등록사항 중 경계의 역할로 옳지 않은 것은?
① 토지의 용도결정 ② 토지의 위치결정
③ 필지의 형상결정 ④ 소유권의 범위결정

해설 경계
㉠ 역할 : 토지의 위치결정, 소유권의 범위결정, 필지의 형상결정
㉡ 특성
• 필지 사이의 경계는 1개가 존재한다.
• 경계는 크기가 없는 기하학적인 의미이다.
• 경계는 위치만 있으므로 분할이 불가능하다.
• 경계는 경계점 사이의 최단거리연결이다.

73 토지를 지적공부에 등록하여 외부에서 인식할 수 있도록 하는 제도의 이론적 근거는?
① 공개제도 ② 공시제도
③ 공증제도 ④ 증명제도

해설 토지등록의 법적 지위에 있어서 토지이동이나 물권의 변동은 반드시 외부에 알려져야 한다는 것을 공시의 원칙이라 하며, 토지소유자 또는 이해관계인 기타 누구든지 수수료를 납부하면 토지의 등록사항을 외부에서 인식하고 활용할 수 있도록 한다는 것을 공개주의라 한다.

74 다음 중 지적의 구성요소로 가장 거리가 먼 것은?
① 토지이용에 의한 활동
② 토지정보에 대한 등록
③ 기록의 대상인 지적공부
④ 일필지를 의미하는 토지

해설 지적의 협의와 광의의 구성요소

협의의 구성요소	광의의 구성요소
• 토지 : 지적의 객체 • 등록 : 지적의 주된 행위 • 공부 : 지적행위 결과물	• 필지 : 권리의 객체 • 소유자 : 권리의 주체 • 권리 : 토지를 소유할 수 있는 법적 권리

75 다음 중 토지조사사업에서 소유권조사와 관계되는 사항에 해당하지 않는 것은?
① 준비조사 ② 분쟁지조사
③ 이동지조사 ④ 일필지조사

해설 이동지조사는 토지이동과 관련된 것이므로 소유권조사와 관련이 없다.

76 다음 중 고려시대의 토지소유제도와 관계가 없는 것은?
① 과전(科田) ② 전시과(田柴科)
③ 정전(丁田) ④ 투화전(投化田)

해설 정전제는 일반백성에 정전을 분급하여 모든 부역과 전조를 국가에게 바치게 한 제도로 20세 이상 50세 이하의 남자가 대상이었다. 이는 신라시대의 토지수취제도이다.

77 경계의 특징에 대한 설명으로 옳지 않은 것은?
① 필지 사이에는 1개의 경계가 존재한다.
② 경계는 크기가 없는 기하학적인 의미를 갖는다.
③ 경계는 경계점 사이를 직선으로 연결한 것이다.
④ 경계는 면적을 갖고 있으므로 분할이 가능하다.

해설 경계는 선으로 표현하므로 면적을 갖지 못하며 분할도 불가능하다.

78 토지를 지적공부에 등록함으로써 발생하는 효력이 아닌 것은?
① 공증의 효력 ② 대항적 효력
③ 추정의 효력 ④ 형성의 효력

해설 토지등록의 일반적 효력
㉠ 창설적 효력 : 신규등록이란 새로이 조성된 토지 및 등록이 누락되어 있는 토지를 지적공부에 등록하는 것을 말한다. 이 경우에 발생되는 효력을 창설적 효력이라 한다.
㉡ 대항적 효력 : 토지의 표시란 토지의 소재·지번·지목·면적·경계 또는 좌표를 말한다. 즉 지적공부에 등록된 토지의 표시사항은 제3자에게 대항할 수 있다.
㉢ 형성적 효력 : 분할이란 지적공부에 등록된 1필지를 2필지 이상으로 나누어 등록하는 것을 말하며, 합병이란 지적공부에 등록된 2필지 이상을 1필지로 합하여 등록하는 것을 말한다. 이러한 분할·합병 등에 의하여 새로운 권리가 형성된다.
㉣ 공증적 효력 : 지적공부에 등록되는 사항, 즉 토지의 표시에 관한 사항, 소유자에 관한 사항, 기타 등을 공증하는 효력을 가진다.
㉤ 공시적 효력 : 토지의 표시를 법적으로 공개, 표시하는 효력을 공시적 효력이라 한다.
㉥ 보고적 효력 : 지적공부에 등록하기 전에 지적공부의 신뢰성을 확보하기 위하여 지적공부정리결의서를 작성하여 보고하여야 하는 효력을 보고적 효력이라 한다.

정답 72 ① 73 ② 74 ① 75 ③ 76 ③ 77 ④ 78 ③

79 다음의 지적제도 중 토지정보시스템과 가장 밀접한 관계가 있는 것은?

① 법지적 ② 세지적
③ 경제지적 ④ 다목적 지적

해설 다목적 지적(Multipurpose Cadastre)
㉠ 1필지를 단위로 토지 관련 정보를 종합적으로 등록하는 제도로서 토지에 관한 물리적 현황은 물론 법률적, 재정적, 경제적 정보를 포괄하는 제도이다. 따라서 토지정보시스템과 가장 밀접한 관계가 있다.
㉡ 토지에 대한 평가, 과세, 거래, 이용계획, 지하시설물과 공공시설물 및 토지통계 등에 관한 정보를 공동으로 활용하기 위하여 최근에 개발된 지적제도이다.

80 토지조사사업 당시의 지목 중 비과세지에 해당하지 않는 것은?

① 구거 ② 도로
③ 제방 ④ 지소

해설 토지조사사업 당시 지목은 18개로 구분하였으며 과세지, 비과세지, 면세지로 구별하였다.
㉠ 과세지
• 직접적인 수익이 있는 토지로 과세 중이거나 장래에 과세의 목적이 될 수 있는 토지
• 전, 답, 대, 지소, 임야, 잡종지
㉡ 비과세지
• 개인이 소유할 수 없으며 과세의 목적으로 하지 않는 토지
• 도로, 하천, 구거, 제방, 성첩, 철도선로, 수도선로
㉢ 면세지
• 직접적인 수익이 없으며 공공용에 속하여 지세가 면제된 토지
• 사사지, 분묘지, 공원지, 철도용지, 수도용지

제5과목 지적관계법규

81 지적재조사에 관한 특별법령상 사업지구의 경미한 변경에 해당하지 않는 사항은?

① 사업지구 명칭의 변경
② 면적의 100분의 20 이내의 증감
③ 필지의 100분의 30 이내의 증감
④ 1년 이내의 범위에서의 지적재조사사업기간의 조정

해설 사업지구의 경미한 변경
㉠ 사업지구 명칭의 변경
㉡ 1년 이내의 범위에서의 지적재조사사업기간의 조정
㉢ 다음의 요건을 모두 충족하는 지적재조사사업 대상토지의 증감
• 필지의 100분의 20 이내의 증감
• 면적의 100분의 20 이내의 증감

82 지적업무처리규정에서 사용하는 용어의 뜻이 옳지 않은 것은?

① "지적측량파일"이란 측량현형파일 및 측량성과파일을 말한다.
② "측량준비파일"이란 부동산종합공부시스템에서 지적측량업무를 수행하기 위하여 도면 및 대장속성정보를 추출한 파일을 말한다.
③ "측량현형파일"이란 전자평판측량 및 위성측량방법으로 관측한 데이터 및 지적측량에 필요한 각종 정보가 들어있는 파일을 말한다.
④ "측량성과파일"이란 전자평판측량 및 위성측량방법으로 관측 후 지적측량정보를 처리할 수 있는 시스템에 따라 작성된 측량결과도파일과 토지이동정리를 위한 지번, 지목 및 경계점의 좌표가 포함된 파일을 말한다.

해설 지적측량파일 : 측량준비파일, 측량현형파일, 측량성과파일

83 축척변경위원회의 심의·의결사항에 해당하지 않는 것은?

① 측량성과검사에 관한 사항
② 청산금의 이의신청에 관한 사항
③ 축척변경시행계획에 관한 사항
④ 지번별 제곱미터당 금액의 결정과 청산금의 산정에 관한 사항

해설 축척변경위원회는 지적소관청이 회부하는 다음의 사항을 심의·의결한다.
㉠ 축척변경시행계획에 관한 사항
㉡ 지번별 m²당 금액의 결정과 청산금의 산정에 관한 사항
㉢ 청산금의 이의신청에 관한 사항
㉣ 그 밖에 축척변경과 관련하여 지적소관청이 회의에 부치는 사항

정답 79 ④ 80 ④ 81 ③ 82 ① 83 ①

84 다음 중 지목을 부호로 표기하는 지적공부는?

① 지적도   ② 임야대장
③ 토지대장 ④ 경계점좌표등록부

해설 공간정보의 구축 및 관리 등에 관한 법률 제67조(지목의 종류)
① 지적도 및 임야도(이하 "지적도면"이라 한다)에 등록하는 때에는 부호로 표기하여야 한다.
② 하천, 유원지, 공장용지, 주차장은 차문자(천, 원, 장, 차)로 표기한다.

지목	코드번호	부호	지목	코드번호	부호
전	1	전	철도용지	15	철
답	2	답	제방	16	제
과수원	3	과	**하천**	**17**	**천**
목장용지	4	목	구거	18	구
임야	5	임	유지	19	유
광천지	6	광	양어장	20	양
염전	7	염	수도용지	21	수
대	8	대	공원	22	공
공장용지	**9**	**장**	체육용지	23	체
학교용지	10	학	**유원지**	**24**	**원**
주차장	**11**	**차**	종교용지	25	종
주유소용지	12	주	사적지	26	사
창고용지	13	창	묘지	27	묘
도로	14	도	잡종지	28	잡

※ 두문자표기 : 주차장(**차**), 공장용지(**장**), 하천(**천**), 유원지(**원**)

85 지적업무처리규정에 따른 측량성과도의 작성방법에 관한 설명으로 옳지 않은 것은?

① 측량성과도의 문자와 숫자는 레터링 또는 전자측량시스템에 따라 작성하여야 한다.
② 경계점좌표로 등록된 지역의 측량성과도에는 경계점 간 계산거리를 기재하여야 한다.
③ 복원된 경계점과 측량대상토지의 점유현황선이 일치하더라도 점유현황선을 표시하여야 한다.
④ 분할측량성과 등을 결정하였을 때에는 "인허가내용을 변경하여야 지적공부정리가 가능함"이라고 붉은색으로 표시하여야 한다.

해설 지적업무처리규정 제28조(측량성과도의 작성방법)
① 지적측량시행규칙 제28조 제2항 제3호에 따른 측량성과도(측량결과도에 따라 작성한 측량성과도면을 말한다)의 문자와 숫자는 레터링 또는 전자측량시스템에 따라 작성하여야 한다.
② 측량성과도의 명칭은 신규등록, 등록전환, 분할, 지적확정, 경계복원, 지적현황, 지적복구 또는 등록사항정정측량성과도로 한다. 이 경우 경계점좌표로 등록된 지역인 경우에는 명칭 앞에 "(좌표)"라 기재한다.
③ 경계점좌표로 등록된 지역의 측량성과도에는 경계점 간 계산거리를 기재하여야 한다.
④ 분할측량성과도를 작성하는 때에는 측량대상토지의 분할선은 붉은색 실선으로, 점유현황선은 붉은색 점선으로 표시하여야 한다. 다만, 경계와 점유현황선이 같을 경우에는 그러하지 아니하다.
⑤ 제20조 제3항에 따라 분할측량성과 등을 결정하였을 때에는 "인허가내용을 변경하여야 지적공부정리가 가능함"이라고 붉은색으로 표시하여야 한다.
⑥ 경계복원측량성과도를 작성하는 때에는 복원된 경계점은 직경 2mm의 붉은색 원으로 표시하고, 측량대상토지의 점유현황선은 제4항을 준용한다. 다만, 필지가 작아 식별하기 곤란한 경우에는 복원된 경계점을 직경 1mm 이상 1.5mm 이하의 붉은색 원으로 표시할 수 있다.
⑦ 복원된 경계점과 측량대상토지의 점유현황선이 일치할 경우에는 제6항에 따른 점유현황선의 표시를 생략하고 경계복원측량성과도를 현장에서 작성하여 지적측량의뢰인에게 발급할 수 있다.
⑧ 지적현황측량성과도를 작성하는 때에는 도시방법에 따라 현황구조물의 위치 등을 판별할 수 있도록 표시하여야 한다.

86 지적업무처리규정상 평판측량방법으로 세부측량을 하는 때에 작성하여야 할 측량기하적으로 옳지 않은 것은?

① 측정점의 방향선길이는 측정점을 중심으로 약 1cm로 표시한다.
② 평판점 옆에 평판이동순서에 따라 점₁, 점₂, … 으로 표시한다.
③ 측량자는 평판점을 직경 1.5mm 이상 3mm 이하의 검은색 원으로 표시한다.
④ 측량자는 평판점의 결정 및 방위표정에 사용한 기지점을 직경 1mm와 2mm의 2중원으로 표시한다.

해설 평판점 옆에 평판이동순서에 따라 부₁, 부₂, …으로 표시한다.

87 다음 중 지목을 지적도면에 등록하는 때의 부호표기가 옳지 않은 것은?

① 광천지 → 광   ② 유원지 → 유
③ 공장용지 → 장 ④ 목장용지 → 목

정답 84 ① 85 ③ 86 ② 87 ②

해설 **지목의 표기**
㉠ 지적도 및 임야도(이하 "지적도면"이라 한다)에 등록하는 때에는 부호로 표기하여야 한다.
㉡ 하천(천), 유원지(원), 공장용지(장), 주차장(차)은 차문자(천, 원, 장, 차)로 표기한다.

88 경위의측량방법으로 세부측량을 한 경우 측량결과도에 적어야 하는 사항으로 옳지 않은 것은?

① 측량기하적
② 측정점의 위치
③ 측량대상토지의 점유현황선
④ 측량대상토지의 경계점 간 실측거리

해설 **경위의측량 시 측량준비파일과 측량결과도**

측량준비파일	측량결과도
• 측량대상토지의 경계와 경계점의 좌표 및 부호도·지번·지목 • 인근 토지의 경계와 경계점의 좌표 및 부호도·지번·지목 • 행정구역선과 그 명칭 • 지적기준점 및 그 번호와 지적기준점 간의 방위각 및 그 거리 • 경계점 간 계산거리 • 도곽선과 그 수치 • 그 밖에 국토교통부장관이 정하는 사항	• 측량준비파일의 사항 • 측정점의 위치(측량계산부의 좌표를 전개하여 적는다), 지상에서 측정한 거리 및 방위각 • 측량대상토지의 경계점 간 실측거리 • 측량대상토지의 토지이동 전의 지번과 지목(2개의 붉은색으로 말소한다) • 측량결과도의 제명 및 번호(연도별로 붙인다)와 지적도의 도면번호 • 신규등록 또는 등록전환 하려는 경계선 및 분할경계선 • 측량대상토지의 점유현황선 • 측량 및 검사의 연월일, 측량자 및 검사자의 성명·소속 및 자격등급 • 해당 필지 및 인접 필지의 측량연혁

89 다음 중 토지의 합병신청을 할 수 있는 것은?

① 소유자의 주소가 서로 다른 경우
② 지적도의 축척이 서로 다른 경우
③ 소유자별 공유지분이 서로 다른 경우
④ 주택법에 다른 공동주택의 부지로서 합병하여야 할 토지가 있는 경우

해설 **합병이 불가능한 경우**
㉠ 합병하려는 토지의 지번부여지역, 지목 또는 소유자가 서로 다른 경우
㉡ 합병하려는 토지에 저당권등기, 추가적 공동저당등기가 있는 경우
㉢ 토지의 지적도 및 임야도의 축척이 서로 다른 경우
㉣ 합병하려는 각 필지의 지반이 연속되지 않은 경우
㉤ 합병하려는 토지가 등기된 토지와 등기되지 않은 토지인 경우
㉥ 합병하려는 각 필지의 지목은 같으나 일부 토지의 용도가 다르게 되어 분할대상토지인 경우. 다만, 합병신청과 동시에 토지의 용도에 따라 분할신청을 하는 경우에는 그렇지 않다.
㉦ 합병하고자 하는 토지의 소유자별 공유지분이 다르거나 소유자의 주소가 서로 다른 경우. 다만, 소유자의 주소가 서로 다르나 소유자가 동일인임이 확인되는 경우에는 그렇지 않다.
㉧ 합병하고자 하는 토지가 구획정리·경지정리 또는 축척변경을 시행하고 있는 지역 안의 토지와 지역 밖의 토지인 경우

90 공간정보의 구축 및 관리 등에 관한 법령에 따른 지목 설정의 원칙이 아닌 것은?

① 1필 1지목의 원칙
② 자연지목의 원칙
③ 주지목 추종의 원칙
④ 임시적 변경 불변의 원칙

해설 **지목의 설정원칙**
㉠ 1필 1목의 원칙 : 필지마다 하나의 지목을 설정한다. 따라서 1필지의 일부가 용도가 변경되는 경우에는 분할을 하여야 한다.
㉡ 주지목 추종의 원칙 : 1필지가 2 이상의 용도로 활용되는 경우에는 주된 용도에 따라 지목을 설정한다.
㉢ 영속성의 원칙(일시변경 불변의 원칙) : 토지가 일시적 또는 임시적인 용도로 사용되는 때에는 지목을 변경하지 아니한다.
㉣ 사용목적 추종의 원칙 : 택지조성사업을 목적으로 공사가 준공된 토지는 미리 그 목적에 따라 지목을 '대'로 정할 수 있다.

91 사업시행자가 토지이동에 관하여 대위신청을 할 수 있는 토지의 지목이 아닌 것은?

① 유지, 제방
② 과수원, 유원지
③ 철도용지, 하천
④ 수도용지, 학교용지

정답 88 ① 89 ④ 90 ② 91 ②

해설 토지이동신청의 대위
  ㉠ 공공사업 등에 따라 학교용지, 도로, 철도용지, 제방, 하천, 구거, 유지, 수도용지 등의 지목으로 되는 토지인 경우 : 해당 사업의 시행자
  ㉡ 국가나 지방자치단체가 취득하는 토지인 경우 : 해당 토지를 관리하는 행정기관의 장 또는 지방자치단체의 장
  ㉢ 주택법에 따른 공동주택의 부지인 경우 : 집합건물의 소유 및 관리에 관한 법률에 따른 관리인(관리인이 없는 경우에는 공유자가 선임한 대표자) 또는 해당 사업의 시행자
  ㉣ 민법 제404조에 따른 채권자

92 다음의 조정금에 관한 이의신청에 대한 내용 중 ( ) 안에 들어갈 알맞은 일자는?

> • 수령통지 또는 납부고지된 조정금에 이의가 있는 토지소유자는 수령통지 또는 납부고지를 받은 날부터 (㉠) 이내에 지적소관청에 이의신청을 할 수 있다.
> • 지적소관청은 이의신청을 받은 날부터 (㉡) 이내에 시·군·구 지적재조사위원회의 심의·의결을 거쳐 이의신청에 대한 결과를 신청인에게 서면으로 알려야 한다.

① ㉠ 30일, ㉡ 30일 ② ㉠ 30일, ㉡ 60일
③ ㉠ 60일, ㉡ 30일 ④ ㉠ 60일, ㉡ 60일

해설 지적재조사에 관한 특별법 제21조의2(조정금에 관한 이의신청)
  ① 제21조 제3항에 따라 수령통지 또는 납부고지된 조정금에 이의가 있는 토지소유자는 수령통지 또는 납부고지를 받은 날부터 60일 이내에 지적소관청에 이의신청을 할 수 있다.
  ② 지적소관청은 제1항에 따른 이의신청을 받은 날부터 30일 이내에 제30조에 따른 시·군·구 지적재조사위원회의 심의·의결을 거쳐 이의신청에 대한 결과를 신청인에게 서면으로 알려야 한다.

93 다음 중 지적공부의 복구에 관한 관계자료로 옳지 않은 것은?

① 매매계약서   ② 측량결과도
③ 지적공부의 등본 ④ 토지이동정리결의서

해설 지적공부의 복구에 관한 관계자료(복구자료)
  ㉠ 지적공부의 등본
  ㉡ 측량결과도
  ㉢ 토지이동정리결의서
  ㉣ 부동산등기부등본 등 등기사실을 증명하는 서류
  ㉤ 지적소관청이 작성하거나 발행한 지적공부의 등록내용을 증명하는 서류
  ㉥ 복제된 지적공부
  ㉦ 법원의 확정판결서 정본 또는 사본

94 공간정보의 구축 및 관리 등에 관한 법률상 축척변경위원회의 구성 등에 관한 설명 중 ( ) 안에 들어갈 숫자로 옳은 것은?

> 축척변경위원회는 (㉠)명 이상 (㉡)명 이하의 위원으로 구성하되, 위원의 2분의 1 이상을 토지소유자로 하여야 한다.

① ㉠ 5, ㉡ 10   ② ㉠ 10, ㉡ 15
③ ㉠ 15, ㉡ 25   ④ ㉠ 25, ㉡ 30

해설 공간정보의 구축 및 관리 등에 관한 법률 시행령 제79조(축척변경위원회의 구성 등)
  ① 축척변경위원회는 5명 이상 10명 이하의 위원으로 구성하되, 위원의 2분의 1 이상을 토지소유자로 하여야 한다. 이 경우 그 축척변경시행지역의 토지소유자가 5명 이하일 때에는 토지소유자 전원을 위원으로 위촉하여야 한다.

95 지적측량시행규칙상 지적도근점의 관측 및 계산의 기준으로 옳지 않은 것은?

① 관측은 20초독 이상의 경위의를 사용할 것
② 배각법으로 관측 시 측정횟수는 3회로 할 것
③ 수평각의 관측은 배각법과 방위각법을 혼용할 것
④ 점간거리를 측정하는 경우에는 2회 측정하여 그 측정치의 교차가 평균치의 3천분의 1 이하일 때에는 그 평균치를 점간거리로 할 것

해설 수평각의 관측은 시가지, 축척변경시행지역, 경계점좌표등록부 비치지역의 경우 배각법을, 기타 지역은 배각법과 방위각법을 혼용한다.

96 도로명주소법상 중앙주소정보위원회를 두는 곳은?

① 행정안전부   ② 국토교통부
③ 시·도   ④ 시·군·구

해설 도로명주소법 제29조(주소정보위원회)
  ① 주소정보와 관련한 중요사항을 심의하기 위하여 행정안전부에 중앙주소정보위원회를 두고, 시·도에 시·도주소정보위원회를 두며, 시·군·자치구에 시·군·구주소정보위원회를 둔다.

정답 92 ③ 93 ① 94 ① 95 ③ 96 ①

97 지적소관청의 측량결과도 보관방법으로 옳은 것은?

① 동·리별, 측량종목별로 지번순으로 편철하여 보관하여야 한다.
② 연도별, 동·리별로 지번순으로 편철하여 보관하여야 한다.
③ 동·리별, 지적측량수행자별로 지번순으로 편철하여 보관하여야 한다.
④ 연도별, 측량종목별, 지적공부정리일자별, 동·리별로 지번순으로 편철하여 보관하여야 한다.

해설 지적측량시행규칙 제25조(지적측량결과도의 작성 등)
③ 측량결과도의 보관은 지적소관청은 연도별, 측량종목별, 지적공부정리일자별, 동·리별로, 지적측량수행자는 연도별, 동·리별로 지번순으로 편철하여 보관하여야 한다.

98 지목의 구분 중 '답'에 대한 설명으로 옳은 것은?

① 물을 상시적으로 이용하지 않고 곡물 등의 식물을 주로 재배하는 토지
② 물이 고이거나 상시적으로 물을 저장하고 있는 댐, 저수지 등의 토지
③ 물을 상시적으로 직접 이용하여 벼, 연(蓮), 미나리, 왕골 등의 식물을 주로 재배하는 토지
④ 용수(用水) 또는 배수(排水)를 위하여 일정한 형태를 갖춘 인공적인 수로, 둑 및 그 부속시설물의 부지와 자연의 유수(流水)가 있거나 있을 것으로 예상되는 소규모 수로부지

해설 ①은 전, ②는 유지, ④는 구거에 해당한다.

99 공간정보의 구축 및 관리 등에 관한 법규상 지적공부를 복구하는 경우 참고자료에 해당되지 않는 것은?

① 측량결과도
② 토지이동정리결의서
③ 지적공부등록현황집계표
④ 법원의 확정판결서 정본 또는 사본

해설 지적공부의 복구자료

토지표시사항	소유자에 관한 사항
• 지적공부의 등본 • 측량결과도 • 토지이동정리결의서 • 지적소관청이 작성하거나 발행한 지적공부의 등록내용을 증명하는 서류 • 복제된 지적공부	• 법원의 확정판결서 정본 또는 사본 • 부동산등기부등본(등기사항증명서)

100 지적업무처리규정상 지적측량성과의 검사항목 중 기초측량과 세부측량에서 공통으로 검사하는 항목은?

① 계산의 정확 여부
② 기지점 사용의 적정 여부
③ 기지점과 지상경계와의 부합 여부
④ 지적기준점설치망 구성의 적정 여부

해설 기지점 사용의 적정 여부는 기초측량과 세부측량 시 공통으로 검사하여야 할 사항이다.

정답 97 ④ 98 ③ 99 ③ 100 ②

MEMO

부록 II

CBT 대비 실전 모의고사

- 지적기사
- 지적산업기사

제1회 지적기사 모의고사

제1과목 지적측량

01 경계의 제도에 관한 설명으로 틀린 것은?
① 경계는 0.1mm 폭의 선으로 제도한다.
② 1필지의 경계가 도곽선에 걸쳐 등록되어 있으면 도곽선 밖의 여백에 경계를 제도할 수 없다.
③ 지적기준점 등이 매설된 토지를 분할할 경우 그 토지가 작아서 제도하기가 곤란한 때에는 그 도면의 여백에 그 축척의 10배로 확대하여 제도할 수 있다.
④ 경계점좌표등록부 등록지역의 도면(경계점 간 거리등록을 하지 아니한 도면을 제외한다)에 등록할 경계점 간 거리는 검은색의 1.0~1.5mm 크기의 아라비아숫자로 제도한다.

02 지적삼각점측량 후 삼각망을 최소제곱법(엄밀조정법)으로 조정하고자 할 때 이와 관련 없는 것은?
① 표준방정식   ② 순차방정식
③ 상관방정식   ④ 동시조정

03 다음 중 임야도를 갖춰두는 지역의 세부측량에 있어서 지적기준점에 따라 측량하지 아니하고 지적도의 축척으로 측량한 후 그 성과에 따라 임야측량결과도를 작성할 수 있는 경우는?
① 임야도에 도곽선이 없는 경우
② 경계점의 좌표를 구할 수 없는 경우
③ 지적도근점이 설치되어 있지 않은 경우
④ 지적도에 기지점은 없지만 지적도를 갖춰두는 지역에 인접한 경우

04 경위의측량방법에 따른 지적삼각점의 관측과 계산기준으로 틀린 것은?
① 관측은 10초독 이상의 경위의를 사용한다.
② 수평각관측은 3대회의 방향관측법에 따른다.
③ 수평각의 측각공차에서 1방향각의 공차는 40초 이내로 한다.
④ 수평각의 측각공차에서 1측회의 폐색공차는 ±30초 이내로 한다.

05 거리측량을 할 때 발생하는 오차 중 우연오차의 원인이 아닌 것은?
① 테이프의 길이가 표준길이와 다를 때
② 온도가 측정 중 시시각각으로 변할 때
③ 눈금의 끝수를 정확히 읽을 수 없을 때
④ 측정 중 장력을 일정하게 유지하지 못하였을 때

06 50m 줄자로 측정한 A, B점 간 거리가 250m이었다. 이 줄자가 표준줄자보다 5mm가 줄어있다면 정확한 거리는?
① 250.250m   ② 250.025m
③ 249.975m   ④ 249.750m

07 두 점의 좌표가 각각 A(495674.32, 192899.25), B(497845.81, 190256.39)일 때 A → B의 방위는?

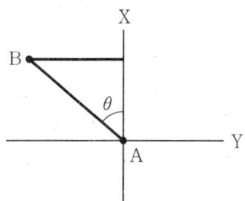

① N39°24′29″W
② S39°24′29″E
③ N50°35′31″W
④ S50°35′31″E

08 축척이 1 : 50,000 지형도상에서 어느 산정(山頂)부터 산 밑까지의 도상 수평거리를 측정하였더니 60mm이었다. 산정의 높이는 2,200m, 산 밑의 높이는 200m이었다면 그 경사면의 경사는?

① $\dfrac{1}{1.5}$ ② $\dfrac{1}{2.5}$
③ $\dfrac{1}{10}$ ④ $\dfrac{1}{30}$

09 삼각형의 내각을 같은 정밀도로 측정하여 변의 길이를 계산할 경우 각도의 오차가 변의 길이에 미치는 영향이 최소인 것은?

① 직각삼각형
② 정삼각형
③ 둔각삼각형
④ 예각삼각형

10 지적도의 축척이 1 : 600인 지역에서 토지를 분할하는 경우 면적측정부의 원면적이 4,529m², 보정면적이 4,550m²일 때 어느 필지의 보정면적이 2,033m²이었다면 이 필지의 산출면적은?

① 2019.8m²   ② 2023.6m²
③ 2024.4m²   ④ 2028.2m²

11 다음 중 지적기준점측량의 절차로 옳은 것은?

① 계획의 수립 → 준비 및 현지답사 → 선점 및 조표 → 관측 및 계산과 성과표의 작성
② 계획의 수립 → 선점 및 조표 → 준비 및 현지답사 → 관측 및 계산과 성과표의 작성
③ 계획의 수립 → 선점 및 조표 → 관측 및 계산과 성과표의 작성 → 준비 및 현지답사
④ 계획의 수립 → 준비 및 현지답사 → 관측 및 계산과 성과표의 작성 → 선점 및 조표

12 다음 구소삼각지역의 직각좌표계 원점 중 평면직각 종횡선수치의 단위를 간(間)으로 한 원점은?

① 조본원점   ② 고초원점
③ 율곡원점   ④ 망산원점

13 평판측량방법에 따른 세부측량에서 지적도를 갖춰두는 지역의 거리측정단위기준으로 옳은 것은?

① 1cm   ② 5cm
③ 10cm   ④ 20cm

14 배각법에 의한 지적도근점측량을 한 결과 한 측선의 길이가 52.47m이고, 초단위 오차는 18″, 변장반수의 총합계는 183.1일 때 해당 측선에 배분할 초단위의 각도로 옳은 것은?

① 2″   ② 5″
③ -2″   ④ -5″

15 지적측량 시행규칙상 세부측량의 기준 및 방법으로 옳지 않은 것은?

① 평판측량방법에 따른 세부측량의 측량결과도는 그 토지가 등록된 도면과 동일한 축척으로 작성하여야 한다.
② 평판측량방법에 따른 세부측량은 교회법, 도선법 및 방사법에 따른다.
③ 평판측량방법에 따른 세부측량을 교회법으로 하는 경우 방향각의 교각은 45도 이상 120도 이하로 하여야 한다.
④ 평판측량방법에 따른 세부측량을 도선법으로 하는 경우 도선의 측선장은 도상길이 8cm 이하로 하여야 한다.

16 교회법에 관한 설명 중 틀린 것은?

① 후방교회법에서 소구점을 구하기 위해서는 기지점에는 측판을 설치하지 않아도 된다.
② 전방교회법에서는 3점의 기지점에서 소구점에 대한 방향선의 교차로 소구점의 위치를 구할 수 있다.
③ 측방교회법에 의하여 구하는 거리는 수평거리이다.
④ 전방교회법으로 구한 수평위치의 정확도는 후방교회법의 경우보다 항상 높다고 말할 수 있다.

17 경위의측량방법과 다각망도선법에 따른 지적도근점의 관측에서 시가지지역, 축척변경지역 및 경계점좌표등록부 시행지역의 수평각관측방법은?

① 방향각법   ② 교회법
③ 방위각법   ④ 배각법

18 지적삼각보조점의 위치결정을 교회법으로 할 경우 두 삼각형으로부터 계산한 종선교차가 60cm, 횡선교차가 50cm일 때 위치에 대한 연결교차는?

① 0.1m   ② 0.3m
③ 0.6m   ④ 0.8m

19 경계점좌표등록부 시행지역에서 지적도근점의 측량성과와 검사성과의 연결교차기준은?

① 0.15m 이내   ② 0.20m 이내
③ 0.25m 이내   ④ 0.30m 이내

20 지적삼각점의 관측계산에서 자오선수차의 계산단위 기준은?

① 초 아래 1자리
② 초 아래 2자리
③ 초 아래 3자리
④ 초 아래 4자리

제2과목 응용측량

21 노선측량 중 공사측량에 속하지 않는 것은?

① 용지측량
② 토공의 기준틀측량
③ 주요 말뚝의 인조점 설치측량
④ 중심말뚝의 검측

22 A, B 두 점의 표고가 각각 120m, 144m이고 두 점 간의 경사가 1 : 2인 경우 표고가 130m 되는 지점을 C라 할 때 A점과 C점과의 경사거리는?

① 22.36m   ② 25.85m
③ 28.28m   ④ 29.82m

23 노선측량에서 완화곡선의 성질을 설명한 것으로 틀린 것은?

① 완화곡선의 종점의 캔트는 원곡선의 캔트와 같다.
② 완화곡선에 연한 곡률반지름의 감소율은 캔트의 증가율과 같다.
③ 완화곡선의 접선은 시점에서는 원호에, 종점에서는 직선에 접한다.
④ 완화곡선의 반지름은 시점에서는 무한대이며, 종점에서는 원곡선의 반지름과 같다.

24 입체영상의 영상정합(image matching)에 대한 설명으로 옳은 것은?

① 경사와 축척을 바로 수정하여 축척을 통일시키고 변위가 없는 수직사진으로 수정하는 작업
② 사진상의 주점이나 표정점 등 제점의 위치를 인접한 사진상에 옮기는 작업
③ 지표의 상태를 파악하기 위하여 사진에 찍혀 있는 것이 무엇인지를 판별하는 작업
④ 한 영상의 한 위치에 해당하는 실제의 객체가 다른 영상의 어느 위치에 형성되었는가를 발견하는 작업

25 수준측량에 관한 용어 설명으로 틀린 것은?

① 표고 : 평균해수면으로부터의 연직거리
② 후시 : 표고를 결정하기 위한 점에 세운 표척 읽음값
③ 중간점 : 전시만을 읽는 점으로서, 이 점의 오차는 다른 점에 영향이 없음
④ 기계고 : 기준면으로부터 망원경의 시준선까지의 높이

26 촬영고도 4,000m에서 촬영한 항공사진에 나타난 건물의 시차를 주점에서 측정하니 정상 부분이 19.32mm, 밑부분이 18.88mm이었다. 한 층의 높이를 3m로 가정할 때 이 건물의 층수는?

① 15층   ② 28층
③ 30층   ④ 45층

27 원심력에 의한 곡선부의 차량 탈선을 방지하기 위하여 곡선부의 횡단 노면 외측부를 높여주는 것은?
① 캔트   ② 확폭
③ 종거   ④ 완화구간

28 축척 1:50,000 지형도에서 등고선간격을 20m로 할 때 도상에서 표시될 수 있는 최소간격을 0.45mm로 할 경우 등고선으로 표현할 수 있는 최대경사각은?
① 40.1°   ② 41.6°
③ 44.6°   ④ 46.1°

29 GPS측량에서 이용하는 좌표계는?
① WGS84   ② GRS80
③ JGD2000 ④ ITRF2000

30 GNSS측량에서 의사거리(Pseudo Range)에 대한 설명으로 가장 적합한 것은?
① 인공위성과 기지점 사이의 거리측정값이다.
② 인공위성과 지상수신기 사이의 거리측정값이다.
③ 인공위성과 지상송신기 사이의 거리측정값이다.
④ 관측된 인공위성 상호 간의 거리측정값이다.

31 지성선에 대한 설명으로 옳은 것은?
① 지표면의 다른 종류의 토양 간에 만나는 선
② 경작지와 산지가 교차되는 선
③ 지모의 골격을 나타내는 선
④ 수평면과 직교하는 선

32 터널 내에서 A점의 평면좌표 및 표고가 (1,328, 810, 86), B점의 평면좌표 및 표고가 (1,734, 589, 112)일 때 A, B점을 연결하는 터널을 굴진할 경우 이 터널의 경사거리는? (단, 좌표 및 표고의 단위는 m이다.)
① 341.5m   ② 363.1m
③ 421.6m   ④ 463.0m

33 클로소이드의 형식 중 반향곡선 사이에 2개의 클로소이드를 삽입하는 것은?
① 복합형   ② 난형
③ 철형   ④ S형

34 측점이 터널의 천장에 설치되어 있는 수준측량에서 다음 그림과 같은 관측결과를 얻었다. A점의 지반고가 15.32m일 때 C점의 지반고는?

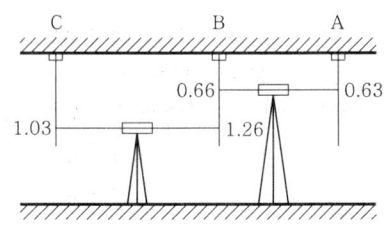

① 14.32m   ② 15.12m
③ 16.32m   ④ 16.49m

35 GPS를 구성하는 위성의 궤도주기로 옳은 것은?
① 약 6시간   ② 약 12시간
③ 약 18시간 ④ 약 24시간

36 수준측량 야장에서 측점 5의 기계고와 지반고는? (단, 표의 단위 m이다.)

측점	B.S	F.S T.P	F.S I.P	I.H	G.H
A	1.14				80.00
1	2.41	1.16			
2	1.64	2.68			
3			0.11		
4			1.23		
5	0.30	0.50			
B		0.65			

① 81.35m, 80.85m   ② 81.35m, 80.50m
③ 81.15m, 80.85m   ④ 81.15m, 80.50m

37 원격센서(remote sensor)를 능동적 센서와 수동적 센서로 구분할 때 능동적 센서에 해당되는 것은?
① TM(Thematic Mapper)
② 천연색사진
③ MSS(Multi-Spectral Scanner)
④ SLAR(Side Looking Airborne Radar)

38 수준측량에서 굴절오차와 관측거리의 관계를 설명할 것으로 옳은 것은?
① 거리의 제곱에 비례한다.
② 거리의 제곱에 반비례한다.
③ 거리의 제곱근에 비례한다.
④ 거리의 제곱근에 반비례한다.

39 항공사진측량 시 촬영고도 1,200m에서 초점거리 15cm, 단촬영경로에 따라 촬영한 연속사진 10장의 입체 부분의 지상유효면적(모델면적)은? (단, 사진크기 23cm×23cm, 중복도 60%)
① $10.24km^2$
② $12.19km^2$
③ $13.54km^2$
④ $14.26km^2$

40 지형표시방법의 하나로 단선상의 선으로 지표의 기복을 나타내는 것으로 일명 게바법이라고도 하는 것은?
① 음영법
② 단채법
③ 등고선법
④ 영선법

제3과목 토지정보체계론

41 행정구역의 명칭이 변경된 때에 지적소관청은 시·도지사를 경유하여 국토교통부장관에게 행정구역변경일 며칠 전까지 행정구역의 코드변경을 요청하여야 하는가?
① 5일
② 10일
③ 20일
④ 30일

42 다음의 설명에 해당하는 공간분석유형은?

> 서로 다른 레이어의 정보를 합성으로써 수치연산의 적용이 가능하며, 이것에 의해 새로운 속성값을 생성한다.

① 네트워크분석
② 연결성 추정
③ 중첩
④ 보간법

43 점개체의 분포특성을 일정한 단위공간에서 나타나는 점의 수를 측정하여 분석하는 방법은?

① 방안분석(quadrat analysis)
② 빈도분석(frequency analysis)
③ 예측분석(expected analysis)
④ 커널분석(kernel analysis)

44 지적도면을 디지타이저를 이용하여 전산 입력할 때 저장되는 자료구조는?
① 래스터자료
② 문자자료
③ 벡터자료
④ 속성자료

45 수치표고자료가 만들어지고 저장되는 방식이 아닌 것은?
① 일정크기의 격자로서 저장되는 격자(grid)방식
② 등고선에 의한 방식
③ 단층에 의한 프로파일(profile)방식
④ 위상(topology)방식

46 위상관계의 특성과 관계가 없는 것은?
① 인접성
② 연결성
③ 단순성
④ 포함성

47 다음 중 지리정보시스템의 국제표준을 담당하고 있는 기구의 명칭으로 틀린 것은?
① 유럽의 지리정보표준화기구 : CEN/TC 287
② 국제표준화기구 ISO의 지리정보표준화 관련 위원회 : IOS/TC 211
③ GIS기본모델의 표준화를 마련한 비영리민관참여국제기구 : OGC
④ 유럽의 수치지도제작표준화기구 : SDTS

48 토지정보체계의 관리목적에 대한 설명으로 틀린 것은?
① 토지 관련 정보의 수요 결정과 정보를 신속하고 정확하게 제공할 수 있다.
② 신뢰할 수 있는 가장 최신의 토지등록데이터를 확보할 수 있도록 하는 것이다.
③ 토지와 관련된 등록부와 도면 등의 도해지적 공부의 확보이다.
④ 새로운 시스템의 도입으로 토지정보체계의 DB에 관련된 시스템을 자동화하는 것이다.

49 데이터에 대한 정보인 메타데이터의 특징으로 틀린 것은?

① 데이터의 직접적인 접근이 용이하지 않을 경우 데이터를 참조하기 위한 보조데이터로 사용된다.
② 대용량의 공간데이터를 구축하는 데 비용과 시간을 절감할 수 있다.
③ 데이터의 교환을 원활하게 지원할 수 있다.
④ 메타데이터는 데이터의 일관성을 유지하기 어렵게 한다.

50 관계형 데이터베이스를 위한 산업표준으로 사용되는 대표적인 질의언어는?

① SQL   ② DML
③ DCL   ④ CQL

51 다음 중 도로와 같은 교통망이나 하천, 상하수도 등과 같은 망의 연결성과 경로를 분석하는 기법은?

① 지형분석
② 다기준분석
③ 근접분석
④ 네트워크분석

52 필지식별번호에 관한 설명으로 틀린 것은?

① 각 필지의 등록사항의 저장과 수정 등을 용이하게 처리할 수 있는 고유번호를 말한다.
② 필지에 관련된 모든 자료의 공통적 색인번호의 역할을 한다.
③ 토지 관련 정보를 등록하고 있는 각종 대장과 파일 간의 정보를 연결하거나 검색하는 기능을 향상시킨다.
④ 필지의 등록사항 변경 및 수정에 따라 변화할 수 있도록 가변성이 있어야 한다.

53 다음 중 공간데이터베이스를 구축하기 위한 자료취득방법과 가장 거리가 먼 것은?

① 기존 지형도를 이용하는 방법
② 지상측량에 의한 방법
③ 항공사진측량에 의한 방법
④ 통신장비를 이용하는 방법

54 국가지리정보체계의 추진과정에 관한 내용으로 틀린 것은?

① 1995년부터 2000년까지 제1차 국가GIS사업 수행
② 2006년부터 2010년에는 제2차 국가GIS기본계획 수립
③ 제1차 국가GIS사업에서는 지형도, 공통주제도, 지하시설물도의 DB 구축 추진
④ 제2차 국가GIS사업에서는 국가공간정보기반 확충을 통한 디지털국토 실현 추진

55 다음 중 관계형 DBMS에 대한 설명으로 옳은 것은?

① 하나의 개체가 여러 개의 부모레코드와 자녀레코드를 가질 수 있다.
② 데이터들이 트리구조로 표현되기 때문에 하나의 루트(root)레코드를 가진다.
③ SQL과 같은 질의언어 사용으로 복잡한 질의도 간단하게 표현할 수 있다.
④ 서로 같은 자료 부분을 갖는 모든 객체를 묶어서 클래스(class) 혹은 형태(type)라 한다.

56 지방자치단체가 지적공부 및 부동산종합공부의 정보를 전자적으로 관리·운영하는 시스템은?

① 한국토지정보시스템
② 부동산종합공부시스템
③ 지적행정시스템
④ 국가공간정보시스템

57 벡터데이터에 비해 래스터데이터가 갖는 장점으로 틀린 것은?

① 자료구조가 단순하다.
② 객체의 크기와 방향성에 정보를 가지고 있다.
③ 스캐닝이나 위성영상, 디지털카메라에 의해 쉽게 자료를 취득할 수 있다.
④ 격자의 크기 및 형태가 동일하므로 시뮬레이션에는 용이하다.

58 디지타이징 입력에 의한 도면의 오류를 수정하는 방법으로 틀린 것은?

① 선의 중복 : 중복된 두 선을 제거함으로써 쉽게 오류를 수정할 수 있다.
② 라벨오류 : 잘못된 라벨을 선택하여 수정하거나 제 위치에 옮겨주면 된다.
③ Undershoot and Overshoot : 두 선이 목표지점을 벗어나거나 못 미치는 오류를 수정하기 위해서는 선분의 길이를 늘려주거나 줄여야 한다.
④ Sliver폴리곤 : 폴리곤이 겹치지 않게 적절하게 위치를 이동시킴으로써 제거될 수 있는 경우도 있고, 폴리곤을 형성하고 있는 부정확하게 입력된 선분을 만드는 버텍스들을 제거함으로써 수정될 수도 있다.

59 사용자가 네트워크나 컴퓨터를 의식하지 않고 장소에 상관없이 자유롭게 네트워크에 접속할 수 있는 정보통신환경을 무엇이라 하는가?

① 유비쿼터스(Ubiquitous)
② 위치기반정보시스템(LBS)
③ 지능형 교통정보시스템(ITS)
④ 텔레매틱스(Telematics)

60 다음 중 PBLIS 구축에 따른 시스템의 구성요건으로 옳지 않은 것은?

① 개방적 구조를 고려하여 설계
② 파일처리방식의 데이터관리시스템 설계
③ 시스템의 확장성을 고려하여 설계
④ 전국적인 통일된 좌표계 사용

제4과목 지적학

61 지적공부의 등록사항을 공시하는 방법으로 적절하지 않은 것은?

① 지적공부에 등록된 경계를 지상에 복원하는 것
② 지적공부를 직접 열람하거나 등본에 의하여 외부에서 알 수 있는 것
③ 지적공부에 등록된 토지표시사항을 등기부에 기록된 내용에 의하여 정정하는 것
④ 지적공부에 등록된 사항과 현장 상황이 맞지 않을 때 현장 상황에 따라 변경등록하는 것

62 토지조사사업 당시의 사정사항으로 옳은 것은?

① 지번과 경계   ② 지번과 지목
③ 지번과 소유자 ④ 소유자와 경계

63 다음 중 대한제국시대에 양전사업을 위해 설치된 최초의 독립된 지적행정관청은?

① 탁지부   ② 양지아문
③ 지계아문   ④ 임시재산정리국

64 지적의 어원과 관련이 없는 것은?

① Capitalism   ② Catastrum
③ Capitastrum   ④ Katastikhon

65 지번에 결번이 생겼을 경우 처리하는 방법은?

① 결번된 토지대장카드를 삭제한다.
② 결번대장을 비치하여 영구히 보전한다.
③ 결번된 지번을 삭제하고 다른 지번을 설정한다.
④ 신규등록 시 결번을 사용하여 결번이 없도록 한다.

66 지압(地壓)조사에 대한 설명으로 옳은 것은?

① 신고, 신청에 의하여 실시하는 토지조사이다.
② 무신고 이동지를 발견하기 위하여 실시하는 토지검사이다.
③ 토지의 이동측량성과를 검사하는 성과검사이다.
④ 분쟁지의 경계와 소유자를 확정하는 토지조사이다.

67 조선시대 매매에 따른 일종의 공증제도로 토지를 매매할 때 소유권 이전에 관하여 관에서 공적으로 증명하여 발급한 서류는?

① 명문(明文)   ② 문권(文券)
③ 문기(文記)   ④ 입안(立案)

68 다음 중 일필지의 경계설정방법이 아닌 것은?
① 보완설 ② 분급설
③ 점유설 ④ 평분설

69 "모든 토지는 지적공부에 등록해야 하고 등록 전 토지표시사항은 항상 실제와 일치하게 유지해야 한다"가 의미하는 토지등록제도는?
① 권원등록제도 ② 소극적 등록제도
③ 적극적 등록제도 ④ 날인증서등록제도

70 다음 중 토지조사사업 당시의 재결기관으로 옳은 것은?
① 도지사
② 임시토지조사국장
③ 고등토지조사위원회
④ 지방토지조사위원회

71 "지적은 특정한 국가나 지역 내에 있는 재산을 지적측량에 의해서 체계적으로 정리해놓은 공부이다"라고 지적을 정의한 학자는?
① A. Toffler ② S. R. Simpson
③ J. G. McEntre ④ J. L. G. Henssen

72 "지도에 등록된 경계와 임야도에 등록된 경계가 서로 다른 때에는 축척 1:1,200인 지적도에 등록된 경계에 따라 축척 1:6,000인 임야도의 경계를 정정하여야 한다"라는 기준은 어느 원칙을 따른 것인가?
① 등록 선후의 원칙 ② 용도 경중의 원칙
③ 축척종대의 원칙 ④ 경계불가분의 원칙

73 지적의 분류 중 등록방법에 따른 분류가 아닌 것은?
① 도해지적 ② 2차원 지적
③ 3차원 지적 ④ 입체지적

74 시대와 사용처, 비치처에 따라 다르게 불리는 양안의 명칭에 해당하지 않는 것은?
① 도적(圖籍)
② 성책(城柵)
③ 전답타량안(田畓打量案)
④ 양전도행장(量田導行帳)

75 토지이동에 관한 설명 중 틀린 것은?
① 신규등록은 토지이동에 속한다.
② 등록전환, 지목변경의 신청기간은 60일 이내이다.
③ 소유자변경, 토지등급 및 수확량등급의 수정도 토지이동에 속한다.
④ 토지이동이란 토지의 표시를 새로 정하거나 변경 또는 말소하는 것을 말한다.

76 다음 지적재조사사업에 관한 설명으로 옳은 것은?
① 지적재조사사업은 지적소관청이 시행한다.
② 지적소관청은 지적재조사사업에 관한 기본계획을 수립하여야 한다.
③ 지적재조사사업에 관한 주요 정책을 심의·의결하기 위하여 지적소관청 소속으로 중앙지적재조사위원회를 둔다.
④ 시·군·구의 지적재조사사업에 관한 주요 정책을 심의·의결하기 위하여 국토교통부장관 소속으로 시·군·구 지적재조사위원회를 둘 수 있다.

77 다음 중 조선시대의 양안(量案)에 관한 설명으로 틀린 것은?
① 호조, 본도, 본읍에 보관하게 하였다.
② 토지의 소재, 등급, 면적을 기록하였다.
③ 양안의 소유자는 매 10년마다 측량하여 등재하였다.
④ 오늘날의 토지대장과 같은 조선시대의 토지장부다.

78 지적과 등기에 관한 설명으로 틀린 것은?
① 지적공부는 필지별 토지의 특성을 기록한 공적장부이다.
② 등기부 을구의 내용은 지적공부 작성의 토대가 된다.
③ 등기부 갑구의 정보는 지적공부 작성의 토대가 된다.
④ 등기부의 표제부는 지적공부의 기록을 토대로 작성된다.

79 다음 중 지적 관련 법령의 변천순서로 옳은 것은?

① 토지조사령 → 조선임야조사령 → 조선지세령 → 지세령 → 지적법
② 토지조사령 → 조선지세령 → 조선임야조사령 → 지세령 → 지적법
③ 토지조사령 → 조선임야조사령 → 지세령 → 조선지세령 → 지적법
④ 토지조사령 → 지세령 → 조선임야조사령 → 조선지세령 → 지적법

80 다음 중 지적도에 건물이 등록되어 있는 국가는?

① 독일　　② 대만
③ 일본　　④ 한국

제5과목 지적관계법규

81 공간정보의 구축 및 관리 등에 관한 법률 시행령상 청산금의 납부고지 및 이의신청기준으로 틀린 것은?

① 납부고지를 받은 자는 그 고지를 받은 날로부터 6개월 이내에 청산금을 지적소관청에 내야 한다.
② 납부고지되거나 수령통지된 청산금에 관하여 이의가 있는 자는 납부고지 또는 수령통지를 받은 날부터 1개월 이내에 지적소관청에 이의신청을 할 수 있다.
③ 지적소관청은 수령통지를 한 날부터 6개월 이내에 청산금을 지급하여야 한다.
④ 지적소관청은 청산금의 결정을 공고한 날부터 1개월 이내에 토지소유자에게 청산금의 납부고지 또는 수령통지를 하여야 한다.

82 지적재조사사업을 시행하기 위한 토지현황조사의 내용으로 옳지 않은 것은?

① 소유자조사
② 표준지가조사
③ 지상건축물 및 지하건축물의 위치조사
④ 좌표조사

83 공간정보의 구축 및 관리 등에 관한 법률에서 규정된 용어의 정의로 틀린 것은?

① "경계"란 필지별로 경계점들을 곡선으로 연결하여 지적공부에 등록한 선을 말한다.
② "면적"이란 지적공부에 등록한 필지의 수평면상 넓이를 말한다.
③ "신규등록"이란 새로 조성된 토지와 지적공부에 등록되어 있지 아니한 토지를 지적공부에 등록하는 것을 말한다.
④ "축척변경"이란 지적도에 등록된 경계점의 정밀도를 높이기 위하여 작은 축척을 큰 축척으로 변경하여 등록하는 것을 말한다.

84 부동산등기규칙상 토지의 분할, 합병 및 등기사항의 변경이 있어 토지의 표시변경등기를 신청하는 경우에 그 변경을 증명하는 첨부정보로서 옳은 것은 어느 것인가?

① 지적도나 임야도
② 멸실 및 증감확인서
③ 이해관계인의 승낙서
④ 토지대장정보나 임야대장정보

85 고의로 측량성과를 사실과 다르게 한 자에 대한 벌칙기준으로 옳은 것은?

① 300만원 이하의 과태료
② 1년 이하의 징역 또는 1천만원 이하의 벌금
③ 2년 이하의 징역 또는 2천만원 이하의 벌금
④ 3년 이하의 징역 또는 3천만원 이하의 벌금

86 다음 중 축척변경위원회는?

① 축척변경시행계획에 관하여 소관청이 회부하는 사항에 대한 심의·의결하는 기구
② 토지 관련 자료의 효율적인 관리를 위하여 설치된 기구
③ 지적측량의 적부심사청구사항에 대한 심의기구
④ 축척변경에 대한 연구를 수행하는 주민자치기구

87 다음 중 주된 용도의 토지에 편입하여 1필지로 할 수 있는 종된 토지의 기준으로 옳은 것은?
① 주된 지목의 토지면적이 1,148m²인 토지로 종된 지목의 토지면적이 115m²인 토지
② 주된 지목의 토지면적이 2,300m²인 토지로 종된 지목의 토지면적이 231m²인 토지
③ 주된 지목의 토지면적이 3,125m²인 토지로 종된 지목의 토지면적이 228m²인 토지
④ 주된 지목의 토지면적이 3,350m²인 토지로 종된 지목의 토지면적이 332m²인 토지

88 지적소관청이 관리하는 지적기준점표지가 멸실되거나 훼손되었을 때에는 누가 이를 다시 설치하거나 보수하여야 하는가?
① 국토지리정보원장 ② 지적소관청
③ 시·도지사 ④ 국토교통부장관

89 토지의 이동에 따른 지적공부의 정리방법 등에 관한 설명으로 틀린 것은?
① 토지이동정리결의서는 토지대장·임야대장 또는 경계점좌표등록부별로 구분하여 작성한다.
② 토지이동정리결의서에는 토지이동신청서 또는 도시개발사업 등의 완료신고서 등을 첨부하여야 한다.
③ 소유자정리결의서에는 등기필증, 등기부등본 또는 그 밖에 토지소유자가 변경되었음을 증명하는 서류를 첨부하여야 한다.
④ 토지이동정리결의서 및 소유자정리결의서의 작성에 필요한 사항은 대통령령으로 정한다.

90 공간정보의 구축 및 관리 등에 관한 법률 시행령상 지상경계의 결정기준에서 분할에 따른 지상경계를 지상건축물에 걸리게 결정할 수 있는 경우로 틀린 것은?
① 공공사업 등에 따라 지목이 학교용지로 되는 토지를 분할하는 경우
② 토지를 토지소유자의 필요에 의해 분할하는 경우
③ 도시개발사업 등의 사업시행자가 사업지구의 경계를 결정하기 위하여 토지를 분할하려는 경우
④ 법원의 확정판결이 있는 경우

91 도시지역과 그 주변지역의 무질서한 시가화를 방지하고 계획적·단계적인 개발을 도모하기 위하여 일정시간 동안 시가화를 유보할 목적으로 지정하는 것은?
① 보존지구 ② 개발제한구역
③ 시가화조정구역 ④ 지구단위계획구역

92 도로명주소법 시행령상 도로의 폭이 12m 이상 40m 미만이거나 왕복 2차로 이상 8차로 미만인 도로를 무엇이라 하는가?
① 대로 ② 소로
③ 로 ④ 길

93 등기관이 지적소관청에 통지하여야 하는 토지의 등기사항이 아닌 것은?
① 소유권의 보존
② 소유권의 이전
③ 토지표시의 변경
④ 소유권의 등기명의인 표시의 변경

94 지적공부에 관한 전산자료를 이용 또는 활용하고자 승인을 신청하려는 자는 다음 중 누구의 심사를 받아야 하는가? (단, 중앙행정기관의 장, 그 소속기관의 장 또는 지방자치단체의 장이 승인을 신청하는 경우는 제외한다.)
① 국무총리
② 시·도지사
③ 시장·군수·구청장
④ 관계 중앙행정기관의 장

95 다음 중 지적삼각점성과표에 기록·관리하여야 하는 사항 중 필요한 경우로 한정하여 기재하는 것은?
① 자오선수차 ② 경도 및 위도
③ 좌표 및 표고 ④ 시준점의 명칭

96 공간정보의 구축 및 관리 등에 관한 법률상 성능검사대행자등록의 결격사유가 아닌 것은?

① 피성년후견인 또는 피한정후견인
② 성능검사대행자등록이 취소된 후 2년이 경과되지 아니한 자
③ 이 법을 위반하여 징역형의 집행유예를 선고받고 그 유예기간 중에 있는 자
④ 이 법을 위반하여 징역의 실형을 선고받고 그 집행이 종료(집행이 종료된 것으로 보는 경우를 포함한다)되거나 집행이 면제된 날로부터 3년이 경과한 자

97 공간정보의 구축 및 관리 등에 관한 법률 시행령상 지번부여방법기준으로 틀린 것은?

① 분할 시의 지번은 최종본번을 부여한다.
② 합병 시의 지번은 합병대상지번 중 선순위 본번으로 부여할 수 있다.
③ 북서에서 남동으로 순차적으로 부여한다.
④ 신규등록 시 인접 토지의 본번에 부번을 붙여 부여한다.

98 공간정보의 구축 및 관리 등에 관한 법령상 지적측량수수료에 관한 설명으로 틀린 것은?

① 국토교통부장관이 고시하는 표준품셈 중 지적측량품에 지적기술자의 정부노임단가를 적용하여 산정한다.
② 지적측량종목별 세부산정기준은 국토교통부장관이 지정한다.
③ 지적소관청이 직권으로 조사·측량하여 지적공부를 정리한 경우 조사·측량에 들어간 비용을 면제한다.
④ 지적측량수수료는 국통교통부장관이 매년 12월 말일까지 고시하여야 한다.

99 국토의 계획 및 이용에 관한 법률상 도시·군관리계획 결정의 효력은 언제를 기준으로 그 효력이 발생하는가?

① 지형도면을 고시한 날로부터
② 지형도면고시가 된 날의 다음날로부터
③ 지형도면고시가 된 날로부터 3일 후부터
④ 지형도면고시가 된 날로부터 5일 후부터

100 다음의 ㉠과 ㉡에 해당하는 사항을 옳게 짝지은 것은?

> 지적재조사에 관한 특별법상 지적재조사지구의 토지소유자는 토지소유자 총수의 (㉠) 이상과 토지면적 (㉡) 이상에 해당하는 토지소유자의 동의를 받아 토지소유자협의회를 구성할 수 있다.

① ㉠ 2분의 1, ㉡ 2분의 1
② ㉠ 2분의 1, ㉡ 3분의 1
③ ㉠ 3분의 1, ㉡ 2분의 1
④ ㉠ 3분의 1, ㉡ 3분의 1

제1회 지적기사 모의고사 정답 및 해설

01	02	03	04	05	06	07	08	09	10	11	12	13	14	15	16	17	18	19	20	21	22	23	24	25
②	②	①	③	①	③	③	①	②	②	①	④	②	③	③	④	④	④	①	①	①	①	③	④	②
26	27	28	29	30	31	32	33	34	35	36	37	38	39	40	41	42	43	44	45	46	47	48	49	50
③	①	②	①	②	③	④	④	②	②	③	③	④	①	③	④	②	③	③	③	④	③	④	④	①
51	52	53	54	55	56	57	58	59	60	61	62	63	64	65	66	67	68	69	70	71	72	73	74	75
④	②	④	③	②	②	①	③	③	④	②	②	④	③	②	④	③	③	②	④	④	②	①	①	③
76	77	78	79	80	81	82	83	84	85	86	87	88	89	90	91	92	93	94	95	96	97	98	99	100
①	③	②	④	①	④	②	④	①	④	③	①	②	③	②	②	③	③	④	①	④	①	③	①	①

01 1필지의 경계가 도곽선에 걸쳐 등록되어 있으면 도곽선 밖의 여백에 경계를 제도하거나 도곽선을 기준으로 다른 도면에 나머지 경계를 제도한다. 이 경우 다른 도면에 경계를 제도할 때에는 지번 및 지목은 붉은색으로 표시한다.

02 삼각망조정 시 각조정 → 점조정 → 변조정 순으로 조정하는 방법을 간이조정법이라 하며 순차방정식이라고도 한다. 각, 점, 변의 조종을 동시에 조장하는 방법을 최소제곱법(동시조정법, 상관방정식, 표준방정식)이라 한다.

03 위성기준점, 통합기준점, 삼각점, 지적삼각점, 지적삼각보조점 및 지적도근점에 따라 측량하지 아니하고 지적도의 축척으로 측량한 후 그 성과에 따라 임야측량결과도를 작성할 수 있다.
 ㉠ 측량대상토지가 지적도를 갖추두는 지역에 인접하여 있고 지적도의 기지점이 정확하다고 인정되는 경우
 ㉡ 임야도에 도곽선이 없는 경우

04 경위의측량방법에 따른 지적삼각점의 관측과 계산기준
 ㉠ 관측은 10초독 이상의 경위의를 사용할 것
 ㉡ 수평각관측은 3대회(윤곽도는 0도, 60도, 120도로 한다)의 방향관측법에 따를 것
 ㉢ 수평각 측각공차는 다음 표에 따를 것

종별	1방향각	1측회의 폐색	삼각형 내각 관측의 합과 180도와의 차	기지각과의 차
공차	30초 이내	±30초 이내	±30초 이내	±40초 이내

05 테이프의 길이가 표준길이와 다른 경우에는 보정이 가능하므로 정오차에 해당한다.

06 $L_0 = L\left(1 \pm \dfrac{\Delta l}{l}\right) = 250 \times \left(1 - \dfrac{0.005}{50}\right) = 249.975\text{m}$

07 $\theta = \tan^{-1} \dfrac{190256.39 - 192899.25}{497845.81 - 495674.32}$
 $= 50°35'31''$(4상한)
 그러므로 A → B의 방위는 N50°35′31″W이다.

08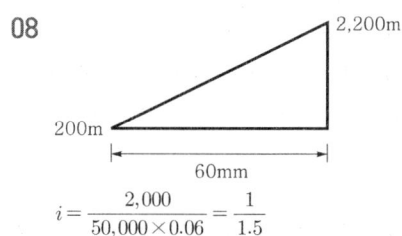

$i = \dfrac{2,000}{50,000 \times 0.06} = \dfrac{1}{1.5}$

09 삼각형의 내각을 같은 정밀도로 측정하여 변의 길이를 계산할 경우 각도의 오차가 변의 길이에 미치는 영향이 최소인 것은 정삼각형이다.

10 필지면적 $= \dfrac{2,033}{4,550} \times 4,529 = 2023.6\text{m}^2$

11 지적기준점측량절차 : 계획의 수립 → 준비 및 현지답사 → 선점 및 조표 → 관측 및 계산과 성과표의 작성

12 구소삼각점원점

경기지역	경북지역	m	간
고초원점	구암원점	조본원점	구암원점
등경원점	금산원점	고초원점	금산원점
가리원점	율곡원점	율곡원점	등경원점
계양원점	현창원점	현창원점	가리원점
망산원점	소라원점	소라원점	계양원점
조본원점			망산원점

13 평판측량방법에 따른 세부측량 시 거리측정단위는 지적도를 갖추두는 지역에서는 5cm로 하고, 임야도를 갖추두는 지역에서는 50cm로 한다.

14 $K = -\dfrac{e}{R}r = -\dfrac{\frac{1,000}{52.47}}{183.1} \times 18 = -2''$

15 평판측량방법에 따른 세부측량을 교회법으로 하는 경우 방향각의 교각은 30도 이상 150도 이하로 하여야 한다.

16 전방교회법으로 구한 수평위치의 정확도는 후방교회법의 경우보다 항상 높다고 말할 수 없다.

17 경위의측량방법과 다각망도선법에 따른 지적도근점의 관측에서 시가지지역, 축척변경지역 및 경계점좌표등록부 시행지역의 수평각은 배각법에 따른다.

18 연결오차 $= \sqrt{종선교차^2 + 횡선교차^2}$
 $= \sqrt{0.6^2 + 0.5^2} = 0.8\text{m}$

19 **지적측량시행규칙 제27조(지적측량성과의 결정)**
 ① 지적측량성과와 검사성과의 연결교차가 다음 각 호의 허용범위 이내일 때에는 그 지적측량성과에 관하여 다른 입증을 할 수 있는 경우를 제외하고는 그 측량성과로 결정하여야 한다.
  1. 지적삼각점 : ±20cm
  2. 지적삼각보조점 : ±25cm
  3. 지적도근점
   가. 경계점좌표등록부 시행지역 : ±15cm
   나. 그 밖의 지역 : ±25cm
  4. 경계점
   가. 경계점좌표등록부 시행지역 : ±10cm
   나. 그 밖의 지역 : ±100분의 3M[cm](M은 축척분모). 이 경우 전자평판측량방법으로 측량하는 경우에는 ±100분의 2M[cm]로 한다.

20 **지적삼각점의 계산단위기준**

종별	각	변의 길이	진수	좌표 또는 표고	경위도	자오선 수차
공차	초	센티미터	6자리 이상	센티미터	초 아래 3자리	초 아래 1자리

21 용지측량은 용지보상을 위해 경계를 측량하는 것으로 공사측량 전에 시행하므로 공사측량범위에 속하지 않는다.

22 $\overline{AC} = \sqrt{20^2 + 10^2} = 22.36\text{m}$

23 완화곡선의 접선은 시점에서는 직선에, 종점에서는 원호에 접한다

24 **영상정합(image matching)** : 한 영상의 한 위치에 해당하는 실제의 객체가 다른 영상의 어느 위치에 형성되었는가를 발견하는 작업

25 후시(B.S)란 알고 있는 점에 표척을 세워 읽은 값을 말한다.

26 $h = \dfrac{H}{r}\Delta r = \dfrac{4,000}{19.32} \times (19.32 - 18.88) ≒ 91\text{m}$
 $\therefore 층수 = \dfrac{91}{3} ≒ 30층$

27 **캔트(cant)** : 차량이 곡선을 통과할 때 원심력에 의한 곡선부의 차량 탈선을 방지하기 위하여 곡선부의 횡단 노면 외측부를 높여주는 것

28 $\theta = \tan^{-1}\dfrac{H}{D} = \tan^{-1}\dfrac{20}{50.000 \times 0.00045} = 41.6°$

29 GPS측량에서 이용하는 좌표계는 WGS84이다.

30 GNSS측량에서 의사거리는 인공위성과 지상수신기 사이의 거리측정값으로, 이는 오차를 포함하고 있다.

31 지성선이란 지모의 골격을 나타내는 선으로 능선, 곡선, 경사변환선, 최대경사선이 이에 해당한다.

32 ㉠ 수평거리 $= \sqrt{(1,734-1,328)^2 + (589-810)^2}$
  $= 462.25\text{m}$
 ㉡ 고저차 $= 112 - 86 = 26\text{m}$
 ㉢ 경사거리 $= \sqrt{462.25^2 + 26^2} = 463.0\text{m}$

33 반향곡선 사이에 2개의 클로소이드를 삽입하는 것은 S형이며, 복심곡선 사이에 클로소이드를 삽입하는 것은 난형이다.

34 $H_C = 15.32 - 0.63 + 1.26 - 0.66 + 1.03 = 15.12\text{m}$

35 GPS를 구성하는 위성의 궤도주기는 약 12시간(0.5항성일)이다.

36

측점	B.S	F.S T.P	F.S I.P	I.H	G.H
A	1.14			80.00+1.14 =81.14	80.00
1	2.41	1.16		79.98+2.41 =82.39	81.14−1.16 =79.98
2	1.64	2.68		79.71+1.64 =81.35	82.39−2.68 =79.71
3			0.11		81.35−0.11 =81.24
4			1.23		81.35−1.23 =80.12
5	0.30	0.50		80.85+0.30 =81.15	81.35−0.50 =80.85
B		0.65			81.15−0.65 =80.50

37 SLAR(Side Looking Airborne Radar)은 극초단파를 이용하여 2차원의 영상을 얻는 방법으로 능동적 탐측기이다.

38 굴절오차(기차)= $\dfrac{D^2}{2R}(1-K)$ 이므로 거리(D)의 제곱에 비례하고, 지구의 반지름(R)에 반비례한다.

39 $\dfrac{1}{m} = \dfrac{f}{H} = \dfrac{0.15}{1,200} = \dfrac{1}{8,000}$

∴ $A_0 = (ma)^2 \left(1 - \dfrac{q}{100}\right)$

$= (8,000 \times 0.23)^2 \times \left(1 - \dfrac{60}{100}\right) = 13.54 \text{km}^2$

40 영선법(게바법, 우모법)은 선의 굵기와 길이로 지형을 표시하는 방법으로 경사가 급하면 굵고 짧게, 경사가 완만하면 가늘고 길게 표시한다.

41 행정구역의 명칭이 변경된 때에는 지적소관청은 시·도지사를 경유하여 국토교통부장관에게 행정구역변경일 10일 전까지 행정구역의 코드변경을 요청하여야 한다.

42 각각의 자료집단이 주어진 기본도를 기초로 좌표계의 통일이 되면 둘 또는 그 이상의 자료관측에 대하여 분석될 수 있으며, 이 기법을 중첩 또는 합성이라 한다. 주로 적지선정에 이용된다.
   ㉠ 각각 서로 다른 자료를 취득하여 중첩하는 것으로 다량의 정보를 얻을 수 있다.
   ㉡ 레이어별로 자료를 제공할 수 있다.
   ㉢ 사용자 입장에서 필요한 자료만을 제공받을 수 있어 편리하다.
   ㉣ 각종 주제도를 통합 또는 분산관리할 수 있다.

43 **방안분석**(quadrat analysis) : 점개체의 분포특성을 일정한 단위공간에서 나타나는 점의 수를 측정하여 분석하는 방법

44 디지타이저

장점	단점
• 결과물이 벡터자료여서 GIS에 바로 이용할 수 있다. • 레이어별로 나누어 입력할 수 있어 효과적이다. • 불필요한 도형이나 주기를 제외시킬 수 있다(선별적 입력 가능). • 상대적으로 지도의 보관상태에 적은 영향을 받는다. • 가격이 저렴하고 작업과정이 비교적 간단하다.	• 많은 시간과 노력이 필요하다. • 입력 시 누락이 발생할 수 있다. • 경계선이 복잡한 경우 정확히 입력하기 어렵다. • 단순 도형 입력 시에는 비효율적이다. • 작업자의 숙련을 요한다.

45 **수치표고자료의 저장방식** : 격자(grid)방식, 등고선에 의한 방식, 단층에 의한 프로파일(profile)방식

46 위상관계는 각 공간객체 사이의 관계를 인접성(adjacency), 연결성(connectivity), 포함성(containment) 등의 관점에서 묘사되며 스파게티모델에 비해 다양한 공간분석이 가능하다.

47 CEN/TC287
   ㉠ CEN/TC287은 ISO/TC211활동이 시작되기 이전에 유럽의 표준화기구를 중심으로 추진된 유럽의 지리정보표준화기구이다.
   ㉡ SO/TC211과 CEN/TC287은 일찍부터 상호합의문서와 표준초안 등을 공유하고 있으며, CEN/TC287의 표준화 성과는 ISO/TC2111에 의하여 많은 부분 참조되었다.
   ㉢ CEN/TC287은 기술위원회의 명칭을 Geographic Information이라고 하였으며, 그 범위는 실세계에 대한 현상을 정의, 표현, 전송하기 위한 방법을 명시하는 표준들의 체계적 집합 등으로 구성하였다.

48 **토지정보체계의 관리목적**
   ㉠ 토지 관련 정보의 수요 결정과 정보를 신속하고 정확하게 제공
   ㉡ 신뢰할 수 있는 가장 최신의 토지등록데이터 확보
   ㉢ 토지와 관련된 등록부와 도면 등의 수치지적공부 확보
   ㉣ 새로운 시스템의 도입으로 토지정보체계의 DB에 관련된 시스템 자동화

49 메타데이터란 실제 데이터는 아니지만 데이터베이스, 레이어, 속성, 공간현상 등과 관련된 데이터의 내용, 품질, 조건 및 특징 등을 저장한 데이터로서 데이터에 관한 데이터로 데이터의 이력서라고 말할 수 있다. 따라서 메타데이터는 작성한 실무자가 바뀌더라도 변함없는 데이터의 기본체계를 유지하게 되므로 시간이 지나도 일관성 있는 데이터를 사용자에게 제공이 가능하다.

50 SQL
   ㉠ 개요
   • 1974년 IBM연구소에서 개발한 SEQUEL(Structured English QUEry Language)에 연유한다.
   • SQL이라는 이름은 'Structured Query Language'의 약자이며 "sequel(시퀄)"이라 발음한다.
   • 관계형 데이터베이스에 사용되는 관계대수와 관계해석을 기초로 한 통합데이터 언어를 말한다.
   ㉡ 특징
   • 대화식 언어 : 온라인터미널을 통하여 대화식으로 사용할 수 있다.
   • 집합단위로 연산되는 언어 : SQL은 개개의 레코드 단위로 처리하기보다는 레코드집합단위로 처리하는 언어이다.
   • 데이터 정의어, 조작어, 제어어를 모두 지원
   • 비절차적 언어 : 데이터 처리를 위한 접근경로(access path)에 대한 명세가 필요하지 않으므로 비절차적인 언어이다.
   • 표현력이 다양하고 구조가 간단

51 네트워크분석
ⓐ 목적물 간의 교통안내나 최단경로분석, 상하수도관망 분석 등 다양한 분석기능 수행
ⓑ 최단경로나 최소비용경로를 찾는 경로탐색기능
ⓒ 시설물을 적정한 위치에 할당하는 배분기능
ⓓ 네트워크상에서 연결성을 추적하는 추적기능
ⓔ 지역 간의 공간적 상호작용기능
ⓕ 수요에 맞추어 가장 효율적으로 재화나 서비스시설을 입지시키는 입지·배분기능 등

52 필지식별번호는 필지의 등록사항 변경 및 수정에 따라 변화할 수 있도록 가변성이 없어야 한다.

53 지적정보취득방법

속성정보	도형정보(공간정보)
• 현지조사에 의한 경우 • 민원신청에 의한 경우 • 담당공무원의 직권에 의한 경우 • 관계기관의 통보에 의한 경우	• 지상측량에 의한 경우 • 항공사진측량에 의한 경우 • 원격탐측에 의한 경우 • GPS측량에 의한 경우 • 기존의 도면을 이용하는 경우

54 제2차 NGIS활용·확산단계(2001~2005) : 제2차 국가 GIS사업을 통해 국가공간정보기반을 확고히 마련하고 범국민적 유통·활용을 정착

55 관계형 DBMS은 가장 최신의 데이터베이스 형태이며 사용자에게 보다 친숙한 자료접근방법을 제공하기 위해 개발하였다. 현재 가장 보편적으로 많이 쓰이며 데이터의 독립성이 높고 높은 수준의 데이터 조작언어(SQL)를 사용한다.

56 ⓐ 국토정보체계 : 국토교통부장관이 지적공부 및 부동산종합공부의 정보를 전국단위로 통합하여 관리·운영하는 시스템
ⓑ 부동산종합공부시스템 : 지방자치단체가 지적공부 및 부동산종합공부의 정보를 전자적으로 관리·운영하는 시스템

57 객체의 크기와 방향성에 정보를 가지고 있는 것은 벡터데이터의 장점이다.

58 선의 중복은 주로 영역의 경계선에서 점·선이 이중으로 입력되어 발생하는 오차로, 중복된 점·선을 삭제함으로써 수정이 가능하다.

59 유비쿼터스(Ubiquitous) : 사용자가 네트워크나 컴퓨터를 의식하지 않고 장소에 상관없이 자유롭게 네트워크에 접속할 수 있는 정보통신환경

60 PBLIS는 데이터베이스관리시스템(DBMS)을 이용하여 처리하는 시스템이다.

61 토지의 표시는 지적공부가 우선이므로 등기부에 의해서 정정할 수 없다.

62 토지의 사정(査定)이란 토지조사부 및 지적도에 의하여 토지소유자(원시취득) 및 강계를 확정하는 행정처분을 말한다. 지적도에 등록된 강계선이 대상이며 지역선은 사정하지 않는다.

63 양지아문(量地衙門)
ⓐ 설치 : 광무(光武) 2년(1898년 7월 6일) 칙령 제25호로 제정·공포되어 설치하였다.
ⓑ 목적 : 전국의 양전사업을 관장하는 양전독립기구를 발족하였으며, 양전을 위한 최초의 지적행정관청이었다.

64 지적의 어원
ⓐ J. G. McEntyre는 지적을 라틴어인 Capitastrum에서 그 어원이 유래되었다고 주장하면서 인두세등록부(Head Tax Register)를 의미하는 Capitastrum 또는 Cadastrum에서 유래되었다고 하였다.
ⓑ Blondheim은 지적을 그리스어인 Katastikhon에서 그 어원이 유래되었다고 주장하였으며, 여기서 Kata(위에서 아래로)+stikhon(부과)=Katastikhon는 군주가 백성에게 세금을 부과하는 제도라는 의미로 사용하였다.
ⓒ Capitastrum과 Katastikhon은 세금 부과의 뜻을 지닌 것으로 알 수 있다.
ⓓ Cadastre은 과세 및 측량이라는 의미를 내포하고 있다.

65 지적소관청은 지번변경, 합병, 축척변경 등의 사유로 결번이 발생한 경우 결번대장에 사유를 적고 비치하여 영구히 보전한다.

66 지압(地壓)조사는 무신고 이동지를 발견하기 위하여 실시하는 토지검사이다.

67 ⓐ 입안(立案) : 토지매매 시 관청에서 증명한 공적 소유권증서로, 소유자 확인 및 토지매매를 증명하는 제도이다. 오늘날의 등기부와 유사하다.
ⓑ 문기(文記) : 토지 및 가옥을 매수 또는 매매할 때 작성한 매매계약서를 말한다. 상속, 유증, 임대차의 경우에도 문기를 작성하였다. 명문(明文), 문권(文券)이라고도 한다.

68 경계설정방법 : 점유설, 평분설, 보완설

69 "모든 토지는 지적공부에 등록해야 하고 등록 전 토지표시사항은 항상 실제와 일치하게 유지해야 한다"가 의미하는 토지등록제도는 적극적 등록제도이다.

70 임시토지조사국장은 지방토지조사위원회에 자문하여 토지소유자 및 그 강계를 사정하며, 사정을 하는 때에는 30일간 이를 공시한다. 사정에 대하여 불복하는 자는 공시기간 만료 후 60일 내에 고등토지조사위원회에 제기하여 재결을 받을 수 있다. 다만, 정당한 사유 없이 입회를 하지 아니한 자는 그러하지 아니하다.

71 J. L. G. Henssen은 "지적은 특정한 국가나 지역 내에 있는 재산을 지적측량에 의해서 체계적으로 정리해놓은 공부이다"라고 정의하였다.

72 축척종대의 원칙 : 지적도에 등록된 경계와 임야도에 등록된 경계가 서로 다른 때에는 큰 축척의 경계를 따른다.

73 등록방법에 따른 분류에는 2차원 지적과 3차원 지적(입체지적)이 있으며, 도해지적은 측량방법(경계표시)에 따른 분류에 해당한다.

74 시대에 따른 분류
  ㉠ 고려시대 : 도전장, 양전장적, 양전도장, 도전정, 전적, 전안
  ㉡ 조선시대 : 양안등서책, 전답안, 성책, 양명등서차, 전답결대장, 전답결타량, 전답타량안, 전답양안, 전답행심, 양전도행장

75 토지의 이동이란 토지의 표시를 새로이 정하거나 변경 또는 말소하는 것을 말한다. 즉 지적공부에 등록된 토지의 지번·지목·경계·좌표·면적이 달라지는 것을 말하며, 토지소유자의 변경, 토지소유자의 주소변경, 토지의 등급변경은 토지의 이동에 해당하지 아니한다.

토지의 이동에 해당하는 경우	토지의 이동에 해당하지 않는 경우
• 신규등록, 등록전환 • 분할, 합병 • 해면성 말소 • 행정구역명칭변경 • 도시개발사업 등 • 축척변경, 등록사항정정	• 토지소유자의 변경 • 토지소유자의 주소변경 • 토지의 등급변경 • 개별공시지가의 변경

76 ② 국토교통부장관은 지적재조사사업에 관한 기본계획을 수립하여야 한다.
  ③ 지적재조사사업에 관한 주요 정책을 심의·의결하기 위하여 국토교통부장관 소속으로 중앙지적재조사위원회를 둔다.
  ④ 시·군·구의 지적재조사사업에 관한 주요 정책을 심의·의결하기 위하여 지적소관청 소속으로 시·군·구 지적재조사위원회를 둘 수 있다.

77 경국대전에는 모든 토지를 6등급으로 나누어 20년마다 한 번씩 양전을 실시, 그 결과를 양안에 기록하며 호조·본도·본읍에 보관하기로 되어 있다.

78 등기부 을구에는 소유권 이외의 권리에 관한 사항을 기록한다. 따라서 을구에 기록하는 내용은 지적공부와는 무관하다.

79 지적법령의 변천순서 : 토지조사령(1912) → 지세령(1914) → 조선임야조사령(1918) → 조선지세령(1943) → 지적법(1950)

80 독일은 지적도에 건물이 등록되어 있다.

81 지적소관청은 청산금의 결정을 공고한 날부터 20일 이내에 토지소유자에게 청산금의 납부고지 또는 수령통지를 하여야 한다.

82 지적재조사에 관한 특별법 제2조(정의)
  이 법에서 사용하는 용어의 정의는 다음과 같다.
  4. "토지현황조사"란 지적재조사사업을 시행하기 위하여 필지별로 소유자, 지번, 지목, 면적, 경계 또는 좌표, 지상건축물 및 지하건축물의 위치, 개별공시지가 등을 조사하는 것을 말한다.

83 경계란 필지별로 경계점들을 직선으로 연결하여 지적공부에 등록한 선을 말한다.

84 부동산등기규칙상 토지의 분할, 합병 및 등기사항의 변경이 있어 토지의 표시변경등기를 신청하는 경우에 그 변경을 증명하는 첨부정보로 토지대장정보나 임야대장정보을 제공하여야 한다.

85 고의로 측량성과를 사실과 다르게 한 자는 2년 이하의 징역 또는 2천만원 이하의 벌금형에 해당한다.

86 축척변경에 관한 사항을 심의·의결하기 위하여 지적소관청에 축척변경위원회를 둔다. 축척변경위원회는 5명 이상 10명 이하의 위원으로 구성하되, 위원의 2분의 1 이상을 토지소유자로 하여야 한다. 이 경우 그 축척변경시행지역 안의 토지소유자가 5명 이하인 때에는 토지소유자 전원을 위원으로 위촉하여야 한다.

87 양입지
  ㉠ 의의 : 소유자가 동일하고 지반은 연속되지만 지목이 동일하지 않은 경우 주된 용도의 토지에 편입하여 1필지로 할 수 있는 종된 토지를 말한다.
  ㉡ 요건 및 제한

요건	제한
• 주된 용도의 토지의 편의를 위하여 설치된 도로·구거(도랑) 등의 부지 • 주된 용도의 토지에 접속되거나 주된 용도의 토지로 둘러싸인 토지로서 다른 용도로 사용되고 있는 토지	• 종된 토지의 지목이 '대'인 경우 • 주된 토지면적의 10%를 초과하는 경우 • 종된 토지면적이 330m²를 초과하는 경우

88 지적소관청은 지적기준점표지가 멸실되거나 훼손되었을 때에는 이를 다시 설치하거나 보수하여야 한다.

89 토지이동정리결의서 및 소유자정리결의서의 작성에 필요한 사항은 국토교통부령으로 정한다.

90 분할에 따른 지상경계를 지상건축물에 걸리게 결정할 수 있는 경우
   ㉠ 법원의 확정판결이 있는 경우
   ㉡ 토지를 분할하는 경우 : 공공사업 등에 따라 학교용지·도로·철도용지·제방·하천·구거·유지·수도용지 등의 지목으로 되는 토지인 경우
   ㉢ 도시개발사업 등의 사업시행자가 사업지구의 경계를 결정하기 위해 분할하려는 경우
   ㉣ 국토의 계획 및 이용에 관한 법률 제30조 제6항에 따른 도시·군관리계획결정고시와 같은 법 제32조 제4항에 따른 지형도면고시가 된 지역의 도시관리계획선에 따라 토지를 분할하려는 경우

91 시기화조정구역 : 도시지역과 그 주변지역의 무질서한 시가화를 방지하고 계획적·단계적인 개발을 도모하기 위하여 일정시간 동안 시가화를 유보할 목적으로 지정하는 구역

92 도로명주소법 시행령 제3조(도로의 유형 및 통로의 종류)
   ① 도로명주소법(이하 "법"이라 한다) 제2조 제1호에 따른 도로는 유형별로 다음 각 호와 같이 구분한다.
      1. 지상도로 : 주변 지대(地帶)와 높낮이가 비슷한 도로(제2호의 입체도로가 지상도로의 일부에 연속되는 경우를 포함한다)로서 다음 각 목의 도로
         가. 도로교통법 제2조 제3호에 따른 고속도로(이하 "고속도로"라 한다)
         나. 그 밖의 도로
            1) 대로 : 도로의 폭이 40m 이상이거나 왕복 8차로 이상인 도로
            2) 로 : 도로의 폭이 12m 이상 40m 미만이거나 왕복 2차로 이상 8차로 미만인 도로
            3) 길 : 대로와 로 외의 도로

93 등기관은 소유권의 변경이 있을 경우 지적소관청에 통지를 하여야 한다. 토지표시의 변경은 지적소관청의 주업무이므로 등기관이 통지할 대상에 해당하지 않는다.

94 지적전산자료를 이용 또는 활용하고자 하는 자는 대통령령으로 정하는 바에 따라 지적전산자료의 이용 또는 활용 목적 등에 관하여 미리 관계 중앙행정기관의 심사를 받아야 한다. 다만, 중앙행정기관의 장, 그 소속기관의 장 또는 지방자치단체의 장이 승인을 신청하는 경우에는 그러하지 아니하다.

95 지적삼각점성과표에 경도 및 위도는 필요한 경우에만 등록한다.

96 성능검사대행자등록의 결격사유
   ㉠ 피성년후견인 또는 피한정후견인
   ㉡ 이 법이나 국가보안법 또는 형법 제87조부터 제104조까지의 규정을 위반하여 금고 이상의 실형을 선고받고 그 집행이 끝나거나(집행이 끝난 것으로 보는 경우를 포함한다) 집행이 면제된 날부터 2년이 지나지 아니한 자
   ㉢ 이 법이나 국가보안법 또는 형법 제87조부터 제104조까지의 규정을 위반하여 금고 이상의 형의 집행유예를 선고받고 그 집행유예기간 중에 있는 자
   ㉣ 측량업의 등록이 취소된 후 2년(제1호에 해당하여 등록이 취소된 경우는 제외한다)이 지나지 아니한 자
   ㉤ 임원 중에 ㉠~㉣까지의 어느 하나에 해당하는 자가 있는 법인

97 분할 후의 필지 중 1필지의 지번은 분할 전의 지번으로 하고, 나머지 필지의 지번은 본번의 최종부번의 다음 순번으로 부번을 부여한다.

98 지적소관청이 직권으로 조사·측량하여 지적공부를 정리한 경우 조사·측량에 들어간 비용을 토지소유자에게 징수한다.

99 국토의 계획 및 이용에 관한 법률상 도시·군관리계획 결정의 효력은 지형도면을 고시한 날부터 효력이 발생한다.

100 지적재조사에 관한 특별법 제13조(토지소유자협의회)
    ① 지적재조사지구의 토지소유자는 토지소유자 총수의 2분의 1 이상과 토지면적 2분의 1 이상에 해당하는 토지소유자의 동의를 받아 토지소유자협의회를 구성할 수 있다.

제1회 지적산업기사 모의고사

제1과목 지적측량

01 토지조사사업 당시의 측량조건으로 옳지 않은 것은?
① 일본의 동경원점을 이용하여 대삼각망을 구성하였다.
② 통일된 원점체계를 전 국토에 적용하였다.
③ 가우스 상사이중투영법을 적용하였다.
④ 베셀(Bessel)타원체를 도입하였다.

02 다음 중 직각좌표의 기준이 되는 직각좌표계 원점에 해당하지 않는 것은?
① 동부좌표계(동경 129°00′, 북위 38°00′)
② 중부좌표계(동경 127°00′, 북위 38°00′)
③ 서부좌표계(동경 125°00′, 북위 38°00′)
④ 남부좌표계(동경 123°00′, 북위 38°00′)

03 지적기준점표지의 설치·관리 및 지적기준점성과의 관리 등에 관한 설명으로 옳은 것은?
① 지적삼각보조점성과는 지적소관청이 관리해야 한다.
② 지적기준점표지의 설치권자는 국토지리정보원장이다.
③ 지적소관청은 지적삼각점성과가 다르게 된 때에는 그 내용을 국토교통부장관에게 통보하여야 한다.
④ 지적도근점표지의 관리는 토지소유자가 해야 한다.

04 두 점 간의 거리를 2회 측정하여 다음과 같은 측정값을 얻었다면 그 정밀도는? (1회 : 63.18m, 2회 : 63.20m)
① 약 $\frac{1}{5,200}$
② 약 $\frac{1}{4,200}$
③ 약 $\frac{1}{3,200}$
④ 약 $\frac{1}{2,200}$

05 지적도근점측량을 실시하던 중 $\overline{AB}$의 거리가 130m인 A점에서 내각을 관측한 결과 B점에서 40″의 시준오차가 생겼다면 B점에서의 편심거리는?
① 2.2cm
② 2.5cm
③ 2.9cm
④ 3.5cm

06 지적삼각보조점측량의 기준에 대한 내용으로 옳은 것은?
① 지적삼각보조점은 삼각망 또는 교점다각망으로 구성한다.
② 교회법으로 지적삼각보조점측량을 할 때에 삼각형의 각 내각은 30도 이상 120도 이하로 한다.
③ 다각망도선법으로 지적삼각보조점측량을 할 때 1도선의 거리는 5km 이하로 한다.
④ 지적삼각보조점은 영구표지를 설치하는 경우에는 시·도별로 일련번호를 부여한다.

07 다각망도선법에 따른 지적삼각보조점측량의 관측 및 계산에 대한 설명으로 옳지 않는 것은?
① 1도선의 거리는 4km 이하로 한다.
② 3점 이상의 교점을 포함한 결합다각방식에 따른다.
③ 1도선은 기지점과 교점 간 또는 교점과 교점 간을 말한다.
④ 1도선의 점의 수는 기지점과 교점을 포함한 5점 이하로 한다.

08 지적도근점측량의 1등도선으로 할 수 없는 것은?
① 삼각점의 상호 간 연결
② 지적삼각점의 상호 간 연결
③ 지적삼각보조점의 상호 간 연결
④ 지적도근점의 상호 간 연결

09 다음은 도선법과 다각망도선법에 따른 지적도근점의 각도관측 시 폐색오차허용범위의 기준에 대한 설명이다. ㉠~㉢에 들어갈 내용이 옳게 짝지어진 것은? (단, n은 폐색변을 포함한 변의 수를 말한다.)

> • 배각법에 따르는 경우 : 1회 측정각과 3회 측정각의 평균값에 대한 교차는 30초 이내로 하고, 1도선의 기지방위각 또는 평균방위각과 관측방위각의 폐색오차는 1등도선은 (㉠)초 이내, 2등도선은 (㉡)초 이내로 할 것
> • 방위각법에 따르는 경우 : 1도선의 폐색오차는 1등도선은 (㉢)분 이내, 2등도선은 (㉣)분 이내로 할 것

① ㉠ $\pm 20\sqrt{n}$ ㉡ $\pm 10\sqrt{n}$
  ㉢ $\pm \sqrt{n}$ ㉣ $\pm 2\sqrt{n}$
② ㉠ $\pm 20\sqrt{n}$ ㉡ $\pm 30\sqrt{n}$
  ㉢ $\pm \sqrt{n}$ ㉣ $\pm 1.5\sqrt{n}$
③ ㉠ $\pm 10\sqrt{n}$ ㉡ $\pm 20\sqrt{n}$
  ㉢ $\pm 2\sqrt{n}$ ㉣ $\pm \sqrt{n}$
④ ㉠ $\pm 30\sqrt{n}$ ㉡ $\pm 20\sqrt{n}$
  ㉢ $\pm 1.5\sqrt{n}$ ㉣ $\pm \sqrt{n}$

10 측선 AB의 방위가 N50°E일 때 측선 BC의 방위는? (단, ∠ABC=120°이다.)

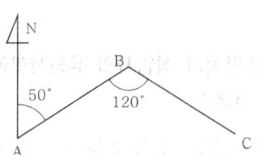

① N70°E   ② S70°E
③ S60°W   ④ N60°W

11 상한과 종·횡선차의 부호에 대한 설명으로 옳은 것은? (단, Δx : 종선차, Δy : 횡선차)

① 1상한에서 Δx는 (−), Δy는 (+)이다.
② 2상한에서 Δx는 (+), Δy는 (−)이다.
③ 3상한에서 Δx는 (−), Δy는 (−)이다.
④ 4상한에서 Δx는 (+), Δy는 (+)이다.

12 다각망도선법으로 지적도근점측량을 할 때의 기준으로 옳은 것은?

① 2점 이상의 기지점을 포함한 폐합다각방식에 의한다.
② 2점 이상의 기지점을 포함한 결합다각방식에 의한다.
③ 3점 이상의 기지점을 포함한 폐합다각방식에 의한다.
④ 3점 이상의 기지점을 포함한 결합다각방식에 의한다.

13 지적도근점성과표에 기록·관리하여야 할 사항에 해당하지 않는 것은?

① 좌표   ② 도선등급
③ 자오선수차 ④ 표지의 재질

14 세부측량의 기준 및 방법에 대한 내용으로 옳지 않은 것은?

① 평판측량방법에 있어서 도상에 영향을 미치지 아니하는 지상거리의 축척별 허용범위는 $\frac{M}{20}$[mm]로 한다(M : 축척분모).
② 평판측량방법에 따른 세부측량을 교회법으로 하는 경우 3방향 이상의 교회에 따른다.
③ 평판측량방법에 따른 세부측량에서 측량결과도는 그 토지가 등록된 도면과 동일한 축척으로 작성한다.
④ 평판측량방법에 따른 세부측량을 도선법으로 하는 경우 도선의 변은 20개 이하로 한다.

15 평판측량방법에 따른 세부측량을 시행할 때 경계위치는 기지점을 기준으로 하여 지상경계선과 도상경계선의 부합 여부를 확인하여야 하는데, 이를 확인하는 방법이 아닌 것은?

① 현형법   ② 거리비례확인법
③ 도상원호교회법 ④ 지상원호교회법

16 평판측량방법으로 세부측량을 하는 경우 축척 1 : 1,200인 지역에서 도상에 영향을 미치지 않는 지상거리의 허용범위는?

① 5cm   ② 12cm
③ 15cm ④ 20cm

17 경위의측량방법으로 세부측량을 시행할 때 관측방법으로 옳은 것은?

① 교회법, 지거법   ② 도선법, 방사법
③ 방사법, 교회법   ④ 지거법, 도선법

18 $R = 500\text{m}$, 중심각(θ)이 60°인 경우 AB의 직선거리는?

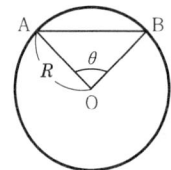

① 400m   ② 500m
③ 600m   ④ 1,000m

19 지적측량 시행규칙에 의한 면적측정의 대상이 아닌 것은?

① 축척변경을 하는 경우
② 지적공부의 복구 및 토지합병을 하는 경우
③ 도시개발사업 등으로 인해 토지의 표시를 새로 결정하는 경우
④ 경계복원측량에 면적측정이 수반되는 경우

20 삼각형의 세 변을 측정한 바 각 변이 10m, 12m, 14m 이었다. 이 토지의 면적은?

① 52.72m²   ② 54.81m²
③ 55.26m²   ④ 85.79m²

제2과목 응용측량

21 등고선의 성질에 대한 설명으로 틀린 것은?

① 높이가 다른 등고선은 서로 교차하거나 합쳐지지 않는다.
② 동일한 등고선상의 모든 점의 높이는 같다.
③ 등고선은 반드시 폐합하는 폐곡선이다.
④ 등고선과 분수선은 직각으로 교차한다.

22 수준측량에 관한 용어의 설명으로 틀린 것은?

① 수평면(level surface)은 정지된 해수면을 육지까지 연장하여 얻은 곡면으로 연직방향에 수직인 곡면이다.
② 이기점(turning point)은 높이를 알고 있는 지점에 세운 표척을 시준한 점을 말한다.
③ 표고(elevation)는 기준면으로부터 임의의 지점까지의 연직거리를 의미한다.
④ 수준점(bench mark)은 수직위치결정을 보다 편리하게 하기 위하여 정확하게 표고를 관측하여 표시해 둔 점을 말한다.

23 다음 그림과 같이 교호수준측량을 실시하여 구한 B점의 표고는? (단, $H_A = 20\text{m}$)

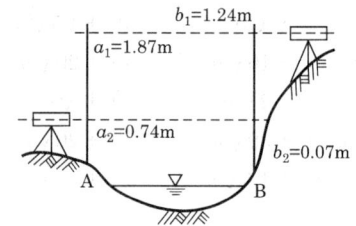

① 19.34m   ② 20.65m
③ 20.67m   ④ 20.75m

24 수준측량에서 작업자의 유의사항에 대한 설명으로 틀린 것은?

① 표척수는 표척의 눈금이 잘 보이도록 양손을 표척의 측면에 잡고 세운다.
② 표척과 레벨의 거리는 10m를 넘어서는 안 된다.
③ 레벨의 전방에 있는 표척과 후방에 있는 표척의 중간에 거리가 같도록 레벨을 세우는 것이 좋다.
④ 표척을 전후로 기울여 관측할 때에는 최소읽음값을 취해야 한다.

25 수준측량에서 왕복거리 4km에 대한 허용오차가 20mm이었다면 왕복거리 9km에 대한 허용오차는?

① 45mm   ② 40mm
③ 30mm   ④ 25mm

26 직접수준측량에서 기계고를 구하는 식으로 옳은 것은?

① 기계고=지반고-후시
② 기계고=지반고+후시
③ 기계고=지반고-전시-후시
④ 기계고=지반고+전시-후시

27 수준측량에서 전시와 후시를 같게 하여 제거할 수 있는 오차는?

① 기포관축과 시준선이 평행하지 않을 때
② 관측자의 읽기착오에 의한 오차
③ 지반의 침하에 의한 오차
④ 표척의 눈금오차

28 지형측량에서 지성선(Topographical Line)에 관한 설명으로 틀린 것은?

① 지성선은 지표면이 다수의 평면으로 이루어졌다고 가정할 때 이 평면의 접합부를 말하며 지세선이라고도 한다.
② 능선은 지표면의 가장 높은 곳을 연결한 선으로 분수선이라고도 한다.
③ 합수선은 지표면의 가장 낮은 곳을 연결한 선으로 계곡선이라고도 한다.
④ 동일 방향의 경사면에서 경사의 크기가 다른 두 면의 교선을 최대경사선 또는 유하선이라 한다.

29 축척 1:25,000 지형도에서 간곡선의 간격은?

① 1.25m
② 2.5m
③ 5m
④ 10m

30 수평거리가 24.9m 떨어져 있는 등경사지형의 두 측점 사이에 1m 간격의 등고선을 삽입할 때 등고선의 개수는?
(단, 낮은 측점의 표고 46.8m, 경사 15%)

① 2
② 4
③ 6
④ 8

31 지형도의 이용에 관한 설명으로 틀린 것은?

① 토량의 결정
② 저수량의 결정
③ 하천유역면적의 결정
④ 지적일필지면적의 결정

32 고속도로의 건설을 위한 노선측량을 하고자 한다. 각 단계별 작업이 다음과 같을 때 노선측량의 순서로 옳은 것은?

㉠ 실시설계측량	㉡ 용지측량
㉢ 계획조사측량	㉣ 세부측량
㉤ 공사측량	㉥ 도상 선정

① ㉥→㉠→㉢→㉣→㉤→㉡
② ㉥→㉢→㉠→㉣→㉡→㉤
③ ㉥→㉣→㉢→㉠→㉡→㉤
④ ㉥→㉤→㉠→㉢→㉡→㉣

33 노선측량에서 원곡선의 설치에 대한 설명으로 틀린 것은?

① 철도, 도로 등에는 차량의 운전에 편리하도록 단곡선보다는 복심곡선을 많이 설치하는 것이 좋다.
② 교통안전의 관점에서 반향곡선은 가능하면 사용하지 않는 것이 좋고, 불가피한 경우에는 두 곡선 사이에 충분한 길이의 완화곡선을 설치한다.
③ 두 원의 중심이 같은 쪽에 있고 반지름이 각기 다른 두 개의 원곡선을 설치하는 경우에는 완화곡선을 넣어 곡선이 점차 변화하도록 해야 한다.
④ 고속주행차량의 통과를 위하여 직선부와 원곡선 사이나 큰 원과 작은 원 사이에는 곡률반지름이 점차 변화하는 곡선부를 설치하는 것이 좋다.

34 교각 $I=80°$, 곡선반지름 $R=140m$인 단곡선의 교점(I.P)의 추가거리가 1427.25m일 때 곡선의 시점(B.C)의 추가거리는?

① 633.27m
② 982.87m
③ 1309.78m
④ 1567.25m

35 단곡선이 다음 그림과 같이 설치되었을 때 곡선반지름 R은? (단, $I=30°30'$)

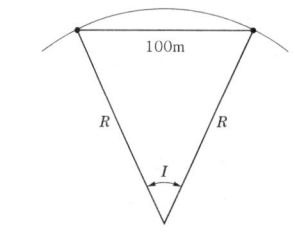

① 197.00m   ② 190.09m
③ 187.01m   ④ 180.08m

36 완화곡선의 성질에 대한 설명으로 옳지 않은 것은?
① 완화곡선의 반지름은 시점에서 무한대이다.
② 완화곡선의 반지름은 종점에서 원곡선의 반지름과 같다.
③ 완화곡선의 접선은 시점과 종점에서 직선에 접한다.
④ 곡선반지름의 감소율은 캔트의 증가율과 같다.

37 도로에 사용하는 클로소이드(clothoid)곡선에 대한 설명으로 틀린 것은?
① 완화곡선의 일종이다.
② 일종의 유선형 곡선으로 종단곡선에 주로 사용된다.
③ 곡선길이에 반비례하여 곡률반지름이 감소한다.
④ 차가 일정한 속도로 달리고 그 앞바퀴의 회전속도를 일정하게 유지할 경우의 운동궤적과 같다.

38 항공사진측량용 카메라에 대한 설명으로 틀린 것은?
① 초광각카메라 피사각은 60°, 보통각카메라의 피사각은 120°이다.
② 일반카메라보다 렌즈의 왜곡이 작으며 왜곡의 보정이 가능하다.
③ 일반카메라와 비교하여 피사각이 크다.
④ 일반카메라보다 해상력과 선명도가 좋다.

39 축척 1:10,000으로 평지를 촬영한 연직사진의 사진크기 23cm×23cm, 종중복도 60%일 때 촬영기선장은?
① 1,380m   ② 1,180m
③ 1,020m   ④ 920m

40 다음 그림과 같이 직선 $\overline{AB}$ 상의 점 B'에서 $\overline{B'C}=$ 10m인 수직선을 세워 ∠CAB=60°가 되도록 측설하려고 할 때 $\overline{AB'}$의 거리는?
① 5.05m
② 5.77m
③ 8.66m
④ 17.3m

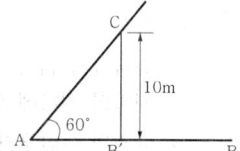

제3과목 토지정보체계론

41 지적도면전산화에 따른 기대효과로 옳지 않은 것은?
① 지적도면의 효율적 관리
② 지적도면관리업무의 자동화
③ 신속하고 효율적인 대민서비스 제공
④ 정부 사이버테러에 대비한 보안성 강화

42 필지식별번호에 대한 설명으로 옳지 않은 것은?
① 각 필지에 부여하며 가변성이 있는 번호이다.
② 필지에 관련된 자료의 공통적인 색인번호의 역할을 한다.
③ 필지별 대장의 등록사항과 도면의 등록사항을 연결하는 기능을 한다.
④ 각 필지별 등록사항의 저장과 수정 등을 용이하게 처리할 수 있는 고유번호이다.

43 공간자료에 대한 설명으로 옳지 않은 것은?
① 공간자료는 일반적으로 도형자료와 속성자료로 구분한다.
② 도형자료는 점, 선, 면의 형태로 구성된다.
③ 도형자료에는 통계자료, 보고서, 범례 등이 포함된다.
④ 속성자료는 일반적으로 문자나 숫자로 구성되어 있다.

44 토지정보시스템에서 필지식별번호의 역할로 옳은 것은?

① 공간정보와 속성정보의 링크
② 공간정보에서 기호의 작성
③ 속성정보의 자료량 감소
④ 공간정보의 자료량 감소

45 지적정보전산화에 있어 속성정보를 취득하는 방법으로 옳지 않은 것은?

① 민원인이 직접 조사하는 경우
② 관련 기관의 통보에 의한 경우
③ 민원신청에 의한 경우
④ 담당공무원의 직권에 의한 경우

46 스캐너로 지적도를 입력하는 경우 입력한 도형자료의 유형으로 옳은 것은?

① 속성데이터   ② 래스터데이터
③ 벡터데이터   ④ 위성데이터

47 지적정보관리시스템의 사용자권한등록파일에 등록하는 사용자권한으로 옳지 않는 것은?

① 지적통계의 관리
② 종합부동산세 입력 및 수정
③ 토지 관련 정책정보의 관리
④ 개인별 토지소유현황의 조회

48 다음 중 지적전산자료를 이용 또는 활용하고자 하는 자가 관계 중앙행정기관의 장에게 제출하여야 하는 심사신청서에 포함시켜야 할 내용으로 틀린 것은?

① 자료의 공익성 여부
② 자료의 보관기관
③ 자료의 안전관리대책
④ 자료의 제공방식

49 벡터데이터의 구조에 대한 설명으로 틀린 것은?

① 점은 하나의 좌표로 표현된다.
② 선은 여러 개의 좌표로 구성된다.
③ 면은 3개 이상의 점의 집합체로 폐합된 다각형형태의 구조를 갖는다.
④ 점, 선, 면의 형태를 이용한 지리적 객체는 4차원의 지도형태이다.

50 래스터데이터에 대한 설명으로 틀린 것은?

① 일정한 격자모양의 셀이 데이터의 위치와 값을 표현한다.
② 해상력을 높이면 자료의 크기가 커진다.
③ 격자의 크기를 확대할 경우 객체의 경계가 매끄럽지 못하다.
④ 네트워크와 연계구현이 용이하여 좌표변환이 편리하다.

51 런랭스(Run-length)코드압축방법에 대한 설명으로 옳지 않은 것은?

① 격자들의 연속적인 연결상태를 파악하여 압축하는 방법이다.
② 런(run)은 하나의 행에서 동일한 속성값을 갖는 격자를 의미한다.
③ Quadtree방법과 함께 많이 쓰이는 격자자료 압축방법이다.
④ 동일한 속성값을 개별적으로 저장하는 대신 하나의 런(run)에 해당하는 속성값이 한 번만 저장된다.

52 지표면을 3차원적으로 표현할 수 있는 수치표고자료의 유형은?

① DEM 또는 TIN   ② JPG 또는 GIF
③ SHF 또는 DBF   ④ RFM 또는 GUM

53 위성영상의 기준점자료를 이용하여 영상소를 재배열하는 보간법이 아닌 것은?

① Bicubic보간법
② Shape weighted보간법
③ Nearest neighbor보간법
④ Inverse distance weighting보간법

54 조직 안에서 다수의 사용자들이 의사결정지원을 위해 공동으로 사용할 수 있도록 통합저장되어 있는 자료의 집합을 의미하는 것은?

① 데이터마이닝   ② 데이터모델링
③ 데이터웨어하우스   ④ 관계형 데이터베이스

55 SQL언어에 대한 설명으로 옳은 것은?

① order는 보통 질의어에서 처음 나온다.
② select 다음에는 테이블명이 나온다.
③ where 다음에는 조건식이 나온다.
④ from 다음에는 필드명이 나온다.

56 토지정보시스템에 대한 설명으로 가장 거리가 먼 것은?

① 법률적, 행정적, 경제적 기초하에 토지에 관한 자료를 체계적으로 수집한 시스템이다.
② 협의의 개념은 지적을 중심으로 지적공부에 표시된 사항을 근거로 하는 시스템이다.
③ 지상 및 지하의 공급시설에 대한 자료를 효율적으로 관리하는 시스템이다.
④ 토지 관련 문제의 해결과 토지정책의 의사결정을 보조하는 시스템이다.

57 토지정보시스템(LIS)과 지리정보시스템(GIS)을 비교한 내용 중 틀린 것은?

① LIS는 필지를, GIS는 구역·지역을 단위로 한다.
② LIS는 지적도를, GIS는 지형도를 기본도면으로 한다.
③ LIS는 대축척을, GIS는 소축척을 사용한다.
④ LIS는 자료분석이, GIS는 자료관리 및 처리가 장점이다.

58 메타데이터의 특징으로 틀린 것은?

① 대용량의 데이터를 구축하는 시간과 비용을 절감할 수 있다.
② 공간정보유통의 효율성을 제고한다.
③ 시간이 지남에 따라 데이터의 기본체계를 변경하여 변화된 데이터를 실시간으로 사용자에게 제공한다.
④ 데이터의 공유화를 촉진시킨다.

59 다음 중 지리정보시스템의 자료 구축 시 발생하는 오차가 아닌 것은?

① 자료처리 시 발생하는 오차
② 디지타이징 시 발생하는 오차
③ 좌표투영을 위한 스캐닝오차
④ 절대위치자료 생성 시 지적측량기준점의 오차

60 국가의 공간정보의 제공과 관련한 내용으로 옳지 않은 것은?

① 공간정보이용자에게 제공하기 위하여 국가공간정보센터를 설치·운영하고 있다.
② 수집한 공간정보는 제공의 효율화를 위해 분석 또는 가공하지 않고 원자료형태로 제공하여야 한다.
③ 관리기관이 공공기관일 경우는 자료를 제출하기 전에 주무기관의 장과 미리 합의하여야 한다.
④ 국토교통부장관은 국가공간정보센터의 운영에 필요한 공간정보를 생산 또는 관리하는 관리기관의 장에게 자료의 제출을 요구할 수 있다.

제4과목 지적학

61 다음과 같은 지적의 어원이 지닌 공통적인 의미는?

> Katastikhon, Capitastrum, Catastrum

① 지형도 ② 조세 부과
③ 지적공부 ④ 토지측량

62 지적이론의 발생설로 가장 지배적인 것으로 다음의 기록들이 근거가 되는 학설은?

> • 3세기 말 디오클레티아누스(Diocletian)황제의 로마제국 토지측량
> • 모세의 탈무드법에 규정된 십일조(tithe)
> • 영국의 둠즈데이북(Domesday Book)

① 과세설 ② 지배설
③ 지수설 ④ 통치설

63 우리나라에서 적용하는 지적의 원리가 아닌 것은?
① 적극적 등록주의 ② 형식적 심사주의
③ 공개주의 ④ 국정주의

64 다음 중 지적과 등기를 비교하여 설명한 내용으로 옳지 않은 것은?
① 지적은 실질적 심사주의를 채택하고, 등기는 형식적 심사주의를 채택한다.
② 등기는 토지의 표시에 관하여는 지적을 기초로 하고, 지적의 소유자표시는 등기를 기초로 한다.
③ 지적과 등기는 국정주의와 직권등록주의를 채택한다.
④ 지적은 토지에 대한 사실관계를 공시하고, 등기는 토지에 대한 권리관계를 공시한다.

65 토지를 등록하는 기술적 행위에 따라 발생하는 효력과 가장 관계가 먼 것은?
① 공정력 ② 구속력
③ 추정력 ④ 확정력

66 다음 중 지번의 기능과 가장 관련이 적은 것은?
① 토지의 특정화 ② 토지의 식별
③ 토지의 개별화 ④ 토지의 경제화

67 다음 중 도로, 철도, 하천, 제방 등의 지목이 서로 중복되는 경우 지목을 결정하기 위하여 고려하는 사항으로 가장 거리가 먼 것은?
① 용도의 경중 ② 공시지가의 고저
③ 등록시기의 선후 ④ 일필 일목의 원칙

68 "지적도에 등록된 경계와 임야도에 등록된 경계가 서로 다른 때에는 축척 1:1,200인 지적도에 등록된 경계에 따라 축척 1:6,000인 임야도의 경계를 정정해야 한다"라는 기준은 어느 원칙을 따른 것인가?
① 등록 선후의 원칙 ② 용도 경중의 원칙
③ 축척종대의 원칙 ④ 경계불가분의 원칙

69 지적도에서 도곽선(圖郭線)의 역할로 옳지 않은 것은?
① 다른 도면과의 접합기준선이 된다.
② 도면신축량측정의 기준선이 된다.
③ 도곽에 걸친 큰 필지의 분할기준선이 된다.
④ 도곽 내 모든 필지의 관계위치를 명확히 하는 기준선이 된다.

70 다음 중 개별토지를 중심으로 등록부를 편성하는 토지대장의 편성방법은?
① 물적 편성주의 ② 인적 편성주의
③ 연대적 편성주의 ④ 물적·인적 편성주의

71 내두좌평(內頭佐平)이 지적을 담당하고 산학박사(算學博士)가 측량을 전담하여 관리하도록 했던 시대는?
① 백제시대 ② 신라시대
③ 고려시대 ④ 조선시대

72 백문매매(白文賣買)에 대한 설명이 옳은 것은?
① 백문매매란 입안을 받지 않은 매매계약서로 임진왜란 이후 더욱 더 성행하였다.
② 백문매매로 인하여 소유자를 보호할 수 있게 되었다.
③ 백문매매로 인하여 소유권에 대한 확정적 효력을 부여받게 되었다.
④ 백문매매란 토지거래에서 매도자, 매수자, 해당 관서 등이 각각 서명함으로써 이루어지는 거래를 말한다.

73 일자오결제에 대한 설명으로 옳지 않은 것은?
① 양전의 순서에 따라 1필지마다 천자문의 자번호를 부여하였다.
② 천자문의 각 자내(字內)에 다시 제일(第一), 제이(第二), 제삼(第三) 등의 번호를 붙였다.
③ 천자문의 1자는 기경전의 경우만 5결이 되면 부여하고 폐경전에는 부여하지 않았다.
④ 숙종 35년 해서양전사업에서는 일자오결의 양전방식이 실시되었으나 폐단이 있었다.

74 다음 중 구한말에 운영한 지적업무부서의 설치순서가 옳은 것은?
① 탁지부 양지국→탁지부 양지과→양지아문→지계아문
② 양지아문→탁지부 양지국→탁지부 양지과→지계아문
③ 양지아문→지계아문→탁지부 양지국→탁지부 양지과
④ 지계아문→양지아문→탁지부 양지국→탁지부 양지과

75 밤나무 숲을 측량한 지적도로 탁지부 임시재산정리국 측량과에서 실시한 측량원도의 명칭으로 옳은 것은?
① 산록도 ② 관저원도
③ 궁채전도 ④ 율림기지원도

76 지적 관련 법령의 변천순서가 옳게 나열된 것은?
① 토지대장법→조선지세령→토지조사령→지세령
② 토지대장법→토지조사령→조선지세령→지세령
③ 토지조사법→지세령→토지조사령→조선지세령
④ 토지조사법→토지조사령→지세령→조선지세령

77 1910~1918년에 시행한 토지조사사업에서 조사한 내용이 아닌 것은?
① 토지의 지질조사
② 토지의 가격조사
③ 토지의 소유권조사
④ 토지의 외모(外貌)조사

78 토지조사사업 당시 사정사항에 불복하여 재결을 받은 때의 효력 발생일은?
① 재결신청일 ② 재결접수일
③ 사정일 ④ 사정 후 30일

79 우리나라 토지조사사업 당시 토지소유권의 사정원부로 사용하기 위하여 작성한 공부는?
① 지세명기장 ② 토지조사부
③ 역둔토대장 ④ 결수연명부

80 우리나라 임야조사사업 당시의 재결기관은?
① 고등토지조사위원회
② 임시토지조사국
③ 도지사
④ 임야심사위원회

제5과목 지적관계법규

81 과수원으로 이용되고 있는 1,000m² 면적의 토지에 지목이 대(垈)인 30m² 면적의 토지가 포함되어 있을 경우 필지의 결정방법으로 옳은 것은? (단, 토지의 소유자는 동일하다.)
① 1필지로 하거나 필지를 달리하여도 무방하다.
② 종된 용도의 토지의 지목이 대(垈)이므로 1필지로 할 수 없다.
③ 지목이 대(垈)인 토지의 지가가 더 높으므로 전체를 1필지로 한다.
④ 종된 용도의 토지면적이 주된 용도의 토지면적의 10% 미만이므로 전체를 1필지로 한다.

82 행정구역의 변경, 도시개발사업의 시행, 지번변경, 축척변경, 지번정정 등의 사유로 지번에 결번이 생긴 때의 지적소관청의 결번처리방법으로 옳은 것은?
① 결번된 지번은 새로이 토지이동이 발생하면 지번을 부여한다.
② 지체 없이 그 사유를 결번대장에 적어 영구히 보존한다.
③ 결번된 지번은 토지대장에서 말소하고 토지대장을 폐기한다.
④ 행정구역의 변경으로 결번된 지번은 새로이 지번을 부여할 경우에 지번을 부여한다.

83 공간정보의 구축 및 관리 등에 관한 법령상 지번부여 방법에 대한 설명으로 옳지 않은 것은?

① 지번은 북서에서 남동으로 순차적으로 부여한다.
② 신규등록 및 등록전환의 경우에는 그 지번부여지역에서 인접 토지의 본번에 부번을 붙여서 지번을 부여한다.
③ 분할의 경우에는 분할 후의 필지 중 1필지의 지번은 분할 전의 지번으로 하고, 나머지 필지의 지번은 본번의 최종부번 다음 순번으로 부번을 부여한다.
④ 합병의 경우에는 합병대상지번 중 후순위 지번을 그 지번으로 하되, 본번으로 된 지번이 있는 때에는 본번 중 후순위 지번을 합병 후의 지번으로 한다.

84 지목의 구분 중 '답'에 대한 설명으로 옳은 것은?

① 물을 상시적으로 이용하지 않고 곡물 등의 식물을 주로 재배하는 토지
② 물이 고이거나 상시적으로 물을 저장하고 있는 댐, 저수지 등의 토지
③ 물을 상시적으로 직접 이용하여 벼, 연(蓮), 미나리, 왕골 등의 식물을 주로 재배하는 토지
④ 용수(用水) 또는 배수(排水)를 위하여 일정한 형태를 갖춘 인공적인 수로, 둑 및 그 부속시설물의 부지와 자연의 유수(流水)가 있거나 있을 것으로 예상되는 소규모 수로부지

85 면적측정의 방법에 관한 내용으로 옳은 것은?

① 좌표면적계산법에 따른 산출면적은 1,000분의 $1m^2$까지 계산하여 100분의 $1m^2$단위로 정해야 한다.
② 전자면적측정기에 따른 측정면적은 100분의 $1m^2$까지 계산하여 10분의 $1m^2$단위로 정해야 한다.
③ 경위의측량방법으로 세부측량을 한 지역의 필지별 면적측정은 경계점좌표에 따라야 한다.
④ 면적을 측정하는 경우 도곽선의 길이에 1mm 이상의 신축이 있을 때에는 이를 보정하여야 한다.

86 다음 내용 중 ㉠, ㉡에 들어갈 말로 모두 옳은 것은?

경계점좌표등록부를 갖추두는 지역에 있는 각 필지의 경계점을 측정할 때 각 필지의 경계점측점번호는 (㉠)부터 (㉡)으로 경계를 따라 일련번호를 부여한다.

① ㉠ 오른쪽 위에서, ㉡ 왼쪽
② ㉠ 오른쪽 아래에서, ㉡ 왼쪽
③ ㉠ 왼쪽 위에서, ㉡ 오른쪽
④ ㉠ 왼쪽 아래에서, ㉡ 오른쪽

87 지적서고의 설치기준 등에 관한 다음 내용 중 ㉠과 ㉡에 들어갈 수치로 모두 옳은 것은?

지적공부보관상자는 벽으로부터 (㉠) 이상 띄워야 하며 높이 (㉡) 이상의 깔판 위에 올려놓아야 한다.

① ㉠ 10cm, ㉡ 10cm
② ㉠ 10cm, ㉡ 15cm
③ ㉠ 15cm, ㉡ 10cm
④ ㉠ 15cm, ㉡ 15cm

88 지적재조사에 관한 특별법상 지적재조사사업의 지도·감독, 기술·인력 및 예산 등의 지원을 위하여 시·도에 둘 수 있는 조직으로 가장 옳은 것은?

① 지적재조사기획단
② 지적재조사계획단
③ 지적재조사지원단
④ 지적재조사추진단

89 토지소유자가 신규등록을 신청할 때에 신규등록사유를 적는 신청서에 첨부하여야 하는 서류에 해당하지 않는 것은?

① 사업인가서와 지번별 조서
② 법원의 확정판결서 정본 또는 사본
③ 소유권을 증명할 수 있는 서류의 사본
④ 공유수면 관리 및 매립에 관한 법률에 따른 준공검사확인증 사본

90 다음 중 토지소유자가 지목변경을 신청할 때에 첨부하여 지적소관청에 제출하여야 하는 서류에 해당하지 않는 것은?
① 과세사실을 증명하는 납세증명서의 사본
② 토지 또는 건축물의 용도가 변경되었음을 증명하는 서류의 사본
③ 관계법령에 따라 토지의 형질변경공사가 준공되었음을 증명하는 서류의 사본
④ 국유지·공유지의 경우 용도폐지되었거나 사실상 공공용으로 사용되고 있지 아니함을 증명하는 서류의 사본

91 공간정보의 구축 및 관리 등에 관한 법령상 축척변경 시행에 따른 청산금의 산정 및 납부고지 등 이의신청에 관한 설명으로 옳은 것은?
① 청산금의 이의신청은 지적소관청에 하여야 한다.
② 청산금의 초과액은 국가의 수입으로 하고, 부족액은 지방자치단체가 부담한다.
③ 지적소관청은 토지소유자에게 수령통지를 한 날부터 9개월 이내에 청산금을 지급하여야 한다.
④ 지적소관청은 청산금의 결정을 공고한 날부터 30일 이내에 토지소유자에게 납부고지 또는 수령통지를 하여야 한다.

92 다음 중 축척변경위원회의 심의·의결사항에 해당하는 것은?
① 지적측량적부심사에 관한 사항
② 지적기술자의 징계에 관한 사항
③ 지적기술자의 양성방안에 관한 사항
④ 지번별 m^2당 금액의 결정에 관한 사항

93 도시개발사업 등 시행지역의 토지이동신청에 관한 특례와 관련하여 대통령령으로 정하는 토지개발사업에 해당하지 않는 것은?
① 지역개발 및 지원에 관한 법률에 따른 농지기반사업
② 택지개발촉진법에 따른 택지개발사업
③ 산업입지 및 개발에 관한 법률에 따른 산업단지개발사업
④ 도시 및 주거환경정비법에 따른 정비사업

94 토지소유자가 하여야 하는 신청을 대신할 수 있는 자가 아닌 것은? (단, 등록사항정정대상토지는 고려하지 않는다)
① 민법 제404조에 따른 채권자
② 공공사업 등에 따라 학교용지의 지목으로 되는 토지인 경우 해당 사업의 시행자
③ 주택법에 따른 공동주택의 부지인 경우 집합건물의 소유 및 관리에 관한 법률에 따른 관리인
④ 국가나 지방자치단체가 취득하는 토지인 경우 해당 토지의 매도인

95 지적소관청이 관할 등기소에 토지의 표시변경에 관한 등기를 할 필요가 있는 사유가 아닌 것은?
① 토지소유자의 신청을 받아 지적소관청이 신규등록한 경우
② 지적소관청이 지적공부의 등록사항에 잘못이 있음을 발견하여 이를 직권으로 조사·측량하여 정정한 경우
③ 지적공부를 관리하기 위하여 필요하다고 인정되어 지적소관청이 직권으로 일정한 지역을 정하여 그 지역의 축척을 변경한 경우
④ 지번부여지역의 일부가 행정구역의 개편으로 다른 지번부여지역에 속하게 되어 지적소관청이 새로 속하게 된 지번부여지역의 지번을 부여한 경우

96 국토교통부장관, 해양수산부장관 또는 시·도지사가 측량업자에게 측량업의 등록을 취소하거나 1년 이내의 기간을 정하여 영업의 정지를 명할 수 있는 경우에 해당하지 않는 것은?
① 고의 또는 과실로 측량을 부정확하게 한 경우
② 거짓이나 그 밖의 부정한 방법으로 측량업의 등록을 한 경우
③ 지적측량업자가 업무범위를 위반하여 지적측량을 한 경우
④ 정당한 사유 없이 측량업의 등록을 한 날부터 1년 이내에 영업을 시작하지 아니한 경우

97 도로명주소법 시행령상 도로구간 또는 기초번호의 변경절차에 대한 설명이다. 이 중 틀린 것은?

① 시장 등은 도로구간 또는 기초번호를 변경하려는 경우에는 행정안전부령으로 정하는 사항을 10일 이상의 기간을 정하여 공보 등에 공고하고, 해당 지역주민의 의견을 수렴해야 한다.
② 시장 등은 의견제출기간이 지난 날부터 30일 이내에 행정안전부령으로 정하는 사항을 해당 주소정보위원회에 제출하고, 도로구간 또는 기초번호의 변경에 관하여 심의를 거쳐야 한다.
③ 시장 등은 서면 동의를 받은 경우에는 서면 동의를 받은 날부터 10일 이내에 행정안전부령으로 정하는 사항을 공보 등에 고시해야 한다.
④ 시장 등은 심의결과 도로구간 또는 기초번호를 변경하기로 한 경우에는 공고를 한 날부터 30일 이내에 도로명주소 및 사물주소를 변경해야 하는 도로명주소사용자 과반수의 서면동의를 받아야 한다.

98 중앙지적위원회에 관한 설명으로 옳지 않은 것은?

① 중앙지적위원회의 위원장은 국토교통부의 지적업무담당국장이 된다.
② 중앙지적위원회의 부위원장은 국토교통부의 지적업무담당과장이 된다.
③ 위원장 및 부위원장을 포함한 위원의 임기는 2년으로 한다.
④ 위원은 지적에 관한 학식과 경험이 풍부한 사람 중에서 국토교통부장관이 임명하거나 위촉한다.

99 지적재조사사업에 관련된 설명으로 옳지 않은 것은?

① 지적공부의 등록사항과 일치하지 않는 토지의 실제 현황을 바로잡기 위한 사업이다.
② 종이에 구현된 지적을 디지털지적으로 전환하기 위한 사업이다.
③ 국토를 효율적으로 관리하기 위해 추진되는 사업이다.
④ 국민의 재산권을 보호해주기 위해 추진되는 국가사업이다.

100 다음의 조정금에 관한 이의신청에 대한 내용 중 ( ) 안에 들어갈 알맞은 일자는?

- 수령통지 또는 납부고지된 조정금에 이의가 있는 토지소유자는 수령통지 또는 납부고지를 받은 날부터 (㉠) 이내에 지적소관청에 이의신청을 할 수 있다.
- 지적소관청은 이의신청을 받은 날부터 (㉡) 이내에 시·군·구 지적재조사위원회의 심의·의결을 거쳐 이의신청에 대한 결과를 신청인에게 서면으로 알려야 한다.

① ㉠ 30일, ㉡ 30일
② ㉠ 30일, ㉡ 60일
③ ㉠ 60일, ㉡ 30일
④ ㉠ 60일, ㉡ 60일

제1회 지적산업기사 모의고사 정답 및 해설

01	02	03	04	05	06	07	08	09	10	11	12	13	14	15	16	17	18	19	20	21	22	23	24	25
②	④	①	③	②	②	④	②	④	②	②	④	③	④	②	②	②	②	②	②	①	②	②	②	③
26	27	28	29	30	31	32	33	34	35	36	37	38	39	40	41	42	43	44	45	46	47	48	49	50
②	①	④	③	④	③	②	④	③	①	②	②	③	①	②	②	①	③	①	②	②	①	①	④	④
51	52	53	54	55	56	57	58	59	60	61	62	63	64	65	66	67	68	69	70	71	72	73	74	75
①	①	②	③	③	③	④	③	③	②	②	①	②	②	③	②	④	③	③	③	②	①	③	①	④
76	77	78	79	80	81	82	83	84	85	86	87	88	89	90	91	92	93	94	95	96	97	98	99	100
④	①	③	②	④	②	②	②	④	③	③	③	③	①	①	①	④	②	④	②	①	③	①	③

01 토지조사사업 당시 전국적으로 통일된 원점을 사용하지 않은 상태에서 측량이 이루어졌다.

02 직각좌표계 원점

명칭	원점의 경위도	적용 구역
서부좌표계	• 경도 : 동경 125°00′00″ • 위도 : 북위 38°00′00″	동경 124~126° 구역 내
중부좌표계	• 경도 : 동경 127°00′00″ • 위도 : 북위 38°00′00″	동경 126~128° 구역 내
동부좌표계	• 경도 : 동경 129°00′00″ • 위도 : 북위 38°00′00″	동경 128~130° 구역 내
동해좌표계	• 경도 : 동경 131°00′00″ • 위도 : 북위 38°00′00″	동경 130~132° 구역 내

03 지적기준점관리

지적 기준점	설치관리	성과관리	등본 (1점당)	열람 (1점당)
지적 삼각점	시·도지사, 지적소관청	시·도 지사	500원	300원
지적삼각 보조점		지적 소관청	500원	300원
지적 도근점		지적 소관청	400원	200원

㉠ 지적소관청이 지적삼각점을 설치하거나 변경하였을 때에는 그 측량성과를 시·도지사에게 통보한다.
㉡ 지적소관청은 지형·지물 등의 변동으로 인하여 지적삼각점성과가 다르게 된 때에는 지체 없이 그 측량성과를 수정하고 그 내용을 시·도지사에게 통보한다.
㉢ 시·도지사 또는 지적소관청은 타인의 토지, 건축물 또는 구조물 등에 지적기준점을 설치한 때에는 소유자 또는 점유자에게 선량한 관리자로서 보호의무가 있음을 통지하여야 한다.
㉣ 지적소관청은 도로, 상하수도, 전화 및 전기시설 등의 공사로 지적기준점이 망실 또는 훼손될 것으로 예상되는 때에는 공사시행자와 공사착수 전에 지적기준점의 이전·재설치 또는 보수 등에 관하여 미리 협의한 후 공사를 시행하도록 하여야 한다.
㉤ 시·도지사 또는 지적소관청은 지적기준점의 관리를 위하여 지적기준점망도, 지적기준점성과표 등을 첨부하여 관계기관에 연 1회 이상 송부하여 지적기준점관리 협조를 요청하여야 한다.
㉥ 지적측량수행자는 지적기준점표지의 망실을 확인하였거나 훼손될 것으로 예상되는 때에는 지적소관청에 지체 없이 이를 통보하여야 한다.

04 $\dfrac{1}{m} = \dfrac{63.18 - 63.20}{\dfrac{63.18 + 63.20}{2}} = \dfrac{1}{3,200}$

05 $\dfrac{\Delta l}{l} = \dfrac{\theta''}{\rho''}$

$\dfrac{\Delta l}{130} = \dfrac{40''}{206,265''}$

∴ $\Delta l = 0.025\text{m} = 2.5\text{cm}$

06 ① 지적삼각보조점은 교회망 또는 교점다각망으로 구성한다.
③ 다각망도선법으로 지적삼각보조점측량을 할 때 1도선의 거리는 4km 이하로 한다.
④ 지적삼각보조점은 영구표지를 설치하는 경우에는 시·군·구별로 일련번호를 부여한다.

07 전파기 또는 광파기측량방법에 따라 다각망도선법으로 지적삼각보조점측량을 할 때에는 다음의 기준에 따른다.
㉠ 3점 이상의 기지점을 포함한 결합다각방식에 따를 것
㉡ 1도선(기지점과 교점 간 또는 교점과 교점 간을 말한다)의 점의 수는 기지점과 교점을 포함하여 5점 이하로 할 것
㉢ 1도선의 거리(기지점과 교점 또는 교점과 교점 간의 점간거리의 총합계를 말한다)는 4km 이하로 할 것

08 도선의 등급
⊙ 1등도선
- 위성기준점, 통합기준점, 삼각점, 지적삼각점 및 지적삼각보조점의 상호 간을 연결하는 도선
- 다각망도선
- 가, 나, 다 순

⊙ 2등도선
- 위성기준점, 통합기준점, 삼각점, 지적삼각점 또는 지적삼각보조점과 지적도근점을 연결하는 도선
- 지적도근점 상호 간을 연결하는 도선
- ㄱ, ㄴ, ㄷ 순

09
도선법과 다각망도선법에 따른 지적도근점의 각도관측을 할 때의 폐색오차의 허용범위는 다음의 기준에 따른다. 이 경우 n은 폐색변을 포함한 변의 수를 말한다.

⊙ 배각법에 따르는 경우 : 1회 측정각과 3회 측정각의 평균값에 대한 교차는 30초 이내로 하고, 1도선의 기지방위각 또는 평균방위각과 관측방위각의 폐색오차는 1등도선은 $\pm 20\sqrt{n}$ 초 이내, 2등도선은 $\pm 30\sqrt{n}$ 초 이내로 한다.

⊙ 방위각법에 따르는 경우 : 1도선의 폐색오차는 1등도선은 $\pm\sqrt{n}$ 분 이내, 2등도선은 $\pm 1.5\sqrt{n}$ 분 이내로 한다.

10
⊙ 측선 AB의 방위각 = 50°
⊙ 측선 BC의 방위각 = 50° + 180° − 120° = 110°
⊙ 측선 BC의 방위 = S70°E

11 직각좌표의 상한에 따른 부호
⊙ 1상한에서 Δx는 (+), Δy는 (+)이다.
⊙ 2상한에서 Δx는 (−), Δy는 (+)이다.
⊙ 3상한에서 Δx는 (−), Δy는 (−)이다.
⊙ 4상한에서 Δx는 (+), Δy는 (−)이다.

12
경위의측량방법이나 전파기 또는 광파기측량방법에 따라 다각망도선법으로 지적도근점측량을 할 때에는 다음의 기준에 따른다.

⊙ 3점 이상의 기지점을 포함한 결합다각방식에 따를 것
⊙ 1도선의 점의 수는 20점 이하로 할 것

13 지적측량 시행규칙 제4조(지적기준점성과표의 기록·관리 등)
② 제3조에 따라 지적소관청이 지적삼각보조점성과 및 지적도근점성과를 관리할 때에는 다음 각 호의 사항을 지적삼각보조점성과표 및 지적도근점성과표에 기록·관리하여야 한다.
1. 번호 및 위치의 약도
2. 좌표와 직각좌표계 원점명
3. 경도와 위도(필요한 경우로 한정한다)
4. 표고(필요한 경우로 한정한다)
5. 소재지와 측량연월일
6. 도선등급 및 도선명
7. 표지의 재질
8. 도면번호
9. 설치기관
10. 조사연월일, 조사자의 직위·성명 및 조사내용

14
평판측량방법에 있어서 도상에 영향을 미치지 아니하는 지상거리의 축척별 허용범위는 $M/10$[mm]로 한다(여기서, M : 축척분모).

15 지적측량 시행규칙 제18조(세부측량의 기준 및 방법 등)
① 평판측량방법에 따른 세부측량은 다음 각 호의 기준에 따른다.
1. 거리측정단위는 지적도를 갖추두는 지역에서는 5cm 하고, 임야도를 갖추두는 지역에서는 50cm로 할 것
2. 측량결과도는 그 토지가 등록된 도면과 동일한 축척으로 작성할 것
3. 세부측량의 기준이 되는 위성기준점, 통합기준점, 삼각점, 지적삼각점, 지적삼각보조점, 지적도근점 및 기지점이 부족한 경우에는 측량상 필요한 위치에 보조점을 설치하여 활용할 것
4. 경계점은 기지점을 기준으로 하여 지상경계선과 도상경계선의 부합 여부를 현형법·도상원호교회법·지상원호교회법 또는 거리비교확인법 등으로 확인하여 정할 것

16
도상에 영향을 미치지 않는 지상거리의 허용범위는 $\dfrac{M}{10}$ [mm]이다.

∴ 허용범위 = $\dfrac{M}{10} = \dfrac{1,200}{10} = 120\text{mm} = 12\text{cm}$

17 경위의측량방법에 따른 세부측량의 관측 및 계산기준
⊙ 미리 각 경계점에 표지를 설치할 것. 다만, 부득이한 경우에는 그러하지 아니하다.
⊙ 도선법 또는 방사법에 따를 것
⊙ 관측은 20초독 이상의 경위의를 사용할 것
⊙ 수평각의 관측은 1대회의 방향관측법이나 2배각의 배각법에 따를 것. 다만, 방향관측법인 경우에는 1측회의 폐색을 하지 아니할 수 있다.
⊙ 연직각의 관측은 정반으로 1회 관측하여 그 교차가 5분 이내일 때에는 그 평균치를 연직각으로 하되 분단위로 독정(讀定)할 것
⊙ 수평각의 측각공차는 다음 표에 따를 것

종별	1방향각	1회 측정각과 2회 측정각의 평균값에 대한 교차
공차	60초 이내	40초 이내

18
$\overline{AB} = 2R\sin\dfrac{\theta}{2} = 2 \times 500 \times \sin\dfrac{60°}{2} = 500\text{m}$

19
토지를 합병하는 경우 면적결정은 합병 전 각 필지의 면적을 합산하여 결정하므로 면적측정을 하지 않는다.

20 $S = \frac{1}{2}(a+b+c) = \frac{1}{2} \times (10+12+14) = 18\text{m}$

$\therefore A = \sqrt{S(S-a)(S-b)(S-c)}$
$= \sqrt{18 \times (18-10) \times (18-12) \times (18-14)}$
$= 85.79\text{m}^2$

21 등고선은 동굴이나 절벽에서는 교차한다.

22 이기점(turning point) : 기계를 옮기기 위한 점으로 전시와 후시를 동시에 취하는 점

23 $H_B = H_A + \frac{(a_1-b_1)+(a_2-b_2)}{2}$
$= 20 + \frac{(0.74-0.07)+(1.87-1.24)}{2} = 20.65\text{m}$

24 수준측량 시 표척과 레벨과의 거리는 60m 이내가 좋다.

25 $\sqrt{4} : 20 = \sqrt{9} : x$ 또는 $\sqrt{8} : 20 = \sqrt{18} : x$
$\therefore x = 30\text{mm}$

26 수준측량에서의 기계고는 기준면으로부터 망원경시준선까지의 높이이다. 따라서 기계고=지반고+후시이다.

27 수준측량에서 전시와 후시의 거리를 같게 하면 시준축오차를 소거할 수 있다. 즉 망원경의 시준선이 기포관축에 평행이 아닐 때의 오차를 소거할 수 있다.

28 동일 방향의 경사면의 크기가 다른 두 면의 교선을 경사변환선이라 한다.

29 등고선

종류	1/5,000, 1/10,000	1/25,000	1/50,000
주곡선	5m	10m	20m
간곡선	2.5m	5m	10m
조곡선	1.25m	2.5m	5m
계곡선	25m	50m	100m

30 ㉠ $100 : 15 = 24.9 : x$
$\therefore x = 3.735\text{m}$
㉡ $H_B = 46.8 + 3.735$
$= 50.535\text{m}$

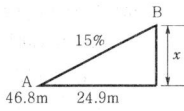

㉢ 표고 46.8m와 50.535m 사이에 1m 간격으로 등고선을 삽입할 경우 47m, 48m, 49m, 50m 총 4개가 들어간다.

31 지형도 이용
㉠ 단면도의 제작(종·횡단면도)
㉡ 등경사선의 관측(구배)
㉢ 노선의 도면상 선정(두 점 간의 시통가부의 결정)
㉣ 유역면적 산정(저수량측정)
㉤ 절·성토범위 결정(토공량계산)
㉥ 소요경비의 산출자료에 이용

32 노선측량의 순서 : 도상 선정 → 계획조사측량 → 실시설계측량 → 세부측량 → 용지측량 → 공사측량

33 복심곡선은 반지름이 다른 두 개의 원곡선이 접속점에서 하나의 공통접선을 가지며 곡선반경이 같은 방향에 있는 곡선을 말한다. 이러한 복심곡선은 안전운전에 지장을 주므로 가급적 피하는 것이 좋다.

34 $B.C = I.P - T.L = I.P - R\tan\frac{I}{2}$
$= 1427.25 - 140 \times \tan\frac{80°}{2} = 1309.78\text{m}$

35 $L = 2R\sin\frac{I}{2}$
$100 = 2 \times R \times \sin\frac{30°30'}{2}$
$\therefore R = 190.09\text{m}$

36 완화곡선의 성질
㉠ 곡선반지름은 완화곡선의 시점에서 무한대이며, 종점에서는 원곡선의 반지름과 같다.
㉡ 완화곡선의 접선은 시점에서 직선에, 종점에서 원호에 접한다.
㉢ 완화곡선에 연한 곡선반지름의 감소율은 캔트의 증가율과 같다.
㉣ 완화곡선 종점의 캔트와 원곡선 시점의 캔트는 같다.

37 클로소이드(clothoid)곡선은 곡률이 곡선장에 비례하는 곡선으로 고속도로에서 사용하는 완화곡선이며, 이는 수평곡선에 해당한다.

38 사용카메라에 따른 분류

종류	렌즈의 화각	초점거리 (mm)	화면크기 (cm)	용도
협각 카메라	60° 이하			특수한 대축척, 평면도 제작
보통각 카메라	60°	210	18×18	산림조사용, 도심지
광각 카메라	90°	152~153	23×23	일반도화 판독용, 경제적
초광각 카메라	120°	88~90	23×23	소축척 도화용, 완전 평지

39 $B = ma\left(1 - \frac{p}{100}\right) = 10,000 \times 0.23 \times \left(1 - \frac{60}{100}\right)$
$= 920\text{m}$

40 $\tan 60° = \frac{10}{\overline{AB'}}$
$\therefore \overline{AB'} = 5.77\text{m}$

41 지적도면전산화의 목적
   ㉠ 국가지리정보에 기본정보로 관련 기관이 공동으로 활용할 수 있는 기반 조성(공공계획 수립의 중요정보 제공)
   ㉡ 지적도면의 신축으로 인한 원형보관·관리의 어려움 해소
   ㉢ 정확한 지적측량자료 활용
   ㉣ 토지대장과 지적도면을 통합한 대민서비스 질적 향상
   ㉤ 토지정보의 수요에 대한 신속한 대처
   ㉥ 토지정보시스템의 기초데이터 활용

42 필지식별번호는 각 필지별 등록사항의 저장과 수정 등을 쉽게 처리할 수 있는 가변성이 없는 고유번호를 말하며 속성정보와 도형정보의 연결, 토지정보의 위치식별 확인, 도형정보의 수집, 검색, 조회 등의 key역할을 한다.

43 통계자료, 보고서, 범례 등은 속성자료에 해당한다.

44 공간데이터와 속성데이터는 다른 자료구조를 가지고 있으며 관리하는 체계도 다른 경우가 있다. 따라서 이를 통합하여 관리하기 위해서는 공통되는 식별자를 사용하여야 한다.

45 지적정보취득방법

속성정보	도형정보
• 현지조사에 의한 경우 • 민원신청에 의한 경우 • 담당공무원의 직권에 의한 경우 • 관계기관의 통보에 의한 경우	• 지상측량에 의한 경우 • 항공사진측량에 의한 경우 • 원격탐사에 의한 경우 • GPS측량에 의한 경우 • 기존의 도면을 이용하는 경우

46 디지타이저와 스캐너의 비교

구분	디지타이저	스캐너
입력방식	수동방식	자동방식
결과물	벡터	래스터
비용	저렴	고가
시간	시간이 많이 소요	신속
도면상태	영향을 적게 받음	영향을 받음

47 지적정보관리시스템의 사용자권한구분
   • 사용자의 신규등록
   • 사용자등록의 변경 및 삭제
   • 법인 아닌 사단·재단등록번호의 업무관리
   • 법인 아닌 사단·재단등록번호의 직권수정
   • 개별공시지가 변동의 관리
   • 지적전산코드의 입력·수정 및 삭제
   • 지적전산코드의 조회
   • 지적전산자료의 조회
   • 지적통계의 관리
   • 토지 관련 정책정보의 관리
   • 토지이동신청의 접수
   • 토지이동의 정리
   • 토지소유자변경의 정리
   • 토지등급 및 기준수확량등급 변동의 관리
   • 지적공부의 열람 및 등본 교부의 관리
   • 부동산종합공부의 열람 및 부동산종합증명서 발급의 관리
   • 일반지적업무의 관리
   • 일일마감관리
   • 지적전산자료의 정비
   • 개인별 토지소유현황의 조회
   • 비밀번호의 변경

48 지적전산자료를 이용 또는 활용하려는 자는 다음의 사항을 기재한 신청서를 관계 중앙행정기관의 장에게 제출하여 심사를 신청하여야 한다.
   ㉠ 자료의 이용 또는 활용목적 및 근거
   ㉡ 자료의 범위 및 내용
   ㉢ 자료의 제공방식, 보관기관 및 안전관리대책 등

49 점, 선, 면의 형태를 이용한 지리적 객체는 2차원 지도이다.

50 래스터데이터는 네트워크와 연계가 불가능하며 좌표변환 시 시간이 많이 소요된다.

51 체인코드기법
   ㉠ 대상지역에 해당하는 격자들의 연속적인 연결상태를 파악하여 동일한 지역의 정보를 제공하는 방법이다.
   ㉡ 어떤 개체의 경계선을 그 시작점에서부터 동서남북방향으로 4방 혹은 8방으로 순차진행하는 단위벡터를 사용하여 표현하는 방법이다.
   ㉢ 압축에 매우 효과적이며 면적과 둘레의 계산 등을 쉽게 할 수 있다.

52 ㉠ 불규칙삼각망(TIN) : 연속적인 표면을 표현하기 위한 방법의 하나로서 표본이 추출된 표고점들을 선택적으로 연결하여 형성된 크기와 모양이 정해지지 않고 서로 겹치지 않는 삼각형으로 이루어진 그물망의 모양으로 표현하는 것을 비정규삼각망이라 한다. TIN을 활용하여 방향, 경사도분석, 3차원 입체지형 생성 등 다양한 분석을 수행할 수 있다.
   ㉡ 수치표고모델(DEM) : 규칙적인 간격으로 표본지점이 추출된 래스터형태의 데이터 모델이 격자형 수치표고모델이다. 수치지형데이터 구조가 그리드를 기반으로 하기 때문에 데이터를 처리하고 다양한 분석을 수행하는 데 용이하다.

53 공간보간법(spatial interpolation)
   지형에 대한 정보를 숫자로 나타내기 위해서는 현실 세계에 대한 연속된 값들이 필요한데, 이런 데이터를 얻는 것이 매우 어렵기 때문에 공간보간법이 이용된다. 공간보간법은 값(높이, 오염 정도 등)을 알고 있는 지점들을 이용하여 그 사이에 있는 모르는 지점의 값을 계산하는 방법이다.
   ㉠ Nearest Neighbor보간법 : 가장 간단한 최단거리보간법으로 주변에서 가장 가까운 점의 값을 택하는 방식이다.

ⓛ IDW(Inverse Distance Weighting)보간법 : 관측점과 보간대상점과의 거리의 역수를 가중치로 하여 보간하는 방식으로 거리가 가까울수록 가중치의 상대적인 영향은 크며, 거리가 멀어질수록 상대적인 영향은 적어진다.
- Inverse Weighted Distance보간법 : 미지점으로부터 일정반경 내에 존재하는 관측점과의 단순 거리의 역수에 대한 가중치를 주어 미지점에서 가까운 점일수록 큰 가중치를 부여한다.
- Inverse Weighted Square Distance보간법 : 거리의 제곱값의 역수를 가중치로 사용함으로써 거리의 영향을 보다 크게 한 것이다.
- Bilinear보간법 : 점에서 점까지의 거리에 가중치를 주는 것이 아니라 한 점에서 다른 점까지의 거리에 따른 면적에 대한 가중치를 주어서 보간하는 방식으로 영상처리에서 가장 보편적으로 사용되는 보간방식이다.
- Bicubic보간법 : 4×4격자의 값들을 윈도로 이용하여 인접 지역의 값을 이용하여 미지점의 표고값을 추정하는 것으로 타 보간법에 비해 가장 높은 정확도를 나타낼 수는 있으나 계산과정이 복잡하여 시간이 많이 소요되는 단점이 있다.

54 데이터웨어하우스(Data Warehouse) : 의사결정지원을 위한 주제지향의 통합적이고 영속적이면서 시간에 따라 변하는 데이터의 집합

55 ① order by는 문장 마지막에 나온다.
② select 다음에는 필드명이 나온다.
④ from 다음에는 테이블명이 나온다.

56 지상 및 지하의 공급시설에 대한 자료를 효율적으로 관리하는 시스템은 시설물관리시스템이다.

57 LIS는 자료관리 및 처리에, GIS는 자료분석에 중점을 두고 있다.

58 메타데이터란 실제 데이터는 아니지만 데이터베이스, 레이어, 속성, 공간현상 등과 관련된 데이터의 내용, 품질, 조건 및 특징 등을 저장한 데이터로서 데이터에 관한 데이터로 데이터의 이력서라고 말할 수 있다. 따라서 메타데이터는 작성한 실무자가 바뀌더라도 변함없는 데이터의 기본체계를 유지하게 되므로 시간이 지나도 일관성 있는 데이터를 사용자에게 제공 가능하다.

59 지리정보시스템의 오차
ⓐ 입력자료의 품질에 따른 오차
- 위치정확도에 따른 오차
- 속성정확도에 따른 오차
- 논리적 일관성에 따른 오차
- 완결성에 따른 오차
- 자료변환과정에 따른 오차
ⓛ 데이터베이스 구축 시 발생되는 오차
- 절대위치자료 생성 시 기준점의 오차
- 위치자료 생성 시 발생되는 항공사진 및 위성영상의 정확도에 따른 오차
- 디지타이징 시 발생되는 오차
- 좌표변환 시 투영법에 따른 오차
- 사회자료 부정확성에 따른 오차
- 자료처리 시 발생되는 오차

60 국가공간정보 기본법 제27조(자료의 가공 등)
① 국토교통부장관은 공간정보의 이용을 촉진하기 위하여 제25조에 따라 수집한 공간정보를 분석 또는 가공하여 정보이용자에게 제공할 수 있다.
② 국토교통부장관은 제항에 따라 가공된 정보의 정확성을 유지하기 위하여 수집한 공간정보 등에 오류가 있다고 판단되는 경우에는 자료를 제공한 관리기관에 대하여 자료의 수정 또는 보완을 요구할 수 있으며, 자료의 수정 또는 보완을 요구받은 관리기관의 장은 그에 따른 조치결과를 국토교통부장관에게 제출하여야 한다. 다만, 관리기관이 공공기관일 경우는 조치결과를 제출하기 전에 주무기관의 장과 미리 협의하여야 한다.

61 지적의 어원
ⓐ J. G. McEntyre는 지적을 라틴어인 Capitastrum에서 그 어원이 유래되었다고 주장하면서 인두세등록부(Head Tax Register)를 의미하는 Capitastrum 또는 Cadastrum에서 유래되었다고 하였다.
ⓛ Blondheim은 지적을 그리스어인 Katastikhon에서 그 어원이 유래되었다고 주장하였으며, 여기서 Kata(위에서 아래로)+stikhon(부과)=Katastikhon는 군주가 백성에게 세금을 부과하는 제도라는 의미로 사용하였다.
ⓒ Capitastrum과 Katastikhon은 세금 부과의 뜻을 지닌 것으로 알 수 있다.
※ Cadastre은 과세 및 측량이라는 의미를 내포하고 있다.

62 과세설은 영국의 둠즈데이북, 신라시대의 신라장적문서, 모세의 탈무드법에 규정된 십일조, 3세기 말 디오클레티아누스황제의 로마제국 토지측량 등의 학설에 근거가 있다.

63 지적의 기본이념
ⓐ 지적국정주의 : 지적에 관한 사항, 즉 지번·지목·경계·면적·좌표는 국가만이 이를 결정한다는 원리이다.
ⓛ 지적형식주의(지적등록주의) : 지적공부에 등록하는 법적인 형식을 갖추어야만 비로소 토지로서의 거래단위가 될 수 있다는 원리이며 지적등록주의라고도 한다.
ⓒ 지적공개주의 : 토지에 관한 사항은 국가의 편의뿐만 아니라 국민 일반인에게도 공개함으로써 토지소유자 기타 이해관계인으로 하여금 이용할 수 있도록 한다는 원리이다. 즉 토지이동신고 및 신청, 경계복원측량, 지적공부등본 및 열람, 지적측량기준점등본 및 열람 등이 이에 해당한다.

② 실질적 심사주의(사실심사주의) : 지적공부에 새로이 등록하거나 등록된 사항의 변경은 국가기관의 장인 시장·군수·구청장(이하 "지적소관청"이라 한다)이 공간정보의 구축 및 관리 등에 관한 법률에 의한 절차상의 적법성 및 실체법상의 사실관계의 부합 여부를 심사하여 등록한다는 것을 말한다.
⑩ 직권등록주의(강제등록주의, 적극적 등록주의) : 국토교통부장관은 모든 토지에 대하여 필지별로 소재·지번·지목·면적·경계 또는 좌표 등을 조사·측량하여 지적공부에 등록해야 한다.

64 지적은 직권등록주의를, 등기는 신청주의를 채택하고 있다.

65 토지등록의 효력 : 구속력, 공정력, 확정력, 강제력

66 지번의 기능
㉠ 필지를 구별하는 개별성과 특정성의 기능을 가진다.
㉡ 거주지 또는 주소표기의 기준으로 이용된다.
㉢ 위치 파악의 기준이 된다.
㉣ 각종 토지 관련 정보시스템에서 검색키로서의 기능을 가진다.
㉤ 물권의 객체를 구분한다.
㉥ 등록공시단위이다.

67 지목의 설정원칙
㉠ 법정지목의 원칙 : 현행 공간정보의 구축 및 관리 등에 관한 법률에서 지목은 28개의 지목으로 정해져 있으며, 그 외의 지목 등은 인정하지 않는다.
㉡ 1필 1목의 원칙 : 필지마다 하나의 지목을 설정한다.
㉢ 주지목 추종의 원칙 : 1필지가 2 이상의 용도로 활용되는 경우에는 주된 용도에 따라 지목을 설정한다.
㉣ 영속성의 원칙(일시변경 불변의 원칙) : 토지가 일시적 또는 임시적인 용도로 사용되는 때에는 지목을 변경하지 아니한다.
㉤ 사용목적 추종의 원칙 : 택지조성사업을 목적으로 공사가 준공된 토지는 미리 그 목적에 따라 지목을 '대'로 정할 수 있다.
㉥ 용도 경중의 원칙 : 지목이 중복되는 경우 중요한 토지의 사용목적·용도에 따라 지목을 설정한다.
㉦ 등록 선후의 원칙 : 지목이 중복되는 경우 먼저 등록된 토지의 사용목적·용도에 따라 지목을 설정한다.

68 축척종대의 원칙은 지적도에 등록된 경계와 임야도에 등록된 경계가 서로 다른 때에는 큰 축척의 경계를 따른다.

69 도곽선의 역할
㉠ 지적기준점 전개 시의 기준
㉡ 도곽 신축보정 시의 기준
㉢ 인접 도면접합 시의 기준
㉣ 도북방위선의 기준
㉤ 측량결과도와 실지의 부합 여부 기준

70 지적공부의 편성방법
㉠ 연대적 편성주의 : 당사자의 신청순서에 따라 차례대로 지적공부를 편성하는 방법
㉡ 인적 편성주의 : 소유자를 중심으로 하여 편성하는 방식
㉢ 물적 편성주의 : 개개의 토지를 중심으로 하여 등록부를 편성하는 방법

71 백제의 측량전담기구

구분		담당부서	업무내용
한성시기		내두좌평	재무
사비(부여)시기	내관	곡내부	양정
		목부	토목
	외관	점구부	호구, 조세
		사공부	토목, 재정

72 문기의 종류
㉠ 백문매매 : 입안을 받지 않은 매매계약서
㉡ 매매문기 : 궁방(弓房)에게 제출하는 문기
㉢ 깃급문기 : 자손에게 상속할 깃(몫)을 기재하는 문기(분급문기)
㉣ 화회문기 : 부모가 토지나 노비 등의 재산을 깃급문기로 나누어 주지 못하고 사망할 경우 유언 또는 유서가 없을 때 형제, 자매 간에 서로 합의하여 재산을 나눌 때 작성하는 문기
㉤ 별급문기 : 과거급제, 생일, 혼례, 득남 등 축하나 기념하는 일들이 생겼을 때 별도로 재산을 분배할 때 작성하는 문기

73 일자오결제
㉠ 천자문의 1자의 부여를 위한 결수의 구성
㉡ 주요 내용
• 양안의 토지표시는 양전의 순서에 따라 1필지마다 천자문의 자번호를 부여함
• 천자문의 1자는 폐경전, 기경전을 막론하고 5결이 되면 부여함
• 1결의 크기는 1등전의 경우 사방 1만척으로 하였음

74 구한말에 운영한 지적업무부서의 설치순서 : 양지아문 → 지계아문 → 탁지부 양지국 → 탁지부 양지과

75 대한제국시대의 각종 도면
㉠ 율림기지원도 : 밀양 영남루 남천강의 건너편 수월비동의 밤나무 숲을 측량한 지적도를 말한다.
㉡ 산록도 : 구한말 동(洞)의 뒷산을 실측한 지도이다.
㉢ 전원도 : 농경지만을 나타낸 지적도를 말하며 축척은 1/1,000로 되어 있다. 면적은 삼사법으로 구적하였고 방위표시를 한 도식이 오른쪽 상단에 보이며, 범례는 없다.
㉣ 건물도 : 1908년 제실재산정리국에서 측량기사를 동원하여 대한제국 황실 소유의 토지를 측량하고 구한말 주로 건물의 위치와 평면적 크기를 도면상에 나타낸 지도이다.

ⓓ 가옥원도 : 호(戶)단위로 가옥의 위치와 평면적 크기를 나타낸 구한말 실측도 가운데 축척이 가장 큰 대축척 1/100지도이다.
ⓑ 궁채전도 : 내수사 등 7궁 소속의 토지 가운데 채소밭을 실측한 지도이다.
ⓐ 관저원도 : 대한제국 때 고위관리의 관저를 실측한 원도이다.

76 지적 관련 법령의 변천순서 : 토지조사법(1910) → 토지조사령(1912) → 지세령(1914) → 조선임야조사령(1918) → 조선지세령(1943) → 지적법(1950)

77 토지조사사업의 내용
ⓐ 소유권조사 : 전국의 토지에 대하여 토지소유자 및 강계를 조사, 사정함으로써 토지분쟁을 해결하고 토지조사부, 토지대장, 지적도를 작성한다.
ⓑ 가격조사 : 과세의 공평을 기하기 위하여 시가지의 경우 토지의 시가를 조사하며, 시가지 이외의 지역에서는 대지는 임대가격을, 기타 전, 답, 지소 및 잡종지는 그 수익을 기초로 지가를 결정하여 지세제도를 확립한다.
ⓒ 외모조사 : 국토 전체에 대한 자연적 또는 인위적으로 형성된 지물과 고저를 표시한 지형도를 작성하기 위해 지형·지모조사를 실시하였다.

78 토지조사사업 시 소유자를 사정하여 토지대장에 등록한 소유권의 취득효력은 원시취득에 해당한다. 재결받은 때의 효력 발생일은 사정일로 소급하여 발생한다.

79 토지조사부는 1911년 11월 토지조사사업 당시 모든 토지소유자가 토지소유권을 신고하게 하여 토지사정원부로 사용하였으며 사정부(査定簿)라고도 하였다.

80 임야조사사업 당시 도지사(도관장)는 조사측량을 한 사항에 대하여 1필지마다 그 토지의 소유자와 경계를 임야조사서와 임야도에 의하여 사정하였다. 사정은 30일간 공고하며, 사정에 대하여 불복하는 자는 공시기간 만료 후 60일 내에 임야심사위원회에 신고하여 재결을 청구할 수 있다.

81 과수원으로 이용되고 있는 1,000m² 면적의 토지에 지목이 대인 30m² 면적의 토지가 포함되어 있을 경우 종된 용도의 토지의 지목이 대이므로 주된 토지에 양입이 될 수 없으며 별도의 필지로 구획을 하여야 한다.

82 행정구역의 변경, 도시개발사업의 시행, 지번변경, 축척변경, 지번정정 등의 사유로 지번에 결번이 생긴 때의 지적소관청은 결번이 발생하면 지체 없이 그 사유를 결번대장에 적어 영구히 보존한다.

83 합병의 경우에는 합병대상지번 중 선순위 지번을 그 지번으로 하되, 본번으로 된 지번이 있는 때에는 본번 중 선순위 지번을 합병 후의 지번으로 한다.

84 ①은 전, ②는 유지, ④는 구거에 해당한다.

85 ① 좌표면적계산법에 따른 산출면적은 1,000분의 1m²까지 계산하여 10분의 1m²단위로 정해야 한다.
② 전자면적측정기에 따른 산출면적은 1,000분의 1m²까지 계산하여 10분의 1m²단위로 정해야 한다.
④ 면적을 측정하는 경우 도곽선의 길이에 0.5mm 이상의 신축이 있을 때에는 이를 보정하여야 한다.

86 경계점좌표등록부를 갖춰두는 지역에 있는 각 필지의 경계점을 측정할 때 각 필지의 경계점점번호는 왼쪽 위에서부터 오른쪽으로 경계를 따라 일련번호를 부여한다.

87 지적공부보관상자는 벽으로부터 15cm 이상 띄워야 하며 높이 10cm 이상의 깔판 위에 올려놓아야 한다.

88 지적재조사에 관한 특별법 제32조(지적재조사기획단 등)
① 기본계획의 입안, 지적재조사사업의 지도·감독, 기술·인력 및 예산 등의 지원, 중앙위원회 심의·의결사항에 대한 보좌를 위하여 국토교통부에 지적재조사기획단을 둔다.
② 지적재조사사업의 지도·감독, 기술·인력 및 예산 등의 지원을 위하여 시·도에 지적재조사지원단을, 실시계획의 입안, 지적재조사사업의 시행, 사업대행자에 대한 지도·감독 등을 위하여 지적소관청에 지적재조사추진단을 둘 수 있다.
③ 제1항에 따른 지적재조사기획단의 조직과 운영에 관하여 필요한 사항은 대통령령으로, 제2항에 따른 지적재조사지원단과 지적재조사추진단의 조직과 운영에 관하여 필요한 사항은 해당 지방자치단체의 조례로 정한다.

89 토지소유자는 신규등록을 신청하고자 하는 때에는 신규등록 사유를 기재한 신청서에 국토교통부령으로 정하는 서류를 첨부하여 지적소관청에 제출하여야 한다. 다만, 그 서류를 소관청이 관리하는 경우에는 지적소관청의 확인으로써 그 서류의 제출에 갈음할 수 있다.
ⓐ 법원의 확정판결서 정본 또는 사본
ⓑ 공유수면 관리 및 매립에 관한 법률에 따른 준공검사확인증 사본
ⓒ 도시계획구역의 토지를 그 지방자치단체의 명의로 등록하는 때에는 기획재정부장관과 협의한 문서의 사본
ⓓ 그 밖에 소유권을 증명할 수 있는 서류의 사본

90 토지소유자는 지목변경을 신청하고자 하는 때에는 지목변경사유를 기재한 신청서에 국토교통부령으로 정하는 서류를 첨부해서 지적소관청에 제출하여야 한다. 다만, 서류를 그 지적소관청이 관리하는 경우에는 지적소관청의 확인으로써 그 서류의 제출에 갈음할 수 있다.
ⓐ 관계법령에 따라 토지의 형질변경 등의 공사가 준공되었음을 증명하는 서류의 사본
ⓑ 국·공유지의 경우에는 용도폐지되었거나 사실상 공공용으로 사용되고 있지 아니함을 증명하는 서류의 사본

ⓒ 토지 또는 건축물의 용도가 변경되었음을 증명하는 서류의 사본
ⓓ 개발행위허가, 농지전용허가, 보전산지전용허가 등 지목변경과 관련된 규제를 받지 아니하는 토지의 지목변경이거나 전·답·과수원 상호 간의 지목변경인 경우에는 서류의 첨부를 생략할 수 있음

91 ② 청산금의 초과액은 지방자치단체의 수입으로 하고, 부족액은 지방자치단체가 부담한다.
③ 지적소관청은 토지소유자에게 수령통지를 한 날부터 6개월 이내에 청산금을 지급하여야 한다.
④ 지적소관청은 청산금의 결정을 공고한 날부터 20일 이내에 토지소유자에게 납부고지 또는 수령통지를 하여야 한다.

92 공간정보의 구축 및 관리 등에 관한 법률 시행령 제80조(축척변경위원회의 기능)
축척변경위원회는 지적소관청이 회부하는 다음 각 호의 사항을 심의·의결한다.
1. 축척변경시행계획에 관한 사항
2. 지번별 m²당 금액의 결정과 청산금의 산정에 관한 사항
3. 청산금의 이의신청에 관한 사항
4. 그 밖에 축척변경과 관련하여 지적소관청이 회의에 부치는 사항

93 토지개발사업의 종류
㉠ 주택법에 따른 주택건설사업
㉡ 택지개발촉진법에 따른 택지개발사업
㉢ 산업입지 및 개발에 관한 법률에 따른 산업단지개발사업
㉣ 도시 및 주거환경정비법에 따른 정비사업
㉤ 지역개발 및 지원에 관한 법률에 따른 지역개발사업
㉥ 체육시설의 설치·이용에 관한 법률에 따른 체육시설 설치를 위한 토지개발사업
㉦ 관광진흥법에 따른 관광단지개발사업
㉧ 공유수면 관리 및 매립에 관한 법률에 따른 매립사업
㉨ 항만법 및 신항만건설촉진법에 따른 항만개발사업
㉩ 공공주택특별법에 따른 공공주택지구조성사업
㉪ 물류시설의 개발 및 운영에 관한 법률 및 경제자유구역의 지정 및 운영에 관한 특별법에 따른 개발사업
㉫ 철도건설법에 따른 고속철도, 일반철도 및 광역철도건설사업
㉬ 도로법에 따른 고속국도 및 일반국도건설사업
㉭ 그 밖에 위 사업과 유사한 경우로서 국토교통부장관이 고시하는 요건에 해당하는 토지개발사업

94 신청의 대위
㉠ 사업시행자 : 공공사업 등으로 인하여 학교용지, 도로, 철도용지, 제방, 하천, 구거, 유지, 수도용지 등의 지목으로 되는 토지의 경우에는 그 사업시행자
㉡ 행정기관 또는 지방자치단체장 : 국가 또는 지방자치단체가 취득하는 토지의 경우에는 그 토지를 관리하는 행정기관 또는 지방자치단체의 장
㉢ 관리인 또는 사업시행자 : 주택법에 의한 주택의 부지의 경우에는 집합건물의 소유 및 관리에 관한 법률에 의한 관리인(관리인이 없는 경우에는 공유자가 선임한 대표자) 또는 사업시행자
㉣ 민법 제404조의 규정에 의한 채권자 : 채권자는 자신의 채권을 보전하기 위하여 채무자의 권리를 행사할 수 있음

95 공간정보의 구축 및 관리 등에 관한 법률 제89조(등기촉탁)
신규등록 당시 등기부가 존재하지 아니하므로 지적공부와 등기부를 일치시키기 위한 등기촉탁은 필요하지 않다.

96 공간정보의 구축 및 관리 등에 관한 법률 제52조(측량업의 등록취소 등)
① 국토교통부장관, 해양수산부장관 또는 시·도지사는 측량업자가 다음 각 호의 어느 하나에 해당하는 경우에는 측량업의 등록을 취소하거나 1년 이내의 기간을 정하여 영업의 정지를 명할 수 있다. 다만, 제2호·제4호·제7호·제8호·제11호 또는 제15호에 해당하는 경우에는 측량업의 등록을 취소하여야 한다.
1. 고의 또는 과실로 측량을 부정확하게 한 경우
2. 거짓이나 그 밖의 부정한 방법으로 측량업의 등록을 한 경우
3. 정당한 사유 없이 측량업의 등록을 한 날부터 1년 이내에 영업을 시작하지 아니하거나 계속하여 1년 이상 휴업한 경우
4. 제44조 제2항에 따른 등록기준에 미달하게 된 경우. 다만, 일시적으로 등록기준에 미달되는 등 대통령령으로 정하는 경우는 제외한다.
5. 제44조 제4항을 위반하여 측량업등록사항의 변경신고를 하지 아니한 경우
6. 지적측량업자가 제45조에 따른 업무범위를 위반하여 지적측량을 한 경우
7. 제47조 각 호의 어느 하나에 해당하게 된 경우. 다만, 측량업자가 같은 조 제5호에 해당하게 된 경우로서 그 사유가 발생한 날부터 3개월 이내에 그 사유를 해소한 경우는 제외한다.
8. 제49조 제1항을 위반하여 다른 사람에게 자기의 측량업등록증 또는 측량업등록수첩을 빌려주거나 자기의 성명 또는 상호를 사용하여 측량업무를 하게 한 경우
9. 지적측량업자가 제50조를 위반한 경우
10. 제51조를 위반하여 보험가입 등 필요한 조치를 하지 아니한 경우
11. 영업정지기간 중에 계속하여 영업을 한 경우
12. 제52조 제3항에 따른 임원의 직무정지명령을 이행하지 아니한 경우
13. 지적측량업자가 제106조 제2항에 따른 지적측량수수료를 같은 조 제3항에 따라 고시한 금액보다 과다 또는 과소하게 받은 경우
14. 다른 행정기관이 관계법령에 따라 등록취소 또는 영업정지를 요구한 경우

15. 국가기술자격법 제15조 제2항을 위반하여 측량업자가 측량기술자의 국가기술자격증을 대여받은 사실이 확인된 경우

97 도로명주소법 시행령 제13조(도로구간 또는 기초번호의 변경절차)
① 시장 등은 법 제8조 제1항에 따라 도로구간 또는 기초번호를 변경하려는 경우에는 행정안전부령으로 정하는 사항을 14일 이상의 기간을 정하여 공보 등에 공고하고, 해당 지역주민의 의견을 수렴해야 한다.
② 시장 등은 제1항에 따른 의견제출기간이 지난 날부터 30일 이내에 행정안전부령으로 정하는 사항을 해당 주소정보위원회에 제출하고, 도로구간 또는 기초번호의 변경에 관하여 심의를 거쳐야 한다.
③ 시장 등은 제2항에 따른 심의를 마친 날부터 10일 이내에 해당 주소정보위원회의 심의결과 및 향후 변경절차(제2항에 따른 심의결과 도로구간 또는 기초번호를 변경하기로 한 경우로 한정한다)를 공보 등에 공고해야 한다. 이 경우 법 제8조 제3항 전단에 따른 요청을 받은 경우에는 요청한 자에게 그 사실을 통보해야 한다.
④ 시장 등은 제2항에 따른 심의결과 도로구간 또는 기초번호를 변경하기로 한 경우에는 제3항에 따른 공고를 한 날부터 30일 이내에 도로명주소 및 사물주소를 변경해야 하는 제18조에 따른 도로명주소사용자(제1항에 따른 공고일을 기준으로 한다. 이하 이 조에서 같다) 과반수의 서면동의를 받아야 한다. 다만, 시장 등이 인정하는 경우로 한정하여 30일의 범위에서 그 기간을 한 차례 연장할 수 있다.
⑤ 시장 등은 제4항에 따라 서면동의를 받은 경우에는 서면동의를 받은 날부터 10일 이내에 행정안전부령으로 정하는 사항을 공보 등에 고시해야 한다.
⑥ 시장 등은 제4항에 따른 도로명주소사용자 과반수의 서면동의를 받지 못한 경우에는 서면동의를 종료한 날부터 10일 이내에 그 사실을 공보 등에 공고해야 한다.
⑦ 법 제8조 제5항, 제11조 제3항 및 제12조 제5항에서 "대통령령으로 정하는 공공기관"이란 각각 제10조 제5항 각 호의 공공기관과 별표 1 각 호의 공부를 관리하는 공공기관을 말한다.

98

구분	중앙지적위원회	지방지적위원회
설치	국토교통부	시·도
위원장 및 부위원장	• 위원장 : 지적업무담당국장 • 부위원장 : 지적업무담당과장	
위원수	5인 이상 10인 이내(위원장과 부위원장 포함)	
임기	2년(위원장과 부위원장 제외)	

99 지적재조사에 관한 특별법 제1조(목적)
이 법은 토지의 실제 현황과 일치하지 아니하는 지적공부의 등록사항을 바로잡고 종이에 구현된 지적을 디지털지적으로 전환함으로써 국토를 효율적으로 관리함과 아울러 국민의 재산권 보호에 기여함을 목적으로 한다.

100 지적재조사에 관한 특별법 제21조의2(조정금에 관한 이의신청)
① 제21조 제3항에 따라 수령통지 또는 납부고지된 조정금에 이의가 있는 토지소유자는 수령통지 또는 납부고지를 받은 날부터 60일 이내에 지적소관청에 이의신청을 할 수 있다.
② 지적소관청은 제1항에 따른 이의신청을 받은 날부터 30일 이내에 제30조에 따른 시·군·구 지적재조사위원회의 심의·의결을 거쳐 이의신청에 대한 결과를 신청인에게 서면으로 알려야 한다.

건설재해 예방을 위한
건설기술인의 필독서!

감수 이준수, 글·그림 이병수
297×210 / 516쪽 / 4도 / 49,000원

이 책의 특징

최근 중대재해처벌법의 시행으로 건설현장에서의 안전관리에 대한 관심이 사회적으로 고조되고 있고, 또한 점점 대형화·다양화되고 있는 건설업의 특성상 이를 관리하는 건설기술인들이 다양한 공사와 공종을 모두 경험해 보기란 쉬운 일이 아니다.

이 책은 건축공사, 전기공사, 기계설비작업, 해체공사, 조경공사, 토목공사 등 전 공종이 총망라되어 있고, 공사에 투입되는 자재, 장비의 종류, 시공방법 등을 쉽게 이해할 수 있도록 입체적인 그림으로 표현하였으며, 각종 재해를 예방할 수 있도록 위험요인 및 대책이 제시되어 있어 현장소장, 관리감독자, 안전담당자의 교육교재로 활용할 수 있다.

쇼핑몰 QR코드 ▶ 다양한 전문서적을 빠르고 신속하게 만나실 수 있습니다.
경기도 파주시 문발로 112번지 파주 출판 문화도시   TEL. 031)950-6300   FAX. 031)955-0510

BM (주)도서출판 성안당

지적기사·산업기사 필기

2006. 1. 27. 초 판 1쇄 발행
2026. 1. 7. 개정증보 12판 1쇄 발행

지은이 | 송용희, 조정관, 고광준
펴낸이 | 이종춘
펴낸곳 | BM ㈜도서출판 성안당

주소 | 04032 서울시 마포구 양화로 127 첨단빌딩 3층(출판기획 R&D 센터)
　　　 10881 경기도 파주시 문발로 112 파주 출판 문화도시(제작 및 물류)
전화 | 02) 3142-0036
　　　 031) 950-6300
팩스 | 031) 955-0510
등록 | 1973. 2. 1. 제406-2005-000046호
출판사 홈페이지 | www.cyber.co.kr
ISBN | 978-89-315-1235-9 (13530)
정가 | 48,000원

이 책을 만든 사람들

기획 | 최옥현
진행 | 이희영
교정·교열 | 문 황
전산편집 | 이다혜
표지 디자인 | 박원석
홍보 | 김계향, 임진성, 김주승, 최정민, 이해솜
국제부 | 이선민, 조혜란
마케팅 | 구본철, 차정욱, 오영일, 나진호, 강호묵
마케팅 지원 | 장상범
제작 | 김유석

이 책의 어느 부분도 저작권자나 BM ㈜도서출판 성안당 발행인의 승인 문서 없이 일부 또는 전부를 사진 복사나 디스크 복사 및 기타 정보 재생 시스템을 비롯하여 현재 알려지거나 향후 발명될 어떤 전기적, 기계적 또는 다른 수단을 통해 복사하거나 재생하거나 이용할 수 없음.

※ 잘못된 책은 바꾸어 드립니다.